Johann Karl Gottfried Jacobsson

Technologisches Wörterbuch oder alphabetische Erklärung aller nützlichen mechanischen Künste, Manufacturen, Fabriken und Handwerker

Johann Karl Gottfried Jacobsson

Technologische Wörterbuch oder alphabetische Erklärung aller nützlichen mechanischen Künste, Manufacturen, Fabriken und Handwerker

ISBN/EAN: 9783741165269

Hergestellt in Europa, USA, Kanada, Australien, Japan

Cover: Foto ©Andreas Hilbeck / pixelio.de

Manufactured and distributed by brebook publishing software (www.brebook.com)

Johann Karl Gottfried Jacobsson

Technologisches Wörterbuch oder alphabetische Erklärung aller nützlichen mechanischen Künste, Manufacturen, Fabriken und Handwerker

Johann Karl Gottfried Jacobssons technologisches Wörterbuch

oder

alphabetische Erklärung

aller nützlichen mechanischen Künste,

Manufakturen, Fabriken und Handwerker,

wie auch

aller dabey vorkommenden

Arbeiten, Instrumente, Werkzeuge und Kunstwörter,

nach ihrer Beschaffenheit und wahrem Gebrauch.

Dritter Theil, von M bis Schl.

Berlin und Stettin
bey Friedrich Nicolai. 1783.

Vorrede.

Ich liefere nunmehr den dritten Band meines technologischen Wörterbuchs. Ich habe allen möglichen Fleiß daran gewendet. Je mehr diese Arbeit fortgeht, desto mühsamer wird sie, besonders wegen des nöthigen Nachschlagens. Dabey zeigt sich immer mehr der Reichthum der Materie, so, daß es bey aller meiner Bemühung, so kurz als möglich zu seyn, dennoch sich die Bogenzahl immer vergrößert, doch zum wahren Vortheile der Leser, indem das Werk vollständiger wird, als ich mir selbst ehemals zu hoffen getrauet hätte.

Meine Absicht war, daß dieser Theil an Bogen viel stärker werden sollte, als der zweyte. Aber theils die Mühsamkeit der Arbeit, theils das mir allergnädigst aufgetragene Amt eines Fabrikeninspektors in Berlin, hat mich daran gehindert. Ich bin wegen der herannahenden Messe genöthiget gewesen, diesen Theil mit Schl. zu schließen, unerachtet er nicht so stark ist, als ich es gewünscht hätte. Indessen sollen weder die Herren Vorausbezahler, noch die übrigen Käufer, in Ansehung des Preises etwas verlieren. Der Herr Verleger wird mit ihnen am Ende des Werks nach der Anzahl der gelieferten Alphabete zusammenrechnen, und alles in so billigem Preise, als von ihm versprochen worden ist, liefern. Ich an meiner Seite verspreche gewiß, daß der vierte Theil, welcher unfehlbar in der Ostermesse 1784 erscheinen wird, an Bogen sehr viel stärker seyn soll, als der zweyte und dritte. Dieß muß um soviel gewisser geschehen, da ich mir feste vorgenommen habe, daß der vierte Theil das Ende des ganzen Werks, jedoch ohne die Supplemente, enthalten soll. Ich werde also allen Fleiß anwenden, zu Ostern 1784 damit fertig zu werden, und mich so kurz als möglich zu fassen, doch ohne, daß die Deutlichkeit und Genauigkeit darunter leiden soll.

Es ist mir selbst daran gelegen, mit diesem Werk fertig zu werden, welches so äußerst mühsam ist, da es so unbeschreiblich viele Dinge enthalten muß, und da mir in so vielen Dingen noch gar nicht vorgearbeitet ist, sondern ich aus eigener Erkundigung und Erfahrung alles zusammenbringen muß. Der Leser findet daher hier sehr viele Artikel und Nachrichten, welche nirgend sonst in Büchern zu finden sind, und welche zu erhalten mich zum Theil unglaubliche Mühe gekostet hat. Ein Beyspiel davon ist der Artikel Preßspäne. Ich erhielt denselben, nachdem ich lange darum bemühet gewesen war, etwas zu spät, um am gehörigen Orte eingeschaltet zu werden. Ich habe ihn daher am Ende dieses Bandes, weil die Erfindung in der That wichtig ist, noch anhängen lassen. Berlin den 1sten May 1783.

J. K. G. Jacobsson.

Fernere Pränumeranten:

293. Herr von Carlowitz, Kammerherr und Kreishauptmann des Meißnischen Kreises in Dresden.
291. Herr C. L. Carpov, Professor an der Kaiserlichen Ritterakademie in Reval.
296. Herr Ober-Consistorialrath Gebhardi in Stralsund.
295. Herr Oberst von Gröben in Kremmen.
298. Herr Leibarzt Hensler in Altona.
290. Herr Hopmann, Jun. Kammerreferendarius zu Kleve.
297. Ein Königl. Churfürstl. Intelligenzcomtoir in Hannover.
299. Herr Stadtrichter Kreche in Görlitz.
294. Herr Kriegesrath Baron von Preuß in Marburg.
292. Herr Professor Walch in Schleusingen.

M, der

M.

M. der zwölfte, wenn aber das J zweifach gerechnet wird, der dreyzehnte Buchstabe im Alphabeth. Er dienet entweder allein, oder in Gesellschaft mit andern Buchstaben zu verschiedenen Abkürzungen, z. B. M. ist ein römischer Zahlbuchstab, und bedeutet 1000, M oder Mk eine Mark, und Mk. L. eine Mark Lübisch, M bey Kaufleuten, das Manual oder Memorial, d. i. das tägliche Hand- und Gedächtnißbuch. M bey den Apothekern auf den Rezepten Mische (misce) auch eine Hand voll (manipulus) M. M. in Briefen mit meiner Hand (manu mea) u. s. w.

Maad, Holl. (Schiffahrt) allerley Gesinde auf einem Schiff.

Maadschaft, das gesammte Schiffsvolk auf einem Schiffe.

Maaße erbeißen. (Bergwerk) Wenn die Bergleute an eine solche Veste in den Schachten und Gängen gelangen, die weder mit Schlägel noch Eisen, noch mit Bohren und Schießen zu gewinnen ist, so, daß sie endlich davon gehen, und ihre Arbeit liegen lassen müssen.

Maas, das; Fr. Messure, die Größe eines festen Körpers in allerley Absicht, als nach der Länge, Breite, Höhe oder Dicke. Ferner auch, wenn eine gewisse Menge kleinerer Dinge, als Körner oder flüssige Sachen, in einem Raum eingeschlossen werden, um ihre Menge zu bestimmen. Zu der ersten Art gehöret das Ausmessen der Hölzer, Steine, Felder rc., welches mit einem besonders dazu eingerichteten Werkzeug, welches man gleichfalls das Maas nennet, nach ihrer Länge, Breite und Dicke ausgemessen und bestimmt werden. Zu der andern Art gehören die verschiedenen Hülsenfrüchte, deren Körner nach einem gewissen Raum, den ein Behältniß von Holz oder dergleichen einschließet, gemessen werden, und gemeiniglich von ihrem Gebrauch einen Beynamen erhält, als Kornmaas u. s. w. Ferner alle flüßige Dinge, die gleichfalls in einem Gefäß von einer bestimmten Größe gemessen, und ihre Verhältnisse bestimmt werden, auch von ihrem verschiedenen Gebrauch einen Beynamen erhalten. Als Bier- Wein- Oelmaas u. s. w.

Maas, Maaß. Ein Werkzeug, womit sowohl dichte und große Körper nach ihrer Länge, Breite und Dicke ausgemessen werden, und wovon man unterschiedene Arten hat, als Stäbe, Lineale, Leinen und dergleichen, die alle insgesammt ihre Beynamen haben, als: Maasstab, Zollstock, Winkelmaas, Meßkette und Leine, Lachter u. s. w. (s. davon an seinem Ort) Zu den Früchten und zu flüssigen Sachen hat man allerley Gefäße, als: Tonnen, Kasten, Kübel, Körbe, Kannen, Tröge, Scheffel, Viertel, Metzen, Quartier, Nösel u. s. w.

Maas, (Forstwesen) eine Spannkette, die nutzbaren Bäume genau nach der Spanne anzuschlagen, auch ein Lachwinkel, womit die lachbaren Bäume ausgezeichnet werden.

Maas, s. Maaß.

Maas, (Maler) s. Verhältniß.

Maas der Haare, (Parukenmacher) das Maas, nach welchem derselbe die Haare zu einer Parucke sortiert. Es hat 20 Abtheilungen, die entweder auf einem Brette, oder an einer Seite des Arbeitstisches angebracht, und bis zu No. 9 gleich groß sind, allein von No. 10 an ist jede Abtheilung noch einmal so lang, als die vorhergehende. Dieses Maas ist nicht in allen Werkstätten von gleicher Länge, jeder macht es sich nach seinem Gutbefinden, doch pflegen die Haare, die vom Anfange des Maaßes bis zu No. 12 reichen, ohngefähr 1½ viertel Ellen, die aber bis 20 reichen 1 Elle lang zu seyn. Nach den verschiedenen Arten der Parucken, die gemacht werden sollen, wird das nach diesem Maasstabe sortirte Haar genommen. Denn bey dem Sortiren liegt das sämmtliche Haar in einer feinen Hechel mit den Spitzen vorne, und der Parukenmacher ziehet Haar vor Haar heraus, mißt und sortirt sie.

Maaße, (Bergwerk) ein Stück Feld, welches vom Ende der Fundgrube an gemessen wird, die Berg an liegende heißen die obern- und die den Berg ab gehende die untern Maaßen. Ihre Länge ist nicht in allen Bergrevieren einerley. In Freyberg ist eine Maaße 60 Lachter, im sächsischen Obererzgebirge aber 42 Lachter, und wird auf Gängen nur der Länge nach, auf Flötzen und Stockwerken aber 14 Lachter an beyden Orten ins Gevierte gemessen.

Maaßen, belegen, (Bergwerk) Arbeiter auf den Maaßen (s. diese) anfahren lassen, und einen bergmännischen Bau darauf anlegen.

Maaßen einbringen, (Bergwerk) so viel freyes Feld vor sich haben, daß soviel, als an Maaßen gemuthet worden, vermessen werden kann, ohne daß älteres bereits belehntes Feld damit berühret werde.

Maas nehmen zu Frauenskleidern. (Frauenschneider) Er nimmt dasselbe mit einem doppelten Papierstreifen auf dem Rücken vom Halse hinab bis zur Taille, und von da bis unten zum eigentlichen Beschluß des Kleides. Hierauf mißt er die Schulterbreite, und wendet sich alsdenn zum Vorderleibe. Hier mißt er von der Schulter hinab bis zur Taille. Zuletzt mißt er die Länge des Arms von der Schulter bis zum Ellbogen, so wie auch den ganzen Umfang des Arms, sowohl neben der Schulter, als auch neben dem Ellbogen. Bey allen diesen Stellen bemerkt er die Weite und Länge mit gewissen ihm eigenen Zeichen, die in den Papierstreifen mit der Scheere eingeschnitten werden.

Maas nehmen zu Mannskleidern, (Mannsschneider) das Maas des Schneiders besteht aus einem zusammengelegten langen und schmalen Streifen Papier. Das äußerste Ende desselben legt er beym Maasnehmen zuerst in die Nath, so bey dem Hintertheile eines Kleides, welches der an hat, dem Maas genommen wird, vereinigt, und zwar unmittelbar unter dem Kragen am Halse an, und mißt von dahinab bis zur sogenannten Taille. Am Beschluß dieser Länge macht er ein ihm eigenes Zeichen mit der Scheere in das Papiermaas, legt es aber gleich wieder an die Taille, und mißt bis zu Ende des Schoßes hinab, welches die hintere Länge des Kleides macht. Den Schluß dieser Länge zeichnet er abermals. Zweytens mißt er hinten von einer Schulter bis zur andern, die gefundene ganze Länge des Papiers schlägt er auf die Hälfte zusammen, und macht in dem Bruch ein Zeichen. Jede Hälfte giebt die Weite des Hintertheils zwischen den Schultern. Dann wird der rechte Ermel gemessen, indem das Maas hinterwärts an die oberste Nath des Ermels neben den Schultern angeleget wird, und damit hinab bis zu dem Ellbogen gefahren, wo er auf dem Maas ein Zeichen macht; alsdenn mißt er von dem Ellbogen bis zum Beschluß des Aufschlages kurz vor der Hand, und bezeichnet das Maas wieder; dann mißt er um den ganzen Arm, da wo er am dicksten ist, schlägt die gefundene Dicke oder Länge des Maaßes in zwey gleiche Hälften zusammen, und macht in der Mitte, oder in dem Bruch ein Zeichen. Jede Hälfte giebt ihm die Weite eines Ermeltheils. Nun wird das Maas vorne auf der Schulter, da wo Hinter- und Vordertheil zusammen stoßen, angelegt, und mit demselben vorne über der Brust bis hinab zur Taille gegangen, und wird hier ein Zeichen auf dem Maas gemacht, und von da hinab ferner bis zu Ende des Kleides gemessen, und daselbst wieder ein Zeichen gemacht, wodurch er die ganze Länge des Kleides von vorne erhält. Nun mißt er den ganzen Umfang des Leibes unter den Armen aus, legt die gefundene Weite des Maaßes in zwey gleiche Theile zusammen, und macht in dem Bruch ein Zeichen. Eben so wird der Umfang des Körpers in dem Bauch und über den Hüften, oder in dem Beschluß der Taille, ausgemessen. Endlich nimmt er die Weite des Vordertheils auf der Brust von einem Ermelloch, oder vielmehr von der Vordernath desselben, bis zur andern, schlägt die gefundene Weite des Maaßes zusammen, und macht im Bruch ein Zeichen, und jede Hälfte giebt ihm die Weite eines Vordertheils auf der Brust. Eben so wird auch das Maas zur Weste genommen. (s. auch Beinkleider, wo das Maas dazu zu nehmen beschrieben ist)

Maas nehmen zu Schuh und Stiefeln, (Schuhmacher) wenn zu Stiefeln Maas genommen werden soll, so erfordert solches mit einem doppelten oder auch einfachen starken Papierstreifen am rechten Fuß. Zuerst mißt er die Länge an der innern Seite des rechten Oberfußes, und fängt kurz über der Wade, wo die Stiefelstrippen angenähet werden, an zumessen, bis hinab zur Fußsohle. Ferner mißt er die Stärke des Fußes im Hacken oder Sporn, und endlich die Stärke der Wade. Alsdenn die Länge des Unterfußes, von dem Hintertheil des Hackens an bis zur Spitze des großen Zehes, ferner den Umfang des Spannes, und endlich in den Ballen. Weil sich der Schuhmacher aber in der Länge des Fußes bey dem Messen mit Papier sehr leicht irren kann, so mißt er lieber die Länge des Fußes mit dem hölzernen Schuhmaas, (s. dieses) indem er solches unter die Fußsohlen setzt, und die bewegliche Leisten desselben nach der Länge des Fußes verschiebt, und solches anmerkt. Die Maaße an dem Papier bemerkt er sich mit Einschnitten mit einer Scheere. Das Maas zu einem Paar Schuhe wird auf die nämliche Art, wie bey dem Stiefelschuh genommen, es seyen nun Manns- oder Frauensschuhe.

Maas nehmen zur Peruke, (Perukenmacher) um den Montirungskopf zu einer Peruke zu mundiren, das ist, solchen zu einer verlangten Peruke mit Haaren zu bekleiden oder die Peruke darauf zu verfertigen, muß demjenigen, der eine Peruke haben will, das Maas genommen werden. Dieses geschiehet mit einem Papierstreifen zuerst um den ganzen Kopf herum kurz über den Ohren; ferner von der Stirne, oder von der Spitze der Vorderhaare bis zum Nacken; hierauf von einem Schlaf bis zum andern, um den Hinterkopf von einem Ohr bis zum andern. Nach diesem Maas wird nun der Montirungskopf mundirt, (s. mundiren) und die Peruke verfertiget.

Maasrad, (Chausseebau) ein Rad, auf dessen Peripherie das Längenmaas einer oder mehrerer Ruthen mit Stacheln aufgetragen ist, und dessen man sich bedienet, bey der Abmessung der Länge und Breite einer Chaussee, indem man das Rad nach der Länge und Breite herumdrehet, da denn durch die Stacheln des Rades die Ruthen bemerkt werden.

Maaßen, (Forstwesen) wo die Buschhölzer ackerweise verkaufet und vermessen werden, da heißet ein solcher Theil, er bestehe in einem ganzen oder halben Acker, eine Maaße.

Maasstab, ein gewisser angenommener, und mit der üblichen Eintheilung versehener Längenstab, womit vorkommende Größen überschlagen und ausgemessen werden können. Dies ist insgemein ein von gutem festem Holze verfertigter Stab, der viereckigt ist, auf dessen eine Seite man einen oder etliche Landesfuße träget, und einen davon in seine gehörige Zolle theilet; auch über dem noch wol auf den übrigen drey Seiten des Stabes annoch andere Maßen, z. B. das Rheinländische- und das Decimalmaas, mit dem ersten in Vergleichung bringet. (s. Zollstock)

Maasstab des Aufträgers, (Eisenhütte) ein Maasstab, mit welchem der Aufträger bey einem hohen Ofen messen muß, und sich dadurch belehret, wenn es Zeit ist eine neue Ladung hinzutragen. Wenn der Ofen ganz voll gepackt ist, so ist er an dem Schacht voll, nach dem Maas, als sich die untern Kohlen verbrauchen, so gehen

die

die obern herunter. Von einer Zeit zur andern versucht der Aufträger, wie weit die Materie herabgestiegen ist. Wenn dieselbe nun ohngefähr 2½ Fuß von dem Schlunde entfernt ist; so ist es Zeit, die neue Ladung hinein zu werfen. (s. aufgeben)

Maasſtab, verjüngter, verjüngter Maasſtab, Fr. l'echelle, ein Längenmaas, welches die Linien nach einer kleineren Figur eben so genau abmisset, als wenn es die große Figur wäre. Es dienet dazu, alle große Sachen nach dem richtigen Maas ins Kleine zu bringen, und darnach zu zeichnen. Man verjüngt oder verkleinert auf solchem Maasſtab die Füße in Zolle und die Zolle in Linien. So, daß wenn eine große Sache, z. B. ein Gebäude ausgemessen, und auf Papier aufgerissen werden soll, die Zeichnung soviel Zolle und Linien an Länge, Breite und Höhe erhält, als das Gebäude Füße und Zolle beträgt.

Maasſtab, s. Linie.

Maaypoesten, eine Gattung seidener Zeuge, welche die holländische Schiffe der ostindischen Gesellschaft mit nach Europa bringen.

Macheri, ein gewisser Zeug, mit welchem man in Holland Handlung treibet. Es giebt einfache und doppelte Stücke, welche auch Macheris mit zween Fäden genannt werden. Diese halten 24, die einfachen aber nur 12 Ellen.

Machen, Zeigen, (Jäger) der Hirsch machet oder zeiget einen guten Fuß, der Hirsch hat wenig gemacht, d. i. er hat wenig aufgesetzt, nämlich Enden.

Machen, das Handwerk. Wenn bey den Handwerkern ein Meister auf sein besonderes Verlangen, und auch auf seine Kosten, das Gewerk zusammen gerufen wird.

Machholderholz, s. Wachholderholz.

Machiniren. (Tuchmanufaktur) Wenn die gewaschene und getrocknete Wolle in dem Wolf (s. diesen) einer Maschiene aufgelockert, und von dem Staub und andern fremdartigen Theilen gesäubert wird. Man thut nämlich die Wolle in den Kasten auf die Horde dieser Maschiene, verschließt solche, und drehet die darinn befindliche Walze mit ihren Flügeln und Hacken an der Kurbel um. Die Flügel werfen mit ihren Hacken die Wolle in dem Wolf herum, lockern sie dadurch auf, die Unreinigkeit fällt heraus, und durch die Horde auf den Boden des Wolfs. (s. diesen)

Mächtig, Fr. large, epais, (Bergwerk) ist bey Gängen soviel als breit. Wenn nämlich die Saalbänder weit von einander stehen, und der Gang einen breiten Raum einnimt. Man sagt auch von einem Trum (s. diesen) er ist kaum eines Strohhalmes mächtig.

Mächtige Gänge, (Bergwerk) die Gänge, (s. diese) so wie sie in ihrer Dicke sich in den Bergwerken befinden, und von etlichen Zollen bis etliche hundert Lach hoch steigen.

Mächtige Umrisse, Fr. contours puissans, (Maler) starke Umrisse (s. diese) die stark in die Augen fallen.

Mächtigkeit der Mineralagen, (Bergwerk) die Dicke der Mineralagen in einem Bergwerk, welche bald größer bald kleiner ist.

Mächtigkeit der Flötze, (Bergwerk) die Dicke derselben, (s. Flötze) die bald 2, 3, 4 bis 12 Zoll, bald 1 bis 6 Fuß, ja 1 bis 6 Lachter hoch sind; die über 12 Zoll hoch sind, heißen eigentlich mächtige Flötze.

Mächtigkeit eines Ganges, Fr. l'epaisseur la largeur, (Bergwerk) der Abstand des Hangenden eines Ganges vom Liegenden. (s. beydes)

Mächtig werden, Gang wird mächtig. (Bergwerk) Wenn ein Erzgang alle Lachter, oder wol auch alle Schichten immer stärker und breiter wird, je weiter derselbe ins Gebürge oder in die Teufe gehet.

Machmaely, der allerkostbarste und reichste Zeug, den man hat. Er wird in Persien verfertiget, und ist eine Art von goldnen Brokade, oder vielmehr goldenen Sammete, welcher mit 24 bis 30 Schäften gewebet wird, und woran zu gleicher Zeit wol 5 bis 6 Personen arbeiten. Es giebt welchen, wovon die Elle über 1000 z. B. kostet.

Mach veste. (Jäger) Wenn mit dem jungen Zeuge gestellet, und der Zeug tief genug angezogen oder gestreckt worden, so wird denenjenigen, so anbinden, also zugerufen, wenn sie die Leinen anbinden und befestigen sollen.

Mackelas, (Schiffahrt) ein schwedisches Schiff in alten Zeiten, das bis 100 Kanonen geführet hat.

Macker, (Schiffszimmermann) ein großer und schwerer eiserner Hammer, womit man Nägel einschläget.

Mäkler, (Handlung) ein Unterhändler, besonders in den niedersächsischen Städten der Kaufleute, der ihre Waaren zu verkaufen sucht.

Macoute, s. Makoute.

Mader, (Bergwerk) eine staubige, oft aber auch feuchtige Erdart, welche im letztern Fall dem Letten gleicht.

Maderazucker, ein sehr feiner Zucker, der über Portugal, aber sehr selten, zu uns kommt.

Madonine, ital. die piemontesische Pistole, welche 18 piemontesische Lire, oder nach französischem Gelde, 18 Livres 15 Sols gilt.

Madratzen, (Tapezierer) ausgefüllte und durchgenähete Polster, die man anstatt der Federbetten gebrauchet. Sie werden mit gekochten Pferdehaaren gemeiniglich ausgestopft, und haben sonderlich des Sommers bey großer Hitze ihren Nutzen, werden daher zu den Feldbetten, und in den Gartenhäusern zu den Ruhestätten vielfältig gebraucht. Man hat aber auch von Wolle gewirkte Matratzen, auch von Seide, die aber denn eigentlich Decken genennet werden.

Madrepore, ein Gewächs, das in der See zum Steine geworden, und von den Korallen (s. diese) nur darinn unterschieden ist, daß seine Zweige voll kleiner Löcher sind, welche oft wie Sternchen aussehen. Seine Farbe ist insgemein weiß, zuweilen grün, zuweilen roth mit weißen Flecken.

Madrillbrett, Fr. madrier, (Artillerie) dasjenige Brett, worauf die Petarde befestiget wird. Es kann selbiegt viereckigt oder länglicht seyn, nach der Absicht, wozu die Preterde gebraucht werden soll. Im übrigen muß es stark und dick seyn, mit eisernen Schienen verbunden, und über das Kreuz mit eben dergleichen etwas stärkeren beschlagen werden.

Machlbrief, (Schiffahrt) der Vertrag, den die Besteder mit dem Schiffbauer wegen Erbauung eines Schiffes schließen. In demselben wird angezeigt, wie lang der Kiel, wie hoch von Boord es seyn, wie viel Lasten es halten, die Zeit, wenn es fertig werden soll, und auch das verdungene Baulohn verschrieben. Der Schiffbauer heißt der Annehmer.

Magazin, (Baukunst) ein öffentliches Gebäude, in welchem gewisse Dinge zu künftigem in Menge aufbewahret werden. Als: Holzmagazin, Heumagazin, Strohmagazin, Kornmagazin u. s. w.

Magdelonen, Fr. les deux parties du moule, (Schwefelhütte) die Formen von Holz, welche aus zwey Stücken zusammengesetzt werden, und darein der geläuterte Schwefel in Stangen gegossen wird.

Magenbürste, ein chirurgisches Werkzeug, den Magen damit zu reinigen. Es ist im vorigen Jahrhunderte von einem Engländer erfunden, und nur erst vor weniger Zeit bekannt worden, wird aber auch nicht mehr geachtet. Ehedem bestand es aus einem feinen runden Stäbchen von Fischbeine, an dessen Ende ein kleiner Schwamm befestiget war. An dessen statt wird nunmehr ein ausgeglüheter eiserner oder messingener doppelt zusammen gedrehter und mit Seide bewundener Draht genommen, an dessen Ende eine feine Bürste, einer halben Hand breit lang, von zarten Bockhaaren gemacht ist. Mit dieser Bürste fährt man, wenn man zuvor warmes Wasser zu sich genommen hat, in den Schlund, bis in den Magen, macht damit eine kleine Bewegung, daß man sich erbreche.

Magenkratzer, eine im gemeinen Leben übliche Benennung eines schlechten Weins, der auch wol Krätzer oder Kopfreisser genennet wird.

Mager, Fr. maigre, (Baukunst) 1) wenn bey einer Mauer die Steine zuviel behauen, und daher vor ihre Plätze, welche sie einnehmen sollen zu klein sind, und auch allzu große Fugen lassen. 2) Bey dem Zimmermann, wenn ein Zapfen oder Band zu dünne ist, und das Zapfenloch, oder den Einschnitt nicht genau ausfüllet.

Mager, (Gärtner) eine Krankheit der Bäume, besonders der Apfelbäume, wenn sie in einem allzu fetten Boden zu viel Nahrung bekommen, und daher der überflüßige Saft an einem Ort stocket, worauf denn an diesem Ort Würmer entstehen. Daher diese Krankheit auch der Wurm heißt. Mager kommt vermuthlich daher, weil der Baum bey dieser Krankheit dürrer wird.

Magre, s. dürftig.

Magere Bierbrauer, s. trockne Bierbrauer.

Magere Schlacken, (Kupferhütte) Schlacken von armen strengen Kupfererzen. Sie sehen sehr braungelb und blasigt aus, und taugen nicht, damit die Erze in den Fluß zu bringen, es wären denn sehr fette Erze.

Magerflecke, (Landwirthschaft) diejenigen Stellen auf den Ackerbeeten, die bey dem Miststreuen und dem nachherigen Pflügen keinen Mist erhalten haben, sondern kahl davon geblieben.

Magische Laterne, s. Zauberlaterne.

Magistralgang, Fr. Galerie magistrale, (Minirer) bey einer Gegenmine in einer Vestung der erste Hauptgang unter dem Hauptwall, mehr oder weniger nahe an der Futtermauer. Er führet den Namen von der Linie gleiches Namens des Walls, weil er dieser Linie folget.

Magnesie, (Bergwerk) eine sehr feine weiße Kalkerde, welche man aus der Mutterlauge des Salpeters und Kochsalzes durch feuerbeständige Alkali niederschlägt.

Magnet, **Magnetstein**, Fr. aimant, (Bergwerk) eine derbe, braune oder schwarze eisenhafte Miner, welche das Eisen in kleinen Theilchen und großen Stücken an sich ziehet. Die mit Magnet bestrichene Nadel, welche auf der einen Seite an sich ziehet, auf der andern aber von sich stößet, und wenn sie mit eisernen Schienen versehen ist, in ihrer anziehenden Kraft verstärket wird. Man bemerket also zwey Pole, den Nordpol und den Südpol. Es theilet auch der Magnet seine Kraft dem Eisen mit. Dieses Mineral wird an verschiedenen Orten von mancherley Farben als schwarz, leberfarben, röthlich, und in Schweden und Sachsen dem grauen Eisenstein ähnlich gebrochen. Es können aber auch eiserne Stangen, wenn sie lange senkrecht stehen, von selbst magnetisch werden, wie man denn auch eisernen Stäben durch Kunst eine magnetische Kraft mittheilen kann, (s. magnetisiren) die stärker ist, als die Kraft eines natürlichen Magnets, von eben der Größe, welches die künstlichen Magneten sind. Den Namen soll der Magnet von einem Hirten, oder wie Isidorus meldet, von einem Priester der Isis, welcher Magnes geheißen, erhalten haben, indem er auf dem Berge Ida gespühret, daß dieser Stein die Nägel in seinen Pantoffeln und seinem Stabe angezogen habe.

Magnetisiren, Fr. aimanter; etwas magnetisch machen, oder ihm die Kraft das Eisen anzuziehen, mittheilen. Eine Nadel wird magnetisch, wenn sie mit den Polen des Magnets bestrichen wird. (s. armiren) Ein Stab Eisen aber wird, durch das auf gewisse Art zu verrichtende Streichen durch andere Stäbe, magnetisch gemacht, wenn nämlich die Stäbe in der Richtung von Norden nach Süden genau nach der Polhöhe des Orts, wo das Experiment gemacht wird, aufgestellt, und mit andern Eisen gerieben werden.

Magnetkästchen, (Schiffahrt) im weitläuftigen Verstande führet die kleine Büchse eines Kompasses diesen Namen. Im engern Verstande aber ein kleines Kästchen, auf dessen Boden eine Windrose (s. diese) verzeichnet, in ihrem Mittelpunkte einen Stift befestiget, und auf diesem eine Magnetnadel gelegt ist. Wenn für einen gegebenen Ort die Abweichung der Magnetnadel bekannt ist: so kann man ungefehr mit Hülfe dieses Magnetkästchens die Mittagslinie dieses Orts finden.

Magnetnadel, Fr. Eguille aimantée, ein aus gutem Stahl verfertigtes gerades Stänglein, das in der Mitte einen Kasten mit einer Vertiefung hat, damit die Nadel, wenn sie mit dem Magnet bestrichen worden, auf einen Stift gestecket werden kann, dergestalt, daß beyde Enden im Gleichgewichte stehen, und sich leicht um den Stift bewegen. Das gegen Norden gekehrte Ende ist zugespitzt, wie ein Pfeil. Einige halten dafür, daß es schon zu Salomons Zeiten gebräuchlich gewesen, welches wohl nicht wahrscheinlich ist; andere halten einen Venetianer Namens Paolo für den Erfinder, der die Observation in China im Jahr 1260 gemacht, und den Gebrauch entdecket, daher andere diese Erfindung auch den Chinesern zuschreiben.

Magnetaro, eine Gattung Leinwand, welche in Holland und den benachbarten Provinzen gemacht wird. Das Stück kostet bis 20 Gulden, und sind insgemein platt zusammen geleget, bisweilen aber auch rund zusammen gerollet.

Magrabines, Maugarbines, eine flächsene Leinwand, die an vielen Orten in Aegypten gemacht, und zu Cairo verkauft wird. Ihr Preiß ist 55 Meidins, das Stück von 28 bis 30 Piks oder 15 bis 18 Ellen in der Länge und ⅞ Piks, oder 2½ viertel Elle in der Breite.

Mähalàn, ein gewisser Zeug, der in Oberkrain in großer Menge in allen Dörfern von Wolle gewebet wird.

Mahame, (Schiffsbau) eine türkische Galeasse, kleiner als die venetianische.

Mähder, s. Mähen.

Mähdig, (Landwirthschaft) sagt man von den Wiesen, wenn sie gutes Gras zum Heumachen geben, und zwar heißen sie ein- oder zweymähdige Wiesen, wenn nämlich das Gras davon des Jahres so vielmal abgehauen werden kann.

Mähen, heißt in der Landwirthschaft, das Gras, Gersten, Hafer oder andere Feldfrüchte mit der Sense abhauen. Daher derjenige, der solches thut Mähder oder Mäher genennt wird.

Mahlax, Mahlbarte, Mahleisen, (Forstwesen) eine kleine Axt oder ein Beil, auf dessen der Schneide entgegengesetzten Seite, ein Zeichen oder Mahl eingegraben ist, womit die Förster bey der Anweisung der Bäume im Walde diejenigen Bäume zeichnen oder mahlen, welche gefället werden sollen. Ist es ein kleiner Hammer, so heißt es Mahlhammer, Forsthammer, Waldhammer.

Mahlbarte, s. vorher.

Mahlbaum, Markbaum, Gränzbaum, ein kurzer Baum, der vornehmlich in den Wäldern und Wiesen zur Gränzmarkung dienet. Man braucht hierzu die Eichen oder Linden. (s. auch Lochbaum)

Mahleisen, s. Mahlaxt.

Mahlen, (Müller) die Früchte des Feldes auf einer Mühle zermalmen und in Mehl verwandeln. (s. Mühle)

Mahlgerinne, (Mühlenbau) bey den Wassermühlen dasjenige Gerinne, durch welches das Wasser auf die Räder geleitet wird. Zum Unterschied von dem Wüstengerinne. (s. dieses)

Mahlgerüste, (Müller) dasjenige Gerüste von Holz, welches in einer Mahlmühle das Mühlsteingeschirre umgiebt, und auf dessen Decke der Bodenstein unbeweglich liegt. Es liegt nämlich ein starker hölzerner Rahmen darauf, das Geschlinge genannt, worauf der Bodenstein unbeweglich versetzt, auch wol in etwas in das Mahlgerüste versenkt ist.

Mahlgraben, Mahlgruben, (Landwirthschaft) lange oder runde ausgegrabene Tiefen, die den Aeckern und Feldern zur Gränzmarkung dienen. Dergleichen Gräben sind entweder gemeinschaftlich, und denn muß der Auswurf der Erde auf beyden Seiten liegen, oder sie gehören nur einem Theil, und denn liegt der Auswurf der Erde nur auf derjenigen Seite, dem der Graben gehört.

Mahlhammer, s. Mahlaxt.

Mahlhaufen, ein großer Haufen, um den Markstein (s. diesen) geschütteter Steine, damit der rechte Markstein nicht so leicht herausgerissen und verworfen werde. Sie müssen aber auch in Loch- und Gränzbüchern ordentlich beschrieben werden, damit die Nachkommen davon versichert werden, und solche zu suchen wissen.

Mahlmühle, (Müller) eine Mühle, worauf man Getraide mahlt. (s. Mühle)

Mahlmüller, ein Müller der nur blos Getraide mahlt, zum Unterschiede eines Stampfmüllers, Oelmüllers, Schneidemüllers u. s. w. (s. Müller)

Mahlpfahl, ein eichener Pfahl, der an Orten, wo man die Steine nicht füglich haben kann, zu einem Mahle geschlagen, und entweder mit eingebrannten Wappen, Namen oder andern Zeichen bemerkt, oder, gleichwie bey den Lochbäumen auf beyden Seiten ein Kreuz daran gehauen, und in der Mitte ein Loch durchgebohrt wird. Solche Pfähle haben gleiches Recht, wie die Mahl- und Marksteine.

Mahlpfahl, s. Sicherpfahl.

Mahlsäule, eine von Stein oder Holz aufgerichtete Säule, welche man zur Vermahlung oder Vermarkung gebraucht, die steinernen braucht man gemeiniglich an den Gränzen eines Landes oder einer Gerichtsbarkeit, und werden darein des Landesherrn oder der Gerichtsobrigkeit Wappen gehauen. Die hölzernen braucht man zur Vermahlung der Hölzer, ingleichen der Jagd-, Hafen- und Fahrwegsgehege. Diese heißen denn Jagd- oder Hängsäulen.

Mahlstein, Markstein, Gränzstein, ein Stein, der zu einem gewissen Zeichen im Felde gesetzt, und nach dessen verschiedener Absicht einen Beynamen erhält. Man hat davon zwölferley Gattungen. Sie werden insgemein zu Absonderung der Güter, Flüsse und Weiden gebraucht, und an manchen Orten auch Weichbilde genennt. Sie heißen Bannsteine, Geleitsteine, Freyungssteine, Forststeine, Markungssteine, Zehendsteine, Waldsteine, Gütersteine, Wegsteine, Wassersteine und Lochsteine. (s. davon an ihrem Ort) Man bemerkt bey einem ordentlichen, nach einer gewissen Form gearbeiteten Mahlstein folgende Stücke: Den Kopf, als den obersten Theil: die Seiten, die neben zu von diesem abge-

hen;

hen: Der Fuß, ist der dickere Theil, welcher in den Boden zu stehen kommt; das Gesäß, der ganz untere Theil, darauf der Stein ruhet, und endlich das Lager oder die Grube, darein er gelassen wird. Ueberdem sind die Steine auch mit einem Zeichen, z. B. einem Kreuzschnitt oder Namensbuchstaben oder etwas anders bezeichnet. Die Kreuzbezeichnung, die man auch eine Schleifen nennt, geschiehet entweder gerade oder krumm, oder auch eckigt, wie nämlich die Marscheidung gehet. Damit man sehen möge, wo die Marscheidung hinweise, welches die beste Art ist, die Marksteine zu bezeichnen. Diejenigen Steine, welche man zu Anfang des Ackers, Waldes rc. oder auch zu Ende derselben, oder in einer Ecke, oder an dem Ort der Markung setzet, werden Hauptsteine, Eck- und Ortsteine: und die dazwischen stehenden Läufer genennet. Den also bezeichneten Marksteinen werden etliche kleine Steine als Zeugen mit untergelegt, welche Zeugniß geben, daß sie rechtmäßig gesetzt sind, weswegen sie denn auch Zeugen genennet werden, und wenn in Erhebung der Mahlsteine keine Zeugen dabey sind, (oder wenn sie ohne Eyer sind, daher diese Zeugen Steineyer heißen) so sind sie nicht gültig, sie wären denn für bekannte Mahle oder Marken von Alters her jederzeit gehalten worden. Zu diesen Zeugen nehmen etliche zwey, etliche drey kleine Steine, sonderlich zu den Ort oder Eckſteinen, die sie aus einem breiten Stein oder Platte von einander schlagen, dergestalt, daß, wenn man sie sucht, die Stücken wieder zusammen passen; und selbige legt man im Eingraben also bey den Mahlsteinen, daß man wohl urtheilen kann, wo sie hingehören. An einigen Orten werden anstatt dieser Steine, oder zu denselben Ziegelsteine, Gläser, Kolen, zerbrochene Eyerschalen oder Kalk geleget, und dieses wegen der ewigen Währung, welches auch vor Alters also gewesen; daher wenn man die Mahlsteine aufräumet und Kolen rc. findet, pflegt dieses als ein unverwerfliches Merk oder Zeichen gehalten zu werden. Eine nöthige Vorsicht bey Setzung der Mahlsteine. Die vorsetzliche Verrückung der Mahlsteine ist ein so großes Verbrechen, daß ehedem die Lebensstrafe darauf erfolgt war.

Mahnöl, Mohnöl, Oel, das auf dreyerley Art verfertiget wird, entweder es wird von dem Mohnsaamen, wie anderes Oel, (s. Oelschlagen) gepreßt, dieses ist das geringste; oder es wird aus den Mohnblättern oder Blumen zubereitet. Man nimt nämlich frische Blumen von Mohn 6 Loth, zerstößt sie wohl zu einem Muß, thut sie in ein Glas, und gießt 10 Loth Baumöl darüber, stellt es etliche Tage an die Sonne, und läßt es beitzen, dann setzet man es in ein doppeltes Geschirr mit Wasser über Feuer, läßt es gemächlich sieden, und drückt es hernach durch ein Tuch, dieses wiederholet man mit andern Blumen so oft, als man will. Die letzte Art ist die, da man grüne unzeitige Mohnsaamenköpfe, und Blätter und Blumen davon jedes gleichviel nimt, zerstößt, und mit Baumöl auf die vorgedachte Art behandelt.

Mahoganyholz, Mahonienholz, ein röthliches Holz, das auf den amerikanischen Inseln, am besten aber auf Jamaika wächst, und wegen seiner schönen Farbe häufig zu Hausgeräthe gebraucht wird. Es wird in Deutschland nach Pfunden verkauft. Das auf der Havana ist schlechter, denn es ist bleicher und von nicht so guter Dauer.

Mahon, Maone, Fr. Mahonne, (Schiffsbau) eine Art von Galeassen, (s. diese) deren sich die Türken bedienen; sie sind kleiner und nicht so stark, als die venetianischen Galeaßen, und werden theils mit wenigen, theils gar keinen Stücken besetzt.

Mahonienholz, s. Mahoganyholz.

Mahot, s. Mahotbaum.

Mahotbaum, Mahot, ein westindischer gemeiner Baum, dessen Rinde ungemein starke Fasern hat, woraus man Stricke, Taue und Netze bereitet.

Mahoune, eine Gattung wollener Tücher, welche anfänglich in England gemacht worden, nunmehr aber auch in großer Menge in Frankreich, und vornehmlich in Provence, Languedok und dem Delphinat verfertiget werden. Man braucht sie in der Handlung für die Morgenländer.

Mahere. (Bienenzucht) So werden im niedersächsischen die Wachsscheiben in den Bienenstöcken genannt. Daher auch Mahernhonig, das ungeseimte Honig genennt wird.

Mal, Lumpf. (Forstwesen) So nennt man das jährliche neu hervorgehende Holz, wo nämlich das Holz in der Länge zusetzet.

Maikens, s. nachher.

Maikensherring, Maikens. (Fischerey, Handlung) Der erste gefangene Hering, und auch der beste, er hat das zarteste Fleisch und kleine Gräte. Man theilet diese Gattung Heringe wieder in drey Theile, als in Maikens, welches der allerbeste, und deren Tonnen, worinn sie eingepackt, mit ○ bezeichnet sind; Maikenswrack, der in den ausgeworfenen schlechtern Heringen dieser Art besteht, wovon die Tonnen mit ○ bezeichnet sind, und endlich Maikenswrackwrack, die allerschlechtesten dieser Gattung Heringe wovon die Tonnen das Zeichen ○ haben.

Maikenswrack und Maikenswrackwrack, s. vorher.

Maidin, s. Meiden.

Maile-porte, s. geworfene Maschen.

Maille, Fr. auch obole, in Frankreich der Name einer kleinen erdichteten Münze oder einer Rechenmünze, welche für die Hälfte eines Denier Tournois, oder für den 24ten Theil eines Sols gerechnet wird. Sie wird wieder in 2 Pites, und diese wieder in zwey halbe eingetheilt. Vermuthlich ist es vordem eine gangbare Münze, und die kleinste unter allen gewesen.

Maillebahn, Maillespiel, ein gerader langer oder auch runder Gang, entweder mit Baumhecken umgeben, oder auch von Brettern zusammengesetzt, der auf einem Hofraum, in einem Garten oder andern freyen Platz angelegt ist, und auf beyden Seiten hölzerne Brustlehnen hat. Der Boden desselben ist sehr fest geschlagen, und rund herum um den Gang, von gleicher Weite zu Weite,

mit

mit Nummern bezeichnet. Auf dieser Bahn werden Kugeln mit hölzernen Hämmern fortgeschlagen, so weit als möglich getrieben, und im währenden Treiben der Kugel hinterhergelaufen, damit man sie regelmäßig weiter fortreibe, und das Ende der Laufbahn erreiche.

Maillespiel, s. vorher.

Maillon, (Maillonmacher) ein ovaler feiner Glasring, der drey Löcher hat, wovon das Mittelste das größte ist, und worinn die seidene Kettenfäden einer Zeugkette durchgezogen werden. Sie werden in den Harnischschnüren des Harnischbrets (s. diesen) befestiget, durch das obere Loch wird die Maillon an die doppelte Oberlitze befestiget, und durch das unterste Loch mit der Unterlitze. Das ganze Maillon muß sehr glatt und ohne die geringste Ritzen seyn, damit sich der durchgezogene seidene Kettenfaden nicht scheuere.

Maillon blasen, Maillonmachen, die Maillons aus feinen Glasröhren an einer Lampe blasen und verfertigen. Der Künstler nimt hierzu Glasröhren, die in der Glashütte verfertiget, und etwa 6 Linien dick sind, und ziehet solche bey dem Feuer einer vor ihm auf dem Tisch stehenden Lampe zu sehr feinen Fäden. Es setzt sich nämlich der Maillonmacher vor die Lampe, die auf dem Maillontisch (s. diesen) stehet, tritt mit dem Fuß den Fuß des Blasebalgs, und theilet hierdurch dem brennenden Docht der Lampe durch die Röhre starken Wind mit, wodurch die verstärkte Flamme auf einen Punkt getrieben wird. Er nimt hierauf eine Glasröhre in die linke Hand, faßt mit der rechten das Ende derselben an, hält solches an die Spitze der Flamme, indem nun das Glas schmilzet, so ziehet er es mit der rechten Hand auseinander, und in einen dünnen Faden. Es wird hierbey eine sehr geübte Hand erfordert, die immer im gleichen Verhältnisse das geschmolzene Glas auszieht. Ferner muß beobachtet werden, daß das Glas nicht verbrenne, und in eben dem Augenblick der Zug geschehe, da das Glas im schmelzen ist. Denn wenn das Glas zu lange in der Flamme bleibt, so wird die Masse, welche geschmolzen ist, statt weich oder ziehbar, spröde und brüchig. Ein also gezogener Faden hat kaum die Dicke einer Linie. Die erkalteten Fäden, werden sogleich hart, und wenn eine hinlängliche Anzahl davon gezogen ist, so wird nunmehr zu Verfertigung der Maillons selbst geschritten. Eine kleine feine Zange ist das einzige Werkzeug, welches dazu gebraucht wird. Das Maillon bestehet aus zwey Theilen aus den beyden obersten, und dem einen untersten Ringe. Der Künstler nimt einen Glasfaden in seine linke Hand, giebt dem Lampen Docht mit dem Blasebalg Wind, und bringt das Ende des Fadens an die Flamme, sobald dieses erwärmt ist, ist es auch biegsam; nun ergreift er mit der Spitze, der in der rechten Hand haltenden Zange, dieses weich gewordene Ende, und bildet damit einen kleinen Ring, indem er es im Kreise von der rechten nach der linken Hand bieget, alsdenn reißt er mit der Zange das andere Ende so lange ab, als zur Bildung des andern Lochs oder Ringes nöthig ist; bieget mit der Spitze der Zange dasselbe abermal zu einem Ring, aber von der linken nach der rechten Hand, so, daß das Ende des untersten Ringes sich genau an das Ende des obersten Ringes anschließe. Er muß die Enden genau andrücken, daß sich alles sehr wohl anschließe, und nicht die geringste Ritze oder Oeffnung verbleibe, weil hierinn eben die Vollkommenheit des Maillons bestehet, daß sie recht glatt und eben ist. Alles dieses geschiehet in einem Augenblick, so, daß kaum das Auge diese schnelle Arbeit begleiten kann. Nachdem die zwey Löcher des Maillons verfertiget sind, so wird nun auch das dritte oder der unterste Ring gemacht und angesetzt. Wenn also eine Menge gedoppelter Ringe fertig sind, so nimt der Maillonmacher mit der linken Hand den gedoppelten Ring in die Spitze der Zange, und mit der rechten einen Glasfaden, macht sowohl den Glasfaden, als auch das fertige Maillon warm, setzt in der größten Geschwindigkeit das neue Ende des Fadens an das unterste Loch des gedoppelten Ringes, reißt soviel, als zu einem Ring gehöret, ab, biegt wieder in der größten Geschwindigkeit mit der Spitze der Zange das Ende zu einem Ring um, und vereiniget also beyde Enden an den fertigen Ring. Man muß merken, daß die Löcher des Maillons nicht rund, sondern oval sind, und daß man Maillons von verschiedener Größe hat, doch sind die größten kaum einen halben Zoll lang, und werden nach Verschiedenheit der seidenen Zeuge gewählet.

Maillonmachen, s. vorher.

Maillonmacher, ein Künstler, der die Kunst verstehet, die Maillons aus sehr feinen Glasröhren zu blasen. In Deutschland findet man sie selten, die mehresten Maillons kommen aus Lion. Doch giebt es auch schon hin und wieder einige in Deutschland, wo große Seidenmanufakturen vorhanden sind; so ist, z. B. in Berlin einer Namens Lidke, der solche verfertiget. Er hat seine Kunst von einem Franzosen erlernt, und bekömt von jedem 1000, die er verfertiget, noch über seine Bezahlung zur Aufmunterung einen Preiß von dem Königlichen General-Oberdirektorio aus der Bonifikationskasse.

Maillontisch, (Maillonmacher) der Tisch, worauf die Maillons geblasen werden. Es ist ein kleiner gewöhnlicher Tisch, unter welchem ein Blasebalg angebracht ist, welcher eine lange gekrümmte Röhre hat, die durch den Tisch etwas von dem Rande entfernet durchgehet, und bis an den Docht, der auf dem Tisch befindlichen Lampe, reichet. Die Lampe, die eine gewöhnliche Lampe mit einem starken Docht ist, stehet beynahe an dem Rande des Tisches, so, daß die Röhre mit dem Docht gegen den Arbeiter gekehrt ist.

Maillonzange, (Maillonmacher) eine sehr kleine, mit langen feinen stumpfen versehene Zange, womit die erweichte Glasfäden zu den Ringen der Maillons gebogen werden. (s. Maillonblasen)

Main, s. Man.

Mais, (Forstwesen) ein Schlag, Gehau in einem Walde. (s. Meiß)

Maisch, (Brantweinbrenner) das zum Brantwein bestimmte mit heißem Wasser eingebrannte oder ausgegorne Brantweinschrot, welches, ehe es in die Brantwein-

blase

blase gebracht wird, bis zu einem gewissen Grade abgekühlet, und durch gute Hefen in Gährung gesetzt oder gestellt werden. (s. Stellen und Brantweinbrennen)

Malsch, s. Mersch.

Maischbottig, s. Merschbottig.

Maischen, s. Merschen.

Malschfaß, s. Merschfaß.

Maischfaß, (Winzer) das Faß, worinn man in Weinbergen die zerstampfte Beeren, die man Gemäische nennt, nach der Kelter fähret. So nennt man auch oft bey den Brantweinbrennern das Faß, worinn das Gut in Gährung gebracht wird, ehe man es in die Blase thut.

Majolika, eine ältere Benennung der Fajance, welche einige von dem Namen des Erfinders, andere aber von einer balearischen Insel, Majorka oder Mallorka herleiten wollen.

Makaroni, ital. eine Art Nudeln, die von Reißmehl, oder auch gutem feinen Weitzenmehl mit Wasser gemacht werden. Sie sind rund gerollt, sehr fein und etwa 3 Zoll lang.

Makoute, Macoute, eine Gattung einer Rechnungsmünze, oder vielmehr eine bey den Schwarzen an einigen Orten auf den afrikanischen Küsten, sonderlich zu Loango de Boarie auf der Küste von Angola gebräuchliche Art zu rechnen.

Makronen, (Zuckerbäcker) eine Art von Konfekt von Zucker, welcher Stärke, und verschiedenen Gewürzen, die auf Oblaten in kleinen Klümpchen gelegt und abgebacken werden. Sie werden nach Pfunden verkauft.

Makulatur, Fr. Maculature, (Kupferstecher) graues, mit einem Schwamm angefeuchtetes Papier, welches bey dem Abdrucken der Kupferplatten, zwischen das weiße Blatt Papier, so auf die gestochene Platte zu liegen kömt, und gebraucht werden soll, und zwischen die Windeln gelegt wird, auf welche die Rollen der Presse, wenn sie gedrehet wird, ausdrücken. Auch erhält diesen Namen alles gedruckte Papier bey den Buchhändlern, welches nicht, wie brauchbare Bücher kann verkauft werden. Daher die Redensart bey denselben entstehet, dieses oder jenes Buch ist Makulatur geworden. D. i. es hat keinen Abgang, und muß also als schlechtes altes Papier nach Riesen und Ballen verkauft werden.

Malachit, (Bergwerk) ein derbes Kupfergrün, oder ein schön grüner kupfriger Tropfstein von blätterigem Gewebe, welches inwendig in strahlichten, auswendig aber aus glatten Lagen bestehet. Er ist ziemlich vest, daß er sich auch schleifen und poliren läßt; wenn er geschmelzet wird, giebt er Kupfer. Nach seinem Grundwesen kömt er mit dem Berggrün überein, ist aber dem Bau und den Bestandtheilen nach davon unterschieden. Seinen Namen hat er von dem griechischen Wort μαλάχη Pappel, weil er grün, wie das Laub von den Pappeln, ist. Plinius nennet einen grünen Marmor oder Jaspis auch Malachit. Die heutigen Mineralogisten geben diesen Namen nur dem beschriebenen derben Kupfergrün.

Malaga, ein Sekt oder spanischer Wein, welcher aus der Stadt Malaga in Granada zu uns gebracht wird, von welcher er auch den Namen hat.

Malakate, Fr. Malacate oder Malacata, von Malas, (Bergwerk) eine Maschine, das Erz aus der Grube zu fördern. Sie ist in den amerikanischen Bergwerken gebräuchlich, wird von vier Maulesein getrieben, hat einen Rundbaum (s. diesen) mit einem eisernen Seil, davon ein Trum (Ende) hinein, das andere herausgehet, daß sie also eine Art vom Treibegöpel (s. diese) ist.

Malackisches Zinn, Fr. Etain de Malaca, Etain de Chapeau, eine Art sehr feinen und reinen Zinns, so besser zu Spiegelfolien, der Scharlachfarbe auch der Purpurfarbe auf Porzelan, als alle andere Zinne zu gebrauchen ist. Es wird in Malakka bey einer Pflanzstadt der Holländer gefunden, und in einer Form, wie eine vierecktigte Mütze der Jesuiten gegossen, welche die Holländer Coferos oder Encoleen nennen. Jedes Stück wiegt ohngefähr ein Pfund. Die Malayen nennen dieses Zinn Caetarreg, und bedienen sich desselben als Geld. Ob es richtig und echt sey, erkennet man an dem oben hinein gethanenen Hieb mit einer Axt, denn wenn es diesen Hieb nicht aushält, sondern springet, wird es verworfen, und derjenige, der es für echt bey ihnen ausgeben will, wird aufgehangen.

Malblätter, (Kartenmacher) diejenigen Musterblätter, durch welche die Karten ihre Figuren und Zahlen erhalten. Es sind nichts anders, als Papierblätter, welche auf beyden Seiten wenigstens 6 bis 7 Mal mit Leinölfarbe bestrichen sind. Alsdenn sind auf jedem Bogen die Figuren der Kartenbilder oder Zahlen mit einem Ausstreicheisen ausgeschnitten, so, daß wenn ein solcher Bogen auf die Spielkarten Bogenblätter gelegt, und mit der behörigen Farbe bestrichen wird, sich die Zahlen oder eine Farbenstelle in den Bildern zugleich überall bildet. Zu den Zahlen gehört, wie bekannt nur eine Farbe, entweder roth oder schwarz, zu den Bildern aber 4 bis 5 Farben, folglich gehören zu jeder Bilderkarte 4 auch 5 Malblätter, deren jedes zu einer besondern Farbe so zeichnerisch ausgestochen ist, daß immer eine Farbe in die andere paßt, und die vorhergehenden schon aufgetragenen Farben der andern Bogen völlig bedeckt werden. (s. Spielkarten malen)

Malen, Fr. Peindre, (Maler) die Kunst, das äusserliche Ansehen der Gegenstände mit ihren eigenen oder zufälligen Farben vorzustellen. Insbesondere aber heißt es die Farben mischen, sie in einander verschmelzen, und nach den Regeln der Kunst auftragen. Wenn ein Werk frey und leicht gemalt ist, so sagt man, daß es wohl gemalt sey; allein man sagt, daß es geleckt sey, wenn sich diese Freyheit der Hand und des Pinsels nicht an demselben spühren läßt, und wenn die Farben blos mit vieler Sorgfalt verschmolzen und vertrieben sind. Man malt in Wasser, in Oel, in Fresko, in Wachs, in Pastel, in Miniatur, in Email; auf Glas, auf Holz, Leinwand auf Kupfer ꝛc. Historienstücke, Personen nach dem Leben, Blumen, Thiere, Landschaften ꝛc.

Malen der Töpfer, dieses geschiehet auf der Glasur, und am meisten auf der weißen Glasur. Bey schlechten Schüsseln und Tellern, oder andern Geschirr, nimt er hierzu Thon von verschiedenen Farben, verdünnt ihn mit Wasser, schlägt ihn durch ein Haarsieb, und statt des Pinsels trägt er die Thonfarbe mit dem Malhorn (s. diese) auf. Auf bessern Sachen malt er auch mit dem Pinsel, und hiebey bedient er sich verschiedener Glasurarten, (s. Glasur) überdem auch aller mineralischen Farben, als: zu blau Schmalte, zu grün Kupferasche u. s. w.

Maler, Fr. Peintre, ein Künstler, der vermittelst der Farben, welche nach den Regeln der Zeichnungen (s. diese) von ihm an- oder aufgetragen werden, unsern Augen das äußerliche Ansehen erhobner Gegenstände der Natur auf irgend einer platten Fläche vorstellt. Man sollte eigentlich den Namen eines Malers nur demjenigen geben, welcher das äußerliche Ansehen der natürlichen Gegenstände durch eine kluge Austheilung der ihnen zukommenden Farben auf die Fläche der Leinewand, oder einer andern Materie, überzutragen weiß, und nicht alle diejenigen so benennen, die man sonst zum Spott Klecker, Sudler, Gurkenmaler nennet, und welche nicht die Farben eigentlich gebrauchen oder zu gebrauchen, vermögend sind. Man theilt die Maler nach der Art, in welcher sie am meisten arbeiten, in verschiedene Klassen, als: Historienmaler, Landschaftsmaler, Blumenmaler, Thiermaler, Portraitmaler, Miniaturmaler, Emaillmaler, Verzierer rc. (s. jedes an seinem Ort) Es giebt auch noch Glasmaler, welche von den Franzosen Appreteurs genennet werden. In den ältesten Zeiten war es nur ein Vorrecht der Edlen, die Malerey auszuüben. Die Eigenschaften eines großen Malers sind eine gute Beurtheilungskraft, ein fähiger Geist, ein edles Herz, ein erhabener Sinn, Gesundheit, Jugend, Gelehrsamkeit, bequemliche Glücksumstände, Liebe zu der Kunst und der getreuste Unterricht eines geschickten Malers.

Maleracademie, Fr. Académie des Peintres, eine Gesellschaft von Malern, Bildhauern und Kupferstechern, welche zusammen mit großem Fleiß, und unter dem Schutz des Landesherrn diese Künste im Flor zu erhalten suchen, gegen einander wetteifern, um schöne Kunststücke in ihren Fächern hervor zu bringen, auch Unterricht in ihren academischen Zimmern geben. Dergleichen man zu Paris, Berlin und andern Orten errichtet hat. Wie denn auf erstere zu gewissen Zeiten neu verfertigte Kunststücke dieser Art, zur Beurtheilung öffentlich ausgestellet werden.

Malerey, Fr. Peinture, (Maler) die Kunst alle, sowohl wirkliche als eingebildete Gegenstände der körperlichen Natur durch die Verzeichnung ihrer Umrisse, mit den ihnen zukommenden Farben, auf einer platten Fläche vorzustellen. Der Maler zeichnet bey einem jeden Pinselstriche, weil er nur malt, um die Aehnlichkeit der Formen zu bilden. Selbst das Kolorit hängt schlechterdings von der Zeichnung ab. Denn aller Schein der Formen würde verschwinden, wenn die Farbe mit ihrer Lokalreinigkeit in die Partien des Bildes übergienge, welche allmählich sich zu wenden, d. i. weniger Licht aufzufangen scheinen. Die Zeichnung allein kann der Farbe den Punkt bestimmen, wo sie sich zu brechen anfangen soll, um nicht dem Helldunkeln zu widerstreiten, sondern zugleich mit dessen Beyhülfe die Wirkung, welche der Maler sich vorsetzt, hervor zu bringen. Auch ist es die Zeichnung allein, welche das Helldunkle regieret, und dessen Töne schicklich verändert, um die Täuschung der verschiedenen Formen zu bewirken. Die Malerey hat über die Dichtkunst und Beredsamkeit dieses zum voraus, daß sie bey einer so großen Verschiedenheit der Sprachen von allen Nationen verstanden werden kann. Malerey sagt man auch für Gemälde. (s. dieses)

Malerey mit überfirnißter polirter Oelfarbe, Fr. à l'huile vernie, polie, (Staffirmaler) dies ist ein Meisterstück in der Oelmalerey, (s. diese) so wie man die überfirnißten Wasserfarben als das schönste unter der Wassermalerey ansieht. Sie unterscheidet sich von der gemeinen Oelmalerey nur blos durch die Zubereitung und die letztern Handgriffe. Man gebraucht diese Art der Arbeit, wenn etwas auserlesenes Schönes gemacht werden soll; z. B. bey einem prächtigen Saal, oder einer zierlichen Kutsche, um dadurch der Farbe derselben mehr Glanz und Politur zu geben. Sind die Lambris eines Zimmers oder der Kutschenkasten neu, so muß man sie durch einen Grund erstlich vorbereiten, um nachgehends die harten Tinten, oder den polirten Grund und die anderen Farben darauf zu bringen. Dadurch wird die Oberfläche allenthalben gleich und glatt. Das erste Gründen muß allemal weiß geschehen, die nachherige Farbe mag seyn was es für eine will, weil weiß sich dazu am besten schickt. Man nimt dazu Bleyweiß, das mit Leinöl und etwas Silberglätte sehr fein abgerieben, und mit eben dem Oel und darunter gemischten Terpentinöl eingerühret ist. Denn macht man den polirten Grund, indem man 7 oder 8 Mal mit harter Tinte solchen ausstreicht. Kutschen muß man wohl 12 Mal bestreichen. Die harte Tinte zu dieser Malerey wird also gemacht: Man nimt nicht zu sehr kalzinirtes Bleyweiß, damit es die andern Farben nicht durch das Auswachsen, wie die Mennige thut, verderbe, reibt solches sehr fein mit bloßem Malerfirniß ab, und rührt es mit Terpentinöl ein. Man muß sich wohl vorsehen, daß die 7 oder 8 Anstriche mit dieser harten Tinte einander nicht nur im Auftrage, sondern auch in der Quantität des Bleyweißes und Oels, und selbst in der Stärke der Kalzinirung des Bleyweißes, vollkommen gleich seyen. Man glättet den ganzen Grund mit Bimsstein, und polirt ihn darauf mit einem Stück Serge, dem man die Gestalt eines Ballens giebt, wie der bey der Buchdruckerey. Um dieses desto gelinder zu thun, tunkt man den Serge in Wasser, in welches man viel pulverisirten und durch ein feines Haarsieb gelassenen Bimsstein geschüttet hat. Bey dem Poliren wäscht man öfters mit einem Schwamme ab, um zu sehen, ob auch allenthalben gleich geglättet worden. Das Wasser verderbt hierbey nichts, und darf nicht gesparet werden. Wenn die Farbe zu dem Zimmer oder der Kutsehr gewählt, und selbige wohl mit Oel abgerieben, und mit Terpentinöl eingerühret ist, so schlägt man sie durch ein feines Sieb, und giebt damit der Sache 3 oder 4 Mal einen allenthalben gleichen Anstrich. Je besser dieses geschiehet, desto schöner wird die Farbe. Streicht man ein Zimmer an, so überzieht man die Farbe 2 bis 3 Mal mit weißem Weingeistfirniß, zu Kutschen aber nimmt man einen fetten Firniß. Soll der Firniß polirt werden, so muß man wenigstens 7 bis 8 Mal damit überstreichen, und sich sehr in Acht nehmen, daß keine Stelle stärker überstrichen werde, als die andere, weil es sonst Flecke giebt. Man polirt aufs neue mit pulverisirtem Bimsstein wie oben. Ist die Kutsche oder das Paneelwerk bereits gemalt gewesen, so muß man die Farbe erst bis auf die harte Tinte ganz herunter zu bringen suchen, welches mit Bimsstein und Wasser oder Terpentinöl geschiehet, und denn setzt man die verlangte Farbe wieder frisch darauf, und verfährt, wie bey der neuen gezeiget worden. Wenn man Weiß von überfirnißter und polirter Farbe machen will, und solches auf Holz geschehen soll: so gründet man mit Bleyweiß, das mit Nußöl und etwas kalzinirtem weißen Vitriol abgerieben, und mit Terpentinöl eingerühret ist. Kommt es aber auf Stein, so rühret man es mit bloßem Nußöl an, und nimmt kalzinirten Vitriol dazu. Denn reibet man Bleyweiß sehr fein mit Terpentinöl ab, und rühret es mit einem schönen fetten weißen- oder Kopalfirniß an. Hiermit überstreicht man 7 bis 8 Mal. Dieser Firniß mit Bleyweiß vermischt, trocknet so geschwinde, daß man des Tages 3 Anstriche machen kann. Denn glättet und polirt man wie oben, überstreichet die Sache noch dreymal mit Bleyweiß, das mit Nußöl abgerieben, und mit bloßem Terpentinöl eingerühret worden. Endlich wird es mit weißem Weinsteinfirniß 7 bis 8 Mal überzogen und polirt. Dieser Anstrich siehet so frisch wie Marmor aus.

Malerfarbe, (Maler) alle diejenigen Farben, sowohl aus dem Mineralien- als Pflanzenreich, die zur Malerey gebraucht werden können. (s. Farbe)

Malerfirniß, Fr. Huile grosse, ou huile siccative, (Maler) ein Firniß, der vorzüglich zum Malen gebraucht wird. Er wird aus Leinöl gemacht, welches man mit Töpferglätte und Zwiebeln so lange kochen läßt, bis die Zwiebeln zu Kolen werden. Man mischt ihn gemeiniglich unter das Schwarz, den Lack und andere Farben, die wenig Körper haben, und schwer trocknen. Man muß wenig davon nehmen, denn er macht die Farben leicht dunkel, und das Gemälde zu trocken, daher es oft abfällt. (s. unter Firniß und Lackfirniß davon mehr)

Malergold, (Maler, Vergolder) eine goldfarbene Vermischung von amalgamirtem Quecksilber und Zinn, wozu man zu sechs Theilen drey Theile Schwefel und drey Theile Salmiak nimmt, solches wohl unter einander menget, und in einem Kolbenglase sublimiret, da sich denn das Malergold unten auf den Boden setzet.

Malergrund, Fr. Couche de couleur, (Maler) bey der Oelfarbenmalerey die erste einfache Farbe, so man auf ein leinen Tuch bringet, worauf ein Gemälde kommen soll, um dadurch die Leinwand gleich zu machen, und die Löcher auszufüllen. Es ist gemeiniglich eine mit Kreide und etwas Schwärze vermischte Farbe, die gleich und eben mit Leinöl oder auch mit Leimwasser aufgetragen wird. (s. gründen)

Malerisch, Fr. Pittoresque, (Maler) das, was der Malerey eigen ist, was den Geschmack und den Karakter derselben, entweder in den Stellungen, oder in den Umrissen, oder auch in den besondern Ausdrücken, welche das Genie und die Einbildung eines Malers allein hervorbringen können, wohl ausdruckt.

Malerisch, das, rauhe Wesen, Fr. Brut Pittoresque, (Maler) eine gewisse Härte der Züge und Einschnitte der Nadel oder des Grabstichels eines Kupferstiches, welches die Keckheit, Gewißheit und Freyheit der Hand des Kupferstechers anzeigt. Die von Malern gestochene oder gerissene Kupfer sind gemeiniglich wegen dieses rauhen Wesens, welches daher das Malerische genennt wird, schätzbar.

Malermetal, (Miniaturmaler, Vergolder, Gipser) geriebenes, geschlagenes Meßing, welches in kleine Muscheln gethan wird, und sowohl zur Miniaturmalerey, als auch zum Überziehen der Gipsbilder und der lackirten Arbeit gebrauchet wird.

Malernath, (Nätherin) diejenige Nath oder die Art zu nähen, da man allerley Musterblumen und dergleichen auf eine malerische Art nähet.

Malerpergament, (Maler, Pergamentmacher) dasjenige Pergament, worauf die Miniaturmaler malen. Dieses Pergament wird so, wie das andere Pergament, (s. dieses) bis nach dem Trocknen im Rahmen behandelt, nur daß dasselbe nach dem Leimtränken noch einen feinen Anstrich von Bleyweiß auf beyden Seiten erhält. Das Bleyweiß wird nämlich auf einem Reibstein mit Wasser sehr fein abgerieben, mit einem Pinsel sauber und zart aufgestrichen, und nachdem dieser Anstrich trocken, mit einem feinen Bimsstein geebnet oder abgerieben. Noch ist zu merken, daß diese Art von Pergament nicht rauh, sondern ganz glatt mit dem Schabeisen abgeschabet werde. (s. Pergamentbereitung)

Malerperspektive, s. Aussehen.

Malerpinsel, (Maler) ein Pinsel, der gemeiniglich aus Menschen- oder auch Kaninchenhaaren, in einem Federkiel gesteckt, bestehet. Die vornehmste Eigenschaft eines solchen Pinsels ist, daß die Haare vorne zugespitzt bey dem Gebrauch eine sehr feine Spitze bilden; doch giebt es auch Pinsel, die breit seyn können, je nachdem sie in der Malerey gebraucht werden.

Malersilber, (Maler, Vergolder) eine silberfarbene Vermischung von drey Theilen Zinn und drey Theilen Wißmuth, unter einander geschmelzen, und alsdenn mit vier Theilen Quecksilber vermenget, worauf denn diese Masse mit Eyweiß temperiret wird. Es wird zum Miniaturmalen gebraucht.

Malerstock, Fr. Appui-Main, Baguette, (Maler) ein kleiner Stock, drey oder 4 Fuß lang, an dessen einem Ende gemeiniglich eine elfenbeinerne Kugel, oder eine Art von vom Polster ist. Die Maler bedienen sich dessen, um die Hand, welche den Pinsel führet, damit zu unterstützen, indem sie das eine Ende mit der Hand, in welcher sie die Palette haben, halten, und das andere Ende, wo die Kugel ist, auf der Leinwand, worauf sie malen, ruhen lassen.

Malertuch, (Maler) die zum Malen zugerichtete Leinwand. Diese Leinwand muß neu seyn, und keine Knoten haben, und vor dem Gebrauch müssen die Zwischenräume derselben ausgefüllet und geglättet werden. Sie wird zu diesem Endzweck mit einem glatten Stein geebnet, (gegründet) und hierauf mit Hefen, vermittelst einer Spatel, oder auch blos mit Wasser bestrichen. Man nahm sonst Mehlkleister, das aber geschickte Maler verwerfen, weil es abspringt. Ueber den gedachten Anstrich wird ein Grund von Ocker mit Oel gerieben, und zuletzt der eigentliche Grund (s. Gründen) alles mit einem Spatel aufgetragen.

Malergalle, (Schiffbau) ein Schiff in Paris auf der Seine, worauf die Kommiß der Einfahrtszölle ihre Besichtigungsfahrt halten.

Malergroschen, kleiner Groschen, eine kleine böhmische Münze, die unter dem Kayser Maximilian geprägt worden, sie gilt jetzt 4½ Pfennige.

Malherbe, Fr. ein Kraut von einem starken Geruche, das in Languedoc und der Provence häufig wächst. Es giebt eine Farbe, die zwischen gelb und braun ist. Es ist aber durch die Reglements in Frankreich zum Färben verboten.

Malhorn, (Töpfer) ein Werkzeug, so denselben statt eines Pinsels beym Malen dienet. Es ist eine Büchse von Thon oder Holz, worinn der Töpfer die Thonfarbe gießt, und mit dem aufgesteckten obern Federkiel zugleich malet.

Mallemole, eine Gattung ostindischen Nesseltuches, oder sehr feinen weißen und klaren Kattuns, welcher vornehmlich von Bengala kömt. Man hat davon verschiedene Arten, und theilet die holländische ostindianische Kompagnie sie bey dem Verkaufe gemeiniglich in feine ordentliche und geblümte. Die Stücke von denselben halten sechzehn pariser Ellen in der Länge, und drey viertel, sieben achtel, funfzehn Sechzehntheile, auch wohl eine Elle in der Breite. Einige andere Arten derselben haben ihren eigenen Namen. Dagegen heißen gewisse Schnupftücher oder Halstücher von indianischem Nesseltuche, auch Mallemolle, deren jedes ⅞ einer pariser Elle ins Gevierte hält, und 5 oder 10 Stück, allemal im Ganzen sind. Verschiedene davon sind mit Gold genähet, andere aber mit Gold und Seide gestreift.

Malter, ein Getreidemaas, welches nach dem durch ganz Sachsen eingeführten Dresdnermaas die Hälfte eines Wispels ist, und zwölf Scheffel hält. Ein gothaisches Malter hält zwey Scheffel oder vier viertel. Ein erfurthisches Malter hält vier viertel oder zwölf Scheffel. In Nürnberg hat ein Malter 8 Metzen, zwey Malter machen daselbst ein Simmer im harten Getreide, und vier Malter ein Simmer im rauhen Getreide.

Malterbock, Malterbank, (Hüttenwerk) das Maaß, womit das Holz nach Maltern (s. diesen) auf dem Ofenherd zum Verkohlen auf den Hütten vermessen wird. Es bestehet aus einem oblangen Viereck von zwo Schwellen, die mit zwey 2 füßigen Riegeln vereiniget sind. Auf den Enden jeder Schwelle stehet ein winkelrechter 32 Zoll langer Ständer, 5 Fuß oder 60 Zoll weit aus einander, daß zwey Malter in der Länge darauf stehen können. Die 32 Zoll der Höhe werden von unten hinauf an den Ständern in ¼ abgetheilet; erstlich in ½ oder 16 Zoll, ferner in ¾ oder 24 Zoll. Das vierte und obere Viertel hingegen ist wieder nach der Hälfte in zweymal 4 Zoll getheilet. Die Theile sind mit einem Sägeschnitt und Röthel von unten auf mit 16, 24 und 28 Zoll bezeichnet, die letztern 4 Zoll von der ganzen Höhe endigen sich mit der Höhe der Ständer.

Malterholz, (Forstwesen) ein Holzmaas im thüringer Walde, oder da wo viele Kolen gebrannt, und wornach die Schritte gemacht und gelegt werden, das Maas ist nicht überall gleich, gemeiniglich aber 2 Ellen hoch und weit, und werden drey Malter auf eine Flosklafter gerechnet.

Maltesische Erde, Fr. terre de malte, eine Siegelerde aus Malta. Imperatus beschreibet sie als ein Mittelding zwischen Stein und Erde. Sie wird von einigen hart und rauh, von andern aber weich beschrieben. Andere nennen sie fettig, und daß sie, wenn man sie brennet, scharf wie Kalk werde. Sie wird in Malta in der Höhle des H. Paulus gegraben.

Malvasier, Fr. Malvoise. 1) Einer der süßesten, geistigsten und stärksten Weine, welcher auf einigen griechischen Inseln des Archipelagus wächst, und von da zu uns gebracht wird. Der weiße und beste kam sonst aus Kandia. Man meint, daß, wenn er weit verfahren wird, er zuvor abgekocht werden müsse, weswegen zu Retimo große Brennpfannen gehalten würden. Den Namen hat er von der Stadt Malvesia auf der Halbinsel Morea, wo er am allerbesten wächst. In Italien wird auch etwas weniges von diesem Weine gebauet. In Katalonien nahe bey Sitgis, einer kleinen Stadt, wächst eine Gattung Weintrauben, die einen vortrefflichen Malvasier giebt, allein der Boden, worauf solche wachsen, erstreckt sich nicht weiter, als auf eine viertel Meile. 2) Man nennt auch noch einen gewissen Muskatenwein, der in der Provenz wächst; und den man so lange kochen läßt, bis ein Drittheil davon abgerauchet ist, Malvasier.

Malz, (Brauer) dasjenige Getreide, es sey nun Gerste, Weitzen, oder dergleichen, so zum Bierbrauen zugerichtet wird. Es wird nämlich mit Wasser begossen, daß es aufschwillt und keimt, alsdenn entweder auf der Darre oder an der Luft getrocknet, letzteres heißt alsdenn Luftmalz, und wird zum Weißbier gebraucht.

Malzbäume, (Brauer) zwey viereckigte dicke Stangen, die man im Einmaischen bey dem Bierbrauen quer über die Meischbottige leget, nebst dem Malzbrett, worauf man die Malzsäcke stellen kann, um das Malz desto bequemer einzumaischen.

Malzboden, (Brauer) ein verschlossenes Gemach in dem obern Theile eines Brauhauses, woselbst das gemalzte Getreide verwahrlich aufbehalten wird. Der Malzboden wird am schicklichsten hart an der Malzdarre, (wenn nämlich solche feuerfest gebauet ist) und über der Netzkammer angebracht, damit das Malz von der Darre sogleich auf den Boden an seine gehörige Stelle, und wenn es zu seiner Zeit verbraucht werden soll, von dem Malzboden durch eine sogenannte Gösse (s. diese) hinunter in die Netzkammer geschafft werden kann. Die Malzböden müssen mit Oeffnungen versehen seyn, damit die Luft ungehindert durchstreichen könne.

Malzbrett, (Brauer) in der Malzdarre, diejenigen Bretter, auf welchen das Malz zu liegen kommt.

Malzdarre, s. Darre.

Malzen, Mälzen. (Brauer) Die Kunst das Getreide in Malz zu verwandeln. Die beste Zeit zum Malzen ist bey der kühlen Witterung von Michaelis bis Ostern. Denn im Sommer erhitzt sich das Getreide zu stark beym Malzen, und wird daher oft schimmlicht, erhält einen widrigen Geruch, der sich bis auf den Geschmack des Biers erstreckt. Das Getreide wird in einem Vergießbottig (s. diesen) mit Wasser begossen. Er muß aber nicht ganz voll geschüttet werden, weil das Getreide nach dem Begießen quillt. Das Wasser muß eine Spanne hoch über dem Getreide stehen. Wenn man ein eingeweichtes Korn bequem zwischen den Fingern zerdrücken, und mit seinem Kern, wie mit Kreide schreiben kann, so hat die Gerste lange genug im Wasser gelegen. Die Zeit ist 48 bis 54 Stunden, nachdem die Witterung warm oder kalt ist. Im ersten Fall bleibt sie nicht so lange im Wasser, als im zweyten. Dann wird das Malz auf dem Malzboden ohngefähr 1 Fuß hoch aufgeschüttet, doch im Winter höher, als im Sommer, damit es sich erhitze; und bleibt so lange liegen, bis sich der Keim zeiget, oder bis es ausschießt. Im Sommer muß es aber vorher schon umgeschippet werden, damit es sich nicht zu stark erhitze. Nachher wird es von 12 Stunden zu 12 Stunden umgeschippet, auch wenn es dick liegt, eher und öfter, so lange bis die Malzkeime völlig in einander wachsen, und alle Körner so zu sagen sich mit einander vereinigen. Es ist gut, wenn das Malz vor dem Darren noch einige Tage auf einem Boden auslüftet. Nach dem Malzen wird das Malz auf einer Darre gedarret. (s. darren) Weizenmalz wird eben so behandelt, nur daß es nicht so strenge gedarret wird, oder Luftmalz (s. dieses) daraus gemacht wird.

Mälzer, diejenigen Arbeiter, die das Getreide in Malz verwandeln. (s. Malzen)

Malzhaus, ein wirthschaftliches Gebäude, welches besonders zum Malzen erbauet ist. Es muß darinn ein Boden und eine Darre (s. diese) seyn. Sie werden gemeiniglich an solche Oerter gebauet, wo, wenn darinn Feuer auskömmt, wie sehr leicht geschiehet, dasselbe keine andere Gebäude leicht ergreifen kann. Die Polizey sollte überall nicht gestatten, daß das Malzen in den Brauhäusern selbst geschehe, sondern darauf sehen, daß überall dergleichen öffentliche und gemeinschaftliche Malzhäuser gebauet würden, weil die öftere Erfahrung bestätiget, daß durch das privatmalzen oft große Feuerschäden geschehen.

Malzkammer, (Brauer) ein Boden oder Kammer, wo das Malz, ehe es in die Mühle zum Schroten geschafft wird, verwahret wird.

Malzkorb, (Brauer) Körbe, worinn das Malz von der Darre auf den Malzboden getragen wird.

Malzsäcke, die Säcke von tüchtiger Leinwand, worinn das Malz von dem Malzboden in die Mühle, und von da wieder nach der Brauerey gebracht wird.

Malzschaufel, (Brauer) womit man das zum Malz bestimmte Getreide auf der Malztenne umschippet oder umwendet. Es ist entweder eine ordentliche Kornschaufel, womit man das Getreide auf dem Boden zu wenden pfleget, und welche aus einem einzigen Stück Holz bestehet, oder sie ist aus zwey Stücken, nämlich aus einem, etwa Ellen langen, und dreyviertel Ellen breiten, und vorne zugeschärften Brett, (fast wie an den Backschaufeln oder Schiebern, womit man das Brod einzuschießen pfleget) und einem hölzernen schräge darein gesteckten, ziemlich langen Stiel zusammengesetzt. Die Schaufel selbst wird gemeiniglich von rothbüchenem Holze, hinten etwas schmaler und mit ausgeschnittenen Ecken, der Stiel aber von leichtem Holz gemacht.

Malztenne, (Brauer) dasjenige Gemach in einem Brauhause, wo das eingeweichte Getreide zum Wachsen aufgeschüttet, und von dem Mälzer oder Brauer gehörig gewartet wird. Die Malztenne muß nicht nur vest und sauber, sondern auch weit genug seyn, daß man darauf so vieles Getreide malzen könne, als man zu zwey oder mehr Gebräudeln nöthig hat. Die Tenne wird in einem kühlen Orte, oder an der Erde, auch wol halb oder ganz unter der Erde, als ein Keller angelegt, oder auch in der Höhe im andern Stockwerk angebracht. Der Boden einer solchen Tenne wird mit glatten Ziegeln gepflastert, welche wohl abgerieben, und in Gleichheit gerichtet werden müssen. Er muß von einer Seite einen kleinen Abhang haben, und daselbst mit einem Abfluß versehen seyn, damit sich die Nässe abziehen könne. In einem Winkel dieser Tenne hat der Weichbottig und neben demselben die Pumpe ihren Platz. Die über der Erden errichteten Malzböden erhalten einen Boden von Estrich mit durchgearbeitetem Lehm, und zwar dergestalt, daß sie so bald die Tenne frisch geschlagen ist, den Lehm mit einer Mistgabel wohl durchstechen, und in die Löcher auch über die ganze Tenne Salz streuen, und dann denselben dicht und glatt abebnen.

Mamodes, s. Chint.

Mamoodje, s. Mamoudie.

Mamotbani, weiße, ostindische, baumwollene Zeuge oder Nesseltücher, die fein und gestreift sind. Die schönsten kommen von Bengalen, und liegen ohngefähr [illegible] bis [illegible] Ellen breit, und sind 2 Ellen lang.

Mamoudi, eine Art feiner, weißer Leinwand, welche unter die Bambrasine (s. diese) gehöret, nur daß sie etwas gröblicher aussieht, dagegen aber feiner und weicher ist.

Man

Man bringt sie von Mekka nach Gesirne, und von da zu uns. Ihre Stücke sind gemeiniglich 21 bis 22 pariser Ellen lang, und über eine Elle breit. Sonst führet auch eine Art gemalter Katune oder Zitze diesen Namen, welche aus den Ländern des großen Mogols über Surate zu uns kommt.

Mamoudie, Holl. **Mamoedie**, eine Silbermünze, die in Persien und an vielen ostindischen Oertern gangbar ist. Der persische **Mamoudie** ist an Gestalt und Größe beynahe dem französischen Louis von 5 Sols gleich. Er gilt 2 Chayers, oder wie man diese Münze schreibt, Schays. Zwey Mamoudis 1 Abassi, 10 Mamoudes ein Hasare Denarie, und 100 einen Toman, welches die stärkste persische Rechenmünze ist. Nach unserer Münze gilt Mamoudie ohngefähr 4 Gr. 1 Pf.

Man, Mand, Main, Mao, Maon, ein Gewicht, dessen man sich fast überall in Ostindien und in Persien bedienet. Seine verschiedene Namen hat es ohne Zweifel von der verschiedenen Aussprache der morgenländischen Völker, und der europäischen Kaufleute. Es hält ohngefähr überhaupt 40 pariser oder amsterdammer Pfunde, doch nimt es nach den verschiedenen Ländern ab oder zu.

Mäna, (Handlung) eine Art Häringe, welche auf jeder Seite mit einem runden, gelben oder lasurfarbenen, auch wol schwarzen Flecken gezeichnet sind. Doch sind sie auch oftmals über den ganzen Leib mit allerhand Farben bunt geschreckt, und einige darunter nur einen Finger, andere aber eine Hand lang. Man pökelt sie eben so ein, wie die andern Heringe, und sie sind gleichfalls gut zu essen.

Mand, Mande. So wird im Niederdeutschen, am Niederrhein, und um den Main herum ein Korb genannt. Daher auch daselbst ein Korbmacher **Mandmacher**, ein Körbchen **Mändlein** genannt wird.

Mand, s. **Man.**

Mandel, eine Art zu zählen, so sagt man nämlich eine Mandel Eyer, eine Mandel Käse u. s. w. Es bedeutet soviel als 15 Stück, und vier Mandel machen ein Schock aus.

Mandel, (Landwirthschaft) ein Haufen Getraide von 15 Garben. Daher man auch nach diesen Mandeln rechnet, wenn man das Getraide einführet. Man legt die Mandeln in unserer Gegend also, daß die Aehren inwendig gegen einander, die Stammenden aber auswärts zu liegen kommen, und die Garben werden dabey ins Kreuz geleget, so, daß drey Kreuze über einander zu liegen kommen, welche 12 Garben ausmachen, zwey Garben werden oben darauf quer über geleget, und die dritte, oben gleichs auf die zwey vorhergehenden.

Mandel, s. **Rolle.**

Mandelberg, (Zuckerbäcker) Von Mandeln und Zucker zu gleichen Theilen gebackene Streifen, die zu einem Berg aufgeführet werden, und unter die Konfekturen zum Tischaufsatz gehören. Die zerriebenen Mandeln und Zucker werden mit etwas Wasser, dem Gelben vom Ey und einigen Zitronenschalen zu einem Teig gemacht, der sich gerne auf einander streichen läßt. Dieser aus einander gestrichene Teig wird in Streifen zerschnitten, und auf einem Blech gebacken. Diese gebackene Streifen werden mit stark gekochtem und geläutertem Zucker (Caramel) zu einem Berg zusammen gesetzt, und der Berg mit eben dem Zucker beschmiert. Der Zucker wird nämlich mit der Spinnruthe (s. diese) von Aussen in Fäden gezogen, und solche im Kreise um den Mandelberg geleget.

Mandelbrett, Mangelbrett, das Brett einer Handmangel, womit man die gewaschenen leinenen Zeuge in Ermangelung einer großen Mangel oder Rolle rollt. Es ist ein langes schmales, etwas schweres Brett, hat vorne einen Stiel, damit es gehalten werden kann.

Mandelbrod, (Zuckerbäcker) ein Konfekt, so von Zucker und Mehl, von jedem ein halb Pfund, drey Dottern und vier ganzen Eyern, vier Loth Mandeln, zwey Löffeln voll Rosen- oder Zimmetwasser, auch andern feinen Gewürzen, Zitronen und Pomeranzenschalen, so eingemacht sind, verfertiget wird. Die Eyer muß man zuerst lange rühren, dann wird der Zucker nach und nach hinein gethan und gerühret, hierauf das Mehl und die Gewürze, und endlich die eingemachten Schalen. Zuletzt bestreichet man die dazu gehörige Pfanne mit Butter, belegt den Boden und neben herum die Seiten mit Oblaten, schüttet den Teig darein und läßt ihn ausbacken; schneidet es denn in Stücken, und läßt solche unter der Pfanne wieder braun werden.

Mandelbutter, (Koch) eine mit zerstoßenen Mandeln, wie ein Marzipanteich vermengte Butter, welche zum Verspeisen auf den Tisch gesetzt wird.

Mandelholz, Mangelholz, ein rundes Holz, welches man zum Mangeln der leinenen gewaschenen Zeuge gebrauchet, und worauf man selbiges aufwickelt, um solches unter die Rolle (Mangel) legen zu können. Es ist ein rundes gedrechseltes Holz, so lang, daß es mit seinem Kopf noch unter der Rolle hervorraget, der Kopf ist auf dem einen Ende angebracht, damit man das Holz an solchem anfassen und lenken kann.

Mandelkoch. (Koch) Eine Art Torten, welche aus zerstoßenen Mandeln, Milch, Eyerdottern u. s. f. bereitet werden.

Mandelkrapfen, (Zuckerbäcker, Koch) Krapfen, (s. diese) welche aus zerstoßenen Mandeln, Eyerdottern, Mehl, Butter u. s. w. gebacken werden.

Mandelkuchen, Kuchen, wozu vornehmlich ganze oder zerriebene Mandeln gebraucht werden. Im engern Verstande sind es diejenigen, die von bloßen Mandeln, Zucker und Eyerdottern gebacken werden.

Mandelmilch, (Zuckerbäcker) man nimt süße Mandeln, ziehet solchen die Hülsen ab, indem man solche mit heiß Wasser brühet, stößt sie alsdenn mit frischem Wasser zu einem weichen Brey, seiget es durch, und thut an die davon laufende Milch nach Belieben Rosenwasser, Zimmetwasser, oder Pfirsichkernwasser in ein wenig Zucker.

Mandelmus, (Koch) Mus von eingerührten Mandeln. Es wird also bereitet: Man zerreibet geschälte Mandeln

deln mit Rosenwasser zu einem steifen Teig, zu diesem thut man ein wenig geriebene Semmel, giesst heisses Schmalz daran, und rührt es bis es anfängt zu kochen, salzt es ein wenig, und wirft etwas Zucker dazu, nach dem Anrichten bestreuet man es mit Zucker und Zimmet, oder man zerreibt die Mandeln, schlägt Eyer darein, und rührt es durch einander, läßt Wein in einem Topf heiß werden, thut Zucker und das geriebene Mus hinein, und wenn man will, auch kleine Rosinen, rührt es am Feuer um, daß es sich nicht anlegt, giesst Rosenwasser darunter, rührt es um, und richtet es an.

Mandeln, s. **Mangeln**.

Mandelseife, (Seifensieder) Seife, die mit zerstossenen Mandeln und wohlriechenden Wassern, als Levendelwasser und dergleichen vermischt, und zum Waschen des Gesichts und der Hände gebraucht wird.

Mandelspäne, (Koch, Zuckerbäcker) ein Gebackenes von Mandeln. Man nimt ein halb Pfund Mandeln, werden in heissem Wasser abgezogen, in kaltes Wasser geworfen, und mit ein wenig Rosenwasser nicht gar zu fein in einem Mörser zerstossen. Denn macht man von 8 Eyerweiß einen Schnee, streuet 4 Loth Zucker darunter, und peitschet es wohl mit einer Ruthe untereinander, denn rühret man die Mandeln darunter, so geschwinde als möglich, und peitschet es so lange, bis alles klar ist. Endlich schneidet man Oblatenplätzchen, wie man sie haben will, und thut mit einem Löffel von der gestossenen Mandelnmasse darauf, streuet kleinen bunten Zucker darüber, und backet sie unter einer Tortenpfanne, oder auch in einem schwach geheitzten Ofen. Man macht die Mandelspäne aber noch auf verschiedene andere Arten, so wie es ein jeder im Gebrauch hat. Die beschriebene Art ist sonst die gewöhnlichste.

Mandelstein, **versteinerte Mandeln**, Fr. Pierre des amandes, (Bergwerk) eine thonhafte Bergart, weißlich oder braun, darinn Körper liegen, welche die Gestalt der Mandelkerner, und eine gelbe oder braune Schale haben, inwendig aber aus einer weichen, milden Erde bestehen. Man findet auch einige, die inwendig aus Erlenit, ingleichen andere, so aus Berggrün bestehen. Beyde Arten werden ohnweit Zwickau bey Cainsdorf gefunden.

Mandeltorte, (Zuckerbäcker) Gebackenes, so aus fein zerriebenen Mandeln, Eyerdottern, Milch und Zucker bereitet, wohl unter einander zerrühret, in dazu gemachte kupferne Formen gegossen, und unter einer Tortenpfanne oder auch Ofen gebacken wird.

Mandeltreppe. (Baukunst) So nennt man eine gewisse Art Wendeltreppen, die man auch Hohltreppen nennet. Anstatt der Spindel ist in der Mitte meistens ein achteckigter geräumer Platz, der mehr Länge als Breite hat; wodurch soviel erhalten wird, daß die Stuffen daselbst noch einmal so breit werden, daß man an diesem schmalen Ende hinauf und hinab steigen kann. Paladius giebt dem langen Durchmesser inwendig zwey Theile, und den Stuffen beyderseits eben soviel. Durch die innere hohle Mandung kann zur Noth auch von oben das Licht einfallen. Diese Treppe hat ihren Nutzen in Feuersgefahr; sie lässet sich auch darinnen sehr bequem ein Fahrsessel anbringen.

Mandore, s. Pandore.

Mandremaque, eine Gattung Leinwand, deren Kette von Baumwolle, der Einschlag aber von dem Garne ist, welches man in Indien von den Pappelbäumen machet. Auf den Philippischen Inseln verfertiget man deren eine grosse Menge, und treibt damit einen grossen Handel, sowohl unter den Einwohnern, als auch mit Fremden.

Manebacher Marmor, Fr. Marbre de manebac, (Bergwerk) ein gelber Marmor mit braunen und schwarzen Baumstreifen.

Manege, Fr. dieses Wort bedeutet manchmal den Ort, wo man die Pferde abrichtet, die Reitschule, das Reithaus, die Rennbahn; oder es wird auch für die Uebung des Reitens selbst genommen. (s. Reitbahn, Rennbahn)

Mangalis, ein kleines ostindisches Gewicht, welches ohngefähr 1 Gran wiegt. Man braucht es nur um Diamanten zu wägen; indem die Smaragden und andere Edelgesteine mit Karats gewogen werden, wovon ein jeder 4 Gran hat. Der Mangalis ist von dem **Mangelin** (s. diesen) wohl zu unterscheiden.

Mangar, eine türkische Kupfermünze, deren 24 einen Asper machen.

Mangel, s. **Mandel**.

Mangelhaft, **fehlerhaft seyn**, Fr. Pecher, (Maler) wird von dem Künstler und seinen Werken gesagt. Ein Künstler ist im Kolorit, in der Zeichnung rc. fehlerhaft. Dieses gilt auch von den Gemälden.

Mangelholz, s. **Mandelholz**.

Mangelin, **Mangeliro**, ein Gewicht, womit man die Diamanten in den Bergwerken zu Raolkonda und zu Gani, sonst auch Coulour genannt, wieget. Er wieget 1¾ Karat, und also 7 Gran. Es giebt auch in Galkonda und Vissapour dergleichen.

Mangeln, **Mandeln**, **Rollen**, die weisse Wäsche, wenn sie auf die Mangelhölzer gewickelt, durch das Hin- und Herziehen der Rolle oder Mangel glatt und weich machen.

Mangouro, eine kleine ägyptische Münze, deren rechter Name aber Forele ist.

Mangrab, (Landwirthschaft) in einigen Gegenden im gemeinen Leben soviel Land, als ein Mann in einem Tage umgraben kann, wo es besonders als ein Maaß der Weinberge gebraucht wird; auf den Alpen ein **Mannstoffel**. Auf ähnliche Art braucht man von Wiesen das Wort **Mannsmahd**, soviel als ein Mann in einem Tage abmähen kann.

Mannheimer Gold, s. Similor.

Manier, Fr. Maniere, (Maler) die Art zu arbeiten, eine Touche, ein Geschmack, eine Art zu erfinden, sich einzubilden und auszudrücken, indem man sich vorsetzt, die Natur nachzuahmen. Die Manier des Malers ist eigentlich das, was man bey einem Schriftsteller den Stil nennt, seine Art der Behandlung. Man kennt die Manier eines Malers an seinem Farbenauftrag, an seinen

Kopf-

Kopfstellungen, an den Karaktern seiner Figuren, an dem Ton seines Kolorits, an seiner Art zu erfinden, zusammen zu setzen und zu zeichnen. Jeder Künstler hat seine eigene Manier, und zwar nach dem Grade seiner Kenntniß und Erfahrung in den Regeln und in der Ausübung seiner Kunst. Daher die Manier entweder gut oder schlecht ist. Eine Manier haben, und manieret seyn, sind zwey ganz verschiedene Sachen. Denn obgleich der Maler sich vorsetzt, so vollkommen als möglich die Gegenstände der Natur, welche selbst keine Manier hat, vorzustellen: so kann er doch eine Manier, und sogar eine schöne, eine große Manier haben; allein, wenn man sagt, daß er manieret sey, so ist dieses ein Vorwurf, womit man sagen will, daß er von der Natur und vom Wahren abgehe; daß er sich überall wiederhole; daß alle seine Gegenstände aus einer Form zu kommen scheinen, ohne den Stempel des Wahren einen unterscheidenden Karakter, und die ihnen eigene Lokalfarben zu haben. Man hat verschiedene Manieren, als: die starke nachdrückliche, schwache weibische, gothische, trockne, dürftige, stumpfe, schwere und die große Manier. (s. alle diese Artikel)

Manier, belästigte, s. belästigt.

Manier, gothische, barbarische, (Maler) diejenige Manier in der Art zu malen, die einige Jahrhunderte vor Raphael getrieben wurde. Sie hat nicht leicht andere Regeln, als den Einfall, und ihre Wahl bleibt allezeit bey der niederträchtigen Art. Man muß sich nach dem antiken Geschmack bilden, um diese gothische oder barbarische Manier zu vermeiden, und um seiner Arbeit ein reizendes und edles Wesen zu geben.

Manieren, (Musiker) heißt, wenn ein geübter Sänger oder Instrumentenspieler, seine Partie anmuthig, geschickt und künstlich heraus zu bringen weiß. Sie gründen sich mehr auf den Geschmack, auf die Ausübung selbst, und auf die mit Vernunft eingeführte Manier, als auf gewisse Regeln; ob man gleich überhaupt eines und das andere davon lehren kann. Sie erfordern Fertigkeit und Behutsamkeit, weil üble und zur Unzeit angebrachte Manieren Verwirrung und Eckel verursachen. Sie lassen sich besser bey Instrumenten, als bey Singestimmen anbringen, sind auch nicht alle beständig, sondern halten die Mode mit, dergestalt, daß, was vor einigen Jahren anmuthig klang, jetzt nicht mehr so gerne gehöret wird. Der Aterne, Schleufer, Vorschläge rc. sind die dauerhaftesten.

Manier große, (Maler) ist beynahe eben das, was man starke und nachdrückliche Manier nennt; sie spannet die Umrisse etwas stärker als die Natur aus, und verbessert die Fehler derselben; sie giebt allen Figuren einen Karakter des Edlen, des Reitzes und der Großheit, welcher gefällt, bezaubert und entzückt.

Manier, in die, fallen, (Maler) heißt, wenn ein Maler sich in seinen Werken wiederholet.

Manier, sanfte, richtige, diejenige, welche Umrisse macht die reizend, natürlich, fließend und leicht sind.

Manier schwache, weibische, (Maler) ist das Gegentheil von der starken und nachdrücklichen. (s. diese)

Manier, schwere, s. Schwer.

Manier starke, nachdrückliche, (Maler) diejenige Manier, in welcher die Zeichnung herrscht, in welcher die Muskeln wohl ausgedruckt, die Verhältnisse richtig, der Ausdruck stark, und die Umrisse wohl ausgesprengt sind; allein man muß nicht in das Uebertriebene verfallen.

Manier, stumpfe, s. Stumpf.

Manier, trockne, dürftige, eine Art zu zeichnen, in welcher die Manier mager und hungrig scheinet, die Gewänder in kleine Falten gewickelt sind, die Umrisse wenig Verstand haben u. s. w.

Mannigfaltigkeit, Abwechselung, Fr. Varieté, (Maler) wird von dem Thon der Farben und von der Zusammensetzung gesagt. Es ist ein mannigfaltiger, abwechselnder Thon, wenn das Kolorit in allen Figuren, in den Bäumen, in den Erdreichen u. s. w. nicht einerley ist. Ein nicht abwechselnder Thon macht eine den Augen unangenehme Einfachheit. Die abgewechselte Zusammensetzung besteht in der Verschiedenheit der Gruppen, der Stellung, der Kopfwendung und der Gründe. (s. auch Verschiedenheit)

Manieret, s. Manier.

Manilles, Menilles, Fr. eine ganz besondere Art von Armbändern, und eine von den Waaren, so die Europäer und sonderlich die Holländer, auf die afrikanischen Küsten bringen, und an die Schwarzen verhandeln. Es sind große kupferne oder messingene Ringe, deren sich die afrikanischen Völker zum Putz bedienen, und die man ihnen im Tausch gegen Sklaven oder andere Waaren giebt. Diese Zierrath wird unten an dem Schenkel, über dem Knöchel des Fußes, und an dem dicken Arm über dem Ellbogen angeleget. Man hat ganz platte unausgestochene und runde, dicke und mit ausgegrabenen und erhabenen Laubwerke verzierete; diese sind von gutem Kupfer und einer ziemlich schönen Arbeit; die andern aber sind nur von dem schlechten Abgange dieses Metalls. Man verhandelt beyde nach Stücken oder nach dem Gewichte. Die Vornehmen tragen auch wol dergleichen Ringe von Gold.

Mann, alter, s. alter Mann.

Männchen, Männlein. (Jäger) Wenn der Hase oftmals im vollen Laufen sich hoch aufbäumet und gerade auf die Hinterläufte tritt, um zu sehen, wo die Hunde herkommen, oder was ihm sonst schädlich seyn möchte.

Männchen auf Männchen. (Buchdrucker) Wenn ein schon gedrucktes Buch neu aufgelegt, und zwar so gesetzt wird, daß die Kolumnen oder Seiten der vorigen Ausgabe mit der neuen Auflage genau übereinstimmen.

Männlein, s. Männchen.

Männlich, Fr. mâle, (Maler) man sagt, männliche Glieder, in gleicher Bedeutung, als fest gehaltene Glieder. (s. fest gehalten) Ein männlicher Pinsel ist ein gewisser kecker, kräftiger, und farbenvoller Pinsel.

Mannsfahrt, (Bergwerk) in einigen Gegenden die Handfahrt auf Leitern in einem Schacht. Die Handfahrt im Gegensatz von der Fahrt in Tonnen.

Mannskleid, (Schneider) ein Kleid für eine Person männlichen Geschlechts, im Gegensatz eines Frauenskleides für ein Frauenzimmer.

Mannsmahd, s. Mannsgrab.

Mannsrock, ein Rock für das männliche Geschlecht.

Mannsschneider, ein Schneider, der sich blos mit Verfertigung der Mannskleider beschäftiget, zum Unterschied des Frauensschneiders, der blos Frauenskleider verfertiget. Es giebt Mannsschneider, die nur allein Mannskleider und keine Frauenskleider verfertigen können; und andere, die beydes können. Sie gehören beyde zu einem Handwerk der Schneider. (s. diese)

Mannsschuster, ein Schuhmacher, der nur für Mannsleute Stiefeln, Schuhe und Pantoffeln verfertiget. Im Gegensatz des Frauensschusters, der nur Schuhe für Frauenzimmer verfertiget.

Manometrum, Lat. Luftmesser.

Manoskopium, Lat. s. Luftmesser.

Manöver, Es hat dieses Wort in der Schiffahrt dreyerley Bedeutung. Erstlich alles Tauwerk, stehendes und laufendes und was dazu gehöret, anbringen; zweytens die Arbeit der Matrosen an demselben selbst, und drittens die Kunst das Schiff durch Steuer und Segel zu regieren. Man kann auch das erste Benauen, das andere das Handthieren, und das dritte die Steuerarbeit nennen.

Manöver der Flotte, (Schiffahrt) die Bewegungen der Schiffe in einer Flotte. Diese sind verschiedene, so wie auch ihre Anordnung. Eine Flotte macht sie entweder zugleich oder ein Schiff nach dem andern. Sie legen zugleich, oder eines nach dem andern in einem Punkt um, u. s. w.

Manruthe, Manrade, Hausmasse, (Deichbau) in den niedersächsischen Marschländern, der einem jeden Einwohner einer Dorfschaft mit der Ruthe zugemessene Theil, welchen er an den Deichen und Sieltiefen im baulichen Stande erhalten muß.

Mansardischdach, (Baukunst) ein an seiner schießliegenden Fläche gebrochenes Dach, das seinen Ursprung aus Frankreich, und den Namen von dem Erfinder einem französischen Baumeister, Namens François Mansard, erhalten hat. Es hat dieses Dach vor andern den Vortheil, daß sich darunter noch bequeme Wohnungen anbringen lassen, und die Dachfenster keine so weite Ausladung bekommen, folglich auch keinen so großen Uebelstand, wie sonst gewöhnlich, innerhalb dem Dache machen können; dagegen ist auch die Ungleichheit in der Abdachung daran sehr gefährlich, denn wenn das Dach von der Rinne bis an den Bruch jähe aufsteiget, und deshalb der obere Theil, oder das Aufsetzdach, allzuflach zu liegen kommt, so bleibet nicht nur auf dem letzten der Schnee lange liegen, sondern auch der allzuhäufige Regen, weil er nicht leicht abläuft, in die Ziegel hineinziehet und durchdringet, verursachet nicht geringen Schaden. Dieses aber liegt sehr viel an dem Verhältniß eines solchen gebrochenen Daches, daß man nämlich die Höhe desselben, nach der vorgeschriebenen Zirkels oder Balkenriefe, weder zu hoch noch zu niedrig nehme. Man findet viele Arten, diese Dächer nach gewissen Regeln anzugeben. Besonders hat Krauß, kuhrfürstlich sächsischer Maschinen- und Zimmermeister in seiner bey Breitkopf in Leipzig 1767 in Fol. herausgegebenen Zimmermannskunst, viele dergleichen Dächer beschrieben. Eins der besten Verhältnisse dieser Dächer ist folgendes: die Breite des Daches wird nämlich in vier gleiche Theile getheilet, mit zweyen davon ein gleichschenklichter Triangel aufgerissen, ein Schenkel desselben in 6 Theile getheilet, und durch dessen andern Theil, aber von der Spitze des Triangels angerechnet, mit der untern Breite eine Parallele gezogen. Endlich verlängert man diese Parallele, und setzet von den beyden Schenkeln von der linken nach der rechten Seite, zu beyden Seiten hinauswärts ⅙ zu, so läßt sich der äußere Umriß nach solchem bestimmten Bruch ganz geschickt beschreiben. (s. gedachten Schriftsteller Tab. XX.

Manschester, (Baumwollenmanufaktur) ein baumwollener sammetartiger geschnittener Zeug, der mit eben den Handgriffen, wie der Sammt, (s. diesen) verfertiget wird. Sowohl die Grundkette, als auch die Poil (s. diese) und der Einschlag sind Baumwollengarn. Zu schlechtem Manschester nimt man auch wol eine Kette von leinen Garn. Alle drey Kettenfäden müssen gezwirnt werden. Die Fäden der Kette müssen stark, die zur Poil aber nur locker gezwirnt werden, damit ihr geschnittener Flor den Grund besser decke. Aus diesem Grunde sind die Poilfäden allemal etwas gröber. Man nimt z. B. zur Kette 9 stückiges Garn aus dem Pfund Baumwolle, und zur Poil 7 oder 8 stückiges. Die Fäden des Einschlages sind jederzeit die feinsten, weil sie beym Weben den Flor des Manschesters verbinden, und weil die rauhen Fasern bey einem groben Einschußfaden weiter auseinander stehen würden, als bey einem feinen. Je feiner der Manschester ist, desto feiner müssen auch die Kette, die Poile und der Einschlag seyn; denn je feiner die baumwollenen Fäden sind, desto feiner drengen sich die Fasern des Flors auf dem Manschester aneinander, und desto besser bedecken sie den Grund, und so auch umgekehrt. Man hat drey Gattungen von Manschester: ordinairen, mittleern und feinen. Man sieht schon, daß von dem Unterschiede der Feinheit der Fäden diese Gattungen entstehen. Die ganze Einrichtung des Webens ist so wie bey dem Sammt. (s. diesen)

Manschesterbaum, (Manschesterweber) der Baum, der unter dem Streichbaum des Manschesterstuhls angebracht ist, und auf welchen der Manschester von dem Streichbaum (s. diesen) ganz locker aufgerollt wird, damit sich sein Flor nicht niederdrücke.

Manschestermanufaktur, eine Anstalt, worinn Manschester verfertiget wird. Es ist z. B. 1763 von dem jetzigen König von Preußen in Berlin eine solche Manufaktur errichtet, und ein besonderes großes Haus dazu erbauet worden, welches besonders von den Kaufleuten

Richter

Richtere und Buest Erben, als Entrepreneurs, angenommen worden. Diese Entreprise aber ist vor einigen Jahren der Königl. Seehandlungscompagnie einverleibet worden. Man macht außer dem Manschester auch noch verschiedene andere Zeuge darinnen. Auch in Potsdam ist eine Manschesterfabrike, wie auch in Böhmen und Sachsen sehr viel Manschester verfertiget wird.

Manschesterstuhl, der Stuhl, worauf Manschester gewebet wird. Es ist beynahe ein gewöhnlicher Leinweberstuhl; aber anstatt des Garnbaums liegt zwischen den Hinterständern eine starke Rolle, die nicht mit dem Brustbaum in gleicher Höhe, sondern etwas tiefer lieget, weil die Kettenfäden mit den Polfäden beständig einen gleichen Abstand im Stuhl behalten müssen. Die Kette gehet geneigt von hinten nach vorne, damit man sie aber anspannen könne, so hat die unterste Rolle ein Sperrrad nebst einem Sperrkegel. Statt des Brustbaums des Leinweberstuhls hat dieser Stuhl einen Streifbaum, (s. diesen) dessen Stifte den fertigen Manschester ergreifen und fest halten, weil der Flor des Manschesters zerdrückt würde, wenn er wie gewöhnlich aufgerollt würde. Die Rolle und der Streifbaum befestigen beyde die Kette, und spannen sie bey dem Weben aus. Aber die Pole wird von der Kette abgesondert auf den Stuhl gebracht. Dieserhalb liegt zwischen den beyden Hinterständern über der Walze eine besondere Rolle, die in der Werkstädte gleichfalls Pole heißt; diese Rolle läuft zwischen den beyden Hinterständern des Stuhls ganz frey in ihren Zapfenlöchern, und hat blos an einer Seite einen ledernen Riemen mit Gewichtern hangen. Denn bey dem Weben wickeln sich die Polfäden von sich selbst von der Rolle ab, und das Gewichte muß sie mit der Rolle in der Spannung erhalten, damit sie nicht zu schlaff liegen. Wenn der Riem sich ganz auf die Pole aufgewickelt hat, so muß man das Gewichte abnehmen, den Riem abwickeln, und das Gewichte wieder anhängen. Zu diesem Stuhl werden 6 Schäfte erfordert, 4 nämlich zur Kette und 2 zur Pole. Die Lade hat anstatt der Rohrstäbe Stifte von geplättetem Stahl; übrigens wird alles wie bey dem Sammet eingerichtet. (s. Sammet)

Manschesterweber, ein Zeugmacher, der sich besonders auf das Weben des Manschesters geleget, und selbigen verfertiget.

Manschetten, Handkrausen, (Näherin) die schmale in Falten gekrauste Streifen von Nesseltuch, Batist, Kanten und dergleichen feinen Zeugen, die vorne an die Priesen des Hemdärmel angeschlagen (angenehet) werden, und zum Putz sowohl der Mannsleute, als auch der Frauensleute dienen. Man hat einfache und doppelte; von diesen die obersten schmäler, als die untersten, öfters sind sie auch auslangettet. (s. dieses)

Manschettenfrisur, (Frauenschneider) eine Frisur auf dem vordern Ende eines Ermels auf einer Kontusche, oder auch wol Roberonde, Volante, oder andern ganzen Kleide eines Frauenzimmers. Es bestehet solche aus mehr oder weniger, längern oder kürzern gelegten Falten um den Vordertheil des Ermels, an welchem zugleich eine in Falten gelegte Manschette mit angebracht ist, welche aber mit den Falten aus dem ganzen zugeschnitten ist.

Manaspa, ein Gewichte, das an einigen Orten in Persien, sonderlich in Erivan und um Tauris herum gebräuchlich ist. Es wiegt 11 Pfund unseres Gewichts, und wird daselbst eine gewisse Färberwurzel Runnas genannt, darnach verkauft.

Manson, (Schifffahrt) ein ordentlicher, in einer gewissen Jahreszeit beständig wehender Wind.

Mansurate, d. i. Gewichte von Surate; ein Gewichte, dessen man sich nicht allein zu Surate, sondern auch zu Gamron, sonst Bender Abassi genannt, bedienet, das 40 Serre hat.

Mantel, Treppenhaus, Fr. Cage, (Zimmermann) das Behältniß oder die Einfassung, worinn eine Treppe in die Höhe gehet.

Mantel, (Bergwerk) wird an einigen Orten das glatte Saalband eines Ganges, das vom Gestein abgelöset ist, genennet.

Mantel, (Dachdecker) eine Lage neues Stroh, welche über ein altes Strohdach geleget wird.

Mantel, Fr. Cage, Manteau, (Maurer) das Gemäuer, so etwas umschließt, so nennt man z. B. das Gemäuer, welches einige zusammenschlagende Schornsteinröhren, die nur dünne Unterscheidungsmauern oder Zungen haben, umgiebt.

Mantel, (Schneider) ein weites Kleidungsstück ohne Ermel, welches über der gewöhnlichen Kleidung getragen wird, und worein man sich vor Wind, Regen und Kälte einhüllet. Sie sind von verschiedener Länge und Weite. Jetzt trägt man eine Art, die sehr lang, wol 10 Ellen unten weit ist, und oben einen breiten Kragen hat. Man nennt sie wiener Mäntel, vermuthlich weil sie aus Wien herstammen, und daselbst zuerst gemacht worden.

Mantel, (Stück- und Rothgießer und andere Metallarbeiter) die Decke einer Form, zwischen welcher und dem Kern das flüßige Metall fließet, und die Sache selbst bildet. Der Mantel muß also von dem Kern so weit abstehen, als es die Dicke der Sache erfordert, die gegossen werden soll. Nach Beschaffenheit einer Sache, die gegossen werden soll, wird auch der Mantel verfertiget. (s. davon an seinem Ort)

Mantel, Mantelende, Vorschuß, (Tuchmanufaktur) das vorderste Ende eines Stücks Tuch, welches zuerst gewebet wird; Mantel heißt es deswegen, weil dieses Ende nach der Appretur des Tuchs, wenn es aus der Presse komt, um das ganze Stück geschlagen, und dasselbe gleichsam darein eingehüllt wird. Vorschuß heißt es deswegen, weil hier an diesem Ende der Anfang mit dem Einschießen des Einschlagfadens geschiehet. An der äußern Ecke dieses Mantelendes wird der Name des Manufakturisten eingewebet.

Mantel der Glocke, (Glockengießer) nachdem die Dicke (s. diese) geformt worden, so wird das Schablon (s. dieses) abgenommen, weiter ausgeschnitten, (auch nur aus freyer Hand, weil der Mantel keiner äußerlichen Zierrath bedarf;) alsdenn wieder an seinem Ort an der Spille zum Formen angemacht, und nunmehr der Auftrag zum Mantel aufgetragen. Die Figuren von Wachs auf der Dicke der Form nöthigen den Gießer, die ersten Lagen des Mantels aus einer Materie zu machen, die das Wachs nicht beschädiget. Man nimt hiezu zwey Theile gesiebten Lehm, 2 Theile Ziegelmehl und 1 Theil gut zerstoßenen Schmelztiegel. Diese Vermischung nennt der Gießer Ziegellehm. Alles dies wird mit einander zerstoßen, gesiebt, Kälberhaare dazu gemischt, mit Wasser zu einem dünnen Brey gemacht, und mit einem Pinsel auf die Gestalt oder Dicke der Glocke aufgestrichen, bis diese Masse zwey oder dreymal aufgetragen, und die Gestalt mit einer starken Rinde davon bedeckt ist. Nun werden andere Lagen von gewöhnlichem Lehm mit Scheben vermischt aufgetragen, wobey darauf gesehen werden muß, daß der Mantel eine Festigkeit erhalte, deswegen denn auch auf die erste Lage dieser Art Werg ausgebreitet wird, damit das Ganze desto vester werde. Nach dem zweyten Auftrage wird ein gelindes Feuer in die Glockenform in den Kern gemacht, daß nur eben das Wachs aus der untersten Tünche des Mantels ausschmelzen kann. Dieses Innere des Mantels nimt völlig die Gestalt der Dicke an, und die Figuren und Buchstaben stehen nunmehr vertieft in dem Mantel, wenn das Wachs ausgeschmolzen ist. Zuletzt trägt man soviel Lehm auf, bis er den Schablon erreicht, und hiermit kann abgebildet werden. Dies letzte dient nur blos dazu, um zu erkennen, ob der Mantel auch überall eine gleiche Dicke habe. Man muß noch bey dem Mantel merken, daß der untere Absatz desselben über das Fundament der Form vorragt, und hierdurch das Metall abhält, daß es bey dem Guß nicht aus der leeren Gestalt oder Dicke auslaufe. Wenn der Mantel durch das Feuer ausgetrocknet worden, so muß derselbe aufs äußerste abgenommen werden, damit der Gießer die Gestalt oder die übrige Dicke ausschlagen kann, weil der Raum derselben das Metall einnehmen und die Glocke bilden muß. Um dem Mantel seine rechte Festigkeit zu geben, und ihn bey dem Guß vor dem Springen zu bewahren, so legt man nach der Höhe der Glocke eiserne Schienen, einige Zoll aus einander, an den Mantel, die sich genau an denselben anschließen müssen, und über die Schienen werden hölzerne und eiserne Bänder, wie auf ein Faß getrieben. Jede Schiene hat unten einen Widerhaken, der den Mantel in dem Absatz ergreift, und oben einen Ring, in welchem man ein Seil befestiget, und dann den Mantel mit einer Erdwinde von den übrigen Theilen der Form abnimmt. Vorher hat aber der Gießer ein Zeichen, sowohl an dem Mantel, als auch an dem Stand des Fundaments gemacht, weil, wenn die Dicke ausgeschlagen, der Mantel eben so wieder aufgesetzt werden muß. Der Mantel wird nachher, wenn er wieder aufgesetzt ist, unten an dem Stand überall gut verschmiert, damit keine Fuge bleibe, und das Metall beym Guß keinen Ausgang finde. Da das flüssige Metall den Mantel beym Guß ausgedehnet, so wird die Dammgrube der Form um den ganzen Mantel herum mit Erde ausgefüllt und solche mit einem eisernen Stampfer so vest wie möglich gestampfet. Auf die beschriebene Art werden alle andere Mantelle, als der Stücke, der Kanonen und Bildsäulen verfertiget, und kommt dabey nichts weiter veränderliches vor, als daß die Masse des Mantels öfters noch aus mehr Ingredienzien, als Roßäpfel, Urin, Spreu ꝛc. bestehet.

Mantelraupe, s. Mantel.

Mantelet, Fr. (Kriegsbaukunst) eine Gattung der Bedeckungen im Kriege. Sie sind entweder einfach, und bestehen aus zwey oder drey starken eichenen Bolen, werden bis drey Fuß breit und 5 Fuß lang gemacht, und mit Blech beschlagen. Wenn man auf der Bresche oder Kontreskarpe Posto fassen will, so werden sie von den Soldaten vor sich hergetragen, und an dem bestimmten Orte zwey und zwey gegen einander gelehnet, daß sie gleichsam ein Dach machen, und den Arbeiter vor Granaten und andern Feuergeschoß bedecken. Oder sie sind doppelt, und bestehen aus zween gegen einander geschlagenen bretternen Wänden, deren Zwischenraum mit Erde oder andern zähen Zeuge stark ausgefüllt ist, sie werden auf Blockräder gesetzt, damit man sie leichter fortschieben kann, und zur Bedeckung in Verfertigung der Laufgräben und Batterien gebrauchet.

Mantelsack, ein länglichter, lederner, oder tuchener mit Leinwand gefütterter Sack, der in der Mitte eine Oeffnung hat, und mit einer Klappe, die mit Knöpfen zugeknöpfet werden kann, versehen ist. Auf Reisen werden die Kleidungsstücke und Wäsche ꝛc. darein gepackt, und man kann solchen Mantelsack sehr bequem hinter sich auf das Pferd schnallen. Er hat vermuthlich davon den Namen, weil man ehedem wirkliche Mäntel so einrichtete, daß sie als ein länglichter Sack konnten zusammengeknöpft, und zu dem besagten Gebrauch angewendet werden.

Mantelstock, ein Stock auf einem breiten Fuß oben mit einem Kreuz versehen, worauf man ehedem die Mäntel aufhängte, wenn sie nicht gebraucht wurden.

Manual, (Orgelbauer) eine Orgel erhält wenigstens zwey Manuale, d. i. zwey Reihen Klaves, die mit den Fingern geschlagen und dadurch die Pfeifen der Orgel zum Tönen gebracht werden. Die Manuale sind gewöhnlich unter dem Prinzipal angebracht, und nur selten an der schmalen Seite der Orgel. Die Klaves einer Orgel sind so wie bey einem Klavier oder Flügel (Klaves) beschaffen, nur der Mechanismus derselben, um die Pfeifen zu spielen, ist anders. Auf dem hintersten Theil des Manuals ist nämlich eine senkrechte Schraube, deren Schraubenmutter die Oese eines Drahtes träget, der an einem dünnen Holz der Abstrakte befestiget ist. Dieses Holz sitzt mit dem einen Ende an dem Arm einer Welle, an deren hintern Arm abermals vermittelst eines Gelenks eine Abstrakte oder Koppel (s. diese) befestiget ist, an welcher ein Draht sitzt, der die Windlade durchbohret, und an dem Ventil derselben befestiget ist. Die Blasebälge führen den Wind in die Windlade, und daher ist an beschriebenem Drahte ein

ein kleiner Ventil beweglich, der das Loch verschließet, worinn der Drath stecket. Ueber der Windlade ist für jeden Klaves eine Kanzelle, (s. diese) die beynahe zur Hälfte verschlossen, das übrige aber offen, die Oeffnung aber mit dem oben gedachten Ventil verschlossen ist. Damit sich dieses recht anschließe, so wird es noch mit einer Feder vest angedrückt. Wenn man im Manual ein Klaves mit den Fingern hinabgedruckt wird, so ziehet dieser die Abstrakte gleichfalls herab; diese drehet die Welle, die in ihren Zapfenlöchern liegt, in etwas herum, der zweyte Arm der Welle ziehet wieder die obere Abstrakte hinab, und der Drath der letztern öffnet das Ventil. Sobald sich das Ventil öffnet, so dringet der Wind aus der Windlade (s. diese) in die Kanzelle, und füllet diese an, allein die Feder, die das Ventil andrückt, verschließt sogleich dasselbe wieder, aus der Kanzelle durch alle Löcher derselben in die Löcher der gehörigen Register, (s. diese) und da über diesen Löchern die untere Oeffnungen der Pfeifen sich befinden, so geht der Wind in die Pfeifen über, und diese geben den von ihnen zu erwartenden Ton.

Manual, s. **Memorial**.

Manual eines Glockenspiels, (Uhrmacher) ein Manual, oder das Klavier, (s. dieses) welches bey einem Flügel oder Klavier angebracht ist, die Klaves zu bewegen, um dadurch die Tasten klingend zu machen, das bey einem Glockenspiel auf den Thürmen mit einem Pedal angebracht ist, und wodurch die Kleppel in den Glocken in Bewegung gebracht werden. Statt der Klaves hat dieses Manual messingene Kleppel, die mit der Hand hinab gedruckt werden. Sie bewegen aber nicht die Hämmer neben den Glocken, denn dies würde den Mechanismus des Uhrwerks unterbrechen, sondern die Kleppel in den Glocken durch einen **Wendestock**. (s. diesen)

Manualkoppel, (Orgelbauer) die Bewegung des Manuals. (s. Koppel)

Manuf, **Menuf**, eine Art ägyptischen Flachses, womit man zu Cairo Handel treibet.

Manufakturarbeit, Waaren, die in einer Manufaktur verfertiget werden.

Manufakturen, fr. Manufactures große Anstalten, worinn viele Sachen durch die Kunst zu allerley Kaufmannswaaren verfertiget werden. Alle Dinge, die durch den Fleiß und die Geschicklichkeit der Menschen mehr bearbeitet werden, nachdem sie von der gütigen Hand der Natur hervorgebracht worden, werden im weitläuftigen Verstande Manufaktur- oder Fabrikenarbeiten genennt. Kurz alle Werke des Fleißes und der Kunst sind im allgemeinen Verstande darunter begriffen. Es gehören demnach alle Handwerker, ja alle Handarbeiten, wodurch die von der Natur hervorgebrachten Dinge eine andere Gestalt zum Gebrauch bekommen, zu den Manufakturen oder Fabriken. Allein im engern Verstande beleget man nur diejenigen Bearbeitungen der Naturprodukte mit diesem Namen, die erst in neuern Zeiten bey einer Nation eingeführet worden, oder die erst bey derselben in Gang gebracht werden sollen. Manufakturen und Fabriken werden gemeiniglich für gleichbedeutende Wörter gehalten und gebraucht, allein ihre Bedeutung ist in der That von einander unterschieden. Unter Manufakturen verstehet man eigentlich nur diejenigen Bearbeitungen, die blos mit der Hand, von Manus, der ersten Hälfte des Wortes Manufaktur ohne Feuer und Hammer geschehen. Die aber mit dem Hammer und Feuer bereitet werden, gehören zu den Fabriken. (s. Fabrike) Dieser Unterschied, der auf die ursprüngliche Bedeutung der Worte gegründet ist, wird im gemeinen Leben selten beobachtet. Man sagt eine Tuch- Kamlot- Seidenfabrike, welche doch den Namen Manufaktur haben sollten. Es gehören demnach alle möglichen Zeugwaaren, sie seyen von Leinen, Baumwolle oder Seide, zu den Manufakturen, ferner alle Lederarbeiten und Bereitun[illegible]fellen, überhaupt fast alle Waaren, die aus dem Thier- und Pflanzenreich bereitet werden, gehören zu den Manufakturarbeiten. Außerdem verstehet man auch unter dem Worte Manufaktur das Haus oder die Gebäude, wo alle diese Manufakturarbeiten im Großen verfertiget werden. Der Inhaber eines solchen Manufakturhauses ist entweder ein Sachverständiger selbst, oder er ist nur ein Inhaber derselben, der das nöthige Geld dazu anwendet, daß dergleichen Waaren unter der Aufsicht eines sachverständigen Werkmeisters verfertiget werden. Besser ist es freylich, wenn er die Sachen, die er machen läßt, verstehet, und davon zu urtheilen weiß, er wird allemal einen wesentlichen Nutzen daraus ziehen, und im Stande seyn, immer auf neue Erfindungen in seinen Waaren zu denken, und an dieser oder jener Waare, die er verfertigen läßt, etwas neues zu machen, damit die Mode befriediget werde. In einer Manufaktur werden, so wie in der Fabrike, alle Arbeiten ins Große durch viele Hände verrichtet, indem ein Arbeiter dem andern in die Hand arbeitet. Sind die Anstalten einer Manufaktur weitläuftig, so werden die meisten Arbeiten im Hause selbst verfertiget, so daß nur die Nebenarbeiten, außer dem Hause gemacht werden, z. B. in einer Tuchmanufaktur geschiehet das Spinnen und Weben außerhalb derselben, alle andere Zubereitungsarbeiten geschehen in dem Hause selbst. Es giebt aber auch Manufakturen, wo alles im Manufakturhause verfertiget wird, z. B. in der Blumenmanufaktur. Es ist allemal für den Inhaber einer Manufaktur besser, wenn er suchet, daß alle Arbeiten in dem Hause verrichtet werden, weil er dadurch in den Stand gesetzt wird, alles selbst, oder durch seine Werkmeister übersehen zu können und den Fehlern abzuhelfen. (s. Fabrike)

Manufakturist, der Inhaber einer Manufaktur, der verschiedene Waaren darinn verfertigen läßt.

Manuskripte auszurechnen, (Buchdrucker) eine Handschrift, die abgedruckt werden soll, zu überschlagen, wie viel wol gedruckte Bogen daraus werden? Um dieses zu bewerkstelligen, setzt der Setzer mit eben den Lettern und in eben dem Formate, so man zu dem Buche gewählt hat, und zählet hierauf die Buchstaben oder Zeilen der Handschrift, welche die gedachte 4 bis 6 Zeilen abgesetzt, enthalten. Zählet er ferner alle Zeilen eines Blatts, und die Handschrift ist auf allen Seiten und Blättern ziemlich gleich, so kann er nach den gezählten Zeilen ziemlich genau berechnen, wie viel gedruckte Bogen das Buch stark werden wird. Hat man vollends schon einen ganzen Bogen abgedruckt, so läßt sich schon ziemlich genau aus der Anzahl der Blätter eines Manuskriptes bestimmen, wie viel Bogen gedruckt werden. Giebt es Handschriften, die nicht überall gleich dichte geschrieben sind, so giebt er bey diesen Stellen etwas von seiner Rechnung zu, die er auch mit Rothstein am Rande bemerkt. Das Ausrechnen der Bogenzahl geschiehet oft blos deswegen, damit soviel wie möglich ein Buch, oder auch nur ein Abschnitt mit einem vollen Bogen sich endige; doch kann auch dasselbe nicht allemal eintreffen, und das Ausrechnen geschiehet oft auch deswegen, damit der Verleger die Bogenzahl seines Buchs zum voraus wisse.

Mao, Maon, s. Man.

Maone, s. Mahon.

Mapou, Ceiba, Fr. Fromager, deutsch Käsebaum; ein Baum, der sehr geschwinde wächst, und einer von den dicksten in den amerikanischen Inseln. Seine Aeste sind fast wagrecht vom Stamm aus, breiten sich sehr aus, daben hat er dieses besondere an sich, daß die Mitte seines Stammes weit dicker ist als der Fuß und der Gipfel. Man nennet ihn deswegen Käsebaum, weil sein Holz fast eben so leicht als ein holländischer Käse sich schneiden läßt. Die Frucht, als die Hauptsache, warum wir dieses Baums hier gedenken, wächst aus einer sehr artigen aber sehr unangenehm riechenden Blüte, deren Knöpfen immer dicker, größer und zu einer länglichen Frucht werden, die fast die Gestalt eines Kegels hat, und aus fünf Fächern bestehet. In der Schale dieser Frucht ist inwendig eine feine, glänzende, krause, weißgrau aussehende Wolle oder vielmehr Baumwolle, dieses ist eine Art von Watte, und wird auch so gebraucht. In Frankreich gehöret sie unter die kontrebande Waaren.

Maquilleur, Fr. eine Art von Schifferbooten.

Mararadis, s. das folgende.

Marraredis, Marraradis, eine kleine Kupfermünze in Spanien, die aber wenig gangbar ist, ohngeachtet sich die Spanier derselben in allen Rechnungsmünzen bedienen. Zu einem Real de Velon oder in Kupfer gehören 34 Maravedis, und zu einem Real di Plata oder in Silber 63 Maravedis, so, daß zu einem Piaster oder einem Stück von 8 Realen 510 Maravedis gehören. Nach unserm Gelde ist der Maravedis soviel als 1$\frac{1}{17}$ Pfennig.

Mardler, Marderfell, (Kürschner) das Fell von dem Marder, wovon es zwey Arten giebt, Baum- und Steinmarderfelle. Das Fell von den Baummardern ist von einer schönen kastanienbraunen Farbe, etwas in das schwärzliche fallend, unter der Kehle aber gelblich und am Schwanze fast schwarz, hat ein weiches, zartes, gelindes und dicht zusammen gewachsenes Haar. Man legt ihm deswegen den Namen Edelmarder bey. Das Fell von dem Steinmarder ist etwas kleiner und von einer fehlgrau in das röthliche fallenden Farbe, hat auch eine weiße Kehle. Die Marder sind fast in allen Ländern; der erstere hält sich in den hohlen Bäumen, der andere aber in den Steinritzen, Felslöchern, unter den Dächern, Scheunen, Ställen und andern Gebäuden auf. Sie sind etwas kleiner als eine Katze, aber länger und gestreckter. Sie werden in Fallen gefangen und selten geschossen, weil dadurch der Balg verdorben würde, der unter die kostbarsten Pelzwerke gerechnet wird.

Marderfalle, (Jäger) eine Falle, worinn man einen Marder fängt. Man hat doppelte und einfache. Die erstern bestehen aus drey 3 oder 4 Fuß langen Pfosten, die 9 bis 10 Zoll breit, und 3 Zoll dick seyn müssen. Diese werden also zusammen genagelt, daß eines davon den Boden, die andern beyden aber die Seiten ausmachen. Hinten wird es mit einem Pfosten, 9 oder 10 Zoll ins Gevierte und drey Zoll dick, verschlagen. Alsdenn nimt man einen andern von eben der Stärke, aber nur etwa den dritten Theil so lang als einen von den drey ersten, der wird oben darauf genagelt. Die übrige Oeffnung wird gleichfalls mit einem Brett versehen, welches man aber auf- und zumachen kann. Nun bohrt man an dem Bord der zwey Seitenbretter ein Loch, und schlägt zwey Nägel durch, daß sie das obere Pfostenstück fassen, und daselbst statt einer Achse dienen können, wenn es aufgezogen werden oder zufallen soll. An dieses wird wiederum ein Stück Brett angenagelt, welches allein an den Falldeckel befestigt wird, damit, wenn man es niederläßt, alles einer verschlossenen Lade ähnlich sey. Alsdenn nimt man zwey Stücken Holz, jedes zwey Schuhe lang, einen Zoll breit, und ½ Zoll dick, wodurch oben Löcher durchbohret werden, daß man den kleinen Finger durchstecken kann, und nagelt sie in der Mitte der beyden Seitenbretter, eines gerade gegen dem andern über, veste. Vorher aber wird in die Löcher oben ein viereckiges Holz gesteckt, so einen Zoll stark und an beyden Enden wie eine Achse abgerundet ist, damit es sein geläufig darinn herumgehe. In der Mitte dieses viereckigen Holzes wird ein Loch gemacht, darinn man einen schwachen Stock einstecken und dergestalt befestigen muß, daß er auf das bewegliche Oberbrett, wenn es niedergelassen ist, senkrecht sich von selbsten stelle und stehen bleibe, damit das gefangene Thier dasselbe nicht über sich heben und entkommen möge. Ehe und bevor aber die Pfosten zusammengenagelt werden, so muß in das Seitenstück unten ein zwey Zoll hohes, und einen halben Zoll weites Loch eingeschnitten, und gerade über an dem andern Seitenbrett ein klein Loch eingebohret werden, damit man eine dünne Schnur dadurch ziehen und einen Sprenkel oder Stock etwa des kleinen Fingers dick, daran binden kann. Dieser Sprenkel, so an seiner Spitze auf der andern Seite befestiget, und durch das Loch durchgesteckt worden, muß frey auf- und abgelassen werden können, und 2 oder 3 Zoll weit vor solches Loch herausgehen, auch zunächst bey seinem Ende einen Kerb haben; denn es wird inwendig in der Falle, mitten an diesem Sprenkel das Geäse angeheftelt. Außerdem wird noch ein starker Bindfaden auswärts in der Mitte des beweglichen Oberbrettes mit dem einen Ende,

mit

mit dem andern Ende aber, an ein kleines 1½ Zoll langes, und einen halben Zoll dickes, auch an seinen beyden Spitzen wie ein Keil zugeschnittenes Hölzchen, dergestalt angebunden, daß, wenn gedachtes obere Brett oder Deckel einen halben Fuß aufgehoben, und der Bindfaden über der Achse des Stocks, und über die an einem aufgerichteten Säulchen bewegliche Rolle herübergezogen worden, das kleinere Hölzchen mit dem einen Ende in des Sprenkels Kerbe, und mit dem andern an dem Bord oder Rand des Lochs an und aufstehe. Nun ist die Falle aufgestellet, wobey zu beobachten, daß der Sprenkel blos eines viertel Zolls hoch über dem Boden der Falle erhöhet stehen müsse; wenn nun der Marder das Gesäse riechet, so gehet er hinein, und sobald er nur ein wenig daran beisset, springt das Hölzchen aus dem Sprenkel, und verursachet, daß die Falle zuschießet, folglich ist er eingesperrt. Die doppelte Falle wird fast eben so zugerichtet.

Marderfelle, s. Marder.

Mardermuffe, (Kürschner) eine Muffe (s. diese) aus Marderfellen. Man gebraucht hiezu 4 bis 6 Stück Felle, die an Farbe und Güte einander gleich seyn müssen. Sämmtliche Felle werden erst zu einem Blatt mit einer überwendlichen Nath zusammengenehet. Der Bauch oder die Seiten der Felle wird abgeschlagen, (abgeschnitten) weil er zu flach und dünne ist. Nachher wird das zusammengenehete Blatt auf ein Brett aufgesteckt, und nach dem Maaß die Muffe zugeschnitten, und zu einer Muffe zusammengenehet und gebildet.

Mardergarn, (Jäger) ein kleines von feinen Bindfäden und Leinchen, mit engen Maschen zusammengestricktes Netze, um die Marder lebendig zu fangen. Es ist fast einem Hasennetz ähnlich, nur daß die Maschen enger sind. Wenn man bey einem gefallenen Schnee einen Marder ausspühret, so stellet man ein Paar solcher kleiner Netze auf, stöhret in die Behältnisse, und lässet die Hunde stöbern, welche den Marder sodann heraus, und in die Netze jagen.

Maresse, (Fischer) kleine Klebgarne. (s. diese)

Margarieba, s. Perle.

Märgel, eine fette mürbe, zerbrechliche vermischte Erdart, welche aus Thon und Kalkerde bestehet, gemeiniglich von grauer, oft aber auch von weißer und gelber Farbe ist, und zum Düngen sandigter Acker gebraucht wird.

Märgelerde, eine mit Märgel vermischte Erde, ingleichen Märgel in Gestalt einer Erde, zum Unterschiede von dem Märgel in vester an einander hangender Gestalt.

Marginalien. (Buchdrucker) So werden die an der Seite einer Kolumne, hin und wieder vorspringende und abgesonderte Zeilen in einem gedruckten Buch genannt.

Margriete, eine Gattung Glasperlen, und zwar die größte, welche gemeiniglich sehr dunkelblau und mit weißen oder gelben Streifen versehen sind. Sie werden zur Handlung mit den Völkern auf den afrikanischen Küsten gebrauchet.

Margrietin, eine Art sehr feiner Glasperlen von mancherley Farbe, Größe und Feinheit. Die feinsten von den gefärbten werden mit zur Stickerey gebrauchet, und man machet auch allerhand Quasten und Troddeln davon. Die allerzartesten Perlen werden Staubperlen genannt, und kommen die schönsten von Venedig. Man macht aber auch in Deutschland und Frankreich welche: doch gleichen sie jenen nicht, weil Bley dazu genommen wird, die Venetianischen hingegen von blasser Emaille (s. diese) sind. Die größten werden nach den guineischen Küsten und auf die Inseln geschickt, wo sie ein Putz der Insulaner sind. Sie mögen aber so groß seyn als sie wollen, so werden sie insgesammt aufgereihet, und in Massen, oder Paketen von vielen Schnüren, pfundweise verkauft. (s. Glasperlen)

Marguerite, ein schlechter gemengter Zeug von Wolle, Seide und Zwirn, der von den sogenannten Hauteliceurs (hochschäftigen Tapetenwebern) gewebet wird. Er muß 1½ Fuß pariser Maaß breit, und das Stück etwas über zwanzig Ellen lang seyn.

Maria, eine spanische Silbermünze, ihr Gepräge zeiget einen verzogenen Namen oder mit einem Kreuze.

Marienbad, (Apotheker) ein Gefäß mit Wasser, unter welches Feuer angemacht wird; um ein anderes Gefäß darein zu setzen und zu destilliren.

Marieneis, s. Frauenglas.

Marienglas, s. Frauenglas.

Mariengroschen, eine Silbermünze, die in Niedersachsen gangbar ist. Sie hält zwey Matthier oder 8 gute Pfennige, und machen deren 36 einen Reichsthaler.

Mariengulden, eine Silbermünze, die 20 Mariengroschen, oder 13 gute Groschen und 4 Pfennige macht.

Marine, heißt die Schiff- oder Seefahrt, ferner die Seekunst, und denn auch das gesammte Seevolk, wie auch die Verfassung der Seesachen.

Mariniren, gebratene oder auch abgekochte Fische in Essig und Gewürz legen, damit sie eine Zeitlang können erhalten werden. Unter die marinirten Fische gehören der Lachs, der Stöhr, die Aale, die Aalraupe, die Forelle, Mourene etc.

Marintrompete, (Musiker) ein Instrument, welches nur mit einer groben Saite bezogen ist. Es wird mit einem Bogen gespielt, und kömt den Intervallen und Sprüngen nach mit der Trompete überein.

Marionette, Goldmünze, die vor diesem in Lotharingen und an einigen Orten in Deutschland geschlagen wurde, sie wog 2 Pfennige und 13 Gran. Die deutschen Marionetten hielten im Feinen 16½ Karat; die Lotharingischen aber nur 9 Karat.

Mariottische Wasserwage, (Wasserkünstler) die allernatürlichste Wasserwage, um dadurch den horizontalen- oder Wasserstand anzuzeigen. Sie bestehet aus einer hölzernen Rinne oder Kanal, davon die Breite 4 bis 5 Zoll, die Länge 5 oder 6 Fuß, und die Höhe 2 Zoll hat. Die Höhe der Seiten 1 Zoll und die Breite oder Dicke etwa 4 oder 6 Linien. Damit die innerliche Weite 4 Zoll verbleibe. An beyden Enden der Rinne werden zwey Stückchen Wachs in Form eines Keils gegeneinander gesetzt, die dünnere Seiten gegen einander gekehrt. Wenn sie nun recht horizontal gestellt und Wasser in dieselbe gegossen worden, so stemmet sich das Wasser an beyden Seiten des Wachses in die Höhe, und macht eine Erhöhung. Denn das Wasser hat die Eigenschaft, daß es, wenn es auf ein truckenes oder fettes Planum gegossen wird, an dem Rande eine Oeffnung oder Erhöhung machet: gleichwie es in einem kleinen und zumal engen Gefäß, sich am Rande anleget, steiget, und in der Mitte eine Tiefe macht. Die wächsernen Keile sind etwas über 1 Linie hoch, und wenn das Wasser sich an dem einen Ende nicht so hoch erhebet, so stehet die Wage ungleich, und muß daher mit kleinen untergelegten hölzernen Keilen gerichtet werden. Das Wasser muß ganz sachte, auch nicht zuviel aufgegossen werden, sonst läuft es über, und man erlangt nicht seinen Zweck; ist aber alles wohl beobachtet, so bekömmt man von einem Ende bis zum andern einen rechten horizontalen Wasserspiegel, worinn das Objekt, welches man abwägen will, erscheinet.

Mark, (Achener) eine Münze, die erst 1613 in der Reichsstadt Achen gepräget worden, ist heut zu Tage soviel als ein Petermännchen, und machen deren 27, 41 Kreuzer. Es ist aber ein Unterschied unter einer achener Mark und einer so genannten Mark Aix, denn wenn diese, gegen jene gerechnet wird, so beträgt die Mark Aix auf jeden Reichsthaler ein Petermännchen mehr.

Mark, Silbergeld in Schweden, eine Münze, die acht Silber- oder Weisse Oere, nach sächsischem Gelde aber drey gute Groschen thut.

Mark, eine Münze in Schottland, welche nach französischem Gelde 20 Sols Tournois, oder nach unserm Gelde ohngefähr 6 Groschen galt.

Mark, Fr. le marc, ein Gewicht, dessen man sich hauptsächlich bey Wiegung des Goldes und Silbers, und deren Legirung zur Vermengung oder Verarbeitung bedienet. Sie wird zu einem halben Pfund, 8 Unzen oder 16 Loth gerechnet. Sie ist nicht aller Orten gleich schwer. Die Troische ist schwerer als die Wendische. Die Nürnbergische schwerer als die Miraubernische, und diese schwerer als die Augspurger. Die Augspurgische aber wieder schwerer als die Kölnische, die Kölnische aber wieder schwerer als die Meyländische. Die Kölnische aber ist die gemeinste.

Mark, Satz, Grund. Fr. Paiée, (Färber) die gröbern Theile der Farbeningredienzien einer Küpe, die sich unten in dem conischen Theil der Küpe auf dem Boden sammlen, der mit dem Dreiß (s. diesen) bedeckt wird, damit die zu färbende Sachen solchen nicht berühren.

Mark, (Landwirthschaft) die Grenze oder Markung derselben.

Markasit, Fr. Pyrites crystallisées ou marcasites, (Bergwerk) eine Art Kiese, welche eine kristallförmige Gestalt haben, gelb wie Meßing, doch niemals lichter, ein andermal dunkler sind, auf den Oberflächen glatt, fast wie geschliffen und glänzend aussehen. Man findet sie würflicht, viereckigt, und von andrer Gestalt. Einige lassen sich schleifen, und haben bey Licht einigen Glanz, der so stark ist, als das Feuer guter Steine. Wenn man mit dem Stahl darauf schläget, geben sie Feuer, wegen des bey sich habenden Schwefels, sind aber nicht so hart; man findet auch Stufen von ziemlicher Größe, die keine Figur haben, auf der Oberfläche aber glatt sind und einen Spiegel haben.

Marketerie, Fr. s. Eingelegte Arbeit, auch Furniren.

Markgewähr, Markwährung, eine Anzahl kleiner Münze, die das Gewicht einer Mark austragen und gewähren muß, welche nicht gewogen, sondern gezählet wird. Sie ist zweyerley, die besondere, wenn nur einerley Münze ist, und die allgemeine, wenn allerley Münze auf den innerlichen Werth zusammengerechnet wird.

Markigt, Fr. Moëlleux, (Maler) das Gegentheil vom Harten und Trocknen. Das Markigte in der Zeichnung bedeutet das Flüssende in den Umrissen, das Sanfte in den Strichen, welches ihnen das Schneidende benimmt. Ein markigtes Kolorit ist dasjenige, in welchem die Haltung wohl beobachtet ist, in welchem die feinen und wohl verschmolzenen Farben die Frische und das Zarte des Fleisches, nach Beschaffenheit des Alters und des Geschlechts, ausdrücken. Ein markigter Pinsel, ist derjenige, welcher die Farben wohl in einander vertreibt.

Marklübisch, eine Münze, wornach in Niedersachsen, vornehmlich in Hamburg gerechnet wird. Sie macht ohngefähr einen drittel Thaler oder 8 bis 10 Groschen nach sächsischem Gelde aus.

Markscheide, Fr. la borne d'une mine, die Grenze zwischen zweyen im Felde liegenden Nachbarn, welche insgemein über Tage mit einem Lochstein, in der Grube aber, wenn das Feld verfahren, und die Vierung hineingefället worden, mit einer Markscheider Stuffe bemerket wird. Der Name kömt von Merken und Scheiden her. Der Pater Körner will es von dem böhmischen Wort Miera und von dem Wort Miechowarz herleiten.

Markscheidekunst, Fr. l'art de mesurer les mines, die Wissenschaft, auf den Bergwerken die Linien, Flächen und den Abstand derselben sowohl, als die Abweichung von der wagrechten und Saigerlinie auszumessen, und durch einen Aufriß vorzustellen.

Markscheiden, Fr. mesurer les mines, die Markscheidekunst ausüben oder einen Zug verrichten.

Markscheider, Schiner, Fr. officier qui mesure et borne les mines, ein Mann, welcher die allgemeine Regeln der allgemeinen Meßkunst auf die Gegenstände des Bergwerks anwendet, die Länge und Breite der Flächen, Tiefen und Höhen, die Abweichungen derselben von der Saiger- und wagrechten Linie abnimt, unbekannte Punkte über oder unter der Erde angiebt, wo ein Stolln, Strecke, Rösche oder Schacht hingebracht werden soll u. s. w. und solches alles in einen Riß bringt.

Markscheideriß, Fr. le plan d'une mine, eine Aufzeichnung ein Riß des von dem Markscheider gefundenen Maaßes, und Lage einer oder mehrerer Flächen oder Linien, deren Beschaffenheit zu untersuchen ihm aufgetragen worden.

Markscheiderstuffe, Fr. marque du mesureur des mines, ein Zeichen, welches der Markscheider in der Grube, oder sonst wo zu einem Merkmale einhauet.

Markscheidertasche, (Bergwerk) eine Tasche oder Futteral, worinn man die Markscheiderinstrumente bequem und ohne sie zu beschädigen, von einem Ort zu dem andern bringen kann. Sie wird von dünnem weichen Holz gemacht, und ihre Gestalt ist halbrund mit einem starken ledernen Deckel versehen, der einen breiten Rand hat, und über die Tasche gehet, damit nichts aus derselben fallen kann. Inwendig ist sie in Fächer eingetheilt, damit jedes Instrument, als der Gradbogen, Hängekompaß u. a. m. besonders kann eingesteckt oder gelegt werden. (s. C. B. und S. Kunst-Theil 6. Abtheilung 2. Tab. XII. Fig. 11.)

Markscheider Werkzeuge, Fr. instrumens du mesureur des mines, die Werkzeuge, welche der Markscheider zu seinen Arbeiten und Untersuchungen gebrauchet. Sie bestehen aus einem Lineal, Zirkel, Setz- und Hängekompaß, Wasserwage, Winkelweiser, Scheiben. An eisenschüssigen Orten, wo die Magnetnadel hin und hergehet, zu ziehen, eine Meßschnur oder Kette, Zulegeinstrument u. dgl. (s. alles an seinem Ort)

Markscheiderzeichen, (Bergwerk) das Zeichen, welches man zuweilen zwischen dem Anhaltungspunkt und dem abzugegebenen Punkt eines Markscheiderzuges (s. Zug) macht, damit, wenn ein Fehler vorgegangen ist, man wieder nachwerfen könne. Man macht aber diese Zeichen auch deswegen, damit man davon einen andern Zug verrichten, oder wenn der Zug nicht in einer Zeit gethan wird, man wissen könne, wo man aufgehöret hat.

Markscheiderzug, s. Zug.

Marktschiff, (Schiffbau) Platte Fahrzeuge, die auf dem Rheine gebräuchlich sind, und von einer Stadt zur andern fahren.

Markstück, eine böhmische Münze, welche 16 Gr. gilt, ehedem aber ein Sechstheil eines Thalers war. Ehedem gab es auch lübeckische und hamburgische Markstücke von 17 bis 19 Schillingen.

Marktbuch, Meßbuch, Meßkontobuch, (Handlung) ein besonderes Buch, worinn alle in den Märkten, oder Messen eingenommene und ausgezahlte Partheien eingeschrieben werden, oder worinn ein jeder Meßschuldner oder Gläubiger ein besonderes Konto hat.

Marktfahne, eine Fahne, die an einigen Orten an Jahr- und Wochenmärkten ausgesteckt wird, nach deren Wegnehmung erst die Aufkäufer und Höcker die Freyheit haben, Lebensmittel einzukaufen.

Marktgut, Marktwaaren, Meßgut. (Handlung) Waaren, die auf gewisse Messen bestimmt sind, welche daselbst besonders stark abgehen. Wenn man Meßgut sagt, so verstehet man auch darunter öfters sehr schlecht verfertigte Waaren.

Marktkonto, Meßkonto, (Handlung) eine Rechnung, so bey ausländischer Propre- oder Kompagniehandlung alsdenn gebrauchet wird, wenn man selbst auf die Messen reiset, um seine Waaren daselbst zu verkaufen, und zwar darum, weil alles, was dahin gesendet wird, für eigene Rechnung und Risiko gehet; und also diese Konto, worauf allerley Waaren gebracht werden, dazu dienen, das Verkaufte desto füglicher zu Buche zu bringen und zu sehen, was eigentlich bey einer solchen Reise und Handlung gewonnen worden. Marktkonto heißt auch an einigen Orten, sonderlich auf den frankfurter Märkten und Messen, ein gedruckter Zettel, welcher den Kurs anzeiget, den die Wechsel den Markt oder die Messe über haben.

Marktscheffel, ein von der Obrigkeit bestimmter und gerichteter Scheffel, so wie er beym Verkauf auf öffentlichen Märkten üblich ist.

Markstück, Darmke, eine Münze die 4 gute märkische Groschen beträgt.

Marktwaaren, s. Marktgut.

Markwage, (Hüttenwerk) eine kleine Wage, auf welcher man nur ein Mark Silber oder Gold wiegen kann.

Markwährung, s. Markgewähr.

Markwirte, (Münze) der innerliche Gehalt oder Korn der Münze.

Markzieher, ein chirurgisches Werkzeug, das Mark damit aus den Knochen zu ziehen.

Marle, Marletressen, (Bortenwürker) eine Art Tressen, die mit den Galonen (s. diese) übereinstimmen, außer daß sie an einigen Stellen durchbrochen oder gitterartig sind. Dies Gitter ist von Gespinst, (s. dieses), und entstehet durch die Schwalseide. (s. Korallenarbeit)

Marle, (Gazemanufaktur) ein sehr großlöcherichter Zeug, welcher unter allen Gazearten einem Netze am ähnlichsten ist. Er wird gemeiniglich nur von leinen Zwirn und Garn untermischt verfertiget. Zur Kette nimt man schlesischen Zwirn, der Einschlag ist aber aus leinen Garn, doch beydes gebleicht. Er ist ¾ und ⅞ Elle breit, und weil er so sehr großlöcherichte ist, so gehören zu einer Kette nur im Durchschnitt 130 Fäden, mehr oder weniger, nachdem der Zwirn grob oder fein ist. Die weite Maschen entstehen von dem weiten Abstand der Riedte im Riedblatt verhältnißmäßig mit der Umschlingung des Oberkettenfadens um den Unterkettenfaden. (s. Gazeeinrichtung auch Weben) Es wird nach der Einrichtung der Gaze oder des Flohres eingerichtet, und nach dessen Grundsätzen auch gewebet. (s. Gazeweben) Dieser Zeug wird stark von dem schönen Geschlecht zu Unterlagen der Kopfzeuge gebraucht, und deswegen ziemlich steif verfertiget, und erhält noch dabey eine steife Appretur. (s. Gazeappretur).

Marle, Marly, (Nätherin) ein schmales Gewebe, womit sich ehedem die Nätherinnen beschäftigten, ehe man den Marle auf dem Weberstuhl machte. Da er aus freyer Hand gewebet wurde, so war er freylich auch theurer als der jetzt gewebte. Man machte zwar auch breite Schichten zu Schürzen, Tücher und dergleichen, aber dieses geschahe doch nur selten. Man machte am mehresten nur schmale Striche zu Hauben und Kopfzeuger, und sehr schön. So bald als der Streif werden sollte, wurde ein Streif blau

Zucker-

Zuckerpapier zugeschnitten, der von mehreren zusammengeflickten Enden auch die Länge erhielt, die der Marlestreifen erhalten sollte. Man schürzte auf diesem Papier von einer Kante zur andern der Breite nach den Zwirn in geraden Linien mit Nehnadeln, welche bald enger, bald weiter von einander standen, nachdem das Gewebe fein oder gröber werden sollte. Wenn ein ziemliches Ende dieses Streifens also nach der Breite in geraden Linien mit Zwirnfäden beschürzt war, denn geschahe dieses nach der Länge des Streifens, aber nach Diagonallinien, und man stach mit der Nadel immer in die vorher gemachte Löcher bey der ersten Schürzung. Diese zweyte Schürzung durchkreuzte also die erste rechtwinkelicht. Diese wurde durch eine zweyte Schürzung noch einmal entgegengesetzt durchkreuzet, so, daß wenn die erste von der rechten nach der linken Kante des Papierstreifens gieng, diese umgekehrt von der linken zur rechten Kante gieng, aber immer in die ersten und dieselben Löcher wurde der Faden mit der Nadel gezogen. Man bildeten sich durch diese dreyfache Schürzung rautenförmige Löcher auf dem Papier, welche immer sehr gleich abgemessen waren, sobald die erste Schürzung der geraden Linien egal gemacht war, denn diese gab allen andern ihre Richtung. Alle diese drey Schürzungen machten da, wo sie sich durchschnitten, einen Punkt, und dieser Punkt, der aus drey Fäden bestand, mußte, um dem Gewebe, wenn es hernach vom Papier herunter genommen wurde, eine Befestigung zu geben, vereiniget werden. Dieses geschahe nunmehr durch einen Faden, der der Länge des Streifens nach geleitet wurde; man schlung einen jeden Durchschneidungspunkt der drey Fäden mit diesen Faden zusammen, wodurch alle drey zusammen befestiget wurden. Von diesem befestigten Punkte wurde der Faden zu dem folgenden auf die nämliche Art geleitet, die Befestigung geschahe durch eine Umschlingung oder Oese. Jede Raute ist dadurch durchschnitten, und das ganze Gewebe erhält nicht allein Dauerhaftigkeit, sondern auch ein schöneres netzförmiges Ansehen, und die Rauten bilden von den durchschneidenden ein Kreuz. An den Kanten werden die Oesen eine an die andere angereihet, und dadurch eine dauerhafte Kante gemacht. Manchmal wurden diese gewebte Streifen mit eingenäheten Blumen verzieret; alsdenn wurden solche auf einen schmalen Streifen weiß Papier, mit allen ihren Umrissen und mit starken Rissen mit Tinte gezeichnet. Das Papier mußte nur so breit seyn, daß es bequem unter die gewebte Spitze an einem Ende konnte unter gestochen werden; alsdenn wurde solche Zeichnung mit starkem Zwirn mit der Nehnadel eingenehet, indem man den Faden auf der Spitze, vermöge der darunter gelegten Zeichnung leitete, und an den Stellen, wo es nöthig war, und sich das Gewebe mit seinen Fäden durchschnitt, verschlungen. Es sey nun, daß ein solches gewebtes Gewebe mit oder ohne Blumen gemacht ist, so wird es, wenn es fertig ist, von dem Papier heruntergebracht. Man reißt also die schmale Kante des vorstehenden Papiers weg, und befreyet auf solche Art das ganze Gewebe. Die Oesen der Kanten sind an einander gut verschlungen, folglich muß genau, daß, wenn das Papier weggerissen ist, solche gnug Haltbarkeit haben.

Marle, (Seidenmanufaktur) ein halbseidener Zeug, dessen Kette aus drey Theile seidenen und 1 Theil wollenen Kettenfaden bestehet, der Einschlag aber ganz von Wolle. Es ist unter den halbseidenen Zeugen der geringste und leichteste. Die ganze Kette bestehet aus 800 Fäden, nämlich 600 seidenen und 200 wollenen. Das Riedtblatt hat 400 Riedte. Es werden wechselsweise 3 seidene Fäden durch ein Riedt, und denn ein wollner Faden durchs folgende Riedt gezogen, und mit 4 Schäften und 2 Fußtritten nach Art der Leinwand glatt gewebet. (s. auch Cottelet)

Marlencessen, s. Marle.

Marly, s. Marle.

Marmel, Schusser, Schnellkeulchen, sind Kugeln von ½ bis zu einen Zoll im Durchschnitt, auch zuweilen größer, welche von den Kindern zum Spielen gebraucht werden. Sie werden aus allen Gattungen Steinen, besonders aber aus festen marmorartigen Kalkstein gemacht, der Politur annimt. Die Bauern sammeln solche Steine von den Feldern, schlagen sie im Winter mit einem eisernen Hammer, der wie ein Dengelhammer, (s. Dengelzeug) womit Sicheln und Sensen geschärft werden, gestaltet ist, in viereckigten Stucken, und bringen sie nach der Marmelmühle.

Marmelade, Schachtelsaft, Fr. Gelatine, (Zuckerbacker) ein Saft, der aus vielerley Früchten, als Pfirschen, Kirschen, Johannisbeeren, sonderlich Quitten u. dgl. mit Zucker und Gewürze, wie eine starke Gallerte, zubereitet, in flache Schachteln (davon es auch den zweyten Namen erhalten) gegossen, und als ein Konfekt verkauft wird. Viele und gute Marmelade komt aus Spanien und Frankreich. Die Ingwermarmelade aber komt aus Indien über Holland.

Marmelmühle, ein Wasserrad mit einem Kammrade versehen, greift in einen Trilling, der einen runden Mahlstein herumtreibt, in welchem concentrische Rinnen befindlich sind, in welche die viereckigten Stückchen gelegt werden. Auf den Mahlstein komt ein eichenes rundes Bloch in Form eines Mahlsteins fest zu liegen, und zwischen beyden schleifen sich die viereckigten Stückchen rund ab. Um das Abschleifen zu befördern, und die Erhitzung zu verhüten, sind an das Wasserrad einige Schöpfschaufeln angebracht, welche Wasser in eine Rinne ausgießen, die es zwischen den Stein und das Bloch führet. Diese Steine gehen millionenweise über Holland nach beyden Indien. Es sind solche Mühlen bey Oeslau im Koburgischen, und bey Sonneberg im Meiningischen.

Marmor, Fr. le marbre, (Bergwerk) ein kalkartiger Stein, verhält sich in der Luft, dem Feuer, und sauern Salzen wie gemeiner Kalkstein, ist aber in Ansehung seines feinen Korns, der Härte und schönen Farben von demselben unterschieden. Man hat sehr vielerley Arten von Marmor, welche nach dem Korn, der Härte, dem Glanz, der Farbe, der Adern und Flecken unterschieden, benennet und geschätzet werden.

Marmor,

Marmor, (Goldschläger) derjenige Marmorstein, worauf in den Formen die Gold- oder Silberblätter bis zur größten Feinheit geschlagen werden. Er ist etwa 1½ Fuß hoch über der Erde, und eben so tief in dem Boden der Werkstätte eingegraben, damit er bey dem Schlagen dem Gebäude keinen Schaden verursache. Er ist etwa 1½ Fuß lang und 1 Fuß breit, und hat außerdem noch eine hölzerne Umfassung, die einen etwa 3 Zoll hohen Rand hat, damit bey dem Schlagen von dem Abgang nichts verlohren gehe. Vorne, wo der Arbeiter sitzt, ist kein vorstehender Rand an der Einfassung, sondern ein Leder angemacht, das der Goldschläger bey der Arbeit statt eines Schurzfelles vor sich nimmt. Vorne im Rande ist ein Einschnitt, woran man das Futteral der Formen abzieht. Um den Marmor ist Papier geklebt, damit er sich mit der Umfassung vereinige. Auf der obern Fläche ragt der Marmor beynahe 1 Zoll über der Umfassung hervor. Ohne dem würde ihn der Hammer nicht sicher treffen. Ein jeder anderer harter Stein kann diese Dienste, wenn er groß genug und glatt behauen ist, auch verrichten. Wegen dieses Marmors und des Schlagens auf denselben kann die Werkstätte eines Goldschlägers nirgend anders, als in dem untersten Stockwerk des Hauses seyn.

Marmor, s. Farbenstein.

Marmorband, (Buchbinder) ein Band, der mit einem marmorirten Ueberzug von Kalb- oder Schafleder überzogen ist. Der ganze Band wird wie der Franzband behandelt, wenn das Leder über den Deckel überzogen ist, so wird Eisenschwärze darauf getragen, und alsdenn mit Wasser verdünntes Scheidewasser aufgestrichen, so die Eisenschwärze an einigen Stellen wieder wegbeitzt, und das Leder marmorirt macht, der Band wird hernach mit Eyweiß überstrichen, geglättet, der Rücken vergoldet, und mit dem **Polierkolben** (s. diesen) polirt.

Marmorblock, (Bergwerk) ein großes, unförmliches Stück Marmor, besonders so, wie es aus den Marmorbrüchen kommt.

Marmorbohrer, Fr. Boucharde, (Bildhauer) ein stählernes Werkzeug, welches an dem einen Ende in verschiedene sehr geschärfte Spitzen geschnitten ist. Man bedient sich desselben, wenn man in den Marmor ein Loch von gleicher Weite machen will, wobey man mit einem schneidenden Instrument nicht fortkommen kann. Man schlägt bey dem Gebrauch auf den Bohrer mit dem **Klöpfel**, (s. diesen) und seine Spitzen zermalmen den Marmor an den Stellen, wo sie eingegriffen haben, zu Staub.

Marmoriren, (Staffirmaler) eine Wand als einen Marmor anmalen. Man kann bey dieser Arbeit jede Farbe, die sich bey den verschiedenen Marmorarten in der Natur findet, zum Grunde wählen. Die Adern werden mit einer abgeänderten Farbe hinein gemahlt und diese Farbe wird gleichfalls nach der Natur der Marmoradern gewählet. Hiebey kommt es hauptsächlich darauf an, daß der Staffirmaler die Kunst versteht, die Adern des natürlichen Marmors mit seinem Pinsel nachzuahmen.

Marmoriren. (Stuckaturarbeit) 1) Dem Gips einen Ueberzug machen, der Marmor Flecken erhält. (Gipsmarmor) 2) Papier mit verschiedenen Farben bunt machen, und demselben das Ansehen vom Marmor mittheilen. (s. türkisch Papier)

Marmorirer, Fr. Marbriers, sind 1) Künstler, die den Marmor in Stücken zerschneiden und poliren. 2) Diejenigen, welche den Marmor aus Gips künstlich nach zu machen wissen. (s. Marmoriren)

Marmorirt, Fr. Marbré, alles dasjenige, was dem Marmor ähnlich sieht. Man macht allerley Sachen, die marmorirt sind; als: **marmorirtes Papier**, **Marmorbände** auf die Bücher, **marmorirte Strümpfe**, **Kamlotte**, **Bänder**, seidene Zeuge u. a. m. (s. davon an seinem Ort)

Marmorirte Erde, Fr. terre veinée en marbre, Erde, die wie bunter Marmor gefärbt ist, und bey Eckbolzheim bricht.

Marmorirte Packleinwand, (Wachsleinwandtapetenmanufaktur) Wachsleinwand, die einen marmorirten Anstrich erhält. Der Grund dazu wird wie zu der gewöhnlichen Wachsleinwand (s. diese) verfertiget und aufgetragen, nachher, wenn das Marmoriren blau seyn soll, trägt man einen Farbengrund von Bleyweiß und Berlinerblau oder Smalte, weil das Berlinerblau leicht verbleicht, oder gelber, auf; die Farbe wird wie alle andere Arten von Farben, womit marmorirt werden soll, mit gewöhnlichem Oelfirniß gerieben, und mit dem Pinsel aufgetragen. Ist dieser Farbengrund trocken, so wird Indigo fein mit Essig gerieben, ganz dünne aufgestrichen, und eine andere Person treibt diese Essigfarbe mit einer Rhode-blase schnell auseinander, und zwar nach verschiedenen Kreisen und Richtungen, daß daraus eine Marmorirung entsteht. Eilend muß dies geschehen, weil die Essigfarbe leicht trocknet. Eine Essigfarbe aber wählt man deswegen, weil sie beym Vertreiben die Oelfarbe des Grundes nicht wieder auflöset. Zu Hellgrün ist die Farbe des Grundes Auripigment, worauf man mit einer Essigfarbe von Indigo marmorirt, und bey Dunkelgrün marmorirt man mit den nämlichen, nur daß die Farben dunkler eingerichtet werden. Braun macht man den Grund mit Ruß und Bolus und marmorirt mit Umbra. Zuletzt giebt man der Packleinwand noch einen Glanz durch einen Firnißanstrich.

Marmorirtes Papier, s. türkisch Papier.

Marmorirte Tücher. (Tuchmanufaktur) Ellenbreite Tücher, die 1400 Fäden in der Kette erhalten, welche entweder von der besten spanischen oder auch einheimischen Wolle gesponnen sind; der Einschlag aber ist stets spanische Wolle, und aus zwey Fäden zusammen gezwirnt, wovon der eine Faden weiß, der andere aber blau, roth, gelb, oder dergleichen ist. Sie werden sehr dichte geschlagen und gewalkt.

Marmormühle, eine Mühle mit sehr harten Steinen, auf welcher klein zerschlagener Marmor zu gewissen künstlichen Arbeiten, z. B. zum Gipsmarmor, zu einem feinen Staub gemahlen wird.

Marmorplatte, (Steinmetz) in dünne Platten geschnittene Stücken Marmor, zu Tischen u. dgl. (s. Steinschneiden)

Marmor schwarz zu färben. Man macht dieses auf verschiedene Art, entweder man bestreicht den warm gemachten Marmor mit einer Silberauflösung, welche tief in den Stein und öfters einen ganzen Zoll tief eindringet. Allein die Farbe wird nicht recht schwarz, denn erst ist sie röthlich, oder purpurfärbig, und nachher verdunkelt sie nur blos bis zum starken Braun. Oder man bestreicht auch den Marmor mit dem wesentlichen Oel des Thymians, wodurch ein Blau entstehet, welches sich nach Verhältniß seiner Dunkelheit dem wahren Schwarz und derjenigen Schwärze, welche man in einigen Marmorarten natürlich findet, mehr oder weniger nähert. Das Thymianöl muß mit dem flüchtigen Salmiakgeist dirigirt werden, wenn man es zu diesem Anstrich gebrauchen will. Anfangs wird es grün, hernach roth, dann vielfarbig und endlich dunkelblau, nach 10 Wochen ist es beynahe zu einem schwarzen Blau verwandelt, und bringt nachmals, wenn es auf den warmen Marmor aufgetragen wird, die verlangte Farbe hervor. Auch kann mit Weinhefen, wenn man mit warmen Wasser eine Tinktur daraus macht, der Marmor schwarz gefärbt werden, wenn man dieselben auf den kalten Marmor aufstreicht, und so wie dieselbe abdunstet wieder von neuem aufstreichet, und dieses so lange wiederholet, bis man eine hinlängliche dunkle Farbe erhalten hat. Es ist auf dem Marmor eine dauerhafte Farbe. Andere Marmorarten kann man auch mit Tinte schwarz färben, wenn man die schon bereitete Tinte oder den zusammenziehenden Liquor und eine Eisenauflösung wechselsweise aufträgt. Auch kann man mit Kupferauflösung, auch durch eine Auflösung des metallischen Theils von dem Kobalt in Königswasser den allerhärtesten Marmor färben. Endlich kann man auch den Marmor durch eine Auflösung von Gold in dem Kochsalzgeist, oder Königswasser, violet oder purpurfärbig färben. Je besser die Farbe werden soll, je öfter muß man den Anstrich wiederholen.

Marnois, s. Chaland.

Marocker Käsch, Fr. Rase de Maroc, ist eine Art leichter Sarsche, die an verschiedenen Orten in Champagne, vornehmlich aber zu Reims, theils aus gemeiner spanischen Wolle, theils auch aus lauter französischer Wolle gemacht wird.

Marocker Tücher, (Tuchmanufaktur) feine dichtgewebte schmale Tücher, die 1600 Kettenfäden erhalten. Sie gleichen an Breite dem Kirsey, (s. diesen) nämlich 1¼ Ellen fertig; haben aber keinen Körper.

Maronenfarbe. (Maler, Staffirmaler) Diese Farbe wird zusammengesetzt, und entstehet aus braunem Ocker, Englischroth und Elfenbeinschwarz, wodurch die Farbe dunkel wird. Will man sie helle haben, so mische man mehr roth und weniger Schwarz bey. Sie läßt sich als Oel- und Wasserfarbe gebrauchen.

Marsen, (Schiffbau) eine Art kleiner türkischer Schiffe, welche mit wenigen oder gar keinen Stücken besetzt werden.

Maroquin, s. Folgendes.

Marrokanisches Leder, **Maroquin**, **Marroquin**, ist eigentlich nichts anders als der Korduan, (s. diesen) soll aber darinn von demselben unterschieden seyn, daß es mit Schmak und Galläpfel zubereitet wird, dahingegen der eigentliche Korduan nur mit Gerberlohe zubereitet wird.

Marquadisse. Fr. So nennt man in der Levante, sonderlich zu Smirna, die Adern und goldfarbenen Punkte, die sich im Lasurstein befinden.

Marque. Fr. 1) Ein Längenmaaß von 3 Ellen in den französischen Tuchmanufakturen. 2) Zeichen, womit man gewisse Sachen und Waaren bezeichnet, um solche daran zu erkennen, und von einander zu unterscheiden; so wird auf den Tüchern und Zeugen ein Zeichen von Bley mit dem Namen des Manufakturisten angehangen, oder das Zeichen wird mit einem Stempel aufgedruckt. Es müssen auf alle Waaren eines Landes, sowohl das herrschaftliche, als auch des Verfertigers Zeichen angehangen oder aufgedruckt seyn, damit man sowohl die Landeswaaren von den fremden oder kontrebanden Waaren erkennen kann, als auch damit man weiß, wer solche verfertiget hat. Ueber das Marquiren sind gewöhnlich besondere Reglements herausgegeben worden.

Marquinier. Fr. So werden in Frankreich diejenigen Leinweber genannt, die Dertiß weben.

Mars, s. Mastkorb.

Marsch, (Strumpfwirkerstuhl) der Querriet mit seinen zwey senkrechten dünnen Stangen, wodurch die Arme nebst den Stangen und den Prabanten, (s. diese) nebst den Hauptplatinen heruntergezogen werden, und das Innere des Stuhls, als: Platinenbar, Platinenschachtel u. a. m. herunter ziehen, und in diejenige Lage setzen, worinn alle diese Theile zusammen stehen müssen, wenn der Strumpfwirker Couliren (s. dieses) will. Jede der gedachten dünnen Stangen ist mit dem einen Ende an die Arme und Prabanten angemacht, und mit dem andern Ende an ein Ende des Querriets, und da die Spitzen der langen Fußtritte auf demselben ruhen, so wird der Querriet durch dieselben, wenn der Wirker auf beyde tritt, hinabgedruckt, und dieser ziehet mit den dünnen Stangen zugleich die Arme nebst den Prabanten und den zugehörigen stehenden Platinen hinab. (s. Sp. H. d. K. Samml. XV. Tab. II. Fig. IV. V. XII ZB. YZ. u. AB.

Marschblasen, das Zeichen mit der Trompete geben, wenn die Armee aufbrechen und marschiren soll.

Marschland, (Landwirthschaft) ein aus Schlick und Sand durch Anspühlung des Meeres nach und nach entstandenes fruchtbares Land.

Marschordnung, **Marschlinie**, (Schiffahrt) Die erste ist, wenn man die Flotte in die Linie dicht am Winde stellt, in welcher [illegible] vermuthet, daß man werde schlagen müssen, alsdenn [illegible] die Flotte nach dem beliebigen Striche. Man hält diese nicht für gut, dagegen segelt man lieber in drey Kolonnen, die parallel gegen eine Linie dicht am Winde sind. Die Kolonnen müssen ihre gehörige Di-

stanzen

stengen behalten, diese bestimmt man dadurch, daß das erste Schiff einer Kolonne gegen das mittelste der zweyten Kolonne hin auswenden könne. In dieser Ordnung kann man dicht am Winde mit Breit- und Rückenwind laufen.

Marseille, s. Marseillerarbeit.

Marseillernath, s. Marseillerarbeit.

Marseillerarbeit, Marseillernath, Marseille, (Nehterin) eine erhaben ausgenehete Arbeit, da man auf weißen Kattun, feine holländische Leinwand, oder anderes dichtes und klares Gewebe, welches man mit seidenen Watten oder feiner Baumwolle ausfüttert, vermöge der sogenannten Stöppstiche (s. diese) allerhand Figuren und Blumenwerk ausdrückt und nehet. Das Zeug wird in einen Rahmen gespannt, nachdem das Futter und die Watten gleichfalls darunter ausgebreitet und ausgespannt worden, so wird die Zeichnung darauf entworfen, und mit der Stopfnath ausgenehet, indem man mit der Nadel den gezeichneten Zügen folget. Die ausgenäheten Blumen und Figuren werden mit weißem gedoppeltem Garne unterzogen, damit sie erhaben stehen, der platte Grund aber wird nur durchstichelt. Diese Arbeit hat ihren Namen von der Stadt Marseille erhalten, woselbst sie zuerst erfunden worden. Sie ist aber jetzt stark aus der Mode gekommen.

Marsfanal, (Schiffahrt) eine Fanallaterne, (s. diese) welche das vorderste Schiff einer Flotte auf der großen Marsstange führet, um den andern Schiffen bey der Nacht damit zu leuchten.

Marsilliana, Fr. (Schiffsbau) ein mittelmäßiges venetianisches Fahrzeug, welches das Bildniß St. Marci führet. Es wird nur in dem Golfo di Venezia, und längst an den dalmatischen und epirischen Küsten gebraucht, Lasten und Güter darauf fortzubringen. Es hat ein großes Vorder- und viereckigtes Hintertheil. Die größten darunter haben vier Masten, die kleinen aber haben keinen Besansmast. Es können die großen bis 700 Tonnen oder 1000 Schiffspfunde aufnehmen.

Marsillie. Diesen Namen geben die Türken den spanischen Thalern, oder Piastern, weil die Kaufleute von Marseille zuerst die Piaster in großen Summen nach der Levante gebracht.

Marsraa, (Schiffsbau) die Segelstange, die ein Marssegel führet.

Marssegel, (Schiffsbau) das Segel, welches an der großen Stange befindlich ist. (s. Segel)

Marstall, ein besonderes Gebäude für eine große Anzahl von Pferden, die vorzüglich schön sind, und in der Schule zugeritten werden, daher gewöhnlich eine Reitbahn dabey angebracht ist. Da die Unterhaltung der Pferde und der Menschen, die dazu erfordert werden, sehr kostbar ist, so findet man selten, daß Privatpersonen Marställe unterhalten. An fürstlichen Höfen sind die Marställe meistentheils an den Schloßgebäuden angebracht, und sowohl in Absicht auf die äußere, als innere Einrichtung vorzüglich schön gebaut. Die Tiefe eines einfachen Stalls hält wenigstens 13 Fuß, so, daß 8 Fuß für die Pferdestände und 5 Fuß zum Gang hinter den Pferden gerechnet werden. Die Breite eines Standes beträgt gewöhnlich 5 Fuß. Ueber dem Pferdestall pflegen Böden angebracht zu werden, wo man das Sauer- und Sattelzeug, die Decken u. s. w. verwahrt, auch wol Wohnungen für die Stallmeister und Bereiter.

Marswand, (Schiffsbau) die Wand oder Hauptetaue am Mastkorbe.

Martavanes, große irdene Töpfe, welche in dem Königreich Martavan in Siam, und im ganzen Morgenlande hoch geachtet werden. Sie sehen wie schwarz gefirnißter Porzelan aus.

Martenaholz, St. Martenaholz, ein schlechtes rothes Holz, welches aus Westindien von der spanischen Stadt St. Martha kommt, und zum Färben gebraucht wird.

Martinshorn, (Kuchenbäcker) ein Buttergebackenes, in Gestalt eines Horns, welches man an einigen Orten um Martini zu backen pflegt.

Märtler, (Kohlenbrenner) die abgelöschte Kohlenbrände eines ausgebrannten Kohlenmeilers. Sie werden zu einem neuen Meiler aufgehoben.

Marustein, (Bergwerk) eine Benennung des Kieses, den einige für eine Verstümmelung des Namens Markasitstein halten.

Märzbier, (Brauer) ein starkes Bier, so im März gebrauet, und erst in den heißen Sommertagen auch wol noch später, ausgeschenket wird. (s. auch Lagerbier)

Marzepan, (Zuckerbäcker) eine bekannte Art von Konfekt, welches aus Mandeln, Zucker, und auch wol feinen Gewürzen auf mancherley Weise bereitet wird. Die Mandeln werden dazu von ihren Hülsen befreyet, indem man heißes Wasser auf dieselben gießet; wodurch die Hülsen erweichet werden, und sich abziehen lassen. Denn werden sie mit Rosenwasser in einem von Marmor ausgehauenen Reibenapf mit einer hölzernen Keule zu einem feinen und dünnen Brey zerrieben, mit einer verhältnißmäßigen Menge Zucker vermischt, zu einem steifen Teig geknetet, wozu man feines Pudermehl bey dem Kneten untereinstreuet, damit es sich besser binde oder vereinige; nachher werden aus dem Teig in Formen oder auch aus freyer Hand allerley Figuren gebildet, auf Oblaten gesetzt, öfters auch mit einem Zuckerüberguß, von geriebenem Zucker mit Rosenwasser vermischt, begossen, und unter einer kupfernen Tortenpfanne bey Kohlen auf einer eisernen Platte bräunlich gebacken. Dies ist der eigentliche Marzepan, sobald aber dazu Gewürze genommen werden, so erhält es einen andern Namen.

Mas, Mäß, Mess, ist eine goldene Münze in dem Königreich Acheen. Sie bestehet aus einem dünnen Stückchen Gold von der Größe eines englischen Pfennigs, auf beyden Seiten sind einige Malayische Buchstaben geprägt. Gilt nach unserm Gelde ohngefähr 5 Gr.

Mas, Masse, Mace, ein kleines Gewicht in China und andern Orten in Indien, womit man Edelgesteine wieget, auch Gold, Silber, und die gangbare Gold- und Silbermünzen damit abwieget. In China hat ein Mas 10 Condorins, 10 Mas aber machen ein Tael.

Masche, (Strickerin) diejenige Verschlingung um die Stricknadel, woraus das Gewebe eines Strumpfs oder dergleichen entstehet. Man hat rechte und linke Maschen. Die Strickerin schlägt den Faden, woraus die Masche entstehen soll, in einer Schlinge einzeln über die Nadel. Sie schlägt nämlich den Faden um den Mittelfinger der rechten Hand, und hält das Ende desselben zwischen dem Daumen und Zeigefinger fest, nimmt die Nadel in die linke Hand, und steckt das Ende derselben von unten hinauf verkehrt durch den über den Mittelfinger geschlungenen Faden, und bildet dadurch die Masche. So macht die Strickerin eine Reihe Maschen nach der andern auf ihre drey oder vier Stricknadeln, soviel als sie zum Strumpfstricken gebrauchet. Will sie nun diese eine Reihe Maschen vielfältigen oder Reihe auf Reihe Maschen bilden, so geschiehet solches auf folgende Art. Sie nimmt die leere Stricknadel, worauf die neue Maschen entstehen sollen, in ihre rechte Hand, und mit der linken hält sie die mit Maschen angefüllte Stricknadel fest. Die Spitze der leeren Stricknadel steckt sie hinterwärts durch die erste und vorderste Masche, der mit Maschen angefüllten Stricknadel, doch so, daß nun die Masche auf beyden Stricknadeln hängt, und die vorgedachte Spitze der leeren Stricknadeln in die Innere des Strumpfs hineinragt. Um diese Spitze schlingt sie den Faden, der sich gleichfalls in dem Innern des Strumpfs befindet, und der Faden wird von unten oder von der Linken zur Rechten um die Stricknadel gelegt. Die Umschlingung des Fadens giebt die neue Masche, so vor der ältern nach dem Innern des Strumpfs zu lieget, hiernächst zieht sie die neue Masche mit der Spitze der leeren Stricknadel von dem Innern nach dem Äußern des Strumpfs zu, durch die alte Masche durch, wobey sie aber den Faden anziehen muß, wenn das Durchziehen gelingen soll. Endlich läßt die Strickerin, die alte Masche von der Spitze der ersten Nadel abfallen. Die alte Masche legt sich unter der leeren Stricknadel um die neue Masche, und umgiebt diese nach dem Innern des Strumpfs zu. Folglich wird eine Masche, durch vier besondere Verrichtungen vollendet, durch das Einstecken, Umschlagen, Durchziehen, und Fallen lassen. Macht sie dieses aber auf eine entgegengesetzte Art, so entstehet eine linke Masche. Die leere Stricknadel wird in diesem Fall vorwärts z. B. in die erste Masche der ersten Stricknadel eingesteckt, so, daß sie sich gleichfalls auf den beyden nur erwähnten Stricknadeln befindet, und die Spitze der leeren Stricknadel nach dem Äußern des Strumpfs zugekehrt ist. Gleichfalls außerhalb des Strumpfs schlägt die Strickerin den Faden oberhalb, oder von der Rechten nach der Linken um die nur gedachte Spitze der leeren Nadel, und zieht mit dieser Spitze die neue Masche von dem Äußern nach dem Innern des Strumpfs zu, durch die alte Masche durch. Endlich läßt sie die alte Masche von der Spitze der ersten Stricknadel abfallen, und die alte Masche sitzt unter der leeren Stricknadel, und umgiebt die neue Masche, aber an der äußern Seite des Strumpfs, wie die Maschen auf dem Strumpfwürkerstuhl entstehen s. unter den Artikeln Coulieren, Assembliren, und Pressen der Maschen.

Masche. (Jäger, Fischer) So werden die Löcher an einem jeden Garn von einem Knoten zum andern genannt, auch bey dem Stricken werden die Oesen, die sich über die Stricknadeln bilden, also genannt.

Masche. (Seiler) So wird das Oehr genannt, welches zu Anfange eines Bindfadens gemacht, um den Haken des Vorderrades gewickelt, und woran der Faden ferner gesponnen wird.

Maschen abnehmen, s. Abnehmen.

Maschen machen, s. Assembliren und Couliren.

Maschenschlingen, s. ebendaselbst.

Maschiene, Rüstzeug, Fr. Machine, ein Werkzeug, welches man zu einem Vortheil gebrauchen kann, daß man entweder in kürzerer Zeit oder mit wenigerer Kraft eine größere Last dadurch zu bewegen, oder in einerley Zeit und mit gleicher Kraft mehr auszurichten vermögend ist, als sich sonsten gewöhnlich thun läßt. Man pfleget sie insgemein abzutheilen in die einfache und zusammengesetzte. Die einfache Maschiene, oder das sogenannte Rüstzeug ist ein Werkzeug, wodurch man ohne Zuthun einer andern vermittelst einer geringen Kraft, und mit Vortheil der Zeit einen Körper bewegen kann. Aus diesen werden eben andere Maschienen zusammengesetzt; man findet solche alle insgesammt, so wie auch ihre Berechnung, in Leupolds Theatro Machinar. Generali weitläuftig beschrieben. Dergleichen einfache Maschienen oder Rüstzeuge sind der Hebel, das Seil und Kloben oder Flaschenzug, das Rad an einer Achse, oder Rad und Getriebe, imgleichen der Haspel, der Keil, und die Schraube. (s. jedes an seinem Ort) Einige Mechaniker setzen alle diese Rüstzeuge allein auf den Hebel zurück; wie denn auch nicht zu leugnen ist, daß ein Haspel oder Kammrad, mit dem Getriebe nichts anders, als einen Hebel vorstellen. Zusammengesetzte Maschienen sind diejenigen, welche entweder aus mehr gleichartigen Theilen, oder aus unterschiedenen einfachen Rüstzeugen bestehen. Wie z. B. die unterschiedenen Arten der Mühlen, Wasserkünste u. a. dgl. m., wovon es in allen mechanischen Künsten eine große Menge giebt, und wovon jedes an seinem Ort nachzusehen ist. Ueberhaupt ist bey Angebung und Berechnung einer Maschiene, wodurch eine vortheilhafte Bewegung hervorgebracht werden soll, zuförderst zu sehen auf den Ruhepunkt, alsdenn auf die Last und Kraft sowohl, als auf beyder Abstand, und endlich auf den Raum oder die Zeit. Wie nun übrigens die Maschienen vermittelst ihrer Structur nach gewissen unveränderlichen Gesetzen der Bewegung wirken, und in der Natur die Körper ein gleiches thun, so hat man die aus unterschiedenen Gliedern oder Theilen zusammengesetzten Körper, ja endlich das ganze Weltgebäude selbst, Maschienen genannt.

Maschiene, Fr. Machine, (Maler) die Vertheilung der Gegenstände auf der Leinwand, um eine Handlung vorzustellen. Ein Maler, der in einem kleinen Inhalt bewunderungswürdig ist, kann vielleicht in großen Maschie-

nen

nen wenig oder gar nichts taugen, d. i. er sehe zwar einen einfachen Inhalt, der wenig Ausführung erfodert, wohl zusammen, aber er hat kein Genie zur Anordnung eines Inhalts, welcher viele Figuren erfodert, und wo es darauf ankomt, eine große Anzahl Gegenstände an ihre gehörige Oerter zu vertheilen, um die schöne Wirkung des Ganzen hervorzubringen.

Maschiene, zum schweren gezogenen Sammet, (Sammtmacher) eine Maschiene womit der Ziehjunge die Latzen an dem Zampelstuhl des geblümten und gezogenen Sammets herunter ziehet, und so lange unbeweglich hält, bis der erforderliche Einschuß geschehen ist. Auf einer starken Bank stehen zwey senkrecht mit einander vereinigte Ständer, die unten in einem Einschnitt der Bank eingepaßt sind, doch so, daß man die Ständer hin und wieder verschieben kann. Um nun diese Bewegung zu erleichtern, so sind an jeder Seite der Ständer zwey Rollen angebracht, eine über die andere unter der Bank, daß man also die Ständer gleich einem Rollwagen auf der Bank verschieben kann. Ueber den gedachten Rollen steckt in den beyden Ständern eine Welle, die an dem äußern Ende eine Gabel trägt, welche statt der Zacken zwey runde Hölzer hat, die einige Zoll von einander stehen, und die Gabel bilden. Bey dem Gebrauch stehet die Maschiene neben dem Zampel, und der Ziehjunge ziehet die jedesmalige Latze zuerst mit der Hand an, so, daß sich nur die gezogenen Zampelschnüre dieser Latze von den übrigen absondern und vorspringen; zu gleicher Zeit rollet er die beyden senkrechten Ständer nebst der Gabel von der linken nach der rechten Hand, so, daß die runden Hölzer der Gabel vom dem Zampel abgerichtet stehen, und indem er nun die Ständer wieder von der Rechten nach der Linken zurück rollt, so ergreift das äußerste runde Holz der Gabel die vorgezogenen Zampelschnüre, so, daß es zwischen diesen und den übrigen, die nicht gezogen werden, zu liegen komt. Der obere Cylinder der Gabel aber liegt vor den vorgezogenen Zampelschnüren der Latze. Indem ergreift der Ziehjunge den senkrechten Handgriff, der über der Gabel, auf dem einem Ende angebracht ist, und biegt mit diesem die Gabel an ihrer Welle dergestalt um, daß die runden Hölzer der Gabel nunmehr neben einander wagrecht zu liegen kommen, da sie vorher übereinander stehen. Hiedurch ziehet der obere Cylinder der Gabel die genommenen Zampelschnüre der Latze vorwärts, und vollbringet das, was bey einem leichten Zampel blos die Latze (s. diese) und die Hand verrichtet. Schiebet man die zu allererst gedachten Ständer der Maschiene von der Linken nach der Rechten wieder zurück, so verläßt das äußerste runde Holz der Gabel die heruntergezogene Zampelschnüre, und diese springen wieder in ihre senkrechte Lage zurück, und der Zug ist vollbracht.

Maschienen. (Kriegsw.) Unter diesen verstehet man diejenigen Kriegsmaschienen, welche vor Erfindung des Schießpulvers, von den Kriegsschiffen gegen einander gebraucht wurden. Sie bestanden in Wurfzeug, Brändern, [illegible], Balken, Feuer[illegible], Fußangeln, die zum Theil nach Art der heutigen Pechkränze zugerichtet wurden, um solche von Ferne in die feindliche Schiffe zu werfen. Zweytens in Maschienen, die in der Nähe gebraucht wurden, als Krahne, die auf einem Angel beweglich große Massen aufheben, und auf das feindliche Verdeck werfen. Drittens der Hebel, (s. diesen im Supplement) viertens die auf einer langen Stange gerichtete Sense, wodurch das Segel und Tauwerk zerschnitten ward. Fünftens der Corvus. (s. diesen im Supplement) Endlich die Schiffsaxen und [illegible], die auch noch im Gebrauch sind, die unter andern dazu dienen, die Stricke, womit das Steuerruder am Körper des Schiffs befestiget ist, abzuhauen.

Maschienenrad, Ziehscheibe, (Schneidemühle) diejenigen Räder, die auf beyden Enden einer hölzernen Welle stecken, durch welche der Block auf einer Schneidemühle angezogen wird. Die Räder müssen von gutem starken Eisen gemacht werden. Die Dicke der Stirne ist ¾ bis 1 Zoll stark, die Breite wird vom allerbesten Eisen gemacht. Da zwey Rahme im doppelten Rahm sind, so kommen auch zwey Räder, zu jedem Rahm ein Rad, auf die Welle. Der Diameter eines Rades ist gemeiniglich 3½ bis 4 Fuß. Die Zähne werden 1¾ Zoll hoch, und 1½ bis 1¾ Zoll lang, oder weit von einander gemacht. Der Maschienenhaken, der durch den Maschienenarm mit dem Rahm vereiniget wird, ziehet jedesmal den Block bey [illegible] von 10 Zoll 2 solcher Zähne, d. i. von 4½ bis 5½ Zoll mit. Der Maschienenbalken wird von eben der Länge als der Schlittenbalken (s. diesen) gemacht, nämlich von 4½ Fuß; nur daß dieser mehr gekrümmt wird, als jener, weil die Peripherie hier kleiner, als beym Schwungrade ist. In der Mitte dieses Rades wird ein Quadrat von 11 bis 15 Zoll gemacht, in welchem die hölzerne Welle verkeilet wird. Die Länge dieser Welle bestimmt der Zwischenraum zwischen den beyden Rahmen. Die Maschienenräder müssen in solcher Höhe aufgesetzt werden, damit das Seil, welches um die Welle gewickelt ist, und den Block ziehet, wagrecht anliege oder sich treibe, und richten sich im übrigen, nach dem Cylinder; (s. diesen) denn dieser ist in solcher Neigung gegen die Mühle gemacht, damit das Maschienenrad mit der Brückung parallel laufe. Die Länge des Maschienenarms richtet sich nach der Distanz vom Maschienenrade bis zum Rahme, und wird gemeiniglich 14 Fuß lang gemacht, hinten 7 und 9 Zoll breit, vorne 5½ und 6 Zoll dick. Der Maschienenhaken wird an den Maschienenarm in der Mitte bevestiget, und dieser vereiniget also solchen am Rahme. Der Mittelpunkt, worinn sich der Haken am Arm bewegt, wird von beyden Seiten mit Eisen beschlagen. (s. [illegible] vollst. Abhandlung von den Wassermühlen und Schneidemühlen; auch Schneidemühle)

Maschienenschiff, (Schiffsbau) ein zum Brande in den feindlichen Häfen mit Kunstfeuer angerichtetes Fahrzeug. Sie sind zuerst bey der berühmten Belagerung von Antwerpen, um die Brücke des Herzogs von Parma in Brand zu stecken, gebraucht worden. Man schreibt den Engländern die Erfindung derselben zu. Ihr Bau war folgender: das Gerippe dazu war, wie zu einem kleinen

Fahr-

Fahrzeug 14 Fuß lang, 13 Fuß hoch, und 9 Fuß breit. Auf dem Kiel lag Ballast, darüber war eine Decke von Bohlen zur Bettung für 10000 Pfund Pulver in Fässern. Ueber dieser lag ein Verdeck von Mauerwerk einen Fuß dick. Auf demselben befanden sich 300 gefüllte Bomben und Karkassen mit Steinen, und 2 Fuß Mauer darüber. Das Kastell war mit 50 Fässern Feuerwerk angefüllt, auf dem obern Verdeck lag altes geladenes Geschütz, und die Brandröhren derselben giengen bis in das Pulver. Die Brandröhre ward von einem andern Fahrzeuge angesteckt. Die Franzosen haben 1693 eine andere Art von Maschinen-Schiffen gebauet. Auf einer Flüte (s. diese) war eine ungeheure Bombe angebracht, welche länglich rund war, 7000 Pfund Pulver enthielt, und auf alten Kanonen, als auf einem Gerüste, eingemauert lag. Ueber dem Mauerwerk auf dem Verdeck, wurden bis zum Springen überladene Stücke, Bomben und anderes Feuerwerk gelegt. Der Zünder der großen Bombe war ein Flintenlauf, sein Zeug zum Brennen aber so eingerichtet, daß er eine Stunde dauern sollte, er reichte bis in die Mitte der Pulverladung. Sie war selbst 9 Fuß lang, und im Durchmesser 5 Fuß 6 Zoll dick. Sie sollen aber alle beyde nichts taugen, denn Sachverständige sagen, daß das Wasser, auf welchem das Fahrzeug schwimmt, dem Pulver nicht gehörigen Widerstand thue, um es nach oben wirkend zu machen.

Maschienenstuhl, (Zeugmanufaktur) ein Weberstuhl mit einer über demselben angebrachten Maschiene, worauf durch eine Person, ohne Beyhülfe eines Ziehjungens, gezogene geblümte Zeuge verfertiget werden. Wenn man diese Maschiene bey einem Zampelstuhl anbringen will, so ist nothwendig, daß das Zimmer, worinn der Stuhl stehet, von einer außerordentlichen Höhe sey. Ist dieses nicht, so muß das obere Gemach durchgebrochen werden, um diese Maschiene über dem Stuhl anzubringen. Denn sie kann nicht anders ihre Wirkung thun, sie muß über dem Stuhl stehen. Der Stuhl an und für sich selbst ist den andern Weberstühlen völlig gleich, worauf gezogene Zeuge gewebet werden. Denn er hat einen Harnisch und Zampelschnüre, nur diese letztern werden durch die gedachte Maschiene in Bewegung gesetzt. Die Maschiene selbst bestehet aus einem von starken Balken zusammengesetzten Gestelle, welches die zusammengesetzte Theile der Maschiene umgiebet. Dieses Gestell ist über dem Weberstuhl so angebracht, daß es von der einen Seite vorstehet, und den halben Stuhl oder etwas mehr einnimmt. Vorne an der Seite, wo die Maschiene hervorraget, ist ein Gestelle, ein Klavier von senkrecht stehenden stählernen Federn angebracht, deren Anzahl sich sehr hoch erstrecken muß, weil eben so viel da seyn müssen, als Zampelschnüre zum Zeuge, welches darauf gewebet werden soll, seyn müssen, weil eine jede von diesen Federn eine Zampelschnur in Bewegung setzt. Es heißt deswegen ein Klavier, weil die Federn neben einander wie Claves gestellet, und zwar alle beweglich sind, wenn die Maschiene in Bewegung gesetzt wird. Diese Federn haben oben einen Haken, und sind in der Mitte an einer Stange so befestiget, daß sie auf und niedergehen können. Längs den Federn ist oberwärts eine andere Stange von Eisen befestiget, welche dazu dienet, die Haken der Federn, wenn es nöthig ist, in Empfang zu nehmen, wie ich bald zeigen werde. Alle Federn haben an dem untern Ende Löcher, um die Zampelschnüre daran vest zu machen. Vor dem oben genannten Klavier ist eine Walze angebracht, welche mit der Länge der Lage der Federn eine Länge hat. Denn diese Walze ist eben der Schöpfer der Bilder. Der Durchmesser derselben richtet sich nach der Größe des Musters; ist solches groß, so muß auch die Walze dick seyn, und so umgekehrt. Von beyden Seiten dieser Walze auf ihren Enden steckt ein unbewegliches Kammrad. Die Anzahl der Zähne dieser Räder richtet sich nach der Anzahl der Reihen Stifte, welche in der Walze eingeschlagen sind. Denn eben diese Stifte müssen den Zug der Zampelschnüre vollführen. Daß aber an dem Kammrad soviel Zähne als Reihen dieser Stifte in der Walze sind, ist nothwendig, weil allemal ein jeder Zahn bey dem Drehen der Walze dieselbe aufhalten muß, damit sie nicht weiter gehe, als es die eine und nämliche Reihe Stifte der Walze erfordert; deswegen denn allemal bey jedem Umdrehen der Zahn auf eine elastische Feder fällt, welche den Zahn zurück hält, daß er nicht weiter gehen kann. Bey einem jeden neuen Ruck aber läßt die Feder den auf ihr ruhenden Zahn wieder gehen, um einen neuen in Empfang zu nehmen. Denn die Schnellkraft der Federn, ist so beschaffen, daß sie einem jeden neuen Ruck nachgiebt, aber auch dem kommenden schwächern widerstrebet; wie denn dieses in den zwey Zähnen merklich ist. Denn der Zahn, der auf ihr lieget, drückt, da er schon auf ihr ist, indem die Walze gedrehet wird, solche nieder, und gehet weiter; der kommende Zahn aber kömmt schon schwächer, weil das Drehen der Walze auch schon darnach eingerichtet ist, wie sich bald zeigen wird. Die Walze ist von gutem Holz, glatt abgedrehet, und wenn die Stifte in dieselbe eingeschlagen werden, so müssen solche nach dem Muster, als wenn die Latzen (s. diese) in dem Zampel eingelesen werden, eingeschlagen werden; weil die Stifte hier die Stelle der Latzen vertreten, daher werden die Stifte wie die Latzen eingelesen, d. i. nach der Vorschrift der punktirten oder leeren Quadraten eingesetzt. Daher denn die Walze nach der Größe der Patrone in gleichmäßige Quadrate mehr oder weniger, nachdem die Patrone groß oder klein ist, eingetheilet wird. Der Manufakturist ziehet sich demnach soviel Linien auf der Walze, als seine Patrone hat. Die Parallellinien durchschneidet er wieder nach dem Umkreiß der Walze mit Kreißlinien, und zwar eben wieder nach der Anzahl seiner Quadrate auf dem Musterpapier. Die Parallellinien aber bestimmen die Anzahl der Zampelschnüre, und folglich die Breite des Musters, die Kreißlinien aber bestimmen das Eingelese der Zampelschnüre oder die Latzen, und folglich die Höhe oder Länge des Musters. Denn wenn die Walze einmal herumgegangen ist, so ist das Bild in dem Zeuge einmal gebildet, und also ist das nämliche verrichtet, was die Latzen, wenn sie einmal durchgezo-

gezo-

gezogen sind, verrichtet haben. Nunmehr wird zum Einlesen des Musters auf der Walze mit den Stiften geschritten, und solche nach der Vorschrift des Patronenmusters eingeschlagen, er schlägt Reihe vor Reihe, da wo ihm ein Punkt im Muster solches befiehlet, einen Stift auf dem Punkt ein, welchen die beyden Linien, die Kreislinien durch die Parallellinien machen, durchschneiden; und sagt hierbey, wie bey dem gewöhnlichen Einlesen, gelassen, genommen, um da auf seinem Punkt einen Stift einzuschlagen, wo er genommen sagt, und da den Punkt vorbey zu gehen, wo es gelassen heißt. Die Stifte müssen alle gleich lang seyn, und werden am besten mit dem Pfriemensetzer (s. diesen) der Kattunformenschneider bey der Stippelforme hineingeschlagen, damit nicht einer tiefer hineindringen kann, als der andere, sondern alle gleich lang, wie es nothwendig ist, auf der Peripherie der Walze hervorragen. Die Länge der Stifte richtet sich nach der Lage der Walze an dem Klavier der Federn, und muß so bestimmt seyn, daß die Stifte die Federn erreichen können, um solche zu stoßen. Die Harnischlitzen mit ihren Arkaden (s. beyde) sind oberwärts durch verschiedene Löcher schmaler Bretter gezogen, um solche bey dem Zuge in seiner Verbindung zu sehen. Dieser Bretter giebt es bald mehr, bald weniger, je nachdem die Anzahl der Harnischlitzen groß ist. Alle Arkaden sind an die Schwanzkorden, und diese an die Zampelschnüre angebunden; diese wieder mit Schnüre eine jede an eine Feder in ihre Löcher befestiget. Wenn nun die Maschine, wie gleich gezeiget werden wird, in Bewegung gesetzt wird, und die Walze drehet sich dergestalt herum, daß die eine Reihe Stifte an die Federn stößt, so springen die Federn, welche von den Stiften der Walze gestoßen werden, in die Höhe, und ziehen zugleich diejenigen Zampelschnüre in die Höhe, welche an diese Federn gebunden sind, und mit ihnen die erforderlichen Kettenfäden. Die Haken der Federn, welche gestoßen werden, und in die Höhe gegangen sind, legen sich auf die vor ihr liegende Stange, und halten die Zampelschnüre so lange im Zuge in die Höhe, als es nöthig ist. Die Stange ist beweglich gemacht, so daß das eine Kammrad der Walze allemal, mit einem Zahn derselben einen Ruck giebt, wenn die Walze umgetrieben wird; sie stößt dadurch die Haken der auf der Stange hangenden Federn fort, daß selbige herunter in ihre Lage zurück fallen, damit durch den Stoß der Stifte der Walze andere Federn mit ihren Haken aufspringen können. Um nun die Bewegung hervor zu bringen, so ist an der Walze an dem einen Ende der Welle, auf der äußern Seite, da wo das Kammrad ist, welches mit seinen Zähnen die Stange stößt, ein eiserner Schwengel angebracht, welcher durch einen gleichfalls eisernen Arm bewogen wird. Dieser Arm ist mit einer senkrechten Stange vereiniget, welche mit einem Fußtritte unter dem Stuhl verknüpft ist, den der Weber treten muß, wenn er die Walze in Bewegung setzen will. Der Arm kann den Schwengel nicht weiter ziehen, als es die Sperrfeder an dem vordersten Kammrad erlaubet, und zwar nur so viel, daß eine Reihe Stifte an die Federn langt, und solche drückt. Man muß also voraussehen, daß der ganze Mechanismus genau abgemessen seyn muß, um alles in gehöriger Ordnung in Bewegung zu setzen. Die ganze Bewegung ist also diese: der Fußtritt, der getreten wird, ziehet die Stange, diese den Arm, der Arm den Schwengel, und dieser die Walze, der Zug ist so abgemessen, daß sich die Walze nur immer um eine Linie mit ihren Stiften herumdrehet. Bricht ein Stift in der Walze, so muß ein anderer eingesetzt werden, weil sonst Fehler in der Bildung entstehen. Es ist ausgemacht, daß zu jedem Muster eine eigene Walze seyn muß: eben so wie in einer Spieluhr zu einem jeden Stück, welches gespielt werden soll, eine eigene Walze seyn muß. Dieses sind die Haupttheile der ganzen Maschine, wozu noch einige kleinere kommen, die sich aber ohne Zeichnung nicht beschreiben lassen. Aus dem beschriebenen aber ist doch das Ganze zu übersehen. Der Erfinder dieses Maschinenstuhls soll ein Manufakturist in Tübingen Namens Fischer gewesen seyn. Es scheint aber, daß dieser Maschinenstuhl nicht allen den Vortheil verspreche, den man wol von demselben erwarten sollte, so wie es mit allen dergleichen viel zusammengesetzten Maschinen zu geschehen pflegt. Denn ob zwar nur ein Mensch dabey arbeitet, und also die Kosten des Ziehjungens erspart werden, so ist derselbe, zu geschweige der großen Kosten, mit vieler Unbequemlichkeit verknüpft. Denn das Einlesen oder Einschlagen und Abschneiden der Stifte auf der Walze erfordert viel Mühe und Zeit, sie nimt großen Raum ein, und die Kosten, auch die öftere Wandelbarkeit derselben, macht sie sehr kostbar. Zu geschweigen, daß die Zeuge auf dergleichen Maschinenstuhl nicht mit solcher Genauigkeit, als auf einem gewöhnlichen Zampelstuhl, verfertiget werden, sondern immer fehlerhaft sind. Daher dieser Stuhl unter diejenigen Dinge gehöret, die wol möglich sind hervor zu bringen, aber ihres schlechten Nutzens wegen nicht allgemein eingeführet werden können.

Maschnagel, (Seiler) ein Stück von einem Hirschhorne, Maschen damit zu verfertigen, als worüber die Maschen geschlungen werden.

Mase, eine Silbermünze in China, die im Werth dem Dick- oder Philippsthaler gleich komt.

Mase, s. Mas.

Maser, Maserholz, Holz, welches krause Adern und Flecken hat, und von den Drechslern und Tischlern zu allerley Arbeiten gebraucht wird, das von den Nußbäumen ist eins der besten Art.

Maske, s. Larve.

Maskebaszucker, und **Maskowadezucker**, s. Maskobadezucker.

Maß, und **Mäß**, s. Mas.

Masse. 1) Ueberhaupt ein schweres Gemenge aus allerhand Sachen, welche dick, ziemlich trocken, und wie ein Teig durchgearbeitet werden. 2) Auch eine jede Sache, die aus einem großen Klumpen bestehet, und woraus etwas gemacht werden kann.

Masse, (Bildhauer) ein großer Hammer, welcher dazu dienet, auf den Meisel zu schlagen, wenn das Werk aus dem Gröbsten gearbeitet wird.

Masse. Fr. Masse, (Maler) Wird vom Lichten und Schatten gesagt, wenn an einem Orte viele, der einen oder der andern gleichsam gesammlet sind. Die beträchtlichsten Partien eines Gemäldes bestehen alle aus Massen, es mögen diese Lichtmassen, oder Schattenmassen seyn. Die Austheilung der Massen macht die ganze Schönheit der Gemälde aus, wenn sonst die Zeichnung in denselben richtig ist.

Mässel. (Eisenhütten) So werden die von dem Zerrennheerde (s. diesen) nach dem Zerren (s. dieses) in drey Theile zerschrotene Stücken jeder Dächelhälfte genannt.

Mässelaus heitzen. (Eisenhütte) So nennt man bey dem Zerren des Eisens, (s. Zerren) wenn man die drey Mässeln, (s. diese) welche von dem vorigen Zerren beym letzten Dächel aufbehalten sind, auf dem Zerrenheerde zum rechten Ausglühen an der Seite des Hinterblechs ansetzt. Durch dieses Ausheitzen der alten Mässel entstehet der sogenannte Boden. Damit derselbe vest und dauerhaft werde, so, daß wenn das Zerren der Flossengarben vorgenommen wird, solches glücklich von statten gehe, und sich nichts von dem herunterträufelnden Eisen in den Heerd anglehen möge oder könne. (s. Boden)

Mastbechte, (Fischer) Hechte, welche ein Jahr alt, und etwa ½ Elle lang sind.

Mastikot, Mastichot, (Maler) eine Farbe, die aus Bley zubereitet wird. Es wird nämlich das Bleyweiß im Feuer gelinde geröstet oder kalzinirt, und nach verschiedenen Graden dadurch eine gelbliche Farbe erhalten, nachdem es mehr oder weniger im Feuer gewesen ist. Man hat gewöhnlich 3 bis 4 Sorten. Das Weiße, welches nur ein wenig ins Gelbe fällt, muß nur kurze Zeit im Feuer bleiben, das Gelbe aber schon länger, und das Goldgelbe wird durch ein stärkeres Feuer zu der Höhe dieser Farbe getrieben. Endlich wird die vierte Art, die ganz roth ist, so lange in dem Feuer geröstet, bis es diese Farbe erhält, und dann heißt dieser Mastikot Sandix.

Massiv, eine Sache, die stark und dicht und nicht hohl ist, daher ein massiv gegossenes Bild, Leuchter u. s. w. auch was rein ohne Zusatz oder Vermischung ist.

Massive Arbeit, (Sticker) diejenige Stickerey, wozu Kanetillen und Flittern gebraucht werden.

Maßlade, Fr. Compas de cordonier, (Schuhmacher) ein Werkzeug in Gestalt einer kleinen Lade, welches aus vier in einander gefalzten Linealen bestehet, und womit das Längenmaaß des Fußes genommen wird.

Maßofen, (Hüttenwerk) ein üblicher Ofen zu Verschmelzung des Eisensteines, in welchem die Schmelzarbeit nach gewissen Feuerzeiten verrichtet wird, so, daß ein solcher Ofen nur 24 Stunden gehet; zum Unterschiede von einem Fluß- oder Hohenofen. (s. beyde)

Massulir, (Schiffsbau) amerikanische Fahrzeuge, deren Fugen mit Faden von einem gewissen Kraut zusammengenähet und mit Moose gedichtet werden.

Masulipatan, eine Art ostindischer baumwollener Schnupftücher, nach der Stadt gleiches Namens in dem Königreich Golkonda also genannt, wo sie gemacht werden. Sie sind eine leipziger Elle ins Gevierte groß, und 12 derselben machen ein Stück aus. Diesen Namen führen auch gewisse Zitze, welche in eben der Stadt verfertiget werden, und die schönsten und feinsten unter allen sind, die aus Ostindien kommen.

Mast. (Forstwesen) Es wird 1) der Ort in einem Walde genannt, wo es viele Eichen oder Buchen giebt, und wo die Schweine auf die Mast getrieben werden. 2) Die Früchte selbst, womit die Schweine gemästet werden; als Eicheln, Buchen u. s. w. Daher der Ausdruck Eichel- oder Buchmast, wenn die Schweine auf eine oder die andere getrieben werden.

Masten, (Schiffsbau) große aufgerichtete Bäume, an welche man die Raae oder Segelstangen und Tauwerk vest macht. Man schreibt die Erfindung derselben dem Dädalus zu, wiewohl solches noch nicht ausgemacht ist. Einige kleine Schiffe haben nur einen Mast, andere zwey, andere drey ꝛc. Es giebt auch sehr große Schiffe, die 4 Masten außer dem Bugspriet haben, dergleichen ist die Marsiliane mit einem doppelten Besaan, sie würde, wenn man das Bugspriet dazu rechnet, fünfmastig heißen können. Jeder von diesen Bäumen hat zwey bis drey Stücke oder Uebersätze. Der Mittel- oder große Mast, ist der höchste und stärkste von allen. Er stehet, wenn drey da sind, in der Mitten, oder auch etwas mehr nach hinten, wenn das Schiff stark oder Rank von Holz ist, wie in den meisten holländischen Gebäuden. Er gehet durch alle Verdecke durch herunter in den Raum, wo er auf der Kielschwein (s. diese) ruhet. Hier ist er so wie die andern, zuweilen mit eisernen Ringen verwahret. Er wird so wie die andern, um mehrerer Vestigkeit willen, mit Tauen in verschiedenen Stellen bewickelt, getheeret und schwarz angestrichen. Er giebt dem Mars, Raan und Segel, den Beynamen Groß. (s. großer Mast, Segel, Raan u. s. w.) Sein erster Uebersatz heißt die große Stange, (s. diese) der zweyte die große Bramstange, (s. diese) der vorderste Mast heißt der Fockmast, (s. diesen) der hintere Mast der Besaan, (s. diesen) das schief vorwärts hinaus liegende Bugspriet hat einen gerade in die Höhe stehenden Uebersatz, der die Blindstänge (s. diese) heißt. Alle Masten stehen meistens nicht gerade, sondern etwas hinterwärts zurückhangend, um dem Winde desto besser zu widerstehen. Doch neiget man sie auch zu gewissen Zeiten und in gewissen Ländern vorwärts. Die Masten werden niemalen aus einem einzigen Baum, sondern allezeit mit Uebersätzen gemacht. Denn zuweilen müssen die Schiffe die obern Stücke abnehmen, oder wenn der Mast bricht, so gehet nur ein Uebersatz verlohren, der leicht wieder ersetzt werden kann. Alle Uebersätze werden bey dem Mastsaling oder Eselshaupt durch den daran befindlichen Ring [illegible];

eingefügt; sie werden mit dem untern Ende durch einen viereckige geschmiedeten Bolzen, welcher der Schlüssel heißt, verbunden, und überdem mit Tauwerk zusammen verschmieret. Die besten Masten sind von nordischem Holz, besonders die Birnbäume und Kiefern. Es kommt bey dem Bau eines Schiffes viel darauf an, daß die Masten rechte Verhältnisse erhalten. Auf Schiffen zu weiten Reisen macht man solche allemal lieber niedriger und dicker, und nach dem Hintertheil neigend gestellet, und werden vermittelst der Wand des Stags und andern Tauwerks in dieser Lage erhalten. Einige krümmen ihre Masten wol gar durch den Stag (s. diesen) einem also genannten starken Tau; aus eben den Ursachen, nämlich damit sie dem Winde bessern Widerstand leisten. Der Fockmast, der nicht so stark als der große ist, reicht nicht wie dieser, bis in den Raum, sondern steht auf den Vorsteven, (s. diese) da wo diese mit dem Kiel verzapft sind, und hat daher in dem gewöhnlichen Bauen ein Fünftel der Schiffslänge, von vorne an zu rechnen, ist niedriger als der große, [illegible] die Segel am Mittelmast besser gebraucht [illegible]. Sie müssen nicht zu hoch seyn, sonst drücken sie das Schiff beym Segeln vorne herunter. Der Fehler ist bey langen [illegible] (s. diesen) merklicher, als bey runden. Die rechte Stelle der Masten, es mögen nun zwey oder drey seyn, ist da, wo sie das Gleichgewicht des Schiffes am besten erhalten. Die Franzosen machen den großen Mast drey halben Breiten des Schiffes gleich, die Engländer halten ihn kürzer, die Holländer aber machen noch höher als die Franzosen.

Masterowky, russisch, die auserlesenste Art der kastromischen und jaroslawischen Juchten, welche alle Eigenschaften der außerordentlich schönen Juchten an sich haben, und daher auch sehr selten und theuer sind.

Mastfedern, (Landwirthschaft) kleine kurze fette Federn, die am Ende des Rückgrades hinten über dem Steiß einer Gans auf einem Fleck beysammen sitzen. Man pflegt sie denjenigen anzustreichen, die man mästen will. Daher sie auch ihren Namen erhalten haben.

Mastgaleeren. (Schiffsbau) Diese Galeeren haben 2 Mäste, einen großen, der mitten in der Galeere stehet, und 60 Fuß hoch, und ohne Wände (s. Wand) ist. Dem ohngeachtet können die Matrosen an Stricken mit Knoten versehen, auf denselben steigen. Seine Segelstange ist noch einmal so lang. Dieser Mast heißt: Albero Mästro. Der zweyte oder kleine Mast, Trinquett, Trinchetto genannt, ist 40 Fuß lang, hat eine Segelstange von 30 Fuß lang, und stehet gegen das Vordertheil des Fahrzeuges. Man hat in Dünkirchen noch einen dritten Mast für die Galeeren, der Artimon heißt, und hinten auf die Galeere gegen des Hintertheils Kabinet gesetzt werden kann. Er ist 20 Fuß lang, und hat eine Segelstange von 40 Fuß.

Mastikky, ein Maaß, womit man flüßige Dinge in Ferrara, in Italien, misset. Es hält 2 Sechys.

Mastix, Fr. Mastiche, das Harz eines Baumes, der im Morgenland zu Hause gehört, aber auch schon häufig in Europa wächst, das Harz schwitzt entweder von selbst heraus, oder wird durch die Ritzung der Aeste zum Fluß gebracht, und mit Fleiß gesammlet. Der beste kommt von der Insel Chio. Es giebt weichen und rothen, der erste ist der gemeinste und beste. Er muß lauter, glänzend, hart seyn, aber doch brüchige und wohlriechende Körner haben. Man macht unter andern daraus einen schönen Lackfirniß. (s. diesen)

Mastix, (Bildhauer) eine Art Kitte, welche gebraucht wird, die Stücken einer Figur, einer Statue, damit zu vereinigen. Sie wird auch zu den Gießformen der [illegible] gebraucht. Es ist eine Vermischung von Pech, Wachs und Ziegelmehl. Auch brauchen die Maler eine Kitte oder Schmier, womit sie die Ritzen eines Gemäldes verschmieren, welche auch Mastix heißt, und aus einem dicken Teig bestehet, der aus Malerfirniß, Kreide und Glätte zusammengesetzt wird. Man kann ihn von verschiedenen Farben machen, wenn man solche unter die Kreide mischt. Er hält sich lange Zeit.

Mastkeile, (Schiffsbau) Enden von Mastwangen, (s. diese) die dazu dienen, die Schiffe zu füttern, damit die Bäume nicht zu weit abstehen.

Mastlos, (Schiffahrt) ein Schiff, wenn es seinen Mast durch Sturm oder in der Seeschlacht verlohren hat. Man sagt, das Schiff hat diesen oder jenen Mast verlohren, oder man hat sie ihm abgenommen, wenn dasselbe unbetakelt liegen bleiben soll.

Mastkorb, Mars, (Schiffsbau) eine runde Scheibe aus starken Balken oben an dem Mast, die Wände des zweyten Uebersatzes daran zu befestigen. Auf denselben stehen die Matrosen, welche das Tauwerk und die obern Segel der Stange bedienen, welcher in dem ersten beym Eselshaupt oder Mastsaling (s. diesen) eingeschroben ist, und die große Stange heißt. Auf diesen Körben stehet auch der wachhabende Matrose, wenn aber das Bramsegel wehet, so setzt er sich auf die Segelstange. Im üblen Wetter oder bey gefährlicher See stehet er auf dem Focks oder Bugsprietsmars. Im Gefechte werden Matrosen mit Flinten, auch kleinen Stücken und Passen darauf angestellet, welche auf die Feinde über das Geländer (Marsränder) so herum gehet, und mit dem Schanzkleide umzogen ist, wegfeuern. Auf jedem sind Gefäße, (Tobben) eigentlich zerschnittene Fässer, darinn Granaten und anderes Feuerwerk fertig liegt, mit Tauen vest gemacht, und zur Vorsicht mit Fellen bedeckt. Verschiedenes Tauwerk gehet durch darinnen gelassene Oeffnungen. Große Schiffe haben ordentlich 4 Mastkörbe, als: den großen, Besan- Focke- und Bugsprietsmars. Obgleich aber an den zweyten Uebersätzen der Maste nur Kreuzhölzer sind, so nennt man sie doch auch aber uneigentlich Märse.

Mastmeister. (Schiffsbau) In den Schiffszeughäusern ein Aufseher oder Bedienter, welcher die Güte der Mastbäume zu beurtheilen und anzugeben wissen muß, wozu sich diese oder jene Stämme am besten schicken, ob man sie zu Untermasten, Stängen, Mästchen, Eselshäuptern rc. am besten gebrauchen könne. Er muß dafür sorgen,

gen, daß die vornehmsten Mastbäume weder von der Sonne noch vom Regen Schaden leiden.

Mastrichter Kalbleder, (Gerber) ein gut zubereitetes Kalbleder zu Ueberleder der Schuhe und Stiefeln, so in der Güte auf das englische Kalbleder folget, und auch öfters dafür ausgegeben wird. (s. Kalbleder)

Mastrichter Sohlleder, (Gerber, Schuhmacher) ein noch beynahe dickeres Leder, als das englische Sohlleder, allein schwammig, (fosch) und ziehet daher die Nässe an sich, zumal, wenn es nicht von einer guten Art ist, oder wie die Lederarbeiter sagen, nicht vom Kern ist. Manche Schuhmacher rühmen dem ohnerachtet in so fern das mastrichter Leder, daß es nicht so leicht bricht, als das englische. Es hat seinen Namen von der Stadt Mastricht, woselbst es verfertiget wird. (s. Sohlleder)

Mastsaaling, Eselshaupt, (Schiffsbau) ein grosser halbrunder Klotz, auf dem ersten Satz des Mastes, wo der Uebersatz oder Stenge anfängt, welche durch einen an diesem Klotze angebrachten Ringe durchgestossen wird.

Masttop, (Schiffsbau) der obere Theil des Mastes über dem Mars bis an den Mastsaaling; er ist sechs- oder achteckigt, und mit der Stenge genau vereiniget.

Mastwaldung, (Forstwesen) diejenige Waldung, worinn Mast, d. i. Eicheln oder Buchen vorhanden sind.

Mastwange, (Schiffsbau) runde und von innen eben so ausgehöhlte lange Stücken Holz, welche man zur Verstärkung des Mastbaumes auf beyden Seiten desselben befestiget.

Mastzeit, die Zeit im Herbst, wenn die Schweine zur Mast getrieben werden.

Matakan, eine Art schwarzer Oelkrüge oder Meerschneckenhäuser, mit einem rothen Munde, und einem schön gemalten Deckel.

Mataro, ein Inhalt von flüssenden Dingen, dessen man sich an einigen Orten in der Barbarey bedienet.

Matdrischen. So nennt man die Holzflöße, welche die Oder herunter aus Oberschlesien kommen.

Mater, s. Mutter und Matrice.

Materialien. So heissen rohe Waaren und Ingredienzien, woraus allerley nützliche Dinge gemacht werden, und welche, sie mögen so schlecht seyn, als sie wollen, theils an und für sich, oder mit andern vermengt, theils in ihrer ersten Gestalt, oder in eine andere Form gebracht, verbraucht werden. Es giebt davon verschiedene Gattungen, als Baumaterialien, Manufakturen und Fabrikenmaterialien, Materialien oder Materialwaaren, die insonderheit von den Apothekern und Materialisten oder Specereyhändlern verkauft werden.

Mathan, Mathon, eine vermuthlich alte Benennung des Meßings, weil in den alten Zeiten das Meßing nicht selten Matting genennet worden, da das S mit dem T öfters verwechselt worden, und folglich mit der Zeit durch die mangelhafte Aussprache in Mathan, Mathon, oder Matting verwandelt worden.

Mathematisches Besteck, ein plattes Kästchen von Holz, mit Leder überzogen, worinn die mathematischen Werkzeuge aufgehoben werden. (s. Besteck, mathematisches)

Mathon, s. Mathan.

Matrelle, (Gold- und Silberarbeiter) eine gläserne Reibschale mit einer gleichfalls gläsernen Keule, worinn man das Schmelzglas zu der Email, nachdem es erst zu einem Pulver zerschlagen ist, mit Wasser reibet.

Matrice, Mater, (Schriftgießer) das wichtigste Stück einer Schriftgießerform, welches eigentlich bey dem Guß den Buchstaben einer Letter bildet, welche in der Form auf einem Ende des Sattels derselben ruhet. Die Matrice ist eben derjenige Theil des Schriftgießerinstruments (s. dieses) oder Form, der die Oeffnung verschließt, welche bey der zusammengefügten Form entstehet, wenn man die Regel etwas von einander entfernet. Die Matrice ist eigentlich selbst ein vierkantiger kupferner Stab, der bey kleinen Formen etwa einen Zoll lang und ¼ Zoll im Gevierte dick ist, und auf der einen Grundfläche die Vertiefung des Buchstaben eingeschlagen erhalten hat. Die Vertiefung jeder Buchstabenfigur auf der Matrice entstehet durch einen stählernen Stempel, (Patrice) der auf seiner Grundfläche den Buchstaben erhaben stehen hat. (s. Patrice) Die sehr grosse Matricen sind nur von Bley, weil ihre Patricen nur von Meßing sind, womit man in das Kupfer nicht eindringen kann.

Matrillbrett, s. Madrillbrett.

Matrosen, sind Seeleute, welche zum Führen und Regieren des Schiffs gehören, und die Arbeiten auf dem Schiff verrichten müssen.

Matrosen- oder Hafenwache, sind diejenigen Matrosen, welche in einem Hafen zur Bewachung der Schiffe und der Niederlagen gehalten werden. Sie sind in Abtheilungen unter gewissen Offizieren, so Equipagemeister heissen, vertheilet, und stehen unter dem Befehl des Hauptmanns vom Hafen.

Matt, (Kupferhämmer) heißt so viel, als streng. Bey den Metallarbeitern heißt aber dieses Wort, wenn eine von ihnen verfertigte Arbeit, es sey nun von Meßing, Silber, oder Gold, noch nicht durch Schleifen und Poliren einen Glanz erhalten hat. Oefters werden an einem Geschirre dergleichen Stellen mit Fleiß gelassen, welches denn matt oder matte Stellen heißet.

Matt, Fr. matte. (Maler) So nennt man die Farben, die keinen Glanz haben, und sich schwer tractiren lassen. Der Umbra und der Massicot gehören darunter und sind matte Farben.

Matt. (Vergolder) Wenn die Glanzvergoldung polirt ist, (s. Poliren der Vergoldung) und Stellen matt werden sollen, so streicht man einen dünnen sanften Anstrich von schönem reinen Pergamentleim auf, der keine erhitzte Theile hat, und nur sehr schwach ist. Er muß warm, aber nicht zu sehr, seyn. Man streicht nur einmal über die Goldstellen, die matt werden sollen, und sucht ihn in alle Vertiefungen der Bildhauerey zu bringen, wodurch das Gold matt und zugleich erst an den Grund gedrückt wird.

Mattbunzen, (Goldschmid) ein Punzen (s. diese) mit einer feinen punktirten matten Spitze, zu solchen Stellen der getriebenen Gold- oder Silberarbeit, welche matt oder glanzlos seyn soll.

Mattdamm, (Deichbau) in einigen Gegenden ein mit Matten, d. i. Strohernen Decken bekleideter Damm.

Matte, ein Gewebe, welches aus Schilf, Binsen, Stroh, Rohr, Baumbast, Palmblättern und andern Pflanzen oder Rinden, die sich leicht biegen oder flechten lassen, verfertiget wird. Es bestehet aus einer rechtwinklichten Verschlingung nach der Art wie Leinwand gewebet wird. Doch hat man auch figürliche oder fagonirte, und man hat davon verschiedene Arten, sowohl der Farbe und Gestalt, als der Breite und Güte nach. Denn es giebt sowohl einfärbige, als auch vielfärbige, gemalte, einfache oder doppelte, grobe und feine, je nachdem sie zum Gebrauch bestimmt sind. Man braucht sie nicht allein zum Verpacken, sondern auch zu verschiedenen Körben, die man daraus verfertiget, wie z. B. die sogenannten Cabas, (s. diese) worinn Feigen, Rosinen und andere Früchte aus der Levante und Italien kommen, die gewöhnlich aus Palmblättern gemacht werden. Außerdem werden sie auch in den Häusern zu Bedeckung der Fußböden in den Zimmern gebrauchet, worunter die holländische Binsenmatten einen großen Vorzug haben. Ja man nimmt sie sogar zur Austapezierung der Zimmer und Bedeckung der Tische, Stühle, Schränke und andern Hausgeräthe. Die feinsten und besten Matten kommen aus der Levante, Ostindien und China, die wegen der Lebhaftigkeit ihrer Farben, womit sie gefärbt, wegen ihrer verschiedenen Muster, und der Kunst, womit sie geflochten sind, sehr beliebt sind. Diese bestehen meistens aus Rohr, Schilf, oder Binsen. Man macht auch welche von Stroh. Die vom Baste der Bäume, vornehmlich vom Lindenbast, werden größtentheils in Liefland und Rußland verfertiget. Man verkauft sie stück- und hundertweise. Die feinen Matten werden nach der Quadratklafter verkauft, und nach Beschaffenheit der Materie, woraus sie geflochten, sind sie theurer oder wohlfeiler.

Matte, zum Vergolden, (Vergolder) ein Trank, womit das Gold, welches an einigen Stellen matt bleiben soll, und folglich durch die Politur keinen Glanz erhalten hat, das Goldblatt also auch noch nicht fest auf der zu vergoldenden Sache sitzt, an den Körper bevestigen soll. Es giebt eine Laugen- und Spiritusmatte. Die erste bestehet aus Seifensiederlauge, die beym Seifensieden in dem Kessel übrig bleibt, worinn man durchsichtige Farben auflöset, als: Gummi Gutti, Orlean, Kurkumei, und Drachenblut in erforderlicher Proportion: die andere aus Spiritus Vini, worinn man eben diese Farben auflöset. Beyde Matten müssen aber durchsichtig und beständig seyn, damit die matten Stellen durchscheinen, die zwar nicht den Glanz der polirten Goldstellen haben, aber doch den Glanz, der dem unpolirten Golde natürlich ist.

Matte, eine spanische Silbermünze, ohngefähr 1 Thaler 5 Groschen mit dem Agio werth.

Matte Arbeit, s. Matte auch Mattbunzen.

Matten, (Gold- und Silberdrahtzieher) die kleinen Grübchen auf den Walzen der Plättmaschine, die bey dem Guß der Walzen entstehen, und welche durch das Schmergeln weggebracht werden müssen, weil solche bey dem Plätten des Drahts schädlich sind.

Mattenflechter, ein unzünftiger Handwerker, der Matten (s. diese) aus Binsen, Bast, und dergleichen flicht.

Mattenschäuerln, ist ein Recht der Schiffsknechte, von einer Ladung Korn etwas für sich zu behalten. Die baierische Schiffsordnung aber hat solches abgeschafft. Da man die Matten zum Verpacken des Korns gebraucht, scheint die Ableitung des Worts gar leicht.

Mattesöl, s. Oel.

Mattgold. (Vergolder) So nennt man das in so feine Blättchen als das ächte Goldblatt geschlagene Messing.

Mattgold, Fr. or mat, das Gold, welches dem brunirten Golde entgegengelegt wird. (s. Brunirgold)

Mattier, eine Münze, die in Niedersachsen gebräuchlich, und 4 Pfennige gilt.

Mattos, Matto. So werden die Packen genannt, worinn die zugerichtete Seide zu uns aus Italien kommt. Ein Matto enthält 4 Knuppen, und eine Knuppe bey Organsin 6, bey Trame (s. beyde) 4 Strehnen. Man kann diese Abtheilungen mit den Strehnen oder Stücken und Gebinden des leinen und wollnen Garns vergleichen. Die Knuppen sind von einander durch einen leinenen Faden, die Strehnen aber durch einen seidenen Faden abgesondert.

Mattvergoldung, Fr. d'or mat repassé, (Vergolder) eine schlechte Vergoldung, wenn man besonders mit der Arbeit geschwinde fertig werden soll, oder wenn man in das sehr schöne feine Schnitzwerk keinen Kreidengrund bringen will; so streicht man zweymal hintereinander einen weißen lichten Leimtrank auf, reinigt den Grund nachgehends von den darauf befindlichen Körnern, und glättet ihn nur leicht weg. Hiedurch giebt man den ersten Anstrich wie bey dem gewöhnlichen Vergolden, (s. dieses) trägt die Goldblätter, wie oben, auf, und überstreicht die Arbeit zweymal mit Leim, um ihr die Matte zu geben.

Mattzeiger, (Petschierstecher, Steinschneider) ein kleines feines und subtiles Instrument von Messing, womit derselbe geschnittene Stellen eines Petschafts in Stein polirt, welche matt bleiben sollen. Er hat derselben viele und von mancherley Gestalten, so wie die Steinzeiger (s. diese) gestalt sind, womit er den Stein schneidet, weil er mit dem Mattzeiger eben die Stellen noch poliren muß, die mit den Steinzeigern geschnitten worden.

Mauer, (Baukunst, Maurer) eine von den drey Haupttheilen eines Gebäudes, wodurch ein unterschiedener Raum eingeschlossen, und zu gewissen Verrichtungen bequem abgetheilet wird. Es ist eigentlich eine senkrechte Wand, die von Steinen und Kalk oder auch von Quadersteinen mit Bley vergossen, zusammengesetzt und aufgeführet wird. Sie wird entweder von Bruchsteinen oder Mauersteinen aufgeführet, und diese mit gutem Mörtel verbun-

verbunden, aber so, daß nicht Fuge auf Fuge zu liegen komt, sondern daß dieselben immer abwechseln, so, daß zwey zusammen zu setzende Steine mit ihrer Fuge nicht auf die Fuge der untersten Steine zu liegen kommen, sondern mitten auf dem untersten Stein. Die Stärke einer Mauer muß nach der Last, die sie tragen muß, und nach der Höhe verhältnißmäßig seyn; insonderheit muß der Untertheil der Mauer stärker seyn, als der obere, und folglich der, so in die Erde komt, und die Grundmauer (s. diese) genennet wird, nicht nur der stärkste seyn, sondern auch nach der Beschaffenheit des Bodens wohl verwahret werden. Gemeiniglich ist die Mauer des untersten Stockwerks an einem bürgerlichen Hause einen halben Stein dicker, als diejenige, die über ihr stehet, u. s. w., so, daß wenn die unterste Mauer 2 Ziegeldicken hat, die über ihr 1½ Ziegel dick ist. In den Gebäuden, wo Säulen und Pilaster gemacht werden, erfordert die Mauer eine ganz andere Verjüngung, weil die ganze Ausladung des Postements auf der untern Mauer Platz finden muß, wo sie nicht selbst mit Säulen oder Pfeilern versehen ist. Sind aber auch daran eben dergleichen, so muß man sich in Einziehung der Mauer ebenfalls nach denselben mit richten. Die allzu großen Mauern pflegt man auch dergestalt zu veranlern, daß man nach der Länge 2, 3 und mehr Zoll dicke Eisen darein leget, und durch die Ringe, am Ende derselben, Bolzen schläget. So kann man auch hohe Mauern, sonderlich, wenn sie oben mit einem weit hervorragenden Kranze versehen sind, und sonst eine schwere Last zu tragen haben, an die Balken, so auf ihnen ruhen, mit Ankern versehen und befestigen. Bey dem Aufmauern einer Mauer muß der Maurer dahin sehen, daß jede Schicht Steine in ihrem Verband (s. diesen) sind, und daß die Mauer so senkrecht wie möglich aufgeführet werde. Eine Mauer muß deswegen bey dem Aufmauern sehr öfters mit dem Loth untersuchet werden, ob sie überall senkrecht sey, und sie wird nach Beschaffenheit ihrer Dicke entweder aus mehreren Steinen zusammengemauert, oder auf den langen Weg (s. diesen) oder kurzen oder schmalen Weg, oder auch wol nur auf der hohen Kante (s. beydes) gemauert. (s. Mauren)

Mauer, Mauerung, Fr. Murailles des mineurs, (Bergwerk) eine mit bloßen Steinen ohne Kalk und Lehm gemachte Zusammenfügung der Mauer oder Bruchsteine, damit unter der Erde die Schächte, die Radstuben, Stollen und Strecken verwahret werden. Nicht alle Maurer haben die Geschicklichkeit, diese Arbeit tüchtig zu machen, daher hat man auf den Bergwerken besonders dazu abgerichtete Bergmaurer.

Mauerband, Fr. Cordon, (Kriegsbaukunst) der oberste steinerne Rand an der Futtermauer einer Vestung zu Ende der Brustwehre; bey ganzen Erdwerken werden an diesem Orte auch Sturmpfähle gebrauchet.

Mauerband, Fr. Cordon, (Maurer) der Sims, der außen an den Häusern wagerecht in der Gegend herumgezogen wird, wo inwendig eine Decke liegt, daher das Mauerband von außen die Etagen von einander unterscheidet.

Mauerbeschlag, s. Mauersalpeter.

Mauerbiene, (Bienenzucht) wilde Bienen, die einsam und nicht in Gesellschaft leben, und von welchen die Weibchen sehr künstlich aus Lehm und Sand, vermittelst eines Leims, den sie selbst hervorbringen, bauen.

Mauerbrecher, war bey den Alten, ehe das Pulver erfunden worden, eine Kriegesmaschiene, wodurch die Stadtmauern über einen Haufen geworfen wurden. Er bestand aus schwebenden starken Balken, die vorne mit starken Eisen beschlagen waren, und an andere weit ausgerichtete Balken schwebend angebunden wurden, damit man sie wider die Mauer stoßen konnte. Die künstlichen waren mit spitzigen Eisen stark beschlagen, und wurden mit Maschienen heftig angezogen, damit sie schnell zurück prallten, und an die Mauer anstießen. Man nennete sie daher auch Widder, imgleichen Sturmböcke, weil die Mauer dadurch eingeworfen ward, damit man nach gemachter Oeffnung endlich Sturm laufen konnte. (s. auch Kartaune)

Mauerhaken, (Hufschmid) Eisenwerk mit Haken, in so ferne sie gebraucht werden, mit dem einen Ende in einer Mauer befestiget zu werden, und Mauern damit zu verbinden.

Mauerhammer, (Maurer) ein Hammer, der eine scharfe Pinne und eine Breite hat, womit man die Latten auf den Dächern anschläget.

Mauerkalk, s. Mauermörtel.

Mauerkehle. Fr. une Noulée. (Maurer) Wenn ein Dach an eine Mauer stößt, die höher ist, so macht man einen Abschnitt, woran man sich der Mauer genähert hat: wobey man die Vorsicht gebrauchen muß, daß man diesen Theil etwas erhaben mache, und dann bedeckt man den Abschnitt mit Kalk oder Gyps. Dieses ist, was man eine Mauerkehle nennt. (s. auch Kehle)

Mauerkelle, Fr. Truelle, (Maurer) ein Werkzeug von Eisen, auch bisweilen von Kupfer, so aus einer dreyeckigten Platte bestehet, woran der Handgriff an einer breiten Seiten befestiget ist, welcher mit der Platte ein Knie bildet. Der Mörtel, Kalk und Gyps wird bey dem Mauern damit angeworfen, nachher damit verglichen und geglättet.

Mauerlatte, (Maurer) ein langes breites als dickes Stück Eichenholz, welches, nachdem es gehörig behauen und zugerichtet worden, auf die Mauern eines Gebäudes der Länge nach geleget wird, damit die quer über gelegten Balken nicht auf dieselben zu liegen kommen.

Mauermantel, s. Futtermauer, auch Mantel.

Mauermörtel, Mauerkalk, (Maurer) derjenige Kalk, der mit durchgeworfenem groben Sand vermischet ist, und zum Mauern gebraucht wird, wovon er auch seinen Namen erhalten. Man giebt ihm auch an vielen Oertern den zweyten Namen; wenn er aber schlechtweg Kalk genennet wird, so ist es eine schlechte Benennung, weil es nicht mehr bloßer Kalk ist.

Mauerpetarde, s. Petarde.

Mauerplatte, s. Mauerlatte.

Mauerſalpeter, Mauerbeſchlag, Mauerſchweiß. (Salpeterſiederey) Das ſalpetrige Weſen, das aus den Mauern ausſchlägt, beſtehet oft aus der Salpeterſäure und der Kalkerde, auch wol, ſtatt der letztern, aus mineraliſchem Alkali, wiewohl er doch, wegen der beygemiſchten Erde alsdenn auch keinen würflichten Salpeter anſchießt. Doch zuweilen iſt er gar nicht ſalpeterartig, ſondern kommt in ſeinen Beſtandtheilen dem Epſomſalz am nächſten.

Mauerſalz, Kalkſalz, Fr. ſel mural, ein Salz, welches ſich an Gemäuer anſetzet, und oft mit fremden Dingen vermiſcht iſt, im Feuer brauſet es, praſſelt aber nicht, und ſchießet zu länglichen vierecktigen Kriſtallen an. Die [illegible] haben es zum Salpeter gerechnet, daher es auch [illegible] Salpeterſchaum bekommen. Die Verſuche [illegible] daß es alkaliſch iſt. Es iſt zuweilen Mauer[illegible]ſchwand und von Glaſurbeit.

[illegible]ſchweiß, ſ. Mauerſalpeter.

Mauerſteiger, der Bergmann, welcher zur Aufſicht über die Bergmäurer geſetzt iſt, und ſorget, daß die Steine dazu weggerichtet und in die Grube gebracht werden.

Mauerſtein, Cementſtein, (Bergwerk, Maurer) ein Bruchſtein der zum Mauern gebraucht wird, und außer den allgemeinen Eigenſchaften der kalkartigen Steine, eine aſchgraue, weißliche, gelbliche, bräunliche, grünliche, bläuliche, röthliche, ſchwärzliche und geſtreifte blaſſe Farbe hat, er iſt undurchſichtig, und rauh, hat eine unordentliche Geſtalt, und nicht ſelten findet man in ihm Seemuſcheln und Schnecken.

Mauerſteine, ſ. Ziegelſteine.

Mauerſtürzer, ſ. Rammen.

Mauerung, ſ. Mauer.

Mauerwall, (Kriegsbaukunſt) ein Wall, der mit einer Stamm- oder Ziegelmauer überkleidet iſt. Die Kugeln ſind aber dem Steinwall ſehr ſchädlich, indem ſolche die Steine zerſprengen, und die ſpringenden Trümmern ſind der Beſatzung ſchädlich, und füllen den Graben. Dagegen in die Ziegelmauern die Kugeln kaum ein größeres Loch, als ſie ſelbſt ſind, bohren. Die obere Dicke der Mauer iſt 5 Fuß, und ihre Böſchung iſt meiſtentheils ein Fünftel oder ein Sechſtel der Höhe. Dieſer Mauerwall hat auch darinn ſeine Schwierigkeit, weil ſich die neue für den Wall aufgeworfene Erde natürlicher in eine Böſchung ſetzt, welche mit der Erdfläche einen Winkel von 45° machet. Es muß alſo aus dieſem Grunde die Mauer oben zu ſchmäler und unten dicker ſeyn.

Mauerwerk, (Maurer) ein aus Steinen mit Mörtel, Kalk, oder andern bindenden Materien aufgemauertes Werk oder Gebäude.

Maugbund, Moukband, eine von den ſechs Gattungen Seide, welche jährlich in Indoſtan geſammlet werden, und unter allen die ſchlechteſte, ſo man herausbringt. Die Würmer, welche ſie ſpinnen, kriechen im December aus, und fangen ihre Arbeit im Jänner an, womit ſie längſtens in der Mitte des Hornungs fertig werden.

Maugerbiene, ſ. magere Biene.

Maulbeerblätter, (Seidenbau) die Blätter von den Maulbeerbäumen, welche zur Fütterung der Seidenwürmer dienen. Die Blätter von den weißen Maulbeerbäumen ſind zu dieſem Behuf beſſer, als die von den ſchwarzen. (ſ. Seidenbau)

Maulbeerhecken, (Seidenbau) Hecken von Maulbeerſträuchern, von welchen man ſich der Blätter zum Füttern der Seidenwürmer bis zur letzten Häutung bedienet. Man legt zu dieſen Hecken zweyjährige Pflanzen aus der Maulbeerbaumſchule, in einen zwey Fuß breiten Graben, der drey Fuß tief iſt, und gute Erde hat, wodurch man bald Hecken erziehet. Da es eine ſchon bewährte, und durch die Erfahrung beſtätigte Wahrheit iſt, daß die Seidenwürmer die Blätter von den kleinen und jungen Bäumen weit lieber freſſen, als die von den alten, ſo ſind die Blätter von dergleichen Hecken mit ſehr großem Nutzen zu gebrauchen. (ſ. Seidenbau)

Maulbeerplantagen, (Seidenbau) eine Anſtalt, da man zum Behuf der Fütterung der Seidenwürmer Maulbeerbäume pflanzt, und ſo wartet und pflegt, damit ſie gut belaubet werden, und ſo viele Blätter, als das Futter der Seidenwürmer erfordert, hervorbringen. Die weiſſen Maulbeerbäume geben die beſte Fütterung, denn dieſe Blätter bringen eine weit zärtere Seide als die ſchwarze Maulbeerblätter. Um eine Maulbeerplantage anzulegen, muß man den Saamen, welches die Körner der Beeren ſind, von gepfropften Maulbeerbäumen nehmen, beſonders von ſolchen, die man in ein Paar Jahren nicht entblättert hat. Die Beeren müſſen 8 Tage an einem lüſtigen Ort liegen, und man rühret ſie alle Tage um, damit ſie ſich nicht erhitzen. Alsdenn preßet man ſie durch einen Sack oder blechernen Durchſchlag, den man in ein Gefäß mit Waſſer hält, indeſſen daß man die Beeren mit der Hand zerreibet, ſo, daß der Saamen im Sack oder Durchſchlag zurück bleibt. Dieſen Saamen wäſcht man alsdenn im Waſſer, und behält nur den, welcher zu Boden fällt, denn trocknet man ihn, und ſäet ihn im Frühjahr in gute mürbe Erde. Der Ort der Ausſaat muß, des Begießens wegen, nahe am Waſſer liegen, eine freye Sonne und Schutz von der Nordſeite haben. Der Acker muß im Herbſt gedünget werden, damit er im Winter mürbe frieren kann. Im April muß er von neuem umgepflüget, und im May ſolches wiederholet werden. Alsdenn wird er in vier Fuß breite Beete abgetheilet, und zwiſchen jedem Beet ein zwey Fuß breiter Gang gelaſſen. Das Land muß auch überhacket, und alle Klöße den aufkeimenden zarten Pflanzen aus dem Wege geräumet werden. In jedes Beet werden vier gerade Linien, oder ſoviel kleine 1½ Zoll tiefe Graben gemacht, worein der Saamen, welcher mit Erde vermengt iſt, um ihn recht dünne ſäen zu können, geſchüttet wird. Immer um den zweyten oder dritten Abend beſprengt man nachher das Land, vermittelſt einer Gießkanne, mit Waſſer, welches die Sonnenwärme laulich gemacht hat. In 14 Tagen keimt der Saamen aus, und das Befeuchten muß wiederholet, auch das Unkraut auf den Beeten ſorgfältig ausgejätet werden. So läßt man die Pflanzen mit oder ohne Decke von Stroh überwintern. Im folgenden Frühjahre hebt man die stärksten und Fuß langen Pflanzen heraus, und verpflanzet sie in eine Baumschule, welches besonders mit denen geschehen muß, die dichte neben einander stehen, indem sie wenigstens 3 Zoll von einander entfernt stehen müssen. Diejenigen, welche noch nicht verpflanzt werden dürfen, muß man bis auf 4 oder 5 Augen von der Erde verschneiden, um das unreife Holz hierdurch zu verhüten. Man kann auch durch Ableger die Maulbeerbäume nach Art der Weinreben vermehren. (s. Ablegen) Zur Baumschule der Maulbeerbäume umgräbet man im Herbst ein mürbes Land, wie oben gedacht ist, und läßt es an 1½ Fuß tief rajolen, und den Dünger im Winter kurz frieren. Im April wird hievon soviel umgegraben, als man in ein Paar Tagen zu bestecken gedenket. Man harkt das Land eben, und theilt es in 6 Fuß breite Felder mit drey Linien ab. Zwischen jedem Felde bleibt wieder ein 2 Fuß breiter Fußsteig. Alsdenn gräbet man vom Märzmonath bis im May die Pflanzen mit den Wurzeln behutsam heraus, da der Stamm bis auf 4 oder 5 Augen, und die gesunden Seitenwurzeln bis auf ein Paar Zoll beschnitten werden, alsdenn verpflanzt man sie in die Baumschule, etwas tiefer, als sie in den Pflanzbeeten standen. Man stecket bey jedem einen Stock, und begießet sie oft. Jedes Bäumchen muß von dem andern 1½ Fuß weit entfernet stehen, und man setzt sie im Verbande, oder giebet ihnen die Stellung der Felder eines Brettspiels. Die Entfernung von einander ist nothwendig, weil, wenn in der Folge ein alter Baum eingehet, er mit seiner Wurzel die ganze Reihe verderben kann, wenn er den andern zu nahe stehet. Alle Frühjahre wird jeder Baum in der Baumschule seiner stärksten Seitenäste beraubet, damit die übrigen Aeste eine Krone ansetzen, und so schneidet man auch jährlich die Aeste der Krone bis auf ein Paar Augen des vorjährigen Wuchses weg. In dieser Baumschule bleiben diese jungen Bäumchen vier Jahre stehen, bis der Stamm eine Dicke von 4 Zoll in der Rundung erhalten hat. Nun werden sie gepfropft, (s. Pfropfen der Maulbeerbäume) und alsdann die gepfropften Stämme im Frühjahr in ein mittelmäßiges Sandland, ehe sie ausschlagen, verpflanzet und fleißig begossen. Es ist gut, daß man die Löcher, worein sie verpflanzt werden, 2 Monath zuvor gräbet. Für jeden Baum werden 4 Fuß große Löcher gegraben, und die eingesetzten Bäume an 9 Fuß hohe Pfähle angebunden, damit sie wider den Sturm sicher sind. Dem Stamm muß man die Hauptwurzeln bis auf einen Fuß weit vom Stammende abnehmen. Die Zweige schneidet man nach der Gestalt einer Krone, und breitet die Wurzel aus. Man machet ferner die Krone des Abländers wegen hohl, und suchet den Baum mehr in die Breite, als in die Höhe zu ziehen. Die jungen Bäume muß man zweymal des Jahrs umgraben, welches alle Jahr geschehen muß, und man muß diese Pflege auf keine Weise vernachläßigen; auch müssen sie zu rechter Zeit beschnitten werden, damit den obern Zweigen nicht der Saft benommen werde. Die Ausläufer an der Wurzel und an dem Stamme, wie auch das Moos, welches sich bisweilen an diese anhänget, muß man gleichfalls abnehmen, aber mit einem Holz, damit man sie nicht beschädige. Denn das Moos benimmt ihnen die Nahrung. Schon im dritten Jahr kann man sich, ohne allen Schaden der Bäume, der Blätter zum Futtern der Seidenwürmer bedienen. Nur muß man solchen Bäumen nicht ganz und gar die Blätter benehmen, sondern die Spitzen belaubt lassen. (s. Seidenbau)

Mauldrommel, s. Brummeisen.

Mäulerdecke, s. Meilerdecke.

Mäulerstäbe, s. Meilerstäbe.

Maulkorb, **Beißkorb**, (Bereiter) ein Werkzeug, welches den Pferden das Beißen gegen einander verhindert, und vornehmlich an den Kutschenpferden, [illegible] Hengsten angebracht wird. Da die Kutsch[illegible] Stange haben müssen, so muß der Maulkorb [illegible] seyn, als daß er bis zu dem Mundstück hinauf reichet. Es ist ein von starken Riemen oder von Eisenblech gleich einem Korbe gemachtes Geschirr.

Maultrommel, s. Brummeisen.

Maulwurfsfallen, Fallen, womit man die Maulwürfe fängt. Folgende sind die besten. Man gräbt im Frühling oder im Herbst, um welche Zeit die Maulwürfe läufig sind, einen großen Topf oder kupfernen Kessel in die Erde, daß der Grund eine Hand breit darüber gehe, schmieret das Gefäß wohl aus, damit es überall glatt werde. Man setzet dann einen lebendigen Maulwurf hinein, wenn er nun des Nachts zu schreyen anfängt, so kommen die andern, die ein gar feines Gehör haben, herzu gelaufen, wollen dem Gefangenen helfen, und fallen selbst hinein, und können wegen der geschmierten Glätte des Geschirres nicht wieder heraus. Je mehr ihrer hineinfallen, je mehr und größer wird das Geschrey, und lockt immer mehrere hinzu, welchen ein ähnliches Schicksal bevorstehet. Mit einem neuen, unten weiten, oben engen, und wohl verglasurten Topf, gehet es noch besser an. Eine sehr künstlich zusammengesetzte Maulwurfsfalle, die sich aber ohne Zeichnung nicht beschreiben läßt, hat Fink in seinem ökonomischen Lexikon im zweyten Theil Tab. VII. Fig. 5 beschrieben und abgebildet.

Maulwurfsfelle, (Kürschner) die Felle von dem Maulwurf, welche ein sehr schönes schwarzes dem Sammet ähnliches Pelzfutter geben.

Maulzange, (Huf- und Waffenschmid) Diese Zange hat anstatt der Kneipen zwey viereckigte Bleche, das unterste ist an beyden Seiten etwas umgebogen, und in diese beyde Falzen paßt die andere Kneipe, die völlig platt ist. Es wird hiermit das alte Eisen zusammengehalten, wenn man es zum Zusammenschweißen ausgleichen will.

Maune, ein Gewicht im Gebieth des großen Mogols. Es wiegt 18 Pfund englisch, oder 10 [illegible] Pfund pariser Gewicht.

Maurer, ein Handwerker, welcher sowohl von gebrannten, als auch Bruchsteinen eine Mauer und ganzes Gebäude aufführet und mauert. Er muß vornehmlich zeichnen können,

können, um seinen vorzunehmenden Bau in einem Riß entwerfen zu können, und darnach den Anschlag des Baues machen zu können. Es ist ein sehr altes, zünftiges, aber ungeschenktes Handwerk. Die Lehrburschen lernen 3 Jahr. Sie bekommen 5 bis 6 Groschen Tagelohn, und müssen sich selbst beköstigen. Die Gesellen wandern in den preußischen Staaten, und so auch fast in ganz Deutschland, 3 Jahre. Es ist gut, wenn sie auf ihrer Wanderschaft gewisse Städte bereisen, um sich zu bilden. Der vornehmste Geselle bey einem Bau heißt der Polierer, welchem die andern Gesellen bey einem Bau, folgen müssen, wenn der Meister nicht da ist. Bey den Gesellen sind immer 4 Altgesellen, 2 einheimische und 2 ausländische. Der Junggeselle muß bey ihren Zusammenkünften die andern verbieten, d. i. alles nöthige bey ihnen bestellen. Zum Meisterstück muß der neu anziehende Meister ein großes Gebäude mit Kuppel- und Kreuzgewölben erbauen, wenn er die Zeichnung nach dem verjüngten Maaßstabe gemacht hat, welche, nachdem er sie bey dem Altmeister verfertiget, von den Bauverständigen untersuchet wird; wird sie gut befunden, so wird das Meisterstück selbst angefangen. Er sucht sich dazu die Gesellen aus, welche unter seiner Angabe das Gebäude aufführen. Es muß ohne Hauptfehler seyn. Geringe Fehler werden mit Gelde bestraft. Ein guter Meister muß in der Baukunst wohl geübt seyn, und besonders vorher einen richtigen Ueberschlag der Materialien und gesammten Unkosten des ganzen Baues machen können.

Maures, eine Goldmünze, die zu Surata, und in andern Ländern des großen Moguls gangbar ist.

Mauris, Mouris, baumwollene Kattune, die von der Küste von Koromandel kommen. Man hat verschiedene Gattungen, feine, grobe, breite, schmale, weiße und rothe. Alle Stücke von diesen Kattunen haben 10 Ellen in der Länge. Ihre Breite ist aber verschieden, bald 1½, 1⅞ auch 1⅝ Elle. Das Stück kostet 5¼ bis 13¾ holländische Gulden.

Maurisin, Mauwisil, (Bergwerk) eine Vitriolerde, so wie sie in der Insel Cypern gefunden wird, und zum Schwärzen des Saffians in Nikosien gebraucht wird.

Mauschel, Fr. marteau à bassin, (Kupferhammer) ein Hammer, der bey Auftiefung kleiner Kessel gebraucht wird.

Mause, Rauche. (Vogelsteller) Wenn die Vögel im Julio und Augusto die alten Federn verlieren, und frische oder neue bekommen.

Mäusefahlfarbe, (Färber) eine den gewöhnlichen Hausmäusen ähnliche Farbe. (s. Fahle)

Mausefalle, ein Werkzeug, womit man die Mäuse fängt. Man hat derselben verschiedene Arten. Man hat sie ganz von Drath, da die Mäuse oben gleichsam durch einen drähtenen Trichter hinein kriechen, aber wegen der unten enge zusammen gehenden Stacheln nicht wieder heraus kommen können. Oder von zwey Brettern, davon das obere vermittelst eines Stellholzes in die Höhe gerichtet, und mit einem Steine beschweret wird, welches, wenn die Maus an dem in der Falle angebundenen Speck anbeißt, nieder, und die Maus todt schlägt. Man hat auch Kästchen von Holz, vorne mit Löchern, darein Mehl gestreuet wird, und mit drähternen runden Bügeln versehen, die mit Bindfaden gespannt sind, die, wenn die Maus in ein Loch kriecht, und anbeißt, losschlagen, und die Maus gefangen halten. In den Gärten bedienet man sich folgender Mausefallen: man grabt einen Wasserkessel in die Erde gleich ein, fülle solchen bis auf ein Paar Spannen mit Wasser, und richtet darüber ein Strohdach von niedrigen Pfählen auf. Auf das Wasser streuet man viel Spreu, und von dem obern Theil des Dachs hängt eine Speise herab, doch also, daß sie das Wasser nicht berühre. Wenn hernach die Maus nach solchen läuft, so fällt sie darüber ins Wasser, und kann nicht wieder heraus. Man hat aber noch verschiedene andere Arten von Mausefallen, die bald einfach bald auch künstlich zusammengesetzt sind, welche alle zu beschreiben allzu weitläuftig wäre.

Mausen, heißt bey den Jägern, 1) wenn sie ganz still etwas beschleichen. 2) Wenn sich verdeckte Wilddiebe aufhalten. 3) Wenn der Fuchs in Feldern nach Mäusen suchet.

Mausoleum, Fr. Mausolée, (Baukunst, Bildhauer) ein Begräbniß mit Bildhauerarbeit und architektischen Zierrathen versehen. Ein dergleichen errichtetes Leichendenkmal, hat, wie bekannt ist, seinen Namen von dem berühmten Grabe des Mausolus, Königs von Karien, welches seine Gemahlin die Königin Artemisia, demselben errichten ließ. Man rechnete es unter die 7 Wunderwerke der Welt. Man nennt auch so, wiewohl uneigentlich, die Vorstellungen eines erhaben aufgerichteten, und mit allerhand Verzierungen ausgeschmückten Sargs bey prächtigen Leichenbegängnissen. Die aber besser Leichengerüste genannt werden. (s. Trauergerüste)

Mauszähne, eine Gattung Spitzen, welche von ihren zackigten Rändern, die fast wie Mauszähne aussehen, solchen Namen erhalten.

Mauter, (eine) ein Erz, Nierenerz, das nicht gangweise bricht.

Maxd'or, eine Goldmünze, die von dem Kuhrfürsten Maximilian Emanuel von Bayern den Namen erhalten hat, 119 Dukatenäschen wiegt, und insgemein für 4 fl. 10 Kreuzer ausgegeben wird.

Mayfeld, (Deichbau) der Grundboden, auf welchem ein Deich oder sonst dergleichen Wasserbau aufgeführet wird.

Mayländisches Gold, ein zu einem dünnen und zarten Lahne geplätteter Silberdraht, der aus Mayland kommt, und nur auf einer Seite, aber so gut vergoldet ist, daß wenn er nachher gesponnen wird, man nichts, als Gold siehet, indem die nicht vergoldete Silberseite gänzlich versteckt wird. Es ist auf kleinen Röllchen gewickelt, die nach Beschaffenheit der Feine 2 bis 4 Unzen wiegen. Die Grade der Feinheit werden durch verschiedene S von 1. S bis 7. S bemerket, welche letztere die feinste Art ist. Auf den Röllchen von 1. S bis 4. S befinden sich gerade 4 Unzen; auf denen von vier und ein halb S bis sieben S aber nur

zwo

zwo Unzen. Man hat sowohl zu Lyon, als auch in Paris schon oft Versuche gemacht, diesen Goldlahn nach zu machen, aber vergebens. Es bleibt also noch ein Geheimniß der mayländischen Drahtzieher, den Lahn auf einer Seite also zu vergolden.

Mayländische Spitzen. So nennte man vor diesen, die in Leinwand auch Franzen eingewebte Haare, die man anstatt der unnatürlichen Haartressen zu einer Perucke brauchte. Man nehete dieses Gewebe reihenweise auf die platten Hauben selbst, wozu man ein dünneres Schaffell nahm, und dieser Kopfputz hieß eine Perucke.

Mayon, ein siamisches Gewicht, und auch der Name einer chinesischen Silbermünze, die in Siam geschlagen wird, daselbst aber Seling heißt, und den ersten Namen nur deswegen hat, weil sie eben so schwer, als das Gewicht ist. Sie ist der vierte Theil eines Tikals und ohngefähr 8 Sols oder 2 Gr. unseres Geldes werth.

Mays, s. türkischer Weizen.

Mayten, ein Baum in Chili, der ein röthliches hartes und festes Holz hat, welches die Schiffszimmerleute daselbst zu Krummholz gebrauchen.

Matz, (Landwirthschaft) 1) geronnene und sauer gewordene Milch, in so ferne sie nicht zu Käse gehärtet wird, sondern so auf das Brod gestrichen wird. 2) (Bergbau) taube Erd- oder Steinarten, unmächtiges Erz u. s. w.

Mätzen, eine gewisse Art wollenes Zeug, welches in der Schweiz in Glarus verfertiget, und daselbst auch stark zur Kleidung gebraucht wird.

Matzenseide, Seide, die in runden Bällchen wie Kugeln, welche Matzen genennt werden, versandt wird. Sie ist, wie sie von den Cocons abgewunden worden, und kommt vornehmlich aus Persien, da man sie denn aus der Levante zu uns bringt. Sonst erhält man auch dergleichen Seide in Matzen aus Italien und von Messina, welche insgemein wie große Kugeln gepackt und zusammengerollt sind. Es sind aber die Matzen nicht alle von einerley Größe und Gestalt, und also auch nicht von gleicher Schwere. Die Ardassiner Matzen sind 1 Fuß lang, und beynahe ein Pfund schwer; die Ardasser sind eben so schwer, aber fast noch einmal so lang. Die Surbastier haben eine halbe Elle in der Länge, und die Legier eine Elle und 2 bis 3 Pfund am Gewicht.

Matzhammeln, (Bergwerk) wenn der Schichtmeister blinde Häuer, das ist, blosse Namen von Arbeitern, die auf dem Gebäude nicht anfahren, im Register führet, oder auch Schichten, Materialien oder andere Ausgaben fälschlich angiebet und verschreibet, und das Geld dafür in seinen Beutel steckt.

Meccarasalmiak, Fr. sel armoniac de mecara, eine Sorte Salmiak, der in feuerfarbige Brode gegossen ist, kommt aus Asien, aber selten, weil der Egyptische der gemeinste ist.

Mechanik, Fr. Mechanic, eine Wissenschaft, worinn gelehrt wird, nach welchen Gesetzen und Regeln die Bewegung geschiehet, auch wie gewisse Werkzeuge und Maschienen anzugeben sind, wodurch die bewegende Kraft entweder vermögend gemacht wird, eine größere Last, als sonst, zu bewegen, oder die Bewegung geschwinder, als sonst, zu verrichten. Diese Wissenschaft bringet den Vortheil, daß wir sehr viele Verrichtungen, deren wir in dem menschlichen Leben nicht entbehren können, viel hurtiger und mit glücklicherm Fortgange ausführen können, ohne daß wir allezeit nöthig haben, selbst mit Hand anzulegen, indem ja Thiere, auch leblose Dinge, unsere Stelle vertreten können.

Mechanikus, ein Künstler, der allerley mechanische, mathematische, optische und andere dergleichen Werkzeuge, Instrumente und Maschienen verfertiget.

Mechanische Perspektiv, die Kunst, ohne geometrische Regeln, durch Hülfe gewisser Maschienen und Werkzeuge, worunter die Kamera obskura u. a. m. gehören, eine Figur in das Perspektiv zu bringen. Man hält den berühmten Maler Albrecht Dürer für den Erfinder dieser Kunst.

Medaille, Fr. Medaille, 1) (Bildhauer) ein Basrelief von runder Figur, auf welchem ein Kopf eines Kaisers, oder einer andern Person vorgestellet ist. Medaillen von außerordentlicher Größe, nennt man Medaillons. 2) Auch nennt man eine geprägte Schaumünze Medaille.

Medailleur, Schaustückpräger, Stempelschneider, Fr. Medailleur, ein Künstler, der Medaillen und Schaumünzen verfertiget, auch bisweilen solche selbst erfindet und entwirft, wie z. B. der berliner Medailleur Hr. Abrahamson, ein junger Künstler, der sich schon durch sehr viele sinnreiche Medaillen, die er auf verschiedene Personen und Gelegenheiten verfertiget und selbst entworfen, berühmt gemacht hat. Ein solcher Medailleur, der selbst Medaillen inventirt, muß beobachten, daß er die Figuren und Karaktere in den Stempeln, wovon die Medaillen ausgeprägt werden, nett und rein einschneide, und zwar mit solcher Kunst, daß weder der Maler noch der Bildhauer das geringste darwider einzuwenden wisse. Solches aber desto besser zu bewerkstelligen, muß er eine große Kenntniß von alten römischen und griechischen Münzen besitzen, um aus selbigen die besondere Manier, in Erz zu schneiden, zu erlernen. Er muß ferner die Zeichen- und Bildhauerkunst aus dem Grunde verstehen, und weil die griechischen Statuen nackend, die römischen aber mit Gewand versehen sind, so muß er von beyden Arten ein Kenner seyn. Ueberhaupt muß ein solcher Künstler in den Antiquitäten erfahren seyn, auch die Wäge- und Probierkunst wohl verstehen, um die Güte des Metalls dadurch zu untersuchen.

Medianpapier, (Papiermüller) das Mittel an Größe zwischen dem Regalpapier und ordinairen Papier. Es ist ein gutes starkes Schreibpapier, und wird vieles zu Handelsbüchern gebraucht.

Medin, s. Meidin.

Medizin- oder Apothekergewicht, ein Pfund hat 12 Unzen, 1 Unze 8 Drachmen, oder 2 Loth, oder 8 Quent, oder 24 Skrupel oder 480 Gran. Eine Drachme hat 3 Skrupel oder 60 Gran. Ein Skrupel aber 20 Gran.

10 Gran. 17 Unzen dieses Gewichtes machen 19 Loth Nürnberger Silbergewicht. In Leipzig macht 1 Mark oder ein halb Pfund Kramer- oder leicht Gewicht 7 Unzen 7 Skrupel, 8 Gran. Ist also 32 Gran leichter, als Kramergewicht.

Meergrün, Seladon, Fr. Celadon, (Färber) eine grüne Farbe, die ein wenig ins Blaue fällt, und der Farbe des Meerwassers gleichet. Sie wird gemacht, indem man das Zeug, das gefärbt werden soll, entweder zuerst gelb färbet, und sodann in die Blaukupe bringet, oder aber solches erst blau färbet, und sodann die blaue Farbe mit Kampechenholz und Grünspan schwächet, indem man das blau gefärbte Zeug durch diese Farbenbrühe ziehet, und zuletzt es in die gelbe Farbe bringet. Unter den Glasfarben wird diese Farbe nebst dem Blau für die angenehmste gehalten.

Meergrün auf Seide. (Seidenfärber) Diese Farbe entstehet auf der Seide, wenn sie erstlich einen zitronengelben Grund (s. Zitronengelb) erhält, und alsdenn in der Blauküpe gefärbt wird. Durch eine Vermischung des indianischen oder gelben Holzes, und des Rokou zu der gelben Streichkrautfarbe entstehen die dunkeln Schattirungen des Meergrüns.

Meergrün, auf Wolle, (Färber) erstlich wird die Waare in der Blaukupe, blau gefärbet, doch nicht zu stark oder dunkel, alsdenn macht man eine Flott oder Brühe von Scharte, welche aber nicht stark seyn muß, ziehet hierauf die blau gefärbte Waare durch diese Brühe, die aber nicht zu heiß seyn muß. Will man Urin unter den Scharte nehmen, so wird es schöner und heller. Will man aber die Farbe bleichmeergrün haben, so nimt man auf 12 Pfund Wolle 3 Pfund Scharte, und kocht solche in genugsamen Wasser anderthalb Stunden wohl aus, denn durchseihet man die Brühe, und nimt ¾ Pfund gestoßenen Alaun dazu, läßt die Wolle unter beständigem Rühren eine halbe Stunde mit der Brühe kochen, so bekomt es eine blaßgelbe Farbe. Dann kühlet man die Wolle, spület sie wohl aus, und färbet sie hernach in einer schwachen blauen Küpe.

Meergrün Papier zu färben; man thut zu 4 Loth Grünspan, den man fein abgerieben hat, 1 Loth Indigo mit Essig abgerieben, macht einen Kleister von Stärke, wenn solcher etwas erkaltet, rühret man die Farben darein, und streicht das Papier mit einem Pinsel an. Hernach glättet man es mit einem Glättstein.

Meergrünes Pergament. (Pergamentmacher) Wenn die Felle zu dem meergrünen Pergament aus dem Aescher kommen, geschmiert, (s. Schmieren) und in den Rahmen ausgespannt werden, so muß das Kalkwasser mit Kreide und dem Ausspanneisen, (s. dieses) mit allem Nachdruck und mit vorzüglicher Sorgfalt herausgearbeitet werden, so, daß die Häute völlig trocken sind. (s. Pergamentmachen) Ohne sie nun weiter in die Sonne zu legen und zu trocknen, wird der Rahmen mit der Haut, die Fleischseite oben, auf den Fußboden geleget, und folgende Farbe auf diese Seite der Haut aufgetragen. Man mischt nämlich Messingspäne, Salmiak, Urin und Küchensalz unter einander, und schmieret diese Mischung durchgängig dick auf die Haut. Das so gefärbte Pergament wird in dem Rahmen in der Meergrünstube aufgehangen, und zwar unter der Decke der geheitzten Stube, weil die Hitze in die Höhe steigt. In diesem Zustande bleibt das Pergament hangen, bis es durchfärbet ist, d. i. bis die Grünfarbe von der Fleischseite bis zur Narbenseite durchgeschlagen, und diese erforderlich angefärbet ist, welches die rechte Seite des meergrünen Pergaments wird. Alsdenn trägt man den Rahmen aus der Stube, reibt die Farbe von der Fleischseite ab, stellt die Haut in die Luft, weil sie noch feucht von der Farbe ist, und läßt sie bald trocken werden. Hierauf wird das Pergament mit dem Rahmen in fließendes Wasser gestellt, welches den Salmiak aus dem Pergament auswässern muß, weil der Salmiak das Pergament anschwarzet, wenn er in demselben bleibet. Endlich werden auf der Fleischseite die fetten Stellen, d. i. wo noch zuviel Farbe sitzt, abgeschabet, und eben diese Seite wird mit Bimsstein gebimset. Da dieß Pergament vorher nicht geschabet worden, folglich seine Narben behält, so bekomt dasselbe nicht, wie andere gefärbte Pergamente, einen Firnißanstrich, sondern die Narben geben ihm schon von Natur einen Glanz.

Meergrünstube. (Pergamentmacher) So wird ein Zimmer genennt, worinn, wenn es geheitzt worden, die meergrün gefärbte Pergamenthäute aufgehangen werden.

Meerhafen. Fr. Chambre de Port. (Schiffahrt) So wird der Theil eines Bassins des Meeres genennt, welcher weiter zurück lieget, und weniger tief ist, worinn die Schiffe sicher liegen, abgetakelt, und ausgebessert und kalfatert werden.

Meerkastelle, Fr. Chateaux de barre, (Seekriegsbefestigung) die im Meere vorwärts liegende Schanzen, um die Schiffe, welche auf der Rhede liegen, zu bedecken, wenn sie einen feindlichen Angriff zu befürchten haben. Sie sind entweder von Stein, oder Holzwerk.

Meersalz, s. Boysalz.

Meerschaum, Fr. Ecume de mer, (Bergwerk) ein lichter Ocker, der mit Sand vermischt ist.

Meesch, Maisch, Meisch, Meusch, (Brauer, Branntweinbrenner) das mit kochendem Wasser in dem Meeschbottig wohl umgerührte Bier- oder Branntweinmalz, woraus das Bier gebrauen oder der Branntwein gebrannt wird. (s. Meeschen)

Meeschbottig, Maischbottig, Meischbottig, Meuschbottig, (Brauer und Branntweinbrenner) ein großes zirkelrundes hölzernes Gefäß, unten nicht weit vom Boden, mit einem Hahn versehen, das zu einem halben Gebräude wenigstens 32 Tonnen halten muß. Es wird von dem Böttcher, so wie alle andere Bottige (s. diese) verfertiget, und dienet zum Meeschen. (s. dieses)

Meeschen, Maischen, Meischen, Meuschen, (Brauer) die Arbeit, da man das Malz mit Wasser zur Würze des Biers bereitet. Z. B. es soll ein halb Brauen, oder 32 Tonnen Braunbier gebrauet werden, so werden 11

Tonnen Brunnenwasser in der Braupfanne gekocht, und nach dem Sieden von einigen Personen mit dem Schöpfen aus der Pfanne in den Meischbottig geschöpft. Sodann wird der größte Theil des Malzes, so auf ein halbes Brauen 32 Scheffel beträgt, in den Meischbottig geschüttet, indem eine Person das Malz aus den Säcken hinein schüttet, während zwey andere den Meisch jenes allen ihren Kräften mit dem Meischholz um. Man läßt von dem ganzen Malz 3 Säcke zurück, die erst in den Meisch geschüttet werden, wenn dieser erforderlich umgerühret ist. Dieses Malz dient nunmehr dem wohl umgerührten Meisch zu einer Decke, damit er nicht währender Zeit kalt werde, da man wieder Wasser in der Pfanne kocht. Der Meisch scheint während dieser Zeit zu kochen, und bemühet sich die Decke zu durchbrechen, so bald aber wieder 13 bis 14 Tonnen kochendes Wasser zu dem ersten Meisch zugefüllt werden, so wird diese Bewegung unterbrochen, und es wird wie das erstemal mit den Meischhölzern stark umgerühret. Sobald der Meisch in dem Meischbottig hinlänglich umgerühret ist, so wird er aus diesem in den Zapfbottig (s. diesen) vermittelst der Schöpfen übergeschlagen, oder zu Bette gebracht. (s. dieses) Nun werden wieder 13 Tonnen Wasser gekocht, und zu dem Meisch geschöpft. Die Pfanne wird aufs neue mit Wasser gefüllt, und der Meisch bleibt so lange ruhig stehen, bis dieses Wasser kocht, so bald solches kocht, so wird ein Schoßfaß, (s. dieses) voll Meisch aus dem Zapfbottig abgezapft, welches den Namen der Würze bekommt, weil das Malz durch das Stroh, und das durchlöcherte Brett im Zapfbottig, und den Kranz vor dem Hahn zurückgehalten wird, und folglich nur die helle und klare Brühe oder Würze abläuft. (s. Zapfbottig) Es wird hierauf noch nach Gutdünken aus der Pfanne siedendes Wasser in den Zapfbottig gefüllet, doch so, daß das Bier seine erforderliche Stärke behält, und der Meisch bleibt nun ruhig stehen. Das abgezapfte Schoßfaß voll Würze aber wird mit dem Hopfen gekocht. (s. Brauen) Das Meischen zu dem Weißbier geschiehet auf die nämliche Art, blos daß man weiches oder Flußwasser dazu nimmt. (s. Weißbier)

Meeschholz, Maischholz, Meischholz, Meuschholz, (Brauer) 1) ein langes vorne etwas breites Holz, ziemlich einer Schaufel ähnlich, mit welchem das Malz in dem siedenden Wasser im Bottig, wenn gemeischet wird, umgerühret wird. 2) Latten, die unten eingekerbet sind, damit sie nicht das Abfließen der Würze hindern, und auf dem Boden des Zapfbottigs (s. diesen) liegen.

Meeschkuffe, s. Meeschbottig.

Merseldraht, Merselfaden, (Wollspinnerin) die dicken Stellen eines gesponnenen Wollfadens, die dadurch entstehen, daß, wenn der Faden während dem Spinnen reißt, die Enden wieder zusammengedrehet werden, welches den Faden sehr ungleich und unansehnlich macht. Auch entstehen diese dicke Stellen dadurch, wenn die Spitze der Spille des Rades nicht glatt ist, und manchmal eine kleine Ritze hat, wo sich denn die Wolle, indem sie aus der Hand gelassen wird, in diese Kerben zusammen legt, und dergleichen Merseldraht verursachet. Derowegen die Spinnerin, um einen sehr gleichen Faden zu spinnen, sich sowohl vor dem Reißen, als auch vor der Ungleichheit der Spille in Acht nehmen muß.

Megalographia, (Maler) ein griechisches Wort, mit welchem nach dem Vitruv derjenige Theil der Malerey ausgedrückt wird, welcher große Dinge, als die historische Begebenheiten sind, vorstellet. So wie durch das Wort Rhyparographia schlechte Gemälde von niedern Dingen, als: von Thieren, Blumen etc. angezeigt werden.

Mehl, (Bäcker, Müller) das aus den Hülsenfrüchten zermalmete, und von der Kleye gesonderte Korn, vornehmlich von Roggen, Weitzen, Gerste u. dgl. Es ist bekannt, daß es nicht allein zu Brod, und da giebt es denn grobes, mittleres und feines, gebraucht wird, sondern auch zu Gebackenem und gekochten Speisen. Es giebt einige Oerter in Deutschland, wo das feine Mehl besonders gut verfertiget und weit und breit versandt wird. Z. B. das Leipziger, Nürnberger, Wiener etc. Mehl. Es kommt hauptsächlich darauf an, daß das Getreide gut getrocknet, und die Kleye von dem Mehl gut abgesondert werde.

Mehl. Fr. donner dans la farine. (Maler) Ins **Mehligte verfallen;** ein Ausdruck einiger Maler, womit sie andeuten, alles mit lauter hellen und abgeschmackten Farben malen, welche den Figuren eben so wenig Leben geben, als wenn man sie von Mehl gemacht hätte. Diejenigen, welche ihre Karnation sehr weiß, und ihre Schatten grau oder graulich machen, verfallen in diesen Fehler. Die glühenden Farben in den frischen Schatten des Fleisches, machen das Fleisch kräftig und natürlich; allein man muß behutsam damit umgehen.

Mehlbahn, (Müller) die innere Seite des Laufers mit dem daran befindlichen Mehle. In manchen Gegenden wird dem Müller die Mehlbahn gelassen, d. i. was sich an der innern Seite des Laufers von Mehl ansetzet.

Mehlbalken, (Windmüller) der horizontale Balken einer Windmühle, der mit derjenigen Seite des mit Brettern verschlagenen Mühlenhauses parallel läuft, neben welcher sich die Windflügel, Segel oder Ruthen befinden, und in welchen der senkrecht stehende Hausbaum der Bockmühle eingezapft wird, der den Mehlbalken gleichsam unterstützet.

Mehlbank, (Müller) bey den Wassermühlen derjenige Theil des **Mühlengerüstes** (s. dieses) über der Tiefe, welcher oben mit einem Gesimse gezieret ist. Hinter dieser Mehlbank liegen die gehobelten Bohlen, oder Dielen von 4 Zoll Dicke und 15 Zoll Breite. Auf derselben stehet eine Stelze, welche mit Gliedern der Bauordnung verzieret wird.

Mehlbaum, (Müller) ist ein an der Seite der Zarge oder des Laufs gegen den Beutelkasten zu angebrachtes Stück, in welchem das Mehlloch, wodurch das geschrotete Getraide in den Beutel läuft, befindlich ist.

Mehlbatzen. Fr. Pierre Smectites, de Baruth. (Bergwerk) An einigen Orten der Name eines weißlichen Kalksteins, welcher sich wie Kreide schneiden läßt, der-

gleichen

gleichen sich in dem Flötzgebirge zwischen Sandstein und Pierren befindet. An andern Orten wird auch der ähnliche weiche und mehlichte Sandstein also genannt.

Mehlbeutel, s. Beutel.

Mehlbohrer, (Bergwerk) ein Löffelbohrer, womit man das mit dem Meißelbohrer in dem Gestein gemachte Bohrmehl heraus holet, um die Beschaffenheit des Gesteins zu untersuchen.

Mehlfäßchen, (Haushaltung) ein rundes von Holz oder Blech verfertigtes Geschirr mit einem Deckel, worinn ein Theil Mehl zum Küchengebrauch vorräthig aufbehalten werden kann, wobey sich gemeiniglich, ein etwas großer Löffel mit einem kurzen Stiel befindet, um das Mehl damit heraus zu nehmen.

Mehlkasten, ein großes von weichen Brettern und Pfosten zusammengesetztes Behältniß oder Kasten, mit einem Deckel und Schloß versehen, worinn das Mehl zur Haushaltung aufbewahret wird. Oefters ist dieses Behältniß in Fächer abgetheilet, um die verschiedene Mehlsorten darinn aufzuheben. Um frische Luft dazu zu lassen, muß die Kammer, worinn solcher stehet, mit Gittern und Schiebern versehen seyn. Auch heißt der Kasten in der Mühle also, in welchen das Mehl aus dem Beutel gesammlet wird.

Mehlkasten, (Müller) ein auf vier Füßen vor dem Mühlengerüste (s. dieses) stehender Kasten. Er pflegt 6 Fuß lang und 4 Fuß breit zu seyn. Die Höhe hängt von dem jedesmaligen Raum ab. Die Oeffnung auf beyden langen Seiten, die daher angebracht ist, wird mit Tüchern verschlossen, und aus dieser Oeffnung nimt man das Mehl aus dem Kasten. Gerne kurz über dem Boden ist eine runde Oeffnung, vor welcher der vierkantige Vorkasten (s. diesen) stehet. Aus dieser runden Oeffnung läuft alles, was nicht durch den Beutel fällt, in den Vorkasten.

Mehlkleister, s. Kleister.

. **Mehllicht**, Fr. farineux, (Maler) ein Gemälde, welches mit hellen und abgeschmackten Farben gemalt ist, wo das Fleisch zu weiß, und die Schatten zu grau sind. Man sagt dieß auch von den Wachsfiguren, welche nicht rein aus dem Gipsmodell kommen. Dieses geschiehet, wenn die Gipsform nicht mit zerlassenem Wachse getränkt ist, daß alsdenn das Wachs den Gips annimt, und mehlicht aussiehet.

Mehlloch, (Müller) der hölzerne Kanal, durch welchen das zermalmete Getraide von den Mühlsteinen in den Beutel fällt.

Mehlmahlen. (Müller) Wenn Getraidekörner, Weitzen, Roggen u. dgl. auf der Mühle in einen feinen Staub verwandelt werden. Wenn die Mühlsteine gehörig geschärfet sind, und der Läufer (s. diesen) seine Ober- und Unterlehre (s. beyde) hat, so werden einige Scheffel Getraide in den Rumpf der Mühle geschüttet. Das Getraide wird von dem Schuh unter dem Rumpf getragen, und fällt, wenn dieser von dem Warzenringe (s. diesen) geschüttelt wird, in die runde Oeffnung in der Mitte des Läufers. Dieser treibt das Getraide zwischen die beyden Steine, es wird von denselben zerrieben, und von der kreisförmigen Bewegung des Läufers in den hölzernen Lauf (s. diesen) getrieben. Hier fällt es durch das Mehlloch in den Beutel, und wird von dem geschüttelten Beutel gesichtet oder gebeutelt. Das Mehl fällt nämlich durch den Beutel durch, was aber nicht durchdringen kann, läuft in den Vorkasten, es sey denn, daß der Läufer gleich anfänglich nur wenig von dem Bodenstein absteht. Bey dem ersten Aufschütten dringt insgemein nur wenig Mehl durch den Beutel durch, und das mehreste sinkt zerschrotet in den Vorkasten. Das Schrot nimt man von neuem aus dem Vorkasten, und schüttet es in den Rumpf. Bey trockenem Getraide muß dieses 6, bey nassem aber auch wol 8 Mal wiederholet werden. Je öfter das Schrot aufgeschüttet wird, destomehr wird es zermalet, und destomehr Mehl giebt es, bis endlich weiter nichts übrig bleibt, als die Hülsen. (Kleyen) Wird das Getraide mit einem groben Beutel gesichtet, und oft aufgeschüttet, so dringt die mehreste Kleye mit durch den Beutel, und man erhält viel, aber grobes Mehl, und umgekehrt. Bey dem ersten Aufschütten giebt es nun zwar wenig, aber fein Mehl, nach und nach aber mehr, aber gröber Mehl. Daher kann man grob, mittel und fein Mehl erhalten, wenn das zuerst gewonnene Mehl aus dem Mehlkasten genommen, und von dem letztern oder groben abgesondert wird. Doch kann man das grobe und feine Mehl auf eine doppelte Art hintereinander gewinnen, nachdem man das Getraide auf eine oder die andere Art mahlet. Entfernt nämlich der Müller, wenn er das Getraide die ersten Male aufschüttet, den Läufer von dem Bodenstein, und bringt beyde Steine nur nach und nach wieder näher zusammen, so erhält er bey dem ersten und zweyten Aufschütten ein grobes Mehl, in der Mitte das feinste und zuletzt das gröbste Mehl. Bringt er aber beyde Mühlsteine gleich anfänglich nahe beysammen, so gewinnet er sogleich das feinste, alsdenn das mittlere; und zuletzt das gröbste Mehl. Doch muß er in diesem Falle die Mühle nicht überladen, oder es muß sich nicht mit einemmal zuviel Getraide zwischen den Mühlsteinen zerreiben, weil sich sonst die Mühle verschmieret. (s. Beschmieren und Ueberladen)

Mehlpulver. (Artillerie, Pulvermüller) 1) Das von Kornpulver zerriebene und fein durchsiebte Pulver, welches zu allen Ernst- und Lustfeuerwerken gebraucht wird. 2) Das von dem gekörnten Pulver, bey dessen Zubereitung und Körnung durch ein Staubsieb durchgesiebte Staubmehl, welches entweder als Mehlpulver gebraucht, oder wieder in die Mühle gebracht und aufs neue verarbeitet wird.

Mehlsand, eine harte Sanderde, welche für die Grundmaterie verschiedener Bergarten gehalten wird. (s. auch Formsand)

Mehlsieb, (Siebmacher) ein feines Haarsieb zum Durchsieben des Mehls, um solches zu reinigen.

Mehlstrauben, (Kuchenbäcker) Buttergebackenes von Mehl. Man setzt Mehl an einen warmen Ort, thut einen Löffel voll geriebene Weißbrodbröseln dazu, salze es ein wenig, gieße warme Milch daran, und mache daraus einen ziemlich zähen Teig. Dann schlägt man 12 Eyer in einen Topf, von 6 nur das Weiße, quirle sie, und arbeitet sie unter den Teig. Alsdenn setzt man Schmalz zum Feuer, läßt es aber nicht gar zu heiß werden, nimmt einen nicht gar zu weiten Trichter, schüttet von dem Teig darein, so, daß selbiger durch den Trichter in das Schmalz laufen muß, drehe aber den Trichter öfters herum, damit es als ein gedrehter Zug werde, und begieße es immer mit Schmalz, nur daß es nicht gar zu heiß werde, und darinn gar backe.

Mehlwürfiger Teig, (Pfefferküchler) ein Honigteig, der aus Roggenmehl und Honig gemacht wird, und woraus die Pfennigdickstücken, eine kleine Art Pfefferkuchen, gemacht werden. Es wird zu diesem Teig mehr Honig..., als zu den Bilderpfefferkuchen genommen, und auch mit gutem Mehl gestellet, wodurch er mehlwürfig wird.

Mehlwinde. (Bäcker) Fast alle Bäcker haben auf dem Boden ihrer Häuser eine dergleichen Winde, womit sie das Mehl von den Fuhren bis zur Lücke des Bodens hinauf winden. Die Winde bestehet aus einer Katze, so ein hölzerner Schnabel, der zur Bodenlücke heraus reichet, mit einem Kloben und Strick ist, an welchen letztern der Mehlsack befestiget, und vermittelst einer angebrachten Windenwelle, die mit Hebeln umgedrehet wird, hoch genug hinauf, und der Sack in den Boden hineingezogen wird.

Mehrbraten, (Jäger, Fleischer) im gemeinen Leben in einigen Gegenden der Name des Lendenbratens. Vermuthlich von dem niedersächsischen Wort mör, mürbe, weil diese Stücke ein sehr mürbes und zartes Fleisch haben. (s. auch Lendenbraten)

Mehrung, in Oesterreichischen und andern oberdeutschen Gegenden ein Kanal oder Kloack, zu Abführung der Unreinigkeiten, eine Abzucht.

Meht, Meth, Meer, Melikraton, Hydromel, ein aus Wasser und Honig gekochtes Getränk. Der Alten ihr Hydromel, welchen sie in verschiedene Klassen eintheilten, nachdem nämlich viel oder wenig Honig dazu genommen wurde, ist von der Zubereitung des Mehts in nichts unterschieden. Die Zeit den Meht zu brauen ist in den Hundstagen, und das Verfahren ist folgendes: man nimmt auf 1 Maaß oder Quart Honig 8 Maaß frisches Brunnenwasser, läßt beydes zusammen in einem weiten Kessel bey gelindem Feuer ohne Rauch kochen, und schäumt es, sobald sich etwas aufwirft, ab, bis es anfänget ganz klar zu werden. Will man den Meht bald trinken, so muß man ihn nicht dick einsieden lassen; will man ihn aber eine Zeitlang verwahren, so muß er so lange sieden, bis er ganz klebricht ist. Wenn er nun erkaltet, thut man ihn in ein Faß, läßt aber dasselbe 2 oder 3 Finger hoch leer bleiben, damit der Meht verjähren kann. Wer ihn stark haben will, kann in einem Tuch vernehet Zimmt, Muskatenblüte, Nüsse, Nelken oder anderes Gewürz darinn vergähren lassen. Wenn er vergohren ist, läßt man ihn 3 Monath wohl verspundet liegen, ehe man ihn trinket. Auch wird er auf folgende Art gebrauet: man nimmt, wie zuvor 6 Theile Brunnenwasser zu 1 Theil Honig, läßt es in einem Kessel nach und nach sieden und wohl abschäumen, daß es klar wird. Vorher aber muß man in einen Sack, zwey Hände voll Hopfen auf obige Quantität Meht nebst 2 guten Händen voll Koriander, (der zuvor 24 Stunden in guten Weinessig gebeitzt, wieder getrocknet, und in einem Mörser zerstoßen worden) und ohngefähr 12 Blätter ein wenig gedörrter Salbey in den Meht hängen. In einen andern Sack thut man ganze Muskatennüsse, Nelken, Zimmet, Galgant ec. alles ein wenig zerstoßen, nebst etwas Safran, und hängt es gleichfalls in den Kessel, läßt alles darinn eine Stunde lang sieden, und gießt den Meht sodann in hölzernes Gefäß, damit er darinn abkühle, ehe er auf Fässer gefüllt wird. Diesen muß man, wie zum Bier gähren lassen, auch beständig nachfüllen, und man läßt ihn wie den Most vergähren. Sobald er vergohren hat, spundet man das Faß zu, und alsdann wird der Meht in 14 Tagen zum Trinken gut. Je länger der Meht liegt, je besser er ist. In Polen und Rußland hat man Meht, der viele Jahre alt, und ein sehr schöner Trank ist. Besonders ist der Meht in Tarnopol in Polen sehr berühmt, wird im ganzen Reich verführet, und auf der größten Herren Tafeln getrunken. Wenn man den Meht in den Hundstagen brauet, solchen nachmals bey einem Jahr bis zur Hollunderblütezeit liegen läßt, und er in dem Faß alsdenn anfängt zu brausen, so kann man ihn vier Wochen aufschlagen und verzapfen, da man denn einen vortrefflichen Meht haben wird. Will man bey dem Mehtbrauen wissen, ob er genug gesotten hat, so stecke man ein glühendes Eisen hinein, so wird man das Eisen wieder glühend herausziehen, wenn der Meht genug gesotten ist, im Gegentheil aber löscht es aus. An etlichen Orten wird der Meht in den eingespundeten Tonnen eine Zeitlang in die Erde vergraben, damit er den geilen Geruch und Geschmack des Honigs und des Wachses verliere. Der also gut gebrauete Meht giebt an Stärke und Lieblichkeit dem besten spanischen und Muskatenwein nichts nach, und ist auch weit gesünder. Von dem gemeinen gelben Honig brauet man braunen, von dem weißen Honig aber weißen Meht, der besonders in Litthauen und angränzenden Ländern häufig gebrauet wird, und an Lieblichkeit des Geruchs und Geschmacks dem andern weit vorzuziehen ist. Man machet von dem also gebraueten Meht, auch noch andere Getränke, als: von Kirschen, Himbeeren u. dgl. (s. davon an seinem Ort Kirschmeht, Himbeerenmeht ec.)

Meidin, Maidin, Medin, eine kleine sehr leichte Silbermünze, welche die Bassen von Kairo schlagen lassen. Sie ist von schlechtem Silber, und in ganz Aegypten gangbar, wo man sie auch Para, Parat, und Parasi nennet. An Werth ist sie drey Asper oder nach unserm Gelde 8 bis 9 Pfennige.

Meier, s. Bickenmeier.

Meier, Meyer. (Landwirthschaft) 1) Soviel als Verwalter, der die Aufsicht über ein ganzes Landguth hat. 2) Gewöhnlich nur der erste Knecht in einer großen Wirthschaft, der über das andere Gesinde die kleine Aufsicht hat,

der

das Ackergeräth besorgen, und im Stande erhalten, auch bey allen Feldarbeiten der erste seyn muß, Ackermeier. 3) Der Großknecht, der über die Leute, so zum Vieh bestellt sind, die Aufsicht hat; auch der Viehpächter, Viehmeier. 4) In manchen Gegenden der Bauer, der auf einem ihm anvertrauten herrschaftlichen Vorwerk wohnt. Daher die Benennung.

Meierhof, Meierey, ein solches Vorwerk, oder von dem Hauptgut, wegen der Entlegenheit der Felder, abgesonderter Bauerhof, mit den Ländereyen, die dazu geschlagen worden, wo insbesondere ein ansehnlicher Viehstand gehalten wird, und Molkereyen sind.

Meierjagd, eine Jagd, welche der Gutsherr zweymal des Jahrs auf den Revieren seiner Meier zu halten, berechtiget ist.

Meile, Fr. miliare, das größte Längenmaaß, wodurch man die Weite der Oerter von einander auf dem Erdboden ausmißt. Sie haben aber nicht einerley bestimmte Länge, sondern ein jedes Land hat seine eigene Maaße, die bald größer bald kleiner sind. So hat z. B. eine deutsche Meile 4000 geometrische Schritte, deren 60000 auf einen Grad im größten Zirkel der Erdkugel gehen; dagegen eine italienische nur 1000, eine englische 1250, eine französische 1500 bis 2000, eine schwedische 5000, eine ungarische 6000 Schritte u. s. w. 15 deutsche Meilen gehen auf einen der 360 Grade des ganzen Erdumkreises.

Meilenzeiger, Meilenstein, auf den Landstraßen aufgerichtete Pyramiden von Stein, oder auch nur Pfähle von Holz, welche mit einer, zwoen, auch mehrern Händen versehen sind, nach dem Ort zeigen, wohin man verlanget, und worauf der Name des Orts, nebst der Entfernung desselben angemerkt und angeschrieben ist. Die steinernen Meilenzeiger sind entweder ganze, halbe, oder Viertelmeilenzeiger. Wovon der, so die ganze Meile bemerkt, der größte, der die halbe Meile bezeichnet, halb so hoch, und der die Viertelmeile anzeiget, halb so hoch, als der halbe Meilenzeiger ist.

Meiler, Meuler, Mäuler, (Kolenbrenner) der Holzhaufen, woraus die Kolen geschwelet werden. Er hat eine kegelförmige Gestalt, und wird auf folgende Art zusammengesetzet. Recht in dem Mittelpunkt des abgezeichneten Meilerplatzes wird eine schenkeldicke 12 bis 15 Fuß lange Stange oder Mastbaum, der auch Quandelpfahl heißt, eingesetzt. Unten am Fuß dieses Mastbaums, wird ein kleiner Haufen von trockenem Holz angelegt, welches leicht zündet. Einige breiten einen Boden von Laub aus, und auf dieses Laub noch ein Bette von Kolenstaub. Es giebt Kolenbrenner, die anstatt der Stange in dem Mittelpunkt des Meilers verschiedene große Stangen stecken, die in der Mitte einen leeren Raum verschließen, den sie mit kleinem Holz anfüllen, so hoch sie ihren Meiler aufrichten. Andere ordnen wieder um den Mastbaum trockene Rundhölzer, die man dreyfach auf einander legt, daß sie eine dreyeckigte Kammer bilden, die man mit kleinem trockenem Holze füllet. Nunmehr fängt der Kolenmeister an, das Holz, das 2½ bis 3 Fuß lang ist, aufzusetzen, und den Meiler zu errichten. Die ersten Stücken, womit der Mastbaum umgeben wird, müssen trocken seyn, und werden mit dem obersten Ende gegen den Mastbaum angelehnet, und mit dem untersten Ende ruhen sie auf der Erde. Um diesen ersten Umfang von trockenem Holz macht man einen zweyten von dem ordentlichen Faden- oder Klafterholz, indem man die Holzstücken an die ersten anlehnet. Alsdenn macht man einen dritten, vierten u. s. w. bis der ganze abgezeichnete Platz mit Holzstücken bedeckt ist, die fast aufrecht stehen. Bey jedem Umkreis des ersten Bettes, läßt man einen kleinen Raum fünf oder sechs Zoll breit, der nicht von denen aufrecht stehenden Holzstücken erfüllet ist; und indem der leere Raum eines jeden Umkreises dem leeren Raum des andern gerade gegen über ist, von dem äußersten Umkreis an, bis in den Mittelpunkt des Meilers; so entstehet ein Kanal, der sich bis an das trockene Holz erstrecket, das man an den Fuß der Stange oder Mastbaums gethan hat. Dieser Kanal kann als ein Zündloch angesehen werden, das mit trocknen Reisern erfüllet wird, und das Feuer bis in den Mittelpunkt des Meilers fortleitet. An diesem Ort geschiehet auch die Ansteckung des Meilers. Wenn diese verschiedene Umkreise einen Raum von 5 bis 6 Fuß im Durchschnitt erfüllen, so richtet man auf diesem ersten Bette oder Stockwerk ein zweytes Stockwerk von Holzscheiten auf, das man die Schindel Fr. eclisse nennt. Man verfertiget dieses eben so, wie das erste, vermittelst solcher Holzkreise. Dieses zweyte Stockwerk fängt man gemeiniglich an, wenn das erste noch nicht ganz fertig ist, damit der Köler das zweyte bequem errichten kann. Man muß aber das kleine Holz in die untern Stockwerke, und das größte in die obern bringen, wobey man allemal das dünneste Holz am weitesten von dem Mittelpunkt in den äußersten Umfang stellet. Nachdem das unterste Bette völlig den ganzen bestimmten Boden bedeckt, so macht man das zweyte auch voll, und alsdenn schreitet man zum dritten Stockwerk, indem man auf das zweyte aufsteiget, und das Holz zum dritten ordnet. Auf das dritte stellt man gewöhnlich ein viertes, auch wol fünftes Stockwerk, welches man das kleinere obere nennt, und das Ganze einem abgestutzten Kegel gleichet, oder oben platt zugehet. Die Länge der Holzstücken, und die Anzahl der Stockwerke bestimmen die Höhe der Meiler. Große Meiler sind vortheilhafter, als kleine, denn das Holz, welches sich in dem Mittelpunkte des Heerdes verzehret, beträgt bey den kleinen Meilern fast eben so viel, als bey den großen. Folglich ist der Verlust des Holzes bey den kleinen Meilern weit größer, als bey den großen.

Meilerbühen, Beben, Böben. (Kolenbrenner) Wenn der Meiler einige Zeit gebrannt hat, und völlig in Glut kommt, ehe man ihn bestübbet, oder mit Gestübbe beschüttet. Ist man damit zu voreilig, so gehet er entweder aus oder schwitzet sich, d. i. er wirft durch seinen Dampf das Gestübbe wieder herunter, oder er giebt Stöße, Gestöße, d. i. er platzet oder fällt wol gar mit einem Knalle in einander.

Meiler bedecken. (Köler) Wenn der Meiler von dem Holzscheitern errichtet worden, (s. Meiler) so muß er bekleidet, oder mit Erde und Asche bedeckt werden. Zu dieser Bedeckung nimt man die in der Nähe des Meilers befindliche Erde. Zwey Köler graben die Erde rund um den Meiler auf, und ein anderer fasset dieselbe mit einer Schaufel, und suchet sie dergestalt auf die äußere Fläche des Meilers anzubringen, daß er damit ganz bedeckt ist. Die Erde muß ein wenig feucht seyn, damit sie nicht wieder herunter falle. Diese Decke muß wenigstens drey bis vier Zoll dick seyn, und man muß die aufgeworfene Erde durch das Anschlagen mit der Schaufel suchen haltbar zu machen. Oben auf dem Gipfel des Meilers an dem oberesten Ende des Mastes bleibt ein leerer Raum von einem halben Fuß im Durchschnitt, wo man keine Erde hinthut, um dem ersten Rauch eine Oeffnung zu lassen, und zu verursachen, daß sich das Feuer hauptsächlich in dem Mittelpunkte errege. Die Decke wird gemeiniglich von Rasen, die 4 bis 5 Zoll dick sind, gemacht, welches auch gewiß die beste Decke ist. Einige Köler schütten auch noch wol auf die aufgeworfene Erde eine Lage von Kolenstaub und Asche vermischt. Wenn der Meiler also bedeckt ist, so wird er angezündet. (s. Kolen brennen.)

Meilerkolen, (Köler) diejenigen Kolen, die in dem Meiler geschwelet werden, und gewöhnlich auch Schmiedekolen heißen, zum Unterschied der Lösch- oder auch Grubenkolen, die in Gruben gebrannt werden. Die Meilerkolen verbreiten, indem sie brennen, einen sehr schädlichen Dampf, der vermögend ist, Menschen und Thiere zu ersticken.

Meiler, liegende, sind nur in Schweden üblich, und hierzu werden die ganzen Stämme parallel über einander geleget, dergestalt, daß die Kolenstätte viereckigt wird, das Dach des Meilers nach der einen Seite, als ein Pultdach, schräge abfällt, und die Wände, welche die Enden der Hölzer ausmachen, mit senkrecht eingesetzten Pfählen verwahret werden. Die Bedeckung geschiehet auf die gewöhnliche Weise, und die Anzündung auf der niedrigern Seite.

Meilerstelle, Kolengraben, Fr. faulde, (Kolenbrenner) derjenige Platz, worauf ein Meiler zum Kolenschwelen aufgerichtet wird. Die Köler suchen gern einen Platz dazu aus, der nicht weit von den aufgesetzten Holzklaftern entfernt ist, damit sie das Holz mit weniger Mühe auf den Meiler schaffen können. Auch muß die Stelle vor dem übrigen Boden etwas erhaben, doch aber gleich seyn, damit, wenn es regnet, das Wasser ablaufe, und nicht unter den Meiler komme. Endlich, damit der Platz geschickt sey, einen guten Brand zu thun, so ist es nöthig, daß der Boden weder steinigt, noch sandigt ist. Nachdem der Platz gewählt ist, so muß solcher mit Hacken, Karsten und Schaufeln vollkommen geebnet, und von allem Gesträuche gereiniget werden. Alsdenn wird der Umfang des Platzes zum Meiler abgezeichnet, und gemeiniglich werden zu großen Meilern 8 Schritte im Durchschnitte genommen. Dieser Raum ist vollkommen hinreichend. Die Köler nehmen gerne die schon gebrauchten Meilerplätze, weil sie sich dadurch die Mühe ersparen, einen neuen zu errichten, auch wird dadurch der Forst geschont, weil auf einem Meilerplatz, wo Kolen gebrannt werden, die Wurzeln nicht wieder ausschlagen.

Meisch, s. Meesch.

Meischfaß, (Weingärtner) das Faß, in welches man die Beeren nach dem Weinlesen schüttet.

Meisel, (Hüttenwerk) ein eisernes Werkzeug oder Hüttengeräthe, womit dasjenige, was sich im Schürloch des Ofens angesetzt hat, losgearbeitet wird.

Meisenfang. (Vogelsteller) Wenn dergleichen Vögel mit dem Kloben, nach der Pfeife, mit der Leimruthe, Sprenkel und in Kästen gefangen werden.

Meisenhütte, (Vogelsteller) deren giebt es zweyerley Arten, um darinn die kleinen Vögel zu fangen, besonders die Meisen, wovon sie auch den Namen haben. Die eine Art ist eine mit grünen Sträuchen versehene kleine Hütte, darinn sich der Vogelsteller, der die kleinen Vögel mit dem Kloben (s. Meisenkloben) fangen will, versteckt. Man pflegt sie nach Beschaffenheit des Orts entweder im Walde auf der Erde oder auf der Höhe auf drey nicht weit von einander stehenden großen Bäumen, oder auch ohnweit eines fließenden Wassers, wo viele Weiden anzutreffen sind, zu erbauen. Oben und auf beyden Seiten werden Löcher gelassen, wodurch der Vogelsteller den Kloben steckt, und wenn sich ein Vogel darauf setzt, solchen hereinzieht. Die andere Art Hütten ist beweglich, und kann, weil sie nicht schwer ist, von einem Ort zum andern getragen werden. Sie besteht aus einem von Latten zusammengeschlagenen Gerüste, welches mit grüner Wachsleinwand überzogen, und mit einem beweglichen Dache, gleich einer Sense, bedeckt wird. Hört man den Vogel von ferne singen, so wird die Hütte mit dem Kopf aufgehoben, und auf denselben fortgetragen, wenn man aber in der Nähe des Vogels ist, niedergesetzt, der Kloben zum Loch herausgesteckt, und auf den Vogel gelauert. Der Fänger hat einen Lockvogel und zwey Pfeifen bey sich, wovon die eine höher, als die andere gestimmt ist, mit der letzten ahmt er den Meisen nach, mit der ersten aber macht er ihr Geschrey, welches man Zitzpe nennt, nach; die Meisen folgen diesem Geschrey, fliegen der grünen Hütte zu, setzen sich auf den Kloben, so, daß sie mit den hintern und der vordern Zähe in die Spalte des Klobens einzwicken. Der Vogelsteller zieht alsdenn die durch den Kloben gehende Schnur, und klemmt solchergestalt ihre Zähen veste, daß sie nicht ausreissen können. Dann ziehet er sie durch das Loch in die Hütte.

Meisenkloben, (Vogelfänger) eine Maschiene von vestem Holz, etwa 2½ Fuß lang, und so dick, als ein starker Mannsdaumen; es wird gespalten, inwendig sauber ausgehöhlt, als eine Kugelbüchse, und alsdann wieder zusammengefügt, daß die Reifen oder Züge in einander passen, am dicken Theile werden sie in einer Hülse, die eine viertel Elle lang ist, befestiget, welches man bey dem Aufstellen in die Hand nimt.

Meisen-

Meisenpfeifen, (Vogelfänger) Pfeifen von zarten Knochen aus den Gänseflügeln, oder Hasenläuften verfertiget. Sie sind 2 bis 3 Zoll lang, haben nicht völlig in der Mitte ein Löchlein zur Pfeife, und von Wachs einen Kern; unten vor die Pfeife hält man einen Finger, womit der zweyfache Ton, wie die Meisen pfeifen, angegeben wird, indem man das Loch bald aufthut, bald zuhält, und die Meisen damit locket.

Meisentanz. (Vogelsteller) Wenn die Meisenfänger mit dem Kloben auf der Hütte sind, und ein Gestelle mit Sprenkeln auf kleinen Stangen aufgehangen haben, um die Meisen zu fangen; solches erhält diesen Namen.

Meißel, (Bildhauer, Holzarbeiter) ein eisernes, vorne an der Schneide gut verstähltes oder auch ganz aus Stahl geschmiedetes Werkzeug, das in Ansehung seiner Gestalt und des Gebrauchs desselben verschiedene Namen erhält. Denn bald sind sie spitzig, bald gezahnt, bald flach, bald gekrümmt, und bald hohl. Man kann sie füglich in vier Hauptgattungen eintheilen, wovon wieder eine jede besondere Unterabtheilungen hat. Besonders haben die Bildhauer zur Bearbeitung der Steine, die sie ausbilden wollen, alle diese Gattungen. (s. die folgende Artikel)

Meißel, (Feilenhauer) ein stählernes Werkzeug mit einer gerade laufenden Schneide, die scharf ist, einen runden Kopf hat, und mit welchem er die Feilenhiebe in die Feilen einhauet. Sind die Feilen rund, so ist die Schneide des Meißels, wie ein halber Mond zurückgezogen. Nach der Stärke der Feilen muß er in beyden Fällen einen kleinen oder großen Meißel zum Einhauen der Hiebe wählen. (s. Feilen hauen)

Meißel, (Formschneider) ein Eisen, wie ein kleines Stemmeisen gestaltet, mit einem Hefte, die Klinge ist gehöhlt, und kurz hinter der Schneide rechtwinklicht gebogen, womit der Formschneider in die Vertiefungen eindringen, und das los geschnittene Holz in seinen Umrissen ausheben kann. Sie sind von verschiedener Größe, je nachdem sie an großen oder kleinen Stellen gebraucht werden sollen.

Meißel, (Gelbgießer) ein Dreheisen, dessen Spitze ovalrund aber nicht geschärft ist; womit derselbe auf dem Drehstuhl seine abgedrehete Arbeiten in den Vertiefungen ebenet.

Meißel, (Kupferschmid) ein eisernes Werkzeug mit einer breiten starken Schneide, welches auf dem entgegengesetzten Ende einen starken eisernen angeschmiedeten Kopf hat, womit derselbe die Kupferbleche zertheilet, indem er mit einem starken Hammer auf den Kopf desselben schläget, und nach einer vorgeschriebenen Linie von einander hauet. Der Meißel des Grobschmids ist eben so beschaffen, womit er das Eisen zerhauet.

Meißel. (Schlösser) Dieser sind verschiedener Arten, die nach ihrer Beschaffenheit und Gebrauch verschiedene Namen annehmen, als: Kreuzmeißel, Bankmeißel, Kreuzmeißel, Setzmeißel, (s. alle diese) alle stimmen aber darinn überein, daß sie von Eisen sind, und zum Theil ganz, breite oder spitze, verstählte Schneiden haben.

Meißel, s. Flach- und Hohlmeißel, auch Stämmeisen.

Meißel, s. Wirke.

Meißelbohrer, (Bergwerk) ein rundes 2, 3 bis 4 Fuß langes Eisen, das an dem Ende eine stählerne Schärfe hat. Man bohret mit diesem Werkzeuge, vermittelst des Fäustels, womit man auf den Bohrer schlägt, da, wo mit Eisen und Schlägel nicht gearbeitet werden kann.

Meißel, gekrümmter, Fr. Ripe, der auf seiner Grundfläche eine rundliche Schneide hat, auf welcher lauter spitze Zähne sind. Er wird zur Beschabung der Figuren gebraucht.

Meißel, glatter, Fr. Ciseau, von sehr gutem Stahl, wird gebraucht, um die Striefen, welche der Meißel mit den drey Zähnen auf dem Marmor gelassen, wegzunehmen, und indem man dieses Werkzeug geschickt und fein führet, ertheilet man der Figur ein sanftes und zartes Wesen.

Meißel, kurz zugespitzter, Fr. Poinçon, ein spitziger Meißel ohne Heft, blos vorne mit einem angeschmiedeten Knopf, worauf mit dem Klöpfel geschlagen wird. Er ist von gutem Stahl, oder von Eisen und stark verstählt. Die Bildhauer gebrauchen ihn, den Marmorblock aus dem gröbsten zu bearbeiten. Außerdem brauchen ihn auch die Holzarbeiter zu hohler und erhabner Arbeit, er ist bald kleiner, bald größer.

Meißel, länglicht zugespitzter, Fr. Pointe, er ist wohl verstählt, und wird gebraucht, den zugehauenen Marmorblock seiner Bildung zu nähern.

Meißel, mit drey breiten Zähnen, Fr. Gradine, ganz von Stahl, und dienet nach dem vorerzählungen Meißel, die Arbeit fort zu setzen. Ein anderer ebenfalls dreyzahnigter Meißel, vorne ziemlich breit, und mit einem Heft versehen, Fr. Fermoir, wird zu solchen Steinen gebraucht, welche nicht so weich, als der Marmor sind. So wie noch ein dritter mit dicken Zähnen besetzt, Fr. Rifiard, zu eben dieser Arbeit gebraucht wird.

Meißel mit einer zahnförmigen runden Fläche, Fr. Ciseau en rouchine, ein Meißel, dessen sich der Bildhauer auch bedienen, den Marmor aus dem Rauhen zu bearbeiten.

Meißel, mit zwey breiten Zähnen, Zahnmeißel, Fr. dent de chien, oder double point, ist gut verstählt, und wird gebraucht nach der Arbeit mit dem länglich zugespitzten Meißel zur fernern Ausbildung der Bildhauerarbeit, weil er nicht so sehr als jener angreift.

Meißeln, Fr. Ciseler, mit dem Meißel hauen oder graben. Das französische Wort, dessen sich auch die deutschen Künstler in Metall bedienen, bedeutet im engern Verstande, in die metallenen Bleche mit dem Hammer und spitzigen kleinen Meißeln erhabene Figuren treiben. (s. dieses, auch Bunzeniren)

Meißel, rautenförmig zugespitzter, Fr. Hougnette, wohl verstählt, und einer Raute, die spitz zuläuft, ähnlich.

Meister, Fr. Maitre, heißen die Künstler im engern Verstande, zumal die berühmten Maler, Bildhauer, Kupferstepfeifstecher. Im weitern Verstande aber diejenigen, welche Unterricht in ihrer Kunst oder Handwerk geben, und Lehrlinge halten können. So wird der ein Meister in einem jeden Handwerk genannt, der durch Verfertigung eines Meisterstücks sich geschickt gemacht hat, in die Innung eines Gewerks als ein Herr oder Mitmeister aufgenommen zu werden, und der die Freyheit hat, alle dem Gewerke zukommende Vorzüge zu genießen, und alle Arbeiten derselben durch Gesellen und Lehrlinge verfertigen zu lassen.

Meisterdruck, (Maler) ein großer, kühner, bedeutender Druck des Pinsels, welcher die Hand eines Meisters, d. i. eines erfahrnen großen Künstlers, zu erkennen giebt.

Meister geben. (Schwarzfärber) Wenn aus der Indigküpe gefärbet worden, und die Brühe ist vermindert, so macht man eine neue, indem man ein Pfund Waid oder Potasche, ein Paar Loth Färberröthe, und etwas Kleye in genugsamen Wasser eine Viertelstunde kochen läßt, und es in die Küpe thut. Man bedeckt alsdenn die Küpe, und legt ein wenig Kohlen herum. Auf solche Art kann man sie verschiedene Tage erhalten, ohne etwas dabey zu thun. Wenn man färben will, muß man sie den Tag zuvor aufziehen, (s. dieses) und ein wenig Kohlen wieder herum legen.

Meistergeselle, Meisterknecht, ist der älteste Geselle in einer Werkstatt, dem der Meister, oder eine Wittwe, die das Handwerk fortsetzet, die Aufsicht über die andern anvertrauet. Man nennt ihn auch nicht selten den Werkmeister, weil er anstatt des Meisters in der Werkstatt für allen stehen muß.

Meisterjäger, an den Höfen ein erfahrner Jäger, welcher im Range auf die Jagdkavaliere und Jagdjunker folget, den übrigen zur Jagd gehörigen Personen vorgehet, und die anbefohlnen Jagden anstellet.

Meister im Bleche. (Blechhammer) Wenn das Blech windschief ist, oder wenn es mit einem Ende ein wenig gebogen oder gedruckt wird, oder über sich springt, wie eine Feder, so, daß es niemalen recht eben wird. Diese springende und ungleiche Eigenschaft muß durch das Schlagen oder Planiren mit dem Hammer herausgebracht werden, und es muß ein recht geschickter Blechschläger seyn, wenn er sie herausbringen, oder den also genannten Meister benehmen soll. Weil, wenn er nicht recht zuschlägt, das Blech immer springender und ungleicher wird; daher es auch vielleicht den Namen davon erhalten hat, daß der Fehler Meister vom Blech bleibet.

Meisterknecht, s. **Meistergeselle**.

Meisterlade, s. **Lade**.

Meisterlauge, (Seifensieder) diejenige Seifenlauge, welche ihre gehörige Stärke zur Seife hat. Sie wird in Aescherkonnen gemacht. (s. Lauge)

Meistern, (Färber) bey den Schwarzfärbern das, was bey den Schönfärbern aufsetzen ist, nämlich eine Farbe auf die andere färben. Wird nur vom Blau gesagt, z. B. wenn man ein Stück Leinwand nur hellblau in der Küpe färbet, und ihm nachher mit Blauholzbrühe die dunkelblaue Farbe gegeben wird. Dies ist aber eine Betrügerey.

Meisterpfund, bey den Wollenmanufakturen schwerer, als die gewöhnlichen Pfunde, nach welchen die Wolle gewogen wird.

Meisterstück, das von einem ganzen Gewerk einem neuen angehenden Meister aufgegebene Stück Arbeit seines Handwerks, wodurch er zeigen muß, daß er dasselbe verstehet und geschickt genug ist, Meister zu werden. Er muß solches gewöhnlich unter der Aufsicht eines Meisters verfertigen, damit dieser Zeuge ist, daß er es selbst gemacht hat, und es im ganzen Gewerk aufzeigen. Kleine Fehler werden mit Gelde gestrafet.

Meisterwurzel, (Schönfärber) eine Wurzel, die zur schwarzen Farbe der Seide gebraucht wird. Es ist eine ziemliche dicke und rauhe Wurzel, äußerlich dunkelbraun, inwendig weiß, von gutem Geruch, aber eines scharfen, durchdringenden Geschmacks. Sie wird in der Schweiz und in dem Walliserland gegraben.

Melaisse, Mutterlauge, (Zuckersiederey) das Ueberbleibsel von dem gekochten Zuckersafte, nachdem derselbe mit Kalkwasser oder Ascherlauge genugsam eingekocht, und nach dem Erkalten geronnen. Aus diesem Ueberbleibsel, welches nicht gerinnen kann, wird Zuckerbranntwein gebrannt.

Melden, Schmälen, Schrecken. (Jäger) Wenn ein Stück Wildprett oder Rehbock, von ohngefähr einen Menschen oder ein Raubthier vermerket, und doch nicht recht weiß, wo und was es ist, so erschrickt es, reißt ein wenig aus, und giebt einen Laut von sich, so heißt es, es hat sich gemeldet oder geschrecket. Bey den Rehen heißt es geschmählet, oder bellen.

Meliorai, Meliorati, eine Gattung Seide aus der Levante.

Melirte Tücher, (Tuchmanufaktur) Tücher, von verschiedenen Farben, die ein buntes oder gesprengeltes Ansehen haben. Die Wolle ist, ehe sie gesponnen wird, mit verlangten Farben gefärbet. Alsdenn läßt man jede Farbe besonders mit der großen Plackschrobel schrobeln, nachdem man abgewogen hat, wie viel Wolle von jeder Farbe zu einem Stück erfordert wird. Alsdenn pflücken verschiedene Personen die Wolle von zwey, drey oder mehr Farben pfuschelweise untereinander, indem eine jede Person von ihrer Farbe eine kleine Hand voll abreißt, und solche auf einen Haufen wirft, so, daß aber stets größere Theile von derjenigen Farbe zu dem Haufen hinzugepflückt werden, welche in dem Tuch am vorzüglichsten in die Augen fallen soll. Dagegen die andere Personen von ihren Farben weniger hinzuwerfen, welche nur unmerklich oder wenig erscheinen sollen. Auf die zusammengepflückte Wolle setzt sich einer und mehrere Personen, jeder pflückt und ziehet von dem zusammengeworfenen Haufen wieder unter seinem Leibe hervor, wodurch die Wolle noch mehr vermischt wird. Hierauf wird sie noch zweymal geschrobelt und jederzeit zweymal gewendet. Die Wolle von verschiedenen Farben wird auch öfters durch das Schrobeln gemischt, allein die Mischung schwung ist alsdenn nicht so gut. Im übrigen wird dieses Tuch so behandelt, wie alle andere Tücher. (s. diese)

Melis, (Zuckersiederey) war ehedem eine Benennung eines feinen Zuckers aus Malta. Jetzt bedeutet es eine gute Sorte raffinirter Brodte, die wieder ihre Eintheilungen hat.

Melische Erde, Fr. terre de melos, (Bergwerk) eine dürre, nicht allzuschwere, weiße oder grauliche Erde von der Insel Melos, die sich rauh angreifet; wenn man sie mit den Fingern zerreibt, schrappet sie wie Bimsstein, sie löset sich aber im Wasser auf, und zeigt nichts steinhaftes. Nach Plinii Berichte ist es eine von den vier ersten Farben, welche die alten griechischen Maler gebraucht, und womit sie ihr Weißes und ihr Licht ausgedrücket. Einige haben sie für gelb ausgegeben, welches aber wol nicht seyn kann, wenn sie in der Malerey die weiße Farbe und das Lichte gegeben. Sie ist mit der maltesischen Erde nicht zu verwechseln.

Melismi, (Musiker) sind in der Tonkunst laufende Figuren oder Läufer; diese Zierrathen müssen aber nicht zu weit gedehnt, und mäßig angebracht werden, sonst erwecken sie Eckel.

Mellwerk, Fr. mine d'acier do cantor chore, (Bergwerk) eine Art Eisenerz im Kärnten Khar, so mit noch zwey andern Arten, welche Schwarzerz und Rotherz heißen, verritzt wird. Wenn diese Beschickung oder Vermischung recht getroffen worden, so giebt sie im Schmelzen Stahl, außerdem aber nur Eisen.

Melkfaß, Melkgelte, Melkeimer, Melkkübel, (Landwirthschaft) das kleine hölzerne Gefäß von Böttcherarbeit mit einem Handgriff, worinn die ausgemolkene Milch aufgefangen wird.

Melkschemmel, das kleine drey- oder vierbeinigte Stühlchen, darauf die Viehmagd beym Melken sitzt.

Melline, (Bortenwürker) eine breite von Gold oder Silber gewebte Spitze, welche das Frauenzimmer auf ihre Röcke zu setzen pflegt, und auch wol eine Tour heißt.

Mem, s. Man.

Membrure, Fr. ein Holzmaaß in Frankreich, womit man sonderlich zu Paris das Bauholz mißt; es ist 4 Fuß lang und eben so hoch.

Menasda, ein Maaß flüßiger Dinge, dessen man sich zu Mekka in Arabien bedienet. Es hält 3 Chopinen nach französischem, oder 5 Pinten nach englischem Maaß. 40 Menaschal machen 1 Teman.

Memorial, (Handlung) ein Handlungsbuch, in welchem alles in einer Handlung täglich vorkommende, sogleich eingetragen wird, damit es nicht vergessen, sondern theils zu gehöriger Zeit besorget, theils zu gesetzter Zeit aus dem Memorial in die andern Bücher eingetragen werde. (s. auch Kladde)

Memphites, Memphit, eine Gattung Onixstein, von Farbe schwarz und weiß, der in Arabien gefunden wird. Man pfleget Petschafte und andere Kleinigkeiten daraus zu schneiden.

Menagerie, bey fürstlichen Lusthäusern und Gärten der Ort, wo allerhand fremde oder seltene Thiere gehalten und ernähret werden.

Mengel, ein nur in einigen Gegenden, z. B. in Bremen, übliches Maaß flüßiger Dinge, welches der vierte Theil eines Quartes, oder der sechzehnte Theil eines Stübchens ist.

Mengekorn, Fr. Meteil, eine Vermischung von halb Weitzen und halb Roggen, dergleichen oftmals in den Proviantshäusern aufgeschüttet, und zum Gebrauche der Kriegsleute verbacken wird.

Mengenmaaß, ein Maaß, die Menge der Körper zu messen, zum Unterschied von dem Längenmaaß, das körperliche Maaß.

Mengepresse, Fr. laiton d'un bel jaune, (Messingwerk) eine Sorte von Messing, so aus dem lauterbergischen Kupfer, auf 1 Pfund 2 Pfund Galmey genommen, gemacht wird. Es wird solches nicht allein verkauft, sondern auch zum Zusatz des Tafelmessings mit genommen. Es wird auch die Beschickung zu Messing aus 80 Pfund Kupfer, und 40 Pfund Galmey mit diesem Namen beleget, wenn die Masse mit Galmey geschmolzen ist.

Mengepresse, Steinkupfer, Fr. arco, (Messingwerk) die bey dem Mandiren (s. dieses) des Messings in die Schmelztiegel mit der Asche in den Montbal (s. diesen) gespritzte Metallkörner. Um dieses wieder gut zu machen, schlämmet man die Asche aus, und siebet die Körner; oder man bringt alles unter ein Puchwerk, und läßt das Taube vom Wasser wegschlämmen, das reine aber wird wieder eingeschmolzen.

Menkault, Mankaud, ein flandrisches Getreidemaaß. Zu Landrecy wiegt der Menkault Weitzen 97, Mangkorn 94, Roggen 90, und Haber 72 Pfund. Etwas besonderes ist es, daß daselbst sieben Monathe, nämlich vom Anfang des Augustes bis zu Ende des Februars, der Haber nach diesem Maaß gehäuft gemessen wird, dahingegen die übrigen 5 Monathe der Hafer mit diesem Maaß gestrichen, gemessen wird.

Mennige, (Mennigbrennerey) eine aus dem Bley calcinirte rothe Farbe, welche sowohl zum Malen, als auch zu andern Dingen gebraucht wird. (s. Mennigbrennen)

Mennigebrennen, (Mennigfabrik) die Arbeiten, wodurch man das Bley in einen rothen Kalk, oder in die Mennige verwandelt. Es giebt bey dieser Brennerey dreyerley Operationen. Die erste ist, da man das Bley in dem ersten Mennigofen (s. diesen) zum Schmelzen bringt, und in einen gelben Kalk verwandelt. Man thut das Mollenbley auf die beyden Seitenheerde des Ofens. Der mittlere Heerd wird angefeuert, und die Flamme, die keinen Ausgang hat, streicht wegen des niedrigen Gewölbes über das Bley, und bringt es in Fluß. Sobald das Bley fließet, wird es mit eisernen Rührhaken beständig umgerühret. Dieß ist zu schneller Verkalkung nothwendig. Denn bekanntermaßen entstehet auf der Oberfläche des fließenden Bleyes jederzeit ein Ueberzug, oder eine Haut, die nichts anders, als ein Bleykalk ist, der, wenn er die Oberfläche des Metalls deckt, dasselbe vor der fernern Verkalkung einigermaßen schützt. Dieses Umrühren geschiehet so lange, bis das Bley gänzlich verkalkt ist. Man rechnet darauf ohngefähr 8 Stunden, wenn man in jeden Bleyheerd 180 Pfund Bley eingesetzt hat. Nach der Verkalkung bleibt die Masse noch ohngefähr 16 Stunden im Ofen, um sie gehörig zu trocknen. Unter dieser Zeit wird der Kalk nur zuweilen mit dem Haken umgerühret, theils, um die Oberfläche gehörig zu verändern, den Kalk gleichförmig zu brennen, und einige noch nicht völlig verkalkte Stücke der Flamme mehr auszusetzen; theils aber auch zu verhindern, daß sich die Masse nicht zusammen balle, oder wieder schmelze. Das Feuer, das von Anfang stark seyn muß, wird bey diesem Trocknen vermindert. Genau läßt sich der Grad des Feuers, und die Menge des Holzes, das man zuschürt, nicht wol bestimmen. Die Masse glühet dabey sehr dunkel, kirschroth. So wie sich das Bley verkalkt, so schiebt es der Brenner auf die Seite, und läßt das, was noch flüssig ist, stets zusammen. Die Vertiefung des Heerdes erleichtert dies. Nach zieht man diejenigen Bleyklumpen oder Stücke, die sich nicht gehörig verkalket haben, sobald man sie wahrnimmt, heraus, und hebt sie zu einer künftigen Arbeit auf. Der Bleykalk gehet nun bey diesem Trocknen durch die Grade von Schwarz und Grau, bis zu Grangelb, und von Bleyasche zu Massikot oder dem Gelben über. Die zweyte Operation ist diese, daß man nun den gelben Bleykalk aus dem Ofen ziehet, stark anfeuchtet, und also auf eine Mühle bringt, und wenn er darauf gebracht, so gießt man durch eine Oeffnung, die in der Mitte der obern Mühle befindlich ist, noch mehr Wasser auf. Zwey Ursachen hat man zur Anfeuchtung des Bleykalks. Die erste ist, daß die Masse dadurch schwerer, die andere, daß sie schlüpfriger werde. Wenn der Kalk auf der Mühle (s. Mennigmühle) klein genug gemahlen, so öffnet man den, an der Seite des hölzernen Futters der Mühlsteine, in welchem die Steine gehen, befindlichen Zapfen, und nimt die Materie, die alsdenn durch eine an diesem Futter befestigte Rinne läuft, in einen untergesetzten hölzernen Handkübel, auf. Schon hierinn setzen sich die noch unverkalkt gebliebenen Bleymassen oder Klumpen ihrer Schwere wegen zu Boden. Man gießt daher nur das Flüßige in ein nebenbey stehendes größeres Gefäß, das ebenfalls von Holz ist, und thut das unverkalkte bey Seite. Der gemahlne Kalk siehet grauweiß, nicht aber, wie man denken sollte, gelblich aus. Man wird das, was in den großen Kübel gethan worden, wenn er hinlänglich angefüllt ist, fleißig umgerühret, weil sonst, außer den wirklich noch unverkalkten Bleytheilchen, auch noch eine Menge wahrer Kalk zu Boden fallen würde. Man schöpft es alsdenn aus, und trocknet den Satz auf einer länglich viereckigen, mit Backsteinen eingefaßten, eisernen Platte, die von unten her erwärmt wird. Andere, besonders in England, verrichten diese Arbeit, die das Schlämmen genannt wird, anders. Sie nehmen es nämlich, wenn das Ganze hinlänglich gemahlen ist, und füllen ein kupfernes Becken, das ein Arbeiter in beyde Hände nimt, bis auf die Hälfte an, tragen es in eine nebenbey stehende Tonne, die voll Wasser ist, und bewegen darinn das Becken so, daß das Pulver, welches am feinsten gemahlen ist, sich mit allem Wasser in der Tonne vermischt, und nach und nach zu Boden sinkt; dahingegen das Schwerere, das aus Mangel der gehörigen Verkalkung, nicht zart genug gerieben werden konnte, auf dem Boden des Beckens zurück bleibt. Auf die Art fährt man fort, bis alles, was von der Mühle kam, geschlämmt ist. Die noch nicht ganz verkalkten Stücken, die sich durch das Schlämmen vom feinen abgesondert haben, nennt man After. Es sieht etwas glänzend, und grau aus, und besteht, außer kleinen Bleykörnern, mehrentheils aus dünnen Plättchen, welches man bis zum neuen Kalziniren auf dem Boden der Vorderseite des Ofens, auf dem mit Mauersteinen eingefaßten Pflaster, sammlet. Man kalziniret diesen After aber allein, und zwar so lange, bis alles sich in Kalk verwandelt hat. Das also geschlämmte und getrocknete Pulver wird nunmehr in den zweyten oder Farbenofen, und in die dazu bestimmte Töpfe (s. den zweyten Mennigeofen) gebracht. Man thut ein dazu bestimmtes Maaß voll hinein, welches ohngefähr 32 Pfund wieget. Sie werden davon etwas mehr, als den vierten Theil voll. Man breitet die Masse in denselben gleichförmig aus, bedeckt ihre Oeffnung mit einem vorgesetzten Stück Ziegelstein, damit die Hitze nicht herausgehe, und feuert abermals mit Scheiten Holz, die so lang sind, als der innere Raum des Ofens selbst ist, damit die Flamme auch auf den entferntesten Topf spielen kann. Das Holz muß eine starke Flamme geben, um die Töpfe zu berühren. Auf einen stets gleichmäßigen Grad des Feuers durch die ganze Operation kömt es wol nicht an. Zu stark darf es nie werden, aber schwächer; unter dem gehörigen Punkt kann es zuweilen immer seyn. Bey einem gemäßigten Feuer bleibt der Kalk bey langen Tagen zwey Tage und eine Nacht, in kurzen Tagen aber zwey Tage und zwey Nächte, mithin an zweymal vier und zwanzig Stunden in dem Ofen, bis es gute Mennige wird. Dabey wird die röther werdende Masse in den Töpfen, jede kleine halbe Stunde ohngefähr, fleißig und genau umgerührt. Dieß geschiehet mit einem kleinen, sperrähnlichen und zweyschneidigen ziemlich scharfen eisernen Spatel, so der Tiefe des Topfs gemäß ist. Man bewegt sie von Oeffnung des Topfs an, bis nach dessen Boden zu, in Spirallinien, so, daß man dabey stets die innere Wand des Topfs berühret, und auf gewisse Art schabe. Widrigenfalls setzen sich kleine kalkähnliche Scheiben, wie zerbrochene Eyerschalen, der Dicke nach, die eine Art von Bleyglas oder Glätte sind, an die Töpfe an. Nach Verlauf der angegebenen Zeit ist nun die ordinäre Mennige fertig. Sie hat, wenn sie noch heiß ist, eine dunkle schwarzrothe Farbe, je länger man das Bley kalzinirt, desto schöner wird die Farbe. Die fertige und erkaltete Farbe wird mit einem eisernen Löffel, der in die Oeffnung der Töpfe paßt, herausgenommen, und gesiebet. Das Sieben, welches die dritte Arbeit der Mennige ist, geschiehet, um die

Unbe-

Unbequemlichkeit des Staubes, und den damit verknüpften Verlust, zu verhüten, in einem viereckigen Kasten der folgendermaßen eingerichtet ist. In der Mitte desselben sind zwey parallel und horizontal laufende Querstäbe in solcher Entfernung von einander angebracht, daß sie in dem Falz, den man hinein geschnitten hat, das feine Drahtsieb, durch welches die Farbe durchgeschlagen werden soll, aufnehmen, und man dasselbe zwischen oder auf diesen Querstäben hin- und herbewegen kann. Von dem Siebe selbst gehet ein Stiel aus der einen Seite des Kastens hinaus, der an dem einen Arme einer nahe bey dem Kasten befindlichen senkrechten Stange befestiget werden kann. Dieser einfache äußere Apparatus kann auf die nämliche Art, wie der Rührhaken, (s. diesen) beym Umrühren des Bleyes von dem Kammrade und seiner Welle in Bewegung gesetzt und hin- und hergerüttelt werden. Was fein genug ist, fällt durch; das Grobe bleibt zurück. Denn alles Umrührens ohngeachtet fällt bey der Verkalkung stets etwas halbverglasetes mit vor, was auch nur zum Theil im Siebe bleibt, da die feinen Plättchen doch mit durchgehen. Man sieht sie als schwärzliche, etwas glänzende Scheibchen oder Punkte, selbst in der besten Mennige, am deutlichsten, wenn man die Oberfläche einer Parthie Farbe mit den Fingern platt drückt. Das im Sieb zurück gebliebene, und welches hellbraunröthlich aussiehet, wird zu dem Aster geschüttet, und mit demselben verkalkt. Der Kasten wird bey dem Sieben mit einem Deckel bedeckt, und durch eine kleine mit einem Schieber versehene Oeffnung in dem Deckel, kann man sehen, ob das Sieb leer ist, um neue Masse wieder einzuschütten. Durch Hülfe des Wasserrades wird, wie schon gedacht, die Stange des Siebes in Bewegung gesetzt, auch die Mühle (s. Mennigemühle) und der Rührhaken bewegt, ohne daß ein Arbeiter die Hand daran leget. Nun ist die gesiebte Mennige zum Verkauf tüchtig.

Mennigebrenner, (Mennigehütte) derjenige Arbeiter, unter dessen Aufsicht die Mennige gebrannt, geschlämmt und gesiebt wird.

Mennigehütte, eine Anstalt, worinn die Mennige aus Bley kalzinirt und gebrennt wird. Sie muß an einem Fluß erbauet seyn, weil ein Wasserrad sowohl den Rührhaken, als auch das Mühlenwerk und das Sieb in Bewegung setzen muß. In der Hütte selbst werden die verschiedenen Oefen, worinn die Mennige gebrennt wird, erbauet, als auch die Mühle und das Siebwerk angelegt.

Mennigemühle, (Mennigehütte) eine Mühle, worauf das kalzinirte Bley aus dem ersten Ofen geschlämmt, oder gemahlen wird. Sie gleicht einer Bleyweißmühle vollkommen. Sie bestehet aus zwey kleinen horizontal auf einander liegenden Steinen, die von einem harten und feinen Korn seyn müssen. Diese befinden sich in einem hölzernen Futter oder Kübel, damit der flüssig gemachte gewässerte Kalk nicht herauslaufen kann. Der oberste Stein, oder der Läufer, ist an einem Drillinge befestiget, in welchen die Zähne eines Kammrades greifen, das an der verlängerten Achse eines vom Wasser getriebenen Rades angebracht ist, und davon umgetrieben wird. (s. Mennigbrennen.)

Mennigeofen, (Mennigbrennen) ein Ofen, worinn die Mennige gebrannt wird. Man hat zwey Arten dieser Oefen. In dem ersten wird das geschmolzene Bley kalzinirt, und in dem zweyten das kalzinirte Bley bis zu der rothen Farbe gebrannt. Die erste Art ist ein längliches Viereck, von Backsteinen aufgeführt, und nach Ausführung und Bequemlichkeit ein hoher sehr einfacher Reverberierofen, (s. diesen) der, zum Unterschied von dem zweyten, der Massikotofen genennt werden könnte, weil darinn das Bley die Farbe des Massikot erhält. Der innere Raum desselben ist unten flach, oder wagrecht, bis auf eine kleine Einschränkung, wovon hernach die Rede seyn wird. Vermittelst zweyer kleinen Separationsmauern wird er in drey Theile der Länge nach getheilet, wovon der mittlere den Feuerheerd, die beyden andern aber die Bleyheerde ausmachen. Aschenheerd und Zugröhre hat dieser Heerd, so wie der andere, nicht. Oberher ist dieser Raum gewölbt, und nach der Hinter- oder Rückenwand des Ofens zu mit zwey kleinen Zuglöchern versehen. Von vorne außen hat der Ofen drey Oeffnungen, Fr. embouchures, die mit den innern drey Abtheilungen Zusammenhang haben. Die mittlere, oder das Heizloch, ist die höchste und breiteste; von jeder der andern beyden Oeffnungen, die mit ziemlich starken Eisenblechen ausgefüttert sind, aber keine Thüren, so wie auch die mittlere nicht haben, kann die freye Luft beständig über das Metall hinwegspielen, und die Verkalkung befördern. Von diesen Oeffnungen geht der sonst wagrechte mit Backsteinen gepflasterte Heerd auf einen Fuß weit hinein, etwas abschüßig, entweder, damit das geschmolzene Bley, besonders des anfänglich nicht nöthigen Umrührens wegen, nicht so leicht herausfließe, oder, wahrscheinlicher, bloß wegen der in dieser Erhöhung angebrachten Vertiefung, vermöge welcher die Rührhaken durch ein Wasserrad bewegt werden. Zur Verhütung des abfließenden Bleyes setzt man einige Backsteine vor die Oeffnungen, in England nimmt man die größten Asterstücken. In jeden der beyden Bleyheerde setzt man bey dem Arbeiten das Mollenbley ein. In der Mitte wird das Feuer angemacht. Man legt nämlich Scheite Holz, die der Länge des Ofens angemessen sind, durch die Oeffnung hinein, und zündet sie an. Die Flamme, die keinen Ausgang hat, und wegen des niedrigen Gewölbes nicht in die Höhe steigen kann, breitet sich über das auf den Seitenheerden befindliche Bley aus, und bringt es in Fluß. Eben diesen Weg nimmt auch der Rauch, der während dieser ganzen Operation über das Bley, wenn es gleich schon verkalket ist, hinstreichen muß, und findet endlich seinen Weg bey den Oeffnungen der Bleyheerde. (s. Mennigbrennen) Die letzte oder dritte Arbeit mit der Mennige geschiehet in einem andern von diesem jetzt beschriebenen verschiedenen Ofen, der der eigentliche Mennige- oder Farbenofen kann genennt werden, weil hier die Mennige ihre rothe Farbe erhält. Dieser Ofen ist gleichfalls ein längliches Viereck von Mauersteinen aufgemauert, das nach oben zu etwas schmäler zuläuft, um die Flamme besser zusammen zu halten, (konzentriren) wenigstens ist dies eine Hauptsache fache dieser Struktur. Seine Basis ist, so wie bey dem ersten, winkelrecht hoch. Vermittelst einer ziemlich dicken Mauer, die durch dessen Mitte, der ganzen Höhe und Länge nach, hinläuft, wenn man die Heizlöcher, als die vordere Seite des Ofens ansiehet, wird er in zwey gleiche, gänzlich abgesonderte, Theile getheilet. Etwas höher, als in der Mitte des innern leeren Raums, sind auf jeder Seite drey horizontal liegende irdene Töpfe in einer gewissen Entfernung von einander befindlich, in welchen der Bleykalk bis zur Röthe gebrannt wird. Mit einem Ende, oder dem Boden, liegen sie auf der eben gedachten Mauer auf, mit dem andern offenen aber ruhen sie auf der Seite oder Außenmauer des Ofens. Sie liegen vest, doch von allen Seiten frey, daß die Flamme ganz um sie her schlagen kann. Denn die Decke des Ofens, die, nach der Rückwand zu, gleichfalls zwey Zuglöcher hat, wie der erste Ofen, ist noch in einiger Entfernung davon. Der unter den Töpfen befindliche leere Raum des innern Ofens dient zum Feuern. Die Heizlöcher aber haben Thüren, mit welchen sie verschlossen werden können. Die kleinen Zuglöcher, die in der Decke beyder Oefen befindlich sind, dienen in dem ersten Ofen zum Theil zum bessern Zug der Flamme, die sonst minder hell lodern würde, vornehmlich aber, und besonders bey dem zweyten Ofen, um das Feuer damit zu regieren. Denn je nachdem man sie mit dem zu diesem Endzweck dabey liegenden Backsteine bedeckt; je nachdem disponirt man den Zug des Feuers. Läßt man sie ganz offen, so wird das Feuer hinten stark; die Flamme wird wegen des Luftzugs mehr nach dem hintern Theil des Ofens gezogen, bedeckt man sie halb, so verstärkt sich die Hitze in der Mitte, und wenn sie ganz zugemacht werden, so möchte das Feuer vorne am stärksten werden. Alle diese Oefen, deren es mehrere in einer Mennighütte giebt, stehen frey in einer großen, geräumigen und hohen Hütte. Sie haben keine Rauchfänge, sondern der Rauch ziehet durch die Hütte ins Freye.

Meningophylax, (chirurgischer Instrumentenmacher) ein stählernes Werkzeug, das in einer geraden Stange bestehet, die vorne dünner, als hinten am hölzernen Hefte ist, und auf der vordersten Spitze einen linsenartigen Kopf hat, womit der Wundarzt die Haut des Gehirns (dura mater) bey den Operationen im erforderlichen Fall niederdrückt.

Menschenhaare, (Perukenmacher) diejenigen Haare vom Kopf des Menschen, woraus größtentheils die Peruken verfertiget werden. Der Professionist schätzt diejenigen Menschenhaare am meisten, die bedeckt unter einer Mütze getragen werden. Denn es ist bekannt, daß die Luft die Haare austrocknet, und sogar die Farbe ausziehet, so, daß das Haar blässer wird. Die Haare in der freyen Luft getragen, sind kraftlos, reißen bey der Arbeit, und springen ab. Deswegen nimt der Perukenmacher lieber das Haar gemeiner Leute, die den Kopf mit Mützen bedeckt tragen, als das Haar vornehmer Leute, die bloß gehen, und diese gebraucht er nur zu Hinterhaaren der Zopf- und Beutelperuken, denn diese dürfen nicht frisirt werden. Ein bedeckt getragenes Haar ist im Gegentheil stark und kräftig, und läßt sich auch gut frisiren. In Absicht des Lebensalters sind die Haare der Kinder beständig, die Haare der Greise aber zum öftern zu weich, und lassen sich nicht gut kräuseln. Am brauchbarsten sind die Haare vom mittlern Alter. Der Farbe nach werden die Haare in pechschwarze, dunkelbraune, kastanienbraune, dunkelblonde, hellblonde, oder schneeweiße Haare, und in graue oder grisaille eingetheilet.

Menschenhäute gerben. (Gerber) Wenn man versucht, Menschenhäute lohgar zu machen, so erfordern sie mehr Äscher oder Beitze, als die Rindshäute, weil sie fett sind. Sie haben mehr Körper, als die Kuhhäute, und schwellen in den Beitzen sehr. Uebrigens werden sie wie die andern Häute behandelt. Wenn sie aber weißgar, oder auf ungarische Art bereitet werden, so ziehen sie sich zusammen, und werden im Gegentheil dünner, als die Kuhhäute, so nach ungarischer Art zubereitet sind. Der Bauch ist der dickste Theil einer Menschenhaut, dagegen der Bauch bey den Rindshäuten der dünnste ist. Gewöhnlich werden die Menschenhäute nach Art der Gemsenhäute (s. diese) zugerichtet.

Menschenstimme, lat. vox humana, (Orgelmacher) ein Orgelpfeifenregister, so unter das Schnarrwerk gehöret, und 8' ist, weil ein Mensch so tief singen kann. Dieses Orgelregister hat also den Namen von der Aehnlichkeit seiner Töne, mit der natürlichen Menschenstimme.

Mensur, bedeutet bey verschiedenen Künsten das Maaß, 1) (Musiker) das Zeitmaaß der Takt, oder vielmehr die Ausmessung der Noten und Pausen. (s. auch Zeitmaaß) 2) (Tanzmeister) im Tanzen die Distanz von einem Fuß, Hand oder einem Gliede zu dem andern durch alle Bewegungen verhältnißmäßig durch. Nächst diesem heißt es auch der Zwischenraum, oder die Entfernung im Tanzen von einer Person zur andern, durch alle Glieder durch, auch wol der Personen gegen den Tanzplatz, wie auch in den Figuren. 3) (Fechtmeister) die zu beobachtende gehörige Weite zweyer Fechtenden, daß man nicht zu kurz stoße. 4) (Bereiter) das gehörige Verhältniß, welches ein Pferd in allen seinen Bewegungen, sowohl bey, als über der Erde halten soll, daß seine Bewegungen in Gleichheit unterhalten werden, und daß eine von diesen Bewegungen einmal so viel Erde fasse, als das andremal, nicht ein Satz hoch, der andere niedrig, einer langsam, der andere geschwinde, sondern recht nach einem Ebenmaaß verrichtet werden.

Mensur, (Bildhauer) der über einem Marmorblock, welcher in eine Figur verwandelt werden soll, an dem Boden der Werkstatt schwebender Rahm, oder das Maaß, nach welchem alle Theile des Modells zur Figur auf den Block mit dem Zirkel und Bleyloth aufgetragen werden. Man kann diese Mensur im Deutschen ein Winkelmaaß nennen. Es ist nichts anders, als ein viereckigter hölzerner Rahmen, der auf allen Seiten 1 oder 2 Zoll breiter ist, als der Marmorblock. Er wird völlig horizontal an dem Boden mit einigen eisernen Stangen ein Paar Fuß hoch über dem Marmorblock befestiget. Dieser Rahm

muß

muß von allen Seiten aber gleich weit vorspringen. Zu mehrerer Haltbarkeit hat der Rahm in seinem innern Raum ein hölzernes, und mit Eisen beschlagenes Kreuz. Der Mittelpunkt dieses Kreuzes fällt also gerade auf die Mitte des Blocks. Jede der vier äußern Seiten der Mensur theilt der Künstler gleich einem Maaßstabe, in gleiche Theile ab. Die Eintheilung ist zwar willkührlich, die Theile müssen aber so klein, wie möglich seyn. Eine gleiche Mensur wird unter der Plinte des Blocks bevestiget. Sie ist nicht nur so groß, als die schwebende, sondern sie läuft auch nach ihren Seitenflächen, und ihrer horizontalen Lage mit jener parallel, und erhält auch wie jene auf allen 4 Seiten einen gleichen Maaßstab. Auf gleiche Weise schwebt nicht nur über dem Modell auch eine Mensur, sondern es wird auch eine unter seiner Plinte bevestiget. Ist das Modell eben so groß, als die künftige Figur werden soll: so sind die Mensuren des Blocks und des Modells einander gleich, und auf beyden wird ein gleicher Maaßstab abgetragen. Ist die Mensur des Modells aber kleiner, so versteht sich schon von selbst, daß der Maaßstab derselben Mensur kleiner, als der von dem Marmorblock ist. Vermittelst dieser Mensur nun, wie schon gedacht, wird jeder Hauptpunkt des Umrisses aus dem Modell, durch das Bleyloth und Zirkel, auf den Block aufgetragen, und die Figur von Marmor wird so zu sagen nur eine Kopie des Modells. Wenn der Künstler mit der Vorderseite der Figur den Anfang machet, die erforderlichen Punkte zu suchen, so bringt es die Natur der Sache mit sich, daß jederzeit die Hauptpunkte der äußersten Theile zuerst gesucht werden, und von diesen zu den innern übergegangen wird. Denn da der Künstler für einen Theil der Figur, dessen Hauptpunkte er aus dem Modell zu dem Kloz übertragen will, jederzeit vorläufig nach dem Augenmaaß den rohen Marmor abschlägt, so könnte er leicht einen äußern Theil dem Marmor entziehen, und zuviel weghauen, wenn er einen innern Theil vor dem äußern ausschlagen wollte. Daher muß, wie gedacht, allemal der äußerste Punkt des Umrisses einer Figur gesucht, und auf dem Block bestimmt werden. Er muß ferner jedem Punkt, nicht nur nach der Höhe und Breite, seinen Ort auf dem Block anweisen, sondern auch nach der Tiefe. D. i. er muß durch eine genaue Ausmessung suchen zu bestimmen, wie viel Marmor er abnehmen kann, wenn ein Punkt an der künftigen marmornen Figur eben die Lage erhalten soll, die er an dem Modell hat. Auf alle diese Fälle muß der Künstler sein Augenmerk richten. Hat er den ersten Punkt genau gefunden, so ergeben sich die übrigen ungleich leichter. Bey dem Uebertragen des Modells auf den Block verfährt er also: Neben dem Hauptpunkt des äußersten Umrisses des Modells hänget der Künstler an die schwebende Mensur über dem Modell ein Bleyloth, in einem beliebigen Theilungspunkte auf, und ein zweytes an eine andere Seite der schwebenden Mensur gleichfalls in einem beliebigen Theilungspunkt. An der schwebenden Mensur über dem Block bevestiget er auf eben die Art zwey Bleylothe in gleichnahmigen Theilungspunkten. Hierauf öffnet er einen Zirkel aus dem Mittelpunkt der einen Seite der Mensur über dem Modell bis zu dem Hauptpunkt des äußersten Umrisses seines Modells. Mit dieser Eröffnung des Zirkels schlägt er aus dem gleichnahmigen Punkt auf dem Block einen Zirkelbogen. Hiedurch ist nun zwar der gesuchte Punkt in etwas bestimmt, aber noch nicht genau, und besonders nicht nach seiner Tiefe. Daher schlägt der Künstler an der bezeichneten Stelle, nach dem Augenmaaß, etwas Marmor mit dem Spizeisen dergestalt ab, daß er noch etwa von dem Leben, d. i. von der wahren Tiefe um einen Zoll zurück bleibt. Sobald er den ersten Bogen auf der behauenen Stelle wieder angedeutet hat, so geht er zum Modell zurück, sezt einen Fuß des Zirkels auf die äußerste Spize des angezeigten Umrisses, und eröffnet ihn bis zu dem ersten Bleyloth. Mit einem andern Zirkel mißt er aus eben dem Punkt bis zu dem andern Bleyloth, und hält bey der Ausmessung beyde Zirkel horizontal. Auf dem Block, zu welchem er nunmehr zurück geht, sezt er erst den einen, und hernach den andern Zirkel in der gefundenen Oeffnung in dem ersten schon gemachten Bogen ein, und prüft, ob der zweyte Fuß des Zirkels nur bis an das gleichnahmige Bleyloth reicht, oder den Faden des Bleylothes noch zurückdrücket, wenn er den Zirkel gegen das Bleyloth bewegt. Ist das lezte, daß nämlich der Faden des Bleylothes noch zurückgetrieben wird, so folgt hieraus, daß die erforderliche Tiefe noch nicht erfunden worden, und daß noch etwas Marmor abgenommen werden muß. Sobald er aber aus wiederholten Versuchen ersehen hat, daß er sich der erforderlichen Tiefe nähert, so arbeitet er erst mit dem Zahneisen, und hernach mit einem schmalen Breiteisen, eine kleine zirkelartige Vertiefung auf dem gegebenen Punkt im Block aus, doch daß noch etwas Leben zurückbleibt. Auf dem Grund dieser Vertiefung schlägt er nun mit den obigen drey Zirkeln in der beschriebenen Eröffnung drey Bogen, die sich einander durchkreuzen. In denjenigen Punkt, wo sich die beschriebene Zirkelbogen durchkreuzen, bohrt er mit einem Drillbohrer in den Marmor ein, und prüft die Tiefe dieses Lochs mit dem Gleichmaaß, (s. dieses) um zu erfahren, wie viel Marmor er noch bis aufs Leben weg zu hauen hat. Auf diese Art sucht er alle andere Punkte der Umrisse des Modells auf den Marmorblock zu tragen, und zwar in der Ordnung, wie sie sich nach und nach dem Innern nähern, die sich auch weit leichter, als der erste ergeben, der den übrigen auch zur Richtschnur dienet, um sie zu finden. Denn er braucht bey den übrigen zu suchenden Punkten nur ein Bleyloth, und statt des zweyten dienet ihm der erste Punkt, oder in der Folge ein benachbarter bereits gefundener Punkt. Daher muß der Bildhauer den ersten Punkt mit aller Genauigkeit suchen. Er beschreibt also den Kreuzschnitt, z. B. bey dem vorigen Punkt, den er auf dem Marmorblock bestimmen will, aus dem ersten Punkte der Mitte der Mensur, und aus dem aufgehängten Bleyloth, nach der vorhergehenden Beschreibung. Auf diese Art gründet und überträgt der Bildhauer alle Hauptpunkte der Gürtel der Muskeln, des Gewandes u. s. w. nicht nur an der Vorderseite der Statüe, sondern auch an den drey übrigen Seiten. Doch kann er auch an der Hauptseite der Statüe die Hauptpunkte blos mit einem Taster aus den Hauptpunkten der Vorderseite finden. Alle diese Arbeiten sind mühsam und langweilig. Vielleicht würde ein Meister die Arbeit merklich abkürzen, und etwa nur die vorzüglichen Punkte suchen dürfen, wenn er mit eigenen Händen die Statüe ausarbeitete. Allein er überläßt gemeiniglich diese Arbeit seinen Mitarbeitern, denen er nicht jederzeit die nöthige Geschicklichkeit zutrauen kann. Deswegen muß er das Modell mit solcher Genauigkeit kopiren.

Mensur, (Flügelmacher) ist dasjenige Maaß, wornach die Saiten oder der Bezug eines Flügels, Klaviers, oder andern Instruments bezogen werden. (s. Bezug)

Mensur, aus der, seyn. (Fechtkunst) Wenn man mit dem Stoß nicht treffen kann.

Mensur brechen. (Fechtmeister) Wenn ein Fechtender in voller Stellung liegend den Oberleib etwas zurückziehet, um desto stärker auszustoßen, oder des Gegners Stoß zu vermeiden.

Mensur, in der, seyn. (Fechtmeister) Wenn man mit dem gewöhnlichen Ausfall treffen kann.

Mensur, in die, einrücken. (Fechtmeister) Wenn man beym Fechten mit einer Finte, oder im Streingiren dem Gegner einen Schritt näher auf den Leib rückt, um den Stoß besser anzubringen.

Mensuriren, (Orgelbauer) die Art dem Zinn zu den Orgelpfeifen ihre angemessene Dicke zu geben, nach dem Ton, den die Pfeife von sich geben soll. Auch überhaupt die Größe einer Pfeife zu berechnen. Es ist nothwendig, daß die gegossenen Zinntafeln ihre gewisse Dicke bekommen, wofern die Pfeifen aushalten, und einen guten Klang haben sollen. Eine zu dünne Pfeife erschüttert der Wind, und der Schall braust darinn unordentlich. Man muß die Dicke auch nach dem Zusatz des Bleyes berechnen. Ein 16 füßiger Körper bekomt 13 bis 14 Skrupel zur Dicke, ein achtfüßiger 10 bis 11, ein vierfüßiger 8, ein zweyfüßiger 5 bis 6, und ein einfüßiger 4 Skrupel, um veste zu stehen, und gut zu klingen. Doch muß allezeit der Fuß dicker und zinnreicher seyn, als sein Pfeifenkörper. Dieses Mensuriren komt auf keine stereometrische oder körperliche Inhaltsberechnung der Geometrie an, indem die Meßkunst blos den körperlichen Raum ausmißt, ohne den Ton selbst zu treffen. Indem vornehmlich die Länge der Pfeifen den Ton erhöht oder vertieft. Es können zwo Pfeifen am körperlichen Inhalt übereinkommen, und doch an Länge und Ton verschieden seyn. Das stereometrische Gesetz, die Pfeifendicke zu berechnen, ist den halben Umfang der Pfeife im Lichten, (die Metalldicke ausgenommen) mit dem halben Durchmesser zu multipliziren, und durch das Produkt die Pfeifenlänge zu bestimmen. Auf diese Art wird der körperliche Inhalt der Pfeifen herausgebracht. Der Prozeß des Mensurirens bestehet darinn, daß man zuerst die Proportionalzahl der bekannten Pfeifen, dann die Länge, und zuletzt die Proportionalzahl der unbekannten Pfeifen, nach dem Fuße der Regel Detri aufsuche. Man verlanget z. B. zu einer Pfeife die absteigende Oktave zu finden. Weil nun deren Länge nach dem Maaßstocke 206 Skrupel hält, so heißt es: 1 hat zur Länge 206 Skrupel, was bekommen 2 zur Länge? Ist 412. Um aber auch die Weite zu treffen, so setzt man: 1 hat zur Circumferenz 70, was 2? Ist 140. Folgende leichte Art zu Mensuriren, und der Entwurf eines Monochordium kann zum Wegweiser dienen. Man theile nämlich die gegebene und chormäßig gestimmte Pfeife, oder die ganze Länge einer metallenen auf ein Brett gespannten Saite, welches ein Monochordium ist, in zwey gleiche Theile. Solchergestalt hat man die aufsteigende Oktave. Nimt man die Oktave dreymal, so stellet sich die absteigende Quinte dar. Man theilet die Pfeife weiter ihrer Länge nach in zwey Theile: so erwächst wieder die Oktave, und deren Länge abermal dreymal genommen, giebt von neuem die absteigende Quinte und so fort. Und auf diese Art bringt man endlich alle Klaves zusammen. Wenn man solchergestalt alle Klaves einer ganzen Oktave auf dem Brett verzeichnet: so darf man nur zu den noch fehlenden Oktaven alle vorige Längen halb nehmen, so erwachsen hieraus ihre kleinwinzigen Klaves in der aufsteigenden Oktave. Diese gedoppelt genommen, füllt die ganze absteigende Oktave aus. Dieses ist die Art des Mensurirens. Allein das feine Gehör ist hierbey noch nicht völlig beruhigt. Man muß daher einer, auf vorige Art gefundenen Pfeife soviel an der Weite zu legen, als man ihr nach dem Versuche an der Länge abgezogen hat. Ferner muß man den Windstrohm zu den mensurirten Pfeifen ebenfalls genau berechnen. Eben so muß man die Mundstücke und Blätter der Rohrpfeifen oder des Schnarrwerks verhältnißmäßig treffen. Eine jede Pfeife muß ihr volles Maaß Wind haben, und dieses verlangen die Schnarrwerke mehr, als die Flötenpfeifen. Den Zufall oder Strohm des Windes in die Pfeifen, muß man an der Pfeifenlefze und der Metalldicke suchen. Wenn der Kern sein rechtes Lager in der Pfeife hat, so muß der leere Raum zwischen dem Kern und der Unterlefze so hoch seyn, als das Metall dick ist. Um nun dieses auch zu entdecken: so fasse man die Breite der Lefze mit dem Zirkel, man mache davon eine gerade Linie, hänge die Metalldicke noch an diese Linie gerade an, theile die so verlängerte Linie in zwo Hälften, und schlage aus der Mitte einen Halbzirkel, und richte da, wo die Metalldicke angesetzt wurde, einen Perpendikel auf; so bekomt man eine Seite zum Quadrate des Zufalls, dessen Seiten man noch ein wenig schärfen kann. Die Höhe des Aufschnittes an den Pfeifenlefzen richtet sich blos nach der Stärke des Windes.

Mentres, wollene Decken, welche zu Reims in Frankreich mehrentheils aus gemeiner Landwolle gemacht werden.

Mergel, (Landbau) eine fette, mürbe, zerbrechliche Erdart, welche aus Thon- und Kalkerde bestehet, gemeiniglich von grauer, oft aber auch von weißer und gelblicher Farbe ist, und zum Düngen sandigter Aecker gebraucht wird.

Mergelerde, eine mit Mergel vermischte Erde. Ingleichen Mergel, in Gestalt einer Erde, zum Unterschied

von

von dem Mergel in weißer an einander hängender Gestalt.

Mergeln, einen Acker mit Mergel düngen.

Mergelschiefer, (Bergwerk) ein mergelartiger Schiefer, oder ein zu einem Schiefer verhärteter Mergel, welcher blau von Farbe ist, aber die Härte des Dachschiefers nicht erreicht.

Mergelstein, zu einem Stein verhärteter Mergel.

Merigal, eine Goldmünze, die zu Sofala und im Königreiche Monopotapa gangbar ist. Sie wiegt ein wenig mehr, als eine spanische Pistole.

Merkmale, natürliche, die Erzgänge aufzusuchen, (Bergwerk) deren giebt es zweyerley, erstlich durch die Wünschelruthe, das aber sehr ungewiß ist, auch von den mehresten verständigen Metallurgisten verlacht wird. Wer sich aber damit dennoch abgeben will, so mag es am zuverlässigsten da geschehen, wo sich metallische Erzgänge durch ihr Ausgehendes auf einem Gebirge entdecken. D. i. wenn man im Thale eines Gebirges ein gesundes Gangstein entdecket, es mag dasselbe von edlen Anbrüchen seyn oder nicht, wenn es nur eine Teufe einbringt. Wollte man nun gerne wissen, wo und wie ein solcher Erzgang sich in das Gebirge erstrecke, und gegen was für eine Gegend er sich eigentlich richte: so kann das Streichen eines schon entdeckten Ganges nach Anweisung der Ruthe wohl gefunden werden. (s. Wünschelruthe) Aber einen unverschrotenen Erzgang durch die Ruthe ausfindig zu machen, ist sehr ungewiß. Eine weit leichtere und gründlichere Erforschung der verborgenen Erzgänge, giebt uns die Natur an die Hand. Wenn man vorerst die Erdgeschiebe und Flötzwerke der Gebirge genau betrachtet, und dadurch eine richtige Kenntniß der darinn sich zeigenden Erze und Metallarten erlangen kann, um nach diesen die natürlichen Anzeigungen der metallischen Erzgänge auszuforschen, welches sich auch gar wohl thun läßt, wenn die Gebirge in einer sanften Lage liegen, und die Gewinne derselben eine öffentliche Anzeigung eines darunter verborgenen Erzganges sind. Die entgegenstehenden Felsen und Rücken der Berge zeigen ihrer metallische Erzgänge an, ingleichen giebt die Auswitterung der Erze zu gewissen Zeiten eine sichere Anzeige auf metallische Erze, welche auch ihren feurigen Farben nach zugleich die Art der Metalle verräth. Ferner, wenn die Flötzwerke und Felsen der Gebirge mit einem erzartigen Horn- oder Schieferngesteine besetzt sind, und dieses Gestein alsdenn in der Probe einen metallischen Gehalt zeiget, auch wenn dieselben Flötze mit Lettstaten oder querzigen Gängen durchsetzet sind, ist es ein sicheres Kennzeichen, daß Erzgänge darunter verborgen liegen. Man gehe ferner z. B. im Frühjahre in die Wiesen und Thäler der Gebirge, und beobachte bey frühen Morgenzeit, wenn der Thau darauf gefallen ist, ob derselbe auf allen Orten gleich liegen bleibet. Durch diese Physik kann man bald durch das Gras kundig werden, ob übersetzende Erzgänge aus Gegendrusen herüber streichen, weil auf dem Grase an solchen Stellen der nasse Thau nicht liegen bleibet, sondern dasselbe in der Breite, wie der Erzgang ist, ganz trocken erscheinet. Die Ursache davon ist, daß die Auswitterung von einem solchen Erzgange, die nicht anders, als eine schwefelichter Ausdünstung von einem feurigen und hitzigen Wesen ist, ob sie sich schon kalt angreifet, den frischen Thau gleich über sich in die Höhe treibet, und solchen auf der Stelle des Erzganges nicht liegen läßt. Auf gleiche Art verräth sich oft ein Erzgang, wenn er durchs Getreide streichet. Man kann dieses daran erkennen, wenn das Getreide, worunter der Erzgang setzet, (sich befindet) noch vor der Blüte so gelb wird, als wenn es schon reif wäre, und in einer sehr magern Gestalt erscheinet. Dieses verursachet die feurige Witterung der Erzgänge, und der subtile Schwefeldunst, der dem Getreide die obere astralische Feuchtigkeit nicht nur entziehet, sondern sie auch abtreibt, daß sich in denselben weder Frucht noch Körner erzeugen können. Die Quellen und kleinen Flüsse aus den Gebürgen geben auch öfters Merkmale und Anweisung auf metallische Erzgänge, indem sie vielmals Körner und Stückchen von reichen metallischen Erzen abspülen, und solche mit sich zu Tage führen. Wenn diese kleine Erzflüßchen noch sehr rauh aussehen, und in keiner glatten Gestalt erscheinen, so ists ein sicheres Zeichen, daß deren Anbrüche davon nicht weit entfernt sind; wofern sie aber schön glatt und schlecht aussehen, und länglichen Bohnen oder runden Erbsen gleichen: so kann man daher abnehmen, daß diese Erzkörner durch das Quellwasser weit hergetrieben worden, und daß ihr Erzgang sehr entfernt von diesem Orte liegen müsse, weil sie sich auf ihrem Wege auf dem Sandgestein glatt abgerieben haben.

Merkurius, s. Quecksilber.

Merlon, Fr. (Kriegesbaukunst) an einer Befestigung dasjenige Stück der Brustwehre, welches von außen schmal und von innen breit ist. Es liegt zwischen zweyen Schießscharten, und wird zuweilen auf den Batterien mit Weidenholze bekleidet, damit es desto stärker sey.

Mersjanie, eine Art Korallen, welche von den europäischen Kaufleuten stark nach der Levante geschickt werden.

Mescal, s. Meskal.

Meselan, ein halbwollener und halb leinener Zeug, welcher an vielen Orten in Deutschland, vornehmlich aber in der Oberlausitz und in Schlesien um Reichenbach und Seruhlen häufig verfertiget wird. Es giebt dessen sehr vielerley Arten, die sowohl der Feine und den Farben, als auch der Arbeit nach unterschieden sind. Wie man denn glatte, gestreifte, gekieperte, gewalkte, gedruckte u. s. w. hat. Die meisten davon sind ¾ Ellen breslauer Maaß breit. Doch giebt es auch schmälere, welche die Pohlen und Russen zu Leibbinden und Schürzen brauchen. Die Länge der Stücken ist ungleich, doch insgemein 30 breslauer Ellen. Die gestreiften und gekieperten sind bis 58, und die ganz schlechten bis 60 Ellen lang. Die so genannten Meselanstücke, welche in Breslau mit Oelfarben gedruckt werden, sind 13 Ellen lang.

Meskal, **Mescal**, ein kleines persisches Gewicht, das ohngefähr den hunderten Theil eines französischen Pfundes von 16 Unzen beträgt.

Messlin, eine gewisse Gattung hanfener Leinwand, welche in Champagne gewebet wird.

Messlis de Bretagne, Fr. So werden die Segeltücher in Frankreich genennt, die in einigen Kirchspielen im Bischofthum Rennes gemacht werden. Vermöge einer Verordnung müssen diese Tücher 24 Zoll breit seyn, und aus 28 Lesen oder Gängen, (s. diese) jeder Gang aber aus 40 Faden bestehen.

Mesalamenröcke, s. Meselan.

Messaline, eine Art Leinwand, welche in Aegypten gemacht, und in Cairo und Alexandria stark verbraucht wird.

Meßbrief, (Schiffsbau) ein obrigkeitliches Zeugniß von der Größe eines Schiffs, weil nach diesem Zeugniß die Zölle und Abgaben berichtiget werden müssen. Derjenigen denn, wenn ein Schiff gebauet worden, solches von einem beeydeten Schiffsmesser ausgemessen, und das Zeugniß darüber nach dessen Angabe ausgefertiget wird.

Meßbuch, s. Markebuch.

Messen, Fr. mesurer, die Länge, Breite, Tiefe, Höhe, oder den Inhalt eines Körpers nach dem Maaß berechnen.

Messer, Fr. Couteau, (Messerschmid) ein schneidendes Werkzeug von Eisen und gut verstählet, das aus einer scharfen Klinge und einem Heft bestehet. Die Hefte werden von allerley Metallen, Knochen, Holz, Steinen und andern Materien gemacht, und entweder nur glatt oder auch eingelegt und gestochen, verfertiget. Die Klingen sind von unterschiedener Größe und Gestalt, je nachdem es der Gebrauch erfodert. Sie erhalten auch von ihrem verschiedenen Gebrauch allerley Beynamen: Tisch- oder Tafelmesser, Taschen- oder Einlegemesser, Federmesser, Schermesser, Barbiermesser, Schnittmesser u. dgl. unzählige andere Arten, die bey verschiedenen Handwerkern im Gebrauch sind, und öfter den Namen Messer verlieren und einen andern erhalten. In Dresden, Berlin, Schmalkalden und Nürnberg werden vorzüglich gute Messer gemacht. In Siebenbürgen werden von den Wiedertäufern vorzüglich gute Messer, mit Perlmutter ausgelegten Schalen gemacht, die sehr berühmt sind. In Italien bey dem Flecken Scarperia bey Bologna wird vortreffliche Messerarbeit von aller Art gemacht. In Schweden machen hin und wieder die Bauern gute Messer, die sehr schöne mit Stahl eingelegte Hefte haben, und theuer bezahlt werden. In Frankreich machen die Städte Nevers und Moulins gute Messer, die weit verschickt werden. In England werden die Messer alle stumpf und ohne Spitze gemacht, sind aber wegen ihrer Härte sehr beliebt. (s. Messerschmiden)

Messer, Weißgerbermesser, Fr. Coupe-queue, (Weißgerber) ein Messer, das am Ende eines Stiels einen Haken hat, womit der Weißgerber die Schwänze der Felle abschneidet.

Messer, Zuckermesser, (Zuckersiederey) ein hölzernes Werkzeug, womit der in den Formen erkaltete, und am Rande in Körnern angesetzte Zucker zerdrückt und umgerührt wird. Es ist ein dünnes plattes 3½ bis 4 Fuß langes Holz, 1½ Zoll breit, und in der Mitte 3 Linien dick. Diese Stärke vermindert sich, und stellt eine stumpfe Schneide vor. Es hat einen 7 bis 8 Zoll langen Griff.

Messer, zum Formschneiden, (Formschneider) die Klinge dieses Messers gleicht einem rechtwinklichten Triangel, und ist etwa einen Zoll lang. Es ist von dem feinsten Stahl, sehr zugespitzt und scharf. Denn mit diesem Messer schneidet er alle Umrisse seiner Zeichnungen auf der Form ein. (s. Formschneider)

Messer, s. Riedmesser, Raufmesser, Skalpell.

Messerbesteck, wird das Futteral genannt, worein man ein oder zwey Dutzend Messer und Gabeln, nebst dem Transchiermesser zu stecken, und darinn aufzuheben pfleget. Es ist von Holz in bequemen Abtheilungen eingerichtet, inwendig mit weichem, auswendig aber mit stärkerm Leder überzogen. Der Deckel mit einem Scharnier angemacht, welcher auf der einen Seite mit Haken und Oesen zusammengemacht ist, daß das Besteck verschlossen werden kann. Auch nennt man ein Futteral also, worinn man Messer und Gabel nebst Löffel, besonders auf Reisen, bey sich führen kann.

Messerfabrike, eine Anstalt oder Fabrike im Großen, worinn Messer und Scheeren von verschiedener Art in Menge verfertiget werden. Das vorzüglichste bey einer solchen Fabrike ist die Schleifmühle, (s. diese) welche durch das Wasser, vermittelst eines Wasserrades in Bewegung gesetzt wird, und viele Schleifsteine zum Schleifen aller Messer und Scheeren zugleich umtreibet. Alle Arbeiten geschehen in solcher Fabrike fabrikenmäßig, das ist, ein Arbeiter arbeitet dem andern in die Hand, und macht folglich beständig nur eine und die nämliche Arbeit. Zu Neustadt Eberswalde, in der Mittelmark Brandenburg, ist eine beträchtliche Messerfabrike, wo besonders kouranter Waare, d. i. grobe Messer und Scheeren gemacht werden. Es sind aber mit dieser Fabrike noch andere Eisenarbeiter, als: Schalenschneider, Lothschlösser, Zirkelschmiede, Schnallen- und Ringschmiede vereiniget. Die Fabrike gehört als Erbpächter den splitgerberischen Erben.

Messerfeile, (Kammmacher) eine gewöhnliche flache Feile, mit welcher die Zähne der Kämme gespitzt werden. (s. Spitzen und Kammmachen)

Messergurt, (Fleischer) ein Futteral oder Besteck von Holz mit Leder überzogen, und an einem mit messingenen Buckeln beschlagenen Riemen befestiget, der als ein Degengehenk mit dem Besteck um den Unterleib geschnallt wird, und worinn dero gut verstählte Messer von verschiedener Art und Größe in dero besonders dazu gemachten Löchern stecken. Neben dem Futteral hängt noch ein langer, dünner und runder Stahl, worauf der Schlächter seine Messer streichet und schärfet.

Messerhaken, Fr. couteau de mine. (Bergwerk) So nennt man auf dem Harz den Zscherper. (s. diesen)

Messerheft, **Messerschale**, (Messerschmid) das Heft an einem Messer, die Schale, worein die Angel des

Messers belegt ist. Es wird von verschiedenen Materien verfertiget. (s. Messer und Messerschmiden.)

Messerklinge, (Messerschmid) die Klinge oder der schneidende Theil eines Messers.

Messerschale, (Messerschmid) das Heft eines Messers an dessen Angel. Man hat zweyerley Arten. Die erste, da der spitze Angel des Messers in die Schale gesteckt und eingekittet wird, die zweyte aber, da die Schale in zwey Hälften auf die breite Angel genietet wird. Die Schale der ersten Art ist von verschiedenen Metallen, Horn, Knochen, Elfenbein, Perlmutter, feinen oder groben Holzarten. Die metallenen werden gegossen, die andern geschnitten. Die Raspel macht vorne und hinten auf der Schale einen Einschnitt zum Band und Kappe, (s. beyde) und mit der Rennspindel wird ein Loch auf der vordersten Grundfläche gebohret, um darinn die spitze Angel einstecken, und verkitten zu können. Die Schalen sehr feiner Messer erhalten oft nach der Länge Hohlkehlen und runde Stäbe, welches mit einem Eisen geschiehet, das einem Gesimshobel ähnlich ist. Die hölzerne Schale polirt der Messerschmid endlich mit Bimsstein und Wasser, vermittelst des Schachtelhalms, und mit zerstoßenen Kolen und Baumöl. Mit einem Filz erhält die Schale ihre völlige Glätte. Die Schalen der Messer mit flachen Angeln bestehen aus zwey Hälften, welche aus einer oder der andern Materie geschnitten und ausgebildet werden. Alsdenn werden in die Angel 3 Löcher mit der Rennspindel gebohret, und nach Maaßgabe derselben eben soviel in die Schalen, das Vorderbändchen und die Kappe vorn und hinten auf die Angel gelöthet, und alsdann befestiget er die Schalen auf der Angel mit Nieten, die durch und durch gehen.

Messerscheide, ein von Leder gemachtes Futteral, welches nach der Gestalt der Messer und Gabeln der Länge nach in zwey Theile getheilt ist, daß Messer und Gabel, jedes besonders, darein gesteckt werden können, so, daß ihre Klingen sich darinn verbergen, die Schalen aber gewöhnlich frey herausstehen. Es ist eine Arbeit der Futteral- oder Etuimacher, und wo solche nicht vorhanden, verfertiget sie der Schwertfeger, auch der Buchbinder.

Messerschmid, ein Eisenarbeiter, der drey verschiedene Arbeiten macht, oder drey verschiedene Professionisten in einer Innung vereiniget. Nämlich der eigentliche Messerschmid, der Schwerdtschmid und der chirurgische Instrumentenmacher. Scheerenschmide, zumalen solche, die grobe Arbeiten machen, findet man selten besonders in den Städten, sondern nur bey den Messerfabriken. Feine Scheeren werden von den übrigen beyden Professionisten verfertiget. Sie sind in Absicht der Zunft, wie gedacht, alle genau vereiniget. Unentgeldlich erlernen ihre Lehrbursche diese Profession in 5 Jahren, und wenn sie ein Lehrgeld geben, in 3 Jahren. Sie müssen wie alle andere Professionisten in den preußischen Staaten 3 Jahre wandern, und erhalten in einer fremden Stadt, wo sie einwandern, freyen Unterhalt auf einige Tage, und ein freywilliges Geschenk, beydes erlegen die übrigen Gesellen des Orts. Zum Meisterstück verfertigen sie ein Paar künstlich ausgearbeitete Tischmesser, ein Speckmesser, so, wie der chirurgische Instrumentenmacher. (s. diesen)

Messerschmiden, (Messerschmid) Messer aus Eisen und Stahl schmieden und verfertigen. Dieser Professionist schmiedet zwar die Klingen der Messer nebst ihren Angeln, allein die Feile und der Schleifstein thun bey diesen Arbeiten das meiste und beste. Blos sehr feine Messerklingen werden ganz aus Stahl geschmiedet, bey gröbern Messern aber ist der Kern Eisen. Im letztern Fall schmiedet der Messerschmid ein Stück [illegible] Stahl, das etwa 1 Zoll lang, etwas breiter, und ½ Zoll dick ist. Er schraubt die Kneipen seines Schraubstocks etwas auseinander, legt den Stahl erwärmt auf die Kneipen, und rollt ihn mit einem stumpfen Meißel zusammen. In den aufgerollten Stahl steckt er eine dünne und runde Stange Eisen, schweißt beyde Metalle zusammen, und streckt sie mit dem Hammer auf dem Amboß zu einer Klinge aus. Auf der Seite, wo beyde Enden des aufgerollten Stahls zusammenstoßen, entstehet der Rücken des Messers, und also auf der entgegengesetzten Seite die Schneide. Wenn die Klinge unter dem Hammer im Groben ihre Gestalt erhalten hat, so hauet sie der Messerschmid von der dünnen Stange Eisen ab, läßt aber von dem letztern Metall ein Stück stehen, woraus er die spitzige Angel, mit kleinen Possekeln schmiedet. Das ganze Messer wird hernach wieder rothwarm gemacht, die Klinge in das Loch des Gesenkeisens gesteckt, der ausgehöhlte Stempel auf die Angel gesetzt, und durch einige Schläge des Hammers, die auf den Stempel geschehen, wird die Scheibe, oder der Absatz, unter der Klinge gebildet. Die Façon, oder weitere Ausbildung der Klinge, geschiehet durch die Feile. Mit einer Mittelfeile werden ihre beyden großen Flächen gefeilet, wodurch zugleich die Schneide verdünnet wird, und eben dieß Instrument bearbeitet auch den Rücken. Nunmehr wird sie gehärtet. (s. Härten) Beynahe alle Klingen werfen sich beym Härten, und daher muß man sie auf dem Amboß mit dem Richthammer (s. diesen) wieder gerade schlagen. Am allerbesten läßt es sich aber auf dem Schleifstein bemerken, ob eine Klinge völlig gerade sey, wenn sie sich an den Stein genau anschließet. Daher wird sie nach dem Richten aus dem Groben abgeschliffen, und wenn sich Stellen finden, die noch nicht völlig gerade sind, so wird sie von neuem gerichtet, und auf dem Schleifstein völlig geglättet. (s. Schleifen) Bey dem Schmieden eines Messers mit einer flachen Angel, die gerade so breit, als die Schale ist, findet weiter keine Abweichung von der vorigen Art Messer statt, als daß die Angel platt ausgestreckt, und der Messerschmid bey der Bildung des Absatzes, oder der Scheibe, einen Stempel wählen muß, der nach der Gestalt der Angel ein flaches Loch hat.

Messerzeiger, (Metallarbeiter) eine Art Grabstichel, (s. diese) dessen Klinge etwas breit und einem Messer ähnlich ist.

Meßfahne, ein vier bis fünf Ellen hoher, dünn gehobelter Stab, dessen Spitze mit eingeschlagen, und bey dem

dem Aufnehmen der Ländereyen zum Visiren gebraucht wird. Auf dem obern Ende findet sich eine Fahne, ohngefähr einer Elle lang und breit, welche halb aus rother halb aus weisser Leinwand bestehet, damit man bey etwas weiter Entfernung sie desto eher in das Visir bekommen kann. Auch ist es gut, daß bey unebenem Boden die eine Spitze der Fahne also beschaffen seye, daß sie sich auf eine andere zu oberst bevestigen lasse, und also zwey Fahnen auf einander gesetzt werden können. (s. auch Zielstange) Auch ist es gut, wenn auf die Stange ½ rheinländische Ruthe bemerkt ist.

Meßgewand, diejenigen Kleidungsstücke, welche der Meßpriester mit seinen Diakonen vor dem Altar gebrauchet. Sie bestehen aus einem leinen langen Leib- oder Chorrock, und einer Kasel, die über dem Rücken und vorne herunter hängt, und eine Kappe hat, um solche über den Kopf zu ziehen. Das Meßgewand bestehet aus fünferley Farben, wovon eine jede zu einer gewissen Zeit des Jahres gebraucht wird. Z. B. die weiße, vom Christabend bis Epiphanias, die rothe, vom Pfingstabend bis auf den folgenden Sonnabend. Die grüne Farbe, von Epiphanias bis auf Septuagesimä, die violetfarbe, vom ersten Advent bis zum Christabend und in der Fastenzeit. Der schwarzen Farbe bedient man sich am Charfreytage und bey den Seelmessen.

Messing. (Messingwerk) ein Metall, das durch die Kunst zubereitet wird, und aus **Kupfer**, **Galmey**, **altem Messing** und **Kolenstaub** zusammengeschmelzet oder gebrannt wird. Wenn es in dem Brennofen zur Vollkommenheit gediehen, so gießt man es zwischen zwey großen Sandsteinen zu einer Tafel, und diese wird mit einer Scheere in kleine Theile zerlegt. Aus den letztern werden mit verschiedenen Hammern, die vom Wasser getrieben werden, **Kessel** und **Messingsbleche** (s. Latune) geschlagen.

Messing beitzen. (Messingwerk) Da das Messing, sowohl das Blech oder Latun, als auch der Drath, bey dem Glühen mit einer grauen Unreinigkeit überzogen wird, so muß diese durch das Beitzen weggeschafft werden. Zu diesem Endzweck kocht oder beitzt man dasselbe in einem eingemauerten Kessel so lange mit Thiergalle, bis sich der gedachte Anstrich verlieret, welches in einer halben Stunde geschiehet. Der Kessel ist zwar eingemauert, allein er ragt noch um ein gut Theil über der Mauer hervor, und der Arbeiter stehet auf der Mauer, wenn er das Messing beobachtet. Nach der Beitze wird der Latun mit feinem Sand und Wasser gescheuert, der Messingdraht aber in Wasser mit aufgelöstem Weinstein gekocht, und da solcher nicht wie der Latun gescheuert wird, so muß er in der Beitze von aller Unreinigkeit sorgfältig gereiniget werden.

Messingblech, s. **Latun**.

Messing brennen, (Messingwerk) die Art, wie das Messing bereitet wird. Die Bestandtheile desselben, als: alt Messing, Kupfer, Galmey und Kolenstaub werden nach verschiedenen Verhältnissen zusammengesetzt. Auf dem Messingwerk bey **Neustadteberswalde** in der Mittelmark werden 50 Pfund Messing, eben soviel Kupfer und Galmey, und zu diesem letztern wird schon vor dem Einschütten in die Tiegel eben soviel Kolenstaub gemischt, und mit Wasser und Urin naß gemacht. In Frankreich nimt man 30 Pfund alten Messing, eben soviel Kupfer, 60 Pfund Galmey, und 20 bis 25 Pfund Kolenstaub unter einander, und hieraus entstehen 85 bis 87 Pfund Messing. Der Galmey wird erst auf einer gewöhnlichen Mahlmühle zermahlen, und mit einem Handsiebe von Drath gesiebet. Mit der gedachten Masse werden nun die Schmelztiegel zu gleichen Theilen angefüllet. So bald nämlich ein Tiegel bey einem Guß ausgeleeret ist, so wirft der Messingbrenner etwas altes Messing hinein, und setzt den Tiegel mit der Ziehzange wieder in den Ofen. Nach vollendetem Guß holt er einen Tiegel nach dem andern aus dem Ofen heraus, wirft Galmey mit Kolenstaub vermischt hinein, und schlägt das Messing und Kupfer mit einem **Ladehammer** (s. diesen) in die gedachte Mischung vest ein. Auf solche Art wird der Tiegel mit verschiedenen Lagen von Galmey und Metall voll geladen, und alles vest eingedruckt. Dieses nennt man das **Krügeladen**. Beym Laden hält man den Tiegel mit einer Zange vest, und die Griffe werden mit einer **Mirke** (s. diese) auf einem Kloß zusammengedruckt. Nun setzt man mit einer Richtzange einen leeren Tiegel in die Mitte des Ofens, und um diesen die übrigen geladenen in einem Kreise, doch so, daß die Zuglöcher in dem Thonlager nicht bedeckt sind. (s. Brennofen der Messinghütte) Diese Zuglöcher müssen aber vorher erst mit einem eisernen Stabe ausgeräumet, und wenn sie sich erweitert haben, ausgeschmieret werden. Endlich werden Kolen durch die Mündung des Ofens aufgeworfen, denn es schadet der Masse nicht, wenn gleich die Kolen in den Tiegel fallen. Man bedienet sich hierzu bloß der Holzkolen. Das Feuer muß erst nur gelinde seyn, und daher werden vorerst nur wenig Kolen in den Brennofen geschüttet, und mit dem Deckel seine Mündung versperret. Nach und nach aber wird die Glut durch zugeschüttete Kolen, und Zurückziehung des Deckels, verstärkt. Die Masse in den Tiegeln überläßt man bloß der Glut, ohne sie umzurühren. Das Messing soll in dem Brennofen aus seinen Bestandtheilen zubereitet werden, daher zum Schmelzen dieser metallischen Mischung viel Zeit erfordert wird, und es daher gewöhnlich 12 Stunden, und zuweilen nach Beschaffenheit der Umstände auch wol noch etwas länger in dem Ofen stehen bleiben muß, daß alsdenn aus dem Ofen sowohl, als auch aus den herausgenommenen Schmelztiegeln eine blaue mit weiß vermischte Flamme schlägt. Ohnstreitig bestehet die größte Geschicklichkeit des Messingbrenners darinn, daß er die Glut kennet, die das Messing zu jeder Stunde haben will, und daß er sogleich die Zeichen seiner Güte bemerkt, die bey ihm aber ein tiefes Geheimniß sind. So viel man erfahren hat, so ist die Glut zu stark, wenn um die Tiegel keine Flamme erscheinet, und zu schwach, wenn sowohl die, welche an den Tiegeln leckt, als auch die, so aus dem Ofen gehet, klar und gelblich ist. Wenn der Messingbrenner, die ihm allein bekannten Zeichen

chen der Güte des Messings bemerkt, so wird der in der Mitte stehende große und leere Tiegel mit der Treckzange aus dem Ofen geholt, welcher alsdenn, wie alle übrigen Tiegel, stark rothglühend ist. Dieser wird in das Montthal (s. dieses) gesetzt, und alsdenn werden mit der gedachten Zange die Tiegel, einer nach dem andern, aus dem Ofen geholt, in den leeren Tiegel ausgeleeret, und das Messing mundiret, (s. mundiren das Messing) wodurch der Schaum ueber dem Schmelztiegel, wie eine flüssige Glut weg in die Grube oder den Montthal fällt. Das Messing aber fließt in den leeren Tiegel, und aus den beyden Tiegeln schlägt alsdenn eine blauweiße Flamme. Sind auf solche Art alle Tiegel in den leeren großen Tiegel eingegossen, so geschiehet nunmehr das Gießen der Messingtafeln. (s. dieses)

Messingbrenner, ein Professionist, der auf einem Messingwerk das Messing aus neuen und alten Kupfer, Kolengestübe und Galmey brennet, oder schmelzet, und solches verfertiget. (s. Messingbrennen)

Messingdraht, (Scheibenzieher, Messingwerk) der aus den Messingzainen gezogene Draht, der erst auf dem Drahtzug aus dem Groben von Nummer 1 bis 21 gezogen, und wovon der stärkste eines Daumens dick ist, hernach aber von dem Scheibenzieher bis zum feinsten Haar gezogen wird. Woraus Nadeln, Klaviersaiten und unächte Tressen gemacht werden.

Messingfeiler, Zeugfeiler, (Gewehrfabrike) ein Arbeiter, der davon seinen Namen zu erhalten scheinet, weil er fast alle Stücke, die er verfertiget, mit der Feile ausfeilet; denn er macht alle kleinen eisernen und messingenen Stücke, die zum Beschlag des Gewehrs an einen Schaft gehören, und in selbigen zum Theil versenkt werden. Als da sind: das Abzugblech, die Stiefte, die Schlange, Spitzröhrchen und Mittelröhrchen, Biegel u. a. m. (s. alle diese)

Messing, Gelbsieden. (Gürtler, Gelbgießer) Dem verarbeiteten Messing wird, weil es durch die Arbeit beschmutzt wird, durch das Sieden eine helle gelbe Farbe gegeben. Man thut einen Theil Zinnober, 4 Theile Orleans, 2 Theile Gurkemei, und einen Theil Saffran in Wasser, welches man sieden lässet, legt die Sachen auf das Erhellungsblech, (s. dieses) und tauchet solches mit dem Messing öfters in das Wasser, auf solche Art wird das Messing gelb gesotten. Die Knöpfe, welche vergoldet werden sollen, werden auch, aber auf eine andere Art, gesotten, indem man sie mit dem Blech in ein Wasser tauchet, worinn ein Theil rother ungebrannter Weinstein, und zwey Theile Küchensalz geschüttet worden. Große Stücke, die man vergolden will, werden mit Scheidewasser bestrichen, welches es, wie leicht zu erachten, noch besser reiniget. Sie müssen aber bald in kaltes Wasser getaucht werden, sonst beschädiget der scharfe Spiritus das Messing. Nach dem Sieden wird das Messing in einem Sack mit Sägespänen geschüttelt und hierdurch gescheuert.

Messinghammer. (Messingwerk) Dieses Werk ist dem Kupferhammer (s. diesen) völlig gleich, nur sind seine Theile etwas kleiner, weil zum Schlagen des Messinges eine geringere Kraft hinreichend ist. Es ist daher blos nöthig, die Abweichungen zu zeigen. Nur muß man noch merken, daß auf solchen Messinghammerwerk zweyerley Hammer regieret werden. Einer der in der Latunhütte das Latun (s. dieses) schläget, und einer der in der Kesselschlagerhütte die Kessel verfertiget. Jener ist ein Breithammer, (s. diesen) und dieser ist ein Tief- und Polierhammer. (s. beyde) Das oberschlächtige Wasserrad und die Arche (s. beydes) von fichten Holz haben ziemlich das Verhältniß der Mahlmühlen, und die eichenen Wellen sind nicht so stark, wie auf dem Kupferhammer. An der Hütte ist eine breite Arche mit verschiedenen Schützen, weil das Aufschlagewasser mehrere Räder zugleich beweget. Ueber dem innern Zapfen der Welle hängt, wie auf dem Kupferhammer, ein Kessel, oder an dessen statt führet eine Rinne, die mit dem äußeren Gerinne zusammen hängt, langsam Wasser hinzu. Jede Welle hat drey Kränze, und jeder enthält 12 eiserne Hebelatten oder Kämme. Die Zapfen der Hülsen des Hammers gehen in eisernen Pfannen, die in Schilden, oder zwey starken Bohlen stecken, und diese sind an zwey Säulen oder Docken befestiget. Ueber jedem Hammer ist in den Latunhütten ein Windrad von Holz, das zwey Flügel hat, und bey der Arbeit den schädlichen Messingstaub abführet. Dies Windrad bewegt ein Riem, der sich blos um seine kleine Welle, und um die Hauptwelle schlingt. Die Amboße gleichen einem länglichen Vierecke, und stehen blos in einem runden Kloß, dem Amboßstock, unter den Hammern. Ueber jedem Hammer hänget eine Stange an einem Hebel, der mit dem Schützbret auf dem Wassergerinne zusammen hängt, wodurch man die Schütze erheben und niederdrücken kann, nachdem zu einer schnellen oder langsamen Bewegung Aufschlagewasser nöthig ist. Unter jedem Hammer sind eiserne Klammern eingeschlagen, die mit dem Amboß eine gleiche Höhe haben, und auf diesen ruhet das Messingblech beym Schlagen. In eben dieser Absicht liegen auch vor dem Hammer hölzerne Leisten. Hammer und Amboß müssen öfters polirt oder abgeschliffen werden, welches mit einem starken Schleifstein geschiehet, den die Hauptwelle des Hammers gleichfalls in Bewegung setzt. (s. Schleifstein)

Messingofen, s. Brennofen.

Messingschaben, (Messingwerk) das Messing wird auf der einen Seite polirt, welches in der Schabewerkstätte, auf dem Schabeblock mit dem Schabemesser (s. beyde) geschiehet. Man legt den Latun auf den Block, und stehet an der erhöheten Seite desselben, hält das Schabemesser mit beyden Händen, und fähret mit demselben beständig auf dem Messing hinab, wodurch man die obere graue Rinde abziehet, und dadurch dasselbe blank macht.

Messingschaber, (Messingwerk) derjenige Arbeiter, der das Messingblech mit einem Schabeisen beschabet, und vermittelst einer Beitze solches hell und glänzend macht.

Messingschläger, s. Latunschläger.

Messingschlagloch, s. Schlagloch.

Messingschmelzen. (Messingarbeiter) Massive Stücke altes oder neues Messing wirft man blos in den Tiegel, alte Bleche aber schlägt man erst auf einem Kloz zu einer Puppe. Die glühenden Kolen umgeben den Schmelztiegel auf allen Seiten in dem Loch des Windofens, wo er auf den Rost gestellt ist. (s. Windofen) Wenn die Masse sehr groß ist, so stehet der Tiegel in dem Windofen des Gelbgiessers eine Stunde, ehe das Metall völlig flüßig ist. Bey andern Messingarbeitern stehet er noch länger darinn, weil ihr Windofen nicht so gut ziehet. Kleinere Stücke kann man auch in kürzerer Zeit in Fluß bringen.

Messingschmid, Kaltschmid, ein Handwerker, der auf den Messingwerken allerley messingene Waaren verfertiget, die kalt nur mit dem Hammer bearbeitet werden, daher der zweyte Namen.

Messingschneider, (Messingwerk) ein Arbeiter, welcher das in Tafeln gegossene Messing zu Zainen schneidet, damit es der Latunschläger zu Blech verarbeiten kann.

Messingtafeln giessen. (Messingwerk) Das gebrennte Messing wird zwischen den Raum zweyer Giessteine (s. diese) zu Tafeln ausgegossen, die 3½ Fuß lang, 1½ Fuß breit, und ohngefähr ½ Zoll dik sind, und 60, 70 bis 80 Pfund wiegen. Zwey Personen ergreifen den gefüllten grossen Tiegel mit der Gießzange, (s. diese) tragen ihn zu den Giessteinen, und giessen ihn darunter aus. Die Schienen der Giessteine sind vorher schon nach der Größe der Tafel zurechte gelegt, und die Steine selbst mit Kuhmist beschmieret, damit das flüßige Messing zwischen den geneigten Giessteinen desto schneller hinab laufe. Den Schaum, den das Kalzol (s. dieses) noch nicht abgenommen hat, wird durch den Ring der Gießzange in dem Tiegel zurückgehalten. In eben dem Augenblick, da der Guß geschehen, giebt man den Giessteinen mit der Steinwinde (s. diese) wieder ihre rechte horizontale Lage. Der obere Stein wird mit eben der Winde zurückgeschlagen, und die Messingtafel mit der Tafelzange von dem untern Giesstein abgenommen. Sie ist zwar noch glühend, aber doch dichte und tragbar. Nach dem Guß wird die Form bis zum nächsten Giessen mit einer wollenen Decke bedeckt.

Messing vergolden, s. Vergolden.

Messing versilbern, s. Versilbern.

Messing, verzinnen. (Klempner) Das Messing, woraus Küchengeschirre gemacht werden, muß ebenfalls, wie das Kupfergeschirr, verzinnt werden. Erstlich muß das Messing auf der linken Seite, wo es verzinnt werden soll, von allen Unreinigkeiten gesäubert werden; alsdenn legt man dessen glatte oder polirte Seite, wenn sie vorher mit nasser Kreide bestrichen worden, damit kein überlaufendes Zinn an dieser Seite haften möge, auf glühende Kolen. Man muß vorher den Grad der Hitze mit Vorsicht haben, indem das Messing zwar recht warm, doch aber nicht glühend, oder zu heiß seyn muß, wenn man nicht den Verdruß haben will, es wieder schwarz zu finden. Wenn dieses geschehen, läßt man Tropfen Zinn auf ein kaltes Eisen fallen, daß sie dünne und breit werden, welches dazu dienet, daß dies Zinn, wenn man es auf das Messing legt, desto leichter schmelzen möge. Sobald das Zinn auf dem heißen Messing fließt, so streuet man ein wenig gestoßenen Salmiak aus einer löcherigen Büchse behend auf das Messing, wovon sogleich im Messing rothe Flecken werden, und wenn man mit Werg das Zinn auf die rothen Flecken zerreibt, so legt es sich sogleich an das Messing an, und zwar nur soviel, als das Messing annehmen kann. Das zuviele wird mit Werg abgewischt, und so reibet man das fließende Zinn auf dem Messing aller Orten mit dem Werg auseinander. Zu diesem Verzinnen wird gemeiniglich nur Probezinn, zu Sachen von Wichtigkeit aber englisches genommen.

Messingwerk, eine Anstalt oder ein Hüttengebäude, worinn das Messing gebrennet wird. Es ist ein weitläuftiges Gebäude, wozu verschiedene Hütten oder Werkstätte gehören. Als: eine Brennhütte, worinn das Messing eigentlich geschmolzen oder gebrennt wird; die Latunhütte, worinn die gegossenen und zerstückten Messingtafeln zu Messing oder Latun geschlagen werden; ein Drahtzug, worinn der Messingdraht gezogen wird; die Scheibenzieherwerkstätte, worinn der grobe Messingdraht, so wie der Gold- und Silberdraht verfeinert wird; eine Hütte, worinn das Blech und der Draht geweichet werden; die Schabewerkstätte, worinn das Messing auf der einen Seite blank geschabet wird; die Kesselhütte, worinn die Kessel geschlagen werden; Kesselbereiterwerkstätte, worinn solche völlig ausgebildet werden, und endlich Beckenschläger, die allerhand messingene Geräthe und Geschirre machen. (s. davon alles an seinem Ort)

Messingzain, (Messingwerk) die aus den Messingdrahtbändern schmale, einige Linien breite Stücken, woraus der Draht gezogen wird. (s. Drahtzug)

Meßkette, Fr. Chaine des Géometres, eine aus messingenen Gliedern zusammengesetzte, und nach ganzen, halben und viertel Lachtern abgetheilte Kette, deren sich der Markscheider bey Ausmessung der Längen und Tiefen bedienet.

Meßriemen, gewöhnlich ein Zoll breiter Riemen von 100 Fuß lang von Pergament geschnitten, worauf die Abtheilung eines jeden Fußes richtig angemerkt zu finden seyn muß, und wovon der erste wieder in seine Zolle eingetheilet ist. Man bedienet sich dieses Meßriemens mit großer Bequemlichkeit anstatt der Meßkette oder Schnur: denn er ist über eine kleine Welle, woran er mit dem einen Ende befestiget wird, gewickelt, und die Welle selbst befindet sich in der Mitte einer Kapsel. Bey dem Gebrauch muß man sich sehr in Acht nehmen, daß er nicht naß werde, sonst schrumpft er ein.

Meßruthe, Meßstange, ein in Ruthen und Schuhe u. s. w. abgetheilter langer Stab, der zum Messen auf dem Felde gebraucht wird.

Meßscheibe, eine von Kupfer oder Messing mit Transversallinien versehene Scheibe, womit man alles messen kann, was beym Feldmessen vorkommt, als: Längen, Breiten, Höhen und Tiefen.

Meßschnur, Fr. Corde d'arpenteur, (Bergwerk) eine von Seide, Hanf oder Flachs gedrehete, nach dem Lachtermaaß abgetheilte Schnur, deren sich der Markscheider statt der Kette bedienen kann.

Meßstab, Meßstock, Fr. Perche, lange, ein hölzernes Maaß, 10 Fuß lang, oder auch von einer andern beliebigen Länge, damit die Längen gemessen werden.

Meßstange, s. Meßruthe.

Meßstock, s. Meßstab.

Meßtisch, ein kleiner viereckigter Tisch, womit man die Weiten und Höhen messen, und alle Felder leicht in den Grund legen kann. Er hat ein Lineal mit zwey Diopteren, (s. diese) und ein Stativ oder Fuß. Er führet den lateinischen Namen mensula praetoriana von seinem Erfinder dem Professor Prätorius zu Altorf.

Meßtratten, s. trassirte Wechsel.

Meßwechsel, s. trassirte Wechsel.

Meste, eine Provinzialbenennung verschiedener Gefäße. Z. B. ein Salzfäßchen, so auf dem Tisch gebraucht wird, eine Salzmeste. In der Lausitz die Theerbutten, Mesten oder Pechmesten, Harzmesten, das Behältniß von Fichtenrinde, worinn das abgeschabte Harz gesammlet wird, u. s. w.

Metall, ein vestes, schweres, undurchsichtiges, geschmeidiger Körper, so im Feuer schmelzet, unter dem Hammer sich ausdehnet, wenn es zu einem Kalk oder Glas gemacht worden, durch Zusetzung eines brennbaren Wesens in seiner natürlichen Gestalt wieder hergestellet wird, in sauren Geistern sich aber auflösen lässet. Es sind deren nur sechse, als: Gold, Silber, Kupfer, Zinn, Eisen und Bley, wenn man aber die Platina dazu rechnet, sieben, als vollkommene Metalle bekannt. Zwey von den sechsen, nämlich Zinn und Bley schmelzen, ehe sie glühen, zwey aber, nämlich Kupfer und Eisen, nach dem Glühen, Gold und Silber aber im Glühen. Gold und Silber heißt man hohe, die übrigen niedere Metalle. Zinn und Bley sind noch nicht gewachsen gefunden worden, von den übrigen ist man gewiß, daß sie auch gewachsen vorhanden sind.

Metallasche, (Hüttenwerk) zu Asche gebranntes Metall.

Metall der Orgelbauer, eine Mischung von 2 Theilen Zinn, und 1 Theil Bley, woraus die Orgelpfeifen zum Theil gegossen werden.

Metalle, aus Erz zu bringen. (Hüttenwerk) Dieses geschiehet auf zweyerley Art. Erstlich durch das Amalgamiren, (s. dieses im Supplemente) welches aber zu kostbar ist, und im Großen selten gebraucht wird. Die zweyte Art geschiehet durch das Schmelzen. (s. Schmelzen der Erze)

Metalle, edle oder vollkommene, (Bergwerk) dazu rechnet man vornehmlich zwey Arten, nämlich das Gold, welches gelb, und das Silber, welches weiß ist, dieß ist nicht so schwer, als das Gold. Sie haben unter allen Metallen die größte Geschmeidigkeit, und können im bloßen Feuer nicht zerstöret werden. Sie stehen auf der Kapelle, worauf sie mit Bley gereiniget werden können, sie werden durch die Luft, und das Wasser nicht verändert, und wenn sie glühen, so fangen sie an zu schmelzen. Der Name Edel scheint davon herzukommen, weil sie unter allen Metallen den bestimmtesten größten Werth und den Vorzug haben. Eine dritte Art, die seit wenigen Jahren aus Amerika gekommen, sehr schwerflüßig, weiß, aber auch feuerbeständig ist, heißt Platina del Pinto. (s. dieses)

Metalle, ganze, (Bergwerk) diejenigen Metalle, die sich mit dem Hammer nach allen Seiten treiben und schmieden lassen; sie sind dicht, hart, undurchsichtig, und glänzend, haben unter allen Körpern die größte Schwere, schmelzen im Feuer, und erhärten in einer erhabenen Oberfläche. Hierzu gehört Gold, Silber, Kupfer, Eisen rc.

Metalle, hartflüßige, unedle, hierzu gehöret Kupfer und Eisen. (s. beyde)

Metalle, leichtflüßige, unedle, hierzu gehören Zinn und Bley. (s. beyde)

Metallene Stiefeln zu bohren. (Wasserkunstbau) Der metallene Stiefel wird in ein Gestell, das man den Wagen nennt, senkrecht eingesetzt. Dieser Wagen ist ein viereckigter starker Rahm, durch dessen obern und untern Querriegel der Stiefel in Löcher befestiget wird, so, daß er oben und unten herausraget, der Wagen läuft senkrecht in den Fugen zweyer senkrecht stehenden Balken oder Leitungen, zwischen welchen er sich auf und abschieben läßt. Den eingesteckten Stiefel befestiget man an einem Kloben von sechs Rollen, damit man ihn nach Gefallen herauf und herab lassen kann. Zum Bohrer macht man aus Holz einen etwas konischen Cylinder, der unterwärts so dick, als der Stiefel weit werden soll, ist. Auf den Seitenflächen aber befestiget man durch zwey eiserne Ringe, nach Beschaffenheit der Weite des Stiefels, 6, 8, auch mehr wohl gestählte Messerklingen, diesen Bohrer steckt man an eine 2 Zoll dicke eiserne Drehstange, die unter dem Stiefel mit ihrem Ende in einer Pfanne oder Spur läuft, und in der Höhe von 3 Fuß von der Erde einen oder zwey eiserne Ringe hat, wodurch man einen oder zwey Ziehbengel oder Hebelstangen durchstecken, an selbigen den Bohrer umdrehen, und den auf dasselbe gesenkten Stiefel bohren kann. Findet man, daß der Bohrer nicht mehr greift, so läßt man den Stiefel durch den Flaschenzug etwas herunter. (s. E. B. u. S. Kunde Thl. VII. 2te Abthl. 1. Tab. XXXII. Fig. 147 und 48.)

Metalle, unedle, unvollkommne, (Bergwerk) Metalle, die durch das bloße Feuer zerstöret werden können. Sie sind weniger geschmeidig, als die edlen, lassen sich nicht so leicht hämmern und schmieden, sind im Feuer, werden sie sich kalziniren und in Erde und Glas verwandeln lassen, und ihre Metallität verlieren, minder beständig; der Luft und dem Wasser widerstehen sie weniger, auf der Kapelle stehen sie nicht, und durch das Spießglas können sie im Rauch fortgetrieben werden. Man hat hart- oder schwerflüßige auch leichtflüßige. Es gehören hierzu Kupfer, Eisen, Zinn und Bley.

Metallglas, ein aus Metall, oder metallischen Körpern, geschmelztes Glas, dergleichen die Fritte ist.

Metallgold, (Kartenfabrike) das zu feinen Blättern geschlagene Meßing. Es wird mit den Handgriffen der Goldschläger geschlagen. (s. Kugeldschlagen)

Metall, halbes, (Bergwerk) Mineralien, welche sich nicht mit dem Hammer schmieden lassen, haben einen metallischen Glanz, erhärten in einer erhabenen Oberfläche, und im Feuer, worinn sie schmelzen, werden sie flüchtig. Einige dieser Halbmetalle sind in der natürlichen Wärme unseres Dunstkreises vest, andere aber flüssig. Zu den ersten gehören Arsenik, Kobalt, Spießglas, Wismuth und Zink. Zu dem flüssigen nur das Quecksilber.

Metall hat keinen Schuß. (Goldschläger) Wenn bey dem Schlagen der Metallblätter in einer oder der andern Form (s. Formen) die Ausdehnung des Metalls gehindert wird, daß es sich nicht ausstreckt, welches zuweilen von der Fettigkeit der Hautform herkommt. Dann müssen die Hautformblätter gestärkt oder erfrischt werden. (s. Stärken und Erfrischen)

Metall in Glashütten. Fr. Metal de Verrerie, (Glashütte) die in den Häfen im Fluß stehende Glasmasse, welche aussiehet, wie geschmolzenes Metall.

Metallisch nennt man die Körper, welche etwas von einem Metall bey sich führen, oder beym Schmelzen etwas geben.

Metallische Mittel, in Bergwerken solche Gegenden, die in metallischen Revieren, welche oftmals Berge, Gründe und Thäler begreifen, mit reichen, bessern und beständigern Gängen versehen, die meistens rein und gut Erz, ohne sonderliche Vermischung zumal, aber doch nicht widerwärtiger Metalle führen. Dergleichen sind in den Sanften- und Mittelgebirgen am meisten anzutreffen.

Metall, kurzes, sprödes, ein Metall, das ungeschmeidig ist, welches daher komt, wenn es mit fremden Dingen verunreiniget ist. D. i. wenn es aus mehr, als aus seinen wesentlichen Bestandtheilen bestehet, welche keinen so biegsamen Zusammenhang untereinander haben; als sonst Theile von einerley Art allemal haben.

Metallmutter, (Bergwerk) die Mineralien, als: Hornstein, Feuerstein, kalk- und gipsartige Steine, Kneiß, Quarz, Spath, Blende u. d. m., womit die Erze umgeben sind, und mit und unter dem Erz brechen.

Metallsilber, das aus feinem Zinn oder weißem cementirten Kupfer geschlagene Blattsilber, welches zu schlechter Arbeit, wie das Metallgold von den Vergoldern gebraucht wird.

Metallurgie, eine Kunst oder Wissenschaft, die Erze und Mineralien zu behandeln und zu bearbeiten. Sie theilet sich entweder in die Scheidung und Darstellung der Mineralien in ihrer reinen Gestalt, oder in die Verarbeitung der Metalle zu Geld. Den ersten Theil dieser Wissenschaft pflegt man die Schmelz-, den andern aber die Münzkunst (s. beydes) zu nennen.

Metamorphotischer Spiegel, (Optikus) ein Spiegel, der die Sachen anders vorstellet, als sie wirklich sind. Man kann unter diese Art die cylindrischen und konischen Spiegel rechnen. Sie verstellen die Sachen so, daß ein junger Mensch alt und runzlicht aussiehet, einen langen Hals hat, u. dgl. Auch verändern sie die Farbe, daß einer blaß aussiehet, u. s. w.

Metekal, Metecal, Metikallo, eine goldne Münze, die zu Marokko und in einigen andern Städten dieses Königreichs, wie auch zu Fez geschlagen wird. Sie gilt 40 Blanquilles, und fast soviel, als ein Dukaten. Der zu Fez aber gilt nur 30 Stüber holländisches Geld.

Meth, s. Meth.

Metikal, s. Metekal.

Metkal, Mitkal, ein kleines arabisches Gewicht, das nach unserm ohngefähr ⅔ Quintlein beträgt. Denn 12 Metkals machen eine Unze.

Metope, gr. Zwischenriefe. (Baukunst) Insgemein der Raum zwischen den Kälberzähnen Triglyphen und Kragsteinen. Der Raum zwischen zwey Triglyphen oder Balkenköpfen, muß billig so hoch, als breit seyn.

Metretes, ein altes griechisches Maaß, dessen sie sich auch noch bedienen. Es hält 12 Choas; 30 Metretes machen eine amsterdamer Last.

Metrikol, Mitrikal, ein kleines portugiesisches Gewicht, womit zu Goa die Apotheker die Specereien in der Medizin wiegen, das den sechsten Theil einer Unze beträgt. Unter dem Metrikal ist der Metrikoll oder Mitrikoli, so nur den achten Theil einer Unze, und also nach unserm Gewichte etwa ein Quintlein beträgt.

Metrikoll, s. Metrikol.

Mett, an einigen Orten, das reine vom Fett abgesonderte Fleisch, daher die

Mettwurst, eine aus dergleichen gehackten Schweinefleisch verfertigte Wurst, wenn sie noch ungeräuchert ist.

Meuler, s. Meiler.

Meusch, s. Mietsch.

Meute. (Jäger) So heißt eine Parthie Jagdhunde bey der Parforcejagd, von ohngefähr 50 — 60 oder mehr Stücken.

Meute, s. Fängerbolzen.

Meyer, s. Meier.

Meyers Wasserwage, eine gläserne im Wasser schwimmende Kugel, wodurch man genau wissen kann, wenn Gewichte daran gehangen werden, wie viel in einer, obschon sehr kleinen Münze Zusatz vorhanden sey. Diese Wage bestehet aus einer gläsernen Kugel, wie gedacht, mit einem langen Halse, daran man kleine Ringe von Meßing oder anderm Metall anhängen kann, um die Kugel damit nieder zu drücken. Unter die Kugel wird ein kleines Gefäß oder Wagschale, mit vier gleichfalls gläsernen Röhrchen befestiget, um das Stück Geld oder anderes Metall, so man probiren will, hinein zu legen. Beydes wird in ein langes, cylindrisches, gläsernes Gefäß gehangen. Mit dieser Wage kann man eine gute Münze, von einer andern, welche entweder falsch ist, oder an welcher man wenigstens zweifelt, ob sie nicht einigen Zusatz habe, auf folgende Weise unterscheiden: Man legt eine gute reine Goldmünze, von der man überzeugt ist, daß sie ohne Zusatz sey, in die Wage unter die Kugel, tauche das ganze Instrument ins

Wasser

Wasser, und hängt nach und nach an den Haken der Wage so viel kleine Ringe, bis die Wage zu Boden sinkt. Alsdenn muß man die gute Münze herausnehmen, und dafür die zu probirende in die Wage legen. Wenn alsdenn die Wage ohne Anhängung mehrerer Ringlein wiederum zu Boden sinkt, denn ist diese Münze so gut, wie die erste. Wenn man aber über die bereits angehängten Ringe noch mehr Ringe anhängen muß, ehe sie zu Boden sinkt, so ist diese Münze um so viel schlechter, und hat so viel Zusatz, als die mehr aufgehängten Ringe am Gewichte betragen. (s. L. Schl. der Gewichtskunst, Thl. 2 Tab. V. Fig. 1.)

Mezzanine, s. Bastardfenster.

Mezzen. (Bergwerk) So werden bey der Verzimmerung eines Stollens, die in die Erde gegrabene Pfähle genannt, auf welchen die Thürstöcke, wenn der Stollen sehr sumpfig ist, gestellt werden.

Mezzetinten, s. Halbschatten.

Metze, Fr. Malte, ein Getreidemaaß, von welchem 4 auf ein Viertel eines Scheffels, und 16 also auf einen ganzen Scheffel gehen. So wie der Scheffel in Deutschland nicht überall gleich groß ist, so ist es auch mit den Metzen beschaffen.

Metze, eine ehemalige Benennung einer großen Art Karthaunen, welche in Belagerungen gebraucht wurden, und 100 auch mehr Pfunde schossen.

Metzger, s. Fleischer.

Metzkasten, (Müller) derjenige Kasten in der Mühle, worin der Müller seine Metzen, die er von den Mahlgästen nimt, einschüttet.

Metzner, derjenige Mühlenbursche, welcher auf einer großen Mühle das Metzen verrichtet, und an einigen Orten auch der **Mehlmeister** genannt wird.

Micke, (Messingwerk) zwey senkrechte Hölzer auf einem Klotz, mit welchen die Griffe der Zange, mit welcher der Tiegel bey dem Laden des Kupfers und Galmeyes gehalten wird, zusammengedruckt werden.

Mickes. (Fleischer) So werden die kleinen fetten Gedärme eines Rindviehes genennt.

Mieden, (Leinweber) die beyden Hölzer, woran die beyden Schäfte eines Leinweberstuhls angeknüpft sind, die wieder durch Schnüre an die Querschemmel angebunden sind, und von den Fußtritten heruntergezogen werden, und dadurch die Schäfte wechselsweise auf und nieder ziehen. Sie sind an beyden Enden gezackt, woran die Schnüre gebunden werden.

Mieder, **Miederlein**, **Miederchen**, **Müder.** (Schneider) In der gemeinen Sprechart ein kurzes Leibkleid der Weibsleute ohne Ermel, das genau an den Leib paßt, und entweder vorne mit Haken und Oesen zugehakt, oder mit Nadeln zugesteckt, auch wol, wenn es gestrickt ist, zugeschnürt wird, und alsdenn Schnürmieder heißt. Es heißt auch Leibchen.

Mierotton, Fr. (Koch) ein Essen von Kalbfleisch, welches fast das Ansehen eines Brodtes hat, und also zubereitet wird: Man nimt mager Kalbfleisch aus der Keule, schneidet es ohngefähr drey Finger breit, und 6 Zoll lang; auf dieses legt man ein Stück Speck, nach eben dieser Größe zerschnitten. Endlich überlegt man diesen Speck mit noch mehr Kalbfleisch, macht es steif, und thut auch noch Fett von Kalbsnieren, und ein wenig Rindertalg darunter, und läßt es also bey gelindem Feuer gelb backen.

Miesel. (Böttcher) So nennen sie die kleinen Stückchen Holz, so bey ihren Arbeiten abfallen.

Miethkutsche, s. Fiaker.

Miethsole, (Salzwerk) zu Halle diejenige Sole, welche der Bornmeister, wenn der Brunnen Fluth hat, zur Zahlung der Bornknechte miethen darf.

Mi-fil, Fr. eine Gattung feiner Leinwand, die zu Quintin in Bretagne gemacht wird. (s. Quintin).

Migrau. Fr. So nennt man zu Roussillon die dritte Art der spanischen Wolle, welche die Spanier Tierce nennen. Sie ist unter allen die geringste, und wird nur zur Arbeit gemeiner Zeuge gebraucht.

Migliaro, ital. ein venetianisches Gewicht, dessen man sich sowohl in der Hauptstadt, als in den Landstädten auf dem vesten Lande des Gebiethes dieser Republik bedienet, um das Oel mit demselben zu wiegen, und hernach zu verkaufen. Es hält solches 40 Mirri, und der Mirro 30 Pfunde nach venetianischem leichten Gewichte, welches nur 34 Procent leichter ist, als das Gewicht zu Marseille; indem 100 Pfund von diesem Gewichte 134 Pfunde nach dem leichten venetianischen Gewicht betragen. Der obgedachte Migliaro macht nach englischem Maaße 176 Gallons nach holländischem Maaße 255 Stoop, und nach messinischem Maaße 18 ½ Caffis.

Miglioratti, s. Milovarti.

Mignonette, eine Art sehr feiner klarer und leichter Spitzen von weißem flächsernem Zwirne, von verschiedenen Mustern und Breite; die breitesten sind 5 Zoll breit. Man macht sie in Frankreich zu Louvre, in Parisis, zu Fontenay, Saintpierre et Champs u. a. O. auch zu Antwerpen und Brüssel werden dergleichen gemacht, die aber nur höchstens einen Daumen breit sind, und andere Spitze von gleicher Art und Arbeit zu erhöhen dienen.

Migor. Fr. ein bey den Wollhändlern in Languedoc gebräuchliches Wort, welches von dem Wort **Migrau** (s. dieses) entlehnt, und einigermaßen verändert ist, wodurch der Ausschuß der Wolle bezeichnet wird, die also noch weit schlechter, als diejenige ist, die die dritte Gattung der spanischen Wolle, oder der Tierce, ausmacht, so man Migrau nennet.

Mikrometer, (Astronom) ein Werkzeug, welches man bey Fernröhren und Vergrößerungsgläsern anzubringen pflegt, um die Durchmesser kleiner Körper und geringer Entfernungen genauer zu messen, als es durch andere Werkzeuge möglich ist. Man macht heut zu Tage dieses Werkzeug, welches erst im vorigen Jahrhundert erfunden worden ist, auf verschiedene Art. Das wesentliche aber bey einem jeden Mikrometer besteht in einer solchen Einrichtung, daß man dadurch das Bild des Gegenstandes in dem Brennpunkte des Objectivglases messen, und auf diese Art die scheinbare Größe der Sache bestimmen kann. Denn

wenn

von zween weit entfernten Gegenständen fallen die Bilder beyde in den Brennpunkt des Objectivglases eines Fernrohrs, und verhalten sich, wie die scheinbaren Größen der Gegenstände. Ist also die scheinbare Größe eines dieser Gegenstände irgend woher bekannt, so läßt sich auch die Größe des andern bestimmen, wenn man das Verhältniß ihrer Bilder zu finden im Stande ist. Das erste Mikrometer haben wir einem englischen Meßkünstler, Wilhelm Gascoigne, zu verdanken, welcher in der Mitte des vorigen Jahrhunderts gelebt hat. Dieses Werkzeug ist von Rob. Hooke in den englischen Transactionen nebst einigen Verbesserungen bekannt gemacht worden. Gascoigne nämlich schloß das Bild im Brennpunkte durch die Bewegung zweer metallener Platten, mit sehr scharfen Ecken ein, statt deren Hooke zwey feine parallel gespannte Haare vorschlug. Der Marchese Malvasia bediente sich zur Abmessung kleiner Entfernungen am Himmel eines Gitters von Silberdraht, welches in dem gemeinschaftlichen Brennpunkte des Objectiv- und Ocularglases angebracht war. Durch die Umdrehung des Gitters oder Fernrohres ließ er einen dem Aequator nahen Stern längst einem der Fäden des Netzes sich bewegen, zählte nach einer Secundenuhr die Zeit, welche der Stern auf seinem Wege von einem Faden bis zu einem andern zubrachte, wodurch er also die Entfernungen der Fäden in Minuten und Secunden eines Grades ausgedrückt erhielt. Auzout und Picard machten im Jahre 1666 ähnliche Mikrometer bekannt, wobey sie sich aber statt des Silberdrahtes, seidner Fäden, die feiner sind, als vergleichen Draht, und zu genauerer Eintheilung einer Schraube bedienten. Eine noch wichtigere Verbesserung bey diesem Werkzeuge hat man dem sel. Tob. Mayer zu verdanken, nach dessen Erfindung es der geschickte augsburgische Mechanicus, Hr. Brander, in großer Vollkommenheit verfertiget, indem er statt des Silberdrahtes und seidnen Fäden dünne, runde, und sehr gut polirte Glasplatten nimt, auf denen er eine Anzahl sehr feiner Parallellinien zieht, die sehr nahe neben einander stehen, ohngefähr $\frac{1}{50}$ oder $\frac{1}{60}$ einer Pariser Linie, und wiederum von andern solchen Parallellinien rechtwinklich durchschnitten werden. Der bekannte Berliner Astronom, Christfried Kirch, hat im Jahr 1679 ebenfalls ein sehr brauchbares und einfaches Mikrometer erfunden, welchem der berühmte Euler einen Vorzug vor allen künstlichern einräumt. Es besteht aus einem Ringe, der in zween entgegengesetzten Punkten durchbohrt ist. Durch diese beyden Oeffnungen gehen zwo gerade und gleiche Schrauben, die in dem Mittelpunkte des Ringes zusammen kommen. Dieser Ring muß nun an ein astronomisches Fernrohr dergestalt angebracht werden, daß die Schrauben durch den gemeinschaftlichen Brennpunkt des Objectiv- und Augenglases gehen, wo sich der Gegenstand abbildet, welchen man durch das Fernrohr betrachtet. Beym Gebrauch eines solchen Mikrometers verfährt man folgender Gestalt. Man richtet das Fernrohr gegen einen Stern im Aequator, so, daß der Stern am Ende der einen Schraube erscheint. Nun läßt man das Fernrohr ganz stille liegen, und bemerkt nach einer richtigen Secundenuhr die Zeit, welche der Stern braucht, den Raum zwischen den Spitzen der beyden Schrauben zu durchlaufen. Diese Zeit verwandelt man in einen Bogen des Aequators, und hierauf zählt man, wie oft die eine Schraube herumgedreht werden müsse, bis ihre Spitze an die Spitze der andern Schraube gebracht wird. Muß man beyde Schrauben umdrehen, um ihre Spitzen zusammen zu bringen, so addirt man die Anzahl ihrer Umdrehungen. Bey jeder Umdrehung nähern sich die Schraubenspitzen einander um den Zwischenraum eines Schraubenganges; auf diese Art mißt man also den Raum ab, den ein Bogen des Aequators von gegebener Größe einnimt, d. i. den ein Gegenstand einnehmen würde, dessen scheinbarer Durchmesser dieser Bogen wäre; und folglich weiß man nunmehr, wie viel Umdrehungen dem Bilde einer Sache zugehören, die dem bloßen Auge unter dem gegebenen Sehewinkel erscheinet. Weil man nun das Mikrometer blos bey sehr kleinen Winkeln braucht, so wird eine Sache, die dem bloßen Auge unter dem halben Sehewinkel erschiene, im Fernrohre ein halb so großes Bild haben, dem halb soviel Umdrehungen zugehören, und so werden sich die Mengen der Umdrehungen, wie die scheinbaren Größen der beobachteten Gegenstände verhalten. Wenn sich der Stern, auf welchen man das Fernrohr gerichtet hat, nicht in dem Aequator befindet, so verwandelt man erstlich, wie vorhin, die Zeit, in welcher sich der Stern von der einen Schraubenspitze bis zur andern bewegt, in einen Bogen des Aequators, und hierauf schließt man: wie sich der Sinus totus zum Cosinus der Abweichung des Sterns verhält; so verhält sich auch der gefundene Bogen des Aequators zu einer vierten Zahl, welche der Winkel oder Bogen ist, der ihm in den Zwischenraum der Schrauben fällt, und nunmehr eben so, wie im ersten Falle der Bogen des Aequators, gebraucht wird. Wer noch genauere Nachrichten von dem Mikrometer verlangt, und noch mehr Arten von diesem Werkzeuge kennen lernen will, dem empfehle ich außer des Herrn Montucla Hist. des Mathematiques T. II p. 101, vorzüglich das 13 und 14 B. der Astronomie des Herrn de la Lande, oder Kästners Sammlung astronom. Abhandlungen, 2 S. 7 Abh. und Priestleys Geschichte der Optik, 1 Th. S. 167. der von Hrn. Prof. Klügeln herausgegebenen Uebersetzung.

Mikroskopium, s. Vergrößerungsglas.

Milch, (Fischer) bey den Fischen, männlichen Geschlechts, das zarte Mark, welches sie im Leibe tragen, darinn ihr Saamen enthalten ist, und welches, wenn es mit Fingern gedruckt wird, einen weißen milchähnlichen Saft von sich giebt.

Milch, (Landwirthschaft) das weiße, süße, fette, und flüssige Wesen, welches in den Eutern der Thiere weiblichen Geschlechtes von der Natur erzeuget wird. Hier ist aber nur die Rede von der Milch der Kühe, Schaafe und Ziegen, als welche ein sehr nützliches und angenehmes Nahrungsmittel ist, woraus auch die Butter und Käse verfertiget werden.

Milchasche, Milchnapf, (Landwirthschaft) ein runder oben weites, unten enges Gefäß von Thon, wie eine große Schüssel, darinn die Milch, nach dem Melken des Viehes, bis zu Absetzung der Sahne, oder des Rahms, aufbehalten wird. Einige derselben sind an der Seite dicht am Boden mit einem Loch und vorgesteckten Zapfen versehen, welcher ausgezogen wird, wenn man die Milch ablassen will, da denn der Rahm darinn sitzen bleibt; in denen aber, wo kein Loch vorhanden, wird der Rahm nur oben mit dem Rahmlöffel von der Milch abgeschöpft. Die Gefäße müssen deswegen breit und flach seyn, damit die Milch mehr Rahm giebt, und nicht so leicht sauer wird. Letzteres geschiehet geschwinder bey tiefen und engen Gefäßen. Ist die Oberfläche zu groß, so befördert die Luft die Gährung zu geschwinde, und man erhält nicht soviel Rahm; in der entgegengesetzten Gestalt hingegen geht die Gährung langsamer von statten, man kann den Rahm nicht bequem abnehmen, und es gehet davon viel verloren. Doch bedienen sich aufmerksame Landwirthe aus folgender Ursache lieber solcher Milchgefäße, die oben enger sind. Auf der Sahne setzt sich nämlich eine dünne Haut an, woran, wenn sie nicht mit Behutsamkeit abgenommen wird, die Butter bitter wird. Da aber, wenn die Gefäße oben weit sind, diese bittere Haut von größerm Umfang ist, so ziehen sie jene vor.

Milchbrezel, (Bäcker) eine Art Brezel, zu welchen der Teig mit Milch eingerühret wird.

Milchbrod. (Bäcker) kleine, von feinem Weizenmehl gebackene Brödchen, wozu der Teig mit Milch angemacht ist.

Milchbrühe, gare, Fr. Plein mort, (Weißgerber) dasjenige Kalkwasser, so schon gebraucht worden, und von seiner Kraft, da die Felle schon darinn erweichert worden, verlohren hat. Man nennt es auch faule Kalkbrühe.

Milchbrunnen, (Landwirthschaft) eine ausgegrabene Wassergrube in einem Milchkeller, worein die Milch im Sommer gesetzt wird, um solche frisch zu erhalten.

Milch, durch, ziehen, Fr. Passer au lait, (Weißgerber) wird die Arbeit mit feinen Lamms- oder Ziegenfellen, aber vorzüglich, genannt, da man dieselbe mit weißer Stärke einreibt, daß sie, da sie zu Handschuhen gebraucht werden, ein schönes Weiß bekommen. Man nimt weiße Stärke, die zum zarten Pulver gemacht ist, und reibt solche mit einer Bürste stark ein, nachher klopft man sie auf einem Marmor stark aus, damit das, was sich nicht eingerieben hat, wieder abgestäubet werde.

Milcher, (Fischer) das Männchen von den Fischen. In die Laich- oder Streichteiche werden gemeiniglich zwey Rogner oder Weibchen zu einem Milcher gesetzt.

Milchfaß, (Landwirthschaft) ein hölzernes Gefäß von Böttcherarbeit, deren man zweyerley, große und kleine hat. Die großen haben an beyden Seiten verlängerte Dauben mit Handgriffen, und sind mit Deckeln versehen; in diese wird die abgelassene Milch, die zu den Käsen kommen soll, gegossen, daß sie darinn zusammenlaufe und gerinne. Die kleinen sind niedrig, ohne Henkel, und dienen anstatt der Milchasche, weil die ganze Milch, wie sie von der Kuhe kommt, darein gegossen wird, daß sich der Rahm darinn auf der Milch setzen kann.

Milchgefäße, Milchgeräthe, (Landwirthschaft) darunter verstehet man alles das hölzerne und irdene Geschirre, so zu Aufbehaltung der Milch gebraucht, und sowohl zum Butter- als Käsemachen gebraucht wird. Dazu gehören die Melkgelten, Milchkannen, Milchaschen, große und kleine Milchfässer, Milchtuch, Rahmlöffel, Rahmständer, Rahmsack, Butterfaß u. a. m. (s. alle an ihrem Ort)

Milchkanne, (Landwirthschaft) eine hölzerne Kanne mit einem Henkel ohne Deckel, darein die Mägde die frisch gemolkene Milch aus der Melkgelte, durch das Milch- oder Seihtuch gießen, um solche bequem forttragen zu können.

Milchkeller, (Landwirthschaft) ein unterirrdisches Behältniß zur Milch und Rahm, welches bey einer großen Landwirthschaft an der Mitternachtsseite so angebracht wird, daß man gleich aus der Gesindestube hinunter gehen kann. Dieser Milchkeller muß nicht allein im Sommer frisch, sondern auch im Winter leidlich, und in den übrigen Jahreszeiten temperirt seyn.

Milchkoch, gebackener, Schüsselkoch, (Koch) eine gebackene Speise, welche also zubereitet wird: Man quirlt in 1½ Nösel gute Milch, einen Eßlöffel voll Mehl, schlägt 10 Eyer darein, wirft ohngefähr 6 Loth Zucker hinzu, gießt nach Belieben einen Löffel voll Rosenwasser hinzu, und quirlt alles zusammen gut ab. Hierauf wird um eine Schüssel ein Kranz, ohngefähr zween Finger hoch gemacht, die gedachte abgerührte Milch da hinein gegossen, und selbige in einem dazu geheitzten Backofen, der nicht gar zu heiß seyn muß, abgebacken. Bey dem Anrichten wird dieses Essen mit Zucker bestreuet.

Milchrahm, s. Rahm.

Milchstein, ein zarter und weicher Stein von aschgrauer Farbe, der, wenn er in das Wasser gelegt wird, darinn zergehet, und solches milchweiß färbet, daher er auch seinen Namen bekommen hat. Er wird in Sachsen, Hildesheim und auf dem appeninischen Gebirge in Italien häufig gefunden. Die Leinweber und Bleicher bedienen sich desselben, um die Leinwand weiß zu färben. Er muß aber, ehe man ihn gebrauchen kann, aufgelöset werden.

Milchtuch, s. Seihetuch.

Milchweiße Seide, perlenweiße Seide, (Seidenfärber) eine von den fünf Gattungen der weißen Seidenfarbe, welche derselben nach dem Kochen der Seide (s. Kochung der Seide) mitgetheilet wird. Sie wird eben so behandelt, wie das chinesische Weiß, (s. dieses) nur daß hierzu kein Rocou, sondern statt dessen etwas aufgelöseter Indigo in das Seifenbad gegossen wird, worinn die gekochte Seide herumgeführet wird. Das Bad muß beständig heiß seyn, darf aber nicht kochen. Zuletzt werden die Seidenstrehnen auf dem Ständerstock ausgerungen und auf Stangen getrocknet.

Milchzucker, (Apotheker) ein zuckerartiges wesentliches Salz der Milch, welches man erhält, wenn man Molken abrauchen und kristallisiren läßt.

Mild. Fr. Doux. (Maler) So nennt man den Pinsel eines Malers, dessen Behandlung fein, markig und zärtlich ist. (s. auch weich)

Milde, Fr. Mol, Poudreux, (Bergwerk) Bergarten, die weich, staubigt und zerbrechlich, oder nicht schwer zu gewinnen sind. Von welcher Beschaffenheit die Mineralien und das Gestein milde genennt werden.

Milde Presse. (Tuchbereiter) Wenn man die ganz feinen Realtücher nur, nachdem sie einpapieret werden, 48 Stunden in eine kalte Presse (s. Pressen) einsetzet. Ein solches Tuch erhält beym Regen keine Flecke, weil es keinen übertriebenen Glanz hat, sondern von der Natur der feinen Wolle und der guten Scheerung ein schönes Ansehen erhält.

Milder Gang, (Bergwerk) ein Erzgang, so in einem milden Gestein stehet, das leicht zu gewinnen ist, und mit Schlägel und Eisen kann gewältiget werden.

Mildes Metall, s. Lind.

Milderzeug, Fr. schiste mollo, (Bergwerk) der weiche Schiefer des Erzberges zu Idrien, in welchem Zinnober und Quecksilber bricht.

Millerees, Fr. Milleray, eine portugiesische goldene Münze, welche am Gewicht 6 Pfennige, und am Gehalt 22½ Karat hält, am Werth aber etwas mehr, als eine spanische Pistole ist. Weil auf denselben das Bild des heiligen Stephan gepräget ist, so nennt man sie auch St. Stephan. Man hat auch welche mit einem kleinen Kreuze, welche eigentlich nur halbe Millerees sind, indem sie nur 2 Pfennige 17 Gran am Gewichte halten; sie sind aber um ¼ Karat feiner im Gehalt, als die andern, und gelten beynahe eben soviel, als die halben spanischen Pistolen. Sonst sind auch die Millerees eine Rechenmünze, in der die portugiesischen Kaufleute ihre Bücher und Rechnungen halten. In diesem Verstande aber werden allemal die Millerees mit dem kleinen Kreuze genommen.

Millerolle, ein französisches Maaß, dessen man sich in der Provenze bey dem Verkaufe der Weine und Oele bedienet. Es hält 66 pariser und 100 amsterdammer Pinten, und wiegt ohngefähr 130 Pfund nach dem Markgewicht.

Million, in der Rechnung eine Summe von 1000000, oder 10 Tonnen Geldes, nach jedes Landes Münze gerechnet. In England rechnet man selbige nach Pfund Sterling, in Frankreich nach Ecus, oder Thalern zu 3 Livres Tournois, welche man auch eine Million Gold zu nennen pflegt. In Holland nach Gulden, in Deutschland nach Thalern, oder Gulden, in Portugal nach Millerees, in Spanien nach Maravedis. Tausendmal Tausend Millionen nennen die Rechenmeister eine Billion, und soviel Billionen eine Trillion.

Milmilla, eine Gattung Kattun, die aus Ostindien kömt. Die Stücken haben 27 Cobidos in der Länge, und 2¾ Cobidos in der Breite. Wenn die holländische ostindische Kompagnie solche Kattune verkaufen läßt, so pflegen die Loose oder Gabelungen von 150 Stücken zu seyn. Sonst kosten die Milmilla 8½ bis 9 Gulden das Stück.

Millorari, **Migliorari**, **Meliorari**, **Meliorat**, ital. eine Gattung Seide, die aus Italien gebracht wird. Man hat welche von Mayland, auch welche von Bologna. Diese wird in Holland zu 51 bis 54 Schillingen, flämisch, und jene für 40 bis 44 Schillinge, flämisch, das Pfund verkauft.

Millerain, eine halbe portugiesische Moeda oder eine halbe Pistole. (s. Moeda)

Minaltoun, eine Rechenmünze, welcher man sich an einigen Orten in Persien bedienet. Unter dem Minaltoun ist der Pensaltoun, der den 10ten Theil davon gilt; der Abassi gilt 2 Pensaltoun, und 5 Abassi einen Minaltoun. Man glaubt diese Art zu rechnen komme noch von den alten Persern her.

Mindernadel, s. Schafnadel.

Mindern der Maschen, (Strumpfwürker) das Abnehmen oder Vermindern der Maschen zu einem englischen Zwickel, damit die spitze Gestalt desselben herausgebracht wird. Es ist ausgemacht, daß die mehresten Zwickel (s. diese) besonders gewirkt, und hernach an den Strumpf angenähet oder angekettelt worden. Dieses Vermindern geschiehet auf folgende Art. Die vierte Masche vom Ende wird auf die Masche der fünften Nadel aufgesetzt, sie wird nämlich abgepresset, d. i. man drückt die Spitze ihrer Nadel mit der Schafnadel in ihren Einschnitt, ergreift hierauf mit einer andern Schafnadel die Masche dieser vierten Nadel, und hängt sie auf die fünfte Nadel, worauf sich also nunmehr 2 Maschen befinden. Die dritte Masche vom Ende wird ferner auf eben die Art abgepreßt, und auf die vierte Nadel aufgesetzt, so wie auch die zweyte Masche vom Ende. Folglich sind auf dieser vierten Nadel abermals zwey Maschen, nämlich die ehmalige dritte und zweyte. Endlich wird die erste Masche abgepreßt, und auf die dritte Nadel vom Ende gehängt. Hierauf legt man blos über die fünfte, vierte und dritte Nadel einen Faden, couliret (s. couliren) ihn mit dem Roß, bringt den Faden blos mit der Hand unter die umgebogenen Spitzen der drey Nadeln, drückt mit der Schafnadel die Spitze dieser drey Nadeln in ihren Einschnitt, und wirft die doppelten Maschen dieser Nadeln blos mit der Hand über den coulirten Faden. Folglich ist dieses zugleich ein Kettein und Weben im Kleinen, da die Schafnadel die Stelle der Presse, und die Hand die Stelle der Platinenschachtel vertritt. Endlich legt man die eine entstandene Masche der fünften Nadel auf die achte Masche, die Masche der vierten Nadel, auf die siebende, und die Masche der dritten Nadel auf die sechste Nadel; auf solche Art werden die fünf letzten Nadeln leer von Maschen, und fünf Nadeln sind abgenommen. So wird bey dem englischen Zwickel (s. diesen) jederzeit nach zwey Reihen Maschen gemindert.

Mine, 1) ein Maaß von Holzkohlen, so ebenfalls wie die Mine zum Getreide, kein wirkliches Inhaltsmaaß, sondern aus verschiedenen andern Maaßen zusammengesetzt ist.

ist. Die Mine Kolen fasset 2 Minots oder 16 Boisseaux in sich. Es werden 20 Minen Kolen zu 1 Muid erfordert, wenn solche für einen Bürger sind; denn wenn sie für einen Kaufmann sind, so gehen nur 16 Minen auf 1 Muid. Die Mine Kolen wird manchmal auch ein Sack, oder eine Charge, genannt, weil der Sack Kolen, welcher 1 Muid in sich faßt, die gewöhnliche Last ist, die ein Mann tragen kann. 2) Ein Getreidemaaß, dessen man sich in Frankreich und an einigen Orten in Italien bedienet, allerhand Getreide, trockene Hülsenfrüchte und Saamen ꝛc. damit zu messen. Es ist aber dieses kein wirkliches Getreidemaaß, wie etwa der Minot, oder Scheffel, so zum Haltemaaß dienet, sondern nur ein eingebildetes Schatzungsmaaß, so aus andern Maaßen zusammengesetzt ist, wie wir auch dergleichen bey uns an dem Wispel und Malter haben. Zu Paris bestehet die Mine aus 6 Boisseaux, oder 2 Minots, so gestrichen, und nicht gehäuft gemessen werden; und es werden daselbst 2 Mines zu 1 Septier, und 24 Mines zu einem Muid erfordert. Zu Rouen macht die Mine 4 Boisseaux aus u. s. w. Noch muß man merken, daß in ganz Frankreich noch einmal soviel Hafer, als anderes Getreide auf die Mine gemessen wird.

Mine, (Kriegsbaukunst) ein unter der Erde gegrabener Keller, welcher insgemein die Minenkammer genennet wird, den man mit einigen Tonnen oder Säcken Pulver füllet, um die auf solchen Keller liegende Last in die Luft zu sprengen, wenn das Pulver angezündet wird. Die Gallerie, oder der Minengang, (s. diesen) reichet bis gerade unter den Ort, der durch die Mine gesprengt werden soll. Um den Ofen in der gehörigen Tiefe unter dem zu sprengenden Ort zu legen, muß der Gang oft gesenkt werden, zuweilen, aber selten, muß man ihn gar anlaufen lassen. Man bedienet sich der Minen bey einer Belagerung sowohl in der Festung, als auch von den Belagerern vor der Festung. Die vor denselben heißen schlechtweg Minen, der Belagerten Minen aber Gegenminen. (s. diese) Wenn eine Mine von Seiten der Belagerer angeleget werden soll, so gräbt der Minirer entweder gerade vor sich hin in eine Brustwehre, einen Wall, oder Futtermauer ein, und macht also das Minenauge, oder, er senkt auch einen viereckigten Brunnenschacht ohngefähr so tief in den horizontalen Boden ab, als er den Boden, die Sole der Mine, machen soll. Er treibt hierauf nach der Seite eine längliche Höhle den Minengang. (s. diesen) Hat er durch diesen Gang endlich den verlangten Ort erreicht, und befindet sich in der gehörigen Tiefe unter demselben, so macht er mit einer rechtwinklichten Wendung die Minenkammer, (s. diese) die meistens durch eine Vertiefung des Ganges erhalten wird, setzt das zur Ladung bestimmte Pulver mit dem Pulverkasten hinein, und verschließt den Minenhals (s. diesen) sehr sorgfältig. Um aber das so vergrabene Pulver auch anzünden zu können, führt er aus der Mitte der Kammer durch den Gang bis an den Schacht oder das Minenauge, oder auch noch weiter, wenn es nöthig ist, die Zündwurst, (s. diese) die er in einer hölzernen Rinne, dem Leitkasten vor Feuchtigkeit, und dem Zerdrücken oder Zertreten verwahret. Die Mine selbst wird entweder mit einer Lunte, oder mit einem Leitfeuer, (s. dieses) oder mit dem sogenannten Mönch angezündet. Die Absichten, die man beym Gebrauch der Minen hat, sind sehr mannigfaltig, bald will man sich dadurch bey einer Belagerung ein Logement auf dem Glacis verschaffen, bald sich einen geräumigen Eingang in die Face eines Haupt- oder Außenwerks machen, bald ein oder das andere Werk, was sich sonst nicht erobern läßt, dadurch zerstören. Die Gegenminen der Belagerten haben, so wie die ganze Vertheidigung einer Festung, heutiges Tages zur Absicht, den Belagerer im Vorwärtsrücken gegen den bedeckten Weg, so lange, als möglich ist, aufzuhalten, da der Verlust desselben meistens die Uebergabe der Festung zur Folge hat. Bey dieser Hauptabsicht findet aber auch noch die Nebenabsicht statt, daß man die Logementer und Werke des Feindes noch bis auf den letzten Augenblick zu zerstören suchet.

Minenauge, (Minirer) das gegrabene Loch zu einer Mine, wodurch die Mine angefangen wird. Es sey nun, daß solches vor sich in die Brustwehre oder Futtermauer geschiehet, oder aber, daß solches senkrecht unter sich geschiehet, so tief als der Boden, oder die Sohle einer Mine, seyn soll. (s. Mine)

Minengang, Strecke, Fr. Galerie, (Minirer) die längliche Höhle, die von dem Minenauge oder dem Anfang an bis zur Minenkammer gegraben wird. Er geht bis gerade unter den Ort der gesprengt werden soll. Um den Minenofen in der gehörigen Tiefe unter dem zu sprengenden Ort zu legen, muß der Gang oft gesenkt, oder aber seltner, muß man ihn gar anlaufen lassen. Das erste geschiehet, indem man der Sohle, oder dem Boden des Ganges, eine schräge Lage gegen den Horizont giebt, das zweyte aber, indem man in einer gewissen Entfernung stufenweise Absätze darinn macht. Alsdenn erhält der Gang den Namen einer Kaskade.

Minenhals, (Minirer) der auf eine gewisse Weite von der Minenkammer nach Anfüllung derselben mit Pulver verdämmte Minengang.

Minenheerd, Fr. foyer, lumière, (Minirer) der Ort, bey einer Mine, wo die Zündwurst, mit welcher die Mine angezündet wird, aufhöret, und wo also die Mine angezündet wird.

Minenkammer, (Minirer) die Oeffnung oder der ausgegrabene Theil einer Mine unter dem Ort, der gesprengt werden soll, worinn das Pulver zu liegen kommt. Es wird nämlich von dem Minengange eine rechtwinklichte Wendung gemacht, und in derselben eine etwas größere Höhlung ausgegraben, worein die bestimmte Ladung von Pulver gesetzt wird, und die Kammer durch Verdämmung des Ganges bis auf eine gewisse Weite verschlossen.

Minenladung. (Minirer) Die Mine muß nach der Last, die sie sprengen soll, verhältnißmäßig geladen werden. Denn ist sie überladen, so macht sie nur eine enge Oeffnung, die etwa so groß ist, als die Minenkammer gewesen ist. Ist die Ladung aber zu schwach, so macht sie nur eine schwache Erschütterung auf der schwächsten Seite. Es wird demnach erfordert, daß ein Minirer sowohl, die stereometrische Rechnung verstehe, als auch eine Kundschaft von der Stärke der Werke an einer Vestung besitze. Ueber dieses muß er aus der Erfahrung wissen, wie schwer jede Art des Erdreichs und des Mauerwerks sey, so gesprengt werden soll. Nach Vaubans Anweisung, die von den neuern wenig abweicht, rechnet man auf die kürzeste Widerstandslinie. Z. B. von 24 Fuß oder 4 Klafter in mittelmäßiger Erde für jede so gefundene Kubikklafter 15 Pfund Pulver, und in einem vestern Boden ⅕ mehr. Z. B. bey einer Mine von 22 Fuß Erddicke über der Kammer, da die Kammer in diesem Fall 2½ Fuß hoch seyn muß, legt man die Hälfte davon 1¼ zu der vorigen Erddicke, um die gedachte kürzeste Widerstandslinie von 24 Fuß oder 4 Klafter zu bekommen. Die Kubikzahl hiervon mit 15 multipliziret giebt die gehörige Ladung von 960 Pfund für eine solche Mine, wozu bey vesterer Erde, und wegen der Gefahr, daß die Ladung feucht werden möge, 192 Pfund kommen.

Minenofen. Fr. Fourneaux. (Minirer) So wird die noch ungefüllte Minenkammer genennt.

Minentrichter, Fr. Excavation, Entonnoir, (Minirer) die Oeffnung, die bey einer gehörig geladenen Mine, wenn solche gesprenget wird, auf der Oberfläche durch den büschelförmigen Auswurf der Erdgarbe, Fr. gerbe de feu, entstehet. Die Gestalt dieses Trichters ist allemal kegelförmig, oder so, daß der Umfang desselben auf der Oberfläche weiter ist, als um die Kammer. Um sich von der Größe desselben eine Vorstellung zu machen, muß man den größten Durchmesser, oder den Durchmesser des Zirkels in der durchbrochenen Erdfläche, den kleinsten Durchmesser, oder denjenigen, der durch den Mittelpunkt der Kammer geht, und endlich die Linie kennen, welche die Mittelpunkte jener beyden Parallelzirkel miteinander verbindet, und folglich auf dem Zirkel der Grundfläche senkrecht stehet.

Minenzweige, Fr. Rameaux, (Minirer) die kleinen Gänge bey den Minen, welche ihren Ausgang von dem Hauptminengange haben.

Mineralien, s. Mineren.

Mineralisch, Fr. Mineral, (Bergwerk) alles was in der Erde erzeuget, aus derselben gegraben wird, und mit Erde, Salz, Steinen, Erzen, Halbmetallen und Metallen einige Verwandschaft hat.

Mineralische Farben, (Maler) alle diejenigen Farben, welche aus dem Mineralreich zur Malerey gebraucht, und aus den Mineralien oder Metallen zubereitet werden. Hierzu gehören die Smalte, Zinnober, Mennige, Bleyweiß, Ultramarin und viele andere mehr, wovon an ihrem Ort mehr zu sehen. Vorzüglich werden diese Farben in der Oel- und Emaillmalerey (s. diese) gebraucht, weil in dieser letztern keine andere Farben, als metallische, gebraucht werden können. (s. Emaillfarben)

Mineralische Wasser, Fr. Eaux Minerales, solche Wasser, welche mineralische Theile bey sich führen, so sie aus allerhand mineralischer und metallischer Erde gezogen haben, durch welche sie gelaufen sind. Ihre Eigenschaften sind: 1) findet man einen Theil ganz klar und hell, andere Theile weniger klar, 2) haben sie fast insgesammt einen Geruch, 3) haben sie, jenachdem sie von einem Minerale geschwängert sind, einen besondern Geschmack, den man gleich wahrnimmt, 4) sind sie auch meistentheils mit einiger andern Farbe, als der reinen Wasserfarbe, begabet, 5) werden sie selten, oder auch niemals, in Eis verwandelt. Die mineralischen Wasser sind entweder warm, oder kalt, und diese letzte Art ist ein Produkt für den Handel, indem sie weit und breit verschickt werden, weil sie zur Erhaltung der Gesundheit getrunken werden, worunter besonders die Sauerbrunnenwasser (s. diese) gehören.

Mineralisirt, Fr. Mineralisé, (Bergwerk) Körper, welche vom mineralischen Wesen, besonders Schwefel, Arsenik und Salzen durchdrungen sind. In diesem Stande befinden sich meistentheils die Metalle in Erzen, außer dem Golde, welches man allezeit körperlich finden will, wenn sie mit dem Schwefel und Arsenik dergestalt vereiniget sind, daß sie in Erzen nicht in ihrer natürlichen Gestalt erscheinen, als das Silber in rothgüldern, weißgüldern, Glaserz und Fahlerz. Auch Theile der Körper von Thieren und Pflanzen nennet man mineralisirt, wenn sie von mineralischen Salzen durchzogen sind.

Minerallage. (Bergwerk) Wenn viele Mineralien von einerley Art dergestalt zusammengehäuft sind, daß sie sich gar merklich von den über und unter ihnen liegenden Mineralien unterscheiden lassen. Die Minerallagen enthalten bald Erden und Steine, bald Salze, brennliche Mineralien, Erze, und andere Fossilien, die zum gemeinnützigen Gebrauch dienen. Die erstern, die aus Erde und Steinen bestehen, heißen taube Erd- und Steinlagen, die andern aber machen die Bergwerke aus.

Minerallagen, wechseln stets mit einander ab. (Bergwerk) Die Erd- und Steinlagen gehen nicht in einem fort, sondern sie wechseln schichtweise mit einander ab. Die oberste Lage bestehet fast durchgängig aus Gartenerde, auf diese aber folgt Sand, Gries, Leimen, Lehm, Kalkstein und andere Mineralien.

Minerallagen, wie sie liegen. (Bergwerk) Niemalen sind die Minerallagen in einem Lande, wie in dem andern gelagert, und nie enthalten sie einerley Minerale, auch selten liegen in den Gebirgen in einer Gegend allein die schwereren unten, die leichtern aber oben, man weiß aber, daß sie in einer gewissen Ordnung unter einander liegen, und so, wie sie an einem Ort mit einander abwechseln, so geschiehet es auch an dem andern Ort, in einem und eben demselben Gebirge. Doch ist ihre Mächtigkeit (s. diese) bald größer, bald kleiner. Wenn man daher die Ordnung weiß, in welcher die Minerallagen in einer Gegend unter einander liegen, und man kennt die, zwischen denen die Bergwerke liegen: so kann man auch leicht urtheilen, durch welche Lagen man noch hindurch arbeiten muß, ehe man an diese Bergwerke komt, ja man kann die Entfernung derselben wahrscheinlicher Weise in den Gedanken abmessen.

Mine-

Mineralogie, Fr. Mineralogie, eine Wissenschaft von der Natureigenschaft, den Wirkungen und dem Gebrauch der Wasser, Fossilien, Mineralien, Halbmetallen, Erden, Steinen und aller Körper, welche sich auf der Oberfläche der Erden, und in derselben befinden; daher

Mineralogist, der Mann, der diese Kenntnisse besitzt, und davon gute Wissenschaft hat.

Mineralreich, Fr. le regne mineral, der Inbegriff aller in der Erde und auf deren Oberfläche befindlichen, der Eigenschaft eines Minerals theilhaftig gemachten Körper.

Mineren, **Mineralien**, Fr. Minereaux, bedeutet im weiten Verstande alle in der Erde erzeugte und gefundene Körper, als: Metalle, Halbmetalle, edle und gemeine Steine, Harze, Salze, Säfte, Erden; im engern Verstande begreift man die Körper darunter, welche weder Metall, noch unfruchtbare Steine und Erden sind, jedoch etwas nutzbares in sich haben, als: Alaunschiefer, Schwefel- und Arsenikkies, Salze, Vitriole u. dgl.

Mine sprengen. (Minirer) Wenn die Zündwurst, und durch dieselbe das Pulver in der Minenkammer angezündet, und der Ort über sich in die Luft gesprengt wird. Dieses geschiehet entweder durch die Lunte, Leitfeuer, oder den Mönch. (s. alle diese) Wenn nach dem Anzünden des Pulvers die Mine also spielet oder springet, jener, so zeigen sich auf der Oberfläche entweder nur einige Ritzen, oder es entstehet eine Oeffnung. Im ersten Fall ist entweder die Mine zu schwach geladen, oder auch der Minenhals nicht vest genug verdämmt worden, so, daß die Pulverkraft dadurch entwischt ist, Fr. la mine souffle dans la Galerie; dahingegen ist sie im letztern Fall gehörig geladen worden, und werden die Trümmern der springenden Mine über 30 Klafter umher geworfen, so sagt man, die Mine sey überladen. Sowohl die überladenen, als die zu schwach geladenen Minen werden von den praktischen Minirern für fehlerhaft erklärt. Wie die Minen geladen werden müssen, (s. unter Minenladen)

Mingel, Fr. Mingle, ein holländisches Inhaltsmaaß zu flüßigen Dingen, mit welchem man sonderlich das Oel, die Weine, Brandweine rc. mißt. Es ist die Hälfte eines Stübchens oder Stoop, der sechste Theil eines Viertels, und der 16te Theil eines Stekans; indem ein Stübchen oder Stoop 2 Mingelen, 1 Viertel 6 Mingelen und 1 Stekan 16 Mingelen hat. Ein Mingel hat ferner 2 Pinten. Ein Ohm, nach welchem die Rhein- und Moslerweine verkauft werden, muß daselbst 128 Mingelen, und ein Anker von diesen Weinen 16 Mingelen halten. Ein Oxhoft, nach welchem die französischen Weine verkauft werden, muß 180 Mingelen, und ein Bote, oder Pipe, wornach die spanischen oder portugiesischen Weine verkauft werden, 340 Mingelen; eine Tonne, wornach man das Bier verkauft, 128 Mingelen; eine Pipe Oel 717 Mingelen, und ein Faß Thran 192 Mingelen halten.

Mingel, ein Maaß bey den Thranbrennern deren 16 eine Stechkanne, 12 Stechkannen aber ein Quarteel ausmachen, welches das Faß ist, worein der Thran gethan wird.

Miniatur, **Miniaturmalerey**, Fr. Miniature, mignature, lepeurgie, (Miniaturmaler) eine Art Wassermalerey mit Gummifarben, die mit der blossen Pinselspitze aufgetragen werden, welches eigentlich Punktiren (Fr. pointiller) heißt. Sie unterscheidet sich von den andern Arten der Malerey hierinn, daß alles nur ins kleine, und viel feiner gemalt wird, daß diese Malerey in der Nähe gesehen werden muß, und mehrentheils auf Pergament oder Elfenbein, geschiehet. Daher auch einige kein Weiß gebrauchen, sondern den Grund des Pergaments oder Elfenbeins, zu den höchsten Lichtern aussparen. Es erfordert diese Art von Malerey die meiste Zeit, viel Geschick und Fleiß.

Miniaturfarben, (Miniaturmaler) es können zu diesen Farben nur die gebraucht werden, welche am wenigsten Körper haben, als der Ultramarin, Karmin, Gummigut, andere Lacke und Saftfarben aus dem Pflanzenreich. Sie werden alle fein mit Wasser abgerieben, mit einem dünnen Gummiwasser angemacht, und in kleinen Muscheln aufbewahret, worinn sie eintrocknen können, und bey dem Gebrauch mit einem sehr dünnen Gummiwasser mit dem Haarpinsel wieder aufgelöset.

Miniaturgemälde, ein Gemälde im Kleinen, welches mit der größten Genauigkeit im Kleinen gemalt worden.

Miniaturmaler, ein Maler, der nur im Kleinen malet, und hauptsächlich kleine Abbildungen menschlicher Gesichter verfertiget. Er muß in seiner Kunst sehr geschickt seyn, wenn er ein rechter Miniaturmaler seyn will, ein sehr gutes Auge und eine fertige Hand haben, die Punkte in dieser Malerey aufzutragen, weil besonders die Gesichter nur aus blossen Punkten, die er mit der Pinselspitze aufträgt, bestehen.

Miniaturmalerey, s. Miniatur.

Minima, (Musikler) in der alten Singekunst eine Note, die einen halben Takt hielt, die Viertheils- oder schwarze Note wurde Semiminima genannt.

Minimenfarbe, (Färber) eine ins blaue schimmernde röthliche Farbe: sie entstehet aus der Blauküpe und der rothen Farbe, aus Röthe oder Krapp, aber besser aus Kermes. Auch nimmt man wol zu der rothen Farbe Cochenille.

Minirkunst, **Minirbaukunst**, Fr. sciences des mines, die Wissenschaft, die die Kunst, Minen anzulegen, nach Gründen lehret. Da sie hauptsächlich im Vestungskriege vorkommt, so ist sie ein Theil der Kriegesbaukunst, und dieser untergeordnet.

Minstenbraun, s. folgendes.

Minstengrau, **Minstenbraun**, Fr. minime, (Färber) eine sehr dunkelgraue, und in das Schwarze oder Dunkelbraune fallende Farbe, welche ihren Namen von den Ordensleuten des heiligen Franziskus von Paula, oder den sogenannten Minstenbrüdern, bekommen hat, die sich dieser Farbe in ihren Ordenskleidern bedienen. Sie ist eine Schattirung der schwarzen Farbe von der grauen Gattung. (s. Grau)

Minot, ein französisches Inhaltsmaaß zu trocknen Sachen, das aber nach Verschiedenheit der Sachen, die damit gemessen werden, ebenfalls verschieden ist. Vermöge eines Reglements vom 1670, im Paris, soll ein jedes Minot 11 Zoll 9 Linien im Durchschnitt haben. Mit diesem Minot werden allerhand Getreidearten gemessen. Es hält 3 Boisseaux, und 4 Minots gehören zu einem Septier, 48 aber zu einem Muid, indem 1 Muid 12 Septiers hat. Das Minot, mit welchem Hafer gemessen wird, ist noch einmal so groß, als zu anderm Getreide.

Minot, (Schiffsbau) ein langes starkes Stück Holz an dem Schiffen, welches am Ende mit einer Klammer versehen ist, dessen sich die Bootsleute bey dem Aufziehen des Ankers bedienen, damit sie solchen von dem Schiffe abhalten, und der Verkleidung desselben keinen Schaden thun. An den holländischen Schiffen ist solches nicht, weil deren Krahnbalken so lang sind, daß der Anker ihr Vorderschiff nicht berühren und beschädigen kann.

Minute, Fr. Minute, 1) (Maler) bedeutet die Theile, in welche die Verhältnisse des menschlichen Körpers eingetheilet werden. Den Kopf theilt man in vier Theile, deren jeder wiederum 12 Theile erhält, welche eigentlich Minuten genennt werden. (s. Verhältniß) 2) Der 60ste Theil einer Stunde, und eines geometrischen Grades.

Minutenrad, (Uhrmacher) dasjenige Rad in einer Stubenuhr, das mit dem Weiserwerk verbunden ist, indem der Wechsel der Uhr (s. diese) auf der Welle des Minutenrades steckt, und damit die Minuten auf der Uhr anzeiget. Es hat 64 bis 72 Zähne, ist ein Stirnrad, läuft mit dem Getriebe des Bodenrades senkrecht auf einem Wellbaum, drehet sich in einer Stunde ganz herum, und bewegt den Wechsel. In der Taschenuhr ist es das nämliche, nur daß es auf einer senkrechten Welle zwischen dem kleinen Bodenrade und dem Schneckenrade horizontal herumläuft, und 14 Zähne, mehr oder weniger hat.

Minutenring, (Uhrmacher) der Ring oder Kreis auf einem Zifferblatt einer Uhr, auf welchem die Minuten verzeichnet sind, zum Unterschiede von dem Stundenring. (s. diesen)

Minutenuhr, (Uhrmacher) eine Uhr, die mit einem besondern Weiser die Minuten einer Stunde zeiget, der alle Stunden um das Zifferblatt herumgehet. Dieser Weiser wird von einem besondern Rade, das Minutenrad heißt, (s. dieses) mit dem Wechsel (s. diesen) in Bewegung gesetzt.

Minutenweiserwerk. (Uhrmacher) Man läßt die Hauptradsachse an der vordern Platte einer Wanduhr einen Zoll vorgehen, auf selbigem machet man eine Hülse mit einem Rade von 30 Zähnen, auf welchem der Minutenweiser kömmt, welches darunter in eben dergleichen Rad von 30 Zähnen greift; auf das untere Rad von 30 Zähnen machet man ein Getrieb von 6 Stöcken, welches darüber in das Stundenweiserrad von 72 Zähnen greifet, das in 12 Stunden herum kömmt.

Minutenzeiger, (Uhrmacher) an einer Stubenuhr, oder andern großen Uhren, der eiserne oder stählerne Spieß, der beynahe so lang, als der Durchmesser der Uhrscheibe ist, und die Minuten auf dem Zifferblatt anzeiget. Er steckt außerhalb dem Zifferblatt, auf der Spitze des in dem Wechsel des Minutenzeigers eingeschobenen Rohrs über dem Stundenweiser, und drehet sich wie der Wechsel in einer Stunde mit dem Minutenrade (s. dieses) herum. Der Minutenweiser einer Taschenuhr hat den nämlichen Endzweck, der entweder von Gold, Silber, Meßing, oder Stahl sauber gearbeitet ist, und gewöhnlich von dem Graveur verfertiget wird.

Minutiers. Fr. (Kaufmannschaft) So heißen die Kaufleute, welche im Kleinen handeln, im Gegensatz der Grossirer.

Mink, ein langes, schlankes und im übrigen dem Marder, oder wilden Katzen ähnliches Thier in Nordkarolina, welches sein Lager meistens in Morasten an der Meerseite und dem Salzwasser hat. Seine Haut wird als Pelzwerk hoch geschätzt, doch muß es zu rechter Zeit geschossen seyn.

Mi-Ostade, oder Demi-Ostade, eine Gattung dünner ganz wollener Serge, welche nicht so stark ist, als die Ostade. (s. diese) Die Stücken halten gemeiniglich 18 bis 30 pariser Ellen. Sie wird häufig zu Amiens, desgleichen in Holland und England gemacht.

Miro, 1) ein Gewicht, dessen man sich in Venedig bedienet, die Oele zu wiegen. Es hält 30 Pfund, nach dem leichten Gewichte dieser Stadt, welches um 34 Procent leichter ist, als das marsilianische. 40 Miri machen einen Migliero. (s. dieses) 2) ein Maaß flüßiger Dinge, sonderlich der Oele das 25 Pfund wiegt.

Misc. (Apotheker) eine auf Rezepten befindliche Abkürzung, sie bedeutet Misce, d. i. mischen: man soll nämlich die Medizin gut vermischen. Oefters stehet der Buchstaben M allein, dabey noch f. p. oder m. f. p. stehet, welches, macht zum Pulver, bedeutet; oder m. f. empl. macht zum Pflaster.

Mischen, (Kartenmacher) die Zusammensetzung der verschiedenen Papierarten, woraus die Spielkarten bestehen. Da die Spielkarten aus verschiedenem Papier verfertiget werden, so müssen die Blätter desselben dergestalt untereinander gemischt werden, daß jede Art Papier sich an dem Ort finde, den sie in der fertigen Karte haben soll, damit der Leimer die Blätter, die er vereinigen soll, unter seiner Hand finde. In einer Spielkartenmanufaktur mischt man zweymal Leimblätter. Das erste nennt man das graue Papier- oder die Krimblätter mengen, und das zweyte die weißen mischen, oder die Arbeit. Nachdem man nun Karten von 3 oder 4 Blättern macht, nachdem mischt man auch verschiedentlich. Einige Kartenmacher leimen die drey Papiere, woraus die Karten bestehen sollen, mit einemmal, erstlich das Kartenpapier, zweytens das braune Papier, und drittens das Toppapier. Diese, wenn sie mischen wollen, legen ein Toppapier auf den Tisch, welches sie mit einem Blat braunen Papiers bedecken, und dieses wieder mit 2 Blättern Kartenpapier. Wenn sie nun dergestalt fortfahren, so nennen sie dieses einen Haufen von 1 Rieß zusammengesetzt. Auf diese Art befinden sich 1 Blätter Toppapier und 3 Blätter Kartenpapier

papier eins aufs andere gelegt; diese hier müssen nicht Leim bekommen. Da aber diese Art, nur einmal zu leimen, nicht gut ist, so mengen geschicktere Kartenmacher die Kartenpapiere von 3 Blättern also: Sie legen ein Blatt braunes Papier, und 2 Blätter Kartenpapier; alsdenn 2 Blätter braunes, und 2 Blätter Kartenpapier dergestalt, daß sich 2 Blätter Kartenpapier eins über dem andern befinden, welches, um sie nett zu halten, nöthig ist. Bey den kleinen und niedrigen Spielen, von 4 Blättern zusammengesetzt, ist nur zu beobachten, daß die zwey Blätter, welche das Innere der Karten machen, mit dem Rücken gegen einander kommen, nämlich nach dem gemeinen Gebrauch 2 Blätter braun Papier, oder da, wo man ein Blatt Toppapier unter das Kartenblatt mengt, um die Weiße zu erheben, so fügt man ein Blatt Toppapier, und ein Blatt Braunpapier an. Um dem Leimer das Leimen zu erleichtern, indem er 2 und 2 Blätter aufhebet, muß der Mischer Acht haben, daß die obersten Blätter, so er hinlegt, etwas einwärts gehen, z. B. einen Querfinger breit über die, welche er zuerst hinlegte. Wenn man in dem braunen Papier die starken Blätter von den dünnen gesondert hat, und wenn man sie zusammen in den Karten gebrauchen will, so muß der Haufe der dünnen zur Rechten, und der Haufe der starken zur Linken liegen. Man nimt ein Blatt von dem Haufen zur Rechten, legt es vor sich, nimt alsdenn 2 Blätter von dem Haufen zur Linken, legt sie über einander, und legt sie beyde auf das Blatt, das man zuerst auf den Tisch gelegt hat, so fährt man fort, und wiederholt es 10 Mal, so ist ein Haufen fertig. (s. Spielkarten und Leimen derselben)

Mischen, Fr. Meler, (Maler) die Farben mit einander brechen, oder durch einander mischen, um daraus Tinten zu machen. Z. B. das Blau, mit Gelb vermischt, giebt grün; rother Lack und Blau macht violet; Schwarz und Weiß macht grau rc. (s. an seinem Ort) Die Farben werden zu diesem Behuf auf der Palette mit dem Temperirmesser gemischt, um die Tinten, die man verlangt, zu erhalten; welches denn alles auf die Kenntniß des Malers ankömt, wie stark das Verhältniß einer jeden Farbe, woraus eine Tinte gemischt werden soll, seyn muß; auf der Leinwand wird sie mit dem Pinsel gemischt.

Mischio, ita. (Bergwerk) eine Art von Marmorstein, welcher bey Verona in Italien gefunden wird. Seinen Namen hat er vom Vermengen, weil er gleichsam aus unterschiedenen Steinen zusammengeleimet, oder gefroren ist, woraus hernach die Zeit und das Wasser ein Stück machen. Seine Farbe ist purpurfarbig mit weißen und gelblichen Adern. Die egyptischen, wie die, so aus der Insel Chio kommen, sollen noch schöner, als die italiänischen, am Glanze, und härter seyn.

Mischling, **Feldmierb**, **Wickengemeng**, **Wickfutter**, (Landbau) ein Mengsel von Wicken und Hafer, worunter zuweilen Erbsen und Gersten, oder beyde zugleich genommen werden. Man säet es im Junius oder Julius in gutes Brachfeld, dem Mangel am Grase, oder anderm Futter, dadurch abzuhelfen. Etliches wird nach und nach frisch abgeschnitten, und den Pferden und dem Melkvieh verfuttert, anderes läßt man stehen und reif werden, worauf es den Pferden zum Winterfutter dienet, da man es klein schneidet, und unter ihr anderes Futter menget.

Mischung. (Hutmacher) Es wird die verschiedene Zusammensetzung der Haare, die zu den Hüten gebraucht werden, genannt. Nachdem der Hut fein oder grob seyn soll, nachdem kömt zu jeder Mischung auch mehr oder weniger von dieser oder jener Gattung Haare, oder Wolle, wovon man bey einer jeden Art Hüte, z. B. (Kastorhut) nachsehen kann. Jede Art von Haaren muß aber erstlich vor der Vereinigung mit einander geschlagen und gekrempelt werden, und nachher wird die Mischung gemacht. Er legt nämlich alle Haare und Wolle zusammen, und schlägt sie aufs neue mit den Stöcken durch, damit sie sich recht innig vermengen, und man kein Theil vor dem andern unterscheiden kann. Bey diesem Schlagen werden die Haare stets mit den beyden Stöcken zusammengeklemmet, kleine Theile davon abgerupft, von der rechten Hand nach der linken gelegt, und wenn sie daselbst geschlagen werden, wieder von der linken zur rechten Hand abgerupft, und gleichfalls geschlagen. Diese Arbeit des Abrupfens und Zusammenklemmens, nennen sie Schneiden. (s. couper) Alle Haare vereinigen sich durch diese wiederholte Arbeit dergestalt, daß das Auge eins von dem andern nicht unterscheiden kann. Man nennt diese, sich unter einander verlieren.

Mischung, Fr. Mixtion, (Vergolder) eine Komposition, die anstatt des Oelgoldgrundes gebraucht wird, um darauf zu vergolden. Es ist eine flüßige Materie, die ein jeder nach seinem Gutdünken zubereitet, die aber, wenn sie recht gemacht ist, den Oelgoldgrund und die Beitze weit übertrifft, weil sie keine Erhabenheit zurück läßt, und macht, daß man die Stellen, wo die Goldblätter an einander stoßen, nirgends sehen kann. Es bestehet gemeiniglich aus einem fetten Firniß, wozu Bernstein und Judenpech genommen werden. Das vornehmste, was man bey einer guten Mischung beobachten muß, ist, daß sie gut ins Auge fällt, recht flüßig ist, nicht zu schnell trocknet, aber auch nicht zu langsam, und endlich, sich mit dem Pinsel bequem aufstreichen läßt.

Mischung der Farben, Fr. melange de couleurs, (Maler) die Zusammenmischung und Vereinigung mehrerer Farben, zur Verfertigung verschiedener Tinten. Denn die Malerey ist nichts anders, als eine wohlverstandene angenehme Farbenmischung und Farbenarbung, nach den Regeln der Zeichnung und des Helldunkeln.

Miskal, ein Gold und Silbergewicht in Kalikut.

Mispelbraun, (Färber) eine braune Farbe, die also zubereitet wird: Man nimt ½ Pfund Galläpfel, stößt sie recht fein, und läßt sie in genugsamen Wasser in einem Kessel bis zum Kochen heiß werden, denn thut man die Wolle oder den Zeug hinein, und läßt sie eine Stunde darinn kochen; alsdann spühlt und kühlt man die Waare aus. Hernach nimt man anderes Wasser in einem Kessel, worein man vorher abgekochte Brühe von Brasilienholz, und

etwas

etwas Krapp gethan hat, läßt es mit der Waare nach und nach heiß werden, bis es ins Kochen komt, und so läßt man es eine Viertelstunde kochen; auch wird die Waare öfte darinn umgekehrt, alsdenn abgekühlt und gespühlt.

Mispeln, (Forstwesen) ein festes und beinhartes Holz, wie der Weisdorn, hat auch dergleichen Rinde, aber ein Laub, wie der Birnbaum, nur schmaler und spitziger. Es wird von verschiedenen Holzarbeitern gebraucht.

Mispickel, **Mispilt**, weisser Kies, Giftkies, Wasserkies, Fr. Pyrite blanche, ou marcasite par excellence, (Bergwerk) ein Metall, das aus Arsenik, Eisen, und einer rohen unmetallischen Erde bestehet. Seine Farbe ist weiß, oder weißgelblich, und so bleibt es auch an der Luft, endlich beschlägt es grau und gelblich. Sein Gefüge sind grobe Blätter, die wie Zinn glänzen, und ein unregelmäßiges Korn zu erkennen geben. Seine Schwere ist oft noch größer, als die Schwere des derben Bleyglanzes. Durch das Rösten wird der Arsenik herausgezogen und hernachmals sublimirt. (s. Arsenik)

Mispilt, s. vorher.

Missal, (Buchdrucker) eine der stärksten Schriften oder Lettern, die in der Druckerey gebraucht werden. Sie hat vermuthlich den Namen daher, weil die Missale und Chorbücher damit gedruckt worden.

Mistbahre, **Misttrage**, (Landwirthschaft) ein aus zwey langen Armen und etlichen breiten Quersprossen von Holz verfertigtes leichtes Gerüst, auf welchem zwey Personen den Mist aus den Ställen auf die Mistställe tragen.

Mistbeete, **Mistbett**, (Gärtner) bey einem Garten eine länglicht viereckigte mit Holz oder Steinen ausgefütterte, und mit Pferdemist und guter Erde angefüllte Grube über der Erde, worinn allerley zarte Pflanzen, Blumen und ausländische Gewächse im Frühling zeitig aufgebracht werden. Daher sie meistens Frühbeete sind. Sie werden auf unterschiedene Art und Weise gemacht. Als:

Mistbeete, eingesenkte oder verschlossene, so auch Treibkasten genannt werden. Diese werden auf unterschiedene Art gemacht. Man gräbt nämlich im Garten, an einem solchen Ort, wo der Nord- und Ostwind durch eine Mauer oder Wand zurück gehalten wird, und der die völlige Mittagssonne hat, einen Graben, etwa, nachdem der Ort hoch oder niedrig ist, 4 oder 5 Schuh tief, die Breite aber muß 5 Fuß seyn, die Länge weiset der Ort selbst, und kann so lang seyn, als es gefällig ist. Will man drey oder vier dergleichen Mistbeete in einer Reihe haben, so muß ein Gang zwey guter Schuhe breit dazwischen gelassen werden. Hierauf nimt man eichene oder in Ermangelung derselben kieferne Bohlen, nagelt sie an die in den Ecken, und in der Mitte eingeschlagenen Pfosten von Grund auf an, bis etwa zwey oder drey Fuß über der Erde, doch daß es gegen Mittag um einen halben Fuß niedriger, als gegen die Nordseite, gelassen werde, damit es schräge seye, und gegen den Mittag den Sonnenschein desto besser haben könne. Man pflegt es auch mit Mauerwerk auszufüttern. Einige wollen aber solche verwerfen, weil der in den Mauern eingeschlossene Mist zu bald erkaltet. Hierauf wird die also ausgefutterte Grube, um die Helfte des Februarii, nachdem der Winter kalt oder gelinde ist, mit frischem, trockenem, reinem Pferdemist, welcher noch alle Kräfte in sich hat, angefüllet, so, daß, so oft eine Lage oder Schichte Mist mit der Mistgabel ordentlich hinein geschichtet worden, dieselbe allemal dichte auf einander, und an allen Orten gleich getreten werde. Nach der zweyten Lage giest man einige Eimer Wasser darüber, und so fähret man fort, die Grube zu füllen, so, daß sie oben noch eine halbe Elle hoch ledig bleibe. Alsdenn überlegt man die oberste Lage drey Finger hoch mit altem, kurzem Kuhmist, giest wieder Wasser darüber, deckt das Mistbeet, mit dazu gemachten Strohdecken, zu, und läßt es etliche Tage stehen, damit der Mist sich recht erhitze. Mittlerweile mengt man verfaulten Mist, Holz- und Sägespänerde untereinander, siebt solche rein durch, und schüttet sodann solche durchgesiebte Erde zwey guter Hände hoch darüber, macht alles gleich, und besäet es nach zwey Tagen mit allerley frühzeitigen Salat- Radis- und andern Saamen.

Mistbeete, freye, (Gärtner) blos auf der Erde gemachte Beete, ohne daß Löcher dazu ausgegraben werden, welche Art aber gemeiniglich nur zu Melonen gebraucht wird. Ueber diese Mistbeete werden bey Nachtzeit und ungestümer Witterung Strohdecken gebreitet, bey hellem Sonnenschein aber Glasfenster gelegt. Man pflegt auch wol die Glasfenster beständig liegen zu lassen, und solche des Nachts, oder bey stürmischem Wetter, mit besonders dazu verfertigten Laden zuzudecken.

Mistbeete, halbfreye, wo der Mist frey liegt, und nur die über zu schüttende Erde mit einem Kasten eingefaßt wird. Man erspart dabey die Kosten des untern Kastens, kann besser zum Mist kommen, und solche Beete leichter umwärmen, der Mist behält auch länger die Wärme, wenn er frey liegt. Wenn es ja nöthig ist, so kann man einen Verschlag von bloßen Brettern darum machen. Sie haben den Vortheil, daß man sie im Winter genau auseinander nehmen kann.

Mistbeete, kalte oder blinde, diese macht man um die im freyen Erde stehende Gewächse, damit man sie einige Wochen früher haben kann. Man gräbt um ein Beet Spargel, Cardi, und dergleichen Pflanzen die Gänge 2 Fuß tief aus, und füllt die Gräben mit Pferdemist, welcher fest getreten wird, so aus, daß der Mist einen halben Schuh aus der Erde hervorstehet. Der Mist wird einen halben Fuß hoch mit der ausgegrabenen Erde bedeckt. Auf die Art wärmt der Mist nicht nur von der Seite, sondern der hohe Gang schützt die Rabatte auch mehr gegen den Wind. So läßt sich der Spargel schön treiben.

Mistbeete, verlohrne, welche mitten im Winter, und gleichsam auf Gewinn und Verlust angelegt werden, und gemeiniglich in unsern schon kältern Gegenden, wenn die Witterung nicht außerordentlich wetterhaft ist, verlohren gehen.

Mistbreiten, (Ackerbau) den in Haufen zeilenweis auf die Ackerbeete geführten und geschlagenen Mist mit der Mist-

Mistgabel, zerstreuen, und von einander werfen. Diese Feldarbeit muß kurz vor dem Pflügen geschehen, denn die Luft ziehet sonst den Mist zu sehr aus, daß fast nichts daran, als das Stroh, bleibt. In dem einzigen Fall ist es gut, wenn ein gelinder Regen auf das Breiten folgt, alsdenn können sich die fettigen, flüchtigen Theile hineinziehen. Es taugt auch nicht, im Herbst den Mist über die junge Saat zu streuen, der Frost ziehet im Winter die beste Kräfte aus, das Stroh bleibt ohne sonderliche Kraft liegen, und Arbeit und Dünger ist verlohren. An einigen Orten, sonderlich auf grosen Vorwerken, wird der Mist in grosen Haufen aufs Feld geschlagen, damit er den Winter durch verfaule, auch die Kräfte nicht ausdünsten: wenn denn bequeme Witterung anfängt, so wird er fuderweiß auf das Feld vertheilet, abgehackt, und kurz vor dem Pflügen gebreitet; auf welche Weise denn das rauhe Winterwetter dem Mist wenig schaden kann. Ein Wirth kann nicht genug Acht geben, daß der Mist fein gleichförmig, oder gleich dick gebreitet werde, denn wenn dieß nicht geschiehet, so entstehen nachher Magerflecke, wo nichts hinkommen, und die Lagerflecke, die zuviel erhalten. Wenn der Mist sehr lang ist, schiebt er sich vor dem Pflug, und manche Stellen bekommen zuviel.

Mistbrett, (Landwirthschaft) ein Zubehör des Mistwagens, und bestehet in einer einzelnen an der inwendigen Seite mit Brettern beschlagenen Wagenleiter, welche aber nicht soviel Schwingen, als eine ordentliche Wagenleiter, sondern deren nur ohngefähr viere hat. Es wird solche an der Hand- oder rechten Seite aufgelegt, damit der Mist nicht durchfalle. An der Sattel- oder linken Seite wird nur ein Brett aufgelegt, damit man mit dem Abladen und Abschlagen des Mistes besser zurecht komme.

Mistforke, s. folgendes.

Mistgabel, (Landwirthschaft) ein dreyzackigtes Werkzeug von Eisen, mit einem hölzernen Stiel, welches zum Ausmisten der Ställe, zum Auf- und Abladen des Mistes, und zur Vertheilung desselben auf dem Acker gebraucht wird. Sie gehöret zu den Meisterstücken des Huf- und Waffenschmids. An einem Stück Eisen wird vorne erst eine dreykantige Spitze geschmiedet, und das übrige zu einem Blech ausgestreckt, das um den eisernen Wälzzapfen (s. diesen) mit dem Hammer geschlagen und zusammengeschweißt wird. Dies letzte giebt das Loch oder Auge, worinn der Stiel der Gabel befestiget wird. Hierauf nimmt der Schmidt ein anderes abgeschrotenes Stück Eisen, und giebt ihm an jedem Ende eine dreykantige Spitze, so lang, wie die vorige, läßt aber zwischen beyden Spitzen ein flaches Stück Eisen stehen, das so lang ist, als die Entfernung der beyden äussersten dreykantigen Spitzen an einer Mistgabel beträgt. Er schlägt alsdenn beyde Zacken rechtwinklicht auf der Kante des Amboßes um, und schweißt das Eisen in der Mitte zwischen beyden Zacken über der ersten Spitze, und unter dem Auge oder dem Zapfenloch, an. Die Zacken werden endlich nach verhältniß etwas krumm gebogen. In das Auge werden einige Löcher eingehauen, und die Mistgabel durch selbige mit Nägeln an den Stiel befestiget.

Mistgauche, Mistpfuhl, Mistpfütze, (Landwirthschaft) die aus den Viehställen von dem Viehharn, oder auch von dem Mist abfliessende, und gemeiniglich auf der Miststätte, oder an einem andern bequemen Ort, zusammenlaufende Feuchtigkeit, welche zu verschiedenem Gebrauch in der Landwirthschaft angewendet werden kann, indem man solche zur Begiessung eines mit Gras bewachsenen Baumgartens, oder nahe gelegenen Wasenflecken gebrauchen kann. Man kann auch die Wiesen damit vortrefflich düngen, wenn man ein langes Faß, welches unten mit 6, 8, bis 10 kleinen Löchern versehen, die mit Zapfen verstopft sind, voll Mistgauche auf einem untern offenen Leiterwagen auf die Wiesen führet, alsdenn die Zapfen auszieht, und indem der Wagen auf der Wiese herumfähret, solche besprengt. Mistgauche kann auch, um Salpetererde daraus zu machen, gebraucht werden.

Mistgrube, (Landwirthschaft) ein tiefes in die Erde gegrabenes, und mit Steinen ausgesetztes Loch, worein man den Kehricht, allerley Unrath, und auch den Mist eine Zeitlang zu werfen pflegt, um daraus einen guten Dünger faulen zu lassen, wozu auch Laub, alt Stroh, Gassen- und Fahrstrassenkoth geworfen wird.

Misthaken, (Landwirthschaft) ein zum Ackerbau gehöriges Werkzeug von Eisen, mit zween ohngefähr 7 bis 8 Zoll langen unter sich gebogenen Zacken und einer Dülle, darinn ein starker hölzerner zwey Ellen langer Stiel steckt. Man bedienet sich dessen, den Mist von dem Mistwagen auf die Ackerbeete herab zu ziehen, oder die dichten Misthaufen, denen man mit der Mistgabel nicht viel abgewinnen kann, zu zerreissen, oder selbige aus den Ställen auf die Miststätte zu ziehen.

Misthaufen, (Landwirthschaft) der auf den Ackerbeeten auf dem Felde in kleine Haufen geschlagene Mist, welche einander gleich seyn, und in gleicher Entfernung von einander stehen müssen.

Misthof, s. Miststätte.

Mistichanza, Messanza, (Musiker) ein Quodlibet, wenn aus vielen Motetten und Madrigalen, weltlichen und possirlichen Liedern, eine halbe oder ganze Zeile Text herausgenommen, und aus solchen Fleckgen oder Stückgen, ein ganzes Lied gemacht wird.

Mistkarre, eine grosse Radeberge oder Karre, womit der kurze Mist aus den Ställen auf die Miststätte gekarret wird.

Mistkorb, ein länglicht runder, auf einer Schleife befestigter Korb, welcher die Stelle einer Mistkarre vertreten kann.

Mistpfuhl, s. Mistgauche.

Miststätte, Misthof, (Landwirthschaft) der Platz, worauf der aus den Ställen geschaffte Mist zusammen auf einen Haufen geworfen wird. Die Miststätte muß etwas tiefer, als der übrige Hofplatz seyn, und dieser von allen Orten den Hang dahin haben, damit, wenn es regnet, das Wasser sich nach dem Mist hinziehen, und nicht zum Hofe hinauslaufen, und wol gar die Kräfte des Mistes mit neh-

werd zeiget. Wo die Miststätte keinen bessern festigern Grund hat, muß der Boden derselben mit Steinen oder ausgeschlagenem Bauholz, beleat werden.

Misttrage, s. Mistbaber.

Mistwagen, (Landwirthschaft) ein gewöhnlicher Bauer- oder Kastwagen, der anstatt der Leitern Bretter hat, und worauf der Mist auf den Acker gefahren wird. (s. Wagen)

Misy, (Bergwerk) ein goldfarbiges Minerale von goldgelben Tüpflein, das über dem Chalcitl nichts anders als ein Grünspan aus dem Kupfer wächst, ja gleichsam die Blume des Chalciti ist. Man findet es auch bey einem jeden Vitriole, er mag natürlich oder bereitet seyn. Das cyprische Misy wird dem andern vorgezogen, ist dem Golde gleich, und glänzet wie die Sterne.

Mit Absatze mauren, Fr. Epaulée, (Maurer) eine Art Mauerwerk aufführen, da man nicht nach der Setzwage, noch in einem fortmauert, sondern durch Verzahnungen mit verschiedenen Absätzen, und zu verschiedener Zeit mauert.

Mitchal, s. Metkal.

Mitreeder, Fr. la Bourgeois, (Schiffahrt) ein bey der Handlung zur See gebräuchliches Wort; es bedeutet denjenigen, welchem ein Schiff, nebst noch mehreren Eigenthümern, gemeinschaftlich zugehöret, und der also nebst ihnen der Reeder (s. diesen) davon ist.

Mitrikal, s. Metrikal.

Mit Segeln zwingen, (Schiffahrt) heißt soviel, als alle Segel aufspannen, oder mit allen Segeln fahren.

Mittag machen, (Bergwerk) mit der Vormittagsarbeit aufhören. Es ist solches hauptsächlich bey denen Bergleuten gewöhnlich, welche früh anfahren, und 12 Stunden arbeiten, auch um Mittag zur Eßstunde ausfahren.

Mittagsgänge, stehende Gänge, (Bergwerk) unter dem Streichen der Gänge (s. dieses) der Gang, der zwischen der 12 und 3 Stunde streichet, (was das Streichen sey, s. unter Streichen) weil er gegen Mittag zu seinen Gang nimmt.

Mittagshöhe, (Schiffahrt) diejenige Höhe, die ein Stern hat, wenn er unter der Mittagslinie stehet. Sie wird gemessen durch den zwischen dem Stern und dem Horizont enthaltenen Bogen der Mittagslinie. Es wird dieselbe auch die größte Höhe des Sterns genannt, weil er, wenn er unter die Mittagslinie gekommen, desselbigen Tages nicht höher steigen kann. Diese Wissenschaft ist den Schiffahrenden so nützlich, als nöthig, um auf ihrer Fahrt, besonders nach einem gehabten Sturm, dadurch zu erforschen, wo sie sich befinden.

Mittagspol, auf einem Magnet zu finden. (Markscheider, Mechanikus) An einem Magnetsteine hat man besonders Acht zu geben, daß man denjenigen Punkt ordentlich treffe, welcher sich, wenn eine Nadel damit bestrichen wird, genau nach Norden wendet. Nach langer Erfahrung hat man gefunden, daß auf einem Magnet nicht mehr, als ein Attraktionspunkt sey, welcher die Kraft hat, eine damit ein wenig bestrichene eiserne Nadel allemal nach Norden zu kehren. Wenn man diesen Punkt nicht genau trifft, so ist die Justirung der Nadel auch nicht mehr. Deswegen muß man bey einem Magnet nach diesem Punkt genau suchen. Dieses geschiehet nun auf folgende Weise: Man nimt einen richtigen Kompaß, dessen Nadel gerade nach Norden weiset, gegen diese hält man denjenigen Magnet, an welchem man den Mitternachtspunkt suchet, so wird die Nadel im Kompaß gleich darauf weisen. Hat man denselben richtig gefunden, so bezeichnet man sich den Ort, läßt solchen Stein in ein ordentliches Viereck schleifen und poliren, nur aber daß dieser gefundene Nordpol eine Seite dieses Vierecks ausmache, welche denn hernachmals jederzeit die nördliche Seite bleibt, die an dem Magnet zu finden ist. Wenn es sich trifft, daß der Punkt der Bezeichnung des Nordpols durchs Schleifen und Poliren verlohren gegangen wäre, man aber die Seite desselben noch gewiß wüßte, so darf man nur, um ihn wieder zu finden, ein klein Körnchen Magnet, wie ein Stecknadelkopf groß, gegen die geschliffene und nördliche Seite des Magnets hinlegen, und denselben ganz langsam nach dem Körnchen hinbringen, so wird dasselbe sich gleich zu ihm wenden, und an solchen anhängen. Bleibt es vest am Steine hangen, und läßt es sich nicht leicht davon abbringen, so hat man die nördliche Seite des Magnets richtig und genau getroffen. Sollte aber dieses Körnchen, durch ein wenig Rütteln wieder abfallen, und nicht recht vest hängen bleiben, so ists ein Zeichen, daß es nicht der rechte Ort des Mitternachtspunkts gewesen sey. Man muß also weiter fortsuchen, bis man den Punkt findet, wo das kleine Körnchen Magnet an dem geschliffenen Steine vest hangen bleibt. Auch findet man den Nordpolpunkt, wenn man einen guten rothbraunen Magnet, anstatt viereckigt, rund schleifen und poliren läßt. Gegen diesen hält man eben ein klein Stückchen Magnet, hält die Kugel so lange darüber, bis das Körnchen den Punkt gefunden hat, und an ihn anspringt. Man muß den Punkt sich mit einem Strich mit der Feile merken.

Mittagsschichte, (Bergwerk) diejenige Schicht, (s. Schicht) so zu Mittag um 12 Uhr anfährt, und bis Abends um 8 Uhr dauert. Daher diejenigen Bergleute die Mittagsschichter genannt werden, die diese Schicht verrichten.

Mittagsuhr, eine Sonnenuhr, die auf der Mittagsseite des Hauptverticalzirkels, oder auf einer Fläche, die gegen Mittag gerichtet ist, beschrieben worden. Diese Uhr kann von 6 Uhr an, Vormittags, bis 6 Uhr, Nachmittags, die Stunden zeigen, jedoch auch nicht allemal. Wie solche Uhr zu verfertigen, s. unter Sonnenuhr.

Mittel, taube, (Bergwerk) Flötze, (s. diese) die sich bey ihrer Bearbeitung in fremdartige, unmächtige, und unhaltige Mineralien verwandeln, oder, daß sich, wie man sagt, taube Bergarten und taube Schiefern anlegen. Kommen dergleichen nicht oft vor, so schaden sie der Bauwürdigkeit des Feldes nicht.

Mittelband, Mittelgürtel, Fr. Ceinture, (Artillerie) an einer Kanone der Theil des Mundstücks, der zwischen der hintern Verstärkung und den hintern Friesen sich befindet.

Mittelband, (Landwirthschaft) ein starkes Stück Leder, wodurch die Ruthen- und Flegelkappe an einem Dreschflegel gleichsam als durch ein Gewinde zusammengefügt sind, damit der Flegelklöppel bey Schwingung der Ruthe auf eine Seite falle, wohin man will.

Mittelblau, (Färber) eine weniger dunkle blaue Farbe, die das Mittel vom rechten Dunkel und rechten Blau hat, und in einer mehr oder weniger starken Blauküpe gefärbet wird, wobey es auf des Färbers Geschicklichkeit und Erfahrung ankommt, die verlangte Schattirung hervor zu bringen.

Mittelbohrer, (Bergwerk) der zweyte Bohrer bey dem Satz- oder zweymäuligen Bohrer, womit in ein[en Ge]stein, nach dem Anfangsbohrer, gebohret, und Löcher [zum] Schießen gemacht werden. Er ist 1 Fuß lang, entweder als ein Kolben- oder Meißelbohrer gestalt, und wird, so wie die andern Bohrer, mit dem Fäustel geschlagen, oder hineingetrieben, nachdem man zuvor allemal den Bohrer [illegible] herausgedrehet hat. Den Namen Mittelbohrer hat er davon, daß er unter den drey Bohrern, die zusammen ein Satzbohrer heißen, das mittelste ist.

Mittelbruch eines Schlosses, (Schlosser) das Eisenblech in der Einrichtung eines Schlosses, das auf zwey kleinen Säulen ruhet, mit dem Boden des Schlosses parallel läuft, und sich kurz unter den Angriffen des Riegels endiget. Es deckt die Besatzung (s. diese) in der Einrichtung, (s. diese) und hat ein Loch, welches mit dem Schlüsselloch im Boden parallel ist, und wodurch der Schlüssel in die Einrichtung gesteckt wird. Es wird von Eisenblech ausgehauen, und auf die beyden Säulen aufgenietet.

Mittelbändchen, (Messerschmid) der mittlere Ring, der zuweilen auf feine Messerschalen aus zwey Hälften in der Mitte aufgelöthet wird.

Mittel, das einem Stücke suchen, (Artillerie) das Geschütz dergestalt richten, daß die Mittellinie des Laufes mit dem Mittelpunkte des Zieles recht gerade linie stehe. Es wird demnach dieses, nebst der Vergleichung eines Stücks, hauptsächlich zu einem gewissen und richtigen Schuß erfordert. Hierzu bedient man sich eines Quadranten, den man vorne und hinten auf die höchsten Friesen setzet, und also das Mittel des Stücks suchet.

Mitteldeich, (Wasserbau) in den Marschländern diejenigen Deiche, welche zwischen den Sey- und Hafdeichen in der Mitte liegen.

Mittel des Angriffs, Fr. centre d'attaque, (Kriegsbaukunst) die verlängerte Kapitallinie auf das Ravelin.

Mittelerz, Fr. mine mediocre. (Hüttenwerk) So wird auf einigen Hütten die Sorte des zu verschmelzenden Erzes genennt, welches schlechter ist, als das Stuferz, und besser, als das gemeine.

Mittelfriess, (Artillerie) ein Fries, d. i. Verstäbung an den Kanonen, welcher sich in der Mitte zwischen dem Mündungsfriess und dem Bodenfriess befindet.

Mittelfurche, (Landbau) eine Furche oder Rinne in einem Ackerstück, zum Unterschiede von den Wechselfurchen.

Mittelgalopp, (Reitkunst) ein aus dem Trabe und Galopp zusammengesetzter Gang des Pferdes, wobey das Pferd mit den Vorderfüßen trabt, und mit den Hinterfüßen galoppirt.

Mittelgebirge, Fr. les montagnes moyennes, (Bergwerk) der Theil des Gebirges zwischen dem Vorgebirge und dem hohen Gebirge.

Mittelgeige, ital. Violoncello, (Musiker) eine Geige, welche zwischen der gewöhnlichen Geige oder Violine, und der tiefen Geige oder Violon, in der Mitten stehe.

Mittelgeschirr, (Riemer, Sattler) das Geschirr eines Pferdezuges von 6 Pferden, welches das mittelste Paar Pferde erhält, wovon es auch den Namen hat. Es gehet nur in folgenden Stücken vom Hintergeschirre (s. dieses) ab. Der Umgang und der Aufhalter fehlen, aber dagegen sind an dem Brustblatt dieses Geschirres zwey Strangschleifen von Leder, wodurch die Stränge des Vordergeschirres gehen, und in einem Strangbalken, (s. diesen) eingehangen werden. Daher ist an jedem Brustriemen ein starker Strangbalken. Uebrigens hat dieses Geschirr mit dem Hintergeschirr einerley Größe.

Mittelgroschen, s. Mittelmünze.

Mittelgurt, (Sattler) eine Art Sattelgurt, welcher in der Mitte des Sattels angebracht wird; zum Unterschiede des Ober- und Kreuzgurts.

Mittelgürtel, s. Mittelband.

Mittelhaare, (Perukenmacher) der platte und eingedruckte Theil des Hinterkopfs bey einer Peruke, die Haare sind kürzer, als die Haare der Decke, (s. diese) und werden von diesen bedeckt.

Mittel halb geschlagen, (Goldschläger) Goldblätter, die etwas weniger, als die hoch halb geschlagenen Goldblätter (s. diese) mit Kupfer versetzt, und daher nicht so hoch an Farbe, als diese sind. Es sind gewöhnlich 12 Blätter, die 1½ Zoll ins Gevierte groß sind, in einem Buch, und kosten etwa 9 Gr. Die Schwertfeger brauchen diese Blätter zum Vergolden.

Mittelharrwerk, **Mittelharrwerkstein**, Fr. oeuvre moyen et dure, (Hüttenwerk) auf Kupferhütten der Stein, welcher aus abgeröstetem Stein, mit Roh- oder Haldenschlacken geschmelzt erhalten worden.

Mittelhengst, (Blechhammer) eine Gattung Bleche, die zur 3ten oder 4ten Sorte der Bleche gehören, und am Boden des Fasses, worein sie gepackt, mit F G. und I H G. bezeichnet sind. Sie gehören zu den schwarzen Doppelblechen von mittlerer Dicke. (s. Bleche und schwarze Bleche)

Mittelholz, (Forstwesen) dasjenige Holz im Walde, das in seinem Mittelwuchs ist. Weil das Holz zu solcher Zeit mehr Saft an sich ziehen kann, als wenn es noch klein ist, und daher wegen der vollkommenen Wurzeln am Stamme und Aesten in die Länge, Höhe, Dicke und Breite in einem Jahr mehr, als sonst in 4, 6, bis 10 Jahren wächst, so soll es so lange, bis es vollwüchsig ist, billig geschonet, und nicht gehauen werden.

Mittelhorn, (Jäger) ein Jagdhorn von mittlerer Größe, welches zwischen dem Rüdenhorn und dem Hifthorne in der Mitten stehet.

Mitteljagd, (Jäger) da, wo die Jagd in Hohe- Mittel- und Niederjagd getheilet wird, gehören zu der Mitteljagd, die Sauen und das Rehwildpret, wie auch Birk- und Haselhühner.

Mittelleinwand, s. Wergleinwand.

Mittelmäßige Fenster, Kreuzfenster, Fr. Croisées, (Baukunst) die zweyte Gattung von Fenstern, in Ansehung ihrer Größe, die bis 8 Fuß hoch sind. Den zweyten Namen haben sie von den Franzosen deswegen erhalten, weil man vor diesem solche Fenster pflegte mit [illegible] nernen Kreuzen zu zertheilen, wodurch denselben viel Licht entzogen werden. Man that solches auch sonst an den Kirchenfenstern, statt dessen man aber jetzt eiserne Stäbe in die Fenster stellet. Das Verhältniß dieser Fenster richtet sich nach ihrer Lage, nachdem sie im ersten, zweyten, oder dritten Geschoß, u. s. w. stehen, auch nach der Höhe der Geschosse, welche sehr veränderlich ist, nach der verschiedenen Größe der Häuser. Diese Fenster in Privathäusern, und alle, so zu gewöhnlichem Gebrauch bestimmt sind, bekommen 4 bis 5 Schuh Breite, nach welcher sich auch die Höhe richtet, nachdem sich die Höhe des Gemachs verhält, weil der Sturz so weit von der Decke seyn muß, daß man dazwischen räumlich einen Kranz machen kann. Solche Fenster sind fast allezeit gerade oder gleichseitig.

Mittelmehl, Aftermehl, Pollmehl, (Bäcker, Müller) Mehl, welches aus der Spitzkleye, und von dem zum dritten Mal durch die Mühle gegangenen Griese erhalten wird. Es hält das Mittel zwischen dem gröbern Schrott- und feinern Griesmehl.

Mittelmünze. Mittelgroschen, bestehet in hällischen Salzwerksachen darinn, daß 3 Mittelpfennige einen Mittelgroschen thun, 60 Mittelgroschen 1 Mittelschock, 1 Mittelschock 17 Silbergroschen, 1 Pfennig 2 und 1 Viertel Mittelheller 1½ Mittelpfennige, 4 Pfennige Silbermünze 10½ Mittelpfennige, 12 Pfennige, oder 1 Silbergroschen, 3½ Mittelgroschen 1 Silbergroschen machen.

Mittelpunkt, Fr. Centre, (Kriegsbaukunst) der Punkt, aus welchem die Zirkellinie bey einer regulairen Vestung gezogen wird.

Mittelpunkt der Schwere, (Schiffbau) auf die Stellung desselben in einem Schiff kommt alles in seiner Fahrt und Posteur im Wasser an. Ist er zu hoch, so kann das Schiff leicht stürzen. Es kommen darüber in der Schiffsbaukunst drey Aufgaben vor. Die erste: in jedem Schiff den Mittelpunkt der Schwere zu finden; ferner: zu bestimmen, wo er in dem Schiff seyn müsse, wenn es gut segeln und steuern soll, und letztlich: die Mittel ausfündig zu machen, wie man dem fehlerhaften Fahrzeuge durch Veränderung zu Hülfe kommen kann. Die Schiffbauer bedienen sich zu dieser wichtigen Auflösung eines kleinen Modells, nach einem sehr verkleinerten Maaßstabe, welches nach Art und Abmessung in allen Theilen verhältnißmäßig mit dem großen gebauet wird, und suchen den Schwerpunkt durch mechanische Handgriffe zu erfinden. Jedoch bekennen sie selbst, daß diese Methode oft nicht zureiche. (s. unter dem Artikel Modell) Bouguer zeiget, um dadurch arithmetische Berechnung, als dem sichersten, aber auch nicht bekannten, und folglich für unbequem gehaltenen Wege fort zu kommen, Mittel, indem er lehret, das Innere eines Schiffs für [illegible] hohlen Körper anzunehmen, ihn so nach der kubischen Regel zu berechnen, hierauf die Schwere des Eisens rc. zum zweyten Satze zu machen, und hieraus den Mittelpunkt zu finden. Die Operation selbst, da [illegible] viele Vorkenntnissen aus der höhern Meßkunst voraus[illegible], ist für die Gränzen dieses Werks zu weitläuftig.

[illegible]Mittelrad, (Uhrmacher) ein Rad von 60 Zähnen, [illegible]elches das Steigerad in Bewegung setzet.

Mittelrast, Mittelruhe, (Büchsenmacher) der mittelste gerundete Absatz mit seinem Einschnitt an der Nuß eines Flintenschlosses, welcher den Hahn in der Ruhe erhält. Denn die Stange des Schlosses greift in den Einschnitt der Mittelrast, wenn die Nuß vermittelst des Hahns gedrehet, und dieser in Ruhe gebracht werden soll. Die Mittelrast wird mit der Kante einer Feile eingeschnitten, so schon die bestimmte Größe hat, die der Einschnitt erhalten soll. Sie wird schief und ziemlich scharf eingeschnitten, weil sie, wie gedacht, den Hahn in Ruhe halten muß. Denn der Hahn steckt auf dem Zapfen der Nuß, (s. diese) woran die Rast angebracht ist.

Mittelreif, (Artillerie) an einer Kanone ein Stab mit zwey Plättchen, womit das Stück bey dem Zündloche verziert wird.

Mittelriegel, (Artillerie) der hölzerne Riegel, der in der Mitte die Laffetenwände zusammen verbindet. Es ist ein starkes Zimmerstück.

Mittelriegel, s. Riegel.

Mittelring, (Huf- und Waffenschmid) der Ring auf der Nabe eines Rades neben dem Bock. (s. diesen)

Mittelröhrchen, (Gewehrfabrik) das mittelste messingene hohle Röhrchen, welches an dem Schaft eines Gewehrs in der Mitte der Ladestockrinne, vermittelst zweyer Stifte durch seine beyde Zapfen befestiget, und wodurch der Ladestock in der Rinne gehalten wird, und durch dasselbe nach dem Spitzröhrchen gehet.

Mittelrücken, (Landwirthschaft) der mittlere erhabene Theil eines Ackerbeets, welchen man deswegen mit dem Pflug etwas in die Höhe treibt, damit das Wasser von beyden Seiten ab, und in die Furchen fließe.

Mittelsalz, Salz, das aus der Verbindung des sauren und laugenartigen Salzes entstehet; und wohin das gemeine Kochsalz, Steinsalz, Kreidensalz, Bittersalz, und der Salmiak gehöret.

Mittelsammet, s. Brabebaster.

Mittelschlamm, Fr. limon de mine moyenne, (Hüttenwerk) die Sorte des gepochten, und über den Heerd gewaschenen Erzes, welche sich im ersten Graben unter dem Gefälle setzt.

Mittel-

Mittelschlämmherd, von welchem der Mittelschlamm erhalten wird, und welcher eine Neigung von 10 Graden hat. (s. Puchwerk und Schlämmherd)

Mittelschlich, (Hüttenwerk) Schlich von mittler Gattung. (s. Schlich)

Mittelschroot, (Jäger) Schroot von mittelmäßiger Größe, dergleichen das Hasen- und Hühnerschroot ist.

Mittelstein, (Hüttenwerk) der rohe noch einmal durchgestochene und geschmelzte Stein, der bey Schmelzung der Kupfererze erhalten und nachmals im Rosthause fünfmal wiederum zugebrannt wird.

Mittelstempel, (Buchbinder) diejenigen Stempel (s. Stempel) von Messing in einem hölzernen Heft, mit welchen auf den Rücken der Bände zwischen den Ecken in der Mitte die Zierrathen von Golde gestempelt werden, (s. Stempeln) wovon erste Stempel auch den Namen führen, im Gegensatz der Eckstempel.

Mittelstempel, (Hüttenwerk) der mittelste Stempel unter den drey Puchstempeln im Puchtroge in einem Puchwerk. (s. Puchstempel)

Mittelstolln, (Bergwerk) ein Stolln (s. diesen) in einem Grubenbau, der 30, 40 bis 50 Lachter Teufe (Tiefe) hat. Im Gegensatz der Tage- und Tiefestolln, (s. beyde) wovon der erste nur die obere Erd- und Steinlagen eines Bergwerks hindurch gehet, der zweyte eine Tiefe von 50 bis 100 auch mehr Lachtern macht.

Mittelstreifen, (Baukunst) eine Abtheilung unter den Streifen, (s. diese) des Architravs.

Mittelstück, (Eisenhütten) das mittelste Stück Eisen, so aus der einen Hälfte des Dachels (s. diesen) auf dem Zerrenhammer geschrotet wird.

Mittelstücke, (Bergwerk) die mittelste Stangen oder Stücke, eines Bergbohrers, mit welchem man 100 und mehr Lachter tief in die Berge bohret, durch diese Mittelstücke wird der Bergbohrer so lang, als man will, verlängert, indem man viele dergleichen Stücke zusammen schraubet. Deswegen denn auch ein jedes Mittelstück, das von ½ bis zu einem ganzen Lachter lang, und ¾ Zoll dick ist, an einem Ende eine Schraube, und an dem andern eine Mutter hat, daß die Stücken zusammen geschraubet werden können. (s. Bergbohrer)

Mittelstück eines Bodens, (Böttcher) in einem Faß oder Bottig das Stück in der Mitte des Bodens, weil ein jeder Boden eines Gefäßes aus mehreren Stücken zusammengesetzt wird. Oefters hat ein Boden auch 2 Mittelstücke, wenn der ganze Boden aus 4 Stücken bestehet, und alsdenn sind an beyden Seiten derselben noch ein Schwanstück angesetzt. Bestehet der Boden aber aus ungleichen Stücken, z. B. aus 5 Stücken, so ist nur ein Mittelstück vorhanden. (s. Boden eines Fasses)

Mitteltrinken, s. Halbschauern.

Mitteltreffen, (Kriegswissenschaft) bey einem in Schlachtordnung gestellten Kriegsheere der mittelste Theil des Hauptheeres, welcher sich zwischen den beyden Flügeln in der Mitte befindet, und gemeiniglich das Zentrum genennet wird. Ingleichen der zwischen dem Hinter- und Vordertreffen befindliche Theil eines Heeres, welcher gleichfalls den vornehmsten Theil desselben ausmacht.

Mitteltuch, (Tuchmanufaktur) ein Tuch, das 2 Ellen breit, fertig ist. Es wird aus guter Mittelwolle verfertiget, und 42 Ellen lang geschoren, wenn das Stück 24 Ellen lang fertig seyn soll. Erhält zur Kette 1632 Fäden, und werden dazu erfordert 18 Pfund Wolle zur Kette, und 22 Pfund zum Einschlag. Es wird mit einem Schlag, d. i. es wird einmal mit der Lade der Einschlag angeschlagen, doch dichte gewebet, damit zwischen demselben und einem schlechtern Tuch ein Unterschied sey.

Mitteltücher, (Jäger) eine Art Jagdtücher, welche bey weitläuftigen Jagden an die hohen Tücher mit angeheftet werden, um dadurch die Jagenstellungen desto größer zu machen. Ihre Länge, womit sie mit den hohen Tüchern überein kommen, ist 80 gedoppelte, oder 160 einfache Waldschritte, d. i. 200 Ellen; die Oberleinen, Unterleinen und Windleinen, große und kleine Heftelringe, Knebel sind ebenfalls, wie an den hohen Tüchern, nur daß die Leinen um ein merkliches dünner, und sonderlich die Leinwand um ein gutes Theil schmäler, auch die Furkeln dazu kleiner gemacht werden. Man hat zweyerley Gattungen von Mitteltüchern, nämlich hohe und schmale. Die hohen Mitteltücher müssen vier Ellen hoch gestellt werden, und bedient man sich derselben öfters bey Hirschjagden, sonderlich bey Herrschaften, die nicht viel Jagdzeug haben, um etwas zu ersparen, weil das rothe Wildpret doch auch nicht so leicht überspringen kann; zumal, wenn man mit Vortheil auf die kleinen Berge, Lehnen oder Hügel stellt, da der Hirsch keinen Ansprung haben kann, und demselben das Tuch höher vorkömt, als es in der That ist. Die schmalen Mitteltücher sind ebenfalls 80 gedoppelte Waldschritte lang, wie die andern, und auch eben so mit ihrem Zubehör versehen, sie stehen aber nur 3 Ellen hoch, und sind zur Wildenschweinsjagd sehr bequem: weil zur Zeit, wenn man die wilden Schweine jagt, das Rothwildpret verschont wird, welches über dergleichen Tücher leicht übersetzen kann, die Schweine aber nicht so flüchtig sind. Die Furcheln (s. diese) müssen 3½ Elle hoch seyn. Noch ist eine andere Art schmale Tücher, die Hasentücher, die nur 1½ Elle hoch gestellt, und von zwey schmalen Breiten gemacht werden.

Mittelwall, Fr. Courtine, (Kriegsbaukunst) das Stück Wall, welches von einer Streiche zur andern geht, und in den gewöhnlichen Befestigungsarten die Bollwerke zusammen hänget.

Mittelwand, Giebelwand, Windrispen, (Zimmermann) diejenige, aus Holz verbundene Wand, welche auf die Dachbalken nach der Länge des Gebäudes aufgerichtet wird, um die Stuhlbalken in der Mitte zu unterstützen, und überhaupt das Dach zusammen zu verbinden, daß es sich nicht schieben kann.

Mittelwolle, Fr. Moyen, (Weißgerber) So nennt derselbe die lange und grobe Schaafwolle, die von den Arschbacken abgeschoren wird.

Mittelzeichen, (Jäger) das Zeichen einer Hirschfährte, welches einem Tritte gleicht, und entstehet, wenn der Hirsch mit dem hintern Fuße in den vordern eintritt, doch so, daß der Tritt nicht ganz genau eintrifft.

Mittelzeug, Maller, (Hüttenwerk) eine von den drey Gattungen der Eisenstoffen, das weder zu brüchig, noch zu weich, noch spröde, sondern von mittelmäßiger Beschaffenheit ist.

Mittelzeug, s. Mittelzeichen.

Mitternacht, (Bergwerk) der Punkt oder die Linie, so aus dem Mittag gegen den Nordpol weiset, dahin die Magnetnadel mit der Spitze zeiget, nach welchem Punkt alle streichende Gänge durch den Kompas bestimmt werden, und der bey Markscheidern hauptsächlich beobachtet werden muß.

Mitternachtsgänge, flache Gänge, (Bergwerk) der Gang, der nach Mitternacht zwischen der 9ten und 12 Stunde streichet. (s. Streichen der Gänge)

Mitternachtsuhr, diejenige Sonnenuhr, welche auf einer Fläche beschrieben wird, die gegen Mitternacht gekehret, oder auf der Mitternachtsseite des Hauptvertikalzirkels befindlich ist.

Mittkneter. (Bäcker) In Leipzig und Hamburg der Name des Gesellen, der der Unterkneter ist, so auf den Oberkneter, oder ersten Gesellen, folget.

Mit trockenen Steinen mauern. Fr. pierres seches. (Baukunst) Wenn man in die Felder eines Rostes, welcher über Faschinenwerken lieget, die Steine auf die hohe Kante ohne Kalk einleget.

Mixillones, eine Art Austern, von den Portugiesen also benennet, die in der See um die moluckischen Inseln stark gefunden werden. Sie werden von den Wellen aus der See auf die Klippen geworfen, daß sie über dem Wasser liegen bleiben. In selbigen findet man kleine und große Perlen, theils braune und schwärzliche, theils weiße. Die Muscheln dieser Austern eröffnen sich zu gewissen Zeiten, einen reinen Thau zu empfangen, woraus man glaubt, daß die Perlen gezeuget werden.

Mixtur, Fr. Composition, (Kupferstecher) eine Mischung von Talg und Oel, womit ein Ort auf der Kupferplatte, wohin das Scheidewasser nicht kommen und ätzen soll, bedecket wird. Man thut zu diesem Behuf Baumöl in eine irdene Schüssel, setzt dieselbe aufs Feuer, und wenn das Oel warm ist, thut man Talg nach und nach hinzu, so lange, bis die Tropfen, so auf eine Kupferplatte, oder andere kalte Materie, getröpfelt werden, sich figiren, oder zu einer Masse geworden, die weder zu fest, noch zu weich ist. Ist sie zu hart, so thut man mehr Oel dazu, und im Gegentheil mehr Talg, bis die Masse ihre erforderliche Weichheit erhalten. Denn läßt man diese Masse noch eine Stunde, oder so lange, bis sie ganz schäumend ist, kochen. Will man diese Komposition gebrauchen, so verfähret man also: Wenn die Kupferplatte gestochen ist, so macht man sie sorgfältig von allem rein, was in den Strichen etwa geblieben seyn kann. Man macht nach diesem die Mixtur warm, und wenn sie geschmolzen ist, nimt man davon mit einem Pinsel, nach Verhältniß der Oerter, die man decken will, damit das Scheidewasser daselbst nicht beitze, und trägt sie ziemlich stark auf die Stelle auf. Man nimt hernach auch davon in einem Borstenpinsel, und bestreicht die ganze andere Seite, und die Ränder der Platte mit dieser Masse, damit das Scheidewasser daselbst nirgends beitze, wenn man sie in das Bänker (s. dieses) zum Aetzen einleget. Oder wenn man auch nur dasselbe darüber gießet. Weil diese Mixtur viel Mühe und Behutsamkeit erfordert, um das Scheidewasser von der Platte zu bringen, die man nachher waschen und am Feuer trocknen muß, welches viele Zeit erfordert, und die Wirkung des Scheidewassers verzögert; so hat man auch eine andere Komposition, welche mit dem Finger auf die auszusparenden Oerter, auch alsdenn selbst, wenn das Scheidewasser schon wirkt, gebracht werden kann. Man nimt zu gleichen Theilen Wachs und Terpentin, Baumöl und Schmalz; läßt alles zusammen in einer irdenen Schüssel zergehen, rühret solches wohl um, und läßt es kochen, bis alles wohl untereinander ist. Wenn man eine Platte beitzt, und einen Ort decken will, so setzt man einen kleinen Topf mit ein wenig von dieser Komposition aufs Feuer, nimt mit der Fingerspitze, oder auch mit einem Pinsel davon, und beschmiert damit, was man will. Sie bleibt auf dem Firniße der Platte vest, und benimt dem Scheidewasser seine Kraft, daß solches nicht beitzen kann, da, wo solches nicht verlangt wird.

Mixturcymbeln, (Orgelbauer) ein Pfeifenwerk von dreyerley Art, großen, mittlern und kleinen. In der großen Mixtur waren sonst 30, 40 und mehr Pfeifen auf einem Klavis. Jetzo sind nur 10 bis 12 derselben, wovon die größte acht Fuß Ton hat. Die mittlere Mixtur bestehet aus 4, 5 bis 8 Pfeifen, davon die größte 2 oder 1 Fuß Ton hat. Die kleine Mixtur heißt sonst scharf, und bestehet nur aus drey oder vier Pfeifen, wovon die größte 8 Zoll lang ist.

Mixtur zum Spiegel gießen, eine zusammengesetzte Metallmasse, allerley Brennspiegel daraus zu gießen. Man nimt geläutertes Zinn 3 Pfund, und gereinigtes Kupfer 1 Pfund. Das Kupfer wird erst geschmolzen, hernach das Zinn. Wenn beydes wohl geschmolzen, thut man 12 Loth rothen und ein wenig gebrannten Weinstein, 3 Loth Salpeter, ½ Loth Alaun, und 4 Loth Arsenik dazu; dieses alles läßt man abrauchen, und gießt es nachher in die Spiegelform. Noch hat man eine andere Art: man nimt gutes neues Kupfer, so wie es zum Drahtziehen in der kleinen Fabrike gebraucht wird, 8 Theile, 1 Theil reines, englisches Zinn, und 4 Theile Wismuth, thut alles in einen Tiegel, läßt es schmelzen, alsdenn nimt man die Form, schmieret sie mit Talg aus, und gießt die geschmolzene Materie darein. Ist es nicht weiß genug, so setzt man noch Zinn hinzu, ist die Masse aber zu weiß, so setzt man im Gegentheil noch mehr Kupfer zu, bis es die rechte Farbe erhält. Beydes muß erst geschmolzen werden, ehe man es in den Tiegel zur andern Masse thut. Alsdenn kann man es nach Belieben in die Formen gießen.

Mk, eine Verkürzung, die soviel als Mark bedeutet.

Möblichen Leder, (Gerber) dasjenige Leder, das eine überflüßige Gare bekommen hat, indem es zu lange in dem Kalk gelegen, wovon es weich wird, auch die Farbe durchschlägt.

Mocade, Moucade, Moquette, ein sammetartiger Zeug, der fast wie der Plüsch (s. diesen) gewebet wird. Er gleicht dem Tripp sehr, kommt ihm aber an der Güte lange nicht bey. Die Grundkettenfäden, oder das Gewebe desselben ist gemeiniglich von hänfenem Garne, das Haar aber, oder die Poil, welches die rauhe Oberfläche auf der rechten Seite ausmacht, ist entweder von Baumwolle und Wolle, oder von flächsenem Garn und Wolle, oder auch nur von bloßer Wolle. Man hat ihn von verschiedenen Mustern und Farben. Die Stücken halten insgemein eilf Ellen, nach dem pariser Maaße, und sind zwischen $\frac{7}{8}$ Ellen breit. Man hat auch welche, die nur $\frac{5}{8}$ breit liegen. Die meisten und schönsten Mocaden kommen aus Flandern von Ryssel und Tournay. Es werden aber auch viele zu Rouen in der Normandie, zu Abbeville in der Pikardie und an einigen Orten in Deutschland, die aber die Güte der Flandrischen noch nicht erreichen. Wie er gewebet wird, kann man unter dem Artikel Velpe sehen. Man braucht dieses Zeug zu allerhand gemeinen Hausgeräth, zu Beziehung der Stühle, zu Tapeten zu Ausschlagung der Kutschen, u. s. w. (s. auch Maffa)

Mocayar, s. Moncahiard.

Mochostein, ein weißer durchsichtiger Agat mit Dendriten.

Modeart. Fr. Manier. (Baukunst) Dieses Wort wird sowohl in der bürgerlichen, als auch Kriegesbaukunst gebraucht, womit man die Art des Baues bezeichnet; und sagt man nach der antiken, modernen, holländischen, englischen oder französischen Mode oder Manier, bauen. Man sagt auch in der Befestigungskunst, nach des Rimplers Köhorns rc. Mode u. s. w.

Modelbrett, Formbrett, (Stückgießer) ein an einer Seite mit einem eisernen Blech beschlagenes Brett, worein die Friesen und Stärke des Metalls eingeschnitten sind. (s. auch Schablon)

Modelholz, Fr. Trousseau, (Eisenhütte) die eiserne Stange mit dem Holze, worinn die Stange bey dem großen Durchschnitt einer Röhre, die gegossen werden soll, steckt. Sie bildet eigentlich den Kern zu derselben, und muß 7 bis 8 Zoll als der Gußrahmen seyn. Sie ist viereckig, und nur an beyden Enden, wo sie zum Rahm hervorreichet, rund, um umgedrehet werden zu können. Man umwindet sie mit einem Bande oder Strick von Heu gemacht, recht veste, den man mehr oder weniger dick macht, nachdem der Durchschnitt der Röhre groß oder klein ist. Zu den Röhren von großen Durchmessern passet man den eisernen Baum in ein Stück Holz, damit das Heu nicht so dick darinn gewickelt werden darf. Man befestiget das Holz an der eisernen Stange mit Vorsteckhaken an jedem Ende. Der Durchschnitt von dem also zusammengesetzten Modellholz muß $1\frac{1}{2}$ bis 2 Zoll kleiner, als der seyn, den der Kern haben soll. Damit man noch 8, 10 bis 12 Ellen Erde um denselben thun kann, daß er den verlangten Durchmesser der Röhre erhalten möge.

Modell, in der Baukunst sowohl, als auch bey andern Künsten, ein nach verjüngtem Maaßstabe verfertigter, und einem größern Körper ähnlich gemachter kleiner Körper. Ein solches Modell hat vielerley Nutzen, sonderlich aber dienet es darzu, den Begriff einer Größe deutlicher zu machen, Licht und Schatten an den Körpern zu lernen, die Profile und die Durchschnitte ohne die geringste Anstöße zu machen, nicht weniger eine Fertigkeit im Zeichnen, sonderlich in den perspektivischen Stellungen sich zu wege zu bringen.

Modell, Fr. Modele. (Bildhauer, Maler) ein Name, den sie alle den Gegenständen geben, welche sie nachahmen wollen, und welche sie vor Augen haben, um darnach zu arbeiten. Besonders aber ist es ein nackender Mensch, welchen man in den Sälen der Maleracademien in verschiedene Stellungen bringt. Ein jeder Maler stellt es auch nach seinen besondern Studien. Das Modell, nach welchem gezeichnet wird, wenn es nicht boßirt, sondern abgeformt ist, nennt man einen Abguß von einer Figur. Fr. dessiner d'après la bosse. Die Bildhauer machen kleine Modelle von Wachs, gebrannter Erde und andern geschmeidigen Materien, um sie zur Richtschnur in ihren großen Werken zu gebrauchen. Modelle von großen Meistern werden aufbewahret.

Modell, (Gärtner) in den Lustgärten und ihren Parterren die angebrachten zierlichen Blumenbeetenfiguren, welche entweder in schönen, sich auf das Wappen des Besitzers beziehenden Figuren, oder künstlich gezogenen und geschlungenen Zügen und Gängen bestehen.

Modell, (Schiffsbau) die Abbildung des zu erbauenden Schiffs, welches die Schiffszimmerleute von kleinen Holzstücken nach verjüngtem Maaßstabe machen, um vermittelst desselben zu beurtheilen, wie der Bau im Großen ausfallen werde. Unterdessen hat Herr Bouguer sehr richtig angemerkt, daß diese kleine Probe des Modells, und das Mittel, von ihm auf das größere, im Verhältniß des Maaßstabes zu schließen, sehr unrichtig sey. Die kleine Kopie kann, um nur ein Beyspiel anzuführen, sich bey der Untersuchung seines Verhältnisses in Folge der Bewegung unmöglich so betragen, wie das Original in seiner wahren Größe. Denn man kann ja den Wind auch nicht verkleinern. Einige nennen auch Modell die Verzeichnungen des Baues, auch das Gerippe ohne Verkleidung. (s. Carcas)

Modell, Gießmodell, s. Form.

Modelle, (Glaser) von dünnen Brettern oder Pappe zugeschnittene Modelle zu runden acht- und sechseckigten Fensterscheiben, die aber nunmehr selten in neuern Gebäuden gemacht, sondern nur noch an alten Gebäuden angetroffen werden. Doch in Oberdeutschland und der Schweiz sind diese Scheiben noch im Gebrauch. Die runden Scheiben werden nach dem Zirkel mit dem Diamant zugeschnitten, und die am Rande stehen gebliebene Ecken mit dem

Kröfel

Kräisel abgebrochen. Runde Scheiben werden öfters schon auf den Glashütten geliefert. An einigen Orten hat man auch einen Diamantzirkel, womit sie rund geschnitten werden.

Modelle der Watten, (Wattenmacher) die von Hanfwerge verfertigte Watte, welche zum Muster der baumwollenen oder seidenen Watten dienet. Der Wattenmacher nimt nämlich eine Hand voll Hanfwerg, kämmt solches in der vestliegenden Kardätsche überall gleichviel, alsdenn kardätschet er dieses Werg mit der andern Kardätsche soviel, wie möglich, durch, und suchet dadurch das Werg sowohl zu reinigen, als auch dahin zu bringen, daß die Faden desselben so gleich, wie möglich, liegen. Nunmehr nimt er seinen Wattenleim, (s. diesen) nachdem er das wohl kardätschte Werg in seinem Wattenrahmen (s. diesen) ausgebreitet, und mit den Fingern überall gleich und dünne ausgezogen hat, und tränkt damit die im ganzen Rahmen ausgebreitete Watte, indem er solchen mit einem Pinsel von sanften Borsten überall gleich bestreichet, so, daß sich von dem Leim auch etwas einziehe. Der Leim ist sehr fliessend, denn er muß zwar das Ganze wohl zusammen halten, aber auch nicht, wenn er trocken ist, so hart werden, daß er gleichsam breche. Denn die Watte muß nicht steif, sondern sanft und weich seyn. Nachdem diese bestrichene Seite trocken geworden, so bestreicht er auch auf die nämliche Art die andere Seite. Eine solche Watte ist selten dicker, als 4 oder 5 Linien, und ein Wattenmacher muß dieser Modelle viele im Vorrath haben, weil er ohne dieselben die baumwollenen oder seidenen nicht machen kann. Aus diesen hanfwergenen Watten werden sowohl die baumwollenen, als auch seidenen Watten verfertiget. (s. Wattenmachen)

Modelliren, die Fertigkeit alle vorgegebene Körper, sowohl nach ihren äußern, als innern Theilen, und deren Beschaffenheit nicht allein in geometrischen Figuren entwerfen zu können, sondern auch in nöthiger Ordnung an einander und zusammen zu setzen. Einige Anweisung hiezu pfleget man insgemein den Anfängern an denen 5 regulären platonischen Körpern zu geben, worauf leicht auf alle andere zu schliessen ist. (s. auch bossiren)

Modelliren, (Bildhauer) das Modell oder die Figur, die aus Marmor, Stein oder Holz, ausgehauen werden soll, in einer weichen Materie bilden, wornach die Sache ausgehauen wird. Gemeiniglich nimt hiezu der Künstler Töpfer- oder Pfeifenthon. Er muß aber solche Thonarten wählen, die von Natur geschmeidig sind, und nicht zu stark schwinden. Ueberdem muß derselbe von allen Sand und andern fremden Körpern gereiniget werden, deswegen er zerstoßen, gesiebet, und alle Unreinigkeiten weggeschaffet werden. Bey der Ausbildung der Skitze oder des Modells, muß das Genie des Künstlers eine genaue Bekanntschaft mit der Zeichnungskunst haben, und seine erlangte Fertigkeit das beste thun. (s. Bossiren auch Wachsbossiren)

Modellschneider, der Künstler, so die Modelle oder Formen zu Abdrücken oder Abgüssen, in Holz schneidet.

Modeln, heißt überhaupt einer Sache eine gewisse Gestalt geben, oder sie nach einer andern bilden.

Modeltuch, (Nehterin) ein Tuch von Drateltuch, worinn Buchstaben, Figuren, Muster u. s. w. eingenehet werden, damit ihnen solche bey vorkommenden Fällen zum Muster dienen können.

Modererde, Fr. Limon, Sumpferde, eine in Wasser aufgelösete Stauberde, welche von vermoderten Wurzeln entstanden, und zu Torf (s. diesen) geworden.

Modererz, Sumpferz, Seeerz, Morasterz, Schlammerz, Fr. fer mineralisé du limon, (Bergbau) ein eisenhaltiger Schlamm, darinn zarte Eisentheilchen liegen. Es entstehet von den Eisentheilen, welche das Wasser mit sich in den Sumpf oder See führet, und wenn sie zu Boden fallen, sich mit dem Schlamm vermengen. Weil nun solches beständig geschiehet, so kann man von Zeit zu Zeit das Erz von neuem sammlen. Es ist locker, dunkel von Farbe und porös, wenn es trocken wird, siehet es wie verrostetes Eisen aus.

Modererz, braunröthliches, (Bergbau) ein Modererz von brauner Farbe, die ins Rothe fällt. Es findet sich zuweilen in Körnern, wie Sand, öfters auch in großen Stücken. Ehe es an der Luft ausgetrocknet wird, ist es nicht hart, sondern nur rauh beym Anfühlen.

Modererz, grünes, (Eisenhütte) ein grünliches Modererz, so entweder sandartig, oder in großen Stücken ist.

Modererz, kuglichtes. Dieses ist zuweilen blätterricht, in der Größe einer Bohne, zuweilen aber vest, in der Größe einer Erbse. Man nennet es alsdenn Erbsenerz. Das blättrige hat mehrentheils einen Kern in sich.

Modererz, löcherichtes, ein Erz, das lauter Löcher, wie ein Sieb hat, und das daher Modererz ist, daß die Löcher, die man daran siehet, von den darinn steckenden Wurzeln der Kräuter erhalten, die nachher ausgefaulet sind.

Modererz, schwarzbräunliches. Dieses siehet wie gebrannter Stahl aus, es ist an Farbe sehr dunkel, und fällt ins blaue.

Modererz, von unbestimmter Figur, Seeerz, es wird auf dem Grunde der See gefunden, und ist von ungewisser Figur, dem Sande ähnlich. Dieses Erz ist sehr fein, und sehr leicht zu zerreiben; wenn es zerbrochen wird, so siehet es hart und da bläulich aus; auswendig ist es dunkelbraun.

Moderflecke, (Tuchmanufaktur) ein Fehler bey dem fertig gewebten Tuch, der davon entstehet, wenn dasselbe bey dem Weben allzu lange auf dem Tuchbaum unabgerollt bleibet und nicht gelüftet wird.

Moderhamen, **Mudderhamen**, ein Hamen (s. diesen) oder Netz an einem eisernen Ringe, den Moder, Schlamm u. dgl. aus den Gräben, Kanälen u. s. w. zu ziehen.

Modermühle, (Wasserbau) eine Wassermaschine, die vom Winde bewegt wird, und mit welcher man die Wiesen von dem Wasser zu befreyen suchet. Es ist eine Art von Schöpfrädern, welche in einem geschlossenen

Gerinne

Gerinne laufen, und mit ihren flachen Schaufeln das Wasser auf 2 bis 3 Fuß gleichsam in die Höhe schlagen. Diese werfen viel Wasser aus, aber sie schöpfen nicht hoch, sind daher nur da anzubringen, wo man viel Wasser nicht hoch, d. i. nur um einige Fuß zu heben hat. Weil diese Schöpfräder sehr dauerhaft sind, und wenig Aufsicht erfordern, so legen einige in verschiedenen Entfernungen dergleichen Modermühlen an, um das Wasser nach und nach bis zur erforderlichen Höhe des Abflusses zu erheben.

Modern, Fr. (Baukunst) wird von der Bauart gesagt, die eben gangbar oder mode, und dem antiken oder alten, entgegengesetzt ist.

Moderprahm, ein niedriges flaches Fahrzeug, den Moder aus den Kanälen zu verführen. (s. Prahm)

Modepae, Fr. ein schlechter Zeug, der aus untergemischten Haaren, Floretseide, Wolle oder Baumwolle, gemacht wird. Er ist entweder eine halbe Elle, oder eine halbe Elle und 1/16, oder auch wol weniger 1/16 Theil breit.

Modillon, s. Sparrköpfe.

Mods, **Moth**, eine fette, geile Erde, wie Torf, die an etlichen Orten zum Schmelzen und Salzsieden gebraucht wird.

Modul, (Baukunst) das Maaß, wornach man alle Glieder und Theile der Bauordnungen und ihre Weiten abzumessen pflegt. Vitruvius nimt insgemein den Durchmesser des gleichdicken Säulenschaftes zum Modul an. Vignola, und die meisten neuern hingegen begnügen sich mit dem halben Durchmesser des gleichdicken Schafts, und theilen ihn in 30 Minuten. Weil man aber bey dieser Eintheilung im Ausreißen der Glieder, und sonderlich in den Ausladungen derselben unmöglich alle Brüche vermeiden kann, so hat Goldmann in seiner Baukunst den Modul in 360 Theile eingetheilt, wodurch er alle Brüche aufgehoben. Da aber dennoch den Baumeistern diese Eintheilung zu schwer fällt, und über dieses die wenigen Brüche in den Ausladungen nicht viel zu sagen haben, zugeschweigen, daß sich die Höhen der Glieder leichter behalten lassen, wenn man sie durch kleine Zahlen ausspricht, so ist am allerbesten die Eintheilung des Moduls in dreyßig Minuten beyzubehalten werden. Nach diesem Maaß wird nicht nur die Höhe der Säulen selbst verhältnißmäßig, sondern es bekommen auch daher die Theile der Ordnungen ihre geschickte Höhe, zu der gedachten Höhe der Ordnung. Nach Goldmanns Art ist die Höhe derselben folgende: das Postement bekömt durchgängig 3 Modul, der Untersatz 1 Modul, und das Hauptgesimse 4 Modul. Die Ordnungen oder Säulen, welche er in hohe und niedrige eintheilet, bekommen in dem letztern Fall, wozu die Toscanische, Dorische und Jonische gehören 16 Modul, und im ersten Fall, welches die Römische und Korinthische ist, 20 Modul zur Höhe. Wenn demnach die Höhe vorgeschrieben ist, wohin eine Ordnung kommen soll, so wird der Modul, und folglich die Dicke des Schafts, gefunden, wenn man dieselbe mit 30 dividiret, so eine von denen hohen Ordnungen mit Postement und Untersatz gebrauchet werden soll; oder mit 26, wenn man eine von den niedrigen Ordnungen daselbst anbringen will. Daferne im übrigen zwey und mehr Ordnungen, oder auch eine zwey und mehrmal über einander gestellet werden, so muß der obere Modul kleiner seyn, als der untere, wie es die besondern Umstände an die Hand geben. Z. B. die Höhe des ganzen Gebäudes, die Höhe der Stockwerke insbesondere, die Zärtlichkeit der Ordnungen u. s. w. Absonderlich hat man darauf zu sehen, ob die Säulen freystehende oder Wandsäulen sind. Vitruvius macht die obern Modul [illegible]. Palladius, Skamozzi und Serlius [illegible]. Nach Blondels Erinnerung hat man aber nicht nöthig, sich an diese Verhältnisse sogar genau zu binden: und sind daher am Kolosseo zu Rom die allerobersten Säulen höher, als die untersten, weil sie von weitem kleiner aussehen.

Mofuma, ein hoher Baum, der an verschiedenen Orten in Niederäthiopien, in feuchten Gegenden, sonderlich an den Flüssen, wächst. Es ist eine Gattung Korkbaumes, dessen Holz sehr leicht und geschickt ist, Kanots daraus zu machen. Das vornehmste Produkt aber, so er hervorbringet, und weswegen er hier angeführet wird, ist eine Gattung von Baumwolle oder Wolle, womit sein Stamm und seine Aeste ganz bedeckt sind, und welche zu Verfertigung der Matratzen und Küssen gebraucht werden kann; wie man sie denn auch spinnet, und sich ihrer manchmal anstatt des Hanfs bedienet. Eigentlich ist dieser Baum, wie es scheint, nichts anders, als der große Baumwollen- oder Kapockbaum, welcher diejenige Baumwolle liefert, die man Kapock nennt.

Möglicher Gang, Fr. veine riche, (Bergbau) ein reicher, fündiger Gang, welcher viel Erz giebt, vom Vermögen also genannt.

Mohabat, ein bunter Kattun, der aus Indien gebracht wird, und ohngefähr dreyviertel pariser Maaß breit liegt. Die Stücke davon halten 7½ Ellen in der Länge.

Mohnöl, das aus dem Mohnsaamen gepreßte Oel. (s. Oelschläger)

Mohrengraue Farbe auf Seide. (Färber) Nachdem die Seide alaunt, so erfrischt man sie im Flusse, macht ein Bad von Strichkraut, und kehrt darinn die Seide um. Wenn sie eine Zeitlang darinn gewesen, so thut man einen Theil des Bades heraus, und dagegen Saft oder Brühe von indianischem Holze dazu. Man färbt die Seide aufs neue in diesem Bade. Wenn die Farbe vom indianischen Holze ausgezogen ist, so thut man eine hinlängliche Menge Vitriol hinein, um zu machen, daß die Farbe ins Schwarze fällt. Wenn die Seide ihre Farbe hat, so wäscht man sie, ringt sie aus, und klopft sie wohl.

Möhrenkoch, (Koch) eine aufgelaufene Speise, welche aus zerriebenen gelben Rüben, Eyern, Butter und Semmeln bereitet wird. (s. Koch)

Möhrenwachs, Fr. de la cire maurine, (Marmorirer) diejenige Wachstafeln, die sich oben im Stock befinden, und eine braune Farbe, so ins Schwarze fällt, bekommen.

Mohr, vergoldeter. Fr. more d'oré. (Färber) So nennt man einige dunkle Ratinfarben auf Seide, (s. diese) sie werden dadurch dunkeler oder brauner gemacht, daß man von der Waare, nachdem sie das Brasilienholzbad eingezogen hat, einen Theil weggießet, und an deren Statt frischen Brasilienholzsaft wieder hinzu thut, welchen man von der Seide wieder einziehen lässet. Nachdem thut man viel oder wenig indianische Holzbrühe hinein, nachdem sie mehr oder weniger dunkel werden soll, und färbet sie darinn, wie die andere Waaren.

Moinau, Fr. (Kriegsbaukunst) ein kleines niedriges Bollwerk, welches man in der Mitte der Kourtine anleget, wenn sie gar zu lang ist, und von den nächsten Bollwerken mit Musqueten nicht kann bestrichen werden. Es ist nicht mehr gebräuchlich, außer an den Wasserseiten großer Flüsse.

Moir, (Seidenmanufaktur) ein schöner, schwerer Zeug, der damastartige Blumen erhält, welche einen Atlaskieper haben, und einen Gros de Tourgrund erhält. Er hat seinen Namen davon erhalten, daß er nach dem Weben einen Moir oder wässeriges Ansehen erhält. Die Blumen sind, wie gedacht, wie im Damast groß, aber es muß zwischen und neben den Blumen viel Grund seyn. Denn der starke Gros de Tourgrund nimt nur den Moir an, (s. Moiriren) aber nicht die atlasartige Blumen, die ihres Atlaskiepers wegen weich sind. Damit nun der Moir das Moiriren gut annehme, so muß man hierzu eine gute Seide, sowohl zur Kette, als zum Einschlag wählen, öfters sind Kette und Einschlag von zwey verschiedenen Farben, da denn der Moir changiret. (changirte Zeuge) Der Einschlag ist, wie bey dem Gros de Toure oft 8 bis 12 fach, zuweilen schießt man auch noch wol nach dem zweyten oder dritten Einschuß Silberlahn, selten aber Goldlahn ein, woraus denn der rauhe Moir entstehet. Der Moir ist ⅞ Ellen breit, und so wie der holländische Damast 800 Riede im Blatt hoch, und im Rohr sind sieben Kettenfäden, folglich hat der Harnisch hier, wie bey dem gedachten Damast, 800 Arkaden, und in jedem Maillon 8 Fäden. Die Hauptsache bey diesem Zeuge ist, daß die 8 Schäfte mit den 8 Fußtritten, die hier gebraucht werden, dergestalt vereiniget werden, daß in den Figuren ein Atlaskieper entstehe, der Grund aber dem Gros de Toure gleiche. Wenn nun die Kettenfäden durch den Harnisch, und die Schäfte, nach der Ordnung der letztern, eingepaßt sind, so müssen diese mit den 8 Tritten dergestalt vereiniget werden, daß bey dem ersten Tritt 3 Schäfte oben bleiben, fünfe aber hinabgehen. Einer von diesen letztern bringet in den Blumen den Atlaskieper hervor, da alle übrigen im Gegentheil Fach zum Gros de Tourgrunde machen. Bey dem zweyten Tritt gehet von den vorigen erhöheten Kämmen oder Schäften ein einziger hinab, und alle übrigen Schäfte bleiben, gerade wie bey dem ersten Tritt, erhöhet oder erniedriget. Dieser einzige hinabgehende Schaft des zweyten Tritts trägt wieder zu dem Kieper der Blumen das Seinige bey. Bey dem dritten Tritt gehen wieder drey Schäfte hinauf, und fünfe hinab, wie bey dem ersten Tritt, außer daß die Schäfte wechseln. Bey dem vierten Tritt sinkt abermals ein einziger Kamm hinab, und zwar einer von denen, die der dritte Tritt erhöhet hat. So wechselt es bey allen 8 Tritten, so, daß bey einem Tritt 3 Kämme hinauf, und 5 Kämme hinabgehen, bey dem nächsten Tritt aber nur ein einziger Kamm hinabgehet. Vor jedem Tritt wird eine Latze der Zampels gezogen, und ein Faden eingeschossen. Es erhellet hieraus, daß zwar bey jedem Tritt ein Schaft hinabgehe, um den Atlaskieper der Figuren zu bilden, und dieser Kieper wird mit jedem Einschußfaden abgebunden, allein diejenigen Kettenfäden, die den Gros de Tourgrund hervorbringen sollen, bleiben bey zwey Tritten in dem Ober- oder Unterfach, theilen die Kette zum Einschuß des Gros de Tourgrundes, und wechseln erst nach zwey Einschußfäden. Hierdurch erhält der Grund starke Ribben da im Gegentheil die Blumen weich sind, weil diejenigen Kettenfäden, die den Kieper hervorbringen, bey jedem Tritt wechseln, und weil überdem die Natur des Kiepers es mit sich bringt, daß die weichen Kettenfäden zerstreuet, in langen Theilen auf dem Einschuß liegen. Es bildet aber bey jedem Tritt blos ein einziger Kamm den Kieper, und daher ist dieser nur schwach, und blos auf der rechten Seite des Zeuges in den Blumen sichtbar. Wie diese Blumen durch den Harnisch und Zampel entstehen, solches zeiget der Damast. (s. diesen und gezogene Zeuge, wo man das Entstehen der Blumen finden wird)

Moiriren der Bänder, (Bortenwirker) den Bändern ein flammichtes oder wässeriges Ansehen geben. Die seidenen Bänder, die einen Moir erhalten, müssen, so wie der Moir, (s. diesen) stark und dicht gewebet seyn. Um nun denselben den Moir mitzutheilen, so verfähret man damit also: nach Verhältniß der Breite der Bänder hat man einen Rahmen von zwey senkrechten Stäben, und einem breiten Unterstück. In den senkrechten Stäben ist ein Einschnitt gemacht, der so breit als das Band ist. Alsdenn legt man eine Pappe, die etwas breiter, als das Band ist, auf das Unterstück. Die beyden senkrechten Stäbe stehen so weit von einander, als das Band lang dazwischen gelegt werden soll, und diese Länge richtet sich allemal nach der Presse, worinn das Moiriren geschehen soll. Nunmehro legt man das eine Ende des Bandes genau zwischen den Einschnitt des einen senkrechten Stabes, und leitet dasselbe durch den Einschnitt des andern Stabes durch. Man legt hierauf einen glatten, runden Draht auf das Band, aber von außen, daß er sich an den Stab anlegen kann. Alsdenn leitet man über diesen Draht das Band wieder zurück, nach dem ersten Stabe. Dort macht man es eben so, legt einen Draht unter, und so fähret man fort, bey einer jeden neuen Lage von außen eines jeden Einschnitts des Stabes einen Draht zu legen. Man schichtet solchergestalt verschiedene Bänder auf einander, deren Menge sich nach der Größe der Presse richten muß, wie viel selbige in sich fassen kann. Die Lagen der Bänder müssen sehr genau auf einander gelegt werden, damit keine über der andern vorstehe, und daß sie genau gut ausgespannt auf einander gelegt seyen. Deswegen denn auch zwischen jede Lage der Draht gesteckt wird, wodurch solche ausgespannt werden können. Nachdem der Pack also gemacht, so werden die Drähter behutsam aus dem Bande gezogen. Man legt alsdenn solche Pappe, als unten lieget, oben auf, und bewickelt den ganzen Pack mit Bindfaden. Vor dem Zusammenlegen werden die Bänder mit einem dünnen Gummiwasser mit Fischsaamen vermischt angefeuchtet, welches ihnen bey dem Moiriren den Glanz und die Flammen mit ertheilen muß. Das ganze Pack wird nunmehr in die Presse gebracht. (s. Moirirpresse) Es werden zu diesem Endzweck zwey eiserne Platten gehitzt, und es kömt hier darauf an, daß dieselben den gehörigen Grad der Hitze erhalten, damit sie weder zu heiß seyen, und das Band verbrennen, noch zu kalt, wo sie nicht gehörig wirken können. Man legt eine Platte unten in die Presse, und ein dünnes Brett darauf, alsdenn den Pack, wieder ein Brett, und die zweyte Platte oben darauf, und nun schraubet man die Presse mit der großen Schraube zu. Man läßt den Pack 24 Stunden mehr oder weniger darinn liegen, je nachdem der Pack groß oder klein ist. Man nimt den Pack heraus, und derselbe ist moirirt. Denn die zusammengepreßte gummöse Feuchtigkeit wird an einigen Stellen zusammengezogen und in Flammen verwandelt.

Moiriren seidner Strümpfe, (Strumpfwürkerin) alte seidene Strümpfe, wenn sie gewaschen werden, erhalten auf folgende Art einen Moir oder wässerige Flammen. Es wird nämlich ein Strumpf auf ein Formbrett gezogen, und auf der rechten Seite, die oben ist, mit einem nassen wollenen Lappen befeuchtet, alsdenn ziehet man den andern dazu gehörigen Strumpf auf den ersten, so, daß die rechte Seite dieses Strumpfs auf die rechte Seite des ersten kömt, benetzt die linke Seite des Strumpfs abermal, und ziehet beyde also vereiniget vom Formbrett, da sie denn auf einer gewöhnlichen Mangel oder Rolle gerollet werden. Durch den Druck der Rolle sammlet sich die Feuchtigkeit an einigen Stellen, und hiedurch entstehet der Moir. Hernach werden sie mit einem Plätteisen geplättet.

Moiriren der seidenen Zeuge, (Seidenappretur) die Kunst dem seidenen Zeuge, besonders dem unter dem Namen Moir bekannten Zeuge, die flammigte und wässerige Figur auf der einen Seite zu ertheilen. Dieses geschiehet, auf eine sehr geheimnißvolle Art, so, daß man nichts gewisses davon schreiben kann, weil zu der Moirmaschiene und dem Moiren selbst von demjenigen, der das Moiren verrichtet, kein fremder Mensch gelassen wird; noch weniger kann man mündlichen Unterricht davon einziehen. So viel aber ist gewiß, daß der Moir, wenn er moiriret werden soll, mit einer klebrigten Feuchtigkeit, die aber auch nicht zu steif seyn muß, bestrichen wird, nachher durch eine Maschiene, die Moirmaschiene, (s. diese) gezogen, und der Zeug von der Wärme derselben dahin gebracht wird, daß sich die Feuchtigkeit durch die starke Pressung der Maschiene an einigen Stellen unregelmäßig sammlet, und dadurch Flammen entstehen, die unlöschbar sind, so lange sie nicht durch starke Nässe vertrieben werden. Denn die gesammelte Feuchtigkeit, die klebricht ist, wird an den Stellen durch die Hitze gleichsam zusammengeleimt, welches nur durch Nässe wieder aufgelöset werden kann. Bey dem Durchziehen des Zeuges durch die Maschiene muß solcher doppelt liegen, weil dadurch eben bey der Pressung die Sammlung der Feuchtigkeit entstehet. Die gedachte Feuchtigkeit bestehet vermuthlich aus Gummi, Fischsaamen, und wie es die Erfahrung scheinet zu bestätigen, noch aus giftigen Ingredienzien, vermuthlich Arsenik. Denn man weiß, daß der in Berlin vorhanden gewesene Moirirer Massono, der zuerst durch Vorschub des Staatsministers, Freyherrn von der Horst, sowohl die Maschiene aus England kopiert, als auch das Moiriren erlernet, und folglich diese Kunst in den brandenburgischen Staaten zuerst eingeführet hat, nur wenige Jahre gelebet, indem bey der Zubereitung der Feuchtigkeit, womit das Zeug angestrichen wird, die giftige Dämpfe ihn nicht allein um seine Augen gebracht, sondern ihm auch die Schwindsucht zugezogen, daß er bald sterben müssen. Vorzüglich kömt es daher darauf an, daß die Maschiene ihre gehörige Hitze bekomt, damit sie gehörig wirke, doch aber nicht den Zeug verbrenne.

Moiriren der wollenen Zeuge. (Wollenmanufaktur) Man pflegt verschiedene leichte, wollene Zeuge, doch jetzt nicht mehr soviel, wie ehedem, bey der Appretur zu moiriren oder zu wässern, wodurch die rechte Seite ein flammigtes oder wogigtes Ansehen erhält. In diesem Fall besprengt man das Stück Zeug mit Gummiwasser, und läßt es zweymal durch den Kalander gehen. Die Nässe in Vereinigung mit der Hitze des Kalanders giebt dem Zeuge ein gewässertes Ansehen, und der Gummi zugleich einen Glanz. Man kann auch dieses durch eine warme Presse (s. diese) erhalten.

Moirirpresse, eine Presse, worinn Bänder moirirt werden. Sie ist groß, und der Kattunpresse ähnlich, (s. diese) blos daß manchmal zwey Schrauben vorhanden sind. Allein man will diese Art nicht sehr loben, sondern sie ist besser, wenn sie nur eine große Schraube in der Mitte hat. Denn da die in Lagen nicht sehr lang gelegte Bänder überall gleich gut moirirt werden müssen, so kann man mit einer Schraube in der Mitte, die den Pack auch recht in der Mitte berühret, weit besser seine Absicht erreichen, als mit zwey Schrauben auf jedem Ende des Packs, weil das Aufschrauben zweyer Schrauben nimmermehr zugleich geschehen kann, als wenn nur eine vorhanden ist, und eine immer mehr wirket, als die andere. Eine Schraube aber wirkt überall gleich.

Moirlegatur. (Bortenwürker) So wird das Band genannt, das Figuren oder Blumen nach dem Leben eingewirkt erhalten hat, welche der Einschlag hervorbringet. Deswegen zu einem solchen Bande so viel kleine Schützen mit Seide zum Einschlag vorhanden seyn müssen, als Farben vorkommen sollen. Die Figuren werden also eingeschützt. (s. Broschiren)

Moirmaschiene, (Seidenappretur) eine Maschiene, die dazu bestimmt ist, dem Moor (s. diesen) das flammigte wige, oder sogenannte Wässerige, auf seiner Oberfläche mit zu theilen. England hat diese Maschiene zuerst erfunden, und das Moiriren der seidenen Zeuge erdacht, wovon es die Franzosen und Holländer, so wie auch die Deutschen zum Theil heimlich kopiret haben. In Berlin hat man sie auch seit einigen Jahren eingeführet. Sie bleibt aber bey dem Besitzer derselben ein tiefes Geheimniß, so, daß man sie nicht zu sehen bekommen kann. So viel ich erfahren können, ist es eine der Cylindrirmaschiene ähnliche Maschiene, die aber nur 1 hölzerne Walze hat, welche zwischen zwey schweren eisernen Platten läuft, und womit der Zeug, indem er sich moiriet, durch die Platten gezogen wird. Die Platten sind 5 Fuß lang, 4 Fuß breit, von beträchtlicher Dicke von Eisen gegossen, aber dermaßen polirt, daß sie einem Spiegel nichts nachgeben, deswegen sie denn auch nach dem Guß, auf der Spiegelmanufaktur, wie die Spiegel geschliffen und polirt werden. Die Platten werden bey dem Gebrauch von Zentner schweren Kasten, welches Steine sind, zusammengedruckt und beschweret, und die Walze wird durch ein Räderwerk, vermittelst eines Rosses, in Bewegung gesetzt. Die Platten werden bey dem Gebrauch heiß gemacht, weil beydes, sowohl die Pressung, als auch die Hitze, den Moir hervorbringen muß. Dieses ist alles, was ich von dieser Maschiene sagen kann, da ich sie weder gesehen, noch eine vollkommene Beschreibung davon erhalten können.

Molchbrett, s. **Mühlenbrett**.

Molde, s. **Mulde**.

Mole, s. **Molo**.

Molkenfaß, (Landwirthschaft) ein weites hölzernes Gefäß, darüber der Quark- oder Käsekorb gesetzt wird, damit die Molken aus dem Korbe von dem Käse ablaufen können.

Moll, (Tuchmanufaktur) das nämliche wollne Gewebe, welches man Molton nennet, mit eben den Handgriffen und von der nämlichen Wolle verfertiget, nur breiter wie Molton (s. diesen) ist, indem er 7 bis 8 Viertel breit ist. Nach dem Scheren bekommt der Moll, wie der Molton, einen Strich im Rahmen, da man ihn, wenn er noch naß ist, mit einer Streiche streichet. Man macht auch in neuern Zeiten einen Moll, der wie Tiegerfelle aussiehet, indem verschiedene tiegerartige Flecke eingewebet werden.

Mollenbley, **Muldenbley**, (Hüttenwerk) das in einer Pfanne auf einmal gegossene Bley, so ohngefähr ein bis zwey Ellen lang, ½ Elle auch breiter, und ¾ Elle dick ist, welches 1½ Zentner und einige Pfunde am Gewichte hält. Den Namen hat es von der Gestalt erhalten, die es hat.

Mollet, eine Gattung Fransen, deren Fäden ganz kurz sind, sonst aber von allerhand Materien, als: Gold-, Silberfaden u. dgl. gemacht werden können.

Molo, **Mole**, (Schiffahrt) ein großer Damm, der zur Bedeckung und Versicherung des Hafens ins Meer hereingeführet wird. Die Benennung ist italienisch, auf Deutsch heißt er Höft.

Mosiolinas, Schaffelle, die von den Weißgerbern in der Levante auf eine besondere Art zubereitet werden. Man bekommt sie vornehmlich aus Konstantinopel.

Molton, ein dünnes, wollnes Tuch mit einer starken rauhen Oberfläche. Es wird von eben der Wolle gemacht, als die Mitteltücher, doch muß die Wolle gut weiß seyn, weil er fast beständig weiß verbraucht wird. Die Kettenfäden müssen, so wie bey dem Tuch, rechts, und die Einschlagfäden links gesponnen werden. Uebrigens aber wird er wie Tuch gewebet, auf beyden Seiten gerauhet, und auch auf jeder Seite mit einem Schnitt geschoren. Er ist 5¼ Viertel breit.

Monaco, eine italienische Münze, von dem Ort, wo sie gepräget wird, also genannt, am Werth der zehente Theil eines Reichsthalers.

Monasterii Quaes, russisch; eine Art Meth in Rußland, welcher aus dem weißesten und klaresten Honig bereitet wird, und weiß hell und klar, wie der schönste Rheinwein aussiehet. Er soll sehr gesund seyn, und eine gute Nahrung geben, wenn er mäßig getrunken wird.

Monatbuch, **Verfallbuch**, (Handlung) eins von den Hülfs- oder Nebenhandlungsbüchern, das nach den 12 Monaten des Jahres eingerichtet ist, und gebraucht wird, um darinn alle Posten anzuführen, die auf eine gewisse Zeit fällig sind, und die man entweder in diesem oder jenem Monat zu empfangen, oder zu bezahlen hat.

Monatsring, (Uhrmacher) derjenige Ring an einer Stubenuhr, wodurch die Zahl der Monatstage angezeiget wird. Er ist von Messing, und muß mit dem Zifferblatt verhältnißmäßig groß seyn, hat auf der innern Seite 31 Zähne in gleichem Abstande von einander, und auf der andern Seite stehen gleichfalls in gleicher Entfernung die Tage des Monats von 1 bis 31. Dieser Ring wird mit einem Kloben und zwey kleinen Rollen, die in einem Dreyeck an dem Ringe gestellt sind, hinter dem Zifferblatt befestiget. Die Rollen erleichtern die Bewegung des Ringes. Gegen diesem Ringe ist aus dem Zifferblatt soviel ausgeschnitten, daß man nur jederzeit eine Zahl, als das Datum des Monats, sehen kann. Inwendig hat der Ring Sperrzähne, und einen Sperrkegel, der auf dem Zifferblatt befestiget ist, damit sich der Ring nicht verschiebe. Zwey Wechsel, (s. diese) einer über dem andern, setzen diesen Ring in Bewegung, oder mit andern Worten, sie rücken ihn täglich um einen Zapfen oder Zahn weiter fort, und schieben dadurch das Datum des Monats vor die Oeffnung des Zifferblatts. Der oberste Wechsel sitzt auf der Hülse des Stundenrades, im Weiserwerke, unter dem Stundenrade liegt in diesem Fall eine stählerne Sperrfeder, die das Stundenrad gegen den Wechsel preßt. Die Zähne dieses Wechsels bewegen den andern unter ihm liegenden Wechsel, und ein Stift auf diesem ergreift täglich einen Zahn des Ringes, und rückt diesen um einen Zahn, und mit ihm die Zahl des Datums weiter fort. Der oberste Wechsel läuft mit dem Stundenrade des Weiserwerks in 12 Stunden um, wenn also dieser 24 Zähne hat, so erhält der unterste 48, denn der oberste Wechsel muß sich 2 Mal

umwäl-

umwälzen, wenn sich der unterste einmal umwälzt, und seinen Gang in 24 Stunden verrichtet, ehe er wieder ein neues Datum verrücken darf.

Monatsuhre, (Uhrmacher) eine Wanduhr, die ein Rad mehr hat, als die gewöhnlichen Wand- oder Stubenuhren. Sie haben den Namen davon, weil sie 28 Tage oder einen ganzen Monat in einem Aufzuge gehen, so, daß man sie nur 13 Mal des Jahres aufziehet. Denn 13 Mal 28 = 364. Die Höhe des Aufzuges, der wagerechte Stand, und die Berechnung muß hier eben sowohl, wie bey andern Wanduhren beobachtet werden. Die Monatsuhren haben 5 Räder, und sind 2 4/5 Zoll in Lichten. Das Hauptrad von 3 Zoll gehet in 2 Tagen oder 48 Stunden, einmal herum, die Walze 1 1/2 Zoll im Diameter hat 16 Umgänge; die Umgänge sind wie Schraubenumgänge, darinn die Seite lieget, damit sie sich im Aufziehen nicht über einander winden kann. Da sich in zwey Tagen die Saite 4 1/2 Zoll abwickelt, welches in 32 Tagen 3 Ellen beträgt, und 1/2 Elle auf des Gewichtes Höhe dazu gerechnet wird, so muß die Uhr 3 1/2 Elle hoch stehen. Das Hauptrad wird im Durchmesser in 6 Theile getheilt, daß das Steigerad nicht mehr als 2 Theile davon behält, und ein jedes Rad seine verhältnißmäßige Größe bekomt. Die Berechnung der Räder ist folgende:

Das Steigerad in 1 Minu. 30. 8. 6.
Das kleine Bodenrad in 6 Min. 48. 6. 10.

Das Mittelbodenrad in 1 Stun. 60. 6. 12. — 60
Das große Bodenrad in 12 Stun. 72. 12. 4. — 12
Das Hauptrad in 2 Tag. oder 48 Stun. — 720

4
2880
60
172800

48
48
172800 | 3600 | 60 Perpendikelstriche in 1 Minute.
[illegible] | 360
[illegible]

Die Uhr bekomt 3 Weiser, nämlich Stunden, Minuten, und Sekundenweiser. (s. alle diese drey Weiserwerke) Desgleichen eine Datumscheibe. (s. Monatsring) Das Viertelschlagwerk zu Monatsuhren (s. Viertelschlagwerk) hat folgende Berechnung:

Windfang —— 6. 6.
Windfangsrad 36. 6. 8.

48 Mal der Windfang.

Herzrad 48. 6. 10.
Schlagrad 60. 6. 12. 10 Hebnägel.
Laufrad 72. 12. 4.
Hauptrad 48.

Das Hauptrad komt in 48 Stunden herum. Anstatt des Zahlrades wird eine Scheibe mit 4 Einfällen an das Schlagrad gemacht. Das Schlagwerk zur Monatsuhr hat folgende Berechnung:

Windfang —— 8. 8.
Windfangsrad 48. 6. 10.

Herzrad 60. 16. 13. 80 Mal der Windfang.
Schlagrad 78. 12. 6. 13 Hebnägel.
Laufrad 72. 12. 4.
Hauptrad 48. Dieses komt in 48 Stunden herum, und das Zahlrad wird an die Laufradsachse hinter der Uhr befestiget.

Montabiard, **Moncayar**, **Mocayar**, ein sehr feiner halbseidener Zeug, dessen Aufzug von Seide, der Einschlag aber von solcher Wolle ist, die zur Verfertigung der Sayen genommen wird. Er ist insgemein schwarz, und man machet ihn von zweyerley Arten, nämlich glatt, und gekreuzet, welcher letztere auch wol römische Serge genennt wird, ob er gleich in der Länge und Breite von solcher unterschieden ist. Denn die Moncabiarde sind insgemein zwey Drittel pariser Ellen breit, und ein Stück 23 Ellen lang. Sie werden in Flandern häufig verfertiget, und von Rüssel und Antwerpen stark in fremde Länder, sonderlich nach Spanien, zur Kleidung der Geistlichen, versandt.

Moncayar, s. vorher

Mönch, 1) (Baukunst) die senkrechte Spindel an einer Wendeltreppe, um welche sich dieselbe drehet. 2) Auch diejenige Spindel auf dem Gipfel eines Thurms oder andern Gebäudes, welche den Knopf trägt. 3) An einem Hohlwerke eines Daches, da die Dächer mit Hohlziegeln gedeckt werden, derjenige Hohlziegel, welcher mit auswärts gekehrter erhabener Seite auf zwey Hohlziegel geleget wird. 4) Im Wasserbau ist es der in die Höhe gerichtete Spund oder Zapfen, in dem Ablasse eines Teichs, welcher auch der Schutzkolben und Schlägel genannt wird, und den Teich zu- oder abzuschützen dienet; daher auch manchmal wol der ganze Ablaß mit der dazu gehörigen Rinne durch den Damm, in deren Oeffnung der Kolben passet, der Mönch genennt wird.

Mönch, **Münch**, Fr. le moin, (Schmelzhütte) der Stempel von Messing, Eisen oder vestem Holz, damit die Aschkapellen (s. Kapelle) derb geschlagen werden. Er ist unten halbkuglicht rund, und mit einem Rand versehen, welcher in die Nonne (s. diese) paßt.

Mönch einer Schrift. (Buchdrucker) Wenn bey dem Auftragen der Druckfarbe auf die Form an einigen Stellen wenig oder gar keine Farbe ist, und der Drucker seinen Gang mit den Ballen fehlerhaft genommen, und daher auf dem Bogen blaß gedruckte Stellen erscheinen.

Mönchen. (Jäger) So werden die Enden an den Hörnern der Hirsche genannt, wenn sie noch jung sind.

Mönchsbogen, (Buchdrucker) ein fehlerhaft abgedruckter Bogen, Ausschußbogen (s. Mönch, Buchdrucker)

Mönchschlag, (Buchdrucker) ein mißrathener Schlag, mit dem mit Buchdruckerschwarz beschmierten Ballen, so, daß die Farbe nicht überall gleich auf die Form kömt.

Mondenmilch, **Bergmehl**, herbißmeißische Mondenmilch, gegrabener Lerchenschwamm, Himmelmehl, Fr. agaric mineral, lait de lune, (Bergwerk) eine zarte, weiße und leichte milde Kreiden- oder mergelartige

tige Erde, deren Theile los und nicht zusammenhängend sind.

Mondensteine. Fr. Joyaux de mois. (Bergwerk) So nennt man gewisse Edelgesteine, die man, wiewohl nur willkührlich, den zwölf Monaten zueignet. Und zwar dem Jenner den Hyazint, dem Hornung den Amethist, dem März den Jaspis, dem April den Sapphir, dem May den Smaragd, dem Brachmonat den Kalzedon, dem Heumonat den Sarder, dem Erndtemonat den Sardonix, dem Herbstmonat den Chrisolith, dem Weinmonat den Beryl, dem Wintermonat den Topas, und dem Christmonat den Krysopras.

Mondenuhr, diejenige Uhr, welche bey Nacht durch den Mondschatten die Stunden anzeiget. Auch eine dergleichen Stuben- oder Taschenuhr, die das Datum des Mondes auf dem Zifferblatt anzeiget.

Mondillo, ein Getreidemaaß, dessen man sich zu Palermo bedienet. 4 Mondilli machen 1 Tomolo, und 16 Tomoli 1 Salme; 69⅓ Mondili machen 1 amsterdammer Last.

Mondirung, Mondur, Fr. Monture, Equipage, alles was zur völligen Ausrüstung eines Soldaten, sowohl was an Kleidung, als auch Gewehr, und andern Sachen, gehöret. Wozu bey der Reuterey noch die Pferde und das dazu gehörige Zeug, auf den Schiffen die bewaffnete Mannschaft und das Geschütz gerechnet werden.

Mondirungsboy, (Tuchmanufaktur) eine Art schlechter Boy, der in den brandenburgischen Staaten den Namen deswegen erhalten hat, weil er zum Unterfutter der Mondirung der Armee gebrauchet wird. Er wird von der schlechten Ausschußwolle gewebet 4½ viertel Elle breit geschoren, kömt auf der Walke eine Elle breit, und wird am Rahmen gestrichen, (s. streichen) daß er eine etwas rauhe Oberfläche erhält.

Mondirungstücher, Mondirungstücher, (Tuchmanufaktur) 2 Ellen breite Tücher, welche den Namen davon erhalten, weil sie zur Mondur der Armee gebrauchet werden. Nach dem königl. preußischen Reglement werden diese Tücher 36 Ellen lang, und 1⅞ Elle breit geschoren. Es kommen zur Kette 17 Pfund, und zum Einschlag 20 Pfund Wolle, und die Kette hat 1896 Fäden. Fertig am Rahmen ist dieses Tuch 24 Ellen lang, und 2 Ellen breit. Doch fehlt gemeiniglich ⅛ Elle an der Breite. Es wird mit Karden oder feinen Krempeln gerauhet, und aus reinem Wasser zugerichtet.

Mondkugel, Mondalter zu zeigen. (Uhrmacher) Es giebt Thurmuhren, welche des Mondes Alter, über der Weiser Tafel auf einer Kugel vorstellen und zeigen, daran man sehen kann, wenn der Mond neu, im ersten, letzten Viertel, oder voll ist. Diese Kugel wird aus Holz gedrehet, wenn es die Größe derselben zuläßt, ist sie aber gar zu groß, so wird sie aus Kupfer gemacht. Sie wird auf der einen Hälfte vergoldet, und auf der andern Hälfte blau oder schwarz angestrichen, damit sie den Neumond und Vollmond anzeigen kann. Die Größe der Mondkugel wird nach der Höhe des Thurms und Größe der Weisertafel eingerichtet; damit man sie auch in der Ferne erkennen kann. Z. B. eine Weisertafel stehet 10 Ellen von der Erde an einem Thurm in der Höhe, so ist selbige 1 Elle im Durchmesser, und muß die Mondkugel 6 Zoll im Durchmesser haben, und so von Elle zu Elle mit 6 Zoll steigen. Die Ausrechnung des Räderwerks, welches die Mondkugel treibet, ist folgende: Man mache ein Rad von 59 Zähnen, weil der Mond seinen Lauf in 29 Tagen 12 Stunden 44 Minuten und 3 Sekunden, nach dem mittlern Umgange verrichtet, so kommt sie auf 12 Stunden ein Zahn die 44' 3" können nicht mit eingerechnet werden, es beträgt aber sehr wenig in einem Jahr, daß die Mondkugel von dem Mond abweichet, und geschwinder gehet. Dann macht man auf die Weiserstange, die alle 12 Stunden herumgehet, ein und ein viertel Zoll von der Weisertafel einen Stift, welcher in das Rad von 59 Zähnen greifet, und auf dieses Rad macht man ein kleines Getriebrad von 8 Zähnen und 2 Zoll im Durchmesser, welches wieder in ein dergleichen Rädlein, 2 Zoll im Diameter und 8 Zähnen, übereck oder im Winkel greifet, worauf die Mondkugel an einer stehenden Achse senkrecht stecket. Das Rad mit 59 Zähnen ist 10 Zoll im Durchmesser. Will man auf das allergenaueste ausrechnen, wie viel die Mondkugel in einem bürgerlichen Jahre geschwinder, als der Mond, gehe; so muß man das Jahr zu 8760 Stunden, und die obigen übrig gebliebenen 44 Minuten 3 Sekunden zu Sekunden rechnen, so beträgt es in selbigem Jahr oder in 8760 Stunden, 9 Stunden, 5 Minuten 1 [illegible] Sekunden, und in einem astronomischen Jahr oder 8766 Stunden, 9 Stunden 5 Minuten 21 [illegible] Sekunden.

Mondstein, diesen Namen führet in einigen Gegenden das Frauenèis oder der Spiegelstein.

Mondwinde, halbe, (Böttcher) ein walzenförmiges Stück Holz, 1 Fuß lang, 1½ Zoll dick, welches durch eine halbe Mondscheibe von Holz gesteckt ist, so, daß es sich daran herumdrehen kann. An beyden Enden des halben Mondes ist ein Strick befestiget. Mit Hülfe dessen und des Querholzes, so durch die Walze gehet, werden die Stäbe eines Gefäßes, wenn solches aufgesetzt wird, zusammengedrehet, daß sie sich zusammen geben.

Mongopuns, Mongopoes, ein ostindischer Kattun, welcher, seiner Beschaffenheit, und seinem Ebenmaaße nach, von den Rambayen (s. diese) nicht sehr unterschieden ist. Er wird für die manillischen Inseln gebrauchet, wohin die Engländer von Madras viel führen.

Monochordium, lat. (Orgelbauer) ein Instrument, mit welchem man die Temperatur auf den Orgeln anbringt. Es ist ein langes, schmales Kästchen, etwa 4 Finger breit und hoch. Die Länge ist willkührlich, doch je länger es ist, desto leichter ist die Eintheilung. Es kann 4' auch 6' lang seyn. Die mehresten aber werden 2 Fuß lang gemacht. Man spannt daran eine Saite, und theilet die Intervallen mit dem Zirkel auf der Decke des Kastens ein, und zeichnet sie mit Linien oder Punkten. Ein darunter geschobener Steg giebt hernach den Sonum, wenn man ihn bald auf dieß, bald auf jenes abgezeichnete Pünktchen drücket, und

das

das Stück der Saite anschlägt. Man will aber dieses Instrument zur Temperatur der Orgeln nicht überall sehr gut annehmen, weil man beständig die Saite bey der Operation an sich probiren muß, ob sie mit dem ersten Klavis noch reine sey: denn eine Saite verstimmt sich leicht; zum andern schickt es sich sehr übel, eine Pfeife nach einer Saite zu stimmen. Denn beyde haben einen ganz verschiedenen Klang, und ihr Tremuliren oder Beben wird nie gleich. Ja, wenn die Saite angeschlagen wird, so wird sie etwas höher, als wenn sie sich fast wieder zur Ruhe neiget, daher sie nie gleiche Schwebung haben kann. (s. Temperatur und Stimmen)

Monodrama, s. Scene in Scene.

Monotriglyphum, griech. (Baukunst) bey dem Vitruvius eine dorische Kolonade, da zwischen zwey Säulen zur Seite nur ein Triglyphe kommet, obgleich zwischen den beyden mittlern drey stehen.

Monoxilon, griech. (Schiffahrt) war ein kleiner Kahn, zum Theil aus einem Baume, dergleichen die Römer zum Brückenschlagen gebrauchten, und nebst den Brettern und Balken, so dazu erforderlich, auf Wagen mit sich führten. Die Kähne nehmen nach dem Hä[illegible] ter die zweyte Stelle ein. Die Türken hatten im letztern Kriege dergleichen Kähne von weidenbäumenem Holze gehauen, darauf sie ihre Brücken baueten.

Monstranz. So nennt man das Gefäß von Silber, Gold oder auch von geringerem Metall, in welchem bey den Katholiken die geweihete Hostie aufbewahret, und in dem Tabernakel des großen Altars verschlossen wird. Es ist ein kleines, rundes Behältniß, das mit einem großen flammenden Stern umgeben ist, und auf einem Fuße ruhet. Es ist öfters sehr kostbar mit Juwelen ausgelegt.

Montasin, Montosin, Payas de Montasin, Fr. eine gesponnene Baumwolle oder baumwollenes Garn, welches aus der Levante gebracht wird, und die feinste Gattung unter dem Garne ist, welches man von Josselas erhält. Es wird zu 20 bis 30 Procent theurer bezahlt, als das gemeine josselassische Garn.

Monthal, Monthalgrube, (Messingwerk) eine Grube vor dem Schmelzofen, darinn die geschmolzene und in den mittlern großen Hafen zusammengegossene Mengepresse, (s. diese) so nunmehr Messing geworden ist, noch einmal gereiniget, und von den Schlacken abgezogen wird, damit es nunmehr in Tafeln gegossen werden kann. (s. Messing gießen)

Montichicour, ein halbseidener und halb baumwollener Zeug aus Ostindien, welcher nach dem pariser Maaße entweder zwey Drittel, drey Viertel, oder fünf Sechstheile Ellen breit, und 8 Ellen lang, oder auch nur ⅔ Ellen breit, und 5 Ellen lang ist.

Montiren, eine Perücke, Monturen, (Perückenmacher) eine Perücke nach dem genommenen Maaß des Kopfs auf dem Montirungskopf (s. diesen) einrichten, und die tressirten Haare und Haarlocken befestigen. Der Perückenmacher nimt zu diesem Behuf an dem Kopf der Person, die eine Perücke haben will, folgender Art das Maaß. Er mißt nämlich mit einem Papierstreifen zuerst um den ganzen Kopf herum, kurz über den Ohren, Maaß, ferner von der Stirn oder von der Spitze der Vorderhaare, bis zum Nacken, hierauf von einem Schlaf bis zum andern um den Hinterkopf, und endlich über den Oberkopf, von einem Ohr bis zum andern. Nach diesem Maaß wird nun der Montirungskopf ausgewählt. Um den Montirungskopf wird, nach Maaßgebung des jeztgenannten Umkreises der Perücke, ein Montirungsband (s. dieses) befestiget oder gespannet, dergestalt, daß es gut an den Kopf anschließet, damit die Perücke nachher einen guten Schluß erhalte. Das Band wird daher in den Falten mit Montirungsstiften (s. diese) auf dem Kopf fest angeschlagen, auch in dem Gesichte des Montirungskopfs einige derselben eingeschlagen, und an seiner Kante, mit Hülfe der Stifte, vermittelst Schnüre auf dem Kopf erforderlich ausgespannt werden. Alsdenn wird um den ganzen Hinterkopf das Netz, (s. dieses) welches durchgängig bis zum Montirungsband reicht, ausgespannt. Durch die sämmtliche Schleifen des Netzes, die in der Mitte desselben sind, wird eine Schnur gezogen, womit man das Netz im Stern oder in der Mitte, zusammenbindet, und wird mit Zwirn an das Montirungsband angeheftet. Der Stern des Netzes, der auf den Scheitel des Kopfs fällt, verschafft den Vortheil, daß das Netz nach Beschaffenheit der Stärke des Kopfs erweitert, und enger gemacht, und folglich dasselbe genau an den Kopf angeschlossen werden kann. Außerdem wird noch ein 2 Zoll breiter Streifen Glanzleinwand, oder ein Futterband, von der Spitze der Fronte an, über den Oberkopf, bis zum Hinterkopf, auf das Netz genähet, ferner auf jeder Seite dieser Leinwand ein eben so breiter Streifen von der Mitte des Vorderkopfs bis zum Ohr gleichfalls angenähet. Ueberdem nehet man noch, der Steifigkeit wegen auf der ganzen vordern Tour oder Fronte, ein Stück steife Leinwand an, damit die Perücke gut schließe. Auf diesen sämmtlichen Leinwandstreifen werden nun eigentlich die Haartressen in der Folge angenähet. (Perücken machen, Range, Etage) Das Netz dienet daher nur größtentheils zur Zierde, und bedeckt vorzüglich die Stiche, die beym Annähen der Haartressen entstehen. Das Montiren der Perücke muß vor dem Tressiren der Haare geschehen, denn nach dieser Montirung wird das Rangen- und Tourenmaaß bey dem Tressiren der Haare genommen.

Montirungsband, (Perückenmacher) ein halbseidenes Band, welches um den Umriß des Kopfs, nach dem Maaß, das am Menschenkopf genommen worden, auf dem Montirungskopf mit den Montirungsstiften angezwecket worden, und woran das Netz der Perücke, nachdem es über dem Montirungskopf ausgespannet worden, mit Zwirn angeheftet wird.

Montirungskopf, (Perückenmacher) ein ordentlicher hölzerner Menschenkopf mit einem Gesicht, worauf die Perücken montiret und verfertiget werden. (s. Montiren einer Perücke) Bemittelte Perückenmacher haben derselben verschiedene nach allen Größen. Andere behelfen sich nur allein, der der Länge nach in zwey Hälften getheilet, und vermit-

vermittelst größerer oder kleinerer Keile größer oder kleiner gemacht werden kann. Allein der Kopf verlieret hierdurch seine Lagen und Verhältniß.

Montirungsstifte, (Perukenmacher) sind nichts anders, als Tapezirernadeln, (s. diese) mit welchen das Montirungsband auf dem Montirungskopf angesteckt und befestiget wird.

Monturen, s. Montiren eine Perucke.

Moor, Sumpf, Bruche, Fr. Marengé, feuchter, sumpfigter, schwammiger Erdboden, in welchem insgemein Torf liegt.

Moosmauer, Fr. mur de pierre seche, (Baukunst) eine Mauer, welche ohne Kalk zusammengesetzt, und an dessen statt Moos genommen wird, wie solches bey feuchtem Erdboden geschiehet. Z. B. bey Brunnen.

Mopamopa, ein gewisses Baumharz in Peru, womit allerhand hölzerne Gefäße überfirnisset werden, welche hernach so schön aussehen, als die Mahlereyen auf dem chinesischen Porzelan, und so dauerhaft sind, daß weder heißes Wasser, noch scharfe und saure Sachen dieses Harz erweichen oder auflösen können.

Morastsleine, Rasensteine. (Eisenhütte) So wird in Schweden ein Eisenstein genannt, welcher an vielen Orten zu Tage ausstehet, an keinem Orte aber tiefer, als einen Spatenstich, unter der obern Dammerde ist. Er stehet nicht, wie an andern Orten im Gebirge, sondern ganz flöz- und nesterweise; und an den wenigsten Orten über 2 Fuß rheinländisch, an vielen Orten aber kaum 3 Zoll mächtig. Er ist in der Lausitz und der Mark hin und wieder zu finden, so, wie man ihn auch im Bergschlesischen hat.

Mordaxt, Mordbeil, ein altes Streitgewehr im Kriege, welches aus einer kleinen Axt an einem langen Stiele bestehet, und mit der sogenannten Streitaxt, allem Ansehen nach, einerley ist.

Mordgrube, Fr. Cuftre, (Kriegsbaukunst) ein bedeckter Gang an einer Vestung, der in einem trockenen Graben quer über mitten vor die Kourtine gelegt wird, und 6 bis 7 Fuß tief, und 15 bis 18 Fuß breit, und von beyden Seiten mit einer Brustwehre versehen ist. Heraus thut man dem Feinde Abbruch, wenn er den Graben passiret.

Mordschlag, (Artillerie) eine runde hohle Kugel von Eisen oder Metall, mit einem platten Boden, worinn ein Zündloch befindlich ist, sie wird unten in die Feuerballen, und andern Feuerkugeln eingelegt, damit sie, wenn selbige ausgebrannt sind, zerspringen und Schaden thun sollen.

Mordschlag, Prellschlag, (Bildhauer) bey der Bearbeitung eines Marmorblocks zu einer Figur, wenn das Eisen bey der Arbeit etwas ausfähret, und daraus auf dem Marmor eine matte oder zerquetschte Stelle entstehet.

Mordschläge, (Artillerie) kurze eiserne Läufe, die mit einem Musquetenschuß geladen, und in die Karkassen dergestalt eingelegt werden, daß sie durch einen Brand oder Zünder, Feuer fangen, und nach einander losgehen.

Morendorenfarbe auf Seide. (Färber) Diese wird hervorgebracht, wenn man die in Rocou gefärbte Seide, nachdem sie vorher gespült worden, noch in einer Brühe von Gelbholz und Kupferwasser netzet, welches eine helle Schattirung wird. Will man dunkle Schattirungen haben, so nimt man zu dieser Farbenbrühe noch indianisches Holz, wodurch die Farbe dunkel wird.

Morendorenfarbe auf Wolle, (Färber) das mit Brasilienholzfarbe gefärbte Zeug, wird durch aufgelöstem Vitriol mit heißem Wasser durchgezogen, und dadurch abgedunkelt. Es ist eine Farbe, die ins Purpur fällt.

Moreisen, Fr. mine marecageuse, de fer, Klumpen, die in Norwegen in Morasten gefunden werden, und zum Theil so hart sind, wie Stahl, daß sich auch die Bauren daselbst dessen zu ihren häuslichen Arbeiten bedienen.

Morgen, ein, Morgen Landes, (Landwirthschaft) ein Ackermaaß, wodurch man den Inhalt des Ackers auszudrucken pfleget. Es ist aber dieses nicht an allen Orten üblich, und auch da, wo es gebräuchlich, an der Zahl der Ruthen nicht überall gleich. So rechnen einige auf einen Morgen 120 Quadratruthen, jede 8 Ellen, oder 16 Fuß lang. Ein rheinländischer Morgen hat 600 solcher Ruthen, oder zwey Juchasten. In der Mark Brandenburg werden 300 Ruthen auf einen Morgen Landes gerechnet. u. s. w. Ueberdem haben auch wol in einem Dorfe, die Waldmorgen mehr Ruthen, denn das andere Feld, Wiesen, Weinberge rc. In der Schweiz rechnen einige auf Matten (Wiesen) soviel Gelände, als ein Mäher Vormittage, oder an einem Morgen abmähen kann. In dem Acker aber soll es soviel Feld seyn, als man mit einem Paar bejochten Ochsen von dem Morgen bis Abend umkehren, oder aufbrechen kann.

Morgengang, Fr. filon matinal, (Bergwerk) ein Gang, dessen Streichen auf dem Kompaß zwischen die Stunden 3 und 6 fällt.

Morgengänge, rechtfallende, (Bergwerk) Bergwerksgänge, welche zwischen Morgen und Mittag zu Tage ausstreichen, und ihre Donlege (s. diese) gegen Abend und Mitternacht werfen.

Morgengänge, widersinnige, (Bergwerk) Morgengänge, die gegen Abend und Mitternacht ausgehen, und ihre Donlege gegen Morgen und Mittag werfen.

Morgenlaute, (Uhrmacher) ein Uhrwerk bey Thurmuhren, welches von selbsten; nachdem es den Tag zuvor aufgezogen worden, des Morgens die Glocke lauten und anschlagen, und folglich von sich selbst lautet. Es werden hierzu zwey Werke erfordert, eins zum Lauten, das andere zum Anschlagen, und werden hintereinander gesetzet, wie eine Thurmuhr. Beyde Werke werden von hölzernen Rädern, und die Zähne derselben von starkem Messingdraht gemacht. Die Triebstücke hingegen von starkem eisernen Drahte, und die Futter- oder Zapfenlöcher mit Knochen ausgefüttert, damit das ganze Werk keine Reibung verursache, und ohne Oel gehen könne. Die beyden Haupträder des Lautewerks sind 18 Zoll, und die Herzräder 13½ Zoll im Durchmesser. Das Hauptrad zum Lauten bekomt

60 Zähne, das Herzrad 48 Zähne, und 12 Triebstöcke auf die Achse, die Windfangwelle 6 Triebstöcke, das Zählrad 48 Zähne, und einen Einfall, worein 4 Stifte von der Hauptradsachse greifen. So kommt das Hauptrad 12 Mal herum, [illegible] das Zählrad einmal herumgehet. Das Hauptrad [illegible] Hebnägel, und schlägt mit 2 Hämmern wechselsweise auf die Glocke, welches 60 Züge oder 120 Schläge beträgt. Die Ausrechnung ist folgende:

Windfang —— 6. 8.
Herzrad 48. 12. 5.
40.
Hauptrad 60. 5 Hebnägel.
Zählrad 48. 4 Stifte.

Bey 5 Schlägen läuft das Hauptrad 1 Mal herum, wie bey 60 Schlägen?

5 | 60 | 12 Mal.

Bey 1 Schlägen läuft der Windfang 40 Mal herum, wie bey 1 Schlag?

40 | 8 Mal.

5 Hebnägel erfordern 4 Stifte, wie viel Zähne aufs Zählrad bey 60 Schlägen?

240

240 | 48 Zähne aufs Zählrad.

Das Anschlagewerk, um das Lautenwerk in Bewegung zu bringen, bekomt ein Hauptrad von 54 Zähnen, und 3 Hebnägel, und wird in 9 Theile getheilet. Der erste Hebnagel kommt auf den 42, der andere auf den 48, und der dritte auf den 54 Zahn, und schlägt mit einem Hammer auf eine andere Glocke. Das Herzrad hat 48 Zähne, und 6 Triebstöcke auf der Achse, die Windfangwelle 6 Triebstöcke, das Zählrad 36 Zähne, und drey Einfälle, worein 4 Stifte von der Hauptradsachse greifen. Auf das Zählrad an der Thurmuhr wird ein Stift auf die Stunde gemacht, zu welcher Zeit das Werk frühmorgens lauten soll, damit die Thurmuhr das Lautenwerk mit einem Stift, durch eine Wippe, wie einen Wecker aufheben kann, auf das Zählrad an dem Lautenwerk wird auch wieder ein Stift gemacht, welcher das Anschlagwerk durch eine Wippe aufhebet, wenn das Lautenwerk ausgelautet hat.

Morgensprache, Fr. Entretien metallique, (Bergwerk) Zusammenkunft und Unterredung der Gewerken auf der Zeche oder Huthaus.

Morgenstern, eine veraltete Art Waffen, so in einer Stange bestand, welche an ihrem kolbigen Ende mit eisernen Spitzen und Stacheln versehen war, und 1347 erfunden [illegible] seyn soll.

Morgenuhr, eine Sonnenuhr, die auf einer Fläche [illegible], so gerade gegen Morgen gekehret ist, sie kann [illegible] Morgenuhr bis Mittags um 12 Uhr gebraucht werden.

Morillon, eine Art roher und kleiner Smaragden, die nach der Mark verkauft werden, und worein man auch halbe hat, die nicht so schön von Farbe sind. Beyde kommen in großer Menge aus America nach Europa.

Morion, Pramnion, ein ganz schwarzer aber glänzender und durchsichtiger mit einer Karfunkelfarbe untermengter Edelstein, welcher eigentlich unter die schwarzen oder dunkeln Krystallarten gehöret, von andern aber auch zu den Onyxarten gerechnet wird. Er kommt von Alexandria, Tyrus, aus Cypern, Mysien und Ostindien.

Morischke, Morischque, eine Rechnungsmünze, deren man sich zu Algier bedienet. Es giebt deren zweyerley Gattungen, nämlich einfache und doppelte. Die einfache Morischque gilt nach spanischem Gelde 1 Real de Plata, nach französischem Gelde 10 Sols, und nach unserm Gelde etwa 5 Gr., und die doppelten noch einmal soviel.

Morosdye, eine persische geprägte Silbermünze, die sonderlich zu Ispahan ihren Lauf hat. Sieben Morosdyes machen einen holländischen Thaler, daß also 1 Morosdye nach unserm Gelde ohngefähr 4½ Groschen beträget.

Morschellen, (Apotheker) aus allerley Gewürz, und auch Arzeneyen mit Zucker zusammengegossene Tafeln, die in kleine längliche Stücke zerschnitten, und theils als ein Konfekt, theils als eine Arzeney zugerichtet sind. Es giebt Herz- oder Magenmorschellen, Purgiermorschellen u. s. w.

Mörser, Feuermörser, Pöller, (Artillerie) ein grobes Geschütz, woraus man Bomben, Feuerkugeln, und andere dergleichen Feuerwerksballen zu werfen pfleget. Es wird aus Metall und Eisen, auch wol aus Holz gemacht. Die Seele, der Kessel, oder Lauf ist daran weit und kurz, weil die Kugeln, [illegible] daraus geworfen werden, groß sind. Die Kammer ist weit kleiner, weil nicht mehr Raum erfordert wird, als man Pulver zur Ladung nöthig hat. Dieser folget das Bodenstück. Der obere gleich weite Theil des Laufs heißet der Flug, der untere aber das Lager. In den ältern Zeiten hatte man noch eine andere Art Mörser, die Burschmörser hießen, und eine etwas längere Seele hatten, aus welchen man mit [illegible] in den Wall schoß, allein sie werden heut zu Tage nicht mehr gebraucht, weil man anstatt derselben jetzt die Haubitzen gebrauchet. Die Mörser werden überhaupt in zweyerley Arten getheilet, nämlich in Fußmörser und Laffetenmörser. Diese letztern sind wiederum in hangende und stehende eingetheilet. Zu diesen werden die französischen und die Blockmörser gerechnet; zu den Fußmörsern aber zählet man die Hand- und Schiffmörser; von allen aber sind die sogenannten Erdmörser oder Erdwurf (s. diese) unterschieden. (s. alle besondere Artikel)

Mörser, (Edelgesteinschneider) ein Gefäß, worinn der Diamant zu Staub gestoßen wird, um mit selbigem die Diamanten zu schleifen und zu brillantiren. Es ist eine 4 Zoll lange Büchse, die in der Achse der obern Fläche ein Loch hat, das unten rund ist, und aus einem Stempel, der genau in das Loch der Büchse paßt, bestehet. Aus guten Gründen wird erfordert, daß entweder der Stempel, oder die Büchse, aus weichem Eisen geschmiedet werden muß, doch findet man dieses selten, sondern beyde Stücke sind von sehr weichem Eisen gewöhnlich geschmiedet.

Mörser, (Eisenhämmer, Rothgießer) ein bekanntes Geräth, in welchem vermittelst der Keule harte Dinge klein gestoßen werden. Sie sind von verschiedener Größe, die größten werden vornehmlich in den Apotheken und Materialhandlungen gebraucht. Man hat sie von Eisen, die auf den Eisenhütten in Erdformen gegossen werden, auch von Meßing oder Metall, die von den Rothgießern und Glockengießern gegossen werden. Die Formen dazu werden beynahe wie die Glockenformen bereitet, die aus einem Kern, der Dicke und dem Mantel (s. alle diese) bestehen. Sie werden mit denselben Handgriffen, und von der nämlichen Materie, als zu den Glocken (s. Glockenformen) verfertiget. Man hat aber auch von Stein und Glas Mörser, die besonders in den Apotheken gebraucht werden, als z. B. von Serpentinstein, Marmor u. dgl. worinn weiche Sachen zerrieben werden.

Mörser, (Feilenhauer) ein kleiner hölzerner Mörser, worinn derselbe mit einer eisernen Keule Glas und gebranntes Horn, womit die Feilen erhärtet werden, stößet.

Mörser, (Zuckerbäcker) ein aus Marmor ausgehauener Mörser, dessen Reibekeule in einem Ringe, eines über dem Mörser hervorragenden Arms steckt, um damit bequemer die Mandeln oder Zuckermassen reiben zu können.

Mörserblock, (Artillerie) der Block oder die Laffete, worinn ein Mörser hängt.

Mörserkeule, eine eiserne oder auch metallne längliche Keule, mit welcher allerley Sachen im Mörser klein gestoßen werden. Sie haben gemeiniglich an dem einem Ende einen rundlichen dicken Knauf mit einer starken Bahn.

Mörserkerzen, Fr. Mortier, (Wachslichtzieher) Wachslichter, die nicht gerollt, sondern in Formen gegossen, und weil sie nur kurz und oben dicker wie unten sind, und beynahe die Gestalt eines Mörsers haben, haben sie diesen Namen erhalten. Es ist die einzige Art von geformten Wachslichtern, die aber niemals den Glanz haben, wie die gerollten. Die Formen worein diese Lichter gegossen werden, sind gemeiniglich von Eisenblech, und werden, ehe das geschmolzene Wachs eingegossen wird, mit Leinwand, welche in Oel getaucht, und auf einen Stock gesteckt worden, ausgeschmieret, damit, wenn die Mörserkerzen erkaltet sind, sie von der Form leicht abgehen, daher sie auch keinen Glanz haben, weil sie durch das Oel eine fettige Eigenschaft erhalten. Uebrigens werden sie mit den Handgriffen gewöhnlicher Lichter gegossen. (s. Lichtgießen)

Mortadelle, eine Art italienischer Würste von Bologna, oder auch aus Frankreich aus der Provenz. Sie bestehen aus einem Theil Schweins- und zwey Theilen Rindfleisch, werden mit Speck untermengt, mit Salz und Pfeffer gehörig gewürzt, und in die mittlern Ochsendärme gefüllt. Man macht sie von beliebiger Länge, und läßt sie an der Luft trocknen, hernach aber noch 9 Tage im Rauch hängen.

Mortaden, krause Perlen, eine falsche Gattung Perlen, von vielerley Arten und Gestalten, sonderlich lang, aber auch rund, und auf mancherley Weise fasonirt. Man braucht sie in der Handlung mit den Schwarzen in Senegal und an andern Orten in Guinea.

Mörtel, s. Mauerkalk.

Mörtel, Fr. Mortier, (Freskomaler) eine Komposition von Kalk und Sand in Wasser aufgelöset, womit man die Anwürfe zur Freskomalerey macht. (s. Freskomalerey)

Mörtel, neuer, (Baukunst) eine neue Art den Mörtel zum Mauren zu bereiten, daß er das Mauerwerk viel besser zusammen halte, als der gewöhnliche Mörtel. Eben dieser Mörtel hat die alten Gebäude der Römer und Griechen so dauerhaft gemacht. Ein französischer Baumeister, Namens Loriot, hat ihn im Jahre 1765, nach vielen gemachten Untersuchungen der alten römischen Gemäuer, entdeckt. Man nimmt zu diesem Mörtel ein Theil fein zerschlagenen und gesiebten Ziegelstein, zwey Theile Flußsand, welcher durch die Hürde getrieben worden, und von altem abgelöschten Kalk eine hinlängliche Menge, um in dem Kalkkasten, vermittelst des Wassers, wie gewöhnlich eine Auflösung zu machen, die aber genugsame Feuchtigkeit haben muß, den pulverisirten lebendigen Kalk, den man dazu nimmt, abzulöschen, von welchem man bis auf den vierten Theil der Menge des Sandes, und der gestoßenen Ziegelsteine hinzu werfen muß. Wenn alles dieses wohl unter einander vermischt und umgerühret ist, so muß man es plötzlich zum Mauren gebrauchen, indem der geringste Aufschub seinen Gebrauch unvollkommen, und gar unmöglich macht, weil er bald so hart, als ein Stein wird, der sich fast nicht zerschlagen lässet. Daher man nicht mehr von diesem Mörtel zubereiten muß, als man in der Geschwindigkeit verbrauchen kann. Die mit diesem Mörtel gebauten Gebäude werden den alten nichts an Festigkeit nachgeben.

Mörtelhaue, s. Kalkhacke.

Mörtelkelle, s. Mauerkelle.

Mörtelwäsche, Fr. bain, bouer, (Baukunst) ein etwas dünner gemachter Mörtel, welchen man zwischen die Steinfugen gießet, und mit der Mauerkelle einstößet.

Mortier, s. Mörser.

Mortier, Fr. eine runde, platte und weiche Mütze von schwarzem Sammet, oben mit einer breiten goldnen Galone verbrämt, welche der Präsident a Mortier, d. i. des Parlements zu Paris träget; hingegen trägt der Oberpräsident eine dergleichen Mütze mit zwey goldnen Galonen eine oben, die andere unten.

Mortierkanon, (Artillerie) ein Stück, woraus man Feuerkugeln schießen kann, die sonst aus den Feuermörsern geschossen werden. Es ist aber solches noch unter diejenige Dinge zu rechnen, welche man emsig suchet, aber nicht finden kann.

Mortikal, Mortical, eine Münze, die zu Fez, der Hauptstadt des Königreichs gleichen Namens, geschlagen wird, und ohngefähr 30 holländische Stüber oder 15 Gr. nach unserm Gelde beträget.

Mosa, Modius, ein venetianisches Maaß, deren 7½ eine amsterdammer Last machen.

Mosaische Arbeit, Mosaisch, Musivisch, Fr. Mosaique, (Maler, Tischler, Ebenist) eine Zusammensetzung verschiedener gefärbter Steine, oder auch Glas, nach einer Zeichnung, um damit gewisse Bilder oder Gemälde nach dem Leben darzustellen, welche so schön als Malereyen sind. Man macht sogar Portraite auf diese Art. In alten Zeiten hat man in dieser Kunst große Dinge hervorgebracht, jetzt ist sie nicht mehr in solchem Ansehen, und man findet dergleichen Stücke musivischer Arbeit nur noch in den alten Pallästen. Weil man nicht allezeit die Farben in Steinen so finden kann, wie man sie nöthig hat, um die halbe- und ganze Tinten hervor zu bringen, so ist man darauf gefallen, Stifte von glasurtem Thon oder von gefärbtem Glas zu machen, und mit den gefärbten ächten Steinen in den Kitt zusammen zu setzen, und das Ganze daraus zu bilden. Der Grund zu dieser Arbeit ist ein Teig oder Kitt, von Kalk, aus Marmor, feinem Sand, Gummi Tragant, Eyweiß und Oel, welcher in einem Rahmen nach der Größe der Vorstellung gefasset wird. Ehe man diese Arbeit anfängt, muß man seine Zeichnung, so groß, als das vorgenommene Werk, völlig entworfen haben, nämlich die Kontours, wie die Freskomaler, wozu dem Gemälde im Großen oder Kleinern, welches zum Muster dienen soll. Man ordnet nachher in flachen Körben oder Kästen alle kleine Steine von verschiedenen Tinten oder Schattirungen einer jeden Farbe; jeder dieser Steine muß eine flache und glatte Fläche, welche oben zu stehen kommt, haben; die andern Flächen werden etwas schmäler, und ein wenig höckericht gemacht, damit der Mörtel, in welchen sie eingesetzt werden, eingreifen kann. Die platte und ebene Fläche muß nicht glänzend noch polirt seyn, weil sie sonst das Licht zurückwerfen, und verhindern würde, die Farben zu erkennen. Je kleiner die Steine sind, je feiner wird das Werk, allein es kostet auch mehr Arbeit, und wird langwieriger. Es ist zwar nicht nöthig, daß die Stücke gleich groß seyn, doch ist nothwendig, daß sie genau zusammen passen, so, daß kein merklicher Raum zurückbleibe, und das ganze fertige Werk auch soviel, wie möglich eine glatte und gleiche Fläche zeigen, so, daß kein Stein vor dem andern hervorrage. Man fängt mit einem Auftrage, wie im Freskomalen (s. dieses) an: wenn er trocken ist, befeuchtet man ein wenig den Ort, auf welchen man arbeiten will, und man durchstäubet auf denselben die Zeichnung, oder man umziehet die Umrisse mit einem Stifte, wie im Freskomalen. Man trägt auch diesen den Mörtel auf, und dieser muß fein, und von gleicher Dicke auf jedem kleinen Ort seyn, und nicht über die Umrisse der Zeichnung gehen. Denn man muß solche immer vor sich sehen können, um die kleinen Steine nach den Farben darein setzen zu können. Man taucht die Stücke allemal vorher erst in Mörtel ein, ehe man sie ansetzt, und dieser muß dünner und flüßiger seyn, als der aufgetragene; man hat solchen beständig in einem hölzernen Trog in der Nähe stehen. Hat man einen kleinen Raum mit Steinen bedeckt, so muß man solche mit einem starken und dicken Linial gerade drücken, wenn der Mörtel noch frisch ist, sonst würden die kleinen Steine im Mörtel keine Haltung haben. Der herausgetretene Mörtel, zwischen den Fugen, die man aber soviel wie möglich zusammendrücken muß, wird mit einer kleinen Kelle abgenommen. Den bey der Arbeit auf den Steinen sich ansetzenden Mörtel muß man, wenn alles recht trocken ist, mit dem Messer abschaben, und das ganze Werk nach diesem mit einem Stücke weichen Holze, oder mit in Wasser fein abgeriebenen Sande abreiben, und mit reinem Wasser abwaschen. Um in dieser Malerey zu vergolden, es sey nun der Grund der Gemälde selbst, oder die Verzierungen und Gewänder, so nimt man kleine Stücken ungefärbtes Glas, befeuchtet solche auf einer Seite mit Gummiwasser, hernach legt man Goldblatt darauf; man legt nachdem diese Stücken Glas auf eine eiserne Schaufel, und diese wiederum vorn am Ofen, nachdem man solche vorher mit einem konkaven Stück Glas bedeckt hat. Man läßt diese Schaufel so lange liegen, bis die Stücken Glas, auf welche das Goldblatt gelegt worden, glühend werden, und das Gold so vest haften bleibt, daß es nicht mehr losgehet. Man setzt alsdenn die vergoldete Seite auf den Mörtel, diese Glasstücke müssen von eben der Größe seyn, als die übrigen kolorirten Steine. Damit diese Stücke Glas wohl im Mörtel fassen mögen, muß ein jedes Stück wenigstens 16 bis 18 Linien dick seyn, welche man besonders in der Glashütte dazu machen läßt. Das gefärbte Glas, welches man auch anstatt der Steine zu dieser Arbeit gebraucht, macht man in den Glashütten. Nachdem die Masse in den verschiedenen Häfen vertheilt worden, so thut man in einen jeden die Farben, welche tauglich sind, die verschiedene Tinten zu geben, (s. Glasfarben) welche man verlangt. Man fängt von der lichtesten an, und gehet bis zur dunkelsten. Wenn das Glas vollkommen geschmolzen, nimt man es mit einem großen Löffel ganz glühend, und setzt es in Haufen auf eine warme und polirte Marmorplatte, oder Kupferplatte. Man macht diese Haufen mit einer andern glatten Marmorplatte flach, bis daß sie die verlangte Dicke haben; nach diesem schneidet man sie in Stücken von verschiedenen Figuren und Größen, so wie man sie braucht. Man leget sie hernach, wie schon gedacht, farbenweise in Fächer. Die Steine, Marmorstücken und Kieselsteine von verschiedener Farbe und Größe müssen gleichfalls so geordnet seyn. Die Stückchen von glasurtem Thon, die man auch oft zu dieser Arbeit gebraucht, macht man, wie man gewöhnlich dem Thon bey den Töpfern eine verschiedene Farbenglasur giebet. (s. Glasur und Glasurarbeit) Diese Art Malerey oder eingelegte Arbeit dauret so lange als die Wand, worauf sie angebracht ist, ohne daß sich im geringsten die Farben verändern können.

Mösch, s. **Mesch**, und alle davon abstammende Wörter.

Moschee, Mosquee, (Baukunst) ein türkisches Bethhaus. Auswendig ist es mit einer Mauer umgeben, und die Eingänge sind auswendig dergestalt mit Kreuzen

 verhan-

verhangen, daß nicht nur kein Vieh hinein kommen, sondern auch die Menschen anders nicht, als gebückt, hindurch gehen können. Bey den Königlichen Moscheen sind solcher Vorhöfe verschiedene, und mit Umgängen oder Lauben, an welchen viele Zellen in guter Ordnung für die Bedienten des Hauses, oder für die Pilger und Armen angebauet, versehen. Auf solchen Vorhöfen sind Brunnen, Badstuben, und andre Oerter, die zur Reinigung bestimmt sind. An dem Hause steht eins oder mehrere Thürmchen, worauf der Ausrufer zum Gottesdienst schreyet, weil sie keine Glocken haben. Inwendig sind die Moscheen ohne alle Zierrath, außer etwa gewisse Sprüche aus dem Koran, die an die weiße Wand geschrieben sind; der Boden aber ist meistentheils mit Tapeten belegt, ohne einige Stühle und Bänke. In einem Winkel gegen Südosten ist ein Stuhl, in Gestalt eines Predigtstuhls, auf türkisch Mirabe genannt, wo der Iman oder Pfarrer sitzt, und das Gebeth ablieset.

Moskobade, s. Moskowadezucker.

Moskofske, s. Mosoffske.

Moskowadezucker, Moscowadenzucker, Moskobade, Moskowadenzucker, Maskobanzucker, Muskowazucker, roher Zucker, Fr. Moscorade, Sucre brut, (Zuckersiederey) der erste Zucker, den man aus dem Saft der Zuckerröhren zieht, woraus alle andere Gattungen von Zucker gemacht werden. Er kommt in Fässern, muß weißgrau, trocken, nicht fett oder schmierig seyn, auch so wenig als möglich, nach dem Brande oder Rauche, sondern süß und lieblich schmecken. Das gewöhnliche Faß des groben Zuckers, der gut gemacht, wohl gereiniget, gut in Fässern geschlagen, und sehr trocken ist, muß 6 bis 700 Pfund wiegen, und wenn dessen Thara von 10 Procent abgezogen wird; so bleiben netto 540 oder 630 Pfund Zucker.

Moskowitischer Damast, ein sehr seidenreicher und starker Zeug mit einem Atlaßgrund, und allerhand darein gewirkten Blumen, der zu Frauenzimmerkleidern gebraucht wird.

Moslerwein, ein guter und gesunder deutscher Wein, der auf den an dem Ufer der Mosel liegenden Bergen, am besten aber zu Dussemund zu Chusl, bey dem Städtchen Bernkassel, und bey dem Flecken Ehrach, Wehlen, Zeltingen und zu Erden wächst, und weit und breit von den Weinhändlern verkauft und verführet wird.

Mosoffske, Moskofske, Muskowske, eine kleine russische Münze, deren 2 eine Kopecke, 20 eine Griwe, und 100 einen Rubel machen. Nach unserm Gelde ist sie etwa 2 Pfennige. Es ist auch eine Rechenmünze, in welcher nebst Griwen und Rubeln zu Archangel, und andern russischen Orten in der Handlung Buch gehalten wird.

Mosque, s. Moscheen.

Most, (Winzer) neuer, ausgepreßter Wein, davon der beste ist, welcher von den ausgetretenen Trauben gleich zuerst kommt. Der andere nachgepreßte ist schon schlechter, und wenn darauf Wasser zur Vergährung aufgegossen wird, so wird er Lurke (s. diesen) genannt, welches zwar ein kühlender aber schlechter Trank ist. Je süßer der Most ist, für desto besser wird er gehalten, und werden davon zwar viele Fässer aus den Weinländern zum Vertrinken geschickt, der meiste aber zum Verbrauchen, und bis klarer Wein daraus wird, aufbehalten. Der Most ist überhaupt ein ungesundes Getränk, und weil er dennoch von verschiedenen gerne getrunken wird, so hat man allerhand Mittel erfunden, die Gährung des Mostes zu hindern, worunter das leichteste ist, daß man ein wohl vermachtes Faß voll Most in einen Brunnen oder kaltes Wasser tief einsenkt, und dadurch 6 bis 7 Monat denselben süß und frisch erhält. Denn die Kälte des Wassers verhindert die Gährung.

Mostdute, (Winzer) in einigen Gegenden, besonders in Meißen, ein Gefäß in Gestalt einer Dute, welche, wenn der Most brauset, in das Spundloch gesteckt wird, um das Verfliegen der geistigen Theile zu vermindern.

Mote, Fr. in Frankreich ein Stück Acker, fast so groß, als in Deutschland ein Morgen.

Motette, Mottete, (Musiker) eine mit Fugen stark ausgeschmückte bloß zum Singen, ohne Instrumente, den Generalbaß ausgenommen, verfertigte Musik, gewöhnlich geistlichen Inhalts.

Moth, s. Mode.

Motivo di Cadenza, ital. (Musiker) heißt, wenn die aus wechselsweise aufsteigenden Quart- oder absteigenden Quintintervallen bestehende Grundstimme Anlaß giebt, und die andern Stimmen gleichsam nöthiget, entweder der scharfen Terzie formale Cadenzen, oder, wenn anstatt der scharfen Terzie über der vorletzten Note die weiche Terzie genommen, und sie sodann zur folgenden Grund- und letzten Note der Cadenz die Septime wird.

Moulinage. So wird sowohl das Zwirnen der Seide, als auch die Maschine selbst, worauf das Zwirnen geschiehet, genannt. (s. Zwirnen der Seide und Zwirnmühle)

Mouline, Rampre, gewisse Gattungen von Wolle, die zur Tuchmanufaktur von Usseau und Sergenmanufaktur zu Beauvais mit der dritten Gattung oder der Terz, der segovischen Wolle gemischt und gebraucht werden.

Moulion, gemalter Kattun oder Zitz, die in den Ländern des großen Moguls verfertiget, und von Surate durch die Europäer herausgebracht werden.

Mousson, Muson, (Schiffahrt) ein beständiger Wind, welcher in gewissen Strichen der Meere in Indien sechs Monate unveränderlich wehet, da die folgenden 6 Monate ein Gegenwind herrschet. Man muß sich also mit seiner Fahrt nach diesen Winden richten, und die Zeit in Acht nehmen. Die Schiffsleute nennen dieß die Mussone befahren.

Mousselin, Nesseltuch, Nettelruch, ein feines, weißes, baumwollenes Gewebe. Es führet den Namen bey den Franzosen deswegen, weil es auf seiner Oberfläche niemals recht glatt ist, sondern kleine rauhe Faserchen, wie ein Moos hat. Uebrigens wird es nach Art der Leinwand

oder

oder des Kattuns auf einem gewöhnlichen Leinenweberstuhl gewebet. Es kommt hierbey nach der Verschiedenheit der Feinheit auf einem sehr gleichen und fein gesponnenen Faden an, und ist gemeiniglich 5 bis 8 Ellen breit.

Mouta, eine von den beyden Arten ostindischer roher Seide, welche von Bengalen herausgebracht wird. Sie ist nichts anders, als was man bey uns Florettseide nennt.

Mouwer, ein Getreidemaaß, dessen man sich an verschiedenen Orten in Holland bedienet. Zu Utrecht machen 6 Mudden 5 Mouwers, und 25 Mudden 1 Last. Zu Nimwegen, Arnheim und Duisburg hält der Mouwer 11 Schepels, und 8 Mouwers machen 1 Hoed zu Rotterdam.

Moy, ein portugiesisches Gewicht. Ein Moy Korn oder Salz hat 60 Alqueire oder 15 Fanegas; und 4 Moyen rechnet man auf eine Last.

Moyen-Caen, Fr. Mittel-Caen, eine Art fajonirte, gezogene oder damastartige Leinwand, die in der Gegend der Stadt Caen in der Niedernormandie gewebet wird. Sie dienet vornehmlich zu Tischtüchern und Servietten, und wird auch zu diesem Gebrauche gleich eingerichtet. Denn so halten die Stücken, die zu Tischtüchern [illegible] gebrauchet werden, 40 bis 50 Ellen in der Länge, und 1½ bis 2½ Elle in der Breite. Diejenigen Stücken aber, die zu Servietten dienen sollen, sind 44 Ellen lang und 1 1/16 Elle breit. (s. auch leinen Damast und Tafelzeug.)

Moyen-Fille. Fr. Eine Benennung in den Tobaksmanufakturen, womit die andere Art von Tobak, die von den ausgeribbten Blättern gesponnen wird, bezeichnet wird.

Mozig, s. Muzig.

Mozige Gänge, (Bergbau) diejenigen Gänge, welche kurz liegen, und nicht weit ins Feld streichen.

M. S. ist eine Abkürzung, und heißt soviel als ein Manuscript, oder ein Buch, das nur geschrieben vorhanden, und noch nicht in Druck gegeben worden.

Machlich, (Goldschmid) die gerundete Bahn des Spann- oder Planschenhammers. (s. diesen.)

Mücken, (Winzer) ein Werkzeug, womit die Weinbeeren von dem Stiel oder Kamm (s. diesen) der Traube in dem Fasse abgerissen werden, damit man solche ganz allein auspressen kann.

Mückengitter, (Nadler) ein von zarten, flachen Drath so dicht zusammengeflochtenes Gitter, daß keine Mücke hindurch kann, und anstatt der Fensterflügel im Sommer in den Zimmern gebraucht wird. Sie werden mit eben den Handgriffen, als die Papierformen der Papiermacher, (s. diese) verfertiget.

Mude, ein chinesischer Zeug, der aus Baumrinden verfertiget, und zur Handlung nach Tonquin gebrauchet wird. Man hat davon eine feine und eine gröbere Art; beyde aber halten ungefehr 13 Zoll in der Breite, und 56 Kobidos in der Länge.

Mudde, 1) ein portugiesisches Gewicht, wornach gemeiniglich das Salz verkauft wird. Es beträgt den vierten Theil einer Last, und macht zu Amsterdam 3 Scheffel aus. 2) Ein französisches Getreidemaaß, dessen man sich zu Tangern bedienet. Diese Mudde ist beynahe um ⅓ stärker, als der Septier zu Paris, indem 15 Muddes 19 pariser Septiers machen. 3) Auch ein Maaß zu Amsterdam und andern Orten in Holland, womit man das Getreide mißt. 1 Last hält 27 Muddes, oder 36 Säcke, und 4 Schepel machen eine Mudde. Dieß Maaß nennt man auch Mude.

Mudderhammer, (Wasserbau) ein eiserner platter Ring, welcher mit einem Netze von Eisendraht versehen, und an einem Stiele befestiget ist. Es dienet derselbe bey weichem Grunde und Kies einen Bach oder dergleichen zu räumen.

Muff, Kürschner, Schneider) ein bekanntes Kleidungsstück im Winter zur Verwahrung der Hände vor der Kälte. Man machet dergleichen von allerhand Thierfellen, auch andern Zeugen, sowohl für die Manns- als auch Frauensleute. Für die erstern sind solche gemeiniglich von rauchen Thierfellen, doch tragen sie auch wohl Muffen von Sammt- oder Seidenzeug. Die Muffen der Frauenzimmer sind entweder von Seidenzeug, und öfters gestickt, oder Federmuffen. (s. diese.) Die rauhen Muffen sind mit Pelzwerk, die seidenen und andern aber mit seidenen Watten oder Baumwolle gefuttert; und eine Arbeit der Kürschner und Putzmacherinnen.

Muffe, (Messingswerk) so nennt man die Hülse, wodurch die beyden vierkantigen Theile der gegeneinander gekehrten Zapfen der Welle auf dem Mühlenwerk (s. dieses des Messingswerks) vereiniget werden, wodurch der auf dem obern Zapfen gesteckte Schleifstein in Bewegung gesetzt, und wenn der Schleifstein nicht arbeitet, auf eine dieser vierkantigen Zapfen zurück geschoben wird.

Muffel, la Moufle, (Hüttenwerk) eine kleine gewölbte Schale von Thon, welche in dem Probierofen auf dem Muffelblatt stehet, darunter die zu probirenden Erze angesotten, und die Werke abgetrieben werden.

Muffel, Fr. Moufle, (Bildhauer, Maler) eine Larve oder Zierrath, welche den Kopf eines Thieres, besonders aber eines Löwen, vorstellet. Man machet sie in die Gesimse, und fast an eben die Orte, wo man die Fratzengesichter in der Baukunst anbringt.

Muffelblatt, Fr. la Tablette, (Hüttenwerk) eine von Thon gemachte und gebrannte Tafel, ungefehr 1½ Fuß lang, 1 Fuß breit, und einen halben Finger dick, worauf im Probierofen die Muffel zu stehen kommt.

Muffelheerd, der kleine Heerd in den Malzdarren, der oben zugemauert ist, doch so, daß die Flammen durch schmache zwischen den Steinen gelassene Oeffnungen dringen können. (s. Darre.)

Muffelplatte, (Hüttenwerk) eine viereckigte Platte von Thon gebrannt, die im Probierofen auf zwey thönerne Riegel unter die Muffel geleget wird.

Mühlarzt, so nennt man im gemeinen Leben auch einen Müller, der den Mühlenbau versteht.

Mühlbereiter, (Papiermacher) ein Geselle, der die Geschirre zu rechter Zeit versorget, und darauf acht hat.

Mühlbursche, s. Mühlenknappe.

Mühle, eine von verschiedenen Rädern und Getrieben zusammengesetzte Maschine, welche durch eine äußerliche Gewalt in Gang gebracht, und wodurch eine sonst starke und beschwerliche Arbeit mit besonderm Vortheil leicht und geschwinde verrichtet wird. Ihrem Gebrauch nach giebt es Korn- Getreide- oder Mahlmühlen, Stampfmühlen, Oelmühlen, Schneide- Brett- oder Sägemühlen, Walk- Papier- Lob- Bohr- Polier- Schleif- Mang- Gewürz- und Pulvermühlen, ic. (s. davon an seinem Ort.) Nach der Kraft aber, wodurch die Bewegung und der Umtrieb derselben geschieht, werden sie Hand- Roß- Wind- oder Wassermühlen (s. alle diese) genannt.

Mühle, (Strumpfwürker) so nennt man das Mühleisen nebst dessen Schrauben an einem Strumpfwürkerstuhl, vermittelst dessen die Plattinen gerichtet werden können. (s. Mühleisen.) Hinter dem Mühleisen dieser Mühle ist eine elastische Feder angebracht, welche verursachet, daß sich dasselbe bey der Arbeit schieben läßt, welches nothwendig ist, indem die Plattinen mit samt dem Unten oder Kupperwagen bey der Bildung der Maschen zurückgeschoben werden; das Mühleisen aber würde dieses hindern, weil es dichte hinter den fallenden Plattinen unter der Hölung der Unten liegt, wenn solches nicht durch die gedachte Feder könnte verschoben werden.

Mühle, s. **Mühlenspiel**.

Mühleisen, (Müller) die eiserne senkrechte Welle, woran das Getriebe sitzt, so den Mühlstein bewegt, an dem einen oder untersten Ende dieser Welle steckt, und von dem Kammrade in Bewegung gesetzt wird. Das oberste Ende dieser Welle durchbohret den Mühlstein. Mit dem untersten Ende, welches spitz zuläuft, steht es in einer eisernen Pfanne, die auf dem Steg (s. diesen) angebracht ist, und läuft auf einer stählernen Platte, so in der Pfanne liegt. Das Mühleisen muß überhaupt völlig senkrecht stehen, und wenn sich die Buchse, worin es in dem untersten Mühlstein steckt, etwas ausläuft, so muß solches darinn verkeilt werden. Auf der obersten Spitze dieses Mühleisens steckt die Haue, (s. diese) vermittelst welcher der Laufer getragen wird, welcher auf dieser Spitze, wenn die Mühle geht, mit herum läuft.

Mühleisen, (Strumpfwürker) die eiserne Stange, die im Strumpfwürkerstuhl längst dem Schwinger, (Untern) unter demselben unter der Barre liegt. Sie ist beynahe so lang, als der Stuhl breit ist, und reicht von beyden Seiten unter den Untern hervor. Sie kann durch senkrechte Schrauben höher oder niedriger geschraubet werden, und dienet dazu, die fallende Plattinen höher oder niedriger fallen zu lassen, je nachdem der Würker lange oder kurze Schlingen zu den Maschen machen will. Sollen die Plattinen tief fallen, so wird das Mühleisen niedrig geschraubet, und im Gegentheil umgekehrt.

Mühlenanker, ein Anker, womit eine Schiffmühle auf dem Fluß angehalten und befestiget wird.

Mühlenarbeiter, Fr. des laveurs, (Hüttenwerk) ein Arbeiter in Puchwerken und Wäschen, der das Puchen und Waschen der Erze besorgt.

Mühlendeiche, (Müller, Wasserbau) Deiche, die bey Mühlen angelegt werden, wo das Wasser knap, und welche aus den Nebenbächlein eines Flusses zusammen dahin gezogen werden, um im Nothfall damit die Mühle in Bewegung zu setzen. Das Wasser sammelt sich wieder in der Zwischenzeit, wenn nicht gemahlen wird. Man muß sich bey der Berechnung des Wasservorraths im Deiche in acht nehmen, daß nicht derselbe mit zu dem gangbaren Wasser gerechnet werde, weil sich endlich der Deich auch ausleert, und alsdenn es wieder Schwierigkeiten giebt, Wasser zu erhalten.

Mühlenfachbaum, (Mühlenbau) der Fachbaum an einer Wassermühle, zum Unterschied von einem Wehrfachbaum. (s. Fachbaum.)

Mühlengerüst, (Mühlenbau) das Gerüste, worinn das Wasserrad einer Wassermühle zu liegen kommt. Dieses Gerüste besteht aus den hintern und vordern Lagerhölzern, welche auf Pfähle eingezapft werden, wenn der Boden von schlechter Beschaffenheit ist. Ist er aber veste, so bleiben die Pfähle weg, und die Lagerhölzer werden nach der Setzwage aufgelegt. Hinten wird das Gerüst an dem Mühlhause verbunden, vorne aber, vor dem Rade, sind die Rahenstücken, Ständer und Kreuzbänder unter einander verbunden, vor welchen das Wasserrad liegt. Oben auf das oberste Rahenstück kommen die Querbalken zu liegen, auf welche das Wasserbett (s. dieses) kommt. (s. oberund unterschlächtige Wassermühlen.)

Mühlenhaus, (Windmüller) das Gebäude oder Haus einer Windmühle, worinn der ganze Mechanismus der Windmühle angebracht ist. (s. Windmühle.)

Mühlenknappe, **Knappe**, **Müllerbursche**, **Mühlbursche**, **Mühlknecht**, eine Benennung der Gehülfen des Müllers, besonders auf den Getreidemühlen, welche sowohl den Gesellen, als auch Lehrburschen gegeben wird.

Mühlen mit horizontalen Wasserrädern, (Mühlenbau.) Eine Mühle dieser Art hat folgende wesentliche Einrichtung: an den äußern Reifen eines Rades werden unter einem schiefen Winkel, gegen die Ebene des Rades, Schaufeln so nahe an einander gesetzt, daß das darauf geleitete Wasser, wenn das Rad herum geht, nirgends zwischen den Schaufeln durchfallen kann. Die Welle des Rades wird alsdenn senkrecht gestellt, und die Fläche des Rades ist horizontal, das Wasser wird alsdenn in einem geneigten Gerinne (wozu man sich am besten einer cylindrischen Röhre bedienet) von oben auf das Rad geleitet; und man sucht dieser Röhre eine solche Richtung zu geben, daß der Wasserstoß auf die Fläche der Schaufeln senkrecht ist, da denn dieselben, wenn dieser Stoß stark genug ist, in der einzigen Richtung, in welcher sie ausweichen können, d. i. in der horizontalen, herum laufen werden. In der Welle des Rades ist zugleich das Mühleisen (s. dieses) befestiget, welches den Läufer mit sich herum führet. An dem Balken oder der Unterlage, worauf die Spille oder

der

der Zapfen der senkrechten Radewelle läuft, ist an der einen Seite des Radgerüstes ein stark Stück mit einer Schraube angebracht, vermittelst dieser Schraube kann dieses Stück mit dem Balken und der Welle mit dem Rade höher oder niedriger geschraubet, und hiermit auch der Läufer gestellt werden, um solchen näher oder weiter von dem Bodenstein zu bringen, je nachdem das Mehl fein oder grob gemahlen werden soll. Das übrige Werk einer solchen Mühle stimmt mit andern Wassermühlen überein. Man giebt gewöhnlich diesen Rädern ausgehölte muschelförmige Schaufeln, wo das Wasser an die hohe Kante anstößt, und aus der flächern Seite abfließt. (s. Mönchs Anleitung zur Anwendung der gebräuchlichsten Maschienen Fig. 31.)

Mühlenwerk der Bleyfabrike. Ein Roßmühlenwerk, wodurch das Streckwerk der Bleye bewegt, auch durch Reibesteine das Schieferweiß zugleich zermalmet wird. Alle Theile eines solchen Mühlenwerks sind in einem Zimmer im untersten und im obersten Stockwerk der Fabrike eingetheilt. In der Mitte des Zimmers im untern Stockwerke steht eine senkrechte Welle, und ragt bis an die Decke. Einige Fuß von der Erde sind in der Welle vier starke Hölzer, so lang als es das Zimmer erlaubt, nach rechten Winkeln in die Welle eingezapft. Vier Riegel vereinigen die Bäume unter einander, und vier Streben geben ihnen Bestigkeit. An der äußersten Spitze der eingezapften Hölzer werden die Pferde eingespannt. Unter der Decke des Zimmers erhält die senkrechte Welle ein Rad, welches oben und unten Zähne hat, und also ein Stirn- und Kammrad zugleich ist. Hierdurch wird ein doppelter Zweck erreichet. Als Kammrad bewegt es das Streckwerk. (s. dieses.) Das Zimmer im zweyten Stockwerk, worinn das Streckwerk steht, ist nicht unmittelbar über dem Rade, und daher bewegen zwey horizontale Wellen diese Maschiene. Die erste Welle hat an jedem Ende ein Getriebe. Das größte von 32 Stöcken wird von dem Kammrad bewegt, und durch das zweyte Getriebe von 6 Stöcken auf dem andern Ende der Welle wird ein Stirnrad von 52 Zähnen an einer zweyten Welle in Bewegung gesetzt. Diese letztere Welle hängt durch eine eiserne Hülse mit der untersten Welle des Streckwerks (s. dieses) zusammen, und bewegt dieses. Die Zähne auf der Stirne des Rades auf der senkrechten Welle fassen aber auch zugleich in ein anderes Getriebe von 32 Stöcken, und hierdurch wird eine Mühle in Bewegung gesetzt, worauf man in der Fabrik das Bleyweiß zerreibet. (s. Bleyweißmühle.)

Mühlenwerk des Eisenhammers. Ein gewöhnliches Mühlenwerk, dessen Wasserräder unterschlächtig sind, deren Welle die Hammer, die das Eisen schmieden, in Bewegung setzt, eben so, wie auf dem Kupferhammer. (s. Mühlenwerk des Kupferhammers.)

Mühlenwerk des Kupferhammers. Dieses ist wie bey den Mahlmühlen eingerichtet, nur daß die Schaufeln der Wasserräder, die theils ober- theils unterschlächtig sind, noch einmal so stark sind, als bey den Mahlmühlen, (s.

Wassermühlen) weil sie eine stärkere Last bewegen müssen. Wenn bey Anlegung dieses Werks der Raum gespart werden soll, daß die Hammer von zwey Wellen gegen einander gekehrt angelegt werden, so ist zwischen den vier Hammern, die bewegt werden, nur ein einziger Gang nöthig. Um dieses zu erreichen, erhält die Welle zur rechten in einem Gange ein oberschlächtiges, die andere aber zur linken ein unterschlächtiges Rad, und folglich ist die Richtung bey der Bewegung der Wellen entgegen gesetzt, daß also in einem Gange vier Hammer gehen können. Zu den Wellen in diesem Mühlenwerk nimmt man das stärkste eichene Holz, damit sie nicht leicht beschädigt werden. Sie sind 24 bis 30 Fuß lang, und am Stamme 3 Fuß 4 Zoll, am dünnsten Ende aber 2 Fuß 6 bis 8 Zoll dick. Ueber dem innern Zapfen der Welle hängt ein Kessel, der auf ihn langsam Wasser tröpfelt, und beständig abkühlet. Die große Last, welche eine Welle bewegen muß, macht diese Vorsicht nothwendig. Jede Welle bewegt zwey Hammer, und sie muß auch daher zwey Kränze oder zwey Reihen Hebarme haben. (s. Zieharm.) Sie stecken tief in der Welle, und damit sie sich nicht bewegen, wenn sie die Hammer heben, als wozu sie bestimmt sind, so sind sie auf allen Seiten mit starken vierkantigen Eisen verkeilet. An jeder Seite der Zieharme und auch an den Enden der Welle liegen starke Ringe oder Bänder, damit die Zieharme bey der Bewegung die Welle nicht aufspalten. Bey der Bewegung des Mühlenwerks ergreift der Zieharm bey dem Schwengringe den Helm des Hammers, und hebt ihn in die Höhe; bey dem Niederdrücken schlägt dieser Ring auf den Preller, (s. diesen) und der Widerstand desselben verstärkt die Kraft des Hammers. Neben jedem Hammer hängt die Stämmschützenstange (s. diese) an einem Hebel, der mit dem Schützbrett auf dem Wassergerinne zusammenhängt. Der Hammerschmid kann vermittelst dieser Stange das Schützbrett erheben und erniedrigen, und hierdurch das Aufschlagewasser, und zugleich die Geschwindigkeit der Bewegung, vermehren oder vermindern. Eine der großen Wellen dieses Mühlenwerks hebt auch zwey gewöhnliche Stampfen, wodurch der Schaum beym Schmelzen und die Schlacken zu gut gemacht werden. (s. Stampfen der Krätze.)

Mühlenwerk des Messingwerks. Das Mühlenwerk, womit die Hammer, mit welchen das in Tafeln gegossene Messing zu Bleche auf der Latunhütte geschlagen wird, in Bewegung gesetzt wird. Es gleicht dem Mühlenwerk auf dem Kupferhammer vollkommen, nur sind seine Theile etwas kleiner, weil zum Schlagen dieser Bleche eine geringere Kraft hinreichend ist. Das oberschlächtige Wasserrad und die Arche (Gerinne) von Eichenholz haben ziemlich das Verhältniß der Mehlmühlen, und die eichenen Wellen sind nicht so stark, wie auf dem Kupferhammer. An der Hütte ist ein breites Gerinne mit verschiedenen Schützen, weil das Aufschlagewasser mehrere Wasserräder bey diesem Werk zugleich bewegt. Ueber dem innern Zapfen der Welle hängt entweder eben so, wie auf dem Kupferhammer, ein Kessel, oder an dessen statt führt eine Rinne, en, die mit dem äußeren Getriebe zusammen hängt, langsam Wasser hängen. Jede Welle hat drey Kränze, deren jeder 12 eiserne Hebearmen enthält, so wie auch über jedem Hammer eine Stampfschwanzstange hängt. (s. Mühlenwerk des Kupferhammers) Die Hauptwelle dieses Mühlenwerks setzt gleichfalls einen starken Schleifstein in Bewegung. Die gegen einander gekehrte Zapfen der Welle und des Schleifsteins ragen vor der Pfanne der Zapfen etwas hervor, und diese vorstehende Theile sind viereckigt. Soll sich nun der Schleifstein bewegen, so vereinigt man diese beyden vierkantigen Theile durch eine Hülse, und der Zapfen, worauf der Schleifstein steckt, wird durch diese Vereinigung von der Welle umgetrieben. Im Gegentheil aber wird die Hülse auf einen der vorgedachten viereckigten Zapfen zurück geschoben, wenn der Schleifstein ruhen soll. Auf diesen Messingwerken wird aber auch noch eine Schere und der Drahtzug durch ein Mühlenwerk in Bewegung gesetzt, das Wasserrad bewegt die Schere auf folgende Art: der lange Arm des beweglichen Schenkels der Schere trägt eine eiserne Stange an einem Gelenk, und die Stange hängt auf eben die Art mit einem starken hölzernen Hebel zusammen, der Hebel bewegt sich auf einem Bolzen in einem Balken des hölzernen Verbandes, worinn die Wellen des Wasserrades liegen, und sein langer Arm reicht bis zu einer Welle mit einem einzigen Zieharm. Bey dem Umlauf der Welle stößt dieser Zieharm den Hebel zurück, und nöthiget die Schere, sich zu öffnen. Da aber noch eine zweyte Kraft nothwendig ist, damit die Schere schneide, so ist eine Preßstange über der Welle an den Säulen des Holzwerks befestiget, welche dieses bewirket. Ein Riemen verbindet den Hebel und die Preßstange. Die Preßstange zieht den Hebel wieder zurück, wenn ihn der Zieharm nach der entgegengesetzten Richtung gebracht hat, und die Schere wird dadurch zugemacht, und sie schneidet. Die Bewegung der Ziehzangen geschiehet gleichfalls von dem Mühlenwerk. (s. davon unter dem Artikel Drahtzug des Messingwerks.)

Mühlenwerk zum Messerschleifen, (Messerfabrik) dasjenige Werk, wodurch die Schleifsteine zum Schleifen in Bewegung gesetzt werden. Ein 20 Fuß hohes unterschlächtiges Wasserrad bewegt, vermittelst seiner Welle, zwey Stirnräder. Die Zähne des vordersten Stirnrades, welches im Durchmesser ohngefehr 8 Fuß ist, fassen in ein Getriebe, das 10 Stäbe hat, und bewegen zugleich durch eine gemeinschaftliche Welle ein Kammrad, das auf der Getriebewelle steckt. Dieses setzt wieder ein Getriebe in Bewegung, welches 11 Stäbe hat, und die eiserne Spille, worauf dieses Getriebe steckt, trägt zwey Schleifsteine. Das zweyte Stirnrad der Wasserradswelle, gleichfalls 8 Fuß im Durchmesser, greift auch in ein Getriebe von der andern Seite gerade, das 8 Stäbe hat, und durch eine gemeinschaftliche Welle wird zugleich mit dem Getriebe ein Schwungrad, das 6 Fuß hoch ist, bewegt. Eine Schnur verknüpft dieß Rad mit einer Rolle, die auf einer Spille steckt, und worauf zugleich eine Polierscheibe von 6 Fuß hoch ist, so daß beyde mit der Schnur durch das vorgedachte Räderwerk herum getrieben werden. Soll diese Scheibe ruhen, so darf man nur die Schnur abnehmen. 2) Ein ähnliches Mühlenwerk zum Schleifen der Klingen in den Klingenschmieden ist von dem vorigen darinn unterschieden, daß es stärkere und auch mannichfaltigere Theile hat. Die große Welle des Wasserrades trägt zugleich ein großes Kammrad, dessen Zähne auf jeder Seite in ein Getriebe eingreifen. An der Spitze der Welle steckt ein großer Schleifstein, der ziemlich einen Fuß dick ist. Zugleich trägt eben diese Welle ein starkes Schwungrad, dessen Stirne nicht allein ausgehöhlt, sondern auch so breit ist, daß zwey bis drey Taue darauf neben einander liegen können. Diese werden mit Theer bestrichen, denn sie vereinigen, vermittelst Rollen, das Schwungrad mit zwey bis drey kleinen Wellen, und setzen diese zugleich mit dem Schwungrade in Bewegung. Die gedachten kleinen Wellen tragen Schleifsteine oder Polierscheiben, und lassen sich aus ihren Zapfenlagern nehmen, um andere dagegen einzulegen. (s. Schleifmühlen.)

Mühlenspiel, Mühle, ein Spiel, das mit 18 Steinen auf drey in einander gesetzten Quadratlinien gespielet wird, und wovon alle drey auf allen vier Seiten durch eine Linie in der Mitte durchschnitten sind. Man hat eine Mühle, wenn man drey Steine in einer Linie anbringen kann, und allemal, wenn man eine dergleichen Mühle macht, nimmt man seinem Gegner einen von seinen Steinen weg. Wer seine Steine am ersten verliert, der hat verspielt.

Mühlensteine behauen, (Müller). Dieser bekommt zwar die Mühlsteine aus den Steinbrüchen schon aus dem Groben gerundet, aber rauh und unausgearbeitet, er muß sie daher nicht allein auf der Stirn (Kranz) und auf den beyden Grundflächen behauen, sondern auch ein rundes Loch in dem Mittelpunkt des Steins nebst einem Lager für die Haue (s. diese) ausarbeiten. Zum Bodenstein nimmt der Müller gemeiniglich einen abgenutzten Läufer, der zwar seine erforderliche Breite hat, aber schon merklich dünner geworden ist. Der Läufer einer Wassermühle pflegt 5 Fuß 4 bis 10 Zoll im Durchmesser breit, und 2 Fuß, oder auch nur 18 Zoll, dick zu seyn. Steine von der letztern Dicke nennt man Dreylinge; zur Windmühle sind beyde Arten der Steine 4½ Fuß im Durchmesser breit, der Läufer 18, 22, bis 24 Zoll dick, und der Bodenstein nur 9 bis 12 Zoll dick. Wenn der Stein behauen werden soll, so zeichnet sich der Müller die Rundung des Steins in erforderlicher Größe mit einem Stangenzirkel (Steinzirkel) ab, und behauet den Stein mit den Handgriffen der Steinmetzen vermittelst der Picken. (s. diese) Mit der Spitze bearbeitet er eine Fläche des Steins erst im Groben, und ebnet sie hierauf mit der breiten Picke. Bey dem Behauen des Steins werden auf den beyden Grundflächen des Bodensteins und des Läufers, die gegen einander gekehrt sind, von dem Mittelpunkt bis zum Rande vertiefte Rinnen ausgehauen, die aber nicht nach einer geraden Linie, sondern nach einem Bogen laufen müssen. Man nennt diese Rinnen Hauschläge. (s. diese) Laufen diese Hauschläge von

von der Mitte nach der Außen auf den [illegible], so werfen sie auf dem Läufer eine gegenseitige Richtung unten, und so umgekehrt. Der Müller hauet diese Hauschläge bloß nach dem Augenmaße aus, daher ist ihr Abstand von einander zwar willkührlich, doch so, daß sie bey einem harten Steine, der allerdings der brauchbarste ist, enge, bey einem weichen Steine im Gegentheil weit auseinander eingehauen werden. Ohne dem würden in dem letztern Falle die Rämmel (die Zwischenräume) zwischen den Hauschlägen aufspringen. Steine ohne Hauschläge zerquetschen nur das Getreide, ohne es zu zerreiben, und laufen diese Hauschläge in gerader Linie fort, so setzt sich das Mehl in dieselben, folglich haben die Hauschläge den Endzweck, das Getreide zu zerreiben, zumal da zugleich auch auf den Rämmeln zwischen den Hauschlägen übergehauen wird, oder flache Kerben nach der Breite der Rämmel zwischen den Hauschlägen eingehauen werden. Zuweilen trifft es sich, daß sich einer von den beyden zusammen gehörigen Steinen beym Mahlen stärker erhitzt, als der andere, und hierdurch das Mahlen erschweret wird. Man verbessert diesen Fehler gleichfalls durch die Hauschläge, indem man diese nach einem stark gekrümmten Bogen einhauet; da denn dieser Stein das Getreide weniger zermalmet, als der andere, und sich daher auch weniger erhitzt. Wenn die Kerben auf den Rämmeln sowohl, als die Kanten der Hauschläge sich bey dem Mahlen natürlicher Weise abreiben, so muß der Bodenstein sowohl, als der Läufer, geschärft werden, so oft der Müller nur bemerkt, daß das Getreide nicht mehr erforderlich zerrieben wird. Zu diesem Behuf muß der Läufer von dem Bodenstein, nachdem vorher alles, was über und neben denselben weggeräumet worden, mit Hebebäumen und Brechstangen abgenommen, [und] sowohl die Hauschläge, als auch die Rämmel, mit der [Hau]e aufgeschärft oder von neuem vertieft werden. Nach[dem] der Läufer wieder auf den Bodenstein gebracht worden, so bemerkt man öfters, daß er nach dem Schärfen auf einer oder der andern Seite hängt, entweder weil er nicht eine schickliche Lage auf der Haue erhalten, oder weil sich das Mühleisen in etwas verrückt hat. Das erste verhütet der Müller, wenn er eine Kole gegen den obern Rand des Läufers hält, und den Läufer umlaufen läßt. Der Kolenstrich deutet ihm an, ob sich der Läufer an einem Orte erhebet, oder an dem andern neiget. An dem höhern Ort steckt er einen Span zwischen den Läufer und die Haue, und dieser verbesserte Fehler heißt die Oberlehre. Der [andere] Fehler, wenn sich das Mühleneisen verrückt hat, oder [wenn] es an Unterlehre fehlet, muß durch den Steg verbessert werden. Es eräugnet sich dieser Fehler abermals, wenn man den Läufer umlaufen läßt. Denn er schlägt an demjenigen Orte, wo er hänget, auf den Bodenstein stark. Vermittelst des Steges (s. diesen) kann man dieser Fehler gehoben werden. Der Steg, der vermittelst des Mühleisens das Mühlensteinwerk[?] und den Läufer träget, ist in der Tragebank dergestalt [eingepaßt], daß man ihn nach der Länge der Tragebank [verschieben], und in seinem Zapfenloch verkeilen kann.

[illegible] in etwas nach der andern Seite zu, so verschiebt man den Steg links, und umgekehrt. Denn mit dem Steg wird zugleich das Mühleisen gerichtet, und also auch der Läufer. Auf diese Art erhält man die Ober- und Unterlehre.

Mühlenstäbe, s. Handmühle.

Mühlen zu Pappen, (Pappenmacher) eine Maschine, mit welcher die Materie zur Pappe klein und klar gemalmet wird. Sie besteht 1) aus einer hölzernen Kufe, die die Franzosen den Stein (la pierre) nennen, weil sie ehedem von Stein war, itzt aber von Holz und eine Art von Faß ist, von 3 oder 4 Fuß im Durchmesser, und 3 bis 6 Fuß hoch, mit 8 bis 10 hölzernen Reifen, oder mit 4 bis 5 eisernen Bändern gebunden, welche man die Hälfte in die Erde eingegraben wird. Auf dem Grunde des Steins oder der Kufe befestiget man mit Nägeln, oder, wenn man will, mit hölzernen Schrauben, ein plattes Stück Holz, welches eine eiserne Pfanne von 5 bis 6 Zoll im Viereck führet. Das Loch von dieser Pfanne, auch Zapfenmutter (Fr. Grenouille oder Caisse) genannt, macht den Mittelpunkt des Bodens der Kufe, und nimmt den Zapfen eines senkrechten Baumes oder Welle ein. Die Pfanne ist ein hohles, gegossenes, metallenes Stück. Der Baum ist 8 bis 9 Fuß hoch, und 6 bis 8 Zoll im Durchschnitt; sein unterer Theil hat einen eisernen Zapfen, welcher an zwey eisernen sich rechtwinklicht durchschneidenden und viereckigt gehauenen Bändern dergestalt befestiget ist, daß sie den untern Theil des Baumes genau einschließen. Man kann diesen Zapfen des Baumes auf eine jede andere Art befestigen, wenn er nur vest hält, und durch die beständige Bewegung des Baumes, welcher arbeitet, nicht aus seiner Stelle verrückt werden kann. Der in der Kufe stehende Theil des Baumes führet um seinen Umkreis herum verschiedene Ringschrauben. Eine jede Ringschraube (s. diese) hat ein Loch, worein man ein Messer bevestiget, welches die Materie zermalmet. Diese Messer sind vier Stücke von platten und breiten Eisen, wie das Eisen der Bänder an den Kutschen, sie sind oben und unten gekrümmt, oder mit einem Winkel versehen, in Gestalt eines doppelten Winkelmaßes. Jedes Ende endiget sich in einem Haken oder Zapfen, welcher in das Loch der Ringschraube gehet. Ein jedes von diesen Messern hat 10 bis 11 Zoll Entfernung von einer Krümme zur andern, und die Arme, welche wieder an dem Baum zusammen kommen, haben 15 bis 16 Zoll. Diese Arme sind es, die in die Ringschrauben gehen, und darinn getragen werden, wie eine Thür in den Bändern, nur mit dem Unterschied, daß diese Messer nur eine sehr geringe Bewegung in ihren Ringschrauben haben müssen, damit sie sich mit dem Baume umdrehen können. Dieser also mit seinen Messern versehene Baum scheinet einem kleinen Rade oder Haspel ähnlich zu seyn, das obere Ende des Baumes endiget sich durch einen Zapfen, welcher in dem Balken der Decke läuft. Um nun diesen Baum mit seinen Messern beweglich zu machen, und die so genannte Mühle herum zu drehen, so bringt man nach oben, in einer schicklichen Entfernung von der Kufe und eigentl. Pferde, welches daraus gestellt werden soll, ein Stück Holz von ohngefähr 6 Zoll im Viereck gegen 5 bis 6 Fuß in der Länge daran an, wovon ein Ende durch ein Zapfenloch, worinn man es befestiget, mitten durch den Baum gehet, das andere aber 4 bis 5 Fuß lang, außer dem Baum, nach Art eines Galgens hervorraget, und dieses heißt der Flügel oder Arm der Mühle. Von seinem Ende gehen zwey andere Stücken Holz von ohngefähr 2½ Fuß lang, gegen 3 bis 4 Zoll ins Gevierte senkrecht herunter, welche um 18 Zoll von einander entfernt sind. Sie müssen mit dem Flügel fest eingezapft seyn, weil sie die ganze Stärke des Pferdes, welches sie anziehen soll, aushalten müssen. An diese Stücke wird das Pferd eingespannt, und indem es herumgetrieben wird, drehet es den Baum mit um, und die an demselben befindlichen gedachten Messer zerschneiden und zermalmen die in der Kufe mit Wasser eingeschüttete Pappmaterie zu einem feinen Brey. (s. Papp machen) Anstatt der beschriebenen Messer hat man auch öfters nur platte eiserne Schienen durch den Baum gesteckt, so daß ihre beyden Enden, die von einander in verschiedenen Weiten übers Kreuz angebracht sind, frey auf dem Baum stecken, und eben die Dienste verrichten, die die oben beschriebene Messer verrichten, und ohngeachtet sie keine Schneide haben, so zerschneiden oder zermalmen sie doch den durch das Bewegen des Baums sich gegen die Schienen mit dem Wasser bewegenden Pappzeug, und verwandeln ihn in den gedachten Brey, worinn keine ganze Stücken mehr vorhanden sind. Um zu wissen, ob die Materie genug zerrieben sey, nimt man etwas davon in die Hand, macht einen Ballen daraus, läßt ihn auströpfeln, und beobachtet, ob keine weiße Flecken oder Theile, die noch das Ansehen des Papiers behalten haben, darauf erscheinen: welches eine Probe ist, daß die Materie genugsam zerrieben ist, die man alsdenn zum Pappmachen gebrauchen kann.

Mühlgang, (Mühlenbau). So wird der Gang des Wassers, der ein Mühlenrad treibt, genennt, und nachdem an einer Wassermühle viel oder wenig Räder getrieben werden, nachdem hat auch die Mühle mehr oder weniger dergleichen Wassergänge, die ihr Wasser auf die Mühlräder führen.

Mühlgerinne, (Mühlenbau) das Gerinne oder der Kanal, welcher das Wasser in einer Mühle auf die Räder bringt. Man hat derselben verschiedene Gattungen, je nachdem die Absicht ist, welche sie bewerkstelligen sollen. Das Mühlgerinne eines z. B. unterschlächtigen Rades besteht aus folgenden wesentlichen Theilen: aus der Arche, dem Fachbaum, und dem Untergerinne. (s. alle diese) Zu einer wohlausgedachten Angabe eines unterschlächtigen Mühlgerinnes muß man, ehe die erste Linie auf dem Reißbrett gezogen werden kann, wissen, wie viel das Rad Wasser nöthig hat, um in der möglichst kürzesten Zeit die möglichst größesten Wirkungen zu leisten. Man muß daher zuerst die todte Kraft mechanisch berechnen, d. i. man bestimmt diejenige Kraft, welche an den Schaufeln des Rades mit der zu überwältigenden Last, nebst der Friktion des gesammten Räderwerks, das Gleichgewicht halten würde. Gesetzt sie sey = P befunden worden. Diejenige, welche dieses Gleichgewicht mit der benöthigten Geschwindigkeit überwinden, und das Rad in den vortheilhaftesten Gang versetzen soll, oder die lebende Kraft sey = V, so schließet: 4 : 9 = P : V, und also ist $V = \frac{9}{4}P$. So groß diese lebende Kraft befunden wird, so stark muß auch der Stoß des Wassers auf die Schaufeln des Rades wirken. Dieser Stoß erzeuget sich theils aus der Geschwindigkeit des über dem Fachbaum herabschießenden Wassers, theils aus der Weite des Profils. Beyde Größen können ausgemittelt werden. Was die Geschwindigkeit betrifft, so ist das wenige Gefälle, welches dem Untergerinne zugetheilet wird, ganz und gar nicht in Anschlag zu bringen. Denn dieses ist nur deswegen nöthig, daß das Radewasser, wenn es seinen Stoß auf die Schaufeln verrichtet hat, zugleich mit der Geschwindigkeit des Rades abfließe, sonst würde das Rad in seinem Laufe durch das abgematterte Wasser sehr gehemmet werden. Es ist also nur der Wasserstand über dem Fachbaume noch übrig, dessen Wirkung dem Rade die benöthigten Kräfte ertheilet. Es finden nun zwey Fälle statt, entweder ist die Höhe des Wassers über dem Fachbaume so beschaffen, daß gewöhnlicher Weise gar kein Druckwasser zu heben ist, welches sich bey einem Wasserstande von 18 Zoll oder 1 Fuß zuträgt, oder das Wasser kann, vermittelst des Schützes, noch höher getrieben werden, ohne zu wenig Wasser ins Rad stürzen zu lassen. Im ersten Fall wird $\frac{2}{3}$ einer der ganzen Höhe des Wasserstandes zukommenden Geschwindigkeit angenommen, und im andern Falle wird $\frac{2}{3}$ von der Schutzöffnung zu dem über der Schutzöffnung stehenden Druckwasser hinzugethan, und nach diesem Gefälle die mittlere Geschwindigkeit des Wassers beurtheilet. Mit diesem Stoße wird in V dividiret, und der Quotient zeigt, wie viel Quadratfuß die Schaufel enthalten muß, um genugsame Gewalt zu empfangen, das Rad mit dem erforderlichen Nachdrucke in Gang zu bringen. Das Gerinne richtet sich also nach den Schaufeln des Rades, und man muß auch die Breite desselben bestimmen. Denn, wenn die Schaufel den ganzen Stoß des Wassers empfangen soll, so muß sie auch ganz mit Wasser bedeckt werden können. Dieses geschiehet nicht, wenn sie nicht die völlige Breite des auf sie zuschießenden Fachbaumwassers besitzt. So dicke nun der Wasserstrahl ist, so breit muß auch die Schaufel angegeben werden. Die Länge aber kommt heraus, wenn mit der Breite in den vorher gefundenen Flächeninhalt dividiret wird. Die Angabe eines Gerinnes eines unterschlächtigen Wasserrades begreift also eine doppelte Arbeit in sich. Zuerst ist das Ebenmaaß der Schaufel zu bestimmen, und alsdenn erfolget die Absteckung des Gerinnes selbst. (s. Schaufelräderberechnung, auch Vorfluter.) Das Gerinne der oberschlächtigen Räder wird sehr verschieden eingerichtet. Bleibt kein Gefälle über dem Rade übrig, so läßt man das Wasser, wie es kommt, in die Schaufeln einschießen. Ist aber noch Gefälle über dem Rade und Wasser genug vorhanden, so kann durch

einen

einen Schlund zugleich ein desto schnellerer Stoß dem Rade beygebracht werden. Ein Vortheil, den sich die Bergleute bey ihren großen Kunst- und Kehrrädern sehr zu Nutze zu machen wissen. Sie laufen rechts oder links, je nachdem man durch den Schlund das Wasser auf dieser oder jener Seite einfallen lässet, sie laufen schnell oder langsam, je nachdem das Schutzbrett mehr oder weniger eröffnet wird. Ueberdem beobachten sie jederzeit eine abgemessene gleichförmige Bewegung.

Mühlmeister, Mühlsteiger, Waschsteiger, Fr. le Maitre bocardeur, (Hüttenwerk) ein Hüttenbedienter, welcher die Aufsicht über die Arbeiter und Arbeit einer Erzmühle oder eines Pochwerks hat.

Mühlmeister, Müller, ein Mann, der einer Mühle vorgesetzt ist, oder der auch Eigenthümer einer Mühle ist, gemeiniglich auch den Mühlenbau versteht.

Mühlpfanne, s. Pfanne.

Mühlpfahl, s. Sicherpfahl.

Mühlrechen, (Mühlenbau) ein Werk von nahe beysammen stehenden Pfählen an den Wassermühlen vor oder am Ende des Mühlgrinnes, damit nichts Schädliches auf die Räder falle.

Mühlstange, s. Mühleisen.

Mühlsteiger, s. Mühlmeister.

Mühlstein, (Bergwerk, Müller) eine Art des Sandsteins, welcher aus kleinen und ebenen Theilen besteht, die aber so genau an einander stehen, daß sie kein Wasser durchlassen. In diesem Verstande wird der Name von dem rohen und noch nicht zugerichteten Stein genommen. Er bedeutet aber auch einen rund gehauenen und dergestalt zugerichteten Stein, daß er in der Mühle zum Mahlen gebraucht werden kann. (s. Mühlstein hauen.)

Mühlwagen, ein Wagen, der das Mehl nach und von der Mühle fahret. Er soll in Städten von rechtswegen keine beschlagene, sondern niedrige Puffräder (s. diese) haben. Eins, höchstens zwey beschlagene Räder sind erlaubt, weil durch das viele Fahren der großen Last das Pflaster der Straßen zu sehr beschädiget würde.

Mühlwagen, Fr. chien du Moulin, (Papiermüller) in einer Papiermühle die verschiedenen Stücken von starkem Eichenholz, die in dem Boden des untersten Stockwerks eingegraben sind, und worauf das ganze Zimmerwerk der Mühle besteht. Sie sind der große Wellbaum und seine Angewelde, der Baum mit den Stampflöchern, die Schrauben, und die Stampfen.

Mühlwehr, (Mühlenbau) ein Wehr (s. dieses) vermittelst dessen das zu einer Wassermühle nöthige Wasser aufgedämmet und auf die Mühle geleitet wird.

Mühlwerk, ein jedes Werk, oder eine jede Maschine, wo vermittelst angebrachter und in Bewegung gesetzter Räder, Dinge gemahlen, zerstampft, geschliffen, zerschnitten u. s. w. werden. (s. Mühle.)

Mühsam, Fr. faligude, (Kupferstecher) wird von einer Manier in Kupfer zu stechen gesagt, sie besteht aus vielen ohne Ordnung in einander laufenden Strichen und Punkten, welche eher einer Zeichnung, als einem Kupferstiche ähnlich sind. Diese mühsame Manier ist der Leichtigkeit des Grabstichels, oder der leichten Manier, entgegen gesetzt.

Muid, Mui, ein großes Maaß in Frankreich zu trockenen Waaren. Es ist aber kein wirkliches Inhaltsmaaß, mit welchem man dergleichen Waaren ausmessen kann, sondern nur ein Rechnungs- oder Schätzungsmaaß verschiedener anderer Maaße; dergleichen der Septier, die Mine, der Minot, und der Boisseau sind. Es ist auch nicht überall gleich, sondern nach Verschiedenheit der Orte und der Waaren gar sehr unterschieden. Zu Paris z. B. hält der Muid Weizen, Roggen u. dgl. die gestrichen gemessen werden, 12 Septiers, jeder Septier zu 2 Minen, die Mine zu 2 Minots, der Minot zu 3 Boisseaux, und dieser zu 4 Quart oder 16 Litrons gerechnet. Er wiegt 2880 Pfund nach dem Marktgewichte, indem der Septier 240 Pfund wiegt. Sein Verhältniß zu dem Amsterdammer Maaß ist diese, daß der Muid, oder welches einerley ist, 12 Septiers zu Paris, 18 Amsterdammer Mudden, und 19 Pariser Septiers 1 Amsterdammer Last machen. Der Muid Haber hingegen ist noch einmal so groß, als der Muid von anderm Getreide und Hülsenfrüchten u. s. w.

Muid, ist auch eine von den neun Gattungen von Gebinden, oder ordentlichen Gefäßen, deren man sich eigentlich in Frankreich bedienet, um sie mit Weinen und andern Getränken zu füllen. Er wird in halbe Muids oder Feuilletes, viertel Muids, und achtel Muids eingetheilet, also, daß ein Muid 2 halbe, 4 viertel, und 8 achtel Muids hält. Der Muid hält 36 Septiers, und jeder Septier 8 Pinten nach dem Pariser Maaße, daß also der Muid 288 Pinten, der halbe 144, der viertel 72, und der achtel 36 Pinten hält.

Muken, ein Getreidemaaß zu Antwerpen, vier Muken machen ein Viertel, und 37½ Viertel eine Last.

Mul, eine Art von feinem und schlechtem Nesseltuch, welches aus Ostindien gebracht wird. Es ist ohngefähr ¾ Ellen breit, und die Stücken sind 16 Ellen Pariser Maaß lang.

Muld, Fr. Terreau, (Bergwerk) die schwarze fette Erde, welche die übrigen Lagen bedeckt.

Mulde, It. navetto de piomb, Saumon de plomb, (Bleyhütte) eine längliche viereckigte Form, darein das Bley gegossen wird. Der Name kommt von Mulde her, damit man an manchen Orten einen Berg oder andern kleinen Trog benennt. Auf den Saigerhütten nennt man sie Frischpfannen.

Mulde, Molde, Mulle, ein längliches, ausgehöltes, und am Boden rundes hölzernes Gefäß, welches nach seinem unterschiedenen Gebrauch von verschiedener Größe ist, auch einen Beynamen erhält; so hat man Wasch- Back- Fleischmulden, u. a. m. Das Holz von den Pappelbäumen ist sonderlich gut, Mulden daraus zu machen, und werden solche gemeiniglich von den Landleuten, die sich darauf legen, verfertiget. Die Handgriffe dabey sind sehr einfach; der Kloz zu einer Mulde wird erst aus dem Breiten mit dem Beil zugehauen, die länglichen Höhlungen derselben mit Schrotmessern ausgehauen, mit runden Schneidemessern völlig ausgeschnitten, und mit solchen, wie auch mit geraden Schneidemessern, geebnet, und in- und auswendig derselben die gehörige Gestalt gegeben. Oefters wird auch nur zuerst die Höhlung der Mulde ausgehauen, und nachher mit runden Schneidemessern völlig ausgebildet.

Mulden. (Bergwerk) die Vertiefungen in den söhligen Flötzen (s. diese). Nicht selten sind die Flötze in den Mulden reichhaltiger, als in den Rücken oder Erhöhungen, wo sich das Dach öfters auf die Sohle legt. Die Mulden werden Graben genennt, wenn sie viel länger als breit sind, hingegen aber Pfeiler, wenn sie eine [illegible] Figur haben.

Muldenbley, s. Mullenbley.

Muldengewölbe, (Baukunst). Eigentlich ein Tonnengewölbe, (s. dieses) wird aber an beyden Enden mit einem halben Kugel-, Kessel- oder Chorgewölbe geschlossen, und nach dieser Art, welche man erwählet, wird es auch am Ende in dem Grundrisse durch punktirte Linien angedeutet.

Mulet, (Schiffahrt) ein portugiesisches Schiff von mittelmäßiger Größe, dreymastig und mit lateinischen Segeln. (s. diese.)

Mullenbley, Muldenbley, fr. Barrique de plomb; (Bleyhütte) das noch nicht mit Zinn oder anderm Metall vermischte, und noch nicht in der Arbeit gewesene Bley, wie es aus der Mulde gekommen.

Müller, s. Mühlenmeister.

Müllerwam, (Müller) eine kleine Art an einem langen Seil, welche die Mühlknechte auf ihren Reisen, und zur Zierde, zu tragen pflegen, die ihnen aber in vielen Gegenden itzt verboten sind.

Müllerbursche, s. Mühlenknappe.

Müllerfarbe. (Färber) eine ins bläuliche fallende Farbe. Man nimmt 1½ Pfund fein gestoßene Galläpfel auf 24 Pfund Wolle mit gewöhnlichem Wasser in einem Kessel, läßt die Galläpfel sieden, alsdenn thut man die Waare hinein, wendet sie darinn eine Stunde lang gut um, hernach windet man sie aus, und giebt nach und nach genugsame Grünholzbrühe darunter, bis man siehet, daß die Farbe zum Vorschein kommt. Denn gespühlt, so ist sie fertig.

Müllerwage, Setzwage, (Mühlen- und Bergbau). Ein Werkzeug, womit die Gefälle des Wassers zum Mühlenbau untersuchet und abgewogen werden. Es bestehet aus zwey senkrechten Stäben, drey Ellen lang, und 1½ Zoll ins Gevierte dick, von gutem harten Eichenholz. Unten haben sie stählerne Spitzen, oben aber eiserne Ringe, um sie vor dem Spalten zu bewahren. An jedem Stab sitzt eine eiserne Hülse, welche man auf und nieder schieben, und mit einer Stellschraube befestigen kann. Diese Hülsen sind 3 Zoll lang, und ½ Zoll stark. Oben gehen aus den Hülsen eiserne Arme heraus, so nach einem rechten Winkel angelöthet, 3 Zoll lang, ½ Zoll stark seyn, und am Ende einen Schenkel haben, daß das Wagscheid nicht abgleitschen kann. Das Wagscheid, so horizontal auf diese beyde Stäbe gelegt wird, ist ein 6 Zoll gleich breiter Stab, 16 Fuß lang und 1 Zoll dick, der in den anderen Armen der Hülsen zu liegen kommt. In der Mitte dieses Wagscheids ist die Bleywage, (s. diese) die bloß 1½ Elle lang, und 1 Elle 5 bis 6 Zoll hoch ist. Man pflegt da, wo der Faden mit dem Loth spielet, oder wo die senkrechte Linie aufgerissen wird, die Scheibe mit Elfenbein, so gut polirt ist, anzulegen, damit das Bley leicht und ungehindert die gedachte senkrechte Linie einspielen kann. Gedachtes Bley wird auch vor dem Wind mit einer hellen Glastafel verdeckt. Um nun mit diesem Werkzeuge die Gefälle der Wasser abzuwiegen, so muß man erst untersuchen, ob die Mühlenwage eine horizontale oder Wassergleiche Linie zeiget. Dieses wird auf folgende Art gefunden: Man setzt die Bleywage auf das Wagscheid, und läßt die eine Hülse an den Stäben so lange auf und abschieben, bis der Faden des Bleyes in die senkrechte Linie der Wage einspielet; so bald dieses geschehen, muß man die Hülse fest schrauben, und die Wage umwenden. Zeiget sich nun in diesem verwendeten Stande ein Unterschied, daß der Faden des Loths nicht wie zuvor einspielet, so ist sie unrichtig. Um sie nun völlig in Richtigkeit zu bringen, muß man sich merken, nach welcher Seite das Loth ausschlagt, wenn es nach der einen Seite ausschlägt, so ist die Wage auf der entgegengesetzten Seite zu hoch; derohalben streicht man etwas an dieser Seite einen guten Span weg, und dieses wird so lange fortgesetzt, bis endlich der Faden des Loths in allen Wendungen, so auf einer horizontalen Fläche mit der Wage gemacht werden können, die senkrechte Linie decket. Nun muß man noch zur Operation einen Maaßstab von 6 Ellen lang und 1 Zoll dick haben, der in Fuße und Zolle eingetheilt ist. An diesem Maaßstabe ist eine Hülse angebracht, von welcher ein Schenkel 1½ Zoll lang, rechtwinklicht herausgehet, und vermittelst einer Schraube nach beliebigen Zollen, wenn es nöthig ist, fest gestellet werden kann. Es müssen aber noch zwey Personen bey dieser Arbeit seyn, und an dem Orte, wo man anfangen will zu wägen, wird ein Pfahl dem Wasser gleich eingeschlagen. Auf diesen Pfahl setzt man den Maaßstab senkrecht, und läßt ihn darauf fest halten, zuvor aber die daran befindliche Hülse so weit in die Höhe schieben und fest stellen, daß sie ein Stück über das Ufer des Wassers vorragt. Denn schlägt man den ersten Wagestab am gegenseitigen Ufer ein, und legt das Wagescheid auf den Arm der Hülse des einen Wagestabes, so wie auch auf den Schenkel der Hülse des Maaßstabes, alsdenn setzt man die Bleywage auf das Wagscheid, und läßt durch den einen Gehülfen die Hülse am Stabe so lange auf und nieder schieben, bis der Faden des Loths an der Wage die senkrechte Linie decket. So bald solches geschiehet, läßt man die gedachte Hülse fest schrauben, und den andern Wagestab nach der Länge des Wagescheids am Ufer des Wassers, oder in der Linie, nach welcher das Wägen geschehen soll, einschlagen, das Wagescheid gleichfalls auf die an den Hülsen der Stäbe befindlichen Arme auflegen, und durch Hülfe der Hülse, wie vorher, so lange erhöhen und erniedrigen, bis der Faden ebenfalls die senkrechte Linie, auf der Waage deckt, und das Waagscheid die waagerechte Horizontallinie zeiget. Nach diesem ziehet man den ersten eingeschlagenen Waagestab heraus, und schlägt ihn von dem letztern wieder nach der Weite des Waagscheids ein. So wird immer, wie vorher, von Weite zu Weite bis zur [illegible] verfahren. Das Steigen und Fallen der Linie wird jederzeit besonders aufgeschrieben, und [illegible] die Summe des Fallens von der Summe des Steigens abgezogen, woraus der Rest alsdenn das wahre Gefälle eines Flusses anzeiget. Die Arbeit mit einer solchen Waage ist zwar langsam, aber richtig, und man kann so leicht keinen Fehler, als mit Waagen mit Dioptern oder Visiren, begehen: denn bey Ablesung großer Distanzen oder Gesichtslinien muß man wohl auf die Refraction der Luft Acht geben, welche verursachet, daß man die Gegenstände höher siehet, da es denn fast niemals ohne Fehler abgehen kann. Hiernächst ist auch zu merken, daß die scheinbare Horizontallinie, so durch die Visiere abgesehen wird, sich über die wahre erhebe. Mit der Mühlenwaage aber gehet alles sehr genau zu, nur daß man in einem Tage nicht mehr als eine Viertelmeile abwiegen kann.

Mühlkrapp, Gemeinröthe. Eine Gattung Färberröthe, welche unter allen die schlechteste ist, und von den Würzeln und Abgängen der übrigen Färberröthe gemacht wird. (s. Krappfabrik.) Wenn die erste 24 bis 30 Gulden der Centner, kostet; so kostet diese 3 bis 5 Gulden.

Mulm, Fr. mine noire molle en foie, (Bergwerk). Ein mulmiges, dunkles, insgemein schwarzes, milbes, gleichsam erdiges Erz, welches die Finger schwärzlich macht, und [illegible] Silber hält, wie denn öfters Körnchen von [illegible], [illegible] oder rothgülden sichtbarlich darinnen [illegible]. Auch im Wallerius Mineralogie wird es Schwarzerz, Schwarzgüldenerz genennet. Es ist [illegible] [illegible], und hält immer, außer dem Silber, noch Bley.

Mulm. (Forstwesen) So wird die Fäulniß im Holz genennet, der besonders die Rothbuche sehr unterworfen ist; denn wenn von derselben ein Ast abgehauen wird, so pfleget solcher [illegible] wenig Jahren mulmicht zu werden; auch [illegible] werden auch leicht alle Bäume mulmicht, welche den Regen nicht dauren, als: Erlen, Sahlweiden, Espen etc.

Mulsum, s. Meth.

Mumme, ein sehr starkes Hopfenbier aus gedörrtem Malz, welches von einem Bierbrauer gleiches Namens zuerst in Braunschweig gebrauet worden, daher man es auch gemeiniglich braunschweigische Mumme nennt. Es ist ein sehr [illegible] Bier, welches, besonders das doppelte, weit und breit versandt wird. Es hat einen [illegible] und angenehmen Geschmack, und ist von dunkelbrauner Farbe. Je weiter dieses Bier versendet wird, desto lieblicher, stärker und [illegible] soll es werden. Man hat zweyerley, doppelte und einfache.

Mummengold, Fr. Pyrite jaune dorée, ein Kieß, so im Halbkräutchen von der See an das Ufer getrieben wird, sonderlich bey der Insel Helgoland.

Münch, Gaipelkopf, Göpelkopf, (Bergbau) der oberste Knopf an einem Pferdegöpel, worein die Sporen des Göpels oberwärts besestiget werden. Er steht auf dem obersten, 8 Zoll dicken Kranz, und ist 1 Fuß dick.

Münch, (Wasserbau) bey einem Teiche eine auf dem Grundgerinne stehende, und wie eine Krippe ausgehöhlte Säule, deren vordere Oeffnung mit wohlpassenden Brettern zugesetzt werden kan, wodurch das Wasser im Teiche so hoch getrieben, als die Bretter zugesetzt, und im Gegentheil so tief abgelassen werden kann, als die Aufsatzbretter weggenommen, und folglich ganz abgelassen werden kann, wenn die gesammten Aufsatzbretter nach und nach weggenommen werden.

Mund, (Artillerie) heißt zuweilen der Diameter der Kugel eines Stücks. (s. Mündung.)

Mundiren, (Messingwerk) wenn mit dem Kalfal (s. diesen) der geschmolzene Messing, indem er aus dem kleinen Tiegel, worinn er geschmolzen worden, in den größern Tiegel eingegossen wird, abgeschäumet wird, und man die Unreinigkeit davon abnimmt. Der Schaum fällt über den Schmelztiegel, wie eine Floßlatte, weg in die Grube, das Messing aber fließt in den leeren Tiegel. (s. Messing schmelzen).

Mundloch, an Wasserkünsten die äußerste Röhre, aus welcher das Wasser senkrecht steiget.

Mundleim, wird aus Hausenblasen, Abschnitzeln von saubern unbeschriebenem Pergament, und etwas Zuckerkandis bereitet, welches zusammen im Wasser sieden gelassen wird. Hernach gießt man es ab, und wenn es zu einer Gallerte geworden, schneidet man es in schmale Streifen, die man wohl trocknen läßt. Dieser Leim ist lauter, stärker nicht, wie der andere, und wird von den Buchbindern und andern Künstlern viel gebraucht.

Mundloch, Stollenmundloch, Fr. entrée du conduit, (Bergwerk) der Eingang in den Stollen, wo damit im Gebirge angesessen worden, es soll solches, wie der Stollen selbst, fünf viertel Lachter hoch, und eine halbe Lachter weit genommen werden, damit man ungehindert darinn fahren, und mit dem Hund oder Karrn laufen kann, auch noch Platz zur Wasserseige unter dem Tragewerk übrig bleibe.

Mundloch, Fr. l'embouchure de la Moufle, (Hüttenwerk) die obere Oeffnung des Probierofens, durch welche die Proben eingesetzt und ausgenommen werden.

Mundmehl, eine besonders in Oberdeutschland übliche Benennung des feinsten Weizenmehls, so wie es zu Gemmeln auf großer Herren Tafeln gebrauchet wird.

Mundnagel, Fr. clou de bouche, (Nagelschmid) vierkantige Nägel für die Dachdecker und Maurer, die diesen Namen führen, weil sie von den Arbeitern im Munde gehalten werden, ehe sie solche einschlagen. (s. auch Lattennagel.)

Mundoblaten, Siegeloblaten, (Oblatenbäcker) Oblaten, die zum Siegeln der Briefe gebraucht werden, wovon sie auch den gewöhnlichen Namen erhalten haben. Den ersten erhalten sie davon, weil man sie, wenn man damit siegeln will, in dem Mund anfeuchten und erweichen muß. Sie werden von den größern Oblaten (s. diese) mit einem Stecheisen ausgestochen, und in Schachteln verkauft. Man hat Mundoblaten von verschiedenen Farben. Zu den gefärbten Oblaten wird die Farbe beym Einrühren des Teiges hinzu gesetzt. Zur rothen Farbe wird Zinnober oder Mennige; zur gelben Gummigutti; zur blauen Berlinerblau; zur schwarzen Ruß; zur grünen Bergblau mit Gummigutti vermischt genommen. Alle diese Farben werden mit Wasser abgerieben, und in erforderlicher Menge dem Teige beygemischt. Nur der Ruß muß mit Branntwein vor dem Reiben gelöschet werden, sonst vermischt er sich nicht mit dem Teig. (s. Oblaten backen.)

Mundpfropf, Deckelpfropf, Spundzapfen, (Artillerie) ein nach der Mündung des Stückes gedrehter Pfropf, der vor die Mündung gesteckt wird, damit der Lauf reinlich bleibe, und das Stück jedesmal zur Ladung fertig sey.

Mundpomade, (Apotheker). Eine Pomade, die man gebraucht, die Lippen damit geschmeidig zu erhalten, sie wird aus verschiedenen Oelen und andern Essenzen zusammengesetzt.

Mundreifen, Fr. l'astragale de Volée, (Artillerie) die vordere Verstärkung an der Mündung (s. diese) eines Stücks.

Mundrohr, (Büchsenmacher) das vornehmste Stück einer Ziehbank, worauf ein Büchsen- oder Flintenlauf gezogen wird, d. i. wo der Lauf in seiner Seele Windungen nach einer Schneckenlinie, oder spirale Linien, Drallen erhält. Dieses Mundrohr ist ein gewöhnlicher, aber starker Büchsenlauf, der in seiner Seele vier dergleichen gewundene Reifen, und also auch eben so viel Vertiefungen, die noch nicht einen Viertelzoll tief sind, hat. Man kann sich am besten diese Windungen unter dem Gewinde einer Schraubenmutter (s. diese) vorstellen. Dieses Rohr und seine spirale Linien müssen die spiralen Linien eines Büchsenlaufs bestimmen, und da diejenigen spiralen Linien in einer Büchse für die besten gehalten werden, die erst nach zwey Fuß in die Linie der Seele wieder zurück kommen, worinn sie ihren Anfang nahmen, so müssen besonders diese Linien sich gleichfalls in dem Rohr nur nach zwey Fuß einmal herum winden. (Man sehe den Artikel Ziehbank, wo diese Sache deutlicher erkläret werden wird.)

Mundschraube, Mundspiegel, (Chirurgus) eine Art von kleinen Schrauben, den Mund in der Mundklemme, eine Krankheit des Mundes, damit von einander zu schrauben.

Mundseite, (Koch) in fürstlichen Küchen diejenige Seite der Küche, auf welcher allein die Speisen für die herrschaftliche Tafel zubereitet werden; im Gegensatz von der Hofseite, wo für den Hofstaat solche zubereitet werden.

Mundspatel, (Chirurgischer Instrumentenmacher) ein Spatel, (s. diese) der an seiner Spitze einen halbmondförmigen Ausschnitt, und den Namen daher erhalten hat, weil der Wundarzt in dem Ausschnitt des Spatels in dem Munde die Haut unter der Zunge ergreift, wenn er einem Kinde die Zunge lösen will.

Mundspiegel, s. Mundschraube.

Mundstein, (Landwirthschaft) an einigen Orten der Gränzstein eines befreyeten Bezirks.

Mundstück, Fr. Volée, 1) (Artillerie) der vorderste Theil eines Stücks, woran die Mündung ist, und der bis an das Schildzapfenstück geht. 2) (Orgelbauer) an einer Pfeife des Schnarrwerks das Holz, worinn das Röhrchen mit dem Blatte und der Zunge steckt. Solches Mundstück steckt in dem Kopfe, der auf der einen Seite dieses Mundstück, und auf der andern Seite den Körper oder die lange Röhre hat, wodurch der Schall, den das Mundstück macht, gehen muß. Es sind also Mundstück, Kopf und Röhre die drey Hauptstücke einer solchen Pfeife, in welche sie kann zerleget werden.

Mundstück, Fr. anche, (Hoboenmacher) das vorderste Röhrchen, oder der Theil, woran ein Basson oder Hautbois geblasen wird. Es wird von zwey Hälften Rohr zusammen gesetzt, dessen beyde vorderste Theile platt und zusammen gehen, und sehr genau passen müssen. Das unterste Ende wird mit einem starken Faden dicht umwickelt, so daß weder da, noch an den Seiten des vordern Theils, Luft durch kann. Es verfertigen diese Mundstücke gemeiniglich geschickte Basson- und Hautboisbläser.

Mundstück, (Orgelbauer) dasjenige Stück an den Orgelpfeifen des Schnarrwerks, als Posaunen, Trompeten u. s. w. durch welche der Wind in die Pfeifen bläst. Es ist eine rundlich gestaltete Rinne von Messing, an einem Ende offen, sonst von Metall. Diese Rinne wird von oben mit einer flachen Messingplatte, deren Dicke groß ist, wenn die Rinne dick, lang und breit ist, genau als ein Schiebedeckel auf einem Kästchen bedeckt. Man nennt es die Zunge, und es muß dicker seyn, wenn es mit dem Hammer nicht sehr hart geschlagen worden, und so umgekehrt. Ganz gerade flach aber ist die Zunge nicht, denn sonst würde sie, als eine Klappe, die Rinne genau verschließen, und der Wind würde sie daran genau andrücken; man macht sie also ein wenig aufgeworfen, oder bauchig flach, und so findet der Wind unten zwischen der Rinne eine Oeffnung oder Spalte, um in die Rinne einzudringen, die Zunge zu erschüttern. Diese schnelle Schwingungen der Zunge geben einen feinern, die langsamen aber einen gröbern schnarrenden Ton. Um ein Mundstück zu machen, muß man eine schickliche Form von Eisen, Kupfer oder Zinn wählen. (s. Mundstückform.) Man schneidet nach dieser Form mit der Blechschere eine Messingplatte aus, steckt solche in glühende Kohlen, bis das Messing etwas glühet; zieht sie sachte aus dem Feuer, denn glühender Messing bricht, und läßt sie erkalten; stampft alsdenn die Platte in den Rinnen der Form allmählich, glühet es halb gestampft noch einmal, welches bey großen Mundstü-

[illegible] Mal wiederholt werden muß, wird [illegible] sie völlig [illegible]. Endlich rundirt man das Mundstück auf dem Spieße, (s. dieses) Man steckt dasselbe nämlich ins Mundstück, schlägt auf einem Amboße das Mundstück am Kopfe an den Seiten, bis es überall am Spieße anschließt. Nachher richtet man den Rand des Mundstücks auf einer geraden Feile überall recht gerade, und die innere Rinne [illegible]. Das schwarz angelaufene Meßing wird wie gewöhnlich gesotten. (s. Sieden des Meßings.) Man giebt ihnen gewöhnlich ein wenig mehr inwendige Tiefe, als die innere Breite beträgt. Den dickern Theil [illegible] man zum Kopfende. Eine sich ereignende Ritze kann [gelöthet] werden, nachdem man die Stelle beschabet und mit Harz gerieben. Die Länge und Breite der Mundstücke ist verschieden, das größte Mundstück ist 5½ Zoll pariser Maaß lang, und 11 Linien 1 Gtr. breit; das kleinste 11 Linien lang und 1 Linie breit. Man hat überhaupt 13 Arten Mundstücke von verschiedenen Größen.

Mundstück, Fr. Chape, (Schwerdtfeger) der oberste um die Scheide eines Seitengewehres befindliche Beschlag. Er sey von Meßing, silbern oder andern Metallen gegossen.

Mundstück, Gebiß, (Sporer) das Stück an einem Pferdezaum, welches dem Pferde ins Maul gelegt wird, wenn man solches aufzäumen. Es giebt deren nach Art der Pferde und ihres Gebrauchs verschiedene Gattungen. Junge und rohe Pferde zum Gehorsam zu bringen, braucht man geschlossene Mundstücke (s. dieses) oder Hohlbisse, auch Münchner Mundstück genannt. Ihre Größe oder Weite muß nach der Beschaffenheit des Mundes eingerichtet werden; sie müssen auch schon vorher an andern Pferden gebraucht werden, auch nicht ungleich und [illegible] seyn, vielmehr noch einigen Geschmack vom Verzinnen haben, als welchen man mit Salz abreiben und verbessern kann. Die Arbeit daran muß glatt und gleich seyn. Außerdem hat man noch Walzenmundstücke, Mundstücke gekröpfet, gedrehete, Kappenmundstücke u. a. m. (s. an seinem Ort) Alle Mundstücke stimmen darinn überein, sie mögen hohl oder massiv (s. beydes) seyn, daß sie aus zwey Theilen, die entweder aus einem Ganzen zusammengeschmiedet sind, oder in der Mitte beweglich zusammen gehangen werden, und gemeiniglich aus Walzen bestehen, die aber vielerley Gestalten angenommen, und bald Oliven, Melonen, Glocken rc. artig sind. Unter solchen sind die glatten besser, als die eingekerbten, weil sich nicht so viel Schleim darein legt, und auch sauberer gehalten werden können, dienen auch für Pferde, die fein und solche vom Maul, und fleischigte starke Lefzen haben, veranlassen ferner, daß ein Pferd damit spielen, und dadurch ein frisches Maul erhalten kann. Je größer oder kleiner die Walzen sind, je mehr oder weniger greifen sie an. Die Melonen- und Birnenwalzen gehören für große und [illegible] Pferde, und die das Maul [illegible]; denn sie machen, daß ein Pferd nicht [illegible]; nur ist in acht zu nehmen, daß sie im Mundwinkel neben den Laden aufliegen, in diesem Fall kön-nen sie mit kleinen Ringen vorne beym Gebiß zurück getrieben werden. Die Mundstücke überhaupt müssen einem jeden Pferde auf beyden Seiten gleich hangen, und einen Querfinger über die Hackenzähne einwärts liegen, damit es die Hacken nicht berühre. Wie die Mundstücke gemacht werden (s. unter dem Artikel Mundstück hohles und massives, wo die Arbeit genau beschrieben wird.

Mundstückeisen, (Sporer) ein Eisen von zwey Hälften, jede mit einem breiten Lappen, die an den Enden, die zusammen passen, ein [massives] Stück haben, welche beyde zusammen gesetzt ein rundes Loch bilden. Der Sporer hält hierein das rundgebogene Mundstück einer Reitstange in dem Schraubestock veste, wenn es mit der Stange soll vereiniget werden.

Mundstückformen, (Orgelbauer) die Formen zu den Mundstücken (s. diese) der Schnarrwerke. Man machet sie von geschlagenem Kupfer, aber es ist besser, wenn sie von Eisen geschmiedet werden, die von Eisen gegossene taugen nichts. Die Form ist äußerlich langviereckig: um sie zu schmieden, macht man sich vorher ein Modell von Holz, welches von Eisen nachgemacht wird, indem jede Rinne dieser Stempelform mit Grabsticheln oder Grabeisen ausgegraben und mit der Feile völlig beendigt wird. Der Boden dieser Form ist gerade und flach; die größte Rinne ist etwa 6 Zoll lang in der Form, welche ohngefähr 8 Zoll lang ist. Zu recht großen Orgeln macht man Formen von Zinn mit größern Rinnen. Der Rinnen sind so viele, als eine ganze Stimme verlangt, d. i. durch das ganze Klavier oder Pedal.

Mundstück, gebrochenes, (Sporer). Ein Mundstück, dessen Hälften als ordentliche Schraubengänge abgedrehet sind. Es ist eine neuere Erfindung, und gut für hartmäulige Pferde. Sie können damit ganz leicht erhalten und regieret werden. Denn wenn eine Stange mit einem solchen Mundstück angezogen wird, so schraubet es gleichsam die Laden des Pferdes zusammen, daß es sich dadurch muß erhalten lassen, wenn es auch sonst gegen alle Zäume unempfindlich wäre. Im übrigen muß man bey diesen Arten von Mundstücken in acht nehmen, daß sie der Zunge genug Freyheit lassen, daß nämlich beyde nach der Mitte zu auf den Laden aufliegen, und also Platz genug für die Zunge übrig lassen.

Mundstück, gekröpftes, (Sporer). Ein Mundstück an der Reitstange, dessen Mitte erhaben gewunden oder gekröpft ist. Wenn diese Mundstücke unten bey den Laden abgeschliffen, und oben höher sind, und die beyden Theile weiter von einander stehen, so heißen sie auch Galgenmundstücke.

Mundstück, hohles, (Sporer). Ein Mundstück an einer Reitstange, welches deshalb ausgehöhlt wird, damit es dem Pferde nicht beschwerlich falle, weil es ziemlich stark ist. Der Sporer schmiedet zu diesem Mundstück ein plattes Stück Eisen, und giebt ihm die gehörige [illegible] Gestalt, läßt aber an der Spitze ein stärkeres Stück zu einem Loch oder Gewinde stehen. Er legt das ausgeschmiedete Blech auf die Aushöhlung des Kappenstempels (s. dieses) diesen) setzt den runden Kopf des einen Theils des Streckhammers auf das Blech und schlägt mit einem Hammer auf das entgegen gesetzte Ende des letztern. Das Blech wird hierdurch in die Aushöhlung getrieben und gekrümmt. Man muß dieses Blech aber auch noch begrenzen, gehörig gebogen werden, deswegen legt er es in den runden Einschnitt auf der Bahn des Ambosses, und treibt es hierinn mit dem Hammer zusammen, daß die langen Ecken genau über einander stoßen. Aus dem stärkern gehärteten Stabe an der Spitze jeder Hälfte macht er entweder mit einem Dorn einen Ring, oder er schmiedet es zu einem Zapfen aus. Da jede Hälfte des Mundstücks bey dem Schmieden eine größere Länge erhält, als eine fertige Stange ist, so wird mit dem Ueberschuß, der in der Folge der Kopf heißt, jede Hälfte des Mundstücks in einem Mundstückloch befestigt. Hierzu wird von dem Kopf jeder Hälfte so viel abgemessen, als von die Spitze des Mundstückloches gelegt werden soll, und mit einer Feile bezeichnet. Alsdenn haut der Sporer nach der Dicke des Ringes, den das Mundstückloch bildet, an dem Orte, wo die Ecken des zusammen gerollten Mundstücks zusammen stoßen, mit dem Meißel ein schmales Stück bis an den Feilenstrich aus, legt die Hälfte des Mundstücks auf den Einschnitt des Mundstücklocheisens (s. dieses), steckt in den vorigen Einschnitt des Mundstücks den Durchschlag, und schlägt mit einem Hammerschlag, dem nur gedachten Einschnitt gegen über, einen Einschnitt aus, der eben so breit und lang ist, als der erstere. Auf diese Art wird der Kopf jeder Hälfte des Mundstücks in zwey gleiche Theile getheilet. Die Hälfte des Mundstücks wird ferner durch das gekrümmte Loch des Mundstückeisens in dem Schraubestock fest gehalten, und der äußere Theil des Mundstückringes an der Stange in die beyden Einschnitte gelegt. Man hauet nämlich mit einem Meißel den Umfang der einen Hälfte des Kopfs an dem Mundstück rund, und biegt sie mit dem Hammer um den Mundstückring der Stange, und auf eben die Art legt man die andere Hälfte auf der ersteren um. Alles dieses ist so zusammen getrieben, daß man glauben sollte, es wäre zusammen geschweißt. Bey den mehresten Stangen hängt das Mundstück mit der Stange fest zusammen, bey den englischen sind aber beyde Stücke an einander wie ein Gewinde beweglich. In diesem Falle wird nur der Kopf des Mundstücks vorher an das Mundstückloch angelegt. Wenn beyde Hälften auf die gedachte Art an den Stangen befestiget sind, so steckt der Sporer den Zapfen an der Spitze der einen Hälfte des Mundstücks in das Loch der andern, biegt den Zapfen kalt zu einem Ringe um, und verknüpft dadurch die Hälften des Mundstücks, und zugleich die beyden Stangen.

Mundstücklocheisen. (Sporer). Ein eisernes Werkzeug, das aus zwey Stücken besteht, aus einer Unterlage und einem Durchschlage. Die Unterlage, ein vierkantiges massives Stück, hat auf ihrer Bahn einen länglich viereckigten Einschnitt, der nur wenige Linien tief ist, und worein genau das unterste Ende des Durchschlages passet, der keine Schärfe, sondern eine schmale Fläche mit scharfen Kanten haben muß. Mit diesem Werkzeuge macht der Sporer das Mundstückloch. (s. Mundstück hohles.)

Mundstück, massives. Ein Mundstück aus zwei Ballen geschmiedet, weit dünner, als die hohlen, wird aber so wie diese geschmiedet, gebogen, und unter einander, nur auf eine andere Art, mit den Stangen vereiniget, und zwar wird entweder der Kopf jeder Hälfte des Mundstücks zu einem Lappen etwas breiter ausgeschmiedet, doch so, daß dieser nicht in der Mitte, sondern an einer Seite zu stehen kommt, und daß also beym Schmieden auf der Ecke des Ambosses unter dem Lappen ein Absatz entsteht. Der Lappen wird auf einem Dorn zu einem Ringe warm umgebogen, und diesen treibt man auf der einen Seite des Mundstückloches fest mit einem Hammer und einem stumpfen Meißel zusammen. Oder, man bohrt statt des Mundstückloches ein massives Stück stehen, wodurch bloß mit einem Dorn ein Loch geschlagen wird. Aus dem Kopfe jeder Hälfte des Mundstücks wird ein Niete verfertigt, welches in dem nur gedachten Loche des massiven Stücks vernietet, versenket, und mit der Feile unmerklich gemacht wird. In dieser letztern Absicht wird die Seite des Loches, wo das Niete einen Kopf erhalten soll, mit der stumpfen Spitze eines Kreuzes (s. dieses) etwas erweitert, und in diese Aushöhlung der Kopf des Nietes mit dem Hammer eingetrieben. Zuweilen steckt man auf jede Hälfte des massiven Mundstücks drey bis vier Walzen, oder massive Ringe, denen die Feile einige Kerben giebt. Es wird zu diesem Ende eine Stange Eisen so dünne ausgeschmiedet, als die Breite und Dicke einer Walze betragen soll, und alsdenn hauet man die Stücke ab, woraus die Walzen gebogen werden. (s. Walzen der Mundstücke.)

Mundstück mit Walzen, (Sporer) ein Mundstück, auf dessen Hälften massive Ringe oder Walzen stecken. (s. Walzen zu Mundstücken.)

Mündung, Mund, (Artillerie) die vordere Oeffnung eines Schießgewehrs, besonders eines Stücks, wodurch es geladen wird, und der Schuß heraus fähret.

Mündung einer Pfeife, Fr. bouche d'un tuyau, (Orgelbauer) die Oeffnung, wodurch die in der Pfeife enthaltene Luft heraus geht.

Mündungsfriese, Fr. bourrelet, (Artillerie) der Kopf oder die vordere Verstärkung einer Kanone, oder erhabene Reifen, welche den Vordertheil der Kanone um ihre Mündung herum verstärken.

Munjack, eine Gattung von Pech, welches die Erde auf allen sandigten Küsten in Nordamerika in Stücken von 3, 4 bis 10 Pfund schwer auswirft, daß sie auf dem Trockenen liegen bleiben. Es ist von eben solcher Beschaffenheit, als anderes Pech, nur schwärzer, nicht so gut riechend, spröder, und hält daher nicht so gut fest, sondern springt, wenn die Ritzen der Schiffe damit verschmieret werden, als wozu es in Ermangelung andern Pechs gebraucht wird. Da es allezeit mit Sande vermischet ist, so muß es, ehe es gebraucht wird, zerlassen und geläutert werden, und um es zäher zu machen, vermischt man es mit Oel oder Talg.

Munition, Ammunition, (Kriegswissenschaft). Alle Bedürfnisse zum Gebrauch des kleinen und großen Geschützes, als Pulver, Kugel u. dgl.

Münster, (Baukunst). In einigen Gegenden eine Dom- oder Collegiatkirche: vornehmlich ist diese Benennung in Oberdeutschland im Gebrauch.

Muntere dich auf. (Jäger) Sie sagen dieselben zum Leithunde, wenn er schläfrig sucht, und sprechen Gesell-man oder Knecht, wenn es ein Hund; Hele oder Haila, wenn es eine Hündin ist, Hu, Hö, Hö, Ho, oder Hu Ha Hohi, muntere dich auf.

Münzbeschickung, Fr. preparation du Metal à Monnaie, (Münze) die behörige Legierung (s. diese) des Goldes und des Silbers, damit die daraus geprägte Münze den richtigen Gehalt oder Korn bekommt.

Münzbillet, s. Münzzeddel.

Münzdirektor, s. Münzwardein.

Münze, 1) Fr. Monnaie, Geld und Schaustücke von Gold, Silber oder Kupfer, die im Handel und Wandel ausgegeben und angenommen werden. 2) Bey den Kaufleuten das kleine Geld, so nicht hartes Geld genennet wird. Fr. Monnoie ayant cours. 3) die Münzstätte. (s. diese.)

Münzeisen, s. Münzstempel.

Münzeisenschneider, s. Stempelschneider.

Münzen, das, (Münzwesen) die Kunst, aus Metall nach einem bestimmten Werth, welches der Münzfuß (s. diesen) genennet wird, und nach einer gewissen Schwere, Größe, und Gestalt Geld zu schlagen, wogegen man im Handel und Wandel Waaren oder andere nöthige Bedürfnisse eintauschet. Wenn demnach bestimmt ist, nach welchem Münzfuß eine gewisse Geldsorte oder Münze geprägt werden soll, so muß nach dieser Vorschrift die Beschickung des Tiegels geschehen. (s. diese) Das feine Gold oder Silber wird legirt (s. legiren), auch das schon legirte Silber mit andern dergestalt versetzt, daß die rauhe Mark das gehörige Korn, (s. dieses) oder den innerlichen Werth erhalte. Sowohl das feine, als auch das beschickte Silber und die Münzen, die eingeschmolzen werden sollen, werden in einem Windofen in eisernen Tiegeln geschmolzen, und mit einem eisernen mit Thon oder Kreide überwischten Löffel, entweder in eine angefeuchtete Mischung von Sand, Thon oder Kohlengestübbe, oder in Planenbogen, oder noch besser in einen Einguß zu Zainen oder schmalen Stangen oder Blechen gegossen: wovon die Breite und Dicke der künftigen Münze schon einigermaßen verhältnißmäßig ist. Entweder kurz vor dem Gusse der Zainen nimt der Wardein mit der Probekelle etwas heraus, um daran die Richtigkeit des Korns zu untersuchen; oder er nimt diese Tiegelprobe im Anfange, in der Mitte und am Ende des Ausgusses. Beydes ist sicherer, als wenn man mit dem Meissel eine Probe von den Zainen abhauet. Die Zainen werden durch ein Streck- oder Walzenwerk (s. dieses) so sehr verdünnet, als jede Art Münze es erfordert; auf dem Glühofen, oder in der Glühpfanne, (s. beydes) werden die Zaine ausgeglühet, und nachher erhält der gestreckte und geglühete Zain durch das Adjustirwerk (s. dieses) seine gehörige Verdünnung. Nach diesem werden die Zaine durch die Ausstückelung, in der Durchschnittsmaschiene (s. Durchschnitt und Ausstückelung) in runde Bleche oder Platten verwandelt, und zwar von der Größe, als die zu prägende Münze werden soll. Man hat zu den größern und kleinern Münzen größere und kleinere Drücker (s. diese), und Unterlagen. Zu den feinen Silbermünzen, z. B. zu den ganzen und halben Thalern rc. sind sie am Rande gekräuselt, wodurch die Ränder zugleich gekräuselt, gerändelt, oder berandet werden. Um nun diesen Platten eine völlig gleiche Schwere, oder gleichen Schrot, zu geben, werden die zu groben Münzen bestimmten von dem Justirer ausgeglichen (s. ausgleichen) und al marco geschnitten. Bey diesem Ausgleichen pflegen Münzmeister das Remedium (s. dieses) an Schrote zu nutzen. In einigen alten Münzen verfertigt man die Münzen noch so, wie es vor Erfindung des Streckwerks und Durchschnitts üblich war. Nämlich die Zainen werden auf einem Amboß mit dem Hammer verdünnet, oder ausgeschlichtet, mit der Stückelschere zu Schrotlingen zerschnitten, mit der Benehmschere (s. diese) beschnitten, auf der Waage justirt, mit dem Quetschhammer (s. diesen) gerundet, bis die Platten die gehörige Größe, Rundung und Schwere haben. Unter dieser Bearbeitung werden sie zuweilen ausgeglühet. Die Platten werden theils mit Kochsalz und Weinstein, theils mit geschwächtem Scheidewasser, auf ihrer Oberfläche vom Schmutze und unedlem Metalle gereiniget, oder weiß gesotten (s. weiß sieden): hernach mit Kohlenstäube, die großen in einer Scheuertonne, die kleinen in einem schmalen Sacke von Zwillich, gescheuert, und alsdenn in kupfernen Becken oder Siedeschalen über dem Weißsiedofen (s. diesen) getrocknet. Nunmehr erfolgt das Prägen, (s. dieses) entweder, wie in den ältesten Zeiten, mit dem Hammer, oder, wie in neuern Zeiten, mit dem Druckwerk. (s. dieses). Kleine Münzen werden durch das Klippwerk (s. dieses) geprägt. Zuweilen werden auch sowohl goldne als silberne Münzen durch ein Walzwerk (s. dieses), welches entweder von Arbeitern oder vom Wasser getrieben wird, geprägt. Der gekräuselte Rand wird den Münzen durch ein Werkzeug, das Rändelwerk (s. dieses) genannt, gegeben. Goldmünzen werden gerade wie die Silbermünzen geprägt, und um den Geschickten ihr Ansehen auf der Oberfläche, was die Legirung geschwächt hat, zu erhöhen, so siedet man sie in einer Auflösung von weißem Vitriol, Salmiak und Grünspan, wodurch die zugesetzten Kupfertheile etwas abgenagt werden. Zu den Kupfermünzen läßt man vom Kupferschmid dünne Zainen oder Striemen von Kupfer schmieden und schneiden. Die übrige Bearbeitung ist wie bey den Silbermünzen. An einigen Orten, z. B. auf dem Kupferhammer bey Kassel an der Leipziger Heerstraße, werden die Kupferplatten zu den Münzen mit einem Cylinder, der einen Schneiden

den Rand hat, durch einen Hammer, den eine Daumwelle hebt, aus den Zainen, welche ein Arbeiter unter dem Drilling fortrückt, schlagen.

Münzfälschung, s. Münzverfälschung.

Münzfuß, (Münze) Fr. Titre de monnoie. Die angenommene Regel, nach welcher der Gehalt und das Gewicht des auszumünzenden Geldes in den Münzsorten eingerichtet werden muß.

Münzgekrätz, s. Münzkrätze.

Münzguardein, Münzwardein, Fr. Essayeur de Monnoie, (Münze) ein Münzofficiant, welcher für die richtige Legirung des zu vermünzenden Goldes und Silbers zu sorgen hat.

Münzhammer, (Münzwesen) derjenige Hammer, dessen man sich noch zuweilen bey Ausprägung der Münzen bedienet.

Münzkabinet. Eine Sammlung von alten und seltenen Münzen, die entweder nach den Jahren, oder nach den Orten und Personen, wo und von welchen, oder nach den Begebenheiten und Personen, auf welche sie geprägt worden, oder nach ihrem Gehalt und Formen geordnet sind. Dergleichen Sammlungen sind für die Geschichte von vorzüglich großem Nutzen, weil die Münzen in derselben als Dokumente angesehen werden. Man nennt auch das Zimmer, wo eine solche Sammlung verwahret liegt, Münzkabinet; bey kleinern Sammlungen wird auch wohl das Kästchen, das sie in sich enthält so genannt.

Münzkrätze, Münzgekrätz, Fr. le maille, balaiure, (Münzwesen) aller Abfall, der beym Münzen entsteht, z. B. beym Gießen der Zainen, beym Weißsieden und Scheuren, auch im Kehrichte der Arbeitsstuben u. s. w. Sie wird theils durch die Amalgamation, theils durch die Präcipitation aus der Säure, theils durch das Ansieden wieder gut gemacht.

Münzfalkenahlen, s. Rodezmühle.

Münzmeister, der Vorsteher einer Münze, der das Prägen, und was dazu gehöret, besorgen muß.

Münzohmen. So nannte man vor diesem in den alten Münzen die Arbeiter bey den Münzen, welche auch noch in Holland und in Zellerfelde, wo noch nach der alten Art gemünzt wird, gebräuchlich sind.

Münzprobation, (Münzwesen). Eine auf landesherrlichen Befehl angestellte Untersuchung, ob die ausgeprägten Münzsorten ihr gehöriges Gehalt und Gewicht, oder das nach dem eingeführten Münzfuße erforderte Schrot und Korn haben.

Münzproben, valviren, devalviren, (s. dieses) (Münzwesen) durch genaue Versuche das Schrot und Korn einer gegebenen Münze, und daraus ihren Werth nach einem gewissen Fuß bestimmen. Wenn nicht die genaueste Richtigkeit verlangt wird, so kann diese Bestimmung von denen, die die dazu gehörige Uebung besitzen, durch richtig legirte Probiernadeln, Streichnadeln auf dem Probierstein geschehen. Zu den Silbermünzen können sie zu halben Lothen beschickt seyn, nur müssen die Münzen wegen des Weißsiedens vor dem Strich etwas befeilt werden. Geübte Probirer können durch Vergleichung der Striche die Legirung oft bis auf 6 Gran angeben; inzwischen muß dabey vorausgesetzt werden, daß das Silber mit keinem andern Metall, als nur mit Kupfer, vermischt sey. Z. B. der Strich eines 2 ggr. Stücks falle zwischen die 6- und 7löthige Nadel, so daß man den Gehalt oder das Korn zu 6¼ Loth annehmen könne; gesetzt ferner, daß 64 dieser 2 ggr. Stücke auf die Köllnische Mark gehen; so würde die feine Mark ohngefähr auf 13 Thaler ausgebracht seyn: denn da 6¼ Loth fein Silber 64 Stück geben, so geben auf 16 Loth, oder auf die rauhe Mark 156¼ = 156¼ Stück. Da nun 12 St. einen Thaler machen sollen, so machen 156¼ Stück 13 Thaler. Zu Goldmünzen sind dreyerley Probiernadeln auf halbe Karate nöthig, nämlich besondere zur weißen, besondere zur rothen, und besondere zur vermischten Legirung. Beym Zusatze eines andern Metalls zeigt wenigstens das Scheidewasser die Gegenwart des edlern Metalls, obgleich nicht dessen Feinheit an. Gesetzt, der Strich eines alten Friedrichsd'or deute auf 21 Karat 8 Gran, und sein Gewicht ist 1372 Theile des Richtpfennigs (s. diesen), also ohngefähr $\frac{1}{16}$ Mark; so ist das Schrot oder Gewicht 35 St. auf eine Mark; also Schrot und Korn gesetzmäßig. Die einzige und sicherste Probe der Münze aber geschieht auf der Kapelle, wobey man sich eines verjüngten Gewichts, das Probirgewicht (s. dieses) genannt wird, bedienet; indem man einen Theil des gewöhnlichen Gewichtes für das Ganze annimmt, und solches eben so, wie letzteres, abtheilet, da denn das Verhältniß, das das Probirgewicht im Kleinern angiebt, auch im Großen statt findet. In eine mit Kiste bestreuete, und wohl abgeäthmete, (s. abäthmen) Kapelle trägt man unter der Muffel im Probirofen (s. diese) eine der Legirung ungefähr verhältnißmäßige Menge reines Bley, oder die nöthigen Bleyschweren. Wenn alles geflossen ist, wird ein Quentchen gemeinen Gewichts, d. i. eine Mark des Probirgewichtes, welches zum Theil aus der Mitte, zum Theil vom Rande, der vorher gereinigten Münze genommen worden, hinein getragen. Man läßt alles treiben, bis das Silber blinket, und das reine Korn vest geworden ist. Dieses mit der Kornzange herausgenommen, auf das genaueste aufgezogen oder gewogen, giebt den Gehalt der rauhen Marken. Die Probirer sind in Ansehung des Zusatzes des Bleyes nicht alle einig, vieles kommt dabey auf die Verschiedenheit in der Arbeit an. Auf dem Harze pflegt man bey der Probe des Brandsilbers viermal soviel Bley zu nehmen, als Silber eingewogen worden, bey Speciesthalersilber 9 mal soviel, bey [illegible] 12 mal soviel u. s. w. In andern Ländern ist die Menge des Bleyes zu den Silberproben gesetzlich vorgeschrieben. Bey Probirung der Goldmünzen theilet man die Probirmark in Karate, wozu bald ein Viertel- bald auch nur ein Achtelquentchen aus dem Richtpfennige genommen wird. Im letztern Fall ist eine Waage von feinerer Empfindlichkeit nöthig. Um eine Goldmünze von vermischter Legirung zu probiren, schmelzt man mit der Strichschere 24 Karat des

Pro-

Probirgewichts aus, trägt es mit ohngefähr dreymal so viel ganz reinen Silbers, und zehnmal soviel reinen Bleyes auf die Kapelle, und läßt alles gehörig treiben, bis ein goldhaltiges Silberkorn übrig bleibt. Das, was durchs Treiben am Gewichte der beyden edlen Metalle verlohren gegangen ist, giebt die Stärke der rothen Legirung an. Das Korn läßt man glühen, schlägt es zu Blättchen, biegt es in Röllchen, und begießt es mit wohl gefälltem Scheidewasser, wodurch in mäßiger Wärme das Silber allmählich aufgelöset oder ausgeschieden wird. Das übrig gebliebene Gold wird mit distillirtem Wasser abgewaschen, zusammen geschmolzen, gewogen, und bestimmt durch seinen Verlust am Gewicht die Stärke der Weißen- oder Silberlegirung. Ist es vorher bekannt, daß die Münze nur roth legirt ist, so ist das Abtreiben allein hinlänglich. Ist das Gold gewiß nur weiß beschickt, so ist es hinlänglich, die 24 Karat der Münze mit dreymal soviel Silber zusammen zu schmelzen, und beyde Metalle auf dem Nassen Weg (s. diesen) zu scheiden. Man nennet überhaupt diese Scheidung die Quartation. Um aber auch bey dieser Probe die größte Genauigkeit zu beobachten, muß man auch den Hinterhalt vom Scheidewasser (s. diesen) in Betrachtung ziehen.

Münzrand, (Münzwesen) die äußere Fläche um die Münze herum, darauf ist entweder gar nichts zu sehen, oder er ist mit Einkerbungen oder Schriften versehen, und dieses hauptsächlich zu dem Ende, damit die Münze nicht beschnitten werde.

Münzregal, die Macht oder das Recht, Münzen schlagen zu lassen. Es begreift solches drey Stücke: 1) das Recht, Münzen prägen zu lassen; 2) die Macht, andern die Freyheit zu münzen zu ertheilen; 3) das Recht, Ordnung und Gesetze im Münzwesen vorzuschreiben. Dieses Recht besitzen seit Kaiser Karls IV Zeiten alle regierende Fürsten in Teutschland, und viele freye Reichsstädte, so wie auch überhaupt alle gekrönte Häupter.

Münzremedium, Münztemperament, (Münzwesen) dasjenige Verhältniß, welches bey Abwägung und Probirung der ausgeprägten Münzsorten zu treffen ist, daferne ein Stück davon zu leicht, das andere aber desto schwerer, oder wohl gar überwichtig ist. Es ist aber solches zweyerley: 1) am Korn, und 2) am Schrott, weil es nämlich wol nicht möglich ist, daß die Münze allemal so gar genau, wie deren Gehalt und Gewicht von dem Münzherrn vorgeschrieben worden, ausfallen kann; daher auch ein kleiner Abgang gut gethan wird. In der Reichsmünzverordnung wird deswegen zum Remedio am Korn ½ Grän von 1 Mark Goldes, und 1 Grän von der Mark Silber; am Schrott hingegen bey der groben Münze gar nichts, und bey der kleinen Münze, so unter 1 Kreuzer ist, 1 Stück, und bey den noch kleinern Sorten nach Verhältniß etwas mehreres in einem ganzen Mark verstattet.

Münzschienen, (Münze) die breit getriebene oder gewalzte Zaine, daraus die viereckigen Platten zur Vermünzung geschnitten und vorbereitet werden. Vordem wurden sie mit dem Hammer breit getrieben, und mit der Schere zerschnitten. Itzt hat man die Arbeit durch die Walzen und Schneidewerke um vieles verkürzt. (s. Schneide- und Walzenwerk.)

Münzschlag, Fr. le travail de monnoier, (Münze) 1) die Setzung des Stempels der Münze, oder die Prägung der Münze (s. Prägen); 2) das Münzgepräge, der Ausdruck des Stempels auf der Münze, Fr. le coin. (s. Schrott.)

Münzschlagen, s. Münzen.

Münzschlösser, (Münzwesen) ein Schlösser, welcher für die Münze das nöthige Stahl und Eisenwerk verfertiget.

Münzsorten, Fr. Especes de monnoie, Art der Münze nach Schrot und Korn, z. B. Thalerstücken, Eindrittelstücken u. s. w.

Münzstätte, Münze, die Fabrik oder Werkstatt, wo die Metalle nach der vorgeschriebenen Beschickung bearbeitet, geründet, und ausgeprägt werden.

Münzstempel, (Münzwesen, Stempelschneider) ein gewisses Eisen, oder Matrize, Form, dessen sich die Münzpräger bey Ausprägung der verschiedenen Geld- und Münzsorten bedienen, um dadurch das auszuprägende Münzzeichen einzudrücken. Er ist gemeiniglich von gutem Stahl, und von unterschiedener Größe, nach Maasgabe der Münzsorten, und wird vom Stempelschneider verfertiget. (s. Stempel schneiden.)

Münztemperament, s. Münzremedium.

Münzvalvation, (Münzwesen) die Schätzung einer Münze gegen die andere, nach ihrem innerlichen feinen Gehalt, wie viel nämlich die eine gegen die andere werth sey. Soll dieses mit Gewißheit geschehen, so muß man nothwendig den Münzfuß beyder gegen einander zu haltender Münzen, als welcher den eigentlichen Unterschied zwischen den Münzsorten ausmachet, entweder im voraus schon wissen, oder in Ermangelung dessen, durch die Suchung des Schrot und Korns ausfinden. Und alsdenn heißt es: wie sich verhält der eine Münzfuß zu dem andern, so verhält sich auch der Werth der Münze, welche nach jenem ausgemünzet ist, zu dem Werth der Münze, so nach diesem ausgemünzet worden; und läßt sich solcher Werth nach der Regel de Tri leicht finden.

Münzverfälschung, Münzfälschung, (Münzwesen) begreift überhaupt alle Arten des Betruges, welcher in Ansehung des Geldes ausgeübet wird. Als: 1) durch betrügliche Aufschlagung eines andern Zeichens; 2) durch Zusetzung unedlern Metalls; 3) durch Verminderung der rechten Schwere, wozu noch 4) kommt, die unerlaubte Anmaßung Geld zu schlagen. Man kann auch hierzu rechnen die Beschneidung der Münzen, wie besonders bey den goldenen geschicht. Goldmünzen werden besonders dadurch verfälschet, daß man coagulirtes Quecksilber mit einem geprägten Goldblatt umschließet, und solches alsdenn ausprägt; oder es wird auch das Geld in Sorten verfälschet, durch ein tingirtes Bley: ingleichen präcipitiret man aus Kupfer einen kleinen rothen König, der sich mit Golde vermischen, und durch Zusatz desselben auf solche Wei-

[illegible] läßt, daß es hoch streicht. Auch von feuerrothem Kupfer, welches mit einer starken Goldfolie unterlegt wird, macht man dergleichen Betrügereyen, die bey der goldenen Münze vorgehen. Silbergeld wird durch allerley betrügliche Materien gleichfalls verfälschet. Insonderheit durch präparirtes Kupfer, Grünspan, Zinn, Bley, Stahl, Quecksilber, Glas u. dgl.

Münzwart, Münzdirector, Fr. Directeur de monnoie, der Vorsteher des ganzen Münzwesens.

Münzzeddel, Münzbillet, Fr. Billet de monnoye, (Münzwesen) gewisse Zeddel, welche zu Abhelfung des in einem Lande sich eingefundenen Geldmangels auf hohen Befehl eben so gültig sind, als baares Geld.

Münzzeichen, Fr. Diferens, (Münzwesen) ein gewisses Zeichen, welches in den Münzstempel eingeschnitten und auf die Münzsorten geprägt wird, (s. Münz[illegible]) damit der Stempelschneider und Münzmeister ihre Münze, ob sie solche geprägt, von andern unterscheiden können, und, falls daß solche oder andere dergleichen Münzsorten nach eben dem Gepräge den Münzordnungen nicht gemäß seyn sollten, dafür entweder einzustehen oder nicht. Dieses Münzzeichen ist, nach ihrem eigenen Belieben, entweder eine Sonne, ein halber Mond, ein Stern, eine Rose, andre Blume u. dgl. oder auch die Anfangsbuchstabe ihres Namens, und wird ebenfalls nach ihrem Belieben auf die Kopf- oder Schildseite der Münze gesetzet. Die großen römischen Buchstaben auf dem Münzstempel und Gepräge bezeichnen die verschiedenen Münzstädte eines Münzherrn, wie z. B. A bedeutet die Münze, so in Berlin geschlagen worden, und so folgen die Buchstaben aller Münzstädte in den Preußischen Ländern.

Murais, Morais, ein Inhaltsmaaß, dessen man sich zu Goa in Indien bedienet, den Reiß und andre trockne Hülsenfrüchte zu messen. Dieses Maaß hält 19 Paras, und der Para wiegt 24 Pfund nach dem spanischen Gewichte.

Muriciten, versteinerte Schnecken, die gewunden mit Zacken und Knoten besetzt, bauchig, und mit einer länglichen zackigen Oeffnung versehen sind.

Musaische Arbeit, s. Mosaische Arbeit.

Muschel, Muschelschale, Fr. Coquille, (Maler) die kleinen Muscheln, worinn die Miniaturmaler ihre Farben mit Gummiwasser naß machen und aufbewahren. Man läßt sie darinn trocknen, und bewahret sie durch ein aufgelegtes Papier wider den Schmutz und Staub, bey dem Gebrauche löset man sie mit dem in Wasser eingetunkten Haarpinsel auf, daher der Name Muschelfarbe, Muschelgold, entsprungen.

Muschel, (Schwerdfeger) das massive Stück eines Hirschfängers, welches derselbe am Ort des Stichblatts erhält, und von seiner Gestalt den Namen erhalten hat. Es wird von Messing gegossen, und hängt mit einer kleinen Platte unter der Brust des Hirschfängergefäßes zusammen. Sie bedeckt bey einem Hirschfänger der Jäger die Schale eines kleinen Messers, das in einer kleinen Scheide neben dem größern steckt.

Muschel, eine, in der Lausitz übliche Benennung eines von Bast geflochtenen Sacks, welchen man daselbst, wie einen Handkorb, an dem Arm trägt.

Muschelerz, Fr. mine en coquille, (Bergwerk) eine Art Eisenerz, welches im Limusin in Frankreich bricht, und die Gestalt einer Muschel hat.

Muschelfarben, Farben, die abgerieben und in den Muscheln aufbewahret werden. (s. Muschel.)

Muschelflor, (Gazemanufaktur) eine Art Flor oder Gaze, die mit Muscheln, so wie der Muscheltaffent, gebildet ist. Sie entstehen, wie bey dem letztern, durch den Zug; übrigens aber wird die Gaze (s. diese) wie gewöhnlich gewebt.

Muschelgold, Fr. Or en feuille, or en coquille, ein zartes Goldpulver, welches von den Abgängen beym Goldschlagen durch Abreiben mit Honig bereitet wird, und deswegen so heißt, weil es in Muscheln gethan und damit gemalt wird. (s. auch Malergold.)

Muschelmarmor, (Steinbrüche) ein mit versteinerten Muscheln und Schnecken durchsetzter Marmor.

Muschelsand, ein unrein gemischter Sand, worinn sich calcinirte Schnecken und Muscheln befinden.

Muschelschaale, s. Muschel.

Muschelsilber, Fr. Argent de Coquille, zu sehr zartem Pulver gemachtes Silber, welches von den Abgängen der Silberblätter beym Goldschläger bereitet wird, noch feiner wird es, wenn man Kapellensilber im Scheidewasser auflöset, mit Kupfer niederschlägt, und wohl absüßet. (s. auch Malersilber.)

Muscheltaffent, (Seidenmanufaktur.) Eine Art von geblümten Taffent, welcher zerstreuete, runde Muscheln bildet. Der Grund ist Taffent, die runden Muscheln werden aber durch den Kegelzug hervorgebracht, so daß sich in demselben kleine runde Spiegel bilden. Auf der rechten Seite werden solche von den Kettenfaden, auf der linken aber von dem Einschlag gebildet. Er wird auf einem Kegelstuhl gewebet, und das Einlesen der Harnischschnüre ist so eingetheilet, daß sich immer sehr wenig Harnischlitzen mit Kettenfäden bey dem Zug heben, und daß dieses immer in runder Richtung durch eben so viel andre Fäden so lange fortdauert, als die Krümmungen des Umkreises der Muscheln erfordern. Dies muß nach der Länge und Breite der Muscheln beobachtet werden, denn nach einer jeden solchen schmalen Linie entsteht nach einem Abstand von einigen Kettenfäden, welche unten bleiben, wieder durch den Zug eben so vieler Kettenfäden eine neue Linie, und dergleichen Linien bilden eine Muschel, bald mehrere, bald wenigere; nachdem solche groß oder klein werden sollen. Und da ferner der Umriß der Muschel rund ist, so können auch nicht alle Linien gleich lang seyn, sondern sie müssen nach der Rundung länger oder kürzer seyn. Dieses hängt von der Anzahl der Harnischlitzen und Kettenfäden bey dem Einlesen der Patrone ab, indem bald mehr, bald weniger Lehen in der Länge zu einer Streife genommen werden. Wenn die Kette geschoren, so wie zum Taffent, so muß der Harnisch eingerichtet werden. Die Lage der Mu-

scheln

scheln in dem glatten Taffentgrunde ist so geordnet, daß sich jederzeit eine Muschel der andern Reihe zwischen zwey Muscheln der ersten Reihe befindet. Folglich liegen die Muscheln auf dem ganzen Zeuge zerstreuet. Im Grunde betrachtet, durchziehen aber nur immer zwey verschiedene Reihen dieser Muscheln. Da aber eine jede Reihe Muscheln eine verschiedene Richtung von der andern hat, so ist es unfehlbar, daß auch eine doppelte Einrichtung bey dem Kegelzuge gemacht werde. Es müssen daher noch einmal soviel Harnischschnüre und Kegel vorhanden seyn, als wenn sich die Muscheln hinter einander in gerader Linie bildeten, weil alsdenn eine einzige Einreihung und halb soviel Litzen hinlänglich wären. Da zwischen den Muscheln glatter Taffentgrund vorhanden ist, so müssen auch Schäfte dazu angebracht werden; und die Kettenfäden müssen sowohl in den Harnisch, als auch in die Schäfte eingepassiret werden. Die Schäfte haben hier keine Augen, sondern die Hebel oder Fadenschleifen hängen nur bloß in einander. Die Einrichtung des Harnisches dazu ist folgende: Wir wollen annehmen, 75 Arkaden (s. diese) können die Muscheln hervorbringen, und in jeder Reihe sollen sich 10 Muscheln nach der Breite des Zeuges bilden, und eine Muschel könnte durch 75 Kegel hervor gebracht werden. Da nun aber, wie gedacht, die Muscheln doppelt sowohl im Harnisch, als auch in den Kegeln eingerichtet werden müssen, so erfordert der Harnisch noch einmal soviel Arkaden, und also überhaupt 150 Arkaden und 150 Kegel, und jede Arkade 10 einzelne Schnüre, weil sich die Muscheln in einer Reihe 10mal bilden sollen, folglich sind 150 Arkadenschnüre und 1500 Harnischlitzen nothwendig zu diesem Zeuge. Der Weber zieht die Harnischlitzen wie gewöhnlich durch das Harnischbrett (s. Harnisch) ein, hierauf passiret er gleich nach der Kante einige Kettenfäden, ohne die Harnischlitzen zu berühren, in die Schäfte ein, fängt an, die Kettenfäden in die Harnischlitzen zu passiren, und einen jeden Figurfaden, den er in ein Maillon (s. dieses) des Harnisches eingepassiret hat, passiret er auch in die Schäfte nach dem Laufe oder Gange derselben von hinten nach vorne. Denn alle diese Fäden müssen abwechselnd bald Figur, bald glatten Taffentgrund machen. Er passiret, wie gedacht, nur die Hälfte der Harnischlitzen zu einer Muschel, und also wiederholt er diese Muschel durch die Einpassirung der Kettenfäden der andern Hälfte der Harnischlitzen noch einmal, und da beyde Muscheln nicht zugleich arbeiten, wie die Folge zeigen wird, so entsteht hierdurch die verschiedene oben gedachte Lage der Muscheln in dem Ganzen. Wenn also beyde Muscheln eingepassirt sind, so wird dieses mit der ganzen Kette so oftmal wiederholt, als sich Muscheln in der Breite des Zeuges bilden sollen. Die Fäden der Kette werden in die [illegible] der Schäfte eingepassirt, da solche keine Augen haben. In jedes Rohr kommen 4 Fäden, nämlich aus zwey Harnischlitzen 2 doppelte Fäden. Das Einlesen der Kegel geschieht wie bey allen andern Zeugen, die mit dem Kegelzuge gebildet werden, (s. Einlesen der Kegel, ohne und mit Veränderung) und die Kegel müssen hier wenigstens in vier Theile getheilet werden. Diese vier Theile werden aber nicht in eine ganze, sondern in zwey ganze Partien getheilet, weil eine und dieselbe Figur zweymal eingelesen ist, also auch doppelt gezogen werden muß. Deswegen müssen hier bey dem Einlesen der Branschen an jede Partieschnur 37 bis 38 Branschen angeknüpft werden. Wenn das Muster nach der Patron einmal eingelesen ist, so wird das nämliche noch einmal wiederholet, und eben so, wie bey dem ersten Theil, verfahren. Die 4 oder 6 Schäfte zum Taffentgrund sind an 4 oder 2 Fußtritte, wie gewöhnlich zum Taffent, (s. diesen) angeknüpft. Beym Weben wird der erste Fußtritt getreten, und vom Ziehjungen der erste Kegel gezogen, und es hebet sich in allen 10 Theilen alle diejenigen Kettenfäden, welche in jeder Muschel die schrägen Striche bilden sollen. Zwischen jedem Strich bleiben allemal soviel Fäden unten, daß dadurch eine Unterscheidungslinie, durch den darauf liegenden Einschußfaden, gemacht werden kann. Die in die Höhe gehobene Kettenfäden bilden also den Strich von der rechten Seite, sie bedecken den unter ihnen weggeschossenen Einschlagsfaden, und dieser bildet auf der linken Seite eben so, wie der Kettenfaden auf der rechten. Da aber diese Fäden der Länge nach und auf der rechten Seite stärker frey liegen, hingegen der Einschlag in der Quere streift, so wirft sich jener von diesem im Glanz besser aus, und die gleichsam sich matt zeigende Einschlagsfäden stechen gegen jene ab. Da ferner die Einschußfäden schmäler und tiefer zwischen den Kettenfäden liegen, so stellen diese gleichsam die Vertiefung zwischen den erhabenen Muscheln vor. Während daß der erste Theil des Harnisches arbeitet, ruhet der andere Theil im Harnisch, und es entsteht daher zwischen den Muscheln nichts, als glatter Taffentgrund. Sobald aber die erste Reihe Muscheln fertig ist, und der Ziehjunge zur andern Hälfte Kegel übergeht, und von dieser den ersten Kegel ziehet, so höret die erste Hälfte des Harnisches auf zu arbeiten, und die andere nimt die erste Stelle ein. Da diese Hälfte um soviel Fäden fortrücket, als die erste ausmachet, so kann es nicht fehlen, es müssen nunmehr die Muscheln der andern Reihe unter der Stelle zu stehen kommen, wo zwischen den ersten Muscheln Grund ist, und daher steht jede Muschel dieser Reihe zwischen zwey Muscheln der ersten Reihe, und so verhält es sich in allen zehn Stellen durch die ganze Breite des Zeuges. Auf diese Art wechseln die Reihen beständig ab, bald Muscheln bald Grund zu machen. Der Grund verbindet sich immerwährend. Man macht aber nicht allein einfärbigen, sondern auch von verschiedenen Farben Muscheltaffent, so daß manchmal die Kette von einer, und der Einschlag von einer andern Farbe ist. Oder man scheert auch wohl die Kette von zwey verschiedenen Farben, und der Einschlag ist noch von einer dritten Farbe. Alsdenn changirt der Grund noch stärker, als von zwey Farben, und die Muscheln bekommen ein sehr schönes Ansehen, zumal wenn die Farben gut gegen einander abstechen.

Muschelventil, (Brunnenmacher, Wasserbau). Ein Ventil, welches anstatt einer Klappe einen muschelförmigen

Deckel hat, womit die Pump- oder Saugröhre bedeckt, und vermittelst welcher das Wasser mit dem Kolben in die Höhe gezogen wird. Sie wird gemeiniglich von Metal oder Kupfer gemacht, und nur bey metallenen Stiefeln gebraucht. Sie sind aber nicht so gut, wie die Klappenventile, denn sie lassen das Wasser schwer durch, und ist ihnen auch nicht leicht zu helfen.

Muschelwerk, Fr. Coquille, (Bildhauer) eine Zierrath aus nachgeahmten Muscheln.

Muschen, Schönpflästerchen, Fr. Mouches, kleine, schwarze, tafftene Fleckchen, von einer Seite mit Gummi bestrichen, damit sie auf dem Gesichte oder den Händen angeklebet werden können. Diese Art des Putzes sollte zur Verschönerung des Gesichts dienen, sie ist aber meistentheils aus der Mode gekommen.

Mußel, s. Schrot.

Musette, s. Schalmey.

Musig, Pechig, Fr. graveleux. (Hüttenwerk) So nennt man die Werke auf Hütten, wenn sie klumperichte und knotige sind, und nicht rein und lauter fließen, welches man sieht, wenn sich die Klumpern an die Kelle anhängen.

Musik; die Kunst, durch die menschliche Stimme, (Vokalmusik) oder durch Instrumente, (Instrumentalmusik) oder beydes zugleich, Töne hervorzubringen, die die Leidenschaften zu erwecken, zu unterhalten, oder zu dämpfen und zu stillen im Stande sind. Sie ist sehr alt, als eine Nachahmung der Stimmen und Töne von Menschen und Thieren, oder anderer Töne, die sich in der Natur hören lassen, und der menschlichen Natur vorzüglich angemessen. Je nachdem die Grundsätze und Empfindungen einer Nation ausgebildet sind oder nicht, so ist auch ihr Geschmack an und in der Musik besser oder schlechter, rauschender oder sanfter, roher oder edler.

Musikalische Instrumente, (Musiker, musikalischer Instrumentenmacher) überhaupt alle diejenigen Instrumente, welche einen harmonischen Ton ohne Beyhülfe der menschlichen Stimme hervor bringen. Alle musikalische Instrumente gehören entweder zu dem Pfeifenwerk, oder es sind elastische Körper, die durch das Berühren oder Anstossen in eine zitternde Bewegung gerathen: und da auch die Pfeifen selbst aus einer elastischen Materie bestehen müssen, so folgt daraus, daß alle musikalische Instrumente elastische Körper sind. Indessen theilet man sie gleichwohl in blasende, Fr. Instrumens à vent, dergleichen die Orgeln, Flöten, Hautbois, Waldhörner, Trompeten rc. sind, und in rührende Instrumente ein, und diese letztere sind wiederum entweder Instrumente mit Saiten, Fr. Instrumens à corde, dergleichen die Klaviere, Geigen, Lauten, Theorben rc. sind; oder Instrumente, die geschlagen werden, als die Pauken, Trommeln rc. sind. Sie werden von den sogenannten musikalischen Instrumentenmachern verfertiget, die sich in verschiedene Zweige eintheilen, als: Orgel- und Lautenmacher, Pfeifenmacher rc. (S. alle diese.)

Musikgedackt, s. Stillgedackt.

Musikleiter, s. Notenplan.

Musiziergedackt, s. Stillgedackt.

Muskatenblütfarbe. (Färber) Man nimt auf 8 Pfund Waare 1½ Pfund Alaun, welcher wohl zerstoßen in einem Kessel mit genugsamen Wasser zum Sieden gebracht werden muß. Dann netzt man die Waare, ringt sie in reinem Wasser, und thut sie in die Brühe, worinn man sie bey öftern Wenden eine Stunde lang kochen läßt. Denn windet man sie aus, kühlet sie ab, und siedet sie eine Viertelstunde in folgender Brühe: Man nimt 1½ Pfund gutes Brasilienholz, welches in einem Sack ausgekocht wird. In dieser Brühe wird der Zeug leibfarbig. Dann wird er öfters herausgezogen, damit er nicht fleckig werde, und man läßt ihn noch ½ Stunden sieden, so wird er recht hoch werden. Man nimt alsdenn 1½ Pfund Blauholz, siedet es mit etwas voriger Farbenbrühe in einem Säckchen aus, thut die Brühe zu der vorigen Farbe, wendet die Waare öfters darinn um, bis die verlangte Farbe erscheinet. Zuletzt thut man etwas gebrannten Vitriol dazu, und ziehet die Waare noch einigemal darinn herum, so wird die Farbe fest.

Muskatellerwein, ein köstlicher Wein; der beste kommt aus Italien, wo man denselben bey der Stadt Montefiascone und Monte-Alcino bauet. Derjenige, der aus frischen apianischen Trauben gekeltert wird, ist blank: den man aber aus etwas getrockneten Trauben keltert, ist röthlich. In Languedok wächst auch herrlicher Muskateller, den man häufig nach Lion, und von dannen weiter verführt. Man nennt ihn Muskat de Lion, oder auch Frontignak. Die Muskatellertrauben können auch lange frisch und gut erhalten werden, und weil sie am Geschmack für die delikatesten gehalten werden, so werden sie weit und breit versandt. Die Weinhändler wissen aber auch andern schlechten Weinen mit allerhand Gewürze und Kräutern einen Muskatellergeschmack zu geben, daß öfters also zubereiteter Wein für rechten Muskateller verkauft wird.

Muskatellerwein, falscher. Man macht diesen Wein von Landwein, thut einen Eimer in ein zweyeimeriges Faß, welches vorher mit einer Muskatennuß ausgeräuchert seyn muß, wirft 10 Pfund guten Farinzucker hinein, und rühret solchen einen ganzen Tag lang mit einem Stabe wohl um, bis aller Zucker zergangen, und sich nichts an dem Boden ansetzen kann. Alsdenn nimt man 10 Pfund Zibeben oder Korinten, die man in ein sauberes grobes und angefeuchtetes Leinentuch wirft, und zwischen den Händen reibt, damit die Stiele abgehen, schüttet sie alsdenn in einen geringen Wein, und wäscht sie darinn ab, zerstößt sie alsdenn in einem Mörser, und wirft sie in den mit Zucker zubereiteten Wein. Das Faß, das an einem warmen Orte liegen muß, wird alle zwey Tage wohl umgeschüttelt. Nach drey oder vier Tagen nach der Mischung setzt man 30 bis 80 Tropfen Vitriolgeist, und 60 Tropfen Weinsteinöl hinzu, und schwenket ihn oft um. Dieser also zugerichtete Wein, wenn er ausgegohren hat, ist eine Nachahmung des ächten Tokayer Weins, sowohl an Geschmack,

schmack, als an Farbe. Will man diesen nun in Muskatellerwein verwandeln, so wirft man 6 oder 8 Tage vor Endigung der Gährung frische, im Schatten getrocknete Hollunderblüthen, in ein Säcklein gebunden, 4 bis 5 Loth auf einen Eimer gerechnet, hinein, wodurch man einen dem Geschmack und der Farbe des echten Muskatellerweins gleichen Wein erhält. Will man diesen Wein geschwinde klar machen, so nimt man auf einem Eimer drey Loth Hausblase, klopft solche mit einem Hammer, zerpflückt sie mit den Fingern in kleine Fasern, thut sie in ein Zuckerglas, oder gut glasurt Gefäß, und gießt Brunnenwasser darauf. Nachdem alles gut durchgeweicht ist, gießt man das Wasser ab, und schüttet statt desselben über die Hausblasen 6 oder 8 Kannen von dem zubereiteten Wein, und nachdem solcher 2 oder 3 Tage und Nächte gestanden hat, ist die Hausblase sehr aufgequollen, und der Wein wie eine Gallerte geworden. Dann peitscht man denselben mit einem kleinen reinen Besen, eine halbe Stunde lang, drückt ihn durch ein Tuch, und gießt ihn zu dem andern Wein, rührt alles mit einem Stabe um, und läßt das Faß 24 Stunden ruhig stehen. Man ziehet alsdenn diesen geläuterten Wein in ein mit einem Einschlag (s. diesen) versehenes Faß rein ab, welches ganz voll seyn, und fest zugespundet werden muß. Hernächst läßt man den Wein 6 bis 8 Wochen liegen, da er denn noch klärer wird und zu Kräften komt.

Muskatenöl. (Apotheker) Ein Oel, welches sowohl aus den Muskatennüssen, als auch Bluthen bereitet wird, komt entweder aus Indien in porcellanen Töpfen, oder man machet es auch in Europa theils durchs Pressen, theils durchs Distilliren, und wird als ein stärkendes Mittel in der Medizin gebraucht.

Muskedonner, s. Musketon.

Musketenkugeln, bleyerne Kugeln, so wie sie aus den Musketen geschossen werden. (s. Kugel, und Kugelgießen.)

Musketenpulver, (Artillerie) Schießpulver, welches zwischen dem gröbern Stück und dem feinern Pirsch- und Scheibenpulver die Mitte hält, und zu dem Laden der Musketen gebraucht wird.

Musketon, Muskedonner, (Kriegswissenschaft) eine veraltete Art großer Musketen mit einem kurzen Lauf und einer weiten Mündung, aus welcher man mehrere Kugeln zugleich zu schießen pflegte.

Muskuliten, versteinerte Muscheln, die zweyschalige, länglich und bäuchigt sind.

Muskusfarbe, Muscus, Fr. Musc, (Färber) eine braune Farbe auf Wolle, Seide, Tücher u. d. m. Sie entsteht aus der Vermischung der rothen und falben oder braunen Farbe, und wird gemacht, indem man die Sache erst roth (s. dieses) färbet, und alsdenn in einer Brühe von Nußbaumwurzeln oder Schalen bringet, und darinn gehörig farbet.

Musquinier, Fr. heißt in Frankreich ein Leinweber, der Batist, Demi-Hollande, gestreifte und geblümte Kammertücher u. dgl. macht. Diese Leinweber haben ihre eigene Elle, deren Maaß ungleich ist, man nennet sie Fr. Aune de Musquinier.

Mussie, s. Mutsie.

Mustirformen, (Spielkartenmanufaktur) die Formen von Birnbaumholz, womit auf dem Hinterbogen der Spielkarten die Mustirungen aufgedruckt werden. Sie sind wie in der Kartenmanufaktur beschaffen, beim Gebrauch trägt der Kartenmacher die Farbe mit einem Pinsel auf die Form auf, breitet das benetzte Papier des Hinterbogens auf die Form aus, und reibet auf dem Papier durchgängig mit dem Haarreiber, (s. diesen) der vorher in Baumöl getunkt worden, damit er geschmeidiger werde, und das Papier an allen Stellen an die Form an, und die Mustirung gut abdrucke.

Mustirung. (Spielkartenmanufaktur) Die bunte Verzierung der Spielkarten auf der hintern Seite derselben, die in runden Augen und Zügen besteht, und entweder roth, blau oder schwarz mit der Mustirform (s. diese) abgedruckt wird. Die schwarze Farbe wird von Ruß, nachdem solcher erst in Brantwein abgelöscht worden, mit Kleister vermischt eingerühret; die blaue Farbe aus Berlinerblau; und die rothe aus Kugellack mit Wasser abgerieben, und gleichfalls mit Kleister vermischt, verfertiget, und hernach mit den Formen mit den Handgriffen der Druckerey (s. drucken) auf dem Hinterbogen abgedruckt. Den Namen Mustirung hat es vermuthlich davon erhalten, daß die Züge oder kleine Augen untereinander laufen.

Mustachio, Mistachio ein venetianisches Maaß flüßiger Dinge, 38 Mustachi machen 1 Botte oder Maid, und 76 eine Amphora.

Muster, Abriß, Zeichnung, 1) bey der Nehterin die Zeichnung der Blumen, und dergleichen auf dem Papier, wornach sie zu nehen pflegt. 2) Jeder Entwurf in der Bildhauerkunst, Malerey und andern Künsten und Handwerkern, nach welchem eine Sache ausgeführet werden soll. (s. auch Riß) 3) Die Proben, welche man im Handel von trockenen und flüßigen Waaren zu geben pflegt, damit der Käufer die Beschaffenheit und Güte der Sache selbst daraus abnehmen möge. (s. Probe.)

Muster, s. Patron.

Musterbäume, Fr. Baissons, (Gärtner) diejenigen Bäume in den Lustgärten, welche entweder im Mittelpunkt, oder in die Ecken der Muster, oder an die Gänge in gewisser Weite gesetzt, oder auch mit mehrerer Zierrath rollen rc. unter der Scheere gehalten, und in gewisse Figuren gebracht werden. Es schicken sich hierzu am besten der große Buchsbaum, Wachholderbaum, Baum des Lebens, und andre dergleichen blätterreiche Bäume. Die ganz fremden Bäume oder Orangerien trägt man mit ihren Gefäßen hin, und stellt sie in die Musterordnung an bequeme Oerter, wo sie in die Augen fallen.

Musterbuch. (Nehterin, Strickerin) die gezeichnete Sammlung, welche das Frauenzimmer zu ihrem Sticken und Nehen gebrauchet, um darnach allerley bunte Figuren und Blumen auszunehen, oder in die Strümpfe zu stricken, und welche sie gemeiniglich in ein Buch zusammen-

tragen.

tragen. Das Musterbuch zum Stricken besteht aus Blättern, daran die eine Seite ein reguläres Gitter von durchkreuzenden Linien vorstellt, und gemeiniglich roth gedruckt ist. In diese Quadrate werden mit der Feder nach der vorgeschriebenen Zeichnung Punkte eingesetzt, so daß daraus eine gewisse Figur oder Blume entsteht, so wie sie in den Strumpf am Zwickel eingestrickt werden soll. Ein solcher Punkt bedeutet allemal eine verkehrte Masche, wodurch die Figur in dem Strumpf gebildet und eingestrickt wird. Die andere Seite des Blatts eines solchen Musterbuchs bleibt weiß, damit man noch die Erklärung dazu setzen kann, wozu ein jedes Muster zu gebrauchen sey.

Muster der Gärtner, s. Musterordnung.

Musterkarte, 1) ein Blatt, worauf zum Nähen, Sticken und Stricken in Quadraten eine Figur ausgepunktet ist. (s. Musterbuch.) 2) Bey den Tuchhändlern, Knopfmachern, Seidenhändlern eine Karte, worauf die Proben von Tuch, Knöpfen und seidenen Zeugen angeheftet sind, und woraus der Käufer sich nach seinem Gefallen dieses oder jenes Tuch, Zeug oder Knöpfe aussuchen kann.

Musterordnung, Muster. (Gärtner) So nennt man die schickliche Austheilung dessen, was in den Blumengärten gepflanzt wird, vermittelst welcher ein jedes Gewächs an solche Stellen kommt, daraus in folgender Blüthe für das Gesicht eine angenehme Vermischung entsteht. Man muß sich hierbey in Acht nehmen, daß die Besäung und Pflanzung nicht zu dichte, sondern so geschehe, daß kein Gewächs das andere hindere, und ein jedes vor dem andern vollkommen gesehen werden könne; auch muß die Eintheilung der Beete und Parterre nach einer gewissen Harmonie geschehen, z. B. wenn in einer Hauptecke eine oder die andere Art von Blumen gesetzt worden, solche an die andern Hauptecken desselben Musters gleichfalls gepflanzet werden, und so überall. Viele Lustgärtner haben auch die Gewohnheit, in jedes Beet eine andere Art von Blumen zu pflanzen, welches zwar, so lange solche blühen, dem Auge angenehm ist, wenn sie aber abgeblühet, eine schlechte Gartenzierde veranlassen. Daher es besser ist, an den Ecken und der Verbrämung der Beete Zwiebelwerk, in den Mittelplätzen aber zaserichte Gewächse zu setzen, damit man ihnen mit der Düngung, ohne Schaden der andern, zu Hülfe kommen könne. Auf solche, wenn jene verblühen, kommen diese hernach, und behalten also die Beete allezeit eine Bekleidung. Man kann z. B. folgende Einrichtung machen: auf ein mit Zwiebelgewächsen belegtes Parterre pflanzt man Rosmarin, Cypressen und Nelkenstöcke untereinander: zwischen selbige streuet man über das ganze Parterre allerley bunt gefüllten Mohnsaamen. Hierauf folgen erst die Zwiebelblumen, so daß alles mit Tulipanen, Narzissen rc. bedeckt ist. Wenn nachher die kurze Zierde der letztern vergangen, so wird die grüne Gestalt des Rosmarins sichtbar, bis bald darauf die buntfarbigen Mohnblumen erscheinen. Wenn endlich auch diese vorüber, so zeigt sich die Bekleidung der vollen Nelken, und also behält ein Parterre stets ein schönes Ansehen. Um bey der Einrichtung solcher Parterre keinen Irrthum zu begehen, so muß man auf die Beete des Grundrisses, nach welchem ein Parterre angelegt wird, die Namen der Gewächse schreiben, mit solcher Austheilung, als man machen will. Fällt aber der Grundriß zu enge, so zeichnet man nur die Stellen mit Zahlen oder Buchstaben, und macht nach denselben ein Register, in welchem die völligen Namen aufgeschrieben sind. Einige illuminiren auch die Beete mit blau, roth, und andern Farben, nachdem die Blumen sind, welche in jedem wachsen sollen. Diesem papiernen Entwurf wird man im Säen und Pflanzen richtig nachgefolget.

Musterzeichner, (Seidenmanufaktur) ein Künstler, der sich besonders darauf legt, die Patronen zu den gezogenen und geblümten Zeugen zu zeichnen. Da dieser Künstler nicht allein ein geschickter Blumenmaler, sondern auch ein Sachverständiger in der Weberey seyn muß, so legen sich gemeiniglich geschickte Seidenwürker auf diese Kunst, die denn auch, wenn sie das Zeichnen und Malen der Patronen gut verstehen, ihr reichliches Brod haben, weil es bey dem Absatz der verschiedenen Zeuge hauptsächlich darauf ankommt, daß solche wohlgewählte Muster haben. (s. Patron.)

Muthen, Fr. demander, (Bergwerk) wenn ein Baulustiger, ein Gewerk, oder ein Vorsteher einer Zeche, bey dem Bergmeister Ansuchung thut, daß ihm ein Stück Feld, eine Schmelzstätte, Pochwerk und dergleichen verliehen werden möge, welches schriftlich oder mündlich geschehen kann, letztern Falls aber, da keine Zeit noch Gelegenheit, die Muthung schriftlich aufzuweisen vorhanden, dennoch solche in Schriften wiederholet werden muß.

Muther, derjenige, welcher beym Bergmeister oder Bergvoigt um etwas, so gemuthet werden kann, auf gehörige Weise ansuchet.

Muthpfennige, s. Schreckenberger.

Muthung, Muthzeddel; das schriftliche Verlangen eines Muthers, vermöge dessen er seine Absicht beym Bergmeister erkläret. Wenn sie gültig seyn soll, muß sie des Muthers Namen, den Ort des Gebirges, den Namen des Grundherrn und Bergrichters, die Art der Metalle, auf die man zu bauen gedenket, den Tag und die Stunde, und wieviel Feld, ob Fundgruben oder Maasen gemuthet werden sollen, enthalten.

Muthung, Fr. Demande, die Handlung des Muthers selbst, welcher etwas muthet.

Muthung an der Schnur halten, von Zeit zu Zeit die Muthung verlängern, damit das Muthungsrecht nicht erlösche, und ein anderer Muther das Gemuthete wegmuthe. Die Redensart kömt von der alten Gewohnheit her, da die Muthzeddel an eine Schnur aufgezogen, und bis zur Bestätigung daran gehalten worden.

Muthung blinde, s. blinde Muthung.

Muthung einlegen, Fr. presenter une demande, den Muthzeddel dem Bergmeister übergeben, oder in Beyseyn eines Zeugen auf seinen Tisch legen, welchen der

Bergmeister in allen Fällen annehmen muß, und nicht schlechterdings zurück weisen, jedoch nach Erforderung der Umstände, nachher entweder bestätigen, oder den Muther abweisen kann.

Muthung erlängern, Fr. demander de lai, (Bergwerk) mit Anmeldung der Hindernisse, welche dem Muther im Wege stehen, zur Bestätigung zu schreiten, um Nachsicht bitten, welche ordentlicher Weise jedesmal auf 14 Tage ertheilet, und vom Bergmeister auf dem Muthzeddel angemerket wird.

Muthzeddel, s. Muthung.

Mutsie, Mussie, ein kleines Maaß flüßiger Dinge, das die Kaufleute im Kleinen zu Amsterdam gebrauchen. Der Mingle (s. diesen) wird nämlich in 2 Pinten, in 4 halbe Pinten, und in 8 Mutsies abgetheilet. Es giebt auch halbe Mutsies.

Mutter, s. Schwanzschraube und Schraubenmutter.

Mutterbiene, Königin, (Bienenzucht) der Name des Weisels in einem Bienenstock, als die einzige Biene weiblichen Geschlechts in demselben.

Mutter der Erze, Erzmutter, Fr. matrice de metal, (Bergwerk) die Gangart, darein die Natur das Erz geleget.

Mutterhammer, (Huf- und Waffenschmid) ein Hammer, der eine ziemlich stumpfe Spitze hat, und womit derselbe die Löcher zu den Schraubenmuttern vorschläget, indem er das vierkantige Stück Eisen, woraus eine Schraubenmutter entstehen soll, mit der stumpfen Spitze des Mutterhammers durchschlägt, und nachher die Schraubengänge mit einer stählernen Schraube drehet.

Mutterkorn, (Landwirthschaft) ein aus der Art geschlagenes Körnchen Roggen, welches um ein Großes länger und dicker, als die andern; auswendig schwarz, inwendig weiß und bläulich; eines süßen und geilen Geschmacks; und, wenn es trocken, weit härter, als das natürliche Roggenkorn ist. Dergleichen Körner wachsen in nassen Jahren, oder wenn viel Mehlthau einfällt, in großer Menge in den Roggenähren, also, daß sich oft 6 bis 8 in einer Aehre finden.

Mutterlauge, Fr. lessive mere, bey dem Vitriol- Alaun- Salz- und Salpetersieden die zuletzt, nachdem die Lauge etlichemal eingesotten und kristallisirt worden, übrig bleibende dicke, fette Flüßigkeit, welche weiter keine Kristallen giebt.

Mutterpfeife, (Bienenzucht) diejenigen Pfeifen oder Zellen, welche in einem Bienenstock für die junge Brut bestimmt sind. Zum Unterschied von den Honigpfeifen und Brodtäpfeln (Honigzelle.)

Mutterröhrchen, Mutterröhrlein, (Büchsenmacher) an den Feuergewehren die Röhrchen an dem Schaft, worein der Ladestock gesteckt wird. Sie sind von Messing oder Eisen gegossen oder geschmidet.

Mutterspiegel, (Chirurgus). Ein Werkzeug, womit man in schweren Geburthen den Muttermund öfnet. (s. Specul.)

Mutterstein, eine versteinerte zweyschalige Muschel, welche den äußern Theilen der Bärmutter ähnlich ist, und dieser Aehnlichkeit wegen im gemeinen Leben auch Mutzenstein genannt wird.

Mutterstein, s. Bunzenstein.

Mutterstock, Leibschwarm, Stammschwarm, Pflanzstock, Ständer, (Bienenzucht) ein zur Zucht bestimmter Bienenstock.

Mutz. Eine Bier- oder Schrotleiter, worauf man die Fässer in den Keller läßt.

Mutze, s. Fähre.

Mütze, eine bekannte Bedeckung des Hauptes bey Manns- und Frauenspersonen, von fast unzählichen Arten, sowohl nach der Gestalt, die man ihnen giebt, als auch nach den Materien, woraus sie verfertiget werden.

Mützenblech, (Gürtler) das Blech der Grenadiermützen, welches vorne an solchen angemacht wird. Es wird von Messingblech getrieben. Der Professionist schneidet zu solchem Ende mit der Blechschere ein Blech zu, das etwas größer als die Stanze ist, womit solches getrieben wird, aber die Gestalt der Stanze hat, legt alsdenn die polirte Seite des Messingblechs auf die gravirte Seite der Stanze, und schlägt den vorstehenden Rand des Blechs um. Hierauf legt er die Stanze mit dem Blech auf einen Klotz, und befestiget beyde mit einer Schraubenzange. Der eine Schenkel der Schraubenzange liegt auf dem Blech, der andere aber steckt in einem Loche, das schon zu dieser Absicht auf den Seiten des Klotzes gemacht ist. Man bedeckt ferner das Messingblech mit einer kleinen Bleyplatte, die etwa einen halben Zoll dick ist, und schlägt mit dem Hammer darauf. Das Blech dringt in die Vertiefung der Stanzen ein, und die Figur der Stanze druckt sich in dem Blech ab. Dies setzt man auf allen Stellen des Blechs fort, bis die ganze Figur auf demselben erhöhet stehet. Wird die Bleyplatte zu dünne, so biegt man sie um, und braucht sie von neuem. Endlich schneidet man das Ueberflüßige ab, versilbert das Blech, wenn es seyn soll, dann wird es auf dem Knien, oder einem runden Holz rund gebogen, und mit Drath an die Mütze befestiget.

Mützensammt, (Sammetweber) Ein Sammt, der davon den Namen hat, weil er zu Weibermützen gebraucht wird, und öfters reiche Blumen hat, er ist nichts anders, als ein geblümter Sammt (s. diesen), und von solcher Beschaffenheit, daß öfters die Blumen nur gerissener oder ungeschnittener Sammt sind, der Grund aber entweder Kieper- oder Atlasgrund ist. Manchmal sind die Blumen geschnittener, der Grund aber ungeschnittener Sammt, und zwischen diesen zeigen sich Ranken in einem Atlasgrunde. Ueberhaupt müssen die Blumen dieses Sammts so angebracht, und die Patronen zum Einlesen der Polfäden also gezeichnet werden, daß sie sich zu den Mützen schicken. Oefters ist dieser Sammt nur von einer Farbe, und alsdenn sind alle Blumen gerissen und der Grund ungerissen, oder umgekehrt. Oftmals ist auch Grund und Pol von zwey verschiedenen Farben, alsdann muß der Einschlag von der nämlichen Farbe seyn, als die Grundfäden, damit die Grundstellen, welche sich zwischen dem Sammt zeigen sollen, durchgängig von einer Farbe sind. Dieser Sammt ist leicht, und es werden nur 2 oder 3 doppelte Poilfaden nebst 3 einfachen Kettenfaden in ein Riedt eingepassirt. Uebrigens ist die Einrichtung des Sammts und der Blumen wie bey andern Sammten und geblümten Sammeten. (f. beyde.)

Myt. Eine kleine kupferne Scheidemünze in Holland, welche zwey leichte Pfennige gilt.

N.

N, der 13te Buchstabe im Alphabeth, wenn aber das J lange i gerechnet wird, der 14te. Dieser Buchstabe bedeutet bey der Handlung in Büchern und Rechnungen soviel, als das Wort Zahl Nummer.

Naar, f. Narb.

Nabe, (Stell- und Rademacher) das ausgebohrte Holz in der Mitte des Rades, worinn von außen die Speichen stecken, und wodurch die Achse geht. Man macht sie am besten von Rüsternholz. Die Nabe besteht aus drey Theilen, nämlich der vordern dünnen Röhre, dem walzenartigen Haufen in der Mitte, worinn die Speichen stecken, und dem dünnern Vorstoß hinter dem Haufen, der an dem Gestell des Wagens auf der Achse läuft. Zuerst wird einem abgehauenen Kloß mit dem Handbeil die Gestalt der Nabe aus dem Groben gegeben, dies wird alsdenn zwischen die Docken des Drehrades, (f. dieses des Stellmachers) eingespannet, und mit dem Schrenk- und Schlichteisen (f. beyde) glatt abgedrehet, wobey mit dem Krummzirkel (f. diesen) die erforderliche Dicke nach allen drey oben gedachten Theilen verfertiget wird; man bildet endlich ihre Gesimse (f. diese) mit dem Stabeisen aus. Alles dieses wird mit den Handgriffen des Drechslers verrichtet. Und wenn man die Speichen des Rades eingepaßt und eingesetzt hat, bohret man mit dem Durchstecher (f. diesen) auf der Bohrbank im Mittelpunkt ein Zoll weites Loch durch, und wenn die Felgen aufgesüget sind, (f. aufsügen) das Achsenloch in erforderlicher Weite mit dem Radbohrer. Das Rad liegt dergestalt auf der Bohrbank, daß der Bohrer in dem hintern Stoß der Nabe angesetzt werden kann, und wird durch einige hölzerne Zapfen auf der Bohrbank gegen die Speichenstellen dergestalt befestiget, daß es sich nicht im Kreise umdrehen kann. Ein Stellmacher stellet sich auf das Rad, und richtet das Radbohr senkrecht, zwey andere drehen den Bohrer vermittelst eines Hebebaums um, welcher mit zweyen Ringen an dem Griff des Radbohrers befestiget wird. Damit sich die Nabe inwendig nicht auslaufe, wird von dem Grobschmid ein eiserner Rinken geschlagen, welchen man die Büchse nennt. Die andern Ringe, damit die Nabe von außen belegt wird, heißen die Nabenrinken, die beyden großen Ringe aber auf der Nabe, die beyderseits den Speichen am nächsten sind, nennt man Speichenrinken, hingegen denjenigen, womit die Nabe im Laufen an die Achse stößt, den Stoßrinken.

Nabel, (Baukunst) so nennt man gemeiniglich den Schluß an einem Gewölbe.

Nabel der Kuppel, (Baukunst) die Mitte oben in einer Kuppel (f. diese)

Nabelöffnung, Fr. Oeil de Dome. (Baukunst) In einem Kuppelgewölbe die Oeffnung im Nabel, oder der Mitte der Kuppel, die bisweilen offen, bisweilen aber auch mit einer Laterne versehen ist.

Nabenbohrer, Fr. foret du moïeu, (Stellmacher) ein Löffelbohrer, der mit zwey kleinen Zacken oder Spitzen, womit vorgebohret wird, wenn auf der Nabe ein Loch ausgestemmet werden soll.

Nabenholz, (Stellmacher) Eichen- oder Eschenholz, woraus die Naben gemacht werden.

Nabenloch, (Stellmacher) die Oeffnung der Nabe, worinn die Achse läuft.

Näber, f. Nabenbohrer.

Nach, Fr. d'après. (Maler, Kupferstecher) Nach einem Muster, Vorbild; Original arbeiten, oder dasselbe nachahmen. Das vollkommenste Muster ist die Natur; von den Werken der Kunst nimmt man sich Muster einzelner Theile, in welchen sie der Natur am nächsten kommen. Man sagt, nach Antiken, oder nach Abgüssen zeichnen, Fr. dessiner d'après l'antique, ou d'après la bosse, nach der Zeichnung dieses, nach dem Kolorit jenes nachahmen.

Nachahmen, Fr. Imiter, f. Nach.

Nacharbeit nennet man die Arbeit, welche in den folgenden Jahren, wenn eine Deicharbeit geschehen ist, an dieser zur völligen Ergänzung nöthig ist.

Nacharbeit, f. ledige Schichte.

Nachärndte, (Landwirthschaft) die Aerndte, nach der Hauptärndte, da man das noch übrig gebliebene auf dem Felde einsammlet, im Gegensatz der Vorderärndte.

Nachberge, Nobrig, Lochberge, Fr. le sol de l'ardoise cuivreuse, (Bergwerk) 1) eine Schicht schwarzbraunen tauben Schiefer, so unter der Schichte der sogenannten Oberberge im Mansfeldischen bricht, und etwa ein Pfund Kupfer im Zentner enthält. 2) eine 1 bis 1½ Zoll starke Schaale, welche über dem obern Kupferschiefern in Hessen liegt, und bisweilen, wenn sie eine Messingfarbe hat, mit ausgehalten hat. Fr. le toit d'ardoise cuivreuse.

Nachbeschickung, Fr. la correction de la composition du metal à monnoies, (Münzwesen) wenn die Beschickung der zu vermünzenden Masse nicht gehörig ausgefallen,

fassen, daß sie entweder zu viel oder zu wenig roth hat, und von einem oder dem andern das nöthige zugesetzt wird.

Nachbessern, Fr. Ragréer, (Baukunst) wenn ein Gebäude fertig gemacht ist, mit dem Hammer und Eisen die Vorwände der Mauern, was noch von den Steinen hervorraget, hinweg arbeiten und vereinigen, oder vergleichen.

Nachbilden, s. Kopiren.

Nachbinden, (Jäger) wenn es bey einem Hauptjagen im Stellen ordentlich und geschwinde soll zugehen, so wird einem jeden Jäger seine besondere Arbeit angewiesen, da denn sogleich, wo sie von einander binden, die obere und untere Leinen von den Tüchern an Hestel oder Bäume angebunden werden, welches das Vorbinden heißt, wo aber die Leinen an dem andern Ende des Tuchs wieder angebunden werden, da heißt es das Nachbinden.

Nachbohrer, (Feuerwerker) der pyramidalische Hohlbohrer, womit die Raketen völlig ausgebohret werden. Er ist insgemein beynahe fünf Kaliber lang, und ohngefähr ein sechstel desselben dick.

Nachbrechen, Fr. poursuivre un filon, (Bergwerk) eine Arbeit in der Grube, da auf einen übersetzenden Gang, Trum, Kluft, oder von einem Orte, wo sich einige Hoffnung oder Anweisung zum Erz zeiget, aufgefahren und solches verfolget wird.

Nachbrechen, (Landwirthschaft) wenn die Schweine durch Ausbrechung oder Auswerfung den Furchen des Ackers folgen, so sagt man, dieselben brechen den Furchen auf dem Acker nach.

Nachbrennen, (Jäger) wenn ein Schuß nicht geschwinde, so wie man das Gewehr losdrückt, losgeht, daß das Feuer auf der Zündpfanne vor dem Schuß weggeht, welches daher kömt, wenn ein Schuß oft lange im Rohr gesteckt hat, und öfters feucht und wieder trocken geworden ist.

Nachbruch, (Glaser) 1) der zweyte Zug des Bleyes, der durch die Ziehmaschiene geschieht; 2) der Satz, oder die Backen und die Scheiben, die zu diesem Nachbruch in der Ziehmaschiene (s. diese) gehören.

Nachbrunft, (Jäger) die Zeit der Brunst, der geringern Hirsche, nach der gewöhnlichen Brunstzeit der stärkern.

Nachbrust, (Fleischer) der hintere Theil der Brust eines geschlachteten Rindes, zum Unterschiede von der Vorbrust und dem Brustkerne.

Nach dem Faden, (Holzarbeit) das Holz der Länge der Fasern nach bearbeiten, da man solchen folget. Nicht alle Holzarten lassen sich über Hirn und über Zwerg der Holzlagen, Fasern (Jahre) bearbeiten, indem sie nicht alle gleich hart und dicht, sondern bald weich, bald hart sind. Wie zum Beyspiel bey dem Fichtenholz, welches sich nicht gut über Hirn bearbeiten läßt, sondern diese und dergleichen Holzarten müssen der Länge nach bearbeitet und gespalten werden. Die Holzfasern des Buchen- und Eichenholzes sind durchgängig gleich dichte und kurz, deswegen läßt sich solches so gut über Hirn, als nach dem Faden, bearbeiten.

Nach der Natur, Fr. d'apres nature. (Maler, Zeichner rc.) So sagt man von den Werken, in welchen der Künstler die Gegenstände der Natur nachgeahmet hat. Wenn man also die Sache, welche man bilden will, vor sich hat, so nennt man dieses nach der Natur arbeiten, gesetzt auch, daß man dieselbe nicht ganz nachahmte, und daß mit Zuziehung der Begriffe des Schönen und des Vollkommnen, welche man sich vorher gemacht hat, und welche nicht über die Grenzen der Natur hinaus zu gehen scheinen, etwas dazusetzte, oder davon abnähme. Man sagt im Französischen D'après beau, schön Nachahmt, von der Kopie eines wohlausgearbeiteten Originalwerks. Ein Maler hält oft eine Kopie, wegen der schönen Ideen, welche sich ihm darbieten, für ein Original, bekümmert sich nicht um das Original, und schätzt erstere so hoch, als dieses, wenn er nur das darinn findet, was ihn reizet nachzuahmen.

Nach der Schnur richten, Fr. Dresser d'alignement, (Baukunst) eine Mauer nach der abgesteckten Schnur in die Höhe führen.

Nachdruck, Fr. Livre copie, ou livre contrefait, (Buchhändler, Buchdrucker) ein Buch zum Nachtheil dessen, der solches zuerst hat drucken lassen, nachdrucken und für einen wohlfeilern Preis zum Schaden des ersten verkaufen. Ehedem war solches nur in Holland und der Schweiz, besonders zu Genf, stark im Gebrauch, jetzt ist dieser Mißbrauch auch in Deutschland eingerissen. Dieser unbefugte Nachdruck wird mit Konfiskation der Bücher bestraft, wenn das Buch ein ausschließendes Privilegium hat.

Nachdruck, (Weingärtner) derjenige Most, der durch das Keltern der Weinreben entsteht, nachdem der Vorlauf (s. diesen) davon genommen. Sie werden mit einander bey dem Fassen vermischt, damit das Gute nicht allein bleibe.

Nachdrücklich, s. Stark.

Nachdunkeln, Fr. Pousser au noir, s. Dunkel.

Nachfahren, (Jäger) 1) wenn die Hunde ein Stück Wild rasch verfolgen. 2) Wenn mit der Hand bey dem Besuch am Hängeseil nachgerissen, und der Hund kürzer gehalten wird. 3) Wenn ein Wild flüchtig ist, und man es nicht recht zum Schuß haben kann, so wird mit angeschlagenem Gewehr nachgehalten. 4) Wenn ein Zeug zu kurz ist, und etwas gestreckt werden muß. 5) Wenn ein flüchtiges Wild eben den Weg nimt, welchen das erstere genommen, so sagt man: ein Wild ist dem andern nachgefahren.

Nachfahren, s. Nachstechen.

Nachfahrer, Nachtfahrer, Fr. Visiteur des Mines nocturnes, (Bergwerk) ein Bergofficiant, welcher des Nachts, und zu andrer Zeit, wenn die Geschwornen nicht auf dem Revier sind, die Zechen besucht, befähret, und untersuchet, ob Steiger und Arbeiter ihre Schuldigkeit in acht nehmen, auch die angemerkten Fehler dem Bergmeister anzeiget.

Nachfährte, s. Hinterfährte.

Nachfärben, wieder auffärben, Fr. Biezage, Rapiezage. (Färber) Einen Zeug, der schon gefärbt geworden, noch einmal mit der nämlichen, oder auch mit einer andern Farbe, auffärben.

Nachfärben, Fr. Pousser, (Maler) wird von Farben gesagt, welche den Glanz und die Lebhaftigkeit der andern verderben, mit denen sie gebrochen sind, oder welche man über sie aufgetragen hat. Der Umbra und alles Schwarz färbet sehr nach.

Nachfolge, s. Folge.

Nachgeben, Nachlassen. (Jäger) 1) Dem Hunde bey dem Behängen oder Suchen mehr Seil lassen. 2) Wenn eine Schraube zu vest am Gewehr angezogen ist, solche nachlassen. 3) Wenn die angelassenen Jagdhunde das angejagte nicht mehr verfolgen, so sagt man, die Hunde haben nachgegeben.

Nachgras, (Landwirthschaft) Gras, welches zum zweyten Mal gehauen, und woraus das Grummet gemacht wird.

Nachhaaren, (Schlächter) wenn ein geschlachtetes Schwein, welches schon von seinen langen Haaren befreyet ist, auf einen Schragen gelegt wird, und die kleinen Grundhaare mit einem Messer abgeschoren werden.

Nachhalter, (Seiler) ein hinlänglich runder eiserner Ring, der vorne einen eisernen Wirbel hat, dessen vordere Spitze wie ein Haken gekrümmt ist. Auf diesen Haken hängt der Seiler ein paar Fäden zum Bindfaden, wenn er sie zwischen dem Vorderrade (s. dieses) und dem Nachhalter ausspannen und spinnen will. Hinten ist an dem Nachhalter eine Schnur angeknüpft, die durch das Loch des Stocks am Hinterrade (s. dieses) gesteckt wird, einen Stein trägt, und selchen ausspannet.

Nachhängen, Nachsuchen, (Jäger) wenn derselbe mit einem Leithunde an dem Hängeseil, oder mit einem Schweißhunde an dem Pürschriemen auf einer frischen Fährte, oder auf der Flucht und Schweiß, um die völlige Erkenntniß davon zu haben, mit seinem Hunde fort arbeitet.

Nachharke, Nachrechen, Heschelrechen, Hungerharken. (Landwirthschaft) Eine große Harke oder Rechen, dessen Balken über 3 Ellen lang mit vielen Zähnen oder Zinken besetzt, und mit einem etwas stärkern Stiel, als die ordentlichen Harken, versehen ist. Diese Harke wird auch wohl durch ein Pferd gezogen, in welchem Falle sie einen kurzen Stiel hat. Man bedienet sich dieses Werkzeugs in der Aerndte, um die auf dem Acker hin und wieder liegen gebliebene und nicht mit in die Garben gebundene Halme zu sammeln, die denn zusammen gebunden, und die sogenannte Wirrbunde, oder Warmgebünde, daraus gemacht werden.

Nachhauen, (Kriegskunst) wenn die Reiterey kommandirt wird, den flüchtigen Feind mit dem Sebel in der Faust zu verfolgen, um seinen Rückzug zu beschweren, ihn soviel wie möglich zu zerstreuen, und Gefangene zu machen.

Nachhut, (Landwirthschaft) das Vieh nicht eher auf die Weide treiben dürfen, bis anderes dieselbe genutzet hat. Schafe haben allezeit die Nachhut.

Nachlaß, Erlaß, Fr. Remise. (Kaufmann) Derjenige Theil einer Schuld, den ein Gläubiger zu dem Ende fallen läßt, damit er das übrige Geld gleich bekomme. Nach Beschaffenheit der Umstände wird solches auch Abzug, Rabbat rc. genannt.

Nachlassen, (Salzsiederey) auf den Salzkoten, wenn die Sohle zu sehr eingekocht ist, mehr Wasser in die Pfannen schlagen.

Nachlassen, s. Nachgeben.

Nachlässig traktiren, oder sich vernachlässigen, Fr. la negliger. (Maler) wird von solchen gesagt, welche nicht auf alle Partien ihres Gemäldes gleiche Mühe und Kunst verwenden. Große Künstler vernachlässigen oft die Enden an den Gemälden, und die nachlässigen Theile an denjenigen, welche sie fein ausmalen, weil diese bedächtige Nachlässigkeit alsdenn die Wirkung eines schwarzen Schmückpflästerchens auf einem weißen Gesichte thut. Dieser Kontrast rühret den Anschauenden, und ziehet seine Aufmerksamkeit auf diejenigen Partien, welche ihm einen größern Grad der Vollkommenheit zu haben scheinen. Wenn man sagt, daß ein Maler sich vernachlässigt, so muß man es nicht allemal in dieser letzten Bedeutung nehmen, man will damit auch soviel sagen, daß es in seinem Gemälde Partien giebt, welche nicht so ausgemalt sind, als er es hätte thun können; und daß es nicht eine Wirkung der Geschicklichkeit, sondern der Faulheit sey.

Nachlauf, (Brannteweinbrenner) was von dem Kupfer, wenn der Kornbranntewein schon in erforderlicher Menge und Stärke abgetraufelt hat, noch gewonnen wird; und nachmals, wenn wieder Lauter in die Blase gebracht wird, hinzu gethan, und von neuen abgetrieben wird, damit der noch darinn befindliche Spiritus völlig ausgezogen werde.

Nachlenkgarn, Zubußgarn, (Tuchmacher) dasjenige Wollengarn, wodurch die zerrissene Kettenfaden eines Tuches, das gewebet werden soll, wieder ergänzet werden.

Nachlesen, (Weingärtner) die kleinen und schlechten Trauben, welche die Winzer in der Weinlese an den Stöcken hängen lassen, vollends abnehmen, und die abgefallenen Beeren auflesen. Solches geschieht gemeiniglich von armen Leuten und Kindern.

Nachmahd, (Landwirthschaft) soviel als Grummet, oder das zweyte Heu, das von einer Wiese gemacht wird.

Nachmast, (Forstwesen) wenn in den Eich- und Buchwäldern, nachdem die darein geschlagene Mastschweine ausgeschöbert sind, noch soviel Mast übrig geblieben, daß man frisches Vieh darein treiben kann.

Nachmittagsstriche, s. Nachtstriche.

Nachraum, (Forstwesen) wenn in einem Hiebe oder Hauung etwas vom Holze stehen oder liegen bleibt, so noch hätte abgehauen werden können; z. B. in den Wäldern, besonders in schwarzem Holze, wo Flößscheite geschlagen werden,

werden, da alles schwache Holz stehen und liegen bleibt, welches mehrentheils durch die Köler aufgemacht und verkolet wird.

Nachreissen, Fr. Couper les pierres, (Bergwerk) wenn ein Hauer in der Grube das von der Strasse oder Gesprenge (s. diese) entstehende Stück des Ganges oder Gesteins herausschlägt, oder weghauet.

Nachreissen der Firste, (Bergwerk) wenn ein Stollen, eine Strecke, oder ein Ort in der Folge bey der Arbeit zu niedrig gefunden wird, so arbeitet man der Firste nach, d. i. nach der Decke des Stollens oder Strecke.

Nachreissen der Strasse, (Bergbau) wenn ein Stollen, Strecke, oder ein Ort bey der Arbeit nur ½ Lachter hoch gemacht worden, und es erheischen gewisse Umstände, besonders das starke Anlaufen dieser Gebäue, daß man dieselbe höher machen, oder die Sohle desselben senken muß, so arbeitet man noch eine halbe Lachter hoch nach, und zwar nach Beschaffenheit der Vestigkeit durch das obere Tagwerk, und das Söhligbauen. (s. beydes)

Nachrichten, (Jäger) 1) wenn man mit dem Leit- und Schweißhunde auf einer Fährte nachsuchet. 2) Hinter dem Treibezeuge Lappen, Netze oder Tücher stellen. 3) Alles dasjenige noch in Ordnung bringen, was bey einem gestellten Jagdzeuge und Gescheide noch nachzubessern nöthig ist.

Nachrupfen, (Hutmacher) wenn das stehen gebliebene Haar eines schon gefärbten Huts mit dem Rauhmesser vollends ausgerupfet und weggeschaffet wird.

Nachsatz, (Deichbau) die Masse des Wassers, welche durch ihren Nachdruck den Strom und dessen beständige höhere Höhe unterhält.

Nachschirrhaken, (Seiler) ein eiserner Haken an einem langen Stiel, mit welchem der Seiler die starken Faden auszieher, wenn er sie an den Nachschlagehaken bevestigen will, damit er sich nicht die Hand beym Ausziehen verletze.

Nachschlagehaken, (Seiler) Ein Werkzeug, woran die entgegengesetzten Enden der Fäden zu einem Tau geleget werden, wovon die andern Enden am Klappergeschirr (s. dieses) angelegt sind, und vermittelst dessen am Geschirr und dem Nachschlaghaken ausgespannet werden. Es ist ein Gestell, das auf einem Schlitten bevestiget ist, durch dessen obersten Riegel geht in der Mitte der eigentliche eiserne Haken durch, an welchen die Fäden des Taues durch einen durchgesteckten Splint ehemahlich bevestiget werden. Der Schlitten wird mit einigen Zentner schweren Steinen belastet, so, daß derselbe zwar nachgiebt und sich dem Geschirr nähert, wenn sich das Tau eindrehet, aber doch auch das Tau erforderlich angespannet. Der Haken hat hinten eine Kurbel, woran er umgedrehet wird.

Nachschlüssel, (Schlosser) ein jeder Schlüssel, der nach Art des rechten Schlüssels eines Schlosses nachgemacht werden, und mit welchem man das Schloß aufmachen kann. Nach guten Polizeyordnungen muß kein Schlosser einen Schlüssel nach einem andern Schlüssel verfertigen: [illegible] denn, daß er die Person genau kenne, widrigen[illegible] Strafe verfallen ist.

Nach[illegible], (Brunnenmacher) ein großer Löffelbohrer, womit die Löcher in den Brunnenzägen (s. diese) nachdem sie ausgebohret werden, erweitert werden.

Nachschwärzen, (Kupferstecher) wenn die Kupferstiche der Luft ausgesetzt sind, so dunkeln oder schwärzen sie nach.

Nachsetzen, Fr. ajouter au Metal fondu, (Hüttenwerk) dem im Fluß stehenden Metall oder Werk noch etwas zusetzen.

Nachsetzlöffel, Fr. cuillier, (Hüttenwerk) ein eisernes Werkzeug mit einem Löffel, damit der Probirer, nach Erforderung, etwas auf die unter der Muffel stehende Probe trägt, um das Treiben zu befördern.

Nachsicht, Fr. Donner du Tems, (Kaufmann) diejenige Zeit, welche man denjenigen, der eine Schuld zu entrichten hat, zu deren Bezahlung noch über die gesetzte Zahlungszeit verstattet.

Nach-Sicht, s. Sicht.

Nachspühren, Nachsuchen, (Jäger) 1) dem Wilde auf einer Fährte, mit oder ohne Hund, nachgehen und solches aufsuchen. 2) Wenn man auch nur in die Weite ein Wild bestätiget, oder einkreiset. (s. auch Nachhängen.)

Nächste Maaße, (Bergwerk) so wird allezeit die erste Maaße nach der Fundgrube genennet.

Nachstechen, Fr. epier les mineurs, (Bergwerk) einem Arbeiter nachgehen, um zu erfahren, ob er bey der Arbeit fleißig oder nachläßig sey.

Nachstechen, (Kupferstecher) einen Kupferstich nach einem andern abkopiren.

Nachstellen, (Jäger) wenn das Jagdzeug, es sey groß oder klein, einmal angebunden und aufgeschlagen, so wird es hernach auf die Furkeln oder Stellstangen gebracht, und an allen Orten, wo es nöthig, bevestiget, daß nicht leicht etwas unter dem Zeuge hinaus kann.

Nachstellen, (Jäger) sich vor ein Holz stellen, damit das Wild da nicht hinein kommen kann, sondern verlangter maßen in ein anderes Holz einlaufen muß.

Nachstich, (Kupferstecher) ein Kupferstich, so nach einem andern nachgestochen worden.

Nachstoß, (Fechtmeister) derjenige Stoß beym Fechten, den man thut, wenn man pariret hat.

Nachsuchen, s. Nachspühren.

Nachtanker, Fr. l'ancre de veille, (Schiffahrt) ein Anker auf den Schiffen, der an Größe auf den Hauptanker folget, und gebraucht wird, wenn dieser fortteribet. Vermuthlich hat er davon den Namen, weil man ihn zur Vorsicht nebst dem Hauptanker des Nachts auswirft.

Nachtbüchse, (Artillerie) eine Art altes Stücks, welches bis 75 Pfund Eisen schoß.

Nachtfahrer, s. Nachsfahrer.

Nachtfigmten, (Maler) Gemälde, die vor dem Feuer stehend scheinen, und von der Flammenzurückstrahlung gleichsam erleuchtet werden.

Nächtige Gänge, (Jäger) die Gänge, (s. Gang, Jäger) die ein Wild macht, welches wenig [illegible] mehr in sich hat, und fällt der Hund solches gar nicht, oder doch kaltsinnig an.

Nachtgarn, Nachtnetz, Streichnetz, (Vogelsteller) Ein Vogelnetz, welches 60, 70 bis 80 Fuß lang und bis 24 Fuß breit ist, und auf folgende Art verfertiget wird: Es wird mit einer Masche angefangen zu stricken, und so lange von beyden Seiten zugegeben, bis es die verlangte Breite erreicht; hierauf nimmt man auf einer Seite ab, auf der andern giebt man dagegen wieder eine halbe Masche zu, bis es die nöthige Breite hat. Nach diesem wird von beyden Theilen abgenommen, damit das Netz den vier und zwanzigsten Triangel, den es anfänglich im Stricken bekommen, wieder zu Ende bringe, und auf eine Masche, wie es angefangen, auslaufe. Damit es aber seine vier Ecken erreiche, wird es gezogen, und das Netz ist fertig. Man muß die Maschen nicht zu enge machen, damit man die erwürgten Vögel durchziehen könne. (s. Lerchenstreichen) Diese Netze werden eigentlich nur auf Lerchen gebraucht. Weil aber auch Wachteln, ja ganze Volk Rebhühner und junge Hasen damit beschlagen und weggefangen, oder wenigstens verjagt werden, so ist außer dem Herrn der Wildbahn, oder der Niedern Jagd, Niemand befugt, damit zu gehen.

Nachthäuschen, (Schiffahrt) das von Brettern mit hölzernen Nägeln zusammengeschlagene Behältniß, in welchem der Schiffskompaß nebst den Sanduhren steht. Auf großen Schiffen sind derselben zwey, beyde des Nachts mit einer Lampe erleuchtet.

Nachthorn, (Orgelbauer) ein gedecktes Flötenregister, fast wie Quintatön, doch über 2' 4' oder 8' nicht groß. Auch heißt die Oktave von der Quintatön also. Es wird die kleine Quintatön von einigen an der Mensur auf gewisse Maaße erweitert, daher sie einen Hornklang erhält, und die Quinte darinnen wird stiller. Im Pedal heißt sie zuweilen **Nachthornbaß**: ist aber ebenfalls 4' und 2'. Zuweilen ist das Nachthorn 4' oben wie eine Davidsharfe etwas schnarrend intonirt. Einige arbeiten das Nachthorn offen, wie eine Hohlflöte, doch oben etwas enger, und brechen sie immer allmählich etwas ab, ist auch in der Lefze (Labium) nicht so hoch aufgeschnitten, als die Hohlflöte; daher bekömmt es einen besondern Klang. Etliche nennen auch die kleine Hohlflöte 2' auch Nachthorn, weil sie als ein Hornklang im Resonanz angiebt. Sie werden am besten von Metall gemacht.

Nachthüttenmeister, Fr. Maitre nocturne de la fonderie, (Hüttenwerk) ein Hüttenbedienter, welcher die Verrichtung eines Hüttenmeisters des Nachts beobachtet.

Nachtjagd, Abendjagd, Fackeljagd, (Jäger) wenn man zur Winterszeit vor Mitternacht, wenn kein Mondenschein ist, und der Hase aus dem Holz aufs Feld gegangen, ein Netz vor das Holz stellet, auf jede Seite einen Flügel ziehet, hinter diese aber Mannschaft ordnet, welche die dahin armen Hasen erschlagen und fangen müssen. Die Jagd selbst geschicht also: Es geht der Jäger mit seiner bey sich habenden Personen in aller Stille mit dem aufgestellten Netz eine gute Strecke in das Feld hinein, bis er vermeint, daß es weit genug sey, alsdenn zünden Alle ihre bey sich habende Fackeln an, und laufen zertheilt und schreyend auseinander gegen das Netz. Wenn nun der Hase dergleichen Geschrey höret, und die vielen Lichter zugleich gewahr wird, so will er zu Holze gehen, wird aber in dem gedachten Netz gefangen und todt geschlagen.

Nachtigal, s. Vogelgesang.

Nachtkleid, Fr. Negligée, (Schneider) eine Bekleidung des Leibes, welche man des Nachts im Bette trägt, und wozu die Nachtkamisöler, Nachtjüppchen, Nachtwämser, Nachtmieder u. s. w. gerechnet werden.

Nachtlampe, eine Lampe, die des Nachts brennt, wozu nicht allein alle Arten von Lampen (s. diese) gebraucht werden können, sondern man kann auch auf einen Teller einen von Baumwolle oder feinem Papier oben spitz zusammengedreheten, unten hingegen etwas in die Breite gezogenen Docht legen, solchen mit Baumöl begießen, daß er aber nicht ersaufe, und statt einer Nachtlampe gebrauchen.

Nachtleuchter, ein von Zinn oder Blech hoch und hohl getriebener Leuchter, mit einer weiten, und tief unter sich gehenden Tille, die oben her durch einen Rand wohl verwahret ist, und ehe das Nachtlicht hinein gesetzt wird, mit Wasser angefüllt werden muß. Wie nun das Licht, weil es nicht so schwer, nicht ganz im Wasser untertaucht, sondern mit einem Theil über demselben heraus steht, so steigt allezeit soviel von selbst aus dem Wasser in die Höhe, als durch das Brennen verzehret wird.

Nachtlichter, (Lichtzieher) sind kurze und dünne von Talg gezogene, oder von Wachs gegossene, mit zarten Dochten versehene Lichter, welche des Nachts in den Nachtleuchtern brennen. Man nimmt auch ein gegossenes förmliches Stück Wachs, so in der Mitten einen nicht allzu starken Docht hat, solches wird beym Gebrauch auf einen Teller oder breites Blech gesetzt und angezündet, da es denn, nach Verhältniß seiner Größe, viele Nächte hindurch brennt.

Nachtmeister, s. Nachthüttenmeister.

Nachtmütze, Mützen für beyde Geschlechter, von allerhand Zeugarten, welche des Nachts getragen werden.

Nachtpocher, Fr. Mineur pilant les mines de nuit, (Hüttenwerk) der Arbeiter, welcher im Pochwerk die Nachtschicht hat, oder des Nachts das Pochwerk versorget.

Nachtrab, Nachzug, Fr. arriergarde, (Kriegskunst) der hintere Theil eines im Marsche begriffenen Kriegesheeres, welcher, wenn das Heer vom Feinde verfolgt wird, solches decken und den Feind abhalten muß.

Nachtreiben, (Forstwesen) wenn das Floßholz völlig in den Floßgraben eingeworfen, so gehen etliche Männer in das Wasser, und stoßen die Scheite, so sich in dem Bache angelegt, mit dem Floßhaken von dem Ufer ab, daß solche

solche mit dem andern Scheiten fortgehen, und fahren damit bis zu Ende des Beckes fort.

Nachtriegel, (Schlosser) ein Riegel, womit die Thüre noch überdem, daß sie zugeschlossen wird, verriegelt werden kann. Er hat an dem einen Ende einen Wiederhaken, und wird wie der Riegel der Schließenden Falle von einer kleinen Stiebel gehalten. Manchmal ist eine Nuß neben dem Riegel vorhanden, deren Schwanz in einen Einschnitt des Riegels greift, und solchen zuschiebt oder öffnet. Bey andern Schlössern ist auch an deren statt auf dem Riegel selbst ein kleiner Knopf, und in dem Deckel des Schlosses ein Einschnitt, um den Knopf mit dem Riegel hin und wieder schieben zu können. Unter dem Nachtriegel wird auch eine kleine messingene Feder angebracht, damit er nicht etwa bey einem Stoß an die Thüre zurück weiche.

Nachtrucken, Nachtruck. (Jäger) 1) Das Wiederkäuen des Rothwildprets; 2) sagt man auch Nachtrucken anstatt Nachtrahen. (s. dieses)

Nachtrupp, s. Nachtrab.

Nachtschicht, Fr. la tache de nuit. 1) (Bergwerk) Die achtstündige Arbeit von Abends 8 bis Morgens um 4 Uhr. 2) (im Hüttenwerk) die Arbeit, welche die Hüttenarbeiter von Abends 5 Uhr bis 5 Uhr des Morgens beym Schmelzofen verrichten. Fr. Tache de nuit du fondeur.

Nachtschichter, Fr. mineur ou fondeur, qui fait la tache de nuit, (Berg- und Hüttenwerk) ein Berg- oder Hüttenarbeiter, welcher zur Nachtzeit anfahret, und seine Arbeit verrichtet.

Nachtschlackenläufer, (Hüttenwerk) derjenige Arbeiter, der des Nachts die Schlacken vom Schmelzofen weglauft und aufstürzet.

Nachtschnur. (Fischer) Eine mit vielen Angeln behängte Leine, die zum Fischfang bey wilden Fischereyen gebraucht wird. Man nimt nämlich eine Leine oder dünnes Seil von beliebiger Länge, knüpft an solches allemal eine halbe oder ganze Elle weit auseinander einen Ellen langen Bindfaden, und an dessen anderes Ende eine Angel an, welche ohngefähr einen Zoll lang, und oben mit einem Loch versehen ist. Alsdenn nimt man kleine Weiß- oder andere Fischchen, oder Regenwürmer, und macht solche an die Angeln. Dann wird an dem Orte, wo man fischen will, das eine Ende des Seils am Ufer befestiget, an das andere aber ein vier bis sechs Pfund schwerer Stein gebunden, und mit der Hand, so weit als möglich, ins Wasser geworfen. Solcher Gestalt kann man einen mäßigen Fluß quer über fast ganz mit Angeln belegen. Man bedient sich dieser Nachtschnüre um Aale, Barben, und andere Flußfische zu fangen. Nur muß man merken, daß, wenn man damit Aale fangen will, der Ort, wo die Nachtschnur hingeworfen wird, nicht mit Gras oder Gebüsch bewachsen seyn muß, weil der Aal, wenn er gefangen ist, sich darum schlinget, und die Angel von der Schnur abreißet.

Nachtsignale. (Schiffahrt) Zeichen, welche die Schiffe des Nachts mit Feuer und Schießen geben.

Nachtstück, Fr. Nuit, (Maler) ein Gemälde, welches eine vom Mond und Sternen beleuchtete Landschaft, oder eine bey Fackeln geschehene Handlung, vorstellet. Gottfried Schalken hat sich vorzüglich aufs Malen der Nachtstücke gelegt, und man bewundert in seinen Gemälden die erstaunenden Wirkungen des Lichts. Korrigo hat ein Gemälde dieser Art gemalt, welches man vorzüglich die Nacht des Korrigo nennet.

Nachttisch, Putztisch, Fr. toilette; Ein kleiner Tisch zum Gebrauch fürs Frauenzimmer, um sich vor demselben sitzend frisiren, und überhaupt den Kopfputz machen zu können; dabey er mit einem Spiegel und allem Erforderlichen versehen ist; diese Erfordernisse sind entweder in beweglichen Schachteln, die auf dem Tische stehen; oder der Tisch hat eine Klappe, und ist mit Fächern und Schubladen versehen, worinn sie sich befinden. Das Fr. Wort toilette ist ins Deutsche aufgenommen, daher man auch vom An- und Umkleiden des Frauenzimmers sagt: die toilette machen.

Nachttischmaschiene, Fr. Toilettenmachine, (Goldschmid) ein Behältniß zum Nachttisch gehörig, welches aus zwey Schachteln, die man Kammdosen nennt; aus 6 bis 8 kleinern Schachteln, aus einem Juweleteller, zwey Nadeltellern, zween Orangenflaschen, einer Glocke zum Klingeln, einer Kopfbürste, einer Kleiderbürste, zween Mundbechern mit ihren Deckeln, zween Pomadenbüchsen, einem Spiegel, einem Waschbecken, nebst der Gießkanne, zween Nachttischleuchtern, nebst der Lichtschere und dem Unterbleche, d. i. dem Gefäße, worauf die Lichtschere liegt, bestehet. Alles dieses wird von Silber zu den Nachttischen reicher Leute gemacht.

Nachtuhr, diejenige Uhr, woran man vermittelst des Mondes und der Sterne die Stunden anzeiget. (s. Mondbahr.)

Nachtwächterhorn, (Kammmacher) ein Horn von einem Rinde, welches der Nachtwächter zum Blasen oder Tuten gebrauchet, der Kammmacher polirt ein solches Horn so wie die Kämme (s. poliren die Kämme), und der Klempner fasset es an der weiten Oeffnung mit Messing ein, und setzt an die Spitze ein messingenes Mundstück an.

Nachtweiser, Nachtwyser. Holl. Fr. nocturlabe, (Schiffahrt) Ein Werkzeug, dessen man sich bedienet, um in allen Stunden der Nacht zu finden, wieviel der Nordstern höher oder niedriger ist, als der Point, auch die Breite des Orts bey Nacht zu finden, wo das Schiff ist.

Nachtzeug. 1) Alles, was zur Bekleidung des Nachts gehöret. 2) im weitern Verstande war solches noch vor kurzem eine Art eines bequemen Kopfputzes des weiblichen Geschlechts, welcher am Tage getragen wurde. Die Dormeusen, Kornetten, u. s. f. waren Arten davon.

Nachtzug, soviel als Nachtstellen bey den Jägern.

Nachwartung, s. Verfallzeit.

Nachwirken, (Salzsieder) wenn man das versäumte oder verhinderte Sieden des Salzes nachholet.

Nachzählen, Fr. compter, (Bergwerk) Acht haben, daß dasjenige, was nach einer gewissen Zahl oder Maaß berechnet werden muß, richtig geliefert werde.

Nachzähler, Fr. le tireur de mines, (Bergwerk) der Bergmann, oder Haspelmeister, welcher die Kübel, wie sie gezogen werden, anmerket, und Acht hat, daß die richtige Zahl gezogen werde.

Nachzechler, s. Nachzähler und Nachzählen.

Nachziehen, ist soviel als Nachhängen. (s. dieses)

Nachzucht, (Bienenzucht) die letzten jungen Bienen vor dem Winter.

Nachzug, s. Nachtrab.

Nackend, Fr. nud. (Maler, Bildhauer) Man versteht unter nackend alle Theile des Körpers, welche nicht mit einem Gewande bedeckt sind. Weil zum Nackenden viel Geschicklichkeit erfordert wird, so geben sich die Künstler, um sich Ruhm zu erwerben, alle Mühe, das Frische und Weiche des Fleisches vorzustellen, daß sie sich auch öfters Freyheiten wider die Wahrheit der Geschichte und wider die Wahrscheinlichkeit herausnehmen. Sie ziehen einen großen Vortheil zur Wirkung und zur Zusammensetzung daraus, daß man ihnen den Mißbrauch, welchen sie davon machen, hingehen läßt. Man sagt auch in einer andern Bedeutung, daß ein Gemälde nackend seye, nämlich daß es darinn an Gegenständen mangele, daß die Zusammensetzung durftig seye, und daß es hätte reicher ausgeschmückt werden sollen.

Nackende Figur, Fr. une nudité. (Maler, Bildhauer) Ueberhaupt diejenige, die nicht bekleidet ist, oder deren Gewand nicht diejenigen Theile bedeckt, welche die Gewohnheit fast bey allen Nationen bedeckt seyn läßt. Besonders aber wird eine nackende Figur vom schönen Geschlechte gesagt. Nicht alle Maler sind in den Mißbrauch verfallen, in welchen diesfalls gewisse Künstler nur allzu oft verfallen.

Nackenschenkel, (Weingärtner) wenn ein Weinstock auf der Boge ein feines Ende getrieben, so schneidet man im Februar, oder wenn zu der Zeit das Wetter noch nicht offen, im März, da der ordentliche Schnitt in den Weinbergen vorgenommen wird, das alte Holz bis an solches Ende hinweg, und verknotet dieses auf drey bis vier Augen, welches alsdenn diesen Namen erhält.

Nadel, (Büchsenmacher) das stählerne Stück, das in dem Schnellergehäuse (s. dieses) eines Büchsenschlosses auf einem Stift läuft, und wenn solches angerühret wird, nach dem das Schlagestück des Schlosses (s. dieses) in die Höhe gedrückt worden, die Büchse geschwinde losß gehen. Die Nadel hat auf dem einen Ende einen Kerb, und wenn das Schlagestück so weit in die Höhe gedrückt wird, bis seine Kerbe in den Kerb der Nadel fällt, so muß die Büchse schnell losgehen, wenn man mit dem Finger auf die Nadel drückt, weil alsdenn der Kerb der Nadel das Schlagestück verläßt, welches gegen die Stange des Schlosses schlägt, und das Gewehr abbrennet. Unter dem Arm der Nadel steckt eine Schraube, womit man die Nadel stellen kann. Soll z. B. das Gewehr schnell losgehen, so schraubet man die Schraube in die Höhe, und im Gegentheil wird sie hinab geschraubet. Damit aber auch die Büchse nicht vor der Zeit abbrennt, wenn das Schlagstück schon geschnellt oder aufgedrückt worden ist, so pressen die Nadelfeder und die Schlagestückfeder das Schlagestück und die Nadel zusammen, daß solche vor dem Druck nicht losgehen kann.

Nadel, (Kartenmacher) ein endgelachter Meßingdraht, an dessen einem Ende ein Stück Pappe, Pergament oder Fell im Viereck etwa ½ Zoll mit einem Häckchen bevestiget ist, das dieser sogenannten Nadel zum Kopf dienet. Man steckt sie durch die Löcher der mit dem Stechpriem durchstochenen geleimten und gepreßten Papierblätter, deren 4 bis 5 zugleich durchstochen sind, und trägt sie mit selbigen nach dem Trockensaal.

Nadel, Radiernadel, Fr. echoppes et pointes. (Kupferstecher) Nadeln, womit auf den Kupferplatten radiert wird. (s. radieren) Die besten werden aus zerbrochenen Nähnadeln gemacht. Es ist nur schwer, unter den Nähnadeln welche zu finden, die man dazu gebrauchen kann. Die besten sind diejenigen, welche sich rein zerbrechen, und ein sehr feines Korn haben. Man macht sonst auch Radiernadeln aus abgenutzten Grabsticheln, welche dazu von den Messerschmiden zubereitet werden. Wenigstens muß man sich dieser groben bedienen, wenn man im Großen arbeitet. Die Nadler verkaufen sie schon fertig, mit ihren Heften, welches kleine rund gedrechselte Stückchen Holz sind, unten mit langen und hohlen kupfernen Ringen beschlagen. Diese füllt man mit weich gemachtem Siegellack an, und indem solches noch warm ist, steckt man die Nadel hinein: wenn das viele Arbeiten dieselbe abgenutzt hat, macht man den Ring wieder warm, daß das Siegellack weich werde, und ziehet die Spitze bis zur erforderlichen Länge heraus. Man hat zweierley Nadeln zum Radieren, spitzige und breite. Die breiten (Fr. échoppes) haben eine schräge Spitze von länglicher Rundung. Man braucht sie, wenn man Sachen zu radieren hat, die rauh ausfallen sollen, als Erdgründe, Stämme, Mauerwerk ꝛc. bey welchen eine Stärke, wie bey höckerigten Arbeiten, erfordert wird. Obgleich dieses Werkzeug nur scheint zu groben Zügen gebraucht zu werden, so kann man auch damit die allerfeinsten und allerdünnesten Streiche ziehen, wenn man es auf der Seite hält, wo die Spitze am geradesten schneidet; und wer mit diesem Werkzeuge recht umzugehen weiß, der kann damit leicht eine ganze Platte radieren, weil man es nur mehr oder weniger drehen darf, nachdem der Zug, welchen man machen will, dicke seyn soll.

Nadel, (Nadler) ein bekanntes Instrument, dessen man sich zu mancherley Gebrauch bedienet. Ueberhaupt werden sie in Näh- und Stecknadeln eingetheilet. Die ersten sind wieder in mancherley Gattungen eingetheilet, (s. Nähnadeln) die andern, nämlich die Stecknadeln, welche Reihenweise in ein weiß oder buntgefärbtes Papier gesteckt, und nach solchen zusammengelegten Briefchen verkauft werden, sind bloß ihrer Größe und Stärke nach unter-

unterſchieden (ſ. Nadelmachen), und werden in große, mittlere und kleine eingetheilt. Sie ſind von Meſſing- oder Eiſendraht, verzinnt oder nicht, öfters auch blau angelaufen oder geſchwärzt, die zum Trauer gebraucht werden. Ferner gehören unter die Nadeln die Spicknadeln, Stricknadeln und Perlnadeln. (ſ. davon an ſeinem Ort)

Nadel, ſ. Magnetnadel.

Nadelbaare, (Strumpfwürker) dasjenige Stück in einem Strumpfwürkerſtuhl, worinn die Nadeln, worauf die Maſchen eines Strumpfs geſchlungen werden, ſtecken. Es beſteht dieſelbe aus zwey eiſernen Schienen, zwiſchen welchen mehrere Stücken Bley mit den Nadeln dicht neben einander ſtehen; wenn dieſe Bleyſtücke zwiſchen die Schienen hinter einander geſtellt ſind, ſo preßt man die Schienen an jeder Seite mit einer eiſernen Schraube gegen die Bleyſtücke, und befeſtiget ſie hierdurch untereinander in der Baare. Die Baare ſelbſt liegt vorne im Stuhl zwiſchen den beyden Lagern deſſelben horizontal hinter der Platinenbaare. Der Stuhl zu ſeidenen Strümpfen hat bis 130 Nadelbleye, und in jedem ſtecken 3 Nadeln, folglich ſind in einer ſolchen Baare 390 Nadeln. Man hat auch Stühle, aber nur ſehr ſelten, wo bis 200 Nadelbleye, und folglich 600 Nadeln in einer Nadelbaare vorhanden ſind. Zu wollenen Strümpfen braucht man 2 Nadeln in jedem Nadelbley zu ſtecken. Die Länge der Nadelbaare iſt 14, ſelten 15 Pariſer Zoll, und man macht die Eintheilung alſo, daß in einem Raum von drey rheiniſchen Zollen 24, 26, 28 bis 40 Bleye zu liegen kommen. Je weniger nun in einem ſolchen Raum Bleyſtücken liegen, deſto dicker ſind ſolche, ſo wie auch ihre Nadeln; und ſo umgekehrt: ſo daß, wenn 24 Stück in dieſem Raum liegen, ſolche die dickſten, und wenn 40 Stück vorhanden, ſolche die dünnſten ſind: jene alſo weiter auseinander, dieſe aber enger zuſammen ſtehen. Folglich nimt die Stärke der Bleyſtücken und der Nadeln mit den höhern Nummern beſtändig ab. Daher gehört zu jedem Stuhl nach ſeiner Nummer eine beſondere Form, worein die Bleyſtücken gegoſſen, und die Nadeln befeſtiget werden. Zu der Stuhlaufſeher muß nach dem Guß die Bleyſtücke noch einzeln und zuſammengeſetzt abmeſſen, und nach einer Lehre (Model) abfeilen oder juſtiren, damit ſie einzeln und zuſammengeſetzt in der Nadelbaare den erforderlichen Raum einnehmen. Die Nadelbleye liegen wagrecht und mit ihrer Spitze in der Baare, und ſind alſo geordnet, daß immer ein Nadelbley mit ſeinen Nadeln zwiſchen zwey Platinen (ſ. dieſe) zu liegen kommt; in dem vordern Ende ſind die Nadeln gleichfalls wagrecht eingeſetzt und darein vergoſſen.

Nadelbleyſtücke, Unterbleyſtücke, (Strumpfwürker) diejenigen Bleyſtücke, worein die Nadeln des Strumpfwürkerſtuhls gegoſſen werden. Es ſind bald dickere, bald dünnere in eine Form gegoſſene Stücke, welche breiter als dick ſind, das eine Ende derſelben iſt ſchräge abgeſchnitten, und mit dieſem ſteckt es in der Nadelbaare, (ſ. dieſe) das vorderſte Ende iſt etwas ſchmäler, als das ganze, und hierin, in ſeiner Grundfläche, wird die Nadel bey dem Guß des Bleyes eingegoſſen. Den zweyten Namen hat es zum Unterſchied der ſenkrecht ſtehenden Oberbleyen, (ſ. dieſe) die in der Platinenbaare (ſ. dieſe) angebracht ſind.

Nadelbriefe, (Nadler) das Papier, worein die Stecknadeln zum Verkauf Reihenweiſe eingeſteckt werden. Die deutſchen Nadler brechen ihr Papier dazu, zu ſechzehnzähligen Falzen, jeder Falze geben ſie von neuem einen kleinen Zwiſchenbruch; und wenn das Papier ſolchergeſtalt aus freyer Hand zuſammengebogen iſt, ſo klemmt man jeden Zwiſchenbruch in die Spalte der 12 bis 20ſerbigen Klopfe (ſ. dieſe), und ſo ſticht man jede Nadel längſt der Kerben der Klopfe in das Papier ein. Alsdenn wird mit einem Meſſer längſt den Köpfen eine gerade Linie auf das Papier geſtrichen, und nachher werden zwölf Briefe in ein Pack, jederzeit 4 Briefe zuſammen, mit ſchmalen Papierſtreifen, welche ſie Bindriemen nennen, gebunden. Die linke Seite bedrückt jeder Meiſter mit ſeinem meſſingenen Wappen von willkührlicher Erfindung. Die Franzoſen, die ungeleimt Papier dazu nehmen, welches ſie auf einem Kloß gerade ſchlagen, ſtechen in ihr geſchlagenes Papier mit einem Stechkamme von 26 Zähnen Löcher, indem ſie das Papier vierfach falzen (brechen), den Stechkamm ſenkrecht darauf ſetzen, und ihn mit einem Hammer ſchlagen. Ihre Päckchen, die ſie zuſammen binden, enthalten 6000 Nadeln, und der Meiſter drückt ein rothes Zeichen darauf.

Nadelbüchſe, eine kleine, länglicht runde Büchſe, mit einem Deckel, von allerley Materie, worinn man die Näh- und Stecknadeln aufbewahret.

Nadeldruſe, Spießdruſe, (Bergwerk) eine Druſe, welche in Geſtalt zarter Nadeln, oder kleiner Spießchen, kryſtalliſiret iſt.

Nadelfabrik, eine Anſtalt im Großen nach Fabrikenart, (ſ. Fabrik) worinn die Nadeln (ſ. Stecknadel) verfertiget werden.

Nadelfeder, (Schloſſer) eine Feder an dem Schneckengehäuſe eines Büchſenſchloſſes, welche die Nadel mit dem Schlagſtück mit Hülfe der Schlagſtückfeder zuſammenpreſſet, damit das Gewehr nicht vor der Zeit losgehe. (ſ. Nadel.)

Nadelfeile, (Gold- und Silberarbeiter) feine runde Feilen, womit der Goldarbeiter die Kaſten (ſ. dieſe) worein er Edelſteine faßt, poliret.

Nadelhalter, (Chirurgiſcher Inſtrumentenmacher) eine ſilberne Röhre, worinn der Chirurgus die Heftnadel, (ſ. dieſe) wenn er eine Wunde zuſammenheften will, hält, indem er das eine Ende der Nadel in die Röhre ſteckt. Die Röhre ſelbſt iſt unten auf einem Knopf befeſtiget.

Nadelholz, (Forſtweſen) dasjenige Holz, welches ſtatt der Blätter Nadeln oder Tangeln hat, als Fichten, Tannen, Lerchenbaum, Kiefern, u. ſ. w. Es wird dem Laubholz, als Buchen, Eichen, Ahorn, Linden rc. entgegen geſetzt, und wird zum Bauen, beſonders aber bey dem Bergbau, zum Zimmern und Verkeilen gebraucht.

Nadelknöpfe, (Nadler) die Knöpfe oder Köpfe an den Stecknadeln. Sie werden aus einem nach einer Schneckenlinie auf Draht gewundenen Draht verfertiget. Der Draht hierzu wird auf dem Knopfrade und der Knopfspindel (s. beydes) gewunden. Bisweilen wird er ausgeglühet, damit er sich gut biegen läßt. Aus diesem also gewundenen Drahte werden die Knöpfe vom Nadler geschnitten. Er nimt nämlich 10 bis 12 gewundene Drahtenden zwischen den Daumen und Anfang des Zeigefingers gleich und gerade neben einander, mit der rechten Hand faßt er die große Schere, die mit einem Schenkel auf einem Kloß bevestiget ist, und schneidet mit einem Schnitt von allen Drahtenden 2 Ringel, die einen Knopf geben, ab. Diese Knöpfe werden nachher, vermittelst der Wippe, (s. diese) auf die Nadelschäfte (s. diese) gesetzt. (s. auch Stecknadeln zu machen.)

Nadelknopfschneider, (Nadler) derjenige Arbeiter, der den gesponnenen Knopfdraht in die erforderliche Ringe zu den Knöpfen zerschneidet.

Nadeln, Fr. aiguilles, (Bergwerk) zarte Spießchen oder Zacken, welche in manchen Mineralien auf den Flächen aufrecht stehen, wie am Federerz, Kobaltblüthe und rothen Spießglase zu sehen.

Nadeln, Fr. aiguilles, (Emaillenmaler) stählerne oder hölzerne Werkzeuge, ohngefähr 4 Zoll lang. Die eine dieser Nadeln hat an einem Ende eine etwas flache Spitze, welche fast die Gestalt eines Wurfspießes und in der Mitte die Dicke einer mittelmäßigen Feder hat; das andere Ende hat die Gestalt einer Spadel, und ist sehr polirt, etwan so breit, als ein kleiner Pfennig, und so dick, als ein Dreyer. Die zwote ist an einem Ende spitzig, wie eine Nähnadel, das andere Ende ist ein wenig stärker, und etwas flach. Das spitzige Ende dienet zum Aufstreichen der Tinten auf der eingebrennten Platte, und das andere zum Auftragen derselben an ihre Orte, wenn eine gewisse Quantität davon erfordert wird; die Uebung lehret diesen Gebrauch am besten. Die hölzerne Nadel ist ein kleines Stück trockenes Buchsbaumholz, fast von der Länge der vorhergehenden stählernen Nadeln, an einem Ende sehr spitzig, und an dem andern rundlicht und stumpf; mit diesem Ende wischt man die Fehler weg, und mit dem spitzigen macht man die Arbeit rein, wenn sie schmutzig und unrein ist.

Nadeln, Stecknadeln, (Pappenmacher) umgebogene Enden von Eisendraht, die gleichsam einen doppelten Haken machen: der eine Haken dienet dazu, zwey und zwey, oder drey und drey, gepreßte Pappen zu durchstecken, und mit dem andern Haken hänget man solche im Aufhängesaal zum Trocknen auf.

Nadeln, Querlagerhölzer, Fr. traversines. (Schleusenbau) 1) Die untere Balken, welche quer über einem Schleusenboden oder Siel gelegt werden, so daß dieselben gerade über den unter diesem Boden gelegten Bleybalken (s. diese) eingreifen, und auf diese mit Kämme oder starken Bolzen, auch tülen starken hölzernen Nägeln bevestiget werden. 2) Nadeln heißt man auch die Schwingen, welche man durch den Rost bey den Mühlen und andern Wasserbauen schlägt.

Nadeln des Strumpfwürkerstuhls. Sie bestehen aus einem gut polirten dünnen Eisendraht, der an dem vordern Ende nach der Länge der Nadel umgebogen ist. Die Biegung ist sehr fein, und wenn man sie an die Nadel andruckt, so senkt sie sich in eine Rinne, Fr. Chassis, so auf einem Theil der Nadel ausgehöhlt ist. Dieses ist nothwendig, weil hernach bey dem Wirken des Strumpfs bey dem Assembliren (s. dieses) die neue Reihe Maschen mit der vorhergehenden vereiniget wird, indem die neue Masche in der Biegung der Nadeln liegt, und wenn durch das Pressen solche in die Rinne gedruckt werden, so wird die vorhergehende Reihe mit über die gebogene Nadel gezogen und beyde Reihen vereiniget.

Nadeln, das, Zusammennadeln, (Handschuhmacher) so nennt derselbe das Zusammennähen zweyer Stücke Leder. Zu diesem Endzweck vereiniget er beyde Stücken Leder an einer Seite mit dem Nähhaken. Das Leder liegt auf den Knieen des Professionisten, und die beyden Kneipen des Nähhakens halten es, nach dem Werktisch zu, vest. Das Nähen selbst geschieht mit einer dreyschneidigen Schneidernadel, welche gerade ist.

Nadeln, spitzige, Fr. pointes, (Kupferstecher) Radiernadeln, welche spitz sind. Man muß allemal drey oder vier von unterschiedenen Dicken und Spitzen schleifen, so daß immer eine gröber, als die andere ist. Anfänglich schleift man an alle eine lange und gleich feine Spitze, man bricht hierauf etwas von der Spitze derjenigen ab, welche man dicker haben will, und macht sie mehr oder weniger kurz, wornach die Neigung ist, in welcher man das Heft im Schleifen hält. Durch diese Mittel gehen sie alle ein wenig ins Kupfer, und ihre Dicke verhindert nicht den Ort, wo man sie anlegt, zu sehen, als woran viel gelegen ist, zumal wenn man im Kleinen arbeitet. Weil es sehr schwer ist, auf dem Stein durchs Wetzen eine vollkommen runde Spitze zu geben, so hat man erfunden, am Ende des Steins eine kleine Rinne zu machen, in welcher man sie durch das Hin- und Herstreichen, indem man zu gleicher Zeit das Heft zwischen den Fingern drehet, scharf macht.

Nadelpapier, Fr. Papier de cartouche, (Artillerie) ein starkes graues Papier, welches zu den Kartuschen und andern Feuerwerkshülsen gebraucht wird.

Nadelschäfte, (Nadler) die zugespitzten Enden Draht von Messing oder Eisen, welche den Stiel einer Stecknadel ausmachen. Nachdem der Draht, der dazu gebraucht werden soll, gewählt und auf dem Drahtrichter gerichtet ist, so wird derselbe in Packen, worinn viel oder wenig Drahtenden vorhanden sind, je nachdem die Nadeln klein oder groß seyn sollen, zu Stücken mit einmal zerschnitten. Es sind manchmal in einem Pack 140 bis 250 Enden. Diese Stücke sind so lang, daß hernach 2 Hälften, oder zwey Nadelschäfte, daraus geschnitten werden können. Ehe dieses aber geschiehet, werden beyde Enden auf dem Spitzring zugespitzt (s. dieses) Alsdenn werden sie auf einem

kleinern

kleinern Spitzringe, oder auf einem sogenannten Spitzbrete, polirt. Hierauf in Schäfte zerschnitten. (s. Schäfteschneiden und Stecknadeln machen.)

Nadelverfertigung, (Probirer) die Art, wie man die gelben und weißen Nadeln zum Probiren verfertiget. Man schmelzt nach dem Mark- und Karatgewichte, nach den verschiedenen Verhältnissen, die die Nadeln haben sollen, Silber und Kupfer, Gold und Silber, Gold und Kupfer, oder Gold, Kupfer und Silber zusammen, da man denn diese Metalle zu kleinen Nadeln schmiedet. Den Nadeln giebt man alsdenn ein Zeichen ihres Gehalts, woraus man die Karat- und Lothzahl des Goldes oder Silbers erkennen kann.

Nadel, weiße, (Silberprobirer) dies ist der Probirer und Untersucher aller andern Silberproben, wie viel nämlich dieselben an metallischem Gehalt haben. Es ist bekannt, daß die verarbeiteten Silber nicht alle von einerley Feine, sondern von einander sehr unterschieden sind, und die Probirnadel zeiget nun, wie hoch oder wieviel löthig dasselbe sey. Sechzehn Loth fein Silber heißt 16löthig, 15 Loth fein Silber und 1 Loth Kupfer zusammengeschmolzen ist 15löthig u. s. w.; soviel also man Arten von löthigem Silber hat, eben soviel müssen auch von demselben Gehalt weiße Nadeln vorhanden seyn, um nach dem Strich dieser den Gehalt des zu probirenden Silbers zu erfahren.

Nadiere, eine gewisse Zeugart; die unter die Daure, (s. diese) die man zu Villefranche und an andern Orten in der Generalität Montauban verfertiget, gehöret.

Nadir, (Schiffahrt) der Punkt, welchen [illegible] sich auf der untern Himmelshalbkugel senkrecht unter unsern Füßen vorstellet. Das Wort ist arabisch, und heißt eigentlich soviel, als entgegenstehen.

Nadler, ein freyes ungeschlossenes Handwerk, das verschiedene Kleinigkeiten von Messing und Eisendraht, auch von Stahl, verfertiget, als Stecknadeln, Nähnadeln, Haften, Oesen, Spick- und Packnadeln, Angelhaken, Kämme und Schackenketten, allerley Drahtstrickerey, als Kornfegen, Malzdarren, Hecheln, Weberkämme, Vogelbauer, Gitter vor die Fenster, Drahtkörbe, Fliegenschränke, Bienenkappen, Kranzbürsten, Fensterkörbe, Pfeifenräumer, Karpenkästen, Mäusegitter, Tersoren zu den Kurschgerdienen, Mausefallen u. d. m. Die Lehrburschen lernen dieses Handwerk in 3 bis 4 Jahren. Die Gesellen bekommen auf ihrer dreyjährigen Wanderschaft 10 bis 12 Groschen, nebst freyem Nachtlager, wenn sie keine Arbeit erhalten. Zum Meisterstück machen sie 100 Kürschnernadeln mit drey Schneiden, 100 Barbiernadeln vierschneidig, die Wunden damit zu heften, und 200 gemeine Schneidernadeln, ingleichen ein rundes Drahtgitter vor ein Kellerfenster. Dies alles müssen sie in des Altmeisters Hause verfertigen, und bekommen dazu 8 bis 14 Tage Zeit. An andern Orten besteht das Meisterstück in einer Anzahl Stecknadeln von verschiedenen Nummern. Zu ihren besondern Freyheiten gehöret noch, daß sie in großen Städten mit den

Posamentirern gemeinschaftlich allerley kleine Kram- und Kaufmannswaaren, als Knöpfe, Florbänder, Kniegürtel, auch wohl allerley Zeuge, öffentlich im Laden verkaufen können. So lautet ihr Gildebrief, wiewohl ihnen die Posamentirer dieses Recht streitig machen wollen.

Nagel. (Nagelschmid) Ein aus Eisen geschmiedeter und geschmiedeter Stift mit einem Kopf, vermittelst dessen zwey von einander abgesonderte Stücke zusammengeheftet und mit einander verbunden werden. Nach ihrem verschiedenen Gebrauch haben sie auch verschiedene Größen, Gestalten und Benennungen. Als: Sparrennägel, Spundnägel, Lattennägel, ganze und halbe Brett- und Schloßnägel, Bandnägel, Schieferdnägel, große und kleine Schindelnägel, Thornägel, Haspennägel, Schienennägel, Radenägel, Hufnägel, (s. alle diese) die kleinsten Sorten aber heißen Zwicken, Zwicknägel, welche von verschiedener Größe und zum Theil verzinnt sind. Einige darunter haben runde Köpfe von Messingblech, die auch Sattlerzwecken genannt, und beym Beschlagen der Kutschen, Sättel und Kummeter meist zur Zierde gebraucht werden.

Nagel, ein englisch Gewichte, wornach die Wolle gewogen wird. 1½ Zentner machen 1 Sack, welcher 52 Nägel hält. Zu Brügge in Flandern hat der Nagel 6 Pfunde, und machen 45 Nägel ein Gewichte, das ein Wagen oder Charriot genennet wird. 2 Charriots machen 1 Sack. 3 Säcke machen 1 Selrier oder Serpelier.

Nägel, s. Fachboden.

Nagelbohrer, Fr. villebrequin, (Tischler und andere Holzarbeiter) ein kleiner zweyschneidiger gewundener Bohrer mit einer Spitze und einem Heft am Ende, das mit dem Bohrer zwey rechte Winkel macht. Man bohret damit die Löcher zu den Brettnägeln vor.

Nagelbraun, s. Nagelfarbe.

Nageldocke. (Grobschmid) Ein Werkzeug, worinn der Kopf eines großen Nagels geschmiedet wird. Es ist ein starkes vierkantiges 1 Fuß bis 1½ Fuß hohes Eisen, welches aufgerichtet auf einem Klotze stehe. Oben ist es zugespitzt, und hat daselbst ein Loch, welches bis zu dem der Länge nach in der Mitte befindlichen Einschnitt reichet. Dieser Einschnitt hat die Absicht, den Nagel, wenn er fertig geschmiedet ist, an seiner Spitze wieder aus der Docke zu stoßen. (s. Nagelschmieden)

Nageleisen, Fr. ambatilloir, clouterier, 1) Grobschmid. Ein starkes vierkantiges Eisen, worinn Löcher von verschiedener Größe sind. Auf jedem Loche ist eine kleine runde Erhöhung, worauf der Kopf rund geschlagen wird. 2) Nagelschmid; ist von der erstern Art in nichts unterschieden, als daß es nur ein Loch hat, und folglich zu einem jeden Nagel ein besonderes Eisen nöthig ist. Es liegt mit dem einen Ende in dem Stauber, und mit dem andern ruhet es auf dem Amboß, und wird in dem Loch des Staubers mit einem Keil vest gehalten. Nach Gestalt der Nägel, die gemacht werden sollen, muß das Loch in dem Nageleisen auch gestaltet seyn. So ist z. B. das Loch zu einem Spiekernagel ein Quadrat, und zu den flachen

Q 2 Brett-

Vertmögern ein länglicht Viereck. Das Loch umgiebt eine Kerne oder runde Erhöhung, welche den Kopf etwas aushöhlet, und ist von Stahl. 2) das Nageleisen der Kupferschmide ist eine mit Löchern versehene eiserne Platte, worinn die Köpfe geschmiedet werden.

Nageleisenfeder, (Weißnagelschmid) ein gehärtetes schmales Stück Blech von einer Mischung von Eisen und Stahl, welches in dem Loch des Senkers (s. diesen) unter dem Nageleisen mit einem Keil befestiget ist. Sie reicht bis unter das Loch des Nageleisens, und dienet den fertigen Nagel aus dem Nageleisen zu heben. (s. Nagel schmiden)

Nägelfarbe, Nägelbraun, (Färber) eine braune Farbe, welche aus der Vermischung der rothen und gelben Farbe (s. beyde) entsteht.

Nagelfläche, Fr. Congealé de Cailloux. (Bergwerk) Ein Gestein, so in der Schweiz zu finden ist, aus mittelmäßig großen Kieseln zusammengesetzt, und mit Sandpflaster zusammengeküttet ist. Es macht ganze Berge oder Hügel aus. Sie sind zu dem Geschlechte der Wurfsteine zu rechnen, und außer der Schweiz wenig zu finden.

Nagelhagel, (Artillerie) Hagel, welcher aus alten zerbrochenen Nägeln, oder andern kleinen Stücken Eisen besteht.

Nagelhammer, Nagelhammerwerk, (Eisenhammer) ein Hammerwerk, worauf nichts als das Krauteisen und kleine Stangen Eisen zu den Nägeln geschmiedet und zubereitet werden.

Nagelholz, (Wasserbau) ein zähes, schieres Stück Eichenholz zu den Nägeln oder großen Tobbern, so durch die Zapfen des Siels geschlagen werden.

Nagelkopf, Nagelkuppe, Nagelplatte, (Nagelschmid) der Kopf eines Nagels.

Nägel, kupferne, (Kupferschmid) Nägel, die auf zweyerley Art von Kupfer verfertiget werden, und die der Kupferschmid gebraucht, große Kupfertafeln, z. B. Braupfannen, zusammen zu vereinigen. Einige werden aus einem massiven Stück Kupfer geschmiedet, und nach Art der eisernen Nägel (s. Nagel schmiden) verfertiget. Andere werden aus zusammengerollten Kupferblech gemacht. In beyden Fällen wird der Kopf auf dem Nageleisen (s. dieses 2) geschlagen.

Nagelkuppe, s. Nagelkopf.

Nageln, (Jäger) wenn der Hase, auch Fuchs, Katze und Marder auf weichem Boden gehen, greifen sie mit ihren Nägeln, oder was Raubthiere sind, mit den Krallen oder Fängern in den Boden, davon sagt man, sie haben genagelt.

Nagelschmid, ein Eisenarbeiter, der nichts als eiserne Nägel schmidet. Sie unterscheiden sich in zwey Arten, die im geringsten keinen Zusammenhang mit einander haben, sondern einen Professionshaß gegen einander hegen. Es giebt nämlich Schwarz- und Weißnagelschmide. Sie machen die Nägel mit einerley Handgriffen. Die erstern sind ausgeartete Ankerschmide, die an Oertern sich aufhalten, wo keine Ankerschmide sich befinden. Sie machen nur große Nägel; dagegen die Weißnagelschmide nur kleinere machen, und besonders auch verzinnete Pinnen mit meßingenen Köpfen verfertigen. (s. Nagel) Die Lehrburschen lernen dies Handwerk gemeiniglich unentgeltlich in 5 Jahren, ein Lehrgeld kann diese Zeit bis auf 3 Jahre verkürzen. Die Gesellen erhalten auf ihrer dreyjährigen Wanderschaft, wenn sie keine Arbeit bekommen, von jedem Gesellen 6 Pfennige. Zum Meisterstück machen sie 2 Schock 12zöllige Nägel, 1½ Schock runde und flache Thorwegnägel, und 1500 Wasserschwimmer.

Nägel schmiden, (Nagelschmid) die Kunst, aus Eisen allerley Nägel zu schmiden. Da es sehr mühsam seyn würde, große eiserne Stäbe zu einem kleinen Nagel zu verdünnen, so werden die großen und breiten Stangen zu diesem Behuf in kleinere Stücke mit dem Schrootmeißel (s. diesen) nach der Länge, nachdem sie erst in der Esse weißglühend gemacht worden, von einander geschrotet, und nachdem die Nägel groß oder klein werden sollen, wird auch eine dergleichen Stange in größere oder kleinere Stängelein geschrotet. Die kleinen zerschroteten Stäbe heißen Zähne. Alle diese Zähne werden vor dem eigentlichen Gebrauche ziemlich zu der Dicke geschmidet, die der Nagel erhalten soll; doch bleiben sie alle flach. Große Nägel schmiden zwey Personen zugleich, mit dem Vorschlag- und Schmidehammer. An einem Ende der Stange strecken sie die vier Seiten etwas dünner aus, und bilden zugleich eine Spitze. Daher muß der Meister oder ein Geselle die kleine Stange, die er ohne Zange mit der Hand hält, so lenken, daß der Hammer jederzeit auf eine dieser Seiten schlägt. Das Augenmaaß und die Uebung lenken [illegible] Hand. Glaubt man, daß der Nagel lang genug ausgeschmidet ist, so setzt man den Nagel nach seiner Länge an dem Amboß ab, (s. Absetzen) d. i. man biegt ihn an der Kante des Amboßes um, und läßt an dem dicken Ende desselben, indem man ihn am Blockmeißel abhauet, so viel nur stehen, daß der Kopf daraus geschmidet werden kann. Jeder Nagel muß von oben herunter eine abnehmende Dicke erhalten. In eben dem Augenblicke, da der Nagel abgehauen ist, ergreift einer von den Schmiden den Nagel mit der Kluft, steckt ihn in das Loch des Nageleisens, und beyde geben dem Kopf vier Schläge. Hierdurch erhält er vier kleine dreyeckigte Flächen, die ihm zugleich eine zugespitzte Gestalt geben, und den Kopf bilden. Dies ist aber nur von den mehresten Nägeln zu verstehen, denn einige erhalten einen runden Kopf. Mit eben der Stange, aus welcher der Nagel geschmidet worden, schlägt man gegen die Spitze desselben, und hebt ihn hierdurch aus dem Nageleisen. Es liegen beständig 6 bis 10 Zähne in der Esse, die unterdessen schon weißglühend geworden sind. Die kleinen Nägel werden auf die nämliche Art, doch nur von einem, geschmidet, der öfters bey einer Hitze 2 Nägel schmiden kann, bey dem Abschroten der Nägel läßt er denselben noch etwas weniges an dem Zahn hängen, um dadurch denselben in das Loch des Nageleisens einzustecken, dann wird der Nagel abgebrochen. Ein Arbeiter kann in 13 bis 14 Stunden 1000 Brettnägel machen. Der Weißnagelschmid verfertiget hierauf schwä-

chere

kleine Nägel, und in dem Loche des Stauchers unter dem Nageleisen ist eine Feder durch einen Keil bevestiget, die bis unter das Loch des Nageleisens reichet. (s. Nageleisenfeder) Die Spitze des Nagels, dem man in dem Nageleisen einen Kopf geben will, reicht bis auf diese Feder, und der Nagelschmid darf nur etwas weniges unter die Feder schlagen, so treibt sie durch ihre Federkraft den Nagel aus dem Loche des Nageleisens. Dieser Nagelschmid macht alle Arten von verzinnten und schwarzen Zwecken. (s. Nägel verzinnen und schwärzen.)

Nagelschrote, s. Abschrote.

Nägelwerk, Fr. Trillage (Tischler, Gärtner) Ein aus gehobelten schmalen Latten und Nägeln zusammengesetztes [illegible] Portal, Lusthäuschen, Wand, oder dergleichen in einem Garten. Es muß aber das Zimmerholz, [illegible] die Latten auswärts angenagelt werden, nicht in die Erde kommen, sondern zwischen eichenen eingeschlagenen Pfählen eingesetzt seyn, daß die Feuchtigkeit nicht das[illegible], und solches verfaule. Wenn ja einer von den Pfählen wandelbar wird, so daß man ihn ausbessern muß, [illegible] die unterste Querblendung weggeschlagen werden. Noch besser ist es, wenn man das Zimmerwerk auf [illegible] setzt, die etwa einen Fuß hoch über der Erde hervorragen, und vor diese eine bretterne Verkleidung schlägt. Die [illegible] selbst, so nicht stärker als einen Zoll ins Gevierte [illegible] seyn dürfen, nagelt man bisweilen gleich über[illegible] hin, bisweilen läßt man sie auch in einander ein, [illegible] gewissen hin und her gehenden Linien eine [illegible] und gerade Wand mit einander ausmachen, daran [illegible] einige Zierrathen mit angebracht werden. Sie werden hernach mit Oelfarbe, welche gemeiniglich grün ist, bestrichen.

[illegible]zieher, (Schieferdecker) ein eisernes Werkzeug, [illegible] einem gekrümmten Haken, womit die Nägel [illegible] Schiefern gezogen werden, wenn ein Schieferdach [illegible] werden soll.

[illegible], (Papiermacher) so heißen die messingenen [illegible], wodurch die Bodendrähte einer Papierform [illegible] untergelegten hölzernen Stegen mit einander [illegible] sind. (s. Papierform.)

[illegible], Fr. le proches, (Maler) die nahen Gegenstände [illegible] die auf dem Vorgrunde. Diese müssen [illegible] und fein ausgearbeitet seyn: Da im [illegible] die Fernen, so zu sagen, nur wie entworfen [illegible].

[illegible], s. Nähekloben.

[illegible], (Handschuhmacher) ein Werkzeug, [illegible], wenn er zwey Stücken Leder zusammen[illegible] (s. [illegible]) solche auf seinem Knie zusammen[illegible]. An einem Stücke sind zwey eiserne Klemmen oder [illegible] wie eine Beißzange (s. diese) außer daß sie [illegible] klein sind. Auf den beyden Schenkeln dieser [illegible] eine eiserne Hülse, womit man die Klemmen [illegible] kann. Das ganz kleine Werkzeug wird [illegible] eines Werktisches, worauf der Handschuhmacher sitzt, mit einer Schraube angeschraubt, und beyde Kneipen halten das darein gespannte Leder vest.

Nähekloben, Nähebrett. (Sattler, Riemer) Ein hölzernes Werkzeug, womit dieselben bey dem Zusammennähen zwey Stücken Leder auf dem Knie vest halten. An einem langen Schenkel ist an einem Ende ein kurzer angebracht, und mit Leder an dem langen durch Leim vereiniget, daß sich der kurze zurück schlagen läßt, zwischen welchen denn die Stücken Leder vest gespannt werden.

Nähekorb, (Korbmacher) kleine Körbe, worinn die Nähterin ihre Nähesachen aufbehält. Es sind gewöhnlich kleine runde Körbchen, die auf zweyerley Art verfertiget werden. Entweder ganz mit zerspaltenen Weiden (Schienen), oder er setzt ihre aufgerichtete Seiten aus Bieselris (s. dieses) zusammen. Im ersten Falle setzt sich der Korbmacher zu dem Boden ein Kreuz; Er legt nämlich drey bis vier Stück zusammen, spaltet sie in ihrer Mitte zur Hälfte von einander, doch so, daß die Hälften an beyden Enden noch zusammenhängen, und steckt durch die Spalte 5 Paar, und also überhaupt 10 Querstücke, die in gleicher Entfernung von einander abstehen. Die nach einem Kreuz vereinigten Stücke bindet er in der Mitte mit Spänen zusammen. Der mittelste lange Stock behält seine natürliche Richtung, so wie auch die drey mittelsten Querstücke. Allein die beyden äußersten langen Stöcke, und die beyden äußern Paar Querstücke werden an beyden Enden dergestalt gebogen, daß sie in gleicher Entfernung den Raum zwischen dem langen Stock und den sechs mittlern gepaarten Querstücken ausfüllen. Um den mittlern Band des Kreuzes flicht er hierauf zuerst zugleich mit drey Weiden zweymal herum. Diese Weiden werden eben so geflochten wie die Rimmweiden, (s. diese und Korbflechten) und alsdenn flicht er das Kreuz mit Schienen aus. (s. Schiene) Diese Schiene flicht er dergestalt, daß ihre glatte äußere Seite in die Augen fällt. In den Boden des Nähekorbes steckt er neben dem Bande in der Mitte des Kreuzes mit zwey Schienen auf, macht das übrige größtentheils mit einer Schiene voll, und besetzt endlich den Rand des Bodens mit zwey zugleich eingeflochtenen Weiden, mit welchen er zweymal um den Boden herum flicht. In diesen letztern Besetzweiden (s. diese) werden kleine Weiden oder Staken, (s. Korbflechten) wie bey einem großen Korbe, bevestiget. Der Korbmacher giebt ihnen durch Rimmweiden eine Haltbarkeit, nimt zu dem Einschlag über den Rimmweiden jedesmal nur eine Schiene, giebt dem Korbe über dem Einschlag wieder eine Bevestigung mit Rimmweiden, und vollendet endlich den Korb durch den Zuschlag der Staken. In allen diesen Fällen wird wie bey dem gewöhnlichen Flechten (s. Korbflechten) verfahren. Wird aber die aufgerichtete Seite des Nähekorbes mit Bieselris zusammengesetzt, so wird der Boden zwar wie der erste verfertiget, allein das Bieselris wird nicht wie die Staken der übrigen Körbe in den Boden eingesteckt, sondern folgendergestalt angenähet: Der Korbmacher spaltet eine Weide in zwey Riegel, legt an dem einen Ende der beyden Riegel das starke Ende eines Bieselrises zwischen die Biegel, windet um die beyden Biegel eine Schiene, und befestiget hierdurch das Vierfelris. In einer kleinen Entfernung von dem vorigen setzt er ein zweytes Vierfelris zwischen die beyden Biegel an, und befestiget es mit der vorigen Schiene. Auf diese Art wird soviel Vierfelris zwischen den beyden Biegeln befestiget, daß sie den ganzen Boden des Korbes umgeben. Ueber den beyden vorhergehenden Biegeln legt der Korbmacher abermals in einer Entfernung von einem Zoll zwey andre Biegel neben das Vierfelris, vereiniget auch hier die Biegel mit dem Vierfelris mit einer Schiene, steckt diese aber zugleich durch die äußerste Weide des Bodens durch, und zwar jedesmal, wenn er die Schiene um ein Vierfelris geschlungen hat. Auf diese Art nähet er jedes Vierfelris an dem Boden an, und die beyden untersten Biegel dienen dem Korbe statt des Fußes. Durch einen Einschlag werden diese Reifen nicht mit einander vereiniget, sondern der Korbmacher fügt dagegen (s. Fitzen die Körbe) den Korb an. Endlich wird der Korb am obern Rande mit Kimmweiden und mit dem Zuschlag (s. diesen) befestiget. Jeder Henkel dieser Körbe besteht aus zwey sich unmittelbar berührenden Biegeln, die in dem Zuschlag befestiget, und folgender Gestalt bewunden werden: Er steckt nämlich um den ganzen Henkel herum kleine Weiden, oder zerspaltenes spanisches Rohr in den Zuschlag ein, befestiget an dem Zuschlag eine gefärbte Schiene, und flicht diese in die eingesteckte Weiden, oder in das Rohr dergestalt ein, daß die Verflechtung den Henkel ganz bedecket. Die gefärbten Weiden läßt sich der Korbmacher von dem Färber färben, ausgenommen die rothen, die er selbst in Alaun und Brasilienholz kocht. Der Deckel, den diese Körbe erhalten, wird wie der Boden geflochten, außer daß der Korbmacher die Stöcke des Kreuzes aus freyer Hand beym Flechten also biegt, daß der Deckel hohl wird. Sie flechten dergleichen Körbe öfters sehr schön bunt.

Nähen, (Näherin, Schneider) eine Verrichtung, da man vermittelst der Nähnadel und eines Fadens von Seide, Wolle oder Zwirn, auf verschiedene Art Leinwand, Kattun, Seiden- und Wollenzeug zusammennähet, und mit allerhand Nähten vereiniget. Zum Nähen gehöret auch das sogenannte Sticken in Leinen- oder Baumwollentuch, (s. ausnähen) da nach allerhand Mustern Bilder eingenähet werden. (s. auch Sticken, wo diese Arbeit näher erkläret wird) Der Schneider, der Kleider nähet, gebrauchet weiter nichts, als Nähnadeln mancherley Art und Größe, Fäden, einen Fingerhut und eine Schere, die Frauenzimmer aber, die Leinengeräthe nähen, brauchen auch noch einen Nähepult, und beym Ausnähen auch einen **Nährahmen**, worinn das Tuch ausgespannet wird.

Nähküssen, (Näherin) ein Küssen mit Tuch oder anderm Zeuge überzogen, das gemeiniglich mit Kleyen ausgestopft ist, und welches die Näherin vor sich auf dem Schoße liegen hat, worauf sie das Tuch, welches sie nähet, mit einer Nadel befestiget.

Nähnadelfabrik. Nähnadeln werden am besten in Fabriken verfertiget, indem sie sehr oft durch die Hände gehen, und in Fabriken ein Arbeiter dem andern in die Hände arbeitet, folglich ein jeder in seinem Fach eine größere Fertigkeit erlangt, als wenn solches alles von einer, höchstens zwey Personen verfertiget wird. (s. Nähnadeln.)

Nähnadeln, (Nähnadelmacher) Nadeln mit einem Oehr, wodurch man einen Faden ziehen kann, um damit zu nähen. Sie werden von Eisendraht verfertiget, dessen Verfertigung noch zu den Fabrikengeheimnissen gehöret. So viel weiß man, daß derselbe aus Eisen und Stahl gemischt verfertiget wird, und daß es auf diese Zusammensetzung und die darauf folgende Erweichung des Stahls hauptsächlich ankommt, um den Nadeln solche Beschaffenheit zu geben, daß sie beym Gebrauch sich weder biegen, folglich nicht zu weich, noch brechen, mithin nicht zu hart sind. Man ziehet den von den Drahtmühlen erhaltenen Draht auf dem Richtholz (s. dieses) gerade, schneidet ihn mit der Schrotschere (s. diese) zu zwey Nadellängen zu, bindet diese Drahtenden in Bunde, spitzt beyde Enden zu, und zwar bey den Fabriken vermittelst einer Schleifmühle, die vom Wasser getrieben wird, bey einzelnen Meistern aber auf dem Spitzrade (s. dieses) so mit dem Fuß getreten wird; schneidet alsdenn diese zwey Nadellängen mit der Schrotschere in der Mitte durch. Man befeilet das Oehrende mit einer krummen Feile, und giebt diesem Ende auf beyden Seiten des Kopfs mit eben der Feile einen Strich. In diese mit der Feile bezeichnete Stelle wird mit einem subtilen Drillbohrer (s. diesen) ein Loch eingebohret, und die länglichen Oehren mit der Spitzfeile (s. diese) eingesetzt. Die nunmehr fertigen Nähnadeln werden in eine Beitze von sauerm oder schwachem Bier geleget, und wenn sie aus derselben genommen werden, scheuret man sie zuerst mit Essig, dann mit Wasser, und trocknet sie mit Kleye oder Sägespänen in einem beweglichen Faß, indem man sie darinn schaukelt. Alsdenn werden sie wieder gehärtet, welches auf verschiedene Arten geschieht. Nach einer bekannten Art werden die Nähnadeln lagenweise in große irdene Töpfe geschüttet, und zwischen jeder Lage zart geschnittene spanische Seife und Hornspäne gethan, der Topf mit dieser Vermischung rothglühend gemacht, die glühenden Nadeln in Hartwasser (s. dieses) geschüttet, sodann auf obengedachte Art in Kleye wieder getrocknet, und alsdenn mit sehr zartem Sande gescheuret, hierauf nach ihren verschiedenen Nummern und Sorten Pfundweise in Packe eingepackt. Die dreyeckigte Nadeln erhalten diese Gestalt in einem dazu besonders eingerichteten mit einem dreyeckigten Gesenke oder Rinne versehenen Ambos, man macht sie an der Spitze dreyeckigt, schärfet sie mit der Feile, härtet sie wie die vorigen, und behandelt sie übrigens in allen Stücken auch so. In Deutschland werden zu Achen und Schwabach unstreitig die besten Nähnadeln gemacht; die zu Nadelburg bey Wien sind jetzt nicht mehr so gut, auch in Potsdam ist eine Nähnadelfabrik.

Nähpult, (Näherin) ein viereckigtes Kästgen mit einem schräge ablaufenden Deckel, in dessen Mitte ein kleines ausgepolstertes und mit Zeug überzogenes Küssen angebracht

gebracht ist, worauf man die Arbeit beym Nähen vest ansteckt. An dem Kästchen sind Schubladen in und auswendig angebracht, worinn man Zwirn, Nadeln und anderes Nähzeug aufheben kann. Sie sind manchmal von sehr schöner eingelegter oder furnirter Arbeit verfertiget.

Nährahmen. (Näherin) Ein Rahmen von Latten zusammengefüget, die entweder an den Ecken dergestalt vest zusammen verbunden sind, daß sie ihre Entfernung unveränderlich behalten, oder daß der eine Schenkel an den zwey Seitenschenkeln auf und nieder geschoben, auch vest gemacht, und dadurch den Schenkeln des Rahmens eine große oder kleine Entfernung von einander gegeben werden kann. Zu diesem Behuf sind sowohl in den beyden langen Schenkeln parallele Löcher der Länge nach angebracht, so wie auch an dem beweglichen kurzen Schenkel an beyden Enden ein Loch durchbohret ist, daß solcher nach der gegebenen Entfernung vermöge hölzerner Nägel, bevestiget werden kann. Auch bringt man, um lange Sachen in einem solchen Rahm bequem aufzuspannen, an dem einen Ende eine bewegliche Walze anstatt des einen Schenkels an, auf welche das Zeug, welches ausgenähet werden soll, aufgewickelt wird, nachdem man etwas davon ausgespannt, und an den beyden langen und den einen kurzen Seiten mit Bindfaden angezogen ist, kann die Walze mit dem übrigen aufgerollten Zeuge, vermittelst eines an der einen Seite angebrachten Sperrrades und Sperrkegels, bevestiget und ausgespannt werden. Oefters hat auch ein solcher Rahmen auf beyden schmalen Enden eine dergleichen bewegliche Walze, da das Zeug auf der einen gänzlich straf aufgewickelt wird, mit der andern aber auf obengedachte Art mit dem Sperrkegel aufgespannt, und das fertig genähete darauf gewickelt wird.

Nähriemen, (Sattler, Riemer) dünne lederne Riemen, womit sie nähen.

Nahsäulig Werk, (Baukunst) das Ansehen, wornach die Säulenweite sechs Halbmesser, und also die Zwischenweite 4 Halbmesser, oder 2 Durchmesser, austrägt.

Nähseide, (Näherin, Sticker, Schneider) Seide, die wie die Organsin auf der Zwirnmühle, vielfach zusammengezwirnt worden. Sie ist vier bis achtdoppelt. Man verbindet gleich anfangs zwey bis vier einfache Faden zusammen, spinnet diese auf dem zweyten oder dritten Stockwerk der Zwirnmühle, (s. diese) zusammen, doubliret hierauf wieder zwey zwey- bis vierfache Fäden zusammen, und zwirnt diese endlich ziemlich stark auf dem untersten Stockwerk der Mühle.

Nahte, s. Nath.

Nain-Londrins, Nin-Londrins, Fr. eine Art feiner englischer Tücher, welche ganz von spanischer Wolle, sowohl im Aufzuge als im Eintrage, gemacht werden. Es führen aber auch einige französische Tücher, sonderlich die zu Carcassone gewebet werden, diesen Namen, weil sie mit jenen von einerley Beschaffenheit sind. Man braucht sie zur Handlung nach den levantischen Stapelstädten, wo sie nur von den Vornehmen und Großen getragen werden. Die etwas gröbern Tücher dieser Art sind die eigentlichen Londrins.

Nakara. Eine Pauke bey den Türken, die den spanischen Kastagnetten ähnlich seyn soll. Bey den Chinesern wird auch ein gewisser Zirkel oder Triangel, welcher mit einem Stecken geschlagen wird, also genennet.

Nakaratfarbe, Fr. Nacarat. (Färber) Eine von den sieben rothen Hauptfarben der Färber. Sie wird mit der Haarfarbe gefärbt, und sodann mit Färberröthe oder Krapp, oder auch Conchenille, geröthet oder erhöhet. (s. auch Incarnat auf Seide.)

Name der Zechen, Fr. le nom des mines, (Bergwerk) Jeder Gang und jede Zeche haben ihren Namen, damit sie von andern unterschieden werden. Und hat der Muther oder Lehnträger das Recht, einer Zeche oder Gang, so er muthet, bey der Bestätigung einen Namen beyzulegen. Es werden auch den Schächten bey weitläuftigen Zechen Namen gegeben. Wenn aber eine alte ins Freye gefallene Zeche, oder ein alter Gang wieder von neuem aufgenommen werden, muß der alte Name beybehalten werden.

Namenmeyer, s. Namenträger.

Namenträger, Namenmeyer, heißt in großen und weitläuftigen Handlungen soviel als Buchhalter oder Faktor.

Namensprechung, (Handlung) eine Rechnung, die in der Kompagniehandlung in den Handelsbüchern geführet wird. Ein jeder Kompagnon muß in seinen Kompagniebüchern zwey dergleichen Namenrechnungen führen. In der ersten wird desselben Kapitalkonto, worinn man einträgt, was ein jeder an Kapital einschießt, und wieder heraus nimt, in der andern aber Partikulierkonto, worinn dasjenige verzeichnet wird, was ein jeder aus der Kasse oder sonst empfängt, auch gegen den jährlichen Gewinst abzurechnen ist.

Nanking, ein baumwollener Zeug von gelblicher Farbe, welcher seit einigen Jahren sehr bekannt geworden. Die Portugiesen bringen ganz fertige Mannskleider davon aus Indien. Da dieser Zeug sich gut waschen läßt, und sehr leicht ist, so ist er eine sehr gute Sommertracht.

Nanniesser, gestreifter Stein, ein Halbedelgestein, der von dem Orte, wo er gefunden wird, und von seinen Streifen den Namen erhalten hat. Er ist im Jahre 1718 in Mähren, in der Herrschaft Nanniesser, an den steilsten Felsen und der unersteiglichsten Gegend des Gebirges, gefunden worden. Er sieht vollkommen milchfarbig aus, ist in Stücken eines halben Fingers dick, und gänzlich undurchsichtig, ob er gleich in Stücken, die nur einen Strohhalm dicke sind, einige Durchsichtigkeit zeiget. Er hat braunröthliche Streifen, die öfters in die indianische Amethystenfarbe fallen, eines halben Strohhalms dicke und schwächer sind, vollkommen gerade, und mit einer ziemlichen Ordnung der Länge nach durch den ganzen Stein durchgehen, oder denselben gänzlich durchdrungen haben. Die Linien sollen 4 bis 6 Ellen lang, als wenn sie mit dem größten Fleiße und der genauesten Richtigkeit gezogen wären;

ren, in dem Anbrüche fortlaufen. Wenn man daraus Gefäße, als Tische, Gueridons und dergleichen verfertigen läßt, wie solches der Besitzer der Herrschaft, der Graf v. Sandraczky, thun lassen, so sieht dieser Stein, wenn er geschliffen ist, einem Stück schmal gestreiften Kattun nicht unähnlich, und gar prächtig aus. Uebrigens ist der ganze Stein voller kleiner Granaten, die durch dessen ganze Masse aller Orten gleichsam eingestreuet sitzen, und zwar sind sie so stark mit demselben zusammengewachsen, daß sich nie ein dergleichen Korn besonders herausbringen läßt, sondern sie werden mit dem Steine zerschnitten und polirt, welches demselben mehr Werth und Ansehen giebt. Er nimmt eine gute Politur an, ist harter als Marmor, doch weicher als Achat und Kalzedon, kann zu keiner Marmorart gerechnet werden, indem er weder von aufgetröpfelten sauren Geistern brauset, noch durchs Feuer zu Kalk gemacht werden kann, schlägt kein Feuer, und gehört überhaupt zu keiner der bekannten Halbedelgesteinarten, sondern macht eine ganz neue Art derselben aus.

Nanque und Nanqui, sind die beyden kleinsten unter den 3 Gewichtern, deren sich die Einwohner der Insel Madagaskar bedienen, um das Gold und Silber zu wiegen. Der Nanque wiegt nach europäischem Gewichte 6 Gran, der Nanqui aber ½ Skrupel.

Nantelsche Leinwand, Fr. Toiles nantoises. So nennt man die Leinwand, die in den Vorstädten von Nantes gemacht wird. Diese Gattung Leinwand wird gemeiniglich aus halb gebleichtem flächsenem Garn gewebet, und hält in der Breite 1 Elle bretannisches Maaß, welche nach dem pariser Ellenmaaße ⅞ Ellen beträgt; in der Länge beträgt es aber 50 bis 60 dergleichen Ellen. Der Preis derselben ist nach ihrer verschiedenen Güte, von 20 bis 30 Sous die Elle, der größte Theil davon geht nach den amerikanischen Inseln.

Napf, eine Benennung verschiedener tiefer Schalen oder Gefäße, die von ihrem Gebrauche verschiedene Benennungen erhalten. So sagt man, ein Milchnapf, Käsenapf, Suppennapf, Punschnapf, Spülnapf u. dgl. In einigen Salzwerken werden die Salzpfannen auch Napfen genennet.

Näpfchen, Schiffchen, Fr. Godet, (Maler) kleine runde Gefäße ohne Henkel. Die Maler bedienen sich derselben zu ihrem Oel und ihren Farben. Der Illuminirer und Miniaturmaler sind nicht gewohnt, ihre Farben auf die Palette zu thun, sondern sie nehmen solche gleich aus dem Näpfchen oder Schiffchen, auch aus der Muschel. Die Miniaturmaler haben dergleichen gemeiniglich von Elfenbein ohne Füße und Henkel. Oefters haben sie auch nur Muscheln. Die Näpfchen, deren sie eine ziemliche Anzahl haben müssen, zu jeder Farbe besonders, thun sie in eine Art Kästchen, Fr. Cornet, oder in kleine Schächtelchen, welche hierzu besonders mit Schubladen gemacht werden, worinn die Näpfchen mit den zubereiteten Farben, in hohle Scheiben eingepaßt, aufbewahret werden.

Napfkuchen, (Koch, Kuchenbäcker) ein Kuchen, der aus Hefenteig (s. diesen) in einer irdenen Form gebacken wird, und eine runde mit starken Reifen versehene Gestalt, wie ein abgekürzter Kegel, erhält. Man mischt den Hefenteig noch mit Rosinen und zerstoßenen Mandeln, schmieret die Form mit Butter aus, gießt den Teig hinein, läßt ihn aufgehen, und backt ihn im Backofen. Zuweilen erhält dieser Kuchen einen Uebergus von Zucker, wozu zerstoßener Zucker mit Rosen- oder mit Zitronensaft verdünnet, und mit dem Weißen vom Ey vermischet, gebrauchet wird.

Naphta, eine Art Steinöl, welches aus der Erde oder aus den Felsen quillt. Es hat unter andern die Eigenschaft, daß es die Feuerflamme von einer ziemlichen Ferne an sich zieht, und wenn es entbrannt ist, nicht wieder kann gelöschet werden. In Persien um Schamachie und Bagdad sind davon viele Quellen anzutreffen. In Italien im Herzogthum Modena, und in Frankreich in Auvergne, ist es auch vorhanden, das weiße ist das beste, von angenehmem Geruch. Es wird zur Medizin, auch dort, wo es herkommt, zur Lampe gebraucht.

Näppe, (Oelschläger) diejenigen viereckigen, von Rüstern oder weißbüchen Holz, hohl ausgearbeiteten Gefäße, in welche der zerstoßene Saamen, woraus Oel gepreßt werden soll, mit den Haartüchern gelegt, und in die Oellade der Oelmühle eingesetzt wird. Nachdem das Haartuch mit dem Saamen hineingelegt worden, wird solches mit den sogenannten Kernen bedeckt. Sie sind von dem nämlichen Holz, und haben eine erhabene Rundung auf der inwendigen Seite, welche in die Tiefe der Näppe passet, und den Oelkuchen eine gleiche Form geben. Diese Näppe werden mit zwey ungefähr 2½ Elle langen, und an dem obern oder stärkern Ende 3 Zoll dicken Keilen in der Oellade zusammengepresset. (s. Oel schlagen und Oelmühle.)

Näppen, s. Noppen.

Näpper, s. Nopperin.

Narbe, Fr. Grain, (Gerber) auf der Haarseite der Felle die kleine erhabne Punkte oder Stellen, wo die Haare des Thiers gesessen haben.

Narbenbrüchig, (Lohgerber) ein Fehler an dem lohgahren Ledern, weil die Narben nicht gebrochen, sondern ganz seyn müssen.

Narbenlos. (Lohgerber) Ein Fehler an dem lohgahren Leder, wenn nämlich das narbigte Leder an Stellen gar keine Narben hat, und folglich das Leder stark Wasser an diesen Stellen einsaugen kann.

Narbenstrich. (Weißgerber) eine Art des Streichens der Felle, da sie, nachdem sie mit den Stampfkeilen gewalket worden, mit einem Streicheisen auf der Narbenseite der Länge nach gestrichen werden, um die Narbe nicht zu beschädigen. Daher die Redensart: einer Haut den Narbenstrich geben.

Narbenstrich, einen scharfen, thun. Fr. Glissade, (Weißgerber) wenn man das Fell auf der Narbenseite mit dem Fleischeisen ausstreichet.

Narbigte Haut, (Pergamentmacher) ein weißes Pergament mit Narben, womit Bücher eingebunden werden.

Nach dem Hären werden diese Häute mit einem scharfen Kneifeisen geweißet, (s. Kneifen) alsdenn die Felle nochmals in einem Äscher getrieben, oder in dem Braunäscher gebrannt. (s. Braunäscher und Brennen) Hierauf werden die Felle mit einer großen eisernen Zange aus dem Äscher herausgeworfen, und sogleich auf der Fleischseite mit einem Streicheisen gestrichen, (s. Streichen) wodurch das überflüssige Fleisch schon zum Theil abgenommen wird. Nach allen diesen Behandlungen wird jede Haut folgendergestalt in einen Rahmen ausgespannet: Vorläufig schnürt der Pergamentmacher jede Haut, da er in jeden Zipfel an dem Umfange einen kleinen Kieselstein legt, den Zipfel um den Kieselstein herum schlägt, und vermittelst der Schlinge einer Schnur den Stein in den Zipfel der Haut einschnüret oder einbindet. Der Haltbarkeit wegen ziehet er diese Schlinge mit einem Schnüreisen wieder an. (s. schnüren) Aus dieser also ausgespannten Haut muß nun die Kalktheile des Äschers so rein wie möglich herausgebracht werden. Denn ein Fell wird schwarz, wenn es mit dem Kalkwasser trocknet. Anfänglich nimt der Pergamentmacher ein scharfes Ausspanneisen, und streicht das Wasser mit dem größten Nachdruck aus, jedoch mit Behutsamkeit, daß das scharfe Eisen nicht die Narben verletze. Hierauf wird die Narbenseite mit einem Pinsel mit reinem Wasser überstrichen. Die Fleischseite wird mit Kreide bestreuet, und mit einem stumpfen Ausspanneisen das Wasser wieder ausgestrichen, alsdenn wieder mit Kreide eingerieben, und solches ein paarmal wiederholet, wobey man nach jedem Einreiben, (Bimsen, s. dieses) das Ausstreichen wiederholet, bis alles Kalkwasser aus der Fleischseite herausgestrichen ist. Denn bimset man diese Seite von neuem, indem man die Kreide mit einem großen Stück Bimsstein einreibet, wodurch die Adern auf der Fleischseite abgeschliffen werden, damit die Haut klar oder rein werde. An dem ganzen Umfange der Haut schneidet nun der Pergamentmacher das Leimleder ab. Zuletzt streichet er mit [illegible] auf der Haut nach der Länge hinab, und insbesondere reibt er sie am Umfange der Haut ein, desgleichen [illegible] Schilde d. i. an den Stellen, die über dem [illegible] gesessen haben, denn das Schild ist vorzüglich [illegible], und zieht daher in dem Äscher die mehreste [illegible] an sich. Nach diesem kehret er den Rahmen und die Haut um, und streicht auf der Narbenseite das Kalkwasser mit eben denselben, oder auch einem schärferen, Ausspanneisen zum zweytenmal heraus, und setzt nun den Rahmen in die Sonnenhitze, wo die Haut völlig austrocknen muß, um beschabet werden zu können. Dieses Schaben (s. schaben) geschiehet mit dem Schabeisen. Soll das Pergament ganz narbigt werden, so werden mit dem Schabeisen nur die Höcker auf der Narbenseite weggenommen, alsdenn begießt er sie mit Wasser, und reibt sie mit einer Bürste ein. Folglich erhält dieses Pergament keinen Anstrich, weil ihm schon die Narben von Natur einen Anstrich geben, und es kann fertig aus dem Rahmen geschnitten werden. Von der Narbenseite des halbnarbichten Pergaments (s. dieses) wird schon mehr durch das Schabeisen abgenommen, und nachher durch das Leimtränken und Bübben (s. beydes) zugerichtet.

Narbichte machen, (Tuchmanufaktur) so wird auch das Frisiren der Tücher genannt. (s. Frisiren der Tücher.)

Nerniten, versteinerte Schnecken, die gewunden, lang, an der Spitze rund, und mit einer halbrunden Öffnung versehen sind.

Nasarde, s. Nasat.

Nasat, Nassat, Nassart, Nasard, Nasarde, Nasatflöte. (Orgelbauer) Eine Flötenstimme, welche zuweilen offen, mehrentheils aber gedeckt angetroffen wird. Nach Prätorius ist das kleine Gemshorn 1½' das rechte Nasat, weil es wegen seiner Kleinheit zu andern Stimmen gleichsam näselt, sonderlich wenn es recht und nicht zu scharf intonirt wird. Das Nasat wird von einigen nach der Mensur des weiten Pfeifenwerks gearbeitet. Nasat bedeutet eigentlich soviel, als ein Stimmchen oder Register, so einen Nachsatz oder Nachdruck giebt. Zuweilen steht auf dem Register einer Orgel bloß Nasat, da kann man nicht eher wissen, ob es einen Quinten- oder Oktaventon hat, bis man das Register selbst gehöret hat. Zuweilen steht aber Nasatquinte oder Quintnasat, daraus man denn gleich urtheilen kann, daß eine Quinte auf die Art intonirt sey. In Frankreich heißen alle Quinten ohne Unterschied Nazard.

Nasatflöte, s. Nasat.

Näschlein, s. Näßlein.

Naschwildpret, Gränzwildpret, Wildpret, welches an der Gränze in ein fremdes Gebieth über zu gehen pflegt, und daselbst weggeschossen wird.

Nase, (Hutmacher) das schmale, platte, und nach einer willkührlichen Figur ausgeschnittene Stückholz, acht Zoll hoch, oben mit einer Kerbe, das unter dem vordersten Ende des Fachbogens angebracht ist, und worüber in der Kerbe die Saite des Fachbogens (s. diesen) liegt.

Nase, (Landwirthschaft) derjenige Theil an einem Pfluge, der das Streichbret mit der Griessäule verbindet. Man nennt es auch die Pflugnase.

Nase, (Tischler) an einem Hobel das vorderste aufrechtstehende Stück am vordern Ende desselben, woran man beym Hobeln die Hand legt.

Nase, (Ziegelbrenner) das auf den Dach- und Hohlziegeln am Rücken derselben befindliche Zäpfchen oder Knöpfchen, woran sie auf die Latten gehänget werden. Die Nasen auf den Forstziegeln sind mehr zum Zierrath, als Nutzen. Wenn auf den Walmziegeln, gleich unter dem Loche, wo man den Fristnagel durchschlägt, eine Nase aufgesetzt wird, hindert solche, daß der obere Ziegel, obgleich sein Nagel los, dennoch nicht hinunter fallen kann.

Nase, so nennt man auch im Niederdeutschen den Schiffsschnabel.

Nase, s. gute Nase.

Nase, s. Wassernase.

Nase, der Hund hat eine gute Nase, sagen die Jäger, wenn er die Fährte eines Wildes bald findet, und richtig verfolget.

Nasendrücker, s. Nasenquetsche.

Nasenfutteral, Fr. bouche ne, (Lederbereiter). wenn das Leder auf ungarische Art bereitet, und mit Talg in einem verschlossenen Zimmer getränkt wird, wozu Kohlen auf dem Rost eines Ofens oder Heerdes brennen, das in dem Zimmer einen entsetzlichen Rauch verursachet, so nehmen diese Arbeiter ein Stück Leder mit zwey oder drey Löchern versehen vor das Gesichte, und binden es sich mit zwey Bändern um den Kopf. Die Löcher werden mit einem dicken Stöpsel von Flachs oder Werg zu dem Ende verstopft, damit die dicken Dünste zurück bleiben, die Luft gleichsam dadurch filtrit werde, und die Arbeiter die schädliche Dämpfe nicht einziehen.

Nasengasse, Fr. Voie du nez. (Hüttenwerk) eine Rille, so unten im Schmelzofen beym Kupferschmelzen gemacht wird, damit der Ansatz von der Nase (s. diese) gleich in den Ofen komme.

Nasenkeil, Fr. Coin du nez, (Hüttenwerk) ein Stück Eisen, so im Stichofen über der Form eingemauret wird. Desgleichen eine Erhabenheit von Kohlgestübe, welche unter der Forme im Krummofen vorgerichtet wird.

Nasenkeil, (Sattler) der mit einer erhabenen Hervorragung versehene Keil an einem Sattel.

Nasen, mit einer langen schmelzen. (Hüttenwerk) Wenn die Schmelzer auf der Nase (s. diese) an der Ofenforme wohl Acht geben, um dieselbe daran zu erhalten, und wenn sie sich ja abschmelzen sollte, sogleich durch Schlacken eine andere anschmelzen. Der Nutzen einer langen Nase an der Ofenform, wenn sie über den Ofen gegen die Spur oder das Auge hinauf gerichtet, ist, daß das Feuer desto stärker in dem Ofen wirken kann, denn die Luft und der starke Trieb in solchem Blasen schadet dem im Tiegel fließenden Erze nicht.

Nasenquetsche, Nasendrücker, (Tischler) ein Sarg mit einem platten Deckel, der ohne alle Verzierung gearbeitet ist, und dessen Bretter öfters nicht einmal behobelt werden.

Nasenring, ein Ring, der einem Thiere in die Nase gelegt, oder durch dieselbe gestreckt wird.

Nasenschiene, (Landwirthschaft) eine eiserne Schiene an der Nase des Pfluges.

Nasenschlacken, Fr. des scories fondans, (Hütten) welche, flüßige Schlacken, welche zu Haltung der Nase dienen, und quer an die Brandmauer hinan bey Anlassung des Ofens gesetzt werden.

Nasen, sich nasen, Fr. poser le nez, (Hüttenwerk) wenn sich beym Schmelzen der Erze Schlacken an die Form ansetzen.

Nasenstuhl, Fr. brasque elevée, (Hüttenwerk) eine von Gestübe im Schmelzofen gemachte Erhöhung unter der Form, worauf die Nase ruhet.

Naß, Fr. Mouillé, (Bildhauer) die Beobachtung, daß der Marmor nie das weiche oder zarte Wesen der Zeuge vorstellen könne, und daß er ihnen ein zu plumpes und schweres Ansehen gebe, hat die alten Bildhauer auf die Gedanken gebracht, ihre Figuren, als wenn sie aus dem Bade kämen, mit nasser Leinwand zu bekleiden. (s. Gewand 3).

Nassat und Nassare, s. Nasat.

Nässe, Fr. l'humidité des mines pilées, (Hüttenwerk) die Feuchtigkeit, welche dem Erze vom Waschen noch anhänget.

Nässe abziehen, Fr. rabattre l'humidité, (Hüttenwerk) wenn das nasse Erz, welches viel Wasser bey sich hat, und daher schwerer ist, als von Natur, über dem Feuer getrocknet wird, und nach der Schwere, welche es im Kleinen dadurch verlohren, ein Abzug des Gewichtes auf das Ganze gemacht wird.

Nässe aus dem Treibheerd zu ziehen, (Hüttenwerk) wenn der Treibheerd gemacht wird, so ereignet es sich oft, daß die Asche dazu zu naß gemacht worden, und folglich in dem Treibheerd eine große Feuchtigkeit vorhanden ist; diese abzuziehen, wirft man ein paar Tröge voll trockene Asche über den fertig geschlagenen Heerd, läßt solche etwa eine Viertelstunde liegen, und alsdenn wieder rein abgefegt, so zieht sich dadurch viel überflüßige Nässe weg.

Nasser Schlich, (Hüttenwerk) Schlich, (s. diesen) welcher von den Erzpochen auf den nassen Pochwerken erfolgt, wird in verschiedenen Sorten gemacht, als grober oder Schleimschlich, grob gewaschen Schwentel, Untergerenne, Heerd- und Setzschlich, davon jede Sorte besonders gearbeitet, und gewöhnlich drey bis vier Sorten zu zwey Rösten gewogen werden.

Nasser Fall, (Mühlenbau) die Höhe des fließenden Wassers auf dem Fachbaum bey einem unterschlächtigen Wasserrade.

Näßlein, Näßchlein, (Jäger) wenn der Hirsch mit seinen Schalen recht gezwungen und geschlossen geht, besonders im weichen Boden, so giebt sich zwischen den Schalen etwas in die Höhe, gleich einem subtilen Blättchen. Es ist ein gutes Zeichen, den Hirsch daran zu erkennen.

Näßeln, (Jäger) wenn der Leithund so hin und wieder stöbert, und nicht recht suchen und zeigen will. Auf Rehe- Fuchs- und Haasenfährten können solches die Hunde meisterlich, mithin selbige zu bestrafen und bey Seite zu führen sind, weil sie sonst, wenn sie einmal die Nase voll von dieser Witterung bekommen, nur schwärmen, und nicht richtig suchen.

Näßen, s. Feuchten.

Nasses Puchwerk, s. Puchwerk.

Nasse Weg zu Scheiden, s. Scheiden durch den nassen Weg; auch Weg.

Näßprobe, (Hüttenwerk, Probirkunst) die Arbeit, Erzschliche zu probiren. Da die Schliche gar leicht in einem kleinen Haufen austrocknen, so werden solche auch im Kleinen stets trocken probiret, im Großen aber naß gewogen, weil man eine vergebliche Arbeit unternehmen würde, wenn man dieselbe erst trocken machen wollte. Der Gehalt, den man im Kleinen findet, erstreckt sich also nur auf einen Zentner trockenen Schlich. Will man daher wissen, wie viel trockene Zentner der naß gewogene Schlich ausmacht,

an äußern Farben zu kennen, wie schwer Metall in dem ganzen Haufwerk des gewogenen Schlichs ist: So muß man untersuchen, wie viel Wasser oder Nässe der ganzen Zentnerzahl abgehet, damit man die Zentnerzahl des trockenen Schlichs bekommen möge. Man verfährt dabey also: 1) nimt man eine gewisse Menge von dem zur Probe genommenen Schlich, die in einem oder etlichen Pfunden bestehen kann, und trocknet dieselbe; 2) ist dies geschehen, so wiegt man den trockenen Schlich, und bemerkt, wie viel ihm an Nässe abgegangen ist; jetzt 3) verwandelt man das ganze Gewicht des zur Näßprobe genommenen nassen Schlichs als die abgegangene Nässe im Lothe, damit man Zahlen von einerley Art bekommen möge, und läßt diese für Zentner gelten, weil das Verhältniß immer das nämliche bleibt, wenn man Größen von einerley Art annimt; wenn dieses geschehen, so setzt man 4) die Lothe des getrockneten nassen Schlichs in die Stelle des ersten, die Lothe der abgegangenen Nässe in die Stelle des andern, und die Zentnerzahl des im Großen gewogenen nassen Schlichs in die Stelle des dritten Gliedes, zu diesen drey Größen findet man nach der Regeldetri die vierte geometrische Proportionalzahl, so zeiget diese, wie viele Zentner Nässe den im Großen gewogenen Schlichen abgehen. Ziehet man endlich 5) diese von der nassen Zentnerzahl der Schliche ab: so ist der Rest die Zentnerzahl der trockenen Schliche, wovon man die Menge des in ihnen befindlichen Metalls, wenn nur erstlich der Gehalt im Kleinen gefunden ist, durch die Regeldetri leicht ausrechnen kann. Z. B. man habe 1 Pfund Schlich getrocknet, ihre Nässe habe 2 Loth betragen, die Zentnerzahl der naß gewogenen Schliche im Großen aber mache 64 Zentner aus; so ist die Rechnung diese: von 32 Zentnern gehen 2 Zentner ab, wie viele Nässe geht von 64 Zentnern ab, da man denn 4 Zentner findet, folglich 60 Zentner trockene Schliche bleiben. Will man nun auch den Gehalt des ganzen Haufwerks wissen, und ein Zentner hält z. B. 13 Loth Silber: so rechnet man also, 1 Zentner hält 13 Loth, wie viel halten 60 Zentner, da man denn in der 4ten Proportionalzahl 48 Mark 12 Loth Silber findet.

Naßpuchen, Fr. piler les mines mouillées, (Hüttenwerk) die Erze im Puchwerk durch das in den Puchtrog geschlagene Wasser beständig feucht erhalten.

Naßpuchwerk, (Hüttenwerk) Erz, so durch das Naßpuchen aufgebereitet worden.

Nath, (Salzwerk) die Zusammennietung der Bleche, woraus die Siedpfannen zusammengesetzt werden.

Nath, (Schneider, Nähterin und andere Professionisten) Wenn ein Faden vermittelst einer Nadel durch Tuch, Zeug, Leinwand rc. gezogen, und zwey Stücke derselben dadurch vereinigt werden. So wie nun die Arten von Sachen, die zusammengenähet werden sollen, verschieden sind, so sind auch die Nathen verschieden, welche auch von den Stichen, die bey einer solchen Nath angebracht werden, verschiedene Beynamen, sowohl die Nath selbst, als auch die Stiche, erhalten. So bekommt auch die Nath einen Beynamen von dem Professionisten, der sie nähet, denn man hat Schneidernathen, Schusternathen, Steppnathen, u. a. m. (s. alle diese und die verschiedene Stiche.)

Nath, Fuge, Fr. Couture, (Schiffsbau) die Spalten, welche sich zwischen den Brettern oder der Bordage befinden; die gemeiniglich verstopft und kalfatert (s. dieses) werden, um zu verhindern, daß das Wasser nicht durchdringen möge.

Nath der Klempnerwaaren, (Klempner) so nennt man die Stellen an den blechernen Geschirren, wo die Blechstücken zusammengefügt und gelöthet werden.

Nath des Flintenrohrs, (Gewehrfabrik) die Stelle längst dem Rohre einer Büchse oder Flinte, wo dasselbe auf dem Dorn zusammengeschweißt wird. Dieses Zusammenschweißen geschieht nicht mit Einer Hitze, sondern nach und nach; bey jedem Rohr muß das Eisen dreymal erhitzt werden. (s. Rohr schmiden)

Nath, s. Schusternath.

Näthe, (Schiffszimmermann) die Zusammenfügungen der Planken nach der Länge eines Schiffs, welche mit Dichtwerk ausgeschlagen oder ausgestopft, mit Pech ausgegossen, darüber getheeret, und mit dem heißen Glatteisen geebnet worden.

Näther, (Wasserbau) ein mit Pfählen und Gerten in einander geflochtener starker Zaun, wodurch der Damm eines Deiches, oder das Ufer eines Flusses oder Baches, wider das Anschlagen der Wellen und des daher entstehenden Unterwasch und Abspühlung des Erdreichs verwahret wird. Man muß dazu Holz wählen, das dauerhaft, und im Wasser tauglich ist, als eichenes und ellernes: denn wenn man Weiden, oder anderes Holz nimt, das nicht recht vest ist, würde es faulen, und der Näther bald zu Grunde gehen.

Nathhaken, (Kürschner) eine kleine Zange, welche man mit einem viereckigen Schieber zudrücken oder öffnen kann. Man ziehet damit die Enden der Felle an die Nath herbey, um die Felle ohne Runzeln an einander zu nehen.

Nath im Deiche, (Wasserbau) der Zusammenstoß der Besodung von zwey Deichpfändern, wenn solche nicht in eins fortgehen, und mit einander verbunden sind. Beym Decken ist es die fortlaufende Reihe zusammengebundenen Strohes, welches über die Bestreuung mit Krampen eingesteckt wird.

Natrum, (Bergwerk) ein unreines von der Natur erzeugtes Salz, welches Alkalischer Natur und mit Erde vermischt ist, auch viel Kochsalz bey sich führet. Doch hat das Alkali beständig die Herrschaft. Man findet es in Ungarn, in Egypten, in Asien u. a. in Gestalt eines Staubes, kleinen Klümpchen und im Wasser. Zu seiner Auflösung erfordert es viel Wasser: In Ungarn wird es Schecsso genannt. Im Wasser aufgelöset giebt es Krystallen von verschiedener Gestalt, mit Ecken ohne bestimmte Anzahl. Die letztern vier- bis sechseckigten sind dem Glauberschen Salz ähnlich. Die laugensalzhaftigen schießen zuletzt an. Diese und die ersten geben mit der Vitriolsäure Glauberisches Salz, und mit der Salpetersäure

re Kochsalz, daß es also zum laugenhaften Grundwesen des Kochsalzes zu rechnen. Es verändert alle Farben aus dem Gewächsreiche. Die rothe in Purpur, violet in Blau, blaue in Grün, das Grüne in Gelb, das Gelbe in Pomeranzenfarbe, und Pomeranzenfarbe in roth. Es macht die Milch gerinnen, und giebt, mit Speichel vermischt, einen laugenhaften Geruch, und erhöhet die Farbe des Blutes. Zu Debreczin und Kecskemet wird es mit Rindertalg zu Seife gesotten, die besser als die gemeine ist.

Natterzungen, s. Schlangenzungen.

Natur, Fr. nature, (Maler, Bildhauer) wird für alle sichtbare Gegenstände genommen, welche in einem Gemälde und Statue vorgestellet werden können. Es ist nicht genug, die Natur in allen Stücken nachzuahmen, sondern es muß auch mit Wahl geschehen, und nur das schönste und vollkommenste genommen werden. Sie ist das vornehmste Muster in diesen Künsten. Allein sie hat gewisse Mängel, welche der Künstler verbessern muß, und er muß ihre vergängliche Schönheiten sich nicht entreißen lassen. Die Werke der Alten dienen den Neuern nur deswegen zu Vorbildern, weil sie mit einem Geschmack, einer Wahl, Zierlichkeit und Vollkommenheit gemacht sind, welche die Natur niemals scheint übertroffen zu haben. Dennoch muß man sich nicht so strenge an die Natur halten, daß man dem Studio und dem Genie nichts übrig lasse: denn das Nackende und die Gewänder würden manchmal in dem Auge des Anschauenden eine schlechte Wirkung thun, wenn man ihm durch die Kunst nicht eine gewisse Wendung gäbe.

Natürliche Farben, s. Farben. (Maler)

Natürlicher Fall, (Wasserkunstbau) wenn durch Röhrenwerk das Wasser von einem Ort zum andern geleitet wird, so sagt man: es werde durch den Natürlichen Fall in die Höhe gebracht.

Naufarth. (Schiffahrt) Bey der Schiffahrt auf der Donau heißt so die Fahrt den Strohm hinunter von Ulm bis nach Ungarn, wo der sehr geschwinde Lauf des Flusses die Schiffgefäße selbst herunter treibt, daher das Steuerruder bey der Naufarth vorn am Schiffe ist, und nur an gefährlichen Stellen ein zweytes Steuerruder hinten am Schiffe gebraucht wird. Hingegen heißt die Schiffahrt, welche den Strom hinauf geht, der Gegentrieb. Dieser geschieht durch Pferde, welche das Schiff am Ufer hinaufziehen. Der Weg, den diese Pferde nehmen, hat oft müssen über unwegsame Felsen gebahnt werden, und heißt der Hufschlag.

Naumachie, ein Schiffgefecht, so unter den Römern als ein Spiel vorgestellet worden. Der Name ist griechisch.

Nautiliten, Segler, versteinerte Coquillen, versteinerte Schnecken, die sehr zart gewunden, länglicht, und einem Fahrzeuge gleich sind.

Navette. Ein indianisches Kanot in Muschel.

Neapolitanisch Gelb, ein weißes, hochgelbes, erdund einigermaßen steinhaftes Wesen, so in Neapel gegraben wird. Es verlieret die Farbe im Feuer nicht, läßt sich leicht fein stoßen, und löset sich in keiner Säure auf. Man hält es für ein Produkt des Vesuvs von einer Materie, welche aus dem Innersten desselben gezogen worden, und ausgezehrter Schwefel, ital. il Solfo frustato, genennet wird, das auch eine Gleichheit mit dem gelben Schwefel habe. Andere, worunter Montamy, sehen es für einen Eisensafran an, den der Vulkan ausgearbeitet. Pott glaubt, daß etwas vom Zinnkalk dabey sey. Es wird von den Malern stark gebrauchet, und in den Glashütten reiniget es das Glas besser, als Braunstein, wenn ein Hundertheil zur Fritte zugesetzt wird.

Neapolitanisches Gelb zuzubereiten. Weil es ein sehr scharfes Salz bey sich hat, so muß ihm solches durch das Absüßen benommen werden. Man gießt deswegen öfters frisches Wasser darauf, welches man jedesmal 24 Stunden darauf stehen läßt. Das Salz dringt durch das Gefäß, und zeigt sich ganz weiß auf der äußern Fläche desselben. Man muß diese Farbe erst klein machen, ehe man sie zum Malen anfeuchtet, und kein eisernes Messer gebrauchen, wenn man sie vom Reibstein sammlet, oder auf der Palette mit andern Farben mischet, weil das Eisen ihr ein gräuliches oder grünliches Ansehen giebt. Man braucht hierzu ein Messer oder Spatel von grünem Holze oder Elfenbein. Die Farbe ist in Oel, Wasser und Wachs gut. Man macht das neapolitanische Gelb auch mit Mennig und Spießglas nach.

Nebenfelgen, (Bergbau) die Felgen an einem Haspelrade, welche die Brustfelgen und die Arme desselben verstärken, damit das Stürzrad an einem verstärkten Haspel der großen Gewalt desto besser widerstehen könne.

Nebenfiguren, s. Beywerk.

Nebenflanke, s. Nebenstreiche.

Nebengang, s. Wiedergang.

Nebengasse, s. Nebenstraße.

Nebengebäude, Nebenhaus, (Baukunst) ein von dem Hauptgebäude abhängiges Gebäude, besonders wenn es sich gleich neben demselben befindet, und man aus dem Hauptgebäude hineingehen kann.

Nebengesenk, (Bergwerk) wenn sich in einem Gang oder Stolln, worinn man arbeitet, das Erz verliehret oder abschneidet, und solches durch ein Unterkriechen wieder gefunden wird und unter sich setzet, so wird ein Gesenk abgeteufet, das neben dem Hauptgange oder Stolln fortgeht, und daselbst eine Zieh- und Fahrschachte vorgerichtet.

Nebengraben, Fr. Contrefosse, (Schiffahrt) Ein Graben, den man längst an der Seiten eines Schiffahrtskanals machet, davon er durch den Weg, worauf die Menschen und Thiere die Fahrzeuge ziehen, abgesondert ist. Er dienet, die fremden und wilden Wasser zu empfangen, und sie vom Kanal zu entfernen, damit nicht zu befürchten, daß sie durchsetzen, und einen Einriß in den Kanal machen möchten.

Nebengruppen, s. Beywerk.

Nebenhaus, s. Nebengebäude.

Nebenheerd, Schlackenheerd, Fr. foyer de coul. (Hüttenwerk) Ein Heerd zur Seiten des Vorheerdes am Stichofen.

Nebenherstellen, (Jäger) wenn vergesuchet, oder das Jagen vermeuert wird, da denn sogleich dem Sucher mit dem Zeuge nachgerückt, und dieser, zumal bey einem Bestätigungsjagen, in der Stille abgeworfen und nachgerichtet wird. Bey Hauptjagen stellet man auch bey- oder Nebenher, wenn noch von weitem getrieben wird.

Nebenmaterialien nennt man bey den Manufakturen und Fabriken diejenigen Materialien, die bey der Verarbeitung einer Materie zu dieser oder jener Sache als Hülfsmittel dienen.

Nebenpfeiler, Fr. Jambaye, (Baukunst) der Pfeiler zwischen zwey Bogenstellungen; er ist von einem Pfeiler oder Schaft darinn unterschieden, daß er Kragsteine oder Pilaster, und der Schaft zwischen den Fenstern keine Verzierung hat, sondern leer ist.

Nebenschoß, Nebenschößling, (Gärtner) ein Schoß oder Schößling, welcher neben oder außer den Hauptschossen, d. i. nicht auf dem Schnitte des vorigen Jahres heraustreibt. (s. auch Wasserschoß)

Nebenschultern, (Kriegsbaukunst) den von der streichenden und bohrenden Wehrlinie abgeschnittenen Theil eines Zwischenwalles einer Bestung, und die daraus gezogene Linie nennt man die Nebenstreiche.

Nebenstiche, (Näherin, Schneider) Stiche, die bey dem Nähen gemacht werden, wenn Theile eines Kleides, oder Leinengeräthes zusammengenähet werden sollen. Bey diesen Stichen wird jederzeit um zwey Fäden des Zeuges, sowohl seitwärts als vorwärts, vorgerückt.

Nebenstraße, Nebengasse, eine der Hauptstraße nach- und untergeordnete Straße oder Gasse, welche von derselben abführet.

Nebenstreiche, Nebenflanke, (Kriegsbaukunst) eine der Hauptstreiche oder Hauptflanke nach- und untergeordnete Streiche, dasjenige Stück der Courtine, welches die beyden Defensionslinien abschneiden.

Nebenstriche, (Schiffahrt) die zwischen den Hauptstrichen auf einem Kompas befindlichen Striche, welche die Nebengegenden bezeichnen, und diese Nebengegenden selbst werden Nebenstriche genennet.

Nebenstube, Nebenzimmer, Nebenstübchen, (Baukunst) eine kleinere Stube neben einer größern, aus welcher man in jene gehen kann.

Nebenstück des Bodens, s. Seitenstück.

Nebenthüre, (Baukunst) eine kleine Thüre, die neben der Hauptthüre eines Gebäudes oder Zimmers angebracht ist; oder auch eine neben der andern sich befindliche Thüre.

Nebentrümmer, (Bergbau) die weniger mächtige Trümmer neben einem mächtigern Trum in einem Bergbau. (s. Trum)

Nebenuhr, eine der Hauptsonnenuhr untergeordnete Uhr, dergleichen die inklinirenden, deklinirenden, reklinirenden und deinklinirenden Sonnenuhren sind.

Nebenwurf, heißt in den Ungarischen Bergwerken ein Flügelort.

Nebenzimmer, s. Nebenstube.

Nebenzüge, (Orgelbauer) die Register, welche nicht immer gezogen werden, sondern nur bey gewissen Gelegenheiten. Hiezu gehören: die Pedalkoppelung, Manualkoppelung, die Sperrventile, der Glockenzug, Sternzug, Tremulant, Kalkanten, Glocke, Pauke, Vogelgesang u. dgl. Die Schleifen derselben werden durch einen Einschnitt tiefer versenkt, damit sie mit den andern Registerzügen nicht gleich vorstehen.

Neber, s. Nabenbohrer.

Necanees, eine Gattung blau und weiß gestreifter ostindischer Leinwand oder Kattun, wovon es zweyerley Arten giebt, breite und schmale. Die Engländer bringen sie vornehmlich heraus. Es haben die schmalen zweydrittel Ellen in der Breite, und zehn Ellen in der Länge; die breiten aber eilf in der Länge, und drey Viertel in der Breite.

Neben, s. Nähen.

Nehrzoll, Erbzoll, Zehrzoll, (Mühlenbau) wenn dem Besitzer einer Mühle erlaubt ist, die Webelatte (s. diese) einen Zoll höher zu legen.

Neigung der Nadel, (Schiffahrt) die Veränderung der Magnetnadel, da sie von der horizontalen Lage abgeht. Sobald eine Magnetnadel, welche auf ihrem Stifte horizontal liegt, mit dem Magnet gestrichen worden, so wird ihre eine Hälfte so zu sagen schwerer, und senkt sich etwas niederwärts. Man sucht ihr alsdenn dadurch zu helfen, daß man etwas Wachs oder Talg unter der leichtern Hälfte der Scheibe anbringt; dem ohngeachtet geschieht es doch, daß die Nadel aus dem Gleichgewichte kommt, so daß ihre südliche Seite sich in südlichen Orten mehr senkt, die nördliche aber in nördlichen, daher die wagrechte Stelle immer wieder von neuem besorgt werden muß. Der Engländer Norman hat schon vor langer Zeit versucht, wie sich die Nadel verhalten würde, wenn man sie um eine horizontale Achse frey spielen ließe, und wie weit diese Senkung gehen würde, wenn die magnetische Kraft allein auf die Nadel wirkte, und fand, daß diese Neigung zu London 1576 wirklich 71° 50′ betrug. Ihm haben verschiedene bis auf gegenwärtige Zeit gefolget, doch scheint es, daß man auf die Deklination mehr Acht hat. Denn man ersahe bald anfangs, da diese Bemerkungen noch neu waren, daß die Neigung sehr veränderlich an unterschiedenen Orten sey, daß sie sich um die Linie wagrecht halte, weiter seitwärts aber ihre südliche Spitze südlich stehe. Und Hudson fand in einer nördlichen Breite von 75° 22′, daß die Neigung 89° 30′ folglich beynahe lothrecht stand. Da man mit diesen Bemerkungen zufrieden war, und schloß, daß die Neigung sich nach den Breiten richte, so machte man darnach auch Tabellen. Dennoch war dieses alles falsch. Es fiengen daraus mehrere Seereisende an, Bemerkungen über die Neigung der Magnetnadel anzustellen, worunter Halley, Caille, und der schwedische Kapitän Ekeberg die vornehmsten waren. Dieser letzte bediente sich zu seinen Beobachtungen eines Werkzeuges, welches aus einem vertikal hangenden Ringe, der sich genau nach dem Meridian stellen ließ, bestand, und mit einem doppelten Kreuz zergliedert war. Die Nadel aus gehärtetem Stahl ist 10 Zoll lang, und ruht mit ihren Achsen auf gläsernen Cylindern: damit hat er gesucht, die Meinung in eine Karte zu bringen. Man kann davon weitläuftiger im 30sten Theil der Abhandlungen der Schwedischen Akademie der Wissenschaften nachlesen.

Neinbruch, Hineinbruch, Fr. l'entamure, (Bergwerk) das erste Tagewerk, damit in der Mitte des seigern Ortstoßes der Anfang mit Hereinschlagung des Gesteins gemacht wird.

Necklein, (Bergwerk) eine bräunliche Bergart, welche zinnartig zu seyn scheinet, es aber nicht ist. Sie ist von dem **Wolfram** und **Schirl** (s. beyde) noch unterschieden, und soll den Namen daher haben, weil sie die Bergleute oft necket, d. i. verführet, daß sie solche zu ihrem Nachtheil für **Zwitter** halten.

Nelke, (Jäger) so nennt man das kleine graue Schöpflein Haare an des Fuchses Ruthe, so zunächst an dessen Rücken steht, und wenn es frisch ausgerupfet wird, einen balsamischen Geruch von sich giebt.

Nelkenblaubfarbe. (Färber) Man nimt auf 10 Pfund Zeug 1½ Pfund zerflossenen Alaun, thut ihn in einen Kessel mit genugsamen Wasser, und wenn es sieden will, die Waare hinein, und ziehet solche in dieser Brühe eine Stunde herum. Alsdenn nimt man sie aus diesem Absud, kühlet und spühlet sie in reinem Wasser aus. Man siedet hierauf 4½ Pfund Gelbholzspäne in einem Sack recht stark aus, nimt wieder genugsames Wasser in einen Kessel, giebt ein Theil der gelben Brühe hinzu, zieht die Waare darinn herum, und gießt so lange immer mehr gelbe Brühe hinzu, bis es gelb genug ist, kühlet und spühlet den Zeug rein aus, so ist sie fertig. Man nennt auch diese Farbe D. Luter.

Nelkengrün, (Färber) ein Grün, das von der blauen und gelben Farbe, und zwar von letzterer aus Scharte oder Genista gefärbet entstehet, nachdem der erste Grund stärker oder schwächer ist, nachdem wird auch dieses Grün dunkler oder schwächer.

Neperische Stäblein, viereckige Stäblein, auf deren jeder Seite ein Stück von dem Einmal Eins geschrieben steht, und durch deren Hülfe man leicht multipliziren und dividiren kann, ohne das Einmal Eins auswendig zu wissen. Diese hat **Johann Neper**, ein Schottischer Baron, 1617 erfunden. Wenn das gewöhnliche Einmal Eins nach seinen Kolumnen durchschnitten wird, kann man nicht nur dadurch die größten Zahlen ausdrucken, wenn verschiedene solche zerschnittene Einmal Eins vorhanden, sondern auch vornehmlich in der Multiplikation und Division, und folglich in der Ausziehung der Wurzeln, den Regeln der Verhältnisse, und überall, wo das Einmal Eins ganz unentbehrlich, große Erleichterung bekommen. Zu diesem Ende sind die Produkte, wie sie in dem gemeinen Einmal Eins auf einander folgen, in kleine Quadratfächer unter einander gesetzt, jedoch mit dem Unterschiede, daß ein jedes Quadrat mit einer Diagonallinie getheilet ist, um dadurch in den Produkten, welche aus zwey Ziffern bestehen, die Einer von den Zehnern abzusondern. Solche *Lamellas* werden hernach auf die Seiten der viereckigten Stäblein aufgeklebet, dergestalt, daß man nach der Anzahl der vorhandenen Stäblein 10 bis 30fach das Einmal Eins in Bereitschaft hat; denen allen noch beygefüget wird ein Register oder Lagestäblein, auf dessen einer Seite in den Quadraten, die keine Diagonallinien wie die andern haben, die Zahlen von 1 bis 9 in der Ordnung gesetzt sind. Auf die andere Seite dieses Indexes schreibt man in neun über Eck getheilte Felder die Quadraten von den erst gedachten Ziffern, auf die dritte Seite aber die Kubikzahlen von eben denselben. Folgendes zeiget diese Tafel:

	1	2	3	4	5	6	7	8	9	0
1	1	2	3	4	5	6	7	8	9	0
2	2	4	6	8	1/0	1/2	1/4	1/6	1/8	0
3	3	6	9	1/2	1/5	1/8	2/1	2/4	2/7	0
4	4	8	1/2	1/6	2/0	2/4	2/8	3/2	3/6	0
5	5	1/0	1/5	2/0	2/5	3/0	3/5	4/0	4/5	0
6	6	1/2	1/8	2/4	3/0	3/6	4/2	4/8	5/4	0
7	7	1/4	2/1	2/8	3/5	4/2	4/9	5/6	6/3	0
8	8	1/6	2/4	3/2	4/0	4/8	5/6	6/4	7/2	0
9	9	1/8	2/7	3/6	4/5	5/4	6/3	7/2	8/1	0

Nerinde, eine Art Baffetas, oder ein schmaler, weisser, grober ostindischer Kattun, welcher von dem Orte, wo er gewebt wird, seinen Namen hat.

Neroli, so nennt man eine Gattung parfumirter Handschuhe.

Nerven, (Reitkunst) wenn ein Pferd im Gehen mit dem Eisen der Hinterfüsse die Nerven der Vorderfüsse beschädiget, so sagt man: das Pferd nervet sich.

Nerve, s. Wallfischrippen.

Nervigt, Fr. nerveuse, (Weißgerber) so nennt man die Felle, wenn sie hart sind.

Nerze, (Kürschner) ein Pelzwerk, welches die Engländer bringen. Es komt an Grösse und Farbe fast dem Zobel bey. Das Haar ist fein, von bräunlicher Farbe der Marder, und lässet sich gut zu Manns- und Frauenspelzen, und zu Aufschlagen der Mützen und Muffen gebrauchen.

Neschwer, (Bergwerk) gleichsam Maschwerk, ein verworrener durcheinanderliegender Spath, in welchem Nieren- oder Nesterweiß anfänglich fauler und in der Teufe (Tiefe) guter Eisenstein bricht. Er wird im Saalfeldischen gefunden.

Nesseltuch, Netteltuch. Ehedem ein Gewebe, welches aus den grossen Brennesseln verfertiget wurde. Denn wenn man solche wie den Flachs röstet und brechet: so geben sie eben solche Fasern, die sich hecheln und spinnen lassen, woraus man eine saubere Leinwand machte, die aber ein wenig ins Graue fällt, und deswegen am besten roh zu gebrauchen war. Sonst wurde in der Pikardie sehr viel davon gemacht, und sehr hoch geschätzet. Heut zu Tage aber wird keine mehr davon verfertiget, sondern was man jetzt Nesseltuch nennt ist das, was im Französischen Mousselin (s. dieses) genennet, und von feinem baumwollenen Garn gewebet wird. Man hat glatten, gestreiften, quadrirten, auch geblümten von aller Feine und Güte.

Nesselzwirn, eine Art Zwirn, die man 1751 in Leipzig angefangen hat zu verfertigen. Er wird von der Pflanze, die man urtica urens maxima, die grosse Nessel, nennet, gemacht. Nachdem man die Pflanze noch grün eingesammlet, jedoch zu der Zeit, wenn ihre Stengel schon etwas verwelkt sind: so läßt man sie trocknen und darauf dergestalt zerquetschen, daß das Holz aus der Mitte der Rinde herausgeht. Diese Rinde ist eine Art von grünem Werg, welches man als Flachs zubereiten kann, das sich spinnen läßt, und einen dunkelgrünen sehr ebenen und dünnen Faden giebt, der beynahe einem wollenen Faden gleich komt. Wenn dieser Faden gekocht wird, so giebt er einen grünlichen Saft, allein er wird hernach viel weisser, glätter und vester, und man hat mit Nutzen Leinwand daraus verfertiget.

Nest, Fr. Nid de Metal, (Bergwerk) ein Klumpen oder Bauschel Erz, welches von andern Erzen abgesondert im Gestein liegt.

Nest, s. Vogelnest.

Nestel, Senkel, Schnürsenkel, Fr. aiguillette, (Nadler) eine gewisse Gattung langer und schmaler Riemen oder Schnüre, rund oder platt, auf einem oder beyden Enden mit Stiften beschlagen, werden zum Zuschnüren gebraucht.

Nestelbeschlag, (Nadler) das kleine zusammengerollte Stückchen Blech vorne an den Enden eines Nestels oder Schnürsenkels, um dasselbe steif zu machen, damit man es durch die Schnürlöcher durchziehen kann.

Nester, Heper, (Gazemanufaktur) Fehler in dem Gewebe des Flors, die dadurch entstehen, wenn durch die rauhen Kettenfäden der Gaze die Perlen des Stuhls (s. Perlen) gehindert werden, an einigen Stellen umzuspringen, und sitzen bleiben, so kann der Faden sich nicht drehen, und es kann also auch keine Verbindung mit dem Einschlag geschehen. (s. Gaze weben) Deswegen liegen alsdenn die Kettenfäden mit dem Einschlag ohne Verbindung verworren untereinander. Ist der Weber nicht aufmerksam, und bemerkt solches bey Zeiten, so muß er das Gewebe bis dahin auftrennen, und die eingeschossene Fäden wieder herausziehen. Die Kette muß deswegen, um dieses zu verhindern, fleißig gewuhlt werden.

Nestler, Senkler, Fr. aiguilletiers ou ferroers aiguilletiers; Ein geschenktes Handwerk, das aber nicht überall im Gange ist. In Nürnberg und andern grossen Reichsstädten findet man sie, und machen mit den Beutlern oder Handschuhmachern daselbst eine Zunft aus, ohngeachtet sie mit denselben nicht einerley Arbeit machen. Sie verfertigen nicht allein die Nestel, (s. diese) sondern richten auch für sich und die Kaufleute, auch andere Handwerksleute die Leder zu und farben solche, sonderlich in Schweden, Norwegen, Ober- und Niedersachsen, und in den Seestädten.

Nestling, (Falkenier) ein aus seinem Nest oder Horst genommener junger Raubvogel, welcher zur Beitz abgerichtet wird.

Nestnadel, auf dem Lande eine starke metallene Nadel auf den weiblichen Köpfen, um welche die Haare zu einem Nest gewunden werden.

Nete, ist soviel als Quint, (s. Quinte.)

Netto, Franz. net, (Handlung) soviel als rein und abgesondert, von allem, so nicht zur Sache gehöret, als dem Tara, oder der Emballage an Fässern, Kisten, Matten rc. gesondert, in welchem Verstande es dem Brutto entgegen gesetzt wird. So sagt man: diese oder jene Waare hält in Fässern, Ballen, u. dgl. Brutto, d. i. mit dem Faß, so und soviel. Netto, aber nach Abzug der Tarra oder dessen, worinn die Waare eingepackt war, so und so viel. In Rechnungen heißt Netto soviel, als die Summe geht gleich auf, es sind keine kleine Theilchen oder Brüche dabey. Also sagt man: 100 Rthlr. Netto, wenn keine Groschen oder Pfennige dabey sind.

Netto procedido, Ital. Fr. Net provenu, (Handlung) was nach abgezogener Tarra berechneten Unkosten und einer verkauften Waare, am baaren Gelde übrig bleibt, worüber der Principal disponiren kann. Also findet man oft in Briefen der Kaufleute: Ich sende ein Rechnung

nung von dem Verkauf ihres — — — Das Netto proceduto ist — — welche ich in credito stelle.

Neu, neuer Stoff, Inhalt, Fr. sujet neuf, (Maley) ein Inhalt, der aus der Geschichte, oder aus der Fabel noch von keinem Maler gewählt und traktirt worden. Mancher Maler weis auch alten gewählten Inhalten den Reiz der Neuheit zu geben, wenn er einen Zeitpunkt der Handlung wählt, auf den seine Vorgänger nicht gefallen sind, oder wenn er ihn auf eine ganz andere Weise traktirt. Fr. Donner du neuf.

Neu, oder sächsisch Grün oder Blau, (Färber) eine seit einigen Jahren erfundene blaue und grüne Farbe auf Wolle und Zeuge. Zum Blauen nehmen einige drey Theile Indigo, und schütten ihn in 1 Theil Vitriolöl, lassen das Gefäß damit einige Zeit in der Wärme stehen, und lösen dadurch den Indigo auf. Diese Auflösung giesst man in warmes Wasser eines Farbenkessels, und ziehet den zu färbenden Zeug durch. Nach Andern, vornehmlich nach Herrn v. Justi, löset man zerstoßenen und gesiebten Kobald in Vitriolöl auf, und läßt beydes zusammen 24 Stunden an einem warmen Orte stehen. In diese Auflösung schüttet man nun den Indigo, der sich gleichfalls in 24 Stunden auflöset. Zu 3 Loth Vitriolöl nimt man 1 Loth weissen Kobald und 1 Loth Indigo. Hierauf giebt man der Wolle oder dem Zeuge den Absod (s. diesen) mit Alaun und Weinstein, welches auch bey der vorherigen Art geschehen muß. In diese Absodbrühe wird nun die Indigoauflösung gegossen, je mehr man hinein giesst, desto dunkler wird die Farbe, und eine Viertelstunde lang wird der Zeug, um ihn gut zu färben, durchgezogen. Will man das Grüne machen, so gilbet man den abgesottenen Zeug (s. gilben) mit Scharte, trocknet ihn, und bringt ihn alsdenn in die mit gedachte blaue Farbe. Man darf nur wenig blaue Brühe dazu nehmen. Auf eben die Art kann man auch Leinen färben, wenn man dasselbe durch mit Potasche geschwängertes warmes Wasser ziehet. (s. auch Tinktur zum Sächsischen Grün)

Neubruch, Neuerid, Rodeland, Röder, (Forstwesen, Landwirthschaft) so werden die Holzgründe benannt, welche zu Feld und Wiesen gemacht werden.

Neu deutsches Dach, Fr. Comble en equerre, (Baukunst) ein Dach, welches halb so hoch als breit ist, in einem halben Zirkel beschrieben werden kann, und daher an der Spitze oder Forst einen rechten Winkel macht.

Neue, (Jäger) wenn es einen thauschlechtigen Morgen bey dem Besuche giebt, auch wenn ein Schnee fällt, oder derselbe leimet und aufgeht. Das letztere ist nur eine Halbneue.

Neue Invention, (Kaufmann) eine jede neue Erfindung, ein neues Muster in Zeugen, Stoffen, Tüchern u. dgl. dergleichen man bisher noch nicht gehabt hat.

Neue Ordnung, s. deutsche Ordnung.

Neuer Bergschlag, Fr. Cuivre de minieres nouves, (Bergwerk) wird in Schweden das Kupfer genannt, so aus neuen Bergwerken kömt, und etwas geringer im Preise ist, als das alte, weil es härter und schwer zu arbeiten ist.

Neuer Schlag, (Forstwesen) wenn in einer Waldung ein Stück Holz abgetrieben und aufgeräumet worden.

Neuer Tisch, (Tuchscherer) wenn bey dem Scheren der Tücher ein anderes oder neues Stück Tuch auf dem Tisch zum Scheren befestiget wird.

Neue Wege, (Forstwesen) wo in den Wäldern durch die Schläge und junge Gehaue, oder auch wol gar durch die Dickigte und junge Vorhölzer gefahren wird. Diese neue Wege sind aller Orten, wo sie ohne Erlaubniß gemacht sind, strafbar.

Neufänger, (Bergwerk) 1) So wurde vor Alters ein Lehnhauer genannt, der ein Stück von ältern Gewerken, die nicht ihre ganze Lehn behauen wollen, als ein Afterlehn gegen einen gewissen Abtrag zu bauen übernahm, welches aber jetzt nicht mehr gebräuchlich ist. 2) Derjenige, so zuerst einen Gang muthet und beleget. 3) Derjenige, welcher von einem Gange die noch übrigen freyen Maaßen aufnimt, Fr. l' exploiteur dernier.

Neugänger, Fr. Mineur, qui a trouvé un filon, (Bergwerk) derjenige, welcher einen noch nicht entdeckten Gang ausgegangen und entblößet hat.

Neunaugen, Bricken eingemachte, (Fischer, Handlung) eine den Schlangen ähnliche Fischart, die sehr vieles mit ihnen, aber in der Struktur mit der Lamprete, gemein hat. Sie hat den Namen von den Luftlöchern, die sie an den Seiten des Kopfes hat, deren aber nur 7 an jeder Seite sind, und deswegen billig Siebenaugen heissen sollte. Sie werden gebraten in kleine Tonnen mit zerstossenem Ingwer, Essig und Salzlack eingemacht. (s. Mariniren.)

Neunbätzner, (Münzwesen) in einigen oberdeutschen Gegenden eine Münze, die neun Batzen gilt.

Neuner, Neunpfenniger, eine Landmünze in Hessen, wo sie auch Weißpfennige, oder leichte Groschen genennet werden. Er gilt neun gute Pfennige.

Neupfänner, (Salzsieder) ein Salzstück, welches in einer neuen Pfanne gesotten worden, und daher weisser ist, als anderes Salz.

Neuntel, die Abgabe, welche ein Bergarbeiter dem Stolln, welcher ihm Wasser benimt, und Wetter bringt, von seinen Erzen entrichten muß. Wenn der Stolln zwar in das Feld des Berggebäudes, jedoch noch nicht unter die Erzanbrüche gebracht worden, bekomt er nur das Halbe, daferne es aber dahin gekommen, das Ganze. Die freybergischen Stolln beobachten diesen Unterschied gar nicht, sondern es wird nur durchgängig aus besondern Gnaden das halbe Neuntel gefordert, und im Gelde entrichtet. Von Metallen sowohl, als von Mineralien.

Neuve, (Schiffahrt) der französische eigentliche Name einer Art von Bujsen, die sechzig Tonnen führen.

Neuvaine, Fr. ein französisches Getreidemaaß, dessen man sich in einigen Orten in Lionnois, sonderlich von Trevoux bis Montmerle, und von Traversi bis St.

Trivier

Gewichte bedienet; 100 [illegible] machen 111 Arobas von Lisa.

Nevel, eine kleine Münze von geringem Gehalte, deren man sich längst der Küste von Koromandel bedienet: 8 bis 9 Nevels machen 1 Fanon, und 15 Fanons 1 Pagode; 1 Nevel aber gilt 5 bis 6 Cächen oder Cassen.

Neuw, (Schiffahrt) ein kleines Schiff, dessen sich die Holländer zum Heringsfange bedienen. Es ist eine Gattung von Flüten, zu ohngefähr 60 Tonnen holländisch Haaringbuis.

Newtonianisches Fernglas: Ein Fernglas, so Newton verfertiget, welches 6 Zoll lang ist, einen meßingenen Spiegel hat, und zwischen 30 und 40mal vergrößert. Diese Erfindung brachte Hoadley 1719 zur Vollkommenheit, indem er zwey Ferngläser von ohngefähr 5 Fuß und 3 Zoll, nach Newtons Angeben, verfertigte, welche zwischen 228 und 230 mal vergrößerten. Wenn das Newtonianische Fernglas nur 6 Zoll lang ist, so kann man damit mehr ausrichten, als mit einem gemeinen Fernglase von 40 und mehr Fuß.

Netz, (mathematischer Instrumentenmacher) in der praktischen Geometrie ein auf gewisse Art ausgeschnittenes und durch gerade Linien abgetheiltes Stück Pappe, welches man so zusammenlegen kann, daß es einen geometrischen Körper vorstellet.

Netz, Garn, (Jäger, Fischer) alle große zum Thier- und Fischfang gestrickte durchlöcherte, oder mit Maschen versehene Wände, Schläuche und Säcke. Sie werden von starken Bindfaden, und auch nach Beschaffenheit von Stricken gestrickt. Zur Jagd gehören zu dieser Art alle Hirsch- Sau- Spiegel- und Prellnetze, Wildgarne, Kuppelnetze, Wolfs- und Rehenetze u. a. m. Die kleinern werden Garne genennet. (s. Garn) Zur Fischerey gehören Fischwaten, Streichwaten, Eisnetze, Lichtreibgarn, oder Reitelnetze, Wurfnetze rc. (s. alle diese) Sie werden alle über einen den Maschen angemessenen runden Stock, den Maschenstock, geschlungen oder gestrickt, indem man mit der Stricknadel, die bald groß, bald klein ist, worauf der Faden aufgeschürzt ist, den Faden zur neuen Masche durch die fertige durchzieht, und also jene an diese anhänget. Damit die fertigen Netze sich weder ausdehnen noch einziehen können, so muß man dieselbe nach der Breite, die sie haben sollen, auf einen großen Platz ausbreiten, und sie dann mit Lohwasser besprengen, jederzeit aber wieder gut austrocknen lassen. Da sich denn das Geflechte an den Maschen so vest aneinander schlinget und zusammenhält, daß es große Mühe giebt, wenn sie sich über die verlangte Länge und Breite ausdehnen sollen. Um die Netze lange gut zu erhalten, soll man dieselbe, sonderlich Sommerszeit bey großer Hitze, niemals eine Nacht im Wasser lassen, indem sie gleich mürbe und dünne werden; im Winter hingegen, wenn es nicht so sehr frieret, schadet es ihnen nichts, wenn man sie gleich 36 Stunden im Wasser läßt, wenn sie nur nachher gut ausgetrocknet, und nicht an die Wand, sondern in die Mitte eines Gebäudes auf Stangen gehangen werden. Die kleinen Netze oder Garne zum Federwild werden grün, gelb und braun gefärbet, damit sich die Vögel nicht so sehr davor scheuen. Zum Grünen nimt man grünes Korn, stößt solches zu einem Saft, bestreicht das Garn damit, und thut es 24 Stunden mit dem Saft in eine Wanne. Zur braunen Farbe nimt man Gerberlohe, oder die Rinde von ausgegrabenen Nußbaumwurzeln, zerhackt sie, und thut das Netz darein 24 Stunden. Die gelbe Farbe erhält man, wenn man das Garn mit Schellkraut, wie mit Seife, einreibt und eintrocknen läßt.

Netz, (Maler, Perspektive) eine in kleine Fächer getheilte Figur, entweder wie sie an und für sich selbst ist, oder wie sie in einem Spiegel, geschliffenen Glas, oder aus andern optischen Ursachen verworfen wird. Beyde Arten werden gebraucht, wenn man verzogne Figuren zeichnen will, die sich in einem Spiegel, oder durch ein vieleckigtes geschliffenes Glas, oder auch nur in einer gewissen Weite von dem Auge recht darstellen. Es wird nämlich das Bild, welches man verziehen will, nach Beschaffenheit der Umstände, entweder in ein Quadrat, oder in einen Zirkel, oder in eine vieleckigte Figur eingeschlossen, und in dem ersten Fall durch Linien, die mit den Seiten des Quadrats parallel laufen, in dem andern Fall durch konzentrische Zirkel und aus dem Mittelpunkt an die Peripherie gezogene Linien, in dem dritten, auch zuweilen im ersten, durch Linien, die theils aus dem Mittelpunkte in die Ecke der Figur, theils mit ihren Seiten parallel gezogen werden, in gleiche oder wenigstens ähnliche Fächer getheilet. Im ersten Falle sind die Fächer einander gleich, in den letztern beyden sind nur diejenigen einander gleich, so in einer Reihe stehen, die übrigen aber bloß einander ähnlich, denn sie werden dadurch bestimmt, daß man die aus dem Mittelpunkte der Figur gezogene Linien in gleiche Theile eingetheilet. Nach diesem muß man wissen, das Netz so zu verwerfen, wie es erfordert wird, im Spiegel recht zu erscheinen. Alsdenn läßt sich alles aus den Fächern des ersten Netzes in die Fächer des verzogenen abtragen.

Netz. (Maler, Zeichner) Ein aus winkelrecht übereinander gezogenen Parallellinien gemachtes Gitter, von Kreide, Bleystift, oder andern auslöschlichen Sachen, so zum Fundament eines zu verfertigenden Grundes oder Aufrisses dienet, und wenn diese mit Tuschlinien ausgezogen, wieder weggewischet wird; welches beym Bleystift durch Semmel oder Brod, so wenigstens einen Tag alt ist, geschehen kann.

Netz, (Tuchmanufaktur) ein Fehler, der daher entsteht, wenn bey dem Weben eines Tuchs verschiedene Kettenfäden zerreißen, die aus Unachtsamkeit des Webers nicht wieder zusammengeknüpft werden, und sich mit den benachbarten Fäden, auch wol gar mit dem Faden eines andern Faches oder Sprunges verwickeln, so daß oft ein Faden des Obersprunges in den Untersprung, (s. beyde) und umgekehrt, komt. Dieser Fehler entsteht auch, wenn ein Faden in einem Schuß reißt.

Netzbäume, (Baukunst) die Bäume, welche in der Mauer vest stecken, und worüber die Gerüstbretter eines

Baugerüstes kann, wenn solches an einem neuen Gebäude höher aufgeführet werden soll. Die Streichstangen (s. diese) stützen sich gleichfalls auf die Netzbäume.

Netz der Parüke, (Parükenmacher) ein Netz von Zwirn nach Art des Filet gestrickt, das mehr zur Zierde, als zur Haltbarkeit oder Befestigung der Haare dienet, an den Muntirungsband (s. diesen) angenähet wird, worauf die Haartressen befestiget werden. (s. Muntiren der Parüken)

Netzen, (Färber) so nennt der Färber das Eintauchen der Waare in die Blauküpe, wenn er färbet.

Netzen, s. Feuchten. (Kupferdrucker)

Netzfaß, (Tuchbereiter) wenn das Tuch zum zweytenmal, oder zur halben Wolle, oder aus dem zweyten Wasser geraubet und geschoren, und nach dem ersten Scheeren nicht wieder gewollet wird, so komt es trocken von dem Scheertisch; alsdenn muß es in einem vierkantigen hölzernen Trog, der das Netzfaß heißt, gut in weichem Wasser angefeuchtet werden. Man wirft es nämlich in das Faß, stampft es mit zwey Stampfen, legt es einige Minuten auf einen Baum über das Faß, und läßt die überflüßige Nässe ablaufen, alsdenn wird es geraubet. (s. Rauhen)

Netzjagen. (Jäger) eine der ältesten Jagdarten, die mit Netzen ohne Tücher geschiehet. Erstlich wird das Wild, entweder mit Besuch des Leithundes, oder durch Reif- oder Tauschlag, Schnee oder weiche Spurwege, oder andere Kennzeichen ausgespüret, vorgegriffen und eingekreiset. (s. Einkreisen) Darnach werden die Netze dem Winde entgegen angebunden, und von beyden Flügeln abgeführet, rund herum zugestellet, doch daß die Furkeln inwendig im Jagen an den Netzen stehen, und diese abfallen und fangen können; darauf werden auf einem Querflügel etliche Netze durchgestellt, daß zwey Jagen daraus werden, auch die Jagdhunde in dem einen Fach gesetzt und zum Herumjagen angetrieben. Was denn flüchtig ist, fällt in die Netze, worinn es entweder lebendig gefangen, oder mit dem Genickfang getödtet wird. Wenn das eine Fach leer geworden, so muß das andere auch gejagt, und auf dem Querflügel umgefurkelt werden. Es geschiehet dieses sowohl mit Hirsch- als Sau- und andern Netzen. Die Netze werden, soviel möglich, fangbar gestellt, daß sie abfallen können, worinn sich das Wildpret verwickeln muß. Es werden dergleichen Stallungen sehr viel in einem Walde gehauen, nachdem viele oder große Dickigte und Behältnisse sind, nach der Anzahl solcher Netze und deren Umfang mit Stellflügeln: In welchen Stallungen nun etwas vermerkt wird, die werden mit Netzen umstellt, und darinn das vermuthete Wild gefangen. Wobey zu merken, daß die Netze mit ihren Schlagleinen in gleicher Linie gestellt werden müssen.

Netzkammer. (Brauer) Ein in manchen Brauhäusern mit steinernen Platten ausgelegtes Gemach, darinn das Malz, ehe man es zur Mühle zum Schroten oder Brechen schaft, geweicht wird. Man bringt diese Kammer gerne unter dem Malzwachsboden an, damit man es von da durch eine hölzerne Rinne herab in die Netzkammer laufen lassen kann.

Netzkessel, (Färber) der Kessel in einer Färberey, worinn die Zeuge genetzt werden.

Netzständer, (Papiermacher) ein Faß mit kaltem Alaunwasser, worinn das Papier alaunt wird. Denn wenn der Leimer (s. Papier leimen) sein Papier durch den warmen Leim gezogen und getrocknet hat, so tauchet er solches 3 Bogen weise in das mit Leim vermischte Alaunwasser.

Netzstiche, (Näherin, Stickerin) Stiche in der weißen Brodirung, die ein Netz bilden, indem die Fäden des Grundes so zusammengezogen, und mit dem Nähfaden zusammengeschlingt werden, daß solche eine netzartige Gestalt erhalten.

Netzwürst, (Schlächter) Würste aus gehacktem Kalbfleisch, welches in lange Streifen von dem Kalbsnetz gewickelt wird. Man nennt sie mit einem französischen Ausdruck Frikandellen.

Netz zum Scharlachfärben, (Färber) anstatt des Drilts braucht der Färber zum Scharlachfärben ein von Seilen geschlungenes Netz, welches enge Maschen hat, so weit, als der Kessel im Umfange hat, seyn, und folglich den ganzen Umfang inwendig bedecken muß, damit der zu färbende Zeug bey dem Färben nicht an den Kessel komme, wenn solcher von Messing ist. Man kann auch anstatt des Netzes einen von geschälten Weiden locker geflochtenen Korb nehmen, und solchen in den Kessel stellen. Denn der Scharlach in einem kupfernen oder meßingenen Kessel bekomt, ohne diese Vorsicht, nicht das Feuer, welches er in einem zinnernen Kessel erhält. Man kann zwar diesem Fehler dadurch abhelfen, daß man etwas mehr Komposition (s. diese) hinein thut; allein zu geschweigen der Kosten, so fühlt sich auch das Tuch rauher an.

Nicht, Augennicht, Grau- oder Weißnicht, lat. Tutia, ein metallisches Ruß, das sich oben in den Oefen, worinn Kupfer, Meßing, oder Glockenspeise geschmolzen wird, angesetzt hat, hart, grau, rauh, und voller kleiner Pünktchen ist. Der Nicht wird zum Gebrauch bereitet, wenn er dreymal im Feuer geglühet, jedesmal mit Rosenwasser abgelöscht, und hernach mit Rosen- oder Wegewartwasser auf einem Stein zu Mehlstaub gerieben wird. Er muß schön weiß, lockericht, leicht, gleichsam flinkernd, dürre und trocken seyn. Der beste komt in großen, runden, leichten Kugeln aus Holland, wo er am saubersten gesammlet wird. Die orientalische Tutia, welche aus Aegypten über Alexandria zu uns gebracht wird, ist eine Art Thonerde, welche in der persianischen Provinz Kirman, vornehmlich aber in Indien, gegraben wird. Man pflegt sie mit Wasser wohl zerrühret in starken Töpfen in hierzu eingerichtete Oefen so lange zu setzen, bis das Wasser verrauchet ist. Was sich alsdenn an den Seiten des Topfes angesetzt hat, wird abgeschabet, in Kästen gethan, und versandt. In Indien braucht man sie stark in den Bädern, damit das Haar hernach ausfalle.

Nichts,

Nichts, weißen, eine Gipserde, die weiß und sandig ist, im Feuer nicht hart wird, sondern locker bleibt, und übrigens die Eigenschaften aller Gipse hat.

Nickel, s. Kupfernickel.

Nickelkönig, (Hüttenwerk) ein König oder metallische Masse, welche man erhält, wenn man den in Säuren aufgelöseten Kupfernickel abdunsten, und die metallischen Theile wieder abdunsten läßt.

Nickelocher, (Bergwerk) Nickel, oder Kupfernickel in Gestalt eines Ochers, oder grünen Kalkes.

Nickelvitriol, (Vitriolsiederey) ein schöner grüner Vitriol, welcher sich aus dem verwitterten Kupfernickel auslaugen läßt.

Nidel. So nennt man in der Schweitz den Rohm oder die Sahne von der Milch.

Niederbiegeln, Fr. abattre, (Hutmacher) den fertigen Hut, nachdem er mit der Glanzbürste mit reinem kaltem Wasser ausgebürstet worden, mit einem heißen Biegeleisen (s. dieses) biegeln, und ihm dadurch ein rechts glänzendes Ansehen geben. Das Eisen, womit der Hut niedergebiegelt wird, muß einen solchen Grad von Hitze haben, daß ein Tropfen Wassers darauf in zwey Sekunden verdunstet. Bey dem Niederbiegeln muß der Arbeiter den [illegible] des Huts wohl anziehen, daß keine Runzeln entstehen. Der Ursprung dieses Namens kommt ohnstreitig daher, weil bey diesem Biegeln das lange Haar sich niederleget, und durch die Nässe, und den vorher erhaltenen [illegible] die Oberfläche milde, sanft und glänzend wird.

Niederbord. (Schiffsbau) 1) ein niedriger Bord eines Schiffes; 2) ein Schiff mit einem niedrigen Bord, im Gegensatz eines Hochbords; 3) ein jedes Schiff, das nur allein Ruder braucht, oder auch nebst den Segeln auch Ruder gebrauchen kann; dahin alle Galeeren, Brigantinen rc. gehören.

Niedere Jagd, (Jäger) eine Jagd, vermöge welcher man nur Hasen, Füchse, Dachse, Marder, und anderes dergleichen kleines Wild vierfüßiger Thiere, ferner Schnepfen, Gänse, Enten, Rebhühner rc. schießen kann. Im Gegensatz der hohen Jagd, da man das große rothe und schwarze Wildpret schießet. Von einigen werden die Schnepfen und Reiger zur hohen Jagd, die wilden Gänse und Enten aber zur Mitteljagd gerechnet.

Niedere Streiche, Fr. flanc bas, (Kriegesbaukunst) diejenigen Streiche, welche entweder mit dem Horizont gleich, oder etwas höher steht, und also niedriger ist, als die hinter ihr liegende Streiche. (s. diese)

Niederfaulsten, (Hutmacher) den nach dem Plattsaulsten des Kopfs erhöheten Rand eines Huts mit der Grundfläche des Kopfs gleich nieder drücken. Zu diesem Ende wird der Hut in heiß Wasser getaucht, und der Rand desselben nach allen Seiten, in der Runde aber, der Länge der Krempe nach, ausgezogen, wodurch der Rand erweitert wird. Alsdenn wird der Rand nochmals nach der Breite desselben ausgereckt, und alles mit dem Plattstampfer gerade geglichen, (s. diesen) indem man mit diesem Werkzeuge den Rand gleich streichet.

Niederfällen, (Bergwerk) die Erde oder Steine, welche losgehauen werden, aus dem Scharf, oder wo sonst nöthig, wegschaffen.

Niedergehen des Bruchs, (Bergwerk) wenn man unter einem durch Mauern befestigten Straßenbau in der Firste der Strecke, die unter einem solchen Bau ist, ein Gewölbe sprenget, und darauf den Bruch niedergehen oder setzen lässet.

Niedergethan, (Jäger) wenn sich ein Hirsch oder ander Wildpret niedergelegt hat.

Niederkesseln, (Bergbau) wenn man unter den Mauern in dem Treibherd eines Stollens, oder im alten Manne (s. alter Mann) unter einem alten Schachte, der zusammengehen will und nicht mehr zu gebrauchen ist, ein Gewölbe sprenget, worauf denn ferner fortgearbeitet werden kann, und selbiger zu Bruch gehe.

Niederkleid, ein im Hochdeutschen selten vorkommendes Wort, an dessen Statt man Unterkleid (s. dieses) gebrauchet.

Niederkolen, (Köler) einen Kolenmeiler zu Kolen niederbrennen, daß alles zu Kolen wird.

Niederlage. (Handlung) 1) in seiner engsten Bestimmung ein verschlossener Ort, wo der Kaufmann seinen Vorrath von Waaren verwahret. Man nennt solchen Ort auch oft, wie z. B. in Norden, einen Speicher, eine Packkammer, oder auch wohl, doch nur selten, ein Magazin. Dergleichen Niederlagen müssen nach Beschaffenheit der Waaren, die darinnen aufgesetzt und verwahret werden, entweder trocken, oder etwas feuchte, luftig oder zugemacht rc. seyn. 2) Im weitläuftigern Verstande heißt Niederlage ein öffentliches zum gemeinschaftlichen Gebrauche der Kaufmannschaft bestimmtes Gebäude, wo Waaren abgepackt, eingesetzt, gewogen, visitiret rc. auch wohl fremde Kaufleute beherberget werden. (s. auch Legeplatz.)

Niederländische Ballen, s. Breslauer Ballen.

Niederländische hohe Goldfarbe auf Wolle. (Färber) Auf 6 Pfund Wolle oder Tuch nimt man 1 Pfund wohl zerstoßenen Alaun, 6 Loth weißen Weinstein, 1 Loth Nitrum, ½ Loth Salmiak. Alles zusammen in hinlängliches Wasser in einen Kessel gethan, wenn solches mit dem Wasser anfängt zu sieden, so thut man die Waare zum Absud hinein, führet sie darinn herum, und läßt sie eine Stunde lang gut kochen. Denn kühlet und spühlet man sie aus. Hierauf nimt man 1½ Pfund Sommerröthe, weichet solche 16 Stunden in Wasser ein, und thut 1 Maaß oder Quart Rinderschweiß nebst genugsamem Wasser in den Kessel dazu, 1 Loth zerstoßenen lebendigen Schwefel, 2 Loth Salmiak, 11 Loth Kochsalz, alles wohl zerstoßen, und denn die Waare mit diesem in den Kessel gethan, läßt die Brühe recht heiß werden, so aber, daß sie nicht zum Kochen komt, und führet die Waare eine halbe Stunde darinn herum, dann kühlet und spühlet man sie wieder. Alsdenn nimt man wieder hinlängliches Wasser, und kocht darinn 8½ Pfund Scharte 1½ Stunde, alsdenn die Brühe abgegossen, und wieder frisch Wasser aufgegossen, und noch eine halbe Stunde kochen lassen. Dann thut man 1 Loth gelben Schwefel, 1 Loth gestoßenen und gebrannten Weinstein, 4 Loth Salz und 10 Loth scharfe Lauge dazu, (s. Lauge zu allerhand Farben) und läßt alles dieses mit der gelben Brühe aufsieden. Denn thut man die Waare hinein, und läßt es 1½ Stunde mit sieden. Nach diesem wird der Kessel eine Weile zugedeckt, und nach Gefallen Röthe dazu gethan. Man kann von dieser Farbe vier bis sechserley Arten machen, und je mehr man Röthe dazu nimt, desto goldgelblicher wird die Farbe, und kann vom Hellesten bis zum Dunkelsten getrieben werden. Man kühlet und spühlet alsdenn die Waare, und sie ist fertig.

Niederländische Mark. (Goldarbeiter) Ein Gewicht, wornach man Gold oder Silber wiegt. Die zum Silber, die auch Pfennigsmark heißt, wird in 12 Pfennige oder 288 Grän, und 1 Pfennig in 24 Gran feingetheilet. An Golde hält diese Mark 8 Unzen, und 1 Unze 20 Engels.

Niederländisches Schwefelgelb. (Färber) Auf 6 Pfund Wolle oder Zeuge nimt man ein Achtel oder eine Metze gelbe Blumen, siedet sie in einem Sack mit genugsamen Wasser gut ab. Denn nimt man 1½ Pfund Alaun, 1 Pfund weißen Weinstein, zerstößt es klar, und siedet die Wolle oder Zeuge in genugsamen Wasser eine Stunde lang. Denn spühlet man die Waare rein aus, nimt anderes Wasser in einem Kessel nebst der gelben Blumenbrühe, und kocht darinn die Waare eine Stunde lang, alsdenn gekühlt und gespühlt. Will man zu dieser Farbe keine Scharte oder Blumen nehmen, sondern Gelbholzspäne, so muß man nach angezeigter Quantität Waare 1 Pfund Gelbholz nehmen. Uebrigens aber ist das Verfahren einerley.

Niedernähen, (Schneider) wenn bey der Vereinigung der Theile des Kleides das Oberzeug des Hintertheils auf das Oberzeug des Vordertheils etwas umgeschlagen, und eins aufs andere genähet wird. Dieses geschiehet, mit Vorderstichen. (s. diese)

Niederschlag. Fr. le précipitans. (Scheidekunst) 1) Eine Materie, welche von dem Auflösungsmittel, darinnen etwas aufgelöset ist, lieber angenommen wird, als das schon aufgelösete, und daher, wenn solche dazu komt, das Auflösungsmittel das erstern fallen läßt. 2) Der Körper, welcher in einem Auflösungsmittel aufgelöset gestanden, und wegen Dazwischenkunft eines dritten aus der Auflösung zu Boden gefallen. Fr. la reprise.

Niederschlagen. (Jäger) 1) Wenn der Bär das Gesträuche, das Getreide niederdrückt. 2) (Forstwesen) Wenn man die Bäume in einem Forst niederfällen, oder abhauen läßt. 3) Einen Tisch, die Hutkrempe niederschlagen.

Niederschlagen, Fr. precipiter, (Scheidekunst) einen in der Auflösung oder Vereinigung mit einem andern stehenden Körper durch Zusatz eines dritten dahin bringen, daß er aus der Auflösung oder Vereinigung tritt. Es kann sowohl im Trockenen- als Nassen-Weg (s. beyde) statt finden. Das Ausschmelzen der Metalle aus dem Erz und die Goldscheidung im trockenen Wege läßt sich als eine Niederschlagung erklären. Am sichtlichsten geschiehet die Niederschlagung im Nassen-Wege, wenn man ein Metall durch Salze oder ein anderes Metall niederschlägt, welches aufgelöset ist. Auf solche Art wird das im Scheidewasser aufgelösete Silber entweder mit Kochsalz, oder einem Alkali, oder mit Kupfer, dieses mit Eisen, dieses mit Zink, dieses mit Alkalien niedergeschlagen. Das Gold wird zur Erlangung der Emall-Purpurfarbe von reinem Zinn niedergeschlagen.

Niederstämmig, (Gärtner) ein niedrigstämmiger Obstbaum, im Gegensatz eines hochstämmigen Baums.

Niederstechen, (Schneider) wenn die gelegten Falten eines Kleides zusammengenähet werden, daß sie dicht zusammenliegen, bis das Kleid ganz fertig ist; dieses geschieht mit verlohrnen Stichen, weil nachher der Faden wieder herausgezogen wird, wenn das Kleid fertig ist.

Niederträchtiger unedler Inhalt, Fr. Sujet bas, s. Niederträchtigkeit.

Niederträchtigkeit, Niedriger, Niederträchtiger Inhalt, Fr. Bassesse, (Maler) wird von dem Stoffe des Gemäldes gesagt, wenn der Maler nur dasjenige aus der Natur wählt, was in der Gesellschaft niedrig und unedel ist, oder was man aus Gewohnheit oder Vorurtheil wenig achtet. Die holländischen und niederländischen Maler haben gemeiniglich diesen Karakter; Zechbrüder, Traubenbeide, und andere dergleichen Sachen sind die Gegenstände, welche sie wählen. Sie nehmen die Natur, wie sie ist; allein sie wählen nicht daraus, was edle und erhabene Begriffe erweckt. Doch hat es unter ihnen einige gegeben, welche im Großen gemalt, und sich besonders hervor gethan haben, als Rubens, Vandyk, Rembrand, Lukas von Leyden rc.

Niederwand, ein im Hochdeutschen manchmal gewöhnliches Wort, das soviel als Beinkleider bedeuten soll, (s. auch Niederkleider.)

Niederwasserrad, s. Unterschlächtiges Wasserrad.

Niedrig, (Blaufarbenwerk) soviel als hellblau bey dem Smaltenglase.

Niedrig, (Musiker) Töne, die tief herab gehen, im Gegensatz der hohen Töne. Eine niedrige Stimme, welche niedriger ist, als eine gewöhnliche Menschenstimme.

Niedrig geht der Hirsch, wenn er im März sein Gehörn abgeworfen.

Niedriger, s. Niederträchtigkeit.

Niedriger Satz, (Brunnenmacher) wenn die Höhe von dem Ort, wo die Röhre einer Pumpe saugt, bis unter den Kolben, wenn derselbe ausgehoben hat, nicht über 16 bis 18 Fuß oder vier Lachter hält. Im Gegensatz des hohen Satzes. (s. hoher Satz) Dieser niedrige Satz wält besser, als der hohe.

Niedriger Wall, Unterwall, Fr. fausse braye, (Kriegsbaukunst) der Wall, der zwischen dem Hauptwall einer Vestung sich befindet, und niedriger, als der Hauptwall angeleget wird. Seine Höhe reichet etwa bis an den Horizont, oder etwas darüber, um von dem Feinde nicht

ohne

eher angegriffen werden zu können, bis er sich in dem bedeckten Weg logiert, darauf alsdenn der Graben zu vertheidigen ist. Die Holländer halten diesen Wall für ein Hauptstück der Vestung; die Franzosen hingegen haben ihn zu verwerfen gesucht, und an dessen statt theils die Kontergarden, theils die Tenailles vor die Courtine eingeführet. Jedoch sind unter den Deutschen noch verschiedene, die ihn von neuem wieder sehr erheben, sonderlich wenn man ihn durch einen Graben von dem Hauptwalle absondert, damit er nicht, wenn der obere Wall eingeschossen wird, von der Erde angefüllet werde. Derjenige niedere Wall, der hart an dem Hauptwalle anliegt, taugt nichts, der aber durch einen Graben abgesondert ist, ist besser.

Niedrige Schäfte, (Seidenwirker) an einem Prassiennenstuhl (s. diesen) diejenigen Schäfte, woran die eine Hälfte niedriger in dem Stuhl hängt, als die andere, damit sie wegen ihrer Menge, die sich auf 100 und mehr beläuft, nicht soviel Platz einnehmen.

Niedriges Wasser, niedrigste Ebbe, (Schiffahrt) wenn das Meer fällt, daß es seinem niedrigsten Stande sich nähert.

Niep, Vorschlag. (Tuchmanufaktur) Ein Fehler bey den spanischen Tüchern. Wenn ein Weber mit dem Temple (s. diesen) stärker vorrückt, als der andere, so liegt der Einschuß nicht gerade, und das Tuch wird an der Seite, wo der Temple vorgerückt ist, vester, als an der andern Seite, weil es daselbst nicht so gut gespannt gewesen, folglich auch der Einschlag mit der Lade nicht so gut hat können angeschlagen werden. Dies ist ein Fehler, der, wenn er auch bey der Walke kann verbessert werden, dem Tuch doch immer an diesen Stellen eine Ungleichheit verursachet.

Nieren, Fr. Masses de Mines Solitaires, (Bergwerk) Klumpen Erz oder Metall, welche einzeln in oder außer der Gangart liegen, fast eben so hoch, als lang und breit, bisweilen rund, eyförmig, zackigt, oder von anderer Figur.

Nierenbraten, (Fleischer) das Stück von dem Hinterviertel eines Kalbes, welches zwischen den langen Rippen und der Keule ausgehauen, und mit der daran sitzenden Niere gebraten wird.

Nierenschnitt, Poffesen. (Koch) Man schneidet ein paar Nieren vom Kalbsbraten ganz klein, thut geriebene Semmel, Muskatenblüten, Ingwer und klein geschnittene Zitronenschalen dazu, und schlägt ein paar Eyer daran. Nach diesem läßt man Butter in einer Kasserolle zergehen, schüttet das Gehackte hinein, gießt ein wenig Milchrahm dazu, und rühret es um, salzt es auch ein wenig, und setzt es vom Feuer ab. Hernach schneidet man dünne Semmelschnitten, bestreicht dieselben unten mit zerklopften Eyern, oben darauf aber streicht man das Abgerührte etwa einen Daumen dick auf. Alsdenn läßt man in einer Pfanne Butter zergehen, ziehet die Schnitten erst durch geklopfte Eyer, worein gehackte Petersilie gethan, und backt sie nach und nach in der zerlassenen Butter. Sie müssen warm auf den Tisch gebracht werden. Man kann beym Anrichten auch eine Brühe nach Belieben darzu erwählen.

Nierenspeiler, (Fleischer) zugespitzte Hölzer, mit welchen er die Nieren an einem Hinterkalbsviertel ausspannet, oder, wie der Fleischer sagt, aufzieret, damit das Kalbsviertel ein gut Ansehen erhalte.

Nierenstein, s. Lendenstein.

Nierenstollen, (Fleischer) das von den Nieren an den Rindern abgenommene Talg, das man abkocht zur Zubereitung einiger Speisen, um sie dadurch schmackhafter zu machen, gebrauchen kann.

Nierenweis, Fr. per masso detachées. (Bergwerk) Man sagt, das Erz breche nierenweis, wenn es nicht beständig fortsetzet, sondern nur bisweilen in Klumpen (s. Nieren) auf dem Gange angetroffen wird, für sich, und nicht in einem Gange liegt.

Niet, (Schleifer, Messerschmid) ein kurzer eiserner Stift an einem Messer, Schere, oder andern Sache, womit zwey Theile vereiniget werden. So wird vermittelst der Niete die Schale eines Messers an das Messerheft befestiget, die beyde Klingen einer Schere mit einander vereiniget, nur mit dem Unterschiede, daß der Niet an einem Messer vest durchgehen muß, weil die Schale und das Messerheft vest mit einander vereiniget seyn müssen, dagegen der Niet der Schere so beschaffen seyn muß, daß sich die Klingen darauf bewegen lassen. Beyde Enden der Niete müssen breit auseinander geklopft werden, damit sie aus der Sache, welche sie zusammenhalten sollen, nicht herausgehen.

Niet, s. Schließe.

Nieteisen. (Grobschmid) 1) ein ½ Zoll dickes und 2½ Zoll ins Gevierte breites Eisen an einem Stiel, womit der Schmid die Hufnägel vernietet, und mit der Kante das Ueberflüßige abschlägt. 2) Bey dem Schlösser ein vierkantiges Eisen, mit einer stählernen Bahn, auf welches der Kopf eines Niets gelegt wird, wenn solcher vernietet werden soll.

Niethammer, Bankhammer, (Eisenarbeiter) ein Hammer, den man auf das eine Ende des Niets hält, wenn man das andere Ende breit hämmert, und den Niet vernietet.

Nietnagel, ein Nagel, der an einem Ende vernietet oder breit gehämmert wird.

Nietpfaffe, (Schlösser) eine Art Meißel, welchen man auf den Niet, zu welchem man mit dem Hammer nicht kommen kann, setzet, und mit dem Hammer darauf schlägt. (s. auch Pfaffe)

Nikolo. (Musiker) Ein blasendes Tenorinstrument, welches nicht tiefer als in das c geht.

Nil, eine Rechenmünze, die nur an dem Hofe des großen Mogols bekannt ist. Ein Nil Rupien gilt 100 Padans Rupien, ein Padan 100 Kirrons, ein Kâron 100 Lacks, und ein Lack 100000 Rupien. Da nun eine Rupie soviel ist, als ein französischer Thaler von 3 Livres jetziger Münze; so ist ein Nil soviel, als 100000 Millionen Thaler.

Nil, s. Anil.

Nillas, eine Gattung Zeug aus Baumwolle mit Seide vermengt, so aus Ostindien gebracht wird.

Nimes Serge, s. Nismer Serge.

Noa, ein Längenmaaß der Siamer. Es ist ohngefähr so groß als ½ Zoll nach dem königlichen französischen Maaßstabe. Unter demselben ist das Reiskorn, deren 8 einen Noen ausmachen, und über demselben ist der Kaub, welcher 12 Nieus hat.

Nismer-Serge, Nimes-Serge, Fr. Serge de Nismes, eine von den feinsten Arten der Serge, welche sehr stark getragen wird. Sie wird nach den Regeln des Serge de Roma (s. diesen) gearbeitet, hat einen Körper, woran die Kette auf einer und der Einschlag auf der andern Seite lieget, stark gewebet, und ist so stark, daß sie auch fast nicht zu zerreissen ist, sondern bis auf den letzten Faden getragen werden kann. Den Namen führet sie von der Stadt gleiches Namens in Niederlanguedok, woselbst sie am ersten gemacht, und von da weit und breit verführet worden. Man hat sie aber bald an vielen Orten nachgemacht, und vornämlich hat sich in Deutschland die sogenannte spanische und kraftische, und vornehmlich in Berlin die Wegelinische, langische Fabrik und das Lagerhaus sehr damit hervorgethan und berühmt gemacht.

Nische, von dem französischen Niche. (s. Bilderblände, auch Blende.)

Niveau, Fr. (Reitkunst) eine scharf gedrehete Schnur, womit man die allerhartmäuligsten Pferde halten und zwingen kann. Dieselbe hänget man auf einer Seite in das Obertheil der Stange, und ziehet sie dem Pferde hinter dem Mundstück zwischen der untern Lefze und dem Zahnfleisch herum, dann hängt man sie wieder in das Auge der andern Stange, je härter sie angezogen wird, je schärfer sie wirket, wenn man sie subtil auf beyden Seiten anhänget, so ist es nicht zu bemerken. Diese Schnur zwinget ein Pferd mehr, als die allerschärfsten Gebisse; man muß sie aber nicht beständig brauchen, sonst macht sie ein Pferd um das Zahnfleisch wund.

Niveau, s. Wasserwage.

Nivelliren, s. Wasserwägen.

Nivellirinstrument, (Mechanikus) ein Werkzeug, welches eigentlich zum Grundmessen gebraucht wird. Man bediente sich vor diesem des Astrolabiums zum nivelliren. Seitdem aber das Pickardische Instrument bekannt, und durch verschiedene Mathematiker nach und nach verbessert worden, so bedient man sich desselben auf einem starken Grundlineal von geschlagenem Messing, mit zwey Diopteren an den Enden, die 2½ Fuß von einander entfernet sind, stehen gerade in der Mittellinie 2 Triangel, einer über den andern unter dem Lineal. Die Triangel werden an beyden langen Seiten mit einem Lappen angeschraubet, und erhalten in der Mitte eine senkrechte Linie. In dem obersten Winkel oder Punkt des obersten Triangels hängt ein Bleyloth an einem Pferdehaar, das Instrument wird mit einem Wirbel auf einem Stativ befestiget, und an der untersten Spitze des untersten Triangels hängt ein 10 bis 12 Pfund schweres Gewicht, welches die Wage unbeweglich hinab ziehet. Auf das Stativ pflegt man auch einen Windschirm mit Taffent oder Wachsleinwand überzogen zu stellen, um das Instrument vor dem Windstoß zu sichern. (s. auch Wasserwage und Spr. Handw. und K. in Tabel. Samml. 8 Abschn. 6. Tab. VII. Fig. XXXV.

Nobel, Fr. Noble, eine erdichtete Münze in England, welche eine halbe Mark, oder ⅓ Pfund Sterling, und mithin 6 Schilling 8 Pence gilt, so nach unserm Gelde beynahe 2 Thaler macht. Man hat auch goldene Rosenobel und Schiffnobel. (s. davon an seinem Ort)

Noberg, s. Nachberg.

Nobrig, s. Nachberg.

Nock, (Schiffsbau) an einer Raa, (s. diese) das äusserste Ende: daher hat eine jede ein Steuerbords- und Backbords-Nock.

Nocken, (Koch) ein böhmisches Essen, das von Mehl, Eyern, Butter, Gewürz ꝛc. fast in Gestalt der Schneeballen gemacht, und hernach im Backofen gebacken wird. Man rühret nämlich ein halbes Pfund Butter in einer Kasserolle mit einem Rührlöffel ab, alsdenn schlägt man wieder ein Ey daran, und rühret es nochmals klar ab, auf solche Art verfähret man mit dem dritten bis zum vierten Ey. Nach diesem wird soviel Weitzenmehl hinzu geschüttet, daß man den Teig mit Rühren zwingen kann, und ein wenig Muskatenblüte dazu gethan. Dann setzt man Milch ans Feuer, reißt kleine Stücken von dem Teige ab, und thut sie in die Milch, worinn man sie eine Weile kochen läßt. Unterdessen verfertiget man auf einer Schüssel einen Kranz von Teig, nachdem man zuvor die Schüssel mit Butter bestrichen hat, und rühret hernach die Nocken darein, gießt die Milch, darinn sie gekocht, darüber, streuet klar geriebene Semmeln darauf, setzt es in einen Backofen, läßt es dampfen, bis oben alles braun werde.

Noli, ein Seehandlungswort auf der mittelländischen See, welches die Befrachtung eines Schiffs bedeutet.

Nompareille, Nompareille, Fr. ganz schmale und gezackte Bänder oder Borten, welche das Frauenzimmer auf allerhand Art zum Putze zu gebrauchen pflegt. Man findet sie von verschiedenen Farben, auch von Gold und Silber. Man nennet auch also 1) eine Art von Kamlot, die unter dem Namen Lamparillas (s. dieses) bekannt ist. 2) In der Buchdruckerey führet eine der kleinsten Schrift diesen Namen.

Nonne. (Büchsenmacher) Eine starke Hülse von Eisen, die auf den stärksten Zapfen der Nuß eines Gewehrschlosses paßt, mit welcher in Gemeinschaft des Nußeisens (s. diese) die Nuß und der Hahn nebst der Studel des Schlosses in den Schraubstock gespannt werden, um die beyden letzten Stücke auf die Zapfen der Nuß zu treiben. Die Nonne wird auf den Zapfen der Nuß, der auf dem Hahn hervorraget, gesteckt, und der Nußring auf die entgegengesetzten Zapfen.

Nonne, (Fleischer) ein breiter Ring oder Trichter, welcher in den Wursthörnel gesteckt wird, die Würste durch denselben zu füllen.

Nonne

Nonne, (Hüttenwerk) Fr. moule de coupelles, ein starker Ring von Metall oder Holz, welcher für Kapellen oder Scherben nebst dem Mönch statt der Form dienet, worinn die Kapellen oder auch bisweilen die Scherben geschlagen werden.

Nonne, (Ziegelbrenner) ein Ziegel unter denjenigen, die man Hohlziegel nennt, und die ihre vertiefte Seite auswärts kehren, zum Unterschied der Mönche, die die vertiefte Seite einwärts kehren.

Nonnenteig, (Koch) ein aus Mehl, Milch, blankem Wein, Eyern, Salz wohl durch einander gemischter Brey, woraus allerley in Butter gebackene Speisen zubereitet werden können. Will man daraus Gebackenes machen, so muß der Teig steif seyn. Man nimt alsdenn eine eiserne Form, steckt sie in heisses Schmalz, fährt damit in den Teig, damit derselbe die Form überall bedecke, alsdenn steckt man diese also mit Teig überzogene Form wieder in das Schmalz, wo sich der Teig ablöset, etwas aufquillet, und fein gelb sich backet. Macht man diesen Teig gar sehr steif, so bildet man daraus allerley Gestalten, und backet sie in Butter gelb. Will man diesen Teig als eine Kläre oder Tunke brauchen, so macht man solchen dünner, tunket alsdenn in Scheiben geschnittene Aepfel, Erdschwämme, Artischocken und dergleichen darein, und wendet solches in heissem Schmalz so lange um, bis es darin gebacken.

Nonnenschleier, s. Schleier.

Nonpareille, s. Nompareille.

Nopal, s. Cochenille.

Noppeisen, (Tuchmanufaktur) eine kleine Zange, deren Knöpfen mit dem Eisen selbst aus einem Ganzen bestehen, aber elastisch sind, und vorne dicht und scharf zusammen schliessen, womit die Nopperin die Tücher und Zeuge noppet. (s. dieses)

Noppen, (Tuch- und Zeugmanufaktur) mit einem Noppeisen (s. dieses) alle Ungleichheiten, Strohhalme, und andere fremde Körper von dem Zeuge oder Tuch herausziehen. Bey den Tüchern geschiehet dieses auf eine zwiefache Art, nämlich durch das Fett- und Reinnoppen. (s. beydes)

Nopperin, ein Frauenzimmer, das die Kunst verstehet, mit dem Noppeisen alle fremde Körper und Ungleichheiten aus den Tüchern und Zeugen zu ziehen, und sie davon zu reinigen. (s. Noppen)

Nordgürtel, (Schiffsbau) an den Enden oder Winkeln der Segel befestigte Taue, welche dazu dienen, dieselbe gegen die Raa zu hissen. (s. dieses)

Nordkaper, s. Wallfisch.

Nordpol auf dem Magnet zu finden, s. Mitternachtspol auf dem Magnet zu finden.

Norken, (Kürschner) Felle von gewissen Wasserthieren, von welchen man ehedem Frauenzimmermuffen machte.

Norm, Nimm. (Buchdrucker) So nennt man den abgekürzten Tittel eines Buches, der unter der letzten Zeile der ersten Kolumne eines jeden Bogens gedruckt wird, wenn das Buch aus mehreren Theilen bestehet.

Normalbreite, (Wasserbau) die Breite der Stromlänge, oder der Theil eines Stroms, welcher zwischen zweyen eintretenden wichtigen Nebenflüssen liegt. Es ist bey dem Wasserbau nöthig, solche zu untersuchen, wenn der Bau wohl gerathen soll. Denn wenn ein Fluß seine Bahn durch solche Gegenden nimt, wo er seinen Kanal selbst zu rechte betten kann, und man bauet in einen Strom hinein, ohne seine Normalbreite zu wissen, so wird er allemal seine Normalbreite und Tiefe wieder zu erlangen suchen, und dafern man ihn von beyden Seiten einschränkt, so vermehret er seine Normaltiefe, gelinget ihm dieses nicht, wegen allzu harten Grundbodens, so rächet er sich dafür bey allen Gelegenheiten durch Ueberschwemmungen. Die Normalbreite zu finden erfordert eine genaue Untersuchung, und ist nicht leicht, denn der Strom zeigt sie nur da an, wo er weder Sandhäger und Inseln hinlagert, noch an beyden Ufern zugleich Einrisse verursachet, daselbst kann man sie auch messen. Die Normalbreiten lassen sich, wenn sonst die Lage der Ufer des Stroms richtig abgetragen worden, auf der Karte selbst am genauesten beurtheilen, zumal wenn man bey schwierigen Stellen das Stromprofil vor Augen haben, und zu Rathe ziehen kann.

Normalgeschwindigkeit, (Wasserbau) die Geschwindigkeit einer Stromlänge, die zwischen zweyen eingetretenen wichtigen Flüssen sich befindet, mit welcher sich das Wasser fort beweget, bis der Strom entweder so seicht geworden, daß seine Bewegung sich lediglich nach dem Abhange seines Bettes richtet, oder so angeschwollen ist, daß er über die Ufer steiget. Diese Normalgeschwindigkeit läßt sich nicht aller Orten aus dem nivellirten Gefälle herleiten. Am richtigsten kann man sie mit einer Kugel, die man auf einer abgemessenen Distanz hinschwimmen läßt, erfahren.

Normaltiefe, (Wasserbau) die Tiefe der Stromlänge eines Stroms zwischen zweyen eintretenden wichtigen Nebenflüssen.

Norwegische Haare, s. Dänische Haare.

Nösel, Nössel, Oesel, auch Oesel, Fr. Chopine. In Deutschland, sonderlich in Sachsen, ein kleines Maaß zu flüssigen Dingen, hält ein halb Maaß, oder ½ Quart, im Brandenburgischen, nach Apothekergewicht ein Pfund, in Oberdeutschland, besonders in Oesterreich, heißt es auch ein Seidel, Seidlein, und in der Schweitz u. ein Schoppen.

Nossaris, eine Gattung weisser Kattune, so aus Ostindien gebracht werden. Sie sind von der Gattung derjenigen Kattune, die man Baffetas (s. diese) nennet.

Nössel, s. Nösel.

Nota, Fr. Note, (Handlung) so wird ein Auszug oder eine Rechnung auf geborgter, oder auf Konto genommener Waaren genannt.

Notelgeschirr, (Seiler) ein Brett mit vier eisernen Haken, woran die großen Seile verfertiget werden. Es kann vermittelst einer Kurbel umgedrehet werden.

Noten, (Musik) alle diejenigen Zeichen, welche man zur Musik auf Linien schreibt, um darnach zu spielen.

Notenpapier, (Papiermacher) ein starkes, gut geleimtes und großes Papier, worauf man die Noten schreibet.

Notenplan, Liniensystem, Musikleiter, (Musiker) die fünf Linien, die auf das Papier mit dem Rostral gezogen, und worauf die Noten geschrieben werden, und das Steigen und Fallen derselben vorstellen.

Notenstein, (Bergwerk) ein aschfarbiger sandiger Stein auf dem sich Figuren, so den musikalischen Linien und Noten gleichen, darstellen.

Nothanker, Raumanker, (Schiffahrt) ein großer Anker, welchen man im Schiffsraum aufbewahret, um sich seiner nur in der dringendsten Noth zu bedienen. Er wird auch von einigen der Hauptanker genannt. Doch ist dieses der Name des gewöhnlichen großen Ankers.

Notharbeit, (Wasserbau) die Arbeit an einem Deiche, welche bey entstehender Gefahr schleunig veranstaltet werden muß.

Nothausfluth. (Deichbau) Ein Abfluß eines Deiches an dem entgegengesetzten Ende der Ausfluth, (s. diese) der im Falle einer zu starken Anschwellung des Wassers, das ohne Gefahr des Dammbruchs durch die Ausfluth nicht bald genug abgeführet werden möchte, zur Ableitung dienen muß, indem man nur die Vorsetzhölzer ausnehmen und ausziehen darf. An einigen Orten muß statt der Ausfluth an einem Ende des Dammes eine Nothfluth durch den Berg gebrochen werden, die auch mit einer Vorwand verwahret und mit Vorsetzhölzern versehen ist. An welchen Deichen außerdem am gegenüberstehenden Ende auch noch eine Nothausfluth angebracht ist.

Nothauswurf. (Schiffahrt) Ein Recht, vermöge dessen die Schiffahrenden bey entstandenem Sturm zur Erleichterung des Schiffes und desto mehrerer Sicherheit des Lebens, Waaren und Sachen ins Meer werfen können.

Nothbau. (Jäger) Ein Bau oder Grube, so die jungen Füchse, wenn sie von den Alten vertrieben werden, zum öftern in freyen, ebenen Kornfeldern machen.

Nothbrüchig, eine Stuffe nothbrüchig machen, (Bergwerk) ein Stück von einer Stuffe, die man nicht gerne verderben, und doch ihren Gehalt wissen will, mit Behutsamkeit abstuffen, um die Probe zu machen.

Nothbrunnen, in einigen Gegenden, z. B. im Hannover, bedeckte unterirdische Wasserbehälter, in welche das Wasser bey entstandener Feuersnoth durch Schöpfräder oder Wasserkünste geleitet wird.

Nothdamm, in den niedersächsischen Marschländern ein Damm, welcher nur so lange verfertiget wird, bis der Hauptdamm eines Deiches zu Stande gebracht ist.

Nothdeckung, (Wasserbau) geschiehet hauptsächlich im Winter an Strohdeichen, wenn das Dach durch Sturm oder Eis abgerissen ist; oder auch, um eine Arbeit am Schlicke, bis sie besser versichert werden kann, vorläufig zu verwahren.

Nothdeich, ein Deich, welcher das eindringende Wasser so lange aufhält, bis der Hauptdeich wieder ausgebessert werden.

Notheimer, s. Feuereimer.

Notheisen. (Stellmacher) Ein eisernes Werkzeug, das eine schmale Schneide, die nach der Dicke des Eisens läuft, und einen gleichfalls eisernen Stiel hat. Man stämmet hiermit die Nuthen an den Säulen eines Kutschenkastens aus, wenn zwischen zwey und zwey Säulen eine Vertäfelung eingesetzt werden soll.

Nothgedinge, Fr. Tache fort difficile à faire, (Bergwerk) die Arbeit, welche einem Häuer von Geschwornen dergestalt scharf verdinget worden, daß er alle Noth hat, damit zu recht und auf das Lohn zu kommen.

Nothhobel, (Büchsenschäfter) ein schmaler Hobel, dessen Eisen nach einem halben Zirkel abgerundet seyn muß, und womit die kleine Rinne in dem Flinten- oder Büchsenschaft für den Ladestock abgehobelt wird.

Nothhülfe, ist die Konkurrenz zur Notharbeit, oder zum Nothdeichen.

Nothkapelle, Fr. Coupelle qui faut etre traitée soigneusement, (Hüttenwerk) eine Kapelle zu einer Probe, daran viel gelegen, dazu man aber nur soviel Erz hat, daß man sie nur einfach machen kann, daher alle mögliche Vorsicht dabey angewendet werden muß.

Nothreif, (Böttcher) ein Reif oder Tonnenband, welches nur im Nothfall und auf eine kurze Zeit um ein Gefäß gelegt wird, bis dasselbe mit ordentlichen Reifen versehen werden kann.

Nothreif, (Landwirthschaft) wenn die Stengel oder Halme des Getreides vor der Zeit unten am Stock ganz gelb und weiß werden. Dieses geschieht bey sehr großer Dürre.

Nothschlange, (Artillerie) ein Stück, welches 16 bis 18 Pfund schießet, und sonst auch der Drache genannt wird.

Nothschnitt, Fr. Expedient fait per necessité, (Bergwerk) einen Nothschnitt thun, aus Noth, und nur um das Lohn für die Arbeiter zu erlangen, mit Hindansetzung der vernünftigsten Absicht, etwas Erz in der Firste, oder wo sonst Anbrüche vorhanden, zu gewinnen suchen, wodurch aber nicht wirthschaftlich gehandelt wird.

Nothschott, ein Durchlaß im Deiche, womit man diesem, wenn das Wasser davor zu hoch kommt, Luft machet.

Nothschuß, (Schiffahrt) ein Zeichen, welches ein Schiff durch Kanonenschüsse giebt, daß es in Gefahr sey. Wenn dergleichen auf der Höhe von Häfen in bekannten Ländern geschehen, so pflegen sich Fahrzeuge herauszumachen, ihnen zu helfen, oder, wo man das Strandrecht öffentlich oder insgeheim ausübt, bey der Hand zu seyn, um das gestrandete oder verunglückte Schiff zu plündern. Der Nothschuß dienet denen in der Flotte fahrenden zum Zeichen, daß ein Schiff Noth leide, nicht folgen könne, Leck habe, und dergleichen.

Nothstall, ein starkes, hölzernes, mit einem Dach versehenes Gerüste, worein wilde und unbändige Pferde, welche sich nicht gerne beschlagen, Arzeneyen eingießen, oder andere Operationen mit sich vornehmen lassen wollen, einge-

sperret

stärket werden, daß sie stille stehen, und geduldig aushalten müssen.

Nothständer, (Deichbau) die Ständer hinter den Seitenwänden eines Balkensieles, woran die Wandbalken mit Bolzen gegen das Einschieben befestiget werden.

Nothstein, s. Kragstein.

Noththaler, (Münze) ein solcher, welcher in Belagerungen, oder andern Nothfällen, geschlagen worden.

Nothtüre, (Baukunst) eine Thüre, deren man sich nur in dringender Noth bedienet. So hat man zuweilen Thüren aus einem Hause in das andere, sich ihrer in Feuersnoth zu bedienen.

Nothschütze, (Deichbau) eine Thüre, welche für eine gebrochene Sielthüre in möglichster Geschwindigkeit, so gut als sichs thun läßt, eingebracht werden muß.

Nothweiser, (Bienenzucht) ein Weiser, welchen die Bienen nach Verlust ihres ordentlichen Weisers sich selbst im Stock zu machen wissen.

Notirbuch, s. Bilanz.

Notiren lassen, (Handlung) einen zur Verfallzeit noch nicht völlig bezahlten Wechsel durch einen Notarius verlegeln und verwahren lassen, damit der Inhaber desselben, da er ihn nicht formaliter protestiren lassen, gesichert sey, im Fall der Zahler nicht bezahlen könnte.

Notirungskunst, (Musiker) die Geschicklichkeit, alle und jede Melodien von eigener oder fremder Komposition sogleich, und ohne Vorschrift, richtig zu Papiere zu bringen. Diese Kunst ist gleichsam die musikalische Grammatik, und hat auch ihre Regeln zur Rechtschreibung, aber auch den Fehler, daß man sich noch nicht durchgehends deswegen vergleichen kann. Sie untersucht in der Etymologie die Quellen und Erfindungen, z. B. der griechischen Stimmzeichen, die Aretinische Solmisation, die Belgische Bobisation, und die deutsche und italienische Tabulatur, samt deren Historien und Gründen.

Notiz, **Nachricht**, Fr. Notice, (Handlung) ein schriftlicher Aufsatz, welchen derjenige Makler, durch den ein Wechsel mit beyderseits Kontrahenten Genehmhaltung geschlossen worden, unter seinem Namen von sich giebt.

Novation, Fr. (Handlung) soviel, als eine neue und geänderte Schuldverschreibung.

Noyalle, Fr. eine Gattung roher oder ungebleichter, sehr starker und sehr dichter hänfener Leinwand, so an verschiedenen Orten in Bretagne gewebet, und sonderlich zu Schiffsegeln gebraucht wird. Man hat davon verschiedene Gattungen. Die erste, als Noyalle von 6 Faden, hat davon den Namen, daß jeder Faden der Kette aus zwey zusammengedreheten Faden bestehe, deren jeder 3 Fäden hat, folglich jeder Faden der Kette aus 6 Fäden, dahingegen der Einschlag nur aus einem einfachen Faden besteht. Auf französisch heißt dieser Zeug Noyalle extraordinaire à six fils de brin. Diese Gattung wird gemeiniglich nur zu Segeln für die Kriegsschiffe gebraucht, indem sie für die mittel und kleinen Schiffe zu stark ist. Ihre gewöhnliche Breite ist ¼ Elle weniger 1/16 einer Pariser Elle. Man hat überhaupt 6 Gattungen, die nach ihren verschiedenen Fäden auch ihre verschiedene Benennungen haben. Die von vier Fäden Fr. Noyalles extraordinaires à quatre fils de brin, wovon jeder einfacher Kettenfaden aus zwey doppelten Faden zusammengedrehet wird. Der dritte hat eben den Namen, nur seine Fäden sind aus besserm Hanf gesponnen, als der zweyte. Die vierte Art heißt auf französisch Noyalles courtes, weil sie um 4 Zoll nach dem französischen Maaßstabe schmäler sind, als die Noyalles simples, welche nur aus einem einzigen gedreheten Faden sowohl in der Kette als in dem Einschlag besteht, und 7/8 Pariser Ellen breit ist; und endlich die Noyalles rondelettes, dessen Faden weit stärker gedrehet und zarter ist, als der andern, und dessen Leinwand nur zu den Segeln der Chaluppen oder kleinern Fahrzeugen gebraucht wird. Wenn die Noyalles, wie es sich gehört, gemacht sind, so müssen sie aus reinem aus der Mitte des Hanfstengels ausgelesenem Hanfe gemacht, und auf dem Weberstuhle vest und wohl geschlagen seyn.

Nuanze. Fr. (Maler) Eigentlich heißt dieses Wort, nach seiner wahren Bedeutung im Französischen, eine gradweise steigende oder fallende Veränderung einer Sache, z. B. eine immer mehr und mehr zunehmende dunklere oder hellere Schattirung der Farbe. Da aber die Natur den Materialien, die der Maler gebraucht, schon selbst Nuanze gegeben hat, so schaft die Kunst nur neue Nuanzen dadurch, daß diese Materialien mit einander vermischt werden, und sie kann den Ton der Materialien nur durch Vermischung einer fremden Materie andern mittheilen. Aus diesem Gesichtspunkte betrachtet, wird die Nuanze eine Mittelfarbe, weil sie nicht anders, als durch eine Vermischung heraus gebracht werden kann. Die Vermischung dieser Materialien, die eine Mittelfarbe hervorbringen soll, muß nach der Kenntniß der Wirkung der Materialien, die jede gemacht, und von dem Geschmack geleitet werden.

Nudelbreche, s. Breche. (Pfefferküchler und Bäcker.)

Nudelbrett, (Koch) ein Brett, auf welchem der zu Nudeln bestimmte Teig in den Küchen mit dem **Nudelholz** gewalzt und zu dünnen und breiten Blättern ausgedehnet wird.

Nudelformen, Formen von Eisen, verschiedentlich ausgehöhlet, und fein durchlöchert. Man breitet darinn den Teig stückweise aus, und wenn der Hebel der Presse durch einen Strick niedergeführet wird, so preßt sich der erwärmte und weich gewordene Teig durch die Löcher und bildet sich in feine Fäden. (s. Nudel machen)

Nudelholz, **Nudelwalzer**. Eine kleine um eine Walze bewegliche Walze, womit der Nudelteig auf dem Nudelbrett zu den dünnen Blättern ausgedehnet wird, auch Mangelholz.

Nudel machen. Die sogenannten nürnberger und italienischen Nudeln werden gemeiniglich im Frühjahr, wenn die Eyer am wohlfeilsten sind, gemacht. Zu einer Art, die gesprützt werden, nimt man zu jedem Pfund von dem besten und feinsten Weitzenmehl drey Eyer, und giebt soviel Wasser hinzu, bis ein dünner Teig wie ein Brey daraus entstehet. Man füllt die **Nudelspritze** (s. diese) mit solchem Teig, macht die Stubenthüre und Fenster zu, damit die Luft durch das Zimmer durchstreichen kann, es wird auch wol ein großes Kolenfeuer gegen die Stubenthüre gestellet. Nunmehr wird der Stöpsel in die Spritze gepaßt, und dann an der Stange hinein gewunden, wodurch die Masse in sehr dünnen Strahlen heraus getrieben wird, und weil die Luft durch das Zimmer streicht, auch das Kolenfeuer verhanden, so trocknen diese sehr subtilen Fäden, ehe sie noch den Boden berühren. Während daß nun dieses Winden ganz langsam geschiehet, so muß eine Person die sämmtlichen Fäden, wenn selbige bald auf den Boden reichen, in ein untergesetztes Sieb mit beyden Händen, ohne vieles Drücken, in einen runden Kreis zwey Spannen weit legen, und damit fortfahren, bis die Spritze ausgeleeret ist. Wenn die Nudeln im Siebe trocken geworden, so werden sie behutsam in Fässer gepackt, und versendet. Man kocht sie in Fleischbrühe, Milch, oder backt sie auch. 2) Diese Fadennudeln werden auch noch auf eine andere Art verfertiget. Man hat dazu eine **Nudelform**, (s. diese) diese stellet man unter eine Presse, und umfasset solche mit zwey Kolenbecken, welche den durch die Presse gedruckten steifen Teig in der Form erwärmet und weich machet, daß er durch die Löcherchen der Form, wie Drath durch das Zieheisen, in Gestalt dünner Würmer, durchgepreßt wird. Die ersten Nudeln werden als unrein auf die Seite gebracht. Wenn die Nudeln etwa einen Fuß lang aus der Form heraus gequollen, so werden sie durch einen kleinen Stoß an der Form abgebrochen und auf ein Papier gelegt, nachdem man sie vorher mit einem Papierfächer an der Form abgekühlt, damit sie reinlich abbrechen, und nicht an einander kleben mögen. Zuletzt wickelt man sie rund zusammen, und läßt sie auf Flechten und Papier an der Luft trocknen. Die Flechten sind von Messingdraht. Da die gelben Nudeln die schönsten sind, so mischt man im Einteigen 2 Quentchen Saffran unter 50 Pfund Teig. Der Saffran wird mit dem Wasser aufgelöset, womit man einteiget. In den Haushaltungen werden diese Nudeln auf folgende Art, zwar nicht so fein, nachgemacht. Man bereitet nämlich einen sehr steifen Teig von Eyern, Mehl und Wasser, knetet ihn recht durch, rollt ihn ganz dünne mit einem Mangel- oder Rollholz, hängt die feinen Blätter auf, daß sie etwas trocknen, rollt sie dann zusammen, schneidet sie mit einem Messer zu sehr feinen Fäden, und kocht sie hernach wie die Nürnberger Nudeln.

Nudeln, eine Gattung eines kleingemachten Teiges, der von Reißmehl, oder anderm feinen Weitzenmehl, mit Wasser zugerichtet, in verschiedene Gestalten, besonders aber in lange dünne Fäden, gebildet, sodann getrocknet und zum Verspeisen, in Fleischbrühe, Milch, oder gebacken, aufbewahret wird. Im weitläuftigern Verstande gehören zu den Nudeln verschiedene in mancherley Gestalten geformte Teigstücke, die besonders von den Italienern sehr gebraucht und verfertiget werden, und nach ihren verschiedenen Gestalten ihre besondere Namen erhalten; als Vermicelli Ragni, Makaroni, Tagliarini, Semoule, Fatres und Melifanti heißen. Die Vermicelli sind das eigentlich, was man im engsten Verstande in Deutschland Nudeln nennt, und haben die Gestalt der Würmer, woher sie auch ihren italienischen Namen erhalten haben, sie werden entweder durch Spritzen, die kleine Löcher haben, und vornehmlich in Nürnberg, gemacht, (s. Nudel machen) oder es wird der Teig dünne gerollt, und mit dem Messer zu schmalen Fäden geschnitten. Die andere Gattungen sind zum Theil wie Stucken Band, oder rund als Körner, oder auch als runde Knöpfe. Bald weiß, bald auch gefärbt. (s. davon unter den verschiedenen Namen und Nudeln machen.)

Nudeln, Walgern. Ein von schwarzem Roggen oder Gerstenmehl und Wasser derb vermischter Teig, in lange schmale Stücken zertheilet, länglich rund gewalzet und auf dem Ofen gedörret, welche man in Wasser oder Milch einzuweichen, und damit die Gänse, Truthühner oder Kapaunen zu stopfen oder zu mästen pfleget.

Nudelnbäckerey, die Anstalt, wo die Nürnberger Nudeln (s. Nudeln) verfertiget werden. Es ist eine freye Kunst, die jeder, der sie verstehet, in Ausübung bringen kann. In Nürnberg sind vorzüglich dergleichen Leute vorhanden, weil ihre Nudeln weit und breit berühmt sind.

Nudelspritze. Ein Werkzeug, womit man die sogenannten Nürnberger Nudeln macht. Es bestehet aus einer Walze von hartem Holz, ohngefähr 1½ Ellen lang, bis 8 Zoll dick, und 6 Zoll im Durchmesser der Länge nach ausgebohret, welche nicht allein mit einem fest einpassenden Stöpsel wie eine Spritze, sondern auch unten an dem einen Ende mit einer fast halben Fingers dicken messingenen Platte versehen ist, die ganz voller dichter Löcher, wie ein Senfkorn groß, gebohret ist. Diese Walze wird auf einem Gestelle, zwo Ellen hoch über der Erde, vest gemacht, oben aber am Ende des Stöpsels ein Querholz darüber eingezapfet, und an selbiges an jedem Ende starke Leinen gebunden, welche herunter auf das Gestelle gehen, auf welchem eine Winde im Zapfen mit einer Stange geht, und an dieser werden an den beyden Enden die Leinen vest gemacht. Die Löcher der messingenen Platte müssen inwendig noch einmal so weit, als von außen, oder konisch gebohret seyn, damit der Teig zu den Nudeln desto besser eindringe, und dennoch von der Pressung am Ausgange in einem dünnen Faden heraus komme. (s. Nudel machen)

Nudelteig. Um den steifen Nudelteig der zweyten Art die Nudeln zu machen (s. Nudel machen) zu bereiten, nimt man sehr feines, durch drey verschiedene, immer feinere, Siebe gelassenes Reiß- oder Weitzenmehl, und auf 10 Pfund Mehl 12 Pfund Wasser. Es ist besser, beym Kneten Mehl nachzuschütten, als Wasser. Einige nehmen zum neuen Teig zu 50 Pfund 4 bis 5 Pfund von zurück gelegtem Teig als ein Ferment. Ist dieser älter als einen Tag, so frischet man ihn des Abends vorher mit warmen Wasser und soviel Nudelmehl stark knetend auf, bis er noch einmal so groß wird. Nachher wird über denselben soviel kalt Wasser gegossen, daß es einen Querfinger

hoch

noch über den Teig stehe, damit sich bis zum Eintrigen, oder in 12 Stunden, keine Rinde darüber anlegen möge. Ist der Sauerteig alt, so wird er klein gerieben, durchgesiebet, und 12 Stunden zuvor aufgefrischet. Man wird zum Eintrigen das Mehl in den Trog gethan, in der Mitte eine Vertiefung in dasselbe gemacht, in die man warmes Wasser gießt, und den Sauerteig zugleich hinein thut, Mehl darunter gemischt, welches geschwinde und hinten über dem Sauer gestreuet wird; und so alles stark und geschwinde zweymal durchgeknetet, damit der Teig noch warm sey) wenn man ihn auf die Breche bringt, dieses alles muß höchstens in einer Zeit von 1½ Stunden geschehen seyn. Man treibt die ganze Teigmasse vorne im Backtroge in einen Klumpen zusammen, deckt ihn mit Leinwand zu, und tritt den Teig mit den Füßen etwa drey Minuten lang mit Nachdruck durch. Nach dem Treten wird das Seitenbrett des Backtroges weggenommen, und der Teig mit einem Brechbaum 2 Stunden lang hinter einander gebrochen, indem man die rechte Hüfte und die rechte Hand auf das äußerste Ende des Brechbaums stützt, indessen der andere Fuß auf die Erde stößt, um den Körper und Brechbaum in die Höhe zu heben. Gemeiniglich geschieht dieses gleichfalls nach dem Takte, da sich drey Personen auf einen einzigen Brechbaum setzen, und zugleich in die Höhe [illegible] werden. Die Breche gleicht der Breche des [illegible]bäckers und Bäckers. (s. diese) Dieses Brechen [illegible] den Teig wieder an den Vordertheil des Troges zurück, [illegible] man stößt ihn unter die Schneide der Breche, und dieses wird viermal wiederholet; oder man arbeitet und stechet den Teig zwölfmal in dem Kasten der Breche durch [illegible]. Zum Eintrigen gehören 3 Stunden und viel [illegible]keit, zum Kneten anderthalb, zum Brechen [illegible] und eine halbe, wenn der Nudelteig gut werden [illegible].

[illegible]udeln, (Landwirthschaft) das große zahme Federvieh mit Nudeln mästen. Man fängt damit allmählich an, indem man anfänglich nur eine, nach und nach aber immer [illegible], in den Hals stopfet, und bis zu einer gewissen [illegible] täglich damit fortfähret. Man muß sich aber in Acht nehmen, daß man es nicht überstopfe, weil es sonst [illegible].

Nulkes, (Koch) ein angenehmes Gericht von zerriebenen Eyerdottern mit Rosenwasser, Zucker und etwas Salze, wie auch eingemachten Zitronenschalen, die man erst in etwas Rosenwasser zerstoßen hat, welches man mit vielem daran gethanen Puderzucker zu einem dicken Breye sieden läßt. Es hat seinen Namen von einem italiänischen Küchenmeister, der Nulko geheißen.

Numma, ein weißer chinesischer baumwollener Zeug oder Kattun, wovon es drey Arten giebt, die insgesammt gleich lang, nämlich 14 Kobidos, oder 16 Amsterdammer Ellen, in der Feine und Güte aber sehr unterschieden sind. Man treibt damit, vornehmlich nach Japan, einen starken Handel.

Nummer, scherzweise Kramerlatein, (Handlung) bey denen, die nach der Elle verkaufen, eine geheime Schrift, die aus Buchstaben oder auch Zahlen bestehe, durch welche ein Kaufmann seinen Dienern gleichsam den Preis einer jeden Waare bestimmt, wie hoch sie solche verkaufen müssen, ohne daß sie wissen, was sie kostet.

Nummerbuch, Fr. Livre de numero. (Handlung) Ein Buch, welches in den großen Waarenhandlungen zu dem Ende gehalten wird, damit man darinn alle Waaren, die dahin geliefert werden, oder daraus gehen, und die noch wirklich darinn vorhanden sind, nach Nummern verzeichnet. Dieses Buch ist eines von den Hülfsbüchern, und hat gemeiniglich eine lange schmale Gestalt. Man hält solches, wie die andern Handelsbücher, in doppelten Posten, und theilet zu dem Ende jede Seite dieses Buchs durch Quer- und Parallellinien in gewisse ohngefähr einen Zoll breite Felder ein; vorne und hinten aber zieht man von oben bis unten gerade Linien. Auf der Linie zur Linken trägt man sodann alle Waaren, die man in das Gewölbe bekommt, also ein, daß vorne vor dem der Länge nach herunter gehenden Striche die Nummer des Fasses, Ballens oder Kiste, in welchen die Waaren eingepackt sind, stehen; zwischen den Feldern aber die Waaren selbst, und hinter dem andern der Länge nach gehenden Strich, das Gewicht oder die Anzahl der Stücke. Auf der Seite zur Rechten folgt man fast eben der Ordnung in Ansehung der Waaren, die aus dem Gewölbe abgehen, außer daß man auf der ersten langen Linie den Tag des Abganges notiret, und in die Feldungen die Namen derjenigen ansetzt, welche die Waaren empfangen u. s. w.

Nummereisen, Fr. le ciseau à marquer le nombre, (Hüttenwerk) eiserne Werkzeuge, damit die Nummern oder Zahlen auf die Silber, Kupfer oder Bleye geschlagen werden.

Nummermaaß, Fr. lange, (Gold- und Silberdrahtzieher) Proberinge.

Nummern, musikalische, (Musiker) die musikalische Zahlmaaße ist das geometrische Verhältniß gewisser ähnlicher Sätze; auch die in dem Generalbaß vorkommende Ziffern.

Nummern, nach welchen die Stecknadeln unterschieden werden. (Nadler) Alle Gattungen von Stecknadeln unterscheidet man nach Nummern, und benennt sie auch darnach. Diejenigen Nadeln, die man am häufigsten verfertiget, stehen zwischen Num. 18 und Num. 3. Je höher die Nummern gehen, desto länger und dicker werden die Nadeln. Eine jede Nummer ist von der andern um eine halbe Linie, oder etwas weniger, an Länge unterschieden; die Nadel von Num. 3 ist nicht länger als 8 Linien. Das eine 1000 ist daher auch schwerer, als das andere, so wiegt z. B. das 1000 von Num. 1. 6 Quentchen, von Num. 2. 1 Unze, und so steigt es verhältnißmäßig bey Num. 18. bis auf 11 Unzen 2 Quentchen.

Nummerpfähle, (Gärtner) niedrige Pfähle in Saatbeeten, Baumschulen, Blumenbeeten rc. worauf die Gärtner die Sorten mit Nummern bezeichnen, wovon sie in ihren geschriebenen Registern unter eben denselbigen Nummern die Namen aufgeführet haben.

Nürnbergsche Geigenwerk, auch Clavier Gamba genannt, ein altes, vor einiger Zeit aber wieder hervorgesuchtes, musikalisches Schlaginstrument, welches mit Darmsaiten bezogen ist, und unter seinem ovalen Körper ein Rad hat, wodurch andere mit Kolophonium bestrichene kleine Räderchen in dem Instrumente herum getrieben werden; auf solchen streichen die Saiten vermittelst eines Häkchens an, und geben einen der Violdigambe ähnlichen Klang von sich, wenn der Spieler mit den Händen die Klaviere anhält.

Nürnberger Gewürzkränze, (Kuchenbäcker, Konditer) ein Gebackenes aus Zucker und Mehl nebst einigen Gewürzen, welches bey dem Backen einen Zuckerüberguß erhält.

Nürnberger Pfefferkuchen, (Pfefferküchler) Pfefferkuchen von Weitzenmehl. Man hat weiße und braune. Die braunen werden aus einem Theil Zucker und 4 Theilen Honig nebst Weitzenmehl eingerühret, und durch Gewürznelken, Zimmet und andere Gewürze schmackhafter gemacht. Sie werden auf Tafeloblaten gebacken, und nach dem Backen über dem Backofen gedörret. Die weißen werden aus Weitzenmehl, Eyern und Zucker verfertigt, und gleichfalls auf Oblaten in den Ofen gelegt und gar gemacht.

Nürnberger Roth, (Maler) eine rothe Erde, welche nebst einer andern schönen gelben Erde zwischen Nürnberg und Bayreuth bey Petzenstein gegraben, und hernach im Backofen gedörret wird. Die Maler brauchen sie sehr zur Farbe, deswegen sie von Nürnberg weit und breit verführet wird. Sie muß nicht steinigt, aber dabey recht trocken seyn.

Nürnberger Tand. Ein Spielzeug, da etliche eiserne Stifte, die unten mit einem Knopfe, und oben mit einem Ringe versehen sind, insgesammt durch ein Blech, und jeder besonders durch des andern Ring gezogen, auf einem länglicht zusammengebogenen starken Drahte, der in der Mitte offen, mit besonderer Geschicklichkeit, auf und wieder davon abgespielt werden, daß, wer es nicht versteht, es für unmöglich ansieht.

Nürnberger Waaren. Allerley Spielzeug und andere dergleichen künstliche und zur Lust gemachte Sachen, in deren Verfertigung die Nürnberger einen sehr großen Vorzug haben. Daher was nur in Deutschland von künstlichen Sachen verfertiget wird, gemeiniglich zuerst daselbst verfertiget worden.

Nuß. (Mechanikus) ein mößingenes Stück an einem geometrischen Werkzeuge, z. B. an einem Meßtische, an einer halben oder ganzen Scheibe ꝛc. Sie besteht aus einer nicht allzu großen Kugel von Metall oder Holz, welche mit einem langen und runden Halse versehen, der oben ein breites Blatt hat, das Instrument daran fest zu machen. Die Nuß selbst ist zwar in einer Hülse beweglich, daß sie sich nach Gefallen darinn drehen und wenden läßt, um das Instrument nicht nur vertikal, sondern auch horizontal zu richten, doch läßt sich selbige auch in der Hülse befestigen, daß sich das Instrument aus der einmal gestellten Richtung nicht wieder verrückt.

Nußband, (Schlösser) ein Thürenband, dessen beyde Theile vermittelst einer Nuß an einander gefügt sind; d. i. welches in der Mitte zwey Gewinde und zwey herausstehende walzenförmige Stücke hat, dergleichen Bänder z. B. an einem Klapptisch befindlich sind.

Nußbaumholz. Ein sehr schönes Holz, welches zu allerley Tischler- und Drechslerarbeit stark verbrauchet wird. Es hat eine sehr schöne Farbe, zumal wenn es gut polirt ist, fällt ins Braune, und besonders ist das Holz von den Wurzeln sehr gut zum Furniren (Einlegen). In Frankreich, der Schweitz, und auch einigen Gegenden in Deutschland, besonders in Oberdeutschland, wächst es sehr häufig. Es ist öfters schön braun und flammig; dieses kommt daher, wenn es in einem sandigen und magern Boden wächst. Zum Einlegen muß es rein und ohne Risse seyn.

Nußbaumholz einen Glanz zu geben. Erst muß es recht glatt gearbeitet werden, alsdenn überstreicht man es mit etwas gelbem oder weißem Wachs, bohnet es mit einer Bürste recht wohl, (s. Bohnen) und reibt es nachher mit einem reinen Tuchlappen wohl ab, so bekommt dieses Holz einen herrlichen Glanz.

Nuß des Weckers. (Großuhrmacher) Wenn das Gehwerk das Werk des Weckers (s. diesen) in einer Uhr auslösen soll, damit dieser wecken kann, so geschieht solches auf folgende Art: auf dem Rohr des Stundenrades vom Gehwerk steckt eine kleine Hülse, die Nuß genannt, die auf dem einen Ende einen Absatz erhält, weil sich ihr Umfang von dem entgegengesetzten Ende allmählich erhebet. Die Nuß wird von dem Stundenrade in 12 Stunden einmal umgedrehet. Die Auslösung (s. diese) bewegt sich frey auf ihrem Stift, und wenn der Wecker nicht weckt, so ruhet auf dessen Arm ein Stift, welcher auf der Stirne des Steigerades (s. dieses) befestiget ist. Glitscht also, der Wiederhaken der Auslösung fällt von dem Absatze der Nuß hinab, so steigt der Arm des Weckers dergestalt in die Höhe, daß er den Stift des Steigerades verläßt. Wenn nun der Wecker aufgezogen ist, so kann das Gewicht die Rolle und zugleich das Steigerad frey bewegen, und der Wecker weckt so lange, bis das Gewicht abgelaufen ist. Die Nuß setzt unterdessen ihre Bewegung in der Richtung von dem Absatz nach dem dünnern Ende zu fort, und da der Wiederhaken der Auslösung so zu sagen bergan steigen muß, so wird der Arm des Weckers nach Verlauf der Zeit, da geweckt worden, dergestalt hinab fallen, daß seine Spitze wieder unter dem obengedachten Stift der Auslösung zu liegen kommt. Folglich kann die Uhr nicht eher wieder wecken, bis der Wiederhaken von neuem hinab sinkt. Die Nuß hat gleichfalls ein Rohr, auf welchem vor dem Zifferblatte ein kleiner Zeiger über einem kleinern besondern Zifferblatte steckt, um das Wecken zu bestimmen.

Nuß eines Mutenschlosses, (Büchsenmacher) ein massives eisernes Stück, das auf jedem Ende einen Zapfen hat.

hat. Auf dem einen vierkantigen Zapfen sitzt der Hahn außerhalb dem Schloßblech, welches der Zapfen der Nuß durchbohret, unbeweglich. Die Bewegung der Nuß und des Hahns ist also unmittelbar mit einander verbunden. Die Nuß muß sich in dem Schlosse wie ein Rad an seiner Achse bewegen, und daher läuft ein runder Theil in der Dicke des Schloßbleches, der kleinere Zapfen aber in dem Lappen der Studel. Diese Studel hat einen Fuß, der an dem Schloßbleche angeschraubet ist, womit der Lappen einen rechten Winkel macht. Er bedeckt die Nuß völlig. Diese erhält an dem einen Ende die Vorderrast, welches ein Arm ist, auf der andern Seite aber die Mittel- und Hinterrast, welches zwey Einschnitte sind, die alle drey zusammen auch die Ruhen heißen. Auf der Vorderrast ruhet die Krappe (s. diese) der Schlagfeder, und in die Mittel- und Hinterrast greift im bedürfenden Fall die Stange (s. diese); auf dieser liegt die Stangenfeder, welche die Stange in den Ruhen vest hält. So bald man also durch den Abzug die Stange drückt, so verläßt dieselbe die Hinterrast, wodurch die Nuß in Bewegung gesetzt das Übrige mit dem Hahn verrichtet. (s. Flintenschloß.)

Nuß eines Schlosses. (Schlösser). Ein eiserner Cylinder mit einem vierkantigen Loche und einem Schwanze, welcher in den Wiederhaken des Riegels greift. Da in das vierkantige Loch die Angel des Drückers gesteckt wird, so fasset, wenn man diesen niederdrückt, der Schwanz der Nuß den Riegel, und schiebt ihn zurück, und die Thüre ist alsdenn offen. Der Schlosser verfertiget sie aus zwey Röhren von Blech, die in einander geschoben und zusammengelöthet werden. Die innere raget vor der äußern auf beyden Enden etwas hervor, und diese vorstehenden Theile bilden zwey Zapfen, worinn sich die Nuß in dem Schloßblech und dem Deckel bewegt. Die äußere Röhre biegt der Schlosser auf einem kleinen Sperrhorn oder Dorn dergestalt rund, daß ein Schwanz an einem Ende stehen bleibt, und rundet sie hernach völlig so wie die innere, in einem Schlüsselgesenk (s. dieses) auf einem Dorn. Der innern Röhre giebt er mit einem vierkantigen Dorn das obengedachte viereckigte Loch, worinn der Drücker zu stecken kommt.

Nußeisen. (Büchsenmacher) Ein Werkzeug, mit welchem die Zapfen der Nuß an einem Flintenschloß geschnitten werden. Es besteht aus einem starken stählernen Kasten, worein eine Stahlplatte genau passet, die Platte kann man dem Boden des Kastens durch zwey Schrauben nähern und entfernen. Auf der innern Fläche des Bodens sowohl, als auch der Platte, sind schräge Hiebe oder Schneiden, und über dieses hat man noch einige Löcher durch diese beyden Stücke gebohrt, aber so, daß ein Loch in der Platte genau über einem Loch im Boden liegt. In zwey solche Löcher, die zusammen gehören, werden die Zapfen der Nuß eingesetzt, wenn man sie mit diesem Instrumente schneiden will, und da der eine Zapfen der Nuß kleiner als der andere ist, so sind auch die Löcher in der Platte kleiner, als die in dem Boden. Um nun die Nuß mit ihren beyden Zapfen, die sich auf einer gemeinschaftlichen Achse in dem Schlosse gerade bewegen sollen, zu verfertigen, so wird der hinterste Zapfen, nachdem die ganze Nuß (s. diese) nach dem Schmieden aus dem Groben mit der Feile gebracht ist, mit der Feile gerundet, weil der Zapfen hier in dem Schloßblech läuft, und das vorderste Ende wird vierkantig gefeilet. Diesen Zapfen setzt er nun in ein Loch des Bodens des Nußeisens, worein er paßt, und nähert die Platte der Nuß mit den Schrauben des Nußeisens. Da nun über dem Loche, worinn der erste Zapfen steckt, in der Platte des Nußeisens gleichfalls ein Loch ist, so wird dieses auf den obersten Zapfen der Nuß treffen, und wenn dieser Zapfen durch das letzte Loch beschnitten ist, so kann der Büchsenmacher versichert seyn, daß beyde Zapfen der Nuß genau in einer Achse stehen. Der größte Zapfen der Nuß ragt unter dem Nußeisen etwas hervor, und dieser vorstehende Theil wird in den Schraubstock gespannt. Drehet man also das Nußeisen an dem Griff im Kreise um, und nähert beständig die Platte mit den Schrauben der Nuß, so wird der oberste Zapfen von dem Loche der Platte beschnitten. Zugleich werden auch die beyden größern Flächen der eigentlichen Nuß von den Feilenhieben auf der innern Fläche der Platte und des Bodens des Nußeisens geebnet, daß sie bey der Zusammensetzung an das Schloßblech und der Studel genau anschließen. Alsdenn erhält die Nuß mit der Feile die Vorder- Hinter- und Mittelrast. (s. alle diese)

Nußeisen, (Büchsenmacher) ein Werkzeug, womit die Nuß an einem Gewehrschloß geschnitten wird, und ihr damit die Schraubengänge mitgetheilet werden.

Nußform, (Orgelbauer) die Form, worinn die Kugeln, oder die Nuß des Schnarrwerks in einer Orgel gegossen werden. Sie ist von gegossenem Meßing aus zwo Hälften, an deren Enden das Gelenke ist. Wenn sie geschlossen ist, so sieht man an ihr oben die runden Gießlöcher, und die kleinen Löcherchen zu den Schrauben der Nuß gehen unter die Form herab, und dienen die eisernen Spieße, so nicht vollkommen cylindrisch sind, zu stellen. Die andern kleinen Löcherchen zwischen den größern dienen, die kleinen eisernen Spieße, die besser von Stahl sind, so wenig als möglich kegelicht gemacht werden, und unten durch die Form wie die großen Spieße gehen, zu stellen. In der Form, oder deren beyden Hälften, befinden sich fünf runde Spindelhöhlungen, so im Gusse fünf Nüsse geben, nebst den Ausschweifungen, damit die großen und kleinen Spieße darinn stecken können. Die zwey größten Nüsse heißen viereckigte, ob sie gleich meist rund sind, und die drey kleinern heißen runde Nüsse. Sieben Arten dieser Nüsse sind für alle Orgeln hinlänglich. Von den fünf Nüssen geht durch die Mitte einer jeden ein dickerer Spieß, und durch ihre kürzere Seite ein dünnerer; dadurch entsteht in der Nuß ein größeres Mittelloch, um das Mundstück, und ein kleines, um die Krücke durchzulassen. Am Stiel der Form hält ein Zapfen beyde Formhälften zusammen. Da die Gießer die Spieße nicht recht einlegen, auch diese Form nicht treffen, so muß man denselben erst ein

Modell zur Forme machen. Man drehet zu diesem Behuf erst hölzerne Nüsse von hartem Holz ab, entweder rundlich oder cylindrisch; man steckt das große Mittelstück und kleine Seitenstücke durch, daß sie fest stecken, und nun macht man eine halbe Form von Gips, in die man, wenn der Gips noch weich ist, mitten ein und mit Fleiß die fünf durchspießten Nüsse drückt, nachdem sie erst mit Oel bestrichen worden. Ist der Gips veste, so ziehet man die fünf Nüsse sachte heraus, und richtet die ganze Oberfläche der Form. Man setzt die Nüsse wieder ein, so daß sie genau die Mitte einnehmen, wo nicht, so wird der Gips für die etwas mehr ausgekratzt, die nicht tief genug bis zur Mitte liegen. Die ausgebrochene Gipsecken werden mit neuem Gipse ausgebessert. Ist die eine halbe Form fertig, und sind die Nüsse recht gelagert, so bestreicht man diese ganze Formfläche und Nüsse mit Oel, und belegt die andre Hälfte mit Gips; ist dieser hart geworden, so trennt man beyde Formhälften mit Vorsicht, man nimmt die Nüsse heraus, und reparirt alles. Dieses Modell muß dicker seyn, und kein Schlußgelenk haben. Ist dieses Modell von Gips recht trocken, so formet man jede Hälfte besonders in Sand ab, um sie in Bley abzugießen; man machet die Stücke des Gelenks von Bley, und löthet sie an den Formenden an. Eben so löthet man auch die Schwänze an ihre Stellen; man macht das Zapfenloch, und steckt den eisernen Zapfen ein. Alle innere Kanten müssen recht scharf bleiben. Um von der innern Güte der Form gewiß zu seyn, steckt man die Spieße ein, und gießt geschmelzten Zinn ein, um Nüsse von Zinn zu machen, welches weder das Bley flüßig macht, noch sich daran hängt, wofern man nur vorher erst das Innere der Form mit Kienholz beräuchert hat, auch das Zinn nicht zu heiß ist. Sind die Nüsse recht rundlicht, und gehen sie gut aus der Form, so ist alles richtig. Diese also richtig befundene bleyerne Form übergiebt man, nachdem man den Nagel aus dem Gelenk gezogen, dem Gießer, der sie in reines und weiches Meßing abgießt. Diese Meßingsform wird befeilt, gerichtet, geputzt, und muß inwendig alle Kanten scharf behalten; man gießt einige Nüsse darinn ab, bis solche leicht aus der Form gehen. Die Form muß ziemlich dick an Metall seyn, damit sie sich nicht krümme.

Nußgrau auf Seide. (Seidenfärber) Man thut in heißes Wasser Brühe von Gelbholz, von Orseille und indianischem Holze, und zieht hierinn die Seide, welche nicht alaunirt ist. In die vorige Brühe gießt er noch aufgelösten Alaun, und zieht oder färbt die Seide von neuem. Auf diese Art entsteht auch das **Mohrengrau, Eisengrau** u. a. m.

Nußholzstein, (Bergwerk) ein Alabaster, der die Farben des faserigen Nußbaumholzes hat, und zu Steigerthal bey Osterroda bricht, wo man Tische daraus machet.

Nußknacker. Eine hölzerne ausgehöhlte Büchse, wodurch eine dergleichen Schraube horizontal geht. Man legt die Nuß zwischen die Seite der Büchse und das Ende der Schraube, und drehet die Schraube an, so zerspringt die Nuß.

Nußöl, ein Oel, so in Frankreich und in Oberdeutschland aus den Welschennüssen gepreßt wird. (s. Oelschlagen) Die Maler und Buchdrucker brauchen es sehr stark, weil es besser als das Leinöl ist.

Nußölfirniß, ein Firniß, worein an statt des Leinöls Nußöl gethan worden. (s. unter den mancherley Firnissen.)

Nußring, (Büchsenmacher) ein massiver eiserner Ring, mit welchem in Gemeinschaft der **Nonne,** (s. diese) die Studel und der Hahn auf die Zapfen der Nuß in einem Schraubstock gepreßt werden.

Nußschalen, die grüne Schalen von den Welschennüssen. Die Färber brauchen sie zu der falben und braunen Farbe. (s. beyde Farben;)

Nußsattel, (Sattler) ein Sattel, der oben hoch, und wie eine Nußschale erhaben ist. Die Tartern führen dergleichen, damit sie im Sattel gewissermaßen stehen, und sich hinterwärts wie vorwärts gegen den Feind wehren können. Es taugt aber ein solcher Sattel nicht viel, weil darauf ein Reuter locker oder unbequem sitzt und keinen vesten Schluß haben kann. Daher er denn im Springen gar leicht über des Pferdes Kopf kann herunter geworfen werden.

Nuth, Spur. Fr. Renur. (Tischler) Ist auf der Kante einer Diele, Bohle, oder Spundpfahls eine Rinne, in welche der Spund oder die Feder einer benachbarten Diele oder Spundpfohle passet.

Nuthe. (Tischler) Eine schmale Rinne in einem Stück Holz, welche mit einem Nuthhobel eingestoßen wird, und wovon die Vertiefung von beyden Seiten noch eingeschlossen ist, um darinn etwas schieben oder stoßen zu können. Z. B. an den Fensterrahmen, worin der Glaser die Glasscheiben einschiebt.

Nuthenreisser, (Glaser) ein Werkzeug, womit die Nuthen oder Fugen eines Fensterrahms eröffnet oder erweitert werden, damit die Glasscheibe gehörig hinein passe. Es ist eine eiserne Stange etwas nach einem Zirkel gebogen, an beyden Enden mit hölzernen Handgriffen versehen, und in der Mitte ist in die Stange eine kleine zweyschneidige Klinge oder ein Dorn eingeschraubet, wenn die Nuthen oder Ruthen von den Fensterrahmen vertieft werden sollen, so wird der Dorn in die Nuthe gesetzt, und der Glaser fährt mit dem Eisen längst der Nuthe hinab, und vertieft solchergestalt die Nuthe soviel als es nöthig ist.

Nuthhobel. (Tischler) Zwey Hobel werden gebraucht, wenn zwey Bretter auf der hohen Kante mit Nuth und Federn zusammengefügt werden sollen. Der Hobel zu der Feder heißt auch in manchen Werkstätten Spundhobel. Sein Eisen ist in der geradlinichten Schneide in zwey Hälften gespalten, und beyde Hälften stehen um die Dicke einer Feder von einander, so, daß also das Holz zur Feder zwischen beyden Hälften des Eisens stehen bleibt, die Eisen aber auf beyden Seiten der Feder eine Falze ausschneiden. An einer Seite hat der Hobel eine Backe, d. i. einen dün-

nern

nern Theil, der mit dem Hobel selbst gleich lang und hoch ist, welches neben der Bahn einen Ansatz bildet. Dieser Ansatz, oder diese Backe, hängt mit dem Hobel selbst zusammen, und man kann den Ansatz also nach der jedesmaligen Dicke des Bretts richten. Eben solche Backe hat auch der Hobel zur Nuthe oder Rinne, und zwar aus eben dieser Ursache. Auf der Bahn dieses Hobels steht eine Feder, und zwar gerade von der Größe, als der vorige Hobel ausstößt. In der Mitte dieser Feder nach ihrer Länge gerechnet ist ein Hobeleisen, das nur so breit als die Feder dick ist, und dieses Hobeleisen stößt die Nuthe auf der hohen Kante eines Bretts, worein die Feder des andern Bretts passen soll, aus.

Nutzungsanschlag, (Landwirthschaft) der Anschlag oder Schätzung eines Landguths nach seinem Ertrag.

Nympfen, Fr. Couvain, (Bienenzucht) die junge Brut der Bienen, die sich noch nicht in Fliegen verwandelt haben.

O.

O, der vierzehnte Buchstabe, oder auch der funfzehnte, wenn das lange i gerechnet wird. Er bedeutet bey den Aerzten Alaun; °○° heißt Oel, und wenn es auf einem Franzthaler steht, so bedeutet solches, daß er zu Riom geschlagen.

Obarw, (Schiffsbau) ein kleines Fahrzeug auf der Weise, zum Uebersetzen gebräuchlich. Es gehören zwey Mann dazu, es zu führen.

Obeliskus, Prachtkegel, (Baukunst) die Benennung eines marmornen oder ein wenig zugespitzten Balkens, dergleichen man vor diesen zum ewigen Denkmal aufzurichten pflegte, die auch als ein Ziel in den Rennbahnen der Alten errichtet wurden. Man findet solche noch heut zu Tage von ungeheurer Größe in Alexandrien und Konstantinopel, wie auch unweit Puzzolo, und vornehmlich zu Rom. Es haben aber die Obelisken an und für sich nichts schönes, und beruhet alle ihre Pracht in der ungeheuren Größe eines einzigen Steines, der annoch auf einem hohen Stuhl nach Art eines Säulenstuhls gestellet wird. Zwischen beyden aber kamen an den vier Ecken des Obelisks verwickelte Kugeln; oder es setzten die Alten unter die vier Ecken aus Erz gegossene Bilder. Unter dem in Rom bey der St. Peterskirche befindlichen liegen vier metallene Löwen mit doppelten Hinterleibern.

Oberarche, (Jäger) die obere Rechen oder Leinen an dem Jagdzeuge, zum Unterschiede von den Unterarchen.

Oberarme, (Orgelbauer) die Arme an den Registraturwellen der Registerzüge einer Orgel.

Oberbalken, (Baukunst) der oberste Balken in einem Gebäude, im Gegensatz des Unterbalkens.

Oberbau, (Baukunst) der Bau über der Erde, im Gegensatz des Grundbaues oder Unterbaues, wodurch der Grund zu einem Gebäude gelegt wird.

Oberbaum, (Forstwesen) ein vollkommen ausgewachsener oder überständiger Baum, welcher 50, 60, bis 100 Jahre alt geworden, nachdem das Holz von einer schnell- oder nicht schnellwachsenden Art ist. Er wird auch sonst ein Hauptbaum genannt, man läßt bey einem jeden Gehau (s. dieses) auf einem gemeinen Acker acht bis zehn derselben an großen Eichen oder andern guten Arten von Hauptbäumen stehen, welche, wenn der Hieb wieder an dieses Gehaue gelangt, abgetrieben, deren Stellen aber von den angehenden Bäumen ersetzt werden. (s. auch Oberholz)

Oberbaum, (Leinweber) der Baum im Hintertheil des Weberstuhls, worauf die Kette gewickelt wird, die bey andern Webern auch der Garnbaum genennet wird. Er ruhet auf den beyden Vorderstangen des Stuhls in zwey halbrunden Ausschnitten, daß er darinn umgedrehet werden kann. Er ist ohngefähr 4 Zoll dick, und hat auf dem einen Ende, welches aus seinem Ausschnitt hervorraget, eine hölzerne Scheibe, auf deren Umkreis hölzerne Zähne angebracht sind, und durch welche vermittelst einer Klinke (s. diese) der Baum, wenn er mit der [illegible] umgedrehet wird, wieder vest gehalten wird, ind[illegible] Zahn an der Klinke stützt.

Oberbergamt, (Bergwerk) das oberste [illegible] Bergwerkssachen, dem alle Bergoffizianten unte[illegible] sind, und vor welchem alle Sachen, die die Bergämter nicht abmachen können, gerichtet werden. In Sachsen hat allemal der Oberberghauptmann darinn den Vorsitz.

Oberbergamtsverwalter, (Bergwerk) ein Bergoffiziant, welcher beym Oberbergamte die abgefaßten Resolutionen ausfertiget.

Oberberghauptmann, der vornehmste Bergbeamte in den kuhrsächsischen Landen. In den brandenburgischen Staaten hat dieses Amt allemal ein wirklicher Staatsminister, unter dem sämmtlichen Bergwerke des Landes stehen.

Oberbette, s. Deckbette.

Oberbeute, (Bienenzucht) die oberste Hälfte einer Beute, oder eines hölzernen Bienenstocks, zum Unterschied der Unterbeute oder dem Untertheil desselben.

Oberbeystoß, (Tischler) ein Beystoß (s. diesen) oder ein schmales Brett, so an einer Thüre eines Schranks mit den Seitenbeystößen vermittelst eines Zapfens an jedem Ende verbunden wird, und die Thüre einfaßt.

Oberblatt, (Glaser) der obere Riegel an der Ziehmaschiene, wodurch die beyden Backen derselben nebst dem Unterblatt zusammengehalten werden. (s. Ziehmaschiene)

Oberblatt des Geschirrs, (Riemer) dasjenige breite Stück Leder eines Pferdegeschirres über dem Kreutz, worauf

der

der Kammdeckel und des Kniekissen liegen, in welche die Brust- oder Lasselkruppen angestochen und an den Bauchgurt angeschnallt werden.

Oberblattschössel, (Riemer) der Riemen mit einer Schnalle, der durch den Ring des Brustblattes an jeder Seite gezogen, und womit das Oberblatt angeschnallet wird.

Oberblattstruppen, (Riemer) zwey Riemen, in welche das Oberblatt eines Hinterpferdegeschirres eingeschnallet wird.

Oberblech, (Hufschmid) das obere Blech von Eisen, womit die Achsen der Wagen beleget werden.

Oberbley, (Strumpfwürker) die an der Platinenbaare (s. diese) bevestigten Bleystückchen, worein wieder die stehenden Platinen bevestiget werden. Sie müssen für jede Art Stühle nach ihren Nummern besonders gegossen werden. Denn jedes Oberbley muß genau so dick seyn, daß zwey stehende Platinen, die in demselben bevestiget werden, nicht nur zwischen zwey fallenden Platinen zu stehen kommen, sondern daß jede Platine auch zwischen zwey zubehörigen Nadeln der Nadelbaare (s. diese) beym Würken eindringe. Bey den Stühlen zu seidenen Strümpfen hat jedes Oberbley zwey Platinen, wo jedes Unterbley drey Nadeln hat; bey Stühlen zu wollenen Strümpfen hat das Oberbley nur eine Platine, weil jedes Unterbley nur zwey Nadeln hat. Jene erhalten beym Guß an einer der schmalen Seiten zwey Einschnitte oder Kerbe, diese aber nur einen. Die Platine wird darinn mit einem messingenen Niet bevestiget. Alsdenn setzt man die sämtlichen Oberbleye in den bevestigten Theil der Platinenbaare ein, legt den niedern und beweglichen Theil auf die sämtlichen Oberbleye, und schraubet den letztern Theil auf den ersten mit einigen Schrauben an. Damit aber der vorderste Theil der Platinenbaare die Oberbleye nicht beschädige, so ist er mit Tuch gefuttert.

Oberblinde, (Schiffahrt) das Segel an der Blinde oder Bogstenge über der sogenannten großen oder Unterblinde.

Oberbootsmann, (Schiffahrt) ein Gehülfe des Schiffers, der die Aufsicht über alles Tauwerk und die Segel führet, und den Matrosen ihre Arbeit anweiset.

Oberbornmeister, (Salzwerk) in Halle diejenigen, welche alle Streitigkeiten, die die Unterbornmeister nicht schlichten können, entscheiden, und den Unterbornmeistern mit Rath und That an die Hand gehen. Es sind ihrer jährlich drey, die von dem Rath zu Halle erwählet, und von dem Könige bestätiget werden. Einer ist ein wirklicher Pfänner, einer aus den Innungen, und einer aus den Gemeinen.

Obereinfahrer, (Bergwerk) der oberste Einfahrer unter den Bergleuten.

Obereingelese, Obersprung. (Tuchmacher, Zeugweber) die eingelesenen obern Fäden einer Zeug- oder Tuchkette, die auf dem Stuhle, wenn sie aufgebäumet werden, das Oberfach machen. Sie haben daher diesen Namen, weil, wenn sie der Kettenscheerer über die Finger an dem Scheerrahmen einlieset, solche auf den Pflöcken des Rahmens oberwärts zu liegen kommen.

Obere Maasen, (Markscheidekunst) wenn bey dem Vermessen der Fundgruben gleiche Maasen verliehen werden, und auf der Seite der Fundgrube da liegen, wo das Gebirge ansteigt. Im Gegensatze der Untermaasse, welche diesen gegenüber und nach dem abfallenden Gebirge liegen.

Obere Polaruhr, s. Polaruhr.

Obere Rollen, (Wasserkunstbau) die obersten Rollen in einem Flaschenzuge.

Oberes Seil, (Bergwerk) das Seil auf dem Oberkorbe des Göpels (s. beydes) welches um diesen Theil des Korbes gewickelt wird. Es muß 11 Lachter länger als der Schacht seyn, und geht von dem Oberkorbe ab, wenn das untere Seil auf den Unterkorb sich aufwickelt, und so umgekehrt, und über Rollen, Scheiben und Walzen nach dem Treibschachte geführet wird. (s. Korb, (Bergwerk)

Obere Stollen, Tagestollen, (Bergwerk) Stollen, die nur durch die obere Erde oder Steinlagen hindurch gehen.

Oberfach, (Weber) die Hälfte, oder diejenigen Fäden in einer Kette auf dem Weberstuhl, die bey dem Weben hinauf gehen.

Oberfaß, (Hüttenwerk) das bey jedem Planherde gestellte Schrägfaß, worinn die zwey Oberplanen des Planherdes, und also der beste Erzschlich oder Erz gewaschen wird.

Oberfässe, Oberkässer, (Salzwerk) die obern oder höher gelegenen Fässer, worinn die Sole aufbehalten wird.

Oberfäule, (Bergwerk) im Hohensteinischen eine Fäule, d. i. aus Kalk, Sand und Thon zusammengesetzte Steinart, welche sich über der zarten Fäule, und unmittelbar unter dem sogenannten Zechsteine befindet.

Obergerinne, (Mühlenbau) das Gerinne, welches das Wasser auf die Mühlenräder leitet. (s. Arche und Gerinne)

Obergeschoß, (Baukunst) die oberste Etage eines Hauses, im Gegensatz des Untergeschosses und Halbgeschosses.

Obergeschuhe, s. Oberleder.

Obergurt, (Sattler) ein breiter Gurt, der über den Sattel gegurtet, und dadurch derselbe noch mehr an das Pferd bevestiget wird.

Oberhaken machen, im Oberhaken arbeiten, (Salzwerk) was die Halloren nach dem ersten Siedetag bey einzelnen Stunden Vor- und Nachmittags verrichten.

Oberheerd, (Hüttenwerk) der obere Heerd an einem Hohofen.

Oberhefen, (Brauer) Hefen, die sich oben in ein Bierfaß bey dem Aufstoßen oder Gähren des Bieres setzen.

Oberhemde, (Näherin) ein feineres Hemde, welches man gewöhnlich über das Unterhemde oder Nachthemde anziehet.

Oberholz, Stammholz, (Forstwesen) dasjenige Laubholz, welches hoch und zu großen Hauptstämmen erwachsen und gezogen worden.

Oberhüttenamt, (Hüttenwerk) in Meißen ein Gericht, welches über das Schmelzwesen und alle Hüttenbediente gesetzt ist, um auf Ordnung und Haushaltung zu sehen, und für alles zu sorgen, wobey der Oberhüttenverwalter den Vorsitz hat.

Oberhüttenmeister, (Hüttenwerk) der Aufseher über sämmtliche Hüttenmeister und Schmelzhütten, der zusieht, daß die Oefen gehörig vorgerichtet, und die Erze beschickt werden.

Oberhüttenreiter, (Hüttenwerk) ein Hüttenbeamter, welcher die Ausrechnung der Erzbezahlung nach der gemachten Taxe verrichtet, auch die Ausgabe und Einnahme der Gelder bey der Generalschmelzadministration führet. Man nennt ihn ganz falsch Oberhüttenreiter, denn sein Name kommt nicht von Reiten, sondern von dem slavonischen Wort raiten, welches rechnen heißt. Fr. Teneur de Compte de la fonderie.

Oberhüttenverwalter, Fr. Directeur des fonderies, (Hüttenwerk) ein Hüttenbeamter, welcher über die übrigen Hüttenbeamte, Bediente und Arbeiter, auch zur Aufsicht über das ganze Erzkauf- und Schmelzwesen gesetzt ist, und solches regieret.

Oberhüttenvorsteher, der Hüttenbeamte, welcher die Aufsicht über das Schmelzwesen insonderheit führet, nebst den Hüttenmeistern die Beschickung wirthschaftlich einrichtet, auch die Naturalrechnung über die zu den Hütten gebrachten Erze führet.

Oberjäger. Einer von den obern Jagdbedienten, welcher das sämtliche Jagdzeug, Jäger, zum Zeug verordnete Bediente, Jagdläufer u. unter sich hat, und das Jagen selbst formieren und befehlen muß. Beym Treiben führet er das Korps von der Jägerey, und der Hofjäger kommandiret auf den Flügeln, welche daher die Flügelmeister genennet werden.

Oberkalfaterer, (Schiffsbau) ein Unterbefehlshaber, welcher die Kalfaterer unter sich hat.

Oberkanonirer, (Schiffahrt) ein Oberbefehlshaber auf einem Schiff, der die ganze Artillerie des Schiffes kommandiret.

Oberkappen, (Tuchmacher) die obersten Riegel des Tuchmacherstuhls, welche die Seitenpfosten des Gestelles oben mit einander vereinigen, und in welche die Säulen des Stuhls eingezapft sind. Sie sind an einem zweymännigen Stuhl 5 bis 6 Fuß lang, an einem Einmännigen aber etwas kürzer.

Oberklauen, s. Oberrinken.

Oberkleid, (Schneider) Ein Kleidungsstück, welches man über andere Kleider trägt, wie der Rock, zum Unterschied der Unterkleider, worunter man Weste und Beinkleider versteht.

Oberkneter, (Bäcker) an einigen Orten, z. B. in Leipzig, der zweyte Bäckerknecht, der auf den Werkmeister folgt.

Oberkorb, (Maschinenbau) an einem Göpel (s. diesen) bey dem Bergbau die obere Hälfte des Korbes (s. Korb) oder Trillings, worüber das Seil geschlagen wird.

Oberlauf, Ueberlauf, (Schiffsbau) das oberste Verdeck auf den Schiffen.

Oberlech, Fr. Matte superieure, (Hüttenwerk) wird an einigen Orten der Spurstein (s. diesen) genannt.

Oberleder, (Schuhmacher) dasjenige Leder, welches derselbe zu den Schuhen und Stiefeln oberwärts gebrauchet. Man gebrauchet dazu Kalbleder, Fahlleder, geschwärztes Leder, Korduan blanken und rauhen u. s. m. unter dem Kalbleder hat das englische den Vorzug, weil es einen guten Zug hat, und die Stiefelschäfte von diesem Leder sehr gut an den Fuß anschließen, welchen Vorzug es durch die gute Walke erhält. Auf das englische Kalbleder folgt das mastrichter, welches auch sehr gut ist. Aus allen diesen Ledern schneidet der Schuhmacher die Blätter zu den Schuhen, und die Schäfte zu den Stiefeln nach dem genommenen Maaß zu. (s. Maaß nehmen zu Schuhen und Stiefeln)

Oberlefze, Oberlabium, (Orgelbauer) so heißt die niedergedrückte Tiefe über der Mundspalte einer Orgelpfeife.

Oberlehre, (Müller) so wird der verbesserte Fehler genannt, wenn der Läufer in einer Mahlmühle auf der Haue (s. diese) unschicklich oder ungleich geschwebet, und nunmehr recht horizontal gerichtet worden. Um den Fehler zu erfahren, hält der Müller eine Kole gegen den obern Rand des Läufers, und läßt ihn umlaufen, der Kolenstrich deutet ihm an, ob sich der Läufer an einem Orte erhebe, oder hinab neige. An dem letztern Ort steckt er einen Span zwischen den Läufer und die Haue.

Oberleine, (Jäger) diejenige Leine an den Tüchern und Garnen, so auf die Furkeln oder Stellstangen zu liegen kömmt. Im Gegensatz derjenigen, so auf der Erde liegen bleibt, und die Unterleine heißt.

Oberlenze, s. Oberlitze.

Oberlitze, Oberlenze, (Seidenmanufaktur) derjenige doppelte Faden des Harnisches an einem Zugstuhl, der von der Arcade (s. diese) bis zur Kette reicht, und woran an dem untern Ende das Maillon in dem obern Ringe befestigt ist, zum Gegensatz der Unterlitze, welche an dem untern Ringe des Maillons befestiget ist, und bis an die Bleygewichte unter der Kette hänget.

Obermeister. 1) heißt auf den Schiffen der oberste Wundarzt; 2) bey den Handwerkern der sogenannte Aelteste unter den Meistern, der auf einige Zeit die Aufsicht bey der Innung hat.

Oberplättlein, Fr. le sourcil l'orle, (Baukunst) das oberste platte Glied an einem Obertheile einer Ordnung, als an dem Karniß des Hauptgesimses, an dem Kapitäl der Säule, und an dem Postementgesimse. Man nennet dieses Glied nach Goldmann auch wohl den Ueberschlag.

Oberreihe der Doppelschichte, (Dachdecker) die oberste Reihe Dachziegel, welche auf die unterste geleget

wird,

wird, vorwärts mit dieſer gleich ſeyn, ihre Fugen decken, und etwas mehr Fall haben muß.

Oberrinken, Abern, Afftern, Oberklauen, (Jägerey) die kleinen Klauen an dem Roth- Rehe und Sauwildpret. In weichem Boden, und wo es Gerain giebt, geben die Oberrinken dem Jäger ein gutes Zeichen ab, den Hirſch von dem Thier zu unterſcheiden. Denn der Hirſch aſtert jederzeit aus, das Thier aber einwärts. (ſ. auch aftern)

Oberſaum, Fr. Colier, (Baukunſt) das oberſte glatte Glied an einer Säule, wo die glatte Säule anfängt, zum Unterſchiede des Unterſaums, als dem untern Gliede, da wo die glatte Säule aufhöret.

Oberſchale, (Fleiſcher) das obere Stück Fleiſch, ſo von der Keule eines Rindes gehauen wird.

Oberſchar, (Bergwerk) der übrige ungemuthete Raum außer den drey Wehr- und Fundgruben; der rückſtändige Raum, welcher noch gemuthet werden kann.

Oberſchiedsguardein, Oberſchiedswardein, Fr. le premier eſſaieur des fonderies. (Hüttenwerk) Ein Oberhüttenbeamter in Freyberg, welcher die Aufſicht über das Probiren der Gewerkenprobirer und Hüttenſchreiber hat, und welcher, bey ſich ereignendem Streit, daß man nicht mit der gemachten Probe zufrieden iſt, die Schiedsprobe macht, wobey es ſein Bewenden haben muß.

Oberſchlächtige Mühle. (Müller) Eine Mühle, deren Räder durch einen Waſſerfall getrieben werden, wenn der Fluß darzu nicht ſtark genug wäre. Das Gefälle kann von 6 bis 18 und mehrern Schuhen ſeyn. Daher auch die Räder von 8 bis 18 Schuhe hoch gemacht werden können. Zuerſt muß man das Gefälle durchs Abwägen (ſ. Waſſer wägen) ſuchen, ob man genugſames Waſſer ohne Schaden und Ueberſchwemmung der benachbarten Gegenden ſtauen könne, welches entweder durch Wehre oder Seitendämme geſchiehet. Wenn man eine oberſchlächtige Mühle durch geſammletes Quell- auch wohl Regenwaſſer in Gang zu bringen ſucht, ſo muß man zuvor die Waſſerkonſumtion berechnen, um zu finden, wie groß der Deich, oder Waſſerbehältniß, anzulegen. Das Waſſerbett kann auf verſchiedene Art eingerichtet werden. Man legt ein Balkenwerk auf Rahmſtücke ſo, daß das Rad frey dazwiſchen laufen kann; über der Mitte des Rades beynahe iſt das Schlundloch angebracht, durch welches das Waſſer auf das Rad ſtürzet; hinter der Radſtube iſt die Verwahrungsmauer mit Abſätzen aufgeführet, welche bis an die Schwellen reichet. Dieſe Mauer muß den Durchbruch des Waſſers verhindern, deswegen iſt nöthig, daß man ſie von Grund aus bis oben an mit guten, wohl geſtampften Waſſerletten anſtoße. Weil aber geſchehen kann, daß das Waſſer bey der erſten Schwelle durchdringen könnte, ſo iſt ferner nöthig, daß man dahinter mit Pfählen und Bohlen noch eine Bruſt mache, und hinter derſelben noch einige Lagerhölzer lege, auf welche die Seitenwände und der Boden des Kanals kommen. Auf der Schwelle am hintern Ende iſt die Docke oder Griesſäule aufgeſtellt, in welche zu beyden Seiten die Wandhölzer mit ihren Zapfen in die eingehauene Spur eingelaſſen werden. Das Gerüſte beſteht aus den hintern und vordern Lagerhölzern, welche auf Pfählen gezapft werden, wenn der Boden von ſchlechter Beſchaffenheit iſt. Iſt er aber veſte, ſo bleiben die Pfähle weg, und die Lagerhölzer werden nach der Schwere eingelegt. Auf das oberſte Rahmſtück kommen die Querbalken zu liegen, auf welche das Waſſerbett kommt. In demſelben muß der Schlund ſo angebracht und eingeſchnitten ſeyn, daß das Waſſer zwiſchen der zweyten und dritten Schaufel des Rades vor der Oeffnung einſtürze. Dieſes iſt aber von einem Rade zu verſtehen, wenn ſelbiges 12 Fuß hoch iſt. Iſt es niedriger, ſo muß der Schlund näher vorwärts gerücket werden, iſt es aber höher als 12 Fuß, ſo muß ſelbiger weiter zurück kommen. Ueber dieſes kann der Boden des Schlundes mit einem Schutzbrett verſchloſſen werden, wenn man nicht das ganze Waſſerbett mit dem Schutzbrett verſchließen will, welches geſchieht, wenn man in einem Deiche unbrauchbare Waſſer ſammeln muß. Kömt aber das Waſſer von einem Fluß her, ſo iſt ſolches nur zum Stauen da. Das Waſſerrad muß bey dieſen Mühlen allezeit um 6, 8 bis 10 Zoll breiter als die Schlundlöcher ſeyn, damit alles Waſſer in die Schaufeln einfalle, und nicht vorbey laufe. Man thut auch überdem wohl, wenn man an der Mauer des Mühlhauſes Kragſteine heraus mauern, und auf der andern Seite eine Mauer aufführen läßt, auf welche das Gebälke gelegt, und worauf das Waſſerbett errichtet wird.

Oberſchlächtiges Waſſerrad. (Mühlenbau) Ein Waſſerrad in einer Mahlmühle, welches ſeinen Trieb von dem auf ſeine Schaufeln von oben fallenden Waſſer erhält, und durch den Druck des Waſſers, welches in den Schaufeln ruhet, in Bewegung gebracht wird. Der größte Vortheil dieſer Räder iſt, daß man ſie ſchnell oder langſam laufen laſſen kann, nachdem mehr oder weniger Waſſer mittelſt des Schutzbrettes angelaſſen wird. Es können auch dieſe Räder, vermöge des Schlundes, links und rechts in Bewegung gebracht werden, je nachdem man das Waſſer von der einen oder der andern Seite einfallen läßt. Sie leiſten vor allen übrigen allezeit eine gleichförmige Bewegung; daher es auch komt, daß die oberſchlächtigen Mühlen viel ſchöneres Mehl liefern, als die andern. Wenn dieſe Räder rechts und links laufen, werden ſie **Kehrräder** (ſ. dieſe) genannt.

Oberſchüſſe, (Tuchmacher) ein Fehler bey Tüchern, wenn der Weber bey dem Weben nicht derb genug getreten, und wenn die Kette ſchlecht aufgezogen, und nicht überall gleich offen iſt; denn alsdenn geht der Einſchlag über Kettenfäden, weil ſie nicht geſpannt ſind, weg, daß alſo Ungleichheiten entſtehen. Auch entſtehen ſolche von der Ungleichheit der Bindfäden in den Schäften des Geſchirres.

Oberſchweif, (Weber) die oberſte Latte der Lade an einem Webeſtuhl, welche das Riedblatt in der Lade befeſtiget. Sie läßt ſich auf den ſenkrechten Latten der Lade auf- und abſchieben, um das Blatt in die Lade zu ſetzen, und ſolches alsdenn mit derſelben zu befeſtigen.

Ober-

Oberschwelle, s. Sturz und Schwelle.

Obersegel, (Schifffahrt) das oberste kleine Segel an den Masten, welches nach Verschiedenheit der letztern auch verschiedene Benennungen erhält.

Ober sich kraispeln, (Gerber) wenn das lohgare Kalbleder, nachdem es zubereitet wird, auf der Narbenseite gekrispelt (s. Krispeln) wird, wodurch die Narben des Leders sich besser erheben.

Obersprung. (Gazemanufaktur) So nennt man ins fleißiger den Oberfaden der Gazekette, wenn bey dem Weben durch das Treten der Fußtritte Fach gemacht worden, wodurch alsdenn die Halbkette in die Höhe springt.

Obersteiger, (Bergwerk) ein Gewerkenbeamter auf einem Berggebäude, welches so weitläuftig ist, daß ein Steiger solches zu versorgen nicht hinreichend ist, der die Aufsicht über die ihm zugeordneten Untersteiger hat, auch die ganze Grube und Haushaltung derselben dirigirt.

Oberstempel. (Nadler) Ein viereckiges langes Eisen, so ein Theil der Wippe ist, mit welcher die Knöpfe auf die Nadeln gesetzt oder geschlagen werden. Es befindet sich in diesem Eisen eine halbrunde Höhle ohne Krümmung ausgeschnitten, welche den halben Knopf der Nadel bildet und rundet. Dieser Oberstempel hebt sich bey dem Gebrauche der Wippe in die Höhe, und fällt darauf mit Gewalt wieder nieder, indem er mit einem ziemlich schweren Stück Bley, welches die bleyerne Kugel genannt wird, beschweret ist. Er zwingt den Kopf, eine runde Gestalt anzunehmen, und daher die Drahtgewinde des Knopfs enger zusammenzurücken. Die Maschiene ist bloß in der Absicht gemacht, diesen Oberstempel in Bewegung zu setzen, und es muß selbige mit der genauesten Richtigkeit verfertiget seyn. Bey jedem Schlage muß die Höhle des Oberstempels auf die Höhle des Unterstempels fallen. (s. Wippe)

Oberstreifen, (Baukunst) die oberste Abtheilung, die nach der Länge des Architravs gemacht wird. (s. auch Streifen)

Oberstück, Anfangsbohrer, Anfangsstange, (Bergwerk) das erste Stück oder oberste Gestänge des Bergbohrers, es ist eine eiserne runde Stange, die 4 Fuß lang, ½ Zoll dick, und mit einem Oehr versehen ist, wodurch man das Heft steckt. (s. Bergbohrer) Dieser Anfangsstücken gebraucht man zwey bis drey, damit, wenn eins schadhaft wird, ein anderes da sey, auch um Hefte von verschiedener Länge einzuziehen, und nach und nach die Mittelstücken aus dem Spur- oder dem Bohrloche heben zu können.

Oberstück, (Drechsler) das untere stärkere Stück des Mundstückes an einem Pfeifenrohr, worinn das eigentliche Mundstück eingeschraubet wird, und deswegen eine Schraubenmutter erhält, worinn die Schraube des Mundstücks eingepasset wird. Es ist eigentlich eine kurze hohl gedrechselte Röhre von Horn oder Elfenbein.

Oberstuhl, (Salzwerk) ein Haspel in dem Salzwerke zu Halle, der über dem untern Haspele steht.

Obertrog, (Glashütte) ein kleiner Trog, etwa einer halben Elle lang, und ein Viertel breit, der an dem Pfeifenblasen rubet, und noch auf einem kleinen und kurzen Pfahl vest steht, stets mit Wasser angefüllt ist, und zu Abkühlung des Rohrs auch wohl des Glases dienet.

Ober- und Untergewehr. (Kriegskunst) So nennt man die vollständige Rüstung eines Soldaten. Zu dem ersten gehöret das Gewehr oder die Muskete, oder der Karabiner nebst der Patrontasche; zum zweyten gehöret das Seitengewehr nebst dem Gehenke. (s. auch Wehr)

Obervorderdeck, s. Oberlauf.

Oberwurf, s. Wurf.

Oberzweeſen, (Leinendamastmacher) Stäbe, die in dem Leinendamaststuhl auf der linken Seite, etwas niedriger als die Winker (s. diese) in einem Absatz an dem Oberrahmen des Stuhls auf einem Bolzen beweglich befestiget sind, und reichen mit ihren Enden bis unter die Enden der Winker, woselbst sie mit Schnüren an die Winker, und mit dem andern Ende an die Schäfte angebunden sind. Sie dienen dazu, daß vermittelst der Winker, wenn dieselben durch die Fußtritte heruntergezogen werden, solche die Oberzwefe und zugleich den damit verbundenen Schaft in die Höhe zieht. Die Anzahl der Oberzweesen ist mit den Schäften gleich.

Objectivglas, (Optikus) in einem Fernglase dasjenige Glas, so man der Sache zukehret, wenn man dadurch siehet. In den Ferngläsern werden solche Gläser von großen Kugeln genommen, hingegen zu den Vergrößerungsgläsern gebrauchet man dieselben von kleinen Kugeln.

Oblaten, (Oblatenbäcker) ein aus feinem Weizenmehl und Wasser in einer eisernen Form gebackener sehr dünner Kuchen, welcher theils zur Unterlage allerley Gebackenen der Konditer und Kuchenbäcker, theils in kleinen runden Scheiben zur Austheilung des Abendmahls und zum Siegeln der Briefe, gebraucht wird. Der Oblatenbäcker macht einen flüssigen und lockern Teig. Vor dem Backen wird die Form erwärmet, und alsdenn etwas Teig nach Gutdünken hineingegossen. Der Bäcker preßt alsdenn die Platten mit dem Griff und dem Ueberwurf derselben zusammen, und der Teig breitet sich hierdurch zwischen den Platten von selbst aus. Er backt erst eine Seite der Oblate gar, und kehret alsdenn die Form um. Die Erfahrung hat den Oblatenbäcker schon gelehrt, in wie langer Zeit eine Oblate gar bäckt. Er nimt alsdenn die Form vom Feuer, schneidet den hervorgequollenen Teig am Rande der Form ab, und löset mit eben dem Messer die Platten in etwas von einander. Die Oblate ist gar gebacken, wenn sie sich ohne Mühe von der Form ablöset und abnehmen läßt. Die ersten Oblaten sind jederzeit unvollkommen und beschädiget, und in der Folge, wenn hintereinander anhaltend fortgebacken wird, erhitzt sich die Form zu stark, die innern Flächen derselben werden rauh, und die Oblaten pflegen deswegen anzubacken, so daß sie sich mit Mühe losmachen lassen. Die Formen werden daher mit Wachs bestrichen, und mit einem reinen Tuche wieder rein abgewischet. Die figurirten **Kirchoblaten** (s. diese) werden in einer Form, worein die Figuren geschnitten sind, die glatten Tafeloblaten oder auch die Mund- oder Siegeloblaten in glatten Formen gebacken. Die letztern bestehen in kleinen runden Scheiben, welche aus den glatten Tafeloblaten mit dem Stecheisen (s. dieses) ausgestochen, in kleine Schachteln eingepackt, und also verkauft werden. (s. Mundoblaten)

Oblatenbäckerey, eine freye Kunst, Oblaten aller Arten zu backen. Die Oblatenbäcker halten sich nur in großen Städten auf, und versehen mit Oblaten auch das platte Land.

Oblatenform. Man hat zweyerley, glatte und figurirte, welche letztere zu den Kirchenoblaten gebraucht werden. Die Form besteht aus zwey messingenen dünnen Platten, die etwa einen Fuß lang und halb so breit sind. Sie sind an einem eisernen Griffe bevestiget, der einer Zange gleichet, und man kann beyde Platten beym Gebrauche mit einer Klammer oder Ueberwurf, den man auf den Griff schiebet, zusammenpressen. Die Platten der ersten Art müssen auf ihren innern Flächen völlig eben und glatt polirt seyn, damit sie den Oblaten ein glänzendes Ansehen geben. Die zweyte Art zu den Kirchenoblaten, oder sogenannten Hostien, hat auf ihren innern Flächen gravirte Stellen, die in runden Kreisen in verschiedene Reihen neben einander, doch so, daß jeder Kreis von dem benachbarten etwas absteht, abgetheilt sind. In einigen dieser Kreisen steht das vertiefte Bild eines Lammes mit einer Fahne, in andern ein Kruzifix.

* Obligation, s. Schuldbrief.

Obligato, Ital. Fr. oblige. (Musiker) 1) nothwendig, daß keine der mit diesen Worten bemerkten Partien aus den Noten bey der Ausführung wegbleiben könne, sondern nothwendig mitgenommen werden müsse; 2) gebunden, in gewisse Gränzen eingeschlossen, oder gewissen Gesetzen, welche sich ein Komponist selbst auflegt, unterworfen. In diesem Verstande heißt Basso obligato ein Generalbaß, der in eine gewisse Anzahl Takte eingeschränkt ist, die allemal wiederholt werden müssen, wie in den Chakonen geschieht, oder, wenn er allezeit ein gewisses Movement halten, oder gewisse Noten machen muß.

Obole, war vor diesem der Name gewisser wirklicher Kurrentmünzen von Gold, Silber, oder Kupfer, die nach der Verschiedenheit des Metalls und des Gewichtes einen verschiedenen Werth hatten. Man hatte kupferne, die den Namen Maille führten, und ½ Denier tournois galten. Itzt ist ein Obole weiter nichts, als eine Rechnungsmünze.

Obolus, eins von den Gewichten, deren man sich in Frankreich bediente, um Arzneyen zu wiegen. Es ist ein halber Skrupel oder 10 Gran. Man rechnet aber selten nicht nach Obolus, sondern nach halben Skrupeln.

Observatorium, Lat. Sternwarte, ein Gebäude, oder auch nur ein Ort in einem Gebäude, wovon man eine freye und weite Aussicht hat, um den Lauf und die Veränderungen der Planeten zu beobachten.

Obst, (Gärtner) hierunter werden alle Baumfrüchte, sie mögen Namen haben, wie sie wollen, verstanden. Es wird in verschiedene Arten eingetheilet, als in Wildes- oder Gartenobst, in Kern- oder Steinobst, in Sommer- oder Früh- und Winter- oder Lagerobst. Das wilde wird in Wäldern, Heiden und Feldern auf unächten Stämmen angetroffen. Es hat meistentheils einen rohen und herben Geschmack, und bleibt gemeiniglich klein. Gartenobst ist dasjenige, das auf ächt gemachten, espalirten, gepfropften und okulirten Stämmen wächst, und mit allem Fleiß in den Gärten gewartet wird. Kernobst ist dasjenige, dessen Kerne eine weichliche Schale haben, als: Aepfel, Birnen, Quitten, Kastanien rc. Steinobst ist dasjenige, dessen Kerne in einer harten Schale stecken, als Kirschen, Pflaumen, Pfirsichen, Aprikosen u. s. w. Sommerobst ist dasjenige, welches in demselben zu seiner Reife kommt, und wenn es nicht bey Zeiten genossen, oder eingemacht und getrocknet wird, wegen seiner überflüßigen Feuchtigkeit bald faulet. Hierunter gehören alle Arten von Kirschen, Pflaumen, Pfirsichen, Aprikosen, Feigen u. dgl. Winterobst ist dasjenige, welches im Herbst, einiges auch erst gegen den Winter zeitig wird, und sich den ganzen Winter durch erhalten läßt.

Obstdarre. (Landwirthschaft) Ein Ofen, an welchen Gerüste gebauet sind, auf welchen die Darrhorden oder Bretter liegen, worauf das Obst gebacken oder gedörret werden kann. Die Anlage richtet sich nach der Menge des Obstes. Sie hat vor dem Backofen große Vortheile, indem man frey überall dabey herum gehen kann, das getrocknete Obst weit reinlicher bleibt, auch nicht leicht verbrennen kann.

Obstbamen, (Gärtner) ein Werkzeug, dessen man sich bedienet, das Obst von den Bäumen zu brechen. Es besteht aus einem eisernen Ringe mit aufwärts stehenden 2 bis 3 Zoll langen stumpfen Zähnen, woran ein Säckchen hängt, worein das abgebrochene Obst fällt. Beydes ist an einer langen Stange bevestiget, daß man damit weit reichen kann. Man hat auch Obstbrecher, die aus einem runden Stück Holz an einer langen Stange bestehen, rings um den Rand sind im Brette ebenfalls hölzerne aufwärts stehende Zähne angebracht, die aber wohl 4 [illegible] 5 Zoll lang sind, weil das abgebrochene Obst auf das [illegible] fallen muß.

Obstmost, s. Cyder.

Obstpresse, s. Presse.

Obstwein, s. Cyder.

Octavo, s. Oktavo.

Ocher, Fr. ochre, (Bergwerk) ein aufgelöstes und in eine Erdgestalt versetztes Metall, oder eine mit Metall vermischte Erde, welche allezeit gefärbt ist. Man findet keine andre Ocher, als von Metallen, welche von Wasser oder Schwefeldunst aufgelöset worden, als Zinkocher, Kupferocher, Eisenocher, folglich ist nur soviel derselben, als man vielerley Vitriole hat. Man nennet zwar noch einige andere Saffranocher, als von Wismuth und dergleichen, es ist aber von den übrigen, und außer obigen,

als

als von Gold, Silber, Zinn und Bley, kein eigentlicher Ocher erst zu sehen, so lange man keine gewachsene Vitriole von solchen Metallen und Halbmetallen aufweisen kann, ohngeachtet sie in Salzgestalt erbracht werden können, als die Silberkristallen, welche Boerhave einen Silbervitriol nennet.

Ocher, dunkler. Berggelb, Fr. ocre de rue, de rut, de ruth. (Maler) Ein Ocher von einer dunklern Farbe, als der gelbe, und hat außer den gemeinschaftlichen Bestandtheilen etwas mehr irrdenes. Alle Ocher sind schwer, und die zur Malerey leiden. Die italienischen sind es ebenfalls, doch nicht alle in gleichem Grade; sie haben keine Bestandtheile, die das Wachs veränderten, mit welchem sie gute Farben machen.

Ocher, brauner, s. Umbra, und Eisenocher.

Ochsenaugen, kleine Kappfenster, Fr. Yeux de boeuf ou Petite Lucarne. (Baukunst) die kleinen Fenster in den Dachstuben und Dächern, auch in den Kellern, werden wegen ihrer runden Gestalt also benennet. Aber da ihre Gestalt verschieden ist, so nehmen diese Kappfenster oder Ochsenaugen auch verschiedene Namen an, und es giebt Kappfenster mit gedruckten und vollen Bogen, gerade Kappfenster, runde, ovale und mit niedrigen Bogen. (s. alle diese)

Ochsenaugen der Strohdächer, (Dachdecker) die runden Fenster, die man in den Steindächern mit diesem Namen beleget, und oftmals in Strohdächern anbringt. Man steckt an den Ort, wo sie hinkommen sollen, einen Eimer ohne Boden zwischen die Strohschauben, an dessen Seiten legt man Unterlagen, welche man an die Latten bindet, und das Uebrige decket man mit gewöhnlichen Schauben.

Ochsenaugen mit niedrigen Bogen, Fr. oeil de boeuf bombé, (Baukunst) ein kleines Kapp- oder Dachfenster, dessen drey Seiten geradlinigt sind, der obere Schluß aber einen etwas niedrigen, jedoch nicht vollkommenen, Bogen bildet.

Ochsengalle, (Seidenappretirer) diese nimt er zu dem Brey, womit er die schwarzen oder braunen gefärbten Zeuge appretiret. Zu hellern Farben kann er sie nicht nehmen, weil sie solche streifig macht. Der Zeug wird durch diese Beymischung von Ochsengalle steif, und erhält ein gutes Ansehen, welches ihm aber nicht allemal vortheilhaft ist, weil schwache Zeuge durch die große Steife leicht brechen werden.

Ochsenhäute, auf Gemsart zuzubereiten. (Weißgerber) Nachdem die rohen Häute gewaschen worden, so legt man sie 24 Stunden über eine schon gebrauchte Kalkgrube, um sie zu der Bearbeitung eines scharfen Kalkes vorzubereiten. Diese Vorsichtigkeit ist nothwendig. Im Fall man keine alte Grube hat, so muß man mit Fleiß eine frische verderben, indem man Wasser, das durch die darinn eingeweichte Felle verderben wäre, hinein gießt. Nachdem sie aus dieser Grube herausgenommen und abgetropft sind, wirft man sie in eine etwas schärfere Grube, um die Haare ausfallend zu machen. Nach 14 Tagen hebt man sie heraus, schlägt sie ab, und schabet sie mit dem Fleischmesser. Nach dem Abschaben werden sie in eine schwach gewordene Kalkgrube geworfen, um sie darinn abzuspühlen. In derselben bleiben sie 24 Stunden, und alsdenn kommen sie in eine etwas schärfere Grube, hernach in eine noch schärfere, und endlich in eine frische Grube. Alles dieses geschieht zusammen innerhalb 6 Wochen. Die Felle in der Grube werden alle zwey Tage, und zuweilen auch alle Tage, aufgehoben und abgeschlagen. Hernach werden sie in die Walke gebracht, und so, wie ander Weißgerberleder, zubereitet und gewalket. (s. Weißgerben.)

Ochsenherz, ein Stein, der von seiner Größe und Gestalt den Namen hat. Einige halten ihn für eine zu Stein gewordene Muschel, welches wohl nicht ist, da er in Hessen und in der Schweiz weit von der See gefunden wird.

Ochsenhorn, Fr. Corne de boeuf, (Baukunst) wenn die eine Widerlage eines Tonnengewölbes merklich kürzer als die andere ist, so erhält ein solches Gewölbe diesen Namen.

Ochsenhorn, s. Hufeisen.

Ochsenklauen. (Feilenhauer, Windenmacher) Die Klauen von dem Rindvieh werden gebraucht, um sowohl die Stangen und das Rad nebst dem Getriebe einer Winde, als auch die Feilen und andere haltbare eiserne Instrumente, die vieler Gewalt ausgesetzt sind, zu härten. Man läßt sie in einem Backofen so lange brennen, bis sie völlig braun sind, und zerstößt sie alsdenn in einer kleinen Stampfe. Nachher werden unter zwey Theile dieses Pulvers ein Theil Küchensalz, und nach Gutdünken etwas Glas gemischet. (s. Feilen härten) Zu den Stangen und Rädern der Winden aber wird das Klauenpulver mit Ofenruß vermischt und mit Urin benetzt. (s. Winden machen)

Ochsenziemer, das getrocknete männliche Glied eines Ochsens, welches die Gestalt einer dicken langen Sehne hat, und im gemeinen Leben statt einer Peitsche gebraucht wird.

Ocros, s. Ocke.

Octroy, ein niederländisches Kunstwort bey der Handlung, es bedeutet das Freyheitsrecht, welches eine Person oder mehrere über einen gewissen Handel erhalten, daß sie solchen, mit Ausschließung Anderer, treiben können.

Oderkahn, (Schiffsbau) ein großes plattes Fahrzeug auf dem Oderfluß, das davon seinen Namen hat, auch wol Breslauerkahn genennet wird, weil von daher alle Waaren auf der Oder herunter nach Berlin und so weiter gebracht werden. Er ist 60 Fuß lang und 3 Fuß tief, und in der Mitte des Bodens 7 Fuß, im Bord aber 9 bis 9½ Fuß breit. Er weichet von einem Elbkahn (s. diesen) in folgenden Stücken ab: Erstlich erhält er auf dem Boden keine Blade (s. diese) sondern die lange Sohlen der Knie (s. diese) vertreten die Stelle der Bladen. Ueberdem werden die Bodenbohlen verspundet, wie bey dem Elbkahn. Zweytens hat er keinen Rielbord, (s. diesen) sondern bloß Kappsticke, und zwischen diesen

Latten, wie bey dem Eßkahn. Statt der Schlerstöcke auf den Duchnen (s. braus) erhält er Scharböcke, und hat kein Steuerruder.

Obiaroraia, ein chinesischer baumwollener Zeug von allerhand Farben, welcher eine seinere Art von dem sogenannten Kitaikarn ist. Er liegt 15 Viertel breit, und ist im Stück 20 Ellen lang. Jedes Stück ist besonders zusammengerollet. Er geht sehr nach Rußland, woselbst er zur Kleidung für Manns- und Frauenspersonen gebrauchet wird.

Odometer, s. Wegmesser.

Ofen; Ein großer Kasten von Eisen, Töpferarbeit, oder Mauerwerk, zum Erwärmen der Wohnzimmer. Daher er entweder von außen ein Ofenloch, oder im Zimmer eine Thüre (Windofen) hat, wodurch Holz in den Ofen gebracht und angezündet wird. Der Kasten stehet entweder auf gedrechselten hölzernen, oder aus Metall gegossenen Füßen, oder auf einer massiven Mauer. Je mehr Züge in demselben, und je geschickter sie angebracht sind, um so mehr ist er seinem Zwecke gemäß.

Ofen, la fourneaux fournaise, (Maurer, Töpfer) ein gemauertes oder von Kacheln der Töpferarbeit zusammengesetztes Gewölbe, welches aus feuerfesten Wänden bestehet, und zu vielerley Gebrauch bestimmt ist, auch deswegen verschiedene Beynamen erhält. Er ist entweder oben offen und mit einem Schachte, wenn es ein Schmelzofen bey dem Hüttenwerk ist, versehen, durch welchen Erz und Kolen eingeschüttet, aufgetragen, oder aufgegeben werden, oder mit einer Haube bedeckt, oder überwölbet, und zu dem gedachten Gebrauch bald mit, bald ohne Aschherd, entweder ohne Tiegel oder auf dem Boden mit einem Tiegel, darinn sich das aus dem Erz geschmelzene Metall sammlet. Diese Oefen sind bey dem Hütten- und Schmelzwerk von verschiedenen Arten, als: Brennofen, Hoherofen, Krummofen, Probirofen, Saigerofen, Stichofen u. a. m. Denn giebt es wieder Backofen, Ziegelofen, Kalkofen, und andre mehr. (s. davon jeden an seinem Ort)

Ofen, (Emaillenmaler) ein ganz besonderer Ofen zu dem Reverberationsfeuern, welche zur Schmelzung der Metalle erfordert werden. (s. Reverberationsofen) Sie ersetzen die Stelle eines solchen Ofens durch eine Muffel, oder einen kleinen irrdenen Schmelztiegel. Man setzt sie in einen gemeinen Ofen, oder in eine Schüssel, bedeckt sie über und über mit frischen Kolen. Unter diese Muffel legt man das Gemälde und die Proben auf eine eiserne Platte. (s. Emailmalerey)

Ofen, den, abwärmen, Fr. Chaufer la fournaise, (Hüttenwerk) den vorgerichteten und zugemachten Ofen durch hinein geschüttete glühende Kolen warm machen, um ihn von aller Feuchtigkeiten zu befreyen.

Ofenanker. (Schmid) An den aus Mauersteinen oder Kacheln aufgeführten Stubenöfen eine dünne eiserne Schiene, welche an den Enden von einander gespalten und umgebogen ist, die Steine oder Kacheln zusammenzuhalten.

Ofen, den, anlassen, Fr. faire lover le fauster, (Hüttenwerk) das Wasser auf das Rad, welches das Gebläse treibt, anschützen, wenn vorher Kolen und Erz aufgetragen worden, und das Erz anfängt zu schmelzen.

Ofenauge, (Hüttenwerk) ein Gang, welcher beym Schmelzen über dem Stichofen aus der Spur unter dem Heerd des Ofens geht, daher diese Arbeit Schmelzen über den Gang heißt. Sie ist jetzt nicht mehr bekannt.

Ofenauge, s. Auge.

Ofen, den, ausbrechen, purifier la fournaise, (Hüttenwerk) die Ofenbrüche, Gekrätz, oder was für fremdes Wesen im Ofen ist, nach geendigtem Schmelzen von den Wänden und dem Tiegel oder Boden losarbeiten.

Ofen, den, ausbrennen, oder auslassen, Fr. cesser de souffler, (Hüttenwerk) die Bälge nicht weiter spielen, das Feuer ausgehen, und den Ofen kalt werden lassen.

Ofen, den, ausstossen, Fr. faire le sieur de poudre de charbons, (Hüttenwerk) den von Leim geschlagenen Boden des Schmelzofens mit Gestübbe bedecken, und mit dem Krail stoßen, daß es derb wird.

Ofenbank, eine Bank hinter oder neben den Stubenöfen gemeiner Leute.

Ofen, den, beschicken, Fr. accommoder la fournaise, (Hüttenwerk) den Ofen gehörig verrichten, daß er zur Schmelzarbeit geschickt wird. Dazu gehört, daß die schadhaften Mauern ausgebessert, der Tiegel und Gestübbe gestoßen, die Spur geschnitten, das Gebläse gerichtet, und was sonst nöthig ist, veranstaltet werde.

Ofen beschicken, (Hüttenwesen) wenn in einen Ofen die Erze oder Schliche geschüttet werden, um solche darinn zu schmelzen. Sie werden mit einer langen Krücke auf dem Herd von einander gezogen, so daß dieselbe nicht mehr als eine Querhand hoch auf dem Heerde liegen.

Ofenblase. (Kupferschmid) Ein kupfernes bauchiges Gefäß, das manchmal in den Stubenöfen eingemauert ist, um darinn beständig bey Winterszeit warm Wasser zu erhalten. Sie wird aus zwey Schalen geschlagen, die in der Mitte zusammengesetzt werden. Den untern Theil der Blase schmidet der Kupferschmid wie einen Kessel, außer daß seine Seite nicht zurück gezogen, sondern gerade ist, und dies gilt auch von dem obern Theile. Der Hals des letztern ist eingezogen und etwas ausgebaucht. Dies geschiehet mit dem Weiterhammer auf einem Siegambos. Dieser obere Theil bekommt einen Deckel; daher muß mit einem Meissel ein rundes Loch aus dem Boden der Schale ausgeschlagen werden. Den Reif oder die Zarge, worauf der Deckel passen soll, bildet der Profeßionist auf dem Sperrhorn. Bey der Verfertigung der beyden Hälften muß mit der größten Genauigkeit dahin gesehen werden, daß ihr Umkreis, wo sie zusammengesetzt werden, völlig gleich ist, damit sie genau auf einander passen. Dieser Umkreis beyder Theile kerbt der Kupferschmid um einen halben Zoll um, doch so, daß die Borte,

oder

oder das Umgekrempte des obern Theils etwas breiter ist, als die Borte des untern. Es werden hierauf beyde Theile zusammengesetzt, und der vorstehende Kreis der obern Borte um die untere mit einem Hammer geschlagen. Die Blase wird auf einen Falzambos gelegt, und das Umgekrempte vest an dieselbe angeschlagen. Ein solcher Falz widersteht dem Durchdringen flüssiger Körper so gut, als das Löthen. Endlich wird der Deckel aus einer kleinen Schale, oder auch aus Blech auf einem Stockambos ausgebaucht, und seinen Reif, womit er auf der Zarge der Blase aufsitzt wird, schlägt der Kupferschmid gleichfalls auf einem Sperrhorn zurecht. Inwendig verzinnt man die Blase. (s. verzinnen)

Ofenbruch, Fr. Ecume de metall mal-ai fement a liquetier qui reste dans la fonenaise. (Hüttenwerk) Die Materie, welche nicht völlig geschmolzen ist, und sich an den Wänden oder Mauern des Ofens ansetzet. Die Ofenbrüche sind entweder staubigt oder derb, in Stücken, die nicht Steinhart, sondern mürbe und zerbrechlich sind, wie eine zusammengebackene Erde. Die Farbe ist unten her schwarzgrau, über dieser weißlichgrau, oder weißlichgelb. Sein Gewebe ist meist klar und blätterig wie ein Glimmer; das Gefüge locker, schwammig und kläfrig; dem Gewichte nach ist er leicht, und läßt sich rauh und sandig angreifen, wenn er schon ziemlich klein gerieben ist. Er besteht aus galmeyischen oder zinkischen Blumen, und wird ohne Grund Hüttenrauch, oder Arsenik genannt.

Ofenbruchkönig, Fr. Cuivre fait des Debris, (Hüttenwerk) das kupfrige Wesen, welches im Stein vom Ofenbruchschmelzen vorhanden, und darinn fällt, oder nach geschehenem wenigen Ablöschen abgesaigert worden.

Ofenbruchstein, Fr. Matte des debris, (Hüttenwerk) der Stein, den man von Ofenbrüchen erhält.

Ofen der Stückgießer, derjenige Ofen, worinn das Metall zum Gießen des groben Geschützes geschmolzen wird. Er muß von dauerhaften Steinen, die nicht fliesen, erbauet werden. Beyde Erden müssen geschlemmet, getrocknet, durch ein Haarsieb gesiebet, in Kesseln zu Haufen geschlagen, nach einigen Tagen gehackt, getreten, und wieder in Haufen geschlagen, gestrichen werden. Man kann auch alte Schmelztiegel dazu mischen. Ein solcher Gießofen muß nebst seiner erforderlichen Breite, Höhe und Fall auch die Eigenschaft haben, das Metall bald zu schmelzen, und sein Heerd muß auf vestem Grunde stehen. Die Steine müssen gerade und nur fahl gebrannt, an den Seiten gerade abgerieben, in Wasser getaucht, an beyden Seiten mit Lehm bestrichen, und ganz dicht ohne Fugen an einander gesetzt werden. Der Heerdlehm wird mit Haaren, und der Gewölbelehm mit etwas Kalk vermischet. Ein Ofen zu einem Einsatz von 200 Zentner Metall auf einmal, ist 7 Fuß, 5 Zoll weit, drey und ein drittel Fuß hoch und gewölbt. Das Gewölbe besteht aus schwach gebrannten Keilsteinen. Das Zapfenloch, wodurch man das Metall gleichsam aus dem Ofen zapfet, ist 2 Fuß in der Vordermauer tief, vorne breit, hinten am Ofen enge, keilförmig, hinten 3 Zoll weit, 6 Zoll hoch, vorne an der Dammgrube 15 Zoll hoch und weit, und hat 2 Zoll Fall. An beyden Seiten des Gießofens befinden sich 2 gewölbte Löcher. Man setzt das Metall durch sie ein, und verschließt sie mit gemauerten Fenstern, die durch eiserne Kreuzer überspannt, und an Ketten und einer Stange vorgeschoben werden. Ehedem machte man auch noch dabey Ziehlöcher zum Feuerzuge, so man Windpfeifen nannte. Das Holzfeuer wird in einem Nebenthurm unterhalten, wo ein Rost und Aschenfall ist, und das Schürloch wird mit einem eisernen Schieber in einem Falze verschlossen. Solchergestalt streicht die Flamme des Thurms seitwärts auf das auf dem Heerde liegende Metall, und bringt dasselbe zum Flusse. Das harzige Holz schmelzt langsamer, weil die Flamme Mühe hat, den Rauch des Harzes zu zerreissen. Das Feuer wird anfänglich mäßig unterhalten, und man läßt damit, nachdem es eine Stunde fortgedauert, etwas nach, um dem Gießofen Zeit zu lassen, in allen seinen Theilen nach und nach zu erhitzen. Das Kupfer wird zuerst eingetragen, und wenn es bereits fließt, altes Metall und heiß gemachte Kupferplatten nachgegeben. Zuletzt, wenn schon alles fließt, wird das Zinn nachgetragen und wohl vermischt, weil es sonst verbrennt. Nachdem das gemauerte Gerinne, welches unter dem Zapfloch sich befindet, ausgebrannt und erhitzt worden, die Form in der Dammgrube vest eingedammet, und das Metall im Gießofen fließt, wird das Holzfeuer verstärkt, sonderlich wenn der Zapfen schon angestoßen worden, da denn durch den Abfluß immer weniger Metall im Gießofen wird, und also die Hitze nachläßt; würde alsdenn das Metall erkalten, so würden ohnfehlbar in dem Stücke Gruben entstehen. Das Mundloch selbst ist bis zum Gießen mit einem großen Zapfen von Eisen verstopft, welchen man im Gießen aufstößt, und an dieser Seite hat der Heerd des Ofens eine etwas abhängige kleine Oeffnung durch die Dicke der Vordermauer. Einige Gießer machen oben an der eingedammten Form verschiedene Röhren von Erde, die bis zur innern Fläche der Form gehen. Etliche, damit das Metall durch das Gußloch in die Form laufe; Andere, um der Luft aus der Form einen freyen Ausgang zu verschaffen. Um die Röhren herum setzen sie kleine Kessel von Thon, und andre Röhren führen sie bis an die Oeffnung des Ofens. (s. Stückgießen)

Ofen, dem, finster führen, (Hüttenwerk) dem Ofen schwach Feuer geben.

Ofenform, s. Form für verschiedene Künstler. 1)

Ofenfutter, (Hüttenwerk) die Mauern, die inwendig an allen vier Seiten des Schmelzofens von guten feuervesten Sandsteinen aufgeführet werden. In diesen Futtern werden eigentlich die Schmelzungen der Erze verrichtet, und an denselben schmelzen sich viele Ofenbrüche an, die in kleinen Schmelzen, ob sie schon auch getrogen, und auf Metallen probiret werden, doch mehr Schaden als Nutzen schaffen.

Ofengabel, (Schmid) ist ein zweyzackigtes Eisen an einem langen hölzernen Stiele befestiget, womit man das Holz in den Ofen schiebt.

Ofen-

Ofengalmey, Fr. Cadmie de fournaise, ein Theil kaubhaftes, theils zusammengedrungenes, doch mildes, blätteriges und schwammiges Wesen, so sich wie Blumen in dem Ofen anlegt, aus zinkisch- und arsenikalischen Erzen entsteht, und sich von den Dämpfen an den Wänden anleget.

Ofen gehet heiß, s. Heiß thun die Probe.

Ofengestübbe, Ofengestübe, Fr. Poudre de Charbons. (Hüttenwerk) ein Mengsel von Leim und gestoßenen Kolen, davon die Heerde im Ofen gestoßen werden. (s. Gestübbe)

Ofengewölbe, (Maurer) 1) alle diejenigen Gewölbe, die in diesen oder jenen Ofen gemauert werden; 2) der dicke ausgemauerte Bogen in der Vorwand des Hohenofens, unter dem die Ziegelwand gemacht ist.

Ofen, den, heiß oder kalt thun, Fr. renforcer ou affoiblir feu. (Probirer) Bey dem Probiren der Metalle den Grad des Feuers vermindern oder vermehren.

Ofenkachel, s. Kachel.

Ofenkrücke, ein kleines Stückchen Brett, in dessen lange Seite eine lange Stange gesteckt ist, das Feuer und die Asche nach der Heitzung des Backofens damit heraus zu ziehen.

Ofen, den, licht geben lassen, (Hüttenwerk) dem Schmelzofen stark Feuer geben.

Ofenloch, die Mündung des Ofens, die Oeffnung, durch welche derselbe geheizet wird. Zuweilen auch das Rauchloch des Ofens, das Loch, durch welches der Rauch ausziehet.

Ofenmeister, (Hüttenwerk) derjenige, welcher die Aufsicht über einen Schmelzofen hat, und die dabey nöthigen Arbeiten anordnet.

Ofen mit Gestübbe ausstoßen, s. Ofen ausstoßen.

Ofenplatte, eine eiserne Platte, womit zuweilen die Ofen beleget werden.

Ofenröhren, die Röhre, durch welche der Rauch aus dem Ofen ausgeführet wird.

Ofenruß, s. Ruß.

Ofenschaufel, eine eiserne Schaufel, die Kolen oder Asche damit aus dem Ofen zu ziehen.

Ofensetzer, ein Handwerker, der die Ofen der Bäcker setzt, oder nur vielmehr den Heerd schläget. (s. Heerdschlagen (Loßbäcker)

Ofenstange, (Bäcker) eine lange Stange, das Holz damit in einem Backofen in die rechte Lage zu bringen.

Ofenstaub, (Hüttenwerk) so wird zu Neusohl der Hüttenrauch genannt, der sich in einem doppelten Gewölbe über dem Schmelzofen anleget. (s. auch Hüttenrauch)

Ofenstaubblech, (Hüttenwerk) das Kupferblech, welches aus dem auf den Kupferschmelzhütten verschmolzenen Hüttenrauch erhalten wird, da 20 Zentner von dergleichen Blech 40 Pfund Kupfer geben.

Ofenstock. (Hüttenwerk) So wird das Gemäuer genannt, welches den Raum einschließt, worinn der eigentliche Ofen des Flohofens hingestellet wird. Es ist ein gleichseitiges Viereck von drey Klafter breiten Steinmauern. (s. Flohofen)

Ofenthüre, eine eiserne Thüre mit einem Griff, welche man vor den Ofen setzet, um damit solchen zu verschließen, daß die Hitze nicht verfliege.

Ofen übersetzen, den, Fr. surcharger la fornaise, (Hüttenwerk) zuviel Erz setzen oder austragen, daß es die Hitze nicht zwingt und zum Fluß gebracht werden kann.

Ofenwisch, ein starker an eine lange Stange gesteckter Strohwisch, welcher genetzt, und damit der Backofen, wenn er gehörig geheizt, und mit der Ofenkrücke das Feuer und die Asche aus demselben heraus geschafft ist, ausgekehret wird.

Ofen zumachen, zurichten, den, Fr. accommoder la fournaise, (Hüttenwerk) ihn verrichten und zubauen, daß darinn geschmelzen werden kann.

Ofen, zwey- dreyschüriger. (Ziegelbrenner) Eine Benennung eines Ofens, nachdem er zwey oder drey Schür- oder Feuerlöcher, durch welche das Holz eingelegt wird, hat.

Offen, Fr. caverneux, (Bergwerk) drusig, voll Höhlen oder Klüfte.

Offenbaß, (Orgelbauer) eine Pfeife von Holz 16 Fuß groß.

Offene Brust, Fr. Accommodage à poitrine ouverte, (Hüttenwerk) mit offener Brust zumachen geschiehet im Krummofen, und besteht darinn, wenn das Spor 15 Zoll vor, und 7 Zoll hinter die Vorwand 12 Zoll tief geschnitten, also das ganze Spor aus dem Ofen bis an die Brust offen ist.

Offener Gang, (Bergwerk) ein Gang, der viel Drusen hat, und die Wasser fallen läßt.

Offener großer Subbaß, (Orgelbauer) ein starker offener unterseßter Subbaß von Holz, 16 Fuß groß.

Offene Rechnung, s. Folgendes.

Offenes Konto, offene Rechnung, Fr. Compte ouvert, (Handlung) eine Rechnung, die nicht geschlossen ist, und wozu man täglich neue Artikel sowohl Einnahme als Ausgabe, oder Unkosten setzet.

Offenflöte, (Orgelbauer) eine acht- und vierfüßige Orgelpfeife, die stummer ist, als die Oktave. Man hat auch offene Quintflöten.

Offen halten, einen Stolln oder Schacht, Fr. tenir l'entrée du conduit ouverte, (Bergwerk) solchen in solchem Stand erhalten, daß er nicht verbricht.

Offenequerflöte, (Orgelbauer) ein offenes sehr enges Flötenregister, welches einen überseßten Klang giebt. Weil diese Stimme die Querflöte außer der Orgel im Klange vorstellen soll, so giebt man den Pfeifen einen niedrigen Aufschnitt, keine Bärte und wenig Wind. Einige derer schnarren in der Tiefe mehr, als sie sollen, daher ist es gut, wenn die Pfeife ihren Wind nicht aus der Lade unmittelbar durch den Fuß empfängt, sondern wenn man der Pfeife auf der Seite ein Loch macht, wodurch der Wind durch eine enge metallene Röhre in die Pfeife seitwärts

wärts führet, wie man die ordentlichen Flöten mit dem Munde anbläset. Sie sind von Metall, wiewohl man sie auch von Holz machet. (s. auch Querflöte)

Offizin, Fr. officine. (Apotheker) 1) die Apotheke selbst, worinn die Arzneyen aufbehalten werden; 2) der Ort, wo Waaren verfertiget, oder zum feilen Verkauf ausgeleget werden.

Offizinalia, Lat. (Apotheker) diejenigen, sowohl einfachen als zusammengesetzten Arzneyen, die in wohlbestellten Apotheken jederzeit befindlich seyn sollen.

Offizierdegen. (Schwertfeger) Ein solcher Degen weicht nur wenig von einem andern Degen, besonders bey der Preußischen Armee ab. Das Kreuz des Gefäßes erhält gewöhnlich keine Stütze, sondern die Parirstange berühret das Stichblatt unmittelbar. Das letzte ist insgemein glatt und hat einen Rand, daher wird die Verzierung mit der Kritzelfeile polirt. Der Griff ist von Holz, und wird mit Drahte umwickelt. Uebrigens werden sie entweder versilbert oder vergoldet. Die Scheiden aller Offizierdegen von der Infanterie werden mit Kalbleder überzogen, und haben noch einen abgesonderten Ueberzug von Kalbleder, der nur bloß zusammengenähet ist.

Offiziersattel, (Sattler) ein deutscher Sattel, der den Namen davon hat, daß er bey der Armee von den Offizieren der Reiterey gebraucht wird. Sein Sitz ist von schwarzem Leder, und erhält auf jeder Seite eine Tasche von starkem braunem Ochsenleder. Uebrigens ist er ein vollkommener deutscher Sattel. (s. diesen)

Oeffnen, (Wasserbau) einen Siel, Sieltief öffnen, d. i. die Dämme derselben durchstechen und ausbringen, daß das Wasser seinen Lauf dadurch nehmen könne. Item Zug bringen, Siel öffnen, heißt auch, die Thüren der Siele aufhacken, damit die Fluth hineinlaufen möge.

Oeffnen die Küpe, (Färber) wenn man anfängt, aus einer fertigen Küpe zu färben.

Oeffner; (Zeugmanufakturen) ein Werkzeug, mit welchem die Kette eines jeden Zeuges auf den Garnbaum des Weberstuhls aufgebäumet wird. (s. aufbäumen) Es sind zwey Stäbe, zwischen welchen soviel Pflöcke stecken, als die Kette jedesmal Halbegänge (s. Gang) hat. Folglich richtet sich die Länge des Oeffners nach der Anzahl der Gänge einer Kette der Zeugart. Zu feinern Zeugen stecken die Pflöcke dichter, und so umgekehrt bey gröbern. Die oberste Leiste kann abgenommen werden, damit die Kettengänge zwischen die Pflöcke gelegt werden können; alsdenn wird die Leiste wieder aufgesetzt, befestiget, und die Kette aufgewickelt.

Oeffner des gezogenen Sammets. (Sammetweber) Der kleine Oeffner, der in dem Sammetwirkerstuhl zu geblümten und gezogenen Sammten vor dem Rahmen des Kamers seiner Länge nach senkrecht hänget, und durch welchen zwischen feinen Nägeln die Seidenkettenfäden rechts und links durchgezogen werden, und hier eine gerade Richtung erhalten, um in gerader Linie nach dem Harnisch und Schäften laufen zu können. (s. geblümter Sammet)

Offner Kreuz, s. Gangkreuz.

Oeffnung der Laufgräben, (Kriegsbaukunst) der Anfang des Approchirens vor einer belagerten Vestung, oder der Anfang, die Laufgräben zu machen.

Oeffnungen, (Baukunst) die Thüren, Fenster, Feuermauern, oder Rauchfänge und Abtritte.

Ogger, s. Ocher.

Ohm, Ahm, ein Weinmaaß oder Gebinde, welches in Deutschland gebräuchlich, aber unterschiedenen Gehalts ist. Denn im Elsaß hält die Ohm 24 Maaß, und 24 solcher Ohme machen ein Fuder; zu Worms, Maynz und Kassel hat die Ohm 20 Quartierchen oder 80 Maaß, und geben 6 Ohmen auf ein Fuder. In Frankfurt am Mayn hat die Ohm 20 Viertel und 80 Schenk- oder 90 Eichmaaß.

Ohne Rabbat. (Seidenmanufaktur) Ein Ausdruck des Brochirers, wenn er den Quertritt bey brochirten Zeugen tritt, um dadurch den vierten und zweyten Taffentoder Grundtritt, die bey dem zweyten Einschuß herunter gezogen worden, wieder in die Höhe und mit den übrigen gleich zu heben, um nunmehr den zum Brochiren vertiefen zu können.

Ohr. (Baukunst) Ein Gewölbe, welches über die durch die Wände gehende Oeffnungen gemacht werden muß, damit das Hauptgewölbe darauf ruhen könne, und nicht die Mauer, welche durch solche Oeffnung in etwas geschwächt worden, dadurch eingedruckt werde, weil die Widerlage des Bogens daselbst befindlich. Es ist solches bey allen gewölbten Decken nöthig, es wäre denn ein Kreuzgewölbe, und wird im Grundrisse durch einen punktirten Winkel angemerkt, der mit seinem Scheitel auf der Wand steht, und dessen Spitze des bey dem Ohr befindlichen wahren Winkels anzieht.

Ohr, (Maschinenbau) an der Korbstange des Wassergöpels das Auge oder der runde Ring an dem Korbeisen, wodurch man den Stecknagel steckt, wodurch man die Korbstange mit der Hauptschwinge vereiniget. (s. Göpel)

Ohr, Chelonia, (Baukunst) nach dem Vitruvius ein Wort, das ein Band um den Hals einer Winde bedeutet, oder auch wohl ein vertieftes Holz, daß der Hals einer Winde darinn laufen oder sich umwenden könne. Es kann aber auch eine Handhabe, (Manicho) heißen.

Oehr, Oer, eine schwedische Münze. Man hat von derselben kupferne und silberne. Die kupfernen Oehr, welche auch Rundstücke heißen, sind das Drittel von den silbernen, und gehen ihrer 8 auf eine Mark, und 32 auf einen Thaler Kupfermünze. Von den silbernen oder weißen, so auch weiße Rundstücke genennet werden, gehen eben so viel auf eine Mark oder Thaler Silbermünze. 1 Carolin hat 20 Oehr Silber oder 60 Oehr Kupfermünze. 64 silberne machen einen Speciesthaler, und gilt eins soviel als nach unserm Gelde 6 gute Pfennige; ein kupfernes Oehr aber nur 2 gute Pfennige, und hat 4 Oehrlein, das ist nach unserm Gelde 4 Heller. Uebrigens hat man sowohl einfache, als doppelte Oehr. Endlich ist noch zu merken, daß auch diese Oehr als eine Rechnungsmünze gebraucht werden.

Ohrband, (Schwertfeger) der untere Beschlag einer Degen- oder Säbelscheide ꝛc. welche auf das Ende der Schei-

ne der Scheide aufgeleimt wird, daß die Spitze der Klinge darinn bewahret werde. Das Ohrband wird aus Meßingblech zugeschnitten, um das Ende der Scheide umgewickelt, und alsdenn mit Schlagloth zusammengelöthet. In der Spitze des Ohrbandes wird überdem noch ein kleiner Knopf eingelöthet, den man aus starkem Eisendraht mit der Feile ausarbeitet. Nachher wird das Ohrband mit starkem Leim auf das Holz oder den Span der Scheide bevestiget.

Ohrbaum, s. Ahorn.

Ohrbammel, s. Ohrgehänge.

Ohrbummel, s. Ohrgehänge.

Oehre, Oesen, die rundgebogene Drahtringe, welche an den Unterboden der metallenen, auch anderer Knöpfe bevestiget werden. (s. davon unter verschiedenen Artikeln der Oehre.

Oehre der Glocken, s. Henkel der Glocken.

Oehre der Gürtlerknöpfe, (Gürtler) der rundgebogene Ring, der an dem Knopf bevestiget wird, und vermittelst welchen man den Knopf annähen kann. Man nimt hierzu Meßingdraht, und biegt ihn um die runden Kneipen einer kleinen Zange. An beyden Enden dieses kleinen Kreises läßt der Gürtler kurze Enden stehen, schlägt sie zu einem Zapfen, und dieser wird in ein Loch mitten in der untern Hälfte des Knopfs gesteckt. Das Loch in der Knopfplatte schlägt der Gürtler mit einem Durchschlag. Das Oehr wird zuerst in der untern Hälfte des Knopfs eingelöthet, und um diese Arbeit zu fördern, und nicht jedes Oehr allein zu löthen, so steckt der Gürtler die Oehre einiger Dutzend Knöpfe durch die Löcher des Lothblechs, bevestiget sie mit Draht, schüttet weiches Schlagloth und Borax neben die Zapfen der Oehre in dem halben Knopf, legt das Lothblech mit allen Knöpfen auf glühende Kohlen, und läßt es so lange darauf liegen, bis das Schlagloth flüßig ist.

Oehre der zinnernen Knöpfe. (Knopfmacher) Diese Oehren oder Oesen werden gleichfalls wie bey dem Gürtler auf den Kneipen der Zange rund gebogen, nur läßt man hier längere Zapfen an den Ringeln stehen, als an den Oehren der Gürtlerknöpfe. Sie werden bloß durch das Schüttern in einem groben Sacke gescheuert, und alsdenn verzinnet. (s. verzinnen) Nach diesem wird das Oehr in den Einschnitt der Unterbodenform eines Knopfs (s. Knöpfe von Zinn) eingepaßt, die Wiederhaken derselben etwas zurück gebogen, die Form des Knopfs zusammengesetzt, der Unterboden gegossen, und also das Oehr durch diesen Guß mit dem Unterboden vereiniget.

Ohren, Fr. oreilles, (Baukunst) an den Jonischen Ordnungen die vordern Seiten der Schnecken, wie sie Vignola entwirft, und die wie ein paar Ohren hängen.

Ohren an einem Rammbocke, Hörner, (Wasserbau) die an den Seiten herausstehenden kurzen Stücke, so um die Prieten fassen.

Ohren an einer Sielpfanne, oder Ramme, (Wasserbau) kleine über der äußern Peripherie herausstehende Zacken, welche in den Siel gegen das Verbrechen eingelassen werden.

Ohrenbaum, s. Ahorn.

Ohrendraht, Ohrenspange, ein nach den Ohren eingebogner Draht, unten mit einem halben Ringe, die Ohrgehänge daran zu tragen, wenn man sich nicht gerne die Ohren will durchstechen lassen.

Ohrengehänge, Ohrenringe, werden gemeiniglich von Gold und Silber mit Diamanten, Perlen, oder andern Steinen besetzt, und von den Goldschmieden auf allerhand Art und in mancherley Gestalten gemacht.

Ohren in der Sieluhr, (Wasserbau) Einschnitte zur Seite in der Bloß, welchen man, weil sie nur klein sind, und von Cohäsion der nächsten Erde mit erhalten werden, keine ganz von oben herunter ablaufende Abschrägung giebt.

Ohrenringe, s. Ohrengehänge.

Ohrenspangen, s. Ohrendraht.

Ohrgewölbe, Fr. ogives, (Baukunst) die spitzigen Gewölbebogen, die man in alten Kirchen nach gothischer Bauart häufig antrifft. Sie sind zwar vest und dauerhaft, aber von keinem guten Ansehen.

Ohrküssen, ein kleines Küssen, welches man zuweilen im Bette unter das Ohr zu legen pflegt. In einer Kutsche sind die Ohrküssen an der Seite in der Gegend des Ohres bevestiget, den Kopf im Schlafen daran zu legen.

Ohrlöffel, ein kleiner Löffel von Elfenbein oder Knochen, auch Silber, das Ohr damit von dem Ohrenschmalz zu reinigen.

Oehrnagel, (Seiler) ein Werkzeug, das aus einem etwas gekrümmten Hirschhorn bestehet, mit welchem das Oehr eines Stranges verfertiget wird. Der Seiler vereiniget nämlich die Maschen der vier Litzen an dem dicken Ende des Stranges aus freyer Hand zu einer einzigen Masche, sticht mit dem Oehrnagel etwas über der Masche ein Loch durch den Strang, zieht die vorgedachte Masche durch dieses Loch durch, steckt alsdenn durch die Masche den Schwanz des Stranges, und macht auf diese Art eine Schlinge, die er zuletzt vest anziehet. Er öffnet endlich das Oehr mit dem Oehrnagel.

Ohrschnecke, s. Hörrohr.

Ohrt, (Schuhmacher) ein gekrümmter dreyschneidiger Priem, oder scharfe zugespitzte Nadel, die mit dem untersten Ende in einem gedrechselten Heft steckt, womit die Löcher zum Pechdraht, mit welchem genähet werden soll, vorgestochen werden.

Ohrte, s. Ahle.

Oehrzange, Ziehzange, (Huf- und Waffenschmied) eine Zange, die an der Spitze jeder Kneipe zwey Wiederhaken neben einander hat. Man faßt hiemit in die Oehre der Bänder, die der Dauerhaftigkeit wegen um die starken Räder gelegt werden, und biegt sie um das Holz.

Oigler, (Salzwerk) bey dem hallischen Salzwerk derjenige Beamte, der nebst dem Unterbornmeister auf das Tragen der Salzsole Acht hat, damit kein Unterschleif vorgehe.

Ocke,Ocka, Ocoa, Oqua, Oque, ein türkisches Gewicht, welches 400 Quint oder ungefähr drey Pfunde nach unserm Gewichte, nach englischem Gewichte 2¾ Pfunde, und nach marseillischem Gewichte 3 Pfunde und 2 Unzen wiegt. 44 Ocken, und in einigen levantischen Handelsplätzen 45 Ocken, machen einen türkischen Zentner von 100 Rotons.

Oekonomie, Fr. oeconomie. (Maler) Dieses Wort bedeutet hier eben das, was Zusammenstimmung und Anordnung heißt. Man sagt, die Oekonomie des Ganzen kann nur von einem Maler gemacht werden, welcher alle Theile seiner Kunst wohl inne hat. Ein Bild kann schlecht ausfallen, und eine üble Wirkung machen, und im übrigen wohl erfunden und vortrefflich kolorirt seyn, wenn die Oekonomie des Ganzen nichts taugt. Hingegen macht öfters ein Gemälde eine gute Wirkung, ob es gleich von schlechter Erfindung und mit den gemeinsten Farben gemalet ist. Es ist eine sehr wichtige Sache, die Oekonomie des Ganzen zu betrachten. Wenn der Stoff, welchen man bearbeiten will, fröhlich ist, so muß alles in dem Gemälde Freude in dem Herzen der Anschauenden erregen. So auch bey traurigen Gegenständen.

Oktava, (Orgelbauer) ist in der Orgel ein Register von der Prinzipalwerken, und sind derselben viererley: 1) Großoktava, ist von 8 Fußton, gehöret ins große Prinzipalwerk, und ist als ein Aequal-Principal an der Mensur und Klange, nur daß es nicht von Zinn, sondern meistentheils von Bley mit etwas Zinn versetzt. 2) Oktave von 4 Fußton, weil sie im Mittel mit ihrem Tone eine Oktave höher, als das Aequal-Prinzipal. 3) Kleinoktave ist 2 Fußton, wird sonst auch Superoktave genennt, muß aber mit dem folgenden nicht vermengt werden. 4) Superoktävlein von 1 Fußton, heißt sonst Fedeze, weil es 2 Oktaven über der Oktave 4 Fußton steht.

Oktavbücher, s. Oktave.

Oktave, (Musiker) der Ton oder der Klang, welcher von seinem Gegenstande acht Klänge höher oder tiefer absteht, und mit demselben einerley Namen führet. Daher befinden sich zwischen diesem Intervalle 4 Linien und 4 Spatien. Sie ist entweder die gewöhnliche Oktave, z. B. c, c, e, e, a, a, oder die verkleinerte Oktave z. B. cis c, gis g; oder die vergrößerte Oktave, z. B. c, cis. Was Einige von mangelhaften und überflüßigen Oktaven sagen, wollen Andere nicht gelten lassen, weil dadurch nur Verwirrung in der musikalischen Setzkunst angerichtet würde. Sonst werden die Oktaven unter die vollkommenen Konsonanzen gezehlet, sie müssen sich aber nicht zu oft hören lassen, weil es sonst nicht gut klinget.

Oktave, Oktavbücher, oktavo. (Buchdrucker) das Format eines Buches, dessen Bogen in acht Blättern oder 16 Seiten eingetheilet ist.

Oktavina, Oktavine, (Musiker) auf den Instrumenten, welche mehr als ein Chor haben, ein Saitenzug, welcher gegen die andern Saiten eine Oktave höher klinget.

Oktavo, Ochavo, eine in Spanien gangbare Kupfermünze, welche 2 Maravedis Kupfermünze gilt, und deren 17 einen Real ebenfalls Kupfermünze machen. Man hat auch Oktavos von 4 und 8 Maravedis, aber jene werden gewöhnlicher Quartos, und diese doppelte Quartos genannt. (s. Schwert)

Oktiphonium, (Musiker) eine musikalische Komposition von 8 Stimmen.

Okularglas, s. Augenglas.

Okuliren, Oculiren, Äugeln, Anschilden, (Gärtner) eine künstliche Verbesserung und Vermehrung der fruchtbaren Bäume, welche durch die Vereinigung des Holzes von ächten Bäumen auf unächte, und zwar auf zweyerley Arten geschiehet, welche aber blos dem Namen und der Zeit nach unterschieden sind. Die erste heißt das Okuliren mit dem treibenden Auge, und geschiehet im März, April, auch wohl noch im May; die zweyte Art, das Okuliren mit dem schlafenden Auge wird zu Ende des Julius und im August vorgenommen. Das Okuliren selbst geschiehet bey stiller und trockener Witterung folgendergestalt: In einen jungen frischen Stamm schneidet man mit dem Okulirmesser einen Schnitt durch die Rinde bis aufs Holz ungefähr einen bis 1½ Zoll lang, und über solchen Schnitt noch einen Querschnitt, daß es einem großen lateinischen T gleich kömt. Nach diesem nimt man einen gesunden Zweig, bey der ersten Art des Okulirens vom vorigen Jahre, bey der zweyten aber vom gegenwärtigen, von dessen Früchten man gerne mehrere hätte, beschneidet die über dem Knospen oder Auge befindliche Blätter bis beynahe an das Auge, und macht einen Querschnitt in die Rinde unter und über dem Auge, hernach thut man von dem Ober- bis zum Unterschnitt auf beyden Seiten auch einen Schnitt, daß es wie ein viereckiges Schildchen aussiehet, welches mit dem Finger und Daumen behende von dem Holze vorsichtig abgezogen wird, daß sich das Auge vom Holze löse und im Schilde sitzen bleibe. Hierauf hebet man mit einem knöchernen oder elfenbeinern Keil, welcher gemeiniglich unten am Okulirmesser ist, die Flügel des gemachten und einem T ähnlichen Schnitts im Baume sachte auf, und schiebt das Auge zwischen die Rinde und das Holz aufwärts hinein, daß der obere Rand des Schildchens dichte an den Querschnitt zu stehen komt. Zuletzt bindet man es mit Hanf oder Bast, am besten mit Wolle, umher zu, jedoch oben vester als unten, damit der Saft desto leichter hinauf steigen kann. Nach Verfließung von etlichen Wochen (bey großen Bäumen muß man auch wol länger warten) wenn das Auge gequellen, und das Blatt abgestoßen hat, welches eine Anzeige, daß es angesetzt und eingewachsen ist, muß man das Band in etwas lösen, damit der Saft desto besser hinein gehen kann. Auf diese Weise können mehrere Augen auf einen Baum, doch so gesetzt werden, daß die Schilder nicht näher, als eine Handbreit zusammen, und etwan nach verschiedenen Himmelsgegenden zu stehen kommen. Doch wenn sie alle gerathen, so muß man an kleinen jungen Bäumen nur das Beste stehen lassen. Nach dem Okuliren muß man das alte Holz etwa 1 Zoll über dem Auge abschneiden, und den Ort mit Baumwachs verkleben. Uebers Jahr kann man den Stamm vollends glatt an den Augen wegschneiden, und ebenfalls wieder Baumwachs darüber kleben. Bey dem Okuliren mit dem schlafenden Auge aber muß das Holz oben am Stamme gelassen werden, bis künftigen Frühling, da denn, wenn das Auge schon treibt, der Stamm über demselben abgeschnitten, und mit Baumwachs, wie bey dem vorigen, verklebet werden muß. Diese Art ist viel dauerhafter und besser, als die vorige, sonderlich bey Stein- und Kernobst. Die Pfirschenreiser müssen doppelte und dreyfache Augen haben. Hiernächst ist zu merken, daß die Okulirreiser am besten aus dem Gipfel, wenigstens von aufwärtsstehenden, nicht aber herunterhangenden Zweigen genommen werden. Wenn man die Okulirreiser in Wasser oder fette und feuchte Erde setzt, und sie nicht über anderthalb Fuß lang sind, so kann man sie 3 bis 4 Tage ohne Gefahr verwahren. Vermittelst dieses Okulirens kann man alle Bäume, welche die andern Propfarten nicht annehmen, fortbringen, auch unterschiedliche Farbenrosen auf einer Staude, ingleichen Pomeranzen, Zitronen, Limonien u. dgl. fortbringen; so verdirbt auch der Stamm nicht, wenn gleich das Auge absteht und verdirbet.

Oel. Man versteht hierunter einen fetten Saft, der aus Früchten, Gewächsen, Saamen und andern Körpern gezogen wird. Der sich im Wasser gar nicht, oder doch nur sehr wenig, auflöset, und mit einer Flamme, welche mit Ruß und Rauch begleitet wird, verbrennet. Die Bereitung geschieht vornehmlich durch das Pressen und Destilliren. Daher theilt man die Oele in ausgepreßte oder schmierichte, und in destillirte ein. Diese letzte Art wird insgemein das wesentliche, auch ätherische riechende Oel genannt. Man erhält sie bald aus der ganzen Pflanze, bald aus den Wurzeln, dem Holze, der Rinde, den Blättern, den Blumen, den Früchten oder ihren Schalen, dem Saamen, wie auch aus den Harzen und den natürlichen Balsamen. Ein Körper giebt mehr von solchem Oel, als der andere, und gelinde getrocknete Pflanzen geben auch mehr Oel bey der Destillation, als die grünen. Einige wenige Körper aus dem Thierreiche geben auch dergleichen Oel bey der Destillation, welches man das thierische Oel nennt. Die wesentlichen Oele überhaupt erhält man, wenn man Wasser auf die Körper schüttet, und denn eine Destillation damit anstellet. Die wesentlichen Oele haben alle in einem merklichen Grade den Geruch derjenigen vegetabilischen Substanz, daraus sie gezogen sind. Was die ausgepreßten Oele betrifft, so giebt es eine große Menge Pflanzen, die Oel enthalten, welches nicht zur Mischung ihrer nächsten Bestandtheile gehört, sondern in den verschiedenen Theilen der Pflanzen vorräthig, abgesetzt, und überflüßig ist. Die meisten Saamen, Nüsse, Mandeln rc. sind das Behältniß dieser überflüßigen Oele, welche sich auspressen lassen. (s. Oelschlagen) Die ausgepreßten Oele sind milde, und haben fast gar keinen Geruch. Diese Oele sind niemals recht flüßig und dünne, sondern haben eine beträchtliche schmierige Beschaffenheit. Sie verlieren aber leicht ihre milde Art, bekommen eine Schärfe und starken Geruch, welches beydes zusammen man die ranzige Beschaffenheit nennt. Man braucht die Oele zu sehr vielen Bedürfnissen, sowohl in der Arzney, als auch in der Haushaltung und bey den Künstlern. (s. davon an seinem Ort.

Olampi, ein Gummi oder Harz, welches dem Kopal nicht unähnlich, gelb, etwas weiß, durchsichtig, hart, und von einem etwas anziehenden Geschmacke ist. Man bringt es aus Amerika, und wird zuweilen in der Arzney gebraucht.

Oelbällchen, s. Filzbällchen.

Oelbaum, ein Baum, der wild und auch gepfleget, oder zahm, vornehmlich in Italien, Spanien, Portugal, dem mittägigen Frankreich und in andern warmen Ländern mehr wächset. Er trägt die bekannte Frucht der Oliven, woraus Oel gepreßt wird. Das Holz von beyden Arten ist dauerhaft, und weder der Fäulniß, noch dem Wurmstich unterworfen, die Wurzel wird wegen ihres Masers zu Tischlerarbeit gebraucht.

Oelblase, Firnißblase, Fr. Marmite, ein den Kupferdruckern sehr nothwendiges Werkzeug. Sie kochen darinn die Schwärze zum Kupferstichdrucken. Die Blase muß von Eisen, hinlänglich groß, und mit einem Deckel versehen seyn, welcher sehr stark und so passend seyn muß, daß kein Lüftchen dazu kann.

Oelblau, Stärkblau. (Maler) So nennen einige Maler die Smalte. Sie nehmen davon diejenige Art, die nicht zu steinicht und rauch ist, auch eine schöne blaue Farbe hat. Sie will wohl 3 oder 4 Stunden gerieben werden, und zwar mit Tranenöl oder andern Firniß; und weil sie, gleich andern Farben, durch das Oel wird, so mischet man während dem Reiben etwas Bleyweiß, nachdem man es hell oder dunkel haben will, darunter.

Oelbüchse auf der Palette, (Maler) ein blechernes Gefäß, dessen Boden einen blechernen Streifen angelöthet hat, das auf die Palette beym Malen geschoben wird, um das Nußöl, womit man malet, auf der Palette und bey der Hand zu haben.

Oel der Kupferdrucker, Fr. Huile d' imprimeur en taille douce. (s. Drucköl)

Oeldrusen, eigentlich die Oelhefen oder der Satz, das ist, die grobe, dicke und unreine Materie, welche sich von dem Baumöl unten auf dem Boden des Gefäßes setzet, worinn es eine Zeitlang gestanden hat. Man brauchet solche zum Seifensieden, an den Oertern, wo mit Oel anstatt Talg Seife gesotten wird, auch zu dem Zubereiten des Leders, wodurch es sehr geschmeidig wird. Auch zu den gemeinen Pechfackeln wird es gebrauchet.

Oleb, eine Art Flachs, welchen man in Aegypten bauet. Er ist nicht so gut, als derjenige, welcher Semisnanti heißt, mit der Forfette aber von einerley Güte.

Oelfarben, (Maler) alle diejenigen Farben, sie seyn mineralisch oder Saftfarben, die mit Oel gerieben zur Malerey,

Malerey, sowohl zu Gemälden, als auch in der Staffermalerey gebrauchet werden.

Oelfirniß, s. unter den Malerfirnissen.

Oelgoldgrund, s. Goldgrund.

Oliven, sind die länglichtrunden und gelbgrünen Früchte des zahmen Oelbaums, welche unter einer glatten Haut und öhlichten Mark einen sehr harten und rauhen Kern, und einen etwas bittern und anhaltend herben Geschmack haben. Sie werden, wenn sie etwas über halb reif sind, gemeiniglich im Junius und Julius abgenommen, erstlich in frischem Wasser, und nach diesem in einer von Pottasche oder Sande gemachten Lauge geweichet, endlich in Fäßchen von unterschiedener Größe eingetheilet, mit Salzwasser übergossen, mit einer gemischten Essenz von Nelken, Zimmt, Koriander, Fenchel und anderm Gewürz beschüttet, und also versandt. Die florentinischen sind die besten, als deren Fleisch sich von den Kernen wohl ablöset. Die besten müssen noch frisch, hart, und wohl eingemacht, auch nicht zu bitter seyn. Die völlig reifen Oliven dienen zum Oelschlagen. (s. dieses)

Olivenbaum, s. Oelbaum.

Olivenfarbe, 1) (Maler, Staffirmaler) Wenn man diese Farbe als Wasserfarbe gebrauchen will, so nimt man Gelb von Berry, Indigo und Spanischweiß; soll aber ein Firniß darüber gezogen werden, so bedienet man sich statt dieses Weißes des Bleyweißes. Zur Olivenfarbe als Oelfarbe reibt man Gelb von Berry mit Oel ab, als welches den Grund zu dieser Farbe giebt; man thut etwas Grünspan und Schwarz hinzu, welches mit Oel und Terpentin, jedes zur Hälfte, eingerieben wird. 2) Bey den Färbern eine grünliche Farbe, die aus Blau, Gelb und Falb zusammengesetzt, und in einer dieser drey Farben mehr oder weniger gefärbet wird, nachdem die abzuwechselnde Schattirung hell oder dunkel werden soll.

Olivensteine, Judensteine, sind vielschalige versteinerte Konchilien, die rundbäuchig, wie Oliven oder Gurken gebildet und Stiele haben.

Olivetten, eine gewisse Gattung falscher Perlen oder Glasperlen, welche die Gestalt einer Olive haben, daher sie auch ihren Namen bekommen. Man gebrauchet sie sonderlich zu der Handlung mit den Schwarzen in Afrika; sie sind gemeiniglich weiß.

Oelkelter, (Oelschläger) die Kelter, in welcher das Oel aus den Oelbeeren gekeltert wird. (s. Oelmühle)

Oelkuchen, (Oelschläger) die in Gestalt großer viereckigter Kuchen gepreßte Treber oder Hülsen, die von dem geschlagenen Oel übrig bleiben. (s. auch Leinkuchen)

Oellade, (Oelschläger) der Raum oder das Behältniß, worein die Näpfe gesetzt werden, worinn der Saamen, woraus Oel gepresset werden soll, lieget. Unten hat solche Lade im Boden eine Oeffnung, wodurch das ausgepreßte Oel in ein untergesetztes Gefäß läuft.

Oellampe, s. Lampe.

Oelmalerey, die Kunst mit Oel zu malen. Diese Art zu malen hat viele Vorzüge vor den übrigen Arten der Malerey. Das Oel macht die Farben, welche mit demselben abgerieben werden, sanfter; die Oelfarben ahmen das natürliche mehr nach, und zeigen die Schatten stärker an. Oelbilder können retouschiret werden, allein schwerlich so, daß nach einiger Zeit nicht etwas davon zu sehen seyn sollte, zumal wenn es geschieht, nachdem sie schon fertig gemalt worden. Die Oelmalerey ist sehr gut zu Gemälden von mittlerer Größe. Unterdessen wird sie auch zu großen Arbeiten, in den Kuppeln und zu Gallerieftücken gebrauchet; allein die Feuchtigkeit macht, daß Stücken abspringen, welches im Fresko nicht geschieht. Die besten Oele, welche zu dieser Malerey gebraucht werden können, sind das Lein-, Nuß- und Mohnöl.

Oelmühle, (Mühlenbau) eine Stampfmühle, worinn der Saamen, woraus Oel gepreßt werden soll, gestampft wird. Sie werden entweder in den Gerinnen oder Mühlhäusern der ordentlichen Mehlmühlen, oder in Nebengerinnen, und besonders dazu eingerichteten Häusern erbauet. Bey Anlegung solcher Mühlen muß auf folgendes gesehen werden: Erstlich muß man wissen, wie vielmal die Daumenwelle die Stampfen aufheben soll, indem das Wasserrad herumläufe; fürs andere, wie die Daumen in der Welle einzutheilen sind; und drittens, was bey den Löchern in dem Grubenstocke in Acht zu nehmen, und wie selbige zu machen. Das erste anbelangend, so werden die Stampfen, wenn ein 8 Ellen hohes und 2 Ellen weites Staberrad 10 Zoll lebendiges Gefälle hat, und die Oeffnung des Gerinnes 1½ Elle weit ist, und das Wasser 1½ Elle hoch in dasselbe läuft, fünfmal aufgehaben, wenn das Wasserrad einmal umläuft. Es müssen alsdenn acht paar Stampfen vorhanden seyn. Nach diesem Verhältniß kann man bey allen Wasserrädern, so höher oder niedriger als 8 Ellen, an der Kraft des Wassers aber unveränderlich sind, verfahren, und sie nach der Regel Detri berechnen. Bey Eintheilung der Daumen auf der Welle muß man beobachten, daß keiner mit dem andern in gerader Linie zu stehen komme, sondern ein jeder um einen gleichen Theil nach der Peripherie der Welle von dem andern entfernt seye, damit die Welle eine gleiche Bewegung bekommen möge. Erstlich verzeichnet man also nach den Stampfen die Weite der Hebedaumen, welche insgemein auch Tangenten genennet werden, denn so weit als die Stampfen auseinander stehen, so weit müssen auch die Hebedaumen auf der Welle von einander kommen, damit sie die Stampfen an den Hebelatten fassen und aufheben können: Man reisset demnach soviel Zirkel um die Welle herum, als Stampfen sind, hernach überleget man, wie oft jede Stampfe kann oder soll aufgehoben werden, wenn die Welle einmal herum komt, welches hier z. B. dreymal geschehen soll, und mit dieser Zahl multipliciret man die Zahl der Stampfen, so giebt das Fackt die Zahl der Hebedaumen. Jede Stampfe soll bey einem Umlaufe der Welle dreymal gehoben werden, macht also 48; und soviel werden Hebedaumen erfordert. Nach diesem leibet man an beyden Enden der Welle über den Mittelpunkt derselben, und zeichnet oben auf der Peripherie, wo das Loth anschlägt, machet sodann von einem Punkte zum andern einen Schnurschlag, und von diesem theilet man den Umfang der Welle an beyden Enden in soviel gleiche Theile, als durch die Multiplikation herausgekommen sind, nämlich 48, und hängt alle Schnurschläge durch die Punkte zusammen. Wenn dieses geschehen, so fängt man allemal von einem Ende der Welle zum andern in jeden Zirkel soviel Schnurschläge fortzuzählen, daß 48 Schnurschläge darauf entstehen. Alsdenn setzet man auf den ersten Schnurschlag an dem ersten Zirkel den ersten Daumen, auf den 17ten dieses nämlichen Zirkels den zweyten Daumen, auf den 34sten Schnurschlag des nämlichen Zirkels den dritten Daumen, und so fort auf alle Zirkelschläge immer einen Daumen zwischen zwey Daumen des vorigen Zirkels recht in der Mitte auf ihren gehörigen Schnurschlag. Der Grubenstock, als das dritte Hauptstück einer Oelmühle, oder die darinn befindlichen Löcher, werden nach einem gewissen Zirkelbogen ausgearbeitet, auf daß sich das zum Stampfen eingeschüttete Zeug umwenden könne, und von dem Niederfallen der Stampfen zum Pressen gut bearbeitet werde. Die ganze Tiefe eines Loches, welche bis 16 Zoll hier beträgt, theilet man in drey gleiche Theile, nach diesem giebt man derselben eine gewisse Weite zu, so ohngefähr 10 Zoll hält, und reißet darnach den ganzen Bogen. Unten auf die Böden der Löcher wird eine eiserne Platte ½ Zoll stark, 8 Zoll lang und 5 Zoll breit eingesenket, und mit 4 Nägeln bevestiget, auf daß sie sich nicht ausarbeiten möge. Weil besagte Platten aber länger sind, als der Diameter eines Loches auf dem Boden ist, so wird an den Seiten, wo sie anstoßen, ein Zwickel oder eine Rinne von der Wölbung ausgemeißelt, an den andern Seiten aber muß alles nach dem vorgerissenen Zuge verbleiben. Der ganze Bau einer Oelmühle und deren Zusammenhang ersiehet man aus folgendem: das Wasserrad ist hier 8 Fuß hoch angenommen, das Stirnrad hat 60 Kämme mit 4½ Zoll Theilung, und daher ist die Höhe dieses Rades 3 Ellen 14 Zoll; die Theilung des Trillings ist 4½ Zoll, und hat 16 Stöcke, und der ganze Durchmesser des Theilzirkels beträgt 1 Elle 5½ Zoll, bis zu äußerst der Felgen aber wird dieser Trilling 1 Elle 14½ Zoll. Das Stirnrad bringt den Trilling 1⅗ mal herum, weil man den letztern an der Daumenwelle bevestiget ist, so geht diese auch soviel mal um. Da sie nun bey einem Umgange die Stampfen dreymal hebet, so werden sie, ehe das Stirn- oder Wasserrad einmal herum kömt, fünfmal von derselben aufgehoben. Die Stampfen, welche von Ahorn- oder Weißbuchenholz gemacht werden, sind 7 Ellen lang, 6 Zoll breit, und 5 Zoll stark. Sie werden unten auf ihrer Grundfläche mit Eisen beschuhet (beschlagen). In der Oellade werden zwey Löcher 16 Zoll weit, 18 Zoll lang und tief ausgehauen, welche unten am Boden ein Loch haben, damit das ausgepreßte Oel durch und in die untergesetzten Gefäße laufen könne. In diese Löcher wird der zerstoßene Saamen, nachdem er in Haartücher geschlagen worden, in die Näpfe (s. diese) eingesetzt, und dieselbe durch zwey Keile, den Löse- oder Schleifkeil und den Preß- oder Treibkeil bevestiget. Der erste wird durch einen Strang ohne Zwang hineingezogen, der andere aber durch den Oelschlägel mit Gewalt hineingetrieben. Zwischen dem Löse- und Preßkeil liegt ein hartes Kernz, welches sich auf der einen Seite in der Oellade anklemmet, auf daß der Preßkeil, wenn er hinein geschlagen wird, den Lösekeil nicht rückwärts hinaus stoßen könne. Damit man der Preßkeil die Näpfe in der Oellade mit Gewalt zusammen zwinge, und also das Oel ausgepresset werden möge, so ist der Oelschlägel (s. diesen) an dem Schlegelarm, einem etwa 6 oder 8 Zoll starken eichenen Holze, dieser aber an der 8½ Elle langen und 14 Zoll starken Schlegelwelle bevestiget, dergestalt, daß man vermittelst einer hölzernen Schiene den Schlegel auf die Rede hin und her richten kann. An eben dieser Schlegelwelle, und zwar dem Schlegelarme gegenüber, befindet sich die Schere, ein senkrechtes Holz, welches vermittelst eines eisernen Bolzens, der dazwischen gesteckt und an der Seite mit einem Hebelinge oder Zugdaumen versehene Stange hält. Wenn nun bey dem Umgange der Daumwelle der Arm oder Zugdaumen durch den Daumen der Welle niedergedrückt wird, so geht der Oelschlägel in die Höhe und fällt, wenn die Daumen einander gehen lassen, zurück, und schlägt den Preßkeil immer tiefer hinein. Auf einmal Pressen wird nicht alles Oel aus dem Saamen gebracht, deswegen man die Kuchen wieder stampfet, wenn sie zum erstenmal ausgepresset worden, und wärmet den gut bearbeiteten Zeug auf einem Wärmofen etwas an, und presset ihn wiederholentlich, um alles Oel auszupressen. Der Grubenstock in der Oelmühle ist 7 Ellen lang, 1 Elle 8 Zoll stark und breit, und die Oellade 6 Ellen lang, 1½ breit, 1½ Elle stark. Auf den holländischen Oelmühlen wird der Saamen erstlich gemahlen oder zerquetschet, alsdenn gestampft, und endlich das Oel herausgepresset. Zum Malen oder Quetschen des Saamens ist deswegen ein runder Herd 4½ Elle über dem Diameter von Steinen aufgemauert, und oben um denselben ein erhabener Rand von 2 Zoll starken Brettern eine halbe Elle breit angefüget, damit das Gesäme nicht heraus fallen kann. Auf besagtem Herde oder Lager werden zwey cylindrische Steine als Räder an ihrer Achse vermittelst eines Rahmens durch eine stehende Welle durch ein Stirnrad herum getrieben, welche den Saamen zerquetschen, und wenn er gut zerquetschet worden, durch das größte Loch in einen Kasten ausschütten; der alsdenn gestampfet und gepresset wird. Da bey dem Pressen des Saamens die Holländer den Gebrauch haben, denselben warm zu machen, so bedienen sie sich bey jeder Oellade eines besondern Ofens, sowohl bey dem ersten als auch zweyten Schlage, bey welchen Kessel eingemauert sind, um den Saamen darein zu schütten und zu erwärmen (s. Wärmofen) und da der Saamen beständig umgerühret werden muß, und es zu kostbar seyn würde, einen Menschen dazu zu halten, so haben sie solches durch die Kunst eingerichtet, und an die Daumenwelle, jedem Wärmofen gegen über, einen Einscheibigen Trilling mit 13 Stöcken bevestiget, dieser greift in ein Stirnrad von 36 Kämmen, welches ein Rädchen von 13 Kämmen nebst dem Rührsteden ckern an jedem Ofen herumtreibet, dieser geht senkrecht herunter bis in den Kessel des Ofens, und ist unten als ein Quirl beschaffen. Die Keile, womit sie die Oelsäcke zusammenpressen, um das Oel, so sie bey sich haben, in untergesetzte Gefäße ablaufen zu lassen, werden durch die Stampfen, gleichwie bey den hiesigen Oelmühlen, durch den Schlegel geschicht, in die Oellade eingetrieben, mit Nebenstampfeln oder Stampfen aber werden die aufwärts gekehrte Keile zurückgeschlagen, und dadurch die andern wieder los gemacht. Weil bald das Rad mit den Steinen, bald die Stampfen still stehen müssen, so macht man an der stehenden Welle, woran die Steine herumgeführet werden, oben eine Auflösung, auf daß man das Stirnrad beyde aus- und einrücken kann, wenn die Steine still stehen sollen. Bey jeder Stampfe wird ein Strick angebracht, damit man sie, wenn sie aufgehoben werden, bevestigen kann, daß sie nicht wieder herunter fallen. Noch ist zu bemerken, daß bey den Steinen, die den Saamen zermalmen, Zustreicher angebracht werden, welche das Oelsame unter die Steine streichen, damit dieselben solches recht fassen und zerquetschen können, und auch ferner zu dem Loche in den Kasten hinaus werfen, wenn es genug gearbeitet ist. Es wird deswegen eine Gabel angebracht, die an dem einen Ende sich um ein Gewinde drehet, welche, wenn sie gerade in der Mitte zu stehen kommt, mit ihrem Haken am andern Ende den Zeug zum Loch streichet, wenn sie aber ein wenig nach der entgegengesetzten Seite fortgerückt wird, und vest gemacht ist, so streichet sie allezeit den Zeug unter die Steine. Das Radwerk zu diesen Mahlsteinen ist auf folgende Art eingerichtet: Nämlich an der Daumenwelle der Oelmühle hängt ein Kammrad von 61 Kammen, dieses greifet in einen senkrecht stehenden Trilling, welcher 26 Stecke hat. Ueber gedachten Trilling an eben der Welle ist ein anderer von 13 Stecken, dieser greift in ein Stirnrad von 76 Kammen, und treibt es nebst der stehenden Welle der beyden senkrecht laufenden Mühlsteine herum. Wenn diese Maschine vom Winde beweget wird, wie sehr oft geschieht, so geht die senkrechte Welle, woran die beyden Trillinge sitzen, bis in die Haube oder unter das Dach der Mühle, und allda führet sie wieder einen Trilling, in welchen das Kammrad, so an der Windwelle bevestiget ist, eingreift, wodurch denn der Umlauf des gesammten Räderwerks befördert wird. Weil hier aber der Umtrieb durch das Wasser geschehen soll, so wird an das Ende der Daumwelle ein Stirnrad von 48 Kämmen, und darunter an einer besondern Welle ein Trilling von eben soviel Stecken, und endlich wieder ein Stirnrad von 80 Kämmen gesetzt, dieses wird von dem Wasserrade beweget, und setzt alles in Bewegung. (s. Leupolds Schaupl. der Mühlenbaukunst Tab. XXVIII. XXIX.

Olonne, kleine Olonne, eine Art roher hänfener Leinwand, welche zu Segeln dienet, und zuerst von den Einwohnern zu Sables d' Olonnes in die Handlung gebracht worden, daher sie auch den Namen behalten. Sie werden aber itzt meistens in Bretagne zu Medrignac und da herum verfertiget. Diese Leinwand ist 40 Zoll breit, und ihre Stücken halten gewöhnlich 14 bis 15 Ellen pariser Maaß.

Oelpresse, s. Oelmühle.

Oelrettig, s. Rettig chinesischer.

Oelschlagen. Eine Beschäfftigung, da man aus gewissen Früchten und Saamenkörnern ein Oel presset. Das vornehmste Oel ist dasjenige, welches aus den Oliven, einer Frucht, die nur in den warmen Gegenden von Europa wächst, geschlagen wird, und daselbst ein beträchtlicher Zweig der Landwirthschaft ist. Die Beeren müssen zeitig seyn, und anfangen schwarz zu werden. Wenn diese Olivenbeeren vom Baume abgebrochen werden, so werden sie auf Hurden ausgebreitet, damit die noch übrige Feuchtigkeit davon komme, und dann in großen Pressen an einem warmen Orte gepresset. Der erste Druck mit der Presse giebt das klärste, reinste und feinste Oel, welches Jungfernöl genennet wird. Die folgenden Arten sind geringer, und der letzte Druck wird bloß zum Brennen gebraucht. Wenn das gepreßte Oel eine Zeitlang in Fässern gestanden hat, so wird es in andere Gefäße geschüttet, und je öfters dieses geschiehet, desto klärer und reiner wird es. In Deutschland erhält man aus verschiedenen Saamen und Körnern Oel, welches auf den sogenannten Oelmühlen (s. diese) geschlagen oder ausgepresset wird. Die reifen Saamen werden in diesen Mühlen gestampft, und alsdenn in der Oellade vermittelst des Preßkeils und des Oelschlägels ausgepreßt. Der ausgepreßte Saamen wird nochmals gestampft, angefeuchtet, in einem Kessel erwärmet, und nochmals gepresset; wodurch aber ein schlechteres Oel erhalten wird, als das erste, so gleichfalls Jungfernöl genennet wird. Die meisten Oele, welche in Deutschland von den Saamen geschlagen werden, haben den Fehler, daß sie einen brenzlichen Geschmack haben, und daher zur Speise selten taugen, doch wird das Leinöl in katholischen Ländern, z. B. in Polen, sehr stark gebraucht, das ziemlich gut ist, wenn es noch frisch ist, wie man es denn durch eine geschickte Behandlung der Köche von dem brandigen Fehler befreyen kann.

Oelschläger, ein Müller, der sich darauf leget, Oel zu schlagen, er heißt aber nur so im engern Verstande, wenn er nichts als Oel schlaget, weil alle Müller, wenn sie Oelmühlen bey ihren Mahlmühlen haben, Oel schlagen können. Auch von den Bauern selbst wird das Oel auf kleinen Handmühlen und Pressen geschlagen.

Oelshaut, von einigen fälschlich Eselshaut genannt, eine Art Pergament, das nicht bloß aus Esels- sondern allerley Leder mit Oel zubereitet wird. Es sieht weißgelb aus, und wird dergestalt zugerichtet, daß sich alles, sogar die Tinte, bequem auf solchem auslöschen lässet, daher man es gern zu Schreibtafeln gebrauchet.

Oel, starkes, It. oeil forte, ein starker Firniß, der zähe und dick ist, um ihn so zu machen, läßt man ihn viel länger am Feuer, als den andern.

Oelstein, Fr. Pierre à rasoir, Pierre à aiguiser. Ein Wetzstein, welchen man mit Oel bestreicht, wenn man was

was darauf scharf machen will, dergleichen die Streichsteine der Barbierer und Scheerenschleifer sind, auf welchen die Schermesser abgezogen werden. Er gehört zum Schiefergeschlecht, ist weich, wenn er gebrochen wird, erhärtet aber, wenn man ihn gebraucht; seine Theile sind so fein, daß man sie schwerlich unterscheiden kann, bricht auf Lagen oder Schichten, welche man leicht unterscheiden kann, die oft schwärzlich und gelblich sind, und sehr vest auf einander sitzen; beyde lösen sich in Sauren nicht auf, doch fließet die gelbe eher im Feuer, als die schwärzliche. In einigen Ländern macht man auch Mühlsteine daraus.

Oel tränken, (Maler) Holz oder Steine mit Oel anstreichen, und dieses so oft wiederholen, bis es satt, d. i. soviel eingetrocknet ist, daß der Körper nichts mehr annimt. Es wird dadurch dem Körper eine Vestigkeit und Dauerhaftigkeit gegeben.

Oel trocknes. (Maler) Man nimt Spiköl 3 Loth, 4 Loth Sandrak, 1 Loth Mastix, 1 Quentchen venetianischen Terpentin, 1½ Pfund geläutertes Leinöl, so weiß, klar und nicht röthlich ist. Der Sandrak und Mastix wird klein gestoßen, und in ein Glas gethan, so oben ein weit Loch hat, wie die Zuckergläser. Nachher setzt man den Terpentin nebst dem Spik- und Leinöl hinzu, rühret alles wohl untereinander in dem Glase, hernach verbindet man solches mit einer Schweinsblase veste, und sticht oben in selbige einige Löcher mit einer Nadel, damit es etwas Luft habe, und das Glas nicht zerspringe. Denn nimt man einen neuen Topf, legt unten etwas Heu oder Stroh, setzet das Glas in den Topf, und stopfet auch etwas Heu oder Stroh herum, daß das Glas veste stehe, gießt dann Wasser in den Topf, doch daß das Wasser nicht über das Glas gehe, und setzet ihn auf gutes Kohlenfeuer, fängt es nun an zu sieden, so lasse man es eine halbe Stunde kochen, und wenn das Wasser eingesotten, so gieße man noch mehr warm Wasser in den Topf, vom kalten springt das Glas. Wenn es wohl gekocht, nimt man es vom Feuer, und läßt das Glas nebst dem Wasser im Topf kalt werden. Ist es nun erkaltet, so gieße man einen Theil davon zum täglichen Gebrauch in ein besonderes Glas, das übrige wird in dem großen Glase vest zugebunden, und an die Sonne gehängt, wodurch es noch besser wird. Dieses Oels kann man sich zu allen Farben bedienen, womit ein gut Stück gemalet werden soll.

Oelkotte, s. Oelmühle.

Oelvergoldung, s. Vergoldung.

Oncia, eine Münze in Messina und Palermo. Ehemals war solche nur bloß eine Rechnungsmünze, deren man sich im Handel, in Wechseln und im Buchhalten bediente: itzt aber ist sie eine wirklich geprägte und gangbare Münze, indem man deren von Gold und Silber hat. Sie gilt 30 Tarini, oder 60 Carlini und 600 Grani.

Onda-maris, halb ital. und halb lat. deutsch Meerwasser, (Orgelbauer) eine offene Flötenstimme 8 Fußton, welche ein hölzernes Principal und etwas höher gestimmt ist, als das rechte, damit es zu solchem allein gezogen, durch die Schwebung des Klanges das Schweben der Meereswellen anzeige. Oefters werden alle Pfeifen doppelt gemacht, nämlich jede mit einem Unterschiede, auch mit zwey Lefzen, folglich haben sie zweyen Klänge, deren einer höher als der andere ist.

Onde, ein schlechter gewässerter Zeug von Seide, Wolle und Leinengarn, welcher zu Amiens in der Sayettmacherey verfertiget wird. Er liegt anderthalb Fuß und einen Zoll breit nach dem königlichen französischen Maaß, und muß das Stück davon 20½ Elle lang seyn.

Ongaro. Ital. So nennt man in Italien die ordentlichen ungarischen Dukaten, zum Unterschiede der venetianischen Ducati de banco, die am Werthe sogar einen Thaler gegen die deutschen Dukaten gelten.

Onix, s. Onychstein.

Onychel, der alte deutsche Name des Onychsteins.

Onychstein, Onix, Onyx, Fr. Onix, (Bergwerk) ein sehr wenig durchscheinender, beynahe halb durchsichtiger, agatartiger Stein, welcher aus auf einander liegenden Schichten von unterschiedenen Farben bestehet. Der arabische hat schwarze, braune oder weiße, in die runde neben einander laufende Kreise oder Reifen. Es gehören unter sein Geschlecht der Memphit Sardonix.

Onza, ein venedisches Gewicht, so 6 Saggi, oder 9 Tarine, oder 27 Strepoll hält. Zwölf Onze machen ein Pfund leicht Gewicht.

Oort, s. Ort.

Opal, ein durchsichtiger Edelstein, der das Feuer des Karbunkels, die glänzende Purpurfarbe des Amethists, und die grüne des Smaragds in einer angenehmen Vermischung besitzt, und darum für den schönsten unter allen gehalten wird. Einige derselben spielen mit himmelblau, purpur, grün, gelb, roth, auch wol mit schwarz und weiß untereinander. Die besten werden unter den mancherley Farben nach dem Glanze und der Härte beurtheilet. Sie kommen aus Aegypten, Cypern, Arabien und Indien. Diejenigen, so in Ungarn und Böhmen gefunden werden, sind geringer. Die Juweliere zählen viererley Arten: Die erste ist durchscheinend mit mancherley Farben; die zweyte schwarz, und läßt gleichsam eine Flamme blicken, welche aber selten zu haben ist; die dritte hat einen gelben Grund, daher sie nicht so lebhaft spielet, und man rechnet hierzu das sogenannte Katzenauge; die vierte Art wird italienisch Girasole genannt, weil er etwas gelbes wie ein Stern hat; es ist aber ein falscher Opal. Ehedem waren sie in höherem Werth als itzt. Sie werden auch durch Hülfe einer Folie, oder aus gewerkten gefärbten Glase, oder aus geschmolzenem Krystal mit Zinnasche nachgemacht.

Operleer, s. Opperleer.

Operment, s. Auripigment.

Operngucker, Taschengucke, ein kleines Perspectiv, das man in der Tasche tragen kann.

Opernhaus. (Baukunst) Ein öffentliches Schauspielhaus zu dem italienischen Singspiel (Opera) eingerichtet. Das Theater und die Seitenräume müssen wegen der großen Scenen, die darauf gespielt werden, und der Maschinerien sehr

ſehr geräumig, und unter dem Dache auch beſondere Einrichtungen für die fliegenden Schaugerüſte und den Flug der Perſonen angebracht, auch die Logen, wie bey jedem wohl angelegten Schauſpielhauſe, an echoiren, ſchräge nach dem Theater zu oder Tenorgemäßig angelegt ſeyn. Die beſte innere Geſtalt eines Opernhauſes iſt die ovale. Da auch die Redouten in den Opernhäuſern gegeben zu werden pflegen, ſo wird der Boden des Theaters zum Auf- und Niederſchrauben eingerichtet, und im Hauſe Springſäle angebracht.

Opferſchale, Fr. patère. Ein Gefäß, deſſen ſich die Alten bey ihren Opfern bedienten. Die Steinſchneider, Stempelſchneider und Maler geben die Opferſchale gewöhnlich den Göttern bey ihrer Abbildung, auch öfters Fürſten in die Hand. In der Baukunſt iſt die Opferſchale eine Zierrath des Frieſes in der Doriſchen Ordnung und des Giebels der Arkaden.

Ophit, Schlangenſtein, ein vornehmlich bey den Alten bekannter Stein, welcher grün iſt, und ſchwarze Adern und Flecken hat. Er beſteht aus Thon, Kalk und Serpentinſtein, und wird in unſern Flötzgebirgen häufig gefunden, wo er auch Lehmſtein heißt.

Oppenwall, (Waſſerbau) das Ufer oder Geſtade, worauf der Wind anſteht, oder davon wegbläſet.

Oppeleere, Opeleere, eine Art Thierhäute, die auf der einen Seite gar gemacht ſind, auf der andern aber noch die Haare oder Wolle haben. Sie werden in Holland gewöhnlich zu Decken gebraucht.

Optik, eine mathematiſche Wiſſenſchaft, die den Malern und Zeichnern unumgänglich nöthig iſt. Sie iſt die Kenntniß der ſichtbaren Dinge, in ſofern dieſelben mittelſt der Strahlen, welche aus einem jeden Punkte eines Gegenſtandes kommen, und gerade aufs Auge zu laufen, ſichtbar werden. Die Malerey gründet ſich auf dieſe Wiſſenſchaft, da die Gegenſtände und die Farben die Materie der Malerey ausmachen, beyde aber ohne das Licht nicht gefunden werden können. Der Mangel deſſelben verurſachet Schatten, und jemehr Hinderniß das Licht antrifft in einen Ort zu dringen, je dunkler iſt der Schatten daſelbſt. Jemehr ſich aber die Oberfläche der Körper der weiſſen Farbe nähert, deſto mehr prallen Strahlen von ihm zurück, und deſto ſtärker iſt der Wiederſchein u. ſ. w. Wenn das Licht in einen dunkeln Ort durch eine kleine Oeffnung fällt, ſo macht es einen Lichtſtrahl, welcher ſich in gerader Linie bis auf die gegenüberſtehende Wand ausbreitet. Dieſer Strahl nimmt die Geſtalt der Oeffnung an, durch welche er einfällt; er theilt ſich nach dieſem in unendlich viele andere Strahlen, welche jemehr und mehr abweichend und ſchwächer werden, je weiter ſie ſich von dem Einfallungspunkte entfernen. Ein jeder Punkt der Oberfläche eines beleuchteten Körpers kann von allen den Seiten geſehen werden, wohin man aus demſelben gerade Linien ziehen kann, und alle Punkte der Oberfläche eines Körpers werden ſichtbar ſeyn, wenn man dahin eine gerade Linie aus irgend einem Punkte eines leuchtenden Körpers ziehen kann. Die erleuchteten Oberflächen der Körper müſſen betrachtet werden, als wären ſie aus unendlich vielen Punkten zuſammengeſetzt, welche von allen Seiten Lichtſtrahlen zurückwerfen. Das Auge iſt das Werkzeug des Sehens; alle Gegenſtände, deren Strahlen auf das Auge fallen, malen ſich in demſelben deutlich ab, wenn es geſund iſt; und das Bild des Gegenſtandes malet ſich in dem ſelben deſto größer, je näher es demſelben iſt. Die Nähe der Gegenſtände macht alſo, daß ſie größer, und die Entfernung, daß ſie kleiner ſcheinen. Die vornehmſten Theile der Gegenſtände malen ſich auch in dem Auge deutlicher, wenn ſie nahe ſind; daher kommt es, daß wir ſie beſſer unterſcheiden, als diejenigen, welche entfernt ſind; und je weiter ſie von uns entweichen, deſto weniger ſehen wir davon. Die Zeichner und Maler müſſen auf dieſen Grundſatz wohl Acht haben, auf welchem dasjenige, was man das Verſchieſſen nennet, gegründet iſt. (ſ. Perſpektiv, Gegenſtand und Verſchieſſen.

Oqua, ſ. Ocke.

Or, ein Münzwort in Perſien, ſo in Zahlung gebräuchlich iſt. Ein Or macht 2 Laris, oder 5 Abaſſi.

Ore, ſ. Oehr.

Orangerie, (Gärtner) der von Zitronen, Pomeranzen, und andern ausländiſchen Gewächſen und Bäumen bey einem Garten befindliche Vorrath, welcher ein warmes Land erfordert, dabey aber einem Garten eine beſondere Zierde und Anſehen giebt, und daher auf deſſen Anbau viel Fleiß gewendet werden muß. Die Erde zu ſolchen Gewächſen muß nicht zu ſtark, auch nicht zu leicht, nicht zu fett, auch nicht zu mager, jedoch nach Unterſchied der Gewächſe unterſchiedlich gemiſcht und zu deren gehörigen Maaß gebracht ſeyn. Die Fortpflanzung iſt mannigfaltig. 1) Durch Stecken der Kerne kann man Zitronen, Pomeranzen und dergleichen haben. Die Kerne werden im April in einem mit fetter, geſiebter, lockerer Erde angefüllten Kaſten einen Zoll tief und vier Zoll weit von einander geſteckt, wenn ſie aufgegangen öfters an die Sonne geſetzt, bey trockenem Wetter fleißig begoſſen, und vor ſcharfen Nord- und Oſtwinden wohl verwahret. Nach drey Jahren können ſie verſetzt werden, da ſie denn fleißig begoſſen, gereiniget und gezogen ſeyn wollen, damit ſie gerade und glatte Stämme erhalten, die, wenn ſie die Dicke eines kleinen Fingers erlangt, geäugelt werden. 2) Durch den Abſatz; wenn ein Zweig an einem Baume von guter Art in einen Spalttopf geſchlagen, mit guter Erde erfüllet, und alſo gewartet wird, daß er darinn eigene Wurzeln ſchlagen, und das folgende Jahr abgeſchnitten werden kann. 3) Durch Abſäugen, wodurch, wie auch durch das Okuliren, wilde Stämme verbeſſert werden. 4) Durch abgeſchnittene Zweige, wenn im May von einem guten Baume ein glatter Zweig einen Fuß lang abgeſchnitten, die Rinde unten auf zwey Zoll abgeſchabt, vier Zoll tief in gutes Erdreich geſteckt, und durch fleißige Wartung dahin gebracht wird, daß er Wurzeln bekommt. Dieſes geht allein mit Zitronenbäumen an. Zu Pomeranzen und andern Gewächſen, die ein härteres Holz haben, werden Zweige von Adamsäpfeln genommen,

men, auf vorgedachte Art zum Wachsthum gebracht, und folgends mit allerhand Augen besetzt. Merkwürdig ist es, daß man Zitronen und Pomeranzen auch durch bloße Blätter fortpflanzen kann, indem man solche theils mit einem Auge, theils mit dem bloßen Stiel in Gefäße, die mit guter Gartenerde angefüllet sind, stecket, solche erst an das Blatt drückt, so daß der dritte Theil mit Erde bedeckt wird. Die Blätter werden nicht weit vom Rande eingesteckt, damit in der Mitte Platz zu einem Glase mit Wasser bleibe, aus welchem wollene, nicht allzu starke, Fäden gegen die Blätter abhangen, um ihnen die nöthige Feuchtigkeit mitzutheilen. Man kann die Töpfe in Mistbeete eingraben, in Treibhäuser auf Miststellen, oder in deren Ermangelung an einen warmen Ort bringen, fleißig anfeuchten, und mit gläsernen Glocken bedecken. Die aus der Fremde hergebrachten Bäume werden, wenn sie aus dem Kasten genommen, und die Wurzeln wohl gereiniget sind, in Gefäße mit guter Erde gesetzt, eine Zeitlang im Schatten, jedoch in freyer Luft, gehalten und fleißig begossen. Das Beschneiden geschiehet im May an den Bäumen, die stark getrieben, (denn die schwachen nicht gethan, läßt man mit dem Messer unberühret); man stutzt die zu weit vorragende Schosse ab, zugleich schneidet man den Baum, wo er zu dick ist, vorsichtig aus, kneipt die Dornen ab, was davon verbrochen oder verdorben, nimt man mit der Säge ab, und die Wunden werden mit Baumwachs wohl verstrichen. Den Zitronen ist weniger als den Pomeranzen und andern Gewächsen abzunehmen. Die Wurzeln der Bäume, die in Gefäßen stehen, müssen alle drey Jahre gereiniget und erfrischet werden. Zu dem Ende wird der Baum mit der Erde ausgehoben, etwas von dem Erdreich rund umher weggethan, die Wurzeln, wo sie zu lang, beschnitten, und also der Baum in ein frisches Erdreich wieder eingesetzet. Die Erde muß in dem Gefäße locker gehalten, und demnach bald im Frühling um den Stamm umgraben, auch damit den Sommer durch monathlich fortgefahren werden, damit von dem Erdreich die Wässerung besser durchgelassen, und die Wurzel nicht beschweret werde. Wenn die untern Blätter anfangen, an dem Baum sich zu neigen, oder schrumpflicht zu werden, so hat er der Wässerung nöthig. Dieses geschiehet mit einer gewöhnlichen Sprengkanne. Es muß aber vorher das Wasser in einer Kuffe an der Sonne wohl durchwärmet werden, und darein auch etwas Kuhmist, damit es fett werde, gelegt werden. Um die Bäume, die im freyen Lande stehen, zu wässern, braucht man cylindrische Töpfe einen Fuß hoch, die etwa vier Maaß halten, und mit sechs Löchern in gleicher Weite übereinander durchbohret sind. Zwey derselben werden einen Fuß weit von dem Stamme zu beyden Seiten in die Erde gegraben, mit den Löchern gegen den Stamm gewendet, und mit Wasser angefüllet, welches sich sodann nach und nach in die Erde verzieht. Das Bringen in die Gewächshäuser geschiehet im Herbst, sobald Nachtfröste zu besorgen sind, und müssen sie nicht feucht eingebracht werden.

Orangerichaus, s. Gewächshaus.

Orangeschalen, eingemachte, (Konditor) Die Orangeschalen werden gekocht (blanchirt), und ihnen hierdurch die Schärfe und ihre Bitterkeit benommen. Alsdenn werden sie in geläuterten Zucker gesetzt, und darinn so lange liegen gelassen, bis der Zucker alle Feuchtigkeit gezogen hat. Um den Zucker aber wieder von seiner Feuchtigkeit zu befreyen, so die Orangeschalen zurück gelassen, so wird er einigemal aufgekocht. Zuletzt werden die Orangeschalen in dem nämlichen Zucker gekocht, bis derselbe dicke wird.

Orainzen, (Schiffsbau) kleine Fahrzeuge von langer und schmaler Bauart, welche die Türken auf der Donau haben, und 10 bis 12 Mann aufnehmen.

Orchesographia, griechisch; die Tanzbeschreibung, welche nicht nur die Tänze, sondern auch deren Melodien, abhandelt.

Orchester, Ital. derjenige Ort des Schauplatzes, gemeiniglich dichte vor dem Theater, wo die Musici ihren Sitz haben.

Ordinäres Bley, (Glaser) das gewöhnliche Fensterbley (s. dieses), womit die Fensterscheiben eingefaßt werden. Es wird durch die Ziehmaschine nach dem Vorbereiten (s. diesen) nur noch einmal durch die Maschine gezogen oder gebleyet (s. Bleyen).

Ordinäre Silberblätter, (Goldschläger) geschlagene Silberblätter, die drey Zoll im Quadrat groß, und deren 25 Stück in einem Buche vorhanden sind.

Ordinäre Tressen, (Bortenwürker) der Aufschweif zu diesen Tressen ist Seide, und der Einschlag ist Seide und Gespinst. Dies letztere macht sowohl den Grund, als auch die Figur. Der Bortenwürker nennt sie auch geschleifte Arbeit, wenn auf der rechten Seite zwey Schuß oder Einschlagsgespinst fallen, auf der linken aber nur einer, dagegen aber zwey Schuß Seide. Diese Tressen haben auf den Seiten einen Aufschweif, und hiernach werden sie in Garnitur und Einfaßt (s. beydes) eingetheilet.

Ordinäre Tücher, (Tuchmanufaktur) Tücher, die in den berlinischen Manufakturen 7½ Viertel breit, fertig, und 24 Ellen lang sind. Sie werden geschoren zu 42 Ellen lang, und haben in ihrer Breite 1536 Fäden, oder 64 Gänge mit 12 Pfeifen. Man nimt zur Kette 18 Pfund Wolle, zum Einschlag aber 22 Pfund, in Summa 40 Pfund. Dieses Tuch kommt vom Werkstuhl breit und eine halbe Elle in der Breite. Sie werden mit Seife und Walkerde gewalket, ohne daß sie erst gewaschen werden. Man legt das Tuch in den Walkstock, (s. diesen) und gießt das aufgelösete Walkererdwasser mit der Seife darauf. Man nimt auch manchmal Seifensiederlauge. Man läßt es 2 oder 3 Stunden walken, wobey sich der Walker nach der verschiedenen Güte der Tücher richten muß. (s. Walken) Es muß 7½ Viertel breit und überall gleich gewalket aus der Walke kommen.

Ordnung, Ordnungen, (Baukunst) eine Säule, welche nach gewissen vorgeschriebenen Regeln der Baukunst mit verschiedenen Gliedern und Zierrathen auf einem Postemente stehet, und über sich ein Hauptgesimse trägt. Diesemnach hat eine vollkommene Ordnung drey Theile,

oder

oder drey Haupttheile, ohne ihre kleinere Nebentheile zu rechnen; nämlich einen Säulenstuhl oder Postement; eine Säule oder Pfeiler, und das Gebälke oder Hauptgesimse; doch kann zuweilen, wenn es die Höhe, Stärke, u. a. m. erfordern, der Säulenstuhl auch weggelassen, und an dessen Stelle nur ein Untersatz gebrauchet werden. Man pflegt auch wol oft von einem architektonischen Gebäude zu sagen, daß es nach dieser oder jener Ordnung angegeben sey, obschon keine Säulen dabey anzutreffen sind, wenn nur dessen Höhe, und der daran oberhalb befindliche Sims nach dem Maaß einer erwählten Ordnung geschickt eingerichtet worden. Nach Sturms Muthmaßung sind Anfangs nur zwey Ordnungen gewesen, davon Salomon die schwächste an dem Tempel, und die andere an seinem Pallast gebrauchet; die erste haben nach diesem die Korinther, und die letztere die Dorer sich zugeeignet. Hierauf ist eine mittlere zwischen diesen erfunden, und die Jonische genennet worden. Ferner haben die Toskanischen Völker in Italien die Dorische Ordnung, jedoch ganz stark und schlecht nachgemacht, welche Art hernach die Toskanische benennet worden. Diese vier Ordnungen haben die Griechen eine geraume Zeit im Gebrauch gehabt. Die Römer haben aus der Jonischen und Korinthischen annoch die fünfte herausgebracht, welche man nach ihnen insgemein die Römische oder auch Zusammengesetzte genennet hat. Endlich hat man noch vielen Künstlern auch noch die sechste oder die Deutsche Ordnung hervorgebracht, welche zierlicher als die Jonische, schlechter aber als die Römische und Korinthische ist. Vignola hat den Gebrauch der Ordnungen erleichtert, indem er eine allgemeine Regel gegeben, die Theile der Säulen zu finden; nämlich das Postement ist nach ihm beständig $\frac{1}{3}$, und das Hauptgesimse $\frac{1}{4}$ von der ganzen Säule. Theilet man daher die Höhe des Orts, wo die Säule hinkommen soll, in 19 Theile, so bekommt davon das Postement 4, die Säule 12, und das Hauptgesimse 3. Wenn man kein Postement haben will, so wird die Höhe des Orts nur in 5 gleiche Theile getheilet, davon einer für das Hauptgesimse, 4 aber für die Säulen kommen, um dieser Ursache willen sind die Baumeister dem Vignola am meisten gefolgt. Palladius hat die Glieder am füglichsten mit einander zu verknüpfen gewußt, und Skammozzi wird für den Meister der Verhältnisse gehalten. Goldmann hingegen hat auf alles dreyes zugleich gesehen, und daher den Preiß vor andern erhalten. Wie er denn auch überhaupt die Ordnungen mit nützlichen Anmerkungen verbessert, und durch die geschickte Ausrechnung der verschiedenen Dorischen Gebälke auf alle mögliche Säulenweiten um ein Ansehnliches vermehret, nichtsweniger aber auch eine von ihm neue Ordnung eingeführet hat. Was von einer jeden Ordnung besonders zu wissen ist, das suche man unter ihrem Namen.

Ordnung, Fr. Arrangement, (Kupferstecher) wird von den Einschnitten gesagt. Es giebt zwey Gattungen, freye und malerische. Die erste ist an keine allzu einförmige Zusammenstimmung und Folge von Schraffirungen gebunden. Dies ist das malerische rauhe Wesen. Der Malerischen ist ein Kupferstecher unterworfen, wenn er streng und veste bey den Gesetzen und Grundregeln der Kunst bleibt, und sich auch da nicht davon entfernet, wenn der Gegenstand es erfordert, um eine gute Wirkung auf das Auge zu machen.

Ordnung, Persische, Fr. ordre persique, (Baukunst) wenn statt der Säulen Statüen gebildet werden, wie persische Sklaven, so Gebälke oder andere Lasten tragen müssen, welches die Griechen aufgebracht, nachdem sie die Perser überwunden.

Ordonanz, Fr. ordonance. (Maler) Eben das, was man Anordnung und Vertheilung der Gegenstände nennt, welche in der Zusammensetzung eines Gemäldes gebraucht werden. Um in seinen Gemälden eine schöne Anordnung zu zeigen, muß ein Maler seinen Stoff zur Malerey lange vorher, ehe er auch nur Skizze davon gemacht, überdenken. Wenn man also von der Handlung, die man vorstellen will, wohl unterrichtet ist, so nehmen die Gegenstände gleichsam von sich selbst auf der Leinwand den ihnen gehörigen Ort ein. Hieraus läßt sich nun von selbst begreifen, was Ordnung oder Anordnung heißt.

Orgagis, eine Art von Baffetas, (s. diesen) oder weißen ostindischen Kattun, welcher von dem Ort seinen Namen hat, wo er verfertiget wird; er gehöret mit unter die schmalen.

Organdig, eine Art Betillen oder weißen guten Nesseltuchs, so aus Ostindien kommt, und vornehmlich zu Pondichery verfertiget wird. Sie ist sehr fein und hat ein rundes Korn. Die Stücke sind $12\frac{1}{2}$ Elle lang und $\frac{1}{16}$ Elle breit.

Orgasin, Orgasinseide, (Seidenmanufaktur) verschiedene Arten gesponnener, gewundener, gezwirnter und völlig zugerichteter Seide, welche aus Italien kommen, jetzt aber auch an vielen Orten in Deutschland, wie z. B. in Berlin, doch noch nicht so gut, verfertiget werden. Gemeiniglich hat jede Art noch ein Beywort von dem Lande oder Orte, woher sie kommt. Unter allen diesen Arten aber wird die von Bologna für die beste gehalten, und am höchsten geschätzt. Nach ihr folget die von St. Lucie, welches diejenige Orgasinseide ist, die von Messina kommt. Die übrigen sind fast alle von gleicher Güte, die piemontische aber ist die schlechteste. Man gebrauchet dieselbe zur Verfertigung der schönsten seidenen Zeuge zur Kette, und sie bestehet ordentlicherweise wenigstens aus vier, zuweilen auch aus mehr Fäden, wovon erst zwey und zwey besonders zusammengewunden, und diese hernach in einem vereiniget werden. Man verfähret hiebey also: den einzeln Faden der Orgasinseide spulet man einzeln mit dem Wickelbrete (s. dieses) auf eine Spule (Bobine) und ohne diesen Faden zu dubliren, bringet man ihn mit der Bobine einfach auf die Zwirnmühle (s. diese) und zwar auf das zweyte oder dritte Stockwerk. Man steckt die Bobine auf eine Spille der Mühle, leitet denselben über die Glasstäbe weg, ziehet ihn durch das Auge eines Drahtes auf der Mühle auf dem Weifer, und führet ihn zu der Bobine, worauf er sich wickeln soll. Auf diesem Stockwerke der Mühle wird dieser Faden so zu sagen vorläufig gesponnen, und daher nennt der französische Moulinirer dieses Spinnen filer, den gesponnenen Faden aber filage. Bey diesem Spinnen aber wird der Faden links gedrehet. Zwey auf einem Stockwerk der Mühle gesponnene Fäden werden nunmehr mit dem Zwirnwerk doublirt, und hiedurch vereiniget auf eine Bobine gebracht. Diese stellet man nun auf eine Spille des untersten Stockwerks, leitet den Faden über die Glasröhre zu dem Haspel der Mühle, zwirnt zwey vorher einzeln gesponnene Fäden zu einem doppelten Faden zusammen, und der Faden wickelt sich zu einer Strehne auf dem Haspel. Jemehr Zähne das Stirnrad hat, desto dichter wird der Doppelfaden gezwirnt, und es hängt von der Zeugart ab, wozu er gebraucht werden soll, ob man ihn lockerer oder dichter zwirnen muß. Der Franzose nennet dieses letzte Zwirnen tordre, und das unterste Stockwerk der Mühle zwirnt den doppelten Faden rechts, da im Gegentheil der einfache Faden vorher links gezwirnt wurde, damit das erste Zwirnen des einfachen Fadens sich bey dem zweyten Zwirnen des Doppelfadens nicht wieder aufdrehe. Dieses Verfahren bey dem Zwirnen unterscheidet die Organsin von dem Tram. (s. diesen)

Orgel. (Kriegswesen) Verschiedene auf einem Block angemachte Musketen, die die Spanier auf dem obern Verdeck gegen die Enterung gebrauchen. Man hat dergleichen Maschinen auch zu Lande, aber meistens nur zum Ansehen.

Orgel. (Orgelbauer) Ein musikalisches Instrument, welches unter allen den Vorzug hat, und in welchem man so zu sagen alle übrigen zu vereinigen gesucht hat. Es besteht aber die ganze Orgel aus Pfeifenwerk, wodurch alle mögliche Töne, vermittelst der Blasebälge durch die Windlade, wenn man die Klaves schlägt, hervorgebracht werden. Alle Theile einer Orgel stehen oder liegen in einem Gehäuse beysammen, so man das Orgelgehäuse nennet. Die Größe eines solchen Gehäuses ist der Größe des Werks angemessen, doch muß man sich auch zuweilen nach dem Raum richten. Die Fronte desselben ist mit Brettern verkleidet, und diese Verkleidung mit Bildhauerarbeit und architektonischen Verzierungen ausgeschmückt. Ueberdem werden in dieser Verkleidung, zu mehrerer Zierde, auch die besten Pfeifen oder das Prinzipal (s. dieses) aufgestellet. Man ordnet sie nach einer schicklichen Proportion Reihenweise neben und über einander. Nach der größten Pfeife des Prinzipals, dem c im Baß, bestimmt man auch die Größe jeder Orgel. Man sagt daher, die Orgel hat 4, 8, 16, 32 Fuß Prinzipal, und dies will soviel sagen: Die größte Pfeife des Prinzipals hat 4, 8, 16, 32 Fußen. Nach dem Maaß dieser größten Pfeife im Prinzipal werden nicht nur die übrigen Pfeifen dieser Stimme, sondern auch die Pfeifen der übrigen Stimmen verhältnißmäßig groß gemacht. Eine gute Orgel erhält ein Pedal und wenigstens zwey Manuale. Die Klaves des Pedals werden mit den Füßen getreten, im Gegentheil das Manual durch ein Klavier mit den Fingern in Bewegung gesetzt wird. Man nennt nicht bloß die Klaves, die mit den Füßen getreten werden, Pedal, sondern überhaupt alle Pfeifen, und die sämmtlichen Theile, wodurch man es vermittelst der Pedalklaves dahin bringt, daß die Pfeifen des Pedals klingen. Eben so führet nicht bloß das Klavier des Manuals diesen Namen, sondern alle Theile, die dazu gehören. Die Pfeifen des Pedals sind groß und schwer, und man setzt sie daher nebst ihrer Windlade auf das unterste Stockwerk des Gehäuses. Im Gegentheil werden die Windladen nebst den Pfeifen des Manuals auf die obern Stockwerke des Gehäuses gestellet. Erhält z. B. das Orgelwerk zwey Klaviere, so stehe die Windlade nebst den Pfeifen des untersten Klaviers auf dem zweyten, eben diese Theile des obersten Klaviers aber auf dem dritten Stockwerke. Wiewohl der Orgelbauer vertheilt die sämmtlichen Werke der Orgel nach Maaßgabe des Raums in dem Orgelgehäuse, denn er hat es in seiner Gewalt, die Bewegung nach jedem Platze des Orgelgehäuses hinzuleiten. Alle Register und zugleich die verschiedene Arten Pfeifen, die man Stimmen zu nennen pflegt, werden mit dem Prinzipal parallel angebracht, die sämmtlichen Pfeifen eines Klavis aber nach der Tiefe oder Breite der Orgel. Vermittelst der Blasebälge (s. diese der Orgeln) wird der Wind in die Windlade (s. diese) geleitet. Denn wenn der Balgentreter seinen Klavis tritt, so geht dieser in die Höhe, und hebt vermittelst des Stechers (s. diesen) die obere Platte des Blasebalges, und läßt den Wind in die Windladen; wenn nun solche mit Wind angefüllet sind, und die Löcher eines oder des andern Registers mit den Löchern in der Decke der Kanzellen (s. diese) zusammentreffen, und der Organist mit den Fingern die Klaves des Manuals, oder mit den Füßen die Klaves des Pedals hinabdrückt, so ziehen solche die Abstrakte (s. diese) gleichfalls hinab, und diese drehen die Welle der Abstrakten, die in ihren Zapfenlöchern liegt, in etwas um, der zweyte Arm der Welle zieht wieder die obere Abstrakte hinab, und der Draht der letztern öffnet das Ventil, das mit Leder, wie mit einer Haspe, befestiget ist. (s. Orgelventil) Sobald sich das Ventil öffnet, dringet der Wind aus der Windlade in die Kanzelle, und füllet diese an, allein die Feder verschließt sogleich das Ventil wieder, und hierdurch werden die Abstrakten nebst dem Klavis zu einer neuen Bewegung wieder in die Höhe gezogen. Aus der, auf die gedachte Art mit Wind angefüllten Kanzelle, streicht dieser durch alle die Löcher in die Löcher der gezogenen Register, und da über diesen Löchern die untere Oeffnung der Pfeifen sich befindet, so geht der Wind in die Pfeifen über, und macht, daß diese klingen. Die wirksame Kraft der Orgel ist also die eingeschlossene Luft, die, wenn sie einen Ausgang aus dem Windkasten durch die Pfeifen findet, durch diese durchstreicht, und einen Klang nach Verhältniß der Größe und der Einrichtung jeder Pfeife verursachet. Alle übrige Theile und die nähere Bestimmung derselben nebst ihren Benennungen findet man unter ihren Namen, als Blasebälge, Pedal, Klaves, Windlade, Kanzelle, Orgelventil, Manual, Orgelpfeifen, und andere mehr. Daß die Erfindung der Orgeln gel sehr alt, ist wohl unstreitig, allein man kann nicht recht mit Gewißheit sagen, von wem und zu welcher Zeit solche erfunden worden. Soviel ist wohl gewiß, daß schon die Griechen Orgeln gehabt haben, und wird solche von einigen dem Archimedes, von andern aber dem Ctesibius zugeschrieben, wiewohl die ersten Orgeln nur sehr einfach gewesen seyn müssen, und nach und nach erst zu der jetzigen Vollkommenheit gekommen sind. Die ersten sollen schlecht und geringe gewesen seyn, und nur aus 15 Orgelpfeifen bestanden haben, zu welchen man jedesmal, wenn sie geschlagen worden, 12 Blasebälge aus den Schmiedessen entlehnet haben soll, die den benöthigten Wind geben. Der heilige Hyronimus hat zu seiner Zeit, um das Jahr 400 nach unserer Zeitrechnung, ein solch Orgelwerk zu Jerusalem gefunden, welches jedoch, wie er schreibt, einen sehr lauten Schall von sich gegeben haben soll. Im Jahre 717 sind die Orgeln zuerst in dem Occident bekannt geworden, da nämlich der griechische Kaiser Konstantinus, mit dem Zunamen Copronymus, dem neu gekrönten Könige von Frankreich Pipin eine künstliche Orgel zum Geschenke gesandt, wornach denn einige sinnreiche Künstler andere gemacht haben. Das Pedal hat 1480 der deutsche Bernhard erfunden. Die Juden geben vor, daß Salomon schon zu seiner Zeit, nach seiner eigenen Erfindung, in seinem Tempel eine künstliche Orgel habe bauen lassen.

Orgelbauer, ein Künstler, der in aller Absicht von allen Innungsgesetzen frey ist. Es müssen in ihm verschiedene Künstler vereiniget seyn, denn er muß nicht allein musikalische Kenntnisse besitzen, sondern auch mit dem Gießen der Metalle und der Tischlerarbeit bekannt seyn. Gemeiniglich haben sie dieses Metier auch erlernt, damit sie das Gehäuse und alles, was dazu gehöret, selbst machen können, öfters verstehen sie auch die Verzierungsarbeiten der Bildhauer.

Orgelmacherloth, (Orgelbauer) ein Zinnloth, so leichtflüßiger als das Zinn seyn muß, woraus die Pfeifen gemacht werden. Man setzt denselben nach Beschaffenheit der Legirung des Zinns, woraus die Pfeifen bestehen, das Loth aus Wismuth, Zinn und Bley zusammen.

Orgelpfeifen. (Orgelbauer) Diejenigen tönenden Werkzeuge von Metall oder von Holz, welche in einer Orgel alle die musikalischen Töne anstimmen, und zugleich einen harmonischen Klang verursachen. Man sagt, eine Orgel hat 10, 30, 40 Register oder Stimmen, und dieser Ausdruck will soviel sagen: die Orgel hat 10, 30, oder 40 verschiedene Arten Pfeifen, und von jeder Art sind soviel vorhanden, als die Orgel Claves hat. Die Pfeifen einer Stimme im Baß sind natürlicher Weise die größten, und die andern Pfeifen dieser Stimme müssen sich immer verhältnißmäßig bis zur feinsten Pfeife des Diskants verjüngen. Es giebt verschiedene Arten von Pfeifen, allein sie lassen sich unter zwey Hauptabtheilungen [illegible], und sind entweder Flötenpfeifen oder Schnarrwerke. Die Flötenpfeifen sind entweder oben gedackt, d. i. gedeckt, oder offen. Die erstern erhalten auf ihrer obern Mündung einen Deckel (Hut) (s. gedackt). Erhält ein Gedackt in seinem Hute noch ein Rohr, so heißt die Flöte Rohrflöte. (s. diese) Alle diese Pfeifen werden entweder von Zinn oder von Holz verfertiget, nachdem der Orgelbauer aus der Erfahrung weis, daß er sie am füglichsten aus einer oder der andern Materie verfertigen kann, ohne daß der Ton davon Nachtheil hat. Doch wählet man das Holz nur aus Ersparung der Kosten, und besonders bey sehr großen Pfeifen des Pedals. Eine Metallflöte wird aus zwey Stücken zusammengesetzet: nämlich aus dem Körper selbst, und dem Fuße. Der Körper bestimmt die wahre Länge der Pfeife, und der Fuß erhält eine willkührliche Größe, hat aber eine etwas stärkere Metalldicke, als der Körper, weil er diesen trägt. Ueber dem Fuß erhält eine Pfeife einen Ausschnitt, und in derselben Gegend eine Lefze. (s. diese) Jede Flöte hat zwey Lefzen. Die Oberlefze im Körper, und die Unterlefze im Fuße. Die Ränder beyder Lefzen im Ausschnitte müssen genau übereinander stehen. Kurz unter dem Ausschnitte ist in der Pfeife ein horizontalliegender Kern (s. diesen) von Zinn, woran der Wind in der Pfeife streichet. Die hölzernen Pfeifen sind vierkantige Kasten, deren Länge die Stärke übertrifft. Insgemein sind sie auch breiter als dick, weil sie bey dieser Figur am besten klingen. Neben dem Rande der Unterlefze befindet sich auch der Kern, gerade wie bey den metallenen Pfeifen, und er ist auch eben so abgeschärft. Der Raum unter dem Kern heißt der Windkasten dieser Pfeifen, und in der Mitte des Bodens steckt ein hohles Rohr, das beynahe bis an den Kern reicht. Dieses Rohr steht in dem Pfeifenstock, und führet den Wind in die Pfeife. Ist die Pfeife gedackt, so erhält sie in ihrer obern Mündung einen Spund (Hut) der die Mündung genau verschließt, und sich an einem Knopf auf und ab verschieben läßt. Im erstern Falle stimmt die Pfeife tiefer, im zweyten höher. Folglich leistet der Hut bey dem Zustimmen der Pfeife Dienste. Die Schnarrwerke sind insgemein konisch, und es gehören zu dieser Art Pfeifen insbesondere die Trompete, die Posaune, und die Vox humana. Das cylindrische Mundstück steckt in einem hölzernen gedrechselten Fuße. (s. Mundstück) Die Schnarrwerke werden gemeiniglich von Metall verfertiget, die Posaunen ausgenommen, die man, wenn sie groß sind, auch wol aus Holz zusammensetzet, außer daß diese vierkantig sind, doch so, daß sie unten spitzer zusammenlaufen, erhalten sie die nur gedachte Einrichtung. Wie viel Arten von Flöten und Schnarrwerken man habe, findet man unter jeder ihrer Benennung. (s. davon an seinem Orte) Wie groß aber muß eine jede Pfeife seyn? Diese Frage wird durch zwey andre verschiedene Fragen wieder entschieden. Wenn man z. B. 1) wissen will, wie groß die größte Pfeife in einer Stimme oder Register seyn müsse, so hängt dieses theils von der Größe des Principals, theils von einer beliebigen Abänderung ab. Der Orgelbauer benennet die Größe der Pfeifen jeder Stimme nach der größten Pfeife, und er versteht unter 8 Fuß Principal nichts anders, als daß die größte Pfeife im Prinzipal eigentlich 8 Fuß habe; und man muß bemerken, daß die Größe jeder Pfeife nicht nach der Länge, sondern nach der Tiefe und Höhe des Tons, abgemessen werde. Es sey z. B. die größte Pfeife des Prinzipals im Körper 8 Fuß Dresdner Maaß hoch, und 19 Zoll in seiner obern Mündung weit. Entzieht man der Pfeife etwas von ihrer Länge, und ersetzt es an ihrer Weite, so hat sie eben den Ton, als die vorhergehende, und man sagt daher von ihr, sie habe 8 Fußton, ob sie gleich nicht 8 Fuß lang ist. Hieraus ist der Schluß zu machen, daß die Größe der Pfeife nach der Tiefe oder Höhe ihres Tons bestimmt werde. Nunmehr kann man bestimmen, daß wenn das Prinzipal 8 Fußton hat, so giebt man den übrigen Stimmen des Manuals zur Abwechselung von 1 bis 8 Fußton, aber nicht höher. Im Gegentheil werden im Pedal Stimmen angebracht, die 16 ja 32 Fußton haben, denn das Pedal hat stets den tiefsten Ton. Welche Stärke des Tons aber die größte Pfeife einer Stimme erhalten soll, hängt bey der Verfertigung einer Orgel von einer schicklichen Auswahl der Stimmen ab. Die zweyte Frage wird diese seyn: wie groß ist in einem einzigen Register die Pfeife jedes Tons? Wenn der Künstler die verhältnißmäßige Länge und Weite aller Pfeifen wissen will, so sieht er jede Pfeife als eine ausgespannte Saite an, und erforscht solches durch das Mensuriren. (s. dieses)

Orgelpfeifen, s. Rost.

Orgelpfeifen, hölzerne. (Orgelbauer) Diese werden gemeiniglich aus Kiefern, die größern und bessern aber aus Eichenholz verfertiget, doch ist das Ahornholz wegen seiner klingenden Eigenschaft das beste, wenn es nur nicht so kostbar wäre. Zuweilen werden sie auch wol aus Cedern, Cypressen und andern edlen Holzarten verfertiget. Sie werden mit den Handgriffen der Tischler, und oft von Tischlergesellen, die in der Werkstätte der Orgelbauer arbeiten, zusammengesetzt. Inwendig müssen sie mit Leim auf das sorgfältigste ausgegossen werden, damit sie der Luft keinen Ausgang verstatten. Sie werden eben so lang gemacht, als eine metallene Pfeife, die mit der hölzernen einerley Ton hat, und im Grunde betrachtet, auch eben so weit, außer daß die metallene Pfeife rund ist, und diese Rundung bey einer hölzernen Pfeife in ein längliches Parallelogramm verwandelt wird. Diese Abänderung kann folgendergestalt bewerkstelliget werden: Man sucht nach den Vorschriften der Geometrie den Umfang der Mündung der runden Pfeife, aus ihrem Durchmesser, und zwischen der Hälfte der gefundenen Peripherie und ihrem Halbmesser die mittlere Proportionallinie. Dieses ist die innere Weite der hölzernen Pfeife, wenn nämlich ihre Mündung ein Quadrat seyn soll. Dieses Quadrat kann leicht in ein längliches Viereck verwandelt werden, indem man zu zwey Seiten soviel hinzu setzet, als man den beyden andern entzogen hat. Doch soll diese Berechnung bey der Ausübung etwas trügen, deswegen denn der Orgelbauer seine Erfahrung zu Hülfe nehmen muß. Nach dem gefundenen Maaße werden die Bretter zugeschnitten, behobelt, und wie gedacht, wie bey der Tischlerarbeit zusammengeleimet. Intoniert werden diese Pfeifen als die metallenen.

Orgelpfeifen, metallene, zu machen. (Orgelbauer) Man könnte zwar eine Pfeife aus jedem Metalle verfertigen, allein die edlen Metalle sind zu kostbar, das Eisen ist dem Rost ausgesetzt, das Meßing läßt sich schwer bearbeiten, und das Bley verzehrt sich in der Luft, zugeschweigen, daß es zu Pfeifen ungemischt genommen, einen dumpfigen Ton giebt. Man erwählt daher am liebsten das Zinn, und versetzt dieses mit mehr oder wenigern Bley, nachdem es die Natur der Pfeifen mit sich bringet, und die Orgel bezahlet wird. Die Pfeifen zu dem Prinzipal werden aus dem besten Metall verfertiget, und hiezu nimmt man etwas über die Hälfte Zinn, und setzt nach diesem Verhältniß Bley hinzu. Je mehr Bley aber diese Komposition enthält, desto dumpfiger, und umgekehrt, desto heller klingen die Pfeifen. Diese Mischung wird in einem eingemauerten eisernen Gießkessel geschmelzen, und bey dem Schmelzen mit Knochen, Kalk und Kalophonium gereiniget. Alsdenn wird das geschmelzene Metall mit einer Gießkelle auf die Gießbank ausgegossen, und nachdem die Tafeln dick oder dünn werden sollen, nachdem werden auch die Bretter hinab und hinauf geschoben (s. Gießbank) und dadurch die Dicke bestimmt. Aus einer solchen Zinnplatte wird nun die Pfeife z. B. eine Flöte geschnitten, nachdem man solche erst nach der Mensur (s. diese) abgemessen hat. Man behobelt sie nachher auf beyden Seiten mit einem gewöhnlichen Zinnhobel, und bestimmt hiedurch ihre Metalldicke. Denn große Pfeifen müssen eine stärkere Dicke als kleine Pfeifen haben. Ueberhaupt aber muß das Zinn nicht zu dünne seyn, wenn es der in die Pfeife eindringenden Luft, oder auch einer äußern Kraft, so die Pfeife beschädigen könnte, widerstehen soll. Doch wird diese Dicke nur nach dem Augenmaaß festgesetzt. Die größte Pfeife eines Prinzipals, die 16 Fußton hat, ist z. B. ohngefähr $\frac{3}{8}$ Zoll im Metall dick, und einen Zentner schwer. Die zugeschnittene und behobelte Pfeifenplatte wird hierauf mit einem Polirstahl vermittelst Seifenwasser geebnet, mit Kreide abgerieben, die die Seife wieder abnimmt, und alsdenn auf einer Pfeifenform rundiret. (s. Rundiren) Auf die Nath der rundirten oder geformten Pfeife trägt der Künstler Schlagloth mit Borax und Wasser auf, reibt etwas Talg an, und löthet die Nath mit dem erhitzten Löthhammer oder Löthkolben der Zinngießer. So werden Fuß und Körper der Flöten besonders verfertiget, und darauf jedes besonders labiiret. (s. labiiren) Alsdenn löthet er den Kern (s. diesen) in der Mündung des Fußes ein, und giebt der Pfeife mit dem Meißel ihren Aufschnitt. Dieser richtet sich gleichfalls nach der Größe der Pfeife. Endlich wird der Körper der Pfeife an den Fuß angelöthet. Ist die Pfeife gedackt, so erhält sie oben einen Deckel oder Hut, der nicht angelöthet, sondern nur inwendig mit Leder ausgefüttert wird, damit die Luft nicht durchdringe. Je höher man bey dem Intoniren dieser Pfeife den Hut in die Höhe ziehet, desto tiefer ist der Ton der Pfeife, und umgekehrt.

gestöhrt. Die verfertigte Stimme wird aber auf folgende Art gestimmet, damit sie gerade den Ton erhält, den sie in ihrem Register haben muß: der Künstler giebt sich nämlich den Ton, den die Pfeife haben muß, auf einem Klavier an, oder mit einer Stimmpfeife (s. diese), er bläset zugleich in die Orgelpfeife, und wenn ihr Ton noch zu tief ist, so nimt er an ihrer obern Mündung etwa um ein Haar breit ab, und wiederholet dieses so oft, bis die Pfeife den erfoderlichen Ton hat. Zuweilen kann er auch in diesem Fall der Pfeife helfen, wenn er die Lefze ein wenig eindrückt. Kleine Pfeifen werden bey dem Stimmen mit dem Stimmhorn von Meßing erweitert oder verengert. Er setzt nämlich den Kegel der Pfeife in dieselbe, und erweitert diese hierdurch, oder er steckt die Pfeife in einen hohlen Cylinder, und macht sie hierdurch enger. Auf eben die Art wird auch die fraelartige Schnarrpfeife verfertiget, ihr Mundstück aber besonders eingesetzt. Die Posaunen erhalten zinnerne, die Trompeten aber meßingene Mundstücke. (s. diese) Die verfertigten Pfeifen, sowohl metallene als auch hölzerne, werden nachher, wenn die Orgel zusammengesetzt wird, auf ihrem Pfeifenstock (s. diesen) dergestalt gestellet, daß die Mündung ihres Fußes bey hölzernen ihr Rohr, in einem hölzernen Cylinder über dem Register steckt. Neben jeder Reihe metallener Pfeifen wird ein Drath angespannt, und jede Pfeife mit einer Oese an den Drath befestiget, damit sie nicht umfalle. Hölzerne Pfeifen kommen in eben dieser Absicht zwischen hölzerne Latten zu stehen, wenn man sie vermittelst einer Leiste befestiget.

Orgelstimmen, (Orgelbauer) eine Reihe gleichartiger Pfeifen, so gemeiniglich auf einem und eben demselben Register stehen, und eine Folge von Tönen in geometrischer Progression angeben. Mehrentheils gehen sie durch vier Oktaven, obgleich einige Stimmen nur drey, oder zwey Oktaven u. s. w. haben; indem einige nur tauglich sind, den Baß, andere nur den Diskant nachzuahmen. Alle Orgelstimmen können in Flöten- und Schnarrwerke eingetheilet werden.

Orgelwerk, eine sehr künstliche Orgel in ziemlicher Größe, da vermittelst einer akkuratgehenden und dazu besonders eingerichteten Stunden-Schlaguhr, welche doch auf 6 Fuß weit davon entfernet steht, bey jedem Stundenschlag zwo Minuten von sich selbst spielet, und viermal umwechselt. Dieses Orgelwerk hat A. 1728 in Dresden ein Mechanikus verfertiget.

Orgelwolf, (Orgelbauer) ein Stimmungs- oder Intervallenfehler der Orgelpfeifen, wenn nämlich zwo übereinstimmende reine Pfeifen zugleich gerühret werden, und zwischen sich einen dritten Dissonanzton hören lassen. Es entsteht aber dieser dritte falsche Ton oder Uebellaut nicht von einer dritten Pfeife, sondern ist so zu sagen eine Astergeburt unsers Ohrs, und ein Product der beyden reinen Pfeifen, indem diese zwar im Tone selbst, aber nicht im Zuschnitte ihrer beyden Weiten harmoniren, sondern verschiedene Maaßstäbe und ungleiche Intonirung haben. Dem Fehler ist auf keine andere Weise zu helfen, als daß man eine von beyden zerschneidet, und entweder enger oder weiter mache.

Orientalische, morgenländische Seide, ein gewisses seidenartiges Gestocke, welches aber kein Gespinst der Würmer, sondern vielmehr die Frucht einer Pflanze ist, welche solche fast in eben dergleichen Schale oder Hülse hervorbringt, worinn die Baumwolle zu wachsen pflegt. Man sieht sie daher auch füglich als eine Art derselben an. Sie ist sehr zart, überaus weiß, ziemlich glänzend, läßt sich auch leicht spinnen, und wird in China und Indien zu Verfertigung vieler Zeuge gebrauchet.

Orientiren, (Schiffahrt) heißt eine Sache so richten, daß sie an der verlangten Stelle in Betracht auf die Himmelsgegend ist. Sich eben orientiren, heißt eben das Wort erheben, wo er in der Karte ist.

Original; Ein Produkt der Gelehrsamkeit oder der Kunst, so aus eigener Erfindung entstanden, und das erste in seiner Art ist. Wenn Original der Kopie entgegen gesetzt wird, so wird darunter alles verstanden, was zuerst da gewesen, und von Andern nachgemacht worden, wenn es auch gleich in seiner Art sehr schlecht ist.

Orillon, Fr. (Kriegsbaukunst) der obere Theil der Flanke an einem Vestungswerke, wodurch der andere zurück gezogene Theil bedeckt wird. Wenn z. B. der untere Theil der Flanke von einem gegebenen Punkte bis zum andern gegebenen zurück gezogen worden, so heißt der obere Theil das Orillon, und wenn es eckigt bleibt, so nennt man es ein viereckigtes Orillon, (Fr. orillon quarré, oder auch Epaulement); hingegen ein rundes Orillon (Fr. orillon rond) wenn es nach der Rundung eines Zirkelbogens formirt ist. Es ist sehr nützlich bey einer Vestung, denn man kann hinter dem Orillon wenigstens ein Stück verdeckt halten, bis sich der Feind in die Bresche des überstehenden Bollwerks legt. Jedoch, damit man die Vertheidigung aus der Flanke nicht schwäche, so muß solches so klein gemacht werden, als es möglich ist. Blondel macht es 3 Ruthen lang, Vauban nimt dazu den dritten Theil der Flanke.

Orkanfafran, so heißt der beste morgenländische Safran. (s. diesen)

Orlean, (Färber) eine Farbe, die aus dem Saamen eines amerikanischen Baums Achiote oder Urucu, von den Holländern aber Orleans genannt, bereitet wird. Der Baum gleicht den Pomeranzenstämmen, hat rothe Blüthen, und eine rauhe stachelichte Frucht. Wenn diese reif ist, zerplatzt sie, und hat inwendig Körner wie die Trauben. So bald diese zeitig und mit einem röthlichen Staube bedeckt sind, so werden sie gesammlet, in warmem Wasser geweicht, und so lange geschlagen, bis sich alle Farbe heraus in das Wasser gezogen hat, die sich denn auf den Boden setzt, dem Indigo gleich getrocknet, (s. Indigoterie) auf verschiedene Arten geformt, und zu uns gebracht wird. Den Baum halten die Amerikaner hoch, und pflanzen ihn häufig, machen aus seinem Baste Stricke, welche vester sind, als unsere hanfene. Der Orlean ist zweyerley, der nasse ist wie ein Teig; pomeranzenfarben, und wird nicht geachtet. Der trockene ist entweder in viereckigen Kuchen, oder runden Klumpen, oder kleinen Kuchen, einen Thaler groß, der letzte ist der beste, und muß recht trocken, doch an Farbe feurig seyn, und wie Violwurzel riechen. Er dienet der Wolle und dem Leinen eine Pomeranzenfarbe zu geben. Seine Farbe ist aber nicht beständig. Er kommt aus Brasilien, Surinam, den Antillen, und aus Cayenne.

Oerlein, (Musiker) an den Saiten der Instrumenten die kleinen Schlingen, welche an ihrem einen Ende mit dem Haken am Stimmhammer, oder auch bloß mit den Fingern gemacht werden, wenn man sie auf den Instrumenten aufziehen will.

Orlet, s. Rand der Strümpfe.

Orlog. (Schiffbau) ein altes deutsches Wort, welches Krieg bedeutet, daher die Holländer ein Kriegsschiff Orlogschiff nennen.

Ormis, eine Art Nesseltuch, oder ein feiner weißer Kattun, welcher zu Brampur, einer Stadt in Indostan, verfertiget wird. Er ist halb von Baumwolle und halb von Gold und Silber gestreift. Die Stücke halten 15 bis 20 Ellen in der Länge.

Orpharion, Orpheoreon, Orphoreon, Griech. (Musiker) Ein mit messingenen Saiten bezogenes, und im Verhältniß etwas kleineres Instrument als eine Pandora, welches wie eine Laute gestimmet wird.

Orraye, ein goldner Brokad, der auf beyden Seiten rechts ist, welches seine Benennung anzeigen soll. Man verfertiget ihn in Persien an unterschiedenen Orten, den besten aber zu Ispahan, Yesde und Kachan.

Orseille, (Färber) ein kleiner Moos, wovon es zweyerley Arten giebt, und eine schöne, obschon unbeständige, Farbe daraus bereitet wird. Die eine Art heißt die Kräuterorseille, und die zweyte Erdorseille. Die erste wächst an verschiedenen Orten, sonderlich an den kanarischen Inseln die beste, die andere aber in Italien und Frankreich auf den Felsen. Aus beyden wird mit Kalk und Urin ein Teig bereitet, der eine schöne Vermischung der Farben giebt. Eigentlich soll sie nur aus der echten guten Kräuterorseille gemacht werden. Ob sie zwar keine feste Farbe ist, so macht dennoch ihr schönes Roth von der Pfirsichblüthfarbe bis zur Amaranth schöne Farben. Die weiße kommt aus Genua, die beste ist ihr aber wohl die Holländische, welche in kleinen Flaschen etwa von 30 Pfunden kommt.

Orseillenbad zum Blau auf Seide. (Seidenfärber) Da das dunkelblau auf Seide nicht in der Küpe allein gemacht werden kann, so wird ihr vorher erst ein Bad von Orseille zum Grunde gegeben. Sobald die Seide aus dem Kochen des Seifenwassers kommt, muß sie wohl gespühlt, und auf dem Windestock das Wasser ausgewunden werden, hernach thut man sie in eine starke Brühe von Orseille.

Orseau, s. Ofrus.

Or-Sol, ein Münzwort in Frankreich, dessen man sich manchmal bey den Geldremissen in fremde Länder bedienet, um den Werth der französischen Münzen darnach zu combiniren und zu berechnen. Eine nach Orsol berechnete Münze ist dreymal soviel, als der ordentliche Werth solcher Münzen beträgt; indem 1 Livre Orsol soviel als 3 gemeine Livres, 1 Sol Orsol soviel als 3 Sol, und 1 Denier Orsol soviel, als 3 Deniers ist. Folglich wenn man sagt, man habe 410 Livres 15 Sols 6 Deniers Orsol nach Amsterdam zu remittiren, so sind solches 1231 Livres 6 Sols 6 Deniers Tornois.

Ort, Fr. la pointe. (Bergwerk) die Spitze am Bergeisen, welche bey der Arbeit an das Gestein angesetzet oder angesetzt wird.

Ort, Fr. le bout de la Galerie ou du Conduit, (Bergwerk) das Ende eines Stollens oder Strecke, so weit sie getrieben, und wo das Gebirge noch ganz ist, oder der Ort, wo der Stollen oder die Strecke weiter in das Feld zu treiben ist.

Ort, (Bergwerk) eine Strecke, die man auf den Flötzen, den Gängen, oder den Stockwerken, die man bauet, forttreibet, um Erze zu gewinnen, welche man nicht sehr hoch machet. Sie sind nur 1½ Lachter hoch, so daß der Bergmann stehend davor arbeiten kann, welche denn Firstörter heißen, zuweilen, doch selten, müssen sie auch liegend gemacht oder ausgehauen werden, welches geschieht, wenn das Dach zu fest oder kostbar zu gewinnen, oder das Gestein darüber allzu mürbe oder zu gebrechlich ist. Von diesen Strecken und Oertern treibt man wie bey Stollen, um der Förderung, Wasser und Wetterlösung Flügelörter und Querschläge.

Ort, Oort, Orth, der vierte Theil einer Kouranten Münze. Z. B. ein Ortsthaler ist 6 gute Groschen oder 12 Schillinge; ein Ortsgülden meißnisch beträgt nach unserm Gelde 5 ggr. 3 pf. Ein danziger Ort macht 18 Kreuzer oder 4 ggr. 9½ Pf. und 1 danziger Ort machen einen Thaler u. s. w.

Ort abzuziehen oder messen. (Markscheidekunst) Man saigert von dem Mittelpunkt des Rundbaums auf die Sohle, in welcher das Ort ausgehauen ist, oder ziehe den flachen Schacht bis in die Mitte dieser Sohle und ihren Mittelpunkt herab. Man nehme diesen Punkt zu dem ersten Anhaltungspunkt an, und ziehe die Markscheidewinkel mit dem Kompaß, dem Eisenscheiben, oder mit blossen Schnüren ab, aber so, daß man, wenn das Ort in einem andern Schacht durchschlägig ist, auf der Mitte der Sohle des Schachtes, in welcher das Ort in ihn durchschlägig ist, aufhöret, hingegen aber in Sohle vor Ort den Zug beschließe, und ihn in der Stunde verrichtet, in welcher der lange Stoß des Schachtes steht. Nimt man die Stunde des langen Stoßes an dem Tage mit dem Kompaß ab, und saigert mit dieser Linie auf die Sohle, oder zieht von da in dem rechten Winkeleisen den Schacht ab, so bekommt man auf der Sohle des Schachtes in beyden Fällen eine in Stunden gegebene Linie, und hernach kann man den Zug auf einem Eisenwerk verrichten.

Ort

Ort angeben, (Bergwerk) eine Strecke oder Ort in dem Grubenbau anlegen, anfangen solchen zu bearbeiten. Man muß dabey erwegen, ob die Strecke zur Wasser-Berg- oder Wetterlösung, oder zu einem Kunstgestänge gebraucht wird, und nach Beschaffenheit dieser Umstände, und der Höhe der Gegend, wo die Wasser, oder die Berge weggenommen, oder die Wetter gelöset, oder das Gestänge verschieben soll, setze man solche in dem Schacht, oder in dem Gesenke, wo man sie aushauet, hoch oder tief an; insbesondere aber muß man bemerken, daß man die Fengstrecken, wenn ihrer etliche in einem Schachte getrieben werden müssen, 8, 12, bis 20 Lachter tief unter einander treibet, und alle diese Strecken also angiebt, daß man dadurch bequeme Verrichtungen zu dem Gewinne der Erze machen kann, und den Bau nicht verkrippele.

Ort aushauen, (Bergwerk) wenn eine Strecke fertig gemacht wird.

Ort damit auffahren, (Bergwerk) wenn ein Gang nur ab- und zufallend Erz führet, und sich daher vor dem Ort abschneidet, vermindert, zertrümmert, bis auf eine Steinscheidung verdruckt, auskeilet, absetzet, verschwindet, oder aus seiner Stunde schlägt; so mache man dieses Ort nur 5 Lachter weit und 1 Lachter hoch, und fahre mit diesem Feld- oder Versuchort so lange in dem Streiche des Ganges auf, oder treibe dasselbe so weit fort, bis sich der Gang wieder anleget und veredelt, die Trümmern zum Hauptgang treten, und der Gang wieder aufthut, oder in seine Stunde kommt.

Ort der Heißmachung, (Weißgerber) eine kleine schmale von allen Seiten verschlossene Kammer, in welche man die Felle nach dem Walken mit Oel zum Heißmachen bringet, um dieselbe in Gährung zu bringen, daß das eingewalkte Oel in die Fasern desto mehr eindringe, um das Gewebe des Felles mehr auszudehnen, es aufschwellend zu machen, und das Oel mit den Fasern mehr zu vereinigen und zusammenzubringen. Man legt zu diesem Behuf die Felle auf Haufen übereinander, damit sie daselbst in eine solche Gährung kommen, die sie erwärme, ausdehne, erweiche, und das Oel in ihre Substanz hineindringend mache. Oft ist man genöthiget, um diese Gährung zu erwecken, Feuer in der Kammer zu machen, welches jedoch nur mit kleinem Holze, Torf, Lohkuchen, oder auch Stroh geschiehet, weil es genug ist, ihnen bloß die erste Wärme mitzutheilen, damit sie nicht lange in der Kammer liegen dürfen.

Ort des Bildes, (Optik) in der Katoptrik oder Spiegelkunst der Ort, wo man die Sachen sieht, vermittelst der Strahlen, die von einem Spiegel zurück geworfen werden. Die Alten nahmen als einen allgemeinen Satz an, daß ein jeder Punkt einer in dem Spiegel strahlenden Sache, da gesehen werde, wo der zurückprallende Strahl mit dem Einfallsperpendikel zusammenstößt. Unterdessen ist von Kepler gewiesen, daß dieses in den sphärischen Spiegeln nicht allemal geschehe. Der Herr von Wolf hat gezeigt, daß in den platten Spiegeln der Ort des Bildes allezeit ist, wo der reflektirte Strahl den Einfallsperpendikel durchschneidet; in den erhabenen Spiegeln scheint sey eine Ausnahme zu machen, wenn beyde Augen in einer Reflexionsfläche sind, welches aber nicht geschiehet, als wenn die Strahlen sehr schief in das Auge zurück geworfen werden, daß fast nichts recht deutlich zu sehen ist. Endlich in den sphärischen Hohlspiegeln werde das Bild außer dem Einfallsperpendikel gesehen, wenn die Sache weiter als der Mittelpunkt von dem Spiegel entfernt ist, und das Auge nahe an demselben gehalten wird. Solchergestalt lassen sich alle Eigenschaften der platten und die meisten der sphärischen Spiegel aus angezeigten Gründen demonstriren. In den konischen und cylindrischen lehret die Erfahrung, daß das Bild nicht weit von der Fläche derselben sey.

Ortengesell, bey einigen Handwerkern z. B. bey den Gürtlern, der Altgeselle, weil sein Amt unter andern auch darinn bestehet, den ankommenden Gesellen den Willkommen zu reichen, und sie zu bewirthen.

Oerter, (Bergwerk) an dem Kolbenbohrer (s. diesen) die scharfen stählernen Spitzen, deren 5 an einem solchen Bohrer vorhanden, und wovon viere an den Ecken des Bodens, oder der Grundfläche des einen Endes, und einer in der Mitte stehe.

Oerter ausschmiden, scharf machen, Fr. aiguiser les fers, (Eisenarbeiter) durch Glühen, Schmiden und Härten dem Eisen, so stumpf geschlagen, eine neue Spitze geben.

Oertergeld, Fr. le paye pour les fers aiguisées, (Hüttenwerk) das Lohn, welches dem Bergschmid zur Ausschmidung der Eisen bezahlet wird.

Oertern, (Kammmacher) die gepreßten Hornplatten zu den Kämmen mit der Oertersäge (s. diese) in dünnere Platten zerschneiden. Der Arbeiter hält die Säge zwischen seiner Brust und der Werkbank vest, beweget die Hornplatte auf den Zähnen der Säge hin und her, und zerschneidet solchergestalt die Platte in dünnere Stücken.

Oerterpflöcken, Fr. marquer un point par un pieu, (Bergwerk) die zu bemerkenden Punkte über Tage durch Einschlagung der Pfähle bemerken.

Oertersäge, (Kammmacher) eine Säge, die die Größe einer mittelmäßigen Handsäge hat., Gestell und Blatt sind von Eisen. Das Blatt durchbohret das eine Ende des Gestelles, und auf dem Zapfen des andern Endes der Säge, der in dem Blatt steckt, sitzt ein kleines Getriebe, welches eine Walze genennt wird. In die Zähne dieser Walze greifen die Zähne einer Stellfeder, und vermittelst der Walze und der Stellfeder kann das Blatt der Säge erforderlich gerichtet werden. Das Blatt selbst ist sehr dünn, weil damit die Hornplatten in kleine oder dünnere Platten zerschnitten, (geörtert) werden. (s. örtern)

Ortezwitter, (Bergwerk) Zwitter, welcher auf den Stellen vor Ort gewonnen worden.

Orte sind eingekommen, (Bergwerk) heißt soviel, als der Durchschlag ist fertig, und hat das Ort der Grube richtig getroffen. Es geschiehet dieses meist aus einem Stolln oder Strecken, wo Licht und Wetter mangelte.

Oertgen, s. Ortje.

Orth, s. Ort.

Orthäuer, (Bergwerk) ein Bergmann, der vor Ort arbeitet, d. i. dessen Beschäfftigung es ist, das Erz in den Gruben mit Schlägel und Eisen zu gewinnen; zum Unterschied von denjenigen Bergleuten, welche andere Arbeiten verrichten.

Orthobel, Simshobel, (Zimmermann) ein Hobel, womit die Falzen gehobelt werden. Er besteht aus zwey Theilen, aus dem Gehäuse, welches unten eine glatte Bahn, oben aber einen Griff zum Anfassen hat, und aus dem Hobeleisen. Das letzte wird in einer schrägen Oeffnung des Gehäuses mit einem Keil befestigt, und vermittelst dieses Keils kann das Hobeleisen, nachdem es stark oder schwach in das Holz eingreifen soll, gerichtet werden.

Orthoceratiten, versteinerte vielschalige Muscheln, die in runden, bald geraden, bald am Ende gebogenen Röhren bestehen.

Orthodromie, (Schiffahrt) eine gerade Linie, welche das Schiff zur See in einer kleinen Reise beschreibet, da man immer nach einer Gegend schiffet, oder den kürzern Weg nimmt.

Orthographie, wird in der Sprache der Zeichner von dem geometrischen Riß gebraucht, welcher die Ansicht des Gebäudes, seine Stockwerke, seine Höhe, die äusserlichen Schönheiten und die Gestalt des ganzen Gebäudes angiebt, nach den Verhältnissen, welche es hat oder haben soll. Es ist nicht genug, den Grundriß eines Gebäudes zu haben, sondern auch nöthig, den Aufriß entwerfen zu lassen, um die Wirkung zu wissen, die der Anblick verursachet. Hier muß man das Profil oder den Durchschnitt wohl unterscheiden. Aus diesen drey verschiedenen Rissen ziehen die Baumeister eine Berechnung der Unkosten des ganzen Gebäudes und der Zeit, in welcher dasselbe vollendet werden kann. (s. auch Aufriß)

Ortje, Oertgen, eine holländische Scheidemünze, welche zwey Deut oder einen Viertelstüver gilt, nach unserm Gelde aber ohngefähr anderthalb Pfennige macht.

Oertlein, eine schweizerische Silbermünze von unterschiedenem Gehalt: die eigentlich sogenannten Schweizerörtlein gelten 13⅓ Kreuzer Zürcher Währung, die Schafhauserörtlein aber gelten 15 Kreuzer Zürcher.

Ortolan. Ein wie Sardellen zugerichteter, und in Fässer gepackter kleiner Vogel, der in Italien, Frankreich, und besonders auf der Insel Cypern und in Griechenland zu Hause ist. Es ist eine Art von Emmerlinge, aber merklich kleiner, werden leicht fett und für ein besonderes Leckerbißchen gehalten; wozu man sie in finstern Zimmern mästet. Man ersticket sie rein, siedet sie in blossem Wasser ab, legt sie alsdenn mit Essig und Salz ein. Wenn man sie essen will, so thut man sie zwischen zwey Schüsseln, setzt sie auf ein Kohlenfeuer, und läßt sie also in ihrem eigenen Fette braten.

Ortpäuschel, Fr. le plus grand marteau de mineurs, (Bergwerk) ein starker Fäustel, das veste Gestein vor Ort damit zu bohren, daß es klüftig wird, oder damit zu arbeiten, wo das Handfäustel zu schwach ist.

Ortpfahl, s. Folgendes.

Ortpflock, Ortpfahl, Fr. le pieu. (Bergwerk) ein Pfahl oder Stange, welche an einem zu bemerkenden, mit einem andern in der Grube zu treffenden Punkte, über Tage eingeschlagen wird.

Ortscheit, (Stellmacher) das Stück Holz, daran ein Pferd rc. an den Strängen vor eine Kutsche oder einen Wagen gespannt wird. Eine Waage hat zwey Ortscheite: bey einem dreyspännigen Fuhrwerke wird das Nebenpferd vor den beyden Deichsel- oder Stangenpferden, ingleichen auch darneben, wenn es die Wildbahn laufen muß, neben dem Handpferde, an ein einzeln Ortscheit gespannet. An den Kutschen sind sie zierlich gedrechselt, die gemeinen Ortscheite sind platt und geschweift an den beyden Enden ausgeschnitten.

Ortscheitriemen, (Riemer) starke Riemen, womit die Ortscheiten eines Wagens an die Waage befestiget werden. Sie werden eben so verfertiget, wie die Hängeriemen, und jeder wird rundgebogen zusammengeschnallet.

Ortschickig, Fr. pierre facile à tailler, (Bergwerk) das Gestein, welches [illegible] Eisen annimmt.

Ortschicks, Fr. de biais. (Bergwerk) Es wird beym Uebersehen der Gänge gesagt, daß sie Ortschicks sich zum Gange schaaren, wenn sie in einer schiefen Richtung zum Gange kommen.

Ortsthaler, s. Ort.

Ortstock, (Korbmacher) ein dicker Weidenstock, der so dick als ein Bodenstock in dem Boden eines Waschkorbes ist, und anstatt der Staken an den Ecken eines vierkantigen Korbes befestiget wird. Sie sind gleichsam die vier Säulen eines vierkantigen Korbes.

Ortsweise, Fr. à la façon de galerie, (Bergwerk) wenn ein Stück durchörtert und dabey wie bey einem zu treibenden Stollort verfahren wird.

Ort treiben, ein, Fr. alonger la Galerie, (Bergwerk) mit der Handarbeit einen Stolln oder Strecke länger machen, oder weiter ins Feld bringen.

Ort überhauen, ansetzen, (Bergwerk) wenn eine Strecke zu viel anläuft, oder zu groß wird.

Ort und Gegenort treiben, (Bergwerk) wenn man einen Stolln vor- und rückwärts längt. (s. Längen)

Ortung, Oertung. Fr. le point assigné, (Bergwerk) ein durch die Messung über Tage gefundener Punkt, der mit einem in der Grube gegebenen Punkt übereinkommt, oder umgekehrt, der in der Grube gefundene mit einem über Tage angegebenen Punkte übereintreffende Punkt.

Ortung an den Tag bringen, über Tage bey einem Grubenbau einen Punkt angeben, welcher sich auf einen in der Grube angenommenen Punkt beziehet.

Ortung angeben, Fr. indiquer un point dans la profondeur assigné en haut, (Bergwerk) den gesuchten Punkt bestimmen, entweder über Tage, oder in der Grube.

Ortung einbringen, Fr. amendre le point indiqué, (Bergwerk) mit dem Ort dahin gelangen, wohin der Vorsatz gewesen.

Ortungen, (Bergwerk) diejenigen Zeichen, die in Grubengebäuden im frischen Gestein eingehauen werden. In langen Stollen macht man sie gemeiniglich 60 Lachter weit von einander: Ihre Lagen bringet man an Tag, und läßt allda wieder Steine mit eben dergleichen Zeichen aufrichten. Es werden solche bey dem Anlegen mit in die Abrisse gebracht, damit, wenn etwa nach andere Zechen bereinst von den Stollen Flügelörte getrieben werden sollen, man auf bedürfenden Fall daraus den Beweis nehmen könne, wie weit man solche zu treiben berechtiget sey. Wo auf einem Stolln viele Lichtlöcher befindlich sind, da kann man der Steine am Tage entbehren, unten auf dem Stollen hingegen müssen bey solchen Löchern dennoch standhafte Zeichen oder Ortungen gemacht werden. Gemeiniglich bestehen diese aus einem +, so in das veste Gestein eingehauen, und dies bezeichnete Gestein auch eine Markscheidestuffe genennet wird.

Ortung in der Grube fällen, Fr. indiquer dans la profondeur un point alligné en la superfice, (Bergwerk) zu dem Punkt, wo über Tage ein Lochstein steht, oder einem andern, von welchem man wissen will, wie er mit der Grube übereinkomt, einen perpendikulär darunter stehenden Punkt in der Grube abmessen, und mit einer eingehauenen Stuffe oder Zeichen bemerken.

Ortung zu Tage bringen, (Markscheidekunst) wenn die beyden Punkte einer geraden Linie, wovon einer gegeben ist, in einer seigern Linie liegen; der eine in der Erde vor einem Ort, oder sogenannten Ortung, oder auch sonst in einem bestimmten, der andre hingegen auf der Oberfläche der Erde, und man solchen an dem Tage angiebt, oder bemerket.

Ort verzimmern. (Bergwerk) Man lege alle ½ bis ⅓ Lachter Kappen, und diese unterstütze man mit Polzen, die kein Gesicht haben, sondern nur da, wo sie die Kappen unterstützen, nach einem Zirkelstück ausgehöhlet oder ausgeschärret sind, welches denn eine Polzenzimmerung heißt. Damit aber das Gestein nicht zwischen den Kappen und Polzen hineinbreche, so treibe man in die Felder hinter diese Zimmerung Pfähle. Man legt auch wol starke Hölzer über die Kappen, oder, damit die Kappen von der Last nicht brechen, so unterstützt man dieselben noch einmal in der Mitte mit Polzen.

Ort vor Ort setzen, (Bergwerk) auf den getriebenen Stollen oder Strecken der letzte Punkt, wo die Bergleute anstehen, auf welchem Gange sie alsdenn weiter fortzuarbeiten gedenken.

Ort, weites, (Bergwerk) ein Ort, (s. dieses) das weiter als hoch ist. Sie sind öfters nur ein halb Lachter, und so hoch, daß ein Bergmann sitzend davor arbeiten kann. (s. auch Sitzörter)

Ortziegel, **Preißziegel**, (Ziegelbrenner) ein Eckziegel, welcher sich an dem Orte, an der Ecke eines Daches, befindet.

Orzade, ein Gerstenwasser, welches im Sommer als ein Kühltrank gebraucht, und auf folgende Art zugerichtet wird: Man nimt ein Pfund geschälte Gerste, gießt zwey Maaß Wasser darauf, und läßt es eine halbe Stunde kochen, hernach durch ein Tuch laufen, thut darzu drey Loth Melonenkerner klein gestoßen, und durch ein Tuch getrieben, mit Bisamwasser, oder auch Rosenwasser und Zucker. Auf folgende Art wird es auch gemacht: Man nimt vier Loth Melonenkerner, zwey Loth reine Gurkenkerner, und zwey Unzen süße geschälte Mandeln, stößt alles zusammen in einem Mörser, besprengt es zu Zeiten mit ein wenig Rosen- oder Pomeranzenblüthwasser, damit es nicht öligt werde. Wenn es wohl gestoßen ist, weicht man es in drey Nößel Wasser ein, treibt es zwey- oder dreymal durch ein härnes Sieb, damit es weiß und die Milch herausgezwungen werde, thut etwas von Zitronenschalen, Zitronensaft, und 6 Unzen Zucker dazu. Ist es zerschmolzen, so drückt man es durch eine weiße Serviette, und läßt es sachte abfließen, thut es in Bouteillen und läßt es kalt werden. Man kann sie auch mit Milch machen, und für Liebhaber ist Musch und Ambra dazu zu nehmen.

Oesel, so wird zu Halle im Thal die glimmende Asche genennt.

Oesen, (Nadler) die von Draht gebogene runde Ringe, mit welchen vermittelst eines Hakens Kleider auch andere Dinge zusammengehaket oder gehefset werden. Der Draht zu den Oesen wird auf beyden Enden zu einem Ringe mit einer feinen Zange gebogen, und alsdenn die Oese selbst auf einem Eisen rund gebogen, auf einem Amboß gleich geschlagen, und öfters verzinnt. (s. verzinnen).

Oesen der Bänder, (Bortenwürker) An einigen seidenen Bändern befinden sich längst den Kanten kleine Oesen oder Ringel, die auf folgende Art bey dem Weben der Bänder entstehen: Nachdem solche groß oder klein seyn sollen, nachdem wählet sich der Bortenwürker einen von verschiedenen Pferdehaaren zusammengedreheten Faden. Ein solcher Faden, der ziemlich lang seyn muß, wird von beyden Seiten der Kante des Bandanschweifes durch eine Kettenlitze, die durch einen Hochkamm (s. beydes) gezogen werden, durchgezogen, und hinter den Kammen mit einer Schnur bevestiget, damit er vest halte. Alsdenn wird ein jeder durch das erste und dritte Kämmchen (s. dieses) durch seine dazugehörige Haarschleife gezogen, dicht neben der Kante von beyden Seiten des Bandes durch die angrenzende Stabstifte des Riedtblattes passiret, und alsdenn mit einem Faden an dem Stäbchen, wo der Anschweif bevestiget ist, gleichfalls angebunden. Zur Bewegung des Hochkamms, worinn die Kette der Haarfäden angebracht werden, wird noch ein Austritt im Bortenwürkerstuhl angebracht, an welchen nicht allein der Hochkamm, sondern auch noch der Hochkamm zweyer Kämmchen mit angebunden werden, weil die Fäden bey jedem Tritte wechseln müssen, um den Einschlag zu verbinden. Wenn gewebet wird, und die Oesen sollen sich nun bilden, so wird der Austritt getreten, der den Hochkamm der Haarfäden in die Höhe hebt, der Einschlagefaden wird eingeschossen, und dieser geht nun auch unter den Pferdehaaren von beyden Seiten weg, und da sie bey dem folgenden Tritte wieder herunter gegangen sind, sobald der Fuß von dem Fußtritte genommen worden, so geht nunmehr der zweyte Einschlag über die Haarfaden weg, umschlingt sie, und wenn ein Stück so gewebt worden, und die Haarfäden herausgezogen werden, so haben sich die Oesen gebildet.

Osmund, Osmud, Osmundeisen, Osmurb, eine in Schweden gebräuchliche Benennung einer Sorte besten Eisens. Man versteht darunter gefrischtes und zweymal geschmiedetes Eisen, welches mit der Hand zusammengeschlagen, und in viereckige Stücken, ohngefähr ein halb Pfund schwer, zerschrotet worden. Der Name kömt von der osmundischen Hütte daselbst her. Daher der Name Osmundsfabrik entstanden, welches eine Eisenwaarenfabrik bezeichnet, wo aus dem Osmundeisen allerley schneidende Werkzeuge gemacht werden.

Osmundeisen, s. Osmund.

Osmundsfabrik, s. Osmund.

Oessel, s. Nösel.

Ossette, Osette, eine Gattung Zeug von schmaler und breiter Gattung, womit die Holländer Handlung treiben, und wovon das Stück 18 pariser Ellen lang ist.

Osterkerzen, (Wachszieher) Kerzen, die in den katholischen Kirchen um Ostern zum Gottesdienst gebraucht werden, und nach der ganzen Länge 6 Gänge mit Reifen haben, auf deren jeden kleine Streifen sind, auf welchen verschiedene Zierrathen ausgedruckt werden.

Oesterische Flotte, (Schiffahrt) in den Niederlanden diejenige Flotte, welche alle Jahre in die Ostsee geht, und die von daher kommenden Waaren, besonders Getreide, Hanf u. dgl. holet.

Ostindische Seide, alle diejenige Seide, welche aus den asiatischen Ländern kömt, welche man unter dem Namen Ostindien begreift. Insonderheit aber wird sie aus China, Cochinchina, Tunquin, Tripara, Bengala, Indostan geholet, und ist von verschiedener Güte und Beschaffenheit. Die chinesische ist weiß und sehr fein, und die beste auch häufigste, die aus der Provinz Cekiang. Nur muß man bey dem Einkaufe der schon völlig bereiteten oder gewundenen und gezwirnten Seide auf deren Gespinst wohl Acht haben, weil sonst der Abgang von derselben sehr groß ist. Die Tunquinische giebt ihr an Feinheit nichts nach: die aus Tripara aber ist grob, und die Bengalische hart und ohne Glanz. Die Indostanische oder aus den Ländern des großen Mogols ist von sechserley Güte. Es kömt aber davon wenig zu uns, sondern die Holländer führen die meiste nach Japan.

Ostraciten, versteinerte Oesterschalen, versteinerte Muscheln, die zweyschalig, beynahe rund, aber mit fast ebenen, und mehr oder weniger erhöheten Schalen versehen sind.

Ostraciten, Lat. (Bergwerk) eine Art der Kadmia, oder ein Stein, welcher fast ganz rund und grau ist. Man hat davon zweyerley Gattungen, die eine ist natürlich und wächst in den Schachten, die andere gekünstelt, und wird in den Oefen, worinn man das Kupfer bereitet, von dem Feuer bereitet. Es ist ein zusammengezogener Schmutz vom Metall der diese Figur angenommen.

Ostropektiniten, versteinerte Muscheln, die ungleiche, streifige, und gerieselte Schalen haben, wovon die eine einen Schnabel hat, der mehrentheils durchbohret ist.

Othonne, ein kupferfarbenes Erz aus Cypern, welches Gesner anführet, und Aldrovand mit dem Lapis Luminis, Kies, und des Aristoteles Pyremachos für einerley hält.

Otterbaum, Otter, (Forstwesen) so heißt an einigen Orten die Erle.

Otterfänger, ein Jäger, der sich mit dem Fang der Biber und Fischottern abgiebt, und die Hunde dazu abrichtet.

Otterscheide, s. Fuchsscheide.

Ottoman, (Stuhlmacher) eine neuere Gattung von Sofas, die erst kürzlich in Deutschland bekannt geworden, der Name zeigt schon, daß er türkischer oder persischer Herkunft ist. Er unterscheidet sich von einem gewöhnlichen Sofa dadurch, daß seine Rücklehne mit den Armlehnen zusammen einen halben Kreis beynahe bildet, sonst aber hat er, in Ansehung der Arbeit, mit dem Sofa einerley Handgriffe, und wird so wie der Sofa allezeit gepolstert.

Ovales machen, Anschlagen der Maschen. (Strumpfwürker) Wenn derselbe nach dem Abpressen der Maschen (s. Pressen der Maschen) die Platinenbarre bis an die Köpfe der Haken vor sich zieht, und mit sämtlichen Platinen dieser Bewegung einen etwas starken Schlag giebt, und dadurch verursachet, daß die vorher gemachte Masche sich über die letzt gemachte Masche zieht. Diese zieht sich durch jene, schlingen sich also in einander, und bilden durch die ganze Reihe Maschen. Denn durch den Schlag, der mit den Bäuchen der Platinen an die Köpfe der Haken gegeben wird, führet man zu gleicher Zeit die auf den Haken der Nadeln liegende alte Maschen über die unter denselben liegende neue Maschen, und vereinigt dadurch dieselben.

Ouverture, Fr. eine Eröffnung. (Musiker) Diesen Namen führet ein gewisses Instrumentalstück, weil es gleichsam die Thüre zu den Stücken oder folgenden Sachen der Musik aufschließet. Ihr eigentlicher Platz ist zu Anfange der Opera, oder eines andern Schauspiels, wiewohl man sie auch vor Kammersachen setzet. Sie erhält hauptsächlich zwey Einschnitte, deren erste einen eigenen Takt und ordentlicher Weise die zwey halben haben wird, dabey ein etwas frisches, ermunterndes, und auch zugleich erhabenes Wesen mit sich führet, kurz und wohl gefasset, auch mehrentheils nicht über zwey Kadenzen aufs höchste gelassen muß. Der zweyte Theil besteht in einem nach der freyen Erfindung des Komponisten eingerichteten auffallenden Thema, welches entweder eine reguläre oder irreguläre Fuge, bisweilen und mehrentheils auch nur eine bloße Imitation seyn kann."

Ovale Zellen, s. Vogelzungen.

Ovalſcheiben, (Mechanik) runde Scheiben, die anſtatt der Kurbeln an den Druckwerken der Waſſerkünſte und andern Hebezeugen gebraucht werden, weil dadurch die Bewegung gleichförmiger zuwege gebracht wird. Nach des Ritter Marlands Erfindung wird an dem Wellbaum der Maſchine eine oder etliche ovale Scheiben angemacht, welche etwas mehr als doppelt ſo lang als hoch ſind, darauf ein Rad oder Walze geſetzt, welches in einem Arm beweglich iſt, und durch die ovalen Scheiben bey ihrem Umlauf auf und niedergehe, und dadurch den Arm, oder Gewicht, oder was an deſſen ſtatt angehangen wird, hebet. Die Rolle und Rad iſt zu dem Ende, daß es keine Friktion auf der Scheibe machen ſoll. Wenn die eine Scheibe einmal herum geht, ſo hebet ſie die Rolle und Arm von der linken nach der rechten Hand zweymal in die Höhe, aber das Gewicht ſchon weniger, weil es der Achſe näher iſt. Ferner macht man der Scheiben unterſchiedene an eine Welle, daß alſo bey einem Umgange der Welle ſechsmal gehoben wird. Man will aber dieſer Einrichtung nicht durchgängig den Vorzug vor den Kurbeln einräumen. Leupold in ſeiner mechaniſchen Wiſſenſchaft hat deswegen eine andere Art von Scheiben Tab. XXIV. Fig. X. beſchrieben und erläutert. (ſ. dieſe)

Overkerke, ſ. Folgendes.

Overkeykens, Overkerke, eine gewiſſe Art weißer Serge, die zu Leyden gemacht wird, und wovon man das Stück zu 55 bis 56 holländiſche Gulden verkauft.

Overländers, (Schiffsbau) gewiſſe kleine Fahrzeuge auf dem Rhein und der Maas, welche Erde und Thon zur Töpferarbeit herbey bringen, und von den Holländern alſo genennet werden.

Overlandzeilen, holl. (Schiffahrt) über Land ſegeln, ſagt man, wenn ein Steuermann mehr Weg gerechnet, als ſein Schiff gemacht hat, ſo daß er nach ſeiner Rechnung ſehr nahe gegen das Land gekommen, da ſich doch ſein Schiff noch ſehr weit in der See befindet.

Oxhooft, Oxhöfte, in Holland und Niederſachſen ein gebräuchliches Weingebinde oder Gefäß, welches nach dem Unterſchiede der Oerter auch von unterſchiedenem Inhalte iſt. Ein Oxhooft in Holland, nach welchem die franzöſiſchen Weine verkauft werden, hält 180 Mingeln, in Hamburg hält es 6 Anker, und alſo 60 Stübchen oder 240 Quart; hingegen die franzöſiſchen Weine in Oxhöften halten daſelbſt ungleich 30 bis 31 Viertel, oder 60 bis 62 Stübchen.

P.

P, der funfzehnte oder auch ſechzehnte Buchſtabe im Alphabet, wenn das lange j als ein beſonderer Buchſtabe gerechnet wird. Das P allein geſchrieben hat verſchiedene Bedeutungen, z. B. P in Wechſelſachen heißt ſoviel, als proteſtiren. P. S. heißt ſoviel, als die Nachſchrift in einem Briefe, wenn ſolcher geſchloſſen iſt. P. heißt auch bey den Kaufleuten ſoviel als pro, für, und p. c. pro Cent u. ſ. w.

Paar, zwey Dinge, die zuſammen gehören, und nicht von einander gut getrennet werden können: als ein paar Handſchuhe, Strümpfe u. ſ. w.

Paaren, (Jäger) von den Feldhühnern, wenn ſie ſich im Frühjahre zuſammengeſellen und Junge ausbrüten, ſagt man, die Hüner haben ſich gepaart.

Paaren zwey Züge, (Markſcheidekunſt) wenn man einen Grubenzug ſo, wie er in der Grube gemeſſen worden, nach ſeinem Steigen und Fallen, den Stunden und den Längen der Donlegen an dem Tage abſteckt.

Paaren, (Stuhlmacher) wenn derſelbe aus einem Brete nach dem Schablon mehr als ein paar Hinterſtapfen ausſchneidet, und nachher, da ſie alle nach einerley Muſter geſchnitten ſind, die beyde zuſammen nimt, die ſich am beſten zuſammen ſchicken, um daraus die beyden Hinterſtapfen der Rückenlehne zu machen.

Paarhölzer, Fr. Couples, (Schiffsbau) die Inhölzer und andere Stücke eines Schiffes, welche zwey und zwey einander gleich ſind, und paarweiſe anwachſen oder abnehmen, ſo wie ſie ſich von den Haupttheilen entfernen.

Packbengel, ſ. Packſtock.

Packboot, (Schiffahrt) ein Fahrzeug, ſo wie eine Poſtkutſche zu beſtimmter Zeit mit Briefen, Menſchen, Packeten zu Waſſer von einem Orte zum andern fähret.

Packbret, Packbrücke, (Stellmacher) das an einer Kutſche hinten und vorne befindliche Bret, die Kuffer und andere Packen daſelbſt aufzupacken.

Packbrücke, ſ. Packbret.

Packeiſen, Packſpaten, (Salzſiederey) kleine runde eiſerne Spaten, das Salz, wenn es in den Körben zu feſt und trocken geworden, damit auszuſtechen, oder auszuſtoßen.

Packen, ein ruſſiſches Gewicht, welches 10 Puden oder 1000 Pfund hält.

Packen, Sachen in ein Gefäß einlegen, und ſolches dicht zuſammen legen. Daher ein Faß einpacken, einen Kuffer einpacken u. ſ. w.

Packen, (Jäger) will ſoviel ſagen, als wie dem Geſicht bey dem Gewehre anſchlagen, etwas dapfer gut faſſen, daß man nicht zu verfehlen gedenket. Auch wenn die Hunde etwas gut angefallen haben, ſo ſagt man, die Hunde haben gut gepacket.

Packet, (Perukenmacher) die aus der Hechel gezogenen und ſortirten Haare, die ohngefähr einen Viertelzoll dick zuſammengenommen, und wie ein Pinſel an den Köpfen zuſammengebunden ſind. Die Packete werden alle nach Nummern mit einem Zettel bemerkt, und die Länge der Haare, die nach dem Maaßstabe genommen werden, auf denselben angezeiget.

Packeboot, s. Packboot.

Packete machen, (Wollkämmer) Wolle, die gewaschen oder gekämmt werden soll, in gewisse Haufen legen, wobey dahin gesehen wird, daß in allen Haufen überall schlechte und gute zu liegen komt. Er sortirt den ganzen Haufen der Wolle, woraus er Packete macht, dergestalt, daß die großen Pelze besonders, die kleinern auch besonders, und die Locken, oder ganz schlechte unansehnliche Wolle auch besonders zu liegen kommen. Wenn also diese Eintheilung gemacht ist, so wird ein Stück von den großen Pelzen zur Unterlage oder Unterbette genommen, und nach Verhältniß der Menge der schlechtern Pelze mehr oder weniger davon auf eine Unterlage geworfen, und so auch von den schlechten Locken. Ein solches Packet wiegt ohngefähr 3½ bis 3 Pfund, und es ist nothwendig, daß die gute und schlechte Wolle also vertheilt werde, damit sich alles gut untereinander bey der Arbeit verbreite, und durchgearbeitet werden könne. Packetweise wird nachher die Wolle auf den Horden geschlagen. (s. Schlagen der Wolle)

Packgeräth, Fr. Bagage, (Kriegeskunst) das Geräthe eines Kriegesheers, gemeiniglich mit dem französischen Namen Bagage belegt.

Packhaus, Packhof, (Handlung) eine jede Niederlage, oder ein Speicher, ein Kaufhaus und dergleichen, wo Vorrath von allerhand Kaufmannswaaren zu finden ist; insbesondere aber wird eine solche Niederlage ein Packhof genennet, in welcher diejenigen ein- oder ausgehenden Waaren, für welche man nicht sogleich die Ein- oder Ausfahrtzölle, Akzise, und andere dergleichen Abgaben erlegen kann, oder die wegen allerley Umständen nicht gleich von den Eigenthümern können nach ihren Gewölbern und Niederlagen geschaffet werden, so lange abgesetzt oder niedergelegt werden, bis das, was derselben Wegschaffung hindert, gehoben ist.

Packhof, s. Vorher.

Packknittel, s. Packstock.

Packlaken, eine Art englisches Tuchs, welches insgemein weiß und ungefärbet außerhalb Landes geschickt und verkauft wird. Die Stücke von demselben halten ordentlich 7 bis 18 Ellen pariser Maaß.

Packleinwand, Packtuch, eine grobe Leinwand, die zum Einpacken der Waaren gebraucht wird, oder zur äußersten Bedeckung der eingepackten Waaren, Kisten, Körbe u. s. w. dienet. Sie wird von flächsenem oder häufenem Werg gemacht.

Packnadel, (Nehnadelmacher) eine große, starke, dreykantig geschliffene, und vorne an der Schneide etwas gebogene Nähnadel, mit welcher der Umschlag der Ballen und Packete mit Bindfaden zusammengenähet werden.

Packpapier, (Papiermacher) großes, starkes Papier, worein man Sachen packet.

Packraum, bey den Salzkothen ein Gebäude, darinn das Salz in Tonnen geschlagen wird; auch 2) in einem Packhause ein großer Raum in dem untersten Stockwerk, worinn die Waaren gepackt und emballiret werden.

Packraum, (Stellmacher) die Räume in einer Kutsche unter dem Sitz, unter dem Fußboden, unter dem Decke.

Packriemen, ein Riemen, womit das Gepäcke auf ein Pferd befestiget wird.

Packsattel, (Sattler) ein Sattel, der im Felde bey den Armeen gebrauchet wird, um das Feldgeräthe darauf zu packen. Er ist beynahe so gestaltet, als ein deutscher Sattel, nur daß der Sattelbaum einen höhern Kopf und Esel hat, und statt der Stege zwischen Kopf und Esel Bretter sind. Er wird nicht mit Leder, sondern bloß vermittelst Leims mit Adern und Leinwand überzogen. (s. Sattel.)

Packscheit, s. Packstock.

Packseide, die ungefärbte und noch nicht völlig zugerichtete Seide, welche in Packen komt, die ohngefähr drey Pfund schwer, und 1½ Fuß lang, in der Mitte wie kleine gedrehete Säulen zusammengerollet, und an beyden Enden vier Querfinger breit von ihren äußersten Enden zusammengebunden sind.

Packspaten, (Salzwerk) eine Schaufel 6 Zoll lang und 4 Zoll breit, damit das Salz aus den Körben gehoben wird, um es anzufassen.

Packstock, Packknüttel, Packbengel, Packscheit, Raitelscheit, Niedersächs. Wrail, ein starker, runder Stock oder Knittel, die großen Ballen damit zu packen, und die Stricke, womit sie umwunden werden, damit vest anzuziehen.

Packstock. (Weißgerber) Ein Werkzeug, die Felle, wenn sie aus dem Gäherungsfaß kommen, auszuwinden. Es ist von Eisen, hat zwey Arme über das Kreutz und einen halben Zirkel von 3 bis 4 Zoll im Durchschnitte, dessen Fläche auf der Fläche der beyden Arme senkrecht ist; von den Armen hat der eine 1½ Fuß, der andere aber 2 Fuß, der gedachte halbe Zirkel ist an dem Orte angebracht, wo sich die beyden Arme vereinigen, und das ganze Werkzeug zusammen bildet gleichsam eine Art von Handhabe, um der Verrichtung desjenigen zu Hülfe zu kommen, der die Felle aufwindet. Um sich des Packstocks bey dem Auswinden der Felle zu bedienen, legt man vier Felle auf eine Stange, die in der Höhe von 5 Fuß von zween aufrechtstehenden Ständern gehalten wird, auf folgende Art: das erste Fell hänget auf der Seite des Arbeiters herunter, indem er nur einige Zoll von der Länge des Fells auf der Stange zu liegen hat, oder soviel als nöthig ist, um dasselbe daran zu halten. Das zweyte hänget auf der entgegenstehenden Seite herab, und bedeckt nur einen Theil des ersten wieder; die beyden andern sind auf die ersten geleget; alle viere sind anfänglich nach ihrer ganzen Länge auseinander gebreitet, ausgedehnet, hernach aber legt man die Ränder in der Mitten wieder zusammen, damit man das Ganze desto leichter angreifen kann. Nun greift man den Packstock mit der rechten Hand an, und legt den einen von seinen Armen senkrecht auf eine von den Seiten der

Zusammenfügung der Felle, da alsdenn der hohle Theil des Packstocks die Felle, so vorne sind, umgiebet, und mit der linken Hand faßt man den Arm des Packstocks mit dem Ende der beyden gegen ihn hängenden Felle an. Mit der andern Hand bringt man den zweyten Arm des Packstocks unterhalb der beyden andern Felle zum Umdrehen, führet ihn solchergestalt rund um die beyden herum, welche der Packstock schon ergriffen hatte, wieder zurück, und indem man ebenfalls mit der linken Hand die Enden dieser beyden letztern Felle ergreifet, so fähret man fort, mit der rechten Hand den Packstock auf den vier Fellen herum zu drehen. Dieses Reiben drücket das Wasser, welches die Felle im Ueberfluß in sich hatten, heraus. Wenn der Packstock auf diese Art 10 bis 12 Umläufe gemacht hat, so macht man ihn los, und fänget wieder zum zweytenmal an auszuwinden, indem man das Fell auf die vorgedachte Art wieder anfasset. Da die Falten bey der zweyten Verrichtung verändert, und die Felle etwas niedriger sind; so findet sich der Theil, so vorher auf der Stange war, nach der Reihe ausgewunden, und das Fell ist besser ausgedrückt.

Packwagen, ein großer zum Gepäck bestimmter Reisewagen.

Packtuch, s. Packleinwand.

Packwerk, (Wasserbau) ein Schlangenwerk, so nur aus wenig Lagen Busch bestehet, und entweder unter einem Ufer zur Befestigung parallel mit selbigem der Länge nach geschlagen, oder auch lang und schmal auf dem Watte, entweder frey, oder zur Einschließung zwischen leere eingeschlossener oder eingekayeter Erde oder Schlicks anleget, nicht weniger zur Befestigung des Fußes einer auf dem Schlicke aufgeführten Höhe gebraucht wird.

Paco, s. Paso.

Pa-da, (Reitkunst) ein Aufmunterungswort auf der Manege, um dadurch dem Pferde an Lewaden, Kourbetten und Sätzen die Hülfe mit der Stimme zu geben; es besteht in 2 Takten oder Bewegungen, wornach sich ein Pferd vorne erheben, hinten gleich nachsetzen, die Tempo beobachten, und nicht einen Pas geschwinde, den andern langsam machen muß.

Padan, eine Rechenmünze, die in Indostan oder dem Reiche des großen Moguls gebräuchlich ist. Ein Padan Rupien gilt 100 Courons, und ein Couron 100 Lacks (s. diesen) Rupien. Da nun eine Rupie soviel, als ein französischer Thaler nach jetziger Währung, und ein Lack 100000 Rupien ist, so ist ein Padan 1000 Millionen Thaler französischen Geldes. Hundert Padans machen 1 Nil.

Padazen, eine Morische Münze, so 14, 15, auch wol 16 Tank gilt.

Padu, Padou, Padone, eine Art Band, gemeiniglich halb aus Floretseide, und halb aus guter Seide gemacht. Doch giebt es auch welche, die aus bloßer Floretseide, und andere, die aus Floretseide und Zwirn gewürkt sind. Man macht diese Art Band an verschiedenen Orten in Frankreich. Die beste darunter aber ist, die aus Floret- und guter Seide gemachte aus Lion. Sie werden zur Einfassung und Besetzung der Frauenröcke und anderer Frauenkleidung gebraucht.

Paduana, s. Pavane.

Paenasasie, eine in Persien gangbare Silbermünze, welche 2½ Mamudis gilt. Zwey Paenigasie machen ein Dargasie, und zwey Dargasies ein Hasaer-Deniari.

Pagale, (Schiffahrt) das Ruder der Pirogue. (S. diese)

Pagament, Fr. melange de l'argent et des autres metaux; (Hüttenwerk) ein Klumpen, der aus Brochsilber, Bekrätzmünze und dergleichen Stücken verschiedenen Gehalts zusammengeschmolzen worden, und mehr andere Metalle als Silber enthält, daß in einer Mark nicht völlig 8 Loth Silber enthalten.

Pagamenti, Pagament, heißen bey den Kaufleuten die gemeinen Gelder, wovon man täglich ausgiebt.

Pagiarelle, eine gewisse Rechnungsart, der man sich an einigen Orten in Ostindien bey dem Verkauf verschiedener Waaren bedienet, die man im Ganzen verthut. Man kann es einigermaßen mit unserm Groß 144 Stück vergleichen, indem die Pagiarelle eine gewisse Art von Stücken ausmachet. So werden z. B. die Kattune zu Pegu nach der Pagiarelle von vier Stücken verkaufet.

Pagne, ein Tuch oder Decke, welche den Schwarzen auf der Küste von Guinea, auch einigen Völkern in Ostindien zur Bekleidung dienet, den Untertheil des Leibes von dem Gürtel an damit zu verhüllen. Die ostindischen sind mehrentheils von schönem gestrickten Kattune, oder auch von Guinzane, der auf der koromandelischen Küste verfertiget wird. Die für die Schwarzen sind nur von Leinwand oder andern dergleichen Geweben, und insgemein blau gefärbt. Die Portugiesen treiben damit unter denselben einen starken Handel.

Pagode. 1) Eine goldene Münze, die in einigen Königreichen und Staaten in Ostindien, sonderlich auf der ganzen Küste von Koromandel, und allen auf derselben gelegenen Königreichen und Handelsplätzen, desgleichen in dem Königreiche Visapoo und andern Reichen und Orten auf der Halbinsel von Indien jenseits des Ganges, gangbar, und fast die einzige ist, die daselbst bey der Handlung gebraucht wird, indem, wo nicht alle, doch gewiß alle große Zahlungen in derselben geschehen. Ihrer Gestalt nach ist sie klein, plump gemacht, dick, rund, und auf die Art, wie die Linsen, platt gedrückt. Ihr Durchmesser ist von 5 Linien, und ihre Dicke 1½ Linien. Sie wiegt 1½ Gran schwerer, als die halbe spanische Pistole; aber das Gold, woraus sie geschlagen, ist nicht so fein, wie das von den spanischen Pistolen. Ihr Gepräge stellet insgemein ein heidnisches Götzenbild vor, welches in einer Bildenblende stehet, die man Pagode nennet, woher sie auch ihren Namen hat. Dieses Gepräge ist aber nur von der einen Seite zu sehen, auf der andern befinden sich einige erhabene Punkte oder Puckeln. Sie gelten in Indien so viel als 2 holländische Thaler, oder nach unserm Gelde 2 Thaler 8 ggr. Man hat auch halbe Pagoden auf die Art.

Art. Beyde, sowohl die ganzen als halben, werden in alte und neue unterschieden. Jene sind zwar fast von eben dem Golde, wie diese, dem ungeachtet gelten sie insgemein 15 bis 20 und oft 25 p. C. mehr als die letztern. Es giebt aber in Ostindien außer den Pagoden, welche die dasigen Könige und Najos prägen lassen, auch noch welche, die von einigen europäischen Nationen, die in Ostindien Etablissements haben, als den Engländern und Holländern, geschlagen werden. Denn ohne sie kann man, wo sie gangbar sind, keine Waaren kaufen, und deswegen bringen die fremden Schiffe, die nach diesen Orten handeln, allemal Gold in Stangen dahin, welches sie daselbst in Pagoden verwandeln lassen. Es lassen aber bemeldete Nationen solche allemal mit des Königs oder Najos Bildniß schlagen, in dessen Lande sie handeln. Die Engländer lassen ihre in dem Fort St. George zu Madras schlagen, sie sind von eben dem Schrot und Korn, und gelten auch eben soviel, als die, so von dem Könige des Landes geschlagen werden. Die Holländer lassen ihre in Nagapatanam schlagen, sie haben eben das Gewicht, wie der Engländer ihre, sie sind aber um 2 oder 3 p. C. besser am Golde, und deswegen hat man sie lieber und sucht sie stärker. 2) Pagode ist auch der Name einer silbernen Münze, die zu Narsinga, Bisnagar, und an einigen andern benachbarten Orten in Indien geschlagen wird. Sie hat ihren Namen eben so wie die goldenen Pagoden, von der unförmlichen Gestalt eines heidnischen Götzenbildes, welches auf der einen Seite dieser Münze geprägt ist; dahingegen die andere Seite einen König vorstellet, der auf einem Wagen sitzt, so von einem Elephanten gezogen wird. Diese silberne Pagoden haben aber nicht einerley Werth, und auch nicht einerley Gestalt. Die geringsten gelten 8 Tangas, den Tanga zu 90 bis 100 indianische Basarukes gerechnet.

Pagode; Ein heidnischer Götzentempel in Indien. Sie stehen nicht nur in den Städten, sondern auch vielfältig außerhalb derselben, an einsamen Orten und öffentlichen Heerstraßen, damit die Reisenden gute Herbergen finden. Mehrentheils ist dabey ein zierlicher Thurm aufgeführet, und mit besonderer Kunst gebauet. Das Gebäude der Pagode ist nicht allezeit gleich prächtig und kostbar, insgemein von Brettern aufgeführet, unter einem steinernen Dache. Inwendig ist der Boden mit Steinen belegt, oder auch nur bloße Erde. In der Mitte steht ein Altar, worauf das vornehmste Götzenbild, oft von ungeheurer Größe, aufgestellet ist, das an beyden Seiten Rauchaltäre und vor sich ein Becken hat, die Opfergaben darein zu legen. Die Wände umher sind über und über mit Götzenbildern bekleidet, wovon die kleinsten unten, die größten aber in der Höhe stehen, deren oft 10000 vorhanden sind. Die indostanischen sind viereckigt oder rund mit Wänden von Lehm aufgeführet, in welchen kleine viereckigte Löcher sind, das Licht einzulassen. Sie haben spitzig zulaufende Dächer, mit Riedt- oder Palmzweigen, auch wol mit Kupfer oder Silber bedeckt. Vor oder in der Pagode steht ein viereckigter Altar von Erde bis vier Fuß hoch, und auf demselben eine Pyramide. Dieser Altar dienet allerley wohlriechendes Rauchwerk und Blumen den Götzenbildern vorzulegen.

Pagode, ein Gewicht zu Diamanten, so 19 Karat wiegt.

Pagons, Vestungsbau, eine Kriegsbaubefestigung, nach welcher die Vestungen in Groß- Mittel- und Kleinroyal eingetheilet werden. Im Großroyal ist die äußere Polygone 100°, die Face 30°, das Perpendikel 15°, die Defenslinie 70° 8'; im Mittelroyal ist die äußere Polygone 80°, die Face 27° 6', das Perpendikel 13', und die Defenslinie 61° 5'; im Kleinenroyal ist die äußere Polygone 80°, die Face 25°, das Perpendikel 15°, und die Defenslinie 56° 3'. Die Flanken werden nach seiner Art auf die Defenslinien perpendikular gesetzt, und die Schutzflanken gänzlich verworfen; an deren statt aber drey Flanken gebrauchet, welche hinter einander geleget und mit einem Orillon verdeckt werden. Vor die Courtine wird ein Ravelin, und vor die Facen Contregarden geleget.

Pahne, (Hüttenwerk) das Untertheil des Werkzeuges, womit man im Schlagen auf das Eisen, welches geschmiedet werden soll, am ersten trifft; wohin es aber getroffen, wird das Merkmal genennet.

Pahnenschläger, (Hüttenwerk) der große Hammer oder Schlägel, womit die Pahne des großen Schmiedehammers, wenn sie wandelbar geworden, wieder ausgeschmiedet und ausgebessert wird.

Paias, Paies, Pajaisse Seide, eine Art Seide von dem Ort, wo sie gezeuget, wird vermuthlich also genennet. Sie ist weiß und von mittelmäßiger Güte. Man bringet sie aus der Levante, vermuthlich von Aleppo, wo man auch eine gewisse Art baumwollen Garn also nennet.

Paille, (Goldschmid) die dünnen Platten des Gold- und Silberschlagloths, mit welchen dieser Künstler seine Arbeiten löthet. Zum Silber gebraucht derselbe ein dreyfaches Schlagloth. 1) Das feine Schlagloth wird aus 1 Loth feinem Silber und ½ Loth Messing zusammengeschmolzen. Man löthet hiermit Dinge, die beym Gebrauch im gemeinen Leben oft ins Feuer gebracht werden, z. B. die Röhren an den Theekannen. 2) das harte Schlagloth ist eine Masse aus 1 Loth Messing und 2 Loth Probesilber zusammengesetzt. Dinge, welche sehr fest zusammen vereinigt seyn müssen, z. B. die gegossenen Hälften einer hohlen Arbeit werden hiermit gelöthet. 3) Das weiche Schlagloth besteht aus 1 Loth Probesilber und ½ Loth Zink oder Spiauter, wie es der Metallarbeiter nennet. Dieß Schlagloth wird leicht flüssig, und daher kann man hiermit nur solche Dinge löthen, die nicht ans Feuer kommen. Alle diese Versetzungen der Metalle werden in einem Schmelztiegel geschmelzet, in einen Zahneinguß ausgegossen, und wenn sie erkaltet sind, zu einem dünnen viereckigten Blech geschlagen, in länglicht viereckigte Stücken geschnitten, und zum Gebrauch aufgehoben.

Palliefarbe, (Färber) eine Farbe, die blaßgrün ist, aus Schwefelgrün und etwas röthlich Grau bestehet, und der Farbe des Strohes ähnlich ist.

Pain du Veau, Fr. (Koch) ein Brod, welches aus gehacktem Kalbfleisch, Rindstalg, Gewürz und Salz, nachdem es wohl klein und unter einander gemengt, gemacht wird, welches man hierauf in Speck schlägt, mit Eyern bestreichet, geriebene Semmeln darüber streuet, und im Backofen gar bäckt. Wenn man will, kann man ein gutes Ragout darüber anrichten.

Pain farci, Fr. (Koch) in Scheiben geschnittene Semmeln, welche mit folgender Farce überstrichen, in Eyern umgekehrt, und sodann aus Schmalz gebacken werden. Die Farce selbst bestehet aus kleingehacktem Kalbfleisch und gekochtem Schinken, so zusammen unter einander gemischt, und in einem Mörser ganz klein gestoßen wird.

Paiß, (Bergwerk) eine halbe Schicht, welcher Name bey den Niederösterreichern, besage dasiger Bergordnung, gebräuchlich. Der Name ist vielleicht mit Pause, Bose oder Buse einerley.

Paisseau, Fr. eine Art Serge oder geköperter Zeug, welcher in der Provinz Languedoc, absonderlich zu Sommieres und in dasigen Gegenden verfertiget wird.

Pako, Paco, in Amerika eine Gattung metallischer Steine oder Mineralien, die aus den Silberbergwerken in Chili und Peru kommen. Es sieht rothgelblich aus, ist weich von Natur in lauter kleine Stückchen zerbrochen, dabey aber nicht sehr reichhaltig.

Pakoshaare, Pekoshaare, Pacoshaare, die Haare von den Pakosschafen in Peru, welche gesponnen und zu allerley Zeugen und Tapeten in Peru verbraucht werden. Diese Schafe sind größer als die gemeinen Schafe, und kleiner als die Kühe, haben einen langen Hals, wie die Kameele und lange Beine. Es giebt deren weiße, schwarze, dunkelgraue und andere, welche Streifen von verschiedenen Farben haben, die man Moromoro nennet. Sie werden, da sie sehr stark sind, zum Lasttragen gebraucht, indem sie 100 bis 200 Pfund tragen können. Ihre Wolle oder das Haar ist sehr lang.

Paladadum, Paladada, eine Art von Siegelerde, welche in Italien gefunden, und von den Störgern, die sich von dem Geschlechte St. Pauli herzukommen rühmen, hin und wieder in selbigem Lande verkauft wird. Sie wird sonst auch die maltesische Siegelerde genannt. (s. auch Siegelerde)

Palamche, Fr. ein grober Zeug, welcher aus halb wollenem und halb leinenem Garne gewebet, und vornehmlich zum Unterfutter der Kapotröcke der Matrosen gebraucht wird.

Palander, Balander, (Schiffsbau) ein plattes Fahrzeug auf der Mittelländischen See, in der Größe eines starken Schiffes, von starkem Holze und mit Eisen beschlagen. Im Kriege werden sie statt der Bombardiergaliotten gebraucht.

Palanken, ein Ort, der mit Pallisaden eingeschlossen, und dahinter öfters noch wol eine Brustwehr aufgeworfen ist, damit man vor einem unvermutheten Ueberfall sicher seyn kann.

Palankin, eine gewisse Art Sänften, welche der Große Mogul, seine Hofbediente und Damen, und andere Könige in Indien gebrauchen, und so geraum sind, daß zwo bis drey Personen darinn sitzen können. Sie sind mit massivem Gold oder Silber reichlich beschlagen.

Palatine, eine Art schmaler Bedeckung des Halses für das Frauenzimmer. Sie soll ihren Namen von der Gemahlin des Pfalzgrafens Eduard haben, welche am französischen Hofe nur la Princesse Palatine hieß. Man macht solche von allerley Materien, als von feinem Pelzwerk, Sammt, Spitzen, Flöre, Krepp, Federn u. a. m.

Palatin von Federn, (Federblumenmanufaktur) eine Palatine von Straus- oder andern Vogelfedern zusammengesetzt. Man setzt sie fast eben so wie die Hutfedern (s. diese) zusammen, indem man mehrere Bündel Federn zusammen auf einen Band oder sonst eine Unterlage annähet, und die Zusammenfügung so gut wie möglich verbirgt. (s. Palatine)

Paläster, s. Balester.

Pälen, (Lohgerber) das Abhaaren der Felle. In dieser Absicht legt der Gerber die Haut auf den Schabebaum, so daß die Haarseite oben ist, und schabet die Haare mit dem Schabe- oder Streicheisen ab. Er führet hierbey das Eisen wie bey dem Ausstreichen des Wassers, indem er von oben nach unten mit demselben auf der Haut herab fähret. Einige Lohgerber streuen bey dieser Arbeit etwas Sand auf die Haarseite, damit das Streicheisen desto besser angreife, und die Haare abnehme.

Palette, Fr. (Maler) ein kleines dünnes Brett von hartem Holze, oval oder eckigt, worauf der Maler die Farben setzt, solche darauf ordnet und mischet, ehe er sie mit dem Pinsel aufträgt. An einem Ende hat sie ein Loch, wodurch der Daumen gesteckt wird. Zur Miniaturmalerey braucht man eine elfenbeinerne Palette. Die Niederländischen Maler brauchen krystallene Paletten. Zur Wachsmalerey sind die von Schildkröte die besten, weil solche den Firniß, der den Farben das Flüßige giebt, nicht einsaugen, wie solches wol die hölzernen thun.

Palette, die, verräth ein Gemälde, (Maler) wenn die Lokalfarben nicht wahr, nicht natürlich sind.

Palette, ein Gemälde schmeckt nach der, (Maler) wenn die Mischung der Farben auf der Palette so gemacht ist, daß man eigentlich nicht sagen kann, aus welchen Farben die Töne gemischt sind, womit der Maler die natürlichen Farben der Gegenstände seines Gemäldes ausgedrückt hat.

Palisaden, Fr. Palissades, (Kriegesbaukunst) acht bis neun Fuß lange hölzerne Pfähle, welche 18 bis 20 Zolle im Umkreise dick sind, und also 6 bis 7 Zoll im Durchmesser haben. Zuweilen sind sie ganz rund, so wie der Baum gewachsen ist, und oben zugespitzt, zuweilen aber sind sie auch nach der Länge des Baums gespalten. Sie werden sowohl bey Bestungen, als auch in den Feldlägern bey den Werken und vor den Zugängen gesetzt, um einen Posten vor dem feindlichen Ueberfall zu beschützen.

Palisadenkugeln, s. Stangenkugeln.

Palisadenpedarden, s. Pedarden.

Palixander, ein violenblaues Holz, woraus man allerhand gedrechselte und auch ausgelegte Arbeit macht. Das schönste ist dasjenige, so inwendig und auswendig voller Adern ist, und am wenigsten Splint hat. Es komt ordentlich in großen Scheiten aus Holland zu uns.

Pallas, s. Balasrubin.

Pallasch, (Schwertfeger) ein Seitengewehr eines Offiziers der Reiterey. Es geht von dem Gefäß eines gewöhnlichen Degens so weit ab, daß sein hölzerner Griff gewunden und mit Leder, vermittelst Leim, überzogen wird. In die Windung ist um das Leder Draht gewickelt. Das Kreuz besteht aus der Brust, der Parierstange und dem Biegel. Alle diese Stücke werden im Ganzen gegossen. Dieses Gefäß hat kein Stichblatt, sondern statt dessen ist ein massives Schild angebracht, das man die Muschel oder den Korb nennt, und bey dem Gebrauche des Pallasches die Hand bedeckt. Er wird mit den Stangen des Gefäßes, die man wegen ihrer Gestalt die Eselsstangen nennt, im Ganzen gegossen, und erhält im Guße erhabene Figuren, die hernach verschnitten (s. verschneiden) werden. Der Korb wird mit der Brust, und die Eselsstangen mit dem Biegel durch Schlagloth vereiniget. Auf dem Rücken des hölzernen Griffs liegt eine Kappe, (s. diese) die zwar unten nur schmal ist, sich aber zu einem starken Kopf erweitert, dem man gemeiniglich die Gestalt eines Adlerkopfes und dergleichen giebt. Sie wird gegossen und verschnitten. Ihr Zapfen wird in ein Loch der Parierstange eingesetzt und verlöthet, den Biegel befestiget man wie bey allen Degen, vermittelst eines Zapfens, der vorne in ein schief gebohrtes Loch in den Kopf der Kappe gesteckt wird. Die metallene Theile des Gefäßes werden stark im Feuer vergoldet, und dies nebst der feinern Arbeit unterscheidet bloß den Offizierpallasch von dem Pallasche der gemeinen Reiter. Manchmal hat ein Pallasch auch wol eine etwas gekrümmte Klinge, aber alsdenn heißt er schon ein Säbel. (s. diesen)

Pallast, Fr. Palais; (Baukunst) Ein fürstliches Wohnhaus, welches ansehnlich und groß gebauet seyn muß. Einige Baumeister, darunter Goldmann, theilen die Palläste in freystehende Häuser und Herrenhöfe ein.

Pallast, chinesischer. (Baukunst) Dieser hat ein wichtiges Dach, welches sich aber über den Lagerhölzern gegen den Ecken des Dachs unter den Figuren von Drachen auswärts hinauf schwingt. Die beyden Thürme, so sich darauf befinden, nehmen wider unsre Gewohnheit, nicht die Mitte des Dachs, sondern die Ecken ein. Alles ist mit Ziegeln dicht ausgefüllet.

Pallium, ein Pontifikalhabit, welchen die Päbste, Patriarchen, Metropolitanen und Primaten zum Zeichen ihrer geistlichen Gerichtsbarkeit tragen. Es ist ein Band, drey oder vier Finger breit, mit schwarzen Kreuzen gestickt, und wird über die Pontifikalkleider um die Schultern herum gehangen. An demselben befinden sich auch zwey Bänder oder lange Striche, deren der eine vorne, der andere aber hinten hinunter hängt, nebst kleinen bleyernen Blechen, welche an den Enden rund, und mit schwarzer Seide, nebst vier rothen Kreuzen bedeckt sind. Die Materie des Pallii ist weiße Wolle von zweyen Lämmern, welche die Nonnen von St. Agnes zu Rom jährlich am Agnesentage den 21sten Januarii opfern, wenn man das Agnus Dei in der Messe singt.

Palmenwein, Wein, der in Guinea und andern Orten, wie hier zu Lande der Birkenwein, gesammlet und auf folgende Art bereitet wird. Man hauet von dem Palmbaume die ältesten Aeste ab, streift dem Baum selbst die Rinde herunter, und bohrt, nachdem er von der Rinde einige Tage entblößt gewesen, am Fuße, wo er am dicksten ist, ein Loch, steckt in solches ein Röhrchen, und sammlet den dadurch aus dem Baume herab tröpfelnden Saft in ein Geschirr; damit der Saft desto stärker und schneller laufe, legt man auch wol rund herum Feuer an den Baum. Man macht daraus auch wol Branntwein. Der Palmwein vom kleinen Palmbaum ist besser, als der vom großen.

Palmhonig, (Bienenzucht) derjenige Honig, welchen die Bienen in der Palm- oder Knospenzeit eintragen sollen, ungeachtet die Palmen keinen Honig, sondern nur Bienenbrod geben.

Palmi. 1) ein Ellenmaaß, 23 Palmi de Genova machen 8 brabanter Ellen, zehn Palmi machen eine Canna Commune. 2) ein italienischer Werkschuh, dessen Länge 10 Zoll von einem nürnberger Werkschuh beträgt.

Palmo, Ital. ein langer italienischer Werkschuh, dessen Länge 10 Zoll eines nürnbergischen Fußes beträgt.

Palmsekt, ein weißgelber süßer Wein, welcher auf der mittelsten von den kanarischen Inseln, Palma genannt, gebauet wird. Ungeachtet diese Insel sehr klein ist, so ist sie doch überaus fruchtbar an solchem Wein, und es werden davon jährlich wenigstens 12000 Fässer gekeltert, und in fremde Länder verführet.

Palmzucker, (Zuckersiederey) eine Art großer Zuckerhüte, welche aus Holland in Palmblätter gewickelt verschickt werden, wovon sie auch den Namen führen.

Palzen, (Jäger) das Rufen des Auer- und Birkhahns zur Palzzeit.

Pamel, eine übliche Benennung in Pommern des aus feinerm Roggenmehl gebackenen Hefenbrods, welches daselbst auf dem Lande bey feyerlichen Gelegenheiten gegessen wird.

Panache, ein Maaß, dessen man sich in der Insel Candia bedienet, um Getreide und andere Hülsenfrüchte damit zu messen. Es hält von diesen Früchten ohngefähr 25 Pfund oder 8 Ocken, (s. diese) und 3 Panachen machen 1 Quillot, so 75 Pfund wiegt.

Pancizes, ein ostindischer gewebter Zeug von Seide, der einen Grund wie Gros de Napel hat, und geblümt ist.

Pandarollen, Trompeterschnüre, (Bortenwürker) die Schnüre und Franzen an den Trompeten mit künstlichen Knoten, Quasten und andern Zierrathen.

Pandor, Pandur, ein musikalisches Instrument nach Lautenart, und fast wie eine große Zither, mit einfachen und doppelten, auch vier- oder mehrfachen gedreheten messingenen und stählernen Saiten bezogen. Sie wird von sechs, bisweilen auch sieben Chören wie eine Laute, doch unterschiedlich, gestimmt. Die Quinte ist nicht darauf, wie auf den Lauten.

Pandurenklinge, (Schwertfeger) So nennt man die gekrümmte Hirschfängerklingen, weil an den Säbeln, die die Panduren oder Kroaten tragen, dergleichen Klingen vorhanden sind.

Panduradi, (Musiker) ein Instrument wie eine kleine Laute, mit 4 Saiten bezogen, etliche auch mit 5: wird mit einem Federkiel, oder mit einem Finger gespielet, wiewohl auch einige mehr als einen Federkiel gebrauchen.

Pane, s. Panne.

Paneaux, s. Einfassen.

Paneel, Paneelwerk, Fr. lambris, (Tischler) die Verkleidung oder Vertäfelung an einer hölzernen Wand in einem Gemach, vom Boden aufwärts bis an die Tapete, oder auch der ganzen Wand bis an die Decke. Es wird mit verschiedenem Leistenwerk und Gliedern der Baukunst verzieret, und besteht gemeiniglich aus Füllungen, die mit Rahmen und Leisten eingefaßt, und mit Farben angestrichen, oder auch wohl lakiret werden. Oefters sind auch die Leisten um Füllungen und Rahmen vergoldet.

Panelle, eine Art roher, ungekochter Zucker, welcher aus den Antillen kam.

Pangsid, ein seidener Zeug, welcher in China, vornehmlich in der Provinz Nankin, verfertiget, und stark nach Japan verhandelt wird.

Panier bedeutete ehemals die Hauptfahne des Kriegsvolks.

Panire, Fr. z. B. wird eine Schweinskeule oder ander Stück Fleisch genennet, wenn dasselbe mit hart geriebener Brodkrume oder Rinde angeschlagen worden.

Panke, Pauque, ein amerikanisches, in Chili in morastigen Gegenden wachsendes Gewächse. Seine Blätter sind rund, wie am Bärenklau gekerbet, und haben 2 bis 3 Fuß im Durchschnitte; der Stengel, welcher röthlich aussiehet, hat eine erfrischende und zusammenziehende Kraft. Er wird daher nicht allein roh gegessen, sondern auch zum Schwarzfärben gebraucht; zu welchem Ende er mit dem Macki und Gurbiu, zween andern Staudengewächsen dieses Landes, gekocht wird. Die schwarze Farbe, die man daraus bekommt, ist nicht allein sehr schön, sondern sie zerfrißt auch die Zeuge nicht, so wie die schwarze thut, die man in Europa gebrauchet.

Panne, Pane, ein rauher seidener Zeug, welcher das Mittel zwischen dem Sammt und dem Plüsche ist, indem er einen kürzern Flor oder rauhe Oberfläche als dieser, aber einen längern als jener hat. Er wird fast auf die nämliche Art, als der Sammt verfertiget, und soll mit demselben einerley Breite haben. Sein Zettel und das Haar an demselben muß aus gesponnener und auf der Mühle gezwirnter Organsinseide, und der Einschlag aus feiner rohen, sondern lauter gekochten Seide seyn. Man verfertiget aber auch in Amiens und andern Orten in der Pikardie und in Flandern Pannen aus Ziegenhaaren; und auch sogar welche aus bloßer Wolle, die aber gewöhnlicher Trippe und Moquetten genennt werden.

Pannen, (Falkenirer) so werden die großen Schwingfedern an den Flügeln des Falken genennet.

Pannissou, eine Art von Molleton, oder weichem wollenem Zeuge, welcher in England gemacht wird.

Panosstarts, eine Art Pagnen oder Tücher zur Kleidung der Schwarzen auf den afrikanischen Küsten, sich die Mitte des Leibes damit zu bedecken. Sie haben feuerfarbene Streifen, und werden von den Europäern aus dem Königreiche Kantor, wo man solche am besten machet, dahin geführet.

Pauque, s. Panke.

Panse, s. Banse.

Pansen, s. Bansen.

Panser, s. Banser.

Panstergattersäulen und Riegel, (Müllerbau) das Gatter, worinn die Pansterräder gezogen werden. Die Gattersäulen kommen unten im Fundament auf die Grundsteine zu stehen, worauf sie senk- oder lothrecht bis an die Balken des Dachwerks zu stehen kommen. Oben werden sie in ein Rahmstück, so unter den Balken des Dachwerks liegt, in gehöriger Weite von einander eingezapft; 1 Elle 21 Zoll unter diesen liegen die Gatterriegel für die Ziehwellen. Eine Elle 10 Zoll weiter herunter in den vördern Säulen werden die Lager vor die Kumpfwellen angebracht. Die äußern Gattersäulen bekommen gleiche Weite, auch ist die Stärke des Holzes mit jenen gleich, unten stehen sie auf den Schwellen, und oben haben sie in gleicher Höhe mit den Riegeln die Sättel, worauf die Ziehwellen auswendig aufliegen, und weil sie im Freyen stehen, so werden zu dessen Befestigung von den Sattlen bis in die Mauer Spannriegel geleget, so hernach mit einem Dach bedecket, und nicht allein gedachte Riegel, sondern auch die Ziehwellen vor dem Wetter beschirmet werden. Zwischen diesen Säulen hangen die Ziehgatter an den Pansterketten, so sie oben um die Ziehwelle winden, und die Pansterwellen mit den Wasser- und Stirnrädern in die Höhe ziehen, wenn das Ziehstirnrad durch die Ziehscheibe umgetrieben wird. Die Riegel dieses Gatters müssen drey Zoll zwischen die Säulen hinein gehen, damit das Gatter auf keine Seite ausweichen könne, sondern bey dem Aufziehen sich nach gerader Linie empor heben lasse, und auch den Umgang der Stirn- und Wasserräder in einem genauen und zirkelrunden Umgange erhalte. Die Querriegel des Gatters sind 1½ Ellen weit auseinander im Lichten, und 9 Zoll stark ins Gevierte. Die Seitenstücke halten 3¼ Ellen an der Länge, und sind 6 und 7 Zoll stark.

Pansterrgerinne, (Mühlenbau) das Gerinne zu einem Pansterrade. Dieses muß aufs höchste 7 Ellen hoch, und wenigstens 4 Ellen weit seyn, worinn das Wasser auf das Pansterrad geleitet wird.

Pansterkette, (Mühlenbau) die Kette, mit welcher das Pansterrad in die Höhe gehoben oder herunter gelassen wird, je nachdem das Wasser hohes oder niedriges Gefälle hat. Sie muß 7 Ellen lang, und die Gelenke 1 Zoll stark, auch so kurz, als es sich leiden will, seyn; nur daß sie sich täglich lenken können.

Panstermühle, Panzermühle. (Mühlenbau) So nennt man die Mühlen, deren Räder nach dem kleinen und großen Wasser durch Ketten, welche um die Pansterwelle gehen, in die Höhe gewunden, oder wenn das Wasser klein, niedergelassen werden können, damit sie allezeit vom Wasser des Stroms getroffen und umgetrieben werden. Es sind diese Räder gemeiniglich noch einmal so breit, als bey andern Mühlen, hingegen treiben sie auch zwey Mahlgänge.

Pansterwellen, (Mühlenbau) die Wellen der Pansterräder, welche in den Gatterscheiden vermittelst des Ziehgatters und Ziehzeuges aufgezogen und wieder herab gelassen werden können.

Pansterzeug, (Mühlenbau) die Benennung eines unterschlächtigen Wasserrades an Mühlen, dessen Schaufeln nach der Linie des Radii zwischen die Wangen und Felgen eingesetzt sind. Es wird dergleichen Rad von einer ziemlichen Höhe gemacht, und treibt gemeiniglich zwey Gänge, deshalb es auch bloß von dem Staberzeug darinn unterschieden ist, daß dieses um die Hälfte niedriger gemacht wird, und nur einen Gang treibt. Man bedienet sich dieses Pansterzeuges bey mittelmäßigem und geringem Gefälle. Im übrigen sind diese Räder von zweyerley Art. Als Stockpanster, wo dergleichen Rad auf einem festen Lager läuft, und folglich bey großen und aufgelaufenen Wassern nicht gehoben werden kann, sondern stille stehen und ersaufen muß. Die Ziehpanstere, welche Räder bey anwachsendem Wasser in die Höhe gezogen, und nach jeder Höhe des Wasserstandes gerichtet werden können. Solches zu bewerkstelligen, hat man nun unterschiedene Arten.

Pansterziehboden, (Mühlenbau) das Stück Boden von den innern Gattern bis an die Mauer am Gerinne einer Panstermühle davon also benennet, weil man daselbst die Wasserräder vermittelst der Ziehscheiben und Ziehstirnräder aufziehet. Er wird mit zweyzölligen Bohlen ausgedielet, und gemeiniglich um die Balkenstärke höher, als die Pfosten des Mühlgerüstes gebauet; über jedem Stirnrade wird zwischen den Balken ein langes Loch gelassen, damit man dadurch sehen kann, ob das Räderwerk zu scharf, oder zu wenig in einander eingreift. Auf der einen Seite gehen die Rückstangen hindurch; die Löcher, worinn sie hin und her geschoben werden, müssen 2 Ellen lang und 6 Zoll weit seyn.

Pansy, s. Pangsih

Pantalon. (Musiker) ein großes mit Darmsaiten bezogenes Instrument, so mit Klöppeln gleich einem Cymbel gespielet wird, worauf man einen Generalbaß spielen kann. Es hat den Namen von seinem Erfinder Pantalon Hebenstreit, einem Virtuosen zu Dresden.

Pantalon, Fr. ist der Name einer gewissen Gattung von mittelmäßig großem Papier in Frankreich, so zu Angoulesme gemacht wird. Gemeiniglich hat dieses Papier das Wappen von Amsterdam zum Zeichen, weil fast alles an die holländischen Kaufleute verkauft wird.

Pantera, (Vogelsteller) ein viereckigtes, dreyfaches, auswendig beyderseits mit Spiegeln, und inwendig mit einem subtilen weiten Inngarn, wie die Hünerstreichgarne, wohl versehenes Garn, womit allerhand große und kleine Vögel gefangen werden. In Italien, Oesterreich, Tyrol rc. ist diese Art Vögel zu fangen sehr gewöhnlich. Der zugerichtete Platz, der mit der Pantera umgeben ist, hat an dem einen Ende in der Mitte eine Hütte. Man erwählet dazu einen Ort, wo die Vögel ihren Strich haben, in einem Vorholze, das aus jungem Schlag bestehet, oder auch auf einer Wiese. Man richtet ihn also ein: die Seite, die der Hütte gegen über ist, ingleichen die beyden Nebenseiten, sind jede 64 Ellen lang, um und um bis zu der Hütte ist ein viertehalb Ellen breiter Gang, auf beyden Seiten mit schönen grünen Bäumen bepflanzt. Inwendig in diesem Gange werden die Garne oder Panteren aufgerichtet, vest angezogen, und die großen Spiegelmaschinen unter sich am Boden mit Haken bevestiget, und vest ausgespannt, damit das Inngarn leicht hin und wieder gezogen, und dadurch die Vögel desto geschwinder können gefangen werden. Die Bäume, zwischen denen die Pantera zu stehen kommt, müssen etwas höher als dieselbe seyn; auch damit solche von den Netzen nicht berühret, noch diese darinn verwickelt werden können, vorher wohl ausgeschnitten, aber dick und astig gelassen werden: so hoch nun die Bäume ausgeschnitten werden, so hoch muß auch der Platz mit einem Zaun umgeben und eingefangen werden, damit kein wildes Thier in die Garne, die fast bis an die Erde reichen, komme. Im mittlern Platz sind große dürre Fallreiser gesetzt; diese müssen um einen halben Mann höher seyn, als die Garne. Ferner müssen außerhalb diesen Fallbäumen herum allerley Bäume sich befinden, welche jedoch nicht so hoch als diejenige, so um die Pantera stehen, seyn dürfen, dergestalt, daß der ganze Platz gleich einem lustigen Garten anzusehen ist. Die Hütte ist 9 oder 10 Ellen hoch, und in zwey Stockwerke eingetheilet; in dem untersten werden die Lockvögel erhalten, in dem obersten aber sind die Vogelsteller. Nicht weit von der Hütte sind 5 Röhren, die ohngefähr 3 bis 1½ Ellen hoch, und oben mit grünem Rasen bedeckt sind, auf welchen man die Raubvögel hat, welche man von der Hütte anziehen kann; die mittelste Bühne muß am nächsten bey der Hütte, zwo Klaftern lang und zwo Ellen breit, die kleinen aber recht viereckigt, und zwo bis drey Ellen breit seyn. Nachdem der Platz, den man ital. Roccolo nennt, zugerichtet worden, so fängt man um Bartheilsmal an, solchen zu bestellen, wozu man gute singende Lockvögel von Drosseln, Amseln ꝛc. in Bereitschaft haben, in Ermangelung derselben aber, solche mit einer Pfeife nachzuahmen wissen muß. Die singenden Lockvögel müssen in dem Platz um die Fallbäume herum in ihren Bauern mit Tannenstrauch bedeckt, klafterhoch stehen, und oft verwechselt werden. Wenn nun auf ihr Locken fremde Vögel herzu fliegen, und sich auf die Fallreiser oder Bäume setzen, so werden aus dem obern Zimmer, durch gewisse dazu gemachte Schießlöcher, vermittelst einiger Balester oder Armbrüste, die Pfeile oder Polzen, welche fast wie fliegende Habichte gebildet sind, abgedrückt, die denn ohngefähr klafterhoch über die fremden angekommenen Vögel hinfahren, welche, in Meynung, es sey ein Habicht, mit großem Ungestüm niederschießen, und indem sie sich in den außer- und innerhalb des Garns stehenden Bäumen zu retten suchen, darüber in die Pantera gerathen und hängen bleiben. Etliche bedienen sich bey dem Roccolo einer Eule, die Vögel zum Einfallen desto besser zu locken. Die Pantera muß auf folgende Art gestrickt werden: das Inngarn, das quer der Hütten gegen über zu stehen kömmt, muß man mit 1400 Maschen zu stricken anfangen, und es muß in der Höhe 11 Fuß haben, die großen Spiegel aber müssen mit 140 Maschen angefangen werden, und in der Höhe neun und einen halben Spiegel haben; die zwo größern Panteren aber muß man mit 1100 Maschen zu stricken anfangen, die Höhe aber mit der erstern gleich machen; die Spiegel fängt man mit 110 Maschen in gleicher Höhe an. Diese Panteren müssen wie die Steckgarne eingerichtet seyn, außer daß oben, wo die große Leine ist, gedrehete Ringe von Horn eingemacht werden, damit man die Pantera zusammen und wieder von einander ziehen kann, welche man, und zwar jedes Stück Garn oder Pantera besonders, an zwey kleinen oben an die Latten angeschraubten Rädchen oder Kloben, und durch diese durchgezogene Hängleinen, als daran die knöchernen Ringe sind, so oft es beliebt und nöthig, niederzulassen und wieder aufzuziehen pflegt. Die Panteren und Roccolo zu den Finken und andern kleinen Vögeln werden auf eben diese Weise eingerichtet. Die Garne sind in gleicher Höhe, aber viel kleiner im Umfange. Die Fallbäume müssen nicht innerhalb der Pantera, sondern außerhalb derselben, drey Ellen weit davon gesetzt werden; so muß auch der Garne, wo die Garne in der Mitte stehen, oben wie ein abschüßiges Dach von Latten gemacht werden, und mit Tannenreis bedeckt seyn, weil sonst die Finken, wenn sie nahe an das Garn kommen, über dasselbe aufsteigen würden. Das Garn an der Finkenpantera muß derowegen mit 800 Maschen, und die zwo längern Garne bis zu der Hütte mit 1200 angefangen werden; die Höhe erstreckt sich, wie bey der großen Pantera, auf 11 Fuß. Die großen Spiegelmaschen müssen gegen die Hütte über mit 80, und die Seitenwänden mit 120 Spiegeln angefangen seyn, und jede 9½ Spiegel hoch werden.

Pantherstein, ein Name, den einige dem Jaspis geben, weil er fast eben so gefleckt ist, als das Pantherthier.

Pantine, Fr. eine gewisse Anzahl Strähnen von roher Seide, Wolle oder leinenem Garn, die zusammengebunden sind, um gefärbt zu werden. Die Anzahl der Strähnen, die zu einer Pantine gehören, ist nicht immer gleich. Bey derjenigen Gattung von Wolle, welche man insgemein Fil de Sayette nennet, bestehe solche aus 6 Strähnen. Bey dem rohen leinenen Garne und bey der Seide giebt es stärkere und schwächere Pantinen.

Pantoffel. (Pantoffelmacher) Ein Pantoffel ist nichts anders, als eine Art von Schuhen, aber gewöhnlich ohne Hinterquartiere, doch oft auch mit solchen, aber mit keinen Riemen zum Zuschnallen versehen; sie werden mit den Handgriffen der Schuhe verfertiget. (s. Schuhe)

Pantoffeleisen, Fr. fer à Pantouffle, (Grobschmid) ein Hufeisen, das so beschaffen ist, daß der innere Rand der zwey Stollen inwendig bey der Ferse viel dicker ist, als der äußere, so daß sie gegen das Horn zu abhängig gehen.

Pantoffeleisen, halbes, Fr. fer à demi Pantouffle, (Grobschmid) ein Hufeisen, das den Stollen ein wenig abwärts gekehrt hat, auch ist der innere Rand nicht so dick, als von dem Pantoffeleisen.

Pantoffelholz, Kork, die sehr dicke und schwammige Rinde von einem Baume, der in Italien, Spanien und Frankreich wächst. Er ist so stark als ein Eichbaum, trägt auch kleine Eicheln, und hat eine überaus dicke und abgeschälte Rinde, die häufig zu uns gebracht wird. Man braucht sie unter andern sehr stark zu Pfropfen zu den Flaschen und Gläsern der Apotheker, und Wein- und Bierschenker.

Pantoffelmacher. Ein Professionist, der mit den nämlichen Handgriffen der Schuhmacher die Pantoffeln (s. diese) verfertiget, und zu einer von den Schuhmachern unterschiedene Innung gehöret, mit welchen sie auch in einem alten Professionshaß leben. Es ist wol unstreitig, daß sie von den Schuhmachern abstammen. Sie lernen ihre Lehrjahre in drey Jahren aus, die Gesellen müssen wandern, wenn sie Meister werden wollen, und machen zum Meisterstück ein paar Manns- und ein paar Frauenzimmerpantoffeln. Wenn jene durchgenähet sind, so haben diese einen Rand, und so umgekehrt.

Pantoffeln, (Lohgerber) wenn derselbe das Leder zu gewissen Stücken nicht krispelt, (s. Krispeln) sondern auf Pantoffel- oder Korkholz reibt. Er hat zu dieser Absicht ein Brett, das dem Krispelholz (s. dieses) in aller Absicht gleichet, außer daß auf einer Seite statt der Kerbe Korkholz aufgeleimt ist, welches auf der äußern Seite auf das beste geglättet seyn muß. Mit diesem Korkholze wird das Leder nun eben so behandelt, wie bey dem Krispeln, manchmal nur auf der Fleischseite, manchmal aber auch auf der Narbenseite.

Pantometer, ein geometrisches Instrument, womit allerley Winkel, Linien und Höhen vermessen werden können. Es besteht aus dreyen Armen, die in gewisse Maaßen getheilet, auf zwey halben Zirkeln, welche ebenfalls getheilt also liegen, daß sie beweget werden können. Bullet, ein französischer Baumeister, hat durch seine Erfaßung dieses Instruments merklich gebessert, und eine eigene Beschreibung davon herausgegeben.

Panzer, eine Benennung der metallenen Bekleidung des Leibes, gegen feindliches Geschoß, Stiche oder Hiebe. Heut zu Tage ist Harnisch oder Küraß (s. beyde) mit Panzer von einerley Bedeutung.

Panzer, (Jäger) die, zum Theil mit Fischbein abgenähete, zum Theil aber mit Haaren oder Baumwolle ausgestopfte Jacke, welche man den großen, schwerfälligen englischen Hunden, wenn sie an die hauende Schweine gehetzet werden, anlegt, damit sie nicht so leicht zu Schaden kommen mögen. Diese Jacken werden auswendig von schwarzem oder braunem Barchent gemacht, und mit vester Leinwand ausgefüttert, auch mit Haaren und Baumwolle wohl ausgestopft, und ganz durchnähet. Unter dem Bauch und an der Brust aber werden solche nicht ausgestopft, sondern, weil es da am gefährlichsten ist, mit Fischbein ausgelegt, und mit engen Nestellöchern dicht an einander mit vieler Arbeit ausgenähet, daß eine solche Jacke so veste als ein Panzer wird. Man muß bey den Seitenflügeln, wegen der hintern Läufte, das rechte Maaß nehmen, und dieselben um die Vorderschenkel mit Ermeln versehen, oder auf dem Rücken Schnürlöcher machen, damit man sie daselbst mit Riemen zuschnüren könne.

Panzer, Panz, Weidsack. (Jäger) So wird der Sack genannt, in welchem das Wildpret das Gräse einfasset, und durch das Gedärmwerk hernach ausstößt.

Panzerhandschuh, eine Bekleidung der Hände von Drath oder Blech zur Vertheidigung der Hände. Sie sind jetzt nicht mehr im Gebrauch, außer bey den polnischen gepanzerten Reutern.

Panzerhemde, (Nadler) eine Art von Harnisch, welcher einen Flintenschuß, oder Hieb und Stich abhält, und womit der Leib oder der Rumpf verwahret wird. Die Nadler machen solche von Eisen- Messing- oder auch wol Silberdrath. Nachdem man die kleinen Ringe, woraus das Panzerhemde besteht, auf einer eisernen Welle, zu einer Rolle gedrehet oder gesponnen, so wird jedes Gewinde oder jeder Ring, durch den ein starker Tobackspfeifenstiel gehen kann, Stück vor Stück mit einer Meißelfeile, oder mit einer Beißzange abgekneipt. Hierauf zählet man die Hälfte von diesen Ringen ab, um sie, jeden besonders, zu löthen; die messingenen mit Schlagloth, welches besser ist, die eisernen mit einem Schnellothe, und zwar mit einer Löthröhre. Diese gelöthete Ringe sind bestimmt, vier andere ungelöthete in sich zu nehmen. Alsdenn schlägt man auf ein Brett Stifte ein, um die vier Ringe in den einen einzuhängen, womit man weiter fortfähret. So entsteht erst der Rücken, nach dem Maaß der Länge und der Breite der Personen, für die das Panzerhemde bestellt ist. Nach diesem hängt man auch die Vordertheile an. Wenn alle Ringe, und jeder besonders, an dem Panzerhemde angelöthet worden, so thut ein solches Panzerhemde gute Dienste.

Panzerhosen, Beinkleider von Drath oder Blech, zur Beschützung der Dickbeine im Kriege.

Panzerkette, (Goldschmid) eine zierliche Halskette von Silber oder Gold, deren Glieder länglicht gebogen sind, so wie die Gelenke und Maschen an den ehemaligen Panzern. Das zweyte Geschlecht trägt solche noch an einigen Oertern zur Zierde.

Panzerkette, (Sporer) eine Kinnkette, welche die beyde Stangen eines Pferdezaums vereiniget, und die massivste unter allen drey Arten von Kinnketten ist. Es werden jederzeit zwey Glieder derselben in ihren benachbarten Gliedern bevestigt. Jedes Glied wird entweder von einem starken Drath gehauen, oder von einer dünn geschmiedeten Stange nach einem Maaß. Es wird hernach aus freyer Hand mit dem Hammer gebogen, in den Schraubstock gespannt, und mit einer Zange gewunden. Am Ende der Kette ist ein einzelnes Glied, wodurch die Kette an die Stange bevestiget wird, an dem andern Ende aber bloß ein Haken, damit man die Schaumkette abnehmen kann.

Panzerklinge, eine Art starker Stoßklingen, um damit durch einen Panzer zu stoßen, wovon sie auch den Namen erhalten. Sie sind mit den Panzern selbst veraltert, und werden nur noch in Spanien gebraucht.

Panzerschurz, Panzerschürze, eine von Drath geflochtene, oder aus drathernen Maschen zusammengesetzte Schürze, welche bey den ehemaligen Rüstungen unten an den Panzern und Harnischen bevestigt war, und den Unterleib deckte.

Paolo, eine päbstliche Silbermünze, welche zu Florenz acht Crazie oder 2 gute Groschen gilt. Sonst gilt sie in Italien nur 4 gr.

Pap, (Schiffbau) ist eine Art Schiffstheerung für die Schiffe, die weite Reisen thun, um sie gegen die Seewürmer zu verwahren. Man setzt ihn jetzt aus Talg, Harz, Schwefel, Thran und gestoßenem Glas zusammen.

Papagayenbauer, (Nadler) ein großes zierliches Bauer, welches den Namen von dem Papagay führet, der darinn aufbehalten wird. Es wird von Drathringen über einen rundlichen Klotz von starkem Herdendrath geflochten. Man umlegt den Bauch desselben mit vier Reifen. Am Boden wird der Drath zu Haken gebogen, um ihn daselbst zu bevestigen. An der Decke werden die zugespitzten Enden durch das Schlagen des Hammers auf der Halszange angeklopft und bevestiget.

Papagayengrün, (Färber) eine grüne der Farbe des Papagayes sehr ähnliche Farbe. Sie entsteht aus Blau und Gelb. Nachdem zu dieser Schattirung von Grün der Zeug mehr oder weniger in der Waidküpe gefärbet worden, welches auf die Erfahrung des Färbers ankommen muß, so läßt man dasselbe mit Alaun und Weinstein sieden, als wenn man einen weißen Zeug ordentlich gelb färbet, alsdenn färbet man den Zeug in Wiede, Wau, Scharte, Pfriemenkraut, Gelbholz, oder dem griechischen Heu, je nachdem der Färber glaubt, diese Schattirung hervorzubringen. Wiede und Scharte sind die beyden Pflanzen, die das beste Grün hervorbringen.

Pape=

Papelin, (Seidenmanufaktur) ein halbseidener glatter Taft, der mit 4 Schäften und 2 Fußtritten gleich dem Taft (s. diesen) gewebt wird. Die Kette ist ganz von Seide, der Einschlag aber gewöhnliche Schafwolle. Er ist ⅞ Ellen breit, und steht im Riedt gewöhnlich 700 bis 1100, im Rohr aber 2 Fäden hoch. Doch verfertiget man ihn auch zuweilen doppelt, da denn in jedem Riedt 4 Fäden sind, und die Kette also noch einmal so stark ist. Oft nimt man auch Kettenfäden, die aus 2 Fäden von verschiedener Farbe sind, z. B. einen schwarzen und einen weißen u. s. w. Man nennet diese Zeugart gewässerten Papelin.

Papen, (Wasserbau) kleine, feste, abgestochene Hügel von runder Form, die man im Pütwerke hie und da stehen läßt, um die Pütten, ob selbige die volle Maaße halten, daran zu messen.

Papier, (Papiermacher) eine aus Hadern oder Lumpen von Leinen, Baumwolle, auch Tuch zubereitete zusammenhängende Masse, die zu Stücken oder Bogen in Formen gebildet (geschöpft) gepreßt, getrocknet und geglättet, und zu einem dünnen, durchsichtigen Körper formiret wird. Gemeiniglich ist das Papier weiß, weil man darauf schreibet, doch hat man auch blaues, braunes, graues und dergleichen, welches zum Einpacken gebraucht wird. Das weiße, welches man Schreibpapier nennt, wird nach Beschaffenheit seiner Größe und Güte in verschiedene Arten getheilet, und erhält auch darnach seinen Namen, z. B. **Postpapier, Herrenpapier, Baumpapier, Royalpapier, feines, grobes, Konzeptpapier** u. a. m. (s. an seinem Orte) es wird in Bücher, Rieße und Ballen zum Verkauf eingetheilet. Das Buch enthält 24 Bogen, das Rieß 20 Bücher, und der Ballen 10 Rieß. (s. Papier machen)

Papierdrucker, Künstler, welche mit in Holz oder Metall geschnittenen Formen auf Papier drucken. Diese haben ihren Ursprung den im Reiche florirenden Kattunfabriken zu danken, indem sie sich ehemals der abgesetzten Kattunformen bedienten, und sie aufs Papier abdruckten, als welches noch auf den alten gedruckten Papieren zu sehen ist, wo zu einem Bogen Papier die Formen mehr als einmal aufgedruckt worden. Nach der Zeit hat man die Formen so eingerichtet, daß sie die Größe des Bogens haben, und gleichwie bey dem Kattun die verschiedenen Farben durch verschiedene andere Formen (Passer) eingedruckt werden. Das Papier wird also mit diesen Formen gleich dem Kattun mit verschiedenen Farben gedruckt, und man hat auch Sorten, vornehmlich in Frankreich, wo die Farben nach dem Druck auch eingemalt seyn, und dann wieder welche, wo durch geschnittene Patronen, nach Art der Spielkartenmacher, die bunten Farben auf den gedruckten Grund gelegt werden, wie hievon in Sachsen starker Gebrauch gemacht wird. Nächst dieser Sorte werden nicht weniger sowohl einfärbige, als auch bunte, marmorirte, gewässerte, [illegible], und englische Sorten verfertiget, worinn die Blumen nicht nur aus freyer Hand, sondern auch mit Formen eingedruckt werden. Alle diese Sorten gehören nicht zu den Türkischen Papieren, und sind auch von dem Goldpapier unterschieden. (s. beydes)

Papieren, s. Einpapieren.

Papierform, (Goldschläger) eine solche Anzahl von Papierblättern, als die Hautform (s. diese) oder die Pergamentform (s. diese) beträgt, worinn der Goldschläger die Goldblätter schlägt. Diese Papierform dienet dem Goldschläger dazu, wenn er die Gold- und Silberblätter während des Schlagens vereinigen will, d. i. daß er aus einem Gold- und Silberblatte ein einziges Blatt machen will. In den Hautformen kann der Goldschläger diese Vereinigung nicht bewerkstelligen, daher muß er die Gold- und Silberblätter, wenn er sie vereinigen will, zusammen zwischen zwey Papierblätter dieser Form legen.

Papierform, (Papiermacher) diejenige Form, womit der Papierzeug geschöpft, und darinn zu Bogen gebildet wird. Diese Form besteht aus einem hölzernen Rahmen, zwischen welchem verschiedene Drahtfäden dichte neben einander ausgespannt sind, und dieser feine Draht, der nach der Breite der Form geht, ruhet auf stärkern Drähtern, die nach der Länge der Form gehen. Zwey und zwey dieser starken Drahtstücke stehen etwa einen Zoll von einander ab, da im Gegentheil die erstern feinen Drahtfäden dichte neben einander liegen, diese sind auf dem starken Draht mit feinem Nähdraht befestiget. Dieses ganze Gitter ruhet auf einigen hölzernen Stegen, die zwischen den Rahmstücken und der Form selbst nach der Breite der letztern liegen. Diese Form paßt genau in die Falze eines Deckels, oder eines hölzernen Rahms, der vor dem Drahtgitter der Form etwas hervorraget, wenn diese in den Deckel eingesetzt ist. Der hervorragende Theil des Deckels hindert, daß der mit der Form geschöpfte Zeug nicht wieder herab fließen kann, und bestimmt zugleich den Umfang des vierkantigen Papierbogens. Hieraus fließet, daß man zu den verschiedenen Papiergrößen auch verschiedene Formen haben muß. In das Drahtgitter der Form wird das Zeichen des Papiers, z. B. ein Adler, Posthorn u. s. w. auch wohl der Name des Papiermachers mit Draht eingeflochten. Man bemerkt diese Zeichen nebst dem Namen, und öfters auch der Jahrzahl nebst den starken Eindrücken des Drahts in dem Papier, wenn man einen Bogen Papier gegen das Licht hält.

Papier glätten, (Papiermacher) das Papier wird nach dem Leimen und Trocknen geglättet. Zu diesem Ende wird ein Stoß Papier auf die eiserne Platte, die unter dem Hammer der Schlagstampe, gelegt. Der Hammer fällt durch seine eigene Schwere, den die Daumen der Daumwelle im Geschirr an seinem Schwanze heben, auf den Papierstoß, und da dieser beständig umgedrehet wird, so schlägt oder stempfet der Hammer das Papier an allen Stellen, und glättet es hiedurch. Einige glätten auch das Papier auf eine andere Art, indem sie das Papier vor dem Falzen auf eine glatte Marmorplatte legen, und jeden Bogen besonders auf beyden Seiten mit einem marmornen Läufer glätten. Diese Arbeit ist mühsam und langweilig, und alsdenn auch schädlich, wenn man sich

sich bey dem Glätten des Talcks, wie oft geschieht, bedienet, indem dadurch das Papier schmierig wird.

Papier leimen, (Papiermacher) das fertige und getrocknete Schreibpapier muß noch geleimt werden, ehe es zum Gebrauch tauglich ist. Der Papiermacher verfertiget sich hiezu einen Leim aus Schafbeinen und Lederabgängen, den er in einem kupfernen Kessel 2 Stunden gut kochen läßt. Während des Kochens muß das Klauenfett von dem Leim abgeschöpft werden, denn dieses würde das Papier beschmutzen, wie er denn auch überdem durchgeseihet und von allem Schmutze gereiniget werden muß. Dieses geschieht durch einen Korb von Weidenreiser, den er auf das Leimfaß setzt. Er breitet auf den Boden des Korbes Stroh aus, legt über das Stroh ein wollenes Tuch, und gießt durch das Tuch, das Stroh und den Korb den Leim durch. In dem Leimfaß wird das Papier geleimt, indem der Papiermacher einige Bogen Papier in die Hand nimt, sie fächerlich ausblättert, und in den Leim eintauchet. Wenn ein Stoß Papier auf diese Art geleimt ist, so wird er zwischen Brettern in die Presse gebracht, und der überflüssige Leim ganz mäßig ausgepreßt. Das gepreßte Papier wird nun wieder auf den Trockenboden gebracht, und 3 Bogen über einander auf die Stangen oder Trappeln aufgehangen. Getrocknet bringt man es wieder in die Leimküche, und zieht es durch Alaunwasser. Man gießt nämlich in einen Alaunständer (ein Faß) zur Hälfte laulichten warmen Leim, und überdem laues Wasser. In diese Mischung schüttet man zerstoßenen Alaun, und rühret sie einigemal um, bis sich der Alaun aufgelöset hat. Durch dieses Alaunwasser werden nun jederzeit 3 Bogen Papier, die bey dem letztern Trocknen zusammenkleben, völlig durchgezogen. Wenn auf solche Art ein Stoß Papier durch das Alaunwasser durchgezogen worden, so bringt man ihn abermals auf den Trockenboden, und hängt die vorgedachten 3 Bogen abermals vereiniget auf. Wenn sie nachher trocken geworden, so zieht man sie mit den Händen auseinander, und dieses nennt man geschälet. Am vortheilhaftesten wird das Papier im Frühjahre geleimt, denn zu einer jeden andern Zeit bleibt das Papier, wie Druckpapier, etwas schlaff.

Papiermaaß, ein Maaß von Papier, dergleichen sich z. B. die Schneider und Schuster zum Maaßnehmen bedienen. Es ist ein langer zusammengelegter Streifen Papier. Bey den Perukenmachern ist das Papiermaaß das Maaß der Seitenlocken einer Peruke, welches in so viele Falze gebrochen wird, als Reihen Locken ausgenähet werden sollen.

Papiermaché, eine Masse von zerstampftem Papier, so von den Abschnitten des Papiers gemacht wird, und woraus man Dosen oder andere Schachteln in Formen bildet, solche im Ofen backt, abdrehet und lackiert. Seitdem aber 1740 Martin in Paris erfunden, dergleichen Dosen und andere Schachteln von geklebtem Papier zu verfertigen, seitdem macht man solche selten von dieser Masse, (s. Pappenschachtel) denn die Ränder der erstern Art sollen nicht so dauerhaft seyn, als die der zweyten Art, sondern sich bald abnutzen.

Papiermachédosen, s. Pappenschachteln.

Papier machen, (Papiermacher) die Kunst, aus Lumpen oder Hadern Papier zu machen. Sie ist ursprünglich aus dem Morgenlande zu uns gekommen. Denn im 9ten oder 10ten Jahrhundert machte man daselbst Papier aus Baumwolle, und im 11ten Jahrhundert erfand man solches aus leinenen Lumpen zu machen. Der Papiermacher kauft die Lumpen nach Zentnern von den Leuten, die sie einsammeln, wirft sie in großen Haufen auf den Haderboden, und läßt sie von einander sortiren. Es ist ein wesentlicher Nutzen, und giebt sehr gutes Papier, wenn eine und die nämliche Lumpenart zu einer Art Papier gewählet wird, worinn vorzüglich die Holländer sehr eigen sind, deswegen ihre Papiere auch sehr rein und gut sind. Man sortiret aber die Lumpen gemeiniglich also, daß die vom Batist und andern feinen Leinwandarten **Posthadern** geben, woraus **Postpapier** gemacht wird. Die schon etwas gröbere Lumpen von feiner Leinwand heißen **Herrenhadern**, weil man hieraus das sogenannte **Herrenpapier** macht. Die Lumpen aus der feinsten inländischen Leinwand werden zu **Konzeptpapier** genommen, und heißen daher **Konzepthadern**; aus den weißen Lumpen dieser Art wird das weiße, aus den blaugestreiften aber das blaue Konzeptpapier verfertiget. Lumpen von mittlerer inländischer Leinwand und von Kattun geben die Hadern des **Druckpapiers**. Zwar geht die Drückfarbe des Kattuns nicht ganz unter den Stampfen der Mühle aus, man achtet dieses aber nicht bey dem Druckpapier. Aus den Lumpen der gröbsten Leinwand, die man die **Makulaturhadern** nennt, wird das **Makulatur-** und **Packpapier**, desgleichen die **Pappe**, verfertiget. Doch macht man auch zuweilen Pappe aus Lumpen von wollenem Zeuge für die Tuchscherer. Hadern von Fries und andern wollenen Zeugen geben das **Löschpapier**. Das **Zuckerpapier** wird aus mittelfeinen leinenen Zeugen gemacht, und schon unter dem Stampfen mit Spänen von Blauholz gefärbet. Das Sortiren geschieht bisweilen durch Frauenspersonen. Jede Art von Hadern muß besonders auf dem Schneidezeuge (s. dieses und Papiermühle) zerschnitten werden, doch so, daß der feinste Zeug feiner, der grobe aber gröber zerschnitten wird. Ehedem zerschnitt man auch die Lumpen aus freyer Hand mit einem Schneidemesser, die jetzige Einrichtung mit dem Schneidezeug, **Lumpenschneider**, ist aber besser. Nachdem die Hadern zerschnitten worden, so werden sie auf dem Geschirr (s. dieses) erstlich zu halben Zeug gestampft, welches öfters bis 24 Stunden geschieht, und bey feinen Lumpen schüttet man in der letzten halben Stunde etwas gelöschten Steinkalk unter die Lumpen, aber auch nicht in allen Papiermühlen. Es ist dieses auch dann nur nöthig, wenn die Lumpen einige Zeit liegen sollen, ehe man sie verbraucht. Denn der Kalk soll nur hindern, daß sie nicht in die Fäulniß übergehen. Nun werden die zu **halben Zeug** zermalmten Lumpen mit einem kleinen hölzernen **Leerbecher** (s. diesen) aus den

Löchern

Löchern des Baums des Geschirres geschöpft, und in ein größeres Leerfaß gegossen. Mit diesem Leerfaß trägt sie der Papiermacher ins Zeughaus, häuft sie in große Haufen auf, und schaufelt diesen Zeug, der noch nicht zusammenhält, in den Zeugkasten (s. diesen) ein, und jede Lage desselben wird darinn mit der Zeugpritsche fest eingestampft. Ist ein Zeugkasten voll gestampft, so nimmt man denselben ab, setzt ihn auf den gestampften Zeug, und füllet ihn auf die vorgedachte Art wieder mit Zeug an. So wird ein vierkantiger Haufen Zeug einige Fuß hoch aufgehäuft. Der Zeug trocknet im Zeughause aus. Wenn nun Papier gemacht werden soll, so wird der Zeug auf dem sogenannten Holländer zu ganzem Zeug zermalmet, (s. Holländer) und sobald solcher klein genug ist, durch eine Rinne aus der Butte des Holländers in die Werkstube und in den ganzen Zeugkasten, und wenn er daselbst etwas trocken geworden, in den Kasten des Rechens (s. diesen) geschüttet, und nachdem in denselben vermittelst einer Rinne sehr reines und klares Wasser gelassen worden, so läßt man ihn von dem Rechen wieder durcharbeiten, und völlig auflösen. Nachher wird der Zeug in die Bütte (s. diese) gethan, als woraus der Bogen mit der Form geschöpfet werden. An der Bütte arbeiten bey dem Papiermachen beständig zwey Arbeiter, nämlich ein Schöpfer und ein Gautscher, oder Kautscher. Der Schöpfer setzt sich in seinen Büttenstuhl, (s. diesen) setzt die Form (s. Papierform) in ihren Deckel, ergreift sie mit beyden Händen, und fährt damit in die Butte, worinn der Zeug aus dem Rechenkasten gegossen und von der Blase erwärmet wird. Der Zeug setzt sich auf dem Drahtgitter der Form, und bedeckt solches durchgängig. Bloß nach dem Augenmaaße beurtheilet der Arbeiter bey jeder Papierart, ob er genug Zeug geschöpfet hat. Wenn die Form wieder aus der Butte gezogen ist, so schüttelt oder treibt der Schöpfer diese ein paarmal über der Butte. Das Wasser fließt hierdurch ab, und der Zeug bleibt auf der Form zurück. Zugleich übersiehet der Schöpfer den geschöpften Zeug, ob er etwa in demselben einen Kloß bemerket. Ist dieses, so nimmt er ihn weg, taucht die Form an der Stelle, wo hiedurch eine Lücke entsteht, in die Butte, und füllt die Lücke aus. Der Schöpfer nimmt hierauf die Form aus dem Rahmen, und schiebt sie auf dem kleinen Steg nach dem großen Steg der Butte (s. diese) zu. Neben diesem Steg steht der Gautscher in dem Gautscherstuhl, (s. diesen) und unterdessen, daß der Schöpfer seine Arbeit mit einer zweyten Form fortsetzet, nimmt der Gautscher die ihm zugeschobene geschöpfte Form, stellt sie gegen den Esel (s. diesen) und läßt das Wasser völlig ablaufen. Dies geschieht in einigen Augenblicken. Der Gautscher nimmt hierauf die Form, und legt sie dergestalt auf ein Stück Filz, welches neben ihm auf einem Stuhle steht, daß der geformte Zeug darauf sitzen bleibt, wenn die Form abgenommen wird. Er schiebt hierauf die leere Form auf dem großen Steg dem Schöpfer zu, und deckt auf den vorgedachten Bogen einen zweyten Filz. So fährt der Schöpfer fort, einen Bogen nach dem andern zu schöpfen, und der Gautscher

solchen auf den Filz zu legen, und einen auf den andern mit Filz zu bedecken, so daß jederzeit ein Bogen zwischen zwey Filze zu liegen komt. Während des Schöpfens muß der Zeug mit einer Krücke zuweilen umgerühret werden. Diese ganze Arbeit wird mit aller Schnelligkeit so lange fortgesetzt, bis 182 Filze mit 181 Bogen Papier angefüllet sind, oder ein Pauscht (s. diesen) entsteht. Drey Pauschte machen ein Rieß Papier. Da nun aber in dem Pauscht des Papiers noch viel Wasser ist, so muß solches durch die Presse abgeführet werden. (s. Papierpresse und Pressen) Aus der Presse wird der Pauscht dem Leger überliefert. Durch das Pressen erhält jeder Bogen schon eine Dichtigkeit, so daß ihn der Leger anfassen kann. Dieser nimmt jeden Bogen Papier aus dem Filz, legt ihn auf den gedachten Legestuhl, und streicht ihn mit einer hölzernen Schleppe, die von Beuteltuch ist, auseinander. So wird ein Bogen über den andern gelegt, jeder Bogen mit der Schleppe jedesmal beschweret, und diese Arbeit so lange fortgesetzt, bis 1 Rieß gelegt sind. Stoßweise bringt man nun das Papier auf die Trockenstube unter dem Dache. Auf diesem Boden liegen eine ziemliche Anzahl Stangen oder Stängel zwischen Latten, und unter diesen Stangen können im erforderlichen Falle Schnüre von Pferdehaaren, die man Trappel nennt, ausgespannet werden. Das Papier wird mit einem hölzernen Kreuze auf die Stangen geschoben, und jedesmal drey Bogen über einander gehangen. Im Sommer wird das Papier auf der Trockenkammer völlig trocken, im Winter aber muß es noch zuletzt in einer geheizten Stube getrocknet werden. Das im Winter getrocknete Papier ist nach einer richtigen Bemerkung etwas weniges größer, als das im Sommer getrocknete, ob es gleich in einerley Form geschöpfet worden. Denn in der Hitze trocknet es schneller, und wird hiedurch kleiner. Nach dem Trocknen ist das Lösch- und Druckpapier vollkommen fertig, und das erstere darf nur noch gefalzet, oder auf die Hälfte zusammen und in Bücher gelegt, und gepresset werden. Das Druckpapier aber muß noch, so wie das Schreibpapier, geschlagen und gepresset werden. (s. Papier pressen) Das Schreibpapier muß vor dem Gebrauche geleimet werden, (s. Papier leimen) nach dem Leimen muß das Papier noch unter die Schlagstampe, (s. diese) und hierdurch geglättet werden. (s. Papier glätten) Hierauf trägt man das Papier in eine Stube, woselbst es bogenweise gefalzet, die beschädigten Bogen ausgemerzet und in Bücher zusammengelegt werden. Jedes Buch wird hierauf unter der Schlagestampe einzeln gestampft, und alsdenn mehrere Bücher einige Stunden in die Presse gebracht. Endlich wird es Rießweise zusammengebunden, jedes Rieß in eine kleine Presse gethan, und von etlichen an dem rauhen Rande mit einem Instrumente, das einem Reibeisen gleichet, abgeraspelt, und also zum Verkauf versandt.

Papier mit Wachs grün zu färben. Man schmelzet zu diesem Behuf in einem reinen glasurten Tiegel gelbes oder weißes Wachs, giebt demselben einen Zusatz von Terpentin, damit es in der Folge geschmeidig werde. Alsdern reibet man auf einem Malerreibsteine destillirten Grünspan so fein, daß er einem feinen Puder gleichet. Wenn das Wachs mit dem Terpentin wohl zerlassen ist, schüttet man von dem präparirten Grünspan soviel hinein, als man zu seiner Absicht glaubt genug zu haben, nachdem das Wachs hell oder dunkel werden soll. Man muß, wenn der Grünspan dazu gethan ist, das Wachs fleißig rühren, sonst würde es zum Tiegel hinaus laufen. Nachdem sich die Farbe mit dem Wachs gut vermengt hat, nimmt man es vom Feuer und läßt es ein wenig stehen, damit sich der aufgeworfene Schaum setze. Alsdenn gießt man es in eine Schüssel voll kaltes Wasser, und nachdem es in etwas geronnen, knetet man es mit den Händen dicht zusammen, und macht davon ein Stück, welches man zum folgenden Gebrauch in den Händen bequem regieren kann. Man muß beobachten, daß man nicht zu viel, auch nicht zu wenig Terpentin zum Wachs hinzu thut: denn im ersten Fall wird das Wachs zu weich, und im zweyten zu spröde werden, und bey dem Gebrauche nicht zusammenhalten. Wenn man nachher mit diesem Wachs Papier oder Pergament grün farben will, so verfähret man also: Man nimmt ein Kohlenbecken mit gut ausgeglüheten Kolen, mit der einen Hand fasset man den einen Zipfel des Papierbogens, und eine andere Person die zwey übers Kreuz stehende Zipfel an, und breiten solchergestalt den Bogen über das Kolenfeuer aus. Der erste nimmt das Stück grün Wachs, und streicht damit in geraden Strichen hin und wieder über den Bogen, wobey man ihn beständig bewegt, damit ihm die Hitze nicht schade. Wenn man eine ziemliche Stelle damit bestrichen hat, nimmt man einen weichen leinenen Lappen, der aber rein und weiß seyn muß, fähret damit auf den bestrichenen Stellen nach einem geraden Striche rückwärts und vorwärts, und verwischt damit das Wachs überall gleich. Durch die Hitze ziehet das Wachs ein, und das Papier oder Pergament bekommt eine schöne grüne Farbe, welche glänzend und vest ist. So wie man es auf einer Stelle gemacht hat, so macht man es überall. Ist das Papier fein, so schlägt das Wachs so stark durch, daß man nur sehr wenig auf die andere Seite aufstreichen darf, damit es nur gleich und glänzend auf beyden Seiten werde. Beydes, Papier und Pergament, erhält durch dieses Wachs eine schöne glänzende grüne Farbe.

Papiermühle, eine Anstalt, worinn das Papier aus Lumpen verfertiget wird. Daß es eine Mühle genannt wird, kommt daher, weil ein Mühlenwerk darinn vorhanden ist, welches die Lumpen oder Hadern zu dem Papierzeuge zubereitet. Das Mühlenwerk, als die Hauptsache einer Papiermühle, hat folgende Theile: an der Welle des Wasserrades ist zugleich ein Stirnrad, welches ein Getriebe in Bewegung setzt; auf der Welle dieses Getriebes ist ein Schwungrad, welches die Bewegung gleichmäßig erhält, und an der Spitze eben dieser Welle ist eine Kurbel, an welcher eine Ziehstange vermittelst eines Gewindes bevestiget ist. Diese Ziehstange geht nach dem zweyten Stockwerke des Gebäudes, wo sie theils ein Hadermesser, theils eine kleine Walze, in Bewegung setzt. Sie ist nämlich an dem obersten Ende mit einem horizontal liegenden Arm verknüpft, und da dieser mit einer Welle zusammenhängt, so setzt die Ziehstange die nur gedachte Welle in Bewegung. An dem andern, der Ziehstange gegen über befindlichen Ende dieser Welle, ist ein senkrechter Hebel, woran eine wagrechte Schiebstange bevestiget ist; und diese greift mit einer eisernen Klaue, wenn die jetztgedachte Welle bewegt wird, in die Sperrzähne eines Sperrrades, und drehet dieses Sperrrad um. Mit diesem Sperrrade hängt vermittelst einer Spille eine hölzerne Walze zusammen, und das Sperrrad setzt diese Walze in Bewegung. Die letzte ist gegen einen Fuß dick, und es sind auf derselben verschiedene eiserne Schienen in gleicher Entfernung angebracht. Jede Schiene ist etwa einen halben Zoll breit, und so lang als die Walze. Hinter dieser Walze steht ein Kasten oder eine Haderlade, die völlig einer Futterlade gleicht, und nach der Walze zu geneigt ist. In diese Lade werden die Lumpen, die man zerschneiden will, gelegt, und die Schienen der Walze ergreifen die Lumpen, und schieben sie zwischen die beyden Hadermesser. (s. dieses) Das unterste Hadermesser ist unbeweglich an einem Lager oder Kloze bevestiget, das oberste aber wird folgendergestalt in Bewegung gesetzt: an der obengedachten Ziehstange sitzt eine zweyte Stange oder Schlagbaum, der zwischen zwey Ständern mit zwey Zapfen, die man Spuren nennt, in seinen Zapfenlöchern dergestalt bevestiget ist, daß er zwar von der Schiebstange auf und ab bewegt werden kann, aber dennoch sich nicht verrücken. An diesem Schlagbaume ist das bewegliche Messer bevestiget, welches bey der Bewegung das unterste Hadermesser eben so berühret, als sich zwey Klingen einer Schere beym Schneiden berühren. Das oberste Messer fällt bey dieser Bewegung hinter das unterste Messer nach der Walze zu hinab. Das unterste Hadermesser kann vermittelst Schrauben dem obersten genähert, oder von diesem entfernet werden, nachdem man die Lumpen grob oder fein schneiden will. Zuweilen ist an der ersten Ziehstange noch ein Kreuz mit einer kleinen Ziehstange, und diese schiebt die Hadern in der Lade gegen die Walze. In die nur gedachte Lade werden die Lumpen, wie schon gesagt, gelegt, und weil sie geneigt ist, so senken sich die Lumpen schon gegen die Walze. Besser aber ist es, wenn die Lumpen durch eine Schiebstange gegen die Walze geschoben werden. Die Schienen dieser Walze ergreifen die Lumpen, schieben sie alsdenn zwischen die beyden Hadermesser, und diese zerschneiden die Lumpen, und dieses wird zum zweytenmale wiederholet. Neben der Haderlade steht ein großer Trichter oder Rumpf über einer Oeffnung im Fußboden des zweyten Stockwerks, durch diese Oeffnung werden die zerschnittenen Lumpen in das unterste Stockwerk geworfen. Hier weicht man sie gemeiniglich ein paar Tage ein, doch müssen sie in dem Wasser nicht in Fäulniß übergehen; alsdenn werden sie in das Geschirr (s. dieses) gebracht und zerstampft (s. Stampfen der Lumpen) In einer Papiermühle befindet sich ferner das Zeughaus, eine Stube, worinn der halbe gestampfte Zeug in große Haufen aufgehäuft wird, und in dem Zeugkasten (s. diesen)

(s. diesen) in Haufen trocknen muß. Ferner befindet sich in der Mühle eine Maschiene, die man den Holländer (s. diesen) nennt, worinn der halbe Zeug völlig klein gemacht wird, und alsdenn den Namen ganzer Zeug erhält, und von dem Holländer durch die Rinne in den ganzen Zeugkasten geleitet wird, der in der Werkstube steht, die in dem untersten Stockwerke des Gebäudes neben dem Geschirre ist. Der Holländer steht im obern Stockwerk. Nebst dem Zeugkasten steht noch in der Werkstube die Butte, der Rahm und die Presse. (s. alle diese) Wenn das Papier geformt, getrocknet und geleimet ist, so wird es noch in der Papiermühle durch eine Schlagstampfe gestampfet und geglättet. (s. Schlagstampfe und Spr. Hand. u. K. in Tabellen Tab. XL Fig. 1. 11.)

Papierne Luftkugeln. (Lustfeuerwerk) Man läßt sich zu diesen Luftkugeln einen hölzernen Cylinder drehen, in dessen Mitte ein kleinerer statt der Handhabe sich befindet, um solchen Cylinder wickelt man etliche zusammengeleimte Bogen Papier, bindet sie unten mit einer Schnur zusammen, und stößt den Rand breit auf. Hernach ziehet man die Hülse vom Cylinder, und füllet sie mit Sprengzeug, (s. dieses) doch so, daß in der Mitte der stärkste zu liegen kommt, fast bis oben hinaus; dann ziehet man das Papier wohl zusammen, steckt einen Cylinder, der unten mit einem eisernen Stiftlein versehen, und die Weite des Brandrohrs hat, in den obern Theil der Hülse; umwindet den Papiercylinder recht stark und voll mit Schnüren, hernach stecket man, wenn der Cylinder herausgezogen, das Brandrohr hinein, drückt es an, umschnüret es fest, daß es unbeweglich bleibe, und verleimet die Schnüre. Hierauf nimmt man Werg, thut einen guten Theil auf den Boden und in der Runde herum, bis oben hinaus, umschnüret es, verleimet den Körper, und läßt ihn trocknen. Wenn er trocken, umleget man noch Zwillich, und verleimet alles wohl, und auf beyden Seiten macht man eine Schnur zum Hin- und Hertragen veste. Diese Art Luftkugeln ist sehr gut, zumal man in einem solchen Körper mehr, als in einem hölzernen von gleichem Kaliber, Versetzung thun kann. Auch kann man auf ein Pfund Kugel schwer 2 bis 2½ Loth Pulver zur Hinterladung geben. So man will, kann man auch mit solchen Luftkugeln brennende Figuren präsentiren. Man nimmt nämlich zwey dünn gespaltene Stücke Hölzchen von der Länge, als die vorzustellende Figur erfordert, und zwey dergleichen, die so lang sind, als die Figuren hoch werden sollen. Aus diesen vier Stücken Hölzchen machet man ein Viereck, und setzt in dieses Viereck die vorzustellenden Figuren und Buchstaben, welche man aus Drahte verfertigen läßt, überzieht dieselben mit dünnem Zündfeuer, feuert sie an, und läßt sie trocknen. Alsdenn bindet man dieses Viereck über einen Cylinder, und setzt denselben nebst dem umwundenen Hölzchen in die Kugel. Sollen nun die Buchstaben eine vertikale Lage bey ihrem Herunterfallen haben; so darf man nur an der untern Seite des Vierecks bey beyden Ecken ein paar kleine Gewichte von Bley anbringen. Der Cylinder, worum das Hölzchen gewunden wird, darf nicht hohl seyn. Der Satz, mit welchem man dergleichen Luftkugeln anfüllet, ist mancherley Art, je nachdem man ein Feuer dabey haben will. (s. die mancherley Sätze und Zeuge der Lustfeuerwerke)

Papieröl, eine braune, einem Oele ähnliche Feuchtigkeit, welche zurück bleibt, wenn man reines Papier auf einem zinnernen Teller verbrennet.

Papier pressen. (Papiermacher) Da das Papier, nachdem es geschöpft und in dem Filz abgelassen ist, noch viele wässerige Theile bey sich hat, so müssen solche herausgepresset werden. Dieses geschieht in einer Presse, die der Presse der Kattundrucker (s. Kattunpresse) gleichet. Man leget den Pausche Papier mit den Filzen zwischen zwey Brettern auf den untersten Riegel, stellt auf das oberste Brett einen Klotz, der beynahe bis an den obersten Riegel der Presse reichet, und setzt hierauf die Schraube folgendergestalt in Bewegung: der Schraubenkopf hat zwey Löcher, die sich rechtwinklicht durchschneiden. In eins derselben wird ein Hebel gesteckt, und die Schraube zuerst mit den Händen umgedrehet. Wenn die Presse nicht mehr mit den Händen bewegt werden kann, so wird der Hebel vermittelst eines Taues mit dem Haspel der Presse vereiniget, der Haspel an den Speichen umgedrehet, und dadurch das Wasser völlig aus dem Pausche Papier heraus gepresset. Die Papiermacher wissen schon aus der Erfahrung, wie stark die Schraube angezogen werden muß, und wenn der Pausche genug gepreßt ist, wird solcher aus der Presse genommen, und dem Leger übergeben. Durch das Pressen erhält der Bogen schon einige Dichtigkeit, daß solchen der Leger anfassen und handthieren kann. (s. Papier machen)

Papierschere, eine lange gute stählerne Schere, womit man das Papier zerschneidet und auch beschneidet.

Papierschirm, (Kupferstecher) ein mit Papier überzogener Rahm, hinter welchem man das Auge wider die Blendung des Sonnenlichtes verbirgt.

Papiertapeten, Tapeten, die von Papier gemacht werden. Man macht dreyerley Arten, gewöhnliche, gestaubte und vergoldete. Die gewöhnliche Art ist nur mit Farben ausgefüllet oder koloriret, und man verfertiget sie auf folgende Art: Man macht sie gewöhnlich von Royalpapier. Von diesem Papier klebt man 18 bis 19 Bogen mit Kleister zusammen, daß die Bogen ihrer Länge nach auf einander folgen, und aus den sämtlichen Bogen eine sogenannte Bande entsteht. Man leget die Bogen nämlich auf eine lange rechtwinklichte Tafel, damit man sie an ihrer Kante genau nach dem Schnurschlag zusammen kleben kann. An jeder äußern Seite der sämtlichen Bogen wird mit Bleystift nach dem Lineal eine Linie gezogen, wornach sich der Tapezirer beym Zusammenkleben und Beschlagen der Banden richtet. Alsdenn werden jedesmal zwey und zwey benachbarte Bogen mit einem Kleister von Leim und Stärke, mit den Handgriffen der Buchbinder, an den Kanten zusammengeklebet, und die Zusammenfügung wird recht glatt gestrichen. Sobald diese Zusammensammenfügung der Bande trocken ist, so giebt man dem Papier auf derjenigen Seite, wo gedruckt werden soll, einen Grund oder Anstrich von Leim und Stärke, um hierdurch dem Papier eine Steife zu ertheilen. Man hängt die also gegründete Bande auf eine Stange, und läßt sie trocknen. In einigen Papiertapetenmanufakturen gründet man nicht die Papierbogen, sondern man zieht jeden einzelnen Bogen durch ein Leimwasser; nachher setzt man einen ganzen Stoß also getränktes Papier in eine Presse, und preßt den überflüssigen Leim wieder dadurch ab, und wenn hiernächst die Papierbogen zu Banden zusammengeklebet sind, so zieht man jede Bande nochmals durch warmes Leimwasser in einem Leimkasten, und trocknet sie auf Stangen. Wenn das Tränken geschehen, so rollet man die Bande auf eine Walze, damit das Papier wieder glatt und gerade wird, und setzt nunmehr auf den Leimgrund eine Grundfarbe auf. Die Farben, so man bey den Papiertapeten gebraucht, sind mehrentheils Saft- und Erdfarben. Die Hauptfarben, aus deren Vermischung die übrigen entstehen, sind folgende: zur weißen nimt man Kreide, zur rothen Lack und Zinnober, zur gelben gelbe Erde oder Auripigment, zur blauen Indigo oder Berlinerblau, zur schwarzen Kienruß in Brantwein abgelöscht, zur braunen Umbra u. s. w. Alle diese Farben werden als Leimfarben bey den Papiertapeten verbraucht. Man versetzt sie nach Befinden mehr oder weniger mit Kreide, und reibt sie mit Wasser auf einem Reibstein ab. Kurz vor dem Gebrauche vermischt man sie mit Leimwasser, worin etwas Stärke eingerühret ist, und rühret die Farbe gut mit dem Leim um. Zur grünen Farbe nimt man gewöhnlich Grünspan, der vorher mit Oelfirniß abgerieben ist, und verdünnt die Farbe vor dem Gebrauch mit nachstehendem Colophoniumfirniß. Es wird nämlich Colophonium geschmolzen, und wenn dieses noch in etwas heiß ist, dämpfet man es mit etwas hinzugegossenem Leinöl, damit es nicht gerinne, und das Terpentinöl nicht entzünde. Mit einer oder der andern beliebigen Farbe giebt man dem Papier auf dem Leimgrunde einen Farbengrund, da man die Farbe mit einem gewöhnlichen weichen Pinsel, aber soviel wie möglich gleichförmig, anträgt. Zuweilen ist der Grund durchgängig von einer Farbe, zuweilen werden aber auch vielfärbige Streifen oder Banden angebracht. Nach dem Trocknen dieses Farbengrundes werden die Figuren, die mehrentheils in Blumen und Ranken bestehen, vermittelst verschiedener Formen beynahe so wie in der Kattunmanufaktur aufgedruckt. Denn mit der Klatschforme (s. diese) bedeckt man erst die Stelle, wo eine Blume auf der Tapete zu stehen kömt, gänzlich mit weißer Farbe. Die Absicht ist hiebey verschieden. Erstlich erhöhen sich die Farben, und insbesondere die hellen, auf dem weißen vorgedruckten Grunde sehr gut aus. Ueberdem hindert dieser weiße Vordruck, daß die oft dunkeln Farben des Farbengrundes der Tapete nicht durch die Farbe der Blumen durchschimmern und diese verunstalten können, und endlich muß die weiße Farbe zum Licht und Schatten der Figur das übrige beytragen. Folglich steht auf der Klatschform die Blume nach ihrem ganzen Umriß ausgeschnitten. Aber die Figur ist ganz platt und eben, ohne daß die Anlage ihrer Füllung durch eine Schraffirung angedeutet ist. Doch druckt man mit der Klatschform insgemein nur die großen Partien einer Figur vor, und die kleinern Theile werden bloß durch die nachfolgenden Formen ausgedruckt. So steht z. B. auf der Klatschform nur die Blume selbst, aber nicht der Stengel, dieser wird durch kleine Stempel (s. diese) gleich mit der erforderlichen Farbe ausgedruckt. Auf diesen weißen Vordruck der Klatschform wird nun der Umriß nebst der Anlage der Füllung durch die Stempelformen gewöhnlich mit brauner Farbe aufgedruckt. Zuweilen wird die Schraffirung mit Strichen, zuweilen aber auch mit Punkten von der Form ausgedruckt. Nach Maaßgabe dieses abgedruckten Umrisses und der Schraffirungen der Stempelform wird endlich jede verschiedene Farbe der Figur mit einem kleinen Stempel aufgedruckt. Man druckt also mit einem solchen Stempel nur eine einzige Farbe, wenn diese keine Schattirung hat, oder auch nur eine einzige Schattirung einer Hauptfarbe aus. Soviel Schatten von einer Farbe seyn sollen, mit eben so viel Stempeln müssen auch diese Schatten ausgedruckt werden. Eben so, wie bey dem Kattundrucken. (s. dieses) Bey dem Drucken wird die Form von einer Presse gegen die Tapete gedruckt. (s. Holzpresse und Presse.) Nachdem die Farbe auf die Form aufgetragen (s. aufstreichen) worden, alsdenn wird die Form an ihrem Ort auf die Tapete gesetzt, und man preßt sie gegen die Tapete. Diese liegt also auf dem gewöhnlichen Tischblatte, und da das Blatt lang ist, so kann man die Form ein paarmal hinter einander absetzen, ohne eine neue Strecke der Tapete auf das Tischblatt zu ziehen. Den gedruckten Theil der Tapete hängt man über eine oder ein paar Rollen, so an der Decke der Werkstatt hinter der Presse befestiget sind. Bey dem Druck setzt man allemal zuerst die dunkelsten Farben auf die ganze Bande auf, und geht auf eben die Art nach und nach bis zu der hellesten über, und zwar jede mit einem besondern Stempel. Dieses ist nun die gewöhnlichste Art von Tapeten, die bloß mit Farben gedruckt werden.

Papiertapeten, gestäubte, (Papiertapetenmanufaktur) eine zweyte Gattung der Papiertapeten. Sie haben den Namen daher erhalten, weil ihre Figuren ganz oder zum Theil nach einem Vordruck mit Flockwolle bestreuet und bestäubet werden, wodurch diese Figuren das Ansehen eines Plüsches oder Sammets erhalten. Zuweilen ist die Blume ganz bestäubt, zuweilen der Stengel bloß mit einer Farbe vermittelst einer kleinen Stempelform bedruckt. Zuweilen wird auch wol der Grund, aber nur wenn er weiß ist, gestäubet. Die Flockwolle, womit dieses Bestäuben geschieht, ist diejenige Scherwolle, die beym Scheren der feinen spanischen Tücher abgeschoren wird. Sie wird, wenn sie von weißen Tüchern ist, mit allen erforderlichen Farben nach allen Schattirungen von dem Färber zu diesem Endzweck gefärbet. Nach dem Färben wird sie in reinem Wasser gut gespület, und das Wasser gut heraus

aus gepresset. Ueberhaupt aber muß diese Wolle sehr kurz und recht trocken seyn. Zu der ersten Absicht wird sie entweder recht kurz zerhackt und durchgesiebet, und die feine von der groben unbrauchbaren abgesondert, oder man zerschneidet sie auch mit einer Streichschere, die über einem Kasten befestiget ist, und die Wolle fällt in ein fein Sieb, und was dadurch fällt, ist brauchbar. Nachher setzt man die Scherflocken einige Zeit auf einen luftigen Boden, damit sie völlig austrockne. Diese Scherflocken werden nun folgender Gestalt aufgetragen: Wenn die Umrisse der Figuren mit den großen Stempelformen (s. Papiertapeten) vorgedruckt sind, so druckt man hiernächst nach der in jenem Artikel beschriebenen Art, mit den kleinen Stempeln, aber nicht mit Farben, sondern bloß mit einem starken, dicken und klebrigen Druckfirniß (s. diesen der Wachsleinwandmanufaktur). Diesen abgedruckten Firniß läßt man etwas weniges trocknen, damit die Wolle nicht in denselben ersaufe. Alsdenn wirft man von der Scherwolle von der erforderlichen Farbe in ein feines Drahtsieb, und bepudert oder bestäubet vermittelst desselben den noch nassen Abdruck. Das Sieb hält aber zu grobe Theile der Flocken zurück. Wenn eine einzige Farbe der ganzen Tapetenbahn auf diese Art abgedruckt und bestäubet ist, so hängt man die Bahnen auf Stangen auf, und läßt sie trocknen, und wenn sie trocken ist, wird die Flockwolle, die sich nicht mit dem Firniß vereiniget hat, behutsam mit einem Borstwisch abgekehret. Auf diese Art wird eine Farbe nach der andern mit der erforderlichen gefärbten Scherwolle bestäubt, nachdem zuvor erst alle die Figurstellen mit Stempeln mit Firniß bedruckt werden, eben so, wie die Schatten der Farben mit den Patronen in der Kattundruckerey. (s. Kattundrucken) Die Farbe der Flockwolle färbt also die Figuren, und giebt ihnen dabey ein Plüsch- oder Sammtartiges Ansehen. Zuweilen ist die Figur von einer einzigen Farbe, oft aber von mehreren Farben, auch wol Schattirungen. Endlich werden auch noch wol hin und wieder einige Stellen vergoldet oder versilbert. Dieses geschieht, nachdem die Stellen auf die vorhin beschriebene Art abgedruckt sind, so wird zuletzt das Gold- oder Silberblatt folgendergestalt aufgetragen: Man reibet lichten Ocker mit etwas Bleyweiß mit einem starken Druckerfirniß, trägt diese Farbe mit einem Stempel auf die Stelle, wo vergoldet oder versilbert werden soll, gehörig auf, läßt diesen Farbendruck größtentheils trocknen, legt alsdenn das Gold- oder Silberblatt auf die Farbe, und druckt es mit Baumwolle an. Zuletzt wird die vergoldete oder versilberte Stelle gut abgerieben, damit das Metall einen Glanz erhält.

Papiertorf, eine Art lockern Torfes, welcher aus dünnen dem Papier ähnlichen Blättern bestehet.

Papilotiren, (Parukenmacher) die gewickelten Haare in Papilloten oder Papier einschlagen, oder einwickeln, daß sie mit dem Eisen gebrannt werden können.

Papinianischer Topf. Eine in der Chymie bekannte Maschine, die in Auflösung der darinn gekochten Sachen die größte Wirkung thut, und daher auch mit Nutzen in der Wirthschaft bey Kochung der Speisen angewandt werden kann. Denn der Nutzen bestehet nicht allein in der Ersparung der Zeit und der Feuerung, sondern auch in der Zusammenhaltung aller kräftigen Theile, nebst der völligen Einweichung der darinn zu bearbeitenden Dinge. Wenig Kohlen sind hinlänglich, in 2 bis 3 Stunden die härtesten Knochen zu erweichen, daß sie wie ein Brey aussehen. Es ist eigentlich ein Gefäß von gutem Kupfer oder Messing in Form einer Walze, dessen innere Weite gegen die Dicke der Wände sonst wie 7 zu 1 ist, zum Küchengebrauch aber schon genug ist, wenn das Verhältniß wie 12 zu 1 ist. An einem andern Ende ist seine Oeffnung mit einem Deckel, der sehr wohl passen, und von gleicher Stärke, als das übrige ist, seyn muß, verschlossen. Dies Gefäß wird mit der zu kochenden Sache bis auf ein Fünftel angefüllt, mit dem Deckel und dazwischen gelegtem Papier verschlossen, das ganze Gefäß aber zwischen 3 oder 4 eiserne Stäbe, die in Form eines Dreyfußes an einander gefügt sind, gesetzt, und also vermittelst der Schrauben, die an diese Stäbe angebracht sind, zusammengeschraubet. Alsdenn wird dieses alles auf ein Kohlenfeuer gesetzt; wenn nun das Gefäß erwärmt ist, so wird die im leeren Raume enthaltene Luft ausgedehnt, welche denn mit unglaublicher Gewalt das zugegossene Wasser in die Zwischenräumchen der aufzulösenden Speise hinein treibt, und dieselbe dadurch aufs beste auflöset. Man sollte also dies Gefäß, worinn die Auflösung auf die leichteste und wohlfeilste Art geschicht, in den Küchen einführen. Seine Kosten werden in der Folge gar bald wieder eingebracht. Die Speisen werden vollkommen gar, und ihre kräftige Theile werden auf das beste zusammengehalten und untereinander vereiniget, so daß beydes, sowohl seine Auflösung, als auch seine Vermischung, zwey Dinge, darauf man beym Kochen seine Absicht richtet, aufs beste bewerkstelliget werden. Nur die Vorsicht ist dabey zu gebrauchen, daß dieser Papinianische Kochtopf von guter Materie gearbeitet, und ihm nicht gar zu starkes Feuer gesetzt werde, weil ihn die inwendige Luft zersprengen und den Umstehenden großen Schaden zufügen könnte.

Pappbogen, zusammengeleimte. (Papiermacher) Dieses sind Pappen, die entweder dergestalt gemacht werden, daß man einen Bogen Papier auf eine Pappe von Teig leimet, oder daß man solche aus aufeinander geleimten Bogen Papier verfertiget. Diese werden also von Bogen Papier aufeinander geleimt, und nachher in die Presse gethan, jedoch läßt man sie nur allmählig und stufenweise die Kraft der Presse empfinden. Man läßt sie sogar eine Viertelstunde in der Presse fest stehen, ehe man dieser den letzten Stoß giebt, damit das Papier, welches Zeit gehabt hat, sich wieder zu befestigen, indem es ein wenig Leim und Feuchtigkeit verlohren hat, nicht der Gefahr ausgesetzt sey, auseinander zu gehen, oder zu zerreissen. Man läßt die Bogen nach dem Pressen im Schatten trocknen. Nachher werden sie so, wie die Pappen von Teig, geglättet. Sowohl ihre Größe, als auch ihre Dicke, ist verschieden. Man hat Pappen dieser Art von 3 bis 10 Bogen Papier aufeinander geleimet, so wie sie zu dem Gebrauche, wozu sie bestimmt sind, dicker oder dünner gemacht werden müssen.

Pappe, (Hutmacher) ein Stück Pergament, womit der Hutmacher bey dem Fachen der Fache solche zusammenbracht.

Pappe, (Pappenmacher) ein geleimtes Papier oder eine Masse, die von den nämlichen Materialien, woraus das Papier bereitet wird, verfertiget wird. Man unterscheidet davon zwey Sorten: als geformte Pappe, und bloß geleimte Pappe. Die erste wird nach Art des Papiers gebildet. Die Pappe von bloßer Zusammenleimung ist nichts anders, als daß man verschiedene Bogen Papier zusammenleimet, und gehört eigentlich zu der Spielkartenmacherkunst. Die eigentlichen geformten Pappen werden in verschiedene Gattungen eingetheilet. Man nennet sie Bogen, weil sie bloß aus einer schlechten Lage Papierzeug gemacht werden; Doppelpappen, weil sie zu zwey oder drey wiederholten malen und mit zwo oder drey verschiedenen Lagen gemacht sind; geleimte Pappen, weil man verschiedene Bogen mit bloßer Hülfe des Leims übereinander gelegt hat. Die Materie der groben Pappe ist eine jede Art von Papier, gutes oder schlechtes, vornehmlich aber dasjenige, was zu nichts anders dienlich ist. Alle Abschnitte der Buchbinder, der Kartenmacher, der Papiermacher, und überhaupt allen Abgang von Papier, alle Arten von alter Makulatur, alte zerrissene Pappen, Hut- oder Pelzmateriale u. dgl. m. Zu allererst werden alle diese verschiedene Materialien in die Faulbütte gebracht, und man läßt sie darinn weichen, indem man sie mit Wasser begießt, worinn sie sich erhitzen, und in Fäulniß übergehen, damit sie leichter zu zerreiben oder zu stampfen sind. Alsdenn nimt man alle die Materie dieses eingeweichten Papiers heraus, und häufet es aufeinander. Es muß aber noch von dem Wasser träufeln, womit es begossen worden. Dieses Wasser träufelt zum Theil durch, und fließet auf dem Pflaster des Faulungsortes ab, das übrige bleibt im Haufen, feuchtet die Theile desselben an, und bewirket noch und nach die nöthige Gährung. Das überflüßige Wasser fließet gewöhnlich innerhalb eines Tages weg, worauf es zu fließen aufhöret, und die Gährung anfängt. Ein solcher Haufen, der 166 Kubikfuß groß ist, erfordert 7 bis 8 Tage zu der Gährung. Man braucht im Sommer etwas weniger Zeit als im Winter. Von dem Faulungshaufen wird die Pappmaterie in den Zertheilungstabel gebracht, worinn dieselbe ausgeschabet, (Fr. le couer la pilée) oder zerdrückt wird. Man theilet sie nämlich mit den Fingern gröblich von einander, um die fremden Theile und Auswurf, welche nicht Papier gewesen sind, davon abzusondern. Alsdenn arbeitet man die Materie mit einer hölzernen Schaufel, oder einem eisernen Kratzeisen, von oben nach unten und von Seite zu Seite wohl durch, und zertheilet alles auf das beste. Wenn die Materie auf solche Art gut durch einander gebracht worden, daß es eine zusammenhaltende Materie geworden, und gar kein Ansehen mehr von dem Papier hat, oder daß es je so zusammen verbunden gewesen, alsdenn wird sie in eine Kufe gebracht, die der Stein, Fr. la pierre, genannt wird, in welcher verschiedene Messer angebracht sind, mit welchen man die Pappenmaterie zerschneidet. (s. Pappenschneider oder Stein) In dieser Maschine wird die Materie vermittelst der Messer, die am Boden des Steines sich befinden, indem sich der Baum mit denselben herumdrehet, zerschnitten und zertheilet, und dergestalt zermalmet, daß sie ein dicker Brey wird. Um zu wissen, ob die Materie ganz zerrieben und klein genug sey, nimt man davon etwas heraus, und macht davon einen Ballen in der Hand, läßt ihn auströpfeln, und sieht zu, ob keine weiße Flecken oder Theile vorhanden sind, die noch das Ansehen des Papiers behalten haben. Ist dieses nicht, so ist es eine Probe, daß die Materie genugsam zerrieben ist, und daß man sie gebrauchen kann. Alsdenn nimt man die Masse heraus, und thut sie in die Werkbütte, (s. diese) an welcher der vornehmste Arbeiter arbeitet. Wenn die Materie aber genugsam naß und fein zart, in der Werkbütte ist, so wird solche mit einer hölzernen Harke wohl auseinander gebracht. Der Arbeiter oder Büttmann hält allemal zwey Formen auf einmal auf seiner Abtropfpfanne und nur einen Rahmen, der den beyden Formen wechselsweise dienet. (s. Pappformen) Der Arbeiter fügt eine dieser Formen in den Rahmen wohl ein, und indem er sie mit beyden Händen an den zweyen Enden angreifet, so taucht er sie unter die Materie, und bringt sie ganz angefüllt wieder heraus, indem er den Rahmen von der Rechten zur Linken sehr wenig schüttelt, welches macht, daß sich die Materie gleich anfangs ein wenig senket. Darauf glitschet er den Rahmen auf die Abtropfpfanne hin, worinn die Materie, nach dem Maaß als das Wasser ablauft, noch mehr sinket. Während daß die Form abtröpfelt, breitet der Arbeiter einen Tuchlappen über ein anderes Formbrett, welches wie eine starke hölzerne Wanne etwas mehr als halbe Fuß lang und über zween Fuß breit ist, wo alle Pappen in einem Haufen übereinander, jeder auf einem Tuchlappen, gelegt werden. Wenn man soviel, als man pressen will, darinn sind, so ziehet man die Pappenpresse (s. diese) mit Hülfe zweyer eisernen an einem der Leisten dieses Formbrettes befestigten Ringes oder Schnalle heraus, so wie man eine Schublade aus dem Schrank herauszieht. Der Arbeiter breitet einen Tuchlappen, welcher ein Stück Tuch oder Fries ist, über das Pappenformbrett aus, er nimmt den Rahmen über der ersten Form hinweg, um ihn nach der zweyten zu bringen. Hernach erhebet er die erstere, indem er sie ein wenig aufhebet, als wenn er sie von unten betrachten wollte. Er trägt sie fast senkrecht, und indem er sie auf den vordern Rand des Tuchlappens von seiner Seite stellet, so legt er sie ziemlich hurtig nieder, und wirft sie auf dem Tuchlappen um. Er schlägt mit der Hand auf das Gitter der Form, oder schüttelt dieselbe drey oder viermal auf dem Tuchlappen ab, worauf er sie wieder aufhebet. Die Form läßt alle Materie, die sie trug, gar leicht fahren, und die Pappe bleibt auf dem Tuchlappen. So wird eine Pappe nach der andern geschöpft.

stürzt, und auf einem Tuchlappen einer auf die andern gelegt. Ein solcher eben gelegter Pappbogen ist gemeiniglich 7 bis 8 Linien dicke, allein da noch viel wässerige Theile darinn vorhanden sind, so wird solcher durch die Presse auch sehr leicht zusammen und dünner gebracht, so daß er drey oder viermal dünner wird. Das sonderbarste aber hierbey ist, daß sich der Bogen ohngeachtet der großen Verringerung an Dicke, doch nicht in die Breite ausdehnet; der Bogen behält auch nach dem allerstärksten Drucke merklich dieselbe Größe. Man kann aus eben demselben Teig Pappen von verschiedener Dicke und Festigkeit machen, nämlich feine und dicke. Es kömt nur darauf an, daß die Form dieser eingetaucht, geschwinde herausgezogen, und weniger bewegt wird. Dadurch erhält man eine weniger flüßige Materie, weil man ihr nicht Zeit läßt, sich mit dem Wasser zu vermischen, und man behält davon mehr auf der Form, und die Pappe wird dicker. Während der Arbeit muß man den Teig in der Bütte von Zeit zu Zeit schlagen oder umrühren, damit er nicht auf dem Grunde der Bütte sitze. Wenn man die Stärke der Pappen verdoppeln will, ohne sie zu leimen, so legt man nicht nur den Tuchlappen auf den eben hingelegten Bogen, sondern man nimt auch eine frisch gemachte und schon gepreßte Pappe mit ihrem Tuchlappen. Auf diese noch feuchte Pappe wirft man die Form, um dieser Pappe eine neue Lage zu geben, zu welchem Ende der Leger die schon verfertigten und zu verdoppelnden Pappen bey sich auf einem [illegible] liegen hat. Der Leger nimt bey dem Umstürzen der Form [illegible] also, daß die neue Pappe die andere in ihrer ganzen Ausdehnung ziemlich genau bedeckt, sodann legt er über die letztern wieder einen andern seiner Pappe zugehörigen Tuchlappen, und auf diese Pappe die neue Pappe von der andern Form, und so beständig fort, bis er sie alle verdoppelt hat, ehe er das Formbret unter die Presse bringt. Man sucht auch, sowohl [illegible], die Unreinigkeiten, die sich etwa auf den Pappbogen befinden möchten, mit dem Fingernagel auszukratzen, und nachher wird mit der Fingerspitze die Vertiefung, die dadurch gemacht worden, in der Pappmaterie wieder zugedrückt. Die beyden Pappenbogen, woraus die Doppelpappen entstehen, werden in ihrer ganzen Ausdehnung durch das Pressen so wohl zusammengeleimt, daß man niemals erkennen kann, daß sie zusammengelegt worden sind. Man pflegt diese Pappen selten mehr als einmal zu verdoppeln, ob man solches gleichwohl thun kann, um ihnen alle Arten von Dicke zu geben. Allein diese Art ohne Leim verdoppelte Pappe ist etwas weich, und hat niemals die Festigkeit derjenigen, die mit Leim verbunden sind. Deswegen besonders die Buchbinder solche auch lieber verbrauchen, als die erste Art Doppelpappe. Man häufet die also verfertigten Pappen auf das Formbret auf einander auf, um solche zu pressen, und es kommen oft 120 bis 200 dünne Pappen auf einander; welches zu einem Stoß von 1½ bis 2 Fuß Höhe anwächst. Mit diesem Formbret werden alle diese Pappen unter den Balken der Presse gesetzt, und die ganze Anzahl von Pappen, die man mit einmal pressen will, wird eine volle Presse genannt. Nachdem die Pappen in die Presse gesetzt worden, so wird der Hebel der kleinen Mühle an der Presse gezogen, und dadurch der Trilling herumgetrieben, welcher den Preßbalken an die Pappen preßt. (s. Pappenpresse) und das Wasser herauszubringen nöthiget. Die Gewalt der Presse bringt die Pappen nicht allein zu ihrer gehörigen Dicke, sondern sie vermehret auch ihre Dichtigkeit und Stärke, und presset alles Wasser, womit der Teig vermenget war, aus. Wenn die Pappen gepresset sind, so werden die Tuchlappen von denselben abgehoben, und man macht wieder neue Haufen davon, um sie noch einmal zu pressen. Ehe dieses aber geschiehet, so werden alle fremde Körper aus den Pappbogen herausgekratzt, und mit dem Daumen alle Löcher zugedrückt und alle Fehler ausgebessert, und alsdenn ohne Tuchlappen wieder in Haufen in die Presse gesetzt, und zum zweytenmal gepresset, wodurch alle Feuchtigkeit völlig vertrieben und die Pappen völlig verglichen werden. Mittlerweile, daß die Pappen also in der Presse gepresset werden, nimt man ein eisernes Kratzeisen, so nichts anders, als eine dreyeckigte eiserne Platte ist, und einen 4 Fuß langen Stiel hat. Mit diesem Kratzeisen nimt man nun den Pappenhaufen rund um die Franzen, Fasern und andere Ungleichheiten weg, so daß die Pappen dadurch recht gleich und viereckigt, und die Ränder eben so stark werden, als die Mitte. Dann nimt man ein kleines Brett, mit welchem man alles das, was das Kratzeisen abgesondert hat, eben machet. Nachdem die Pappen genugsam gepresset worden, so werden sie auf dem Aufhängeseil, zwey und zwey oder drey und drey, mit den Nadeln der Pappen durch ein Ende derselben durchstochen, und an dem Haken der Nadeln auf Leinen aufgehangen, damit sie trocknen, und wenn solche trocken, so werden sie auf der Glättmaschine geglättet. (s. Pappen glätten)

Pappelbaumholz, (Tischler) Holz von zweyerley Gattung, von dem weißen und schwarzen Pappelbaum. Das erste ist weiß und weich, welches vornehmlich für die Bildschnitzer zu gebrauchen ist; das zweyte ist hart und gelblich von Farbe, und wird von vielen Holzarbeitern zu allerley Arbeiten verbrauchet.

Pappen, s. Preßspähne.

Pappendeckel, (Buchbinder) ein besonders bey den Buchbindern für Pappe übliches Wort.

Pappenformen, (Pappenmacher) Formen, womit die Pappe so wie das Papier geschöpft wird. (s. Pappe) Es ist ein Rahmen von vier Leisten von Eichenholz, die ohngefähr drey Fuß lang, zwey Fuß breit, und einen Zoll dick, und durch vier Keile recht viereckigt an einander gefüget sind; die zwey großen Leisten sind noch durch 10 oder 12 andere, bisweilen auch nur durch eine einzige zusammen verbunden. Ueber einer der Oberflächen dieser Form, von dem einen bis zum andern Ende ihrer Länge nach, liegen verschiedene messingene Drähter, welche ohngefähr eine halbe Linie dick, fast eben so, wie bey den Papierformen, eine Linie von einander sind. Die Ränder sind mit einem

dünnen

dünnen messingenen Drath bedeckt, auf welchem die Köpfe der sie an diesen Leisten befestigenden Nägel ruhen. Außer diesem Rahmen, den man die Form selbst nennt, ist noch ein anderer größerer, welcher innerhalb der vier Seiten eine Fuge hat, in welche die Form einpasset. Er besteht aus 5 hölzernen Leisten, die ohngefähr einen Zoll im Viereck haben. Diese Leisten sind etwas länger, als die Leisten der Form, damit sie durch ihre mit 2 bis 3 Linien tiefe Fuge dieselbe einnehmen könne. Vier von diesen Leisten machen die Länge und Breite des Rahmens aus, die fünfte geht durch die Mitte, und ist mit ihren beyden Enden an die zwey längern angefügt. Sie belegen bisweilen den Rahmen und die Form zusammen mit dem Namen Rahmen. Wenn die Form mit ihrem Rahmen wohl eingepaßt ist, so gehen die Ränder dieses Rahmens, wegen ihrer Höhe, beynahe 8 oder 9 Linien über die Fläche der Form, und sind gleichsam eine Art von Kästchen, worinn die Form ruhet.

Pappenfutterale zu runden Büchsen und Sehröhren. Hierzu bedienet man sich einer runden gedreheten hölzernen Patrone, die von der Dicke des Futterals, welches man machen will, seyn muß. Man legt um dieselbe ein Blatt von weißem Papier, und nach diesem ein bunt gedrucktes oder türkisches Papier, mit der bunten Seite nach inwendig gerollt, leimet die Enden dieses bunten Papiers zusammen, läßt sie trocknen, und überstreicht nachher das ganze Papier mit Leim, umlegt es mit Papier, leimt dieses wieder, beleget es mit alter Leinwand, umziehet es mit Papier, und setzt dieses so lange fort, bis das Futteral die verlangte Dicke, oder seine erforderlichen Lagen angenommen hat. Jede neue Lage muß erst glatt angerieben und trocken gemacht werden, bevor man eine frische darüber bringt. Wenn es ein Futteral zu Sehröhren ist, und man daran die Schraubengänge anbringen will, so überschlägt man die Stelle zur Schraube mit einem Bindfaden, den man nach Art der Schrauben rings umher zieht. Die beyden Enden desselben werden an dem Papier fest geleimt. Wenn diese Oerter trocken geworden, wird das Futteral von neuem mit Leim überstrichen, Papier herum gelegt, und wenn auch diese Schicht trocken geworden, ein anderer Bindfaden zwischen den Umgängen der vorhergehenden Schnur gewunden, und wenn diese letzte Papierlage getrocknet ist, wird die letzte Schnur wieder weggenommen, und man hat die Schraube fertig gemacht. Um die Mutter, oder die hohlen Schraubeneinschnitte, zu bekommen, legt man ein einfaches Papier um die Schraube herum, umwindet dieses wieder gangweise, wie zuvor, mit einer dergleichen Schnur, welche man wieder ablöset, sobald sie das Papier in die alten Gewinde hineingedruckt hat. Wenn man damit fertig ist, wird die bunte Seite von türkischem Papier um das eingedruckte weiße Papier geworfen, man leimet dessen beyde Enden zusammen, und alsdenn wird das weiße, wie auch das türkische Papier überleimet, darnach legt man das weiße Papier auf das bunte, so daß beyde geleimte Seiten auf einander zu liegen kommen. Man windet die Schnur wie zuvor in die gemachten Schraubengänge ein, ihre Enden werden fest geleimt, das ganze überleimte Papier herumgelegt, getrocknet, und man setzt dieses mit der Leinwand und den Papierbogen so lange fort, bis die Mutter die Dicke des vorigen hat. Wenn diese auf der Schraube fast trocken geworden, so versucht man die Mutter in den Gängen auf und nieder zu bewegen. Erfolgt dieses, so muß sie an der Schraube völlig austrocknen. Zuletzt wird das Futteral und der Deckel mit Leder überleimt und verziert. Anstatt des Bindfadens kann ein starker zusammengedreheter Zwirn gebraucht werden. Das Winden mit der Schnur wird von der linken gegen die rechte Hand verrichtet, widrigenfalls entsteht eine linke und falsche Schraubenwindung. Wenn die Mutter trocken ist, wird sie losgeschraubet, und das erste umgelegte Papier abgenommen: an dessen statt leimt man aber ein buntes vermittelst eines Bindfadens in die Züge ein, bis das Papier auf der Schraube steif und trocken geworden, und davon abgenommen werden kann. Zur Bequemlichkeit wird die Schraube nebst der Mutter länger angelegt, als es gewöhnlich ist, um sie desto gleichförmiger beschneiden zu können.

Pappen glätten. (Pappenmacher) Die fertige Pappe wird mit der Glättmaschiene (s. diese) geglättet, damit solche dichter und glätter werde. Dieses geschiehet nun auf einem großen Stein, der zu der Absicht in einem hölzernen Futteral durch zwey Krampen befestiget liegt. An die Griffe der Glättmaschiene wird ihre Walze angefaßt, und die Walze selbst seitwärts an einen Stock angefügt, der 4 Fuß lang ist, und dieser drückt die Walze an die Pappe nieder, die nur geglättet werden darf, indem oben an der Decke des Zimmers ein 6 Fuß langes, gegen 6 Zoll breites Brett ist, das in der Mitte durch eine eiserne Stange fest gemacht, und das andere Ende des Brettes von einem dicken, durch einen Hebel mit Gewalt gedreheten Stricke ergriffen wird, wodurch sich das Ende des Brettes biegt, und durch die Stärke des Seils wieder um einige Zolle niedergezogen wird. Gegen das Ende des so gekrümmten Brettes wird der obere Theil des Glättstocks angefügt, und unten in eine Höhle des Glätters gesteckt. Eine Person darf also den Glätter nur anstoßen, so drückt das Seil und Brett den Stock mit der Glättwalze auf die Pappe an, und in einer halben Stunde ist der allergrößte Pappebogen geglättet. Zu gleicher Zeit nimt man mit einem Grabstichel die Unreinigkeiten von der Pappe weg.

Pappenleim, (Pappenmacher) der Leim, womit die Pappen geleimet werden. Dieser wird aus einem Fünftel Staubmehl und vier Theilen Abschabsel von Hammelfellen und Ochsenhäuten gemacht. Man thut in einen großen kupfernen Kessel 1 Eimer des Lederabschabsels und 4 Eimer Wasser. Nach Verlauf einer halben Stunde fängt die Masse an zu kochen, und man rühret sie während dem Kochen fleißig mit einem Stabe um. Je mehr man sie kochen läßt, je flüßiger wird sie. Doch läßt man sie nicht mehr, als es nöthig ist, kochen. Außerdem kochet man auch Leim aus dem Staubmehl, so daß, wenn man 4 Kessel voll von dem Abschabsel gekocht hat, man einen Kessel voll

voll Stärkemehlkleister kochet. Man nimmt nur 2 Eimer Mehl auf 3 Eimer Wasser, und gebraucht eben so lange Zeit, als zu dem Abschabselleim. Man mischet nachher den Mehlkleister unter den Abschabselleim, wodurch er schneidig erhalten wird, denn der Abschabselleim würde gar bald hart und unbrauchbar werden. Mit diesem Leim werden nun die Pappen zusammengeleimt. Der Leimer lehnet eine Pappe, die er mit einer andern zusammenleimen will, auf ein von zwey eisernen Füßen unterstütztes Brett an. Er hält eine Bürste, deren Borsten oder Haare lang und biegsam sind, tauchet sie überflüßig in den Leim, und verstreichet ihn auf der ganzen Oberfläche der Pappe. Wenn der Leim auf dieser ersten Pappe verstrichen ist, so nimmt er zwey andere Pappen, legt sie auf die erst bestrichene auf, und streichet auf die oberste dritte Pappe wieder Leim auf, und so fähret er fort, zwey und zwey Pappen mit Leim zu vereinigen. Nachher wird ein ganzer Haufen gepresset.

Pappenpresse, (Pappenmacher) eine Presse, worinn die geleimten Pappbögen gepresset werden. Sie bestehet aus folgenden Theilen: zwey Seitenhölzer von 9 bis 10 Fuß hoch machen das Hauptwerk der Presse aus. Sie sind mit ihrem Untertheile tief in die Erde befestiget, und oberwärts durch ein starkes Querholz, welches auch zur Schraubenmutter dienet, verbunden. Die Breite dieses Stücks ist 1½ Fuß. Es ist zwischen den beyden Seitenhölzern horizontal angebracht, und umgiebt sie beyde mit seinen Enden, welche als eine Gabel getheilet, oder nach Art eines doppelten Hakens gebauet, und durch einen in den Seitenhölzern befindlichen Einschnitt stark vereiniget sind, dergestalt, daß sich dieses Stück von oben nach unten, und von der Seite nicht verändern kann. Und damit sich auch die Seitenhölzer nicht von einander entfernen können, so sind die Enden dieses Stücks vermittelst großer eiserner Nägel von 18 bis 20 Zoll lang, gegen 15 bis 18 Linien dick befestiget, weil dieses Stück, als welches die Schraubenmutter ist, auf 15 bis 16, auch wol 18 Zoll ins Viereck und 5 Fuß in der Länge hat. In diese Schraubenmutter gehet die Schraube. Sie wird durch ein anderes Stück Holz formiret, dessen Durchschnitt in dem gewundenen, das ist, als eine Schraube geschnittenen Theil, 8 bis 9 Zoll im Durchschnitt, gegen 6 oder 7 Fuß in die Höhe und auch mehr hat. Dieser Baum ist in seinem Untertheil und unter den Zapfenlöchern der Schraube viereckig und in einen Trilling eingefüget. Der Trilling bestehet aus zwey Scheiben von ohngefähr 6 Zoll dick, von einem Durchschnitt von 20 bis 22 Zoll groß, welche Scheiben rund umher mit eisernen Bändern versehen, ohngefähr 8 bis 10 Zoll übereinander erhalten, und ganz nahe bey dem Umfange durch 4 oder 5 Stück Eisen verbunden sind, und die Triebstöcke vorstellen, welche auf jeder Seite mit Stücken von sehr starkem Holz bekleidet und versehen sind. Diese vier Triebstöcke thun ohngefähr eben die Wirkung, als die Trillinge der Mühlen. Zwischen diesen Triebstöcken wird das Ende eines Hebels, welches den Baum mit der Schraube umdrehet, hineingesteckt. Das untere Ende dieses Baums ist unter dem Trilling in Gestalt eines Zoll breiten und dicken Reifens ausgehöhlet. In diesen Reif gehen rechts und links zwey andere eiserne Nägel, welche mitten durch die ganze Breite einer starken hölzernen Scheibe wagrecht von 10 bis 12 Zoll ins Viereck, und ohngefähr 6 oder 8 Zoll in der Dicke hindurch gehen, welches man den Preßdeckel nennet, dergestalt, daß das Ende des Baums in ein in der Mitte des Preßdeckels befindliches Loch eingreift, und in diesem Loche aufgehalten wird. Vermittelst dieser beyden Nägel, die in seinen Hals gehen, erhält der Baum die Freyheit, sich umzudrehen, aber nicht aus demselben herauszugehen, und so, wie er sich umdrehet, führet er den Preßdeckel mit sich in die Höhe und herunter. Der Preßdeckel ist auf einem andern großen platten Stück Holz unbeweglich angebracht, welches man den Preßbalken nennt, der ohngefähr 4 bis 5 Zoll Dicke, 2 Fuß Breite, und eine Länge hat, die der zwischen den Seitenhölzern befindlichen Entfernung gleich ist. Dieser Preßbalken führet an jedem Ende eine Aushöhlung, welche die Seitenhölzer in ihrer ganzen Dicke umgiebt, welche machet, daß er, indem er auf und abgehet, auf einer horizontalen Fläche vesten Zusammenhalt, als wenn man ihn kürzer, als der Zwischenraum zwischen den Seitenhölzern ist, machte. Im übrigen mag er wagrecht oder geneigt seyn, wenn er nur wohl in der Höhe gehalten wird, so drucket er dennoch, nachdem man ihn einmal auf die Pappen zu legen angefangen hat. Der Obertheil der Platte ist mit Kupfer beschlagen, und der auf diese Platte druckende Theil der Schraube mit Eisen, um dem Reiben besser zu widerstehen, dessen Härte zu vermindern, man sie auch mit Fett zu beschmieren pfleget. Wenn dieser Preßbalken vermittelst der Schraube wieder so hoch hinauf gegangen, als nach der Höhe des Pappenhaufens, der gepreßt werden soll, nöthig ist, so beschweret man die Pappen mit einem eben so großen Brette, als die Form, und leget über dieselbe einige Klötze, auf welchen der Preßbalken unmittelbar ruhet, damit die Schraube nicht gar zu tief herunter zu gehen nöthig hat, welches die Schraubenmutter angreifen könnte. Hierauf kommt es nur an, den Preßbalken herunter gehen zu lassen, um alles dieses durch Hülfe der Schraube zu pressen, und das Ende des Hebels stecket man zwischen die Getriebstöcke des Trillings hinein. Allein, weil sich dieser Trilling zu hoch befinden würde, um den Hebel mit der Hand zu führen, und auch mehr Kraft, als ein Mensch mit einem Hebel von 5 Fuß hat, dazu erfodert wird; so ersetzet man diese Kraft vermittelst eines andern nicht weit von der Presse befindlichen Baumes von 8 bis 9 Zoll im Durchschnitte. Dieser Baum ist wie eine Winde, welche sich auf den Zapfen, so er an jedem Ende hat, umdrehet. Mitten durch denselben gehet einer oder zwey kleine Hebel von ohngefähr 4 bis 5 Fuß in der ganzen Länge, dergestalt, daß ein jedwedes Ende bey nahe 2 Fuß über den Baum hinaus gehe. Diese kleine Hebel sind ohngefähr 3 Zoll breit, und gegen 1½ Zoll dick. Dies alles wird die kleine Mühle genennet. Um den Baum der kleinen Mühle wickelt man ein dickes Tau, welches mit dem einen Ende oben an dem Baum der kleinen Mühle unbeweglich angebunden ist. Nachdem es fünf oder sechs Mal um den Baum gegangen ist, so endet sich das Tau mit dem andern Ende durch einen Ring, und dieser Ring ist es, den man über das Ende des Hebels stecket, welcher mit seinem andern Ende in den Trilling eingreifet. Durch dieses Hülfsmittel kann ein Mensch, der die kleine Mühle, um welche sich das Tau wickelt, drehet, den Hebel leicht ziehen, und bringet den Trilling zum Umwenden, welcher den Preßbalken und die Pappen presset, welche unter dem Preßdeckel gelegt sind.

Pappenschachteln, (Schachtelmacher) allerley Schachteln, Dosen, Kasten, Futterale, die von Pappepapier verfertiget werden. Wie sie verfertiget werden, kann man durch ein Beyspiel von einer Dose hinlänglich erläutern. Man hat eine Anzahl Formen von Holz, wovon man eine wählet, die nach der Figur eingerichtet ist, die die Dose erhalten soll. Zuerst bekleidet man die Form mit einer Bande nassen Papiers, wobey man auch zugleich einen papiernen Boden an die Form anbringet. Dieses nennet man die Lage im Wasser. Die Feuchtigkeit des Papiers ist hinlänglich, diese Lage mittelmäßig an einanderhängend zu machen, bis man die geleimten Lagen anbringen will. Sie verhindert aber auch nicht, daß man nicht nachher die Dose leicht aus der Form heraus nehmen kann, wenn sie fertig ist. Zu diesem Ende muß aber das Blatt mit Wasser breiter als die übrigen seyn, und die Form rund umher genau umgeben, damit sich nicht, wenn ein leerer Zwischenraum wäre, etwa Leim daselbst setze, der die Dose auf der Form befestigen würde. Den andern Tag nach dieser Arbeit werden die ersten Leimlagen von Papier zugerichtet, indem man kleine Stücken Papier von der Höhe schneidet, die man der Schachtel geben will, wovon jedes 2 völlige Umschläge in der Form und noch etwas mehr machen kann. Man schneidet ferner Vierecke von Papier, deren Breite etwas größer, als der Durchschnitt der Dose ist. Man leimet achte derselben zusammen, indem man sie durchkreuzet, kreuzweise über einander leget, oder, indem man die Winkel des einen Vierecks gegen die Mitte von den Seiten des andern bringet, dergestalt, daß alle achte zusammen so zu sagen die Gestalt und Figur eines Sterns mit vielen Strahlen haben. Diese Zusammenlegung ist das, was man Viereck nennt, und welche den Grund der Dose ausmachen soll. Ein anderes ähnliches Viereck bildet das Obertheil derselbigen. Man breitet auf den Tisch ein Stück von Papier aus, und mit den Fingern breitet man Leim darüber; man leget ein zweytes Stück auf das erstere, und leimet es auf gleiche Weise. Diese beyden vereinigten Stücke, welche eine doppelte Dicke machen, leitet man um die Form herum auf die Lage mit Wasser, um welche sie zweymal und darüber herumgehe. Man bringt hernach die Vierecke an, von welchen man die Winkel rund umher mit der Hand abschlägt. Man legt auf die Winkel wieder ein neues Stück, um sie wohl zusammen zu halten. Man macht es also, daß dieses Stück über den Rand hervorgehe, und den Winkel bedecke, der sich rings herum um den kleinen Kasten erstrecket, um ihn desto mehr zu befestigen. Auf die Art enthält die erste Lage ein aus 8 Verdoppelungen von Papier gebildetes Viereck, und zwey Stücken Papier, die ohngefähr 6 bis 7 Mal herum gehen. Die also mit ihrer ersten Lage beschwerte Form wird in den Wärmkasten (s. diesen) mit mehreren andern gebracht, da läßt man sie einen Tag stehen, der Wärmkasten wird mit Kolen geheitzt, und der Dampf der Kolen trocknet die auf den Gittern des Wärmkastens gestellten Formen. Den andern Tag bringt man eine zweyte Lage auf die Formen, die der ersten ähnlich ist, nur daß man zu dieser Lage vierdoppelt Papier nimmt, so fähret man von Tage zu Tage fort bis fünf Lagen aufzulegen, wovon die letzte wieder nur ein dreyfaches Papier, so wie die erste Lage, ist. Den sechsten Tag löset man die Dosen ab, d. i. man nimmt die Käschen aus den Formen heraus, welches man oft ohne große Mühe mit der Hand thun kann. Zuweilen aber ist es schwerer. Man ist genöthiget, die Ränder zu zerreißen, und einige Schläge auf das Käschen zu thun. Wenn die Dose herausgezogen ist, so zieht man leicht das Wasserblatt heraus, welches fast gar nicht an das Innere des Käschen angeleimet ist. Jedesmal, wenn eine Lage in dem Wärmkasten trocken geworden ist, muß man die Ungleichheiten wegnehmen, und die Winkel vermittelst einer Feile abraspeln. Der Leim, womit man die Pappschachteln leimet, muß aus schönem weißen Mehl gemacht seyn. Nachher werden die Dosen, wenn sie vollkommen trocken geworden sind, dem Drechsler übergeben, welcher die Ränder und die unebenen Stellen wegbringt, hierauf mit anderm gefärbtem Papier, oder auch wol mit Firniß, überzogen. Größere Schachteln werden fast auf eben die Art verfertiget, außer daß man nicht soviel Umstände damit macht. Z. B. eine große Schachtel mit einem Deckel als ein Koffer, gleichfalls auf einer Form gemacht. Man schneidet nach der Größe der Form sowohl die Seitenstücke, als auch den Boden, aus Pappe aus, und klebt vermittelst schmaler Streifen Papier die Kanten der Stücke mit Kleister zusammen. Diese schmale Streifen werden sowohl inwendig als auswendig an den zusammenstoßenden Kanten der Stücke aufgeklebet, und dadurch dieselben zusammen vereinigt. Der runde Deckel des Koffers wird gleichfalls nach einer Form von Stücken Pappe auf gleiche Art zusammengeklebet, und nachher das Ganze, sowohl inwendig als auch auswendig, mit Papier von beliebiger Farbe überzogen. Der Deckel wird an die Schachtel anstatt eines Gewindes mit einem Streifen Papier zusammengehenket, indem man sowohl an den Deckel, als auch an den Kasten ein Stück starkes Papier anklebet, und damit beyde Theile vereiniget, so daß, wenn der Deckel aufgemacht wird, er sich wie ein Kofferdeckel überlegen läßt. Mehrentheils aber ist der Deckel mit dem Kasten nicht zusammenhängend, sondern wird auf diesen geschoben.

Pappenschneider Stein, Fr. la pierre, (Pappenmacher) eine Maschine, worinn die Materie zu der Pappe zerschnitten und klein gemacht wird. Sie bestehet aus einer Kufe oder einer Art von Faß, das 3 oder 4 Fuß im Durchschnitte

schnitte groß, und 5 bis 6 Fuß hoch, mit hölzernen oder eisernen Reifen beleget, und nur die Hälfte ihrer Höhe eingegraben ist, und uneigentlich der Stein genennet wird. Auf dem Grunde dieses Steins bevestiget man mit Nägeln oder auch mit hölzernen Schrauben ein plattes Stück Holz, welches eine eiserne Pfanne von 5 bis 6 Zoll im Vierek führet. Das Loch von dieser Pfanne macht den Mittelpunkt des Bodens der Kufe, und nimt den Zapfen eines Baums ein. Dieses hohle metallene Stück, welches man die Pfanne heißen kann, nennet man auch die Zapfenmutter (Fr. Crenaille ou Crapaudine.) Der Baum ist ein gerundetes Stück Holz von 8 bis 9 Fuß hoch, und 6 oder 8 Zoll im Durchschnitte. Sein unterer Theil führet einen eisernen Zapfen, welcher an zwey eisernen sich rechtwinklicht durchschneidenden und vierekig gehauenen Bändern dergestalt bevestiget, daß sie den untern Theil genau einschließen. Der in dem sogenannten Stein liegende Theil des Baums führet um seinen Umkreis herum verschiedene Ringschrauben. Eine jede Ringschraube hat ein Loch, woran man Messer bevestigen kann. Diese Messer sind 4 Stücke plattes und breites Eisen, wie das Eisen an den Bändern der Kutschen; sie sind oben und unten gekrümmt, oder mit einem Winkel versehen in Gestalt eines doppelten Winkelmaßes; jedes Ende endiget sich mit einem Zapfen oder Haken, welcher in das Loch einer Ringschraube geht. Ein jedes von diesen Messern hat ohngefähr 10 bis 12 Zoll Entfernung von einer Krümme zur andern, und die Arme, welche wieder an dem Bogen zusammenkommen, haben 15 bis 16 Zoll. Diese Arme sind es, die in den Ringschrauben gehen, und darinn getragen werden, wie eine Thüre in den Bändern an den Thürangeln, mit diesem Unterschiede nur, daß diese Messer nur eine geringe Bewegung in ihren Ringschrauben haben müssen. Dieser also mit seinen Messern versehene Baum scheinet einem kleinen Haspel ähnlich zu seyn: das obere Ende des Baums hat so wie das untere Ende einen Zapfen, welcher in das Loch eines Balkens in der Decke geht, so daß dieser Baum senkrecht zu stehen komt. Anstatt der gedachten Messer bedienet man sich auch oft durch das Untertheil des Baums, welches sich in dem Stein befindet, platte eiserne Bänder, die auch auf der platten Seite liegen, durchgehen zu lassen, indem ihre Enden außer dem Baum frey in die Luft hinausgehen, und von einander in verschiedenen Weiten übers Kreuz angebracht sind. Alle beyde Arten von Eisen, die hier Messer genannt werden, haben aber keine Schneiden, allein indem sie durch den Baum herum geführet werden, und die Pappmaterie antreffen, so zertheilen sie dennoch die durch das Wasser bewegte dicke Materie, und zermalmen solche, oder verwandeln sie in einen dicken Brey, worinn keine ganze Stücken mehr vorhanden sind. Um diesen Baum mit den Messern in der Kufe beweglich zu machen, bringt man nach oben in einer schicklichen Entfernung, und in der Höhe des Pferdes, welches dazu gebraucht werden soll, ein Stück Holz von ohngefähr 6 Zoll im Vierek, gegen 5 bis 6 Fuß in der Länge, daran an, wovon ein Ende durch ein Zapfenloch, worinn man es bevestiget, mitten durch den Baum in der Kufe geht, das andere Ende aber 4 bis 5 Fuß lang außer dem Baum nach Art eines Galgens herausraget, und dieses heißt der Flügel oder Arm der Mühle. Von seinem Ende gehen zwey andere Stücken Holz von ohngefähr 1½ Fuß lang, und gegen 3 bis 4 Zoll ins Gevierte senkrecht herunter, welche um 18 Zoll von einander entfernet sind. Sie müssen mit dem Flügel vest eingezapfet seyn, weil sie die ganze Stärke des Pferdes, welches sie umdrehen soll, aushalten müssen. Um das Pferd anzuspannen, ist nur ein schlechtes Band nöthig, in dessen Bogen man durch ein kleines Loch zwey Knochen vom Hammelsfuße steckt, welche mit einem kleinen Ende eines Seils an jedem Ende der beyden lezt beschriebenen Stücke hängen, dergestalt, daß wenn man diese Knochen ganz nach ihrer Länge in ein Loch, welches nicht größer, als zu ihrem Durchgange nöthig ist, hineingesteckt hat, und sie hernach wieder platt auf die Böden legt, sie von sich selbst nicht mehr herausgehen können. So wie das Pferd lauft, ziehet es den Baum vermittelst dieser Knochen, und der beyden kleinen Seile, die ihm zu Ziehsträngen dienen, hinter sich her. Alle diese gedachte Stücke, welche dazu dienen, das Pferd anzuspannen, führen den Namen Deichsel, oder Wagennagel. Ein einziges Pferd, welches man den Tag über dreymal arbeiten läßt, ist hinlänglich, zwey Werkbütten zum Pappmachen zu versehen, und sie in einer fast beständigen Arbeit zu unterhalten. Wenn bey der Bewegung der Mühle das Pferd drey Viertelstunden lang in einer Richtung gedrehet hat, so kehret man seinen Deichselnagel um, und läßt es in der gegenseitigen Stellung binnen eben soviel Zeitraum laufen. Diese Verschiedenheit giebt dem Pferde nicht allein ein wenig Erleichterung, sondern dienet auch dazu, die Materie besser auszukehren und zu zerreiben. Wenn man aus Mangel eines Pferdes den Baum von Menschen umdrehen lassen will, so steckt man Hebel durch denselben, und drehet vermittelst derselben solchen mit den Händen herum. Wenn man die zermalmete Materie herausnehmen will, so nimt man die um den Baum befindlichen Messer hinweg, ausgenommen das große, welches gemeiniglich vest gemacht ist, und nimt den Teig mit Eimern oder großen hölzernen Schaufeln heraus, und bringt ihn in den Werkbottig. (s. diesen)

Pappenteig, (Pappenmacher) die geschnittene und zermalmete Materie, woraus die Pappe gemacht wird. (s. Pappe)

Parabolischer Spiegel, (Optik) derjenige Spiegel, der die Fläche eines parabolischen Afterkegels hat. Man gebrauchet diese Art von Spiegeln sehr zu Brennspiegeln, und der Grund dazu wird gewöhnlich in der Katoptrik angewiesen.

Paradebett, (Baukunst) eine Bühne oder Gerüste nach Regeln der Baukunst errichtet, welche auf eine kurze Zeit dienet, die Leiche einer fürstlichen Person darauf auszuziehen. Es wird in einem geraumen und finstern Zimmer aufgerichtet, woselbst man die mit vielen Lichtern zur

Parade ausgesetzte Leiche von vornehmen Bedienten Tag und Nacht bewachen läßt, damit sie jedermann ansehen kann. Es besteht aber diese Bühne in einem Gerüste, worauf man auf einigen Stufen hinauf steiget, auf diese wird in der Mitte eine kleinere und erhabnere Bühne, und auf diese erst die Leiche gesetzt. Ueber diese Bühne bereitet man ein zierliches Gerüste, welches also geordnet wird, daß es reichlich mit Lichtern und Fackeln erleuchtet werden kann. Das ganze Werk wird nur von leichten ungehobelten Holz aufgerichtet, und mit schwarzem Tuche behangen, auch mit Tressen, Moir, oder anderm Zeuge überzogen, und mit allerhand Bildhauerey, welche insgemein nur von Pappe gemacht wird, ingleichen mit Malereyen auf weiße Leinwand, oder auf geölt Papier zum Illuminiren ausgezieret, welche letztere durch sinnreiche Aufschriften gleichsam belebet werden müssen, wie denn überhaupt die Illuminationen das meiste zu dem Ansehen müssen beytragen helfen. Ueberdem muß auch das Bildniß des Verstorbenen in einer Glorie gemalt in der Luft schwebend, oder von Engeln getragen, angebracht werden. Die Engel dazu werden von subtilem Drahte geformt und gebogen, und mit Leinwand oder Papier überzogen und gemalet, inwendig aber mit Lichtern erleuchtet. Auch kann man noch dergleichen Zierrathen andere mehr nach Kunst und Geschmack anbringen.

Paradezimmer, Prunkzimmer, (Baukunst) bey einem fürstlichen Apartement ein Kabinet für das Frauenzimmer, welches jederzeit mit den geschmackvollesten und kostbarsten Meublen ausgeputzt ist. Sonst nennt man auch ein jedes sehr kostbar ausmeublirtes Zimmer ein Paradezimmer im weitläuftigen Verstande.

Paradies, s. Docke.

Paradiesholz, Kreuzholz, Aloeholz, ein Holz, das auf Sumatra, Java, und in China häufig gefunden wird. Zu uns kommt es in kleinen Stücken ohne Rinde. Das beste ist dunkel Purpurfarben, mit Aschfarbe, an Adern durchzogen, bitter und schwer, und muß doch auf dem Wasser schwimmen, giebt beym Anzünden einen angenehmen Geruch, und wird außer der Medizin auch zu ausgelegten Arbeiten gebraucht.

Paragon, Parragon, (Buchdrucker) eine Art Schrift oder Lettern, welche das Mittel zwischen der Textertia und der ordentlichen Tertia hält.

Parallelen, Fr. Paralleles ou Places d' armes. (Kriegsbaukunst) Ist ein Theil der Laufgraben, welcher die ganze Fronte oder Linie der Attake einschließt, und dienet, die Soldaten in sich zu fassen, um die vorrückenden Arbeiter zu vertheidigen.

Parallellineal, Fr. Parallele, besteht aus zwey hölzernen ohngefähr einen Zoll breiten Linealen, welche durch zwey kleine metallene Bänder aneinander fest gemacht sind, so daß man sie, nachdem es der Gebrauch dieses Instruments erfordert, parallel von einander entfernen, oder einander nähern kann. Die Genauigkeit dieses Werkzeuges hängt sowohl von der Richtigkeit der beyden Lineale, als von der Art sie zu bohren ab, um die Schrauben der Bänder recht in der Mitte, und in gleicher Weite von einander durchzuziehen. Man zieht damit Parallellinien, welche man in architektischen Rissen, und oft auch in andern Zeichnungen, machen muß.

Parangon, nennt man 1) in der Handlung mit Perlen, Diamanten und andern Edelgesteinen, die vor andern groß, schön, vortrefflich, und folglich theuer sind, und nicht leicht ihres gleichen haben, gewisse Sachen; 2) in der Handlung mit Buchdruckerschriften ist solches eine gewisse Gattung von Lettern (s. Schriften); 3) zu Smirna heißt man einige von den schönsten Zeugen, welche die venetianischen Kaufleute dahin bringen, venetianische Parangon. Man hat auch eben daselbst paduanischen Parangon.

Parapet, s. Brustwehre.

Par a Play, s. Regenschirm.

Pararoes, soviel als Pierriers, kleine Steinstücken, die auf Schaluppen geführet werden, man nennet sie sonst Passen. (s. diese auch)

Par a Sol, s. Sonnenschirm.

Parasolgehäuse, (Stahlarbeiter) ein Gehäuse von Stahl verfertiget, und mit lauter Gewinden versehen, damit man es zusammenlegen, und in die Tasche stecken kann, über welches alsdenn der Zeug gezogen und der Parasol gebildet wird. An einem aus Eisen geschmiedeten Stiel, der aus drey Stücken zusammengesetzt wird und Gelenke erhält, damit man ihn in soviel Theile zusammenlegen kann, ist an dem untersten Ende ein Zapfen, woran ein hölzerner Griff befestiget wird, um daran den Parasol zu tragen. Oberwärts wird eine eiserne Röhre auf die Stange beweglich gemacht, die sich auf derselben auf- und abschieben läßt. Sie wird aus Eisenblech auf einem Dorn zusammengerollt, an den Enden mit Schnellloth vereiniget, und man läßt sie, nachdem sie ausgearbeitet und ausgefeilet ist, blau anlaufen. Ueber der Röhre wird eine eiserne Scheibe angelöthet, und über dieser wird auf dem äußersten Ende der Stange noch eine Röhre, aber unbeweglich fest angebracht, welche auf die Art, wie die vorige, verfertiget wird. Sie erhält gleichfalls eine Scheibe, aber von Messing, und beyde Scheibe und Röhre werden von einer Schraube fest gehalten, die auf der Spitze der Stange angebracht ist. Auf der Stirn beyder Scheiben ist ein Reif mit einer Kehle ausgehöhlet, daß darinn ein Draht liegen kann. Dieser Draht hält, wenn er befestiget ist, die Spriegel an der Scheibe fest, vermittelst welcher der Parasol auf- und zugemacht werden kann. Das Ende dieser schmalen geschmiedeten Eisen ist daher durchbohret, und durch das Loch wird der gedachte Draht auf die Stirn der Scheibe gesteckt. Jeder Spriegel ist durch einen Niete mit einem Arm vereiniget. Ein solcher Arm gleicht völlig einem Spriegel, außer daß er länger ist, und aus zwey Hälften besteht, die durch ein Gelenk verknüpft sind, damit man den Arm zusammenlegen kann. Er ist an der Scheibe gleichfalls mit einem Drahte befestiget, so wie die Spriegel an der Scheibe. Unter der untersten Röhre ist eine kleine Stahlfeder in das oberste Stück des Stiels versenkt, die oben einen Wider-

Widerhaken hat, unten aber mit einem Niede an dem Stiel bevestiget ist. Druckt man nun die Feder, und zugleich ihren Widerhaken, der die unterste Röhre zurück hält; so läßt sich die Röhre verschieben, und die Sprügel mit den Armen senken sich gegen den Stiel hinab. Im Gegentheil stehen sie unbeweglich. Alle diese Theile des Parasolgehäuses werden mit der Schlichtfeile und mit Schmirgel und Baumöl polirt, und auch öfters blau angelaufen.

Parat, ein einfrädiger schwarzer Zeug, dergleichen die Frauenspersonen in Hamburg zu ihren Regenkleidern tragen. Es giebt deren zweyerley Arten, eine seidene und eine wollene, welche letztere wiederum in verschiedene Gattungen eingetheilet wird.

Parchend, s. Barchend.

Pardao, Pardauro, Pardo, der Name gewisser Münzen, die in Ostindien, sonderlich zu Goa, und auf der Küste von Malabarien, gangbar sind. Man giebt aber diesen Namen verschiedenen daselbst gangbaren Münzen, die theils in Ostindien selbst, theils in Europa, geschlagen werden, und daselbst gelten. Man hat nämlich 1) Pardaos Xerafins, welches eine Münze von schlechtem Gehalt ist, die von den Portugiesen in Goa geschlagen wird. Ihr Gepräge stellet auf der einen Seite das Bild des heiligen Sebastians, und auf der andern Seite ein Gebund von 4 Pfeilen vor. Sie gilt ohngefähr 300 Reis, und man giebt 20 silberne Fanons für ein Pardao. 2) Pardao Reales, nennt man die spanischen Piaster, oder welches einerley ist, Stücke von Achten, die unter allen spanischen Münzen die einzigen sind, die in Ostindien gelten. Sie haben daselbst einen gewissen bestimmten Preis, unter welchen sie niemals fallen, aber oft sehr über denselben steigen, wenn solche stark gesucht werden, um sie nach China zu schicken, wo sie gerne genommen werden. 3) Goldene Pardaos nennt man die venetianischen oder türkischen Zechinen oder Dukaten, die daselbst gemeiniglich 2 doppelte Piaster oder Pardaos Reales gelten. Die Pardaos Xerafins gelten auch auf der ganzen Küste von Malabarien, vorzüglich zu Goa, als Rechenmünze.

Parforcehunde, Laufhunde, (Jäger) eine besondere Art Jagdhunde, welche ein aufgesprengtes Stück Wild, wie sehr es auch wechseln und sich drehen mag, so lange verfolgen, und wenn es ihnen aus den Augen gekommen, doch durch den Wind, oder aus der Spur, wieder entdecken und auftreiben, bis es endlich vor Müdigkeit nicht weiter kann, daß es durch einen Fang mit dem Hirschfänger erlegt wird. Es sind solches meistens starke Mittelhunde, rother, brauner, röthlicher, oder grauer Farbe, und von langen Ohren. Die französischen und englischen Parforcehunde sind meistens die besten, insgemein von weißer Farbe, oder doch fleckigt, mit langen Ohren behangen.

Parforcejagd, auch Lauf- oder Rennjagen. Sie bestehet darinn, daß das Wild, ohne Garn oder Tücher, im offenen Felde durch Jäger zu Pferde und Hunde, die in verschiedene Vorlagen vertheilt ihm vorwarten, so lange auf der Fährte verfolget wird, bis es stürzet, oder vor Müdigkeit sich selbst niederlegt, oder von den Hunden zum Stande gebracht wird, daß es durch einen Fang mit dem Hirschfänger erleget werden kann.

Parfumirkunst, eine Kunst, allerley Galanteriesachen und Putz mit wohlriechenden Specereyen einzupudern, oder zu balsamiren und wohlriechend zu machen. In Frankreich macht diese Kunst eine besondere Innung.

Parfumirte Waaren. Allerley Galanteriewaaren und Putz mit wohlriechenden Sachen eingepudert, als Tücher, Handschuhe, Seifenkugeln, Fächer, Bänder etc. Sie kommen aus Italien und Frankreich, woselbst die Parfumirer eine eigene Innung ausmachen.

Pari, al Pari; Ital. (Handlung) französisch pair au pair, heißt im Handel und Wechselgeschäften gleich, gleich aufgehend, oder gleichgültig, und wird besonders bey dem Wechselhandel gebraucht, 1) wenn Geld gegen Geld ohne Agio, Zeug um Zeug, verwechselt oder umgesetzt wird; 2) wenn bey dem Ein- und Verkauf eines Wechselbriefes gleich viel, als z. B. 100 für 100 gegeben und empfangen, und also abermals kein Agio bezahlt wird. Das Pari oder al pari ist also dem Agio zahlen, oder dem Gewinne und Verlust, entgegen gesetzt.

Pariambus, (Musiker) eine Art von Füßen, welche sich zu den Jambischen Versen wohl geschickt, und daher auch den Namen bekommen haben soll.

Pariren, (Fechtkunst) der Schutz, den ein Angegriffener beym Fechten mit der Klinge verrichtet. Es geschiehet dieses am gewöhnlichsten, indem man durch eine schlechte Wendung mit der Klinge die feindliche, welche anstößt, wahrzunehmen nöthiget, außerhalb dem Leibe und vergeblich in die Luft zu fahren. Einige pariren auch mit dem linken Handschuh, mit einer Wendung des Körpers, oder mit einer gebrochenen Mensur. Kein einziger Stoß ist zu pariren möglich, der in gehöriger Mensur und in einem vollkommenen Tempo angebracht wird. Es lassen sich aber alle Stöße pariren, welche ohne Tempo und in der Blöße abgehen. Wenn das Pariren zu oft hintereinander angebracht wird, so macht es eine Menge Blößen, welche dem Angreifenden zu statten kommen, indem man den Einfällen des Gegners unterworfen muß. Im Pariren muß man die Finte von dem nächstfolgenden Stoße unterscheiden, und es ist eine Fechterregel, die zwo Wirkungen des Beschützens und des Angreifens in einem Tempo zugleich zu machen. Denn wenn der Gegner ein Tempo im Pariren, und ein zweytes in dem folgenden gewahr wird, so hat er Zeit sich zurückzuziehen. Wenn man urtheilet, daß man nicht Zeit habe, den Stoß des Gegners mit der Klinge zu ergreifen, so wird der Leib zurückgeworfen, und man lügt oder richtet doch die Klingenspitze in einen Stoß, und dadurch wird der Feind gehindert, seine gefaßte Absicht zu erreichen. Fechter, welche mit dem linken Handschuh pariren, können ihren Klingen größere Bewegungen verstatten, und die linke Hand hilft, wenn der Gegner, ohne zu Pariren oder zu Fintiren, in gerader Linie einen Einfall thut; sie ist aber nicht hinlänglich, wenn der

Gegner die Klinge schief, oder winklicht, oder von oben einwirft. Ueberhaupt macht das Handpariren bloßen und nachlässig. Die linke Hand schützt aber dann am besten, wenn man den Stoß des Gegners parirt und zugleich ausstößt, und wenn noch etwas zu bewegen wäre, daß des Gegners Klinge treffen könnte, so kann man diese Blöße mit der Hand ableiten, außerdem aber wird die linke Faust nicht eher gebraucht, als bis man das Tempo gewinnt, das Gefäß des Gegners zu ergreifen, es aus der Hand zu werfen, und ihn also zu entwaffnen. Sobald man sich von dem Zwange des Parirens losgemacht, wird dem Gegner die Spitze zugekehret, um ihn in Verwirrung zu setzen. Wenn der Fall entstände, daß der Gegner den Angriff mit Hieben vermengete, und man hätte einen Stoßdegen, so wird der Hieb mit der Stärke des Stoßdegens aufgefangen, und in gleichem Tempo die Spitze, ehe die Klinge des Gegners an dieser herunterstreift, umgeworfen.

Pariren, (Reitkunst) wenn ein Pferd so abgerichtet ist, daß es nach dem Willen des Bereiters stille halten, und vorne etwas sich erheben muß. Das Pferd muß dabey sich zugleich auf die Hinterfüße setzen, den Kopf nicht auf den Zaum legen, oder vor sich weg strecken, und die vordern Füße nicht von sich werfen, sondern geschickt biegen; wenn es sich solchergestalt recht erhoben, und die Füße wieder auf die Erde niedersetzt, müssen Kopf und Hals gleich und fest bleiben, wozu man den Kavessen gut gebrauchen kann.

Parirstange, (Schwerdtfeger) die kurze Stange, die von dem Bügel eines Degengefäßes hinten weggeht, und mit dem Bügel zusammen gemeiniglich massiv gegossen wird.

Parirung der Klinge, (Klingenschmid) das stärkere Stück einer Degenklinge unter der Angel, welches gewöhnlich vierkantig ist, und bey dem Schmieden aus freyer Hand gebildet wird.

Parisis, Fr. vormals eine wirkliche Münze zu Paris, wovon sie auch den Namen erhalten, die zu eben der Zeit geschlagen worden, als die Tournois zu Tours geschlagen wurden. Die Parisis waren um ¼ stärker, als die Tournois, daß also die Livre Parisis 25 Sols, und die Livre Tournois nur 20 Sols hatten. Gleiches Verhältniß hatten auch die Sols und die Deniers gegen einander. Jetzt sind die Parisis bloß Rechnungsmünzen, die man noch nach Livres, Sols und Deniers Parisis rechnet.

Park, ein Lustwäldchen mit ansehnlichen Alleen, freyen Plätzen, auch wol Statüen versehen, und mit einem starken Gehege eingeschlossen.

Park, s. Artilleriepark.

Parmesankäse, Käse, wozu, wie man sagt, Eselsmilch genommen wird, und welcher von der Stadt Parma in der Lombardey seinen Namen hat. Indessen machet man ihn daselbst nicht allein, sondern im ganzen Herzogthum Mayland.

Paro, (Schiffsbau) eine große indianische Barke, daran das Hinter- und Vordertheil gleich sind. Man macht auch ohne Unterschied das Steuer vorne oder hinten an. Andere Paren sind bey Ceylon im Gebrauch, sie bleiben stets am Ufer; andere dergleichen Ruderschiffe sind auch auf der Küste von Malabar.

Parpayolle, Parpaliolle, Parpolliole, Parpyrolle; eine kleine italienische Münze, die an einigen Oertern in dem obern Theil von Italien geprägt wird. Die Mayländische Parpayolle gilt 15 französische Deniers, und also nach unserm Gelde etwa 5 bis 6 Pfennige. Die in Savoyen zu Chamberry geschlagen wird, ist von zwey Loth Silber, und gilt ein Soldo, ein Dinari piemontesisch, welches nach unserm Gelde etwa 9 Pfennige betragen könnte. Die Parpajollen mit dem kleinen Kreuze, welche zu Gex geschlagen werden, haben nur 1 Pfenning 10 Gran fein.

Parpaliolle, s. Vorher.

Parragon, s. Paragon.

Part, Fr. Part, (Handlung) ein dabey sehr oft vorkommendes Wort, welches aber nicht immer in einerley Bedeutung genommen wird. Es heißt 1) soviel, als das Interesse, oder der Antheil, so man an einer Societätshandlung oder an einem Schiffe hat; das letztere wird insbesondere ein Schiffspart genennt. 2) bedeutet es auch manchmal soviel als eine Nachricht, daher Part geben soviel, als Nachricht geben, bedeutet.

Part, derjenige Antheil, den einer an einem ausgerüsteten Schiffe hat.

Part, (Weber) eine Vorschrift auf einem Zettel, nach welcher die verschiedenen geliefferten Zeuge eingerichtet, und die Fußtritte mit den Schäften mit einander verbunden werden. Auch wird nach diesem Zettel die sogenannte Fußarbeit eingerichtet. Dieses Part, oder wie es besser heißen kann, Parte, welches auf deutsch eine Linie bedeutet, die mit dem Rastral nach Notenlinienart gezogen ist, ist ein Blatt, darauf verschiedene durchkreuzende Linien gezogen sind, so daß sich Quadraten darauf bilden; in diese Quadraten werden nun nach der Länge und Höhe des Blatts Punkte eingesetzt, welche andeuten, der wievielste Fußtritt allemal an einen Schaft angebunden werden muß, um dadurch den Körper hervorzubringen.

Partenieros, (Schifffahrt) gewisse Grönlandsfahrer, welche entweder gar nicht, oder doch nur um einen geringen Sold, und mit der Bedingung dienen, daß ihnen von dem Quarteel Thran, und von den Fischbarden ein gewisses Geld bezahlet werde.

Parterre, (Gärtner) Freye, große Plätze in den Gärten, welche in verzierten Luststücken bestehen, so hin und wieder mit Blumen und geschnittenen Taxusbäumen besetzet, und nach mancherley schönen Figuren in gewisse Felder abgetheilet werden, wo man auch die Orangerie anzubringen pflegt. Man rechnet deren insgemein viererley Arten. Als: 1) die Deutsche, welche mit Buchsbaum eingefasset, und allerhand Parallelgängen und andern geometrischen Figuren bestehet, und mit dem schönsten Blumenwerk besetzt wird. 2) die Französische besteht in gezogenem Laubenwerk von guter Erde, worinn doch nicht viel Blumenwerk eingesetzt wird. Die Plätze zwischen den Laubenzügen werden mit allerhand Farbensand bestreuet, man macht auch wol Wappen und geschlungene Namen in dergleichen Parterren. 3) Die Rasenparterre sind allerley Figuren aus grünen Rasen, zwischen welchen die Gänge von schönem Sand ausgefüllet sind, und werden nur hier und da in die Figuren geschnittene Taxus oder Orangebäume gesetzt. 4) Die Englischen sind vermengte Schneckenzüge von Rasen und Laubenzügen nach französischer Art.

Parterre, eine Art Damast oder Atlaß, welcher gleichsam ein Blumenbette aus einem Garten vorstellet, indem er mit allerhand nach dem Leben schattirten Blumen durchwirket ist. Man hat ihn zuerst in Frankreich erfunden, und nachher in Holland nachgemacht, aber doch noch lange nicht so gut und fein.

Parthe, Fr. Grande coignée de mineurs, (Bergwerk) ein Ehrenzeichen der Bergleute, fast wie ein großes Fleischerbeil gestaltet, mit einer langen Spitze, auf welcher eine Eichel steht, und einem Helm. Wer nicht Häuer ist, darf von Bergleuten keine Parthe führen. Gemeine Bergleute haben die Parthen von schlechtem Eisen, bey Aufzügen aber führen sie die aufziehenden Personen vergoldet mit ausgelegten Helmen, oder sonst auf eine kostbare Art gemacht.

Parthieren, (Bergwerk) soviel, als heimlich entwenden.

Parthiererey, Fr. fourberie, ein Bergwerksverbrechen, das durch Entwendung der Erze oder betrüglichen Kuxhandel begangen wird.

Partizipationskonto, Fr. Compte en Participation, eine Gesellschaftsrechnung, welche von zwey Kaufleuten geführet wird, die in einer ungenannten oder unbekannten Gesellschaft stehen, und an beyderseitigem Gewinnst oder Verlust Theil nehmen.

Partiegut, s. Hauptbeanschen.

Partie machen, (Leinendamastmacher) die eingelesene Zampel- oder Cymbelschnüre bey dem Leinendamast in kleinere Theile eintheilen, damit der Latz bey dem Zug im Stande seyn möge, die Zampelschnüre zu ziehen, daß solcher nicht reißet. Denn der Latz ist nur ein stark gedrehter [illegible] der folglich nicht sehr haltbar seyn, und den Zug nicht sehr lange aushalten würde, weil er wol manchmal 30 bis 40 Zampelschnüre mit den Schwangarten ziehen muß, deswegen die Schnüre also vertheilet werden müssen, daß sie von der Menge den Latz nicht zerreißen. Es wird damit folgendergestalt verfahren: wenn die Zampelschnüre eingelesen worden, so liegen solche verworren in ihren Latzen, folglich würde man nicht im Stande seyn, eine Partie zu machen, indem man Gefahr laufen würde, aus einer andern Latze Corten zur Partie zu nehmen, die nicht dazu gehören. Man macht deswegen eine Hauptlatze, (s. diese) wodurch alle Zampelschnüre ausgespannt und in einer Ordnung erhalten werden, daß sie sich nicht verwirren. Aus dieser Hauptlatze nimt man nun die erste Latze mit den gesammleten oder eingelesenen Zampelschnüren, und ziehet solche aus selbiger vor sich heraus, zählet die in der Latze befindliche Corten durch, und theilet sie nach ihrer Menge in mehr oder wenigere Theile, so daß mancher Theil aus 5, 6, 8, 10, auch mehr Zampelschnüren bestehet, und da der Faden oder die Latze lang ist, so ziehet man um jeden Theil seinen Faden oder die Latze herum, indem man den ausgebreiteten Latzenfaden zwischen den gemachten Theilen mit den Fingern durchziehet, und mit diesem einzigen langen Faden alle Theile besonders umschlinget, welche aber doch zusammen ein Ganzes oder eine Latze ausmachen, indem man alle die zwischen die Theile gezogene doppelte Enden mit einem Knoten zusammenbindet und vereiniget, so daß sie, ohngeachtet sie in so viele Theile getheilet sind, doch an diesem Knoten gezogen diesen Zug insgesammt folgen.

Partien. (Maler) Dieses Wort wird aus dem französischen beybehalten, und man verstehet darunter bald die Theile einer Figur, bald die Theile eines ganzen Gemäldes, bald auch die Malerkunst selbst, als die Erfindung, die Anordnung, die Zeichnung, die Farbengebung und die Behandlung. Ein Maler kann in einigen Theilen außerordentlich stark seyn, und doch wider andere fehlen. Wenn man sagt, daß ein Gemälde schöne Partien hat, so deutet man dadurch an, daß ihm noch etwas zur Vollkommenheit fehlet, daß aber Schönheiten darinn sind, welche es schätzbar machen.

Partien, (Musiker) die Stimmen, so als Theile der Partitur um besserer Bequemlichkeit willen für die Sänger und Instrumentalisten aus solcher ab- und besonders geschrieben werden.

Partikularakzeptation, (Handlung) bey Wechselbriefen diejenige Akzeptation, da der Akzeptant nicht die ganze Summe, sondern nur einen Theil derselben des präsentirten Wechselbriefes zu zahlen sich verbindet. In diesem Fall ist der Einhaber oder Präsentant wegen der Partikularakzeptation zu protestiren genöthiget.

Partiren, (Salzsiederey) wenn die Sole in die Kothen vertheilet wird.

Partirer, s. Partikrämer.

Partisane, ein jetzt schon größtentheils veraltetes Gewehr, welches nur noch an einigen Höfen von den Trabanten zur Zierde geführet wird. Es ist eine Art Spieße, welche unter dem eigentlichen Eisen zum Stechen noch eine Barthe oder zweyschneidiges Beil haben, und oft mit der Hellebarthe verwechselt werden, aber doch noch von derselben unterschieden ist. Welcher Unterschied von einigen in die mehrere Größe der Partisane, von andern aber in die zweyschneidige Beschaffenheit des unter dem eigentlichen Spieße befindlichen Eisens gesetzt wird.

Partition der Oktave, Temperatur, Lat. (Orgelbauer) das eigentliche Steigen und Fallen der Töne, welches vermittelst der Tonleiter, (s. diese) oder der Progression der Mitteltöne eines Tons bis zur Oktave geschiehet, da man die Oktaven in halbe Töne, Terzien,

Quarten

Quarten und Quinten eintheilet, und dadurch künstliche Intervallen hervorbringet. (s. Tonleiter)

Partitur. (Musikal.) der Entwurf eines Komponisten, da er alle Stimmen und Theile seiner Komposition zusammenschreibt, damit desto eher die Fehler vermieden, und den Sängern und Instrumentalisten, wenn sie fehlen sollten, sogleich geholfen werden könne.

Partkrämer, Partierer, auch wol diesen Sonnenkrämer, Leute, welche allerhand Waaren von Handwerksleuten und Kaufleuten erhandeln, und Parthieweise in Buden, nicht aber in Gewölbern wieder verkaufen.

Parucke, (Parukenmacher) eine Bedeckung des Hauptes von falschen Haaren. Schon in der ältern Geschichte sind Spuren vorhanden, daß man Platmützen mit falschen Locken besetzt getragen. Allein die Erfindung der eigentlichen Paruken gehört zu den neu aufgekommenen Moden des vorigen Jahrhunderts, und zwar unter der Regierung Ludwigs XIII, da man angefangen hat, Deckelhauben mit falschen Locken zu tragen. Hieraus entstand nach und nach eine Parucke, die unter Ludwig XIV. zur Mode wurde. Die ersten waren ungeheure große Spanische und Knotenparuken. Es giebt große spanische Staatsparuken, die jetzt schon ganz außer der Mode sind, Stutzparuken, Abbeeparuken, Beutelparuken, Schwanzparuken, Knoten- oder Quarreeparuken, deren Hinterhaare in Knoten geschürzt werden, und endlich Traubenparuken, deren gekräuselte Hinterhaare zusammengebunden werden. Sie werden von Menschen- Ziegen- und Pferdehaaren gemacht. Das Haar zu einer Parucke muß schwankig und doch steif, schmiegsam und vorzüglich glänzend seyn. Nachdem die Haare kardätschet (s. Kardätschen der Haare) und sortiret (s. Sortiren der Haare) sind, so werden sie gekräuselt, (s. Kräuseln der Haare und gekräuselte Pakete) vorher auf den Wickelhölzern in Regen- oder Flußwasser gekocht, und die Menschenhaare auch noch gebacken. (s. Backen, Parukenmacher) Nach dem Backen zerbricht man die Pastete, (s. diese) nimt die Pakete heraus, und wickelt die Haare von dem Kräuselstock ab; alsdenn werden sie eingepudert, damit aller Schmutz herauszieht; zum zweyten Mal zwischen zwey Kardätschbrettern wie bey dem ersten Kardätschen gelegt, und an den vorspringenden Köpfen aus den Kardätschen herausgezogen, welche gehechelt oder gehielt, wie man Flachs zu hecheln pflegt, damit die Köpfe der Haare gerade zu liegen kommen, glatt werden, und sich beym Tressiren gut ausziehen lassen. Zuletzt werden alle Packete jeder Etage (s. diese) einer Parucke zu einem einzigen Packet zusammengebunden, aus diesem großen Packet eine einzige große Locke gemacht, und mit einem Zettel numeriret, um zu wissen, zu welcher Etage der Parucke das Paket gehöre. Diese ganze Behandlung der Haare nach dem Backen heißt das Präpariren zum Tressiren. Nunmehr werden die Haare tressiret. (s. Tressiren und Tressen) Nachdem die Tressen verfertigt, so müssen solche sämtlich an ihren Ort auf der Montirung des Montirungskopfs (s. beydes) angenähet werden. Der Parukenmacher nähet sie jederzeit mit Seide durch eine überwendliche Nath an. Eine Strecke von einer Tresse, die nach der Länge oder Breite eines Theils der Parucke aufgenähet wird, heißt bey Seiten- und Hinterhaaren einer Stutzparucke eine Range, (s. diese) in allen übrigen Fällen eine Etage. (s. diese) Die Näthe aller Rangen oder Etagen, die zu einem und eben demselben Theil der Parucke gehören, laufen parallel, bey dem Hinterhaupt und der Platte stehen die benachbarten Näthe etwa 1½ Zoll von einander ab, etwas weniger aber bey den Seiten- und Hinterrangen, desgleichen bey einer Fronte. Man folgt bey dem Aufnähen der Tressen keiner festgesetzten Ordnung, doch muß bey allen Paruken das Vorderstück, welches vorne die ganze Tour umgiebt, zuerst, und die Fronte nach den Seitenrangen angenähet werden. Bey Beutelparuken nähet man insgemein nach dem Vorderstück zuerst die Seitenhaare, und hierauf die Hinterhaare, endlich aber die Fronte auf. Bey Stutzparuken aber erst die Seitenhaare, hiernächst die Hinterhaare, und endlich die Platte. Das Vorderstück muß mit einer sehr feinen überwendlichen Nath an dem vordern Rande des Montirungsbandes angenähet werden, damit sie nicht in die Augen falle. Die Rangen des Seitenhaars werden von unten nach oben, von der linken nach der rechten Hand zu, angenähet, weil die obersten Rangen die untersten zum Theil bedecken. Aus eben dieser Ursache müssen auch die Hinterhaare einer Beutelparucke von unten nach oben angenähet werden, und zwar jede Etage um den ganzen Hinterkopf herum. Man nähet die ganze Tresse des Hinterhaares Etagenweise hin und her an, dieß gilt auch von der ganzen Tresse der Fronte. Diese wird aber zuletzt von einem Ohr zum andern, und zwar von dem Vorderstück an nach hinten angenähet. Die sämtlichen Näthe dieser Fronte laufen mit dem nur genannten Vorderstücke oder mit dem Schnitt der Parucke parallel. Die Hinterrangen und die Platte der Stutzparucke müssen gleichfalls von unten nach oben angenähet werden, weil auch hier das oberste Haar das unterste zum Theil bedecken muß. Die Hinterrangen müssen Rangenweise, wie die Seitenhaare, angenähet werden. Daher zeichnet sich der Parukenmacher den Beschluß jeder Range beym Tressiren mit einem Zwirnsfaden. Sie sind eben so tressiret, als wie sie angenähet werden, nämlich zuerst die unterste Range, [illegible] so fort weiter die obern. Die Parucke ist nun f[illegible] zum Frisiren, (s. Frisiren der Paruken) man [illegible] sie mit harter und weicher Pomade ein, und pudert sie.

Parukenmacher, ein Professionist, der seinen Namen von den Haarmützen oder Haardeckeln hat, die man nach dem Französischen Paruken nennt. Sie lernen ihre Lehrlinge wenigstens 4 Jahre, und wenn sie kein Lehrgeld geben auch noch länger; sie müssen wie alle andere Handwerker wandern, und machen in den preußischen Staaten zum Meisterstück eine Abbeeparucke, eine spanische Parucke und eine Knotenparucke.

Parukenstock, ein gedrechselter Stock mit einem Kopf, auf welchem die Paruken frisirt werden.

Pas, Fr. Schritt, (Tanzkunſt) diejenigen Schritte, die ein Tanzmeiſter einem Scholaren zuerſt zeiget, und ihn darinn fleißig übet, ehe er zu einem Tanze mit ihm fortgehet. Sie werden in 5 Klaſſen getheilet, als 1) in gerade, Fr. pas droites, 2) geöffnete, pas ouvertes, 3) runde, pas rondes, 4) gekrümmte, pas tortillés, und 5) geſchlagene, pas battus. Dieſe werden gemeiniglich Univerſalſchritte genannt. Durch ihre Verſetzung und Vereinigung anderer Bewegungen können unzählige vermiſchte oder zuſammengeſetzte Schritte, pas composés, verfertiget werden. Werden dieſe 5 Univerſalpas mit Beugen, Heben, ſanften Springen, ſtarken Kapriolen, Fallen, Streichen, Strecken und Wenden oder Drehen verknüpft, ſo entſtehen die gebogenen Schritte, pas pliés, die erhobenen Schritte, pas elevés, die ſtreichenden Schritte, pas gliſſés u. ſ. w. Alle dieſe werden bey Formirung der Schritte vielfältig untereinander verſetzt, und mit den Univerſalpas vergeſellſchaftet. Dieſe und andere nennt man einfache Schritte, pas ſimples, ſo lange ein jeder auf einmal und mit einem Fuße gemacht wird. Wenn aber dergleichen einzelne Schritte 2 oder 3 geſetzt werden, ſo entſtehen daraus die zuſammengeſetzten Schritte, pas composés. Bey dergleichen Verdoppelung wird die Zahl 3 ſelten überſchritten, und wenn auch gleich eine Zeit von 4 Theilen, d. i. ein gleicher und gemeiner Takt dazu gebraucht wird, ſo kommen doch nur allemal drey einfache Schritte heraus, weswegen denn auch der Tripel in der Muſik dem Tanzen weit natürlicher, als der egale Takt iſt.

Pas, Schritt auf der Reitſchule, (Reitkunſt) eigentlich ein Antritt, das iſt eine Bewegung, in welcher das Pferd den Vorder- und Hinterfuß auf einer Seite ordentlich erhebt; je behender und leiſer dieſer fortgeſetzt wird, je bequemer wird dieſer Gang vollbracht. Durch Pas wird auch ein erhabener Schulſchritt verſtanden, da die Erhebung der Schenkel nicht einfältig, wie bey dem Antritt, ſondern darinn unterſchieden iſt, daß, wenn das Pferd den rechten Vorderfuß aufhebet, gleich der hintere folgt, daß ſie alſo kreuzweiſe gehoben werden.

Paſch, der, ein in dem Würfelſpiel üblicher Ausdruck, wo es gleichviel Augen auf drey Würfeln bedeutet.

Paſſade, Fr. (Reitkunſt) der Hufſchlag oder Weg, welchen ein Pferd macht, wenn es mehr als einmal auf einem Erdreich hin und wieder geht, und allemal an dem Ende im Umkehren eine halbe Rundung macht. Der Paſſaden ſind mancherley: als Paſſade d' un tems, wenn das Pferd im Umkehren nur ein Tempo nimt. Paſſade de cinq tems, eine halbe Rundung, die am Ende einer geraden Linie gemacht wird, da das Pferd mit der Hüfte inwendig fünf Tempo galoppiret, und, wenn ſolches geſchehen, wieder gerade fort geht. Paſſades relevées, wenn die halben Volten mit Kurbetten gemacht werden. Paſſade furieuſe, dienet zum Duelliren, wenn das Pferd in gerader Linie zum Ende kommt, macht man eine halbe Volte von drey Tempo, und galoppiret hernach gerade fort, bis zum Mittel der Paſſade, da läßt man das Pferd in vollem Höhe laufen, bis zum Ende, da man wieder einhält, und mit einer halben Volte umkehret.

Paſſage, (Muſiker) eine künſtliche Figur, da ein Sänger von der ihm vorgeſchriebenen Kompoſition bey einer großen Note abgeht, und allerhand geſchwinde Läufer, Veränderungen (Variationes) und Zwiſchenräume (Intervalla) machet, ſich aber endlich wieder zu dem Klavis, von welchem er abgegangen, wendet.

Paſſamezzo, ein italieniſcher Tanz, wobey man gar ſanft und allmählich herein tritt, weil er nur halb ſoviel Tritte oder Pas hat, als eine Gaillarde, welche deren ſieben hat, ſo heißt es Mezzo, das iſt, die Hälfte von dem Paſſabegeben. Es iſt gleichſam eine halbe Gaillarde den Tritten nach.

Paſſandeau, Fr. (Artillerie) ein altes franzöſiſches Stück, ſo 8 Pfund Eiſen ſchoß, und 15 Fuß lang war.

Paſſarillen, (Handlung) eine Art Roſinen, die aus Frontignan in Languedok in kleinen Schachteln oder Käſtchen von Tannenholz gebracht werden, und ſowohl in Frankreich, als auch außerhalb in andern Ländern, ſehr beliebt ſind.

Paſſato, (Handlung) wird von den Kaufleuten in ihren Briefen, von dem nächſt verfloſſenen Monath oder Jahre gebrauchet; ſo ſchreiben ſie anſtatt vom vorigen Monath, von Paſſato.

Paſſatwinde, (Schiffahrt) beſtändige Winde, die in gewiſſen Seen, Küſten, und beſondern Rheden, zu gewiſſer Jahreszeit ordentlich anhaltend wehen. Man nennet unter andern z. B. den Oſtwind, welcher gegen den April und May von den Inſeln gegen Amerika wehet, einen Paſſatwind. In der Atlantiſchen See bläſt vom Oktober bis zum Jenner ein beſtändiger Nordoſtwind u. ſ. w.

Paſſevolante, (Artillerie) ein altes franzöſiſches Stück, welches 16 Pfund Eiſen ſchoß, und 8 Fuß lang war. (ſ. Paſſandeau)

Paſſe von Haaren, Fr. Paſſée, (Perukenmacher) ſo heißen die ſämtlichen Haare, welche der Perukenmacher zuſammengenommen, und zu gleicher Zeit in die drey Schnüre des Treſſierrahmens (ſ. dieſen) einſchürzet oder treſſiret.

Paſſen, (Schiffahrt) kleine Stücke, ſo von hinten geladen, und auf den Maſtkörben den hohen Theil der Kaſtelle, auch auf Prahmen und Chaloupen geführet werden. Auf den Galeeren ſind zuweilen dergleichen Paſſen von 16 Pfunden in den Seiten ſo angebracht, daß ſie mit den Bänken einen ſchiefen Winkel machen, und über dieſelbe gegen dem Vordertheile faſt raſirend wegſchießen. Sie liegen meiſtens alle auf einem Geſtelle ſtatt der Lavetten. Die Engländer nennen ſie Swivels, wenn ſie auf dem Mars geſtellet werden.

Paſſementen, ſ. Borten.

Paſſementirer, ſ. Bortenwirker.

Paſſeraut, ſ. Paſſandeau.

Paſſe par tout, Fr. deutſch kann es eine Einfaſſung heißen, weil es eine in Holz oder Kupfer geſtochene Platte iſt, welche die Geſtalt eines Rahmens hat. Die leere Mitzu dienet dazu, eine andere gestochene oder beschriebene Zeichnung oder Gemälde, oder was man sonst will, darein zu fassen. Man giebt ihnen diesen französischen Namen, weil sie sich zu allem schicken, was man auch hinein fassen will.

Passepieds, (Tanzkunst) ein alter Tanz, welcher in Bretagne üblich ist, von der Art derjenigen Tänze, da man nicht für sich, sondern in der Runde einander bey der Hand haltend, mit gemessenen Tritten und Sprüngen tanzt. Er wird in drey oder sechs Achtel gesetzt, fängt mit einem Achtel im Aufheben des Tackts an, hat drey oder vier Reprisen, wovon die dritte ganz kurz und tändelnd pflegt gesetzt zu werden, übrigens aber gerade Takte.

Passer, Passforme, (Formschneider, Kattundrucker) Formen, womit der Kattundrucker alle Farben und deren Schatten, soviel seine Bilder erhalten, mit jeder besonders eindrucket. Man höret schon aus der Benennung, daß diese Formen immer eine in die andere passen. Der Formschneider muß sie also folgendergestalt verfertigen: Soviel Farben und Schattirungen gedruckt werden sollen, eben soviel Passer müssen auch auf der Vorforme entstehen, und es sind manchmal in einem sehr bunten Muster deren wol 30, mehr oder weniger. Ein Passer bringt also nur einen Schatten einer Farbe im Ganzen hervor. Der Künstler nimt die fertig geschnittene Vorform, tunkt solche in Druckfarbe, legt einen weißen Bogen Papier darauf, nimt einen Ballen, der die Gestalt eines Buchdruckerballens hat, aber bloß von Holz und sehr glatt ist, beschmieret solchen mit Wasserbley, und drückt damit auf den auf der Vorform liegenden Bogen Papier, und so wie er damit auf dem ganzen Bogen herum gefahren, und dahin gesehen, daß keine Stelle ungedruckt geblieben, so haben sich vermittelst des Drucks und des auf dem Ballen befindlichen Wasserbleys alle Umrisse der ausgeschnittenen Stellen der Vorform abgedruckt und schwarz gebildet; alsdenn wird der also gebildete Bogen von der Vorforme abgenommen, ein schwarz getränkter Bogen auf ein neu Formbrett, welches ein Passer werden soll, und der vorige gebildete Bogen darauf geleget, und beyde auf dem Formbrette befestiget; und nun werden wieder mit einem stumpfen Pfrieme, wie bey dem Formschneiden (s. dieses) nur diejenigen Stellen, die einen Schatten einer Farbe geben sollen, abgezeichnet. (s. auch abreiben) Die Eindrücke des Pfriems und der schwarze Bogen haben die Stellen auf dem Formbrett gebildet, und diese Stellen werden in dem Abdruck dieses einen Schattens erhaben ausgeschnitten und gebildet, alles andere Holz aber wird als unnützer Grund weggestochen. So wie er mit diesem einen Passer verfahren hat, so verfährt er auch mit allen übrigen immer nur zu einem Schatten einer Farbe auf einem besondern Formbrett die Stellen auszustechen: auf solche Art kann es nicht fehlen, daß nicht alle Passer mit ihren Farben und Schatten immer eine in die andere genau passen, welches auf keine andere Art, bey noch so richtiger Zeichnung, so gut eintreffen würde. Bey dem Drucken selbst wird allemal erst mit den Passern der dunkeln Farbe, und denn zuletzt die lichtere Schatten einer und derselben Farbe eingedruckt. (s. Kattundrucken)

Passette, s. Passirhaken.

Passforme, s. Passer.

Passgänger, (Reitkunst) heißt ein Pferd, das einen besondern Gang hat, den man einen Pass nennt. Dergleichen Pferde ermüden mit ihrem schnellen Dreyschlag andere neben ihnen gehende Pferde, die im Trab oder halben Gallop folgen müssen, und wenn sie anfangen müde zu werden, stoßen sie gerne an und straucheln.

Passglas, Pass, (Glashütte) ein hohes Trinkglas, welches durch verschiedene Pässe, d. i. Reife oder Ringe, am Rande in mehrere Räume getheilet, und manchmal mit Bildern oder Wappen verschnitten und vergoldet ist.

Passigdrehen, s. Bassigdrehen.

Passiren, (Fechtkunst) Stöße, wenn man nach dem Streifen mit beyden Füßen gegen den Leib des Gegners vorrückt, und zwar mit geschlossenem Leibe, damit man, wenn erst seine Spitze vorbey gegangen, ehe der Feind seine Klinge zurückziehen kann, unterrücken, dessen Gefäß ergreifen, oder wenn die Klinge verfehlt ist, ihn zu Boden werfen könne. Es muß aber bey dem Passiren, wenn der linke Fuß vortritt, allezeit bloß die rechte Seite des Leibes hervorbringen, weil man sonst die Stärke der Klinge verlieren würde. Ferner muß man nicht die Klinge des Gegners aus der Acht lassen, sondern sie beständig verfolgen, wofern sie der Gegner zurückzieht.

Passiren, (Weber) wenn die Kettenfäden in die Schäfte, Harnisch und das Blatt eingezogen oder eingelesen werden. (s. Einlesen)

Passiren der Harnischlitzen zum Damast. (Seidenmanufaktur) So nennt man das Einziehen der Harnischlitzen in das Harnischbrett, damit solche zum Bilden der Blumen in dem Damast in ihre erforderliche Lagen gebracht werden. Sie müssen demnach in die verschiedene Reihen Löcher des Harnischbrettes also gezogen werden, daß solche rechts und links gegen die Mitte zusammenstoßen, und beyde Hälften der Harnischlitzen eine entgegengesetzte Richtung erhalten, weil dadurch der Endzweck erreichet wird, daß die nur halb gezeichnete Bildung der Patron, wornach der Zampel eingelesen wird, dennoch bey dem Zug durch diese entgegengesetzte Richtung hervorgebracht wird. Die eine Harnischlitze der einen Rahmschnur wird also in das erste Loch der ersten Reihe linker Hand des Breits hereingezogen, die andere Harnischlitze der nämlichen Rahmschnur aber rechter Hand in das erste Loch der ersten Reihe Löcher eingezogen, und wenn auf solche Art die beyden äußern Reihen Löcher linker und rechter Hand im Harnischbrett vollgezogen werden, so geht man zu den nächstfolgenden Reihen auf dieselbe Art fort, bis sie von beyden Seiten nach der Mitte zu zusammenstoßen, denn es sind nur halb soviel Rahmschnüre als Litzen vorhanden, nämlich an jeder Rahmschnur sind zwey Litzen angebunden, daher arbeitet der Harnisch auch doppelt, d. i. er bringt mit seiner in dem Harnischbrette entgegengesetzten Einpassirung der Harnischlitzen das Ganze hervor.

Drun

Denn wenn nur eine Herrnschleife an der Rahmschnur wäre, so würde vermittelst der Einlesung der Petren in dem Zampel das Bild nur halb bilden, jetzt aber, da doppelte Herrnschleifen in das Brett eingelesen werden, so entsteht das Bild ganz. Denn die eine Hälfte der Litzen macht die eine halbe Bildung der Blumen, und die andere Hälfte, da beyde Zeichnungen genau mit einander übereinstimmen, macht die andere Hälfte der Bildung.

Passirhaken, Passette, Passirnadel, (Seidenwirker) ein sehr dünnes messingenes Instrument, wie ein schmales Messer, vorne mit einem Einschnitt oder Haken, womit man bey dem Einpassiren der Kettenfaden in die Schäfte solche durchziehet. Das Werkzeug hat einen hölzernen Griff. Eine Person steckt die Passette durch das Auge der Litze, und eine andere hängt in den erwähnten Haken der Passette den Kettenfaden, welchen die erste Person alsdenn durch das Auge der Schäfte durchziehet. Eine andere Passette, die auch die Riedpassette heißt, ist gleichfalls von Messing, vorne aber abgerundet, damit sie bey dem Einpassiren der Kettenfäden in das Riedblatt nicht die Riede oder Rohre des Blatts verletze. Eine Person steckt diese Passette zwischen zwey Rohre des Blattes, die andere legt gleichfalls die Kettenfäden in den Haken der Passette, und die erste ziehet also die Fäden zwischen den zwey Rieden durch.

Passirnadel, s. Vorher.

Paßkammer, (Schiffbau) das Behältniß, in welches die Ladung der Passen von hinten herein gestellet wird. Die Kammer hat ihr besonderes Zündloch.

Paßkarte, eine in der niederdeutschen Schiffersprache übliche Benennung einer Seekarte. Entweder von Passiren, Reisen, oder auch von dem veralteten Paß, ein Zirkel, ein übereinstimmiges Maaß, eine abgemessene genau bestimmte Karte.

Passaunen, s. Posaune.

Pastellmalerey, Malerey in Pastel, Fr. Peinture au Pastel, (Maler) eine Art zu malen, wo die Stifte von dicht geriebenen Farben, und die Finger den Dienst der Pinsel thun. Diese Malerey ist eigentlich nur eine Art gemischter Zeichnungen, welche die natürlichen Farben der Gegenstände mit Stiften von verschiedenen Farben (s. Pastellstifte) vorstellen. Man wischt mit dem Finger oder mit einem kleinen Wischer die Striche, so man mit dem Stifte macht, und macht also Tinten und Halbschatten u. s. w. Die Farben werden also trocken gebraucht, wie gemeine Kreiden. Die hellesten Lichter werden nicht vertrieben. Diese Art Malerey wird auf Papier, so über Leinwand gezogen ist, oder auch auf Pergament, das recht straff angezogen ist, ferner auf Leinwand, mit Braunroth gegrundet, gemalet, wie diejenigen, die man zum Oel brauchet. Weil alle diese Farben nicht zu vest auf der Materie, worauf man malet, haften bleiben, da sie auf selbiger gleichsam wie ein Staub liegen, so muß man das Pastellgemälde mit einem reinen Glase bedecken, welches ihr auch eine Art Firniß giebt und die Farben lieblicher macht. Herr de la Tour, welcher sich in Werken dieser Art sehr berühmt gemacht hat, hat erfunden, daß man solche zwischen zwey Glasscheiben, gleichsam wie unter eine Presse thut, welche das Pastel wider die allzu große Trockenheit und Erschütterung bewahret, wodurch der Staub abgehalten und vor der Feuchtigkeit bewahret wird. Dieser Künstler hat seit langer Zeit ein Mittel gesucht, diese Malerey zu fixiren, und es auch wirklich dahin gebracht, daß man mit dem Ermel des Kleides darüber fahren konnte, ohne etwas davon auszulöschen, woraus er aber ein Geheimniß machte. Demnach muß seine Art, diese Malerey zu fixiren, nicht ohne Mängel seyn, weil er seit der Erfindung des Geheimnisses seine Gemälde doch unter zwey Gläser gebracht hat. Man braucht diese Art von Malerey nur in Bildnissen, das Wollige, welches das Pastel machet, ist geschickter als andere Arten Malerey, die Zarte, und das Markigte und Frische der Fleischfarben auszudrücken: die Farbe erscheinet viel natürlicher; allein um hierinn einen recht guten Erfolg zu haben, muß man sehr geschickt seyn. Uebrigens ist diese Arbeit sehr bequem, weil man sie verlassen, und wieder vornehmen kann, wenn man will, ohne besondere Zurüstung, man retouschiret und endigt sie nach seinem Gefallen; denn man kann mit Semmelkrume das leicht auslöschen, womit man nicht gänzlich zufrieden ist.

Pastellstifte, Fr. Pastels, (Maler) Stifte von verschiedenen Farbenteigen. Man reibt die Farben, eine jede besonders, und macht hernach einen Teig aus Honigwasser mit etwas Gummi vermischt, und aus mehr oder weniger Bleyweiß oder Thonerde, Kreide, oder Frauenglas.

Pasten, 1) (Konditer) allerhand Säfte von Früchten, die mit Zucker zubereitet, und in Schachteln oder andere Formen gegossen sind. So hat man Aepfel- Birn- Aprikosen- Pfirschken- und andere Pasten. Die von Jngwer werden aus Ostindien gebracht. 2) die von fein geriebenem Gips gemachten Abdrücke der geschnittenen Edelsteine der Alten, und der Medaillen und Münzen. Lippert in Dresden verfertiget derselben sehr viele.

Pastete, (Koch) ein wohlschmeckendes Essen, so aus zerhackten oder ganzen, frischen, oder in Essig gebeizten und gespickten Fleische, Wildpret, Vögeln oder Fischen mit Teig überzogen bestehet. Der Teig wird wie eine runde oder ovale Tiefe geformt, und mit einem erhabenen Deckel verschlossen. Ferner mit allerley Sachen, als Kälbermilch, Hahnenkämmen, Hühnerlebern und Magen, Würstchen, Nüssen u. s. w. versetzt, mit einer guten Brühe versehen, und im Ofen gar gebacken. Zu den Pasteten von Rindfleisch oder Hirschwildpret und andern starken Fleisch wird gemeiniglich schlechter Roggen- oder sogenannter gebrannter Teig genommen, weil dieser stark und zu halten nöthig ist. Hingegen werden Kalb- oder Lammfleisch, Truthühner, Kapaunen, junge Hühner, Tauben oder kleines Federwild, auch allerley Fische in feinen Blätter- oder Butterteig eingeschlagen (s. Butterteig) Unter die Pasteten gehören auch die Schüsselpasteten. (s. diese) Manchmal bildet man auch den Teig der Pasteten nach Art der

Geflügel, die darein gelegt werden, welche auch wol vergoldet und mit allerley Sinnbildern gezieret werden.

Pastetenband, (Koch) eine lange oder cylindrische in Holz geschnittene und ausgestochene Form, worinn der Teig zu den Pastetenrändern formiret und ausgedrückt wird. Bey schlechten Pasteten bedienet man sich statt dessen auch wol nur eines schmalen Streifens Papier, um den Rand vest und in seiner runden Form zu erhalten, und zwickt den Teig unten am Fuße zierlich aus.

Pastetenbrod, (Koch) ein Gebackenes, fast wie Zwieback, das folgender Gestalt zubereitet wird: Man stößt oder reibt schönes, altbackenes, hartes Brod, mengt dieses nebst Zucker, etwas zerquetschten Anis und Koriander, nachdem alles wohl untereinander gerühret, mit ein wenig weißem Mehl, macht es mit Eyerweiß an, daß es zu einem rechten dicken Teig werde, streicht es hierauf in Form eines ganz kleinen Leibchens auf eine Oblate, backt es in einer kleinen Tortenpfanne oder Pastetenofen, und wenn es gar gebacken, schneidet man, wenn es noch weich, kleine Schnitten daraus, legt sie hierauf an einen warmen Ort, so bleiben sie hart, und lassen sich lange Zeit aufbehalten.

Pastetenpfanne, ein ovalrundes und hohles von Zinn gegossenes Gefäße mit einem Deckel, worinn das Pastetenfleisch, oder Boeuf à la mode, auf den Tisch getragen wird.

Pastete zu Haaren, (Perukenmacher) die in einem leinenen Beutel auf den Kräuselhölzern aufgewickelte und eingewickelte Haare, die in einem Teig von Roggenmehl im Backofen gebacken (s. Backen der Haare) werden.

Pastiche, Ital. (Maler) eine Benennung, welche man Gemälden beylegt, die ein geschickter Maler in der Manier und dem Geschmack eines andern geschickten Malers macht. Um diese Nachahmungsgemälde zu machen, muß man sogar die Zeichnung, das Kolorit, ja selbst die Fehler des Vorbildes nachahmen.

Pastillen. (Lustfeuerwerker) Diesen Namen erhält eine kleine herumdrehende Sonne, so eine Aehnlichkeit mit den Sonnen in großen Feuerwerken hat, welche in den Flammen abgebrannt werden können. Diese Pastillen kann man auch zu allerhand Arten Blumen, von welcher Gestalt sie seyn mögen, gebrauchen. Man macht sie aber auf folgende Art: Man nimt einen eisernen Drath, so in seinem Diameter die Dicke von 2 Linien hat, und 18 Zoll lang ist, er muß schön rund und durchaus recht gerade seyn. Dieser Drath ist gleichsam der Rollstock. Auf diesem Drath oder Rollstock macht man die Kartuschen von ungeleimtem Papier, schneidet dasselbe zu Streifen von 3 Zoll breit und 15 Zoll lang, leget sie also auf einander, daß jeder 2 Zoll von dem andern absteht, und bestreicht alle diese auf einander folgende Streifen mit Buchbinderkleister. Alsdenn legt man den Drath ohngefähr in die Hälfte des Papierstreifens, welchen man am ersten zusammenwickeln will, schlägt das Papier darüber, rollet es damit fein glatt zusammen, damit es keine Runzeln und Falten gebe, zieht den Drath heraus, und läßt sie trocknen. Wenn sie trocken sind, so biegt oder schnürt man das eine Ende davon zu, indem man das Papier einbiegt, welches mit einer Scheere oder spitzigem Hölzchen geschiehet. Hierauf füllet man diese Kartuschen auf folgende Art: Man steckt einen kleinen blechernen Trichter, dessen Röhre genau die Weite der zusammengerollten Kartusche hat, in dieselbe, einen eisernen Drath von gleicher Länge, jedoch etwas dünner als der erste oder sogenannte Rollstock ist, stecket ihn durch das Rohr des Trichters, bis auf den Boden der Kartusche, und erfüllet solche mit einer von folgenden Kompositionen oder Feuerwerkssätzen: entweder 12 Theile Pulverstaub, 4 Theile Salpeter, und 1 Theil Schwefel; oder 16 Theile Pulverstaub, 4 Theile Salpeter, und 2 Theile Schwefel. Auch kann man 9 Theile Pulverstaub, 2 Theile Salpeter, 1 Theil Schwefel, und 1 Theil [illegible] nehmen. Außer diesen Sätzen hat man noch viele andere Kompositionen, die ein Feuerwerker nach Belieben wählet. Diese Kompositionsmaterien müssen einzeln sehr gestoßen, und durch ein feines Sieb getrieben werden. Man legt jede Materie besonders, um das Gewichtige davon zu nehmen. Alsdenn nimt man von jedem die gehörige Quantität, und reibet es dreymal durch einander durch ein hölzernes Sieb. Man schüttet man die Komposition in den Trichter, hält den hineingesteckten Drath, der hier zum Ladestock dienet, von dem Boden der Kartusche [illegible] hoch, und stößt damit so lange auf die Komposition, und schüttet immer zu, bis die Kartusche gefüllet und völlig geladen ist. Will man aus einer einzigen Kartusche vielerley Arten des Feuers sehen, so legt man unten 2 Zoll hoch vom Boden die eine Art, 2 Zoll hoch die andere Art, und so fort. Man bedeckt man das offene Ende der gefüllten Kartusche mit einem in Salpeterwasser getränkten, [illegible] ungeleimten Papier. Damit es nicht von der [illegible] abfalle, so muß man es sauber anpappen, und die [illegible] desselben zusammendrehen. Auch ist zu merken, daß dieses Deckelpapier vorher muß dreyeckig geschnitten seyn, damit es die Spitze bilde, welche mit den Fingern [illegible] gedrehet werden soll; denn diese Spitze ist der Ort, wo man die Kartusche anzündet. Um nun diese Kartusche zur Pastille zu formiren, läßt man sich einen 6 Zoll langen Cylinder oder länglicht rundes Holz drehen, so an jedem Ende einen Griff hat, der nur halb so dünne als der Cylinder selbst ist. Dieser Cylinder muß erhabene Streifen eine neben der andern haben. Die Kartusche bestreicht man mit einem feuchten Schwamm, damit sie biegsam werde. Man legt alsdenn den Cylinder auf die Kartusche, und rollet mit solchem ein wenig stark von einem Ende zum andern hin, damit sie Einbiegungen bekomme, man biegt und krümmet sie hernach ein wenig mit den Fingern, damit sie sich besser aufrollen lasse, und nicht zerberste oder zerbreche. Die Seite auf welche sie aufgerollet wird, muß mit Kleister bestrichen werden, damit sie auf einander halte, und nicht aus ihrer Rundung komme. Um sie zirkelförmig aufzurollen, windet man sie auf eine hölzerne platte Kreisform. Ist nun die Kartusche aufgerollet, so bindet man einen Faden darüber, damit sie nicht aufspringen kann,

ſtern, und läßt ſie trocknen. Alsdenn nimt man den Faden wieder weg. Nun hat ſie den Namen Paſtille, oder ſich herumdrehende Sonne. Um dieſe Paſtille anzuſtecken, ſteckt man durch das Loch der Kompoſitionsform eine ihrer Länge verhältnißmäßige Nadel mit einem Knopf, um welche ſie leicht und ungehindert laufen kann. Die Spitze der durch das Loch gebrachten Nadel ſteckt man in ein kurzes hölzernes Stäbchen, damit das Feuer der Hand, die es hält, nicht zu nahe komme. Alsdenn zündet man die Spitze des in Salpeterwaſſer getunkten Papiers an. Sobald dieſes Feuer die Kompoſition ergreift, drehet ſich die Sonne herum, bis ſie ausgebrannt iſt.

Paſtine, (Reitkunſt) auf der Reitbahn von Zwilch verfertigte und mit Rehhaaren ausgefüllte Gurtſattel, die den jungen Fohlen ſowohl, als den Scholaren nützlich ſind. Sie liegen den Fohlen an allen Orten gleich auf dem Rücken; und weil ſie keine Steigbügel haben, ſo lernt ein Scholar die Stärke des Rückens brauchen, die Kniee zuſammenſchließen und feſt ſitzen.

Paſtoritio, Lat. ſ. Nachdroſch.

Paſtos, Fr. Pateux, (Maler) wird von einem ſaftigen, feurigen, markigen und farbenvollen Pinſel geſagt. (ſ. Impaſtiren)

Paſtrama. So nennt man zu Konſtantinopel das eingeſalzene Rindfleiſch. Es komt in Menge von Kaffa und verſchiedenen andern Städten am ſchwarzen Meere.

Paſtremenes, in Konſtantinopel die Ochſen- und Kühhäute vom zweyten Schlage, oder ſolche, die im Winter geſchlagen ſind. Sie kommen denen vom erſten Schlage, die vom Brachmonath bis in den Wintermonath abgezogen werden, an Güte nicht bey, daher ſie auch wohlfeiler ſind. Bey dem Einkauf werden vom zweyten Schlage die Hälfte Ochſenhäute und die Hälfte Kühhäute genommen, da man hingegen vom erſten Schlage nur 10 Kühhäute für hundert Ochſenhäute nehmen darf.

Patacca und Pataca, ſ. Pataka.

Patach, eine Aſche, die aus der Levante gebracht wird, und vermuthlich von dem deutſchen Worte Potaſche ver[illegible]. Man brennet ſie aus einem Kraute, welches bey den Dardanellen und um das ſchwarze Meer häufig wächſt. Sie wird zum Waſchen der Tücher und zur Verfertigung der Seife gebraucht, iſt aber doch zu beyden nicht recht gut. Diejenige, welche von Tripoli und den ſyriſchen Küſten komt, iſt beſſer.

Patagon, Patakon, Pattakon, eine ſpaniſche Silbermünze in Flandern, die zu 48 Stüvern geſchlagen worden, mit der Zeit aber bis zu 58 hinauf geſtiegen iſt. Weil ſie nicht ganz rund, ſondern eckigt und übel gepregt iſt, ſo wird ſie von den Franzoſen bisweilen auch Ecu cornu genannt. Sie wiegt 22 Pfennige, und hält fein 10 Pfennige 7 Gran. Ihrem Werthe nach gilt ſie [illegible] 1 Thaler 4 Groſchen. Sie muß aber mit den deutſchen Reichsthalern und den ſpaniſchen Piaſtern, oder Stücken von Achten nicht verwechſelt werden, wie von vielen wegen der eckigten Figur und dem Werthe nach geſchiehet. Man hat auch halbe und viertel Patagons. Jetzt ſind ſie ziemlich rar.

Patak, Patac, eine Münze, die zu Avignon geſchlagen wird, und 1 Double oder 2 Deniers gilt. Sie iſt nicht allein zu Avignon, ſondern auch in den franzöſiſchen Provinzen Provence und Dauphiné gangbar und ziemlich gemein.

Pataka, Pataca, Patacca, Pattaca, Fr. Pataque. So nennen die Portugieſen die ſpaniſchen Piaſter, oder Stücken von Achten. Man hat auch halbe und viertel Pataken. Die ganze gilt 750 Rees. Man unterſcheidet ſie in zwey Gattungen. Die erſte von dieſer Gattung iſt die Pataka real marcado, d. i. die gezeichnete oder geſtempelte, und die andere die ungezeichnete oder ungeſtempelte. Jene gilt an die 600, dieſe nur 100 Rees. (ſ. Piaſter und Ree)

Patakon, eine Münze von Silber am Werth 1 Rthlr. 6 gr. deutſchen Fußes.

Patar, eine flandriſche Scheidemünze von geringem Silbergehalt, die auch ſonſt unter dem Namen Stüver bekannt iſt. Sie gilt 2 Groot oder Pfennige Flämiſch, und iſt beynahe ſoviel als ein holländiſcher Stüver, oder als 2 franzöſiſche Sols, indem 6 Patars 5 holländiſche Stüver oder 10 Sols betragen.

Pataſche, Ausleger, (Schiffsbau) ein kleines Kriegsſchiff, welches bey einem Hafen zur Wache dienet. Die Schiffe, ſo man Aviſoſchiffe heißt, ſind gewöhnlich als Pataſchen gebrauchet. Jedes Schiff, ſo in einen Hafen lauft, muß dem Ausleger, der ihm entgegen komt, von ſeiner Fahrt Rede und Antwort geben.

Patelliten, verſteinerte Schnecken, die ungewirbelt, ſelten verſteinert, und wie eine Schale oder abgekürzter Kegel beſchaffen ſind.

Patene, ein kleiner Oblatenteller von Silber oder anderm Metall, welcher in den Kirchen bey Austheilung des Abendmahls gebraucht wird.

Paterbier. So nennte man ſchon im 15ten Jahrhundert das ſtarke Bier ſo in den Klöſtern gebrauet und von den Patern getrunken wurde, zum Unterſchiede des Konventbiers, woher jetzt der Name Koſent entſtanden iſt, als welches für die Frater oder Brüder des Konvents gebrauet wurde.

Paternoſter, Fr. Chapelet, (Baukunſt, Bildhauer) eine Reihe verſchiedener runder oder olivenförmiger Kugeln oder Körner auf einem Stäbchen, die an den Gliedern der Bauordnung angebracht werden. Beym Eierwerk heißt Paternoſter, wenn viele Stäbchen neben einander wie aneinanderhängende Kügelchen ausgeſchnitzt oder ausgehauen ſind.

Paternoſter, Roſenkränze, angefädelte Schnüre von allerhand Korallen oder andern gedrehten kleinen durchbohrten Kügelchen, nach welchen die Vater unſer und Ave Maria in der römiſchen Kirche gebetet werden. Sie werden von Agatſtein, Kriſtal, Bernſtein, Marmor, Elfenbein, Knochen, Roſen- und andern wohlriechenden Holze verfertiget, und beſtehen theils aus 33, theils aus 63 runden

den Kugeln, die sich unten mit einem Kreuze schärfen. Es giebt, besonders in Nürnberg, besondere Paternosterdreher, die sich blos damit beschäfftigen.

Paternosterdreher, s. Vorher.

Paternoster, Fr. Chapelet, (Maschinenwesen) eine Opernmaschiene im Opernhause, die aus vielen verschiedentlich gestalten kleinen Papierrahmen besteht, welche mit lauter Wolken bemalt, und an Schnüren aufgereihet sind, woran man sie, bey den Veränderungen des Theaters, herunterlassen und hinaufziehen kann.

Paternoster, Fr. Chapelet, (Gärtner) aneinandergereihete rundliche oder andere Figuren eines Luststückes in einem Lustgarten.

Paternosterwerk, (Wasserbaukunst) ein Püschel, oder nach alter Benennung eine Taschenkunst, mit welcher man das Wasser heraushebet. Eine Maschiene, da vermittelst einer eisernen Kette oder Seils und etlicher daran gebundener Püschels, oder lederner mit Haaren ausgefüllter Kugeln, welche durch eine oder etliche Röhren gehen, das Wasser aus der Tiefe herausgehoben wird. Die Kette muß lauter zirkelrunde Glieder haben, die bey ⅞ Zoll stark und nicht über 2 Zoll im Diameter groß sind, inzwischen müssen unterschiedene Wirbel daran seyn, damit sie sich allezeit, wenn solche durch die Röhre oder Bock gedrehet wird, wieder aufdrehen kann. Die Püschel, so ohngefähr sechs Ellen von einander stehen, werden solchergestalt zubereitet, daß sie nicht zu groß gemacht werden, denn wenn sie stecken bleiben, erfordert es viele Mühe und Kosten, sie wieder herauszubringen. Ueberhaupt sind dergleichen Künste von wenigem Nutzen, weil sie wegen des Leders und Kunstbandes, woraus man die Püschel bereiten muß, immer zu bessern und zu flicken brauchen, folglich ihre Unterhaltung sehr kostbar ist; über dieses auch die Kritten fast so starke Kraft erfordert, als das Wasser selbst, welches gehoben werden soll. Deswegen sie denn nur wenig gebraucht werden, und zwar nur in den Brunnen, die aufgehen und oftmals 40, 50 und mehr Ellen des Tages über niedergetrieben werden müssen; ohnedem ist es ein gutes Werk, indem die Röhren allzu tief in das Wasser kommen müssen, es sey ein Druck- oder Saugwerk, wo man, wenn das untere Ventil Schaden leidet, es nicht ohne große Kosten und Zeit ausbessern kann; da hingegen bey der Püschelkunst die Ausbesserung auf das allermeiste von oben geschehen kann.

Patin, Pattins, Pariser, engl. die von Bindfaden mit Wolle überzogen gemachte weite Pantoffelschuhe und Stiefeln, welche man über die ordentlichen Schuhe ziehet, um sich derselben im Ausgehen bey kothigem Wetter zu bedienen. Man braucht auch dazu dünne Schuhe, Colpatschen genannt, sonderlich im Winter, wenn es gefroren, indem man damit nicht so leicht ausglitschen kann. Man trägt sie auch wider die Kälte.

Patinische Erde, Erde, welche der Siegelerde ziemlich nahe kommt, und in dem Lande des großen Moguls, sonderlich bey Patna an dem Ufer des Ganges gefunden wird. Sie ist wie Letten, sieht grau aus, etwas gelblich, und hat gar keinen Geschmack. Man machet allerhand Geschirre daraus, vornehmlich Flaschen und Caravinen, die so dünne und leicht sind, daß sie der Wind wegwehen kann. Die artigsten und feinsten darunter heißen im Französischen Gargoulettes. Sie werden zu Abkühlung des Wassers gebrauchet, und es soll dasselbe einen lieblichen Geruch und Geschmack davon bekommen, daß es angenehmer zu trinken wird.

Patlopf, (Bergwerk) eine große Stuffe Erz.

Patolen, seidene Zeuge, die mit allerhand Figuren bemalet, gedruckt oder gestickt sind. Sie werden in den Ländern des großen Moguls vornehmlich in Guzerat verfertiget. Die Holländer in Ostindien treiben damit einen starken Handel, und führen sie nach den Inseln Sonde und Java, wo sie statt der Pagnen zur Bekleidung des Unterleibes vom Gürtel an gebrauchet werden. Ein jedes Stück derselben, welches ohngefähr vier Pariser Ellen lang und drey viertel breit ist, muß ein solches Pagne abgeben, welches die reichen Javaner beständig, die andern aber zum Putze tragen. Sie sind von verschiedenem Werthe, nachdem ihre Muster, ihre Arbeit, und die Feine und Güte der Zeuge selbst beschaffen ist.

Patricen, (Schriftgießer) derjenige Stempel, worauf die Lettern geschnitten, und womit solche in die Matricen (s. diese) eingepräget werden. Die Letter muß auf diesem Stempel also wie eine ordentliche Letter erhaben stehen. Zu jedem Buchstaben einer Schrift gehört ein eigener Stempel. Der Stempelschneider zeichnet sich auf dem stählernen Stempel auf der glatten Oberfläche den Buchstaben ab, und feilet mit ganz feinen englischen Feilen das Uebrige weg, so den abgezeichneten Buchstaben umgiebt. Mit eben diesen Instrumenten bildet er auch den Umfang des Buchstabens förmlich aus. So nützlich auch [illegible] ist, so bedient er sich doch nur selten des Grabstichels, und zwar nur im höchsten Nothfall, weil der ausgefeilte Buchstabe weit feiner ist, als der mit dem Grabstichel ausgeschnittene. Den glatten oder geraden Zügen eines Buchstabens, z. B. i oder l, giebt diese Art zu arbeiten [illegible] gut an, aber weniger, wenn der Buchstabe einen Raum einschließt, wie z. B. das n g oder d. Man verfertiget sich zu dem Ende Bunzen, womit die Vertiefungen auf dem Stempel ausgepräget werden. Auf den Bunzen muß also die Vertiefung des Buchstabens erhöhet und nach ihrer ganzen Gestalt stehen. Diese Erhöhung wird gleichfalls mit der Feile geschnitten. Mit eben diesem Instrumente wird auch der Umfang eines Buchstabens der letztern Art, wie bey den ersten, gebildet. Ehe aber ein Stempel oder Bunzen gebraucht werden kann, muß man ihn erst härten. Man härtet ihn zwar rothwarm in kaltem Wasser, brennt ihn aber hernach wieder mit Baumöl ab, damit er beym Gebrauch nicht vor Härte zerspringe. Mit diesem Stempel wird nun die kupferne Matrice (s. diese) gebildet oder ausgepräget.

Patrolle, Patrulle, (Kriegskunst) die umhergehende Soldatenwache, um die öffentliche Ruhe und Sicherheit zu erhalten; daher Patrolliren diesen Umgang thun.

Patrolle, das zierliche mit einem Quaste versehene Band an einer Trompete, ein aus dem französischen banderole verstümmeltes Wort.

Patron, (Bergwerk) ein über einem cylindrischen Holze zusammengerolltes und geklebtes Papier, welches nicht vollkommen so dick ist, als das Bohrloch im Gesteine, das gesprengt werden soll. Man klebet diese Patrone an dem einen Ende mit Harz, Schwefel oder Siegellack zu, und füllet sie mit Sprengpulver, das schnell Feuer fängt und sehr reissend ist, hierauf aber macht man dieselben oben zu, doch so, daß etwas viel Papier übrig bleibt, woran man das Schießröhrchen bindet, durch welche sie angestochen wird.

Patron, ein durchschnitten Karten über eine Leinwand oder andre Sache legen, und mit Farben die ausgeschnittene Figuren überfahren. Wie solches die Kartenmacher und heut zu Tage auch die Bandmaler machen, (s. Bandmalen im Supplement, und Spielkarten machen.)

Patron der Damastmachern, das Muster, wornach die Blumen des Damastes gewebet werden. Gemeiniglich bestehet solches Patron aus großen Blumen, die nur nach einer Hälfte auf das Musterpapier gezeichnet sind, aber dergestalt, daß wenn die Kettenfäden des Damastes nach dieser Vorschrift noch einmal, aber in entgegengesetzter Richtung eingelesen werden, die Blumen bey dem Weben sich ganz bilden, denn das Muster ist in beyden Hälften gleich. (s. Damast, und Einlesen)

Patrona, (Schiffahrt) eine Galeere, die, wo eine Reale (s. diese) ist, den dritten, und wo jene nicht ist, den zweyten Rang in der Flotte hat.

Patrone. (Feuerwerker) 1) Ein Lustfeuerwerk mit Schwärmern versetzt. 2) Eine schon zubereitete Ladung eines Geschützes. (s. Kartusche)

Patrone, (Zeugmanufaktur) das Musterpapier, (s. Musterpapier) auf welchem die Bilder, Blumen und alles, was man in die Zeuge einwirken will, in Quadratlinien mit Punkten auspunktiret, und auch wol öfters mit den verschiedenen Farben und Tinten, nach allen Schatten, die der Zeug erhalten soll, ausgemalet sind. Nach dieser Patrone, und nach Vorschrift der darinn enthaltenen Punkte, wird die Kette oder der Aufzug des seidenen oder wollenen rc. Zeuges mit den Harnischlitzen in den Semple oder in die Kegel eingelesen, (s. unter dem mancherley Einlesen) und wenn nachher gewebet wird, die Kettenfäden nach dieser vorgeschriebenen Einrichtung gezogen und die Blumen gebildet. Man nennt die Patrone auch wol das **Dessein, Rangage** und **Copera**.

Patrone der Drehbank, (Mechanikus) eine Form mit Schraubengängen, wornach die Schraubenmütter einer Schraube gedrehet werden. Man bedienet sich dieser Patron anstatt des Lineals in Vereinigung eines Registers auf der Spindel der Drehbank. Die Spindel einer solchen Drehbank wird in die Docke mit einem cylindrischen Zapfen ohne Befestigung eingezapft, und in dem Vordertheil greift sie gleichfalls mit einem unbefestigten cylindrischen Zapfen. Sie hat zwischen den Docken der Drehbank (s. diese) gleichfalls Schraubengänge oder Patronen aller Orten. An dem einen Ende erhält sie einen rechtwinklichten Einschnitt, denn wenn nicht Schrauben gedrehet werden, so muß die Spindel gehindert werden, daß sie nach diesem Ende nicht zurückgehe. In den Einschnitt einer hölzernen Unterlage wird in diesem Fall ein Keil gesteckt, der in den Einschnitt der Spindel greift, und sie nöthiget, sich bloß im Kreise zu bewegen. Auf eben der Unterlage liegt unter jeder Patrone der Spindel ein Register (s. dieses) in einem Einschnitt. Der Ausschnitt erhält Schraubengänge, wie eine Schraubenmutter, die in die Schraubengänge ihrer Patrone passen, und nach diesen drehet man die Schrauben. (s. Schrauben drehen)

Patrone der Karten, (Spielkartenmacher) das Muster, womit die Bilder auf die Karten gemalt werden. Es ist ein starker dreyfacher Bogen von drey zusammengeklebten Blättern, der vermittelst eines Oelfirnisses mit Braunroth oder Bleyweiß angestrichen ist. Man giebt diesen Patronen diesen Anstrich aus keiner andern Absicht, als damit sie beym Farben die Wasserfarben nicht annehmen. Zu den rothen Augenkarten eines Spiels wird nur eine einzige Patrone erfordert, auf welcher alle rothe Augen im gehörigen Abstand und Stellung ausgestochen sind. Der Kartenmacher sticht diese Augen mit einem Stecheisen aus, das mit der gehörigen Figur von Coeur und Carreau auf seiner Grundfläche ausgeschnitten ist, folglich muß er für jede Gattung von Augen ein besonderes Stecheisen haben. Allein zu den Bildern und deutschen Gestalten werden soviele Patronen erfordert, als jede Karte Farben hat. Die französischen Kartenbilder haben z. B. fünf Farben, und also gehören auch hierzu fünf Patronen. Eine solche Patrone hat gleichfalls die Größe eines ganzen Bogens, und diejenigen Stellen aller Kartenbilder eines Kartenbogens, die eben dieselben Farben haben, sind aus einer solchen Patron ausgeschnitten: z. B. aus der ersten Patrone der französischen Karten sind alle Stellen ausgeschnitten, welche Silberblau gefärbt werden sollen, aus der zweyten Patrone alle gelbe Stellen, aus der dritten alle rothe Zinnoberstellen, aus der vierten alle dunkelblaue, und endlich aus der fünften alle schwarze Stellen. Soll eine solche Patrone neu verfertiget werden, so bevestiget man einen **Vorderdruck** (s. diesen) auf der Patrone, und schneidet z. B. bloß alle Stellen mit einem feinen Messer aus, welche in den Kartenbildern roth gefärbt seyn sollen. Folglich vertreten diese Patronen die Stelle der Passer in der Kattunmanufaktur. Wenn der Kartenmacher einen ordinären französischen Kartenbogen mit Bilder färben will, so legt er z. B. die Patrone zur blauen Farbe auf den Kartenbogen dergestalt auf, daß die Lücken dieser Patrone auf die Stellen fallen, welche blau gefärbet werden sollen. Die Patrone bedeckt diejenige Stellen, welche nicht gefärbet werden sollen, und bloß die blauen Stellen der Kartenbilder werden also gefärbt, weil die durchlöcherte Patron diese Stellen nicht bedeckt. (s. Spielkarten machen) So sind alle Kartenpatronen beschaffen, daß immer eine

Stelle

Stelle zum Färben ausgeschnitten, die andern aber verdeckt sind, welche nicht gefärbt werden, oder doch mit einer andern Farbe gefärbt werden sollen: denn die folgende Patron bedeckt alle Stellen der vorigen Patron der ersten Farbe u. s. w.

Patrone von Holland, holländische Patrone, eine Gattung feiner, weisser, fazonirter, flächserner Leinwand, welche in den österreichischen und französischen Niederlanden verfertiget wird. Sie ist bequem, Tischtücher und Servietten daraus zu machen.

Patronenpapier. s. Musterpapier.

Patronen zum Giessen, (Goldschmid) der bleyerne Abguß einer in Wachs poßirten Bildung, mit welcher nachher in Giessand geformt und die Sache selbst in dem Metall abgegossen wird. Dieser bleyernen Patrone muß nach dem Abguß die förmliche Gestalt mit den Grabsticheln und Punzen gegeben werden, damit nach dem Abformen in dem Sande ein förmlicher und genauer Abguß entstehe. Bey Kleinigkeiten giest man auch wol Patronen von Schwefel, aber doch nur selten.

Patrontasche, (Täschner, Sattler) eine bekannte Tasche der Soldaten, worein sie die Patronen, oder die zugerichtete Ladung zu ihren Gewehren in darinn befindliche Kartuschen stecken haben. Sie hängt an einem breiten weißgahren Riemen von der linken nach der rechten Seite über die Schulter, und besteht aus drey Theilen, nämlich dem Vordertheil, dem Hintertheil, woran zugleich der Flügel sitzt, und einem Boden, der mit den beyden schmalen Seitentheilen ein Stück oder Ganzes ausmachet. Diese drey Theile werden sämmtlich aus plattblankem holländischem Ochsenleder zugeschnitten, und inwendig mit Schafleder gefuttert, den Flügel ausgenommen, der nur aus einer flacken Stelle des Leders zugeschnitten wird. Das Leder muß durchgängig im Wasser eingeweicht, und mit einem Hammer vor dem Zuschneiden geschlagen werden. Die zugeschnittenen Stücke werden auf einer hölzernen Form zusammengenähet, und die Nath wird eingefasset.

Patsche, (Dachdecker) ein Werkzeug, womit er bey den Strohdächern die etwa leeren Stellen eines Dachs mit Stoppeln verficht und solche hineinstößet. Es ist ein Brett, das beynahe die Gestalt eines Orangenblatts, und an dem breiten Ende einen Griff hat, um es daran halten zu können. Mit der Spitze des Brettes stößt er die Stoppeln ein.

Patsche. 1) Ein breites, ebenes, schweres Holz an einem schiefen Stiele, womit die aus Lehm bereiteten Tennen vest geschlagen werden. 2) In den Salzwerken die Mauer an der Salzpfanne, woran das Feuer schlägt.

Patte, s. Pate.

Pau; ein Längenmaaß, dessen man sich zu Loango und an andern Orten der Küste von Angola und in Afrika bedienet. Es giebt zu Loango dreyerley Arten dieser Ellen: 1) des Königs und seines Lieblings oder obersten Ministers und Feldherrn; 2) der Fidalgars oder Kapitains; und 3) der Privatpersonen. Der Pau des Königs hat 28, der 2te 24, und der dritte nur 16½ Zolle. Nach diesen verschiedenen Maaßen messen die Europäer, welche mit den Schwarzen handeln, die Zeuge und Leinwand für die Sklaven und andere Waaren, so man von der Küste von Angola bekomt, als: Goldsand, Elephantenzähne, Wachs etc. geben.

Pauerlein, s. Bauerflöte.

Pauke, (Orgelmacher) eine Orgelstimme, die durch zwey Pfeifen in der Tiefe des Subbasses vorgestellet wird, und die beyden Töne c. g. von sich hören läßt.

Pauken. (Paukenmacher) Ein musikalisches Instrument, so mit Schlägeln oder Stöcken, vorne mit geründeten Knäufen versehen, geschlagen wird. Es müssen immer zwey Pauken zusammen geschlagen werden, wovon die eine immer um 1 Zoll kleiner als die andere ist, und die c Pauke heißt, die andere, die g Pauke, ist 9 Zoll im Durchmesser groß. Es ist eigentlich ein Kessel von Kupfer, Meßing oder Silber geschmidet, die stählernen übertreffen alle übrigen an Schall. Unten hat der Paukenkessel ein rundes Loch, und über diesem einen Trichter (s. Schallstück, Stimme) von der Weite eines Waldhorns, d. i. oben ist das Schallstück einen Fuß weit, und unten endiget es sich in ein Loch, dessen Durchmesser anderthalb Zoll groß ist, an den weiten Theil reicht beynahe das Pergament, womit sie überzogen, das von guten Kälberhäuten gemacht ist. Das Pergament wird an den an dem Kessel befindlichen Schrauben mit dem Paukenspanner nach dem Kammer- oder Orgelton ausgespannet, und bloß die Mitte der Haut giebt ihren einfachen ledernen Ton. Folglich hat der Paukenschläger nur zwo Noten, nach welchen er seine Wirbel und die vier- fünf- bis sechsfachen Zungen d. i. Taktschläge, verrichtet. Man setzt die Pauken unten mit einem dreybeinigen Fuße auf, wo man sie gebrauchen will, und sie liegen in Konzerten auf einem Paukengestell von vier Kreuzbeinen. Der Trichter der Pauke führet den Schall unten gerades Weges aus der Pauke ab, indem sie außer dem nur Ton brummen würde.

Paukenfell. (Pergamentmacher, Paukenmacher) das Fell, womit die Kesselpauken überzogen werden. Es wird vom Ziegenfelle zugerichtet, das in einen Kalkäscher, oder auch noch vortheilhafter, in Asche gebracht wird. Nach dem Äscher und nach dem Abhären (s. Abhaaren) wird auf der Fleischseite das überflüßige Fleisch mit einem Streicheisen abgestrichen, das Fell in einen Rahm gespannt, mit Wasser begossen und an der Sonne getrocknet. Das ausgetrocknete Fell wird nun auf beyden Seiten geschabet, aber so, daß das Eisen das Fell soviel wie möglich schont, und nur die Ungleichheiten abnimt.

Paukengestell, ein vierbeiniges ins Kreuz gestelltes Fußgestelle, worauf die Pauken gesetzt werden, wenn sie geschlagen werden sollen.

Paukenschlägel, s. Paukenstöcke.

Paukenspanner, ein Werkzeug von Eisen, vorne mit einem Ringe versehen, mit welchem die Schrauben der Pauken herumgedrehet, und das Paukenfell gespannt werden kann. (s. Pauke)

Pau-

Paukenstöcke, Paukenschlägel, zwey längliche gedrehete Stücke, vorne mit einem abgerundeten scheibenartigen Absatze versehen, womit der Paukenschläger die Pauken schläget und Lärmen machet.

Paulette, eine schwedische Kupfermünze, einen halben Thaler am Werthe.

Pauliner, s. Paolo.

Pausche, Fr. ponce, (Maler) ein Säcklein von Leinwand, oder sonst von dünnem Zeuge, worein man Staub von Kolen oder von Kreide thut, um ihn durch eine durchstochene Zeichnung auf Papier oder Leinwand zu einer neuen Zeichnung zu klopfen oder durchzustäuben. Man nennet dieses durchstäuben, (s. dieses) Fr. poncer, andere sagen auch durchbauschen (s. bauschen), andere pausiren. Ist der Grund hell oder weiß, worauf man die Zeichnung bringen will, so bedienet man sich des Kolenstaubes; ist der Grund dunkel, so nimt man dafür weiße Kreide. Man überfähret damit die Zeichnung, deren Umrisse durchstochen sind; der Staub, welcher aus der Pausche fällt, geht durch das Durchstechen, und läßt auf dem untersten Grunde die Umrisse der durchstochenen Zeichnung zurück.

Päuschel, Peuschel, Fr. le plus grand marteau des mineurs, (Bergwerk) ein eiserner Schlägel mit einem langen Helm oder Stiel. (S. auch Ortpäuschel)

Pauschen, s. Anpauschen.

Pauschen, die Schlacken, (Hüttenwerk) solche klein schlagen, auch soviel als ausschwenken.

Pause, Buse, Base, Fr. Homme recourcier, (Bergwerk) die Arbeit, welche in einer kürzern, als ordentlich zu einer Schicht gesetzten Zeit, verrichtet wird, und wo nur wenige Stunden gearbeitet, oder ausserordentlich angefahren und gearbeitet wird. Dieses nennet man pausen- oder bissenweise anfahren. Auf dem Zinnwald, wo die Arbeiter früh um 5 Uhr an- und um 10 Uhr zum Essen ausfahren, und dann nach dem Essen um 11 Uhr wieder anfahren, und bis um 3 Uhr wieder ausfahren, wird die Nachmittagsschicht, die Pause oder Buse genennet.

Pause, (Musiker) Ein Stillhalten im Singen und Spielen, welches in der Musik gleich den Noten bestimmet, abgetheilet, und durch gewisse Zeichen angedeutet wird.

Pausen, (Schiffsbau) weite und [illegible] Fahrzeuge in Archangel, zum Einladen der Waaren gebräuchlich.

Pauka, eine Gattung ostindischer Kattune, von denen es vielerley Arten giebt, welche ihrer Farbe und ihrem Ellenmaaße nach unterschieden sind. Denn man hat braune Paukas, welche nicht gebleicht sind, zwey Drittheile in der Breite, und 5 Ellen in der Länge pariser Maaßes halten; weiße Paukas, welche nur 4 Ellen lang, oder auch zwey Drittel breit sind; und blaue, die zum Theil nur ein bis zwey Drittheile Ellen Breite, dafür aber 5 bis 6 Ellen Länge haben. Die Engländer bringen solche vornehmlich heraus.

Pavane, Paduane, Padoana, (Tanzkunst) ein spanischer gravitätischer Tanz, da die Tänzer mit besondern Schritten und Setzen der Füße, einer vor dem andern ein Rad machen, beynahe wie die Pfauen, wenn sie sich brüsten. Er ist von den Kavallieren im Oberrocke und Degen, von obrigkeitlichen Personen in ihren Ehrenkleidern, von Fürsten in ihren Mänteln, und von Damen in ihren Schleppen getanzt worden. Man nannte ihn den großen Tanz, und ließ gemeiniglich eine Gagliarde darauf folgen. Die Melodie dieses Tanzes war ordentlich im geraden Takt gesetzt. Sie bestehet aus drey Wiederholungen, deren jede 8, 12, oder 16 Takte, nicht weniger und nicht mehr, haben muß, wegen der vier darinn vorkommenden Pas. Sie ist ein gravitätisches musikalisches Stück, und giebt eine prächtige und anmuthige Harmonie, wenn allerhand Instrumente zusammen spielen, und soll den Namen von der Stadt Padua in Italien haben, wo dieser Tanz erfunden worden.

Pavesade, s. Pavoisade.

Pavie, eine Art feiner, weißer, und sogenannter Flachsleinwand, welche man vorzüglich zu Tischzeuge gebrauchet. Sie wird in Flandern und in der Niedernormandie, vornehmlich zu Caen und in dasigen Gegenden verfertiget.

Pavillon, Fr. (Baukunst) ein Zeltdach, d. i. ein auf allen vier Seiten abhängiges Dach, woran die Seiten gemeiniglich von gleicher Länge sind.

Pavillon, (Edelsteinschneider) derjenige Theil eines Edelsteins, der nach der Fassung sichtbar ist; im Gegensatz der Kulasse der entgegengesetzten Seite.

Pavillon, ein oben über ein Bett oder einen Stuhl spitz zugehender, und gleichsam ein Gezelt bildender Ueberhang, vornehmlich über ein Ruhe- oder Feldbette, von allerley Zeugen verfertiget. Es ist gewöhnlich eine Arbeit der Tapezirer.

Pavillons, (Baukunst) die Sommerhäuser in den Gärten, die mit einem runden Dache, wie ein rundes Zelt gebauet werden.

Pavoisade, Pavesade, (Schiffbau) der Schild, oder das Schanzkleid an den Seiten eines Schiffes, das zur Bedeckung dienet.

Payan, die gröbste Art des gröbsten gesponnenen baumwollenen Garns, welches von Aleppo aus der Levante gebracht wird.

Payas, Payassenseide, Fr. Soyes Pajas, oder Pajas, der Name einer weißen Seide, die aus der Levante, vornehmlich von Aleppo, gebracht, und von einer türkischen Stadt in Karamanien also genennet wird. Sie wird bey dem Einkaufe nach der Rotte von 700 Quintin gewogen, welche 7 Pfunde und 13 Loth nach Marseiller Gewichte betragen.

Paye. 1) eine Rechenmünze, deren man sich in dem Königreiche Siam bedienet. 2) zu Ormus am persischen Meerbusen eine wirkliche gangbare Münze, welche 10 Besarucks gilt: vier Payes machen ein Sendi. 3) ein siamisches Gewichte, das an Schwere soviel beträgt, als ein doppelter Klam; da man nun den Klam für 12 Reißkörner rechnet, so muß die Paye 24 Reißkörner wiegen.

Patzen, Fr. Masse de fer refondu, ou recuit, (Hüttenwerk) Stücken Eisen, welche sich von dem fließenden

Eisen im Frischfeuer an die hineingestoßene Stange anlegen.

Peack, eine Art Münze im nördlichen Amerika, welche von den alten Einwohnern aus den Meerschnecken, Konks genannt, gemacht wird.

Pech, ein gesottenes und geläutertes Harz, meistens von Kiefern und Fichten, welches zu vielen Dingen in der Haushaltung gebraucht wird. Das dem dicken Wesen des Pechs beygemischte Gummi ist die Ursache, warum das Theer, womit das Holzwerk bestrichen wird, sich allmählich verlieret, indem das Wasser den gummiartigen Antheil auflöset und wegspület. Daher denn auch kommt, daß das Pech, womit man zuweilen Biertonnen auspichet, das Bier anstößlich macht. Es wird auf mancherley Art zubereitet. Nachdem aus den gerissenen Fichten das Harz von den Harzreissern in hölzernen Kübeln gesammlet worden, (s. Harz reissen) so wird es in den so genannten Pechöfen (s. diesen) in besondern Töpfen, die an den Boden Löcher halb so groß als eine Erbse haben, vermittelst des untergemachten Feuers geschmelzt, da denn das auf solche Art geläuterte Pech durch gedachte Löcher aus den Töpfen in die untergelegte Rinnen tröpfelt, durch welche es in große Gruben rinnt und darinn erhärtet. Was vom Harz in den Töpfen übrig bleibt, wird zum Kienruß (s. diesen) gebraucht. Das weiße Harz oder Pech wird zum weißen Pech, und das schwarze Pech zu schwarzem eingekocht. An einigen Orten wird das Harz mit etwas Wasser im Kessel zerlassen, in einen Filtriersack gegossen und durchgepreßt. Auf solche Art wird das burgundische Pech gemacht. Bey dem Einkochen des Theers gießen einige etwas Essig hinzu, wodurch das Pech trockener und härter wird. Andere machen das Pech auf folgende Art aus den Kienstöcken: Die ausgerodeten alten Stämme und Kienstöcke, Windbrüche und Lagerhölzer, wie auch noch einige rundschalige Bäume, die auf einen Brand zugegeben werden, werden zerhauen, das nöthige Kien heraus genommen, und der weiße Splint davon völlig abgesondert. Das ausgehauene Kien aber, dessen man gemeiniglich 10 Fuder auf einen Ofen braucht, wird wie Fischholz ganz schmal zerspalten, und, so dicht wie möglich, schichtweise in dem Ofen aufeinander gestellt, bis solcher voll ist. Endlich werden die beyden Löcher im Pechofen (s. diesen) zugemauert, die Brandmauer im Anfange durch Schmauchholz stark gefeuert, mit dem Brennen also zween Tage fortgefahren, daß es Tag und Nacht seine Zeit zu wirken hat, ehe es klar läuft. Erstlich kommt das reine dünne Harz, aus welchem das Kienöl so klar wie Brantwein in kupfernen Blasen geläutert wird, darauf die Theergalle. Endlich kommt das rechte Theer oder Wagenschmiere, wovon das Pech in einem hierzu gemachten Ofen und großen Kessel gesotten und gehörig zubereitet, endlich aber in die Erde gegossen wird, woraus das harte schwarze Pech entsteht. Die verschiedenen Arten des Pechs, nachdem es dünner oder dicker, dunkler oder heller ist, rühren von den verschiedenen Graden des Siedens, und der Beschaffenheit des Harzes her. (s. die verschiedenen Peche, als Pichpech, Schuhpech, Schiffspech, Wagenpech oder Theer.)

Pecha, Pessa, Peyssa, eine kleine Kupfermünze, die an vielen Orten in Ostindien, sonderlich in den Provinzen und Städten des großen Moguls gangbar ist. Sie gilt 6 bis 8 Deniers nach französischem Gelde, und ohngefähr 2 Deut oder ¼ Stüver holländisch, nach dem deutschen Münzwerthe aber etwa 2½ bis 3 Pfennige. An den indianischen Orten, wo die Cauris, oder maldivischen Muscheln gangbar sind, giebt man 50 bis 60 solcher Cauris für den Pecha; und an denjenigen Orten, wo die Mandeln von Caramanien statt der kleinen Münze dienen, da gilt der Pecha 40 bis 44 Mandeln. Es ist zwar ziemlich schwer, die Pecha zu Mamoudis und Rupien zu reduziren, weil diese Silbermünzen nach den Orten steigen oder fallen; insgemein aber bestimmt man deren Verhältniß gegen einander also, daß 26 Pechas ein Mamoudi, und 54 Pechas 1 Rupie machen.

Pechbärme, Pichbärme, (Brauer, Schuster) diejenigen Hefen, die sich, nachdem das Bier in Tonnen gefaßt und in den Keller gebracht worden, und das Bier ausgestoßen hat, zuerst zeigen, und von klebrichten und pechartigem Wesen sind. Der Schuster bedienet sich dieser Hefen zum Kleistern, wenn er die Absätze und andre Stücken Leder zusammenklebet.

Pechdraht, (Lederarbeiter) ein hänfner gezwirnter Faden, der mit Pech beschmieret wird, womit das Leder zu mancherley Arbeit zusammengenähet wird.

Pechen, s. Harzreissen.

Pecher, s. Harzreisser.

Pecherde, Pechtorf, Fr. Bitume mêlé à la terre ou terre tourbe bitumineuse, (Bergwerk) eine mit grobem Bergöl oder Theer vermischte Erde, welche im Feuer mit einem starken Geruch brennet. Es bricht dergleichen in der Schweiz und im Delphinat. Man hat auch eine schieferige, und steinhartige Pecherde, die an der See aus salzigem Boden gegraben wird, und die Sorte die viel Vitriol oder Schwefel bey sich führet, hat einen unangenehmen Geruch, und ist der Gesundheit schädlich. Die Seeländische, wenn sie angezündet ist, macht alle Personen im Zimmer blaß, und wenn sie lange am Feuer sitzen, wol gar ohnmächtig, machet auch die Geschirre weiß.

Pecherey, s. Schwarzkupferey.

Pechgriefen, was beym Auskochen des Harzes und im Pechofen zurück bleibt, und zum Kienrußschwelen gebraucht wird.

Pechhauen, s. Pechreissen.

Pechhütte, die Gebäude, in welchen das Pech zu Harz gebrannt wird. Sie befinden sich immer in Wäldern.

Pechig, s. Mulsich.

Pechige Arbeit, (Hüttenwerk) wenn das Eisen im Schmelzen schmutzig oder pechig d. i. dick und mulsicht geht, alsdenn muß mehr Wascheisen oder Schlacken vorgeschlagen werden.

Pechkole, s. Glanzkole.

Pechkränze, (Feuerwerkskunst) alte Lunten in geschmelzenes Schießpulver, Talg, Pech und Oel getaucht. Sie werden aus Mörsern bey Belagerungen geschossen, und sind dazu, etwas in Brand zu setzen. Sollen diese Pechkränze leuchten, so bindet man mehrere Lunten zusammen, setzt zu den nur gedachten Dingen noch Calefonium und Terpentin, um den Brand zu unterhalten, taucht die Lunten ein, und kühlet sie zuletzt, so wie auch die Pechkränze, im Wasser ab.

Pechkrücke, (Böttcher) eine hölzerne Krücke, womit bey dem Auspichen der Fässer das brennende Pech in dem Fasse verbreitet wird.

Pechkuchen. (Goldschmid) Eine Masse von Pech und Ziegelmehl, woraus ein Kuchen gebildet, worauf die Arbeit ziselirt oder getrieben wird, indem sie darauf gelegt, und mit dem Schrotbunzen nach den vorgezeichneten Figuren geschlagen und ziselirt wird. (s. Treiben) Der Pechkuchen ruhet bey Kleinigkeiten auf einem Kittstock, damit man ihn bequem nach allen Seiten drehen kann. Bey einer großen Arbeit liegt er auf einem hölzernen Kranz des Werktisches.

Pechofen, der Ofen, worinn das Pech gesotten wird. Er wird von Lehm und Steinen viereckigt länglich erbauet, und geht von unten auf ganz zirkelrund, wird nach und nach immer enger, und läuft oben ganz spitzig zu gewölbt, damit die Hitze zusammenkomt. Unten im Ofen ist der Boden wie ein flacher Kessel gestaltet, wo[illegible] sich in der Mitte ein schmales Rännchen anfängt, [illegible] nach dem Pechtrogverdeck hinausgeht. Auswendig herum ist der Mantel, oder eine tüchtige Brandmauer, zwischen welcher das Feuer umher gemacht wird, vorne ist das Brandloch, doch nur in der Brandmauer, hinten gegen über das Kohlenloch in dem Ofen und Brandmauer; an der Seite ist oben das Sehloch, den gespaltenen Kien darinn auswärts zu sehen. Zu einem rechten Ofen gehören fast 1000 Mauerziegel, und er dauret 4 bis 5 Jahre, wiewohl die Weite, Höhe und Größe nach den Umständen des Orts und eines jeden Gefallen veränderlich ist.

Pechöl, ein Oel, so aus Pech, das genugsam durchs Kochen gereiniget worden, mit gebranntem Alaun und Salbeyblättern in einer Retorte abgezogen worden. Die Destillation wird bis zum drittenmal wiederholet, und alsdenn [illegible] es ein herrliches Mittel wider alle Zufälle der Gelenke und Nerven.

Pechpfanne, eine eiserne Pfanne, in welcher man des Nachts Pech oder Pechkränze, zur Erleuchtung offener Plätze, zu brennen pflegt.

Pechrinnen, (Forstwesen) werden die im schwarzen Holz zu Lach- Mahl- und Gränzbäumen eingenommene und gehörig gezeichnete Bäume genennt, wenn die Lochen oder ausgehauene Stellen mit Harz wieder überzogen, und fast untrennlich geworden.

Pechscharre, s. Harzmeisser.

Pechstein, ein verhärteter Letten, der zwischen dem Serpentin und Jaspis in [illegible] Mitten steht, ist weißlich, gelblich, auch röthlich.

Pechtorsche, Fr. Bois petrifié avec des pectinites; Ein versteinertes krummes Holz mit Kammmuscheln, so im Kanton Schweiz im Wegerthal am großen Aumbring gefunden wird.

Pechtorf, (Bergwerk) brennliche Erde, so aus Bergtheer und Erde vermischt bestehet. Sie ist schwarzbraun, auch ganz schwarz, körnigt, zähe, und klebricht, giebt einen schwarzen Dampf von sich, und hat einen erdpechigen Geruch, läßt auch eine erdhafte Asche zurück.

Pechwerg, (Schiffsbau) Werg, womit die Schiffe kalfatert werden. Es hat deswegen den Namen, weil es von alten Schiffstauen, nachdem solche in kleine Stücke zerhackt, aufgedrehet und von einander gezauset worden, gebraucht wird. Die in Fußlangen Stücken zerhackten Taue werden in heißem Wasser ausgebrühet, damit das Werg von dem überflüßigen Theer gereiniget und geschmeidig werde, und wenn es getrocknet worden, wird es locker auseinander gepflückt. Mit diesem Werg dichtet man nun zuerst die Näthe des Bodens, welches man vermittelst des Dichteisens (s. dieses) eintreibet. (s. Kalfatern)

Peck, Picarni, ein engländisches Getreidemaaß. Er hält 2 Gallons; 4 Pecks machen 1 Scheffel, und 16 Pecks machen Comb oder Carnock.

Pecktinites, eine in Stein verwandelte Kammmuschel, oder deren Figur im Stein, dergleichen man in dem vesten Sandstein zu Pirna findet.

Peckunkel, eine zweyschalige Muschel mit runden erhabenen Halbtheilen, theils glatt, theils rauh und gestreift. Es giebt verschiedene Gattungen davon.

Pedal, (Orgelbauer) diejenigen Stäbe oder Klaves einer Orgel, die mit den Füßen getreten werden. Sie öffnen eben so das Ventil der Windlade, als die Klaves des Manuals, außer daß bey jenen die Bewegung durch einige Abänderung noch weiter fortgeleitet wird, als bey diesen, weil ihre Windlade nebst den Pfeifen insgemein in dem Orgelgehäuse auf den Seiten liegt. Uebrigens erhält das Pedal, so wie das Manual, gleichfalls Abstrakten, Windlade, Ventil, Register, Pfeifenstock und Pfeifen, nur daß diese Theile bey dem Pedal ungleich stärker sind, als die bey dem Manual.

Pedalabstraktur, (Orgelbauer) die Abstrakten des Pedals. (s. Abstrakten) Sie ist anders beschaffen, als die zum Manual. Wenn man nämlich eine Pedaltaste (s. diese) mit dem Fuße herunter tritt, so zieht die Abstrakte, die den Winkelhaken ein wenig umdrehet. Dieser Winkelhaken hat zwey Arme oder Abstrakturarmen; an einem ist die vorige Abstrakte, und die andre horizontale Abstrakte ist am andern bevestiget, sie hat aber auch am andern Ende ihren Winkelhaken, der eine neue Abstrakte zieht, und da diese an einem Arm der Abstrakturwelle eingehakt ist, so ziehet der andre Arm dieser Welle, der eine Abstrakte trägt, die Klappe auf. Alle Winkelhaken haben rechtwinklichte Arme, den oben hinaufgehenden ausgenommen, der einen spitzen Winkel machet, so daß das ganze Zugwerk rechtwinklicht verrichtet wird. Ein solches Zugwerk hat jede Taste des Pedals, und die Winkelhaken stecken unterwegens an drey Brettern veste, an denen sie sich um ihre Zapfen frey drehen können, und zwar an jedem Brette vorne einer, und hinten einer.

Pedallade, (Orgelbauer) diejenige Windlade, die den Wind zu den Pfeifen des Pedals führet. Man legt sie gemeiniglich an das äusserste Ende des Orgelgehäuses, daß folglich das Klavier des Pedals einen langen Weg dahin hat. (s. Pedalabstraktur)

Pedaltasten, (Orgelbauer) diejenigen Hölzer, welche mit den Füßen, um die Klappen des Pedals zu eröffnen, getreten werden. Sie sind das im Großen, was die Klaves bey dem Klavier oder Manual im kleinen sind, und bekommen die nämliche Einrichtung. (s. Manual, Klavis)

Peddig, (Kunstwerker) in dem Holze das innerste Zentrum, das Mark, so man locker zu seyn pfleget.

Pedro Ximenes, s. Peter Simens.

Peerée, Fr. Ein Getreidemaaß, dessen man sich zu Vannes und zu Auray in Bretagne bedienet. Es ist aber die Perée in diesen beyden Städten nicht gleich: denn die von Vannes ist um 10 p. C. stärker, als die von Auray. Zehn Perrées machen in beyden Städten 1 Tonne, jedoch mit dem Unterschiede, daß die Tonne von Vannes zu Nantes 10 p. C. gewinnt. Die Tonne zu Nantes ist ein wenig mehr als drey viertel Muid zu Paris.

Peerdleinen, (Schiffsbau) Strickwerke mit Knoten und Schleifen unter den Raaen, darauf die Matrosen treten, wenn sie mit den Segeln handthieren.

Pegel, Wassermesser, (Wasserbau) die eingehauenen Merkzeichen an einer Brücke oder Schleuse, wie die Wasserhöhe beschaffen, den Schiffern zur Nachricht. Zu dem Ende pfleget man in dem Eingange einer Schleuse, oder an den Brückenpfeilern Nummern und Striche einzuhauen. Der unterste Strich, welcher das beobachtete niedrigste Wasser anzeiget, wird mit einer Null bemerket. Hierauf folget in einer Entfernung von einem rheinländischen Fuß Num. 1. nach einem Fuß Num. 2. und so weiter, bis zum möglichsten höchsten Wasserstande. Zwischen jeder Nummer werden noch 4 Linien eingehauen, die viertel und halbe Fuße anzuzeigen. Dieses ist der Hauptpegel. In einiger Entfernung von diesem, etwa gegen über, wird der Pegel der nächstfolgenden oder auch wol der letzten Schleuse des Kanals, und wenn keine Schleuse vorhanden, der Pegel des nächsten Handelsorts in Beziehung auf den Hauptpegel abgezeichnet, dergestalt, daß der Schiffer sogleich sehen kann, wie hoch das Wasser stehe, wo er abzuladen gewillet. Denn gesetzt, wenn an der ersten Schleuse die Nummer IV den Hauptpegel anzeiget, so stünde das Wasser an der folgenden Hauptschleuse eine oder mehrere Nummern höher oder niedriger. Z. E. zwey Nummern höher, so muß an dem Beziehungspegel eben diejenige Wasserhöhe, welche am Hauptpegel Nummer IV. erreichet, die sechste Nummer bestreichen.

Pegeln, (Wasserbau) die Tiefe eines Wassers mit langen Stangen oder einem Senkbley messen. Einen Brand pegeln, geschieht durch das Bohren.

Pellkersel, s. Beilkenkessel.

Peilkompas, (Schiffahrt) ein zur Bemerkung der Abweichung der Magnetnadel zubereiteter Kompas. Er ist mit Dioptern versehen, durch welche man die Sonne oder ein ander Objekt siehet und bemerket, gegen welchen Strich dasselbe stehe. Daher dienet er, die Abweichung der Nadel vom Nord zu finden.

Peitsche. 1) eine gedrehete oder geflochtene und vorne dünn zulaufende Schnur an einem Stiele, womit Menschen und Thiere geschlagen werden. Man hat hievon verschiedene Arten, wovon sie auch verschiedene Benennungen erhalten, als: Hundepeitschen, Fuhrmannspeitschen, Knutpeitschen u. a. m. (s. alle diese). 2) bey dem Bergbau führet auch ein Holz den Namen, welches 2 Ellen lang und eine halbe Elle breit ist, womit die Kupferbleche in der Saigerhütte gleich geschlagen werden.

Peitschen der Kokons (Seidenbau) Wenn die Kokons in dem Kessel mit heißem Wasser liegen, um abgehaspelt zu werden, so müssen sie mit Ruthen gepeitschet werden. Dieses dienet dazu, daß sie durch die Wärme des Wassers überall gleich aufgelockert und erweichet werden, damit die Fäden vom Gummi los lassen. Widrigenfalls springen sie bey dem Haspeln in die Höhe, und machen, daß der Faden zerreißen muß, weil er sich nicht gut abwickeln kann.

Pekesche, (Schneider) ein Ueberkleid, sowohl für Manns- [illegible] Frauensleute, welches dicht an den Leib anschliesset. [illegible] sind gemeiniglich an den Näthen mit Schnüren, und sonst vorne und in der Taille mit Quasten besetzt.

Pektiniten, Pectiniten, versteinerte Muscheln, die zweyschaalig, gereift, und wie Kämme formirt sind.

Pelam, Pelang, Peling, eine Gattung seidenes Zeug oder Atlas, welcher in China verfertiget wird. Man hat davon verschiedene Arten, als weiße, gefärbte, glatte, fassonirte, einfache, doppelte und dreyfache. Sie werden unter den vielen seidenen Geweben, die in China gemacht werden, am meisten nach Europa gebracht. Sie liegen $\frac{7}{12}$ einer französischen Elle breit, und halten im Stücke 8 solcher Ellen.

Pelang, s. Pelam.

Pelidor, Peridot, eine Art von Smaragd, [illegible] ein Edelgestein, der etwas ins grünliche fällt, und [illegible] der Härte von dem Smaragd unterschieden ist, auch in grossen Stücken gefunden wird. Er läßt sich schwer schneiden, ist aber sonst überaus rein, und nimmt gut die Politur an.

Pelikan. 1) (Chirurgischer Instrumentenmacher) Ein Instrument der Wundärzte, um damit die Zähne auszuziehen. 2) Bey den Chemisten ein gläsernes Gefäß mit hohlen Handhaben, welches zum Destilliren durch den Umlauf dienet. 3) Bey der Artillerie ein Geschütz, welches sechs Pfund Eisen schießt, und neunthalb bis 9 Fuß lang war.

Pellerecia, s. Pelz[illegible]

Peloton, s. Pleton.

Pelz, s. Pelzwolle.

Pelzbein, (Gärtner) ein knöchernes Werkzeug, die Rinde an dem Orte, wo man pelzen will, d. i. pfropfen, aufzulösen.

Pelzen, s. Pfropfen.

Pelzkamm, (Kürschner) ein eiserner Kamm, das Pelzwerk damit zu kämmen und zu reinigen.

Pelzmesser, s. Pfropfmesser.

Pelzmütze, (Kürschner) eine von innen und außen besetzte Mütze mit Pelz.

Pelzreiß, s. Pfropfreiß.

Pelzsammt, s. Felbel.

Pelzwerk, Pelleterie, Rauchwerk, Fr. Pelleter. (Kürschner) Allerley Thierfelle, welche von den Kürschnern mit den Haaren zubereitet und gegerbet werden. Sie werden sowohl zu Unterfutter der Kleider, als auch zu Muffen, Mützen u. dgl. gebrauchet. Die kostbarsten darunter sind die Zobel- Hermelin- und Luchsfelle. Der stärkste Pelzhandel geschiehet aus Rußland und Schweden, und andern nordischen Ländern. Die vornehmsten Arten vom Pelzwerke sind die Bären- Fuchs- Wolfs- und Tiegerfelle, auch hat man eine Art Pferdefelle, die um Kasan gefunden werden, und zum Pelzwerke ein schönes, geschmeidiges, langes Haar haben; ferner hat man Pelzwerk von Mardern, Dachsen, Schafen, Kaninchen, Vielfraß, Ottern, Bibern u. a. m. Man kauft sie Stück- Decher- und Zimmerweise. (s. jedes Pelzwerk an seinem Orte, wo jedes beschrieben wird)

Pelzwolle, Pelz, Fr. Poignée, (Weißgerber) wenn die Wolle auf einmal, und fast in einem Stücke, vom Felle sich ablöset.

Penal, ein französisches Getreidemaaß in Frankreich, welches nach Verschiedenheit der Orte, wo es gebräuchlich ist, ebenfalls verschieden ist. In der Franche Comté ist der Penal dem Pariser Boisseau gleich, zu Gray machen 8 Penale 15 Pariser Boisseau. In Bourbonne wiegt der Penal Weizen 72 Pfunde Markgewicht, Mangekorn 70, Roggen 68, und Hafer 58 Pfunde.

Pendant, (Strumpfwirker) an einem Strumpfwirkerstuhl die beyden Stangen, die an jedem Arm des Stuhls mit einem Gewinde angehänget sind, so daß man sie, wenn der Stuhl bey der Arbeit mit den übrigen daran befindlichen Theilen in Bewegung gesetzt wird, unten gegen das Gestelle des Stuhls und auch abwärts neigen kann. Zwischen diesen beyden Pendanten ist die Platinenbarre befestiget, wodurch die stehenden Platinen (s. diese) ihre Haltung bekommen. (s. Strumpfwirkerstuhl)

Pendeloquen, (Steinschneider) Diamanten, die oben spitz zulaufen, unten aber rundlich, und deren gute Seiten mit allmählichem Abfalle versehen sind, um daselbst die Flächen (Facetten) anlegen zu können. Wenn der Körper von dieser Beschaffenheit ist, so schleifet man ihn, wodurch er eine feine Spielung erlangt, um in den Ohrgehängen gebraucht zu werden. Sobald der Diamant eine [illegible] Pendeloquenspitze mit sich bringt, so kann er nicht zu Ohrringen gebraucht, sondern es müssen Brillianten daraus gemacht werden.

Pendul, wird ein schwerer Körper genannt, der solchergestalt aufgehangen worden, daß er sich an einem Punkte wechselsweise hin und her bewegen kann. Z. B. es wird eine Kugel an einem Faden befestiget und mit einem verschlungenen Ende an einem Nagel aufgehangen, daß wenn man sie nach sich ziehet, und wieder fallen läßt, sie die Bewegung fortsetzt.

Pendeluhren, s. Perpendikeluhr.

Penidzucker, Penydzucker, (Konditor) durch Eyweiß geläuterter, mit Kraftmehl vermischter, und in eine Form gegossener Zucker.

Peniger, Penigerzeug, verschiedene Arten von Barchente und wollenen, wie auch halbseidenen Kamelotten, welche in der Stadt Penig, in der Herrschaft Schönburg im obersächsischen Kreise, verfertiget werden. Sie sind von unterschiedener Güte, Länge und Breite, und von allerhand Farben, sowohl einfärbig als auch gemischet.

Penigerzeug, s. Vorher.

Pennal. Eine blecherne oder hölzerne, auch von Pappe mit Leder überzogene lange, runde Büchse, worinn Federn, Bleystifte, Federmesser ꝛc. aufbewahret werden können.

Penny, s. Peny.

Penorcon, (Musiker) ein musikalisches Instrument wie eine Pandora, nur etwas breiter und länger am Körper, mit einem breiten Halse oder Griff, also daß 9 Chor Saiten neben einander darauf liegen können.

Pensel, s. Pinsel.

Pent, auf der Küste von Guinea bey den Mohren ein Gewicht, nach welchem sie das Gold wiegen. Es beträgt nach unserm Gewichte ein achtel Pfund, oder 4 Loth.

Pentachordum, lat. (Musiker) eine Reihe oder Stellung von 5 Saiten; daher führet auch die Quinte diesen Namen, welche auch sonst Pentaphonia genennet wird.

Pentaura, ein Stein, der andere Steine, wie der Magnet Eisen, ziehet, und die Kräfte aller andern Edelgesteine beysammen besitzen soll.

Pentekontachordum, ein von Fabius Kolonna erfundenes und mit 50 ungleichen Saiten bezogenes musikalisches Instrument.

Peny, Penny, die geringste und kleinste unter den englischen Silbermünzen. Ein Peny hat 4 Farthings, und 12 Penys machen einen Schilling. Wenn das Pfund Sterling nach seinem jetzigen Verhältnisse zu unsern deutschen Münzsorten zu 5 Rthlr. 12 gr. gerechnet wird, so thut ein Peny beynahe 7 Pfennige unsers Geldes. Man findet auch Stücken von 2, 3, 4, 6 und 12 Peny, welche letztere Schillinge heißen, ingleichen welche von 13½ Pence, und welche von 30 Pence, oder 2½ Schilling, welche Halfkronen (halbe Kronen) genennet werden.

Peote, (Schiffsbau) eine bey den Venetianern sehr leichte Schaluppe, welche zum Avisschiff dienet.

Peperin, eine gemeine Steinart, die man in Rom zum Bauen der Häuser gebrauchet.

Pequins, Pekingstapeten, (Tapetenmanufaktur) Tapeten von geglätteter oder Glanzleinwand. Sie können entweder gedruckt oder gemalt werden. Bey den gedruckten Tapeten dieser Art trägt man erst einen Grund von Kreide und Leimwasser auf rohe Leinwand auf, worunter man noch etwas weisse Stärke mischet, weil der Leim sich sonst nicht gut auseinander streichen läßt, und lluzpricht bleibt. Auf diesen ersten Grund setzt man einen Farbengrund, wobey man sich jeder Saftfarbe bedienen kann, die man mit Leimwasser und Stärke, gerade wie bey den Papiertapeten, (s. diese) aufträgt. Auf diesen Farbengrund wird eben so mit Oelfarben gedruckt, wie bey den Wachstuchtapeten, (s. diese) doch muß der Druckfirniß und zugleich die Farbe sehr steif und stark seyn, damit sie auf der dünnen Leinwand weder ausfließt noch durchschlägt. Man vergoldet auch oft Stellen auf diesen Tapeten, welches man auf folgende Art verrichtet: Man schmelzet Wachs, Hammeltalg und venetianischen Terpentin untereinander, trägt diese Masse auf die Stelle, welche vergoldet werden soll, warm mit dem Pinsel auf, legt das Metallblatt auf diese Masse, und drückt es mit Baumwolle an. Die vorgedachte Masse aber muß bey dem Gebrauche beständig warm gehalten werden, weil sie sich sonst nicht mit dem Pinsel auseinander streichen läßt. So werden die gedruckten Pequins verfertiget. Die andere Art macht man also: Man läßt feine geblümte oder welsche und schlesische Leinwand, oder auch Schleiertuch roth, grün oder gelb färben und hernach glätten. Auf diesen Farbengrund werden von einem Maler Streublumen oder geblümte Ranken mit Saft- oder Gummifarben gemalet. Dergleichen Tapeten haben ein sehr gutes Ansehen, doch können sie nicht so wie die Wachstuchtapeten abgewaschen und gereiniget werden.

Percales, s. Perkales.

Perche, Fr. ein Landmaaß bey den Franzosen, welches insgemein 18, bisweilen auch 20 und 22 landübliche Schuh zur Länge hat. Hundert dergleichen Ruthen, oder ein Quadrat, das 10 solcher Ruthen zu seiner Seite hat, machen ein Acre aus, welches ein Stück Landes von 100 Quadratruthen ist.

Perdons, zwey lange Seile, so von jeder Stange auf beyden Seiten bis an die Boorde herunter gehen und sie bevestigen.

Perdoa, eine malabarische Silbermünze auf der Küste von Koromandel, welche 10 Fanos, oder 20 Groschen schwer Geld, und nach unserem Gelde 22 Groschen 6 Pfennige beträgt.

Perelle, eine dünne Erde, wie kleine Schuppen, welche zur Bereitung des Tornesols gebraucht wird. Sie kommt von Auvergne, von Saint Flour, allwo sie an den Klippen von der Erde, die der Wind und Staub dahin getrieben, entsteht; wenn dieselbe von dem Regen befeuchtet, und von der Sonne gleichsam gebleicht wird.

Perfetto modo, Ital. (Musiker) bedeutet den Tripeltakt, weil die Zahl Drey nicht kann getheilet werden, und deswegen für vollkommener, als die Zahl Zwey, gehalten wird.

Perforativ, (Chirurgischer Instrumentenmacher) ein Bohrer, womit bey dem Trepaniren das erste Loch auf dem Hirnschädel vorgebohret wird, worein die Pyramide des Trepans gesetzt werden soll. Sein Zapfen wird beym Gebrauch, wie die Krone des Trepans, auf dem Bogen des Trepangestelles bevestiget. Die Schneide ist eine vierseitige Pyramide mit einer scharfen Spitze.

Pergamentabschnitte, (Pergamentmacher) diejenigen Abschnitte, so von dem Abschaben und Beschneiden der Häute entstehen, woraus ein Leim gekocht wird. (s. Pergamentleim)

Pergament aus Schaffellen. (Pergamentmacher) Die Schaffelle ziehet man zu dieser geringeren Sorte von Pergament den Hammelfellen vor. Man nimt die Felle von frisch geschlachteten Schafen, wässert sie ein paar Tage, alsdenn werden sie mit Kalk angeschwödet. (s. Schwöden) Mit diesem Kalk liegen sie ein paar Tage in Haufen, alsdenn ist die Wolle abgebeitzt. Man wäscht nachher die Felle in einem Strohm, und nimt auf dem Schabebaum die Wolle ab, wie bey dem Weißgerber. (s. Weißgerben) denn thut man die Felle 3 oder 4 Wochen in den Kalkäscher, und hierauf werden sie zu Werke gerichtet, da man sie nämlich auf dem Schabebaum mit einem Streicheisen streicht, und hierdurch auf der Fleischseite das überflüßige Fleisch abnimt. Gestrichen müssen sie gleichfalls wie die Kalbfelle, in dem Brunnäscher 2 Stunden gebrannt, und hierauf zum zweytenmal auf der Fleischseite so sauber wie möglich gestrichen werden. (s. hiervon bey dem narbigten Pergament.) Nun werden sie wie die Kalbfelle geschnüret, (s. Schnüren) und in den Rahmen gespannt. Es wird auf diesen Fellen auf der Fleischseite, so wie bey dem narbigten, dreymal Kreide eingerieben, und jedesmal mit der Kreide das Kalkwasser vermittelst eines Ausspanneisens herausgearbeitet. Zuletzt muß nochmals auf der Fleischseite Kreide eingerieben werden. Alsdenn wird auch auf der Narbenseite das Kalkwasser mit dem Ausspanneisen herausgearbeitet, aber ohne Kreide. Bey dieser Arbeit steht der Rahmen mit dem geschnittenen Felle geneigt an einer Wand. Nachdem die Felle also ausgearbeitet sind, so werden sie in der Sonne getrocknet. Da es sich zuweilen findet, daß die ausgespannten Felle, nachdem sie getrocknet sind, Fettflecke haben, die sichtbar sind, so müssen solche herausgebracht werden. Sie werden deswegen vor dem Schaben auf der Erde ausgebreitet, und auf jeden Fleck feuchter gelöschter Kalk geleget, der alle Fettigkeit auszieht. Aus diesen Schaffellen werden folgende geringere Sorten von Pergament gemacht, als: weiß Schäferpergament, Schreibetafelpergament, [illegible] tes Pergament. (s. alle diese)

Per-

Pergamentband, (Buchbinder) der mit Pergament überzogene Band eines Buchs.

Pergamentirer, s. Pergamentmacher.

Pergamentform, s. Querschform.

Pergamentleim, ein Leim, der von den Abschnitten und Abschabseln des Pergaments gekocht wird, den viele Künstler, z. B. Vergolder, Bildhauer, u. a. m. zu ihren Arbeiten gebrauchen. Er wird in reinem Wasser so lange gekocht, bis alles sich aufgelöset hat, alsdenn wird er durchgeseihet, Wasser dazu gethan, und mit Allaune oder auch Vitriol vermischt.

Pergamentmacher, ein Professionist, der sich auch Pauken- und Trommelmacher nennt. Da ihrer nur wenige sind, wie z. B. in Berlin nur ein einziger vorhanden ist, so halten sie sich gemeiniglich zum Gewerk der Weißgerber, oder zu den Buchbindern, oder endlich auch zu einem benachbarten Pergamentergewerk, z. B. zu Leipzig. Ihre Lehrbursche lernen in 4 bis 5 Jahren die Profession, und wenn sie der Meister in allem frey halten soll, in 6 Jahren. Zum Meisterstück machen sie einen Decher Narbenhäute, einen Decher Schreibepergament, einen Decher Malerpergament, einen halben Decher Oelshäute, 1 Trommel, und einen halben Decher aller Arten Schafpergament.

Pergamentschaber, ein Arbeiter, der das Pergament, nachdem er dasselbe im Rahmen ausgespannt hat, abschabet. Nachdem die Haut eingespannt (s. Schnüren) ist, indem man solche alsdenn mit dem hintern Theil oben an dem Rahmen mittelst des Zwinge oder Eingreifers ergreift, so nimt er die stärksten Ungleichheiten und allzusehr hervorragenden Theile mit einem Messer ab, nachher nimt er das Schabeisen, und schabet mit demselben die Haut völlig gleich und eben, wobey er behutsam alle Ungleichheiten wegnimt. (s. Pergament von Kalbleder)

Pergamentschalen, Fr. de la Cosse, sind eigentlich diejenigen abgeschabten Fleischfasern der Häute, welche das Schabeisen von der Oberfläche derselben hinweggnimt. Man macht hieraus den schönsten Leim.

Pergament von Kalbfellen. (Pergamentmacher) Ein zubereitetes Leder, auf welches man nach seiner verschiedenen Zubereitung malen und schreiben, mit demselben Bücher einbinden, und auch die Paukenkessel überziehen kann. Das Pergament überhaupt hat seinen Namen von der Stadt Pergamus, wo es erfunden worden, um darauf die Bücher zu schreiben, weil die griechischen Könige zu Alexandrien in Aegypten das bekannte ägyptische Papier auszuführen verboten. Ein gutes Pergament muß weiß, [illegible] steif, aber doch dabey biegsam und dauerhaft seyn. [illegible] Kalbfelle müssen vor kurzem erst geschlachtet worden seyn, weil sich aus den alten das Blut nicht so gut auswässern läßt. Dergleichen sind in ausgetrockneten Fellen die Blutadern zu sehen. Zum narbigten Pergament nimt man nicht gerne schwarze oder fleckigte Felle, denn die schwarzen Grundhaare bleiben noch dem Hären auf der Narbenseite, wie auf einem geschornen Bette, stehen, welches der weißen Farbe des Pergaments nachtheilig ist. Die Kalbfelle müssen 8 Tage eingewässert werden, denn das Wasser muß die Felle völlig vom Blute reinigen. Die gewässerten Kalbfelle kommen nunmehr in den Kalkäscher, worinn sie wenigstens 4 Wochen liegen müssen. Nach dieser Zeit werden sie gehäret, indem sie auf einen Schabebaum gelegt und mit einem Stock abgerieben werden. Die Haare, die vest sitzen bleiben, müssen mit dem Schabeisen abgenommen werden. Aus diesen Fellen werden nun verschiedene Arten von Pergament verfertiget, als: narbigtes Pergament, Stickerpergament, Malerpergament, Schreibepergament, Oels- oder Narbenhäute. (s. alle diese Artikel, wo die Bearbeitung des Pergaments aus Kalbfellen sich deutlich ergeben wird.)

Pergament zum Malen, s. Malerpergament.

Periagera, (Schiffsbau) spanische Fahrzeuge von 12 Rudern in den indischen Gewässern.

Periagua, (Schiffsbau) ein kleines Boot oder Kahn, so mit ein Paar Rudern fortgetrieben wird.

Peridor, s. Pelidor.

Perigord, s. Folgenden.

Periguer, Perigord, ein schwarzer schwerer Stein, oder vielmehr ein Minerale, das sehr hart ist, und sich nicht gerne zerstoßen läßt. Er komt häufig aus dem Delphinate und England, und wird von den Töpfern zum Glasiren, vornehmlich aber von den Emailleurs und Goldschmieden zum Emailliren gebraucht.

Peripherie, (Mechanik) die Zirkellinie, der Umfang, oder Umkreis des Zirkels.

Perkalas, Percalas, eine Art feiner Kattune, welche von der Küste Koromandel gebracht werden, und mit den groben Mancris fast in allem übereinkommen, außer daß sie nur anderthalb holländische Ellen breit, und zehn drey Viertelellen lang sind.

Perkales-Mancris, Perkallen-Moaris, eine Art weißer, mehr feiner als grober ostindischer Kattune, welche vornehmlich von Pondichery kommen, 7½ bis 7¾ Ellen holländisch in der Länge, und 1¼ Elle in der Breite haben.

Perkan, s. Berkan.

Perkowitz, ein russisches Schiffspfund, welches 10 Puden, oder 325 gemeine Pfunde wiegt.

Perl, Fr. Perle, ein Thierstein, welcher in den Ohrblasen einiger Muschelthiere in der See und fließenden Wassern gefunden wird, weiß oder bläulich von Farbe, der, wenn er groß ist, sehr theuer bezahlet und zum Schmuck gebraucht wird.

Perlasche, (Potaschsiederey) so wird von den Engländern die reinste Potasche genennt.

Perlbohrer, ein feiner Drillbohrer, (s. diesen) womit man diejenigen Perlen, welche angereihet werden sollen, durchbohret.

Perle, (Wirthschaft) in Niedersachsen ein mit Löchern durchbohrtes Brett, dergleichen die löcherige Scheibe des Butterfasses, imgleichen das mit Löchern versehene Brett, wodurch bey dem Brauen das Bier durchgeseihet wird.

Perlen.

Perlen, ein Seegewächse, so in Muscheln gefunden, und unter die Edelgesteine gerechnet wird. Da alle andere Edelgesteine von Natur rauh und ungestalt sind, und ihren Glanz durch die Kunst im Schleifen erhalten müssen, so bringen die Perlen ihre vollkommene Schönheit aus dem Schooße der Natur mit. Sie werden nicht, wie die Alten behaupteten, aus dem Thaue, sondern nach der neuern Bemerkung, in dem Leibe der Muschel aus einer zähen schleimigten Feuchtigkeit angesetzet und erzeuget. Diese Feuchtigkeit setzet sich schalenweise wie Zwiebeln gleich an. Einige Naturkündiger, worunter Valentini vornehmlich in seiner Schatzkammer, behaupten, daß die Perlen nichts anders sind, als die Eyer der Schalen, weil sie allein bey dem Weiblein, vier an der Zahl, in einem eigenen Eyerstocke anzutreffen, und aus demselben durch sanftes Drücken genommen werden müssen: denn wenn sie der Muschel entgangen, so pflegen sie gar bald auszustreichen und junge Muscheln zu werden. Die Perlenfischer wissen so schonende damit umzugehen, daß die Muschel nicht verletzt, sondern wieder ins Wasser gelassen wird, und übers Jahr abermals heckt. Der Fang muß von der Mitte des Heumonats bis zur Mitte des Augustmonats geschehen, weil solches ihre Heckzeit ist. In dem Wasser, wo sie sich aufhalten, werden eigene Lager gehegt, da man die Muscheln ungehindert hecken läßt, damit sie nicht in Abgang gerathen. Die vornehmsten Geburtsörter der Perlen sind in dem morgenländischen Indien der persische Meerbusen Ormus, Zeilon, Sumatra und Java. Ferner werden sie in America an verschiedenen Orten, und in Europa am Schottland in Austern und andern Muscheln, auch in Böhmen im süßen Wasser, sonderlich aber in Liefland und Ingermanland, in frischen Bächen, die lebendiges Quellwasser und einen kiesigen Grund haben, gefunden. Die orientalischen spielen mit einem leibfarbenen, die americanischen mit einem grünlichen, und die schottischen, worunter alle europäische zu verstehen sind, mit einem flachsblühfarbenen Glanze, welchen man das Wasser nennet. Die orientalischen sind die feinsten, und unter denselben fallen in dem persischen Meerbusen die schönsten, um Zeilon und Borneo aber die größten. Die schottischen werden wenig geachtet, und dürfen von den Juwelirern unter die andern nicht gezählt werden. Die orientalischen sind also die echten und feinen Perlen, die nach ihrer Größe in ganz große oder Zahlperlen, und in kleine oder Saamen- und Lothperlen, eingetheilet werden. Nach ihrer Gestalt theilet man sie in runde, birnförmige und schiefe. Ihr Werth wird nicht nur nach der Größe, sondern auch nach der Schönheit geschätzt. Die ganz runden und birnförmigen sind die kostbarsten. Einen genauen Preis kann man auf die Perlen nicht setzen, weil derselbe mehr, als bey andern Edelgesteinen veränderlich ist, und auch nach ihrer mancherley Schönheit bestimmt wird. Die gemeine Regel ist diese: wenn eine Perl vollkommen rund ist, und ein helles Wasser hat, so wird der Karat auf einen gewissen Werth, z. B. auf 1 Rthlr. geschätzet, alsdenn die Perle gewogen, und die Zahl der Karate, welche sie am Gewichte hält, durch sich selbst multipliziret, das Produkt mit dem festgesetzten Werth eines Karats gleichfalls multipliziret, und dieses letzte Produkt giebt den wahren Werth der Perle. Wenn aber eine Perle über 10 Karat schwer ist, so wird die Proportion des Preises verändert, ingleichen wenn sie unter einem Karat wiegt. Die schiefen Zahlperlen haben auch ihren Werth, aber weit geringer als die runden. Die Lothperlen, wenn sie fein, rund, schön von Glanze, und zu Arm- und Halsbändern, oder auch zum Sticken, tüchtig sind, gelten nach ihrer Größe mehr oder weniger, so, daß eine Unze, darauf mehr nicht als hundert solche Perlen gehen, bis 100 Rthlr. kostet; wenn sie 200 hält, 70 Rthlr.; wenn sie 300 hält, bis 50 Rthlr. und so weiter. Den Werth der Zahlperlen ohne Gewichte findet man durch das Perlenmaaß. (S. dieses) Die Perlen werden mit der Zeit durch den Gebrauch schmutzig und gelb, die man, wenn sie nicht gar zu sehr angelaufen sind, durch das Ausbacken in einem Brode, oder auch durch andere Mittel, wieder reinigen kann. Die Indianer reiben sie mit gelöschtem Kalk gestoßenem Reiße, wovon sie einen trefflichen Glanz bekommen sollen. Außer dem Gebrauche zum Schmuck schreibt man ihnen auch eine große Kraft in der Arzney zu. Sie werden mit den Muscheln von den Tauchern aus dem Grunde des Meeres herausgeholet, indem der Taucher mit einem Seile, woran oben eine Glocke angebunden ist, von dem Schiffe in den Grund des Meeres herabgelassen wird, mit einem Korbe auf seinem Rücken, in welchen er die auf dem Grunde des Meeres gesammlete Muscheln wirft. Wenn er nicht mehr im Wasser dauern kann, oder seinen Korb voll gesammlet hat, so zieht er an dem Seil, und giebt also ein Zeichen mit der Glocke, daß er in die Höhe gezogen wird, leeret dann seinen Korb aus, und läßt sich wieder in den Grund des Meeres herab. Die Muscheln sollen sich, wenn sie an das Ufer des Meeres hingeleget werden, mit Aufgang der Sonne von selbst aufthun, und alsdenn die Perlen daraus gesammlet werden.

Perlen, Rose, (Jäger) so werden die krausen Wimmern an den Hirschgeweihen genennet.

Perlenkopf, (Gazemanufaktur) derjenige halbe Kamm oder Schaft an einem Gazestuhl, der das Entstehen der Gazeverbindung hervorbringt. Es ist eigentlich ein Stab, an welchem soviel Fäden oder Litzen hangen, als ein Fach der Kette, oder die halbe Kette, Kettenfäden hat. Unter jedem Faden schwebt eine kleine Koralle oder Perle, wovon auch der Name herkommt, die durchlöchert ist. Uebrigens hängt dieser Perlenkopf als ein anderer Schaft mit seinem Tummler (s. diesen) und langen Latte [illegible] und schwebt vor den andern Schäften im Stuhl, [illegible] aber keine kurze Latte, weil er durch die Fußtel[illegible] die Höhe, nicht aber herunter gezogen wird. D[illegible] die [illegible]cher dieser Perlen werden sämtliche Oberfäden der Kette, oder die Fäden des Oberfachs passiert, so daß jederzeit ein Faden des Oberfachs der Kette durch das Loch einer Perl gezogen wird, der benachbarte Faden des Unterfachs aber neben der Perl weggehet. Dieser Perlkopf verursachet,

wie

wie schon gedacht, daß die Gaze netzartig wird, wenn aber auch das Einpassiren der Kettenfäden in das Riedblatt bringt. Ehe man nämlich die beyden Fäden, die zu jedem Riet des Blatts gehören, durch das Blatt passiret, wird der Oberfaden mit seiner Perl dergestalt um den Unterfaden der Kette geschlungen, daß sich beyde Fäden durchkreuzen, und in dem Riede ihren bisherigen Gang verwechseln, und auf diese Art vereiniget, passiret man jederzeit einen Ober- nebst einem Unterfaden der Kette durch das Blatt. Daher kommt es, daß sich beym Weben die nur itzt gedachten vereinigten Fäden hinter jedem Einschußfaden zusammenziehen, und durch das nächste Zusammenziehen wird der vorige Einschußfaden gebunden und befestigt. Die[illegible] werden mit dem Perlenkopf mit zwey Tritten verrichtet, wovon der eine Gazetritt und der andere harte Tritt genennet wird. Wird der Gazetritt getreten, so geht der 2te und 4te Kamm nebst dem Perlenkopf und dem Oberfach der Kette in die Höhe, und überdem noch der Dauerstock; (s. diesen) der erste und dritte Kamm nebst dem Unterfach der Kette aber gehen hinab. Da nun jederzeit ein Faden des Oberfaches um den benachbarten Faden des Unterfaches geschlungen ist, wie vorher gezeiget worden, so ziehen die Fäden des Unterfachs, indem sie mit dem 1sten und 3ten Kamm hinab gehen, die Faden des Oberfachs und zugleich den Perlenkopf anfänglich mit hinab, und dieses verursachet, daß die Perl nach jedem Einschuß wieder über den Faden des Unterfachs springt, und dieser Faden sich wieder mit dem Faden des Oberfachs der Perl in einander verfitzt, und vor dem Riedblatt verschlägt, durch das Steigen des Perlenkopfs aber, indem er hinauf geht, trennen sich die Oberfaden von den Unterfäden wieder, und machen zum fernern Einschuß Fach. (s. Gaze weben)

Perlenkranz, s. Folgenden.

Perlenkrone, Perlenkranz; Eine reich mit Perlen besetzte Krone. Gemeiniglich gebrauchen sie die vornehmen Frauenspersonen.

Perlenkupfer, Kupfer, welches in Schweden in Körnern wie Perlen gegossen und zubereitet wird.

Perlenmaaß, Perlensieb; ein Maaß, wodurch man den Werth der Zahlperlen ohne Gewichte bestimmt. Dieses Maaß bestehet aus 5 Blechen von Messing oder Kupfer, zwey Zoll lang und einen Zoll breit, die unten mit einer Niete zum Aus- und Einschieben zusammengefügt sind. Diese Bleche haben oben Löcher von unterschiedener Größe, daß eine Perle damit befasset werden kann. Das kleinste Loch läßt eine Perle durch von einem Gran, die folgenden steigen allgemach bis auf 10 Karat. Solchergestalt kann die Schwere und der Werth einer jeden Perle, ohne mühsames Wiegen, geschwinde bestimmt und entschieden werden.

Perlenmutter, die Muschel oder Schale, in welcher die Perlen wachsen. Sie ist von aussen grau oder bräunlich, rauh und unansehnlich, inwendig aber mit einem dicken, weißen Perlenglanz umzogen, zuweilen auch mit Warzen, die wie angewachsene Perlen aussehen, besetzt. Man braucht diese Schalen zu sehr vielen Künstlerarbeiten, als zu Messerschalen, zu Spiegelrahmen, Dosen und andern Galanterien.

Perlenmutteralabaster, s. Perlenmutterstein.

Perlenmutterstein, Perlenmutteralabaster, eine Art Alabaster, welcher der Perlenmutter gleichet, und unter andern bey Steyerthal in Thüringen gefunden wird.

Perlennadel, eine aus dem feinsten doppelt genommenen Draht zusammengedrehete Nadel, ohngefähr eines Fingers lang, welche sich durch die engsten Löcher der kleinsten Perlen noch bequem durchstecken läßt, damit man solche an einen Faden reihen kann.

Perlenschlacke, eine Steinart, welche aus kleinen den Perlen ähnlichen glasartigen Kügelchen zusammengesetzt ist, auf der Ascensionsinsel gefunden wird, und allem Ansehen nach eine Schlacke feuerspeyender Berge ist.

Perlenschmuck, ein aus Perlen zusammengesetzter Schmuck, der in verschiedenen Zierrathen an dem Kopf, Halse, Armen und auch Kleidern bestehet, die mit Perlen behangen oder besetzt sind.

Perlenschnur, mehrere auf eine Schnur gereihete Perlen. Besser sagt man, eine Schnur Perlen, die das Frauenzimmer um den Hals oder Arme trägt.

Perlenseide, Fr. ardassine, (Seidenbau) eine sehr feine Seide, die aus Persien über Smirna kommt.

Perlensticker, ein Sticker, der vornehmlich mit der Stickerey mit Perlen sich beschäfftiget. (s. Sticker)

Perlenwarze, kleine halbkugelichte Auswüchse in den Perlenmuscheln, welche größer als die eigentlichen Perlen sind, ihnen aber an Güte und Werth nicht gleich kommen. Man verarbeitet sie zu Ohrgehängen und Halsbändern.

Perlfarbe, (Maler) eine Farbe, die den Perlen ähnlich ist, und von Indigo oder Berlinerblau, Rebenschwärze und Bleyweiß zusammengesetzt wird, wobey der Maler die Erfahrung zu Hülfe nehmen muß, um die rechte Schattirung hervorzubringen, und die Mischung recht zu treffen.

Perlgraupe, oberdeutsch Perlgerste, ganz rund gestampfte Graupe in Gestalt der Perlen. (s. Graupe)

Perlgraupenmühle, (Müller) eine Mühle, wo die sogenannte Perlgraupe gemacht wird. Das eigentliche Mühlenwerk derselben, als das Wasserrad, Kammrad, Mühlgerüste und Getriebe, ist alles den gemeinen Mahlmühlen gleich, außer daß noch ein Räderwerk angebracht ist, so die Windräder und das Siebwerk treibet. Von dem Mühlstein nämlich geht eine eiserne Spindel bis auf den obersten Boden in die Höhe, an dieser ist unten ein Kammrad von 24 Kämmen, welches in ein Getriebe, so an einer Welle befestiget ist, und 8 Stecken hat, eingreift, und derjenigen Welle nebst den Windrädern sehr schnell herum treibet. Oben an der gedachten eisernen Spille sitzt ein Kammrad von 20 Kämmen, und das Getriebe, worein es greift, hat 7 Stecken. Vermittelst dieser beyden Räder wird ein Schwungrad und eine Kurbel herum getrieben, durch welche letztere das Siebwerk seine Bewegung bekommt.

bekömt. Der Mühlenstein, der die Graupe machet, hat um seine ganze Peripherie Hiebe, die scharfe Kanten bilden, wodurch die Körner beym Mahlen gleichsam abgeschliffen werden. Das Siebwerk besteht aus drey über einander gebrachten Sieben von verzinntem Blech oder Pergament, und sind also eingerichtet, daß das oberste [illegible] unterste weiter hinaus reichet; das unterste Sieb, so die kleinsten Löcher hat, reichet just über einen Kanal und Kasten; das mittlere Sieb hat etwas größere Löcher, und schüttet seine Graupe gleichfalls durch einen Kanal in einen Kasten. Endlich geht das oberste Sieb mit den weitesten Löchern bis über einen dritten Kanal und seinen Kasten. Vor den Zwischenraum, den die Kanäle mit ihren Kasten machen, und unter das unterste Sieb wird ein leinen Tuch oder Sack gehangen, in welchem das Mehl, so durch alle drey Siebe durchgeht, aufgefangen wird. Vor jedem Kanal kömt gleichfalls auch ein Sack zu hängen, in welche das flüchtige Mehl durch die Windräder vollends von den Graupen abgesondert, und in besagte Säcke eingetrieben wird. Die Siebe werden durch die Kurbel, wie gedacht, in Bewegung gesetzt, und die Löcher der Siebe bestimmen die Größe der Graupen. Wenn nun Perlgraupe gemacht werden soll, so wird die Gerste zwischen den Lauft und Stein eingeschüttet, allwo sie denn durch die Schärfe des Steins, die um die Peripherie desselben befindlich ist, dergestalt abgeschliffen wird, daß jedes Körnlein, wenn es eine Zeitlang zwischen dem Stein und Lauft herum getrieben worden, durch die zirkelrunde Bewegung eine zirkelrunde Figur bekömt. Wenn sie gut bearbeitet ist, so wird das an der Seite des Laufts befindliche Loch geöffnet, und die Graupe in den darunter stehenden Kasten laufen gelassen, alsdenn in den Rumpf des Siebwerks geschüttet, und vermittelst der Siebe, nachdem solche in Bewegung gesetzt worden, sortiert, und von dem Mehl gereiniget. Die feinste Graupe bleibt im obersten Sieb, die mittlere im zweyten, und die gröbste im untersten Siebe. (s. Leupolds Mühlenbaukunst Tab. XXX. Fig. 1 und 2. und Tab. XXXI. Fig. 1)

Perlkantillen, (Goldsticker) Kantillen (s. diese) die aus halbrundem geplättetem Draht gemacht werden, und deren sie sich bey der Sternarbeit bedienen. Der Draht wird durch die Löcher der gewöhnlichen Zieheisen gezogen, die dergestalt verdeckt werden, daß das Gold zwar zusammengedrückt, aber zugleich nicht mit abgeschunden wird. Der Draht wird nicht geplättet, sondern bleibt so, wie er in dem Ziehen gebildet worden. Nachdem diese Perlkantillen nach Art der andern Kantillen gewunden worden, so werden sie vom Sticker nach seiner Idee, und nachdem er sie bey der Stickerey gebrauchet, in Stücken zerschnitten.

Perlsand, Fr. sable perle, ein klarer Sand, der aus glänzenden, runden und glatten Quarzkörnern besteht, und zu den Sanduhren gebraucht wird.

* Perme, eine türkische Gondel, womit man von Konstantinopel nach Pera und Galazia übersetzt.

Permißgeld, (Handlung) Fr. argent de permission. So nennt man in den meisten niederländischen, französischen und österreichischen Städten dasjenige Geld, welches man anderswo Wechselgeld nennet. Dieses ist von dem Kurantgelde unterschieden, und 100 Gulden Permißgeld gelten daselbst 116½ Kurantgulden: gleiche Bewandniß hat es mit den Pfunden flämisch. In solchem Gelde reduziren sich alle Remessen in fremde Länder.

Pernambuck, s. Fernambuck.

Perpendikel, wird in der Geometrie nicht nur die senkrechte Linie genennet, sondern es bekömt auch diese Benennung diejenige gerade Linie, welche von einem Faden oder Schnur gemacht wird, woran [illegible] Gewicht hänget, weil dieses vermöge seiner eigen[illegible]re jederzeit nach dem Zentrum der Erden zuwebet. [illegible] bedienet sich dessen hauptsächlich bey den Instrumenten, womit man den wagerechten Stand einer Sache untersuchen will, oder so man mit einer vertikalstehenden Sache eine andere parallel stellen will, u. dgl. m.

Perpendikelfeder, (Uhrmacher) eine schwache stählerne Feder, woran die Perpendikelstange einer Pendeluhr hänget. Sie wird an die Spindel des Hakens, die mit der Steigeradsachse parallel über derselben lieget, befestiget. Es ist ein schwaches Stänglein, so stark als eine Stricknadel, ohngefähr 3 bis 4 Zoll lang, und hat unterwärts eine Gabel, darinn die Perpendikelstange geht, und von derselben bewegt wird, daß sie ihre Vibrationen verrichten muß.

Perpendikelgröße einer Sackuhr, (Uhrmacher) wenn eine Sackuhr 2160 Sekunden oder 290 Striche in einer Minute verrichtet, so muß der Perpendikel 1⅓ Zoll im Durchmesser groß seyn. Hingegen wenn sie 300 Vibrationen in einer Minute thut, so muß der Perpendikel 7⅛ theils Zoll groß seyn. Wenn sie aber 360 Vibrationen in einer Minute macht, so muß der Perpendikel ½ Zoll im Durchmesser seyn.

Perpendikelschwere einer Sackuhr, (Uhrmacher) wenn eine Uhr 240 Striche in einer Minute thun soll, so muß der Perpendikel ohne die Spiralfeder 12 Aß nach Dukatengewicht haben; wenn sie 300 Striche thun soll, so muß er 9½ Aß, und wenn sie 360 Striche thut, muß er 8 Aß schwer seyn. Der Perpendikel muß auch auf dem Laufzirkel gleich abgewogen werden, daß er an einem Orte so schwer als an dem andern ist.

Perpendikelwaage mit einem Perspektiv. Dieses Instrument wird von dichtem Metall z. B. von Kupfer gemacht. Das Fernglas ist ohngefähr anderthalb Fuß lang. Die äußersten Enden davon werden in zwey Ringen an einer Regel dergestalt befestiget, daß das ganze Instrument auf den Stäben fest stehen kann. Dasjenige Stück, das den Perpendikel zu fassen dienet, ist eine gewisse Art eines Cylinders, daran zwey runde Käfichen angemacht sind, das eine oben, das andere unten. Diese zwey Käfichen sind mit zwey Gläsern verschlossen, und der Cylinder ausgehöhlet, damit der Seidenfaden durchgehen kann

faden, der statt des Perpendikels dienet. Durch die Gläser siehet man den Seidenfaden an einem kleinen silbernen Blättchen herunter gehen, welches Blättchen in dem Kästchen angemacht, und mit einer subtilen Linie versehen ist, auf welcher der Seidenfaden einschlagen muß. Diese zwey Kästchen müssen einander gleich seyn, und der Cylinder ist an dem Ende des Fernglases vest gemacht. In die Röhre des Fernglases geht eine kleine Schraube, durch deren Hülfe man einen andern seidenen Faden erhöhen und niederlassen kann, und wodurch die Horizontallinie vorgestellet wird. Wenn das Instrument auf die Stäbe gesetzt ist, so kann man es durch ein entferntes und nach Gefallen angenommenes Objekt richten, zu dem Ende muß das Auge, indem man durch das Fernglas sieht, den horizontalen Seidenfaden gerade gegen das Objekt richten, hierauf muß man machen, daß der Perpendikel auf die subtile Linie im untern Kästchen genau einschlägt, alsdenn muß die Kolumne, und vermittelst derselben das Fernglas, in seinen zwey Ringen herumgedrehet werden, und wenn dieses geschehen, wird das untere Kästchen in die Höhe kommen, und wenn der kleine Bleywurf auf die Linie, die in diesem Kästchen ist, ausschlägt, so muß man sehen, ob auch in dem untern Kästchen der Perpendikel die darinn gezogene Linie genau berühret; nach diesem muß man Achtung geben, ob der horizontale Seidenfaden im Fernglaß genau gegen das Objekt gerichtet ist, wenn dieses sich also befindet, so ist die Verifikation der Wasserwaage richtig. Man kann den Cylinder von dem Instrumente herunternehmen, und alles zusammen zum bequemen Gebrauch aufheben. Die ganze Einrichtung dieses Instrumentes ist folgende: Erstlich eine senkrechte messingene Röhre, die einen Zoll weit ist, hat auf beyden Enden einen flachen Cylinder mit Gläsern bedeckt, daß man darinn die weißen Bleche mit der Horizontallinie und den Faden sehen kann, und vom Winde sicher ist. Unten und oben an den flachen Cylindern sind zwey metallene Cylinder ganz ebener und vest angebracht, und in deren Mitte so kleine Löcher, daß nur der Faden durchgehen kann, durchgebohret, daß also die beyden Löcher und die mittelste Linie auf den beyden Blechen eine gleiche Linie abgeben. Durch jedes Löchlein wird ein Faden gezogen, und eine kleine Bleykugel angehangen, welche spielet und auf dem Blech die Striche abschneidet. Zur Stellage und Wendung ist eine Hülse gemacht, so ein Gewinde hat, in welchem der Ring, darinn das Perspektiv stecket und umgedrehet werden kann, beweglich ist, welcher durch eine Schraube und ihre Mutter hoch und niedrig gestellet werden kann. (s. Leupolds Schauplatz der Gewichtkunst Tab. V. Fig. 11 und 12 dem vierten Theil. Diese Waage hat Herr Chappotot erfunden.

Perpendikelstange, (Uhrmacher) die Stange an dem Perpendikel, welche die Vibrationen einer Uhr verrichtet, und durch deren Gewicht oder Linse man die Zeit determiniren kann. Sie hängt an der schwachen Perpendikelfeder, ist von eisernem Draht gearbeitet, ihre Länge ist ohngefähr 3 bis 4 Fuß. Sie hat unten eine Schraube mit einer Mutter, daß man davon die Linse oder den eigentlichen Perpendikel hinauf und herunter schrauben kann, um dadurch die Uhr geschwinde oder langsamer stellen und in die Zeit richten zu können. Die Stange hat kein gewisses Maaß, weil das meiste auf das Auswerfen und die Schwere der Linse ankomt: denn je weiter dieselbe im Hin- und Wiedergehen auswirft, und je schwerer die Linse derselben ist, um so kürzer muß dieselbe seyn; je kürzer hingegen die Perpendikelstange im Hin- und Wiedergange auswirft, und je leichter die Linse ist, um so länger muß dieselbe seyn. Ist also gleich viel, ob die Stange 3 oder 4 Fuß lang ist, denn was an der Länge zuviel ist, das fällt an der Schwere der Linse hinweg, und was an der Länge zu wenig ist, das wird an der Schwere der Linse ersetzt.

Perpendikeluhr, (Uhrmacher) diejenigen Uhren, die ihre bewegende Kraft durch die Schwere eines Gewichtes, und durch eine Pendul die Bewegung gleichförmig erhalten. Große Werke dieser Art, die aus eisernen Rädern und Getrieben zusammengesetzt sind, stellt man zum allgemeinen Gebrauch auf Thürme und öffentliche Gebäude, kleine aber, die messingene Räder und stählerne Getriebe haben, werden in den Zimmern aufgehangen, daher diese Uhren in Thurm- und Stubenuhren eingetheilet werden. Wenn die bewegende Kräfte der Uhren in jedem Augenblicke der Zeit gleich stark wirkten, so würde es nicht schwer halten, die Theile und den Mechanismus einer Uhr einzutheilen. Aber zum Unglücke sinkt das Gewichte an den Pendeluhren nach den Gesetzen der Schwere jedes Körpers mit einer beschleunigten Bewegung hinab, und eine elastische Stahlfeder im Gegentheil zieht kurz nach der Spannung stark, nach und nach aber abnehmend schwächer. Im ersten Falle würde also auch die Bewegung der Räder einer Uhr mit dem Sinken des Gewichtes beschleunigt werden, und in dem letztern Falle würde die Feder umgekehrt die Räder kurz nach der Spannung schnell, nach und nach aber langsamer bewegen. Beydes würde den Zweck der Uhren vereiteln. Man hilft diesem Fehler bey diesen Uhren aber durch den Pendul (s. diesen) ab, daher sie auch den Namen erhalten haben, weil er seine Schwingungen in gleicher Zeit vollbringt. Man vereiniget ihn durch den Englischen Haken, (s. diesen) oder durch Schindellappen mit dem Rade der Uhr, das sich am schnellesten bewegt, und seine Bewegung, die sich in jedem Augenblicke der Zeit gleich bleibt, wenn keine Hinderniß vorhanden ist, theilt dem gedachten Rade, und hierdurch allen übrigen diese Eigenschaft mit. Die Bewegung wird daher durch einige Räder und Getriebe fortgesetzt, wodurch bekanntermaßen zugleich die Geschwindigkeit vermehret wird, um ein Pendul von mäßiger Größe anzubringen, das nicht viel Raum einnimt; zugleich kann man hierdurch die Bewegung nach den jedesmaligen Umständen bestimmen. Dies sind die ersten Grundregeln, wornach solche Uhren beurtheilet, und Räder und Getriebe berechnet werden müssen. Eine Perpendikeluhr also unterscheidet sich von einer Federuhr durch den Perpendikel und Englischen Haken, (s. beydes) der eine gemeinschaftliche Welle hat, und alle Räder in einer gleichförmigen Bewegung erhält. Das Räderwerk einer solchen Uhr hat alle übrige Theile mit einer Federuhr oder einer gewöhnlichen Uhr (s. diese und Stubenuhr) gemein. Bey großen Pendeluhren hängt man den Perpendikel an einer Uhrfeder zwischen einer Gabel auf. (s. Perpendikel) Wenn nun die Uhr geht, und der Perpendikel steigt nach der rechten Seite in die Höhe, so wird der linke Lappen des Englischen Hakens zwischen zwey Sperrzähne des Steigrades (s. dieses) greifen, und der rechte schwebt in der Luft. Aber theils fällt der Perpendikel wieder durch seine eigene Schwere hinab, und steigt nach der linken Seite in die Höhe, theils sucht auch das Steigrad seine Bewegung fortzusetzen, und hebt daher den linken Lappen des Englischen Hakens in die Höhe. Beydes verursachet, daß der rechte Lappen herunter sinket. Seine Spitze auf der linken Seite fällt zwischen zwey Sperrzähne, und die rechte Spitze kommt vor einem Sperrzahn des Steigrades zu liegen. Dieser Lappen wird aber wie der vorige wieder zurückgestoßen, und auf diese Art die Bewegung beständig fortgesetzt. Hierdurch bewirkt der Perpendikel, vermittelst des Englischen Hakens, daß die Räder nicht in einem Zeitpunkt schneller, als in dem andern laufen, weil seine Bewegung, für sich betrachtet, sich jederzeit gleich bleibt. Gegenseitig verursachet die Bewegung des Steigrades, daß der Perpendikel nicht etwa durch den Widerstand der Luft, und durch die Reibung in Ruhe gebracht wird. Ferner muß man noch bey dieser Bewegung bemerken, daß, wenn der linke Lappen des Englischen Hakens das Steigrad verläßt, so fällt der rechte sogleich wieder vor einen andern Zahn auf der rechten Seite des Steigrades. In dieser geringen Zwischenzeit kann das Steigrad nicht um einen ganzen Zahn weiter fortrücken, sondern es vollendet erst die gedachte Bewegung, wenn der rechte Lappen des Englischen Hakens gleichfalls wieder zurückgestoßen ist: worauf bey der Berechnung vorzüglich Rücksicht genommen werden muß, daß man zwey Schläge des Perpendikels auf jeden Zahn des Steigrades rechne, so daß, wenn das Steigrad, wie wir annehmen wollen, 30 Zähne hat, der Perpendikel 60mal schlägt, während daß das Steigrad einmal herum läuft. Bey kleinen Uhren hängt der kurze Perpendikel an einer seidenen Schnur, denn die geringe Kraft der Uhr würde sonst nicht im Stande seyn, den Perpendikel zu bewegen. Wärme und Kälte haben Einfluß auf den Perpendikel: und man hat auf Mittel gedacht, diesem Mangel abzuhelfen. Denn von der genau bestimmten Länge des Pendels hängt bekanntermaßen die Schnelligkeit seiner Bewegung ab. Es scheint aber, als wenn die Wärme den Perpendikel nur unmerklich verlängerte, und die Kälte ihn nur sehr wenig verkürzte, wenn er nämlich aus einem dünnen Drahte besteht, und nicht viel länger als drey Fuß ist. Hierzu kommt, daß der Perpendikel einen geringern Widerstand in der Luft findet, wenn diese durch die Wärme ausgedehnet wird, und beydes scheint ziemlich mit einander aufzugehen. Weit dienlicher wäre es, dem abgeänderten Widerstand der Luft abzuhelfen, welchem der Perpendikel bey dem Wechsel der Witterung ausgesetzt ist, nebst dem Einfluß der Wärme und Kälte auf das ganze Werk, wozu bereits ein Mittel dagegen kann erfunden werden. Verschiedene angestellte Versuche bestätigen, daß ein Perpendikel, der in einer Sekunde einmal, und also in einer Stunde 3600 mal vibriret, 3 Fuß 8½ Zoll pariser Maaß lang seyn müsse. Auf jeden Zoll rechnet man 12 Linien. Nach dem Rheinländischen Maaß beträgt dies 3' 1" 11¾''', wenn jeder Zoll gleichfalls in 12 Linien getheilet wird. Diese Länge legt man zum Grunde, wenn durch die Berechnung soll gefunden werden, wie lang ein Perpendikel seyn muß, der in einer Sekunde zwey-, drey-, viermal u. s. w. vibriren soll. Die Länge jedes Perpendikels wird von dem Bewegungspunkt an bis zu dem Mittelpunkt des Schwungers gerechnet, der etwa in die Mitte der Linse fällt. Bey der Berechnung findet man aus folgenden drey Gliedern die verlangte Länge eines Perpendikels: 1) aus dem Quadrat einer Sekunde, welches jederzeit 1 ist; 2) aus dem Quadrat der Zeit, worinn der verlangte Perpendikel einmal vibriren soll. Z. B. Das Quadrat von ½ ist ¼; von ⅓, ⅑, von ¼, 1/16. In dem ersten Fall setzt man also voraus, daß der Perpendikel zweymal, in dem zweyten Fall dreymal, und in dem dritten Fall, daß er viermal in einer Sekunde vibriren soll. 3) aus der bestimmten Länge eines Perpendikels, 3' 1" 11¾''' nach Rheinländischem Maaß, der in einer Sekunde einmal schlägt: Folglich wäre die Berechnung bey den festgesetzten drey Fällen nach Rheinländischem Maaß diese:

	Quadrat einer Sekunde.		Quadrat der verlangten Zeit.		Länge eines Perpendikels, der in 1 Sekunde einmal schlägt.		Länge des gesuchten Perpendikels.
1)	1	:	¼	—	3' 1" 11¾'''	:	9" 5 15/16'''
2)	1	:	⅑	—	3' 1" 11¾'''	:	4" 2 23/36'''
3)	1	:	1/16	—	3' 1" 11¾'''	:	2" 4 31/64'''

Folglich ist ein Perpendikel, der in einer Sekunde zweymal vibriret, 9 Zoll 5 15/16 Linie, der dreymal vibriret, 4 Zoll 2 23/36 Linien, und der in dieser Zeit viermal vibriret, 2 Zoll 4 31/64 Linien lang.

Perpetuane, **Sempiterne**, eine Art Serge, oder ein wollener geköperter Zeug, welcher seinen Namen von seiner Dauerhaftigkeit erhalten. Er ist in England erfunden, wo man ihn auch noch häufig verfertiget: aber itzt in Frankreich zu Nîmes, Montpellier und andern Orten mehr nachmacht. Diese Zeuge werden meistens nach Spanien versendet; es gehen davon auch viele nach Italien. Die man nach den spanischen Ländern in Amerika versendet, werden in Sortiments verschickt, davon jedes aus vierzig Stücken von vielerley Farben bestehet, als: fünf schwarzen, fünf Muskatfarbenen, funfzehn papageygrünen und funfzehn himmelblauen. Sie liegen nach dem pariser Maaße ordentlich ½ Ellen breit, und halten insgemein 20 Ellen Länge im Stück.

Perpetuum mobile, Lat. die immerwährende Bewegung; Eine Maschiene in der Mechanik, welche vermöge ihrer Struktur die Bewegung fortsetzet, wenn sie nur einmal darein gebracht worden ist, so daß sie ewig dauren würde, wenn die Materie, woraus sie bestünde, nur nicht eingienge, und nichts an ihrer Struktur Schaden nähme. Es wird deswegen bey derselben erfordert, daß nichts von aussen zu dieser Bewegung etwas beytrage, sondern die Maschiene die Ursachen der Bewegung in sich selbst habe, und daß diese Bewegung nicht nur einige Zeit währe, sondern so lange, als die Maschiene dauert, folglich muß auch dasjenige, welches die bewegende Kraft abgeben soll, nicht leicht seinem Wesen nach veränderlich seyn. Viele haben schon vor alten Zeiten mit sehr grosser Mühe und Kosten, jedoch bis jetzt vergebens, dergleichen Bewegung gesuchet.

Perrel, Fr. ein starker eiserner Hammer, 10 und mehr Pfunde schwer, der zuweilen von beyden Seiten geschärft ist, und zu Spaltung der Steine in den Steinbrüchen dienet.

Peruke, s. Parucke.

Persche, s. Perche.

Persefarbe, (Färber) eine Art von Violetfarbe, die aus dem Karmosin und Blau entstehet. Man färbet erst blau, und denn roth, und nach der Stärke des blauen Grundes wird auch nachher die Schattirung, die man in diesem Violet verlanget. Wollte man erst Karmosin und denn Blau färben, so würden die Alkali von der Blauküpe den Glanz des Rothen der Cochenille sehr matt machen.

Persening, (Schiffsbau) die gepichte Decke, oder das Wachstuch, welches über die Luken des Schiffs geleget wird.

Perseo, s. Ilm.

Persianische Wolle, (Hutmacher) die Wolle von den persianischen Schafen, die die Hutmacher zu der Mischung der Hutmaterie gebrauchen.

Persiko, (Destillateur) eine Art lieblichen abgezogenen Brantweins, der von Pfirschkernen abgezogen oder bereitet, und mit Zucker und Gewürz sehr schmackhaft gemacht wird.

Persischblau, (Färber) eine dunkle blaue Schattirung, die durch die Erfahrung und Klugheit des Färbers hervorgebracht werden muß, wobey es darauf ankommt, wie und auf was Art er den Zeug durch die Blauküpe ziehet.

Persische Erde, s. Englisch Braunroth.

Persische Ordnung, (Baukunst) So nennt man diejenige Bauordnung, die anstatt der Säulen Sklaven hat.

Perspektiv, Fernglas, (Optiker) ein gemeines optisches Instrument, wodurch man entfernte Gegenstände deutlich erkennen, und, weil sie groß und nahe erscheinen, genau betrachten kann. Sie bestehen gemeiniglich aus einem konvexen und einem konkaven Glase, und werden, weil sie zuerst in Holland verfertiget worden, die holländischen Ferngläser genannt. Sie sind so zubereitet, daß man sie bequem bey sich führen kann, zu welchem Ende sie aus 2, 3, auch mehrern Röhren bestehen, deren eine in der andern stecket, und ausgezogen werden kann. Es wird aber die Länge des ganzen Tubi bestimmet nach der Differenz zwischen den Weiten der Brennpunkte des Objektivglases und des Okularglases. Z. B. das Objektivglas wäre 8 Zoll, das Okularglas aber nur zwey Zoll geschliffen, so wird der Tubus 6 Zoll lang gemacht.

Perspektiv, die, die Wissenschaft, eine Sache auf einer Tafel dergestalt zu entwerfen, wie sie in einer gewissen Weite und Höhe des Auges auf einer durchsichtigen Tafel erscheinet, die zwischen ihm und derselben perpendikulär aufgerichtet wird.

Perspektivgläser, (Optikus) die geschliffenen Gläser, welche zu einem Perspektiv (s. dieses) gebraucht werden. (s. Objektiv- und Okularglas)

Perspektiv kuriose, ungestalte Perspektiv, stellt die Gegenstände auf allerley ebenen und krummen Flächen und in der Stellung vor, welche man will, so daß sie uns eben so in die Augen fallen, wie wir sie auf der Erde sehen würden. Sie giebt auch die Regeln, auf einer ebenen Fläche unförmliche Figuren zu machen, welche vor einem Hohlspiegel, oder vor einem erhabenen Spiegel gestellt, natürlich und in allen ihren gehörigen Verhältnissen erscheinen. Sie bestehet in folgenden: Man macht ein Viereck nach Gefallen, und theilet es in willkührliche kleinere Vierecke, worinn man eine regelmäßige Figur zeichnet. Auf einen andern Plan ziehet man eine gerade Linie von beliebiger Länge, und nachdem man sie in zwey gleiche Theile getheilet hat, ziehet man hinaufwärts oder hinabwärts eine beliebige Perpendikularlinie, deren Ende für den Entfernungspunkt dienet. Nachdem man die Linie, welche in zwey Theile getheilet worden, in eben so viele Theile abgesondert hat, als eine der Seiten des ersten Plans Vierecke enthält; so führet man aus diesen Abtheilungspunkten gerade Linien nach dem Ende der Perpendikularlinie, welche man zum Gesichtspunkte angenommen hat, und eine andere Diagonallinie von dem Entfernungspunkte zu dem Ende der Linien, welche die Abtheilung der Vierecke enthält. Die Durchschnitte dieser Diagonallinien bezeichnen die Punkte, wodurch Linien parallel mit der ersten Linie, von welcher man gerade Linien auf den Gesichtspunkt hatte laufen lassen, geführet werden sollen. Man theilet hierauf in ein jedes dieser langen Vierecke die Züge der regelmäßigen Figur ein, doch mit der Vorsicht, daß man in jedes längliche Viereck diejenigen Züge, welche in dem gegenüberstehenden Vierecke des andern Plans befindlich sind, verhältnißmäßig setzet. Die Figuren werden desto unförmlicher scheinen, je länger die Perpendikularlinie, welche den Gesichtspunkt formiret, und je kürzer die Linie des Entfernungspunkts seyn wird.

Perspektiv, militärische, stellt die Gegenstände auf einer ebenen Fläche fast so vor, wie sie wirklich sind, und nicht, wie sie uns scheinen, wenn wir auf einer gewissen Entfernung davon sind. Diese Perspektive bestehet darinn, daß man den Plan in seiner wahren Ausmessung, und mit allen Breiten seiner verschiedenen Stücke vorstellet.

Sie wird nicht leicht als in Befestigungsrissen gebraucht. Nachdem man den Plan gezeichnet hat, ziehet man nach allen Winkeln, parallel mit der einen Seite des Plans, Linien von eben der Höhe, welche das Werk selbst hat; man vereiniget die Spitzen dieser Parallellinien durch gerade Linien, und löschet diejenigen aus, welche von andern versteckt sind; man formiret endlich die gehörigen Schatten, und so hat man den Riß fertig.

Perspektiv, ordentliche, stellt die Gegenstände auf einer ebenen Fläche, die unsern Augen parallel ist, vor.

Perspektivische Risse, s. Baurisse, auch Aussehen.

Perte, eine Art hänfener Leinwand, welche von einem Dorfe in Bretagne den Namen hat, wo sie am meisten gemacht wird. Sie ist gemeiniglich ungebleichet, und liegt nach der pariser Elle ⅘ breit. Man hat derselben zweyerley, gemeine oder grobe und feine. Diese wird zu Betttüchern und andern häuslichen Gebrauch, jene aber zu Segeln angewandt. Es geht davon viel nach England und Spanien, wie auch nach den französischen Inseln in America.

Peruanische Wolle, (Hutmacher) die Haare der peruanischen Schafe, die unsern Schöpsen gleichen, aber etwas größer sind. Die Wolle derselben ist von verschiedenen Farben, bald braunroth, bald aschgrau, und gemeiniglich ist die Rückenwolle dunkler, als die am Bauche. Die Hutmacher, die sie zur Vermischung der Filze zu den Hüten brauchen, nehmen die dunkle weit lieber, als die helle.

Perugini, eine Art wollener Zeuge von allerhand Farbe, welche zu Gera gemacht werden. Sie liegen eine Leipziger Elle breit, und halten im Stücke, nachdem man sie verlangt, von 30 bis 90 Ellen.

Perusche, s. Berusche.

Perusiene, Prusliene, (Seidenmanufaktur) ein gezogener oder geblümter Grosdetours, der auf beyden Seiten rechts, und nur 2½ Viertelelle breit ist. Im Riethe stehet dieser Zeug 700 bis 900, und im Rohr 4 doppelte Fäden; d. i. 7 oder 900 doppelte Fäden ist die Kette breit, und 4 doppelte Fäden gehen zwischen zwey Röhren des Rietblattes. Wechselsweise wird auch wol ein doppelter und ein einfacher Faden in der Kette angebracht, allein das ist Betrug, und der Zeug wird schlecht. Gemeiniglich hat dieser Zeug zwey Farben, und folglich changiret solcher, und diese Farben wechseln einen Faden um den andern um, so daß eine Hälfte oder ein Fach diese, die andere Hälfte, oder das andere Fach, aber eine andere Farbe hat: daher nicht allein der Grund changiret, sondern auch die Figur auf einer Seite in dieser, und auf der andern Seite in der andern Farbe entstehet. Der Einschlag ist zwey- bis dreyfach, und kann von einer dritten Farbe seyn. Der Zeug wird auf einem Kegelzugstuhl mit Schäften gewebet. (s. Kegelstuhl) Die Anzahl der Schäfte und zugleich der Rahmkorden (s. diese) hängt von der Patron ab, wornach der Zeug gewebet werden soll. Denn die Schäfte mit ihren Litzen vertreten hier die Stelle der Harnischleben, und öfters sind zu diesem Zeuge 80 bis 100 Schäfte nothwendig, die nicht allein die Figur hervorbringen, sondern auch Fach zum Einschuß machen, d. i. die Kette in zwey gleiche Theile theilen. Die Patrone dieses Zeuges ist so gezeichnet, daß sie in zwey gleiche Theile getheilet ist. (s. Einlesen des Musters zum Broschiren) Bey dem Weben dieses Zeuges muß man folgendes bemerken: alle Schäfte werden von den Kegeln gezogen, weil hier keine Fußtritte vorhanden sind, und sobald er gewebet wird, und der Ziehjunge den ersten Kegel gezogen hat, so erheben sich die sämmtlichen vordersten Schäfte, oder die Hälfte aller Schäfte, in die Höhe, die andere Hälfte aber bleibt unten, folglich macht die Kette Fach zum Einschießen, und dieser erste Zug trägt noch nichts zur Bildung der Figur bey. Nach dem Einschuß, wenn der zweyte Kegel gezogen wird, macht die Kette zwar auch Fach, aber nicht in gleicher Hälfte, sondern vermittelst des Einlesens der Branschen (s. diese) gehen mehr oder weniger Fäden der Kette, nach der Vorschrift der Bilder in der eingelesenen Patron, herauf und bleiben auch unten, so daß, wenn der Einschuß geschehen ist, diese mehr oder weniger gehobene Fäden die Bildung rechts und links formiren. Die Blumen in dem Zeuge sind in einer Reihe hinter einander angebracht, und wenn sämmtliche Kegel einmal durchgezogen sind, so ist das Muster einmal gebildet, oder es ist eine Reihe Blumen hervorgebracht, und die Kegel werden von vorne an wieder auf das neue gezogen. Daß die Blumen auf beyden Seiten von einer andern Farbe entstehen, geschiehet dadurch, weil die Kettenfäden von zweyerley Farben sind, und wechselsweise eine Farbe um die andere in die Schäfte eingepaßiret sind, so daß die Hälfte der Kettenfäden von einer Farbe in der einen Hälfte der Schäfte, einer um den andern, eingezogen sind, und so auch umgekehret in der andern Hälfte der Schäfte. Natürlicherweise geht die eine Farbe beym Zug in die Höhe, die andere aber bleibt unten, folglich bildet sich das Bild auf beyden Seiten von verschiedenen Farben, und bedeckt den Einschußfaden. Denn die Kettenfäden machen die Bildung. Wo aber neben der Figur Grund entstehet, da tritt sowohl die eine, als die andere Farbe wechselsweise ins Ober- und Unterfach, und verbindet den Grund. Denn bey den Figurstellen werden die Fäden nicht immer gewechselt, sondern sie bleiben an ihren Stellen so lange oben oder unten, als es nothwendig, und nach der Patron eingelesen ist, die Stelle zu bilden: und denn wechseln die Fäden der bildenden Stellen erst, wenn sie ihre Bildung vollendet haben, und es treten bey dem folgenden Zug erst andere Fäden zur Bildung an ihre Stelle, und thun das, was die vorigen, aber an andern Stellen, gethan haben.

Pesade, (Reitkunst) eine Bewegung des Pferdes, wenn es die Vorderfüße aufhebt, und mit den hintern vest und still stehen bleibt, solche auch nicht bewegt, bis die vordern wieder auf der Erde sind.

Pesant, eine Gattung Glasperlen, deren man von zweyerley Farben hat, gelbe und grüne. Sie werden zur Handlung auf den afrikanischen Küsten, und sonderlich nach Senegal, gebraucht.

Pesce, eine italienische Scheidemünze von Kupfer, deren 10 eine silberne Rupie ausmachen.

Peschau, ein französisches Maaß, womit die Kastanien gemessen werden. Es hält 125 bis 130 Pfunde.

Peso, eine spanische Rechenmünze; 10000 Pesos gelten 1200 Dukaten.

Peso duro, oder Fuerte, Span. d. i. eine wirklich geprägte Peso, oder sogenanntes Stück von Achten.

Peso d'Oro, s. Piaster.

Pesos, s. Real.

Pessa, s. Pecha.

Petlein, (Landwirthschaft) so nennt man diejenigen in der Erde 8 bis 10 Zoll steckende und über der Erde 3 bis 4 Zoll starken Pfähle, welche mit 3 Löchern versehen sind, um Stangen durchzustecken, dergleichen man zu Verzäunungen für das Vieh, oder auf Höfen zur Viehverhöde (s. diese) gebraucht.

Petarde, (Kriegsbaukunst) ein Geschütz von Metall, in Gestalt eines abgekürzten Kegels, welches mit Pulver gefüllet, und z. B. zu Sprengung der Thore, Mauern, Brücken, Palisaden u. s. w. gebraucht wird. Damit man sie an dem Ort, der gesprengt werden soll, anhängen kann, so befestiget man sie auf das Marrillbrett, zu welchem Ende gegen die Mündung Handhaben eingegossen sind. Sie ist in ihrer innern Höhlung 8 bis 9 [illegible] tief und 6 breit.

Petarden, chinesische, (Lustfeuerwerk) ein Feuerwerk, so man in den Zimmern abbrennen kann. Sie werden von grünem Papier, wie die Tafelschwärmer (s. diese) zusammengerollt, jedoch mit dem kleinen Unterschiede, daß im Zusammenrollen ein wenig mehr Papier in der Dicke seyn muß. Das eine Ende derselben wird zugewürget, (s. zuwürgen) und alsdenn füllet man sie mit Kornpulver an, und stößt mit dem Roßstock, womit sie gewickelt worden, das Pulver darinn veste, jedoch so, daß das gekörnte Pulver nicht zu Staub werde, und noch ein wenig Raum übrig bleibe, um das andere Ende auch zuwürgen zu können. Uebrigens wird die Kommunikation so wie bey den Tafelschwärmern angebracht. Man hält, wenn man sie abbrennen will, die Petarde zwischen zwey Fingern sehr veste, und giebt das Feuer an die Kommunikation. Damit ihre äußerliche Gestalt nicht so kahl aussieht, zieret man sie mit buntem Papier, wie die Tafelschwärmer.

Petermäcker, Fr. ein seidenes Werg, welches noch schlechter als die Floretseide ist. Indessen braucht man es doch, wenn es gewunden, gefärbt, und sonst zu einem Faden wohl zugerichtet ist, zur Verfertigung verschiedener Zeuge, wie auch zum Floretband der Schmidtänder, Floretzboren, und andern dergleichen Arbeiten. Nur unter die guten seidenen Zeuge darf es nicht mitgenommen werden.

Peterbatzen, s. Petermännchen.

Petermann, s. Droguet.

Petermännchen, eine im Reich bekannte Kuhtrierische Münzsorte, welche ihren Namen von dem auf der einen Seite geprägten heil. Peter mit dem Schlüssel hat. Sie gilt nach unserm Gelde nicht völlig 13 Pfennig. Man hat auch ganze oder dreyfache, oder drey kleine Petermannchen, welche 5 Kreuzer gelten, und bey uns für 16 Pfennige, oder einen Doppelbatzen, genommen werden.

Peter-Simenes, Pedro-Seminez, Petro-Simenes, Pedro-Ximenes, ein spanischer Wein, der auf rheinischen Reben gewachsen, welche ein Holländer, Peter Simenes, vor mehr denn 100 Jahren dahin gebracht, und bey der Stadt Candalfage gepflanzet hat. Er ist nicht so fett, wie andere spanische Weine, goldgelb an Farbe, und am Geschmacke sehr lieblich.

Petit Coup, in den, bringen, (Strumpfwirker) wenn der Wirker, nachdem er die Maschen des Strumpfs assemblirt (s. assembliren) hat, in dem Augenblick, da er den Faden unter die ausgehobenen Nadelspitzen des Stuhls gebracht hat, mit dem Schnabel der Platinen gegen den in Maschen verwandelten Faden drückt oder schlägt, und hierdurch die Maschen gleich und glatt machet. Denn die Maschen werden hierdurch gegen die Biegung der Nadelspitzen getrieben, und die Platinen können daher die Windungen des Fadens durch den Druck gerade und glatt ziehen.

Petitsmaitres. Fr. So nennen die Franzosen viele alte mehrentheils deutsche Kupferstecher, welche nur kleine Stücke, aber mit großer Sorgfalt und Reinlichkeit, gestochen haben.

Petong, oder pe tong; ein chinesisches Metall, so dem weißen Kupfer ähnlich ist. Es hat beynahe das Ansehen des Silbers, ist aber spröde und brüchig.

Petersalta, s. Steinwächse.

Petrelle, (Lustfeuerwerker) ein Feuerwerksstück, das in nichts anders besteht, als in einer Pastillenhülse, ohngefähr einen Fuß lang. Ehe man solche mit gekörntem Pulver füllet, drücket man sie, aber nicht zu stark, breit zusammen, bis auf die Gegend, wo man den Trichter hinein steckt, durch welchen das Kornpulver laufen muß. Wenn sie nun gefüllet ist, so legt man sie auf den Tisch, und rollet mit einem runden Holz darüber, damit das gekörnte Pulver zerdrückt werde, alsdenn biegt man sie nicht in die Runde zusammen, sondern legt sie in einem Zickzack, oder schlangenweise, und bindet sie mit einem Faden in der Mitte vest auf einander. In das ungebundene Ende stecket man eine Stapine oder Kommunikation, zündet sie an, und wirft sie auf den Boden, auf welchem sie herumspringt, platzet und kracht.

Petschaft, Petschier, (Petschierstecher) das kleine Instrument, womit man einen Brief oder andre Sachen versiegelt. Es besteht dasselbe entweder aus einem Wappen, oder einem gezogenen Namen, oder einer erwählten Devise, welche in Eisen, Messing, Silber, Gold oder Stein geschnitten wird. Die Gestalt ist mancherley. Einige tragen solche am Finger in einem Ringe, andre in einer besondern Kapsel, auf einer dreyeckigten Welle, auf eine dreyfache Art eingegraben, andre tragen sie auch an der Uhrkette, oder Bande an der Uhr ꝛc. (s. Siegel.)

Petschie-

Petschieren, einen Brief oder ein Paket zusiegeln.

Petschierring, ein Petschaft in Gestalt eines Ringes, ein Fingerring mit einem Petschaft.

Petschierstechen, (Petschierstecher) die Kunst, sowohl in Stein als Metalle Bilder oder Wappen einzuschneiden und zu graben. Der Stein, den man schneiden will, wird auf einen Kittstock von weißem Pech und Ziegelmehl aufgekittet, die Seiten der ungefärbten Steine müssen vorher, ehe sie in den Kitt gesetzt werden, über einer Lampe schwarz angelaufen werden, damit die Zeichnung besser gesehen werden kann. Die Zeichnung wird darauf mit einem messingenen Stifte entworfen. Die glatte Oberfläche des Steins muß aber vorher erst matt geschliffen werden, und deswegen auf einer Glastafel, oder auf der Scheibe der Steinschleifer (s. diese) mit Schmirgel und Wasser abgerieben werden, damit sie etwas rauh werde. Auf dieser matten Oberfläche kann nunmehr das Bild entworfen werden. Nach dem gezeichneten Umrisse der Figuren wird mit dem Schneidezeiger (s. diesen) ein schwacher Einschnitt gemacht, nachdem man das Rad des Schneidezeigers vermittelst der Diamantschale mit Diamantboord und Steinöl, oder auch jedem andern Oel bestreicht hat. Man führet den Stein mit dem Kittstock dergestalt, daß die geschärfte Scheibe des Schneidezeigers stets den Umriß berühret. Zuerst wird das Schild mit der Flachperl (s. diese) ausgeschnitten oder ausgehöhlet. Zu diesem Ende wird der Stein unter die größte Rundung des Zeigers gehalten, und so herum geführet, wie es die Figur mit sich bringt. Der Zeiger wird hierbey nur mit Schmirgel und Wasser geschärft. In dem Schilde entwirft man abermals mit der Reißfeder die Figur, die darinn erstehen soll, und bezeichnet den Umriß mit dem Schneidezeiger. Die ganze Verschiedenheit bey dem Schneiden der Stellen in den Figuren besteht darinn, daß mit dem Flachzeiger ebene, und mit dem Bolzenzeiger krumme Flächen einer Figur ausgehöhlet werden, und daß der Künstler kleine oder große Zeiger nach der Größe der Flächen an die Drehmaschiene (s. diese) stecken muß. Denn alle Zeiger werden bey dem Schneiden der Steine an dieser Maschiene befestiget, und mit dem Fuß in Bewegung gebracht. Der Künstler muß überhaupt bey allen Stellen seines Bildes sich dazu schickliche Zeiger wählen, und bald den Rundperl, Spitzzeiger und Flachzeiger (s. alle diese, wo gesagt wird, wozu ein jeder dienet) gebrauchen. Bey allen zu machenden Einschnitten zur Figur müssen die verschiedenen Zeiger öfters mit Diamantboord und Steinöl gedrückt oder beschmieret werden, und wenn die ganze Figur fertig ist, so wird sie mit feinem Trippel und Wasser poliret. Man bedienet sich bey dem Poliren aller fertigen Stellen für jede Fläche der nämlichen Zeiger, sowohl was Gestalt als Größe betrifft, nur daß das Rad oder Scheibe dieser Zeiger von Zinn ist, anstatt daß die zum Schneiden von Kupfer sind. Denn da die ganze Fläche matt gemacht worden, so muß solche polirt werden. Stellen, die matt bleiben sollen, werden mit messingenen Mattzeigern poliret. Ueberhaupt kommt es bey dem Steinschneiden auf eine große Fertigkeit im Zeichnen und eine geübte Hand an. Werden Petschiere in Metall gegraben, so wird der Schaft in den Arbeitsstock, oder wenn sie groß sind, in den Schraubestock eingespannt: der erstere ist aber zu dieser Absicht bequemer, weil man ihn nach Willkühr umdrehen kann. Nach dem gemachten Umriß der Figur macht der Künstler mit dem Schneidestichel (s. diesen) einen Einschnitt, das Schild gräbt der breite Schildstichel, die geraden Flächen der Flachstichel, und die krummen der Rundstichel aus. Aber bey dieser Arbeit können auch die Bunzen mit Nutzen gebraucht werden. Denn selten gräbt der Künstler Augen und Nasen, und nie Buchstaben und Zahlen mit einem Grabstichel, sondern mit Bunzen. Man setzt nur die erhabene Figur derselben auf das Metall, und einige behutsame Schläge des Hammers auf die Bunzen bilden diese kleine Theile. Die ausgegrabenen Figuren und die Flächen selbst, worauf sie der Künstler gravirt hat, werden mit feinem englischen Schleifsteinen und mit dem Polirstahl poliret. Bey Stempeln mit erhabenen Figuren, Buchstaben und Zahlen nimt der Künstler das Metall auf den Seiten der vorgezeichneten Figuren, oder wo es sonst nöthig ist, mit einem Grabstichel weg, daß die Figuren erhaben auf dem Stempel zu stehen kommen.

Petschierstecher, Wappenschneider, ein Künstler, der die Kunst verstehet, nicht allein in allerley edle und unedle Steine die Wappen oder Petschiere zu stechen und auszuschneiden, sondern auch auf Metall Figuren von gleicher Art auszugraben. Es ist ein freyer Künstler, der vornehmlich gut muß zeichnen können.

Petschierwachs, so nennt man auch im gemeinen Leben das Siegellack. (s. Siegellack)

Petze, (Wasserbau) das obere Holz, worinn die Griessäulen einer Schleuse eingezapft werden. (s. Schleuse)

Petuntse, die eine Gattung der Masse, welche die Chineser zum Porzelan gebrauchen. Man hält es für einen Gipsspath, der Theile zwischen sich hat, die mit Säure brausen, und dem Bologneser Stein sehr nahe kommt.

Peulwerk. (Landwirthschaft) So nennt man an einigen Orten das Ackerwerk und die Arbeit desselben das Peulen, und die Bauern wegen ihrer sauren Arbeit nennet man Peuler.

Peuschel, s. Päuschel.

Peuschen, durchpeuschen, Fr. guéer, (Hüttenwerk) das auf dem Heerd rein gewaschene Erz in das Abstich- oder Ablauffaß laufen lassen.

Pfadeisen, Pfahleisen, (Bergwerk) das in dem Einschnitt oben an der Haspelstütze eingelegte Eisen, worinn der Zapfen des Haspelhorns liegt und umläuft.

Pfadkopf, (Bergwerk) eine große Erzwand. (s. Peilkopf)

Pfaffe, bey den Brauern wird der Zapfen eines Fasses öfters also genennt. (s. auch Pfaffendorn)

Pfaffendorn, (Sporer) ein am Ende ausgehöhlter Dorn, die Nägel auszuziehen. (s. auch Sporpfaffe)

Pfaffen-

Pfaffenholz, Spindelbaum, (Drechsler, Tischler) ein inländisches Holz, welches lichtgelb und hart ist, und sowohl zu eingelegter Arbeit, als auch zu Drechslerarbeit, gebraucht wird.

Pfaffenhütleinholz, Fr. fusain, ou fusin, (Maler, Zeichner) ein Holz, welches dieselben zu Reißkohlen gebrauchen. Man spaltet es in kleine Stäbe. Diese thut man in einen Pistolenlauf, welcher mit Leimerde wohl verstopft ins Feuer gelegt wird, daraus man ihn, wenn man glaubt, daß das Holz in Kohle verwandelt ist, glühend nimmt, und kalt werden läßt, ehe man die Reißkohle herausnimmt. Einige begnügen sich, das Holz in Leimerde einzuschlagen, und wenn sie trocken ist, thun sie solche, wie den Pistolenlauf, ins Feuer.

Pfaffenmütze, (Baukunst) eine Handramme mit langen herausragenden Stielen, womit sie auf einen noch hoch stehenden Pfahl gehoben, und derselbe folgends so weit niedergestoßen wird, bis man mit dem Handblocke darauf kommen kann.

Pfaffenmütze, Fr. Bonnet à prêtre, (Kriegsbaukunst) ein abgesondertes Befestigungswerk, welches an der Fronte zwey eingehende Winkel und drey Vorsprünge hat, nebst zwey langen Flügeln, welcher Ende an die Kehle, wie bey dem Schwalbenschwanze anschließen, weil sich dergleichen Werke nicht gut vertheidigen, so sind sie heut zu Tage nicht mehr üblich.

Pfaffenmütze, s. Schwalbenschwanz.

Pfaffenmütze, Fr. Bonnet à prêtre, (Minirkunst) wenn mehrere Horchgänge (s. diese) in einer Mine dergestalt auseinanderstehen, daß sie einen gewissen Raum rund herum einschließen, so daß man den Feind während der Zeit, daß er sich über demselben befindet, von vorne, in dem Rücken und von den Seiten angreifen kann.

Pfaffenmützholz, Spindelbaumholz, ein bleichgelbes hartes Holz, das von den Tischlern und Drechslern zu allerhand Arbeiten angewendet wird. Der Baum hat ohne Zweifel von seinen Beeren den Namen erhalten, denn diese sind wie Jesuitermützen aufgestutzt.

Pfaffenschnitt. (Nadler) So nennt man den mißlungenen schiefen Schnitt, wenn man die Röllchen oder Gewinde des Knopfdrahtes zu den Knöpfen der Stecknadeln mit der Knopfschere voneinander schneidet, daß der Ringel zum Knopf nicht zu gebrauchen ist.

Pfahl. (Baukunst) Ein bey dem Grund- und Wasserbau unentbehrliches Stück, um Pfahlgründe und Röste zu machen. Er wird am besten von Eichen- oder gutem Fichtenholze gemacht, und ist ein langer, runder Baum, so wie er gewachsen ist, woran die Spitze nach dem Grunde, worein er zu stoßen, spitz oder stumpf gehauen werden muß. Doch muß das äußerste Ende allezeit in einer Rundung sich verlaufen. Je härter und steinigter der Grund ist, desto stärker muß auch die Spitze seyn, wenn der Grund allzu weich ist, so muß die Spitze mit einem eisernen Schuh beschlagen (beschuhet) werden. Der Kopf des Pfahls wird etwas rund gemacht, und die Ecken oder Schärfen werden weggehauen. Auch legt man noch wol überdieß einen eisernen Ring darum, daß sich der Pfahl, wenn er eingetrieben wird, nicht splittere, oder in Stücken gehe. Die Länge und Stärke des Pfahls richtet sich nach den Umständen. Einige sehen auch auf das Verhältniß der Dicke des Holzes zu seiner Länge. Einige pflegen auch die Spitzen der Pfähle zu brennen; allein wenn sie in das Wasser kommen, so hat dieses keinen Nutzen, weil sie darinn ohnedem nicht faulen, und im trockenen Erdreich faulen auch die gebrannten. Nach ihrer verschiedenen Größe und ihrem Gebrauche bekommen sie auch verschiedene Namen, als: Weinpfahl, Zaunpfahl, Gränzpfahl, Brandpfahl, Sturmpfahl, Grundpfahl, Brückenpfahl u. s. w. (s. alle diese)

Pfal, Pfahl, Fr. le poteau. (Bergwerk) 1) Ein Stück Holz, welches zur Bemerkung eines Umstandes in die Erde eingeschlagen wird. 2) Das Stück Holz, das zur Befestigung und Sicherheit des Lochsteins neben demselben eingeschlagen wird. Fr. le pieu.

Pfahlbaum, (Baukunst) ein zu einem Pfahle, besonders zu einem Grund- oder Brückenpfahle bestimmter Baum.

Pfahlbohle, Klammpfahl. (Baukunst) eine starke Bohle, welche entweder unten zugespitzt, oder nach einem Zirkelstück abgerundet, und bey einem harten Boden mit Eisen beschlagen wird. Man schlägt sie zwischen Rostpfähle, und sie dienen zu einer Umdämmung, oder Brust.

Pfahleiche, (Forstwesen) eine zu Grund- und Brückenpfählen taugliche Eiche, welche 15 Zoll im Durchmesser und 25 Ellen in der Länge halten muß.

Pfahleisen. 1) Ein eiserner Pfahl, die Löcher im festen Boden zu den hölzernen Pfählen damit vorzustoßen. 2) In den Glashütten ein starkes Eisen, in Gestalt einer hölzernen Stemmgabel, welches in den Pfahl eingeschlagen wird, um das Glasrohr mit dem Scheibenmacher zwischen dessen Gabel zu legen.

Pfahleisen, Hopfenstichel, Stickeleisen, (Landwirthschaft) eine ohngefähr 2 Ellen lange eiserne Stange, an dem einen Ende mit einem starken und wohl zugespitzten Kolben oder Kopf versehen, womit man Löcher in die Erde sticht, Hopfenstangen oder Zaunpfähle, und bey dem Jagen die Furkeln darein zu stecken, Weiden zu setzen u. dgl. Es schicken sich alte Flintenläufe gut dazu, wenn man sie mit Bley ausfüllet, sie oben zu- und unten den gedachten Kolben anschmieden läßt.

Pfählen, den Wein und Hopfen mit nöthigen Pfählen versehen, und solche einschlagen. Daher den Wein pfählen.

Pfähle, vorgeschuhete, (Bergbau) Pfähle, die vorne mit solchen Eisen beschlagen sind, welche bey der Verzimmerung eines Schachtes in das Gebirge zwischen zwey Jöcher des Schachtes eingetrieben werden.

Pfahlgraben, ein mit Pfählen oder Palisaden besetzter Graben. Ein Name, der besonders von den auf solche Art befestigten Gränzgräben gebraucht wird.

Pfahlgrund der Schleusen (Wasserbau) Es ist den Schleusen schädlich, wenn sie unter dem Boden von

Wasser unterlaufen werden, welches mit dem Kanalwasser außerhalb der Schleuse Gemeinschaft hat, nicht nur um des gewaltigen Druckes willen, womit der Schleusenboden durch das Oberwasser in die Höhe gepresset wird, sondern auch um der Auspressung willen, welche bey Bewerffen den Sand hervorquellen läßt, darüber Röhre unter dem Schleusenboden entstehen; wie denn überhaupt das Wasser die Erde hinter hölzernen Verschalungen nur gar zu leicht und gar zu oft hervorziehet, dergestalt, daß es möglich ist, durch Wühlen die Erde hinter der Mauer so gar wegzuführen, wenn gleich die Wände und Mauern stehen bleiben. Dieser gedoppelten Gefahr vorzubeugen, muß die ganze Schleusenkammer und beyde Häupter nicht nur seitwärts, sondern auch vorne und hinten, beym Ein- und Ausfluß, im Grunde mit lauter Spundpfählen, wie mit einer allenthalben verschlossenen Wand eingefasset und umringet werden. Ja auch dieses ist noch lange nicht genug. Die Häupter, die Drempellager, der Absturz hinter dem Oberhaupte, erfordern Querspundwände, das Unterlaufen zu verhüten.

Pfahlhaufen. (Weingärtner) Eine Eintheilung der Weinberge, da man 6 Schock Weinstöcke zu einem rechnet. Enthält also ein Weinberg von 70 Pfahlhaufen 420 Schock Stöcke.

Pfahlhecke, (Landwirthschaft) eine mit Schutz- oder Gränzpfählen besetzte Hecke, in so fern sie die Gränze zwischen zwey Gebüschen machet.

Pfahlmühle, (Müller) eine Wassermühle, welche auf eingeworfenen mit Pfählen versehenem Boden unbeweglich steht. Im Gegensatz einer beweglichen Schiffsmühle.

Pfahlpäuschel, (Bergwerk) ein großer schwerer Päuschel, (s. diesen) Pfähle damit einzuschlagen.

Pfahlramme, s. Ramme.

Pfahlruthe, Zettenruthe, (Tapetenmanufaktur) der Stock, der zwischen der Kette der gewürkten Tapete, wenn solche zum Weben auf dem Stuhle ausgespannt ist, zwischen die Vorder- und Hinterfäden gesteckt wird, um beyde von einander zu unterscheiden, und Fach zu machen, wenn die Tapete gewirket wird.

Pfahlschlagung, Fr. Pilotage, (Baukunst) wenn auf einem weichen, nachgebenden, morastigen Boden ein schweres Gebäude gesetzt werden soll, und man einen Graben zur Grundmauer machen will, so muß man Pfähle von Eichenholz, welche wol 1 Fuß dick, und 6, 10 bis 24 Fuß lang seyn müssen, durch das Rammen reihenweise in die Erde treiben, und den Boden dadurch veste machen, indem die in dem Morast befindlichen Theile zusammen gepresset, und die ganze Last zu tragen geschickt gemacht werden. Die eigentliche Länge und die Anzahl der Pfähle an jedem Orte bestimmt sich aus den jedesmaligen Umständen, indem man sie so lang machet, als man findet, daß sie die Ramme in die Erde hinein treibt, auch werden so viele neben einander eingetrieben, als der Boden annehmen will. Sind sie alle tief genug getrieben, so werden sie, horizontal mit der Säge verglichen, und mit neben einander liegenden Schwellen belegt, die etwa zwischen sich den Raum eines Fußes lassen, außerdem aber mit kurzen Querschwellen verbunden sind, welches Schwellenwerk zusammen verbunden einem Rost ähnlich sieht, und daher auch Rost (s. diesen) heißet.

Pfahlschwanz. (Bergwerk) So nennt man das obere breite Ende des Pfahles, so zwischen dem Pfännige und dem Geviere einer Schachtverzimmerung im hangenden und liegenden und in beyden Stößen gesteckt wird.

Pfahl stecken, Stäbeln, Pfählen, (Weingärtner) bey jedem Weinstock und Senke (s. diese) einen Pfahl stecken, damit die Reben und Bogen daran geheftet, und für dem Wind bewahret werden. Solche Arbeit pflegen die Winzer insgemein gleich nach dem Räumen mit ausgehendem April, noch vor dem ersten May zu verrichten. Man pflegt die Pfähle auch wol an beyden Enden zu spitzen, damit die Krähen, Elstern, und dergleichen weingefährliche Vögel sich nicht darauf setzen.

Pfahlwerk, (Baukunst) ein aus Pfählen bestehendes Werk oder Grund eines Gebäudes.

Pfahlzaun, (Landwirthschaft) ein Zaun, welcher aus nebeneinander geschlagenen, und nur oben mit Weiden zusammengeflochtenen Pfählen besteht. Zum Unterschied von einem geflochtenen Heckenzaun.

Pfahl ziehen, (Weingärtner) eine Arbeit, die gleich nach der Weinlese in den Weinbergen vorgenommen werden muß, und zwar mit der Vorsichtigkeit, daß man unten die Spitze an den Pfählen nicht zerbreche, und daß ein Winzer das Gebirge zu unterscheiden wisse, nämlich das gedeckte und ungedeckte Gebirge, und was die Arbeiten dabey sind, daß er theils Pfähle in ungedeckten ausziehe, und die Spitzen oben (damit die Luft die Feuchtigkeit, von dem in der Erde gestandenen Ende, ausziehe) zusammenlehne, der Stock aber bloß dabey stehen bleibe, theils aber wie den Weinpfähle niederlege; auch wenn der gedeckte Boden locker oder sehr sandig ist, daß meistens die Pfähle umgekehrt in Schaub gesteckt, oder gar nieder auf den Boden geworfen werden, damit der Wind das lockere oder sandige Erdreich so geschwind nicht wegführen möge. Es werden aber meistens die besten und jungen Stöcke in den hohen Gebirgen mit den Pfählen niedergelegt; denn ob es gleich etwas den Pfählen schadet, so kömt es doch dem Wein wieder zu gut. Auch wird ein Pfahl so lange bey einem eingelegten Stock und angegrabenen Grube gelassen, bis solche geräumet, daß man siehet, wo ein gesenkter Stock oder unverhängte Grube zu finden, damit solche auf den künftigen Herbst des andern Jahres gedünget werde. Denn es geschiehet manchmal, daß die Gruben entweder durch das Gewässer zulaufen, oder in der Aufräumung oder bey der Hacke einschießen, oder eingetreten werden.

Pfalz, (Hutmacher) die Oeffnung an der Röhre des Walkofens, worinn man einen Dachziegel verschieben kann, um die Wärme zurückzuhalten, wenn kein Rauch mehr aus der Röhre zu lassen ist.

Pfand, Fr. le travers. (Bergwerk) 1) Ein unter den Anstreckpfählen quer übergelegtes Holz, damit alle Bru-

che

de gefangen werden.. 2) Ein Stück Holz, welches zwischen dem Holz und Gestein, oder zwischen die Hölzer, wo eine Lücke ist, um solche auszufüllen, eingetrieben wird. Fr. piece de bois à combler une breche. 3) Ein Stück Schwarte, welches bey verlohrenem Holze hinter den Pfählen eingetrieben wird, um den Druck gegen den Schacht zu verhüten. Fr. Piece d'une planche d'art ou boucher une breche.

Pfand, (Wasserbau) eine gewisse Deichmaasse, insgemein eines eingesessenen Landeigenthümers, so demselben in Verhältniß seines Landes zu machen oder zu unterhalten zugetheilet ist: doch wird es auch von einem Schlage, so ganzen Gemeinden zugehöret, gebrauchet.

Pfand, s. Pfändung.

Pfanddeiche, (Wasserbau) eine Strecke Deiches, die in Pfänder (s. Pfand) abgetheilet ist, und pfandweise unterhalten wird.

Pfanddeichung, (Wasserbau) die Weise und Einrichtung, die Deiche nach Pfändern zu machen.

Pfandholz, (Bergbau) dasjenige kurze Holz, womit man die Löcher hinter dem Anpfahl und dem Hangenden bey der Verzimmerung eines Stroßenbaues (s. diesen) ausfüllet.

Pfandkeil, (Bergbau) die Keile, die man zwischen jedem Pfahl eines verlohrnen Gevieres einer Schachtzimmerung schlägt, damit die Pfähle an die Jöcher und Helbehälter gedruckt werden, und nicht abkommen, oder sich voneinander geben können.

Pfändung, Pfand, (Bergbau) ein nach der Länge gelegter Pfahl, welcher gelegt wird, wenn man mit dem Getriebe einer Schachtverzimmerung tiefer herunter gekommen, daß man neue Jöcher legen kann.

Pfändung, verlohrne, s. Verpfändige.

Pfannbalken, (Wasserbau) ein vor dem Sülle dicht aufgelegter Balken, zwischen welchem und dem Sülle die Pfannen entweder eingelassen, oder auch in selbigem allein eingefügt werden, nachdem die Thüren mit einem Winkel, oder in gerader Linie zusammenschlagen.

Pfannbock, (Salzsiederey) das Holz, das unten wie eine Gabel gestaltet, und worauf die Wirker die abgezogenen Pfannen legen oder stablen, wenn sie dieselben rein machen wollen.

Pfannbörte, (Salzsiederey) So heißen die Ränder an den Salzpfannen.

Pfanne, Poile de fer. (Blechhütte) 1) Ein eiserner eingemauerter Kasten, darinn das Zinn zum Verzinnen der Bleche geschmolzen wird. 2) Ein großes Geschirr von Bley, viereckigt und tief, oben offen, welches in einem Ofen eingemauert ist, welcher geheizet wird, Kochsalz, Vitriol, Alaun und Salpeter bis zur Kristallisirung darinn einzukochen. Fr. la Chaudiere.

Pfanne, (Büchsenmacher) der hohle Theil eines Flintenschlosses außerhalb am Schaft, darauf das Zündpulver geschüttet, und mit der Batterie bedeckt wird.

Pfanne, (Mühlenbau) das gestählte Eisen, in welchem die ebenfalls gestählte Spitze des Mühleisens läuft, welches den obern Mühlstein beweget.

Pfanne, überhaupt das hohle und massive Eisen, worinn die Zapfen einer Radwelle laufen.

Pfanne, s. Dachpfanne.

Pfännel, Pfännlein, Fr. Potion, (Hüttenwerk) kleine runde Schalen, von der Gestalt und Größe der Backschüsseln zum Brod, in welche das abgestochene Werk zu Pfännelstücken gegossen wird.

Pfännelstücke, Fr. oeuvres, pieces d'oeuvres, (Hüttenwerk) ein Klumpen Werk in Gestalt eines Brodes, das in einem eisernen Klumpen gegossen worden.

Pfannen, Fr. des poeles, viereckigte, von Eisen, Kupfer oder Blech gemachte Kasten, worinn die mit Salze geschwängerte Laugen oder Wasser gesotten, die Salze ins Enge gebracht, und zum Anschießen oder Kristallisiren geschickt gemacht werden.

Pfannenbaume, (Salzsieder) diejenigen Bäume, woran die Salzpfannen hängen.

Pfannenblech, diejenigen eisernen Scheiben Blech, woraus die Salzpfannen zusammengesetzt werden.

Pfannenbrett, (Salzsieder) ein Brett, welches der Salzsieder dergestalt neben die Pfanne stellet, daß bey dem Sieden die aufsteigenden Dämpfe gegen dasselbe schlagen und sich brechen, damit solche den Salzwirker nicht verhindern, die Sole in der Pfanne zu beobachten.

Pfannendeckel. (Artillerie) 1) Der Deckel, womit man das Zündloch bey den Stücken verdecket; 2) auch das Eisen, welches man nicht nur über die Schildzapfen an den Laffeten, sondern auch über alle Zapfenlagern, oder die Pfannen bey den Maschinen, so in Rädern bestehen, zu machen pfleget; 3) bey den Soldaten der lederne Deckel über der Batterie des Schlosses an einer Muskete, der mit einem Riemen unter dem großen Biegel unter dem Schaft befestiget ist, damit die Pfanne des Schlosses, zumal wenn das Gewehr geladen ist, bedeckt sey, und bey Regenwetter das Pulver nicht naß werde.

Pfannendeckel, Batterie, (Büchsenmacher) das massive Stück oder der Deckel, womit die Pfanne an einem Flintenschloß, worauf das Pulver geschüttet wird, bedeckt wird, und an welchem der Hahn mit dem Stein anschlägt, daß er nicht allein geöffnet, sondern auch, indem der Stein an dem Deckel Feuer schlägt, das Pulver in der Pfanne entzündet und das Gewehr losgebrennet wird. Der Pfannendeckel ist deswegen vorne mit einer stählernen Platte verstählet. (s. auch Batterie)

Pfannen der Zuckersiederey, sind ganz von Kupfer, rund wie ein großer Kessel, und etwas über 5 Fuß weit, und etwas tiefer. Bloß ihr Boden ist der Glut ausgesetzt, und muß daher vorzüglich stark seyn. Es sind gemeiniglich in einer Zuckersiederey verschiedene in einem Heerd, doch jede in einer Entfernung von der andern, eingemauert. Der aufgeführte Heerd dieser Pfannen ist nur einige Fuß hoch, und hängt mit der Querwand der Siederey zusammen. Der Heerd ist hohl, doch so, daß jede Pfanne un re sich ihre besondere Feuerstätte hat. Jede Pfanne ist in diesem Heerd eingemauert, aber nach ihrer Höhe nur zur Hälfte. Die vordere Hälfte des hervorragenden Theils der Pfanne, (Vorsatz, oder Brasse) läßt sich abnehmen, und hängt daher nur mit der hintern Hälfte vermittelst einer Falze zusammen. Die obere Fläche des Heerdes ist mit kupfernen Platten belegt, welche zusammenhängend alle Pfannen im Heerde umgeben, und an den Pfannen angelöthet sind. Diese kupferne Bedeckung ist nach Art einer Rinne gebogen, worinn der Zuckersud, der etwa aus den Pfannen beym Kochen abläuft, aufgefangen wird. Daher ist auch in jeder Ecke oder Rinne eine runde Vertiefung, gleich einem Kessel, worinn sich der gedachte Abgang sammlet. Unter jeder Pfanne in jeder Feuerstätt des Heerdes ist ein eiserner Rost, worauf das Holz oder die Steinkohlen geworfen werden, und unter dem Rost befindet sich ein Aschenfall, dessen Zugang an dem Aeussern der Siederey angebracht ist. Hinter der Querwand, woran der Heerd mit den Pfannen steht, befinden sich außerhalb derselben und hinter den Pfannen die Schorsteinröhren, die den Rauch abführen. Man kann jede mit einem Schieber verschließen, um dadurch die Glut erforderlich regieren zu können. Ueberdem ist auch in dem Innern der Siederey über den Pfannen ein Rauchfang nebst einer schmalen Schorsteinröhre, welche die aus den Pfannen aufsteigende Dünste abführet. Die Mündung der letztern muß mit einem Dach versehen seyn, um alle Unreinigkeiten von den Pfannen abzuhalten.

Pfanneneisen, (Büchsenmacher) eine kleine eiserne Schraubenzwinge, worein der Büchsenmacher die Pfanne des Schlosses unter der Schraube spannt, wenn er die Pfanne mit der Feile ausarbeiten will. Der Schraubestock hält dieß kleine Instrument beym Gebrauche gleichfalls veste.

Pfanneneisen, Pfanneisen, Fr. Tole grosse aux poeles, (Blechhütte) starkes Blech, welches dazu dienet, Pfannen daraus zu machen, es ist stärker als Sturzblech.

Pfannenflicker, s. Kesselflicker.

Pfannenhaken, (Salzsiederey) die Haken, welche an der Halsscheide (s. diese) bevestiget sind, und woran die Pfanne mit ihren Hespen bevestiget wird. Es sind dergleichen Haken 9 an der Halsscheide.

Pfannenhaus, (Salzsiederey) das Gebäude, darinn die Salzsiedpfannen stehen, und Salz gesotten wird.

Pfannenknecht, (Koch) ein eisernes Werkzeug, worinn der lange Stiel der Kochpfanne, als in einer Gabel, ruhet.

Pfannenkolben, (Büchsenmacher) ein Kolben, oder eiserner, warm rundlicher Stempel, womit die Vertiefung der Zündpfanne an einem Büchsen- oder Flintenschloß ausgetrieben wird.

Pfannenläufer, (Salzsieder) Stücken Salz, welche kleiner gerathen sind, als gewöhnlich, weil die Pfanne alt oder löcherich ist, und daher viele Sole unter dem Sieden ausgelaufen ist.

Pfannenmeister, (Salzsieder) ein geschworner Aufseher, welcher die Fehler der Salzpfannen und Salzgebäude besichtiget.

Pfannenschmid, ein Handwerker, welcher Pfannen und andere ähnliche Geräthe aus starkem eisernen Blech schmidet, und daher auch zuweilen der Blechschmid genannt wird.

Pfannenstein, (Bergwerk) eine Art Schiefer, welcher zu Goslar gebrochen wird, und womit man die Braupfannen zu pflastern pflegt.

Pfannenstein, Schep, Schöp, Scherp, (Salzsiederey) der sich bey dem Anschießen des Salzes an der Pfanne ansetzende Stein.

Pfannenziegel, Fr. Tuiles en S (Ziegelbrennerey) eine Art Dachziegel, die wie ein lateinisches S gestaltet sind, von welchen der eine Haken derselben bey dem Decken in den obern Haken des andern zu liegen kommt; die Seiten derselben sind rund.

Pfannen zum Alaunsieden. (Alaunsiederey) Diese Pfannen werden aus 1 Zoll dicken Bleyplatten zusammengelöthet, so daß der Boden ein einziges Stück ausmacht, jede Seitenwand aber aus zwey Stücken zusammengesetzt ist. Eine solche Pfanne ist 11 Fuß lang, 6 Fuß breit, und 6½ Fuß tief. Jede Bleyplatte wird in der erforderlichen Größe besonders, eben so gegossen, wie das Eisen auf der Eisenhütte. Man formt nämlich mit einer hölzernen Patrone in Sand, und läßt das Bley durch eine Rinne in die Form fließen. Das Bley wird in einem großen eisernen Kessel geschmolzen, der einen Zapfen hat, damit es abfließen könne. Die gegossenen Platten werden hernach folgendergestalt zusammengelöthet: Der Alaunsieder, der sie selbst machet, legt den Boden auf den Heerd an seinen Ort, dergestalt, daß er um einige Zolle auf dem Mauerwerk aufliegt. Hierauf stellet er eine halbe Seitenwand senkrecht auf den Rand des Bodens, und macht neben derselben nach der ganzen Länge der Hälfte eine Leiste von Thon, die aber um einige Zolle von der Bleyplatte absteht. Der Raum zwischen dem Thon und der Platte wird vermittelst eines Schmelzlöffels mit Bley ausgefüllet. Dieses muß aber so flüßig wie möglich seyn. Hierdurch entsteht ein vorstehender Bleyklumpen, der die halbe Seitenwand mit dem Boden vereiniget. Auf eben diese Art wird die zweyte Hälfte dieser Seitenwand angelöthet. Wo beyde Hälften zusammenstoßen, wird eine hölzerne Rinne, die so hoch als die Seitenwand ist, senkrecht gestellet, und an den Platten vest mit Thon verklebet. Die Aushöhlung der Rinne, welche gegen die Platten gekehrt ist, wird mit flüßigem Bley ausgefüllet, und hierdurch entsteht abermals ein vorspringendes Stück Bley, welches beyde Hälften der Seitenwand verknüpfet. Auf eben diese Art werden zwey und zwey Seitenwände an jeder Ecke der Pfanne verknüpfet, wenn nämlich vorher alle Seitenwände mit dem Boden auf die gedachte Art durch das Löthen verknüpft sind. Die hölzerne Rinne, welche bey dem Zusammenstoßen an jeder Ecke mit Thon angeklebet wird, muß aus zwey im rechten Winkel zusammengesetzten Hölzern bestehen.

den. Endlich wird die fertige Pfanne auf dem Heerd eingemauert, da man ihr eine Einfassung giebt. Eine dergleichen Pfanne zur Alaunlauge ist etwa 4 Jahre brauchbar, da im Gegentheil die Alaunpfanne (s. diese) nur 2 Jahre dauert, denn der Alaun zernagt das Bley. Die gedachte Mauer um die Pfanne ist etwa 1 Fuß hoch von weißen Mauersteinen aufgeführet. In dem Schürloch ist in der innern Aushöhlung des Heerdes ein eiserner Rost, worauf das brennende Holz unter der Pfanne liegt. Unter dem Rost ist noch ein Raum nebst einem Aschenloch, worein die Asche fällt, und das zugleich den Zug der Luft befördert. Die Zuglöcher, welche den Rauch abführen, sind in dem Mauerwerk angebracht, welches die Pfanne unmittelbar umgiebt. Es ist gleichgültig, ob die Pfanne von Zinn oder Bley ist.

Pfanne zum Salzsieden, (Salzsiederey) vierkantiger Kessel von starkem Eisenblech, 1½ Elle lang und breit, und ½ Elle tief. Die Pfanne steht beym Sieden auf einem hohlen steinernen Heerd; die Kolen liegen auf einem starken Rost von gegossenem Eisen, unter demselben befindet sich ein Aschenloch, dessen Oeffnung zugleich den Zug der Luft befördert. Der Heerd steht an einer hohlen vorspringenden Mauer, die in den Salzkoten der Ofen genannt wird, und so hoch als die Kote ist. Die Brandmauer hat mit dem Heerd durch 6 Zuglöcher einen Zusammenhang, und ist deswegen hohl, weil das Feuer unter dem Heerd zugleich einen eisernen eigentlichen Ofen heizet. Dieser Ofen von Eisenblech steht in der Brandmauer in einer Erhöhung, und ist deshalb angebracht, damit er die Kote erwärme, und das Trocknen des gesottenen Salzes befördere, denn die Salzkörbe, mit dem gesottenen Salze angefüllet, stehen neben der Brandmauer. Aus dem Ofen geht eine 1½ Fuß weite blecherne Röhre heraus, welche in der ganzen Kote herumgeleitet wird, und erst unter dem Dache aus der Kote herausgeht. Diese Röhre leitet den Rauch des Feuers unter dem Heerd ab, und da sie hierdurch erwärmet wird, so befördert sie das Erwärmen der Kote, und zugleich das Trocknen des Salzes. Alle diese Stücke stehen unter einem hölzernen und mit Brettern verschlagenen Rauchfange, der der Brådenfang (s. diesen) genannt wird. In dieser also eingerichteten Pfanne wird das Salz gesotten, und die Pfanne über den Heerd folgendergestalt befestiget: Es befindet sich nämlich auf diesem Heerde ein hölzernes Gestelle aus folgenden Theilen: Zwey Sorgebäume (s. diese) stehen über dem Heerd auf vier hölzernen Ständern; quer über diesen Sorgebäumen liegen drey andere Hölzer, die Hakscheiden, (s. diese) an welchen an beyden Enden die Pfannenhaken befestiget sind. Diese Haken sind also neune, und da die Pfanne gleichfalls neun eiserne Hespen hat, so wird sie mit solchen dergestalt darein gehangen, daß sie in der Entfernung von einigen Zollen über dem Heerd schwebet. Unter jede Ecke der schwebenden Pfanne legt man einen Hornstein (s. diesen). Mit Beyhülfe dieser Hornsteine richtet man [illegible] die Pfanne nach dem [illegible] horizontal. Man sieht aber genau darauf zu [illegible] aus dem Pfanne [illegible] vermittelst dem Fülleimer Sole in die Pfanne gepumpt und aus dem Wasserstande beurtheilet, ob die Pfanne völlig horizontal hänge. Sobald dieses ist, so wird der Raum zwischen der Pfanne und dem Heerd mit Steinen ausgefüllet, und die Pfanne auf dem Heerd sowohl, als an der hohlen Brandmauer, so weit wie möglich, mit Lehm und Dammerde verschmieret, damit der Rauch und Dampf der Steinkolen nicht in die Pfanne schlage. (s. Salzsieden.)

Pfänner. (Salzsiederey) So heißen die Eigenthümer der Koten zu Halle. Jeder Pfänner erhält nach Verhältniß seines Antheils jedesmal ein bestimmtes Maaß Sole.

Pfännerschaft, Fr. Societé d'une Saline, (Salzsiederey) die ganze Gesellschaft der Theilhaber an den Salzkoten.

Pfattenschauer. So heißen an verschiedenen Orten die Leute, welche dazu bestellt sind, die Gränzen, Mahle, und Markungen zu begehen und zu besichtigen, und wo etwas daran mangelt, solches wieder in vorigen und vollkommenen Stand zu setzen. Sie sind vereidet, und muß bey streitigen Mahlen ihrem Ausspruch nachgegangen werden.

Pfauenauge, (Bergwerk) alter Marmor, welcher im grauen Grunde rothe, braune, augenförmige Flecken hat.

Pfauenfedern, Fr. Couleurs d'arc en ciel, Regenbogenfarben, welche sich bisweilen im Selenit, insonderheit dem prismatischen, darstellen.

Pfauenschwanz, (Kupferhütte) werden die Regenbogenfarben auf dem Kupfererz in Ansehung der Gleichheit der Farben von Pfauenfedern genannt.

Pfauenschwanz, Pfauenschweif, eine Art Stahlwasser, welches auf seiner Oberfläche eine dünne mit einem zarten mercurialischen farbigen Wesen versehene Haut hat.

Pfauenschweif, (Lustfeuerwerk) ein Feuerwerksstück, so die Gestalt eines Schweifes von einem Pfauen bildet. Man läßt sich nach der Gestalt eines ausgebreiteten Pfauenschwanzes ein Gestelle von dünnen Stäben zusammensetzen, auf dieses setzt man ein tannenes Brett in Form eines gedruckten Zirkelbogens, welcher zu beyden Seiten etwas ausgerundet, in der Mitte aber ohngefähr 1 Fuß breit und 1½ Zoll dick ist, mit Nägeln veste, oder schneidet das Gestelle hinter dem Bogen etwas ein, und befestiget es. Hernach höhlet man die Mitte des obern Bogens mit einer Hohlkehle etwas aus, schneidet in den vordern Theil desselben nach Verhältniß der Ruthen, die hineingelegt werden, da vorher aus der Mitte Zeichen dazu gezogen worden, eine Hohlkehle ein, läßt einen eisernen Ring machen, und schraubet solchen in das Gestelle ein. In die obere gemachte Hohlkehle leget man eine verdeckte Stopine, aus der Mitte und zu beyden Seiten führet man dergleichen, die zusammenlaufen. Alsdenn setzet man die Raketen mit ihren Kehlen auf die obere Rundung, die Ruthen aber stecket man durch die Hohlkehlen und Ringe, so daß sie gemeinsame Spitzen haben. Endlich verzapft man sowohl die obere Hohlkehle, als auch die, worein die Raketen gelegt werden, mit Papier, und macht das Gestelle mit hölzernen Nägeln setzt. Um nun diesem Pfauenschweif noch ein größeres Ansehen beym Abbrennen zu geben, so macht man ganz kleine umlaufende Städchen, befestiget sie mit einer kleinen Schraube in die in der Rakete befindliche hölzerne Schlagschreibe, versieht alle mit Stopinen, zündet solche zuerst an, hernach giebt man auch dem Pfauenschweif Feuer. Alsdenn wird man im Stiegen kleine schimmernde Ringe sehen, die dem Schweif ein schönes Ansehen geben. (s. Blümels gründliche Anweisung zur Lustfeuerwerkerey Tab. V. Fig. IV.)

Pfauenstein, Fr. pierre de Paon, (Bergwerk) ein nicht lange bekannt gewordener Stein, der unter die undurchsichtigen Edelgesteine gerechnet werden. Er hat einen grünblauen Glanz, der selbst den Pfauenfedern den Vorzug streitig macht, und wird deswegen theuer verkaufet. Seine blaue und grüne Farbe wechseln ab, nachdem man ihn gegen das Licht hält, ob er schon nicht durchsichtig ist. Er läßt sich mit den Messern schaben, nimt aber eine schöne Politur an. Wegen der Lage seiner Fasern hat man ihn für eine Art eines Amiantes gehalten, der mit Kupfer geschwängert wäre. Wo er gefunden oder hergebracht worden, hat niemand erfahren können, bis der schwedische Hofapotheker in Stockholm, Friedrich Ziervogel, entdeckt, daß er von dem dicksten Theil der Perlenmutter gemacht und quer über geschliffen worden.

Pfefferkuchen; Kuchen aus Mehl, Honig und Sirup auch einigen Gewürzen gebacken. Gewöhnlich wird Roggen- zu den Nürnbergischen aber Weitzenmehl genommen. Man hat, wie bekannt, der Güte und Form nach, vielerley Arten von Pfefferkuchen. Der Pfefferküchler bricht ein Stück vom Teige aus, rollet es auf dem Tische zu einem länglichrunden Stücke, schneidet davon kleinere Stücken ab, drückt sie mit der Hand platt, und mangelt sie lang und breit. Die Kuchen werden denn auf Papier in den Ofen geschoben, der völlig dem Ofen eines Bäckers ähnlich ist, und über welchem sich ein Zimmer mit hölzernen Gerüsten befindet, wo einige Arten von Pfefferkuchen hart gedörret werden.

Pfefferkuchenbäcker, s. Pfefferküchler.

Pfefferkuchenbilder, Pfefferkuchenpuppen; Pfefferkuchen in Formen, die verschiedene Bilder vorstellen, abgedruckt. Der Teig wird nur aus Roggenmehl und Sirup eingerühret, und ein wenig Honigteig dazu geknetet, und die braune Farbe, die der Sirup verursachet, durch etwas Erbsenmehl gemildert, welches beym Kneten auf den Tisch gestreuet wird.

Pfefferkuchenformen; in Bretter von Birn- oder Pflaumenbaumholz eingeschnittene Formen, die mit den gewöhnlichen Handgriffen der Formschneider (s. diese) verfertiget werden, die Figuren werden aber vertieft eingeschnitten, und die hervorragenden Theile der Bilder so gemacht, daß sie vom Eindrücken des Pfefferkuchenteiges nicht leicht zerbrechen können. Es giebt eigene Formschneider, die sich damit beschäftigen. Die Arbeit ist so künstlich nicht, als die zu den Kattunformen.

Pfefferkuchenteig; wird aus Honig, Sirup, Roggen- oder Weitzenmehl und Gewürzen gemacht. (s. Honigteig) Der braune Sirup gehört wesentlich zum Pfefferkuchen. Der Sirup wird in einem zur Hälfte damit angefülleten kupfernen Kessel, worunter nur nach und nach ein stärkeres Feuer gemacht wird, so lange gekocht, während des Kochens aber beständig abgeschäumet, bis er ganz zähe ist, durchgeschlagen und in den daneben stehenden Backtrog gelassen. Einige Pfefferküchler pflegen sogleich Honig und Sirup zu vermischen, andere aber machen aus jedem mit Mehl vermischt einen besondern Teig, die sie denn, je nachdem der Kuchen gut werden soll, in stärkern oder geringern Verhältnissen vermischen, jemehr Honigteig dazu komt, um so besser wird der Pfefferkuchen. Honig- und Sirupteig müssen sich aber erst abkühlen, ehe Mehl, das man sehr fein durchsiebt, dazu geschüttet wird, welches nach und nach geschiehet, mit einem Rührscheid eingerühret, und der Teig, wenn er veste genug, aber ja nicht zu strenge ist, weil sonst sein Aufgehen im Backofen gehindert würde, in einem gewöhnlichen Backtroge durchgeknetet wird. Der Teig kann Jahre lang liegen bleiben, und ist um so besser, je älter er ist, worinn auch der Vorzug der Thorner Pfefferkuchen bestehen soll. Die Theile mischen sich besser untereinander, und der Kuchen wird lockerer. Erst dann, wenn Kuchen verfertiget werden sollen, werden verschiedene Teigarten zusammengeknetet, welches mit einer Breche (s. diese der Bäcker) geschiehet, wodurch der Teig merklich gelber und vester wird. Auch das Gewürz wird erst beym Brechen mit dem Teige vermischet, und gleich nach dem Brechen wird der Teig in Kuchen verwandelt. Etwas Sirupsteig muß auch unter den besten Pfefferkuchen kommen, weil dadurch der Teig aufgelockert, und das Aufgehen desselben, welches aber erst im Ofen geschieht, befördert wird. (s. Pfefferkuchen)

Pfefferküchler, Pfefferkuchenbäcker, ein Professionist, der aus Pfefferkuchenteig Kuchen bäckt. (s. Pfefferkuchen) Sie erlernen dieses Handwerk in 3 Jahren, wenn sie ein Lehrgeld von 50 Rthlr. erlegen, ohne dem aber in 4 Jahren. Das Meisterstück der Pfefferküchler in den preußischen Städten ist ein 3 pfündiger Thorner Pfefferkuchen. Sie haben auch das Privilegium, mit Wachs zu handeln, da sie zu ihrer Profession oft Honig in Scheiben kaufen. Ihr Gewerk ist gemeiniglich geschlossen, d. i. daß nur eine gewisse Anzahl Meister vorhanden seyn können.

Pfeffermühle, eine kleine Handmühle, womit man den Pfeffer klein mahlen kann. Es bestehet solche aus einem runden oder viereckigten Gehäuse, welches oberhalb mit eisernen Schüsseln, der darinn gehörigen Stahlschraube und Leyer oder Kurbel, womit der Kolben oder der Kern umgedrehet wird, versehen ist. Der Obertheil hält den Kern, der den Pfeffer zermalmet, indem der eine Zapfen desselben darinn läuft, und sich darinn umdrehet. Unten ist eine kleine Schublade angebracht, worein der gemahlne Pfeffer fällt.

Pfef-

Pfeffernüsse, 1) (Konditer) ein Zuckergebackenes, wozu auf ½ Pf. Zucker ein Ey eingerühret, die gelbe Schale einer Zitrone abgerieben, oder abgeschält und geschnitten, Pfeffer, Kardemom, auch wol Zitronat genommen, und dies alles mit feinem Mehl zu einem Teig gemacht wird, der gemengelt, mit hohlen Ringen von Blech ausgestochen und gebacken wird. 2) (Pfefferküchler) diese macht sie von Pfefferkuchenteig, der in kleine Stückchen zerschnitten, und ebenfalls im Ofen gebacken wird.

Pfeffersieb, s. Gewürzsieb.

Pfeife, musikalische Instrumente verschiedener Arten, indem es Pfeifen giebt, die man vorne am Mundstücke pfeifet, und andere, die man an der Seite durch ein Loch zum Tönen bringt, die Querpfeifen genannt werden. Sie sind nach ihrer verschiedenen Gestalt und Gebrauch mit verschiedenen Namen beleget, und werden von allerley Materien verfertiget. Die ältesten sind unstreitig die Rohrpfeifen. Die gewöhnliche Gestalt einer Pfeife ist ein langes, rundes, ausgebohrtes Rohr mit verschiedenen Löchern im Körper versehen, wodurch die verschiedenen Töne, durch Auflegung der Finger bey dem Blasen, hervorgebracht werden. (s. Flöte)

Pfeife, 1) (Bienenzucht) die Zellen in den Wachsscheiben eines Bienenstocks. 2) die Röhre oder Tille in einem Leuchter. 3) bey den Webern ein kleines Röhrchen in dem Schützen oder der Spule, worauf der Einschlag gespuhlet wird, und das auf einem Drahte steckt.

Pfeife, s. Blaserohr und Kuslern.

Pfeife des Sattels, (Sattler) die gerundete gewölbete Erhöhung oder Kämmel auf dem Sitze des Sattels, da derselbe mit einer gewöhnlichen Schneidernadel gesteppt wird, d. i. man macht in dem von doppeltem Leder und mit Wolle ausgestopften Sitz Näthe, die parallel und erhöhet auf dem Sattel fortlaufen, und einen Zoll von einander abstehen. Diese Näthe erhalten deswegen den Namen der Pfeifen, weil sie solchen ähnlich sind.

Pfeifen. (Tuchmacher) So nennt man die Fäden von zwey Spulen bey dem Scheeren der Ketten, welche zusammen den Obersprung und Untersprung, oder bey dem Weben Fach machen, und die Kette zum Einschuß spalten. Wenn man also sagt, mit 10 Pfeifen scheeren, so versteht man darunter, daß 24 Spulen auf die Sperrlatte gesteckt werden müssen.

Pfeifenbrett, (Orgelbauer) das Brett, woran der Pfeifenstock mit Schrauben angepresset wird, und wodurch die Register an denselben gepresset werden.

Pfeifendeckel. (Nadler) Man hat zweyerley Gattungen, die eine ist von Blech, die andere von Draht geflochten. Zu der ersten Art nimt man gemeiniglich Meßingblech, woraus man auf einem Bleyklumpen runde Platten mit einer scharfen Stange und durch einen Hammer aushauet. In dem Kopf wird die Wölbung mit einem Punzen einwärts hineingetrieben, die Peripherie des Blechs mit der Scheere einen Viertelzoll tief rund herum eingeschnitten, und um ein hölzernes Modell umgebogen. Die durchlöcherten Verzierungen werden mit kleinen Eisen oder Meißeln auf dem Bleyklumpen eingehauen. Die geflochtenen Pfeifendeckel werden über ein Modell geflochten, so daß kleine zusammenhaltende Drahtmaschen darauf sich bilden.

Pfeifenfriseur, s. Pfeifenstielfrisur.

Pfeifenfutter, Pfeifenfutteral, ein Futteral, die Pfeifen darinn zu verwahren. Es besteht gemeiniglich aus Holz, mit Tuch inwendig ausgefuttert, in zwey Hälften abgesondert, die durch Gewinde mit einander verbunden sind, und wenn die Pfeifen hinein gelegt werden, mit Haken zugemacht werden.

Pfeifenglaser, (Tobacksfabrik) derjenige Arbeiter, welcher die Tobackspfeifen glasiret.

Pfeifenglasur, eine Masse von Seife, Gummi, und weißem Wachs, womit die thönernen Pfeifen glasirt werden. (s. Tobackspfeifen)

Pfeifenkopf, ein Kopf, woraus man durch ein Rohr Toback raucht. Man macht sie von Holz, Thon, Meerschaum, Papiermaschee rc. beschlägt sie mit allerley Metallen, und bildet daraus verschiedene Gestalten.

Pfeifenmergel, (Bergwerk) ein Mergel, welcher aufrecht stehend in Gestalt der Orgelpfeifen gefunden wird.

Pfeifenräumer. Diesen Namen führen zweyerley Sachen, erstlich ein langer geflochtener Draht mit Schweinsborsten am Ende versehen, womit man die Röhren der Pfeifen, wenn sie schmutzig geworden sind, ausräumet. Es wird zu diesem Behuf ein 1½ Fuß langer Draht abgeschnitten, und in den Dreystock eingeschraubet, worin hängt man die Haare in der Länge von zwey Zoll hinein, das Ende des Drahtes hält man mit einer Holzzange feste, und sobald man das Rad des Drehstocks einigemal hat herumlaufen lassen, so sind die Haare und der Draht in einander geflochten, und man schneidet die Haare kurz ab. Die andere Art von Räumern ist ein einem Nagel ähnlicher Stift, womit man den Toback aus den Pfeifen räumet.

Pfeifenrohrbohrer, (Kunstdrechsler) sehr dünne und lange Löffelbohrer, womit Tobackspfeifenröhren ausgebohret werden. Sie werden, wie bey dem Holzdrechsler, in die Spindel geschoben, das Horn mit der Hand dagegen gehalten und ausgebohret.

Pfeifenstielfrisur, Pfeifenfrisur, (Frauenzimmerschneider) eine Frisur der Frauenskleider, die aus schmalen rund runden Falten, die die Gestalt des Pfeifenstiels haben, besteht. Sie sind so lang, als der Streifen des Zeuges, woraus sie gemacht werden, breit ist, und haben von ihrer Gestalt den Namen erhalten.

Pfeifenstock, (Orgelbauer) derjenige Theil der Orgel, welcher auf den Registern nach der Breite der Windlade steht. Er ist von Eichenholz, in dessen Cylinder die Pfeifen der Register stehen. Diese Cylinder sind senkrecht bis an das Register durchbohret, und in dieser senkrechten Oeffnung stecken die Pfeifen, so daß durch diese Oeffnungen der Wind aus der Windlade (s. diese) in die Pfeifen dringen kann. Unter sich hat dieser Pfeifenstock Risse, und jeder passet zwischen zwey und zwey Register. An dem Orte, wo der Pfeifenstock die Register berühret, wird er mit Leder bezogen, damit er sich genau an die Register anschließe, und diesen nur gerade soviel Raum läßt, daß sie sich bewegen können, folglich schrenkt der Pfeifenstock die sämtlichen Register ein, und drückt sie fest an die Decke der Windlade an. Er wird daher auch mit Schrauben auf dem Pfeifenbrete befestiget, und diese pressen ihn erforderlich an die Register an. (s. Orgelpfeifen und Windlade, auch Register)

Pfeifenstopfer, ein Werkzeug, um den brennenden Toback in der Tobakspfeife nachzustopfen. Man macht sie von Porzellan, Knochen, auch von allerley Metall, nach verschiedenen Gestalten, doch stimmen sie alle darinn überein, daß sie vorne eine runde Platte haben, um den Endzweck damit zu erreichen.

Pfeifenthon, (Pfeifenfabrik) ein feiner weißer Thon, welcher zu Tabackspfeifen und Fayance oder unächtem Porzellan genommen wird, sich fein und sanft anfühlen, und mit Wasser eingeweicht wohl arbeiten läßt, nicht gänzlich zu Glas, sondern nur glasirt wird. Eine solche Art ist die sämmische und weiße cimolische Erde gewesen.

Pfeil, ein zum Schießen, mit der Armbrust oder Bogen, eingerichtetes Geschoß. Sie werden jetzt nicht mehr in Europa gebraucht, wohl aber noch bey den morgenländischen Völkern. Sie werden insgemein von einem leichten Holz gemacht, als dünne Stäbchen gebildet, an dem einen Ende mit einem spitzen Eisen versehen, am andern Ende aber erhalten sie Federn, damit sie bey dem Abschießen weit und gerade fliegen. Einige machen ihre Pfeile auch von Rohr, und die Amerikaner spitzen solche mit Fischgräten.

Pfeile, Fr. Dards, (Baukunst) eine Zierrath, die nicht allein bey den ausgeschnittenen Blättern der Verzierungen zwischen den Eyern, sondern auch bey der Schlosserarbeit an den Sprengwerken angebracht wird, und die Gestalt der bekannten Pfeilspitzen hat.

Pfeiler, (Baukunst) eine viereckigte Stütze, welche außer diesem alles mit der Säule gemein hat, und daher nicht allein frey stehend, sondern auch an die Wand angerückt ist, welches man hernach einen Wandpfeiler nennet. Ja man pfleget selbige auch wol wie die Säulen zu verjüngen. Die durchgehenden Pfeiler sind diejenigen, die von dem Grund des Gebäudes an der Hauptwand hindurch bis unter den Sims gehen, und um ein Großes die Stärke des Gebäudes vermehren. Die starken, viereckigten Mauern, so man in den Kirchen gebrauchet, damit sie die Gewölbdecken tragen, führen mit dem jetzt beschriebenen gleichen Namen, weil sie in gleicher Absicht gebraucht werden. Sie werden aber meistens viereckig gemacht. Die niedrigen Pfeiler, die an einem attischen Werke befindlich sind, und ein Gesimse tragen, heißen Halbpfeiler. (s. diese) Die Pfeiler sind nach ihrem verschiedenen Gebrauch auch von verschiedener Art und Benennung, als da sind Wandpfeiler, Nebenpfeiler, Halbpfeiler, Strebepfeiler, u. dgl. m. (s. alle diese)

Pfeiler, (Bergbau) die in den Gruben 1 bis 2 Lachter weit Stücken Gestein, die man bey der Gewinnung der Erze auf den Stockwerken in den vier Ecken der Grube als eine Bergveste stehen läßt, damit der Berg nicht einstürze.

Pfeiler nennt man auch in der Baukunst diejenigen Mauerflächen, worauf ein Kreuzgewölbe ruhet. Man giebt aber auch diesen Namen den hölzernen Ständern, welche einen Träger oder Durchzug, wenn ihre Tracht zu lang ist, unterstützen.

Pfeilerstein, s. Basalt.

Pfeilerweite, Fr. Entrepilastre, (Baukunst) die Weite zwischen den Schäften zweyer benachbarten Pfeiler.

Pfeilwerk, (Kriegsbaukunst) ein Werk von einer ganzen Seite an den auslaufenden Winkeln der Glacis. Es wird mit einer 12, 15 oder 20 Klafter langen Brustwehr beyderseits befestiget, und mit einem 8 bis 10 Klafter breiten Graben abgeschnitten, welcher, wenn er trocken ist, gegen den Winkel des Pfeils abhängig, 6 bis 8 Fuß tief ist, und von den Flügeln des verdeckten Weges beschützet wird. Damit man sicher aus dem verdeckten Wege zum Pfeiler, und wieder zurück komme, wird ein Weg auf die Art eines Pults, der mit Querwallen abgetheilet ist, geführet. Dergleichen Querwälle werden auf allen Wegen nach den Werken, welche von der Festung entfernet sind, angelegt, damit, wenn diese Werke eingenommen sind, der verdeckte Weg nicht offen stehe. Damit sich aber der Feind zwischen dem Pfeile und verdeckten Weg nicht lagern könne, müssen die Pfeilwerke davon nicht zu weit entfernet seyn. Sie werden aber erst bey bevorstehender Belagerung gebauet.

Pfennig, eine kleine Scheidemünze, deren 12 Stück auf einen Groschen, und 288 auf einen Reichsthaler gehen.

Pfennigdickstück, (Pfefferküchler) eine Art Pfefferkuchen aus mehlweißem Teige. Dieser mehlweiße Teig wird zwar auch aus Roggenmehl und Honig eingemachet, aber der Pfefferküchler setzt etwas mehr Honigteig hinzu, als zu dem Bilderteig. Die Pfennigdickstücken dörret man nach dem Backen in einer Dörrstube, die über dem Ofen angebracht ist.

Pfennigerz, (Bergwerk) ein Eisenerz, so dünne platte Kuchen formiret, die auch mehrentheils schalig sind, und inwendig einen Kern haben, der bald kleiner, bald größer ist. Diese Kugelchen sehen wie kleine Münze aus, und deswegen hat auch dieses Erz den Namen erhalten.

Pfenniggewicht, Fr. le poids de deniers, eine Abtheilung einer Mark in Unzen, Lothe, halbe Lothe, Quinten, Pfennige, bis auf den 65536sten Theil, nach welchem Gewichte die Münzen beschicket, probiret und aufgestoßen werden. Heißt sonst auch der Richtpfennig. Er ist auf zweyerley Art abgetheilet, nach hochdeutschländlicher und niederdeutschländlicher Art.

Pfennigkerzen, (Wachslichtzieher) kleine dünne Kerzen, die von ihrem Preise den Namen erhalten. In

Frankreich werden sie an den Kirchthüren verkauft. Sie werden so wie die Talglichter an Reifen gegossen, indem die zweydoppelt zusammengelegte Dochte an die Haken des Reifen gehangen, und mit einem Guß überzogen werden. (s. Wachslichte gießen)

Pfennigmark, ein Markgewicht, welches bey dem Probiren der Metalle gebraucht wird. Es wird in 12 Pfennige, ein Pfennig aber in 24 Grän eingetheilt.

Pferch, Pfirsch, Hürde, (Landwirthschaft) ein viereckigter mit Horden oder Hürden umgebener Ort, auf den Brachfeldern, darein die Schafe getrieben, und dadurch die Aecker gepfercht oder gepfirscht, d. i. durch den Schafmist (so ebenfalls Pferch genennet, und von den Schafen bey ihrer Lagerung gemacht wird) gedünget werden. (s. auch Schafhurden) Des Pferches bedienet man sich am besten bey weit entlegenen Feldern, welche mit Dünger zu befahren beschwerlich und kostbar fallen würde. Im Frühling, etwa um Mitfasten oder bald hernach, wenn es die Witterung zuläßt, und das Schafvieh auch tüchtige und genugsame Weide im Felde findet, daß es sich ohne Stallfutter erhalten kann, sollen sich die Schäfer sonderlich mit den Hammeln auf dem Felde in die Hürden lagern, und den Pferch recht führen. Sie müssen nämlich entweder alle Tage, oder um den andern Tag, wie es die Landesgewohnheit mit sich bringt, die Horden nach der Länge des Ackers und der Furchen weiter fortschlagen, bis der ganze Acker gedüngt worden. Wenn man mit einem Strich zu Ende gekommen, und ein Gewende durch und durch gepferchet worden, muß man den Mist sogleich unterpflügen lassen, damit er nicht an der Sonne verbrenne, oder vom Wasser verwaschen werde. Wenn im Frühlinge sich Nachtfröste einfinden, oder nasses und ungestümes Wetter einfällt, muß man die Heerde, bis das Wetter besser wird, wieder in die Ställe treiben. Auf ebenem Lande thut der Pferch bessere Dienste, als auf stark abschüßigen Feldern. Auf eine Heerde von 500 Stücken Schafen werden im Pferche 40 Stücke Horden, jede von sieben Ellen, erfordert.

Pferchkarren, Pferchhütte, Schafhütte. Eine kleine von Brettern zusammengeschlagene, und auf einem Karn befestigte Hütte, darinn der Schäfer über Nacht bey dem Pferch bleiben kann. Wenn die Hürden fortgeschlagen werden, wird die Pferchhütte auch mit fortgerückt.

Pferchlager, (Landwirthschaft) die in der Pferche gelagerte Schafe, und in weiterer Bedeutung die sämtliche bey einem Gute befindliche Anzahl von Schafen. Das Gut hat ein Pferchlager von 400 Stück Schafen.

Pferchschlag, das Aufschlagen der Hürden und Einsperren der Schafe in dieselben.

Pferdedecke, eine Decke, womit man die Pferde sowohl auf Reisen, als auch in den Ställen bedecket. In den Ställen braucht man des Sommers zwillichne, und des Winters, da sie Wärme nöthig haben, wollene; diejenigen, welche man zu einer dieser Zeit bey dem Fahren über den Zeug zu legen pflegt, sind bey herrschaftlichen Wagen entweder Bären- Wolfs- oder Tiegerdecken. Die Decken der Handpferde sind gemeiniglich von Tuch um und um mit wollenen Zierrathen und dem Wappen des Besitzers gestickt. Auch hat man noch eine gewisse Art Decken, die um des Pferdes Hals gehüllet werden, daß die Ohren nur herausgehen, deren man sich sonderlich in England bedienet.

Pferdegeschirrmessing, (Gelbgießer) diejenigen meßingenen Stücken, die zu einem Pferdegeschirr gehören. Sie bestehen aus folgenden Stücken: als 1) zwey Decken oder starke messingene Platten auf dem Rücken der Pferde. Man macht sie gemeiniglich aus getriebenem Messing, weil die gegossenen öfters platzen; 2) vier und zwanzig große Ribbenschnallen zu den Riemen auf dem Rücken der Pferde. Zu jeder Schnalle gehört ein Seite oder ein dreyeckigtes Messing an der Seite des Riems; 3) achtzehn kleine Baumschnallen; 4) vierzehn länglichte viereckigte und glatte Leinenschnallen; 5) zwey Bauchgurtelschnallen, die groß und glatt sind; 6) zwey Brustringe, die einem lateinischen D gleichen; 7) zwey Nasenbänder; 8) zwey Seitenbänder; 9) zwey Augenblenden; 10) funfzig gewöhnliche Buckeln; 11) zwey Puschillen, die aus glattem Blech zusammengebogen werden. Die Mode und das Verlangen des Käufers vermehret und vermindert nicht allein diese Stücke, sondern die erste giebt auch denselben die Figur und das Ansehen. Man macht alles von verschiedenem Metall, je nachdem das Pferdegeschirr kostbar ist. Fast alle diese Stücke, außer den Puschillen und den Decken, werden in Patronen im Sande gegossen. (s. davon bey jedem Stück besonders)

Pferdegöpel, (Bergwerk) ein Göpel, der von Pferden herum getrieben wird, womit man große Lasten aus den Bergwerken heraus windet. Einen solchen Pferdegöpel anzulegen, verfährt man folgendergestalt: Man misset einen Platz von 56 bis 60 Fuß im Diameter ab, der einem regulären Achteck gleich ist. Auf diesen Platz macht man ein Fundament, das 2 Fuß dick und etliche Fuß tief ist; auf welchem man die acht Schwellen, welche den Platz als ein Achteck einschließen, anbringt. Die Schwellen werden da, wo sie auf einander liegen, mit Schwalbenschwänzen verbunden. Auf allen Ecken dieses Kranzes richtet man 1 Fuß dicke Sparn, oder Spießbäume auf, die einen 42 Fuß hohen Göpel oder Gerüste bilden. Unten werden sie in die Schwellen und oben in den Göpelkap oder Münch eingezapft, so daß das Gerüste des Göpels schräge oder spitz zuläuft. Um die Spitze dieses Göpels wird eine Haube oder Hut gemacht, damit die Sparren von dem Regen besser geschützt sind. Zwischen zwey solchen Sparren macht man 4 Schiftsparren, (s. diese) die unten in den Schwellen, oben aber an die Hauptsparren eingezapft werden. Von der Höhe der Korbwelle (s. diese) zapft man ein 9 Zoll dickes Kreuz in die Sparren ein, welches man in das obere Kreuz oder Spitze des Gerüstes mit zwey Hängsäulen (s. diese) einhänget. Nachher wird das Gerüste mit Latten und Schindeln bedeckt, und auf einer

Seite eine Thüre gemacht, die über 4 Fuß weit und 7 Fuß hoch ist; auf der Seite aber des Treibschachts läßt man ein Achtel des Göpels offen, und verbindet denselben mit dem Vorhaus oder Schachtbäumchen (s. dieses) über dem Schacht. An dieses Gerüste nun wird der Korb mit der Korbwelle gesetzt, und vermittelst der Schwenkbäume hernachmals bey dem Gebrauche, wenn die Last aus dem Treibschachte heraus gehoben werden soll, mit den an denselben angespannten Pferden in Bewegung gesetzt, die den Korb mit seinen Seilen herumtreiben, so daß solcher die an den Seilen angebundenen Lasten heraufzieht, welches denn auf eine zwiefache Art geschieht, indem vermittelst der Einrichtung des Seils auf dem Korbe eine Last herauf geht, wenn die andere herunter geht, oder deutlicher zu sagen: wenn eine Last heraufgezogen und abgestürzt ist, so kehren die Pferde wieder um, und gehen nach der andern Seite herum, wodurch denn das eine Ende des Seils mit dem leeren Gefäß herunter, die Last aber an dem andern Ende des Seils in die Höhe geht, und so wechselsweise. (s. Korb, wo sich alles deutlich ergiebt) Ein Pferdegöpel wird nur da gebraucht, wo keine Aufschlagewasser sind, weil diese Förderung (s. diese) allezeit kostbar, und die Maschinen viel Geld kosten.

Pferdehaarflechter, ein unzünftiger Handwerker, der von Haaren allerley Sachen flicht und wickelt; als Bänder, Haarbeutel, Schnüre und dergleichen.

Pferdehäute auf ungarische Art zuzurichten. (Gerber) Diese Art Pferdehäute werden gemeiniglich in Frankreich Deutschleder, Fr. Cuirs d' allemagne, genannet. Es ist das Leder, welches man von den Abdeckern kauft. Wenn sie zubereitet werden sollen, so werden sie gleich in zwey Theile durchschnitten, und alsdenn 12 Stunden ins Wasser geschmissen, damit sie von dem Blute ausläufen. Nachher werden sie mit dem Schabeisen auf der Aasseite heruntergeschabet. Nachdem sie abgeaaset, oder von dem Fleische gereiniget worden, so werden sie einen Tag in einen abgestorbenen Aescher geworfen, aus diesem alsdenn herausgenommen, und zween Tage in einen Stapel geleget. Alsdenn kommen sie zween bis drey Tage in einen zweyten Aescher, nachher fünf bis sechs Tage wieder in den Stapel, denn werden sie wieder zween oder drey Tage in einen Aescher geworfen, alsdenn abgespület. (s. Pölen) Hierauf werden sie von einigen etwa 7 bis 8 Stunden in einen kühlen Aescher geworfen, damit, wie man vorgiebt, sie weiß werden, oder eine Farbe bekommen mögen. Andere halten dieses für unnöthig. Damit nun die Häute wieder von dem Kalk gereiniget werden mögen, so legt man sie im Winter 24 und im Sommer 12 Stunden in fließendes Wasser, worinn sie alle zwey Stunden umgewendet werden. Wenn sie nun rein sind, werden sie mit dem Schabeisen (s. dieses) geschabet, und mit dem runden Schabeisen ganz dünne gemacht, oder auf der rauhen Seite zurückgeschabet; (s. zurückschaben) alsdenn mit dem Kopfe und Schwanze zusammen etwa sechs Stunden auf den Rand der Walkgrube geleget, damit sie abtrocknen; dann in den Kufen wie die Ochsenhäute (s. Ungarisches Leder) in Alaune gebeizet, nur mit dem Unterschiede, daß es mit drey Laugen genug ist. Zu jeglicher Haut braucht man nicht mehr als drey Pfund Alaun, und 1½ Pfund Salz; wenn die Häute aber stark sind, braucht man wohl 5 Pfund von jenem, und 2½ Pfund von diesem. Man legt sie alsdenn in Mulden, und nach zwey Tagen, oder auch nach Verlauf einer Woche, werden sie mit eben der Lauge zum zweyten Male gebeizt. Man läßt sie alsdenn auf der Kufe abtraufen. Hierauf werden sie auf einem Trageplatz ausgebreitet hingelegt, damit die Aasseite nicht kraus werde, und sich die Haut zusammenziehe. Wenn sie halb trocken und noch biegsam sind, werden sie von neuem so handthieret, und von neuem wieder so hingelegt, bis sie dergestalt trocken sind, daß sie die erste Walze ausstehen können. Das Walzen geschieht mit diesen Häuten eben so, wie mit den Ochsenhäuten, nachdem sie recht trocken und doppelt zusammengelegt worden, auf einem gedielten Boden, der abhängig ist, und dessen Bretter auf solchen Unterlagen vest genagelt werden, welche nicht weiter als einen Fuß von einander sind, damit der Handwerksmann mit desto größerer Gewalt mit den Füßen darauf handthieren kann. Nachdem die Felle dergestalt einfach zusammengelegt sind, daß die rauhe Seite inwendig, der Kopf unten, der Schwanz oben, beyde aber gegen die erhabene Seite des Bodens gekehret sind; so steckt man einen Stab oder Walze etwa 3 Fuß lang und 9 Linien dick, welcher recht rund und ohne einige Knoten ist, zwischen die Haut. Alsdenn ziehet der Arbeiter ein paar Schuhe mit dicken Solen an, tritt mitten auf das Fell, und tritt es mit den Füßen so lange, bis die Walze nahe am Ende ist. Alsdenn legt er das Schwanzstück wieder mit dem Kopfe zusammen, wie vorher, thut die Walze wieder zwischen das Leder, aber nicht in die Mitte, sondern gegen die eine Seite des Rückens, und walzet das Leder abermals so weit wieder zurück, bis an den Schwanz. Nachdem er bis an das Schwanzstück gekommen, so macht er daselbst eine Falte ohngefähr 1 Fuß lang, legt es in dem Bruch zusammen, steckt die Walze abermals dazwischen, und walzet die Haut bis zum andern Schwanzstücke, und so alle Stellen, bis sie weich sind, nach verschiedenen Lagen durch. Und nachdem das Walzen auf solche Art überall vollendet ist, so wird die Haut umgekehret, das Rauhe auswärts gebracht, und eben so verfahren, als vorher. Nachher werden sie mit ausgeschmolzenem Talg in einer warmen Stube eingeschmieret oder getränket. Mitten in dieser Stube ist ein viereckiger Herd von Steinen, auf welchem ein eiserner Rost, etwa 3 Fuß ins Gevierte, gesetzt wird, und auf welchen man Kolen legt. Zu beyden Seiten in dem Zimmer sind lange Tafeln, auf welchen man die Felle ausbreitet. Die Thüren des Zimmers müssen dergestalt verwahret seyn, daß keine Luft hinein kann. Die Arbeiter, die das Einschmieren verrichten, sind wie in einem Bottig darinn eingeschlossen. Sie sind mehrentheils nackend, und haben weiter nichts am Leibe, als unten um denselben einen Schurz gewickelt. Einige pflegen auch ein Nasenfutteral (s. dieses) vor die Nase zu binden, um

nicht

nicht vom Dampfe so sehr zu leiden. Man hängt die Häute auf Stangen, die in dem Zimmer befindlich sind, um sie von der Hitze der auf dem Roste befindlichen Kolen erhitzen zu lassen, und sie sind alsdenn erhitzt genug, wenn man darauf einen kleinen weißen Strich, der durch die ganze Haut geht, bemerket. Wenn man nun sieht, daß die Poren weiß zu werden anfangen, so werden die Häute von der Stange abgenommen, auf den Tisch geleget, die rauhe Seite unterwärts, und mit einem wollenen Puschel wird das geschmolzene Talg aus dem Kessel genommen, auf die Haut aufgetragen, und mit dem Puschel so geschwind als möglich ausgestrichen. Wenn die Aasseite genug mit Talg getränket worden, so wird das nämliche mit der Haarseite vorgenommen. Nachher werden sie geflammet. (s. Flammen der Häute)

Pferdeleine, eine lange Leine oder dünnes Seil, die Pferde vor dem Wagen oder dem Pfluge damit zu lenken.

Pferdemühle, s. Roßmühle.

Pferdequäste, (Bürstenmacher) eine Verzierung am Pferdegeschirr, die aus Quasten von Borsten bestehen, die aber itzt nicht mehr im Gebrauche sind. Der Bürstenmacher setzt in die Löcher eines hölzernen Kopfs Borstenbündel mit Pech ein, und der Kopf wird vermittelst seines Zapfens mit Pech in eine messingene Hülse eingekittet. Die Borstenbündel sind von verschiedener Farbe zur Zierde angebracht, und heißen die Blume des Quaste.

Pferdeschwefel, (Schwefelhütte) der unreinste und gröbste Schwefel, welcher sich bey der Reinigung des Schwefels auf den Boden setzt.

Pferdestopfer, Fr. palfrenier, (Bergwerk) wird der Aufwärter oder Bergmann genennet, welcher eines Bergofficianten oder Schichtmeisters Pferd füttert und wartet.

Pferdezeug, s. Pferdegeschirr.

Pfinne, Fr. le taillant de marteau, (Schmide) die schmale oder scharfe Bahn des Zahn, oder eines andern Hammers auf den Eisenhammern und andern Schmiden, welcher auf das zu schmiedende Eisen fällt und solches zerschrotet oder auch bildet.

Pfirsichblüthfarbe, (Färber) eine Schattirung des Purpurs, welche eben so wie dieser gefärbt (s. Purpur) wird, nur daß der Färber durch die Erfahrung wissen muß, wie er diese Schattirung hervorbringen soll.

Pfitzkanne, (Bergbau) eine Kanne, mit welcher man das Wasser in das Bohrloch des Gesteins gießet, um den Bohrer bey dem Bohren abzukühlen, daß er sich nicht erhitze, und man solchen nicht so oft heraus ziehen darf.

Pflanzenabdrücke, versteinerte Landgewächse von allerley Pflanzen, als Halme, Stengel, Abdrücke von Blättern, Früchten u. dgl.

Pflanzer, (Gärtner) ein Werkzeug, welches dem Haupte eines Rechens gleich kommt, und bisweilen größer gemacht wird. An der obern Seite hat es einen Handgriff oder Stiel, unten aber viele weit Weite zu Weite von einander stehende Zähne, mit welchen Löcher in das Erdreich gedrückt werden, Erbsen, Bohnen, türkischen Weizen, Erdäpfeln u. dgl. darein zu stecken. Nach Verschiedenheit der Sachen, die in die Erde gesteckt werden sollen, hat dieses Werkzeug auch weiter oder näher stehende Zähne.

Pflanzholz. Ein kurzes unten zugespitztes, auch oben zu mit einem Knie versehenes rundes Stück Holz zum Kohlpflanzen. Zum Buchsbaumpflanzen hat man ein größeres und dickeres Pflanzholz, welches unten ungefähr drey Finger breit, und mit Eisen beschlagen ist, damit es desto leichter in die Erde schneide.

Pflanzstock, (Bienenzucht) in einigen Gegenden ein zur Fortpflanzung bestimmter Bienenstock. (s. Mutterstock.)

Pflanzung, Plantationen, Plantagen, (Gärtner, Landwirthschaft) ein gewisser Distrikt, welcher mit wilden oder Obstbäumen allenthalben besetzt ist.

Pflaster, (Jäger) ein Stück Leder, Barchend oder Leinwand, so mit Talg bestrichen, und zu dem Futter der Kugel in einer gezogenen Büchse gebraucht wird, indem man das Pflaster auf den Lauf leget und die Kugel oben drauf, und alsdenn in die Büchse ladet.

Pflaster, Steinpflaster, (Steinsetzer) heißt nicht nur derjenige aus platten Feldsteinen zusammengesetzte Boden der Straßen und anderer unter freyem Himmel liegender Plätze, sondern auch der in einem Saal, Vorgemach, oder Flur befindliche Fußboden, welcher von steinernen Platten, Marmor oder Fliesen zusammengesetzt ist. (s. auch Estrich) Das Pflaster an den Häusern in den Straßen muß erhoben seyn, und von da seine gehörige Abdachung bekommen; vornehmlich muß dieses an Häusern, die in Riegel gebauet sind, 1½ Fuß unter der Schwelle sich vorschriftswegen anfangen, damit diese von der Nässe des Bodens nicht so leicht schadhaft werden.

Pflastergrosdetour, (Seidenwirker) ein Grosdetour von zweyerley Farbe, der kleine Streifen von abwechselnder Farbe bildet. Mit der Kette dieses Grosdetour hat es eben die Bewandniß, wie mit dem gewöhnlichen Grosdetour, (s. diesen) außer daß die Kettenfäden wechselsweise eine verschiedene Farbe haben. Diese zweyerley Kettenfäden werden bey dem Einpassiren in die Schäfte oder bey dem Andrehen an den Drähten dergestalt verwechselt, daß ein paar Fäden von dieser Farbe neben ein paar Fäden der andern Farbe zu liegen kommen, und hierdurch also eine Streife entsteht. Er wird mit zwey Schützen gewebet, und schießet mit der einen einen zweyfachen, und mit der andern einen sechsfachen Faden ein, welches wechselsweise geschieht. Zuweilen läßt man auch nach der Breite des Zeuges eine erhöhete Stelle entstehen, indem man mit dem stärkern Einschußfaden unmittelbar hintereinander wenigstens zweymal einschießt.

Pflastern, Fr. Paver, Carelage, (Steinsetzer) die Steine bey dem Steinpflaster mit dem Hammer eben und gleich schlagen oder setzen, und hernach mit dem Stößel veste stoßen. Man sagt trocken pflastern, wenn man die Steine in eine Lage Flugsand einsetzet, wie bey den Gassen und großen Straßen geschieht. Naßpflastern

heißt

bricht im Gegentheil, wenn man die Steine in Mörtel setzet, wie z. B. bey den Höfen, Ställen, Wasserleitungen u. s. w. geschiehet.

Pflasterrücken, Fr. Heurt, (Steinsetzer) der erhabene Theil einer Straße oder eines Fahrdammes, oder die Höhe von der Sprengung einer Brücke, wovon man nach der rechten und linken Hand einen Abhang giebt, damit das Gewässer ablaufen könne.

Pflasterer, s. Steinsetzer.

Pflasterschere, (Chirurgischer Instrumentenmacher) eine Schere der Wundärzte von stählernem Stahl geschmiedet, womit dieselben die Pflaster zerschneiden, auch von der Wunde abnehmen. Sie ist nicht so fein gearbeitet, als die Incisionsschere, doch gut polirt.

Pflasterspatel, (Chirurgischer Instrumentenmacher) ein von gutem Stahl wohl geschmiedeter und polirter Spatel, vorne mit breiten Flächen, womit das Pflaster gestrichen wird.

Pflastersteine, Steine, womit das Pflaster (s. dieses) gepflastert wird.

Pflastersteine, große, Fr. Caniveaux, (Steinsetzer) die Steine auf den Steinpflastern, welche wechselsweise mit den Reihen Gassensteinen liegen, und das Mittel einer Gasse durchgehen, um den Fuhrwerken besser zu widerstehen.

Pflasterstößel, (Steinsetzer) eine Handramme, womit die zu einem Pflaster neben einander gelegten Steine gleich und vest gestoßen werden.

Pflaster von harten Steinen, Fr. Pavé de Pierre, (Steinsetzer) dasjenige Steinpflaster, welches aus harten Steinplatten im Gevierte gefüget, und nach dem rechten Winkel oder rautenförmig gleich geleget mit Bändern, oder nach Quarrieren nach dem Winkelmaaß abgesteckt, oder auch nach ungleichen Fugen gemacht wird.

Pflaster von Sandsteinen, Fr. Pavé de Grès, (Steinsetzer) ein Pflaster, welches man von Steinen, die eine kubische Gestalt haben, und 8 bis 9 Zoll dick sind, machet, und womit man die großen Straßen, Gassen und Höfe an vielen Orten pflastert.

Pflasterwinkel, Fr. Angle de Paveur, (Steinsetzer) die Vereinigung zweyer Pflaster, davon die eine gewöhnlich von zwey Flügeln, und die andere von zwey abhängenden Theilen des Pflasters entstehe, welche von den Häusern bis an die Gasse gehen.

Pflaumenbaumholz, (Tischler, Drechsler) das Holz von den bekannten Pflaumenbäumen. Es ist hart, und hat eine rothe Farbe. Der Drechsler braucht es zu allerley Verzierungen seiner Arbeit, und drehet auch allerley kleine Sachen daraus, als Pfeifenröhre, Nadelbüchsen u. dgl. m. Der Tischler braucht es sowohl zur Furnirung, als auch zu allerley kleinen Stücken, die er daraus machet, als Zollstöcke, Ellen, Lineale u. dgl.

Pflaumenfarbe, (Färber) eine Farbe, die diesen Früchten ähnlich, aus Falb und Schwarz zusammengesetzt. Nachdem der Zeug falb gefärbet, und eine Schattirung davon erhalten hat, so thut man nach der Menge der Zeuge, die man färben will, Galläpfel, Sumach und Erlenrinde in einen Kessel, läßt alles eine Stunde kochen, und thut grünen Vitriol dazu. Hernach werden die Zeuge, welche die hellesten werden sollen, in die Brühe gethan und so lange darinn gelassen, als die Schattirung erfordert. Man muß nach Erforderniß, so oft als es nöthig ist, Kupferwasser hinzu thun, zumal, wenn es nicht bald braun werden will. Man unterhält unter dem Kessel beständig ein schwaches Feuer, daß die Brühe nicht kochet, sondern nur handwarm sey.

Pflaumfedern, die kleinen Federn eines großen Vogels, die dicht auf der Haut schon große Kiele vorhanden, und zu den Dunen gerechnet werden.

Plicht, (Schiffsbau) ein Halbverdeck, so sich über den Oberlauf erhebt. Auf den Elbkähnen und den Hamburger Schuten ist die Plicht an der vordern Spitze, vom Stabblock bis 15 Fuß herein.

Plichtanker, (Schifffahrt) der vornehmste oder Hauptanker; also genannt, weil er auf der Plicht (s. diese) lieget, damit er immer bey der Hand sey.

Pflock, Schießpflock, Fr. la cheville, (Bergwerk) ein kleines Stück Holz, damit der Schuß in der Stein Loch vest eingerammelt wird.

Pflock, (Bergbau) ein kegelförmiger Keil, der in der Mitte ein Loch hat, welchen man vor diesem bey dem Sprengen des Gesteins auf die Patrone mit Pulver schlug, dessen Loch mit Pulver füllte, nachher das Pulver ansteckte, und damit das Gestein vermittelst der angezündeten Patronen sprengte.

Pflockbohrer, Fr. le perçoir, (Bergwerk) ein eiserner Bohrer, ohngefähr anderthalb Ellen lang; damit vormals die Löcher in die hölzerne Schießpflöcke gebohret worden, die aber vor einiger Zeit abgeschafft, und dafür eiserne Röhrlein eingeführet worden, weil diese besser gebraucht werden können.

Pflocke, Pflock, (Fischer) eine Art Fischernetz.

Pflöcke, (Schuhmacher) 1) die dicke, starke lederne Absatzflecke oder Stücke, woraus ein Absatz der Stiefeln bestehet. 2) die hölzerne Nägel von Birken- oder Hainbuchenholz, die er an dem Umfange des Absatzes auf die lederne Pflöcke in gleicher Entfernung einschlägt, und solche hernach auf dem Leder gleich abschneidet; und dadurch die Pflöcke mit dem Absatze selbst befestiget. Die hölzernen Pflöcke werden zugespitzt, mit einem starken Kopf und kantig geschnitten.

Pflockhammer, (Münze) ein Hammer, das Silber zu beklopfen, wenn es das letzte Mal geglühet ist; und zum Prägen zugerichtet wird, ehe man es noch wirklich präget.

Pflöckort, Spellort, Spillort, (Schuhmacher) ein starker, langer, dreyeckigter Ort in einem starken Hefte, mit welchem die Löcher in die Absatzflecke zu den hölzernen Pflöcken (s. diese 2) eingeschlagen werden, indem der Schuhmacher die Spitze desselben auf die Absatzflecke stellt, und mit dem Hammer auf den Heft schlägt, und also eintreibet, daß ein breites Loch für die hölzernen Pflöcke entstehet.

Pflock-

Pflockschießen. (Bergbau) So nennet man ehedem das Sprengen des Gesteins, wenn man nämlich die Patron in dem Loch durch den Pflock (s. diesen) anstreckte.

Pflug. (Landwirthschaft) deren giebt es zweyerley, gemeine oder künstliche und verbesserte. Jener ist ein bekanntes Werkzeug, womit das Feld umgerissen, und zu Aufnehmung des Saamens vorbereitet wird. Das Stück Holz, worauf so zu sagen der ganze Pflug gebauet ist, heißt das Haupt, ein starkes Stück Holz, hinten breit und vorne spitz zulaufend. Dieses wird unten mit einer eisernen Sohle belegt, so die Hauptsohle genennet wird. Desgleichen ist auf der Seite, wo das Erdreich anstreichet, das Haupt mit einer Schiene belegt, so man die Seitenschiene nennt, das breite und vorne spitz zulaufende Eisen, so auf das Haupt gelegt wird, heißt der Schaar oder Pflugschaar. (s. diesen) Die Hülse, welche durch das Loch der Schaar geht, heißt man einen Bolzen; der breite Nagel, den man durch den Bolzen, der durch die Schaar geht, vorstößt, wird ein Riegel genennet. Das breite Brett an der Seite des Pfluges, daran sich die Ackerschollen legen und umwerfen, nennt man das Streichbrett, und das dünne Eisen, so auf das Streichbrett geschlagen wird, die Streichschiene. Das dem Streichbrett gegen über aufwärts stehende Brett, welches von der Griessäule bis an die eine Pflugsterze geht, heißt das Molderbrett, das längliche Holz, so durch das Pflughaupt geht, und oben durch den Grengel, nennt man eine Griechoder Griessäule. Die zwey langen krummen Hölzer, die von hinten oben hinausgehen, und daran der Ackermann seine Hand legt, und damit den Pflug regiert und hebt, heißen die Pflugsterzen. Einige Pflüge haben nur eine Sterze. Das lange mit vielen Löchern durchbohrte Holz, das fast einer Deichsel am Wagen gleich kommt, wird der Grengel oder Pflugbalken genannt. Das lange, krumme, große Eisen, so in den Grengel eingepflockt ist, und dichte vor dem Pflugschaar vorgeht, und das Erdreich zerschneiden, heißt das Sech, oder die Säge, an einigen Orten aber das Pflugeisen, und in der Mark Brandenburg ein Kolter. Die kurze, eiserne, doch dicke Kette, mit einem großen halben Ringe, die man an den Grengel und vorne durch das Pfluggestelle oder Pflugstöckchen legt, nennet man die Grengelkette. Wo man leichte Erde hat, da braucht man nur stark geflochtene weidene oder eichene Wieden, und denn heißt man es eine Grengelwiede. Der Nagel, den man an dem Grengel vor die Grengelkette vorsteckt, darnach einer flacht oder tief arbeiten will, wird der Stecknagel oder Vorstecker genannt. Man hat auch bey dem Pfluge hinten zwischen den beyden Sterzen einen ziemlich dicken und langen Stecken, vorne mit einem breiten und scharfen Eisen beschlagen, welchen der Pflüger in der Hand hält, und damit die fette Erde, so am Pflug- und Streichbrett anklebet, abstößt, welches man eine Reute oder Pflugreute nennet. Das Holz, woran die Räder angemacht sind, (davon an einigen Orten das eine, welches in der Furche geht, größer als das andere ist) und darauf der vordere Theil des Grengels aufliegt, heißt das Pflugstöckchen, Pfluggestellchen, auch Pflugkarren. Die Räder sind an der Pflugspille, welche statt der Achse dienet, fest gemacht, so daß diese beständig umläuft. Aus dem Pfluggestelle geht vorne gleichsam eine kurze Deichsel krumm aufwärts in die Höhe, welche die Pflugzunge heißt. Von der Pflugzunge bis an das Pfluggestelle geht ein krummes Holz mit Löchern in Gestalt einer Schiene, welches die Leyer heißt, und zur Stellung des Pflugs dienet. An der Pflugzunge ist vorne eine Pflugwaage, woran die Pferde oder Ochsen gespannet werden. An der vordern Seite des Pflugstöckchens ist ein kleiner Haken eingeschlagen, in welchem eine lange zweyfelliche Ruthe anstecke steckt, welches der Ekke heißt, und dazu dienet, daß die Ackerleine in solcher Zweifel ruhen könne. Wenn nun geplüget werden soll, so spannet man die Ochsen oder Pferde, deren man im leichtern Lande gemeiniglich nur zwey, im strengen Lande aber vier, sechs, auch mehrere haben muß, vor den Pflug, treibt dieselben über den Acker gerade hinauf, und regieret mit den Pflugsterzen den Pflug so, daß er im rechten Maaß in das Erdreich greift, und gerade Furchen macht. Will man seichter arbeiten, so zieht man das Pfluggestelle hinter sich, und steckt die Grengelkette oder Grengelwiede eines Lochs oder zwey Löcher weit, oder soviel nothwendig, am Grengel hinter sich zurücke. Wenn man aber mit dem Pfluge tiefer in die Erde greifen will, so läßt man die Kette eines Lochs oder zwey weiter mit dem Gestelle vor sich hinauslaufen. Bey steifen Aeckern hat man noch eine sonderliche Art Pfluges, damit man den erbrachten Acker wieder stürzet, d. i. nach der Quere überfähret und zerreißt, dieser wird ein Hackenpflug (s. diesen) genennt. Man hat noch viele andere Pflüge, wovon an seinem Orte zu sehen ist.

Pflug. (Landwirthschaft) wird an einigen Orten ein gewisses Maaß Ackers genennet, darauf man einen Pflug halten, oder das mit einem Pfluge bestritten werden kann. Nach solchem wird der Pflugschatz angelegt. Nach diesem Verstande schätzt man die Größe des Feldes von einem Gute, nachdem dasselbe viele Pflüge zu dessen Bearbeitung, und zwar nach Unterschied des Landes, bald zwey- bald vierspännig halten muß oder kann. Es ist aber eine ungewisse, obgleich alte Angabe, daher sie nicht viel mehr im Gebrauche ist.

Pflug, Mudderpflug, (Wasserbau) eine aus zwey von einander stehenden, oder keilförmig zusammengesetzten Brettern bestehende Maschiene, womit der Schlick aus einander getrieben wird, um in der Mitte den Grund zu vertiefen.

Pflug. (Wasserbau) diejenige Mannschaft, die bey dem Deichbau in einem Pferdewerke arbeitet, und gemeiniglich aus neun Arbeitern besteht.

Pflugbeil. (Landwirthschaft) ein kleines an dem Pfluge hängendes Beil, sich dessen im Nothfall bey dem Pfluge zu bedienen.

Pflügen. (Landwirthschaft) den Acker mit dem Pfluge um- oder aufreißen, um ihn geschickt zur Annehmung des Saamens zu machen. Diese Arbeit geschieht zu vier

 verschie-

verschiedenen malen, und man nennt solche, das Brachen, Wenden, Rühren, oder Aufstreiben und zur Saat pflügen. (s. davon an seinem Ort) Das Pflügen geschiehet mit dem Pfluge, da das Pflugeisen, indem der ganze Pflug von den Pferden oder Ochsen vorwärts gezogen wird, in die Erde einschneidet, und mit der Pflugschaar dieselbe herausgehoben, und an die Seite der eingeschnittenen Furche geleget wird. (s. Pflug)

Pflügen des Ankers, (Schiffahrt) wenn der Anker ausgeworfen und im Grunde des Meeres nicht vest hält, den Grund aufreißet, und dem Schiffe folget.

Pflügen, Holz, mit einem großen Hobel da eine Furche oder Spur ausschneiden, worein die Feder oder Spund eines andern Stücks passet und hinein gehet.

Pflugeisen, s. Pflugsech.

Pflughacken, s. Hackenpflug.

Pflughaupt, in gemeiner Mundart das Pflugbett, Pflugholz, das Haupt des Pfluges, d. i. das unterste Holz desselben, worauf gewissermaßen der ganze Pflug gebauet ist.

Pflugreute, Reute, Pflugrödel, Pflugschorrer, (Landwirthschaft) ein langer, dicker Stecken, welcher vorne mit einem breiten und scharfen Eisen beschlagen ist, um damit die fette Erde, welche sich im Pflügen an den Pflug und das Streichbrett setzet, damit abzustoßen.

Pflugrödel, s. vorher.

Pflugsäge, s. Pflugsech.

Pflugschaar. (Landwirthschaft) Ein hinten breites und vorne spitzig zulaufendes, in der Mitten offenes Eisen, welches fast die Gestalt einer umgewandten 4 hat, vorne an das Haupt des Pfluges gestecket, und womit die Erdschollen umgeworfen werden. Die Hacken- oder Hackenschaar hat eine doppelte Schneide, und siehet einer doppelten Schaar ähnlich, ist aber hinten mit einer Tille versehen, womit sie an das Haupt des Hackenpfluges gestecket wird. Die Pflugschaar muß stark mit Eisen, oder besser mit Stahl belegt seyn, weil man sie alsdenn nicht so oft schärfen darf, sie auch schärfer einschneidet, auch der Koth sich nicht so sehr anlegt, weil sie spiegelglatt bleibet.

Pflugsech, (Landwirthschaft) ein langes, vorne gekrümmtes, und an der einen Seite geschärftes Eisen, in Gestalt eines Messers, welches unter sich in den Grengel oder Pflugbalken vest eingekeilet ist, damit es im Pflügen das Erdreich von einander schneide, und die Pflugschaar desto leichter die Erdschollen umwenden könne.

Pflugstöckchen, (Landwirthschaft) dasjenige Holz an dem Pfluge, woran die Räder befestiget sind, und worauf der vordere Theil des Grengels lieget.

Pflückeisen, (Seidenwirker) eine kleine Zange wie eine Zwickzange mit zwey elastischen Schenkeln und scharfen Kneipen, mit welchen die Fasern der Seide bey dem Putzen der Kette im Stuhl abgezwicket werden.

Pflückmaschiene, (Seidenwirker) ein hölzernes Gestelle, das einem Rahmen gleicht und auf einem Fußgestell bevestiget ist. Auf dem Rahmen sind Zapfenlager angebracht, worinn an einer Seite ein Baum liegt. Auf der andern Seite wird der Brustbaum mit dem gewebten seidenen Zeuge geleget, um solches von allen Fasern zu reinigen und zu säubern. Dieses geschiehet, wenn der Zeug also gewebet wird, daß die rechte Seite beym Weben unten ist, und man also mit dem Pflückeisen nicht dazu kommen kann. In diesem Falle wird der Zeug mit dem Brustbaume auf das Gestelle geleget, und auf den andern Baum auf dem Gestelle aufgespannt, und alsdenn geputzt.

Pflützigt, (Tuchmanufaktur) ein bey den melirten Tüchern gemachter Fehler, wenn ganze Knoten von einer Farbe unter den andern in den melirten Farben erscheinen. Sie müssen mit dem Noppeisen behutsam ausgezogen werden, damit das Tuch dadurch nicht verunstaltet werde.

Pfnäschen, s. Anködern.

Pforte, s. Poorte und Thor.

Pfortenau, (Schiffahrt) besondere Taue, womit die Stückpforten verschlossen werden.

Pfosch, s. Verschnitt.

Pföschheerd, (Vogelsteller) ein Vogelheerd, der nur auf dem Rasen angelegt ist, und wo sich kein Busch findet, über welchem die Garne fallen.

Pfosten, Gewände. 1) (Baukunst) Bey Thüren und Fenstereinfassungen an beyden Seiten die senkrecht stehende Steine aus gehauenen Quadern. 2) Bey dem Schleusenbau die kleinen Ständer einer Schleusenthüre, welche mit Querriegeln verbunden werden.

Pfosten, (Baukunst, Tischler, Zimmermann) werden die bey einer Thür- oder Fenstereinfassung zu beyden Seiten aufrechtstehende Theile genannt. Sie seyn nun von Stein oder Holz.

Pfriem, eine zugespitzte, gut verstählte runde Klinge, womit verschiedene Handwerker sich Löcher vorstechen. Es hat einen hölzernen Griff oder Kopf, um es daran halten zu können.

Pfrieme, Schraube, (Markscheidekunst) ein Stift oder eiserner Stachel, oder auch eine Schraube von Messing, die in einem Heft stecket, das mit einem messingenen Ringe versehen ist. Man braucht diesen Pfriem oder Schraube um die Lachterschnur oder Kette, durch deren Endringe man solche durchstecket, von einem in die Erde eingeschlagenen Pfahl oder Sperrize bis zu der andern ausziehen zu können, wenn man markscheidet.

Pfriemenkraut, (Färber) eine Staude, so in Wäldern wächst, und deren Blüthe und Blätter zum Gelbfärben gebraucht werden.

Pfriemensetzer, (Formschneider) ein kleines Werkzeug, mit welchem die Drahtstifte in die Strippelformen gestecket werden, damit ein Stift nicht länger als der andere aus dem Formbrett herausstecke. Es ist ein kleiner hölzerner Heft, auf dessen einer Grundfläche eine kleine stählerne Büchse stecket, die in der Mitte ein Loch hat, das so lang ist, als der Draht aus dem Formbrett herausstecken soll, indem der Draht bis an das Loch der Büchse eingeschlagen wird. (s. Strippelformen)

Pfriemgeld, s. Kaplacken.

Pfropfbeinchen, (Gärtner) glatte, vorne gerundete und scharfe Stückchen von Elfenbein, Buchsbaum oder andern harten Holz, nur nicht von Eichenholz, welches hierzu ganz untauglich ist. Sie müssen eben die Form, wie die zum Pfropfen in die Rinde gehörige Pfropfreiser haben, und müssen an der untern Seite scharf seyn, um damit die Rinde von den Stämmen abschälen zu können. Es werden beym Pfropfen damit die Spalten in den Stämmen von einander gezwungen, um das Reiß einstecken zu können.

Pfropfen, Propfen, Impfen, Pelzen, Zweigen, (Gärtner) diejenige Arbeit, wodurch ein wilder Stamm vermittelst eines darauf gesetzten von einem fruchtbaren Baum gebrochenen Zweiges, oder sogenannten Pfropfreises, (s. dieses) verbessert wird. Die Stämme, darauf gepropft wird, sind entweder Wildlinge, Wildfänge, und Wildstämme, die man aus den Wäldern und Hölzern in die Gärten und Baumschulen versetzt, oder solche Stämme, die in den Gärten aus den Kernen gezogen werden. (s. Wildling) Die Propfreiser müssen von gesunden Bäumen, die schon getragen haben, nicht von den untern Aesten, sondern in der Höhe von frischen saftigen Zweigen, behutsam, daß die Rinde nicht verletzet werde, im Februar bey hellem Wetter gebrochen, und wenn man sie versenden oder lange verwahren will, am Bruche mit feuchtem Lehm oder Kreide beschlagen, oder mit Moos umwunden werden. Man kann sie auch im März oder April sonderlich von Steinobst brechen, wenn sie bald aufgesetzt werden sollen. Die Zeit des Propfens ist im Frühjahr, und zwar im März oder im April, wenn die Fröste vorüber, und der Saft recht in die Reiser getreten. Die Art zu Propfen ist mancherley. (s. folgende Artikel)

Pfropfen, (Schiffsbau) sind allerley zum Verstopfen dienende und zubereitete Materien, als eiserne, bleyerne, kupferne Platten, die Löcher, so ins Schiff gekommen, zu verstopfen. Man hat Propfen in die Kanonenmündung und Hölzer in die Klüslöcher.

Pfropfen, (Zimmermann) diejenige Arbeit, wenn an eine stehende Säule oder anderes Holz, das an einem Ende schadhaft geworden, ein frisches Stück dergestalt angepasset, auch beyde Theile also mit einander verbunden, und mit Nägeln befestiget werden, daß sie an allen Seiten gleiche Stärke haben, und als ein ganzes Stück an einander halten.

Pfropfen, das, in und zwischen die Rinde. (Gärtner) Dieses geschiehet nur an solchen Stämmen, welche mehr als 3 oder 4 Zoll im Durchschnitt halten, und die man nicht spalten kann. Man nimt hierzu Reiser, welche im Umkreise einen guten Zoll, und in ihrer Länge vier oder fünf gute Augen haben. An dem dicksten Ende werden sie schräge wie ein Rehfuß abgestoßen, und dieser Schnitt muß fast einen Zoll in der Länge halten. Das Reis wird sonst wie ein Spaltpfropfen zugerichtet, und hinter die Rinde eines abgehauenen Stammes mit einem beinernen Keil eingesetzt, auch gleichwie das Spaltreis mit Baumwachs verbunden. Diese Art zu Pfropfen ist nicht so schwer, als das Pfropfen im Spalt, und geräth an alten Stämmen bey Birn- und Apfelbäumen viel besser, als am Steinobst.

Pfropfen durchs Ablaktiren, Absaugeln. (Gärtner) Dieses geschieht, wenn nahe an einem fruchtbaren Baum Pfropfstämme gesetzt, und mit dienlichen Reisern von dem Baum in den Spalt dergestalt besetzt werden, daß man sie nicht von ihrem Stamme abreißt, sondern an demselben läßt, auf daß sie der Nahrung so lange mit genießen, bis sie in dem Pfropfstamm bekleben, und alsdenn werden sie erst abgeschnitten. (s. auch Ablaktiren) Uebrigens muß das Pfropfen überhaupt auf glatte und gesunde Stämme bey schönem gelinden trocknen Wetter geschehen, auch zur Beschneidung des Pfropfreises kein Brodmesser, sondern ein eigenes Pfropfmesser gebraucht werden. (s. auch Einlegen.)

Pfropfen in den Kern, (Gärtner) geschieht an alten und unfruchtbaren Bäumen, vornehmlich am Kernobste, da man den Stamm oder dicken Zweig absetzet, um die Krone herum tiefe Kerben durch die Rinde ins Holz hauet, gute Reiser durchschneidet, und sie dergestalt genau hinein passet, daß Holz mit Holz, und Rinde mit Rinde zutreffen, zuletzt aber die Kerben gewöhnlichermaßen verstreicht und verbindet. Nachdem der Stamm dick ist, kann er 4 bis 6 solcher Ausschnitte vertragen. Die bequemste Zeit zu diesem Pfropfen ist im Frühjahre, ehe der Saft in die Bäume tritt, und folglich die Rinde von dem Holze sich nicht ablösen kann, sondern an demselben fest sitzt.

Pfropfen in den Spalt. (Gärtner) Dies ist die gemeinste Art zu Pfropfen, da man nämlich im März einen hübschen glatten Zweig oder dreyjährigen Stamm, darauf man pfropfen will, mit einer scharfen Baumsäge geschwinde abschneidet, die Oberfläche an dem abgesägten Ende (welches, wenn es flach, die Krone, wenn es aber schräge, der Rehfuß genannt wird) mit dem Pfropfmesser glatt macht, den Stamm, doch ohne Verletzung des Kerns, spaltet, und in den Spalt an einer, oder, wenn der Stamm stark genug, an beyden Seiten ein am Ende gehörig zugeschnittenes Reis, nachdem man vorher den Spalt mit einem Keilchen von einander gezwungen, also einsteckt, daß die lebendige und saftige Rinde am Stamme genau mit der Rinde des Reises zutreffe, und der Absatz bequem auf dem Stamme zu sitzen komme, und keines vor dem andern hervorrage. Nach diesem zieht man das eingesteckte Keilchen wieder heraus, legt etwas Moos an den Spalt, verklebt denselben, auch die Pfropfstelle, wohl mit Baumwachs und verbindet sie mit Weidenbast, damit weder Regen noch Sonne Schaden daran thun könne. Diese Art zu Pfropfen bekomt zwar allen Fruchtbäumen, jedoch dem Steinobste insonderheit den Pfirschen nicht so gut, als dem Kernobste.

Pfropfen mit Röhrchen oder Pfeifen, welches man auch Röhrlein oder Teicheln nennt, geschieht, wenn man im Frühjahre im May, da der Saft in die Bäume tritt, und die Rinde sich gerne ablöst, an einem fruchtbaren

Baume

Baume guter Art von einem erst dasselbe Jahr gewachsenen, saftigen und geraden Schoßreise zwey quer Finger breit unter und denn gleich über dem Jahrknoten die Rinde rings herum bis auf das Holz, gleich einem Röhrchen oder Pfeifchen ablöst, und wenn vorne die Spitze des Reises abgeschnitten, solches Röhrchen mit seinem Auge und Jahrknoten unversehrt abschiebt, sogleich aber, wenn es noch saftig, wieder über einen von gleicher Dicke gewachsenen wilden Zweig (dem vorher die Rinde so weit es nöthig ist, und das Röhrchen reichen konnte, abgezogen seyn muß) an- und einschiebt, unten und oben mit Baumwachs verstreicht, und mit Bast oder Hanf wohl verbindet, solches Band aber so wenig als das Röhrchen selbst setzt, auch oben an die Spitze etwas Blätter steckt, welche mit ihrem Schatten das Röhrchen vor der Sonnenhitze verwahren, daß es gleich anfangs den Saft leichter annehmen könne. Nach Verlauf von 5 oder 6 Wochen, da die Augen angewachsen seyn müssen, kann man das Band wieder ablösen.

Pfropfhammer, (Schiffszimmermann) ein Hammer, der auf einem Ende vorne eine spitze Pinne, auf dem andern Ende aber eine breite Bahn hat. Mit der Spitze des Hammers erforschet der Schiffszimmergeselle die hölzernen Nägel in dem Boden eines alten Kahns, welchen er ausbessert, ob sie noch fest sitzen, schlägt mit dem Hammer ein Loch in den Nagel hinein, wenn dieser nur in etwas beschädiget ist, und verspundet ihn mit einem Pfropf. Völlig verfaulte Nägel treibt man mit diesem Hammer aus ihrem Loch heraus, und schlägt dagegen neue ein.

Pfropfinstrumente, (Gärtner) diejenigen Werkzeuge, welche man bey dem Pfropfen der Bäume gebrauchet, als **Pfropfsägen**, **Pfropfmesser**, **Pfropfmeißel**, **Pfropfbeinchen** u. s. w. (s. davon ein jedes an seinem Ort.)

Pfropfmeißel, (Gärtner) ein langer eiserner Meißel, der unten zwey Finger breit, etwas dick und scharf, oben hinaus aber nach und nach dünner wird, damit im Ausziehen bey dem Pfropfen die Pfropfreiser nicht verrückt werden.

Pfropfmesser, **Spaltmesser**, (Gärtner) ein drey Finger breites Messer, ohne das Heft eine Spanne lang, am Rücken stark und dick, daß es einen Spalt desto besser aufthun könne, ohne Spitze und dabey ganz glatt und polirt, damit es im Holz keine Schiefern mache, welche den Saft am Steigen merklich vermindern. Mit diesem Messer wird der Spalt in den Bäumen gemacht.

Pfropfreis, (Gärtner) ein junges jähriges Reis von einem fruchtbaren Baum, welches auf einen wildern Stamm gesetzt wird, um solchen dadurch zu verbessern. Die Pfropfreiser müssen von jungen gesunden Bäumen seyn, die bereits getragen haben, nicht von den untersten Aesten, sondern von dem höchsten Gipfel des Baums, gegen Mittag, wo die Reiser am besten und zeitigsten sind, von frischen saftigen Zweigen behutsam, daß die Rinde nicht verletzt werde, geschnitten. Sie müssen aber nicht gleich, wenn sie vom Baume abgeschnitten werden, aufgesetzt, sondern bis zur bequemen Witterung aufbewahret werden. Die aus der Ferne erhaltenen und trocken gewordenen Reiser muß man einen Tag in frischem Wasser einweichen, und eine Zeitlang in frische Erde eingraben, so schwellen sie wieder auf, und bekommen frischen Saft. Es müssen sich auch die Pfropfreiser nach des Stammes Beschaffenheit, ob er stark oder dünn ist, richten, so daß man in starke Stämme Reiser mit vier oder fünf Augen, in schwache oder dünne aber nur mit drey Augen setzt. Wenn man sie versenden oder lange verwahren will, müssen sie am Bruche mit feuchtem Lehm oder gekaueten Töpferthon beschlagen, oder mit frischem Moos bewunden, oder nur in die Erde an einen schattigen Ort geleget werden. Will man sie aber weit wegsenden, so stecke man sie behutsam in eine Rübe oder Apfel. Die Pfropfreiser von Apfelbäumen wollen auf wilde, oder wenn es Zwergbäume werden sollen, auf Paradiesäpfelstämme, Birnreiser hingegen auf wilde Birnbäume gepfropft, oder auch auf junge Kernbäume oder gesunde Birnquittenstämme geäugelt seyn. Reiser von Aprikosen und Pfirschen sind auf süße Mandelstämme zu pfropfen, oder auf wilde Pfirschen und Aprikosen, die aus Kernen gewachsen, zu okuliren oder abzusäugen. Auf Damascener Pflaumenstämme kann man auch Aprikosen, Pfirschen und Mirabolanen absäugen oder okuliren. Reiser von spanischen Kirschen müssen auf süße Kirschstämme, Amarellen und Maykirschen aber auf weiße Kirschstämme gepfropft werden; auf schwarze saure Kirschenstämme geht es nicht an, weil der Saft viel zu zähe und herbe ist; denn ob sie schon eine Zeitlang wachsen und bekleiben, so hat es doch keinen Bestand. Die Ameisen und Raupen pflegen dem jungen Laube der Pfropfreiser sehr nachzustellen, wobey viele verdorren. Hierwider ist Kienruß ein bewährtes Mittel. Noch kann man folgendes von den Pfropfreisern bemerken: daß wenn große Art von gutem Obste wiederum auf große Art wildes Obst gepfropft, dieses an Stämmen und Früchten besser wird; pfropft man kleine Art von gutem Obste auf große Art von wilden Stämmen, so wird das Obst besser und etwas größer; pfropft man große Art von gutem Obste auf kleinere Art wilder Stämme, so wird das Obst auch wohl größer, aber es artet mehr nach dem Reise, bleibt aber dem Stamme nach etwas klein, und will nicht recht fort.

Pfropfsägen, (Gärtner) derselben gebrauchet man zweyerley bey dem Pfropfen, nämlich eine kleine zu den kleinen Bäumen, und eine große zu den großen Bäumen. Sie müssen sehr scharf und weit geschränket seyn, weil man im grünen Holze damit schneiden muß, daß es nicht leicht zuläuft, und das Holz das Blatt fasse und aufhalte, auch daß sie fein glatt durchschneiden, und die Rundung im geringsten nicht beschädiget werde.

Pfudeisen, (Bergwerk) das gekrümmte Eisen, welches in den Scheeren der Haspelstützen angebracht wird, und worinn die Zapfen des Rund- oder Rennbaums des Haspels laufen.

Pfühl, Pfuhl, (Artillerie) ein Stück Holz, welches auf dem Richteriegel zur Unterstützung des Bodenstückes einer Kanone geleget wird.

Pfühl, (Baukunst) ein zuweilen großes Glied der Bauordnung, dessen Ausladung seiner halben Höhe gleichet, denn es wird aus einem völlig halben Zirkel beschrieben. Man pflegt es oftmals mit umschlungenem Laube und dazwischen mit flachen Kugeln, Rosen etc. auszuschneiden, oder mit Rundungen auszuzieren u. s. w.

Pfühl, heißt unter den Stücken, die ein vollständiges Ober-Betten ausmachen, dasjenige Bette, welches die [illegible] eines Hauptküssens hat, dabey aber mehr als doppelt so lang ist, dergleichen man sowohl zum Haupte, als auch zu den Füßen zu legen, und auch wohl zuweilen mit besondern weißen Ueberzügen zu überziehen pflegt, welche Ueberzüge unter dem Namen Pfühlzügen bekannt sind.

Pfühlbaum, (Bergwerk) 1) ein kurzes Stück Holz [illegible] Viereck eines Schachts, welches quer über [illegible] liegt, und auf beyden Seiten in die Hänge-[illegible]schnitten ist, in dessen Mitte die Haspelstütze befestiget ist. 2) die aufrechtstehende Welle eines Göpels, an welcher der Korb befestiget ist, und um welche das Seil sich auf- und abwindet.

Pfühleisen, (Bergwerk) umgebogene krumme Eisen, [illegible] welche die eisernen Knöpfe des Renn- oder Rebbaums befestiget sind, und an denen die Haspelhörner stecken und [illegible].

Pfühlzügen, s. Pfühl.

Pfund, eine erdichtete Rechenmünze, nach der man in verschiedenen Ländern und Städten die Geldsummen zu bestimmen pflegt. Sie ist sehr ungleich. Man sehe davon Pfund flämisch, Pfund Sterlinge u. s. w.

Pfund, Fr. bois sur lequel le tourillon est placé, (Bergwerk) ein rund ausgeschnittenes Stück Holz, in welchem der krumme Zapfen des Berghaspels liegt und sich herumdrehet.

Pfund, ein Gewicht von zwo Marken oder 16 Unzen. Das Wort kommt her von dem lateinischen Worte pondus, und wird an ℔ noch von dem Worte libra, jetzt ℔ geschrieben, obwohl das jetzige gewöhnliche Pfund 16 Unzen, oder 32 Loth hat, das römische aber nur 12 Unzen hatte.

Pfund, eine Art zu zählen, und bedeutet in Nürnberg soviel, als 240 Stück.

Pfunde, (Jäger) werden diejenigen Streiche genennet, welche zur Strafe mit dem Weidmesser den Jägerburschen ausgetheilet werden.

Pfunder, Pfunder, (Handlung) in den niedersächsischen Seestädten diejenigen, welche auf Begehren in der Kaufleute Häuser mit ihrer Schnellwaage herumgehen, und einen Ballen oder Faß Kaufmannsgut, wie schwer solches auch sey, gleich überschlagen und wägen, wie viel ein solches Stück Gut ohngefähr zur Fuhre wiegen muß.

Pfund flämisch, Fr. Livre de Gros, eine erdichtete oder Rechenmünze, deren man sich in Holland, Flandern, Brabant, und den niedersächsischen Seestädten im Handel bedienet. Ein Pfund flämisch hat 20 Schillinge flämisch, und der Schilling flämisch 12 Pfennige oder Groot flämisch. In Holland gilt das Pfund flämisch 6 holländische Gulden, oder 120 Stüver current, welches nach deutschem Münzfuß ohngefähr 6 Thaler 6 bis 8 gr. beträgt. In Hamburg, Lübeck und Bremen aber macht das Pfund flämisch 7½ Mark.

Pfunde geben, Plarschelgen. (Jäger) So werden die Jagdstrafen genennet. Wenn einer von den Jägern bey dem Oberjägermeister anbringt, daß Jemand unrecht gesprochen habe, z. B. der Hirsch hat geblutet, anstatt geschweißt, hat starke Hörner u. s. w., so bringt der Kommendant von der Jagd seine Beschwerde bey der Herrschaft an, dann wird der Verbrecher vorgefordert, die Jägerey in Ordnung gestellt, und durch Stöße in das Hifthorn ein Zeichen gegeben, und die strafbare Person über einen Hirsch gelegt, und mit den Hörnern ein Zeichen gegeben; der Kommendant aber, welcher das bloße Blatt in Händen hat, theilet sodenn mit demselben drey Streiche dem Uebergelegten auf den Hintern aus, unter dem lauten Zuruf der Jäger, wobey Ho, Ha Ho, Jach! zu drey malen geschrieen wird.

Pfundholz, (Bergwerk) Hölzer, welche in die Halbgerinne gelegt werden, und dem Flutbett (s. diesen) die gehörige Weite geben.

Pfundhölzer, (Hüttenwerk) zugerichtete Stücken Hölzer, welche in die Halbgerinne gelegt werden, um solche weiter zu machen.

Pfundleder, (Lohgerber, Schuhmacher) das starke Leder, woraus die Sohlen der Schuhe und Stiefeln gemacht werden. Es ist ein dickes Leder, welches man von den Häuten der alten und erwachsenen Rinder herausschneidet. Es muß länger gegerbet werden, als das Leder von jüngern und kleinern Thieren. Nachdem man die Felle mit Salz eingerieben, so legt man sie acht Tage zum Schwitzen ein, davon werden sie warm, und es naget das Salz die Haare dermaßen von der Haut los, daß man sie sogar mit einem Besen abfegen könnte. Was nicht von selbst losgehet, wird mit einem geraden Putzmesser auf dem Schabe- oder Streichbaum (s. diesen) nachgeputzt. Wenn das Haar von dem Leder abgeschabt worden, dann wird es in die Farbe (s. diese) gelegt, hierinn liegen die Leder drey oder mehr Wochen, bis solche aufschwellen, und so locker als eine Sulze geworden, welches das Treiben (s. dieses) genannt wird. Täglich werden die Leder ein paarmal aus der Farbe genommen, geführet, und von neuem eingelegt. Alsdenn schichtet (s. Schichten) man mit kleingestampfter Lohe auf einander, man besprenget die Lohe oft, damit sie bis zum innern Kerne des Leders hinein ziehen möge, und das Leder gar machen könne. In solchem Zustande läßt man das Leder sechs bis zehn Wochen in der Lohgrube liegen. Das Ueberschichten mit Lohe geschieht erst auf der Narbenseite, nach diesem auf der Fleischseite und dann wieder auf der Narbenseite. Hierauf werden die Leder aus der Grube genommen und an der Luft getrocknet, bis sie anfangen weiß und steif zu werden, oder bis sie sohlledergar für den Schuhmacher geworden. Bey dem Aufhängen ist die Aasseite aufgedeckt, und das Trocknen ist in einem halben Tage vollendet. Vorher legte man die nassen Leder auf einander, man beschwerte sie mit Brettern und Steinen, um dadurch zu hindern, daß sie sich etwa nicht krümmen möchten. Zuletzt streichet man das Pfundleder mit einem geribbten Horn streifig.

Pfundschwer, ein hannöverisches Handelsgewicht, welches 3 Zentner oder 316 Pfund hat. In Bremen macht es 306 Pf. aus.

Pfund Sterlinge, Fr. Livre Sterling, eine erdichtete Münze, oder Rechenmünze in England, welche nach dem jetzigen Wechselkours nach unserm Gelde 5 Rthlr. 6 bis 12 gr. gilt. Sie hat 20 Schillinge, jeder Schilling aber 12 Pfennige Sterling.

Pfuscher. In den Handwerkssprachen derjenige, der nicht Meister eines Gewerks ist, und doch für sich arbeitet. (s. auch Böhnhasen)

Pfützeimer, (Bergwerk) besteht in einem eichenen mit drey eisernen Reifen beschlagenen Eimer, welcher oben 10 Zoll weit, und 15 bis 18 Zoll tief ist. Man gebrauchet diesen Eimer, um das Wasser, welches in einem Sumpf oder in einer Vertiefung zusammengelaufen ist, an einen andern Ort, wo es einen freyen Ablauf hat, oder in eine Tonne, oder Kübel zu schöpfen. In der Tonne oder Kübel wird es hernach durch Hülfe des Haspels zu Tage, d. i. in die Höhe heraufgezogen. Dieser Eimer hat davon den Namen, weil das Schöpfen oder die Arbeit selbst das Pfützen heißt.

Pfützen, das, Fr. puiser, (Bergwerk) das in der Grube sich befindliche Wasser ausschöpfen.

Pfützschaale, Pfützschüssel, (Bergwerk) ein ausgetieftes eisernes Blech, mit welchem man das Wasser aus den Sümpfen der Bergwerke rein auspfützet oder ausschöpfet.

Phaeton, (Sattler, Stellmacher) ein Wagen, dessen Kasten ganz oder zum Theil offen ist. Im letztern Fall kann der Mantel oder das Leder, so den Kasten oberhalb umgiebt, aufgerollet werden. Man hat sehr prächtige Phaetons, die für fürstliche Personen dienen, und die einen Himmel haben, der auf Stangen an dem Rücklehn ruht, worauf von Bildhauerarbeit Figuren angebracht, die überhaupt von kostbarer Bildhauerarbeit verzieret oder auch mit reichem Zeuge überzogen sind.

Phalosnee, Pharosne, ein japanisches Fahrzeug, dessen sich die vornehmen Herren zum Spazierenfahren auf dem Wasser bedienen, fast eben so, wie die Jagden in Holland und England gebrauchet werden.

Phantasie, Fr. Phantasie. (Maler) Ein Gemälde oder Zeichnung, so nicht nach einem bestimmten Gegenstande in der Natur gemacht, auch nicht copirt ist. Man sagt: der Maler malt nur Phantasien; er malt bloß nach seiner Phantasie. Jenes heißt, er malt nichts, als Grotesken, dieses, er malt aus seinem Kopf. Im Gespräch sagen die Franzosen fantastiquer, phantasiren, von einem Maler, der blos nach seiner Grille arbeitet, ohne sich an die strengen Regeln der Kunst zu binden.

Pharosne, s. Phalosnee.

Pharus, s. Leuchtthurm.

Phengit, Fr. Phengites, (Bergwerk) ein spathförmiger, meist weiß und durchsichtiger, und nach der Struktur würfelförmiger Stein, so mit Scheidewasser nicht aufbrauset. Er wird vom Plinius als ein gelber durchsichtiger Marmor beschrieben. Man hat welche, wie Honig gelb gesehen, die ganz durchscheinend sind. Einen dergleichen Stein findet man in Venedig in der St. Markuskirche.

Philippsthaler, Königsthaler, Dukaton, Fr. Ecus de Philippe, eine Münze, welche König Philipp III. von Spanien schlagen lassen, und anderthalb Thaler gilt. In England machen 4 Philippsthaler ein Pfund Sterling.

Phillistern, (Tuchbereiter) eine Art abgenutzter Kardätschen, mit welchen sie oft anstatt der Karden die Tücher rauhen, und wodurch dem Tuch ein großer Schaden geschieht, auch nicht mehr als eine Tracht (Presse) dem Tuch damit geben können.

Phiole, (Chymikus) ein gläsernes Gefäß kugelrund, mit einem langen engen Halse. Es wird bey dem Zerlassen oder Schmelzen vielfältig gebrauchet.

Phiole, s. Sturmkopf.

Phoronomie, heißt bey einigen die Wissenschaften von der Bewegung der vesten und flüssigen Körper. Sie begreift also die Mechanik, Statik, Hydraulick und Aerometrie in sich.

Phosphorus, ein Stein, der sonst nur aus Italien gebracht worden, schwer, grau, und glänzend ist, und welcher, wenn er auf gewisse Art kalzinirt, und hernach an die Sonne oder an das Feuer geleget wird, den Schein davon an sich zieht, daß er im Dunkeln leuchtet. Es giebt dieser Steine unterschiedene Arten; einige schälen sich wie das Frauenglas, andere haben weißlich glänzende Streifen, wie das Antimonium, noch andere sind schwarz und daher minder, und es kostet viel Mühe, ehe ein solcher Stein zum Leuchten im Finstern kann bereitet werden. Der vornehmste, oder wenigstens einer der beträchtlichsten darunter, ist derjenige, der aus Menschenharne durch Fäulniß und darauf folgendes starkes Treiben aus einer Retorte gemacht wird.

Phrygischer Stein, (Bergwerk) ein schwammiger ziemlich schwerer Stein, von mittelmäßiger Größe, der aber nicht gar wohl zusammenhänget. Er wächst in Kappadozien, hat eine bleiche Farbe, mit dazwischen laufenden Adern. Sein Geschmack ist herbe und scharf. Ehedem bedienten sich die Färber desselben statt der Aschererde oder Seife, nachdem sie ihn zuvor gebrannt, und dreymal in Wein abgelöscht hatten, damit er röthlich würde. Dieser ist auch nur der einzige, den man in der Handlung führet. Man bekömmt ihn aus England, Holland, und von Frankfurt am Mayn. Er wird im Wasser aufgehoben; und je stärker er rauchet, wenn er herausgenommen wird, desto besser ist er.

Phyciare, s. Donnerstein im Supplement.

Piaster, Fr. Piastre, eine Silbermünze, die zuerst nur in Spanien allein geschlagen worden; jetzt aber auch schon in verschiedenen andern Ländern gepräget wird. Von den spanischen hat man vier Gattungen, als: 1) die zu Sevilien, und 2) zu Segovien, als den beyden einzigen Münzstädten in Spanien gepräget werden; 3) die peruvianischen Piaster, die in Peru geschlagen, und von ihrem Gepräge, welches auf der einen Seite die beyden Säulen des Herkules vorstellet, auch Kolonnenpiaster genannt werden; 4) die mexikanischen Piaster, die in Mexiko oder Neu Spanien geschlagen werden. Alle diese spanischen Piaster sind von schlechtem Gepräge, länglicht ausgedehnt, oder eckigt, und fast von eben dem Schrot und Korne, als die französischen Thaler oder *Louis blancs*, deren 9 auf die Mark gehen, indem sie 7⅛ Quentchen wiegen, und 14⅞ Loth im Feinen halten. Die mexikanischen sind etwas schwerer, als die andern, allein sie sind nicht von so feinem Silber, als jene, und überdieses mit einem Firniß überzogen, den die Spanier *Koche* nennen. Sie gelten in Spanien 8 Realen an Silbermünze, weswegen sie auch öfters Stücken von Achten, ingleichen Real von Achten, Fr. Piece de huit, Real de huit, genennet werden; an spanischer Kupfermünze gelten sie hingegen 15 Realen. Da nun ein spanischer Real, er mag in Silber oder Kupfer genommen werden, allezeit 34 Maravedis gilt; so folget, daß die Piaster in Silbermünze 272, und in Kupfermünze 510 Maravedis gelten müssen. Man hat auch halbe Piaster, oder Stücke von 4 Realen; Viertelspiaster, von 2 Realen; Achtelspiaster, oder einfache und eigentlich so genannte Realen, und Sechzehntheilspiaster, oder halbe Realen, (s. Realen) ingleichen Pezzette und Patagon. Was nun den Werth der Piaster betrifft, so werden dieselben, wenn man diejenigen Länder und Orte ausnimmt, wo sie selbst geschlagen werden, an den meisten Orten nach dem Gewichte und ohne Unterschiede ihres Gehaltes im Feinen genommen; an manchen Orten aber haben sie einen theils durch die Gesetze, theils durch den Gebrauch bestimmten Werth. 1) In Deutschland gelten sie 1 Thaler 6 bis 8 Groschen. 2) In Holland sollen die spanischen Piaster die Mark für 22 Gulden 6 Stüver Bankgeld genommen werden, welches nach dem Kurrantgeld 23 Gulden 5 Stüver beträgt u. s. w.

Piaster, eine türkische Münze, so einen deutschen Gulden, oder 16 gute Groschen macht.

Piatta, (Schiffsbau) ein italienisches Fahrzeug ohne Segel, hinten breit, dienet zum Ableden oder Lichten im dem Hafen. Jedes Schiff pflegt dergleichen bey sich zu führen, sie ist, wenn darauf Korn und Salz geführet wird, von außen und innen dicht und sauber zu halten.

Pic, Picq, ein Längenmaaß, dessen man sich in der Türkey, als zu Konstantinopel, Smyrna ꝛc. zu Ausmessung der Tücher und Zeuge bedienet. Es hält 2 Fuß, 2 Zoll und 2 Linien, und verhält sich zur pariser Elle, wie 5 zu 3. 5 Piecs sind 3 pariser Ellen.

Pic, Pik, Picol, ein Gewicht, [illegible] sich in China bedienet, um schwere Waaren [illegible] zu wiegen. Es ist eigentlich der chinesische Zentner, und wiegt 100 von ihren Pfunden, welche sie Katis nennen. Da nun ein Katis 1¼ Pfund nach dem amsterdamer, pariser ꝛc. Gewichte wiegt, so trägt der chinesische Pic nach dem Gewichte dieser Städte 125 Pfunde. Eben dieses Gewicht ist auch zu Siam, Malaka, und in den Inseln de la Sonde gebräuchlich, weil aber die Katis zu Siam nur halb so schwer sind, als die chinesischen, so gehören allda zu einem Pic 200 siamische Katis.

Piccade, Fr. (Koch) eine Art eines Ragout, welches von Rebhünern und andern dergleichen Federwildpret folgender Gestalt verfertiget wird: Wenn die Rebhüner und dergleichen bald gar gebraten sind, so werden ihnen die Brüste abgelöset, in würfliche Stücke geschnitten, und gleich einem Ragout eingelegt. Die Keulchen hingegen werden eingekerbt, entweder dazu gethan, oder besonders als Grillade auf dem Rost gebraten, und wenn das erste angerichtet, von auswendig herum auf den Schüsselrand zur Garnitur gelegt.

Piccards Wasserwaage. Ein Werkzeug, um den Wasserpaß damit zu wiegen. Es ist eine weite in gerade Winkel recht genau eingerichtete Röhre, aus gutem von beyden Seiten verzinntem Eisenblech gemacht, 4 Fuß lang am Stamme, und 1 Fuß im gebogenen Winkelstücke, weit 1½ bis 2 Zoll, damit das vorderste Blech auf einmal kann abgenommen werden; unter das oberste Blech der Ecke ist ein Blech als ein Winkelhaken, und unter dasselbige auch hinten am Rücken ein Stück Messing ½ Zoll dick befestiget, daß zwischen diesem und dem vordern Blech wenigstens ½ Zoll Raum bleibt. Mitten durch diese Bleche wird ein Strick von einer Nähnadel gesteckt, und ein Pferdehaar mit dem Bley eines Perpendikels daran gehangen. Unten ist die Röhre etwas weiter als oben, darinn wird ein silbern Blech auf zwey Stückchen anderes Blech geleget, daß es von dem Rücken der Röhre genau ½ Zoll absteht, so wie das obere Blech. Auf solches Blech wird aus dem Punkte, wo oben das Stück von der Nadel auf dem hintern Bleche veste ist, als Mittelpunkt ein Bogen gezogen, und darauf dem Radio verhältnißmäßige Grade aus der Mitte (die recht senkrecht unter der Nadel, die den Perpendikel trägt, kommen muß) gesetzt, auch in einzelne Minuten, doch so fein, als es mit Deutlichkeit geschehen kann, eingetheilet. Es ist am besten, mit der Eintheilung der Grade so lange zu warten, bis man durch das Richten des Instruments erfahren, wo der Perpendikel auf dem Blech das wahre Mittel abschneidet, deswegen in dem Deckel der Röhren gegen die Stelle dieses Blechs ein rein Glas angebracht seyn muß, dadurch man den Perpendikel kann spielen sehen. Der Quertheil der Röhre ist an einer Seite mit einem runden Loch geöffnet, und wird unmerklich darinn in einem vest eingekitteten messingenen Röhrchen ein Objektivglas von einem guten dreyfüßigen Perspektiv eingesetzt, von da an die Weite seines Foci bis auf eine gewisse Weite fortgetragen, allwo ein messingenes [illegible] mit einem Querfaden eingesetzt wird. Dieser Querf[illegible]er muß von subtilem Glashaar seyn. An dem andern Ende dieser Querröhre wird auch eine runde Oeffnung gelassen, und eine kurze Röhre von außen daran angelöthet, in welche ein ander Röhrchen mit einem Okularglase eingesteckt wird. Endlich wird diese Querröhre mit krummgebogenen messingenen oder eisernen Armen unterstützet, und an dem Rücken der aufrechten Röhre ein Eisen als eine Krampe eingesetzt, daß es ganz willig hin und wieder gehe. Nun ist die Waage fertig. Das Stativ ist der Malerstaffeley ganz gleich, ohne daß an beyden Schenkeln die Riegel angemacht sind, welche mit einer Schraube können weg angehalten werden, und dazu dienen, daß man auf ungleichem Boden das Stativ wohl stellen kann. Der Gebrauch des Instruments ist folgender: Es wird mit Hülfe zweyer hölzerner Nägel mit den Armen auf das Stativ gehänget, und so lange gerücket, bis das Haar des Perpendikels die Mitte des Bogens auf dem silbernen Blech schneidet. So giebt die Gesichtslinie, welche durch den Querfaden und durch das Objektivglas hinausgeht, den unächten Wasserpaß. Sobald der Perpendikel recht einschlägt, muß man das Eisen an dem Rücken der senkrechten Röhre fallen lassen, damit das Instrument in seiner Richtung dadurch besser erhalten werde. Sollte aber durch langen Gebrauch die Röhre etwas aus ihrem Perpendikel gekommen seyn, welches man durch öfteres Probiren erfahren kann, so muß man nur merken, welche Minute neben der Mitte abschneidet, und bey fernerem Gebrauche des Instruments allezeit darnach richten. Uebrigens muß man bey dem Gebrauche genau Achtung geben, daß der Perpendikel frey spiele. (s. Leupolds Schauplatz der Gewichtkunst Tab. I. Fig. 1 und 2 den vierten Theil.

Piccolo, Picoli, Picolo, Bagatino. 1) eine kleine venetianische Scheidemünze, so nach unserem Gelde ohngefähr 3 Pfennige gilt. 2) auch eine sicilianische Rechenmünze, deren man sich sonderlich zu Palermo und Messina bey den Wechselnegotien und dem Buchhalten bedienet. 8 Picoli machen 1 Ponto, und 6 Picoli 1 Grano. Da nun 1 Grano nach unserm Gelde etwa 3 Pfennige beträgt, so ist ein Picoli noch nicht ein Pfennig unserer Münze.

Pickholz, (Schuhmacher) dasjenige Glättholz, womit dieselben die Nath glatt und eben machen.

Pichina, werden allerhand Arten von Zeuge genennt, welche eigentlich nichts anders, als Droguete sind. Vorzüglich aber führen solche Benennung ein leinwandartiger Zeug, welcher zu Toulon und in dasigen Gegenden gemacht wird, und eine Art von grobem und starkem Tuche ist. Er wird entweder ganz von spanischer Wolle gemacht, oder auch von Landwolle, und diese letzte Art geht meistentheils nach Italien, der Barbarey und den griechischen Inseln. Beyde Arten aber haben einen Veilchengeruch, der ihnen bey ihrer Zubereitung durch die Veilchenwurzel gegeben wird. Sie enthalten im Stücke 21 bis 22 pariser Ellen, und sind 1 Elle breit. Es kommt ihnen an der Beschaffenheit ein anderer sehr starker wollener Zeug, der zu Chalons verfertiget wird, sehr gleich, hat eben die Breite und Länge, und führet auch eben den Namen. Man giebt demselben auch, wiewohl sehr unschicklich, einem gekieperten Zeuge von Wolle, der aus Berry kommt, und mit dem toulonischen Pichina keine weitere Aehnlichkeit hat, als daß er von eben der Länge und Breite ist. Man kann ihn bloß für eine grobe tuchartige Serge oder Kordat halten.

Pichina, Pichina von Haubordin, ein gekreuzter Zeug, der nicht weit von Rüssel zu Haubordin aus brauner Wolle gewebet wird. Man braucht ihn vornehmlich zu der Kleidung der Karmeliter. Er liegt eine oder 1¼ Elle pariser Maaß breit, und hält im Stück ungefähr 23 bis 24 solchen Ellen.

Pichwachs, Stopfwachs, Vorwachs, Vorstoß, Leim, Baurenleim, (Bienenzucht) dasjenige grobe Wachs, womit die Bienen die Ritzen und Oeffnungen der Stöcke verschmieren, und gleichsam verpichen.

Pick, s. Pic.

Pickaroon, (Schiffsbau) eine Art indianischer Raubschiffe.

Picke, ein bekanntes Schaftgewehr auf den Schiffen gebräuchlich, doch meistens hat man nur halbe Picken im Gebrauch, die 8 Fuß lang sind.

Pickel, Picke, ein großer gestählter Zahn oder Haue mit einem Armstiel, womit die Mauern, und in den Steinbrüchen die Felsen gebrochen werden. Man hauet damit auch das gefrorne oder sonst veste und steinige Erdreich auf. In Oesterreich heißt es der Krampen.

Picken, s. Bicken.

Picol, s. Pic.

Picol. 1) ein chinesisches Gewicht, dessen man sich bedienet, um die Seide zu wiegen. Es hält 66⅔ Katis, so, daß 3 Picols eben soviel machen, als der Bachar zu Malaka, nämlich 100 Katis. 2) ist es auch ein Gewicht, welches an vielen Orten des vesten Landes, und auf einigen Inseln von Amerika gebräuchlich ist. Es wiegt ohngefähr 10 Pfunde nach holländischem Gewichte.

Picore, s. Pikore.

Picotin, ein englisches Maaß. (s. Peck.)

Picotin, ein französisches Getreidemaaß, dessen man sich sonderlich zu Paris und den umliegenden Oertern bedienet, den Haber damit zu messen.

Picq, s. Pic.

Picken, (Müller) ein Werkzeug, so einem Hammer gleicht, auf einer Seite eine pickenartige Spitze, auf der andern aber eine breite Schneide hat. Der Müller brauchet es zum runden gleichen Behauen der Mühlensteine, welche zwar schon aus dem Groben aus den Steinbrüchen behauen kommen, aber von dem Müller noch die rechte Rundung erhalten müssen. Sie zeichnen sich hiebey die Rundung des Steins in erforderlicher Größe mit dem Steinzirkel (s. diesen) ab, und behauen den Stein mit den Handgriffen der Steinmetzer mit diesem Werkzeuge. Denn mit der Spitze bearbeitet er eine Fläche des Steins aus dem Groben, und ebnet sie hierauf mit der breiten

Seite

Seite desselben völlig. Auch werden mit der Spitze dieses Werkzeuges die vertiefte Rinnen oder Hauschläge (s. diese) der Mühlensteine gehauen.

Piemontesische Seidenhaspel, (Seidenbau) ein Haspel, der in Piemont zum Abhaspeln der Seidenkokons gebrauchet wird, und itzt auch überall eingeführet ist, und sich darinn von der andern unterscheidet, daß man die Fäden anstatt über Rollen übers Kreuz haspelt, wodurch der Faden runder und glätter wird. (s. Seidenhaspel)

Pieno, Ital. (Musiker) heißt soviel, als ausgefüllt, ganz, vollständig, und bedeutet den Nachdruck oder die Stärke einer Konsonanz oder eines Akkordes, daher der Ausdruck Choro pieno, der volle Chor.

Pierrier, Fr. (Artillerie) ein Stück, so von hinten geladen wird. Sie sollen bis 6 Pfund schießen. Auch die Mörser führen diesen Namen, woraus man Steine zu schießen pflegt.

Pietoso, Ital. (Musiker) bedeutet eine Art Komposition, welche Erbarmen und Mitleiden erwecken kann.

Pietot, eine kleine Münze auf der Insel Malta gangbar. Sie gilt 1½ Gran, und nach französischem Gelde 5 Deniers; nach unserer Münzwährung aber etwa 1 Pfennig.

Pignarolia, Fr. Pignarolis, ein kleines Maaß, welches in Apulien gebräuchlich ist, und zum Ausmessen flüßiger Dinge gebraucht wird. Man bedienet sich auch dessen an etlichen Orten Kalabriens. Es hält beynahe soviel, als eine pariser Pinte. (s. Salm)

Pignatelle, Pinatelle, eine kleine Münze von geringhaltigem 3 bis 4 löthigem Silber, die zu Rom geschlagen wird, und daselbst gangbar ist. Sie gilt beynahe soviel, als die gezeichneten französischen Sols.

Pikant. (Maler) Man sagt dies von einem Gemälde, dessen Inhalt und Ausführung reizend sind, wo eine schöne Wahl und ein gutes Verständniß der Lichter ist, und dessen Partien alle etwas Leckendes und Schmeichelndes haben.

Pikelhaube, eine Art Sturmhauben, die vorzeiten bey den Kriegesvölkern sehr im Gebrauch waren, itzt aber nirgend mehr gebräuchlich sind.

Pikenirter Kalmang, s. Jußdroguet.

Piket, Piquet, (Kriegskunst) in einem Feldlager eine starke Wache, so des Nachts ganz vorne gegen den Feind postirt wird, um den Feind zu beobachten, und ihn von dem Lager abzuhalten, oder doch das Lager von seinen Bewegungen zu benachrichtigen.

Pikiren, (Maler) ist eben soviel, als tüpfen. Die Franzosen sagen piquer nur von einer Zeichnung. Diese tüpft man mit Kreide oder mit Kreidenweiß in Gummiwasser aufgelöset, und mit dem Pinsel aufgetragen.

Pikote, Picote, eine Art von sehr schlechtem Kamlotte, oder ein ganz wollener Zeug, von sehr geringem Werthe, welcher von unterschiedener Breite, Länge und Güte ist. Er wird zu Ryssel gemacht, und hauptsächlich nach Spanien stark verführet. Es giebt auch Pikoten, worunter Seide genommen wird.

Pilaar, s. Piaster.

Pileata major, Lat. (Orgelbauer) das große Gedackt, welches eine 8 bis 16füßige Orgelstimme ist, die oben zugedeckt ist, und gleichsam einen Hut trägt, wovon sie auch den Namen führet: so wie Pileata minor das kleine Gedackt eine dergleichen vierfüßige Stimme ist.

Piles, Fr. große steinerne Gefäße, worein die Italiener und Provenzaler die Oele, die sich halten sollen, thun.

Pilgerflasche, eine aus einem Kürbis gemachte Flasche, die davon den Namen führet, weil sie die Pilger zu tragen pflegen.

Pilgerhut, ein besonderer breiter nicht aufgeschlagener Hut, den die Pilger zu tragen pflegen.

Pilgerstab, ein besonderer Stab, welcher oben zwey Knöpfe hat, den die Pilger zu tragen pflegen.

Pillen, Billen, (Müller) soviel, als den Mühlstein schärfen.

Pilotagiengeld, s. Loots.

Pilote, s. Loots.

Pimsstein, s. Bimsstein.

Pinassa, eine Art von ostindischem Zeuge, welches aus Baumwolle gemacht wird.

Pinasse, (Schiffsbau) ein Fahrzeug mit viereckigtem Hintertheile. Ihr Gebrauch ist aus Norden zu den Holländern gekommen, wo sie häufig sind. Die Holländer haben auch Pinassen, so Niederboord, schmal und lang mit viereckigten Hintertheilen sind, drey Masten führen, und schnell segeln. Einige führen auch Ruder und Segel, wie die Galeeren.

Pinatelle, s. Pignatelle.

Pincette, (chirurgischer Instrumentenmacher) eine kleine Zange, womit das Pflaster von den Wunden abgenommen wird. Sie ist wie eine gewöhnliche kleine Zange gebildet, nur daß sie ein künstlicheres Gewinde erhält. Die beyden Schenkel derselben erhalten den Namen des männlichen und weiblichen Schenkels. Der dünnere Theil des Gewindes in der Mitte des männlichen Schenkels steckt in einem Loche des weiblichen Schenkels, und beyde werden noch genauer durch ein Niedt vereiniget. Die Absicht dieser Verknüpfung ist, damit die Schenkel völlig unbeweglich zusammenhängen. Der männliche Schenkel erhält neben dem Gewinde durch die Feile auf beyden Seiten eine Vertiefung, und in den weiblichen Schenkel wird an eben dem Ort mit einem Meißel ein Einschnitt gemacht, der mit einem Dorn zu einem runden Loch erweitert wird. Der Instrumentenmacher läßt den weiblichen Schenkel rothwarm werden, steckt den männlichen Schenkel durch das Loch des erstern, dergestalt, daß die Einschnitte in der Mitte des ersten Schenkels in dem Loche des letztern zu liegen kommen, und treibt mit dem Hammer das runde Loch in den Einschnitt des männlichen Schenkels. Er muß aber schon vorher alle Theile beyder Schenkel gleich groß abgemessen, und mit der Feile abgerichtet haben. Sie wird gut gehärtet und polirt. auf der innern Fläche jeder Spitze der Schenkel werden mit der Feile einige Kerben eingeschnitten, damit die Zange das Pflaster fester halte. Die Pincette, womit der Anatomiker den Theil hält, den er zerschneiden will, gleicht einer Kornzange (s. diese) der Goldschmide oder dem Pincettenspatel, außer daß sie hinten keinen Spatel hat, sondern nur etwas weniges zusammengeschweißt ist.

Pincettenspatel, (Chirurgischer Instrumentenmacher) vorne hat sie ein breites Eisen als einen Spatel, und hinten hat sie zwey Schenkel einer Zange oder Pincette, daher das Instrument auch den doppelten Namen hat. Sie dienet zum Pflasterabnehmen in den Wunden.

Pinge, (Bergwerk) ein Loch, das von dem alten eingegangenen Schachte übrig ist. Daher sagt man: es weiset sich am Tage der alte Pingenstrich. (s. Binge)

Pinke, (Schiffbau) eine Art Flutten oder Lastschiffe, flach im Boden, deren Hintertheil lang und hoch ist. Die Engländer nennen eine Art von Flieboot auch so. Man leitet den Namen von dem lateinischen navis picta her, wie Cäsar der alten Britten Schiffe nennt.

Pinkente. (Vogelsteller) So nennt man die Lockfinken, welche nicht ordentlich singen, sondern nur Pink Pink schreyen, indem sie auch nicht zugleich mit den Singfinken eingesetzt und verhalten werden.

Pinne, s. Schubpinne.

Pinnen, (Geometrie) die kleinen etwa 1 Fuß langen Stäblein, die man bey dem Messen gebraucht, die Zahl des Umschlages der Ketten dadurch zu bemerken. Wenn man nemlich eine lange Linie, oder eine große Entfernung, ausmessen soll, so giebt man demjenigen, der voraus geht, eine Anzahl solcher Pinnen, wovon er jedesmal eine an demjenigen Ort einsteckt, soweit die Meßkette zugereichet, da sie ausgespannet worden. Wenn er nun weiter fortgeht, und man kommt an die ausgesteckte Pinne, wo man auf das neue die Kette anhalten muß, so steckt jener abermals an seinem Orte eine Pinne, diejenigen aber, wo man anhält, ziehet man hernach heraus. Endlich weiset die ausgezogene Zahl der Pinnen, wie oft die Meßkette von einem Ort zum andern getragen und übergeschlagen werden müssen, und die Summe derselben drucket die Länge der Linien, oder der Entfernung, so gemessen worden, richtig aus.

Pinnensäge, (Englischer Stuhlmacher) eine kleine Säge, womit der Stuhlmacher einen Zapfen nicht nur nach der Breite des Holzes vorschneidet, sondern auch, nach Maaßgebung dieses Schnitts, das Ueberflüßige oder die Rische nach der Länge des Holzes absägt, und hierdurch den Zapfen erforderlich verdünnet.

Pinnienstein, Fr. Pierre Pinoide, (Bergwerk) eine Art von Fruchtsteinen, darinn Körner von der Größe und Gestalt der Pinolen, oder italienischen Pinnienfrucht liegen. Diesen Namen hat er von Brückmann erhalten.

Pinniten, zweyschalige längliche und bauchige versteinerte Muscheln.

Pinschebark, Pinschbeck, ein goldgelbes zusammengesetztes Metall, dem Golde an Farbe gleich, und nicht so leicht veränderlich als andere Metalle. Man bereitet es folgendergestalt: Erst macht man Kupferschlacken, indem man Kupferblech glühet, und in einem Wasser ablöschet, das aus Salpeter, Salmiak, Grünspan, Alaun und Kochsalz bestehet, welches jedes einzeln pulverisirt, und mit Urin, Weinessig und Wasser vermischt werden. Das Ablöschen und Glühen wird so oft wiederholet, bis soviel Sinter oder Kupferschlacken vorhanden sind, als man nöthig hat. Diese Schlacken reducirt man wieder mit einem Zusatz von drey Theilen Salpeter, und einem Theil Weinstein zu Kupfer. Bereitetes Kupfer wird allein in einem Tiegel geschmolzen, und wenn es im Flusse ist, setzt man 16 Loth Kupfer, und ¾ Loth Zink hinzu, wobey man den Tiegel umschwenkt, und einige Zeit in gleicher Hitze erhält, bis daß der Zink anfängt zu brennen, da man die Masse in eine mit Talg geschmierte Form ausgießt. Dieses Metall wird [illegible]. Man nimmt 8 Loth Antimonium, 6 Loth Tripel, und 1½ Loth Schwefel mit zwey Quentchen Hirschhorn, welches zu einem unfühlbaren Pulver vermischet wird. Man macht auch Pinschbeck aus 4 Loth Kupfer und 5 Quentchen Meßing zusammen geschmelzet, der aber Rost an sich ziehet, davon der erste frey seyn soll.

Pinsel, Fr. Pinceau, (Maler) besteht aus zusammengebundenen und in einen Federkiel gefaßten feinen Haaren, daher man ihn auch im Gegensatz des Borstenpinsels den Haarpinsel nennt. Die Maler gebrauchen ihn zum feinern Auftrage ihrer Farben. Es giebt deren von verschiedenen Größen. Die Pinsel sind entweder von Grauwerkshaaren oder auch Menschenhaaren. Man muß allzeit diejenigen Haare wählen, die sich zusammen in eine gute Spitze vereinigen. Man nimmt sie dieserwegen zwischen die Lippen, feuchtet das Haar etwas an, und drehet es zugleich im Munde herum. Diejenigen Pinsel, deren Haare sich auseinander geben, oder keine Spitze machen, taugen nichts. Man muß sie sorgfältig rein halten, und wenn man sie braucht, sehr gut auswaschen, besonders, wenn man einen Pinsel zu verschiedenen Farben gebraucht. Dieserwegen taucht man ihn in Wasser oder in reines Oel, wenn mit Oelfarbe gemalt wird, welches man in dem Pinseltroge hat, auf dessen Rand man ihn mit den Fingern ausdrücket, und nach diesem wischt man ihn mit einem Läppchen ab. Die Dicke und Länge der Pinsel ist, darnach man sie braucht, unterschieden. Die zum Oelmalen haben kurze Haare, und sind stark. Die zur Wasserfarbe haben längere Haare, die Tuschpinsel sind noch länger, hingegen die zur Miniatur klein und dünne. Die Alten hatten Pinsel von Stücken Schwamm. Pinsel heißt auch figürlich die Arbeit selbst, welche der Maler mit dem Pinsel gemacht hat. In dieser Bedeutung sagt man, ein fetter Pinsel, wenn das Gemälde wohl impastirt ist; ein gelehrter, ein markigter Pinsel, wenn das Gemälde wohl zusammengesetzt und wohl touchirt ist. Die Kupferstecher haben auch einen Pinsel, in Gestalt einer Federbürste, womit sie den im Radieren ausgehobenen Firniß von der Platte wegwischen. Man muß diesen Pinsel vor allem, was fett und schmutzig ist, und vor allem Staube wohl verwahren, damit er, wenn er über den Firniß geht,

nichts

nichts unsauberes in den Zügen und Schraffirungen zurück lasse. Denn diese Unreinigkeiten würden die Zeichnungen verderben, oder Streifen in den Firniß machen.

Pinsel, (Jäger) das männliche Glied bey den Keulern und Rehböcken.

Pinsel, s. Borstenpinsel.

Pinselkrog, Fr. Pincelier. (Maler) Ein kleines Gefäß, gemeiniglich von Kupfer oder Blech, unten flach, an beyden Enden rund, und in der Mitte durch eine Platte in zwey Theile abgesondert. In einem dieser Theile ist das Oel, worein man den Pinsel tauchet, welchen man rein machen will. Man drückt ihn mit dem Finger auf den Rand des Gefäßes, oder der Platte, damit das Oel nebst der Farbe, welche durch dasselbe von dem Pinsel los gemacht wird, in die andere Seite falle, wo kein rein Oel ist. Die Vergolder können diese Ueberbleibsel von Farben, welche in den Pinselkrog fallen, gebrauchen.

Pinstock, s. Richtstock.

Pintadl, eine Art schön gemalten Kattuns, welcher in dem Königreiche Pegu verfertiget wird, aber geringer ist, als die dortigen Lagias.

Pintbaken, (Tuchscherer) eine eiserne Klammer mit zweyen Haken, mit welchen jede Sallleiste des Tuches an beyden Kanten des Tisches, worauf geschoren wird, befestiget wird.

Pipe, ein spanisches Weingefäß, welches 5 Eimer oder 315 Kannen Leipziger Maaß hält. Es werden in diesen Gebinden die spanischen, französischen und italienischen Weine, Oele und Kanarienseft verkauft.

Pipenstäbe, (Böttcher) die eichenen Faßdauben, dergleichen in den holzreichen Ländern von den sogenannten Stabschlägern gemacht, und über Danzig, Hamburg rc. nach Spanien, Frankreich, u. s. w. versandt werden. Sie erhalten die Gestalt eines Faßstabes im Groben, und werden hernach von den Böttchern besser ausgearbeitet, und daraus die Gefäße zum Wein, und andern fließenden Sachen verfertiget. Sie werden aus fein glattspaltigem Holze schrotweise abgesäget, nach der rechten Länge, Dicke und Breite gespalten, und ringweise (s. Ring) verkauft.

Pipot, zu Bourdeaux eine gewisse Gattung von Gebinde oder Fässer, in welche man den Honig thut. An andern Orten nennet man solche Tierçon. Die Tonne Honig hält 4 Bar'ques oder 6 Pipots.

Pippengehäuse, (Bergbau) an einer Wassersäulenmaschiene das Hahnenstück von Metall, welches in den Boden des Stiefels gemacht wird, und solchen mit der Kommunikationsröhre und mit der Abflußröhre vereiniget, um dadurch das Wasser fortzuschaffen. (s. Wassersäulenmaschiene)

Pique. 1) Eine Art von Waffen, welche aus einer runden Stange besteht, die ohngefähr 14 Fuß lang ist, vorne aber eine breite beschlagene eiserne Spitze hat. Es war ehedem ein Gewehr, so man bey dem Fußvolk wider den Einbruch der Reiterey brauchte, das itzt aber aus der Mode gekommen ist. 2) Auch eine leichte runde Stange, 12 Fuß lang, woran ein kurzer Riemen nebst einer Schnalle angemacht ist. Solche Stange schnallet man in den Kappzaumring auf der Nase des Folens, und läßt es wie an der Korde daran laufen, so aber noch sehr unbekannt, weil die Erfindung noch neu ist.

Piquet, ein französisches Getreidemaaß, so man an einigen Orten in der Pikardie, sonderlich zu Amiens, gebrauchet. Vier Piquets machen einen Septier, welches 50 Pfunde nach dem pariser Gewichte, mithin das Piquet 12½ Pfund wiegt. Nach diesem Fuß muß man 19½ Piquets, oder 4⅞ Septiers nach dem Maaß von Amiens zu 1 pariser Septiers haben.

Piquetpferde, (Artillerie) in einem Park diejenigen Pferde, welche man angeschirret, und zum Gebrauch gleich fertig und bereit hält, damit man sich ihrer sogleich bey vorfallender Gelegenheit bedienen könne.

Piqueur, Fr. (Jäger) bey der Parforcejagd ein Jäger, der zu Pferde einen Hirsch verfolget, insonderheit aber derjenige, der den Hirsch bestättiget, und denselben aufzusprengen und zu forciren die Erlaubniß hat. Es muß ein erfahrner und herzhafter Mann seyn, der sich nicht scheut mit dem Pferde über Hecken und Graben zu springen, oder durch die mit Dornen bewachsene Dickigte zu rennen, und bey allen solchen Gelegenheiten sein Pferd wohl zu regieren weiß.

Pirogue, (Schiffsbau) ein Ruderkahn aus einem Stamme ausgehöhlt. Man hat sie von verschiedenen Arten. Eine davon, so die Negers bey dem Vorgebürge der guten Hoffnung gebrauchen, heißt Pipris. Im Südertheil von Amerika giebt es so große, daß einige bis 50 Mann tragen können. Es giebt hier zweyerley Arten, wovon die eine Balken auf beyden Seiten führet, und man trifft welche an, die vorne und hinten sehr gewendelt sind, wodurch sich die Indianer zum Theil gegen die Pfeilschüsse decken. Die kleinen Piroguen der Negern erfordern 2 Mann; einer sitzt vorne und rudert, wie mit der Pagai, der andere sitzt und steuert. Man hat welche von 20 Fuß lang und 4 breit aus einem Baum. Die Indianer von Garnbui sollen die größten haben, welche sie aus dem Stamme des Käsebaums machen, dessen Stamm 8 bis 10 Fuß dick, von geradem Wuchse, oft 50 bis 60 Fuß lang, und dabey weich und leicht von Holz ist, und daher sich leicht zu einem Fahrzeuge aushöhlen läßt. Zwischen beyden Borden werden Querhölzer eingeschnitten (gestemmt) welche sie auseinander halten müssen.

Piroletten, Fr. (Tanzmeister) die mit zierlichem Tempo gemachten zwo, drey oder mehrfachen Umdrehungen auf einem Fuße, die mitten im Tanzen geschehen. 2) Auf der Reitschule ganze, doch sehr enge, Umkehrungen, welche das Pferd mit und einem Hufschlage in einem Tempo machet, so daß der Kopf da, wo zuvor der Schwanz gewesen, zu stehen komt, Fr. Pirouëttes de la tête à la queuve, auch Umkehrungen von drey Hufschlägen auf einem kurzen Platze, der kaum so lang als das Pferd ist, Fr. Pirouëttes de deux pistes.

Pissen, Pisten, Spissen, (Jäger) wenn die Haselhüner einander pfeifen oder rufen.

Pista-

Pistaziengrün auf Seide, (Seidenfärber) eine blasse grüne Schattirung auf Seide. Die Seide wird alaunt, und im Fluß gewaschen, alsdenn in einige Theile vertheilt, daß die Strähnen nur 8 bis 10 Loth wiegen, man färbet sie alsdenn in Strickkraut, doch nicht sehr stark, und zieht sie durch eine schwache Blauküpe. (s. Grün)

Piste, (Reitkunst) ist der Hufschlag eines Pferdes, den es auf dem Erdboden macht.

Pisten, s. Pisten.

Pistole, (Büchsenmacher) ein kurzes Schießgewehr, welches alle Theile einer Flinte hat, und mit den nämlichen Handgriffen verfertiget wird. Es gehören gemeiniglich zwey oder ein Paar zusammen, und man hat sie von verschiedener Größe und Kaliber. (s. Gewehr und Flinte)

Pistole, Fr. Pistolet, (Papiermacher) ein Gefäß, vermittelst dessen die Wärme in der Arbeitsbütte, wenn das Papier geschöpft wird, erhalten wird. Es ist eine kupferne Röhre, die durch eine Oeffnung in das Innerste der Arbeitsbütte hineingeht, in welche die Pistole eingepasset und sorgfältig eingekittet wird, damit die Materie nicht herauslaufen kann. Sie ist durch einen horizontalliegenden Rost, auf welchen man glühende Kolen legt, in zwey Theile abgetheilet. Die Pistole ist zuweilen cylindrisch, zuweilen aber als eine Blase gestaltet. In Deutschland heißt diese Pistole die Pfanne.

Pistole, eine goldene Münze von verschiedenem Werthe, zuweilen soviel als ein Louisd'or. In Venedig gilt eine 18 Pfund, oder Lire di Venetia. Eine päpstliche gilt 30 Julier, welches obngefähr 140 französische Sols ausmacht. Eine spanische Pistole gilt 37½ Julier, eine englische Pistole gilt 17 Schillinge 6 Pfennige Sterlings, u. s. w.

Pistolenhalfter, (Sattler) die beyden Futterale, worein die Pistolen an dem Sattel eines Pferdes gesteckt werden. Jede Halfter wird aus einem zugeschnittenen und angefeuchteten Stück Sohlleder auf einer hölzernen Form, die völlig die bekannte Gestalt des Halfters hat, krumm gebogen und geformt. Wenn die geformte Halfter trocken ist, so bestreicht man sie mit Kolophonium, brennet dieses über Kolenfeuer ein, und härtet hiedurch das Leder. Das angetrocknete Kolophonium muß aber wieder geebnet, und [illegible] mit einem gewöhnlichen Schneidemesser beschnitten werden. Endlich überzieht der Sattler die Halfter vermittelst Kleister oder Pappe mit eben dem Leder oder Zeuge, womit der Sattel überzogen ist, und nähet die Zusammenfügung des Ueberzuges mit einer Nath zusammen. An dem Sattel sind zwey eiserne Krampen an der Seite eingeschlagen, und an jedes Pistolenhalfter zwey Halfterschleifen angenähet oder eingestochen. Durch die Krampen und Schleifen wird ein Riem gezogen, der die Halfter an dem Sattel befestiget.

Pistolenkappe, Kappen von Tuch oder Leder an den Pistolenhalftern, den Schaft der Pistole damit zu bedecken.

Pite, eine Art Hanf, welcher in Amerika an vielen Orten unter der Linie, vornehmlich längst dem Flusse Oronoko wächst. Er ist viel länger und weißer, als der europäische, verfaulet auch nicht so leicht im Wasser. Man machet einen sehr feinen, jedoch sehr starken, Zwirn zum Nähen und Sticken daraus, spinnt auch allerhand Garn davon, woraus man Leinwand zu Segeln, zu Hangmatten, zu Netzen und dergleichen verfertiget.

Pite, eine erdichtete französische Münze, welche soviel ist, als ¼ von einem Denier Tournois, oder ½ Maille oder Obole. Sie wird wieder in 2 halbe Pites eingetheilet.

Pitotscher Strohmmesser, (Wasserbau) Ein Werkzeug, womit man im Stande ist, die Geschwindigkeit eines Strohmes nicht nur auf der Oberfläche, sondern auch in der Tiefe zu messen. Es besteht aus einer offenen gläsernen Röhre, wovon der untere Theil horizontal gebogen und mit einem Trichter versehen ist. Dieser Strohmmesser wird an ein schmales Brett eingelassen, welches nach der Länge, die die Röhre beträgt, in pariser Fuße, Zolle und Linien eingetheilet ist. Wenn nun dieser Strohmmesser so tief in das Wasser, als man für gut befindet, eingetaucht, und der Trichter gegen den Strohmstrich gewendet wird, so zeiget die Benetzung des Brettes an, wie tief das Instrument eingetaucht worden, das Wasser in der Röhre aber wird durch den Stoß der Geschwindigkeit des Flußwassers in die Höhe getrieben. Z. B. bis zu einer gewissen Höhe, die über der Stelle des Brettes, wodurch angezeigt wird, wie tief das Instrument in das Wasser eingetaucht worden, erhoben ist. Denn schiebt man einen am Brett angebrachten Zeiger nach der höchsten angewiesenen Höhe, um solche an den Maaßen zu bemerken. Der Unterschied zwischen beyden Stellen, sowohl wie hoch das Wasser gestiegen, als auch, wie tief das Instrument eingetaucht, deutet diejenige Höhe der Wassersäule an, so diese Geschwindigkeit hervorbringt. Man hat durch dieses Instrument gefunden, daß das Wasser insgemein von Tiefe zu Tiefe in der Geschwindigkeit abnehme, zuweilen, wenn Kolken im Grundbette vorhanden, gar stille stehe. Herr Pitot hat dieses Instrument erfunden, wovon es auch den Namen führet. (s. Silberschlags Hydrotechnik Theil I. Tab. II. Fig. 14.

Pittikau, Pitteko, Pitiko, (Strumpfwürker) ein verstümmeltes französisches Wort; es bedeutet bey dem Strumpfwürkerstuhl eine Bewegung, wodurch die Platinen (s. diese) mehr oder weniger hinab gebracht werden, um die Länge der Maschen an einem Strumpfe zu bestimmen. Die Bewegung geschiehet auf folgende Art: an jedem Pendant (s. diesen) nach den Ständern des Stuhls zu sitzt unten neben dem Kraschierhaken (s. diesen) ein Zapfen, und an den beyden Ständern sitzen gleichfalls dergleichen und zwar auf der Seite der Ständer nach den Platinen zu. Beyde Zapfen heißen eigentlich die Pittikau. Bey der Bewegung läßt der Würker die Pendants nebst den zugehörigen Theilen nicht tiefer sinken, als daß sich der eine Zapfen unter dem andern genau wegschleift, und der Pendant also kurz vor dem letzten Zapfen wieder in die Höhe geht, wodurch denn die stehenden Platinen nebst

weise den zugehörigen Theilen befestiget, bewegt, eingestimmt, und ihnen die erforderlichen Kräften mitgetheilet werden.

Plaarer. (Hüttenwerk) So wird der Schmelzer auf dem Eisenschmelzwerke genannt, der das ganze Werk regieret. Es sind in jedem Hüttenwerke zwey dergleichen Personen, die sich schichtweise ablösen.

Plaare, (Deichbau) eine Sandbank, die auch allenfalls mit Schlick bedeckt, nur noch nicht grün ist. Schlechtweg bedeutet sie eine solche Bank, die bey der Ebbe oben kommt; sonst, wenn sie unter hohler Ebbe bleibt, heißt sie eine blinde Plaare.

Placage, Fr. des pieces de Rapport, (Tischler) die Arbeit, wenn sie Eben- und Nußbaumholz in zarte Tafeln schneiden, um ein anderes grobes Holz damit zu belegen, und Figuren damit zu bilden und vorzustellen. (s. auch eingelegte Arbeit)

Plachmal, Fr. le melange d'or avec de l'argent, (Hüttenwerk) eine aus Gold- und Silber gemischte und geschmolzene Masse, welche nach dem Granuliren (s. dieses) wieder geschmolzen und ausgegossen wird.

Plackbuckel, s. Packe.

Placke. (Parukenmacher) So werden die glatten Hinterhaare einer Stutzparuke (s. diese) genannt, welche von der Fronte und den Hinterzangen umgränzet werden.

Placke, s. Platina.

Placken, (Wollstreicher, Schrobler) wenn man die Wolle zuerst in den groben Plackschrobeln (s. diese) auf die Zähne derselben ausbreitet, und solche mit der in der Hand haltenden Schrobel 6 bis 7 mal herabstreichet. (s. Schrobeln)

Placken, Fr. Plaque Paté, (Kupferstecher) ein ganz schwarzer Fleck in einem radirten Kupfer, anstatt der Schraffirung, welche man darinn sehen sollte. Diese Placken finden sich ordentlicher Weise in den Stellen, welche sehr dunkel seyn sollen, weil die Schraffirungen, welche man daselbst, um dieses Dunkel hervorzubringen, vervielfältigen muß, wenig Firniß dazwischen lassen, dessen Schwäche dem Scheidewasser nicht widerstehen kann, welches ihn untergräbt, und alsdenn diese Placken verursachet: sobald man inne wird, daß das Scheidewasser also abspringend macht, muß man die schadhafte Stelle geschwinde mit der Mixtur (s. diese) bedecken, und hernach mit dem Grabstichel nachstechen. Indem man damit in die Züge Flecken hinzu setzen darf. Bisweilen ist man genöthiget, alle Arten der Vorrede mit Punkten anzufüllen, um einen stumpfen Ton herauszubringen.

Placken Landes, ein Stück Land, das abgesondert, oder neu urbar gemacht worden.

Placker machen, (Kriegskunst) wenn die Soldaten im Bataillon oder Ploton nicht egal, sondern unordentlich durch einander feuern.

Plackschrobel, (Wollstreicher) eine grobe Schrobel, (s. diese) womit die Wolle zuerst aus dem Groben gestrichen (geplacket) wird. Sie hat ihren Namen von der Verrichtung des Plackens (s. dieses) erhalten.

Plackwerk, wenn bey den Dämmen Schichten von guter Erde auf einander geführet, solche mit Wasser begossen und mit Stampfen derb aufgesetzt werden, da man denn hernach die Böschungen mit dem Plackscheite vest schlägt. So werden auch die Gänge vorher geplacket, ehe man sie mit Kieß oder Sand beschüttet.

Plagge, (Forstwesen) ein unter den Bäumen im Walde gebaueter Platz, da man Heide und Gras abhauet, und damit leicht den Wurzeln Schaden thut. Es wird das Plaggemachen genennt, und ist in manchen Forstordnungen verbothen.

Plaggemachen, s. Vorher.

Plaggen, (Deichbau) von der Geest oder Mohr bänne abgestochene große viereckige Sohden oder Schollen.

Plagwege, (Chaussebau) schlechte, unebene, durchlöcherte, schlimme Wege.

Plaindin, eine Art Serge, welche in Schottland gewebet wird, und im Stücke gemeiniglich fünf und zwanzig pariser Ellen hält.

Plakard, s. Einfassung.

Plan, (Baukunst) bedeutet den Riß eines Gebäudes, wie dasselbige aussehen würde, wenn die Mauer nur der Erde gleich aufgeführet wäre, so daß man aus diesem Risse von den Gemächern des Gebäudes die Verhältnisse und Maaße, welche durch verschiedene Distanzen der Linien ausgedrückt werden, erkennen kann. Dasjenige, was man hier Plan nennet, ist eben das, was wir sonst Ichnographie, oder Grundriß heißen, nämlich der horizontale Durchschnitt eines Gebäudes, worinn man die Dicke der Mauren und der Scheidewände, die Breite der Thüren und der Fenster, die Eintheilung der Treppen, und endlich alle Partien, woraus ein Stockwerk bestehet, andeutet. Um diesen Plan und Grundriß verständlich zu machen, bezeichnet man das Massive mit schwarzer Tusche, die Vorsprünge, welche auf der Erde ruhen, werden durch volle Linien angedeutet, und diejenigen, welche man über der Erde annimmt, mit punktirten Linien. Man unterscheidet durch eine verschiedene Farbe die Vermehrung und Verbesserungen, welche noch zu machen sind, von demjenigen, was schon da ist. Die Tinten oder Tuschen eines jeden Plans werden, so wie die Stockwerke steigen, immer heller gemacht. Die Orthographie ist gleichfalls eine Art Plan, welche nur die Façade des Hauses, und nicht das Innere zeiget. Dieser Plan heißt im Deutschen Aufriß, (s. diesen) Die Fortifikationsplane sind theils ichnographisch, theils orthographisch, weil gemeiniglich die Häuser der Vestungen nur ichnographisch, und die Kurtinen, Bastionen rc. orthographisch vorgestellet werden. Einer Figur die nöthige Verkürzung geben, Fr. Plafonner une figure, heißt, damit sie sich dem Auge in eben der Lage zeige, in welcher sie sich zeigen würde, wenn sie wirklich in der Luft oder über dem Auge hängen sollte. Korregio ist der erste gewesen, welcher es gewagt hat,

um die Bügmen zu verdingen, sie wahrhaftig in die Luft zu heben.

Plan. (Goldschläger) So wird eine gewöhnliche Form (s. diese) von Pergament genannt, nur daß sie etwas größer, als die übrigen Formen ist. In dieser Form erfrischet man die Hautform, (s. diese) wenn sie durch das Schlagen der Goldblätter schlaff geworden ist. In dieser Absicht bestreichet man vermittelst eines Schwammes beyde Seiten der Blätter des Plans mit weißem Wein, legt jedes Blatt der Hautform zwischen die Blätter des Plans, und läßt sie 4 Minuten hierbin liegen. Hierdurch erhält diese Form wieder Stärke. Zu der Hautform wird ohngefähr ½ Quart Wein genommen.

Plane, (Weißgerber) das leinene Tuch, worauf die weißen Felle nach dem Walken auf einen spitzen Haufen aufgehäuft werden, um darinn zu einer Gährung zu gelangen. Die Felle werden sorgfältig zugedeckt, und müssen, damit sie sich nicht erhitzen und verbrennen, und dadurch verderben, fleißig beobachtet, wenn man aber fühlt, daß sie erhitzt sind, umgeworfen (s. dieses) werden.

Plane, (Tuchbereiter) wenn bey dem Auspapieren der Tücher, da nämlich dieselben in der Presse umgefaltet werden, und die angepreßten Falten des Tuches dergestalt umgelegt werden, daß nunmehr eine Falte auf der andern zu liegen kömmt, so erhält diese Verrichtung diesen Namen.

Plane, Plane, Fr. Bache, Banne. Bey den Krämern, welche eine offene Bude auf dem Markte aufschlagen, das Regentuch von starker Leinwand, so sie anstatt des Dachs darüber zu decken pflegen. Wenn solche Planen vor die Kaufmannsgewölber und Kramladen gehänget werden, so verursachen sie eine Blendung, daß man die Farben nicht recht erkennen kann, und die Käufer in der Güte der Zeuge betrogen werden können. Auch heißt die Leinwanddecke also, die die Fuhrleute über die Wagen ziehen und ausspannen.

Plane, Tafeln, Quarres, (Wachsbleiche) viereckigte schmale Gestelle von Holz, welche mit Leinentüchern bedeckt sind, worauf das gebänderte Wachs zum Bleichen ausgelegt wird. In großen Wachsbleichen ist ein solcher Plan bis 60 Fuß lang und 7 Fuß breit, und unter den Tüchern mit Horden von geflochtenem Rohr, nach Art der spanischen Rohrstühle, überzogen, und damit die Sonne bey großer Hitze nicht schade, so spannet man einige Fuß hoch über die Planen eben ein solches von Rohr geflochtenes Netz aus.

Planen, (Hüttenwerk) Tücher von grober Leinwand oder Zwillich, ohngefähr ½ Ellen breit, worauf der Schliemm oder das gepochte Erz, das sich an denselben anzuhalten pflegt, abgelautert und rein gewaschen, und alsdenn davon in die Schlichfässer gebracht wird.

Planenbogen, (Münze) nasser zusammengelegter Zwillich, worinn das Silber, welches zum Ausmünzen geschmolzen worden, zu Zainen ausgegossen wird. Dieser Zwillich ist etwa eine Elle lang, und wird beym Gebrauche dreymal übereinander geschlagen, doch so, daß es an beyden Seiten nur doppelt ist. An beyden Enden, etwa 4 Zoll vom Ende, wird ein breites am Ende sich zugehendes Schieb-Eisen, das der Keil heißt, gelegt, um welches die Planen nach dessen Breite und Dicke, die sich nach den Geldsorten richten, umgeschlagen werden, daß sie an beyden Seiten einen Rand bekommen. Die Ränder der Planen werden an beyden Seiten an der Kante mit einem etlichemal durchgeflochtenen Faden gezogen, das übrige wird, wo die Keilspitze sich bald endet, zusammengenähet. Diese Planen werden bey dem Gebrauche an einen eisernen Bogen ausgespannt, welcher 2 Fuß 5 Zoll lang und ½ Zoll breit ist. Die Handgriffe sind 4½ Zoll lang. Der eine Handgriff hat am Ende eine umgebogene Spitze, darüber das eine Planenende gehangen wird. Durch das Ende des zweyten Handgriffes geht ein Loch, dadurch eine 9 Zoll lange Schraube mit einem Haken gesteckt wird. Ueber diesen Haken wird das andere Planenende gehangen, und mit der Mutterschraube zum Eingießen des Silbers steif ausgezogen. Wenn nun die Zaine gegossen werden sollen, und das Metall geschmolzen worden, so wird eine Wanne vor den Schmelzofen gesetzt, darinn man zwey oder drey Planenbogen legt. Ein Münzohmen (s. dieses) setzt sich vor der Wanne auf einen Stuhl, nimmt einen Bogen heraus, und hält ihn mit beyden Händen über die Wanne. Der Münzwächter holet einen Löffel oder Kelle voll geschmolzen Silber aus dem Tiegel, und gießt es in den nassen Bogen, der, sobald er voll ist, etwas geschüttelt wird, daß das glühende Silber eine gerade Oberfläche bekommt, darauf nieder ins Wasser gelassen, und ein anderer herausgenommen, und auf die nämliche Art vollgegossen. Wenn das Metall erkaltet, so kehret man die Planbögen um, und der Zain fällt ins Wasser.

Planenheerd, (Hüttenwerk) der Heerd, oder das Gestelle, worauf die Erze in dem Pochwerke, nachdem sie gepocht worden, geschlemmt oder gewaschen werden. Er wird von dicken Brettern 6 bis 7 Zoll breit gemacht. Sie werden an beyden Seiten in 10 Zoll breite Heerdbäume, welche 3 Zoll über die Bretter hervorstehen, eingefugt. Er liegt oben und in der Mitte auf einem Lager, unten aber auf dem Aftergerinne, und es sind zwischen drey Bäumen zwey Heerde bey einander. Auf der Mitte der beyden Eckbäume ist ein 3 Zoll weites Gerinne eingehauen. Der obere Theil der Heerde gegen das Heerdgerinne ist, nach Beschaffenheit der Erze, 1¼, 1½, bis 2 Fuß erhöhet, daß er ziemlich starken Schuß oder Fall hat. Oben am Heerde ist das Gefälle, nämlich ein in der Mitte 3 Fuß 7 Zoll langer Kasten, dessen Seitenbretter unten 6 bis 8, oben 16 bis 18 Zoll hoch, darauf aber abgerundet wieder etwas niedriger sind. Vorne ist er mit einer etwas abgerundeten 6 Zoll hohen Leiste zugesetzt, und liegt auf einem abgerundeten Bretstücke 1 Zoll höher, als der Heerd. Auf dem Boden der Gefälle liegen 4 eiserne Schienen zur längern Dauer derselben. Hinter dem Gefällen jeweder Heerde liegt ein Wasserkasten, der sein Wasser aus dem Heerdgerinne durch zwey kleine Röhren erhält. Vor dem Wasserkasten ist die Breite des Gefälles 13 Zoll, in deren Mit-

te

de ein schrägzölliger Einschnitt befindlich ist, durch den das Wasser in das Gefälle kommt. An den beyden Eckherdbäumen sind etwas tiefere Einschnitte, mit einem Schieber oder Verschlag, wodurch das Wasser, wenn es auf dem Heerde nicht gebraucht wird, in dem Gerinne des Herdbaumes herabfließt. Solcher Heerde, welche mit dem Gefälle 4 Schuh, 16 Fuß 1 Zoll lang sind, finden sich in einem vollständigen Puchwerke sechse. Ueber diese Heerde werden beym Gebrauche die Planen (s. diese) gebreitet, und gemeiniglich sind die Heerde so lang, daß 13 Planen darauf ausgebreitet werden können. Unter jeden zween Heerden liegt gegen das Ende ein viereckigter mit Holz ausgefütterter Sumpf, und also insgesammt drey, welche die Sau genennet werden, und worein die Trübe von den Heerden fließt. Beym Gebrauche legt man auf die Heerde 4 bis 5 [illegible] den Saustock (s. diesen) unter das Ende der [illegible] Planen, bevor sich [illegible], so [illegible] etwas [illegible], sehr. Die darüber fließende Trübe fällt in die [illegible] welchem Ende zwey Bretter 2 Zoll weit von einander stehen. Der Saustock wird mehrentheils mit dem einen Ende auf den Herdbaum, und mit dem andern auf den [illegible] gelegt, daß er [illegible] niedriger liegt, und die Trübe [illegible] diesem Ende darüber wegfließet. In diesen Sümpfen [illegible] sich der Schlamm, und das Wasser geht aus [illegible] Sumpfe durch ein Gerinne in die Sümpfe [illegible] dem Puchwerk, darinn sich die Trübe noch ferner [illegible]. Diese drey Sümpfe werden, wenn sie voll sind, ausgeschlagen, zu welchem Ende man einige Bretter vom [illegible] Heerde abnehmen kann. (s. Calvörs Maschinenwesen bey dem Bergbau Theil II. Tab. XIII. Fig. IV. auch Schlämmen und Waschen der Erze)

Plan, geometrischer, Fr. Plan geometrique. (Malerey) Wenn man in einem Gemälde verschiedene Plane hat, so ist dieses der Grund der Leinwand, auf welchen man die Gegenstände zeichnet, wie sie unsern Augen erscheinen.

Plan, gleichlaufender, Fr. plan parallel, (Zeichenkunst) werden diejenigen Flächen genennet, die beständig eine Weite von einander behalten.

Planhütte. So nennt man besonders in Gewerkschaftlichen Hüttengebäude, worinn die Schmelzöfen zu dem Eisensteine vorhanden, und überhaupt alle Arbeiten des Schmelzens beym Eisen verrichtet werden. Ueberhaupt wird unter diesem Namen ein Eisenschmelzwerk begriffen. Es ist nothwendig, daß diese Gebäude, soviel wie möglich, an trockene und erhabene Oerter erbauet werden, weil die Feuchtigkeit vielen Schaden beym Schmelzen verursachet. Wasser müssen sie auch haben, damit sie das nöthige Gerinne oder Pochwerk erhalten können. (s. Hohofen)

Planimetrie, ist eigentlich der andere Theil der ausübenden Geometrie, worinn gezeiget wird, wie die ebenen Flächen auszumessen, und ihr Inhalt zu finden sey. Weil aber die Ausrechnung nicht eher vorgenommen werden kann, bevor der völlige Raum, den die Fläche einnimmt, angegeben worden; so wird auch hierunter mit begriffen die Ausmessung und Grundlegung eines Platzes, wovon an seinem Orte umständlicher gehandelt werden. Die Franzosen nennen solches Arpentage, denn Arpent heißt bey ihnen soviel, als ein Maaß, welches 100 Quadratruthen in sich begreift. Die Deutschen heißen hingegen solchen Theil mit der Longimetrie zusammengenommen, das Feldmessen, oder die Feldmeßkunst.

Planiren, das Papier, (Buchbinder), wenn ein Buch gebunden werden soll, so müssen die Bogen, wenn sie aus Druckpapier bestehen, erst mit Leim getränket werden. Dieses nennt man Planiren. Vor diesem Tränken müssen die Lagen des Buchs bogenweise ausgezogen werden, so daß die Bogen ausgebreitet auf einander zu liegen kommen, und der Titel oben liegt. Alsdenn gießt man das Planirwasser (s. dieses) in eine Wanne, und zieht jedesmal 2 bis 5 Bogen zugleich durch, hält sie auch so lange in dem Planirwasser, bis sie völlig durchweicht sind. Die durchgezogenen Bogen legt man auf ein schräges Brett, damit das Wasser ablaufe, und wenn die Materie des ganzen Buches planirt ist, so legt man sie zwischen zwey Preßbretter der Planirpresse, spannt sie in derselben ein, und drückt hierdurch das Wasser aus. Doch müssen hierbey auf die Materie oben und unten einige Makulaturbogen gelegt werden, ehe man sie in die Presse bringt, damit sie nicht beschädiget wird. Nach dem Pressen wird jeder Bogen mit dem Planirkreuz (s. dieses) auf Haarschnüre gehangen, und im Sommer auf einem luftigen Boden, im Winter in einer warmen Stube getrocknet. Getrocknet werden die Bogen wieder mit dem Planirkreuz von den Haarschnüren abgenommen.

Planirhammer, (Goldschmid) hat auf einer Seite eine glatte, auf der andern eine runde Bahn. Sein Name bestimmt schon seinen Gebrauch, indem er einer geschlagenen Arbeit die förmliche glatte Gestalt giebt, und die Beulen vom Schlagen wegnimmt.

Planirkreuz. (Buchbinder) Ein dünnes, langes Holz, das oben ein Querholz hat, so daß das Ganze ein langes Kreuz bildet. Mit einem Ende des Querholzes werden die planirten Bogen auf die Haarschnüre zum Trocknen aufgehänget, und auch wieder abgenommen.

Planirkugel. (Uhrgehäusmacher) 1) Ein Werkzeug, worauf aus den in der Stanze zu den Gehäuseschalen geschlagenen Blechen die durch das Hereintreiben erhaltene Falten weggeschaffet werden. Es ist eine flachrunde halbe Kugel auf einem Zapfen, mit welchem die Planirkugel zum Gebrauch fest in den Schraubstock geschraubet wird, welches aber nur bey kleinen Gehäuseblechen geschieht. Allein bey großen Gehäusen wird zwar der flache Boden der Schale auf eben der Planirkugel planirt, oder glatt gemacht, aber zu dem Seitenblech ist die Rundung dieser Planirkugel auf der Seite zu schmal, daher werden die Seitenbleche der Schale auf einem Werkzeuge planirt, das seine [illegible] nach dem Namen 2) Planirkugel erhalten. Es besteht dasselbe in einem nach einem [illegible] Winkel gebogenen Eisen, wovon der herausstehende Arm einen gerundeten Zapfen von beyden Seiten hat.

Man legt nämlich das Blech auf den Zapfen dieses Werkzeuges, der dem Abschnitt einer Kugel gleich ist, und planiret darauf die Bleche. Beyde Planirkugeln sind von gutem Stahl, und werden zum öftern mit Blutstein poliret. Bey kleinen Schalen der Uhrgehäuse wird der Zapfen der Planirkugel senkrecht in den Schraubstock eingespannt, und alsdenn die Schale darauf gesetzt, und mit einem kleinen Planirhammer der flache Boden der Bodenstücke geebnet. Soll aber das Seitenblech der Gehäuseschale planiret werden, so wird die Planirkugel in dem Schraubstock etwas schief gerichtet, und das Seitenblech auf die abgerundete Seite der Planirkugel zum Planiren geleget.

Planirpresse, (Buchbinder) eine Presse, worinn das planirte Papier eines Buchs gepreßt wird, damit das Wasser ablaufe. Sie besteht aus zwey starken horizontalen Preßhölzern, die übereinander liegen. In dem untersten sind zwey starke Schraubenspindeln befestiget, die das oberste Preßholz nur durchbohren, so daß man dieses auf den Schraubenspindeln bequem auf und ab bewegen kann. Auf jeder Schraubenspindel ist eine bewegliche Mutter. Beym Gebrauche legt man die zu pressende Materie zwischen zwey Preßbretter von hartem Holz, die glatt behobelt sind, legt die Preßbretter mit dem Buche zwischen die beyden Preßhölzer, und zieht die beyden Schraubenspindeln an, bis das Buch gehörig in einen engern Raum gebracht ist. Die gedachten Schrauben werden zuletzt, wenn man sie nicht mehr mit der Hand bewegen kann, mit dem Preßbengel (s. diesen) umgedrehet. Auf den Rändern hat diese Presse Rinnen, damit das Wasser ablauft.

Planirwasser, (Buchbinder) das Leimwasser, womit die Bogen der Materie eines Buchs getränket werden. Man weicht dazu ein Pfund Hausenleim in Wasser ein, und wenn dieser weich ist, setzt man ihn mit einem Eimer Wasser ans Feuer, läßt das Wasser aber nicht kochen, sondern nur bis zum Sieden heiß werden. Alsdenn zerstößt man eben soviel Alaun, und rühret ihn in das Leimwasser ein, doch ohne daß dieses koche. (s. Planiren)

Planisphärium. Latein. So nennen einige das Instrument, welches man sonst Astrolabium nennet, und unter diesem Worte bereits erkläret worden. Einige geben auch diesen Namen der Erd- und Himmelskugel auf den Landcharten.

Planiten, versteinerte Seeohren, versteinerte Schnecken, die ungewickelt und den Menschenohren gleich sind.

Planke, im Niederdeutschen ein kleines Maaß flüßiger Dinge, soviel als ein halbes Nößel. In Lübeck ist es der vierte Theil einer Kanne.

Planke, ein Stück lang und breit geschnittenes Holz, so zu Zäunen gebraucht wird, indem die Planken in die Erde eingegraben, der Breite nach dichte neben einander gestellet, und oben durch ein langes Splitt mit einander verbunden und zusammenbefestiget werden; da das obere Ende der Planken etwas gespalten, und das Splitt in die Spalten geschoben wird. Ein solcher Zaun heißt ein Plankenzaun.

Planke, Rorenbrett, (Leinendamastmacher) das Brett in dem Leinendamastmacherstuhl, durch dessen Löcher die Ausholer (s. diese) des Stuhls durchgezogen, und sämmtlich nach der Breite des Stuhls ausgebreitet werden, so daß jeder Ausholer einige Fäden der Kette ziehen kann. Das Brett schwebet in der Mitte des Stuhls, und jeder Ausholer muß in seiner Ordnung durch ein Loch der Planke gehen, deren es verschiedene Reihen in derselben giebt. Wenn das Muster z. B. zweymal in dem Damast gewebet werden soll, und daher jeder Bindfaden des Rahmens zwey Ausholer erhält, so muß jeder dieser Ausholer rechts und links in die Löcher der Planke eingezogen werden, und in der Mitte zusammenstoßen, und jeder Ausholer muß in seinem Niederlauge Fäden der Kette heben, und zur Bildung das seinige beytragen. Folglich gehen bey jedem Zug beyde zusammengehörige Ausholer doch in einer verschiedenen Richtung in die Höhe. Mehrere Ausholer aber durchkreuzen sich in ihrem Lauf mit einander, sondern sich aber allemal in diesem Fall in zwey Hälften ab.

Plankeisen, (Schiffsbau) ein Werkzeug von Eisen, mit dessen Schneide der Schiffszimmermann in die Fugen der Seitenbohlen oder Planken eines Schiffes das Werk hinein treibet, wenn er solches kalfatert. Die Bahn oder Schneide dieses Eisens ist mit dem Stiele in einem schrägen Winkel gebogen, und läuft nach der Breite desselben.

Planken. (Schiffsbau) So werden die Seitenbohlen eines Schiffs genannt, womit der ganze Körper (Rumpf) desselben bekleidet wird.

Plansche, Fr. masse de metal, (Hüttenwerk) ein breit gegossenes Stück Metall; wenn es lang und prismatisch ist, heißt es ein Zain, ist es aber klein und kugelrund, ein Korn.

Planschen. (Silberarbeiter) So werden die dicken viereckigten Silberplatten genannt, von denen hernach zum Verarbeiten immer ein Stück nach dem andern abgeschroten wird.

Planschenhammer, Spanhammer, (Goldschmid) dieser hat auf beyden Seiten, wie ein gewöhnlicher Schmiedehammer, eine breite Bahn, die eine aber ist eben und die andere gerundet, die von dem Goldschmid eine rundliche Bahn genennet wird. Mit diesem Hammer schlägt man aus einem massiven Stück Silber ein Blech, wenn man solches von einem Silberzahne mit dem Schrotmeißel abgeschroten hat.

Planscheneinguß, (Silberarbeiter) die Form oder der Einguß, worein das Silber, wenn es geschmolzen ist, von dem Silberarbeiter zu einem vierkantigen Stück, als ein Buch anzusehen, gegossen wird. Dieser Einguß ist von dicken eisernen Tafeln zusammengesetzt, welche durch zwey starke Reifen von Eisen, und eben soviel Keile, zusammengepreßt, und enger oder weiter gemacht werden können. Man verschmieret ihre Fugen mit Leim, und richtet diese Form im Gießen in die Höhe auf.

Plan-

Plantage, Plantation, Pflanzung. (Gärtner) 1) Ein großer Platz mit Obst- oder Maulbeerbäumen allenweise bepflanzt, die gewöhnliche Benennung einer Plantage. 2) Ein gewisser Distrikt, welcher mit allen möglichen Arten von wilden Bäumen, auf eine dem Auge gefällige Art, besetzt ist. Der regelmäßige Geschmack ist heutiges Tages nicht mehr in den Gärten Mode, sondern man vermeidet alles Einförmige, und sieht auf abwechselnde Aussichten, krumme schlängelnde Gänge ꝛc. Diese Planzungen sind das im Kleinen, was die Wildnisse im Großen sind. Sie unterscheiden sich von den ehemaligen Bosquets, oder Lustwäldchen, welche mit Hecken, oder im Verband (Fr. en quinconce) gesetzten Bäumen angelegt waren. Die Engländer haben vornehmlich zwey Arten von Pflanzungen. Entweder man bepflanzt hier und da einen kleinen Hügel, oder runden Raum mit Bäumen, so daß in der Mitte einer oder mehrere der höchsten, welche aber etwas niedrigere, und um diese eine Reihe hoher Sträucher u. s. w. immer niedriger gepflanzt werden, der ganze Umfang aber mit einem niedrigen weiß anzumalenden Geländer umzogen wird; dieses nennt man einen Klump Bäume. Oder sie pflanzen an einem, nach Beschaffenheit des Orts, krummen oder schlangenweise anzulegenden Gang an beiden Seiten oder auch nur an einer Seite allerley Arten von Sträuchern und Bäumen. Bey diesen Pflanzungen ist der Platz unbeschränkt: Wenn er groß ist, so kann man eine ganze Landschaft darin nehmen. Wenn auch auf Küchengewächse und Obstbäume Rücksicht genommen werden muß, so wählet man darzu abgelegene Oerter von steilem Boden. Man bepflanzt auch nicht gerne nahe bey dem Wohnhause einen Platz, theils um der freyen Aussicht, theils um der frischen Luft, theils der Ausdünstung großer Bäume willen. Weil man den ganzen Garten nicht zu einer Wildniß machen kann, so muß die Plantation ein Verhältniß mit demselben haben. Denn beständig zwischen Gebüschen und Büschen zu gehen, wird man überdrüßig, man muß deswegen keine freye Aussicht in eine angenehme Gegend durch eine Bepflanzung benehmen. Am besten schicken sie sich neben einem Fluß oder Wasser, nicht nur deswegen, weil viele Pflanzen ohne solches nicht fortkommen, sondern auch, weil das Wasser viele Annehmlichkeiten hat, und zu allerley Abwechselungen, Brücken, Kabinetten und dergleichen Anlaß giebt. Die Anhöhen unterbrechen ebenfalls die Aussicht, daher sind sie billig zu bepflanzen. Ferner kommt es auf die Kenntniß der Pflanzen, Bäume, und Gesträucher, und deren geschickte Auswahl an. Man muß nämlich die schönsten Pflanzen nicht an Abörter setzen. Auch auf den Boden muß man Rücksicht nehmen, damit man keine Pflanze, die einen guten Boden erfordert, in einen schlechten setze, u. s. w.

Plappert, Blaffert, eine kleine Münze, von geringhaltigem Silber, welche in verschiedenen Ländern geprägt wird und gangbar ist. 1) Im Erzstifte Mayntz und in Straßburg gilt er drey Kreuzer; 2) im Kölnischen 3 Fettmänchen, und also, da 13 Fettmänchen 10 Kreuzer thun, ohngefähr 2½ Kreuzer; 3) die Baselschen gelten aber nur in dem Lande dieses Kantons 6 Rappen, und 15 von denselben machen einen Gulden aus; man giebt auch 2 Luzerner Schillinge für 1 Basler Plappert; 4) in Polen ist auch eine Münze dieses Namens, deren 15 auf einen polnischen Gulden gehen.

Plasche, s. Planen.

Plata, Blanka, der spanische Name eines Minerals, oder, wie man in Peru und Chily redet, eines Metals, welches aus den Silberbergwerken in Potosi, Lipes und einigen andern Bergwerken dieser beyden Theile des spanischen Amerika gewonnen wird. Es sieht weiß aus, und ist mit einigen rothen und bläulichen Flecken untermischt; daher es vielleicht seinen Namen mag bekommen haben, welcher auf spanisch soviel heißt, als weiß Silber. (s. auch Platina)

Plat de Menage, Fr. (Silberarbeiter) dasjenige Geräte von Silber, worauf allerley zum Essen auf einer Tafel erforderliche Sachen aufgesetzt werden. Sie besteht aus einem Fußblech mit vier Füßen, einem Aufsatze oder Ständer, mit dem Zitronenkorbe, zween Zuckerstreubüchsen, zween Möstrichkannen und dem Möstrichlöffel, zween gläsernen Karaffinen, (s. diese) die mit Silber beschlagen sind, zween Gewürzdosen und vier Leuchterarmen. Man hat aber auch kleinere Plats de Menage, von feinem Holze gearbeitet.

Plate nennt man in Holland die schwedische Kupfermünze, oder dünnplatte viereckigten, und mit dem schwedischen Stämpel gezeichneten Stücken Kupfer, so aus Schweden gebracht werden.

Platelonge, Fr. (Reitkunst) ein Gurt zwey Finger breit, und ohngefähr 4 Ellen lang, dessen man sich bedienet zum Passagiren oder spanischen Tritt, da der Reiter des Pferdes vordere Schenkel anfänglich einen um den andern damit über sich ziehet, und wieder zur Erden nieder treten läßt, damit das Pferd solches gewohnt werde, und hernach von selbst die Schenkel hoch erhebe und passagire. Man braucht diesen Gurt auch bey den jungen Pferden, die Operation des Schneidens zu erleichtern.

Platina, Halbsilber, (Bergwerk) ein neues mit ganz besondern Eigenschaften begabtes amerikanisches Metall. Den Namen des Halbsilbers führet es deswegen, weil es die Farbe des Silbers hat: allein seiner Eigenschaft nach kommt es dem Golde noch näher, als dem Silber. Denn 1) ist es eben so feuerbeständig; 2) hat es beynahe eben die Schwere; 3) wird es eben so spröde, wenn man es mit Bley vermischt; 4) vereiniget es sich eben so wenig mit dem Schwefel; 5) löset es sich eben so wenig im Scheidewasser auf, als das Gold, das Königswasser, aqua regis, allein löset es, so wie das Gold, auf. Hingegen unterscheidet sich die Platina von dem Golde durch ihre Zähigkeit, Farbe und Dauerhaftigkeit, wie auch durch den Grad des Feuers, welcher erfordert wird, um sie zu schmelzen. In Europa kennet man dieses Metall erst seit 1740 oder 1741. Die Spanier in Peru dagegen haben es weit eher kennen gelernt, weil sie schon das Geheimniß erfunden haben, allerhand Schmuck und kleines Galanterieräthe, als Degengefäße, Schilder, Tabacksdosen, und dergleichen mehr daraus zu verfertigen, welche sie ziemlich wohlfeil verkaufen.

Platine, Placke, Fr. (Baukunst) eine eiserne gegossene Platte, die mit allerley Laubwerk oder Bildern gezieret ist, womit man die hintere Wand eines Kamines bekleidet; oder weil auch etwas zierlich ausgeschnitzt wird, und zu einem Thürriegel den Boden giebt.

Platine. (Papiermacher) So nennt man die gewisse Platte im Holländer. (s. diesen) Diese Platte hat gezogene Furchen, dergestalt, daß ihre zugespitzte Kanten, womit ihre Oberfläche versehen ist, die Lumpen zerschneiden können, welche vermöge des Cylinders genöthiget werden, zwischen dem Cylinder und der Platte durchzugehen. Die Platte an sich hat 2 Fuß und 6 Zoll in der Länge, und gegen 7 Zoll in der Breite. Man macht sie deswegen von einer gewissen Breite, damit sie auf ihrem Grunde desto gewisser, und durch ihr Gewichte vester liege. Allein, da nur ein kleiner Theil von ihrer Breite von dem Cylinder berühret wird, und zur Zerreibung der Lumpen dienet, so theilet man sie in zwey Theile: der eine Theil hat seine Kanten oder Furchen nach der rechten Seite geneigt, und der andere nach der linken; wenn ein Theil abgenutzt ist, so giebt man der Platte eine andere Stellung, und läßt den andern Theil seine Dienste verrichten, dergestalt, daß nur allezeit die Hälfte gebraucht wird. Die Platte ist zuweilen von Kupfer, zuweilen aber auch von Eisen, und es ist gut, wenn unter die kupfernen etwas Zinn gemischet wird, weil es die Eigenschaft hat, das Kupfer härter zu machen.

Platinen, (Strumpfwürkerstuhl) dünne Eisenbleche von zweyerley Gattung, nämlich stehende und fallende, deren Anzahl durch die Schwingen und Nadelbleye, woran die Strickmaschen bevestiget sind, bestimmt wird, und welche den Faden zur Masche bilden. (s. Platinen fallende und stehende)

Platinenbaar, (Strumpfwürkerstuhl) das Gehäuse, worinn die stehenden Platinen (s. diese) bevestiget werden. Es besteht aus zwey Hälften, oder zwey horizontalen Stangen, die die ganze Breite des Stuhls beynahe einnehmen. Die vorderste Stange kann abgenommen, und an die hinterste angeschraubet werden. Das hinterste Stück ist massiv und gehöhlt, worinn die Oberbleye (s. diese) senkrecht stehen können. Die Spitzen der Oberbleye stecken in der Baar, und werden durch das Vorderstück, nachdem solches an das Hinterstück angelegt und angeschraubet worden, gehalten. Das Vorderstück ist inwendig abgeschräget, und so breit, daß es mit der Kante auf dem äußersten der Krümmung des Oberbleyes ruhet, und also die Bleye halten kann; und damit das Eisen das Bley nicht abnutzen kann, so wird längst dem Bley ein Stück Tuch untergelegt. Die Oberbleye sind in der Baare also geordnet, daß immer eins zwischen zwey fallenden Platinen zu stehen kommt, und zwischen die Einschnitte, wodurch ein Loch geht, werden sie mit einem Niede von Messing vernietet, und dergestalt bevestiget, daß immer zwey stehende zwischen zwey fallende zu stehen kommen. Alle Enden der stehenden Platinen ruhen auf der Platinenschachtel, die Platinenbaare selbst liegt auf dem Lager des Stuhls, so daß sie über den fallenden Platinen etwas erhoben liegt, damit diese zwischen den stehenden arbeiten können. (s. Jakobsons Schauplatz Band IV. Tab. I. Fig. XXXI, e.)

Platinen, fallende, (Strumpfwürkerstuhl) diejenigen Platinen, oder dünne Eisenbleche, welche bey dem Würken der Strümpfe herunterfallen, den aufgelegten Faden mit herunternehmen, und zur Masche bestimmen. An der Spitze jeder Schwinge (s. diese) ist eine Platine mit einem messingenen Niedt bevestiget, und wenn bey dem Würken die Schwinge fällt, so fällt die daran bevestigte Platine zwischen ihre zugehörigen zwey Nadelbleye, oder deutlicher, zwischen die beyden aufrechten, und neben einander stehenden Nadeln, und stößt den Faden, der über die Nadeln gelegt worden, mit hinab, um in der Folge die Masche zu bilden. Der untere Theil der Platine ist ausgeschweift, und der obere hinaufgehende Ausschnitt heißt die Kammer, als worinn bey der Vereinigung der Maschen der Faden zu liegen kommt. (s. Assembliren) Die vordere Spitze der Platine heißt der Schnabel, und die vorspringende Krümmung der Bauch. Alle diese Theile tragen zur Verfertigung der Maschen das ihrige bey. (s. Strumpfwürken) Die Platinen sind etwa 4 bis 5 Zoll lang, und sehr gleich und eben ausgefeilet und verglichen.

Platinenschachtel, (Strumpfwürkerstuhl) das Gehäuse, worauf alle Enden der stehenden Platinen ruhen; sie besteht, so wie die Platinenbaar, aus zwey Hälften. Sie ist hohl, daß die Enden der Platinen darinn Raum zu stehen haben, und das Vorderstück wird an das Hinterstück angesetzt. Dieses hat an den Enden Löcher, das Vorderstück aber Haken, welche in jene Löcher passen. Wenn beyde Stücken zusammengefüget sind, halten sie die Enden der Platinen vest. (s. Jakobsons Schaupl. B. IV. Tab. II. Fig. XXI. η)

Platinenschnäbel, (Strumpfwürkerstuhl) die obersten Spitzen der beyden Arten von Platinen, (s. diese) wodurch die Maschen auf dem Stuhle hervorgebracht werden. (s. Strumpfwürker)

Platinen, stehende. (Strumpfwürker) Sie sind von der nämlichen Gestalt, als die fallenden Platinen, (s. Platinen, fallende) nur daß sie unbeweglich in der Platinenbaare bevestiget stehen. Sie werden mit dem einen Ende in dem Oberbley (s. dieses) mit einem Niede bevestiget, und haben unten eben einen solchen Ausschnitt als die fallenden. Mit ihrer untern Spitze sind sie in der Schachtel (s. diese) bevestiget, folglich sind sie unbeweglich. Die fallenden Platinen stecken zwischen den stehenden, und wenn der ganze Mechanismus des Stuhls in Ruhe ist, so ragen die sämtlichen stehenden und fallenden Platinen gleich lang hinab, und haben auch eine gleiche Breite und Ausschweifung unter einander. Die Ausschweifung steht bey allen Platinen vorwärts nach dem Würker zu. Der Schnabel dieser stehenden Platine, wenn die

die Schachtel mit denselben hinabgezogen ist, fällt, so wie der fallenden Platine ihr Schnabel, auf den übergelegten Faden, und treibt ihn zwischen die unterstehenden Nadeln, verwandelt den von den fallenden Platinen in einen großen halben Zirkel verwandelten Faden in zwey halbe Zirkel, bestimmt ihn näher zur Masche, so daß der ganze Faden ungefähr einer Schlangenlinie gleichet. (man sehe davon unter dem Artikel des Strumpfwirkens, wo sich alles deutlicher erklären wird.

Platons, Fr. (Baukunst) werden die Stücken von Mörtel genannt, welche von eingerissenen Mauern abfallen.

Platt, Fr. Plat, (Maler) dasjenige, was wenig Erhabenheit und Rundung zu haben scheint. In dieser Bedeutung sagt man auch flach. Ferner wird, was von einer schlechten Wahl ist, platt genannt. Auch eine Figur nennt man so, deren Karaktere unedel, deren Kopfwendung gemein, und deren Gewand zu weich ist.

Plattbaum, (Vogelsteller) in dichten Vorhölzern wird ein Baum ausgeschnitten, auch umher etwas Luft gemacht, und alsdenn mit Leimspindeln besteckt, und unten eine Hütte, nur mit dünnem Tannengras belegt, angerichtet. In dieselbe setzt sich der Waidmann, und lockt mit einer Wachtelpfeife, so einen Laut, wie das Geschrey eines Käuzleins giebt, die Vögel herbey, die sich auf den Baum setzen, und von denselben in die Hütte herabfallen. (s. auch Feldbaum)

Plattblankes holländisches Leder. (Lohgerber) Es wird aus Brandsohlleder von Rinderhäuten zugerichtet. Oefters nimt man auch Roßleder dazu. Es wird von den Sattlern zu dem Pferdegeschirr, zu dem Reitzeuge, und zu den äußersten Verkleidungen der Kutschen gebraucht. Gleichfalls werden auch die Patrontaschen aus starkem holländischen Leder gemacht. Es wird auf folgende Art bereitet: So wie das Brandsohlleder aus der Grube kommt, schmieret man es bloß mit Thran ein, macht es hierdurch geschmeidig, und läßt es auf Stangen trocknen. Alsdenn wird es angeschwärzt, und mit dem **Krispelholze** gekrispelt, (s. beydes) wobey die Narbenseite des Leders stets unten liegt, weil es keine Narben erhalten soll. Nach dem Krispeln legt der Gerber das Leder auf eine Tafel, stößt die Narben auf der Narbenseite mit der Plattstoßkugel (s. diese) platt, (s. Plattstoßen) und läßt das Leder trocknen. Nach dem Trocknen wird es auf dem Schlichtrahm mit dem Schlichtmond geschlichtet, und hierdurch dünner geschnitten, als das Kalbleder. Endlich wird das Leder auf den **Blankstoßbock** gelegt, und mit einer **Blankstoßkugel** blankgestoßen. (s. beydes)

Plättchenkolben, (Glaser) ein Kolben in Gestalt eines viereckigten Hammers, die messingenen Plättchen damit anzulöthen.

Plattdecke, (Baukunst) die platte ebene Decke eines Zimmers, zum Unterschiede von einer **Felderdecke** und **Spiegeldecke**.

Platte, Fr. platte bande, (Baukunst) in den Bauordnungen ein flaches plattes Glied, welches sich insgemein in einer geraden Linie endiget. Insonderheit heißt bey den Werkleuten dasjenige eine Platte, welches sich zu unterst in dem Schaftgesimse oder Säulenfuße befindet. Nach **Goldmann** macht man darunter folgenden Unterschied: indem einige **Streifen**, andere **Bänder**, **Tafeln**, auch **Kranzleisten** genennet werden.

Platte, Abakus, Fr. abaque Tailor, (Baukunst) der viereckigte Deckel oben auf dem Knaufe einer Säule, jedoch mit dem Unterschiede, daß er auf der toskanischen und dorischen wie ein Quadrat, bey den übrigen Ordnungen aber eingebogene Seiten und abgekappte Ecken hat, welche man Hörner heißt.

Platte, Fr. Planche, (Kupferstecher) bedeutet ein dünnes Blatt von Kupfer, Silber, Zinn etc. worauf mit dem Grabstichel, oder mit der Radirnadel, die Zeichnungen gegraben werden, die man durch einen Abdruck, welchen man Stich nennt, vorstellen will. Man schneidet auch in Holz, und die Abdrücke davon werden Schnitte (s. diese) genennet. In den Holzplatten druckt sich das Erhobene, in den Kupferplatten das Tiefe ab. Die französischen Buchhändler nennen Planches die Abdrücke der Platten selbst, welche sie den Büchern, zur Erläuterung der Materie vorsetzen.

Platte, s. Plätteisen.

Platte Arbeit des Stickens, (Sticker) eine Stickerey, die nicht erhoben, sondern platt ist. Es wird bey dieser Stickerey kein Grund gemacht, sondern die Fäden werden unmittelbar durch den Zeug gezogen. Nachdem die Zeichnung auf dem Zeuge entworfen, so werden die kleinen Theile der Figur mit langen Stichen nach der Breite durchnähet. Diese Stiche müssen sehr genau und richtig nach der Zeichnung angebracht werden.

Platte ausstoßen, (Hutmacher) dem gewalkten Hut seine platte Gestalt benehmen, und ihm die Kopfplatte geben. Dieses geschicht, nachdem er in den Kranz geschlagen, (s. Kranzschlagen) so wird der Hut in den Kessel mit warmem Wasser getauchet, flach auf die Walltafel gelegt, und mit beyden Daumen die Spitze des Kopfs, welche in der Mitten ist, dergestalt ausgestrichen, um solche niederzudrücken und eben zu machen. Er arbeitet deswegen mit den beyden Daumen vom Mittelpunkte bis zur Kreislinie der ersten Biegung, und fähret so lange mit dieser Arbeit fort, bis der Hut ganz flach ist, wobey er ihn öfters ins Wasser taucht, und bald mit dem Daumen, bald mit der Faust diese Arbeit fortsetzet, so lange, bis alle Biegungen verschwunden, und der zirkelförmige Raum, der dadurch entsteht, breit genung ist, die Hutform zu fassen. Diese Arbeit aber geschieht von der Seite, die dem Ueberzug, wenn einer darauf ist, entgegengesetzt ist.

Platte Bande, (Gärtner) das äußerste etwas schmale Stück Erdreich, welches um das ganze Blumenfeld in einem Garten herum geht, und gemeiniglich mit Blumen oder kleinen Bäumen besetzt wird. Die deutschen Gärtner nennen es auch eine **Rannte**.

Platte Bande von Eisen. (Baukunst) So wird die eiserne Schiene genannt, welche man unter gewölbten

Fen-

Fensterstürze, oder andere Oeffnungen leget, um die Steine tragen zu helfen. (s. Sturz, auch Latteyholz)

Platte, doppelte, (Tuchmacher) wenn zwey Kettenfaden bey dem Weben zerreißen, und solche nicht wieder zusammengeknüpft werden; ein Fehler, der nach dem Walken der Tücher sehr ins Auge fällt.

Platte, einfache, (Tuchmacher) wenn bey dem Weben ein Faden der Kette zerreißt, und nicht wieder zugeknüpft wird, wodurch ein Fehler entsteht, der nach dem Walken merklich in die Augen fällt.

Platte Forme, Fr. (Kriegsbaukunst) Dieses Wort hat verschiedene Bedeutungen. Bald versteht man darunter ein plattes Bollwerk, (s. dieses) bald auch die Bettungen; auch braucht man es für das Wort Moineau, ein plattes Bollwerk mitten an einer Kurtine. Endlich heißt es auch ein erhaben Werk, welches man entweder auf die langen Kurtinen, oder auch auf die Bollwerke zu setzen pfleget, damit man von demselben über die Brustwehre schießen kann. Seine Größe wird nach dem Raum und den erforderten Umständen in länglichter oder eckigter Form eingerichtet.

Plätteisen, (Bleyfabrike) ein dickes Eisen, in Gestalt eines Plätteisens, doch nur maßiv, und nicht hohl, so wie die zum Plätten der Wäsche. Es hat einen Griff, und dienet dazu, nachdem es heiß gemacht worden, den Sand, worauf die Bleytafeln gegossen werden, zu glätten. (s. Bleytafeln)

Plätteisen, Platte, ein von Meßing, Eisen, oder Stahl länglich breites hohles Werkzeug, oben mit einer hölzernen Handhabe versehen, welches von innen mit einem glühenden Eisen, der Bolzen genannt, versehen wird, und womit die Wäscherin die klare Wäsche, nachdem sie vorher ein wenig wieder angefeuchtet worden, in Ordnung gezogen und ausgezupft ist, ausgestrichen oder glatt gemacht wird. Die an dem vordern Theil sich zusammenlaufende werden den runden vorgezogen, weil sich mit den ersten die eingereihete und in Falten gehefteten Sachen besser ausstoßen und glätten lassen. Die auf französische Manier verfertigten Plätteisen sind von Stahl und sehr tief, weil sie anstatt des Bolzens mit glühenden Kolen angefüllet werden. Zu den Manschetten und dergleichen gekräuselten Sachen bedienet man sich eines andern Werkzeuges, so man eine Glocke (s. diese) nennt.

Platten, Fr. Tables de fer, (Hüttenwerk) die zu Oefen und Thüren gegossenen eisernen Tafeln.

Platten, (Münze) So werden die ausgestückelten (s. Ausstückelung) runden Silberbleche, welche ausgepräget werden sollen, genennet.

Platten, Watten, Gründe; (Schiffahrt) nennen die Lootsen auf der Elbe und deren Ausfluß die Untiefen und Bänke.

Platten, Böden, (Uhrmacher) sind diejenigen Theile einer Sackuhr, zwischen welchen das Räderwerk stehet. Sie sind mit vier Säulen oder Pfeilern zusammengefüget. An der inwendigen Seite des hintern Bodens ist der steife Kloben befestiget, worinn die Spindel mit ihrem untern Zapfen in dessen Fersen stehet, und auf dessen Nase das Steigrades vordern Zapfen geht. Es befindet sich auf eben dieser Platte auch der hintere Kloben, worinn des Steigrades Getriebe mit seinem hintern Zapfen stehet. Desgleichen auch die Stellung und Vorfall, welcher beym Aufziehen vor die Schneckenschraube fällt, damit man die Uhr im Aufziehen nicht überziehen kann. Auf der auswendigen Seite des hintern Bodens ist der Spiralfederkloben befestiget, worinn man die Spiral oder mit dem äußersten Ende veste machet. Es ist ferner der Flügel samt der Rückscheibe und Rücker darauf geschraubet, durch welche man die Spiralfeder kurz und lang machen, auch den Gang der Uhr verändern, und sie dadurch geschwind und langsam stellen kann. Wie auch das durchbrochene Schild oder der flache Kloben, dieser bedecket den Perpendikel, und des Perpendikels Oberzapfen aber geht in des flachen Klobens Futter. Auf der auswendigen Seite der vordern Platte ist das Vorlege- oder Weiserwerk unter dem Zifferblatte, welches den Stunden- und Minutenweiser treibet, verdecket.

Platten, Anplatten, (Zimmermann) ein Stück Holz an ein anderes ohne Verzapfung oder Einlassung platt anfallen lassen, und nur mit Nägeln oder Bolzen befestigen.

Platten, (Spielkartenmanufaktur) die kupferne oder hölzerne Platten, worauf die Züge, welche die Figuren ausdrücken sollen, eingegraben sind. Sie sind nach Art der Kupferplatten der Kupferstecher tief eingeschnitten, welche Züge hernachmals durch das starke Pressen auf das erweichte Papier gedruckt werden. (s. Spielkarten machen)

Platten, (Lohgerber) wenn um Pfingsten die Rinde von den gefällten Eichen abgeschälet wird, um daraus Lohe (s. diese) zu machen.

Plätten, (Wäscherinn) diejenige Verrichtung, wenn nach der Wäsche der klare Zeug mit dem Plätteisen ausgestrichen oder geplättet wird. Man feuchtet deswegen die schon getrocknete Wäsche wieder etwas an, oder schlägt sie in ein gefeuchtetes Tuch ein, ziehet solches nachher recht gleich überall aus; alsdenn streichet oder plättet man es mit dem heißgemachten Plätteisen, auf einem mit einer wollenen Decke bedeckten Tisch, oder einem Plättküssen, (s. dieses) aus.

Plätten, s. Gold und Silber plätten.

Platten der Bälge, (Orgelbauer) die Brettstücken, woraus die Bälge in den Orgeln zusammengesetzt werden. Sie werden von zusammengefügten dicken Bolen verfertiget. Nachdem die Bälge groß werden sollen, nachdem macht man die Platten groß. Die Länge übertrifft meistentheils die Breite um die Hälfte, und man hat Bälge, die 5 Fuß breit und 10 Fuß lang seyn. Doch hat man sie auch kürzer und schmäler, wie denn auch keine Nothwendigkeit ist, daß die Länge sich allezeit zur Breite, wie 2 zu 1 verhalte. Aber je größer man sie haben kann, sonderlich was die Länge betrifft, desto besser ist es. (s. Bälge)

Plät-

Plätten des Drahts zu den Blättern, (Blattmacher) die Blätter einiger wollenen Zeuge haben anstatt der Rohrstiste Stifte von geplättetem Draht. Dieses geschieht auf einer Plättmaschiene. (s. Plättmaschiene des Blattmachers) Man bestreicht den Draht, der geplättet werden soll, mit Baumöl oder Schmalz, steckt ihn durch das Loch der Maschiene zwischen die Walzen derselben, und nachdem die Walzen auf einander gestellet sind, so wird die unterste Walze der Maschiene durch die Kurbel in Bewegung gesetzt, wodurch die oberste Walze gleichfalls links herum gedrehet, und folglich der Draht durchgezogen und geplättet wird.

Plattenfeile, (Schlösser) eine Art Feilen, welche einen feinern Hieb haben, als die Vorfeile.

Platten-Tour, (Perukenmacher) die runde Öffnung in den Abbeeperuken, welche der Platte der römischen Geistlichkeit gleichet.

Platter oder ebener Spiegel, (Spiegelmanufaktur) ein Spiegel, der eine ebene Fläche hat. Solcher Art sind die Spiegel, die man im gemeinen Leben gebrauchet, weil sie die Sachen so vorstellen, wie sie sind. Unter allen Eigenschaften, die an den platten Spiegeln anzutreffen sind, ist diese die vornehmste, daß sie die Sachen in ihrer wahren Gestalt und Größe so weit hinter dem Spiegel darstellen, als sie vor dem Spiegel stehen. Unterdessen lassen sich dennoch die Sachen durch sie vervielfältigen. Wenn daher ein Licht zwischen zwey und mehrere neben einander gehöriger Weise aufgestellte Spiegel gestellet wird, so sieht man in jedem Spiegel dasselbe mehr als einmal.

Plätter, s. Gold- und Silberdrahtplätter.

Platter Heerd, (Vogelfänger) wenn auf die Finken und andere kleine Vögel mit Schlagwänden, jedoch ohne Busch und Strauch, gestellet wird.

Plattenspiel, (Orgelbauer) ein unbekanntes Pfeifenwerk in einer Orgel, welches von einigen Orgelbauern zwar benennet, aber nicht beschrieben ist, was es für eine Stimme sey. Plattflate, s. Dachlatte, Plattpfeife, s. Dachflöte.

Platte vergolden, (Hutmacher) wenn nur blos der Kopf eines Huts mit bessern Haaren, als woraus der Hut selbst ist, überzogen wird, um dadurch dem Hut ein besseres Ansehen zu geben.

Platte von Elfenbein, (Kammmacher) die aus den runden dicken Klötzern eines Elephantenzahns geschnittene dünne und platte Stücken, woraus die Kämme gemacht werden. Es geschiehet dieses mit einer Säge, die einer Schrotsäge völlig gleichet, außer daß sie feiner und kleiner ist. Jeder Klotz wird nach der Länge, oder nach den Fasern und Lagen des Knochens, in dünne Platten zerschnitten.

Platte von Horn, (Kammmacher) die von den Ochsenhörnern gerade geplattete Stücken, woraus hernach die Kämme gemacht werden. Die Schrote (s. diese) des in Stücken geschnittenen Horns werden zur Hälfte erwärmet, und alsdenn zwischen den Platten der Hornpresse (s. diese) glatt gepresset, so daß aus einem runden und hohlen Hornschrot eine gleiche Platte entstehet.

Plattgarn, Fr. Fil plat, fil au grelot, eine Art von platten und weißem Leinengarne, welches man auch Stopfgarn zu nennen pfleget, und vornehmlich von Dornecht bekömmt. Man braucht es, das Nesseltuch, die klare Leinwand und den Battist damit zu stopfen, wie auch das sogenannte Ausgeschnittene davon zu machen, dessen man sich in der Trauer anstatt der Spitzen bedienet. Es wird nach Nummern geschätzt, die sich erst von vierzehn anfangen, und bis auf vierhundert gehen. Ein Stück hat 42 Gebinde. Sie werden dutzendweise verkauft.

Plattgequetschte Seide, (Seidenbau) wenn der ermeichte Seidenfaden bey dem Haspeln sich über die Rößchen platt gedruckt hat, welches man aber jetzt nicht mehr zu befürchten hat, nachdem man die Laufstöcke an den Haspeln angebracht hat.

Platthammer, (Nadler) ein Polirhammer, womit die Seiten einer dreyeckigten Nadel der Lederarbeiter geglättet und poliret werden. Er ist von gutem Stahl mit einer glatten Bahn und sehr gut poliret. Die drey Seiten dieser Nadeln werden damit flach geschlagen.

Plattholz, (Ziegelstreicher) das flache Holz, womit der geformte Ziegel in der Form, nachdem es erst naß gemacht worden, geglättet und geebnet wird.

Platthufig, (Reitkunst) ein Pferd, an dem sich die Seitenwände des Hufs zu sehr ausbreiten. Man muß diesem durch den Beschlag suchen abzuhelfen, indem man die zwey Nebentheile des Hufeisens gerader machet, als die Form des Hufes ist, und die Nagellöcher so nahe an den Rand gemacht werden, als es sich nur thun läßt; hernach das äußerliche Horn, welches über das Hufeisen hervorstehet, abzwicket, und dem Hufeisen gleich raspelt.

Plattille, eine gewisse Gattung sehr weißer Flachsleinwand, die bald gröber, bald feiner ist, und an verschiedenen Orten in Frankreich, vornehmlich aber zu Beauvais in der Pikardie und zu Cholet in Anjou, verfertiget wird. Sie liegt nach der Pariser Elle sieben Achtel breit, und wird in kleine Stücke zertheilet, deren jedes nur 5 Pariser Ellen lang ist. Es kömmt dergleichen auch viel aus Schlesien, sonderlich von Breslau, welche mit der aus der Pikardie und Anjou sehr übereinkommt, und eben so gut, wie diese, nach Spanien, nach den afrikanischen Küsten und nach Amerika verschickt wird. Mit den schlesischen geschiehet der Handel über Hamburg.

Plattinen, (Eisenhammer) die dünnen länglich viereckigten Platten, welche daselbst mit dem Plattinenhammer ausgeschmiedet werden, und woraus in der Gewehrfabrik Gewehre und Büchsen gemacht werden. Ihre Länge und Breite wird durch die Größe der verschiedenen Arten der Gewehre bestimmet, und bey dem Schmieden wird das Schablon (s. dieses) woraus sie geschmiedet werden, nur dergestalt unter dem Hammer regieret, daß die verlangte Größe und Dicke entstehe.

Plattinen der Messer, (Messerschmid) die beyden dünnen Bleche von Eisen zu den Schalen der Einlegemesser. Sie haben ziemlich die Gestalt der Schalen, welche die Messer erhalten. Je feiner das Messer ist, desto dünner müssen die Plattinen ausgestreckt werden. Die Plattinen werden dergestalt an drey Orten durchgebohret, daß oben, in der Mitte und unten die Schalen mit einem Niedt daran befestiget werden können. Die beyden untersten Niedten müssen auch zugleich die Feder befestigen.

Plattinenhammer, (Eisenhammer) ein Schwanzhammer, der dem Breithammer auf dem Kupferhüttenwerk völlig gleichet. Er wird durch das Wasser vermittelst des Wasserrades und der Hammerwelle durch 6 Zieharme bewegt. Er wiegt selbst einen halben Zentner, und hat seinen Namen von den Plattinen (s. diese) die damit geschmiedet werden.

Plattinen zu Kürassen, (Eisenhammer) die Platten, woraus die Kürasse gemacht werden. Der Prellhammer (s. diesen) schmidet sie zu einer ebenen Platte, die zwar ziemlich die bestimmte Größe des Kürasses hat, aber weiter noch nicht ausgebildet ist, als daß man einigermaßen die runden Ausschnitte zu den Armen der Reiter bestimmt hat.

Plättküssen, (Wäscherin) ein Küssen, welches einige gebrauchen, um darauf die flare Wäsche zu plätten. Es bestehet aus einem langen breiten Brett, worüber ein von weichen Haaren derb ausgestopftes Polster gezogen, welches mit feiner roher Leinwand bekleidet ist, worauf denn die Wäsche zum Plätten ausgebreitet wird.

Plattlack, Kolumbinenlack, (Lackirer, Maler) ein Lack, der von feiner Kreide gemacht wird, wozu eine Tinktur genommen wird, die von den Flecken der abgeschornen Scharlachtücher, durch Ausziehung der Farbe, mit einer scharfen Lauge gemacht, mit etwas Alaun bereitet, zu viereckigten Stückchen eines Fingers lang gebildet werden. Das venetianische ist besser, als das französische oder holländische, muß, wenn es gut seyn soll, hoch an der Farbe, und nicht sandig seyn.

Plättlein, (Baukunst) ein kleines plattes Glied, welches in den Gesimsen allermeist zwischen den runden Gliedern gebraucht wird, in diesem Falle wird es auch ein Riemlein genennt. Befindet sich aber dasselbe am Ende eines Haupttheils, z. B. an dem Karniß des Deckels, so heißt es ein Ueberschlag, unten am Schaft hingegen ein Untersaum und oben ein Obersaum.

Plättmaschiene, (Gold- und Silberdrahtplätter) eine Maschiene, auf welcher der Gold- oder Silberdraht in einen platten Faden verwandelt wird. In einem Gehäuse, welches aus zwey hölzernen Wänden, die 2 Fuß hoch und ½ Fuß breit sind, bestehet, ruhen zwey Metallwalzen, zwischen welchen der Draht durchgezogen wird. Die hölzernen Wände stehen ohngefähr 2 Zoll von einander, und sind oben durch einen starken hölzernen Riegel vereiniget. Die beyden Walzen, die in diesem Gehäuse stecken, sind in der Mitte nur von Eisen, aber um das Eisen ist ein stählerner, oder von einer Komposition gemachter, Ring angeniedet, welcher einen Zoll dick ist. Die Komposition dieses Ringes ist unbekannt, und daher verstehen die Deutschen nicht die Kunst, solche zu verfertigen. Sie kommen aus Neuschatel nach Deutschland, vordem aber wurden sie auch in Mayland und zu Schwarzenbrück in Sachsen gemacht. Die Künstler daselbst müssen aber das Geheimniß dieser Kunst mit ins Grab genommen haben. Vielleicht bestehet die ganze Kunst und das Geheimniß bloß in dem Härten dieses Ringes, denn er hat das völlige Ansehen des Stahls. Zwey solcher Walzen, die zusammengehören, kosten 150 bis 250 Rthlr. Die unterste Walze wird von einer eisernen Welle durchbohret, die zugleich auch durch beyde hölzerne Wände des Gehäuses geht, und auf dem einen Ende steckt vorne außer dem Gehäuse der Schwengel oder die Kurbel. Der Durchmesser der untersten Walze ist 7 Zoll, und ihre Dicke 1½ Zoll. Die obere Walze hat nur 4½ Zoll zum Durchmesser, damit sie desto leichter von der untern kann beweget werden. Sie ist aber um einige Linien breiter, als die untere, damit sie desto besser auf der untern kann gestellet werden. Ihre Achse läuft in keiner Pfanne, sondern sie ruhet bloß auf der untern Walze, und die beyden hölzernen Wände des Gestelles hindern, daß sie nicht auf der Seite ausweicht. Beyde Walzen sind auf der Stirne nicht eben, sondern nach einem Zirkelbogen gerundet, als wenn sie aus zwey Kugeln geschnitten wären. Die Absicht dieser Gestalt ist mannigfaltig. Die ganze Kraft wird bey der Bewegung auf einen Punkt eingeschränkt, und hiedurch der Draht mit mehrerem Nachdrucke platt gemacht. Ueberdem sind auf dem Drahte noch Ueberbleibsel von dem Wachs, womit man ihn in der Fabrike beschmieret. Die Stelle zwischen den Walzen, wo der Draht läuft, wird hiedurch bald blind, und dies hindert, daß der feine Draht nicht gehörig platt gedrückt wird. Daher muß diese Stelle oft abgeändert werden. Wahrscheinlich würde auch ohnedem der Draht zu oft an einem Orte laufen und ihn aushöhlen. Allein durch die Veränderung des Punkts, worinn sich die Walzen berühren, kann man ihn nach und nach auf allen Punkten der Stirne spielen lassen. Der Plätter nennt den Ort, wo sich die Walzen berühren, die Bahn, und beschmieret die Stirnen der Walzen mit Baumöl, um bey der Bewegung zu bemerken, wo die Bahn geht. Bey dem Stellen der Bahn (s. Stellen) bleibt die untere Walze unbeweglich, die obere aber wird auf der einen oder andern Seite hinabgedruckt. Dies geschiehet durch folgende Theile der Maschiene: In jeder hölzernen Wand des Gehäuses ist eine schmale zinnerne Platte dergestalt eingefalzt, daß sie sich verschieben lassen. Sie stehen auf der Achse der obern Walze, und man kann diese hiedurch auf jeder Seite niederdrücken. Auf den Backen ruhet der Sattel, eine eiserne Stange, die auf beyden Seiten um einen Zoll vor den Wänden hervorraget. Auf diesen hervorragenden Theilen ist auf jeder Seite eine Feder, oder ein geschwungenes Eisen gestellt, und vermittelst einer Schraube an dem Kopf oder Querriegel des Gestells, über jeder Feder, kann diese zusammengepresset werden. Will der Plätter den Berührungspunkt der Walze oder die Bahn verändern, so kann er solches vermittelst einer Schrauben des Sattels und der Backen verrichten. (s. Stellen) Dieses ist das wichtigste dieser Maschiene, die Bahn auf alle Punkte der Stirn und ihrer Stirne zu bringen. Auf der rechten Seite dieser Maschiene befindet sich der Weiser, (s. diesen) durch welchen der zu plättende Draht durchgesteckt, und auf der Bahn der Walzen in gehöriger Richtung erhalten wird. Hinter dem Gehäuse ist noch ein Schnurrad angebracht, welches mit der untern Walze eine gemeinschaftliche Welle hat, und daher zugleich mit der Kurbel der untern Walze in Bewegung gesetzt wird. Das ganze Gestelle der Maschiene ist auf einer Bank befestiget, und dem Gehäuse zur Rechten ist auf der Bank ein Brett angeschraubet. Auf demselben sind zwey kleine hölzerne Säulen, einen Fuß weit von einander, befestiget. In jeder Säule bewegt sich eine Schraube, und beyde halten eine kleine hölzerne Welle, die Schnecke, welche deshalb auf beyden Enden etwas ausgehöhlet ist, damit sie von den Schrauben kann getragen werden, doch so, daß man sie kann abnehmen. Die Welle hat daher den Namen der Schnecke erhalten, weil an einer Seite ein kleiner Kegel mit parallelen Reifen befindlich ist. Durch diese Reifen kann man die Schnur spannen, vermittelst welcher die Schnecke von dem Schnurrade in Bewegung gesetzt wird. Auf dieser Schnecke steckt eine kleine Rolle, worauf sich der Laan wickelt. Etwas weiter an dem Gehäuse steht der Haken, ein starker eiserner senkrecht stehender oberwärts gekrümmter Draht. Um seine obere Krümmung wickelt man ein Tuch, welches mit Kreide bestrichen ist. Der Plätter leitet den Laan unter dieses Tuch, damit er von dem Oel der Walzen gereiniget wird. Zur Linken des Gehäuses steht der Sporn, der gleichfalls aus zwey kleinen Säulen bestehet, die aber von Eisen sind, damit sie gehörig Widerstand thun können, wenn die Walzen den Draht von der Rolle des Sporns abwickeln. An der einen Säule ist eine Schraube angebracht, an der andern aber, der Schraube gegenüber, eine eiserne Spitze. Beyde halten auf eben die Art, wie eben die Schnecke, das Spornholz, eine kleine hölzerne Welle. Auf diesem Spornholze steckt der ungeplättete Draht. Die Wellen, sowohl des Sporns, als auch der Schnecke; können mit ihren Rollen abgenommen werden. Zwischen dem Sporn und dem Gehäuse steht die Bürste, (s. diese) wodurch der Draht durch ein mit Kreide bestrichenes Tuch geführet wird, und gleichsam durch dasselbe streicht, und hiedurch von feinem Schmutze gereiniget wird, ehe er nach den Walzen kommt, welcher sonst die Walzen blind machen würde. (s. Gold- und Silberdrath plätten) Der Plätter laßt über die Ringe, und läßt das Eisen der Walze in die Mitte einsetzen. Sie werden aber nur zusammengeniethet, weil bey einer stärkeren Zusammenfügung die Ringe springen würden. Wenn beydes durch das Vernieten noch nicht gehörig zusammen vereiniget zu seyn scheinet, so gießt man in die Ritzen zwischen dem Eisen und dem Ringe Heringslacke und verklebet die Ritzen mit Wachs. Dies vereiniget sie völlig. Die Stirn der Ringe ist noch uneben, wenn sie nach Deutschland kommen, und daher müssen sie beschnitten werden. Der Plätter hat zu diesem Zweck ein besonderes Gehäuse, worein er sie mit ihren Achsen leget, mit einem Rade bewegt, und mit trocknem Schmergel vermittelst der Polirfeile, (s. diese) so wie mit dem Blutstein, abschleift. Dieses geschieht auch, wenn sich Rost auf eine Walze setzt.

Plättmaschiene des Blattmachers, diese besteht aus einer Bank von einer starken Bole, welche ohngefähr einen Fuß breit und so lang als das Zimmer ist, woran sie sich an beyden Enden stützet. In der Mitte dieser Bank steht die Maschiene selbst, die folgende Theile hat: zwey senkrechte Ständer, die ohngefähr 3 Zoll breit, 1 Zoll dick und beynahe 2 Fuß hoch sind, stehen ohngefähr 5 Zoll aus einander. In diesen beyden Säulen laufen zwey runde, ohngefähr 1 Zoll dicke, und im Durchschnitt 3 Zoll große metallne Walzen. Es werden diese Walzen von einer Komposition von Eisen und andern Materien in Lyon, jetzt aber auch schon durch den Herrn Oberbergrath Holscher nach seiner Erfindung in Berlin verfertiget. Die Walzen sind aber nicht durchgängig von dieser Komposition, sondern nur ohngefähr einen guten Zoll dick, als ein Ring über einen andern Ring übergezogen und daran befestiget. Die Stirn dieser Walzen ist sehr glatt geschliffen und polirt, und nach der Bahn derselben in der Mitte etwas erhaben, so daß sie recht in der Mitte einen schmalen Rand hat, daß sie, wenn sie zusammen gestellt sind, mit diesen beyden Punkten auf ihren Stirnen laufen: und diese müssen auch den Endzweck, wozu sie bestimmt sind, nämlich den Draht zu plätten, bewerkstelligen. Damit aber diese Walzen nach Verlangen auch zusammengebracht, oder auf einander gelegt werden können, so daß sie sich beynahe mit diesem Punkt der Bahn berühren, so befindet sich in den beyden Säulen des Gestelles eine Fuge, welche ohngefähr 9 Zoll lang und 1½ Zoll breit ist, in dieser Fugen stecken die Zapfen der Walzen. Die Fugen sind mit Eisen ausgebüchset, und die Zapfen haben darinn Spielraum. Der eine Zapfen der untersten Walze ruhet auf der ausgerundeten Büchse in den Säulen und auf dieser Walze, aber auf der andern Seite wird eine Kurbel zum Umdrehen derselben aufgesteckt. Durch diese unterste Walze wird auch zugleich die oberste Walze in Bewegung gesetzt, indem, wenn die erste rechts herumgedrehet wird, die obere zugleich links herum geht. Dieses könnte aber nicht bewerkstelliget werden, wenn die Bahn der obersten nicht auf der Bahn der untersten aufläge. Ueber den beyden Zapfen der obersten Walze liegt eine meßingene Mutter, welche vermittelst einer Schraube herunter auf die Zapfen der Walzen gedruckt werden kann, wodurch beyde Walzen vereiniget werden. Diese Schraube geht mit ihrem Ende durch einen eisernen Deckel, welcher auf dem Gestelle der Maschiene vest aufliegt. Auf jedem Ende des Zapfens der Schraube steckt ein Getriebe von Eisen, welche beyde Getriebe durch ein Stirnrad in Bewegung gesetzt werden. Dieses Stirnrad wird vermittelst eines eisernen Zapfens, worauf das Rad steckt, in Bewegung gesetzt. Dieser Zapfen geht durch einen eisernen Deckel, welcher in den Getrieben und im Rade steht, und vermittelst eiserner starker Zapfen mit dem untern erst gedachten Deckel vereiniget ist. Wenn das Rad in Bewegung gesetzt werden soll, so geschieht

schiebt solches vermittelst eines eisernen Schlüssels, der auf dem gedachten Zapfen steckt, und alsdenn greifen die Zähne des Stirnrades in die Stöcke der Getriebe, und es werden dadurch die Schrauben auf die Mutter soviel als nöthig gedrehet, und die Walzen dadurch gestellet. Der Drath, welcher geplättet werden soll, muß zwischen den beyden Walzen durchgehen, und zwar wieder so geleget werden, daß er genau auf der etwas erhöheten Bahn der Stirn liege. Solches würde aber nicht gut angehen, sondern er würde vielmehr bey der Bewegung der Walzen von dieser Bahn abweichen, wenn er nicht durch eine hiezu wohl passende Einrichtung in gehöriger Lage erhalten würde. Es ist deswegen zwischen den beyden Walzen an die Säulen des Gestelles ein kleines schmales Stäbchen von Eisen angemacht, welches mit einer kleinen Schraube an das Gestelle vest angeschraubet wird. In der Mitte dieses eisernen Stäbchens, recht gegen die Bahn der Walzen, ist ein kleines Loch eingebohrt, welches nach Maaßgabe des Drathes, der geplättet werden soll, groß oder klein ist, deswegen auch, dieser veränderlichen Dicke wegen, immer andere Stäbchen angeschraubet werden können. Durch dieses Loch wird der zu plättende Drath nach der Bahn geleitet, da er alsdenn diese Richtung immer behalten muß. (s. Platten des Drahts zu Blättern, auch Jakobsons Schaupl. der Z. M. Band II. Tab. I. Fig. XIV.

Plättmühle, (Papiermacher) eine Maschiene, mit welcher man das fertige Papier zwischen zwey Walzen glättet, der untere Cylinder ist mit einem Kammrade versehen, welcher durch eines von den Rädern der Mühle herum getrieben wird. Der obere Cylinder kann mehr oder weniger erhoben werden, nach Maaßgabe des Papiers, das geglättet werden soll. (s. Glätten des Papiers)

Plättmühle, s. Plättmaschiene.

Plattnen, (Vogelsteller) die Vögel mit Leimspindeln auf dem Feld- oder Plattbaum fangen. Im Plattnen ist der größte Vortheil 1) daß die Hütte von grünem dicken Gesträuch unten gemacht sey, damit die Vögel den Weidmann nicht gewahr werden; 2) daß man die Leimspindeln nicht vest an den Baum stecke, damit die gefangenen Vögel nicht oben hängen bleiben, schreyen, und die andern erschrecken, sondern bald herab fallen; 3) daß man die gefangenen Vögel nicht aufhebe, so lange noch andere herum sitzende vorhanden sind; 4) unten auf 6 oder 8 Schritte weit um den Plattbaum herum ein kleines erdfarben gefärbtes Plattuch ziehe, damit die abgefallenen Vögel nicht davon laufen können; 5) daß in der Nähe um den Plattbaum herum kein anderer hoher Baum, darauf die Vögel sitzen können, gelitten werde, sonst fängt man kaum halb soviel; 6) man kann auch zwo heimliche Amseln, in Vogelbauern, neben den Plattbaum stellen, und wohl mit grünem Gesträuche verstecken, so fliegen die andern Vögel lieber herzu, und man fängt deren mehr; 7) in den nahen bey Weinbergen gelegenen Wäldern geht das Plattnen am besten von statten. So ist auch 8) bey frischer Zeit oder trübem und regnichtem Wetter allezeit ein besserer Fang, als wenn es warm und Mondenlicht ist.

Plättzweble, (Wäscherin) ein langes ungebleichtes Leinentuch, welches sich vielfach über einander schlagen läßt, und worauf auch die klare Wäsche zum Plätten ausgebreitet wird.

Plattreif, (Böttcher) ein breites eisernes plattes Faßband, welches man im Nothfalle um ein angeschlagenes Faß schraubet, wenn die ordentlichen Reifen zerspringen.

Plattschlagung, Blechschlagung, eine chemische Arbeit, wenn die Metalle auf einem Amboße ausgedehnet, breit und zu dünnen Blechen geschlagen werden. Daher kommt auch das Wort Laminiren, das ist, zu Blech schlagen.

Plattschlich, (Hüttenwerk) eine zusammengesinterte Unart der Gelproben, welche von dem beym Erz sich befindenden Kies herrühret.

Plattsetzen, Fr. dresser, (Hutmacher) eine von den Arbeiten des Ausputzens bey einem fertigen Hut. Der Hutmacher nimt zu diesem Ende einen Hut, der wohl getrocknet ist, und bindet die Schnüre ab, die bey dem Färben umgebunden worden. Dann legt er den Hutrand auf die Tafel, und reibet ihn mit einer Bürste, deren Haare von Schweinsborsten und nicht länger als einen Zoll sind, sowohl unten als oben recht stark. Dieses geschieht auch mit dem auswendigen Theil des Kopfes. (s. glänzen und gut biegeln)

Plattsorten, s. Decksorten.

Plattstampfer, (Hutmacher) ein Werkzeug, womit man nach dem Plattausstoßen des Kopfs alle noch zurück gebliebene zirkelförmige Rundungen herausstreicht. Er gleicht dem Krummstampfer, (s. diesen) außer daß er seiner Länge nach nicht gebogen, der untere Rand gerade, und nur die Schneide rund verbrochen ist.

Plattstiche, (Strumpfstricker) die Stiche, mit welchen die Verbierung der Zwickel an einem Strumpf daraus ausgestopft werden. Sie erhalten den Namen davon, weil selbige der Quere nach dem Strumpf ganz fein und platt liegen, und die Seide, mit welcher diese Stiche in der Broderie gemacht werden, unzerdrehete Floretseide ist, und aus unterschiedenen Fäden zusammen genommen bestehet. Diese Stiche unterscheiden sich von den Maschen des Strumpfs um ein merkliches, zumal, da an manchen Stellen, nach Beschaffenheit der Bildung, die Stiche lang übergestochen werden.

Plattstoßen, (Lohgerber) das Leder wird zu diesem Behuf auf eine große Tafel gelegt, die Plattstoßkugel an beyden Handgriffen angefaßt, und mit der Platte die Narben platt niedergestoßen.

Plattstoßkugel, (Lohgerber) eine eiserne Platte von vierkantiger willkührlicher Gestalt und Größe, die durchgängig nach ihrer Länge eingekerbt, und auf einem hervorragenden Holze bevestiget ist, welches zwey Handgriffe hat, mit welchen das Leder platt gestoßen (s. dieses) wird.

Plattstrecken, (Hutmacher) den Hut nach dem Walken von allem Wasser befreyen, und wohl aufziehen oder streichen.

Plattstück, (Tuchbereiter) die oberste Scheibe an einem Tuchrahmen.

Plattstück, Hauptholz, (Zimmermann) diejenige zu oberst über die Ständer hinliegende Schwelle, welche beyde verbindet, um die darüber gelegten Balken desto sicherer zu befestigen.

Plätteller, (Wäscherin) ein von Blech, Thon, oder auch Eisen absonderlich verfertigter Fuß von willkührlicher Gestalt, auf welchen man das heiße Plätteisen in währendem Plätten aus der Hand setzen kann.

Plättopf, ein eiserner Topf, der in einigen Gegenden gebräuchlich ist, die Bolzen zu den Plätteisen darinn glühend zu machen.

Plattwalken, (Walker) wenn das Tuch in dem Walkstock nicht gedrehet oder eingeschaukelt, (s. Einschaukeln) sondern nur schlechtweg umgekehret wird, (s. gleichrichten und walken) weil dadurch das Tuch in seinen gleichen Lagen bleibt, und auch überall gleich gewalket wird.

Plattziegel, (Ziegelbrenner) platte Ziegel mit einer Nase, womit die ganze Fläche eines Dachs gedecket wird, zum Unterschiede der Hohlziegel, Kehlziegel, Forstziegel u. s. w. sie gleichen einem Bretchen, und sind unten [illegible] zugerundet, und werden von ihrer Gestalt Biberschwänze oder Zungen genannt. Sie haben auf dem breiten Ende einen Haken, der die Nase heißt, mit welchem sie auf die Latten aufgehangen werden. Doch haben sie auch noch andere Gestalten, als die letzt beschriebene, nur daß sie dabey immer platt sind.

Plaudern der halbseidnen Zeuge. (Seidenwürker) Wenn bey dem Anstreichen der halbseidenen Zeuge, bey dem Appretiren derselben, die Kanten durch das starke Ausdehnen leiden, so muß die Spannung etwas nachgelassen werden, oder es muß wol auch der Appreteur, welcher an der einen Kante steht, dem Zeuge von der Rolle nachhelfen, damit er so locker wie möglich gehe, und nicht gänzlich reiße, welches sonst leicht geschieht. Denn wenn die Kante erst plaudert, so ist es leicht möglich, daß der ganze Zeug in einem Augenblicke reißet.

Plauze, s. Plempe.

Plauzen, (Bergwerk) sandiges Gestein mit kleinen Bleygraupen vermischt.

Platzbüchse, ein Röhrchen von einem ausgehöhlten Holunderstocke, welches an einem Ende verstopft, und von dem andern Ende ein Pfropf mit einem Stiefel dagegen getrieben wird, daß der erste endlich weichen muß, und die dazwischen eingeklemmte Luft mit einem Knalle ausbricht.

Plätze. 1) der Ort, wo man einen Vogelheerd anleimet, oder auch, wo man Wolfs- und Fuchseisen hinleget. 2) auch der Ort, wo der Hirsch in der Brunst steht. (s. Brunst und Wechsel Plan)

Plätzfaß, (Kupferschmid) der mit Wasser angefüllte ausgehöhlte Baum in seiner Werkstätte bey der Esse, worinn nach dem Schmieden kleine Stücken abgekühlet werden. Das Abkühlen selbst wird Abplätzen genennt.

Platzgold, Fr. or fulminant, ein brauner Goldstaub, so aus einer mit Königswasser gemachten Auflösung des Goldes mit einem Kali niedergeschlagen worden, und wenn es erwärmet ist, stärker schlägt, als Schießpulver.

Platzpulver, s. Knallpulver.

Platzwechsel, s. Traßirter Wechsel.

Plechtanker, s. Pflichtanker.

Pleiche, s. Plante.

Plempe, Plauze, (Schiffsbau) ein kleiner Fischerboot auf der Nordsee.

Plenterkolen, (Kolenbrenner) Kolen, die von allerhand abgefallenem Holze erhalten werden.

Plets, eine Art von Zeug, der vornehmlich in Schottland gemacht wird; wovon es aber auch einige Fabriken in Holland, und sonderlich zu Leyden, giebt. Die Stücke davon sind gemeiniglich 24 Ellen lang.

Plinn, ein weißer, dichter, feuerschlagender Eisen- oder Stahlstein, der in Steyermark häufig bricht. Er ist der Grund des Stahls. Eine Art ist dem kleinkörnigen Kalkstein ähnlich, eine andre Art ist wieder spathartig. Das davon geschmelzte Eisen ist weder kaltbrüchig, noch rothbrüchig.

Plinth, (Baukunst) das große platte Glied bey den Bauordnungen, unten in dem Schaftgesimse. (s. Platte, auch Tafel)

Plinzeneisen, Plinzenblech, eine eiserne platte Pfanne mit einem langen Stiel, worinn die Plinzen gebacken werden.

Plinzenziegel, ein irdener Tiegel ohne Beine, der ganz flach ist, und worinn man öfters Plinzen backt.

Plockpfeife, (Orgelbauer) ein stumpfes zweyfüßiges Orgelregister. (s. Blockpfeife)

Plomo ranko, (Bergwerk) So nennen die Spanier eine gewisse Gattung von Silbererz, so aus den Bergwerken in Peru und Chily gezogen wird. Es ist das reichste unter allen Silbererzen dieser Bergwerke, aber schwarz und mit Bley vermengt, daher es auch seinen Namen bekommen hat. Jedoch diese Vermischung von Bley dienet dazu, daß es nicht allein leicht zu arbeiten ist, sondern auch die Arbeit ohne große Kosten geschehen kann, indem das Ausschmelzen desselben ohne Quecksilber geschehen kann. Denn wenn das Bley im Feuer getrieben wird, so verrauchet es leichtlich, und das Silber bleibt rein und sauber zurück. Die Indianer, welche vor der Spanier Ankunft vom Quecksilber und dessen Gebrauch in den Bergwerksarbeiten nichts wußten, schmelzten daher nur dieses Metall.

Ploton, Fr. Peloton, (Kriegs[illegible]) ein kleiner Haufen Fußvolk von 40, 50 auch mehr Mannschaft, in welche ein Bataillon eingetheilet wird. Jetzt hat ein Preußisches Bataillon 10 Plotons, ehedem aber nur 8.

Plotonweise feuern, wenn mit den Plotons im Bataillen auf der Stelle d. i. stillstehend, oder im Fortrücken chargiret oder gefeuert wird.

Plätter, (Seidenwürker) ein kleines Eisen, welches dem Nepperken in der Wollrammaschine gleichet, womit die Kettenfäden einer Seitenkette von den Knoten und andern Ungleichheiten gereiniget und geweichet werden.

Plötze, (Bergwerk) ein Handzeug der Bergleute in Gestalt eines starken eisernen abgekürzten Keils, so 6 Querfinger hoch und breit, oben 2 Querfinger, unten aber ½ Finger dick ist, und zum Sprengen der Steine gebraucht wird.

Pluderon, ein neuer Zeug zu Mannskleidern. (s. Zeug)

Pluderhosen, weite bis auf die Fersen hängende Hosen.

Pluie, eine Art Droguet, welcher seinen Namen von den kleinen glänzenden Flimmern hat, womit die Oberfläche desselben gleichsam besäet ist, daß es nicht anders aussieht, als wenn ein leichter Staubregen darauf gefallen wäre. Er bekommt solche von dem Golde oder Silber, welches zum Theil mit unter seinen Eintrag genommen wird, der sonst wie der Aufzug von Haaren oder Seide ist. Man braucht diesen Zeug zur Sommerkleidung für Manns- und Frauenspersonen.

Plümetten, s. Rajante.

Plump, Fr. lourd, (Maler) was nicht mit einer freyen Leichtigkeit und mit Zierlichkeit gemalt oder gezeichnet ist, dessen Umrisse nicht fließend sind, dessen Gestalt von keinem guten Geschmack ist.

Plumpe und alle davon abstammende Wörter s. unter Pumpe und folgende.

Plünderstock, (Bienenzucht) ein Bienenstock, der von Raubbienen beraubet wird.

Plüsch, Plüschsammt, ein sammetartiger Zeug, der auch eben so, wie der Sammt, (s. diesen) verfertiget wird, und wovon es unterschiedene Arten giebt. Die erste und älteste ist nur auf einer Seite rauch, oder hat einen geschnittenen Flor, und ihre doppelte Kette verursachet den Grund und Boden und das Haar, oder die rauhe Oberfläche. Die erste Kette ist zweydrähtig zusammengedrehet, und besteht aus wollenem Garn, die andere aber, welche den rauhen Flor macht, aus gesponnenen Kameel- oder Ziegenhaaren. Der Einschlag dazu ist einfaches wollenes Garn. Von der zweyten Art ist die Kette, woraus der Grund besteht, von hänfenem Garn, und die andere, wovon das Haar kömmt, ebenfalls aus Ziegenhaaren, oder auch Kameelhaaren. Sie ist aber viel schlechter als die erste Art. Die dritte Art wird ganz aus Seide verfertiget, und hat auf der rechten Seite einen langen Flor oder langes Haar. Sein langer Flor entsteht durch starke eingesteckte Ruthen, (s. diese) worüber die Florfaden aufgeschnitten werden. (s. Sammt) Die vierte Art ist auch ganz von Seide, hat aber auf beyden Seiten Haare, jedoch so, daß das auf der rechten kurz, das auf der linken aber lang und von einer andern Farbe ist. Diese Art ist außerordentlich, wird sehr selten gebrauchet, und mit den nämlichen Handgriffen wie der doppelte Sammt (s. diesen) verfertiget. Von den andern hat man glatte und geblümte Plüsche, die nach der Art, wie der geblümte Sammt, oder auch wie der Raffa, (s. beyde) mit allerhand Mustern und Farben verfertiget werden. Die Güte besteht darinn, daß sie dicht geschlagen sind, daß man den Boden nicht sehe, und daß sie ein kurzes Haar haben. Sie sind wahrscheinlich in England oder Holland erfunden, wo man zu Harlem sehr zeitig ein solches Gewebe gemacht hat. In Frankreich sind sie erst zu Ende des vorigen Jahrhunderts, und in Deutschland mit dem Anfange des jetzigen, nachgemacht worden. Itzunmehr verfertiget man sie aber aller Orten, wo man Sammtfabriken hat, als zu Leipzig, Hamburg, Wien, Berlin, wo besonders viel gemacht wird, u. s. w. Unter allen Plüschen aber behalten die gewässerten und englischen den Vorzug. Die Plüsche von Amiens, Abbeville und Compiegne sind ordentlich von der ersten, und die von Lyon und Rüssel von der zweyten Art.

Plüschdruckmaschiene, (Zeugmanufaktur) eine Maschiene mit zwey metallenen Walzen, womit der Plüsch blümicht gedruckt wird. Beyde Walzen ruhen in einem Gestelle auf einander, so daß nur der Plüsch durchgezogen werden kann. Sie werden durch ein Räderwerk in Bewegung gesetzt, daß sie gemeinschaftlich umlaufen. Auf dem ganzen Umfange der obersten Walze wird ein ganz geblümtes Muster vertieft graviret, die andere Walze ist aber glatt. Die obere Walze ist hohl, und wird mit einem glühenden Bolzen, wenn gedruckt werden soll, heiß gemachet. (s. Plüsch, gedruckter)

Plüsch, gedruckter, eine Plüschart, welche, anstatt daß man ihn sonst geblümt webte, nicht mit Blumen auf folgende Art bedruckt wird: Man nimt hiezu sowohl feinen, als auch groben Plüsch, aber jederzeit die schlechtesten Stücke, weil das Drucken die Fehler bedeckt. Gemeiniglich ist die Kette zu dieser Art von leinenem Zwirn. Man druckt solchen auf einer Maschiene, die man die Plüschdruckmaschiene (s. diese) nennt. Der Plüsch wird durch die Walzen dieser Maschiene, wovon die eine hohl ist, und geheizt wird, und auf deren Oberfläche eingegrabene Bilder gestochen sind, durchgezogen, und folglich die gravirten Bilder dieser Walze auf dem Plüsch abgedruckt. Man bestreicht nämlich die ungravirte glatte Stellen dieser Walze mit Gummiwasser und andern klebrigen Materien, steckt den Plüsch zwischen die Walzen, so daß der Flor oder die haarige Seite gegen die geschnittene Walze gekehret ist, und setzt die beyden Walzen in Bewegung. Die vorgedachten glatten Stellen pressen den Flor nieder, und die klebrigte Materie nebst der Hitze des Bolzens leimen diesen niedergedruckten Flor auf dem Grunde an. An solchen Stellen aber, wo die Walze vertieft gravirt ist, bleibt der Flor auf dem Plüsch erhoben stehen. Bey dem Drucken wird der Plüsch selbst auch mit etwas Gummiwasser benetzt, wodurch er noch mehr Glanz erhält.

Plüsen, It. Pluser. (Tuchmanufaktur) Wenn die Wolle, ehe sie gewaschen und gestrichen wird, von Weibern und Kindern mit den Fingern aus einander gepflückt, und alle kleine Unreinigkeiten, als Stroh, Kletten ꝛc. ausgelesen werden. Inzwischen müssen bey dieser Arbeit die sich in der Wolle noch befindlichen sogenannten Flocken oder Theile der Wolle, die noch zusammengefilzet und noch nicht aufge-

aufgelockert sind, mit den Fingern nach der Breite aus einander gezogen, und hiedurch locker gemacht werden. Ferner giebt es auch Theile der Wolle, die zu filzig sind, und daher in der Wäsche nicht weiß werden. Da nun eine solche Wolle den ausgefärbten gewebten Tüchern verschiedene Streifen und Flecke verursachet, die nicht gut die Farbe annehmen, insbesondere eine hohe Farbe, als Purpur rc. so müssen aus der ungefärbten Wolle bey dem Plüsen alle dergleichen schmutzige Theile ausgelesen werden. Endlich müssen auch die Schieliswaare, (s. diese) die gleichfalls keine Farbe annehmen, ausgelesen und mit der Scheere abgeschnitten werden.

Pocheisen, sind gegossene, und unten an dem Pochstempel vest gemachte Eisen, die wohl anderthalb Zentner wiegen, womit die Erze klein gepochet werden.

Pochen, (Hüttenwerk) das Erz auf dem Pochwerke zermalmen, und zu kleinem Schlich zerstampfen, damit es von seinen häufig bey sich führenden irdischen Theilen durch das Waschen und Schlemmen geschieden werden kann. Denn wenn das Erz in den Gruben auch noch so gut von dem Unartigen geschieden worden, so ist dennoch theils mit Berg, theils mit Spat, Hornstein und andern Unarten vermischet, und zum Theil auch lechig, deswegen denn um die völlige Scheidung zu erhalten, solches gepocht und die Unarten durchs Wasser davon geschwemmet werden. Die Erze werden in Hohlwägen (s. diesen und Hohle) nach dem Pochwerk gefahren, und von dem Pochsteiger nach der Treibenzahl (s. diesen) in Empfang genommen. Das Erz wird in den Pochtrog vor den Erzstempel, als den vordersten Stempel, der unter den drey Stempeln, die in einem jeden Pochtroge stampfen, geschüttet, und aus dem Radgefluder (s. dieses) oder dem Gefluder, welches das Wasserrad treibet, geht das Wasser durch ein Gerinne nach dem Pochhause, durch die Pochröhren in die Pochkasten und durch diese in den Pochtrog auf das Erz. Nachdem das Pochwerk vermittelst des Wasserrades in Bewegung gesetzt wird, so werden die Pochstempel von den Hebarmen der Welle in die Höhe gehoben, und solchergestalt das Erz klein gestampft, und das klein gestampfte Erz fließt mit dem Wasser in die Schoßgerinne, (s. dieses) und aus diesem in die Herdstube, (s. diese und Herd) woselbst das Erz gewaschen wird. In alten Zeiten pochte man das Erz anders. Man hatte nämlich einen hohen Stock oder Kloß, der in der Mitte ausgehöhlet war, daß man die Erze hinunter schütten konnte, worauf ein starker Hammer von einer Welle eines Wasserrades gehoben, und das Erz also zermalmet wurde. Vorne in dem Kloß war eine kleine Oeffnung, daß das klein gepochte Erz, wie das Mehl in einer Mühle, herauslaufen konnte. Hernach wurden die Schliege mit einem Sichertrog, den man den Sachs nannte, rein gemacht. Da dieses aber eine trockne Arbeit war, so gab solches gewaltig viel Staub, daß die Arbeiter fast nicht dabey dauern konnten; auch haben sich die Erze nicht so gut arbeiten lassen.

Pocher, Bergleute, die das Erz unter den Stempel in den Pochtrog schütten, während dem Pochen auf die Stempel acht haben, und die Schoßgerinne ausschlagen müssen.

Pocherze, (Hüttenwerk) arme Erze, die an und für sich wegen ihres irdischen und steinigten Zusatzes nicht mit Nutzen zu schmelzen sind, sondern durchs Pochen und Waschen erst in die Enge gebracht, und an ihrem metallischen Gehalte erhöhet werden müssen.

Pochgraben, Puchgraben, derjenige Graben, worinn das Wasser eingefasset wird, um das Pochwerk damit zu treiben. Er muß nach der Lage des Orts sein besonderes Gefälle haben, und desselben, wegen seiner Freyheit und Gerechtigkeit, gleich Anfangs bey Muthung eines Werks gedacht werden, damit derselbe auch mit auf ein solches Werk erblich verliehen werde.

Pochhäuser, Puchhäuser, große Gebäude, worinn verschiedene Reihen Pochstempel angebracht und getrieben werden. Man muß sie an einem ziemlich großen Wasser anlegen. Es werden auch darinn die Wohnungen der Pochsteiger und Poch[illegible] nebst verschiedenen Vorrathskammern angeleget.

Pochherd, der geebnete und eingefaßte Platz, auf welchem das gepochte Erz gewaschen wird. (s. auch Planherd)

Pochkeye, im gemeinen Leben ein hölzerner Schlägel.

Pochjungen, Bergknaben, die beym Pochen und Waschen, und insonderheit bey dem Waschplanen, den Aftern weglaufen (wegtragen.)

Pochkammer, (Porzellanfabrik) ein Gebäude, worinn der Kiesel gepocht wird. Das Pochwerk wird durch ein Wasserrad in Bewegung gesetzt, wovon die Welle in die Pochkammer geht, und darinn die Stampfen hebet. Da dieses Mühlenwerk zugleich auch den zerpochten Kiesel mahlet, so hat die Welle außerhalb der Pochkammer ein Stirnrad, welches in ein horizontalliegendes Kammrad eingreift. An diesem Kammrade ist unmittelbar ein horizontales Stirnrad dergestalt bevestiget, daß der Kranz des letztern auf dem erstern ruhet, und beyde Räder also eine gemeinschaftliche Welle haben. Das Stirnrad setzet verschiedene Getriebe in Bewegung, deren Spillen jede einen Läufer über einem Bodenstein umtreibet. Diese Mühlen sind, wie gewöhnlich, mit einem Mantel umgeben.

Pochkasten, (Hüttenwerk) die ablange Vierung von Brettern in dem Pochwerke, worein das Erz geschüttet, und daselbst durchgepocht wird.

Pochkern, Puchkern, sind diejenigen kleinen Steinchen, so beym Pochen nicht mit durch den Durchwurf gehen, sondern vor demselben liegen bleiben.

Pochkiel, der ablange gevierte Kiel oben an dem Pocheisen, vermittelst dessen es in dem aufgeschlitzten Pochstempel bevestiget wird.

Pochkloz, (Hüttenwerk) in einem Pochwerk ein Kloz, der aus zweyen zwey Fuß breiten und hohen Klötzen bestehet, welche bey einander auf der hohen Seite, wie sie am Stamme gesessen, dem Fußboden im Pochwerk gleich liegen, und zusammen den eigentlichen Pochkloz formiren. An dem zur rechten gegen die zwote Pochsäule zu liegt

liegt der Spannklotz, (s. diesen) darauf das Vorsetzblech (s. dieses) gelegt wird, und auf dem ganzen Pochklotz liegt die Unterlage, (s. diese) worauf das zu pochende Erz geschüttet wird.

Pochlaschen, Puchlaschen, kurze Bretter, so auf die Seiten der Pochtröge gelegt werden, damit das Erz während dem Pochen nicht aus dem Troge springen möge.

Pochleitungen, Hölzer, die in die Quere an die Pochsäulen angemacht sind, und die Pochstempel in ihrem ordentlichen Gange erhalten.

Pochmehl, das kleingepochte Erz, so im Durchsieben am leichtesten durchgeht, und dann auf den Waschplan geschafft wird, wenn es nach seiner Beschaffenheit gehörig gewaschen und zu einem Schlich gebracht werden soll.

Pochmühle, s. Pochwerk.

Pochrad, (Hüttenwerk) das Wasserrad, welches die Stempel im Pochwerke (s. dieses) in Bewegung setzet. Es ist solches, nachdem der [illegible]fall vorhanden, 13 bis 16 Fuß hoch, und in dem S[illegible] 2 Fuß breit, und wie ein gemeines Wasserrad, da die Arme durch die Welle gehen, beschaffen. Die Welle ist 24 Fuß lang, und wenn sie dreyhubig, das ist, wenn sie in einem Umgange einen jeden Pochstempel dreymal heben und fallen läßt, 2 Fuß, auch wol etwas darüber im Durchmesser. Ist sie aber 8 bis 9 Zoll im Durchmesser stärker, so kann sie im einmaligen Umgange die Stempel viermal heben. Die Peripherie einer dreyhubigen Welle wird an den Orten, wo die Hebärme hin müssen, in neun Theile, und so eingetheilet, daß drey Hebärme in einem Zirkel gleich weit von einander stehen. Die Löcher vor die Hebärme sind nach der Länge der Welle von 8 Zoll, und 3 Zoll breit. Da vor einem jeden Rade und seiner Welle 6 Pochstempel vorhanden, so müssen auch zu jeden drey Stempeln, die in einem Pochtroge zusammen stampfen, 9 Hebärme in drey Reihen und in solcher Ordnung in der Welle angebracht seyn, daß wenn der vorderste zuerst aufgehobene Stempel wieder nieder fällt, der zweyte in die Höhe gehe, und so fort. Vor, zwischen und hinter den drey Reihen der Hebärme sind eiserne Ziehbänme (s. diese) umgeleget, damit die Welle bey der starken Erschütterung nicht spalte.

Pochriegel, Puchriegel, diejenigen hölzernen Keile, so zwischen den Pochstempeln in der Leitung stecken, und verhindern, daß die Stempel nicht an einander hacken, sondern ordentlich vorgehen können.

Pochringe, Puchringe, sind diejenigen eisernen Ringe, womit die Pocheisen an den Pochstempeln vest gemacht werden.

Pochrinne, das aus Holz ausgehauene Gerinne, welches öfters über hohle Wege, Flüsse und hangende Thäler, wo man mit dem Wassergraben nicht gut fortkommen kann, geleget wird. Es muß sich nach vorne zu immer tiefer neigen, damit es genug Gefälle habe, durch seine Stärke das Pochwerk zu bewegen.

Pochsäulen, die hölzernen Säulen, zwischen welchen sich in dem Pochwerk die Pochstempel bewegen.

Pochschale, Puchschale, (Hüttenwerk) in einem Pochwerke eine eiserne schwere gegossene Platte, mit einer Grube in der Mitten, welche auf der Unterlage im Pochtroge liegt, und worauf das Erz gepocht wird.

Pochschiesser, s. Pochstempel.

Pochschlage, Puchschlage, ein großer eiserner Hammer, womit die übers Sieb gewaschene Erze vollends klar oder klein gepocht werden.

Pochsohlen, im Pochtroge die untere Eisen, worauf das Erz klein gepocht wird; aber sie müssen sehr stark von gegossenem Eisen seyn. An vielen Orten werden die Erze nur auf Steinen klein gepocht; es läßt sich dieses auch gar wohl thun, wenn nur der Pochtrog vorher so vest geschlossen werden, daß es sich als auf einem vesten Steine gut darauf pochen läßt.

Pochsteiger, ein Bergmann, der im Pochen und Waschen der Erze wohl erfahren, und das Pochmehl und den Schlich so zuzurichten weiß, wie es die Umstände beym Schmelzen erfordern. Er hat auch zugleich die Aufsicht auf die Arbeiter beym Pochen und Waschen der Erze.

Pochstempel, Puchstempel, sind die hölzernen Schlägel oder Stampfen, an denen unten die Pocheisen angemacht sind, deren sich drey in einem Pochtroge befinden. Sie sind ohngefähr 8 bis 9 Ellen lang, acht Zoll dick oder stark, und müssen von gutem, trockenem, hartem Holze und gerade seyn.

Pochtrog, ist in dem Pochwerke derjenige Trog, darinn die Pochsohle (s. diese) veil gemacht, oder eine von Pochmehl der Erze so vest geschlagen wird, daß während dem Pochen das Erzmehl nicht heraus fallen kann, das Pochen geschehe nun über dem Spund, oder über das Gitter.

Pochwände, die von Eichen, Buchen, oder anderm Holze geschnittenen Wände, so das Vorder- und Hintertheil des Pochkastens formiren. Es müssen deren an jedem Kasten drey auf einer Seite seyn.

Pochwelle, ist diejenige Welle in einem Pochwerke, an der die Heblinge, die die Stampfen heben, eingezapft sind, und daran das Wasserrad, welches das Pochwerk treibet, bevestiget ist.

Pochwerke, diejenigen Maschinen, worinn die gewonnenen Erze zu klarem Mehl gepocht, und zum Rösten und Schmelzen vorbereitet werden. Sie haben 6 bis 9 Stempel, (s. Pochstempel) die durch eine Welle, an welcher ein Wasserrad bevestiget ist, und durch die daran bevestigten Heblinge bewegt, oder in die Höhe gehoben, und durch deren Niederfallen die Erze nach und nach klein gepocht werden. Diese Werke stehen zuweilen ganz offen und frey, und sind oberher mit einem kleinen Dache versehen, oder man setzt sie auch in ein dazu erbauetes Pochhaus.

Pöckelein, (Bildhauer, Maler) Fr. Graines, nach der heutigen Sprache Buckel; die kleinen Knöpfe von ungleicher Größe, welche die Bildhauer da, wo nichts glatt scheinen soll, insonderheit aber an die Aeste, welche ausschlagen wollen, als eine Zierrath machen.

Pöckeleisen, s. Böckeleisen.

Pöckel-

Pöckelhering, Hering, der eingesalzen, und in Tonnen weit und breit versendet wird. (s. Hering)

Pockenholz, s. Franzosenholz.

Pockenstein, Variolit, (Bergwerk) ein dunkelgrüner sehr harter Stein, welcher auf einer Seite etwas erhobene grüne Flecken hat, wie die Kinderblattern. Er kömt aus Indien. Man schreibt ihm die Kraft zu, daß, wenn man ihn in laulicht Wasser legt, und damit denen an den Blattern krank liegenden Kindern das Gesicht wäscht, selbige keine Narben bekämen. Man hält ihn bloß für ein Spiel der Natur, auch für eine Art Porphires, woran man angeflogene Silber- und Eisentheile zu Zeiten entdecket. Man findet dergleichen Steine auch in der Rhone und dem Durance bey Avignon. Ingleichen finden sich verschiedene Arten fleckigter Steine in Sachsen, welche mit einer Art von weichen Granaten angefüllet sind, worunter eine Sorte des Zöblitzer Serpentinsteins zu rechnen ist.

Pork, s. Pud.

Pogelang, s. Durchschnitt.

Poggendeich, (Wasserbau) ein kleiner Sommerdeich oder Verwallung um ein Außenfeld.

Pohl, s. Poil.

Pohlarme, s. Poilarme.

Pohlfäden, s. Poilfäden.

Pohlerin, s. Poilerin.

Poil, Pohl, (Sammetmacher) das rauhe Haar des Sammets, welches auch der Flor genannt wird.

Poilarme, Pohlarme, (Seidenwürker) an einem Sammetstuhle zwey hölzerne Arme über dem Hinterbaum, welche den Poilbaum tragen.

Poile, Pohle, Poilkette. (Seidenmanufaktur) So wird die Kette genannt, die bey dem Sammet das Rauhe desselben hervorbringt, auch bey einigen geblümten Zeugarten, wo mehr als zwey Ketten vorhanden sind, und die Figuren hervorbringen. Sie liegt auf einer besondern Rolle über der Rolle der Grundkette. Diese Rolle mit der Poile läuft zwischen den beyden Hinterständern des Stuhls ganz frey in ihren Zapfenlöchern. Doch wird um dieselbe an einer Seite ein Riemen gewunden, woran ein Gewicht hängt. Beym Weben wickeln sich die Poilfäden von sich selbst ab, und das Gewicht muß solche ausspannen, damit sie nicht zu schlaff liegen.

Poilfäden, (Seidenwürker) die Kettenfäden einer Poil. (s. diese)

Poilkamm, Pohlkamm, (Seidenmanufaktur) die Schäfte oder Kämme, in welche die Kettenfäden einer Poil, (s. diese) die den Flor des Sammets, oder auch die Figur in den geblümten Zeugen hervor bringt, eingezogen oder eingereihet werden. Sie sind wie die andern Schäfte (s. diese) verfertiget.

Poilkette, s. Poile.

Poilerin, (Seidenmanufaktur) der Arbeiter eines Sammet- oder zu geblümten Zeugen eingerichteten Zugstuhls, der die Poilschäfte oder Kämme, worin die Poilfäden eingereihet werden, in Bewegung setzt, und solche auf und nieder ziehet.

Poinçon, Fr. ein in Frankreich gewöhnliches Weinmaaß. Es ist die Hälfte von einer orleanischen Tonne. In Touraine nennt man das Weinmaaß also. Zu Paris ist es mit der Demiqueue einerley. Zuweilen giebt man diesen Namen einer jeden Art viereckigen Futterale.

Poisson, Posson, Roquille, das kleinste französische Maaß zu fließenden Dingen. Es hält nur die Hälfte von ½ Septier, oder ¼ Chopine, oder ⅛ Pint nach dem pariser Maaß. Die Größe dieses Maaßes ist 6 Kubikzolle.

Pol, (Seidenmanufaktur) die Rolle, worauf die Poilfäden der sammetartigen Zeuge aufgewickelt werden. (s. Poil)

Polacke, Holl. Polaak, Polaka, Fr. Polaque, (Schiffahrt) eine Art von Schiffen, welche sonderlich in dem mittelländischen Meere gebraucht wird. Es wird mit Segel und Ruder fortgetrieben, hat ein Verdeck, und führet allzeit einige Steinstücke, insgemein 5 bis 6. Am großen Maste führet es ein Mars- und ein großes viereckiges Segel; am Focke- und Besanmast aber untenbreite und oben zugespitzte, folglich dreyeckigte oder lateinische Segel; und am Boegspriet eben wie am dem großen Maste, ein großes viereckigtes Segel.

Polamit, s. Polemit.

Polaruhr, diejenige Hauptuhr, so auf einer Fläche beschrieben steht, die durch die Weltpole und durch Osten und Westen geht. Man nennet sie die obere, wenn sie gegen das Zenith steht, die untere hingegen, wenn sie gegen das Nadir gerichtet ist; die obere zeiget bloß die Stunden von 6 Uhr früh bis 6 Uhr Abends; hingegen die Stunden vor 6 Uhr früh und nach 6 Uhr Abends sind bloß an der untern zu sehen. Daher kann diese untere zu gar weniger Zeit des Jahres und des Tages genutzt werden. Wenn solche Uhren demnach auf einer Fläche beschrieben werden, die gegen Norden genau dergestalt deklinieret, daß sie mit der Horizontalfläche einen Winkel machet, welcher der Polhöhe des Orts gleich ist, so geben sie eine wahre Polaruhr ab, so fern aber die Fläche mit der Horizontalfläche einen Winkel macht, der der Polhöhe nicht gleich ist, so nennet man sie eine inklinirte Uhr, und welcher zugleich die Fläche von Mittag oder Mitternacht ab, so nennet man selbige eine deinklinirte Uhr.

Polcher, Pölcher, eine polnische Münze, die soviel als ein halber polnischer Groschen beträgt, indem 60 auf einen polnischen Gulden, und 180 auf einen Reichsthaler gehen. Zwey Preußische Polcher machen einen Poldrack, und 120 einen Reichsthaler.

Polding, s. Folding.

Folorak, s. Polerak.

Pole, freundschaftliche des Magnets, der Nord- und Südpol an zwey Magnetnadeln, die gegen einander inkliniren und sich anziehen.

Pole, feindliche des Magnets, diejenigen Magnetnadeln, welche von gleichem Namen sind, oder die beyden Nord- oder Südpole an zweyen Magnetnadeln, die sich von einander stoßen.

Polemit, Palamit, Calimit, Polomit, ein sehr leichter wollener Zeug, welcher sonderlich in Ryssel gemacht worden, jetzt aber auch an andern Orten mehr. Eigentlich ist er nichts anders, als ein leichter Kamelott, welcher ohngefähr 6 bis ¾ Ellen breit ist. Er ist von unterschiedener Art. Einige sind ganz von Wolle, andere sind von Wolle mit Leinen vermischt, bey andern ist die Kette von Wolle, und der Einschlag von Kameel- oder Ziegenhaaren. Endlich giebt es welchen, der ganz von Kameel- oder Ziegenhaaren ist. Diese letztern sollen eigentlich nur Polemit heißen, und die andern sind bloß Consente, (s. dieß) Kamelotte, Nonpareilles u. dgl. Man macht solche besonders in Gera ganz von Wolle, welche gestreift gekugelt, und daher faßonirt heißt, auch einfarbig, zu vierzig bis 50 Ellen lang, und drey Viertel Leipziger Ellen breit sind.

Polemoskopium, s. Kriegsfernglas.

Poliment, Fr. Assiette, (Vergolder) eine Zusammensetzung, worauf man die Vergoldung aufträgt. Diese Masse besteht aus rothem Bolus, etwas Röthel, sehr wenig Wasserbley, und ein wenig Baumöl, nachdem die Masse stark ist. Man rechnet auf ein Pfund Masse einen halben Löffel voll. Jedes muß in klarem Wasser abgerieben werden. Wenn alles trocken ist, so wird es unter einander gemischt, und von neuem mit Baumöl abgerieben. Beym Auftragen mischet man die Mischung mit Leim ein. (s. Vergolden) Auf der rechten Verfertigung dieses Poliments beruhet ein großer Theil der Schönheit der Vergoldung.

Polimit, s. Polemit.

Polin, Fr. (Strumpfwirkerstuhl) die zwey Ringe, die sich neben der Spule, worauf der Faden zum Wirken gewickelt ist, am Gestelle des Stuhls befinden, und wodurch man den Faden zieht, damit derselbe durch solche und das Fadeneisen (s. dieses) gerade nach der Nadelbaar geleitet wird.

Polinit, (Zeugmanufaktur) ein dem Etamin ähnlicher Zeug, der auf dieselbe Art verfertiget wird, und eine gute Walke erhält und kalandert (s. dieses) wird. Man macht ihn auch von Ganz oder Halbseiden.

Poliopstrum, ein dioptrisches Instrument, wodurch man eine Sache gar vielmal sehen kann, jedoch kleiner als sie wirklich ist. Es besteht, wie ein Fernglas, aus einem Objektiv und Augenglase. Das Objektivglas ist von beyden Seiten glatt geschliffen, aber auf der innern Seite hat es viele kleine Grüblein in der Größe einer Linse. Je kleiner diese Grübchen sind, desto kleiner sieht auch die Sache aus, die man dadurch ansieht, und stellet sich so vielmal vor, als Grübchen in dem Glase sind. Das Augenglas ist entweder erhaben, oder es ist doch einem erhabenen sehr gleich.

Polirbank, (Gold- und Silberfabrik) eine gewöhnliche Bank, außer daß auf ihr zwey Hölzer stehen, auf welche bey dem Poliren der vergoldeten Stange, als wozu diese Bank gebraucht wird, bequem eine Schmiedezange gelegt werden kann.

Poliren, s. Gerben.

Poliren, (Metallarbeiter) wenn eine gegossene Sache, nachdem sie verschnitten ist, eine völlige Glätte und Glanz erhält. Dieses geschieht vermittelst Formsand und Baumöl, und hernach mit englischer Erde, womit man vermittelst eines Filzes die Sache abreibet, und nachher vollkommen mit dem Gerbestahl polirt, indem man die Flächen, wo man mit dem Gerbestahl zukommen kann, nachdem solche ein wenig mit venetianischer Seife bestrichen sind, reibet. (s. auch Gerbestahl)

Poliren, Fr. Poli, (Bildhauer) eine Sache glatt und glänzend machen. Die Bildhauer poliren ihre marmorne Arbeit, wenn sie die letzte Hand anlegen, mit Schmergelasche.

Poliren. (Gewehrfabrik, Schleifer) Hier werden die Klingen, Ladestöcke, und dergleichen auf den hölzernen mit Leder überzogenen Polirscheiben polirt. Die durch das Wasserrad in Bewegung gesetzten Polirscheiben werden, wenn es nur grobe Klingen sind, mit Schmirgel und Baumöl, beydes vermischt, auf das Leder der Scheibe geschmieret. Soll aber die Klinge noch eine vorzügliche Glätte erhalten, so wird sie noch auf einer besondern Scheibe, nachdem sie geschmirgelt ist, gebracht, die mit zerstoßenem Blutstein, und in manchen Fabriken auch wol mit Kohlenstaub bestreuet werden. Man meynt, daß das mineralische Wasser, womit die Klingen zu Solingen gehärtet werden, sehr viel beytragen soll, daß die Klingen dieser Fabrik eine vorzügliche Politur annehmen. Die Hohlkehlen der Klingen werden so auf den Reifen der Polirscheiben polirt, als wie solche auf dergleichen Schleifsteinen geschliffen werden, daß man nämlich die Hohlkehle der Klinge auf eine für sie passende Reife der Scheibe setzt. Die Ladestöcke werden in den ausgehöhlten Vertiefungen der Scheiben polirt, indem man sie wie beym Schleifen in selbigen nach der Länge ziehet, und auch zugleich im Kreise herum drehet.

Poliren, (Zeichner, Maler, Sticker) ist eben das, was andere durchbausen, durchstauben nennen. (s. Pausche)

Poliren der Kämme, (Kammmacher) die fertigen Kämme werden polirt, 1) wenn sie fein sind, mit Schachtelhalm, oder mit feinem pulverisirten Bimsstein mit Wasser abgerieben, alsdenn in eine Kluppe gespannt, und mit zerstoßenem und mit Wasser angefeuchteten Trippel, oder mit Kreide, vermittelst eines Tuchs gerieben; 2) grobe Kämme werden bloß mit geschabter und mit Wasser angefeuchteter Kreide oder gelöschtem Kalk bestrichen, und auf einem Filzholz (s. dieses) gerieben, dann mit Baumöl bestrichen, und mit Hornspänen abgerieben. Endlich werden mit einer Bürste die Zähne rein ausgebürstet.

Poliren der Messing- und Eisenbleche im Feinen. (Klempner) Man reibt zu diesem Behuf die Bleche mit zerstoßener Kreide ab, alsdenn bringt man sie auf den Polirstock, worauf man jederzeit zwey Bleche zugleich polirt. Bey den Messingblechen berühren sich die beyden polirten Seiten, und der Polirhammer wird erst auf die eine, und nachher auf die andere der unpolirten Seiten geschlagen,

wodurch

wodurch sich die beyden Kanten und von dem Messingschaber abgeschabten Seiten poliren. Die runde Bahn dieses Hammers macht aber noch nicht die Bleche ganz eben und blank, sondern dieses verrichtet erst die glatte Bahn des Gleichziehhammers, mit welchem die Bleche wie mit dem Polirhammer geschlagen werden. Nach diesem werden die Bleche abgeschliffen. Man reibt sie erst mit Bimsstein, hernach mit einer Lindenkole, und zuletzt mit englischer Erde und Baumöl ab, welches vermittelst der Ecken von Tüchern geschicht. Die verzinnten Eisenbleche werden beynahe eben so polirt, ausser daß solches zuletzt statt englischer Erde mit Kreide geschieht.

Poliren der Messerschalen, (Messerschmid) die hölzernen Messerschalen werden erst mit Schachtelhalm, so in Bimssteinpulver mit Wasser vermischt getaucht worden, und nachher völlig mit Kolen und Baumöl vermittelst eines Filzes abgerieben.

Poliren des Eisens, dieses wird auf verschiedene Art polirt. 1) wird es mit einer Schlichtfeile soviel wie möglich fein abgefeilet, alsdenn mit einem Oelstein aus freyer Hand abgeschliffen, ferner vermittelst eines Holzes mit Schmirgel und Baumöl abgerieben, und endlich mit einem Polirstal, der fleißig in Seifenwasser gesteckt wird, völlig geglättet und polirt. 2) Polirt man auch das Eisen dergestalt, daß es, wenn es auch wirklich in Wasser gelegt wird, solches dem Eisen nicht schadet oder rostet. Zu diesem Endzweck wird das Eisen gehärtet, z. B. der Stahlarbeiter härtet seine Knöpfe auf folgende Art: Er setzt jede Knopfplatte in eine Masse von Thon oder Lehm mit Löschstaub vermengt, daß der Rand von der Platte bedeckt wird, und nur die Fläche derselben in die Augen fällt. Diese wird mit einem Cementpulver aus zwey Theilen gebrannten Schuhsohlen und einem Theil gebrannten Ochsenklauen bestreuet. So werden die Platten in einem eisernen Kasten zwey bis drey Stunden ins Feuer gesetzt, und nach dieser Zeit in kaltem Wasser abgekühlet. Alsdenn werden sie auf der Polirscheibe abgeschliffen, welche mit Zinnasche, die recht fein gerieben werden, und Wasser bestrichen ist. Die Stellen, welche nicht auf der Polirscheibe abgeschliffen werden können, werden mit dem Polirstahl und mit einem Pulver aus zwey Theilen Blutstein und einem Theil Zinnober, oder auch mit aufgelöster venetianischer Seife polirt. Wenn man mit dem Pulver polirt, so geschieht dieses mit einem Stücke weichen Holz. Andere Sachen, als z. B. ein Flintenrohr, werden auf folgende Art polirt: das Rohr wird erst mit grobem Schmirgel und Baumöl abgeschmirgelt (s. Schmirgeln) und dann geschliffen. Nach diesem wird die harte Rinde, die das Eisen durch das Härten einige Linien tief erhält, so lange mit grobem Schmirgel geschmirgelt, bis sie weggeschafft worden. Hierauf wird es mit feinem pulverisirtem Schmirgel mit Baumöl vermischt, mit einem weichen Holz so lange gerieben, bis es eine gleiche Farbe erhält. Den völligen Glanz erhält es aber erst dadurch, wenn es mit dem oben gedachten Pulver von Blutstein und Zinnober polirt wird, welches vermittelst einer Schlichtfeile von weichem Holz geschiehet. Zu mehrerer Schönheit läßt man auch noch wol das Rohr **blau anlaufen**. (s. dieses) Die Getriebe der Uhren werden in Baumöl gehärtet, und nachher mit Bimsstein abgeschliffen, und zuletzt mit Pulver von zerschlagenem Oelstein mit Baumöl vermischt polirt, wodurch dieselben eine feine Politur erhalten. Zuletzt werden sie noch mit Zinnasche und Baumöl stark abgerieben.

Poliren des Goldes, (Goldarbeiter) wenn die goldene Arbeit fertig, befeilt und beschabt ist, wird sie in Alaunwasser gekocht, wodurch die Schwärze abgeht, die sich durch das Glühen im Feuer darauf gesetzt hat. Alsdenn wird sie mit **böhmischen** Steinen aus freyer Hand abgeschliffen, und nachdem man dem Golde die verlangte Erhöhung der Farbe, wenn es solche bekommen soll, gegeben, so wird es mit gebranntem Hirschhorn mit einer hölzernen Feile abgerieben.

Poliren des Kupfers, (Kupferschmid) das kupferne Geschirr erhält erstlich die weisse Glühe; (s. diese) alsdenn wird es mit Essig und Salz gebeitzt und auf dem Hauklotz mit dem **Polirhammer** geglättet, indem Stelle vor Stelle mit der Bahn dieses Hammers das Geschirr geschlagen und dadurch polirt wird.

Poliren des Messings. Dieses geschiehet auf mancherley Art. Der Gelbgießer reibet seine gegossene Arbeit, nachdem solche erst mit den feinen Feilen abgefeilet worden, mit Formsand und Baumöl, hernach mit englischer Erde, vermittelst eines Filzes, und zuletzt wird solche mit dem Gerbestahl polirt. Auf dem Messingwerke werden die Messingtafeln auf einer Seite durch das **Schabewerk** polirt. Indem man vermittelst des Schabemessers (s. dieses) auf dem Schabeblock die obere schmutzige Rinde des Blechs behutsam abziehet, und gleichsam der Seite des Blechs dadurch eine Politur mittheilet. Die Handgriffe des Schabens beruhen hiebey blos auf der Leichtigkeit der Hand, daß er nämlich mit einem geschickten Zuge die obere Rinde des Messings abziehe, ohne das Metall zu beschädigen. Er steht bey der Arbeit an der erhöheten Seite des Schabeblocks, hält das Schabemesser mit beyden Händen, und fährt beständig mit demselben auf dem Messing hinab. Der Gürtler polirt seine gegossene Knöpfe, nachdem er sie gesotten hat, mit einem Polirstahl; oder wenn sie vergoldet werden sollen, und von dem Schmutz durch das Sieden gereiniget sind, so werden sie in einem Sack mit Sägespänen geschüttelt, und hierdurch gescheuert. Andere messingene Arbeiten werden mit einem Wasserstein und Wasser abgeschliffen, und nachher mit Tripel und Baumöl, vermittelst einer hölzernen Feile, die mit Filz überzogen ist, polirt und abgerieben.

Poliren des Silbers, (Silberarbeiter) Dieses geschiehet auf mancherley Art. Das fertige Geschirr wird zuerst in einem Gefäße mit Wasser an allen Orten mit feinem Bimsstein abgerieben, alsdenn weiß gesotten (s. weißsieden), hiernächst mit feinem Sande, mit Trippel, oder mit einer Kole von weichem Holze gescheuert. Die letzte Politur erhält die Arbeit durch den Polirstahl. Man befet hierzu venetianische Seife in Regenwasser auf, und hiermit benetzt man beym Reiben den Polirstahl. Das gewöhnliche Wasser ist zu diesem Gebrauche zu hart, und die gemeine Seife zu schmierig. Vor dem Oel muß man sich bey dem Poliren in Acht nehmen, weil hierdurch das Silber anläuft.

Polirer, (Maurer) bey dem Baue eines Gebäudes derjenige Geselle, der anstatt des Meisters die Aufsicht über die ganze Arbeit hat, und solche nach dem entworfenen Riß anordnet und ausführet, nach dessen Vorschrift alle andere Gesellen arbeiten müssen. Es wird also von diesem Gesellen verlangt, daß er das Zeichnen verstehe, und überhaupt mit den Theilen der Baukunst bekannt ist.

Polirfeile, (Schlosser) eine feine Feile, die Arbeit damit zum Poliren vorzubereiten.

Polirhammer, (Kupferhammer) ein großer Hammer mit einer ebenen und glatten Bahn, der von dem Wasser in Bewegung gebracht wird, und womit man die Kesselschalen polirt.

Polirkeule. (Gold- und Silberdrahtplätter) Ein länglicht breites Holz, hinten mit einem Griff. Die breite Seite dieses Holzes ist in der Mitte etwas erhöht, damit es sich gut an die Walzen der Plättmaschine (s. diese) anschließe. Da die Stirn der Walzen beständig eben und glänzend seyn muß, weil sie sonst dem Lahn nicht den gehörigen Glanz geben würde: so muß sie der Plätter jederzeit poliren, wenn die Bahn auf allen Punkten ihrer Stirn gerieben ist. Man zerstößt und durchsiebet in dieser Absicht Blutstein, feuchtet ihn mit Wasser an, und tunkt die Polirkeule in diese Masse, alsdenn hält man die Polirkeule zwischen beyde Walzen, und bewegt diese mit der Kurbel. Hierdurch werden sie glänzend wie ein Spiegel. Statt des Blutsteins kann man sich auch der Zinnasche, mit Brantewein flüßig gemacht, bedienen: das erstere aber ist besser.

Polirkolben, (Gold- und Silberfabrik) ein kleines rundes Holz, so auf beyden Enden glatte Handgriffe hat. In der Mitte ist ein Stück Blutstein wie ein halber Cylinder befestigt. Die vergoldete Silberstange, woraus feiner Golddraht gezogen werden soll, wird hiermit polirt, und daher ist der Blutstein auf der Stirne etwas ausgehöhlt, damit er sich beym Poliren genau an die Metallstange anschließe. Statt des Blutsteins bedienet man sich auch wol eines Stahls, aber er ist hierzu nicht so gut als der Blutstein. (s. Poliren)

Polirring, (Nadler) ein kleiner Spitzring, (s. diesen) worauf der Nadler die Spitzen der Nadelschäfte, nachdem sie zugespitzt worden, polirt.

Polirscheibe, (Schleifer) Scheiben von Holz, gemeiniglich mit Leder überzogen. Sie werden in den Schleifmühlen durchs Wasser in Bewegung gesetzt, und einige derselben müssen so mit Reifen und gehöhlten Vertiefungen versehen seyn, als die Schleifsteine mit Reifen; das ist, sie haben auf ihrer Stirne verbreite erhabene, aber gerundete Reifen, die parallel mit einander laufen, nur daß einer größer ist, als der andere, um darauf die verschiedenen Hohlkehlen der Klingen poliren zu können; eben so ist es auch mit den Vertiefungen, die ausgehöhlt rund seyn müssen, weil darinn die Ladestöcke poliret werden.

Polirscheiben, (Glasschleifer) bleyerne oder zinnerne Scheiben, die die Gestalt der Räder haben, (s. Rad) und zu dem nämlichen Endzweck dienen, als die Räder, bloß daß sie nur die geschliffene oder geschnittene Figuren poliren, und also hiebey die Stelle der Räder vertreten. (s. Glasschleifen) Auch hat man dergleichen hölzerne Scheiben, um damit einige abgeschliffene Glasstücke, wie z. B. den Fuß eines Weinglases zu poliren. Das Poliren geschieht entweder mit Bimsstein, der mit Wasser zu einem Brey gemacht wird, oder mit feucht gemachtem Trippel, oder Zinnasche. (s. Glasschleifer)

Polirstahl, (Kupferstecher) er ist von Stahl, und gleicht einer ovalen Vogelzunge, womit die kleine [illegible] gel bey einer gestochenen Platte weggeschafft werden [illegible]

Polirstahl, (Schlosser) ein starker etwas [illegible] Draht von Stahl an einem hölzernen Griff, womit [illegible] selbe Kleinigkeiten polirt.

Polirsteine, (Zinngießer) runde, [illegible], und kantige Feuersteine, oder auch Steine, die man in der Kreide findet. Sie werden an einem [illegible] hölzernen Stiel befestigt. Mit diesen Steinen [illegible] man das Zinn ab, wenn es vorher abgedrehet worden.

Polirstock, (Klempner) ein kleiner Amboß mit einer verstählten und polirten Bahn, welcher mit [illegible] in einen Kloß gesetzt werden kann. Seine [illegible] so glatt und blank wie möglich seyn, weil man darauf [illegible] Bleche nicht allein ausziehet, (s. dieses) sondern [illegible] polirt. Er wird daher öfters mit Sandstein und [illegible] abgeschliffen, und hernach mit zerriebenem Blutstein [illegible] einem wollenen Tuche abgerieben.

Polirzahn, (Buchbinder) ein Wolfszahn, [illegible] Vergoldung polirt wird.

Politur, Fr. Brunissage, Polissure, die [illegible] der Glanz, den die Metalle und auch die Steine nach dem Poliren annehmen.

Politur des Marmors. (Bildhauer) Der [illegible] Marmor nimmt eine gefällige Politur an. Es hängt [illegible] von der Willkühr des Meisters ab, welche [illegible] zu wählen will. Z. B. der Künstler zerstößt [illegible] feinen Bimsstein, benetzt ein leinenes Tuch mit Wasser, taucht es in das Bimssteinpulver, und reibt hiemit die [illegible] in allen ihren Theilen. Auf eben die Art wird [illegible] noch der weiße Marmor mit Zinnasche durchgängig so [illegible] gerieben, bis das Tuch riechet. Die Zinnasche [illegible] diesem harten Stein eine glänzende Politur. [illegible] ten einige Künstler zwar das Gewand [illegible] nicht [illegible] Kreide, sondern schleifen dieses nur mit [illegible] steinen. [illegible] gefärbte Marmor wird zwar gleichfalls mit Bimssteinpulver abgerieben, allein statt der Zinnasche nimmt man gebrannte und pulverisirte Schafsteine, oder Schmirgel mit Wasser.

Politur, (Goldschmid) eine Materie, womit dem Golde eine frische und neue Farbe gegeben wird, auch selbiges wieder glänzend gemacht wird. Sie besteht gemeiniglich aus

aus Trippel, Kreide, Schwefel, auch aus Alaun, Weinstein und Spießglase, mit halb Wasser und halb Urin gekocht.

Politze, (Handlung) ein italienisches oder spanisches Kunstwort, bedeutet im Seewesen soviel, als die zwote Parthey. Ferner hat man Admiralitätspolitzen, bey Gelegenheit der Konserven- und Assekuranzpolitzen. Immer bedeutet alsdenn das Wort eine Vertragsschrift.

Polisraux, eine Art Leinwand, die an verschiedenen Orten in der Normandie verfertiget wird. Sie ist von mancherley Breite, indem einige Stücke sieben Zwölftheile, andere zwey Drittheile, und wiederum andere fünf Sechstheile pariser Ellen haben.

Politen, Glanzschleifen, (Goldschmid) wenn die fertigen Silberarbeiten vor dem Poliren mit Trippel, Hirschhornmehl, englischer Erde, oder gebrannten und pulverisirten Schafknochen mit Leder glatt gerieben werden.

Polle-Davy, eine Art ungebleichter grober Leinwand von Hanf, von einem Dorfe in Niederbretagne also benannt, wo sie mehrentheils gemacht wird. Man braucht sie zu Schiffsegeln, sonderlich für die Schaluppen, die auf den Stockfischfang gehen. Es wird dergleichen auch in der Niedernormandie verfertiget, die wegen ihrer vollkommenen Gleichheit und des ähnlichen Gebrauchs mit derselben auch eben den Namen hat. Sie sind nach dem pariser Maaße drey Viertheile breit und 10 Ellen lang.

Pollen. So wird der Kern oder das Schönste vom Weizenmehl genannt.

Poller, (Schiffsbau) Pfähle, worauf die Bassen (s. Bassen) befestiget werden.

Pöller, (Artillerie) eine Art Mörser, welcher 30 und mehr Pfunde Steine wirft.

Pollmehl, (Müller) in vielen Gegenden die mittlere Sorte des Mehls zwischen dem feinsten Griesmehle und der Griesklene. Man erhält es von den Spitzkleyen und dem zum drittenmal durch die Mühle gegangenem Griese. Man nennt es auch schlecht weg Poll, Halbmehl, Aftermehl.

Polnische Pfennige, deren 2 einen deutschen Pfennig ausmachen.

Polnischer Bock, Dudelsack, (Musiker) sonst der große Bock genannt, ist eine Art von Sackpfeife, welche ein großes langes Horn zum Stimmer, und unten an der Pfeife noch ein Horn hat. Diese Pfeife wird um des Horns willen ein Bock genannt. Einige sind mit einem zugerichteten Bockfelle mit den Haaren überzogen.

Polnischer Groschen, eine polnische Münze, die einen halben Kreutzer oder 3 polnische Schillinge gilt, deren 30 auf einen polnischen Gulden gehen.

Polnischer Gulden, eine polnische Münze, die soviel als 4 ggr. gilt.

Polnischer Schilling, eine kleine polnische Scheidemünze, deren drey einen polnischen Groschen ausmachen.

Polomit, s. Polemit.

Polsoar, (Gärtner) wenn ein Baum langsam von oben abstirbt, so nennt man dieses mit dem Namen von dem alten gallischen Worte Poll, der Kopf oder Gipfel eines Dinges.

Polster, Fr. Trochet, (Steinhauer) die Strohmatten, oder eigentlich Strohbäusche, welche von den Handlangern, so die Tragbahre tragen, untergelegt werden, oder auch, wenn sie den Steinwagen ziehen; man legt sie auch unter alle gehauene Steine, damit im Fahren keine Stücken abspringen.

Polstern, (Stuhlmacher, Tapezirer) eine Beschäfftigung dieser zwey Handwerker, da sie Stühle, Kanape's, Sofa's und dergleichen nicht allein mit Leinwand überziehen, sondern auch mit Pferde- oder Kälberhaaren ausstopfen, auch unterwärts mit Springfedern versehen, und endlich mit anderm Zeuge noch überziehen. Z. B. wenn ein Sofa gepolstert wird, so schlägt der Stuhlmacher oder Tapezirer unter der hohen Kante sowohl des Vorderriegels nach der Tiefe, als der beyden Tiefriegel des Unterstuhls, nach der Länge dergestalt Gurte an, daß zwey und zwey Gurte jederzeit zwey Zoll von einander abstehen. Auf diesen Gurten nähet er die Springfedern in gleicher Entfernung aufgerichtet an. Zu einem Sofa werden 24 bis 30 Springfedern erfordert, die in einigen Reihen aufgerichtet stehen. Durch das Annähen sind die Springfedern zwar unten hinlänglich befestiget, allein oben nicht, und sie könnten ohne Befestigung leicht aus ihrer Lage gebracht werden, und zusammenstoßen. Diesem bauet man dadurch vor, daß man für jede Reihe Springfedern an den Riegeln des Unterstuhls nach der Länge und Breite Schnüre befestiget, die man an jede Stahlfeder anbindet. Die Stahlfedern stehen also zwischen den Riegeln des Unterstuhls, und die Höhe derselben verschaffet ihnen hinlänglichen Spielraum. Ueber die Stahlfedern spannet man ungebleichte Leinwand ganz locker auf den Riegeln des Sitzes aus, und befestiget sie mit Pinnen. Diese Leinwand träget die Pferdehaare, welche unter allen Haaren deswegen vorzüglich gewählt werden, weil sie die meiste Elasticität haben. Man muß das zubereitete Haar, (s. Haar zubereiten) da es als ein Seil gedrehet ist, durch Beyhülfe eines kleinen Haspels wieder aufdrehen, und mit den Fingern sorgfältig auflockern. Diese aufgelockerten Haare werden hierauf in erforderlicher Menge auf die Leinwand gelegt, die auf dem Sitz angeschlagen wurde, und über den Haaren wird abermals rohe Leinwand mit Pinnen befestiget. Die Lehne des Sofa wird auf die nämliche Art gepolstert, außer daß solche keine Federn erhält. Man spannet daher auch nur eine Gurte nach der Länge, und zwey nach der Breite übers Kreuz aus, worauf die Leinwand wie bey dem Sitze übergezogen wird. Der Sofa, als auch andere gepolsterte Stühle, werden noch überdies manchmal mit seidenem Zeuge überzogen, alsdenn wird solches gehörig zugeschnitten, und mit kleinen Pinnen, worunter man Band legt, um den ganzen Umfang der Riegel angeschlagen. Dergleichen seidene Ueberzüge werden auch wol mit einer Kappe von Leinwand oder Kattun überzogen, und mit starken Tapezirnadeln befestiget. Zum Sofa werden noch runde Kissen erfordert, welche erst von Leinwand genähet, mit Pferbehaaren ausgestoßt, und nachher mit eben dem Zeuge des Sofa überzogen werden. Zu einem Sofa, wenn solcher mäßig gut gepolstert wird, braucht man 40 Pfund Pferdehaare. Nicht selten aber werden von betrüglichen Verkäufern Kälberhaare unter die Pferdehaare gemischet, welche verursachen, daß das Polster bald zusammenbackt. Manchmal sind zum Betrug auch die Gurte auf dem Sitz bevestiget, um die Haare zu sparen. Die Stahlfedern heben zwar ein solches Polster des Sitzes, wenn dieses noch neu ist, da aber die Stahlfedern keinen Spielraum haben, so verlieren sie ihre Elasticität, und das Polster sinkt in kurzer Zeit. Alle andere Sachen, die von den Tapezirern gepolstert werden, werden auf die nämliche Art, als die Kissen des Sofa, gemacht.

Polterhammer, Polterschlage, Fr. le marteau à bassuer des chauderons, (Kupferhammer) ein hölzerner, drey Viertelellen langer und 4 Zoll dicker Hammer, mit einem Ellen langen Stiele, womit die Kessel aufgepoltert, oder gehörig ausgeschmidet und gleich gemacht werden.

Poltern, Poldern, Fr. resonner, (Bergwerk) klingen, als wenn es hohl wäre. Wird von dem Gestein gesagt, welches hohl klingt, wenn man daran schlägt.

Poltern, Fr. bassuer, (Kupferschmid, Kesselschläger) das Hohlschlagen der Kessel oder anderer vertiefter Gefäße von Kupfer oder Messing.

Poltina, Poltinnik, eine russische Silbermünze, welche 50 Kopeken, oder einen halben Rubel gilt.

Polting, Polding, Ding, Fr. poldingue, eine Silbermünze, die in Rußland gepräget wird, und daselbst gangbar ist, deren 6 einen Altin, 12 eine Grive, und 200 einen Rubel machen. Es scheinet aber diese Münze einerley mit der Mallosschecke (s. diese) zu seyn.

Poltinnik, s. Poltina.

Poltron, (Reitkunst) Ein Pferd, so ein furchtsames verzagtes Wesen an sich hat, und sich vor Degen, Pistolen, Flinten, Trommeln und allem Geschütze entsetzet, und zurück weicht.

Poltura, eine ungarische Silbermünze, welche auf der einen Seite die Maria mit dem Jesuskindlein vorstellet, worunter Poltura stehe. Sie gilt in Ungarn und Oestreich 6 Kaisergroschen.

Polturak, Polorak, Pulorak, eine polnische Münze, deren fünfe soviel, als 2 gute Groschen, sechzig aber einen Reichsthaler ausmachen.

Polowalli, eine Art Juchten, die wegen ihrer Leichtigkeit berühmt ist, indem man Felle kaum von drey Pfunden darunter findet, und deren 10, 12, bis 15 auf eine Pude gehen.

Poluske, Polusske, Rus. eine russische kleine kupferne Scheidemünze, die geringste unter allen. Sie ist der vierte Theil von einer Kopeike, daß also 400 Poluskenl 1 Rubel machen, und 1 Poluske beynahe 1 Pfennig sächsisch Geld gilt.

Polyedrum, Lat. vieleckigtes geschliffenes Glas, (Optik) ein Glas, das auf einer Seite eben, auf der andern aber erhaben ist; jedoch solchergestalt, daß die erhabene Seite aus lauter ebenen Flächen zusammengesetzt ist, nicht anders, als wenn von einem Kugelstücke viele kleine wären abgeschnitten worden. Diese Gläser vervielfältigen eine Sache.

Polygonlinie, (Kriegsbaukunst) heißt an jeder Figur eine Seite von derselben. In der Bevestigungskunst theilet man diese Linie in die innere und äußere ein. Die äußere, (Fr. Polygone exterieure) ist die gerade Linie, die von einem Bollwerkspunkte bis zum andern gezogen wird. Man findet sie vermittelst der Länge des großen Radii und der Größe des Zentriwinkels, wenn die Zahl der Seiten bestimmt ist. Nach der neuen Fortifikation gibt man dem Großrepale 100, dem Mittelrepale 90, und dem kleinen Royale 80 rheinländische Ruthen; und weil man von außen hineinwärts fortifiiret, so wird die Arbeit mit dieser Linie angefangen. Die innere Polygon (Fr. Polygone interieure) ist die gerade Linie, die von einem Kehlwinkel bis zum andern gezogen wird, oder die aus einer Kurtine und zwo halben Kehlen besteht. Ihre Größe bestimmt man, indem man von dem großen Radio die Kapitallinie abzieht.

Polygonwinkel, Fr. angle du Polygon, (Vestungsbau) ist der Winkel, welchen zwey Seiten des Vestungswerks eines Polygons machen.

Polyopter, (Optik) ein dioptrisches Werkzeug, wodurch man eine Sache gar sehr vielmal, jedoch kleiner, als sie wirklich ist, sehen kann. Es bestehet dasselbe wie ein Fernglas aus einem Objektiv- und Augenglase. Das Objektivglas ist von beyden Seiten platt geschliffen, aber auf der innern Seite hat es viele kleine Grübchen, in der Größe einer Linse und je kleiner diese Grübchen sind, desto kleiner sieht auch die Sache, welche im übrigen so vielmal sich darstellet, als Grübchen in gedachtem Glase sind. Das Augenglas ist entweder erhaben, oder ein Meniskus, welches einem erhabenen gleich ist.

Polyspastus, (Mechanik) eine Maschiene, die vermittelst Seil und Rollen eine große Last in die Höhe ziehet. Sie bekömt von der Zahl der Rollen besondere Namen.

Polze, (Bergwerk) geradestehende Stempel, die bey der Verzimmerung eines Schachts in allen vier Ecken stets zwischen zwey Paar Jöcher geschlagen werden, damit sich die Jöcher nicht sehen können.

Polzen stehen, auf, (Bergwerk) wenn die Bergleute unter der Stunde oder Arbeit eine unzulässige Lust haben, wobey einer in der Kaue, oder im Horchhäusel auf der Hut stehen muß, um zu sehen, ob jemand von den Beamten komme.

Polzenzimmerung, (Bergbau) wenn man bey der Verzimmerung einer Strecke oder Ort (s. beyde) alle 1 bis 1½ Lachter Kappen leget, diese aber mit Polzen oder gerade stehenden Stempeln unterstützet, die da, wo sie die Kappen unterstützen, nach einem Zirkelstück ausgehöhlet (ausgeschärfet) sind.

Pomade, eine wohlriechende Salbe, die eine reine, zarte, und glatte Haut machet, die Risse und Schwielen wegnimmt, und auch gebrauchet wird, sowohl die natürlichen Haare beym Frisiren, als auch die Perucken einzuschmieren, damit sie sich besser kämmen, krausen und pudern lassen. Die gemeinste wird von reinem Schweinefett, die beste von Rehfett mit allerhand wohlriechenden Oelen verfertiget. Von diesen verschiedenen Oelen erhält sie auch verschiedene Beynamen, als: Rosenpomade, Nelkenpomade u. s. w. Die beste kömt aus Italien und Frankreich.

Pommades, (Reitkunst) Sprünge, so auf den Voltigirpferden exerciret werden. Die ganze und halbe Pommade ist, wenn man auf des Pferdes linker Seite stehend, mit der linken Hand hinten an Sattel greifet, hierauf springt, mit der rechten Hand hinten aufschlaget, beyde Beine hinten über das Pferd wirft, daß das linke Bein hinten über den Sattel schlaget, daß man hinter das Pferd zu sitzen kommt. (s. auch voltigiren)

Pommersche Saurüden, (Jäger) rauhe und langhärige Hetzhunde, packen recht gut an, und folgen geschwinde auf den Ball des Saufinders. Sie werden meistens von Bauer- und Schäferhunden ausgesucht, und zur Saubetze gebrauchet. Es bleiben aber derer viel in der Lehrzeit, ehe sie die Sauen mit Vortheil anpacken lernen.

Pompe, s. Pumpe.

Pompenrohr, (Lustfeuerwerker) eine Art von Lustfeuerwerk, um daraus allerley Feuer zu werfen. Man nimt eine papierne Hülse von beliebiger Länge und Dicke, bevestiget sie an einem hölzernen Cylinder, der etliche Zoll tief in die Hülse gesteckt wird, und unten spitzig zugeht, damit das Pompenrohr bey dem Gebrauche in die Erde vest eingesteckt werden kann. Weil aber die Spitze bey dem Laden hinderlich fällt, so nimt man während dem Laden einen andern hölzernen Cylinder ohne Spitze, darüber machet man in die Hülse noch einen Boden von angeleimtem Papier, und alsdenn ladet man die Hülse auf folgende Art: Man schlägt von der Komposition von der Höhe eines Durchmessers der Röhre in das Rohr, hernach nimt man eine durchlöcherte Scheibe von Pappe, streuet darauf Pulver, dann wieder eine dergleichen Scheibe, und abermals etwas Pulverstaub, und Leuchtkugeln darauf, alsdenn wieder Satz, wieder eine Scheibe, und so fort bis oben hinaus, woselbst 1 Zoll Satz bleiben muß. Man kann in diese Röhren, wenn sie groß sind, auch Schwärmer setzen, der Satz muß aber nicht zu hart seyn, damit die Versetzung nicht springe, auch nicht zu locker, damit das Feuer nicht gleich herunter fahre. Man kann auch an diese Röhren Kästchen mit Versetzungen anbringen, und hin und wieder Schläge machen, welche in das äußere Theil des Rohrs bevestiget werden. Auch kann man diese Röhre von Holz machen, und solche oben, in der Mitte und unten mit eisernen Ringen zur Haltung versehen. Die zu nehmende Pulverladung aber beträgt jedesmal die Hälfte von der auszuwerfenden Schwere. Die Komposition oder Satz bestehet aus Salpeter 1 Pfund, Pulverstaub 12 Loth, Schwefel 8 Loth, subtile Sägespäne in Salpeterlauge gesotten 12 Loth, kleingestoßen Glas 3 Loth, Kornpulver 1½ Loth, Feilspäne 3 Loth. Oder: Salpeter 4 Pfund, Schwefel 20 Loth, Pulverstaub 1 Pfund, Sägespäne 12 Loth, Glas 3 Loth, Eisenfeil 6 Loth.

Pompholix, (Messingbutte) weißer Galmey, weißer Nicht, was an dem Deckel des Schmelztiegels und an den Zangen der Schmelzer, wenn sie den Messing schmelzen, behängen bleibet.

Pompons, s. Ponpons.

Ponceauroth auf Seide, (Seidenfärber) eine rothe Schattirung auf Seide, die durch den Saflor oder wilden Saffran hervor gebracht wird. Die darinn enthaltene rothe Farbe, die man zum Ponceauroth gebrauchet, wird auf folgende Art herausgezogen: da der Saflor sowohl eine gelbe, als auch rothe Farbe hat, so muß man die erste im Wasser auflösen und abführen. Dieserhalb wird der Saflor in einem Fluß oder in einem mit Wasser angefüllten Gefäße mit Füßen getreten, und hierdurch die gelbe Farbe abgeleitet. Alsdenn vermischt man den Saflor mit Weinstein oder Potasche, und tritt ihn aufs neue, da denn die Asche die rothe Farbe auflöset. Zuletzt bringt man den Saflor in ein Sieb, gießt Wasser auf denselben, und sondert mit dem abfließenden Wasser die rothe Farbe ab. Die Seide, so eine Ponceaufarbe erhalten soll, wird erst mit Orlean orangegelb gefärbet; alsdenn vermischt man mit der Saflorbrühe Zitronensaft, und setzt hierinn die Seide, wäscht und trocknet sie. Auf eben die Art muß die Seide bis sechsmal in ein frisches Saflorbad gebracht werden, bis die erforderliche Farbe entsteht. Um dieser Farbe eine rechte Lebhaftigkeit zu geben, zieht man die Seide durch heißes mit Zitronensaft vermischtes Wasser. Mit dem Farbenbad von der Ponceaufarbe kann man noch Inkarnat und Kirschbraun färben.

Ponpons, Pompons, Fr. Souris de Hanneton, eine Gattung seidener mit Gold und Silber durchwirkter kleiner und großer Blumen, welche bey der Galanterie- und Putzarbeit gebrauchet werden.

Pont, Punt, ein chinesisches Längenmaaß, welches ohngefähr 1⅓ Zoll beträgt. Denn 10 Ponts machen ein Kobido, welche 13 Zoll und 2 Linien nach dem königl. französischen Maaßstabe beträgt.

Pontak, Pontac, ein französischer Wein, welcher seinen Namen von einem Städtchen in der Provinz Bearn hat, woselbst er am besten wächst. Er ist blutroth, hat einen herben und zusammenziehenden Geschmack, und wird für einen guten Magenwein gehalten: doch ist nicht alles wahrer, ächter Pontak, was insbesondere in Deutschland dafür verkauft wird, sondern öfters von andern Weinen gefärbt untermischt. Denn der Bezirk ist nicht groß, wo der wahre Pontak wächst.

Pontak, falscher. Da der ächte Pontak eben so rar, als der ächte Tokayer Wein ist, so wird der mehreste nachgemacht. Dazu wird der Saft von Himbeeren, Heidelbeeren oder Deichbeeren genommen, als welcher den Wein dunkelroth färbet. Violen und [illegible], sehr klein pulverisirt, verfälschet, werden gemeiniglich diesen Säften beygemischet, um dadurch sowohl die rothe Farbe zu vermehren, als auch den herben Pontakgeschmack hervorzubringen. Auch wird Alaunsolution einegetröpfelt. Allein ein solcher verfälschter Wein verräth sich theils selbst, indem derselbe gar stark an dem Glase anhänget, theils ist die Unrichtigkeit desselben durch die Solution des Alauns darzustellen.

Pontes-Maren, ein ägyptisches Maaß, welches einen halben antwerpischen Stop hält.

Pontivy, eine Gattung Flachsleinwand, von einer kleinen Stadt in Bretagne gleiches Namens, woselbst sie häufig gewebet wird. Es giebt derselben grobe, mittlere und feine. Sie wird nicht allein im Lande zu Hemden und anderer Wäsche verbraucht, sondern geht auch überaus stark nach Spanien, und von da nach Amerika. Sie wird gemeiniglich roh eingekauft. Die Stücke halten 20 bis 24 Ellen nach bretagnischem Maaße, welches etwas größer ist, als das pariesische. Sie ist eine halbe, ⅝ oder ¾ Ellen breit.

Pontonkarren, (Kriegskunst) besonders gemachte Karren, auf welchen die kupfernen Pontons einer Armee nachgeführet werden.

Pontons, (Kriegeskunst) sind entweder hölzerne platte kleine Schiffe, oder von Messing, Kupfer weißem Blech, auch Leder gemachte Kasten, derer man sich bedienet, in der Geschwindigkeit über einen Fluß eine fliegende Brücke zu schlagen. Sie werden von unterschiedener Länge und auf unterschiedene Art gemacht, so wie es die Umstände erfordern, und sind im übrigen so zubereitet, daß man selbige mit allem Zubehör auf Karren mit sich fortführen kann. Im Nothfalle bedienet man sich an deren Stelle auch leerer Fässer, welche durch die Brückenruthen zusammen bevestiget werden.

Poorgaten, s. Poort.

Poort, Poorten, Poorgaten, Fr. Sabord. (Schiffsbau) So werden die Schießlöcher auf einem Kriegesschiffe genennet. Insgemein stehen zwey dergleichen Schießlöcher 7 Fuß von einander. Es sind aber so viele Reihen Schießlöcher auf einem Schiffe, als Verdecke auf demselben sind, und gemeiniglich hat auf den größten Schiffen jede Reihe 15 Schießlöcher, ohne diejenigen, welche sich in der St. Barbara befinden, und ohne die Batterien der Kastelle.

Poortbaken, (Salzsieder) ein Stück Eisen, welches unten nicht wie ein Haken geschmiedet ist, sondern nur ein Quereisen hat, und zur Bevestigung der Salzpfannen dienet.

Poortzange, (Salzsiederey) ein Stück Eichenholz, welches an dem einen Ende gleich einer Gabel gestaltet, und mit einem eisernen Ringe belegt ist. Mit demselben bieget der Pfannenschmid die Pfannenwerke wieder gleich.

Poot, ein Weingefäß.

Porkirche, s. Emporkirche.

Porphyr, Fr. Porphyr au roche dure à petits points, (Bergwerk) eine harte röthliche Jaspisart, darinn verschiedene kleine Steine von verschiedener Art eingestreuet sind. Man findet davon rothe, braune, oder schwärzliche mit weißen Körnern, purpurfarbene mit Körnern von verschiedenen Farben: Dorkatelporphyr, welcher röthlich ist, und gelbe Flecken hat; Granito rosso, ein röthlicher sehr harter Stein mit schwarzen Flecken. Einige wollen die Arten zum Marmor rechnen, da sie aber zu einem dichten und festen Glas schmelzen, so sieht man daraus, daß sie zu dem Hornstein oder Jaspis, oder vielmehr zu dem Granitgeschlechte gehören. Er ist mehr ein Quarz, darinn Granaten liegen, als ein Jaspis. Der Granito rosso, oder italienische Porphyr ist derjenige, woraus die Egyptier ihre Prunksäulen gemacht, und den sie aus Arabien geholet haben.

Porphyr, ägyptischer, ein Porphyr mit röthlichem Grunde und dunklen schwarzen Flecken; er wird auch Granit genannt, und von den Italienern Granito rosso. Er hat deswegen den Namen, weil er aus Aegypten nach Italien gebracht worden. Dieser Stein soll eigentlich in dem westlichen Arabien gefunden werden.

Porphyrit, Fr. porphyrite, ein purpurfarbener Porphyr mit Flecken von verschiedener Farbe.

Porpiten, s. Korallenpfennige.

Porschüßig, (Bergwerk) wenn das Erz auf der Oberfläche der Erde angeschossen ist, wenn es am Tage liegt.

Port, (Schiffahrt) soviel als ein Seehafen, ein schon veraltetes Wort. In Franken bedeutet es einen Kopfzeug der Frauensleute.

Portal, 1) (Baukunst) der Haupteingang in einem eingeschlossenen Raum, oder großes Gebäude. 2) Ein Bindewerk, wie solches in den Lustgärten nach Art einer Triumph- oder Ehrenpforte, aus Pfählen, Latten, oder Nagelwerk aufgerichtet, und der steinernen Architektur so genau als möglich gleich gemacht wird. (s. auch Nagelwerk) Diese Portale werden erstlich aus Holzwerk gebildet und aufgerichtet, hernach pflegt man allerley in die Höhe laufende Gewächse daran zu pflanzen. Weil es aber hohe Werke sind, so lassen sie sich mit schwachem und niedrigem Strauchwerk nicht wohl allein bepflanzen, deswegen kann man Hagebuchen und Rüstern, auch wo sie zu haben sind, Kornelbäume, Wacholder, und die große Art Buchsbaum darunter pflanzen.

Portee, s. Gang.

Portee des Tapetenwebers, die Anzahl Fäden, die zur Kette der gewürkten Tapeten mit einmal geschoren werden. Es ist das nämliche, was bey den andern Webern ein Gang ist. Ein Schaft zum Tapetenstuhl wird gleichfalls in Portees eingetheilet, und hat in jedem Portee soviel Fadenschleifen, als Fäden in dem Portee der Kette sind.

Portee-Epees, (Bortenwürker) das Band mit der Eichel, so das Ehrenzeichen der Offizier an dem Degen ist, und von Gold- oder Silbergespinst gemacht wird. Das Band wird wie eine glatte Tresse gewebet, die Eichel von Holz aber, welche einem abgestutzten Kegel gleichet, wird aus freyer Hand mit Gold- oder Silbergespinste übernähet, und

und hernach eine Troddel (s. diese) angemacht. Das Band wird an der Eichel angenähet, und das Angenähete mit einem Bandring, der auf das Band bis an die Eichel geschoben wird, bedeckt.

Portefeuille, s. Brieftasche.

Portenbespe, s. Pfannenpöele.

Porte pierre infernale, Fr. (Chirurgischer Instrumentenmacher) diejenige Büchse, worinn die Wundärzte den lapis infernalis bey sich tragen. Die besten werden aus Silber gemacht, und inwendig im Feuer vergoldet, weil der Stein das Eisen leicht durchfrißt. Die Büchse selbst ist aus drey Theilen zusammengesetzt: aus einem Mittelstück mit einer kleinen meßingenen Röhre, aus dem Deckel, und aus einer hohlen Spitze, die auf das Mittelstück aufgeschraubet, und oben mit einer kleinen Schraube verschlossen wird.

Portlandischer Stein, (Bergwerk) ein Sandstein, welcher zu Portland in der englischen Grafschaft Dorchester bricht, von einer großen Festigkeit und feinem Korne. Daher er zu den vornehmsten Gebäuden genommen wird.

Porto a Porto. So nennen einige den Sumach, (s. diesen) weil er meistens von Porto in Portugal geholet wird.

Porto Franko, Ital. (Schifffahrt) soviel als ein Freyhafen, wo alle Schiffe Freyheit haben einzulaufen und zu handeln. In Genua heißt es ein großes Magazin, wo fremde Waaren eingelegt werden, weil die eingehenden Waaren, sowohl welche hier liegen, als auch ausgehende, vor dem Absatz keinen Zoll geben.

Porto Morto, Ital. (Seewesen) ein Hafen, wo den Kauffahrern verbothen ist einzulaufen. Dergleichen ist unter andern Rasua in Istrien.

Portrait, Fr. Portrait, (Maler) ein gemaltes oder gezeichnetes, genau getroffenes Bildniß eines Menschen. Man macht Portraite im Großen, im Kleinen, mit Röthel, mit Bleystifte, mit der Feder, in Pastell, in Oel, in Wachs etc.

Portugaleser, eine portugiesische Goldmünze, auch große Crusaden genannt. Sie sind von Johann Sebastian zuerst geschlagen, von gutem und fast dem ungarischen gleich am Golde, von 23 und 1 halben Karat, darinn der 48ste Theil Zusatz von Silber ist. Sie wiegen 10 spanische Quinchen, oder 450 Aeschen, oder 10 kleine Crusaden, und haben ehedem 20 Reichsthaler gegolten, sind jetzt aber bis auf 27 Thaler gestiegen, und sehr rar geworden.

Porzellan. (Porzellanfabrik) Eine im Feuer halb verglasete Masse, woraus Geschirr, nach Art der Töpferwaaren, verfertiget wird. Die Etymologie des Namens ist nicht bekannt. Man vermuthet, daß er von einer weißen Art Schnecken, die italienisch Porcelle heißt, herkomme. Schon die alten Aegypter sollen Porzellan und Schmelzwerk zu machen verstanden haben, und es sollen davon Beweise in den Catacomben gefunden werden. Unter den Chinesern und Japanesern ist die Erfindung sehr alt, und durch die Portugiesen ist diese Waare zu der Zeit erst in Europa bekannt geworden, als sie den Handel nach Ostindien anfingen. In Europa wurde diese Kunst durch einen Deutschen, Namens Johann Friedrich Böttcher, 1704 erfunden, der in Sachsen auf den Königstein gesetzt ward, weil man von ihm glaubte, daß er Gold machen könnte, und von ohngefähr in seiner größten Verlegenheit die Masse des Porzellans in Dresden erfand. Im Jahre 1706 ward das erste Porzellan daselbst auf der sogenannten Jungfer verfertiget, und zwar von brauner und rother Farbe, aus einem braunen Thon, der sich bey Meißen findet. Das weiße ward zuerst 1709 gemacht, welches ungleich schöner ist, als das braune, zumal da dieses auch leicht von dem, was es enthielt, einen Geschmack annahm. A. 1710 ward die Fabrik in Meißen auf der Albrechtsburg errichtet. Diese deutsche Erfindung hat ganz Europa eifersüchtig gemacht. Holländer oder Engländer ließen die Materialien aus China kommen, um wenigstens daraus selbst Porzellan zu machen, auch die Franzosen folgten diesem Beyspiele, ließen sich die Materialien aus China kommen, und brauchten die Jesuiten zu Kundschaftern, aber vergebens. Herr von Tschirnhausen, auch ein Deutscher, erfand selbst eine Zubereitung des Porzellans, die vermuthlich von der Böttgerschen nicht wesentlich verschieden war, er offenbarte sie zu Paris dem Homberg, aber mit beyden starb die Kunst aus. Sachsen wendete alle Mittel an, die Kunst geheim zu halten, und im Jahre 1745 wurde die Ausfuhr des weißen Thons, erst bey Geldstrafe, und endlich beym Strange verbothen. A. 1741 oder 44 fieng man an zu Fürstenberg im Wolfenbüttelschen eine ächte Porzellanfabrik zu errichten. Ein Feuermaler aus Franken, Namens Glaser, machte die ersten Versuche unter der Aufsicht des Baron von Lange, die aber kein ächtes sächsisches Porzellan geben wollten. Nachher hat ein Arbeiter aus Hessen, Namens Benkgraf, die Kunst zu einem hohen Grade der Vollkommenheit gebracht. Im Jahre 1751 hat der Kaufmann Wilhelm Kaspar Wegeli in Berlin den Anfang gemacht, eine ächte Porzellanfabrik auf eigne Kosten zu errichten. Diese Fabrik wurde durch den Kaufmann, Johann Ernst Gotzkowsky, fortgesetzt, und 1763 übernahm sie der König selbst. Seit dieser Zeit ist diese Fabrik zu einer bewundernswürdigen Vollkommenheit gestiegen. Es sind daselbst außer den Künstlern, als Poussierern, Malern u. s. w. gegen 600 Arbeiter. Außer diesen erzählten Porzellanfabriken hat man welche in Wien, im Würtenbergischen, Pfälzischen, in Höchst, in Frankreich, England, Italien u. s. w. errichtet. Die Eigenschaften aber eines ächten Porzellans sind folgende: 1) die Unschmelzbarkeit im heftigsten Ofenfeuer; 2) Unveränderlichkeit bey der schnellesten Veränderung der stärksten Hitze und Kälte; 3) die Fähigkeit, am Stahl Feuer zu geben; 4) Feinheit, Dichte und Glätte auf dem Bruch, fast wie Tafent oder Email; 5) reiner glockenartiger Klang beym Zerschlagen; 6) reine, glatte, glänzende Oberfläche; 7) eine eigenthümliche Halbdurchsichtigkeit, die weder dem

Glase,

Glase, noch dem Opale gleicht; 8) vollkommene blendende Weiße; 9) lebhafte, wohlgeflossene Farben; 10) Glasur, die sich durch nichts, als durch größere Glätte und höhern Glanz von der Porzellanmasse unterscheidet; 11) zierliche, richtige Malerey; 12) edle oder modige Bildung; 13) gleichförmige, dauerhafte Vergoldung.

Porzellanarten, (Porzellanfabrik) in den Fabriken sind alle Waaren nach der Malerey unterschieden, und nach derselben sind sie auch theurer oder wohlfeiler. Die gewöhnlichsten sind: Neuozier; Neubrandenstein; Ordinairozier; Ordinairbrandenstein; Gotzkowskiorsstein; Dulongszierrathen; *à la Raphael* mit Girlanden und spielenden Kindern; mit Bauern Erfurtsmalerey; mit Watteauischen Figuren u. dgl. m. welche Benennungen von den Namen der Künstler, von denen die Zeichnungen entlehnet sind, herrühren. Auch unterscheidet man sie nach der Art der Malerey, z. B. Indianische Malerey, mit flaßirten Girlanden, mit Schildern, mit Tischen, mit und ohne Mosaique, Marseiller Zierrathen; ferner nach der Malerey, z. B. volle Malerey, Dreyviertelmalerey; ferner glatt, geribbet; auch nach Beschaffenheit der Massen in gute Sorten und Mittelgut u. s. w. ferner nach der Farbe, als weiße, blaue mit deutschen Blumen, mit bunten oder Purpur, ingleichen Ponceau, natürlichen Blumen u. s. w.

Porzellanblau, (Färber) eine sehr bleiche blaue Schattirung. (s. Bleichblau)

Porzellan brennen, (Porzellanfabrik) die Kunst, das Porzellan in einem Ofen auszubrennen. Es gehöret zu den größten Geheimnissen der Fabrik, zu welchem nur vereidete Arbeiter gelassen werden. Zur Feuerung des Ofens dienet wohl gedörrtes, und sehr gleich gehauenes Holz, welches leicht Flamme fängt. Indessen haben Versuche bewiesen, daß bey dem Backen auch Steinkolen gebraucht werden können. Aber die Glasur wird davon leicht beschmutzt. Die Geschirre werden in dazu passende Kapseln, nachdem zuvor Sand hinein gestreuet worden, gestellt, und wenn sie genug gebrannt worden, welches man an den Probestücken, die man heraus nimt, erkennet, und der Ofen abgekühlet und ausgenommen ist, so wird der am Fuße der Porzellanstücken angeschmolzene Sand, womit der Boden der Kapseln bestreuet worden, auf einer Schleifmühle, die mit der Hand umgetrieben wird, abgeschliffen.

Porzellanerde, Fr. terre à Porcellain, (Porzellanfabrik) eine harte, weiße, oder gräuliche Mergelart, so sehr leicht ist, und sich etwas fett anfühlet, doch ist sie zuweilen hart, daß sie kann geschliffen werden, und glänzet wie feiner Sand. Im Feuer wird sie zu einem halb durchsichtigen, dunkeln und bläulichen Glase. (s. Porzellan)

Porzellanfabrik, eine ansehnliche öffentliche Anstalt, worinn alle Geschäfte und Arbeiten, die zum Porzellanmachen gehören, verrichtet werden. Die beträchtlichsten in Deutschland sind unstreitig die in Meißen, in Berlin und zu Fürstenberg bey Braunschweig. Die vornehmsten zu einer Porzellanfabrik gehörigen Künstler sind die Arkanisten, die Modelirer, Poussirer, Drechsler, Maler, Brenner, Former, u. a. m. wovon in den besondern Artikeln nachzusehen ist. Desgleichen viele Handarbeiter zum Brennen, Schleifen und andern Arbeiten.

Porzellanfarben, (Porzellanfabrik) Diese bestehen aus metallischen Kalken, die mit einem leichtflüßigen nicht färbenden Glase zusammengeschmolzen werden, und entweder von der Wassermühle, oder auf der Handmühle fein gerieben werden. Die vornehmsten Pigmente zu dieser Malerey sind folgende: Eisenkalk giebt die rothe Farbe; das Goldpräcipitat giebt Purpur, und die violette Farbe; das durch die Säure kalzinirte und mit Alkali niedergeschlagene Kupfer giebt eine schöne grüne Farbe; die blaue erhält man durch Saflor; die gelbe durch die sehr leichten eisenhaltigen Erden, auch durch das neapolitanische Gelb; die braune und schwarze durch dunkle Eisenschlacken vermischt mit sehr dunkeln Saflor.

Porzellanglas, nach Kunkeln ein weißes Schmelzglas, welches auf verschiedene Art bereitet wird, in welchem aber Zinn und Bley all mal die Haupttheile sind.

Porzellanglasur, (Porzellanfabrik) die Glasur, die das Porzellan erhält, nachdem dasselbe erst etwas gebrannt worden. Man nimt dazu Quarz, Porzellanscherben, und kalzinirte Gypskristallen, so wie sie zur Porzellanmasse nöthig sind. Doch verlangt die Glasur mehr Gips. Die sich verglasende Mischung wird ganz fein gerieben, und im reinen Wasser verbreitet. Man bringt die Porzellanstücken schnell hinter einander hinein, die gleich davon soviel als nöthig einsaugen, auch gleich abtrocknen, und alsdenn in Kapseln gestellet völlig ausgebrannt werden.

Porzellanglasur, goldfarbene. (Porzellanfabrik) Man macht ein Bleyglas, indem man Mennige oder Silberglätte mit drittel oder viertel so schweren gestoßenen Kieselstein zusammenschmelzet. Dieses mit Vitrum Antimonii vermengt, und zu einem feinen Pulver gerieben, wird entweder auf das rothglühende Porzellan aufgestreuet, oder mit Bier, oder andern klebrigten Flüßigkeiten zu einer gehörigen Konsistenz zusammengerieben, und mit einem Pinsel aufgetragen. Dann wird das Geschirr in den Brennofen unter die Muffel gebracht, bis das Glas anfängt zu schmelzen, welches man an seinem funkelnden Aussehen leicht merken kann; nach diesem wird es, dieweil es noch warm ist, mit einer Silbersolution überfahren, und nachmals gebrannt. Oder man kann auch das gepülverte Bleyglas mit der Silbersolution anfeuchten, alsdenn wieder zusammenschmelzen, und mit dem Glasiren des Geschirres auf einmal fertig machen. Nach dem Brennen werden die glasurten Gefäße, wenn sie noch rothglühend seyn, über den Rauch von brennendem Stroh und dergleichen gehalten.

Porzellankapseln, (Porzellanfabrik) alle Stücke des fertigen Porzellangeschirres werden hernach in Kapseln oder Kasten aus Porzellanmasse in dem Ofen gebrannt. Wenn sie darinn etwas erst gewordene sind, so werden sie erst

glasurt

glasurt und wieder gebrannt. Diese Kapseln werden in der sächsischen Fabrik aus einer feuerbeständigen eisenfreyen Thonart gemacht, die bey Mehren, unweit Meißen, gefunden wird. Die zuerst also gebrannten Geschirre heißen Bisquit. (s. dieses)

Porzellan machen. (Porzellanfabrik) Aus der Porzellanmasse werden die Geschirre auf der Töpferscheibe gedrehet, Figuren und Gruppen aber und andere Bildwerke stückweise in Formen gedruckt, zusammengesetzt, und mit hölzernen oder elfenbeinernen Werkzeugen, Pinsel und Schwamm, kunstmäßig ausgebildet und poussirt. Die gedrehete Waare wird nach einiger Abtrocknung in Formen gedruckt, um allen Stücken gleiche Größe und Gestalt zu geben, und wiederum auf der Scheibe mit scharfen stählernen Werkzeugen abgedrehet. Man macht aber überhaupt aus der Verfahrungsart ein großes Geheimniß, so daß man hievon weiter nichts, als was Allgemeines, sagen kann.

Porzellanmalerey, (Porzellanfabrik) diejenigen Geschirre von Porzellan, die nicht weiß bleiben sollen, werden mit verschiedenen Farben bemalt. Die Farben sind eben die, die zur Emaillemalerey dienen. (s. Porzellanfarben) Um die geriebenen Farben mit dem Pinsel auftragen zu können, reibt man sie mit Lavendelöl, oder altem Spiköl, oder rektifizirtem Terpentinöl, oder auch wol mit Gummiwasser. Die Malerey geschieht von sehr geschickten Künstlern der Malerey, welche in Landschaftmaler, Blumenmaler u. s. w. eingetheilet werden. Alles geschieht mit den gewöhnlichen Handgriffen der Malerey. Die bemalten Stücke werden dergestalt getrocknet, daß das Oel verfliegen kann. Hernach werden sie in Kapseln oder Muffeln von Porzellanmasse auf einem dazu besonders eingerichteten Heerde in eine Hitze gebracht, die hinreichend ist, das Glas in Fluß zu bringen. Dieser Heerd, worauf dieses Einbrennen geschieht, ist eigentlich ein eiserner Rost, auf den die Muffeln gesetzt, und unter dem die Kolen angebracht werden, wiewohl die Muffeln zuletzt völlig mit Kolen bedeckt werden. Dieser Rost dient auch zum Ausglühen der Kiesel.

Porzellanmalereyproben. (Porzellanfabrik) Die Porzellanmaler machen, wenn sie ihre Farben bereiten, erst eingebrannte Proben der Farben, damit sie einsehen können, was die Farben nach dem Einbrennen verlieren, um dieselben stärker oder schwächer machen zu können, je nachdem es die Schattirungen erfordern. Sie nehmen deswegen einen weißen Porzellanscherbel, machen darauf von allen ihren zubereiteten Farben starke Farbenstriche, und brennen solche unter der Muffel auf dem Heerd ein.

Porzellanmasse. (Porzellanfabrik) Die Bestandtheile dieser Masse sind reine unschmelzbare Kiesel, vornehmlich Quarz und Sand, etwas Gips, vorzüglich die reinen kristallischen Arten, doch allenfalls auch Alabaster, und reiner, magerer, sich ganz weiß brennender Thon, welcher der ganzen Mischung die Fähigkeit, sich formen zu lassen, giebt. Der reine, zumal ganz weiße magere, Thon schmelzt auch nicht im heftigsten Feuer, worein Kalk, Kreide und Gips zum feinsten Flusse kommen, eben so wenig auch jede Vermischung aus solchem Thone und solchem Sande. Nur erst alsdenn, wenn jener oder dieser zu gleichen Theilen entweder mit Kalk oder Gips vermischt, oder wenn mehr Gips als Thon oder Sand genommen wird, erfolgt eine wahre Verglasung. Also eine geringe Menge Gips wird diese noch nicht bewirken, wohl aber dasjenige hervor bringen, was das Porzellan von Töpferwaare gleich weit entfernet. Wenig Kalk würde dieselbige Wirkung leisten, aber er würde die Masse blasig machen, welches man da erfähret, wo man keinen kalkfreyen Thon haben kann. Der sächsische Porzellanthon von der besten Art ist völlig weiß, leicht zerreiblich, mager, hat viele glimmerartige Theilchen, und brauset nicht; wenigstens gilt dies von den zuverläßigsten Proben, die damit gemacht sind, und Liebhaber aufgehoben haben. Der Chineser Porzellanmasse besteht aus Kaolin und Petuntse. Jenes ist ohne Zweifel ein Thon, der von dem beschriebenen sächsischen nicht verschieden ist, letzteres wird für einen Gipsspath gehalten, der Theile in sich hat, die mit Säure brausen, und dem bologneser Thon sehr nahe kömt. Die zerstoßenen Kiesel werden erst geröstet, in Wasser abgelöschet, auf der Mühle gepocht, gemalen, und durch ein feines seidenes Sieb geschlagen. Der Gips wird zerstoßen, in einem kupfernen Kessel gebrannt, und ebenfalls sehr fein gesiebet. Die Mischung von Kiesel- und Gipsstaub heißt die Fritte. Diese vermischt man auf das genaueste mit dem sorgfältig geschlämmten und wieder abgetrockneten Thon, und macht diese Masse mit Regenwasser zu einem Teige, läßt diesen so lange stehen, bis er einen unangenehmen Geruch, eine graue Farbe, und teigartige Weiche angenommen hat. Gemeiniglich nimt man auch zu der Fritte Feingestampfte und gesiebte Scherben von zerbrochenem Porzellan. Das Verhältniß der Theile zur Masse untereinander kann nicht in allen Fabriken einerley seyn, und wenn die Oefen nicht allenthalben gleiche Hitze haben, so nimt man zum Geschirr weniger oder mehr Gips, nach der Hitze des Platzes, den die Stücke im Ofen einnehmen sollen, wodurch aber die Arbeit sehr erschweret, und die Waare ungleich wird. Die Masse erhält noch eine Weihe, woraus ein großes Geheimniß gemacht wird, welche viele Fabriken für nothwendig halten. Es entsteht dabey ein Geruch nach faulenden Eyern, der vermuthlich von der Schwefelleber herrühret, die durch die Zerstöhrung des Gipses entsteht.

Porzellanmuschel, Porzellanschnecke, Fr. Porcelaine, eine Art Muscheln oder Schneckenhörner, so um die lanibalischen Inseln gefunden werden. Die gemeinsten sind weiß. Die schönsten sind von außen korallenroth, inwendig wie versilbert, himmelblau mit goldenen Strahlen. Andere sind kohlschwarz, mit Bleichblau und mit purpurfarbenen Adern vermischt. Die merkwürdigsten aber sind die auf solche Weise gezeichnet, daß sie wie ein musikalisches Notenbuch anzusehen, darum sie absonderlich Musikhörner genannt werden. Die weißen werden an verschiedenen Orten in Asien, Afrika und Amerika anstatt der Scheidemünze gebraucht.

Porzellanofen, (Porzellanfabrik) ein Ofen, worinn die meisten Fabriken ein groß Geheimniß machen. Er muß indessen dergestalt eingerichtet seyn, daß er den erforderlichen Grad der Hitze ohne Gebläse lang genug leistet, und doch auch geräumig genug ist, eine Menge Geschirre mit den Kapseln auf einmal zu fassen. Die vortheilhaftesten Oefen sind diejenigen, welche in ihrem ganzen Gewölbe ein vollkommen gleiches Feuer haben können. Die Oefen in Deutschland sollen ein Parallelepipedum seyn. Der obere Theil ist hohl, mit einem Gewölbe geschlossen, welcher die Waaren enthält. Der Herd, wo das Feuer unterhalten wird, ist auswendig an der schmalen Seite des Ofens, dem Schornstein gegen über, welcher sich an der entgegengesetzten schmalen Seite befindet. Die Flamme schlägt durch verschiedene zu diesem Zwecke angebrachte Oeffnungen in die Kammer, läuft in derselben um, und nimt ihren Ausgang durch den Schornstein. Der Herd und die Kammer müssen ganz aus feuerfesten Steinen, die deswegen aus der Porzellanmasse gebacken sind, aufgeführet werden. Der Rost, auf dem das Feuer brennt, besteht aus eben solchen Steinen; denn Eisen würde zerschmelzen und färben. Das ganze Gebäude bekömt einen dicken Mantel aus gemeinen Steinen, aus denen auch der ganze untere Theil aufgeführet ist.

Porzellan, rothgeblasenes, eine chinesische Porzellanart, welche rothgesprenkelt ist. Man blaset die rothe Farbe durch eine mit feinem Flor verbundene Röhre auf das Porzellan, anstatt daß man sonst andere Figuren darauf malet.

Porzellanvergoldung, (Porzellanfabrik) viele Stellen werden auf bemalten Porzellan auch vergoldet. Zu diesem Behuf muß das Gold erst sehr fein zerstückt werden. Dieses geschiehet entweder durch das Amalgama (s. dieses), oder aus dem Niederschlag aus der Auflösung in dem ohne Salmiak gemachten Goldscheidewasser, mit feuerbeständigem Alkali, oder auch durch das Zerreiben des Blattgoldes mit Kandiszucker. Das Gold wird neben der Malerey mit dem Pinsel aufgetragen, und nach dem Einbrennen mit Blutstein polirt.

Porzellanen, versteinerte Schnecken, die länglichrund, und in der Mitte mit einer gezähnten länglichen Oeffnung versehen sind.

Porzellanschnecken, s. Porzellanmuscheln.

Posaune, (Musikalischer Instrumentmacher) ein messingenes Blasinstrument, so aus zwey Theilen besteht, nämlich dem Hauptstück und den Stangen, welche in einer Scheide stecken. Es wird aber das Hauptstück in die Stangen eingepaßt, und mit der linken Hand die ganze Posaune gehalten, da man indessen mit der rechten Hand die Scheide zwischen die Finger fasset, und mit deren Auf- und Niederziehen, indem man bläset, den Ton angiebt. Die tiefste und größte heißt eine Oktavposaune; die zweyte, so etwas höher gehet, eine Quartposaune; die dritte ist eine gemeine Posaune, und die vierte die Altposaune. In den Orgeln ist ein Pedalregister, so das Posaunenregister heißt; diese Stimme ist von 16 und 32 Fußen.

Posaune, (Orgelmacher) ein Orgelregister, so aus einem 16füßigen Schnarrwerk besteht, so mit 16 Fuß offen übereinstimmt. Alle Pfeifen sind kegligt, oben weiter, von feinem Zinne, und klingen am lautesten, gehen durch das ganze Klavier, und werden oft in großen Orgeln durch ein drittes Klavier gespielt; oder man nimt sie ins Pedal, und dann macht man sie mit messingenen oder auch hölzernen gebohrten Kästen. Die Körper macht man itzt auch von Holz und vierseitig, da die große Schwere ihren engen Untertheil niederdrückt.

Posaunenformen, (Orgelbauer) die Formen, auf welchen die Posaunenpfeifenregister gemacht werden, es sind recht gerade und runde spitze Kegel.

Posaunenregister, (Orgelbauer) ein Orgelregister in einer Orgel, welches den Ton der Posaune nachahmet. (s. Posaune)

Posaunen zu stimmen. (Orgelbauer) Bey den Posaunen machen nur die Tiefen und Kontrebässe (ravalement) einen Unterschied. Man fängt mit dem Diskant oder den drey Oktaven an, (s. Orgelpfeifenstimme) und nimt das dritte C 8 Fuß, das untere D und die folgenden bis F 12 Fuß vor. Bis dahin setzt es wenig Schwierigkeit. Diese fängt sich aber mit E an. Man hilft sich dabey mit dem Dubliren; z. B. man arbeitet nach dem C sol ut von 16 Fuß, läßt den Ton langsam höher steigen, wobey man genau Acht giebt, bis der Ton dublirt; nun läßt man ihn wieder herabsteigen, bis er seinen natürlichen Ton erreicht. Spricht die Pfeife gut an, so wird das Dubliren viel merklicher. Man muß dieses so auffallende Dubliren nur bey einer mittelmäßigen Pfeife abwarten. Ist die Pfeife auf ihren natürlichen Ton herab gesetzt, so konfrontirt man sie mit ihrer Oktave, ob man noch weit davon entfernt ist; und um dieses zu wissen, erhöhet oder vertieft man den Ton seiner Oktave ein wenig, alsdenn wird man sehen, ob die Pfeife zu hoch, oder zu tief ist. Noch fällt dieses nicht leicht, denn ein c sol ut von 16 Fuß Posaune läßt merklich die Terz mit hören, und man könnte leicht die Terz für ut halten; daher gehören einige Minuten Zeit dazu, um den wahren Ton dieser Pfeifen zu erkennen, vornehmlich an den Kontratönen des Basses. Z. B. am F ut, fa, von 24 Fuß, und noch mehr Schwierigkeit setzt es, wenn man bis c sol ut 32 Fuß herab steiget. Hat man ihren rechten Ton, so versucht man sie harmonisch zu machen, indem man sie ein wenig tiefer stellt, um zu wissen, ob man sie verkürzen müsse, oder nicht.

Poschen, Fr. Poches, (Schneider) eine Art von steifen runden Taschen, die mit einem Band von beyden Seiten um die Hüften eines Frauenzimmers gebunden werden, und statt eines kleinen Reifrocks dienen. Es sind eigentlich runde Reifen von Fischbein, oder auch englischem Rohr, welche in Leinwand eingefaßt, gesteppt, und als runde Taschen gebildet werden. Sie sind bequemer als die Reifröcke, weil sie nicht um den ganzen Leib gehen, sondern, wie gedacht, nur von beyden Seiten abstehen, und

dadurch

dadurch dem darüber gezogenen Kleide beynahe solches Ansehen geben, als wenn es über einen Reifrock gezogen wäre. Nicht alle Schneider geben sich mit dieser Arbeit ab, sondern gemeiniglich sind es Frauenzimmer, die sowohl die Poschen, als auch die Reifröcke verfertigen.

Positiv, (Orgelbauer) ein kleines Orgelwerk mit unterschiedenen Registern versehen, das im Kleinen, was eine Orgel im Großen ist. Man kann die Positive von einem Ort zum andern tragen. Das Positiv ist von dem Regal (s. dieses) darinn unterschieden, daß die Pfeifen des erstern stehen, die im zweyten aber liegen, und daß dieses meistens nur Rohr- oder Schnarrwerke hat, das Positiv aber dabey auch Flötenwerk. An den Orgeln heißt auch das kleine Orgelwerk, das hinten an der Orgel und hinter dem Organisten ist, das Rückpositiv: welches einige mit ins große Werk setzen, und das Oberpositiv nennen; oder nebst dem Rückpositiv auch ein Brustpositiv haben, das vor dem Organisten in der Orgel steht, und wie das Rückpositiv sein eigenes Klavier hat. Wenn man das Positiv tragen kann, so heißt es ein tragendes Positiv, sonderlich, wenn man es im Tragen schlagen kann.

Positivlade, (Orgelbauer) die Windlade, die zu einem gewöhnlichen Positiv von 8 Fuß gehöret, und sich zu einer Orgel von 8 Fuß Prinzipal schicket. Um die Größe dieser Windlade zu finden, fügt man zur Klappenlänge einen Zoll hinzu, um den Schwanz zu leimen, einen Zoll zur Dicke des Hinterbretts des Windkastens, und endlich die Breite des Vorderrahms der Lade, die Zahnausschnitte mit begriffen. Die Generalregel für die Länge der Klappenöffnung in einer Positivlade ist, daß man sie fast um einen Zoll kürzer, als die Klappen macht. Um die Höhe des Windkastens zu finden, muß man erst die Höhe der Klappen wissen. Diese sind 9 Linien breit, und folglich 13 Linien hoch. Man giebt einen Zoll Raum zwischen der Höhe der Klappen bis zum Untertheil der Unterlage; diese wird 16 Linien dick. Noch giebt man etwa 3 Linien über der Unterlage bis unter das Brett des Schlusses des Obertheils des Windkastens. Alle diese Maaße zusammen genommen machen 3 Zoll 8 Linien inwendiger Höhe. Man richtet hierbey sein Augenmerk auf die Kleinheit der Diskantklappen, deren Kanzellenausschnitte nur 4 Linien breit sind, und daher müssen ihre Klappen nur 7 Linien zur Breite haben. Diese haben also wie die andern 13 Linien Höhe, welches fast doppelt soviel, als ihre Breite beträgt. Uebrigens ist diese Windlade nicht abgetheilt, und nicht zu groß. (s. Windlade)

Posituur, (Fechtmeister) bey dem Fechten eine geschickte und vortheilhafte Stellung einnehmen, um sowohl sich zu vertheidigen, als auch gegen den Feind zu agiren.

Positur, Fr. Posture, (Maler) ist soviel als Stellung; man braucht aber dieses Wort nur in gewissen Fällen, als wenn man von Grotesken redet.

Posekel, (Grobschmid, Stellmacher) 1) ein großer, schwerer Hammer, mit einer doppelten platten Bahn, womit der Grobschmid das Eisen aus dem Groben ausschmiedet. 2) Ein gleichfalls großer Hammer, mit welchem der Stellmacher die Speichen in die Nabe des Wagenrades schlägt.

Possest, Fr. Possession, (Bergwerk) das Recht des Eigenthums, daß der besitzende Theil an einem Bergbau nicht daraus zu setzen ist.

Possilierer. So nannte man ehedem die Lehrbursche bey den Buchdruckern.

Post, eine, Erz, Fr. une livraison de cuivre, (Hüttenwerk) eine Menge Erz, soviel von einer Zeche oder mit einer Fuhre, oder in einem Faß von einer Sorte zur Hütte geliefert wird.

Postbley, (Hüttenwerk) dasjenige Bley, das in einer Schicht gemacht wird, nämlich achtzig Zentner.

Postement, s. Fußgestell, oder Säulenstuhl.

Postementgesimse, Deckel des Säulenstuhls, Fr. Corniche de Piedestal, (Baukunst) an dem Postement einer Säule der obere Theil, womit der Würfel bedeckt ist, man giebt seiner Höhe ⅔ Modul. Es schicken sich in dieses Gesimse, weil es anlaufend ist, Karnieße, Karnießlein, Hohlkehlen, Viertelstäbe, Platten und Plättlein. Das wesentliche Glied ist eine Platte, oder wenigstens ein Oberplättlein.

Poste, (Steinmetz) die auf einer Steinplatte stehen gebliebene Stücke, wenn aus einem solchen Stein ein Leichenstein gemacht werden soll, und woraus hernach der Bildhauer die Basreliefs aushauet.

Postery, (Hüttenwerk) eine gewisse Menge Erz von einerley Gehalt, welches der Schichtmeister in die Hütte liefert.

Posthorn, (Trompetenmacher) die kleinen als Waldhörner drey und ein halbmal gewundenen messingenen Hörner, welche die Postillions zum Blasen gebrauchen. Sie haben, so wie alle dergleichen blasende Instrumente, ein Mundstück mit einer weiten runden Vertiefung. Sie blasen c oder a durch zwey Oktaven; die kleinen geben bloß eine Oktave an.

Postillion, (Schifffahrt) eine kleine Patache, welche im Hafen gehalten wird, zum Rekognosciren, und Briefe und Zeitungen einzubringen.

Postirungslinien, (Kriegskunst) ein Graben, der vor dem Kriegsvolke gezogen wird, wenn es an einem Passe stehen bleibt.

Postkalesche, s. Postwagen.

Postpapier, (Papiermacher) die feinste Gattung des Schreibepapiers, so von dem besten Zeuge gemacht wird, und davon den Namen erhalten hat, weil man es wegen seiner Leichtigkeit zu den Briefen erwählet, so mit der Post abgehen.

Postulat, ein besonderes Ceremoniel bey den Buchdruckern, wenn bey ihnen einer zum Gesellen aufgenommen wird.

Postulatisch, Pastolatisch, dieses Wort findet man in einigen Bergwerksurkunden, und bedeutet kapellirt von pastale, eine Kapelle. (s. Kapellensilber)

Postwagen, ein großer, schwerer, gerammelter Wagen, dessen Gestelle und Obertheil völlig einem Rüstwagen gleichet.

gleichet. Man hat offene und auch bedeckte. Die bedeckten sind gemeiniglich mit schwarzem Leder überzogen, und haben von beyden Seiten in der Mitte eine Oeffnung, um ein und aussteigen zu können.

Pot, ein französisches Maaß zu flüßigen Dingen, so an einigen Orten auch Quarte, oder Quarteau, und an andern Broc genannt wird. Dieses Maaß ist nicht an allen Orten gleich. An vielen Orten hält es 2 Pinten nach dem Pariser Maaß; an andern aber nur eine Pinte. Zu St. Denis wird die Pinte, die noch einmal soviel, als die Pariser hält, auch Pot genannt.* Zu Langurdol hält der Pot 32 Theile des Septiers, und ist also weniger, als ein amsterdammer Mengel.

Potagenkessel, ein in Form einer Wanne, doch von unten her runder, aus Kupfer getriebener Kessel mit zwey Henkeln und einem Deckel, so bey Verfertigung der Potagen gebraucht wird.

Potagenlöffel, Vorlegelöffel, ein großer silberner oder von anderm Metalle mit einem langen Stiele versehener Löffel, womit man die Suppen und Potagen herumgiebt.

Potagenschüssel, eine große mit einem breiten Rande umgebene zinnerne Schüssel, worinn die Potage oder Suppe aufgetragen wird.

Potasche, (Potaschesiederey) ein feuerbeständiges Laugensalz von den Pflanzen, welches durch das Auslaugen der Asche verbrannter Pflanzentheile erhalten wird. Dieses Salz ist in seiner größten Reinigkeit weiß und ohne Geruch, schmeckt scharf, laugicht und urinartig; der urinhafte Geschmack wird merklicher, wenn man es im Wasser auflöst. Die Potasche hat gewöhnlich eine mehr oder weniger braune Farbe, deren Stärke von dem Grade der Abtrocknung abhängt, den man der Materie gegeben hat, wenn diese Abtrocknung so weit getrieben ist, daß die Potasche eine Art von Röstung erlitten hat, so nimt sie verschiedene Farben an, und diese Farbenveränderung zeigt sich noch weiter, wenn man sie einem Reverberirofen aussetzt. Diese durch das Feuer gewirkte Veränderungen rühren von den, in der rohen Potasche steckenden Mittelsalzen, erdichten und mineralischen Theilen, besonders vom Eisen her, welches man nicht davon abgesondert hat. Die rohe Potasche heißt im Handel kalzinirte Potasche, (Fr. Potasse) wenn sie im Reverberirofen gewesen ist. Die Farbe der letztern ist gewöhnlich grau, oder bläulichgrau, oder weiß mit blau gesprengt, selten findet man ganz weiße. Wenn die Potasche gut kalzinirt ist, so ist sie löcherigt und eckigt, wie die Krätze von Metallen, leicht und giebt ein Geräusch wie Bimsstein. Diese kalzinirte Potasche hat die Eigenschaft, die Feuchtigkeit der Luft an sich zu ziehen, und wenn sie der Luft ausgesetzt ist, zweymal soviel Wasser, als ihr Gewicht beträgt, einzunehmen; man kann sie nur in außerordentlichen wohlverwahrten Gefäßen ganz trocken erhalten. Die rohe Potasche (Salin) zieht die Luftfeuchtigkeit noch viel geschwinder in sich, und man kann nicht vorsichtig genug seyn, sie davor zu bewahren. Da nicht alles Holz gleichviel Asche, und jede Asche nicht gleichviel Salz giebt, so wählt man am besten das harte Holz, besonders Rothbüchen, Hainbuchen, Ellern, Ahorn, Birken u. s. w. Die vortheilhafteste Asche zur Potasche ist die, welche in den Stubenöfen erhalten wird, zumalen wenn sie nicht oft ausgeleeret werden, und also die Asche vollkommen ausgebrannt wird. Man braucht die Potasche im gemeinen Leben zu sehr vielen nützlichen Dingen, vornehmlich auf den Hüttenwerken bey den Farbern, Seifensiedern und andern mehr. Man glaubt der Name Potasche sey daher entstanden, weil ehemals die Bereitung oder Versendung, vermuthlich um das Zerfließen zu verhüten, in Töpfen, die man sonst auch Potte nennt, geschehen sey. Sie hieß auch ehemals Waidasche, nicht weil sie von Wald gemacht wurde, sondern weil sich die Waidfärber der besten bedienten.

Potasche kalziniren, (Potaschsieder) die schwarze Potasche in dem Kalzinirofen von den brennbaren Theilen reinigen. Der Ofen wird dergestalt geheitzt, daß er glühend wird. Alsdenn werden bis 3 Zentner Potasche, die vorhero zu Handgroßen Stücken zerschlagen werden, auf den Heerd gestürzt und dem auseinander gezogen, die eiserne Thüre zugemacht, und mit allmählichem Feuer der Anfang gemacht, damit die schwarze Potasche nicht schmelze, welches sonst gar leicht geschiehet, wenn starkes Feuer gleich Anfangs gemacht würde. Doch muß mit allem Fleiß darnach gesehen werden, daß das Feuer beständig erhalten werde, daß die Potasche nach gerade glühe, und doch nicht schmelze, und darinn muß sie auch erhalten werden, bis sie nach und nach durchglühe. Ist sie nun einmal oben glühend geworden, so wird sie mit einem breiten Eisen, wie ein länglicher Spaden umgewendt, und dieses muß so oft wiederholt werden, als die Potasche von oben her glühend wird. Weil solche unten gemeiniglich noch eine zeitlang schwarz bleibet, wenn sie gleich im Anfang glühend wird, so scheint sie röthlich wie eine dicke Flamme, wie aber solche nach gerade weiß wird, so wird das glühende auch viel heller und klarer, bis sie endlich durchaus weiß geworden. Alsdenn scheint sie ganz klar und helle, kann auch alsdenn mehr Feuer vertragen. Ist der Einsatz gar oder fertig, so wird solcher mit einer eisernen Krücke aus dem Ofen gezogen und auf dem vor demselben von Mauersteinen ausgemauerten Platz ausgebreitet, und nachdem solche erkaltet, gleich in Fässer eingepackt. Bey dem Kalziniren muß man das Klumpern und Fließen, oder das Verglasen des Salzes, durch sorgfältige Regierung des Feuers und fleißigen Gebrauch des Umrührens mit der Krücke verhindern. Auch nach der Scheidung des brennbaren Wesens bleibt dennoch das Alkali durch einige Mittelsalze durch Erde und Eisen unrein. Die gänzliche Reinigung ist schwer, oder vielmehr noch unmöglich, wenigstens geben sich die Potaschsieder nicht damit ab. Betriegerische Sieder setzen bey der Verfallung Sand hinzu, welche glasartige Erde sich auf das genaueste mit dem Salze vermischt, so daß es sich dennoch gut auflöset, und keinen Nachsatz auf dem Löschpapier übrig läßt. Aber die Säuren schlagen diese fremden Erden nieder,

der, sie zeiget sich bey dem Einkochen der Auflösung, und scheidet sich, wenn das Laugensalz in vielem Wasser aufgelöset und in weiten Gefäßen der freyen Luft ausgesetzet wird. Der Abgang der kalzinirten Potasche ist auf 3 Zentner ½ Zentner, man verbrauchet dazu 2 Klafter Holz und 24 Stunden Zeit, ehe drey Zentner kalziniret sind.

Potaschfässer, die Fässer worinn die Asche geschlämmet oder ausgelauget wird. Sie sind oben 2 Fuß 8 Zoll im Durchmesser, unten im Boden 2 Fuß, und tief von diesem Boden bis zum zweyten innersten Boden 9 Zoll. Der unterste Boden hat ein Zapfenloch mit einem Zapfen, der oberste Boden hat Löcher, und ist nur los in das Faß gelegt. (s. Potaschsieden.)

Potaschkalzinirofen, (Potaschsieder) der Ofen, worinn die Potasche kalziniret wird. Er ist länglicht gebauet, und hat in der Mitte einen erhabenen Heerd, woran an beyden Seiten die Backsteine auf die hohe Seite gesetzt sind, damit die Potasche nicht herunter fallen könne; dann ist an jeder Seite des Heerds ein Schürloch, wodurch gefeuert wird. Ueber dem Heerd und über beyde Schürlöcher ist eine platte Haube gemauert, wie über einem Backofen. Auf dem Heerd gehet von vorne ein Schürloch, welches eine eiserne Thüre hat. (s. Potasche kalziniren.)

Potaschsieden, (Potaschsieder) die Asche, welche am besten von hartem Holz ist, und zur Potasche gebrauchet wird, wird zum Auslaugen in Fässer gethan (s. Potaschfässer:) diese Fässer stehen in großen Siedereyen gemeiniglich in drey Reihen, jede Reihe stehet auf einem Gerinne von Eichenholz und gehet hinten ein Latte unter den Fässern her, damit solche nach dem Gerinne etwas abhängig stehen, so daß das Zapfenloch gerade über dem Gerinne zu stehen komme, daß die Lauge darinn ablaufen kann. Die Zapfenlöcher sind beständig offen, und so wie das kalte Wasser auf die Asche gegossen worden, so dringet es durch die Asche durch, nimt das Salz mit, und fließt in das Gerinne. Von allen drey Reihen Fässern gehen also Gerinne, von welchen allen die Lauge zu einem gemeinschaftlichen Troge von Eichenholz, der unter den Gerinnen stehet, ablaufet, von wo sie in die Laugenfässer getragen wird. Das Wasser wird durch ein Gerinne in die Fässer auf die Asche gelassen. Man gießt erst kalt Wasser und hernach etwas warmes auf die Asche, um das Salz auszulaugen, an einigen Orten lauget man auch im Sommer nur mit kalten, im Winter aber mit etwas laulichem Wasser aus. So lange die abfließende Lauge noch braun bleibet, so lange wird auch noch immer Wasser auf die Asche gegossen, so bald die Lauge aber sich nicht mehr färbet, so ist das Salz aus der Asche, und es wird kein Wasser mehr aufgegossen. Diese also ausgelaugte Asche heißt Treibasche (s. diese) und wird zum treiben auf den Hüttenwerken gebraucht. Die Lauge wird nunmehro versotten. Dieses geschiehet in zween eisernen Töpfen und einem kupfernen Kessel, welche alle drey eingemauert und im Durchmesser 3 Fuß 2 Zoll, unten rundlich und 1 Fuß tief sind. Anfangs wird ein eiserner Topf und der Kessel voll Lauge gegossen, untergefeuert und gesotten. So wie nun der eine Topf einsiedet, so wird aus dem kupfernen Kessel von der siedenden Lauge der eiserne Topf wieder gefüllet, damit solcher immer im Sieden bleibe, der Kessel aber wird wieder mit kalter Lauge gefüllt und zum Kochen gebracht. Wenn mit dem ersten Topf 24 Stunden gesotten worden, so wird mit dem zweyten eben so verfahren, und so lange fortgefahren, bis es in dem ersten Topf hart siedet. Wenn die Nässe davon gänzlich verrauchet ist, so kocht es wie ein brauner Schaum, und wird immer aus dem Kessel siedende Lauge zugethan, bis es beginnet dick zu werden. Alsdenn wird keine siedende Lauge aus dem Kessel mehr hinzugethan, sondern nur ein gemächlich Feuer unterhalten, bis es endlich immer dicker und völlig hart wird. Dieses bleibt nun so lange stehen, bis der Topf erkaltet ist, alsdenn wird der hart gewordene Boden, der ohngefähr 5 bis 6 Zoll dick ist, mit einem eisernen Meißel ausgeschlagen, und dieses nennt man die schwarze Potasche, auch von einigen Siedern der Fluß genannt. Gemeiniglich wiegt der Boden von einem Sott 1 bis 1½ Zentner, und man braucht dazu wenigstens 30 Stunden Zeit und 1 Klafter Holz. Mit dem zweyten Topf wird auf eben die Art verfahren, und wenn es in dem ersten Topf hart kochet, so ist es in dem zweyten Topf halb gar, wenn aber auch dieser Topf hart kochet, so wird der Boden aus dem ersten ausgeschlagen und wieder gefüllt, und solchergestalt bleiben beyde Töpfe immer im Gange, aber wie gezeigt, nicht in einerley Arbeit, damit alles besser abgewartet werden kann. Diese schwarze Potasche ist vornehmlich mit vielem brennbaren Wesen verunreiniget, und um diese zu verjagen wird sie im Ofen kalziniert. (s. Potasche kalziniren) In Pohlen ersparet man sich die Mühe, die Lauge verdunsten und das Salz kalziniren zu lassen. Man läßt nämlich die stark gesättigte Lauge in Tropfen auf einen von unten erhitzten Heerd fallen, wodurch sogleich das Wasser verjagt und das Alkali kalziniret wird. In Schweden und in noch mehreren Ländern lauget man die Asche nicht aus, sondern macht sie mit Wasser zu Teige, den man an Tannenbäume klebt; diese zündet man alsdenn an, und schlägt die meist verglasete Asche herunter. In England, an der Mosel am Rhein und auch anderswo leget man Stroh, Hobelspäne oder dünnes trocknes Holz in eine gewölbte Aschenkammer, und zündet solche an.

Potaschsiederey, ein besonderes Gebäude oder Anstalt, worinn die Potasche gesotten wird. Die Einrichtung derselben bestehet aus der Siederey selbst, der Aschkammer und dem Kalzinirofen, worinn die Potasche gesotten, die Asche aufbewahret, und kalziniret wird. Die Geräthe, die in der Siederey gebraucht werden, bestehen in Aeschern oder Gefäßen zum Auslaugen, den Sümpfen, worinn die Lauge gesammlet wird, und in Kesseln, Pfannen, Schaufeln und Krücken.

Poterne, Schlupfthor, (Kriegskunst) an einer Vestung ein kleines heimliches Thor, wodurch man unvermerkt ausfallen kann. Es wird entweder an der Kourtine oder nicht weit von einem Orillon gemacht.

Pott,

Pott, heißt im Niedersächsischen ein Topf, so ehemals ein kleines hölzernes Faß. Pott oder heißt auch noch in Spanien ein Weinmaaße, welches 3 bis 4 Eymer hält.

Poulangis, eine Art von groben halb wollenen und halb leinenen Zeuge oder Tiretaine, wovon viele in Bourgogne um Auxerre und in der Pikardie zu Beaucompsle Vieux verfertiget werden.

Poulain, s. Polin.

Poulaillerie, (Haushaltung) der Ort, wo allerley Federvieh aufgezogen und gemästet wird.

Pouni, Puni, eine Rechenmünze im Königreich Bengalen, und in dem ganzen Reiche des großen Mogols. Sie gilt 20 Gandans, jeden zu 4 Kauris, und also 80 Kauris. Nach dem Unterschiede der Rupien machen deren mehr oder weniger 1 Rupie aus. Eine Amarantrupie oder alte Rupie gilt 54, die Rupie von Patna 36½ Pounis.

Poussirbeine, Poussirhölzer, Fr. Ebauchoirs (Wachspoussirer, Modellirer) Werkzeuge von Holz oder Elfenbeine, sieben bis acht Zoll lang, auf der einen Seite rund, auf der andern flach. Diejenigen, welche an dem einen Ende Zähne haben, werden von den Franzosen Ebauchoirs brettes oder brettelés genannt. Man braucht diese Hölzer zu dem Poussiren in Wachs oder Thon; mit den gezähnten kratzt man den Thon oder das Wachs ab, und bereitet dadurch seinen Werth zu; die andern braucht man zum Glätten. Ersteres nennen die Franzosen Bretter oder Brettelér. Daher heißt Brettüre nicht nur das Zahneisen, welches an den Enden einiger Werkzeuge ist, sondern auch das Striche, welches der Poussirzahn auf der Arbeit von Wachs oder Thon zurückgelassen hat. Ein anderes solcher Werkzeuge, welches im französischen Talon heißt, ist dasjenige, so von den Gipsarbeitern gebraucht wird. Es giebt davon zwey Sorten, die aber nur der Größe nach unterschieden sind.

Poussiren, in Wachs oder Thon mit den Poussirgriffeln eine entworfene Zeichnung zu einem Geschirre in der erhabenen Gestalt wie es gegossen werden soll, bilden und darstellen. Selten poussiren die Metallarbeiter selbst, sondern lassen es von geschickten Bildhauern thun. Wenn sie es selbst machen können, so wird vorausgesetzt, daß sie die Zeichenkunst sehr wohl verstehen müssen. Alsdann wird nach den Regeln derselben in Wachs oder Thon poussiret, um das erhabene vorzustellen, was die Zeichnung auf einer geraden Papierfläche entwirft. Man macht also von dem Wachs z. B. Erhabenheiten oder figürliche Körper, so wie es die Natur eines jeden Dinges erfordert. Das Poussirwachs wird aus rother Mennige oder Zinnober, Schweineschmalz und Harze in eine Masse zusammengeschmelzt, damit es eine Geschmeidigkeit bekomme, und sich mit den hölzernen Poussirgriffeln dehnen, ausstreichen, zusammendrucken oder erheben lasse. Andre mischen zu dem Gesichte, ein fleischfarbenes, zu den Wangen ein rothes, oder ein Wachs von verschiedenen Farbenhöhen und Tiefen. Diese gefärbte Wachsmassen presset man durch Leinen, um sie rein zu haben. Wenn es kalt geworden, wird es auf einen glatten von Holz gedrechselten Leuchter z. B. oder auf eine große glatte Figur von Kupfer oder Silber gebracht, und nach der vorgelegten Zeichnung mit runden, an einem Ende etwas aufgeworfenen kleinen Poussirgriffeln, von allerley Spitzen, zu erhabenen Figuren heraus und aus einander gedruckt oder verstrichen und gleichsam geschnitzt, bis die Figuren erhaben genug sind, so wie die künftigen Figuren z. B. auf dem gegossenen Leuchter von Silber werden sollen. Bey dem Poussiren selbst macht man die Griffel im Munde öfters naß und drückt mit denselben nach dem Risse das Wachs zu Blättern, Ranken, Laubwerk rc. mit den Griffeln auseinander. Man verstreicht das Wachs nach allen Seiten so lange, bis alle Figuren die verlangte Erhabenheit erhalten und angenommen haben. Hat man nun sein hölzernes Model auf solche Art mit Wachs poussiret und bedeckt, so wird es in dem Formsand zum Gießen abgedruckt (s. Abformen und Gießen) die Bildhauer modelliren oder poussiren gemeiniglich ihre Sachen, die sie in Stein oder Holz aushauen wollen, mit den nämlichen Handgriffen in bleichen Thon ab.

Poussirgriffel, s. Poussirbeine.

Poussirhölzer, s. Poussirbeine.

Poussirstuhl, (Bildhauer) ein vierbeinigter Stuhl, oben mit einem flachen Brett bedecket, welches sich an einer runden Stange, die mitten durch den Stuhl herabgehet, nach allen Seiten herumdrehen läßt. Man bildet auf diesem Brete den Thonklumpen, woraus poussirt werden soll, mit den Poussirgriffeln. (s. Poussiren.)

Poussirwachs, (Poussirer, Modellirer) eine Masse, woraus kleine Sachen für die Metallarbeiter poussiret wird. Es wird aus gelbem Wachs, weißem Pech und Terpentin geschmolzen. Die flüßige Masse gießet man auf Wasser und knetet sie unter einander, damit sie geschmeidig wird. Beym Kneten werden die Finger öfters in Baumöl getaucht, damit das Wachs leicht seine Figur bey dem Poussiren ändere. Des bessern Ansehens wegen giebt man dem Wachs bey dem Kneten mit Zinnober eine rothe Farbe.

Pout, seidner Pou, ein ganz seidner Zeug, dessen Grund dichter als der Gros de Naples, aber nicht so dichte als der Gros de Tours, jedoch dicker ist, und höher erhabne Ribben als dieser Zeug hat. Man kann ihn ganz füglich für eine Art ganz seidener Fermontiens ansehen.

Poysen, (Hüttenwerk) ein altes Wort aus dem 15ten Jahrhundert, auch noch älter, das Wägen oder mit der Wage aufziehen bedeutet. Vielleicht ist es ein altes gallisches Wort, wovon das Französische Poids hergekommen, und daraus das unter den Bergleuten sehr gewöhnliche Boysen entstanden.

Pozzolane, eine Art rother Erde, welche im Neapolitanischen bey der Stadt Pozzolo gefunden wird, die mit Kalk vermischet den vortrefflichsten und dauerhaftesten Mörtel zu Wassergebäuden giebet.

Prachtgestock. (Baukunst) So nennt man bisweilen

das zweyte Stockwerk eines Gebäudes großer Herren, weil darinn die vornehmsten Zimmer angebracht werden.

Prachtkegel, s. Obelisk.

Prägeeisen, (Münze) in einem Klippwerk, das 16 Zoll lange stählerne Eisen, unten etwas schmäler als oben, worauf der Revers eingeschnitten ist. Es ist in dem Klippwerk oberwärts angebracht, und unter demselben stehet der **Prägestock**, womit der Avers ausgepräget wird.

Prägen, (Münze) die Arbeit, da man den Geldplatten die Wappen und Bilder durch gewisse Stempel in den Münzmaschinen mittheilet. Das Prägen geschiehet auf zweyerley Art. Die Scheidemünze wird in dem Klippwerk (s. dieses) und die grobe Münze im Stoßwerk oder Anwurf (s. diesen) ausgepräget. Bey der erstern Art sitzt der Präger niedrig vor dem Klippwerk, nimmt aus dem Setzbret eine Geldplatte, und legt solche genau auf den Prägestock, ein anderer höher stehender Arbeiter schlägt mit einem schweren Hammer oben auf den Kopf des Prägeeisens mit Nachdruck auf; wodurch auf einem Schlag der Avers und Revers auf die Platte gepragt wird. Der Präger tritt in dem Augenblick in den Steigbiegel der Wippe, wodurch diese genöthiget wird, das Prägeeisen aufzuheben, um eine neue Geldplatte unterlegen zu können, da die Seitenfeder, welche in der Fuge des Prägestocks anschließt, das Gepräge sogleich fortweist und der neuern Platte Platz macht. Das grobe Geld wird wie gedacht mit dem Anwurf geprägt und geht nicht so geschwinde als in dem Klippwerk, weil diese Maschine nur durch einen trägen Schwung der Preßstange in Bewegung gesetzt wird. Der Prägestock ist in einem Kasten fest geschraubet, und wenn die Platte aufgelegt worden, so bewegen die Preßstangen des Anwurfs 4 Personen hin und her in einem Bogen und prägen solchergestalt die Platte.

Prägestein, ein zu schmalen Streifen von verschiedener Dicke geschnittener Schleifstein, welchen die Silberarbeiter gebrauchen. Es sind ungefähr einen Fuß lange, gelbgraue Steine, von der Dicke eines Pfeiffenstiels, welche man am Ende zuzuspitzen pflegt, um damit das Silber, besonders in den krausen Stellen, wo man nicht mit dem Bimsstein hinkommen kann, glatt zu scheuern oder zu schleifen. Man hat gröbere und feinere Prägesteine. Das Dutzend gilt 4 bis 6 Gr. Die harten sind die besten. Man pflegt sie zwischen die Zähne zu ziehen, um zu wissen, ob sie knirschen; schaben sie sich zu viel ab, so sind sie zu weich.

Prägeschatz, (Münze) So nennt man denjenigen Vortheil, den der Landesherr nach Abzug aller Unkosten aus der Münze selbst ziehet.

Prägestock, (Münze) der kurze dicke Stengel in einem Klippwerk, worauf der Avers der Münze eingeschnitten ist. Es stehet gerade unter dem Prägeeisen unbeweglich feste.

Prägewerk, s. Stoßwerk.

Prahm, ein plattes Fahrzeug auf den Flüssen, darauf man Wagen, Pferde und Vieh bequem übersetzen kann. (s. auch Fähre.)

Prallendgebirge Fr. des montagnes coupées par des vallées, (Bergwerk) wird dasjenige Gebirge genannt, welches mit auf einander folgenden Thälern und Schluchten durchschnitten ist, und gleichsam über einander wie in Stuffen stehenden Absätzen immer höher ansteiget.

Pralltriller, (Musik) ein Triller, welcher kurz und schnell geschlagen wird, wo die zwey abwechselnde Töne gleichsam zurückprallen.

Prammen, (Bergwerk) Ritzen, welche von den Bergleuten ins Gestein mit dem Bergeisen geschlagen werden.

Pramme, s. Prame.

Präpariren das Haar zum Tressiren, (Perrückenmacher) wenn die Haare in der Pastete gebacken (s. Backen) sind, so wird die Pastete zerbrochen, die Packen aus derselben genommen und die Haare von dem Krausstock abgewickelt. Alsdenn werden sie eingepudert, damit aller Schmutz herausgehet. Nun werden sie wieder zwischen zwey Kartetschenleder, gerade wie das erstemal, da sie zum Krausen sortiret wurden (s. Krausen des Haares) gelegt und an den vorspringenden Köpfen aus den Kartetschen herausgezogen. Alsdenn werden sie aus einer Hechel, so wie der Flachs, gehechelt, oder wie der Perrückenmacher saget, gespickt, damit die Köpfe der Haare gerade zu liegen kommen, oder damit sie klar werden, und sich bey dem tressiren gut ausziehen lassen. Zuletzt bindet man alle Packete jeder Länge einer Perrucke zu einem einzigen Packet zusammen, macht aus diesem großen Packet eine einzige Locke, und nummeriret diese mit einem Zettel, damit man weiß, zu welcher Etage der Perrucke das Packet gehöret. Diese ganze Behandlung erhält den Namen des Präparirens der Haare zum tressiren.

Präpariren des Kattuns, (Kattunmanufaktur) die Reinigung des gebleichten Kattuns, damit er von der [illegible] und dem Schmutz gänzlich befreyet werde, und die Druckfarbe besser annehme. Man gießet zu diesem Behuf einige Eimer Wasser in einen Kessel und schüttet hierin Weinsteinöl in erforderlicher Proportion, wodurch das Wasser Milchweiß wird. Man thut ungefähr auf 20 Eimer Wasser 5 Pfund Weinsteinöl. Ueber dem Kessel stehet eine hölzerne Winde, auf einem eisernen Gestelle, und auf diese Winde hängt man ein Stück Kattun, drehet die Winde mit ihrer Kurbel um, und ziehet das Stück Kattun einmal durch dieses Wasser durch, hierdurch wird der Kattun von allem Schmutz gereiniget.

Prasemstein, Praser, (Bergwerk) lauchfarbiger Chrysolit, ein durchscheinender grüner Stein, an Farbe wie Lauche. Man hält ihn für die Mutter des Smaragds, und einige rechnen ihn auch zu den Smaragden, andre aber zu den Agaten und noch andre zu den Berillen. Man hat 1) völlig grüne, wie Lauchsaft, 2) ins goldgelbe fallende, 3) den weißlichen mit wenig grün und mehr gelb scheinend. Er wird von der Feile angegriffen, und verliehret die Farbe im Feuer.

Praser, s. Vorher.

Prasoiden, ein edler Stein, der unter die Chrysolithe gehöret, und gemeiniglich hellgrünlich ist.

Prasselgold, s. Knallgold.

Prästanten, (Orgelmacher) in einem Orgelwerk die klingenden zinnernen Pfeifen des Principals, weil sie mehrentheils im Werke vorne heraus stehen von dem Lateinischen Prae und Stare. Dieses Register kann auch mehr prästiren als die andern.

Prave, s. Tragant.

Preis, Preischen, s. Priese.

Preißkurant, (Handlung) in großen Handelungsstädten gebrauchte Zettel welche wöchentlich an gewissen Tagen ausgegeben werden, und die jedesmaligen Waarenpreiße enthalten. Den Amsterdammer Preißkuranten werden auch die Assekuranzen auf abgehende und ankommende Schiffe beygefüget.

Preißziegel, Ortziegel, Walmziegel, (Ziegelstreicher) kleine Forstziegel, welche an dem einen Ende breiter und tiefer sind, als am andern, die Walmsparren damit zu decken.

Prelle, (Jäger) ein starkes Tuch, womit die Jäger die Füchse prellen.

Preller, (Artillerie) diejenige Arten von Stücken, die 16 Kaliber lang, 12 Pfund Eisen schießen und 17 Zentner schwer sind.

Preller, (Kupferhammer) ein starkes viereckigtes Stück Eisen, welches unter dem Sohl des Hammers lieget, und auf welches der Schwanzring des Hammerstiels bey dem Niederdrucken schläget. Der Widerstand dieses Prellers verstärkt die Kraft des Hammers wenn er schmiedet.

Prellhammer, (Eisenhammer) ein zwey Zentner schwerer Hammer, dessen Bahn, so wie des Plattinenhammers cylindrisch ist. Der Helm des Hammers läuft mit der Hammerwelle parallel, und die langen Ziehärme ergreifen den Helm kurz hinter dem Eisen des Hammers selbst. Die Hülse des Hammers bewegt sich in den Backen der beyden starken hölzernen Säulen, woran er von den Ziehärmen bewegt wird. Diesen Hammer bewegt das Wasser, so wie alle dergleichen schwere Hämmer auf den Hammerwerken. Die Hammerwelle hat vier starke hölzerne Hebarme, womit sie den Helm, wie gedacht, heben. Mit diesem Hammer wird das Eisen zu Kappen (s. diese) geschmiedet.

Prellnetz, (Jäger) eine Art von Jagdnetzen, die man nur bey der Schweinsjagd zu gebrauchen pflegt. Es wird in der Länge eines Jagdnetzes, aber nur halb so hoch, auch spiegelicht gestrickt, jedoch eben so stark an den Leinen, aber etwas stärker gemacht. Seine Furkeln müssen mit einer eisernen Gabel beschlagen werden, die etwas hoch ist, daß die Leine von den Sauen nicht darauf gelaufen werden könne und müssen auch sehr stark seyn. Dann wird dieses Netz 10 Schritte weit vor dem Lauftuch auf die Ober- und Unterleine durch die Wechsel hinausgestellt; wenn nun die Sauen anfangen darüber zu laufen, denn sie halten gerne eine lange und schmale Flucht, so läßt es der Jägerzeichen von beyden Seiten her geschwinde auf die Furcheln legen, und lebt sich daran nicht, ob noch viel zurück sey, so jagen sie sich an wieder zu Reißen, und können dann die andern nicht nachkommen, müssen also wieder umwenden, oder zurückprellen. Daher heißt es ein Prellnetz. Sie salviren auch die Lauftücher wenn sie stehen, denn es kann alsdenn keine Sau wieder ins Jagen kommen, weil ihr der Paß abgeschnitten ist, bis sie alle gefangen sind. Es gehören bey jeder Furchel zwey Windleinen, die eine inwendig die andere auswendig anzubinden, indem sie auf beyden Seiten fest halten müssen. Wenn die Furkeln unten mit Gelenke gemacht sind, und auf dem Flügel eine Winde oder Haspel gestellt ist, damit das Prellnetz geschwinde aufgerückt werden kann, so kann niemand von den Leuten durch die Sauen in Gefahr kommen.

Prellschläge, Mordschläge, (Bildhauer) die mißlungenen Schläge auf einem Stein, da nämlich das Eisen, indem man mit dem Klippel darauf schläget, von dem Marmor abprellet oder abspringet.

Prellschuß, Fr. Ricochet (Artillerie) wenn ein Stück nur mit so viel Pulver geladen wird, als man brauchet, die Kugeln in die Werke zu bringen, welche man beschießen will. Dergleichen Schüsse können sowohl aus Kanonen als Mörsern geschehen; Vauban ist der erste gewesen, der sich ihrer mit Nutzen bey der Belagerung von Ath 1697 bedienet hat.

Prellstange, (Drechsler) diejenige Stange an der Drehbank, die anstatt der gewöhnlichen Wippe an die Decke der Werkstatt angemacht, und mit welcher, so wie mit der Wippe vermittelst der Schnur und des Fußtritts die Arbeit an der Drehbank umgedrehet wird. Sie ist oben an der Decke der Werkstatt befestiget und von elastischem Holze, daß sie sich biegen läßt. (s. Drehbank der Drechsler)

Prellstange, (Messingwerk) eine Stange, die mit dem Hobel der großen Scheere in dieser Anstalt durch einen Arm vereiniget ist, und mit zu der Bewegung der Scheere, welche das Wasser treibt, das übrige beyträgt. Denn wenn diese Scheere schneiden soll, und die Welle die vom Wasserrade bewegt wird, den Hobel, und dieser die mit ihm verknüpfte eiserne Stange in Bewegung setzt und also die Scheere zum Schneiden der Messingtafeln öffnet, so zieht diese Prellstange den Hobel wieder zurück, wenn ihn der Ziehdarm nach der entgegengesetzten Richtung gebracht hat, und die Scheere schneidet alsdenn. Die Prellstange muß aus einem elastischen und zugleich zähen Holz gemacht werden.

Prems, s. Brems.

Premse, (Mühlenbau) bey den Windmühlen wird das Mittel also genennt, wodurch der Umlauf des Hauptrades gehemmet und die Mühle zum Stillstehen gebracht werden kann. Es bestehet dasselbe aber aus einem großen hölzernen Zirkel, der sich an die Welle des großen Kammrades fest andrücken läßt, und wird als ein höchstwichtiges und unentbehrliches Stück bey der Mühle, jedoch anders bey den Deutschen als bey den Holländischen, angebracht. Bey den ersteren läuft das Rad frey, bey den andern aber

lieget

liegt die Last auf dem Rade, und hindert solches an seinem Gange.

Preßarm. (Strumpfwürkerstuhl) Diejenigen ausgebogenen eisernen Arme, woran die eigentliche Presse des Strumpfwürkerstuhls befestiget ist. (s. Presse des Strumpfwürkerstuhls) Auch an der Untern- oder Schwingenpresse die beyden eisernen Bänder oder Arme, an welchen eigentlich die Schwingenpresse befestiget ist. Gegen das Ende eines jeden Arms ist ein schweres, rundes Stück angebracht, damit durch diese Schwere die Presse in die Höhe gehoben werden kann, wenn es nicht nöthig ist, daß solche auf den Unterrahmen drücken soll. Und damit sie diese Bewegung leichter machen kann, so [illegible] Band in beyden Preßarmen ein gebohrtes Stück, [illegible] die Ruthe von beyden Seiten durchgeht, und [illegible] die Presse mit ihren Armen spielend auf und nieder, nachdem es erfodert wird, bewegt werden kann. (s. Schwingenpresse)

Preßbank, (Baumwollstreicher) eine Art von Presse, worinn die gestrichenen baumwollenen Fliedern, (s. diese) nachdem sie auf einander gelegt worden, zusammengedrückt, und zu Pfunden zusammengebunden werden. Es besteht dieselbe aus einer niedrigen Bank auf vier Füßen, an deren einem Ende drey senkrecht aufgerichtete Bretter einen hohen Kasten bilden, der oben und vorne offen ist. Seine Größe richtet sich nach der Größe der Baumwollenfliedern, die darein eine auf die andere geleget, und alsdenn mit einem Brett, das darein paßt, zusammengedrückt werden.

Preßbaum, (Windmüller) derjenige Baum in einer Windmühle, wodurch die Presse der Mühle das Kammrad in seiner Bewegung hemmet, wenn die Mühle stehen soll. Der Baum liegt auf dem Fußboden, und ist an einem Ende an der Wand der Windmühle befestiget, kann aber an dem andern Ende vermittelst eines Seils mit einer Winde erhöhet werden. Wenn nun der Preßbaum in die Höhe gezogen wird, so erhebt sich auch die Presse, und das Kammrad kann sich frey bewegen. Läßt man aber den Preßbaum und zugleich die Presse (s. diese) durch ihre eigene Schwere hinabsinken, so schließt sich nicht nur die Presse an die Stirne des Kammrades an, sondern das Knie der Presse, welches locker eingezapft ist, stellet sich auch unterhalb des Kammrades, und beydes hemmet die Bewegung dieses Rades, der Windflügel, und zugleich der ganzen Mühle.

Preßbengel. (Buchbinder) ein starkes Stück Holz, nach einer länglichen Figur zugerichtet, welches unterhalb in der Mitte einen Kerb oder Einschnitt hat, und genau auf die Schraubenmutter der Schrauben einer Plattpresse (s. diese) passet, womit auch die Schraubenmuttern der Presse stärker angeschraubet werden können, wenn man mit der Hand solches nicht mehr thun kann. Folglich dienet dieser Preßbengel anstatt eines Hebels.

Preßbengel, (Buchdrucker) eine dicke, eiserne Stange, welche in die Spindel der Buchdruckerpresse (s. diese) eingezapft, und mit einer Flügelschraube befestiget ist. Er hat vorne eine starke hölzerne Scheide, und vor dieser einen schweren hölzernen Knopf; dieser giebt dem Preßbengel, wenn mit selbigem die Spindel der Presse umgedrehet wird, einen starken Schwung. (s. Buchdrucken)

Preßbogen, (Strumpfwürkerstuhl) ist der eigentliche gerundete Bogen, der sich an den Preßarmen der Presse (s. diese) befindet, und bis hinter den Federkasten (s. diesen) reichet, woselbst er an das Preßquerstück befestiget, und mit eisernen Bändern angemacht ist.

Preßboy, (Tuchmacher) die gröbste Zeugart unter den Tüchern, welche aus der groben einschürigen Ausschußwolle der Zeugmacher verfertiget wird; wiewohl man auch ganz gut den Kämmling der Wollkämmer, so kurz er auch ist, verbrauchen kann, weil der Boy von der Presse glatt wird. Er ist ⅞ Ellen breit, und wird etwas wenigers in der Walke gewaschen. Nachher rauhet man ihn, giebt ihm in dem Rahmen einen Strich, und setzt ihn in eine warme Presse. Uebrigens wird er mit den Handgriffen der andern Tücher auf einem einmännigen Tuchmacherstuhl verfertiget.

Preßbrett, (Tuchbereiter) das Brett, welches unter und über ein jedes Stück Tuch, auf und unter die Späne in der Presse (s. diese) gelegt wird, wenn die Tücher gepresset werden sollen. (s. Pressen der Tücher, auch Presse der Tuchscherer)

Presse, Fr. Presse, überhaupt ein Werkzeug oder Geräthe von Holz oder Eisen, in welchem zwischen zweyen Platten oder Brettern durch Schrauben eine dazwischen gelegte Sache so stark als man begehret, zusammen gedrücket werden kann. Der Gebrauch der Pressen ist so verschieden und gemein bey Manufakturen und Handwerkern, Haushaltungen u. dgl. daß es derselben viel und mancherley giebt, die in Ansehung der Bauart und des Gebrauches allerley Benennungen erhalten; als da sind Buchdruckerpressen, Kattunpressen, Kupferdruckerpressen, Zeugpressen, und viele andere mehr. (s. davon jede an seinem Ort)

[illegible] (Goldschläger) zwey starke eiserne Platten, ohngefähr [illegible] Fuß lang und halb so breit. In der untersten Platte sind zwey senkrechte eiserne Stangen befestiget, auf welchen die oberste Platte sich aber auf- und niederwärts bewegen läßt. Dieserwegen hat sie in der Mitte ihrer obern Seite einen Bügel, woran, vermittelst eines Nagels, die Spitze einer Schraube, die den Bügel durchbohret, befestiget ist. Diese Schraube durchbohret einen eisernen Riegel, der auf den senkrechten Stangen befestiget ist. Mit dieser Schraube, die durch diesen Riegel in der Mitte in einer Mutter geht, kann also die obere Platte herauf und herunter der untern näher gebracht werden. Diese Presse dienet dazu, die Hautformen von der nach dem Gebrauch eingezogenen Nässe zu befreyen, weil die Dünste in der Werkstatt sich in die Formen ziehen, und den Anstrich des Grundirzeugs (s. Stärken) klebricht machen, daß der Schuß der Metallblätter dadurch gehindert wird. Daher müssen die Formen, so oft sie gebraucht werden, von dieser Nässe befreyet werden, denn ohne dem würde sich die Arbeit sehr verzögern, weil man genöthiget seyn würde, die Blätter länger zu schlagen. Der Goldschläger bestreuet deswegen jede Seite der Formblätter mit zerstoßenem Marienglase, und reibt es mit einem rauhen Hasenfuße ein. Dies nimt das Klebrichte des Anstrichs weg; die innere Nässe aber trocknet er durch die Presse. Er bringt nämlich die Form zwischen zwey dünne büchene Bretter, damit sie nicht verbrenne, in die warm gemachte Presse, und zieht die Schraube stark an. Nachdem sich viel Feuchtigkeit entdeckt, muß sie lange in der Presse liegen. Alsdenn legt er auf die glatte Bahn eines Hammers einen Ring oder Zange, stellt die Form darauf, und hält sie dergestalt, daß er durch alle Blätter durchblasen kann. Ist in der Form noch Nässe, so setzt sie sich, nach der Natur der Dünste, an das kalte und schwere Metall des Hammers, und das Pressen muß so lange fortgesetzt werden, bis der Hammer beym Durchblasen der Form nicht mehr anläuft. Durch das Marienglas aber bekommt die Hautform Flecke, die abgerieben werden müssen, weil das Metall sonst anläuft.

Presse an der Windmühle, Fr. Frein, (Mühlenbau) ein Kranz aus lauter Krümmlingen oder krumm gewachsenen Hölzern gemacht, und nach der Rundung des Rades zusammengesetzt. Sie dienet, die Mühle zum Stillstehen zu bringen, und dieses geschieht, wenn man den Preßbaum durch das Loch niederläßt, so daß hernach die Presse um das Kammrad herumgezwungen wird, und solches still stehen muß.

Presse der Federschmücker, eine Presse, um die Federn der Hüte, nachdem sie zusammengesetzt sind, als auch, wenn sie gefärbt worden, und ungleich sind, wieder gerade und glatt zu pressen. Sie gleicht beynahe einer Presse, worinnen man das gebrauchte Tischzeug presset. Sie besteht nämlich aus einem vierkantigen schweren Stücke Holz, welches ohngefähr Fünfviertel ins Gevierte groß, und einige Zoll dick ist. Es ruhet auf einem starken Fußgestelle. Die Oberfläche des Stücks ist recht glatt und eben. In dem Stück ist auf zwey Kanten ein Rahmen ein[illegible], der über der Presse einen Galgen bildet, auf der [illegible] selbst liegt ein anderes bewegliches schweres Stück, welches von beyden Seiten da, wo es an die Arme des Rahmens angränzt einen Ausschnitt hat, damit es an den Armen herauf und herab geschoben werden kann. Oben durch das Querstück des Rahmens geht eine Schraubenmutter, wodurch eine große hölzerne Schraube durchgeht, welche in eine andere Schraubenmutter auf dem beweglichen Stück geht, und womit dieses Stück auf das unterste geschraubet werden kann.

Presse der Karten, s. Kartenpresse.

Presse der Kattundrucker, s. Kattunpresse.

Presse der Knopfmacher. Es ist eigentlich eine Stampe, (s. diese) womit derselbe den Folienscheiben zu seinen Knöpfen eine figürliche Gestalt mittheilet, indem solche entweder eine Rosen- oder Sternfigur oder dergleichen enthalten. Soll die Folienscheibe hohl werden, so muß die bildende Grundfläche dieser Presse rund seyn, im Gegentheil erhaben, wenn die Folienscheibe erhoben seyn soll. Die Figur muß in der Presse vertieft eingeschnitten oder gravirt seyn; und beym Gebrauche legt der Arbeiter die Folienscheibe auf ein plattes Stück Bley, setzt die Presse erforderlich auf diese Scheibe auf, schlägt mit dem Hammer auf die Presse, und giebt hierdurch der Scheibe die erforderliche Form und Bildung.

Presse der Kupferdrucker, Fr. Presse, eine Maschine, vermittelst welcher die Kupferstiche abgedruckt werden. Sie besteht aus einem Gestelle, das zwey Füße (Fr. Pieds) hat, die von unten der Länge nach ausgeschnitten, oder an ihren vier Enden [illegible] Klötzer erhöhet sind, damit sie desto gleicher und [illegible]. In diesen Füßen werden zwey Wände oder [illegible]hölzer (Fr. Jumelles) durch vernagelte Zapfen befestiget. An einigen werden die Wände noch mit vier andern Stücken, die Zwerchhölzer genannt, unterstützet, deren jedes mit dem einen Ende in den Fuß, mit dem andern in die Wand eingeschnitten ist. Auf den beyden Füßen stehen vier Säulen in gleicher Entfernung, auf jedem Fuße zwey, auf welchen die vier Arme (Fr. Bras) horizontal befestiget werden. Auf diesen sind zwey starke Stücken mit Schrauben vest gemacht, die Trägers (Portans) genannt werden, weil darüber die Tafel (Table) der Presse, welche zwischen zwey Rollen durchgehen muß, läuft. Oben sind die beyden Wände mit einem Kranze oder Krone (Fr. Chaperon ou Chapiteau) eingefaßt, dieses ist ein starkes Stück Holz, so breit als die Wände, welches an beyden Enden mit unterwärts stehenden Schwalbenschwänzen den obern Theil derselben einfaßt, und der Presse gleichsam zur Zierde dienet. Gleich unter diesem Kranze ist mit Schrauben der Oberbalken in die Wände, so wie auch der Unterbalken, (Fr. Sommier d'en bas) der unter den Rollen zu liegen kommt, angeschraubet. Zwischen diesen beyden Balken kommen zwey Rollen zu liegen, wovon die untere Rolle, Fr. Rouleau inférieur, viel dicker, als die obere, Rouleau supérieur, seyn muß. An diese wird das Kreuz, Fr. Croisée, angesteckt, vermittelst dessen man die Rollen umdrehen kann. Die Rollen laufen mit ihren Zapfen in ihren Büchsen, welche in den beyden Wänden der Presse angebracht sind. Zwischen diesen beyden Rollen läuft, wie gedacht, die Tafel oder der Tisch, ein breites starkes Brett, durch, mit welchem die Kupferplatte, die mit Tüchern belegt wird, durchgezogen und abgedruckt wird. (s. Kupferdrucken) Alle Stücke der Presse müssen von gutem trockenem Eichenholze seyn; außer der Tafel und den Rollen, welche von dürrem Nußbaumholze ohne Splint seyn müssen, zu allem muß aber Stammholz genommen werden. Die Rollen müssen in einer vollkommen richtigen Walzenrundung gedrechselt werden. Wenn etwa eine Rolle sich spaltet, so legt man einen eisernen Ring herum; wozu man aber vorher einen genugsamen breiten und tiefen Einschnitt ins Holz machen muß, damit nicht der Ring über denselben hervorstehe. (s. Pernetti Handlexikon der bildenden Künste Fig. 30)

Presse der ledernen Tapeten, eine Presse, die in aller Absicht der großen Kupferdruckerpresse (s. Presse der Kupferdrucker) gleichet: das Drucken mit derselben wird auch beynahe mit eben den Handgriffen, als wenn man Kupferstiche druckt, verrichtet. (s. lederne Tapeten)

Presse der Sattler, eine große Presse, die einer Buchbinderpresse (s. Presse der Buchbinder) gleichet, worinn die zusammengeleimten Leder zur Tasche der Sattels gepresset werden. (s. Sattel)

Presse der Schuhmacher, eine der Buchbinderpresse ähnliche Presse, außer daß die Preßbretter etwas breiter sind; damit preßt der Schuhmacher die geleisterten Absätze zu Schuhen oder Stiefeln zusammen.

Presse der Tuchbereiter, (Tuchscherer) worinn die Tücher nach der Bereitung eine warme Presse erhalten. Sie besteht aus zwey Säulen, die nach der Beschaffenheit der Höhe der Werkstätte 10 bis 12 Fuß hoch sind, und oben einen starken Querriegel haben, durch welchen eine Schraubenmutter mit ihrer Schraubenspindel geht. Gewöhnlich ist beydes von Holz, und mit Eisen beschlagen, an den brauchbarsten und größern Pressen aber ist die Schraubenmutter von Meßing, die Schraube selbst aber von Eisen. Ueber dem untern Ende der Schraubenspindel ist ein eiserner Kranz an der Schraube befestiget, gleich einem Trilling. Zwischen zwey Stäbe dieses Trillings steckt man einen Preßbaum, der durch ein Seil mit dem in einiger Entfernung stehenden Haspel zusammengehangen wird; vermittelst dieses Haspels, des Seils und des Preßbaums drehet man die Schraubenspindel um. Berühret der Preßbaum bey dem Umdrehen den einen Ständer der Presse, so steckt man ihn wieder zwischen zwey benachbarte Stäbe des Kranzes, so daß er sich also von dem Ständer wieder entfernet, und die Schraube wieder umgedrehet werden kann. Der Preßdeckel, ein starkes Stück, so unter der Schraube sich befindet, wird bey dem Pressen mit der Schraube auf- und abbewegt, und ist daher mit dieser durch einen sogenannten Hals, ein starkes Stück Holz, das beweglich in die Säulen der Presse eingefalzt ist, so daß er sich verschieben läßt, vereiniget. Der Boden der Presse ist ein starker Klotz von Eichenholz. Zwischen diesen und den Preßdeckel werden die Stücken Tuch zum Pressen eingesetzt. Auf diesen Boden legt man beym Pressen ein starkes Brandbrett, über dieses eine kalte Platte von Eisenblech, auf das Blech aber drey bis vier erwärmte Eisen neben einander, so daß sie die Blechplatte bedecken. Diese platten Stücken Eisen werden in einem Kaminfeuer glühend gemacht, und zwar stehen sie in dem Kamin aufgerichtet im brennenden Holze. Auf diese erhitzte Platten legt man wieder eine Blechplatte, die abermals kalt ist, über diese das Brandbrett, und endlich auf dieses ein einziges Stück Tuch. Denn kommt wieder ein Brandbrett, ein Blech, erhitzte Eisen, ein Blech, ein Brandbrett, und auf dieses das zweyte Stück Tuch. Und auf solche Art werden 8 bis 12 Stück Tücher, nachdem die Presse groß ist, auf einander gelegt. (s. Pressen der Tücher) Der Haspel, womit bey dem Pressen die Schraubenspindel herumgedrehet wird, besteht aus einer senkrechten Welle, durch welche unterwärts zwey Hebel gehen, an welchen sie herumgedrehet, und so vermittelst des Seils und des Preßbaums die Schraube herumgedrehet wird.

Presse des Büffelleders, (Weißgerber) eine Presse, womit das weißgahre Büffelleder vom Oel gereiniget und ausgewunden wird. Sie besteht aus zwey Ständern, die ohngefähr 2 Fuß lang, aber tief in die Erde eingegraben, und mit Querbalken als ein Galgen vereiniget sind. Diese tragen eine Presse, die aus zwey Arten von horizontalliegenden platten Eisen besteht. Das eine Eisen liegt unbeweglich, das andere aber ist beweglich, und mit dem einen Ende vermittelst eines Gewindes an das unbewegliche angemacht, so daß sich jenes von diesem hin und her bewegen läßt. Die beyden Eisen haben 1½ Fuß in der Länge, sind 1 Fuß 4 Zoll breit, und 6 Zoll dick. Sie werden, wenn man sie in Bewegung setzen will, vermittelst einer Schraube, die an dem entgegengesetzten Ende des Gewindes durch die beyden Preßeisen geht, zusammengeschraubet, indem mitten durch das unbewegliche Stück eine kupferne Schraubenmutter geht, die 18 Linien im Durchschnitte, und 4½ Zoll lang, und in das bewegliche Stück der Presse eingefugt ist, welches vermittelst dieser Schraubenmutter gegen das ruhende Stück getrieben wird. Man steckt ferner durch diese zwey Preßeisen 2 eiserne 2 bis 2½ Fuß lange Nägel, auf welche sich das Fell, so man pressen will, stützet. Man steckt das Fell zwischen die Eisen der Presse gedoppelt durch, und steckt einen Hebel durch das Fell, schraubet die Presse zusammen, zwey bis drey Männer ziehen an dem durchgesteckten Hebel, und drehen und drücken solchergestalt, daß das Oel aus dem Felle in eine unter die Presse gesetzte Wanne abfließet.

Presse des Kammmachers, eine Presse, in welcher das krumme Horn zu geraden Kammplatten gepresset wird. Sie steht in der Werkstadt vor dem Herd. Hinter einem starken hölzernen Klotz ist ein hölzerner Trog oder Kasten angebracht, und beydes, insbesondere der starke Klotz, muß mit starken eisernen Bändern vest beleget werden. In dem Klotz steckt eine starke messingene und horizontale Schraubenmutter, wozu eine starke eiserne Schraubenspindel gehöret. Vor der Spitze der Schraubenspindel steht eine starke eiserne Platte, die in der Mitte einen starken Zapfen hat, gegen welchen die Schraubenspindel bey ihrer Bewegung gerichtet wird. Hinter dieser Platte stehen in dem Kasten hintereinander mehrere dünne eiserne Platten, die etwa ½ Zoll dick sind, und wovon jede 14 bis 15 Pfund wiegt. Sie müssen nach dem Schneiden so glatt wie möglich geschliffen werden. Vor dem Pressen werden die Platten zur Hälfte erwärmet, die andere Hälfte aber bleibt kalt. Neben der Vertiefung des Heerdes in der Werkstätte, worinn ein Holzfeuer brennt, stehen auf dem Heerde eiserne Zapfen, und zwischen zwey und zwey solcher Zapfen wird eine solche Platte zum Erwärmen gesetzt, und wenn sie erwärmet ist, an ihren Ort in die Presse gestellet. Zugleich schiebt man zwey benachbarte

Platten mit einem Meißel etwas von einander, und legt zwischen beyde ein erwärmtes Stück Horn.

Presse des Knopfmachers, eine Maschine, womit man auf die versilberten Knopfplatten ein Muster prägt. Sie besteht aus folgenden Theilen: Auf einem hölzernen Fußgestelle ruhen zwey eiserne Wände 2½ Fuß hoch, ½ Fuß breit, einige Zolle dick, und 9 Zoll von einander entfernet, und werden durch drey eiserne Riegel zusammengehalten, die an jedem Ende durch ein Keil bevestiget sind. Der oberste Riegel trägt eine starke messingene Platte, worinn sich eine Schraubenmutter befindet. Die Schraube dieser Mutter ist von Eisen, und ohngefähr drey Zoll dick. Auf der Schraube steckt ein drey Fuß langer starker Schwengel, der an beyden Enden starke Knöpfe hat, die dem Anschein nach 16 bis 20 Pfund wiegen. Sie geben dem Schwengel einen Schwung, und erleichtern die Arbeit. Die Schraube reicht beynahe bis zum zweyten Riegel, und trägt an dem untern Ende einen starken vierkantigen Kopf, der an ihr bevestiget ist, und das Schloß genannt wird. In das Zapfenloch unter dem Schlosse wird der Zapfen eines Stiefels eingesetzt, und durch Schrauben an den vier Seiten des Schlosses vest erhalten. Der eiserne Stiefel, der aus zwey gleichen Hälften nach der Länge zusammengesetzt ist, durchbohret die beyden untersten Riegel, und wird von ihnen in gleicher Richtung erhalten. Er trägt gleichfalls ein Schloß, worinn eine Stanze (s. diese) an einem Zapfen vest geschraubet wird. Daher besteht auch der Stiefel aus zwey Hälften, damit sich der Zapfen der Stanze dazwischen einschieben läßt. Auf dem Fußgestelle der Maschine ist ein Eisen angeschraubet, so man die Unterlage nennt. Man legt auf das Ende jedes Arms des Fußgestelles eine kleine vierkantige Platte, mit einem Loch in der Mitte, wodurch man eine Schraube steckt, und hiedurch die Unterlage auf dem Fußgestelle bevestiget. In der Mitte dieser Unterlage ist ein Loch, das genau unter die Stanze fallen muß, worinn ein Stempel an einer Angel gesetzt, und mit einer Schraube vest gehalten wird. Der Stempel ist eine kleine eiserne Platte, auf deren Oberfläche sich ein Kern nach der Größe und Gestalt der Knopfplatte erhebet. Man legt auf diesen Kern die zinnerne Platte, wenn sie soll gepreßt werden. Daher müssen Stempel und Stanze, in Absicht der Größe, genau übereinstimmen, und beyde bey verschiedenen Arten von Knöpfen abgeändert werden. Wenn man eine versilberte Knopfplatte durch die Stanze in der Presse die gravirte Figur erhalten soll, so wird die dazu gehörige Stanze nebst ihrem Stempel angeschraubet, deren Kern und Vertiefung einerley Größe mit der Knopfplatte hat. Ein Arbeiter sitzt auf dem Fußgestelle, und legt eine Platte nach der andern auf den Stempel, und ein anderer Knopfmacher bewegt den Hebel der Presse für jede Knopfplatte zweymal. So presset die Schraube die Stanze auf den Stempel, und ihre Gewalt drückt das Muster ab. (s. Spr. Handw. und K. Samml. V. Tab. IV. Fig. III.)

Presse des Staminwäschers, (Zeugmanufaktur) sie gleicht völlig der Presse der Tuchmacher. (s. diese)

Presse des Strumpfwürkerstuhls, dasjenige Stück an diesem Stuhl, womit die gemachten Strumpfmaschen nach dem Assambliren (s. dieses) zusammengedrückt werden, und ihre Vestigkeit erhalten. Sie ist ganz von Eisen, auf jeder Seite des Gestelles eben über der Nadelbarre ist eine Lage (eiserne Schiene) angeniedtet. An diesen beyden Lagen sind die Preßarme vermittelst eines Gewindes bevestiget. Diese Arme, welche gebogen sind, können durch diese Gewinde aufgehoben werden, und die Enden der Arme schweben frey und unbevestiget. Doch ist unter der hintersten Spitze jedes Preßarms eine Schraube, die gegen das Gestelle des Stuhls schlägt, damit die Presse bey der Bewegung nicht zu tief sinkt, und die Nadeln verletzet. Nachdem der Kopf dieser Stellschraube lang oder kurz vorsteht, kann auch die Presse hinten mehr oder weniger tief sinken. An diesen beyden Preßarmen ist die eigentliche Presse bevestiget. Es ist eine 1½ Zoll breite Stange von Eisen, die an einer Seite nach dem Gestelle zu stumpfscharf ist, sich gleichfalls nach dem Gestelle zu etwas neigt und gut polirt ist. Sie hat gerade eine solche Richtung, daß ihre stumpfe Schärfe auf die sämmtlichen Spitzen der Nadeln in der Nadelbarre fällt, wenn die Preßarme nebst der Presse hinab gezogen werden. Um nun diese Herabziehung zu bewerkstelligen, so ist an der hintern Spitze ein gebogenes Eisen mit eisernen Bändern bevestiget, welches man die Traversie nennt. An dieser sitzt unterhalb eine Gabel von starkem Eisendraht, und an einem Ringe der Gabel ist ein Ring angeknüpft, der die vorgedachten Theile mit dem mittelsten Fußtritt des Stuhls vereiniget. Tritt also der Strumpfwürker diesen Tritt, so zieht er die Preßarme hinab, und die eigentliche Presse senket sich auf die Nadeln hinab, und presset solche. (s. abpressen) Damit die Presse wieder in die Höhe gehe, so ist unten in der Mitte der Traverse ein Riem angeknüpft, der über eine kleine Rolle geht, die an dem Gestelle in einer Gabel läuft; an dem Riem hängt ein vierkantiges eingeschnittenes Eisen, welches in einem Loche des Riegels im Stuhlgestelle steckt, und unter demselben ein Gewicht, das den Riem und seine Theile in gehöriger Richtung erhält. Wenn also die Presse mit dem Fußtritt hinab gezogen wird, so steigt das Gewicht natürlicherweise in die Höhe, zieht aber die Traverse durch den Riem, und zugleich auch die damit verknüpfte Presse wieder in die Höhe, sobald der Fuß von dem Fußtritte gezogen wird. (s. Spr. H. u. K. Samml. XV. Tab. II. Fig. V. b f und e d, e f, e d.)

Preßeisen, s. Biegeleisen.

Preßen, s. Keltern.

Pressen, (Tuch- und Zeugmanufaktur) den Tüchern und Zeugen, nachdem sie zubereitet worden, einen Glanz geben, sie in der Presse zu dem vollkommenen Ansehen bringen, wodurch sie in die Augen fallen. Dieses Pressen geschieht auf mancherley Art, und erhält auch dadurch verschiedene Benennungen: als continue Presse, Italer Presse, und Streichpresse. (s. alle diese, auch Presse der Tücher)

Pressen, in See pressen. (Schiffahrt) wenn zu Kriegszeiten eine Macht eine Flotte ausrüstet, dieselbe aber wegen Mangel genugsamer Matrosen am Auslaufen in die See gehindert wird, so pflegt man auf deren Befehl durch gewisse Personen, die man Presser oder Preßmeister nennt, die Matrosen von den Partikularschiffen mit Gewalt wegzunehmen, und auf die Kriegsschiffe zu bringen.

Pressen der Maschen, s. Abpressen.

Pressen der Tücher, (Tuchbereiter) das fertige zugerichtete Tuch in einer Presse völlig bereiten, oder ihm den Glanz geben. Nachdem das Stück Tuch mit der Ausstreichscheibe (s. diese) gestrichen, (s. Streichen) in den Rücken geschlagen (s. Rücken, in den, schlagen) und eingepapieret ist, (s. Einpapieren) so wird es in die Presse gebracht, und ein Stück über das andere, zwischen kalte und warme Eisen und Brandbretter (s. Presse der Tuchscherer) eingelegt. Alsdenn wird die Schraubenspindel durch eine starke Person mit dem Preßbaume bewegt, die Schraube ferner durch den Haspel und das Seil vermittelst des Preßbaums völlig herumgedrehet, und das Tuch zusammengepresset, auf solche Art muß sich das Tuch in der Presse eine Stunde setzen, nach welcher Zeit man die Schraube zum zweyten Mal anziehet oder verholet. In dieser ersten Presse steht das Tuch 12 Stunden. Die Presse giebt dem Tuche Steife und Glanz, sie kann aber nicht auf die Falten der Lagen des Tuchs wirken, und diese würden schlaff und matt bleiben, wenn man das Tuch nur einmal preßte, daher bringt man es zum zweyten Mal in die gut gefallene Presse. (s. diese) das Tuch steht in dieser Presse 48 Stunden, alsdenn erhält es die Steichpresse. (s. diese und warme Presse)

Presse, warme der wollenen Zeuge, s. Warme Presse.

Presse zu den Papierschachteln. (Papiermacher) Da das Papier, woraus diese Dosen zusammengeleimet werden, nach dem Trocknen leicht sich ausbläht, und folglich nicht gut beraspelt werden könnte, so müssen die Dosen nach dem Leimen, wenn sie trocknen, gepresset werden. Hierzu könnte man folgende Art von Presse einrichten: das Untertheil der Presse müßte soviel Löcher haben, als man Arten von Dosen verfertiget; diese Löcher müßten eben die Form und Größe haben, als die Dosen mit ihrer Form; der Preßstempel müßte genau die Form und Größe haben, als das Innere der Dose, und die Art des Drucks oder Pressens wäre leicht ausfindig zu machen; wobey die nothwendigste Einrichtung wäre, daß sich der Preßstempel auf keinerley Art verrücken könnte, sondern währendem Drucke allezeit in einerley Richtung bleiben müßten.

Presse zu halbseidenen Zeugen, (Seidenmanufaktur) eine Presse, wodurch den halbseidenen Zeugen, die schon eine Zeitlang gelegen haben, wieder ein gutes Ansehen gegeben wird. Sie bestehet aus einem vierkantigen glatten und schweren Stück Holz, das auf vier Füßen ruhet. Die Füße sind mit Querlatten durch einander verbunden. Aus dem vierkantigen Stücke gehen an zwey Seiten senkrechte Ständer in die Höhe, die oben mit einem Querriegel verbunden sind, und einen Galgen bilden. Ueber dem schweren Stück ist ein schwerer gleichgroßer Deckel, von gutem Eichenholz, der auf das schwere Untertheil genau passet. Durch den Riegel gehet eine Schraubenmutter, und dadurch eine Schraubenspindel, welche vermittelst eines Schraubenschlüssels, der durch den Kopf der Schraube gehet, auf den Deckel geschraubet werden kann. Man leget die halbseidenen Zeuge in Stücken gefaltet in diese Presse, und läßt solche, nachdem man den Deckel fest auf das Zeug geschraubt hat, darinn eine Zeitlang liegen.

Presse zum Siegeln, s. Siegelpresse.

Presse zum Talg, s. Talgpresse.

Presse zu Tapeten, s. Bolienpresse.

Preßhaspel, (Papiermacher) die senkrechte Welle an der Papierpresse, welche vier Querstangen hat, worüber ein Seil gehet. Sie läuft beweglich auf ihrem Zapfen herum, und wird gebraucht, den Pauscht mit Papier völlig von seinem Waßer auszupressen. Man wirft nämlich das Ende des Stricks um die Preßstange, stößet die Haspelwelle herum, und ziehet dadurch die Presse besser an, damit alles Wasser von dem Pauscht (s. dieses) auslaufe.

Preßkeil, (Oelschläger) der Keil, welcher auf die Näpfe in der Oellade hineingetrieben wird, wenn das Oel aus dem Saamen gepreßt werden soll.

Preßknecht, (Buchbinder) ein langes Brett, auf dem einen Ende mit einem Absatz oder Fuß versehen. Es wird gebraucht, wenn das in einer Presse befestigte Buch vergoldet, marmorirt, geglättet etc. werden soll. Alsdann stellt man den Preßknecht gegen einen Tisch, und lehnt gegen den Fuß des Knechtes die Presse.

Preßmeister, (Buchdrucker) ist derjenige, welcher die Formen in der Presse zurichtet, daß Columne auf Columne richtig eintreffe.

Preßplatten, (Oelschläger) die Platten der Näpfe in einer Oelmühle, zwischen welche der gequetschte Saamen in Haartüchern zum Auspressen gelegt wird.

Preßquerstück, (Strumpfwirkerstuhl) dasjenige gebogene Eisen, wo die Preßbogen angemacht sind, und durch welches mit dem Gewicht die Presse wieder in die Höhe gezogen wird, wenn sie abgepreßt hat.

Preßsalzenstein, Preßsalzen, Alabaster, (Bergwerk) ein Alabaster, welcher aussiehet, wie ein aus Schweinskopf gemachte und gepreßte Sulze, bricht am Harz zu Sarigerthal bey Osterode. Eine Art vom Wurststein.

Preßschütze. (Tuchbereiter) So wird das starke und glatte Brett genannt, so in einer Presse unter und über die Tücher gelegt wird, wenn solche zum Pressen eingesetzt werden.

Pressung, Fr. la serre (Böttcher) wenn die Fuge eines Tonnenstabes eine geringe Abschüßigkeit erhält, so daß

als

die Stäbe auf ihrer innern Fläche sich berühren, die Abschüßigkeit oder die beyden Oberflächen von einander entfernet, und auf dem sichtbaren Theil der Tonne zwischen dem einen Stab und dem der zunächst an ihn stößt, einen Raum läßt. Dieser Raum, der eigentlich die Pressung heißt, ist nöthig, damit das Holz gezwungen werde sich zusammen zu pressen.

Presswände, Fr. Jumelles de pressoir die Wangen oder Wände, die Seitenhölzer einer Kelter oder andern Presse.

Pressio, (Musiker) bedeutet, daß man stark spielen oder singen soll.

Prätoriusische Stimmeneintheilung, (Orgelbauer) nach dieser werden alle Stimmen der Orgeln die cylindrisch, Flötenwerke oder offen sind, folgendergestalt eingetheilt: 1) in lange enge Stimmen von der Prinzipalmensur, z. B. Prinzipal 32 bis 4 Fuß; Oktaven von 8 bis 1 Fuß; in Quinten von 16 bis 1½ Fuß; in die Rauschquinten von 3 und 2 Fuß; Schweitzerpfeife 8 bis 1 Fuß; in die Mixturen und Cymbeln. 2) In kurze weite Stimmen, oder Holflöten, als Schifflöte, Waldflöte von 8 bis 1 Fuß; in die kegelichen, offenen, unten weiten, oben engen, als Gemshörner 16 bis 2 Fuß; Spitzflöten 4 Fuß; Blockflöten 4 Fuß; Flachflöten 8 bis 2 Fuß; in die oben weiten unten engen Dulzian, kegelich gedackte von Quintadenmensur, als Quintaden 16 bis 4 Fuß; Nachthorn 4 bis 2 Fuß; Querflöte 8 bis 4 Fuß; Gedackt 32 bis 1 Fuß. Halbgedackt sind die Rohrflöten 16 bis 1 Fuß mit einem engen Röhrchen oben im Hute. Das zweyte Geschlecht machen die offenen Schnarrwerke, als: Posaune, Trompete, Schallmey, Krumhorn, Regal, Kornetbaß; und die gedackten Schnarrwerke, als Sordun, Jaget und Bärenpfeife.

Preussischblau, s. Berlinerblau.

Preussischer Gulden, so viel als 8 Gr.

Preussischer Groschen, eine Scheidemünze, die so viel als ein Kreuzer beträgt. Es gehen 30 Groschen auf einen preußischen Gulden und 90 auf einen Reichsthaler.

Previllas Crudos, eine Art Leinewand von flächsenem Werge, welche vornehmlich in Flandern und Brabant in den Gegenden um Zent, Kortryk, Ypern u. s. w. gewebet und daselbst auch Brabante genennt wird. Sie ist zum Theil noch roh, zum Theil auch nur halb gebleicht und geht fast alle nach Spanien und von da nach Amerika. Man hat grobe, mittlere und feine, sie ist ⅞ Elle breit und die Stücke 33 bis 40 Ellen lang.

Prieche, s. Emporkirche.

Priese, Preß, Preschen, Bindchen, (Nätherin) die Einfassung an den Ermeln eines Hembdes.

Priesterhut, (Kriegesbaukunst) eine Gattung von Hornwerken bey einer Vestung. Es hat eine doppelte Scheere oder zwey Spitzen mit einer aus der Mitte weiter auslaufenden Ecke oder Spitze.

Prieten, (Baukunst) zwey lange Stangen unten mit einer Spitze versehen, welche an der Zugramme vor dem Mäckler herunterstehen, damit der Gang des Blocks dazwischen geleitet und vergewissert werde.

Prima Guardia, (Fechtmeister) ein Kunststück, welches im Contrafechten oft vorkömmt. Wenn der Gegenpart mit langer Klinge vor einem liegt, und seine Spitze ein wenig in die Höhe steht, so gehe man ihm mit der Prime, oder Sekunde außerhalb seiner Klinge, und fast mit geschränktem Leibe entgegen, halt ihm die Spitze außerhalb wohl ins Gesicht, und wenn man in der Mensur ist, so paßirt man geschwinde fort, und stößt mit der Prime außerhalb über seinen rechten Arm hinein nach der Brust zu. Dafern er aber hinter über sich fähret, so stößt man gleich mit der Sekunde, oder man battiret und machet eine Finte mit dem Stoße außerhalb hinein. Man machet auch dem Gegenpart eine Finte mit der Prime innerhalb und außerhalb. Fähret er nach seiner rechten Seite zu, so paßiret man geschwinde und stößt die Prime außerhalb, und stellet sich wohl mit geschränktem Leibe, also daß man seine rechte Seite außerhalb damit entblößet. Wenn der Gegenpart sodann auf einen hinein paßiren und mit der Sekunde oder Terzie außerhalb unter der Klinge hinein stoßen wollte, so hat man wohl acht auf die Tempo zu geben, daß, indem er stößt, man ihm seine Klinge legiret, selbige mit der Sekunde parirt und alsdenn geschwinde außerhalb auf ihn hineinpaßiret.

Prime, (Bergwerk) der 8000 Theil einer Lachter oder der 10te Theil eines Lachterzolles.

Prime, (Fechtkunst) der Grund von allen Bewegungen im Fechten. Sie entstehet natürlicher Weise, wenn man gegen jemand seinen Degen zücket, auch in derselben Stellung bleibt, und die Spitze auf den Feind richtet.

Prime, 1) (Musiker) der tiefste Ton, wovon man die Intervallen zu zählen anfängt. 2) Bey den Buchdruckern, die erste Seite eines jeden Bogens.

Prime der Spanischen Wolle. (Tuchmanufaktur) So nennt man die beste Wolle, die aus Spanien aus den Königreichen Kastilien und Arragonien zu uns kommt. Es ist die Schaafwolle vom Obertheil des Rückens bis zur Hälfte an die Seiten, woraus die feinsten Tücher gemacht werden.

Prin-Filée, Fr. die feinste Gattung von Taback, welche in Guienne aus lauter ausgeribbten Blättern gesponnen wird.

Prinzenfarbe, (Färber) Fr. Couleur de Prince, eine graue Farbe, so aus der Vermischung von blau und roth, oder blau, roth und schwarz (s. diese) entstehet.

Prinzipal, (Orgelbauer) ein offen Pfeifenwerk in einer Orgel, welches gemeiniglich vorne an im Gesichte stehet. Es giebt derselben ein Manual von 16, 8, 4 und 2 Fuß Ton, und von solchen bekommt eine Orgel den Namen, daß man es 16, 8, 4 und 2 füßig nennet. Im Pedal hat man nebst den gedachten 2 stärksten Arten noch eine von 32 Fuß Ton, so groß Sub-Prinzipal Baß genennet wird; das von 16 Fuß groß Prinzipal, von 8 Fuß Aequal Prinzipal.

Principia, (Maler) die Regeln und Grundsätze, nach welchen man den Schülern die Anweisung zum Zeichnen giebt. Die wahren Prinzipia der Maler beruhen auf einer genauen Untersuchung und Nachahmung der schönen Natur, sowohl in Absicht auf die Zeichnung, als auch in Absicht auf das Kolorit.

Prinzmetall, Fr. Metall de Prince Robert, ein aus Kupfer und Zink zusammen geschmolzenes Metall, welches dem Golde an Farbe gleichet, und den Namen von seinem Erfinder dem Englischen Prinz Robert hat.

Prunellin, (Zeugmanufaktur) ein wollener Zeug, der durch die Fussarbeit (s. diese) hervorgebracht wird. Der Grund dieses Zeuges gleicht dem Kamlot, außer daß in denselben verschiedene Streifen oder Banden sind, deren Farbe von der Farbe des Grundes verschieden ist, und die nach der ganzen Länge des Zeuges fortlaufen. Dem äußern Ansehen nach sind in jeder Bande ein schmales und ein längliches Viereck neben einander. Sowohl zum Grunde als zu den Banden ist eine besondere Kette auf dem Stuhl und jede wird auf einen besondern Kettenbaum aufgebäumet. Der Grund, der nach der ganzen Breite des Zeuges selbst unter den Banden fortläuft, wird mit zwey besondern Schäften und Fußtritten gewebet, und eben so viel Figur oder Bandenschäfte sind auch vorhanden. In diese Bandenschäfte werden die Kettenfäden jeder Bande in jeden zur Hälfte eingepasset. Der Weber tritt die beyden Grundschäfte zweymal durch, und schießet den Einschlag viermal ein. Während dieser Zeit bleibt ein Bandenschaft in seiner Ruhe, und seine Bandenfäden liegen unter der Grundkette. Den zweyten Bandenschaft hat er schon vor dem ersten Grundeinschuß in die Höhe getreten, und bleibt durch vier Einschüsse beständig erhöhet, und die Kettenfäden schweben über den Grundfäden. Nach dem vierten Einschuß wechselt er mit dem Bandenschaft, läßt den ersten herunter gehen und den andern herauf, wechselt dadurch diese beyden Schäfte, schießt den Einschuß ein und bindet ab. (s. Abbinden) Die Kettenfäden des ersten erhöheten Schafts liegen also über dem Grunde und die Fäden des unten gebliebenen Bandenschafts bleiben von unten über dem Grunde liegen, und durch das Abbinden entstehet der Unterschied der Würfel. Auf gedachte Art wird fortgewebet und ein Bandenschaft nach dem andern erst nach dem vierten Einschuß beständig gewechselt. Insgemein ist die Kette des einen Bandenschafts von einer Farbe, und die Kette des andern von einer andern Farbe, daher denn zweyfache Würfel entstehen. Zu zuweilen werden auch wohl im Grunde noch andere Figuren, nach Art der Fußarbeit, (s. diese) eingewebet. Es ist nur ein schmaler Zeug, noch nicht ⅞ Ellen breit: und da die Fäden der Bandenwürfel so frey liegen, so scheinen sie beym Tragen sehr leicht aus. Daher wird diese Zeugart nur noch selten gemacht und gekauft.

Prise, (Zeugmanufaktur) diejenigen Theile einer Katze (s. diese) die durch die Latzenschnüre entstanden, und damit die Schnüre einer solchen Latze, wenn viele Zampelschnüre in dieselbe eingelesen sind, nicht reißen, in kleinere Theile eingetheilet, und mit der nämlichen Latzenschnur, die die Latze ausmacht, umschlungen sind. (s. Partien oder Prisen machen.)

Prise, (Schiffahrt) ein auf der See erbeutetes Schiff: deswegen eine Priese aufbringen so viel bedeutet, als sich eines Schiffes bemächtigen, und selbiges in den Hafen bringen. Wenn ein Kapitain eine Priese gemacht hat, so ist er schuldig der Admiralität davon Rechenschaft zu geben, und zu erwarten ob sie für eine gute Priese erkläret wird, eine rechtmäßige Beute ist.

Prisen machen, (Seidenwirker) ist so viel als Partie machen, (s. dieses) in der Zeugmanufaktur, da nämlich die eingelesene Zampelschnüre in gewisse Abtheilungen in der Katze (s. diese) eingetheilet werden.

Prisma, ein Körper der zwey geradlinigte Figuren zu seiner Grundfläche hat, und in so viel Vierecke eingeschlossen ist, als die Grundflächen Seiten haben. Von der Anzahl der Seiten der Grundflächen bekommt der Körper auch seine besondere Namen, als: dreyeckigt, viereckigt, fünfeckige, rc. Prisma. In der Optik sind die dreyeckigten Prismata berühmt, weil sie durch die Strahlenbrechung Farben machen.

Pritschbrett, (Zuckersiederey) ein Brett von runder Gestalt, etwas größer als die Grundflächen der Zuckerhutformen, und mit einem Stiel versehen. Es wird unter die Formen gesetzt, wenn man den Zucker, nachdem er eine Zeitlang unter dem Thon gestanden, aus der Form ziehen will, um zu untersuchen, ob keine röthliche- oder Syrupsflecke an der Spitze des Zuckerhuts sich befinden und nicht hinlänglich ausgetröpfelt sey. Man macht die auf den Böden der Zuckerhüte befindliche Erde oder Thon von den Formen rund herum ab, kehret die Formen um, und stürzt sie auf dieses Pritschbrett, um den Hut heraus ziehen zu können. (s. Zuckersiederey)

Pritsche, (Büchsenmacher) das vierkantige Stück Stahl so in dem Schloß einer Windbüchse anstatt der Schlagfeder angebracht ist. Dieses Stück bewegt sich auf einer Schraube zwischen dem Schloßblech und der Studel dergestalt, daß der eine Theil in die Höhe gehet, wenn man den Arm derselben hinab drückt und so umgekehrt. Die Spitze der Pritsche, die der Kegel heißt, ist ein abgesondertes Stück, das mit einer Schraube an der Pritsche befestiget ist, und sich mit seinem Schwanz an die Pritsche lehnet. Dieser Kegel läßt sich alsdenn wohl in die Höhe, nicht aber hinab drücken. Damit er aber sicher wieder hinabgehe, wenn man ihn in die Höhe gebogen hat, so lehnt sich gegen ihn eine kleine Feder. (s. Windbüchsenschloß)

Pritsche, (Hüttenwerk) ein breites flaches Holz, womit der Heerd zum Treiben dicht geschlagen wird.

Pritschen, (Wasserbau) die 1 Fuß dicke Hölzer, womit man die Oberfläche eines Wasserwehrs, wenn der Fluß stark und reißend ist, unterbricht, indem man sie auf die stufenweise gesetzten Pfähle legt, damit das Wasser allmählich gebrochen werde.

Pritsche, s. Bezirung.

Probe. Fr. Epreuve, heißt überhaupt ein Versuch oder eine Untersuchung einer Sache, um daraus ihre Beschaffenheit zu erkennen. Z. B. auf den Bergwerken nimt man Proben von dem Erze oder Metall, um dessen innern Gehalt daraus zu ersehen u. s. w.

Probe, Erzprobe, Fr. Essai de Mine, (Hüttenwerk) ein Versuch oder Untersuchung des Erzes, Gesteins, Erde, Wasser und dergleichen, welche nach den Regeln der Probirkunst angestellet wird. Sie wird nach verschiedenen Umständen unterschiedlich benennet, ist es eine Probe von Stuffen, so heißt es eine **Stuffenprobe**; von zusammengestürzten ausgebreiteten Erzen eine **gemeine Probe**; von Brandsilber, eine **Brandsilberprobe**: von dem auf dem Heerd gewaschenen, eine **Heerdprobe**; auf dem Erzfaß, eine **Waschprobe**. Hernach wird sie auch nach dem Metall oder Produkt genannt, auf welches probirt wird, als Goldprobe u. s. w.

Probe abrösten, (Hüttenwerk) eine Erzprobe, die stark schweflicht oder arsenikalisch ist, von allem Unrath durchs Brennen säubern; weil dieser sonst dem Bley beym Abtreiben Schaden thun möchte. Auch Kupferproben müssen auf gleiche Weise vorher in einem Probirscherbel gut ausgeglühet, oder kalzinirt werden.

Probe anfrischen, (Hüttenwerk) wenn der Probierer siehet, daß eine Probe nicht gut abgehen oder wohl gar gefrieren will, so hilft man ihr dadurch, daß man mehr frisches Bley zusetzet, oder andre Mittel gebrauchet, dieselbe neu anzufrischen, um sie wieder in Fluß, und zu ihrem ordentlichen Treiben zu bringen.

Probe ansieden, Fr. Scorifier des mines (Hüttenwerk) das mit Bley oder Fluß beschickte Erz im Ofen schmelzen und verschlagen lassen.

Probe aus dem Treibofen zu nehmen, (Hüttenwerk) wenn man die Werke abtreibt und davon eine Probe nehmen will, so verfähret man also: Man schiebt die zu einer Zeit eingeschmolzene Werke mit einem Streichholz, das quer an ein Eisen bevestiget worden, durch einander. Ehe aber die Werke rothwarm sind, nimt man mit einem Gießlöffel eine Probe heraus, und verfährt wie bey dem **Probenehmen aus dem Stich.** (s. diese) Wenn Proben von vorräthigen Werken genommen werden sollen, so hauet man aus einem jeden Stück zwischen der Mitte und dem Rande oben, und so auch gegenüber, unten mit einem Kaltmeißel ein Stückchen von ungefähr einem Loth aus, weil der Gehalt an den Enden stets reicher, als in der Mitte ist. Alle Stückchen aber machet man hernach in dem Gewichte vollkommen gleich, und verfähret wie bey der Stichprobe.

Probebacken. (Bäcker) eine gerichtliche Veranstaltung, da in Gegenwart einiger Personen von der Polizey ein Ofen voll Brodt und Semmel gebacken, und alles hiebey nach dem Gewicht bestimmt wird, daß hiernach die Brodt- und Semmeltaxe oder eine Bäcker-Verordnung für den Ort angefertiget werden kann. Fast jede ansehnliche Stadt hat Probebacken. Wir wollen hier bey den in Berlin angestellten verbleiben und solche als Beyspiel anführen, vornehmlich aber die 1774 den 12ten May angestellte Backprobe zur Richtschnur der Taxen. Wobey man die Unkosten des Backens und den billigen Preis in Anschlag bringt. Auf jeden Scheffel Weitzen rechnete man dem Bäcker zu gute, oder als Ungeld bey der Taxe und zwar ohne Unterschied des Weitzenpreises an

Malzgeld	1 Gr.	9 Pf.
Mahlgeld	1 —	[illegible] —
Beschreiberlohn	—	6 —
Waagegeld	—	[illegible] —
Mühlenfahrlohn	—	4 —
Zu Holz und Licht	4 —	[illegible] —
Transportkosten wegen des auswärtigen Mahlens	1 —	[illegible] —
Umschüttegeld	[illegible] —	4 —
Akzise u. dgl.	7 —	9 —
Dem Bäcker Backgeld zu seinem und der Seinigen Unterhalt	10 —	4 —
1 Rthlr.	2 Gr.	2 Pf.

Hiervon gehen ab für grobes Mehl, so den Bäckern nur als Roggenmehl angeschlagen wird, 11 gr. bleibt also 15 gr. 2 pf. Ferner auf einen Scheffel Roggenmehl ohne Unterschied des Preises

Mahlmetze	1 Gr.	3 Pf.
Mahlgeld	1 —	[illegible] —
Beschreiberlohn	—	6 —
Waagegeld	—	[illegible] —
Mühlenfahrlohn	—	4 —
Zu Holz und Lichte	2 —	3 —
Transportkosten wegen des auswärtigen Mahlens	—	7 —
Umschüttegeld	—	4 —
Dem Bäcker Backgeld und der Seinigen Unterhalt	6 —	6 —
Summe	13 Gr.	1 Pf.

Nach diesem Abzuge, und nach dem jedesmaligen Preise des Getreides wird nach der oben gedachten Backprobe die Taxe eingerichtet. Die Backprobe oder das Probebacken geschiehet auf folgende Art: Z. B. man setzet voraus, daß ein Berliner Scheffel Roggen 68 bis 70 Pfund Mehl, 28 Pf. feines und 40 Pf. grobes, giebt, woraus überhaupt 84 Pfund fein und grob Brod gebacken werden können. Im Durchschnitt wird ferner zu jedem Pfund Mehl überhaupt beym Anfrischen, Säuren und Kneten ½ Pfund Wasser erfordert, doch zum groben Brod etwas mehr. Also erfordern die gedachte 28 Pfund fein Mehl 14 Pfund Wasser, woraus ein 42 Pfund schwerer Teig entstehet. Beym Ausbacken gehet solcher im Ofen auf jedes Pfund bis 4½ Loth verlohren, daher gedachte 28 Pfund Mehl 36 Pfund fein Brod geben. Hiernach verhält sich die Masse des Mehls, zu demjenigen, was das Wasser zur Masse

Masse des Brods beyläufig wie 7 zu 2, und 3 Pfund Mehl gäben im Durchschnitt 4 Pfund Brod. Die gedachten 40 Pfund groben Mehl geben aber nur 48 Pfund groben Brod, weil bey diesem Brode auf jedes Pfund wenigstens 3 Loth im Ofen verlohren gehen. Das Verhältniß des groben Mehls zum Wasser wäre also wie 5 zu 1. Ein Berliner Scheffel Weizen, der gereckt oder gewaschen 90 Pfund wiegt, giebt 74 Pfund Mehl, nämlich 55 bis 57 Pfund Semmelmehl, und 17 bis 19 Pfund groben oder Salzkuchen Mehl. Bey Semmel und Salzkuchen Teig rechnet man auf jedes Pfund Mehl abermals ½ Pfund Wasser. Auf 55 Pfund Semmelmehl würde also ein 82½ Pfund schwerer Teig entstehen, auch manchmal 84 Pfunde. Von diesem 84 Pfund Teig werden im Durchschnitte 69 Pfund Semmel gebacken. Hieraus erhellet, daß von jedem Pfund Semmel beym Ausbacken etwa 6 Loth zuweilen auch mehr verlohren gehen. Man kann also ohne sonderlichen Fehler rechnen, daß 4 Pfund Mehl 5 Pfund Semmel geben, mehr oder weniger, nach dem dieselben mehr oder weniger eingebacken werden. Das Mehl verhält sich also hier zum Wasser wie 4 zu 1. Fast eben das Verhältniß findet auch bey den Salzkuchen statt. Denn 17 Pfund Salzkuchenmehl geben 14 Pfund ausgebackne Salzkuchen. Nach dieser gemachten Backprobe wird also folgende Brod- und Semmeltaxe gemacht: wenn der Scheffel Roggen 1 Thlr. 4 Gr. gilt, so ist die Taxe des groben oder Hausbackenen Brodes für 1 Groschen 2 Pfund 11 Loth 1½ Quentchen, folglich werden aus dem Pfund grob Mehl 10 Zweygroschenbrodte gebacken, wovon noch einige Loth übrig bleiben. Von den 36 Pfunden fein Brod werden 14 Stück 1 Groschenbrodte gebacken, wovon jedes 1 Pf. 24 Loth 1 Quentchen wiegen muß, wobey wieder einige Loth im Ganzen übrig bleiben, folglich kommt die Summe von 1 Thlr. 10 Gr. 7 Pf. heraus, als so hoch dem Bäcker nach dem Preiß und den Unkosten der Scheffel von Roggenbrod angeschlagen ist. Die Taxe von den Semmeln ist, wenn der Scheffel Weizen 1 Thlr. 16 Gr. gilt, und die Unkosten nach Abzug des Salzkuchenmehls von 15 Gr. 1 Pf. mit dazu gerechnet werden, überhaupt also zu 2 Thlr. 7 Gr. 1 Pf. der Scheffel Weizen angeschlagen ist, so muß eine Semmel für 6 Pfennige 15 Loth 3 Quent. wiegen, woraus alsdenn die gedachte Summe und noch etwas mehr herauskommt.

Probebänder, (Böttcher) starke rund oder oval gebogene Reifen von allerley Größe, welche man anfänglich um die Stäbe legt, wenn eine Tonne oder Faß zusammen gesetzt wird, und wenn diese haften, nimt man sie wieder ab, und legt die gemeinen Bänder oder Reifen um. Sie dienen also, dem Faß oder der Tonne nach dem bestimmten Landmaas die gehörige Weite abzustecken oder zu bestimmen.

Probeblatt, Fr. Epreuve (Kupferdrucker) das erste, zweyte, dritte Blatt des Abdrucks einer Platte, welche man unter die Presse bringt. Es ist von der Gegenprobe (s. diese) darinnen unterschieden, daß man diese mit dem frisch abgezogenen Blatt macht, welches von seiner linken Seite auf die Platte gelegt wird; nachdem man auf dieses Probeblatt ein auf gewöhnliche Art angefeuchtetes Papier, und über solches etliche mit dem Schwamm angefeuchtete Makulaturbogen, und oben darauf die Tücher gelegt hat, drehet man das Kreuz; das Probeblatt, welches zwischen beyden Rollen läuft, läßt auf dem weißen Papier einen Abdruck, welcher die verkehrte Seite des Kupferstichs, oder die rechte Seite der Platte ist.

Probebogen, (Buchdrucker) diejenigen Bogen, welche von einer gesetzten Forme abgezogen werden, um die Beschaffenheit des Drucks, und Richtigkeit desselben daraus zu beurtheilen. (s. auch Correkturbogen)

Probe der ächten und unächten Karmoisinfarbe. (Färber) Kenner können gleich beym Anfühlen der Seide unterscheiden, ob die Farbe ächt oder unächt sey. Weil diese letzte Farbe der Kraft der sauren Salze nicht widerstehen kann, so kann die Seide, welche darinn gefärbt ist, nicht das Geräusch oder das Anfühlen haben, welches die Säure in dem ächten Karmoisin giebt. Aber wenn die Seide schon im Zeuge verarbeitet ist, und man untersuchen will, ob sie ächt sey: so bedient man sich des Weinessigs, dessen Kraft das Konchenillen oder ächte Karmoisin sehr gut widerstehet, anstatt daß diese saure Materie das unächte Karmoisin von Brasilienholz in Gelb verwandelt.

Probe der kalzinirten Pottasche, (Potaschsieder) wenn man bey dem kalziniren der Potasche wissen will, ob sie das rechte Feuer erhalten hat, so zieht man ein oder zwey Stück aus dem Ofen, läßt solche kalt werden, und schlägt sie von einander; sind solche inwendig nicht mehr blau, sondern durchaus weiß, so sind sie fertig. In 14 Stunden ist gemeiniglich die Kalzinirung geschehen. Die eiserne Thür muß währendem Feuern beständig zugehalten werden. Diese hat in der Mitte ein klein Loch, wodurch man die Arbeit in acht nehmen kann.

Probe der Seide. Die Kenntniß der Seide, ob sie gut oder schlecht ist, beruhet auf einer langen Erfahrung, und geübte Seidenmanufakturisten haben solches gleichsam schon im Griff. Sie nehmen nämlich die Strehne zwischen die Finger, und reiben oder fühlen einige Fäden an, wobey sie bemerken, ob dieselbe sich gelinde, sanft und weich anfühlen läßt. Zugleich bemerken sie auch, ob die Fäden gut gedrehet, gleich und nicht faserig sind. Finden sie, daß bey dem Anfühlen sich eine Ungleichheit zeiget, so werden einige Fäden auf den Finger genommen, auseinander gebreitet und untersuchet, ob die Ungleichheit wirklich sey, oder nicht. Ist die Seide sanft, weich und doch gut gedrehet, so ist es eine ausgemachte Sache, daß sie nicht schwer ist, d. i. sie ist nicht mit überflüssigem gummichtem Harz überhäuft, welches sie schwer machet, und also kein Vortheil für den Manufakturisten ist. Denn es kann eine noch so feine Seide weit schwerer seyn, wenn sie viel natürliches Harz besitzet, als eine andere von eben der Feinheit, die weniger von diesem harzigen Wesen besitzt, und folglich ist diese für den Manufakturisten vortheilhafter. Diese durch das Anfühlen und Besehen gemachte Proben können nur von sehr erfahrnen Seidenkennern unternommen, oder doch nicht bey einer großen Menge angestellet werden. Man hat deswegen ein Mittel erfunden, die Seide nach ihrem wahren Werthe zu bestimmen, und sie nach verschiedenen Gattungen zu unterscheiden, damit man erkennen könne, zu welcher Gattung jede gehöret. Die Organsinseide ist deswegen nach einem gewissen Gewichte eingetheilet, welches mit dem Goldgewichte einerley ist. Man sagt also, diese oder jene Organsin hält so und soviel As (denier) das ist, soviel Fäden von einer bestimmten Länge wiegen soviel, eine andere aber von eben soviel Fäden wiegt mehr oder weniger; wiegt sie weniger, so ist sie feiner, oder hat weniger Gummi; wiegt sie mehr, so ist sie gröber, oder hat mehr Gummi. Die Eintheilung bey der Probe ist also bestimmt. Man rechnet von 20 bis 60 As, d. i. es giebt so viele Arten von Organsinseide, daß selbige von dem Gewichte der 20 As bis 60 steiget. Daher hat man 40 Arten Organsin. Doch ist es nur sehr selten, daß man eine Organsin trifft, die nur 20 As wiegen sollte, sondern die feinste wiegt gemeiniglich etwas mehr. Wenn nun ein Ballen Seide untersucht werden soll, so machet man gemeiniglich aus demselben drey Proben, weil fast beständig dreyerley Seide in einem Ballen ist. Um diese Proben anzustellen, hat man eine Maschine erfunden, welche nichts anders als eine Haspel ist. (s. Haspel zur Seidenprobe, wo die Verfahrungsart bey der Probe beschrieben wird.) Man kann also nach dieser gemachten Probe sich alle Arten von Seide wählen, und solche nach dem Gewichte bestimmen, wie denn erfahrne Manufakturisten zu jeder Zeugart die Seide nach dem Gewichte bestimmen: z. B. zum Taffent nimt man eine Seide, deren Probe 35, bis etliche 40 As zu Atlas, von hier bis gegen 50 zu Grosdetours, zu Damast und dergleichen starken Zeugen bis 60 hält. Aber nicht alle binden sich an diese Proben, sondern wählen nach ihrem Gutdünken. Die Trame wird nur in drey Sorten getheilet, als in sehr feine, Prima und Sekunda, welche denn auf gleiche Art als die Organsin untersuchet wird.

Probe des Heerdes, der Glätte und Krätze. (Silberraffinirung) Bey dem Reinigen des Silbers muß man, um im Stande zu seyn, die Beschickung der Halsgeschlicken (s. diese) wohl zu treffen, den Heerd, Glätte und Krätze vorher auf das genaueste probiren, und zwar jedes besonders nach seinem Silber- Kupfer- und Bleygehalt. Heerd und Glätte müssen erstlich auf die erforderliche Art mit schwarzem Fluß, Glas, Galle und Eisenfeile angefrischet, und mit Bley probiret werden. Wenn man diesen Bleykönig auf der Kapelle abtreiben läßt, so erkennt man den Gehalt am Silber. Durch Zusetzung eines Zentners reinen Garkupfers zu einem Zentner Bley, nach Vorschrift der gewöhnlichen Kupferprobe, (s. diese) lernet man den Gehalt des Kupfers in dem Bley richtig einsehen, nachdem man den Zentner Garkupfer nach seinem Abgang im Feuer wieder davon abgezogen hat. Wenn man aber den Silber- und Kupfergehalt genau erforschet und abgerechnet hat, so ergiebt sich der Bleygehalt von selbst.

Probe des Teiges zur Pappe. (Pappenmacher) Wenn man wissen will, ob der Zeug des Papiers zur Pappe hinlänglich zerrieben sey, so nimt man etwas davon, und macht es zu einem Ballen in der Hand. Man läßt ihn abtröpfeln und sieht, ob keine weiße Flecken oder Theile, die noch das Ansehen des Papiers erhalten haben, darauf erscheinen; wenn dieses nicht ist, so ist die Masse hinlänglich zerrieben.

Probe des Zinns zu Orgelpfeifen. (Orgelbauer) Man schmelzt zu diesem Behuf das Zinn nur schwach, und gießt es in die Probierform, (s. diese) in die kleine Höhle der Rinne, aus welcher es in die große Höhlung läuft. Sieht man alles Zinn in der großen Tiefe blank und weiß, so ist das Zinn geschmeidig, rein und fein, und endigt sich regelmäßig in einem kleinen Punkte, dessen Mitte etwas vertieft ist. Ist der Mittelpunkt dagegen höckerigt, matt, und grau, so ist es unrein. Das reine Zinn ist weiß und blank, und das Loch graublank. Die zweyte Probe ist die Kugelform, und nach dem Gewicht der Kugeln, denn Zinn ist das leichteste Metall. Die dritte Probe ist, wenn man mit einem reinen heißen Lothkolben eine Stelle des Zinns berühret: bleibt das Korn blank und weiß, so ist das Zinn frisch und fein; sieht man eine matte Stelle, und das übrige ist blank, so ist das Zinn noch fein, aber schon gemischt; ist der Fleck groß, matt und grau, so ist Bley darunter.

Probedreschen. (Landwirthschaft) Dieses Dreschen geschieht gleich nach der Erndte, wenn der Hauswirth von dreyerley Aeckern, nämlich guten, mittelmäßigen und schlechten, etliche Garben rein ausdreschen läßt, damit er einen ungefähren Ueberschlag machen könne, was er dieses Jahr an Körnern gewonnen habe, und wieviel er nach Abzug des in der Haushaltung benöthigten noch zum Verkauf oder anderm Gebrauche übrig behalte.

Probe einwägen. (Hüttenwerk) Soviel Proben man machen will, soviel gute Scherben nimt man, und wiegt in jede 8 Zentner gekörnt Bley. Weil nun in den 8 Zentnern gekörnten Bleyes wenigstens ½ bis 1 Loth Silber befindlich ist, so muß man davon ein Bleykorn machen. Soviel Silberkörner man nun auf einmal in die Wage legen und aufziehen will, soviel Bleykörner hat man nöthig. Sollen jedesmal zwey aufgezogen werden, so muß man zwey Scherben nehmen, und in jeden 8 Zentner gekörnt Bley wiegen. In zwey Scherben werden auf die gewogenen acht Zentner gekörnt Bley in jeden 1 Zentner geriebenes Erz gethan, und in das Bley gerühret, alsdenn in den Ofen gesetzt, welcher aber die rechte völlige Hitze haben muß, und eher muß keine Probe zum Verschlacken eingesetzt werden.

Probegold. (Goldschmid) Es wird das verarbeitete Gold in diesen Werkstätten genannt, woraus allerley Sachen verfertiget werden. Es ist nicht in allen Ländern von einerley innerlichem Gehalt, sondern in einem ist mehr Gold [illegible] beniem, als in andern. Z. B. in preußischen Ländern hält das Probegold 12 Karat Gold und eben soviel Kupfer. Man giebt dem Probegolde nicht so, wie dem Probesilber, ein Probezeichen.

Probejagen. (Jäger) Das Meisterstück, so ein junger Jäger nach ausgestandener Lehrzeit bey einer fürstlichen Jägerey zu machen hat, damit er für einen Jäger passiren kann. Wenn ein solcher junger Jäger, nach oftmaliger Uebung mit dem Leithunde in der Behängezeit an der Erkenntniß der Fährde eines recht jagdbaren Hirsches, ingleichen mit Umgang und Arbeit dergestalt fest geworden, daß er sich getrauet, dieses Werk zu präftiren, so muß er bey der Herrschaft um Erlaubniß bitten, ein Probejagen anzustellen. Alsdenn werden wenigstens 4 Fuder Zeug an den Wald bestellt, wo er einige jagdbare Hirsche vermuthet, und das Probejagen machen will; da er denn früh noch einmal die vermutheten Hirsche versuchen, und in dem Holzwagen vorgreifen muß, wo diese man bleiben, dahin wird der Zeug in der Stille gerückt, der Wind in Acht genommen, und wenns möglich ist, gegen denselben gestellt. Wenn nun die Hirsche anstellt, und der junge Jäger sie nicht anders, als in der Fährde, z. B. einen derselben vor einen starken jagdbaren Hirsch von 18 Enden angesprochen, welcher noch zwey Hirsche von zehn Enden und einen Sechser bey sich hätte, muß er solches der Herrschaft mit allen Umständen anzeigen, welche darauf des andern Tages mit dem frühesten hinaus fährt, und entweder in dem Jagen ohne Lauf die Hirsche todt schießt, oder sie mit dem Lauf aus dem Schirm mit Hetzen und Schießen erlegt. Wenn nun solche gefällte Hirsche vor der Herrschaft zusammen getragen und gestreckt da liegen, und nach voriger ersten Aussage richtig eintreffen, so kann sein Probejagen, und er als ein rechtschaffener Jäger passiren.

Probeisen, (Probierkunst) ein drey Fuß langes, an beyden Enden kolbiges, sauber, polirtes Eisen, dreyviertel Zoll dick, mit welchem man zum Probiren des geschmelzten Rohsteins etwas aus dem geschmolzenen Werke heraus nimt, indem man mit demselben bis in den König, oder den Boden eines jeden Stichs fährt. Man schlägt den Stein ab, der sich anhängt, alle Stückchen aber, die man aus einer Scheibe oder einem Stich nimt, macht man einander in der Schwere gleich, damit man von dem ärmern soviel als von dem reichern Stein bekommen möge. (s. Steinprobe)

Probekelle, (Hüttenwerk, Münze) eine eiserne winkelrecht gebogene Kelle oder hohles Gefäß, womit man bey der Beschickung des Silbers, wenn solches in den Fluß gebracht worden, zur Probe etwas heraus nimt, um solches zum Probiren zu körnen. (s. Beschicken und Probiren)

Probelöffel, (Hüttenwerk) ein eiserner Löffel, womit auf dem Bleywerke auf dem Vorheerde eine Probe genommen wird, um den Gehalt eines solchen Werks dadurch zu erkundigen.

Proben auf Kapellen zu setzen. (Hüttenwerk) Wenn die Proben zum Probiren eingesetzt werden sollen, und die Kapellen abgewärmet (s. abwärmen und abäthmen) sind, so kehret man sie um, und setzt die vordersten so weit nach dem Mundloch des Ofens her, wie es sich schicken will. Hat man nun nicht viel Proben, so ists genug, wenn zwey Kapellen hinter einander stehen. Hat man aber mehr, und man will bald fertig seyn, so kann man wohl 4 bis 5 Kapellen hinter einander setzen. Weil aber alsdenn die hinterste zu heiß geht, so setzt man zu Anfange Instrumente oder Stücken von Ipser Tiegeln dahinter und an die Seiten. Wenn aber bey dem Umkehren der Kapelle etwa was hinein fiele, so bläset man solches mit einem hölzernen Rohr, wie die Bergleute zum Schießen in der Grube gebrauchen, aus. Wenn die Kapellen nun umgekehrt und der Ofen recht heiß gemacht ist, so setzt man die Proben auf die Kapellen, und zwar von hinten zu hinein: als nämlich die letzte Probe auf die letzte Kapelle, so vorne zuletzt in dem Ofen steht, und so fort bis man hinten am Ofen an die erste Kapelle kommt. Dieses ist darum gut, weil der Ofen vorne kälter als hinten ist, damit die Proben zum Abtreiben kommen, und gleich warm werden. Es ist auch nöthig zu beobachten, daß, wenn man viel Proben hat, man solche nicht verwechsele, sondern so wie sie auf einander folgen, wieder hinsetzet, damit hernach, wenn die Körner aufgezogen werden, keine Unordnung darein komme, sonst könnte der unrechte Gehalt bey den Proben gesetzt werden.

Proben aufheben, (Hüttenwerk) die fertigen Proben, wenn sie ihre rechte Hitze erhalten haben, nimt man auf folgende Art heraus: Man räumet von oben die Kolen ab, hebet die Deckel von der Kapelle ab, womit die Tuten bedeckt sind, fasset solche mit einer erwärmten Schnabelzange, woran keine Nässe seyn muß, und hebet die Proben eine nach der andern heraus, setzt sie auf einen gleichen Platz, zwischen Backsteinen, welche vorher dahin gelegt, daß sie nicht umfallen können. Auch muß bey dem Aufmachen im Feuer keine Kole hinein fallen, sonst steigen sie noch gerne über, und wenn sie aufgehoben, müssen sie vor der Nässe bewahret werden, sonst steigt der glühende Fluß heraus, und kann gar leicht Schaden thun. Die Proben läßt man nun stehen, bis sie kalt werden, schlägt sie alsdenn auf, und nimt den Bleykönig heraus.

Probenblech, Probierblech, (Hüttenwerk) ein mit einem Stiele versehenes eisernes Blech, welches 6 oder 9 kleine kugelförmige Gruben hat, die 1½ Zoll breit, und ½ Zoll tief sind. Man gießt in diese Gruben bey dem Ansieden auf Silber das verschlackte Bley.

Proben blicken. (Hüttenwerk) Wenn das Bley beym Abtreiben gänzlich abgerauchet, und in die Kapelle getrieben, das Silberkorn aber allein nach dem Gehalte der Erze auf der Kapelle stehen geblieben, da es denn fest gestehen und erstarren will, und alsdenn einen schönen hellen Blick von sich giebt. Man muß dahin sehen, daß die Körner recht gleich blicken, sonst sind sie nicht gleich, und das eine gewöhnlich schwerer, als das andere. Dieses ungleiche Blicken kommt daher, wenn an einer Ecke der Muffel sei mehr Kohlen als an der andern liegen, und daher geht eine Probe wärmer, als die andere; oder wenn die Proben nicht zugleich in den Ofen gesetzt sind; oder eine Kapelle weiter geschlagen ist; oder wenn die Kapellen nicht mit aller Genauigkeit gemacht sind, so daß eine höher als die andere ist. Es kann auch seyn, daß die Muffel ungleich in den Ofen gesetzt worden, oder der Ort ungleich ausgeschmiert ist. Wenn man nun sieht, daß die Proben ungleich gehen, und eine davon zurück bleibt, so muß man neben dieser letztern eine kleine glüende Kohle legen, damit sie etwas heißer gehe, weil gewöhnlich die Probe, so am kältesten geht, zurück bleibt, oder man kann auch solche umkehren, damit die Probe, so zur rechten Seite steht, an die Seite zur Linken komme. Indem die Körner blicken wollen, muß man die Hitze vermehren, und indem sie blicken, müssen sie recht heiß gethan werden. Denn wenn die Körner nicht heiß genug blicken, so werden sie nicht rein, sondern behalten oberhalb Flecke, welches von dem dabey gewesenen Kupfer herrühret, und man sollte meynen, daß nicht Bleyschweren genug hinzu gesetzt wären, welches aber nicht die Ursache ist, sondern es rühret von dem kalten Blicken her. Damit das Blicken recht heiß befördert werde, so muß man nicht allein den Ofen unten aufthun, welches nach gerade immer mehr und mehr geschehen muß, sondern es müssen auch oben in das Mundloch Kohlen gelegt werden. Wenn es geschieht, daß die Proben nicht gleich blicken, so muß zwar um das eine Korn, was schon geblickt hat, der Ofen heiß gethan werden, über das andere aber, so nicht geblickt, kann man ein kaltes Eisen, oder nur die Kluft halten, bis solches auch geblicket, damit es die starke Hitze nicht sogleich empfinde. Wenn die Körner nun gleich geblicket, und mit der rechten Feine überzogen sind, wird der Ofen kalt gethan, und bey dem Herausnehmen vorsichtig damit umgegangen, damit sie nicht spratzen. Man läßt sie deswegen in dem Ofen ein wenig stehen, alsdenn zieht man sie mit dem Häckchen vorne in den Ofen, nimmt sie nach gerade heraus, und setzt sie auf das Blech. Geschieht nun kein Versehen bey dem Abgehen der Proben, so sind die Körner fertig.

Proben der Erde, Steine und gemeinen geringhaltigen Erze. (Hüttenwerk) Wenn die Erze im Großen gewogen oder gemessen werden, so nehme man von jedem Zentner an verschiedenen Orten einige kleine Stückchen weg, doch so, daß man dem Auge nach, ärmere und reichere, reinere und unreinere zur Probe nimt; hierbey aber beobachte man in der Schwere der verschiedenen Erze die möglichste Gleichheit, und nehme außerdem bey großen Stücken mehr Erz zur Probe, als bey kleinern. Soll eine Probe von schon gewogenen Erzen genommen werden: so nehme man nicht nur um den ganzen Haufen herum an gleichweit von einander entfernten Orten oben und unten, sondern auch in der Mitte, nachdem man die oberste Lage abgeräumt hat, eine gewisse Menge Erz zu der zu machenden Probe wie zuvor weg. Damit man aber von den reichern wie von den ärmern Erzen, die man in beyden Fällen zur Probe genommen hat, einen Probirzentner bekomme, und der Gehalt im Kleinen dem Gehalt des vermischten Erzes im Großen gleichkomme, auch die zum Probiren nöthige Menge des Erzes vermindert werde: so verjünge man die genommene Probe (s. Probe verjüngen) alsdenn treibt man die verjüngte Probe, damit die Auflösungsmittel durch die zuvorige gebrachte mehrere Berührungspunkte desto besser in das Erz wirken können, zu einem gröblichen Sand, wenn die Erze leichtflüßig, hingegen aber zu einem zarten Pulver, wenn dieselbe strengflüßig sind, und siebe alsdenn diese Probe durch ein Haarsieb. Auf die nämliche Art nimt man auch die Proben von den gerösteten Erzen.

Proben des Schlichs. (Hüttenwerk) Von den Schlichen, die im Großen gewaschen werden, nimt man die Proben eben so wie von den Erzen die geringhaltig sind. (s. Probenehmen der Erzen, Steine etc.) Nur bey dem Verjüngen hat man nicht nöthig, daß man sie klein stoße, weil sie ohnehin schon aus einem zarten Sande bestehen. Sind die Schliche schon gewogen, so macht man eine Bohrprobe, indem man mit einem hohlen Bohrer an verschiedenen Orten durch die aufeinander geschütteten Schliche bohret, und verjüngt hernach den in dem Bohrer stecken gebliebenen Schlich. (s. Proben verjüngen)

Proben des Silbers zu erkennen ob sie fertig sind. (Hüttenwerk) Dieses erkennet man daraus, wenn die Flamme recht hell und klar geworden. Es schadet der Probe nicht, wenn auch ein wenig zu viel geblasen wird. Gar zu viel dient zwar auch nicht, wenn aber die Körner recht rein sind, so ist man des Gehalts desto besser versichert, und ist dieses besser, als wenn zu wenig zugeblasen wird, daß die Körner nicht recht rein werden. Wiewohl es bey dieser Probe auf den Gehalt der Bleykörner nicht ankomt, sondern nur erfordert wird, daß die Proben sich fein rein und flüßig arbeiten, damit man den wahren Silbergehalt haben könne, und schadet also nicht, wenn schon etwas zu lange zugeblasen wird. Damit man aber auch die Flamme desto besser erkennen könne, so muß man dahin sehen, daß man bey dem Anfange des Zublasens so viel schwarze Kohlen aufgebe, wie zu der Probe erfordert werden, welches denn gar füglich bey dieser als auch bey Bley- und Kupferproben geschehen kann. So kann die Flamme, welche anfänglich gelb und dick ist, viel besser beobachtet werden, wie sie sich verändert und zuletzt recht hell und klar wird. Sind aber anfänglich zu wenig Kohlen daraufgethan, daß rothe Kohlen nachgegeben werden, so verändert solches gleich die Flammen. Und wenn denn dergleichen vorfällt, so kann man von der Flamme nicht eher urtheilen, bis die aufgegebene Kohlen wieder recht glühend werden.

Proben des Werks aus dem Stich zu nehmen. (Hüttenwerk) diese Probe zu nehmen streicht man die Schlacken und den Stein von den Werken ab, damit man reines Bley zur Probe bekommen möge. Man fahre mit einem Gieß- oder Probelöffel auf den Grund des Stichs, und hebe ihn in der Mitte der Werke heraus, diese Probe aber gieße man in eine Grube, die von angefeuchteter Asche

oder

oder Kolengestübbe gemacht werden: alsdenn schmelze man sie in einem Tiegel zusammen, und gieße sie, so bald sie nur geflossen, und mit einem hölzernen Stäbchen durch einander gerühret sind, in einen mit Seife oder Talg beschmierten Inguß. unterdessen, daß ein in Wachs oder Talg getränktes und zusammengewickeltes Papier darauf brennet, rein aus. Von dem gegossenen Bley, dem sogenannten Zain, aber haue man, weil er nicht zu weich ist, an beyden Enden mit dem Kalkmeißel ohngefähr 1½ Zoll lang ab, und zerhaue darauf den mittelsten Theil in zwey gleichgroße Stücken, damit man von vier Enden die Probe nehmen und den Gehalt desto gewisser finden könne. Eben so verfähret man bey den Proben, die man bey dem Seigern der Werke nimt, nur mit dem Unterschied, daß man entweder von einem jeden Heerd oder Tiegel voll Bley eine, oder von jedem Ofen, den man seigert, nur zwey Proben nimt, und zwar eine in dem Anfange, die andre aber bey dem Ende des abzuseigernden Ofens.

Proben durchgehen, (Hüttenwerk) wenn die Probe fortläuft. Dieses kann man daran erkennen, wenn die Flamme sehr gelb und dick wird, auch stark rauchet. Dann muß man sofort mit Zuschüren innehalten, und sehen, welche Probe solches ist, selbige gleich aufheben, das Feuer wieder zumachen, und den andern Proben vollends zublasen, damit solche ihre gehörige Hitze bekommen.

Probe nehmen, (Probirkunst) den Gehalt der Mineralien untersuchen, damit man wissen könne, ob bey der einen oder der andern Arbeit im Großen Schaden oder Nutzen herauskommen werde. Es sind aber die Mineralien wie die tägliche Erfahrung zeiget, nie in einem solchen genauen Verhältnisse mit einander vermischt, daß der Gehalt, von einer Stuffe, dem Gehalt einer andern Stuffe von eben der Art vollkommen gleich ist, und man erfähret oft, daß eine und eben dieselbe Stuffe an verschiedenen Orten ganz ungleichen Gehalt hat. Soll daher ein größeres Haufwerk, eine Menge vieler zusammengeschütteter Stuffen, auf seinen Gehalt probiret werden, und man will der Absicht gemäß weder zu arm noch zu reich probiren, d. i. weder einen zu kleinen noch zu großen Gehalt angeben, so muß man von dem Haufen arme und reiche Mineralien nehmen. Dieses nennt man das Probenehmen.

Probe nehmen der reichen Erze, (Hüttenwerk) wenn die reichen Erze mit gediegenem Silber vermengt sind, so erfordert dieses eine große Vorsichtigkeit. Bey diesen muß man das gediegene Silber aus der genommenen Probe herausnehmen, und davon einige Stücke besonders, zugleich aber auch das Erz probiren, und hernach den Gehalt zusammenrechnen, damit man den wahren Gehalt bekomme. Diese Rechnung geschiehet dergestalt: man bemerke wie viel Probirzentner gediegenen Silbers in einer gewissen Probirzentnerzahl von einem Erze befindlich sind, und probire diese auf Silber. (s. Probiren auf Silber.) Man rechnet das feine Silber von der Zentnerzahl des gediegenen Silbers aus, zugleich aber rechnet man auch, wenn zuvor der Gehalt des Erzes, welches mit keinem gediegenen Silber mehr vermischt ist, gefunden worden, das Silber von der Zentnerzahl des Erzes aus, die übrig bleiben, wenn man die Zentnerzahl des gediegenen Silbers von der genommenen ganzen Probirzentnerzahl abziehet. Alsdenn rechnet man das Silber von beyden Zentnerzahlen zusammen, und theilet die Summe, durch die Summe dieser Zentnerzahlen, so bekommt man im Quotienten den Gehalt, der auf einen Zentner Erz kommt. Eben so verfähret man auch mit den Glaserzen, die sich auch nicht leicht stoßen und mit andern Erzen vermengen lassen.

Probe nehmen von Garkupfer, (Hüttenwerk) diese nimt man aus dem Stiche, welcher hier der Heerd heißt, eben so wie bey dem Probenehmen des Schwarzkupfers (s. dieses) gewiesen worden. Sollen aber im Gegentheil schon in Scheiben gerissene Kupfer probiret werden, so läßt man entweder eine jede Scheibe oben und unten aushauen, oder man thut dieses nur bey der dritten Scheibe von oben herunter, und verfähret übrigens wie bey dem Schwarzkupfer. Ueberhaupt ist hier zu erinnern, daß man bey dem Zusammenschmelzen der Bleye und der Kupfer und dem Gießen derselben in einen Zain sehr behutsam zu Werke gehen, und diese Metalle nicht zu lang im Feuer stehen lassen muß, damit die Unarten nicht zu sehr vermindert bleiben, und dieselbe durch die Reinigung nicht reicher werden mögen, wodurch man eine falsche Probe bekommt. Besser ist es immer, wenn man die ausgehauenen Stückchen ungeschmolzen probiret. Aber auch hiebey kann gar leicht ein Fehler vorgehen, wenn man entweder zu reiche oder zu arme Stückchen zur Probe nimt. Will man daher bey dem Einschmelzen sehr genau zu Werke gehen, so wiege man das einzuschmelzende Metall, und bemerke, wie viele Probirzentner es ausmacht, hernach aber bestimme man auch den Abgang bey dem Einschmelzen nach eben dem Gewichte. So viel Abgang nun, auf einen Probirzentner komt, so viel lasse man an dem Probirzentner fehlen, den man probiren will, da man denn den Gehalt bekommt, den ein Zentner hält, wenn die Metalle noch nicht eingeschmolzen sind. Es ist außerdem sehr gut, wenn man von den verschiedenen Stichen oder Königen eine Probe nimmt, und von jedem so viel Probirpfunde, als er große Pfunde wiegt, diese Pfunde aber müssen halb oben und halb unten genommen werden.

Probe nehmen von dem Rohstein. (Hüttenwerk) Man schlage von einem jeden Stich, oder dem aus dem Schmelzofen in eine Grube gelaufenen Stein, aus der dritten Scheibe von oben herunter, welche Scheiben, so wie der Stein, oben erhärtet herausgenommen werden, ein klein Stück zwischen dem Rande und dem Mittelpunkte heraus, wo der Gehalt das Mittel ausmacht, zwischen dem am Mittelpunkt und dem Rande. Oder man thut dieses auch mit dem sogenannten Probeisen. (s. dieses) Die Steinprobe die man auf solche Art genommen hat, stößt man klein, wenn dieselbe im nöthigen Fall zuvor, wie die Erzproben, verjüngt worden, und hebe sie zum Probiren auf. Sind inzwischen die Steine schon in Haufen beysammen, so nimmt man hier und da, unten, oben und in der Mitte ein Stück heraus, bey dem Wiegen aber

etliche

etliche Stücke von jedem Zentner. Bey silberhaltigen Bleyen, oder den sogenannten Werken, verfähret man bey dem Probenehmen anders. Sie werden bey dem Rohschmelzen bald aus dem Stich, bald aus dem Treibofen und bald von einem vorräthigen Haufwerk genommen.

Probe nehmen von den Schlacken. (Hüttenwerk) Wenn man aus dem Herde einer Grube vor dem Ofen eine Probe nehmen will, so läßt man den Herd, worein die geschmolzene Materie läuft, erst halb voll Metall werden, hernach aber nimt man aus der obern Scheibe in der Mitte zwischen dem Rande und dem Mittelpunkt ein Stück Schlacke heraus. Bey großen Haufen verfähret man wie bey dem Rohsteine. (s. Probe nehmen des Rohsteins)

Proben ersticken. (Hüttenwerk) Wenn bey dem Probiren der Erze auf Silber die Proben auf den Kapellen so stark wegen der Kälte Schlacken geben, daß die Kapellen solche Schlacken nicht so bald in sich ziehen können, so bleiben sie auf den Kapellen stehen, werden kalt und erstarren oder werden hart. Denn unter dem Schlacken auf den Scherben und dem Abgehen auf den Kapellen ist dieser Unterschied: das Bley, so bey dem Silberkorn ist, kann nichts anders davon kommen, als durch das Verschlacken, muß also das Bley auf der Kapelle so wohl als auf dem Scherben schlacken, weil kein klar Bley in die Kapellen ziehen kann, es nähme sonst Silber mit sich; schlacket es nun auf den Scherben, so können die Schlacken nicht davon kommen, weil solche von Thon gemacht und veste sind. Die Kapellen hingegen sind von Asche, haben nichts Klebendes, sondern sind locker. Was daher von dem darauf stehenden Bley verschlacket, gehet sogleich in die Kapellen, daß man nicht einmal Schlacke sehen kann. Sobald aber die Kapellen wegen Kälte die Verschlackung nicht in sich nehmen können, so bleibt sie auf der Kapelle stehen, daß man solche gemeiniglich sehen und die Stickung kennen kann. Man kann dieses gleich daran erkennen, und ist ein gewisses Zeichen des Stickens, wenn die Proben, so vorne in dem Ofen stehen, größer bleiben, als die, so hinten stehen. Alsdenn ist es Zeit, daß man die Proben erwärmt. Solches geschieht nun dadurch, daß man oben Kolen vorlegt, und der Ofen unten etwas aufgemacht wird. Sind die Proben aber erstickt, und man will sie wieder zurechte bringen, so muß man solche sehr heiß thun, und geschieht auf folgende Art: Man setzt die Kapellen mit den erstickten Proben mitten in den Ofen, legt an alle vier Seiten Kolen dichte an die Kapellen, dazu wird der Ofen ganz heiß gemacht, so frischet sich das Erstickte, auch das Bley in den Kapellen wieder an. Alsdenn thut man wieder kalt, läßt abgehen, auch das Korn ordentlich blicken.

Probenplatte. (Emaillemaler) eine kupferne Platte mit weißem Schmelzglase oder Emaille überzogen, auf der jede Farbe rein und vermischt, Reihe bey Reihe in Gestalt kleiner Quadrätchen aufgestrichen ist. Jedes Quadrätchen wird auf einer Seite mit seiner eigenen oder fremden Farbe bezeichnet, und alle diese Probenstriche läßt man auf der Platte im Feuer einbrennen. Durch diese Probeplatte erfähret man, wie eine jede Farbe künftig nach dem Brennen wird, oder wie solche nach einem oder mehreren Feuer, mit welchem sie eingebrannt werden, sich verhalten und aussehen wird. Nach diesen gemachten Proben muß nun der Emaillemaler seine Farben zur künftigen Malerey einrichten und verfertigen, damit solche nach dem Brande die gehörigen Schatten und Lichter hervorbringen. (s. Emaillemalerey)

Probenklöpler, Fr. Ouvrier, qui piles des mines à essaier, (Hüttenwerk) ein Arbeiter, der die Erze, um sie probiren zu können, zu Mehl stößt.

Proben, strenge. (Hüttenwerk) Wenn die Erze strengflüßig sind, und weilen nicht in das Bley gehen, so muß man heiß verschlacken lassen, und darf nicht kalt gethan werden. Man muß auch öfters rühren, dabey aber vorsichtig seyn, daß aus einem Scherben am Häckchen, womit gerühret wird, nichts hängen bleibe, und damit in einen andern Scherben getragen werde, sonst werden die Proben falsch. Sind aber die Erze so gar strenge, daß man sie mit 8 Zentner Bley nicht zwingen kann, so muß man auf soviel Zentner Bley und ½ Zentner Erz noch einmal soviel, und also 16 Zentner Bley Schweren nehmen. Alsdenn ist es nöthig, von einerley Erz zwey Proben zu nehmen, damit man von einem ganzen Zentner Erz die zwey Körner aufziehen könne.

Proben treiben, (Hüttenwerk) durch das Verschlacken das Gold oder Silber in den Proben von dem Bley ausscheiden. (s. Treiben)

Proben verschlacken. (Hüttenwerk) Wenn die Proben in dem Ofen eingehen, wozu man recht heiß thun muß, so fängt von solcher Hitze das Bley an zu schlacken, und das Erz in sich zu nehmen, wo es sonst nicht gar zu strenge ist. Ist es aber strenge, so geht es etwas langsamer. Wenn das Erz nun alles eingegangen, und die Proben hell und klar stehen, so thut man den Ofen kalt, dann schlacket es viel eher, und wenn es genug geschlacket, so thut man den Ofen unten wieder auf, daß er ganz heiß werde, und rühret die Proben mit einem eisernen Häckchen, das vorher rein abgeschlagen und glühend gemacht ist. Sind alsdenn die Proben recht klar, so gießt man solche in ein dazu gemachtes Blech. (s. Probenblech) Dieses nennt man das Verschlacken. Man läßt die Proben gewöhnlich so stark schlacken, daß von 8 Zentner Bley, so eingesetzt, nur 4 Zentner bleiben; und wenn es auch schon nicht auf die Hälfte eingeschlacket ist, so ist nichts daran gelegen, wenn es nur die Kapellen ziehen können: denn sind die Schlacken fein glatt und klar, so haben die Proben gut geschlacket.

Proben, von beschickten Silber aufs Feine, wie solche gemacht werden. (Hüttenwerk) Die Kapellen müssen erst vorher wohl gewärmt werden, ehe die Proben darauf gesetzt werden. Ihre Größe richtet sich nach den Bleyschweren. Sind die Silber arm, so sind viel Bleyschweren nöthig, und so umgekehrt. Zu 1, 2 und 3löthigem Silber nimt man 18 Schweren Bley; zu 4, 5, 6 und 7löthigem 16; zu 8, 9, 10 und 11löthigem 14; zu 12 und 15löthigem 10; zu 14 und 15löthigem 8, und zu 16löthigem 5. Wenn nun die Probe gemacht werden soll, so nimt man dazu zwey Kapellen, kehret sie aus, und setzet solche bey einander vorne in den Ofen, jedoch nicht weiter vor, als daß man die Körner kaum blicken sehen. Inwendig vor das Mundloch leget man eine kleine lange Kole in die Quere, vorher, und außerdem noch eine runde Kole in das Mundloch. Ist nun der Ofen recht warm, so werden die Proben aufgesetzt, anfänglich die Bleyschweren, und wenn solche treiben, die eingewogene Silberproben. Wenn diese nun eingegangen, und recht in der Hitze treiben, so werden die vorgelegten Kolen weggenommen, und der Ofen kalt gethan. Je ärmer nun die Silber sind, desto mehr haben sie Kupfer bey sich, und desto kälter kann man solche anfänglich treiben und abgehen lassen, zu welchem Ende man noch Instrumente um die Proben setzt, weil das noch nicht kalt genug ist, wenn man den Ofen unten zumacht. Diese Instrumente bestehen aus drey Stücken von Ipser Tiegeln abgesäget und glatt geschliffen. Das eine Stück muß so lang seyn, daß es hinter beyden Kapellen herreichet, und an beyden Seiten etwas vorstehe; die andern beyden Stücken sind kürzer, und eins ohngefähr halb so lang, wie das erste, wovon eins zu beyden Seiten gesetzt wird, damit die Proben an drey Seiten umschlossen seyn, vorne nach dem Mundloche zu stehen sie offen. Dabey muß man bey dem Probiren wohl Acht geben, daß diese Instrumente um die Proben nicht gar zu lange stehen, sonst können sie leicht sticken, und wenn die Proben rund umher Glätte gesetzt, und nicht frisch mehr treiben, sondern matt aussehen, (s. Probe ersticken) so ist es Zeit, daß die Instrumente vorerst umgeworfen und aus dem Ofen genommen werden. Nachdem man nun siehet, daß es nöthig ist, muß eine Kole vorgeleget werden. So lange eine Probe etwas erhaben gehet, so geht sie gut, sobald solche aber niederfällt und platt scheinet, so wird sie matt, und ist beynahe bey dem Sticken. Vor allen Dingen muß man dahin sehen, daß die Proben gleich gehen, und fein gleich blicken, (s. Proben blicken) denn wenn eine eher blickt als die andere, so sind die Proben selten gleich, sondern ein Korn schwerer, als das andere.

Proben von dem Schwarzkupfer nehmen. (Hüttenwerk) Diese nimt man entweder aus dem Stich, oder aus einem vorräthigen Hauswerke. Bey der ersten Art fähret man mit einem gewöhnlichen Meißel, oder auch einem Probeisen (s. dieses) in den Stich, und schlägt das erkaltete Kupfer von diesem Werkzeuge ab. Man wiederholet diese Arbeit bey einem jeden Stich, und schmelzt die zusammengekommenen gleich schwer gemachten Stückchen in einen Zain; diesen aber zerhauet man, wie den Zain von den Wassen, in zwey Stücke, oder man zerbricht die noch rothwarme Schwarzkupfer in kleine Stücken, damit man dieselbe desto leichter abwiegen kann; alsdenn hauet man hier und da ein Stück, die aber soviel möglich von gleicher Schwere sind, aus. Bestehen diese Kupfer im vorhergehenden Falle aber aus Königen, oder ganzen Stückchen und aus Kupferscheiben: so läßt man einen jeden König, oder eine jede Scheibe aushauen; hierauf schmelzet man alle diese Stückchen in einen Zain zusammen, und zerhauet ihn wie zuvor.

Proben vom Silber zu nehmen. (Hüttenwerk) Diese Proben werden entweder vom Silberkönig oder im Fluß genommen. Das erste geschiehet dergestalt: 1) läßt man die Silberkönige wie das Bley oben und unten aushauen, und ein jedes Stück legt man besonders in eine reine Probirscherbe; 2) setzet man diese Probirscherbe in den Probierofen unter die Muffel, und macht das Silber glühend, dann nimt man dasselbe aus dem Feuer, und hämmert es so lange auf einem reinen Amboß, bis es wieder erkaltet ist. Diese Arbeit wiederholet man so lange, bis es zu einem dünnen Blech geschlagen ist, hernach zerschneidet man dasselbe in die sogenannten Zeffalien, oder zarte Fäserchen. (s. auch Lamminiren) Soll die Probe im Gegentheil aus dem Tiegel im Fluß, oder eine sogenannte Schöpfprobe genommen werden, so nimt man aus dem Tiegel ein wenig Silber, und gießt dasselbe entweder durch einen Besen, den man beständig umwendet, in ein kupfernes, oder glasurtes, oder auch hölzernes mit Wasser angefülltes Gefäß, oder man schüttet es über eine Granalliermaschiene, (s. diese) die man während dem Gießen beständig umdrehet; 3) die hierdurch erhaltenen Silberkörner, die sogenannten Granalien, laminirt man wie zuvor, so ist die Probe genommen. Zuweilen soll man auch Schüsseln und andere Silbergefäße probiren, in diesem Falle feile man in der Mitte auf zwey Seiten, die einander gegen über stehen, etwas Silber, nachdem man zuvor die von dem Weißsieden stets reichere Oberfläche weggefeilet hat. Die Goldproben nimt man eben so.

Prober, Fr. Pese-liqueur, ein Instrument, wodurch man erfahren kann, um wie viel ein fließender Körper schwerer seye, als der andere. Es besteht aus einer kleinen gläsernen oder erdenen Phiole, mit einem dünnen langen Halse, welcher mit vielen Querstrichen in gleicher Weite abgetheilet, die Phiole aber mit etwas Quecksilber beschweret ist, damit sie sinke. Wenn nun der Prober in ein Wasser oder Getränk geworfen wird, so zeigen die Abtheilungen an, wie tief er eintauche, je tiefer er sinkt, desto leichter ist das Wasser, und umgekehrt. (s. auch Bierprobe)

Proberinge, (Gold- und Silberdrahtzieher) gewöhnliche eiserne Ringe, deren beyde Enden etwas von einander abstehen. Der Drahtzieher hat soviel Ringe, als er Nummern vom Draht zieht, und die Nummer ist jederzeit auf dem Ringe bemerkt. Die Enden der Ringe stehen weiter oder enger auseinander, je nachdem durch einen Ring ein starker oder feiner Draht soll probiret werden. Wenn der Draht bequem durch den kleinen Zwischenraum des Ringes fällt, so hat er die Nummer des Ringes.

Proberöhren, (Bergwerk) die beyden Röhren an einer Feuermaschiene, wodurch man probiret, ob der Kessel derselben (s. Feuermaschiene) gehörig gefüllt sey. Diese beyde Röhren werden in den Kessel mit 2 Hähnen gemacht, wovon die eine länger ist, als die andere, und die Länge ge-

ende in das Wasser des Kessels reichet, wenn der Kessel bis auf die rechte Höhe angefüllet ist. Macht man nun diese beyde Röhren auf, und es ist zuviel Wasser in dem Kessel, so spritzt solches aus beyden Röhren heraus. Ist hingegen zu wenig Wasser in dem Kessel, so geht aus beyden Röhren Dampf heraus, und spritzt aus der langen und kurzen Dampf, so ist er gehörig gefüllet.

Probesilber, (Gold- und Silberarbeiter) das in jedem Lande vestgesetzte Gehalt des Silbers, woraus allerley Geschirre gemacht werden. Z. B. in Frankreich, England, Holland und Italien ist das Probesilber 15löthig, d. i. 15 Theile Silber und ein Theil Kupfer; in Wien, Straßburg, Königsberg, Augsburg, Nürnberg, Prag, Koppenhagen 13löthig; in Hamburg, Berlin, Danzig und Niedersachsen 12löthig, und in Breslau 11löthig. Bey allen Probesilbern fehlen aber bey jeder Mark einige Gran Silber, z. B. die Berliner Probe ist 11 Loth 13 Gran. Damit die Probe jederzeit aufrichtig beobachtet werde, so muß z. B. in Berlin jedes Stück, wenn es aus dem Groben gebracht ist, zu zwey Altmeistern gebracht werden. Der erste gräbt mit einem Grabstichel, nachdem die Probe richtig befunden worden, in das Silber eine Schlangenlinie, die der Goldschmid das Zizlirzeichen nennt, und giebt dem Silberarbeiter seinen Namen auf Bley zu dem zweyten Altmeister mit, damit er nicht unterlasse, zu ihm zu gehen. Dieser prägt in die Arbeit das Stadtwappen, und schickt den Namen zu dem ersten Altmeister zurück; vorher aber schlägt der Goldschmid, der es gemacht hat, seinen eignen Namen auf das Silber.

Probestück, (Porzellanfabrik) dasjenige Porzellangeschirr, welches zur Probe dienet, wenn das Porzellan in dem Ofen gebrannt wird, um daher zu untersuchen, ob es seinen gehörigen Brand erhalten.

Probe verjüngen, (Hüttenwerk) die genommene Probe dermaßen verkleinern, daß man damit bequem die Probe anstellen kann. Man stößt das genommene Erz, (s. Probe nehmen der geringen Erze) wenn es aus großen Stücken besteht, in kleinere Stückchen, die so groß wie Erbsen sind. Das gestoßene Erz mischet man, indem man es furchenweise in das Kreuz menget, sehr wohl untereinander, und breitet dasselbe auf einer ebenen Fläche so aus, daß aller Orten gleich viel gröbere und kleinere Stückchen liegen, die ganze Menge aber theilet man, je nachdem man viel Erze zur Probe genommen hat, in 2, 3, 4 und mehrere Theile. Einen solchen Theil stößt man alsdenn in noch zärtere Theile, verfähret mit dem Zertheilen wie vorher, und wiederholet dieses so lange, bis ohngefähr ein gemeines Pfund übrig bleibt.

Probezinn. (Zinngießer) So wird das mit einem Versatz von andern Metallen verarbeitete Zinn genennt. Denn der Zinngießer verarbeitet das Zinn nie unvermischt, sondern setzt jederzeit einige Metalle oder Halbmetalle hinzu. Diese fremden Theile nennt er Versatz. Die berlinischen Zinngießer dürfen nur eine doppelte Vermischung verarbeiten. 1) das sogenannte Englische Zinn (s. dieses), 2) das eigentliche Probezinn. Man nimt hiezu gleichfalls reines englisches Zinn, und giebt ihm einen Versatz von Bley. Sie nehmen zu 10 Pfund Zinn 1 Pfund Bley, und deswegen heißt es auch das zehnpfündige Zinn. Beyde Metalle werden in einem Schmelzkessel zugleich geschmelzen, und der Professionist ist gehalten, jederzeit das verarbeitete Zinn mit dem Stempel seiner Stadt und mit seinem Namen zu bezeichnen, damit beydes ihn verrathe, wenn er wider die Gesetze zu viel Bley hinzu gesetzt hätte. In dieser Absicht hat der Staat die Einrichtung getroffen, daß jeder Meister bey den vierteljährigen Zusammenkünften des Gewerks dem Altmeister eine Probe von allen seinen Mischungen vorlegen muß. Dies nöthigt ihn, bey jeder neuen Zusammensetzung genaue Prüfungen anzustellen.

Probirblech, s. Probenblech.

Probirbley, Fr. Plomb des lunifications, (Hüttenwerk) das zur Probirung der Erze auf Silber und Gold taugliche und gekörnte Bley. Das geschickteste dazu ist dasjenige, welches das wenigste, oder gar kein Silber hält, dergleichen das Villacher ist. Man kann aber auch mit reichhaltigem Bley eine richtige Probe machen, wenn man eine besondere Probe von Bley mit einsetzet, und das daraus erhaltene Korn bey Aufziehung des Korns von der Erzprobe zum Gewicht legt.

Probirbuch, Fr. Livre des essais, (Scheidekunst) die schriftliche Nachricht von den Proben, welche der Probirer in ein dazu bestimmtes Buch einträgt.

Probiren beym Berg- und Hüttenwerk, s. Probirkunst.

Probiren zu arm und zu reich, s. Probe nehmen.

Probirer, Fr. l'essaieur, der Künstler, welcher den Gehalt der Metalle, Erze und Fossilien untersuchet.

Probirform zum Zinn, (Orgelbauer) ein vierreckigter Ziegelstein oder zarter Sandstein, 4½ Zoll lang, 1 Zoll breit, 12 Linien dick, in dem eine halbrunde etwas kegelartige Vertiefung von 10 Linien im Durchmesser und 6 Linien tief ausgegraben ist. Von anderthalb Zoll der Höhe macht man eine andere Rinne von 4 Linien im Durchmesser, die sich in einer kleinen Grube endiget. Kurz, sie siehet vollkommen wie ein Löffel vorne aus. Man probiret damit das Zinn, ob es rein sey. (s. Probe des Zinns zu Orgelpfeifen)

Probirgebühren, Fr. la paie pour les essais, (Hüttenwerk) der Lohn, welcher dem Probirer für die gemachten Proben geordnet ist, als 6 pf. für eine gemeine Silberprobe; 5 gr. 3 pf. für eine Kupferprobe; 1 gr. für eine Brandsilberprobe u. s. w.

Probirgehäuse, Fr. la chasse de la balance d'essai, (Hüttenwerk) ein hölzernes Gehäuse mit Glasscheiben, darinn die Probirwage steht.

Probirgeräthe, s. Probirinstrumente.

Probirgewichte, Fr. poids de l'Essaieur; verschiedene verjüngte Gewichte, welche zur Probirkunst gebrauchet werden, als das gemeine Probirgewicht, das Markgewicht, das Pfenniggewicht, oder Richtpfennig. (s. alle diese)

Pro-

Probirgezähe, s. Folgendes.

Probirinstrumente, Probirgeräthe, Probirgezähe, Fr. les instrumens de l'essayeur, die Werkzeuge, so der Probirer zu Ausübung der Probirkunst nöthig hat, als: Probirofen mit Zubehör, Windofen, Probirschirbel, Kapellen, Tiegel, Kloben, Giesbuckeln, Kläfte, Waagen u. dgl. (s. alle diese)

Probirkapellen, (Münze) diese werden als kleine Aschennäpfe von ausgelaugter Buchen- oder Eichenasche zu 2 Theilen, 1 Theil Knochenasche, beydes durchgesiebt, und mit Brunnenwasser angefeuchtet, verfertiget, und in der Nonne vom Mönch durch drey leichte Stöße verdichtet, welche ein kleiner Hammer auf den Mönch thut. Man presset die Kapelle mit dem Daumen gelinde auf dem Ringe. Es wird darinn Gold und Silber untersuchet. (s. Probiren und Kapelle)

Probirkluft, Fr. la longe pince, (Hüttenwerk) eine Art von Zange ohne Niete, die eine Federkraft hat, sich zusammendrücken läßt, und sich von selbst wieder auseinander giebt, womit der Probirer die Schirbel und Kapellen in den Probirofen bringt und wieder heraus nimt.

Probirkörner, Fr. les culots qui penetrent dans la coupelle, (Hüttenwerk) die runden Stückchen Silber, welche auf der Kapelle stehen bleiben.

Probirkunst, (Hüttenwerk) die Kunst, den wahren körperlichen Gehalt der Mineralien zu untersuchen und zu finden. Sie besteht darinn, daß man durch das Feuer im Kleinen Versuche anstellet, um die Natur und Eigenschaften eines jeden Minerals, und die mehrere oder wenigere Vermischung der mit einander verbundenen mineralischen Körper daraus erkennen zu lernen.

Probirmehl, Fr. Poudre de mine, (Hüttenwerk) klar geriebenes Erz, welches zum Probiren vorbereitet worden.

Probirnadeln, (Gold- und Silberarbeiter) dünne Stifte aus einer verschiedenen Zusammensetzung der edeln Metalle verfertiget. Zum Silber hat man 16 Nadeln, womit man dieses Metall von 1 bis 16löthig nach dem äußern Ansehen probiren kann. Das Gold probiret man mit 24 Nadeln, die theils aus einer Zusammensetzung von Gold und Kupfer, theils mit Silber bestehen, um das Gold nach beyden Versetzungen damit zu probiren. Die Nadeln der Goldschmidte aber sind nur gewöhnlich mit Kupfer legirt, und bey dem feinen Golde bedienen sie sich zugleich der Probe mit Scheidewasser, indem auf den mit dem Golde bestrichenen Stein Scheidewasser gegossen wird, welches das Silber oder jede andere Legirung wegfrißt. Der Gold- und Silberarbeiter streicht mit dem zu probirenden Metall auf seinen Probirstein, und zugleich mit einer oder der andern Probirnadel so lange, bis er den Strich derjenigen Nadel findet, die mit der Farbe des zu probirenden Metalls gleich ist, wodurch er gleich wissen kann, wie stark das Gold oder Silber mit andern Metallen versetzet sey.

Probirnäpfchen, s. Probirschirbel.

Probirofen, (Hüttenwerk) diejenigen Oefen, welche zum Probiren der Metalle gebraucht werden: dazu nimt man 1 Fuß zum Maaßstabe an; diesen theilet man in 12 gleiche Theile; macht alsdenn aus starkem Eisenblech einen viereckigen hohlen Körper, welcher an jeder Seite 12 Theile lang, und 10 Theile hoch ist; unmittelbar mit diesem aber verknüpft man eine viereckigte hohle Piramide, die 7 Theile hoch, und oben mit einer viereckigten Oeffnung versehen ist, wovon jede Seite 7 Theile lang ist, den untern Theil dieses Körpers schließt man mit einer eisernen Platte zu. An dem Boden desselben macht man ein Aschenloch, welches 5 Theile breit, 3 Theile hoch, und oben gewölbt ist. In einer Entfernung von 6 Theilen von der Grundfläche machet man ferner ein Mundloch, welches oben gewölbet, 3½ Theile hoch, und unten 4 Theile breit ist. Zwischen das Aschen- und Mundloch macht man zwey Löcher zu den Traillien oder eisernen Staben, worauf man die Muffel setzt, die 1 Theil weit sind. Ueber das Mundloch macht man das Flammenloch, welches 1½ Theile weit ist. Das Aschen-, Mund- und Flammenloch versieht man mit Schiebern, die Handhaben haben, womit sie hin und wieder in den Falzen geschoben werden können. Der Ofen selbst erhält an zwey Seiten gleichfalls Handhaben, um ihn forttragen zu können. Inwendig an den Wänden desselben befestiget man kleine Federn, die ½ Zoll lang sind, und 3 Zoll von einander stehen, woran der Leim, womit man diesen Ofen ausschmieret, hängen bleibt. Man schmieret diesen Ofen 1 bis 1½ Zoll dick mit eben der Materie von dem zubereiteten Leimen aus, woraus man die Muffeln macht, diese aber feuchtet man entweder mit Wasser, oder mit Rindsblut an, worunter 3 Theile Wasser befindlich sind. Wenn man hingegen keinen Leimen von der Art hat, so schmieret man den Ofen mit gemeinem Leimen aus, der mit Kühhaaren und Hammerschlag vermischet worden. Alsdenn läßt man ihn trocknen, und der Ofen ist zum Einsetzen der Muffel fertig. Dieses ist die kleinste Art von Probiröfen, die man gewöhnlich in den Münzstätten gebrauchet, und auf einen drey Fuß hohen Heerd setzet, damit man bequem in denselben hineinsehen kann. (s. Cramers Berg- und Salzkunde Theil I. Tab. IV. Fig. 10. Man macht sie aber auch größer, und in diesem Fall behält man zwar die vorige Maaße bey, nimt aber zu einem Theil 1¾, 1½, bis 2 Zoll. [illegible] Ofens bedient man sich vornehmlich bey den Hütten[illegible]. Es ist nothwendig, daß man sie von Eisenblech mache. Man kann sie zwar auch von Mauersteinen aufbauen, aber auch bey diesen behält man die angegebene Maaße bey, doch läßt man das Flammenloch weg, und macht an die beyden Nebenseiten noch besondere Aschenlöcher, alle Oeffnungen aber schiebt man mit Backsteinen auf und zu. Sie sind wohlfeil, und man braucht sie nicht auszuschmieren, sie können aber nicht von einem Ort zum andern gebracht werden. Wenn man die Hitze in einem solchen Ofen, worinn mit kleinen buchenen einen Zoll großen Kohlen gefeuert wird, vermehren will, so macht man die Aschenlöcher auf, das Mundloch aber zu, und der Grad der Hitze wird verstärkt, wenn man Kohlen in das Mund-

 loch

loch legt: will man im Gegentheil die Hitze vermindern, so nimmt man die Kolen aus dem Mundloche wieder weg, und macht solches zu, oder man macht das Aschenloch zu, und das Mundloch auf. Wenn sich ein solcher Ofen verstopft, so zieht man unten die kleinen Kolen heraus, rüttelt die obern zusammen, und giebt frische zu. Das letztere geschieht auch alsdenn, wenn das Feuer abnimmt.

Probirofen von Lehm. (Münze) Ein Ofen von einer abgestumpften piramidalischen Gestalt, dessen vier Seiten von Ziegelthon geformt, in der Luft getrocknet, jede mit einem halbzirklichen Loch ausgeschnitten, gebrannt, an einander gesetzt, verleimt, und mit zwey eisernen Reifen umgeben wird. Durch diese Ofen kann das Feuer gleichmäßig regiert werden, und sie erhitzen sich nicht so geschwinde, als die mit Drahte beflochtenen, oder diejenigen, so von Blech und inwendig mit Lehm verschmieret sind. Man braucht diese Oefen in der Münze zu dem Probiren der Silber.

Probirpfanne, (Alaunsiederey) diejenige Pfanne von Bley, worinn die Lauge, nachdem sie 6 bis 7 Tage hinter einander gekocht hat, probirt wird, ob sie hinreichend gekocht habe. Es ist ein rundes ovales Gefäß, so etwa eine Kanne hält. Wenn die Lauge in diesem Gefäße wie Talg gerinnet, so hat sie genug gesotten, und kann in dem Kasten zum Niederschlagen abgelassen werden. (s. Alaunsieden)

Probirringe, s. Proberinge.

Probirschälchen, Fr. Ecuelles, (Hüttenwerk) kleine kupferne Schüsselchen, welche in die Wagschalen der Einwiegewage gesetzt werden, und worein das Probirmehl mit einem Löffelchen eingetragen wird, wenn das Erz zur Probe abgewogen wird; ingleichen die in den Wagschalen der Kornwage stehende kleine Schüsselchen, darinn die Probirkörner aufgewogen werden.

Probirscheffel, (Hüttenwerk) ein auf der Joachimsthaler Hütten eingeführtes Maaß, darein durch den Guardein das von dem gelieferten und ausgebreiteten Erzhaufen an verschiedenen Orten etwas mit einer Schaufel weggenommene Erz geschüttet wird, welches hernach bis auf 5 Pfunde verjüngt, in einer eisernen Pfanne getrocknet, die Nässe vom ganzen Haufen abgezogen, das Erz in 5 Theile getheilet, versiegelt, eins in das Oberamt, eins [illegible] Hüttenraiter, eins dem Gewerkenprobirer, eins [illegible] Hüttenmeister, und eins dem Lieferanten zugestellet [illegible].

Probirscherbel, Probirnäpfchen, Fr. Vase de terre pour essaier les mines, (Hüttenwerk) kleine irdene Gefäße, darein das Probirmehl mit Fluß oder gekörntem Bley gethan, und zum Verschlacken in den Probirofen gesetzt wird.

Probirstange, (Hüttenwerk) diejenige Stange, woran die Probirwage aufgehangen wird; der Aufzug.

Probirstein, Streichstein, Fr. pierre de touche, (Hüttenwerk) ein schwarzer, nicht allzu harter Stein, der nicht riechet, wenn man ihn reibet. Einige rechnen ihn zum Marmorgeschlecht, er brauset aber nicht mit Scheidewasser, und brennet nicht zu Kalk, daher er kein Marmor seyn kann. Andere geben ihn für einen Basalt aus, und schreiben seine schwarze Farbe einer harzigen Materie zu. Es wird dieser Stein gebraucht, den Grad der Mischung des Goldes, Silbers und Kupfers zu erkennen, da man mit den Streichnadeln einen Strich auf den Stein und einen anderen mit dem zu probirenden Metall darneben macht, und von dem Gehalt nach der Aehnlichkeit der Striche urtheilet. Man fordert von einem solchen Stein, daß er den Strich annehme, und von Scheide- oder Königswasser nicht angegriffen werde. Vogel giebt ihn für einen thonigen Schiefer aus. Der Probirstein der Alten soll nicht schwarz, sondern weiß gewesen seyn.

Probirstein, Sicherstein, (Zinnwerke) ein großer viereckigter Stein, worauf die Zwitter oder Zinnsteine klein gerieben, und hernach gesichert werden. (s. Sichern)

Probirstube, Fr. la maison d'essais, (Hüttenwerk) das Zimmer oder Laboratorium, darinn der Probirer sein Probirgeräth verwahret, und das zu den Proben nöthige vorbereitet, nebst einer Küche mit einem oder mehreren Probir- und Windöfen.

Probiruhr, (Uhrmacher) eine Uhr, nach welcher die Zeit auf das genaueste abgemessen wird. Sie sind mit den astronomischen Uhren einerley, und haben beyde die nämliche Einrichtung, als eine andere Pendeluhr. Der Unterschied beruhet nur auf zwey Stücken: 1) muß die Probiruhr, so lange wie möglich, in einem Aufzuge gehen, damit sie nicht durch das Aufziehen in ihrem genauen Laufe unterbrochen werde. Daher ist sie insgemein eine Monaths- oder Jahruhr. 2) Muß das Werk möglichst einfach seyn. Daher giebt man diesen Uhren bloß ein Gehwerk, nebst einem Sekunden- Minuten- und Stundenweiserwerke: denn die Auslösung des Schlagwerks stöhrt die Uhr schon etwas in ihrer genauen Bewegung, und noch künstlichere Werke würden die Reibung vermehren, und also die Genauigkeit mindern.

Probirwage, (Mechanikus) eine Wage, die sowohl zu Hydrostatischen- als auch Metall-Versuchen gebraucht wird. Ihre Theile bestehen aus einem 10 bis 12 Zoll langen Wagebalken von gutem kompakt geschmiedeten Stahl. Ueber diesem erhebet sich ein Sattel genau in seiner Mitte. Die senkrechte Mittellinie dieses Sattels gehet genau durch den Mittelpunkt des Wagebalkens und in dieser Mittellinie wird eine kleine Welle oder ein Zapfen befestiget. Dieser Zapfen ruhet in den beyden Pfannen oder Augen der Schere. Er gleicht einem dreykantigen Prisma. Dieser Zapfen wird der Unterstützungspunkt und die beyden äußersten Enden des Wagebalkens die Anhängepunkte genannt. Denn in jedem dieser letztern hängt eine Wagschaale an seidnen Schnüren. Genau in der Mittellinie steht auf dem Sattel eine Zunge, die bey einer Probirwage sehr lang seyn muß, damit sie auch das mindeste Uebergewicht anzeige. Man pflegt ihr etwa ⅔ von der Länge des Wagebalkens zu geben. Bey ihrem senkrechten Stand

wird

wird die Zunge von der Scheere gedeckt, an welcher der Künstler zur Zierde vorne ein durchbrochenes Schild von Meßingblech befestiget. Dieses Schild hat einen zirkelrunden Ausschnitt, in welchem man die Spitze der Zunge bemerket, da diese aber sehr dünne seyn muß, so trägt sie eine feine Perle, um ihren senkrechten Stand sogleich zu bemerken. Die Perle stehet nämlich unter einer zwoten Perle, welche mit einem feinen Stifte oben in der Scheere befestiget ist. Dieser Stift mit der Perle heißt der Zeiger des Gleichgewichts. Eine empfindliche Probirwaage muß sogar von der mindesten Bewegung der Luft in Bewegung gesetzt werden. Daher hängt man sie in einem kleinen Gehäuse von Glas auf. An die Decke dieses Gehäuses ist nämlich eine Hülse befestiget, in welcher ein beweglicher Schieber steckt, der die Wage träget. Mit einer Schnur die an diesen Schieber angeknüpft ist, und über drey Rollen gehet, ziehet man die Waage in die Höhe. Alle richtige Wagen müssen folgende Eigenschaften haben. 1) Der Wagebalken muß aus einem harten Metall verfertiget werden, damit er sich weder biegt, wenn er mit der Last beschweret ist, noch der Veränderung der Luft ausgesetzt sey; 2) muß der in Bewegung gesetzte Wagebalken ohne Schaalen merklich spielen, und genau horizontal stehen, wenn er wieder in Ruhe gebracht ist. Eben dieß gilt auch wenn die Schaalen an dem Wagebalken hängen; 3) wenn die Wage mit Last beschweret im Gleichgewichte stehet, so muß sie auch im mindesten nicht ausschlagen, ob man gleich die Gewichte in den Schaalen verwechselt; 4) eine richtige Wage zeiget es sogleich an, wenn man in einer Schaale ein sehr kleines Gewicht wegnimmt oder hinzuleget. Eine genaue große Wage, womit man das Geld wieget, zeiget noch 1/16 Loth an, wenn [illegible] gleich auf beyden Seiten mit 100 Mark beschweret ist. Eine Kramerwage deutet mit der Last 1 Aß an. Eine Goldwage ½ Aß, wenn man gleich einen doppelten Friedrichsd'or abwieget, und eine Probirwage muß endlich ½ Zoll ausschlagen, wenn man ihr nur 1/16 Theil eines Aßes auf einer Seite Uebergewicht giebet. Jede Wage muß das gedachte Uebergewicht in ihrer Art nicht nur anzeigen, wenn keine Last in den Schaalen lieget, sondern auch, wenn sie mit so viel Last beschweret wird, als nur ihr Wagbalken ohne Schaden tragen kann. Diese vierte Eigenschaft macht dem Künstler die meiste Mühe. Denn wenn sie diese Eigenschaften erhalten soll, so müssen nicht nur die beyden Hälften des Wagebalkens genau gleichlang seyn, sondern es muß auch der oben gedachte Zapfen und die beyden Anhängepunkte mit aller Genauigkeit geschärfet und gehärtet werden. Die Reibung macht es nothwendig, daß man den Zapfen und die Anhängepunkte auf das genaueste schärfen muß, und sie müssen gehärtet werden, damit sich die Schärfe nicht so leicht verrücke oder abnutze. Das letzte gilt auch von den Pfannen der Scheere u. s. w.

Probirwage, neue Art, weil die Zunge einer gewöhnlichen Probirwage Verhinderung machet, um sie schnell zu machen, so hat man eine Art erfunden, welche in eine Laterne mit Glas gesetzt wird. Die Strickchen oder Schnüre der Wagschalen bestehen aus feinen aus metallenem Drahte gewundenen Kettchen, und die Arme oder Querbalken der Wagschalen werden zwischen zwey Darmseiten sehr weit und parallel ausgedehnet, dergestalt, daß so wenig sich der Wagebalken auch neiget, selbige mit den Saiten nicht mehr parallel seyn, sondern die eine sich niedersenket, die andere aber sich erhebet. Wenn man sie nun brauchen will, so wird unter der Laterne ein Hahn oder Schloß gezogen, welches eine messingene Nagel niederzieht, an deren beyden Enden zwey gläserne Schüsseln sind, etwa eines Thalers groß, auf welchen die Wagschalen ruhen, also daß man niemals die Wagschalen berühret, sondern nur den Plan auf welchen sie ruhen. Die Wage ist so genau, daß auch das kleinste Theil eines Grans sie kann wankend machen. Die Theile dieser Wage sind folgende. In dem viereckigen Gehäuse mit Glas ist unten ein Zwerchboden angebracht, auf welchem eine metallne Säule eingeschraubet ist, worinn oben die Wage mit ihrer Achse einlieget. Oben darüber ist ein Deckel gestellt. Hinter und vor der Wage sind die zwey Saiten horizontal gezogen, daß die dünnen Theile des Wagebalkens mit solchen parallel stehen, damit man sogleich sehen kann, wenn die Wage außer dem horizontalen Stande kommt. Damit die Wagschalen ruhen können, so sind unter ihnen zwey Stifte, mit gläsernen Platten versehen, angebracht, und die Stifte sind auf einer Nagel befestiget, und diese hat in der Mitte einen runden oder viereckigen Stift, welcher in der erst gedachten Säule willig auf- und abgehet. Unter dem Stift ist eine Feder befestiget, so die Nagel mit den Glasplatten allemal wieder in die Höhe treibet; solchen aber nieder zu drücken, ist ein Arm an die beyden Enden der Nagel befestiget, und an diesem ein Stift, welcher, wenn an dem obern Ende niedergedrückt wird, auch die Stifte mit den Glasplatten niedergehen und die Schalen frey spielen können.

Probirzentner, Fr. Quintal d'essai (Hüttenwerk) ein verjüngtes Gewicht, da der ganze Zentner so schwer als ein gemeines Quentlein, und nach Verhältniß in kleine Theile bis auf ein Viertelquentchen abgetheilt ist.

Profel, s. Profil.

Professionist, ein Mann der eine gewisse mechanische Arbeit verrichtet, so viel, als ein Handwerker.

Profil, Profel. (Sticker) So wird die Einfassung derjenigen Stickerey genannt, die nicht in das Zeug der Kleider genähet werden, sondern besonders gestickt und hernach wenn sie auf die Kleider aufgenähet werden, mit der Profilschnur (s. diese) eingefaßt wird.

Profile, (Deichbau) zwey Latten, welche unter der Kappe des Deichs aufgerichtet werden, und worüber ein Seil gespannt wird, das mit Pflöckchen in der innern und äußern Deichlinie befestiget, die Figur des Deichs vorstellt.

Profile, (Wasserbau) die Uferlinien eines Flusses. Diese Profile und die ihnen jedesmal aus dem Gefälle zu kommenden Geschwindigkeiten sind die beyden Bestimmungsgründe des Laufs der Ströhme. Nicht alle Profile gehören zu denjenigen die zur Beurtheilung der Sache unentbehrlich sind, sondern nur die bestimmenden. Dieses sind diejenigen, die in dem Lauf der Ströhme eine merkliche Abänderung veranlassen. Dergleichen sind der parallelen Ufern, das Profil desjenigen Orts, wo sie anfangen parallel zu laufen, und desjenigen wo sie aufhören parallel zu seyn. Eben so sind bey zusammenlaufenden Ufern die Profile zu bemerken, wo sie anfangen solche zu werden, und wo sie aufhören zusammenlaufend zu seyn. Ein gleiches ist zu bemerken in Ansehung der von einander sich entfernenden Ufer.

Profilschnur, (Sticker) eine Schnur, die um solche Stickerey gelegt wird, welche nicht unmittelbar auf die Kleider gestickt werden; da, um die Kleider zu schonen, besonders die reiche Arbeit auf Leinewand oder seidene Zeuge, besonders gestickt, hernach von dem Schneider aufgenähet, und mit dieser Schnur, die der Stickerey angemessen, eingefaßt wird.

Profiter, s. Lichtknecht.

Projektion, (Maler) in der Perspektiv die Vorstellung der scheinbaren Lage gewisser Körper, so wie man sie aus einem gewissen Punkte in der Natur sehen würde. Die orthographische Projektion (Front) ist die Ansicht des vordern Theils eines Gegenstandes über dem Plane, welcher mit der Tafel parallel ist.

Projektion, (Scheidekunst) die Verwandlung oder Verbesserung eines geringen Metalles in ein kostbarres, z. B. Bley in Gold, durch Zusetzung eines gewissen Pulvers oder einer Tinktur.

Prone. (Forstwesen) So nennt man die äusserste Gränze eines Waldes, Forsts oder Holzes, welche an das Feld stößt, oder mit andern Hölzern gränzet. In den Forstordnungen ist verbothen, solche wegzuhauen und abzutreiben. Es wird auch Brahne genannt.

Pronne, Prunne, Fr. L'en rafure (Bergwerk) ein Riß, welchen der Bergmann mit dem Eisen in das Gestein machen kann, wo er anfängt zu arbeiten.

Pronne führen, eine Fr. Faire une en rafure dans la-pierre, (Bergwerk) einen Riß mit Schlägeln und Eisen in das Gestein hauen. Wenn der Riß gleich und glatt ist, so sagt man: der Bergmann führet eine gute Prunne.

Prunnen lassen, sich, Fr. Pierre qui s'enroste (Hüttenwerk) so sagt man von dem Gestein, wenn es das Eisen annimt und sich gut arbeiten läßt.

Pronunciren, (Maler) die Theile von allerhand Figuren mit solcher Stärke und Sauberkeit, welche man mehr oder weniger, von einander unterscheiden, bezeichnen und [illegible].

Propfen, s. Pfropfen.

Proportion, (Baukunst) das Verhältniß der Maaße bey den Theilen eines Gebäudes untereinander, daß selbige sich wohl zusammen schicken, und der Natur gemäß sind, auch so angenommen werden, daß man sie mit ganzen Zahlen aussprechen kann, und keine Brüche dazu nehmen darf. Z. B. wenn bey einer Thüre die Höhe zur Breite sich verhält wie 2 zu 1, so sagt man, es sey eine gute Proportion, so der Natur gemäß, weil die Thür eine solche Oeffnung ist, wodurch ein Mensch gehen muß. Weil ein Mensch, wenn er ungezwungen einhergehet, seine Arme nicht mit Fleiß andrücket, sondern solche frey fliegen läßt, wenn er durch eine Thüre gehet, so wird man finden, daß in solcher Freyheit die Höhe des Mannes zur Breite beynahe wie 2 zu 1 seyn.

Proportionallineal, ein breites Lineal, worauf alle Linien getragen sind, die sonst auf dem ordentlichen Proportionalzirkel getragen werden; jedoch nur einmal; dagegen befindet sich hier noch ein Lineal, die Regel genannt, das um einen Stift beweglich ist, dessen Zentrum genau im Anfange der Linie stehen muß. Bey dem Proportionalzirkel ist nur ein einziges Zentrum zu allen Linien, hier aber hat jede Linie ihr eigenes Zentrum. Die Linien werden aus eben dem Grunde, nach eben den Tabellen und Maasstab, wie auf dem Proportionalzirkel aufgetragen, und ist die Linie auf dem Lineal statt des einen, und die Regel anstatt des andern Schenkels. Diese letzte wird vermittelst eines Stiftes mit dem Ansatz Schraube, Gewinde und Mutter auf das Lineal am verlangten Ort befestiget, und muß der Stift die Löchlein genau ausfüllen, daß weder Lineal noch Regel weichen kann. Man hält für den Erfinder dieses Proportionallineals den Benjamin Bramer Hessischen Baumeister zu Marburg.

Proportionalzirkel, (Mechanikus) ein geometrisches Werkzeug, wodurch leicht auf jedes Maas ein Quadratstab zu verfertigen, und eine Zirkel- oder Quadratfläche leicht zu theilen und zu vervielfältigen ist. Es wird insgemein von Messing gemacht, und bestehet aus zwey etwas starken langen Schenkeln so an dem einen Ende durch genaues Gewinde zusammen gefüget werden, so daß man solche zusammen thun, auch von einander biegen kann, und beyde Ecken am Gewinde sich genau zusammenschließen, und allezeit im Mittelpunkt stehen. Aus diesem Mittelpunkte wird aus jedem Schenkel eine Linie gezogen, die nach unten zu etwas schräge von der Mitte der beyden zusammenschließenden Linien abgehen, und auf diesen beyden Linien werden von Weite zu Weite Theilungen durch einen Zirkel aufgetragen und nummerirt z. B. von 1 bis 12 und man kann solche nach dem Maasstabe auch durch die Quadrattafel in so viele Theile eintheilen als nöthig ist. Man kann dieses Werkzeug auch von Holz und im Fall der Noth auch von Pappe machen, und oben an statt des Gewindes, läßt man so viel von der Pappe oder auch dem Papier stehen, daß man beyde Schenkel mit einer Nadel zusammenstecken kann. Dann macht man den einen Schenkel mit Wachs auf einem Brett oder Tisch vest, daß das andere oben um die Nadel im Zentro kann bewegt werden, und man macht dann die Abtheilungen gleichfalls darauf.

Proportion, der Zähne der Uhren-Räder an Thurm Uhren, (Großuhrmacher) die Zähne der Räder einer Thurmuhr müssen nicht zu schwach auch nicht zu

stark

stark seyn, auch nicht zu kurz auch nicht zu lang werden, damit sie die Last des Gewichts aushalten können, und nicht geklemmt werden. Denn sind die Zähne zu schwach oder zu lang, so biegen sie sich, brechen auch wohl gar weg, sind sie zu stark oder kurz, klemmen sie die Getriebe, nämlich daß die Getriebe nicht in die Zähne, und die Zähne nicht aus den Getrieben gehen können. Eigentlich muß der Zahn und die Theilung zwischen 2 Zähnen zu $\frac{7}{7}$ gerechnet werden, so, daß der Zahn $\frac{3}{7}$ stark der Zwischenraum zwischen 2 Zähnen $\frac{4}{7}$ weit, die Höhe des Zahns aber oder die Theilung $\frac{3}{7}$ tief ist; so hat der Zahn überall seine gehörige Proportion. Der Triebstock kann auch so stark wie der Zahn $\frac{3}{7}$ seyn. Wenn aber der Zahn und der Zwischenraum zwischen 2 Zähnen von einerley Größe wären, dann muß man von dem Triebstock abbrechen und selbigen schwächer als den Zahn machen, alsdenn sind aber die Getriebe den Rädern in der Dauer nicht gleich, sondern müssen eher zu Grunde gehen.

Proportion der Zähne durch alle Uhrräder zu finden, (Uhrmacher) wenn ein Räderwerk von 3, 4, 5 und 6 Rädern verfertiget werden soll, und die Räder, doch nicht eins so viel Zähne als das andere bekäme, die Zähne aber doch einander alle gleich werden sollen, so kann man die Proportion der Zähne durch die Regel de Tri ausrechnen, daß die Zähne durch das ganze Uhrwerk völlig gleich werden, wenn man den Diameter des Rades bestimmt. Z. B. 96 Zähne erfordern 18 Zoll im Diameter was 84?

```
  84 | 96
1512 | 15 ¾ Zoll.
  96 |
  55 |
  48
```

Eben so 96 Zähne erfordern 18 im Durchmesser was 74? Facit 13 $\frac{7}{8}$ Zoll u. s. w.

Proportion zwischen Gold und Silber, (Münze) das wahre praktische Verhältniß dieser beyden Metalle, wornach sich der Münzmeister sowohl im Einkauf der edlen Metalle als auch bey dem Ausmünzen derselben richten muß, wird zum Theil durch die Gesetze, zum Theil durch den Kurs bestimmt. Dieses Verhältniß ist, nach den gemachten Berechnungen aus dem Karatgehalte des Goldes zum Silber, wie 1 zu 14 $\frac{47}{?}$, oder 1. 14, 47 oder beynahe wie 1 zu 14½. wenn man die Mark Gold zu 21 Karat 11 ¾ Gran fein, und das Silber in Barren zu 8, 12 bis 14 Loth fein annimmt.

Proppen, Heune Proppen, Smeer Proppen, Bus Proppen, Fr. Tampons (Artillerie) sind Scheiben von Korkholz, womit man die Stücken auf den Schiffen verstopft, damit das Wasser nicht hinein dringen kann. Zuweilen werden auch diejenigen Stücke von Eisen oder Kupfer wie auch diejenigen Hölzer auf den Schiffen Proppen genannt, womit man die Löcher zustopft, die von den feindlichen Schüssen bey einem Seegefechte die Schiffe erhalten.

Pros, (Schiffsbau) rennende Barken in Ostindien, welche überaus wohl ausgearbeitet sind. Sie bedienen sich ihrer auch im Kriege weil sie gar leicht segeln. Die Engländer nennen sie halbe Monde, weil sie sich an jeder Spitze solcher Gestalt aus dem Wasser erheben, daß sie einem halben Monde, der die Hörner in die Höhe kehret, nicht unähnlich sehen.

Prospekt, Aussicht, Fr. Vüe, (Maler) ein Gemälde, welches einen bekannten und merkwürdigen Ort vorstellt, z. B. einer Stadt, eines Schlosses u. s. w.

Protzen, (Artillerie) wenn man ein schweres Stück Geschütz mit seiner Laffete auf den Protzwagen bringet, und zu dem Marsch und seinem Gebrauch einrichtet, welches insbesondere das Stück Aufprotzen heißt. Abprotzen aber wird genennet, wenn man dasselbe von gedachten Wagen wieder hebet und zum Abfeuern zu rechte machet.

Protzkette, (Artillerie) eine eiserne Kette, so um die Deichsel eines Protzwagens geschlungen, und durch den Protznagelring der aufgeprotzten Laffete gezogen wird, damit die Deichsel vorne nicht herabfallen kann.

Protznagel, Stellnagel, (Artillerie) der eiserne Bolzen, so durch den Schwanzriegel der Laffette und die Protzwagenachse gesteckt wird.

Protzräder, (Artillerie) die vordern Räder, die man an die Laffeten machet, wenn man die Stücke auf den Marsch fortbringen will.

Protzring, der Ring an dem Querriegel der Laffete einer Kanone, wodurch die Protzkette gezogen und mit dem Protzwagen vereiniget wird.

Protzwagen, (Artillerie) eine Achse mit zwey Rädern, die etwas niedriger und schwächer als die Laffetenräder, mit ihrem Schwanzriegel an die Laffeten geschoben, und daselbst mit Protznagel und Ketten gehörig befestiget wird.

Prudel, Prude, (Jäger) ein kleiner Sumpf, darinn sich der Hirsch abkühlet, oder auch die Sauen wälzen.

Prugneter, ein Feldmaas in der Gegend um Peterbrant. Es enthält 72 Ekoat, siebentausend 656 königl. Quadratfuß, oder 296 Quadrattoisen Faden. Der Ekoa ist 12 Fuß 2 Zoll lang.

Prunellen, s. Brunellen.

Prungnagel, Fr. tordoir, die Winde oder der Haspel, womit das Tuch aus der Küpe gewunden wird.

Prunziegel, (Ziegelbrenner) eine Art platter Dachziegel, die 1 Fuß 2 Zoll lang, 10 Zoll breit und ½ Zoll dick sind.

Prüssel, (Sattler) an dem Baum eines Schlußsattels heißt ein gewisser Theil also, welchen andere einen Döbel nennen.

Prüssiene, s. Pervoiene.

Psalterion, (Musikus) ein ehemaliges hölzernes musikalisches Instrument, wie eine Zitter mit Saiten bezogen, und war zweyerley Art; der große und kleine Psalter. Auf dem kleinen waren 3 Saiten, und konnten 12 Töne darauf gegriffen werden, auf dem großen aber 10 Saiten.

Bei

Weil man damalen die stählernen Saiten noch nicht bekannt gewesen, so sind vermuthlich Darmsaiten dazu gebraucht worden, welche mit den Fingern gerühret und gespielt worden. Vorzüglich kam der Psalter mit der Diskantstimme überein, und hatte wegen der hohen Stimme einen sehr hellen Klang und Laut.

Psalrin, (Musiker) ein musikalisches Instrument der Mussen, fast wie ein Hackebrett, welches jedoch wie eine Harfe mit den Fingern geschlagen und gespielet wird.

Pseudoopalum, ein falscher Opal. (s. Katzenauge.)

Pu, ein chinesisches Längenmaas von 2400 geometrischen Schritten, wornach sie ihre Wege auszumessen pflegen; nach unserer Rechnung machet es eine gemeine halbe deutsche Meile.

Puchen, mit seinen Ableitungen, s. Pochen.

Pucht, 1) (Salzwerk) bedeutet einen trockenen Boden für das Salz. 2) (Forstwesen) Eichen die im Durchmesser 40 bis 50 Zoll dick und 15 bis 20 Ellen lang seyn müssen, und zu Puch- oder Pochstempeln gebraucht werden. 3) heißen auch die Blockwagen (s. diese) Puchwagen.

Puchtreppe, (Salzwerk) eine Treppe, die aus starken Brettern bestehet, und anstatt der Stuffen mit starken Latten beschlagen ist, und auf die Pucht führet.

Pud, Pude, Poude, Poure, Pond, ein rußisches Gewicht, welches 40 Pfund nach dem rußischen Landgewichte, nach dem Amsterdammer, Hamburger und Pariser Gewichte aber nur 33 Pfund wieget; indem das rußische Pfund um 18 Pro C. leichter ist, als das Gewicht in gedachten Städten. Man bedienet sich dessen sonderlich zu Astrakan, und Archangel, um Salz, Potasche u. a. grobe Waaren zu wiegen: 10 Puden machen ein Berkowitz, oder 700 Landpfunde.

Puddingstein. Wurststein, (Bergwerk) der sogenannte englische Wurststein, so braune und weisliche Flecken hat, wie eine Preßwurst aussieht, und eine Politur annimmt, die den Marmor übertrifft. Er ist so hart, daß er Feuer schlägt, und wenn man ihn zerschlägt (zersetzet), befindet man, daß er aus lauter schwarzem Quarz, oder Hornsteingeschieben bestehet, zwischen welchen sich eine gelbliche und weisliche eben so veste Steinmasse eingeleget und die Geschiebe zusammengekittet, sie lassen sich aber leicht ausschlagen; bey den Engländern heißt er Puddingstone.

Pude, s. Pud.

Pudel, in Niedersachsen ein kurzes Stück- oder Lagerfaß zum Weine, und in Liefland ist es eine aus Baumrinden verfertigte Schachtel.

Pudelmütze, (Kürschner) eine krause rauhe gemeiniglich schwarze Mütze von Lämmerfellen.

Pudeln, (Bäcker) das Brod pudelt, wenn es bey dem Backen entweder stark ausgelaufen ist, und alsdenn zerreißet es die Krume einmal oder Kreuzweise; oder wenn die Krume seitwärts in krausen knollichten Auswüchsen ausläuft, und zu weich zugleich ausgebacken ist. Dieses entstehet gemeiniglich aus der zu wenigen Gahre, die der Teig erhalten hat, und alsdenn wird das Brod auch oft Wasserstreifig.

Puder, Haarpuder, der Mehlstaub, der aus weißer Stärke bereitet wird und zum einpudern der Haare und Parucken gebrauchet wird. Man kann ihn auf eine gedoppelte Art verfertigen: entweder man zerreibet die Stärke aus freyer Hand auf einem Tisch mit einer Walze, und siebet alsdenn das zerriebene durch ein feines Haarsieb. Im großen kann aber auch der Puder auf einer Handmühle verfertiget werden. Eine solche Handmühle hat im Kleinen die nämlichen Räder und Einrichtung als eine Wasdmühle, außer daß das Kammrad nebst dem Mühlsteingetriebe unter den Mühlsteinen angebracht sind. Das Kammrad ist zugleich ein Stirnrad. Ein besonders Getriebe greift bey der Bewegung der Mühle in die Zähne dieses Stirnrades, und eine Kurbel an der Welle des letztern Getriebes bewegt die Mühle. Eine solche Mühle hat einen Beutel von einem sehr feinen Mehltuch, und dieser Beutel siebet den Puder in einem dicht verschlossenen Mehlkasten. Man macht wohlriechenden Puder, welcher mit getrockneten und zerriebenen Orangenblüthen, oder andern wohlriechenden Blumen vermischt wird. Auch steckt man Papier, mit Lavendel- oder andern wohlriechenden Oel bestrichen in den Puder (s. auch rother Puder)

Puderbeutel, (Parukenmacher) ein von Weißgaren Schaffellen verfertigter lederner Beutel, der oben mit einem ledernen Riemen auf und zu gezogen werden kann, worinn der Puder aufgehoben wird.

Puderkasten, (Parukenmacher) ein vierkantiger hoher Kasten von Brettern zusammengesetzt, der vorne eine Oefnung hat, vor welcher eine Gardine hänget. Der Parukenmacher setzt, wenn er eine Paruke pudern will, solche mit dem Parukenstock in denselben, pudert sie, und ziehet alsdenn die Gardine vor dem Kasten schnell zu. Die Puderwolke muß sich daher in dem Puderkasten setzen, und kann nicht verfliegen, sondern ziehet sich vielmehr in die Paruke hinein.

Pudermacher, ein unzünftiger Handwerker, der aus Stärke Puder macht. In einigen Oertern, besonders in den Landstädten, haben sie wohl besondere landesherrliche Erlaubniß dazu, Puder zu machen. In großen Städten, z. B. in Berlin, kann ein jeder, der nur will, Puder machen, wenn er nur die dahin gehörigen Abgaben entrichtet.

Puderpuster, Puderbläser, ein Werkzeug, womit der Puder auf die Haare und Paruken geblasen wird. Es bestehet derselbe aus einem länglicht runden, ledernen, in Falten gelegten Beutel, der gleichsam einen Blasebalg vorstellet. Auf dem einen Ende ist er mit einem blechernen feinen Siebblech verschlossen, worüber noch ein dichter Flor oder Seidenläppchen gespannt wird, durch welches der Puder herausgeblasen wird, sobald man das Leder zusammendrückt, oder den Beutel verkürzet. Dieses geschiehet durch den am andern Ende des Beutels befindlichen Knopf, der in dem Boden, der dieses Ende verschließt, eingeschraubet ist, und an welchem man den Beutel, gleich einem Blasebalg, halt, lang und kurz machen kann. Durch das Zusammendrücken und die darauf folgende schnelle Verlängerung des Leders, wird die Luft im Lederbeutel in Bewegung gesetzt, und ein Wind erregt, welcher den Puderstaub durch das Sieb hervorstäubt. Durch die mit einer Schraubenmutter versehene Oeffnung des hölzernen Bodens, worinn der Knopf eingeschraubet wird, wird der Puder in den Beutel eingeschüttet.

Puderquast, (Parukenmacher) ein von langen leinen oder Seidenfäden bereiteter Quast, womit der Parukenmacher die Haare und Paruken einpudert. Die von Seidenfäden sind die besten, sie werden mit geschmolzenem Talg getränkt, daß sie schwer werden, der Puder sich einsaugt, und da die Faden davon eine Schnellkraft erhalten, so fliegt der Puder bey dem Pudern desto besser heraus.

Puderschachtel, eine Schachtel von dünnen Spänen, worinn der Puder aufbewahret wird.

Pudersieb, (Siebmacher) ein feines Haarsieb, durch welches die zerriebene Stärke gesiebet und zu Puder verwandelt wird. Dieses Sieb muß eine doppelte Eigenschaft haben. Erstlich muß es sehr fein, und daher doppelt gewirkt seyn. Der Siebmacher wirkt den Boden entweder blos aus weißen Haaren, oder er vermischt diese Haare streifenweise mit gefärbten Haaren. Zweytens muß ein solches Sieb also eingerichtet seyn, daß der Puder nicht verstäubet. Daher erhält dies Sieb sowohl auf dem Oberrande als Unterrande Deckel. Beyde Deckel bestehen aus einem schmalen Rande oder Reif, auf welchen ein weiß gegerbtes Schaffell, wie auf einer Trommel, aufgespannt ist. Der Siebmacher weicht zu diesem Behuf das Schaffell im Wasser ein, spannet es mit der Hand auf dem Deckel aus, legt den vorspringenden Streif des Schaffelles um, treibt auf den Deckel den hölzernen Reif, und befestigt hierdurch den umgelegten Streif und das Fell selbst.

Puderzucker, s. Moskowade.

Puffer, s. Sackpistolen.

Pugillus, ein medizinisches Maaß, welches bey trockenen Kräutern, auch deren Spitzen und Blumen gebraucht wird, und soviel ist, als man mit drey Fingern fassen kann.

Pulloch, Treckgatt, Koop, die beyden letzten Benennungen sind holländisch. (Zuckersiederey) In den daselbst befindlichen über einander liegenden Trockenboden, wo die Formen mit den Zuckerhüten zum Ablaufen in Körben aufgestellet werden, ein in denen über einander gemachten Oeffnungen von dem ersten bis zum letzten Boden gemachter Bretterverschlag. Auf dem obersten Boden ist über diesem Verschlag ein Kloben oder eine Rolle von Messing, und um diesen Kloben geht ein Treckttau, womit der mit Formen angefüllte Korb in die Höhe gezogen wird. Auf jedem Boden hat das Pulloch eine Thüre, durch welche man den Korb auf den Boden nimt. Diese Oeffnung kann wieder mit den Klappen als eine Thüre verschlossen werden.

Pul, Pullo, überhaupt alle kupferne Münzen in Persien, die in ihren Münzstädten geprägt, und im Lande gangbar sind. Dergleichen sind die Kasbeqni.

Pulle, eigentlich eine Flasche mit einem dicken Bauch; im gemeinen Leben aber, nach der gemeinen Sprechart, eine jede kleine Flasche.

Pullo, s. Pul.

Pulpet, (Tischler) ein erhöhetes Gerüst, gemeiniglich mit einem Kreuzfuße versehen, und oben als ein kleiner abhangender Tisch gebildet, vor welchem man liest, schreibet, oder auch Musik machet; wie es denn vornehmlich bey den Musikern stark im Gebrauche ist, die Noten darauf zu legen.

Pulpeten, Fr. boursettes, (Orgelmacher) die ledernen Beutelchen, welche die Oeffnungen der Windlade, die den Wind nach den Kanzellen führet, zudecken und öffnen, und bey dem Drucke der Klaves das Tönen der Orgelpfeifen hervorbringen. Diese Beutelchen oder Säckchen werden aus gutem weißen Leder gemacht, und endigen sich in kleine Ringe von Messingdraht. Man sieht eine Ruthe, oder Cylinder mitten durch das Beutelchen hervorgehen, so Ohsier heißt. Durch diesen Cylinder geht wieder ein Draht mit einem Ringe, der den Cylinder im Beutelchen fest hält. Beyde heraussehende Enden des Cylinderchens werden mit Leim bestrichen. Unter jedem Beutelchen ist ein Loch in der Tafel oder dem Fundamentbret, (s. dieses) um demselben zur Form zu dienen, wenn man es macht. Man steckt das Leder mit einem Hölzchen in diese Höhlung, und leimt rings herum das übrige des Leders an. Ist dieses trocken, so zieht man das Säckchen in die Höhe, und so ist es fertig. Unten macht man das Loch um des Reibens willen weiter. Die Ruthe oder der Cylinder geht also mitten durch das Pulpetchen, und der Messingdraht mitten durch das Cylinderchen oder Ruthe. Der Kopf der Klappe an den Kanzellen kann niedergehen, wenn man will, und unter ihm liegt, statt eines Gelenks, eine Feder von Messingdraht zu zwey Schenkeln gewunden, deren einer unten in der Klappe fest steckt, indessen daß der andere auf dem Stege in einer eingefugten Fuge steckt. Gegen den Kopf ist ein von geschlagenem Messingdraht gebogenes S angebracht, so oben und unten am Ringe der Ruthenschraube eingehakt ist. Wenn also die Ruthe durch Anschlagung des Klaves zwo oder drey Linien herab gezogen wird, so biegt sich die Pulpete, und wird an ihrer obern Fläche platt, und weil es vermittelst des S Hakens an der Haube der Ruthe und dem Klappenringe angehakt ist, so macht die Klappe im Niedersinken eine ansehnliche Oeffnung, der Wind tritt in die Kanzelle, füllet deren Inhalt aus, verwandelt die in der Kanzelle befindliche Luft in Wind, und bläset, wofern ein Loch über der Kanzelle offen ist, die Pfeife an, deren Registerloch aufgezogen worden. (s. Windlade)

Pulswage, (Mechaniker) ein physikalisches Werkzeug, wodurch man beurtheilen kann, ob der Puls recht, geschwind oder langsam gehe. Es besteht dieselbe aus einem Lineal, so etwa ½ Zoll breit, und einen Fuß oder zwey lang, und etwa ½ Zoll dick ist. Auf dem einen Ende ist ein gedrechselter Wirbel, wie bey einem Saiteninstrumente, womit man die Saiten spannt, angebracht; an dem andern Ende wird ein dünnes Blechlein befestiget, welches ein subtiles Löchlein hat, das so weit ist, daß ein doppelter gedrehter Seidenfaden genau hindurch kann. Dieser Faden geht über die Mitte des Lineals, und wird allda auf den Wirbel gewunden, wodurch die herabhangende Distanz des Fadens länger oder kürzer gemacht werden kann. An dem Ende des Fadens wird eine kleine Kugel oder Gewicht angehangen, und also daraus ein Perpendikel gemacht. Das ganze Lineal wird in 60 oder 100 gleiche Theile getheilet. Die Zahlen fangen sich bey dem Ende da an, wo der Wirbel steckt, und endigen sich am andern Ende. Die Kugel kann von Holz oder Metall seyn. Wenn man eine Probe gemacht, daß die Kugel so schnell spielet, als der allerschnellste Puls, so in einer Minute 120 Mal geschehen kann, so machet man etwa bey 10 einen Knoten in den Faden, oder machet den Faden vermittelst des Wirbels so oft kurz oder lang, bis der Schlag der Kugel mit dem Schlage des Pulses gleich ist, und merket, welche Zahl der Knoten am Faden berühret. Muß man nun bey einer andern Person den Perpendikel kürzer oder länger machen, so kann man aus dem Unterschiede der Zahlen ersehen, wie viel der Unterschied sey. Es ist diese Probe aber eine beschwerliche Sache wegen des Nachzählens, wenn der Puls nur 100 Mal in einer Minute schlägt, weil die Länge des Fadens nur etwa 3 Zoll ist, und also nicht nur der Schwung sich geschwinde verliert, daß die Vibrationen sehr klein, sondern auch sehr schnell, und mit dem Puls übel zu vergleichen sind. Viel besser ist dieser Versuch mit einer Minuten- oder Sekundenuhr anzustellen: da zählt man nur die Schläge des Pulses in einer Minute, und hat weiter keine Mühe mit dem Stellen.

Pult, (Kriegsbaukunst) ist dem Vorwerk des Hauptgrabens bey einer Vestung eine Gattung eines doppelten bedeckten Ganges oder Weges, welcher mit Brettern oder Erde gewölbet, mit Pfählen bewaffnet ist, und die ganze Breite des Grabens einnimmt. Die Brustwehr ragt drey Fuß hoch über den Graben heraus, und ihre beyderseitige Gleichung erstrecket sich 10 bis 11 Klafter weit. Es hat eine gerade Wehre bis zu der Stirne des Bollwerks gegen den Feind, welcher über den Graben setzen will. Es beschützet die hin und wiederziehende Soldaten wider das feindliche Geschütz. Damit der Mann, wenn er aus dem Gange herauf steigt, nicht entdecket werde, schneidet man die Ecke der äußern Böschung des Grabens ab, daß solche 8 bis 10 Klaftern werden; oder man bringt auswärts eine Aushöhlung an in Gestalt eines Vierecks, Bogens oder Dreyecks. Ist ein Schlitzgraben vorhanden, so muß er von diesem Gange bedeckt, und unter ihm gefindert werden. Bisweilen wird bey dem Pulte eine einfache Schere 8 oder 9 Fuß hoch mit einer 10 bis 11 Klafter langen Abdachung gegen den Graben errichtet. Ist keine Schere vorhanden, so reichet der Gang bis an den Zwischenwall.

Pult, Fr. Pupitre, (Kupferstecher) ein Gerüst, worauf man die Platten legt, wenn sie in weichem Firniß radirt werden sollen, und man diesen Firniß wider alle Ritzen und Streifen bewahren will, welche sehr leicht in denselben kommen können, wenn man ihn mit etwas hartes berühret. Der oberste Theil dieses Pults ist wie ein gemeines Schreibepult; an den beyden Seiten werden zwo Leisten angemacht, über welche man quer über dünne und schmale Bretter legt, deren beyde Enden auf den Leisten ruhen, und auf welchen man liegt, um zu arbeiten. Man kann die ganze Platte damit zudecken, und nur allemal soviel aufdecken, als man arbeiten will.

Pult, Schreibepult. (Tischler) So wird das zum Schreiben eingerichtete Behältniß bey einer **Kommode** oder einem Schreibeschrank genannt, weil es mit den gewöhnlichen Schreibepulten, was ihre Gestalt und innerliche Einrichtung betrifft, in allem gleich ist. Dies Pult kann entweder mit der untern Kommode ein Ganzes ausmachen, und dies ist bey schlechten Schreibeschränken sehr gewöhnlich, oder es wird auch abgesondert verfertiget, so daß es abgenommen und aufgesetzet werden kann. Das Pult ist 1 Fuß ½ Zoll hoch, und eben 1 Fuß tief. Die ganze Arbeit muß der Verzierung nach mit der Kommode einerley seyn, damit das Ganze ein gleiches Ansehen erhalte. (s. Schreibepult, wo man die Verfertigung desselben näher beschrieben wird.)

Pultdach, Taschendach, (Baukunst) ein Dach, so von einer Seite abhängig ist. Es hat gleichsam die Gestalt eines Schreibepults, und stellet einen rechtwinklichten Triangel vor.

Pultorak, s. Poltorak.

Pulver, s. Schießpulver.

Pulverfege, (Nadler) ein Werkzeug, durch welches in einigen Pulvermühlen das geschlissene oder Pürschpulver gesiebet wird. Es wird dieselbe, so wie die **Kornfege**, (s. diese) verfertiget, nur daß das Gitter sehr dichte, und von feinem Messingdraht geflochten ist.

Pulverholz, (Pulvermühle) der Name verschiedener Stauden, deren Holz, wenn es zu Kolen gebrannt worden, gutes Schießpulver giebt, und ehedem auch dazu gebraucht wurde. Hierunter gehört besonders der Faulbaum, oder der Elsenstrauch und andere mehr.

Pulverhorn, (Kammmacher) ein Horn von platträumer Gestalt, worinn die Jäger das Schießpulver aufheben. Der Kammmacher erweicht dazu ein Ochsenhorn über dem Feuer, steckt eine dem Pulverhorn ähnliche Form hinein, und presset es in der **Hornpresse** (s. diese) mit der Formplatte. Das Horn wird alsdenn polirt, ein Boden eingesetzt oder aufgenagelt, ein Mundstück mit einem Schnitzer zierlich ausgeschnitten, und ein Pfropfen dazu gemacht, mit welchem das Mundstück zugemacht wird.

Pulverkammer. (Artillerie) 1) derjenige Ort, den man hinter den Batterien und Kesseln eingegraben setzt, und mit starken Bohlen, die mit Erde hoch überschüttet werden, verwahret; um darinn sowohl Pulver, als auch Bomben und andere Feuerwerkssachen aufzubehalten.

2) die

a) die Minenkammer, (s. diese) auch 3) der Ort, wo das Pulver in den Mörser eingeladen wird. (s. Kammer)

Pulvermaaß, (Jäger) ein körperliches Maaß, das aus einem kleinen hohlen Cylinder besteht, wodurch die Ladungen der Schießgewehre abgemessen werden, und nach jedes Gewehres Kaliber eingerichtet ist.

Pulvermagazin, ein feuerfester wohl verwahrter Ort, wo Schießpulver in Menge aufgehoben wird. (s. auch Pulverthurm)

Pulvermasse, Pulversatz, (Pulvermühle) die aus Schwefel, Salpeter und Kolen zusammen vermischte Masse, woraus das Schießpulver verfertigt wird. (s. Schießpulver)

Pulvermühle, eine Mühle, die die Masse des Schießpulvers zermalmet. Es sind entweder Wasser- oder Roßmühlen, oder sie werden auch durch Menschenhände in Bewegung gesetzt. Alle Mühlen dieser Art haben die bekannte Einrichtung der Stampfmühlen (s. diese), nur mit dem Unterschiede, daß bey der Zusammenfügung ihrer Theile alle Metalle sorgfältig vermieden werden, und alles aus einem harten Holze verfertiget wird. Allenfalls sind die Stampfer auf ihrer Grundfläche mit einer kupfernen, oder messingenen Platte beschlagen. In den neuern Pulvermühlen ist auch die Einrichtung so getroffen, daß die Masse zwischen zwey sehr glatt geschliffenen und polirten Marmorsteinen beynahe wie das Getreide auf den Mahlmühlen gemahlen wird. Man hat davon verschiedene Einrichtungen, als 1) durch ein Wasserrad werden zwey senkrechte Wellen umgetrieben, deren jede mit ihren beyden Armen zwey mühlsteinförmige Marmorsteine auf ihrem Rande über einen horizontalliegenden runden Marmor, durch dessen Mittelpunkt eine Welle geht, herumführet. Auf den liegenden Stein, der mit einer hölzernen Einfassung versehen ist, werden die Materialien geschüttet, die von dem Arbeiter mit einer Krücke unter die Läufer geschoben, und von Zeit zu Zeit benetzt werden. Jeder Bodenstein hat 8 Fuß im Durchmesser, und 21 Zoll in der Dicke. Die Läufer haben 7 Fuß 1 Zoll im Durchmesser. Der, welcher dem Mittelpunkte des Bodensteins am nächsten ist, ist 18 Zoll 6 Linien dick, der andere aber ist nur 17½ Zoll dick. Man kann auf einmal nur 70 Pfund Materialien in 6 Stunden mahlen. Zum Benetzen braucht man 2½ Maaß Wasser. Wenn die zermalmte Masse weggenommen wird, legt man starkes Sohlleder unter die Läufer, damit diese niemals den Bodenstein berühren. 2) In Schweden hat man folgende Art Mühlen: die beyden Arme einer senkrecht stehenden Welle führen jeder eine mit einem starken Reifen von gegossenem Messing umgebene hölzerne Walze, die einem Mühlsteine gleicht, auf einem von Messing gegossenen vertieften Boden, auf welchen die schon vorher etwas zerstoßene Materialien geschüttet werden, herum: so daß beyde Walzen in einerley Gleise hinter einander laufen. An der Walze ist auch eine Krücke angebracht, welche die Materialien umrühret, und vom Rande des metallenen Bodens unter die Walzen schiebt. Auch ist an derselben eine Wasserkanne angebracht, welche die Materialien mit Wasser benetzet. Auf einmal werden 2 Lißpfunde Materialien aufgeschüttet. Noch eine hat der Pater Fery angegeben. Vier Walzen von gegossenem Eisen, die 6000 Pfunde wiegen, und deren zwo allemal an einem Geschirre bevestiget sind, werden vom Mühlenwerke in gerader Linie über zwo horizontale Tafeln, deren jede 12 Fuß lang und 4 Fuß breit ist, gezogen, wodurch die Materie, welche bearbeitet wird, 96 Quadratschuhe Oberfläche bekommt. Bey angestellten Versuchen hat sich gezeiget, daß man auf diese Weise in 2 Stunden soviel bearbeiten kann, als in den Stampfmühlen in 24 Stunden. Man hat aber diese Einrichtung nicht allgemein gemacht, weil die Walzen die einmal zermalmte Masse glatt streichen, und über sie weg glitschen, ohne sie weiter zu mischen, als welches doch der vornehmste Endzweck ist. In vielen Mühlen hat man eine wie ein Schrittzähler eingerichtete Uhr angebracht, um genau zu wissen, wie oft die Walzen über den Satz gegangen sind.

Pulverprobe, (Artillerie) ein Werkzeug, mit welchem man die Güte und Stärke des Schießpulvers probiret. Man hat deren verschiedene. Unter andern aber hat man ein dergleichen Probewerkzeug, das aus einem von Eisen gemachten kleinen Mörser in der Größe eines Fingerhuts besteht, mit einem Deckel bedeckt. Der Mörser steht aufrecht gerichtet, und wird auf die Mitte eines Bretchens vest angeschraubet. Der Deckel wird durch ein Stänglein an ein Rädchen, so eines Thalers groß ist, bevestiget. Dieses Rädchen hat 16 oder mehr Kerben, deren jede numerirt ist. Wenn der Mörser geschlossen ist, nachdem er mit Pulver angefüllet worden, so wird der unterste Grad Num. 1. mit einem Häkchen, so mit einer Feder unterstützt wird, gehalten, und an das Zündloch des Mörsers eine glühende Kole oder Lunten gelegt, und damit angezündet. Geschieht nun der Knall, so stößt das Pulver mit Gewalt den angemachten Deckel in die Höhe, so hoch, als es die Kraft und die Komposition des Pulvers mit sich bringt, und hält das Häkchen diejenige Nummer, so hoch als es treiben können.

Pulverproben, (Artillerie, Jäger) Versuche über die Güte des Pulvers anstellen. Man thut solches auf verschiedene Art, entweder durch besondere dazu eingerichtete Werkzeuge, (s. Pulverprobe) oder man schüttet ein wenig Pulver auf ein weiß abgehobeltes Brett, und brennet es an. Geht es in die Höhe, ohne es zu beschädigen, so ist es gut, absonderlich wenn ein blauer Rauch an dem Orte zurück bleibt, wo es angesteckt worden. Auch kann man etwas auf einen Stein, oder ein Blatt weißes Papier streuen, man zündet es mit einer Kole an, und giebt genau Acht, wenn das angezündete Pulver plötzlich aufflammet, einen kleinen Schall von sich giebt, und das Papier nicht sehr brennt, oder nicht viel Kohlenstaub zurück bleibt, so ist es gut, wo es aber Unreinigkeit nachläßt, langsam aufgeht, hin und her sprützet, und einen dicken Rauch macht, so taugt es nichts. Gutes Pulver muß feinkörnigt seyn, etwas gräulich aussehen, sich auch nicht alsobald mit den Fingern zu Mehl reiben lassen, hartkörnigt bleiben, und in dem

Munde am Geschmacke kalt und salzig seyn. Dies ist ein Kennzeichen, daß es eine gute Quantität Salpeter bey sich hat, und nicht gar zu viel Kohlen dazu vermischt sind, und dergleichen Pulver hat die mehreste Stärke.

Pulversack, (Bergwerk) der unterste Theil eines gebohrten Lochs, wenn man das Gestein mit Pulversprengen gewinnen will, worein das Pulver geschüttet wird.

Pulversack, (Büchsenmacher) der Theil am Gewehre oder Flintenlauf, wo das Zündloch gebohret und das Pulver nach der Ladung zu liegen kömmt. Diese Stelle an dem Flintenrohre ist beständig stärker, um der Stärke des Pulvers beym Losschießen desto mehr Widerstand zu thun.

Pulversack von Leder, (Artillerie) eine besondere Art Säcke, welche von P. Coronelli 1699 zu Ankona erfunden worden, worinn man das Pulver dergestalt verwahren kann, daß ihm weder Wasser noch Feuer einigen Schaden thun kann. Ja man kann einen dergleichen mit Pulver angefüllten Sack aus einem Mörser in die freye Luft abschießen lassen, daß er unversehrt bleibt.

Pulversäcke, (Artillerie) Säcke, die mit Pulver geladen, und mit einer Brandröhre versehen, aus Mörsern geschossen, oder auch angezündet mit der Hand geworfen werden.

Pulverthürme, Thürme an sehr abgelegenen Orten angelegt, worinn das fertige Pulver aufbewahret wird. Sie müssen vom Grund auf stark, nach oben zu schwächer, und mit einem leichten Dache bedeckt seyn. Heut zu Tage sucht man sie vor dem Gewitter durch Ableiter zu verwahren.

Pulvertonne, Barill, Fr. Baril à Poudre, (Artillerie) ein hölzernes Gefäß von mancherley Größe in Gestalt einer Tonne. Oben wird der Rand mit einer ziemlich breiten ledernen Einfassung versehen, welche nach Art eines Beutels gemacht ist, um, wenn man das Pulver herausgenommen, diese wiederum zuziehen zu können. Man bedienet sich solcher Pulvertonnen auf den Batterien und in den Schiffen zur Sicherheit, daß nicht bey dem Abfeuern des Geschützes Feuer darein fallen, und Schaden thun kann.

Pulverwurst, (Artillerie) ein langer zusammengenähter Sack von Leinwand, der mit Pulver angefüllet wird, und bey Minen zum Feuergeben dienet. Er hat ohngefähr zwey Zolle im Durchschnitte, und es werden bey jeder Minenkammer gemeiniglich zwey dergleichen Pulverwürste angebracht.

Pump, die, läßt das Wasser fallen. (Bergwerk) Wenn sich der Kolben nicht genau in die Pumpe schließt, oder es ist ein Fehler an der Klappe, so steigt das Wasser zwar einige Höhe, aber es fällt wieder zurück.

Pumpe, Plumpe. (Wasserbau) Eine Wasserkunst, da man das Wasser in Röhren durch Auf- und Niederdrücken, d. i. durch die Bewegung eines Kolbens in einer Röhre, und sogenannten Stiefel in die Höhe hebet, und damit viel höher bringt, absonderlich durch das Druckwerk, als durch alle andre Maschinen. Ctesibius, eines Barbierers Sohn von Alexandrien, soll der Erfinder dieser Maschine seyn, welcher nach dem Archimedes gelebt, und verschiedene Wasserkünste aufgebracht hat. Sie wird wegen ihrer Einfachheit den meisten andern Wasserkünsten mit Recht vorgezogen, zumal wenn selbige mit guten Ventilen und Kolben versehen ist. Man pflegt sie aber auf unterschiedene Art einzurichten: als mit einem Pumpwerke, Saugwerke, und mit einem Druckwerke. Das erste ist zwar mit dem Saugwerke fast einerley, nur daß bey jenem der Kolben in der Röhre so tief hinab gehe, daß er beständig in dem Wasser stehe, und also dasselbe, wie man zu sagen pflegt, nicht an sich sauget, sondern nur bloß hebet; dahingegen bey dem andern der Kolben nicht zum Wasser hinab langet, sondern erst durch Ansaugen, oder vielmehr durch Machung eines Vacui, oder eines leeren Raumes, verursachet, daß die äußere Luft das Wasser hineindrücken muß. Die Pumpe kann also ohne die Pressung der Luft das Ihrige thun, das Saugwerk hingegen hebet das Wasser vermittelst der Pressung der äußern Luft, die das Wasser in die Höhe drücket. Im übrigen hat sowohl in dem Plump als Saugwerke beyderseits der Kolben ein Ventil, durch welches das Wasser bey dem Niedergehen durchgehet, und nicht wieder zurück kann. Von der Beschaffenheit eines Druckwerks (s. unter diesem Namen) durch eine Plumpe wird das Wasser folgendergestalt gehoben: Es tritt zuförderst durch die in dem Stocke befindliche Löcher bis in das Ventil, und wenn die Klappe dem Wasser nicht zu schwer ist, so stößet es dieselbe in die Höhe, und steiget bis über den Kolben so hoch, als es außerhalb der Röhre steht. Wird nun dieser Kolben in der Röhre vermittelst der Plumpenstange in die Höhe gezogen, so schließet sich dessen Ventil, und hebet das Wasser über sich, wodurch zwischen diesem und dem untern Ventil ein leerer Raum entsteht, welchen das außen höher stehende Wasser wegen seiner Schwere alsbald mit Aufstoßung des Ventils wieder erfüllet. Sobald aber der Kolben wieder niedergedruckt, so schließet sich das untere Ventil, und das obere in dem Kolben öffnet sich. Daß aber das Wasser aus dem Rohre sich ergieße und herauslaufe, geschiehet, wenn es über dem Kolben steht, und man solchen, wenn bereits Wasser genug darüber getreten ist, in die Höhe hebet. Bey dem Saugwerke hingegen verhält es sich ganz anders. (s. Saugwerk)

Pumpe, Schlickpumpe, (Deichbau) eine verschlossene Rinne, vor welcher eine Klappe von oben herab verhänget wird, daß das Wasser wohl abfließen, aber nicht wieder zurück treten kann.

Pumpe der Schiffe, s. Schiffspumpe.

Pumpe der Windbüchse, (Büchsenmacher) diejenige Röhre wodurch der Wind in die Kugel der Windbüchse eingepumpet wird. Das Rohr dieser Pumpe bestehet aus einem Flintenrohr. Die äußere Fläche wird wie der Lauf einer Flinte polirt, und die Seele muß so glatt wie möglich seyn, und daher wird das Rohr nicht allein ausgebohrt,

sondern

sondern auch mit dem hölzernen Kolben gekolbet (s. kolben) und mit einem glatten bleyernen Kolben geschmergelt. Jedes Ende des Rohrs hat eine messingene Röhre: beyde werden über einen Kern gegossen, auf der Drehbanke ausgebohret, und auswendig abgedrehet. Sie werden beyde mit Schlagloth auf das Pumpenrohr angelöthet. Auf dem einen Ende, wo das Rohr mit der Kugel der Windbüchse vereiniget wird, erhält das Pumpenrohr, ein eisernes Kreutz, dessen Enden hölzerne Handgriffe haben. In der Mitte erhält das Kreutz eine Schraube, womit es in das Rohr eingeschraubet wird; auf dem entgegengesetzten Ende erhält es eine Schraubenmutter, worein die Schraube des Ventilgehäuses (s. dieses) paßt. In die oberste Mündung des Pumpenrohrs wird eine Schraube von Messing eingeschraubet, welche hindert, daß man bey dem Pumpen die Pumpenstange nicht aus dem Pumpenrohre heben, aber doch im erforderlichen Fall abschrauben kann. Die Pumpenstange wird aus Eisen geschmiedet, gut befeilet und poliret. Die Spitze der Pumpenstange, die von dem Pumpenrohre bedeckt wird, hat einen dünnen Zapfen, worauf ein messingener Cylinder, der der Stöpsel genannt wird, gesteckt wird. Dieser Stöpsel wird auf der Drehbank ausgebohret, und wenn die äußere Fläche des Cylinders abgedrehet wird, so wird an dieselbe in der Mitte eine starke Hohlkehle ausgedrehet. Den Stöpsel umgeben auf der Seitenfläche einige kleine Ringe oder Röhren von Juchtenleder, die sich aber nicht decken, sondern übereinander auf dem Messing liegen. Um diese Ringe wird abermals ein Strick Juchten geschlagen, welches sie sämmtlich bedeckt. Alle Röhren von Juchten werden naß auf den Stöpsel mit Gewalt gepreßt. Eine Scheibe von Messing, die auf den Zapfen der Pumpenstange aufgesteckt und mit einer Schraube befestiget ist, hindert das Leder, daß es sich nicht abstreifen kann. Das Leder muß also genau an die Seite des Pumpenrohrs anschließen, wenn der zusammengepreßten Luft kein Ausgang übrig bleiben soll. Aus eben der Ursache muß auch die Seite des Pumpenrohres in dem Ende nach der Kugel zu etwas weiter seyn, als in dem obersten. Daß auf dem Stöpsel in der Mitte eine Hohlkehle ausgedrehet wird, geschiehet deswegen, weil das Leder auf dem Stöpsel und auf dem Kopf des Ventilstöpsels öfters eintrocknet, und solches sowohl den Gebrauch der Pumpe als der Windbüchse hindert, so muß die Pumpe zuweilen eingeschmieret werden. In diesem Fall ziehet man die Pumpenstange völlig in die Höhe, und gießt in die Mündung des Pumpenrohrs einen Löffel voll Baumöl mit Wasser vermischt, beydes in gleichen Theilen. Wird das Pumpenrohr hinabgestoßen, so preßt die komprimirte Luft den flüßigen Körper nicht nur in die Hohlkehle des Stöpsels, sondern auch in das Ventilgehäuse. Hierdurch wird das Leder auf dem Kopf des Ventilstöpsels hinreichend angefeuchtet, und das Baumöl mit Wasser vermischt, in der Hohlkehle des Stöpsels an der Pumpenstange, erhält das Leder auf dem Stöpsel einige Zeit geschmeidig. Ein starker messingener Ring, der die Stöße hebt und auf der Pumpenstange befestiget ist, hindert die Stange, daß sie bey dem Pumpen nicht bis auf den Boden stoßen, und das Ventilgehäuse verletzen kann. Endlich steckt noch in einem Ringe, der vorne an der Pumpenstange gebogen ist, ein Eisen, welches der Trittschlüssel heißt, an welchem die Stange bewegt wird. Alle Theile der Pumpe müssen auf das Beste gehärtet werden. Wenn diese Pumpe gebraucht werden soll, so wird die Kugel der Windbüchse mit dem Ventil auf die Pumpe geschraubet, und sie ist bey dem Pumpen gegen die Brust des Pumpers gelehnt. Dieser tritt mit dem Fuß auf die Trittschlüssel, und ziehet mit dem Kreutz das Pumpenrohr auf der Stange, und durch den Stoß wird die Luft in dem Pumpenrohr in einen engen Raum gebracht. Diese preßt daher das Ventil zurück, und tritt in die Kugel. Die Feder des Ventils drückt aber den Ventilstöpsel wieder hinab, wodurch der komprimirten Luft der Ausgang versperret wird.

Pumpe, die, anfrischen, (Bergwerk) wenn der Kolben in einer Pumpe lange nicht gebraucht worden, und zusammen getrocknet ist, so kann Luft zwischen den Stiefel und den Kolben kommen, folglich giebt die Pumpe kein Wasser, denn muß man etwas Wasser auf den Kolben gießen, wodurch er erfrischt wird.

Pumpe, die, schnarcht an, (Bergwerk) wenn die Oberfläche des Wassers in einer Pumpe durch den Schuß des **Kolbens** (s. dieses) der untern Fläche sehr nahe kommt, und es steigt Luft und Wasser zugleich in den Pumpenstock, so entstehet ein Geräusche, und der Bergmann sagt die Pumpe schnarchet an.

Pumpe, einfache nach Art der Schiffspumpen. In dieser Pumpe wird eine von starken Brettern viereckigte Röhre mit Fugen zusammengespundet, und an etlichen Stellen mit eisernen Ringen fest zusammengetrieben. An dem untersten Ende, das geneigt in dem Wasser steht, wird ein Stock mit einem viereckigten Loch eingerichtet, welcher oben glatt ist, und worauf eine Klappe aufgenagelt wird. Diese Klappe ist ein hartes Stück Holz, so auf ein Leder wohl genagelt ist, daß es die Oeffnung des gedachten Lochs wohl bedecket und kein Wasser durchläßt. Weiter oberwärts ist wieder ein dergleichen Stock mit einem Loch angebracht, und ebenfalls mit einer solchen Klappe verwahret. Dieser Stock kann entweder gemacht werden, daß er wohl anschließt, doch willig gehet, oder er kann unten mit Leder umnagelt werden. An diesen Kolben oder Stock ist auf beyden Seiten ein eiserner Bügel eingelassen, so oben eine Hülse hat, darinn eine Kolbenstange befestiget ist, die am obern Ende ein Querholz hat, woran solche angefaßet und gezogen werden kann. Die ganze Pumpe lieget schräg geneigt auf einer Bank von vier Füßen und mit dem untersten Ende im Wassersumpf. Man kann solche Pumpe nach Gefallen groß oder klein machen, sie ist besonders gut zu gebrauchen, das Wasser aus den Kellern zu bringen. Die Fugen der Röhre müssen mit einer Mischung von Ziegelmehl, Pech und Theer verschmieret werden.

Pumpe, englische, mit Quecksilber. (Wasserkunstbau) Da bey den Saug- und Druckwerken wegen der

Friction der Kolben beständig Fehler entstehen, daß sie entweder zu hart anliegen und zu viel Kraft zur Bewegung gebrauchen, oder zu gemächlich und locker gehen, und das Wasser durchlassen, so hat ein gewisser Engländer, Namens Haskins, anstatt des Kolbens Quecksilber angebracht. Dieses muß nach dieser Erfindung statt des Kolbens dienen und das Eindringen der Luft verhindern, auch das Steigen des Wassers befördern, da das Quecksilber nach seiner Höhe und nicht nach seiner Menge drücket. Die Pumpe ist auf folgende Art eingerichtet. Ein massiver Cylinder oder Kolben von vestem Holz 6 Fuß lang, wird durch ein angegossenes oder aufgesetztes Bley so schwer gemacht, daß er in einer andern Röhre, worein zuvor Quecksilber gegossen worden, von selbst untersinkt. Oben an dem Cylinder wird eine eiserne Kette befestiget, an welcher die Kraft den Cylinder zu bewegen angebracht wird; um ihn dadurch in die Höhe ziehen zu können. Wenn dieser Stößel oder Cylinder in der Röhre, die auch der Eimer genannt wird, bis auf den Boden sinket, so tritt das Quecksilber theils in die Röhre, theils aber steigt es zwischen der Röhre hinauf, und erfüllt den leeren Raum, so zwischen dem Cylinder und dem Eimer ist. Aus diesem Eimer gehet eine krumme Röhre nach einer andern senkrechten Röhre, die die Steigeröhre genannt wird, und wodurch das Wasser herausgehet. Die krumme Röhre ist an den Eimer nicht weit vom Boden oder untersten Ende an; unter und über der krummen Röhre sind in der Steigeröhre zwey Ventile angebracht, und die krumme Röhre hat in der Mitte eine kugelförmige Gestalt. So hoch nun also das Quecksilber in dem Eimer ist, eben so hoch stehet es auch in der krummen Röhre. Das Quecksilber, so in die krumme Röhre getreten ist, treibet die Luft, so ihm weichen müssen, durch das oberste Ventil der Steigröhre hinaus, derowegen, wenn der Cylinder, den man auch den Taucher nennt, etwas in die Höhe gezogen worden, so fällt das Quecksilber aus der Kugel und krummen Röhre herab, und machet in der Kugel der krummen Röhre einen leeren Raum. Da nun die Luft durch das obere Ventil nicht wieder hinein kann, so steiget sie aus der Steige-Röhre durch das unterste Ventil hinein, und erfüllet den leeren Raum in der Kugel der krummen Röhre. Wird nun dieses Verfahren wiederholet, und ein neuer leerer Raum in der Kugel gemacht, so kommt alsdenn Wasser anstatt Luft in die Röhre, welches die äußerliche Luft da sie auf das Wasser unter der Steigröhre drückt, hinauf und durch das oberste Ventil in den ledigen Raum der krummen Röhre treibet. Dieses muß aber, wenn sie groß, und der sogenannte Eimer enge ist, oft wiederholet werden, ehe etwas Wasser herauskömmt. Bey dem wiederholten Drucken des Tauchers steiget der Merkur wieder in die Kugel, und treibet das Wasser durch das oberste Ventil bis oben zur Steigeröhre hinauf. Man hat diese Art von Druckwerke noch auf verschiedene andre Arten eingerichtet. (S. Leupolds Wasserbaukunst Theil II. Tab. LII. Fig. I. und folgende.)

Pumpe mit doppeltem Schwengel. (Bergbau) Eine Pumpe, die bey starken Wassern in den Bergwerken, und bey Versuch- und Schurfarbeiten, worauf man noch keine Wasserkunst bauen kann, sehr gute Dienste thut. Die Pumpe an sich selbst ist die nämliche, wie die Pumpen mit einem Schwengel. (s. diese) Aber der Schwengel ist anders eingerichtet und doppelt. Man macht zu diesem Behuf aus 8 Zoll breitem und 6 Zoll dickem Holz einen 20 oder mehr Fuß langen Wagebalken und legt ihn in eine Schwengelstütze, man kann denn auf jeder Seite des Wagebalkens zwey Pumpen anbringen und auf solche Art 4 Pumpen in Bewegung setzen. Denn man bringt in einer Entfernung von 1½ oder zwey Fuß von der Achse des Wagebalkens auf jeder Seite die Kolbenstangen mit ihren Pumpen an, und der Schwengel wird durch Seile, welche an den beyden Enden angebunden sind, von einem oder mehreren Menschen gezogen; wodurch denn die Kolbenstange der einen Seite in die Höhe, die andere aber herunter gebracht wird, und folglich Hub und Schub zugleich hat, daß auf zwey Seiten Wasser herausgepumpt wird. Man kann diese doppelte Schwengel-Pumpe auch auf folgende Art machen: man macht nämlich einen etwas breiten Wagebalken über dem Gevierte des Schachts, worauf ein Mann stehen kann, und bringt an selbigem zwey Pumpen. Man macht alsdenn in der Höhe den Elbogen in einem senkrechten Balken einen hängenden Balancier der an beyden Enden einen schweren Knopf hat, und mit eisernen Stangen mit dem Wagebalken auf beyden Seiten verbunden ist. Der Mann tritt auf den Wagebalken und bewegt den Balancier von einer Seite zur andern, dadurch auch zugleich den Wagebalken, und dieser die Kolbenstangen der Pumpen. Die dritte Art dieser Pumpen ist also eingerichtet: man macht über dem Gevierte des Schachts einen Winkelhebel, der an einer Welle zwischen zwey Pfosten oben in ihren Scheeren beweglich ist. Der eine Arm des Hebels ist nur einen halben Fuß, der andere aber, der senkrecht heruntergeht, 6, 8 und mehr Fuß lang. Am Ende des langen Arms wird ein 30 bis 40 Pfund schwerer Klotz angemacht, und solcher mit Handhaben versehen, an welchen er von einem oder mehreren Männern hin und her geschoben wird, wodurch Hub und Schub der Kolbenstange, die an dem kurzen Arm befestiget ist, verursacht wird. Dieses Klotzes wegen heißt sie auch eine Klotzpumpe. (s. diese) Man kann auch an dem langen Arm dieser Art Pumpen zwey Ziehschwengel, und so auf der andern Seite noch zwey dergleichen einmachen, da man denn zwey und auch vier Pumpen an eine Welle setzen kann. ((Cancrini erste Gründe der Berg- und Salzwerkskunde Theil VII. zweite Abtheilung Tab. XXXVI. und XXXVII.)

Pumpe mit einer runden Scheibe; (Bergwerk) die Kolbenstange muß zu dieser Pumpe so schwer gemacht werden, daß sie von selbst in die Pumpenröhre niedersinket. Gewöhnlich sind bey dieser Art Pumpen zwey Röhren mit ihren Kolben angebracht. Von jedem Kolben gehet ein Seil über eine Scheibe, die um ihre Achse beweglich ist,

und

und an einem Pfosten zwischen den Pumpenröhren befestiget ist. Das Seil gehet über die Stirne der Scheibe, die einen Reif hat. An der einen Seite hat die Scheibe einen Arm, der durch ein anderes Seil mit einem andern Arm oder Hebel vereiniget ist, der unter der Scheibe an dem Pfosten horizontal und beweglich befestiget ist. Wenn nun dieser Hebel herunter gezogen wird, so ziehet er mit dem Seil den Arm der Scheibe herunter und zugleich die Scheibe nach sich, mit dem Seil aber, das an die Kolbenstange befestiget ist, dieselbe in die Höhe und das Wasser heraus. Die andere Kolbenstange hingegen gehet herunter. Allein weil alsdenn der Kolben in der andern Pumpenröhre heraus soll, und man solchen mit dem Hebel nicht helfen kann, da sein befestigtes Seil nachgiebet, wenn man solchen in die Höhe läßt, und der ledige Kolben in der ersten Röhre auch nicht im Stande ist, solchen in die Höhe zu ziehen, so ist deswegen ein Schwengel unter der Scheibe angebracht, der durch seine eigene Schwere, wenn der Hebel in die Höhe gelassen wird, den Kolben und das Wasser aus der Röhre ziehet. Besser wäre es, wenn anstatt des Seils das vom Arm der Scheibe nach dem Hebel gehet, eine [illegible] befestiget würde, so könnte bey dem Aufheben des [illegible] die Scheibe durch die gedachte Stange zugleich zurück geschoben, und der Kolben und das Wasser aus der zweyten Röhre gehoben werden. Man kann auch nach Sturms vermeynten Verbesserung folgende Einrichtung machen: wenn man nämlich an die Kolbenstange der einen Röhre ein schweres Gewicht anstatt des Schwengels, den man ganz wegläßt, anbringet, so daß, wenn [illegible] niedergedrückte Hebel wieder in die Höhe gelassen wird, die Schwere des Gewichtes der Kolbenstange den Kolben der andern Röhre mit dem Wasser in die Höhe hebet. Da aber hier eine sehr ungleiche Kraft vorhanden, die wider die Mechanik streitet, so ist auch diese Einrichtung nicht anzupreisen. (s. Leupolds Wasserkunstbau Theil II. Tab. IX. Fig. I. und II.

Pumpen mit Fußschemel, (Bergbau) man macht einen Wagebalken 12 bis 16 Fuß lang, der durch eine eiserne oder hölzerne Stange auf beyden Seiten mit einem Fußtritt, der beweglich ist, vereiniget wird. Der Fußtritt setzt, sobald er getreten wird, den Wagebalken in Bewegung und dieser die Kolbenstangen so an ihm befestiget sind. Man kann diese Maschiene auch so einrichten, daß sie zugleich gezogen und getreten wird. Man macht nämlich über dem Gevierte des Schachtes an jeder Seite, wo die Pumpen zu stehen kommen, bewegliche Wellen, die mit ihren Zapfen in den Pfannen niedriger Pfosten spielen, in diese Wellen macht man ein senkrechtes und horizontales Brett, wovon das letztere kürzer als das erste ist, und zum Treten gebraucht wird, das senkrechte längere Brett aber zum Ziehen dienet. An dieses Brett wird eine horizontale Stange befestiget und dadurch beyde lange Bretter mit einander vereiniget. An diese Stange werden die Kolbenstangen der Pumpen befestiget. An jeder Seite setzt ein Mann die Welle durch das Treten und Ziehen in Bewegung. Er tritt [illegible] mit einem Fuß auf das horizontale Brett, und ziehet zugleich das lange Brett mit den Händen nach sich, hierdurch erhält seine Kolbenstange einen Schub herunter und die andere einen Hub und so umgekehrt. (s. Cancrini erste Gründe der Berg- und Salzwerkkunde Theil VII. Abtheil. II. Tab. XXXVII. Fig. 165. und Tab. XXXVIII. Fig. 166

Pumpenärmel, (Schiffahrt) ein langer von gepichter Leinwand gemachter Schlauch, der an beyden Seiten offen und wie ein Ermel gestaltet ist. Er wird an die Seiten-Oefnungen der Pumpen auf den Schiffen angenagelt, und dadurch das ausgepumpte Wasser hinaus über Bord geführet.

Pumpenbohrer, (Brunnenmacher) ein Bohrer, womit die Röhren zu den Pumpen gebohret werden. Man bedienet sich dazu zwey verschiedener Arten, wovon die eine ein Schnecken- oder Schraubenbohrer, und die andere ein Löffelbohrer ist, (s. beyde) beyde aber haben eine lange Stange und vorne am Ringe einen hölzernen Hebel, woran sie umgedrehet werden.

Pumpenfeuer, (Lustfeuerwerker) ein Lustfeuer welches wie das Wasser aus einer Pumpe ausfähret. Es ist unter allen das prächtigste.

Pumpengesenk, Pumpenschacht, Fr. Puits court pour la pompe, (Bergwerk) ein Gesenk (s. dieses) zum Behuf einer Pumpe in den Gruben. Es ist eine senkrechte Grube, [illegible] nur eine oder zwey Fahrten tief ist; ist sie tiefer, so [illegible] mehrere Pumpen übereinander gebracht werden können, so heißt es ein Pumpenschacht.

Pumpenkette, Fr. Chopinet de Pompe, (Wasserkunstbau) diejenige Kette bey Kunstwerken, woran die Pumpenstange oder Stempel hängen.

Pumpenmacher, s. Brunnenmacher

Pumpen mit dem Schwengel zu machen. (Bergbau) Man machet aus einer hölzernen Röhre die 5 bis 6 Zoll weit, im Holze 1 bis 1½ Zoll dick und 4 Fuß lang ist, einen Pumpenstock, und nagelt oben daran einen aus Holz gehauenen Ausguß, der im Lichten 6 Zoll weit und breit ist. 6 Zoll über dem untern Ende aber meißelt man in diesen Stock ein Loch von 3 Zoll weit, und 7 Zoll hoch, und schläget dieses Loch mit einem Spund zu. Alsdenn macht man aus einer hölzernen Röhre die 1½ bis 2 Zoll weit ist, und also ⅓ von der Weite des Pumpenstocks zu ihrer Oeffnung hat, mit [illegible] Holz aber der Oeffnung dieses Stockes in der D[illegible] ein Kielstöckel oder dünne Röhre, die drey bis 4 Fuß lang, und unten zugespitzt ist, auf der Oberfläche aber mit einem Lappen eine Klappe von starkem Leder, das über die Oeffnung des Kielstöckels auf allen Seiten 1½ Zoll vorgeht und ein angeschraubtes Klötzchen hat, das ½ Zoll enger als die Röhre und 1½ Zoll hoch ist, zwischen welchen und dem untersten Leder aber noch einige lederne Scheiben gelegt werden, damit die Klappe steif und schwer werde, und um desto leichter zufalle. Dieses also verfertigte Kielstöckel steckt man nun an den Ort, wo der Spund ist, 6 Zoll tief in den Pumpenstock, und damit es fest hänge, auch keine Luft zwischen ihm und dem Pumpenstock durchkommen lassen können, so schlägt man in der Entfernung von anderthalb Zoll vom Mittelpunkt im Kreis herum lange dünne bölzerne Keile in den Boden des Pumpenwerks. Alsdann nägt man an das Aufstößel von einem solchen bölzernen Röhren, aber muß man dieses gemacht hat, ein Ansteckkiel, daß unten an dem Aufstößel, da wo es angeraht, etwas ausgeschnitten wird, und der in den Sumpf reicht. Diese beyden Röhren des Kiel- und Ansteckkiel hängt man mit einer oder zwey Klammern an dem Ort, wo sie in einander gesteckt werden, zusammen und machet, wenn man bis Abrrufen (s. dieses) begriffen ist, an den Ansteckkiel einen Schleucher. (s. diesen) Man muß aber bey der Länge der Ansteckröhren dahin sehen, daß der ganze Pumpe bis unter den Kolben, wenn solcher ausgehoben hat, nur 28 Fuß hoch hebet. Denn macht man aus Erlen- oder anderm weichen Holz, das nicht reißt, einen Kolben (s. diesen 1.) nebst einer Kolbenstange. (s. diese) Man macht ferner aus starken Leder zwey Scheiben, deren Diameter so groß, ja ein wenig größer ist, als der Diameter des Pumpenstocks, und in der Mitte durch jede ein ½ Zoll weites Loch, leget solche auf den Kolben, stecket die Kolbenstange durch sie, und schraubet Kolben und Stange fest zusammen, machet aber, damit solches desto besser geschehen könne, zwischen dem Kolben und die Schraube eine kleine eiserne Scheibe. Nun machet man einen 6 bis 8 Fuß langen und 3 Zoll dicken Schwengel, der auf dem einen Ende eine eiserne Gabel hat, wel[illegible] der Schwengelstütze, die nach der Dicke des Schwengels ausgeschroten, und an dem Pumpenstock oben angenagelt ist, vereinigt wird. Die Schwengelstütze muß so lang seyn, daß wenn der Schwengel auf dem halben Hub stehet, solcher 1 Fuß von der Pumpe absteht. Will man indessen diese Stütze nicht an die Pumpe bevestigen, sondern auf das Geviere des Schachts stellen, so macht unten einen Zapfen, der in das Geviere eingezapft wird. Oben an der ausgeschnittenen Schere mache man durch die beyden Backen ein Loch, so ½ Zoll weit ist, und hänge vermittelst ½ Zoll dicker Nägel mit Splinten der Kolbenstange und den Schwengel an die Schwengelstütze. Wenn die Pumpe solcher Gestalt fertig ist, so bringt man sie an den Ort, wo man sie brauchen will, und setze sie aus den einzeln Theilen zusammen, aber so, daß der Nagel in der Schwengelstütze, um des bequemer[illegible]mpens willen, 1½ Fuß über den Ort lieget, wo de[illegible] steher stehet, und bevestige sie durch Klammern an das Gezimmer des Schachts lasse aber den Schwengel in eine Hornstatt (s. diese) oder einen Ort gehen, und mache von der Oeffnung des Ansteckkiels oder des Schleuchers eine Scheibe, oder ein eisernes Gezimmer. Man muß alle Fugen wohl mit Werk verstopfen und darüber Letten kleben.

Pumpenschaft, s. Pumpengestell.

Pumpenschub, das Holz an dem Pumpenschwengel, besonders im Bergbau, auch das Ventilleder an einer Wasserpumpe.

Pumpensiel, Pumpsiel, (Wasserbau) an den Ebb- oder Flutsielen werden gemeiniglich zwo Flügelthüren vor dem Deiche angebracht. Wenn aber das wenige Binnenwasser (s. dieses) eines so geräumigen Siels zum Abzuge nicht benöthiget ist, sondern sich an einem kleinen Kanal begnügen läßt, der nicht erlaubt, doppelte Thüren vorzuhängen, so ist genug, denselben mit einer von oberwärts herabhangenden Klappe zu versehen, die sich bey dem Antreten der Flut gleichfalls verschließet. Diese heißen alsdenn Pumpsielen. (s. auch Klappsielen)

Pumpenwerk in einem Brunnen mit einem Hebel, Schwungrad, und krummen Zapfen. (Wasserbaukunst) Dieses Pumpenwerk besteht aus einer gewöhnlichen Röhre in einem Brunnen, an dessen Kolbenstange oben ein Hebel angebracht, dieser ist an einer senkrechten Kurbelstange beweglich bevestiget, die mit der Kurbel des Schwungrades vereiniget ist. Die Kurbel ist mit einem in seinem Gerüste liegenden Schwungrade vereiniget; auf der andern Seite ist die Handhabe oder der Haspel angebracht, durch welchen das Schwungrad umgedrehet wird. Das Schwungrad ziehet vermittelst der Kurbel die Kurbelstange, und diese den Hebel, welcher die Kolbenstange aus der Röhre in die Höhe und das Wasser heraus ziehet. Wenn das Schwungrad herum ge[illegible] ist, so gehet die Kurbelstange wieder in die Höhe, und die Kolbenstange schiebet oder drücket sich wieder in die Pumpenröhre. Man kann auch auf solche Art ein doppeltes Pumpenwerk anlegen, indem man in dem Brunnen zwey Röhren anbringet, zwischen welchen eine Säule, und daran der Hebel beweglich angebracht ist, an welchen von beyden Seiten der Säule die Kolbenstangen an denselben bevestiget [illegible] Bey dem Umdrehen des Schwungrades geht eine K[illegible] um die andere auf und nieder, und gießt das Wasser heraus. (s. Leupolds Wasserbaukunst Th. II. Tab. XXXI. Fig. I und II.

Pumpenwerk mit einem Ventil, (Wasserkunstbau) eine Pumpe, in deren Röhre ein Kloß oder Cylinder, der die ganze Röhre ausfüllet, stecket, der statt des Kolbens auf und ab beweget wird. Dieser so genau in die Pumpenröhre passende Kloß hat vom Boden an bis über die Röhre eine kleine Rinne oder Vertiefung, etwa einen Zoll tief und breit. Unten in der Röhre ist ein Ventil angebracht. Wenn nun gepumpt werden soll, und der Cylinder in die Höhe gehoben wird, so tritt das Wasser durch das Ventil durch die Röhre, und wenn der Cylinder wieder nieder gelassen wird, so kann das Wasser nicht weichen, und muß in der Rinne oder Vertiefung heraus steigen, und zu der angebrachten Ausgußröhre heraus laufen. Allein diese Einrichtung taugt nicht viel, denn die Höhe, die das Wasser gehen kann, kann nicht größer seyn, als ein Cylinder und Röhre ist. Und weil bey jedem Niederlassen das Wasser aufs neue nicht nur in die Rinne des Cylinders steigen, sondern auch den Raum, der sich zwischen dem Cylinder und der Röhre befindet, erfüllen muß, und diese ganze Quantität, was nicht oben überläuft, jedesmal wieder zurück herunter fällt, so geht soviel Kraft, als dieses Wasser beträgt, verlohren, und [illegible] die beyden Röhren nicht

nicht wohl in einander passen, und ein hoher Hub geschiehet, so erhält man wenig Wasser.

Pumpernickel, Pompernickel, ein aus geschrotenem Roggenmehl gebackenes grobes und schwarzes Brod, in großen langen vierkantigen Laiben, mit einer harten Kruste und derben Krume, aber von einer angenehmen Säure, die dem Magen wohl bekommt. Es wird in Westphalen durchgehends gebacken, und in fremde Länder als etwas besonderes ausgeführet. Ein einziges Brod ist öfters über 30 Pfunde schwer. Der Teig dazu wird recht derb geknetet, und muß 24 Stunden im Ofen, der wohl verwahret ist, bleiben, damit es durchgebacken und recht derb werde.

Pumpkeule, Stoßkeule, (Weißgerber) eine ordentliche Keule mit einem langen Stiel, womit die Felle nach dem gedoppelten Streichen auf der Aas- und Fleischseite im Wasser gewalket oder gestoßen werden, um alle Unreinigkeiten daraus zu bringen.

Pumpstange, Plumpstange, Plumpstock, (Fischer) eine Stange, mit welcher man in das Wasser schlägt, um die Fische in das Netz zu jagen. Sie hat ihren Namen von dem Worte Pumpen, wenn man in das Wasser schläget, oder etwas hinein fällt, und einen dumpfen Laut von sich giebt.

Pumpstock, s. Vorher.

Pündel. (Bürstenmacher) So werden die in kleine Päckchen gebundene Borsten genannt, so wie sie in den Bürsten eingesetzt werden.

Pündeln, (Bürstenmacher) die Borsten in kleine Pündel eintheilen, so wie sie in die Bürsten eingesetzt werden sollen.

Puni, s. Ponni.

Punktstein, der Name, den einige dem Granit beylegen, wegen der farbigen Punkte, die er hat.

Punkte, Fr. Points, (Miniaturmaler, Kupferstecher) Punkte, welche in der Miniaturmalerey und beym Kupferstechen gebrauchet werden. Es giebt deren lange und runde; die erstern kommen den Einschnitten oder den flachen Pinselstrichen im Kupferstechen und Malen näher, und machen in beyden Arten eine saubere und nicht so feine Arbeit, als die runden; diese hingegen sind gut zur feinen Ausarbeitung, besonders im Fleische. Die Vermischung von beyden Punkten macht eine Impastirung, (s. diese) deren Wirkung gar schön ist. Die länglichten Punkte schicken sich besser zum Mannsfleische, und die runden zum weiblichen Fleische, und der Kinder ihrem; demnach müssen sie aber nicht eine ekelhafte und frostige Regularität machen, welches gewiß erfolget, wenn sie ganz rund sind. Im Radiren hält man die Nadel etwas liegend, und bey Figuren im Großen brauchet man eine Nadel mit einer starken Spitze, welche den Punkten mehr Blöhrung giebt. Die radirten Punkte sind den Punkten mit dem Grabstichel vorzuziehen, und die langen Punkte, welche man mit dem Grabstichel hinein setzt, machen ein sehr reizendes malerisches rauhes Wesen. Man ordnet die langen Punkte, wie die Ziegelsteine in einer Mauer, mit verwechselten Fugen, und um das Werk schöner und angenehmer zu machen, setzt man runde Punkte mit dem Grabstichel hinein; wenn man hierauf nicht Achtung giebt, wird das Fleisch grindig. Was den unmerklichen Uebergang vom Lichte zum Schatten betrifft, so muß man die Punkte kleiner und feiner machen, je näher man dem Lichte kömmt; die Stichelpunkte haben allemal wegen ihrer Sauberkeit vor den Nadelpunkten den Vorzug. Man bedienet sich auch manchmal der langen Punkte, oder vielmehr kleiner Striche von kurzen Einschnitten in den wollenen und andern gezogenen Gewändern, welche man groß vorstellen will.

Punktiren, Fr. Pointiller, (Miniaturmaler) mit der Pinselspitze arbeiten. Man punktiret auf unterschiedene Arten, entweder mit runden Punkten, oder, indem man, wie im Kupferstechen, allerhand Kreuzschraffirungen machet, bis die Arbeit von lauter kleinen und kurzen Strichen voll ist. Man darf niemals mit einer Farbe punktiren, die um sehr viel dunkler ist, als diejenige, worauf man punktiret, wenn man will, daß die Tinten sich unmerklich verlieren sollen. Wenn man hierauf nicht acht hat, so wird das Werk trocken und steif, anstatt daß die Miniaturmalerey, um schön zu seyn, markigt seyn soll. Das Punktiren (Fr. Pointillage) mit der Pinselspitze ist eine ermüdende und langweilige Arbeit, und hierinn unterscheidet sich die Miniaturmalerey von der Wassermalerey.

Punktirrad, (Mechanikus) ein Werkzeug, welches zu einem Reißzeugbesteck gehöret, womit man die Punkte bey dem Zeichnen auf den blinden Linien anzudrucken pfleget. Man wird zwar eher damit fertig, als mit der Reißfeder, allein mit dieser kann man solche Punkte viel netter und genauer auf die blinden Linien aufsetzen.

Punktkorallen, Milleporiten, versteinerte Meergewächse, welche aus einer Wurzel entstehen, theils wie Büsche und Bäume, theils aber wie Elendshörner und Hirschgeweihe gebildet, und auf der Oberfläche röhrigt, löcherigt und punktirt sind.

Punkturzirkel, (Buchbinder) ein kleiner Stangenzirkel, (s. diesen) womit die geheftete Materie vor dem Beschneiden ausgemessen, oder die Punktur genommen (s. Punktur nehmen) wird.

Punkturen, (Buchdrucker) die beyden Stachein, die in der Mitte des Deckels im Rahmen an der Buchdruckerpresse stecken, hervorspringen, und woran der Bogen, der gedruckt werden soll, auf dem Deckel befestiget wird. Wenn dieser beym Drucken auf die Form zu liegen kömmt, so fallen die Punkturen in die Löcher am Ende des Mittelstegs (s. diesen) der Form. Da aber nicht alle Bogen gleich breit sind, so lassen sich die Punkturen nach der Pergamenthaut verschieben. Aus dieser Ursache ist jede Punktur auf der äußern Seite des Deckels mit der Schere, einem Stück Eisen, durch eine Schraube vereiniget. Verschiebt man die Schere, welche genau an den Deckel anschließt, nach der Pergamenthaut zu, so wird auch die Punktur zugleich mit verrückt, weil beyde durch eine Schraube zusammenhängen. (s. Buchdrucken)

Punkturlöcher, (Buchdrucker) die Löcher in der Mitte des Bogens, der gedruckt werden soll, den die Punkturen machen, nach welchen alle Bogen jeder Art in die Form zum Abdruck gelegt werden. (s. Registerhalten)

Punktur nehmen, (Buchbinder) an dem Buch, welches beschnitten werden soll, mit dem Punkturreisen die Zeichen bemerken, wie weit es in der Beschneidepresse beschnitten werden muß. Der Buchbinder setzt zu diesem Endzweck den obern Haken des Punkturreisens (s. dieses) an den obern Schnitt des Buchs an, bewegt die Hülse des Punkturreisens bis an den Ort, wo der untere Schnitt geschehen soll, und macht hier mit der Spitze der Hülse, sowohl neben dem Rücken als dem vordern Schnitt, ein Zeichen oder Punktur. Nach diesem wird alsdenn erst das Buch zum Beschneiden (s. Beschneiden Buchbinder) eingespannt.

Punschschaale, ein tiefes rundes Geschirr von beliebiger Materie, worinn gemeiniglich der Punsch zubereitet wird. Da die Engländer vorzüglich den Punsch lieben, und solchen in gedachten tiefen Schalen zubereiten, eine Schale aber im Englischen Bowl heißt, so ist daraus das Wort **Bowl Punsch** entstanden, welches die Deutschen nachsprechen, anstatt Bowl aber öfters **Bohle Punsch** sagen.

Puntale, (Schiffahrt) in einigen spanischen Häfen der Ort, wo die Schiffe anländen und liegen. Eigentlich die eisernen Haken, Klammern und Ringe, an welche die Schiffe mit dem Tackel befestiget und angebunden werden.

Puntas de Musquito, eine Art Spitzen mit kleinen Flecken, als welches ihr Name ausdrücket, die in Holland gemacht, und stark nach dem spanischen Amerika geführet werden. Man schicket sie in Sortimenten nach Kadix, deren jedes aus 20 Stücken besteht. Die eine Hälfte ist von einem Muster drey bis acht Finger breit, und die andere von einem andern Muster vier bis zehn Finger breit.

Pünte, (Kriegesbaukunst) die Bollwerksspitze, die von beyden Facen gemacht wird. Es muß dieser Winkel nicht allzu spitzig, und daher nicht unter 60° gemacht werden, damit die Bollwerke geräumig werden, und zur Defension geschickter sind; widrigenfalls sonst entweder die Flanken zu kurz, oder die Defensionslinien zu lang werden.

Puppe, (Fischer) ein auf dem Wasser schwimmender Quast oder Püschel, woran man den Köder zu binden pfleget.

Puppe, (Messingwerk) der in einem Ofen ausgeglühete, gereinigte, und nachher auf einem hölzernen Block zusammen geschlagene Klumpen altes Meßing, woraus wieder neues Messing mit Zusatz von Kupfer und Galmey gemacht wird.

Puppe, (Seidenbau) bey einigen das Gespinnst oder Cocon der Seidenwürmer. (s. Cocon)

Puppe, (Seidenwirker) die von den Hauptbeanschen an einem Kegelstuhl eingelesene Braunschen, nach Vorschrift der Patrone, die sämmtlich an einem Kegel zum Zuge angebunden werden. (s. Einlesen eines Kegelstuhl)

Puppen, die Fische anpuppen, anködern oder fangen. (s. Puppe)

Puppenmacher, ein Handwerker, der sich beschäfftiget, allerley Puppen zu machen. Es ist eine unzünftige Profession, und öfters auch die Arbeit der Frauenzimmer. Die Drechsler verfertigen auch viele Puppen, die unter dem Namen der **Docken**, **Spieldocken** (s. diese) bekannt sind.

Puppenspiel, eine Art von Schauspielen, wo anstatt der handelnden Personen bewegliche Puppen auftreten, die auch **Marionetten** heißen.

Puppenwerk, s. **Docken**.

Purdel, wird in einigen Gegenden im gemeinen Leben der Schmidehammer genannt.

Purgierflachs, eine Art des Flachses oder Leines, welcher auf den Wiesen des mittägigen Europa wächst, und sehr heftig purgieret, davon er auch den Namen hat.

Purpurfarbe, (Färber) eine Farbe, die aus Blau und Roth entsteht. Bey dem Färben der Wolle und wollenen Zeuge färbt der Färber erst dieselben blau, alsdenn werden sie, wenn sie getrocknet, mit Alaun abgesotten, und hierauf der Zeug in der Karmoisinfarbe (s. diese) gefärbet. Die Seide wird erst in der Cochenillenbrühe gefärbet, und hierauf mit heißem Wasser gewaschen, welches mit etwas Kupenblau vermischt ist. Diese Farbe ist unächt, wenn sie erst mit **Brasilienholzbrühe**, und zuletzt mit Orseille gefärbet wird.

Purpurina, ein von Meßing zubereitetes falsches Geld, welches vor diesem zur Vergeltung der Kutschen gebrauchet wurde.

Purpuriten, versteinerte Schnecken, die gewunden, mit Knoten, Streifen, Zacken, und einer runden Oeffnung versehen sind.

Purpurkleid, ein von Purpurfarbenzeuge verfertigtes Kleid. Im engern Verstande ein Talar, oder königlich Kleid, wodurch die Würde eines Fürsten bezeichnet wird.

Purpurroth auf Leinen und Baumwolle. (Färber) Wenn man erstlich den Leinen- und Baumwollenzeug in einer bloßen Eisenauflösung, und hernach in einer Krappbrühe färbet, welche eine dem Kochen ganz nahe Höhe haben muß, aber nicht kochen darf, denn bey dem Kochen würde die Farbe in eine lohgelbe Farbe ausarten.

Purpurschnecken, eine Art Meerschnecken mit einem langen hohlen Schnabel. Sie ist gleichsam aus Ringlein zusammengesetzt, deren sie auf dem Rücken soviele hat, als sie Jahre alt ist, und mit Stacheln versehen. Ihre Zunge ist eines Fingers groß, so stark und scharf zugespitzt, daß sie Muscheln damit durchbohret, wovon sie sich nähret. Unter der Zunge hat sie eine weiße Ader, in welcher ein hochrother Saft enthalten ist, dessen sich die alten zu der berühmten Purpurfarbe bedienten. Diese Farbe wurde so hoch geschätzet, daß sie dieselbe allein den Königen zu tragen vorbehielten. Daß damit nicht mehr gefärbet wird, geschieht deswegen, weil man den Purpur mit weniger

Kosten,

Kosten, nämlich mit Cochenille und Kermes, färben kann. (s. Purpurfarbe)

Pürschbüchse, s. Pürschrohr.

Pursche, Bursche, (Bergwerk) werden sonderlich die jungen Bergleute genennet.

Pürschen, (Jäger) das Wild, sowohl großes als kleines, durch gezogene Röhre oder Schrotbüchsen fällen. Das Pürschen erfordert unter dem ganzen Weidwerke die geringsten Kosten, weil es eine Person mit der Büchse und einem Hunde verrichten kann. Es wird dazu Erfahrung und Kenntniß aller Vortheile, ein scharfes Gesicht, eine weiße oder flare Hand, und leiser Tritt, ein gutes, nicht blankes, noch glänzendes Rohr oder Schrotbüchse, wohlgerechte Kugeln und Schrot erfordert. Auf das hohe Wildpret werden Salzen geschlagen, oder an gelegenen Orten, in Wäldern und Gehegen und Zäunen, Stände und Schirme gemacht, dabey aufzupassen; den Füchsen wird bey den Vorhölzern, und den Hasen in den Saatfeldern aufgepasset. Der Wind muß niemals von dem Jäger auf das Wild, sondern umgekehrt gehen, denn alsdann ist die Luft und Spuhrwitterung dem Wilde benommen. Damit das Wild nicht sobald den Menschen spühre, soll der Jäger ein Wischtuch, womit der Staub bey dem Striegeln der Pferde abgewischet worden, wenn er pürschen gehe, um den Leib binden: denn dieser Geruch übertrifft den Geruch des Menschen, daß er das Wild unbemerkt beschleichen kann. Morgens und Abends ist die beste Zeit aufzupassen. (s. auch Wildsprache)

Pürschgeld, Schießgeld, (Jäger) wird dasjenige Geld genannt, so der Jäger bey Erlegung eines Stücks Wild von der Herrschaft gegen dessen Ablieferung erhält.

Pürschhunde, (Jäger) eine Art schneller und flüchtiger Jagdhunde, welche gebraucht werden, das angeschossene und verwundete Wild zu verfolgen und einzuholen.

Pürschmeister, (Jäger) bey einem fürstlichen Hofe derjenige, unter dem die ganze Jägerey nebst allem Zubehör steht.

Pürschpulver, Jagdpulver, (Jäger) ein feines geglättetes Pulver. Man glättet solches dadurch, daß man es, indem es trocken geworden, in ein Faß thut, welches in der Pulvermühle an der Daumwelle oder an dem Stirnrade angebracht, und dadurch einige Stunden umgedrehet wird, wodurch der Schmutz von den Körnern abgeht, und solche blank werden. Zuletzt wird dieses Pulver noch einmal durch ein Staubsieb von dem Staube, der abgeschliffen worden, gereiniget. In der Schweiz hat man hierzu eine besondere Einrichtung. Das Mühlwerk nämlich treibet eine senkrechte Welle an, deren beyde Arme die Achsen zweyer walzenförmigen, mit dem Pulver angefüllten Gefäße sind, welche dadurch auf einem mit Blech beschlagenen Tisch herum geführet, und solchergestalt die Körner geglättet werden.

Pürschrohr, Pürschbüchse, (Jäger) diejenige Büchse, die zum Pürschen gebraucht wird. Es ist solche gemeiniglich ein gezogenes Rohr oder Kugelbüchse, mit einem deutschen Schlosse und tüchtigen Schaft, welcher einen kurzen und hohlen, nach dem Backen ausgeschnittenen Anschlag, und darinn ein Beykästchen hat, worinn Ladmaaß, Krätzer, und etliche Kugeln mit Pflaster liegen können. Alles Eisenwerk an selbigem muß nicht blank und glänzend, sondern bläulicht oder matt im Feuer angelaufen seyn. (s. auch Büchse)

Pürschstatt, (Jäger) der Ort, worauf das Wildpret liegt, wenn es die Bauern aus dem Walde abholen, und zum Forst- oder Jägermeister führen müssen.

Pürschsteige, Schleichwege, (Jäger) die ausgehauenen und aufgeräumten Steige, so durch die Dickigte an den Schlägen und Wiesengründen hin gemacht werden, damit der Jäger sowohl stille stehen, als auch verborgen darinn fort und schußmäßig an das Wildpret kommen kann.

Pürschwagen, (Jäger) besondere Wagen, darauf das bey einem ordentlichen Jagen gefällte Wild geleget, und nach Hofe geführet wird. Ihre Kasten sind von Brettern gemacht, und hinten und vorne mit Aufzügen, um das Wild auf- und abladen zu können, und mit Oelfarbe grün angestrichen.

Pürzel, Wedel, auch **Rink**, (Jäger) der Schwanz an den wilden Sauen.

Pürzel, (Jäger) ein Hirschzeichen, wenn nämlich der Hirsch mit dem hintern Laufe genau in den vordern eintritt, daß man es für einen Tritt ansieht, so findet man im guten Boden, wo Ballen und Schaalen zusammenstoßen, ein kleines Hügelein, es muß aber genau beobachtet werden, und kein Thier kann es thun.

Püschel, (Blechhütte) der Ausschuß von guten Blechen, welcher Schockweise an die Röhrenmacher verkauft wird.

Püschelkunst, s. Büschelkunst, auch Paternosterwerk.

Pussolano, s. Pozzolano.

Pütee, (Salzsiederey) die Zacken oder Pfeilen, welche von den Salzkörben abreißen.

Pütsche, (Salzsiederey) im Oberdeutschen ein Salzmaaß, welches aus einem kleinen, gemeiniglich kurzen Faß bestehet. Im Salzburgischen gehen 40 Pütschen auf eine Aesche, oder ein Salzschiff, und 80 Pütschen machen daselbst 60 Scheiben.

Pütten, (Deichbau) Gruben, aus welchen die Erde zum Deich- oder Dammbau ausgestochen worden. Sie sind 10 Fuß lang, 4 Fuß tief, und enthalten also 1600 Kubikfuß, wo nämlich die Deichruthe 10 Fuß enthält.

Püttings, (Schiffsbau) dicke eiserne Stangen, die unten mit Bolzen an der Schiffsseite befestiget sind, nicht weit von einander abstehen, oben wie ein Ring geschmiedet, und worinn die sogenannten Jungfern eingefasset sind. Sie dienen zur Verstärkung der Haupttaue oder Wände.

Putze, Butze, Butzen, soviel als **Batzen**, Masse de Mine, (Bergwerk) der Kiel oder Klumpen Erz.

Putzeisen, (Maurer, Stuckaturarbeiter) gebogene oder an beyden Enden aufgeworfene Eisen, so an einer Seite eine

eine Spitze, an der andern aber ein vierkantiges Blatt hat, womit geputzt wird, z. B. die Ecken der Gesimse ausgestrichen und verglichen werden.

Putzel, (Becker) der in kleine Klöße gemachte Sauerteig, der zum künftigen Einsäuern aufbewahret wird. Man reibet zu diesem Behuf diese Putzeln gut mit Mehl ein, und legt sie in ein Gefäß mit Mehl.

Putzen, (Buchdrucker) der Fleck, der bey dem Abdruck eines Bogens zuweilen von einer unreinen Letter entstehet, so daß anstatt eines Buchstabens nur ein schmutziger Fleck wird.

Putzen, Fr. Masse de la mine, cole à la fournaise, (Hüttenwerk) die Klumpen zusammengeflossenes Erz, welche nicht völlig zerflossen sind.

Putzen, (Maurer) ein fertiges Gebäude sowie an der Stirnwand, auch inwendig in den Zimmern die Wände glatt und eben machen. An der Stirnwand wird der Anfang mit dem Gesimse gemacht, und das Schablon muß hiebey das beste thun. Daher trifft der Maurer die Einrichtung, daß er mit dem Schablon das Gesimse glätten kann, ohne daß dieses wankt oder fehl ziehe. Dieserhalb wird über dem Gesimse, wie auch unter dem Gesimse, nach seiner ganzen Länge eine Latte, die glatt und eben ist, befestiget. Hierauf wird das Gesimse mit Weißstuck (s. diesen) einen halben Zoll dick beworfen, und hernach mit dem Schablon gerbnet. Das Schablon wird nämlich zwischen den beyden Latten der Länge nach über das Gesimse gezogen, und nach der ganzen Länge geebnet. Alle übrige Verzierungen um die Fenster und dergleichen werden mit dem Weißstuck beworfen, und mit dem Schablon geebnet; die glatten Wände aber werden nur mit gewöhnlichem Mörtel, auch ½ Zoll dick beworfen, und mit der Glättscheibe (s. diese im Supplement) geglättet, indem man mit selbiger auf der beworfenen Wand auf und nieder fähret, und die Wand vergleichet.

Putzen, Fr. parer. (Ziegelstreicher) Wenn sich an den Ziegeln einiger Unflath ansetzet, der an den Ecken der Ziegel bey dem Brennen Blasen verursachen würde, welcher die parallele Figur des Ziegels ein wenig verderben würde, so muß der gestrichene Ziegel davon gesäubert und geputzt werden. Zu diesem Endzwecke stellet der Reihensetzer sich auf den Seiten der Ziegelreihen, hält in der Hand ein gewöhnliches Messer, fähret damit über die Seiten der Ziegel, die ihm am nächsten sind, und schneidet damit alle durch das Wegnehmen von dem Werktische des Formers [illegible] Beschädigungen, und von der Erde angenommene Höcker weg; worauf er mit der andern Hand jeden Ziegel auf seine Rückseite setzt, ohne ihn zu verrücken, und zu gleicher Zeit ganz leichte mit dem Messer über den weit entlegensten Theil und über die in die Höhe stehende Seite desselben fähret, daß also alle vier Seiten dadurch geputzt werden.

Putzen das Leder, (Lohgerber) von den Fellen, nachdem sie abgehaaret und ausgestrichen worden, die noch vorfindenden Grundhaare mit dem Putzmesser abscheren, und so genau wie möglich fortschaffen.

Putzen der Seidenkette, (Seidenwirker) die Fäden einer Kette, so wie sie auf dem Stuhle ausgespannt sind, von ihrer Rauhigkeit reinigen, und glatt und gleich machen. Das Putzen geschieht allemal der ganzen Länge der Kette nach, so lang als sie ausgespannt ist, nämlich von dem Kammen bis zu dem Hinterbaum, und bey einem Zugstuhl von dem Harnisch bis an den Hinterbaum. Man theilet bey dem Putzen die ganze Kette in verschiedene Theile, damit die Menge bey dem Putzen nicht hinderlich sey. Kurze Knoten und kleine rauhe Stellen werden nur mit dem Finger abgepflückt, und die abgepflückten Fasern mit einer Schere, die der Schafschere gleicht, abgeschnitten, oder dagegen mit dem Pflückeisen (s. dieses) abgenommen. Ist die rauhe und fehlerhafte Stelle aber lang, so muß man sie ausbrechen, (s. dieses) und einen gleichen Faden an der Stelle wieder anknüpfen, entweder mit einem Kreuz- oder Plattknoten. (s. diese)

Putzen der Uhrräder, (Uhrmacher) diejenige messingene Hülse, welche auf die Welle des Minutenrades gelöthet, und worauf das Minutenrad befestiget wird, wenn solches nicht unmittelbar auf der Welle neben dem Getriebe sitzt. Es wird zu diesem Behuf auf dem Putzen ein Ansatz abgedrehet, und auf diesem das Rad befestiget.

Putzholz, (Messerschmid) ein Werkzeug, mit welchem fertige Messerschalen geputzt und polirt werden. Es bestehet aus einem hölzernen Griffe, an dessen einem Ende drey Enden Drath stecken, auf welche beym Poliren Schachtelhalm gesteckt, und damit die Messerschale abgerieben wird.

Putzholz, (Schuhmacher) ein Holz von willkührlicher Länge, welches an beyden Enden einige Kerben hat, womit der Rand der Sohlen glatt gerieben wird.

Putzmacherin, Aufsteckerin, Haubenmacherin, Haubensteckerin, eine Person, die alles zum weiblichen Putz gehörige, als Palatine, Kopfzeuge, Hauben, Schleifen u. a. m. verfertiget.

Putzmeißel, (Klempner) ein Meißel mit abgefeilter Spitze, womit die Löcher eines Durchschlages (s. diesen) auf dem Werkbley durchgeschlagen, und mit dem Durchschlaghammer (s. diesen) die Grad derselben geebnet werden.

Putzmesser, (Lohgerber) ein gewöhnliches großes scharfes Messer, womit die Grundhaare der Felle nach dem Ausstreichen abgeputzt oder abgeschoren werden.

Putzschere, (Seidenwirker) eine gute, feine, stählerne Schere, in Gestalt einer Schafschere, womit die Seidenfäden der Kette geputzt, und die Fasern und Knoten abgeschnitten werden. Sie muß von einer vorzüglichen Schärfe und Schnellkraft seyn.

Putzschere, s. Lichtputze.

Putzstein, s. Bimsstein.

Pylackens, eine Art englischer Tücher, welche in Stücken ordentlicher Weise 24 bis 26 pariser Ellen haben. Doch hat man auch einige, die nur 15 bis 20 Ellen halten.

Pyramid.

Pyramiden, (Baukunst, Meßkunst) Körper, deren Grundfläche eine geradlinigte Figur ist, von soviel Triangeln eingeschlossen, als die Grundfläche Seiten hat, die oben in eine Spitze zusammenlaufen. Eine abgekürzte Pyramide heißt, wenn man eine Pyramide mit der Grundfläche parallel durchschneidet, und den obern Theil davon nimt. Der untere Theil ist die abgekürzte Pyramide.

Pyrometer, s. Feuermesser.

Q.

Q, der sechzehnte, oder mit dem langen j der siebenzehnte Buchstabe. Auf den Rezepten bedeutet q. e. soviel als quinta Essentia, so viel als beliebt u. s. w.

Quaatschilling, holländische reducirte Schillinge, die nur sechstehalb Stüver gelten.

Quacker, Quacker, in Ostindien eine Gattung Palmwein, der von den kleinen Palmbäumen gezapft wird.

Quadernetz, s. Tauchbeerengarn.

Quaderstein, Werkstück, Fr. Pierre de taille, (Baukunst) ein Sand- oder Marmorstein der nach einer gegebenen Größe nach rechten Winkeln zugehauen, und wie ein Parallelopipedum gestaltet wird. Und wenn er auch eine andre prismatische Figur erhält, welche sich zu einer vorhandenen Mauer, oder Gewölbe schickt, so wird er doch auch ein Quader oder Werkstück genannt. Wenn ein solcher Quaderstein in der Mauer so gelegt wird, daß seine lange Seite hervorstehet, so nennen ihn die Franzosen ein Carreau en panneresse, (Läufer) wie auch ein Backstein, wenn dessen lange Seite sichtbar ist, also heißt, wenn aber seine kurze Seite sichtbar, Boutisse (Strecker)

Quadrant, (Markscheider) ein Instrument, womit dieselben den gethanen Zug ausrechnen. An diesem Quadranten sind oben und unten zur rechten Hand die Grade nebst ihren kleineren Abtheilungen nach dem Zirkel abgetheilet; unten und zur linken Hand befinden sich die Lachterzahlen, von 1, 10 bis 100, als ein verjüngter Maasstab mit Transversalen. In der untern Ecke zur linken Hand ist als im Mittelpunkte ein bewegliches Lineal, auf dem ebenfalls das verjüngte Lachtermaas von 1 bis 100 anzutreffen ist. Die äußersten Seiten sowohl als alle Hauptlinien müssen im rechten Winkel stehen, wozu auch noch ein rechtwinklichtes Lineal gehört, damit sie die Sole und Seigerteufe desto hurtiger und gewisser dadurch ausfinden können.

Quadrant, (Hüttenwerk) eine Scheibe so den vierten Theil eines Zirkels macht, in 90 Grade eingetheilt und mit einem Perpendickel versehen ist, nach welchem die Forme im Schmelzofen gelegt wird.

Quadrant, (Schiffahrt) ein Werkzeug von Kupfer, so einen Viertelzirkel vorstellt, 12 bis 18 Zoll im Radius groß, von gehöriger Dicke und wohl geschlagen und gearbeitet ist. Der Umkreis wird in 90°, und jeder derselben in so viel Theile als möglich, doch nach einer besondern Art, eingetheilet. Die Schiffer beobachten und messen damit die Höhe. Wenn der Höhenmesser durch die an einem Rande des Quadranten angebrachten Dioptern das Gestirn genommen, so schneidet ein aus dem Mittelpunkt herunterhängender Pendul die Grade von der Höhe des Objekts ab.

Quadrant, (Steinschneider) ein Theil der Schleifmühle worauf die Steine zum Schneiden gesetzt werden, ein von recht vestem Holze starkes Stück von einer gebogenen Figur so 6 bis 8 Zoll lang und 3 Zoll breit ist. An der einen Seite hat der Quadrant ein starkes rundes Loch, mit einem senkrechten Loch, damit man den Quadranten auf dem Bolzen der Mühle vor der Scheibe aufstecken könne. In der Mitte des Quadranten ist ein Ausschnitt nach einem Zirkelbogen gemacht, wovon der Quadrant ohne Zweifel seinen Namen erhalten hat. In diesem Ausschnitt kann man einen Zapfen von einem Ende bis zum andern verschieben, und an diesem Zapfen sitzt an dem einen Ende, der im Ausschnitt ist, ein Knopf, der auf der obern Seite des Quadranten aufliegt. Auf der andern Seite hat der Zapfen einige Schraubengänge und eine Flügelschraube, damit man den Knopf in jedem Punkt des Ausschnitts vestschrauben kann. In der Mitte des Zapfens ist gleichfalls ein Knopf angebracht, so groß wie der vorige. Sein Zapfen steckt in einem Loche an dem Rande des Quadranten, und man kann ihn umdrehen, und gleichfalls mit einer Schraube vest schrauben. Durch jeden Knopf sind zwey Löcher gebohrt, die sich nach rechten Winkeln durchschneiden, und durch diese Löcher wird der Kittstock (s. diesen) gesteckt. Der Künstler setzt den Edelstein in einen Kitt auf der größten Grundfläche dieses Stocks. (s. Schleifen und Schneiden der Edelgesteine, auch Schleifmühle). Der Quadrant des Stahlarbeiters ist von der nämlichen Gestalt, nur von Eisen.

Quadrantaluhr, eine Sonnenuhr auf einem Quadranten beschrieben. Man nennt sie auch den Sonnenquadranten.

Quadrant, Englischer (Schiffahrt) unter dieser Benennung sind verschiedene Werkzeuge bekannt, welche alle dazu dienen, Höhen zu nehmen. Der berühmteste ist der von Hrn. Smith. Ein Quadrant in 90° eingetheilt und von Kupfer verfertiget, macht ein Theil dieses Werkzeuges aus. Jeder Grad ist durch eine Methode, die weiter unten erkläret wird, in kleinere Abtheilungen getheilet. Um den Mittelpunkt des Quadranten ist eine Diopter beweglich, welche vermittelst einer Ruthe auf dem Rande hin und her geschoben werden kann. In eben diesem Mittel-

Mittelpunkte stehet auf der Diopter senkrecht ein Spiegel oder Prisma auf der Fläche derselben, unter diesem stehet ein anderer eben so auf dem Rande des Quadranten, allezeit mit dem vorigen, wenn die Diopter im ersten Theilungspunkte stehet, parallel. Am obern Rande des Quadranten ist ein Sehrohr mit dem Glase so angebracht, daß es die Bewegung der Diopter nicht hindert, und das Auge vom Rande hinein siehet. Die obengedachte Eintheilung der Grade wird folgender gestalt gemacht: am Ende der Diopter, welches auf dem Rande lauft, ist ein halber Grad in 15 Theile getheilt, davon jeder zwey Minuten ausmacht. Man findet die Grade bey der Operation also auf dem großen Rande, und die Minuten auf der Diopter. Das Instrument wird auf folgende Art zum Höhennehmen gebrauchet. Zuerst wird es rektificiret, d. i. die beyden Spiegel so gestellet, daß sich ein Objekt, das man durch das Sehrohr siehet, in denselben, wenn die Diopter im ersten Theilungspunkte ist, in einem Punkte darstellt. Wenn dieses geschehen, stellet man sich mit dem Instrumente so, daß der Bogen vertikal gegen den Horizont ist. Man kehret sich gegen die Sonne oder den Stern, dessen Höhe genommen werden soll, so daß der Bogen des Werkzeuges denselbe in der Mitten schneidet. Siehet man nach der Sonne, so wird ein braunes oder angelaufenes Glas vor dem Spiegel auf einige Weise gestellt. Hierauf siehet man durch das Sehrohr den Horizont oder die Linie der Seefläche, verschiebet die Diopter längst dem Rande bis das Bild des Objekts gegen den Horizont gebracht wird. Man zählt alsdenn die Grade der Höhe auf dem großen Rande, und die dazu gehörigen Minuten auf den Dioptern ab.

Quadrant, Reduktions- (Schiffahrt) ein gegatterter Quadrat, dessen man sich auf den Schiffen bedienet, um die Fahrt eines Schiffes zu reduciren. Wenn eine von seinen Seiten für den Horizont genommen wird, und ein Viertel desselben vorstellen soll, so bedeutet die andere gegen sie senkrechte den Meridian; die mit dem Horizont gleichlaufende hält man für den Strich Ost und West der Windrose: Man theilet die Horizontallinie sowohl als die Mittagslinie in gleiche Theile die man wieder in kleinere zerlegt; man ziehet diese Theilungspunkte wie in ein Netz zusammen, die Linien, welche mit der Horizontallinie gleich laufen, nimmt man für Parallelen, die so mit der Nordlinie parallel sind für Meridiane an. Ueberdem werden die Theilungspunkte aus einem gemeinschaftlichen Mittelpunkte, einem Winkel des Quadrats, durch Viertelzirkel zusammengezogen, und die acht Windstriche, so in der viertel Windrose sind, darauf gezogen. Der äußerste Viertelzirkel des Quadrats wird in seine neunzig Grade getheilt, und in dem Mittelpunkt ein Faden befestiget, den man gegen diese Abtheilungen spannen, und also auf der Fläche zwischen dem Striche nach dem Verhältniß diese Grade bezeichnen kann. Der Gebrauch dieses gegitterten Quadranten ist folgender: zuerst wird aufgegeben die Weite zweyer Oerter, so auf einer Seekarte stehen, zu finden. Man nimt den Unterschied der Breiten, sucht den Strich der Fahrt von einem nach dem andern, man vermehret diesen Unterschied durch zwanzig oder funfzehn, so viel man Meilen auf einen Grad rechnet. Hierauf nehme man an, daß der eine Ort der Mittelpunkt des Quadranten sey. Man trägt den in Meilen gefundenen Unterschied auf der senkrechten Linie des Quadrats auf, und gebe den Abtheilungen eine beliebige Größe von fünf, zehn bis zwanzig Meilen. Man bemerke in welchem Punkte die hierdurch abgestochene Parallele den Windstrich, in welchem man fahren muß, durchschneide. Dieser Punkt ist der, wo sich der Ort, wo man hin will, befindet. Der Abstand von ihm bis zum Mittelpunkt giebt also die Gelegenheit der beyden Oerter. Dieses Beyspiel ist nur deswegen angeführt, um daraus die Methode verstehen zu lernen, die Estime (s. diese) durch dieses Netz anzuführen. Da das Schiff oft einen andern Strich auf den Reisen von einiger Entlegenheit nimt, so muß diese Aufgabe öfters von neuem angefangen werden. Diese verschiedene Fahrten müssen alsdenn auf eine gebracht werden, wozu viel Achtsamkeit und genaue Beobachtungen gehören, und welche die Ausübung am besten lehret. Will man aus der gegebenen Länge und Breite des Orts, wo man abgereiset ist, den Strich, den man gefahren und die Weite des Weges, die Länge und Breite des Orts finden, wo man jetzt ist, so spannet man den Faden nach dem Striche, trägt die Meilen, so man gefahren, daran, und sticht den Punkt ab, welcher alsdenn der ist, wo man sich befindet, die Längen und Breiten bezeichnen die Parallelen des Netzes.

Quadrat, (Buchdrucker, Schriftgießer) längliche vierseitige glatte Stückchen von der Materie der Lettern gegossen, wozu der Schriftgießer besondere Formen hat, und womit der Buchdrucker bey dem Setzen der Schriften die leeren Plätze eines Blatts oder Kolumne ausfüllet.

Quadratachtellachter, (Markscheider) der 64te Theil eines Quadratlachters.

Quadratelle, ein Maas, dessen Seiten überall eine Elle lang sind, so auch Quadratfuß, Zoll, Linie, Meile, wofür auch bey den Werkleuten öfters der Ausdruck Flächenelle, Flächenzoll auch Kreuzelle, Kreuzzoll u. s. w. angenommen wird.

Quadratlachter, (Markscheidekunst) ein Quadrat, dessen Seiten ein Lachter lang sind.

Quadratlachterprime ist der 100ste Theil eines Quadratlachterzolles.

Quadratlachtersekunde, der hundertste Theil von einer Quadratlachterprime.

Quadratlachterviertel der 16te gevierte Theil eines Quadratlachters.

Quadratlachterzolle, wenn die Seite des Quadratlachters in 80 Theile getheilt wird, so hat das Quadratlachter 6400 Quadratlachterzolle.

Quadratlinie, s. Quadratelle.

Quadratmaas, die Art und Weise, die Fläche nach Quadraten zu messen, welches dem Längenmaaße sowohl

als

als auch dem Schachmaaße und Kubikmaaße entgegengesetzt ist.

Quadratruthe, ein Quadrat dessen Seiten eine Ruthe lang sind.

Quadratur, (Maurer) der viereckigte Umriß der bemerkten (Lossage) Arbeit einer Bretterwand.

Quadrillentaffet, **Cadrillirter Taffet**, (Seidenmanufaktur) ein Taffent, der sowohl durch die Kette als auch durch den Einschlag vielfarbige Streifen erhält. Die Kette dazu wird nach Art der Kette zu streifigen Zeugen (s. diese) geschoren, und nach Maaßgebung der Streifen der Kette werden auch die Streifen des Einschlags mit verschiedenen Farben gebildet.

Quadrino, s. **Quattrino**.

Quadrupel, Fr. Quadruple, eine goldne Münze, die viermal soviel gilt, als diejenige Münzsorte, von der sie eine Vervielfältigung ist; als 1) der Quadrupel von der spanischen **Pistole**, wird auch ein Stück von 4 **Pistolen** genannt, und gilt in Deutschland, wenn die Pistole auf 5 Thlr. gerechnet wird, 20 Thaler, in Frankreich aber die Pistole zu 19 Livres 5 Sols gerechnet, 77 Livres. 2) Der Quadrupel von dem französischen Louisd'or, oder wie man solche auch zu nennen pflegt, der **Quadrupel Louis**, bedeutet in den französischen Münzen ganz was anders, als in der Ausgabe und im Handel und Wandel. Denn in den Münzen versteht man darunter nichts anders, als den doppelten Louisd'or, und manchmal heißt der vierfache Louisd'or eine doppelte Quadrupel.

Quaiche, s. **Kits**.

Quäle, **Quele**, (Bergwerk) ein Gerinne so im Eingraben auf Stollen oder Strecken auf der Sohle eingehauen wird, daß die Wasser darinnen ablaufen können.

Quälebauen, (Bergwerk) eine Quäle oder Wasserrinne bauen.

Quälen, Fr. Tourmenter, (Maler) wird von dem Auftragen der Farben auf die Leinewand, gesagt. Man quält die Farben, wenn man sie, nachdem sie schon auf die Leinewand gebracht, auseinander streichet, wodurch sie ihren Glanz und ihre Frische verlieren. Man sollte wenn es möglich wäre, sie gleich dahin setzen, wo sie seyn sollen, und nicht mehr mit dem Pinsel daran kommen. Wenn man in Emaill malt muß man soviel möglich auf Gold malen, weil die übrigen Metalle nicht eine so große Reinigkeit haben; das Kupfer [illegible] sich und [illegible] auf; das Silber macht das weiße Emaill gelbe; das rothe Kupfer nimt die Farben so ziemlich an, allein es zerbricht leicht; außer dem quälen sich die Farben darauf, und verlieren ihre Schönheit und Glanz.

Quälendeich, s. **Deichschluß**.

Quandel. (Kohlenbrenner) So wird der Mittelpunkt eines Kohlenmeilers, da wo der Quandelpfahl hingesteckt wird, genennt.

Quändelkolen, (Kohlenbrenner) die kleinen Kolen, so mitten im Meiler an der Quändelruthe (s. diese) stehen, und im Löschen oder Herausthun zuletzt kommen.

Quändelpfahl, s. **Quändelruthe**.

Quändelruthe, (Kohlenbrenner) eine Stange etwa 8 Ellen hoch, diese wird nebst noch einer kleinen mitten auf die Meilerstatt eingestoßen; zwischen diese beyden Stangen, welche nicht dicker sind als ein Kinderarm, werden harzige Spähne und Spreißel eingelegt, wodurch der Meiler, vermittelst einer langen Stange, so mit Feuer zu dem Zündloch hineingeschoben wird, angezündet wird.

Quändelstange, s. **Dother**.

Quandelstecken, **Kichelstecken**, (Kohlenbrenner) der 4 Zoll dicke Knippel, der zwischen die Löcher, die an dem Quändelpfahl liegen, mit dem einen Ende gelegt wird, und mit dem andern nach dem äußern Umfang des Kohlhaufens, doch nicht nach der Thal- oder Windseite zu, damit man nach dem Absetzen des Brandes zu, wenn man diesen Knippel bey dem Setzen des Holzes im Meiler in gerader Linie fortrückt, eine Oeffnung oder Zündloch bekommen möge, wodurch man den Haufen mit der Zündstange anzünden kann.

Quänsel, **Quensel**, **Gelenke**. (Bergwerk) Der eiserne hin- und her bewegliche Biegel am Bergkübel, daran das Bergseil befestiget wird.

Quarantaine, Fr. So nennt man in den französischen Tuchmanufakturen, vornehmlich in Languedok, Dauphiné und Provenz, diejenigen Tücher, deren Kette aus 40 Gängen zu 100 Fäden, oder aus 4000 Faden besteht. In andern Provinzen nennt man diese Tücher gewöhnlicher Quarante cent.

Quarrperuke, s. **Knotenperuke**.

Quarres, (Wachsbleiche) das Gerüste, worauf das Wachs gebleichet wird. Es ist ein Rahm von mäßig starken Brettern, der auf 3 bis 4 Fuß hohen starken Pfählen horizontal befestiget ist. Es giebt dergleichen Rahme, die 100 Fuß lang sind. Die Breite ist aber nicht über 8 Fuß, damit man auf beyden langen Seiten bis zur Mitte reichen kann, um das Wachs auszubreiten, umzuwenden, und in großer Sonnenhitze begießen zu können. Daher werden dergleichen Quarres mehrere neben einander gestellet, so daß zwischen zwey und zwey Quarres ein schmaler Gang bleibt. Jedes Quarre hat wieder verschiedene Abtheilungen, und daher liegen nach der Breite des Quarres Balken, die etwa 6 bis 10 Fuß von einander abstehen. In jeder Abtheilung [illegible] ein Stück Leinewand oder eine Plane ausgespannet. Ein solches Stück Leinewand ist so groß, als der innere Raum einer Abtheilung, und um den ganzen Umfang der Plane herum ist gleichfalls von Leinewand ein 4 bis 6 Zoll hoher Kranz, den man aufsticht, und an dem Rahm befestiget, damit der Wind nicht leichte die Wachsbänder wegführe; an der innern Seite der Rahmstücke jeder Abtheilung sind etwa in einem Abstande von 1 bis 2 Zoll kleine eiserne Häkchen, wie an einem Rahm der Tuchscherer, angebracht, in diese Häkchen wird die Plane an ihrem ganzen Umfange eingehakt, und in der Abtheilung des Quarres befestiget. Auf der obern Seite der Rahmstücke einer jeden Abtheilung sind rund umher in einem Abstande von einigen Fußen eingebohrte Löcher, und in jedes Loch steckt man einen Kranzstock, an welchem

gleichfalls

gleichfalls ein eisernes Häkchen befestiget ist. In diese Häkchen der sämmtlichen Kranzstücke wird der Kranz aufgerichtet eingehakt. (s. Wachsbleichen)

Quattrine, eine italienische Scheidemünze, ohngefähr 6 Pf. unseres Geldes.

Quart. (Musiker) Ein musikalisches Intervall, dessen Verhältniß wie 1⅓ zu 1, oder wie 3 zu 4 ist, wo die erste Größe von der letztern völlig nebst einem Drittel mehr begriffen wird. Solches auf dem Klangmesser, und zwar auf einer einzigen Saite, zu zeigen, theilt man sie in soviel Theile, als 3 und 4 zusammen ausmachen, nämlich in 7 Theile, lasse 4 zur Linken und 3 zur Rechten des Steges, alsdenn wird, wenn der Grundklang z. B. g̅ seyn sollte, der obere ohnfehlbar c̿ seyn. Versuchet man es mit zwo Saiten, welche beyde doch ganz genau in einem Tone stehen, und gleiche Länge haben müssen, so rechnet man die eine ganze Saite für 4, sticht auf der andern, oder vielmehr unter derselben, 3 solcher Theile mit dem Brücklein ab, so geben diese drey und jene viere eine richtige Quarte an, man mag sie zugleich, oder, welches besser, bald hinter einander anschlagen. Es ist aber die Quart entweder 1) die gewöhnliche, als c f; oder 2) die kleine, welche auch die unvollkommne und mangelhafte genennet wird, als cis—f; oder 3) die übermäßige, überschießende, oder große Quart. Es fragt sich nicht unbillig, ob die Quart unter die wohlklingenden Konsonanzien, d. i. wohlklingende Intervallen, zu rechnen sey? Einige wollen auch noch ihre vermittelte Quart, welche ein zwischen 2 andern Enden mitten inne liegendes Intervall sey, da z. B. bey der Octave d—a—d die beyden letztern a—d solche ausmachen sollen, zu den Konsonanzen ziehen. Allein da außerdem daß es mit solcher vermittelten Quart noch nicht seine völlige Richtigkeit hat, die Quart durchgehends als eine Dissonanz gegen das Fundament gebrauchet wird, so sind die Quarten billig für Dissonanzen zu achten.

Quart. (Fechtmeister) die vierte Hauptbewegung, wenn man den Degen gezogen hat. Es ist solche linker Hand hoch, und wird sowohl inwendig, als auswendig und unterhalb gestoßen. Dieses letztere nennet man Quarte coupee, und das andere Quart über den Arm. Man formiret und pariret auch mit der Quarte, und zwar auswendig, so aber nicht gehoben, sondern mit der Achsel gleich ist. Gegen die Quarte coupee die Sekunde unten stoßen wird falciren genennet. Daß aber solches gefährlich, mithin nicht anzurathen sey, ist daher abzunehmen, weil der Feind mit seinem Stoße früher kommt, als die Vertheidigung geschehen kann, hinfolglich man zu thun hat, daß man diese Quart mit der verhangenen Sekunde pariret, und wenn es hoch kommt, nachläßt. Will man nun diese Stücke in eins bringen, welches man, wie gedacht, falciren heißt, so kommt man gar leicht zu spät, und läuft überdem Gefahr, selbst getroffen zu werden. Quarte renvers stößt man, wenn die Hand mit der Spitze niedrig, und doch an der Klinge ist. (s. auch Quartiren)

Quart, Fr. Quart, heißt 1) insgemein der vierte Theil eines Ganzen, es sey ein Gewicht, Maas, Elle oder Münze. 2) Insbesondere aber ist es ein gewisses Maas zu flüßigen Dingen, so am Gewichte ohngefähr 2 Pfund wiegt, weil es nicht überall von gleichem Inhalt ist. Z. B. in Berlin und Hamburg ist das Quart das gewöhnliche Maas, nach welchem flüßige Sachen verkauft werden, und welches soviel als in Sachsen eine Kanne ist, ein Quart oder Quartier. Dieses Quart hält 2 Nössel, und 4 Quart machen ein Stübchen. In den österreichischen Erblanden ist ein Quart der vierte Theil eines Topfs, deren 10 einen Eimer machen u. s. w.

Quart, s. Scheidung durch die Quart.

Quartalstufe, Fr. la Marque du quartier, (Bergwerk) ein Zeichen welches der Geschworne nach Verlauf eines Quartals in das Gestein einhauet, damit man sehen kann, wie viel dasselbe Quartal aufgefahren worden.

Quartant, s. Quarto.

Quartario, ein zu Venedig gebräuchliches Maas flüßiger Dinge; vier Quartari machen ein Bigas, 8 Quartari 1 Bona, und 16 Quartari 1 Amphora; auch ist es eins von den daselbst gebräuchlichen Getraidemaaßen, welches ungefähr 33 Pfunde schweres Gewicht wiegt. 4 Quartari machen 1 Staro, und 144⅔ Quartari 1 Amsterdammer Last.

Quartation, (Münze) die edlen Metalle, besonders das Gold, durch Abtreibung und den nassen Weg (s. beyde) zu scheiden und die Legirung davon abzusondern.

Quartaut, Fr. ein französisches Inhaltsmaas, dessen man sich in Bretagne bedienet, sonderlich zu Nantes, um das Salz damit zu messen; 12 dergleichen Quartauts machen 1 Muid Salz zu Nantes.

Quart d'Eku, eine Genfer Münze, welche eigentlich nicht mehr gelten sollte, als 15 Sols kurrent, die aber gewöhnlich ¼ von einem Eku von 5 Livres oder 10 Sols gilt. Wirklich geprägte Münze von diesem Werth hat man nicht, aber 2 Stück von 10 Sols machen 1 Quart d'Eku, und werden dafür ausgegeben, daß also diese Münze, eigentlich zu reden, nichts anders als eine Rechenmünze ist.

Quart d'un Muid, Fr. 1) ein zu Paris gewöhnliches kleines Weingefäß oder Weingebinde, welches den vierten Theil von einem Muid und folglich, da das parisser Muid 36 Septiers oder 288 Pinten halten soll, 9 Septiers oder 72 Pinten halten muß. 2) Gewisse längliche viereckigte Kisten von Tannenholz, in welchen man aus der Provence die Rosinen versendet.

Quarte, ein genuesisches Getraidemaas. Es wird in 12 Gombeten eingetheilet. 8 Quarten machen 1 Mine, und 204 Quarten eine Amsterdammer Last.

Quarte, Quarteau, ein französisches Maas zu flüßigen Dingen, welches an verschiedenen Orten auch Pot, und an andern Brok genennet wird. Es hält beynahe zwey Pinten nach dem pariser Maaße.

Quarter, ein englisches Getraidemaaß, dessen man sich sonderlich zu Neucastel bedient. Es hält 10 Gallons, und also, da der Gallon 56 bis 62 Pfund wiegt, 560 bis 620 Pfunde. 10 Quarters machen eine Last aus.

Quarteron, zu Genf ein Maas flüssiger Dinge, sonderlich Wein, welches 2 Kannen hält. 24 Quarterons machen ein Septiers, und 12 Septiers ein Fuder, Fr. Char.

Quartet, (Musiker) eine Musik von vier Singstimmen.

Quartier, (Gärtner) eine Abtheilung in den deutschen Lustgarten oder Parterren, welche mit Blumen und Kräuterwerk besetzt, mit Buchsbaum Gallerey und dergleichen eingefaßt, und nach einer angenehmen Figur erzogen wird. Weil deren gemeiniglich verschiedene beysammen liegen, so werden sie mit schmalen Gängen von einander abgesondert.

Quartier, (Schiffahrt) die Zeit, in welcher eine Abtheilung des Schiffvolks am Bord Wache hält und arbeitet, da inzwischen die andern ruhen. Sie ist nicht überall gleich. Bey den Franzosen ist ein Tagequartier von sechs, bey den Engländern von vier, bey den Türken von fünf Gläsern. Man läutet allemal, wenn die Ablösung geschehen soll. Das Quartier Steuerboord ist das erste bey Anfange der Nacht; es thut solches einer von den ältesten Offizieren. Backboord heißt das andre, die Hundewache folgt darauf, alsdenn die Morgenwache u. s. w. Noch besser kann man diese Verschiedenheit aus dem folgenden bestimmen: Man rechnet nach dem neuern französischen Dienste fünf Abtheilungen für die 24 Stunden des Tages. Die erste ist vom Mittage bis 6 Uhr Abends, die zweyte von 6 Uhr Abends bis Mitternacht, die übrigen 12 Stunden werden zu vier Stunden in drey Quartiere vertheilet. Die ganze Mannschaft des Schiffes aber theilet man in zwey Brigaden, deren eine die andere ablöset. (s. Wache) Die Galeeren haben auch ihre Quartiere, wenn nicht alle Ruder, wenn man keine Eile hat, gehen. Es rudert im Quartier die Hälfte auf jeder Seite, von der Puppe oder Hintertheil bis zur Mitte. Dieses ist das Quartier der Puppe; hierauf lösen die andere Hälfte von der Spitze bis zur Mitte ab, und heißt das Quartier vom Vordertheil. Diese Veränderung und Wechsel geschehen in einem Augenblicke auf das Zeichen der Pfeife.

Quartier, ein zu Morlaix in Niederbretagne gebräuchliches Getreidemaaß. 18 Quartier machen 1 Tonneau von Morlaix aus, welches um 10 p. C. größer ist, als das Tonneau von Nantes, das ohngefähr soviel beträgt, als 9⅓ Septiers, oder etwas mehr, als ⅔ Muids pariser Maaß.

Quartier, s. Quart.

Quartierchen, in Sachsen der vierte Theil von einem Nößel, oder der achte Theil von einer Kanne.

Quartierschlange, (Artillerie) eine Art des groben Geschützes, welches 4 bis 6 Pfund Eisen schießt, 36 bis 40 Kaliber lang ist, und auch Feldschlange genannt wird. Nach einigen schießet die Quartierschlange 10, die doppelte Quartierschlange aber 20 Pfunde. Das Wort bedeutet eigentlich eine Viertelsschlange, weil dieses Geschütz den vierten Theil weniger schoß, als die große eigentliche Schlange.

Quartier voraussetzen. (Maurer) Wenn bey dem Mauren der Laufschichte (s. diese im Supplement) nicht Fuge auf Fuge kommen soll, so setzt derselbe ein Stück abgehauenen Stein, so ¼ eines gewöhnlichen Backsteins zur Länge hat, voraus, wodurch verhindert wird, daß die Fugen der folgenden Schichte nicht auf die Fugen der ersten oder Streckschichte (s. diese) kommen.

Quartire, wendendes, (Baukunst) der gewundene Platz an einer Wendeltreppe, (s. diese) wo die Stufen sich in dem Winkel befinden, und an die Spindel anlaufen, wo sonst an andern Treppen der Ruheplatz ist.

Quartillo, eine spanische Münze, welche der vierte Theil eines Reals ist; und folglich, da der Real 34 Maravedis hat, 8½ Maravedis ausmachet. Auch ist es in Spanien ein gewisses Gewichte, welches ohngefähr soviel als ein Pfund wiegt; und in Portugal ein Maaß flüssiger Dinge, und enthält 1⅓ Canar.

Quartiren, (Fechtmeister) der vierte Ausfall oder Stoß gegen seinen Gegner. Liegt er mit langer Klinge gar zu hoch, und wohl über sich ausgestreckt, so gehe man mit seiner Spitze innerhalb recht unter die Stärke seiner Klinge, also, daß eure Spitze ein wenig unter seiner Klinge durchgehet. Sobald er alsdenn außerhalb über eurer Klinge hineinstoßen will, so wird die Quarte geschwinde volteret, und man stößet die Quarte zugleich mit ihm außerhalb über seinen rechten Arm hinein. 2) Liegt er aber nicht zu hoch, so drückt seine Klinge in dem Kaviren, voltiret die Quart, und stößet zugleich. 3) Liegt er in der mittlern Terzia, und giebt seinen inwendigen Leib bloß damit, so muß man ihn innerhalb im Kaviren stringiren, und mit ihm auf die Mensur innerhalb kaviren. Wenn er wieder kaviret, und die Terzie stoßen will, so muß man die Quarte außerhalb voltiren. Wenn aber der Gegner [illegible] Stucken auf einen quartiren wollte, und mit sein[illegible] unter eure Klinge, [illegible] zu verführen zu suchen, [illegible] die Quart aus seinem Stück voltiren könnte, so muß man wohl Acht haben, indem er quartiret, daß man mit dem rechten Fuße zurück trete, und ihm eine Legarien mit der Klinge mache, so wird man ihm das Quartiren brechen. Man gehet alsdenn geschwinde über sich mit der Klinge, und stößt mit der Sekunde nach seinem Oberleib und dem nach seinem Rücken zu.

Quartiren, Fr. meler de l'or avec de l'argent en raison d'un à trois. (Hüttenwerk) Gold und Silber in einem Verhältniß wie 3 zu 1 zusammenschmelzen, um die Scheidung durch die Quarte, wenn drey Theile Gold sind, mit Königswasser, und wenn drey Theile Silber sind, mit Scheidewasser zu verrichten.

Quartirung, Fr. Melange d'or et d'argent pour la separation, (Hüttenwerk) die Verquickung. Gold und Silber in dem Verhältniß wie 3 zu 1 zusammen zu schmelzen.

Quartlein, ein im Reiche, z. B. in Worms, Maynz, rc. am Rhein gelegenen Orten gebräuchliches Weinmaaß. Jedes von diesen Quartlein wird zu 4 Maaß gerechnet; 20 Quartlein machen ein Ohm, und 6 solche Ohm ein Fuder.

Quarto, eine spanische gangbare Kupfermünze, welche 4 Maravedis gilt; daher sie auch ihren Namen erhalten hat. Es giebt doppelte Quartos, welches ein Quartillo ist.

Quarto, In Quarto, (Buchdrucker) ein Buch, das die Größe von einem in vier gleiche Theile zusammengelegten Bogen Papier hat. Nachdem das Papier groß oder klein ist, nachdem hat dieses Format auch noch einen Beynamen, und heißt groß, oder median, oder klein Quarto.

Quatrio, s. Quartario.

Quarz, Quartz, Querz, Kiesel, Fr. Quarz caillou, (Bergwerk) ein vester, glänzender, meist undurchsichtiger, insgemein weißer, bisweilen aber roth, gelb, schwarz gefärbter schlackenartiger Stein. Mit dem Stahl schlägt er Feuer, und giebt Funken, wenn man zwey an einander reibet. Er läßt sich poliren, doch selten so glatt wie der Jaspis. Jedoch findet man Stücken, welche durchsichtig wie Krystall, und daher geschliffen und in Ringe gefaßt werden. Im Feuer schmilzt er zu Glas. Er ist eine Gangart und Erzmutter, indem man alle Arten von Metallen, Halbmetallen, auch die meisten Mineralien von der Natur darinn erzeuget findet. Wallerius unterscheidet den Quarz von dem Kiesel dadurch, daß jener zu einem sehr kleinen Theil in scharfen Geistern aufgelöset werde. Henckel aber hält beyde für einen. Da der Quarz auf Gängen bricht, wo Kieselsteine, aber einzeln, gefunden werden, so sind diese nichts anders, als Geschiebe von jenem.

Quarzdruse, (Bergwerk) ein drusiges Stück Quarz, d. i. ein mit kristallinischen Erhöhungen auf seiner Oberfläche angeschossenes Stück Quarz.

[illegible]rzel, (Bergwerk) ein kleiner Splitter vom Ge[illegible] dem Bergmann ins Auge springt, und sich ein[illegible] in solchem Falle sagt man, [illegible] hat sich in das Auge gehauen.

Quarzfluß, (Bergwerk) ein farbiger oder gefärbter Quarz. Einzelne Stücke solchen gefärbten Quarzes pflegt man auch wohl unächte Edelgesteine zu nennen.

Quarzgang, (Bergwerk) ein Gang, der wohl sein Streichen hält, aber doch kein metallisches oder mineralisches Erz führet; sie werden auch steinerne Gänge genennet, denn sie geben wenig Hoffnung zu metallischen Erzen, daher werden dieselben auch nicht gebauet.

Quarzgranatstein, (Bergwerk) dieser unterscheidet sich von dem gemeinen dadurch, daß er aus kleinen Körnern bestehet, die den Granaten ähnlich sind, weshalb er sich denn auch zerbrechen läßt.

Quarz, körnigter, (Bergwerk) dieser unterscheidet sich von dem gemeinen Quarz nur dadurch, daß er aus körnigen kleinen Theilen bestehet, die den Salzkörnern gleich sehen.

Quarzkristall, (Bergwerk) ein Name, den einige dem Bergkristall geben, um es von dem Krystallglase, welches auch schlechterweg Krystall genannt wird, zu unterscheiden.

Quarz, krystallisirter, (Bergwerk) dieser Quarz unterscheidet sich von dem gemeinen dadurch, daß er durchsichtig und auf der äußern Fläche mit Krystallen versehen ist, die nach dem Ende zu die Gestalt einer Pyramide haben.

Quarzsteinarten, (Bergwerk) diese sind im Bruche glasig, weiß, körnig, zerspringen in spitze, eckigte, glänzende, und durchsichtige Stückchen, sind hart, und geben mit dem Stahl Feuer, sie nehmen eine ungleiche Politur an, schmelzen vor sich sehr schwer, werden von den Säuren nicht angegriffen, und sind in der Luft unstörbar.

Quas, ein rußisches Getränk, sowohl weißer, als auch rother oder brauner. Der weiße wird von altem Roggenbrod oder Roggenmehl gemacht, worauf man heißes Wasser gießt, es öfters umrühret und etwas stehen läßt, bis es die Kraft des Mehles an sich gezogen. Es entstehet daraus ein säuerlicher kühlender Trank. Der braune wird von gemahlenem Malz auf die nämliche Art gemacht.

Quast, (Bortenwürker) mehrere am Ende zusammengebundene lockere Fäden, oder auch zusammengerollte und am Ende bevestigte Franzen, welche sowohl an Kleidungsstücken, als auch an anderem Geräthe, als Zierrathen angebracht werden. Z. B. Die Quasten an den Verhängschnüren und sogenannten Wolken, die Quasten, die man den Pferden in die Mähnen zu flechten pfleget, die Quasten an den Trompeten u. s. w. Auch heißt an vielen Orten in Niedersachsen der Pinsel der Tüncher ein Quast. Nach ihrem verschiedenen bestimmten Gebrauche erhalten sie auch verschiedene Benennungen, als Weyhquast, Heidequast. Bey den Fischern werden die Puppen oder Reißbündel oft auch Quaste genennet.

Quastenseide, diejenige Seide, welche vornehmlich zu Verfertigung der seidenen Quasten oder Püschel genommen wird, die nicht die beste oder feinste zu seyn pfleget.

Quaterne, (Buchdrucker) eine Lage von vier in einander gesteckten Bogen eines gedruckten Exemplars, welche alle viere mit einerley Buchstaben bezeichnet sind, welches gewöhnlich bey Büchern in Folio geschiehet.

Quatrino, s. Folgendes.

Quattrino, Quatrino, Quadrino, Fr. Quadrin, eine kleine Kupfermünze in Italien, wovon 3, 4 und 5 einen Soldo machen, nachdem die Soldi schwerer oder leichter sind. Zu Rom, wo er der eigentliche Pfennig ist, machen 5 Quattrini oder 10 halbe (mezzo Quattrini) 1 Bajocco, und folglich 50 Quattrini 1 Julier oder Paolo. Zu Florenz machen 3 Quattrini, die man auch schwarze Quattrini nennt, 1 Soldo aus; 5 Quattrini aber machen daselbst eine Grazie, und 40 Quattrini 1 Julier. In Neapel gelten 3 Quattrini 1 Grano. Zu Turin und in ganz Piemont werden 4 Quattrini zu 1 Soldo erfordert.

Quecken-

Queckenegge, oder Rechen, (Landbau) ein Werkzeug, die Quecken von den Feldern zu bringen. Es ist eigentlich eine große Harke oder Rechen, der zwey Reihen wechselsweise stehender, unten vorwärts gekrümmter, 12 Zoll langer Zinken in einem Balken hat. Diese Zinken sind vierreckigt geschmiedet, und so gesetzt, daß die scharfe Kante derselben gegen den Pferdezug gerichtet ist. Die Deichsel oder der Stiel wird auf ein paar niedrige Pflugräder gelegt, und alsdenn damit geegget. Diese Egge ist nicht nur zu Quecken, sondern auch zu Zerreißung schilfiger thonigter Felder, oder frisch umgepflügter Wiesen u. s. w. von trefflichem Nutzen.

Quecksilber, Quicksilber, (Bergwerk) ein mineralischer fließender Körper, der sich wie Wasser bezeigt, und doch nicht naß machet, und daher von den Alchymisten ein Wasser, das die Hände nicht benetzt, genannt wird. Es läßt sich in unendliche Theile zertheilen, und fließt wieder in eins zusammen. Seine Theilchen haben allezeit eine runde Figur. Es ist undurchsichtig, glänzend, und an Farbe weiß wie Silber, wenn es rein ist. An der Schwere kommt es dem Golde gleich, oder doch am nächsten. Im Feuer nimt es unter allen flüßigen Körpern den höchsten Grad der Hitze, und in der Luft den höchsten Grad der Kälte an. Wenn die Hitze stark wird, fliegt es davon, und in der Kälte frieret es nicht, jedoch wollen einige rußische Gelehrte bemerket haben, daß es bey außerordentlicher Kälte erhartet, und nicht laufend gewesen. Es ziehet alle Metalle an sich, und löset sie auf, Gold am liebsten, Eisen am schwersten, und läßt sich vor sich im Scheidewasser, und sublimirt in Königswasser auflösen. Mit Schwefel giebt es Zinnober, und wird überhaupt zu vielen Dingen, als zum Reinigen der edlen Metalle, zum Vergolden, und in der Arzney gebrauchet.

Quecksilbererz, Fr. mine de mercure, ou de Vif argent, (Bergwerk) die Bergart, welche Quecksilber führet. Es sind wenige Arten davon bekannt. Die bekannteste ist der gegrabene Zinnober. Man findet auch eine Erde, worinn Quecksilber liegt, das nicht leicht fließend, sondern faul, und mit einer Thonerde vermischet ist; es giebt auch braune, hornige Steine, daraus das Quecksilber fliehet, wenn man darauf schläget.

Quecksilbererze auf Quecksilber zu probiren. (Hüttenwerk) Wenn das Quecksilbererz schwefliche ist, so vermische man dasselbe mit eben soviel Eisenfeilstaub. Ist dieses aber nicht, so nehme man es ohne diese Beymischung, und thue etliche gemeine Loth in eine Retorte; diese setze man ganz abhängig auf eine tiefe Sandkapelle, beschütte sie mit Sand, und lege eine Vorlage vor, worein ein wenig Wasser gegossen ist, damit das herunterfallende Quecksilber die Vorlage nicht zersprenge; die Fugen verklebe man mit Papier. Dann giebt man Anfangs ein gelindes, hernach aber ein so starkes Feuer, daß die Kapelle nicht zu stark glühet, und hält mit diesem Grade des Feuers eine Stunde an. Nun läßt man das Gefäß in sich erkalten, und klopfet an den Hals der Retorte, damit die Quecksilbertropfen in die Vorlage fallen, das Wasser aber gießt man ab, und trocknet das Quecksilber mit einem Schwamme. Alsdenn bringt man ein gläsernes Gefäß auf eine Wage mit Sand oder gekörntem Bley in das Gleichgewicht, schüttet das Quecksilber darein, wiegt es, und rechnet, wie viel Quecksilber in einem Zentner Erz sey. Man kann diese Erze auch eben so, wie das Spießglaserz, (s. dieses) auf Quecksilber probiren.

Quecksilber, gediegenes, Jungferquecksilber, (Bergwerk) Quecksilber, das in seiner wahren Gestalt entweder rein, oder mit Steinen und Erde vermischt, sich in den Bergwerken findet.

Quecksilber, rein gediegenes, gewachsenes, laufendes, (Bergwerk) dieses wird fließend, ziemlich rein und tropfenweise in den Gruben und Quecksilbererzen gefunden. Das mit Erde und Steinen vermischte Quecksilber ist weißglänzend.

Quecksilber, schwefelichtes, auf Zinnober zu probiren. (Hüttenwerk) Man reibe einige Loth gemeines Quecksilbererz zu einem Mehl, thue es in einen gläsernen Kolben, der nur bis auf zwey Drittel davon voll wird, den Kolben aber setze man auf eine Sandkapelle, umschütte dieselbe beynahe bis an den Hals mit Sand, und verwahre ihn mit einem papiernen Stöpsel. Nun giebt man der Kapelle ein nicht allzu starkes Feuer, und wenn man eine Stunde getrieben hat, so läßt man den Kolben erkalten, und zerschlägt ihn, so wird sich der Zinnober in dem Hals der Retorte angehänget haben. Diesen wiege man, und rechne, wie viel auf einen Zentner komt. Wenn man das Quecksilber aus dem Zinnober wieder lebendig machen will, so reibe man dasselbe mit eben soviel Eisenfeilstaub über, bey dem Ende aber gebe man etwas stärkeres Feuer.

Queblen, s. Handqueblen.

Quellbottig, Quellbütte, Quellstock, (Brau[illegible]) [illegible]nerne Butten, worinn man am besten, [illegible] Sommer, das Getreide zum Malz einweichet. [illegible] muß hiebey, zumal bey warmer Witterung, oft frisches Wasser aufgießen, und sorgfältig die Gährung verhüten, wodurch die Reinigung vollkommen geschieht, und die Einquellung gleichförmiger wird.

Quellenstück, (Gärtner) ein Luftstück, welches eine mit verborgenen Quellen versehene Gegend vorstellet.

Quellsand, besteht in einer weißlichten und feinen Stauberde, er ist in dem Erdboden fließend, und wird vom Winde fortgetrieben, wenn er trocken ist.

Quemkas, eine Art indianischer Kitasse, gleich den Cancasias, mit kleinen Kettelchen gestreift, aber sehr liederlich.

Quemsel, s. Quänsel.

Quendel, s. Quandel.

Quentlein, Quint, ein Gewicht, das den vierten Theil eines Loths, oder den achten einer Unze beträgt.

Quento, eine portugiesische Münzrechnung, welche 2675 Dukaten, 8 Realen, und 26 Marawedis beträgt.

Quer, in die, (Schiffahrt) ein Fahrzeug ist einem Schiffe ein Gegenstand in der Quere, wenn die Linie, nach welcher es segelt, auf den Gegenstand senkrecht trifft.

Querart, (Zimmermann) eine Art, die an jeder Seite ihres Gehäuses ein Blatt hat. Das eine Blatt läuft mit dem Gehäuse in gleicher Richtung fort, das andere steht nach der Quere. Mit dem ersten hauet der Zimmermann nach der Länge ein Loch vor (locht), mit dem letztern hauet er nach der Breite vor, und hohlet hiermit zugleich das Zapfenloch aus. Jedes Blatt ist 1 Fuß 3 Zoll, das Gehäuse aber 1½ Zoll lang.

Querbalken, (Zimmermann) ein Balken, welcher in die Quere geht. Die Querbalken eines Hauses, welche sich der Breite nach über solches erstrecken. Der Querbalken eines Kreuzes, welcher den die Länge vorstellenden Stamm nach rechten Winkeln durchschneidet.

Querbalken, s. Nadeln.

Querbänder, Fr. Liernes de Palée, (Baukunst) diejenigen Hölzer, welche bey hölzernen Brücken zu beyden Seiten um die Jochpfähle gemacht werden, um sie zusammenzuhalten, damit sie nicht ausweichen können.

Querbiegel, (Schwerdtfeger) an einem Degengefäße der in die Quere gehende Biegel, welcher sich an der äußern Seite der Pariestange befindet.

Querder, (Fischer) die Lockspeise, der Köder, womit man die Fische fängt. Wer angeln will, muß wissen, was für Arten von Fischen im Wasser sind. Denn darnach muß er sich mit Querder richten, um solche an den Angelhaken zu machen. Zu Hechten braucht man Kaulhaupte oder Frösche. Man muß von dem Hintertheil der Frösche die Haut abziehen, es in Habermehl legen, und in Rindertalg braun braten, so beißen die Hechte gut. Alle Raubfische müssen mit andern Fischen gefangen werden. Man nimt auch ungesalzen Kalbfleisch, und beizet es in einem Topfe mit Honig, auch Regenwürmer in einem nassen Ha[illegible] in einem Topf in die Erde gethan, alsdenn [illegible] mit Honig vermischt, und die Regenwürmer dar[illegible] gekehret, damit lassen sich allerley Fische fangen. Oder Weißbrod und alten Käse durch einander gestoßen, mit Milch zum Teig gemacht, und kleine Kügelchen daraus gebildet, gedörret, und alsdenn an den Angelhaken gesteckt. Auch Hundeleber thut gute Dienste. Man hat auch noch verschiedene andere Arten von Lockspeisen für die Fische, die hier anzuführen zu weitläuftig sind.

Querflöte, Flötetraverse, it. Traversa Flauto, (Musiker) eine Pfeife, die nach der Quere an den Mund gehalten und geblasen wird. Diese Pfeifen haben gemeiniglich 6 Löcher, aber hinten kein Daumenloch, werden von Buchsbaumholz gemeiniglich verfertiget, und aus drey oder vier Stücken zusammengesetzt. Man kann auf denselben 15 Töne, auch noch 4 Falset darüber, und also 19 Stimmen, oder unterschiedene Töne, wie auf den Zinken, (s. auch Flöte douce) hervorbringen.

Querflügel, (Jäger) die eigentlichen Stellwege, so recht in und vor dem Jagen quer durch gehen.

Querfurche, (Landwirthschaft) eine Furche, welche quer über den Acker geht, und die nach der Länge des Ackers gezogene Furchen durchschneidet.

Quergang, (Bergwerk) ein Gang in einem Gebirge, auf den die Vierung des Werks nicht eigentlich gerichtet ist, sondern der durch einen Querschlag ins Gebirge aufgehoben und erschrotet ist; dieser kann also kein Streichen nicht mit dem ersten gemutheten Hauptgange haben; er führet auch zu Zeiten ganz andere Arten von Erzen, obgleich von einerley Metallen, mit sich.

Quergang, Fr. Coffre, (Kriegsbaukunst) ein über den Graben einer Festung von der Courtine gegen die Kehle des Halbenmondes 6 bis 7 Fuß tiefer, und 15 bis 18 Fuß breiter Gang, welcher zu beyden Seiten glasierte Brustwehren hat. Es werden auch dergleichen Quergänge in den trockenen Gräben eines Ravelins zu beyden Seiten nächst der Kehle angelegt, um den Graben zu bestreichen.

Quergenähete Sohlen, s. Englische Naht.

Quergestein, Fr. la pierre entre deux filons, (Bergwerk) dasjenige Gestein in einem Flötze, einem Gange oder Orte, das gegen das aussetzende oder das zu vermuthende Streichen der Bergwerke gehet.

Quergiebel, Seitengiebel, (Baukunst) ein Giebel, der an der Seite des Hauses ist.

Querholz, das in die Quere gehende Holz einer Sache, z. B. an einem Kreuz (s. Querbalken)

Querkaye, (Wasserbau) ein Kaai, (s. dieses) so, wenn zwey Sielen neben einander liegen, von einer Sielkay zur andern quer abgeschlagen ist; auch wenn eine nahe vor dem Siele auffallende Balge (s. diese) ist, in dieser eine Strecke lang angeleget werden kann.

Querkluft, Fr. Crevasse traverse, ou fente crevissant le filon, (Bergwerk) eine Kluft, welche dem Fallen nach quer durch den Gang setzet, und ihn zerschneidet.

Querl, (Koch) ein abgeschälter junger Trieb von Fichtenholz, an welchem die kurz abgeschnittenen Äste am Ende in einem Kranz herum stehen, um durchs Drehen und geschwinde Umdrehen desselben flüßige Sachen durch einander zu rühren und zu schlagen. z. B. Eyer querlen.

Querl, Rechen, (Papiermacher) ein rechenartiges Werkzeug, mit welchem der Zeug zum Papier in einem Faß mit Wasser zerrühret und verdünnet wird, ehe derselbe in die Bütte zum Schöpfen der Bogen gethan wird.

Querlagerhölzer, s. Nadeln.

Querlatten, s. Querschemel.

Querörter, s. Querschläge.

Querpfeifstein, Feldpfeife, (Musiker) eine kleine Pfeife, so man neben den Trommeln bey dem Kriegsheer zu führen pfleget, die ihren besondern Griff hat, der mit der Querpfeife ihrem gar nicht übereinkomt.

Quersack, ein langer Sack oder Beutel, welcher seine Oeffnung in der Mitte hat, und eigentlich aus zwey Säcken bestehet, deren einer im Tragen vor der Brust, der andere aber auf dem Rücken herunter hängt.

Quersattel, s. Damensattel.

Quersaum, (Näherin) ein in die Breite gehender Saum eines Waschgeräthes, dergleichen z. B. die Priesen oder Quadern an den Hemdärmeln sind.

Querscheibenbohrer, (Böttcher) eine Art von Windelbohrer, in einem Bodenstück eine Oeffnung zu machen, um den Hahn hinein zu stecken. Sein bohrender Theil ist ein flaches an den Seiten schneidendes Stück Eisen, das drey Spitzen hat, wovon die mittelste länger ist, als die beyden übrigen.

Querschemel, Querlatte, Quertritt, (Weber) Latten, die in einem Weberstuhl nach der Breite des Stuhls über den Fußtritten liegen, deren Anzahl sich nach der Anzahl dieser letztern richtet. Sie sind an der einen Wand des Gestelles durch einen Bolzen beweglich befestiget, an deren Spitzen die Schnüre der Schäfte befestiget sind, die dadurch in Bewegung gesetzt werden. Denn wenn ein Fußtritt getreten wird, so geht sein damit verbundener Querschemel damit hinab, und sein damit befestigter Schaft gleichfalls. Die Querschemel verschaffen bey dem Weben den Vortheil, daß die Fußschemel nicht schwanken können. Man hat zu den fazonierten Zeugen kurze und lange Querschemel, die kurzen hängen über den langen Querschemeln an einem Bolzen beweglich, und dienen, die Schäfte bey dem Treten der Fußtritte wieder in die Höhe zu ziehen, nachdem es die Einrichtung der Fußarbeit (s. diese) erfodert.

Querschlag, Fr. Galerie creusée par la pierre entre deux filons, (Bergwerk) ein Ort, so vom Hauptgange in das Hangende oder Liegende, das andere durchschlägig zu machen, und einen nähern Weg zu haben, oder in anderer Absicht durch Quergestein getrieben wird.

Querschläge, Queröerter, (Bergwerk) wenn man von den Versuchörtern, um neue Erze zu entdecken, in den Schächten der Quere nach abtreibet.

Querschlag zu machen, (Bergwerk) dieses geschieht öfters, wenn man in der Querseite des Gebirges Erzgänge vermuthet, und dieselbe dadurch entdecken will; oder wenn man den Ort des Stollens durch den Durchschlag nicht erreichet hat, so geschieht dies stollen- und streckweise.

Querschlechten, (Bergwerk) diejenigen Schlechten, (s. diese) die sowohl das ebene als auch einschießende Gestein der Quere nach durchschneiden, die bald gerade, bald schief, von oben herunter kommen.

Querschnur, Fr. Embarbe, (Seidenwirker) die Schnur an einem Zampelstuhl am Zampel, woran die Latzen (s. diese) zum Ziehen angebunden werden.

Querspundwände, (Wasserbau) die Wände, die hinter dem Oberhaupte einer Schleuse in die Quere angebracht sind, damit das Unterlaufen des Wassers in einer Schleuse verhütet werde. (s. Spundwände)

Quersteg, (Papiermacher) der unter der Form zum Papierbogen befestigte Stab, der die Form zusammen hält, und woran der Kautscher die Form hält, wenn er den geschöpften Zeug ablaufen läßt.

Querstück, (Müller) ein zum Mühlstein abgerissenes Stück Stein, welches auf der Kante steht, und so zum Mühlsteine bearbeitet wird. Zum Unterschiede von einem Bankstück, welches so zum Mühlenstein ausgehauen wird, wie es im Bruch liegt.

Quertief, Querwässerung, (Wasserbau) ein Kanal, der in einer niedrigen Gegend quer durch viele Ländereyen geschossen ist, und sich hernach mit ins Siel tief schwenket, um jeder Hofstelle die eigene Abwässerung ihrer ganzen Länge nach zu erhalten.

Quertritt, s. Querschemel.

Quertuch, (Jäger) dasjenige Tuch, welches das Jagen und den Laufe von einander scheidet, und statt eines Lauftuches bey dem Abjagen niedergelegt und verdeckt wird.

Querwälle, (Kriegsbaukunst) aufgeworfene Brustwehren von Erde bey einer Vestung, welche fast die ganze Breite des bedeckten Weges einnehmen. Der Zweck ihres Daseyns ist, zu verhüten, daß man den verdeckten Weg nicht sehen, die Vertheidiger nicht überfallen könne, auch diesen stärkere Gegenwehre zu verschaffen. An Höhe gleichen sie der Gleichung, und an Breite der Breite der Brustwehre des Walles. Sie sind mit einem Schemel versehen. Damit man aber desto bequemer auf dem verdeckten Wege hin und her kommen möge, wird an der Gleichung ein 3 bis 4 Fuß breiter Weg herumgeführet. Damit aber dieser Weg vor dem Feinde auf den ausgehenden Winkeln sicher sey, kann derselbe auf dreyerley Art gemacht werden. 1) Wenn die Seite der Gleichung mit den Ecken des Querwalls gleichläuft; 2) wenn der Weg immer nach einem Zickzack eingezogen wird; 3) wenn man 3 oder 4 Fuß vor dem Querwalle Erdhaufen aufwirft, welche wenigstens 12 Schuh lang und 2 breit sind. Die erste Art ist die beste; die zweyte die gebräuchlichste, die dritte ungewöhnlich. Nicht nur neben den Waffenplätzen, sondern auch auf den Armen des bedeckten Weges, wenn sie länger sind, z. B. bey den Hornwerken und Kronwerken, werden mehrere dergleichen Querwälle aufgeworfen, doch daß sie den Soldaten, den Raum nicht benehmen, und die Vertheidigung anderer Werke nicht verhindern, dem Feind, wenn er dahin kömmt, keinen Vortheil an die Hand geben, und die vertheidigende Mannschaft, besonders wider die Prellschüsse bedecken. Man errichtet sie auch in den trockenen Graben der Außenwerke, um den Graben selbst, und die Stürme besser zu beschützen. Sie sind 3 Fuß tiefer, und drey Fuß höher als der Graben und werden mit Pfählen besetzt. Ihre Abdachung verliehret sich wie die Gleichung des Paßes (s. Paß.)

Querwände, (Jäger) die kurzen Wände an dem großen Lerchenzeuge. (s. auch Hauptwände.)

Querwässerung, s. Quertief.

Querzwickel des gewirkten Strumpfs, (Strumpfwirker) ein Zwickel dessen Range (s. diese) der Quere nach mit den Rangen der Maschen, und also nach der Breite des Strumpfs laufen, damit sich der Zwickel von dem übrigen des Strumpfs gut unterscheide. Man hat drey Arten davon, als: 1) den Schnürchel- Schweitzer- und Englischenzwickel; (s. alle diese) alle drey werden besonders auf dem Stuhl gewirkt und hernach in den Strumpf eingenaht.

Quesche, s. Kien.

Quetscheisen, (Parückenmacher) ein starkes dickes viereckes Eisen mit einem Stiel mit welchem derselbe die Haare einer Parücke vorn an der Fronte niederdruckt, daß sie nach der Frisur gut anliegen. (s. auch Brenneisen)

Quetschen, Fr. concasser, (Hüttenwerk) Erz mit der Pochschlage klein pochen.

Quetschform, (Goldschläger) unter diesem Namen verstehet derselbe drey verschiedene Quetschformen, als: Dickquetsche, Herausquetsche und Dünnquetschforme (s. diese) indem sie alle von Pergament sind, und einerley Zubereitung haben, sie sind blos nach der Größe verschieden und werden nach und nach, wenn das Metall dünner wird, gebraucht. Eine solche Form bestehet aus 150 bis 250 Blättern von gewöhnlichem Schreibepergament, und ist nach derjenigen Gattung wozu sie gehöret, größer oder kleiner im Quadrat. Unter jedem Pergamentblatte liegt beym Schlagen eine dünne Gold- oder Silberplatte; denn diese Blätter oder Formen sind die Behältnisse worinn das Metall zu den feinsten Blättern geschlagen wird. Man nimmt hiezu gewöhnlich altes Schreibepergament, wäscht die Unreinigkeit ab, und bereitet es. Man löset nämlich starke Gewürze in Wein auf, und überstreicht hiemit beyde Seiten der Blätter vermittelst eines Schwammes. Dieses füllt nicht nur die Zwischenräume des Pergamentes aus, und stärkt es, daß es den Schlag eines schweren Hammers ertragen kann, sondern es benimmt ihm auch alle Fettigkeit, woran die feinen Metallblätter kleben würden. Und weil eine Form zu stark angegriffen würde, die Blätter bis zur verlangten Feinheit zu schlagen, so bedient man sich verschiedener Gattungen wie oben gedacht ist.

Quetschgeld, Schrötling-Quetschgeld. (Münze) So nennt man die nur einmal breit geschlagene rohe Geldplatte.

Quetschhammer, (Münze) ein gut verstählter Hammer mit einer glatten Bahn, womit die Geldplatten, bis sie die gehörige Größe, Rundung und Schwere haben, getrieben werden.

Quetschwerk, (Bergwerk) geringes weitläuftig liegendes Erz, welches ohne Pochwerk nicht mit der Hand zu scheiden ist. Zum Unterschiede von dem Scheidewerk. (s. dieses)

Quetschwerk, Fr. Mine qui se peut concasser par la machine (Hüttenwerk) Erz, welches gequetscht werden soll, oder schon gequetscht ist; der Bergmann spricht es verstümmelt aus und sagt Quetschwürig.

Quetschwürig, s. Vorher.

Quetschzange, s. Brenneisen.

Queue, Schwanz, (Musiker) 1) wird der an den Noten befindliche Strich genannt, geht er gerade aufwärts, so heißt er aufgehender und geht er herunterwärts so heißt er der herunterhängende oder herabgehende Queue 2) an Violinen und Baßgeigen dasjenige Stückchen Holz unter dem Steeg, woran die Saiten angebunden werden; auch kann es von dem über das Griffbrett oder dem sogenannten Halse hinausgehenden Stückchen Holze verstanden werden.

Queue, Fr. (Tapetenweber) wenn der Tapetenweber der hochschäftigen oder niederschäftigen Tapeten seinen Aufzug oder Kette schweret und seine an der Wand befestigte Pflöcke voll geschweret hat, so giebt man ihm diese Benennung (s. Scheren der Kette zur Hautelissetapete)

Quick, (Becker, Landwirthschaft) wenn die Körner des Getraides dünnhülsig und rein sind.

Quickarbeit, Fr. amalgamation, (Hüttenwerk, Goldarbeiter) wenn das Gold mit Quecksilber gerieben, und das darinnen befindliche Gold amalgamiret, hernach das Quecksilber wieder durch ein Leder gepreßt, und was nicht davon gehet, durch das Feuer davon getrieben wird. Diese Arbeit wird sonderlich von den Spaniern in Amerika getrieben.

Quickbornig, ein bebender, fettiger Grund mit Triebsand vermischt, der das Quellwasser durchquellen läßt, insonderheit wenn alte Kräuterpfriffen oder andere Röhrichgewächse darin stecken.

Quicken, Verquicken, Fr. amalgamer, (Goldarbeiter, Scheider) ein Metall mit Quecksilber vermischen und zu einem Amalgama auflösen, oder Erz mit Quecksilber reiben, damit es das darinne befindliche Gold an sich nehme.

Quickmühle, (Hüttenwerk) eine Mühle von gegossenem Eisen, das Silber durch die Amalgamation mit Quecksilber aus seinem Erze zu scheiden, oder es abzuquicken. Das Silbererz wird mit dem Quecksilber auf dieser Mühle zu einem Schlamme gerieben, worauf das herausgetriebene Quecksilber durch Leder gedrückt, der Ueberrest aber in der Retorte übergetrieben wird. Die Mühle bestehet aus einem Boden, der, wie gedacht, von gegossenem Eisen ist, in der Mitte einen Zapfen und auswendig einen Rand hat. Ein gegossenes Kreuz, in dessen Mitte ein Loch ist, wird mit demselben über den Zapfen gelegt, und ist von der Größe, daß die Enden des Kreuzes an den Rand stoßen, und dergestalt auf den Boden passen, daß es gemächlich kann umgedrehet werden. Ueber diesem eisernen Boden ist ein Faß gemacht, und so fest eingebunden, daß es inwendig mit dem eisernen Rande gerade ist. Auf das Kreuz wird eine eiserne Stange und eine Kurbel gemacht, wodurch man oben auf dem Fasse das Kreuz immer umdrehen kann. Man machet auch oben auf das Faß einen Deckel, daß solches in währender Arbeit kann verschlossen werden. Vorne in dem Fasse in einem Stabe sind etwa 2 oder 3 Löcher über einander, wodurch man das Trübe abzapfen kann. Man kann diese Art von Quickmühlen wohl mit der Hand umdrehen, allein es ist sehr beschwerlich, daher bey großen Anstalten etliche dergleichen Mühlen durchs Wasser folgendergestalt getrieben werden. Ein großes Wasserrad hat eine lange Welle, die mit eisernen Zapfen im Umkreis versehen ist. Diese eiserne Zapfen setzen ein doppeltes Getriebe an einer Welle, so über der Wasserradwelle liegt, in Bewegung. In das eine Getriebe greifen die Zapfen der Welle und drehen es herum, und die

Stücke

Stöcke des andern Getriebes greifen in die Kämme eines horizontalen Rades, daß ein Kamm- und Stirnrad zugleich ist, ein, und setzen es in Bewegung. Dieses große Rad greift mit seinen Kämmen der Stirne die Getriebe der um dasselbe gestellten Quickmühlen, indem man mehr oder weniger die Quickmühlen um das Rad gestellt hat. Das obere Ende der oben gedachten Stange hat anstatt der Kurbel einen Trilling, welcher wie gedacht das Kreuz vermittelst des Stirnrades herumtreibet, die in dem Gefäße liegende Erze zermalmet, und den Schlamm durch die Löcher abführet. (s. Schlüters gründlicher Unterricht vom Hüttenwerk Tab. LIII.)

Quickstenmerz, (Bergwerk) wird in Schweden ein nicht harter, leicht schmelzender, und schmeidiges Eisen gebender Eisenstein genennt.

Quickwasser, (Goldschmid) Wasser, das halb aus Scheidewasser und halb aus gemeinem zusammen gegossen worden, womit die silbernen Gefäße, welche vergoldet werden sollen, mit Quecksilber berieben werden, ehe die Vergoldung geschiehet. Man tunkt nämlich einen Pinsel in das Quickwasser und zerreibet mit selbigem Quecksilber überall auf den Stellen. (s. vergolden im Feuer.)

Quilo, eine Silbermünze, welche zu Florenz gepräget wird, und sowohl daselbst, als auch in den übrigen Staaten des Großherzogthums gangbar ist; sie gilt nach der dasigen Landesmünze 21 Soldi 4 Denari.

Quiltings, ein façonirter baumwollener Zeug, fünf und ein halb Viertel breit, der kleine Karreaux im Körpergrunde hat. Die Stücke sind 34 Ellen lang.

Quinette, Quignette, eine Gattung Kamelot, so insgemein ganz von Wolle, manchmal aber auch mit untermischtem Ziegenhaar gemacht wird. Man macht dergleichen zu Ryssel und den umliegenden Oertern, die ½ Ellen breit und im Stücke 20 bis 21 Ellen nach pariser Maaß lang sind, desgleichen zu Amiens in der Pikardie, welche ½ pariser Elle breit; und zu Gera im Voigtlande welche von 20 bis 40 Ellen lang und ⅝ bis ¾ und ⅞ Ellen breit, und von verschiedener Farbe und Feine sind. Sie werden vornehmlich zum Unterfutter gebraucht. Die weiß geschworfelten dienen zu Klosterkleidungen.

Quint, (Musiker) ein musikalisches Intervall, im Verhältniß wie anderthalb gegen ein Ganzes oder wie 3 gegen 2. Will man sie auf dem Klangmesser mit einer einzigen Saite probiren, so theilt man die Saite in 5 Theile, lässet 2 Theile davon auf der einen, und 3 Theile auf der andern Seite des Stegleins, und so geben diese den Grund, und jene den darüber liegenden Fünfklang an, nämlich eine richtige Quinte. Hat man 2 Saiten, so bleibt die eine blos ungetheilt zum Grunde, da sie für 3 Theile gerechnet wird; von der andern Saite hergegen ziehet man vermittelst des untergeschobenen Stegleins, ein Drittel, als unbrauchbar ab, und läßt die 2 übrigen Drittel gegen jene bloße Saite hören. Alsdenn vernimmt man die Quinte; wiewohl, weil die Saiten länger sind, in einem etwas gröberen Tone. Nach diesem Maaße wäre die Quinte rein, aber nach der Temperatur kann sie es nicht seyn. Die Griechen nannten diesen Fünfklang Diapente d. i. über fünf, weil sie fünf diatonische Klänge begreift, davon die beyden äussersten als Enden hauptsächlich vernommen werden. Dieses Intervall behauptet seinen Platz unter den Konsonanzen, obgleich einige die verkleinerte und größere Quinte fast lieber unter die Dissonanzen rechnen wollen. Es ist zwar wahr, daß beyde nicht allerdings für ächt gelten können, und man sie auch an sich selbst nicht für wohlklingender, als Terzen und Sexten ausgeben kann; jedoch ist auch gewiß, daß die kleinere, welche man insgemein die falsche Quinte nennt, der Harmonie weit mehr wohlklingende Dienste thut, als die völlige Quinte, daher wird ihnen der Platz unter den Konsonanzen billig zu geben seyn. Man hat dreyerley Gattungen von Quinten; 1) die gewöhnliche z. B. c — g. 2) Die kleine Quinte, oder die verkleinerte mangelhafte, unvollkommene Quinte, z. B. c — b. 3) Die übermäßige Quinte, z. B. f — cis.

Quint, (Orgelbauer) eine offene Orgelstimme 6, 3, und 1½ Fuß Ton. Auf den Saiteninstrumenten heißt die feinste Saite die Quintsaite. In Italien ist es auch die niedrigstgestimmte, weil es auch die fünfte an der Zahl ist.

Quinta, s. Quentlein.

Quinta, lat. decima, (Orgelbauer) eine zweyfüßige Stimme in einer Orgel, und nichts anders als ein Oktävchen, so gemeiniglich 2, auch wohl nur 1 Fuß Ton hat, und sonsten Super octava oder auch Sedecima genennet wird.

Quinta dena, (Orgelbauer) ein Register in den Orgeln dessen Pfeifen zwey unterschiedene Laute von sich geben, weil sie zwey Mündungen haben, als die Quint ut Sol ins Gehör lautet, daher einige meynen, es komme dieses Wort von quint ad una oder quinta veneris her. Diese Stimme ist im Verhältniß des Körpers um ein ziemliches weiter, als die Principale an der Mensur sind, und weil die Pfeifen gedeckt eine Oktave tiefer als offene Pfeifen-Werke gegen ihre Länge zurechnen. Es sind aber derselben dreyerley Arten, die aus einer Mensur unterschiedlich, nach dem Ton oder Füßen gearbeitet, werden. 1) Die großen Quintadenen 16 Fuß Ton; auf dem Manual oder Pedal eine liebliche Stimme, sonderlich wenn eine andere dazu genommen wird. 2) Quintadena 8 Fuß Ton. Ist beym Rückpositiv, oder im kleinen Oktaven Principalwerk zum Fundament, auch im Pedal zum Choralbaß bequem. 3) Quintadena 4 Fuß Ton. Kleiner kann man sie wohl nicht machen.

Quintadenstimme, (Orgelbauer) eine Orgelstimme von enger Mensur, mit einem Hute und Röhrchen darinn halb gedackt, mit einer spitzen Oberlefze, aber mit einem Barte von den zwo Seiten, und unten umbogen, von einem Aufschnitt, und giebet zum Grundtone zugleich die Quinte an. Das erste c ist 8 Fuß lang, 11 Zoll in der Circumferenz; das zweyte c 4 Fuß lang, und im Durchschnitt 7⅛ Zoll breit; das dritte c 2 Fuß lang 4⅛ Zoll breit, das und vierte C 1 Fuß lang, $1\frac{1}{6}$ Zoll breit, und das fünfte C 6 Zoll lang, $1\frac{1}{2}$ Zoll breit.

Quintal Chintal, in verschiedenen Provinzen von Frankreich, auch in Spanien, Italien, Portugal und in der Levante so viel als ein Zentner.

Quintal macho. So nennt man in Spanien ein Gewicht von 150 Pfunden, d. i. 50 Pfund stärker als der gemeine Zentner. Zu einem Quintal macho gehören 6 Arroben, die Arrobe zu 25 Pfunden, das Pfund zu 16 Unzen, die Unze zu 16 Adarmes oder halben Quintchen gerechnet, welche jedoch alle schwächer sind, als das parisier Gewicht, dergestalt daß 150 Pfunde von dem Zentner Macho nicht mehr als $139\frac{1}{2}$ Pfund mehr oder weniger, in Paris betragen.

Quintatön, s. Quinta dena.

Quintbaß, Großquinte, (Orgelbauer) eine Quintstimme, so 6 Fuß Ton hat, und ins Pedal gehört.

Quinte, (Orgelbauer) eine bekannte Orgelstimme, die Offen von 3 oder $1\frac{1}{2}$ Fuß hat, Prinzipalmensur; die größeren als 6 und 12 Fuß müssen spitzig werden; wenn sie gedeckt sind nennt man sie Nasat (s. diese.)

Quinte, s. Quintin.

Quintenzirkel, (Musiker) ein Zirkel in den Noten, der entstehet, wenn man von c aus in aufsteigenden Quinten fortgehet, bis man wieder in das c zurück kömt.

Quinterna, (Musiker) ein musikalisches Instrument, mit 4 oder 5 Chor Darmsaiten bezogen, hat einen länglichen Körper, wie eine Geige, worauf die italienischen Komödianten mit den Nägeln kratzen, einige aber auch als auf einer Laute spielen.

Quintflöte, (Orgelbauer) eine Art Hohlflöten in einer Orgel, von anderthalb Fuß Ton.

Quintgemshörner, s. Gemshorn.

Quintin, Quinte, eine Leinwand die zu Quintin in Bretagne gemacht wird. Sie ist $\frac{7}{8}$ auch nur $\frac{5}{8}$ Ellen parisier Maas breit. Das Stück hält 30 bis 40 Ellen in der Länge. Man hat derselben verschiedene Gattung; als grobe, mittlere und feine. Die feinste Gattung ist sehr klar, und wird deswegen auf französisch Mi-fils genannt. Sie gleicht in Ansehung ihrer Güte einigermaßen dem Kammertuch, und wird auch so wie das Kammertuch zu Ueberschlägen und Mannskrausen, auch zu Kopfzeugen für das Frauenzimmer gebraucht.

Quintiren, Fr. Quinter, heißt in den Bergwerken zu Potosi und Chili in Neuspanien so viel, als Gold und Silber zeichnen oder stempeln, nachdem es vorhero probiret, gewogen, und dem Könige davon der fünfte Theil entrichtet worden. Eine Stange quintirtes Gold oder Silber Fr. Lingot d'or quinté oder Barre d'argent quintée ist also eine Stange Gold oder Silber aus dem spanischen Amerika, so von den königlichen Beamten probirt, gewogen und gestempelt ist.

Quintspitz, s. Spitzflöte.

Quinttenor, (Orgelbauer) so viel als Quinta dena. (s. diese.)

Quintviole, (Orgelbauer) eine Orgelpfeife von 1 Fuß Ton.

Quirat, ein kleines Gewicht, dessen man sich zu Cairo, und in dem übrigen Aegypten bedienet. Es ist der 10 Theil von einem Quent, indem 1 Quent 16 Quirats und 1 Quirat 4 Gran hat.

Quiren, (Landbau) wenn man den gebrachten Acker mit dem Hackepflug wieder ruhret und nach der Quere überfahret. Auch wenn man einen zäh harten Acker, wofern es das Feld wegen der Nässe zuläßt, über die Quere noch einmal überegget. Es hat dieses sonderlich bey der Gerstensaat seinen Nutzen, denn dadurch wird der Saame recht zugezogen, und an einem Ort soviel als am andern gebracht, ingleichen auch, wenn der Saatacker sehr hart geworden, und der Saame sich nicht gut unteregen lassen will.

Quirl, (Forstwesen) die Gürtel, mit ihren Seitenästen von denen Tannen und Fichten, (s. auch Quirl)

Quittenwein, eine Gattung des allerbesten Obstmosts. Man reibt die Quitten, welches Birnen seyn sollen, die nicht so steinigt sind und mehr Saft als die Aepfel geben, ganz klein, presse sie auf das Beste aus, und laße den Saft mit etwas Zucker sieden. Hierauf gieße man ihn, sobald er kalt ist, in ein Glas mit einem engen Hals, schütte oben ein wenig Baumöl darauf, und vermache das Glas mit Wachs oder Pech, so kann man ihn lange aufheben. Von diesem Wein kann man alsdenn mit einem oder zwey Kelchgläsern voll eine ganze Flasche andern Wein anmachen und diesem einen vortrefflichen Geschmack und Geruch mittheilen. Es läßt sich auch reines Quellwasser damit anmachen, das gut zu trinken ist, besonders in großer Sommerhitze.

Quodlibet, (Musiker) ein aus allerley Stimmen zusammengesetztes Stück; 1) wo jede Stimme einen besondern Text hat; 2) wo zwar jede Stimme einen besondern, aber zerstümmelte und zerbrochene Texte hat, und 3) wo in allerley Stimmen einerley Text, aber unvollkommen und abgebrochen ist.

R.

R, der siebenzehnte, oder mit dem langen j, der achtzehnte Buchstabe im Alphabeth. R auf den Ballen, worinn die spanische Wolle gepackt ist, bedeutet die feinste Gattung oder Prime; und auf den Rezepten bedeutet es Recipe, nimm.

Raa, Rere, Antenne, Seegelstange, (Schiffahrt) das lange runde Holz, worauf das Seegel gespannt ist, und am Mast hanget. Es pfleget diese Stange insgemein in der Mitte, wo sie 1/70 der Länge ist, dicker als an den Enden zu seyn; sie hänget am Raack meistens im rechten Winkel am Mast, wodurch ihre Bewegung erleichtert wird. Sie wird mit einem Tau, Wall genennt, erhöhet und herunter gelassen. Das große Besansegel allein hanget schief gegen den Mast. Man hat zur ersten Regel angenommen, daß die große Raa eines Schiffes von 130 Fuß Länge und 45 Fuß Breite, 90 Fuß haben soll. Die Focke-Raa ist kürzer als die große, die Besanraa ist wieder etwas kleiner. Die Raa der Blinde hat ⅔ der großen; die Raa des großen Bramsegels ⅔ u. s. w. alles nach holländischer Art. Jede Raa erhält den Namen von dem Segel, welches daran geheftet ist. Auf den Galeeren, wo sie den dritten Namen Antenne führet, ist sie sehr lang, aus zweyen auch mehr Stücken zusammengesetzt, und stehet schief gegen den Mast.

Raabänder, (Schiffsbau) Stricke von zwey Faden lang. Die Matrosen haben sie immer bey der Hand und am Gürtel hängen; mit welchen sie die Segel an die Raa, die Flaggenstöcke an den Top und sonst alles andre befestigen.

Raa-Beginnen, (Schiffsbau) eine Stange, an welche kein Segel gespannt wird, die nur gebraucht wird, das Kreutzsegel anzuspannen.

Raack, Raackwerk, Fr. Racage, (Schiffsbau) kleine hölzerne Kugeln, als ein Kranz auf ein Tau angereihet wie die Korallen an einem Paternoster, und um die Mitte des Mastes gelegt, gegen die Mitte der Raa, die auf die Raacken ruhet, um die Raa desto leichter zu bewegen, aufzuziehen und nieder zu lassen. Die Raa oder Oberblinde auf dem Bogspriet hat keine Raack, weil sie nicht niedergelassen wird.

Raack Tau, (Schiffsbau) ein Tau, welches die zusammen geheftete Kugeln des Raacks, (s. Raack) so man Stengel heißet, verbindet, und dadurch den Raack bildet.

Raam, s. Rahm.

Raasegel, (Schiffahrt) ein viereckigtes geschnittenes und an einer Raa befestigtes Segel; zum Unterschiede von andern Arten von Segeln. In engerer Bedeutung wird das große viereckigte Hauptsegel an dem Mastbaum das Raasegel genannt.

Rabannen, in Sumatra eine Art Pauken eine Spanne hoch, worauf die Inländerinnen mit der einen Hand spielen, und dazu singen und tanzen.

Rabatten, (Gärtner) die Abtheilungen der mit Blumen oder Unterstäuchern besetzten oder angepflanzten Länder, die nach einer gewissen Ordnung und Größe gemacht, auch wohl mit Buchsbaum, Salbey ec. eingefaßt werden.

Rabelwasser. So wird von den Scheidern das mit gemeinem Wasser geschwächte Scheidewasser genennt.

Rabendukaten, ein ungarischer Schlag von Dukaten, welche der König Mathias Huniades schlagen, und darauf einen Raben mit einem Ringe im Schnabel setzen lassen; zum Andenken, daß er einen solchen Vogel, der ihm einen schmaragdenen Ring von dem Tisch entführet, im Fluge mit dem Armbrust erschossen.

Rabenhütte, Krähenhütte, (Jäger) eine Hütte, wodurch die Raben und Krähen zum Schießen gelockt werden. Sie wird im freyen Felde an einem Hügel in dem Erdboden gegraben, und mit Steinen ausgewölbet, oben auf der Haube mit einem Loch versehen, worein eine Stange gesetzt wird, auf dieser Stange nun wird ein lebendiger Uhu auf einem ausgestopften Hasenbalg befestiget und mit seinen Fängen angefesselt, wornach die Raben stoßen; um die Hütte herum werden dürre Fußsteiger gesetzt, wie um einen Vogelheerd, damit die Raben sich daraufsetzen und auftreten können. Auf den Seiten der Hütte werden Schießlöcher gelassen.

Rabenschnabel, Fr. bec de Corbin, (Huf- und Waffenschmid) ein Hufeisen bey solchen Pferden die nicht gerade auftreten, oder Stelzfüße haben, sondern nur auf den Zehen gehn. Dieses Hufeisen muß bey den Zähen länger seyn als sonsten. Man muß hiebey die Ferse des Hufs sehr niedrig abwirken, doch die Seitenwände nicht aushöhlen, um den Fuß nicht zu schwachen. Das Eisen muß, wenn es Noth thut, wohl zween Finger breit noch vor der Fußzähe vorstehen, und daselbst auch dicker als hinten seyn, damit das Pferd also gezwungen sey, die Bälle beym Auftreten hinab zu biegen, daß die Nerven sich wieder ausdehne.

Rabenschnabel, (Chirurgischer Instrumentenmacher) eine kleine Zange mit einer langen gekrümmten Spitze, Splitter oder andre Dinge damit aus einer Wunde zu ziehen.

Rabenschnabel, Fr. bec de Corbin, 1) (Zuckersieder) ein mit zwo Handhaben und einer Schnauze versehenes kupfernes Gefäß, aus welchem der Sirop ganz heiß in die Formen gegossen wird. 2) Ein eisernes Werkzeug mit einer Spitze, womit der Kalfaterer auf den Schiffen das alte Werg aus den Fugen und Ritzen des Schiffes ziehet, um frisches hinein stopfen zu können. Es hat beynahe die Gestalt eines Hakens.

Rabenquen, s. Krabenquen.

Rabenstein, s. Lochstein.

Rabidognin, (Artillerie) ein altes italiänisches Geschütz, welches anderthalb Pfund Eisen schoß, 36 Kaliber lang war, und 7 Zentner wog.

Rabisch. (Bergwerk) So wurde im 13 und 14ten Jahrhundert das Kerbholz der Bergmeister (s. dieses) im Winterbergischen Bergwerk im Meißnischen genennt.

Rabischaufseher, Rabischmüller, wurde der Steiger eines Berggebäudes genennet, weil er den Anschnitt bewahren mußte, auch die Kerbhölzer in Verwahrung hatte.

Race, (Jäger) bedeutet soviel, als Art, indem man nicht sagt, der Hund ist von guter Art, sondern von guter Race.

Rad, Fr. Roue, ein um eine Achse oder Welle gebauetes rundes Gerüste, welches sich nebst der Welle um den gemeinen Mittelpunkt beweget. Man hat verschiedene Arten der Räder, die nach ihrem verschiedenen Gebrauch auch verschiedene Beynamen führen. Die Mühlenräder sind die gemeinsten, und werden überhaupt in ober- und unterschlächtige Räder eingetheilet. Ueberdem giebt es Kunst- Poch- Kehr- Schwung- Lauf- oder Gangräder; diese werden wieder in Kamm- Stirn- und Schaufelräder eingetheilet. (s. davon jedes an seinem Ort.

Rad, Fr. tour de l'eau qu'elle fait tourner la roue, (Bergwerk) ein Maaß, nach welchem die Bergwasser verliehen werden. Soviel, als durch eine sechszöllige Röhre geht.

Rad, (Glasschleifer) kupferne oder eiserne Scheiben von verschiedener Größe, davon die größten 2 bis 3 Zoll im Durchmesser, die kleinsten aber nur 2 Linien groß sind. Ihre Stirn ist flach, und etwa eine Linie dick; sie sind an einem eisernen Schaft befestiget, dessen Ende kegelförmig ist, welches in die kegelartige Aushöhlung der Spille an dem Werktische (s. diesen) passet. Der Glasschleifer hat dieser Räder eine große Menge von verschiedener Größe. Einige haben scharfe Stirnen, um die Figuren oder die Umrisse derselben vorzuschneiden, andere sind nur flach. Wenn das Rad mit seinem eisernen Schaft, an dessen vordern Ende es senkrecht steckt, in der Spille des Werktisches befestiget ist, und die Maschiene in Bewegung gesetzt wird, so läuft es im Kreise herum, und es muß vornehmlich darauf gesehen werden, daß die Scheibe recht senkrecht an der Spille laufe, und daher auch der Theil der Spille, der aus dem Gehäuse der Maschiene heraus raget, sehr genau wagerecht liegen, und am letztern Orte keine Krümmung haben. Bemerkt der Künstler diesen Fehler, so hält er an der Spitze der Spille in einer kleinen Entfernung ein Stück Kreide, bewegt die Kreide von dem äußersten Ende der Spille nach der Wand des Gehäuses der Maschiene (s. dieses) zu, und drehet zugleich die Maschiene um. Die Kreide bemerkt sogleich die Spille an dem Ort, wo sie krumm ist. Der Künstler steckt alsdenn einen Kerb des Richteisens (s. dieses) an den gekrümmten Ort der Spille, und biegt die Krümmung mit dem Eisen gerade. Wenn die Kanten des Rades durch den Gebrauch stumpf werden, oder die flache Stirne sich abläuft, so steckt der Glasschneider in dem ersten Fall das Rad an die Spille des Werktisches, läßt es vermittelst der Maschiene umlaufen, streicht mit einem eisernen Stift oder Messer etwas Metall neben der Kante ab, und schärfet hierdurch die Kante. Die abgelaufene flache Stirne wird mit einer Feile abgedrehet. Die Scheiben sind von weichem Eisen. Die Räder werden bey dem Schleifen entweder mit feinem Schmirgel mit Baumöl vermengt, oder auch bey gewölbigten Gläsern mit geschlämmten Sande eingerieben. Der Schmirgel wird hiezu in einem Mörser zerstoßen, und auf einem Steine, vermittelst einer eisernen Kugel, so fein wie möglich zerrieben. Von diesem Pulver wird etwas in einen Löffel ohne Stiel geschüttet, und mit Baumöl vermischet. Bey dem Gebrauche hält man den Schmirgel unter das Rad, und läßt solches in dem Löffel einigemal umdrehen, damit sich die Scheibe überall beschmiere.

Rad, (Hüttenwerk) eine Maschiene, um bey dem Waschen der Erze die anhängende Erde von denselben loß zu bringen. Es ist ein hohles und äußerlich mit durchlöcherten Brettern bekleidetes Rad, in welchem verschiedene eiserne Stangen stecken. Wenn nun das Erz in diesem Rade ist und sich beweget, so wird die Erde abgerieben.

Rad am Wagen, s. Wagenrad.

Radachse, die Achse eines Rades, oder der Stiel, woran sich das Rad umdrehet, welche an Kunst- und Hebrädern die Welle genannt wird.

Radarm, Fr. Goujon de la roue à tire l'eau, (Mühlenbau) eine beschlagene Stange, wodurch, wie an einem gemeinen Rade durch die Speichen, der Kranz des Rades an die Welle befestiget wird. Es sind derer zweyerley: Hauptarme, (s. diese) welche auf den Seiten der Welle parallel angebracht sind, und mit dem halben Durchmesser von der Welle gegen den Kranz laufen, und Helfarme, (s. diese) welche zwischen den Hauptarmen angesetzt, und schräge durch die Hauptarme geführet werden. Es sind von jeder dieser Arten vier Paar an einem Kunstrade. An einem kleinen werden nur die Hauptarme gebraucht, und die Helfarme weggelassen.

Rad, bey dem, die Kraft aus dem Durchmesser desselben zu finden. (Mechanik) Wenn man die Kraft des Rades oder der Last aus dem Durchmesser des Rades und der Welle und der Last oder Kraft finden will, und der Durchmesser der Welle, des Rades und der Winkel, unter welchem die Kraft und die Last angebracht ist, gegeben werden, so kann man daraus vor das Gleichgewicht die Last, hingegen aber die Kraft finden, wenn jene Dinge, statt der Kraft die Last gegeben sind: denn man darf nur im ersten Falle zu der Entfernung der Last, der Entfernung der Kraft, und der gegebenen Kraft, im andern Falle aber zu der Entfernung der Kraft, der Entfernung der Last, und der gegebenen Last die vierte geometrische Proportionalzahl suchen. Das ist, im ersten Falle das Moment der Kraft, durch den Durchmesser der Welle, im andern aber das Moment der Last, welches ein und eben dasselbe Moment ist, durch den Durchmesser des Rades dividiren. Im ersten Falle kann man auch den Durchmesser des Rades durch den Durchmesser der Welle dividiren, und den Quotienten mit der Kraft multipliziren, im andern Falle aber den Durchmesser der Welle durch den Durchmesser des Rades dividiren, und den Quotienten dieses Bruchs mit der Last multipliziren. Die Entfernung der Last, oder Kraft, wenn diese unter einem schiefen Winkel zieht, findet man, wenn man aus dem gegebenen Durchmesser des Rades oder der Welle,

Masse, aus dem Winkel, unter welchem die Kraft oder Last zieht, und aus dem rechten Winkel, den die Perpendikularlinie mit der Richtungslinie der Kraft oder Last macht, den Kathetus findet, welcher dem Winkel entgegen steht, worunter die Kraft oder Last ziehet.

Radbrunnen, ein Brunnen, wo das Wasser vermittelst eines Schöpfrades aus der Tiefe gezogen wird.

Rad, das abschützen, Fr. arreter la roue, (Mühlenbau) eine Schütze (s. diese) vor die Oeffnung, durch welche das Wasser aus dem Graben in das Schußgerinne fällt, setzen, damit das Wasser nicht ferner auf das Rad laufe, sondern einen andern Weg nehme.

Rad, das, anschützen, Fr. faire tourner la roue, (Mühlenbau) die Schütze, welche zwischen dem Wassergraben und dem Schußgerinne vor die Oeffnung, wodurch das Wasser in das Schußgerinne fällt, gesetzt ist, wegnehmen, oder in die Höhe ziehen, damit das Wasser in das Schußgerinne falle.

Rädderalbus, Rädderschilling, eine Scheidemünze im Cölnischen, welche beynahe 6 Pfennige beträgt.

Rädderschilling, s. Vorher.

Rad der Wagenwinde, (Windenmacher) ein Stirnrad, welches auf einer gemeinschaftlichen Welle eines Getriebes angebracht ist, und von welchem die Stäcken bey der Bewegung der Winde, in die Zähne der Stange greifen. (s. Wagenwinde) Dieses Rad wird aus einer massiven Scheibe von Eisen verfertiget. Diese Scheibe ist an ihrem Umfange um ⅛ Zoll stärker, als in der Mitte. An diesem Umfange werden die Zähne ausgeschnitten. Diese verschiedene Dicke hat eine doppelte Absicht, theils damit das Rad nicht zu schwer werde, theils aber auch, damit man Raum für die Büchse erhalte, worinn der gemeinschaftliche Zapfen des Rades und des Getriebes läuft. Die Vertiefung des Rades wird mit dem Radestempel (s. diesen) ausgehöhlet, der stets nach einem Kreise bewegt wird, und mit einem Hammer auf seinen Kopf geschlagen. Die Scheibe muß zu dieser Absicht erhitzt werden, und der Umfang nimmt durch das Austreiben der gedachten Vertiefung zu. Nach dem Schmieden bestimmt der Zirkel die eigentliche Größe des Rades. Die Windenmacher haben einen Maaßstab, worauf der Durchmesser der Räder von 16 bis auf 40 Zähnen steht. Der Durchmesser eines Rades, das 24 Zähne erhält, ist 4'' 8'''. Soll das Rad 24 Zähne erhalten, so theilet man den Umfang mit dem halben Durchmesser des Rades erst in sechs Theile, und diese wieder in vier gleiche Theile. Die Hälfte jeder dieser Theile wird mit der Spitze des Radehauers ausgehauen, den man mit dem Hammer treibet, und jeden Zahn mit halbrunden und eckigten Feilen völlig ausbildet. Um den Mittelpunkt des Rades wird mit einem Meißel ein viereckigtes Loch ausgehauen, das eben so groß ist, als der viereckigte Zapfen des Getriebes. Die Kanten des Zapfens werden gegen das Rad mit dem Hammer getrieben, damit das Rad, welches hierauf zu sitzen kommt, fest halte. (s. auch Getriebe 2.)

Rad der Spitzringe, (Nadler) das große 1½ Fuß im Durchmesser haltende Rad, durch welches der Spitzring, worauf die Nadelspitzen abgeschliffen werden, herumgedrehet wird. In dem Felgen dieses Rades befindet sich eine ausgeschnittene Rinne, welche einen Zoll tief ist. Die Krümme der Warze oder des Kurbels ist 1½ Zoll. Dieses Rad steht auf zwey Ständern, (einem Schragen) von Zimmerarbeit. Vierzehn, funfzehn, bis sechzehn Fuß vom Rade steht ein hölzerner Klotz, worauf der Spitzring liegt. Eine Darmsaite, die über die Rolle des Spitzringes von dem Rade geleitet ist, setzt den Spitzring (s. diesen) in Bewegung.

Rade, (Ackerbau) ein Unkraut im Weitzen, das bläulich aussiehet, und ein blaues Mehl giebt. Es läßt sich nicht gut auswaschen, weil es schwer ist, und nicht so wie die Trespe oben schwimmt.

Radearme, s. Radarm.

Radebärge, s. Schiebkarren.

Radebärge, Radewerge, (Gärtner, Ziegler) ein hölzerner mit Eisen beschlagener Kasten, der an einem Rade beweglich ist, daß ein Mensch damit Lasten von einer Stelle zur andern bringen kann. Es besteht dieselbe aus einem beynahe viereckigten nicht so tief als breiten Kasten, von jähem Holz. Von einigen wird er auch der Kastenkarn genannt. Seine beyden Seitenbretter laufen hinten und vorne ausgeschweift zu, da denn die hintern Theile, die eine ziemliche Länge haben müssen, zu Handgriffen dienen, die vordern aber ein kleines Rad, gleich einem gemeinen Schiebebock oder Schiebekarrn, zwischen sich haben, worauf die Radebärge fortgeschoben wird.

Radebock, (Bergbau) ein 15 Zoll dickes Holz, das an jedem Ende auf Schwellen ruhet, die durch Riegel mit einander verbunden werden. Auf diesen Radebock macht man eine 2 Fuß lange Armwelle (s. diese) mit einer 3 Zoll langen und dicken Zunge, die in denselben in eine Nuth passet. In einer Entfernung von 8 Zoll aber macht man unter dieselbe einen Steeg, (s. diesen) und schiebt darunter einen Riegel. Auf diesen Radebock der Radstube wird das Rad eines Wassergöpels, Kehrrads, oder Treibekunst, geleget, wenn man den Bau der Radstube, wegen der vielen Erschütterung, schonen will, und also das Rad nicht unmittelbar auf dem Bau liegen soll. Auch kann man mit vieler Bequemlichkeit, wenn man an dem Zapfen was zu machen hat, die Welle nur unterstützen, und indem man den Riegel heraus zieht, die Armwelle heraus nehmen, so daß man nicht nöthig hat, das Rad durch Hebegeschirr zu heben.

Radebohrer, (Stellmacher) ein Löffelbohrer, womit das Loch der Nabe, nachdem es mit dem Lochbohrer erweitert worden, völlig ausgebohrt wird. Dieser Bohrer macht ein 4 bis 5 Zoll weites Loch. Die Stellmacher bedienen sich gemeiniglich zwey bis drey dergleichen Bohrer, um eine Nabe völlig auszubohren, wovon einer immer größer als der andere ist, damit die Nabe nicht Gefahr laufe, wenn sie gleich mit dem großen Bohrer ausgebohrt wird, zu zerspringen.

Radehacke, Radehaue, (Landwirthschaft) ein Werkzeug von Eisen, vorne mit einer nach der Quere gehenden breiten Schärfe, und hinten mit einem Auge versehen, darinn ein ziemlich langer Stiel steckt. Sie wird zum Urbarmachen, Ausreißen der Wurzeln, und vieler andern Arbeit auf dem Lande gebraucht.

Radehaken, (Grobschmid) ein Haken an einer Stange, mit welchem der Schmid die Radschienen auf die Felgen des Rades bey dem Beschlagen bieget.

Radehaspel, (Bergbau) ein Haspel, der von einem gemeinen Haspel nur darinn unterschieden ist, daß anstatt der Haspelhörner an der Welle eine runde Scheibe oder ein Rad bevestiget ist, an dessen Umfang so viel Stäbe in einer solchen Weite von einander eingesetzt sind, daß eine Person bequem von dem einen bis zum andern langen kann. Mit dieser Art Haspel kann zwar eine ziemliche Last gehoben werden, weil das Rad oder die Scheibe viel mehr Haltung hat, und auch mehr Personen daran gestellet werden können. Allein es fördert nicht so, wie ein Hornhaspel, indem mit Abwechselung der Stäbe mehr Zeit weggeht. (s. Rad mit Spillen)

Radehaue, (Steinbrecher) ein eisernes Werkzeug, oder eine Hacke, mit welcher die Steinplatten aus den Steinbrüchen mit Hülfe der Spitzhaken und kleinen Brecheisen gebrochen werden. Sie ist in Gestalt eines großen Hammers, auf einem Ende mit einer guten Spitze, auf der andern aber mit einer mit dem Stiel in einem rechten Winkel vorhandenen breiten Bahn oder Schneide versehen. In der Mitte derselben ist ein Auge zum hölzernen Stiel angebracht. Die Spitze dieser Radehaue wird in die Spalte jedes Steines gesteckt, und solche damit los gemacht.

Radehaue, s. Radehacke.

Radehobel, (Stellmacher) ein Hobel, mit welchem man auf dem äußersten Rande der Kutschenräder eine Kehle oder Gesimse ausstößt. Er steckt auf zwey vierkantigen Riegeln des Gestelles, läßt sich auf denselben verschieben, und mit zwey Schrauben bevestigen. Ein Querriegel ist auf den beyden langen Riegeln gleichfalls beweglich. Das Hobeleisen ist ein Eisen eines Karnieshobels, und der Hobel ist in der Mitte deswegen gekrümmt, daß damit das Hobeleisen die Felgen erreiche. Beym Gebrauche setzt der Stellmacher die runde Oeffnung des Hobels auf die Nabe des Rades, und diese Oeffnung kann vermittelst des Querriegels nach der Stärke der Nabe verkleinert oder erweitert werden. Das Hobeleisen muß auf dem äußersten Umfange der Felgen zu liegen kommen, und deswegen ist der Hobel nicht nur gekrümmt, sondern auch beweglich, weil ein Rad höher als das andere ist. Beym Hobeln selbst drehet der Stellmacher das Gestelle des Hobels im Kreise herum, und stößt dadurch das Gesimse aus. (s. Spr. H. u. K. Samml. XI. Tab. III. Fig. XIII.)

Radekopf, Radeschere, (Müller) das ausgeschnitten, oder mit einem Einschnitt versehene Holz, in welchem die Radschiene vermittelst ihrer Löcher mit einem hölzernen Nagel verriegelt wird, und dazu dienet, in dem Sichtzeuge (s. dieses) sowohl dem Beutel seine gehörige Spannung zu geben, als auch ihn erschüttern zu helfen.

Rädelkreuzer, ein von dem Kaiser Ferdinand I. geschlagener Kreuzer, auf welchem zwey auf einander liegende Kreuze geprägt sind, deren acht Enden eine kreisförmige Rundung wie ein Rad bilden.

Rädelpfennig, Räderpfennig, Mainzische Pfennige, mit dem Rade, als dem Wappen des Stifts, gezeichnet.

Rademacher, ein Handwerker, der sich blos mit Verfertigung der Wagenräder beschäfftiget, und nur an wenigen Orten ein besonderes Handwerk ausmacht; an den mehresten ist es mit dem Stellmacher (s. diesen) vereiniget, daß beyde die Räder und das Wagengestelle verfertigen.

Radenagel, (Grobschmid) ein starker kampfiger, mit einer breiten viereckigten Platte versehener Nagel, womit die eisernen Radeschienen auf die Felgen der Wagenräder bevestiget werden.

Radensieb, (Landwirthschaft) ein enge geflochtenes Sieb, womit die Rade und anderes Unkraut und Gesäme aus dem Korn gesiebet wird.

Räder, Scheiben, Balle, Blase, (Glashütte) der Mittelpunkt des in Italien, Frankreich und England verfertigten Kronen-Glases, welches aus Scheiben oft von einigen Schuhen im Durchmesser groß geblasen ist, und woran sich die Pfeife bey dem Blasen befindet. Dieser Mittelpunkt, der dicker als das andere Glas der Scheibe ist, ist konvex, und wird aus der Mitte herausgeschnitten, wenn es in Laternen zu sehen. Diese Räder, deren 24 in einem Korbe befindlich sind, und so verkauft werden, kommen selten zu uns.

Räder, Sieb, Fr. un Crible avec un fond de fils de fer; (Hüttenwerk) Ein Sieb, durch welches auf dem Pochwerke das gewaschene Schlich gesiebet wird, und auf dem Räderwerk (s. dieses) angebracht ist. Dieses Räder ist ein 4½ Fuß langer schmaler Kasten, oben und vorne offen, hinten 12, vorne aber 8 Zoll hoch, inwendig hinten 10, vorn 13 Zoll weit. Im Boden ist vorne und hinten ein 8 Zoll breites Brett, der übrige Theil des Bodens ist ein von dünnem Drahte geflochtenes enges Sieb, darüber vorne und hinten ein 8 Zoll langes Brett liegt. Dieser Kasten ist an beyden Enden mit eisernen breiten Bändern umschlagen, und sind noch zwey eiserne Riegel zum Zusammenhalten durchgesteckt. Hinten geht durch den gedoppelten Boden und das eiserne Band ein dicker eiserner 1½ Zoll langer Nagel oder Zapfen mit einem runden Knopf. (s. Räderwerk)

Räderarme, s. Sichtarme.

Räderbaum, (Pochwerk) eine am dicken Ende etwas krumm gewachsene 9 Fuß 4 Zoll lange buchene Stange, welche oben mit breitem Eisen beschlagen, und damit vor der Räderstange an einem Balken bevestiget, mit dem untern Ende aber mit einer kurzen Kette an die Räderstange angehangen ist. (s. Räderwerk)

Räderbock (Hüttenwerk) ein Bock oder Gestell, worauf der Räder, d. i. das Erzsieb steht, wenn man das Erz siebet.

Räder,

Räder der Uhren, Uhrenräder, (Uhrmacher) das Räderwerk, wodurch eine Uhr in Bewegung gesetzt wird. Es giebt derselben, nach den verschiedenen Arten der Uhren, auch verschiedene Gattungen: als Bodenräder, Stundenräder, Minutenräder, Steigeräder u. a. m. (s. davon an seinem Ort) alle Räder der Uhren werden nach folgenden Grundsätzen bearbeitet: 1) vorzüglich muß die Reibung soviel als möglich vermieden werden, daher müssen die Zapfen der Wellen so klein wie möglich seyn, und Theile, die sich unmittelbar berühren, müssen aus Materien von verschiedener Art bestehen. Man weis aus der Erfahrung, daß Meßing und Stahl die mindeste Reibung verursachen, wenn beyde Metalle sich neben einander bewegen. Daher werden bey Stubenuhren die Räder und Zapfenlöcher von Meßing, die Getriebe und Zapfen aber von Stahl verfertiget. Auf eine Uhr, die eine sehr mannigfaltige Zusammensetzung hat, kann man sich am wenigsten verlassen, weil die Mannigfaltigkeit der Theile die Spannung, und also auch die Reibung vermehrt, zu geschweigen, daß sich die Räder oft unter einander in der Bewegung hindern, zumal wenn der Raum sehr enge ist. 2) Die Stücken der Uhr, die sich am schnellsten bewegen, müssen aus der härtesten Materie bestehen. Daher macht man nicht die Räder von Stahl, und die Getriebe von Meßing, sondern umgekehrt, es sey denn, daß das Getriebe das Rad bewegt, und die Bewegung sehr langsam ist, z. B. bey dem Stundenweiserwerk, alsdenn werden beyde Stücke gewöhnlich aus Meßing gemacht. 3) Das Verhältniß der Räder und Getriebe gegen einander muß nicht zu klein angenommen werden, weil sonst die Zähne und Triebstöcke zu klein werden. Die Größe der Platten des Uhrgehäuses und des Bodenrades bestimmen die Verhältnisse der Räder gegen einander. Der Uhrmacher nimt daher ohngefähr die Größe der Räder an, und schlägt mit dem festgesetzten halben Durchmesser der Räder auf einer Platte der neuen Uhr soviel Zirkel, als das Geh- und Schlagwerk Räder erhalten soll; zugleich wird hiedurch die Lage jedes Rades in der Uhr bestimmt. Man kann nach Beschaffenheit des Raumes ab- und zunehmen. Die mehresten Uhrmacher machen zwar nach dem Raum und nach Gutdünken ein Rad nur etwas kleiner, als das nächst vorhergehende, von dem Bodenrade an gerechnet, welches das größte ist. Besser wäre es aber, wenn man ein allgemeines Verhältniß fest setzen könnte. Hartmann in seinem Unterricht von den Uhren verfährt in dem Verhältniß nach folgenden Grundsätzen: Er theilet den Durchmesser des Bodenrades in fünf Theile, wenn die Uhr drey Räder erhalten soll, u. s. w. (s. Proportion der Uhrenräder) Bey einer Pendeluhr von vier Rädern würde also der Durchmesser des Minutenrades vier, des Mittelrades drey, und des Steigerades zwey Theile von den fünf Theilen des Durchmessers des Bodenrades gleich seyn. Oder deutlicher zu reden, wenn man den Durchmesser des Bodenrades als eine Einheit ansieht, so ist des Minutenrades Durchmesser gleich $\frac{4}{5}$, des Mittelrades $\frac{3}{5}$, und des Steigerades $\frac{2}{5}$ dieser Eintheilung. Geschickte Uhrmacher haben diese Verhältnisse bey 24 Stundenuhren durch die Erfahrung bewährt gefunden. Hat aber eine Uhr mehr als drey Räder, so werden bey diesem Verhältnisse die untersten Räder zu groß, und das Steigerad wird zu klein. Die Uhrmacher müssen daher in diesem Falle bloß ihrem getreuen Augenmaaße folgen. Ein festgesetztes Verhältniß der Räder gegen einander wäre das beste, wobey zugleich die Kraft jedes Rades, und die Anzahl seiner Zähne mit in Betrachtung kommen muß, als worinn es die Uhrmacher am öftersten versehen. Große Räder läßt der Uhrmacher sich vom Gelbgießer gießen, und der Guß giebt diesen Rädern schon die Kreuzschenkel. (s. diese) Kleine Räder werden nicht gegossen, denn man kann sie weit leichter aus einem starken Meßingblech schneiden. In beyden Fällen muß die Scheibe, die man bey dem Meßingblech mit einem Zirkel abmißt und ausschneidet, mit einem starken Hammer beynahe um die Hälfte dünner geschlagen werden. Dies gilt insbesondere von den gegossenen Rädern, die durch den Guß nicht selten Blasen erhalten. Man schlägt sie so lange, bis das Meßing nicht mehr nachgiebt. Das Meßing muß aber hiebey nicht ausgeglühet werden, weil es hiedurch, zum Nachtheil der Dauerhaftigkeit des Rades, erweichet. Durch das Schlagen oder Treiben wird die Scheibe ausgedehnt, daher muß ihr Umfang von neuem bestimmt werden. Man bohret in den Mittelpunkt der Scheibe ein Loch nach der Stärke des Wellbaums, worauf das Rad soll befestiget werden. Alsdenn erst schlägt man den Umkreis des Rades mit einem Zirkel. Umgekehrt könnte das gebohrte Loch den Umfang wieder abändern, und das Loch unbrauchbar machen. Der Umfang jedes Rades wird mit dem Kolbenzirkel (s. diesen) beschrieben. Der Kolben desselben wird in das gebohrte Loch des Rades gesteckt. Die zweyte Spitze des Zirkels, die sich in ihrem Loche verschieben läßt, beschreibt den Zirkelkreis. Das Ueberflüssige an dem Umfange der Scheibe wird mit einer großen Feile mehrentheils abgefeilet. Was die Feile noch außerhalb dem Kreise hat stehen lassen, wird auf dem Drehstuhle abgedrehet. Durch das Abdrehen erhält das Rad mit der Welle, worauf es sich bewegen soll, eine gemeinschaftliche Achse, und dies ist unumgänglich nöthig, wenn alle Zähne des Rades mit gleicher Kraft das Getriebe bewegen sollen. Nun werden die Zähne des Rades auf der Theilscheibe (s. diese, wo das Einschneiden beschrieben wird) eingeschnitten. Dieses geschieht nach gewissen Verhältnissen, und nach der gewöhnlichen Regel theilet man den Zahn nebst dem nächsten Zwischenraum in 7 gleiche Theile, und auf die Dicke des Zahns giebt man $\frac{3}{7}$, auf den Zwischenraum $\frac{4}{7}$, und auf die Höhe des Zahns werden $\frac{3}{7}$ gerechnet. Man giebt den Zähnen und dem Zwischenraum eine gleiche Breite.

Räder durch Schnüre herum zu treiben. (Mechanik) Wenn zwey Räder weit von einander, und doch eins das andere bewegen soll, solches aber mit Zwischenrädern und Getrieben allzu kostbar ist, oder auch der Platz solches nicht leiden will, so kann man zwar solches leicht mit Schnüren und Saiten bewerkstelligen. Da sie aber doch,

Loch, wenn sie lang sind, sehr nachgeben, auch darüber weggrutschen, wenn sie etwas starkes thun sollen, so muß man folgendes Mittel dawider anwenden. Man lasse bey dem Drechsler kleine Kugeln, nach Verhältniß des Werks, von gutem Holze machen, durch deren Mitte ein Loch gehet, daß man die Schnur durchziehen, und mit einem Stift vest machen kann. An dem Rande der Welle oder Scheibe müssen hernach solche halbe Zirkel oder Löcher ausgeschnitten werden, daß die Kugeln genau darein passen. Es muß aber beydes auch in der Mitte eine Tiefe haben, darinn die Schnur allezeit liegt. Anstatt der Schnur mit Kugeln kann man auch eine sonderliche Kette machen, und wird allemal, wo ein Ring komt, auf der Peripherie des Rades ein Stift, der drein passet, eingeschlagen. Oder es wird eine solche Kette von Blechen gemacht, daß entweder die erhobenen Gewinde in solche halbrunde Kerben einlegen können, oder Stifte durch die Löcher gehen. Die Schnur oder Kette, welche um den Kranz des einen Rades geht, gehet um die Spule des andern Rades, und setzt folglich, wenn das eine umgedrehet wird, das andere in Bewegung. Auf solche Art können sehr viele Räder hinter einander mit Schnüren in Bewegung gesetzt werden, indem immer eine Schnur über den Kranz des einen Rades, und über die Spule des andern Rades geleitet wird, wobey aber zu merken, daß die Räder immer von abnehmender Größe seyn müssen, um die Last zu erleichtern, und ihr Verhältniß muß genau berechnet werden. Dies Verhältniß oder Vermögen auszurechnen, wollen wir annehmen, daß sechs Räder hinter einander mit Schnüren sich bewegen sollen. Wenn also z. B. über die äußerste Peripherie des 1ten Rades eine Schnur geht, und an solche ein Gewicht von 1 Pfund gehänget wird, so wird solches an der Schnur, die um die Welle oder Spule dieses nämlichen Rades nach dem Umfange des dritten Rades geht, mit drey Pfund inne stehen, weil sich diese Welle gegen das Rad wie 1 zu 3 verhält, oder dreymal kleiner ist; also auch dieses Gewicht wird an der Schnur der Welle des dritten Rades 9 Pfund, an der Schnur der Welle des vierten Rades 16 Pfund, an der Schnur der Welle des fünften Rades 144, an der von dem sechsten Rade 576, und an der vom letztern Rade 2304 Pfund zum Gleichgewicht nöthig haben. Die Rechnung ist also: das Verhältniß des zweyten Rades mit dem Verhältniß des dritten Rades multiplizieret man mit 3, giebt 9, dieses mit dem 4ten giebt 16, und so weiter durch alle Räder, die Quotienten mit 4 multiplizirt, so komt gedachte Schwere heraus. (s. Schl. Schauplatz mechanischer Wissenschaften Tab. XIII Fig. I. II. V. VI. VII und VIII.

Räderfeile, (Uhrmacher) zarte Feilen, womit man die Uhrräder ausfeilet.

Rädergulden, eine am Niederrhein gangbare Art Gulden, deren einer 24 Groschen oder Räderalbus, 64 Albus, 72 Kreuzer, und 768 Heller gilt. 1½ Rädergulden machen einen Speciesthaler.

Räderhammer. (Windenmacher) Dieser ist im Grunde betrachtet ein starker Meißel, (s. diesen) mit einer breiten Schneide, die nach einem spitzen Winkel abgehauen ist, woraus eine kleinere schmale Schneide entstehe, wenn sie die Zähne der Räder aushauen werden.

Rädermacher, an einigen Orten der Name solcher Drechsler, die nur Spinnräder verfertigen.

Räderpfennig, s. Rädelpfennig.

Räderschere, s. Radekopf.

Räderschiene, s. Radeschiene.

Räderschneidezeug, (Uhrmacher) ein Werkzeug, womit die Zähne in die Räder der Taschenuhren eingeschnitten werden. Man kann sie ohne diese Maschiene nicht verfertigen, weil sie feiner als der Zirkel, folglich mit demselben nicht zu theilen sind. Es ist eine englische Erfindung, das vornehmste Stück dieser Maschiene ist die Theilscheibe. (s. diese, wo diese Maschiene näher erkläret wird)

Räderstange, (Pochwerk) eine viereckigte, 14 Fuß lange, und 6 Zoll dicke Stange. Sie steht unter einem rechten Winkel gegen der zweyten Welle des Räderwerks, (s. dieses), und ist an die kurzen Arme zweyer kleinen Docken bevestiget, so daß sie vermittelst derselben hin und her beweglich ist. Durch diese Räderstange wird das Rätter oder Sieb in dem Räderwerk gerüttelt und in Bewegung gesetzt.

Räderstein, eine Versteinerung eines einzelnen Gliedes von einem Seethiere, so rund wie ein Rad gebildet, und in der Mitte durchlöchert ist. Das Thier gehöret zu den Thierpflanzen. Es heißt, wenn es nur in einem einzelnen Glied besteht, Trochites; stehen aber mehr solche Glieder in einer Säule auf einander, so nennt man es Entrochites.

Räderstempel, (Windenmacher) ist weiter in nichts von einem gemeinen Hammer unterschieden, als daß der Umfang der Bahn rund ist, und daß er statt der Finne einen Kopf hat, um ihn mit einem andern Hammer zu treiben, wenn man einen Kreis auf den Rädern verzieren will.

Räder, verschiedener Gestalt. (Mechanik) Es giebt verschiedene Arten von Rädern, die nicht allemal im eigentlichen oder engern Verstande Räder genannt werden, sondern nach ihrer verschiedenen Bauart auch verschiedene Namen erhalten, doch überhaupt Räder genennt werden, weil sie alle sich herum im Kreise drehen lassen. Wenn also z. B. durch die Welle bloße Armen gehen, und dieselbe mit keinem Kranz versehen sind, so kann solche an den Enden der Arme durch Menschenhände bewegt werden, und ein solch Rad heißt denn ein Haspel (s. dieses) liegt bey einem solchen Haspel die Welle horizontal, so heißt es ein Kreuzhaspel. (s. dieses) Sind an diesem statt der Arme an den beyden Enden der Zapfen der Welle zwey Kurbeln oder Haspelhörner, wodurch man den Haspel mit den Händen umdrehen kann, angebracht, so heißt er ein Hornhaspel (s. diesen) bey den Bergwerken, wo er am häufigsten gebraucht wird, schlechtweg ein Haspel. Stehet die Welle senkrecht, so wird es ein stehender Haspel, eine Erdwinde, ein Göpel oder ein Tummelbaum

Wellbaum genannt. Sind endlich vorne auf dem Kranz eines stehenden Rades Handhaben oder Hörner befestiget, und zwar so, daß jedes in einem Durchmesser des Rades stehet, wodurch man dieses Rad drehen kann, oder sind zwischen einem doppelten Kranz eines Rades in einiger Entfernung von einander, Spillen eingesetzt, wodurch man das Rad drehen kann, so heißt es ein Radhaspel. Alle andere mit Kränzen versehene Räder heißen eigentlich schlechtweg Räder, und erhalten noch verschiedene Beynamen. (s. Rad.)

Räderwelle, s. Siebwelle.

Räderwerk, Siebwerk, (Hüttenwerk) eine Anstalt bey einem trockenen Pochwerk oder Stuffpochwerk, wodurch der gepochte Schlich durchgesiebet wird. In diesem Pochwerk geht nämlich, hinter den Stempfeln ein 10 Zoll hoher Kranz mit 12 Stück 8 Zoll langen runden Kämmen versehen, um die Pochwelle herum. Sie stehen 8 Zoll von einander im Umkreise. Bey diesem Kranz lieget in zwo Säulen eine bewegliche 8 Fuß lange Welle, die mit ihren zwey eisernen Zapfen in den Pfannen der Säulen läuft. In dieser Welle steckt ein zwey Zoll breiter dünner Zapfen, welcher von unten in die Kämme bey der Bewegung nach der Reihe eingreift, und von denselben im Umgehen der Pochwelle niedergedrückt wird, und damit die zweyte Welle so weit herumgedreht wird, bis der Zapfen den Kamm verläßt, um sogleich von dem folgenden wieder erfaßt zu werden. Am Ende dieser letztern Welle ist ein dritter, 6 Zoll langer Hebe oder Schiebearm der vor einem Däumling an der Räderstange (s. diese) vorsteht. An dem andern Ende der Räderstange, die beweglich ist, ist ein eiserner Hacken aufgenagelt, woran der Räder- oder Siebbaum (s. Räderbaum) gehängt ist. Auf der Räderstange liegt das sogenannte Räder (wovon dieses Werk den Namen hat) oder Sieb (s. Räder) wo das Räder auf der Räderstange zu liegen kommt, da ist um dieselbe ein breites oben dickes und erhöhtes Eisen mit 1 Zoll weiten Loch gelegt, darein man den Zapfen steckt. Die Rädermaschine ist, so hoch sie ist, mit Brettern umgeben, und gegen die Räderstange über, wo das Räder vorne mit dem offenen Ende aufliegt, ist ein starkes Stück Holz über die Bretter gelegt, welches man an dem Ort, wo das Räder aufliegt, mit 1 Zoll hohem Stück Eisen verwahrt. Wenn man nun den Räderbaum an die Räderstange mit der kleinen Kette hänget, so wird er dadurch stark gebeuget und angezogen, und ziehet also den Däumling an der Räderstange an den Schiebearm der Räderwelle, und damit diese mit ihren Zapfen an die Kämme des Kranzes, und so oft diese die Räderstange zurückgeschoben, so oft ziehet auch der Räderbaum die Räderstange wieder nach sich, daß das Räder auf alle Weise beweget und gerüttelt wird, der Schlich aber dadurch in den Kasten fallen muß. Was noch zu grob ist, fällt vorne am offenen Ende heraus, und wird wieder unter die Pochstempel gebracht. An und hinter dem Räderkasten ist ein anderer, nach der Thüre des Pochwerks zu offener Kasten, darinn der geräderte Schlich geschlagen wird, der daraus in die Hütte Laste, und Rostweise (s. Rost) gewogen wird.

Räderwerk der Papiermühlen, *(Mühlenbau) dieses Räderwerk ist auf folgende Art eingerichtet. Das große Wasserrad wird gewöhnlich an die Welle, welche die Hämmer zum Stampfen hebet, angehangen und befestiget. Dieses ist die deutsche Art. Da man sich aber bey vielen Papiermühlen auch des holländischen Geschirrs bedient, so geschiehet die Bewegung des deutschen und holländischen Geschirrs vermittelst des gedachten Wasserrades. Es wird aber hiezu mehreres Räderwerk erfordert. Das Wasserrad ist 8 Ellen hoch über dem Durchschnitt und hat 32 Schaufeln, jede ist 2 Ellen lang und 1 Fuß breit. Das Stirnrad hat 64 Kämme. Die Trillinge bekommen 32 Stecken. Die Daumenwelle hebet bey einem Umlaufe dreymal, und daher werden die Hämmer 6mal aufgehoben, bevor das Wasserrad einmal umläuft. Das Stirnrad der Wasserradswelle beweget von beyden Seiten die Trillinge auf ihren beyden Wellen, die rechts und links des Stirnrads liegen. Auf der einen Welle sind zwey Kammräder von 16 Kämmen in gleicher Entfernung angebracht, wovon jedes ein kleines Rädchen von 12 Stöcken, welche die Walzen des Holländers umtreiben, herumdrehet, und jede Walze gehet auch 6mal herum, ehe das Rad einmal herum gehet. Auf der andern Welle sind die Daumen angebracht, die das deutsche Geschirr oder die Stampfhämmer in Bewegung setzen. Man kann, wenn man das deutsche Geschirr allein in Bewegung setzen will, den Trilling mit seiner Welle von dem Stirnrad der Wasserwelle durch eine angebrachte Schere vorne an dem Zapfen dieser Welle des holländischen Geschirrs abrücken, das deutsche Geschirr allein arbeiten lassen und mit den Hämmern die Lumpen erst zum halben Zeug (s. diesen) zerfasern lassen, alsdann aber die Hämmer ausheben, den Zeug ausleeren; in das holländische Geschirr bringen, und solches daselbst zu ganzem Zeuge (s. dieses) zerschneiden. Ist der Fluß, der die Mühle treibet, stark genug, so können beyde Geschirre mit Vortheil zugleich arbeiten. Man kann auch alsdann das Wasserrad breiter machen und folglich mehr Wasser darauf lassen. Will man das Räderwerk aber nur einfach oder auch etwas geräumiger erbauen, so darf man nur beyde Wellen weiter auseinander legen, und um das erstere zu erlangen, an jede ein Wasserrad bringen. Erwähnte Wasserräder können, wenn Gefälle genug vorhanden, beyde in einem Gerinne ihren Umgang haben, oder in Ermangelung dessen, in zwey Gerinnen neben einander gehen. An der Welle des deutschen Geschirrs, vorne am Zapfen derselben, werden vermittelst einer Kurbel zwey Wasserpumpen getrieben, welche in einen über 9 Ellen hoch stehenden Kasten das Wasser durch ihre Röhren ausgießen. Dieses läuft sodann aus besagtem Kasten durch zwey Stammröhren herunter in andere unter der Erde liegende Röhren, aus diesen steigt es alsdann wieder in senkrecht stehende Röhren in die Höhe, aus welchen es hernach sowohl in die deutsche als holländische Geschirre, wie auch in den Röhrentrog (s. diesen) nach Gefallen geleitet wird. Die Kurbel an dem andern Ende der Welle treibet den Kolben (s. diesen) in dem Röhrtroge hin und wieder. Dieses geschiehet vermittelst zweyer Wellen, welche oben an der Decke der Papiermühle angemacht sind. An der innern Welle wird die Stange des Rechens an einen Arm durch ein Gewinde bevestiget. In Holland geschiehet das Zermalmen des Zeuges mit einer Walze von Holz oder Metallplatten. Durch dieses Räderwerk wird nun die Papiermühle (s. diese) in Bewegung gesetzt.

Radeschiene, (Grobschmid) eine nach der Breite und Rundung der Felgen eines Rades geschmiedete und durchlöcherte eiserne Schiene, welche mit den Radenägeln auf die Felgen geschlagen, und das Rad dadurch bevestiget wird.

Radeschiene, Rädeschiene, (Müller) ein durchlöchertes Brett an dem Sichtzeuge (s. dieses) einer Mahlmühle, so mit der langen Seite des Mehlkastens parallel laufet, und vermittelst des Radekopfs an einer Spitze der Sichtewelle (s. diese) bevestiget ist. Dieses Brett dienet den Beutel, wodurch das Mehl gesichtet wird, stärker oder schlaffer auszuspannen, nachdem er sich schnell oder langsam bewegen soll. Deswegen hat diese Radeschiene verschiedene Löcher, und ist mit einem hölzernen Nagel in einem ihrer Löcher an dem Radekopf, und dieser an die Spitze der Sichtewelle bevestiget, an welcher in der Mitte die Sichtearme, die den Beutel in sich fassen, bevestiget sind. Verkürzt man nun den hintern Theil der Radeschiene, so wird der Beutel durch die Sichtarme angespannt, weil diese durch das Verkürzen der Rade-Schiene nach der Sichtewelle angezogen werden, und so umgekehrt. (Spr. H. u. K. Samml. XII. Tab. II. Fig. IX. Q R.)

Radestock, (Stellmacher) ein Gestelle, worauf mehrentheils das Rad, wenn es verfertiget wird, ruhet. An jeder langen Seite einer 6 Fuß langen, 2 Fuß tiefen und 6 bis 8 Zoll breiten Grube in der Erde lieget eine 2 Fuß lange Docke, auf jeder dieser beyden Docken ist ein Bulster (s. diesen,) und beyde stehen gerade gegeneinander über. Jeder Bulster läßt sich nach der Breite derjenigen Docke, worinn er bevestiget ist, nach dem Innern des Radestocks verschieben, und ist daher in seiner Docke beweglich eingefalzt. Auf beyden Bulstern, die ausgehöhlt sind, ruhet die Nabe des Rades, wenn die Speichen eingesetzt, oder die Felgen mit dem Langbeil gebohrt werden. Aus dieser Ursach ist auch unter dem Radestock eine Grube in der Erde ausgehöhlet, in welche die eine Hälfte des aufrechtstehenden Rades hineingehet. Die Bulster lassen sich aber deswegen verschieben, weil nicht alle Naben der Räder gleichlang sind. Das Wagenrad kann also, wenn die Nabe auf den Bulstern ruhet, bequem im Kreise umgedrehet, aber auch im erforderlichen Fall mit dem Halter (s. diesen) bevestiget werden. Man steckt nämlich den kurzen Schenkel desselben in ein Loch der Docke neben dem einen Bulster, und der lange Schenkel wird dergestalt gerichtet, daß er über der Nabe des Wagenrades auf der einen Seite stehet, und man treibet den Arm des Halters vest in ein Loch hinein. Dieser Arm klemmt sich hierdurch in seine Löcher des Radestocks und der lange Arm hält die Nabe und das ganze Rad vest. (s. Spr. H. u. K. Samml. XI. Tab. III. Fig. XIX.)

Radestößer, sind an den Ecken der Häuser oder an den Thorwegen aufgestellte oder in das Gebäude etwas eingemauerte Steine, Pfähle 2c. welche verhindern, daß die Wagen im Vorbeyfahren die Mauern oder Aussiehungen des Hauses nicht verderben. Die Seite, wo das Wagenrad antreffen kann, muß schräge ablaufen, daher sie auch wohl keulich oder pyramidenmäßig gemacht sind. Bey den Häusern großer Herren sind oft Kanonenläufte in dieser Absicht eingegraben.

Radetreter, Leute, die zu Halle in den Salzkoten in einem großen, zwölf Ellen weniger vier Zoll hohen Rade gehen und dasselbe treten, wodurch sie eine davon gemachte Welle umtreiben, an welche ein großes Seil gelegt ist, woran zwey große mit Eisen beschlagene Eimer hängen, daß ein Eimer um den andern in den Brunnen gelassen, und voll Sole herausgezogen wird.

Radezange, (Grobschmid) eine große Zange, mit welcher die Radeschienen (s. diese) auf die Felgen eines Rades beym Beschlagen gehalten werden. Es ist eine große Zange deren Kneipen gebogen sind, und wovon die eine an der Spitze einen Widerhaken, und die andere in der Mitte einen Zapfen hat, damit kann die Schiene auf den Felgen gehörig gerichtet werden, indem sie mit dem Haken auf den Felgen nach sich gezogen mit dem Zapfen aber von sich gestoßen werden kann.

Radezirkel. (Stellmacher) Ein Stangenzirkel, womit der Bogen der Felge beschrieben wird, wornach man die innere Rundung der Felge aushauet. Auf einem Fußbrett stehet zu dieser Arbeit ein eiserner Dorn, auf welchen die eine Stange des Zirkels gesteckt wird, indem man mit dem vordern Stachel den Bogen der Felge beschreibet. Da man aber nicht alle Wagenräder gleiche Höhe haben, so sind in der einen Stange verschiedene Löcher, deren Abstand von dem vordern Stachel nach der verschiedenen halben Höhe des Rades bestimmt ist, und nach Beschaffenheit der halben Höhe des Rades wird die Stange des Zirkels vermittelst eines oder des andern Lochs auf den Dorn gesteckt. s. Spr. H. u. K. Samml. XI. Tab. III. Fig. XXIV.

Radefelge, s. Felge.

Radfeuer, Schmelzfeuer, (Schmelzkunst) wenn man einen Schmelztiegel, in welchem die Materie soll geschmelzen werden, in brennende Kolen setzt.

Radförmig schneiden, Fr. tailler en roue (Böttcher) eine Arbeit bey dem Zurichten des Stabholzes zu den Dauben der Tonnen. Der Böttcher schneidet nämlich die eine Oberfläche des Stabholzes halb rund, indem er von jeder Seite des Stabes über die ganze Länge ein wenig abhauet, und in der Mitte eine Erhöhung läßt.

Radfluder, (Hüttenwerk) das Gefluder oder lange schmale Gerinne, durch welches das Wasser auf das Wasserrad fließt.

Radgarn,

Radgarn, (Tuchmacher) in einigen Gegenden, ein grobes wollenes Gespinst, welches auf einem großen Rade gesponnen worden, und woraus, z. B. Futtertuch gemacht wird. Ein daraus gewebtes Tuch wird alsdenn ein Radefanfsiger genannt.

Radgrube, (Mühlenbau) eine in dem Boden der Mühle ausgegrabene Grube, in welcher sich die inwendigen Mühlenräder bewegen.

Rad hängen, Fr. bâter une roue, (Mühlenbau) ein Rad so zugelegen, das ist, nach allen seinen Theilen ausgearbeitet worden, zusammensetzen und in den Stand bringen, daß es das Mühlenwerk in Bewegung setzen kann.

Radhaspel, s. Rad mit Spillen.

Radireisen, (Chirurgischer Instrumentenmacher) ein Werkzeug zu den chirurgischen Operationen, wenn die Hirnschale trepanirt werden soll, womit die Stelle entblößet wird. Es bestehet aus einer stählernen Platte, die auf einen Griff aufgeschraubet ist. Die Platte hat einen runden oder viereckigen Umfang, womit man die Haut abschabet. Sie ist daher auf allen Seiten scharf geschliffen, nachdem sie wie die Klinge eines Messers geschmiedet und gehärtet worden.

Radieren, Fr. Graver à l'eau Forte. (Kupferstecher) Eine Art in Kupfer zu stechen, welche man zur Nachahmung oder vielmehr zur Verbesserung des Kupferstechens erfunden hat, indem sie, mit Vermeidung der Mängel des Grabstichels, alle Vortheile desselben nachahmet. Daher siehet man auch in den schönsten Stücken der Radirkunst der besten Meister nicht jene sklavische Ordnung der Schnitte, welche dem Grabstichel eigen sind, und der Arbeit eine Kälte geben, die ihr Geist und Leben raubt. Im Gegentheil bieten uns radirte Blätter mit ihrer Vermischung freyer Schraffirungen und dem Scheine nach unordentlich hingeworfener Punkte bewundernswürdige Beyspiele des wahren Karakters dar, in welchem historische Kupferstiche gearbeitet seyn wollen. Doch muß mit dem Grabstichel den radirten Stücken nachgeholfen werden, denn dieser macht die Arbeit vollkommner. Die von der Nadel und dem Scheidewasser gemachten Punkte haben eine weniger regelmäßige Rundung, und eine ganz verschiedene Schwärze, und aus der Vermischung beyder entstehet eine geschmackvolle Impostirung. (s. Aetzen, wo die Arbeit beschrieben wird.)

Radiren, wird auch gesagt, wenn man Gedrucktes oder Geschriebenes so vom Papier wegbringen will, daß es gar nicht mehr zu sehen sey, welches mit der Spitze eines feinen Feder- oder Radirmessers geschiehet.

Radiren, auf Eisen und Meßing, erhabene Figuren. Man reibet Blutstein erst mit Wasser, und wenn dieß getrocknet, mit einem guten Firnis ab. Alsdenn malet man damit die verlangten Figuren auf das wohlpolirte Eisen- oder Meßinggeräth, läßt es gut trocknen und wischt das Geschirr mit einem Tuch ab. Hierauf macht man einen Rand um die bemalte Figuren von Wachs, damit das Scheidewasser, welches darauf gegossen wird, nicht ablaufe. Dieses Scheidewasser läßt man gut einfressen, und wenn es genug gewürkt hat, wäscht man es mit Wasser ab. Den ausgefressenen Grund reibt man alsdenn mit feinem Sande, oder pulverisirten Bimsstein ab, hält es über Feuer, daß es erwärme, und läßt in das ausgefressene Metall Gummiasphalt oder gutes schwarzes Siegellack einlaufen, wieder erkalten, und reibet es alsdenn wieder fein gleich mit einem feinen Bimsstein, hernach polirt man das Eisen oder Meßing wieder.

Radiren auf Knochen, allerley Figuren besonders auf Messerschalen, oder auch diesen radiren, oder en bas relief anbringen. Man trägt den weichen Grund (s. Aetzgrund) auf die Schaale, zeichnet die Bilder mit der Radirnadel darauf, daß nur die bildenden und erhabenen Stellen mit dem Grunde bedeckt bleiben. In diese Stellen macht man noch mit der Radirnadel die Schattenstriche. Alsdenn gießt man Scheidewasser darauf, nachdem man zuvor die Schale mit einem Rand von Wachs versehen hat, damit das Scheidewasser nicht ablaufe. Wenn nun die blossen Stellen von dem Scheidewasser weich gefressen, so nimt man das Zerfressene mit einer schrägen starken Radirnadel heraus, streichet eine schöne schwarze Beitze darüber, läßt es trocknen, schmieret es ein wenig mit Oel, und machet hernach den Aetzgrund von den stehen gebliebenen erhabenen Stellen herunter, so erhalten diese Schalen ein sehr gutes Ansehen, denn die erhabenen Bilder haben schwarze Schraffirungen und der Grund ist auch schwarz.

Radirfirniß, harter, (Kupferstecher) die Masse, welche auf die zu radirende Kupferplatte getragen wird. Dieser harte ehedem gebrauchte Firnis wurde aus 10 Loth griechischem Pech, eben so viel Kolfonium, und 8 Loth Nußöl gemacht. Dieses Mengsel mußte zu einem etwas dicken Syrup kochen, sich zu Faden ziehen lassen, ein wenig kalt und durch ein Tuch geseihet werden. Man erwärmte alsdenn die Platte auf einem eisernen Rost, betupfte sie mit diesem Firnis vermittelst der Fingerspitzen, und formirte solchergestalt quer über die Platte punktirte und parallele Linien, man verrieb diese alsdenn mit dem Ballen der Hand, bis der Firnis auf der warmen Platte aller Orten gleich ausgebreitet war, und zuletzt von der Hand einen spiegelnden Glanz erhielt. Hierauf schwärzte oder überräucherte man die gefirnißte Platte (s. Radirfirnis, weicher) damit der Firnis seine durchscheinende Klarheit ablege um darauf radiren zu können. Da man aber mit der Zeit das steife Wesen der radirten Blätter anfieng zu verachten, dagegen aber radirte Blätter von einer freyen und flatternden Zeichnung lieber hatte, wozu denn der harte Firnis nicht tauglich war, so verfiel man auf einen weichen Firnis (s. Radirfirnis, weicher.)

Radirfirnis, weicher, (Kupferstecher) ein Firnis womit heut zu Tage die Kupferplatten zum Radiren überzogen werden, weil er der Nadel besser als der harte (s. Radirfirnis harten) nachgiebt, denn er setzt die Striche kurzer ab, und krümmet und wölbet sie mehr; er giebt aber auch den Sachen ein zierlicheres, wilderes, und also auch nach dem Abdruck der Druckfarbe viel schwärzeres Ansehen. Dieser welche Firniß wird gemacht aus 1 Loth ausgesuchten und zerstoßenen hellen Mastix, und 1 Loth Judenpech. Jedes wird für sich allein zerrieben. Man läßt dann beydes in drey Loth weißem Wachs in einem kupfernen oder glasürten Geschirr über Kolen zerfließen, und rühret die Masse wohl untereinander. Man läßt aber den pulverisirten Mastix erst vom Wachs auflösen und alsdenn das Judenpech mit dem ersten eine halbe Viertelstunde wohl zusammenschmelzen (s. Aetzgrund und Aetzen, wo das nähere sich zeigen wird.) Andre nehmen auch noch wohl Terpentin und Kalfonium dazu, vom letztern mehr als vom Judenpech und von dem ersten eben soviel.

Radirmesser, ein besonderes feines Messer mit einer runden Klinge oder doppelten Schneide, falsch geschriebene Worte oder Züge damit auszuradiren.

Radirmixtur, s. Deckwachs.

Radirnadel, (Kupferstecher) die Nadel oder das spitzige Werkzeug womit derselbe auf dem Aetzgrund die entworfene Zeichnung radirt. Ehedem wurden sie aus starken Nähnadeln auf einem hölzernen Heft befestiget und die Spitze stumpf abgeschliffen gemacht. Jetzt werden sie aus starkem Stahldrathe, weil er eine stärkere Wirkung thut, auf die nämliche Art verfertiget. Ehedem bediente man sich auch einer doppelten Art Radirnadeln. Einige hatten eine lange, andre eine stumpfe Spitze. Mit den ersten radirte man die feinen und mit den zweyten die groben Züge. Anjetzt gebrauchen die Kupferstecher in beyden Fällen die nämliche Nadel, und schleifen die Spitze etwas feiner und länger wenn sie sehr feine Striche radiren wollen. Ueberhaupt bedienen sich die Künstler lieber einer stumpfen Spitze, weil die gar zu feinen Spitzen zu stark in das Metall eindringen und das Scheidewasser verleitet wird um sich zu fressen.

Radirpulver, ein Pulver womit man radirte Stellen der Schreiberey glatt reibet, damit man wieder darauf schreiben kann. Man nimt dazu zu gleichen Theilen Gummi Sandarak, und Os Sepii, welches man zu einem zarten Pulver reibet, auf die Stelle schüttet, solche damit einreibet und wieder glatt reibet. Auch kann man dieses mit Kalfoniumpulver, welches mit Löschpapier aufgerieben wird, verrichten. Auch mit einem an der Wand weiß geriebenen Löschpapier kann man die radirte Stelle reiben. (S. Radiren)

Radirte oder gerissene Kupfer, Fr. Eauxfortes, (Kupferstecher) Kupferstiche, die mit der Radirnadel und dem Scheide- oder Aetzwasser verfertiget werden. (s. Radiren.)

Rad, liegendes, (Mechanik) wenn ein Rad mit dem Horizont einen schiefen Winkel macht, oder auf ihm senkrecht steht.

Radlitz. In einigen Gegenden in Sachsen, die Benennung des Haltenpflugs oder Rührhakens (s. diesen.)

Rad mit Spillen, Radhaspel, (Bergwerk) womit anstatt eines Berghaspels die Kübel aus den Schächten und Stollen gezogen werden. Zu diesem Behuf macht man ein Gevière mit seinen Haspelstützen über den Ziehschacht. Man macht einen Rennbaum der 10 Zoll dick ist, an denselben wird das auf folgende Art verfertigte Rad mit Spillen befestiget: man macht nämlich aus sechs Stücken sogenannten Krümmlingen (s. diese) oder Felgen zwey Kränze. Diese Felgen müssen im äußern Zirkel 6 bis 7 Fuß im Diameter haben, 3 Zoll dick und 6 Zoll breit seyn, da wo sie zusammenstoßen 1 Fuß lang über einander geblattet, und mit ¾ Zoll dicken hölzernen Nägeln zusammengenagelt werden. In der halben Breite dieser Kränze aber im Kreis herum, in einer Entfernung von 1 Fuß bis 16 Zoll von einander, werden 1¼ Zoll weite Löcher gebohret. Alsdenn macht man aus 3 Zoll dicken und 6 Zoll breitem Holz drey einfache durch die Wellen gehende Arme, die so lang sind, als das Rad hoch ist. An sechs Stellen in gleich weiter Entfernung schneidet man aus dem Kranz drey Zoll tief und 6 Zoll lang, also so dick und breit als der Kranz ist, das Holz heraus, so wie auch aus der breiten Seite der Arme, damit man in diesen Einschnitt den einen Kranz von dem Spillenrade legen könne. Daß aber kein Arm über den andern vorstehe, sondern alle in einer durch die Mittellinie der Breite der Arme gedachten seigern Fläche stehen, schneidet man diese Arme in der Mitte also übereinander ein, daß sie nicht vorstehen, sondern in gedachter Fläche einstehen. Außerdem bohret man an den Enden der Arme, da, wo sie auf dem Kranz liegen, drey ¾ Zoll weite Löcher durch sie und den Kranz. Alsdenn macht man noch drey Arme, damit zwey auf diese, und zwey auf die andere Seite des Rades kommen. Wenn an dem Rade nur ein Haspelknecht ziehen soll, so macht man dasselbe im Lichten nur 1 Fuß und 4 Zoll; hingegen aber 2 Fuß und 6 Zoll weit, wenn zwey Mann drehen sollen. Nun bestimmt man auf dem Rennbaum den Kreis, worein die Mitte des Rades fällt, so, daß solches nur 1 Fuß 8 Zoll von der Haspelstütze entfernt ist, um noch für die Armlöcher in dem Rennbaum Raum zu behalten. Auf der Stelle selbst aber schnüret man die Löcher zu den Armen des Rennbaums, und steckt die Arme ein, die man mit vierecktigen Schlußkeilen versiehet, daß sie bey dem Anschlagen des Rades fest in den Rennbaum getrieben werden können. Endlich macht man Spillen von 1¼ Zoll dick, die so lang sind, als das Rad mit den Boden oder Kränzen gemessen weit ist. Denn bringt man die Haspelstützen, und schlägt das Rad auf; man nagelt nämlich die durch die Welle gesteckte und fest gekeilte Arme mit hölzernen ¾ Zoll dicken Nägeln an die Kränze, und keilet die Arme und Spillen fest zusammen. Zuletzt umwickelt man den Rennbaum mit einem 1 bis 1½ Zoll dicken Seil, und schlägt einen zweymännigen Kübel oder eine Tonne daran, deren jede 3 Zentner enthält: so hat man ein Radhaspel mit einem Spillenrade fertig. Um aber die Tonne oder den Kübel aufzuhängen, und durch Drehen auf die Seite setzen zu können, so macht man an den Schacht in das Mittel des langen Stoßes einen Tummelbaum, der oben und unten in einer Spur beweglich ist, und einen beweglichen Hebel hat. Um aber auch das Rad zu hemmen, daß es still stehen könne, wenn die Tonne heraus ist: so macht man auf jeder Seite an den Boden, worauf die Haspelknechte stehen, eine in einem Gewinde bewegliche, schräge, in die Höhe stehende eiserne Stange mit einem Haken, der über die Spillen des Rades greift, und über eine solche Spille fällt, wenn man mit dem Zehen einhält, und einer an ihm befestigten Kette, die in der Höhe eines Mannes eingekrampet aufhänget. Damit auch bey dem Ausheben der Tonne, wenn solche in einer Schlinge hängt, der Haspel zurück gehen, und sich das nöthige Seil abwickeln könne, so macht man an jedem Haken einen Zug, der wie ein Schnellenzug beschaffen ist, wodurch man denn, während dem, als man mit der Brust die in den Hebel gefaßte Tonne hält, den Haken in die Höhe ziehen, und den Zug in einen Nagel krampen, nachdem aber die Tonne ausgestürzt, den eingekrampten Haken los machen, und durch seine Kette anhängen kann. Einen solchen Zug macht man aber nur in dem Falle, wenn man einmännig fördert, weil, wenn zwey oder mehrere fördern, ein Haspelknecht den Haken aus- und mit seiner Kette aushängen kann, wenn der andere den Kübel abnimmt. Mit einem solchen Radhaspel, oder Rade mit Spillen, kann man 3 Zentner bis 20, 30 und mehr Lachter tief fördern. Macht man das Rad nur 1 Fuß 2 Zoll im Lichten weit, und will doch zweymännig fördern, so muß man auf beyden Enden des Rennbaums ein dergleichen Rad anbringen. Es ist aber besser, wenn man nur ein Rad im Lichten 2 Fuß 6 Zoll weit macht, weil der Rennbaum alsdenn weniger schwer wird, folglich die Maschine leichter zu bewegen, und bey dem Zapfen weniger Friktion ist. Wenn man zwey Räder von 2 Fuß 6 Zoll groß an den Rennbaum anbringt, so hat man einen viermännigen Radhaspel, und bey diesem kann man den Baum 1 Fuß 6 Zoll dick machen. Man kann auch die Räder außerhalb der Haspelstützen anbringen. In diesem Falle aber muß man den Rennbaum an dem einen Ende unterbrechen, und mit einem Zapfen verbinden, der, damit er sich in dem Rennbaum nicht drehen möge, mit zwey Blechen und etlichen eisernen Ringen an diesen Blechen versehen werden muß. Man thut wohl, wenn man diesen Haspel, die Räder mögen innerhalb oder außerhalb der Haspelstützen stehen, so einrichtet, daß der Rennbaum in der Höhe eines Mannes liegt, weil alsdenn die Schwere des Körpers mit wirken kann. (s. Cank. erste Gründe der Salz- und Bergwerkskunde Theil VII. Zweyte Abtheil. Tab II und III.)

Radscheibe, (Schiffsbau) ein Rad auf den Schiffen in Gestalt einer Scheibe, welches in dem Blocke eingefaßt ist, und damit, vermittelst des darüber gehenden Seils, Lasten auf und nieder gezogen werden.

Radschlagen, (Jagd) wenn das Birkengeflügel sich zur Balzzeit recht lustig macht, und der Hahn auf dem Platze in einer Scheibe herum läuft und schleift.

Radspeiche, s. Speiche.

Radsperre, Wagensperre, eine Kette mit einem Haken, der an die Räder gelegt wird, das Umlaufen derselben an steilen Orten zu hindern. (s. Hemmkette)

Rad, stehendes, (Mechanik) wenn ein Rad mit dem Horizont parallel liegt.

Radstube, (Berg- und Mühlenbau) das Haus, worunter das Rad eines Göpels, Kehrrades oder Treibekunst zu liegen kommt. Wenn diese Radstube in einem Bergbau über Tage oder in der Grube nahe am Schacht zu liegen kommt, so steckt man die Mittellinie des Wellbaums parallel mit den langen Stößen des Treibschachtes ab, so daß die Rollen, worüber die Seile liegen, gerade über den Treibeschacht kommen. Wenn hingegen die Radstube nicht gleich an dem Schacht zu liegen kommt, sondern vor dem Schacht noch ein besonderer Korb (s. diesen, Bergbau) stehen muß, so steckt man von einem Korbe bis zum andern die Gestängelinie, d. i. die Linie, wo das Gestänge (s. dieses) liegt, parallel mit den kurzen Stößen des Schachtes ab, so daß die Seile den Treibschacht in drey Theile theilen. Man steckt winkelrecht gegen die Achse der Welle des Rades, die Radstube mag nahe oder weit vom Schacht liegen, ein Oblongum ab, das auf jeder Seite 3 bis 3½ Fuß länger und breiter ist, als der Durchmesser und die Breite des Rades. Von den andern beyden Seiten steckt man 3 bis 4 Fuß ab, und zieht durch alle diese Eckenpunkte einen Bogen, so ist die innere Figur der Radstube, die sich, da sie gewölbeförmig ist, nicht so leicht zusammendrücken kann. Um diesen Grundriß führet man eine 3 oder 3½ Fuß dicke Mauer, so hoch, als das Rad ist, auf, und schließt sie in der Grube oben mit einem Tonnengewölbe; über Tage aber setzt man darauf ein Dach. Zuweilen setzt man auch auf eine am Tage liegende Radstube ein hölzernes Stock, und bauet solche nur so tief, als das Rad in der Erde liegt, von Mauer. Auch bauet man die Radstuben, die in der Grube stehen, oft von Holz, allein diese verfaulen nicht nur gern, sondern die Wände schwenken sich auch gern, weil sie keine Quer- oder Spannbalken haben. Ist das Erdreich bey einer Radstube sehr sumpfig, so machet man, nach der Gestalt der Radstube, aus 1 Fuß dickem Holze einen Rost, und legt solchen nöthigen Falls auf eingerammelte Pfähle. Hat man aber zu befürchten, daß das Wasser durch das Gestein in die Grube fallen möchte: so stampft man auf die Sohle der Radstube 1½ Fuß hoch Letten, auf diesen aber legt man in der Entfernung von 4 Fuß Grundsohlen, und auf diese lange Balken, so daß einer an dem andern liegt. Auf dieses Fundament nun mauert oder stellet man die hölzerne Radstube, zugleich mauert man 8 Zoll dicke und breite eichene Pfosten, die 4 Fuß hoch sind, inwendig in die Mauer mit ein, und beschlägt (belegt) diese mit Bohlen, damit die Mauer nicht unterwaschen werden kann. Hinter die Mauer hingegen stampft man auf 4 Fuß hoch noch 1½ Fuß dick Letten, und stopft die Fugen des Holzes in der Radstube, die man mit Latten vernagelt, mit Moos oder Werg aus. Nun wird die Maschine selbst gebauet. (s. Göpel u. s. w.)

Radstuhl, Fr. le pied, ou la base de la roue, (Bergwerk, Mühlenbau) das Gerüste, worauf ein Kunstrad gelegt wird.

Radebeer, Wagentheer, Schiffstheer, (Theerschweler) der dunkle oder schwarze Theer, der bey dem Brennen nach dem reinen dünnen Theer erscheint, bald dicker oder dünner, bald dunkler oder heller ist, und in Tonnen eingethan wird. (s. Theerbrennen)

Radersumpf. (Mühlenbau) So nennt man an einigen Orten die Tiefe, welche das von allen Fändern mit Gewalt hinausschießende Wasser aushölet.

Radwasser, ein, (Mühlenbau) ist soviel, als zum gehörigen Umtrieb eines Kunstrades erforderlich, und wenigstens soviel, als eine sechsbohrige Röhre fassen kann.

Radzapfen, Fr. Tourillon, (Bergwerk, Mühlenbau) ein cylinderförmiges Eisen, welches an dem Ende eines Gerüstes, das sich um seinen Mittelpunkt bewegen soll, befestiget und eingezapfet wird. Weil an beyden Enden dergleichen seyn muß, so ruhet das Gerüste darauf, und da die Zapfen rund sind, so läßt sich die Maschine desto leichter um den Mittelpunkt bewegen.

Raae in Ketten fangen. (Schiffahrt) Wenn sich ein Schiff zum Treffen bereitet, so wird die große Fockenraae mit eisernen Ketten oben unter dem Mastkorbe vest gemacht, damit selbige vom Feinde nicht alsobald kann abgeschossen werden.

Rafinade, (Zuckersiedereien) heißt man allen Puderzucker oder Moscovade, wenn sie ins Reine gebracht, geläutert, und Zuckerhüthe daraus gemacht werden. Doch nennet man im engern Verstande auch eine Gattung Zuckerhüthe schlechtweg Rafinade, welches eine der besten Gattungen andeutet. (s. Zucker raffiniren)

Rafiniren, Raffiniren, Refeniren, Fr. Rafiner, heißt im Deutschen soviel, als läutern, reinigen, fein machen, wodurch verschiedene Dinge aus dem Pflanzen- und Mineralienreiche, besonders der Zucker, (s. Zucker raffiniren) gereiniget werden.

Rafiniren des Goldes, s. Reinigen des Goldes.

Rafiniren des Zuckers, s. Zucker rafiniren.

Raffle. Fr. Eine französische Erfindung eines sehr nützlichen Fischergarns, welches alles mit sich nimt, worauf es nur fällt, und daher den Namen Raffle erhalten hat. Es bekomt dieses Garn eben eine solche Rundung, als das Koffergarn. (s. dieses) Ist der Koffer fertig, so muß man kleine Stecken von weichem und sich biegenden Holze, von solcher Länge, als es die Weite des Koffers erfordert, haben, dieselben als Faßreifen um das Garn biegen, und vest anbinden, davon der eine bey dem Eingange an der Reihe und demjenigen Ort, wo die Doppelmaschen gemacht, zwey in die Mitte, und einer an das andere Ende kömt. Die Eingänge im Wasser offen zu halten, geschieht mit vier Bindfäden. Denn wenn die Eingänge an den Enden 24 Maschen in der Rundung haben, so werden sie in vier Theile getheilet, damit sechs Maschen auf einen Theil kommen. Hierauf bindet man in der Mitte der ersten Maschen einen Faden an, wozu noch eine Reihe Maschen eines Zolls weit kann gestrickt werden. Jedoch ist zu merken, daß diese Reihe nur fünf Maschen haben muß. Nach diesem schneidet man den Faden wieder ab, und bindet ihn an die ersten Maschen dieser letzt gestrickten Reihe. In der letzten, die gleich auf diese Reihe folgt, sollen nur drey Maschen, und durch dieselben ein Bindfaden gezogen seyn, daran sich diese drey Maschen auf- und zuziehen lassen, welchen Bindfaden man alsdenn etwas geräumlich zusammen binden kann. Wie man diesen Theil gemacht ist, so müssen die andern drey auch gemacht seyn, und wenn alle viere beysammen sind, so läßt man den vordersten und hintersten Reifen von zwo Personen, die den Koffer zugleich anziehen müssen, halten, darauf bindet man die vier Bindfäden gleich weit von einander an den gleich über stehenden Reif, damit diese zwey Eingänge allezeit ganz straff und stark ausgespannt, und die Oeffnung einen Fuß weit seyn könne. Diese Oeffnung muß einen Bindfaden haben, daß man solche auf- und zuziehen kann. Nach diesem nimt man einen langen doppelten starken Bindfaden, welchen man um die andern Bindfäden herum legen muß, auf daß, wenn man die Raffle aus dem Wasser ziehen will, solche nur an dem starken Bindfaden, welcher im Aufheben die andern alle verschließt, damit nichts heraus springen könne, ergriffen werde. Wenn nun also der Koffer der Raffle fertig ist, so werden die Flügel auf folgende Art daran gemacht: Man nimt nämlich einen geweiteten Strick eines kleinen Fingers dick, welchen man unten an das Garn nähet, oder man zieht diesen Strick durch 3 oder 4 Maschen hindurch, und macht zwey Knoten an den Strick, dann wieder drey Maschen, und abermals zwey Knoten, welches bis ans Ende fortgesetzt wird. Alsdenn müssen drey bis vier Stücken Bley an den Bindfaden angehangen werden, und wenn der Strick an das Garn angebunden ist, nimt man etliche Stück viereckigtes Pantoffelholz, oder anderes Floß, jedes drey bis vier Zoll groß und einen Zoll dick, welche in der Mitte durchlöchert seyn müssen, damit sie an einem andern Stricke von 6 zu 6, oder 9 zu 9 Zoll weit können angebunden werden. Ueberdies wird das Garn ebenher wie das andere unten her genähet, doch so, daß von besagtem Stricke unten und oben ein Ende von drey bis vier Fuß lang herab hänge, als woran die Stangen, wenn die Raffle soll gerichtet werden, angebunden werden. Diese Stangen, deren man 5 bis 6 haben muß, müssen gerade, stark, unten bey dem dicken Theile zugespitzt, und nach der Tiefe des Orts 8 bis 10 Fuß lang seyn. So muß auch alles Schilf und Gras an dem Orte, wo man die Raffle stellen will, abgeschnitten werden, damit man das Garn ohne Hinderniß richten kann. Dann nimt man eine von den Stangen, bindet die Flügel des Garns daran, und zwar den untern Theil, woran die Bleystücken hängen, an den dicken Theil der Stange, das Seil aber, woran die Flöße sind, an den dünnern Theil, und zwar so weit von einander, als der Fluß tief ist. Wenn nun die Stangen nach einander angebunden sind, so giebt man ein Ende von einem Seil dem andern Gehülfen, so jenseits des Ufers

stehen

stehen muß, welcher das Garn ebenfalls an den Stangen vest anbinden, und die Stange ganz zunächst an dem Ufer mit dem dicken zugespitzten Theil in des Wassers Grund, die andere Stange aber gerade gegen über einschlagen muß. Dann wirft der eine das Ende von seinem Seil wieder herüber, und der andere muß den Garnflügel, wie bey dem ersten geschehen, zurück werfen, darauf beyde das Garn mit den Stangen wohl anziehen, und ein jeder eine Stange an dem Ufer stark und vest einschlagen muß. Wenn nun das Garn gespannt ist, so muß das Ende von dem verborgenen Bindfaden wohl unter dem Wasser verborgen werden. Dann nimt man eine Stange, die an dem einen Ende eine Zwiesel (Gabel) hat, und breitet das zuvor abgeschnittene Gras überall auf dem Garn aus, damit es nicht gesehen werde, und die Fische auch bey heißem Sonnenschein einen schattigen Ort finden mögen. Dieses also gerichtete Garn bleibt so zwey oder drey Nächte in dem Wasser stehen, da sich denn eine große Menge Fische, wenn anders welche vorhanden sind, darinn fangen. Wenn man es nun aus dem Wasser heben will, so muß man an jedes Ende der Garnflügel ein Seil anbinden, und also nach und nach anziehen, dennoch aber den Bindfaden, welcher die eine Oeffnung verschließt, vest halten, damit die eingeschlossenen Fische nicht wieder heraus kommen; denn dieser Bindfaden ist bloß der Fischdiebe wegen erfunden, daß wenn solche die Raffle heraus ziehen, in Meynung, die gefangenen Fische zu erwischen, diesen Bindfaden aber nicht gewahr werden, die Fische, indem sie die Raffle herausziehen, wieder entwischen. 2) Raffle ist auch ein Essen von in Scheiben geschnittenem, gewürztem, zusammengerolltem und mit Bindfaden gebundenem Rindfleisch, welches mit Wein, Wasser und Bollen in einem Topf bey 6 Stunden schmoren oder dämpfen muß.

Räge, Räge machen, (Jäger) etwas von dem Wild aussprengen.

Rahm, Raam, Milchrahm, Rohm, Sahne, Schmant, (Landwirthschaft) der beste fette Theil der Milch, der sich oben auf derselben setzet.

Rahm, (Tischler) 1) im weitläuftigen Verstande alle hölzerne Einfassungen, als **Fensterrahmen, Tuchrahmen, Nährahmen,** und so weiter. 2) Im engeren Verstande heißt ein Rahmen, der Rand oder die Einfassung eines **Spiegels, Schilderey,** u. s. w. wovon denn derselbe auch einen Beynamen erhält, als Spiegelrahmen, Bilderrahmen u. s. w.

Rahmbaum, (Baukunst) Bäume, d. i. starke, runde Hölzer, welche quer durch die Feuermauer gehen, um das Fleisch, welches man räuchern will, daran zu hängen. Kömt her von Rahm (Ruß). In einigen Gegenden wird er auch der **Wiemen** genannt.

Rahmborden, (Weber) So werden die horizontalen Faden eines Zugstuhls genannt, die zusammen den **Rahm des Weberstuhls** (s. diesen) ausmachen.

Rahm des Leinendamastweberstuhls. Bindfäden, die horizontal über dem Stuhl zum Leinendamast angebracht sind, deren Anzahl mit der Anzahl der **Cymbel-** oder **Zampelschnüre** (s. diese) übereinstimmt. Denn jede Zampelschnur zieht eine Rahmschnur, und diese ihre damit verbundene **Aufholer** mit den **Häcken,** (s. beydes) worinn die Kettenfaden eingezogen sind, und das übrige zur Bildung des Damastmusters beytragen. Alle Rahmschnüre sind an einem Stabe ausgebreitet angebunden, und dieser Stab ist an der Wand der Werkstätte mit einer Schnur bevestiget. An jedem Bindfaden des Rahms ist ein Auge von Zwirn, und an solches Auge wird eine **Rote** des **Zampels** angeknüpft, folglich hängt jede Zampelrote mit einer Rahmschnur zusammen. Das andere Ende jeder Rahmschnur, das nicht bevestiget ist, geht über eine Rolle des **Tabulets,** (s. dieses) das auf einer geneigten **Treck-** oder **Ziehleiter** liegt, und kurz unter den Rollen sind an jeder Rahmschnur 1, 2, auch mehrere **Aufholer,** je nachdem das Damastmuster groß oder klein ist, angebunden. So vielmal als das Muster in dem Damast nach der Breite gewebet werden soll, eben soviel Aufholer werden auch an eine Rahmschnure angebunden.

Rahm des Pergamentmachers, der Rahmen, worinn die Pergamenthaut ausgespannt und völlig zubereitet wird. Er ist aus vier starken Latten zusammen gesetzt, und von Mannshöhe. In jedem Rahmholze stecken verschiedene hölzerne Pflöcke, die einen vierkantigen Kopf haben, und sich in ihren Löchern umdrehen lassen. Um jeden Pflock wird eine Schnur, die an der Pergamenthaut angebunden ist, umgewickelt, und jeder Pflock wird mit einem eisernen Schlüssel oder Riegel angezogen, und dadurch die Haut an allen vier Seiten des Rahms ausgespannet.

Rahm der Tuchmacher, Tuchrahm, (Tuchbereiter) der Rahmen, woran das fertige Tuch ausgespannet und völlig zubereitet wird. Dieser Rahm besteht aus verschiedenen Abtheilungen oder Schlägen, die 9 bis 10 Fuß lang sind, und der ganze Rahmen muß überhaupt länger seyn, als das Stück Tuch. Er besteht aus Säulen, die durch unbewegliche Rahmstücke oberwärts vereiniget werden. Jede Säule machet einen Schlag oder Abtheilung des Rahms aus, und in jedem Schlag (Fach) liegt unten eine Scheide oder bewegliches Stück, so an beyden Enden durch ein Gewerbe oder Zapfen in die Falze einer Säule eingezapft ist, so daß sie nach Beschaffenheit zwischen den Säulen hinauf und hinab geschoben werden kann. Denn sowohl in den Gewerben der Scheiden, als auch in den Säulen, sind Löcher durchgebohrt, in welchen die Scheibe bevestiget wird. So wie dieses in einem Schlage geschieht, so geschieht solches auch in allen andern folgenden Schlägen der Länge des Rahmens nach, wenn das Tuch ausgespannet wird. Die vorderste Säule heißt die Herrsäule, die am Ende des Rahmens aber die letzte Säule. An dieser letztern Säule ist ein Strick mit einem Brett bevestiget, so man **Klavierblanke,** (s. dieses) nennt, von deren Haken, die sowohl an dieser, als an der Herrsäule und den Scheiden bevestiget sind, und **Klaviere** heißen. Zwey benachbarte Klaviere sind nicht weit von einander entfernet. An diesen Rahmen wird nun ein Stück Tuch naß von dem Rauhen folgendergestalt bevestiget und angeschlagen: das Mantelende (s. dieses) des Tuchs wird nach seiner Breite an die Klawiere der Hettsäule, das letzte Ende aber an die Klawiere der Klavierblanke eingehakt, so daß das Tuch nach seiner ganzen Länge zwischen der Hettsäule und der Klavierblanke ausgespannt ist. Der Strick nebst dem Brette wird stark angezogen, wodurch man das Tuch ausdehnet, und ihm seine bestimmte Länge giebt. Wenn man das Tuch zu sehr ausspannet, so läuft es nachher beym Tragen ein. Und so wird es auch nach der Breite ausgedehnet, indem man es mit einer Saalleiste in die Klawiere des Rahmstücks, und mit der andern Saalleiste in die Klawiere der Scheide einhakt. Der Nagel, der die Scheiden mit den Säulen des Rahms vereiniget, wird ausgezogen, und die Scheiden hängen nunmehr bloß an dem Tuch. Man legt der Tuchbereiter auf die Scheide des Rahms an einer Seite einen Stellklotz, (s. diesen) steckt auf der innern Seite der Säule einen Stellnagel in ein Loch, deren es verschiedene über einander an der Säule giebt, legt einen Baum, der Breitbaum genannt, dergestalt auf den Stellklotz, daß er seine Spitze oberhalb an den Stellnagel anlehnen kann, und drückt mit dem Breitbaum die Scheide hinab. Hierdurch wird das Tuch bis zur bestimmten Breite ausgedehnet, und wenn dieses geschehen, so steckt man durch das Loch des Gewerbes und durch die Säule einen Nagel. Auf solche Art wird nun das Tuch an jeder Seite der Scheide ausgedehnet, außer daß man in der Folge zwey benachbarte Scheiden zugleich auf die vorige Art hinabdrückt. Der Rahm also bestimmt die Länge und Breite des Tuchs, und schafft zugleich alle Runzeln und Falten weg. An den Säulen des Rahms ist das Ellenmaaß angeordnet, wornach sich der Tuchbereiter richtet. (s. Tuch bereiten, auch Spr. H. u. K. Samml. XIV. Tab. V. Fig. III.

Rahme, Gatter, (Mühlenbau) ist das Gestelle, worein die Sägen auf einer Sägemühle gespannt werden. Man hat eine einfache und eine doppelte, auf dieser werden reine Bretter geschnitten, und sie schneidet in jeder Rahme zwey Blöcke, dagegen die einfache nur in jeder Rahme einen Block, ohne vorher die Splinten abzuschneiden, sogleich in Bretter zerschneidet. Der inwendige Raum zwischen den Spannhölzern, wozwischen die Sägen gehen, in den doppelten Rahmen, ist gemeiniglich von 6½ Fuß. Die Breite richtet sich nach dem Holze, welches geschnitten werden soll, und ist gemeiniglich in der Hälfte, wo die Bretter geschnitten werden, von 2 Fuß 10 Zoll, bis 3 Fuß im Lichten; hingegen in der Hälfte wo die Schwartstücke beschnitten werden, nur 1 Fuß 9 Zoll bis 2 Fuß im Lichten breit. Der Ständer, der in der Mitte diese Abtheilung machet, ist 5 Zoll dick. Gemeiniglich wird die Breite der Rahmen im Lichten, innerhalb dem Ständer mitgerechnet, von 5 auch bisweilen nur 4½ Fuß gemacht. Einen halben Fuß unter dem untersten Spannholze wird die Rahm-Welle eingesetzt, welche genau 1 Fuß im Quadrat dick und von Eichenholz ist; sie bekommt von jedem Ende 2 eiserne Ringe, unter den äußersten Ringen werden die metallenen Unterlagen gesetzt, in welche nachgehends, wenn die Zapfen schon eingericht sind, sowohl eiserne als hölzerne Keile eingeschlagen werden. Die Zapfen dieser Welle werden 1½ bis 2 Zoll im Diameter dick gemacht, hinten mit einem Haken, und von 1½ bis 2 Fuß lang. Von der Rahmwelle bis zum untersten Ende der Seitenstücken der Rahme bleibt noch 1 bis 2 Fuß Holz übrig. Damit hier von der Durchflammung für die Unterlagen, (s. diese) wo die Zapfen der Wellen zu liegen kommen, keine Spaltungen entstehen, so werden diese Enden mit runden eisernen Ringen versehen. Die Seitenstücke werden gegen das Zentrum der Rahmwelle durchgeflämmet, sowohl von dem Mittelpunkt, als nach unten zu 7 Zoll, worin die Unterlagen zu liegen kommen, so daß die ganze Ausflammung 14 Zoll ausmacht. Die ganze Höhe der Seitenstücke des Rahmes ist 19 bis 20 Fuß; und da der ganze Rahme von diesen Seitenhölzern zusammen gehalten wird, so müssen sie von dem untern Ende 3½ auch länger, und 10½ bis 12 Zoll ins Gevierte dick seyn. Von da an wird die eine Seite in der vorigen Dicke gelassen und die andere Seite wird von 5 bis 8 Zoll dick gemacht. Die Spannhölzer, worinn die Sägen gehen, werden von Eichenholz gemacht, und in die langen Seitenstücke mit zwey Zapfen an jedem Ende eingelassen; in dem einen Zapfen des obersten Spannholzes auf der einen Seite kommt der Arm des Schlittenbakens (s. diesen) zu liegen. Daher dieser Zapfen 26 bis 30 Zoll auf der Seitenwand des Rahms hervor zu stehen kommt, und am Ende mit Eisen beschlagen ist; 3 oder vier Fuß über dem obersten Spannholz bekömmt der Rahm eine Verbindung oder Querholz, welches gleichsam in die Seitenstücke eingeflämmet, und mit Zapfen eingelassen wird. Ganz oben in der Spitze am Ende des Rahms kommt das zweyte Querholz zum Verband. Dieses wird an der Seite des Rads, wo das Anschiebenrad zu stehen kommt, angeschlagen und auf der einen Seite, wo der Maschinenarm hinein kommt, 2 Fuß länger gelassen, und springt also vor dem Rahme vor. Der Länge nach werden die Spannhölzer durchgeflämmet, wo die Sägen eingekeilt werden; in der breiten Rahme 12 Zoll, und in der schmalen Rahme für die Splintsägen 15 Zoll. Hier werden die beyden Spannhölzer mit Eisen beschlagen, damit die eiserne Keile desto besser angeführt können. Diese Eisen sind 1½ bis 2 Zoll breit. An jedem Seitenholz der Rahme kommen sowohl unten als oben in den Mühlenlagen 6 und also an beyden 12 Unterlagen von Eichenholz zu liegen. Sie sind 1 Zoll dick ins Gevierte und 5 bis 6 Zoll lang, welche in die Querbalken, sowohl in die obersten als untersten, eingeflämmet werden und den Rahm in seiner Richtung erhalten. Gegen diese Unterlagen werden an die Rahme eiserne Platten, so breit wie die Unterlagen, und 20 bis 24 Zoll lang angeschlagen, damit die Hölzer desto genauer gegen die Rahme laufen, und kein Hinderniß verursachen. Die Rahme muß eine Neigung gegen die Seite, wo der Block aufgelegt wird, haben, damit die Sägen indem sie aufgehen, nicht gehin-

dert

gert werden, auch die Sägespäne leichter auswerfen können. Diese Neigung ist von dem untersten Ende der Rahme bis oben zu 3 Zoll groß. (s. Kaltenhofer Abhandlung von den Rädern der Wassermühlen und den Schneidemühlen etc Tab. VIII. Fig. I.)

Rahme des Kattundruckers, s. Chassis.

Rahme der gezogenen Sammtkette, s. Cantre, Sammetmacher.

Rahme des Seidenwürkerstuhls, s. Rahm.

Rahme, Fr. Rameire. (Buchdrucker) ein viereckigter eiserner starker Rahmen, worein die Kolumnen eingesetzt, und mit Schrauben wohl bevestiget werden, damit die Lettern unbeweglich darinnen bey dem Drucken liegen.

Rähmel, eine im Niedersachsen übliche Benennung eines Bündels Flachs von 20 Pfunden.

Rahmen, (Baukunst, Tischler) die aufrechtstehenden Hölzer der Thürflügel, welche von beyden Seiten die Füllungen einfassen und vornehmlich das Eisenwerk an denen Thüren halten müssen. Ueberhaupt heißt es auch die ganze Einfassung oder der Kranz der Thüren und Fenster.

Rahmen, (Eisenhütte) die Rahmen zu den Formen der eisernen Röhren, die gegossen werden sollen, bestehen aus zwey verschiedenen Hölzern. Zu Röhren von 6 Zoll im innern Durchmesser und 3½ Fuß lang müssen diese halbe Rahme 4½ Fuß lang 15 bis 16 Zoll breit und 8 Zoll hoch seyn. Im Holz müssen sie 15 bis 16 Linien dick seyn. Sie müssen mit Schwalbenschwänzen verbunden, dauerhaft mit eisernen Klammern an der Zusammenfügung bevestiget, und mit vier starken Haken versehen seyn. In diesen Rahmen werden nachher die Röhrformen eingesetzt, wenn sie gegossen werden sollen.

Rahmen, Rähmen, Rehnen, (Jäger) wenn der Windhund an einen Hasen kommt, so macht der Haase kurz vor dem Hunde einen Absprung, damit er einen Vortheil gewinne, und der Hund über ihn weg schieße.

Rähmen, Rebenlesen, (Weingärtner) eine Verrichtung, die in den Weinbergen gleich nach dem Schnitt vorgenommen werden muß. Es ist dabey Fleiß und besonder Vorsicht von nöthen, daß man im Auflesen die Augen an den Stöcken nicht abstoße und Schaden verursache.

Rahmen, (Sticker) ein länglicht viereckigter Rahmen von Latten zusammengesetzt, der auf zweyerley Art eingerichtet ist. Entweder er hat ein bewegliches Rahmenstück, welches vermittelst der Pflöcke, welche durch die Löcher der beyden langen Seitenstücke gesteckt werden, länger oder kürzer gemacht werden kann; oder er hat an der einen schmalen Seite, anstatt des beweglichen Stücks, eine hölzerne Rolle, worauf man die Zeuge wickelt, und zur Arbeit abrollet, die mit einem hölzernen Sperrrad und Kegel (s. Lade) erhalten werden kann. (s. Sticken)

Rahmen. (Weber) Es werden alle die horizontalen Schnüre zusammen genommen genannt, die oben über einem Zugstuhl ausgespannt, und als ein Rahmen über die Latten oder Balken des Stuhls oberwärts ausgebreitet sind, durch welche, wenn sie mit dem Sampel vereiniget sind, die Bildung durch den Harnisch herausgebracht wird, die bunte Zeuge erhalten sollen. (s. auch Rahmchorden und Rahm des Leinendamaststuhls)

Rahmen der Wachskerzen, (Wachsbleiche) der Rahmen worauf die Kerzen, nachdem sie gegossen und fertig gemacht werden, einige Tage in der freyen Luft liegen müssen, um recht zusammen zu trocknen und recht kompakt werden. Diese Rahmen haben die nämliche Gestalt, als diejenigen worauf das Wachs gebleichet wird, ausgenommen, daß sie ein wenig schmäler, und die Tücher mit kleinen über sich gehenden Rändern versehen sind, weil die Winde nicht so stark seyn können, die Kerzen hinweg zu führen, weil sie viel schwerer als die Wachsbänder sind. Die Rahmen sind ohngefähr 3½ Fuß breit. Die Wachslichter werden ordentlich auf die Tücher neben einander gelegt und nachdem die Jahreszeit und die Witterung ist, läßt man sie 3, 4, 5, auch 6 Tage, das Wetter mag seyn wie es will, an der Luft liegen. Indessen aber wenn es im Sommer sehr heiß ist, pflegt man sie so lange die große Hitze dauert 2 oder 3mal mit Wasser zu begießen, um sie zu erfrischen, und zu verhindern damit sie nicht an einander anlegen, sondern die Glätte, welche ihnen den Glanz giebet, behalten mögen.

Rahmenschau der Tücher. Nach dem preußischen Reglement eine Beschäfftigung der Schaumeister, welche das fertige an den Rahmen (s. Tuchbereiter) ausgespannte Tuch untersuchen, ob es die erforderliche Güte nach der Vorschrift habe, ob es nicht zu long und breit ausgedehnt sey &c. wenn es gut befunden wird, so wird das Tuch besiegelt. Im Gegentheil aber, wenn es fehlerhaft, mit dem Strafsiegel gezeichnet oder wohl gar durchschnitten.

Rahmenschenkel, Fr. Battans, (Tischler, Zimmermann) an den Thürrahmen die langen herausstehenden Rahmenhölzer, welche auch öfters aufrechtstehende Stücke, auch Rahmen genennt werden.

Rahmenschirme vor die Fenster, um die Zimmer sowohl vor der großen Sonnenhitze im Sommer als auch im Winter vor der Kälte zu bewahren. Man läßt zu diesem Behuf Rahmen von Holz nach der Größe der Fenster verfertigen, solche überziehet man mit feinem dichten Haartuch so, daß die Fäden nicht verzogen werden. Man leimt solches vest auf die Rahmen an, alsdenn nimt man einen schönen klaren weißen Firniß, und überstreichet damit das Haartuch recht dünne, so wird es als ein Glas durchsichtig. Wenn dieser Firniß trocken geworden, so kann man darauf allerley Figuren mit bunten durchsichtigen Farben malen, so daß die Weiße des Haartuchs die Erhöhung bleibt, die Schatten der Bilder aber werden ganz dünne angelegt, und die stärksten Schatten mit eben derselben Farbe nach und nach vertieft. Man macht an diese Rahmen eiserne Haken damit sie an Krampen an den Fensterrahmen können angehangen und auch wieder fortgenommen werden. Man kann auch anstatt des Haartuches feines weißes Papier nehmen, solches wird mit einem nassen Schwamm angefeuchtet und auf die Rahmen geleimt. Doch muß man sich in acht nehmen, daß man

das

das Papier bey dem aufkleben nicht allzu sehr entspanne, denn sonst könnte es springen, wenn es trocken wird. Dieses also ausgespannte und auf die Rahmen geleimte Papier bestreicht man mit einem Firniß, mit Leinöl vermengt, worinnen guter Grünspan zerrieben ist, dünne an, und zwar also, daß man während dem Aufstreichen auf der linken Seite mit den drey Fingern lauter Kreise machet, wodurch sich die Farbe kräuselt und fleckigt oder wolkigt, und dem türkischen oder marmorirten Papier gleich wird.

Rahmenstück, (Schlosser) die oberste und unterste Querstange an einem eisernen Geländer, welche gleichsam den Rahmen desselben ausmachen. Es muß aber mit einem Rahmstück nicht verwechselt werden. (s. dieses)

Rahmen zum Scheeren bunter Zeuge, s. Cantre, Seidenwirker.

Rahm, gläserner, (Nadler) ein kleiner gläserner Rahm, welcher etwas schief vor der Oeffnung des hölzernen Blocks des Spitzringes (s. diesen) liegt, und den Schleifstaub, welcher durch die vom Mittelpunkt sich entfernende Kraft des Spitzringes umher gestreuet wird, zurück hält, daß er dem Arbeiter nicht in die Augen springe.

Rahmhobel, (Tischler) Es werden manchmal die Karnis- oder Kännshobel genannt, mit welchen zierliche Rahme ausgehobelt werden.

Rahmholz, (Tischler) Nutzholz zu allerley Tischlerarbeit. Wird im Niedersächsischen also genannt, weil es über dem Rahm, d. i. dem Rauchfange, getrocknet wird. Im engern Verstande wird bey den Zimmerleuten dasjenige Holz also genannt, welches als Querbalken in den äußern untern Theilen eines Gebäudes gebraucht wird.

Rahmlöffel, ein großer eiserner verzinnter Löffel, womit der Rahm oder die Sahne von der Milch abgenommen wird.

Rahmsack, ein dreyeckigter Sack von feiner Leinwand, in welchen der gesammelte Rahm geschüttet, und durch denselben in das Butterfaß gezwänget wird, damit alle Unreinigkeit zurück bleibe.

Rahmscheiden, (Tuchbereiter) die beweglichen Querstücke an einem Tuchrahmen, welche mit Klavieren (Haken) versehen sind, und woran die Tücher mit der einen Saalleiste angehangen und nach der Breite ausgedehnt werden können. (s. Rahmen des Tuchmachers und Tuchscherers.)

Rahmschenkel, s. Rahmenschenkel.

Rahmständer, ein hölzernes Gefäß, darinn der von der Milch abgenommene Rahm zum Buttern gesammlet wird.

Rahmstock, (Weber) der Stab, woran die horizontallaufenden Rahmschnüren an einem Zugstuhl angeknüpft sind, und welcher mit zwey Schnüren vermittelst zweyer Schrauben an der Wand der Werkstätte befestiget ist. (s. Rahm)

Rahmstück, (Tischler) die querübergehende Stücke an einer Thüre, welche die Rahmen oder langen aufrechten Stücke der Thüre oben und unten zusammen verriegeln, und den Raum zu deren Füllungen beschließen helfen.

Rähmstücke, (Zimmermann) diejenigen viereckigten Balken, welche auf die Schwellen eines Gebäudes, sowohl der Umfassungswände als auch der Scheidewände gelegt werden. Jedes Rahmstück muß genau so lang seyn als die Schwellen gewesen, worauf es zu liegen kömt, denn in beyde werden die Stiele und Bänder einer Wand eingezapft. Es wird auf jedem Rahmstücke bemerkt, wo eine Scheidewand neben den Rähmstücken zu stehen komme, damit man nach Maßgabe dieser Zeichen die Balken vertheilen kann.

Rahmtopf, ein großes irdenes Faß, welches auch anstatt der Rahmständer gebraucht wird. (s. diese)

Rahme, s. Windbruch.

Rajece, Fr. Rapaste, ein harter weißer Stein von gutem Korn, dessen Brüche heut zu Tage unbekannt sind. Man machet vor diesem sehr schöne Figuren aus demselben.

Raif setzen, (Hüttenwerk) wenn in einem Flossofen nach dem Ausgehen desselben, d. i. wenn aufgehöret wird mit Schmelzen, die beschädigten Höhlungen und Klumpen des Ofens ausgebessert und der ausgebrannte alte Lehm mit frischem ersetzt wird.

Rain, Rainung, Reen, Rein. (Landwirthschaft) Ein schmaler zwischen zwey Aeckern befindlicher Strich Landes, welcher ungepflüget liegen bleibet, und sowohl zum Mahl als zur Gränzen dienet. Die Raine werden also zu natürlichen Untermarken genommen, und die Aecker durch dieselben unterschieden. Deshalb braucht man das Wort anrainen für angränzen. Sie sind an manchen Orten getheilet, da nämlich ein jeder Feldnachbar seinen Rain es sey zur rechten oder zur linken besitzt und solchen allein nutzet.

Rainbalken, (Ackerbau) fehlerhafte Streifen oder Raine (s. diese) welche man im Pflügen aus Ungeschicklichkeit liegen läßt.

Rainbaum, (Ackerbau) ein Baum, der auf einem Raine (s. diesen) stehet. Ingleichen ein Baum, sofern er die Gränze eines Ackerfeldes bezeichnet.

Rainung, s. Rain.

Räiserbäume, (Wasserbau) die vordern, mittlern und hintern Bäume, sowohl über den Brückhölzern, als den Faschinen bey einem Streudelbau.

Raisin Suisse Fr. (Weingärtner) der Schweitzer oder gescheckte Wein. Eine Art eines Weingewächses, welches ganz bunte Trauben hat, indem die eine Hälfte roth, die andere aber blank ist, oder unter den Beeren hin und her die eine blank, die andre roth ist.

Raiter ein Sieb, s. Räder.

Racketchen, (Bergwerk) eine papierene zusammengerollte Hülse, die fünf Zoll lang und am dicksten Ende einen Viertelzoll dick ist. Das Papier ist auf der innern Seite mit zerriebenem nassen Pulver beschmieret worden. Wenn das Bohrloch eines Gesteins, welches mit Pulver gesprengt werden soll, mit der Patrone besetzt, und die Räumnadel (s. diese, Bergwerk) wieder heraus geschlagen ist, wird sie mit ihrem engern Theil in die durch die

Nadel

Nadel gemachte Oeffnung der Patrone gesteckt, um dadurch die Patrone anzuzünden. Deswegen man zuvor einen an dem einen Ende am Licht warm gemachten Schwefelfaden anklebt, der nur 1½ Zoll lang ist, (Schwefelmännchen) den man, wenn man sprengen will, mit dem Lichte ansteckt.

Rakete, (Lustfeuerwerkkunst) eine Rakete die ihre Wirkung steigend in der Luft äussern soll. Die kleinen Raketen dieser Art sind 7 Kaliber lang, die größern werden aber etwas kürzer gemacht, weil man sie mit einem schlechtern Satz ladet, damit sie desto langsamer steigen. Die Raketenhülse (s. diese) wird mit dem Raketensatz (s. diesen) mit dem Ladestock eingeschlagen. Da aber die Hülse platzen würde, wenn man sie nicht in eine haltbare hölzerne Form setzte, so wird sie deswegen in den Raketenstock (s. diesen) eingesetzt. Der Raketenstock wird nämlich auf einen hölzernen Fuß gestellt, auf welchem sich ein Zapfen befindet, der 1 Kaliber hoch ist, und worauf die Röhre gesteckt wird. Auf dem gedachten Zapfen ist eine Warze, eine halbe Kugel, deren Axe ⅔ Kaliber beträgt. Zugleich stehet auf dieser Warze auch ein eiserner Dorn der bey dem Schlagen die Seele der Rakete bildet. Wenn die Hülse fertig gemacht, so wird sie mit dem Windstössel um welchen sie gebildet worden, in den Raketenstock gesetzt, und einigemal mit dem Hammer auf den Windstössel geschlagen, wodurch der abgewürgte Theil der Rakete in eine halbe Kugel die Kegel genannt, verwandelt wird. Hat der Raketenstock einen Dorn, so muß der Windstössel sowohl als die Ladestöcke nach der Größe des Dorns an dem einen Ende ausgehöhlt seyn. Nun wird eine kleine Ladeschaufel voll Raketensatz in die Hülse geschüttet, der längste Ladestock auf den Satz gesetzt und mit einem Hammer vier bis fünfmal mäßig stark auf den Kopf des Ladestocks geschlagen. Auf diese Art werden einige Ladeschaufeln voll Satz in die Hülse eingeschlagen, bis diese um ⅓ angefüllt ist, da denn das Füllen und Schlagen mit einem kürzern Ladestock fortgesetzt wird, mit diesem wird die Hülse noch um einen halben oder ganzen Kaliber angefüllt und geschlagen. Soll die Rakete mit einem Schlag ihren Flug vollenden, so setzt man auf den eingeschlagenen Satz eine durchbohrte Schlagscheibe von Papier oder Holz, und würget (bindet) die Rakete über der Schlagscheibe. Den leeren Raum der Hülse füllet man in beyden Fällen mit Pulver an, dergestalt, daß man dieses zwar eindrücket, aber ohne die Körner zu zerreiben; ⅓ Kaliber der Hülse bleibt leer, damit man die Rakete gerade wie in der Kehle an diesem Orte würgen könne. Eine Rakete die auf gedachte Art gefüllet wird, nennt man eine Schlagrakete, zum Unterschied der versetzten Rakete, welche aus ihrem obern Theil verschiedene künstliche Feuer als Schwärmer, Sterne, Goldregen u. s. w. in die Luft werfen. Die obere Oeffnung dieser Rakete wird zwar wie vorhin, mit Pulver gefüllt, allein es wird auf dem obern Ende noch ein besonderer Kopf an der Rakete angemacht, der des Widerstandes der Luft wegen oben spitzig zuläuft, dieser Kopf wird nun mit dem gedachten künstlichen Feuer gefüllt oder versetzt. (s. hernach) Hat der Raketenstock keinen Dorn, so muß die Seele der Rakete in der Kehle eingebohrt werden. Man bedienet sich in diesem Fall eines Hohlbohrers (Räumers) der die erforderliche Größe hat, und glättet das gebohrte Loch noch mit einem eisernen Kegel. (Glätter) Die Rakete soll senkrecht in die Luft steigen, und muß daher unten in der Kehle ein Gegengewicht erhalten. Es wird dieserhalb ein kegelförmiger Stock, der 7 bis 8mal länger ist, als die Rakete, in der Kehle angebunden, und der Stock mit der Rakete wird senkrecht zwischen zwey Nägeln befestiget, die man neben einander in ein senkrechtes Gerüste von Latten einschlägt. Man steckt in die Seele der Rakete eine Stopine, die einen Zoll lang in die Seele hineinragt, und eben so lang hinabhängt, klebt diese mit Mehlpulver und Wasser an, und zündet die Rakete an der Stopine an. Das Anzünden geschiehet entweder mit einer Lunte oder mit einer Röhre von Papier die mit folgendem Satz gefüllet wird. 9 Loth Mehlpulver, 11½ Loth Salpeter, 7½ Loth Schwefel, mit Lein oder Steinöl angefeuchtet. Zuweilen werden mehrere Raketen zugleich in einem Girandolkasten (s. diesen) angezündet. So wie man auch noch allerley andere Feuerwerke mit diesen Raketen in die Luft schicken und abbrennen lassen kann, als **Feuergarben, Feuerräder**, Schwärmer u. s. w. (s. an seinem Ort) Noch muß man bemerken, daß nicht die ganze Raketenhülse vollgefüllt wird, sondern nur der untere Theil, bis etwa ½ oder ein Kaliber, über die Spitze des Dorns des Raketenstocks. Denn obgleich die Hülsen so lang als die Röhre des Raketenstocks gemacht wird, so ragen sie doch bey dem Schlagen in der Länge eines Kalibers heraus, welches durch die Keilverlängerung des Cylinders, welcher in die Röhre gesteckt, verursacht wird. Mit diesem leergelassenen Theil der Hülse, kann man nach der verschiedenen Absicht, die man hat, auch verschieden verfahren. Man macht entweder eine Rakete, die mit einem starken Knall ihren Flug vollenden soll, oder die Rakete soll nach dem Steigen noch allerhand Feuer in die Luft werfen, welches alsdenn **Schlagraketen und versetzte Raketen** (s. Raketen versetzte) genannt werden.

Rakete, die im Fallen sich umdrehet. (Lustfeuerwerk) Man nimt eine Rakete, bindet sie an einen Stock, räumet den Spiegel wohl ein, bindet oben in die Quere einen einzigen Umläufer an, feuret ihm mit verdeckten Kommunikationsröhren wohl an, so wird die Rakete im Fallen sich mit dem Stock bis auf den Boden brennend herum drehen.

Rakete, donnernde, (Lustfeuerwerk) man nimt eine zu versetzende steigende Rakete, füllt in den Kopf eine Komposition von Salpeter, Schwefel, Pulverstaub, und pulverisirten Harz, in gehöriger Proportion, in die Mitte setzet man einen kleinen Zünder zur Kommunikation auf diese Komposition thut man einen papiernen Deckel, oben darauf aber eine ordentliche Kappe, damit die Rakete leicht durch die Luft fahren kann. Damit aber das Donnern verursacht werde, so bindet man an den Kopf äußer-

Hals der Rakete à Saucissons, und giebt ihnen eine ungleiche Anfeuerung, daß sie nach einander schlagen können. Hernach bindet man an den Stock hinter der Rakete kleine Schläge, so in der Quere parallel seyn müssen, und versiehet sie mit Stopinen, damit sie nach einander schlagen. Sobald nun die Rakete steigt, müssen die Schläge angehen, so mit den Stopinen, welche in den Hals der Rakete gehen, am besten zu machen ist.

Rakete, die im Steigen kleine Raketen auswirft. (Lustfeuerwerk) eine große Rakete wird gehörig zugerichtet, und mit einem Schlag versehen. Alsdenn bohret man in Gestalt einer Spirallinie Löcher durch das Papier der Rakete bis auf den Satz, stecket dicke Federkiele oder Röhrchen von Papier oder Karten mit Pulvermehl angefüllet in solche Oeffnungen, und leimet sie gehörig ein; alsdenn nimt man aus dünner Pappe gemachte Röhrchen, welche unten zugerichtet werden, stecket sie unten in die Kommunikationsröhrchen, thut etwas Sprengzeug und kleine Schwärmer hinein, und bedeckt sie oben mit einem Papier. Vorher muß aber alles wohl abgewogen werden, damit die Garnitur nicht zu schwer werde.

Rakete mit einem Sonnenschirm. (Lustfeuerwerk) Man lasse sich einen Cylinder drehen, der genau in die Rakete passet, und dessen Mitte etwas ausgerundet ist, damit er in der Hülse zugerichtet und befestiget werden kann, in der Länge eines Kalibers. In seiner Mitte läßt man einen kleinen Cylinder, etwa 1 Zoll lang, oben aber breit, nach Art eines Kegels hervorragen, worein man schiefe Löcher bohret, um Brillanthülsen darinn zu befestigen. Man feuert diese Hülsen mit verdeckten Stopinen wohl an, und läßt denen einen Theil in das Windloch der Rakete hangen.

Rakete mit einer senkrecht umlaufenden Sonne. (Lustfeuerwerk) Man läßt sich einen Cylinder drehen, der 1½ Kaliber lang, in der Mitte aber etwas eingedrehet ist, steckt solchen in die Hülse, in den oben hervorstehenden Theil aber läßt man zwey Cylinderchen, jeden ½ Zoll lang, eindrehen, leimt den Cylinder mit der Hülse wohl zu, verschmieret und verpappet ihn; machet alsdenn zwey kleine Umläufer an die eingedreheten Cylinderchen mit Stiften vest, und läßt ihnen etwas Spielraum, damit sie laufen können. Man versiehet sie alsdenn mit Stopinen, so daß sie mit der Rakete gleich Feuer fangen. Da aber diese senkrechte Umläufer das Steigen der Rakete etwas hindern, so muß man wohl darauf sehen, daß man sie nicht zu schwer mache: auch müssen dergleichen Raketen etwas längere Stöcke haben, damit sie besser das Gleichgewicht erhalten.

Raketen bohren. Ist der eiserne Dorn an der Warze des Raketenstocks, so ist bey dem Laboriren weiter nichts vorzunehmen, wo aber derselbe nicht vorhanden, so muß nach der Ausziehung des Kopfs in den gefüllten Satz eine solche Oeffnung gebohret werden, als dieser Dorn würde gemacht haben, wenn er da gewesen wäre. Man bedient sich dazu ordentlicher eiserner Hohlbohrer, so nach dem Verhältniß gemacht sind, und Räumer genennet werden. Damit aber die innere Fläche, welche dadurch in dem Satz entstehet, glatt werde, so muß man noch einen eisernen Kegel haben, der einerley Größe und Figur mit dieser innern Oeffnung hat, und der Glätter heißt. Besonders ist bey dieser Arbeit dahin zu sehen, daß die Durchschnitte dieses ausgebohrten Kegels mit dem Durchschnitte der Hülse koncentrisch seyn, oder daß die Achse des Kegels und die Mittellinie der Hülse eine und eben dieselbe gerade Linie ausmachen, welches am sichersten dadurch erhalten wird, wenn man die Hülse in einer gewissen Lage befestiget, und den Bohrer begleichen, so daß dieser sich [illegible] in der Achse der Rakete bewegen kann, ohne auf einer Seite ausweichen zu können.

Raketenbohrmaschiene; eine Maschiene, womit man die Raketen genau bohren kann: (s. Raketen bohren) Zwey Schrauben werden an einem senkrechten Ständer in einiger Entfernung von einander vest geschraubet. Oben an der Decke des Zimmers befindet sich eine elastische Stange, als die Wippe an einem Drechslerstuhl, an welcher eine Schnur angebunden, und unten an dem Fußboden an einem beweglichen Austritt, wie an einem Drechslerstuhl, befestiget ist. Vermittelst der beyden Schrauben wird ein Rahmen befestiget, der die Spindel heißt, durch welche der Hohlbohrer geht, und darinn herum laufen kann. An der Spindel werden die 4 Kaliber von der Länge und Gewölbes der Rakete gezeichnet. Die Schnur wird um die Spindel gewickelt, daß, wenn der Fußtritt getreten wird, die Spindel durch die Schnur herum gedrehet wird. Die Rakete wird bey dem Bohren mit beyden Händen gegen den Bohrer angehalten und zum öftern umgedrehet. (s. Blümels Lustfeuerwerkerey Tab. III. Fig. I.)

Raketen, die ohne Stäbe steigen. Man mache eine Rakete von 8, 10 bis 16 Loth, bohret sie wie gewöhnlich, und versiehet sie mit 4 gegen einander gesetzten Flügeln von Pappe, deren Länge ⅓, die untere Breite aber ⅙ der Raketenlänge beträgt. Man setze sie auf eine Scheibe, so mit 4 dünnen Stäbchen und einem Handgriffe, auch in der Mitte mit einem Zündpfännlein versehen ist.

Raketen, drey an einander gesteckte steigende. (Lustfeuerwerk) Man nimt eine Rakete, die aber nur 2 Kaliber hoch gefüllet, und 1½ Kaliber gebohret wird. Auf diesen Satz setzet man eine hölzerne, oder von Pappe verfertigte durchlöcherte Schlagscheibe, und bestreuet sie mit etwas Kornpulver. In dem übrig gebliebenen Raum der Hülse steckt man eine wohl hineinpassende Hülse, die mit Seife geschmieret, und nach eben dem Verhältniß wie die erste geladen wird. In diese zweyte stecket man eine dritte, die von gewöhnlicher Länge und Ladung ist, aber keinen Kopf mehr hat, sondern sich nur mit einem Schlag endiget. Hierauf bindet man an die erste Rakete einen Stab, und setzet eine Kappe darauf, damit sie besser durch die Luft streiche.

Raketenhammer, ein von starkem Holze gemachter Hammer, der sich in der Größe und Schwere nach dem Kaliber der Rakete richten muß.

Raketenhülse, (Lustfeuerwerk) die Hülse, worein der Raketensatz gefüllet, und woraus die Rakete gebildet wird. Der Diameter der Hülsen ist mit dem Diameter des Raketenstocks, worinn sie geladen wird, einerley. Ihr Diameter beträgt im Lichten aber ⅔ eben dieses Diameters. Folglich ist die Dicke des Papiers auf jeder Seite von diesem Diameter ⅙. Sie werden über besondern dazu verfertigten runden Stäben gemacht, die ⅔ des Diameters dick sind, und Windstöckel, Winder, oder Wickler genennet werden. Man verfertiget die Hülsen also: Man nimt den erforderlichen Windstöckel, Papier, oder dünne Pappe, welches eben so lang ist, oder auch etwas länger, wenn sie ohne Kopf versehe werden, und außerdem hat man zwey Wickel- und Druckbretter. (s. diese) Man wickelt das Papier ein- oder etliche mal recht gerade um den Winder, so daß der erste Bogen der Hülse, nachdem der Winder etwas naßgemacht ist, ohngefähr zur Hälfte eingeschlagen wird, legt den Winder mit dem Papier in das Roll- oder Wickelbrett, decket das Druckbrett darauf, und drücket mit der Hand veste auf dieses Brett. Hierauf drehet man den Winder herum, so wickelt sich das Papier von selbst über denselben. Ist das erste Papier nicht dick genug gewesen, so nimt man anderes, schneidet es aber an dem einen Ende schief ab, steckt es mit dem schiefen Ende zwischen das erstere, und fängt hierauf von neuem an zu drehen. So fährt man fort, bis die Hülse die gehörige Dicke hat. Um dieses zu erfahren, steckt man den Winder mit dem darüber gewickelten Papier in den Raketenstock; (s. diesen) füllet der Stössel die Höhlung dieses Stocks genau aus, so ist genug Papier genommen. Hierbey muß man merken, daß das letzte Papier um die Hülse schief abgeschnitten werden muß. Man macht die Hülsen noch auf eine andere Art. Man läßt sich beyzeiten bey dem Drechsler einen Winder nach der Größe der Hülse machen, welcher entweder mit einer Handhabe versehen, oder durchaus gleich gedrehet seyn muß, damit im Ausrollen die Hülse zu beyden Enden heraus geschoben werden kann. Bey dem Tischler aber läßt man sich ein drey Schuh langes, und 6 Zoll breites und dickes eichenes Holz, so an dem hintern Theil oben wohl mit einer Handhabe versehen und glatt abgehobelt ist, oder ein drey Fuß langes, einen Fuß breites, und 4 Zoll dickes Brett, auf dessen obern Fläche am vordern Theil eine kleine runde eingezapfte Kugel, an dem hintern Theil aber eine Handhabe sich befindet, verfertigen. Das Papier oder die Pappe schneidet man nach der Größe, wie es zu gebrauchen, nimt den Winder, thut den ersten Bogen darauf, und bestreicht mit einem Pinsel voll Kleister das verkehrte Theil zu Anfange des Pappenstücks, und am Ende auf der obern sichtbaren Seite, rollet solche mit dem Hebel, vermittelst etlicher Stöße, auf einem gleichen Tisch oder Bank gut auf, und giebt Achtung, daß sich der Winder nicht ansetze. Wenn dies geschehen, so bestreicht man einen zweyten, dritten, vierten, oder mehrere Bogen oder Pappen, nachdem die Hülse dick werden soll, und rollet bey jeder Einlage des Papiers den Winder wohl herum, zuletzt aber wird ein Blatt Papier um die Hülse geleimt, damit es die Hülse besser zusammen halte. Ueberhaupt aber muß die Hülse sehr glatt bearbeitet werden, und überall gleich stark seyn, damit keine Berstung im Schlagen verursachet werde. Hat man eine Anzahl Hülsen fertig, so legt man sie in gehöriger Ordnung auf einen Tisch, doch so, daß sie einander nicht berühren, damit sie nach und nach allmählig trocknen können, und drehet sie von Zeit zu Zeit um, damit sie überall gleich trocken werden.

Raketenhülsen, zuzureiten. Wenn die Hülsen zur Hälfte trocken, so muß man sie würgen, oder an einem Ende zureiten, d. i. zubinden. Denn wenn sie zu naß sind, so bringt man sie in keine Form, sind sie wieder zu trocken, so kann man sie wegen der Härte nicht zureiten. Die allgemeine Art der Hülsen zuzureiten ist diese: Man läßt sich vom Tischler ein sogenanntes Staffelbrett (s. dieses) und von dem Schlösser einen eisernen Reithaken machen, bevestiget das Brett mit großen Nägeln an eine Wand, und schraubet den Reithaken gerade oben am Staffelbrett wohl ein. Dann nimt man eine 5 Fuß lange Stange, rundet sie bis über die Hälfte zu, am andern Theil aber läßt man sie viereckigt, und schneidet sie vorne schief ab, damit sie in das Brett füglich eingesetzt werden kann. Zu Anfange des viereckigten Theils bohret man ein Loch, bevestiget eine Reitschnur oder Reitseil, an die Stange und den Reithaken, und schmieret die Schnur mit Seife. Dann nimt man die Hülse in die Hand, thut den Winder hinein, so daß ein Diameter lang davon unangefüllet bleibe. In das hohle Ende der Hülse stecket man einen andern eben so dicken Winder, in der Tiefe eines halben Diameters, oder auch den Dorn des Raketenstocks, und den Zwischenraum würget oder bindet man mit der Schnur zu, indem man solche zweymal um die Hülse daselbst windet, und bildet also das Gewölbe der Hülse. Hierauf nimt man feinen Bindfaden, umwindet den Einschnitt, und macht ihn mit einem Knoten vest. Man schlägt hierauf, um vollends das Gewölbe der Hülse zu machen, nachdem sie vorher in den Stock gebracht worden, auf den Setzer etliche Streiche mit dem Hammer, so bildet sich der untere Theil der Hülse genau nach der halben Kugel, und wenn ein eiserner Dorn aus dieser Warze geht, so wird auch die Oeffnung dieser Hülsen bey dem gewürgten Ende von der gehörigen Größe. Nun muß der Theil der Hülse geleimt werden, welcher das Gewölbe bildet. Wenn sie von Papier oder Pappe gemacht sind, so theilet man sie gehörig ab, schneidet sie oben gleich, und biegt mit einem Messer an drey Orten, die zusammen ein Dreyeck ausmachen, 6 bis 8 Blätter hinterwärts. Dann taucht man ein breit geschnittenes dünnes Holz in Leim, bestreicht damit ein jedes der niederwärts gebogenen Blätter, besonders die letztern inwendig, richtet jedes Blatt wieder in die Höhe, in seine vorige Lage, welches man geschwind verrichtet, damit der Leim nicht erkalte, drücket die Blätter mit dem Finger ein wenig zusammen, steckt sogleich ein mit Seife beschmiertes rundes Holz hinein, und drehet solches in der Hülse um, doch so, daß sie nicht aufgebrochen werde.

Endlich streicht man noch ein wenig Leim oben auf den Rand, auch unten an den Bindfaden des Gewürges, oder die Kehle der Rakete, damit der Band im Schlagen nicht berste. Diese also geleimte Hülsen trocknet man nach und nach in der Luft, aber ja nicht an der Sonnen, noch weniger an einem heißen Ofen.

Raketenkappe, die Kappe, welche zu den versetzten Raketen gebraucht wird. Man nimt zu diesem Ende den Durchmesser des Kopfs (s. Raketenkopf), und überschlägt solchen dreymal, die Länge man theilet man in zwey gleiche Theile, in das Mittel setzet man den Zirkel ein, thut ihn auf, bis an ein Ende, so den Strahl ausmachet, und führet ihn in der Rundung herum, ist das Papier stark genug, so theilet man das Zirkelstück in zwey gleiche Theile, und bildet die Kappe. Ist es aber nicht dick genug, so läßt man den ganzen Zirkel, und schneidet mit der Scheere bis in die Mitte, alsdenn legt man den eingeschnittenen Theil an die Form, und windet das Papier herum, bestreicht das Ende mit Kleister, läßt es trocknen, und schneidet zum Aufsetzen kleine Einschnitte hinein, alsdenn setzet man die Kappe auf den Kopf, und bevestiget sie vermittelst eines mit Kleister bestrichenen Papiers.

Raketenkopf, der Kopf, welcher den versetzten Raketen (s. Raketen, versetzte) aufgesetzet wird, um darinn allerley Lustfeuer anzubringen. Man läßt sich zu diesem Behuf einen Cylinder, nach der zu gebenden Versetzung drehen, dessen unteres Ende zwey Zoll lang, etwas dicker als die Rakete, oben aber etliche Zolle lang, wie ein Kegel, zugespitzt seyn muß, damit die Kappe (s. Raketenkappe) gebildet werden kann. Man eichert alsdenn das Papier nach der zu habenden Länge zu, und windet es, wie die Hülsen, etliche mal herum, das Ende aber verpappet man durchgehends, damit es nicht aufgehe, ziehe es ab, und läßt es trocknen. Alsdenn würget man den untern Theil der Hülse etwas zu, und setzet den Kopf, wie bey dem Artikel Raketen versetzte gezeigt werden soll.

Raketenladeschaufel, eine kleine Ladeschaufel von Kupferblech, oder auch wohl von starker Pappe oder Kartenblättern, welche rund von der Größe, daß sie in die Hülse der Rakete hinein gehe. Sie hat einen Handgriff, woran man sie anfasset, und wird gebraucht, die Raketenhülse damit zu laden.

Raketenladestöcke, Raketensetzer, sind Stöcke, die bey dem Schlagen der Raketen gebraucht werden, sie sind von hartem, gemeiniglich von weißdornenem Holze, welches nicht so leicht spaltet. Sie haben einen Kopf, daß man mit einem Hammer darauf schlagen kann. Ihr Durchmesser ist etwas kleiner, als der Durchmesser der Winder, und zu jeder Rakete braucht man 3 oder 4. Einen großen, mittleren und kleinern. Der große wird bey dem Anfange des Schlagens gebraucht, bis etwa ein dritter Theil der Hülse voll ist. Der mittlere wird gebraucht, wenn man das zweyte Drittel von der Hülse voll füllet, und bekommt daher zu seiner Länge etwas über zwey Drittel von der Länge der Rakete. Der kleine wird zuletzt gebraucht, und ist dreymal kürzer, als die Rakete. Ist kein eiserner Dorn auf der Warze des Raketenstocks, so werden alle Stöcke massiv gemacht. Ist aber einer vorhanden, so werden die beyden ersten ausgebohrt.

Raketenruthen, die Stangen, an welchen die Raketen, wenn sie abgefeuert werden sollen, angebunden werden. Es sind trockene tannene oder fichtene, unten spitzig zugeschnittene und behobelte Stangen, siebenmal so lang als die Raketen. Ihre obere Breite aber ist ⅔ Kaliber. Oben wird auf die eine flache Hohlkehle nach der Rundung der Rakete zu 1 Kaliber lang hinein gestoßen, und das vordere Ende spitzig zugeschnitten, damit sie besser durch die Luft fahren können. Hernach leget man die Rakete in die Kehle der Ruthe dergestalt, daß entweder der Schlag, oder die Versetzung derselben über der Ruthe hinaus stehe, kerbet die Ruthe, wo der Hals der Rakete liegt, in der Mitten, und oben, wo der angebohrte Satz der Rakete ist; auf ihren beyden Ecken schiebet man einen Bindfaden, an dessen Ende ein Knoten gemacht ist, oben bey dem ungebohrten Satze, zwischen die Rakete und Ruthe, und bindet also die Rakete oben so veste, als es nur immer möglich ist, an. Dann zieht man den Bindfaden herunter, hält ihn mit dem Daumen vest, macht über die mittelsten Kerben abermal drey Schleifen, und bindet allhier wegen des gebohrten Satzes etwas lockerer, endlich bevestiget man sie über dem Bunde des Gewürges (s. Raketenhülse) auf vorbeschriebene Weise an die Ruthe, vermacht das Ende des Fadens, und wiegt die Ruthe mit der Rakete ab, indem man einen Finger fünf Zoll unter dem Bunde oder Halse leget. Zieht die Ruthe die Rakete unter sich, so muß daran gehobelt werden; ist hingegen die Rakete schwerer, so muß der Stock durch Anbinden etlicher kleinen Stäblein beschweret werden, bis das Gleichgewicht gefunden worden.

Raketensatz, (Lustfeuerwerker) derjenige Satz, womit eine Rakete angefüllet wird. Zu 3 bis 4löthigen Raketen z. B. ist das Verhältniß der Materien folgendes: 13 Theile Pulver und 2 Theile Kolen. Zu einpfündigen Raketen ist der Satz 16 Theile Pulver und 3 Theile Kolen, 1 Theil Schwefel. Der Satz der 60 bis 100pfündigen aber 3 Theile Salpeter, 2 Theile Kolen und 1 Theil Schwefel.

Raketen, schwimmende, Wasserraketen. (Lustfeuerwerk) Diese Raketen sind länger, als die steigenden, denn ihre Länge beträgt 10 bis 11 Kaliber. Ueberdem haben sie keine Seele. Man schlägt sie gerade wie die steigenden Raketen, taucht die Hülse aber hernach in geschmolzenes Wachs und Talg, wodurch das Eindringen des Wassers verhütet wird. Nur ihr Kopf ragt aus dem Wasser heraus, und daher erhalten sie in der Kehle durch einen Stein oder durch Bley ein Gegengewicht. Sollen sie sich zuweilen unter das Wasser tauchen, und wieder hervor kommen, so wechselt der Feuerwerker beym Schlagen mit einer Lage Pulver und einer Lage Raketensatz ab, da denn das Pulver die Rakete untertauchet. Soll die Rakete Schwärmer, Sterne rc. in die Luft schicken, so erhält sie einen Kopf. Soll sie endlich schwimmen, so bevestiget man sie auf einem in Wachs und Pech getauchten Papiercylinder,

der, oder dagegen auf einer aufgeblasenen Blase, die mit einem Brey von Leinöl, Federalaun, Bolus und Asche gerieben ist.

Raketen, steigende mit Umläufer garnirt. (Lustfeuerwerk) Man läßt sich zu diesem Endzweck einen Cylinder in der Länge und Höhe des innern Durchmessers der Rakete drehen, in der Mitte dessen läßt man ein ander klein Cylinderchen von 6 Linien dick und einer hinlänglichen Länge hervorragen, welchen man mit einem eisernen Stift vest machet, damit der Umläufer darauf gesteckt werden kann, und ungehindert gehen und laufen könne. Dieser Umläufer bestehet aus einer runden oder ovalen Nuß, die in der Mitten durchbohrt, *woselbst zu beyden Ecken sich zwey runde in der Mitte aber etwas hineinwärts gedrehete Cylinder befinden, welche mit dem nach dem innern Durchmesser zu nehmenden Hülsen verhältnißmäßig seyn müssen. Man kann die Nuß einfach machen, d. i. nur einen einzigen Cylinder an die Nuß machen, weil aber durch die einfache Bewegung die Rakete aus dem Gleichgewichte kommt, so macht man eine Nuß von zwo Raketen, die einander im Durchmesser gleich entgegen gesetzt sind, um das Gleichgewicht zu erhalten. So man das Feuer vermehren will, so macht man an die Nuß drey Cylinder, da man den Umkreis in drey gleiche Theile theilt. Die Schwere und Größe solcher Rakete zu diesem Feuer bestehet darinn, daß man niemals über die Hälfte des bleyernen Kalibers einer steigenden Rakete zur Ladung geben solle. Wenn man also eine Rakete von 2 Pfunden im Diameter hat, so muß man den Umläufer von zwoy Raketen abwiegen, der z. B. 8 Loth hat, so bleiben 24 Loth für die zwo umzutreibende Raketen. Jedoch muß man auch beobachten, daß das Umlaufen das Steigen der Raketen einigermaßen hindert, so daß man nicht wohl obiges Gewicht nehmen darf, sondern man nimt etwas kleinere Raketen zum Umläufer, die nicht über 6 Sekunden im Brennen mit einander dauern, zumalen eine steigende Rakete beyläufig solche Zeit gebraucht. Wenn alles wohl eingerichtet ist, so ladet man die Hülsen, nachdem man zuvor etwas Erde, oder verkautes Papier hinein gethan, entweder mit gemeiner oder leuchtender Komposition (s. Raketensatz) bis auf einen Kaliber hoch, mit einem massiven Setzer, damit der leere Theil in den Zapfen kann eingeleimt werden, alsdenn setzet man die Hülsen, verbindet sie wie Schwärmer, verpappet sie, und läßt sie trocknen, wenn sie trocken, so bohrt man mit einem Hohlbohrer, der ohngefähr den 6ten Theil des innern Kalibers hat, zu beyden Seiten verkehrt ein Loch bis auf den Satz hinein, ferner die Hülsen mit Stopinen wohl an, und läßt davon einen Theil in das Weidloch der Rakete hangen, damit sie mit der Rakete gleich Feuer fangen. So der Umläufer aus 2 oder 3 Hülsen bestehet, muß man wohl Achtung geben, daß man das Brandlöchelchen beständig auf eine Seite mache, damit er wohl laufe, auch entweder links oder rechts spiele, und nicht stehen bleibe, oder sich nur ein wenig drehe.

Raketenstock, (Lustfeuerwerk) ein Werkzeug auf welchem die Rakete, wenn sie geladen, geschlagen und gefüllt wird. Es ist ein ausgehöhlter aus zwey Hälften in einiger Entfernung zusammengesetzter Cylinder, dessen Durchmesser z. B. der Mündung einer einpfündigen bleyernen Kugel gleich ist. Die Höhe des Stocks hat zur Länge 7 dieser Durchmesser und der Fuß, der bey dem Raketenschlagen untergesetzt wird, hat die Höhe von 1½ Diametern. In diesem befindet sich in der Mitten ein Cylinder, der im Durchmesser ⅔ Theile hat, und einen Mündungsdurchmesser hoch ist. Auf diesem Cylinder ist eine halbe Kugel, deren Durchmesser ⅔ von dem Kaliber des Stocks groß ist, woran ein eiserner Dorn, so 5 Kaliber lang und unten nicht vollkommen ⅓ von dem Kaliber des Stocks dick ist, hierauf aber immer abnimt, bis er in der Spitze oben noch ¼ von diesem Kaliber zur Dicke behält. Damit aber der Dorn beym Schlagen der Rakete nicht zittere, noch wanke, so macht man an denselben, und zwar durch den Cylinder und den Fuß oder Untersatz, ein bis zur Hälfte des Fußes reichendes viereckigtes und zum Ende rundes verjüngtes Eisen mit einer Schraube und Mutter, und macht also den Dorn auf dem Cylinder und Fuß vermittelst der Schraube, so etwas in das Holz hineingehen muß, um den Stock horizontal zu stellen, genau veste und versichert beyde Theile des Stocks mit einem Beschlag, damit er im Schlagen nicht auf- und von einander gehe.

Raketen über bloße Dornen ohne Stock zu schlagen. Man lasse sich einen verhältnißmäßigen Dorn mit einer Warze machen, an deren untern Theil ein ½ Zoll dickes und 1½ Zoll breites Eisen quadrat sich befindet, am Ende aber mit einer zugespitzten Schraube versehen. Diesen Dorn nun bevestige man vermöge eines dazu gemachten hohlen viereckigten Schlüssels, schraube solchen auf einen horizontalen eichenen Block senkrecht ein, und schlage die Rakete wie gewöhnlich.

Raketenzwillinge, die im Herabfallen von Zeit zu Zeit schlagen, (Lustfeuerwerk) man bindet zwey zu versteigende Raketen gegen einander an eine proportionirte Stange, und versichert sie oben mit einem durchlöcherten Spiegel; man räumt den Spiegel gehörig auf, und thut etwas Sprengzeug hinein. Dann nimt man mit Stopinen versehene Kommunikationsröhrchen, steckt sie in kleine Schläge, so mit Papier umwickelt, unten zugerieben, und gebunden werden, alsdenn macht man sie um die Rakete in Gestalt einer Schlange vest, und vereiniget den Anfang der Schläge in die Köpfe, verpappet alles wohl mit Papier; so werden die Zwillinge, wenn sie aufgestiegen, im Herabfallen von Zeit zu Zeit schlagen.

Rackett, (Orgelbauer) ein fast schon in Vergessenheit gekommenes Schnarrwerk in den Orgelregistern das von dem Rancket unterschieden ist (s. Rancket.)

Raketten, (Musiker) ganz kurze Pfeifeninstrumente, in welchen sich die Kanzelle oder Röhre neunfach umwendet, welches eben so viel ist, als wenn der Körper derselben neunmal so lang wäre, so geben sie einen so tiefen Resonanz als der größte doppelte Fagott, daß sie oft

 bis

als 15 Fuß Ton erreichen. Der Körper dieser Pfeifen ist nicht mehr als 11 Zoll lang; sie haben viele Löcher, die sind aber nur zu gebrauchen, und es giebt selten Fehler; gehen ganz still, als wenn man durch einen Kamm bläset. Es giebt ganze Flötenwerke oder Stimmwerke derselben von 8 Stücken.

Rallung, (Schifffahrt) die von einer Kabbelung, oder überall von der Tiefe her auf die Höhe des Wassers oder einer Platte nach fortlaufenden Wellen.

Ramaßirschnur. (Zeugmacher) So nennt derselbe die Cavaßinschnur (s. diese) an einem Zeugstuhl (s. auch Caraßine.)

Rambade, (Schiffsbau) zwo Erhöhungen neben der Spitze der Galeere und dem Vorderbaum. Sie sind von einander durch den Roocker unterschieden, und können auf jedem ohngefähr 15 bis 18 Soldaten stehen. Sie sind höher als die Jambutinen.

Ramberge, (Schiffsbau) eine Gattung langer und leichter Schiffe in England auf den Flüssen, die auch Pasachen genennt werden.

Rämenstück Fr. l'arbre qui soutient le tourillon, (Bergwerk) ein starker Balken, worauf die Zapfen eines Kunstrades legen.

Rammblock, s. Knecht, Mechanik.

Ramme, (Zimmermann, Baukunst) eine Maschine, mit welcher man die Pfähle in einen Grund, wo man einen Rost zum bauen legen will, einschläget oder einrammet. Das Gestelle einer solchen Ramme pflegt von 20 bis 70 Fuß hoch zu seyn, nachdem man mit der Ramme tiefe Pfähle einrammen will. Der Läufer, eine senkrechte Säule, woran sich der Bär oder die Ramme selbst beweget, wird mit Bändern und Streben befestiget. Der Bär ist mit zwey hölzernen mit Eisen beschlagenen Klammen an den Läufer befestiget, und läßt sich an demselben auf- und ab bewegen. In dieser Absicht wird an der obern Seite des Bärs ein starkes Seil angeknüpft, welches über eine Rolle gehet. Vermittelst dieses Seils wird er in die Höhe gezogen, und fällt durch seine eigene Schwere wieder hinab. Der Bär, ein langes viereckigtes Stück von Eichenholz, wird stark mit Eisen beschlagen, so daß er an die 10 bis 20 Zentner schwer ist. Daher vermögen die Arbeiter ihn nicht mehr als 15mal hintereinander in die Höhe zu ziehen, und müssen alsdenn wieder ruhen. Sie nennen die Bewegung desselben bis zur jedesmaligen Ruhe einen Puls. An dem Haupttau sind soviel dünnere Nebentaue angebunden, als Arbeiter vorhanden sind. Einer der Arbeiter giebt bey dem Zeug allemal durch einen Ruf die Losung, damit alle zugleich an ihren Stricken ziehen. Vermittelst einer Winde und eines Seils, so auf zwey Rollen, die an einem Arm über dem Gerüst der Ramme angebracht sind, läuft, heben die Arbeiter den Grundpfahl, den sie einrammen wollen, in die Höhe, und lassen ihn vor der Ramme in den Sumpf durch seine eigene Schwere senkrecht hineinsinken. Der Bär wird hierauf auf den Kopf des Pfahls gerichtet. Ist nun der Grundgraben tief, so kann der Bär den Pfahl nicht zu der erforderlichen Tiefe hineintreiben, weil er ihn zuletzt nicht mehr erreicht. In diesem Fall setzt man auf den Pfahl einen Knecht (s. diesen, Mechanik) mit seinem auf der Grundfläche habenden Dorn. Läßt sich der Pfahl nicht nach seiner ganzen Länge eintreiben, so wird er abgesäget. (s. Sprengel. H. u. K. Saml. XI. Tab. I. Fig. XXXVI.) Man hat noch viele andre Arten, die zum Theil künstlicher, zum Theil auch noch einfacher eingerichtet sind. (s. davon an seinem Ort.)

Rammel, (Bergwerk) eine Art Zwitter oder Zinnstein; welches auch den Ort bedeutet wo viele Zwittergänge zusammenkommen, oder in der Bergsprache sich rammlen.

Rammel, s. Knecht, Mechanik.

Rammeln, sich Fr. s'unir, se rencontrer, (Bergwerk) zusammenkommen, in eins zusammenlaufen, wird von Gängen gesagt, wenn sie sich zusammen schaaren und dergestalt vereinigen, daß man zwischen ihnen kein Saalband erkennen kann.

Rammen, (Baukunst) mit der Ramme (s. diese) Pfähle in einen Grundbau senkrecht einstoßen, daß darauf ein Rost, und das Fundament eines Baues gelegt werden kann.

Rammlen, (Oelmühle) die Stampfen, mit welchen in den holländischen Oelmühlen, so wie in den deutschen mit den Schlägeln, die Keile, womit die Oelkuchen zusammengepreßt werden, in die Oellade eingetrieben werden. Es sind gewöhnliche Stampfen, die von den Daumen der Welle in Bewegung gesetzt werden, nur daß ihre Köpfe nicht rund, wie bey den Oelstampfen, sondern etwas spitz zulaufen. Neben einer Rammel stehet auch noch eine Nebenrammel, welche die aufwärts getriebene Keile zurückschläget; beyde sind nebeneinander, so wie die Oelstampfen, über der Oellade in dem Gerüste senkrecht gestellt. (s. auch Oelmühlen.)

Rammlen der Gänge, s. Gänge rammlen sich.

Rammler, s. Knecht, Mechanik.

Rampen. (Kammmacher) So werden die Rammel oder die Schiefer genannt, die sich auswendig am Horn befinden, und abgeschnitten werden müssen, wenn es zu Kämmen gebraucht werden soll. Dieses geschiehet, wenn die Schrote (s. diese) des Horns erwärmt worden, mit einem Schnitzer, womit sie abgeschnitten und die Schrote, ehe sie gepreßt werden, glatt gemacht werden.

Rampart, Fr. (Kriegesbaukunst) eine nahe an der Vestung gelegene Höhe, die man befestiget, damit sie nicht dem Feind zum Vortheil dienen kann.

Rand, Umholz. (Böttcher) So heißt diejenige Umfassung aller Stäbe eines Bottigs oder ähnlichen Gefäßes, welche auf den Boden aufgesetzt werden, die Rundung des Bodens annehmen, und sich unten an diesen anschließen. (s. Bottig.)

Rand. Fr. Bordement (Emaillirer) Ein Ausdruck bey einem Gemälde von Emaille, wo das ganze Feld ohne Rand, welches ziemlich schwer ist, weil die durchsichtigen Emaillen sich im Schmelzen in einander vermischen, und die Farben zusammen fließen; dahingegen hellere oder dunk-

lere

lere Farben auf den Grund des Gemäldes, die die Gegenstände umgeben, getragen werden, welches ein Rand heißt.

Rand, Fr. le tour (Huthmacher) der lange Streifen Leinwand oder Seiden Zeugs, welcher ein Theil des Huthfutters ausmachet, rund um den Kopf des Huths inwendig herum gehet, und an die runde Platte oder das runde Mittelstück des Futters angenähet wird. Rand heißt auch der Umfang oder die Krempe des Huths.

Rand, (Landwirthschaft) ein schmaler Streif Landes an einer Wiese oder Holzung, so gemeiniglich zum Heu gemäht wird.

Rand, abgeschärfter, den Stabes, (Böttcher) wenn die Stäbe oder Dauben zu einer Tonne zugerichtet oder gefüget werden, so stellet man sie pickelförmig an einander und sie sind so geschnitten, daß sie eine Abneigung haben, von der äußern Fläche auslaufen, und im Mittelpunkt der Fuge oder der Kantenfläche sich vereinigen, und durch die Preßung (s. diese) gezwungen werden, sich einzudrücken, damit sie, wenn sie zu einer Tonne zusammengesetzt und die Bänder aufgeschlagen sind, keinen Zwischenraum lassen.

Randboden, (Bienenzucht) ein Werkzeug mit einem Rande, vermittelst desselben die Bienen in den Korb zu fassen.

Rand der Siebe, (Siebmacher) die Einfassung eines Siebes, woran das Siebtuch eingespannt ist. Sie wird von Tannen- oder Fichtenholz, wenn solches noch grün ist, mit einem starken Klobenmesser gespalten, als ein dieglatter Span mit dem Schneidemesser beschnitten und geebnet, und alsdenn in einen Kreis rund gebogen.

Rändelwerk, s. Kräuselwerk.

Rändern, umrändern. Fr. border, (Kupferstecher) Wenn zubereitetes Wachs auf den äußersten Rand einer kraisten Kupferplatte, worauf radiret werden soll, aufgetragen wird, damit dieser Rand, der selbst die Zarge heißt, das Scheidewasser aushalte, welches sich in die Züge und Risse der Platte einfressen soll. Zu diesem Wachs thut man ein Fünftel, oder etwas mehr feines Baumöl, um es geschmeidig zu machen, und gehörig biegen zu können.

Rändern, Fr. Crenelage. (Münze) Am Rande einer Münze Körner machen, oder ihr einen zierlichen Kranz mittheilen, damit sie nicht beschnitten werden könne.

Rändern, am Rande räumen. (Weingärtner) Wenn man in den Weinbergen an den Rändern und Rasen umher, wo etwa Mistreifen oder Graseflecke sind, mit Radehauen das Kraut und Gras abhacket, ausschüttelt, und was an demselben nebst den Quecken vorhanden, wegreißt und aus den Bergen trägt.

Randfache, (Hutmacher) das Fach an einem Hut, so den Rand oder die Krempe bildet. (s. Fach und Fachen, Hutmacher)

Randhölzer, (Schiffsbau) zwey krumme einander ähnliche Hölzer, welche die Rundung vom Hintertheil des Schiffs anlegen. Sie stoßen mit ihren untern Enden an den Hintertänen oder an zween Ständern, welche das Hintertheil ausbilden.

Randkolben, Fr. Cordeline, (Glasmacher) ein eisernes Stängchen, welches der Glasmacher glühend in den Tiegel der schmelzenden Fritte steckt, damit sich soviel Glasmaterie daran setze, als zur Bildung des Randes an einer Bouteille nöthig ist.

Randmuster, Rand, (Schuhmacher) ein Stückchen Leder, welches die Schuster zwischen die Brandsohle und die andere Sohle am Rande herum legen, daß die Stiche besser halten, und äußerlich auch ein besseres Ansehen geben. (s. auch Randschuhe)

Randpfähle, Fr. Pilots de Bordage, Wasserbau) die Pfähle, welche vor einem Strudel oder anderm Wasserbaue geschlagen werden, damit selbiger nicht gegen dem Wasser überkippen kann.

Randscheibe, (Kupferhütte) im Goslarschen unansehnliche Scheiben von ausgeschmelztem Kupfer, welche keine Kaufmannswaare sind. Zum Unterschied von den bessern Wägescheiben. (s. diese).

Randschrift, (Münze) die an dem gekräuselten Rande einer Münze befindliche Umschrift, welche sie durch das Kräuselwerk erhält. Sonst wurde die Schrift in einen stählernen Ring eingegraben, man legte die Münze unter denselben, und trieb sie unter dem Druckwerke (s. dieses) so sehr aus, bis sie den Eindruck vom Ringe annahm. Jetzt werden sie in dem obengedachten Kräuselwerke zwischen zwo Walzen oder Stangen, da entweder in einer allein, oder in jeder zur Hälfte, die Schrift eingegraben ist, dergestalt durchgedränget, daß ihr Rand den Eindruck erhält.

Randschuhe, (Schuhmacher) Schuhe, deren Sohle auf einem besondern Rande angenähet wird. Nachdem das Oberleder mit der Brandsohle auf der Leiste befestiget worden, (s. Schuhe machen) so wird ein Riem von Kuh- oder Roßleder zugleich mit der Brandsohle zusammengenähet oder eingestochen, so daß sich dieser Rand um den ganzen Schuh, außer um den Hacken, bildet. Um den Hacken wird ein besonderer Rand angenähet, eben so, wie der vorher gedachte, und dieser Rand am Hacken wird nach der Brandsohle zu umgeleget, und die gegen über stehenden Stücken des Randes werden mit einem Faden zusammen geheftet. Auf diesen Rand wird nachher die äußere Sohle, nachdem sie auf die Brandsohle aufgezwickt worden, genähet, doch nur bis dahin, wo der Absatz befestiget werden soll, welches die Sohle einstechen oder abdoppeln genennet wird. Dann wird die Sohle beschnitten, am Hacken aufgehoben, ein Gelenkstück (s. dieses, oder Span) untergesteckt, und endlich der Absatz an seinem Rand angenähet. Von diesem Rande erhalten die Schuhe ihren Namen.

Randstreifen, (Schiffsbau) der oberste Barkholter, oder das oberste Barkholz. (s. Barkhölzer)

Rang, (Schiffahrt) ein Ausdruck, dessen man sich bedienet, die Ordnung der Kriegsschiffe nach ihrer Größe anzudeuten. Die Franzosen haben 5 Ränge, die Holländer

der 7, die Engländer 6. Bey jenen ist diese Abtheilung nach der Länge des Kiels, der Ladung, der Anzahl der Kanonen gemacht. Die Schiffe vom ersten Range sind in Frankreich 170 bis 180 Fuß lang, 50 breit, und führen 14 bis 15 Tonnen. Sie haben drey ganze Verdecke und ein halbes oder Pflicht über denselben, zwey Hütten und bis 110 Kanonen. Das halbe Verdeck ist das eigentliche Merkmal des Schiffes vom ersten Range. Da man dieses aber abgeschaffet, so giebt diese Veränderung Gelegenheit, jene Gattung unter die vom zweyten Range zu zählen. Diese letztern haben drey ganze Verdecke, oder das obere zuweilen halb, tragen 80 bis 90 Kanonen, und sind 150 bis 155 Fuß lang. Die vom dritten Range sind 135 bis 145 Fuß lang, haben zwey Verdecke, ein halbes und eine Hütte, folglich im Hintertheile vier Stockwerke, und führen 60 bis 70 Kanonen. Diese Art Schiffe sind im Wetter die besten, denn sie sind nicht zu überbauet. Die vom vierten Range haben ohngefähr 100 Fuß im Kiel, zwey Brücken, führen 50 bis 60 Kanonen. Der fünfte und letzte Rang enthält Schiffe von 80 Fuß Kiel, zwey Verdecke, und 15 bis 20 Kanonen. Man kann die französischen Kriegesschiffe füglich in Schiffe von der Linie, in Fregatten und Corvetten eintheilen. Die Schiffe von den drey ersten Rangen können Linienschiffe, die andern aber Fregatten und Corvetten heißen. Die Schiffe vom vierten und fünften Range werden nicht mehr für stark genug gehalten, um in der Linie zu stehen, sie können es mit den großen, so schwere und mehr Kanonen haben, die weiter tragen, nicht aufnehmen. Von der holländischen Rangordnung kann man nicht so bestimmt sprechen. Die Engländer haben, wie gedacht, 6 Range. Die vom ersten haben 100, im zweyten Range 90, im dritten 70 bis 80, im vierten 50 bis 60, im fünften 40 bis 50, und im sechsten 20 Kanonen.

Range, Fr. (Perukenmacher) eine Strecke von einer Tresse Haare, die nach der Länge oder Breite eines Theils der Peruke aufgenähet wird. Sowohl bey den Seiten- als Hinterhaaren einer Stutzperuke.

Range, (Strumpfwirker) eine jede Reihe zusammenhängender Maschen, die durch die ganze Weite des Strumpfs auf den Nadeln des Strumpfwürkerstuhls gebildet werden.

Rangenmaaß, **Contenmaaß**, (Perukenmacher) ein Maaß, nach welchem die Haare der Seitenlocken, und über dem der Hinterlocken bey Stutzperuken, nach der Länge beym Tressiren ausgemessen werden. Da zu den Seitenhaaren 6 bis 7 Tressen über einander angenähet werden müssen, und die Haare zu den untersten Locken länger sind, als zu den obersten, so muß das Rangenmaaß auch nach verschiedenen Abtheilungen eingerichtet werden. Der Perukenmacher bricht also zu diesem Behuf einen Streifen Papier sechsmal in gleiche Theile, wodurch er sieben Abtheilungen erhält. Die ganze Länge einer Abtheilung wird wieder wenigstens in drey gleiche Theile getheilet, wodurch die Länge der Haare jeder Tresse oder Range bestimmt wird.

Rankenbaum, (Gärtner) diejenigen Bäume, die an den Spalieren gezogen werden, an welchen sie sich gleichsam in die Höhe ranken, welche gewöhnlich Spalierbäume genannt werden.

Ranket, (Orgelbauer) eine liebliche gedackte Art von Schnarrwerken in der Orgel, klein von Körper, die größte etwa einer Spannen lang; haben aber in sich noch einen verborgenen Körper, wie die Bordunen. (s. diese)

Ranzen, **Ränzel**, ein Reisesack von rauhen Fellen, den ein Fußgänger auf der Reise trägt, um darinn seine Reisebedürfnisse zu tragen. Die zweyte Benennung ist bey den Soldaten üblich. Es ist ein von rauhen Kalbfellen verfertigter viereckigter Sack mit einem Deckel, der mit Riemen und Schnallen kann zugeschnallet werden. An dem Sack selbst ist ein Riemen an den zwey Ecken angenähet, mit welchem er über die rechte Schulter über den Nacken gehangen werden kann. Einige dieser Ränzel sind um mehrerer Bequemlichkeit willen mit Leinwand gefuttert, und mit Taschen versehen, um darinn die Wäsche und andere Dinge besonders aufheben zu können.

Ranzigt, (Oelschläger) Oel, das durch Hitze und Gährung einen starken Geruch bekömt.

Rapatel, **Roßhärinzeug**, Fr. Rapatelle, ein feines Gewebe von Pferdehaaren, dessen man sich bedienet, Siebe daraus zu machen. Dieses Gewebe wird in dreyachtel vierteckigten Stücken gemacht, die ⅓ bis ohngefähr ½ pariser Ellen, manchmal auch mehr, ins Gevierte halten, nachdem die Haare, aus welchen sie gemacht werden, lang oder kurz sind. Man verkauft solche in Packen von 12 Stücken. Sie werden sehr häufig in der Niedernormandie gemacht. (s. auch Haarsieb)

Rape, (Tobaksmanufaktur) ein Werkzeug, auf welchem die Carotten (s. diese) des Tobaks rapirt oder zu Schnupftobak gerieben werden. Es ist ein hölzerner Rahm, dessen Rahmstücke durch zwey hölzerne Schrauben zusammen gehalten werden, damit man sie aus einander nehmen, und die Sägen der Rape schärfen kann. Nach der Länge dieses Rahms, der etwa 3 bis 4 Fuß lang und halb so breit ist, sind verschiedene Sägen neben einander angebracht, so daß eine Säge etwa ½ Zoll von der andern absteht. Die Sägen gleichen völlig einer gewöhnlichen Schrotsäge, und stehen nach der Länge des Rahms zwischen den Rahmstücken aufgerichtet, so daß ihre Zähne oben in die Augen fallen. Unten ruhen sie auf einigen Leisten des Rahms, damit sie nicht schwanken. Die ganze Rape steht auf einem Tisch, in dessen Blatt unter der Rape eine Oeffnung, und unter dieser ein Schiebkasten ist, worein der zerrapte Tobak fällt, wenn er auf den Sägen der Rape zerrissen oder zerrieben wird.

Rape. So nennt man allen grob zerriebenen Schnupftobak, der aber denn auch noch von der Art seiner Zubereitung und Güte einen Beynamen erhält. Den Namen Rape hat er von dem Werkzeug, worauf er zerrieben wird, der Rape, (s. vorher) erhalten.

Rapiermühle, (Tobaksfabrik) eine Maschiene, auf welcher an einigen Orten der Rape, anstatt auf der Rape, (s. diese) rapirt wird. Durch einen Kasten geht eine Welle, deren Oberfläche eine Reibe ist. In der obern Decke des Kastens ist eine Oeffnung, durch welche der Arbeiter die Carotte (s. diese) an die Welle hält, deren Kurbel er mit der andern Hand umdrehet, und solchergestalt den Tobak von der Carotte abreibet, unten in dem Kasten ist, wie bey der Rape, ein Schiebkasten, worein der rapirte Tobak fällt.

Rapiren den Tobak. (Tobaksmanufaktur) Wenn die Carotte des Tobaks auf dem Sägen der Rape (s. diese) zerrieben wird. Der Arbeiter nimt eine Carotte senkrecht in beyde Hände, und reibt sie nach der Länge der Rape auf den Zähnen der Sägen. Hierdurch wird der Tobak in ein gröblich Pulver verwandelt, das in den Schiebkasten des Tisches unter der Rape fällt. (s. Schnupftobak)

Rapp, s. Räppe.

Rappe, Fr. Rape, eine kleine kupferne Münze, die fast in allen Kantons der Schweiz geschlagen wird. Zehn machen einen guten Batzen, und 9 einen Schweizerbatzen, mit welchem Namen man diejenigen Batzen belegt, die zu Bern, Luzern und Freyburg geschlagen werden. Drey Rappen machen 1 Luzerner Schilling, 7½ Rappen 1 Groschen, 6 Rappen einen Plappert, und 150 Rappen 1 Gulden Zürcher Währung, oder 72 Kreuzer.

Rappenkopf, Fr. masse de mine d' étain, (Zinnhütte) eine schwarze grobe Wand von Zwittern auf den Erzen.

Rappenstein, s. Kuchastein.

Rappes, s. Räpps.

Rappierklinge, (Schwertfeger) eine starke und dicke Klinge von gutem Stahl und gut gehärtet, vorne mit einem Knopf, in einem Gefäß steckend, womit man auf dem Fechtboden das Fechten lernet.

Rappis, s. Räpps.

Räpps, Rapp, Rappes, Rappis, Wein, der zur Gährung auf frische Trauben gegossen worden, und mit denselben nachmals gegohren hat.

Räpps, s. Abzart.

Rarsäulig, (Baukunst) wenn bey einer Säulenstellung die Säulenweite wenigstens 9 Modull beträgt, von der Achse der Säule gerechnet.

Ras, ein Längenmaaß, dessen man sich in Piemont zum Ausmessen der Zeuge bedienet. Es ist soviel als eine Braße von Lukka, welche nach dem pariser Maaß 1 Fuß, 9 Zoll und 10 Linien, mithin gerade ½ Elle pariser Maaß austrägt, daß also 1 pariser Elle 2 piemontesische Ras ausmacht.

Rasade. So nennen die Franzosen alle geringe Zeuge, die gekörpert und ohne Haare sind. An einigen Orten nennt man sie Rasetten.

Rasch, Fr. Ras Rase, (Zeugmanufaktur) ist erstlich der Name verschiedener Gattungen wollener geköperter Zeuge, die glatt sind, und zum Theil gar keine Haare auf der Oberfläche haben, und auch zum Theil nicht gewalket werden. Sie gehören gewissermaßen unter die Sergen, von denen sie fast in nichts unterschieden sind, als daß sie nur schmäler, auch nicht so gut appretirt sind, und nur eine besondere Gattung von Raschen ausmachen. Sie werden hauptsächlich von den sogenannten Raschmachern insbesondere gewebet. Doch werden sie überhaupt von allen Zeugmachern verfertiget. Sie dienen zu jeder vielen Gebrauch der Kleidungsstücke, vornehmlich zu Unterfutter und leichten Frauenskleidungen gemeiner Leute. Ueberhaupt wird der Rasch zum Theil aus Kammwolle, zum Theil aber auch aus Krampelwolle verfertiget, und heißt bald Zeugrasch, Krämpelrasch, Walk- oder Tuchrasch, welchen leztern Namen ihm die Tuchmacher beygelegt haben, um ein Recht, solchen zu verfertigen, zu haben. Zu dieser leztern Art gehöret der Kronrasch, (s. diesen) der englische Rasch ist einer von der besten Gattung, besonders diejenige Art, die unter dem Namen von englischem Droguet bekannt ist. Jedoch wird der englische Rasch blos in Ansehung der feinen Fäden und der stärkern Walke für den besten geachtet. Eine andere Art Walkrasches ist der Rasdis. (s. diesen) Der ungewalkte oder eigentliche Rasch, dessen Kette besteht aus Waschwolle, (s. diese) der Einschlag aber aus gekämmter Kettwolle, die locker gesponnen ist. Er wird mit vier Schäften geköpert gewebet, alsdenn gewaschen oder konreyet, (s. konreyen) gefärbt und gepresset. Nach der Einlänglich preussischen Verordnung müssen die Rasche 1⅛ Ellen breit und 36 Ellen lang fertig gemacht werden. Die Kette wird mit 20 Pfeifen (s. diese) und 44 Gängen geschoren. Zu einem Stücke kommen 11 Pfunde reine wohl gekämmte Wolle, als 6 Pfunde Waschwolle zur Kette, und 5 Pfunde Feinwolle zum Einschlage, und die Kette hält 1840 Fäden. In den preussischen Staaten wird sehr viel guter Rasch gemacht. Zu den wollenen Raschen gehöret auch der Rase de Perse (s. diesen) und andere mehr. Die ganz seidenen Rasche von St. Maur in Frankreich werden insgemein zu Zeremonienkleidern und zur kleinen Trauer gebraucht. Die Rasche sollen überhaupt ihren Ursprung aus der Stadt Arras in der Grafschaft Artois in den Niederlanden haben, und von daher unter dem Namen Harras in andere Länder gekommen seyn.

Rasch, **Räsch**, (Jäger) wenn ein Hund im Laufen sich schnell wenden kann.

Rasch de Cypre, Fr. Cyprenrasch, ein grobfädigter, glatter Zeug von schwarzer Farbe, der ganz von gut gedrehter Seide gemacht wird, und dem Ansehen nach mit Gros de Tours viel ähnliches hat. Er liegt ½ Ellen breit, und hat 40 bis 45 Ellen in der Länge.

Rasch de Marok, Marokker Rasch, eine leichte Gattung Serge, so in Champagne verfertiget, und zum Theil aus französischer und aus gemeiner spanischer Wolle gemacht wird.

Rasch von St. Cyr, ein dem Rasch von St. Maur ähnlicher Zeug, ausgenommen daß der Einschlag allemal von Florettseide ist.

Rasch von St. Maur, Fr. *Ras de St. Maur*, ein auf Sergenart geköperter Zeug, der zu Paris, Lion und Tours gemacht wird. Er hat seinen Namen von dem Flecken St. Maur bey Paris, wo er zuerst 1677 gemacht worden. Er wird immer schwarz gefärbt, ist ½ Elle pariser Maaß breit, und die Länge der Stücke von 75 bis 100 Ellen. Die Materie, woraus er gemacht wird, ist verschieden. Man hat welchen, der ganz aus Seide, andere aber, deren Kette nur von guter Seide, und der Einschlag von feiner Wolle ist. Letzterer wird zu Trauerkleidern gebraucht. Ersterer wird auch halb von guter, halb aus Floretseide gemacht.

Raschmacher, ein Wollenweber, der zu der allgemeinen Profession der Zeugmacher gehöret, sich aber von den andern dadurch unterscheidet, daß er vorzüglich alle Arten von Rasch verfertiget. Sie führen überhaupt den Namen Zeug- und Raschmacher, und ihre Innung ist sehr alt. Vor diesem verfertigte dieses Gewerk alle mögliche Arten von wollenen leichten Zeugen. Nachdem sich aber die Industrie in den Wollenarbeiten so sehr vermehret hat, so sind auch verschiedene Zweige dieses Handwerks entstanden, und man findet **Staminmacher**, **Damastmacher**, **Kalmankmacher**, **Ramlottmacher**, u. s. w. welche jedoch unter dem Namen der Zeugmacher, außer den Staminmachern, die an vielen Orten, z. B. in Berlin, nicht zünftig sind, ein Gewerk ausmachen. Die Lehrlinge lernen gegen Erlegung eines Lehrgeldes 3 Jahre, ohnedem aber 4 Jahre, und ein angehender Meister verfertiget zum Meisterstück ein beliebiges Stück Zeug.

Rase de Perse, Fr. Perserasche, ein schlechter wollener Zeug, welcher zu Rheims gemacht wird, und unter die Rascharten gehöret.

Rasen, **Wasen**, sind viereckige Stücken von einer mit dichtem Grase bewachsenen Erde, welche auf Angern und Wiesen, in Form eines abgekürzten Kegels, ausgestochen werden. Man braucht sie in den Gärten, grüne Plätze oder Rasenstücke, **Boulingrins** damit anzulegen, Stufen, auch wohl Tische und Bänke und dergleichen davon zu machen, ja ganze Wälle an den Vestungswerken damit zu verkleiden, und diesen eine Haltbarkeit zu geben. An etlichen Orten sticht man Rasen, bringt sie in Haufen, läßt sie bis übers Jahr liegen, und führet solche auf die Aecker, welche sonderlich den sandigen und steinigten, und wo der Grund seichte, sehr zuträglich ist. Dergleichen Rasendüngung dient auch den Hopfengärten und Weinbergen, denen das Erdreich abgeht, sonderlich wo zu oberst in den Bergen die Stöcke sehr entblößet werden. In England sticht man auch die Rasen aus, und verbrennet sie zu Düngung des Bodens. An vielen Orten ist das Rasenplaggenhauen sehr üblich, und ein geübter Arbeiter kann täglich 6 bis 7 Schock mit besondern dazu gemachten Hauen liefern, wenn der Boden nicht steinigt ist. Jemehr die Rasen Wurzeln haben, desto besser düngen sie. Die Rasen aber müssen ja trocken in den Schafstall zum Düngermachen getragen werden, und so wenig Erde unten haben, als möglich. Man legt sie reihenweise dicht und dicht an einander, die Grasseite oberwärts, und bringt alle 8 oder 12 Tage eine neue Schicht Rasen in den Stall, welches eine große Vermehrung des Dungers giebt. (s. auch Plagge.)

Rasenbank, **Grasbank**, (Gärtner) in den Gärten und andern freyen Plätzen ein von Erde erhöheter, und mit Rasen belegter Sitz, wie eine Bank, sowohl mit als auch ohne Rücklehne.

Rasenbett, s. Parterre.

Rasenbeweis, Fr. *probation faite à la superficie de la terre*, (Bergwerk) eine bergrechtliche Handlung, vermöge deren bey entstandenen Gangstreitigkeiten der ältere im Felde seinen Beweis vom Tage her, den er in der Grube mit offenen Durchschlägen, wegen sich ereignender Hindernisse nicht führen kann, über Tage mit Schurfen von 7 Lachter, in denen jedem der Gang deutlich seyn muß, versuchet.

Raseneisenstein, **Rasenstein**, Fr. *fer mineralisé de gazon*, (Bergwerk) eine Art Eisenstein, welcher unter der Dammerde liegt, und nicht gangweise bricht.

Rasenhaupt, (Deichbau) So wird überhaupt der Damm eines Deiches aus zwey Absichten genennt. Die erste Hälfte dieses Worts kommt davon her, weil der Damm größtentheils von Rasen zusammen gesetzt wird, die andere Hälfte aber daher, weil der Damm als ein Haupt sich über die Fläche des Wasserspiegels erhebet.

Rasenhopfen, (Hopfenbau) wilder Hopfen, so ohne die sonst gewöhnliche Wartung wächst, aber durch das öftere Verlegen zu besserem Wachsthume befördert werden kann.

Rasenläufer, **Tagegehänge**, (Bergwerk) Gänge, die sich nur durch die obere Erde und Steinlagen im Anfange ihrer Tiefe erstrecken.

Rasenplaggen, s. Rasen und Plaggen.

Rasenplaggen hauen, die Rasen mit einer Haue ausstechen.

Rasenstein, s. Raseneisenstein.

Rasenstück, s. Parterre.

Rasenstücke, (Gärtner) eine Gattung der Parterre und Luststücke in ansehnlichen Lustgärten. Es sind Figuren aus schönen grünen Rasen zusammengesetzt, dergestalt, daß nicht nur gewisse Gänge daran befindlich, welche hernach nebst dem andern Zwischenraum mit schönen farbigen Sand oder Muscheln ausgefüllet sind, sondern auch wohl in die Figuren selbst zierlich geschnittene Bäume nach gewisser Ordnung gesetzt werden. Auf diesen ausgeschnittenen Rasenplätzen pflegt man das Gras durch schwere eiserne Walzen immer kurz zu erhalten.

Rasenstücke zum Decken des Meilers, (Köhler) 4 bis 5 Zoll dicke Rasen, die auf dem Platz, wo der Meiler zu stehen kommen soll, ausgestochen werden, womit der fertige Meiler bekleidet wird. Diese Rasenstücke können so vest in einander geschlagen werden, daß sie nirgend keinen Rauch durchlassen, als wo es die Absicht des Köhlers erfordert, und durch sie kann man alle nöthige Regierung des Feuers in dem Meiler bewerkstelligen, folglich ist

ist die Bedeckung mit denselben unter allen andern die beste.

Rasentreppe, (Gärtner) eine Treppe oder Terrasse, deren Stufen mit Rasen belegt, oder wohl ganz aus Rasen verfertiget sind.

Rasenwälzer, (Bergwerk) ein Arbeiter, der seine Arbeit nicht fleißig abwartet.

Rasiere, Raziere, ein Getreidemaaß, dessen man sich in Artois, Flandern, und den benachbarten französischen Provinzen, wie auch in Gaskogne bedienet. Zu Dünkirchen hat man zweyerley Gattungen von Rasieres, wovon die eine die Seerasiere, und die andere die Landrasiere genannt wird. Die erste hält 280 bis 290 Pfund; die andere hingegen hält an Weizen 110, an Mengkorn 247, und an Roggen 290 Pfund nach dem Markgewichte. 18 dergleichen Rasiers machen ein Hoet zu Rotterdam. Die Rasiere zu Ostende ist mit der zu Dünkirchen fast gleich, indem sie nur um 2 p. C. größer ist.

Rasieren, (Vestungsbau) eine Vestung, Stadt, Schanze oder Linie schleifen, und der Erde gleich machen.

Rasirende Linie, s. Defensionslinie.

Rasirendes Feuer, s. Vertheidigungslinie.

Raspel, Fr. Rape, (Feilenhauer) ein gut gehärtetes eisernes oder auch stählernes Werkzeug, fast wie eine Feile gestaltet, nur daß die Raspel, anstatt der übrigen Feilenhiebe, spitze Hiebe erhält, so daß ihre Oberfläche scharfe vorspringende Spitzen bildet. Sie ist sowohl für die Holzarbeiter als andere Handwerker ein sehr nützliches Werkzeug. Man hat sie von allerley Gestalten, je nachdem die Arbeit ist, die damit gemacht werden soll: deswegen es gerade, gleichseitige, halbrunde, dreyeckigte, gebogene, runde, und andere Gattungen giebt. Die ganz stählernen gebrauchen die Bildhauer, ihre Arbeit, wenn sie durch den Meissel bearbeitet worden, vollends zu beendigen. Mit den andern wird das Holz glatt geraspelt. (s. Raspelhauen)

Raspelfeile, Fr. Rifloir, (Bildhauer) eine Gattung fein geschnittener Feilen, deren sie sich zum Glattmachen, Poliren und Säubern der kleinern bedienen, sowohl in erhabener als eingegrabener Arbeit: deswegen solche von allerley Gestalten und Arten sind.

Raspeln der Farbenhölzer, die fremden Farbenhölzer, als das Braßilienholz, Fernambock &c. zu kleinen Spänen zerschneiden. Es ist dieses gemeiniglich eine Arbeit der Gefangenen, und eine sehr schwere Arbeit, indem ein schweres, einige Zolle breites Instrument, das als eine Säge mit scharfen Zähnen gezahnet ist, dieses Holz in dünne gröbliche Späne zerschneiden muß. Dieses Instrument verrichtet also im Großen das, was eine Raspel nach Verhältniß im Kleinen verrichtet. Vier Personen, die Artlen an die Raspel geschlossen, auf jeder Seite zwey, verrichten diese sehr saure Arbeit, indem sie so wie eine gewöhnliche Säge solche an den beyden Handgriffen hin und her ziehen.

Raspeln hauen, (Feilenhauer) Man hat stählerne und eiserne Raspeln; sie unterscheiden sich von der Feile darinn, daß sie mit einem spitzen Meisel gehauen werden, und sie erhalten entweder einen feinen oder groben Hieb. Geschmiedet wird die Raspel so wie die Feile, auch so glatt gefeilet, (s. Feilen hauen) allein der Hieb wird nicht auf dem Zunder gehauen, (s. dieses) wie die Feile, sondern die Raspel wird vor dem Hauen auf allen Flächen mit der Feile abgezogen, d. i. abgefeilet. Die Raspel erhält nur einen Hieb, und zwar wie gedacht, mit einem Spitzmeisel. Bey dem Hauen selbst wird die Raspel so, wie die Feile gehalten, nur der Meisel wird stärker geneigt, und seine dreykantige Spitze treibt lauter körperliche Punkte heraus, die nach schiefen Linien parallel neben einander gestellt werden, und eine vorspringende Spitze erhalten, welche schneidet.

Rassade, Rasade, kleine Glasperlen von verschiedener Farbe, mit welchen sich die Negern auf den afrikanischen Küsten und die amerikanischen Völker zu putzen pflegen, und welche man ihnen im Tausch für verschiedene reiche Waaren giebt.

Rass de Cesille, (Seidenwirker) ein dem Damast sehr ähnliches seidenes Zeug, welches man auch leichten Stoff nennt. Anstatt aber daß die gewöhnlichen sogenannten Stoffe Blumen von verschiedenen Farben nach dem Leben haben, so erhält dieser Zeug nur zweyerley Farben, so daß der Grund von einer und die Blumen von einer andern Farbe sind, diese letzte auch nicht eingetreschiet, sondern wie der Damast eingewebet werden. Dieser Zeug stehet 800 Riede, (s. dieses) im Blatt hoch, und hat die Breite des Damasts. Er muß aber mit einer doppelten Kette gewebet werden, nämlich einer Kette, woraus sowohl der Grund, als auch gewisse Figuren entstehen, und einer Poil (s. diese) woraus die Blumen der andern Farbe entstehen. Diese Blumen machen in sich einen Taffentgrund, und der Grund macht nicht allein kleine Blumen, sondern auch einen Canale (s. diesen) und der Grund selbst hat Gros de Tours Ribben. Es muß also bey der Einrichtung des Stuhls zu diesem Zeuge eine dreyfache Art statt finden, sowohl ein Zampel zum Zuge der großen und kleinen Blumen, als auch 10 Schäfte zur Hervorbringung des Grundes und des Canales. Der Harnisch zu diesem Zeuge bestehet aus 800 Maillons, und in jedes Maillon werden 2 doppelte Kettenfäden einpassiret, folglich müssen zu diesem Zeug 1600 doppelte oder 3200 einfache Kettenfäden geschoren werden, und diese sollen z. B. hier roth seyn. Zur Poile werden 800 einfache Faden geschoren, denn in jedes Maillon kommt zu den zwey doppelten Grundfäden nur ein Poilfaden, und dieser soll hier weiß seyn. Beyde Ketten bringt man auf einen besondern Baum. Wenn die Fäden in die Maillons des Harnisches eingelegen werden, so kommen, wie gedacht, zwey doppelte Kettenfäden in ein Maillon, und ein einfacher Poilfaden wird neben diesem Maillon weggeführet, daß er ganz frey zwischen denselben hänget. Diese fünf Fäden kommen zusammen in ein Riede. Wenn alle Ketten und Poilfaden durch den Harnisch einpassiret sind, so werden sie auch folgender Art in die 10 Schäfte passiret: 8 Schäfte sind bestimmt die Kettenfäden zu tragen, und diese haben keine

Augen, sondern hangen nur in ihren Hebeln oder Fadenbüschen, die übrigen zwey aber, worinn die Poilfaden wechselsweise eingezogen werden, haben Augen. Erstlich werden dann die 4 einfachen Faden eines Maillons in die vier hintersten Schäffte, von hinten nach vorne, in jeden ein Faden eingezogen, so daß die Fäden auf den obersten Fadenschleifen zu liegen kommen. Dann wird der ausgränzende Poilfaden neben den Hebeln der 8 Schäffte vorbey geführt und in das des 9ten Schaftes eingezogen. Alsdenn werden die vier Fäden des folgenden Maillons auf die nämliche Art in die andern 4 folgenden Grundschäfte von hinten nach vorne eingezogen, und der angränzende Poilfaden in das Auge des 10ten Schaftes. Diese zehen Fäden kommen also in zwey Riedte. Auf diese Art werden nun alle Ketten und Poilfaden wechselsweise in die Schäffte eingpassiert. In diesen 10 Schäfften werden vier Fußtritte erfordert, die 8 Schäffte mit der Grundkette werden an zwey Fußtritte folgendergestalt gebunden. Die vier Fußtritte liegen neben einander in ihrer Ordnung 1, 2, 3, und 4. der 2te, 6te, 8te, und 10te, wird an den Fußtritt 2, und der 1te, 5te, 7te, und 9te an den Fußtritt 4 mit ihren langen Latten (s. diese) angebunden. Die beyden Poilschäfte, worinn die Poilfaden, werden wechselsweise an alle vier Fußtritte mit den langen und kurzen Latten angebunden, so daß immer bey jedem Tritt einer um den andern herauf und herunter gehet. Die acht erstgedachten Schäffte gehen nur jedesmal um den andern Tritt herauf aber niemals herunter, sondern die nicht getreten werden, bleiben stehen. Nun wird das Einlesen der Patrone vorgenommen, und dieses geschiehet bey dem Zampel auf eine doppelte Art, d. i. die Patrone muß also eingelesen werden, daß auf einer jeden punktirten Linie derselben zwey Lahen gemacht werden müssen, doch nur an solchen Stellen, wo es nöthig ist; denn es muß auf jeder Linie der Patrone eine Lahe (s. diese) eingelesen werden, die alle Kettenfaden der Grundkette hebeu muß, welche zur Hervorbringung des Gros de Tourgrundes sowohl, als der Canale und der kleinen Blumen, welche diese Kettenfäden bilden sollen, nothwendig sind. Hierauf muß man auch aus der nämlichen Linie eine andere Lahe einlesen, welche weiter nichts als den Canale und die Bilder hervorbringt. Dieser ist der leichte, jener aber der schwere Lahe. In der Patron sind die großen Bilder also punktirt, daß ihre Umrisse nur beym Einlesen (s. dieses) genommen werden, d. i. daß sich da nur die Kettenfäden heben, die den Umriß ausmachen, denn die Ausfüllung der Blumen ist Taftgrund. Die bildenden Stellen welche die Poil hervorbringen soll, sind gelassen, d. i. die Quadrate der Patrone sind nicht punktirt und bleiben liegen. Also aller in der ersten vorkommenden Linie punktirter Quadrate Kettenfäden werden mit ihren Zampelschnüren in eine Lahe eingelesen, dieß ist die schwere Lahe. Nun wird auf dieser nämlichen Linie zurück gegangen, und da wo keine Quadrate sich zeigen, werden Zampelschnüre genommen, und der leichte Lah gemacht, woraus das Canale und die kleinen Blümchen im Grunde entstehen. So wie mit dieser einen Linie der Patron verfahren werden, so wird mit allen Linien verfahren, es sey denn daß Linien vorkommen, in welchen keine Quadrate zur Hervorbringung des Canales und der kleinen Blümchen vorhanden sind. In diesem Fall wird nur ein schwerer Lah gemacht, denn die Stellen des Canales sind von der Beschaffenheit, daß drey Züge geschehen, und also auch die dazu erforderlichen Kettenfaden in die Höhe gehen müssen, wenn ein Würfel des Canales gebildet werden soll. (s. Canale) Nachdem der Stuhl also eingerichtet, so wird zum Weben geschritten. So wie die Farbe der Ketten beschaffen ist, so ist auch die Farbe des Einschlags, folglich muß zu diesem hier ein rother und weißer Einschlagfaden genommen werden. Wenn das Weben angefangen wird, so ziehet der Junge einen schweren Lah, als welches der erste ist. Alle Faden, die in der Kette sind, und zum Grunde, Canale und den kleinen Blumen das ihrige beytragen, gehen nach der Einlesung mit diesem Zuge in die Höhe. Der Weber tritt den ersten Fußtritt rechter Hand, und es gehet der eine Poilschaft in die Höhe, und mit ihm die Hälfte aller weißen Poilfaden. Dieses ist der falsche Tritt, weil er nur einen einzigen Poilschaft in Bewegung setzt, die andern 9 aber stehen bleiben. Es wird ein weißer Einschlagfaden eingeschossen, und der zweyte Fußtritt nicht getreten, der leichte Lah gezogen, und nunmehro gehen mit dessen Zuge nur alle die Fäden der Grundkette, welche das Canale und die kleinen Blumen bilden, in die Höhe. Mit dem gedachten zweyten Fußtritt gehet die Hälfte der Kettenfaden in den vier Schäfften, als 2, 4, 8 und 10te die den Gros de Tourgrund machen, so wie auch die andere Hälfte der Poilfaden in dem 9ten Schaft in die Höhe. Die Fäden der Poil haben also zur Verbindung des Taffetts in den großen Blumen abgewechselt, und die Fäden der Kette, welche Canale und Blümchen bilden sollen, sind oben. Die übrigen Fäden der Kette zum Grunde aber haben sich getheilt, und verbinden sich zum Grunde als Gros de Tours. Nun wird der rothe Faden eingeschossen, der stark ist, und macht dadurch im Grunde die Gros de Tourstribben. Der feine weiße Faden wird durch die Menge der rothen Fäden bedeckt, und an den bildenden Stellen des Canales und der kleinen Blümchen bleiben die erforderlichen Faden oben frey ohne Verbindung liegen, und bedecken sowohl den rothen, als auch den zuerst nach dem ersten Tritt eingeschossenen weißen Einschlagsfaden, so daß hier von beyden nichts zu sehen ist. Da nun die Kettenfäden zum Canale sowohl als auch zu den andern Blumen durch einen jeden andern Zug immer wieder oben gebracht werden, so lange es die Bildung erfordert, so bildet sich hierdurch das was verlangt wird. In den großen Blumen, die in sich Taffent, und an dem Umrissen nur sich figürlich bilden, ist das weiße mehr als das rothe zu sehen, weil darinn immer die weißen Kettenfäden auf der rechten Seite oben zu liegen kommen, und mit dem weißen Einschlag Taffentartig verbunden die ganze Füllung der Blumen einnehmen, und die rothen Fäden unten auf der linken zu liegen kommen, daher auf der linken ten Seite auf diesen großen Blumenstellen die rothe Farbe zu sehen ist, auf der rechten aber schattirt sie nur durch. Eben so verhält es sich mit den übrigen Stellen, und auf beyden Seiten ist die Farbe abwechselnd. Auf die gedachte Art wird man bey dem Treten der Fußtritte und dem Zuge der beyden Latzen beständig abgewechselt, und das Zeug fort gewebet. Es hat die nämliche Breite, die der Damast hat. Es ist jetzt aber nicht mehr sehr in der Mode, weil es ein starkes und seidenreiches folglich theures Zeug ist.

Rassette, s. Kruke, Orgelbauer.

Rastel, Fr. (Kriegsbaukunst) ein kleiner Ausfall an einem Vestungswerk, welcher aus dem bedeckten Wege durch das Glacis geschnitten wird.

Rast im hohen Ofen, s. Gestelle.

Rastrum. So heißt man das eigentliche Stabeblei in Leipzig.

Ratafia, (Distillateur) ein wohlschmeckender und gesunder Aquavit der aus gutem Brantwein, Zucker, und dem Safte von Kirschen, Johannisbeeren, Himbeeren, Quitten rc. ingleichen aus Kirsch- Pfirsich- und Aprikosenkernen, mit Zusetzung guter Gewürze bereitet wird. Man hat von demselben eine doppelte Gattung nämlich rothen und weißen. Der rothe wird von dem Saft der Kirschen, Johannisbeeren und Himbeeren gemacht, der weiße hingegen blos aus Aprikosen- Pfirschen- oder Kirschkernen.

Ratel, ein persianisches Gewicht, welches nach unserm Gewichte etwa so viel als ein Pfund beträgt. Es ist der sechste Theil des kleinen Barmans, welchen man sonst den Barman von Tauris nennt.

Rathsflagge, (Schiffsfahrt) auf den Flotten diejenige Flagge, womit die Schiffskapitaine zum Schiffsrath auf das Admiralschiff berufen werden. Sie ist bald weiß, bald blau.

Rathspräsentcher, eine Silbermünze in Achen, welche 32 Mark hält, und vermuthlich daher den Namen hat, weil der dasige Stadtrath sie als Präsente oder Geschenke auszutheilen pflegt.

Ratin, **Rattin**, Fr. Ratin, (Zeugmannsfaktur) ein wollener gekieperter Zeug, der auf eben die Art wie die Rasche mit vier Schäfften und Schemeln gewebet wird. Man hat ihn von verschiedener Gattung, gewalkt und ungewalkt. Erstere sind auf Tuchart zugerichtet, indem sie geraubet, geschoren und gewalkt werden, und Französ. Ratines drapées, ou Ratines apretées en drap genannt worden. Auch hat man frisirte Ratine. (s. Frisiren der Tücher) Sie sind insgemein 1¼ Elle breit und werden sehr stark jetzt zu Sommerkleidern der Mannsleute gebraucht. Die ungewalkten dienen zu Kleidungsstücken der Frauenzimmer.

Ratinfarbe, auf Seide unächt Ponceau, Fr. Ratine ou ponceau faux, (Färber) eine Farbe, so von Brasilienholz gemacht wird. Man nimt gekochte Seide, färbt sie erst in einer starken Brühe von Orlean, wäscht, klopft und alaunet (s. Alauniren) sie, macht alsdenn ein Brasilienholzbad, worein etwas Seifenwasser von der Kochung der Seide gethan wird, und farbt alsdenn die Seide darinn.

Ratiniren, s. Frisiren.

Ration, Eßmaaß, 1) der Antheil von den Speisen, so unter das Schiffsvolk täglich ausgetheilt wird. 2) Bey den Reutern derjenige Antheil von rauhern und hartem Futter, den täglich ein Pferd erhält.

Ratis, ein Diamantgewichte, dessen man sich in den Diamantgruben von Goumelpour in Bengalen bedient. Es ist dem Abas in Persien gleich, und beträgt nach unserm Gewichte ⅞ von einem Karat, daß es also 3½ Gran wiegt. Auch im Reich des Moguls braucht man es, auch um Perlen damit zu wiegen.

Ratsche: in den katholischen Provinzen, in Oberdeutschland die Klappern, womit in der Kahrwoche, anstatt der Glocken, zur Kirchen gerufen wird. (s. Schnarre.)

Rattenfahl, s. Rattengrau.

Rattengift, s. Schwabengift.

Rattengrau, **Rattenfahl**, Fr. Gris de Rat. (Färber) eine Farbe, die dem Felle der Ratten ähnlich ist. Sie ist etwas dunkler als das Mausfahl und wird auf die nämliche Art gefärbet als das Graue, (s. dieses) nur muß der Farber aus der Erfahrung wissen ihr diese Schattirung zu geben.

Rattenschwänze, (Tuchbereiter) sind Fehler an einem zubereiteten Tuch, die bey dem Scheren dadurch entstehen, wenn der Scherer über Walkgruben, Walkstrippen oder falschen Falten (s. diese) wegschert, und das Haar stehen läßt.

Rattenschwänze, Fr. Queues de Rat. (Tuchmanufaktur) diejenigen Stellen eines Tuches, die nicht frisirt sondern glatt sind. Dergleichen Stellen zeigen sich überall, wo das Tuch während dem Frisiren Falten bekommen hat, weil es daselbst von der Sandscheibe nicht ergriffen werden kann. (s. frisirte Tücher.)

Rattilliere, Fr. (Seidenwirker) eine französische Benennung, die der Broschierer der seidenen Zeuge den an dem Hauptpfosten seines Stuhls an seinem Sitz angebrachten Fächern giebt, worinn die mit Seide bespulten kleinen Röllchen, die er in die Schützen, Spaleinschützen (s. diese) steckt, liegen, und nach der Ordnung seiner Schattirungen, die er den einbroschierten Blumen geben soll, rangirt sind. (s. Broschiren)

Raub, auf den, bauen, s. Räuberisch.

Raubbienen, (Bienenzucht) eine böse und schädliche Art Bienen, welche in andere Bienenstöcke einbrechen, solche berauben, und die Bienen darinnen tödten. Man kann sie leicht vor andern Bienen erkennen, nicht nur an der Farbe, indem sie eine glänzendere und schwärzere Farbe als die andern Bienen haben, sondern auch an ihrem Flug: denn die Raubbienen fliegen nicht gerade zum Flugloch, wie die Bienen die in den Stock gehören, sondern schwärmen um den Stock mit großem Gesumme umher,

 und

und seitwärts versuchen sie, ob sie von hinten in den Stock kommen können, u. s. w.

Rauben, (Jäger) so viel als das Fangen der Raubthiere, wenn sie zu ihrer Nahrung etwas suchen.

Räuber, Wasserzweige, Wasserreiser, (Gärtner) die unnützen und überflüssigen Zweige, welche an dem Stamme und den Aesten eines Baums ausschlagen, gerade über sich wachsen, und dem Baum und dessen nützlichen Aesten den Saft und Wachsthum benehmen, daß sie endlich verdorren und verderben müssen. Dieselbe muß man sobald man sie ansichtig wird, mit einem scharfen Messer wegschneiden, diejenigen aber, so schon hart geworden, mit einer Säge abschneiden, und den Ort, wo solche gestanden, am Stamme wohl und glatt mit einem scharfen Baummesser beschneiden.

Räuber, (Probierkunst) wird das Spießglas genannt, weil es als ein Auflösungsmittel die Metalle im Rauch mit fort nimmt.

Räuberisch, oder auf den Raub bauen, Fr. en pillant la miniere, (Bergwerk) den Bergbau nicht bergmännisch verfahren, in der Grube alles Erz wegnehmen, wo man kann, die Firste ausklenglen, weder Strassen anlegen noch Bergveste stehen lassen, und überhaupt nicht darauf sehen, daß die Grube nachhalte.

Räuberischeserz, Fr. mine ravisante, (Bergwerk) Erz das mit flüchtigem, mineralischem, sonderlich Kobald und arsenikalischem Wesen vermischt ist, da die Menge des flüchtigen Wesens das sonst fixe und feuerbeständige Metall flüchtig macht.

Raubgebäude, (Bergwerk) eine Zeche, wo räuberisch gebauet wird. (s. Räuberisch.)

Raubpfahl, (Müller) der Name des Grundpfahls bey denjenigen Schiffmühlen, welche auf den Flüssen auf und nieder rücken, und an dem Ort, wo die Mühle stehen bleiben soll, eingeschlagen werden.

Raubstollen, Fr. Conduit ravisseur (Bergwerk) ein Stolln, welcher nicht in der Absicht, das Gebirge aufzuschließen und den vorliegenden Zechen Wetter und Wasser zu verschaffen, sondern nur auf den Gängen die Erze wegzurauben, und hernach abzugehen, getrieben wird.

Rauch, Fr. fumée, (Hüttenwerk) der vom Feuer und Erzen aufsteigende Dampf, welcher insgemein schwefelhaft arsenikalisch oder zinkisch ist, daher er, wenn er von den Röstern und Schmelzöfen gefangen wird, Schwefel oder Arsenik, und wo er sich in den Oefen anlegt, etwas Silbergehalt giebt.

Rauchback. (Tuchbereiter) Ein Rahm, der vor dem Fußboden der Werkstatt vorspringt, über welchen der Rauchbaum und die Karrolle (s. beyde) an der Decke der Werkstätte angebracht sind. Das Innere des Rahms ist mit Fliesen ausgelegt. Er muß weit seyn, daß er Wasser hält, denn in diesem Rauchback gießt man bey dem Rauchen Wasser. (s. Rauchen.)

Rauchbaum, (Tuchbereiter) die vorderste unbewegliche Walze über dem Rauchback in der Werkstätte des Tuchbereiters, über welche, wie auch über die Karrolle (s. diese); das Tuch bey dem Rauchen (s. dieses) gezogen wird.

Rauchegare, Rauhegare, Fr. l'essai genuine ou robutteux, (Kupferhütte) wenn das Kupfer nach der glasten Gare (s. diese) einen höhern Grad der Reinigung erlangt, zackigt wird, und der höchsten Gare nahe ist. (s. auch Gare.)

Raucher, (Kolenbrenner) Kolen die nicht vollkommen ausgebrannt sind, eine graue Farbe haben, sich schwer zerbrechen lassen, im Brennen eine weiße Flamme zeigen und rauchen.

Räucherkerze, von verschiedenen wohlriechenden und zugleich brennbaren Materien zusammen gesetzte und als kleine Pyramiden gestaltete Stückchen, die man ansteckt und in dem Zimmer dadurch einen guten Geruch verschaffet. Man macht sie auf verschiedene Art z. B. von Judenweyrauch, Gummi Benzoe, Bisam, Ambra, Rosenhölzel, Zimmtöl, Aloeholz, Nelken, peruvianischen Balsam.

Räuchern des Fleisches, (Haushaltung) Fleisch, welches 14 Tage bis 3 Wochen im Pökel gelegen hat, wird aus der Pöckellacke genommen, in der freyen Luft aufgehangen, damit es daselbst austrockne, weil ohnedem sich im Rauch ein Schleim auf das Fleisch setzet, wenn es naß in den Rauch gehangen würde, und dann in die Rauchkammer oder dem Schornstein zum Räuchern gehangen.

Rauchfang, Kutte, Fr. Hotte de Cheminée, (Baukunst) wird der Mantel genannt über einem Kamin oder Feuerherd, welcher einer abgestutzten Pyramide oder einem Trichter gleichet.

Rauchfangestange, Kutteneisen, Fr. Barre de Tremie, (Baukunst) eine platte eiserne Stange, welche unter einem Rauchfange in die Quere liegt, um ihn zu stützen. Oder man heißt auch Kutteneisen dasjenige, woran das Kuttenholz hänget.

Rauchfaß, Fr. Cassolette, (Bildhauer) Zierrathen oder Aufsätze, gemeiniglich eine Flamme oder Rauch heraus gehend, welche auf Säulen, Pfeiler, Geländer und großen Thüren, statt des Gesimmses gesetzt werden. Sie stehen gemeiniglich ganz abgesondert, und manchmal in halb erhobner Arbeit.

Rauchgewölbe, (Hüttenwerk) in den Zinnhütten ein Gewölbe über dem Schmelzofen, den Rauch darinn aufzufangen.

Rauchgrau, (Färber) ein dunkles mit etwas blau und sehr wenigem weiß gemischtes Grau.

Rauchholz, (Forstwesen) ein noch mit seinem Laub und Blättern wachsend auf dem Stamme stehendes Holz.

Rauchkammer, Räucherkammer. Eine besondere, neben dem Schornstein angelegte Kammer, worein durch ein Loch, das durch eine Platte von Eisenblech auf oder zu gemacht werden kann, der Rauch aus dem Schornstein, gelassen wird, ohne daß der Rauch durch eine andere Oeffnung, als etwan die, wo er hereingekommen, sich abziehen könne.

Rauch-

Rauchleder, (Gerber) ein auf sämische Art zubereitetes Kalbleder, von welchem man sowohl weißes oder gelbes, als auch roth und schwarz gefärbtes hat. Aus dem weißen Rauchleder werden Schuhe für Läufer und Tänzer gemacht. (s. Sämischleder.)

Rauchloch, Rauchlöcher, Zuglöcher, (Maurer, Töpfer) diejenigen Oeffnungen, wodurch der Rauch aus einem Ofen abgeleitet, auch ein Windzug verursachet wird, der das Feuer gleichsam anfacht. In einem gewöhnlichen Stubenofen ist nur ein dergleichen Rauchloch angebracht, welches mit einer Röhre versehen, die bis in den Rauchfang oder Schornstein geleitet wird. In einem andern Ofen, z. B. Backofen sind deren 5 bis 7 angebracht. Es sind viereckigte Löcher in der Brandmauer des Rauchfangs gemacht, auf jedem gehet eine gemauerte Röhre nach dem Gewölbe des Ofens. Sind wie gewöhnlich, 5 Löcher vorhanden, so gehen 2 nach dem Hintertheil des Ofens, 3 aber nach seiner Mitte, und öffnen sich sämtlich im innern des Gewölbes. Diese Röhren befördern in allen Gegenden des Ofens die Zugluft, unterhalten die Flamme, und führen den Rauch ab. Jedes Zugloch kann mit einer Kappe von Lappen oder mit einer Thüre oder am besten mit einer kupfernen Stürze verstopft und verschlossen werden. Die sämmtlichen Röhren liegen frey auf dem Gewölbe des Ofens in verschiedenen Gegenden.

Rauchtoback, (Tobacksfabrike) Toback der zum Rauchen gebraucht wird, dessen es verschiedene Gattungen giebt, die auf mancherley Art bereitet werden. Der vorzüglichste davon ist der Knaster, (s. diesen) alsdenn giebt es Guirtent, Oronoko, Varinas und noch andre Arten viele mehr, wovon jede an seinem Ort nachzusehen ist. Die Hauptbestandtheile des Rauchtobacks sind die aus- und inländischen Tobacksblätter, die nach Verschiedenheit der Güte und der Art wozu sie bestimmt sind, mit Saucen zubereitet, theils gesponnen theils aber auch geschnitten und in Packen eingepackt, verkauft werden. (s. Tobacksfabrike und Tobacksspinnen.)

Rauchtopas, (Bergwerk, Steinschneider) ein prismatischer mit 6 Seiten wie der Kristall brechender Stein, welcher roh im Zacken, oder Kälberzahn, nicht durchsichtig zu seyn scheint, wenn er aber geschliffen, und nicht zu dicke, auch mit einer Folie versehen wird, ziemlich durchscheinend ist. Seine Farbe ist schwarzgelb, als wenn er beräuchert wäre. Im Voigtlande brechen Zacken bis zu 60 Pfund schwer.

Rauchwaaren. So heißen in Riga der Hanf und Flachs im Handel, im Gegensatz des Sturzguts, als Leinensaamen, Korn ꝛc.

Rauchwehr, (Wasserbau) wenn man ein Ufer mit Weidenreisern bepflanzet.

Rauchwerk, Fr. pelleterie. (Rauchhändler, Kürschner) So nennt man alle mit ihren Haaren gar gemachte Häute der Thiere, welche zu Unterfutter und Besetzung der Kleidungsstücke gebraucht werden. Hierunter gehören nun die Zobel- Hermelin- Biber- Fuchs- Vielfraß- Otter- Tieger- Feh- Marder- Iltis- Bären- Wolfshäute u. s. w. Man theilet es ein in rohes und zubereitetes Rauchwerk. Die erste Art ist diejenige, wo die Häute noch so, wie sie von den Thieren abgezogen worden, sind; die zweyte Art ist diejenige, wo die Häute schon zugerichtet oder gar gemacht sind. Man hat von der Natur gefärbte auch künstliche gefärbte Rauchwerke, (Rauchfärberey) auch theilt man das Rauchwerk in grobe und feine Arten ein. Zu den ersten gehören die Bären- Wolfs- und Tiegerfelle zu den feinen die Zobel, Hermeline ꝛc.

Rauchwerk braun und schwarz zu färben. (Kürschner) Diejenigen Pelzwerke, so keine sonderliche oder durchgängige Farbe, und folglich nur ein schlechtes Ansehen haben, werden erst braun oder schwarz gefärbet. Die Hauptsache beruhet auf wohl gebrannten Galläpfeln. Man schüttet zu diesem Behuf die Galläpfel in eine kupferne Blase ohne Helm, welche im Diameter 9 Zoll weit und 1 Fuß 9 Zoll lang ist, oben von etwas engem Halse und mit zwo Handhaben versehen. Man schüttet davon in die Blase 6 Pfund, nebst 6 Loth Nierentalg, oder eben soviel Leinöl, um den Galläpfeln einige Fettigkeit, oder vielmehr nur einen fetten Dampf mitzutheilen, welcher hindern muß, daß sie nicht über dem Feuer zu sehr geröstet werden oder verbrennen. Man füllet den dritten Theil der Blase damit an, und läßt sie im Fette rösten, oder mürbe brennen. Da die erste Farbe nur den Grund hergeben soll, so darf das Rösten auch nicht gar zu lange fortgesetzet werden, sie sind genug geröstet, sobald sie noch ein wenig knistern. Alsdenn hebt man sie vom Feuer, und stößt sie in einem eisernen Mörser zu Pulver. Zu dem zweyten Anstrich der Felle werden die Galläpfel schon etwas stärker gebrannt, bis sie nicht mehr knistern. Man siebet die gestoßenen Galläpfel durch ein Haarsieb, und nun vermischt man folgende Materien mit einander: Zu 4 Pfund Galläpfeln 9 Quart Wasser, 6 Loth grünen Vitriol, 6 Loth cyprischen, 6 Loth Salmiak, 6 Loth Kupferasche, 6 Loth Schmack, 6 Loth Orlean, der aber, wenn schwarz gefärbet werden soll, weggelassen wird, 6 Loth Grünspan, 6 Loth Alaun, 6 Loth Rothbraun, so gleichfalls zum Schwarzfärben weggelassen wird. Alle diese Materien werden fein pulverisirt, und in einer irdenen Schüssel mit einer hölzernen Reibekeule, mit der Hälfte Lauge und Hälfte Wasser gerieben, und zu der Gestalt eines weichen Breyes gebracht. Dieses geschieht den Tag zuvor, ehe man die Farbe auf die Felle bringen will. Was man nun kastanienbraun farben will, muß zuvor die sogenannte Tödtung erfahren. Man streichet nämlich die Spitzen der Haare ohne die tiefe Wolle selbst zu berühren, damit das Fell nicht etwa von dem beitzenden Wasser genaget werden möge, mit Scheidewasser an, und dieser Anstrich wird sogleich in der Sonne getrocknet. Pelzwerke, die schwarz gefärbet werden, erhalten eine andere Beitze. Man nimt dazu ein halbes Pfund Asche, eben soviel ungelöschten Kalk, und ein halbes Pfund von derjenigen trockenen Farbe, welche aus dem bereits kastanienbraun gefärbten Pelzen ausgeklopft worden, und ein halbes Pfund englischen Vitriol. Diese vier Sachen werden

den mit der Lauge so dick, als ein Brey zusammengerieben, die Haare damit bestrichen, zusammengepackt, getrocknet, und alsdenn die Pelze ausgeklopft, und die Farbe rein ausgebürstet. Man färbet alle Pelzwerke mit dem obigen Satz braun oder schwarz. Indem eine Person die Materien in dem irdenen Gefäß beständig umrühret, bestreicht die zweyte Person dieselbe mit einer dazu eingeweichten Bürste auf die Haare auf. So naß wie sie von dem Anstriche sind, werden sie mit einem Kamm ausgekämmt, die Hälfte der Pelzwerke auf einander gelegt, gleich darauf noch einmal mit der Farbe bestrichen, wieder auf einen Haufen gelegt, Haar auf Haar, solchergestalt läßt man sie eine Nacht über mit der Farbe still liegen. Den Morgen darauf breitet man jedes Fell vor sich auseinander, hängt sie in der Stube auf Stricken zum Trocknen auf, die Haare auswendig gekehret, und alsdenn bürstet man das Pelzwerk rein aus. Befindet es sich bey dem Nachsehen, daß die Haare unterwärts von dem Kastanienbraunen nicht recht getroffen sind, so streicht man sie noch ein- oder zweymal an, packt sie zusammen, hängt sie auf, klopft und säubert sie aus, und auf diese Art fährt man fort die Pelze zu behandeln, bis sie allenthalben gleich gefärbet sind. Will man sie vollkommen schwarz färben, so wird die oben gedachte Tödtung der zweyten Art damit vorgenommen, und der obige Satz, das Rothbraun und Orlean ausgenommen, auf gezeigte Art aufgetragen. Um die Marderfelle schwarz zu färben, nimmt man gute ausländische Galläpfel ein Pfund, nebst drey Loth Nierenfett von Rindern, und verschließt sie in einem Kessel mit einem Deckel dergestalt, daß kein Dampf davon fliegen kann, schüttelt den Kessel öfters auf dem Kohlenfeuer, damit nichts verbrenne, oder sich an den Kessel ansetze. Wenn sie geröstet und kalt geworden, so zerstößt man sie in einem eisernen Mörser zu Pulver. Zu diesem Pulver menget man ungarischen Vitriol 4 Loth, von der Eisenfarbe ein halb Loth, eben soviel Grünspan, ein halbes Loth Salmiak, trockene Kupferasche zwey Loth, Silberglätte zwey Loth, und vom Alaun 2 Loth. Nachdem alle diese Materien unter einander gemischt sind, gießt man das auf ungelöschten Kalk heiß gegossene Wasser über dieses Pulver, bis man die Dicke eines Breyes heraus bringt. Wenn man nun etwas Kalk und Asche mit den obigen Materien vermischet, und das Pelzwerk damit vermittelst einer Bürste kalt anstreicht, an der Sonne trocken werden läßt, ausklopft, und das Anstreichen etliche mal wiederholt, so wird es bey der Schwärze einen guten Glanz davon tragen. Mit dieser Farbenlauge können und werden auch die Menschenhaare zu den Parüken schwarz gefärbet. Nach einer ähnlichen Vorschrift reibet man zu Pelzwerken, welche schwarz gefärbet werden sollen, besonders zur Zobelfarbe, zur Tödtung 1 Loth Silberglätte, 1½ Loth Kupferasche, 1 Loth Salmiak, 1 Handvoll Asche von hartem Holz, ½ Pfund Kalk und Menschenurin in einem Gefäße unter einander, alles kalt, bepinselt damit das Haar zweymal nach einander, trocknet und klopfet es aus. Nachdem röstet man kleine Galläpfel, ohngefähr ein halb Pfund, mit ein paar Fingerhüten voll [illegible] besprengt, in einem verklebten Topfe so lange, bis sie nach öfterm Schwenken des Topfs, und bey zunehmender Hitze, wohl zu klingen anfangen, dann läßt man den Topf von selbst erkalten. Das inwendige Korn muß von der Röstschwärze nicht durchdrungen seyn. Zu diesen gepulverten Galläpfeln nimmt man 1 Loth englisches Kupferwasser, ¼ bis ganzes Loth römischen Alaun, ½ Loth Kupferasche, 2 Loth Silberglätte, 1 Loth Grünspan, ½ Loth Salmiak, 4 Loth durchsiebten Schmack, 1 Loth Spießglas oder Wasserbley, und 1 Kanne Regenwasser. Wenn man alles dieses, ohne Beyhülfe des Feuers oder mehreren Wassers, durch einander gerieben; so wechselt man mit dieser Grundirung und der vorhergehenden Tödtung gleichsam schichtweise ab, nachdem man jeden Anstrich zuvor hat trocken werden lassen. Solchergestalt läßt man das gefärbte Haar, einwärts geschlagen, sechs Stunden die Beitzung der Tödtung ausstehen. Alsdenn wird die Farbe zum letztenmale aufgepinselt und getrocknet. Unter der Abwechselung der Farbenanstriche wird das Fell jederzeit, wie nach dem Färben, mit Füßen getreten und gewandt, zuletzt das Pelzwerk mit Schermessern wieder härig getrieben. Man färbet mit dieser Zobelfarbe allerley Felle, als Marder, Iltisse, Katzen, unansehnliche Zobel u. s. w.

Rauchwerken, (Forstwesen) das Zimmerholz im Walde ausschlagen lassen und solches von dem Abfall oder den Aesten befreyen, daß der Käufer nichts als solchen gerauchwerkten Stamm erhalte. In einigen Ländern gehört der Abfall den Forstbedienten, in andern aber wird er der Herrschaft berechnet. Noch in andern Ländern bekomt der Käufer den Stamm mit dem Abfall.

Rause, (Landwirthschaft) ist eine von zwey Bäumen mit verschiedenen Sprossen gemachte Leiter, so in den Pferde- und andern Viehställen schräge über den Krippen bevestiget wird, das Heu und Futterstroh dahinter zu stecken. Die Rausen sollen in einem Pferdestall so hoch stehen, daß sie die Pferde mit den Maulern erreichen, und die Sprüssel und Stecken so weit seyn, daß sie das Heu unbeschwert herausziehen können. Die Rausen in den Schafställen müssen niedrig seyn, auch ganz reinlich gehalten werden, wo man den Dünger oder Schafsmist auf einander liegen läßt, müssen die Rausen so gemacht seyn, daß man sie hoch und niedrig machen kann. An vielen Orten hat man doppelte Rausen für das Rindvieh, welche den Winter über auf dem Viehhofe stehen, damit das Vieh, wenn es bey gutem Wetter aus den Ställen gelassen wird, daraus gefüttert werden könne. Sie sind entweder unbeweglich und stehen auf zwey großen hölzernen Armschöllen, oder an dem einen Ort, mit einem Pfahl, und an dem andern Ende mit einem Rade versehen, damit man sie auf der ganzen Miststädte herumdrehen, und das Vieh aller Orten den Mist gleich niedertreten könne.

Rause. (Landwirthschaft) Ein Werkzeug, auf welchem die Knospen mit dem Saamen von Lein abgerauft werden. Es bestehet aus einem Brett mit fingerdicken spitzen eisernen Zähnen, die eine gute Spanne lang sind und einen starken Messerrücken dick von einander stehen.

Vom

Beym Gebrauch leget man einige Leinewandstücke auf das Brett, daß es vest liege, zwey Personen setzen sich von beyden Seiten, jede an eine Ecke desselben, und ziehen eine Handvoll nach der andern zwischen den Zähnen durch, daß die Knoten abfallen.

Raufen, ziehen, (Landwirthschaft) wenn der Flachs und Hanf, nachdem er reif geworden, mit den Händen aus dem Acker gezogen wird. Den Flachs pflegt man nicht ganz reif werden zu lassen. Denn solchergestalt gewinnt er sehr subtile Haare und ergiebt sich besser im Gespinnst.

Raufholz, Haarraufer, (Weißgerber) ein rundes langes und dünnes Holz, womit die Haare der Schaffelle, wenn sie aus dem Aescher kommen, ausgerauft werden.

Raufmesser, (Hutmacher) ein zweyschneidiges langes Messer, oder besser, eine lange zweyschneidige Klinge, an jedem Ende mit einem Heft versehen, womit das grobe Haar der Schaffelle abgenommen wird.

Raufpapier, (Zeugmanufaktur) eine Art von glatten Pappblättern, mit welchen die dichten wollenen Zeuge, die keinen Glanz erhalten sollen, gepreßt werden. Es ist eine englische Erfindung, und es sind diejenigen Pappblätter, welche, nachdem sie geglättet worden, zu Preßspähnen verwandelt werden. Sie werden beynahe wie das Papier oder die Pappe geschöpft, gegautschet, gepreßt, getrocknet und endlich mit Bimsstein glatt geschliffen. Der Urstoff ist dazu entweder Lumpen von Segeltüchern, woraus bis jetzt die Engländer solche verfertigt haben, oder es ist Hanf. Herr Johann Jacob Rentre, Kaufmann zu Königsberg in Preussen hat nicht allein diese, sondern auch die sogenannten Preßspäne, nach 6jährigem Nachdenken und angestellten Versuchen mit vielen Kosten, endlich glücklich erfunden, und zu der Vollkommenheit der englischen gebracht, (s. Preßspäne am Ende dieses Bandes, wo von dieser Erfindung ein mehreres.) Wir können also die Englischen, die sonst ganz Europa versehen, jetzt entbehren.

Raufe, heißt der Anschnitt oder der obere Theil eines angeschnittenen Brods.

· Rauferndstel, (Eisenhütte) die Endenstücke, welche von der einen Hälfte des Dachels (s. diesen) auf dem Zerrennhammer abgeschrotet werden.

Raufwolle, (Weißgerber, Schäfer) 1) die Wolle, welche nach der Schurwolle noch aus den Fellen gerauset wird. Auch 2) die Wolle, welche den Schafen lebendig ausgerauset wird, oder ihnen von selbst entgehet, und flockenweise ausfällt.

Raufwolle, grobe, Fr. grosse pelure, (Weißgerber) Wolle von den Hammelschwänzen.

Raufwolle, lange, feine, Fr. Haute fine. Wolle, welche auch zugleich vom Fell abgehet, oder nur von solchen Schafen, als wie die Pelzwolle (s. diese) ist.

Raufzange, Roßzange, (Eisenhammer) eine starke eiserne Zange, oben mit gegen einander gekehrten Zacken oder Zähnen, womit das Eisen eingezanget, und vermit-

telst der eisernen Schaufeln vor den Hammer getragen, und daselbst in unterschiedene Theile getheilt wird.

Rauh, s. Malerisches, rauhes Wesen.

Rauharbeit. (Bürstenmacher) So nennt man alle die grossen Bürsten, womit man in den Zimmern den Staub abkehrt. Es gehören hierzu die Rauhköpfe, Borstwische, Haarbesen, Schrubber, u. dgl. m. Alle diese Waaren erhalten schlechte aber insgemein lange und starke Borsten, die jederzeit mit Pech eingepichelt, aber an dem Schwanz nicht behauen, sondern nur mit einer Schere gerade beschnitten werden. Die Köpfe der Borsten werden also gleichfalls eingepicht, die Schwänze bleiben aber rauh, und daher ist die Benennung Rauharbeit entstanden. Die hölzernen Stiele dieser Rauharbeit verfertiget der Drechsler, wenn das eigentliche Bürstenholz rund ist, wie bey Rauhköpfen, ist aber das Bürstenholz kantig, so macht es der Bürstenmacher selbst.

Rauhbank, (Böttcher, Tischler) der größte Hobel dieser Professionisten. Sein Gehäuse ist lang, die Bahn glatt, und die Schneide seines Hobeleisens geradlinigt. Hiermit wird die hohe Kante des Brettes behobelt, so wie mit dem Fughobel. (s. diese)

Rauhborsten, Rauhhaare. (Bürstenmacher) So werden die Sauborsten, so wie sie unsortirt in Bündeln eingekauft werden, genannt.

Rauhegare, s. Rauchegare.

Raubeisen, Rabeisen, Dacheisen, Fr. fer de queuse, (Eisenhütten) das auf dem Hohenofen abgestochene und weiter nicht bearbeitete Eisen.

Rauhhaare, s. Rauhborsten.

Rauhkarden, s. Karden.

Rauhemark, (Münze) eine Mark zu vermünzendes Silber, das nach der Vorschrift beschickt ist.

Rauhen, das, der Borsten, (Bürstenmacher) wenn die Borsten, nachdem sie sortirt worden, gekämmt, und von den kurzen rauhen und zum Theil krausen Haaren gesäubert und befreyet werden. Dieses geschiehet mit einem Kamm. (s. diesen, Bürstenmacher) Man hält eine Hand voll Borsten an der Spitze (Schwanz) vest, und kämmet die Wurzelenden oder den Kopf (s. diesen) auf dem Kamm aus, auf die Art wie man Flachs zu hecheln pflegt. Während des Kämmens staucht man zuweilen mit dem Kopf der Borsten an die Wand der Werkstätte, und staucht hierdurch diejenigen Borsten wieder in den gekämmten Bündel ein, welche sich bey dem Kämmen herausgeben. Die ausgekämmten kurzen krausen Haare sehen wie Wolle aus, welche der Bürstenmacher auch also nennet. Nach dem Stemmen wird dieses Kämmen wiederhohlet, und alle Borsten von der Wolle gesäubert.

Rauhen der Strümpfe. (Strumpfwürker, Strumpfstricker) Die Castorstrümpfe, sowohl gewebte, als gestrickte, müssen aus- oder zugerichtet werden, d. i. sie müssen so wie das Tuch, wenn es zugerichtet wird, gerauhet und geschoren werden. Zu diesem Behuf bindet man zwey graue oder stumpfe Karden (s. diese) zusammen, und fähret mit diesen von der Spitze des Strumpfs bis zur Stulpe

rauhend

einige Mal hinauf. Hierdurch wird der Grund oder Stapel der Wolle vorläufig aufgekratzet, und nachher diese Arbeit durch das Reitzen (s. dieses) vollendet. Dieses geschieht mit einem Werkzeuge, so die Tränsgabel (s. diese) genannt wird, womit sie völlig gerauhet und alsdenn geschoren (s. Scheren der Strümpfe) werden. Strümpfe, die weiß bleiben sollen, werden nach dem Reitzen gleich geschoren, die aber, so gefärbt werden sollen, färbt man erst, und alsdenn werden sie noch einmal ganz leicht gerauhet, ehe sie geschoren werden.

Rauhen der Tücher. (Tuchbereiter) Einem Stücke Tuch, welches zu seinem erforderlichen Ansehen zubereitet werden soll, die Oberfläche der Haare aufkratzen, um es zu dem folgenden Scheren vorzubereiten. Das Tuch wird zu dieser Arbeit über den Rauchbaum und den Aufroll (s. beyde) gehangen, unter welchen der Rauchback (s. diesen) mit Wasser angefüllet ist, weil das Tuch naß gerauhet werden muß. Die erste Arbeit heißt das Rauhen aus den Haaren oder dem Haarmann. (s. aus dem Haarmann rauhen) Derjenige Theil eines Tuchs, so jedesmal gerauhet wird, hängt von dem Rauchbaum bis zur Rauchback hinab, welches eine Länge von 4½ Elle beträgt. (s. Fahne) Bey dem Rauhen stellen sich zwey Arbeiter jeder an eine Saalleiste (s. diese) des Tuchs, jeder hat in einer Hand ein hölzernes Kreuz, und in der andern eine Karde. Neben der Saalleiste wird der Anfang des Rauhens gemacht, man ziehet auf der rechten und vordern Seite des Tuchs die Karde von dem Rauchbaum bis zu der Rauchback hinab, gleichsam als wenn man das Tuch bürstete. Dieses Hinabziehen heißt ein Schlag. Auf der linken Seite des Tuchs hält man gegen die Karden bey dem Ziehen das hölzerne Kreuz, wodurch das Tuch gehindert wird, bey dem Rauhen zurück zu weichen. Bey dem zweyten Schlage rückt der Rauher um die halbe Breite der Karde auf dem Tuche weiter vor, so wie bey allen folgenden Schlägen. So wird das Rauhen von der Saalleiste an bis zur Mitte des Tuchs mit neun Schlägen fortgesetzt, und in der Mitte begegnen sich die Karden beyder Tuchbereiter. Von der Mitte gehen sie mit den Karden nach der Saalleiste zurück, und dieses wird bis zum vierten Mal wiederholet, folglich mit 4mal 9 oder 36 Schlägen die erste Fahne (s. diese) gerauhet. Nunmehr sind 1½ Ellen gerauhet, die hinab in den Rauchback ins Wasser gezogen, und es werden neue 1½ Ellen auf gedachte Art gerauhet, wobey die Karden aber umgekehret werden. Wenn dieser zweyte Zug gerauhet worden, denn werden die Karden weggeworfen und neue genommen. Ein ganzes Stück Tuch erhält 20 Züge. Mit diesen gedachten Zügen ist nunmehr die erste Tracht (s. diese) oder das ganze Stück vom Mantelende bis zum letzten Ende erhalten. Nun erfolgt die zweyte Tracht, die auf die nämliche Art umgekehrt vom letzten Ende bis zum Mantelende gerauhet wird. Auf die jetzt gedachte Art erhält das Tuch 8 Trachten auf der rechten Seite, und zwar viermal von jedem Ende zum andern abwechselnd umgekehrt, und der Strich von den Karden bey der letzten Tracht geht nach dem Mantelende.

Uebrigens wird bey allen Trachten auf gleiche Art verfahren, außer daß bey jeder Tracht die Züge in den Vorzug (s. diesen) gebracht werden müssen. Alle diese Trachten hat das Tuch auf der rechten Seite erhalten, und bloß wenn es sehr fein ist, erhält es die Abrechte (s. diese) auf der linken Seite. Nach diesem Rauhen, wodurch die straubige Wolle, so die Walke auf dem Tuch hervor gebracht hat, weggeschaffet wird, wird es aus dem Haarmann geschoren. (s. dieses) Nach diesem Scheren wird das Tuch aus dem zweyten Wasser (s. dieses) oder der halben Wolle geschoren, und es erhält auf der rechten Seite abermal auf vorgedachte Art 12 bis 18 Trachten, wobey beständig umgetragen (s. Umtragen) wird: und man rauhet mit stumpfen oder butten Karden, (s. diese) weil sie das Tuch nicht angreifen und den Stapel (s. diesen) der Wolle hervor bringen. Es geschieht die erste Tracht mit 7 Mal gebrauchten Karden, die zweyte Tracht mit 6 Mal gebrauchten Karden u. s. w. Nach diesen 18 Trachten bekömt es noch einige zwanzig vom letzten Ende nach dem Mantelende, so daß der Strich beständig nach dem Mantelende zu geht. Auf solche Art bekomt bey diesem Rauhen die rechte Seite von 24 bis 40 Trachten, nachdem es die Beschaffenheit des Tuches mit sich bringt. Denn mit hellen Farben gefärbte Tücher müssen öfters gerauhet werden, als dunkel gefärbte, weil sich bey jenen der Faden leicht zeigt, daher sie eine starke Bedeckung von Wolle erhalten müssen. Außerdem können ungefärbte Tücher stärker gerauhet werden als gefärbte, denn diese sind schon durch ihre gefärbte Wolle härter und spröder. Bey den letzten 5 oder 6 Trachten nimt man zum Rauhen scharfe Karden, die nur zweymal, dreymal, und einmal gebraucht sind. Nunmehr wird das sehr nasse Tuch getrocknet, und aus dem zweyten Wasser geschoren. (s. dieses) Alsdenn wird es wieder aus dem dritten Wasser gerauhet, (s. dieses) und wenn es aus diesem Wasser auch geschoren ist, so wird es nun zum letztenmal oder aus dem vierten Wasser gerauhet. Dieses geschiehet mit butten Karden, und erhält 12 bis 16 Trachten, alle nach dem Mantelende zu, und zwar aus vollem Wasser. Durch dieses Rauhen der butten Karden legt sich nunmehr das Haar oder die Wolle zu Grunde, und es entsteht ein verlässiger Glanz darauf. (s. Tuch bereiten)

Rauhhobel, s. Schropphobel.

Rauhhonig, (Bienenzucht) Honig, der so, wie er aus den Stöcken komt, mit den Scheiben in Tonnen gestampft, und daher auch Tonnenhonig genannt wird, zum Unterschiede von dem Seimhonig. (s. diesen)

Rauhkasten, s. Rauchback.

Rauhkopf, (Bürstenmacher) eine runde kesselförmige Bürste von langen und weichen Haaren, an einer langen Stange, womit in der Höhe von den Decken und Wänden der Staub abgekehret wird.

Rauhschleifer, ein Schleifer, (s. diesen) der nur grobe Sachen, als Aexte, Beile, grobe Messer u. s. w. schleifet. Schleifer dieser Art sitzen gemeiniglich bey dem Schleifen über dem Steine.

Rauhschwarz, (Korduanier) zubereitetes zweijähriges Kalbleder, dessen Außseite geschwärzt wird, woraus man Schuhe und Stiefeln verfertiget, das anstatt des Korduans dienet, deswegen es auch von den Korduanmachern zubereitet wird.

Rauhwecke, s. Backstein.

Rauhweitzen, Weitzen, der an seinen Aehren solche Stacheln hat, als die Gerstenähren. Diesen Weitzen braucht man besonders zum schönsten Griess. (s. diesen)

Raum, Schiffsraum, Holl. Ruim, Fr. Rum, Cale, ou fond de Cale, gemeiniglich der unterste Theil, oder Boden des Schiffes, worinn jedesmal die Ladung aufgehoben wird. Insonderheit befindet sich in diesem Raume zu hinterst die Pulverkammer, alsdenn die Vorrathskammer, nebst der Küche. Er bekommt nach Verhältniß des Schiffes bald mehr, bald weinigere Höhe, auf das höchste aber 13 bis 14 Schuhe.

Raumanker, (Schiffahrt) der Name des Nothankers, weil er in dem Schiffsraum liegt. Bey einigen führet auch der Hauptanker, aber nicht so richtig, diesen Namen.

Räume, Raume, Platz. (Köler) Wenn man bey dem rauchenden und brennenden Meiler das Feuer regieret, und demselben leere Plätze machet, damit es überall sich herum ziehen kann.

Räume, (Köler) die in einem Kolenmeiler in der Haube hie und da eingestochene kleine Oeffnungen, wodurch der Köler den Rauch beobachtet, ob solcher weiß, grau, oder gelb und roth ist. Ist jenes, so läßt man die Räume auf; ist hingegen das letzte, so macht man sie wieder zu, die Erde selbst aber schlägt man zusammen, und benetzt sie bey trockenem Wetter mit Wasser. Durch dieses Auf- und Zumachen der Räume kann man, wenn der Meiler im Brande ist, das Feuer in dem ganzen Haufen herum ziehen. Man sticht solche von oben herunter stets tiefer nach dem Boden zu, so wie der Rauch blau wird, und die, woraus ein gelber oder rother Rauch kömmt, macht man im Gegentheil zu, weil das Feuer an diesen Oertern zu stark ist, und die Kolen daher mürbe oder zunderich und schieferich werden.

Räumeisen, Fr. larre, Baton de fer, (Hüttenwerk) ein Stück des Hüttengezähes oder Werkzeuges, womit die Form (s. diese) wenn sie zugenaset ist, wieder aufgestoßen oder aufgenaset wird.

Räumen. (Weingärtner) Wenn das Erdreich um den Weinstock mit der Hacke bis an die Thauwurzel umgegraben wird, und zugleich die obersten Wasserwurzeln abgerissen werden, damit sich die Pfeilwurzeln desto tiefer strecken und desto stärker werden. Dieses zu verstehen, muß man wissen, daß der Weinstock dreyerley Wurzeln habe, nämlich eine gerade hinab steigende, welche daher die Pfeil- oder Pfahlwurzel genennet wird; die Thauwurzeln wachsen zur Seite hinaus, und zwar so tief, als ohngefähr der Thau eindringen kann; und die Wasserwurzeln, welche zwar auch auf den Seiten, aber ganz oben an der Fläche des Erdreichs aufwachsen. Diese Arbeit geschieht gemeiniglich im April, doch auch nicht in allen gleich, wenn es ausgewintert, und nicht mehr Kälte oder Fröste zu befürchten, auch ehe die Augen oder Palmen aufgehen. Bisweilen geschieht das Räumen und Beschneiden, wenn es die Zeit leiden will, gleich zu Anfange des Frühlings, wenn nämlich zeitig gelindes Wetter einfällt. Wenn aber die Reben beschnitten werden, wenn es noch sehr kalt ist, und wenn man alles beschnitten hat, so räumet man mit der Hacke unten zu den Stöcken, und schneidet die übrigen Wurzeln ab. Wenn man vor Winters gedeckt hat, so mag Räumen und Schnitt zugleich geschehen, sonderlich wenn der Saft schon ins Holz getreten ist. Man muß sich bey dem Räumen wohl vorsehen, sonderlich an den niedern Oertern, wo es jung Holz giebt, daß man solches nicht offen stehen lasse, sondern wieder zuschaufle.

Räumer, (Schiffahrt) ist der Wind, wenn er mehr mit dem Zuge des Strohms oder Fluth parallel ist, oder auch über einen großen Raum der Wasser, daß er nämlich mehr Wasser vor sich an und auftreiben kann.

Räumer des Hafens, s. Hafenräumer.

Raum in den Galeeren. (Schiffsbau) Dieser hat in einer Galeere sechs Theile. 1) Garon eine Kammer unter dem Hintertheil: Sie hat nicht mehr Raum, als zu des Kapitains Bette gehöret. 2) Escandolat, ist die Vorrathskammer des Kapitains. 3) Kompagnie, hier wird der Vorrath von Trinkwaaren aufgehoben, imgleichen das Speck, Pökelfleisch, Stockfisch rc. 4) Paßior, hier liegen die trockenen Eßwaaren, als Reiß, Bohnen, Erbsen rc. 5) Taverne, hier läßt die Komite Wein schenken, und dieser Platz ist mitten in der Galeere, nebenbey ist die Pulverkammer. 6) Das Zimmer des Vordertheils. Hier liegen die Kabels und Taue; auch haben hier die Kranken ihr Lager auf den Tauroellen.

Räumlichkeit beobachten, Fr. Espacier, (Maler, Bildhauer) den gemalten und ausgehauenen Gegenständen ihren verhältnißmäßigen Platz nach der Perspektiv anweisen. Z. B. in Säulen und Gemälden, wo Architektur vorkömmt, in Ansehung der Bäume in den Landschaften rc.

Raumlöcher, s. Räume.

Räumnadel. (Bergwerk) Ein Werkzeug, womit die Patrone in das Bohrloch des Gesteins, welches gesprengt werden soll, geschoben wird. Sie ist von Eisen, und so lang wie der Bohrer, damit sie noch etwas aus dem Loche heraus stehe. Sie läuft nach und nach in eine Spitze zusammen, ist oben nur einen viertel bis halben Zoll dick, und am dicken Ende mit einem zwey Zoll weiten Ringe versehen. Man steckt an diese Nadel, wie gedacht, die Patrone, und schiebt sie damit ins Loch, welches geladen werden soll.

Raumpfahl, Raumpfahl, (Köler) ein ohngefähr drey Fuß langer vorne zugespitzter Ast, womit die Räume (s. diese) in den Meiler gestoßen werden.

Raum zwischen zwey Kugelgewölben, Fr. Entre coupe de Voute, (Baukunst) das Leere, welches sich zwischen zweyen Kugelgewölben befindet, die auf einer Widerlage ruhen.

Raupenschere. (Gärtner) Eine eiserne Schere an einer langen Stange, die Raupennester damit von den Bäumen zu schneiden.

Räusche, (Mühlenbau) derjenige Fall an einer Wassermühle, so einem Mühlgraben, oberhalb der Mühle, zum Zufluß, und unter derselben zum Abfluß des Wassers gegeben wird. Man pflegt gemeiniglich auf 10 Ruthen Länge 2 Zoll Fall zum Räusche zu rechnen. Man findet zwar im flachen Lande viele Mühlgraben, so auf besagte Distanz nur 1 Zoll haben; andere bekommen gewisser Ursachen wegen auch mehr; z. B. wo Winterszeit viel Grundeis gefrieret, ist es sehr dienlich, wenn auf 10 zehnfüßige Ruthen oder 100 Ellen 4 Zoll Räusche gegeben wird, denn ein schneller Graben kann sich nicht so leicht von Eis versetzen, als einer, der sehr langsam läuft.

Rauschflöte, s. Rauschpfeife.

Rauschflügel, (Wasserbau) Buhnen, (s. diese) die an den Seiten des Ufers eines Flusses angeleget werden, um den Lauf des Strohms zu verstärken, und den Sand, der von den abreissenden Ufern in den Strohm hinab gestürzt wird, fort zu führen, damit seine Mündung nicht versande und liegen bleibe, wodurch die Einfahrt erschweret wird. Die Flügel oder Buhnen werden von Stelle zu Stelle an beyden Seiten der Ufer schräge in den Strohm hinein geleget, und müssen höher über dem Wasser hervor ragen, daß der Strohm daran prellen, und mehr Gewalt bekommen kann, damit der Sand desto besser mit fort gerissen werde.

Rauschgelbe, s. Auripigment.

Rauschgold, s. Flittergold.

Rauschgrün, s. Blasengrün.

Rauschhaube, (Jäger) eine Haube, womit die wilden Falken, wenn sie erst gefangen worden, gehaubet werden.

Rauschpfeife, Rauschflöte, Rauschquinte, Rauschwerk, Rußpipe, (Orgelbauer) eine gemischte Stimme in den Orgeln, wo die Oktave und Quinte mit einander auf einem Stock stehen, doch nimt man die Oktave 2', und die Quinte 3', daß also bald die Oktave, bald die Quinte größer ist. Ueber 3' nimt man sie aber nicht, weil es ein schärfendes Register seyn soll. Wenn man Quinte 3' und Oktave 2' zusammenzieht, so hat man den Klang der Rauschflöte. Man macht sie nach Prinzipalmensur.

Rauschquinte, s. Rauschpfeife.

Rauschwerk, s. Rauschpfeife.

Rautenförmig, Fr. Lozange, (Kupferstecher) die Kunst des Zusammentreffens und Durchschneidens der Schnitte. Sie formiren Figuren, die mehr oder weniger rautenförmig sind, wornach sie mehr oder weniger gegen einander schräge zu stehen kommen. Jeder vorzustellender Gegenstand hat seinen eigenthümlichen Karakter, der auch einen besondern Ausdruck verlanget. Das Fleisch von Männern, die stark von Muskeln sind, und deren Umrisse kräftig angegeben seyn wollen, muß im Stiche stark und rautenförmig seyn. Das Fleisch der weiblichen Figuren wird glätter und reinlicher gearbeitet, damit der Stich der zärtlichen und feinen Haut sich desto mehr nähert: das starke Rautenförmige würde dieses sonst verhindern. Man muß hierbey zum wenigsten die viereckigten Schraffirungen vermeiden, die blos beym Holz und Stein gebrauchet werden. Auch das allzu lang gedehnte Rautenförmige muß man vermeiden. Diese machen nur in Wolken und Wellen eine gute Wirkung.

Rautenstich, (Näherin) eine Art künstlicher Stiche in der Stickerey, da die Stiche Rauten bilden.

Räutern. (Landwirthschaft) wenn das abgeflederte und übertrete Getreide durch das große und kleine Aehrensieb durchgerüttelt, und von der noch zurück gebliebenen Spreu rein gemacht wird.

Räuthen, (Glaser) [illegible] vierkantigen Fensterscheiben.

Ravelin, (Kriegs[illegible]kunst) ein Aussenwerk vor einem Festungswerk, so vor der Kourtine über dem Graben liegt, und nur aus zwey Facen besteht, deren Kapital von 20, 25 bis 30 Ruthen lang ist. Es schafft dergleichen Aussenwerk einer Festung viel Nutzen, deswegen es sowohl in der alten als neuen Bevestigungskunst gebräuchlich ist, und von einigen Alten auch das Wallschild genennet wird. Die Franzosen nennen es demi lune (halber Mond). Es wird insonderheit gebraucht, die Brücken und Thore einer Vestung zu bedecken, und wird von den beyden nächst anliegenden Bollwerken bestrichen. Seine Hauptlinie fällt senkrecht auf der Kourtine, die Facen werden aus den Schulterwinkeln gezogen, und gegen den Hauptwall durch die Breite des Grabens abgeschnitten.

Razade, s. Rassade.

Raz, ein Innhaltsmaaß zu Messung des Getreides und der Hülsenfrüchte, welches in der Landschaft Bresse in Frankreich gebräuchlich ist, und sonst auch Bicher genannt wird.

Raze, ein Getreidemaaß, dessen man sich an einigen Orten von Bretagne, sonderlich zu Quimperlorent, bedienet. 10 Raze machen 1 Tonneau, so daß ohngefähr 3 Raze etwas mehr als 1 Septier ist.

Räzen. (Jäger) So wird das Schreyen der Hasen genannt, dessen Schall es gleichsam nachahmet.

Ratzenfalle, eine Falle, womit man die Ratzen fängt, und welche sich von einer Mäusefalle, sie sey von was für Art sie auch wolle, nur in Ansehung der Größe unterscheidet. (s. Mäusefalle)

Re, (Musiker) die zweyte unter den alten von Aretino erfundenen 6 Musik-Silben, welche in der Scala naturali, im d und a; in der Scala mollari, aber im g jeder Oktav oder Stimme gebrauchet wird.

Real, spanische Münzen, von Kupfer und von Silber, davon die erste 34 Maravadis, nach Meißnischem Gehalt 3 gute Groschen, gelten. Eine Real in Silber macht anderthalb Lunierme. Vor diesem sind Realen zu 10 und 12 Groschen geprägt worden. Die Portugiesischen Realen halten 40 Rees, oder 2 gute Groschen 11 Pfennige. In Hamburg und Lübeck ist ein Real 46 Schillinge oder 23

Groschen;

Groschen; zu Bremen 6p. Die grossen Realen, welche auch Pesos, und Stücken von Achten heissen, sind eine spanische Münze, und gehen mit den Philippsthalern, mit denen sie doch nicht einerley Werth haben.

Real, (Buchdrucker) das geneigte Gestelle, worauf der Schriftkasten ruhet. Ausser dem obersten geneigten Brett hat es noch sechs Fächer, worein man die Schriftkasten stellt, die nicht gebraucht werden.

Reale, (Schiffsbau) der Name der vornehmsten Galeere eines unabhängigen Staats. Die päpstliche erste Galeere hat auch diesen Namen. Die Venetianische führt ihn wegen der Königreiche Cypern und Candia, so die Republik besessen. Neapel, Sardinien, und Sicilien führen auch Realen. Sie sind im Bau von den andern Galeeren gar nicht unterschieden. Die Französische ist sonst 120 Fuß lang, 48 Fuß breit, und hatte 60 Bänke, jede mit 7 Rudern, folglich 420 Ruderer.

Realgar, s. Auripigment.

Re-Assecuranz, (Handlung) wenn ein Assekurant durch einen andern den Risiko, so er übernommen, sich wieder versichern (Assekuriren) läßt.

Rebasche, s. Weinrebenasche.

Rebhühnermörser, (Artillerie) ein gewöhnlicher Mörser an dessen Umkreis noch 13 kleine Mörser angebracht sind. Ihre Kammern haben aber mit dem grossen in der Mitte stehenden Mörser Gemeinschaft.

Rebenaugen, (Weingärtner) die Blüthknospen an den Weinstöcken.

Rebenmesser, s. Weinmesser.

Rebenpfahl, **Weinpfahl**, (Weingärtner) der Pfahl, woran die Weinreben angebunden und von welchem sie unterstützt werden.

Rebenspitze, **Blindholz**, die bey dem Beschneiden des Weins abgeschnittene Spitzen der Reben.

Rebenstock, s. Weinstock.

Rebenthräne, **Weinthräne**, **Rebenwasser**, die Tropfen, die im Frühjahr auf den beschnittenen Weinreben wie Thränen tröpfeln.

Rebenwasser, s. Vorher.

Rebmann, s. Winzer.

Rebschoß, die junge Schößlinge an der Rebe, oder dem Weinstock.

Recepißzettel, **Recepisse**, ein Schein, welchen man ausstellt, wenn man für einen andern Geld, Wechselbriefe, Packete, Waaren rc. in Empfang nimt. Es ist von einer Quittung darinn unterschieden, daß diese letztere von demjenigen ausgestellt wird, der für sich selbst dergleichen empfängt.

Rechen, (Bandmühle) dieientge Stange, worauf die Schützen mit dem Einschlag stecken, und vermittelst welcher dieselben durch den angebrachten Mechanismus in die Kette eingeschossen werden. (s. Bandmühle.)

Rechen, **Stellbogen**, (Kleinuhrmacher) derjenige Theil des Mechanismus, wodurch man eine Taschenuhr geschwinder oder langsamer stellen kann. Den ersten Namen hat er von seiner Gestalt, da derselbe Zähne als ein Rechen hat, in welche die Zähne des Stellrads eingreifen, wenn die Stellscheibe umgedrehet wird. Eigentlich hat der Rechen oben gleichsam einen hervorragenden Zahn, in welchen eine kleine Kerbe eingefeilt ist. In dieser Kerbe läßt sich die haarfeine Spiralfeder hin und her verschieben. Nachdem man nun diese Rechen-Kerbe vermittelst des Stellrades, welches unter der Stellscheibe liegt, mit dem Uhrschlüssel von der Rechten nach der Linken weiter hinausrückt, so wird die Spiralfeder kürzer oder länger und die Unruhe gehet nebst der Uhr hurtiger oder träger.

Rechen, (Uhrmacher) derjenige Theil einer Schlag- und Repetiruhr, welcher die Auslösung des Schlagewerks bewirkt, die Schläge einer Uhr bestimmt, und auch wieder das Schlagen hemmt. Er ist von Messing beynahe nach einem halben Zirkelbogen ausgeschnitten, und mit seinem in der Mitte angebrachten Fuß oder Schwanz lehnt er sich an eine stählerne Feder. Auf seiner Stirne sind 13 bis 14 Zähne eingeschnitten. Wenn nun bey der Auslösung des Schlagewerks (s. dieses) die Einfallspitze der Einfallschnalle (s. beyde) den Rechen verläßt, so drückt ihn nur gedachte Feder hinab, und um soviel derselbe hinab sinkt, eben so oft schlägt die Uhr, und wenn sie aufhören soll, so ist es nach der Einrichtung der Uhr so getroffen, daß die Spitze der Einfallschnalle den Rechen vest hält. (s. Schlagwerk, wo alles deutlich gemacht wird.)

Rechen, (Wasserbau) an grossen Teichen ein hölzernes Wassergebäude, so aus vielen dicht an einander stehenden oben und unten in eichene Blattstücken und Schwellen eingezapften starken eichenen Sprossen verfertiget, und in die Oeffnung des Dammes für ein Flutbette gesetzt wird, damit die von grossem Zugang, starken Feldgüssen oder durchfliessenden Bächen entstehende Oberwasser ohne Schaden des Dammes ihren Ausfluß gewinnen und weder grosse noch kleine Fische mit durchgehen. Das Flutbett muß so hoch stehen, als das Wasser seinen ordentlichen Stand in dem Teiche haben soll. Ist der Teich groß, so werden wohl zwey oder mehrere Rechen angebracht, sonst würde der Teich von jähem Regenwasser und Feldgüssen gar überlaufen, das Wasser über den Damm stürzen, wo nicht gar denselben durchreissen, und die Fische aus dem Teiche fortstossen.

Rechen, s. Harke.

Rechenbohrer, ein Bohrer als ein Zwickbohrer gestaltet, womit die Löcher in die Rechen zu den Zinken gebohret werden.

Rechenbrett, **Rechentafel**, **Rechentisch**, eine aus Holz, Pappe oder anderer Materie bestehende reguläre Fläche, welche in gewisse Klassen durch Linien, Fäden, oder darinn eingegrabene Rinnen eingetheilt ist, wie es die Stellen der Ziffern, die berechnet werden sollen, erfordern, als wornach sie ihr Vermögen bekommen. Die Chineser und zum Theil auch die Russen bedienen sich dieser Tafeln. Es werden nämlich an einer Drahtsaite 9 Kugeln oder Korallen aufgereihet, und solche aufgespannten

 Saiten

Saiten vermittelst 7 neben einander in einer gleichen Entfernung bevestiget, dergestalt, daß sich die Kugeln bequem auf- und abschieben lassen. Unter einer jeden Reihe stehet der Werth ihrer Stellen, worinn sie sich befinden, als I, II, III, IV, und so weiter. Zu Anfange des Rechnens, schieben sie alle Kügelchen unter sich, und treiben sie auch einige bald von dieser, bald von jener Seite mit einem Griffel in der größten Geschwindigkeit auf oder ab. Wie sie nun die Kügelchen nach vollendeter Operation, in ihrem Stande finden, also sprechen sie dasselbe aus. Die Römer hatten auch einen dergleichen Rechentisch, welcher mit dem jetzt gedachten fast einerley, und darinn davon unterschieden war, daß in dem Untertheil desselben 9 Rinnen oder Vertiefungen waren, in welchen sich runde Knöpfe auf und nieder schieben ließen, oben her waren nur 8 solcher Vertiefungen aber etwas kürzer, als die untern. Die untern Reihen hatten jede 4 solcher gedachten Knöpfe, ausgenommen, die zweyte von der rechten Hand gerechnet, in welcher 5 Stücke waren. Von den Knöpfen in den obern 7 Reihen bedeutete einer 5, war also eins mehr, als in der unter ihm befindlichen Reihe anzutreffen. Man kann auch auf eine Tafel so viel Linien als man will, in gleicher Weite mit einander parallel, ziehen, so, daß einer oder mehr Rechenpfennige Raum haben, dazwischen zu stehen. Diesen Linien werden nach den Stellen der Ziffern ihre Bedeutung zur Seite geschrieben, daß demnach von unten oder oben angefangen die erste die Einer, die folgende die Zehner u. s. w. bis auf Millionen oder Billionen vorstellt. In dem Raum hinwegen zwischen zwey Linien findet man das Mittel zwischen der vorhergehenden und nachfolgenden Größe. Z. B. der Raum zwischen den Zehnern und Hunderten bedeutet 50, zwischen 100 und 1000, fünfhundert. Daß man auch Zahlen, so von verschiedener Größe sind, und die man benannte Zahlen nennt, oder auch im Subtrahiren die Zahlen, so man von andern abziehet, von denen so übrig bleiben, gehörig unterscheiden könne, werden die Parallellinien, darauf man die Pfennige aussetzt, mit noch andern im rechten Winkel durchschnitten und in einige Fächer abgetheilt.

Rechen der Papiermühle. Ein Werkzeug, das bey der Mühle angebracht ist und durch das Räderwerk derselben in Bewegung gesetzt wird, womit der Papierzeug vor dem Schöpfen noch einmal mit Wasser durchgearbeitet wird. Der Rechen bestehet aus einem Kasten, in welchem eine vertikale Stange den eigentlichen Rechen hin und her beweget wird. An dem untern Ende hat solche verschiedene Sprossen, welche so zu sagen den Zeug quirlen. Die Stange ist an einer andern horizontalen Stange befestiget, die am hintersten Ende mit einer kleinen Welle zusammenhängt. An dieser Welle ist außer dem unterhalb eine senkrechte Stange angebracht, die an einer Kurbel befestiget ist, und diese Kurbel sitzt an der Spitze einer Daumwelle des Geschirres, (s. dieses) die Kurbel und die zuletzt gedachte Schwinge bewegen erwähntermaßen den Rechen hin und her. Eine Rinne leitet in den Kasten im erforderlichen Fall Wasser von dem Mühlengerinne herbey auf den zurströmenden Zeug. Dieses Wasser muß aber so rein wie möglich seyn, und daher setzt man vor die Rinne eine alte Form. Der Drath dieser Form hält allen Schmutz zurück. (s. Papiermachen, auch Räderwerk der Papiermühlen.)

Rechenhäute, (Pergamentmacher) eine Pergamenthaut, die zu Schreibtafeln gebraucht wird, und mit einer Oelfarbe angestrichen worden; daher sie auch Oelshaut (s. diese) genennt wird. Man kann darauf mit Bleystift schreiben. Ihre Farbe ist zwar gelblich wegen der aufgestrichenen Oelfarbe, sie hat aber für dem übrigen Schreibepergament den Vorzug, daß man die Schrift der Oelfarbe wegen bloß mit Speichel auslöschen kann, und insbesondere daß sie vorzüglich dauerhaft ist. Denn man macht sie zwar zuweilen aus Schaffellen, gewöhnlich aber aus Kalbfellen. Die Felle zu diesem Pergament werden eben so wie zum Schreibepergament (s. dieses) bis zum Schaben behandelt, und gleichfalls auf beyden Seiten beschabet. Nach dem Schaben trägt der Pergamentmacher auf beyden Seiten den ersten Farbengrund auf, da er nämlich Leimwasser mit etwas Bleyweiß versetzt. Wenn dieser Leimfarbengrund trocken ist, so streicht man Bleyweiß zart gerieben mit Leinölfirniß gemischt auf jeder Seite viermal auf. Doch muß jeder Anstrich gut trocken werden, ehe ein neuer geschieht. Wenn die Farbe völlig trocken ist, so wird das Pergament endlich noch mit einem Schabeisen glatt geschabet.

Rechenpfennige, Zahlpfennige, Raitpfennige, Fr. jetton, eine kupferne oder meßingene kleine Platte mit einem Gepräge als eine Münze, welche zum Rechnen auf dem Rechentisch oder Rechenbuch gebraucht wird, aber keinen Werth hat. Man gebraucht sie auch als Marquen bey dem Spiel. Die Art mit Rechenpfennigen zu rechnen ist noch jetzo im Bergamt Freyberg im Gebrauch, und der Anschnitt von den Geschwornen damit nachgelegt, oder nachgerechnet. In Nürnberg werden sie in Menge von den sogenannten Rechenpfennigschlägern verfertiget.

Rechenpfennigschläger, besondere Handwerker in Nürnberg, welche die Rechenpfennige schlagen.

Rechen-Stäblein, gewisse bequeme länglicht viereckigte Stäblein und dem Einmaleins, vermittelst welcher das Multipliziren und Dividiren um ein merkliches erleichtert wird. Dergleichen sind die Neperischen Stäblein (s. diese und) die Sexagonal-Stäblein.

Rechenstift, ein langer dünner zugespitzter Griffel von Schiefer, mit welchem man auf den schwarzen Tafeln rechnet.

Rechentafel, s. Rechenbrett.

Rechentafeln, Tafeln von Schiefersteinen, die man gespalten in vierkantige Stücken zerschnitten und in hölzerne Rahmen eingefaßt, worauf man mit einem Schiefergriffel rechnet.

Rechentisch, s. Rechenbrett.

Rechnung auf Linien, die Kunst mit Rechenpfennigen zu rechnen. Sie führet deswegen diesen Namen, weil

die

die Rechenpfennige, Kügelchen oder Korallen ihren Werth von den Linien des Rechenbrettes (s. dieses) bekommen. Diesemnach bedeuten die Pfennige, Kügelchen oder Korallen, auf dem bey dem Rechenbrett angeführten drey Arten in den Stellen, worin sie gesetzt sind worden, 1.719086. Es ist eine alte Art zu rechnen und lernt ohnstreitig von den Chinesern. Man hat auch Instrumente erdacht, da man auf Linien, ohne Zirkel und Tabellen, das gewöhnliche Rechnen mit ungemeiner Fertigkeit verrichten kann, worunter der Rechenstab des Leupolds (s. diesen) der vornehmste ist.

Rechnungsmünze. Eine Münze, die nicht wirklich geprägt vorhanden, sondern nur zur Erleichterung der Rechnungen angenommen ist, z. B. die Pinate.

Rechtfallen, nom. Fr. la descente réguliere d'un filon, (Bergwerk) die Richtung des Ganges, welche er nicht seiger, sondern schief nach der Weltgegend angenommen, in welcher er von den Bergleuten vor rechtfallend erkannt wird, und dahin die mit ihm in einer Stunde streichenden Gänge meistentheils fallen. Als ein stehender Gang gegen Abend und Mitternacht, ein Spatgang gegen Mitternacht und Abend. Man giebt zur Regel an, daß, wenn die Sonne den Gang auf den Kopf oder auf das liegende scheine, er recht falle. Im sächsischen Obergebirge wird das Rechtfallen einiger Gänge anders genommen, und der Morgengang, welcher gegen Mittag fällt, der Spatgang, so zwischen Mittag und Morgen fällt, rechtfallende Gänge genennt.

Rechtfallender Gang, (Bergbau) wenn man in dem Fallen eines Ganges eine Schnur zieht, daran der Hängekompas nach dem Steigen gerichtet wird, und die Spitze der Nadel spielet in dem halben Zirkel ein. Alle rechtfallende Gänge haben ihr Hangendes nach Abend und ihr Liegendes nach Morgen. Zwey dergleichen Gänge durchschneiden sich in einer rechtfallenden Linie.

Recht guter Hirsch, (Jäger) wenn ein jagdbarer Hirsch in der Feiste vollkommen ist.

Recht geben, (Jäger) wenn die Jäger ihren Hunden unter der Arbeit durch freundlichen Zuspruch und Karessen zu erkennen geben, daß sie ihre Sachen gut gemacht.

Recht haben, (Jäger) wenn ein Schweiß- oder Leithund in seiner Suche richtig, ohne das der Jäger weder Fährten, noch Schweiß, noch sonsten eine Erkenntniß haben kann, gleichwohl aber im Nachhängen dergleichen noch findet, so heißt es, der Hund hat doch recht.

Rechts einlesen, (Weber) wenn bey dem Scheeren die Kettenfäden dergestalt auf den Fingern wechselsweise eingelesen werden, daß auf den beyden Nägeln der obersten Latte des Scheerrahms zwey Fäden sich durchkreuzen, so daß ein Faden über den einen Nagel und der andere unter dem andern Nagel zu liegen kommt, welche nachher zusammen das Fadenkreuz (s. dieses) ausmachen. Dieses Rechtseinlesen geschiehet, wenn man von oben herunter scheert. Denn wenn man an die beyden Nägel kommt, die an der obersten Latte des Scheerrahms stecken, so liest man die Fäden auf folgende Art ein: Man nimmt nämlich mit dem Zeigefinger zwey Fäden von der ersten Reihe der Fäden, und legt sie einzeln auf die oben gedachte Art, einen Faden über den einen Nagel und unter den andern Nagel, den andern Faden aber unter den ersten Nagel und über den zweyten Nagel, und fährt damit fort mit den andern Fingern die Fäden paarweise zu nehmen und einzulesen. Dieses wird das Rechtseinlesen genannt, weil bey dem Herausscheeren, wenn man mit den Fäden an die Nägel kommt, es auf eine entgegengesetzte Art (s. Linkseinlesen) geschiehet.

Recief. (Handlung) So nennt man zu Amsterdam den Schein, oder das Rezepisse, so der Steuermann eines Kauffahrtheyschiffes dem [illegible] über die Waaren giebt, welche er an Bord empfängt, und welche die Ladung seines Schiffes ausmachen sollen. Dieses Recief enthält eine Deklaration der Anzahl der Ballen, Tonnen oder Stücken, die überliefert worden sind, und der Zeichen, welche sie haben. Nach dieser Deklaration macht der Kaufmann sein Konnossement.

Recipe, (Apotheker) heißt Nimm, und steht auf allen Rezepten, und zwar abgekürzt ℞ (s. R.) und bedeutet soviel, als das Verzeichniß der zu einer Arzeney benöthigten Bestandtheile, da nicht allein die Species, sondern auch die Quantität und das Gewicht dem Apotheker vorgeschrieben werden.

Recipient, Glocke, (Mech[illegible]) ein glockenförmiges Glas, welches oben auf dem [illegible] der Luftpumpe (s. diese) aufgesetzt wird, und genau auf die Scheibe von Rindsleder, die auf dem Teller liegt, anschließt. Unter diese Glocke werden diejenigen Dinge gebracht, mit welchen man ein Experiment machen will. Damit dieser Recipient dichte auf der Lederscheibe aufliege, so schleift der Mechanikus seinen untern Rand auf einer glatten ehernen Planscheibe mit Sand so eben wie möglich ab. Einige Recipienten haben oben einen offenen Hals, der mit einer Hülse von zusammengelöthetem Messingblech eingefasset wird. Der Künstler kittet das Blech mit Lack und Terpentin auf das Glas an. Die obere Öffnung des Recipienten verschließt man mit einer Blechplatte, die auf einem Stück Leder liegt. In dem Mittelpunkte dieser Scheibe steckt ein Messingdraht in einem Loche, das mit Leder ausgefuttert ist.

Reckbank. (Lohgerber) Eine Bank, worauf das weiße Alaunleder, welches in 24 Stunden gar gemacht, gereckt und geschmeidig gemacht wird. Auf zwey Ständern an einem starken Fußgestelle, die in einer Entfernung von einander stehen, liegt in ihren tiefen und breiten Einschnitten ein Baum, der auf dem einen Ständer befestiget ist, und an diesem Ende ein Gewinde hat, daß man den Baum nach Gefallen an dem andern Ende, wo er nur lose im Einschnitte liegt, aufheben kann. Der Gerber hebt den Baum auf, legt die Haut theilweise in den Einschnitt und reckt [illegible] eine Stelle nach der andern mit dem Ende des Baums, indem er stark mit demselben auf das untergelegte Theil der Haut drückt.

Reckt,

Rake, Strecke, (Riemer) ein langer Baum zwischen zwey Docken, womit das große Leder ausgedehnet wird.

Recken, (Färber) die lange Stangen, die gemeiniglich zu den Fenstern der Färbereyen heraus stecken, worauf die gefärbten Zeuge aufgehangen werden.

Recken. Eine Sache ausdehnen, ausziehen. So recken die Lederarbeiter ihre Leder aus, um sie geschmeidig zu machen.

Recken das Eisen. (Nagelschmid) 1) So sagt derselbe, wenn seine Zähne zu den Nägeln (s. Zähne) nach dem Schmieden ziemlich in ihrer Dicke der Stange bleiben. 2) Wenn das Eisen mit dem Hammer nach der Länge gezogen und ausgeschmiedet wird.

Reckschragen, (Seidenmanufaktur) ein Werkzeug, womit die gekämmte Wolle, die man zu der Vermischung zu den halbseidenen Zeugen gebraucht, ausgereckt, und soviel wie möglich gleich und glatt gemacht werden kann. Denn da die Wolle viel krauser ist, als die Seide, so würde sich dieselbe, wenn sie mit den Seidenfäden zur Kette der halbseidenen Zeuge vereinigt würde, nicht so glatt und gleich ausdehnen, sondern lockiger gegen die Seide liegen, deswegen denn dieser Schragen dazu gebraucht wird, solche auszurecken. Es ist ein viereckigter Schragen, der überall gleich weit, ohngefähr 9 Schuhe hoch und eben so weit ist. Er ist von starken Latten zusammengesetzt. Die unterste Latte ist aber et[illegible] breiter, als die übrigen drey. Auf der obern sind drey krumme eiserne Haken angebracht und daran befestiget. Auf diesen drey Haken liegt eine runde drey Zoll dicke Stange, welche so lang, als der Rahmen breit ist. Auf der untern Latte sind zwey Stäbe, welche beyde zusammen die ganze Länge des Rahmens betragen. Diese Stäbe sind so verfertiget, daß in der Mitte ein ovales Stück von beyden Seiten vorspringet, und in der Mitten eines jeden Stücks ein Loch mit Schraubenmuttern ist, wodurch eine hölzerne Schraubenspindel geht, welche mit ihrem Ende in ein ähnliches Loch der untersten Latte des Schragens geht, so daß die beyden oben gedachten Stäbe an diese angeschraubet werden können. Die Schraube wird durch einen hölzernen Schraubenschlüssel umgedrehet, und die Stäbe können dadurch näher an die unterste Latte gebracht werden. Wenn nun die Wollstrehnen ausgedehnet werden sollen, so werden solche erst auseinander gemacht, und auf die runde drey Zoll dicke Stange gehangen. Alsdenn steckt man eine Stange, welche halb so lang ist, als die Breite des Rahmens beträgt, durch die untersten Enden der obern Strehnen, und durch das obere Ende der untern Strehnen. Also stecken in den obern Strehnen zwey Stangen, und wenn durch die untersten Enden der untern Strehnen die andere Stange mit dem ovalen Stück und der Schraube gesteckt wird, so kann nunmehr die Wolle, vermittelst der Schraube, indem solche nach der untern Latte des Schragens vest geschraubet wird, ausgedehnet werden. So wie man die Wolle in der einen Hälfte des Schragens ausdehnet, so dehnet man sie in der andern gleichfalls aus. Der Weber hat bey dieser Arbeit einen doppelten Nutzen; erstlich wird die Wolle gleich und verliert ihre Krausigkeit, zweytens gewinnt er bey dem Ausdehnen, ob zwar nicht viel, doch etwas an der Länge, welches bey einer großen Menge auch Vortheil ist.

Reckwerk, Rickelwerk, Riegelwerk. Eine Einhegung, Befriedigung von eingeschlagenen Pfählen und daran längs gebundenen oder angenagelten Latten oder langen schrägen Pfählen, so man Ricken nennt.

Redans, Fr. (Baukunst) Absätze an Mauern, welche an dem Abhang eines Berges herunter laufen. Es kommen dergleichen Absätze sowohl in als über der Erde vor.

Redans, Fr. (Kriegsbaukunst) Werke, welche nur aus Fazen und Courtinen bestehen. Man braucht sie z. B. Brücken und Flüsse zu beschützen. Die Courtinen stehen theils in stumpfen Winkeln theils in scharfen ab, daß sie wie die Sägenschnitte aussehen, wovon sie auch den Namen erhalten. Man legt dergleichen Werke auch in den Graben an, wenn sie allzubreit sind, ingleichen vor die schwächsten Oerter einer Vestung, um diese damit zu bedecken. (s. auch Enveloppe im Supplement.

Reddeloß, Wandelbar, (Holzarbeiter) wenn die Verbindung, die Fugen zweyer zusammengesetzter Stücken Holz nicht mehr veste und dichte, sondern wandelbar ist.

Reddeloß, Fr. de semporer un vaisseau. (Schifffahrt) man sagt ein Schiff sey Reddeloß geschossen, wenn es Mastloß geschossen, das Tauwerk ruiniret, und es hierdurch unbrauchbar gemacht wird.

Redel. (Hüttenwerk) Ein starker Baum, der oben über dem Pochwerk liegt woran der Pochstempel der Pocher genannt, an- und mit mehrerer Gewalt oder Kraft wieder zurück gegen die Pochschale prellt.

Redelsäule, (Hüttenwerk) eine Säule worinn der Redel des Pochwerks liegt.

Redend, Fr. Parlant, (Maler) ein redend Bildniß ist ein nach der Natur wohlgemaltes und sehr ansehnliches Bildniß.

Redende Figur, (Maler) die so karakterisirt ist, und an welcher die Leidenschaften so ausgedrückt sind, daß sie zu reden, und das, was sie thun will, zu sagen, und ihre Gedanken begreiflich machen zu wollen scheint.

Redons, eine gewisse Pflanze, die in Gaskonien bekannt ist, und die man in Frankreich zu dem semischen oder braunen Leder in der Gerberey zu brauchen gelernet hat.

Redoute, (Kriegsbaukunst) kleine Verschanzungen in der Gestalt eines Quadrats oder eines länglichen Vierecks. Man pflegt diese Werke auf die Höhen an die ausgehenden Winkel der Approchen, [illegible] die Retranschementen, an die Zirkumvallations- Kontravallations- und dergleichen Linien zu legen, um die darum liegende Gegend recht bestreichen zu können. Wenn sie allein und ganz im Freyen liegen, so umgiebt man sie mit Palisaden und mit einem Graben, und heißen auch Schreck-Schanzen. Zuweilen bestehen diese nur aus zwey Fazen, indem man

man eine abgestreckte Redoute durch die Diagonal in zwey gleiche Theile theilt. Daher giebt es auch halbe Redouten.

Reduciren, Fr. Reduire, (Hüttenwerk) einen zu Asche gemachten oder zu einer glasartigen oder schlackigen Masse geschmelzten metallischen Körper durch Zusatz eines brennlichen Körpers und Wegschaffung der damit vereinigten Salien in seinen natürlichen Stand wieder herstellen.

Reduciren, (Musiker) Wenn man ein mit b versehenes chromatisches Stück in das diatonische genus bringt und versetzet, um zu erfahren, ob die Verzeichnung richtig oder mangelhaft sey, welches sich sodann äussert.

Reducirofen, (Hüttenwerk) ein Ofen, worinn von der Auflösung das Scheidewasser von dem Silber übergezogen wird. Es ist eine Art Windofen von Mauersteinen gemauert, worinn eine Sandkapelle liegt, in die der gläserne Kolben mit der Solution gesetzt wird, worauf ein gläserner Helm kommt, und ein gläserner Recipient vorgelegt wird, gleich wie bey dem Scheidewasserbrennofen (s. diesen) mit dem eisernen Topf. Dieser Reducirofen ist auswendig 2½ Fuß breit, eben so lang, und 2 Fuß 1 Zoll hoch, inwendig 1½ Fuß lang und breit. Der Windfang ist 1 Fuß breit, 6 Zoll hoch, das Schürloch 1 Fuß breit und 9 Zoll hoch. Es liegen darinnen Trallen von Eisen, und oben in dem Ofen liegt die Sandkapelle, (s. diese) so von gegossenem Eisen, eingemauert, worein Sand geschüttet und der Kolben gesetzt wird. Es können auch irdene Gefäße zu den Kapellen gebraucht werden, wenn sie nur gut in Acht genommen werden. Auch kann in diesem Ofen solvirt werden. (s. Schlüters Probirbuch Tab. LVIII.)

Redoute, Fr. (Kriegsbaukunst) ein besonderes Aussenwerk, welches nach dem Felde zu in einem oder zwey Bollwerken bestehe, von der Vestung aber durch einen besondern Graben abgesondert wird. Gegen die Stadt zu hat es die Form kleiner Horn- oder anderer Aussenwerke. Diesen Namen führen auch die steinernen Redouten, ingleichen die an die Kehllinie eines halben Mondes gesetzten kleinern Werke.

Reduktion beym Einlesen der Patron, s. Einlesen zum [illegible]zug nach der Verminderung.

Reduktionsquadrat, (Rechenkunst) ein Instrument, wodurch man die Schiffahrt zu die Routen oder Wege reduciret, d. i. die Meilen Ost und West im Grade, und diese wiederum in jene verwandeln kann.

Ree, Rei, Ral, eine kleine Kupfermünze in Portugal, welche sowohl eine wirklich geprägte, und also gangbare Münze, als auch eine Rechenmünze ist, indem die Portugiesen ihre Bücher und Rechnungen darinn halten. Sie ist ohngefähr soviel, als ein französischer Denier Tournois, und also nach unserm Gelde noch nicht einmal soviel, als ein Heller. 400 Rees machen eine Krusade, 710 Rees eine Pistole, und 1000 einen Dukaten von feinem Golde. 200 brasilische Rees machen erst einen französischen Livre von 20 Sols aus. Man hat auch Stücken von 10 Rees, welche Vintem, und eine Silbermünze von 100 Rees, welche Teston [illegible]net wird.

Reede, [illegible], (Schiffahrt) eine Gegend im Meere zum Ankerplatz, etwas von der Küste ab, wo die Schiffe vor gewissen Winden und Stürmen sicher liegen. Hiebey müssen sie folgende Regeln beobachten. Sie sind gezwungen, in solcher Entfernung von einander zu bleiben, daß die Kabeln sich nicht verwickeln und Schaden thun können. Wenn mehrere alda befindlich sind, so ist dasjenige, so am weitesten abliegt, verbunden, die Nacht über Feuer auszusetzen, um die auf der See kommenden zu belehren. Wenn ein Schiffer in der Nacht ablegen will, so muß er sich bey Tage schon so gestellt haben, daß er es ohne einige Gefahr der andern thun könne. Muß einer kappen, so läßt er seinen Ankerback oder Tonne liegen, bey Verlust des Ankers. Die Reede ist für den Schiffer offen, wenn er daselbst frey ankern darf, welches allen Unterthanen und Fremden zu gut komt. Sie ist es also immer, wenn ein anlegendes Schiff so liegen kann, ohne daß es unter die Kanonen vom Lande komt.

Reede, gesunde, (Schiffahrt) die Reede, wo beym Ueberwinde auch guter Ankergrund zu finden. Beschlossene Reede ist die, wenn sie unter den Kanonen liegt.

Reedekamm, (Leinweber) das was bey andern Webern ein Oeffner ist. (s. diesen)

Reede los. (Schiffahrt) Wenn an einem Schiff das Tauwerk, Mast, und das, so sonst zu seiner Fahrt gehöret, gänzlich unbrauchbar geworden.

Reeder, Rheder, Schiffsfreund, (Schiffahrt) der Eigenthümer eines Kauffahrteyschiffes, oder der Schiffsherr, der es ausgerüstet hat. Sie heißen Mitreeder, Schiffsfreunde, wenn ihrer mehrere nach gewissen Parten an der Ausrüstung Theil haben. Allemal muß die Landesobrigkeit Erlaubniß zu solchem Gewerbe ertheilen.

Reederey, bedeutet sowohl die Ausrüstung eines Schiffes von den Reedern, als auch die Gesellschaft der Reeder, welche Schiffe auf gemeinschaftliche Kosten ausrüsten.

Reefs, (Schiffsbau) an den Schiffsegeln quer bevestigte Schleifen. Sie werden mit den Reefsei[l]en versehen, und dienen, die Segel, wenn übel Wetter ist, einzureffen.

Reefschlägerbahn, s. Reeperbahn.

Reefs-Tackels, (Schiffsbau) kleine Tackel an den Enden der Marssegel, durch welche man die Reefbänder dahin ziehet.

Reep, soviel als ein Tau oder Seil (s. dieses) im eigentlichen Verstande aber ein Tau, welches in der Mitte einer Segelstange gegen den Raack bevestiget ist, wodurch das Hauptgatt oben am Mast auf einer Rolle hinläuft, unten ist es am Pall veste, und das Segel läuft längst demselben herunter, und wird an demselben herauf gewunden.

Reeper, s. Seiler.

Reeperbahn, Reefschlägerbahn, Leinbahn. (Seiler) So nennt man in Niederdeutschland die Werkstelle der Seiler. In ordentlichen Schiffswerften hat man niedrige, lange und verdeckte Gebäude, in welchen die Seider arbeiten können. Die Reeperbahn der ostindischen Kompagnie zu Osterburg in Holland, so wie [illegible] Admiralität zu Amsterdam ihre, sind jede 11 Fuß br[illegible]und fast 1000 Fuß lang. In andern Städten hab[illegible] die Seiler ihre Werkstellen auf öffentlichen langen Plätzen, wo es sich am bequemsten thun läßt. (s. Seiler)

Reepschläger, s. Seiler.

Rees, s. Ree.

Rese, ein Längenmaaß auf der Insel Madagaskar, so zur Ausmessung der Pagnes, Seide und anderer dergleichen Dinge, mit welchen die Insulaner unter sich Handlung treiben, gebrauchet wird. Es ist zwey Spannen, von dem äußersten Ende des Daumens an, bis zum äußersten Ende des kleinen Fingers lang, und also ohngefähr so lang, als eine europäische Brasse. (s. diese) Sie haben auch eine halbe Rese, welche sie in ihrer Sprache eine Hand nennen, die so lang ist, als eine Palm. (s. Palme)

Reff. (Landwirthschaft) 1) An den Sensen eine mit der Sense parallel gehende Gabel von Holz, an welche sich die Halmen im Mähen lehnen, woraus sie von derselben ohne Verwirrung auf die Seite geworfen werden. 2) ein aus dünnen, schmalen Hölzern bestehendes Gestelle, geflochtenes Holz, oder andere Lasten darauf auf dem Rücken zu tragen. Heißt auch ein Tragreff.

Reff. 1) In der Schiffahrt ein niedersächsischer Ausdruck, wodurch die kleinen Beysegel (s. diese) benennet werden, welche bey schwachem Winde an die großen bevestiget werden. 2) Eine lange Sandbank in der See, als auch eine sich in die Länge erstreckende Reihe Klippen. 3) bedeutet Reff einen Figurensattel. (s. diesen)

Reff. (Schiffahrt) ist eine Einwickelung des untersten Endes der Segel, welches bey Stürmen geschiehet, damit sie nicht soviel Wind fassen.

Reffbonnete, s. Beysegel.

Reffen, (Schiffahrt) ein Beysegel an die ordentlichen Segel setzen.

Reffenret. Fr. So nennet man die zweyte Gattung der spanischen Wolle, welche nach derjenigen, die man (Prime) die erste nennet, die beste ist: welches jedoch nur in Ansehung der Wolle aus Castilien und Arragonien wahr ist; da hingegen bey der Wolle, die man aus Andalusien bekommt, die Reffenret die beste ist. (s. Wolle)

Regal. (Musiker, Orgelbauer) 1) Eine Art Pfeifenspiel, so auch Schnarrwerk genennet wird. Es bestehet aus liegenden meßingenen oder hölzernen Pfeifen, und hat zwey Blasebälge, welche bey dem Schlagen des Claviers den Ton verursachen. Dieses Regal kann man auseinander nehmen, und hinsetzen wo man will; man kann es auch mit einem Deckel zudecken, daß es ganz stille gehe. Es hat bisweilen nur ein Schnarrwerk von 8 Fuß Ton, bisweilen 2, eins von 8 und das andere von 4 Fuß Ton, wenn das dritte dabey ist, so ist es 16 Fuß. Bey Aufführung einer Musik sind sie nicht zu gebrauchen. 2) In den Orgeln hat man gleichfalls ein Register, welches Regal oder auch Menschenstimme (vox humana) genennet wird. Da ist erstlich: Grob-Regal von 8 Fuß Ton, meistens von meßingenen Pfeifen, von 5 oder 6 Zoll hoch an der Mensur gearbeitet. Man findet auch kleine Körper der Regalpfeifen, welche kaum einen Zoll hoch sind, und doch 8 Fuß Ton haben. Zweytens Jungfrauen-Regal oder Baß. Drittens Apfel-Regal. Viertens das Knöpflein-Regal, so oben ein rundes Knöpflein hat, das in der Mitten von einander gethan ist, als wie ein Helm.

Regal heißt auch im gemeinen Leben ein Bücherbrett, ein Repositorium, oder ein jedes anderes mit Fächern versehenes Gestell, Waaren und anderes Geräthe darinn aufzustellen. Daher Bücherregal, Waarenregal, Küchenregal u. s. w.

Regal, s. Bergregal.

Regale, Fr. Compare de cuivre jaune ou de laiton, (Meßingdrahtzieher) Riemen oder schmale Streifen von Meßingtafeln, ein Achtelzoll breit geschnitten, woraus der Draht gezogen wird.

Regalpapier, Papier von ungewöhnlicher Größe und Stärke.

Rege, flüchtig, (Bergwerk) wenn man mit dem Bau dem festen Gestein so nahe kommt, daß es in Bewegung geräth, so sagt man, das Gestein wird rege.

Rege, munter, freudig, lebhaft, (Bergwerk) wo von neuem Bergwerk aufkommt, so sagt man, das Bergwerk wird rege.

Rege, (Vogelsteller) ein aus Stangen bestehendes [illegible]stelle, woran sie den Lockvogel auf- und niederziehen, d. i. regen. Wenn solches aus hohen Stangen bestehet, so heißt es die hohe Rege, oder auch die Stangenrege.

Rege, s. Hüttenrege.

Regel, (Bildhauer) die Statue des Polykletes, welche die Alten wegen ihrer Vollkommenheit also nennten. (s. Schönheit, Reiz, Verhältniß)

Regel, soviel als ein Lineal. Im engern Verstande sind es aber auch die beweglichen Stäbe an einem Astrolabium und andern mathematischen Werkzeugen. (s. selbige)

Regel des Astrolabiums, (Mechanikus) das jenige bewegliche meßingene Lineal, worauf, so wie auf der Grundplatte, auf den beyden Enden zwey Dioptern stehen. Es wird aus wohl geschlagenem Me[illegible] nach einem Modell von Papier zugeschnitten. [illegible] Mitte der Regel ist eine Scheibe ausgebrochen, wodurch sie mit der Zentralscheibe (s. diese) beweglich bevestiget wird. (s. Astrolabium)

Regeln, Fr. Regles, (Maler) die wahren und unveränderlichen Grundsätze, welche man vorträgt und befolgen soll, wenn man die Künste ausüben will. Alle Regeln zusammen machen die Theorie aus. Es giebt Umstände, in welchen man sich von den allgemeinen Regeln entfernen kann; allein man muß Geschmack, Wissenschaft und Erkenntniß genug haben, um die Aufnahme nicht zu weit zu treiben, und voraus sehen zu können, daß das Stück dadurch besser gefallen werde. Ein Künstler, welcher ein allzu gewissenhafter Beobachter der Regeln in allen Theilen eines Werks ist, wird zwar ein regelmäßiges, aber trocke-

trockenes, hartes und unangenehmes Werk hervorbringen. Die Regel aller Regeln ist diese: ein Werk zu machen, das allen gefalle.

Regeln, (Maschinenbau) auf einer Bohrbank; worauf man Röhren bohrt, die bey den Querriegeln, die sich auf den Bohrbäumen verschieben lassen, und in der Mitte derselben mit der Achse der zu bohrenden Röhre parallel laufen. Man versehe die Regeln mit eisernen Pfannen. Diese Pfannen auf den Regeln dienen dazu, den Bohrer bey dem Bohren darein zu legen. Damit aber die Regeln beym Gebrauche nicht verrückt werden, so machet man an ihrem einen Ende Absätze mit Zungen, die genau in die ausgehobelte Nuth des einen Bohrbaums passen. Sie sind deswegen zum verschieben, damit man sie bey dem Bohren näher oder weiter ab von dem Bohrblock bringen, und mit Bequemlichkeit den Bohrer darauf bewegen kann. Hinter und vor dem Bohrblock ist deswegen eine solche Regel angebracht, damit, wenn die Röhre sehr lang ist, von beyden Seiten gebohret werden kann. (s. auch Bohrbank)

Rege machen. (Jäger) Wenn ein Thier aus seinem Lager aufgejaget wird, daß es weiter geht, oder gar flüchtig wird, so heißt es, das Thier ist schon rege gemacht.

Regenbogenstein, Fr. Cristal de roche. (Bergwerk) Ein Krystall, der, wenn man ihn zwischen die Sonnenstrahlen und eine weiße Wand hält, an letztere einen Streif wie ein Regenbogen wirft.

Regenbogenstein, (Bergwerk) ein bläulicher Opal. Er muß die Farbe eines recht schönen hellen graublauen Himmels haben, wenn er schön seyn soll, dabey in das Rothe, Gelbe und Grüne spielen, nachdem er gegen das Licht gehalten wird. Es kommt er aber selten jetzt vor. Es ist der Iris der Alten. Jetzt wird er nur schlechtweg bläulicher Opal genennt.

Regenfeuer, Regenputzen. (Feuerwerker) Eine Art Feuerwerk, womit man die Leuchtkugeln oder Raketen zu versetzen pflegt, welches in Gestalt glimmender Pützchen, wie ein feuriger Regen, aus den in der Luft zersprungenen Kugeln und Raketen herunter fällt. (s. auch Feuerregen)

Regenkappe. 1) (Baukunst) Die blechernen Decken über den Schornsteinen, das Einfallen des Regens zu verhindern. 2) Auch eine Kappe, das Haupt damit für den Regen zu verwahren.

Regenkleid, Regenrock, (Schneider) ein großer Rock, den man über andere Kleider zieht, um sich vor dem Regen zu verwahren.

Regenkrinne. (Baukunst) In der Säulenordnung eine kleine Krinne oder Rinne unter der Kranzleiste, die zur Ableitung des Regenwassers dienet. (s. auch Regenrinne)

Regenkugeln. (Feuerwerker) eine Art der Feuerkugeln im Ernst, sie sind mit geschmolzenem Zeuge, Handgranaten und Schlägen angefüllet, und thun, sonderlich wenn sie in Magazine geworfen werden, ungemein Schaden.

Regenmaaß, Hyetometer. (physikalischer Instrumentenmacher) ein Instrument, wodurch man die Menge des Regens oder Schnees bestimmen kann, der in einer gewissen Zeit fällt. Dieses Instrument besteht aus einem Gefäß von überzinntem Eisenblech, dessen Figur und Größe willkürlich ist. Man kann es quadratförmig machen, wovon jede Seite 1 Fuß hat. Die Höhe kann einen Fuß haben. Dieses Gefäß bekommt seine Stelle an einem freyen, offenen und unbedeckten Ort, damit der Regen darein fallen kann. Wenn es nun regnet, so trifft der Regen eben so gut das Gefäß, als die ganze Gegend; und obgleich die Menge des Regenwassers, das in dem Gefäße ist, ungleich weniger ausmacht, als das Wasser, so auf die ganze Gegend fällt: so werden doch nach Proportion eben soviel Regentropfen in das Gefäße, als auf die Gegend fallen, und es wird in Ansehung der Wasserhöhe kein Unterschied seyn, d. i. das Wasser, das während des Regens gefallen ist, stehet so hoch im Gefäß, als es über der Erde stehen würde, wenn es nicht in die Erde gedrungen oder abgelaufen wäre. Und diese Höhe ist es, welche man eigentlich wissen will, und auch wissen kann, wenn man sogleich, nachdem der Regen gefallen und aufgehöret hat, mit einem guten Maaßstabe diese Höhe in dem Gefäße misset, und von dieser Partikularhöhe allgemein und auf die Höhe des Regenwassers auf die ganze Gegend, wo es geregnet hat, schließt. Weil aber dieses Abmessen in einigen Fällen, nämlich, wenn es wenig geregnet, und also das Wasser eine sehr geringe Höhe in dem Gefäße hat, nicht gar genau ist, so thut man besser, wenn man folgendergestalt verfähret: Man läßt nämlich gegen das Ende des Gefäßes eine kleine Röhre befestigen, durch welche das gefallene Regenwasser in ein kleineres Gefäß laufen kann. Nun muß man allen Fleiß anwenden, daß alles in diesem Gefäße gesammlete Regenwasser aufs schärfste ausgemessen oder abgewogen werde; welches also geschiehet: Man berechnet die Grundflächen beyder Gefäße, misset auch die Höhe des Regenwassers in dem kleinen Gefäße, und schließet hernach: wie sich die Grundfläche des großen Gefäßes zu der Grundfläche des kleinern verhält, eben so verhält sich die Höhe im kleinen zu der Höhe im großen Gefäße, und auf solche Art erhält man das Gesuchte, und weiß, wie hoch das Regenwasser über der Oberfläche der Erde dasiger Gegend stehen würde, wenn alles Wasser, das zu der Zeit herab geregnet hat, stehen geblieben wäre. Setzet man diese Versuche ein Jahr lang fort, und determiniret auf erst besagte Weise bey einem jeden gefallenen Regen die Höhe des Regenwassers, und addiret endlich das Gefundene zusammen, so zeiget die Summe diejenige Menge Regenwasser an, die in diesem Jahre herab gefallen ist. Noch besser aber ist es, wenn man ein besonderes Gefäß brauchet, bey welchem eine gewisse Anzahl Linien eine bekannte Relation gegen gewisse Linien der Wasserhöhe auf der Fläche des großen Gefäßes halten, da sich denn sehr leicht, und ohne Berechnung, von jenen auf diese schließen ließe. Z. B. Es hätte das obere zum Beobachten bestimmte Gefäß 2 Schuhe zur Länge und 1½ zur Breite, so lasse man sich ein anderes Gefäß machen, daß zur Quadratfläche 9 Zoll, mithin eine Seite 3 Zoll habe, die Höhe sey 3 Zoll. Man bemerke auch an diesem Gefäße genau die Höhe von 4 Zoll. Wird man dieses Gefäß mit dem in das obere Gefäß gefallenen Wasser bis auf die Höhe von 4 Zoll gefüllet, so hat man 1 [illegible] die Wasserhöhe im andern Gefäße. Und alle diese das Jahr über gesammleten und in ein Register eingeschriebenen Eichmaaße geben die Höhe des in einem solchen Jahre gefallenen Regenwassers. Man hat noch eine andere Art Regenmaaß, von Zinn gemacht, und von einer trichterförmigen oder viereckigten Pyramidalfigur. Die obere Fläche ist ein Quadrat, dessen jede Seite einen Schuh lang ist; sie geht spitzig zu, und hat ein kleines Loch, etwa einer Erbse groß. Diese Spitze steckt in einer gläsernen Röhre, die 4 bis 5 Zoll im Diameter, und wohl 3 Schuh in der Länge hat. Unten wird ein messingener Hahn angekittet, und darauf folgt wieder eine Spitze, welche mit einer andern engen gläsernen Röhre, von 2, 3 Linien im Durchschnitte, und von 3 Fuß Länge kommuniciret, und zu äußerst wieder ein Hahn. Man wird ein Loth Wasser genau abgewogen, dasselbe in die enge Röhre gethan, die Höhe bemerkt, und darnach die Lothe, und durch eine weitere Abtheilung auch die Quintlein bestimmt. Die oberste weite Röhre gehöret für die Pfunde. Durch dieses Instrument wird aber das Regenwasser nicht abgemessen, sondern abgewogen, welches fast einerley ist; doch ist das Abmessen besser. Bey dieser Maschiene ist zur Winterszeit, um den Schnee aufzuthauen, ein Ofen, ein sogenannter fauler Heinz, (s. diesen) angebracht. Es ist derselbe aber nicht allgemein brauchbar, sondern man muß den Schnee so schmelzen, und wie das andere Regenwasser abmessen. Freylich wäre es besser, wenn man aus der Tiefe des Schnees ausrechnen könnte, wie viel er Wasser geben kann, weil aber der Schnee nicht einmal so dichte fällt, als das andremal, auch nicht immer gleichviel Wasser hält, so ist dieses unsicher. Man hat nach genauer Untersuchung gefunden, daß 6 Zoll tiefer Schnee, so locker als er gefallen war, 1 Zoll tief Wasser gab. Doch haben diese Versuche jedesmal ein anderes Verhältniß gehabt, und sind also nicht sicher.

Regenmantel, ein großer Mantel, um sich damit vor dem Regen zu verwahren.

Regenputten, s. Regenfeuer.

Regenrinne, Fr. Mouchette pendante, (Baukunst) die Vertiefung, welche unter dem Kinne der Kranzleisten eines Gebäudes gemacht wird, und verhindert, daß das Wasser an der hängenden Platte oder Kranzleiste nicht weiter hinter sich schleifen kann, sondern am Kinne ablaufen muß. Es wird aber diese Regenrinne nur außerhalb an den Gebäuden angebracht, denn innerhalb ist sie unnöthig.

Regenschauer, Regendach, (Baukunst) ein Schauer oder Vordach an einem Hause, worunter man vor dem Regen bedeckt ist.

Regenschlag, Fr. Coupe de l'larme, (Baukunst) der Streifen oder das schiefe Gesimse außen an einem Gebäude, welches die Stockwerke von einander absondert.

Regiment, (Kriegskunst) ein Haufen Kriegsvölker zu Fuß oder zu Pferde, der wieder in kleinere Haufen, als Bataillons oder Escadrons und Kompagnien abgetheilet ist, und unter einem gemeinschaftlichen Chef steht, der der Oberbefehlshaber über alle Offiziere, Unteroffiziere und Soldaten ist.

Regimentsstücke, (Artillerie) diejenigen Kanonen, welche bey den Regimentern in den Zwischenräumen (Intervallen) geführt werden, 3 Pfund Eisen schießen, und 18 Kaliber lang sind. Eine jede wiegt 4 Zentner 80 Pfund. Zu einem Pfunde rechnet man 1½ Pfund Pulver.

Regierung des Feuers, la Direction du feu, (Hüttenwerk) die Verstärkung und Verminderung der Grade des Feuers, nach Beschaffenheit der Umstände der Arbeit bey dem Schmelzen, als welches der wichtigste Umstand bey allen Feuerarbeiten ist. Beym Probiren nennt man die Verstärkung des Feuers heiß thun, (s. dieses) und die Verminderung kalt thun.

Register, Fr. le compte, (Bergwerk) die schriftliche Rechnung, welche der Schichtmeister oder Steiger über die Einnahme, Ausgabe und Vorräthe eines Berggebäudes führet. Das Register, welches der Steiger hält, heißt das Zechenregister, das Hauptregister verfertiget der Schichtmeister aus dem Zechenregister, und bringt das Uebrige dazu, sein Konzept heißt das Handregister, und das Exemplar, welches er zur Untersuchung übergiebt, das Einlegeregister.

Register, (Drechsler) eine Stange mit kleinen Zapfen an der Drechselbank, die Rücklehne des Arbeiters daran nach Belieben nahe oder ferner zu stecken.

Register, Fr. Soupirail, Lumiere, (Hüttenwerk) an einem Probir- und Windofen die Löcher und Züge, so auf- und zugemacht, und wodurch der Grad des Feuers vermehret oder vermindert werden kann.

Register, (Kunstdrechsler) mehrere zu einer Art Arbeit gehörige Theile oder Modelle, Patronen rc. wornach Kunstsachen gedrehet werden.

Register, (Mechanikus) ein Mechanismus, durch welchen, nebst der Patrone, die Schraubenmuttern gedrehet werden. Ein solches Register ist von Metall, mit Eisenbein ausgefuttert, und liegt in einem Einschnitte unter der Patrone der Spindel. Es hat unter der Spindel einen runden Ausschnitt, der nach dem Umfange ihrer Patrone ausgehöhlet ist. Dieser Ausschnitt erhält Schraubengänge, wie eine Schraubenmutter, die in die Schraubengänge ihrer Patrone passen. Will nun der Künstler eine Schraube an ihrem Futter schneiden, so macht er die Stufe der Spindel an der Drehbank los, und giebt dadurch der Spindel die Freyheit, sich hin und her zu schieben, wenn sich die Drehbank beweget. Gegen dieselbe Patrone, nach welcher eine Schraube geschnitten werden soll, wird ihr Register mit einem Keil gepreßt, und das Schraubeneisen hält er beym Drehen unbeweglich auf der Vorlage. Die Spindel verschiebet sich beym Drehen nach Maßgebung

ihres

ihres Registers, und zugleich auch das Messing an die Spindel, woraus die Schraube oder Schraubenmutter gebrehet werden soll. (s. Drehbank, Mechanikus)

Register, (Orgelbauer) die Theile einer Orgel, wodurch der Wind in die Pfeifen gelassen, oder auch der Eingang derselben verwehret wird. Es sind breite Schieber, jeder liegt sich mit dem Principal zwischen zwey Leisten verschieden. In jedem Register oder Schieber sind so viele Löcher, als die Orgel Klaves hat, und vermittelst eines Mechanismus, der unten zergliedert wird, kann ein jedes Register verschoben werden, daß die gedachten Löcher die Kanäle in der Decke der Kanzelle (s. diese) bedecken, und alsdenn kann der Wind nicht aus der Kanzelle in alle Pfeifen des Registers eindringen. Verschiebet man das Register aber gegenseitig, daß die Löcher auf die Kanäle in der Decke der Kanzelle fallen, so dringt der Wind in die Pfeifen. Die Pfeifen stehen nämlich über den sämtlichen Registern auf dem Pfeifenstock, (s. diesen) so daß die sämtlichen Pfeifen eines Klavis nach der Tiefe oder Breite der Orgel hinter einander gestellet sind. Hieraus erhellet, daß die Register und zugleich die verschiedenen Arten Pfeifen, die man Stimmen zu nennen pflegt, mit dem Prinzipal parallel, die sämtlichen Pfeifen eines einzigen Klavis aber nach der Tiefe oder Breite der Orgel angebracht werden. Die Register der Orgelstimmen, welche tönen sollen, müssen durch Stangen, die an und neben dem Klavier vor dem Prinzipal stecken, gezogen werden. Diese Stangen laufen horizontal nach der Breite der Orgel, die Register selbst aber liegen mit dem Prinzipal parallel, wie oben gesagt worden. Der Mechanismus also, der dieses in Bewegung setzt, ist dieser: das Register z. B. liegt auf der Windlade horizontal, und läuft mit dem Prinzipal parallel. Eine starke Leiste, die dergestalt in einer Scheide steckt, daß sie sich von der linken zur rechten Hand verschieben läßt, ist mit dem einen Ende an das Register befestiget, so wie auch vermittelst einer beweglichen Welle in ihrer Scheide; an dem andern Ende hat diese Leiste einen gebogenen Arm, der mit dem Register parallel läuft, und an diesem ist eine eiserne Stange dergestalt horizontal befestiget, daß sie die vordere Verkleidung der Orgel neben dem Manual durchbohret. Wenn hernach die Registerstange bey dem Spielen der Orgel nach sich gezogen wird, so neigt sich die in der Mitte beweglich befestigte Leiste etwas nach der rechten Seite. Sie verschiebet also das Register nach der nämlichen Seite. Stößt man aber die Registerstange wieder zurück, so erhält die Leiste wieder ihren senkrechten Stand, und verschiebet also das Register wieder nach der linken Seite. Im ersten Falle tönen die Pfeifen dieses Registers, weil ihre Löcher auf die Löcher der Kanzelle fallen, und der Wind in die Pfeifen streichen kann. Im zweyten Falle aber sind die Löcher zu. Wenn also z. B. drey Register gezogen sind, so klingen jedesmal drey Pfeifen, wenn ein Klavis geschlagen wird. Damit aber das Register in beyden Fällen nicht weiter, als nöthig ist, verschoben werden kann, so sind vor beyden schmalen Seiten des Registers Stifte in die Decke der Windlade eingeschlagen, die das Register in seinem Raum einschließen. Erhält man also jedes Register, welches nach der Länge der Windlade auf dem Fundamentbrete liegt, eben soviel Löcher als Kanzellen sind, passet ferner jedes Loch des Registers auf sein zugehöriges Loch über den Kanzellen: so kann der Wind durch beyde Löcher in die Pfeifen dringen, wenn das Register gezogen ist. Allein nicht alle Löcher der Kanzellen, und folglich auch der Register, sind von gleicher Weite, sondern die Löcher in den Kanzellen der Baßtöne sind weiter, als die in den Diskanttönen, weil durch diese weniger Wind streichen muß, als durch jene. Man mißt die Größe dieser Löcher nach der untern Oeffnung ihrer Pfeifen ab, und bedient sich hiezu einer Mensur oder eines Maaßstabes, auf welchem die Weite aller Kanzellen und eines jeden Loches angedeutet ist. Die Register werden auf der Decke der Windlade oder des Pfeifenbrets also befestiget. Das Register ist etwa 1 Zoll breit und halb so dick. Es liegt zwischen zwey Leisten (Backen) und seine untere Fläche wird mit weichem Leder mit Leim überzogen, damit es sich genau an das Pfeifenbrett anschließe. Auf den sämtlichen Registern steht nach der Breite der Windlade der Pfeifenstock (s. diesen), in dessen Cylindern die Pfeifen stecken. Diese Cylinder müssen also bis an das Register senkrecht durchbohret werden, und in dieser senkrechten Oeffnung stecken die Pfeifen. Die unter den Pfeifenstöcken befindlichen Klötze passen jeder zwischen zwey und zwey Register. An dem Orte, wo der Pfeifenstock die Register berühret, wird er mit Leder bezogen, damit er sich genau an die Register anschließe, und diesen nur gerade soviel Raum lasse, daß sie sich bewegen können, folglich schränkt der Pfeifenstock die sämtlichen Register ein, und drückt sie vest an die Decke der Windlade an. Das Register des Pedals ist eben so beschaffen, nur daß es etwas stärker ist, und daß die Bewegung durch eine Abänderung noch weiter fortgeleitet wird, weil ihre Windlade nebst den Pfeifen insgemein in dem Orgelgehäuse auf den Seiten liegt.

Registerausstand, Fr. Rapport de la Miniere, (Bergwerk) Eine dem Hauptregister des Schichtmeisters beygefügte Nachricht, was das Quartal über, auf welches das Register gehalten worden, auf der Zeche für Arbeit getrieben worden. Er ist bey weitem nicht so ausführlich, als ein Hauptausstand.

Register halten. (Buchdrucker) Durch diesen Ausdruck versteht derselbe theils daß die Kolumnen der Form gegen einander eine gehörige Lage haben müssen, theils daß die ganze Form in dem Rahmen des Karren ihre richtige Stellung erhalten: denn ohne eine abgemessene Stellung der Form würden die Kolumnen eines abgedruckten Bogens schief stehen, oder ein Rand würde breiter seyn als der andere.

Registerhobel, Fr. Filiere, (Orgelbauer) ein Werkzeug, um alle Lineale oder Schieber (s. Register) von Holz egal zu machen. Es besteht aus einem Gehäuse oder vierkantigen Kasten, an dessen einem Ende das Hobeleisen nebst dem Stellkeil angebracht ist. Oben über steckt eine große Schraube, welche oben am Hobel als ein Griff oder

Nase

Nase hervor raget, und dazu dienet, den Hebel hoch oder niedrig zu stellen. Unten am Kasten stecken zwey eiserne Lineale, um den Hebel an dem Werktische zu befestigen. Das Eisen und der Stellkeil haben einen Rand, und an dem vordern Ende des Hebels unten ist das Loch, die Register unter dem Hobeleisen durchzuziehen. Zwey Personen ziehen das Register durch das Loch des an dem Tische befestigten Hebels unter dem Hobeleisen durch, und das Register wird ohngefähr 1½ Linie dick. Der ganze Hebel ist viereckig, 4 Zoll 6 Linien lang, 1 Zoll 10 Linien hoch, und 1 Zoll 11 Linien breit. (s. Hallens Werkstätte der Künste Theil 6. Tab. II. Fig. 31. Tab. III. Fig. 107 bis 111 und Tab IV. von Fig. 112 bis 125.)

Registerknöpfe, (Orgelbauer) die äussern Knöpfe von braunem, schwarzem, oder gelben Holze, woran die Register ausserhalb gezogen werden. (s. Register)

Registerpapier, (Papiermacher) grosses und starkes Papier, so wie es zu den Registern oder grossen Rechnungsbüchern gebraucht wird.

Registersack, Fr. etui de compte, (Bergwerk) ein lederner Sack oder Brieftasche, nach der Form der Register gemacht, darinn der Schichtmeister und Steiger einander die Register zu schicken.

Registerschiff, (Seefahrt) Fr. Navire de Registre ou de Regitre. In dem spanischen Amerika diejenigen Kauffahrdeyschiffe, welchen der König, oder der Rath von Indien, die Erlaubniß giebt, daß sie nach den amerikanischen Häfen gehen und daselbst handeln können. Sie haben den Namen davon, daß diese Erlaubniß registriret wird, ehe sie aus dem Hafen zu Kadix auslaufen dürfen, wo insgemein die Ladungen nach Bouenos, Ayres und andern Häfen, wo Registerschiffe hingehen, eingenommen werden. Diese Registerschiffe sollen nicht mehr als 300 Tonnen halten, welches allemal in den Erlaubnißscheinen ausdrücklich vorgeschrieben wird.

Registerschleifen, (Orgelbauer) werden die besondern Register genannt.

Registerstimmen der Orgeln, (Orgelbauer) diese werden eingetheilt in Register der Oktaven der Quinten und der Terzien. Die Oktavenregister, deren tiefste c Taste wirklich c angiebt, sind von 32 bis ½ Fuß; die Quintenregister, deren tiefste Taste eine Quinte höher d. i. g angiebt, von 24 bis 1⅓ Fuß Ton, die Terzenregister sind von 1⅗ oder 1⅗ Fuß Ton. Man muß zu einer Quinte allezeit wenigstens zwey Oktavenregister ziehen. Die Terz ist noch unerträglicher, da in allen Molltönen die große Terzstimme den Akkord z. B. von c Moll d. i. c, es, g, verderbe, indem die große Terzstimme noch ein e hinzubringt.

Registerstock, (Kunstdrechsler) der Stock, woran die Register oder Modelle zu einer künstlichen Arbeit befestiget werden.

Registerzug, (Flügelmacher) hierdurch kann man den Saiten eines Flügels eine mannichfaltige Abänderung der Töne mittheilen. Man hat ziemlich auf einem Flügel vier dergleichen Registerzüge, wovon zwey die gewöhnlichsten sind, und durch die Scheiben verursachet werden; zwey aber, als der Lautenzug und das Schnarrwerk, (s. beyde) noch besonders darauf angebracht werden. Die beyden eigentlichen oder wichtigern Registerzüge entstehen, wie gedacht, durch die Scheiben, (s. diese) da solche auf den Leisten des Kastens unbefestiget liegen, so kann man sie nach der Breite des Flügels in etwas verschieben. Auf dem Wirbelstock ist ein Holz, vermittelst einer Schraube befestiget, und dieses Holz führet den Namen des Zuges, wenn man an seinem vordern Ende anfaßt, welches man leicht nach der Breite des Flügels verschieben kann. Das hinterste Ende des Zuges ist an der vordersten Scheibe befestiget. Verschiebet man also den Zug von hinten nach vorne, so wird die Scheibe gleichfalls von der Linken nach der Rechten verschoben; verschiebet man aber den Zug nach der Richtung, die der vorigen entgegen gesetzt ist, so verschiebt man auch die Scheibe von der rechten nach der linken Hand. Man kann aber die Scheibe überhaupt nur $\frac{1}{16}$ Zoll verschieben; denn unter dem Zuge ist am hintersten Ende ein Stift befestiget, der in einen Einschnitt des Wirbelstocks greift, und dieser Einschnitt ist nur $\frac{1}{16}$ Zoll lang. Wird nun die vorderste Scheibe von der Linken nach der Rechten gezogen, so verschiebt man auch alle Tangenten, die in dieser Scheibe stecken, um $\frac{1}{16}$ Zoll. Da nun diese Tangenten gewöhnlich die Saite jedes Klaviers zur Rechten beym Spielen berühren, so erhalten sie im Gegentheil durch das Verschieben einen solchen Abstand von den gedachten Saiten, daß die Kiel die Saiten nicht berühret; in diesem Fall schlagen nur die Kiele derjenigen Tangenten, die in der hintersten Scheibe stecken, an die Saiten. So kann man auch die hinterste Scheibe mit ihren Tangenten verschieben, so daß man nach Gefallen mit den Tangenten bey der Scheiben oder auch nur mit den Tangenten einer oder der andern Scheibe spielen kann. Eben so gehet es auch in einer Orgel zu, daß man durch die verschiedene Registerzüge mehr oder weniger Stimmen spielen lassen kann (s. Register.)

Registerwellen, (Orgelbauer) die beweglichen Wellen, welche die Register bey dem Ziehen derselben in Bewegung setzen (s. Register.)

Regle, soviel als ein Maasstab. (s. auch Richtscheid.)

Regnie, Regno, Regny, Reygenie. Eine Art Leinwand von einem kleinen Orte in Brouagelois wo sie verfertiget wird. Sie wird auf den Wochenmärkten zu Villefranche und Chisy, und ungebleicht in platt zusammengelegten Stücken verkauft, und liegt genau eine halbe pariser Elle breit.

Regula (Baukunst) Ein kleines plattes Glied (s. auch Plättchen, Riemen.

Regulair. (Baukunst) Ein Wort, das öfters anstatt des Worts Symmetrie gebraucht wird, daß wenn diese an einem Gebäude beobachtet worden, alsdann gesagt wird, das ist ein regulaires Gebäude, anstatt zu sagen, das Gebäude hat viel Symmetrie, es ist symmetrisch gebauet.

Regulaire Figur, (Mechanik) wenn die Seiten, welche eine Figur einschließen, von gleicher Länge; und die von den Seiten gemachten Winkel von gleicher Größe sind.

Regulairer Körper, der in lauter gleiche regulaire Figuren von einerley Art eingeschlossen ist, und dessen körperliche Winkel einander alle gleich sind.

Regulaire Vestung, Reguliervestung, (Kriegsbaukunst) eine Vestung, deren Seiten und Winkel an allen Werken insgesammt gleich eingerichtet sind, und in einen Zirkel können eingeschlossen werden. Daher sagt man regulaire Dreyecke, Vierecke u. s. w.

Regulierwechsel, Regulirter Wechsel. (Handlung) So werden die auf Messen traßirte Wechsel um derwillen genannt, weil deren Acceptation und Zahlungszeit vestgesetzt worden.

Rehblatten, s. Blatten.

Rehbaum, s. Rennbaum.

Rehfarbe auf Seide, (Seidenfärber) eine röthlich grüne Farbe; auf 6 Pfund Seide nimt man ein Pfund Sommerröthe oder ½ Pfund Krapp, 8 Loth Alaun, und 3 Loth Salz, worin man die Seide im Kessel und lauer röthen läßt, alsdenn wird sie in Scharteabrühe gegilbet; dann kann man sie mit Gallapfel und Kupferwasser so hoch, als man die Schattirung haben will, bringen. Auch kann man sie mit Fernambock röthen, nachdem sie zuvor alaunt worden; denn gegilbet und mit Gallapfeln und Vitriol zurecht gefärbt oder gemißirt.

Rehfarbe, auf Wolle, (Färber) man nimt auf 8 Pfund Wolle ½ Pfund Alaun und drey Hände voll Waizenkleye, worinn man mit genugsamen Wasser im Kessel selbige eine Stunde lang gut absiedet, alsdenn abkühlet und abspühlet. Dann nimt man 12 Loth Gallapfel, 1 Pfund Vitriol, 1½ Pfund Gelbholz und läßt es zusammen in einem Kessel ½ Stunde sieden. Darauf thut man die Wolle, wenn zuvor das Gelbholz abgesotten ist, hinein, und wendet sie etlichemal um, so ist die Farbe fertig.

Rehfüße, 1) (Tischler) künstliche nach Hogarths Schönheitslinie gebogene oder einem flachen lateinischen S ähnliche Füße an einem Tische oder Stuhl. Sie werden erst nach dem Schablon (s. dieses) auf dem groben Holz mit der Schweifsäge ausgeschnitten, nachher mit den Schneidemessern und verschiedenen Stamm- und Hohleisen völlig ausgebildet. 2) (Gärtner) das schräg abgeschälte Ende eines Stammes, worauf gepfropft werden soll. Weil es eine Aehnlichkeit hat mit der schrägen Hufe eines Rehes.

Rehkasten. (Jäger) Ein hölzerner Kasten, worinnen ein im Netze gefangener Rehbock oder Rehe lebendig von einem Ort zum andern geschaft wird. Er wird nach der Größe eines Rehes von leichten und dünnen Brettern zusammen geschlagen und mit gehörigen Bändern, Luftlöchern und Schraubthüren, und an dem Ende, wo der Kopf hinkomt, mit einer kleinen Krippe und einem eisernen Reifchen versehen. Dieweil aber die Rehe ein weichliches zartes Leben haben, auch wenn sie eingefangen und in den Kasten gethan werden, darinne springen und sich stoßen, und in kurzer Zeit dahin fallen, so ist höchstnöthig, daß man den Deckel oben von Barchent oder doppelten Zwillig, an beyden Enden steif und vest angezogen beschlagen lasse, so kann sich das Reh nicht im Genicke stoßen oder Schaden nehmen. Auf den Seiten müssen eiserne Ringe zum Angreifen gemacht und der Kasten mit grüner Oelfarbe angestrichen werden, auch an denselben Rehböcke gemalet werden.

Rehkälbel. (Jäger) So nennt man die jungen Rehkälber beyderley Geschlechts.

Rehleder, (Weißgerber) ein weißgares Leder von Rehen, so stark zu Beinkleidern und Handschuhen gebraucht wird. Es ist ein sanftes mildes Leder.

Rehnetze. (Jäger) Insgemein 10 gedoppelte Schritte lange, und 16 bis 20 Maschen hohe Netze, wovon die Maschen 7 Zoll lang ins Gevierte groß seyn sollen, damit kein Fuchs oder Hase durchschlupfen kann. Die Stricken, wovon sie gestrickt werden, müssen von 4 Garn dick gesponnen, die Schlagleinen aber 11 Faden dick seyn, und an jedem Ende ein paar gute Klaftern vorgehen, um sie an die Haken und Hefteln zu binden, welche von weißbüchenem Holze, und die Furkeln recht leicht seyn müssen, damit ein Mann solches tragen, und leicht und bequem aufstellen könne. Wenn nun der Stell-Mann das Netz aufgebunden, und den Heftel in der rechten Hand, auch das Garn zum Ablaufen gefaßt hat, und den Haken verkehrt auf der linken Schulter trägt, so nimt ein anderer ihm den Heftel und etwas Netz von dem Haken, schlägt ein, oder bindet an, und läßt den Mann mit dem Netze ablaufen. Dann wird solches scharf angezogen, hinten auch eingeschlagen, daß es recht stehe, und dann wieder ein anders genommen, bis man mit der ganzen Stellung fertig ist. Diese Rehnetze können auch auf der Wolfsjagd gebraucht werden, indem man damit hin und her Winkel oder Haken stellt, daß sie unverhofft gefangen und erschlagen werden. Wiewohl sie zu der Reh- und Fuchsjagd am besten, und deren ohngefähr 18 Stück bey einem Jagdzeuge zu halten sind.

Reibahl. (Schlösser) Ein vierkantiger Durchschlag, mit welchem derselbe Löcher bohrt, oder auch nur erweitert.

Reibahle, Reibahl, Reywalle. (Drechsler, Kupferschmidt) Ein Werkzeug, welches in einer Art von starken Ahlen (s. diese) bestehet und zum Höhlen und Bohren gebraucht wird.

Reibasche. (Töpfer) Ein runder, tiefer, hart gebrannter irdener Napf, worin man etwas mit der Reibkeule klein und klar reibet. Man braucht es stark in den Küchen um allerley Sachen zu den Speisen darinn zu reiben.

Reibblech, s. Reibepfännel und Reibeplatte.

Reibeballen, (Kartenmacher) der Ballen, womit der Kartenbogen, wenn er von der Form abgedruckt wird und seine Figuren erhält, gerieben wird, damit die Farbe der

Kartenfeern sich gut an den Kartenbogen anreibe und er solche annehme. Er ist entweder von Tuchecken oder von Pferdehaaren, die weich gekocht und gesponnen sind. Man läßt den Faden bald wieder zusammen laufen, und sticht eins an das andere mit Schnüren. Dieser Ballen kann 10 Zoll an dem einen, und 4 bis 4½ am andern Ende dick seyn. Man taucht die oberste Seite in Kitt, um die Haarfäden desto besser zu befestigen, überzieht dieses mit einem ganz dünnen Papier, und befestiget ihn mit starken Zwirn, der quer durch den Ballen gezogen wird. (s. Spielkartenmachen.)

Reibebrett, das Größere. (Maurer) Ist 3 bis 4 Fuß lang, 6 Zoll breit, und dienet dazu, die Wand im Ganzen besonders aber an den Kanten mit einem starken und gleichen Zuge zu ebnen und zu putzen. Denn das gewöhnliche kleine Reibebrett reißt Löcher in die Ecken. Man nennt dieses Reibebrett auch Kartetsche.

Reibeisen, **Reibe**. (Klempner) Ein aus Messing oder verzinntem Eisenblech langes, hohles und durchlöchertes Küchengeräthe, welches auf ein dünnes Brett genagelt ist, und in den Küchen gebraucht wird, um allerley Sachen, als Meerrettig, Semmel ꝛc. darauf zu reiben. Man hat auch ganz kleine Reibeisen, worauf man Muskatennüsse reibet. Die Löcher des Blechs werden auf dem Werkbley (s. dieses mit dem Durchschlagmeißel (s. diesen) gehauen, das Blech hernach zu einer halben Walze gebogen, und mit dem stehen gebliebenen Rande auf den beyden langen Seiten auf ein dazu ausgeschnittenes Brett genagelt.

Reibeisen, (Landwirthschaft) ein eisernes Werkzeug, mit welchem der Flachs in einigen Gegenden, wo er nach dem Brechen vor dem Hecheln nicht geschwungen wird, auf dem Schoß gerieben wird. (s. auch Reibelappen)

Reibekessel, (Färber) ein kupferner kleiner Kessel, der einen kegelartigen erhöheten Boden hat, worinn der Indigo zur Blauküpe gerieben wird. Beym Gebrauch wird er auf einen Strohkranz gesetzt, der Indigo hineingethan etwas Brühe aus der angestellten Küpe darauf gegossen, und alsdenn mit einer eisernen Kugel gerieben. Wenn die vorgedachte Brühe mit Indigotheilchen geschwängert ist, so gießt man sie in ein besonderes Gefäß ab, und gießt so lange Brühe auf den Indigo, reibt ihn und klärt ihn ab, bis er gänzlich aufgelöset ist.

Reibelappen, (Landwirthschaft) da wo der Flachs anstatt des Schwingens gerieben wird, ist es ein lederner Lappen, wie eine kleine Schürze, welchen das weibliche Geschlecht bey dieser Arbeit auf dem Schoße liegen hat.

Reiben, **abreiben**, das **Kupfer**, Fr. degraisser, (Kupferstecher) die Kupferplatten von dem fettigen, öligen Wesen, so nach dem Abdruck von der Firnißfarbe darauf zurück bleibt, reinigen, damit die folgende aufgetragene schwache Firnißfarbe wohl anschlage. Dieses Reiben geschiehet mit Kreide oder Spanischweiß, indem man solches mit einem wollenen Lappen darauf reibet.

Reiben, **Einreiben**, eine **Probe**, Fr. broier, (Hüttenwerk) das Erz in einer Reibschaale mit dem Reibhammer oder in einem steinernen Mörser mit einem Stößel zu Mehl reiben.

Reiben der Farben, Fr. Broyer, (Maler) die Farben auf einem Marmor oder andern harten Stein mit dem Laufer in Staub verwandeln, und mit Oel oder Wasser einreiben. Reiben und Brechen ist nicht einerley. Man reibet die Farben auf einem Stein und bricht sie auf der Palette. Wohlgeriebene Farben brechen sich besser in der Mischung, und machen ein freundlicheres glatteres und angenehmeres Gemälde. Dieses hat vieles zur Schönheit der Gemälde aus dem Alterthum beygetragen. Will man sie zu kleinen Klümpchen machen, so mischt man reines Wasser darunter, mit welchem man sie nach und nach anfeuchtet, und die Farben während dem Reiben immer der Mitte des Steins mit dem Spatel nähert, um solche überall zu zerreiben. Man theilt sie nach diesem in kleine Haufen auf ein Blatt weißes Papier, auf welchem man sie abtrocknen läßt. Dieses heißt man in Wasser geriebene Farben. Will man sie in Oel abreiben, so befeuchtet man sie in Lein- oder Nußöl, und reibet sie so lange, bis sie zum dicken Brey werden. Man verwahrt sie alsdenn in Blasen, oder im frischen Wasser. (s. auch Farben reiben.)

Reibeplatte, **Rubelle**. Fr. Porphyre des Essaieurs, (Hüttenwerk) eine runde von Eisen gegossene Platte mit einer Zarge, deren sich einige Probirer statt des Reibepfännels bedienen.

Reibepresse, (Papiermacher) eine kleine Presse, worinn das Schreibepapier eingepreßt, und an den Kanten beraspelt oder berieben wird.

Reiber, (Landwirthschaft) ein Strohseil oder Wisch, das der Drescher zwischen die Zacken einer Harke hänget, und damit die auf den Scheunennen ausgedroschene Frucht, nachdem solche vorher mit dem Harken aufgeworfen oder gewendet worden, von einer Seite zur andern ausstreichet oder aufstreichelt. Dieses geschieht nach jedesmaligem Aufwerfen, und nach diesem wird das Getreide mit dem Flederwisch so rein als es seyn kann abgekehret, und unter dem Namen der Ueberkehr bey Seite gethan.

Reiber, (Schlösser) ein eiserner beweglicher Theil, als eine Flügelschraube beynahe gestaltet, womit die Fensterflügel von inwendig zugehalten werden, indem, wenn man diese Reiber recht horizontal drehet, die beyden runden Flügel zwey Fensterflügel zuhalten, und wenn man sie senkrecht umdrehet, solche geöffnet werden können.

Reibescheid, **Reibholz**, (Landwirthschaft) das Querholz über den Deichselarmen, eines Wagens, weil sich der Laufwagen darauf reibet.

Reibewohl, (Schlösser) ein Bohrer, der Bruftleyer oder dem Drausbohrer der Tischler völlig gleich, bloß daß sein Gestell von Eisen ist. (s. Drausbohrer)

Reibhammer, Fr. pilon à broier, (Hüttenwerk) ein Stück von einem Probirgezeug. Ein wie eine Pistille mit einer [illegible] Bahn gemachter Hammer, womit das zu probirende Erz in einer eisernen Schüssel zu Mehl gerieben wird.

Reibholz, (Schiffsbau) walzenförmige Hölzer, welche die Schiffer an dem Borde der Schiffe herunterhängen lassen, damit sie von dem Reiben oder Aneinanderstoßen keinen Schaden nehmen. (s. auch Reibescheit)

Reibholz, (Zeugmacher) das runde glatte Holz, welches gebraucht wird, die starken Sergen als De Rome, de Berri, de Nimes, wenn eine Strecke fertig gewebet worden, sogleich auf dem Stuhl von allen wollenen Fasern abzureiben. Der Weber spannt nämlich seine gewebte Strecke auf dem Stuhl stark aus und reibt den Zeug mit diesem glatten Holze, nachdem er mit dem Noppeisen die Oberfläche desselben schon auf das genaueste von allen Fasern befreyet hat, so rein wie möglich ab, wodurch der Zeug nach der Appretur desto glänzender wird.

Reibkeule. Ein hölzerner gedrechselter unten mit einem runden Kopf versehener Klöppel, mit welchem man allerley Sachen in dem Reibschale zerreibet.

Reibnagel, (Maschinenbau) der eiserne Bolzen, mit welchem die Deichsel eines Pferdegöpels mit dem Schemel des Göpels vereiniget wird. (s. Pferdegöpel)

Reibpfännel. Fr. l'ecuelle, (Hüttenwerk) Ein Werkzeug des Probirens, darinnen er mittelst eines Reibhammers (s. diesen) das Erz zu Mehl so klar reibet, daß es durch ein Haarsieb gehet. Es ist von Eisen und hat die Gestalt einer Schüssel.

Reibstein, s. Farbenstein.

Reich, **Reichhaltig**, Fr. riche, (Berg- und Hüttenwerk) wenn sowohl Erze mit einem starken Gehalt von Metallen versehen, als auch Salz- Vitriol- Alaun- Schwefel- und dergleichen Anbrüche reich an diesen Dingen sind. Nicht weniger wenn Hüttenprodukte, als: Werkbley, Treiben, Kienstöcke, Schlacken, Schichten, Schmelzen u. s. w. viel in sich halten.

Reich. Fr. Riche, (Maler) Ein reiches Gemälde heißt dasjenige, in welchem alles, was zum Inhalt desselben gehört, durch Figuren vorgestellt wird, welche mit Zierlichkeit entwickelt, in welchem die Tinten und Farben der Gegenstände sowohl angebracht, vermählt und eingetheilt sind, daß die Blicke auf demselben nicht allein ohne Anstoß herum irren, sondern auch mit Vergnügen darauf haften. Reich wird auch von den Nebensachen und Zierrathen des Inhaltes gesagt, wenn die Gruppen, und die zufällige Dinge groß, edel und dem Inhalte angemessen sind.

Reich, **Randstock**. (Schiffszimmermann) Ein biegsamer Stock, den derselbe zum Abzeichnen der Bröstung (s. diese) eines großen Flußkahns gebrauchet. Er legt ihn von dem äußersten Punkt seiner gezogenen Mittellinie der Bröstung im Vordertheil bis zu dem zweyten Streckblock (s. diesen) und also in einer Länge von 10 Fuß, biegt den Stock in einem Bogen, nach welchem er die Bröstung des Schiffs abzeichnen will, und schlägt hin und wieder neben dem Stocke kleine Nägel ein. (s. Bröstung)

Reich, s. Rich.

Reiche Anbrüche, (Bergwerk) sind in den Gängen und Stollen reiche metallische Erze, die sich daselbst entdecken, und wovon man sich große Ausbeute verspricht.

Reiche Bleyschlichte, (Hüttenwerk) die Erze oder Steine, welche von der Erzschicht so roh geschmolzen worden gefallen, ohne daß solche geröstet worden, nebst andern bleyischen Erzen so zum Theil einmal geröstet und durchgeschmolzen werden, und worauf Glätte und Heerd und die Kienstöcke, so von Absaigerung der Werke aus dieser Schicht fallen, ingleichen das weiße Harrwerk vorgeschlagen wird, davon erfolgen der erste verbleyete Steine und Werke die geseigert werden.

Reiche Blumen, (Blumenmanufaktur) Blumen, die von echten Lahn, Folio oder Gespinnst gemacht werden. Man bieget nämlich einen feinen geglüheten Draht zu verschiedenen Gestalten, als: Rosenblättern, Herzen u. s. w. solchen umwickelt man mit Lahn nach der Richtung der Gestalt des gebogenen Drahtes. Man setzt dergleichen Blätter zusammen und machet daraus ein Ganzes, wie es die Einbildungskraft und die Geschicklichkeit der Künstlerin für gut befindet. Sie macht auch solche Blätter von Cantillen, indem sie durch die Ringel derselben einen feinen Draht zieht, um dadurch den Cantillen eine Steifigkeit zu geben. Alsdenn werden die Cantillen nach allerley Gestalten gebogen, und das Leere mit Lahn bewunden, wodurch diese Blätter ein schönes Ansehen bekommen. Die zusammengesetzte Blumen werden alsdenn mit andern Zierathen von kleinen Pläschen von Silber- oder Goldlahn, Flittern von verschiedener Gestalt und Figuren, oder kleinen auseinandergezogenen Cantillenknöpfen verzieret und aus mehreren zum bestimmten Gebrauch Sträußer oder Bouquets zusammengebunden. Freylich sind diese Blumen keine rechte Nachahmung der natürlichen Blumen, sondern nur ein Werk der Phantasie, mit welcher man aber dennoch soviel wie möglich sucht, sich den natürlichen zu nähern.

Reiche Erze, (Hüttenwerk) Erze wovon in einem Zentner wohl 10 bis 50 Mark Silber vorhanden. Wenn man diese schmelzen will, so muß man die Beschickung nicht so machen, als wenn 1 Zentner Werk nur 2 Mark Silber hält, welches zu weitläuftig und kostbar wäre. Indem man bey dergleichen reichen Werken die Arbeit nicht in das We[illegible]ringen sondern enge zusammen halten muß. Man kann wohl auf einen Zentner zu 5 bis 6 Mark Silber beschicken. Von solcher Arbeit muß man den Anfang im Schmelzen nicht machen, wenn der Schmelzofen noch neu und frisch ist, sondern es muß erst eine kleine Schicht von geringern Gehalt gesetzt werden, wodurch der Ofen in gehörige Hitze gebracht werden kann. Alsdenn kann man die reiche Arbeit anfangen, und nach dergleichen reichen Arbeit wieder was armes einsetzen, damit keine reiche Ofenbrüche zurückbleiben, worauf man die Schlacken von dem reichen Schmelzen mit verschlagen kann.

Reiche Kienstöcke, (Saigerhütten) was nach dem

Saigern der rohen Schlackensteine auf dem Heerd stehen bleibt. (s. Saigern)

Reicher Sammet, (Sammetmacher) geblümter Sammet da unter dem Einschlag mehr oder weniger reiche Fäden, nachdem der Sammet reich seyn soll, von Gespinnst oder Lahn eingeschossen werden. Manchmal ist außer den Verbindungseinschlagfäden, welche dem Flor die Festigkeit geben müssen, der ganze übrige Einschlag Gold- oder Silberfaden.

Reiche Schlacken, (Hüttenwerk) diejenigen Schlacken, so von dem Dörner- (s. diese) Schmelzen fallen. Diese werden zum Schmelzen vorgelaufen, darüber wird etwas Gahrschlacken und das Kleine von der Wäsche auf dem andern und dritten Gefäll gestreuet, doch nicht zu viel, damit die Schlacken davon nicht zu strenge gehen.

Reiche Stoffe, (Seidenmanufaktur) Stoffe, welche mit reichem Gold oder Silber Gespinst oder Lahn gewebet werden. Man hat reiche Stoffe, wo bloß einige Stellen in den Blumen mit verschiedenen Arten von reichen Fäden einbroschiret (s. Broschieren) werden. Andre aber sind ganz mit reichen Fäden durchbroschiret. Noch andre giebt es, wo Lahn zum Einschuß durch die ganze Breite des Zeuges eingeschossen wird; und noch andre, wobey auch zur Kette zum Theil Gold- oder Silberfäden genommen werden. Wenn mit Gold- oder Silberfäden einbroschiret wird, so müssen die lang freyliegenden Stellen durch Verbindungsfäden der Legageschäffte (s. diese) verbunden werden, damit sich besonders der Lahn, nicht so leicht abnutze, welches geschehen würde, wenn lange Stellen unverbunden liegen. Sind in der Kette reiche Fäden vorhanden, so werden solche nicht mit den seidenen Kettenfäden geschoren und auf den Garnbaum gewickelt, sondern ein jeder Faden läuft auf seinem Röllchen, das auf dem, unter der Kette unter dem Stuhl gestellten Cantre (s. diesen, Seidenwirker) steckt, an seinem Ort zwischen den Seidenfäden hin, da wo er hingehört.

Reiches Werkbley, (Saigerhütten) das von den rohen Schlackensteinen (s. diese) der Kupfer Erze oder Schliche, die nach dem Stoßen entstanden, geschmelzen und nachhero gesaigert worden sind, übriggebliebene oder davon gekommene Bley.

Reiche Tressen, (Bortenwirker) Tressen, Spitzen, Galonen von reichen Fäden, deren es verschiedene Arten giebt. Der Anschweif zu den reichen Tressen [illegible] entweder bloß Seide, oder auch Seide und Gespinnst, nachdem sie reich seyn sollen. Eine jede Art Fäden wird auf besondern Spülchen in der Leiter (s. diese) angebracht. Wenn die Fiane dergleichen Tressen durch den Einschlag entstehen soll und Lahn dazu gebraucht wird, so heißen sie Lahntressen (s. diese und Galonen Miarle und andre mehr, welche reich gewebet werden.)

Reiche Westen, (Seidenmanufaktur) Westen, die gleich auf dem Stuhl gewebet und broschiret werden, wozu mehr oder weniger Gold- und Silbergespinnst oder Lahn gebraucht wird. Die Westen sind auch einer vorgezeichneten Patron nach Art des Kleidersammets (s. diesen) gewebet und mit reichen Blumen broschiret, auch oft der Einschlag von Gespinnst oder Lahn eingeschossen. Manchmal hat der Grund auch wohl reiche Fäden, welche alsdenn wie bey dem reichen Stoff (s. diesen) besonders auf Röllchen, zwischen den seidenen Kettenfäden nach den Schäfften und dem Blatt geleitet werden. Die reiche Fäden müssen hier wie bey dem reichen Sammet nicht mit auf den Garnbaum mit den Seidenfäden gewickelt werden, weil sie sonst zu stark gescheuert und zerrissen werden, welches man ihrer Kostbarkeit wegen verhüten muß.

Reichfrischen, Fr. Refraichissement riche, (Kupferhütten) reichhaltige, oder durch etwas bereicherte Kupfer sogleich im Frischofen beschicken, daß die Werke, die man durch Saigerung herausbringt, so reich werden, daß man sie gleich abtreiben kann, der Frischofen, worinn dieses geschiehet, bekommt einen Theil Leden, drey Theile Gestübbe, und das geschmelzte läuft durch ein Auge im Schiefer über die Brust in den Vorheerd, oder man hängt es auch in einer Saigerpfanne von gegossenem Eisen auf. (s. Frischen)

Reichgabel. (Landwirthschaft) Eine große zweyzinkige eiserne Gabel, mit einem langen hölzernen Stiel, womit man die Garben in der Aerndte dem Auflader auf den Wagen, und dieser solche auch wieder herunter reichet.

Reichkramer. In Breßlau und andern Orten Schlesiens eine gewisse Art von Handelsleuten, so mit Spezereyen, Eisenwerk, Bley und andern Waaren handeln.

Reichlichschütten, Fr. donner de mines en abondance, (Bergwerk) wenn die Zechen und Erzanbrüche so reichhaltig geworden, daß sie nicht nur allen Aufwand, sondern auch noch einen Ueberschuß geben.

Reich-Schlackenbley, (Hüttenwerk) dasjenige Bley, so von dem Schmelzen der reichen Schlacken (s. diese) erfolgt.

Reichschmelzen, (Hüttenwerk) das Schmelzen der reichen Erze (s. diese.) Sie werden roh geschmolzen und nicht geröstet. Von denjenigen, die in gediegenem Silber bestehen, werden die reinsten ausgesucht und nicht geschmolzen, sondern nur im Bley getränkt. (s. Schmelzen der Erze.)

Reichsfuß, Reichswerth. Fr. Titre de monnoie de l'empire des Alemands, (Münze) Eine vom Kayser und den Ständen des deutschen Reichs im Jahr 1667 getroffene Anordnung, die im Reich auszuprägende Silbermünzen betreffend, nach welcher die feine Mark zu 9 Thlr. ausgemünzet worden. Dieser Reichsfuß ist gangbar bis 1690, da der Zinnische im Kloster Zinna erst gesetzt worden, der aber 1694 durch den Leipziger, und 1763 durch den Konventionsfuß wieder verändert worden, und jetzt auf 13 Thlr. 16 Gr. bis 14 Thlr. gesetzt ist.

Reichsmünze, diejenige Münze, die im ganzen römischen Reich gilt und gangbar ist. Diese bestehet in Pfennigen, Kreuzern, Weißpfennigen, Schillingen oder Kaysergroschen,

Groschen, Batzen, Kopfstücken, Gulden, halben Gulden, Ortsgulden, Reichsthalern, Philippsthalern oder Dickthalern und Dukaten (s. alle an seinem Ort.)

Reichsthaler. Eine Münze, die im ganzen deutschen Reich gangbar ist, und 24 gute Groschen gilt, zum Unterschiede eines Ortsthalers und eines Speciesthalers. (s. Thaler)

Reichthum, s. Rein, Maler.

Reif. Fr. Astragal, (Baukunst) ein kleines rundes Glied dessen Rundung einen auswärts gebogenen Kreis vorstellt. Es wird nur in den toskanischen, römischen und dorischen Ordnungen gebraucht.

Reif. Fr. Cerceau, (Böttcher) Ein Band von biegsamen Holze, welches noch jung und aus der ganzen Dicke des Bandholzes in 2, 3 oder mehr Theile gekloben (s. Kloben) und um Tonnen, Fässer, und andere hölzerne Gefäße gelegt wird, um solche dadurch zusammen zu halten. Das beste Holz dazu sind Haselstauden, die Zweige von Eschen, Birken, Eichen und andern weichem Holze. (s. Tonne und Tonnenbinden.)

Reif, Reiffen, (Koch) ein gewisser blecherner Rand, den man zu der Speise, der aufgelaufene Koch ein Gebackenes, brauchet, um denselben damit zu einzufassen, wenn er im Ofen gebacken werden soll. Dergleichen Reifen müssen so beschaffen seyn, daß sie enge und weit gemacht werden können, nachdem der aufgelaufene Koch in Ansehung der Tafel groß und klein seyn soll. Man findet dergleichen Reifen, die sich wohl vielmal verkleinern lassen.

Reif. (Kürschner) So nennt man die Seiten an einem Fuchsbalg.

Reif, s. Kranz.

Reif. (Schiffsbau) dasjenige Tau, welches in der Mitte einer Gaffelstange gegen den Raak befestiget ist, wodurch das Hauptgaart (s. dieses) oben am Mast auf einer Rolle hinläuft. Unten ist es an dem Feste befestiget, das Segel läuft an demselben herunter, und wird auch von demselben aufgehisset. (s. Hissen) Im weitern Verstande heißt in Niedersachsen ein jedes Seil ein Reif.

Reif, (Schlösser) ein rundes Eisen an dem Eingerichte (s. dieses) eines Schlosses, um welches sich der Reif oder Rand eines Schlüssels herum drehet.

Reif, (Schlösser) ein einfacher Gang oder Kerb, welcher durch den Einschnitt des Schlüsselbarts geht.

Reif, in einigen Städten, wo der Leinwandhandel im Schwange ist, ein Maaß der rohen Leinwand.

Reif, ein Längenmaaß von 10 Ellen.

Reif an den Kanonen, s. Stäblein.

Reifbeuge, s. Biegescheibe.

Reifbahn, s. Reeperbahn.

Reif des Rades, (Grobschmid) das eiserne Band, das um die Felgen eines Rades, oder auf der Stirne der Peripherie desselben aufgenagelt wird. Man schweißet diesen Reif aus zwey gleich großen Hälften, wozu das stärkste Schablonenisen genommen wird. Jeder Theil wird wie eine Radschiene ausgeschmiedet, und auf dem Rade rund geschlagen, gehörig abgemessen, und endlich beyde Stücke auf dem Sperrhorn zusammengeschweißt. Alsdenn wird der Reif glühend auf das Rad gelegt, und mit dem Reifhaken (s. diesen) völlig aufgeworfen. Das kurze Ende der Stange des Reifhakens setzt der Schmid gegen die Felge, mit dem Haken ergreift er den Reif, und mit dem langen Ende zieht er ihn nach sich. Das Ganze wird überhaupt nur mit 11 Nägeln befestiget.

Reifeisen. (Schlösser) Ein Werkzeug, welches man neben einem langen Blech, das man befeilen will, in den Feilkloben (s. diesen) spannet, damit es sich nicht biege. Es ist ein gleiches schmales Eisen mit einem vierkantigen Griff.

Reifel. (Jäger) Wenn der Hirsch mit dem hintern Fuße gerade in den vordern eintritt, so entsteht in der Fährte ein Rand, der also genennt wird.

Reifeleisen. (Riemer, Sattler) Ein eisernes Werkzeug, womit man in der Mitte des Leders an dem Pferdegeschirre zwey Reifen mit einmal zur Zierrath eindrücket. Dieses Eisen hat zwey Schenkel, die oben abgerundet und platt sind. Vermittelst einer Stellschraube können diese Schenkel weiter von einander oder näher zusammen gebracht werden. Man kann daher mit demselben in einem abgeänderten Abstande auf dem Leder Reifen einprägen. Das Reifeleisen ist auf einem hölzernen Hefte befestiget. Die Reifen werden auf dem Leder mit diesem Eisen, so wie mit dem Reifelholz, (s. dieses) bloß durch das Andrücken gezogen.

Reifelholz. (Riemer, Sattler) Ein Werkzeug, womit Reifen zur Zierrath auf das Sattel- oder Geschirrleder aufgepreßt werden. Dieses Holz hat auf einer seiner Grundflächen nach der Breite des Holzes einen langen und kurzen Zapfen. Der lange Zapfen wird auf der Erde eines Riemen an die Kante angesetzt, so daß der kurze das Leder auf der Narbenseite berühret, und durch das Andrücken, indem man das Holz ziehet, entsteht ein Reif auf dem Leder.

Reifeln. (Baukunst) Eine Säule der Länge nach dem Schaft mit langen Furchen versehen.

Reifeln eine Büchse, (Büchsenmacher) den Lauf derselben mit schraubenförmigen Furchen versehen. (s. gezogene Büchse)

Reifen, Sphären, Sperre. (Artillerie) Eine Art des Ernstfeuers, welches aus zwey Sturmkränzen in der Gestalt einer Kugel zusammengebunden wird, das man gemeiniglich unter die Stürmenden zu werfen pflegt.

Reifen, abreifen. (Schlösser) Wenn die grobe geschmiedete Schlosserarbeit mit dem Reifkloben in den Schraubstock gespannt wird, und rings herum die scharfen Kanten abgenommen werden.

Reifen zum Gießen der ordinairen Talglichter. (Wachslichtzieher) Ein Reif, der den gewöhnlichen Faßreifen gleich ist, und ohngefähr 6 Fuß im Umfange hat, damit 48 Kerzen mit einmal darein gehangen werden können. Dieser Reifen wird mit kreuzweise angemachten Stricken über der Pfanne am Balken der Werkstätte aufgehangen.

gehangen. Besser ist es aber, wenn derselbe an einem Stück Holz, welches von der Decke herab hängt, und an welchem ein ander Stück Holz in Gestalt eines umgekehrten ⊥ angemacht ist, bevestiget wird. Dieses letzte Stück Holz hat Ringe, in welche man die Haken hängt, welche am Ende des Seils, so den Reifen hält, angemacht sind. Vermittelst dieser Einrichtung kann der Reifen nicht so sehr hin und her schwanken, als wenn er an einem langen Seil an der Decke hängt. Um dieses umgekehrte T bequemer zu machen, ist es nöthig, daß der Querbalken, welcher einem Wagbalken gleich steht, sich wagrecht drehen kann. Einige dieser Reifen sind rings herum mit Haken versehen; andere, woran keine Haken sind, haben rings herum 40 Löcher, deren jedes von dem andern 1½ Zoll absteht; man zieht durch jedes Loch einen 4 Zoll langen Bindfaden, welcher durch einen Knoten im Loche vest gemacht wird. In diesem Falle bevestiget man die Dochte mit ein wenig Wachs an den Bindfäden. Der Reifen wird unmittelbar über die Wachspfanne gerichtet. (s. Wachslichter gießen)

Reifhaken. (Grobschmid) Eine Art von Haken oder Zange, welche gebraucht wird, wenn ein Rad mit einem ganzen Reif (s. diesen) beschlagen wird. Er besteht aus einer hölzernen Stange, an welcher durch ein Gelenk ein Haken bevestiget ist. Die hölzerne Stange wird bey dem Gebrauche gegen die Felge des Rades gesetzt, mit dem eisernen Haken der Reif ergriffen, und auf das Rad glühend aufgezogen.

Reifholz, soviel als eine Klafter.

Reifkloben. (Metallarbeiter) Ein Werkzeug, womit öfters eine Arbeit in den Schraubstock bevestiget wird, wenn davon eine schiefe Fläche soll abgefeilt werden. Es ist eine Art von Zange, oder besser ein Schraubstock im Kleinen, dessen Kneipen aber scharf nach einem Winkel gebogen sind, daß es keine Schraube hat, sondern durch den Schraubstock, wenn es mit der Arbeit darein gespannt werden, zusammengepreßt wird.

Reifmeißel, (Grobschmid) ein Werkzeug, mit welchem Parallellinien zur Zierrath auf die Bänder und Ringe eines Wagenbeschlages gemacht werden.

Reifmesser, Schneidemesser, (Böttcher) ein Schneidemesser mit zwey Heften, womit die Faßreifen auf der Schneidebank (s. diese) zugeschnitten werden.

Reifröcke, Fr. Considerations, eine Gattung Röcke der Frauenzimmer, die einen weiten Umfang haben, und mit Fischbeinstangen, oder auch wohl mit echtem Rohr, ausgesteift sind. Sie werden von Leinwand gemacht, und das Fischbein oder Rohr stangenweise der Rundung nach herum eingenähet und besteppet. Sie sind hinten und vorne platt, aber manche sehr breit. Sie werden unter den Staatskleidern der Damen als Volanten, Robben und dergleichen getragen. Unter dem Namen von Reifröcken sind auch die Balenen, Poschen, und andere Arten bekannt. (s. davon an seinem Ort) Es sind eigene Schneider, gemeiniglich aber Frauenzimmer, die solche verfertigen.

Reifzange, Reifziehe, (Böttcher) ein Werkzeug in Gestalt einer Zange, womit das Aeußerste des Fasses zusammengezogen wird, damit man die Reife darüber bringen kann.

Reifziehe, s. Reifzange.

Reif, zum Einpacken geschickt. (Salzwerk) Wenn das Salz gehörig getrocknet ist, und nicht mehr schwindet.

Reihe, Fr. Rang. (Wasserbau) Wenn man Spundoder andere Pfähle, einen dicht an den andern, in den Grund einschlägt, so, daß sie in einer geraden Linie stehen, so nennt man es eine Reihe Pfähle, Fr. file de Pieux, oder eine Reihe Spundpfähle, file de Palplanche.

Reihehaken. 1) (Leinweber) Ein Haken von Meßing oder Eisendraht, womit derselbe die Kettenfäden in die Hälften oder Fadenschleifen der Schäfte einreihet oder durchzieht. 2) (Siebmacher) Ein Werkzeug, womit derselbe die Haare zu den Siebböden durch sein Blatt einreihet, oder durchziehet, ist von dünnem Meßingblech, welches vorne einen tiefen Einschnitt als einen Haken hat.

Reihenhammer. (Kupferschmid) Ein langer Hammer, mit einer glatten wohl polirten Bahn, mit welchem der Boden eines tiefen Gefäßes ausgetrieben wird. Das Auge des Hammers, worinn der Stiel steckt, ist auf dem einen Ende angebracht, folglich hat dieser Hammer nur einen langen Schenkel.

Reihensetzer, Fr. Enhayeur. (Ziegelhütte) Ein Arbeiter, der die Ziegel, wenn sie gestrichen und zum Trocknen aufgestellet sind, bey heißem Sonnenscheine mit Sand überstreuet, damit die Ausdünstung ihrer Feuchtigkeit verlängert werde, und sie nicht bersten. Auch wenn heftiger Regen einfällt, muß er solche mit Strohdecken verwahren. Wenn sie aber derweil hart geworden sind, so daß von dem Fingerdruck keine Spuren zurück bleiben, so fängt er an, den Ziegeln ein Ansehen zu geben, und sie in Reihen zu setzen. Weil die untern Flächen der gestrichenen Ziegel einige Schrammen oder Beschädigungen erhalten können, wenn sie mit den Formen von dem Werktische weggenommen werden, und auf dem Erdboden sich einiger Unflath ansetzet, der nach dem Brennen Blasen an den Ecken der Ziegel verursachen kann, welches die parallele Figur der Ziegel ein wenig verdirbt, so müssen sie geputzt werden. Der Reihensetzer stellt sich vor die platt liegenden Reihen Ziegel, hält in seiner Hand ein Messer, fähret damit über die Seiten der Ziegel, die ihm am nächsten sind, und schneidet alle verursachte Beschädigungen weg, worauf er jeden Ziegel auf seine Rückseite setzt, und auch diese reiniget.

Reihe Pflastersteine, Fr. Rang de Pavé. (Dammsetzer) Die Reihen gleich großer Steine längst den Rinnsteinen, ohne Quersteine noch Gegenwände, wie man dergleichen in kleinen Gassen macht.

Reiherbaize. (Jäger) Eine Jagd zur Lust für große Herren, da sie die Reiher mit abgerichteten Raubvögeln, Falken oder Blaufüßen fangen lassen. Man nimt sie an schönen und stillen Tagen vor, begiebt sich zu Pferde mit den Falken an solche Oerter, wo sich Reiher aufhalten. Wenn nun der Stöberhund einen Reiher aufgetrieben, der

Falkenirer auch mit rechtem Vortheil den Vogel abgeworfen, sind der Reiher den Falken gewahr wird, so speiet er den eingeschluckten Raub von kleinen Fischen während des Fluges herab, um sich zur Flucht leichter zu machen, oder, wenn er noch nüchtern ist, so fängt er an mit besonderm Fleiße über sich zu steigen, daß er fast kaum zu sehen ist; der Falk steigt auch in die Höhe, thut aber, als ob er den Reiher nicht sähe, bis er durch sonderbare Umschweife und unglaubliche Geschwindigkeit dem Reiher die Höhe abgewonnen hat, alsdenn fängt er an mit seinen starken Waffen auf den Reiher einen heftigen Anfall zu thun, giebt ihm einen Fang, denn schwingt er sich wieder über, um und neben ihn herum, bis er seinen Vortheil ersieht, ihn gar anzupacken, weil er sich vor dem spitzigen Schnabel des Reihers wohl vorzusehen hat. Zuweilen wendet sich der Reiher mit seinem ganzen Leibe, und schwebet mit ausgespannten Flügeln, als mit einem Segel, in der freyen Luft, welches ihm aber mehrentheils mißlingt, daß er überwunden mit dem Falken herunter stürzt.

Reiherfedern, (Blumenmanufaktur) die bläulichen Federn des Kopfs von dem Reiher, auch noch andere Federn, die hin und wieder zerstreuet bey dem Reiher zu finden sind, werden gebraucht, um Federbüschel, oder sogenannten Reiherfedern zum Kopfputz der Frauenzimmer zu verfertigen, wobey es darauf ankommt, daß sie zusammenpassend gut gewählet werden.

Reihe Semmeln. (Bäcker) So nennt man in Berlin drey runde zusammengebackene Stückchen (Hellinger) Semmel, die neben einander in einer Reihe zusammenstoßen.

Reihe Steine, welche ganz durch die Mauer gehen, Fr. Assise de Parpain. (Maurer) Alle Steine, welche quer in einer Mauer liegen, und nach der Länge eine Reihe machen.

Reilbon, eine Art Färberröthe, welche in Chili, in dem südlichen Amerika, gefunden wird. Das Kraut ist dem Europäischen fast gleich, nur etwas kleiner, und die Wurzel dieser Pflanze, wenn sie im Wasser gekocht wird, giebt eine rothe Farbe, welche der Färberröthe sehr nahe kommt.

Rein, Fr. purifié, (Bergwerk) Metalle, so von allen fremden Vermischungen befreyet sind.

Rein, Fr. pur, (Maler) wird von der Zeichnung der Umrisse und von den Verhältnissen gesagt. Die antiken Figuren waren überhaupt reine Werke, besonders auch des Polykletus Stück, so die Regel (s. diese) genannt wurde.

Rein. (Schiffahrt) Man nennt ein reines Schiff dasjenige, worinn alles auf den Verdecken weggeräumet ist, damit es desto geschickter zum Gefechte seyn möge. Auch nennen die Seeleute ein reines Schiff, das erst vor kurzem mit Fett und Theer abgestrichen worden ist, und daher leichter und geschwinder segelt. Diesem wird ein unreines Schiff entgegen gesetzt, welches lange in der See gewesen, und woran sich allerley kleine Muscheln und Schnecken gesetzt haben, so daß es daher schwer und langsam segelt.

Rein, s. Rain.

Rein belegen. (Jäger) Wenn eine Hündin mit einem Hunde ihres Gleichen, so von eben der Art und Güte ist, sich gepaaret (begangen) hat.

Rein blasen, Fr. Raffiner. (Hüttenwerk) 1) Bey dem Silberbrennen auf das im Pfännel auf dem Heerde stehende Brandsilber noch etliche mal mit dem Balge blasen. 2) Durch einen Blasebalg auf das durch das Spießglas gegossene und im Fluß stehende Gold blasen, so lange, bis alles noch befindliche Spießglas davon getrieben ist. Dies heißt auch Verblasen, Fr. Chasser l' antimoine par le vent du soufflet.

Reine, das, Fr. Pureté. (Maler) Wenn die Farben alle ihre natürliche Kraft behalten, und nicht durch andere, oder durch Verminderung des Lichts, oder durch den Widerschein der nahen Gegenstände schmutzig gemacht werden.

Reine Fährte. (Jäger) Wenn der Hirsch im nassen Sande geht, so bleibt dessen Fährte mehrentheils rein zu sehen, welches von einem Thier, weil es nicht geschlossen geht, nicht so leicht geschieht.

Reine haaren, Fr. Repoler. (Weißgerber) die kurzen Haare eines Felles vollends wegnehmen.

Reiner Grabstichel, Fr. burin dégagé. (Kupferstecher) derjenige Grabstichel, dessen Striche reinlich, sauber, und nicht schmutzig sind.

Reines Jagen. (Jäger) Wenn in einem Jagen lauter Wildpret von einerley Gattung, wornach gestellet worden, vorkommt.

Reine streichen, Fr. Ravaler. (Weißgerber) Wenn man die Felle mit dem Streicheisen zum letztenmal übergeht, und sie vollends ganz rein machet.

Reinfall. Ein italienischer Wein in Istrien, der sonderlich auf dem Gebirge Proseck wächst, daher auch dem besten der Beyname Proseckerreinfall gegeben wird. Er ist ganz schwarz und dick, hat aber einen sehr angenehmen Geschmack, und steigt nicht in den Kopf. Man hält ihn für sehr gesund, weil die dasigen Einwohner, da sie ihn täglich trinken, sehr alt werden.

Reinflachs, eine Art reiner Flachs, der von Narwa kommt.

Reinigen, Purificiren, (Chymie) etwas von aller Unreinigkeit reinigen und befreyen, solches geschieht auf mancherley Weise: als durch Sieben, Auslesen, Klarificiren, Filtriren, Digeriren u. s. w.

Reinigen, Fr. Nettoyer. (Maler) Man sagt, die Palette reinigen, wenn man die übrig gebliebenen Tinten wegthut, weil sonst mit den neu darauf gebrachten eine schlechte Mischung entstehen, und sie sich schlecht brechen würden. Deswegen sowohl der Pinsel, als auch die Palette, beständig rein gemacht werden muß. Auch muß niemals ein Pinsel zu verschiedenen Farben gebraucht werden, ohne ihn zuvor recht rein zu machen, besonders wenn sich die Farben unter einander nicht vertragen, wie besonders das Schwarz, als welches eine Pest aller andern Farben ist, am wenigsten der leichten und lustigen, wenn man ein wenig unter die Fleischfarbe kommen sollte, so würde sie fahl und abgeschmackt werden.

Reinigen, den Messingdraht. (Nadler) Den gezogenen Messingdraht gelb zu machen, und von seinem Schmutze zu befreyen, nimt der Nadler den Drahtring, und zertheilet ihn in die darinn befindliche Gebunde und Adern, (s. diese) woraus selbiger bestanden. Dann drehet er jede Ader in der Mitte auf, giebt ihr die Figur einer Achte, und legt solchergestalt dieselben alle über einander, daß sie nur noch ein Viertel von ihrem vorigen Durchschnitte behält. Diese also gelegten kleinen Adern legt er darauf in einen grossen mit Wasser angefüllten eisernen Kessel über einander, und schüttet ½ Pfund rothen oder ein Pfund weißen Weinstein auf ohngefähr 60 bis 90 Pfund Draht. Dann wird eine Ader nach der andern herausgenommen, in beyde Hände gefasset, und etliche mal an einen hölzernen Kloz geschlagen. Weil das Weinsteinsalz den Schmutz bereits zum Theil zerfressen hat, so fällt selbiger beym Anschlagen auf den Kloz völlig ab, und der Draht wird gelb. Alsdenn wird der Draht nochmals in den Kessel in dasselbe Wasser gelegt, und kocht mit demselben eine Stunde lang, damit das mit Salz geschärfte Wasser noch stärker eindringen möge. Nach diesem werden die Adern wieder an dem Kloz ausgeschlagen, und der Draht wird vollkommen gelb und glänzend.

Reinigen der Leder. (Weißgerber) Wenn man die Leder, nachdem sie aus dem Äscher gekommen sind, von dem Kalkwasser reiniget. Dieses geschieht nach dem Vergleichen (s. dieses) auf dem Schabebaum, indem man sie darauf mit einem stumpfen Streicheisen (s. dieses) sowohl auf der Fleisch- als auch Aasseite streicht, oder schabet.

Reinigen der Nadeln. (Nadler) Die Nadeln, wenn sie verzinnt werden sollen, müssen ganz blank und gelb seyn. Zu diesem Endzwecke müssen sie zuförderst gescheuert werden. Man kocht deswegen Wasser mit einem Pfunde Weinstein, gießt es siedend heiß in einen Handzuber, worinn die Nadeln sind. Gemeiniglich nimt man 30 Pfund Nadeln mit einmal. Der Zuber hat an 20 Zoll im Durchschnitte, und ist 15 bis 20 Zoll tief. Er hängt an einer Kette in der Höhe, daß man sich bequem mit dem Ellbogen darauf legen kann. Man schüttelt den Zuber mit den Nadeln im Wasser ohngefähr eine Stunde lang, indem man ihn wechselsweise von sich stößt und nach sich zieht. Durch das Reiben werden die Nadeln gelber und glänzender. Nun werden sie verzinnt (s. Verzinnen der Nadeln) Nach dem Verzinnen werden sie im Rollfaß (s. dieses) getrocknet, und nachher in dem nämlichen Rollfaß mit Kleye oder Sägespänen gescheuert, (s. Scheuern der Nadeln) wodurch sie rein und weiß werden.

Reinigen der Papierfilze. (Papiermühle) Die Filze, (s. diese 2) die zum Papiermachen gebraucht werden, müssen wöchentlich rein gehalten, und können nicht länger als eine Woche gebraucht werden. Alsdenn werden sie in eine hölzerne Kufe 4 oder 5 Stunden gelegt, worein man heißes Seifenwasser gethan hat. Man gießt dieses Seifenwasser ab, frisches, reines, und heißes Wasser darauf, und schlägt allemal zwey und zwey Filze mit Waschbläueln auf der eichenen Klopfbank (s. diese im Supplement) Dann trägt man sie in eine andere Bütte, und spület sie in reinem heißen Wasser wohl aus. Man ringet sie aus und trägt sie auf einem Brett zum fließenden Wasser, ziehet sie mit beyden Enden im Flusse hin und her, legt sie auf Brettern in Stücken, und bringt sie unter die Presse, um das Wasser abfließen zu lassen, worauf man sie aufhängt und etwas trocknet.

Reinigen der Spielkarten. (Kartenmacher) Dieses Reinigen besteht darinn, daß man mit einem spitzigen oder Federmesser alle harte Körper oder Unreinigkeiten von beyden Seiten der Karten abnimt, und alle fehlerhafte Karten in einen Kasten schmeißt. Der Aussonderer läßt jede Gattung Karten, als Könige, Damen &c. aus der rechten in die linke Hand laufen, um zu sehen, ob sie auch durch den Leim an einander geklebet, oder beschmutzte darunter seyn; findet er welche, so legt er sie besonders; er läßt sie von der weißen Seite nochmals durchlaufen, und nimt, wie gedacht, alles Unreine mit dem spitzen Messer ab.

Reinigen, waschen der Tücher beym Walken. (Walker) Man muß die Tücher, ehe sie die gehörige Walke bekommen, erst von ihrem bey sich führenden Fett, so in der Wolle sitzt, befreyen. Dieses geschieht auf verschiedene Art: 1) in Urin, da legt man sie in den Walkstock, und so, wie man das Tuch nach und nach hineinbringt, so gießt man soviel Urin darauf, als nöthig ist, um es naß zu machen, und darinn umtreiben zu können. Alsdenn läßt man die Stampfen der Walkmühle arbeiten. Diese wenden und pressen das Tuch in den Stöcken, und machen, daß der Urin recht einziehe. Auf solche Art läßt man es ohngefähr drey Viertelstunden schlagen, alsdenn nimt man es heraus, und richtet es in den Händen aus. (s. Richten der Tücher) Durch diese Arbeit wird der Urin überall gleich ausgebreitet. Dann bringt man es wieder in den Walkstock, verändert die Falten, und sorget dafür, daß keine falsche Falten hinein kommen. Man läßt es wieder 1½ Stunden in der Walke wenden, und während dieser Zeit löset der Urin das Fett und Oel in den Tüchern auf. Diese beyden Sachen machen alsdenn eine Seife aus, welche das Wasser nachher wegnehmen muß. Wenn daher das Wasser weiß und milchig wird, so läßt man eine Stunde lang ein wenig Wasser immer in den Stock auf die Tücher laufen, alsdenn läßt man noch eine Stunde lang während dem Stampfen Wasser im Ueberfluß darauf laufen, um das Tuch dadurch von dem Urin und Schmutz gänzlich abzuspühlen. In vier Stunden ist dies Reinigen geschehen. 2) Die andere Art ist weitläuftiger und dauert länger. Man läßt das Tuch acht oder zehen Tage im Flusse weichen. Es muß daher der Länge nach doppelt gelegt, und von einem runden Pfahl, der in der Mitte des Wassers steht, vest gehalten werden. Dieser Pfahl muß von weißem Holze seyn, und im Wasser wohl geweichet werden, damit er das Tuch nicht fleckigt mache. Der Pfahl wird in die Mitte des doppelt genommenen

Tuchs

Tuchs gestreckt, und man muß diese Falte von Zeit zu Zeit verändern, damit sich das Tuch an dem Pfahl nicht erhitze oder abreibe. Wenn die Tücher auf solche Art im fließenden Wasser geweichet haben, so legt man sie ins Grab, (s. ins Grab legen im Supplement) indem man einige Stücken Tücher über einander in den Walkstock legt, daß sie sich darinn erhitzen und in eine Gährung gerathen, welches das Reinigen sehr erleichtert. Wenn man nun das Waschen vornimmt, so legt man das Tuch ordentlich in den Walkstock, und schüttet anstatt des Urins zwey Eimer Walkerde darauf, welche in dem Tuche vertheilet wird. Alsdenn läßt man das Tuch nach seiner Beschaffenheit länger oder kürzer schlagen, und einige Zeitlang ein wenig Wasser und alsdenn viel Wasser laufen, damit die Erde und aller Schmutz aus dem Tuche gespühlet werde. Man erkennet, daß es rein ist, wenn das Wasser hell abläuft.

Reinigung des gelben Wachses. (Bienenzucht, Wachsbleiche) Das Wachs völlig von dem Honig zu reinigen, der nach dem Pressen noch darinn geblieben ist, muß man den Wachsteig, so wie er von der Presse kömt, etliche Tage in frischem Wasser liegen lassen, ihn von Zeit zu Zeit darinn umwenden, damit das Wachs erweichen werde, und der Honig zergehe, oder, wie man sagt, ihn zu enthonigen. Dieses geschieht in Wannen, welche man auf ein Gestelle stellet, damit man darunter Fässer setzen kann, um das Wasser, worauf das Wachs schwimmet, abzuziehen. Die Leichtigkeit des Wachses läßt nicht vermuthen, daß sich der Durchzug verstopfen werde; auch ist eben nicht nothwendig, daß das Wachs rein abträufele, weil man doch Wasser in den Kessel thun muß, wenn man dasselbe schmelzen will. Einige geben vor, daß das also im Wasser gebliebene Wachs viel fetter bleibe, als das trockne. Nun thut man das Wachs in einen großen kupfernen Kessel, nachdem man zuvor in den Kessel bis auf ein Drittel Wasser gegossen, und solches anfangen will zu sieden. Man füllet ihn mit dem Wachsteig bis auf zwey Drittel an, und unterhält unter dem Kessel ein mäßiges Feuer. Das kochende Wasser zerschmelzt das Wachs, welches man mit einem Holze umrühret, und wenn alles zerschmelzen ist, so gießt man es sammt dem Wasser in Säcke von starker und klarer Leinwand, und bringt es also gleich unter die Presse, um das Wachs, welches im Flusse ist, auszudrücken; oder man gießt das Wachs auf einmal in die Wachspresse. (s. diese) Das aus der Presse fließende Wachs wird in untergesetzten Kübeln aufgefangen, in welche man warm Wasser gießt, damit sich die Unreinigkeiten zu Boden setzen. So wie das von der Presse gekommene Wachs sich abkühlet, so verdicket sich dasselbe, und scheidet sich von dem Wasser, woraus man es stückweise ziehet, und mit einer Messerklinge die noch etwa unten befindliche Unreinigkeit wegnimt, welches man in die andere Schmelzung bringt. Man muß das Wachs ja nicht viel kochen, weil es alsdenn zu trocken, zerbrechlich und braun wird. Diese Farbe ist um desto schlimmer, da man sie bey dem Bleichen weder durch die Sonne, noch durch den Thau, wegschaffen kann. Dasjenige, was in dem Ausgepreßten zurück bleibt, ist nicht verlohren, man befördert es durch eine zweyte Ausschmelzung und Pressung zu gute. Man wirft deswegen das in den Säcken gebliebene in die Wannen mit frischem Wasser, alwo es sich gleichfalls in etlichen Tagen vom Honig entledigt, und sodann aufs neue geschmolzen und gepreßt wird.

Reinigung des Gußeisens, (Hüttenwerk) das Gußeisen, da es ein noch sehr unvollkommenes Metall und mit vielen fremden Theilen vermischt ist, so kann man es mit dem Hammer weder kalt noch warm arbeiten, und es hat nicht die Kennzeichen der Geschmeidigkeit. Es giebt viele Arten von Gußeisen, die mehr oder weniger grau oder weiß sind. Es wird durch erdigte Theile, die zwischen den metallischen kleinen Körnern sich setzen, grau, dieses verhindert das Aneinanderhängen der metallischen Theilchen; woraus denn entstehet, daß der Bohrer und die Feile in dieselben eingreifen, und kleine Körner die auf gewisse Art den erdigern Theilen eines Topfs von gebrannter Erde ähnlich sind, davon herausbringen, man kann aber davon keine Spähne oder Bleche abhauen. Man reiniget dieses Eisen entweder durch das wiederhohlte Schmelzen oder durch den Hammer. Man macht es sehr weiß, wenn man es sehr lange im Fluß erhält, oder wenn man es zu wiederhohltenmalen schmelzt. Bey dieser Arbeit begiebt sich ein wenig Schlacke auf die Oberfläche, die man wegthun muß. Dieses so gereinigte Gußeisen anstatt, daß es aus Körnern zusammengesetzt scheinen sollte, eben wie das graue Gußeisen, scheinet eine Zusammensetzung von kaltigen Blättern zu seyn. Es enthält mehrere metallische Theile als das graue, aber es ist auch so hart, daß weder der Bohrer noch die Grabstichel eingreifen können, und es giebt noch weniger Kennzeichen der Geschmeidigkeit von sich, als das graue Gußeisen, es bricht wie Glas, insonderheit wenn es durch die Kühlung eine gewisse Härtung erlangt hat. Denn diese vom brennlichen Wesen überhäufte Materie ist in gewissem Betracht mehr als Stahl. Anstatt nun die geschmolzenen Gänse (s. diese) durch oft wiederhohltes Schmelzen zu reinigen, um sie weiß und zum Schmieden geschmeidig zu machen, so reiniget man sie unter dem großen Hammer. Die Gans wird nämlich ins Feuer gebracht, wo man sie mit Holzkohlen glühend macht. Dieses sehr weich gemachte und fast geschmolzene Stück Eisen giebt sich von dem übrigen in kleine Stücken, welche dasjenige werden, was man Frischstücken nennt. Der Frischer sammlet diese Stücken mit einer Stange oder Ringhaken (s. diesen) und macht daraus eine Masse von ohngefähr einem Fuß im Durchschnitt. Man muß bemerken, daß das Gußeisen um soviel leichter zu schmelzen ist, jemehr Schlacken oder brennliches Wesen es bey sich hat, so daß alles Gußeisen viel leichter in den Fluß kommt, als das geschmiedete. Man ergreift die Masse mit einer Brechstange, bringt sie auf einen Amboß, wo ein Arbeiter mit einem Handhammer die Theile besser mit einander vereiniget oder strecket die gereinigte Gans, die in diesem Zustande einem blätterigen Schwamme ähnlich ist, und noch aus fremden Theilen bestehet. Denn zwischen den

kleinen

kleinen Eisentheilchen befindet sich eine glasartige und weiche Materie, welche von der Schlacke ist, die bey dem ersten Schmelzen nicht genugsam abgesondert worden, und welche verhindert, daß sich die metallischen Theile nicht unmittelbar berühren. Man bringt diese Klumpen unter einen großen Hammer, der von dem Wasser getrieben wird, und ohngefähr 8 bis 900 Pfund wieget. Dieser große Hammer drücket die gereinigte Gans so zusammen, daß die weichen Schlacken durch alle Zwischenräume durchgehen, und das Stück bekömt um soviel mehr gleichartige Theile, jemehr sie von ihrem Schwamme gereiniget ist. Um diesem Eisen alle die Eigenschaften mitzutheilen, deren es fähig ist, muß man es zu unterschiedenenmalen glühend machen und schmieden. Man muß sich aber damit nicht allein begnügen, daß man es von allen Seiten und aus allen Kräften schlägt, sondern man muß auch das Eisen nach einerley Richtung allezeit hämmern, damit die kleinen Eisentheilchen recht gestreckt werden, und sich desto genauer mit einander verbinden. Dieses ist das Mittel, dem Eisen, wie die Arbeiter sagen, sein Fleisch oder Fasern zu geben, nämlich daß es geschmeidig und biegsam sey. Nichts ist aber geschickter ihm diese Eigenschaften zu geben, als wenn man es in Stangen ausstreckt, wodurch die kleinen metallischen Theilchen gegen einander getrieben, lang und faserig werden, sich mit einander genau verbinden und von Schlacken rein werden.

Reinigung des Wassers zum Papiermachen. (Papiermacher) Bey dem Papiermachen kommt es hauptsächlich darauf an, daß das Wasser klar und rein von allem Sande und Schlamm sey. Zumalen ist dieses nöthig, wenn man feine und gute Papiere machen will. Hierinnen sind die Holländer und Franzosen sehr aufmerksam, allein die Deutschen und Böhmischen Papiermacher noch nicht genug. Um das Wasser zum Papiermachen gehörig zu reinigen, bedient man sich in Frankreich einer aufeinanderfolgenden Reihe von Wasserbehältern, oder großen steinernen Trögen, in welche das Wasser von oben hineinfließt, und aus einem in den andern gehet, damit es in einem jeden nach und nach die mit sich führende Unreinigkeit zu Boden setze. In einigen Fabriken legt man in den letztern Abflüssen des Wassers von einer Weite zur andern, Haufen von Lumpen, um desto mehr den feinen Sand zurück zu halten. An dem Ausgange des letzten Wasserbehältnisses ist über dem ein eisernes Gitter von neun Zoll ins Gevierte, dessen Draht sehr fein und enge geschlossen ist, eben auf die Art als das Gitter der Papierforme. Durch dieses Sieb fließt alles Wasser durch eine Rinne bis in das Innerste der Papiermühle, um daselbst die Lumpen zu benetzen. Man hat noch mancherley andre Anstalten das Wasser zu reinigen.

Reinigung eines Hafens. (Wasserbau) Es kann dieses auf verschiedene nach den Umständen sich richtende Arten geschehen. Hat der Hafen noch viel Wasser, so kann solches durch Baggern und Hafenräumer geschehen; hat er aber niedriges Wasser, so ist das allgemeine Mittel, den Hafen mit einem Damm abzufangen, und den Moder mit Spaten und Karren herauszuschaffen. Außerdem aber soll man einen benachbarten Fluß oder Teig so leiten, daß man zu seiner Zeit dieses vorräthige Wasser in den Hafen hineinstürzen lasse und durch einen ungestümen Wassersturz denselben ausspühlet. Es ist am besten, wenn man den kleinen Bach, den man in der Nähe hat, erst in einem Wasserbehältniß sammlet, dessen geräumige Schütze nachmals den ganzen Wasservorrath mit Macht in den Hafen stürzen lasse, wodurch das Bassin bald rein gefeget wird. Fließet in der Nähe ein stärkerer Strohm vorbey, und leitet man denselben durch einen mit Freyarchen verschlossenen Kanal in den Hafen, so erhält man am Ende denselben Endzweck, und man kann diese Arbeit so oft wiederhohlen als man will.

Reinlesen. (Nopperin) Nachdem die Tücher gewaschen oder gereiniget sind, so muß dieselbe solche von allen fremden Körpern auf das sorgfältigste befreyen und solche auf das beste ablesen, weil sonst diese Körper bey dem Fertigwalken in das Tuch eingewalket würden und demselben ein schlechtes Ansehen gäben.

Reinlichkeit, Fr. Pureté, (Maler) Reiz und Wahrheit in Verhältnissen, Umrissen und Veränderungen eines Gemäldes. (s. Sauberkeit)

Reinmachen, Reinwaschen, Fr. purifier, (Hüttenwerk) von dem auf dem Waschheerd stehenden und bereits gearbeiteten Erz die dabey noch befindliche letzte und wenige Unart absondern, und durch das Wasser abführen, ingleichen überhaupt dergestalt arbeiten, daß das Erz so rein wird, als es seyn soll.

Reinmachen, das, der Figur. (Bildhauer) Eine vollkommen ausgehauene Figur von Stein rein und sauber ausarbeiten. Dieses geschiehet mit dem Breiteisen, Rundeisen und Zwergeisen, (s. alle diese) das Breiteisen ebnet und vergleicht größtentheils das Nackende, und alle ebene Flächen. Das Rundeisen wird bey Vertiefungen, und das Zwergeisen bey kleinen schwebenden Theilen z. B. zwischen den Fingern gebraucht. Ehe aber diese Eisen die Figur verfeinern, muß dieselbe nach allen ihren Hauptpunkten dem Modell gleich ausgearbeitet seyn. Deswegen muß man solche vor dem Reinmachen überall übersehen, mit dem Modell vergleichen, alle Fehler aufsuchen und die gefundenen Fehler mit dem Zahneisen verbessern muß. Theile, die scharfe Kanten haben, z. B. die Augenlieder, werden bis zuletzt verspahret, damit solche bey der gröbern Arbeit durch das Abspringen der Marmorstücken nicht beschädiget werden. Endlich werden alle Theile noch beraspelt, wo und wenn es nöthig ist befeilet und mit der Feile zarte Theile völlig ausgebildet.

Reinmachen der Gemälde. (Maler) ein altes Gemälde von Rauch, Schmutz und andern Unreinigkeiten säubern. Einige brauchen hiezu leichtes Scheidewasser. (Eau seconde.) Andre beizende Wasser, welche den Schmutz abnehmen, aber auch zugleich die Glasur, das Leben, und öfters die Farben selbst mit wegnehmen. Alle Arten von Seifen verderben, die Laugen von Potasche und anderer Asche nehmen auch die Farben mit weg und ver-

verderben sie. Der Terpentinspiritus und der Weingeist erfordert viele Behutsamkeit, dieser letztere ist auch nur zuträglich, wenn ein Firniß über dem Gemälde ist, und auch damit muß man sehr sorgfältig umgehen. Man muß sich hüten, die Gemälde mit dem Waschwasser des Hrn. Bachelier zu überziehen, weil es ein Seifenwasser ist, und folglich viel alkalisches bey sich führet, welches die Farben wegfrißt, und das ganze Gemälde zugleich abziehen würde. Aus eben dem Grunde sind alle Laugen gefährlich, obgleich die Potaschlauge, wenn sie durch frisches Wasser gelinder gemacht wird, den Schmutz wohl abnimmt. Man muß viel Erfahrung haben, wenn man sie gebrauchen will, sonst lauft man Gefahr alles wegzuwaschen. Es ist also gut, wenn man die Gemälde durch Sachverständige und erfahrne Maler, die sich besonders darauf legen, rein machen läßt, welche die schwachen Arten, und die Lichte an Farben, schonen, auch dem Farben Auftrag zu folgen wissen.

Reinmachergraben, (Puchwerk) der hinterste von den drey Schlemmgraben, die in jedem Puchwerk angebracht sind. Er liegt, wie die andern, 13 bis 14 Zoll von dem mittlern Graben entfernt. In der untern Wand sind, wie in den übrigen beyden Schlemmgraben, 4 Zoll vom Boden entfernt 3 runde, 1 Zoll weite und etwa 2 Zoll über einander stehende Löcher, welche in die Lutte (s. Lutten) treten, wodurch das Trübe aus demselben in den für alle drey Graben gemachten Schlemmsumpf fließet und sich setzet.

Reinnoppen, (Nopperin) das fertig gewalkte Tuch mit dem Noppeisen mit allem Fleiß befreyen und ausziehen, und wenn bey dem Reinlesen (s. dieses) noch fremde Körper darinn geblieben sind, solche behutsam ausziehen, die Doppelschüsse, (s. diese) wenn solche zu groß, näher zusammenrücken, d. i. die Einschlagsfäden an den Stellen, die die Doppelschüsse ausmachen, so zusammenrücken, daß sie die leeren Stellen ausfüllen.

Reinstreichen der Hüte. (Hutmacher) Nachdem die Hüte gefärbt und wohl ausgespühlt sind, daß das Wasser nicht mehr färbt, indem man sie während dem Spühlen mit einer starken Bürste stark abgerieben hat, so werden sie in kochendem Wasser nochmalen gewaschen, alsdenn auf den Tisch gelegt, alles Wasser mit dem Plattstampfer herausgestrichen und mit der Hand alle Runzeln und Falten herausgezogen, hernach das niedergedrückte Haar mit einer kleinen Krätze wieder aufgekratzt.

Reinverblasen, (Hüttenwerk) wenn alles Silber rein geschmeltzt und noch etlichemal der Blasebalg darauf angelassen wird.

Reinwaschen, s. Reinmachen.

Reische, ein Korb zum tragen.

Reise, Fr. la carriere des mines d'etain, (Zinnhütte) der Strich in Seufen (s. dieses) welcher bearbeitet wird, oder der Graben, der das hineingelassene Wasser in den Boden macht.

Reise, (Weber) das Gewickle das auf einem Weberstuhl vom Blatt bis zum Baume gewebet wird.

Reisebett, ein kleines leichtes Bettgestelle. (s. Feldbett.)

Reise, doppelte, (Schiffahrt) die Fahrt eines Schiffes von einem Ort nach dem andern und von da wieder zurück.

Reise, durchgehende, (Schiffahrt) eine Reise oder Fahrt eines Schiffes von einem Ort durch einen andern, nach einem dritten. Z. B. von Danzig über Hamburg nach Lübeck und von da so wieder zurück.

Reise, einfache. (Schiffahrt) So nennt man die Fahrt eines Schiffes wenn es gerade von einem Ort nach dem andern fähret und dorthin beirachtet ist.

Reisehalfter. (Riemer) Ist in Absicht der Gestalt und Beschaffenheit mit den andern Halftern einerley. Bloß daß die Riemen von Alaunleder nicht doppelt, sondern der Leichtigkeit wegen nur einfach sind, und durch zwey Ringe vereiniget werden.

Reisehut, Fr. Chapeau en Cabriolet, (Hutmacher) ein Hut, der bequem zum Reisen ist. Er ist gemeiniglich auf zwey Seiten mit seinen Krempen aufgestutzt, und hat vorne eine Art von abgerundetem Schirm, der aus der Krempe geschnitten, und mit einer Schleife auf dem Kopf des Huts auf einen Knopf kann aufgeschlagen werden. Der englische Reisehut ist anders als der gedachte gestaltet. Die halbe Krempe desselben nemlich ist breit gelassen, so daß wenn solche niedergeschlagen wird, der ganze Kopf vor der Sonne beschützt wird. Er kann aber auf beyden Seiten des Hutkopfs vermittelst Schleifen und Knöpfe aufgeschlagen werden, und dann bildet diese halbe Krempe eine Art von breiten Rand, die vorne hervorstehet. Die ander Hälfte des Hutrandes ist ganz schmal abgeschnitten, gehet am Hintertheil des Hutkopfs rund um denselben herum und lieget dicht am Hutkopf an. (s. Schaupl. der Künste und Handw. Theil 6. Tab. 6 Fig. 74. 75 und 76.)

Reisen, (Salzwerk) wenn in vier bis acht Stunden acht oder zwölf Zober Sole aus dem Brunnen gezogen werden. Jenes nennen sie eine kleine, dieses aber eine große Reise.

Reiserkole, s. Grubenkole.

Reisetasche, eine räumliche Tasche, welche mit einem Riemen über die Schulter hängt und von Leder ist. Man kann darinn bequem allerley zur Reise nöthige Sachen mit fortbringen.

Reiseuhren, Feldubren, (Uhrmacher) Sackuhren, die man auf Reisen gebraucht. Sie haben ein durchbrochenes Gehäuse, daß man sie schlagen und repetiren höret. Sie sind mehrentheils mit dem Gehäuse 4 bis 5 Zoll im Diameter groß, und damit daß man bey Repetirung der Sackuhren den Drücker hinein drücke, so hänget an diesen Uhren vorne ein seidener Faden heraus, an dem man ziehet, wenn sie repetiren sollen. Man kann sie auf der Reise in dem Wagen hängen.

Reisewagen. (Stellmacher) Im weitläuftigen Verstande ein jeder Wagen, er sey von welcher Art er wolle, der zur Reise gebraucht wird. Im engern Verstande aber ein solcher Wagen, der besonders mit aller Bequemlichkeit zu einer weiten Reise erbauet ist. Denn es kommt bey einem solchen Wagen darauf an, daß er nicht nur so leicht wie möglich, und doch dauerhaft, sondern auch mit aller zur Reise nöthigen Bequemlichkeit versehen ist. Man hat vielerley bequeme Reisewagen ausgedacht, dergleichen sind z. B. die russischen Schlafwagen. Diese aber sind schwer, und erfordern in diesen Wegen viele Pferde. Wenn man Kosten sparen, auf allen Wegen gut fortkommen, und doch ziemliche Bequemlichkeit haben will, so sind unter allen Arten von Reisewagen die am vorzüglichsten dazu, die unter dem Namen von **Wiener Wagen** (s. diesen) bekannt sind, und vermuthlich davon den Namen haben, daß sie in Wien zuerst verfertiget worden. Jetzt macht man sie in Berlin und an andern Orten auch sehr gut. Das Wesentliche an solchem Wagen ist, daß das Gestelle nicht durch zwey Bäume, sondern nur durch Einen Baum, zusammengehalten wird, den man das Langholz nennt. Dieses **Langholz** wird aus einem jungen gesunden Birkenbaume gemacht, und mit starken eisernen Schienen beschlagen. Es hält weit besser, als die gewöhnlichen zwey Bäume, und bey dem Umwerfen in den schlimmsten Wegen wird solcher nicht so leicht zerbrechen. Der Kasten ruhet auf der Vorderachse, hinten aber hängt er in Riemen, auch wenn man will in Ketten. Ein solcher Wagen fährt sich sehr leicht, denn die Vorderräder sind hoch, und können also beym Lenken zwar nicht durchgehen, aber man darf nur etwas weiter lenken. An den Achsen eines Reisewagens ist es sehr nützlich, dreyerley Geleise anzubringen. Dieses läßt sich auch besser an einem Wagen, der nur Einen Baum hat, bewerkstelligen, denn an einem Wagen mit zwey Bäumen nehmen diese allzuviel Raum ein. Die Achsen selbst haben die Länge des breiten Geleises, auf jeder Seite aber ist ein besonderer Stock oder Stück Holz, einige Zoll breit, angebracht, das mit einem eisernen Ringe um die Achse vest gemacht ist und weggenommen werden kann. Wenn man beyde abnimmt, so hat man das enge Geleise, läßt man aber eins darauf, so erhält man dadurch das mittlere Geleise, wenn aber beyde darauf sind, so hat man das breiteste Geleise. Obschon man an einigen Reisewagen eiserne Achsen antrifft, so taugt solches doch nicht, weil Eisen weit eher bricht als gutes gesundes Holz, da ferner Eisen gewöhnlich quer und kurz durchbricht, Holz hingegen, wenn es auch bricht, doch in etwas der Länge nach spaltet; so kann bey einem Unfall eine hölzerne Achse doch noch weit leichter gebunden werden, als eine eiserne. Der Kasten eines solchen Wagens geht, wie gedacht, bis zur Vorderachse, welches nicht seyn könnte, wenn er vorne in Riemen hienge. Es können darinnen zwey geräumige Sitzkasten stehen, die heraus gehoben werden können, und die Last viel weniger vermehren, als zwey vorne und hinten aufgepackte Koffer. Man hat darinn hinlänglichen Raum, wenn auch vier Personen darinn sitzen. Außer den gedachten Sitzkasten kann ein solcher Wagen noch viele zur Bequemlichkeit erforderliche Dinge, als verschlossene Kästchen, Magazine, Taschen und dergleichen haben. Ein solcher Wagen ist gewöhnlich nur halb bedeckt. Diese Bedeckung, die von gutem Leder ist, hat vorne einen Ausfall, der durch das Drücken einer Feder verfällt, und statt eines Sonnenschirms dienet, wenn man gegen die Sonne fähret. Man kann diese Bedeckung fest machen lassen, man kann es aber auch so einrichten, daß die ganze Bedeckung zurück geschlagen werden kann, wenn man der freyen Luft und des schönen Wetters genießen will. Die Füße der Reisenden, und der Rücksitz, sind mit einem großen Leder bedeckt, so der Fußsack heißt. Wenn mehr als zwey Personen in einem solchen Wagen fahren, so hat man seit kurzem eine bequeme Erfindung gemacht, um auch den Rücksitz zu bedecken. Vermittelst vier mit Gewinden versehenen, und mit feinem Leder überzogenen eisernen Stäben, und drey ledernen Mänteln, die durch vier kleine Scheiben Licht einlassen, und vermittelst des großen Leders, oder des Fußsackes, der über den Mänteln vest geschnallet wird, kann er in zwey Minuten bezogen und alle vier Sitze bedeckt werden, und wenn wieder schön Wetter ist, kann die ganze Bedeckung, die zusammen nicht [illegible] Pfund wiegt, zusammengerollt und zwischen dem Kutschersitze und Rücksitz angeschnallet werden, wo es kaum bemerket werden kann. Man hat also an einem solchen Wagen alle Bequemlichkeit eines offenen, auch ganz bedeckten, Wagens. Er kostet in Berlin etwas über 200 Rthlr.

Reißl, s. Rinden schälen.

Reißbank. (Salzw.) In den Koten zu Halle der Boden eben bey der Salzstädte, worauf das Holz zum Sieden gelegt wird, damit es desto dürrer werde.

Reißbrett, (Zeichner) ein glatt gehobeltes Brett, gewöhnlich von Lindenholz, worauf der Bogen Papier, worauf gezeichnet werden soll, am Rande straff aufgespannt, und angeleimt wird.

Reißbündel, Reißwellen, (Forstwesen) zusammengebundene Bündel Reisig von Buschhölzern oder Afterschlägen gemacht.

Reißeisen. (Sattler) Ein Werkzeug, womit derselbe eine Reihe oder starken Einschnitt der Länge nach neben der Falze, worein die Thüre in die Mittelsäule eines Kutschenkastens passet, einschneidet, wenn die Seitentheile an den Mittelsäulen befestiget werden sollen. Es ist ein vierkantiger eiserner Stab, auf dessen Spitze nach der Quere ein kleines scharfes Schneideisen stehet, mit welchem der gedachte Einschnitt gemacht wird.

Reißen, werfen, (Jäger) wenn ein Wolf oder Luchs einen [illegible] oder Thier niederzieht.

Reißen, (Kupferhütte) wenn die Kupfer- oder Steinscheiben eine nach der andern durch den Schmelzer von der abgeflossenen Schmelzarbeit abgehoben und nach ihrem Erkalten in Verwahrung gebracht werden. Aus einem Abstich lassen sich bisweilen 5 bis 6 Scheiben reißen, wo sodann immer eine kleiner aus als die andere, weil sie sich nach der Form des runden Tiegels richten.

Reißen, s. Karstscharren.

Reißer. (Böttcher) Ein Werkzeug, mit welchem die Fässer und Tonnen gezeichnet oder gerissen werden. Der

Reißer ist ein gut verstähltes scharfes eisernes Instrument in einem hölzernen Heft, das Eisen theilet sich in zwey Arme, wovon der eine spitzig der andere aber kurzer ist, und eine hohle Schneide hat. Ein jeder Böttcher hat und reißt sein eigenes und besonderes Zeichen, woran ein jeder seine Arbeit erkennt. Das Zeichen wird gewöhnlich auf dem Boden angebracht.

Reißer. (Korbmacher) Ein Werkzeug von Eisen mit einem Griff versehen, womit derselbe die Weiden nach der Länge in drey oder vier Theile reißet. Es hat auf einer seiner Grundflächen drey oder vier scharfe Schneiden, die in gleicher Entfernung von einander abstehen, und in dem Mittelpunkt der gedachten Grundfläche zusammenstoßen.

Reißer, Vorreißer, (Maurer) der Pinsel, womit sie bey dem Anweißen oder Ausstreichen der Zimmer und Gebäude eine scharfe Linie ziehen können, welches an einer Reißschiene, damit er gerade wird, geschiehet. Zu diesem Ende ist der Pinsel in die Breite gesetzt und die Borsten kurz abgeschnitten, damit sie steif sind.

Reißern, (Jäger) wenn die Leithunde bey dem Zeuge alles beschnuppern und beriechen wollen, wodurch sie gar leicht die Fährten vergessen und übergehen. Es ist dieses eine Untugend der Hunde die ihnen bald abgewöhnet werden muß.

Reißfeder. 1) (Mechanikus) Eine stählerne Feder die in dem Reißzirkel (s. diesen) eingesetzt wird, und womit man allerley Zeichnung und Zirkelbogen beschreibt. Sie ist aus einem Klötzchen von Meßing und zwey stählernen Platten zusammengesetzt. Die Platten werden aus starkem Federstahl geschnitten und gleich anfänglich auf das verjüngte und gegossene Obertheil des Klötzchens gelöthet. Alsdann wird für jede stählerne Backe ein Einschnitt in das Klötzchen gemacht, die Backen dareingesetzt und mit Schlagloth eingelöthet. Beym Löthen werden beyde Platten mit einem Drath zusammengebunden, damit sie sich auf den glühenden Kolen nicht werfen. Die beyden Theile, woraus das Klötzchen bestehet, werden mit einem Hammer lerapalt geschlagen, und durch ein Gewinde, vermittelst einer Schraube vereinigt. Uebrigens werden die Backen gehärtet und polirt, vermittelst einer Schraube durchbohret, daß sie näher zusammen, oder weiter auseinander gebracht werden können, so wie es die Feinheit der zumachenden Linie erfordert. Das Klötzchen hat oben einen in den Schenkel des Reißzirkels passenden Absatz, der darein gesteckt und vermittelst einer kleinen Stahlschraube daran befestiget wird. Der Stiel derjenigen Reißfedern, die man Handfedern nennt, und mit welchen man aus freyer Hand zeichnet, wird geschärft und auf der Drehbank künstlich ausgedrehet. 2) Eine lange Hülse, von Meßing, Silber, Stahl &c. an beyden Enden gespalten, um eine Reiß, Rothe, Rötel, schwarze Kreide, oder schwarz Bley zum Zeichnen darein zu stecken.

Reißgelb, s. Auripigment.

Reißgerste, (Landwirthschaft) 1) die nackte Gerste, die zur kleinen Gerste gehört, sechs Zeilen hat und in Hülsen eingeschlossen ist, hat eine Aehnlichkeit mit dem Reiß. 2) Die Bartgerste welche kurze zweyzeilige Aehren mit langen Grannen hat, aber sehr reichlich trägt.

Reißhaken. (Mechanikus) Ein Werkzeug, womit die Linien auf den Transporteur und ander mathematische Instrumente gerissen oder gezogen werden, um die Grade darauf anzudeuten. Es ist eine Art von Meißel in einem hölzernen Heft, dessen Spitze einem Sägezahn gleichet.

Reißhaken, (Schlösser) 1) ein Meißel welcher dicker als breit ist, mit welchem die Zapfenlöcher aufgerissen oder aufgehauen werden. 2) Auch ein in Gestalt eines flachen und gekrümmten Meißels, womit die zu den Tischbändern in den Thüren vorgebohrten Löcher ausgestoßen werden.

Reißholz, s. Reißbündel.

Reißkämme. (Wollkämmer) Eine Art von Kardätschen, womit die Wolle zu den Tüchern zuerst gerissen oder aus dem Groben gebracht wird. Sie werden zur gemeinen Wolle von Draht Nummer 1 und 2, und zu feinerer von Num. 3 und 4 so wie die andern Kardätschen verfertigen. (Drechsler und Kardätsche)

Reißkolen, s. Kole, Maler.

Reißkorn, bey den Siamern ein Längenmaaß. Es beträgt soviel als eine Linie, oder den 12 Theil von einem pariser Zolle. Acht solche Reiskörner, so noch in ihren Hülsen stecken, machen 1 Nieu, und nach europäischem Maaße etwa 9 pariser Linien.

Reißlatte. 1) (Zimmermann) Latten die gespalten oder gerissen werden, zum Unterschiede von den geschnittenen Latten. 2) Ein Stamm Nadelholz, 10 Ellen hoch und 9 Zoll im Durchmesser, woraus Latten gerissen werden.

Reißloch, Rißloch. (Köler) Ein Loch, welches in einem annoch ungaren Meiler, oft klein oft groß, entstehet, wenn sich entweder die Kolen setzen oder die Decke nachgiebt, oder los wird und herabschurret. Gemeiniglich pfleget solches blau zu rauchen.

Reißmaas. 1) (Holzarbeiter) Ein Maas, mit welchem die Dicke eines Holzes, auf die leichteste Art bestimmt werden kann. Es bestehet aus zwey viereckigten Stäben, die in einem Gehäuse durch einen Hammerschlag auf und ab sich verschieben lassen. Jeder Stab hat an einem Ende einen Dorn oder Stachel, mit diesem zieht der Holzarbeiter auf dem Holz eine Linie. Er verschiebt nämlich den einen Stab dergestalt, daß sein Stachel so weit von dem Gehäuse absteht, als die Stärke des Holzes betragen soll, die er vorzeichnen will. Er setzt hierauf das Gehäuse gegen die behobelte Seite des Holzes, dessen Stärke er bestimmen will, fähret an dieser Seite mit dem Gehäuse weg und macht mit dem Stachel einen Strich. Zwey Stäbe hat dieses Maas deswegen, weil der Arbeiter zuweilen die Breite und Dicke eines Holzes zugleich vorzeichnen will, und doch nicht für gut befindet einen oder den andern Stab zu verrücken, weil er mehrere Hölzer nach gleicher Breite und Dicke abzeichnen will. 2) Das Reißmaas des Stellmachers weicht in etwas von dem Reißmaas der andern Holzarbeiter ab. Denn es steckt in dem Ge-

Gehäuse dieses Reißmaaßes nur ein einziger vierkantiger Stab, dagegen hat dieser Stab an zwey Seiten einen auswärts stehenden Stift, der eine steht etwas weiter von dem Gehäuse ab, als der andre. Mit jenem reißt er das Zapfenloch, mit diesem aber den Zapfen selbst ab, ohne den Stab zu verrücken.

- Reißmaas, s. Sandkröße.

Reismehl, Reisblume, fein gepulverter Reis, welcher erst in kochendem, und darauf noch einmal in kaltem Wasser gewaschen, hernach in einem Mörser zu klarem Pulver zerstoßen, und endlich durch ein sehr feines Haarsieb geschlagen wird. Es muß stets an einem trockenen Orte aufbehalten werden, denn wenn es feucht ist, so sieht es allezeit grob aus, und findet keine gute Abnahme.

Reißmesser. (Goldschläger) Ein gewöhnliches Messer mit einer breiten Schneide. Die Metallplatten werden hiermit zerrissen oder zerschnitten, wenn sie in die Hautformen sollen gebracht werden, und also noch etwas dick sind.

Reißmodel, (Böttcher) das nämliche Werkzeug, das bey andern Holzarbeitern Streichmaaß (s. dieses) genannt wird. Der Böttcher zeichnet hiermit die Tiefe der Kimme auf der hohen Kante der Daube ab. Es hat nur einige Abänderungen von dem Streichmaaß, daß nämlich ein dünneres vierkantiges Holz in einem stärkern sich gedrängt verschieben läßt. Vorne hat das dünne Holz eine scharfe Klinge. Durch das Verschieben dieses dünnen Holzes kann man nun die Tiefe der Kimme bestimmen, und die Klinge reißt solche vor.

Reißschiene. (Maurer) Ein langes Lineal, womit dieselben bey dem Ausweißen oder Anstreichen der Zimmer eine Linie zu den Einfassungen der Wände, als welche öfters mit einer andern Farbe, als die Wand selbst, angestrichen werden, ziehen.

Reißschiene, ein langes Lineal, dessen sich die Ingenieure und Baumeister beym Zeichnen auf dem Reißbrett bedienen.

Reisstein. Geschirr, so aus China über Moskau kommt, aus kleinen Theeköpfen und Schaalen besteht, und wie man vorgiebt aus Reis, nach andern, Mirpzamq aus Reisstroh, verfertiget wird. Wahrscheinlich kann es wohl seyn, daß dieser Stein nur deswegen Reisstein genannt wird, weil er wie reiner durchsichtiger Reis aussieht. So viel ist aber gewiß, daß die Masse weich und geformt, und wenn man sie mit der Feile reibt, noch weicher wie Glas ist. Es ist nicht unwahrscheinlich, daß das vom Wallerius beschriebene Cacholong mit diesem Reisstein einerley ist. Vielleicht werden diese Schälchen bey dem Nachsteren eben so, wie in China, verfertiget, welche eine Komposition, vielleicht aus einem Beinglase, sind.

Reißwellen, (Hüttenwerk) Bunde von langem Reißholze, die beym Steinrösten auf das Roßbette gesetzt werden, um den Rost darauf zu stürzen.

Reißzirkel. (Mathematik) Ein Werkzeug, dessen eine Spitze wegbleiben, und an deren Stelle eine Reißfeder, eine Hülse zum Bleystifte, oder ein Punktierrädlein eingesteckt werden kann, welche Stücke oben ein Gewinde haben müssen. Es vertritt ein solcher Zirkel die Stelle eines vierfachen, und kommt demnach vieles auf seine gute Zubereitung an. Sonderlich muß die Reißfeder doppelte Gewinde haben; das eine dienet, wie bey dem Bleystift und Punktierrädlein, die Feder mehr oder weniger biegen zu können, je mehr oder weniger der Zirkel geöffnet wird; das andere hat seinen Nutzen darinn, daß man, wenn die Feder zu putzen ist, die beyden Blätter von einander legen, ja die Spitzen wiederum zart schleifen kann, wenn sie durch vielen Gebrauch dick geworden sind. (s. auch Zirkel und Stockzirkel)

Reißzeug, s. Besteck, mathematisches.

Reitle, s. Raute.

Reite, Reuter, (Hüttenwerk) die Reste beym Pochwerk, dadurch das Erz in den Pochkasten rollet.

Reitel, Packstock. Ein kurzer starker Stock oder Knüttel, mit welchem die Stricke an einem Ballen Waare zusammengezogen werden, wenn solcher eingepackt wird, daher er auch Packreitel heißt.

Reiten. (Reitkunst) Mit einem Pferde nach verschiedenen abgemessenen Schulen, die ihre eigene Namen erhalten, seinen Lauf nehmen. Wenn der Reiter zu Pferde sitzt, so muß er den rechten Kappzaumzügel nebst der Ruthe in der rechten Hand, in der linken aber den linken Kappzaumzügel, und beyde Zaumzügel, den kleinen Finger zwischen den Zaumzügeln haltend, halten. Die Stellung auf dem Pferde muß eben so seyn, als wenn ein Mensch mit Wohlstand ungezwungen gerade stehe. Der Leib nämlich muß gerade seyn, die beyden Ellbogen schließen an den Leib an, die Schultern sind rückwärts gezogen, die Brust wird hervor gerückt, der Rücken ist hohl, und der Kopf gerade, um dem Pferde gerade zwischen den Ohren durchzusehen. Beyde Hände werden einige Zoll hoch über dem Sattelknopfe und vom Leibe abgehalten, um den Zügel nachzulassen oder anzuziehen. Im Sattel muß man halb sitzen, halb stehen, die Füße müssen gerade herab gehen, die Zehen und das Auge des Reiters machen eine gerade Linie, die Knie werden gegen das Knie gewandt, um sich mit der ganzen Fläche des Knies halten zu können, die Füße und Knie bleiben indessen gestreckt. Die Zehen sind weder aus- noch einwärts gekehrt, sondern es muß der Fuß im Bügel natürlich gerade stehen, und die Spitzen der Zehen höchstens um zwey Zoll vor dem Bügel vorragen. Der Fußballen muß im Bügel aufstehen, denn man hat solchergestalt den stärksten Antritt, und den Bügel in seiner Gewalt. Die Stiefelspitzen müssen etwas höher stehen, als die Ferse, des Wohlstandes und bessern Auftrittes wegen, damit der Fuß im Ritte niemals wanke. Um die rechte Länge des Bügels zu finden, muß ein Raum von 4 Zollen zwischen dem Sattel und dem Gesäße des Reiters übrig seyn, wenn dieser in beyden Bügeln gerade aufsteht, und folglich muß der Reiter, wie schon gedacht, halb sitzen und halb stehen. Der Fuß muß im Bügel frey spielen, weil man in Gefahren darinn hängen bleiben kann. Ueberhaupt muß sich ein Reiter jederzeit in der

Bügel

Biegsamkeit zu behaupten wissen. Erfahrne Stallmeister lassen die Anfänger ohne Steigbügel reiten, weil man sich auf diese nur gar zu gerne verläßt, ohne Bügel aber gewöhnet man sich zu einem vesten Schlusse, und man machet sich die Weise, wohl zu Pferde zu sitzen, desto mehr eigen. Wenn man mit Versicherung sitzt, so werden zuletzt die Sporen angewandt. Wenn man von der Stelle reitet, so kann man die Waden zu beyden Seiten gelinde anlegen, oder sie bey empfindlichen Pferden zu nähern Mine machen, oder man klatschet mit der Zunge, oder beweget die Ruthe ein wenig. Schon stärker werden die sogenannten Hülfen, (s. Hülfe) wenn man bey faulen Pferden die Schenkel an die Schultern schlägt, die Waden anstrenget, und den Sporn gebraucht, ohne ein Pferd zu erschrecken, oder es unwillig zu machen. Es muß einen Schritt gehen, wenn man den Zügel gelinde nachläßt; ist dieser Schritt schleichend, so berühret man es mit beyden Waden, oder schlägt die beyden Beine vorne an die Brust, oder nimt die Sporn zu Hülfe. Alle diese Hülfen müssen beym Schritte, Trabe, Gallop rc. (s. alle diese) seyn.

Reiterdegen. (Schwerdtfeger) Ein langer schwerer Degen, mit einem starken Gefäß.

Reiterstiefeln, (Schuhmacher) werden gemeiniglich von schwarzem Rind- oder Kuhleder gemacht, und größtentheils die ganzen Schäfte steif gebrannt, indem, wenn der Stiefel fertig genähet ist, der Schaft mit Wachs, Talg und Kienruß eingeschmieret, und über dem Feuer gewendet wird, daß sich die Wachse in das Leder einziehet, und die Schäfte steif werden. In dieser Härtung steckt der Schaft auf dem Stiefelblocke, (s. diesen) damit das erwärmte Leder nicht werfen kann. An den Knien erhalten die Schäfte steife Stulpen von geschwärztem lohgaren Kuhleder, und werden an dem Schaft unter dem Knie mit starkem Pechdraht angenähet.

Reiterung, Siebung, (Apotheker) die Durchsiebung der im Mörser zerstoßenen Materialien durch ein Haarsieb.

Reitgurt, Schmachtriemen, ein breiter Gurt, den Unterleib damit zu gurten, wenn man weit zu Pferde reiset.

Reith, arundo, Schilf, so in Eisreith und Landreith getheilet wird.

Reithalde. (Hüttenwerk) Ein Hügel oder Halde von tauben Gesteinarten, welche bey den Seifenwerken liegen bleiben, und als unnütz weggeworfen werden.

Reitbahn, Manege. Ein Gebäude, worinn Lectionen im Reiten gegeben, und die Pferde selbst abgerichtet, auch in Uebung erhalten werden. Es muß ziemlich breit, und 4 bis 5mal länger seyn. Die Wände hingegen können ohngefähr 5 Fuß hoch mit schief angelegten Latten bekleidet werden, damit die Pferde nicht so nahe daran hinpassiren, und folglich die Reiter durch Anstreifen verletzen können. In einem vollständigen Reithause muß, wo nicht an beyden Enden, doch in der Mitte der langen Seite, eine erhabene Bühne, die man die Judicirbühne nennet, angebracht werden, und mit Fenstern versehen seyn, um davon alle Pferde, und was darauf geschiehet, recht übersehen zu können. Ueber dem ganzen Gebäude sind öfters Böden zum Heu und Stroh angebracht, und es soll mit einem tüchtigen Hangwerke versehen werden.

Reithbrack, eine unter Wasser stehende Niedrigkeit innerhalb des Deiches, worinn Reith wächst.

Reithschürung, Sandstöver, Bände, so von eingesteckten Pfählen, darüber ausgespannten Seilen, und dazwischen geklemmten oder bewundenen, auch in den Grund eingegrabenen Reithhalmen auf dem Aussenlande gesetzt werden, um den treibenden Sand dadurch aufzuhalten.

Reithwachs, der Grund, worauf Reith wächset, sowohl in einem Reithbrache als Aussendeiches an süßen und brackigen Wassern.

Reitkunst, die Kunst, wohl zu Pferde zu sitzen, und auf selbigem zu reiten. Diese Kunst hat ohne Zweifel Italien zum Vaterlande, und alle Nationen haben gesucht, sich darinn vollkommen zu machen. Alle Bewegungen der Pferde und des Reiters haben auf der Schule die Absicht, dem Pferde die vollkommenste Erziehung zu geben, und es gehorcht ein abgerichtetes Pferd der Hand und dem Schenkel so genau, daß es nach des Reiters Willen gehet, sich in einer Schlangenlinie windet, sich auf dem Hintertheilen drehet, in die kommende Stücke gallopiret, und Wasser oder bloße Degen nicht scheuet. Selbst die Sprünge der Schule und andere große Bewegungen verschaffen dem Pferde die Leichtigkeit, sich auf die Hüften zu setzen. Dieses ist eine der vornehmsten Uebungen für ein Soldatenpferd. Denn wenn sich ein Pferd auf die Schultern setzt und zurück prallt, so ist diese Gegenwirkung der Schultern so heftig, daß der Reiter in Gefahr geräth, umgeworfen zu werden. Bey der Reitkunst kömmt es hauptsächlich darauf an, daß der Reiter (s. aufsitzen) den Körper wohl trage. (s. Reiten)

Reitküssen. (Sattler) Ein zubereiteter Sattel ohne hölzerne Bäume, der ein ausgestopftes, der Länge nach einigemal durchgenähetes, breites Kissen ist, welches statt eines gewöhnlichen Sattels auf das Pferd gelegt, und mit einem Gurt aufgeschnallet wird.

Reitmaschen. (Jäger) Wenn bey dem Stricken der Jägergarne der Knoten einer Masche nicht recht gemacht, und mit dem Zwirne falsch durchgesteckt wird, so ziehet sich die Masche hin und wieder, und erhält sodann diesen Namen.

Reitsattel. (Sattler) Ein Sattel zum Reiten, zum Unterschiede von einem Fuhrmannssattel, Trage- oder Saumsattel. (s. Sattel und seine Arten)

Reitscheiden. (Riemer, Sattler) An einem Pferdegeschirre diejenigen beiden Leder, wodurch die Stränge oder Zugstricke eines Geschirres gehen, damit das Pferd von denselben nicht so sehr am Leibe berühret und gescheuert werde, oder die Haare an den Seiten abgeschabet werden. Die Bauern haben gewöhnlich an ihren Geschirren Seilenblätter, die dieselbe Dienste thun.

Reitschemel. (Mühlenbau) In den Sägemühlen das Gerüst, worauf der Sägeklotz liegt, und vorwärts zur Säge gerückt wird. (s. Schlitten)

Reitstange, (Sporer) das wichtigste Stück an einem Zaume. Die Haupttheile bestehen aus den beyden Stangen selbst, dem Mundstücke, der Kinnkette und Schaumkette. (s. alle diese Dinge) Man hat deutsche, polnische, englische, und französische Reitstangen. Die deutschen Stangen haben stets ein flaches Hauptgestelle, und insgemein ein hohles Mundstück, nebst einem birnförmigen Ueberwurf mit einem Wirbel und Zügelring. Bey einigen ist der Schenkel stark gebogen, bey andern nur wenig, und noch andere haben gerade Schenkel, die eben so flach sind, als das Hauptgestelle, und auch mit diesem in gerader Linie fortgehen. Die letztere nennt man Wallachenkandaren. Ueberhaupt ist bey den gebogenen Schenkeln zu merken, daß sie entweder vor der Linie des Hauptgestelles nicht vorspringen, und dann sagt man, sie gehen nach dem Lineal; oder sie springen vor, und alsdenn sagt man, es sind vorgeschossene Schenkel; oder ihre Biegung reicht nicht bis an die ganze Linie des Hauptgestelles, und alsdenn nennt man sie zurück geschossene Schenkel. Die Stangen selbst werden erst im Groben von schwedischem Eisen aus einem Stücke geschmiedet, und an den Stellen, wo das Mundstückloch und der Ueberwurf entstehen soll, ziehet der Sporer mit der Finne des Hammers ein breites Stück aus, und macht vorher an der Ecke des Ambosses einen doppelten Absatz. Soll der Schenkel eine runde Gestalt erhalten, so senkt man ihn auch wohl nach dem Schmieden in einem runden Einschnitt eines Gesenks. (s. dieses) Ist eben dieser Theil gebogen, so krümmt man ihn mit dem Hammer auf dem Ambos aus freyer Hand, und beyden Stangen muß eine gleiche Krümmung gegeben werden. Das Hauptgestelle wird kürzer gemacht, als der untere Theil, daher muß der Lappen für das Mundstückloch etwas über die Hälfte des Ganzen ausgeschmiedet werden. Gewöhnlich ist dieses Loch rund, und wird daher mit einem runden Dorn gelocht, auf der runden Spitze des Sperrhorns erweitert, und mit der Feile weiter ausgebildet. Auf eben die Art wird auch der Ueberwurf verfertiget. Das vierkantige Loch desselben wird auf dem Sperrhorn mit dem Meißel kalt ausgehauen, und die Löcher, worinn die Kinnkette hängt, werden erst mit einem Körner (s. diesen) vorgeschlagen, und alsdenn mit einem spitzigen Droll durchgebohret. Ueberdem wird noch auf der innern Fläche jeder Stange unter dem Mundstückloch mit einem Meißel ein schmaler Einschnitt geschlagen, damit bequem Löcher durchgebohret werden können, wenn an der Stange messingene Buckeln befestiget werden sollen. Alle Stücke werden mit der Feile bearbeitet, und mit der Schlichtfeile abgezogen. Auf der Spitze des Ueberwurfs wird auf dem Sperrhorn ein Loch durchgeschlagen, wodurch man den Zapfen des Wirbels steckt, dieser wird kalt um den Zügelring (s. diesen) gebogen. Bey den mehresten Stangen hängt das Mundstück (s. dieses) mit denselben fest zusammen. Bey den englischen sind aber beyde Stücke an einander wie ein Gewinde beweglich. In diesem Falle wird nur der Kopf des Mundstücks weiter an das Mundstückloch angezogen. Wenn beyde Hälften auf die gedachte Art an den Stangen befestiget sind, so wird der Zapfen an der Spitze der einen Hälfte des Mundstücks in das Loch der andern gesteckt, und man biegt den Zapfen kalt zu einem Ringe um, und verknüpft dadurch die Hälften des Mundstücks und zugleich die beyden Stangen.

Reitstangen, deutsche, s. Reitstange.

Reitstange, englische. (Sporer) das Hauptgestelle und die Schenkel an diesen Stangen sind nur dünne und rund. Der Ring für den Zaum ist pleinrund, und der Ueberwurf halbrund. Das Mundstück ist massiv, an der Stange beweglich, und hat keine Schaumkette.

Reitstangen, französische. (Sporer) Sie gleichen den Wallachenkandaren, (s. diese) denn die Stangen sind flach und gehen nach dem Lineal. Blos das Mundstück wird nicht so, wie an den übrigen Stangen, verfertiget, sondern der zertheilte Kopf jeder Hälfte des Mundstücks ist nur so hoch, als der Mundstückbug, außer daß auf jeder Seite des Kopfs noch ein schmales Stück gleich einem Zapfen steht. Auf jeder Seite eines Blechs, das man den Boden nennt, und so breit ist, als der Abstand beyder Hälften des Kopfs an dem Mundstück, wird nach dem nur gedachten Zapfen ein Einschnitt ausgefeilt. Die Einschnitte des Bodens werden in die Zapfen eingepasset, und beyde Theile aufs beste mit dem Hammer zusammengetrieben.

Reitstangen, polnische. (Sporer) Diese weichen von den deutschen Reitstangen nur darinn ab, daß ihre Schenkel stark gebogen sind, und zwischen beyden Hälften des Mundstücks ein Galgen mit einem Niete an jedem Ende des Galgens befestiget ist; oder daß auch nur die beyden Hälften des Mundstücks sehr stark gekrümmet sind.

Reitstiefeln, (Schuhmacher) große starke Stiefeln mit gebrannten Schäften. (s. Reuterstiefeln)

Reitstock, (Drechsler) an einer Drehbank die bewegliche Säule mit einer krummen Pinne. Sie ist etwas kürzer, als der Stock mit der geraden Pinne, der unbeweglich ist, damit er bey dem Drehen die rechte Hand nicht hindere. Demnach muß die krumme Pinne mit der geraden des andern Stocks parallel laufen, deswegen ist die krumme Pinne einem Haken gleich, und erhebt sich etwas über den Reitstock. Der Reitstock ist in der Waage der Drechselbank mit einem Keil beweglich befestiget, wenn man diesen heraus ziehet, so kann man solchen in der Waage verschieben, und dem unbeweglichen Stock mit der geraden Pinne nähern, um dadurch die zu drehende Sache zwischen beyden zu befestigen, und wenn dieses geschehen, so wird der Reitstock mit dem Keil wieder befestiget. (s. Drechselbank)

Reittasche, (Täschner) Eine lederne Tasche, die im Kleinen das ist, was der Mantelsack (s. diesen) im Großen ist, außer daß sie noch einen Riem zum Umhängen erhält. Sie ist vierkantig, und ihr Flügel oder Decke kann mit einem Riem angeschnallet werden. Sie wird aus Hammelleder gemacht und mit Leinwand gefuttert.

Reittenne. (Landwirthschaft) wird zum Unterschied einer Schwemmtenne also genannt, darauf das Vieh die Körner aus dem Stroh treten muß. Der Boden muß fest und eben seyn, aber eine gute Länge und Tiefe haben, damit das Vieh durch öfteres Auf- und Abreiten in einem kurzen Ziel nicht schwindlicht werde.

Reitz, Grazie. Fr. Grace, (Bildhauer, Maler) Ein Ausdruck, der gebraucht wird von wohlgestellten Figuren, schönen Umrissen, geschickt gewählten Formen, mit Einsicht gruppirten Figuren, von einem markigen, leichten und feinen Pinsel, einer anständigen, anmuthigen und gut gezeichneten Stellung, von den zierlich gewandten Gegenständen, endlich vom Ton und dem Ganzen eines Gemäldes. Der Reitz ist also eine gewisse Wendung, welche man den Sachen giebt, wodurch sie dem Anschauenden angenehm werden. Eine Figur kann vortrefflich gezeichnet und herrlich kolorirt seyn, ohne diesen Reitz zu haben, sie wird schön, ohne reitzend zu seyn. Man kann schwerlich alles bestimmen, was das Edle und den Reitz sowohl in Historien als in Bildnissen ausmacht. Unterdessen können folgende Anmerkungen nicht ganz ohne Nutzen seyn. Das erste was an einer Person, welche sich in einer Gesellschaft zeiget, in die Augen fällt, ist die Kopfstellung, man muß also besonders hierauf seine Aufmerksamkeit richten. Man muß ferner auf alle Stellungen und Bewegungen sehen; das Betragen muß nicht Leutscheu, einfältig noch in der Handlung gezwungen, sondern frey, natürlich, geistreich und leicht seyn; die Person muß dasjenige, was sie thut, nicht allein mit Leichtigkeit, sondern auch mit Reitz und Anstand thun, alle gewaltsamen Verdrehungen, alle Verkürzungen, welche dem Auge mißfallen, müssen vermieden werden. Die Umrisse werden groß, fest ausgedrückt, und müssen fein und zärtlich, wellenförmig, und wohl kontrastirt seyn. Die Gewänder müssen große Massen vom Licht und Schatten, edle Falten, groß und wohl geworfen, und nicht gewickelt haben. Die Wäsche muß blendend weiß, die seidenen und andern Stoffe, neu, von gutem Geschmack, und von der besten Gattung seyn, man muß an denselben weder Spitzen, noch Tressen, weder Stickerey noch Edelgesteine verschwenden. Eine Figur mag bekleidet seyn, wie sie will, so muß dennoch das Nackende nicht unter dem Gewand verlohren, noch allzusehr angezeigt seyn. Was die Bildnisse betrifft, so wollen einige Kenner, daß man die Figuren nach der Mode der Zeit, in welcher sie leben, bekleide, weil sie historisch werden. Andre wollen wieder, daß man sich darnach nicht richte, sondern daß es besser sey, ein Willkührliches der Figur zu geben, als wodurch die beste Wirkung hervorgebracht, und der Person der beste Reitz gegeben werde.

Reitzen. (Jäger) wodurch die Hasen gelockt werden. Dieses geschiehet, indem man die Spitze des Daumens oder den Zeigefinger quer an den Mund zwischen die Lippen hält, und den Athem rückwärts scharf an sich ziehet, so giebt es einen Laut wie ein junger Hase schreyt. Desgleichen wenn man die zugemachte Hand vor den Mund hält, und zwischen den Daumen und Zeigefinger, in die hohle Hand bläset. Die Hasen, ja auch die Füchse kommen auf dieses Geschrey hingelaufen. Auch kann man auf einer Blatter oder Vogelpfeife, einen Laut von sich geben, wie ein Vogel der in den Dohnen sich gefangen hat, wornach die Füchse kommen.

Reitzend. Fr. Gracieux, (Maler) Ein reitzender Ton, eine reitzende Figur, ein reitzendes Ganzes, reitzende Umrisse, wodurch man bey einem Gemälde zeigen will, daß alle diese Dinge einen Anblick machen, welcher den Augen gefällt, und in der Seele Zuneigung, Empfindungen, und etwas, wodurch man beym Anblicke dieser Gegenstände geschmeichelt wird, erregt. Man muß aber das Reitzende nicht mit dem Schreckenden verwechseln, welches fast ähnliche Bewegungen verursacht. Eine Figur, ein Gemälde kann schön, ohne jedoch reitzend zu seyn; denn die Schönheit entstehet aus der sichtbaren Uebereinstimmung der Theile zum Ganzen; das Reitzende aber kommt aus dem Innern und schmeichelhafte Bewegungen, welche bey Erblickung des Gegenstandes in der Seele erregt werden.

Rekambio-Konto. (Handlung) Ein Konto welcher belastet wird, wenn ein Wechsel unter Protest zurückkommt, und kreditirt wird, wenn ein solcher Wechsel von dem Aussteller oder Verkäufer mit allen Unkosten bezahlt wird, was sich denn auf solcher Rechnung an Gewinn und Verlust zeiget, wird durch Gewinn- und Verlustkonto saldiert. (s. Rückwechsel.)

Rekapitiren, (Handlung) bedeutet den Wechseln soviel als annehmen oder ehren. Hievon kommt her, Rekapito, die Annehmung oder Honorirung, das Adresse geben. Auch werden die Wechsel oft selbst darunter verstanden.

Rekapitiren, (Handlung) befördern, besorgen; wird hauptsächlich von eingeschlagenen Briefen gesagt.

Rektilinirende Uhr. Eine Uhr, so auf einer Fläche beschrieben wird, die unter einem größern oder kleinern Winkel, als die Polhöhe austraget, gegen Norden inkliniret.

Rektificiren, (Chymie) das Destilliren eines Liquors wiederhohlen, bis aller Unrath von demselben geschieden werde, z. B. wenn das Wasser oder Phlegma von dem geistigen oder öhlichten geschieden wird. Die Rektifikation ist demnach ein nothwendiges Werk, die Arzneyen rein und vollkommen zu machen, und unter, die Spiritus von den Essenzen abzuziehen.

Releve, s. Futterung.

Relief, Fr. (Bildhauer) Werke, welche rund um ausgehauen sind, wie alle Statuen und andre Werke, so im Freyen stehen. Daher Basreliefs halberhobene Arbeiten (s. diese) die nur zum Theil aus der Wand herausragen und ausgehauen sind, als wenn sie in der Mauer lägen.

Reliquas prästiren. (Handlung) Heißt soviel als beweisen, wie man ein anvertrautes Guth verwaltet hat, und das noch vorhandene der Rechnung gemäß ohne Betrug

trug und List seinen Kommittenten oder Prinzipalen herausgeben und wieder erstatten.

Remedium. (Münze) So nennte man ehedem die Abweichung von dem gehörigen Schrot und Korn, zumalen bey kleinen Münzen, indem man immer Schwierigkeit hatte, das vollkommene Verhältniß derinnen zu beobachten. Jetzt hat man in den Münzordnungen solches soviel wie möglich vest gesetzt.

Remel. 1) Ein unförmliches dickes Stück Holz, besonders ein astiges Stück Brennholz, welches nicht kleiner gespalten werden kann. 2) Im Bremischen heißt ein Bündel Flachs von 10 Pfunden, 3) auch eine von der Pflugschaar ausgeworfene Erdscholle also.

Remessarella, (Handlung) bey dem Wechsel Negotio ein angehängter Wechselbrief, so in einer kleinen Summe besteht.

Remesse, Remisse, Fr. Remise, (Handlung) 1) alles baare Geld, so zum Einkauf oder sonst anzuwenden anders wohin übersendet wird. 2) Das Geld welches sowohl von dem Faktor als Schuldnern für übersendete und verkaufte Waaren anders woher kommt. 3) Ein jeder Wechselbrief, welchen man seinem Korrespondenten zu dem Ende zusendet, um Zahlung davon zu besorgen, oder solchen weiter zu verhandeln, und 4) ein jeder Rückwechsel im Geben oder Uebermachen und Zusenden der Gelder in Retour. Zum Unterschiede kann man die beyden ersten Geldremessen, und die beyden letzten Wechselremessen nennen.

Remessenbuch, Fr. livres des Remises, (Handlung) wo eine weitläuftige Handlung geführet wird, und viel mit Wechselbriefen zu thun ist, dasjenige Auxiliar- und Hülfsbuch, in welchem alle Wechselbriefe, so wie die Korrespondenten solche remittiren aufgezeichnet werden, damit deren Valuta beygetrieben werde. Wenn die protestirte Wechselbriefe wieder zurück gesendet worden, so wird solches in diesem Buch an den Rand mit einem P. angezeichnet, auch der Tag der Zurücksendung. Sind sie hingegen acceptirt, so wird an den Rand des Buchs da, wo dieser Wechsel notirt ist, ein A hingeschrieben, nebst dem Tag der Akzeptation.

Remise, s. Wagenschauer.

Remiß. Fr. Remis, (Handlung) 1) Ein Aufschub, Verzug oder eine Nachsicht. 2) Der Erlaß einer Schuld, und 3) der Nachlaß eines gewissen Theils an der Kaufsumme oder einer Schuld.

Remisse, Fr. s. Geschirr, Weber.

Remontiren, Fr. den Abgang der Pferde bey einem Regiment durch neue ersetzen.

Rende vous, Fr. Versammlungsplatz, (Kriegeskunst) der bestimmte Ort, wo eine marschierende Armee, die auf verschiedenen Wegen marschieret, sich versammlet und zusammentrifft. Bey dem Seekriege ist es ein von dem Admiral bestimmter Hafen, wo sich die Schiffe wieder zusammen einfinden sollen, im Fall sie durch Sturm zerstreut werden.

Rendiren, (Handlung) heißt soviel als machen, auftragen, wiedergeben, z. B. wie rendirt der Louis? d. i. wie hoch kommt die beständige Valuta in der variirenden zu stehen?

Renette. Ein Werkzeug von feinem Stahl, dessen man sich bedient eine Vernagelung an den Pferdefüßen zu untersuchen.

Renfort, Fr. (Artillerie) die Theile oder Stücke einer Kanone, deren man drey hat. Als das Bodenstück, Schildzapfenstück, und Mundstück (s. alle diese.)

Renkontre, Fr. (Kriegeskunst) wenn zwey feindliche Partheyen sich begegnen und mit einander ins Gefecht gerathen.

Rennbahn, (Baukunst) bey den Griechen und Römern ein besonderes kostbahres Gebäude, dessen vorderer schmaler Theil aus einem prächtigen Pallast von drey Pavillons bestund, die beyden sehr langen Seiten aber und der hintere schmale Theil, welcher die Form eines halben Zirkels hatte, waren aus lauter Mauerwerken mit gewölbten steinernen Sitzen für viele 1000 Zuschauer, und mit herrlichen Logen und Spaziergängen rings herum umgeben, so daß eine Rennbahn, nur die Länge ausgenommen, einem Theater ähnlich sahe. Auf dem mittlern erhöheten Platz waren Altäre, Statuen ꝛc. gesetzt, und um diese wurden allerley Wettläufe zu Fuß, Pferde und Wagen angestellt. Die heut zu Tage angelegte Rennbahnen sind von den alten sehr verschieden, denn sie werden gemeiniglich in den Gärten oder auf dem Felde nach Art einer Allee angelegt, zum Ringelrennen und Wettlaufen. Diese also angelegte Alleen werden, um vor der Sonne zu schützen, mit grünen dicht an einander stehenden und zugeschnittenen Bäumen, versehen. In der Mitte der Bahn stellet man zu beyden Seiten zwey Säulen oder Obelisken, die auch wohl mit grünem Laub überzogen werden, woran man an einer Schnur den Ring anhänget. Das Einzige, was man von Architektur hier anbringen kann, ist, daß man an beyden Enden der Bahn, und in derselben Mitte einander entgegenstehende schöne Portale hin und wieder nach der Symmetrie aufrichtet, und sie mit Statuen auf Fußgestellen oder eine dabey angebrachte Balustrade verziehret. Das trefflichste Beyspiel dieser Art Rennbahnen ist unstreitig die in dem Königlichen Garten zu Versailles.

Rennbahne, Fr. la carriere, (Bereiterey) der Platz und die Bahn, wo die Pferde im Treibspiel gehen.

Rennbaum, Rundbaum, (Bergwerk) der runde Baum eines Berghaspels, (Haspel) um welchen der Strick oder die Kette sich windet, welche den Kübel aus dem Schacht herausziehet.

Rennberg, Rennwerk, Fr. la ratissiere de mines mise par le canal, (Hüttenwerk) das Kleine, welches von dem Erz bey dem Waschen, indem es durch die Renne gestellt wird, abstößt.

Renne. Fr. Canal quarré, (Hüttenwerk) Ein hölzernes Gerinne, wodurch das Erz von einer Höhe gestürzt wird, damit alles zusammengebracht werden und nichts ausspringen oder verlohren gehen möge.

Renne,

Renne, Rennstein, Rönne, die Gosse auf der Strasse in welcher das Wasser rinnet.

Renneisen. (Hüttenwerk) Eine Art gereinigtes Eisen, welches mit hölzernen Hammern so lange geschlagen worden, bis es völlig rein ist.

Renneisen. Fr. baron de fer dont on rompe l' embouchure de la Fournaise, (Hüttenwerk) Ein Werkzeug bey dem Schmelzofen, damit das Auge aufgerennt oder aufgestossen wird, und die Ofenbrüche aus dem Ofen gezogen werden.

Rennen, heisst soviel als rein schmelzen das Eisen auf den Hütten.

Rennfeuer. Fr. petite fonderie de fer, (Hüttenwerk) Eine Art von Eisenhämmer, da im kleinen Feuer guter flüßiger Eisenstein und altes Eisen zusammengeschmelzet, und das Feuer also genennt wird, weil die Arbeit nur rinnen oder zerrinnen darf; ist jetzt nicht mehr gebräuchlich, weil das Schmelzen im Hohenofen vortheilhafter ist. (s. auch Luppenfeuer)

Rennheerd. (Eisenhammer) Ein Heerd, worauf das Eisen gerennet, d. i. geschmolzen wird.

Rennwerck, s. Rennberg.

Rennsaule, Lenksäule. Eine aufrechtstehende und in ihren Pfannen gelinde herumgehende Welle. Sie wird an den Ufern gebraucht, wo die Schiffe mit einem Pferde an einem langen Seil gezogen werden. Ihr Nutzen bestehet darinnen, daß die Pferde, wo starke Krümmungen an den Flüssen vorfallen, wenn sie um diese herum gelaufen sind, das Schiff nicht gerade nach sich und also wider das Ufer ziehen können. Sie sind in Holland besonders gebräuchlich an den Graben, wo die Treckschüten fahren.

Rennschiff. Ein langes Fahrzeug mit Vorder- und Mittelmast, so rudert und segelt.

Rennschlitten. (Stellmacher) Ein leichter kleiner und bequemer Schlitten, vermittelst dessen man sehr schnell von einem Ort zum andern besonders auf dem Eise fahren kann. Gemeiniglich kann nur eine Person darinn sitzen und hinterwärts auf einer Pritsche die zwepte, welche das Pferd lenket und fähret. Man hat sehr künstliche von Bildhauerarbeit verzieret.

Rennspindel. (Gold- und Silberarbeiter) Ein dünner langer Bohrer, auf dessen Mitte eine Rolle bevestiget ist, der vermittelst einer Schnur, die um die Rolle gewickelt wird, und an einem Bogen als ein Fidelbogen bevestiget ist, in Bewegung gesetzt wird; man setzt nämlich das stumpfe Ende vor die Brust an ein Brustbrett, und bewegt die Rolle mit dem Bohrer indem man den Bogen hin und herziehet. Man macht mit der feinen Spitze dieses Bohrers die Löcher zu den Kasten der Edelgesteine, worinn diese gefasset werden. Doch brauchen sie auch verschiedene andere Metallarbeiter zum Bohren kleiner Löcher, denn der Bohrer selbst hat eine feine Spitze.

Rennstein, eine steinerne oder auch gemauerte Renne. (s. auch Renne)

Rennthier, Reiner, Ramher, Fr. Rangifer. Ein gemeines Thier in Lappland, das einem Hirsch fast gleich kommt, jedoch stärker und schneller ist, und drey Hörner oder Geweihe trägt. Man zähmet sie, und spannet sie dort vor den Wagen. Ihre Geweihe haben meistens 15 breite Enden, zwischen den zweyen, welche sie, wie die Hirsche tragen, haben sie auch noch in der Mitte das dritte mit etwas kürzern Zacken. Sie leben meistens vom Moose, und haben am Halse eine Mähne wie ein Pferd. Man führet dieses Thier wegen seiner Nutzbarkeit hier an. Denn außer den schönen Fellen, welche in ganz Europa bekannt sind, ist es seinem Besitzer sehr nützlich. Sie können in einem Tage 30 deutsche Meilen an einem beladenen Schlitten oder Wagen rennen, ihre Milch dienet auch zur Speise, aus den Sehnen dieser Thiere spinnen die Lappen Fäden wie Flachs, der bey ihnen nicht wächst, zu Kleidungen, Hemden und Stricken. Die Beine und Geweihe werden zu allerley Hausgeräthe gebraucht, die Klauen oder Hufe verkauft man zu Ringen wider den Krampf. Mit den Haaren werden Polster und Betten gestopft, und das Fleisch soll sehr gesund und schmackhaft seyn. Außer Landes und über Meer können sie nicht dauern.

Rennthierleder, (Weißgerber) die weißgar gemachten Häute der Rennthiere. Es ist ein sehr dauerhaftes, weiches und mildes Leder, das besonders zu Beinkleidern und auch anderm Lederzeuge gebraucht wird. Es wird so wie anderes weißgares Leder (s. dieses) zubereitet, besonders muß es gut gewalket werden.

Rentoiler. Fr. aufziehen. (Maler) Ein altes Gemälde auf neue Leinwand ziehen, retuschiren, (s. dieses) und das Verderbte ausbessern. Einige gebrauchen hierzu einen Kleister von Mehl und ein wenig zerquetschtem Knoblauch. Andre lassen etwas starken Leim in Wasser zergehen, und brauchen dieses Wasser, um mit demselben das Mehl anzumachen und kochen zu lassen. Wenn man ein Gemälde von der alten Leinwand abziehen will, so klebt man mit ordentlichem Kleister von Mehl, wie oben gedacht worden, eine feine Leinwand oder ein graues starkes Papier über das ganze Gemälde, wenn alles recht trocken ist, und man das Gemälde von seinem Rahmen los gemacht hat, legt man es auf einen Tisch, die alte Leinwand oben, und macht diese mit einem von Wasser etwas feuchten Schwamme nach und nach feucht, anfänglich nur von einer Seite. Durch das viele Anfeuchten wird der alte Leim weich, und man versucht ganz sachte, die alte Leinwand abzunehmen, welche sich auf solche Art von dem Gemälde absondert. Wenn man sie also abgemacht hat, klebt man eine neue Leinwand darunter, welche man mit dem gedachten Kleister oder Leim anklebt. Wenn die neue Leinwand mit dem Gemälde recht trocken, und auf einen Blendrahmen gezogen worden, so macht man das graue Papier oder die Leinwand, welche man anfänglich auf das Gemälde geklebet hat, feucht, und nimt sie dadurch ab. Man wäschet nach diesem das Gemälde, füllet die leeren Flecken aus, und malet darüber. Es besteht aber die Kunst, ein verdorbenes und abgezogenes Gemälde auszubessern, nicht allein in dem Auftrag der Farben, sondern auch darinn, daß man die Töne der Tinten und Halbtinten so zusammenstimmen kann, (Fr. remettre au Ton) daß die neue Farbe vollkommen mit der alten harmonire, und sich nicht mehr verändere. Deswegen muß man die neuen Tinten etwas höher als die alten halten, und so wenig Oel, als möglich ist, dazu nehmen, auch sich bemühen, dasjenige Oel zu entdecken, welches der Künstler zum Gemälde gebrauchet hat. Man muß sich auch vor Farben hüten, welche unbeständig sind. Die beste Art ist, dergleichen Gemälde mit Wachsfarben auszubessern. Die Löcher, oder das Abgebröckelte und die Risse des Gemäldes füllet man mit einer Komposition von Malerfirniß, Kreide, Braunroth oder Ocker, oder sonst einer andern Farbe, die man für dienlich hält, an. Einige füllen diese Löcher mit Bleyweiß in Wasser abgerieben, malen darüber, und suchen die alte Tinten und Töne zu treffen. Denn das Bleyweiß mit Wasser abgerieben ziehet das Oel der Farben an sich, und macht, daß sie sich nicht so leicht ändern. Allein es macht auch die ausgebesserte Stellen eingeschlagen, und bröckelt sich leicht ab, weil es sich nicht wohl mit den nächsten Partien, welche in Oel gemalet sind, vereinigen, noch so gut auf der Leinwand haften, als die gedachte Komposition. Wenn die Malerey auf Holz und die Platte gesprungen ist, so läßt man sie leimen; man füllet das Leere oder Abgesprungene aus, und nachdem man alles, was über dieses Leere austritt, abgewischet und die Komposition dem Gemälde gleich flach aufgetragen hat, so malet man wieder darüber, so wie bey Gemälden von Leinwand. Hr. Pikant hat sich durch das Geheimniß, von Holz und sogar von Gips sowohl Oel- als auch Freskogemälde abzunehmen, und die Malerey auf eine Leinwand zu ziehen, sehr berühmt gemacht. Mit den Gemälden, die Marouflirt sind, (s. Marousler) kann man solches Abziehen nicht vornehmen, weil es nicht gelingen würde.

Reolen, Rajolen, (Gärtner) das Erdreich durch Umgraben verbessern. Man theilet den zu reolenden Strich nach seiner Breite in 3, 4 Fuß breite Streifen ein, der erste wird ausgegraben, und die Erde neben aufgeworfen. Vom zweyten Streifen wird die Erde in den ersten Graben geworfen, und damit beständig fortgefahren, endlich der letzte Graben mit der zuerst ausgegrabenen Erde ausgefüllet. Daß also immer die oberste ausgesogene und mit Unkraut durchwachsene Erde unten, und die frische oben zu liegen kommt, welche noch durch Mist, Holzerde oder Schlamm verbessert wird. Zu dieser Arbeit wird die Frühlings- und Herbstzeit für die bequemste gehalten.

Reparriren. (Reitkunst) Ein Pferd zum zweyten und dritten Mal pariren, und zugleich darauf wieder vor sich lauffen lassen, damit es auf die Faust warte, in dem Stillhalten gelinde werde, und sich lerne wohl auf die Groppe setzen.

Repartiren, (Handlung) soviel als eintheilen; Wechselbriefe zu repartiren, d. i. in verschiedenen oder eingetheilten Summen ausstellen.

Repas, Fr. deutsch Zurücktritt. (Reitkunst) Wenn man ein Pferd zurück zwinget, und solches zurück geht.

Repetiren de Cymbel. (Orgelbauer) Eine Orgelstimme, so von 2 oder 1 Pfeife besetzt ist, und sich beständig wiederholet. (s. Cymbel)

Repetirstift, (Uhrmacher) der Stift, auf welchem sich die Auslösung eines Repetirwerks frey beweget. (s. Repetirwerk)

Repetiruhren, (Groß- und Kleinuhrmacher) Uhren, die, wenn man will, die Stunden, die sie schon geschlagen haben, wiederholen. Dieses geschieht durch die Ausdehnung der Auslösung einer grossen Uhr, indem man eine Schnur, die an einem Arm, der die Auslösung aufhebet, ziehet, da der Arm die Auslösung in die Höhe hebt, und die Uhr schlägt. (s. Repetirwerk der grossen Uhren) Eine Taschenrepetiruhr wird durch die Dückfeder (s. diese) dahin gebracht, daß sie repetiren, oder die geschlagenen Stunden wiederholen muß. Man kann durch den Druck dieser Feder die Uhr nöthigen, stark oder schwach zu schlagen. (s. Repetirwerk der Taschenuhren)

Repetirwerk der grossen oder Stubenuhren. (Großuhrmacher) Derjenige Mechanismus einer Stubenuhr, wodurch die Glocke genöthiget wird, die Stunde, die sie schon einmal geschlagen hat, zu wiederholen. Das Repetirwerk ist mit dem Weiserwerk vereiniget. Auf dem Wechsel (s. diesen) der Uhr steckt ein Stift, der, wenn der Wechsel nach einer Stunde seinen Umlauf vollendet hat, eine stählerne Feder an dem Ende der Auslösung (s. diese) ergreift. Die Auslösung beweget sich frey auf einem Repetirstift. (s. diesen) Wenn also der Stift des Wechsels die Feder von der Rechten nach der Linken in die Höhe beweget, so erhebt sich auch zugleich der Arm der Auslösung. Auf diesem ruhet, wenn das Schlagwerk sich nicht beweget, die Spitze der Einfallschnalle, (s. diese) und folglich erhebet sie sich mit der Einfallschnalle. An dem vordersten spitzen Ende der Einfallschnalle hat dieselbe ein zugespitztes Stück Eisen, die Einfallspitze, diese ruhet in dem äussersten Zahn des Rechens, (s. diesen) wenn das Schlagwerk sich nicht beweget, und der Rechen wird in diesem Falle unbeweglich gehalten. Wenn also die Einfallspitze den Rechen verläßt, so drückt ihn eine stählerne Feder von der rechten nach der linken Hand herab, und um soviel Zähne der Rechen hinab sinkt, eben so oft schlägt die Uhr; wie sich weiter unten ergeben wird. Bey dem Repetirwerke muß aber auch eine Hinderniß angebracht werden, wodurch das Sinken des Rechens nach der Anzahl der Schläge jeder Stunde bestimmet wird. In dieser Absicht ist neben dem Repetirstift des Rechens, worauf er sich frey beweget, ein Arm von Messing befestiget, welcher einen Stift trägt, der gegen die Uhrplatte gekehret ist, und sich gegen den Staffen (s. diesen) lehnet, wenn der Rechen hinab sinkt. Natürlicherweise muß der Staffen eine solche Einrichtung erhalten, daß z. B. bey dem ersten Stundenschlag der Rechen nur um einen Zahn, nach der oben gedachten Richtung, hinab fällt, bey der zweyten Stunde um zwey Zähne und so fort an bis zur größten Stunde.

Dabey

Daher hat der Staffen 12 Absätze oder Stundenstaffeln, die nach einer bestimmten Abtheilung beständig tiefer hinab gehen. Unter dem Staffen liegt ein Stern, dieser hat nach der Zahl der Stundenschläge 12 Zähne, deren Spitzen bis unter den Wechsel ragen. Ein Stift unter diesem Wechsel, der in einer Stunde umläuft, rückt den Stern kurz vor jedem Stundenschlag um einen Zahn weiter fort, und ein Sperrkegel nebst einer messingenen Feder giebt ihm Haltbarkeit, wenn er nicht beweget wird. Der Staffen hängt mit dem Stern unmittelbar zusammen, und jener wird also gleichfalls kurz vor dem Stundenschlag um einen Staffel weiter fortgerücket. Hat also die Uhr nach Verlauf der nächst vorhergehenden Stunde zwölfe geschlagen, so komt vor dem Arm des Rechens die erste Staffel für ein Uhr zu stehen u. s. w. Das Schlagwerk wird folgendermaßen in Bewegung gesetzt: die Welle des Schöpfrades (s. dieses) in dem Schlagwerk, springt etwas weiter, als der Rechen dick ist, vor der vordern Platte des Gehäuses vor. Auf der Spitze dieser Welle steckt der Schöpfer (s. diesen) womit nach der Uhrplatte zu ein Haken zusammenhängt, der genau in den Raum zwischen zwey Zähnen des Rechen passet. Der Rechen hat einen Stift, der den Schöpfer, wenn dieser den Stift erreicht, in der Bewegung hindert, und zugleich das Schöpfrad und alle übrige Räder des Schlagwerks. (s. dieses) Wenn nun die Auslösung und zugleich die Einfallschnalle von dem Stift des Wechsels aufgehoben wird, und die Einfallspitze der Einfallschnalle den Rechen verlaßt, so fällt diese durch die Kraft der Feder, die sich an den Schwanz des Rechens lehnet, von der Rechten nach der Linken so tief hinab, als die Staffel, die gerade vor dem untersten Arm des Rechens steht, es erlaubet. Das Schlagwerk muß so berechnet werden, daß das Schöpfrad bey jedem Schlag des Hammers einmal umläuft. Da aber die Staffel des Staffen z. B. für den dritten Stundenschlag bis kurz vor vier Uhr vor dem Arm des Rechens stehen bleibt, so wird man jederzeit die Schläge der nächst verflossenen Stunde wieder hören, wenn man die Uhr nöthiget zu schlagen. Dies hält nicht schwer, denn es darf nur die Auslösung (s. diese) aufgehoben werden. Zu mehrerer Bequemlichkeit ist ein beweglicher Arm an die Auslösung angebracht, woran eine Schnur bevestiget ist, vermittelst welcher die Auslösung, selbst zur Nachtzeit, erhoben werden kann. Eine Feder giebt diesem Arm nach dem verlangten Schlagen wieder seine gewöhnliche Lage. Die Auslösung hat am Ende einen Wiederhaken, der durch ein Loch der Platte in die Uhr hinein geht, und bis gegen das Anschlagrad raget. Wenn das Schlagwerk sich nicht beweget, so steht der Stift des Anschlagrades um den halben Umfang dieses Rades von dem Wiederhaken der Auslösung ab. Sobald sich diese aber in die Höhe beweget, und das Schlagwerk an zu laufen fängt, so lehnt sich der gedachte Stift auf den Wiederhaken der Auslösung, und das Schlagwerk wird noch auf einige Zeit in seiner Bewegung aufgehalten. Hiedurch gewinnet der Rechen Zeit, ehe die Uhr schlägt, hinab zu sinken. Sobald dies aber geschehen ist, so kann die Auslösung wieder hinab fallen, und alsdenn hindert ihr Wiederhaken das Anschlagrad nicht mehr in seiner Bewegung. Die Uhr kann also ungehindert schlagen. (s. Spr. H. u. K. Samml. VII. Tab. VI. Fig. XIII.)

Repetirwerk einer Taschenuhr zu Stunden und Viertelstunden. (Kleinuhrmacher) Man hat Repetirwerke dieser Art nach englischer, französischer und deutscher Manier, aber die französischen haben wegen ihrer Einfachheit den Vorzug. Das Repetirwerk einer Taschenuhr muß jederzeit neben dem Gewerk derselben angebracht werden. Damit aber die Uhr nicht zu groß ausfalle, weil zu der Repetition gleichfalls einige Räder erfordert werden, so sucht man soviel wie möglich den Raum zu ersparen. In dieser Absicht wird das kleine Bodenrad des Gehwerks nicht neben den Unterboden angebracht, sondern man versenkt es in den Oberboden, daß es also zum Theil in einer Vertiefung unter dem Schnecken- und Minutenrade läuft. Hiedurch gewinnet man Raum, das Kronrad mit dem Steigerade näher gegen das Minutenrad zu rücken. Ueberdem werden noch zwey Räder des Repetirwerks in eben diesen Boden versenket. Durch dieses Mittel bringt es der Uhrmacher dahin, daß er die Räder des Gehwerks nicht viel kleiner machen darf, als in einer gewöhnlichen Uhr. Der Raum, den man durch einen Aufriß vertheilet, bestimmet wie an andern Taschenuhren abermals die Größe der Räder des Geh- und Repetirwerks. Das Räderwerk dieses letztern liegt um den steifen Kloben (s. diesen) der Uhr von dem Kronrad an bis zum Federhause. Es gehören zu einem solchen Werke folgende Räder: das Windfangsgetriebe, das Anlaufrad, das Mittelrad, kleine Bodenrad, große Bodenrad, und das Federhausrad. Das große Bodenrad und das Mittelrad sind in den Boden versenkt. Hiebey ist folgendes zu merken: an dem Unterboden der Uhr ist das kleine Federhaus unbeweglich bevestiget, und bey der Zusammensetzung steckt es mit dem Federhausrade auf einer gemeinschaftlichen Welle, doch so, daß zwischen beyden noch ein kleiner Zwischenraum bleibt. Ein Ende der Uhrfeder wird zur Zierrath um den Ring des Federhauses gelegt und poliret, das andere Ende dieser Feder hängt mit der Welle des Federhauses dergestalt zusammen, daß die Feder gespannt wird, wenn man die Welle verkehrt umdrehet. Die Welle hängt nämlich mit dem Federhause nicht unmittelbar zusammen, sondern durch ein versteckte Gesperre, welches unter der stählernen Schlagscheibe (s. diese) angebracht ist. Diese liegt auf dem Federhausrade, ist aber etwas kleiner. Wenn man also beym Spannen der Feder die Welle umdrehet, so bleibt das Federhausrad unbeweglich stehen, die Schlagscheibe wird aber zugleich mit beweget. Diese hat nach der Anzahl der mehresten Schläge einer Uhr 12 Zähne, die aber nur gerade auf dem halben Umfange dieser Scheibe stehen. Die andere Hälfte ist etwas kleiner. Wenn die Uhr nicht schlägt, so sind die Zähne dieser Schlagscheibe nach dem großen Bodenrade zu gekehret. Spannt man aber die Feder mit der Welle, so drehet sich, wie gesagt,

sagt, die Schlagscheibe etwas um, und alsdenn kann der Wiederhaken eines angebrachten Hebearms in die Zähne der Scheibe greifen. Dieser Hebarm hat unter sich einen Stift, der neben dem Stiel eines kleinen Arms liegt, und über diesem Stifte steht ein senkrechter Zapfen, der durch ein geräumiges Loch des Oberbodens geht. Sowohl nach dem eigentlichen Hammer, als nach seiner Welle zu, steht auf seinem Stiel ein starker Stift, und beyde gehen durch den Oberboden. Gegen die Spitze des erstern lehnt sich auf dem Oberboden eine Schlagfeder, die den Hammer im erforderlichen Fall gegen eine kleine Glocke treibt, welche in dem innersten Uhrgehäuse bevestiget ist. Dies sowohl, als was von dem Stift und der Schlagfeder gesagt ist, gilt auch von dem zweyten kleinern Hammer. Das übrige Räderwerk hat blos den Zweck, die gar zu schnelle Wirkung der Uhrfeder zu hemmen, und hierdurch die Schläge der Uhr beym Repetiren von einander zu entfernen, oder den Unterschied der Schläge zu bewirken. Dieserhalb ist auch das letzte einzelne oder Windfanggetriebe angebracht. Die übrigen Theile des Repetirwerks liegen auf dem Oberboden unter dem Zifferblatt, und über den gedachten Theilen des Weiserwerks. (s. dieses) Diese Stücke sind weiter in keiner Absicht angebracht, als die Feder nach den jedesmaligen Bedürfnissen zu spannen, und die Schläge, so die Stunden und Viertelstunden anzeigen, abzumessen. Der Oberboden hat an einer Seite einen Einschnitt, worinn ein vierkantiger Zapfen liegt, den man den Drucker (s. diesen) nennt. Gegen diesen Drucker stößt der Besitzer der Uhr mit dem Zapfen des Gehänges an dem Uhrgehäuse, wenn die Uhr repetiren soll. Der Drucker hängt mit dem Stundenrechen (s. diesen) zusammen, der blos an dem einen Ende mit einer Schraube beweglich bevestiget ist. An dem andern unbevestigten Ende sitzt eine starke Uhrkette, die zur Erleichterung der Bewegung um eine Rolle geht, und sich nach der Spitze einer Welle lenket. Dies ist die gemeinschaftliche Welle des Federhausrades, der Schlagscheibe und des Federhauses, und an dieser ist die Kette bevestiget. Auf der Welle sitzt nämlich über dem Oberboden und unter dem Viertelstundenrechen (s. diesen) eine Rolle gleich der erstgedachten, und um diese Rolle windet sich die Kette, aber nur einmal. Stößt man nun mit dem Drucker den Stundenrechen von der linken nach der rechten Hand hinauf, so ziehet die Spitze des letztern die Kette gleichfalls nach eben der Richtung in die Höhe, und nöthiget die Kette, die Rolle mit dem Wellbaum und zugleich die Schlagscheibe umzudrehen. Hierdurch wird die Feder in dem Federhause gespannet. Allein die Feder muß auch bey dem zweyten Stundenschlag stärker, als bey dem ersten u. s. w. gespannt werden. Diesen Zweck erreicht man durch einen Staffen. (s. diesen) Dieser hat zwölf Stundenstaffeln, die verhältnißmäßig beständig tiefer in den Staffen hineingehen. Bey diesem Repetirwerke liegt er unter einem Stern. (s. diesen) Er hat 12 Zähne, und ein Sperrkegel mit seiner Feder hält ihn vest. An dem Stundenrechen sitzt eine Einfallspitze, die, wenn man den Rechen verschiebt, jederzeit in eine Staffel des Staffen unter dem Stern stößt. Ist diese Staffel tief, so läßt sich der Stundenrechen weit in die Höhe schieben, und umgekehrt. Zugleich wird auch natürlicher Weise bey einer tiefen Staffel die Kette weiter in die Höhe gezogen, weniger aber, wenn die Staffel des Rechens nicht tief ist. Die Kette wird also nur wenig ausgezogen, wenn die Staffel für 1 Uhr vor der Einfallspitze stehet, aber schon stärker, wenn sie für 2 Uhr vor dieser Spitze liegt u. s. w. Natürlicherweise muß die Feder von der Kette in dem ersten Falle schwächer, als in dem zweyten und so fort gespannet werden, und es muß so abgemessen werden, daß die Feder jedesmal nach dem Verhältniß derjenigen Wirkung aufgewickelt werde, die sie hervor bringen soll. Daher müssen die Staffeln der Staffen durch Versuche gefunden werden. Ueber dem Stern liegt die Aufhaltung, (s. diese) welche zwar auf dem Boden der Uhr angeschraubet ist, aber dergestalt, daß ihre Löcher etwas geräumig sind, und daß man sie also in etwas von der rechten nach der linken Hand zurück schieben kann. In der Mitte ist diese Aufhaltung auf dem gemeinschaftlichen Stifte des Sterns und des Staffens mit demselben bevestiget. Das Loch in dem Mittelpunkte des Sterns und Staffens muß aber gleichfalls geräumig seyn. Stößt man also mit der Einfallspitze gegen den Staffen unter dem Stern, so verschiebt man auch zugleich die Aufhaltung etwas von der rechten nach der linken Seite. Alsdenn verläßt die Spitze der Aufhaltung den Viertelstundenrechen, und dieser kann hinab sinken. Eine Feder treibt die Aufhaltung wieder in ihre gewöhnliche Lage zurück. Der Viertelstundenrechen läuft in seiner Mitte auf einem besondern Stift, der neben der Spitze der Welle des Schneckenrades und des Federhauses steht. Die nur gedachte Welle springt noch etwas vor dem Rechen vor, und trägt einen Schöpfer (s. diesen) oder Hebarm. Neben dem letztern steht auf dem Rechen ein Stift, und für die Spitze der Welle ist unter dem Hebarm in dem Rechen ein Ausschnitt nach einem Bogen, damit die Welle den Rechen nicht in der Bewegung hindere. Die Repetiruhr zeigt blos die drey ersten Viertel jeder Stunde an, nie aber das letzte Viertel. Dieserhalb hat der Rechen auf beyden Enden nur drey Zähne, wodurch die Schläge der Viertelstunden verursachet werden. Ueber den Zähnen steht nämlich ein Stift, der abermals wie die Spitze der Welle, des Federhausrades rc. (s. oben) einen kleinen Hebarm trägt, dessen Schwanz in die drey Zähne greift, wenn die Uhr Viertel schlagen soll. Der Hebarm hat auf der andern Seite unter dem Rechen einen zweyten Schwanz, womit er gegen einen Stift auf dem großen Hammer dergestalt greift, daß er den Hammer von der Glocke abziehe, wenn die Uhr schlagen soll. In eben dieser Absicht greifen die untersten Zähne des Rechens in einen dritten Hebarm, der einer kleinen Gabel gleicht. Dieser Hebarm steckt gleichfalls auf einem besondern Stift, und sein Zacken nach dem Rande des Bodens zu greift gegen einen Stift, der auf der Welle des zweyten Hammers steht. Eine Schlagfeder, welche sich gegen diesen Stift lehnet, treibt den Hammer gegen die Glocke. Auf eben die Art beweget die Schlagfeder auch den Stundenham-

druckhammer. Wenn der Rechen in der Ruhe ist, so lehnet er sich gegen den Hebarm, der an der Welle des Federhauses ist, und gegen die Spitze des Stifts, der auf dem großen Hebarm in dem Innern des Werks steht, und den Boden in einem gerändelten Loch durchbohret. Der Rechen treibt diesen Stift nach dem Rande des Oberbodens zurück, und alsdenn verläßt der Wiederhaken des nur gedachten großen Hebarmes die Zähne der Schlagscheibe. Sobald aber der Rechen hinab fällt, so treibt eine angebrachte Feder den Stift zurück, und der Hebarm, woran der Haken steht, greift alsdenn in die Zähne der Schlagscheibe. Eben diese Feder lehnet sich auch gegen den letzten Hebarm, und treibt ihn in die Zähne des Rechens. Die Einfallspitze des Viertelstundenrechens greift in die Staffeln des Viertelstundenstaffen, und ob zwar dieser vier Staffeln hat, die beständig tiefer gegen den Mittelpunkt in den Staffen hinein gehen, so bestimmen doch nur die drey kleinsten die Schläge der ersten drey Viertelstunden, die vierte oder tiefste hindert nur, daß er nach Verlauf einer Stunde nicht zu tief hinab sinke. Der ganze Zusammenhang dieses künstlichen Mechanismus ist also kürzlich dieser: Ein Stift auf dem Wechsel des Weiserwerks, der in jeder Stunde einmal umläuft, schiebt den Stern nach Verlauf einer Stunde jedesmal um einen Zahn weiter fort. Da nun der Stundenstaffen mit diesem Stern zusammenhängt, so kommt auch in jeder Stunde eine andere Staffel vor der Einfallspitze zu stehen. Die Staffel bleibt die ganze Stunde über vor dieser Spitze stehen, und daher wird man die ganze Stunde hindurch einerley Stundenschläge bey dem Repetiren hören. Gesetzt nun, der Besitzer verschiebt kurz nach 12 Uhr vor dem ersten Viertel den Rechen mit dem Drücker hinauf, so trifft die Einfallspitze in die tiefste Stundenstaffel des Rechens unter dem Stern, hiedurch wird die Kette am weitesten hinauf gezogen, und die Uhrfeder am stärksten gespannt, weil die Kette ihre Welle umdrehet. Indem diese Welle die Feder spannet, drehet sie auch die Schlagscheibe dergestalt um, daß der große Hebarm hinter den zwölften Zahn der Scheibe greifen kann. Allein dies kann nicht eher geschehen, bis der Viertelstundenrechen hinab fällt, und dem Stift auf dem oben oft gedachten Hebarm Freyheit läßt, hinab zu sinken. Dieserhalb treibt eben die Einfallspitze durch den Staffen unter dem Stern die Aufhaltung etwas zurück, und hierdurch erhält der Viertelstundenrechen Freyheit, mit der Einfallspitze auf den Viertelstundenstaffen zu fallen. Eine Feder erleichtert das Sinken dieses Rechens. Vor dem ersten Viertel, wie man hier annehmen will, trifft die Spitze in keine Staffel des Staffens, sondern auf seine gehöhte Erhöhung. Daher zeigt die Repetition kurz nach dem Verlauf einer Stunde nur die Viertelstunden an. Ist der Rechen gesunken, so erhält der Stift auf dem großen Hebarm Freyheit, nach Gefallen hinab zu sinken. Der gedachte große Hebarm greift bey der zwölften Stunde hinter den letzten Zahn der Schlagscheibe, die gespannte Feder treibt die Schlagscheibe wieder zurück, das Federhausrad mit den übrigen Rädern wird von der Feder gleichfalls in Bewegung gesetzt, und hindert den Hammer, daß er nicht zu schnell schlage. Jedesmal, wenn der Wiederhaken des großen Hebarmes in einen Zahn der Schlagscheibe fällt, zieht er den Hammerstiel zurück, aber die Schlagfeder treibt ihn wieder gegen die Glocke in dem äußersten Gehäuse. Folglich wird die Uhr in diesem Falle zwölfmal schlagen, weil die Schlagscheibe beym Aufziehen so weit zurück getrieben ist, daß der Hebarm hinter den äußersten Zahn greifen kann. Man kann hieraus bey wenigem Nachdenken leicht einsehen, daß die Schlagscheibe sich z. B. nach 6 Uhr nur um 6 Zähne beym Aufziehen umdrehet, und daß also der Hebarm in diesem Falle hinter den 6ten Zahn der Schlagscheibe fällt u. s. w. Die Feder behält zwar noch einige Kraft übrig, wenn der Hammer die erforderliche Schläge verrichtet hat, allein natürlicher Weise wird der Hammer nicht weiter getrieben, woraus der Hebarm keine Zähne der Schlagscheibe vor sich findet. Wie wird aber der Rechen wieder von dem Staffen in die Höhe gehoben? dieses verrichtet der kleine Hebarm auf der Welle des Federhauses, der gleichfalls umgedrehet wird, wenn die Kette die gedachte Welle umdrehet. Der kleine Schwanz dieses Hebarmes verläßt alsdenn den Stift auf dem Rechen, und geht von der linken nach der rechten Hand hinab. Treibt aber die Feder beym Schlagen den Wellbaum wieder gegenseitig um, so nähert sich der gedachte Schwanz des Hebarmes dem Stifte des Rechens wieder, und es ist so abgemessen, daß er ihn erreicht, wenn die Uhr jedesmal geschlagen hat. Die gespannte Feder behält aber noch soviel Kraft übrig, daß sie durch den Schwanz des Hebarmes den Rechen an dem Stift in die Höhe heben kann, und die Aufhaltung hält ihn wieder unbeweglich fest. Soll die Uhr nach drey Viertelstunden repetiren, z. B. nach 1 Uhr, so zeigt die Uhr die nächst verflossene Stunde durch 11 Schläge mit einem Hammer an, nachher aber auch mit drey Schlägen mit dem zweyten Hammer, daß nach 11 Uhr bereits drey Viertelstunden verflossen sind. Die Spitze des Viertelstundenrechens fällt in diesem Fall in eine Staffel des Viertelstundenstaffens, die der Tiefe nach die letzte ist, weil das Minutenrad des Gehwerks diesen Staffen seit zwölf Uhr schon so weit umgedrehet hat, daß diese Staffel vor der Einfallspitze zu stehen kommt. In diesem Falle sinkt also der Viertelstundenrechen tiefer hinab, als wenn die Uhr bloß die verflossene Stunde andeutet. Soll die Uhr die verflossenen Viertel durch drey Schläge anzeigen, so sinkt dieser Rechen so weit hinab, daß der Schwanz des Hebarmes hinter dem äußersten Zahn des Rechens zu liegen kommt, und die Feder preßt den Hebarm gegen die Zähne des Rechens. Wenn die Uhr die Stundenschläge verrichtet hat, so behält die mehr gedachte Feder abermals noch Kraft genug, den Viertelstundenrechen durch den Schwanz des Hebarmes an dem Stifte in die Höhe zu heben. Dies nöthiget den Hebarm des Rechens, über die Zähne desselben wegzuschleifen, und bey jedem Zahne greift der zweyte Schwanz dieses Hebarmes, der unter dem Rechen liegt, gegen einen Stift auf dem Hammer, und zieht diesen Hammer zurück, die Schlagfeder treibt ihn aber gegen die Glocke wieder. Damit man den

den Klang der letztern höre, so haben die beyden innern Uhrgehäuse durchbrochene Löcher. Die Anwendung auf ein oder zwey Viertel, so wie auf die übrigen Stunden, läßt sich leicht machen. Soll z. B. die Uhr nur ein Viertel repetiren, so ist die Staffel für das erste Viertel auf dem Staffen schon so abgemessen, daß der Schwanz des Rechenhebarms hinter dem ersten Zahn des Rechen zu liegen kommt u. s. w. (s. Spr. H. u. K. Samml. VIII. Tab. 1 Fig. XXIII und XXIV.)

Replik, (Musiker) wenn eine Stimme nach einigem Stillschweigen eben die von der vorhergehenden Stimme gemachte Noten, Intervallen und Bewegungen, oder eben die Melodie, so jene im währenden Pausiren gesungen, nachsinget. Dieses ist was eine Fuge giebt.

Repolon. Fr. (Reitkunst) Eine halbe Volte, die Krupade inwendig mit 5 Tempo zu machen.

Reprise. Fr. (Reitkunst) Eine Wiederhohlung für das Pferd, da es öfters still gehalten und wieder von neuem angesprengt wird, damit es darzwischen Athem schöpfen kann.

Reprise. (Schiffahrt) Ein Schiff das durch den Feind genommen, und ihm wieder abgenommen wird.

Reserve, Fr. Rückhalt. (Kriegeskunst) Ein besonderer Haufen von der Armee, der hinterwärts auf einem besondern Platz des Lagers stehet, und bestimmt ist, auf den ersten Wink des kommandirenden Generals dahin zu marschiren, wo es nöthig ist.

Reskontri, Ital. Begegnung, (Handlung) wenn in Handelsstädten auf dem Kontoirplatz oder Börse in der Zahlwoche ein Kaufmann dem andern eine Rechnung oder Wechsel präsentirt, und der welcher zahlen soll, auf einen andern Anweisung thut, dieser aber auf den dritten, vierten und mehrere die zugegen sind, bis endlich einer das angewiesene Geld baar bezahlt.

Reskontribuch. (Handlung) Ein Handlungsbuch, welches sich auf das Monathsbuch beziehet. Denn sobald in demselben eine Post zu bezahlen oder zu empfangen ist, so wird solche in dies Buch übertragen.

Reskontriren, (Handlung) mit einander abrechnen, und was alsdenn einer dem andern schuldig bleibt, bezahlen.

Resolviertafel. Fr. Compte fait. Eine Tabelle, worinn man die Reduktionen der Gewichte, Maaße, Münzen, Wechsel, Interessen, des Rabats oder Diskonts rc. findet.

Resonnant, (Musiker) wohlklingend, als die Höhle oder der Bauch eines musikalischen Instruments.

Resonnanz, (Musiker) der Wiederklang, Wiederschall eines musikalischen Instruments.

Resonnanzboden, (Flügelmacher) der dünne Boden oder die Decke des Klavier- oder Flügelkastens. Er hat von seinem Zweck den Namen erhalten, indem solcher den Klang der Saiten erhalten und verstärken muß. Er liegt gewöhnlich in dem Kasten eines Klaviers zur Rechten, zuweilen gehet er durch den ganzen Klavierkasten durch, und bedeckt also selbst den hintern Theil des Klaviers. In diesem Fall ist für jeden Tangenten der Klaves in dem Resonnanzboden eine Oeffnung. Musikverständige wollen aber einen Resonnanzboden dieser Art nicht billigen, und geben solchen Klavieren den Vorzug, deren Resonnanzboden nur bis an die Klaviatur reicht. Er kann nur aus Tannenholz verfertiget werden, weil dieses Holz vorzüglich elastisch ist, und klingende Holzfasern und überdem wenig Harz bey sich hat. Die kleinen Bretter dieses Holzes, die aus Böhmen und aus dem Schwarzwalde kommen, ½ Fuß breit, 6 bis 7 Fuß lang und ½ Zoll dick sind, werden vorzüglich dazu gebraucht. Da der innere Kern der Tanne zu grobe und starke Holzfasern zu diesem Gebrauch hat, so können die Bretter nur dazu gebraucht werden, welche neben dem Kern gespalten werden. Deswegen sie nur schmal sind. Der Resonnanzboden wird deswegen aus mehr dergleichen schmalen Brettern zusammengesetzt, welche gut abgehobelt und zusammengeleimt werden. Die Dicke des Resonnanzbodens ist nicht nach einer gewissen Regel bestimmt, sondern man giebt sie bloß nach einem geübten Augenmaas an, welches sich der Künstler erworben hat, soviel ist gewiß, daß ein jeder Resonnanzboden ohngefähr ⅛ Zoll dick seyn muß. Aber ein solches dünnes Brett könnte sich leicht werfen oder auch gar zerbrechen und spalten, obgleich jederzeit das trockenste Holz dazu genommen wird. Daher werden auf die unterste Seite nach Gutbefinden einige Leisten nach der Breite des Resonnanzbodens mit den Schraubenzwingen aufgeleimt. Einige geben dem zusammengesetzten Resonnanzboden mit dem Schnitzer ein durchbrochenes Schalloch, andere finden es aber nicht für nöthig solches anzubringen. Wenn der Steg auf dem Resonnanzboden aufgeleimt worden, (s. Steg) denn wird der Resonnanzboden auf die Leisten, welche sowohl an dem Windelstock, als auch an den beyden langen Seiten vom Kienenholz senkrecht angeleimt sind, aufgeleimt. Der Resonnanzboden eines Flügels wird auf die nämliche Art als der zum Klavier zusammengesetzt, und nachdem er seinen Steg erhalten auf den Kasten des Flügels aufgeleimt.

Resonnanzboden gepreßter. (Musikalischeinstrumentenmacher) Ein Resonnanzboden, der vor einigen Jahren von dem Organisten Hrn. Lemme in Braunschweig erfunden worden. Er bestehet aus doppelten Brettern, die durch besondere Pressen vereinigt sind. Ihr Nutzen ist, daß sie auch in der größten Hitze und Kälte nicht reißen oder sich werfen. Die Stimmung bleibt daher vest, und sie sind so eingerichtet, daß der Ton nichts von seiner Vollkommenheit und Schönheit verliert.

Resonnanzdecke, (Musiker) der dünne ausgearbeitete Boden auf Klavicymbeln, Spinetten, Klavieren, auf welchen der Steg mit den Saiten liegt. (s. Resonnanzboden)

Resonnanzloch, (Musiker) das Loch in dem Resonnanzboden, welches aber meistentheils aus Zierlichkeit nur gemacht wird. Denn es darf dieses Loch eben nicht wegen der Resonnanz seyn, indem man heut zu Tage Klaviere und andre Instrumente macht, die dieses Loch nicht haben, und doch eine schöne Resonnanz geben.

Resonnement, (Musiker) der Schall, welchen der Körper eines musikalischen Instrumentes hat.

Respekttage, Respittage, Diskretionstage, Ehrentage, Honortage, Nachtage, Fr. Jours de Faveur, (Handlung) diejenigen Tage, die nach der Verfallzeit eines Wechsels dem Zahler noch zur Frist gelassen werden. Sie sind nicht aller Orten gleich, und bestehen in 2, 3, 4 auch 8 Tagen.

Respektiren, (Handlung) soviel als einen Wechselbrief annehmen und bezahlen wollen.

Reissen, (Bergbau) 1) soviel als hauen, graben: daher Ein Feld verreissen, es verhauen. 2) Im Hüttenwerk derjenige Flos oder Wassergraben worinn gefeisert wird.

Restanten, Fr. Restans, (Handlung) ausstehende Schulden, welche vom vorigen Quartal oder dem Jahresschluss her unbezahlt geblieben.

Rastort, Fr. Lieu de reste, (Seehandlung) wenn ein Schiff mit Waaren für mehr als einen Ort beladen ist, derjenige Ort, wo man die letzte Waaren bey Endigung der Reise auslade.

Restzeddel, Restzettel. Fr. le memoire du residu, (Bergwerk) Ein Verzeichniss der rückständigen Löhne, die ein Bergmann auf einer Zeche zu gut behalten, das ihm vom Schichtmeister ausgestellt wird.

Retardat. Fr. la reprise, (Bergwerk) Ein bergrechtliches Verfahren, dadurch ein Gewerke wegen auf zwey oder mehrere Quartale nicht bezahlter Zubusse von der Gewerkschaft ausgeschlossen und seiner Bergtheile verlustig wird.

Retardat halten, einen Gewerken in das Retardat setzen, Fr. mettre en reprise, (Bergwerk) bey säumiger Zahlung der Zubussen öffentlich anschlagen lassen, daß die Bergtheile, wenn die Zubusse binnen einem Quartal nicht abgeführet werde, verfallen seyn soll.

Retardatkuxe, Retardirte Kuxe, Retardattheil, Fr. des parts de reprise, (Bergwerk) die Kuxe, welche im Retardat verstanden, und der ganzen Gewerkschaft verfallen.

Retirade. Fr. (Baukunst) Ein Kabinet bey dem Wohnzimmer eines großen Herrn, worein er sich begiebt, wenn er allein seyn will.

Retirade. Fr. (Kriegesbaukunst) Ein Retranchement auf einem Bollwerk oder auch bey einem Werke, welches einen einwärts gebogenen Winkel hat, und aufgeworfen wird, wenn man einen Posten verlassen und dem Feinde überlassen muss.

Retirirte Flanke, (Kriegesbaukunst) der untere Theil an einer Flanke, welcher um 2 oder 3 Ruthen zurückgezogen, hinter dem obern Theil, so das Orillon heißt, zu liegen komt.

Retorte, Fr. Retorte, (Chymie) ein Destillirgefäß mit einem krummen Hals von Eisen, Thon oder Glas.

Retour, Fr. (Reitkunst) wenn man mit einem Pferde, nachdem man mit demselben Passaden gemacht hat, wieder zurück auf die gerade Linie reitet.

Retourniren mit Protest, (Handlung) wenn ein Wechsel nicht angenommen (acceptirt) wird, sondern mit Protest (Weigerung der Zahlung) zurück komt.

Retourschiff. Fr. Vaisseau de retour, (Seefahrt) Ein Schiff, das von einer weiten Reise wieder nach Hause gelangt. Besonders werden in Holland, England und Spanien diejenigen Schiffe also genannt, die von Ost- und Westindien zurückkommen.

Retourspesen, (Handlung) diejenigen Kosten, so bey einem mit Protest zurückkommenden Wechselbriefe aufgelaufen sind, und die also der Remittent von seinem Trassanten oder Indossanten zu fordern berechtiget ist.

Retourwechsel, (Handlung) diejenigen Wechsel, welche der Remittent dem Trassirer anstatt der Valuta einhändiget. Auch werden die Rückwechsel (s. diese) also genannt.

Retranchement, Fr. (Kriegesbaukunst) wenn man einen Theil der Vestung, der sich nicht mehr defendiren kann, von den übrigen Werken durch eine Brustwehr, auch wohl durch Schanzkörbe, Palisaden und dergleichen abschneidet, damit man sich hieraus ferner gegen den Feind wehren kann. Man kann auch durch eine starke Brustwehr und einen kleinen Graben, so man um ein Lager oder einen andern freyen Ort führet, ein Retranchement auf dem Felde machen.

Rettelkamm, s. Oefner.

Retter. (Jäger) Ein Windspiel, das die andern Windspiele bey einer Hasenhetze, wenn ein Hase gefangen worden, abhält, daß sie solchen nicht zerreissen. Gewöhnlich ist unter einer Koppel von drey Windhunden ein Retter vorhanden. Man erwählet hierzu gemeiniglich einen jungen herzhaften Hund, der nach dem vorgeworfenen Brod am schärfsten greift und die andern abweisen will, welchem man beystehet und allezeit die Oberhand läßt, wodurch er abgerichtet werden muß, daß die andern sich gleichsam vor ihn fürchten.

Retuschiren, Fr. Retoucher, (Maler) wenn in einem Gemälde einige Meisterstriche bemerkt werden, da unterdessen das übrige nach der Hand eines Schülers aussieht. Die meisten Gemälde, welche unter großen Malern gemalet worden, sind von ihnen retuschirt worden. Wenn die Zeit, oder andre Zufälle ein Gemälde verderbet haben, läßt man es auch wieder retuschieren. Man findet so geschickte Leute in dieser Art, daß die größten Kenner dabey betrogen worden. Viele retuschirte Stücke sind dabey verdorben worden, weil dieses Aufmalen an den retuschirten Stellen mit der Zeit Flecken gemacht hat.

Reusere, Reusen, (Fischer) Körbe, die anstatt der Netze dienen, um die Fische darinn zu fangen. Sie werden aus Weidenruthen gemacht, sind bald länger bald kürzer, je nachdem man Fische darinn fangen will, vorne weit, hinten enge, in der Mitte als ein Trichter gestalt und mit dem spitzen Ende einwärts gesetzet. Man macht an einigen Orten sehr große Reusen, daß man darinn Hechte, Barme und andere große Fische fangen kann. Wo die Reusen aufgestellt werden, haben die Fischer ihre

Wehre

Wehre, (s. diese) unten mit Zähnen von Reisig gemacht, und wohl verwahret, daß sie nicht in den Löchern, die man zu den großen Reusen läßt, nicht so leicht hinauf über die Wehre kommen können, sondern weil die Fische allezeit dem Strom entgegen wandern, dem Leche zu müssen, da man die Reusen ihnen entgegen eingelegt hat. Wenn dann der Fisch denkt, er komme durch die Löcher der Wehre hinauf, so kommt er in die Reusen und wird gefangen. Diese Fischerey wird nur im Frühjahr getrieben. In die Körbe legt man, eine Lockspeise, oder bindet sie in Tücher ein. Alle Reusen werden des Abends gelegt und liegen die Nacht durch, des Morgens hebet man sie aus, und nimt die gefangenen Fische heraus. Die Fischer pflegen sehr still zu seyn, wenn sie die Reusen legen. Sie bedienen sich zu Zeiten sehr vieler natürlichen Mittel um die Fische in die Reusen zu locken, z. B. Hanfkörner welche sie sieden lassen, bis sie aufborsten, und denn zerreiben. Alsdenn nimt man ein Stück Töpferthon, ein wenig Kuhmist, gestoßene Otterwurzel, Honig und Süßholz, woraus man einen Teig macht, mit welchem man die Reusen oder Garnsäcke in der Einkehle bestreicht, auch thut man davon etwas in den hintersten Beutel. Man hat verschiedene Arten von Reusen, als Jachtreusen, Senkreusen, Legereusen, Garnreusen, Krebsreusen u. s. w.

Reut, Ried, Rodeland, Reutfeld. (Landwirthschaft) Ein ausgestocktes, ausgereutetes, neu aufgebrochenes oder umgerissenes und fruchtbar gemachtes Land, welches nie angebaut, sondern mit Hecken und Sträuchern verwachsen gewesen.

Reute, Reuthaue, Reutbacke. (Landwirthschaft) 1) Ein Werkzeug zum Reuten der Aecker und Felder. Eine lange starke eiserne Haue, womit man die Baumwurzeln aus der Erde reutet. 2) Ein langer Stecken mit einem scharfen Eisen an dem einen Ende beschlagen, womit man die Erde am Pflügen von der Pflugschaar abstößet.

Reute, (Schlosser) der runde hohle Ring eines deutschen Schlüssels. Er wird nach dem Schmieden auf dem Sperrhorn rund gebogen, und an beyden Enden des geschmiedeten Eisens bleibt ein Zapfen stehen, der in das Rohr gesteckt wird; dieser Zapfen wird etwas zurück geschlagen, daß in der Mitte ein kleiner Kumpf, gleich einer Spitze entstehet, der nebst dem Zapfen dergestalt zusammengeschweißt wird, daß er genau an das Rohr des Schlüssels paßt. (s. deutscher Schlüssel)

Reute, s. Pflugreute und Kelte.

Reutenrichter. (Schlosser) Ein Werkzeug von massivem Eisen, das eine tiefe Aushöhlung hat, in welche die Reute (s. diese) des deutschen Schlüssels paßt, und auf selbige gesetzt wird, wenn die Reute mit dem Schlüsselrohr zusammenlöthen, in den gemachten Einschnitt des Rohrs, eingeschlagen wird. Denn wenn der Hammer unmittelbar auf die Reute schlüge, so würde solche die runde Gestalt verlieren. (s. deutscher Schlüssel)

Reuter. (Eisenhütten) So nennen die Arbeiter bey dem Zerren des Eisens eine Schaufel Kohlen, welche ungefähr alle halbe Stunden in das Zerrenfeuer, mit dünnem im Wasser zergangenem Leim oder Letten beschüttet, aufgetragen wird.

Reuter, Katze. Fr. Cavalier, (Kriegsbaukunst) Eine auf einem Bollwerke oder Courtine aufgeworfene Erhöhung, von welcher man das Feld entdecken, und beschießen kann.

Reuter, s. Räder ein Sieb.

Reuterwechsel, (Handlung) wenn man den Holländer mit seinem Kredit, in Hamburg, und den Hamburger mit seinem Kredit in Holland bezahlt, um Zeit zu gewinnen.

Reutgabel. Fr. la Fourche, (Zinnhütte) Ein Werkzeug bey der Grubenarbeit, womit die Wände aus der Reise gehoben und das grobe ausgeworfen wird.

Reutbacke, s. Reute.

Reuthalde, s. Reithalde.

Reuthaue, s. Reute, auch Raderhaue.

Reutkorn, nennt man im Voigtländischen und andern Orten das Korn, welches in Reut- oder Rodeland gesäet worden.

Reutkratze. Fr. le Crac. (Zinnhütte) Ein eisernes Werkzeug in Gestalt einer halb gebogenen Hand mit einem Stiel, die Schlacken damit aus dem Ofen zu reuten.

Reutspaten. (Gärtner) Ein Spaten, mit welchem der Gärtner das Unkraut ausreutet. Imgleichen ein großer eiserner Spaten, die Wurzeln und Stöcke der Bäume damit aus der Erde zu reuten.

Revaliren, Rivaliren, (Handlung) sich wegen der gethanen Alpretation und Zahlung eines Wechsels an seinen Traßanten oder Indossanten wegen Kapitals, Interessen, Unkosten und Rückwechsel wieder erholen; oder für den Belauf eines protestirten Wechselbriefes sich auf seinen Remittenten oder Indossanten durch eine Tratte wieder erholen und bezahlt machen.

Reveille, Fr. (Kriegskunst) deutsch die Tagwache; diejenigen Trommelschläge, welche die Tambours, ehe es recht Tag wird, und in einer Festung ehe die Thore aufgemacht werden, auf der Trommel schlagen.

Reverberation, Fr. Durchflammung. (Chemie) Eine Schmelzarbeit, wodurch ein Körper im flammenden Feuer kalzinirt, und zu einem Kalke gebracht wird. Indem man die Flamme so zwinget, daß sie nicht nur in die Höhe steigt, sondern auch wieder zurück auf die darunterstehende Materie schlagen muß. Dieses geschiehet in einem offenen oder geschlossenen Feuer im Reverberirofen (s. diesen.)

Reverberirofen. (Hüttenwerk) Ein Ofen in den ungarischen Schmelzhütten, worinn der Schwefel von dem vesten und reinen Metall geschieden wird. Er dient auch zur Figirung der Erze und Erhaltung ihres metallischen Gehalts, der sonst mit dem starken Schmelzfeuer mit dem flüchtigen Schwefel in die Luft gejaget würde. Der Gebrauch dieses Ofens ist noch nicht auf allen Hüttenwerken bekannt.

Rever-

Reverberirscherbel, (Hüttenwerk) thönerne breite Scherbel, worinn die Erze zum öftern geröstet (reverberiret) werden, damit man den Schwefel und das wilde davon wegbringe.

Revers, (Münze) diejenige Seite einer Münze oder Medaille, auf welcher das Wappen, Sinnbild oder die Schrift geprägt ist. Gleichwie die Bildseite auf einer Münze der Avers heißt.

Revesche; ein grober ungekrempter Zeug, der von Wolle locker gewebet ist, dessen Haare auf der einen Seite sehr lang und zu Zeiten frisiret sind, oft aber auch nicht. Im letzten Falle hat er mit dem Flanell oder dem Boye viel ähnliches, vornehmlich wenn er von guter Wolle ist; und wird auch auf die nämliche Art gewebet. Gemeiniglich wird er weiß gearbeitet und hernach, wie man ihn haben will, gefärbt. Vordem kamen alle Reveschen aus England. Nachdem man aber in Frankreich angefangen hat, solche nachzumachen, so sind die von Beauvais und Amiens im Handel berühmt, und die englischen ziemlich in Verfall gekommen. Die von Beauvais werden in breite und schmale oder auf französisch Revesches du grand corps und du petit corps eingetheilt. Die ersten müssen nach der Walke wenigstens noch drey viertel Ellen pariser Maas breit, und 21 Ellen lang seyn. Man macht sie aber nach Art der englischen auch breiter, und denn heißen sie Reveschen nach englischer Façon. Die schmalen sind ⅔ Ellen breit. Die von Amiens werden in drey Sorten eingetheilt, als breite, mittlere und schmale. Man bedient sich dieser Zeuge zum Unterfutter u. d. m.

Revier. (Bergwerk) Ein gewisser District, in welchem ein Bergherr das Bergregal ausüben kann, oder der einem Bergamt angewiesen ist. Bey weitläuftigen Bergamts-Revieren wird dasselbe wiederum in besondere Reviere eingetheilt.

Revier. (Forstwesen) Ein gewisser Distrikt von Holz und Feld, so einem Förster oder Jäger anvertraut und zur Aufsicht übergeben wird.

Reviere der Erzgänge im Streichen, (Bergwerk) die Weltgegenden, in welchen die Erzgänge streichen. Man hat nach den vier Hauptgegenden der Welt in den Bergwerken viererley Arten von Gängen, als stehende, flache, Spat- und Morgengänge. Diejenigen Gänge, welche unter dem allerarten Streichen von solchen Stunden stehen, werden zwar unter dieselbe Art Gänge gezählet, aber nicht für so gut gehalten, als diejenigen, die in ihren schon eingetheilten ordentlichen Stunden streichen, denn je mehr ein Erz aus seinem Hauptstreichen oder aus seiner ordentlichen Stunde ausweichet, desto mehr nimt es am metallischen Gehalte ab.

Reviren, (Jäger) die Hühnerhunde, wenn sie in den Feldern fleißig suchen. Daher sagt man der Hund revieret gut oder kurz, u. dgl. m.

Revierkundig, (Jäger) wenn ein Jäger alle Berge, Thäler, Wege und Stege, Gänge und Wechsel, insonderheit aber die Dickigten und Behältnisse der wilden Thiere auf seinem ihm anvertrauten Revier wohl weiß.

Revisionsbogen, (Buchdrucker) der erste abgedruckte Bogen, nach der zweyten Korrektur, welchen der Setzer sorgfältig nachsiehet, ob er auch alle Fehler der zweyten Korrektur weggeschafft habe.

Revetirung, Bekleidung. (Kriegsbaukunst) Eine Bekleidung der Wälle und Graben, so entweder aus lauter Mauerwerk, oder aus Rasen oder beyden zugleich bestehet, und deswegen auch in die halbe und ganze Revetirung getheilt wird. 1) Die ganze Revetirung ist die, wenn die Skarpe vom Fuß des Grabens über den Horizont bis an den Fuß der Brustwehre mit Steinen ausgemauert ist. 2) Die halbe Revetirung ist diejenige, wenn die Skarpe vom dem Fuß des Grabens nur bis an den Horizont oder bis an die Berme mit Steinen ausgemauert, der heraufstehende Wall im übrigen mit Rasen bekleidet ist. Man macht sie entweder zugleich mit der Ausführung des Walles, oder auch erst nach diesem. Sie dienet sonderlich wo schlimmer sandiger Boden ist, zu besserer Befestigung und Erhaltung der Erdwerke, damit diese vom Wetter und Regen, und dem Feinde selbst nicht so leichte ruiniret werden können. Wo der Raum nicht überflüßig vorhanden ist, so wird derselbe allerdings durch dergleichen Revetirung um ein ziemliches ersparet, weil die Böschung nicht soviel Raum wegnimt (S. auch Futtermauer.)

Revificiren. Eine chymische Arbeit, dem Mortificiren entgegengesetzt, wenn man nämlich eine Vermischung (Mixtura) die man durch Salz oder Schwefel in eine andre Form gebracht, wieder in ihren alten Stand setzt. Als wenn z. B. der Merkurius, der zu einem Sublimat, Zinnober, Präcipitat u. dgl. gemacht worden, wieder zu einem fließenden Quecksilber wie er zuvor gewesen, gebracht wird.

Rez. Ein Inhaltsmaas, dessen man sich zu Philippeville und Givet bedient. Am ersten Ort hält solches an Weizen 55, an Mangkorn 54, an Roggen 52½, und an Hafer 30 Pfund. Am andern Ort aber an Weizen 47, Mangkorn 46 und an Roggen 45 Pfund.

Rezal. Ein Getreidemaas im Elsaß und einigen benachbarten Provinzen. Zu Breisach hält der Rezal an Weizen 164 Pfunde, an Mangkorn 162, und an Roggen 158 Pfunde. Zu Kolmar hat der erste 160, das zweyte 156, und der dritte 154 Pfund u. s. w.

Reze, gestreifte Linons, welche unter die Gattung der Batiste gehören, womit in Artois und sonderlich von den Kaufleuten zu Bapaume ein ansehnlicher Handel getrieben wird.

Rezes, Fr. depens d'une mine, (Bergwerk) der Verlag, welchen die Gewerke in einem Grubengebäude aus ihren Mitteln an Zubuße und Vorschießen verwendet, und nicht wieder herausgenommen haben. An einigen Orten wird auch das, was der Landesherr auf ein Gebäude gegeben, oder ein Fremder zu fordern hat, zum Rezeß gerechnet, und der Verlag der Gewerke zum Vor[illegible]

Gewerkenforderung genennt, folglich alle Grubenschulden zum Rezeß gerechnet.

Rezeßbuch, Fr. livre de depens des exploiteurs, (Bergwerk) Nachrichten, darinn der Rezeßschreiber von Quartal zu Quartal anmerkt, wieviel Rezeß auf jeder Grube ist.

Rezeßschuld, (Bergwerk) die von den Gewerken in ein Gebäude verwendete Zubuße und Verlag, in Ansicht dessen den Gewerken, wenn solcher mit des Bergamts Bewilligung angelegt oder gegeben worden, das fillschweigende Unterpfandsrecht an der Zeche, den Vorräthen, Inventarienstücken u. s. w. zustehet.

Rezeßschuld abbauen, abwerfen, Fr. Rembourser les de pens du revenu de la mine, (Bergwerk) den von den Gewerken in einem Berggebäude verwendeten Zubußverlag von der auf solchen gemachten Einnahme wiedergeben.

Rezeßschreiber, der Bergbeamte, der die Rezeßbücher führet.

Rezipiens, Fr. Recipient, (Chemie) die Vorlage, worinn diese über den Helm oder auch die Retorte getriebenen Geister und flüchtig gemachte Körper abgekühlet und aufgefangen werden.

Rhaa, der Baum auf der Insel Madagaskar, der den Gummi, Drachenblut genannt, hervorbringt.

Rhede und Rheder, s. Reede und Reeder.

Rheinfall, s. Profek.

Rheinfälle; Wasserfälle auf diesem Fluß, deren es drey giebt: als bey Laufen und Schafhausen in der Schweiz, bey Caubenberg und bey Hellhacken unter Rheinfelde. Der erste ist gefährlich und muß daselbst ausgeladen werden, auf dem zweyten können die Schiffe leer, mit Seilen heruntergezogen werden, und auf dem dritten können zur Noth beladene Schiffe überfahren.

Rheingold, Gold, welches aus dem Sande des Rheinstromes in einigen Gegenden Oberdeutschlands gewaschen wird.

Rheinischer Brandtwein, wird der von rheinischen Weinhefen abgezogene Brandtwein genennt.

Rheinischer Goldgülden, Fr. Ecu d'or de Rhin, eine Goldmünze, welche, nach einer zwischen den Kurfürsten am Rhein getroffenen Vereinigung geschlagen, und die Mark auf 18 Karat 6 bis 8 Grän fein ausgemünzt worden. Es gehen deren 72 Stück auf eine köllnische Mark, und wurden nach Ferdinands I. Münzordnung im Jahre 1559 damals das Stück auf 75 Kreuzer gerechnet. Man muß aber die rheinischen Goldgülden mit den rheinischen Gulden nicht verwechseln. Denn wenn das Wort Gold nicht vorgesetzt wird, so sind nur gemeine Gulden oder harte Thaler darunter zu verstehen, das Stück zu 120 Kreuzer. Nach sächsischem Gelde beträgt er 1 Rthlr. 22 gr. 6 pf.

Rheinischer Gulden, Fr. Ecu blanc, eine Silbermünze, 2 Loth schwer, und soviel als ein Species Thaler, daher dieser auch itzt beym Bergwerk ein Guldengroschen genennt wird.

Rheinischer Schlitten, in Niedersachsen ein Kinderschlitten also benennt.

Rheinische Wolle, (Wollenmanufaktur) eine einschürige Wolle, wovon die feinste an der Weser zwischen Verden und Stolzenau fällt. Sie dient zu allerley Tüchern und Zeugen, besonders zu Rasch, Kalmank, Serge, Kamlot u. s. w. Wenn sie nicht sortirt ist, kostet sie das Gewicht von 100 Pfunden 16, 18, 20 bis 25 Rthlr. wenn sie aber gereiniget, ausgelesen und gestockt ist, 22, 23, 26 bis 30 Rthlr.

Rheinländischer Fuß. Ein Maaß, wornach fast in ganz Deutschland alle Arten von Größen ausgemessen werden. Vornehmlich wird er von den Ingenieurs und Baumeistern gebraucht. Sein Verhältniß gegen andere Länder Maaß ist bald größer, bald kleiner, mit einigen aber auch von gleicher Größe. Z. B. wenn man solchen in 1000 Theile eintheilet, so sind 1000 rheinländische 904 amsterdamer, 911 französische, 1000 wiener u. s. w. Man theilet den Fuß in 12 Zoll, und den Zoll in 12 Linien.

Rhodische Hoflaube, (Baukunst) war eine besondere Art Säulengänge oder Lauben bey den Griechen um ihre prächtigen Höfe, worinn die Seite der Mauer, die gegen über prächtiger war und größere Säulen hatte, als die drey übrigen Seiten. Um den hintern Theil befanden sich die Gesindestuben, Küchen, Ställe u. dgl. gerade der vordern die herrschaftlichen Zimmer angelegt; auf der einen Seite traf man die Wohnzimmer der Ehefrauen, und auf der andern Seite die Zimmer der Kinder und übrigen Frauenzimmer. Hinter diesen beyden Seiten lagen die Gärten.

Rhodiser Holz, Rosenholz. Ein schönes gelbes marmorirtes Holz, welches eine schöne Politur annimmt, und von den Tischlern zu ausgelegter Arbeit gebraucht wird. Es hat einen angenehmen Rosengeruch, wovon es auch den zweyten Namen erhalten hat, und im gemeinen Leben auch so genannt wird. Es wächst auf der Insel Rhodus.

Rhodiser Holzöl, ein weißes und sehr wohlriechendes Oel, welches von dem Rhodiserholz von den Holländern durch die Destillation abgezogen und zum Parfumiren stark gebraucht wird.

Rhombi, Rumbi. (Schiffahrt) Sind auf der See die Gegenden, ingleichen die Linien des Kompasses, welche die Gegenden zeigen.

Rhombiten, versteinerte Schnecken, die gewunden und mit zwey Enden versehen sind, wovon das eine gewölbete und mit Spiralen umgeben, das andere aber eben, cylindrisch und mit einer länglichten Oeffnung versehen ist.

Rhomboides, längliche Raute, rautenförmiges Viereck, geschobene oblange Vierung. Ein Viereck, das zwey schiefe und zwey spitzige Winkel hat, und dessen einander gegen über stehende Seiten gleich groß sind. Diese Figur kommt selten vor.

Rhombus, Raute, Rautenvierung, geschoben Quadrat. Ein geschobenes Viereck, das zwey schiefe und zwey spitze Winkel, aber vier gleiche Seiten hat. Die Haupteigenschaft dieser Figur, so wie des Rhomboides, ist nebst denen bereits angeführten Eigenschaften, daß diese Figuren von der Diagonallinie in zwey gleiche Theile getheilet werden. Ihre Quadratur aber beruhet darauf, daß die Grundlinie mit der Höhe multipliciret wird.

Rhuß, s. Sumach.

Rhythmika, s. Rhythmus.

Rhythmopöeia, (Musiker) die Zusammenfügung und übrige Einrichtung der Klangfüße in der Musik, welche die Länge und Kürze derselben untersuchet.

Rhythmus, **Rhythmika**, Gr. (Musiker) die Einrichtung und ordentliche Abmessung der Zeit und Bewegung in der Musik, wie langsam oder geschwinde solche seyn soll, welches man insgemein den Takt nennt. Die Ordnung dieser Zeitmaaße ist von zweyerley Art: die erste Art nennen die Franzosen la mesure, das Maaß, die zweyte aber le mouvement, die Bewegung. Die Italiener nennen das erste la Battuta, den Taktschlag, und das zweyte zeigen sie gemeiniglich mit den Beywörtern: Affettuoso con discrezione, con spirito ꝛc. an.

Riabauls-**smalls**, schlechte Kattune, die aus Ostindien gebracht werden. Sie sind gemeiniglich weiß, und halten in der Länge 9, in der Breite ⅞ pariser Ellen.

Ribadequin, (Artillerie) ein altes französisches Stück, so ein Pfund Eisen schoß und 8 Fuß lang war: oder es schoß nur ein halb Pfund, und war 6 Fuß lang.

Ribaudir, Fr. (Reitkunst) fortrutschen, nachsetzen, d. i. wenn ein Pferd in Kourbetten sich vorne erhebt, alsbald mit den Hinterfüßen ribattiret oder nachsetzet, und hinten nicht zurück bleibt, nachdem die vordern Füße die Erde berühret haben, durch vorgesetzte und ordentliche Wiederholungen.

Ribattuta, **Zurückschlagung**. (Musiker) Eine musikalische Zierrath, welche in einer punktirten und bedächtlich abgestoßenen Unterscheidung zweyer neben einander liegender Klänge bestehet, dabey man immer auf den untersten und längsten, als einem Ruhepunkt wiederkehret und Fuß fasset.

Ribbe. (Glockengießer) So nennen dieselben die auf Papier gezeichnete Figur des Schablons, (s. dieses) wahrscheinlich darum, weil es beynahe die Gestalt einer Ribbe hat.

Ribben, Fr. Branches d'ogives, (Baukunst) die sich kreuzende Bögen eines gothischen Gewölbes.

Ribben, Fr. bandes de fer, (Hüttenwerk) die eisernen Schienen am Treibehut über dem Treibheerd, so in einem Kreise herum laufen und den Hut zusammen halten.

Ribben. (Seidenmanufaktur) So nennt man in dem Gros de Tours, Berkan und Terrinelle die starken Einschlagfäden, wodurch diese Zeuge ribbigt werden, oder erhobene Fadenstreifen erhalten. Sie entstehen natürlicher Weise durch den vielfachen zusammengedrehten Einschlagsfaden. Wenn in einigen dieser Zeugarten, z. B. in der Terrinelle, nach einem dicken Einschlagsfaden, ein paar einfache oder dünnere Einschüsse erscheinen, so fallen diese Ribben sehr in die Augen, denn sie unterscheiden sich merklich, dagegen im Gros de Tours lauter starke Einschläge eingeschossen werden.

Ribben, (Wasserbau) die liegenden Stücke in dem Rahm der Sielthüren, insonderheit der runden.

Ribbenschnallen, (Gelbgießer) die Schnallen an einem Pferdegeschirre auf dem Rücken eines Pferdes, deren es zu einem kompleten Geschirre 24 giebt. Dergleichen Schnallen haben das Ansehen von getriebener Arbeit, und sind doch massiv gegossen. Es wird aus Blech eine Schnalle auf dem Werkbley mit einem Meißel ausgehauen, und ihrem Umfange eine Ausschweifung mit dem Meißel nach der Mode gegeben. Für den Stift, worauf die Zunge der Schnalle sitzt, läßt man gleichfalls ein schmales viereckiges Stück Blech stehen. Dieser blechernen Schnalle giebt man durch das Treiben mit den Punzen erhabene Figuren, die wie bekannt auf einer Seite hohl sind, und davon hat diese Arbeit den Namen bekommen. Diese getriebene Schnalle dienet nunmehr beym Gießen zum Modell, und wird in dem Gießsande geformt, (s. formen) und in der Gießflasche gegossen, und hernach mit Feilen und Punzen ins Feine ausgearbeitet.

Ribeca, **Rebec**. (Musiker) Eine mit 3 Saiten bezogene und quintenweise gestimmte Violine, womit man ehmals, nebst einer kleinen Pauke, Braut und Bräutigam auf dem Lande in die Kirche führete. Insgemein verstehet man eine Leyer oder Bauerngeige darunter.

Ricercata Ital. (Musiker) Eine Präludien oder Phantasienart, so auf der Orgel, dem Flügel, u. dgl. Instrumenten gespielet wird, wobey es scheint, als suche der Komponist die harmonischen Gänge oder Entwürfe, die er hernach in den einzurückenden Stücken anwenden wolle.

Rich, **Reich**. (Zwillichmacher) Eine Vorschrift auf Papier, nach welcher er seine Fäden der Kette in die Schäfte einpassiret, um das verlangte Muster bey dem Weben hervor zu bringen. Z. B. Er will einen Zwillich mit 15 Schäften weben, und es soll ein aus verschiedenen Quadraten zusammengesetztes größeres Viereck entstehen, welches in sich bald größere, bald kleinere rechtwinklichte oder längliche Vierecke bildet, so theilet er seine Schäfte in drey Theile, als so viele Arten hier Vierecke erscheinen sollen. Er macht nun auf sein Richtblatt drey lange Linien in einiger Entfernung von einander. Diese drey Linien stellen die drey Theile der Schäfte vor. Er bemerkt sich auf jeder Linie seines Blatts die Anzahl seiner Fäden, die er zur Bildung jedes Quadrats in einem Theile braucht, durch einen senkrechten kurzen Strich, und um sich aller Weitläuftigkeiten zu entschlagen, so bedeutet ein solcher Strich 5 Fäden. Wenn nun ein Quadrat durch 30 Kettenfäden gebildet werden soll, so setzt er 6 senkrechte Striche hin, und diese bedeuten, daß er zu diesem Quadrat in diesem Theil seiner Schäfte, das ist, in 5 Schäfte 30 Fäden der Kette einreihen oder einlesen soll, folglich passiret er zu diesem Quadrat diese 5 Schäfte sechsmal durch. Diese eingezogene Fäden bilden in der Folge alle Quadrate von gleicher Größe in einer Reihe. Es versteht sich von selbst, daß, wenn es ein rechtes Viereck ist, auch soviel Einschlagfäden eingeschossen werden müssen. Zeigt ein Quadrat von wenigern Fäden, z. B. von 5 Fäden, so setzt nur ein Strich auf der Linie dieses Theils der Schäfte, und deutet an, daß nur einmal durch die 5 Schäfte dieses Theils zu diesem Viereck eingepassiert werde. So verfahret er immer fort, jedes Quadrat eines jeden Theils allemal durch soviel Striche anzudeuten, als jedesmal 5 Fäden in einem Theil seiner Schäfte gebraucht werden. So bezeichnet er nun alle seine drey Linien als Theile seiner Schäfte, soviel als er Fäden zur Bildung seiner Figuren gebraucht. Alle Striche der ersten Linie bedeuten also die Fäden des ersten Theils, die Striche der zweyten Linie die Fäden des zweyten Theils u. s. w.

Richtbaum. (Böttcher) Eine starke dicke Stange, womit derselbe das windschiefe Bodenholz richtet. (s. dieses)

Richtbaum. (Zimmermann) Ein Baum, der höher als alle Stockwerke seyn muß, die bey einem Gebäude aufgerichtet werden, und dazu dienet, mit selbigem die Hölzer des zweyten, dritten rc. Stockwerks in die Höhe zu ziehen, wenn ein Gebäude gerichtet (s. Richten, ein Haus) wird. Er ist oben 9 bis 9½ Zoll und unten 11 Zoll breit, unten 10, oben aber 8 Zoll dick. Er wird in einem Abstand von 4 bis 5 Fuß vor dem Gebäude einige Fuß tief in die Erde eingegraben, man stellt zwischen ihn und die Wand des untersten Stockwerks einige Steifen, und bindet ihn an den Stielen des Gebäudes mit starken Tauen vest an. Ueber jedem Stockwerk erhält er ein Kreuz, das mit zwey Bändern bevestiget ist, und über diesem Kreuz wird ein Schnabel in dem Richtbaum eingezapft, den gleichfalls ein Band unterstützt. An dem Schnabel sowohl, als auch an dem Bauholz, so man in die Höhe ziehen will, wird ein Kloben mit zwey Rollen bevestiget. Durch die Kloben beyder Rollen geht ein Tau. Das unbevestigte Ende dieses Taues lenkt sich über eine starke Rolle weg, und man spannet an diesem Ende ein paar Pferde an, die das an dem untern Kloben bevestigte Bauholz in die Höhe ziehen.

Richtbeil. Ein großes sehr scharfes Beil, beynahe wie ein Schlächterbeil, womit in einigen Ländern, als in England, die Delinquenten gerichtet werden.

Richtblech. (Juwelirer) Ein dünnes Messingblech mit Löchern verschiedener Größe. Es hat den Zweck, die Größe der Edelgesteine zu erforschen. Der Juwelirer zeiget dem Künstler oder Steinschneider das Loch an, wornach er die Größe des Lochs bestimmen soll; und der Stein hat seine bestimmte Größe, wenn er dieses Loch ausfüllet.

Richtbühne, s. Bühne.

Richtdiele. (Böttcher) Eine starke Diele, auf welcher derselbe das windschiefe Bodenholz richtet. (s. dieses)

Richteisen. (Glashütte) Ein starkes Eisenblech, das ohngefähr 4 bis 6 Zoll lang und 2 Zoll breit ist, mit welchem die Glasmacher, nachdem sie mit der Pfeife oder dem Blaserohr aus dem Tiegel genommen haben, bis zum Kopf auf der Pfeife hinab streichen, und die Masse ebnen, damit sie hernach desto besser auf einem glatten Stein, oder auf einer kupfernen Platte rund walzen können. (s. Glas machen)

Richteisen. (Glasschleifer) ein langes, schmales, starkes Eisen, das auf seinen beyden Kanten Einschnitte hat, die auf die Spille des Werktisches (s. diesen) passen, und dazu dienet, die Krümmung der Spille gerade zu biegen, damit das daran bevestigte Rad recht senkrecht an der Spille herum laufe. Der Künstler setzt nämlich einen Einschnitt des Richteisens auf die Krümmung der Spille, und bieget solche damit gerade.

Richteisen. (Zeugschmid) Ein Werkzeug, auf welchem die gewundenen Schneckenbohrer ihre Krümmung erhalten. Es ist ein vierkantiges Stück Eisen, das etwa um 1 Zoll aus einem Ambosstocke hervorraget, und dessen Kopf oder Knoten die Gestalt einer halben Welle hat. Die Größe jedes Bohrers erfordert ein besonderes Richteisen, daher sich verschiedene Werkzeuge dieser Art auf einem Stock beysammen. Wenn man den Schneckenbohrer darauf winden will, so wird derselbe erhitzt auf den Kopf des Richteisens geleget, mit dem Hammer auf den Bohrer geschlagen, und langsam auf dem Richteisen gedrehet. Das Augenmaaß muß die Proportion erhalten. Die Windung auf der vordersten Spitze, wozu beym Schmieden ein zugespitzter Zapfen stehen bleibt, wird nachhero beynahe wie die Schraubengänge einer Holzschraube ausgefeilet. (s. Schneckenbohrer)

Richtelle, s. Richtmaaß.

Richten, s. Abrichten und Gleichrichten.

Richten, Fr. ajuster, (Bergwerk) etwas zum Gebrauch fertig machen, als, die Befahrung oder Fahrt in die Grube richten.

Richten. (Böttcher) Wenn derselbe die zu einem Bottigboden gehörige Stücke ausgesucht hat, und sich eins oder das andere schief oder windig befindet, so muß solches vermittelst des Preßeisens gerade gerichtet werden. Zu diesem Endzwecke leget er das fehlerhafte Stück Holz auf zwey eiserne Böcke und zugleich über Feuer, daß solches erwärmet wird. Alsdenn bringet er das erhitzte Stück auf die Richtdiele, (s. diese) die auf dem Fußboden der Werkstätte gerade unter einem Balken der Decke hingeleget ist. Zwischen diesen Balken und das erwärmte Stück Holz auf der Richtdiele wird der Richtbaum, (s. diesen) senkrecht aufgesetzt. Dergestalt eingepreßt läßt er das Bodenstück erkalten, wodurch es gerade gerichtet wird.

Richten, Fr. dresser les lames de fer, deborder la tole, (Blechhütte) die zu Blechen bestimmte Kölbel, welche auf einer Seite breit geschmiedet sind, auf der andern Seite gleichfalls breit schmieden.

Richten, (Jäger) wenn mit dem Hebezeuge gestellet wird.

Richten. 1) (Tischler) Etwas mit dem Hobel gerade machen, abrichten. 2) Bey den Schmieden, wenn die abgeschmiedeten Stücke, die entweder krumm sind, oder sonst nicht ihre recht verlangte Gestalt haben, durch gelindes und mäßiges Schlagen wieder gerade gemacht, oder in ihre gehörige Gestalt gebracht werden. Solches geschieht oft kalt, ohne daß das Eisen warm gemacht werden darf.

Richten,

Richten, Fr. Redresser, (Weißgerber) die Felle nach der Länge über das Stolleisen ziehen, so stark man kann. (s. Stollen)

Richten den Meiler, gerichteter Meiler, holzreiche, holzfertige Meiler. (Köler) Ein fertiger Meiler, nachdem er ausgestümpelt und geschlichtet worden, wird mit Rasen, Reisern, Moos, und darüber mit Erde des Stübberandes gedeckt, und am Fuße mit Rüsten, Rüstbälzern, Fußscheiten, Untermännern, Wechselklötzen und Rüstgabeln umsetzt.

Richten der Schäfte. (Leineweber) Wenn dieser die Kettenfäden einlesen, d. i. in die Augen der Schleifen der Schäfte einziehen will, so muß er die Augen der Hälften der Schaftschleifen in eine gerade Stellung bringen, damit sie sich bey dem Einlesen nicht verwirren. Zu diesem Behuf steckt er zwischen jede Unterhälfte der Litzen an den Schaften unter die Augen derselben eine hölzerne Schiene, (Lineal) damit alle Hälften der Litzen gerade hängen und er ohne Verwirrung die Kettenfäden einlesen kann.

Richten des Nadeldrahts. (Nadler) Der in den Ringen gekommene Drath muß, ehe er in Nadelschäfte zerschnitten wird, auf dem Richtholze gerichtet oder gerade gemacht werden. Zu diesem Behuf wird der Drath auf eine Giebe (s. diese) gesteckt, und in der Nähe auf dem Werktisch das Richtholz befestigt. Alsdenn wird der Anfang des Drathes zwischen zwey schickliche Reihen Stifte des Richtholzes gelegt, die Spitze mit einer Zange ergriffen und durch die Stifte durchgezogen, wodurch der Drath gerade gerichtet wird. Er geht mit dem gerichteten Drath bis zur Stubenwand und schneidet ihn ab.

Richten, ein Haus. (Zimmermann) Ein Gebäude, von hölzernem Fachwerk errichtet, welches ausgemauert wird, in die Höhe richten. Das ganze Gebäude ist schon auf dem Zimmerplatz abgebunden, (s. abbinden) und nunmehr sollen alle Balken, Schwellen, Stiele, Ständer, Riegel, und dergleichen an ihren Ort aufgerichtet, zusammengefügt, und ein Ganzes daraus gemacht werden. Zu diesem Behuf streckt der Zimmermann bey dem Richten die Grundschwellen auf der Grundmauer (s. diese) und kämmet (s. kämmen) sie zusammen. Die Wände richtet er jederzeit von der Rechten zur Linken, nämlich wenn man vor der Facade des Hauses steht. Wie er die Querwände zuerst verbindet, so werden sie auch zuerst gerichtet. Er bemühet sich daher zuerst, den vordern Eckstiel des Gebäudes aufzurichten, in die Schwelle einzuzapfen, und die Verzapfung zu vernageln. Um ihm aber sogleich mehrere Haltbarkeit zu geben, so richtet er auch zugleich den nächsten Stiel sowohl auf der langen als auf der Querwand auf, vereiniget beyde mit dem Eckstiel durch die Riegel, und vernagelt diese an den Stielen. Ist neben dem Eckstiel ein Band angebracht, so wird er zugleich mit den Riegeln eingezapft und vernagelt. Auf diese Art wird nun die ganze äussere Querwand zur Rechten des Gebäudes gerichtet. Hierauf werden alle Umfassungs- und Scheidewände zugleich gerichtet, aber jedesmal nur bis zu einem Binder, oder deutlicher geredet, bis zur nächsten Querwand, und diese wird zugleich mit den Binderstielen aller langen Wände gerichtet. So richtet der Zimmermann das unterste Stockwerk von einer Querwand bis zur andern, und zuletzt die äusserste Querwand zur Linken des Gebäudes. Auf die Zapfen der Stiele und Bänder werden endlich die sämtlichen Rahmstücke aufgezapfet und vernagelt, und auf die Rahmstücken die Balken aufgekämmt. Nach eben dieser Ordnung richtet der Zimmermann auch die übrigen Stockwerke, nur mit dem Unterschiede, daß ihre Hölzer durch einen Richtbaum (s. diesen) in die Höhe gezogen werden müssen. Hat der Zimmermann das oberste Stockwerk gerichtet, so richtet er endlich auf diesem auch das Dach. Er macht damit den Anfang, daß er den Dachstuhl (s. diesen) der sämtlichen Binder (s. diese) aufrichtet. Dieser giebt ihm einen sichern Stand in der Höhe, und er kann nun auch die Sparren der Bänder und die leeren Sparren in die Balken einzapfen, und jedes Paar oben mit einander vereinigen und vernageln. Allein das Dach würde das Gebäude merklich an einer Seite beschweren, und dieses würde sich sacken, wenn der Zimmermann bloß an einer Seite des Gebäudes das Dach richten wollte, daher theilen sich die Arbeiter in zwey Haufen, der eine richtet das Dach an einer, und der andere an der andern Seite des Gebäudes. Zuletzt wird auf jeden Sparren, auf dem Balken, worauf sie steht, und dem Gesimse noch ein Knaggen (s. diesen) aufgenagelt, und eben deshalb steht jeder Sparren in etwas von dem Balkenkopf ab. Die Länge eines Knaggens hängt von der Ausladung des Gesimses ab. Die Knaggen befördern das Ablaufen des Regens von dem Dache. Damit der Zimmermann bey der großen Anzahl der Hölzer einem jeden, ohne viele Versuche anzustellen, seinen Platz anweisen kann, sondert er gleich die Hölzer des Stockwerks von einander, und legt jedes Stockwerk an einen besondern Ort, wenn es völlig abgebunden ist. Ueberdem hat er gewisse Zeichen, wodurch er die einzelne Theile leicht von einander unterscheiden kann, und diese Zeichen sind allgemein eingeführet. Die gewöhnlichste Zeichen sind die Striche und die Ruthen. (s. beyde) Alle einzelne Theile bekommen einen Strich und eine Ruthe. Das erste deutet den Ort an, wo sie in jedem Stockwerke hin gehören, das zweyte aber deutet das Stockwerk an, in welches alle diese einzelne Theile hin gehören. Die Balken werden insgemein nur mit Rothstein numerirt.

Richthammer. (Messerschmid) Ein Hammer, der auf beyden Seiten eine schmale und etwas gekrümmte Finne mit einer spitzwinklichten Schärfe hat. Da die Messerklingen sich bey dem Härten biegen, so werden sie mit diesem Hammer nachher wieder gerichtet.

Richthammer, Fr. Marteau à ajuster le Tables et chauderons de cuivre. (Kupferhammer) Ein Hammer, womit die Platten und Kessel vollends ausgeschmidet und gleich geschlagen werden.

Richtholz. (Nadler) Ein Brettchen, worauf 6 bis 7 Drathstifte eingeschlagen sind. Diese stehen in einer krummen Linie mehr oder weniger aus einander, je nachdem die

Drahte dick sind. Die Drahtringe werden zwischen diesen Stiften gerade gerichtet, ehe sie zu Nadelschafte zerschnitten werden.

Richtholz, s. Planstück.

Richtigkeit, Genauigkeit, Fr. Correction, (Maler) wird gebraucht, eine richtige Zeichnung in den Gemälden anzudeuten. Diese Richtigkeit besteht in der Beobachtung der Verhältnisse, in den Umrissen, und in der Rundung der Figuren, welche nach der Wahrheit und nach der Natur wohl ausgedrückt seyn sollen. Man kann ohne die Kenntnisse der Zergliederungskunst und des menschlichen Körpers keine richtige Zeichnung machen. Raphael wird wegen der Richtigkeit seiner Zeichnung sehr geschätzt.

Richtkeil. (Artillerie) Ein keilförmiger Körper von Holz, 12 bis 15 Zoll lang, 6 bis 8 Zoll breit, an einem Ende 8 bis 10 Zoll, an dem andern 1 oder 2 Zoll hoch. Er wird zwischen die Riegel und die Kammern gesteckt, um das Stück zu richten.

Richtkiebel, s. Folgendes.

Richtkloppel, Richtkiebel. (Köler) Ein langes Holz an dem Quandelbaum, (s. diesen) dem Zündloche damit sein Dessein und seine Richtung zu geben.

Richtkorn. (Gewehrfabrik) Dasjenige kleine, länglichte messingene Absätzchen, welches bey Flinten eine Hand breit, bey Büchsen aber nur einen Daumen weit ab von der Mündung zu stehen kommt. Es dienet dazu, das Ziel, wornach man schießen will, mit dem Auge dadurch zu fassen. Der Ort auf dem Laufe, wo es eigentlich zu stehen kommt, bestimmt die verlängerte Mittellinie des Schwanzes der Schwanzschraube. Es wird aus einem Stücke Messing ausgefeilet und mit Schlagloth angelöthet.

Richtleisten. (Schuhmacher) Ein gebrochener Leisten, welcher in den Schuh gesteckt, und durch Keile aus einander getrieben wird, die Schuhe darnach zu richten.

Richtmaaß, soviel als Eichmaaß, (s. Eich) daher Richtscheffel, Richtelle, Richtkanne u. s. w.

Richtmaaß. (Schriftgießer) Ein kleines aber sehr genaues Winkelmaaß von Messing, womit derselbe die gegossenen Lettern prüfet, ob sie auch durchgängig rechtwinklicht sind. Denn nicht allein die Seitenflächen einer Letter müssen winkelrecht seyn, sondern auch die oberste Fläche des eigentlichen Buchstaben mit den Seitenflächen. Findet nun der Gießer bey dieser Prüfung, daß das Richtmaaß auf einer Seite der Letter nicht gehörig anschließt, so ist entweder die Matrice nicht winkelrecht, oder der Stempel ist schief in die Matrice eingedrungen, und er muß mit der Feile auf den Seiten der Matrice (s. diese) etwas abnehmen, bis der Fehler gehoben ist. Hat er mit dem Stempel zu tief in die Matrice eingepräget, so muß er gleichfalls auf dieser Seite etwas abfeilen. Nimmt er zu viel ab, so treibet er an den Kanten einen Grad aus, und machet hiedurch den Fehler wieder gut. Steht der Buchstabe der Matrice nicht genau vor der Oeffnung der Form, so muß er an einem oder dem andern Ende der Matrice etwas abhauen, oder sie mit dem Hammer nach der Länge ausstrecken, und mit dem Richtmaaße alle mögliche Versuche anstellen, um der Letter ihre gehörige Genauigkeit zu geben.

Richtpfennig. (Goldarbeiter, Münze) Ein Gewicht, womit bestimmt wird, wie viel Stücke einer Münze auf eine gewöhnliche kölnische Mark (Schrot) gehen. Das schwerste Gewicht des Richtpfennigs wiegt 1 kölnische Mark, oder ein halb Pfund. Dieses Gewicht wird bey der Berechnung in 65536 gleiche Theile getheilet, und das leichteste Gewicht dieser Art ist also $\frac{1}{65536}$ einer kölnischen Mark schwer, welches ohngefähr $\frac{1}{16}$ eines Asses beträgt. Denn ein As ist beynahe so schwer, als ein Gran eines Richtpfennigs. Die gewöhnlichen Gewichte des Richtpfennigs werden aus lavirtem Silber in vierkantigen Stücken gegossen, und mit Zuziehung einer genauen Waage richtig abgetheilet. Das Wiegen selbst mit dem Richtpfennig geschiehet mit einer genauen Goldwaage. (s. auch Pfennigsgewicht)

Richtschacht, Fr. le pias de borne. (Bergwerk) Ein Tageschacht, welcher auf eine Strecke und besonders einen Gang der flach fällt, oder auf eine Markscheide einer Gränze einer Grube, die in diesem Betrachte eine Zeche heißt, saiger- oder senkrecht abgesunken worden, über welchen kein Theil schreiten, oder sich mit dem Bau ausbreiten darf.

Richtschacht anzugeben. (Bergwerk) Die Art, wie man einen solchen Schacht anlegt, wobey dasjenige beobachtet wird, was bey der Angabe der Schächte überhaupt (s. Angabe der Schächte) ebenfalls beobachtet werden. Man bestimmt den Ort, wo der Schacht nach Beschaffenheit der Umstände, und der zu gewinnenden Erze abgeteufet werden soll, und wenn der Schacht gerade auf einen gewissen Punkt in der Erde nieder gemacht werden soll, so bestimmt man diesen Punkt nach den Regeln der Markscheidekunst sehr genau an dem Tage. Wenn ein solcher Schacht auf einen flachen Gang abgesunken werden muß, so setzet man ihn, nach Beschaffenheit der Umstände, so weit in das Hangende, daß man den Gang, wenn er tief niedersetzet, erst in 20 und mehr Lachter durchsinket. Dieses thut man um deswillen, damit man die in der Zimmerung und Förderung so kostbare und beschwerliche flache Schächte, soviel wie möglich, vermeiden möge. Dann bestimmt man die Breite und Länge dieses Schachts, und macht ihn, wenn er in einem bloßen Zieh- oder Förderschacht bestehet, nach Beschaffenheit der Umstände $\frac{3}{4}$ bis $\frac{7}{8}$ Lachter weit, und $\frac{7}{8}$, 1 bis $1\frac{1}{4}$ Lachter lang, wenn er hingegen zu Wasser- und Treibekünsten gebraucht werden soll, $\frac{7}{8}$, 1 bis $1\frac{1}{4}$ Lachter weit, und $1\frac{1}{2}$ bis 4 Lachter lang. Alsdenn richtet man das Abteufen so ein, daß der Schacht saiger gerade nieder geht: und wenn derselbe sehr groß werden muß, so macht man ihn in dem Tagegebirge, wenn dieses sehr bricht, erst nur $\frac{3}{4}$ Lachter weit, und $1\frac{1}{2}$ Lachter lang, und holet darauf die Weite und Länge nach, die er haben soll.

Richtscheffel, s. Richtmaaß.

Richtscheibe, (Schlosser) die Einschnitte in dem Schlüsselblatte zu deutschen Schlössern, welches bey den französischen Schlössern Mittelbruch genannt wird.

Richtscheibe, Fr. grandeur. (Uhrgehäusmacher) Ein Werkzeug, womit die Mündung der Uhrgehäuseschaale, (s. Uhrgehäuse) ehe das Mundstück angelöthet wird, genau bestimmt wird. Es ist eine Scheibe von Messing, etwa ⅛ Zoll dick, und ihre Stirn muß nach einer Kugel abgerundet seyn. Damit der Uhrgehäusemacher die Mündung aller Schaalen auf einer Richtscheibe abmessen kann, so hat er mehrere Scheiben dieser Art, die stufenweise an Größe abnehmen. Alle diese Richtscheiben zusammen heißen ein Stoß. Der Endzweck dieser Scheibe ist, sie, nach Beschaffenheit der Umstände, zu erweitern, oder zusammen zu ziehen, indem die Richtscheibe in die Schaale hinein gepresset, und darnach entweder mit dem Hammer zusammengeschlagen, oder aber weiter ausgedehnet wird.

Richtscheid. Ein Werkzeug, vermittelst dessen eine gerade Linie abgenommen werden kann. Es verrichtet das an einer Mauer oder Balken, Diele u. dgl. was sonst das Lineal (s. dieses) auf dem Papiere thut. Es ist ein langer oder kürzerer schmaler dünner Stab, der auf beyden Seiten nach einer geraden Linie genau abgezogen ist. Es bedienen sich desselben besonders die Bauleute und Steinmetzer; theils die Quadersteine darnach abzuschlichten, und nach dem Winkel zu hauen, theils auch bey Aufführung einer Mauer die Steine nach einer geraden Linie neben und über einander gerade zu legen.

Richtscheid. (Drechslermacher) Eine horizontale Auflage oder Stab von Eisen, so in dem Loche eines Eisens oder in dem gabelförmigen eisernen Arm zwischen den Docken des Drehstuhls stecket. Diese Auflage kann vermittelst einer Schraube hinauf und hinab gestellet werden, und nachdem der Arm der Gabel nebst der Docke rückwärts oder vorwärts geschoben wird, dadurch die daran zu drehende Arbeit bewilliget worden, so ist dieses Richtscheid bestimmt, den Grabstichel, mit welchem gedrehet wird, zu tragen.

Richtscheid. (Zinngießer) Ein starker Stab, der zwischen den Stiften der Docke des Drehladen (s. dieses, Zinngießer) liegt, und dazu dienet, die Dreheisen bey dem Drehen zu halten. Damit diese desto besser gehalten werden können, so schlingt man um das Richtscheid und um das Dreheisen einen Riemen, und hält das Dreheisen, vermittelst dieses Riemens, in einem Steigbügel fest.

Richtschnur, (Baukunst) eine Schnur, theils gerade Linien mit derselben zu machen, theils auch die gerade Beschaffenheit einer Fläche zu erforschen.

Richtspille. So nennt der Drahtzieher eine kleine Rennspindel, die mit dem Bogen in Bewegung gesetzt wird, die Löcher damit in die Zieheisen zu bohren.

Richtstange. (Mühlenbau) Eine Stange über dem Mühlenstein in einer Windmühle, die eine herabhängende eiserne Stange hat. Indem man das Ende dieser Stange oder Hebels am Stricke herabdrückt, so hebet sich die eiserne Stange am andern Ende in die Höhe, und dadurch werden die Mühlsteine zum gröbern oder feinern Mahlen, wenn das Korn schon etlichemal die Mühlsteine passiret hat, näher gegen einander herab gelassen. Indessen berühren sich beyde Mühlsteine niemals, sondern der Laufer bleibt immer in einiger Entfernung von dem Bodenstein auf dem Mühlek.n.

Richtstatt, Richtweg, Stellweg, Flügel, Durchhieb, Geräume. (Jäger) Der Flügel (s. diesen) oder der durchgehauene Weg in einem Walde, das Jagdzeug daselbst zu richten, d. i. aufzustellen.

Richtstecken, s. Quandelknüppel.

Richtstein, s. Aufsetzstein und Richthammer.

Richtstock. (Büchsenmacher) Ein hölzernes Werkzeug, das aus einem langen Stück, auf beyden Enden mit erhöheten walzenförmigen Ausschnitten versehen, bestehet. Der Büchsenmacher richtet hierinn das Flintenrohr, wenn er bemerkt, daß es bey dem Probiren mit der Saite (s. diese) sich gebogen hat. In diesem Falle legt man das Rohr in die walzenartige Vertiefung des Richtstocks, und biegt es im Schraubstocke gerade: denn die geworfene Stelle des Rohrs kommt zwischen den beyden erhöheten Stellen des Richtstocks zu liegen, und kann gut gebogen werden.

Richtstock, (Zimmermann) ein Name des nach Fußen und Zollen eingetheilten Maaßstocks.

Richttritt. (Sammetmacher) Der dritte Fußtritt des Sammetmacherstuhls. Er hat seinen Namen davon, weil, nachdem dieser Tritt getreten worden, und der feine Einschußfaden eingeschossen ist, die eingelegte Schneideruthe (s. Ruthe) so gerichtet wird, daß die Fuge derselben oben zu liegen kommt, damit der Sammetmacher den Flor des Sammets mit dem Drogart zerschneiden kann.

Richtvisir, Fr. fronteau de mire. (Artillerie) Ein kleines Brett, welches nach der Rundung eines Stücks dergestalt ausgearbeitet ist, daß man es auf einen der Kopffriesen stellen kann, und dessen Höhe mit den höchsten Bodenfriesen überein kommt. Vermittelst dieses Werkzeuges richtet man die Stücke eben so, als wenn das Metall derselben gleich dicke wäre.

Richtzange, Bortzange. (Messingwerk) Eine große Zange, mit geraden Kneipen, welche nach der Dicke eines Schmelztiegels, (s. diesen) worinn Messing gemacht und geschmelzen wird, von einander abstehen. Mit dieser Zange werden die Tiegel gehörig in den Brennofen gestellt.

Rideau, Fr. (Kriegsbaukunst) der Ort einer Fortification, wodurch man verdeckt bis zu dem Fuß eines Bollwerks kommen kann. Bisweilen auch ein kleiner Wall im flachen Felde von einer ziemlichen Länge, dessen sich diejenigen mit Vortheil zu bedienen wissen, welche einen Ort ohne weitläuftige Approchen in der Nähe attaquiren wollen.

Riechfläschgen. Ein kleines geschliffenes öfters auch mit vergoldeten Zierrathen versehenes gläsernes Fläschgen, um Riechwasser darinn bey sich zu tragen.

Riedenhörner, s. Hifthorn.

Riedt,

Riedt, s. Riedtblatt.

Riedtblatt, Riedt. (Blattsetzer, Weber) Ein Werkzeug, mit welchem, vermittelst der Lade, worinn das Riedtblatt stehet, der Einschlagfaden bey dem Weben vest angetrieben oder angeschlagen wird. Man hat dergleichen Riedtblätter von verschiedener Gattung; denn anders braucht es der Leinweber anders der Tuchmacher noch anders der Zeugmacher und der Seidenwirker. (s. Blatt)

Riedthaken, (Weber) Ein Haken von Messingblech, so dünne, daß er zwischen dem Rohrstifte des Riedtblatts durchgehet, womit die Kettenfäden durch das Riedtblatt durchgezogen oder eingepassiret werden. Bey den Seidenwirkern heißt er Riedtpassiere.

Riedtkamm, (Leinweber) das, was bey den andern Webern ein Oeffner (s. diesen) ist.

Riedtkasten des Bortenwirkerstuhls. Der unterste Theil der Lade dieses Stuhls, so aus 2 Latten, die einige Zoll von einander abstehen, bestehet. Zwischen beyden stehet das Vorderriedt (s. dieses und Riedt) daher er auch den Namen erhalten.

Riedtpassiere, s. Riedthacken.

Riefe, Riefel. (Baukunst) Eine halbrunde Aushöhlung oder Rinne, womit die Säulen verzieret werden, wovon diese geriefelte Säulen den Namen erhalten.

Riegel, (Artillerie) bey den Kanonen, Mörsern, und Haubitzen zwischen den beyden Lavettenwänden Querhölzer, welche theils solche zusammenhalten, und worauf theils die Kanone ruhen kann. Vorne ist der Stirnriegel, welcher seinen Platz nächst bey der Achse hat und daher auch Achsenriegel Fr. entretoise de couche, heißt. Hinter diesem komt der Ruheriegel und nahe dabey der Stellriegel, bey welchem die Richtung vermittelst des Stell- oder Richtkeils geschiehet. Endlich noch der Schwanz- oder Stoßriegel, Fr. entretoise de mire, welcher hinten an der Laffete ist, und in welchen der Protznagel durchgesteckt wird, deswegen er in der Mitte ein rundes Loch hat.

Riegel, (Böttcher) die 3 Zoll dicke und etwas breitere Stücken Holz oder Stäbe, wovon 3 auswärts auf den Boden eines Bottigs bevestiget werden, damit derselbe eine bessere Haltbarkeit bekomt. An jedem Ende des Bodens muß jeder Riegel 3 Zoll hervorragen. Dieser hervorragende Theil wird in einen Zapfen verwandelt, womit jeder Riegel auf jeder Seite in einen Stab des Umholzes eingezapft wird. Hinter diesem Zapfen, nach dem Innern zu, ist der Riegel abgeschärft, damit man ihn mit einkimmen (s. Kimmen) kann. Der Böttcher hauet jeden Riegel aus Riegelholz (s. dieses) mit dem Lenzbeil zu, glättet ihn erst mit dem Schneidemesser, und zuletzt mit dem Scharf- und Schlichthobel. Bey diesem Ebnen muß jeder Riegel auf den Boden aufgepaßt werden. Der Böttcher kehrt nämlich den Boden dergestalt um, daß seine untere Seite oben zu liegen komt, und legt jeden Riegel an seinen Ort auf den Boden. Schließt der Riegel noch nicht genau an den Boden an, so muß mit dem Hobel nachgeholfen werden. Die Riegel werden alle drey nach der Breite des Bodens in einiger Entfernung von einander auf gedachte Art eingezapft und eingekimmt, wenn das Umholz (s. dieses) angesetzt wird. Die Fugen der Bodenstücke müssen die Riegel durchkreutzen, wodurch sie desto besser zusammengehalten werden.

Riegel. (Schlosser) Ein jedes eisernes schmales Stück, das zu Verschließung einer Thüre kann vorgeschoben werden. Einige werden nur schlechtweg zwischen den Krampen durchgeschoben, ohne daß sie noch besonders bevestiget werden, deswegen man sie mit der Hand verschieben kann. Andre sind in einem Schloß so angebracht, daß sie vermittelst des Schlüsselbahrts hin und wieder geschoben werden, folglich sind sie ohne den dazu gehörigen Schlüssel nicht aufzumachen (s. Schloß) auch setzt man den Riegel nur auf ein Blech und wird entweder mit einer verdeckten Feder oder mit einer unsichtbahren Schraube versehen, daß, wer nicht Bescheid damit weiß, der Riegel nicht sogleich aufgeschoben werden kann.

Riegel. 1) (Schneider) Fr. Bride. Ein starkes Geheffte oder Verbindung am Ende einer Oeffnung oder zweyer Stücke, dem Ausreißen vorzubeugen. 2) (Näherin) dergleichen Heffte an den Schlitzen der Hemden 3) (Spitzenklöppeln) die dicht in einander geschlungenen Stänglein oder Zacken, welche die Blumen und Gänge in den Spitzen zusammenhalten.

Riegel, Querleiste. Fr. Traverser, (Tischler) Eine mit dem Schlagleisten einer Thüre oder eines Fensterrahmens verbundene Leiste.

Riegel. (Tischler) Eine lange Latte mit einer Reihe hölzernen Nägel, welche an die Wand genagelt wird, und woran man Kleider hängt. Auch erhält öfters ein kurzer Hebebaum, womit man ein ander Stück Holz aufhebet, den Namen eines Riegels.

Riegel. (Zimmermann) So nennt man alle horizontale Hölzer, welche zwey Stiele oder Ständer mit einander verbinden. Alle Riegel werden aus 5 zölligem Kreutzholz gemacht, und wenn es verlangt wird auch wohl aus Halbholz (s. dieses) welches dem Gebäude große Vestigkeit giebt. Es giebt der Riegel nach ihrem Gebrauch verschiedene. Als Brustriegel, Spannriegel, Ruheriegel, Achsenriegel, Stoßriegel, Schwanz- und Stirnriegel, welcher letzterer auch der Hauptriegel heißt. (s. alle diese an seinem Ort.)

Riegel am Rad. (Bergbau) an einer Treibekunst am Kehrrade unter dem Steg des Radebocks, (s. beyde) worinn der Zapfen des Rades liegt, ein Stück Holz, welches untergeschoben ist, damit, wenn an dem Zapfen was zu machen ist, man nicht nöthig hat, das Rad durch Hebegeschirr zu heben, sondern man darf nur diesen Riegel, indem man das Rad unterstützt, herausziehen, und die Pfanne (s. diese) herausnehmen.

Riegelband, (Schiffbau) Hölzer, welche zwischen zwey andere gesetzt werden, sie zu verstärken und vest zu halten.

Riegelbohrer. (Brunnenmacher) Ein starker Drillbohrer (s. diesen) mit einem löffelartigen Bohrer, womit der Brunnenmacher die Löcher, in der Klaue (s. diese) eines Brunnens bohret, wenn er den Schwengel mit der Klaue vermittelst eines Bolzens vereinigen will.

Riegelbohrer. (Zimmermann) Ein vier Fuß langer Bohrer mit einer 6 Zoll langen Schneide. Er gehört zu den Löffelbohrern, denn seine Schneiden bilden einen Löffel. Der Zimmermann bohrt bey der Verzapfung mit diesem Bohrer diejenigen Löcher, wodurch er beym Richten einen hölzernen Nagel zieht, und Stiele und Riegel oder Bänder dadurch in der Vereinigung befestiget.

Riegelchen, Fr. Annelets, (Baukunst) die 3 Streifchen in dem dorischen Kapital.

Riegelholz. (Böttcher) Eine Art von Stabholz, sowohl eichen als buchen, so lang als das Bodenholz jeder Art, nur etwas dicker aber auch schmäler, woraus die Riegel (s. diese) zu den Boden der Bottige und andere großer Gefäße gemacht werden.

Riegelschaufel, s. Kropfschaufel.

Riegelschloß. (Schlösser) Ein mit mehreren Riegeln und einem ungewöhnlichen Eingerichte versehenes Schloß, zum Unterschiede von den gewöhnlichen Schlössern, obgleich diese auch Riegel haben.

Riegelwand, hölzerne Wand. Fr. Pan de Bois, (Zimmermann) Eine Verbindung von Zimmerstücken, welche einem Gebäude zur Vorwand dient, und nach verschiedenen Arten gemacht wird. Die gemeinste bestehet aus Schwellen, Blattstücken und Ständern oder Säulen, welche senkrecht in die Schwelle und Rähme oder Blattstücke eingezapft und mit Riegeln und Streben zusammengehalten werden. Eine andre Art ist, welche von kleinen Pfosten über das Kreuz mit Zapfen und Löchern in die senkrechte Ständer verbunden sind. Noch eine andre Art ist, da die Hölzer Rauten vorstellen, sie werden auf halbe Holzdicke überschnitten (s. überschneiden) und mit hölzernen Nägeln genagelt. Die Felder oder Fächer bey allen Arten werden mit Ziegelsteinen oder auch Bruchsteinen ausgemauert, oder bey schlechten Gebäuden mit Stockholz ausgesteckt, und verkleibet.

Riegelwerk, s. Fachwerk.

Riegelziehre, s. Bandhacken, Böttcher.

Riegel zum Bodenstein, (Mühlenbau) diejenigen Querhölzer oder Riegel des Mühlengerüstes, womit der Bodenstein bevestiget wird, daß er in dem Boden des Mahlgerüstes fest liege. Sie sind 9 Zoll breit und 6 Zoll dick, und die Länge beträgt bis 2½ Elle, die Weite im Lichten der zusammengefügten Riegel ist 2 Ellen.

Riegwand, Schaalholz. (Wasserbau) Eine Reihe dicht an einander entweder nur gestrichener, oder in einander gefalzeter oder gespundeter Pfosten oder platter Pfähle, um den Grund gegen das durchdringende Wasser damit dicht zu machen.

Riemen. (Baukunst) Ein plattes Glied mittlerer Größe in den Ordnungen, welches von dem Goldmann insbesondere diese Benennung bekommen, sonst aber von den Bauleuten auch ein Plättlein genannt wird. Wenn dieses Glied sehr klein und schwach genommen wird, so heißt man es durchgängig ein **Riemlein** oder **Plättlein.**

Riemen. Fr. la courroie de fers, (Bergwerk) Ein Leder oder eine eiserne Kette, daran die Bergeisen, welche dem Bergmann mit in die Grube gegeben werden angefädelt werden.

Riemen. Fr. dix-huit pieces de fers de mineurs, (Bergwerk) 18 Stück Bergeisen, so auf dem Riemen gefädelt werden, welche der Bergmann in die Grube mit bekömt.

Riemen. Ein jeder schmaler und langer Streifen Leder, der nach seinem verschiedenen Gebrauch auch verschiedene Benennungen erhält. Als **Bindriemen, Schuhriemen, Knieriemen, Nähriemen, Kutschenriemen** u. s. w.

Riemen, (Kartenmacher) wenn derselbe die in zwey Hälften mit der Durchschlagschere geschnittene breite Kartenbogen mit der Riemschere nach der Breite jeder Hälfte zerschneidet, und dadurch die Länge der Karten bestimmt. Zu diesem Ende wird das Brett der Schere von der Schere selbst so weit abgeschraubet, als die Länge einer Karte beträgt. Alsdenn schiebt der Kartenmacher den halben Kartenbogen durch die geöffnete Schere bis an das Brett, so daß der Riemen, den er abschneiden will, auf zwey in dem Brett befindlichen Stiften zu liegen kommt, und schneidet also nur einen Riem oder zwey Karten zugleich ab, und bestimmt hiedurch die Kartenlänge, die hernach mit der **Blättelschere** von einander geschnitten werden.

Riemen, der, (Messinghütte) Ein schmaler von einer Tafel Messing abgeschnittener Streifen. (s. Regal)

Riemen, (Wasserbau) lange wagrechte, oder überzwerg an die Köpfe der Pfähle in einem Grundbau bevestigte Hölzer. Man heißt sie auch an einigen Orten Wasserlegen.

Riemen. 1) (Schiffsbau) In Niedersachsen die Seitenbretter eines Schiffs. 2) (Fleischer) gewisse schmale aus einem Rinde geschnittene Streifen Fleisch, wohin der **Vorderriemen** der **Mittelriemen,** der **ausgekärnte Riemen** gehört. 3) Ein halber geräucherter Lachs wird gleichfalls wegen seiner Länge und geringen Breite also genennt.

Riemen. Ein Flächenmaaß, der zehnte Theil und die Zwischenabtheilung bey dem Quadrat oder Kreuzmaaße. Bestehet nun dieser in einer Fläche, so eine Ruthe lang und einen Fuß breit ist, so heißt er eine Riemenruthe, und gehen deren 10 auf eine Quadratruthe, da in denen übrigen Landruthen eben so viel auf eine Quadratruthe gerechnet werden, als die Ruthe Füße hat. Folglich hält eine rheinländische Quadratruthe zwölf Riemenruthen. Ist die Fläche einen Fuß lang und einen Zoll breit, so wird diese ein Riemenfuß genannt, dieser gehen 10 auf einen Quadratfuß und 1000 auf eine Quadratruthe. Dieselbige Bewandniß hat es auch mit den Riemenzollen.

Diese Berechnung ist aber schon alt, und ist die heut zu Tage eingeführte Decimalart weit bequemer, wodurch alle dero Dimensionen als Ruthen, Schuhe und Zoll auf einander folgend ausgesprochen werden können, wenn auch schon die letzte Stelle mit keiner Einheit versehen wäre. Z. B. wenn die Zahl 5,243611, wie es bey diesem gebräuchlich geworden, nach dem Zwischenflächenmaas ausgesprochen werden soll, so heißt es 5 Ruthen, 2 Riemenruthen, 4 Schuh, 3 Riemenschuh, 6 Zoll 1 Riemenzoll. Nach der neuen und ganz bequemen Art, weil ein Riemenzoll soviel als 10 Linien ist, vermehrt man das Bruchzeichen um 1, füget der Zahl ein 0 hinzu, und spricht die ganze Zahl nach Ruthen, Schuhen und Zollen also aus, 5 Ruthen, 24 Schuh, 36 Zoll und 10 Linien.

Riemen. So nennt man die Ruder auf den Galeeren und Schaluppen.

Riemen des Beutels, (Müller) die Riemen des Sichtbeutels, welche an den Seiten desselben angenähet werden, und an dessen beyden Enden die Ringe angenähet sind, mit welchen er in den Beutelkasten eingehangen wird.

Riemenfuß, s. Riemen.

Riemenläufer, (Salzwerk) zu Halle Arbeiter, die zwar als im Thal arbeitende angezeichnet sind, aber noch keine beständige jährliche Arbeit erlangt, aber ihre Pflicht abgelegt haben.

Riemenpferd, s. Riempferd.

Riemenruthen, s. Riemen.

Riemenzweige, (Forstwesen) aufgeschossene junge Fichten und Tannen eines Fingers stark, etwan anderthalb Ellen lang. Es brauchen solche die Fuhrleute, ihre Peitschenstöcke damit zu verlängern.

Riemer, ein Professionist, der allerley Lederzeug als Pferdegeschirre, Reutzeuge rc. verfertigt. Die Lehrlinge müssen wenigstens 3 Jahr lernen, wenn sie Geld geben, sonst aber 5 auch 6 Jahr. Sie müssen drey Jahr wandern und machen zum Meisterstück ein Prachtgeschirr zu Pferden und einen Zaum nebst dem Vorder- und Hinterzeuge zu einem Sattel. Sie leben in Ansehung verschiedener Stücke ihrer Arbeit öfters mit den Sattlern in Streit, der noch niemalen entschieden worden. (s. Sattler)

Riemernadel. (Riemer, Sattler rc.) Eine zweyschneidige, gemeiniglich etwas gekrümmte Nähnadel, mit welcher das Leder genähet wird.

Riemenschnallen, (Nadler) vierkantige Schnallen von starkem Eisendrahte, so von den Sattlern und Riemern zu den Zäumen, Leinen u. s. w. gebraucht werden. Der starke Eisendraht wird zu diesem Endzweck in Holzfeuer ausgeglühet, daß er sich gut winden lasse. Alsdenn wird das eine Ende dieses ausgeglüheten und gerade gebogenen Drahtes, an das linke Ende der Stange des Riemenschnalleneisens (s. dieses) bevestiget, und hierauf die Stange durch die Kurbel herumgedrehet, indessen daß eine andere Person den Draht lenkt und festhält. Der geschmeidige Draht windet sich hiebey um die vierkantige Stange des Riemenschnalleneisens, so daß ein vierkantiger Umgang dicht neben den andern zu liegen komt. Wenn die Stange voll ist, so wird der gewundene Draht abgestreift, alsdenn wird jeder Umgang mit der Schrotschere abgeschnitten, und zwar genau in der Mitten einer der vier Seiten des Umganges, und aus jedem Umgang entstehet eine vierkantige Schnalle. Nach dem Zerschneiden wird jede auf einen Amboß gelegt, und der Draht im Schnitt mit dem Hammer gerade gerichtet, zugleich wird auf die vier Ecken des Ringes geschlagen oder gepflöckt, wodurch dem Drahte an diesen Stellen Härte und Haltbarkeit ertheilet wird. Alsdenn wird mit der Schrotschere von einem dünnen Eisenblech, das ausgeglühet worden, ein langer Streif abgeschnitten, der so breit ist, als die Schnalle in ihrem innern Umfang. Dieser lange Streif wird mit der Schrotschere, wieder nach seiner Breite, in kleinere Theile zerschnitten, wovon jeder so lang und breit ist, daß er die eine der vier Schenkeln der Schnalle genau umgiebt. Dieses Blech wird mit der Zange um denjenigen Schenkel der Schnalle gebogen, wo die Drahtenden im Schnitt zusammenstoßen. Es hat also weiter keine Absicht, als den Draht im Schnitt haltbar zu machen, da dieser weder zusammengelöthet noch zusammengeschweißt wird. Endlich erhält die Schnalle noch eine Zunge aus einem zerschnittenen Drahte; diese wird an dem einen Ende mit dem Hammer zugespitzt und hierauf legt man sie in eine runde ausgehöhlte Rinne auf der Bahn des Ambosses und schlägt den Draht mit dem Pflöckhammer halbrund, das zugespitzte Ende wird mit der Zange und dem Hammer um einen Schenkel der Schnalle gebogen, so daß die Spitze auf dem vorgedachten Blech zu liegen komt. Endlich werden sie so wie die Trauernadeln (s. diese) geschwärzt.

Riemenschnallenmodell. (Nadler) Ein vierkantiger 1 Fuß langer und 1 Zoll dicker eiserner Stab, der an jedem Ende einen dünnen runden Zapfen hat. Der Zapfen an dem einen Ende ist etwas länger, und trägt eine Kurbel. Zu diesem Stab gehört ein eiserner Bock, der bevestiget ist, und das Zapfenlager des Stabes abgiebt. Diese Stange giebt die vierkantige Gestalt den Riemenschnallen (s. diese) wenn der dazu bestimmte Draht um dieselbe gewunden wird.

Riempferd, Riemenpferd. Also wird in der Landwirthschaft ein Pferd genannt, welches vor die Deichselpferde gespannt wird. Wenn man dreyspännig fährt, so hat man nur ein Riempferd, wenn man aber vierspännig fährt, zwey.

Riemschere. (Kartenmacher) Eine auf einem Tische bevestigte Stockschere (s. diese.) Mit dieser Schere werden die Kartenbogen der Breite nach in so breite Riemen, als das Bild der Karte ist, zerschnitten. Da aber bey dem Zerschneiden in Riemen eine große Genauigkeit beobachtet werden muß, so kann solches nicht aus freyer Hand geschehen. Daher stehet neben der Riemschere ein Brett, das vermittelst einer Schraubenspindel, die an der vesten schneidenden Scherenklinge bevestiget ist, der Schere genähert oder davon weiter entfernt werden kann. Die

Schrau-

Schraubenspindel kann hinter dem Brett umgedreht werden und da ihre Mutter in dem Brett steckt, so kann dem Brette vermittelst der Schraubenspindel ein solcher Abstand von der Scheere gegeben werden, als die Länge jeder Kartenart erfordert. Ueberdem trifft es sich auch, daß ein Kartenbogen einmal mehr austrocknet, als das anderemal, und daher jede einzelne Karte etwas weniger kleiner wird, auch aus dieser Ursache muß das Brett verrückt werden können. (s. Riemen)

Riemseil, (Landwirthschaft) das lange Seil oder der lange Riemen, womit die Riempferde gelenket und regieret werden.

Riemwage, Vorlegwage. (Landwirthschaft) Eine Wage, woran die Riempferde gespannt werden. Bey einem einzigen Riempferde braucht man nur eine Ortscheide. (s. diese.)

Riepel, Fr. Melange pour faire de la brasque, (Hüttenwerk) der Satz zum Gestübe, als vier Karren durchgeworfener Lehm und dritthalb Schobfaß zerkleinte Kohlen.

Riesbord, Windlatten, (Schiffsbau) an den Holzgellen, die dritthalb Zoll dicke, in der Mitte einen Fuß, vorne vier und hinten sechs Zoll hohe, an der Futterung (s. diese) befestigte Planke.

Riesche, s. Rosche.

Riese, Riesel, Ruebe. (Forstwesen) Ein zubereiteter Ort oder Gerüste, wo man das gefällte Holz von einem Berge hinunter gleiten oder rutschen läßt. Der erste Name ist österreichisch.

Riesel, s Riese.

Riesel. (Forstwesen) Ein Kohlenmaas in einigen Gegenden.

Riesenförmig, s. Kolossalisch.

Riesengebälke. Fr. l' Entablement de Couronnement, (Baukunst) Ein zierliches- oder Hauptgesimse nach dem Goldmann, das bey großen und hohen Lastgebäuden über platten Mauren gebraucht wird. Es bestehet aus wenigen aber starken Gliedern. Diese werden mit Kragsteinen, und noch wohl über denselben mit Dielenköpfen (s. diese) unterstützt; unten aber ruhen die Kragsteine auf etlichen großen ansehnlichen Gliedern.

Riesenhund. (Bergwerk) Ein Kasten zum Wegfördern der Erze. Er ist mit einem Spurnagel versehen. Man kann die eine breite Seite zum ausstürzen herausnehmen. Er ist so lang wie der Riesenkasten, (s. diesen) nur 10 Zoll schmäler, und eben so tief wie dieser.

Riesenkasten, Rüstkasten. (Bergwerk) Ein länglicht viereckigter Kasten, worein die Erze, wenn sie mit der Treibkunst aus dem Förderschachte mit der Tonne herausgezogen worden, angestürzt werden. Er stehet also nicht weit von der obern Oeffnung des Treibeschachts. Er ist gemeiniglich mit 4 kleinen Rädern versehen, vor welchen ein Pferd, das hinten in einem Haken gehängt, gespannt wird, und mit welchem der volle Kasten fortgezogen, und an dessen Stelle ein leerer wieder hingebracht wird. Er ist gemeiniglich 4 Fuß lang, 2 Fuß breit und 16 Zoll tief.

Riesenmuschel. Eine Art zweyschaaliger Muscheln, welche eine ungeheure Größe erhalten, und oft über 500 Pfund wiegen.

Riesentöpfe. (Bergwerk) Geformte Bildsteine, die zwar weder gemalt, noch besonders gestaltet, dennoch aber so beschaffen sind, als wäre ihre Figur gewissermaßen vom Bildhauer geschnitzt. Diese Riesentöpfe bestehen eigentlich in ausgehöhlten Vertiefungen in den Felsen, die den Kesseln gleichen, die 4 bis 6 Fuß weit und 2 bis 3 Fuß tief sind.

Rieß, (Papiermüller) 20 Buch Papier, welche zusammen in einen Pack gebunden werden. Zehn solcher Rieße machen einen Ballen Papier (s. Ballen) aus.

Rießhänge. Fr. ferler, (Papiermacher) Ein dünner hölzerner Stab, womit die nassen Bogen zum trocknen aufgehangen werden. Indem die Werferin mit der Hand einen nassen Bogen von dem ganzen Ballen, bis in die Mitte abgezogen hat; so läßt die Aufhängerin ihre Rießhänge herunter, und bringt sie naher gegen die Mitte des Bogens, welchen die Werferin über die Rießhänge schlägt, worauf die Aufhängerin denselben sachte aufhebt und das Blatt über ein Seil schlägt, welches sie mit der andern Hand hält. Wenn die Werferin mit der Hand zu geschwinde unter den Bogen hinfährt, welchen sie von dem Ballen absondert, so macht sie leicht ein Loch [illegible]. Wenn sie den Bogen über die Rießhänge schlägt, [illegible] allenthalben gerade bis in die Mitte des Ballens losgemacht ist, so zerreißet sie einen von den Rändern; deswegen muß sie sehr behutsam mit dieser Arbeit umgehen.

Rießling. (Winzer) Eine Art Weintrauben in Franken, welche dichte, saftreiche Beeren haben, aber säuerlich sind.

Riester, Rester. 1) (Schuhmacher) Ein Streifen von Leder, welcher auf eine schadhafte Stelle des Oberleders eines Schuhes gesetzt wird. 2) Auch nennt man in einigen Gegenden in der Landwirthschaft die zwey krummen Hölzer an einem Pflug, womit derselbige regieret wird, Riester. Auch führt diesen Namen in einigen Gegenden der Grendel- oder Pflugbalken.

Rießwerk, Schlengenwerk, Strauchwerk. (Wasserbau) Ein von Busch und Pfählen im Wasser angelegtes Werk.

Rietbanker, (Wasserbau) der an einem Deiche mit Rietb oder Rohr bewachsene Anker, d. i. Ufer.

Riff. (Schiffsbau) Eine lange Bank in der See. (s. Reff.)

Riffe, s. Flachsraufe.

Riffel, s. Flachsraufe.

Riffelbaum, (Landwirthschaft) der starke horizontale Baum, in welchen die Flachsraufen (s. diese) befestiget werden.

Riffeleisen. (Goldarbeiter) Eine Feile, welche nach einem rechten Winkel gebogen ist, die Charniere (Gewinde) de) damit zu beriffeln, d. i. zu überfeilen, ehe sie geschärffen und polirt werden.

Riffelfeilen, (Feilenhauer) Feilen, die zu den runden oder Vogelzungen gehören, und mit welchen die Metallarbeiter die vertieften Flächen einer erhabnen Arbeit oder auch die Hohlkehlen ausfeilen. Gewöhnlich bestehen sie aus zwey kurzen Feilen, die entweder gerade, oder gebogen sind und in der Mitte durch einen dünnen runden Griff von Stahl zusammenhängen. Die Goldschmiede und Messingarbeiter geben insgemein den Feilenhauern ein hölzernes Model, das in die Flächen paßt. Die Riffelfeile der Schwerdfeger hat an einem gekrümmten Stiel einen cylindrischen Kopf mit Feilenhieben, womit derselbe gleichfalls vertiefte Flächen, besonders das glatte Stichblatt der Offizierdegen, ausfeilt.

Riffelholz. (Schuhmacher) Ein Holz mit einer Kerbe versehen, womit der eingebrandte Rand über der Sohle eines Schuhes oder Stiefels glatt und eben gemachet wird.

Riffelkamm, s. Raufkamm.

Riffelkamm, s. Flachsraufe.

Riffelraspel. (Bildhauer, Feilenhauer) Eine Raspel, die der Bildhauer braucht, um alle vertiefte Stellen einer ausgehauenen Statue zu glätten. Sie ist von eben der Gestalt und Beschaffenheit als die Riffelfeilen (s. diese) nur daß sie Raspelhiebe hat. Der Bildhauer giebt dem Feilenhauer hölzerne Modelle dazu. Auch die Holzarbeiter werden an den vertieften Stellen damit glatt gemacht.

Riffen, Rispen, (Landwirthschaft) am Hafer und der zackigen Hirse der oberste Theil der Halmen, woran die Körner hangen.

Riffy. Eine Gattung Baumwolle, so aus Alexandrien kömmt, wovon der Zentner ohngefähr für 21 Thlr. verkauft wird. Sie wird von einigen auch Risti genannt.

Rigabellum, Ital. (Musiker) war ehedem ein musikalisches Instrument bey den Italienern, welches in den Kirchen gebraucht wurde, ehe die Orgeln bekannt wurden.

Rigale, Rinne. (Wasserbau) Ein kleiner Graben, das Wasser ab- oder zuzuleiten, wie bey der Zu- und Abwässerung geschiehet. Sie werden in zweyerley Gattungen getheilt. Einige werden Hauptrinnen genennt, und sind deren viere; die andern, derer 6 sind, heißen schlechtweg Rinnen. Die vier Hauptrinnen sind 1) der Anführungs- oder Anleitungskanal; 2) der Einführungskanal; 3) der Ableitungskanal und 4) der Abhaltungskanal. Die sechs einfachen Rinnen sind a) die Rinne der Wässerung, b) Ausladungsrinne; c) die Röhrrinne; d) die Wiedereinnehmungs- oder Sammlungsrinne; e) die Abzugs- und f) die Abtrockungsrinne.

Rigatta, Ital. ein Wettrennen der Gondeln um Preise auf dem großen Kanal in Venedig.

Riist. (Schiffbau) Ein dickes und starkes, etwa 15 bis 40 Fuß langes Brett auf beyden Seiten des Schiffes, außen etwas hinterhalb den Wänden vest angeschlagen, woran die Wände oder Hauptaue befestigt sind. Ein jeder Mast hat auf beyden Seiten seine besondern Rüsten. Sie hindern, daß sich die Taue nicht an dem Dahlbord reiben können.

Rikoschettbatterie, s. Schleuderbatterie.

Rikoschetschuß. (Artillerie) Ein Bogenschuß, da die Kugel nach dem ersten Anprallen wieder in die Höhe springet, alsdann wieder anfällt, und diese Bewegung wechselsweise eine Zeitlang fortsetzet. Es wird auch der Taubenschuß oder Prellschuß (s. diesen) genennet.

Rille. (Wasserbau) Ein kleiner Ausfluß des Wassers vom Watte oder aus dem Schlicke.

Rimeisen, s. Remeisen.

Rimm. (Wasserbau) Ein an der Seite von Pfählen oder Pfosten vor selbigen der Länge nach liegendes Stück Holz, sowohl um selbige in einer Linie zu halten, und mit einander zu verbinden, als auch um Schaaren daran zu schlagen, oder Anker daran zurück zu legen.

Rimmbolzen. (Wasserbau) Bolzen, welche blos durch das Rimm, und nicht mit durch die Schaaren gehen.

Rimpler, Rümpler. (Kammmacher) Eine breite Säge mit zwey Blättern, die Zähne in die Kämme einzuschneiden. Das eine Blatt der Säge rimpelt oder rumpelt, indem es den andern Zahn vorschneidet oder anbereitet, da inzwischen das andere Blatt den Zahn gerade durchschneidet.

Rinde, Borke, (Forstwesen) die äußere Schaale des Baums, die zum Theil von einigen Bäumen zum Gerben der Leder, zum Theil auch zum Färben gebraucht wird. In Malabar werden die Baumrinden anstatt Papier gebraucht, und in Siam und Japan sogar selbst Papier daraus gemacht. In Siberien fabricirt man aus Baumrinden oder Bast auch eine Art von Bänder, die nicht nur ein gutes Ansehen haben, sondern auch ungemein vest und dauerhaft sind. (s. auch Bast)

Rinden schälen. (Forstwesen) Einige Bäume von ihrer Rinde befreyen. Z. B. von den Eichen, Tannen und Espen für die Rothgerber zur Lohe, und die Erlenrinde für die Färber. Die Tannenrinden dienen auch den Bauern zu Körben, hölzernen Dachziegeln und andern Sachen mehr. Die Rinden werden aber nicht von den noch auf dem Stamme stehenden, sondern von den gefällten Bäumen geschält. Wenn man nun die Rinden schälen will, so reißt man mit dem Reißl (s. diese) in die Länge des Baums, und schneidet mit dem Baumkratze ähnlichen Messer die Schaalen also in die Rundung des Baums, daß die Stücken beynahe drittehalb Ellen lang werden. Hierauf wird die Rinde mit dem Kriecher, so ein zugespitzter Stock ist, losgerissen, und an der Luft ausgetrocknet.

Rindenstein, Inkrustata. Wenn die im Wasser befindlichen Körper von dem Wasser eine steinartige Rinde erhalten, welches hauptsächlich von den Salzen geschiehet. Diese sind bald unförmlich, bald aber haben sie die Gestalt der Dinge auf dem Erdboden.

Rindertalg, Inschlitt, Unschlitt. (Lichtzieher, Fleischer) Unter diesem Namen versteht man alles Talg von den Stieren, Ochsen und Kühen. Der Fleischer trocknet das Talg nach dem Schlachten im Sommer in der freyen Luft, im Winter aber in geheizten Stuben. Man unterscheidet das Talg in zwey Arten, als in das Nierentalg (s. dieses) und das Gedärmetalg, doch auch beydes wird oft zusammengeschmelzen, und heißt das Nierentalg, im Gegensatz von dem Talg, was von dem Fleische beym Kochen abgeschöpft und verbraucht wird. Der Lichtzieher braucht dieses Rindertalg zu guten Lichtern, aber selten allein, weil es zu schmierig ist, und die Lichter fließen würden, deswegen nimt er fast beständig einen Zusatz von Hammeltalg dazu. (s. Licht gießen, ziehen und Talglichter)

Rind schlachten. (Fleischer) Ein Fleischer muß einen Ochsen nicht nur ordentlich schlachten, sondern auch schätzen können, was er wiegt, und ob er viel Talg hat. Diese Schätzung, die mit als das Meisterstück eines angehenden Meisters angesehen wird, muß bis auf 10 Pfunde zutreffen. Aus folgenden Griffen beurtheilet der Schlächter, ob ein Ochse fett ist. Er greift erstlich dem Ochsen vorne an die Brust, und wenn diese fett und fleischigt ist, so ist dies schon ein gut Zeichen, daß der Ochse fett ist. Hierauf greift er an den Bog, d. i. an das Vorderblatt zwischen der Keule und der Brust, und drittens an das Schild, d. i. hinter das Vorderblatt. Ein fetter und fleischiger Bog läßt vermuthen, daß der Ochse überhaupt fett ist, so wie der Schlächter aus der Güte des Schildes auf das Fett der Rubben schließt. Hierauf greift er an die Hinterribbe, und je stärker er diese findet, desto schwerer pflegt der Ochse zu seyn. Aus dem Griff an dem Nierenstück, an den Schwanz, d. i. an das Fleischige des Vorderfußes, und endlich an den Sack, d. i. an das männliche Glied, schätzet der Schlächter nicht nur überhaupt, ob der Ochse Fett hat, sondern auch insbesondere, ob er viel Talg von ihm erwarten kann. Außerdem beurtheilet nun auch der Schlächter, ob der Ochse fleischigt ist, und dieses ersieht er insbesondere aus den starken Keulen, wenn diese gut bewachsen seyn, so ist es ein gutes Zeichen. Außer diesem Keulenfleische richtet er noch seine Griffe auf das Buckelfleisch, oder auf das Halsfleisch. Diese Dinge zusammen genommen, nebst einem breiten Kreuze, lassen den Schlächter vermuthen, daß der Ochse fleischigt ist, und durch dies und die lange Erfahrung schätzt er die Schwere. Wenn das Rind geschlachtet wird, so wird es entweder in das Genick, oder vor den Kopf in der Zusammenfügung der Knochen des Hirnschädels, mit einer Axt oder dem Schlachtbeil geschlagen. Nachdem der Ochse von den Schlägen gesunken ist, so wird mit einem besondern Schlachtmesser der Hals in die Brust gestoßen, daß man die Herzadern trifft. Nachdem der Ochse ausgeblutet, so wird die Haut abgeschlachtet. Man macht nämlich vorne in das Leder mit dem Schlachtmesser einen Einschnitt, und schlachtet es von der Brust den Vorder und Hinterfüßen ab. Alsdann wird durch jede Hesse (Schenkel der Hinterbeine) ein Loch geschnitten, der Hängestock (s. diesen) durchgesteckt, vermittelst eines Taues der Winde das Rind in die Höhe gezogen, und daselbst befestiget, und das Leder hernach völlig abgeschlachtet. Alsdenn wird es vorne mit einem Schlachtmesser aufgeschnitten und in folgender Ordnung ausgenommen. Erst nimt man den Wanst, d. i. Magen und die großen Gedärme heraus, wovon man zugleich das Netz absondert; hierauf den sogenannten Mücker, d. i. das fette kleine Gedärme; und endlich das Geschlinge. Der ganze Ochse wird inwendig ausgewaschen, und nachdem er einige Zeit gehangen und ausgekühlet ist, mit dem Schlächterbeil kunstmäßig zerhauen. (s. auch Fleischer)

Rindschlag. (Fleischer) die Reihe, welche ein jeder in der Zeit und der Anzahl des Viehes, welches zu schlachten ist, zu halten hat.

Rindshaarfarbe, Fr. Couleur de Poil de Boeuf. (Färber) Eine braune Farbe, die aus der Vermischung des Gelben, Schwarzen und Falben entsteht.

Ring. Im weitläuftigen Verstande ein jeder von Metall gebogener Zirkel, womit man eine Sache einfaßt. Man hat verschiedene Arten von Ringen, die nach ihrem bestimmten Gebrauch auch allerley Beynamen führen, wovon an jedem Orte das nöthige gesagt wird. Z. B. Armringe, Beutelringe, Schlüsselringe u. s. w. Im engern Verstande nennt man aber einen Ring, den man am Finger trägt. (s. Fingerring) Diese Ringe theilen sich wieder in verschiedene Arten, als Herzringe, Kettenringe, Erbsringe, Gliedringe, Petschierringe u. s. w. Alle diese Ringe sind von verschiedenem Metall, als Gold, Silber u. dgl. mit und ohne Edelgesteine.

Ring. Eine Art zu zählen, und bedeutet soviel als vier Schock, oder 240 Stücke. Fünf Ringe machen ein groß Tausend oder 1200. Es wird das Faßdauben- und Stabholz nach diesen Ringen verkauft.

Ring, Fr. Troche, (Eisen- und Messingdrahthütte) die Packete von Eisen- oder Messingdraht, die wie ein runder Kreis zusammen gebunden sind.

Ring. (Glashütte) die in die Oeffnung zwischen den Saukopfen (s. diese) eingestrichene Erde, so daß nur eine kleine runde Oeffnung oder Ring bleibt.

Ring. (Schiffahrt) Ein mathematisches Instrument, dessen man sich bedienet, die Sonnenhöhe zu nehmen. Es besteht aus einem kupfernen starken Ringe von 3—10 Zoll im Durchmesser, und ohngefähr eine Hand breit in der Höhe. Es wird ein kleiner Ring darauf befestiget, um das Instrument daran aufzuhängen. Im Ringe selbst ist ein Loch angebracht, wodurch ein Sonnenstrahl in den innern Theil fällt. Auf demselben sind die Abtheilungen eines Quadranten, dessen Mittelpunkt das Loch ist, gezeichnet. Der eine Durchmesser ist mit dem Loche mit dem vertikalen Durchschnitte des Ringes gleichlaufend; der andere schneidet ihn im rechten Winkel. Zwischen den beyden Punkten nun wird ein beliebiger Viertelzirkel in seine neunzig Grade getheilet, und alsdenn in den Ring getragen. Wenn man die Höhe nehmen will, so wird der Ring an der Handhabe so aufgehenkt, daß das

Loch gegen die Sonne gekehrt ist, da denn der durchfallende Strahl einen lichten Punkt auf der innern Fläche des Ringes anzeichnet, der die Höhe der Sonnen in Graden zeiget. Eben dieser Punkt bemerkt auf der andern Seite die Abtheilungen, die Weite des Gestirns von dem Zenith des Orts. Dieses Instrument taugt aber nicht zu Werke bringen, es hat sich aber doch bey Einigen erhalten.

Ringanker. (Schiffahrt) Ein Anker mit Einer Fliege oder Schaufel, dagegen die gewöhnlichen Anker zwey Schaufeln haben.

Ringband, s. Achsblech. –

Ringbolzen. (Artillerie) Ein Bolzen an einem Ende mit einem Ringe, dergleichen man bey den Stückbatterien hat.

Ringbolzen. (Schiffszimmermann) Ein eisernes Werkzeug, womit derselbe die Bladen, (s. diese) wenn sie gesprenget (s. sprengen) geschmiedet sind, und er sie dem ungeachtet gerade auf den Boden des Kahns befestigen will, anpresset. Er gleichet völlig dem Kantringe, (s. diesen) außer daß er statt des Hakens ein Loch hat, wodurch bey dem Gebrauche ein eiserner Splint gesteckt wird. Der Schiffszimmermann legt nämlich das obengedachte geschweifte, d. i. gekrümmte Blad dergestalt auf den Boden des Kahns, daß die hohle Biegung (der Hang) gegen den Boden des Kahns gekehret ist. Er bohret durch den Boden des Kahns und das Blad in gerader Linie ein Loch, steckt durch beyde Löcher den Bolzen des Ringbolzens, und befestiget unter dem Boden des Kahns in dem Loche ein Splint, steckt durch den Ring des Ringbolzens einen Hebebaum, lehnet diesen auf einen Klotz, den er auf den Rücken des Blades stellet, presset das gekrümmte Blad mit dem Hebebaum gegen den Boden des Kahns, und nagelt es zugleich auf den Boden an.

Ringdeich, (Wasserbau) ein Deich um eine niedrige Gegend, so trocken gemahlen wird.

Ring der Schnarrwerke. (Orgelbauer) Ein kleiner Ring, der knapp in die Pfeife eines Schnarrwerks eingesetzt wird, und dazu bestimmt ist, zu hindern, daß die Pfeife in ihrem Fuße nicht zu tief hinab sinken möge. Zu diesen Ringen schmelzet man reines Bley, und gießt in die **Kernforme.** (s. diese) Man schneidet Streifen 1 Zoll breit, hämmert, hobelt und rundiret ein Ende davon auf der Trompete, passet sie an, schneidet sie, so daß die zwey Enden einen Zwischenraum zur **Krücke** (s. diese) behalten, und sieht, daß der Ring knapp in der Pfeife und recht einpasse. Man stellt ihn so hoch als man kann, damit die Pfeife recht veste stehe, doch aber auch so, daß das Unterende des Mundstücks nicht bis in das Kegelstück des Fußgrundes sinken möge. Man bemerkt die Stelle des Ringes über der Pfeife durch einen Strich oben und unten, weisset ihn von außen, wie auch ein Ende der Pfeife über dem Oberstriche und unterhalb dem Unterstriche, trägt die Dicke des Ringes oben und unten und des Zwischenraums, wie etwa eine Linie breit, an der Pfeife über und unter den Strichen, steckt den Ring in seinen Ort, so daß der Zwischenraum der Pfeifenlöthung gerade über zu stehen kommt. Man talgt und löthet oben und unten mit dem Fluß- und Ringlothe, wobey die Krücke im Zwischenraume bleibt, damit sie nicht über die Ringhöhe heraus rage; man füllet den Zwischenraum mit Loth, fähret mit dem heißen Kolben über den Ring, und wenn das Loth über der Krücke fließt, so stößt man diese vor sich, damit sie das Loch mache. Eben so löthet man den Untertheil des Ringes an. Einige weißen (s. dieses) die Pfeife inwendig an dem Orte, der gerade unter dem Ringe liegt, damit die Pfeife daselbst nicht leide. Uebrigens muß der Ring allezeit ein wenig dicker seyn, als die Nuß (s. Nußform) die man an die Pfeife löthen soll.

Ringdreher, ein Künstler, der sich beschäfftiget, nur Ringe von Knochen, Elendsklauen, Bernstein, Kokosnußschalen u. dgl. zu drehen. In Nürnberg giebt es noch wohl besondere Drechsler, die nichts als Ringe drehen. An andern Orten werden sie aber von allen Kunstdrechslern gemacht.

Ringe am Beutel, (Müller) die eisernen Ringe, welche an die beyden Enden des Beutelriemens (s. Riemen am Beutel) angenähet sind, und mit welchen man den Sichtbeutel in den Beutelkasten einhänget.

Ringe der Leitungsröhren, (Eisenhütte) die Ringe, auf welche zwey und zwey Röhren befestiget, und mit einander vereiniget werden. Sie sind von gegossenem Eisen, 1½ Zoll und im Durchschnitte größer, als die Röhren selbst. Man befestiget über die Enden zweyer Röhren einen solchen Ring mit Kitt und Werg.

Ring, einfacher. (Nadler) Ein eiserner Ringdraht, der 1 Pfund wiegt, im Gegensatz eines doppelten, der 10 Pfund wiegt. Er ist von der Dicke eines kleinen Fingers bis zur Dicke einer Stricknadel. (s. Eisendraht)

Ringel. Im Osnabrückschen ein Korb zum Kornmessen, von einem halben dasigen Scheffel.

Ringel, Ringelbienen, Ringelzangen. (Bienenzucht) Die jungen Bienen, so lange sie noch in Gestalt kleiner Maden in einem runden Kreise liegen.

Ringelbienen, s. Vorher.

Ringelblumenfarbe. (Färber) Eine ins Orange fallende Farbe, welche aus Roth und Gelb entsteht. Nachdem man die Wolle oder den Zeug mit Alaun und Weinstein sieden lassen, kann man, um solche zu erhalten, mit welcher von beyden Farben man will, den Zeug zuerst färben, und nachgehends in die andere bringen, bis man genau die verlangte Schattirung erhalten hat.

Ringelblumenblätterfarbe. (Färber) Eine ins Gelbe und Rothe oder Braune spielende Farbe, die aus der Zusammensetzung der rothen, blauen, falben, auch gelben Farbe entsteht. (s. alle diese vier Farben) Die Erfahrung des Färbers muß die gehörige Schattirung hervor zu bringen wissen.

Ringelbrod. So heißen an einigen Orten die Brezeln.

Ringel der Schäfte. (Zeugmacher) Kleine runde von verzinnetem Drahte gemachte Ringe, die unten und oben mit kleinen zusammengebogenen Häkchen versehen sind,

sind, als an welchen sie an den Ober- und Untertheilen der Schäfte in der Mitte befestiget sind, und anstatt der Angenschleifen der andern Schäfte, die die Leinweber und Seidenwirker gebrauchen, dienen, wodurch die Kettenfäden durchgezogen werden. In Eisenach macht man sie bis jezt am besten.

Ringelhungen, s. Ringel.

Ringelstuten, (Reitkunst, Stuterey) diejenigen Stuten, welchen man die beyden Lefzen der Gebutsglieder mit kupfernen Ringen gerade gegenüber also durchstochen und auf beyden Seiten vest gemacht hat, daß sie den Hengst nicht zulassen können.

Ringeltorf, s. Ringtorf.

Ringerige, Fr. Terre Sigilée de norvege, (Bergwerk) Eine feine schwarze Siegelerde, so in Norwegen gebrochen wird.

Ring, goldner oder silberner. (Goldschmid) Diese Ringe werden von einem dazu gezogenen halbrunden Drath verfertiget. Der Künstler zieht nämlich das Metall durch ein halbrundes Loch des Ziehbeisens, (s. dieses) der Ring wird nach dem Ringmaaß (s. dieses) und seinem dazu gehörigen Maaßblech aus diesem Metalldraht zugeschnitten, auf dem Sperrhorn rund gebogen, und alsdenn beyde Enden zusammengelöthet und poliret, so wie Gold oder Silber gewöhnlich poliret wird. (s. Gold- und Silber poliren)

Ringkolen, in Sachsen soviel Kolen als aus 10 Klaftern 3 langen Holz gebrannt werden können.

Ringkragen, Fr. Hausse-col. Ein Zeichen der Offiziere des Fußvolks bey einigen Armeen, wenn sie im Dienste sind. Es besteht aus einem erhobenen beynahe nach der Gestalt eines Herzens gebildeten Schildes von Silber und im Feuer vergoldet, welches mit einem Bande um den Hals gehangen wird, daß das Schild vorne über der Brust zu liegen komt. Auf der Mitte dieses Schildes ist ein mit Armatur umgebenes Emaillenstück, worauf das Wappen und der Name des Regenten eingemaillirt ist, mit Schrauben befestiget. Die Armatur ist entweder von gegossenem Meßing, oder auch von Silber im Feuer vergoldet, welche nach dem Guß verschnitten (s. verschneiden) und wohl polirt ist. Man kann also die Armatur mit dem Wappen nach Gefallen abnehmen.

Ringmaaß. (Goldschmid) Auf einem Drahte steckt eine Menge Proberinge zu Stock- und Fingerringen. Auf jedem Ringe steht eine Zahl, welche den Goldschmid zu einem kleinen Meßingblech verweiset, worauf die Länge des Drahts stehet, die zu dem Ringe, den man nach dem Ringmaaß verlangt, erfordert wird.

Ringmauer, (Glashütte) diejenige Mauer, welche von aussen den Schmelzofen einschließt.

Ringnägel, Fr. pitons, eiserne mit Ringen oder auch mit Löchern versehene Nägel, welche unter andern bey der Artillerie an den Laffeten gebraucht werden.

Ringrennen, Ringelrennen. Eine Ritterliche Uebung, wo man zu Pferde mit der Lanze nach einem aufgehangenen Ringe rennt, um solchen mit der Lanze zu treffen.

Ringschmide, besondere Eisenarbeiter auf den Eisenwerken, die eiserne Ringe verfertigen, die hernach mit Theer geschwärzt, und zu dem Schnallen- und Riemenwerk eines Pferdegeschirrs gebraucht werden. Nur auf grossen Eisenfabriken werden dergleichen Ringe besonders von einem Schmide verfertigt. In den Städten findet man keinen Schmide, die diese Art Ringe besonders allein nur verfertigten.

Ringspindel. (Drechsler) Eine hölzerne Spindel mit einem Ringe, in welchen der Zapfen des Stücks, so man drehen will, befestiget wird.

Ringsteine, (Glashütte) die auf der Bank in die Höhe aufgerichtete Platten, welche mit den Brandsäulen an welche sie stoßen, ein Viereck ausmachen. Sie haben fast die Höhe eines Schmelzhafens, zwischen welchen sie auch stehen.

Ringtorf. In den Marschländern eine Menge Torf von 8 bis 9 Tausend Stücken; ingleichen ein Stück Landes, welches soviel Torf giebet. In Bremen ein Ringel Torf, ein Haufe von 8 Sohden.

Ringuhr, s. Sonnenuhr.

Ring- und Taschenbeschlägmacher. Ein in Nürnberg gesperrtes Handwerk, welches Beutelringe und Gesperre oder Schlösser an die Beutels, Standarten und Karabinerhaken, Haken zu Leitseilen der Pferde, Schlüsselhaken und Schlüsselringe, Nath- und Kürschnerhaken an die Muffen rc. verfertiget. Ehedem war es ein geschenktes Handwerk.

Ring zur Verfertigung der Wände eines Hohenofens. Ein eiserner Ring, welcher zu den Wänden oder dem Schlund des Hohenofens zum Modell dienet. Dieser Ring muß von der Größe und Figur des zukünftigen Schlundes, und am Ende des Durchschnitts mit Haupt- und vielen andern Löchern im Umkreise durchbohret seyn. Man [illegible] diese Löcher Seile einziehen, die 10 Ellen lang sind, [illegible] so hoch die Höhe der Wände ist, und herunter gehen. An diesem Ort läßt man andre Seile in Löcher, die diesen erstern gleichförmig und in einem zweyten Ringe, der die Größe und die Figur des obern Heerdes haben muß, mit angebracht sind, gehen. Mit diesen senkrecht und in Beziehung auf den Ort der Blasebalgröhre und der Vorderwand befestigten Ringen ist es leicht, die Wände zu machen, da, indem man das Mauerwerk in die Höhe führt, man nur den ausgespannten Seilen folget.

Rinken, Fr. Astragale, (Baukunst) das oberste Glied an dem Schaft einer Säule, oder auch eines Pfeilers und Nebenpfeilers, welches die Rundung eines halben Zirkels hat. Nach dem Goldmann wird dessen Höhe in der Toskanischen, Dorischen und Jonischen Ordnung $\frac{5}{60}$ in der Römischen und Korinthischen aber $\frac{4}{60}$ von einem Modull gemacht. Die Bauleute nennen dieses einen Stab.

Rinken, (Orgelbauer) Riemen, womit die Spunden der äußersten Theile eines Windkastens, womit diese verschlossen werden, versehen sind, an welchen man diese

Spünde herausziehen kann, um zu den Ventilen, wenn daran was schadhaft geworden, kommen zu können.

Rinken. (Schlosser, Grobschmid) Ein eiserner Beschlag, der um gewisse hölzerne Sachen gelegt wird, damit sie besser halten. Diese Rinken bekommen in Absicht ihres verschiedenen Gebrauchs verschiedene Benennungen. Da ist der Nabenrink, der um die Nabe des Rades gelegt wird, die Speichenrinken, Stoßrinken, Deichselrinken, Trägerrinken, Schnabelrinken. (s. alle diese) Auch wird um den obersten Kopf eines einzurammenden Pfahls, damit derselbe nicht spalte, sondern den Schlägen der Ramme widerstehen kann, ein Rinken gelegt.

Rinken, s. Lochrinken.

Rinken der Tuchbereiterschere. So nennt man den runden elastischen Bogen dieser Schere, an welchem die beyden Klingen angeschweißt sind, und der das Auf- und Zumachen der Schere bewirkt. Er dient also an dieser Schere anstatt der Vereinigungs Niets an andern Scheren. (s. diese und Tuchbereiterschere)

Rinkentücher, (Jäger) diejenigen Tücher, so kein Gewäsch haben, sondern wo die Leinen in Ringen (Rinken) gehen.

Rinne, Trog. (Minirer) Eine von Bretern gemachte oder aus einem Baumstück ausgehöhlte Rinne, in welche die Zündwurst, so aus Leinwand gemacht ist, gelegt, und alsdenn mit einem Brette bedeckt wird. Durch diese Rinne wird also das Feuer zu der Minenkammer geleitet.

Rinne. (Zimmermann) Ein langes schmales Stück Holz, welches der Länge nach schräge ausgehauen oder ausgehöhlet und oben breiter als unten ist. Sie dient dazu das Wasser von einem Ort zum andern zu leiten. Die Ablaßrinne, welche durch die Deichdämme zur Abführung des Wassers gelegt sind, sind am besten, wenn sie von Eichenholz gemacht werden, und bis [illegible] am Deichende, welches das Haupt genennt wird, ganz. Die offene Seite muß gut mit Pfosten verwahrt und verdeckt seyn. Das Ablaßende solcher Rinne muß um bessern Ablauf des Wassers willen um ein paar Zoll tiefer als das Haupt liegen, auf welches entweder ein ordentlicher Ständer aufgesetzt, oder ein starker Spund oder Zapfen genau eingepaßt ist. (s. Dachrinne)

Rinneisen. Ein starker eiserner nach einem Kreiß gebogener Haken, welcher die Dachrinnen trägt.

Rinnen, (Jäger) leichte Garne, damit die Raubvögel gefangen werden. Sie sind ohngefähr fünf bis sechs und funfzig Maschen lang, und 17 bis 18 hoch, von ganz subtilem und arstem Zwirn, über einen Hasengarnstock gestrickt, um und um, anstatt des Sarnochens, so sonst an andere Garne gehört, eingefaßt (eingebörtelt) und mit einer Erdfarbe gefärbt, damit es der Raubvogel nicht sehen kann. Dieser Netze werden unterschiedene auf vier hohe Schwingstöcke, dergleichen sonst zu den Fischangeln gebraucht werden, gar leise in eine unter sich geschnittene Kerbe, daß man kaum das Holz an der Schaale zerschneide, aufgehangt. In den mittlern Platz dieser Rinnen wird eine Taube oder weißes Huhn angepflöckt, sobald nun der Raubvogel darauf stoßen will, verwirrt er sich entweder innerhalb oder außerhalb der Netze, dermaßen, daß es große Mühe giebt, solchen heraus zu nehmen. Dies Garn wird recht ins Gevierte gestellt; es pflegen sich aber meistens nur junge Vögel fangen zu lassen.

Rinnen, (Schiffsbau) Abzüge, die unten im Schiffsraum angebracht sind, und das eingedrungene Wasser in den Schiffsbrunnen und folglich in die Pumpen leiten.

Rinnenknecht. (Brauer) Ein Gestelle, worauf die Rinnen bey dem Bierablassen (überschlagen) gelegt werden. Sie sind mit Haken von Holz oder Eisen versehen, womit sie an den Bierbottig angehangt werden.

Rinnenwinkel (Böttcher) Ein Brettchen, durch welches eine Schraube mit einem hölzernen Fuße in Gestalt eines kleinen Beils geht, die Rinne in den Böden der Fässer auszuhöhlen.

Rinnleisten, Fr. la doucine, la Gorge, (Baukunst) wird von Goldmann und Vitruv, das wesendliche Glied des Karnießes genannt, welches von seiner Vorstechung (Ausladung) an ausgehöhlet ist, bis auf die Hälfte der Höhe und durch die übrige ganze Höhe durchaus bäuchig ist. Es wird am schönsten aus zwey vollen viertels Kreisen dergestalt gebildet, daß die Ausladung der Höhe fast gleich wird. Sonder Zweifel hat es von Goldmann die Benennung erhalten, weil es die Rinne bedeutet, die man dem Dache zu unterziehen pflegt, um den Regen von der Mauer abzuhalten. Die Bauleute nennen es ein Karnieß (s. dieses.)

Rinnstein, s. Rennstein.

Riol. (Wasserbau) Eine kleine Lücke, oder unten durchgelegte Röhre.

Ripieno. Ital. choro pieno, (Musiker) Ein Zeichen in der Musik, daß das völlige Chor einstimmen soll. Es wird öfters nur durch ein R angedeutet.

Rippen, soviel als reifeln. Man sagt bey dem Klempner geribbte Arbeit, wodurch angezeigt wird, daß auf den blechernen Geschirren erhabene Rippen oder Ribben sich befinden.

Rippen am Treibhut, (Hüttenwerk) die eisernen Schienen auf dem Blechen des Treibehuts, welche zwey gute Finger breit und einen Finger dick sind, nach behöriger Länge. Sie sind sowohl gerade, als auch zirkelrund ausgeschweift oder mit Haspen voll gemacht, die Bleche, oder vielmehr die ganze Last des Treibehuts zusammen zu halten.

Rippen, s. Batterierippen.

Rippenbund, (Feuerwerkskunst) die Art und Weise die Feuerkugeln rippenartig zu binden.

Rippengeschirr. (Riemer) Ein Kutschgeschirr der Pferde, welches viele Querriemen hat, welche wie Rippen aussehen.

Ripresa. Ital. das Wiederhohlungszeichen in der Musik. Es ist entweder das große, welches entweder in zwey senkrechten Strichen eingeschlossene und in dem Raum eines Systems gesetzte Punkte sind, oder also :||: gemacht

wird;

wird; oder das kleine, welches also ⸗ oder ⸗ aussieht. Die große Reprise bedeutet, es soll alles was bis dahin gesungen oder gespielt worden, wiederholet werden, sowohl wenn es sich beym Anfange als am Ende eines Stücks befindet. Wenn die 2 Punkte auf beyden Seiten der zwey senkrechten Striche stehen, so wollen Einige, daß es die Wiederhohlung des Vorhergehenden oder Nachfolgenden anzeige; stehen die Punkte aber zur linken Hand :||, so habe die Wiederhohlung des vorhergehenden allein statt, und wenn die Punkte zur Rechten vorhanden ||:, daß es die Wiederhohlung des folgenden bedeute. Die kleine Reprise zeiget an, es sollen nur etliche und zwar die letzten Takte wiederhohlet werden. Sie wird über oder unter die Noten gesetzt, bey welchen die Wiederhohlung anfängt.

Risalit. (Baukunst) Ein Theil eines Gebäudes, so durch alle Stockwerke durchgehet, etwas vor den übrigen Theilen des Gebäudes heraustritt, und gewöhnlich mit einem Fronton oder niedrigen italienischen Dach bedeckt wird. Solche Risalitten werden in der Mitte des Hauses, und wenn das Gebäude lang ist, auch wohl an den Ecken, oder bey ziemlicher Tiefe eines Gebäudes gar an den Giebelseiten angelegt. Wenn die hervortretenden Theile an den Ecken oder Enden des Gebäudes weit hervorlaufen, nennt man sie Flügel, und den übrigen oder mittlern Theil des Gebäudes Corps de Logis.

Rischbrüchig, (Forstwesen) wenn die Streifen des Holzes oder die Adern desselben parallel mit seiner Länge sind, und sich nicht nach der Seite werfen, oder drehen, alsdenn heißt es überspännig, und kienig werden, oder absplittern auch sich nicht krumm ziehen.

Rischer. (Landwirthschaft) In einigen Gegenden z. B. in der Lausitz, ein Querholz an dem Vorderwagen, welches quer über die beyden Armen bevestiget ist, und die Deichsel erhöhet hält.

Risentito, Ital. (Musiker) ist soviel als auf eine lebhafte und ausdrückende Art spielen, daß mans verstehen und deutlich vernehmen kann.

Risposte. Fr. 1) (Fechtkunst) Ein bebender Stoß, welcher zu gleicher Zeit, wenn man des Gegners Stoß angenommen oder pariret hat, vollführet wird. 2) (Musiker) der antwortende Chor. In Fugen und fugirten Sachen ist es der Widerschlag und wird derjenige Nachsatz füglich genennt, welcher auf den Vorsatz folget, und denselben gleichsam beantwortet. 3) Auf der Reitbahn ist es die Bewegung, welche ein Pferd sich zu rächen unternimmt, wenn es auf einen Spornstich hinten ausschlägt.

Riß, Abriß, Zeichnung. (Baukunst) Ein nach geometrischen Regeln und Zeichner Handgriffen verfertigter Entwurf eines Gebäudes nach allen seinen Theilen. Es wird aber derselbe auf verschiedene Art, allermeist in seiner Aehnlichkeit im kleinen, und also nach dem verjüngten Maaßstab, vorgestellt. Theils in einem Hauptriß theils in einem Grundriß, theils in einem Aufriß und theils in einem Durchschnitt. (s. alle diese) Oder der Riß ist, wie man zu sagen pflegt, entweder Orthographisch oder Ichnographisch oder Scenographisch. Die beyden ersten Arten werden auch geometrisch, und die letzte perspektivisch genannt. Diese Risse bringen uns deutliche Begriffe von der Sache, deren Abbildung sie im Kleinen sind, bey.

Riß. Fr. miniere ercusée au jour, (Bergwerk) Eine Art des Bergbaues, da ein Gang zu Tage ausſetzet, und gleich vom Tage hinein ein Bergbau unter freyem Himmel angelegt wird, daß die Sonne bis vor Ort scheinen und der Regen den Bergbau treffen kann.

Riß, Fr. le dessein, (Bergwerk) die Abzeichnung von einer Gegend oder einem Berggebäude. (s. Markscheiderey.)

Riß. 1) (Kupferstecher) Soviel als Ritze, und wird in dieser Bedeutung bey dem Radiren genommen, da man sich wohl in acht nehmen muß, daß auf der Platte durch das Scheidewasser kein Striemen entstehet, wo keiner seyn sollte: und diesen nennen sie einen Riß. 2) Heißt es auch bey den Malern eine Zeichnung. Wird aber nur von mathematischen Zeichnungen gesagt: in der Baukunst, Perspektiv rc.

Rißbank. (Wasserbau) Ein in die See gehender künstlicher Damm, dergleichen bey Calais und Dünkirchen bevestiget waren. Bey Memel giebt es dergleichen zwey, die 30 Ruthen in die See gehen. Dergleichen Bänke dienen den dasigen Hafen zu decken, der unter dem Kanonen der Vestung liegt.

Rissig laufen, (Bergwerk) Graben- oder Mauerweise laufen.

Riß machen, Fr. dresser un plan, (Bergwerk) die Gegend oder Zeche eines Bergwerks abzeichnen.

Rißplatte. (Kammmacher) Eine viereckigte Hornplatte, durch welche ein krummer Draht mitten durchgehet. Mit dieser Platte wird die Länge der Zähne eines Kammes vorgezeichnet. Man hält die Platte an den Kamm und ziehet daran mit dem Haken des Drahts auf dem Kamm eine gerade Linie vor, so lang die Zähne werden sollen.

Riß, flach legen, (Bergwerk, Markscheidekunst) wenn man bey dem Aufnehmen eines Risses der Gruben die abgezogenen und ausgerechneten Linien eines Zuges nach ihrer Lage gegen die Mittagslinie und den ihnen zukommenden Seiten nach dem verjüngten Lachtermaaßstab auf das Papier bringt. Bey diesem Zulegen werden also nicht die wahren Entfernungen zweyer Punkte, sondern nur ihre söhlige Weiten von einander vorgestellt. Weil ferner nicht alle Endpunkte der Markscheiderwinkel in einer und derselben seigern Fläche sind, so können auch die seigern Erhöhungen dieser Markscheiderwinkel auf dem Papier nur in einer einzigen seigern Fläche vorgestellt werden und zwar zwischen den Perpendikularlinien, die man durch die Endpunkten der Züge auf diese seigere Fläche fället; denn da die Endpunkte der Markscheiderwinkel eines Zuges nicht in einer einzigen horizontalen Fläche sind, und dennoch

lege

Lage und Sole in einer seigern Fläche oder in einer Linie liegen, so können auch die abgezogenen Markscheiderwinkel eines Zuges nicht nach ihrer wahren Länge und Lage unter einander auf dem Papier vorgestellt werden, das stets nur eine ebene Fläche ausmacht. Da nun die Endpunkten der Markscheiderwinkel eines Zuges stets in zwey Perpendikularlinien liegen, diese aber alle einander parallel sind, und also alle Solen dieser Winkel in eine horizontale Fläche zusammenfallen, so stellt man die berechneten Züge, wenn man sie nach ihrer Lage gegen die Mittagslinien vorstellen will, nach der Länge ihrer Sole vor.

Riß zu legen, Fr. dessiner, (Bergwerk) die aufgenommene Gegend nach dem beym Einschreiben angemerkten Maas und den durch den Kompaß angezeigten Stunden, nach einem dazu angenommenen verjüngten Maasstab, auf das Papier tragen.

Ritorno, Ital. Rückgabe, Zurückschreibung, (Handlung) wenn eine geschlossene Versicherung aufgehoben wird.

Risvegliato. Ital. (Musiker) Wenn bey einer aufgeführten Musik erstlich matt und schläfrig gespielt oder gesungen worden, alsdenn der Takt und die Bewegung auf einmal gleichsam erwachet, indem man beyde munter und fröhlich giebt.

Ritratta Ital. (Handlung) Wenn man für eine bezahlte Tratta zurück trassirt.

Ritter, s. Reuter.

Rivalso. Ital. (Handlung) Nachnehmung, Erholung eines Vorschusses.

Ritz, Fr. Entaillure faite dans la pierre. (Bergwerk) Eine schmale Kerbe in das Gestein gehauen, wo verschrämt (s. verschrämen) werden, daß man Keile hinein treiben und die Gänge losgewinnen kann.

Ritze. So nennet man in den Ländern des türkischen Kaisers einen Beutel oder Sack von 15 Tausend Dukaten, welches dort eine Rechnungsmünze ist, als bey uns die Tonnen Goldes oder Millionen sind.

Ritz, einen federn, (Bergwerk) die Federn in die Ritze des Gesteins einlegen. (s. Ritzfedern und Ritz)

Ritzeisen, Fr. fer à entailler, (Bergwerk) ein schmales Bergeisen, die Ritze damit in die verschrämten Gänge zu hauen.

Ritzen, (Bergwerk) mit einem Ritzeisen einen Ritz (s. diesen) machen.

Ritzfedern, (Bergwerk) eiserne Bleche, welche in die Ritze (s. diese) gesteckt, und die Keile dazwischen eingetrieben werden, die zu gewinnende Wände los zu hauen.

Ritzwerk, (Bergwerk) alles Werkzeug, welches zu einem Ritz (s. diesen) gebraucht wird.

Roba, Fr. Robe, spanisch Aroba; Ein spanisches Maas, welches sowohl zu trockenen als auch nassen Dingen gebraucht wird, wenn nur zwischen denselben und der Schwere dieser Dinge ein gehöriges Verhältniß ist, indem eine Roba nicht mehr als 25 Pfund wiegen darf. Deswegen man soviel Robas hat, als es trockene oder flüssige Dinge giebt, die bey einerley Raum, wo sie einnehmen ein verschiedenes Gewicht haben. Man bedient sich dieses Maaßes in Spanien und in Amerika. Wenn man die Robas genau haben will, so wiegt man die Waaren. Sonst aber mißt man solche nur mit diesem Maas. Die Eintheilungen dieses Maaßes sind folgende: 1 Roba hat 4 Sommers und 1 Sommer 4 Quartele. 28 Robas machen eine Pipe, und 30 1 Borch. Wenn man von einer Waare in Spanien oder Amerika auf einmal 40 Robas von flüßigen Waaren verkauft; so giebt man eine Roba oben drein.

Roberonde. (Frauenschneider) Ein Frauenzimmerkleid, welches seinen Namen aus zwey zusammengesetzten französischen Wörtern erhalten hat. Denn Robe heißt ein langes aufgesteckter Kleid oder Talar, ronde heißt, rund umher, weil ein solches Frauenkleid eine Schleppe hat, die aber rundum abgerundet ist: ohngeachtet sie nach Willkühr lang gemacht wird. Dieses Kleid ist also ein langes Kleid, vorne offen und hat hinterwärts eine willkührliche lange doch abgerundete Schleppe. Da es vorne offen ist, so wird gemeiniglich von dem nämlichen Zeuge auch ein Rock dazu getragen. Man braucht zu beyden 12 bis 14 Ellen ½ Ellen breites Zeug. Der Schneider nimt zu dem Kleide folgendergestalt Maas: Erst mißt er hinten vom Halse hinab bis zur Taille und von da bis zum eigentlichen Beschluß des Kleides. Die Schleppe wird bey dem Zuschneiden nach Verlangen lang oder kurz zugegeben. Hierauf mißt er die Schulterbreite, alsdenn von der Schulter an dem Vordertheile bis an die Taille, und von da hinab die ganze Länge, die es erhalten soll. Ferner mißt er die Brustbreite, desgleichen den ganzen Umfang des Leibes unter den Armen und in der Taille, zuletzt die Länge des Arms, sowohl neben der Schulter, als auch neben dem Ellenbogen. Gewöhnlich schneidet er erst die sogenannte Amperde zu. (s. diese) Nach diesem schneidet er auch den Oberzeug hiernach zu, aber nur bloß am Leibe. Folglich kann er nach diesem Umfange, nach Maaßgabe der Amperde, den Oberzeug zuschneiden. Dem allen ohngeachtet muß der Schneider den Oberzeug weiter, als das Unterfutter zuschneiden, weil sowohl der Vordertheil, als auch der Hintertheil, Falten erhält. Die langen Stücken unter dem Leibe nach der ganzen Länge des Kleides werden in den Vordertheilen aus einem Blatt, oder der Breite des Zeuges, und in den Hintertheilen aus zwey Blättern zusammengesetzt. Denn hinten erhält es im Leibe mehrere und breitere Falten. Die Schleppe entsteht durch die schräge Linie, die die Theile des Ganzen unten bekommen, und hinten länger als vorne sind. Die Weite läßt sich dadurch nur bestimmen, ob das Kleid auf Poschen, (Poches) auf einen weiten Reifrock oder Konsideration, oder auf einer kleinern Baleine getragen werden soll, und alsdenn nach diesen Verhältnissen durch Keile, die an den Hintertheilen an der innern Seite eingesetzt werden, kann das Kleid am Untertheil erweitert werden, so daß dieser Untertheil 6 bis 8 Ellen weit werden kann. Alle Blätter und Keile werden unter einander durch Hinter- und Nebenstiche vereiniget. (s. beyde) Wenn nun die Blätter und Keile

jeden

jedes Theils zusammengenähet sind, so setzt der Schneider die beyden Hintertheile an ihre beyde lange Seiten und das dazu gehörige Futter mit den gedachten Stichen zusammen. Beydes wird ausgebügelt, und zugleich werden die Falten der beyden hintern Theile, die nach der Länge des Kleides gehen, gelegt, wobey Mode, Uebung und Augenmaaß, wie auch das Ausmessen, den Schneider leiten muß. Doch muß die Breite der Hintertheile mit den Falten nach dem Futter eingerichtet werden, und auf diesem wird nun der Oberzeug mit langen verlohrenen Stichen angereihet. (s. dieses) Eben so muß auch jedes Vordertheil gleichfalls in kleinere Falten geleget, und diese müssen niedergenähet werden. Es wird gleichfalls auf seinem Futter angenähet. Die einzelne Theile werden nun zusammengesetzt, und an jedes Hintertheil ein Vordertheil angenähet. Der Oberzeug des Hintertheils wird nämlich auf dem Oberzeug des Vordertheils in etwas umgeschlagen, und mit den Vorderstichen niedergenähet. (s. dieses) Eben so wird auch das Unterfutter beyder Theile vereiniget. Der Oberzeug des Ermels wird nach seinem Futter (s. Anprobe) zugeschnitten, und in dem Innern des Arms durch Nebenstiche vereiniget. Doch wird Futter und Oberzeug jedes besonders zusammengenähet, und beydes hernach in einander geschoben. Wenn die Ermel in die Armlöcher eingesetzt werden, so wird auf den Schultern des Armlochs der Oberzeug auf dem Oberzeug des Ermels in etwas umgebogen, und jenes auf dieses staffiert. (s. dieses) Wenn alles vereiniget ist, denn giebt der Schneider dem ganzen Umfange des Kleides einen erforderlichen Schnitt, daß solcher überall gleich wird. Dieser Umfang wird entweder bloß gesäumet, (s. säumen) oder es wird eine Stoßkante (s. diese) untergesetzt, und der Oberzeug alsdenn staffiret. Vorne werden die Vordertheile mit dem Oberzeuge auf das Futter staffiert, oder jener wird um dieses umgeleget, und aufgenähet. An diesem Orte wird auch insgemein eine Fischbeinstange mit einem besondern Streif Leinwand auf dem Unterfutter angenähet, doch so, daß es von dem Oberzeuge bedeckt wird. Hinter dem Fischbeine werden Schnürlöcher angebracht, vorne herunter festiret, (s. dieses) und ein Bauerermel statt einer andern Frisur gesetzt. (s. Bauerermel)

Robervalswaage. Eine Waage, so einerley Stand behält, die Last mag nahe oder ferne, auch die Gewichte gleich oder ungleich seyn, daß sie, wenn sie einmal in das Gleichgewicht gebracht ist, beständig darinn bleibet, und wenn sie anfangs nicht im Gleichgewichte ist, nimmermehr darein gebracht werden kann. Das Bewundernswürdige ist, daß die Gewichte im Gleichgewichte seyn können, wenn sie gleich beyde auf einer Seite vom Mittelpunkt der Waage sich befinden. Diese Waage besteht aus 6 Regeln von Messing oder Holz. Vier dieser Regeln oder Lineale machen zusammengesetzt ein Parallelogramm, und sind dergestalt an den Enden zusammen befestigt, daß sie sich um die vier Nägel, womit sie verbunden sind, als um vier Achsen, bewegen lassen. Dieses Parallelogramm ist in der Mitte seiner beyden längsten Regeln an einem senkrechten Ständer, der in einem viereckigten Fuß eingezapfet ist, befestiget. An den beyden kurzen Regeln sind Arme waagrecht befestiget, welche die beyden Regeln in zwey gleiche Theile theilen, und rechtwinklicht daran befestiget sind, auch den Winkel niemals verändern können. Man kann diese Arme auf beyden Seiten verlängern; man muß sich aber in Acht nehmen, daß, wenn sie gegen einander verlängert werden, sie nicht im Auf- und Niedersteigen an einander stoßen. Dieses also mit seinen zwey Armen versehene Parallelogramm wird von seinem Fuße unterstützt, und mit zwey runden Nägeln oder Achsen befestiget, welche mitten durch die zwey langen Regeln gehen, und sie parallel und im Gleichgewichte erhalten, jedoch also, daß sie frey und ungehindert in die Höhe oder niederwärts können bewegt werden. Sie mögen aber seyn, in welcher Stellung sie immer wollen, so ist klar, daß, da diese zwey Nägel unbeweglich sind, auch die ganze Linie, die von dem einem Nagel zum andern geht, unbeweglich seyn müsse. Folglich sind die zwey Punkte, wo diese Nägel stecken, die Pole der Waage, die von einem Nagel zum andern die Achse, und die Mitte dieser Linie der Mittelpunkt der Achse. Wenn man also an die beyden Arme der Waage zwey Gewichte hängt, die einander im Gleichgewichte sind, so werden solche zwey Gewichte beständig auch darinnen bleiben, ob man schon das eine vom Mittelpunkt entfernet, und das andere hinzu rückt. Denn bey dieser Waage bleiben die Arme immer parallel, wenn sie sich bewegt. Weil daher alle Punkte dieser Arme gleich hoch, oder gleich tief steigen, so kann das Gewicht weder an dem einen, noch an dem andern Punkt angehängt mehr Gewalt haben. Hieraus folgt, daß zwey Gewichte einander die Waage halten können, wenn gleich beyde auf einer Seite vom Mittelpunkt der Waage sich befinden; denn weil alle Punkte des einen Arms gleich hoch oder tief steigen, so ist klar, daß das Gewicht an jedem Punkte gleich viel Kraft haben müsse. Wenn es daher an dem ersten Punkte mit dem Gewichte äquilibriret, so muß es auf der andern Seite des Mittelpunkts im andern Punkte mit eben diesem Gewichte äquilibriren. Es richtet sich aber diese Waage niemals horizontal, sondern bleibt mit gleichem Gewichte aller Orten stehen. (s. Leupolds Schaupl. der Gewicht- und Waagekunst Tab. XVII. Fig. II und III.)

Rocaille, eine Gattung kleiner Glasperlen oder Glaskorallen von mancherley Farbe, die auf Art der Rosenkränze aufgereihet, und zur Handlung nach America und der Küste von Africa gebraucht werden. Man nennet sie gewöhnlicher Rassade. (s. dieses)

Rocaille. Fr. (Baukunst) Ein aus allerhand Steinen zusammengesetztes Werk, so einem zerwachsenen Felsen gleichet, und zu Grotten und Einsiedeleyen gebrauchet wird.

Rochel, heißt bey den Holzflößern auf der Elbe eine rund zusammengewundene und verdrehete Wiede.

Rochetta, Rachetta, Fr. Rochetta, Roquette. Eine Gattung von Potasche oder Soda, so aus der Levante gebracht wird. Sie kommt von Acre und von Tripoli in

Syrien. Die erste, so von Acre in grauen Säcken kömmt, ist besser, als die letzte, so von Tripoli in blauen Säcken gebracht wird. Sie wird, wie andere Potasche und Soda, zum Glasmachen und zur Verfertigung der Seife gebraucht. Bey den Glasmachern wird sie, wenn sie gestoßen ist, oft auch das orientalische Pülverlein genennet.

Rocken, Spinnrocken, Wocken, Kunkel. 1) Ein Werkzeug, auf welchem Flachs, Hanf und Wolle gesponnen wird. Es ist älter, als das künstliche Spinnrad (s. dieses), und besteht aus einem langen gedrechselten Stock mit einem Quertritt, auf welchen die Spinnerin mit dem Fuße tritt, um den Stock bey dem Spinnen vest zu halten. Der Flachs oder Hanf wird oben am Ende angewickelt, von welchem die Spinnerin den Faden auf die Spindel aufspinnet. (s. Spinnen) 2) Der zum Spinnen am Rocken bestimmte Flachs, Hanf ꝛc. welcher ausgearbeitet und um den Rockenstock gewunden wird.

Rocken, leccken, berocken, (Deichbau) mit grünen Rasen, Soden den Wall belegen und überziehen. Es ist von dem Schwespen (s. dieses) darinn unterschieden, daß die Grünschwarte nicht von gleicher Länge, Breite und Dicke, nur dünne abgestochen wird, auch von dem Setzen, daß nicht die Rasen ganz gleich über eine Hand und so veste zu seyn brauchen, daß damit gleichsam gemauert werden könne, sondern sie werden beym Rocken nur aus weichem, zähem, durchwurzeltem Grunde von hinlänglicher Dicke, daß sie zusammen halten, und so eckigt gestochen, daß sie an einander passen, und sich zusammen schlagen lassen.

Rocken, s. Spinnrad.

Rocken, s. Roggen.

Rockenblatt. (Spinnerin) Ein Blatt steif Papier, womit der Rocken (s. diesen 2.) umwunden wird, wenn gesponnen wird, damit sich der Flachs u. dgl. nicht verwirre.

Rock, (Schneider) das oberste Kleid eines Mannes oder auch einer Frauensperson. Jener bedeckt den ganzen Oberleib bis an die Knie, dieser aber nur den Unterleib bis auf die Füße, ist in viele Falten gelegt, und wird mit Bändern oder Hefteln an der Seite, oder auch hinten, zusammen gehangen.

Rock, Maaß zu nehmen. (Mannsschneider) Wenn der Schneider einen Mannsrock machen will, so muß er das Maaß dazu an einem Kleide nehmen, welches der Besitzer anhaben muß. (s. Maaß nehmen zu Mannskleidern)

Rock zuschneiden. (Mannsschneider) Wenn der Schneider zu einem Mannsrock das Tuch zuschneiden will, so wird es doppelt zusammen geschlagen, auf einen langen Tisch gelegt, und nun werden die beyden Hintertheile erst zugeschnitten. Zu Anfange des Tuchs zieht der Schneider nach dem Lineal oder der Elle mit Kreide eine Linie nach der Breite des Tuchs, wo sich das Hintertheil von oben anfängt. Er legt hierauf das Maas der Länge eines Hintertheils von oben bis zur Taille hinab, macht hier ein Zeichen mit Kreide, und geht alsdenn mit eben dem Maaße hinab bis an das Ende der ganzen Länge. Bey dem Beschluß dieser Länge hält er an das papierne Maaß ein Stück Kreide, und beschreibt mit der letztern vermittelst des Maaßes unten einen Bogen. Hierdurch wird zum Theil das Tuch zu den Falten, und wenn es nicht breit genug ist, um die Falten zu erhalten, so beschreibt er den Bogen erforderlich auf dem Tische aus, und setzt in der Folge das Fehlende an. Er beschreibt an der Kante, da wo die beyden Hintertheile zusammenstoßen, unten am Ende der Taille eine kurze horizontale Linie zu einem sogenannten Haken eines Kleides, (s. diesen) und zieht alsdenn längst der Taille und dem Schooß eine senkrechte Linie. Nunmehr legt er das Maaß der halben Weite zwischen den Schultern an, und bezeichnet nach dem gedachten Maaße die Weite des halben Rückens, so wie auch nach einem gewissen Augenmaaße die schräge Linie nach dem halben Ärmelloch zugezogen wird. Nach eben diesem Augenmaaße zeichnet die geübte Hand auch das halbe Ärmelloch aus, und bloß nach dem Augenmaaße wird auch die zurückgezogene Linie, die die Taille bildet beschrieben: denn die Weite ist willkürlich, und der Schneider muß dahin sehen, daß sie oben und unten verhältnißmäßig sey. Denn ist diese Breite auch etwas zu schmal, so kann man das Vordertheil etwas breiter machen. Endlich punktiret sich der Schneider mit Kreide eine Linie von oben bis unten nach der ganzen Länge des Hintertheils, und bestimmt hiedurch die wahre Größe des Tuchs der Falten. Wenn also das Hintertheil nach allen seinen Umrissen bezeichnet ist, so wird mit der Schneiderscheere das doppelt liegende Tuch nach den gezogenen Linien zugeschnitten, und solchergestalt die beyden Hintertheile gebildet. Zu den Vordertheilen wird nunmehr das Tuch in erforderlicher Länge gleichfalls auf den Tisch doppelt gelegt, oben am Anfange eine Horizontallinie gezogen, und alsdenn das Hintertheil auf das Tuch zum Vordertheil gelegt, so daß der obere Schnitt des Hintertheils gerade auf die gedachte Linie des Vordertheils fällt. Er setzt bey dieser Linie vorne durch einen Punkt die Breite des Vordertheils oben vest, von diesem Punkte legt er das Maaß an, und geht bis zur Brust, von da zur Taille, und endlich mit dem Beschlusse des Maaßes bis zum Ende des Vordertheils, und bey allen genennten Punkten wird ein Zeichen gemacht. Nunmehr bestimmt er erst die wahre Länge der obern Horizontallinie, welche halb so lang ist, als das auf der Brust genommene Maaß. Die Weite findet er nach dem Maaße, so er um den ganzen Leib unter den Schultern genommen hat, aber mit Beyhülfe der Hintertheile. Er zieht nämlich von dem gedachten Maaße die große Weite der Hintertheile ab, und zwar doppelt, weil zwey Hintertheile vorhanden sind, und den Ueberrest des gedachten Maaßes theilet er in zwey Theile. Die eine Hälfte bestimmt die Weite eines Vordertheils auf der Brust, und wird mit Kreide bezeichnet. Auf gleiche Weise bestimmt er auch die Weite des Leibes um den Bauch nach Abzug der Hintertheile, und bemerkt solches durch ein Zeichen. Nach diesen Zeichen ziehet er die Linien und zeichnet auch das halbe Armloch aus, mit Zuziehung des halben Armlochs des Hintertheils, und ziehet nach den Punkten

ten die Rundung der Brust, des Bauchs, und überhaupt die ganze Länge des Vordertheils auf eine schickliche Art aus freyer Hand ab. Zuletzt legt er das Maas zum Vordertheil oben am Anfange an, und beschreibt, so wie beym Hintertheil, unten am Ende des Theils einen Bogen zu den Falten, zieht den Bogen auf dem Tische aus, wenn die Breite des Tuches nicht hinreichend ist, und setzt den fehlenden Theil in der Folge an. Wenn also das Vordertheil abgezeichnet ist, dann werden beyde Vordertheile, so wie die Hintertheile, zugleich aus dem doppelt liegenden Tuche zugeschnitten. Nun folgen die Ermel. Er beschreibt nach dem genommenen Maaß auf dem doppelt liegenden Tuche alle Linien und Bogen, und durch alle gegebene Punkte oder Zeichen die Umrisse des Ermels, und schneidet sowohl den Ober- als Unterermel auf dem doppelt liegenden Tuche zugleich zu, mit dem Unterschiede, daß der Oberermel einen Bogen erhält, mit welchem er in das Armloch passet, der Unterermel aber nach einem Bogen ausgeschnitten wird. Die Größe dieses Bogens und des Ausschnittes richten sich nach dem Armloch, worein der Ermel passen soll. Die Patten und der Aufschlag werden nach einem Muster, oder auch aus freyer Hand, zugeschnitten.

Rocou, Rokou. (Seidenfärber) Eine Farbe, die aus einer Pflanze gezogen wird, und welche man zu den Aurore- Orange- Mordoré- Goldgelb- und Isabellenfarben gebrauchet. Die färbenden Theile der Pflanze bestehen in einer harzigen Materie. Aus dieser Ursache muß sie mit einem alkalischen Salz aufgelöset werden. Die Seide, die man darinn färben will, braucht nicht in Alaun getaucht zu werden, weil überhaupt diese Beize bloß dazu nöthig ist, die ausgezogenen Farben, welche natürlicher Weise in bloßem Wasser sich auflösen, zu befestigen, und es trägt nichts bey, den allen harzigen Farbematerialien eben diese Wirkung hervor zu bringen, die man nur mit dem Wasser, vermittelst salzigter Auflösungsmittel, und besonders des alkalischen Salzes, vereinigen kann. Um den Rokou zuzubereiten, nimt man einen kupfernen Durchschlag, ohngefähr 9 bis 10 Zoll tief, und halb so breit. Dieser Durchschlag hat in seinem ganzen Umfange Löcher, beynahe wie die kleinen Löcher in einer Schaumkelle. Er hat von Eisen oder Kupfer zwey Handgriffe. Man läßt in einem Kessel von schicklicher Größe Flußwasser oder gelindes Quellwasser heiß werden, welches Seife gut auflöset. Man zerschneidet den Rokou in Stücken, thut ihn in den gedachten Durchschlag, setzt alles dieses in das heiße Wasser, und reibt den Rokou, vermittelst eines hölzernen Spatels, wodurch man es zur Verdünnung bringt, und läßt es durch die Löcher des Rokoutopfs laufen. Wenn solchergestalt alle Farbe durchgelaufen ist, so thut man Weinsteinasche in den Durchschlag, und verfährt so damit, wie mit dem Rokou. Nach diesem rühret man das Bad mit einem Stocke um, man läßt es zwey- oder dreymal aufkochen, und gleich darauf gießt man kalt Wasser hinzu, um das fernere Kochen zu verhindern, dann zieht man das Feuer unter dem Kessel hervor. Man kann soviel als man will von dem Rokou auflösen, auf jedes Pfund Rokou nimt man 12 Unzen Weinsteinasche. Denn wenn man weniger dazu nimt, so wird die Farbe nicht dauerhaft genug seyn, und Gefahr laufen, in die Ziegelfarbe zu fallen. Denn die Asche macht den Rokou gelb, indem sie ihn auflöset, sie benimt ihm das Ziegelfarbige, giebt ihm eine viel stärkere goldgelbe Farbe, und macht zu gleicher Zeit die Farbe selbst auch beständiger. Wenn man, indem man den Rokou bereitet, gewahr wird, daß er noch sehr ins Ziegelfarbige fällt, so ist dieses ein Beweis, daß er nicht Asche genug hat, alsdenn ist nöthig, daß man ihm noch mehr gebe, das Bad noch einmal aufkochen lasse, und nachgehends wie vorher mit kaltem Wasser fülle. Man rühret alles zusammen mit einem Stock um, und läßt es alsdenn setzen.

Rodeland, s. Reutland.

Rödelbretter, (Brunnenmacher) diejenigen Bretter, welche er um die Mauer des ausgegrabenen Brunnenlochs bis [illegible] die erste Quelle außerhalb der Mauer von 6 Zoll zu [illegible] legt, und welche nach der ganzen Höhe der Mauer hinab gehen. Um diese Rödelbretter, und zugleich um die oberste Lage der Mauer wird das Rödeltau gewunden, und man ziehet solches vest an. Die Bretter und das Tau müssen also vest an der Mauer anliegen, und diese in der Folge gegen alle Beschädigung in Sicherheit setzen. Der Brunnenmacher giebt hierdurch der Mauer, wenn sie gesenkt wird, Haltbarkeit. (s. Brunnenmauer, Rödeln, Senken)

Rödeln, (Brunnenmacher) die in dem Brunnenloch aufgeführte Mauer mit den Rödelbrettern und dem Rödeltau belegen und umwinden. (s. Rödelbretter)

Rödeltau, ein starkes Tau, so bey dem Rödeln (s. dieses) um die Rödelbretter und die Brunnenmauer gelegt wird, womit die Bretter zum Senken der Mauer angezogen werden.

Roden, s. Ausstocken.

Rodoul, Roudou, ein kleiner Baum oder Staudengewächse, dessen Blätter man zum Schwarzfärben oder andern dunklen Farben, so wie den Sumach oder Schmack, gebrauchet. Er wächst in den mittägigen an der mittelländischen See gelegenen Provinzen Frankreichs längst den Flüssen und Bächen an unbewohnten Orten wild und nicht über Manns Höhe. Die Blätter, die gleichen Namen führen, werden, wie gedacht, zum Färben, und von den Lohgerbern und Korduanmachern zum Schwarzfärben der Leder gebrauchet. Um diese Blätter lange zu erhalten ist nöthig, daß man sie einsammle, wenn sie reif sind, und bald abfallen wollen, welches aber nicht nöthig ist, wenn man sie bald zu gebrauchen gedenket. Die Früchte dieses Baums, die den Maulbeeren gleichen, sind den Menschen ein tödlich Gift.

Rödler, s. Neubruch.

Roede, ein niederländisches Maaß zu flüssenden Dingen, bestehet zu Dordrecht aus 10 Ohmen; und also, da ein Ohm 10 Schreeuwen hat, aus 100 Schreeuwen; und da 1 Schreeuwe 10 Stoopen hält, aus 1000 Stoopen, von welchen letztern jedes 2 Pot oder Kannen hält, welche

che auch Mengel anderswo erwähnet werden. Die Roede wird in 2 Fuß getheilet, deren jedes 500 bordeauxische Steps, oder 2100 Pfunde hat.

Roe-Neng, Ru-Neng; das große Längenmaaß im Königreiche Siam. Es ist die siamische Meile, welche ohngefähr 2000 französische Toisen lang ist. Zu einer Roe-Neng gehören 20 Jods, zu einem Jod 4 Sen, zu einem Sen 20 Vona, und zu einem Vona 2 Ken, welches letztere die siamische Elle ist, die nach dem königlich französischen Fußmaaße 3 Fuß weniger ½ Zoll ist.

Roemals, Remals, Romalles, Rumals, Tücher von Baumwolle, die aus Bengalen und Surate nach Europa gebracht werden. Man hat von denselben zwey Gattungen: die erste ist aus Baumwolle mit Seide vermenget verfertiget, und hält im Stücke 15 Tücher, die andere hingegen, so in dem Lande des großen Moguls gemacht wird, ist blos aus Baumwolle gewebet und gem[illegible] und hält im Stücke nur 6 bis 8 Tücher. Beyde G[illegible]ngen sind in Frankreich verbothen.

Rof. (Schiffszimmermann) So nennt man in den Flußfahrzeugen, die man Holzgellen nennt, die Kajüte. Er ist gemeiniglich 12 Fuß lang, und sein Verdeck ruhet auf zwey Rofbalken von Eichenholz. Diese Balken werden in die Fütterung eingefalzt. Auf diesen Balken wird das Verdeck des Rofs gerade so, wie das Verdeck des Plichts, (s. dieses) angenagelt. Nach dem Innern des Schiffs zu erhält er vorne einen Verschlag von Bohlen, worinn eine Thüre ist. Innerhalb des Rofs werden die Achterstücke durch Winkelhölzer noch genauer mit dem Boden und den Planken vereiniget. In jeder Ecke, wo die Planken mit den Achterstücken zusammenstoßen, steht ein solches Knie. Es gleicht völlig den übrigen Knien, (s. dieses, Schiffszimmermann) außer daß es stärker ist, und es wird auch zugleich mit den Knien befestiget.

Rofbalken, (Schiffszimmermann) die beyden Balken des Rofs, (s. dieses) die denselben bilden, und auf welche die Bohlen zu liegen kommen. Sie werden nach der Breite des Rofs mit ihren Hirnenden in die Futterungen eingefalzet, indem nach der ganzen Höhe der Futterung eine Falze ausgestemmet wird, die so breit ist, als die Rofbalken dick sind, und alsdenn die Enden eingefalzt und vernagelt.

Rogen, s. Raviar.

Rogenstein. (Bergwerk) Eine Art Tropfsteine, welche aus kleinen, dem Fischrogen ähnlichen, Körnern bestehen, und daher auch wohl ehedem für versteinerten Fischrogen gehalten worden.

Roggen, Rocken. (Ackerbau) die bekannte Feldfrucht, die auf Halmen in Aehren wächst, und am gewöhnlichsten zum Brodbacken gebraucht wird. Es ist entweder Winterroggen, der vor dem Winter gesäet wird, oder Sommerroggen, Staudenroggen, den man mit Anfang des Sommers säet. Man verkauft den Roggen nach Lasten, Maltern, Winspeln und Scheffeln. Der Winterroggen ist allezeit besser als der Sommerroggen, sowohl wegen seines nahrhaftern Korns, als weil er mehr reiner, und nicht mit soviel Unkraut vermengt ist.

Roggenmohr. (Landwirthschaft) Ein hohes Mohr, welches vermittelst genugsamer Düngung zum Ackerbau gebraucht werden kann, und gemeiniglich Roggen, doch auch andere Früchte darein gesäet werden.

Roh, Fr. Brut, (Bildhauer) der Marmor, der aus dem Steinbruche kommt, und von der Hand des Künstlers noch keine Gestalt erhalten hat.

Roh, Fr. mal fondu, (Hüttenwerk) unrein, mäßig, klumpricht. Also wird die Arbeit beym Schmelzen genennet, wenn sie nicht flüßig und rein geht.

Roharbeit, Fr. la fusion des mines sans plomb, fonte crue. (Hüttenwerk) Erze, die noch roh, so wie sie aus den Hütten gebracht werden, ohne sie vorher zu rösten, mit zugeschlagenen flüßigen Schlacken oder Kiesen geschmolzen werden, um das weitläuftig in Erzen zerstreute Silber ins Enge, oder in kleinere Masse zu bringen.

Roheisen, s. Raubeisen.

Rohe Leinwand, (Leinweber) Leinwand, wie sie vom Stuhl kommt, und noch nicht gebleicht ist.

Rohe Schau. (Tuchmanufaktur) Eine öffentliche Anstalt, die in allen guten Manufakturen dieser Art getroffen wird, um das gewebte Tuch, so wie es von dem Weberstuhl kommt, von geschwornen Schaumeistern besichtigen zu lassen. Zu diesem Ende wird das vom Stuhl gebrachte Tuch mit der Elle auf dem Rücken nach der Länge und Breite gemessen, ob es die gehörige Länge und Breite hat, alsdenn wird es über zwey Stangen gegen das Tageslicht gezogen, und die Schaumeister untersuchen, ob es so viel Fäden in der Kette habe, als vorgeschrieben, und ob gleiches Gespinnst darinn vorhanden ist; ob solches durch und durch wohl und dicht geschlagen, oder ob darinnen Brüche vorhanden, oder sonst schlecht gearbeitet sey, welche besondere Fehler die Schaumeister dem Fabrikeninspektor anzeigen müssen, da denn der Arbeiter gestraft wird. Findet sich aber nichts zu erinnern, und es hat seine völlige Länge und Breite auch das völlige Gewichte und Garn, so wird es von den Schaumeistern mit einem Bleyblatt gezeichnet, und nun kann das Tuch in die Walke gebracht werden. Wenn der Schaumeister dieses unterläßt und das Tuch nicht gehörig beschauet, so verfällt er in eine namhafte Strafe.

Rohe Schicht, Rohschmelzen, (Hüttenwerk) die Arbeit beym Silberschmelzen, da geringhaltige Erze mit Schlacken und Kiesen ohne Bley geschmelzt werden.

Rohe Seide, (Seidenbau) diejenige Seide, die noch nicht die Kochung erhalten hat, sondern so wie sie von den Cocons abgehaspelt ist, und noch alle das gummiste Wesen an sich hat, was sie von den Seidenwürmern erhalten. Man braucht solche rohe Seide in den Seidenmanufaktur auch zu verschiedenen Zeugarten, z. B. zum Sammt, wenn er steif (s. eine Charte erhalten soll) seyn soll, so wird von roher Seide die Grundkette gezettelt. Ferner kann man auch die rohe Seide zu verschiedenen schlechs flörchen Zeugarten mit allerley Farben färben und verwerben lassen. Besonders wird die rohe Seide so, wie sie von der Natur ist, zur Gaze gebraucht, weil diese Zeugart eine besondere Steife erfordert. Auch zum Einschlag des Gros de Tours wird die rohe Seide gebraucht.

Roher Fluß, Fr. flux crud. (Hüttenwerk) gepülverter Weinstein und Salpeter unter einander gemischet, und noch nicht verpuffet.

Roher Rost, Fr. matte crue, (Hüttenwerk) der vom Kupferschmelzen gefallne viermal geröstete Rohstein.

Roher Schlich, (Hüttenwerk) Schlich, der noch nicht geröstet, und also noch Schwefel und Arsenik bey sich führet.

Roher Schwefel, Fr. soufre impur, (Hüttenwerk) Schwefel, welcher vom ersten Treiben fällt, und noch nicht geläutert ist.

Rohfaßstahl, s. Rohstahleisen.

Rohhöpfig, (Brauer) Bier, wozu der Hopfen nicht recht ausgesotten worden.

Rohlech. (Hüttenwerk) So wird das durch die Roharbeit oder Rohschmelzen im Rohofen herausgeschmolzene Silbererz genannt, welches von dem Silberschlich, Kiesschlich, geringhaltigen Erzschlich Arsenicher Schlacken und Kalk oder Flußstein, nach dem beschickten Verhältnisse der Vormaßes (s. Besetz) ausgeschmolzen worden, und nachhero durch die Anreicherarbeit und Frischarbeit (s. beyde) ins Reine gebracht wird, damit das darinn enthaltene Silber herausgezogen werden kann.

Rohofen. (Hüttenwerk) der Ofen in der Schmelzhütte, worinnen mit Zuschlag der Frischschlacken die geringhaltigen Erze, Kieß- und Silberschliche geschmolzen und aus ihnen das Rohlech erzeuget wird. Zum Rohofen wird leichtes Gestübe genommen, damit sich die Rohleche in dem Ofen nicht anlegen, und Rond oder Geneis machen. Es wird das Gestübe in Fäßchen vor [illegible] Ofen gelaufen, in denselben eingestürzt und eben gezo[illegible] es 6 Zoll hoch zu liegen kommt. Alsdenn wird e[illegible]geschärften eisernen Stößeln, jedoch nicht allzuviel, gestoßen, und mit dem Legen einer Schichte nach der andern bis zur Bildung des Stichs fortgefahren, welcher über das Stichholz, ein rundes gleich einem Zuckerhut zugespitztes Holz, gemacht wird, dessen Spitze gegen die Spuhr im Ofen gelegt, und darüber Gestübe gestoßen wird. Nachdem wird die letzte Lage vom Gestübe, dem Vorheerdsteine gleichgestoßen, die Spuhr ausgeschnitten, und das Stichholz aus dem Heerde genommen. Gegen die Form wird das Gestübe 6 bis 7 Zoll höher angestoßen. Die Spuhr muß so tief geschnitten werden, daß sie unter der Form 1 Fuß tief sey, und von der Hinterwand bis zum Heerdziegel 6 bis 7 Zoll Fall habe. Von der Hinterwand wird die Spuhr bis zum Heerdziegel 1 Schuh 11 Zoll breit, und von der Hinterwand bis zum Ende des Heerdziegels 3 Fuß 3 Zoll lang geschnitten. Der Ziegel (s. diesen) wird bey dieser Arbeit 11 bis 12 Zoll weit und tief ausgeschnitten und die Schlackenspuhr auf der andern Seite des Vorheerdes vorgerichtet. Die Form liegt 1 Fuß 2 Zoll hoch vom Heerdsteine, auch, wenn der Kies etwas strenger ist, nur 15 bis 16 Zoll. Sie muß genau gegen die Mitte des Ofens 7 bis 9 Grad Fall haben, und mit derren Steinen wohl befestiget werden. Man läßt sie gerade einen Zoll, oder mehrere in Ofen hinein vorschießen, damit sich die Nase besser fange. Die Form ist so wie bey den Schmelzöfen gewöhnlich von Eisen oder Kupfer, 20 Zoll lang, 9 hoch und 11 weit, wird gegen den Rüßel zu schmäler, wo sie 1½ Zoll weit und 1¾ bis 2 Zoll hoch ist. Das Gebläse wird so angelegt, daß die Balgen unten auf dem Gerüste 15 Zoll weit auseinander und die Tiefen oder Deuten 4 bis 6 Zoll, nachdem das Gebläse stark oder schwach seyn soll, von der Formrüßel zurück liegen. Die Tiefen sind in der Form so zu richten, daß das Gebläß in dem Ofen übers Kreuz blase. Der auf die beschriebene Art zugemachte Ofen wird nun gut ausgewärmet, welches mit Kohlen 10 Stunden lang geschiehet. Nunmehro kann darinn roh geschmolzen werden. (s. Rohschmelzen)

Rohr, (Baukunst, Maurer) gewöhnliches Schilfrohr, so an den Ufern der Teiche und auch in großen Sümpfen wächst, mit welchem der Maurer die Decken und Wände eines Gebäudes berohret (s. berohren) ehe er den Mörtel aufträget.

Rohr. (Uhrmacher) Ein von Meßingblech auf einem Dorn zusammengerolltes und mit Schlagloth gelöthetes Röhrchen, welches bey dem Abdrehen auf dem einen Ende einen Zapfen erhält, um es in dem Mittelpunkt des Wechsels (s. diesen) einzusetzen, mit dem andern Ende oder Spitze durchbohrt es die Zeigerscheibe, worauf alsdenn der Minutenzeiger gesteckt wird. Ein anderes solches Rohr wird in dem Kloben des Wechsels, den das erste Rohr durchbohrt, und den Wechsel und das Stundenrad von einander um der Reibung willen absondert, gesteckt oder eingezapft, und auf dessen Spitze wird der Stundenzeiger geschoben. Denn weil beyde Zeiger eine verschiedene Bewegung haben, so wird der erste von dem Wechsel und seinem Rohr, und dieser von dem Stundenrade und seinem Kloben und dem daran befindlichen Rohr herumgedrehet und beweget.

Rohr, s. Blaserohr.

Rohr, s. Spanischrohr.

Rohr, s. Stauer.

Rohrblatt, s. Blatt. (Weber)

Rohrblech. (Blechhütte) Eine Gattung Eisenblech, aus welchem vornehmlich die Röhren in den Stubenöfen verfertiget werden.

Röhrbrunnen, (Wasserbau) Brunnen, aus welchen das Wasser zu Wasserkünsten oder Leitungen durch Schöpfräder, Paternoster oder Püschelwerke, am besten aber Druckwerke zu einer bestimmten Höhe gehoben, und zu einem erhabenen Wasserbehälter geleitet wird. Aus diesem fällt es vermittelst der Röhren durch seine eigene Schwere herab, und kann nach Belieben vertheilt, oder zu einem springenden Wasser angewendet werden. Es wird zum Beyspiel vermittelst eines Druckwerks, welches ein

ein Wasserrad in der bewachsenen Spree bey dem Schloß in Berlin bewegt, das Spreewasser in einen großen Wasserbehälter auf dem Dache dieses Schlosses geleitet. Von dannen es durch Röhren in die Küchen, Keller und Zimmer hinabfällt, und man darf in jedem Zimmer nur einen Hahn öffnen, so kann man Wasser schöpfen. Ein ähnliches befindet sich zu Magdeburg, welches das Elbwasser durch die ganze Stadt verbreitet. (s. Wasserkunst)

Röhrbüchse, (Brunnenmacher) breite und dünne eiserne Ringe, vermittelst welcher 2 Röhren verbunden werden. (s. Büchse)

Röhrbüchsen, (Brunnenmacher) kurze, hohle, hölzerne Cylinder, mit welchen die zerschnittene Brunnenröhre, wenn solche wegen Enge des Raums in dem Hofe, wo sie aufgerichtet werden soll, nicht ganz aufgerichtet werden kann, sondern Stückweise zusammengesetzt werden muß, verbunden wird. Diese Cylinder sind genau nach der Weite des ausgebohrten Lochs der Pumpenröhre abgedreht, werden sorgfältig in die Röhre eingesetzt und die Stücken der Röhre dadurch vereinigt, so, daß keine Luft durch kann.

Röhrchen, Strickscheide, Strickholz. (Strumpfstricker) ein hölzernes Röhrchen, welches der Strumpfstricker mit einem Riem bevestiget und sich über die Hüften um den Leib schnallt, und worein er die eine Stricknadel beym Stricken, worauf er die neue Maschen schlinget, mit ihrer untersten Spitze steckt. Die Frauenzimmer, die auch auf solche Art stricken, haben dergleichen Röhrchen oder Scheiden, wie sie es nennen, im Gürtel oder dem Schürzen Quersder stecken, sie nennen auch diese Art zu stricken aus der Scheide stricken. Man hat dergleichen Röhrchen auch von verschiedenen sowohl edlen als unedlen Metallen.

Rohr des Schlüssels, (Schlosser) dieser giebt es zweyerley Arten, das Rohr des französischen Schlüssels und des deutschen. Jenes wird aus einem massiven Stück Eisen massiv geschmiedet (s. französischer Schlüssel) das Rohr des deutschen Schlüssels wird aus starkem Eisenblech auf einem runden Dorn zusammengerollt, indem solches mit dem Hammer um denselben geschlagen, in dem Schlüsselgesenk (s. dieses) geglättet, und nachher mit Kupfer und Glas zusammengelöthet wird. (s. Löthen des Eisens und deutscher Schlüssel) Bey Meisterstücken wird das Rohr auch wohl massiv geschmiedet und nachher das Schlüsselloch ausgebohret.

Röhre, Fr. Tuyau, (Bergwerk, Brunnenmacher) Ein der Länge nach ausgebohrtes Holz, wodurch das Wasser gehoben oder geleitet wird. Bey dem Bergbau werden dieselben nach ihrem verschiedenen Gebrauch auch verschiedentlich benennet, als: Aufsetz- Kolben- Schlangeröhren, u. s. w. (s. diese und Röhrenbohren)

Röhre, Röhrchen, (Drechsler) Ein Dreheisen, womit derselbe das Holz aus dem Groben abdrehet. Die Hälfte dieses Dreheisens ist gleich einer halben flachen Walze ausgehöhlt, vorne ist es gleich der Spitze eines Löffels abgerundet und in etwas aufgeworfen. An seinem Stiel hat es einen hölzernen Heft von hartem und glattem Holze. Es ist gut verstählt, gehärtet und geschliffen. Man hat sie von verschiedener Größe.

Röhre. (Hutmacher) Eine messingene Röhre, in welcher ein messingener Stift genaue hineingeht, welcher gewisse Abtheilungen eines Maaßes erhält, mit welchem der Hutmacher das Maaß nach dem Durchmesser des Hutkopfs nimmt.

Röhre. (Jäger) Ein Dachs- oder Fuchsloch, woraus der letztere den erstern vertreibt, indem er zu faul ist, sich ein eigenes Loch oder Röhre zu machen.

Röhre am Stein, (Müller) die Röhre, die mit einer Diagonalrichtung an dem Loch der Mühlsteine einer Windmühle angesetzt ist, und das gemahlne Mehl von den Steinen nach dem Beutel zuführt.

Röhre der Dachrinnen, Fr. Canon de Gouttiere, (Klempner) die Röhrenden von Kupfer, Blech oder Bley, welche das Regenwasser, so sich in den Dachrinnen sammlet, durch Drachen- oder andre Köpfe ausgießen.

Röhre der Windtrompete, s. Windtrompete.

Röhre des Zuckerbäckers. Eine Art von Ofen die einem Bratofen ziemlich gleicht. Es ist eine gemauerte vierkantige Röhre, die auf dem Feuerheerd angebracht ist, 1½ Fuß hoch und breit, und 3 Fuß lang. Es wird darinn das Zuckergebackene der französischen Bäckerey (s. diese) gebacken. Die Oeffnung dieser Röhre, wodurch das zu backende hineingeschoben wird, kann mit einer eisernen Thüre verschlossen werden. Statt des Heerds hat diese Röhre eine eiserne Platte, unter welcher das Feuer in einer besondern Oeffnung angezündet wird. Das Heizloch kann gleichfalls mit einer Thüre verschlossen werden. Auf dem Heerd der Röhre selbst stehet ein eiserner Rost, und das Kohlfeuer wird auf ein eisernes oder kupfernes Blech gelegt, das auf diesen Rost gesetzt wird.

Rohreisen, (Hüttenbau) Eine Art Krücken, die Steinkohlen [illegible] Feuer damit aufzuschüren.

Rohren, [illegible]rohren.

Röhrenblech. (Blechhütte, Salzwerk) Eine Art Blech, schwächer als das Pfannenblech, woraus die Wärm- und Sohlröhren in den Salzwerken gemacht werden. Es wird von dem Rohrblech, (s. dieses) welches noch dünner ist, unterschieden.

Röhrenbüchse, s. Röhrbüchse.

Röhren, bewegliche. (Wasserkunst) Weil bey den Wasserkünsten es vielmal vorkommt, daß die Wasserröhren gedrehet oder gewendet werden, absonderlich bey Feuerspritzen, so muß eine solche Röhre auch beweglich eingerichtet werden. Zu diesem Endzweck ist sie an dem hintern Ende an beyden äußern Seiten mit starken und dicken Platten versehen, die nach Beschaffenheit der Röhre stark oder schwach sind. In diesen Platten sind zwey Schraubenmütter eingeschnitten zu zwey Schrauben, die in eben solchen Platten des andern Stücks der Röhre stecken. Das Ende dieses Stücks Röhre ist von dem Durchmesser, daß es sich in die Oeffnung des erstern Stücks hinein schieben läßt, wozu es auch wohl eingerieben ist, daß es Was-

ser

ser hält. Neben den Schrauben geht ein Ring um das Stück der Röhre, auf solchem liegt ein anderer beweglicher Ring, gleichfalls mit zwey Lappen oder Platten, deren Löcher genau mit denen Muttern übereinstimmen, damit dieser Ring vermittelst zweyer Schrauben kann in das erste Stück der Röhre eingeschraubt werden. Auf solche Art kann das Rohr umgewendet werden, und doch kein Wasser darzwischen kommen.

Röhren, bleyerne, aus dem Ganzen zu giessen. Das Kaliber der Röhrenform, (s. diese) ist so groß, als man die Röhre selbst haben will. Die Länge aber ist ordentlich 2½ Fuß. Ueberdem braucht man auch noch eine runde Stange von Eisen oder Kupfer zum Kern der Form, ein wenig länger als die Form und von der Größe als der innere Diameter seyn soll. Diesen Kern steckt man durch zwey kupferne Ringe, die an beyden Enden der Form sind, und ihn zu halten dienen. An diese Ringe ist ebenfalls eine kleine kupferne Röhre, ohngefähr 2 Zoll lang, vest gemacht, so Porter heißt, und die Dicke beträgt, die man den bleyernen Röhren geben will. Diese dienen den Kern durchaus gleich und gerade in dem Mittelpunkt der Form zu halten. Man hat auch eine wie eine Feder geschnittene, die man öfters aber nur dazu gebraucht, wenn man das erstemal das Bley gegossen. Wenn der Kern in der Form mit den Ringen an beyden Seiten sich befindet, und das Bley im Tiegel geschmolzen ist, so schöpft man es mit einem Löffel und gießt es in die Form, an einem Ende der Oeffnung durch einen Trichter. Wenn die Röhre voll ist, so hat man an dem Ende der Werktafel, über welche die Form angebunden ist, einen Haspel angebracht, um welchen ein Riem gehet, an dessen Ende ein Haken angemacht ist, den man an den eisernen Kern befestiget, und ihn aus der Form damit ziehet, indem man den Haspel mit den Händen umdrehet. Wenn dieser heraus ist, so öffnet man die Form und nimt die Röhre heraus, deren eines Ende man wieder in das unterste Ende der Form steckt, um die Röhre durch den Guß zu verlängern, und dieser, wenn der Kern wieder eingeschoben wird, anstatt eines Ringes und sogenannten kleinen Röhren (Portée) an diesem Ort dergestalt, daß man nur noch an das andere Ende, das in Form einer Feder geschnitten ist, anstecken darf; hernach macht man die Form wieder zu und kehrt die bleyerne Röhre zu hinterst, gießt wieder Bley in die Form; und gießt auf solche Art nach und nach die Röhre so lang als man sie haben will. Zu den Röhren, so aus Bleyplatten gemacht werden, braucht man hölzerne Walzen von beliebiger Länge und Dicke, um welche man die bleyernen Platten legt, und so lang als sie sind mit einer Löthe von 2 Pfund Zinn und 1 Pfund Bley vermischt zusammenlöthet. Nachdem man das Bley mit einem Eisen wohl gerieben oder beschabet, bestreuet man das Beschabte mit Harz und schüttet hernach die Löthe mit einem Löffel, worinn solche geschmolzen ist, darüber, oder man läßt sie auch mit einem eisernen Lötkolben schmelzen, wie man gewöhnlich Zinn oder Bley löthet. An die Orte, wo das Loch nicht hinkommen soll, streicht man mit der Hand oder ein wenig Kreide darüber.

Röhren, dreybohrigte. (Bergwerk) Eine Röhre zu den Wasserleitungen der Aufschlagwasser, die dreymal soviel Fläche oder Diameter hat, als eine einbohrigte Röhre (s. Röhre, einbohrigte.)

Röhren, einbohrigte, (Bergbau) Röhren, deren Diameter 2 Zoll hat, wodurch die Aufschlagewasser zertheilt und fortgeleitet werden, da wo sie zu Künsten in dem Bergbau gebraucht werden sollen.

Röhren, eiserne, zu giessen, (Hohenofen) die Leitungsröhren werden im Sande gegossen, ausgenommen der Kern, der von Thon ist. Die Bildung zur Form in dem Sande geschiehet durch ein **Röhren-Modell** (s. dieses) nach welchem der Sand zum Guß in zwey Hälften gebildet wird. Nachdem die Rundung der Röhre durch das Modell geformet ist, wird der **Röhrenkern** (s. diesen) hinein geleget, dieser ist so dick, daß noch Raum zur Dicke der Röhre, zwischen dem Kern und dem Sande, bleibet. Alsdenn wird durch die angebrachten Gießlöcher das geschmelzene Eisen hineingelassen.

Röhren, eiserne, zusammensetzen. (Wasserkunstbau) Da die eiserne Röhren, wegen ihrer Größe, Härte des Metalls und Gewalt des Wassers, nicht mit Kitt allein können zusammengesetzt werden, so muß solches mit Schrauben geschehen. Das dünnere gerade Ende der Röhre gehet in das weitere der andern Röhre hinein, und an jedem Ende der Röhre sind drey Lappen oder ausgegossene vorspringende Stücke, durch welche ein Loch gehet mit Schraubengewinde; vermittelst dieser Löcher und ihrer Gewinde können die in einander gesteckte Röhren durch Schrauben mit einander verbunden und befestigt werden, indem die Lappen der einen Röhre mit den Lappen der andern Röhre sehr dicht zusammen gezogen werden. Kleine eiserne Röhren von 2 oder drey Zoll im Durchmesser können auch noch auf eine andre Art zusammengesetzt werden, indem man die eiserne Röhren auf beyden Enden etwas spitzig macht, alsdenn von Eichenholz ein Stück Röhre ausbohret, an beyden Seiten mit eisernen Ringen verwahret, die eisernen Röhren von beyden Seiten hineinsteckt und mit großen hölzernen Schlägeln zusammentreibt, und endlich in einen guten Thon einlegt, da alsdenn, weil das Holz vom Wasser anquillt, kein Tropfen durch kann, und der Thon das Holz auch nicht faulen läßt.

Röhrenfahrt, s. Röhren oder Wasserleitung.

Röhrenglätter. (Wasserkunstbau) Ein Werkzeug, womit die Höcker und Buckeln der äußern Fläche der Röhren, die in die andere Röhren hineingesteckt werden sollen, glatt und eben gemacht werden. Da es sich öfters zuträgt, daß die eisernen Röhren außerhalb durch den Guß ungleich ausfallen, und diejenigen Theile welche in die andern gesteckt werden sollen, recht glatt und eben seyn müssen, so geschieht dieses mit diesem Werkzeug. Es ist ein eiserner oder messingener starker Ring mit zwey Handhaben, an dessen einer Seite inwendig ein rundes feilenartiges Eisen mit zwey Schrauben angebracht ist, welches mit den Schrauben näher oder weiter von der innern Fläche des Ringes kann gebracht werden, je nachdem die Röhre groß oder klein ist. In dieses Werkzeug wird der Theil der Röhre, der geglättet werden soll, gebracht, und alsdenn der Ring und mit ihm die Feile herum gedrehet, wodurch alle Höcker und Ungleichheiten durch die Feile weggenommen werden.

Röhrenholz, (Forstwesen, Brunnenmacher) gerades und von Aesten befreyetes Holz, so wie es zu Röhren, besonders zu Wasserröhren, tauglich ist. Besonders pflegt man Stämme des Nadelholzes, welche 10 Zoll im Durchmesser halten, und 30 Ellen lang sind, Röhrenholz zu nennen.

Röhrenhülse. Ein hohles eisernes Werkzeug, in welches der Röhrenkolben der thönernen Röhren paßt, und womit das spitzige Ende der Röhre abgerieben wird, damit es genau in den weitern Theil der folgenden Röhre, mit welcher sie verbunden wird, passe.

Röhrenkern, (Hoheröfen) der Kern, der in die Form zu den gegossenen Röhren gelegt wird. Man nimt zu diesem Ende eine vierkantige Stange Eisen, sieben bis 8 Zoll länger als der Rahmen (s. diesen) umwindet sie mit einem Bande oder Strick von Heu gemacht recht vest so dick und lang, als der Durchschnitt der Röhre ist. Zu den Röhren vom starken Durchmesser passet man die eiserne Stange in ein Stück Holz, damit das Heu nicht so dick darum komt. Man bevestiget das Holz an die Stange mit Vorsteckhaken an jedem Ende. Der Durchschnitt von der also zusammengesetzten eisernen Stange und Heubändern muß 1½ Zoll, auch 2 Zoll kleiner seyn, als der, den der Kern haben soll, damit man noch 8, 10 bis 12 Linien Erde um dieselbe thun kann, daß sie den gehörigen Durchschnitt zu einer Röhre von 4, 6 bis 8 Zoll geben kann. Die Erde wird um die Stange wie bey dem Kern einer Glocke oder Kanone vermittelst eines Schablons (s. dieses) aufgetragen, und die Erde selbst ist so, wie bey jenen, mit Pferdemist vermengt, und von Sand und hartem Materien gesäubert, auch etwas angefeuchtet, damit sie gut aufgetragen werden kann. Das Gestell, worauf man diesen Kern formet, besteht aus zwey starken Stücken Holz, etwa 5 Fuß hoch, in einer Mauer 4 Fuß von einander waagrecht bevestiget, die man Hebeisen oder Ständer nennet. Man macht hinten oder an der Mauer ein oder zwey Breter, die gesiebete und brauchbare Erde darauf zu legen. Man macht eine Fuge in jedem Ständer, in welche zwey Theile des Kernbaums hinein kommen, welche man so, daß sie nicht zu schwer und nicht zu leicht sind, rundet. Man hat ein auf beyden Seiten sehr gerades Brett, dessen beyde Enden gleich, und an einem Rande etwas scharf sind. Man legt dieses Brett vorne zu auf die zwey Ständer, so daß die scharfe Seite auf die in die Ständern gemachte Fuge komt, und setzt diese scharfe Seite so, daß sie von der Mitte der Fuge so weit als die Hälfte des Durchschnitts, welchen die Röhre haben soll, entfernet sey. Alsdenn bezeichnet man auf den Ständern das Hinterste des Bretts, und macht auf jeden Ständer ein Loch, dessen Rand gerade mit der Linie überein komt, die gezeichnet ist, und das Hinterste der Breter ausmachet, auf daß sich, wenn man einen hölzernen oder eisernen Nagel in jedes dieser zwey Löcher macht, die andere Seite, die Hälfte des Durchschnitts, welchen die Röhre haben soll, weit von der Mitte der Fuge, in welcher der Kernbaum sich drehen soll, befindet. Man macht zwey andere Löcher auf den Ständer, daß die Nagel das Brett zwey Linien näher an die Fugen halten; zwey andere, welche ihn noch 5 bis 6 Linien näher bringen, und noch zwey andere, nachdem man viel oder wenig Schichten um die Kernstange machen will. Auf Röhren von 2 bis 3 Zoll macht man gewöhnlich nur zwey, zu denen von 4 bis 5 nimt man drey, und zu einer Röhre von 6 bis 7 Zoll viere u. s. w. Wenn dieses alles fertig, und das Brett ganz nahe an den Löchern der Fuge ist, so trägt man auf die Heustricke der Stange Erde auf, streicht sie so gut als möglich in die Krümmungen der Stricke und Haken ein, und läßt das Kernmodell vor dem Brett umdrehen, damit die Lage allenthalben gleich komt. Wenn diese erste Schicht aufgetragen, so legt man das Kernmodell auf den Trockenheerd zum Trocknen. Wenn es trocken ist, legt man eine zweyte Lage an die erste an, und so fähret man fort bis zum letzten, welche sehr glatt und eben seyn muß. Dieweil muß die Erde zur letzten Lage durch ein Sieb gegangen, aber doch wie die andern mit Pferdemist durchknetet seyn. Wenn die letzte Schicht, die nur zwey Linien in der Dicke haben muß, eher trocken ist, als man den Kern in die Form macht, so läßt man das Ende durch ein starkes Feuer von neuem erhitzen. Alsdenn machet man die Spalten, wenn welche sind, mit angefeuchteter Asche wieder voll, und wenn sie wieder gut trocken ist, so wäscht man solche mit angemachtem kleinen Kohlenstaub, um die Erde von dem Eisen nach dem Gusse leichter zu trennen. Man muß diese Wäsche machen, wenn der Kern noch heiß ist, und sie so lange, als sie noch ein Zeichen der Nässe zeiget, nicht in die Form machen. Man macht von diesen Kernen auf einmal soviel, als man eiserne Stangen hat. An dem einen Ende der Kernstange, das platt ist, ist ein hölzerner Handgriff angebracht, mit welchem das Kernmodell bey dem Formen umgedrehet werden kann.

Röhrenkitt, kalter. (Wasserbau) Dieser Kitt, womit die thönernen Röhren wie mit dem warmen (s. Röhrenkitt, warmer) zusammengesetzt werden, wird von denselben Materien verfertiget, außer daß man ihn mit Nußöl ziemlich dünne anmachet, und mit einem Rührholze wohl unter einander rühret. Alsdenn mischet man darunter ein wenig klein geschnittenes Hanfwerg, oder auch wohl Baumwolle, ein wenig Bocks- oder Ziegentalg klein geschnitten, und durchgesiebten ungelöschten Kalk, nur soviel, bis sich der Kitt weder an das Geschirr, noch an das Rührholz, noch auch an die Hände mehr anleget, so, daß [illegible] wie Wachs handthieren kann. Wenn man mit diesem [illegible] die Röhren von Thon zusammen vereiniget, so kann man das

das Wasser gleich durchlaufen lassen, wenn der Kitt auch noch nicht trocken geworden, doch ist es besser, wenn sie etliche Tage in freyer Luft stehen können und trocknen. Man macht auch einen dergleichen Kitt von Mastix, Weyrauch, Kolophonium, klein geschnittener Baumwolle, eins soviel als das andere, ungelöschten Kalk, soviel als die vorige Materien alle zusammen, und macht es mit Nußöl zu einer Masse. Je länger es im Wasser liegt, je besser es wird. Man kann auch mit diesem Kitt eiserne und steinerne Röhren verschmieren.

Röhrenkitt, warmer, (Wasserkunst) Kitt, womit die Röhren zusammengekittet werden. Er wird aus Bolus, Flußsand, Glas und Eisenschlacken, von jedem gleichviel, wohl pulverisirt Ziegelmehl von alten Ziegeln, soviel als das vorige zusammen, und mit den vorigen Materien wohl vermischet, gemacht. Nachher zerläßt man zweymal soviel Pech als der andern Materien in einem eisernen Hafen mit ein wenig Nußöl, auch nur Leinöl, oder mit etwas Fett oder Schmeer, und indem dieses siedet, wird das Pulver nach und nach mit beständigem Rühren eingeschüttet, bis es sich am Rührholze fadenweise wie Terpentin aufziehet, welches, so es ins Wasser geworfen wird, gleich erhärtet, alsdenn wird es in ein Geschirr mit Wasser gegossen, und wenn es hart geworden, aufgehoben. Will man es gebrauchen, so wird es mit starken Hämmern zerschlagen, dann zerlassen und warm gemacht. Wenn man mit diesem Kitt die Fugen der Röhren verschmieren will, so muß man die Röhren auch warm machen, und beydes heiß zusammensetzen, sonst hat es keine Haltung. Und können also allezeit 4 bis 6 Stück außer dem Graben über dem Feuer zusammen gekittet, und hernach mit dem kalten Kitt an die andern geleget werden.

Röhrenkolm; Ein Stöpsel oder runder Cylinder von Eisen oder Stahl, der an einem Ende einen Bauch hat, auf welchem Feilenhiebe gemacht werden, welcher in die thönerne Röhren eingeschoben wird, damit sie bey dem Trocknen sich nicht werfen, auch hernach, wenn die Röhre trocken, solche mit diesem Kolm ausgerieben werden kann. An dem dicken oder bauchigten Ende hat dieser Kolm einen Querriegel, an welchem derselbe bey dem Abtreiben der Röhren gedrehet und gezogen wird. Denn die trockne Röhre wird an dem weiten Ende mit diesem Kolm vermittelst seiner Feilenhiebe abgerieben, damit das dünne Ende der folgenden Röhre genau darinn passe.

Röhrenleitung, Fr. Conduit d'Eau. (Wasserbau) Eine Reihe an einander liegender Röhren, um das Wasser, z. B. bey Wasserkünsten, von einem Orte zum andern zu leiten, sie wird nach dem Durchmesser der Röhre benennt. Daher sagt man eine Röhrleitung von Eisen, oder Bley, Conduit de Plomb, de Fer, aus so und soviel Klaftern lang, 1, 2 bis 12 und mehrere Zolle weit, nachdem es die Menge des Wassers erfordert. Die eisernen Röhren werden gegossen, haben eine Länge von 3 Fuß und etliche Zolle darüber, und an beyden Enden Lappen, durch welche Löcher gemacht sind, in welche Schrauben kommen, so mit Schraubenmuttern zusammen gezogen, und mit Kütte verwahret werden. Die bleyerne Röhren werden theils gegossen, theils von Bleytafeln zusammengelöthet. Die ersten aber sind besser und dauerhafter. Was die gebrannten thönernen Röhren, Fr. Conduit de Terre ou Poterie, betrifft, so werden solche heut zu Tage nicht mehr gebraucht, hingegen bedienet man sich der hölzernen Deichelröhren, Fr. Conduit de Tojaux de bois, welche aus Eichen, Ulmen, meistens aber aus Kiefern, gemacht werden. Man macht sie auch aus Kupfer und Metall. Alle müssen aber so tief in der Erde liegen, daß ihnen weder der Frost, noch das darüber Fahren, schaden kann. (s. Leitungsröhren)

Röhrenlöthe. Das Loth, womit man die bleyernen Röhren löthet, wird aus 2 Theilen Bley und 1 Theil Zinn zusammengeschmolzen. Man probirt es dadurch, daß man eines Thalers groß auf einen Boden oder eine Tafel schüttet, und wenn sich darinn kleine glänzende Fleckchen bilden, welche man Rebhuhnaugen nennt, so ist das Loth gut.

Röhrenmodell. (Hohenofen) Das Modell von Holz, wornach die Röhren in dem Sande zum Guß geformt werden. Es besteht in einer Art Walze, welche der Länge nach in zwey Hälften eingetheilt ist. Beyde Hälften sind durch zwey eiserne Zapfen verbunden, nachdem die Mitte gut gearbeitet ist, und von der Größe oder Dicke, als die innere Oeffnung der Röhre seyn soll. Wenn das Modell fertig ist, so macht man von jedem Ende dieser Zapfen eins kurzer, um die Nägel oder Zapfen, welche die zwo Mitten des Modells zusammenhalten, wenn man die andere Hälfte derselben verfertigen will, daran zu machen. Die runde Gestalt von jeder halben Walze giebt von selbst an den Seiten die nöthige Verminderung, die die Dicke der Röhre haben soll.

Röhrenplatten, bleyerne, zu verzinnen. Hierzu haben die Bleygießer einen Verzinnofen, der mit glühenden Kolen angefüllet ist, an desselben zwey Seiten stehen zwey Arbeiter, und halten die bleyernen Platten darüber, daß solche warm werden; alsdenn legen sie zinnerne Plättchen darauf, indem sich nun die Platte erhitzet und das Zinn schmilzet, so überzinnen sie die Platten dadurch, daß das Zinn mit Werg und Harz darüber geschmieret und ausgebreitet wird.

Röhren, thönerne. (Wasserkunst) Da man auch zuweilen wohl Röhren von Leim zu den Wasserleitungen gebrauchet, so verfertigt man solche auf folgende Art: Man macht sie von Töpferthon wenigstens zwey Finger dick, mit Absätzen, daß eine in die andere geht, und sich genau einschließt. Man verstreicht die Fugen der Zusammenfügung mit Kalk, den kein Wasser berühret hat, sondern der mit Oel angemacht ist. Man formet diese Röhren mit einem von hartem Holz in Oel gesottenen und abgedreheten Cylinder, welcher so eingerichtet ist, daß er nicht allein die Weite der Röhre giebt, sondern auch auf dem einen Ende den spitzen Theil derselben bildet, welcher bey dem Zusammensetzen der Röhren in die andere Röhre eingesteckt wird, das andere Ende aber den Kopf oder den

 weiten

weitern Theil der Röhren giebt. Dieser Cylinder giebt also die ganze inwendige Form der Röhre, wenn der Thon darüber geschlagen wird. Die auswendige Gestalt, Dicke und Stärke der Röhre zu erlangen, hat man zwey ausgehöhlte Hölzer, welche inwendig die Weite und Figur der äußerlichen Röhren haben. Der Kern der Form ist vorne am Ende etwas dünne. Wenn die Röhren gemacht werden sollen, wird der Thon nach der erforderlichen Länge, Dicke und Breite als ein flaches Brett zugerichtet, der Kern mit Oel angestrichen, und alsdenn der Thon um denselben wohl angeschlagen, hierauf die beyden ausgehöhlten Hölzer vermittelst zweyer Stifte, damit sie auf dem Kern nicht hin und her weichen, aufgesetzt und befestiget, und zusammen gepresset, der übrige Thon mit einem Messer weggeschnitten, bis beyde Stücke füglich auf einander stehen, und die Röhre außen rund ist. Hierauf werden die beyden Stifte heraus gezogen, ein Eisen in das Loch des Kerns am dicken Ende gesteckt, durch Drehen und Ziehen der Kern heraus gezogen, und die beyden hohlen Hölzer abgenommen. Weil sich öfters der Thon beym Trocknen wirft und verziehet, so läßt man von Eisen oder Stahl einen Kolm, (s. Röhrenkolm) der genau in den weiten Theil der Röhre passet, oder auch etwas größer ist, als auch eine hohle Hülse verfertigen, darein der Kolm auch passet. Beyde werden mit Kerben eingefeilt, daß sie gleichsam als ein Bohrer oder eine Feile aussehen, und darauf läßt man die Röhren trocknen. Wenn sie trocken, so wird mit dem Kolm die Weite, unten mit der Hülse das spitzige Ende abgerieben, damit dasselbe Ende allezeit in das andere Ende der andern Röhre genau einpasse. Nachher werden diese Röhren gebrannt, und dabey muß man sich wohl in Acht nehmen, wenn sie in den Brennofen eingesetzt werden, daß sie sich nicht werfen, auch muß man solche Röhren inwendig glasuren.

Röhren zum Lustfeuer, (Feuerwerker) hölzerne oder papierne Röhren, aus welchen das auffahrende Feuer aus einer Rakete in die Luft geschickt wird. Diese Röhren nennt man auch Patronen oder Pumpen. Kleine Röhren macht man aus Papier, große aber aus Holz. Ihre Größe hängt von der Vielheit des Feuers ab, das man aus denselben schießen will. Sie müssen aber ohne Unterschied der Größe stark genug verfertiget seyn. Die gewöhnlichen Röhren dieser Art sind: 1) Röhren, aus welchen Luftschläge geschossen werden: Sie werden wie die Hülse einer Rakete (s. Raketenhülse) gemacht, aber stärker; sie müssen 4 bis 5 Zoll länger und 1 Linie weiter, als der Schlag seyn, werden unten gewürgt, doch so, daß ein Federkiel in ihrer Kehle steckt. Der Federkiel wird mit einem langsam brennenden Satz angefüllet, auf den Boden der Röhre Kornpulver gestreuet, auf dieses der Schlag gesetzt, und der oberste Raum der Röhre mit Papier ausgefüllt. Mehrere solche Röhren werden in Löcher eines Brettes insgemein neben einander gestellet, und ihre Federkiele in der Kehle mit einer Stopine verknüpft, damit die Schläge zugleich in die Luft fahren. 2) Röhren, woraus man Sterne und Leuchtkugeln schießet, sind von willkührlicher Länge. Man steckt in eine Oeffnung der Röhre einen hölzernen Cylinder, der unten eine Spitze hat, schüttet Kornpulver auf den Boden der Röhre, legt auf dieses eine Schlagscheibe, und über der Schlagscheibe füllet man die Röhre 1 bis 2 Kaliber hoch mit einem langsamen Satz aus Pulver, Salpeter, Schwefel und Kolen an. In dem übrigen Raum der Röhre wechselt stets eine Lage Kornpulver mit einer Lage Sternen und Leuchtkugeln ab, und den Beschluß macht eine Lage von dem vorgedachten Satz. Endlich verschließt man die Röhre mit einem papiernen Deckel, der abgenommen wird, wenn der Feuerwerker die Röhre anzündet. Er steckt nämlich in diesem Fall die Spitze des obgedachten hölzernen Cylinders in die Erde, und zündet den obern Satz der Röhre an, da denn die Sterne und Leuchtkugeln nach und nach in die Luft fahren, und die Röhre selbst endlich mit einem Knall zerplatzet.

Röhren, zweybohrigte, (Bergbau) die noch einmal so stark im Diameter sind, als die einbohrigte Röhren. (s. Röhren, einbohrigte)

Rohrfeiler, (Gewehrfabrik) derjenige Arbeiter in der Fabrik, der das Rohr mit der Schlichtfeile polirt, die Schwanzschraube (s. diese) verfertiget, und die Haften nebst dem Richtkorne (s. beydes) aufsetzet, und das also fertig gemachte Rohr dem Schloßmacher übergiebt.

Rohrflöten, Fr. à cheminée, (Orgelbauer) Orgelstimmen von 16, 8, 4, 2, 1 Fuß gedackt, im Hute steckt eine enge Röhre, wodurch der Ton heller als im Gedackten wird. Von dieser Röhre haben sie ihren Namen erhalten. Sie sind von Zinn und auch von Holz. Sie werden aus den Zinnplatten zugeschnitten, nach der Länge gefeilet, und auf dem Steinpfel angelöthet, nachdem man im Zentro ein Loch gemacht hat. Die verkehrte Seite der Platte und der äußere Rand des Rohrs wird geweißet, (s. Weißen) das Loch einwärts geschärft, das Weiße geschabt, eine Schärfung am äußern Rande des Rohrs gemacht, man setzt diesen Rand gerade auf, und löthet ihn an die verkehrte Seite der Platte. Endlich löthet man die Platte an das Rohr oder an den Hut. Beyde Seiten der Gedackte bekommen am Mundloche einen Bart oder Ohren. Dieser Bart dienet zum Stimmen und zur deutlichen Ansprache, und besteht aus nicht zu dünnem Probezinn. Man weißet dazu die zwey Seiten des Pfeifenmundes und das Auswendige des Barts, schärft den äußern Mundrand nach der Länge aus, trägt eine Linie breit an beyden Seiten des Mundes von oben nach unten, legt die Pfeife auf die Seite, und löthet den Bart an.

Rohrhobel, (Blattmacher) Ein Werkzeug, womit derselbe die Breite der Rohrstifte in einem Blatte bestimmt. Er besteht aus zwey scharfen Messerklingen, die mit ihren Schneiden neben einander senkrecht in einem Klotz eingesetzt sind, so daß diese beyde Klingen zusammen einen spitzen Winkel machen, und durch Keile näher oder entfernter von einander gestellt werden können, nachdem die Rohrstifte breit oder schmal seyn sollen. (s. Jacob. Schpl. Theil III. Tab. II. Fig. II. b)

Rohrhobel. (Büchsenschäfter) Ein Hobel, womit die Rinne geglättet wird, worinn das Rohr oder der Lauf eines Gewehres zu liegen kommt. Die Schneide des Hobeleisens muß daher nach einem halben Zirkel abgerundet seyn, und die Bahn des hölzernen Gehäuses hat eine walzenartige Rundung, womit die Schneide des Hobeleisens übereinstimmt. Uebrigens hat es alle übrige Theile mit einem andern Hobel gemein.

Rohrhobel, (Englischer Stuhlmacher) ein Instrument, worauf derselbe das in verschiedene Theile gespaltene Rohr auf der Kernseite behobelt, und zum Beflechten dünn und bequem machet. Auf einem hölzernen länglicht vierkantigen Holze oder Gehäuse ist an dem einen Ende ein vorspringend Stück Holz angebracht, das auf der äußern Kante mit Haspen an das Gehäuse befestiget ist, daran ist eine horizontalliegende Klinge auf dem Gehäuse befestiget, doch so, daß ihre Schneide in etwas schräge gegen das Gehäuse gerichtet ist. Zwischen dem vorspringenden Holze des Gehäuses und dem Gehäuse selbst liegt eine Stahlfeder, die das Holz im nöthigen Falle hebet. Denn dieses Holz steckt auf einer Schraubenspindel, die eine Flügelschraube hat, so daß, wenn solche in die Höhe oder herunter geschraubet wird, sich das vorspringende Holz entweder dem Gehäuse nähert, oder sich von demselben entfernet, und folglich auch die Klinge, da diese mit dem vorspringenden Holze zusammenhängt. Der englische Stuhlmacher kann also seine Hobelklinge, die gewöhnlich aus einer Scheermesserklinge gemacht ist, nach seinem Gefallen weit oder dicht von dem Gehäuse stellen, und hierdurch dünn oder dick das Rohr behobeln, indem er den Rohrfaden nur zwischen die Klinge steckt und durchzieht, wodurch das Ueberflüßige weggenommen wird. Auf dem Uebrigen des Gehäuses werden die Schmaler (s. diese) angebracht.

Röhricht, (Müller) das Mehl, welches durch die Ritzen bey dem Mahlen fällt, und welches sich die Müller als ihr Eigenthum zurechnen.

Röhrkanne, eine hölzerne mit einer Röhre versehene Kanne.

Röhrkasten, Fr. Citerne. (Wasserbau) Ein großer Wasserbehälter, worein sich ein Röhrwasser ergießt, der öfters einen schönen und wohlgebildeten Aufsatz hat: als z. B. eine Säule oder Säulenstuhl, worauf ein Bild, oder dergleichen stehe, und mit speyenden Bildern, die auf dem Rande des Kastens angebracht sind ꝛc. Ein solcher Röhrkasten oder Springbrunnen wird gemeiniglich auf öffentlichen Marktplätzen zur Zierde einer Stadt erbauet. Es giebt auch viele, die nur aus hölzernen Säulen bestehen, aus welchen sich das Wasser in einen hölzernen Kasten ergießt.

Röhrlein, s. Pfropfen.

Röhrmeister, s. Brunnenmacher.

Rohrmesser. (Blattmacher) Ein Werkzeug, womit das gespaltene Rohr zu den Rohrstiften der Blätter glatt gemacht, und ihm die gehörige Dicke mitgetheilt wird. Auf einem kleinen Klotze ist eine scharfe Messerklinge, die gemeiniglich von einem Scheermesser ist, eingespannt, so daß die Schneide gegen den Klotz gekehret ist, aber doch noch ein kleiner Abstand zwischen der Klinge und dem Klotz bleibt, doch nur soviel, daß nach der verlangten Stärke des Rohrstiftes dieser zwischen dem Klotz und der Klinge durchgezogen werden kann. Und da diese Riedte bald mehr, bald weniger, dick seyn müssen, so muß auch das Messer der Fläche des Klotzes mehr oder weniger genähert werden können, welches durch kleine Keile geschieht, welche unter die Enden der Klinge gesteckt werden. (s. Blattmachen, und Jacob. Schpl. Th. III. Tab. II. Fig. II. a)

Rohrmesser. (Stuhlmacher) Ein kleines Messer, welches gemeiniglich von einem Balbiermesser zurecht geschliffen worden, womit derselbe nicht allein das Rohr glättet, und von seinen Absätzen und Auswüchsen reiniget und beschneidet, sondern auch spaltet.

Rohrnägel, (Nagelschmid) kleine Schloßnägel mit stumpfen Spitzen, womit die Rohrstängeln (Ausrohren) einer Zimmerdecke befestiget werden.

Rohrnasat, s. Rohrquinte.

Rohrpfeifen, (Vitriolsiederey) die in den Setzfässern in den Latten steckende Schilfröhre, an welche sich der Vitriol anschießt oder wächset. (s. Vitriol sieden und Setzfässer)

Rohrquinte. (Orgelbauer) Ein Pfeifenregister in der Orgel mit der Rohrflöte einerley. Sie haben so wie die Rohrflöten im Hut eine Oeffnung, wodurch ein kleines Röhrchen gesteckt wird. Dies kleine Pfeifchen kann heraus ragen, auch ganz hinein gerückt werden, und diese sind dauerhafter, weil an den herausragenden Röhrchen leicht etwas beschädiget werden kann. Sie klingen heller, als andere Gedacte.

Rohrschelle, s. Rohrquinte, ist eine helle Quinte.

Rohr schleifen. (Rohrschmid) Das Rohr eines Gewehrs, nachdem es auf der Bohrmühle ausgebohret worden, wird auf der Schleifmühle auf dem zum Rohrschleifen besonders angebrachten Schleifstein geschliffen. Neben dem Schleifstein ist ein Zapfenlager, worauf das eine Ende des Dorns ruhet, den man bey dem Abschleifen durch das Rohr steckt. An dem andern Ende dieses Dorns ist ein Kreuz befestiget, womit der Schleifer den Dorn und zugleich das Rohr an dem Schleifstein im Kreise umdrehet. Zugleich muß er es auch nach sich ziehen. Der Pulversack der Vogelflintenläufe pflegt gemeiniglich achtkantig zu seyn, und der ganze Lauf der Büchsen ist es beständig. In beyden Fällen hält der Schleifer den Lauf auf dem Dorn mit beyden Händen gegen den Schleifstein, und schleift die kleinen Flächen bloß nach dem Augenmaaße aus.

Rohrschmid. Ein Arbeiter in einer Gewehrfabrike, der die Flintenröhre schmidet. Er erlernt seine Kunst in der Fabrike, ist auch wohl oft ein gelernter Büchsenmacher, der als Geselle in einer Gewehrfabrike arbeitet. Denn alle besondere Arbeiten in einer solchen Fabrike, die alle von besondern Personen verrichtet werden, indem einer dem andern in die Hände arbeitet, sind in einem Büchsenmacher sonst zusammen vereiniget.

Rohrschmiden, (Gewehrfabrik) diejenige Arbeit, da der Rohrschmid (s. diesen) aus einer Platine ein Rohr oder Flintenlauf schmidet. Die Platinen (s. diese) werden unter dem Prellhammer (s. diesen) flach ausgestreckt. Die Arbeiter wissen schon aus der Erfahrung, wie lang ein Stück Eisen seyn muß, daß sie zu jeder Art der Platinen abhauen müssen. Dieses bewegen sie nach der Länge und Breite unter dem Hammer so lange, bis es das vorgeschriebene Maas hat. Dieß einzige müssen sie merken, daß sie das eine Ende der Platine, woraus bey dem Gewehr der sogenannte Pulversack entstehet, etwas stärker lassen. Alles dieses gilt von jeder Platine zu allerley Gewehren, außer einer Büchse, wo dieselbe überall gleich dick ist. Diese platte Schiene Eisen wird nunmehr über einem Dorn in ein Rohr verwandelt. Der Rohrschmid wählt sich eine Platine nach einem Maas, und schärft die beyden langen Seiten dergestalt mit dem Hammer ab, daß beyder Dicke übereinander geschlagen, so viel beträgt, als die Stärke in der Mitte der Platine. Alsdenn wird dieselbe rothglühend gemacht, und zwischen zwey starken eisernen Armen, die spitzwinklicht gegen einander im Ambosstock gestellt sind, mit der Finne des Hammers so gut wie möglich gekrümmt und zusammengerollt; das aufgerollte Eisen wird von neuem warm gemacht und um einen starken und langen Dorn geschlagen. Ein solcher Dorn ist jederzeit nach dem Kaliber jedes Laufs abgemessen, der aus dem Rohr entstehen soll. Unterdessen muß der Durchmesser in jedem Zirkel des Dorns etwas kürzer seyn, als der Kaliber des Gewehrs, weil der Bohrer auf der Bohrmühle die Aushöhlung des letztern erweitert. Die abgeschärften Seiten der Platine berühren einander, wenn sie bereits um den Dorn geschlagen sind. Diese müssen zusammengeschweißt werden, und das Rohr muß zugleich eine völlige Rundung erhalten. Beydes wird erreicht, wenn man den Haken des Dorns (s. diesen) gegen den Amboß lehnt, und die Röhre wieder abzieht, dieser aber Schweißhitze giebt, und sie in einem Gesenk beym Zusammenschweißen stets in einem Kreise herumdreht. Ein Amboß vertritt hier die Stelle der Gesenke (s. Gesenkambos.) Sobald nun ein Ende der zusammengerollten Platine bis zur stärksten Schweißhitze erwärmt ist, so legt sie ein Rohrschmid in eine Vertiefung auf der Bahn des Gesenkambosses, worein sie paßt, und ein anderer sucht schon bereit den Dorn in aller Eile wieder in das Rohr zu stecken. Dieser ragt auf beyden Seiten aus dem Rohr hervor, und daher kann solches bequem gehalten und gelenket werden. Beyde Arbeiter richten ihre starke Hämmer auf die glühend gemachte Stelle des Rohrs, und zugleich wird dieses beständig in dem Gesenk umgedreht. Hierdurch wird der erwärmte Theil des Rohrs nicht nur zusammengeschweißt, sondern auch zugleich geglättet. Man kann aber die Nath des ganzen Rohrs nicht in einer Hitze zusammenschweißen, sondern es geschieht stückweise, und der Rohrschmid muß bey jedem Rohr das Eisen dreymal erwärmen. Demohnerachtet bleiben nach dem Zusammenschweißen noch hin und wieder unebene Stellen und Splittern stehen, daher wird das Rohr noch weißglühend, und zuletzt rothglühend mit dem Handhammer in dem Gesenk gerecht. Bey dieser letzten Arbeit mißt der Rohrschmid das Rohr, und wenn es zu lang ist, so staucht er es an einem Ende mit dem Hammer auf, bis es die erforderliche Länge hat. Das aufgestauchte Ende legt sich aber natürlicher Weise etwas um, daher steckt der Professionist die Oeffnung des Rohrs auf einen runden und zugespitzten Wiederhaken des eisernen Arms der auf dem Ambosstock steckt, und schlägt die Erhöhungen auf der Röhre mit dem Hammer nieder. Zuletzt sieht er durch das hohle Rohr, um zu bemerken, ob nicht etwa in der Seite Vertiefungen oder Splitter sind. Bemerkt er Fehler, so muß er das Rohr von neuem auf dem Dorn schmiden. Noch muß man bey dieser Arbeit merken, daß das Eisen hiezu mit englischen Steinkohlen erwärmt werde, weil man bey dem Zusammenschweißen der Nath den höchsten Grad der Schweißhitze hervorbringen muß, welches durch andere Kohlen nicht so leicht zu bewerkstelligen ist. Ferner muß man bey dem Glühen des Rohrs beobachten, daß man den Dorn nie mit in die Glut lege, denn man würde ihn sonst mit dem Rohr zusammenschweißen. Aus der Esse des Rohrschmids komt es auf die Bohrmühle (s. diese) wo die Sele des Rohrs ausgehoben und gebohrt wird. (s. bohren) Nachher wird das Rohr auf dem großen Schleifstein der Schleifmühle (s. diese) geschliffen, und demselben seine Vollkommenheit gegeben (s. Rohrschleifen) alsdenn sticht der Stecher (s. diesen) auf den Lauf den Namen oder das Zeichen und die Nummer und der Rohrfeiler polirt das Rohr. (s. Rohrfeiler) zuletzt erhält es der Equipeur, der solches nebst den andern Stücken zusammensetzt (s. Equipeur.)

Rohrspalten, (Englischer Stuhlmacher) das auf seiner Rinde glatt geschnittene Rohr wird mit dem Rohrmesser nach der Länge in vier Theile getheilt, und von jedem Viertel der innere Kern (Peddig) im Groben mit dem Messer geschnitten. Jedes Viertel wird wieder mit dem Rohrmesser wenigstens in zwey gleiche Theile zerspalten, so daß jedes Rohr wenigstens in acht gleiche Theile zertheilet wird. Wenn aber ein Stuhl sehr fein beflochten werden soll, so theilet man jedes Rohr in zwölf und sechzehn Theile.

Rohr, spanisches, s. Spanisches.

Rohrsparren, (Baukunst) Eine besondere Art Sparren (s. diese) zu denjenigen Dächern, welche mit Rohr gedeckt werden sollen, sie sind nicht so stark als die Sparren zu den Ziegeldächern.

Rohrstäbchen der Patrone, (Seidenwirker) zwey dünne glatte Stäbchen von Rohr, welche an den Enden zusammengebunden sind, und zwischen welche die Patrone beym Einlesen (s. dieses) gespannt wird, die auch dem Einleser zum Wegweiser dienen, damit er sich nicht verirre, denn die beyden Rohrstäbchen werden allemal dergestalt auf die Patrone gestellt, daß sie immer auf der Linie derjenigen Quadrate der Patron (s. diese) liegen, welche er einliest. Damit er weiß, nach welcher Stelle in der Patron tern er einlesen soll. Und so rückt er bey dem Einlesen von einer Linie zur andern fort, ohne sich zu verirren.

Rohrstiffte des Blattsetzers. Kleine dünne und recht glatte schmale Stiffte von spanischem Rohr, die er nach der Nummer seines zu verfertigenden Blattes sich selbst zurichtet. D. i. er muß sich solche spalten und ihnen die gehörige Dicke und Breite geben. Er bedienet sich hiezu eines gedoppelten Werkzeugs des Rohrmessers (s. dieses) womit er den Rohrstifften die erforderliche Dicke giebt, und des Rohrhobels (s. diesen) um denselben die erforderliche Breite zu geben. Beyde sind so eingerichtet und gestellt, daß er das Rohr nur durchziehen darf, so erhält es seine Dicke und Breite (s. beyde wo sich das nähere ergeben wird.)

Rohrstock. (Kupferschmid) Eine eiserne runde Stange die an einem Ende spitzig zu läuft, und an dem andern Ende einen Haken hat. Auf dieser runden Stange werden die zugeschnittenen platten Bleche zu Röhren rund geschmiedet und nachher an dem Haken herausgezogen. Bey der Arbeit selbst wird das Blech mit hölzernen und eisernen Hammern dergestalt um die Stange geschlagen, daß die beyden Seiten des Blechs etwas übereinander zu liegen kommen.

Rohrstoße. Ein besonderes Instrument, das Rohr, wenn die Teiche zugefroren sind, damit abzuschneiden. Es hat ungefähr die Gestalt einer mit einem scharfen schneidenden Eisen versehenen Schüppe, die auf der Seite eine Art von Gerüst wie die Kornsensen hat, in welche das abgestoßene Rohr, indem man die Schüppe vorwärts schiebet, zurückfällt, und auf die Art dem Ufer näher gebracht wird.

Rohrstühle, (Englischer Stuhlmacher) die Stühle, deren Sitze und auch zum Theil die Lehnen mit Rohr beflochten werden. Man hat allerley Arten von Stühlen dieser Art, als: Tafelstühle, Fauteuillen, Kanapees, Sofas u. dgl. m. Sie haben von dieser Beflechtung mit Rohr ihren Namen erhalten, und werden in den Preußischen Staaten auch von den Korbmachern beflochten. (s. Korbmacher und Englische Stuhlmacher.)

Rohrstuhlflechter. Ein Handwerker, der die Stühle mit spanischem Rohr beflicht. (s. Flechten) Er ist gemeiniglich mit dem englischen Stuhlmacher (s. diesen) vereiniget, doch giebt es in großen Städten, wo dergleichen Stühle stark in der Mode sind, eigene unzünftige Leute, die die alten Stühle mit neuen Sitzen und Lehnen beflechten, wenn solche beschädigt sind.

Röhrtrog. Ein Trog, das Röhrwasser darein zu sammeln, oder zu leiten, welcher sich von einem Röhrkasten nur durch seine Länge unterscheidet.

Rohrwein. Fr. Vin de Canne, (Zuckersiederey) So wird der Saft aus dem Zuckerrohr genannt. Es ist eine flüßige Materie, angenehm zum trinken und wird für sehr gesund gehalten. Dieser Saft ist mehr oder weniger verzuckert, nachdem das Rohr die gehörige Reife erlangt hat, und nachdem der Boden gut ist. Deswegen muß mancher Saft mehr gekocht werden als der andere. Da der Rohrwein sehr leicht gähret und sauer wird, so muß die Mühle, worin das Rohr zerquetscht und der Saft ausgepreßt wird, öfters rein gemacht werden, damit alle Ursachen zur Gährung entfernt werden, und man muß ohne zu säumen den Saft in den Kessel zum kochen thun. Bey dem Kochen muß er abgeschäumt und klar gemacht werden, und durch das Kochen endlich hinlänglich in die Enge gebracht worden seyn, damit das vornehmste Salz sich wenigstens zum Theil von dem Syrup entferne und anschieße (Zuckerrohr und Zuckersieden)

Rohrwerk in den Orgeln s. Schnarrwerk.

Rohrzirkel. (Büchsenmacher) Ein Werkzeug womit derselbe untersucht, ob die äußere Fläche eines Flinten- oder Büchsenlaufs unebene Stellen hat. Er bestehet aus zwey zusammengebogenen dünnen elastischen eisernen Schenkeln. Auf dem einen Schenkel beynahe am Ende ist außerhalb eine elastische Feder befestiget, und durch den andern Schenkel der Feder gegenüber geht eine Schraube. Bey dem Gebrauch steckt der Künstler den Schenkel mit der Feder in das Rohr bis an das äußerste Ende, und die Feder erhält ihn in dem Rohr senkrecht. Bey dieser Stellung des Schenkels nähert man die Schraube dem Rohr dergestalt, daß ihre Spitze etwa nur um eine Linie von der äußersten Fläche des Rohres absteht. Dreht man nun den Zirkel bey dem Herausziehen beständig im Kreise herum, so stößt die Schraube an, wenn sie an eine erhöhete Stelle kömt, und zeiget dem Büchsenmacher, wo er noch etwas mit der Feile abnehmen muß.

Rohr zum Schießgewehr, s. Flinten- und Büchsenrohr.

Rohschlacken, Fr. Scories de Matte crue, (Hüttenwerk) die von der Roharbeit fallende Schlacken.

Rohschmelzen, s. Roharbeit.

Rohschmelzen, (Hüttenwerk) die Arbeit, da man die geringhaltigen Erze, Silber- und Kiesschliche mit Zuschlag der Frischlacken schmelzt um daraus das Rohlech zu ziehen. (s. Rohleich) Zu diesem Schmelzen werden in dem abgewärmten Rohofen (s. diesen) erstlich bis über die Form Kohlen getragen, darauf ein Tröglein Flußschlacken. (s. diese) wieder ein Füllfaß von Kohlen, und in jeden Winkel oder Ecke des Ofens bey der Vorwand ein Trögel Schlacken gesetzt, womit bis zur Anfüllung des Ofens fortgefahren wird. Alsdenn läßt man das Gebläse sachte an, und setzt den Zuglöffel in der Form vor das Gebläse, damit die Nase sich schneller ansetze. Nachdem es sich wohl verwärmet hat, und der Ofen niedergegangen ist, wird von der Vormaaß aufgesetzt. (s. Vormaaß) Man erhält von der Roharbeit das Rohleich und die Rohschlacken. Das Abstechen geschiehet wenn schon drey oder 4mal von der Vormaaß ist aufgetragen worden, und der Schmelzer glaubt, daß genugsames Leck im Ofen vorräthig zusammengeschmolzen sey. Das durch ein ganzes Wochenwerk hindurch gefallene Leck wird nachher probirt, abgewogen, in die Röststätte gebracht, einmal geröstet und zu der Bleyarbeit genommen.

Rohstahl, s. Rohstahlfrischen.

Rohstahleisen, Rohstahl, Rohfaststahl, Spiegeleisen. (Eisenhütte) Ein brüchiges, klüftiges, hartes und sprödes Eisen, das zu Gußwerk in Rohen tauglich ist. Diese Art Eisen fällt vom weißen Eisen- oder Stahlstein. Daraus wird im Frischfeuer Rohstahl, welcher in dünnen Stücken geschmiedet und wieder im Wasser abgelöscht Rohfaststahl ist.

Rohstein, Fr. Matte crue, Pierre de cuivre fondu, (Hüttenwerk) der Stein, der durch die Roharbeit erhalten wird, darinn der Silbergehalt enthalten ist, welcher im Erz weit zerstreut, das ohngefähr 4 Loth im Zentner, von den armen Erzen, welche an sich von einem halben Loth und ein wenig mehrerem Gehalt gewesen. Seine Härte ist Ursache, daß er Stein genennt wird.

Rohsteine auf Silber zu probiren. (Hüttenwerk) Man nimmt einen Probirzentner von dem zu probirenden Rohstein, und siedet denselben wie eine Goldprobe an, (s. Sieden der Goldproben) wenn die Verschlackung geschehen, so treibet man die erhaltene Werke auf Silber ab, und wiegt oder zieht die Körner auf, so weiß man wie viel Silber ein Zentner Erz hält.

Rokaille. Fr. Ein zusammengesetztes Werk von Muscheln, kleinen rohen Kieselsteinen, Stückchen Glas und kleinen künstlichen Bäumen, deren Anordnung Grotten, Springbrunnen und andre ländliche Gegenstände vorstellt. Die Glasmaler nennen auch Rokaille runde Stückchen Glas von verschiedenen Farben, welche wie Körner aussehen. Diese Rokaille wird zu ihren Farben gebraucht. Es giebt daher rothe, grüne, gelbe u. s. w. Rokaille. Den der solche Dinge verfertiget nennt man im Französischen Rokailleur. (s. auch Rocaille)

Rokola, Rocola. (Vogelsteller) Eine Art Vogelgarn, welches rundherum als Klebgarne (s. diese) aufgestellt wird. In der Mitte sind 3 etwas hohe Bäume, die voller Lockvögel hangen. Sobald eine Anzahl Vögel auf den Bäumen sitzt, so läßt man aus der Hütte einen Pfeil losgehen, der einen Kopf und Flügel hat, wie ein Falke und über die Bäume wegfliegt. Hierdurch werden die Vögel so erschreckt, daß sie auf den Boden herabschießen und in das Garn fallen.

Roll, Rolle, Stock- oder Rundfische. (Handlung) Eine Anzahl von 110 Fischen, die in Gestalt einer Walze oder Rolle zusammengebunden sind.

Rollbaum, ist beynahe das, was ein Heck ist, mit dem Unterschiede, daß in einem Rollbaume das Heck unter einem Baum, der mit einem überstehenden Gegengewichte sich auf einem Pfahl drehet, eingezapft ist. Ein Heck aber nur mit eisernen Haspen an der Seite des Ständers hängt.

Rollbaum, s. Rennbaum.

Rollbrett, Roll. (Bortenwirker) Ein Gestelle vor der Lade des Bortenwirkerstuhls, worinnen Rollen liegen, über welche die Ketten, die in die Hochstämme eingereihet werden, seitwärts herunter geleitet werden, damit durch die Kämme die Fäden des Anschweifs gezogen, und solche zu dem Vorderblatt der Lade geleitet werden können.

Rollbrücke, (Wasserbau) wenn vor diesem die Schiffahrt durch einen Felsen, oder sonst nicht fortzuschaffendes Hinderniß unterbrochen wurde, so bauete man eine schiefliegende Fläche, welche aus dem untern Kanal herauf, und in dem obern wieder herabstieg, in Gestalt einer Brücke. Die Bahn dieser Brücke wurde mit beweglichen Walzen belegt, deren Bolzen in zwey Seitenhölzern stacken. In der Mitte war eine Göpelmaschine von Pferden getrieben, oder man bediente sich eines Wasserrades, welches den Kahn, der zuweilen auf einem Schlitten ruhete, heraufzog und auf der andern Seite wieder herabrollen ließ. Auf diese Art brachte man den Kahn aus dem Wasser über den Steg oder die Rollbrücke wieder in das Wasser.

Rollbrücke nach Sturms Angabe. (Baukunst) Nachdem die Spundpfähle zu dieser Brücke mitten unter dem Rücken oder höchsten Theil derselben, und längst am Damm, wie auch hernach ferner die Grundpfähle oben und unten mit einer schweren Ramme eingerammt sind, so schneidet man sie ab, so gut man kann, nach dem Wasserpaß, und richtet alsdenn die Lagerbalken darauf, die man stark verbolzen und mit fichtenen oder birkenen 2 Zoll dicken Bohlen befestigen muß. Quer darüber werden die Lagersohlen gestreckt, und was an den Balken sich noch nicht ganz nach dem Wasserpaß hat einrichten lassen, durch das Aufkämmen der Sohlen auf die Balken völlig zu Stande gebracht, damit diese genau nach dem Wasserpaß zu liegen kommen. Die Rollen, die auf diesen Brückensohlen befestigt, und über welche die Schiffe gezogen werden, müssen 8 bis 10 Fuß lang, 9 Zoll bis 1 Fuß dick, und an beyden Enden mit eisernen Reifen eingefaßt seyn. Die Zapfen dieser Rollen müssen 2 Zoll dick seyn. Auf den Bordhölzern dieser Brücke müssen kleine Klötzer von dem härtesten und glattesten Holze, das man haben kann, eingeschoben werden, darauf die Zapfen der Rollen als Pfannen liegen. Wenn sie nun zu tief ausgewühlt werden, kann man allezeit neue Klötzerchen dafür einschieben. Ueber die Zapfen aber, damit sie nicht aufspringen, werden eiserne Deckel geschlagen, entweder an einem Ende mit Gewinde und an dem andern mit Krampen und Splinten oder an beyden Enden mit Schrauben befestiget, damit man die Rollen allezeit ausnehmen könne. Die Schiffe über diese Brücke aufzubringen, hat man vielerley Arten von Maschinen. Wenn z. B. ein Schiff mit seiner Ladung, so 140 Zentner hätte, über diese Brücke gebracht werden soll, so hängt man dasselbe hinten und vorne an ein paar Kloben mit doppelten Rollen, welche an Dachbäume vest gemacht sind, und durch Pfähle verhindert werden, daß sie nicht nachgeben. In einiger Entfernung in der Mitte vor der Brücke ist ein Kammrad mit einer senkrechten Welle angebracht, worüber das Seil, welches durch die Kloben geht, gewickelt ist. Zieht man an dieser Stelle an dem Seil, daß man dadurch das Schiff in die Höhe bringen will, so muß man den vierten Theil, d. i. hier 60 Zentner, Kraft haben, als die Last mit ihrer Friction ist. Im Fall man aber das Seil um die gedachte Welle gehen läßt, und an dem Kammrade zu äußerst

Laufrad ziehet, welches im Durchmesser viermal so groß als die Welle ist, so braucht man daselbst nur 15 Zentner Kraft. Setzet man aber die Zähne dieses Kammrades nach einem schiefen Winkel, und setzt nach eben dem Winkel eine Schraube ohne Ende hinein, so gewinnt man ein Gewisses, nachdem die Schraube dem Winkel nach flach ist. Also kann man eine Schraube machen, daß ein Umgang fünfmal so groß ist, als die Schraubengänge von einander stehen. Drehet man nun die Schraube mit einer Kurbel, die am Durchschnitt dem halben Durchschnitt der Schraube gleich ist, so braucht man daran 3 Zentner Kraft. Endlich weil eine solche Kurbel zu niedrig wäre, so nimt man sie im Durchmesser dreymal so groß, so kann man dadurch das Schiff durch ein wenig mehr als Zentners Kraft, das ist, durch zwey Personen, mit geringer Stärke über die Brücke bringen. Weil aber das Seil, nachdem es etliche mal um die Welle gewickelt ist, ein Seil ohne Ende ist, so kann man die Bewegung des Schiffes nach Belieben über die Rollen hin und her schaffen, wofern wie viel auf einer Seite angezogen, soviel auf der andern Seite wiederum nachgelassen wird. Daferne nun 240 Mann dieses Schiff in einer Minute über die Brücke unmittelbar ziehen, wie nicht zu zweifeln ist, so kann auch ein Mann dasselbe in 240 [illegible], oder 4 Stunden, überbringen. Dieweil aber bey einem Schiffe immer mehr als eine Person vorhanden ist, so kann die Maschine also eingerichtet werden, daß es mit drey Personen in einer Stunde, oder mit vier bis fünf Personen in einer halben Stunde übergezogen werden kann. Man hat auch dergleichen Rollbrücken, wo die Schiffe durch die Räder einer Mühle gezogen werden, indem das Seil auf einer horizontalen Welle aufgewickelt, durch die Kloben am Schiffe durchgezogen, und das andre Ende an der Mühle befestiget ist. Wenn nun das Kammrad der Mühle die Welle herum drehet, so wickelt sich das Seil auf, und das Schiff wird vorwärts gezogen, da das Seil an dem andern Ende befestiget ist.

Rollbrücke, als ein Karren oder großer Schlitten mit Rollen. (Schiffbaukunst) [illegible] die Schiffe aus einem Kanal in die See gebracht werden sollen, woran ein Wehr gebauet ist, so geschiehet solches durch einen künstlichen Zug mit Pferden in einem dazu gemachten großen Schlitten mit Rollen bis auf das Meer hinüber, wie z. B. zu Lizzafusina 5 welsche Meilen von Venedig, dergleichen gebräuchlich ist. Dieser Karren ist gemacht von vierecktigen Hölzern, zwey lange Hölzer haben auf jedem Ende ihre eiserne Ringe, daran man die Haken von den Stricken, damit die Schiffe gezogen werden, hänget. Zwey andere kürzere Hölzer fügen die längere in vierecktiger Gestalt zusammen. Mitten in diesem Viereck sind zwey andere Hölzer, von eben der Länge als die vorigen kurzen Hölzer sind, in die Quere eingezapft. Zwischen diesen Hölzern sind vier Räder mit starken eisernen Beschlägen, zwischen zwey und zwey Hölzern 2 Räder, angebracht. Diese halten in ihrem Diameter einen Fuß, und sind ½ Fuß dick. Auf diesen Rädern wird das Schiff fortgeschleppt. Neben dem Schlitten ist eine Spindel mit einem oben darauf steckenden Getriebe aufgerichtet; und unten gehen zwey Stangen kreuzweise durch die Welle, an welche die Pferde angespannt werden, die die Welle in Bewegung setzen. Das Getriebe bewegt ein Kammrad mit seiner wagrecht liegenden Welle, worauf das Seil, welches mit seinem Haken den Schlitten mit dem Schiff ziehet, aufgewickelt ist. Da gemeiniglich zwey Schlitten neben einander sind, so sind auch zwey Wellen, auf beyden Seiten eine, mit ihren Trillingen und Kammrädern angebracht. Das Pferd, so zur Rechten herum gehet, ziehet die Schiffe gegen das Meer, das andere aber ziehet sie von dem Meere nach dem Kanal. Zwischen dem Kanal und dem Meer, da man den Karren überfahret, ist ein Gemäuer gebauet, und ein Dach darüber. Auch sind zwey etwas erhöhete steinerne Leisten angebracht, worinn die Räder des Schlittens gehen, die etwas breiter als die Räder sind. Zu Ende dieser Leisten, auf beyden Seiten in dem Wasser, ist ein Pflaster von großen und harten Steinen gelegt, daß solche Leisten im Ueberfahren von den Schlitten nicht verderbet werden. (s. Leupolds Wasserbaukunst Tab. XLVIII. Fig. II.)

Röllchen, Fr. Cornet ou Rouleau des lames d'argent, (Schreibekunst) das zur Auflösung im Scheidewasser geschlagene und zusammengerollte Silber.

Röllchen, (Seidenwirker) sauber abgedrehete hölzerne Röhrchen, die von der Mitte nach beyden Enden zu dicker werden. Auf diesen Röllchen läßt der Professionist sich die Seide zum Einschlag aufspulen, womit gewöhnlich die fassonirten Zeuge gewebet werden. Die Vertiefung auf diesen Röllchen ist nothwendig, damit die glatte Seide nicht abgleitsche.

Röllchen mit dem Ringe, (Saitenmacher) So nennt man die eine kleine Rolle der Raquete, (s. diese) in dem Kamme des gebläueten Saitenstahls, woran zur Spannung desselben eine kleine Bleykugel an einem Faden linker Hand herunter hängt. Im Gegensatz der andern Rolle, die man ohne Ring nennt, deren Kugel rechts herunter hängt. Ich sehe nicht ein, warum sie diesen Namen führen, da ich keine Ursachen dazu finde, daher die weit besser thun, welche die beyden Röllchen das rechte und das linke nennen, welche Benennung der Sache angemessener ist.

Rolle, ein länglichtrundes an beyden Enden mit einem hohen Rande versehenes Werkzeug, worauf in den Zeugmanufakturen allerley Fäden, als Gold- und Silberfaden, Seide, Wolle, Leinen, Kameelgarn u. s. w. gewickelt wird. (s. Bobine und Spule)

Rolle, Fr. Rolle, ein wollener Zeug, welcher eine Gattung von Molton, oder doppeltem Kiesey ist.

Rolle, ein ostindisches Gewicht, zwey Fünftheile einer Linie betragend.

Rolle, Mangel, Mandel. Eine Maschine, worauf man die Wäsche, auch andere Zeuge, glatt rollet. Sie bestehet aus einem langen starken Gerüst, zwischen welchem eine breite, dicke, und sehr glatt gehobelte Bohle von hartem Holze unbeweglich vest gemacht ist. Auf einer andern gleich

gleich so langen, starken und glatten, aber ohngefähr um 2 Zoll schmälern Bohle, wo ein mit Steinen gefüllter ablanger, viereckigter, um 1½ bis 2 Fuß kürzerer Kasten beweget. Zwischen diesen beyden Bohlen liegen in die Quere zwo lange, und an beyden Seiten vorstehende runde Walzen, so man Mangel- Mandel- auch Rollhölzer nennet, und worauf man die Sachen, so gerollet werden sollen, wickelt. Diese also mit dem Zeuge fest umwickelte Rollhölzer laufen, wenn der mit Steinen gefüllte Kasten hin und wieder gezogen wird, unter demselben hin und her, bis durch dieses Rollen der Zeug seine gehörige Glätte erhalten hat. Diese Rollen können von beyden Seiten von Menschen gezogen werden. Man hat aber auch sehr große und schwere, die durch ein Pferd gezogen werden. Es liegt nämlich über dem mit Steinen angefüllten Kasten der Rolle eine starke wagerechte Welle, die bey 11 Fuß lang ist; mit dem einen Ende liegt sie in einem an der Wand des Gebäudes angebrachten Balken mit ihrem Zapfen in einer eisernen Pfanne, so daß der Zapfen Spielraum in der Pfanne hat, und sich also gemächlich darinn umdrehen kann. Mit dem andern Ende geht sie gleichfalls mit ihrem Zapfen in der Pfanne eines andern horizontalen Balkens, der auf der vordern Seite der Rolle in dem Gebäude angebracht ist, und mit dem ersten parallel läuft. Ueber dem Rollkasten ist die wagerechte Welle in der Mitte etwas dicker, als an den Enden, und hier sind zwey Ketten gegen einander über mit Klammern befestiget, wie ihre entgegengesetzte Enden an einem Ende des Kastens. Mit diesen Ketten muß vermittelst der Welle der Kasten in Bewegung gebracht werden. Auf dem vordersten Ende der Welle nämlich vor ihrem Zapfen ist ein Kammrad auf vier Armen befestiget angebracht, und dichte neben dem Balken, worinn die Welle mit ihrem vordern Zapfen sich beweget, liegt ein anderer horizontaler Balken mit diesem in gerader Linie. Unter diesem Balken steht auf dem Ende, wo das Kammrad steht, eine senkrechte Welle, welche mit dem obern Ende in einer Büchse im Balken, mit dem untern Zapfen aber in einer andern Büchse in einem auf dem Fußboden angebrachten Klotz läuft. Auf dem obern Ende der Welle steckt ein Trilling von 9 Stöcken, welcher durch das Kammrad in Bewegung gebracht wird. Um nun vermittelst eines Pferdes die Welle umzudrehen, und den Kasten hin und wieder zu stoßen, ist in der senkrechten Welle ein nach einem rechten Winkel gerichteter Arm eingezapft. An dem senkrechten Holze des Arms am untersten Ende desselben ist ein Ring von Eisen angelegt, welcher einen andern Ring trägt, worinn eine sogenannte Ortscheide eingehangen werden kann. An diese Ortscheide wird das Pferd angespannet. Weil nun das Pferd also eingerichtet ist, daß es ohne eine andere Leitung die Rolle mit dieser senkrechten Welle in Bewegung setzet, und also allein in einem Kreise um die Welle herum läuft, so hat solches auch keinen Zügel. Damit es aber doch in seinem gewöhnlichen Kreislauf bleibe, und sich nicht von der Welle entferne, so ist es mit einer starken eisernen Kette an der Welle befestiget. Das Pferd hat, wie in allen Roßmühlen, (s. diese) die eherne Kappen vor den Augen. Sobald die Rolle in Bewegung gesetzt werden soll, so wird das schon durch die Uebung abgerichtete Pferd durch einen Zuruf in den Gang gebracht, und läuft um die Welle rechts oder links herum. Und da der Rollkasten das erstemal sich auf dem einen Ende aufrichten muß, um eine mit Zeug bewickelte Rolle unterlegen zu können, so thut das abgerichtete Pferd auf einen Zuruf am Ende seines Kreislaufes einen starken Ruck, und der Kasten hebet sich alsdenn vermittelst seiner überwiegenden Schwere in die Höhe, daß man die Rollen darunter legen oder hervor nehmen kann. Wenn solches geschehen, so kehret sich das Pferd auf einen andern ihm bekannten Zuruf herum, um den Kreislauf zurück zu wenden, wo sich denn zugleich der Kasten niederleget, und nach der andern Seite fortgezogen wird. Auf solche Art wird der Kasten durch den beständigen entgegen gesetzten Kreislauf hin und wieder gezogen und der Zeug gerollet. Man findet dergleichen große Rollen gemeiniglich bey den Schwarzfärbern, die darauf die blau gefärbte Leinwand rollen. (s. Jac. Schaupl. d. Z. M. Th. I. Tab. IV. Fig. VII.) Auch hat man kleine Rollen, die von einer Person vermittelst eines Rades, das auf der einen langen Seite des Kastens in der Mitte angebracht ist, und mit einer Kurbel herum gedrehet wird, in Bewegung gesetzt werden.

Rolle, (Baukunst) Eine Art Krag- und Schlußsteine, welche an den Seiten mit Schnörkeln versehen wird, wegen der Aehnlichkeit dieser Schnörkel mit einem zusammengerollten Papier so genannt. Von welcher Art die Bogen- und Seitenrollen sind, wovon die erste ein mit Schnörkeln verzierter Schlußstein eines Bogens oder Gewölbes, die letztere aber ein an der Seite mit Schnörkeln verzierter Kragstein ist.

Rolle. 1) Ein stehendes Sieb Getreide, Erde u. s. w. darüber rollen zu lassen, damit das Feinere durchfalle: Daher Kornrolle, Erdrolle oder Gartenrolle. 2) Die Glocken oder großen Schellen, welche man den Mauleseln und Fuhrmannspferden anzuhängen pfleget. 3) Eine lange Höhle unter der [illegible] den Quecksilberbergwerken zu Idria, eine Art eines Stollens oder Gesenkes. 4) Kleine fehlerhafte Oeffnungen durch einen Damm oder Deich, welche aus den Gängen der Maulwürfe, Fischottern u. s. w. entstehen.

Rolle, Fr. Poulie. (Bergwerk) Ein aus Holz gedrechseltes Rädlein mit einer Rinne, darinn ein Seil gehen kann, oder auch ohne Rinne, daran das Gestänge und das Seil anliegt, damit das Seil, welches den Kübel zieht, nicht an dem Gestein anschleife.

Rolle, eine, Fr. Canal d' ais cloués. (Bergwerk) Eine viereckigte von Brettern zusammengeschlagene Lutte, durch welche die Erze von einer Höhe herunter gestürzet werden.

Rolle, (Drechsler) an dem Spinnrade eine Scheibe an der Spule, um welche die Schnur geht, welche die Spule in Bewegung setzt.

Rolle, Fr. Poulie. (Mechanik) Eine Scheibe, gemeiniglich von Metall, oder auch wohl von recht festem Holze, in welche

welche außen der Seiten eine Rinne oder Vertiefung hat, in welcher ein Seil liegen kann. Die Bewegung der Rolle geschiehet an einem runden Zapfen, welcher die Mitte der Scheibe beweglich durchbohret. Man gebrauchet dergleichen Scheiben zum Heben der Lasten beym Krahn und Kloben, auch andern Maschienen, womit man schwere Lasten aufhebet. Die Kloben- oder Flaschenzüge (s. dies.) nennen sich nach der Anzahl der Rollen. Daher einfache, doppelte, drey- vier- fünf- und mehrfache Kloben.

Rolle, (Schauspieler) der Karakter und die Lektion, welche ein Schauspieler zu spielen und auf dem Theater herzusagen hat.

Rolle, Fr. Roulette. (Wachsbleiche) Eine große blecherne Platte 3 Fuß lang und einen Fuß breit. Auf beyden Seiten der Länge und an einem Ende hat sie einen überschlagenen Rand, auf dem andern Ende aber keinen. Dieses Blech dienet dazu, das Kolenderfaß der Pfanne mit dem geschmolzenen Wachs, wenn die Lichter gegossen werden, auf dem Ofen zu erhöhen. Deswegen hat diese Rolle auch einen Griff und zwey eiserne Füße, die so hoch sind, als die zwey in dem Ofen, worauf die Pfanne steht, in Gestalt eines Feuerbocks wagrecht gelegte Kreuzstangen, auf welchen die blecherne Platte überhin fähret. Man muß sich also vorstellen, daß man die Platte der Rolle aus dem Ofen herausnimmt, daß man darauf alsdenn eine Glutpfanne stellt, und indem man die blecherne Platte anstößt, selbige über die, die Rolle haltenden Kreuzstangen hinüber rutschet, daß sie also leicht in den Ofen gebracht wird, und daselbst vorne auf ihren Füßen ruhet. Man nennet dieses Werkzeug vermuthlich deswegen eine Rolle, (Roulette) weil dieses Blech ehedem von zwey Rollen, wie die Rollen an den Gewichtern, getragen wurde. Allein man hat hernach bequemer gefunden, diese Rollen abzuschaffen, und das Blech in den Ofen glitschen zu lassen.

Rolle, s. Scheibe.

Rolle, s. Aehrensieb.

Rolle, bewegliche. (Maschienenbau) Eine Rolle, womit die Last zugleich bewegt wird. Denn die Kraft wird nur in einem Punkte der Peripherie, die Last aber in dem Mittelpunkte angebracht. Es verhält sich also die Kraft zur Last wie der Radius der Rolle zur Sehne, die von dem Berührungspunkte des andern Seils gezogen werden kann, unter der Last aber ist zugleich das Gewicht der Rolle.

Rolle der Färber, s. Rolle.

Rolle der Kattundrucker, s. Kattunrolle.

Rolleisen, Rollmühle, (Strumpfwirker) das Werkzeug, woran der Wirker den Anfang eines Strumpfs [illegible], und durch welches derselbe bey dem Wirken ausgespannt wird. Es bestehet dieses Rolleisen aus einem eisernen Rahm, der so lang als die Nadelbarre, und an einem Riegel des Stuhlgestelles vorne unter der Nadelbarre befestiget ist. An dem einen Ende hat dieses Rolleisen eine kleine Welle, die sich umdrehen, und mit einem Sperrrade und Sperrkegel befestigen läßt. Auf diese Welle wickelt der Wirker ein Tuch, und an die äußerste Kante dieses Tuchs nähet er die erste Reihe Maschen des zu wirkenden Strumpfs an. So wie der Strumpf beym Wirken nach und nach an Länge zunimmt, wickelt der Wirker das vorgedachte Tuch auf die Welle des Rolleisens auf, und spannt dadurch den Strumpf immer gehörig aus.

Rollen, Fr. Jetter par un canal de bois, (Bergwerk) die Erze durch eine Rolle oder Lotte stürzen.

Rollen, Fr. tomber peu à peu par pierre, (Feuerwerk) das Erz nach und nach hinunter fallen oder rieseln lassen.

Rollen, (Bergwerk) zusammengeschlagene Bretter, wie ein Flutbette, da man Erz oder Berg entweder in der Grube oder am Tage darüber hinunter stürzt.

Rollen, Fr. Rouleaux, (Kupferdrucker) zwey runde gedrechselte Stücken Holz oder Walzen, welche in die Oeffnungen der Seitenhölzer der Kupferdruckerpresse gelegt werden. Man muß allemal darauf sehen, daß die unterste dicker und stärker gemacht wird, als die oberste, weil dadurch die Presse sich leichter bewegt. Uebrigens je kleiner die obere Rolle ist, desto besser druckt die Presse. Wenn die untere Rolle schadhaft wird, kann man sie wieder umwenden lassen, deswegen läßt man an selbiger einen viereckigen Zapfen von eben der Größe als an der obern, in welche der Haspel einpasset. (s. Kupferpresse)

Rollen, (Maler) waren ehedem gewisse Zettel, welche die Maler, auch die Holzschneider, zur Zeit der Erneuerung der Malerey, und einige Zeit nachher, in ihren Gemälden den Figuren in die Hände gaben, oder auf ihrem Munde gehen ließen, auf welches sie dasjenige schrieben, was diese Figuren, dem vorgestellten Inhalt gemäß, sagen sollten: oder auch die Namen der Personen. Dieser Geschmack ist aber mit dem gothischen Geschmack abgekommen, und ein Maler würde es sich zur Schande halten, wenn er nur vier oder fünf Worte unter sein Gemählde setzen sollte, um den Inhalt desselben für diejenigen, welche in der Geschichte unerfahren sind, anzuzeigen. Die meisten Kupferstiche haben heut zu Tage Unterschriften oder Aufschriften, welche den Inhalt derselben erklären.

Rollen, Kloben, (Uhrmacher) die Rolle an den großen Uhren, worüber die Leine des Gewichtes geht. Sie muß inwendig scharf zusammen fallen, daß die Leine darinn nicht aufliegt, sondern zwischen beyden Seiten an dem Kloben anliegt und geklemmet wird, damit sie nicht rutschen kann, sonst ziehet das Gewichte die Leine nach und nach durch den Kloben, und läuft eher ab, als es soll.

Rollenblech, (Messingwerk) das dünnste Messingblech, so zu Platten auf den Köpfen der kleinen Nägel gebraucht wird. Es ist die erste Nummer unter den Messingblechen auf einem Messingwerk.

Rollenbley, Fr. du plomb purifié, (Hüttenwerk) reines Bley, welches nichts kupfriges bey sich hat.

Rollenbley, (Bleyfabrike) das in Platten (s. Bleyplatten) gegossene Bley, welches entweder so, wie es auf dem Bleytisch gegossen worden, zu bleyernen Röhren verbrauchet wird, oder man zerstückt es, und streckt daraus Platten für die Tobaksfabrik. (s. Tobacksbley)

Rollen, das, der Wachslichter. (Wachsbleiche) Die fertig gegossenen Wachslichter werden, um sie recht rund zu machen, auf einer sehr glatten Tafel mit dem Rollbrett (Fr. Rouloir) gerollet. Das Licht wird auf die Tafel geleget, und das Rollbrett oben drauf, und mit solchem darauf hin und her gefahren, um dem Lichte eine runde Gestalt zu geben. Die ganze Arbeit besteht darinn, daß man erkenne, ob das Wachs die gehörige Festigkeit habe, um gut gerollt werden zu können, und damit durch das verschiedene Wiederholen des Rollens kein Vorsprung oder Ungleichheit entstehe. Wer das Rollbrett wohl zu regieren weis, erkennet an der Lage desselben den Fehler der Kerzen, welche er rollet, und weis der Sache zu helfen, indem er auf der einen Seite mehr, als auf der andern, andrücket. Wenn nur ein wenig Unreinigkeit auf der Tafel oder auf dem Rollbrett haftet, so hängt sich das Wachs daran. Daher muß man alles beydes sehr rein halten. Man benetzt von Zeit zu Zeit die Tafel und das Rollbrett, um das Ankleben des Wachses zu verhindern. Durch dieses Rollen bekommen die Lichter eine ordentliche Gestalt und Glanz.

Rollen der Hochkämme, (Bortenwirker) die Rollen oben in dem obersten Gestelle des Bortenwirkerstuhls, über welche die Schnüre der Hochkämme geleitet, und auf welchen sie bey dem Treten der Fußtritte in Bewegung gesetzt werden, die Bewegung selbst auch erleichtert wird. Diese Rollen, deren 72 Stück zu einem vollständigen Stuhle gehören, liegen auf zwey Welzen, auf jedem 36 Stück. Von jedem Welzen gehöret eine Rolle zu einem Hochkamm, und werden mit zwey Bindfäden mit solchen zusammengehangen. Die Schnüre, die oben an die Hochkämme angebunden sind, werden über beyde Rollen, die zu einem Hochkamm gehören, also geleitet, daß die eine Schnur, welche länger als die andere ist, über beyde Rollen, die andere kürzere Schnur aber nur über die eine Rolle geht. Wenn nachher bey dem Wirken der Fußtritt getreten wird, so ziehen die beyden Schnüre natürlicher Weise, da die Hochkämme mit den Fußtritten durch andere Schnüre verknüpft sind, in die Höhe. Die Rollen selbst sind nur kleine Scheiben, die auf ihrer Stirne eine Reife haben, über welche die Schnur geht. (s. Hochkämme und das Einlesen der Hochkämme)

Rollen des Anschweifs, (Bortenwirker) die Rollen, welche in der Leiter (s. diese) des Gestelles hinterwärts liegen, und auf welchen die Fäden des Anschweifes aufgewickelt sind. Denn bey dem Anschweif oder der Kette zu Bändern, Tressen und Borten von mancherley Farben sind die Fäden nicht alle zusammen auf einem Baum, wie bey andern Zeugarten, gewickelt, sondern eine jede Farbe und Art von Fäden auf einer besondern Rolle aufgewickelt. Jede Rolle hat einen Reif, wo man eine Schnur herum schlinget, woran ein Gewicht hängt, um die Rollen mit den Anschweiffäden zu spannen.

Roller, (Tobackspfeifenfabrik) der Ar[illegible] der aus Thon eine lange aber dünne Thonwalze, oder einen Weller bildet. Er legt nämlich einen kleinen Thonkloß vor sich auf ein glattes Brett, und rollet blos mit den Fingern denselben zur gedachten dünnen Walze, die aber an dem einen Ende ungleich stärker seyn muß, weil aus diesem stärkern Theil nachher in der Form der Kopf der Pfeife entsteht. Da es kurze und lange Pfeifen giebt, so muß der Roller schon nach dem Augenmaaß urtheilen, wie groß der Thonkloß seyn muß, woraus er einen Weller rollen will, und wie lang dieser ausgedehnet werden muß. Es werden einige gerollte Weller auf einander gelegt, welche etwas weniges austrocknen müssen, ehe sie weiter bearbeitet werden. (s. Tobackspfeifenformen)

Rollette, eine Gattung Leinwand, die in Flandern, vornehmlich zu Cortryck und Yppern, gemacht wird.

Rolle, unbewegliche. (Maschinenlehre) Eine Rolle, woran sowohl die Kraft, als auch die Last, in einem Punkt der Peripherie angebracht wird. Bey diesen Rollen ist die Kraft der Last gleich. Es wird also dadurch die Kraft nicht vermehret, und sie dienet nur dazu, die Direktionslinie zu verändern, und die Reibung zu vermindern, die ungleich größer seyn würde, wenn man die Last über einen unbeweglichen Cylinder ziehen wollte.

Rollfaß, Fr. Frottoire. (Nadler) Eine kleine Tonne, ohngefähr einen Fuß im Durchschnitte, und etwas mehr in der Länge. Selbige hat eine hölzerne Achse, welche auf 2 Böcken (Kreuzgestellen) in einem derselben darein gemachten Einschnitte liegt, und an einem Ende eine Kurbel hat, woran sie umgedrehet wird. Sie ist gegen die Mitte ihrer Länge zu mit einer viereckigten Oeffnung versehen, durch welche man die Nadeln, welche darinn getrocknet werden sollen, mit einer Schaufel einschüttet. Man trocknet die verzinnten Nadeln darinn, indem man sie in Sägespäne oder Kleye beständig herum drehet. Dieses Umdrehen des Rollfasses dauert ohngefähr eine halbe Stunde. Die Oeffnung desselben wird mit einem Schieber verschlossen.

Rollholz. Eine Walze, die sich auf einer runden Stange mit zwey Handgriffen beweget und herumdrehet, womit allerley Teig zum Gebackenen und zum Konfekt dünne gerollt wird.

Rollholz. (Wachsbleiche) Ein walzenartiges hartes Holz. Es gleicht einer Walze, ist aber nicht wie diese ausgehölt, sondern massiv. Der Arbeiter rollet die fertig gegossenen Wachslichter auf einer feucht gemachten hölzernen glatten oder auch marmornen Tafel mit der Rundung dieses Rollholzes, so daß die Lichter durchgängig eine schickliche Dicke und Rundung erhalten.

Rollhölzer, Mangelhölzer, runde Walzen von hartem Holze, worauf die Wäsche gewickelt, und unter die Rolle (s. diese) gebracht wird.

Rollig, Fr. tombant peu à peu, (Bergwerk) das Gebirge, welches nicht hält, sondern immer nach und nach herunter fällt oder rollet.

Rollkasten, le Canal par lequel les mines tombent dans le bocard. (Pochwerk) Ein angebauter abschüßig liegender Kasten, dadurch das Erz nach und nach in das Pochwerk fällt.

Rollkuchen. (Zuckerbäcker) Ein Zuckergebackenes von Zucker, Mehl und Eyern. Man nimmt 1 Pfund Zucker, 1 Pfund schönes weißes Mehl, und ein Nößel Wasser. In dieses schüttet man den Zucker, rühret hierauf das Mehl mit dem Zuckerwasser ein, thut ein paar Eyer dazu, und schlägt alles wohl durch einander. Alsdenn schmelzt man etwas Butter mit ein wenig Wasser, gießt dieses warm in aller Geschwindigkeit unter den Teig, und rühret alles wohl durcheinander. Ist der Teig zu fließend, so verstärkt man ihn mit Mehl, ist er aber zu steif, so verdünnet man ihn mit Wasser, welches sich durch einen Versuch auf dem Oblateisen gar wohl erfahren läßt; damit er aber bey dem Backen recht gut aufgehe, muß man ihn mit der Hand ballen, stark rollen oder weigern und ausdehnen, auch bald wieder an sich ziehen und an einem trockenen Orte verwahren, und nach Gefallen auf Oblaten verbacken.

Rollofen. (Bäcker) Eine Art beweglicher Ofen auf Rollen oder Rollwagen, welche bey der Feldbäckerey gebraucht werden.

Rollpochwerk. (Hüttenwerk) Eine Art Pochwerk, wo das zu pochende Erz durch einen Rollkasten (s. diesen) unter die Pochstempel rollt.

Rollring. (Mühlenbau) an einer holländischen Windmühle derjenige Ring, worauf das ganze Dach samt den Flügeln wie auf einem Wagen kann herum gedrehet werden. Er hat an 30 meßingene Walzen oder Rollen.

Rollschächte, Rollen. (Bergwerk) Eine Art von Förderschächte, welche zur Förderung der gewonnenen Mineralien dienen, und durch welche man Berge stürzet, um eine aufgehauene oder abgebauete Weitung auszufüllen, oder die Erze von einem Orte zum andern zu fördern. (s. Rollschächte angeben)

Rollschächte angeben. (Bergwerk) Man giebt den Ort an, wo die Rolle die Bergförderung am meisten befördert. Man macht ihn nur ½ Lachter weit, und ¾ Lachter lang. Damit man aber gerade in der Weitung kommen möge, worin man die Berge stürzen will, oder in die Strecke durchschlägig werde, wodurch die Förderung geschiehet: so richtet man einen solchen Schacht so ein, daß man in die Mitte dieser Höhlung, oder in die eben gedachte Förderstrecke kommt. Diese Schächte macht man indessen, um der leichtern und weniger langen Förderung willen, nicht über 10 Lachter von einander.

Rollschächte, daraus zu fördern. (Bergwerk) Man stürzt die Erze oder Berge, die in den Rollschacht in einem Füllort gefördert worden, mit Schippen und Trögen auf die darunter befindliche Strecken, oder, wenn mehrere Rollschächte neben einander sind, von einem Rollschacht oder Rolle zur andern, doch Berg und Erze allein, und so, daß die Gewinnung nicht gehindert wird. Diese Erze und Berge versetzt man nun entweder in die abgebauete Weitungen, oder man fördert sie von den Strecken weiter fort.

Rollstock. (Hutmacher) Ein rundgedrehetes Stück Holz, beynahe 2 Fuß lang, in der Mitte etwas stärker als an den Enden, 12 bis 14 Linien dick. Es wird derselbe gebraucht, den Filz bey dem Walken aufzuwickeln. (s. Walken der Hüte)

Rolltobak, Stangentobak, (Tobackspinner) Tobak, der ausgerollet, und von der gemeinsten Gattung Blätter ohne alle Vorbereitung gesponnen wird. (s. Tobakspinnen) Man hat ganz ordinären, und etwas bessern. Auch hat man im Reich verschiedene gute Sorten von Tobak, der auch in Rollen gesponnen ist, z. B. der Brasilientobak u. a. m.

Rollwagen. 1) Ein niedriger Wagen, der statt der Räder auf Rollen, d. i. Scheiben steht. 2) Ein leichter Leiter- oder Korbwagen. (s. auch Gängelwagen)

Rollwäsche, (Wäscherin) Wäsche, die gerollt wird, im Gegensatz der Plättwäsche, die geplättet wird.

Rollzeit, (Jäger) diejenige Zeit, da die vierfüßigen Raubthiere zu rollen, d. i. sich zu begatten pflegen.

Romalles, s. Roomals.

Roman. (Schriftgießer) Eine Art lateinischer Lettern, die zu den Anfangsbuchstaben einer Periode gesetzt werden.

Romanische Treppe. (Baukunst) Eine Treppe, die gar keine Stufen, sondern nur einen bloßen gewöhnlichen Abgang hat, daher man über solche bequem fahren und reiten kann. Sie hat ihre Benennung daher, weil sie in Rom zuerst aufgekommen ist. Es erfordert eine solche Treppe einen sehr guten Raum, denn die Länge dazu muß 8 bis 9mal größer seyn, als die Höhe, und gehöret zu derselben entweder ein ganz gesicherter Grund, oder ein starkes Gewölbe. Folglich wird sie nur bey Pallästen angebracht. Man bauet sie sowohl im Wendel, oder in einer schneckenförmigen Windung, als auch mit geraden Armen. Eine von der ersten Art ist anzutreffen in dem runden Thurm zu Koppenhagen, auch in dem Schlosse zu Berlin. Die erste übertrifft an Kunst, Weite und Stärke alle andere: denn ihr Abhang (Planum inclinatum) ist nicht über 8 bis 9 Grade über die Horizontallinie erhöhet, und wird rings umher durch hohe und weite Bogenfenster vollkommen erleuchtet. Die schönste von der andern Art ist die Haupttreppe in der Wilhelmsburg zu Weimar, worauf man über einen doppelten Aufgang von vorne aus dem Hof bis in die obern Zimmer fahren und reiten kann.

Ronas, Raynas, von den Indianern Solymandossyn genennt. Eine Wurzel, die in einigen Provinzen in Persien, vornehmlich in Schirvan oder Eriwan in Turkomanien am Araxes, und in Tabristan um Tauris in Menge wächst. Sie wächst sehr tief in die Erde, wie die Süßholzwurzel, mit der sie auch fast von gleicher Dicke ist. Man färbet damit Roth. Indem mit dem Safte dieser Wurzel alle die Zitze, die man wirklich persische Zitze nennt, imgleichen diejenigen Zitze, die in dem Reiche des großen Moguls gemalt werden, gefärbet werden. Diese rothe Farbe ist so stark und so dauerhaft, daß sie noch länger dauert, als die damit gefärbten Zitze, indem Lebhaftigkeit immer zunimmt, je älter sie wird. Es wird mit dieser Wurzel ein sehr großer Handel nach dem Reiche des großen Moguls und andern Ländern in Ostindien getrieben. Es gilt der Maunda, so ohngefähr 12 leichte Pfunde sind, insgemein 12 Mamoudis, welches nach holländischem Gelde 3 Gulden beträgt.

Römer. (Glashütte) Ein bauchiges großes Wein- oder Bierglas; daher Weinrömer.

Römers Wasserwaage, die Wage ist von Blech, beynahe in der Figur eines Winkelmaaßes verfertiget, welches aus zweyen langen viereckigten Theilen oder Büchsen, und einem geraden Winkel zusammengesetzt wird. Der eine Theil gehöret zu einem Perspectiv, das ohngefähr 14 bis 15 Zoll lang ist, der andere Theil ist nicht so lang, aber breiter, zumal gegen das Ende zu, zu einem Perpendikel, damit solches darinn einen Gang habe. Die lange Büchse hat an beyden Enden eine runde Oeffnung. In der vordersten ist ein kleines Rohr mit einem Okularglas angebracht, das sich bey Schärfung des Tubi hin und her schieben läßt, in die andere aber kommt das Objectivglas. In dem Foco des Okularglases ist ein kleines viereckigtes Stück von Messing in Gestalt eines Rahmens angebracht, auf welchem Fäden kreuzweise ausgespannt sind, von denen einer horizontal stehet. Nicht weit von dem Objectivglas sind zwey andere Stücke mit Vertiefungen nach zwey rechten Winkeln auf beyden Seiten der langen Büchse fest angemacht, in welche der Obertheil von einem Perpendikel, oder die sogenannten Spindellappen, die unten zu ganz schneidig sind, angebracht, damit die Bewegung desto besser von statten gehe und sich schwinge; an diese Spindellappen ist in der Mitte eine eiserne Stange angebracht, an welcher unten das Perpendikel zu finden ist. An dieser eisernen Stange ist ein anderes langes eisernes Stänglein nebst einem andern Stück, das wie eine Gabel gebogen ist, fest gemacht, so daß keins ohne das andere bewegt werden kann. In dieser Gabel wird ein Seidenfaden horizontal ausgespannt, und gerade über ein anderer, so daß beyde, wenn man sie genau ansieht, nur einen einzigen Faden vorstellen. Man visirt mit dergleichen Waagen die Wasserlinie eines Flusses. (s. Wasserwaage wo dieses näher erklärt wird.)

Römische Art zu wölben, (Baukunst) die Römer liebten das starke und dauerhafte, und da ihnen der Zirkelbogen stärker als alle übrigen vorkam, so wölbten sie alle ihre Gewölbe zirkelförmig.

Römische Darmsaite. Saiten die von den Därmen der Alpenziegen und wilden Katzen verfertigt werden, und vor allen andern Darmsaiten den Vorzug haben. Sie unterscheiden sich von den andern Darmsaiten durch ihre weißere Farbe, Zartheit und Durchsichtigkeit. Die besten Saiten dieser Art sind die in Ringen; wovon ein Stück von E. etwa 1½ Thaler, von A zwey Thaler, von D. drey Thaler kostet. Das g spinnt man hier aus der römischen a Saite (s. Saiten)

Römische Ordnung. (Baukunst) Eine Bauordnung die auch die zusammengesetzte genennt wird. Es haben solche die Römer über die vier griechischen Ordnungen erdacht, von denen sie auch ihre Benennung erhalten hat. Man pflegt sie auch wohl die Italienische Ordnung zu nennen. Sie ist eine der hohen und zarten Ordnungen welche aus den griechischen zusammengesetzt worden. Denn das Kapital ist halb von der Jonischen und halb von der Korinthischen genommen. Nämlich die zwey Reihen Blätter sind von der zweyten, die Schnecken mit den darüber sich befindenden Gliedern aber von der Jonischen. Demnach ist sie dem Range nach zwar die vierte, hingegen der Erfindung nach die fünfte Ordnung. Einige verstehen unter dem Wort zusammengesetzte Ordnung in einem weitläuftigen Verstande alle Ordnungen, die zwar von den griechischen unterschieden, aber doch aus nichts anders zusammengesetzt sind, als was in ihnen angetroffen wird.

Römische Theorbe. (Musiker) Eine Theorbe (s. diese) mit einem sehr langen Hals, dessen Länge mit dem Körper des Instruments 6½ Fuß und 1 Zoll beträgt, wo der Körper nicht zu breit und bequem zu halten und zu greifen. Diese Theorben haben auf ihrem Griff nur 6 Saiten oder Chöre; an dem langen Hals aber sind noch, wie auf den andern, 8 Saiten vorhanden, außer denen die auf dem Griff liegen.

Römische Waage, s. Schnellwaage.

Römische Wasserleitungen, (Wasserbau) die Römer pflegten ihre Wasserleitungen von Bogen über Bogen anzulegen um entfernte Anhöhen mit einander zu verbinden; wie man noch dergleichen in Rom, Frankreich und andern Provinzen des alten Römischen Reichs antrifft.

Römischer Alaun. Fr. Alun de Roche, (Bergwerk, Alaunsiederey) Eine Art des Alauns, der aus einem in der Solfatara bey Puzzolo gefundenen mit einem Beschlag überzogenen Stein ausgelauget und gesotten wird. Er ist ein kalkartiger, blaß-ocher, weißlicher oder grauer Stein, der das Ansehen und die Vestigkeit des Marmors hat. Dieser Alaun sieht äußerlich ein wenig röthlich, und ist inwendig weiß. Der Ort, wo der Alaunstein bricht, wurde von den alten Römern Forum Volcani und Campus phlegraeus genannt. Er ist unter allen Alaunen der beste.

Römischer Malergeschmack. (Maler) Ein Ausdruck von antiken und modernen Bildsäulen, die von den Zeiten Alexanders des Großen bis etwa 360 nach Christi Geburt verfertigt worden, und wornach die großen Künstler die netten Stellungen, feine Ausdrücke, und eine kluge Anwendung der Gewänder nachahmen.

Römischer Serge, s. Mencablern.

Römischer Vitriol, Fr. Vitriol de Rome, (Vitriolsiederey) guter Kupfer- oder blauer Vitriol. Jeder Vitriol, wenn er genug Kupfer und Blaue hat, er sey gesotten wo er will, wird jetzo unter dem Namen römischer oder cyprischer Vitriol verkauft.

Rond d'Eau. Fr. (Wasserkünstler) Ein großes Fontainen Bassin, welches mit einer Raseneinfassung gezieret ist.

Rondeau. (Musiker) Eine Melodiengattung, die nicht mit dem Runda verwechselt werden muß, die von ihrer in die Runde gehenden Wiederkehr den Namen hat,

in

in Dreyviertelstakt, oder auch im gleichen Takte gesetzt wird, wo man den ersten Satz so einrichtet, daß er den Schluß machen kann. Die andern Reprisen, deren drey auch wohl viere sind, müssen sich allemal so verhalten, daß der erste Satz auf jede wohl passe. Wieviel Takt ein Rondeau haben müsse, kann man nicht bestimmen. Die erste Klausul muß aber weder zu lang noch zu kurz seyn, damit im ersten Fall deren öftere Wiederholung den Ohren nicht verdrießlich werde, und im zweyten Fall, der Abfall nicht recht zu bemerken seye. Acht Takte kann man gar wohl nehmen, jedoch müssen sie recht artig seyn, damit man sie gern fünf bis sechsmal höre. Eben dieser erste Satz heißt eigentlich Rondeau, weil er im Zirkel herumgehet. Die übrigen Sätze werden nicht wiederholt.

Rondel. (Kriegsbaukunst) 1) Ein runder starker Thurm, welcher anstatt der Bastey an einer alten Festung dienet, welche man noch hin und wieder antrifft; 2) findet man bey alten Festungen auch Rondels, welches weite, runde, von Erde aufgeworfene und mit einer niedern Zwingermauer umgebene Werke sind, die gemeiniglich vor die Thore und Ecken einer Stadt als Bolwerke, gelegt werden.

Rondelette. Eine Art Florettseide von der schlechtesten Gattung, welche sonst auch wohl Serasse oder Cantaille genennt wird.

Rondenweg, Fr. Chemin des rondes, (Kriegsbaukunst) der Weg zwischen dem Wall und einer erhöheten Mauer, oder zwischen dem obern und untern Wall einer Festung, welchen die Ronden der Wachen passiren.

Röne, Gerône, (Weingärtner) die nach der Quere liegende unterste und dicke Wurzel des Weinstocks, welche zu erhalten die obersten immer abgeschnitten werden.

Rönnel. (Wasserbau) Ein rinnenmäßiger Strohm oder Auslauf im Vorlande oder Watte eines Deichs; wird auch wechselsweise für Balje gebraucht.

Roof, (Ackerbau) soviel als mürbe, nicht wallig und trocken, oder zusammenhängend und naß. Z. B. wenn kleyiche feuchte Erde vom Froste mürbe gefroren.

Roop, s. Puhlloch.

Roost, Gewirke, (Bienenzucht) das Gebäude, worein die Bienen das Honig zu tragen und ihre Brut zu setzen pflegen. Es ist in lauter sechseckigte Zellen auf eine bewunderungswürdige Art eingetheilt, und dergestalt verbunden, daß allezeit eine Zelle auf drey andern ruhet. Die Drohnen haben in dem Roost größere Zellen als die andern, und gemeiniglich an dem Ende desselben, weil sie größer sind. Diejenigen aber, worein die junge Brut stecket, die ganz weiß und mit einem Häutchen überzogen sind, sehen aus, als wenn sie voller Maden wären, daher sich der Bienenzeidler wohl in acht nehmen muß, daß er, wenn er im Zeideln zum zweytenmal zeidelt, dergleichen nicht mit hinweg schneide, denn es sind lauter junge Bienen darinnen, die noch erst sollen lebendig werden. Den schwarzen schimmlichen Roost hingegen muß er dieses fleißig ausschneiden, damit er die Bienen nicht verderben, weil sie sonst gar leicht einen Zufall davon bekommen.

Roquetins, Fr. (Sammetmacher) kleine Rollen, worauf die Seide zu dem geblümten Sammet gewickelt wird, deren viele hunderte ja 1000 zusammen in dem Rantre (s. diesen) zum geblümten Sammet die Kette machen. Jedes dieser Röllchen ist in zwey Theile abgesondert. Auf dem einen Theil werden die Seidenfäden aufgerollt, und auf dem andern liegt eine Schnur, die außerhalb des Stuhls ein Gewicht von Bley trägt. Dieses Gewicht hindert, daß sich der Pollfaden von der Rolle nicht zu stark abwickle und schlaff werde.

Roquille, s. Potisson

Rosacerwein. Ein Wein, welcher in der Landschaft Friaul, in der Gegend von Aquileja, nahe bey der Stadt Rosaccio wächst, sehr delikat ist, und dem Falerner in Kampanien fast gleich kommt.

Rosconnes, Fr. Cres Roscoonnes, eine Gattung weißer flächsener Leinwand, die von weißgebleichetem Garn an verschiedenen Orten in Bretagne gemacht wird. Den Namen Roscannes hat diese Leinwand daher, weil sie fast alle zu und um Roscoff, einem kleinen Hafen in Bretagne nahe bey St. Paul de Leon gemacht wird. Sie liegt ⅞ pariser Elle breit, wie die Gracienes, ist aber weit feiner als diese, und wird insgemein zu Hemden gebraucht, geht fast alle nach Spanien.

Rösche, Fr. l'abaissement, la chute de l'eau, (Bergwerk) die Abweichung von der waagrechten Linie niederwerts, welche der Wasserseige auf einem Stolln oder Wasserlauf gegeben wird, um den Abzug des Wassers zu erlangen. Sie soll ordentlich auf 100 Lachter Länge ⅛ Lachter oder 10 Zoll seyn.

Rösche, Rische, Fr le Canal, (Bergwerk) ein in oder unter der Dammerde geführter Graben, die Tagewasser ab- oder die Aufschlagwasser auf das Kunstrad zuzuführen.

Röschen, (Buchdrucker) kleine Stücke gegossener Zierrathen, von der Materie der Lettern, worauf die Theile einer Einfassung, die man öfters um den Druck eines Gelegenheitsgedichtes setzt, enthalten sind, und wenn mehrere dergleichen Stückchen oder Röschen zusammengesetzt werden, diese Einfassung bilden. Einige dieser Röschen laufen in gerader Linie fort, andre sind rechtwinklicht und heißen alsdenn Eckstücke.

Röschen. So nennen einige Wollkämmer und Tuchmacher die Krempel. (s. diese)

Röschen, s. Rose (Färber)

Röschen, s. Rollfähren.

Röscherschlamm, Fr. Mine lavée grossiere, (Hüttenwerk) der aus dem ersten Graben gehobene Schlamm, welcher auf dem Planherd verwaschen wird.

Röschen Erz, Fr. Mine legerement boeardée, (Hüttenwerk) das zwar gepochet, aber nicht allzu klein gepocht ist. Es wird solches dem zähen Erz entgegengesetzt.

Röschen Gewächse. (Bergwerk) In Ungarn spröbes Glaserz, eine dunkelrothe Miner, die fast körnig und spröde

ſpröde iſt. Insgemein in Erzklüften auf Quarzdrüſen gefunden wird. Denn röſche bedeutet dort ſpröde.

Röſches, Häupel, Hedel, Fr. Limon de mine legerement bocarde, (Hüttenwerk) das erſte Erz, welches im Puchwerk nicht ſehr klein, ſondern wie ein Sand gepucht wird.

Roſe, Röschen, Färberröslein. Fr. Roſe, (Färber) Ein gewiſſes rundes Zeichen von der Größe eines Thalers, von blauer, gelber oder anderer Farbe, welches ſie an dem einen Ende eines jeden von ihnen gefärbten Tuchs oder andern Zeuges zu laſſen pflegen, und in verſchiedenen Ländern und Städten laſſen müſſen, damit man daran erkennen könne, was für eine Farbe ihnen zum Grunde oder Fuß gedient hat, und um zu zeigen, daß ſie die gehörigen Farbezeuge gebraucht haben, z. B. ſchwarz echt wird erſt blau gefärbt, folglich iſt die Roſe blau, u. ſ. w.

Roſe, (Jäger) der krauſe Ring, der um eine Hirſchſtange geht, ſo aber bey einem geſchnittenen Hirſch nicht gefunden wird, es ſey denn daß es erſt im Alter geſchehe, da er ſchon mit Hirſchſtangen verſehen, ſo wirft er es niemalen wieder ab, und behält auch die Roſe.

Roſe, (Muſiker) die in der Mitte auf der Decke eines muſikaliſchen Inſtruments befindlichen kleinen Löcher, welche einigermaßen eine Roſe vorſtellen.

Roſe. Fr. Rozette, (Hutmacher) Eine zirkelförmige Lage Leim, etwa zwey oder drey Zoll im Durchmeſſer groß, welche der Hutmacher beym Leimen der Hüte mit einem daumensdicken Pinſel mitten in den hohlen Kopf des Huts macht. (ſ. Steifen der Hüte)

Roſe, (Sporer) die eingefeilte Zierrath an dem Knie der Stange.

Roſe, (Jäger) der untere Theil an jeder Stange des Hirſchgeweihes, welcher kraus und breit iſt.

Roſe. (Stahlhütte) Ein Fleck im Bruch des Stahls, der mancherley Regenbogenfarben hat, und von dem Quereiſen entſteht, die der gute Stahl beym Ablöſchen im Waſſer bekömmt.

Roſe, ſ. Schiffsroſe und Kompaß.

Roſeaux. Fr. (Baukunſt) In den kanellirten Säulen oder jeder andern Kanelirung, eine Verzierung von Stäben mit umflochtenen Blumen und Blättern.

Roſe-Cran. Eine Gattung faſonnirter Leinwand die in der Pikardie gemacht wird.

Röſen. So werden die Meiler im Lüneburgiſchen genannt, worinn man den Gyps brennt. Man ſchichtet den Gipsſtein mit dem Holze in meilerartige Haufen auf. (ſ. Gypsbrennen.)

Roſenfarbe, Roſenroth, Fr. Couleur de Roſe, (Färber) Eine bleichrothe Farbe, welche der Farbe einer natürlichen Roſe gleich, und eine blaſſe Schattirung des Rothen iſt.

Roſenfarbe auf Leinen auch Baumwolle. (Schwarzfärber) Man nimt auf 12 Pfund Waare 3 Pfund Alaun, zerſtößet denſelben und thut genugſames Waſſer in den Keſſel. Wenn der Alaun ſieden will, ſo thut man die Waare hinein, und ſiedet ſie bey ſtetem ſtarken Umrühren eine gute Stunde, denn wird ſie abgekühlt, ausgeſpühlt, und der Grund iſt fertig. Nun thut man wieder rein Waſſer in den Keſſel und kocht in einem Sack 4 Pfund Fernambuck eine Stunde lang. Man nimt alsdenn den Sack heraus, gießt genugſames Waſſer in den Keſſel, thut die Waare darzu hinein, und dreht ſie geſchwinde darinn herum. So wird die Waare eine Stunde lang herum gedreht, ohne daß die Farbe kocht. Wenn ſie alſo gefärbt iſt, denn zerläßt man Potaſche in genugſamem Waſſer, gießt ſie nach und nach in die Flotte zur Waare, und dreht ſie allezeit geſchwinde herum, bis man die verlangte Farbe erſieht, denn windet man die Waare aus der Farbe heraus, kühlet und ſpület ſie, und ſie iſt fertig.

Roſenfarbe trockene auf Wolle, (Färber) dieſe Farbe entſtehet von dem Blauen und Rothen der Farberöthe, indem erſt roth und denn in der ſchwachen blauen Farbe gefärbt wird, wodurch denn eine röthliche Farbe entſteht, die den trocknen Roſen gleicht.

Roſenguth, Fr. Couperoſe naturelle, (Bergwerk) zu Goslar der in Zacken, wie Eiszapfen, gewachſene Vitriol.

Roſenholz, ſ. Rhodiſerholz.

Roſenkranz, Paternoſter. Eine Schnur mit kleinen aufgereiheten Korallen oder Kügelchen, nach welchen die Gebether in der römiſchen Kirche hergeſagt werden. Sie werden beſonders in Nürnberg von eigenen Paternoſterherren von allerley ſchönem Holz, Bernſtein, Elfenbein ꝛc. verfertigt.

Roſenkranzmühle, (Waſſerbaukunſt) wenn man zwey Getriebe übereinander legt, und um dieſelben eine Kette, oder ein Seil mit Büſcheln gehen läßt, die eine gewiſſe Weite von einander haben, aber ſo, daß die Welle unter Waſſer liegt, und die Kette mit ihren Büſcheln durch eine Röhre geht. Wenn das obere Getriebe vermittelſt des Waſſerrades umgewendet wird, ſo wird das Waſſer oben ausgegoſſen. (ſ. Paternoſterwerk)

Roſenobel. Eine goldene Münze, ſo in England geſchlagen und mit einer Roſe bezeichnet worden. Sie halten 23 Karat 10½ Grän fein. Nach kölniſchem Gewichte gehen 30 Stück auf die Mark, thun 75 Batzen, oder 5 Gulden; nach Meißniſcher Münze 4 Thlr. 4 Gr. 4 Pf.

Roſenobelgold, Gold, welches in der Mark 23½ Karat hält.

Roſenroth, ſ. Roſenfarbe.

Roſenroth auf Seide. (Seidenfärber) Man färbt die Seide in der Brühe von Braſilienholz unächt Karmoiſin, nachdem die Seide erſt die Rothung erhalten hat. Allein man alaunt ſie nicht ſo ſtark, als zu dem ächten Karmoiſin. Alsdenn windet man ſie und erfriſcht ſie im kaltem Waſſer. Man rechnet auf jedes Pfund Seide einen halben Eimer ohngefähr von der Röthenbrühe. In dieſer Brühe bekomt die Seide eine Karmoiſinfarbe, die ſchön iſt, wenn man Brunnenwaſſer nimt. Nimt man aber Flußwaſſer, ſo iſt das Roth viel gelber, als das Karmoiſin

weißen von der Cochenille, dem das unächte Karmoisin gleich werden soll. Will man nun dieses Roth in Rosenroth verwandeln, so macht man ein wenig Waidasche in heißem Wasser zu Lauge, man braucht zu 7 Pfund Seide nicht viel über ½ Pfund Asche. Die Seide wird im Wasser gewaschen, geklopft und die Aschenlauge in ein neues mit kaltem Wasser angefülltes Gefäß gegossen, durch dieses Wasser wird alsdenn die Seide gezogen, wo sie etwas von ihrer Farbe verliehret und dagegen einen rosenrothen Schimmer erhält.

Rosenstein, Rosette, Fr. Diamant octaedre en pointe, (Diamantschleifer) ein Diamant, der auf der obern Seite mit Facetten spitzig zuläuft, wie ein Rosenknopf, unten aber platt geschliffen ist. Diese Sorte ist schlechter als die Brillanten, und kostbarer als die Tafelsteine.

Rosensteine, versteinerte Korallen, die Figuren haben, die den Rosen gleichen. Sie werden wie andere achatartige Steine zu Zeiten geschliffen, und in die Ringe eingefaßt. Ihren Werth erhalten sie durch die Schätzung eines Liebhabers, und nachdem sie mehr oder weniger schön gezeichnet sind.

Rosenstock, (Jäger) der Ort auf des Hirsches Kopf, wo die Stangen oder das Gewerhe steht.

Rosenzinn. (Zinngießer) Eine Mischung von Zinn, oder eine Zinnprobe, wozu der sechzehnte Theil Bley zum Zinn, d. i. auf 15 Pfund Zinn 1 Pfund Bley genommen wird. Welches besonders in Preußen und Leipzig statt des englischen Zinns stark verarbeitet wird.

Rosenzinn. Soviel als fein Zinn, englisch Zinn.

Rosereaux. Eine Art Rauchwerk, so man aus Moskau vom Archangel bekommt. Diese Felle werden stark in der Schweiz verbraucht, wo die Mützen damit gefüttert werden.

Roses, geringe und leichte Zeuge, von Seide, Wolle und leinen Garn gewebt, deren Muster Rosen vorstellt. Sie halten im Stück 10½ Elle pariser Maaß, liegen 1 Fuß 7 Zoll nach dem königlichen Maaße breit, und gehören unter die Zeuge von Haupreliße, die in der Sayetterie von Amiens fabrizirt werden.

Rosette. (Chirurgischer Instrumentenmacher) Eine kleine Zierrath von Silber- oder Goldblech, die auf die Schaalen der schneidenden mit Schaalen versehenen Instrumente vermittelst eines Niedts befestigt werden. Das dazu geschnittene Blech wird auf eine Bleyplatte gelegt, vermittelst des Rosettenstempels ausgestochen und zugleich gebildet.

Rosette. (Diamantschleifer) Ein Diamant, wenn er unten und oben voller kleinen Flächen (Facetten) ist.

Rosette, Fr. (Maler) Eine gewisse Gattung röthlicher der Amaranthfarbe ziemlich gleichender Kreide, welche nichts anders ist, als das Neapolitanische Weiß, dem man diese Farbe vermittelst einer oft darauf gegossenen Brühe von Brasilienholz gegeben hat. Es ist eine Gattung von Stil de Grain, so von Malern, die sowohl in Oelfarbe als auch in Miniatur malen, gebraucht wird. Es giebt noch eine andere Gattung von Rosette, die in Ansehung der Komposition mit der vorhergehenden einerley, aber von schönerer rother Farbe ist.

Rosette, Fr. (Schlosser) Ein Schild oder Knopf, so einer Rose gleicht, und die Schlösser bey den Thürbeschlägen anzubringen pflegen.

Rosette. Eine Gattung feingestreifter Leinwand, die in Flandern und der Niedernormandie gemacht wird. Man nennt sie auch Rosette perlee oder gewöhnlicher Petite Verise. (s. diese)

Rosettenstempel. (Chirurgischer Instrumentenmacher) Ein Stempel womit dieser Künstler die Zierrathen an den Messerschaalen, die Rosetten heißen, weil sie die Gestalt der Rosen haben, ausbildet. Es ist ein stählerner Stempel, auf dessen einer Grundfläche die Figur einer solchen Rose vertieft ausgeschnitten ist. In der Mitte der gravirten Grundfläche ist ein Zapfen vorhanden, der das Loch in der Mitte der Rosette für das Niedt einsticht.

Rosettirerheerd, s. Garheerd.

Rose von Jericho, Fr. Rose de Iericho, (Bergwerk) Stuffe von weißem Spath, so blätterich wie eine Rose gewachsen, zwischen deren Blättern Silbererz liegt. Dergleichen Erze haben ehemals im Joachimsthal gebrochen, jetzund findet man deren nur noch wenig in den Kunst- und Naturalien-Kabinetten.

Rosinenmeth. Eine Art Meth oder künstlicher Wein, der aus Rosinen, Honig und Wasser durch die Gährung gemacht wird.

Roß. (Wollstreicher) das Werkzeug, worauf eine Schrebel befestigt ist, in welche die zu streichende Wolle eingestrichen mit der andern durchgestrichen wird. Auf einer Bank auf 4 Füßen steht an dem einen Ende ein viereckigter Kasten, der oben eine geneigte Decke hat, vorne aber offen ist. Auf die geneigte Decke wird die eine Streiche oder Schrobel, den Handgriff in die Höhe gekehrt, befestigt. In dem Kasten selbst wird die fertig gestrichene Wolle in Flieden (s. diese) gelegt.

Roß. (Strumpfwirkerstuhl) Ein Theil dieses Stuhls, wodurch das Steigen und Sinken der Schwingen (s. diese) in der Kupferlade bewirkt wird. Das Roß ist ein kleines eisernes dreykantiges Prisma, auf dessen untern Seitenfläche, die die Roßstange (s. diese) berühret, ein Zapfen steht, der in die Rinne der Roßstange eingreift. Die beyden übrigen Seitenflächen sind gegen die Schwingen gekehrt. An jeder Seite des Rosses ist eine Schnur befestiget, und eine Schnur liegt auf der einen Rolle der Roßstange, die andere Schnur aber auf der andern Rolle der Stange. Beyde Schnüre gehen zu einer großen Scheibe, die in der Mitte des Stuhls schwebt: beyde sind vereinigt und liegen in einer Rinne der Scheibe. Hinter dieser Scheibe steckt auf ihrer Welle eine Rolle, auf welcher ein Riem liegt, der diese Rolle mit 2 Fußtritten vereinigt. Diese Fußtritte schweben unten im Stuhl, und sind an einer Spitze unter der Banke mit einem Gewinde an den untern Riegel des Stuhls befestigt. Tritt man also den einen Fußtritt, so drehet sich die Rolle und Scheibe von der Linken nach der Rechten um, und das Roß wird nach der nämlichen Richtung durch die Schnur fortgezogen. Umgekehrt ist der Fall, wenn der andere Fußtritt getreten wird und das Roß wird nach der gegenseitigen Richtung gezogen. Indem nun das Roß fortlauft, so geht es unter den Schwingen weg, und seine linke obere Seitenfläche berühret die Schwingen unterhalb, stößt diese in die Höhe und sie sinken mit den Platinen. Eben dieses geschieht gegenseitig, wenn man den andern Fußtritt tritt. Auf diese Art fallen nun die fallenden Platinen vermittelst der Schwingen bey dem Wirken hinab und nehmen den aufgelegten Faden zum Maschen machen hinab. Doch müssen die Platinen und Schwingen nur so tief sinken, daß sie in den Nadeln eine erforderliche lange Masche machen. Dieserhalb fällt die Schwinge beym Sinken auf die Fallbaare. (s. diese)

Roß des Riemers. Eine hölzerne Bank auf vier Füßen, welche in der Mitte ein vierkantiges Loch hat, in welches der Zapfen einer hölzernen Klappe gesteckt wird, als worinn das zum Zusammennähen gestreckte Leder gehalten wird, vor welcher der Riemer auf dem Roß sitzt.

Roß, ein, Kolen. (Hüttenwerk) Ein Maas wornach die Kolen auf den Hütten in Ungarn bey dem Silberertzschmelzen gemessen werden, soviel als 1½ Maas auf dem Unterharz.

Roßgelb, s. Auripigment.

Roßgöpel, s. Pferdegöpel.

Roßhäringzeug, s. Kapatel.

Roßkrallen, Wachskrallen, (Wachsbleiche) der Unrath, welchen das geschmolzene Wachs absetzt oder zurück läßt, der zu gemeinen Fackeln gebraucht wird.

Roßkrücke, Schlammkrücke. Eine große von Pferden gezogene Krucke, Graben und Kanäle damit zu reinigen. Daher Roßkrücken im gemeinen Leben, einen Graben oder Kanal mit einer großen Krücke reinigen.

Roßkunst, Wasserpferdegöpel. (Bergwerk) Ein Göpel, (s. diesen) der so weit von dem Schacht gebauet wird, daß die Entfernung von dem nächsten langen Stoß des Kunstschachtes bis zu dem Mittelpunkt des Göpels 32 Fuß beträgt. Man macht eine stehende Welle oder Spindelbaum, 36 Fuß lang, 1½ bis 2 Fuß dick, und in der Mitte einige Fuß hoch vierecktigt, der halb unter dem Boden in einem Kessel zu stehen kommt, auf welchen Boden dann die Pferde zu gehen kommen, deren Schichte nur 4 bis 6 Stunden lang ist. Man legt um den viereckigten Theil der Welle vier Hauptarme, die 46 Fuß lang, 6 Zoll dick und 7 Zoll breit sind, aber so, daß einer auf dieser, der andere darneben liegende aber auf der andern Seite um 10 Fuß über den an ihm liegenden Arm vorsteht, und also 10 Fuß lange Deichseln entstehen, die Arme aber noch 36 Fuß lang bleiben. An diese Arme schäftet man noch 4 andere eben so starke Arme an, wovon zwey über den Durchmesser gemessen 96 Fuß lang sind. An die solchergestalt hervorstehende Deichseln macht man starke eiserne Haken, woran man die Pferde anspannen kann. Außerdem schäftet man zwischen einem jeden von diesen Armen noch einen Hülfsarm an, der vom Mittelpunkte dieser Arme gemessen 18 Fuß lang ist. Diese Arme verbindet man durch Querbänder, indem man diese über die Arme einschneidet, und alles mit hölzernen Nägeln oder eisernen Schrauben zusammen befestigt. Wenn auf solche Art die Arme zu einem Kammrade gemacht sind, so macht man aus 9 Zoll breiten und 6 bis 7 Zoll dicken Krümmlingen, die man entweder über einander geblattet, und an diesen Orte mit 4 Schrauben versehen, oder aus drey Zoll dicken auf einander gelegten Krümmlingen gemacht hat, ein Kammrad, das 30 Fuß hoch im Durchmesser ist, so daß die Arme 1½ Zoll auf dem Kranze eingelassen sind. Damit inzwischen diese Kämme nicht alle auf einen Ort der Treibstöcke kommen, und solche zu bald abschleifen, so setzt man einen Kamm um den andern um die Kammbreite zurück, und damit man verhindere, daß dieses Rad sich nicht herunter senke, sondern stets horizontal liege, so unterstützet man dasselbe oben und unten mit 12 in die Arme und den Spindelbaum eingezapfte Streben. Jetzt macht man einen 9 Fuß hohen, im Lichten 16 Zoll weiten Trilling, dessen Kränze 4 Zoll dick und 8 Zoll breit sind, und dessen Welle 2 Fuß dick ist, und theilet in denselben 46 Treibstöcke aus. An eine Seite der 2 Fuß dicken Welle dieses Trillings aber macht man einen einfachen, oder wenn man an zwey Schachtstangen zwey Pumpen in einer Höhe neben einander stellen, und, wie man sagt, statt eines einfachen Zeuges doppelten Zeug machen will, einen doppelten krummen Zapfen mit einem Bleuel, von welchem letztern das eine Knie, von Mittel zu Mittel gemessen, 2 Fuß, das andere noch einmal so große Knie aber 4 Fuß hoch ist, und also sowohl an dem einen als an dem andern Knie ein Hund von 4 Fuß entstehet. Weil nun ein solcher Zapfen viel auszustehen hat, so macht man den Hals 9 Zoll dick und eben so breit, die Knie 8 Zoll breit und 6 Zoll dick, die Warzen aber 8 Zoll dick und 9 Zoll lang. Statt dieser doppelten krummen Zapfen erwählet man lieber zwey Korbenzapfen, die nach dem Quadranten gestellt sind, und wovon einer an diesem, der andere aber an dem andern Ende der Welle ist. Nunmehr machet man eine 28 bis 30 Fuß lange Kordstange, und steckt sie in ein liegendes halbes Kreuz. An den einen Arm hängt man das Schachtgestänge, (s. dieses) das eben so, wie das Feldgestänge durch Schlösser, woran an einer Stange eins auf dieser, das andere aber auf der andern Seite ist, mit einander verknüpfet, und 4 Zoll dick und 5 Zoll breit ist. Damit indessen dieses Kreuz besser zusammenhalte, so versieht man solches mit einem Wendeeisen, auch hängt man die Arme und Streben durch Koppeisen zusammen. Weil der darinn befindliche Hängnagel, der in dem Kreuz auf und abgeht und einen Zirkelbogen beschreibt, nicht stets in der Perpendikularlinie bleibt, so geschieht auch, daß dadurch die Kolben schief gezogen werden, wodurch denn ein stärkeres Reiben in dem Satz entsteht. Dieses zu vermeiden, kann man an dem Arm des halben Kreuzes einen Krümmling machen, dessen äußerster

äußerster

gesetzt Zirkel mit dem Durchmesser beschrieben, und etliche Fuß länger ist, als der ganze Hub. Ueber dieses zirkelhalbe Kreuz aber muß man eine starke eiserne Kette oder sogenannte Ueberkette hängen, und an diese die Schachtstangen, so bleiben solche in beständiger Perpendikularlinie. Man sucht und findet die Weite der Sätze ohngefähr so: Man lasse die Wasser aus dem Sumpf des Kunstschachtes in einen parallelepipedischen Kasten laufen, und zwar von der Zeit einer Minute, und berechne den kubischen Inhalt des in diesen Kasten gelaufenen Wassers, diesen Inhalt dividire man durch die Zahl, um wie vielmal der Trilling in einer Minute bey dem Umtreiben der Maschiene umgehet, die denn bey einer solchen Maschiene 9 ist, so weis man, wie viele Kubikfuß Wasser man mit einmal mit der Roßkunst heben muß. Weil nun der Hub 4 Fuß ist, so dividirt man den Quotienten durch 4, so bekomt man die Grundfläche des Satzes. Zu dieser suche man den Diameter, so hat man den Diameter des Satzes. Findet man, daß dieser zu groß, und über 10 bis 12 Zolle ist, so theile man die zuvor gefundene Grundfläche durch 2, und suche zur halben Grundfläche den Diameter, so bekomt man zwey Sätze neben einander. Nachdem man also die Größe der Sätze gefunden, so macht man solche nach diesem gefundenen Maaß (s. Sätze) diesen bevestiget man an dem Ort, wo er ausgießen soll, in dem Kunstschachte also: Man lege unter den obern Aufsatz zwey 4 Zoll dicke und 6 Zoll breite Lager. Eben solche Lager lege man unter den untern Aufsatz, und zwar so, daß wenn Schere auf Schere gesetzt ist, diese Lager zwischen zwey Jöcher zu liegen kommen: so ist der Satz vor dem Fall sicher, und es hängt auch das Kielstöckel, daß, so weit es im Satz ist, einen Absatz hat, vest. Damit aber der Satz nicht zwischen den Lagern in die Höhe gezogen werden könne, so macht man auf beyden Seiten der Lager zwischen die obere Lager und die untere Einfassung die nach der Rundung des Satzes ausgehauene Streben. Bestehet hingegen die Zimmerung in dem Schachte aus Polsenzimmerung, so lege man die Lager da, wo die Jöcher darauf zutreffen, auf die Jöcher, wo dieses aber nicht ist, da mache man Stetzen oder Polse, und verwahre die Sätze wie vorhin mit Streben. Damit aber der Satz, mit sammt dem Lager, wenn scharf geliedert (s. liedern) ist, nicht in die Höhe gehoben werde, so mache man auch zwischen die Lager und das nächste obere Joch Polsen. Bey der Bevestigung dieser Sätze sehe man auch endlich darauf, daß solche senkrecht und so weit von dem Schachtgestänge abstehen, daß zwischen diesem Gestänge und dem Aufsatz, wenn jenes auf den halben Hub steht, ein Raum von 2 bis 3 Zoll ist. Eben so mache man auch die Lager in den flachen Schächten, nur mit dem Unterschiede, daß die Achse des Satzes mit der Schachtgestänglinie parallel ist, und in der gehörigen Weite von dem Gestänge absteht. Jetzt bringe man durch Haspel, Bremsräder oder Treibkünste die Sätze in die Grube, und auf ihr Lager, und steße das Aufsteckkiel an das Kielstöckel, die Wechsel aber, den Ort, wo sie zusammengestoßen sind, verstopfe man mit Werg, und schmiere alle Ritzen mit Theer zu. Damit aber auch die Röhren vest hängen, so hänge man sie an den Wechseln durch eiserne Klammern zusammen. An dem Ort, wo ein Satz ausgießet, mache man auf die Lager nach der Menge des Wassers, so auf einmal gehoben wird, einen, und zwar damit die Pumpen nicht so leicht ausschnarchen, mehr tiefen als breiten und langen Kasten, einen so genannten Sumpf, worein denn der untere Satz ausgießen, der obere aber aus solchem das Wasser wieder ansaugen kann. Damit man die Zugstange mit dem Kolben an das Schachtgestänge anhängen kann, so mache man einen Stanghaken oder ein Krummeneisen. (s. Krummes, Stanghaken) diesen schlage man also an: Man drehe die Kunst auf den halben Hub, lasse in die Achse des Satzes ein Loch hängen, und in der Entfernung von 3 Fuß über der Oberfläche des Aufsatzes mache man den Stanghaken, indem man die Platte um ihre Dicke einläßt, und die Löcher durch die Schachtstangen bohret und durch Schrauben vest anziehet. Bey dieser Vorrichtung hebt sich der Haken bey dem Aushub, da er auf den halben Hub angeschlagen worden, und der ganze Hub 4 Fuß ist, 2 Fuß über den Satz, und er ist gerade 1 Fuß hoch über diesen Satz, wenn die Kunst ausgeschoben hat. Nun macht man auch einen Schneidenstiefel oder Taschenkolben, der in dem Kolben 6 Zoll hoch ist, und bestimmt die Länge der Zugstange auf die Art: Man messe von dem Orte im obern Aufsatz, wo sich der in ihm hängende eiserne Satz endiget, 2 Fuß an dem Satz herunter, so hat man den Ort, wo der Kolben steht. Von diesem Punkte nun messe man, wenn die Kunst auf dem halben Hub stehe, bis in das Mittel des Stanghakens, wo die Zugstange eingehänget wird, so hat man die Höhe oder Länge der Zugstange, bis an den Ort, wo sie an den Stanghaken gesteckt wird, und diese beträgt, weil der Stanghaken bey dem halben Hub in diesem Fall 1 Fuß hoch über dem Aufsatz steht, der Aufsatz bis an den in ihm gesteckten eisernen Satz aber 1½ Fuß lang ist, und denn der halbe Schub noch 2 Fuß ausmacht, 6 Fuß und 6 Zoll. Dieserwegen, und damit die Stange noch etwas über den Haken in die Höhe ragt, nimt man eine 3 Zoll dicke und 7 Fuß lange Stange von vestem Holze, und spitzt solche, damit sie in die Gabel von dem Kolben gehe, an einem Ende nach dieser Gabel zu, schraube dieselbe alsdenn aber an diesen Kolben veste, nachdem man zuvor nach der Dicke der Schrauben an dem Kolben Löcher in sie gemacht, und bohret in der Höhe von 6 Fuß und 6 Zoll, von der Oberfläche des Kolbens gemessen, nach der Dicke des Stanghakens ein Loch in dieselbe. So richtet man nun einen Satz nach dem andern mit seinem Kolben und Zugstange zu, und stecket diese Stangen in ihre Sätze und an die Stanghaken, so ist die ganze Maschiene fertig, und man hat nur nöthig, daß man sie bey ihrem Gebrauch in allen Zapfen wohl im Schmieren unterhalte, und die Pumpen ersetze. Wenn die Schächte nicht an einem Stücke seiger, sondern flach und seiger zugleich sind, so muß man in dem seigern Bruch einen liegenden Zwieling (s. diesen) legen. Ueberhaupt muß man bey der ganzen Maschiene zwey Theile, die mit einander einen Winkel oder Bruch machen, stets so mit einander verknüpfen, daß sie einen rechten Winkel formiren, wenn die Kunst am den halben Hub (s. diesen) steht, oder die aufrecht gebrochene Kurbel mit der Linie, die durch die Achse des Rades und den ersten Seenagel an der Kunststange gezogen wird, einen rechten Winkel macht. Wobey zu merken ist, daß wenn an einem Zwieling oder Kreuz der Arm, wodurch das Gestänge (s. dieses) weiter fortgerückt wird, größer als der an ihm liegende ist, der Hub verhältnißmäßig vermehret, hingegen aber so vermindert werde, wenn jener Arm kleiner ist. (s. Cancr. erste Gründe der Berg- und Salzwerkskunde Th. 7. Zwote Abtheilung Tab. XXXXI bis XXXXV.)

Roßlagisches Eisen, Eisen, welches von der Roßlagischen Hütte in Schweden also genennet wird, und eine der besten Sorten des schwedischen Eisens ist, welches die Engländer gerne zu ihren Stahlfabriken haben. Diese Hütten liegen in der Provinz Dannemora.

Roßleder, (Lohgerber, Schuhmacher) lohgares Pferdeleder, welches der Schuhmacher zu Brandsohlen verbraucht. Es taugt aber nicht viel, weil es in der Nässe nicht dauerhaft ist.

Rößler; Eine Gattung der Weißgerber, dergleichen sich in Schlesien und der Lausitz, auch an theils Orten in Meissen, als zu Naumburg rc. befinden. Sie unterscheiden sich von den andern Weißgerbern dadurch, daß sie mit Messern und nicht mit Schabeisen arbeiten, auch die Felle nicht über den Bock, sondern an der Wand ziehen.

Roßmühlen, (Müller) Mühlen, die von Pferden in Bewegung gebracht werden, und davon den Namen führen. Sie sind bequem, weil sie aller Orten, wo kein Wasser vorhanden, angebracht und zu allen Arten von Mühlwerken gebraucht werden können. Man hat zweyerley Arten. Die erste und gebräuchlichste sind die, so mit Pferden herum getrieben werden. Die andere Art wird von den Thieren getreten, wozu man am besten Ochsen gebraucht, weil sie kurze und starke Beine haben. Eine gewöhnliche Roßmühle hat folgende Einrichtung in Ansehung ihres Räderwerks, welches die eigentliche Mühle in Bewegung setzt: Ein großes liegendes Kammrad auf einer senkrecht stehenden Welle hat z. B. 240 Kämme mit 4½ Zoll Theilung. Der Durchmesser, worin der Theilzirkel dieses Rades beschrieben wird, hält 6 Ellen 18½ Zoll, folglich beträgt die Höhe des ganzen Rades, die Felgenbreite mit eingeschlossen, 14 Ellen. Dieses Kammrad greift in einen Trilling einer horizontalen Welle, die nach dem innern Mühlenwerk geht, von 32 Stöcken von obiger Theilung, dessen ganzer Durchschnitt 2 Ellen 4½ Zoll beträgt. Auf dem andern Ende der horizontalliegenden Welle steckt ein Kammrad von 60 Kämmen, welche 4 Zoll Theilung haben, und in den senkrecht stehenden Trilling mit 8 Stöcken eingreifen, und die Mühlsteine der Mühle umdrehen. An den Streben des großen liegenden Rades werden die Pferde an ihre Deichsel und Waage angespannt, welche das Rad mit seiner Welle, die mit ihren beyden Zapfen oben in dem Balken der Decke und unten im Boden in Pfannen läuft, im Kreise herumdrehen. Will man zwey Gänge bey einer solchen Mühle zum Mahlen anlegen, so macht man anstatt eines Kammrades der horizontalen Welle ein Stirnrad, welches man in zwey Trillinge greifen läßt, wovon jeder einen Gang der Steine in Bewegung setzt. Will man gar 4 Gänge anbringen, so müssen auf jeder Seite des Stirnrades 2 Trillinge angebracht werden, welche denn wie die zwey ersten ohne Hinderniß in Bewegung gesetzt werden. Aber alsdenn müssen an dem großen liegenden Rade zwey gegenüber stehende Deichseln angebracht werden, weil alsdenn noch einmal soviel Pferde, und zwar von zwey Seiten, angespannet werden, weil zu solcher Mühle mehr Kraft erfordert wird.

Roßmühlen zum Treten. (Mühlenbau) Mühlen, welche durch ein bessinirendes Tretrad durch Ochsen in Bewegung gesetzt werden. Die Einrichtung derselben ist diese: Auf einer schräg gestellten Welle, die mit ihren Zapfen oben und unten im Gebäude in ihren Pfannen läuft, steckt ein Tretrad, welches auch einen gewissen Winkel bessiniret, wie weiter unten soll gesagt werden. Dieses Tretrad (s. dieses) besitzt ein auf der nämlichen Welle schräge liegendes Kammrad, so z. B. 216 Kämme hat, mit 4½ Zoll Theilung, der Durchschnitt des Theilzirkels hält 12 Ellen 4 Zoll hier. Dieses Kammrad setzt einen auf einer horizontalen Welle steckenden Trilling von 72 Stöcken in Bewegung, dessen Höhe über den Theilriß 4 Ellen 1½ Zoll, und die ganze Höhe bis zu den äußersten Stöcken 4 Ellen 1½ Zoll beträgt. Auf dem andern Ende der Welle steckt ein Stirnrad von 70 Kämmen 3 Ellen 10½ Zoll hoch. Dieses greift von beyden Seiten in einen Trilling von 18 Stöcken, der 1 Ellen hoch ist. Auf dem andern Ende der Welle dieser Trillinge stecken wieder zwey Kammräder von 60 Kämmen, die 3 Ellen 1½ Zoll hoch sind. Diese Räder setzen jedes ein Getriebe von 7 Stöcken mit ihren Mühlsteinen in Bewegung. Dieses Räderwerk bringt die Mühlsteine 66⅔ Mal herum, bevor das große bessinirende Tretrad einmal herum kömmt. Von der Schräge oder dem Winkel, so ein solches bessinirendes Tretrad mit der Horizontallinie machet, ist zu merken, daß, je schräger ein solches Rad liegt, desto kräftiger ist die darauf liegende Last. Man muß aber auch merken, daß man solche in die Höhe zu schaffen mehr Gewalt anwenden muß, das ist, wenn ein Pferd oder Ochse auf einem allzu geneigten Rade, indem das Rad unter ihm zurück geht, fortretten soll, es dazu weit mehr Kraft anwenden muß, als wenn die Fläche nur halb so hoch wäre. Deswegen muß bey Anlegung solcher Maschinen darauf gesehen werden, daß sie so eingerichtet werden, damit die Thiere, so zur Bewegung gebraucht werden, nicht über ihr Vermögen arbeiten müssen, weil sie solches, sie mögen auch noch so stark seyn, nicht lange aushalten, absonderlich die Ochsen. Die beste und gebräuchlichste Schräge, so den solchen Rädern gegeben wird, ist, wenn sich die Fläche zu dem Perpendikel wie 1 zu 3 verhält: oder wenn sie mit der Horizontallinie einen Winkel von 20 Graden macht. Die

Befestigung des Tretrades geschiehet auf folgende Art: die Arme oder die Unterlager, auf welche der Boden kommt, werden an die schrägstehende Welle geschlossen, und mit Strebebändern unten unterstützt, oberwärts aber an Bänder oder Streben durch eiserne Anker angehängt, auf daß sich die ganze runde Fläche in eine gleiche Ebene herum bewege, und nach keiner Seite ausweichen oder sinken könne. An die eine Seite kommt ein Geländer auf Balken zu stehen, damit die Ochsen oder Pferde nicht fehl treten, oder gar herunter fallen. Auch werden auf dem ganzen Rade herum Latten aufgenagelt, damit die Thiere mit den Füßen nicht abglitschen, sondern sich anstämmen können. An der uneingeschränkten Seite des Rades kommt die Treppe oder Brücke zu liegen, auf welche das Vieh herauf geführet wird. Uebrigens ist das Mühlenwerk so wie bey andern Mühlen. (s. Leupolds Mühlenschauplatz Tab. XXVI. Fig. I.)

Rossolis, Rossoli, Rossolia. (Destillateur) Ein abgezogener Brannewein, so von dem Kraute Sonnenthau abgezogen wird. Heutiges Tages aber werden unter dem Namen Rossolis alle mit Zucker und Ambra angemachte köstliche Brannteweine und Liqueurs, so von Zimmt, Zitronen, Pomeranzen, Pfirsichkernen und andern kräftigen Dingen abgezogen und in kleinen Flaschen aus Italien zu uns gebracht, oder daselbst ausgegeben werden, verkauft. Der Rossolis von Montpellier ist zwar auch vortrefflich, jedoch nicht so gut, als der von Turin. Man macht aber in Deutschland, und besonders in Danzig, treffliche Rossolis.

Roßpfahl, diejenigen Pfähle in einem Lager, woran die Pferde gebunden werden.

Roßramme. (Baukunst) Eine Ramme, die durch Pferde in Bewegung gesetzt wird. Sie verdient den Vorzug vor den gewöhnlichen Rammen, wenn sie nur nicht eine allzu große Vertung erfoderte, und aller Orten mit Bequemlichkeit angebracht werden könnte; denn sie verursacht nicht allein weniger Arbeitskosten, sondern fördert auch mehr die Arbeit. Sie besteht aus folgenden Theilen: zwey Pferde ziehen an einem Göpel, an dessen Tummelwelle ein Kammrad befestiget wird. Dieses Rad bewegt einen Trilling mit einer horizontalen Welle. Auf diese Welle wird eine bewegliche Walze aufgesteckt, die mit einem Haken fest gehalten wird. Diese Walze umschlingt ein Seil, so über eine oben am Gerüste angebrachte Rolle läuft, und den Bär zieht. Wenn der Bär hoch genug erhoben ist, so wird der Haken abgestoßen, und augenblicklich stürzt der Bär herab, die bewegliche Walze läuft herum, damit sich das Seil abwinden kann, und der Bär schlägt oft bey jedem Stoß den Pfahl 6 Zoll in den Grund. Der Haken wird nach verrichtetem Schlage wieder in die Walze geschoben. Man könnte wohl gegossene eiserne Bären anbringen, weil aber solche die Pfahlköpfe zu sehr zerschmettern, so muß man sich mit hölzernen begnügen.

Roßschwefel, s. Roher Schwefel.

Roßstange. (Strumpfwirkerstuhl) Eine eiserne Stange, worauf sich das Roß in ihrer Rinne hin und wieder bewegt. Die Roßstange selbst ist bey einigen Stühlen durch eiserne Arme an der Kupferlade, (s. diese) an andern Stühlen oder auf dem Lager des Stuhls selbst befestiget. Die erste Art scheint die beste zu seyn, weil sich die Roßstange mit den Schwingen zugleich bewegt. Die Roßstange hat, wie schon gedacht, auf ihrer obern Fläche nach ihrer ganzen Länge einen Falz oder eine Rinne, worinn der Zapfen des Rosses greift und darinn fortgeht, wenn dieser in Bewegung gesetzt wird.

Roßwall, das allerschlechteste Sortiment von moskowitischen Juchten, welches die Schuhmacher fast zu nichts anders, als zu Rändern, Brandsohlen und Absatzflecken gebrauchen können. Man schlägt allen Ausschuß dazu, der in den andern Sortimenten, deren fünfe sind, verworfen wird, und auch die eigentlichen Ausschußjuchten sind noch besser.

Roßwerk. (Münze) Wenn das Streckwerk (s. dieses) vermittelst eines Pferdes getrieben, oder in Bewegung gesetzt wird. Eine große senkrechte Welle, welche durch Arme und Streben unterstützet ist, und den Ziehbaum oder eine Wage mit ihren Ortscheiden hat, um die Pferde daran anspannen zu können. Sie hat oben ein großes hölzernes Kammrad stecken, welches in ein stehendes Getriebe eingreift, aus dem im obern Stockwerke verschiedene eiserne Wellen horizontal heraus gehen, wovon jede nach einem in diesem Stockwerke befindlichen Streckwerk geht. Eine jede hebt daran den Zapfen der Unterwalze in die Höhe, welche also veranlasset wird, wenn das Pferd, so die Maschine in Bewegung gesetzt hat, rechts herum geht, indem die obere Walze links herum geht.

Rost, (Baukunst) der wichtigste Theil des Grundbaues, wodurch ein lockerer, sumpfiger und unrichtiger Boden geschickt gemacht wird, eine große Last von Mauern zu tragen. Es besteht derselbe aus verschiedenen mit einander wohl verbundenen Schwellen und dazwischen eingerammten Pfählen. Die langen Hauptschwellen werden mit den kürzern Zwergschwellen auf stark eingeschlagenen Pfählen durch Schwalbenschwänze verbunden, und mit hölzernen Nägeln befestiget. Zwischen den Feldern dieser Schwellen werden wieder noch Pfähle eingerammt. Dergleichen Rost ist sehr dienlich, wie gedacht, in einem morastigen Boden, der zumal unten Quellen hat. Wo aber gar Triebsand vorhanden ist, da muß man dem Weichwerden des Sandes durch Spundpfähle und dazwischen eingerammte Pfosten zu steuern suchen. Weil aber im thonigten und leimigten Boden die Pfähle nicht wohl rücken, und sich schwerlich einstoßen lassen, so kann man in diesem Falle auch mit einem bloßen Rost aus kreuzweise geschränkten Schwellen zufrieden seyn.

Rost, ein Herd in einem Darr-, Brau- oder andern Ofen, welcher unten hohl, oben aber dergestalt mit schmalen Oeffnungen oder eisernen Gittern versehen ist, daß dadurch die aus den Kolen gebrannte Asche hinunter fallen kann, und die noch glimmende Kolen nicht ersticken, sondern vielmehr durch die Zugluft immer angeblasen und im Feuer erhalten werden. Es wird aber auch ein von Eisen gemachtes Gestelle, worauf man das Holz in den Stubenöfen legt, also genennt.

Rost. (Gärtner) ein Fehler an den Blättern der Nelken. Er wird in den gelben und weißen Rost unterschieden. Der letztere ist ein weißer Fleck an den Blättern, welcher immer weiter um sich frißt, und der Pflanze endlich den Tod bringt. Der gelbe betrifft zunächst die Wurzel, und ist eigentlich der erste Grad der Fäulniß, wobey sie eine gelbe Farbe bekomt. Oft zeigt sich auch auf den Blättern der Bäume ein braunes Pulver, welches man gleichfalls den Rost nennet.

Rost, Fr. la rouille. (Hüttenwerk) Der Beschlag der Metalle, den sie von einer dieselben auflösenden Feuchtigkeit bekommen; insonderheit und eigentlich wird dieser Name dem Eisenbeschlag beygelegt, der durch wässerige Feuchtigkeit verursachet wird. Dieser ist braunroth, der Rost des Messings und Kupfers grün, des Wißmuths weiß.

Rost. (Kalkbrenner) Ein von Kalksteinen und Holz gemischter und aufgeführter Haufen, den Kalk in Ermangelung eines Kalkofens zu brennen, da denn diejenige Quantität Kalksteine, welche auf einmal gebrannt wird, gleichfalls ein Rost oder Kalkrost heißt.

Rost. (Kupferhütte) Der kalcinirte und abgebrannte Rohstein oder Kupferstein, wenn er im Rostofen durchs Feuer traktirt und der überflüßige Schwefel ausgebrannt worden. Er schmelzt in dieser Arbeit, insonderheit wenn 300 bis 500 Zentner an eine Roststätte auf einmal eingesetzt werden, gewöhnlichermaßen in einen Klumpen zusammen, welches von der Gewalt des flüßigen Schwefels, der darinn noch die Oberhand hat, herrühret. Diese Klumpen müssen nachher mit großer Mühe wieder von einander und in kleine Stückchen geschlagen werden.

Rost, Fr. Gril. (Kupferstecher) Ein von eisernen Stäben zusammengesetztes Werkzeug, welches über eine Kolenpfanne gesetzt wird, um die Platte warm zu machen, ehe sie mit Firniß bestrichen wird. Er ist von viereckigter Gestalt, und steht auf 4 Füßen, die ohngefähr 2 bis 9 Zolle hoch sind.

Rost. (Lederbereiter) Ein eiserner starker Rost, auf welchem die glühenden Kolen geschüttet werden, und welcher auf den Heerd gesetzt wird, wenn das ungarische Leder mit Talg getränket wird, um solches dadurch zu erhitzen, daß das Talg einziehe. (s. ungarisches Leder)

Rost, (Münze) der Zusatz, so bey der Münzbeschickung zum Silber und Gold gesetzet wird.

Rost (Seidenwirker) Ein Werkzeug, welches an den großen Scheerrahmen auf den Führer gestellt wird, wodurch die Faden der zu scheerenden Kette geleitet, und das untere und obere Gelese abgesondert wird. Es besteht dieser Rost von Blechstücken, die den gleichgespitzten Orgelpfeifen gleichen, die zusammen neben einander in einem Rahmen befestigt sind, und einen Rost bilden, wovon dies Werkzeug auch den Namen erhalten hat. In der Mitte, als [illegible] Breite, haben sie Löcher. Dieser Rost ist auf dem Führer also angestellet, daß er hinter der horizontalen Stange des Führers (s. diesen) senkrecht zu stehen kommt. Alle Fäden, die das Obergelese der Kette ausmachen, gehen durch die Löcher der Bleche, diejenigen Fäden aber, so das Untergelese machen, gehen zwischen den Blechen weg. Der Scheerer hat den Vortheil, daß er hier bey dem Einlesen der Fäden keine Schwierigkeit findet, das Obergelese von dem Untergelese abzusondern, indem die Kingel der Scheerlatte oder des Kanters (s. diesen), als auch der Rost ihm die Fäden jedes Gelefes genau nachweisen.

Rost. (Zeugschmid) Ein viereckigtes eisernes Gatter auf vier Füßen stehend, und mit einem langen Stiel versehen, worauf man in den Küchen über Kolen röstet und bratet.

Rost, Fr. le gril, eiserne Stäbe, oder einzeln auf die schmale Seite gesetzte Ziegelsteine, darauf Kolen und Brennholz liegen können.

Rost, geröstetes Eisen.

Rost, s. Rollbrett.

Rost, s. Sinter.

Rost abkühlen, den Rost, der nach einer gewissen Rostart geröstet ist, daß er nicht zusammen fließt, im Wasser abkühlen oder abschrecken, und alsdenn zum weitern Rösten wieder einsetzen.

Rost aberrücken, Fr. transporter la Matte, (Hüttenwerk) das geröstete Erz aus der Röste ziehen.

Rost ansetzen; den Rost auf den Schmelzofen stürzen, und also durch den Ofen setzen.

Rost anstecken, den Rohstein auf dem Roststette mit einer glühenden Schlacke durch die Zuglöcher der Vorderwand anstecken, und in einen glühenden Brand bringen, damit derselbe in ein Stück zusammenfließe, wie dieses auf Hüttenwerken die Rostarbeit anweiset. Je dicker nun der Rost aufgesetzt wird, desto stärker fließt er zusammen.

Rost auf Grundpfählen, Fr. Patent, (Baukunst) die Bauhölzer, welche auf einer Pfahlschlagung liegen, worauf hernach die Bohlen oder Läcken eines Rostes zu liegen kommen.

Rost, bedeckter. (Hüttenwerk) Eine besondere Art der Erzröstungen, die an vielen Orten in Deutschland nachgemacht, und von besonderer Natur, Wirkung und Nutzen befunden worden ist. Wenn auch mit dieser Röstungsart nur der Nutzen für die Metalle erreichet wird, daß hierbey 5 bis 6 und noch mehr Röstungen erspart werden, so beträgt solches doch auf großen Schmelz- und Hüttenwerken an Mühe, Kosten, Reisholz und Kolen nicht wenig.

Rostbette, Fr. l'accommodage du grillage, (Hüttenwerk) die Vorrichtung zum Rösten, da unten Holz gelegt, Erz darauf geschüttet, und oben wieder Holz darauf gelegt wird.

Rostbrenner, Fr. Fondeur qui core le grillage. Ein Hüttenarbeiter, welcher das Rösten abwartet und anordnet.

Rost des Getreides. (Landwirthschaft) Eine Krankheit, besonders des [illegible], welche entsteht, wenn die noch grünen Saftrührchen bey plötzlich auf einander abwechselndem Regen und Sonnenschein aufplatzen, und der ausgetretene gettretene Saft verdickt wird. Der gemeine Mann sagt irrig, es sey ein Honigthau hinein gefallen. Der Rost entstehet aus diesem gelblichen Saft, welchen die Sonne trocknet oder verdickt, und der als ein gelblich schwarzliches Pulver an dem Korn hängen bleibt, sich aber in der Fremde bey dem Handthieren im Getreide, und beym Dreschen verlieret. Der Rost zeigt sich nur, wenn der Roggen im vollen Safte ist, und wenn alsdenn der einfallende Regen dem Acker noch mehr Nahrung, und dieser der Pflanze überhäuften Saft giebt. Dieses Uebel widerfähret dem Roggen vornehmlich um Johannis, wenn die Witterung häufig wechselt und der Roggen blühet. Weitzen und anderes Getreide hat um diese Zeit noch nicht geschossen, ist also dem Zufall nicht so sehr unterworfen. Was einige das Brennen in den Weinstöcken nennen, ist auch eine Art von Rost.

Rostdörner, Fr. epines de grillage, (Hüttenwerk) die Schlacken, welche auf den Saigerhütten bey Bearbeitung des Kupfers über dem Darrofen fallen, und mit großen eisernen Haken aus der Gosse gezogen werden. Am Unterharz heißen es Darrkrätze.

Röste. Rost. Roststätte, Rostofen, Fr. le gril, (Hüttenwerk) eine mit drey Mauern eingefaßte oben offene Stätte, darinn Erz geröstet wird.

Röste, eine, Fr. le grillage, (Hüttenwerk) soviel Erz, als auf einmal geröstet wird.

Rösten, Fr. Griller votir, (Hüttenwerk) das Erz auf der Röste mit Scheitholz brennen.

Rösten des Flachses. (Landwirthschaft) Wenn der von dem Saamen durch das Raufen befreyete Flachs in kleinen Gebänden in fließendes Wasser mit Stroh und Steinen beschweret, damit sie niedersinken, und zwischen eingeschlagenen Pfählen, damit sie nicht vom Wasser fortgerissen werden, aufgeschichtet wird. In dieser Lage bleibt er eine ganze Woche liegen, damit die Hülse verfaule. Niedriges Wasser verrichtet solches eher, stehendes Wasser macht den Flachs blau, fließendes aber weiß. Nach der Röste wird er rein gewaschen, und auf den Wiesen oder Brachfeldern ausgebreitet. (s. Breiten 2.) Er liegt hieselbst 14 Tage bis 4 Wochen lang dünne auseinander gebreitet, damit die Mitwirkung der Sonne das Rösten vollende, welche den aufgelösten Schleim aus den Markbläschen des Bastes völlig verjagt, und daher verursachet, daß sich der Bast losschälet, und zwischen den Händen abreiben läßt, welcher nachher durch das Klopfen, Schwingen und Hecheln (s. alles dieses) völlig weggeschaffet wird.

Rösten des Zwiebacks. (Bäcker) Wenn das zu Zwieback bestimmte Brod stark ausgebacken ist, so wird dasselbe nach dem Erkalten mitten durch mit einem langen Messer in zwey Stücke zerschnitten; längliche Brode aber werden in mehrere dicke Stücke zerschnitten. Hernachmals werden diese Brodschnitten in den Ofen wieder geschoben, und hierinn so lange geröstet, bis sie völlig hart ausgebacken und ausgetrocknet sind. Dieses verursacht, daß ein solcher Zwieback viele Jahre dauert, deswegen er auf den Schiffen anstatt des Brodes gebräuchlich ist. (s. Schiffszwieback) Die feinen Zwiebäcke, die man auch Kaffeezwiebacke nennt, werden gleichfalls, nachdem sie gebacken, zerschnitten und auf Blechplatten zum Rösten wieder in den Ofen geschoben, worinn sie, so wie die groben, nach Verhältniß ausdörren oder austrocknen müssen.

Röster, derjenige, der das Erz röstet.

Rost fortsetzen, (Hüttenwerk) die gebrannten Erze an die Seite des Schmelzofens bringen.

Rost führen, Fr. conduire le grillage, (Hüttenwerk) die Arbeit bey dem Rösten regieren.

Rost getrieben. (Bergwerk) Wenn man einen Stollen treibt, der 5 oder 6 Lachter einkömmt, oder tiefer, als auf 15 oder 16 Lachter.

Rosthäuser, (Hüttenwerk) Häuser, worinnen die Röstung der Erze geschieht, die aus einem Mauerwerk mit einem Dache bestehen, und zu der Röstung vierter Art gehören.

Rösthols, (Bergbau) dasjenige Holz, welches zu dem Rösten der Erze gebrauchet wird, wozu sowohl das allerschlechteste, als auch das Buschholz, mit Nutzen gebraucht werden kann.

Rost im beweglichen Ofen, (Chemie) der Rost in einem beweglichen Ofen (s. diesen im Supplement) besteht aus einem eisernen Ringe mit quer übergelegten und angenieteten eisernen Stäben. Die Dicke der Stäbe muß merklich größer seyn, als ihre Breite, damit sie die gehörige Stärke erlangen, und ihre Zwischenräume so groß als möglich bleiben mögen. Der Ring wird aus einer Stange von gleicher Stärke rund gebogen. Zum unterschiedenen Gebrauch werden drey dergleichen Röste von verschiedener Weite erfordert. Einer wird nur so groß, daß er in dem untern engen Theile, gleich über dem viereckigten Loch des Ofens, auf den zusammengehenden Wänden des Topfs aufliege; ein anderer wird so groß, daß er nicht weiter als fast bis oben an das oberste Loch hinein gehe; und der dritte bekömmt mit der äußern Seite des Topfes bey seiner Mündung die nämliche Weite. Um den untern und mittlern Rost desto sicherer auf ihren Stellen zu erhalten, werden entweder in dem Topfe des Ofens ringsherum Krümmen eingegraben, in welchen die Ränder der Röste ruhen können, oder es werden für jeden in gleicher Entfernung von einander drey Kerben ausgestochen und auf dem Umfange des Rostes drey passende Zapfen angebracht, welche auf dem Ringe vest genietet werden. Diese letzte Art hat den Vorzug vor der ersten, weil sie mehrere Zwischenräume zum Durchzug der Luft und für den Abfall der Asche übrig läßt. Denn hier kann soviel Raum zwischen dem Rande des Rostes und den Wänden des Topfs als zwischen den Stäben offen bleiben; und dieser leere Raum ringsherum ist um soviel nützlicher, da sonst die Asche sich daselbst am leichtesten anhäuft und die Lebhaftigkeit des Feuers gehemmt wird. Es ist überhaupt darauf zu sehen, daß immer genugsamer Spielraum übrig bleibe, und weder der Rost noch ein Zapfen sich gegen den Topf drängen, damit das durch die Hitze ausgedehnte Me-

daß das Herausnehmen des Rostes nicht schwer mache, oder gar den Ofen beschädige. Man macht die Röste auch noch auf eine andere Art, indem man sie aus vier bis 5 eisernen Ringen zusammensetzt, deren immer einer in den andern paßt; jeder derselben wird in gleichen Entfernungen um die Peripherie mit vorstehenden Zapfen versehen. Die Zapfen des innern Ringes kommen in drey Kerben des folgenden äußern Ringes zu liegen, und die Zapfen dieses zweyten Ringes, ebenfalls in die Kerben des dritten. Die Kerben werden in der Mitte des zwischen jeglichen zween Zapfen enthaltenen Raums angebracht. Auf diese Weise erhält man einen Rost, welcher aus beweglichen Theilen zusammengesetzt ist, und welchen man nach Belieben weiter oder enger machen kann, so daß er sich zu Oefen von verschiedener Weite schickt, wenn man einen Ring ab oder zuthut. Zudem ist der für den Durchzug der Luft durch die Brennmaterie und zum Abfall der Asche offene Raum gleichförmiger ausgetheilt, als bey den Rösten von der sonst gewöhnlichen Einrichtung.

Rost in der Grube. (Bergwerk) Eine flüssige Materie die mit dem Wasser aus den Gängen läuft, und sich an das Gesteine setzt.

Rostjungen, dieser sind bey einem starken Rost- und Schmelzwesen oft mehr als 60 bis 80. Sie müssen in dem Rosthofe sitzen und den zertheilten Rost mit kleinen Handfäusteln vollends in kleine Stückchen theilen, oder klein pochen und in die Roststätte bringen.

Rostlaufen, (Hüttenwerk) den abgeröstteten Roh- oder Kupferstein aus dem Rosthause und der Roststätte in einem Laufkarn nach dem Schmelzofen fahren.

Rostläufer. Fr. Homme qui transporte les mines grillees, Ein Hüttenarbeiter, der das geröstete Erz aus der Roststätte vor den Ofen läuft. (karrt)

Rostmeister. (Hüttenwerk) Ein Arbeiter auf den Hütten wo große Kupfererze und Roharbeit geschmolzen wird. Da die Rohkupfer und Spursteine jederzeit wieder in verschiedene starke Röstungen müssen gebracht werden, ehe sie durchs Schmelzen ihr Metall von sich geben, so wird dazu ein gewisser Aufseher bestellt, der die Rostarbeit wohl versteht, und sonderlich die Erfahrung hat, wie vielmal der Roh- oder Kupferstein aus feinen Erzen und Schiefern ins Rostfeuer muß gebracht werden.

Rostofen. (Hüttenwerk) So werden die Rost-Stätten auf den Hessendarmstädtischen Hütten zu Breitenbach genannt, die aus einem Dache und darunter befindlichen Mauerwerk bestehen. (s. auch Rosthäuser) Auch hat man Rostöfen in Kärnthen, die eine Art von Schmelzofen sind, und fast die Gestalt eines Ziegelofens, inwendig 10 Fuß im Quadrat haben, mit einer Mauer umgeben, und oben gewölbt sind, worinn zwey Schürlöcher vorhanden, als eins hinten oben und eins unten im Ofen vorne her. In beyden wird Holz zum Rösten der Erze eingeschürt, als im Anfange oben, und zuletzt unten. Vor dem Ofen liegt ein Vorderheerd, worein, wenn man Bley aus den Erzen schmilzt, aus dem untersten Schürloch in denselben geht. (s. Schlüt. Hütt. Werk Tab. XLII.)

Rostofen. (Hüttenwerk) Ein Ofen wie ein Backofen. Es werden darinn die gepochte Erze, oder der reingewaschene Schlich, wie auch an einigen Orten reiche Silber und Glaserze ganz besonders geröstet und zu einem außerordentlichen Gehalt gebracht. Diese Arten zu schmelzen sind verschieden, und beruhen oft auf einer besondern Beschickung oder Ablöschung und Abschreckung mit Wasser.

Rostpfanne. (Haushaltung) Eine eiserne Pfanne, um Mehl u. dgl. darinn zu rösten. Auch die Bratpfanne führet in einigen Gegenden im engen Verstande diesen Namen.

Rost recht führen, (Hüttenwerk) das Erz im Rost wohl treiben.

Rost, roher, Rohstein, welcher geröstet worden.

Rostschicht, Fr. Fonte de Matte crue, die Arbeit auf Kupferschmelzhütten, da der zweyte Abdörr- oder Mittelhartwerksstein, welcher vorher einmal geröstet worden, geschmelzt wird, davon der Kupferstein, oder drittes Hartwerk ausgebracht wird.

Rostschläger, an Orten, wo zuweilen bis hundert Roststätte auf einmal im Feuer stehen, derjenige Hüttenmann, der die zusammengeschmolzenen Röste mit großen Päuscheln in kleinere Stücke zertheilen muß, damit sie in Stückchen wie die welschen Nüsse groß, gepocht, und dann wieder zum fernern Rösten in ihre vorige Stätte können gebracht werden.

Rost-Schlich, hält 30 Zentner.

Rostschuppen. Fr. Angar de Grillage, (Hüttenwerk) Ein Dach oder Schuppen, unter welchem die Erze nach der dritten Art der Röstung geröstet werden. Es ist ein noch einmal so langer als breiter Schauer von Dielen gedeckt, welche auf eichenen Säulen ruhen, deren an jeder Seite 7 sind; rundherum ist der Schuppen frey, und nur das Dach deswegen vorhanden um das Rösten vor dem Regen zu schützen, daß aber doch auch die Luft durchstreichen kann: und da der Wind bey dergleichen Schuppen leicht Schaden thun kann, so werden Streben daran gestellt. Auf diese Streben macht man Bretter an die Wetterseite, so auf- und abgenommen werden können, damit bey starkem Regen der Wind solchen nicht auf die Röste treiben kann. Der Schuppen muß auf einem gleichen und ebenen Platz stehen.

Rostschwellen. (Baukunst, Mühlenbau) Sind 16 Zoll starke Schwellen auf einem Rost, die zusammen geschlossen, und zusammen 1½ Elle breiter seyn müssen, als die Mauer, die darauf aufgeführet werden soll. Sie sind mit Querbändern verbunden, und kommen erstlich in einem Grundbau oder Rost auf die eingerammte Pfähle zu liegen.

Roststadel, Roststätte. Fr. Place à griller de converts et Murée. (Hüttenwerk) Ein viereckigter, auf drey Seiten mit Mauern eingeschlossener Platz, darauf die Erze geröstet werden.

Roststätten, Rostschuppen, Rosthütten, (Hüttenwerk) diejenigen Anstalten, worinn die Erze, auch

der

der Roh- und Kupferstein geröstet werden. Dieses geschiehet nicht immer in oder unter Gebäuden, sondern zum Theil auch unter freyem Himmel, und sind der eigentlichen Arten viererley, denn die fünfte Art wird Brennen genannt, weil es in einem Ofen geschieht, der auch der Brennofen bekanntlich heißt. Das eigentliche Rösten geschiehet also 1) auf dem Hüttenhöfen auf freyem Platz ohne Dach und Gebäude; 2) werden einige Roststätte mit Mauern umgeben, jedoch ohne Dach gelassen; 3) werden Rösten gemacht unter einem Dache oder Schuppen, umher aber sind sie frey und mit keinem Mauerwerk umgeben; 4) geschiehet es in dazu verfertigten Rösthäusern. Die erste Art, wo man unter freyem Himmel die Röste anleget, geschieht, wie gedacht, auf einem freyen Platz auf den Hüttenhöfen, der ohngefähr 30 Fuß ins Gevierte groß ist, die Sohle oder der Boden muß recht gleich gemacht und mit Estrich beschlagen seyn, auch etwas hoch liegen, damit bey starken Regen kein Wasser unter die Rösten kommen möge. Auf solchem Platz wird nun das Holz zum Lager oder die Streifklötze gelegt, worauf das Rostholz und oben darauf die Erze gelegt werden. (s. Rösten) Die zweyte Art von Roststätten bestehet aus einer Mauer, die einen Platz von etwa 25 Fuß ins Gevierte einschließt. Sie ist auswärts mit Feldsteinen und inwendig mit Bruchsteinen, so im Feuer halten, gemacht und an den Seiten mit Zuglöchern versehen; der Platz muß wie bey der ersten Art gebauet werden. Die dritte Art von Roststätten ist ein ordentlicher Schauer, 80 Fuß lang und 40 Fuß breit mit Dielen gedeckt, sonst aber rundum frey. Es wird hierinn die Röste im andern und dritten Feuer vor dem Regen bewahrt, damit das Rösten durch den Regen nicht verhindert werde. Das Dach liegt auf eichenen Säulen, deren an jeder Seite 7 sind, damit die Luft durch den Schuppen streichen könne. Man sucht soviel wie möglich das Holz daran zu sparen, weil öfters Feuersgefahr zu befürchten ist. Weil auch der Wind leicht Schaden thun kann, so werden Streben an die Schuppen gesetzt, und auf diese Streben machet man Bretter an die Wetterseite, so auf- und abgenommen werden können, damit bey starken Regen der Wind solchen nicht auf die Rösten treibe. Ist nun bey den Hütten der Platz so beschaffen, daß zwey solcher Schuppen neben einander gesetzt werden können, so sind selbige zur Röste der Erze desto bequemer, weil in dem zweyten und dritten Feuer einerley Schuppen gebraucht werden. Man macht auch diese Art von Roststätten, die ein Dach haben, unterwärts mit einer Mauer umschlossen, welche rundum große Luftlöcher hat, daß das Feuer desto besser brennen kann. Um die Mauer wird auf Pfählen das Dach mit Dielen gedeckt aufgerichtet. Endlich bestehet die vierte Art der Roststätten aus einem Rösthause, so auswendig von Holz und inwendig von Mauerwerk aufgeführet ist. Eine solche Roststatt, ist 35 Fuß lang und 28 Fuß weit, und wird auf folgende Art gebauet: Es werden wie zu einem andern Gebäude eichene Schwellen gelegt und untermauert, die Eck- und andere Ständer, so nothwendig sind, sind auch von Eichenholz. Außer der Wände werden von Tannenholz Pallisaden in die Schwellen und in das Plattenstück gesetzt, damit kein Mensch durchkriechen kann. Inwendig ist an der Schwelle umher eine Mauer gezogen, die inwendig von Feuervesten Stein auswendig aber von Feldsteinen gemacht ist. In der Mitte werden wohl ein oder auch zwey Quermauern durchgezogen, nachdem die Felder oder Abtheilungen groß seyn sollen. In jeder Abtheilung kann eine besondere Röste veranstaltet werden. Dergleichen Rösthäuser können verschlossen werden. Der Grund oder die Sohle solcher Rösthäuser ist von Mauerwerk. Man hat auch Rösthäuser, die eine Art von Windöfen vorstellen. Man theilt zu diesem Behuf eine Roststätte in vier Theile ab, und gräbt in jedem Theil eine Tiefe oder Teufe, welches man eine Pfanne nennt. In der Mitte unter der Roststätte wird ein Gewölbe unter der Erde durchgemacht, woraus in jede Pfanne eine Röhre als ein Ofenloch gehet, unter dem Mittelpunkt jeder Pfanne stehet, und zur Pfanne herausgeht, so daß, wenn geheitzt wird, durch diese Oeffnung die Hitze in die Erze gehe. In dem Gewölbe wird das Feuer unter die Roststätte gemacht, und durch die unter jeder Pfanne angebrachte Röhre das ganze Feuer vertheilet. Man sehe Schlüters Hüttenwerk Tab. VII. VIII, IX, X. und XI. wo man diese und noch andere mehr dergleichen angelegte Roststätte abgebildet findet.

Rost stürzen, (Hüttenwerk) wenn der vorher klein geschlagene Rohstein auf das gemachte Rostbette [illegible] geschüttet wird, damit er allenthalben recht durchbrennen und abrösten könne.

Röstung, Fr. la calcination, die Behandlung des Erzes mit dem Rösten.

Rost wenden, Fr. tourner les mines grillées, (Hüttenwerk) das im Rost unten liegende Erz oben aufstürzen, daß es ebenfalls so stark durchröstet wird, als das erst oben gelegene.

Rostwender, der Hüttenmann, welcher gehörig auf den Rost von den geschmolzenen Kupfer-Erzen acht hat, und solchen umwendet, damit sie recht durchbrennen und durchrösten.

Rostwerke, (Wasserbau) die eingerammten Pfähle in einem Kanale oder Durchbruche, die nicht dicht an einander schließen, sondern einen gehörigen Zwischenraum lassen.

Rost wiegen, (Hüttenwerk) den geschmolzenen Roh- oder Kupferstein, ehe er zum Rösten eingebracht wird, vorher wiegen, welches von dem Hüttenverwalter und Hüttenmeister geschehen muß, damit man wisse, wie viel Zentner im Schmelzen davon ausgebracht, und wie viele in einer Roststätte eingesetzt worden.

Rostzentner. (Hüttenwerk) Im dem meißnischen Erzgebirge eine Quantität von 60 Faber Erz, jedes Faber zu 3 Katzen gerechnet.

Rotande. Fr. (Baukunst) Ein Gebäude, welches von außen und innen rund ist, wie das berühmte Pantheon zu Rom, oder der aller Götter Tempel, welchen der Pabst Bonifacius IV der Jungfrau Maria und

und allen Märtyrern gewidmet hat. Die neue katholische Hedwigskirche zu Berlin ist nach dem Modell des Pantheons erbaut.

Röthelstein, Röthelstein, Rothstein. Fr. Pierre Sanguine, (Bergwerk) Eine rothe, eisenhafte Erde, welche zu Zeichnungen gebraucht wird. Er wird in Stangen geschnitten und so wie die Bleyfeder in Holz gefaßt. Bey den Alten war sie unter dem Namen sinopica und lemnica bekannt, und wurde die erste für die beste gehalten.

Roth. Fr. Rouge, (Maler) Eine lebhafte Farbe, welche vielen Glanz hat. Das Roth ist eine Hauptfarbe. Man hat unendlich viele Tinten davon, den Lack, Zinnober, das Braunroth, Karmin, Auripigment u. s. w. Man verändert diese Arten durch das Brechen mit andern hellen oder dunkeln Farben. Das Roth wird, wie fast alle Farben, aus dem Mineralien- oder Pflanzenreich gezogen. Dasjenige, so aus den Mineralien kommt, ist beständiger, ausgenommen dasjenige, welches aus Kochenille, als der Karmin und der Lack, gezogen wird. Das Quecksilber, das Bley und das Eisen sind Mineralien, welche in die Komposition des Rothen kommen. Quecksilber und Schwefel macht den Zinnober, das kalzinirte Bley den Mennig, und das Eisen färbt die rothen Erden. Das Brasilienholz giebt auch einen Lack, der aber nicht beständig ist. Man bemerkt aus den physikalischen Versuchen, daß das alkalische Salz dem Rothen eine violet Farbe giebt, und daß die Säuren gewisse blaue Farben, das Violet und einige schwarz roth machen. Viele Materien bekommen im Feuer eine rothe Farbe, welche endlich in das Schwarze ausartet, wenn das Feuer zu heftig wird. Man hat verschiedene Arten von rothen Schattirungen, die bald dunkler bald heller sind, und ihre gewisse Benennungen haben, (s. davon an seinem Ort.)

Roth. (Probierkunst) So nennt man die güldenen Probiernadeln, von welchen das Gold mit einem Theil Kupfer vermischt ist, im Gegensatz des Weißen, wo die Karatirung aus Gold- und Silbervermischung besteht.

Roth an Leinen. (Schwarzfärber) Man nimmt Brasilienspähne und läßt sie eine Nacht in warmer Lauge weichen, läßt es eine Stunde sieden und gießt die Brühe ab. Alsdenn thut man Grünspan und Salz darein, rühret es durcheinander, thut das Garn herein, kehrt es wohl um und läßt es eine Viertelstunde liegen, nimt es heraus und spühlt es, so hat man ein schön Roth. Auf 1 Pfund Leinen nimt man 8 Loth Fernambock, ½ Loth Grünspan, ½ Quintel gebrannten Weinstein und ein klein wenig Salz.

Roth, auf Leinen wie Scharlach zu färben, (Schwarzfärber) auf 24 Pfund Leinen nimt man 4 Loth rothen Alaun, 8 Loth weißen Weinstein, beydes sehr fein zerstoßen. Denn zerstößt man auch ein halb Pfund gelbe Erbsen, und 20 Loth Stärke. Alle diese Sachen läßt man in 4 Bauerkannen weich Wasser heiß werden und wenn es sieden will, so schreckt man es mit kaltem Wasser ab, thut alsdenn ein halb Pfund Scheidewasser, welches mit englischem Zinn abgezogen, dazu, das Leinen hinein, und läßt es ½ Stunden damit sieden. Dann ausgewählt und gespühlt. Dies ist der Absud. Nun schwenkt man den Kessel rein aus, thut genugsames weiches warmes Wasser hinein, und darein 8 Loth weißen fein zerstoßenen Weinstein, 8 Loth weißen Amidon, der erstlich in etwas warmem Wasser zertheilet werden, daß er zerschmelze, denn zerstößt man 4 Loth Cochenille, und thut solche in etwas Wasser, [illegible] ein oder zwey Stunden wohl [illegible], alsdenn läßt man sie im Kessel aufsieden, und thut das Garn dazu hinein, und wenn es wohl mit einander aufgesotten, daß es die verlangte Farbe hat, so zieht man es heraus, kühlet es ab und spühlt es aus, so ist es fertig.

Roth auf Wolle. (Färber) Man färbt echt aus Krapp und Cochenille, und unecht aus Brasilienholz oder Fernambock. Krapproth wird mit der bekannten aus Krappe verfertigten Farbe die Krapp heißt gefärbt (s. Krapproth), mit Cochenillefarbe man den Scharlach. (s. diesen) Die unechte rothe Farbe aus Brasilienholz wird also zubereitet: man schüttet die Brasilienspäne in einen Sack, damit sie nicht in die Farbenbrühe übergehen, und sich an das Garn oder Zeug ansetzen. In diesem Sack kocht man sie in einem Kessel mit Wasser so lange, bis eine genugsam geschwängerte rothe Brühe entstehet, die man zum Gebrauch aufhebt. Denn der Färber glaubt, daß diese Brühe am brauchbarsten ist, wenn sie eine Zeitlang gestanden und gegohren. Soll Wolle in dieser Brühe gefärbt werden, so muß solche zuvor in einem Sud alaunt (s. Alaunen) werden, wozu aber nur wenig Weinstein genommen wird, weil dieser im Uebermaaß der Farbe nachtheilig ist. Hierauf macht der Färber etwas von der vorgedachten Farbenbrühe warm, und rothe hierinn die Wolle oder den wollenen Zeug. Herr Hellot sagt, daß man erst zweymal hintereinander schlechten Zeug in solcher Farbenbrühe färben müsse, und daß man erst bey dem dritten Färben eine gute und reine rothe Farbe erhalte.

Rothbinder. So werden an einigen Orten die Faßbinder genennt, weil sie große Gefäße aus dem härtern und rothen Eichen- oder Buchenholz verfertigen.

Rothbraun. (Färber) Auf 12 Pfund Zeug nimt man 3 Pfund Gelbholz, siedet solches in genugsamem Regenwasser, oder auch im Kochkessel mit andern Wasser, ab. Wenn dieses anderthalb Stunden geschehen, so gießt man die Brühe davon ab, und läßt sie zum Gebrauch stehen. Alsdenn nimt man 1 Pfund zerstoßenen und zerriebenen rothen Weinstein, nebst ½ Pfund Brasilien, oder seine Wurzelrinde dazu in genugsamem Wasser. Wenn das Wasser damit beginnt heiß zu werden, so thut man die Waare hinein, und kocht sie eine Stunde damit bey öfterm Umwenden, denn zieht man sie heraus, kühlet und spület sie, so ist sie fertig.

Rothbrüchig, rothfaul, rothstreifig, rothwüchsig, rothwüchsig. (Forstwesen) Ein Baum, wenn er nach dem Kern zu schadhaft, spröde und röthlich wird.

Rothbrüchig Eisen, Fr. Cassand à Chaud, (Eisenarbeiter) Eisen, dessen Zerreissen bey dem Bruch nach der Breite gehen. Es hält nicht Hitze, läßt sich nicht gut schmieden, und ist ein Fehler, der auf dem Eisenhammer entstanden, indem es nicht völlig auf demselben ausgearbeitet worden. Es kann diesem Fehler in etwas dadurch abgeholfen werden, wenn es in der Schmiede öfter geschweißt wird. Doch wird er dadurch nicht ganz gehoben, sondern es bleibt noch immer ein sprödes Eisen.

Rothbüche, s. Buch.

Rothe, brennende Sternputzen, (Lustfeuerwerk) Sternputzen, (s. diese) die mit rothem Feuer brennen. Man bereitet sie aus 3 Pfund Mehlpulver, 1 Pfund 16 Loth geriebenem Schwefel, 2 Loth Geigenharz, 2 Quintlein Kornpulver und 7 Loth Leinöl, macht aus allen diesen Materien, wenn man zuvor Leimwasser oder Brantwein hinzugethan, einen Teig, macht daraus kleine und große Kugeln, und läßt sie trocknen. (s. Sternfeuer)

Rothe Druckfarbe. (Kattunmanufaktur) Man nimmt ein Quart Wasser, 16 Loth Alaun, 4 Loth Arsenik, 6 Loth Saccharum Saturni, und 4 Loth Potasche. Alle diese Spezies werden klein gestoßen, hernach 4 Loth Soude in einem viertel Quart Essig aufgelöset, alle oben beschriebene Sachen hineingethan, und eine gute Stunde gerühret, hernach mit ½ Pfund Gummi zu einem dicken Brey gemacht, daß es sich aufstreichen läßt. Dunkler macht man sie mit Eisenbrühe, und heller mit Gummiwasser.

Rothe Erde, s. Röthelerde.

Rothe Erde, s. Englischbraunroth.

Rothe, s. Färberröthe.

Rothe Farbe. Eine rothe Farbe, so von dem gebrannten Vitriolschwamd verfertigt wird.

Rothe Farbe, auf Niederländisch. (Färber) Nachdem das Zeug mit Alaun und Weinstein abgesotten, so nimt man Kalkwasser so viel man glaubt genug zu seyn, dieses mischt man in die Brühe von 1 Pfund Fernambock und färbt die Waare unter beständigem Umwenden darinn.

Rothe Farbe ächt auf Seide, s. Karmoisin und Ponceauroth, auf Seide.

Rothe Farbe zum Emailmalen, wird aus distilirten Vitriolhefen und Salpeter gemacht, welche nach der Distilation des Scheidewassers im Helme bleiben. Man macht auch ein Roth aus Eisenrost oder Eisensafran.

Rothe Farbe zum Leder, (Handschuhmacher) die sämischgaren Leder zu Handschuhen, werden mit Fernambock roth gefärbt. Dieses Farbeholz wird mit etwas Alaun vermischt im Wasser gekocht, daß die Farbe ziemlich einkocht, damit wird das Leder vermittelst eines Pinsels 3 oder 4mal angestrichen.

Rothe Glasur, (Töpfer) diese entstehet auf dem irdenen Gefäßen dadurch, daß man den rothgebrannten Scherben mit Bleiasche oder englischer Glätte glasuret (s. Glasuren.) Man kann aber auch aus Armenischem und Hammerschlag, beydes pulverisirt und mit Wasser vermengt, eine rothe Glasur zubereiten. Doch muß nur wenig Hammerschlag genommen werden, weil sonst die Farbe gelblicht wird. Die hellrothe Glasur ist noch nicht erfunden.

Rothe Glötte. Fr. Litarge rouge, (Hüttenwerk) die beste Sorte der Bleyglätte, welche roth an Farbe ist, und auch öfters Goldglätte genannt wird.

Rothe Gluth, (Kupferschmid) der rothe Anstrich, den ein Kessel auf der äußern Seite erhält. Man macht zu diesem Behuf aus Asche, Kienruß und Urin eine Lauge, und überstreicht hiermit die äußere Fläche des Kessels. Nachdem solcher die weiße Gluth (s. diese) innewendig erhalten hat, so wird der Kessel geglüht und in dem Plätzfasse (s. dieses) abgeplätzet.

Rotheiche, Loh- Hasseleiche. Eine Eiche, die ein dunkleres Holz hat, als die ihr entgegengesetzte Sommereiche.

Rothe Kreide, s. Röthelerde.

Röthelerde, rothe Kreide, englische Erde, rothe Staubeerde. Fr. Rouge de Mars, (Bergwerk) Eine rothe Erde, so im Glühen dunkler wird. Ihre Farbe zeigt eine Verwandtschaft mit Eisen an.

Rothe Farbe auf Leinen. (Schwarzfärber) Man nimmt auf 2 Pfund Leinen 1½ Pfund guten Fernambock, den man in hellem Wasser absiedet. Die Brühe davon thut man in einen bis 2 Eimer Wasser. Dann thut man ½ Pfund Alaun, wohl zerstoßen, dazu, und läßt ihn darinn zergehen. In diese Brühe thut man das Leinen, das man färben will, und läßt es 6 Stunden darinn liegen, wobey es öfters herausgezogen wird, alsdenn nimt man es heraus und spült es in reinem Wasser. Wenn man glaubt, daß die Farbe noch nicht roth genug ist, so trocknet man das Leinen vorhero, und thut solches wieder hinein, so wird die Farbe schön und roth seyn. Man muß aber recht guten Fernambock nehmen, sonst muß man noch einmal soviel dazu nehmen.

Rothenglisch, s. Englischbraunroth.

Rothe Peterlein, s. Färberläppchen.

Rothe Schlacken, Fr. Scories rouges, (Hüttenwerk) die Schlacken, welche beym Garmachen abgezogen werden, jedoch werden nur die zu erst fallenden Schlacken von dieser Arbeit also genennet, dahingegen die von ausgestochenem Garkupfer vom Spleißherd gezogene Schlacken Abzug heißen. Die Kupfer, die davon kommen, nennt man Rothkönigskupfer, und daraus wird, wenn sie auf den Spleißherd gesetzt werden, rothgespleißtes Kupfer gemacht, so unter das gute Kupfer mit gesetzt wird.

Rother Arsenik, s. Auripigment.

Rother Bergschwefel, s. denselben.

Rother Goldschwefel, s. Auripigment.

Rothers, s. Rennstahl.

Rother Zucker. (Zuckersiederey) Ein Zucker, der zwar raffinirt wird, aber weder recht weiß gemacht, noch in Hüte gebracht werden kann, sondern Ausschuß ist.

Rothes Gebirge. Fr. Montagnes contenant de fer, (Bergwerk) Soviel als eine eisenschüßige Bergart.

Rothfaul. (Forstwesen) wenn der Baum durch Hornlöchern, Eisklüfte und dergleichen eine Oeffnung in der Rinde oder Schaale bekommt, daß das Wasser vom Thau und Regen hineindringen kann, so läuft das Holz an, wird roth und endlich faul.

Roth, gemein Erz. (Hüttenwerk) Ein Kupfererz, so eine von der Gattung der gemeinen Kupfererze, und roth ist: im Gegensatz des weißen gemeinen Kupfererzes.

Rothgerber, s. Lohgerber.

Roth gesplissenes Kupfer, das Kupfer, das von dem Rothkönigskupfer (s. dieses) in Ungarn in dem Spleißofen gemacht worden, und nach und nach unter das gute Kupfer gesetzt wird.

Rothgießer. Ein Metallarbeiter, der in Messing, Prinzmetall und andern dergleichen Kompositionen in Formen von Lehm gießt, und die kleinern Theile einer Arbeit nur selten durchs Löthen, gewöhnlich aber durch Schrauben mit dem Ganzen verknüpft. Nach den alten Privilegien dieser Profession soll er ausschließungsweise alle die Stücke von Messing verfertigen, die nur einigermaßen hohl seyn; allein dieses wird nicht überall genau genommen, sondern alle Messingarbeiter, Rothgießer, Gelbgießer oder Gürtler verfertigen, was ihnen Zeit, Umstände und Geschicklichkeit erlauben. Es ist mit dem Rothgießer der Glocken und Stückgießer (s. beyde) verwandt. Daher auch einige, wenn sie Vermögen besitzen, nur bloß Glocken gießen, oder sich auch in den Gießereyen der Fürsten gebrauchen lassen. Diese Profession ist besonders in Nürnberg sehr stark, und sondert sich daselbst in neun verschiedene Arten ab; denn einige machen nur bloß Formen, andre geben sich nur bloß mit dem Gießen der Hähne an den Fässern, Gewichte, Glocken u. s. w. ab, und einige übernehmen nur bloß das Poliren. Sie lernen 4 oder 6 Jahre im letztern Fall erlegen sie kein Lehrgeld. Ihre Gesellen wandern wie gewöhnlich 3 Jahre, und bekommen bey einem Meister jeder Stadt ferne Zehrung, und wenn sie keine Arbeit finden, auch einige Groschen Reisegeld. (Glockengießer)

Rothglühend Eisen, (Eisenarbeiter) Eisen, das zum Schmieden roth geglühet worden, besonders wenn der Schmid an einer Arbeit nach hin und wieder etwas nachhelfen will. Es wird deswegen so genannt, weil es eine rothe Farbe hat, im Gegensatz des weißglühenden Eisens. (s. dieses) Das Eisen liegt ohngefähr eine halbe Viertelstunde, mehr oder weniger, nachdem das Stück groß oder klein ist, in den glühenden Kohlen ehe es rothwarm wird.

Rothgülden Erz, rothgüldig Erz. Fr. argent rouge, (Hüttenwerk) Ein Silbererz roth von Farbe, zuweilen lichtroth, kristallisch und durchsichtig, oder dunkel und undurchsichtig, öfters ist es nur auf dem Gestein wie dünne Blättchen, ist reichhaltig an Silber, doch nicht so reich als das Glaserz.

Rothhart, s. Rothsteinig.

Rothbeizen, (Eisenhütten) wenn das Eisen bey dem Zerrennfeuer nur glühet und röthlich ist.

Rothblesch, s. Rothwildpret.

Rothholz. Ein allgemeiner Name der Brasilienhölzer von rother Farbe.

Roth, Königskupfer, (Hüttenwerk) das Kupfer, so von den rothen Schlacken bey deren Schmelzung fällt.

Roth Kupfer, (Hüttenwerk) das Kupfer, die aus den Gahrschlacken gefallen und bey dem Garmachen der schwarzen Kupfer und Kienstöcken mit zugenommen werden. Auf 40 Zentner dergleichen zum Gahrmachen auf den Heerd gesetzten Kupfer werden 4 Zentner dieses rothen Kupfers genommen.

Roth Kupfer, Fr. cuivre rouge, (Münze) das Kupfer wobey kein Silber ist.

Rothmachung Fr. Rubration, (Münze) diejenige Beschickung des Silbers zur Münze, da mehr Roth als Weiß, das ist, mehr Kupfer als Silber genommen wird.

Rothmetall. (Rothgießer) Eine Komposition von 6 Theilen Kupfer und 1 Theil Zink. Es wird ein sprödes Metall, wie alle dergleichen mit Halbmetallen vermischte Metalle sehr spröde sind.

Rothmetall, rothes Messing. (Messingwerk) Messing von röthlicher Farbe, bey welchem zum Kupfer nur wenig Gallmey genommen wird. Die Proportion ist ein Geheimniß.

Roth mit Kugellack Papier zu färben. Man nimt Kugellack, den man mit Brandtwein abreibet, welche hernach Brasilienbrühe darunter, in einen Topf gethan, Gummi darunter zerlassen, und alsdenn damit angestrichen.

Rothoperment, s. Auripigment.

Rothörbe, heißt in Schweden rothes Sauerkraut.

Roth Papier mit Mennige zu färben. Man nimt auf ein Rieß Papier 3 Pfund Mennige; und weiße Stärke nach Gutdünken. Die Stärke wird ordentlich wie zum Stärken der Wäsche gesotten, und wenn sie noch warm ist, rühret man die pulverisirte Mennige darunter. Nun streicht man mit dieser Farbe mit einem sanften Pinsel das Papier an.

Rothsämisches Leder. (Buchbinder) Ein sämisches Leder von Schaf- und Ziegenfellen zubereitet, mit Alaun gar gemacht, und mit Brühe von Fernambock oder Brasilienholz und Alaun etliche mahl bestrichen. Es wird zur Ausfütterung der Bestecke und Futterale gebraucht.

Rothschimmlich. So nennt man den Schimmel, wenn er weißlichroth aussieht.

Rothschlag. (Bergbau) Eine Art röthlichbrauner Blende. (s. auch Schlag)

Rothschmide, ein gesperrtes Handwerk in Nürnberg, wozu alle diejenigen Arbeiter gehören, so in Metall gießen, arbeiten und drehen, und auch das Kupfer zu Messing machen. Ehedem war dieses Gewerk an 100 Personen stark, allein jetzt, da der Magistrat durch die intolerante Behandlung der Bürger dieser Stadt, schon viele vertrieben, als welche sich an andern Orten niederg lassen haben, so ist es mit diesem Handwerke eben so ergangen, daß nunmehr kaum 20 Rothschmiede daselbst vorhanden sind. Zu Nadelburg bey wienerisch Neustadt, so dem Grafen Barbiani gehöret, ist seit 1755 auch ein dergleichen Rothschmiedgewerk errichtet.

Rothschmiededrechsler. So werden die Messingdrechsler in Nürnberg und an einigen andern Orten genannt, weil sie auch in Kupfer drehen.

Rothschmiedmühle, eine Drehmaschiene der Rothschmiede in Nürnberg, auf welcher die Verrichtung zum Drechseln meßingener und kupferner Sachen gemacht wird. Man kann darauf sowohl aus großen gegossenen Blöcken etwas drechseln, als auch dergleichen Sachen, die schon aus dem Groben im Guße die Gestalt erhalten haben, und nur noch im Feinen abgedrehet werden sollen. Die Nürnberger sind damit sehr geheimnißvoll, so daß sie solche keinem Menschen sehen lassen, wozu denn aber doch Herr Friedrich Nikolai aus Berlin, auf seiner Reise durch einen Theil von Deutschland, aus besonderer Freundschaft gekommen, und von dessen Güte ich diese Nachricht zu schreiben im Stande bin. Sie hat vier Wasserräder, jedes von denselben treibt eine große Welle, an jeder sind sieben Kammräder, wovon jedes in einen Trilling greift, jeder derselben treibt aber sich ein besonderes Getriebe, wovon jedes in ein besonderes Kämmerchen geht, worinn ein Arbeiter drechseln kann. Es sind daher also 28 Kämmerchen und eben so viel Arbeiter, die da arbeiten können. Der Arbeiter spannet das Stück, welches er abdrehen will, an eine vertikale Scheibe, woran mit verschiedenen Eisen gedrehet wird. Die Verrichtung ist so gemacht, und hierinn besteht das eigentliche Geheimniß, daß man mit wenigen Umständen die Scheiben nebst allem was dazu gehöret, von der größten bis zur kleinsten erhöhen und erniedrigen kann, ohne das Wasserrad zu hindern. Es können daher sowohl ganz kleine Sachen, als Leuchter, kleine Glocken u. dgl., als auch Stücken von zwey bis drey Zentner schwer darauf gedrehet werden. Das Rothschmiedehandwerk, welches gesperret ist, muß eidlich angeloben, das Geheimniß dieser Mühle nicht zu verrathen, da aber das Magistrat zu Nürnberg durch ihre strenge und wunderliche Verordnungen sehr öfters Leute von Handwerken, die ihnen nur allein eigen waren, verjaget, und dadurch dieselbe in andern Ländern ausgebreitet worden, so ist es auch mit diesem Handwerke gegangen, wie denn schon 1755 zwey Rothschmiedgesellen durch dergleichen strenge Verordnung vertrieben worden, und sind nach Wien gegangen, wo sie nicht allein zu einem ähnlichen Gewerk Anlaß gaben, sondern auch zu Nadelburg, ohnweit wienerisch Neustadt, eine dergleichen Rothschmiedmühle von 10 Kammern zum Drechseln errichtet worden, welche dem Grafen Barbiani, einem ungarischen Herrn, gehöret.

Rothseitig. Rothbart. (Forstwesen) Wenn der Baum eine kleine Krümme hat, und hernach wieder gerade gewachsen ist, so bekömt er auf der äußersten Seite einen rothstreichigen Strich Holzes, welches denn rothseitig oder hart genennet wird.

Rothstein, s. Röthelstein.

Rothstein in Stiften, (Bleystiftmacher) Von den unförmlichen vierkantigen Stücken des Röthelsteins werden mit einer feinen Laubsäge schmale Stifte geschnitten, vorne mit einer Spitze, und zum Zeichnen und Reißen eben so, wie der Bleystifte, (s. diese) in Holz eingesetzt.

Roth Tannenholz, (Forstwesen) Holz, das zu dem Nadelholz gerechnet wird, und unter dem Namen Fichtenholz bekannter ist. Es ist zum Bauen sehr nützlich, besonders werden daraus viele Bretter geschnitten.

Roth unecht auf Seide. (Seidenfärber) Die unechte karmesinrothe Farbe erhält man durch die Brühe von Brasilienholz. (s. Roth auf Wolle) Man gießt von dieser Holzbrühe etwas in ein Gefäß mit heißem Wasser, und zieht hierinn die Seide. Diese erhält hierdurch eine karmesinrothe Farbe, die ins gelbliche fällt, daher wird Weinsteinasche in heißem Wasser aufgelöset, und diese Auflösung in ein Gefäß voll kalten Wassers gegossen, und durch dieses die Seide gezogen, wodurch ihr der gelbe Schimmer benommen wird.

Rothwildpret, Rothhirsch. (Jäger) So werden die Hirsche und Thiere wegen ihrer rothen Farbe genannt, zum Unterschiede der Tannenhirsche.

Rotoli, s. Rotolo.

Rotolo. Ein Maaß, dessen man sich in einigen Städten und Ländern auf den Küsten der Barbarey zum Messen flüssiger Dinge bedienet. 32 Rotoli von Tripoli machen 1 Mataro, ein anderes daselbst gebräuchliches Gewicht; und 42 tripolitanische Rotoli machen 1 Mataro zu Tunis. (s. Mataro)

Rotolo, Rottolo, auch Rotoli. Ein Gewicht, dessen man sich in einigen Städten von Italien, in Sicilien, in Portugal und Goa, wie auch in verschiedenen Stapelstädten der Levante bedienet. Ungeachtet des gleichen Namens, den es an allen diesen Oertern führet, ist es doch in Ansehung seiner Schwere verschieden. In Genua und ganz Italien hat man zweyerley Gattungen, wovon die eine Rotolo schwer Gewicht genennet wird, und 17 Unzen 6 Quentchen und etwas mehr nach dem Markgewichte wiegt; die andere, die die gemeine Rotolo genennet wird, hat 16 Unzen nach dem Markgewichte, die zu Amsterdam, Paris und andern Städten, wo das Gewicht dem Gewichte dieser beyden Städte gleich ist, 1 Pfund ausmachet. Der Unterschied der beyden Rotoli bestehet also in einer Unze 6 Quentchen, oder 1½ Loth und etwas mehr. Wenn man eine genauere Bestimmung des Verhältnisses dieser Rotoli zu dem Gewichte anderer Städte haben will, so rechnet man 100 genuesische Rotoli schwer Gewicht nach amsterdamer und pariser Gewichte 111 Pfunde, nach hamburger 112¾; nach leipziger und kölnischem Gewichte 111½ Pfund.

Rotlals, s. Potasche.

Rotte. 1) (Jäger) Mehrere bey einander sich befindende Wölfe. 2) Bey den Fleischern einiger Gegenden besteht eine Rotte aus einem Paar zum Schlachten bestimmten Thieren verschiedener Art: d. i. aus einem Rinde und einem Schafe. 3) (Kriegeskunst) Drey Mann, so wie sie in den drey Gliedern hinter einander stehen.

Rotte, Rotton, ein Gewicht, dessen man sich in der Levante bedienet, und das nach dem Unterschiede der Oerter, wo es gebraucht wird, bald stärker, bald schwächer ist: 100 Rotten zu Konstantinopel und Smyrna machen zu Amsterdam, Paris, Strasburg u. a. m. deren Gewicht gleich ist, 114 Pfunde. Zur Seide hat man zweyerley Rotten. Die eine heißt auch Damasquin, und wird zum Abwägen der Seide und der gesponnenen Baumwolle, oder des baumwollenen Garns, gebraucht. Sie hat 600 Quints oder Drachmes, welche nach Savari Berechnung 4 Pfund 11 Unzen, oder 5½ Pfund nach Marseiller Gewicht, betragen. 100 Pfund von diesen Rotten machen also 380 amsterdammer oder pariser Pfunde aus u. s. w. Die andere Rotte wird auch Zere genannt, und man bedienet sich derselben die Asche, Galläpfel, und rohe oder ungesponnene Baumwolle damit zu wägen. Es beträgt die Rotte ohngefähr 6 Pfunde marseiller Gewicht. Hundert von diesen Rotten oder Zeres machen 486 amsterdammer Pfunde.

Rottmeister. So wurde in alten Zeiten auf den Bergwerken der Schichtmeister (s. diesen) genannt.

Rottolo, s. Rotolo.

Rotton, s. Rotte.

Rotulus, ein italienisches und orientalisches Gewicht, welches 12 Unzen (Sacros oder Sachoß), 24 Sextarios oder Siclos, 48 Denari, deren 7 eine Unze machen, 96 Drachmi; 576 Oboloi oder Obolus; 864 Danig; 1728 Kirath; 6912 Keshaß, welches Grane sind, beträgt. In Sicilien hat ein Rotulus 30 Unzen, zu Aleppo 6 Pfunde, und zu Aleppo 60 Unzen. Eine Unze aber besteht in 8 Mitkalls oder Drachmis.

Roudoublätter, (Saffianmacher) die Blätter einer Pflanze (Rus mirtifolia) in der Provence, womit der Saffian in kurzer Zeit zubereitet wird, und eine braune Farbe bekommt.

Rouleau de Beaujeu, eine Gattung roher Leinwand, die zu Beaujeu und andern Orten der kleinen Provinz Beaujolois gemacht wird. Sie liegt $\frac{2}{3}$ pariser Ellen breit, und die Stücken sind an beyden Enden mit einem besondern Zeichen gezeichnet, welches den Vor- und Zunamen des Webers, und die Beschaffenheit, ingleichen die Länge und Breite des Stücks anzeigt, jedoch so, daß jede Elle 1 Zoll breit länger ist, als sie angegeben wird.

Rouleaux. (Tapetenmanufaktur) Eine Art von Schirmen vor die Fenster, um solche vor dem Eindringen der Sonnenstrahlen zu verwahren. Sie sind nach der Länge des Fensters abgemessen, oben an einem Stabe befestigt, und so eingerichtet, daß sie vermittelst einer Schnur in die Höhe auf den Stab gerollt werden können. Sie sind gemeiniglich von grüner durchsichtiger feiner Leinwand. Man bestreicht sie auf beyden Seiten mit einer dünnen Hausenblase, so die Leinwand nur deckt. Einige wird auch durch weißes geschmolzenes Wachs und Terpentinöl gezogen, damit sie durchsichtiger werde. Hiernächst werden sie auch noch von einem Maler mit einer dunklen Saft- oder [...] Figurbe zuweilen bemalt. Manchmal werden sie auch von seidenem Zeuge verfertiget.

Rouliren. Eine Redensart, die von dem Umlauf der Münze gebraucht wird. Man sagt, diese oder jene Münze roulirt im Lande.

Roupie, s. Rupie.

Rousser, s. Rouzet.

Roussette, grüne. Eine Art zubereiteter Fischhaut, woraus in Paris allerley Futterale, Sackuhrengehäuse [...] verfertiget werden. Sie wird von einer besondern Art Fischhaut gemacht, und ist nicht so hart, als die vom Seehund[...] Der Fisch wird an der Küste von der Normandie gefangen, und hat viel ähnliches mit dem Seehunde. Seine Haut wird geschliffen, polirt und grün gefärbt. (s. Chagrin und Seehundshaut)

Rouzet, Rousset, eine Gattung von Bure oder Serge, die an einigen Orten der Generalität von Montauban, sonderlich zu Vicsefensac und Segust gemacht wird. Dieser Zeug ist sehr grob, und dienet nur zur Kleidung des gemeinen Volks.

Royal. (Zeugmanufaktur) So nennt man öfters einen Scherbank oder einen Cantre, (s. diesen) worauf die [...] bäumen oder Rollen zu großen streifigen Mustern, die geschoren werden sollen, stecken.

Royalzucker, s. Königszucker.

Royen, Fr. Ein Gefäß, worinn Wein, Brantwein u. dgl. ist, vermittelst eines Visierstocks inwendig ausmessen. (s. Visiren)

Ruba, s. Rubbia.

Rubbia, Rubbio, Ruba, Rubia. Fr. Rubb[...] 1) Ein italienisches Gewicht, welches 25 italienische Pfunde, jedes zu 12 Unzen nach dem Marktgewicht, beträgt, und sonderlich in Piemont, und in dem Staate von Genua gebräuchlich ist. Man wiegt damit alle Waaren, außer Gold, Silber, Seide und andere feinere Waaren. [...] Oneglia werden die Oele in Fässern von 7½ Rubbia verkauft, welche zusammen eben soviel wiegen, als die provenser Millerolle, die soviel ist, als 66 Pinten pariser oder 100 Pinten in Amsterdam. 2) Auch ist die Rubbia in Italien ein Maas zu flüßigen Dingen. Zu Rom machen 13½ Rubbia 1 Brenta, welche 97 Boccale hält; [...] also eine jede Rubbia ohngefähr 7½ Boccale beträgt. Auch ist es ein Getreidemaas in Italien, vornehmlich zu Livorno, wo 10½ Rubbia soviel als eine Amsterdammer Last sind.

Rubbio, s. Rubbia.

Rubel. Eine rußische Münze, welche 10 Griwen [...] 100 Kopeken, und 200 Moskofken gilt. Vor Zeiten war es bloß eine Rechenmünze. Seit der Regierung Peters des Großen aber ist es eine wirkliche Münze geworden, und gilt jetzt 1 Thlr. 4 bis 6 Gr. unsers Geldes.

Rubelle. (Hüttenwerk) Ein Eisenblech, worauf [...] Erze zum Probiren klein gerieben werden.

Rübenöl, Rüböl, (Oelschläger) Oel, so aus dem [...] bensaamen geschlagen wird. (s. Oelschlagen) das vornehm[...]

sich zum Brennen in der Lampe auch noch zu verschiedenen andern Dingen gebraucht wird.

Rubia, s. Rubbia.

Rubicell, s. Rubizell.

Rubie. Eine goldene Münze zu Algier, desgleichen in dem Königreich Congo und Labey. Sie wird vornehmlich zu Tramezen geschlagen, hat zum Gepräge den Namen des Deys von Algier, und einige arabische Buchstaben und gilt 11 Aspern.

Rubin, Fr. Rubis, ein ächter Edelstein, blutroth von Farbe, welcher von Natur in achteckigter oder runder Figur bricht. Er ist der nächste nach dem Diamant. Seine Arten sind 1) orientalischer Rubin, oder Karfunkel, 2) Rubinballas, 3) Rubin Spinell.

Rubinballas. Fr. Rubis balais, Ein bleichrother oder leibfarbener Rubin, dessen Farbe ein wenig ins Karmoisin fällt, und blässer ist, als die des blutrothen eigentlichen Rubins, ein wenig tingirt. Seine Gestalt ist insgemein länglicht und spitzig. Es ist vermuthlich des Plinius Carbunculus Amethistizontes.

Rubinfluß, der durch die Kunst nachgemachte Rubin. Dies ist ein gefärbtes Glas, entweder roth, oder violet, oder rothgelbe. Den ersten bereitet man, wenn man gute feine Glasmasse mit dem vierten Theile Kupferschlacken, und einigen Granen Blattgold zusammenschmelzt. Der andere, den man sonst auch Amethistfluß nennt, wird gemacht von gepulverten röthlichen reinen Feuersteine oder Kiesel 4 Loth, Mennige 12 Loth, Braunstein 16 Gran und Saflor 2 oder 3 Gran, rein zusammengeschmelzt. Der dritte, sonst auch Hyacinsfluß, wird verfertigt von der Masse des Krystallglases 2 Unzen, Bleyweiß 8 Unzen, und Eisenfeilen einige Grane.

Rubinspinell. Fr. Rubis Spinelle, Ein rosenfarbener Rubin, welcher oft sehr blaß fällt.

Ruß. (Bergwerk) Eine schwarze weiße Materie, welche beym Farbenglasschmelzen bisweilen zum Vorschein kommt.

Rubin, unächter, Rubinfluß. Ein bald mehr bald weniger gefärbter sechseckigter Krystall. Man findet davon folgende Gattungen 1) rothen Rubinfluß, ganz roth ohne Vermischung einer andern Farbe; 2) rothblauen oder violetten Rubinfluß, sonst auch der unächte Amethistfluß, zuweilen von höherer, und zuweilen von bleicherer Farbe, doch so, daß sie allemal violet bleibt; 3) rothgelben oder hyacinthischen Rubinfluß, sonst auch der unächte Hyacinth genannt, von einer röthlichen, rothgelben Farbe.

Rubizell, Rubicell, Fr. Rubicel, die geringste Art von Rubin.

Rückbank, (Jäger) das Streichholz, worüber man die großen Jagdzeuge von dünnen Leinen und Seilen streicht.

Rückbrett. (Seiler) Ein durchlöchertes Brett, so auf einem Bock neben dem Nachhalter liegt, worinn hölzerne Pflöcke stecken, zwischen welchen und dem Streichstiel die gesponnenen Fäden des Bindfadens ausgespannt werden.

Rücken, (Deichbau) der dem Wasser entgegengesetzte Theil des Deiches. Auch eine bey der Ebbe trocken laufende schmale Höhe einer Plaate.

Rücken, (Jäger) die After-Klauen, so an den Hinterläufen eines Hirsches oder Rehes sich. So sagt man z. B. der hat ein Hirsch oder Rehe mit seinem Rücken angetritt.

Rücken, (Orgelbauer) an einer Orgel alles, was unten an der Orgel und hinter dem Organisten ist.

Rücken, Fr. Revers de Pavé, (Steinsetzer) der höchste Theil bey einem Steinwege, in der Mitte des Pflasters, wo die großen Steine zu liegen kommen.

Rücken, Fr. Dos, oder auch Faire Faiste, (Tuchmacher) diejenige Seite, die den Schaalleisten entgegensteht, wenn ein Stück doppelt zusammen die rechte Seite inwendig, und Leiste auf Leiste gelegt ist.

Rücken, (Vogelsteller) wenn auf dem Vogelheerde die Wände oder Garne geschwinde in die Höhe gezogen und die Vögel damit bedeckt werden.

Rückenbatterie. Fr. Batterie en Revers, (Kriegsbaukunst) Eine Batterie, womit man ein ander Werk im Rücken beschießt.

Rücken bleiben, einer Zeche, heißt auf Bergwerken ein Gebäude liegen lassen, und nicht mehr bauen.

Rücken, das Flötz macht einen, wenn das Flötz entweder nur 1 bis 10 oder mehrere Fuße steiget oder fällt. Von diesen Rücken setzen bey den Schieferbergwerken zuweilen Kobolds Gänge ab, und in das Liegende, welche alsdenn auch Koboldsrücken genennt werden.

Rücken der Laufgräben, Fr. Revers de la Tranchée, (Kriegsbaukunst) wird das Erdreich genannt, welches der Brustwehre entgegen liegt. Es sind gemeiniglich zwey Bänke angebracht, damit die Trancheewache über dieselbe auf den Rücken steigen können, wenn sie durch ausfallende Truppen angegriffen werden.

Rückenhaare Hüte, (Hutmacher) Hüte, deren Bestandtheile aus Kamel und englischen Kaninchenhaaren und Wolle bestehen, und mit den Rückenhaaren der Biberfelle überzogen sind. Man nimt zu diesem Ueberzug ohngefähr ein paar Loth solcher Haare; wovon diese Hüte auch ihren Namen erhalten haben.

Rückenklinge. (Schwerdtfeger) Eine Klinge eines Sebels oder Degens, die einen Rücken d. i. einen breitern Hintertheil, als die Schneide ist, hat. Dergleichen die Degen oder Pallasche der Infanterie gemeiniglich haben.

Rückenkorb. Ein aus Reifern oder Spänen geflochtener, unten enger oben weiter, hoher Korb, der als eine Butte mit Achselbändern auf dem Rücken getragen wird.

Rückenlehne, (Stuhlmacher) die Lehne eines Stuhls oder Sessels, woran man sich mit dem Rücken lehnt.

Rückenriemen, (Riemer) zwey einfache Riemen an dem Pferdegeschirre, so die Quere über den Rücken gehen, wodurch der Schwanzriemen und die beyden Stränge vermittelst der Rückriemschlößel mit Schnallen vereinigt werden.

Rücken-

Rückenschanze. (Kriegsbaukunst) Eine Verschanzung der Außenwerke einer Festung. Sie bestehet aus einem kleinen halben Monde der an den Rücken des großen halben Mondes eingesetzt wird, davon sie auch den Namen erhalten. Sie ist bestimmt, die aus dem halben Monde verdrungene Mannschaft aufzunehmen, und sie mit größerer Vertheidigung zu schützen. Sie hat einen höhern Wall als der Halbemond. Ihre Brustwehr ist aus Mauerwerk 1½ Fuß dick, und mit kleinen Schießlöchern für das Handgewehr versehen. Von hieraus kann man den Feind, welcher den Halbenmond bestiegen hat, sehr beunruhigen. Ihre Größe ist verschieden und der Geräumigkeit des Halbenmonds angemessen. Zwey Stücke auf jeder Seite werden sehr dienlich seyn, die Stirne des nächsten Bollwerks zu bestreichen. Es giebt noch eine kleinere Art von Rückenschanzen, welche während der Belagerung auf eichenen senkrecht gestellten Balken und Brettern in Gestalt eines Halbenmonds mit Schießlöchern verfertiget werden. Dergleichen Rückenschanzen legt man auch an den Keblen der Waffenplätze auf dem bedeckten Wege an, denn sie halten den Feind auf und sind ihm sehr nachtheilig.

Rückenversetzen, (Tuchbereiter) das Tuch nach der ersten Presse in den Falten (Plönen) (s. diese) der Lagen verändern, daß nämlich die Falten, die das Papier gemacht, bey der zweyten Presse auf der Mitte zu liegen kommen und auch gepreßt werden.

Rücker, (Uhrmacher) derjenige Theil einer Sackuhr, wodurch man die Spiralfeder kurz oder lang machen kann. Es ist in dem Werk auf dem äußern Boden einer Sackuhr eine angebrachte bewegliche Scheibe, welche mit der Spiralfeder dergestalt verbunden ist, daß, wenn man dieselbe von der Linken zur Rechten drehet, die Spiralfeder aufgespannter wird und folglich die Uhr geschwinder geht und so umgekehrt, wenn sie langsamer gehen soll.

Rückfuß. (Deichbau) Eine inwendig erhöhete Berme eines Deiches, um dem Drucke des auswendigen Wassers mit gegen zu streben.

Rückgurt. (Riemer) Ein breiter und starker Riemen von Leder an dem Geschirre eines Zug- oder Ackerpferdes, welcher auf der einen Seite an dem einen Seitenblatte oder der einen Reitscheide vest angenähet ist, und über den Rucken und Schwanzriemen weggeht; auf der andern Seite aber und an dem andern Seitenblatte oder Rückscheide mit einer Schnalle höher oder tiefer, nachdem das Pferd nämlich ziehen, oder vor dem Pflug gehen soll, geschnallt werden kann.

Rückhaken, (Artillerie) die eisernen Haken an den Lavettenwänden, von welchen die obersten das Stück vorwärts zu rücken, und die untersten es zurück zu ziehen, dienen.

Rückleine. (Vogelsteller) Eine besondere kleine Leine, welche auf dem Vogelheerd an die Schlagscheibe angeschleift, und deren Ende in die Hütte genommen wird, womit denn die Wände aufgehoben, und die Vögel überzogen werden.

Rückpositiv. (Orgelbauer) Ein eigen Positiv (s. dieses) im Rucken des Organisten an einer Orgel, welches seine eigene Windlade und seine Pfeiffen hat, und sein besonderes Klavier bekömmt.

Rückriemstössel, lange Riemenenden, die auf dem Strängenriemen an beyden Seiten, da wo die Rückriemen hinkommen sollen, bevestiget sind, durch eine Schnalle angeschnallt, und überdem noch auf dem Schwanzriemen angestochen werden.

Rückschemel, (Schneidemühle) einer von den beyden über dem Wagen oder Schlitten der Schneidemühle angebrachten beweglichen Schemel, wodurch das Holz, welches zerschnitten werden soll, nachdem es kurz oder lang ist, auf dem Wagen vor- oder rückwärts kann gerückt werden. Es ist eigentlich ein starkes bewegliches Holz, welches sich auf dem Wagen verschieben läßt. (s. Schlitten)

Rückschere, Rückbrete, (Mühlenbau) der Kloh, der beweglich auf der Grundschwelle der Mühlen zu einem Pansterwerk ruhet, worauf sich die Pfanne der Kammradswelle befindet, und mit welchem das Pansterrad sich verschieben oder verrücken läßt.

Rückseite, im Rücken. Fr. En revers, (Kriegsbaukunst) Man sagt im Rücken sehen, wenn ein Werk von einer Anhöhe im Rucken beschossen werden kann, oder wenn die schlimme Lage des Werks so beschaffen, daß der Feind den Wallgang oder seinen Wall entdecken kann. Auch sagt man den Laufgräben im Rücken sehen, wenn das Feuer der Belagerten die Mannschaft in den Laufgräben von hinten treffen kann.

Rückstange. (Mühlenbau) Ein Hebel, der durch die Rückschere gegen den eisernen Bolzen in der Grundschwelle durch ein Loch gesteckt wird, wodurch die Rückschere verschoben wird, und hiedurch zugleich den Trilling an dem Stirnrade, wenn dieses mit dem Pansterrade an der Welle durch das Ziehwerk erhöhet werden soll, hebert. Denn die Rückschere (s. diese) hat neben der Pfanne des Kammrades ein Loch, welches von oben bis unten senkrecht durch die ganze Rückschere geht, und unter diesem Loche ist in der Grundschwelle gleichfalls ein Loch, in welchem der gedachte Bolzen horizontal steckt.

Rückwechsel, Gegenwechsel. (Handlung) Wenn der Inhaber eines trassirten Wechselbriefes, der von dem Trassanten nicht angenommen (acceptirt), oder nicht bezahlt, sondern protestirt worden, an dem Orte, wo die Zahlung geschehen sollen, Geld aufnimmt, und dafür wieder an seinen Mann einen Wechsel giebet.

Rückweichung. (Baukunst) Die Weite, um welche ein Glied einwärts weicht, mehr als sein nächst vorstehendes Glied thut.

Rückwind, Fr. Revolin, (Schiffahrt) zur See ein Wind, welcher das Schiff, es mag vor Anker liegen, oder unter Segel seyn, heftig rüttelt und schüttelt.

Rückzug. (Jagd) Wenn im Frühjahre allerhand Federwildpret aus den warmen Ländern wieder bey uns ankommt.

Rückzugsordnung. (Schiffahrt) Wenn eine Flotte sich zurück ziehe, so legt sie sich zum Besten in einen stumpfen Winkel, in dessen Scheitel der General, welcher der letzte und am Winde segelt. Die kleinen Schiffe, Brander, oder die so gebraucht werden sollen, bleiben in der Oeffnung dieses Winkels. In dieser Ordnung segelt man insgemein mit Wind im Rucken: aber man kann auch mit Breitwind, oder dichte daran laufen, die verfolgenden Feinde können nicht leicht anfallen, ohne sich dem Feuer verschiedener Schiffe, so zu nächst am Feinde sind, auszusetzen.

Rudel, (Jäger) bedeutet bey dem Wilde, insonderheit aber bey den Hirschen und wilden Sauen, eben soviel, als das Wort Heerde bey dem zahmen Vieh. So sagt der Jäger, ich habe einen Rudel Sauen gesehen. Doch wird bey den Hirschen lieber das Wort Geschlechte gebraucht.

Rudeln des Erzes. (Hüttenwerk) Wenn das Erz bey dem Schmelzen sich in den Heerd einfrißt, ihn angreift und aufreißt. Die Ursache ist, daß der Heerd zu leichtes Gestübe gehabt hat.

Rüdenhorn. (Jäger) Ein Jagdhorn von Knochen, Horn oder Holz, welches einen groben tiefen Laut hat, die Saurüden damit bey einer Saujagd zu commandiren.

Rüdenknecht, (Jäger) derjenige, der bey den Bärenbeißern und großen Jagdhunden ist.

Ruder, (Schiffahrt) das Stück des Schiffes, durch welches es regieret und seine Fahrt geleitet wird. Seine Theile sind die Platte oder Schaufel, und der Griff oder Penn. Die Ruder werden verschiedentlich geführet; denn bald sind sie frey und ungestützt aufliegend; alsdenn ist der Ruhepunkt in der Hand des Ruderers. Die andere Art ist die, wo das Ruder in seinem Gleichgewichte auf einem dazu bestimmten Boordrand liegt. Die letzte Art von Rudern sind auf den Booten, Schaluppen, Galeeren u. s. w. Die erstere ist aber auf den Gondeln und andern Fahrzeugen auf den Flüssen besonders im Gebrauch. So einfach dieses Werkzeug ist, soviel Vortheilhaftes hat es in der Bewegung, aber man hat dieses noch nicht genugsam aus einander gesetzt. Der Augenschein lehret, daß es eine Art von Hebel sey. Die Kraft ist im Ruderer, der Ruhepunkt da, wo das Ruder auf dem Aposti anliegt, und die Last das Wasser. Je länger das äußere Theil des Ruders ist, desto mehr Raum wird bey jedem Schlage gewonnen.

Ruder, s. Steuerruder.

Ruderbank, (Schiffahrt) der Sitz der Ruderer. Auf den Galeeren sagt man, sind 25 Bänke, das heißt, auf jeder Seite, folglich funfzig Bänke zusammen. Ein Ruder auf jeder Bank und 4 bis 5 Menschen an jedem. Der Bänke auf den Galeassen sind 32 und 6 bis 7 Menschen auf jeder. Die Bänke sind 10 Fuß lang, anderthalb Fuß breit, und 4 Fuß von einander. Sie stehen in der Höhe eines sitzenden Mannes, und reichen vom Aposti bis an den Kooler. Sie sind mit etwas Werg belegt, und oben darüber mit herunterhängenden Ochsenhäuten belegt. Die Ruder liegen auf einem längst dem Bord befestigten Fuß dicken Balken, so daß von den 50 Fußen ihrer Länge ohngefähr 13 in das Schiff einwärts stehen, die mit dem Uebrigen aber auf dem Boordbalken im Gleichgewichte sind, weil die Enden dicker sind, als die auswärts befindlichen. Zum Angreifen sind hölzerne Griffe an der Stange des Ruders befestiget, vermittelst welcher sie die Ruderer, so an der Bank angeschmiedet sitzen, handthieren.

Rudermaschiene. (Schiffsbau) Eine Maschiene zum Rudern, welche auch besonders an den Hochboords angebracht werden kann, und viele Fehler der Drehruder vermeidet. Sie ist eine Erfindung des Herrn Bouguer. Es ist ein 8 bis 10 Fuß breiter viereckigter Rahmen, den man Schaufel nennt. Er wird durch zwey Thüren oder Fenster so geschlossen, daß sie sich auf einer Seite etwas heraus eröffnen. Dieser Rahmen hängt einwärts an einer verhältnißmäßigen starken Stange herunter, selbige ist oben an einem andern horizontal auf einem Ruhepunkt im Boord befindlichen Balken vest gemacht, an welchen man 30 bis 40 Matrosen stellen kann. Er wird durch das Fenster der Kammer, oder durch eine Stückpforte gesteckt. Wenn der Querbalken erhoben wird, so geht die Schaufel gegen das Schiff zurück, die Thüren öffnen sich, und lassen das Wasser dabey durch. Hierauf wird der Balken niedergedruckt, und dadurch die Schaufel genöthiget, sich vom Schiffe zu entfernen. Die Rahmen schließen sich, das Wasser wird von seinem Platz getrieben, und das Schiff beweget. Man hat auch Mittel, diese Maschiene horizontal anzubringen. Man leget zwey dergleichen an dem Hintertheil des Schiffes an.

Ruderpen, (Schiffsbau) am Ruder der obere Theil von der Schaufel an; bey dem Steuerruder aber der horizontale Balken, welcher an dasselbe bevestiget ist, und in das Schiff herein steht. Selbigen beweget der Steuernde rechts und links. (s. Steuern)

Ruderschiff. (Schiffsbau) Ein jedes plattes Schiff oder Fahrzeug, dergleichen die Galeeren sind, welches durch das Rudern fortgebracht wird. Die Alten wußten wenig von andern Schiffen, man findet bey ihnen Biremen, Triremen u. s. w. bis 30 auch 40 Ruderbänke. (s. Trireme.)

Ruder, zu drehen. (Schiffahrt) Ruder, die man an Hochboords, das ist, an den gewöhnlichen hohen Schiffen aller Arten anbringen könnte, um das Schiff, wie die Galeeren, auch bey Windstille, fortzuschaffen. An jedem Boord steht der mittleren Schießscharte über eine Säule, auf dieser liegt eine Welle, die zur Pforte herausraget. An ihr sind vier Schaufeln im Kreuz bevestiget. Am innern Ende der Welle, so im Fahrzeuge ist, befindet sich eine doppelte Kurbel, an jeder Biegung derselben sind zwey Stücke Eisen, welche sich wie eine Gabel öffnen, und in ein horizontales, dem Bord gleichlaufendes, und unter der Verkleidung von Eisen bewegliches Gatter eingreifen. Wenn das Gatter von dem Vordertheil gegen das Hintertheil gestoßen wird, so wird die Welle dadurch umgedrehet, und die Schaufeln greifen ins Wasser. Dieser erste Stoß macht die erste Bewegung der Welle, der andere vollendet sie. Die Schaufeln sind 12 Fuß lang, und greifen 6 Fuß ins Wasser, ihre Breite ist drey Fuß. Die Arbeiter dürfen nur das Gatter hin und her bewegen, haben also eine weit leichtere Arbeit, als bey den andern Rudern, und stehen unter dem Verdeck. Da aber die Schaufeln allemal Wasser herausheben, und dadurch den Lauf des Schiffes aufhalten würden, wenn sie mit ihrer Fläche herauskommen, so hat man sie dadurch verbessert, daß sie schief herausgehoben werden. Das Rudern mit dieser Art von Rudern hat viele Vortheile. Denn erstens geschieht das Rudern der gemeinen Ruder stoßweise, dieses Rudern aber in einem fort. Zweytens, die Ruderer der gemeinen Galeeren stehen im Rudern bloß, und machen den obern Raum bis auf die Bänke und den Koker voll, daher man zur Zeit des Gefechtes wenig Leute in die Flanke stellen kann. Drittens kann auch diese Art von Rudern an die Hochboords angebracht werden, wodurch man das Bugsiren abschaffen, und bey Windstille fortkommen kann.

Rufen, (Jäger) wenn die Feldhühner schrecken, und sich zusammen locken. Dieses wird auch von andern Thieren gesagt, wenn sie von einander gekommen sind, und sich wieder zusammenlocken.

Ruff, (Bergwerk) eine schwarze, poröse Materie, welche beym Farbenglasschmelzen bisweilen zum Vorschein kömmt.

Ruff, (Jäger) der den Thieren nachgemachte Schrey, womit sie dieselben zu locken suchen. Es ist aber dieser Ruff entweder nur mit dem Munde ein dem Thiere nachgemachter Laut, oder mit einem besonders dazu gemachten Instrument, welches, wenn es geblasen wird, dem Thiere nachahmet, wovon sich die Thiere verblenden lassen, weil ein jedes Thier das andere seiner Art zu rufen weis.

Ruff, Gelock, Gesang. (Vogelsteller) ein lebendiger Vogel in einem Bauer eingesperret, der die vorbey fliegenden Vögel anlocket.

Rüffelbaum, s. Riffelbaum.

Rüffeleisen, s. Riffeleisen,

Rüffelkamm, s. Raufkamm.

Rüffeln, s. Raufen.

Ruffenberg. (Bergwerk) Eine Unart, welche immer bey Zwittern ist, und aus einem eisenschüßigen, lallig und flößigen Gemische bestehet.

Ruffrige Gänge, Ruffbergige Gänge, (Bergwerk) Zwitter, welche viel Ruffenberg bey sich haben.

Ruggi, ein Getreidemaaß, das in Livorno gebräuchlich ist: 11½ Ruggi machen eine amsterdammer Last aus.

Ruhebette. (Stuhlmacher) Eine Art von Sofa, das aber itzt ziemlich aus der Mode gekommen ist. Es hat aber keine Lehne, sondern nur an jeder schmalen Seite ein Endestück, (s. dieses) so wie der Sofa. Es wird jederzeit gepolstert.

Ruhebock, (Vogelsteller) ein Bock oder Gestelle, worauf die Stangen mit den Leimruthen im Niederlegen ruhen.

Ruhebühne, Fr. la retraite. (Bergwerk) Ein im Fahrschachte beym Wechsel der Fahrten von Pfosten, die auf Stempeln oder Gestein ruhen, erbautes Gerüste, darauf ein Fahrender ruhen kann.

Ruhen, rühren. (Deichbau) Eine äußere Tiefe (Außer Tiefe) oder andern Ausfluß mittelst durchdringenden gestaueten Wassers, und Ausführung der Mudder, durch dazu dienliche Werkzeuge reinigen.

Ruheplatz. (Zimmermann) Bey hohen Treppen derjenige Raum, den man gemeiniglich zwischen einigen auf einander folgenden Stufen einer Wendeltreppe in einer Vierung anleget, welche zu ihren Seiten die Breite der Treppen hat; wiewohl man auch zuweilen davon abgeht, und ihn als ein Rectangulum formiret. Dergleichen Ruheplätze, deren man nach 6, 9, oder aufs höchste 11 auf einander folgenden Stufen einen anzulegen pfleget, geben nicht nur den Treppen ein herrliches Ansehen, sondern sie haben auch den Nutzen, daß sie besser erleuchtet, die Sachen über solche bequemer hinauf geschaffet werden können, und daß man nicht so müde wird im Hinaufsteigen, auch nicht so gefährlich fällt, als wie bey den Treppen, die von einer ziemlichen Höhe in einem fortgehen.

Ruhepunkt. (Mechanik) 1) Bey dem Hebel der Ort, wo er aufliegt. 2) Bey Rädern oder Rollen sind es die Bolzen oder Zapfen, worauf sie sich umdrehen.

Ruheriegel, (Artillerie) zwey hölzerne Riegel, wodurch die Laffetenwände in der Mitte, wo das Stück darauf ruhet, zusammengehalten werden, daher man sie auch die Mittelriegel nennt. Einige nennen sie auch die Rüsen- oder Stellriegel, und insbesondere den vordern den Ochsenriegel, den hintern aber den Großriegel.

Ruhestab. (Maler) Ein fingerdicker Stab, etwa vier Spannen lang, am Ende mit einem leinenen Ballen umwickelt, welcher zwischen dem vierten und fünften Finger gehalten, und an das Gemälde gelehnet wird, zugleich ruhet die rechte Hand auch auf demselben, indem man malet.

Ruhestellen, Fr. Repos silence, (Maler) die starken Schatten bey großen Lichtern in einer Malerey. Man nennet sie deswegen also, weil das Gesicht ermüden würde, wenn es beständig blinkende Gegenstände vor sich hätte. Die Lichter können dem Schatten, und diese jenem zur Ruhestelle dienen. Diese Ruhestellen werden auf zwo Arten gemacht. Die eine ist natürlich, die andere ist künstlich. Die natürliche wird von einer Ausbreitung der hellen Farben oder der Schatten bewirkt, welche natürlicher Weise den dichten Körpern, oder den Massen verschiedener unter einander gruppirter Figuren folgen, wenn das Licht darauf fällt. Die künstliche besteht in den Körpern der Farben, welche der Maler gewissen Sachen nach seinem Gefallen giebt, und sie dermaßen zusammen setzt, daß sie den nächsten Gegenständen keinen Abbruch thun. Ein Gewand z. B. welches man an einem Orte roth oder gelb gemacht hat, kann an einem andern Orte braun seyn, und sich besser dahin schicken, um die verlangte Wirkung zu thun. Man muß aber soviel möglich Gelegenheit nehmen, sich der ersten Manier zu bedienen, und die Ruhestellen durch das Helle, oder durch den Schatten heraus bringen, welche natürlicher Weise die vesten Körper begleiten. Weil aber die Sachen, welche man unter den Händen hat, nicht

allemal

allemal erlauben, die Figuren so auszuarbeiten, wie man wohl will, so kann man in diesem Falle sich durch den Körper der Farben helfen, und an die Oerter, welche dunkel seyn müssen, Gewänder oder andere Sachen, welche man schmutzig und dunkel annehmen kann, anbringen. Wenn Zeichnungen in Kupfer gestochen werden sollen, so muß man bemerken, daß die Kupferstecher nicht wie die Maler das Kolorit gebrauchen können, und folglich Anlaß nehmen müssen, die Ruhestellen der Zeichnung in den natürlichen Schatten der Figuren, welche man dieserwegen angeordnet haben muß, zu finden.

Ruhr, (Weingärtner) die dritte und letzte Behackung des Weinberges, so um Laurentii geschieht, und nicht allezeit nöthig ist.

Rühreisen, (Brannteweinbrenner) ein eiserner Stab, womit der Meisch in der Brannteweinsblase umgerühret wird, wenn er zum Brennen in die Blase gethan worden.

Rühreisen, (Glashütte) ein 6 Fuß langes und rundes Eisen. Der Kopf beträgt beynahe zwey Fuß in die Länge, und ist 3 Zoll dick. Alsdenn nimt aber das Ganze allmählich ab, daß der Stiel 1½ Zoll dick bleibt. Mit diesem Eisen wird die Glasmasse gut gerühret und vermengt, daß sie nicht streifig werde.

Rühreisen, Röhreisen, (Salzwerk) ein Blatt mit einer eisernen Stange oder Stiel, wie die Seriniole krücken, nur daß dieses Blatt nicht umgebogen ist, sondern vorne gleich weg steht. Man braucht es das Feuer aufzuluften.

Rühreisen, (Schmaltefabrik) Eiserne Stangen, womit das geschmolzene Schmalteglas in den Hafen umgerühret wird.

Rühren, ruhren, (Ackerbau) die dritte Feldarbeit zur Wintersaat, auch zuweilen die zweyte, wenn der Brachacker nicht sonderlich bewachsen, folglich das Wenden nach dem Brachen nicht nöthig ist. Es heißt aber Rühren den gebrachten oder gewendeten Acker mit dem Hakenpflug oder Ackerhaken (s. diesen) quer überfahren, und die umgerissene Erde, so zuvor nach der Länge des Ackers gemacht, wieder in der Mitte, oder nach der Quere entzwey reißen. Wo man es mit dem Pflug thut, wird es Vierähren oder Viecarren genannt. Das Rühren muß zu guter trockner Zeit geschehen.

Ruhegerte, (Vogelsteller) die Gerte oder Ruthe, woran der Ruhevogel gebunden wird.

Rührhaken, Fr. la Palette. (Hüttenwerk) Ein eisernes Werkzeug, wie ein Haken, womit das in Fluß gebrachte Werk gerühret wird. Es wird solches sowohl in der Probirstube als im Silberbrennhause gebraucht. Sie sind aber beyde an Gestalt und Größe verschieden, indem der Rührhaken in der Probirstube nur ¾ Zoll lang, und wie ein Winkelhaken gebogen, der zum Silberbrennen aber 2 Ellen auch etwas mehr lang, und zwar ebenfalls wie ein Winkelhaken gebogen, am Ende aber über dieses wie ein kleiner Ring eingebogen ist.

Rührhaken, s. Hakenpflug.

Rührholz, Fr. Bouloir, (Weißgerber) ein Stück Holz an einem langen Stiel, womit der Kalk im Aescher umgerühret wird.

Rührküpe, Schlagtrog, Fr. Batterie, (Indigoterie) die zweyte Küpe, worinn die Auflösung des Indigokrauts mit der Krücke (s. diese) geschlagen und gerühret wird, damit alles, was bey der Gährung in der ersten Küpe noch nicht aufgelöset worden, sich durch dieses Rühren und Schlagen völlig auflöse.

Rührlöffel, Kochlöffel, (Koch) ein platter von Holz geschnittener Löffel mit einem langen Stiel, womit man in den Küchen die Speisen umrühret, damit sie nicht anbrennen.

Rührlöffelbrett, (Koch) ein länglich viereckiges durchlöchertes Brett, oder auch Blech, darinn die Rührlöffel in der Küche stecken.

Rührnagel, (Mühlenbau) ein hölzerner Nagel, welcher von der Rumpfmulde in das Loch des Läufers (s. diesen) reicht, dort an die Zähne des eisernen Ringes streifet, und dadurch das Rütteln der Rumpfmulde verursachet, damit selbe die Körner in das Loch des obern Mühlsteins streue.

Rührscheit, Fr. la Palette, (Alaunsiederey) ein Holz, womit die Lauge gerühret wird.

Rührscheit, (Pfefferküchler) ein hölzernes Scheit oder Stab, womit derselbe Anfangs das Mehl in den Honig oder Syrup einrühret, bis er zu einer gewissen Dichtigkeit gebracht werden, alsdenn er mit den Händen geknetet werden muß.

Rührstange, Füllstange. 1) (Köler) Eine Stange, womit die Fülle eines Meilers aufgeschüret und ausgerichtet wird. 2) Bey den Papiermachern eine Art von Quirl in dem Rechen, (s. diesen) den gemahlenen Zeug damit umzurühren.

Rührstange, (Weißgerber) eine Stange, an welcher ein viereckigter Kloz an einem Ende angemacht ist, und mit welcher die Felle in dem Aescher umgerühret werden.

Rührstange, s. Wasserpflug.

Rührstecken, (Oelmühle) die unten in Gestalt eines Quirls gestalte Stecken, welche in dem Kessel gehen, wenn der Saamen geröstet wird, und solchen umrühren, und durch das Mühlenwerk in Bewegung gesetzt werden, indem an die Daumenwelle der Mühle, dem Wärmofen gegen über, ein einscheibiger Trilling von 31 Stecken befestiget ist, dieser greift in ein Stirnrad von 30 Kammen, welches ein Rädchen von Kämmen und mit demselben die daran befestigte Rührstecken in Bewegung setzt. Es ist eine holländische Einrichtung, man erspart dadurch, daß keine besondere Person gehalten werden darf, den Saamen mit den Stecken umzurühren.

Rührstecken, s. Rührholz.

Rührstock, Fr. mouvette ou mouvoir, (Seifensieder) ein 15 bis 20 Zoll langer Stab, womit man das geschmolzene Talg, indem die Lichter gezogen werden, von Zeit zu Zeit umrühret, damit es sich im Gefäße nicht ansetze, sondern in der Flüßigkeit erhalten werde. Wenn es erkaltet, wird heisser Talg hinzu gegossen, damit es in der erforderlichen Wärme bleibe.

Rührung. (Maler) Die Ueberredung des Beobachters ist die Folge eines vollkommenen Ausdrucks in der Malerey. Ihre Gewalt geht bis zur Täuschung des Auges; der Beobachter vergißt izt des Künstlers und aller Kunstgriffe, er unterhält sich nur mit den vorgestellten Gegenständen. Die damit verbundene Rührung ist das höchste Ziel dieser angenehmen Kunst.

Ruhrvogel, (Vogelsteller) ein Vogel, welcher auf dem Heerde an ein langes hierzu bereitetes Hölzlein dergestalt angebunden oder angestellet wird, daß solches Hölzlein durch einen langen in die Vogelhütte reichenden Faden von dem Vogelsteller kann gezogen, und der Ruhrvogel auf und nieder zu fliegen bewogen werden. Merket man, daß fremde Vögel angeflogen kommen, so zieht man den Faden an, zugleich fliegt auch der Ruhrvogel etwas in die Höhe; wenn diese die in der Luft befindlichen Vögel sehen, so bequemen sie sich bald zum Abfluge, und eilen auf die hierzu bereitete Anfälle. Hierdurch kommen ihnen die Vorläufer ins Gesicht, weswegen sie sich zu ihnen nahen, und bald darauf in den Herd fallen. Es wird aber dieser Vogel deswegen Ruhrvogel genannt, weil der Vogel mit dem Faden gerühret und zum Fluge ermahnet wird. Es ist nicht leicht ein Vogelherd anzutreffen, wo nicht ein Ruhrvogel vorhanden wäre. Die Ruhrlerchen werden nur an das linke Bein angeschleift.

Ruinen, (Maler) Gemälde, worauf Ueberbleibsel von verfallenen Gebäuden sich befinden. Italien ist auch hierinn die Schule für die Maler: denn dieses Land zeigt mehr als andere Länder von dergleichen Ruinen, die sich auch besser zu Verzierungen der Gemälde schicken, weil ihre Bauart reicher und abgewechselter ist. In diesen Ruinen hat man die schönen antiken Statuen gefunden, welche die Bewunderung der Kenner, das Studium der neuen Künstler, und der Ruhm ihrer Meister sind.

Ruinensteine, Steine, die allerhand Abbildungen von Mauern, Gebäuden rc. vorstellen.

Rüllenloch, (Bergbau) das Loch, dem Fahrloch gegen über, in einem Kasten (s. diesen) des arbeitenden Bergmanns, wodurch Erz und Berg von der Strecke zum Treibschacht gefördert werden. Dieses Loch wird von einem Kasten zum andern gehalten, daß sie gerade über einander sind, und werden solche mit einer guten Mauer versehen, damit der von dem Kasten nicht herunter rolle.

Rum, Rem, Dram, Rumbillion, Fr. Rome. Eine Gattung von Brantwein, so aus dem Saft des Zuckerrohrs, oder vielmehr von der übrig gebliebenen Unreinigkeit des Zuckers und des Zuckerrohrs abgezogen wird. Er ist viel stärker, als der Brantwein von Wein oder Weinhefen. Man bekömt ihn aus den europäischen Kolonien in Amerika, wo Zuckerrohr wächst, vornehmlich aus der Insel Barbados, aus welcher die Engländer ihn in großer Menge nach Europa bringen, und ganz Europa damit versehen. Es wird von diesem Rum sehr vieles zu dem sogenannten Punsch verbraucht, der jetzt das Lieblingsgetränke fast aller Europäer geworden ist.

Rumales, s. Roemals.

Rumbaum, s. Rindbaum.

Rummeldeiß, ein weißes Bier, so zu Ratzeburg gebrauet, und weit und breit verführet wird.

Rumpel. (Kammmacher) Eine Säge, mit welcher die Zähne der feinen Kämme eingerumpelt (eingeschnitten) werden. Das Gestelle dieser Säge ist aus zwey neben einander liegenden Brettern vermittelst zweyer Flügelschrauben zusammengesetzt, und wird bey dem Rumpeln (s. dieses) mit einem gekrümmten hölzernen Griff bewegt. Zwischen beyden Brettern des Gestelles sind zwey feine Sägenblätter befestiget, wovon das eine vor dem andern etwas vorspringet. Bey einem groben Rumpel stehen die Sägeblätter etwa so weit von einander ab, daß man eine Schnur dazwischen legen kann; bey einem feinen aber läßt sich nur ein starkes Blatt Papier dazwischen legen. Außerdem sind die Sägeblätter eines kleinen und feinen Rumpels auch dünner und feiner. Mit einem großen Rumpel, der schlechtweg nur Rumpel heißt, schneidet man die Zähne mittelmäßiger Kämme, mit den kleinen, die Zeug heißen, schneidet man die Zähne der feinen Kämme.

Rumpelbaum. (Kürschner) Ein Werkzeug, worauf die Bärenfelle und andere fette Pelze vor dem Garmachen mit dem Stoßeisen abgestoßen werden. Er gleicht einer halben Walze, die auf dem einen Ende von zwey Füßen unterstützt wird, und folglich geneigt gegen den Fußboden steht. Er komt übrigens völlig mit dem Abstoßbaum der übrigen Gerber überein. Man benimt den Fellen durch dies Abstoßen das überflüßige Fett und Aas, und macht sie zu dem Garwerden geschickter.

Rumpelbier, zu Frankenhausen im Schwarzburgischen ein gewisses Tischbier, welches aber nicht zum Verkauf, sondern nur in den Haushaltungen gebrauet wird. Es ist ein leichtes Speisebier.

Rumpelholz (Bergwerk) Ein ästiger oder mit Nagelköpfen gespitzter Klotz, welcher zur Einweihung und scherzhaften Willkommen, auch zur Strafe, gebraucht wird. Wer zum erstenmal zu einer bergmännischen Zusammenkunft komt, oder sich zum Bergwerk begiebt, wird mit dem Rumpelholz bedrohet, davon er sich mit einem Trinkgelde befreyet, wer in der Grube pfeift, oder sonst was versieht, wird mit dem Rumpelholz bedrohet, und muß sich lösen.

Rumpeln, (Bergwerk) einen mit dem Rücken auf das Rumpelholz legen, und hin und her ziehen. Es ist der Willkommen neu angehender Bergleute.

Rumpeln, (Kammmacher) die Zähne eines Kammes mit dem Rumpel einschneiden. Der Rumpel wird nicht senkrecht, sondern horizontal bewegt, er wird deswegen horizontal gerichtet, und das vorderste Sägenblatt schneidet den Schnitt oder den Abstand eines Zahns von dem benachbarten aus, das hintere Blatt aber schneidet den Schnitt hinter dem benachbarten vor. Diese Einrichtung des Rumpels verschaffet den Vortheil, daß der Schnitt des zurückgezogenen Blatts dem Professionisten sogleich angezeigt, wo

er

er das vorspringende Sägeblatt zunächst wieder anfeilen muß. Folglich müssen nothwendig alle Zähne durch den Rumpel in gleicher Breite und in einem gleichen Abstande eingeschnitten werden. Allein da das Horn oder Elfenbein in der Kluppe bey dem Rumpeln schräge gerichtet ist, und der Rumpel beym Sägen horizontal geführet wird, so wird zwar jeder Zwischenraum zwischen zwey Zähnen auf einer Seite ausgeschnitten, aber auf der andern Seite bleibt neben dem Felde des Kammes ein keilartiges Stück stehen. Der Kammmacher muß daher die Platte in der Kluppe umdrehen, und auf der andern Seite mit der Rumpel wiederschneiden, (s. dieses) wodurch das keilartige Stück ausgeschnitten wird.

Rumpf, Goss, Kar, Korb. Fr. la Tremie, (Mühlenbau) der Aufschüttkasten, oder der viereckige unten zugespitzte Trichter von Brettern zusammengesetzt. Hierein wird das Getreide geschüttet, welches gemahlen werden soll. Er steht unbeweglich.

Rumpf, Rump, (Mühlenbau) ein viereckigtes, oben weit, unten enge, in Gestalt eines Trichters gemachtes hölzernes Gefäß, worein die Körner, welche geschroten oder gemahlen werden sollen, geschüttet werden, die aus demselben nach und nach auf den Stein zum Mahlen, und von demselben ferner in den Kasten fallen; oder worinn durch den Beutel das Mehl von den Kleyen geschieden wird.

Rumpf der Kacheln, (Töpfer) der innere Kranz einer Kachel, worauf das sichtbare Blatt der Kachel zu liegen kommt. Dieser kommt in den Ofen, und wird, wenn der Ofen gesetzt wird, mit Lehm und kleinen Steinen ausgefüllt, welches dem Ofen Dauerhaftigkeit geben muß. Er ist länglichrund, hohl, und steht hinter dem Blatt ohngefähr 1 Zoll vor.

Rumpfholz, (Töpfer) ein vorne breites, hinten abgerundetes Holz mit einem Stiel, womit der Rand der großen Kacheln äußerlich glatt gestrichen wird, nachdem solche geformt worden.

Rumpfleder. (Schuhmacher) So nennt er das obere Leder vom 4 bis 5jährigen Rinde. Es hat große Narben, und wird nur zu Schuhen und Stiefeln genommen, die stark seyn sollen.

Rumpfleiter, (Mühlenbau) ein Rahm, der in schräger Richtung über den Mühlsteinen liegt, und unten auf den Docken ruhet. Er trägt den Rumpf der Mühle. (s. diesen) Die Rumpfleiter kann von den Mühlsteinen abgenommen werden, wenn diese geschärft werden sollen. Denn sie ist oben an der Stütze befestiget. Diese hat einen Arm, wodurch sie nebst der Rumpfleiter umgedrehet und abgenommen werden kann.

Rumpfloch, (Mühlenbau) ein Loch am Beutelkasten.

Rumpfmulde, Fr. l'auget, (Mühlenbau) die kleine Mulde, welche die aus dem Rumpfe fallenden Körner auffängt, und auf den Bodenstein schüttet.

Rumpfzange, (Hüttenwerk) eine große Zange, womit der Taul aus dem Frischheerd unter den Hammer gebracht wird.

Rumpiren, (Fechtmeister) seinem Gegentheil den Degen aus der Faust brechen, und ihn solchergestalt wehrlos machen. Es geschiehet solches auf vielerley Art, wozu aber eine große Fertigkeit gehöret, ohne welche das Rumpiren mehr zum Schaden, als Vortheil, gereichet.

Rundbaum, Rehbaum, Rondbaum, Raunbaum, Fr. Tour ou Treuil, (Bergwerk) ein Theil des Haspelgestelles, er bestehet in einem rund gemachten Holze, so an beyden Enden mit einem eingemachten Haspelhorn mit eisernen Ringen versehen ist, und von einer Haspelstütze bis zur andern reichet. Es wird das Bergseil darauf gelegt, welches sich darüber auf- und abwindet, wenn am Haspel gezogen wird.

Runddrehen des Bindfadens, (Seiler) wenn jedesmal 3 und 3 Schnüre (s. diese) zusammen zu einem Bindfaden rund gedreht werden. Solches geschiehet auf dem Vorder- und Hinterrade. An dem Vorderrade hängt man jede Schnur, woraus der Bindfaden zusammengedreht werden soll, auf einen besondern Haken, an dem Hinterrade aber alle 3 Schnüre auf einen einzigen Haken. Bey dem Spinnen der Fäden wird das Vorderrad links gedreht, bey dem Runddrehen aber muß es so wie auch das Hinterrad rechts gedreht werden, wenn man die Verwickelung jedes einzelnen Fadens nicht wieder aufdrehen will. Beym Runddrehen muß derjenige, so die Scheibe des Hinterrades bewegt, zugleich auch dieses Rad beständig vorwärts nach dem Vorderrade zu stoßen, weil sich auch bey dem Runddrehen der Bindfaden eindreht, daher das Hinterrad auf Rollen steht.

Runde geben, Fr. faire de rondes, (Zuckersieder) wenn der gekochte Syrup in die in dem Füllhause stehenden 5 oder 6 beweglichen Pfannen vertheilt wird, aus welchen er in die Bastardformen (s. diese) gefüllt wird.

Runde Glieder, (Baukunst) diejenigen Glieder an den Säulen und Simsen, welche entweder aus einem halben Zirkel oder aus Zirkelstücken zusammengesetzt sind. Sie heißen der Stab- oder Rundstab der Viertelstab oder Wulst, die Hohlleiste oder Hohlkehle, die Kehlleiste oder Karnieße, u. s. w.

Rundeisen. (Bildhauer) Ein eiserner wohl verstählter scharfer Meißel, dessen Schneide nach einem Zirkelbogen gerundet ist, womit derselbe runde Vertiefungen ausarbeitet.

Rundeisen. (Zinngießer) Ein Dreheisen, vorne abgerundet, womit derselbe die Ausbauchung an dem Boden der Schüsseln und Teller abdreht. Der Zinngießer schmiedet und richtet sich dieses Eisen, so wie alle andere Dreheisen die er gebrauchet, selbst, so wie er sie zu seinen verschiedenen Endzwecken gebrauchet, und härtet sie hernach in Seifwasser.

Runde Keilhacke. Fr. Hoiau, (Bergwerk) Eine am Ende zugespitzte eiserne Hacke, damit das gebrächte Gestein hereingewonnen wird.

Runden, nach dem, (Bildhauer) wenn ein Lehrling nach Modellen der alten griechischen Kunstwerke Zeichrungen entwirft, um dadurch seine Kunstwerke nach allen Seiten der Figur zu entwerfen, und alle Theile derselben erhaben vorzustellen.

Runden, Rund machen. Fr. arrondir. Einer Figur, es sey in der Mahlerey oder Bildhauerkunst, Erhobenheit geben, und machen, daß alle Glieder alle ihre Rundung zu haben scheinen, welche sie in der Natur haben. In der Mahlerey sind es die Lichter und Schatten, besonders aber die Wendungsschatten (Tournans) welche diese Wirkung machen.

Runden. Fr. Tourner, (Mahler) Ein Ausdruck, welcher von den Theilen gesagt wird, die sich dem Umrisse am meisten nähern, und welchen man durch gebrochene Farben eine gewisse Rundung geben will, die sich bis auf die hintern Theile der Figur zu erstrecken scheint. Man muß die Stellen, die man runden will, nicht mit Farben überladen; wohl aber die, die von der Leinwand abstehen sollen.

Runder Lauft, (Jäger) wenn das Jagen eine längliche oder ovale Rundung bekommt, und nicht eckigt gemacht wird.

Rundeslock, s. Reich.

Rundfarbe, (Lohgerber) die Treibfarbe, womit die Kalbfelle nach dem Kälken getrieben werden. Es ist die nämliche Farbe, worinn die Schmahlleder getrieben werden, wird aber so genannt, weil sie in runden Wannen zum Treiben eingegossen wird.

Rundhaue. Fr. la boiau, (Bergwerk) Eine breite eiserne Radehaue mit einem 4½ Ellen langen Helm, womit bey Setzung eines Schurfs der Rasen abgeräumt und andere dergleichen Arbeit verrichtet wird.

Rundhobel. (Englischer Stuhlmacher) Ein eigentlicher Schlichthobel, nur weicht er darinn von diesem ab, daß das Gehäuse in einem flachen Bogen nach der Länge rund läuft. Der Stuhlmacher, dem dieser Hobel allein eigen ist, hobelt mit demselben in den Biegungen und Schweifungen des Holzes.

Rundiren, der Orgelpfeifen, der zugeschnittenen und behobelten Platte, nachdem sie vermittelst eines Polierstals mit Seiffenwasser geebnet und mit Kreide wieder abgerieben worden, auf der Pfeiffenforme die runde Gestalt geben, die sie als Pfeife erhalten soll. Diese Pfeifenform, die von Holz ist, stimmt genau in Absicht der Größe mit der innern Größe und Gestalt derjenigen Pfeife überein, die man verfertigen will. Man schlägt nämlich die zugeschnittene Zinnplatte mit einem Klopfholz um die Form herum, und löthet sie mit Schnellloth auf der Nath zusammen.

Rundiren, (Steinschneiden) die Arbeit, da der Künstler den Edelgesteinen die erste Anlage der Gestalt, die sie erhalten sollen, mittheilt. Z. B. einen Stein, woraus er einen Rosenstein schneiden will, verwandelt er bloß in einen Kegel. Er kittet den Stein auf den Kittstock. (s. diesen) Beym Rundiren hält er den Kittstock bloß mit der Hand und giebt durch ein gutes Augenmaas dem Stein die gehörige Proportion. Er muß daher den Stein nach jedem Umdrehen der Drehscheibe besehen. Die Scheibe wird hiebey bloß mit zerstoßenem Schmirgel und Wasser beschmiert, oder geschärft, weil der Diamantbord zu kostbar ist, an andern Edelgesteinen als dem Diamant solchen zu gebrauchen. Zu den harten Steinen wird eine kupferne, zu den weichen aber eine Schneidescheibe (s. diese) von Zinn gebraucht.

Rundmesser. Fr. Couteau rond, (Lohgerber) Ein Schneidemesser von einer beynahe halben Zirkelgestalt mit zwey Heften, welches stumpf ist, und weder in der Mitte noch an den Stielen schneidet, womit man die Haare nach dem Aescher abschabt.

Rundochsenauge. Fr. oeil de boeuf rond, (Baukunst) Ein Dachfenster dessen Gestalt ganz zirkelrund nach einem Kreise gemacht ist.

Rundperle. (Edelgesteinschneider, Wappenschneider) Ein Steinzeiger, oder das Instrument, welches bey dem Schneiden eines Wappens in Stein gebraucht wird, um die Figur des Wappens auszugraben. Der Kopf dieses Zeigers ist völlig rund, etwas unter einem halben Zoll groß, und wird damit das Gesicht einer Figur rund ausgegraben. Er ist von Zinn, wenn er zum Poliren gebraucht wird; von Eisen, wenn er zum Ausgraben oder Schneiden gebraucht wird. (Steinzeiger)

Rundsäge, (Englischer Stuhlmacher) sie ist das, was der Tischler die Schweifsäge (s. diese) nennt, hat ein schmales Blatt, und dient allerley Schweifungen auszuschneiden. Sie ist sowohl in Absicht des Blatts als auch des Gestells kleiner als die Faustsäge.

Rundschlägel. (Eisenhütten) Eine Art von Stempel, womit bey dem Formen der eisernen Töpfe der Sand in den Winkeln der Rähme zusammengedrückt wird. Man hat runde auch viereckigte, um in allen Fällen damit den Sand in den Ecken einzudrücken.

Rundschneiden, der Hüte, (Hutmacher) wenn der gefachte Filz zum Hut an den Seiten rund geschnitten und die Seiten gleich gemacht werden, damit sie die erforderliche Gestalt der Fache bekommen.

Rundschnüre, Schraubenschnüre, (Bortenwirker) von Zwirn, Seide, Gold oder Silber rund und sehr stark gedrehete Schnüre, welche zu Besetzung der Kleider, Bettgeräthe ꝛc. gebraucht werden. Sie werden auf den Spinnmühlen (s. diese) gemacht. Eine besondere Art von Rundschnüre sind die Gimpfe. (s. diese)

Rundstahl. (Drechsler) Ein Dreheisen, womit die zu drehenden Sachen vorgeschrotet (s. Schroten) werden. Die Spitze dieses Dreheisens ist unten flach, läuft aber oben abgerundet ab, gleich der Spitze eines Löffels.

Rundstichel. (Petschierstecher) Ein gut verstählter oder auch wohl gänzlich von Stahl verfertigter Grabstichel (s. diesen) welcher eine runde Spitze hat, womit derselbe runde Stellen im Petschaft ausgräbt.

Rundstück. Eine schwedische Kupfermünze, s. Oehre.

Rundung. (Jäger) Ein Weg, welcher in einem Holze rundherum gehauen und also ⊕ bezeichnet wird.

Wenn

Wenn mehr Rundungen in einem Walde sind, so werden sie mit 1, 2 und so weiter bezeichnet. Eine halbe Rundung ist ein Weg, welcher in Gestalt eines halben Zirkels gehauen ist. Unter einer Jagens-Rundung wird der Bogen, welcher hinten im Jagen gestellt wird, verstanden.

Rundungen, (Drechsler) Zierrathen, die an Cylindern oder dergleichen angebracht werden. Sie gleichen einer unförmlichen oder unvollständigen Kugel. Sie werden auch wohl Stäbe genannt, die aber von den bekannten Stäben (s. diese) der Baukunst wohl zu unterscheiden sind.

Rundwerke, (Maler) sind eigentlich Gipsfiguren, oder Theile derselben in Gips gegossen, wornach gezeichnet wird. Dies nennt man nach Rundwerken zeichnen.

Rundzickel. (Stellmacher) So nennt er einen Taster, (s. diesen) mit welchem er die erforderliche Stärke der Nabe in allen ihren Theilen abmißt.

Runge. Ein großer Nagel oder Spitzbolzen bey dem Wasserbau.

Runzen, auf den Holzflößen auf der Elbe zwey Stücken Holz, etwa einer Elle lang und ungefähr zwey Finger breit, mit welchen die Rüsselscheide auch befestiget werden, indem man sie in die Rüsselkränze steckt.

Rungen, (Stellmacher) die vier Stangen oder Pfosten, die in den Rungenschemeln eines Bauerwagens von beyden Seiten der Achse schräge eingesteckt werden, und die Leitern halten.

Rungeschemel, Rungestock, (Stellmacher) ein dicker länglichter Kloz, so auf der Mitte der Achse eines Bauerwagens aufgenagelt wird, damit die Räder nicht weiter gehen können als sie sollen, auch die Rungen darein befestiget werden können. Er wird überdieses noch mit den Tragerinken an der Achse befestigt.

Rungschaale, s. Rungeschemel.

Rungestock, s. Rungeschemmel.

Runmolle, s. Lobe.

Runzeln der Tücher. Fr. Ribattage, (Tuchmacher) Ein Fehler, der davon entstehet, wenn der Weber, nachdem er aufgehört hat zu weben, und wieder anfängt, die letzten 4 oder 5 Einschlagfäden nicht zuvor erst naß macht ehe er wieder den neuen Einschlag der genetzt ist, einschießt. Das Tuch kann an dieser Stelle nicht so dicht zusammengeschlagen werden, weil die trockene und feuchte Einschlagfaden nicht so dicht sich zusammentreiben lassen, wodurch denn nach der Walke Runzeln entstehen.

Rup. Fr. Roup, Eine mit dem polnischen Stempel geschlagene Silbermünze, welche ungefähr einen Ortsthaler gilt. Zu der Zeit, als die Handlung mit den französischen Louis von 5 Sols nach den Staaten des türkischen Kaysers, und sonderlich Konstantinopel so stark im Schwange gieng, brachten die deutschen Kaufleute, so auf der Donau und dem schwarzen Meere dahin handelten, unter andern Waaren auch viele Rups dahin. Auch ist es eine türkische Silbermünze, die vermuthlich zu Erzerum in Armenien geschlagen wird. Sie gilt etwa auch einen Ortsthaler oder ¼ Piaster.

Rupfen Männchen, (Falkenier) wenn solche einen vollen Vogel abtragen und denselben wollen kröpfen oder streifen lassen.

Rupfer, (Hutmacher) derjenige Arbeiter, der in großen Hutfabriken das grobe Haar von den Biberfellen abnimt. Er sitzt zu diesem Ende auf einem Stuhl ohne Lehne, der sich einen hölzernen, oben runden Bock habend. Auf demselben ist das Fell der Haare aufwärts gekehrt ausgebreitet, mit dem Fußriemen befestigt er das Fell auf dem Bock, indem er solchen mit dem Fuß vesthält. Alsdenn nimt er mit dem Raufmesser das grobe Haar ab.

Rupferin. Eine Arbeiterin in großen Hutmanufakturen, welche mit einem Messer gleich einem Schusterkneip (s. dieses) das grobe Haar von den Fellen der Biber abrupft.

Rupie. Fr. Roupie, Eine Münze im Reich des großen Moguls. Man hat goldene und silberne, deren es verschiedene Gattungen giebt. Die goldnen wiegen 2⅞ Quint 11 Gran und sind 6 bis 6½ oder 6⅝ Thaler am Werth. Die silberne Rupien sind von verschiedener Güte je nachdem sie in einer Provinz geschlagen werden, und gelten ungefähr 21 Gr.

Rusch. Ein langes rundes aus dem Wasser aufschießendes Gewächse an den Deichen.

Rüschen s. Ruschen.

Rusisches Glas. (Bergwerk) Ein in Rußland brechendes blättriges Minerale, welches sich in dünne Blätter spalten läßt, und weil es durchsichtig, in verschiedenen Umständen statt Glases zu gebrauchen ist. Einige vermengen es fälschlich mit dem Frauenglas. Das Frauenglas aber ist ein sauriger Körper und wird im Brennen zu einem Gips, dahingegen das rußische Glas sich im Feuer nicht verändert, außer was die Farbe betrifft, die es zufälligerweise hat, und ist zu der Gattung der Glimmer zu rechnen. Die Russen nennen es Sliala.

Ruß, s. Kienruß.

Rußbraun, s. Bister.

Rußbutte. Ein kleines aus Spänen bereitetes oben weites unten enges Behältniß, worinn der Kienruß aufbehalten und verkauft wird.

Rüsselholz, ist bey den Holzflössen auf der Elbe eine gute Vermachstange.

Rüsselkranz, bey den Holzflößen auf der Elbe vier zusammengeknüpfte und in die Rundung gewundene Wieden, womit die Hölzer befestiget werden, welche das Floß zusammenhalten.

Rüsselscheid, bey den Holzflößen auf der Elbe ein starkes Scheid Holz, welches nebst fünf andern dergleichen auf die Hauptstange gelegt wird, welche über die ersten sechs Tafeln zu einem Floße die Quere herüber geht; auf welche Scheite etwas rückwärts der Hauptstange das Rüsselholz (s. dieses) zu liegen kommt, und mit den Rüsselkränzen (s. diese) durch die Spane stark angezogen wird.

Russen, (Maler) bey der Schattirung der Zeichnung im Schwarzen den ganzen Schatten anlegen und durchs

Vertreiben

Verreiben vollkommen machen, alsdann überzeichnet man ihn mit parallelen doppelten Strichen von grünem Arsake, deren Weite stärker ausgedruckt wird. Man legt 2 oder 3 Lagen Striche übereinander. Im Tuschen und Schraffiren zugleich, muß das Russen nur halb so schwach seyn.

Rußgelb, s. Auripigment.

Rußhütte. Eine Hütte im Walde, worinn Kienruß gebrannt wird.

Rußiges Silbererz, Rußsilber. (Bergwerk) Ein Name der Silberschwärze, welche aus einem schwarzen silberhaltigen Staube bestehet, und ein verwittertes weißgüldenes Erz ist.

Rußkammer. Eine Kammer in einer Rußhütte, worinn man den Kienruß aufhängt und verwahret.

Rußkobald. (Bergwerk) Ein schwarzer Kobald.

Rußschwarz, (Maler) gekochter und mit Gummi angemachter Kienruß, welcher wie Tusch verbraucht wird.

Rußsilber, s. rußiges Silber.

Rußwall, das Brackgut oder der Ausschuß von Juchten, der in Rollen bestehet, die voller Löcher, schlecht von Farbe, schwer und plump von Köpfen, übel und ungleich bereitet, und auf der Aasseite nicht schön weiß sind.

Rust (Schiffbau) Ein dickes, schmales Brett am Schiff, woran die Wände oder Haupttaue der Masten bevestiget sind. Ein jeder von den drey Masten, nämlich der Große-, Focken- und Besansmast, hat eine besondere Rust, welche daher die Große-, Focken- und Besansrust genennt werden. (s. Rüsten.)

Rustbaum, (Maurer) starke senkrechte Bäume, welche den vornehmsten Theil eines Gerüstes bey dem Bau ausmachen. (s. Gerüste)

Rüstbäume, Fr. Arbre à eclusauder, (Bergwerk) starke Hölzer, welche beym Anfange, wenn ein Schacht gesenket werden soll, kreuzweise über gerüstet oder gelegt werden. Es wird das Gewinde und der Haspel darauf gelegt.

Rüstbock. (Baukunst) Ein hölzerner Bock, der zur Unterlage eines Gerüstes gebraucht wird.

Rüstbock, (Dachdecker) Böcke, welche auf dem Dach vest gemacht werden. Wenn zwey in einer gewissen Entfernung angemacht sind, so legt man Bretter darauf, auf welche man alsdenn Leitern setzen, und bey dem Decken überall auf dem Dach in dieser Gegend herum kommen kann. Dergleichen Rüstböcke sind oben breit und unten laufen sie spitz zusammen. Sie sind von starken Brettern und Latten zusammengesetzt, und liegen bey dem Gebrauch mit der schmalen Seite auf dem Dach, woselbst sie mit Seilen bevestiget werden. (s. Schaup. der Künste Theil 6. Tab. IV. Fig. 6 und 7.

Rüstbretter, (Baukunst) Bretter, welche zu einem Gerüst gebraucht, und über die Böcke und Stangen gelegt werden, um auf dem Gerüst gehen zu können.

Rüste, (Köler) vier bis sechs Zoll dicke Klötze welche um die Meiler gelegt werden.

Rüssel, der Schnabel oder enge Theil der Forme des Hebeisens.

Rüsten, (Schiffbau) lange und starke Hölzer an dem Boord, außen etwas hinterhalb den Wänden weit ausgeschlagen. An diese sind die Wandtaue angespannt, sie hindern, daß sie sich nicht am Boldwerk reiben können.

Rüsten, s. Rüstgabeln.

Rüsten, s. Ueberrüsten.

Rüstern, Ulmbaum. (Forstwesen) Ein Holz von zweyerley Gattungen. Das eine wächst auf Bergen und Höhen und sein Laub ist dem Rindvieh sehr angenehm. Das andere wächst auf dem Ebenen an feuchten Orten, wird auch hoch und stark, aber bald alt und brüchig. Der Weinstock wächst gerne neben demselben. Das Holz ist roth gelb und ungestalt, aber sehr vest, und wird von den Stellmachern und Radermachern gebraucht. In den Gärten macht man Lauben und Spaziergänge u. dgl. davon. Das Holz von der Wurzel dient zu Tischler und Drechsler Arbeit.

Rüstgabeln, (Köler) gabelförmige Hölzer, mit welchen ein Kolenmeiler unterstützt ist, wenn er aufgerichtet ist.

Rüsthölzer, Streckhölzer, (Bergbau) an einer Treibekunst die vier 1 Fuß dicke Hölzer, die man um die Anwelle des Rades (s. diese) legt, und worein die Anwelle gelegt wird. Jedes von diesen Hölzern wird um die Hälfte über das andere eingeschnitten. In zwey gegenüber liegende Rüsthölzer macht man gegen die Mitte einen 7 Zoll breiten und 2 Zoll tiefen Einschnitt, damit die Anwelle darein gelegt werden kann.

Rüsthölzer, (Köler) diejenigen Hölzer, welche um den ganzen untern Theil des fertigen Kolenmeilers gelegt werden, damit die auf dem Meiler ausgebreitete und damit gedeckte Erde nicht nachrutschen kann.

Rustika, bauerisches Werk. (Baukunst) Wenn die Steine nicht glatt bearbeitet, sondern gleich als natürlich rauh gelassen werden; oder wenn die Werkstücken durch und durch mit breiten Fugen, die den zehnten Theil der Höhe der Werkstücken halten, unterschieden werden. Eigentlich aber heißt ein bäurisches Werk, wenn die Stämme in den starken Ordnungen mit viereckigten weit herausstehenden Steinen umkleidet werden. Bey diesem Werke soll man niemalen Säulenstühle gebrauchen.

Rüstkasten, s. Riesenkasten.

Rüstleine. (Schiffbau) Ein starkes an die Krahnbalken oder nahe daran bevestigtes Tau, welches an dem Borgrau und das Anker an der Seite des Schiffs bevestiget ist.

Rüstleitern, (Stellmacher) Wagenleitern, die neun bis zehn Schwingen oder Sprossen haben.

Rüstloch, (Baukunst) die Löcher in den Mauern, worein die Rüststangen gesteckt werden.

Rüstnägel, (Maurer) starke Nägel, mit welchen die Karinen an die Rüstbäume eines Gerüstes angenagelt werden.

Rüststrick. (Maurer) Ein starker Strick, mit welchem die Netzbäume und Karinen (s. beyde) an die Rüststangen eines Gerüstes angewürgt (angebunden) werden.

Rüstung. (Baukunst, Maurer) Ein von Rüstböcken mit Rüstbrettern (s. beydes) belegtes Gestelle, worauf die Arbeiter stehen, wenn der Bau höher wird. Dergleichen Rüstungen sind nach Beschaffenheit der Höhe der Stockwerke mehrere über einander errichtet. Zu unterst werden erst niedrige Böcke gesetzt und Bretter darauf gelegt, auf diese wieder höhere Böcke gesetzt, und gleichfalls mit Brettern belegt u. s. w. Wenn das erste Stockwerk aufgeführet ist, so wird die Hauptrüstung (s. dies.) aufgerichtet und an dem untersten Stockwerk befestiget. Ein solches Gerüst bestehet aus mehreren starken hohen Rüst-Stangen, die etwa bis 6 Fuß auseinander stehen. Sie stehen senkrecht etwa 3 bis 4 Fuß von der Mauer entfernt. Ueber dem ersten Stockwerk des Gebäudes liegt neben den Rüststangen eine Karine (s. dies.) oder horizontale Stange, die mit Rüststricken und Rüstnägeln an jeder in die Erde gegraben n Rüststange angewürget (s. Würgen) oder befestiget ist. Der Rüststrick wird mit dem Würgenpfahl (s. diesen) gespannt und beydes befestiget. Von jeder Rüststange geht ein Netzbaum (s. diesen) zu der Mauer des untersten Stockwerks und steckt in einem Loch in der Mauer, und an dem andern Ende wird er mit dem Rüststrick an die Rüststange angewürgt, oder liegt, wenn eine Karine vorhanden, auf dieser. Auf den sämmtlichen Netzbäumen liegen die Rüstbretter, worauf die Materialien liegen und die Menschen stehen. So wie die Mauer eines Gebäudes steigt, so muß auch natürlicherweise das Gerüst steigen, und ist ein Gebäude sehr hoch, so daß die untersten Rüststangen nicht mehr reichen, so muß an jede Rüststange eine neue angewürget werden, und an diese neue Rüststange bringt man die obern Stockwerke der Rüstung auf die gedachte Art an. Man kömt von einem Rüststockwerk auf das andere auf Leitern. Ist der Bau ansehnlich und groß, z. B. an einem Thurm, so daß viele schwere Baumaterialien in die Höhe gebracht werden müssen, so müssen noch dieserhalb außerhalb des Gerüstes Brücken angelegt werden. Eine solche Brücke ist ein Verband von Bauholz, und ein Werk des Zimmermanns und wird durch alle Stockwerke des Gerüstes auf Pfählen und andern Hölzern bis in die Höhe aufgeführet. Zur Rüstung wird auch ein gutes Windezeug erfordert, mit welchem die erforderlichen Baumaterialien in die Höhe gezogen werden. In großen Städten haben die Mauermeister vorräthige Rüstungen, so sie dem Bauherrn gegen eine Erkenntlichkeit leihen.

Rüstung (Brunnenmacher) Ein schweres Gerüste durch welches die Senkung der Brunnenmauer bewerkstelliget, auch bey dem Bohren nach der Wasserquelle demselben ein vester Standort verschaft wird. Es werden nämlich über die Mündung der Brunnenmauer (s. dieses) 2 Kranzhölzer gelegt, auf welche man bis 14 Bretter ins Gevierte legt, die man mit Stricken verbindet, doch so, daß in der Mitte der Rüstung, und also auch genau über der Mitte der Mündung des Brunnens, eine Oeffnung bleibt, durch welche man den Sandbohrer und die Drehstange in den Brunnen senken kann.

Rüstung, (Vogelsteller) alles dasjenige, was man bey einem Vogelheerde an Bälgen, Ruhestecken und andern Geräthe von nöthen hat.

Rüstwagen. (Stellmacher) Ein Wagen aus einem Kasten von Latten, Bäumen und Brettern zusammengeschlagen, der entweder einen runden Deckel, mit Leinwand überzogen und mit Krampen und Haspen an einer Seite angehangen, und auf der andern Seite zum verschließen hat, oder es sind auch nur starke hölzerne Reifen, von Welle zu Welle nach einem halben Zirkelbogen darüber gespannt, die ebenfalls mit Leinwand überzogen werden. Hinten pflegt an solchen Wagen gemeiniglich ein Behältniß zu seyn, das man die Schoßkelle nennt, worauf man allerley Kleinigkeiten aufheben kann. Vorne ist ein kleinerer Kasten unter dem Sitz des Fuhrmanns angebracht, der auch verschlossen werden kann. Sie werden gemeiniglich zu dem Kriegsgeräthe gebraucht, deswegen sie auch den Namen Rüstwagen erhalten haben. Sie werden alsdenn sowohl zur Auszeichnung der Armee, als auch daß sie sich besser konserviren, mit dieser oder jener Oelfarbe angestrichen, und mit dem Namen des Regiments wenn es Regiments- oder mit dem Namen der Kompagnie, wenn es Kompagniewagen sind, bezeichnet und numerirt.

Rüstzeug. (Mechanik) dasjenige Mittel, welches die Kraft vermögend macht, eine vortheilhafte Bewegung hervorzubringen. Einige nennen dergleichen auch eine einfache Maschine. Es werden hierzu gerechnet der Hebel, das Rad um seine Welle, Seil und Kloben, oder der Flaschenzug, die Schraube und der Keil, welche zwey letztern auf den Gesetzen der schiefen Fläche beruhen.

Ruthe; das größte Maaß in der Geometrie, alle Arten der Größen darnach auszumessen und ihren Inhalt auszusprechen. Es bestehet ihre Eintheilung heut zu Tage meistentheils aus Decimaltheilen, weshalb sie auch Decimal- oder auch geometrische Ruthe genennet wird, zum Unterschiede einer Landruthe, nach eines jeden Orts angenommenen Maaß, das bald aus 12 Fußen, wie die rheinländische Ruthen, bald aus 14, bald aus 15 Fußen, wie in der Mark Brandenburg, bald aus 16 Fußen u. dgl. m. bestehet. Ein jeder Fuß von allen diesen Landesruthen hat 12 gleiche Theile, die man Zolle nennt. Unter denselben ist vor allen andern die rheinländische Ruthe zu merken, die 12 Fuß, und ein Fuß 12 Zoll u. s. w. enthält, weil sie unverändert in der Meßkunst gebrauchet wird. Es ist übrigens die Ruthe nach Art der Größen auch dreyerley. z. B. die Ruthe als Längenmaaß ist eine gerade Linie von willkührlicher Länge, die man nach Gefallen in kleinere Theile theilet, um die Längen aller Linien dadurch abzumessen. Die beste Eintheilung ist in zehen Fuße, ein Fuß in zehen Zolle, diese in zehen Linien und so weiter. Die Quadrat- oder Kreuzruthe, imgleichen das Flächenmaaß, heißt in der Geometrie ein Quadrat, das eine Ruthe lang und breit ist. Im Decimalmaaße hat sie 100 Fuß, im rheinländischen aber 144 Fuß. Die Kubikruthe, imgleichen Kubik- oder Körpermaaß, bedeutet einen Würfel, der eine Ruthe lang, breit und hoch oder tiche ist. Dergleichen Ruthe hat in der Decimal 1000 Kubikfuß, und ein solcher Fuß 10000 Kubikzoll. Nach rheinländischem Maaße hält eine Kubikruthe 1728 Kubikfuße. Einige pflegen zwischen den Ruthen, Schuhen, Zollen rc. zwey Zwischenabtheilungen zu machen, nämlich Schachte und Balken, so, daß eine Ruthe 10 Schacht, ein Schacht 10 Balken, und ein Balken 10 Fuße hat. Die Bezeichnung einer Ruthe ist (:0:) einer Quadratruthe 0☐ und das Körperliche (:0[illegible]:)

Ruthe, (Windmühle) die starken Bäume, aus welchen die Windflügel gebildet werden. Dergleichen Ruthen sind zwey, und jede besteht aus einem einzigen Baum, der senkrecht durch die Kammradswelle durchgelochet wird, so, daß sie sich durchkreuzen, und eine sich dem Mühlhause etwas mehr nähert, als die andere, daher die erste auch die Hausruthe, die andere aber die Feldruthe genennt wird. Denn diese wird vor der ersten eingelocht. Bey Bockmühlen pflegt eine solche Ruthe einige 60 Fuß lang zu seyn. Der Windmüller wählt zu jeder Ruthe einen Baum, der an beyden Spitzen nach der nämlichen Richtung etwas gekrümmt ist, damit dieselben bey der Bewegung nicht an das Mühlenhaus stoßen. Die Krümmung der Hausruthe beträgt, da sie näher an der Mühle ist, 6 Zoll, der Feldruthe ihre aber nur 3 Zoll. (s. Windflügel)

Ruthe, s. Ackerruthe.

Ruthe, s. Leseruthe.

Ruthe, s. Wünschelruthe.

Ruthe der Schwingen, (Unten) (Strumpfwirker) die eiserne dünne Stange, womit alle Schwingen durchbohret sind, und auf welchen sie beweglich fest sitzen. Sie befestiget nicht allein die Schwingen an den Kuppern, (s. diese) sondern auch zugleich die Schwingen- oder Unterpresse. (s. diese)

Ruthen, (Weber) zwey flache Stäbe oder Schienen, welche hinter dem Kamme in die Kette oder den Aufzug eines Zeuges gesteckt werden, anstatt der Fäden, die beym Scheren in das eingelesene Kreuz der Kettenfäden gebunden werden, daß also dieses Kreuz bey dem Weben erhalten werde, damit sich die Fäden, wenn sie zum Einschuß Fach machen, beständig durchkreuzen.

Ruthenbündel, (Seidenbau) ein gerades und sanftdickes Reisigbündel, das ohngefähr 10 Zolle lang ist, womit die Cocons beym Haspeln hin und her bewegt, und die Fäden losgewickelt werden, damit die Enden an die Haspel zum Abwinden angelegt werden können. (s. Seidenhaspeln)

Ruthengänger, Ruthenmann, Ruthenschlager, Fr. Mineur cherchant des filons par la baguette divinatoire. (Bergwerk) Ein Bergmann, welcher mit der Wünschelruthe geht, und nach deren Anzeigen angiebt, wo ein Gang unter der Erde streiche. An manchen Bergorten werden ordentliche Ruthengänger angenommen und verpflichtet, auch von Manchen ihnen viel Glauben beygemessen, weil die Sache zuweilen zutrifft.

Ruthenkappe, (Landwirthschaft) eine lederne Kappe an der Handruthe eines Dreschflegels, welche mit der Flegelkappe verbunden ist.

Ruthenmann, s. Ruthengänger.

Ruthen schlagen, Ruthen geben, mit der Wünschelruthe (s. diese) in den Bergwerken die Erzgänge erforschen, wo solche vorhanden sind, indem die Ruthe gegen die Stellen schlägt, wo Erze vorhanden sind.

Ruthenschlager, s. Ruthengänger.

Ruthenweiser, (Glaser) ein Instrument, womit die Ruthen oder Fugen eines Fensterrahms eröffnet und erweitert werden, um die Glasscheiben einzupassen. Es ist eine eiserne etwas gebogene Stange, welche an beyden Enden mit hölzernen Handgriffen versehen ist. In die Mitte ist eine kleine zweyschneidige Klinge oder Dorn eingeschraubet, womit die Fugen der Rahme erweitert werden. (s. Verbleyen)

Ruthe zu geschnittenen Zeugen, (Sammetmacher, Zeugmacher) Eine dünne messingene Ruthe, womit der Flor des Sammets, Plüsches, Manschesters und Velpe gebildet, und hernach mit dem Dreget (s. diesen) aufgeschnitten wird. Diese messingene Ruthe ist etwas länger als die Zemmart, unter welche sie gelegt wird, und hat nach ihrer ganzen Länge einen Grad, oder eine stumpfe Kante, oder auch eine Rinne oder Kerbe, der genau in gerader Linie fortläuft. Je stärker der Flor des Sammtes oder des geschnittenen Zeuges seyn soll, um so stärker ist auch die Ruthe, und so auch umgekehrt. Denn über dieser Ruthe bilden sich die Ringel der Pollfäden, die den Flor geben sollen; die stärkste z. B. zum Velpe, ist etwa ½ Zoll dick, die feinste aber, zum feinen Sammt, kaum eine Linie. Die Ruthen werden in einem Zieheisen wie Draht gezogen. Sie müssen, damit sie nicht den Flor zerschneiden, gut polirt seyn. (s. Sammetweben, Velpe, Manschester rc.)

Ruthe zum doppelten Sammt, (Sammetmacher) Eine Ruthe, (s. diese, Sammetmacher) womit, wenn auf beyden Seiten der Flor zerschnitten wird, der Sammetmacher unterwärts den Flor aufschneiden kann. Da der Sammt unterwärts nicht mit dem Dreget (s. diesen) geschnitten werden kann, so ist diese Ruthe ohne Rinne, glatt und eben, hat aber dagegen an einem Ende eine Art von scharf schneidender Spitze, welche hier das verrichten muß, was die Spitze des Hakens am Dreget verrichtet. Wenn also die Ruthe in die Pollkette unterwärts geleget wird, so wird sie von der linken Hand hinein gesteckt, und wenn sie die Augen des Flors zerschneiden soll, so zieht man sie von der rechten zur linken Hand heraus. Da sie so gelegt ist, daß die schneidende Spitze oberwärts gekehret ist, so muß die Spitze natürlicher Weise die Augen, die sich um die Ruthe geschlagen haben, entzwey schneiden. (s. doppelter Sammt)

Rüttelholz, (Handschuhmacher) ein Werkzeug, womit die gelaschte Waid gerüttelt oder geglättet werden muß. Es ist entweder von Holz oder auch von Knochen, ein längeres schmales Stück, das auf jedem Ende nach der Breite einen vierkantigen Kerb hat, welcher auf die vor dem Le-

der

der vorspringende Laschung gesetzt wird, die damit gerieben oder geglättet wird.

Rüteln. (Handschuhmacher) Mit dem Rüttelholz die gewickte Nath glatt machen. Man legt zu diesem Ende unter die Nath ein kleines Stückchen Holz, und reibt die Nath mit der Kerbe des Rüttelholzes. (s. dieses)

Rybuschloot, (Wasserbau) der Schlooth oder Graben, welcher inwendig am Deiche zwischen dem Wege unter diesem und dem Lande gezogen ist. Bey Poldern oder trocken gemahlenen niedrigen Gründen heißt er auch der außer dem Ringdeiche zur Abführung des Außenwassers herumgehende Graben.

S.

S, der achtzehnte, und wenn das lange ſ gerechnet wird, der neunzehnte Buchstabe im Alphabet. Das S einzeln oder auch mit einem andern Buchstaben verbunden, dienet zu mancherley Zeichen. Z. B. S auf den Rezepten bedeutet soviel als Signetur, d. i. Zeichen; s. a. bedeutet soviel als sine acido, ohne Säure; Sc bedeutet Scudo, gleichwie Sl soviel als soldi bedeutet, und viele andere dergleichen Bezeichnung mehr.

Saal (Baukunst) In Pallästen und großen Häusern das Zimmer, welches unter allen im ganzen Gebäude, außer wenn eine Bildergallerie da ist, das größte ist, und worinn die Versammlungen der Herrschaften, Bälle oder Tafel gehalten werden. Man hat in großen Pallästen zwey auch dreyerley Arten von Sälen. Der erste und größte heißt der Hauptsaal, (Fr. Salon) der andere schlecht weg Saal, (Salé) und endlich nennen einige die dritte Art Spazirsaal, worunter man aber auch die Gallerien rechnen kann. Der Hauptsaal muß zwischen zwey Hauptzimmern dergestalt inmen liegen, daß man zugleich auch von der Haupttreppe über einen Gemeinplatz, darein kommen kann. Sie sind nach Verhältniß der Größe des Pallastes oder Hauses mehr oder weniger groß, und können entweder nach dem Quadrat erbauet, oder die Länge gegen die Breite wie 4 zu 3, oder aufs höchste wie 2 zu 1 genommen werden. Man findet runde und ovale. Die Höhe hat gemeiniglich zwey gewöhnlicher Zimmer Höhe. Man kann die Decke ganz gleich, auch mit einem flachen Bogen machen, und in den ovalen in der Mitte eine ovale Oeffnung mit zierlicher Einfassung, welche oben mit einem Geländer umgeben seyn kann. Man kann öfters durch diese Oeffnung zwischen vielen über einander gestellten Geländergängen bis in die oberste, über das Dach erhabene, und von vielen Fenstern erleuchtete Kuppel sehen. Inwendig kann ein schöner von dieser oder jener Ordnung errichteter Säulengang rund um den Saal angebracht werden, welcher die untern und obern Fenster von einander scheidet. Also kann die Höhe der Hauptsäle zwey Geschoß ausmachen, oder wenigstens anderthalb, wenn über dem Hauptgeschoß ein halb Zimmer befindlich ist, und in diesem Fall kommen in solchen Saal unten der ganze, oben aber halbe Fenster. Befindet sich aber ein solcher Saal in der Mitte des Gebäudes, und geht durchaus weg, daß er auf beyden Seiten Fenster hat, so können auch große Bogenfenster angebracht werden. Die gewöhnlichen Säle werden in dem Hauptgebäude sowohl, als in den Flügeln angebracht, und an solche bequeme Oerter angeleget, daß sie die Wohnzimmer in ihrem Zusammenhange nicht zerreißen, auch daher vor sich ungehinderte Eingänge haben, und im übrigen genugsame Luft und Licht bekommen können. Diese müssen nach der bey dem Hauptsaal angegebenen Verhältniß viel genauer eingerichtet werden, und man gründet sich daher schlechterdings auf ihre Weite. Wenn das Mittel des Gebäudes eine Vorlage bekommt, und man erhöhet diese um ein Geschoß in das Dach, so giebt solcher Raum einen herrlichen und zur Sommerszeit recht lustigen Obersaal, der nicht nur dem Gebäude eine treffliche ansehnliche Façade, sondern auch einen angenehmen Prospekt in die Weite macht.

Saalband, s. Salband und Saalleiste.

Saalgeselle, (Papiermacher) derjenige Geselle oder Arbeiter, der in dem Aushängesaal die trocken gewordenen Bogen Papier von den Seilen herunter nimt. Er muß hiebey beobachten, daß die Bogen allezeit auf eben der Seite angefasset werden, an welcher sie der Aufnehmer von den Filzen aufgenommen hat, welches man an den eingedruckten Zeichen der Daumen an beyden Enden erkennet. Diese Bemerkung ist um desto mehr darum wichtig, weil das Papier noch zweymal naß aufgehänget werden muß, so beflecket man die Bogen weniger, und setzt nicht eine so große Menge der Gefahr aus, verdorben zu werden. Man nennt diesen Gesellen auch den Gouverneur, weil er gleichsam der erste Arbeiter in dem Aushängesaal ist.

Saaling, (Schiffsbau) vier längliche, oben am Mastkorbe kreuzweise verbundene Hölzer, worauf der Mastkorb ruhet. Jeder Mast und Stange haben ihre eigene Saaling.

Saalleiste, Saalband, Salband, Selbende, Leiste, Fr. Lisiere ou Liziere. (Tuch- und Zeugmanufaktur) Das äußerste Ende eines Gewebes, welches die Breite desselben auf beyden Seiten einschließet. Alle gewebte Zeuge, sie mögen Namen haben, wie sie wollen, auch von einer Materie seyn, von welcher sie wollen, haben eine dergleichen Einfassung, nur daß sie nicht allemal Saalleiste, sondern auch Kante, Leiste und dgl. mehr heißt. Diese Saalleisten sind nach der Beschaffenheit der Tücher oder Zeuge nach ihren verschiedenen Farben auch von verschiedener Materie und Farbe. Im engern Verstande nennet man nur an den wollenen Tüchern die einschließende Kanten Saalleisten, und fast eine jede Art Tuch hat eine andere Art von Saalleiste. So hat z. B. das Scharlach-

 tuch

tuch eine Saalleiste von dänischen Haaren. Diese Saalleisten dienen dazu, daß man durch die darauf gemachte Zeichen die Beschaffenheit und Güte des Tuches erkennen kann, welche durch die in vielen Ländern gemachte Verordnungen bestimmt sind, so daß man an der Saalleiste gleich erkennen kann, was es für eine Beschaffenheit mit dem Tuche habe. (s. auch Leiste)

Saalleistenkette zu walken. (Tuchmanufaktur) Diese Kette zu den Saalleisten (s. diese) besteht aus Ziegenhaaren, Bockshaaren, Kuhhaaren, auch dänischen Schafshaaren, welche letztere besonders zu den Scharlachtüchern genommen werden, weil sie keine Farbe annehmen. Man macht sie auch von schlechter Landwolle, weil hiebey nicht auf die Feinheit gesehen wird, sondern nur darauf, daß die Haare recht lang und stark seyn, weil solches in der Walke nicht so geschwinde eingehet. Man krempelt, kardätschet, fleißet und spinnet solche zu einem groben Faden, welchen man doppeliert. Man scheret dazu die Kette. Man muß sie so wie die andere Wolle einschmalzen, und nimt zu 9 oder 10 Pfund Haaren 1 Pfund Oel zum Fetten. Nun muß die Kette statt des Leimens mit dem Fuße gewalket werden. Dieses geschiehet auf verschiedene Art. Einige walken sie mit Asche, andere mit Strassenkoth, noch andere mit Urin, weißer Erde, oder auch Walkerde. Mit einem oder den andern Ingredienzien wird nun die Kette im Wasser mit den Füßen gewalket, und man muß hiebey die Kenntniß haben, bey dem Walken zu wissen, daß sie nicht zu wenig oder zu viel gewalket werden, damit die Saalleistenkette weder zu lang noch zu kurz werde, weil solches bey dem Tuch in der Walke schaden würde. Denn das Tuch faltet sich in der Walke, wenn die Saalleiste zu kurz ist, und dieses würde die Wirkung der Karden bey dem Rauhen verhindern; auch bey dem Scheren würde es nicht taugen, denn die Klingen der Scheren würden das Tuch nicht überall gleich fassen. Sind die Saalleisten hingegen zu lang, so würden sie das Tuch an den Saalleisten dünner und länger machen, als in der Mitte.

Saalweide, s. Weide.

Saame, (Hüttenwerk) die Schlacken auf den Saigerhütten, darinn noch viel Metall steckt.

Saame, (Hüttenwerk) eine flache Grube in Wäschen unter dem Waschheerd, darinn der mit der Trübe abfallende Schlich gefangen wird.

Saamen, (Landbau) alle die Körner der Feld- und Gartenfrüchte, die in den Acker gesäet werden, und daraus alle diese Früchte hervor wachsen. Ueberhaupt alles dasjenige, woraus was auskeimet und wächset.

Saamenarten, steinerne. (Bergwerk) Ein merkwürdiges Spiel der Natur, da man allerley steinerne Saamenkörner in dem Planitzer Kohlbergwerk in Sachsen antrifft. Sie finden sich daselbst in einem großen Brunnen, und sehr milden Felsengestein, unweit des angeführten Planitz, welcher Felsen, weil er unter andern Saamengewächsen, die sich darinn generiren, auch Mandelkerner in solcher Gestalt und Figur hervor bringt, wie sie sonst auf den Bäumen wachsen, Mandelsteine genannt. Man findet darinn abwechselnde Flecken von mehr als 6 Ellen breit, worinn Bohnen, Erbsen, Wicken, Leinsamen &c. in ihrer Größe, Glanz, Farbe und Figur so genau abgebildet sind, daß man nichts natürlicheres sehen kann, als dieses Spiel der Natur.

Saamenwiffler, s. Laßbaum.

Saat, (Ackerbau) heißt erstlich das Aussäen der Feldfrüchte. Sie wird in die Sommer- und Wintersaat (s. beyde) eingetheilet. Zweytens werden auch die aus dem Saamen aufgegangene Feldfrüchte, ehe sie zu schossen, oder in die Schoßkiele zu kommen anfangen, darunter verstanden; drittens der Saamen selber.

Saatcocons. (Seidenbau) Dies sind die doppelten Cocons, oder solche, woran zwey Würmer zusammen gesponnen haben. Man nimt aus diesen die Puppen zu den Grains zur künftigen Ausbrütung der Seidenwürmer. Man macht sie oben an der spitzigsten Seite mit einem Messer auf, denn ohne dem können die Schmetterlinge nicht heraus kommen. Hat man die oberste Seite nicht getroffen, so muß man die andere Seite auch aufschneiden, oder die Puppen umkehren, daß sie mit dem Kopfe oben kommen. Denn da sie sich in dem engen Behältnisse nicht umwenden können, so würden sie auch, wenn gleich der Cocon aufgeschnitten ist, darinn sterben müssen. Soviel Loth Grains als man haben will, soviel halbe Pfunde Cocons muß man nehmen, und um eine Gleichheit in Hähnen und Sien zu treffen, so nimt man zu einem halben Pfunde kleiner spitziger ein ganz Pfund große runde Cocons, denn die spitzen sollen Hähne, die runden aber Weibchen seyn. In Zeit von drey Wochen, eher oder später, nachdem die Witterung warm oder kalt ist, kriechen die Seidenwürmer aus den Cocons, in Gestalt eines Schmetterlings. Die Hähne sind gemeiniglich kleiner, gelblich von Farbe, und brausen mit den Flügeln; die Weibchen sind größer, träge, haben einen dicken Unterleib voll Grains, und der Eyerstock ist zu sehen. Die sich von 5 Uhr des Morgens an bis 8 Uhr nicht gepaaret haben, setzt man zusammen auf einen Bogen Papier. Sobald sich diese gepaaret haben, setzt man sie gleichfalls auf einen andern Bogen Papier, damit man gewiß weiß, daß keine ungepaarte davon kommen. Gegen 5 Uhr Nachmittags sondert man sie von einander ab, setzt die Sien auf ein abgetrocknetes Stück Friser oder Krepon, und wirft die Hähne weg, es sey denn, daß mehr Sien, als Hähne auskämen, da man die muntersten auf den andern Tag zu Hülfe nehmen müßte. Wenn die Sien 3 oder 400 Eyer gelegt haben, so sterben sie. (s. Graines der Seidenwürmer)

Saatfeld, (Ackerbau) das bestellte und besäete Feld, dem Brachfelde, so nicht besäet ist, entgegen gesetzt.

Saatfurchen, Saatfahre, (Landwirthschaft) das letztemal pflügen, worauf sogleich gesäet wird.

Säbel, (Schwerdtfeger) ein Seitengewehr der Soldaten. Nachdem es bestimmet ist, von dem Fußvolk, der Reiterey oder Husaren getragen zu werden, ist es größer oder kleiner, alle stimmen aber darin überein, daß die Klinge

(s. S.

(s. Säbelklinge) einen breiten Rücken, und folglich nur eine Schneide hat, und neben dem Rücken eine Hohlkehle geführt wird. Das Gefäß ist mancherley. Manchmal hat es neben dem Griff eine Muschel oder einen Korb, welcher die Hand schützet, wie zum Beweis an den Säbeln der schweren Reiter. Oefters hat es auch nur ein Stichblatt, wie an den Säbeln der mehresten Fußvölker. Die Husarensäbel haben nur eine Brust, Parierstange und Kappe. (s. Husarensäbel)

Säbelgefäß, (Schwerdtfeger) das Gefäß eines gewöhnlichen Säbels der Fußvölker besteht aus einem Kopf, Griff und dem Stichblatte mit einem Biegel, welches alles über einen Kern von Lehm gegossen wird. Der Kopf wird mit dem Griff vermittelst der Angel der Säbelklinge vereiniget, indem die Angel durch den Griff und den darauf passenden Kopf gesteckt, und das Ende der Angel über dem Kopf vernietet wird, wodurch beyde Theile auf der Angel befestiget werden. Das Stichblatt nebst dem Biegel wird gleichfalls unten auf der Angel an dem Absatz der Klinge unter dem Griff aufgesteckt, und der Zapfen des Biegels in ein Loch des Kopfs, das vorne eingebohrt ist, eingesteckt, und solchergestalt das ganze Gefäß mit einander auf der Angel der Klinge befestiget.

Säbelholz, (Schiffsbau) Planken, die aus krummen Holze geschnitten, und nach der hohen Kante gebogen sind.

Säbelklinge, (Gewehrfabrik) eine Klinge, die nur einschneidig ist, und einen starken Rücken hat, neben welchem eine Hohlkehle längst der Klinge läuft. Oefters ist sie gekrümmt, oft aber auch gerade. Die Klinge wird mit dem Hammer aus einer schmalen Schiene Eisen ausgehammert, und ihr damit auch die Krümmung gegeben. Die Hohlkehle aber wird derselben durch ein Gesenk (s. dieses) mitgetheilet. Außer dieser neben dem Rücken laufenden schmalen Hohlkehle hat eine Säbelklinge noch eine breitere Hohlkehle gegen die Mitte der Klinge nach der Breite gerechnet.

Säbel, passauer, (Schwerdtfeger) ein Säbel mit einer Klinge, die den Ort ihrer Verfertigung, nämlich Passau, auf ihrem Rücken eingegraben hat. Sie sind hohl geschliffen, und andere haben 2 oder 3 Hohlkehlen auf der Fläche nahe am Rücken. Man lobet die passauer Säbel als gute Husarensäbel.

Säbelscheide, (Schwerdtfeger) eine Scheide über die Klinge eines Säbels. Sie besteht aus dreyen zusammengeleimten Spänen, (s. Scheide und Degenscheide) die mit Schafleder zwar nur überzogen werden, aber überdem noch einen besondern Ueberzug von Kalbleder erhalten, welcher aber ab- und aufgezogen werden kann. Mundstück, Haken und Obeband werden wie an einer Degenscheide befestiget.

Sabitha, ein äthiopisches Maaß zu fließenden Sachen, von 4½ antwerper Stop.

Sabords, (Schiffsbau) die Schießlöcher am Hintertheil des Schiffes, wo die Kanonen stehen.

Sacare, ein kleines Gewicht, dessen die Einwohner der großen Insel Madagascar sich bedienen, ihr Geld und Silber damit zu wiegen. Es wiegt soviel als ein Skrupel, und also ⅓ Quent. Ueber dem Sacare sind der Sompi und der Vari, und unter dem Sacare der Nanqui und der Nanque.

Saccade, (Reitkunst) ein Ruck, welchen der Reiter dem Pferde mit dem Zügel giebt, indem er ihm die Zügel des Zaumes oder Nasenbandes jählings anzieht, wenn das Pferd auf die Faust dringt, und die Stangen auf die Brust setzet.

Sacco, Sack, ein Getreidemaaß, dessen man sich zu Livorno bedienet: 40 oder wie andere sagen 41 $\frac{4}{7}$ Sacci machen 1 amsterdammer Last. Der Sacco Korn wiegt ungefähr 110 livornische Pfunde.

Saccharum, s. Bleyzucker, Bleysalz.

Sachs, ein Messer oder kurzes Schwerdt, welches einige alte deutsche Völker getragen, und wovon die Sachsen den Namen bekommen haben sollen.

Sächsischblau, eine vom Herrn Barth in Großenhayn in Sachsen erfundene Farbe. Zu dieser blauen Farbe nimt man 6 Loth Vitriolöl, und löset darinn 2 Loth weißen Kobald, der klein gemacht und durchgesiebet ist, folgendergestalt auf: Man läßt nämlich diese Materien 14 Stunden in einer gelinden Wärme digeriren. Wenn man es beschleunigen will, so kann man sich in einem heißen Ofen des heißen Sandes bedienen, worein solches gesetzt wird. Da der Kobald metallische Theilchen bey sich führet, und das Vitriolöl Kupfertheilchen hat, so entsteht durch deren Auflösung und gemeinschaftliche Vermischung in der Wärme dasjenige, was dieser Farbe den Glanz giebt. Denn es ist ein Grundsatz in der Theorie dieser Farbe, daß ein besonderer Glanz allemal durch metallische Theilchen hervor gebracht werden muß, wie denn der Glanz des Scharlachs ebenfalls von dem Zinn und Scheidewasser entsteht. Nun nimt man ein Loth des besten klar geriebenen Indigo, thut ihn in diese Auflösung, und rühret es mit einem Stäbchen wohl unter einander. Der Indigo quillt hierinn gewaltig auf, und man läßt diese Mischung noch andere 24 Stunden in einer gelinden Wärme stehen. Wenn man färben will, so bereitet man die Wolle oder den Zeug durch den Ansott von Alaun und Weinstein, (s. Ansott) spület sie denn und läßt ihn erkalten. Alsdenn gießt man in diese Ansottbrühe, nach dem Antheil den man färben will, von dieser Farbentinktur mehr oder weniger, nachdem man den Zeug hell oder dunkel machen will. Zwey bis drey gute Theelöffel voll davon reichen immer zu einer Elle Zeug von anderthalb Ellen breit. Es werden kaum einige Minuten erfordert, dem Zeug, den man darinn hin und her zieht, alle Farbe mitzutheilen, man läßt ihn aber eine Viertelstunde darinn kochen, um die Farbe desto besser zu befestigen. Die Quantität der Farbentinktur verdirbt die Farben niemals, man erhält eine dunkle, wenn man viel, und eine hellere, wenn man zu wenig genommen hat. Man spület den Zeug alsdenn in fließendem Wasser. Jetzt hat der Commercienrath Ferner in Meißen eine blaue Farbe verfertiget, die dem Indigo ziemlich gleichet. Sie wird aus Waide bereitet, und man hat Proben damit gemacht, und ein schönes Sächsischesblau damit hervorgebracht.

Sächsische Art Weitzen zu mahlen. Man schreibt den sächsischen Müllern die Kunst zu, daß sie vor allen andern Deutschen in der Müllerey den Vorzug haben. Die Leipziger Bäcker lassen ihren Weitzen auf folgende Art mahlen. Man fegt den Weitzen, damit kein fremder Saame darinn bleibt, und wenn er an sich mehr feucht als trocken ist, so wird ein Dreßdner Scheffel in zwey gleiche Theile getheilt, die eine Hälfte in einem Fasse mit reinem Wasser begossen, und mit der Schaufel oder den Händen wohl durchgearbeitet, damit aller Staub abgehe, man läßt alles Wasser ablaufen, und schüttet auch die andere Hälfte, welche vorher noch einmal gefegt worden, über den nassen Weitzen, beyde Theile werden mit der Schaufel wohl durchgemengt, damit der nasse den trocknen anfeuchten möge. So läßt man den Weitzen in Säcken 24 Stunden stehen. Ist derselbe hingegen mehr trocken als feuchte, so werden drey Viertel des Scheffels gewaschen und ein Viertel trockener aber wohl gereinigter darunter gemischt. Ist er sehr trocken, so wird der ganze Scheffel gewaschen und einen Tag bedeckt hingestellt. Wenn ein zu trockener Weitzen auf die Mühle kommt, so verstäubt nicht nur mehr Mehl und die Rinde sondert sich nicht gut ab, sondern das Mehl wird auch nicht so weiß. Wenn die Bäcker die Hand in den halb trocknen und halb nassen Weitzen stecken, so müssen, wenn die Anfeuchtung gut seyn soll, mehrere Körner im Herausziehen an der Hand hängen bleiben; wo nicht, so gießt man Wasser nach, rühret es durch, und läßt das Wasser ab. Das Wasser abzulassen bedienet man sich eines Kastens mit einem drähternen Boden, und Stangen an beyden Seiten, um ihn hin und hertragen zu können, die Wasserseige (Korb) genannt, welche einen Dreßdner Scheffel faßt. Man zapft das Wasser aus dem Fasse und schüttet den Weitzen in den Kasten. Wenn sich alles Wasser in den Weitzen eingezogen hat, so werden 6 bis 7 Scheffel auf einen Gang in der Mühle aufgeschüttet. Die Mühlsteine müssen vor dem Aufschütten geschärft werden, weil stumpf abgelaufene Steine das Korn nur quetschen und nicht gehörig mahlen. Die frischen Hauschläge der Steine müssen sich erst an Kleye etwas ablaufen, bis solche, so wie sie aufgeschüttet worden, unverändert auf dem Beutel wieder kommt. Nun werden die 7 Scheffel Weitzen aufgeschüttet, und wenn derselbe den Spitzgang hat, so hängt man den Spitzbeutel von Draht oder groben Beuteltuch vor. Die drähternen als die besten, heben den Mühlenstein so hoch auf, daß der Weitzen ganz durchgehe. Die Steine reiben die Kornspitzen ab, und die schwarzen Unreinigkeiten fallen durch das Drahtsieb in den Beutelkasten, so wie der Weitzen durch das Beutelloch auf den Fußboden. Man fegt nun den Unrath weg, und hängt einen klaren Beutel vor. Ein schierfreyer, reiner Weitzen bedarf dieses Spitzens nicht; und der gespitzte Weitzen wird wieder aufgeschüttet und geschroten. Dieses Schrot (Griess) wird durch ein messingenes Schrotsieb gesiebet, und die im Siebe bleibende Schrotkleye auf die Seite geschüttet. Wenn alles abgeschrotet ist, so schüttet man den Griess zum erstenmal auf, so bekommt man Schrotmehl, und siebet den durch den Beutel auf den Fußboden gefallenen Griess durch ein feineres Sieb, da denn der im Siebe bleibende Griess Spitzkleye heißt, und wie die Schrotkleye auf die Seite geschüttet wird. Dieses nennt man den ersten Gang. Man schüttet nun den zum anderenmal gemahlnen Griess auf, und das Mehl, so er giebt, ist das feinste oder erste Griesmehl des zweyten Ganges. Der Griess wird zum drittenmal aufgeschüttet, und giebt noch, wenn der Weitzen nicht dickschalig gewesen, feines Mehl, und dieses heißt der dritte Gang zu feinem Mehl. Alle beschriebene Mehlsorten werden zusammengeschüttet, woraus die Leipziger Semmeln gebacken werden. Man schüttet nun die zurückbehaltene Spitzkleye und den dritten Griess zusammen auf. Dieses Gemengsel geht zwey oder dreymal durch die Mühle und giebt das Mittel- oder Aftermehl. Der am letzten gemahlene Griess heißt Griesskleye. Die Schrotkleye wird zwey bis dreymal aufgeschüttet, gemischt, durchgemahlen, und giebt ein gutes Mittelmehl, so man mit dem Griesmittelmehl vermischt. Zuletzt wird die Kleye noch ein paarmal zum schwarzen Mehl aufgeschüttet. Diese sächsische Mehlart giebt von einem Scheffel Weitzen 12 Metzen weiß Mehl, 3 bis 4 Metzen Mittelmehl. 1 bis 2 Metzen schwarz Mehl. Eine Metze weiß Mehl wiegt 7½ Pfund, und vom schwarzen etwas weniger; die Metze Kleye 4 bis 5 Pfund.

Sächsischer Goldgülden, dieser gilt insgemein 1 Thaler 18 Gr. bis 2 Thaler.

Sächsischer Groschen, eine silberne Scheidemünze, die 12 Pfennige oder 24 Heller beträgt. 16 machen einen Reichsgulden, und 24 einen Reichsthaler.

Sächsischer Gulden, s. Gulden.

Sächsisch grün. Eine von Barth erfundene grüne Farbe. Man kann auf zwey verschiedene Arten färben. Entweder man nimmt ein Zeug, so schon gelb gefärbet ist, und färbt es hernach auf die Art in der blauen Tinktur, wie das Sächsischblau (s. dieses) oder man gebraucht hierzu eine besondere gelbe Tinktur (s. gelbe Tinktur zum Sächsischen grün) diese gelbe Tinktur wird, nachdem man erst blau gefärbt, in eben dieses Wasser gethan, woraus man blau gefärbt hat, welches noch genug blaue Farbentheilchen hat, um durch die Vermischung mit dem Gelben eine grüne Farbe hervorzubringen. Freylich wenn das Grün dunkel seyn soll, so muß man noch etwas blaue Tinktur nachgießen. Man nimmt zu einer Elle Zeug von anderthalb Ellen ein Viertelpfund gelbe Tinktur, wenn die Farbe stark werden soll. Denn die Farbenmaterie wird hier nicht in so zarte Theilchen aufgelöset, als bey der blauen. Uebrigens wird hier bey dem Färben wie bey dem Sächsischblau verfahren. Man läßt es eine Viertelstunde kochen, und spühlet es sodenn in kaltem Wasser aber stärker aus, weil die gelbe Tinktur mehr Unreinigkeit hat als die Blaue.

Sachte Klippen, Cales, Fr. Roches molles, (Schiffahrt) Sandklippen oder Bänke, welche eben mit einer so großen Menge Kräutern oder mit so dickem Schlamm bedeckt sind, daß die kleinen darauf gestrandeten Schiffe

sich

sich ohne Gefahr kaum wieder erheben und los machen können.

Sachter Tritt, s. Taffentritt.

Sack. Fr. Sac, Ein von allerley Zeugen als Leinwand, Zwillich, Drell, Wachstuch, Leder, Matten zubereitetes Behältniß, das mehr lang als breit ist und an dem einen schmalen Ende eine Oeffnung hat, durch welche man das, was man hineinthun will, hineinschütten kann. Von den verschiedenen Waaren, welche darinn aufbehalten werden, erhalten die Säcke auch verschiedene Beynamen, als: Geldsäcke, Kornsäcke, Mehlsäcke, Wollsäcke u. s. w. In den großen See- und Handelsstädten finden sich eigene Leute, welche mit solchen Säcken handeln oder sie auch verleihen.

Sack. Ein Kohlenmaas auf den ungarischen Hütten, so der zwölfte Theil eines Karn ist.

Sack, s. Wassersack.

Sackband. (Seiler) Eine dünne Schnur, womit die gefüllten Kornsäcke zugebunden werden. Es wird mit den nämlichen Handgriffen verfertiget, als der Bindfaden (s. diesen.) Jede der fünf Schnüre aber, woraus das Sackband zusammengedrehet wird, muß nicht wie der Bindfaden aus zwey sondern aus drey Fäden zusammengeschnürt werden, denn das Sackband ist dicker als der Bindfaden. Damit sich aber die Fäden beym Zusammenschnüren nicht verwickeln, sondern in einer schicklichen Lage zusammenwinden, so steckt der Seiler zwischen die drey Fäden, woraus eine Schnur geschnürt (s. Schnüren) werden soll, eine dreyrümmliche Lehre. (s. diese) Die verschiedene Arten von Sackband folgen der Stärke nach also auf einander: die feinste Art enthält auf jedes Pfund 6, eine etwas gröbere aber nur 5 Bänder, und jedes Band ist 10 Klafter lang. Bey der mittlern Art gehen drey Bänder auf ein Pfund, und jedes ist 11 Klafter lang. Das dickste und gröbste Sackband hat endlich in jedem Pfund 2 Bänder, wovon jedes 10 Klafter lang ist.

Säckchen, Säzchen, (Leinendamastweber) fünf, sechs bis acht zusammengenommene Zwirnsfäden oder Harnischbefel, wovon eine jede ein Auge, wie die Schaftlitzen oder Harnischlitzen (s. beyde) haben, und wodurch der Faden der Kette des Leinendamastes eingepaßt wird, und alles zusammen von einem Ausholer (s. diesen) gehoben wird. (s. Leinendamast und Leinendamastharnisch.)

Sacke. (Schiffsbau) Ein griechisches Fahrzeug, so einen Besan und großen Mast mit einer sehr hohen Stange hat, und ein Bugspriet führet. Es hat keine Wände, sondern Pardunen und einen Stag von hohen Mast bis zum Bugspriet. Es träget keinen Dram-Seegel, sondern Unter-Bonneten (s. diese) am Schönfahrer.

Sacken, etwas in Säcke anfassen, als Kornsacken, Malzsacken u. dgl.

Sacken, Sinken, (Wasserbau) wenn die Erde in sich zusammen gedruckt wird, entweder der Grund unter einer Last, oder eine weich aufgedeichte Last selbst.

Sacken, (Schiffsahrt) auf der Elbe den Strohm rücklings heruntergehen. Es dient dazu, daß das spitzige Vordertheil nicht in den Sand fahre.

Sackgarn, Vorstreckgarn, Stockgarn, Kunzenzeug. (Fischerey) Ein Netz, womit die Austritte der Flüsse versperret werden, damit die Fische nicht entwischen können, wenn man darinn fischt. Man hat auch Sackgarne mit Reusen oder Säcken, darinn sich die Fische selbst fangen, wenn das Wasser fällt. Die Reusen sind aufwärts und abwärts gerichtet.

Sackgeige, Stockgeige, (Musiker) die kleine Geige der Tanzmeister, die vermuthlich davon den ersten Namen führt, weil sie in der Rocktasche geführet wird.

Sackpistole, Taschenpistole, Sackpuffer, Puffer, Terzerol, kleine Pistolen, so man in der Tasche trägt.

Sackknecht. Ein Knüppel, den man bey dem Malzsacken gebraucht, womit man den Malzsack immer anstoßen kann, das Malz darinn dicht und eben zu stopfen.

Sacklast. In einigen Gegenden ein Getreidemaaß, z. B. in Danzig bedienen sich die Bäcker der Sacklast, welche 5 Malter oder 80 Scheffel hält. Dagegen eine gewöhnliche Last nur 3½ Malter oder 60 Scheffel hält.

Sackleinwand. Eine jede grobe starke Leinwand oder Zwillich woraus die Säcke verfertigt werden, das Garn dazu ist von groben Flachs- oder Hanfwerk gesponnen.

Sackpfeifen, 1) der Bock, welcher nur ein großes langes Horn zum Stimmen hat, und das C erreicht, auch oft noch eine Quart darunter. 2) Die Schäferpfeiffe, hat zwey Röhren H und F mit einem Strich zum Stimmen, hat hinten kein Daumenloch; kann daher nicht recht gezwungen werden. 3) Das Hümmelchen, hat auch nur zwey Stimmen C und F beyde mit einem Strich. 4) Der Dudelsack (s. diesen) (oder Dudey) mit einem Strich. 5) Man hat auch Sackpfeiffen mit einem Blasebalg (s. auch Bockpfeiffe.)

Sackpumpe. Ein Schöpfwerk im Grubenbau, womit das Wasser ohne Kolben in ledernen Säcken aufwärts gezogen wird.

Sackrad. (Mühlenbau) Ein unterschlächtiges Wasserrad mit gebrochenen Schaufeln, welches gute Dienste leistet, wenn nicht allzuviel Wasser vorhanden.

Sackschaufeln, (Müller) an einem oberschlächtigen Wasserrade die Schaufeln, worauf das Wasser aus dem Gefälle fällt. Sie stellen schräge oben offene Kasten vor und müssen so beschaffen seyn, daß sie das Aufschlagewasser nicht zu zeitig fahren lassen, auch nicht zu lange aufhalten.

Sackuhr, s. Taschenuhr.

Sackwaage, Federwaage. Eine besondere Art bequemer Waagen, die man bey sich in der Tasche führen kann. Sie besteht aus einer etwa daumendicken und ungefähr handbreiten langen Röhre von Meßing oder Kupfer, so an beyden Enden zugemacht ist. Inwendig ist eine wohlgehärtete Stahlfeder, wie ein Kugelzieher gewun-

dene

dene Feder, durch welche ein viereckigtes Stängchen geht, worauf die Abtheilungen des Gewichts verzeichnet sind. Dieses Stängchen ist unten an die Feder bevestigt, und reichet oben zu dem einen Boden der Röhre hinaus, allwo es einen Ring hat, an dem es kann gehalten werden. An dem andern Ende der Röhre ist ein Haken, woran der Körper, den man wägen will, gehangen, und an dem jetztgedachten Ringe samt der Waage schwebend gehalten wird, da denn das Stänglein über den Boden der Röhre mehr oder weniger herausrückt, und die daran abgezeichnete Zahl die Schwere des Körpers zeigt.

Sakros. Ein Gewicht von 2 Lothen bey den arabischen Aerzten.

Sackzieher. (Bergwerk) Ein Arbeiter, der auf steilen Gebirgen, wo hin kein Pferd kommen kann, die in ledernen Säcken gefaßte Erze mittelst eines Stricks den Berg hinunter schleift.

Sack zum Seidekochen. (Seidenfärber) Ein von Leinwand länglich gemachter Sack, der auf der einen langen Seite offen ist, worein die Seide zur Kochung (s. diese) gesteckt, und hernach mit einer Schnur zugezogen wird.

Sackzwillich. (Leinweber) Ein grober roher oder ungebleichter Zwillich, der davon den Namen erhalten weil gemeiniglich die Getreide-Säcke davon verfertiget werden.

Sacre, (Artillerie) war ein altes französisches Geschütz, so 4 Pfund schoß und 14 Fuß lang war.

Sacristey, Dresekammer, Trevenkammer, (Bauk nst) ist an oder in der Kirche ein Gemach, worinn die Kirchengeräthe verwahrt werden.

Säemaschiene, Säepflug. (Landwirthschaft) Eine Maschiene, mit welcher der Saamen auf dem Acker viel gleichförmiger ausgestreut wird, als mit der Hand. Man hat davon viele Erfindungen, die aber nicht alle den gehofften Nutzen haben; sie sind sehr zerbrechlich, kostbar und folglich auch nicht alle brauchbar. Die meisten Erfindungen davon laufen darauf hinaus, daß in einem auf Rädern stehenden Kasten einige Trichter angebracht werden. Diese haben unten Schieber, welche man nach Gefallen auf- und zuschieben kann, damit das Korn gleichförmig aus dem Kasten herausläuft, und in die Furchen falle, welche von dem vor den Trichtern stehenden Eisen in die Erde gewühlt werden, und zugleich wird das Feld von dem nachschleppenden Balken eben geegget. Die Vortheile dieser Maschiene sollen darinnen bestehen: 1) daß man zugleich pflügt, säet, egt, und also viele Zeit und Mühe erspahret, 2) daß jedes Korn in gehöriger Entfernung von andern gleich tief eingebracht und gleich bedeckt wird. Allein nicht alle diese eingebildete Vortheile finden statt, denn es kömmt hauptsächlich darauf an, daß ein Feld recht locker bearbeitet werden, folglich muß man die gewöhnlichen Arbeiten vorhergehen lassen, ehe die Säemaschiene darauf kommen kann.

Säen, (Ackerbau) den Saamen der Feldfrüchte auf den gepflügten Acker ausstreuen. Das Säen wird mit zwey Gängen und mit einem Gange verrichtet. Auf erste Art säen ist, wenn der Säemann in einer Beetfurche am Beete hinabgehe, und das eine halbe Beet mit Saamen bewirfst, hernach die andre Furche an diesem Beete hinaufgehet, und also auch die andre Hälfte besäet. Mit einem Gange säen aber heißt, wenn der Säemann mitten auf dem Beete gehe, und den Saamen der Breite des ganzen Beets nach mit einmal ausstreut. Zur Saat gebraucht man unterschiedene Handgriffe, und wird nicht ein Getreide wie das andre ausgesäet, sondern etliches mit zwey Gängen, etliches nur mit einem Gange, etliches mit voller Hand und etliches so viel man nur zwischen drey oder vier Fingern halten kann, wie z. B. der Rübsaamen ausgesäet wird. Man muß bey dem Säen gute acht haben, damit der Saamen weder zu dick noch zu dünne, sondern recht egal ausgestreut werde. Deßwegen hat ein Säemann einen gewissen Sanewurf angewöhnen, und nach der Breite des Stricks sich richten muß. Bey der Sommersaat muß man dünner säen als bey der Wintersaat.

Säetuch. Ein viereckigtes leinenes Tuch, welches der Säemann, wenn er säet um den Leib hat, und einen Theil von dem auszustreuenden Saamen darinnen trägt.

Saffara, s. Saflor. (Hüttenwerk)

Saffera, s. daselbst.

Saffian. (Saffianmacher) Ein feines zubereitetes Leder, welches in der Türkey am besten zugerichtet wird, und welches man mit allerhand Farben als gelb, grün, roth, schwarz und andern mehr schön färbt. Sie werden dort wie man sagt, von den ungarischen Ziegenfellen, in Frankreich aber und andern Orten von gewöhnlichen Ziegen- oder Ziegenbocksfellen verfertigt. Wenn diese Felle ausgetrocknet, so werden sie 3 oder 4 Tage in einer gewöhnlichen Holzlauge gewässert, und hierauf beynahe eben so in den Aescher gebracht, wie die gewöhnlichen Kalbfelle. Sie werden hierauf abgehärt, und nachmals in den Aescher gelegt. Sowohl nach dieser als auch nach den folgenden Zubereitungen müssen die Felle gut im Wasser gereiniget, und hierbey mit Pumpkeulen gewalkt werden. Die Reinigung ist hauptsächlich nothwendig, damit das Kalkwasser dem Farben nicht nachtheilig sey. Die Felle werden alsdenn von den französischen Gerbern in eine Lauge von Hundemist gebracht, welche das Leder milde macht und das Kalkwasser noch reiner auszieht. Dagegen bedienen sich die deutschen Gerber der Blätter eines Strauchs, das Schmack oder Sumach heißt, und dessen Blätter auch in der Färberey gebraucht werden. Die deutschen Gerber nähen jedes Fell zusammen, brühen den Schmack mit warmen Wasser, und schütten ihn, so warm als es das Fell ertragen kann, in dasselbe. Mit dieser Brühe werden mehrere Felle in das Faß gethan, worinn sie etwa 24 Stunden liegen. Aus den Fellen zieht eine Brühe oder Lauge heraus, die während der Zeit ein paarmal warm gemacht werden muß. Nachdem die Felle auf die vorgedachte Art rein gemacht worden, so werden sie endlich gefärbt. Welches folgendergestalt geschieht.

Saffian

Saffian blau zu färben. Die Felle werden mit geriebenem Indigo bestrichen, alsdenn gewaschen, ausgezogen, mit einem Oel eingeschmiert, getrocknet, wie das holländische Leder (s. dieses) blank gestoßen (s. Blankstoßen) und zuletzt mit einem Krispelholz von Pomeranzenholz gekrispelt (Krispeln) damit sich die Narben wieder heben, die durch das Blankstoßen niedergedrückt worden.

Saffian, gelb zu färben. Man bringt die gahren Felle vor dem Färben in eine Lauge von Galläpfel, die aber wegfällt, wenn die Felle in Schmack gegerbet sind. Alsdenn färbt man sie mit Beeren von Avignon, die zu deutsch Gelbbeeren heißen, und richtet sie hernach so wie das Blaue. Grün wird mit Grünspan oder einer Vermischung von blau und gelb eingestrichen. Schwarz streicht man entweder mit einer Mischung von cyprischem Vitriol, und Galläpfel in Wasser gekocht, oder auch nur bloß mit Eisenschwärze an; zuletzt blank gestoßen.

Saffian roth zu färben. Dieses geschiehet entweder mit Kermes in Wasser gekocht, oder mit in Wasser gekochtem Stangenlack, Galläpfel, Alaun und Cochenille. Hierauf zieht man das Fell durch eine Lauge von pulverisirten Galläpfeln und Wasser. Die letzte Lauge aber fällt weg, wenn das Leder mit Schmack gegerbet worden. Nachher werden die Felle so wie die blaue gewaschen und zugerichtet. In Asien wird der Saffian auf eine andre Art behandelt.

Saffian, weisser, wird beynahe auf die Art bereitet als die Häute in der Weißgerberey, wozu aber noch einige Spezereyen nöthig sind, um die weiße Farbe zu behalten. Woraus man aber bis jetzt noch ein Geheimniß macht. Uebrigens aber behandelt man ihn wie den andern Saffian. (s. diesen)

Saflor, der ganz unrichtig wilder Safran genennt wird, ist ein Gewächs, welches zu den Distel- oder Würfelpflanzen gehört, und vom Safran sehr verschieden ist, obgleich dessen Blume den Blumen des Safrans sehr ähnlich ist, und die Blumenblätter gleichfalls eine schöne hochgelbe mit Essig aber eine prächtige rothe Farbe auf Seide geben. Aegypten ist sein Vaterland, er wird aber im Elsaß am Rhein, in Thüringen u. s. w. häufig auf den Feldern gebaut. Man zieht ihn aus dem Saamen, sammlet die Blüthen wenn sie etwas welk worden und trocknet sie im Schatten.

Saflor, Saffara, Saffera, Saffra, Zaffra, Zafferfarbe, Zapferfarbe. Fr. Safre, (Hüttenwerk) Eine halb metallische kobaltische Zubereitung von einer bläulichten Farbe aus dem sogenannten eisigen Kobald, aus welchem sie folgendergestalt bereitet wird. Nachdem der Hüttenrauch oder Arsenik aus dem Kobalderze ausgeröstet ist, so wird solches weiter zerpocht und geröstet. Dieses geröstete und wohl gepochte Erz wird hernach gepulvert und mit zwey- oder dreymal soviel wohl pulverisirtem Kiesel vermischt, mit Wasser angefeuchtet, und in Tonnen eingepackt, wodurch diese Vermischung zu einer Steinhärte erhärtet, daß sie nicht anders, als durch eiserne Schlägel, heraus gebracht werden. Auch pflegt man oft das geröstete Kobalderz allein, ohne Vermischung mit Kiesel, auf solche Art zu packen, und unter eben dem Namen zu verkaufen. Man gebrauchet den Saflor auf den Glashütten, das Glas damit blau zu färben; ferner in den gemeinen Porzellanfabriken, um das Porzellan, z. B. wie in Holland, das delfter Porzellan, blau zu färben; wie denn auch einige Schmelze oder Flüsse, insonderheit die Sapphirflüsse, damit gefärbet werden, und die Emailmaler, oder die im Feuer malen, gebrauchen. Der beste Saflor ist der von den sächsischen absonderlich bey Schneeberg befindlichen Blaufarbenwerken, und nächst dem der aus Böhmen. Man hat auch welchen von den Holländern und Engländern, die solchen aus Surate bringen. Er ist aber lange nicht so gut, als der sächsische und böhmische, deswegen dieser auch bis nach Ostindien verführet wird. Man hat bey den Spezereyhändlern zweyerley Gattungen, ganzen und pulverisirten, wovon jene Sorte feiner, diese aber schlechter oder gemeiner ist. Die erste muß der letztern deswegen vorgezogen werden, weil man sie nicht nachmachen kann; da hingegen die letzte verfälschet werden kann, daher sie auch nicht selten nur auf die Probe genommen wird. Die einzige äußerliche Probe, die man davon hat, und worauf man besonders bey dem Einkauf sehen muß, ist, daß der Saflor eine schöne blaue Farbe haben muß.

Saflor zum Färben zu bereiten. (Seidenfärber) Mit dieser Farbe wird das echte Ponceau gefärbet, und muß zu diesem Gebrauch auf folgende Art aufgelöset werden: Man nimmt die schöne rothe Blüthe, die von einer sehr harzigten Natur ist, und in kaltem Wasser sich auflösen läßt, und wäscht sie in einer hinlänglichen Menge Wasser, wodurch das anklebende Gelbe sich verliehret, und weiter nichts übrig bleibt, als das harzigte Roth. Um dieses aufzulösen macht man eine Lauge von Waidasche, da aber dieses Alkali bey dem Auflösen die Stärke der rothen Farbe sehr vermindern würde, daß sie mehr ins Gelbe fallen möchte, so muß man Zitronensaft in das Auflösungsbad thun, welcher das alles wieder ersetzt, indem er wieder den farbigen harzigen Theil von dem Alkali scheidet, und ihm auch zugleich die ganze Schönheit seiner Farbe wieder giebt. Man thut den Saflor in Säcke von starker Leinwand, und gießt gutes Brunnenwasser in ein stark Gefäß, welches bey 6 Fuß lang und 4 Fuß breit ist, damit die Säcke darinn bewegt werden können. Wenn die Säcke in dem Gefäße sind, so werden sie oben aufgemacht, und vermittelst eines Kreuzholzes, welches darein gelegt wird, offen erhalten. Dann gießt man Wasser in diese Oeffnungen, und wenn die Säcke im Wasser schwimmen, so steigt ein Mann, der Stiefeln an hat, auf den Sack, hält sich an einem am Balken fest gemachten Seil, und tritt den Sack so lange mit Füßen, bis der Saflor von seiner gelben Farbe befreyet ist. Das Gefäß hat ein Loch im Boden, wodurch das gelbe Wasser abfließen kann, wofür frisches wieder aufgegossen wird. Kann man kein Brunnenwasser haben, so muß solches im Fluß geschehen, dessen

Grund ohne Steine ist; man bevestiget die Säcke mit Stricken an ein Seil an einem am Ufer eingegrabenen Pfahl, und trampelt sie wie gedacht mit den Füßen. Wenn das Gelbe weggeschafft ist, so thut man den Saflor in Klumpen in ein Gefäß von Tannenholz, zertheilet solche, zerstößt sie mit einem Spadel, und breitet sie auseinander, alsdenn bestreuet man sie zu verschiedenen malen mit Waid- oder Potasche, welche gut durchgesiebet seyn muß. Man rechnet 6 Pfund auf 100 Pfund Saflor. Man mischet alles, so wie man die Alkali darunter thut, wohl durch einander, und arbeitet solches mit den Füßen wohl durch. Dann bringt man diesen also durchgearbeiteten Saflor in ein kleines längliches Gefäß, welches man den Gürner nennt, dessen Boden in einer geflochtenen Horde besteht. Man futtert dieses Gefäß mit einer starken Leinwand, füllet es mit Saflor an, setzt es auf das große Gefäß, und gießt kaltes Wasser darüber. Dieses Wasser nimt das Salz an, das von der färbenden Materie ist aufgelöset worden, und filtriret sich, indem es in das dazu unten stehende Gefäß abläuft. Man gießt so lange frisches Wasser auf, und rühret es um, bis das unterste Gefäß voll ist, und das Abgelaufene nicht mehr färbet. In dieser Brühe wird hernach die Seide Ponceau gefärbet. (s. Ponceau auf Seide)

Saffra, s. Saflor.

Saffran, Fr. Safran, (Maler) die dürren Fasern von der Blume dieses Namens. Die Pflanze treibt einige lange und gerade Blätter, mit hohlkehligen Streifen. Zwischen solchen erhebt sich zu Ende des Augusts, oder zu Anfange des Septembers, ein niedriger Stengel, welcher eine einzige Blume trägt, die ihrer Gestalt nach wie die Lilienblumen, aber viel kleiner und in sechs Theile zertheilt ist, von einer bläulichen mit Roth und Purpur vermischten Farbe. In ihrer Mitte wächst ein Busch wie ein dreyfacher Hahnenkamm, von einer schönen rothen Farbe und angenehmen Geruche; dieser Busch ist es, was man den eigentlichen Safran nennt. Man bricht ihn vor Sonnen Aufgang ab, um ihn dürr werden zu lassen. Einige Tage darauf komt ein anderer ähnlicher Busch auf eben dieser Pflanze zum Vorschein, welchen man gleichfalls abbricht. Ehedem ließ man den Saffran aus der Levante kommen, allein heut zu Tage wird er in Frankreich, Italien, und auch in Menge in Oesterreich ob der Ens gebauet. Doch ist der von Trippolis der beste. Man braucht ihn zu dem gelben Lacken zum Schüttgelb und andern gelben Farben bey dem Illuminiren. Man nennt auch Saffran gewisse Zubereitungen der Metalle zur Email- und Glasmalerey. Der zubereitete Eisen (Crocus Martis) führet am gewöhnlichsten diesen Namen.

Saft. (Eisenhütten) So werden die kleinen Kugeln genannt, die bey dem Zerren des Eisens von dem Winde in die Höhe getrieben werden. Dieser Saft ist dem Feuer unentbehrlich, damit es nicht den Zeug angreife, und den Abgang vergrößere. Er entsteht bey dem Zerrenfeuer aus dem weichen Koth und Hammerschlag, der dem Feuer als eine Nahrung gegeben wird.

Saftblau, s. Lackmus.

Saftfarbe, s. Lack.

Saftfarben, (Maler) alle Farben, die aus Pflanzen, Beeren und Hölzern gepreßt und ausgekocht werden. Dahin gehören die Kreuzbeeren, der Saffran, Fernambuck und viele andere mehr. Sie werden zu dem Illuminiren und Wassermalen gebraucht. Sie sind durchsichtig, und werden von dem Oel zerflößet, daher sie nicht zur Oelmalerey taugen.

Saftgrün, Fr. Verd d' iris, (Maler) eine der zartesten grünen Farben, die zur Miniaturmalerey und dem Illuminiren gebraucht wird. Sie wird von der Blüthe einer Pflanze, Namens Veilwurz oder gemeiner Schwertel, gemacht. Man sondirt die Blumen dieser Pflanze, sondert alles Grüne, Bastartige und die Knöpfchen davon ab, thut hernach das Purpurartige Violet der Blätter in ein porzellanenes oder gläsernes Gefäß, und läßt es darinn wohl zusammendrücken, bis es zu einem violblauen Saft wird. Nach diesem läßt man ein wenig Alaun, der pulverisirt ist, in sehr wenig warmen Wasser zergehen, nämlich einer Bohne groß Alaun in 2 Löffel voll Wasser auf ungefähr ein halb Quart Saft, und verfaulte Blätter, gießt dieses Alaunwasser darüber, und nachdem man alles wohl durch einander gemischt hat, läßt man es noch 2 Tage lang kalt stehen. Das Gefäß muß aber allezeit zugedeckt seyn, damit kein Staub dazu komt. Man gießt hernach den Saft in kleine Gefäße, oder in Muschelschalen, und läßt ihn trocknen. Man kann immer noch mehr Saft aus dem größern Gefäße, worinn man ihn gemacht hat, hinzu gießen, wenn das frühere von dem ersten verflogen ist. Wenn man den Saft durch ein Tuch durchdrücken wollte, so würde man das Beste und die Hälfte davon verlieren. (s. auch Blasengrün, welches eine andere zubereitete Art Saftgrün ist)

Saftgrünfarbe auf Leder, eine Farbe, mit der man sowohl Alaunleder, als auch Sämischleder, grün färben kann. Man nimt hiezu 14 Maaß Kreuzbeeren in ein Geschirr, und thut darunter ein Viertelpfund fein gestoßenen Alaun, schüttet daran 2 Quart halb Bier halb Weinessig, läßt solches 14 Tage stehen und rühret es fleißig um. Alsdenn presset man die Beeren aus, und läßt die Brühe 4 oder 5 Tage stehen. Man thut es in eine Blase und läßt es trocknen. Beym Gebrauch zerreibet man die Farbe wieder mit Essig, reibet die Felle mit Bimstein ab, und streicht sie an.

Saft von Brasilienholz, (Färber) die vom Brasilienholz ausgekochte Brühe, womit man Karmoisin auf Seide färbet. Das Holz wird zu diesem Behuf in kleine Stücken zerhackt, man thut 71 Pfund davon in einen Kessel mit Wasser von 30 Eimer, läßt es drey Stunden kochen, und gießt immer soviel Wasser zu, als sich verraucht. Diesen Brasiliensaft läßt man in eine Tonne laufen, und gießt wieder soviel klares Wasser auf diese Stückchen. Man läßt sie aufs neue drey Stunden kochen, gießt die Brühe zu der vorigen wieder ab, und so verfährt man zu vier wiederholten malen, und dann ist das Holz von aller Far-

be

he erschöpft. Einige Färber haben die Gewohnheit, jede besondere Kochung besonders aufzuheben; die erste ist zwar die stärkste, aber auch oft ist ihre Farbe nicht so schön, weil sie alle Unreinigkeiten des Holzes bekommen hat. Die letzte Brühe ist gemeiniglich sehr helle, und von Farbe sehr schwach. Daher ist es gut, wenn man die Brühe von allen vier Kochungen durch einander mengt, welches eine gute Farbe giebt. Es wäre gut, wenn man das Brasilienholz vor dem Kochen in heißem Wasser abwaschen möchte, um solches von dem Schmutze zu befreyen. Dieses geschiehet aber nicht. Unterdessen ist es doch auch gut, wenn bey jeder Kochung der sich oben zeigende schwarze Schaum abgenommen wird, so wird die Farbe weit schöner. Man hebt den Brasiliensaft 14 Tage oder drey Wochen [illegible], ehe man darinn färbet, weil man bemerkt hat, daß er eine schwache Gährung bekommt, welche die Farbe vermehret. Einige Färber haben sogar den Gebrauch, daß sie ihn 4 bis 5 Monathe alt werden lassen, bis er so fett und ziehend wird, wie Oel. Aber man hat noch nicht bemerkt, daß es, wenigstens in Ansehung der Seide, vortheilhaft ist, ihn so lange aufzuheben. Vierzehn Tage oder drey Wochen sind hinlänglich, um ihm alle gute Eigenschaften, die zu der Farbe erfordert werden, zu geben. Wenn man ihn aber ganz frisch braucht, so würde man eine Rosenfarbe erhalten, und es würde alsdenn eine viel größere Quantität erfordert, weil er alsdenn nicht so stark färbet. Man kann ohne Unterschied zu diesem Safte sich des Fluß- oder Brunnenwassers bedienen. Der einzige Vortheil, den man von dem Brunnenwasser hat, wenn man sich desselben zur Kochung des Brasilienholzes, so wie überhaupt zum Bade des [illegible]bens, bedienet, ist der, daß alsdenn die Karmesinseide, [illegible] gefärbt ist, nicht durch Weinsteinasche gezogen werden darf. Aber man muß auch das wieder bedenken, daß die Farbe, welche mit Flußwasser gemacht, worinn die Seide gefärbt, [illegible] nachher in Asche geröthet worden, einen viel bessern [illegible] Augen fallenden Schimmer hat.

Saft von indianischem Holz. (Seidenfärber) Die mit Flußwasser aus dem zerhackten indianischen Holze ausgekochte Brühe, mit welcher nebst gelb Holz und Orseille auch Vitriol allerley graue Farben auf Seide gefärbet werden. Sie wird auf die nämliche Art als der Saft von dem Brasilienholz (s. diesen) bereitet und aufgehoben.

Saft, weißer milchigter, woraus Eisen zu schmelzen. (Bergwerk) In England, in dem Bergwerk in Shropshire in der sogenannten weißen Grube finden die Bergleute in dem Gestein des Eisensteins, gemeiniglich in der Mitte desselben, einen weißen milchigten Saft, zuweilen in einer einzigen Höhle ein ganzes Oxhoft. Auf der Zunge ist er süß, und schmeckt nach Vitriol und Eisen. Um zu versuchen, ob er Spath- oder Eisenart sey, darf man ihn nur im Feuer glühen; den Augenblick wird er schwarz, und zeigt dadurch die Gegenwart des Eisens. Wenn man dieses nicht weis, so hält man öfters etwas für Spath, welches doch keiner ist. Zuweilen zeigt bloß die Luft den Unterschied an. Es muß aber einige Zeit daran gelegen haben. Dieses Erz ist aber selten reich an Eisen.

Saga, ein Gewicht, dessen man sich an einigen Orten in Ostindien bedienet.

Säge Fr. Scie. (Holzarbeiter und andere Künstler) Ein einfaches aber sehr nützliches Handwerkszeug, Holz und andere Materien damit zu zerschneiden. Es bestehet solches aus einem elastischen, dünn geschmiedeten, zahnigten Blatt, das in einem Rahmen vermittelst zweyer Pflöcke befestiget, und durch einen Strick an dem einen Ende des Gestelles, vermittelst eines Knebels, ausgespannt werden kann. Das Gestelle bestehet aus zwey Armen, die durch ein Querholz durch Zapfen und Löcher mit einander vereiniget werden. An dem Ende der beyden Arme, wo das Sägenblatt eingespannt wird, hat jeder Arm ein rundes Loch, wodurch ein Kloben oder Pflock mit einem runden, der Länge nach aber gespaltenen Zapfen, eingesteckt werden kann. In die Spalten der Pflöcke werden die Enden des Sägeblatts, (s. dieses) eingesetzt und befestiget, und solchergestalt dasselbe in dem Gestelle ausgespannt. Die obersten Enden der Arme werden durch einen zusammengedreheten Strick, in dessen Mitte ein Knebel gesteckt wird, zusammen vereiniget, und dadurch das Sägenblatt stramm oder schlaff ausgedehnet. (s. Handsäge und Sägenschmieden) Es giebt viel und mancherley Sägen, die ihrem verschiedenen Gebrauche und ihrer Gestalt nach verschiedene Beynamen erhalten. Man hat Strichsägen, Handsägen, Holzsägen, Schweifsägen, Ortsägen, Ubersägen, Furnirsägen, u. s. w. wovon jede an seinem Ort nachzusehen. Man schreibt die Erfindung der Sägen nach einigen dem Perdix des Dädalus Schwestersohn, nach andern aber dem Talaus zu, welcher von den mit Zähnen versehenen Kinnbacken der Schlangen solche abgesehen haben soll.

Sägeblock, (Schneidemüller) ein Block, d. i. ein dicker Stamm eines Baumes, woraus Bretter, Bohlen, Kreuzhölzer u. s. w. gesäget werden sollen.

Sägebock, s. Holzbock.

Sägemehl, s. Sägespäne.

Sägemühle, s. Schneidemühle.

Sägenblätter. (Zeugschmid) Schmale und dünne eiserne Blätter, die an der einen scharfen Kante Zähne haben, und in ein Gestelle von Holz eingespannet werden, welches zusammen eine Säge genennet wird, um alsdenn damit Holz oder andere Materien von einander zu schneiden. Es giebt Sägenblätter zu Handsägen, die eine Person führet, und auch Sägenblätter zu sehr großen Sägen, welche von zwey auch drey Personen geführet werden. Die Blätter der Handsägen werden von dem Zeugschmid entweder aus alten Säbeln und Degenklingen, weil diese wenigstens noch etwas Stahl enthalten, oder in Ermangelung dessen aus gutem schwedischen Eisen geschmiedet. In beyden Fällen wird das Metall unter dem Hammer zu einem dünnen Blatt ausgestreckt, und es erhält an beyden Enden eine Angel. Das Metall muß auf das beste ausgeschweißet, und daher zum öftern erwärmet werden, damit es stets den erforderlichen Grad der Hitze, die zum Schweißen (s. dieses) so nothwendig ist, behalte.

Nach dem Schweissen wird das Blatt rothwarm gemacht, mit einem nassen Hammer gehämmert, bis es erkaltet, und auf diese Art einigermaßen gehärtet. Damit das Blatt gerade werde, und die Zähne sich gleichmäßig ausfeilen lassen, so beschneidet man das Eisen auf den beyden langen Seiten mit einer starken Blechschere. Die beyden großen Seitenflächen werden an einem Sandstein aus freyer Hand geschliffen und geglättet; zuweilen behobelt man sie auch noch wohl mit einem starken Hobel. Der Zeugschmid schreitet nun zu dem wichtigsten, nämlich zu dem Ausfeilen oder Aufsetzen der Zähne. Das Blatt wird in einen Schraubstock eingespannt, wo mit einer dreykantigen Feile die Zähne ausgefeilet werden. Der Arbeiter trifft die gleichmäßige Größe der Zähne bloß durch das Augenmaaß, außer daß er bey kleinen oder feinen Zähnen eine kleine, bey gröbern aber eine stärkere Feile erwählet. Es ist bekannt, daß die Zähne eines Sägenblatts auseinander gesperret sind, oder daß sie auf dem Blatte schief stehen. Dieses geschiehet durch die Schrenkklinge (s. diese) und die Arbeit selbst wird auch das Schrenken genannt. Man steckt jeden Zahn des Sägenblatts in einen Kerb der Schrenkklinge, worein er passet, so daß die Spitze des Zahns über einen Kerb der Schrenkklinge zu liegen komt, und biegt wechselsweise einen Zahn rechts und einen links zurück. Zuletzt wird jede Seite eines Zahns mit einer Feile ausgeschärft. (s. Schärfen und Schrenken) Die geseilte Schärfe jedes Zahns muß an der einen Seite der Säge zur Rechten, an der andern aber zur Linken in die Augen fallen. Große Sägen werden mit eben den Handgriffen bloß aus schwedischem Eisen verfertiget. Aber die Zähne derselben werden nicht mit der Schrenkklinge, sondern auf der Ecke des Amboßes mit dem Hammer auswärts gebogen; bloß die böhmischen Sägen haben gerade aufgerichtete Zähne.

Sägen, das, der Steine. (Steinmetz) Wenn ein Stein in viele Theile zu Platten zerschnitten werden muß, so geschiehet dieses mit dem weichen Blatt der Steinsäge. (s. diese) Diese Säge wird horizontal von dem Arbeiter, der vor dem Steine sitzt, geführet, und er gießt öfters in den schon gemachten Einschnitt der Säge drey Theile Wasser mit einem Theil Mittelsand vermischt, wodurch das Sägen befördert wird. Zweyerley ist bey dieser Arbeit noch zu merken: 1) muß der Steinschneider das Gestell der Säge dergestalt zu spannen wissen, daß das Blatt erforderlich ausgespannet ist, und daß er dem ohnerachtet das Seil nicht dergestalt angreift, daß es zerspringt, das Gestell kann ihm in diesem Falle leicht einen tödtlichen Schlag geben. Ueberdem muß er das Gestell der Säge und zugleich das Blatt bey dem horizontalen Gange sehr senkrecht führen: denn wenn er solches nicht genau beobachtet, so bleibt das Sägenblatt im Steine stecken. Auf solche Art kann ein Stein in viele brauchbare Stücke zerschnitten werden.

Sägenförmige Batterien, zahnförmige Batterien, Fr. Batteries en Redans. (Artillerie) Batterien, welche gebraucht werden, wenn das Erdreich nicht erlaubt, die Batterien in gerader Linie zu führen, sondern solche als ein Zikzack aufzuführen. Die Franzosen haben solche bey der Belagerung von Freyburg und Bergopzoom angeleget.

Sägengatter, Weiffe, Fr. Chasse de Scie. (Schneidemühle) Eine Verbindung, in welcher die Säge einer Schneidemühle befestiget ist. Sie besteht aus zwey Seitengeschenkeln, welche oben zwey Zwergriegel haben, davon der obere mit den Steiglatten durch Löcher und Zapfen verbunden, der zweyte Riegel aber, welcher auf die Säge trifft, steigt in einem Falze höchstens auf einen Fuß auf und ab. Zu unterst des Sägengatters wird noch ein Zwergriegel befestiget, an welchem und an dem obern beweglichen das Sägenblatt angemacht ist.

Sägenschmid, s. Zeugschmid.

Sägenschnitt, Fr. Sic-sac, (Kriegsbaukunst) eine Linie, die auf und nieder, oder hin und wieder, meistens nach spitzen Winkeln, gezogen wird, und wornach man die Parallelen der Laufgräben, auch wohl an den Bauzierden macht.

Sägenwerk, Fr. Redans, (Kriegsbaukunst) eine Verschanzung, welche aus halben Redouten (s. diese) gemacht, und an den Linien, aber auch zur Bedeckung einer Brücke und bey andern Pässen gebrauchet wird.

Sägeschnitt, zwischen durchthun. (Baukunst) Wenn zwey Balken oder Bohlen, um dichter zusammen zu schließen, auf einander gelegt werden, und in der Fuge denn mit der Säge ein Schnitt zwischen durchgethan wird.

Sägespäne. So heißt man das Holzmehl oder Pulver, das von dem Holze durch die Säge heraus gerissen herunter fällt. Man braucht sie zum Düngen der Aecker, die gar milde dadurch werden. Je länger man sie erst zusammen liegen und faulen läßt, desto mehr düngende Kraft erreichen sie, zumal wenn man sie fleißig mit Mistjauche begießt. Auch werden sie zu verschiedenen andern Dingen gebraucht; z. B. die Nadler scheuern und [illegible] ihre verzinnten Nadeln damit in dem Rollfaß.

Sägewagen, s. Schlitten.

Saggen, eine Art Zeug, so von den Plantenbäumen für die armen Leute auf der Insel Mindanao verfertiget wird.

Saggio, ein kleines Gewicht zu Venedig. Es ist der sechste Theil einer Unze dieser Stadt, deren 12 ein dasiges Pfund ausmachen. Jedes Saggio hat wieder 20 Karate.

Sagobrodt, Sagubrodt, Brodt, das in Indien aus dem Mark gewisser Palmbäume gebacken wird. Es besteht in Körnern, die mit Wein gekocht auch eine gute Suppe geben.

Sagubrodt, s. Vorher.

Sah-Cheray, ein persisches Gewicht, welches 1170 Derhem wiegt. Da aber ein Derhem der 50ste Theil eines Pfundes von 16 Unzen ist, so machen diese 1170 Derhem = 23 Pfunde aus.

Sahm, ein ungarisches Kohlenmaas, 24 Zoll lang, 30 Zoll breit, und 12 Zoll tief.

Sahne, s. Rahm.

Saig.

Saig, (Bergwerk) soviel als die Wasserseige, ein ungarisches Wort.

Saigerabtreiber, Fr. Affineur de l'argent au raffinage de cuivre, (Hüttenwerk) der Arbeiter, welcher das von Absaigerung der Kupfer erhaltene Werk auf dem Treibeherde abtreibet.

Saigeranrichter, Saigerhüttenanrichter, Fr. Officier, qui dirige l'ouvrage de la separation du cuivre et de l'argent, (Hüttenwerk) der bestellte Diener, welcher die Beschickung zur Saigerarbeit macht.

Saigerarbeit, Fr. ouvrage de separer le cuivre de l'argent, (Hüttenwerk) die Handlungen und Arbeiten, wodurch das im Kupfer vorhandene Silber vermittelst des zugesetzten Bleyes ausgezogen wird.

Saigerbängler, s. Saigerbösler.

Saigerblech, Fr. parre, (Hüttenwerk) ein starkes großes mit Schienen beschlagenes Blech, welches neben den in den Saigerofen aufrecht gestellten Saigerstücken gestellet wird, die Kelen zusammen zu halten. Es wird auf jeder Seite eins gesetzt.

Saigerbley, Fr. du plomb qu'on ajoute au cuivre, dont il faut separer l'argent. (Hüttenwerk) Dasjenige Bley, das kein Silber hält, und daher zu Saigerung des Silbers aus dem Kupfer dienlich ist. Es ist dieses zweyerley, Frischbley und Zuschlagbley. Jenes wird dem Schwarzkupfer zugesetzt, das letzte ist die Glätte oder Herd, welches bey gewissen Arbeiten zugeschlagen wird. Es wird auch das von der Saigerarbeit wieder gefrischte Bley Saigerbley genennet.

Saigerbösler, Saigerbängler, Fr. Ouvrier qui fait des ouvres extraordinaires. (Hüttenwerk) Ein Arbeiter, der von der Bosen- oder Busenarbeit also genennet wird, der von Dächern Kleinigkeit macht, oder verschiedene kleine außerordentliche Arbeiten verrichtet, und nicht ordentliche Schichten verfähret. Ein Ledigschichter.

Saigerdarndeln, Fr. Balaiure de raffinage du cuivre, (Hüttenwerk) die Abgänge, so von der Saigerarbeit übrig bleiben.

Saigerdarrofen, (Hüttenwerk) ein Ofen, darinn mit Flammenfeuer gefeuert, und das in den Kienstöcken zurück gebliebene Silber heraus gebracht wird, welche Arbeit darren genennt wird.

Saigerdörner, Fr. Pain de cuivre dont on a separé l'argent, die Kupfer von Kienstöcken, daraus das Silber mittelst des zugesetzten Bleyes ausgesaigert worden.

Saigergekrätz, s. Saigerkrätz.

Saigerglätte, Fr. Ecume d'argent, (Hüttenwerk) die Bleyglätte, welche bey Abtreibung des aus den Saigerstücken ausgesaigerten Werks vom Herd fällt.

Saigerhacken, Fr. le Crochet, (Hüttenwerk) ein Werkzeug von Eisen, mit einem hölzernen Stiel, vorne krumm gebogen, womit das Gekrätz und Kelen aus dem Saigerofen gezogen werden.

Saigerheerd, Saigerofen, Fr. Fourneau de liquation. Ein Gebäude auf Kupfersaigerhütten, so aus zwey gegen einander geneigten Mauern besteht, die sich jedoch nicht berühren, und vorne zu abschüssig sind. Auf diesen werden die Saigerstücken aufrecht gestellet, mit Saigerwänden umgeben, und durch das darunter gemachte Feuer das nebst dem Silber darinn befindliche Bley daraus gesaigert.

Saigerhütte, Fr. Attelage, Raffinage de cuivre, die Werkstatt, darinn das Silber aus dem silberhaltigen Kupfer vermittelst zugesetzten Bleyes ausgezogen wird.

Saigerhüttenanrichter, s. Saigeranrichter.

Saigerhüttenarbeiter, Fr. Journalier au Raffinage de cuivre, alle diejenigen Arbeiter, die auf den Saigerhütten um Lohn, unter der Anweisung der Saigerhüttenbedienten, arbeiten, und nach Beschaffenheit der Arbeit auch benennet werden.

Saigerhüttenfaktor, Fr. Facteur du Raffinage de cuivre, der Bediente, welcher das ganze Saigerhüttenwesen regieret, das dabey vorfallende Negotium besorget, und über alles Rechnung führet.

Saigerhüttengekrätz, s. Saigerkrätz.

Saigerhüttengezähe, Fr. Instrumens du Raffinage de cuivre; alles Werkzeug, welches zu den Arbeiten des Saigerns auf den Saigerhütten gebraucht wird.

Saigerkienstöcke, s. Kienstock.

Saigerkrätz, Saigergekrätz, Saigerhüttengekrätz, die Abgänge, welche von der Arbeit des Saigerns abgehen, und zusammen genommen auch wieder zu gute gemacht werden.

Saigern, Kupfersaigern. Fr. Separer l'argent du cuivre, Raffiner le cuivre, (Kupferhütten) Eine Arbeit, vermittelst welcher das im Kupfer befindliche Silber durch das im Schmelzen zugeschlagene Bley ausgezogen und in das Bley gebracht wird, die daraus gegossene Saigerstücken aber in einem Saigerofen, dessen Hitze zwar zur Schmelzung des Bleyes hinlänglich, zu Schmelzung des Kupfers aber zu schwach ist, aufgestellt werden, damit das Bley mit dem darinn befindlichen Silber schmelze, und heraustropfe, das Kupfer aber, als wenn es ausgesogen wäre, in Kienstöcken zurückbleibe. Der Name Saigern kommt davon, weil das Bley und Silber aus den porösen Löchern des Kupfers gleichsam herausquillt oder sich durchseihet d. i. als wenn eine flüssige Sache durch ein Tuch gedrückt wird.

Saigern, das, in einem Windofen. (Hüttenwerk) Eine Arbeit des Saigerns, wenn Holzmangel ist, und man mit Holz und Wasen in einem Windofen (s. diesen) das Kupfer saigert. Zu diesem Behuf werden die Saiger-Scharten mit dicken Lehm-Wasser überschmieret, damit die Kienstöcke (s. diese) desto besser loßgehen, und eine Bank von tannenen Bohlen gemacht vor dem Ofen gesetzt, worauf die Saigerstücke getragen und so in den Ofen gebracht werden, wenn der Ofen kalt ist, so geschieht solches mit der Hand; ist aber der Ofen heiß, daß vorher schon in dem Ofen gesaigert worden, so werden sie mit einer großen Zange eingesetzt. Diese Zange hängt an einer Schiene an einem eisernen Seil vor dem Ofen und wird von einem Mann regiert. Der Mann faßt die auf der

Bank liegende Stücke mit der Zange, und ein anderer schiebt so gleich eine Klammer vorn über die Zange, damit sie die Zange fest halte, alsdenn wird das Saigerstück gemächlich in den Ofen gesetzt. Weil 12 Saigerstücke allemal in den Ofen kommen, so wird das hinterste oder erste Stück 3 Zoll von der Mauer, die andern aber 1½ Zoll von einander gesetzt, worzu eigene Hölzer, 1½ Zoll lang, zwischen jedes Stück gebracht, und wenn die Saigerstücke mit Holz oder Wasen belegt, wieder weggenommen werden. Sind die 12 Stücke eingesetzt, so werden Knuppel aus den Wasen in kurze Stücke geschnitten, etwa einen Fuß lang und unten etwas schrege gehauen, womit die Saigerstücke belegt werden. Darüber her legt man Wasen, welche in der Mitte durchgeschnitten, auch zwischen die Stücke ganz voll gelegt und zwischen denselben mit einem Keil niedergetrieben, damit es dichte werde, und die Stücke fest stehen. Die Wasen, so man zwischen die Stücken legt, müssen von starkem Holz seyn. In Ermangelung der Wasen kann man Holz schneiden, welches so lang ist, als die Saigerstücken breit sind, und dieß darzwischen legen. Wenn nun mit Holz angefeuert worden, so wird die Saigerwand, welche an einem Schurz von einem eisernen Seil in einer Rolle hängt, durch Hülfe eines Haspels niedergelassen, so daß der Ofen von oben herunter etwa einen Fuß hoch zu ist; alsdenn wird im den Ofen mit Wasen ½ bis eine Stunde gefeuert, damit die zwischen gelegte Wasen oder Holz in das Brennen kommen. Alsdenn wird die Saigerwand vollends niedergelassen, und an jedem Ende derselben werden zwey Backsteine auf einander gelegt, worauf solche ruhet, und bleibt das übrige Theil unter der Saigerwand offen. Auch oben und an den Seiten wird dieselbe nur angeklappt und nicht mit Leim beschmiert, damit die Flamme aus dem Ofen ziehen könne. Vorne in dem Ofen ist ein Loch, welches mit einem Backstein kann zugesetzt werden. Es bleibt aber im Anfang offen, damit der Ofen daselbst mehr Luft habe, und die Saigerstücke von vorne her den Anfang machen zu gehen. Der Tiegel muß auch wohl zugemacht und mit Kolen abgefeuert seyn, damit solcher, wenn die Werke anfangen zu gehen, warm sey. Wenn die Verrichtung so weit fertig, so kann mit Wasen oder Holz der Anfang zu feuern in dem Windofen und zugleich in der Gasse gemacht werden, und zwar so viel, daß die Flamme stark aus dem Ofen gehe. Man legt auch den Zug hinten auf dem Ofen zu, damit die Flamme aus der Gasse nicht dahinaus, sondern in die Höhe durch die Stücke gehen muß. Das vorderste Loch in dem Ofen wird offen gelassen, damit das Feuer sich anfänglich vorne mehr herziehe, auch die Saigerstücke von vorne her erst in den Gang kommen. Hernach setzt man auch das vorderste Loch mit einem Backsteine zu, damit die Flamme nach hintern den Zug habe, daß die hintersten Stücke saigert werden, und sich setzen können. Wenn der Ofen in die volle Gluth kommt und die Hitze groß wird, so pflegen die Kupfer gerne mit durchzugehen, welches man gleich erkennen kann, wenn die Flamme so unter der Saigerwand durchgehet, blau wird. Man muß alsdenn vom Feuer etwas abbrechen. Alsdenn gehen aber auch die Werke nicht viel mehr. Siehet man daß das Werk herunter ist, und gar nichts mehr verschießt, so wird die Saigerwand aufgezogen und die Kühlstücke, welche sich gewöhnlich gut gesetzt, und noch ziemlich mit Kolen bedeckt sind, müssen unberührt stehen bleiben, bis die Kolen abgehen, und die Kühlstücke etwas braun und hart werden, damit sie bey dem Abnehmen ganz bleiben und also zum Einsetzen in den Darrofen sich besser schicken. So wie nun die Kühlstöcke braun und hart werden, so werden sie mit dem Meißel los gemacht und mit der Adlerzange abgenommen. Das Feuer in der Gasse aber muß noch unterhalten werden, bis die Kühlstücke abgenommen sind, damit, wenn noch etwas Werk nachfällt, solches in den Tiegel rinnen könne. Die Werke werden in eiserne Pfannen gekellet; sind sie vom Armfrischen, so werden die Stücken klein gegossen, damit sie bey dem Wiedereinschlage auf Reichfrischen besser vorgewogen werden können. Sind aber die Werke vom Reichfrischen, so werden sie größer gegossen, weil solche verarbeitet werden. Die Zeit der Feuerung mit dem ersten Ofen währt ohngefähr 6 Stunden. Wird aber zum zweytenmal gesaigert, so dauert es nicht so lange, weil der Ofen warm ist. Soll gleich wieder gesaigert werden, so muß solcher wenn die Kühlstücke heraus, wenigstens eine Stunde stehen, ehe die neuen Saigerstücke wieder eingesetzt werden.

Saigerofen, s. Saigerherd.

Saigerofenbrücke, dasjenige, was sich beym Saigern am Ofen anlegt und zu Schreiben gearbeitet wird.

Saigerpfanne, Fr. Padon, Bassin, (Hüttenwerk) Eine von Eisen gegossene Pfanne, welche vor dem Krummofen zum Kupferfrischen anstatt eines Stichherdes liegt, und worinnen die Stücke, so vom silberhaltigen Kupfer und Bley zusammengeschmolzen, gestochen werden. Man macht bey Setzung dieser Pfannen einen Fuß von Backsteinen unter dieselben, und macht darinn ein Kreuz zur Abzucht, auch läßt man an dem Rand der Pfannen lauter Backsteine setzen, damit kein Leim oder Erde daran kommen und Feuchtigkeit nach sich ziehen können, weil sonst die Pfannen von der Feuchtigkeit Risse bekommen. Man muß auch um die Pfannen einen eisernen Band legen, wenn solcher gleich bey dem Gießen der Pfanne in die Form gemacht, und mit gegossen wird, ist es desto besser.

Saigerrostdörner, s. Rostdörner und Saigerdörner.

Saigerscharten, Fr. Plaque de fer Fondu, (Hüttenwerk) zwey starke gegossene eiserne Platten, wovon jede 8 Zentner ohngefähr wiegt, die vorne auf dem Saigerherd liegen und eine geneigte Richtung gegen einander haben, zwischen welchen das Werk in den Tiegel durch die Gasse absließt. Sie haben keine Haken, damit sie besser gerichtet und gewendet werden können. Damit sie auch nicht auf dem Herde zusammen gehen können, und im Saigern der Werke aushalten und verbrennen können, so wird an beyden Enden Eisen darzwischen gemauert, welches man wenn die Scharten ausgebrennet, wegnehmen und sie zusammen gehen lassen kann.

Saigerschiefer, sind die von größerem Kienstücken bey der Saigerarbeit entstehende Stücken.

Saigerschlacken, Fr. Scories du raffinage de cuivre, (Hüttenwerk) das verglasete Wesen, so beym Kupfersaigern abgeht, vielerley Farben hat, und noch kupferhaltig ist.

Saigerstücken, Fr. Pieces ou Pains de cuivre, runde Scheiben, oder Brode, so aus einer Mischung von Kupfer, Bley und Silber bestehen, und zur Absaigerung in den Saigerofen eingesetzt werden.

Saigertiegel, Fr. le Bassin, (Hüttenwerk) Ein von Leimen gemachter Heerd, worein die Werke auf Saigerhütten abgekläret oder gestochen werden.

Saigerwand, Fr. Parei du foyer de liquation, die gemauerte Wand, zu jeder Seite des Saigerofens aufgeführt.

Saigerzeug, der von Saigerdienern ausgebrachte Kupferkönig.

Saib am Pflug, s. Seb.

Saite, (Büchsenmacher) unter der Saite versteht dieser Professionist einen hölzernen Bogen nebst einer Darmsaite, womit er ein Schießgewehrrohr erforscht, ob es sich etwa geworfen hat. Er zieht zu diesem Endzweck die Saite des Bogens durch die Seele des Rohrs. Die Saite ist an dem einen Ende des Bogens bevestiget, das andere Ende aber wird bey dem Gebrauch, wenn die Saite durch das Rohr gezogen worden, vermittelst eines Zapfens, woran sie bevestiget, in einem Loch außen an dem andern Ende des Bogens gleichsam bevestiget. Alsdenn läßt der Künstler den Bogen nach seiner eigenen Schwere herab hängen. Bey dieser Arbeit wird das gebohrte Rohr gegen das Tageslicht gehalten und man sieht durch die Seele. Kann man an einer Stelle zwischen dem Rohr und der Saite durchsehen, so ist dies ein Zeichen, daß sich das Rohr hier geworfen hat. Diese Krümmungen werden wie beim Richtstock wieder weggeschaft.

Saiten, Fr. Chordes, dünne, entweder von Meßing- oder Eisendraht fein gezogene Drähter, oder von den Gedärmen der Thiere von unterschiedener Dicke gedrehete Fäden oder Schnüre, mit welchen die musikalischen Instrumente überzogen werden. Die Saiten von Metall sind entweder von Meßing oder Eisen, und werden mit den nämlichen Handgriffen wie aller anderer Draht gezogen, (s. Drahtzug und Meßing- und Eisendraht) nur daß sie zur größern Feinheit gezogen werden, und auf Röllchen nach den verschiedenen Nummern, wie sie zu einem Instrument gebraucht werden, aufgewickelt sind. Einige dieser Saiten werden auch mit Silber oder andern saubern Draht besponnen, die zu den Baßstimmen der Instrumente gebraucht werden, und werden solche auf die nämliche Art verfertiget, als wie die Gold- und Silberfäden auf der Spinnmühle besponnen werden (s. diese und Spinnen.) Mit allen metallenen Saiten werden die Klaviere, Flügel, Klavizimbeln, Harfen u. a. m. bezogen. Mit denen von den Därmen verschiedener Thiere, die daher Darmsaiten Fr. chorde de boyau heißen, werden die Geigen, Baßgeigen, Lauten, Theorben u. a. m. bezogen. Sie werden gemeiniglich von den Därmen der Schaafe, Ziegen und Katzen verfertigt. Die von den Därmen der Rinder gemacht werden, sind gemeiniglich weiß, lassen sich nicht so hoch spannen als jene, und halten übel. Saiten von Wolfsgedärmen sind zwar zähe und halten wohl, geben aber keinen hellen Klang. Ueberhaupt sind das die besten, welche helle und zähe sind. Um die Darmsaiten zu machen, legt man die Därme ins Wasser. Dieses macht sie braun; es ist also am besten daß man sie frisch verarbeite, oder entschleime. Nachdem der Hammel oder das Schaaf alt sind, beträgt der ganze Darm eine Länge von 12 bis 20 Klaftern. Man läßt dieses Gedärme ganz, so wie es die Natur giebt, und streicht es mit einem stumpfen Messer seiner ganzen Länge nach hinab, um den Schleim und Koth desto besser fortzuschaffen. Einige schlitzen den Darm auf und beschaben ihn auch inwendig. Auf diese Art wird ein geschabter Darm, wenn er trocken geworden, so dünne wie ein Zwirnsfaden, da im Gegentheil ein frischer so breit als 20 getrocknete Därme ist. Man nimt zu den Saiten nur die dünnen Därme. Wenn der Darm dünne und rein genug auf dem Schabebock, der dem Schabebock des Gerbers gleicht, geschabt worden, so haspelt man diesen dünnen und flach gequetschten Darm mit den Händen auf den Darmsaitenrahm (s. diesen) wie einen Faden, ein Ende immer zurück auf das andere, so daß die nassen Enden dieser Darmstrehne völlig übereinander zu liegen kommen, und als eine wirkliche Garnstrehne an dem Rahmen trocknend an einander veste kleben. Diese Darmstrehne ist eine Elle lang, an beyden Enden nicht mehr hohl, sondern durchweg veste, weil die beyden Seitenflächen des Darms nun ein Ganzes oder einen Strang ausmachen, der aus lauter Fasern besteht, die sich verkürzen und verlängern, und durch diese Elasticität eine schnelle Schwingung an der gespannten oder gedrehten Faser verursachen, wodurch die fixe Luft, die zwischen jeder Faser eingeschlossen ist, ein Bestreben bekömt, sich mit der äußern Luft, nach Verhältniß der Schwankung, in ein Gleichgewicht zu setzen, d. i. einen Ton oder dauernden Schall hervorzubringen, der beym Zerspringen der Saite heller und stärker ist. Dieser aufgewickelte Darm wird ein Saitling genennt. So entsteht aus einer Länge von zwanzig Klaftern vermittelst des öftern Uebereinanderlegens nur eine Strehne, deren beyde Seiten in allem zwo Ellen lang sind, und deren Dicke mit der Dicke eines Papierblatts übereinstimmt. Manchmal bedient man sich anstatt des Rahmens einer Stange, um darauf den Darm strehnenweise zu trocknen. Der Rahmen ist mit Talg bestrichen, damit der Darm daran nicht während des Trocknens selbst anklebe, sondern sich bloß seine übereinandergelegte Faden an einander anhängen und trocknen mögen. Man zieht die getrocknete Saitlinge vom Rahmen, indem man die eine Leiste aus ihrer Fuge zieht, weil der Darm im Trocknen eingeschrumpft kürzer geworden,

den, und im Abnehmen nur zerbrechen würde; man legt den trockenen Saitling in kaltes Wasser, und es weichen alle übereinandergelegte und festgeleimte Lagen innerhalb 2 Stunden im Zober wieder los. Wenn man bemerkt, daß sie sich los gelöset haben, so werden sie wie das Garn der Spinnerin auf den Darmhaspel (s. diesen) gehaspelt. Man stellt diesen Haspel vor sich auf den Tisch, löset das letzte Darmende in der Mitte der Strehne aus einander, welche indessen ganz in der Darmbeitze (s. diese) liegt. In dieser Beitze lassen sie einen neuen Schleim fahren, welchen man vermittelst des Schleimeisens abstreicht. Dieses Schleimen geschieht des Tages viermal. Man drückt den Darm mit dem Daumen an den Kerb des Schleimeisens (s. dieses) und mit der rechten Hand durchzieht man den Darm durch das Eisen. Je öfter man sie schleimt und je länger man sie in der Beitze liegen läßt, desto besser und reiner werden die Saiten. Hierauf erfolgt das Entschleimen auf einer langen Tafel, deren zwey Blätter gegen die Mitte zu sich neigen, unter der sich eine Rinne befindet. Die Tafel ruht auf zweyen Böcken. Die Rinne der Tafel sammlet und fängt den Schleim auf, und man setzt das Schleimen mit dem Schleimeisen auf der Tafel fort. An den beyden Seiten der langen Tafel zeigen sich vier Löcher mit ihren Pflöcken zu den Violinsaiten E, A, D, G. Man hängt also die Saitlinge in Schleifen von Bindfaden an die Pflöcke, dehnt den Darm von einem Ende der Tafel bis zum andern aus, und so giebt man der Saite ihre bestimmte Dicke. Der Saite D giebt man sechs hin und her gelegte Darmfäden, der Saite A vier, der Saite E zwey bis drey, der Saite G acht Fäden. Man färbt die Saiten blau und roth. (s. Darmsaitenfarbe) Die gefärbten sowohl als die weißen werden nochmals geschleimt, weil der Schleim den Ton stumpf macht. Jede Nummer ist 6 Ellen lang und wird mit ihren beyden Enden an die Haken eines Seiler- oder Posamentirerrades angehängt, und so dreht sich jede Saite, wenn das Rad umgedreht wird, daran von sich selbst zu einem rundlichen Faden oder zu einer festen Schnur. Um die Saite D heraus zu bringen, so dreht man das Rad 40mal herum zur Saite A 60mal zu E und G 90mal. Man nimmt diese fertig gemachte Saiten sogleich aus den zwey Haken ab und spannt sie über die Pflöcke der Tafel aus, weil sie sonst gleich wieder zusammenlaufen würden. Nach dieser Ausspannung werden sie an zwey langen starken Hölzern in den Schwefelkasten eingehängt. (s. Saiten schwefeln) Unser Saitenmacher sind nicht im Stande, die Darmsaiten so weiß zu liefern, als die Romanischen (s. römische Saiten) indem diese viel durchsichtiger und reiner als die deutschen, auch viel besser und dauerhafter sind. Die also geschwefelten Saiten werden an dem großen Rahmen, jede für sich und in ihrer völligen Länge, an den Pflöcken ausgespannt, und in dieser Spannung im Sommer an der Luft und im Winter am Ofen so scharf angezogen, als sich die Saite ausdehnen läßt, und getrocknet, auf diese Art müssen sie zwey Stunden stehen. Hierauf reibt man die rauhe Saite mit einem Stück Bimsstein ab, indem man die rauhe Saite gegen den Bimsstein mit der linken Hand dreht. Endlich gießt man sich etwas Mandelöl in die hohle Hand, reibt damit die Saite aller Orten, schneidet sie von dem Rahmen ab, und biegt sie in der Hand zu Ringen um, um diese Ringe mit einem rothen Bandfaden zu bewickeln. Die blaugefärbten Saiten nehmen im Schwefeln eine rothe Farbe an. Dreyßig dergleichen Saitenringe machen einen Stock aus, und es bekommt ein Ring durch alle Nummern eine Länge von 6 Ellen. Die größten Baßsaiten, z. B. das C, sind am theuersten. Auf dem Kontrabasse bekommt dergleichen Saite hundert und zwanzig Theile, d. i. eben soviel übereinander gelegte und zusammengedrehte Darmfäden, und eine solche Saite hat die Dicke eines Tobackspfeifenstiels zum Durchmesser. Ein Bezug, d. i. soviel, als man einer Saite auf ein musikalisches Instrument jedesmal genommen wird, ist etwa drey Ellen lang und kostet etwa 16 Gr. Die Violonsaite C enthält 80 Theile und kostet 12 Gr. Die G Saite auf dem Violon hat 60 Theile und kostet 8 Gr.; so wie die feinste Violinsaite, oder das D aus vierzig Theilen zusammengesetzt ist. Zum kleinen Baß oder Violoncell bekommt C 40 Theile und kostet 4 Gr. Die A Saite besteht aus 30 Theilen und kostet 3 Gr.; D. hat 20 Theile, kostet 2 Gr. u. s. w. Es gehören also zu der einzigen C Saite oder zu der gröbsten Violonsaite, davon man nur einen einzigen Zug auf einmal spinnt, die Därme von 12 Hammeln. Zu den gröbsten G Saiten der Violinen, Bratschen und Harfen gehören drey Theile, und dieses wird außerdem mit einem unächten Silberdrahte an einem hölzernen oder eisernen Drathende übersponnen, so wie die beyden Saiten G und C auf dem Violoncell mit einer Sackdrahtnummer 10 übersponnen werden. Zur Violinsaite A gehört die Nummer 13. Die Seiler machen auch Darmsaiten zu den Spinnrädern. Sie beschaben solche auch und drehen solche aus mehr oder wenigern Theilen in einander zusammen, die Saiten haben nur drey Theile. Sie brauchen aber hier sich nicht so viel Mühe mit dem Schleimen zu geben, als die Saitenmacher, die die musikalischen Saiten machen. Die von den Seilern verfertigte Darmsaiten werden auch von den Hutmachern zu ihrem Fachbogen, von den Raquettenmachern zu den Raqueten, und noch von andern mehr zu allerley Gebrauch angewendet. Man macht diese Saiten fast in allen Ländern von Europa. Allein in Italien und vornehmlich in Rom werden die besten gemacht. Die in Deutschland verfertigten sind noch nicht zu der Vollkommenheit gekommen, als die in Italien und Lion. Man theilet sie überhaupt in Baßsaiten, Diskantsaiten, Quintsaiten, Quartsaiten u. dgl. ein.

Saitenbespinnen, (Saitenmacher) die Saiten, welche mit unächtem Silberdraht besponnen werden sollen, werden an zwey Räder bevestiget, man dreht dieselben herum und führt oder lenkt mit der linken Hand den Draht an die Saite herum und bespinnt solche damit so dicht als möglich, daß ein Ringel neben dem andern zu liegen kommt. (s. Saiten)

Saitenfest, s. Saitenhalter.

Saitenhalter, **Saitenfest**, (Lautenmacher) das schmale Brettchen auf einer Violine, welches auf dem untern Ende auf dem Deckel vor dem Steg mit einem Drath an dem in der Zarge der Violine befestigten Knopf angemacht ist, und davon den Namen hat, daß an dem vordern Ende desselben die Saiten in Löcher, die darein gebohrt sind, befestigt werden, und solche halten. Es muß hart und doch leicht seyn. Das erste deswegen, damit die Löcher von den darinn befestigten und ausgespannten Saiten nicht beschädiget werden, das letztere aber deshalb, weil ein schwerer Saitenhalter die Saiten niederdrückt und dämpft. Er wird deswegen aus Ahornholz ausgehobelt, und nur seine oberste Fläche mit Ebenholz furniert. Am vordersten Ende, wo er befestiget wird, ist er zugespitzt.

Saiteninstrumente, (Musiker) alle diejenigen musikalischen Instrumente, die mit Saiten, es sey nun mit Metall- oder Darmsaiten überzogen, und durch deren Berührung verschiedene Töne angeben, und vereinigen mit einander eine liebliche Musik verursachen. Es gehören unter sehr vielen andern hauptsächlich darunter der Flügel, das Klavier, das Pantalon, die Violin, die Baßgeige, das Violoncell, die Zither, Laute, Harfe und sehr viele andere mehr, und wovon jedes an seinem Orte nachzusehen ist.

Saitenmacher, ein Professionist, der die Kunst versteht, mit den Handgriffen der Gold- und Silberdrahtzieher von Messing oder Stahl feine musikalische Saiten zu machen. Auch Darmsaiten verfertigen einige. Doch ist diese Kunst nicht so allgemein, und nicht alle Saitenmacher verstehen die Kunst, aus Därmen Saiten zu verfertigen, sondern es giebt nur einige wenige.

Saiten zu schwefeln. (Darmsaitenmacher) Die fertig gedreheten Darmsaiten werden, damit sie eine weiße durchsichtige Farbe erhalten, in einem Schwefelkasten geschwefelt. In einem vierseitigen Kasten, der zwo Kerben hat, werden die Darmsaiten, die an zwey starke Hölzer angespannt sind, mit denselben in dem Kasten auf den Kerben ausgespannt, und in denselben ein Viertelpfund grob zerstoßener Schwefel geschüttet, man steckt selbigen mit einem Schwefelfaden an, macht den Kasten mit einem Deckel zu, und der Schwefeldampf schwefelt die Saiten in Zeit von zwey Stunden weiß. Unsere Darmsaitenmacher können die Saiten nicht so weiß machen, als die romanischen sind, sie verfertigen daher auch keine Quinten.

Saker, ein englisches Stück, welches 5 bis 6 Pfund Eisen schießt.

Sakodion, ein Amethist, der in das gelbliche fällt.

Salamanderhaar. (Bergwerk) Eine Art gediegenes Silbererz, wo das Silber in Gestalt zarter Fäden oder Haare auf dem Gesteine befindlich ist. (s. auch Federerz)

Salampour, **Salempouri**, eine Art Leinwand, welche auf der Küste von Koromandel an verschiedenen Orten verfertiget wird. Man hat solche weiß und blau, die zwar von gleicher Breite, nämlich zwey und ein Viertheil Cobides, aber nicht von einerley Länge sind. Denn die weißen haben 72, und die blauen nur 32 Cobiden im Stücke. Man braucht sie stark zur Handlung nach den Manillen, wohin sie die Engländer von Madras schicken.

Salband, **Saum**, Fr. Salbande, (Bergwerk) eine Seite vom Gange, davon die obere das Hangende, die untere das Liegende des Ganges berühret. Bisweilen ist es an das Gestein angewachsen, bisweilen aber durch einen Besteg oder Letten davon abgesondert. Er unterscheidet sich von dem Gestein des Gebirges, und besteht aus Gangart.

Salbeygrau, Fr. Gris de Sauge, (Färber) eine bräunlich schimmernde graue Farbe. Sie entsteht aus der blauen, rothen und schwarzen Farbe. Man färbt den Zeug oder die Wolle erst in Blau, dann zieht man sie durch rothe und schwarze Brühe. Nachdem die Schattirung stark oder schwach seyn soll, läßt man sie auch mehr oder weniger in einer oder der andern von den drey Farbenbrühen färben.

Salcional, Ital. Salicional, (Orgelbauer) eine Art von Orgelflöte, die einer Viol di Gamba nicht ungleich klingt. Diese Stimme ist 16, 8, auch 4' von Metall, offen und die Mensur derselben ist noch enger, als die Viol di Gamba, klingt aber stumpfer und platter als dieselbe. Wegen der schweren Stimmung bekommt es Bärte an den Lefzen.

Saldirbuch, **Bilanzirbuch**. (Handlung) eines der Hülfs- und Nebenbücher, welches über die Saldo- und Bilanzextrakte aus dem Hauptbuche gehalten wird. Die Extrahirung eines Saldo geschieht auf folgende Art: Man nimt a) einen oder mehrere Bogen Papier vor sich, und liniret selbige zu gedoppelten Feldern, oben schreibet man Generalsaldo, oder Saldo vom Dato bis Dato An. Ueber die erste Feldung setzt man vor Rthlr. Gr. Pf. Debet, und über die andere Credit. Ferner nimt man b) das Hauptbuch vor sich, addiret eines jeden Rechnung (die sich nicht saldiret) Debet und Credit auf; was in Debet sich findet, wird in die Feldung von Debet, und was sich in Credit findet, in die Feldung des Credits gebracht. Alle eingetragene Hauptposten werden sowohl im Credit als Debet aufaddiret, und muß denn die Summe des Debets mit der Summe des Credits überein kommen, denn wenn dieses nicht ist, so fehlet es im Hauptbuche, und muß darinn gesucht, und die gefundenen Defekte verbessert und eingetragen werden. Wenn das Saldo auf solche Art richtig extrahiret ist, so wird solches in das Saldobuch nebst der Bilanz (s. diese) eingetragen.

Saldiren, Fr. Solder, (Handlung) eine Rechnung schließen, summiren, und zusehen, ob in Credit oder Debet mehr sey; hierauf den Ueberschuß auf die neue Rechnung, entweder auf ein neues Blatt in dem Hauptbuche, oder auf eben demselben Blatt, als einen neuen Eintrag, eintragen, und davon alsdenn die neue Rechnung anfangen.

Salempouri, s. Salampour.

Salep, ein in der Türkey berühmtes, schleimigtes Getränk, so warm genossen wird. Es wird aus dem Mehl der Wurzel des Waldrabenkrauts, das in Honigwasser gekocht wird, zubereitet. Zu Konstantinopel trägt man es heiß auf den Straßen herum. Es wird von den Türken stark genossen.

Salgräfe, s. Salzgräfe.

Salicet, Ital. (Orgelbauer) ein Orgelregister, das seiner engen Mensur wegen einer Weidenpfeife gleicht, und davon auch den Namen hat. Es ist eins der artigsten Register, und läßt sich zu einem lauschenden Baß mit dem großen Prinzipal 16' Oktave oder Viol di Gamba 8' sehr wohl gebrauchen; dahingegen es mit der Offenflöte 4' bey einer starken Musik sich hören läßt, und von solcher, weil sie stumpfer als Oktav und Salicet anspricht, nicht überschrien wird. Ihre Mensur ist noch enger, als eine Viol di Gamba, doch fehlet ihm die Stärke einer solchen, indem es bey seinem schneidenden Wesen dennoch etwas stumpf, schwach und langsam anspricht. Es ist mit Solcional fast einerley.

Salicional, (Orgelbauer) ein achtfüßiges Orgelregister, welches oben offen ist, und fast wie eine Viol di Gamba klingt.

Saline, soviel als Salzwerk. (s. dieses)

Saliter, s. Salpeter.

Salm, Fr. Salme, Ital. Salma. 1) Ein sicilianisches Getreidemaaß, so 16 Tomoli, der Tomolo von vier Mondelli, hat: 10½ Salme machen eine amsterdammer Last. 2) Ein Inhaltsmaaß, dessen man sich in Kalabrien und Apulien zu Messung flüssiger Dinge bedienet. Es hält 10 Stari, und der Staro 32 Pignaroli, die ungefähr soviel sind, als 1 pariser Pinte; daß also die Salm ungefähr 320 pariser Pinten ausmacht. Salm ist auch ein Gewicht von 25 Pfunden.

Salm, (Zinnhütte) ein längliches viereckigtes Stücke oder Klumpen, dazu das Zinn in England gegossen worden.

Salmgarn, (Fischer) eine Art dreymaschigter Garne, die auf dem Rhein gebraucht werden, um den Lachs damit zu fangen.

Salmiak, ein flüchtiges alkalisches, scharfes Salz, das weißlich und spießig aussieht, fast durchsichtig, und am Boden schwarz ist, fast gar keinen Geruch giebt, beynahe wie Seesalz, aber viel schärfer, schmeckt, in der Luft zu einem beißen sehr gesalzenen Wasser zerfließt, und im Feuer zu Blumen aufsteigt, mit lebendigem Kalk einen feurigen Geist giebt, mit Potasche vermischt sehr flüchtig wird, und wie englisch Salz riechet. Mit der Salpetersäure oder dem Scheidewasser löset es einige Metalle auf. Die Alten nannten es Sal cyrenaicum, und fanden es in den sandigen Wüsten Lybiens beym Tempel des Jupiter Ammons. Nach dem vom Plinius angegebenen Zeichen der Güte scheint dieses Salz von unserm heutigen Salmiak nicht unterschieden gewesen zu seyn. Heut zu Tage wird bisweilen von feuerspeyenden Bergen etwas ähnliches ausgeworfen. Unser gewöhnlicher Salmiak aber kömt aus Aegypten, wo er aus dem Urin der Kameele, die wenig trinken, und zehn Theilen eingekochten Urins, zwey Theilen Seesalz, und einem Theil des besten Rußes gemacht wird. Diese Stücke werden in Wasser gekocht, durchgeseihet, getrocknet, sublimirt, wieder aufgelöset, gereiniget und getrocknet. Der beste ist weiß, trocken, durchsichtig, und giebt im Reiben einen starken Geruch von sich. Man kann auch aus Ruß einen Salmiak bereiten, der dem gemeinen nichts nachgiebt. Wenn eine Säure oder ein feuerbeständiges Laugensalz dazu komt, so giebt er sein flüchtiges Theil mit starkem Geruche von sich. Er ziehet den Steinen ihre Farben aus. Der eigentliche Salmiak der Alten ist das Steinsalz, und in der Chymie wird ihm das Zeichen ⊖✱ gegeben.

Salmiaksbeschlag, eine Salmiakskruste, die ausgewittert ist, und auf dem Wege gefunden wird, den die Kameele gehen.

Salmiakskruste, ein sehr unreiner Salmiak, der an warmen Oertern in der Gestalt des Salmiaks ganz natürlich gebildet ist. Sie entstehet da, wo Kameele stehen, aus einem mit ihrem Urin vermischten Kochsalz, und an diesen Orten wird sie durch die Wärme der Sonne ausgebrütet. Man theilet sie in Salmiaksbeschlag, in die mit Sand vermischte Salmiakskruste, und in Grallsalmiak.

Salmiakskrinde, eine Salmiakskruste mit Sand vermischt, die auf dem Wege gefunden wird, den die Kameele gehen.

Salonichi, eine Gattung grober wollener weißer Zeuge, die zu Salonichi verfertiget werden. Sie dienen zur Bekleidung der Soldaten und Bauern, auch zu Kaputröcken für die Seeleute. Man nennet diesen Zeug auch Abats.

Salpeter, Saliter, Fr. Nitre. (Salpetersiederey) Ein in prismatischen, sechseckigten, durchsichtigen Kristallen anschießendes, aus einer vom Unflat und faulenden Theilen der Thiere salpetrisch gewordenen, scharfen, alkalischen, fetten Erde erzeugtes Salz, so sich im schwachen Feuer schmelzen läßt, sehr wenig und keinen zu [illegible] Wasser bey sich hat, sich mit jeder brennlichen Materie entzündet, und sich in 6½ mal soviel reinem Wasser auflöset. Es entstehet hauptsächlich aus den faulenden Theilen der Thiere, so kein Seesalz genießen, als von Vögeln, wenn unausgelaugte Asche von verbrannten Gewächsen und lebendiger Kalk dazu komt. Es ist also ein halbes Fossile, besteht aus einer Säure, einem feuerbeständigen und einem harnhaften Alkali, folglich ist es mit allen drey Reichen der Natur verwandt. Die Salpetersäure oder Geist hat einen scharfen unangenehmen Geruch, ist stärker als die Kochsalzsäure, und schwächer als die Vitriolsäure. Sie löset alle Metalle, ausgenommen Gold, auf, so lange sie ihr verbrennliches Wesen bey sich haben, doch eins lieber als das andere, daher man eines durch das andere niederschlagen kann. Es ist bekannt, daß das Schießpulver, mit Zusatz von Kolen und Schwefel, daraus gemacht wird. Salpeter und Schwefel zusammen nennen die alten Chymisten ihren Basilisken. Die Güte des Salpeters erkennet man daraus, daß er rein, weiß, in langen starken Stängeln lein ist, im Feuer und Wasser leicht zergehe, auf der Zunge stark kühlet, in einer warmen Hand knistert und zerspringt, und auf Kohlen munter und rauschend brennt. Prasselt er, so ist Kochsalz dabey, quillt er auf, so ist Alaun dabey. (s. Salpetersiederey)

Salpeter brechen. (Lustfeuerwerk) Da der Salpeter zu den Lustfeuern nicht so, wie er ist, gebrauchet werden kann, so wird er auf folgende Art gebrochen: Man schüttet den Salpeter in einen geräumigen Kessel, gießet soviel Wasser darauf, daß etwas über dem Salpeter stehe, läßt ihn über Kohlfeuer zergehen, und schäumet ihn sorgfältig ab. Wenn er anfängt dick zu werden, so wird er beständig umgerühret, bis das Wässerige völlig abdampfet. Hierdurch zerfällt er in ein reines Mehl, welches auf ein reines Brett zum Trocknen aufgeschüttet wird.

Salpetererde, (Salpetersiederey) Erde, woraus Salpeter wächst und ausgelauget wird. Die Erde aus den Fußböden der Viehställe, besonders der Schafställe, ist vorzüglich gut. Da aber solche nicht immer zu haben ist, so nehmen die Salpetersieder eine lockere gewöhnliche Dammerde, woraus sie die Salpeterwände machen.

Salpetererdeprobe. (Salpetersieder) Ehe die Erde gesotten wird, muß sie geprüfet werden, ob sie auch reichhaltig genug sey, daß es die Mühe verlohne, solche auszulaugen und zu sieden. Die mehresten Salpetersieder nehmen bloß etwas von der Erde, ehe sie mit Lauge benetzt wird, auf die Zunge, und erkennen sie für brauchbar, wenn sie säuerlich süß schmeckt und kühlet, andre werfen etwas Erde in das Feuer, und finden sie zum Auslaugen brauchbar, wenn sie im Feuer fettige Funken um sich sprühet. Noch andere bedecken ein glühendes Eisen mit dieser Erde, lassen das Eisen erkalten, und finden sie alsdenn gut, wenn das Eisen weiß aussieht. Die sicherste Probe aber ist folgende: Man schüttet etwas Salpetererde in ein hölzernes Gefäß, gießt zweymal soviel heißes Wasser darauf, rühret die Mischung zum öftern um, und läßt sie einige Stunden stehen. Hierauf wird in jede Schale einer Probierwaage ein abgesondertes Schälchen gesetzt, in das eine Schälchen legt man einen Probiercentner, (s. diesen) und in das andere tröpfelt man von der Salpeterauflösung soviel, bis beyde Schalen im Gleichgewichte stehen, das Schälchen mit der Solution setzt man denn in heißen Sand oder Asche läßt in dieser Hitze das Phlegma abdampfen, und wiegt das gewonnene Salz abermals auf der Probierwage. Aus dem Gewichte des Salzes erkennet man sicher, ob die Salpetererde reichhaltig sey oder nicht. Aber dieses ist noch nicht genug, man muß auch untersuchen, ob der Salpeter von guter Art sey. Dieserhalb muß man die Erde kosten, ob sie nach Salpeter schmeckt, und ob sie, wenn man sie auf Kohlen wirft, brennet. Wenn dieses ist, und der gebrannte Salpeter wenig oder gar kein Alkali zurück läßt, so ist er rein. Prasselt oder sprühet er aber im Feuer, so enthält er viel Kochsalz, und ist daher schlecht. Nach Herr Kramers Probierkunst kann man auch 10 bis 30 Pfunde Salpetererde mit Holzasche vermischen, solche auslaugen und sieden, und aus dem erhaltenen Salpeter den Gehalt der Salpetererde beurtheilen. Weil aber beym Anschießen des Salpeters jederzeit eine sogenannte Mutterlauge (s. diese) zurück bleibt, die noch Salpeter enthält, so muß diese so lange abgedampft werden, bis eine dicke, klebrigte Materie zurück bleibt. Aus beyden erhaltenen Salpetern kann man sodann den Gehalt genau bestimmen. Allein diese Art, die Erde zu probieren, ist langweilig, und also die vorhergehende besser.

Salpetergeist, s. Scheidewasser.

Salpeter krystallisiren. Die gekochte Salpeterlauge muß, nachdem sie genugsam gesotten worden, (s. Salpeter sieden) in flachen hölzernen Mulden oder Fässern anschießen, das ist, das Salz muß sich an die Gefäße als Kristalle ansetzen. Die Lauge wird in die Gefäße eingegossen, und an einen kühlen Ort gestellet. Wenn die Solution etwa 5 Tage in den Gefäßen gestanden hat, so hat sich an dem Boden und an den Seiten des Gefäßes das Salpetersalz gleich dem Eissalz angesetzet, und in der Mitte des Gefäßes befindet sich ein merklicher Theil Mutterlauge. (s. diese) Sie wird zu weiter nichts gebraucht, als daß sie bey dem Schneiden des Salpeters in den Kufen wieder auf die frische Erde gegossen wird. Denn sie enthält noch etwas Salpeter, welcher auf diese Art noch gewonnen wird: und die Erfahrung soll es auch bestätiget haben, daß diese Lauge das Scheiden des Salpeters von der Erde befördere. Dieser also gesottene Salpeter heißt roher Salpeter, und muß zum Gebrauch noch geläutert werden. (s. Salpeter läutern)

Salpeterlauge. (Salpetersiederey) Eine Lauge, woraus die Salpetersieder ein Geheimniß machen, und mit welcher die abgetrahte Salpetererde begossen und gleichsam beschwängert wird. Soviel man weis, wird diese Lauge entweder aus 2 Theilen harter Holzasche, und 1 Theil lebendigem Kalk bereitet; oder man braucht auch wohl etwas von der Mutterlauge (s. diese) dazu. Einige sollen auch wohl gar Seifensiederlauge dazu nehmen.

Salpeter läutern. (Salpetersieder) Da der rohe Salpeter weder zum Schießpulver, noch zum anderweitigen Gebrauche dienlich ist, weil er noch viele Unreinigkeiten, und insbesondere Fettigkeiten und Kochsalz, bey sich führet, so muß er gereiniget (geläutert) werden. Auf einigen Salpeterhütten gießt man bloß soviel reines Wasser, als erforderlich ist, ihn völlig aufzulösen, auf den rohen Salpeter, und läßt die Auflösung in einem Kessel abdampfen. Auf andern läßt man die Auflösung vor dem Sieden noch durch eine mit Holzasche angefüllte Kufe laufen, und erhält hiedurch ein gelbliches Wasser. In beyden Fällen wird die Auflösung von neuem in einem gewöhnlichen kupfernen Läuterungskessel (s. diesen) gekocht. Um nun die Unreinigkeit von dem Salpeter abzusondern, so schüttet man, so bald die Auflösung anfängt zu kochen, jedesmal auf 50 Pfund Salpeter das Weiße von zwey Eyern in den Kessel, oder etwas Weinstein oder Alaun, und gießt überdem nach und nach etwas kaltes Wasser hinzu. Die Unreinigkeiten fallen zum Theil zu Boden, zum Theil sammlen sie sich in einem Schaum auf der Oberfläche der kochenden Auflösung, und der Schaum wird beständig mit einem durchlöcherten Schaumlöffel abgeschöpfet. Zeigt sich weiter kein Schaum, so hat die Auflösung hinlänglich gekocht, und der Kessel wird vom Feuer abgenommen. Einige Salpetersieder prüfen diese Solution auch auf einem kalten Eisen, wie bey dem Sieden des rohen Salpeters. (s. dieses) Die gekochte Solution wird nun in dem Kessel an einen kühlen Ort gesetzt, wo der Kessel etwa eine Viertelstunde zugedeckt stehen bleibt. Nach diesem wird sie gleichfalls in Molden oder Fässer zum Anschießen gegossen, und bleibt in diesem Zustande etwa 3 Tage stehen. Alsdenn zeigt sich auf dem Boden der Gefäße ein dickes Stück Salpeter, so der Salpeterstock heißt. Doch bleibt abermals über dem Salpeter ein Rest der wässerigen Auflösung zurück, die beym Scheiden des Salpeters wieder mit in die Kuffen gegossen wird. Diesen wässerigen Ueberrest nimmt man ab, nimt den Salpeterstock heraus, und legt die Stücke auf ein Tuch, das man auf trockner Erde oder trockner Asche ausgebreitet hat. Auf diesem Tuche liegt der Salpeter 24 Stunden, und alle Feuchtigkeiten ziehen sich in die Erde oder Asche ein. Wenn der Salpeter viel Kochsalz enthält, so muß er zum zweyten- auch wohl drittenmal geläutert werden. Ja es trifft sich zuweilen, daß der Salpeter nach dem ersten Sieden nicht anschießen will. In diesem Falle muß der Salpetersieder die unbrauchbare Lauge wieder durch die Kuffen fließen lassen, wenn er von neuem Salpeter scheidet. Guter brauchbarer Salpeter muß 1) lange Krystallen haben, die weiß und durchsichtig sind, im Wasser und Feuer leicht schmelzen, schnell auf glühenden Kolen wegbrennen, in der warmen Hand knicken, und endlich auf der Zunge empfindlich kühlen. Prasselt oder sprühet er auf den Kolen um sich, so führet er zu viel Kochsalz bey sich, und blähet er sich bey dem Schmelzen auf, so hält er etwas Alaun bey sich. 2) Aus der Mutterlauge entsteht die sogenannte Magnesia (s. diese) indem man die Lauge bis zum Trocknen einkocht, glühet, wieder auslaugt, und zu einer weißen Erde brennt. Man hat verschiedene Versuche angestellet, den Salpeter bloß durch die Kunst, ohne Salpetererde oder irgend eine andere Mutter zu gewinnen, bis jetzt aber haben diese Versuche noch keinen glücklichen Erfolg gehabt. Einige andere sind auf Mittel bedacht gewesen, die Salpetersäure vortheilhafter und reichlicher zu gewinnen, als an Salpeterwänden. Sie setzen daher [illegible] unter einen Schuppen der freyen Luft aus, und nach Kramers Rath soll man Asche, Cemente und Erde vermischen, diese Mischung in einem luftigen Gebäude in Kasten vertheilen, und zum öftern mit Urin begießen. (s. seine Probierkunst 1sten Theil §. 491) Zum Schießpulver muß der Salpeter besonders sehr gut geläutert, (s. Schießpulver) und von allem Kochsalz befreyet werden, denn das Kochsalz zieht die Nässe an sich, und theilet sich in dem Schießpulver zwar nicht dem Schwefel, aber den Kolen mit, wodurch das Trocknen des Schießpulvers merklich gehindert wird. Feuchtes Schießpulver aber verdirbt bald.

Salpetergaare, s. Krystall.

Salpetersäure, s. Scheidewasser.

Salpeter scheiden, die Salpetererde auslaugen. (Salpeter sieden) Bey dieser Arbeit sind die Handgriffe sehr verschieden. Wenn der Salpetersieder die Erde gleich nach dem Abkratzen (s. Salpeterwände) mit Lauge begießt, wie im Magdeburgischen und Halberstädtschen, wo viel Salpeter gesotten wird, geschieht, so scheidet er den Salpeter ohne Weitläuftigkeit auf folgende Art: In einer Grube in der Erde stehen zwey gewöhnliche Wannen über einem Fasse. In beyde Wannen wird die Salpetererde und die Asche geschüttet, und in das unterste Faß läßt man zu seiner Zeit die Lauge aus den Wannen ablaufen. Daher haben die letztern in ihrem Boden Zapfenlöcher und Zapfen. Auf den Boden jeder Wanne legt man einige Stöcke, und auf diese eine Lage Stroh. Man schüttet hierauf in jede Wanne eine Mulde voll Salpetererde, auf diese zwey Metzen Asche, so daß die Erde etwa $\frac{2}{3}$ und die Asche $\frac{1}{3}$ beträgt. Auf diese Art wechselt man jederzeit mit einer Lage Erde und einer Lage Asche so oft ab, bis die Wanne ziemlich angefüllet ist. In einigen Gegenden mischet man auch wohl jedesmal unter die Asche ungelöschten Kalk, dergestalt, daß sich die Asche zu dem Kalk wie 1 zu 3 verhält. Sobald die Wannen gefüllt sind, so gießt der Salpetersieder so viel reines Wasser auf die Mischung von Erde und Asche, als sich nur nach und nach einziehen will. Die Mischung ist erst insgemein nach 12 Stunden mit Wasser gesättiget. Nach dieser Zeit wird die Lauge nach und nach in das untergesetzte Faß abgelassen, wozu gleichfalls 12 Stunden erfordert werden. Die abgeträufelte Lauge wird auf die vorige Art wenigstens noch auf zwey Wannen aufgegossen, und in 12 Stunden wieder wie vorher abgelassen. Ist die Lauge zum Sieden noch nicht brauchbar, so muß sie auch noch wohl durch die vierte angefüllte Wanne laufen. Man siehet hieraus, daß jedesmal wenigstens 3 Wannen mit eben demselben Wasser ausgelauget werden, wozu eine Zeit von 3 Tagen erfordert wird. Man wird in der zweyten Wanne schon etwas weniger Asche zu der Salpetererde gemischt, als in der ersten, und in der dritten am allerwenigsten. Auf andern Salpeterhütten verfährt man anders. Die Salpetererde wird nach dem Abkratzen nicht gleich mit Lauge begossen, aber dagegen muß das Wasser, womit die Salpetererde ausgelauget wird, jederzeit durch vier angefüllte Kuffen laufen. Man stellet nämlich drey Reihen Kuffen oder Wannen neben einander, so daß in jeder Reihe gleichviel Kuffen stehen. In jede Kuffe der ersten Reihe wird ein aufgehäufter Scheffel Asche von hartem Holze geschüttet, in jede Kuffe der zweyten Reihe ein abgestrichener Scheffel, und in jede Kuffe der dritten Reihe nur ein halber Scheffel. Der rückständige Raum in allen drey Reihen Kuffen wird mit Salpetererde angefüllt, und in jede Kuffe wird auf die Erde ein Strohkranz gelegt. In jede Kuffe werden drey Eimer reines Wasser gegossen, und dieses läuft in 24 Stunden in ein untergesetztes Faß nach und nach ab, daher wird das Zapfenloch im Boden der Kuffe locker mit Stroh verstopfet, damit die Lauge allmählich durchlaufen kann. Die Lauge wird

denn

dern aus dem ersten Faß in die Kuffen der zweyten Reihe u. s. w. gegossen. Die Kuffen der ersten Reihe werden nach dem Ablaufen der Lauge ausgeleeret, abermals mit zwey Scheffeln Holzasche und darüber mit Erde angefüllt, und die aus der dritten Reihe Kuffen abgelaufene Lauge in diese erste Kuffen wieder gegossen. So läuft die Lauge also in 4 Tagen durch 4 Kuffen, und man kann sie gesotten werden. Auf die Erde der zweyten Reihe dieser Kuffen, die schon einmal ausgelauget ist, gießt man abermals 24 Kannen frisches Wasser, und läßt dieses nicht nur in dieser zweyten, sondern auch in der dritten und ersten Reihe der Kuffen auf die vorgedachte Art und in benannter Zeit durchfließen. Hierauf füllet man die Kuffen der zweyten Reihe mit frischer Asche und Salpetererde an, und gießt in diese Kuffen die Lauge, die aus der ersten Reihe gewonnen worden. Diese letzte Lauge wird zugleich mit der ersten gesotten. Hierbey muß man noch zweyerley bemerken: In der ersten Reihe der Kuffen vermindert sich das aufgegossene Wasser um den fünften Theil, in der zweyten beynahe um den vierten, in der dritten um den dritten Theil, und endlich in der vierten Reihe um die Hälfte. Ueberdem ist noch zu erinnern, daß sich die Salpetersäure in 2 bis 3 Jahren wieder in der ausgelaugten Erde sammlet, wenn man diese in einen Schuppen bringt, den die Luft durchstreichet. Die Salpetersäure sammlet sich aber um so eher in dieser Erde, wenn man sie mit dem Schaum des Salpeters, der bey dem Sieden abgeht, oder mit Mutterlauge zuweilen begießt. (s. Salpeter sieden)

Salpeter sieden. Die gewonnene Salpeterlauge, der Sod oder Sud genannt, wird in gewöhnlichen großen kupfernen Kesseln gesotten, damit sie nachher anschießen (krystallisiren) und sich in ein Salz verwandeln kann. Die Lauge muß 24 Stunden durch ein gleichmäßig unterhaltenes lebhaftes Feuer im Sieden unterhalten werden. Im Anfange muß sie beständig mit einem Schaumlöffel abgeschäumet werden, da aber durch das Sieden die Lauge merklich abdämpfet, der Kessel aber jederzeit voll erhalten werden muß, so träufelt aus einer Träufelbutte, die neben dem Kessel angebracht ist, nach und nach frische Lauge in den Kessel, wodurch der Abgang ersetzt wird. Wollte man hingegen mit einem mal viel hinzu gießen, so würde das Kochen der Lauge gehindert werden. Wenn die Lauge 24 Stunden gekocht hat, so mindert der Salpetersieder das Feuer in etwas, damit sich die Unreinigkeit zu Boden setzen kann. Er schöpfet hierauf die Lauge aus dem Kessel in ein reines Gefäß, reiniget den Kessel von aller Unreinigkeit, und wäschet ihn mit Wasser aus. Sobald sich die Lauge gesetzt hat, wozu aber 2 bis 3 Stunden Zeit erfordert wird, so bringt sie der Sieder mit Behutsamkeit wieder in den Kessel, läßt sie abermals bey einem gleichen Grade des Feuers 24 bis 28 Stunden sieden, und schäumet sie nochmals fleißig ab. Nachher prüfet er sie, ob sie genug gekocht hat. Entweder träufelt er etwas von der Solution auf ein kaltes Metall, z. B. Eisen, und erfährt dadurch, ob die Lauge gar sey, wenn die aufgeträufelte Solution auf dem Eisen wie Talg gerinnet; oder er schöpft etwas Salpetersalz, so sich auf den Boden des Kessels zu setzen pflegt, mit einem Schöpflöffel aus dem Kessel, läßt das Salz trocken werden, und wirft es auf Kolen. Wenn das Salz ziemlich schnell wegbrennt, so hat die Lauge hinreichend gekocht. Zeigt sich bey diesem Versuch die erforderliche Güte der Lauge, so schöpfet der Sieder die Hälfte in ein Faß, nimt das Salz, so sich in dem Kessel zu Boden gesetzt hat, sorgfältig mit einem Schaumlöffel heraus, und schöpfet endlich auch den Ueberrest der Lauge aus dem Kessel in das vorhergedachte Faß. Sorgfältige Salpetersieder seigen die Lauge durch ein Tuch, wenn sie dieselbe aus dem Kessel in ein Faß bringen. Ohne dem bleibt in dem Salpeter Sand oder fremde Theile zurück.

Salpeterwände, (Salpetersiederey) Wände, von Salpeter schwangerer Erde oder auch nur lockerer Dammerde aufgeführt, woran der Salpeter anschlägt und zum Sieden gesammlet wird. Eine solche Wand ist willkührlich lang, 12 bis 15 Fuß hoch, unten 4 Fuß dick, oben aber etwas dünner. Sie werden im Frühjahr aufgeführet. Um den Wänden die erforderliche Festigkeit zu geben, sie aber auch zugleich locker zu machen, daß die Luft hinreichend durchstreichen kann, wird jederzeit eine Lage Stroh gelegt wenn die Erde einen Fuß hoch aufgeführet ist. Es ist gut, nach Herrn Serwensee Meynung, daß man diese Wände schief gegen die Mittagsseite richtet, daß man sie ferner in solcher Entfernung neben einander stellet, daß der Schatten der einen Wand die andre noch etwas berühre, und daß endlich ein kleines Strohdach über denselben sie vor der Nässe schütze. Wenn man bemerkt, daß an solchen Wänden der Salpeter ausschlägt, so wird er abgekratzt mit einer Brelthacke. Man kratzt aber die Erde davon nur so weit ab, als sie noch Salpeter enthält, welches man aus dem salzigen Geschmack der Erde erkennt. Wenn die Erde des Abends abgekratzt worden, so bleibt sie die Nacht über liegen, und am folgenden Morgen wird sie mit einer Lauge von Asche und Kalk, die Salpeterlauge heißt, begossen, und die also mit Lauge getränkte Erde zu fernerer Bearbeitung in die Salpetersiederey gebracht.

Salpeterwurzel, Salpetererde, die nach dem Abkratzen an den Wänden noch zurückbleibt, damit die Salpetersäure von neuem weit schneller und reichhaltiger die Salpeterwände durchdringe und zu einer Salpetererde ansetze, welches nicht sobald geschehen würde, wenn alle Salpetererde ganz rein abgekratzt würde.

Saltarella, Saltarello. Ital. Eine Bewegungsart in der Musik, die allezeit im Springen geht, und fast durchgehends im Tripeltakte geschieht, da das erste Tempo jedes Taktes mit einem Punkte ausgedrückt wird. Man sagt auch im Saltarello, wenn drey viertel gegen einen Minimen, als in Sechsvierteltakten, oder Dreyachtelnoten gegen ein Viertel, wie im Sechsachteltakte gemacht werden; insonderheit wenn die erste Note jedes Tacktheils einen Punkt hat.

Saltarelli, (Musiker) in den Klavierpfeilen, die Döckchen, welche in die Höhe springen und gleichsam tanzen, wenn man das Klavier schlägt.

Saltarello, s. Saltarella.

Salterio, persische, (Musiker) ein dreyeckigtes mit 6 Saiten bezogenes Instrument bey den Persern, so mit den Fingern auch mit kleinen Stäbchen gespielt wird.

Salterio, türkische. (Musiker) Ein mit vielen Drahtsaiten bezogenes viereckigtes Instrument, so mit den Fingern berührt, und von dem türkischen Frauenzimmer vor sich liegend gespielt wird.

Salto. Ital. (Musiker) Ein Sprung in der Musik, wenn eine Melodie nicht stuffenweise nach der Ordnung der Intervallen einhergeht, sondern Terz- Quart- Quint- Sextenweise.

Saltschonal, s. Salcional.

Salve. (Kriegeskunst) Eine Begrüßung, welche durch Lösung des Geschützes, oder auch mit dem kleinen Gewehr dreymal hintereinander bey einer öffentlichen Feyer geschieht.

Salvegarde, (Kriegeskunst) die Schutzwache, die von einem kommandirenden General in Feindes Land den Einwohnern ertheilt wird, daß ihre Personen und Güter durch Einlegung eines oder mehrerer Soldaten in Sicherheit gestellt werden.

Salvo errore kalkuli, (Handlung) heißt bey Schließung einer Rechnung soviel, als mit Vorbehalt daß, wenn man sich verrechnet haben sollte, man solches wieder ändern dürfe.

Salz, s. Küchensalz.

Salzblumen, Salzblüthe. Fr. Fleurs de Sel, (Bergwerk) Ein zarter weißer Beschlag, der sich von salzigen Ausdünstungen in der Grube wie Haare oder ein Bart anlegt, oder wie der Frost an den Wänden.

Salzblumen. Eine Art von Salzkrystallen, welche man in Polen bey Krakau findet, weiß, halb durchsichtig und fäserich.

Salzblüte, s. Salzblumen (Bergwerk)

Salzbrodem, (Salzsiederey) der feuchte Dampf, der während dem Salzsieden aus der Pfanne aufsteigt, damit das wilde und überflüßige Wasser weggehe.

Salzbrunnen, Salzborne, (Salzsiederey) Brunnen über die Salzquellen gebaut, woraus die Sole vermittelst eines Tretrades oder eines Püschelwerks in die Höhe gezogen und in die Solenfässer gegossen wird. In Halle sind sie durchgängig mit eichenem Holz eingefaßt oder ausgeschält; und diese Einfassung hat bereits Jahrhunderte hindurch gedauert. Denn die eingezogene Sole hat das Holz gleich einem Stein verhärtet, und es widersteht daher der Verwesung. Vermuthlich hat man sich auch bey Verfertigung dieser Einfassung mit gutem Bedacht des Eisens zur Befestigung nicht bedient, denn alles ist mit Holz vernagelt und verspundet. An dem obern Rande jedes Brunnens liegen zwischen den eichnen Bohlen der Einfassung und der Erde, die jene umgiebt, Faschinen, welche den Druck der Erde gegen die Einfassung abhalten. Doch liegen diese Faschinen nur so tief als die Dammerde reicht. Denn unter dieser Dammerde geht die Einfassung der Brunnen durch eine Mergelerde, die wie ein Stammhart ist, und daher nicht nachschießt. Diese Mergelerde gewährt nicht nur den gedachten Nutzen, sondern sie hält auch alles fremde Wasser von den Brunnen ab, und dieser Vortheil ist um so schätzbarer und nöthiger, da sich die Brunnen bey Halle nicht weit von der Saale befinden. Anderwärts sind die Salzbrunnen nach Beschaffenheit des Orts, der Lage und der Gelegenheit auf diese oder eine andere Art eingerichtet.

Salz des Urins (Chymie) von dem faulen Urin nachdem er zu der Konsistenz eines Syrups ist abgedünstet worden, erhält man durch die Krystallisation ein besonderes Salzgemenge, welches unter dem Namen des flüßigen oder wesentlichen Salzes des Urins bekannt ist; das aus einer Verbindung des Sauren theils von dem Phosphorus mit einem flüchtigen Alkali bestehet. Wird dieses Salz dem Feuer ausgesetzt, so verläßt es sein Alkali, und nimt ein glasartiges Ansehen an, in welchem Zustande, alle Metalle, das Gold selbst nicht ausgenommen, durch dasselbe wenn es zum Fluß gebracht wird, angegriffen werden.

Salzerde, Fr. Terre de sel gemmé, (Bergwerk) Erdarten, wovon das Wasser, womit sie ausgelaugt werden, durch Einsieden einen Salzkörper giebt, wie man die vitriolische, alaunische, salpetrische, und salzige oder Kochsalzführende nennt.

Salzfaß, s. Salzmesse.

Salzfluß. Fr. Flux Salin, (Hüttenwerk) Eine Mischung von salzigen Materien, wodurch bey dem Probiren die Erze zum Fluß und Verschlackung befördert werden. Er besteht aus Salpeter und Weinstein und ist zweyerley, schwarzer und weißer, der erste wird aus zwey Theilen Salpeter und einem Theil Weinstein, der letztere aus gleichen Theilen gemacht.

Salzfütterung, (Landwirthschaft) allem Vieh dient eine Quantität Salzes. Den Pferden, wenn sie sehr erhitzt werden, giebt man Brod mit Salz und auch sonst zuweilen etwas unter das Futter, oder wenn man Steinsalz hat, läßt man sie daran lecken. Dem Rindvieh ist es auch ungemein dienlich, und man giebt ihnen manchmal Salz unter das Futter, oder legt ganze Stücken Steinsalz in die Krippe, daß es daran lecken kann. Es ist ein Verwahrungsmittel bey zu befürchtenden Seuchen zumal wenn man alle 8 Tage den Schleim auf der Zunge mit Salz und Essig abreibt. Bey den Schäfereyen ist die Salzfütterung nothwendig und von ausgebreitetem Nutzen. Diese wird auf zweyerley Art angestellt, entweder mit Steinsalz oder mit gewöhnlichen Küchensalz. Wo man Steinsalz braucht, wird solches mit Stricken hin und wieder an die Balken gelegt, oder auf Klötzern an den Wänden des Schafstalls herum befestigt, so daß die Schafe dazu kommen, und von solchem lecken können. Den Lämwern wird Salz gegeben ehe sie entwöhnt, und noch einmal ehe sie im Winter gezehlt werden. Man giebt den Schafen das Salz in Salztrögen. (s. diese) Man hat nicht in allen Schäfereyen gleichen Gebrauch mit dem Salzfüttern. Einige geben alle Monath eine halbe Metze Salz auf 100 Schafe andre füttern damit des Jahrs nur 2 oder 4mal.

Salzgräfe, s. Salzgräve.

Salzgräve, Salzgräfe, Salzgrave, Fr. Intendant de la Saline, (Salzwerke) der über die Salzwerke zu Halle gesetzte Richter, dessen Amt ist, nebst denen ihm zugeordneten 2 Bornmeistern, das Thal- und Salzgut, nebst den in das Thal gehörigen Leuten nach den Rechten des Thales zu regieren. Er wird erwählt und von dem Landesherrn bestätigt.

Salzgrube. Fr. la Saline, (Salzwerk) Ein Berggebäude, darinnen Salz gewonnen wird. Solche Gruben sind in Kalabrien, Tyrol, Sachsen und Polen, wo insonderheit, das mächtige Gebäude zu Wieliczka in dem jetzigen Königreich Galizien bey Krakau und zu Todsky bekannt ist.

Salzgrube. Ein Loch, so am Ufer des Meers in die Erde gemacht, mit Seewasser gefüllt, und, wenn das Wasser verdünstet, das Salz daraus gesammlet wird. Sie sind in Spanien und andern an der See, wo das Wasser sehr gesalzen ist, liegenden Gegenden gewöhnlich.

Salzhandel, Fr. le Saunage, wird jetzt nicht jedem Privatmann zugelassen, sondern als ein Regal zu den landesfürstlichen Kammern gezogen, und darüber Cessionen ertheilt. In einigen Reichen bringt dieser Handel große Einkünfte als in Frankreich, Preußen rc.

Salzherr, s. Salzjunker.

Salzhütte, s. Salzwerk.

Salzjunker, (Salzwerke) der Gewerke, welcher ein Thalgut oder Salzkothe zu eigen besitzt. Er heißt auch Pfänner, und im Lüneburgischen Sülzmeister.

Salzkasten, Fr. Saunage en detail, (Salzwerk) der von Magistraten in Städten und Privatleuten, auf erhaltene landesherrliche Vergünstigung, getriebene Salzhandel oder Salzschank.

Salzklöße, Salzlaaken. (Landwirthschaft) Eine Vermischung von Salz, Backofenlehmen, und allerhand Gesäme, welches zusammen in eine Masse gebracht, und an einem gelegenen Ort, die Tauben damit anzulocken, gelegt wird. Man nimt dazu Koriander, Fenchel, Anis, Kümmel, Schafgarbensaamen, Eberwurzel, Süßholz, Hanfsaamen, Linsen, Wicken, Haselwurzel, Meisterwurzel, Eisenkraut, gemeines Salz, und ausgebrannten Backofenlehm. Die Gewürze werden zerstoßen, mit Menschen-Urin in einem Kessel gesotten, und endlich der gestoßene Backofenlehm auch hineingeworfen. Alsdenn wird die Masse herausgenommen, und in kleine viereckigte Klößchen geschlagen, die anderthalb oder zwey Fuß groß und 2 bis 3 Querfinger tief sind, und man richtet solche auf dem Taubenheerd auf der Erde hin und her wie und wo man will. Wornach die Tauben auf dem Taubenheerd sich sehr einfinden.

Salzkorb. (Salzsieder) Ein aus Salweiden geflochtener Korb, der ungefähr 18 bis 20 Metzen Salz hält. Er ist unten etwas schmäler als oben, auch der Untertheil etwas weitläuftiger als der obere Theil geflochten, damit die Salzsolution erforderlich ablaufen kann. In diese Körbe wird das fertige Salz geschöpft, damit die übrige Sole abfließe und auch das Salz getrocknet werden könne. (s. Salzsieden)

Salzkoten, sind in Halle in Sachsen kleine Gebäude, worinnen man das Salz siedet und würket. Die Wände einer solchen Kote sind von Eichenholz aufgeführet und die Fächer mit Lehm ausgefüllt. Das Dach ist mit Brettern bedeckt und außerhalb noch mit Stroh und Lehm verkleidet.

Salzkrystallen, Fr. Chrystaux de Sel, die aus dem abgedämpften Salzwasser sich ansetzenden viereckigten Salzklümpchen, ingleichen, das in der Erde häufig angeschossene derbe Salz.

Salzkrystallen, (Chymie) die verschiedene prismatische Figuren, die die Salze im Anschießen annehmen. Nach einiger Chymisten Meynung ist es ein gewisses verborgenes Element, eine gewisse unveränderliche einfache Substanz in dem Salz, die da geschickt ist, diesen oder jenen Körper besonders zu bilden. Nach anderer Meynung aber entstehe die Krystallisation aus der Lage und Bildung der Grundtheile, die sie in ihrer Vermischung und Verbindung mit einander angenommen haben.

Salzlaacken, s. Salzklöße.

Salzlecke, s. Salztröge.

Salzlecken. (Jäger) Eine mit Salz und rothem oder gelben Leimen untereinander gemengter Teig, welcher in einen dazu gemachten hölzernen Trog für das Wildpret in die Wälder geschlagen wird.

Salzmann, hält in Halle 18 Metzen oder einen Scheffel und drey Viertel Hällisches Maas.

Salzmarmor. (Bergwerk) Ein klein gestreckter Marmor, welcher mit weißen Glimmern, in Gestalt der Salzkörner, durchsetzt ist.

Salzmeste, Salzfäßchen. (Haushaltung) Ein Gefäß für eine geringere Proportion Salz zum Gebrauch in der Küche oder auf dem Tisch. Zu jenem Gebrauch hat man meist vierkantige aus dünnen Brettern, Zinn, Meßing rc. verfertigte, etwan eine Metze Salz haltende, mit einem Deckel versehene Gefäße, deren hintere verlängerte Seite ein Loch hat, um sie an einen Nagel in der Küche aufhängen zu können. Die Salzmesten auf dem Tisch sind nur klein, von verschiedener Materie, Glas, Porzellan, Zinn, Silber rc. und Gestalten, oben tief ausgehöhlt, und unten mit verschiedenen kleinen Füßen, oder einem breiten Fuß versehen, um sie auf den Tisch setzen zu können.

Salzmoräste, sind gewisse Stellen an den Seeufern, wo man das Salzwasser ablaufen und das Salz anschießen lassen kann.

Salz-

Salzmühlen, diejenigen Mühlen, worinnen der sogenannte Salzstein zermalmet, sodann mit Wasser vermengt, und hernach Salz daraus gesotten wird.

Salzmutter, (Salzsiederey) der Schleim, der sich in den Gefäßen, worinn man die Sole aufbehält sammlet, eine dunkelgelbe Farbe hat, und von der Kalkerde herkömt, die zugleich etwas Gipsartiges bey sich hat. In der Pfanne beym Sieden zeigt sich diese fremde Vermischung in einer veränderten Gestalt, als eine harte lichtgelbe Rinde, die Scherp genannt wird.

Salzprob, s. Salzwaage.

Salzprobierkunst. Eine Wissenschaft die Kenntnisse der Salze betreffend, und besteht entweder in der Kenntniß des Salzwassers selbst, oder in der Kenntniß der äußern Gränzen worinnen Salzquellen vorhanden. Zur ersten gehört die Bearbeitung der Salzwasser, und man beschäftigt sich dabey entweder mit der Herausschaffung des Salzwassers aus der Erde, oder mit der Kunst, die in ihnen befindliche Salze zuzubereiten. Ferner untersucht man den innern Gehalt der Salzwasser welches die eigentliche Salzprobierkunst ist. (s. Salzwaage)

Salzquelle. Fr. la Saline, Ein Brunnen, dessen Wasser Kochsalz bey sich führet, dergleichen viele zu finden. Die berühmtesten sind zu Halle, im Magdeburgschen und in Schwaben, zu Lüneburg, Hallstädt in Oesterreich, Reichenhall in Bayern, und bey Salins in Burgund.

Salzrinne, s. Salztröge.

Salzschank, s. Salzkasten.

Salzschaufeln, (Salzsiederey) auf die Arbeit in den Salzkothen eingerichtete Schaufeln von eichen Holz, eine Art davon heißt Vollschürrschaufeln, die andere Aufschlagschaufeln jene sind 14 Zoll lang 10 Zoll breit, die letzteren 10 Zoll lang und 7 Zoll breit.

Salzscheibe. (Salzsiederey) Ein hölzernes Gefäß von Böttcherarbeit, worinn das Salz verführet wird.

Salzscheibe. Fr. bloc de sel, Ein Stück Salz ein Klumpen Salz, so zum Verkauf fertig ist.

Salzschlag. (Bergwerk) Ein körniger Quarz.

Salzschmant, (Salzsiederey) der Schmant, die Unreinigkeit in der Sole, welche sich in dem Kochen als ein Schaum oben aufsetzt.

Salzschroden, s. Broden.

Salzschöpf, s. Salzstein.

Salzschrape, (Salzsiederey) Schrapen in Gestalt der Pferdestriegel, den Schmutz von den Stücken Salz, wenn sie lange auf dem trocknen Boden gestanden, damit abzukratzen.

Salzsieden, Fr. Faire du Sel, (Salzsieder) die Arbeit da man aus der Salzsole das Salz auswirket. Zu diesem Ende ist in den Salzkoten folgende Einrichtung getroffen. In einer Wand der Kote steht ein großes hölzernes Faß, das Solfaß genannt. Dieses Faß steht am kühlsten Ort der Kote größtentheils in der Erde, theils damit die vorräthige Sole nicht verderbe, theils damit die Bornträger, welche die Sole in einem Zober herbeybringen, dieses Salzwasser desto bequemer in das Solfaß ausgießen können. Ueber der Oeffnung dieses hervorragenden Fasses hängt ein Korb oder eine Horde, dadurch gießen die Träger die Sole in das Faß, und die Unreinigkeit bleibt zurück. Wenn das Faß nicht gebraucht wird, so wird solches durch einen hölzernen Deckel verschlossen. (s. Solenfaß) Aus diesem Faß wird die Sole vermittelst einer Pumpe in eine hölzerne erhöhete Pumpenwanne geleitet, die gerade soviel Sole enthält, als mit einmal in einer Pfanne gesotten wird. Zu einem jedesmaligen Sieden wird 24 Zober voll Sole erfordert. Vermittelst einer hölzernen Rinne wird die Sole aus der Pumpenwanne in die Pfanne geleitet. (s. Salzpfanne) Die Pfanne steht beym Sieden auf einem hohlen steinernen Heerd, in welchem sich die glühenden Steinkohlen, als womit zu Halle gesotten wird, befinden. Die Kolen liegen auf einem starken Rost von gegossenem Eisen und unter dem Rost befindet sich ein Aschenloch, dessen Oeffnung zugleich den Zug der Luft befördert, wodurch die Kolen in Glut erhalten werden. Diese Oeffnung des Zugloches heißt der Luftfang. Die Pfanne wird gleich anfänglich bevestiget (s. Salzpfanne) und nachdem sie recht horizontal gerichtet ist, so pumpt der Salzwirker 21 bis 22 Fülleimer, deren jeder 10 bis 12 Pfannen hält, aus dem Pumpenfaß in die Pfanne, zugleich stellt er das Hornbrett (s. dieses) vor die Pfanne, daß es den Zug der kalten Luft abhält. Die Sole muß gleich anfänglich von ihrer Unreinigkeit gereiniget werden, dieserhalb gießt der Wirker zwey Löffel voll Rinderblut in die Pfanne, und rühret zugleich die Sole um, damit sich das Rinderblut mit der Sole gehörig vermische, unmittelbar leitet er noch 14 bis 17 Fülleimer Sole aus dem Pumpenfaß in die Pfanne, daß also 36 bis 38 Fülleimer voll Sole jetzt in der Pfanne stehen. Das Blut äußert seine Wirkung sobald die Sole zu kochen anfängt. Mit dem Aufwallen stößt die Sole alle Unreinigkeit in einem Schaum aus und dieser wird sorgfältig mit einem Schaumlöffel abgeschöpft. Das Feuer brennt alsdenn schon in seiner ganzen Stärke. Denn es sind die Steinkohlen gleich anfangs auf das, auf dem Heerde liegende Holz gelegt und mit Stroh angezündet. Damit nun die aus dem kochenden Salzwasser steigende Dünste den Salzwirker nicht verhindern die Sole in der Pfanne zu beobachten, so stellt er das Pfannenbrett (s. dieses) dergestalt neben die Pfanne, daß die aufsteigende Dünste gegen dieses Brett fahren, und sich brechen. Wenn das große Feuer, wo man mit Steinkohlen siedet, 2½ Stunden in seiner ganzen Glut gebrannt hat, so sagt der Sieder es ist Zeit, das will soviel sagen, daß das Feuer geändert werden muß. Denn die kochende Sole wallt zu der gedachten Zeit stark auf, und das Salz fängt an, auf der Oberfläche anzuschießen. Deswegen muß der Sieder durch einen Niederschlag die anschießenden Salzkrystallen niederschlagen. Vernachläßiget er dies zu der vorherbenannten Zeit, so setzt sich eine starke Haut auf der kochenden Sole, und das Salz schießt nicht weiter an. Doch setzt sich jederzeit, worinn es nach dem obengedachten Aus-

druck

druck Zeit ist, dennoch eine dünne Haut auf der Sole, die aber sogleich zu Boden sinket, wenn der Salzwirker weiß Bier in die Sole gießt, wodurch das Salz niedergeschlagen wird. Sobald sich wieder eine Haut auf der Oberfläche der Solution zeigt, so wird wieder von neuem etwas Bier in die Pfanne gegossen. Durch einen solchen Niederschlag entstehen die Salzkörner, die durch ihre eigene Schwere zu Boden sinken. Zugleich zieht der Wirker das Feuer unter der Pfanne heraus. Denn die Erfahrung hat gelehrt, daß das Salz bey einem allzustarken Feuer gleichfalls nicht anschießt. Die Solution kocht bey einem gelinden Feuer eine halbe Stunde ganz mäßig oder nach der Kunstsprache, sie soacket. Sobald sich die Salzkörner völlig auf dem Boden der Pfanne gesetzt haben, so legt der Wirker auf die Soogebäume (s. diese) zwey und zwey Spähne, (s. diese) Bretter, die in der Mitte einen runden Ausschnitt haben. In diesen runden Ausschnitt setzt er zwischen zwey und zwey Spähne einen und also überhaupt zwey Salzkörbe über die Pfanne. Eine Frauensperson schöpft hierauf das Salz mit einer blechernen Schaufel aus der Pfanne, und füllet den Korb gehäuft an. Sie sagt dabey, sie habe den Greifl des Korbes verfertigt. Die Solution läuft in die Pfanne zurück und nur die Salzkörner bleiben in dem Korbe. Das Salz schießt in dem Korbe da die Solution abläuft, nach, und es muß derselbe wiederholentlich angefüllt werden. Sie gießt nochmals etwas Bier in die Solution, läßt diese eine Viertelstunde soacken, und nach diesem Soacken wird das übrige Salz mit einer hölzernen Schaufel aus der Pfanne in den Korb aufgehäuft, oder es wird der Kopf gemacht. Es ist nunmehr ein Werk d. i. zwey Salzkörbe voll gesotten. Nun pumpt man wieder Sole zu und wiederholt das Sieden auf die jetzt gezeigte Art. Die gefüllten Körbe setzt man nun auf Zürbel, (Fässer) worinn die noch darinn befindliche Solution größtentheils abläuft. Diese ist unbrauchbar wird aber doch noch in das Solfaß gegossen und mit frischer Sole wieder gesotten, weil doch noch Salz darinn seyn kann. Wenn man mit Holz sieden möchte, so könnte man ein Werk in 4 bis 5 Stunden sieden. Bey der Steinkohlenfeuerung muß man aber 7 Stunden Zeit haben. In Tag und Nacht siedet man ungefähr 3 Werke. Nach zwey Tagen muß die Pfanne gereiniget werden, denn sie muß von dem an dem Boden und den Seitenblechen angesetzten Scherp befreyet werden. Wird das Sieden auf einige Zeit ausgesetzt, so wäscht man die Pfanne mit Wasser aus, und läßt dieses bis zum nächsten Sieden in der Pfanne stehen. Alsdenn nimt man die Pfanne von dem Heerd ab, trägt sie auf die Gasse, legt sie gegen eine Kote und wäscht sie nochmals aus. Hierauf wird sie auf den Pfannbock (s. diesen) gestellt, so daß die hohle Seite gegen die Erde gekehrt ist. Unter der Pfanne wird mit einem Bund Stroh Feuer angezündet, und dieses mit einer Kohlenruthe geschürt, wenn das Feuer ausgebrannt ist, so nimt man die Pfanne vom Bock und klopft gegen die Zusammenfügungen der Bleche oder Nähe, wo sich die niedrigsten Unreinigkeiten setzen mit dem

Scheerphämmer (s. diesen) und gegen das bloße Blech mit einer Hage (s. diese) dann wischt man mit einem Anschlagewisch (s. im Supplement) die Pfanne aus. Nachdem das Salz auf den Zierbeln gesteckt und gedachtermaßen die Solution abgetränft ist, so wird es getrocknet. (s. Salztrocknen)

* Salzsieder, Salzwirker, Fr. Saunier, (Salzsiederey) der Arbeiter, der das Solenwasser durch das Sieden in Salz verwandelt. Zu Halle heißen diese Leute Halloren. Sie sondern sich in zwey Brüderschaften beständig ab, nämlich in die Brüderschaft der Bornknechte und Salzsieder oder Salzwirker. Die Bornknechte sind theils Radtreter, theils Zäpfer, theils Träger. Jeder Salzsieder verrichtet seine Arbeit mit Beyhülfe seiner Familie, welches das gewöhnlichste ist, oder in Gesellschaft eines Salzknechts. In jeder Kote ist aber nur ein einziger Salzsieder. Zu diesem gehören auch die Träger, die Läder, die Stöpper und die Pfannenreiniger.

Salzsohle. 1) die Salzhütte Fr. la Saunerie, selbst, darinn Salz gesotten wird. 2) Fr. la Saline, Quellwasser, so Kochsalz bey sich führet.

Salzspindel, s. Salzwaage.

Salzstätte, ein von Erde aufgeworfener hoher Ort oder Berg, wo das Salz, wenn es gesotten und in die Körbe aufgeschlagen ist, getragen und getrocknet wird.

Salzstein, Salzschöpf. 1) das Salz, welches sich beym Sieden an der Pfanne fest ansetzet, und bey Reinigung derselben abgestoßen wird. 2) ein Stein, der härter als Marmor, eisenfarbig und mit Braun vermischet ist. Man findet bisweilen Kieskörner, Ammonshörner, und andere Versteinerungen, auch andere Figuren und Spiele der Natur darinn. Wenn er an der Luft liegt, so wird er braun, und fängt an zu verwittern. Wenn er zu Tischblättern geschnitten wird, zeigt er braune Figuren. Er bricht beym braunschweigischen Lustschloß Salzthalen. (s. auch Steinsalz)

Salzstock, ein großer Nieren oder Klumpen Salz in der Erde.

Salzstube, Sulstube, (Salzsiederey) große Behältnisse von Holz, deren Boden mit Thon belegt sind, und worinn das mit Salz gesättigte Wasser, welches man von dem Salzstein, im Salzburgischen, Tyrolschen aus den Salzbergen gewinnet, so lange aufbehalten wird, bis es zu Salz versotten wird. Denn an diesen Orten gewinnet man das Steinsalz dadurch, daß man in das Salzgebirge Sinkwerke macht, Weitungen oder Gruben führet, in solche vom Tage süßes Wasser leitet, welches, nachdem es das im Berge befindliche Salz ausgelauget hat, in die Höhe gezogen, und in den Salzstuben zum Versieden aufbewahret wird.

Salzstück, soviel Salz, als in einer Pfanne mit einmal gesotten wird, welches auch ein Korb Salz heißt, aber nicht überall von gleicher Quantität ist. Z. B. in Halle hält es zwey Salzkörbe voll, an andern Orten aber mehr oder weniger.

Salzthalischer Stein, ein Stein, der nicht vor langen Jahren bey dem braunschweigischen Lustschloß Salzthalen auf dem Acker entdecket, und mit dem Pfluge herausgeworfen wird. Seine Stücke sind jederzeit mittelmäßig und von ungewisser Figur, woraus zu urtheilen ist, daß er ein Bruchstein ist. Man findet darinn versteinerte Ammonshörner und Belemniten, die man sonst auch Donnerkeile, Albschoßsteine oder Pfeilsteine nennet, die eben die Gelegenheit gegeben haben, daß man auf diesen Stein aufmerksam geworden ist. Auch trifft man, aber sehr selten, andere Versteinerungen in dem an. Diese bestehen zum Theil aus dem Stein selbst, zum Theil aber sind ihre Höhlungen mit einem weißlichen oder gelblichen durchsichtigen Spath ausgefüllet. Nicht selten ist z. B. in einem Ammonshorn ein Theil der Höhlungen mit dem Stein selbst, der andre Theil hingegen mit durchsichtigem Spath angefüllet. Der Stein an sich selbst, wenn er noch nicht lange an der Luft gelegen, ist etwas härter, wie der Marmor, und sieht eisenfarbig mit Braun vermischt, oder eisenrostig aus. Seine Farbe rühret von einem Eisenfluß her, den er häufig bey sich führet. An der freyen Luft wird er hellbrauner und verwittert etwas. Geschliffen sieht er schön aus, zeigt alle Figuren als Bäumchen oder Dendriten, auch bringt er oft allerley Spiele der Natur hervor, und können durch eine Reihe von Schleifemesser, worinn Silber ausgegraben werden, noch mehr verschönert werden, und zu Dosenplatten, oder auch als Malerey in Rahmen, angewendet werden.

Salztonnen, (Böttcher) Tonnen von Kiefern- oder Fichtenholz, worein das Salz gepackt wird. (s. Tonne)

Salztrockenofen. (Salzsieder) Ein Ofen von Eisenblech zusammengesetzt, der in der Brandmauer des Pfannenheerds (s. Salzpfanne) in einiger Erhöhung angebracht ist. Er ist da, um die Kote zu erwärmen, und das Trocknen des Salzes zu befördern. Aus dem Ofen geht dergestalt eine 1½ Fuß weite Röhre von Eisenblech, welche in der ganzen Kote herum geführet ist, und erst unter dem Dach aus der Kote heraus geht. Diese Röhre leitet den Rauch des Feuers aus dem Heerde ab, macht die Kote warm, und befördert das Trocknen des Salzes. Der Ofen sowohl als die Pfanne mit ihrem Heerde stehen unter dem Brodenfang, (s. diesen) denn er leitet das in Dünste aufgelösete wilde Wasser der siedenden Sole ab, und diese Dünste heißen in den Koten die Brode.

Salz trocknen. (Salzsieder) Wenn die Solution aus den Salzkörben auf den Kiebeln abgelaufen ist, (s. Salz sieden) so werden die Körbe mit dem Salz auf die Salzkörer (s. diese) zum Trocknen gebracht, woselbst sich die noch übrige Solution völlig in die Erde zieht, und das Salz vollkommen gereiniget wird. Von der Salzkörer wird das Salz in den Körben auf ein Gestelle von Brettern neben der Röhre gesetzt, die aus dem Salzofen in der ganzen Kote herum geleitet ist, (s. Salztrockenofen) wo das Salz in der Hitze der Kote völlig austrocknet, alsdenn wird das ausgetrocknete Salz unter das Dach der Kote getragen. Das Salz, welches zu Wasser verfahren wird, muß wenigstens 6 Wochen liegen, ehe es in Tonnen gepackt und versendet wird.

Salztröge, Salzrinnen, Salzlecken, (Landwirthschaft) kleine schmale Tröge, worinn den Schafen das Salz bey der Salzfütterung (s. diese) gegeben wird.

Salzversilberer, Fr. Saunier, ein Offizier, welcher das Salzregalium dirigirt, und den Handel im Ganzen besorget.

Salzverwalter, der Aufseher über das Salzwerk, welcher zugleich die Rechnung führet.

Salz von Agrigent, eine besondere Art des Steinsalzes, dessen Plinius gedenket. Es hat die besondere Eigenschaft, daß es im Feuer leicht schmilzt, und im Wasser zerfällt, sich aber nicht auflöset. In verschiedenen Gruben soll es so rein gebrochen haben, daß die Bildhauer verschiedene Werke daraus gemacht, und es dem Marmor vorgezogen haben. Der Ort, wo es bricht, liegt 4 bis 5 Meilen von Gergen o.

Salzwaage, Salzprobe, Salzspindel, ein Instrument, womit man die Stärke der Sole probiret, ob sie viel Salz enthält. Sie gleicht einer gewöhnlichen Bierprobe. (s. diese)

Salzwasser, Sohle, Wasser, das Kochsalz giebt. (s. Sole)

Salzwerke, Salzhütte, Saline, sind öffentliche Anstalten, worinn die Salzsole aus den Brunnen geschöpft, in den Salzkoten oder Hütten gesotten, und überhaupt alles bestellet ist, was zur Zubereitung des Küchensalzes gehöret. Man findet daher nicht allein die gehörigen Gebäude zum Salzsieden, sondern auch die erforderlichen Gradirhäuser (s. diese) um die Sole zu verbessern, und andere Anstalten.

Samaster, Korallen, welche die europäischen Kaufleute nach Smyrna führen, wovon man rohe und gearbeitete hat.

Samis, s. Samitis.

Samitis, Samis, ein überaus reicher Zeug, dessen Zettel oder Aufzug von Seide, der Eintrag aber von goldenem Lahne ist. Man macht ihn vornehmlich zu Venedig, und braucht ihn meistens zur Handlung nach Konstantinopel. Sonst hatte man auch ganz seidene Samitis, und einige ohne Seide, die insgesamt von Venedig, Florenz, Bologna und Neapel kamen, die jetzt aber unbekannt geworden sind, oder andere Namen führen.

Samische Erde, Pfeifenthon, weisser Thon, unächte Porzellanerde, Fr. bol de Samos. (Bergwerk) Eine Siegelerde aus der Insel Samos im Archipelagus, davon die Alten, als Plinius und andere mehr, geschrieben haben. Ihre Farbe soll weiß, nach einigen aber auch schwarz oder grau gewesen seyn. Es sollen zwey Arten gewesen seyn, eine leicht, weich, saftig und feinhaftig anzugreifen, die andere aber blätterich und derb, fast wie ein Wetzstein.

Sämische

Sämischgerber, Fr. Chamoiseur, eine Art Weißgerber, die Sämischleder gerben. In Deutschland sind sie von den Weißgerbern nicht verschieden.

Sämischgerberey. Die Zubereitung der Lederarten durch das Walken mit Fett ohne Lohe und Alaun. Kalb- und Hammelfelle, die Häute der Rehe, Hirsche, der Elendthiere, auch Ochsenhäute werden dazu vorzüglich angewendet. Diesen Lederarten wird gemeiniglich die Narbe abgenommen, theils um sie besser mit Oel tränken, und biegsamer oder schmeidiger machen zu können, theils weil sie zu Kleidungsstücken auf der Narbenseite getragen werden. Deswegen werden sie, wenn sie wie die Leder der Weißgerber (s. weißgerben) aus dem Kalkäscher kommen, auf dem Abstoßbaum mit dem Abstoßeisen abgestoßen, mit dem Beschneideeisen ausgeputzt, verglichen, wieder in den Kalkäscher gebracht, abgeschabt, abgespühlt, in der Kleyenbeitze mit der Stoßkeule gestoßen und ausgewunden. Zum Walken in der Mühle werden die Leder mit gutem Trahn eingeschmieret; zwischen dem Walken werden sie zuweilen ausgebreitet, und im Rahmen, bis sie ausrauschen, getrocknet. Nach dem Walken werden sie über einander gelegt, in einige Gährung gebracht, oder in der Beize gefärbet; nächstdem werden sie in einer alkalischen Lauge abgewaschen, mit der Stolle, mit der Streiche, und mit dem Schlichtmond völlig zugerichtet. (Bey den Weißgerbern wird dieses alles deutlicher gemacht werden.)

Samkosten, Sammkosten. (Bergwerk) So werden die Zubußen im Bergbau an einigen Orten genannt.

Sammelkasten, s. Cisterne.

Sammelkasten, Schwellteich. (Mühlenbau) Wenn ein kleines Wasser, das etwa 4 oder 5 Fuß im Thal oder gegen ein Thal fällt, aber nicht eben auf ein Rad geleitet werden kann, und solches doch zu einem Mahlgange auf Stromberverg (s. dieses) zu verstärken wäre, um es zu einer Hausmühle brauchbar zu machen, und unten an ein Rad zu richten, so verfährt man auf folgende Art: Gesetzt, das Bächlein wäre nur 1 Fuß breit und 1 Zoll tief, so muß es gesammlet und aufgefangen werden. Dieses muß durch einen Kasten, der der Sammelkasten genennet wird, geschehen, wodurch es alsdenn, wenn es einen wenigen Lauf führet, in einer Stunde bey 729 Eimer Wasser füllen kann; hat das Bächlein aber 6 Zoll Tiefe und die nämliche Breite, so kann es 2187 Eimer Wasser füllen, und wenn es 1 Fuß Tiefe und Breite hätte, so kann es in dieser Zeit 2916 Eimer Wasser füllen, und denn hat ein solcher Bach Stärke und Nachdruck genug, eine solche Nothmühle zu treiben, nur daß es vor dem Rade seinen erforderten Absturz habe, das Rad gehörig in den Gang zu bringen und umzutreiben. Hierzu macht man einen solchen Kasten, daß man darinn von einem solchen Bach 6 Stunden das Wasser einsammlen könnte, der 168¾ Fuß lang, 26 Fuß breit, und 4 Fuß tief ist.

168¾ Fuß Länge
26 Fuß Breite

1008
336
11

4381
4 = Tiefe

17526 Kubikfuße von 16 Zoll oder Eimermaaß, welches der ganze Inhalt des Kastens ist. Wenn nun in einer Stunde 2916 Eimer aus oben gedachtem Bach laufen, so füllet der Bach in 6 Stunden 17496 Eimer und bleibt noch ein Raum auf 30 Eimer. Aus welchem Kasten und dessen Auslauf sodann, wenn das Rad einen Schuh hoch und einen Schuh breit Wasser zum Umtriebe hätte, man wenigstens 6 Stunden mahlen könnte. Allein wenn das Gefälle recht angerichtet wird, so wird man auch noch wohl mit wenigerm Wasser länger mahlen können. Und daher läßt sich der Wasserkasten auch wohl etwas enger zusammen ziehen. Denn wenn er 30 Fuß lang, 8 Fuß breit, und 2 bis 3 Fuß tief ist, so kann es genug seyn, wenn nur der Bach einen hinlänglichen Nachschuß hat.

Sammet, s. Sammt.

Sammetweber, s. Sammtmacher.

Sammler, Lumpensammler, derjenige, der in Städten und auf dem platten Lande die Hadern und Lumpen einhandelt, und solche in die Papiermühlen abführet.

Sammt. (Sammtmacher) Eine Gattung Zeug, der auf seiner Oberfläche einen rauhen Flor oder rauhe Fasern hat, und deswegen gleichsam der Sammt genennt wird, oder die Oberfläche bildet dicht aneinander liegende Ringel. Nach Beschaffenheit der innern Güte und Stärke des Sammts, und der darinn enthaltenen Kettenfäden hat man unter dem glatten drey Gattungen, Plüsch, Paster, und Kieper. Der erste ist der schlechteste, der letzte der beste; alle drey Arten aber werden mit einerley Handgriffen gewebet. Zu dem Kiepersammt nimt man bessere Seide und mehr Fäden, als zu dem ersten und zweyten. Jede Gattung wird wieder in verschiedene Arten eingetheilet, nämlich 3 bis 4 Draht Plüsch, 4 bis 6 Draht Paster, und 4 bis 6 Draht Kieper. Den letztern nennt man auch schweren italienischen oder genuesischen Sammt. Draht bedeutet einen einzelnen Faden der Poilkette, wodurch das Rauhe oder der Flor des Sammts entsteht. Wenn es also heißt, 4 oder 6 Draht Kieper, so bedeutet es so viel Poilfäden zusammengesetzt, die durch eine Hevalsch oder Schaftlitze und zwischen ein Rieth eingezogen sind. Man hat aber nicht allein glatten einfarbigen Sammt, sondern auch geblümten vielfarbigen, sowohl brochirten, als auch faconirten, gezogenen und reichen Sammt, und auf englische und französische Art. Jede dieser Gattungen wird mit besondern Einrichtungen und besondern Handgriffen gewebet, wovon folgende Artikel Nachricht geben.

Sammtborten, (Bortenwirker) Borten, die wie der Sammt, einige rauhe aufgeschnittene Stellen haben. Der Aufschweif ist entweder leinen Garn oder Seide, und der Einschlag kann gleichfalls von eben diesen Materien seyn. Doch ist es oft Gold oder Fäden, und dann nennt man sie Gold- oder Silberborten. Der Theil des Aufschweifes, woraus der Sammt soll geschnitten werden, wird auf den Rollen der Leiter (s. diese) nur schlaff durch die Steine gespannt, damit er sich etwas über die Borte erhöhen läßt. Der Bortenwirker hat bey dem Weben dieser Borten zwey Kämme und feine stählerne Klingen, und steckt eine derselben unter den schlaffen Theil des Aufschweifes, wenn auf einer Stelle Sammt entstehen soll. Er schießt alsdenn viermal ein, und steckt hierauf die zweyte Klinge durch den Aufschweif, und auf diese Art fähret er fort durch alle Stellen, die Sammt machen sollen, die Klingen unter die schlaffen Aufschweiffaden zu stecken. Wenn er eine Klinge heraus zieht, so durchschneidet ihre Schärfe die Fäden des Aufschweifs, die sich bey dem Weben um sie geschlungen haben, und es entsteht der Sammt.

Sammtbürste, (Bürstenmacher) eine kleine Bürste von weichen Pferdehaaren, die nicht allein davon, daß sie weich und sanft sich anfühlen läßt, sondern auch davon, daß man sammtene Kleidungsstücke damit ausbürstet, den Namen erhalten.

Sammterz, Fr. Mine en velours, (Bergwerk) Erz, welches zarte kleine Spitze hat, die wie Haare aussehen, das sehr leicht und milde ist, und sich wie Sammt anfühlen läßt, andere nennen es auch Federerz. (s. dieses.)

Sammt, fagonirter, mit Fußarbeit. Eine Sammtart, die geblümt aber nur von einfacher Arbeit ist. Er wird nach Art der Fußarbeit (s. diese) gewebet, und erhält seine Figuren durch viele Schäffte. Er wird auf dem Stuhl des glatten Sammts (s. Sammtstuhl) gewebet, und dieser weicht nur im folgenden von jenem ab. Erstlich müssen nach Beschaffenheit des Musters zwey auch mehrere Poilbäume, je nachdem mehr oder weniger Farben dazu gebraucht werden, angebracht werden, und zu jedem Poilbaum gehöret eine Poilkette. Ferner gehört zu jeder Poilkette wenigstens ein Poilschaft nebst seinem Fußtritt. Breite und Riedt ist so, wie bey dem glatten Sammt. Es kömt nur darauf an, daß die Poil- und Grundkette, nach der Vorschrift des Musters, erforderlich einpassiret, und diese gehörig mit den Fußtritten vereiniget werden. Ein einfaches Beyspiel soll diese Arbeit erklären. Man nehme an, daß in dem Sammt sich rothe und weiße Würfel bilden sollen, so muß außer der Grundkette noch eine Poilkette mit weißen und eine mit rothen Fäden angebracht werden. Es wechselt immer ein Stein oder Würfel mit dem andern ab. Die beyden Poilkettenbäume liegen in dem Stuhl hinter dem Grundkettenbaum, in einem Cantre. (s. Cantre des Sammtmachers) Beyde Poilketten sind streifig geschoren, weil immer ein rother Stein mit einem weißen, nach der Höhe und Breite des Zeuges abwechseln, folglich muß eine weiße auf eine rothe Strecke folgen, und beyde haben gleiche Anzahl Fäden, denn die Würfel sind sich in Ansehung der Größe gleich. Wenn aber in einer Poilkette an einer Stelle ein weißer Streifen ist, so muß in der andern an eben dem Orte ein rother Streifen seyn. Die Grundkette und die beyden Poilketten müssen nun nach der Vorschrift des Musters in die Schäffte einpassiret werden. Wenn der Sammt einen Köper bekommen soll, so sind vier Grundkämme nebst eben soviel Grundtritten vorhanden, nebst noch 2 Poilschäfften mit ihren besondern Tritten, und die Grund- und Poilfäden werden auf folgende Art einpassiret: Den Anfang macht ein Grundkettenfaden, der einfach ist, und in das erste Litzenauge des hintersten Grundkammes einpassiret wird. Auf diesen folgt ein rother Poilfaden des ersten Poilbaums, der in den ersten Poilschafft gezogen wird, dann wieder ein Grundfaden in das erste Litzenauge des zweyten Grundschaffts, auf diesen Grundfaden folgt ein weißer Poilfaden des zweyten Poilbaums, der in das erste Auge des zweyten Poilschafts gezogen wird. Diese 4 Fäden kommen in der Folge in ein Riedt. In dieser Ordnung werden nun alle Grund- und Poilfäden abwechselnd einpassiret. Sobald nach dem Muster eine Reihe Würfel eingereihet sind, dann muß in der zweyten Reihe anders eingereihet werden; denn anstatt daß erst Roth und Weiß abwechselten, so muß bey dieser Reihe Weiß und Roth abwechseln, folglich zu Anfange erst Weiß und denn Roth nach einem jeden Grundfaden einpassiret werden, und so wechselt es durch alle Reihen der ganzen Breite beständig ab. Alle sechs Schäffte müssen nun an die 4 Grundfußtritte dergestalt vereiniget werden, daß nicht nur in dem Grunde des Sammts und in den Kanten ein Geköper entsteht, sondern daß auch die beyden Poilschäffte vereiniget bey einem Tritt hinauf, bey dem andern aber hinab gehen, und beyde Poilketten wechselsweise ins Ober- und Unterfach kommen. Außerdem muß noch jeder Poilkamm mit seinem Poiltritt vereiniget werden, wodurch man jede Poilkette über die Grundkette erheben kann, wenn die Ruthe eingelegt werden soll. Nun tritt der Weber nach der ganzen Einrichtung der Kette erst die vier Grundschäffte durch, schießt, einen feinen Faden nach jedem Tritt ein, und macht einen glatten Streif. Nach diesem tritt er mit dem linken Fuß den ersten Poiltritt und die erste Poilkette, welche die erste Reihe Steine bildet, geht in die Höhe, und erhebt sich über die Grund- und zweyte Poilkette, er legt die Ruthe wie bey dem glatten Sammt, (s. Sammt glatten) tritt den ersten Grundtritt, macht hierdurch Fach, und die erste Poilkette sinkt ins Unterfach. Er schießt denn einen starken Einschlag ein, tritt den zweyten Grundtritt, beyde Poilketten gehen ins Oberfach, und er schießt wieder einen feinen Einschlag ein. Nach diesem tritt er wieder den ersten Poiltritt, und dies wiederholt er so lange, bis die erste Reihe Steine gebildet ist. Nun tritt er, wenn wieder ein Grundtritt getreten, und der feine Einschlag eingeschossen worden, den zweyten Poiltritt, und die zweyte Poilkette bildet nun ihre Würfel. Während daß sich die Steine des einen Poilschaffts bilden, weben sich die Kettenfäden

fäden des andern Poilschäffte in den Grund, und so auch umgekehrt, und so bildet sich ein Würfel um den andern. Kommen mehrere Farben vor, so müssen auch mehr Poilbäume, Poilschäffte und Poiltritte angebracht werden. (s. Jasperbeit)

Sammtflecke rein zu machen. Man nimt Zwiebeln, läßt sie in Brandweinessig sieden, und bestreicht damit die Flecke. Wenn Wachs auf Sammt getröpfelt ist, so kann man solches von allen Farben, nur nicht von Roth, auf folgende Art wegnehmen: Man nimt lockeres Brod oder Semmel, röstet es auf Wachs, und reibt dies so lange, bis alles Wachs heraus kommt, es geht recht gut heraus.

Sammt, gezogener geblümter nach englischer Art. Ein Sammt, der solche künstliche Muster hat, deren Natur es mit sich bringt, daß sich ein Faden der Poilkette von einerley, und derselben Farbe ungleich öfter um die Nadel schlingen muß, als die andern. Um die Schattirungen hervorzubringen, können keine Poilbäume, sondern es müssen viele kleine Rollen, eine jede mit ihrer Schattirung von Poilfaden, angebracht werden, die auf Drath in einem Rahm oder Cantre (s. diesen bey geblümten Sammts) über dem Grundkettenbaume gereigt stecken. Man nennt diesen Sammt nach englischer Art verfertigen. Gewöhnlich hat er einen weißen oder blauen Grund, der an sich glatt ist und durch die Blumen durchschimmert. Die Blumen entstehen also in diesem Fall bloß durch den Flor des Sammts, doch ist der Grund auch zuweilen mit einem weißen oder blauen Sammtflor bedeckt; die Blumen sind aber jederzeit klein, und es kommen mehrere von einer Größe und Beschaffenheit in einer Reihe nach der Breite des Zeuges vor, oder wie der Weber sagt, es sind Theile vorhanden, die sich oft auf 4 bis 10 u. s. w. belaufen, folglich muß auch der Harnisch desselben darnach eingerichtet werden. Zuerst werden die Hauptfarben der Blumen in dem Cantre (s. diesen) gestellt und jede Hauptfarbe mit ihren Nebenschattirungen hat ihren besondern Ort in dem Cantre. Der Sammtmacher muß in diesem Fall berechnen, wieviel Poilfäden zu jeder Haupt- oder Schattirfarbe der Blumen erforderlich sind, und er muß die Rollen mit Seide von verschiedenen Schattirfarben jeder Hauptfarbe, dergestalt hintereinander auf dem Rahm stellen und ordnen, daß jede Rolle nach Anleitung des Musters ihren Platz erhält, und also auch die Fäden jeder Rolle. Die Fäden werden in ihrer nöthigen und genau berechneten Ordnung durch die Dräther des Cantres und durch einen Oeffner, der vor dem Rahmen hängt, nach dem Harnische geleitet. Der Harnisch erhält soviel Eintheilungen, als Farben vorhanden sind, und die verschiedenen Harnische werden in jeder Reihe der Patrone, durch eine gemeinschaftliche Latze, (s. diese) eingelesen und vereinigt, gerade wie bey dem vielfärbigen Droguetsammt (s. diesen.) Der Unterschied ist nur, daß dieser Sammt hier Theile hat, der Droguetsammt aber insgemein nicht. Da sich aber theils durch die Mehrheit der Theile, theils auch durch die mannigfaltige Einrichtung des Harnisches die Anzahl der Arkaden und zugleich der Bleygewichte vermehrt, so kann der Junge auch nicht mit der bloßen Hand den Latz ziehen, sondern solches geschieht mit der Maschine. (s. diese zum schweren gezogenen Sammt) Gesetzt ein solcher Sammt bestehe aus 10 Theilen und im Riede stehe dieser Sammt 800 hoch, und in jedem Rohr seyen 4 doppelte Kettenfäden und zwey dreyfache Poilfaden, so hat die Grundkette 3200 doppelte die Poilkette aber 1600 dreyfache Faden. Der Harnisch mag 200 Rahm und Zampelchorden (s. beyde) haben, und an jeder Rahmchorde befinden sich 10 Arkaden, wenn das Muster 10 Theile hat. Folglich sind in diesem Fall 2000 Arkaden, eben soviel Harnischlitzen und Maillons vorhanden. Die Anzahl der Rollen zu dem Poil des Sammts beläuft sich hier so wie die Anzahl der Rahmchorden auf 200; auf jeder Rolle werden so viel Fäden aufgewickelt, als dieser Sammt Theile hat. Aber da hier 10 Theile sind, so werden die zu einem Theil gehörige Fäden auf zwey Rollen vertheilt, und also auf jede Rolle 5 Fäden gewickelt; und die Farben müssen, wie schon gedacht, berechnet und geordnet seyn. Die Rollen folgen in Reihen auf einander und die Fäden werden nach ihrer erhaltenen Ordnung durch den Rahm und Oeffner geleitet. Z. B. der Weber nimt die Fäden der beyden hintersten ersten Rollen, die in dem Rahm zusammen liegen und auch zu einem Theil gehören, nimt die 5 Faden der ersten Rolle, leitet jeden Faden zwischen zwo Drathspillen des vor dem Cantre senkrecht stehenden Rahmens auf der einen Seite und alsdenn durch die 5 ersten Zähne des vor dem Rahmen hangenden Oeffners, aber auf der entgegengesetzten Seite des Oeffners gegen den Rahmen, die andre 5 Fäden der andern Rolle zieht er auf der andern Seite des Rahms zwischen die Drathspillen, und gleichfalls zwischen 5 Zähne des Oeffners, ebenfalls wieder auf der entgegengesetzten Seite, folglich durchkreuzen sich die Fäden beyder Rollen, und wenn der Sammtmacher fortfährt, die Fäden der übrigen Rollen in dem Rahmen und Oeffner zu vertheilen, so weiset er hierdurch jedem Faden seinen Ort an, an welchem er durch den Harnisch gehen soll, ohne daß er sich verwirren kann; und es werden die Fäden der sämmtlichen Rollen nach den Theilen des Sammts vertheilt. In eben der Ordnung nach welcher die Poilfäden in dem vorgedachten Oeffner vertheilt sind, werden sie auch durch den Harnisch passirt. Das Harnischbrett dieses Harnisches ist in 10 Theile getheilt, weil der Sammt 10 Theile hat, und die Arkaden werden nach eben dem Gesetzen durch das Harnischbrett gezogen, als wie beym Droguet (s. diesen) durch die Maillons des Harnisches und durch die Schäffte wird die Grund- und Poilkette auf folgende Art durchgezogen oder einpassirt. Es müssen nämlich 10 Grundschäffte und eben soviel Fußtritte vorhanden seyn, weil der Grund einen Atlaskieper erhält. Außer diesen gehören noch soviel Poilbäume nebst soviel Poiltritten dazu, als Hauptfarben überhaupt in dem Sammt mit ihren Nebenschattirungen eingewebt werden sollen. Der vor dem Rahm hangende Oeffner bestimmt den Gang der Poil- und Grundfäden,

fäden,

fäden, den sie nach dem Harnisch nehmen sollen. In derer Ordnung werden die Poilfaden in den Maillons der Harnischlitzen eingefädelt, die dazwischen laufende Grundfäden, welche im Weben mit den Poilfäden abwechseln, gehen die Maillons vorbey und werden nur in die Augen der Grundschäffte einpassirt, und zwey Grundfäden wechseln beständig mit einem Poilfaden ab, dieser geht durch das ihm zugehörige Maillon seiner Harnischlitze, die Augen der Grundschäffte vorbey, und in das Auge des ihm zugehörigen Poilschaffts und so wechselt es immer beständig ab. Alles geschieht von hinten nach vorne im Stuhl, das ist, so wie der Harnische und Schäffte hangen, so gehen sämmtliche Kettenfäden beyder Art immer von hinten, nämlich durch die hintersten und denn den folgenden u. s. w. durch. So reichet oder passirt er alle Theile nach der den Fäden gegebenen Richtung im Oeffner ein. Die Grundfäden wechseln, wie gedacht, beständig mit den Poilfäden ab, und da jene entweder weiß oder blau mehrentheils sind, so kommen die lebendigen Blumen in diesem Grunde zu liegen, und die dazwischenliegenden Grundfäden werden in der Figur von dem Flor bedeckt. In den Grundstellen aber wo keine Figur ist, weben sich die vielfärbigen Figurfarben in den Grund ein und verstecken sich darinn. Nunmehr, wenn der Harnisch und die Schäffte bezogen sind, dann werden 8 dreyfache Poilfäden und 4 doppelte Grundfäden in ein Riedt passirt, und zwar erst 2 doppelte Grundfäden, denn die 8 dreyfache Poilfäden und denn wieder 2 doppelte Grundfäden. Nun müssen die Schäffte an die Fußtritte angeschnürt werden; und gesetzt er braucht 6 Fußtritte, mit diesen soll er 8 Grundschäffte und eben soviel Poilschäffte verknüpfen. Denn da der Grund einen Körper erhält, so braucht er hier keine besondere Schäffte zu den Leisten oder Kanten (s. Sammt, glatten, zu weben) des Sammtes, sondern die Schäffte des Grunds nehmen auch die Kantenfäden ein. Er schnüret sie also folgendergestalt zusammen. Die 6 Fußtritte liegen im Stuhl in natürlicher Ordnung neben einander, die 4 Grundtritte rechter Hand und die 2 Polltritte linker Hand. Die 8 Schäffte des Grundes werden an die vier Grundtritte dergestalt angeschnürt, daß, wenn einer getreten wird, immer 2 Schäffte herunter und 6 in die Höhe gehen, aber immer bey jedem Tritt in einer schrägen Richtung, das heißt mit andern Worten, wenn der erste Tritt getreten wird, so geht der 4te und 8te Schaft herunter, die andern in die Höhe. Bey dem 2ten Tritt geht der 3te und 7te Schafft herunter, und so durch alle 4 Grundtritte springen sie über. Die Poilen werden durch die beyden Polltritte abwechselnd angebunden, an den einen zum herausgehen, und an den andern zum heruntergehen. Soviel Theile als seine Figur in dem Sammt hat, in so viele muß auch der Harnisch und der Zampel eingetheilt werden. Z. B. hier in 10 Theile; und der Sammtmacher muß auch jeden Theil seines Harnisches in einen besondern Zampel einlesen. Dennoch wird man hernach sehen, daß eine Lahe die eingelesenen Zampelschnüre aller Zampel ziehe. Wenn der Sammtmacher die Eintheilung nach Maasgebung der Harnische eingetheilt hat, und so wie alle Rahmschnüre eines jeden Theils über ihre angehörigen Arkaden und Harnischlitzen gelegt sind, eben so müssen auch die Zampelschnüre eines jeden Theils unter den Rahmenschnüren, die sie in Bewegung bringen sollen, angeknüpft werden, damit eine jede Schnur die ihr angewiesene Rahmschnur ziehen kann. Die Patron zu dergleichem geblümten Sammt muß also gezeichnet seyn, daß alle Farben, die sich in dem Sammt zeigen sollen, auf derselben ausgemalt sind, so daß Licht und Schatten darauf angedeutet oder ausgedrückt wird, und jede Farbe in dem Umriß der punktirten Quadrate der Patron muß deutlich angedeutet werden. Wenn er nun einlesen will, d. i. den Zampel mit den Latzen zum Ziehen, nach Vorschrift der Patron, vereinigen will, so nimt er die in jeder Reihe seiner Patron ausgepunktirte Quadrate, soviel als in dieser Reihe punktirt sind, und liest sie ein (s. Einlesen zum Zampelstuhl nach englischer oder französischer Art) in einen Latz, und so verfolgt er alle Reihen seiner Patron, aus einem Theil des Harnisches zum andern übergehend, doch allemal so, daß er die Quadrate, die er in dem vorigen Theil genommen hat, in diesem Theil läßt, und so beständig fort, und so nimt er alles in allen Theilen zu seiner Lahe, so wie es ihm die Vorschrift der Patron nachweiset. Alle Reihen aller Theile des Harnisches machen eine einzige Lahe aus; da alle die genommenen Zampelschnüre einer Reihe aller Theile in der einzigen Lahe eingelesen werden. Diese eine Lahe wird auch in der Folge bey dem Weben alle diese Zampelschnüre aus allen Theilen ziehen. So wie nun bey dem Einlesen dieser einen Reihe verfahren ist, eben so wird bey allen Reihen der punktirten Quadrate der Patron verfahren. Nachdem die Theile des Zampels alle eingelesen sind, so werden die Priesen gemacht. (s. Priesen machen) Bey dem Weben werden die Zampellahen jedesmal mit der obengedachten Maschiene (s. diese) gezogen, weil die in einer Lahe befindliche Zampelschnüre, deren Anzahl sich manchmal auf einige Hundert beläuft, und folglich vieles Bley daran hängt, mit der Hand des Ziehjungens zu ziehen nicht möglich wäre. Zweytens würde auch der Latzenzwirn dieser Gewalt nicht lange widerstehen sondern zerreißen. Wenn nun der Weber weben will, so tritt er den ersten Poil oder Schneidetritt, alle Poilfäden gehen mit demselben in die Höhe, die Grundfäden aber herunter. Der Ziehjunge zieht nunmehr mit der Maschiene den ersten Latz des Zampels, und es gehen durch diesen Zug von allen durch die Schäffte erhöheten Poilfäden, welche durch die ganze Breite des Zeuges, sowohl einfärbigen Grundstellen, als auch die, welche bildende Stellen machen sollen, diejenigen in die Höhe, welche bilden sollen. Da die Poilschäffte lange Augen haben, so können sich diese durch den Zampelzug gezogene Fäden von den übrigen sehr gut heben. Ein anderer Junge steckt nach dem Zug das Schwerdt (s. dieses) zwischen die Poilfäden, welche durch den Zug erhöht sind, und zwischen die übrigen Poilfäden, so daß das Schwerdt auf der hohen Kante stehe, und hierdurch wird ein gutes

Fach

Fach gemacht. Der Weber tritt mit dem linken Fuß seinen Wipptritt, und es gehen alle Polfaden herunter, nachdem der Junge erst das Schwerd flach gelegt hat. Er schießt einen groben Einschlagfaden ein und tritt mit dem rechten Fuß seinen vierten Grundtritt, wenn der Junge das Schwerd aus der Kette gezogen hat. 6 Fußtritte gehen in die Höhe, 2 aber herunter. Er schlägt seinen Faden an, und schießt einen feinen Faden ein, tritt den dritten Fußtritt, richtet seine Ruthe, und schießt wieder einen feinen Faden ein. Es haben sich die Grundfäden durch den ersten feinen Einschlag verbunden, so wie sich auch der grobe Einschlag nach dem Wipptritt verbunden und die Ruthe in den Polfaden befestiget hat. Denn alle Polfaden sind zwischen den Grundfaden herunter gegangen, weil, da der vierte Grundtritt getreten ward, drey Viertel herunter giengen. Folglich wurde der Einschlag, welchen er nach diesem Tritt eingeschossen hat, zum Körper verbunden. Denn bey dem dritten Grundtritt sind wieder eben so viele Grundfäden herauf und herunter gegangen, aber beständig andere, um den Körper auf der untern Seite zu verbinden und zu bilden. Er tritt nunmehr seinen Wipptritt wieder, alle Polfäden gehen herunter, und der Faden wird angeschlagen. Ist in diesem Sammt wie gewöhnlich Lisere (s. diesen) vorhanden, so wird nach dem Richtetritt, das ist, nach dem Grundtritt der getreten wird, und sich die Ruthe richtet, und der Einschuß des feinen Fadens geschehen ist, der Lisereeinschuß eingeschossen. Die Streifen oder schmale Linien, die den Lisere bilden sollen, entstehen dadurch, daß daselbst die Polfäden nicht durch den Zug in die Höhe gehen, und folglich auch daselbst keinen Sammt machen, daher liegt der Einschußfaden auf diesen Streifen bloß. Nach diesem Lisereeinschuß wird der Wipptritt wieder getreten und hierauf, um den Lisere zu verbinden, angeschlagen. So wird auch der zweyte Grundtritt getreten, und auf die nur gedachte Art fortgefahren zu arbeiten. Der erste und dritte Grundtritt ist jederzeit der Richtetritt, und ein grober und zwey feine Fäden müssen sowohl den Grund als auch die Ruthen verbinden. Der Grobe, die Augen des Sammts auf den Ruthen und die feinen verbinden den Grund, aber auch die Polfäden, um selbige desto mehr zu verbinden. Durch den Zug gehen allemal nur diejenigen Polfäden in die Höhe, welche eine und die nämliche bilden sollen unter diese werden auch nur die Ruthen gelegt und diese Stellen bilden auch nur Sammt und keine andere nicht. Alle andere Polfäden, welche bey dem nämlichen Zug keinen Sammt machen sollen, oder welche nichts zur Bildung beytragen sollen, bleiben unten und verlieren sich im Grunde. Die Stellen des Lisere gehen gemeiniglich nach einer Diagonallinie immer fort; folglich müssen bey jedem Zuge einer Lage andre Fäden unten bleiben welche bey jedem Zuge ab- oder zunehmen. -

Sammt, geblümter gezogener, nach französischer Art. Ein Sammt, der gewöhnlich zu Westen oder auch wohl ganzen Kleidern gewebt (s. Kleidersammt) und in Ansehung der Einrichtung und Weberey beynahe wie der gezogene Sammt nach englischer Art (s. diesen) verfertiget wird, bloß daß die Einrichtung des Cantres (s. diesen) am Stuhl anders eingerichtet ist, welcher unter dem Stuhl geneigt, angebracht, und folglich die Polkette unter der Grundkette, wenn jene nämlich in Ruhe ist, liegt, da sie im Gegentheil in allen übrigen Sammtarten über der Grundkette schwebt. Man kann sehr große Muster in diese Art von Sammt bringen. Denn nach der Meynung der Sammtmacher können sehr viele Rahmen oder Cantre mit Rollen zur Polkette unter dem Stuhl angebracht werden. Ein solcher Sammt steht 100 Rieder im Blatt, und im Riede sind 6 doppelte Grundfäden nebst 3 dreyfachen Polfäden eingepaßt. Er wird mit 7 Schäften gewebt, nämlich 5 zum Grunde, die in dem Grunde einen Atlaßkörper hervorbringen, und durch 5 Tritte bewegt werden nach den Grundsätzen des Atlasses (s. Atlaß) 2 Schäfte aber setzen die Pol in Bewegung. Der Harnisch hat hier 100 Rahmen- und Zampelschnüren und an jeder Rahmenschnur sind mehr oder weniger Arkaden, nachdem Theile vorhanden sind. Da aber hier eine schwere Grundkette ist, die allein 6000 Faden enthält, so läßt sich solche nicht durch die gewöhnliche Contremarsch der übrigen Stühle regieren, und die Schäfte des Stuhls werden doch unmittelbar durch den Fußtritt hinabgetreten, wie bey dem Leinweberstuhl. Sie steigen aber von sich selbst wieder in die Höhe. Da an dem Tümmler (s. diesen) jedes Schaftes ein Gewicht befestigt ist, das den Kamm wieder in die Höhe zieht, wenn die Grundkämme in die Höhe steigen, so ist die Kette in Ruhe, da im Gegentheil die Polkette über der Grundkette schwebt, wenn ein Polkamm in die Höhe geht. Gleichfalls der Schwere der Grundkette wegen, haben die Litzen der Schäfte keine Augen, weil diese zum öftern zerreißen, ehe ein einziges Stück gewebt wird. Die Oberlitze und Unterlitze umschlingen und ergreifen sich nur in der Mitte, und in die Schlinge wird der Grundkettenfaden eingepaßt. Bey dieser Einrichtung kann die Litze folgendergestalt abgeändert werden. Oberwärts ist jede Schaftlitze an einem Stab befestiget und die sämmtliche Litzen sind hier durch eine Schnur vereiniget. Diese Schnur kann man beynahe verschieben, daß sie nämlich unter auf der Seite, und über dem Stab zu liegen komme, durch diese Verschiebung der Schnur wird auch die Stelle in der Mitte der beyden Litzen, da wo sie sich ergreifen, abgeändert und die Litze hält desto länger, wenn man sie auf die vorgedachte Art verschiebt. Bey den beyden Polkämmen ist die Litze von der nämlichen Art, aber die Einpassung ist verschieden. Der Polfaden geht nämlich nicht durch die Schlinge in der Mitte, sondern bey einem Polschaft liegen seine sämmtliche Fäden über den Schlingen der Litzen in der Mitte, bey dem andern aber unter der Schlinge. Folglich kann man mit dem ersten Schaft die ganze Polkette hinauf und mit dem andern Schaft herunterziehen. Deswegen kann die ganze Polkette wechselsweise in einem Polschafte über der Schlinge, und in dem andern Polschafte

unter

unter der Schlinge einpassiret werden muß. Dieß ist die ganze Abänderung bey diesem Sammte.

Sammt, glatten, zu weben. Man webet überhaupt zweyerley Arten von glatten Sammt, leichten und schweren. Jener ist, wie alle Sammte, ¾ und $\frac{1}{16}$ Elle, auch wohl nur ½ und $\frac{1}{32}$ Elle breit. Er besteht im Riedtblatt (s. dieses) aus 700 bis 1000 Fäden, und im Rohr oder zwischen zwey Riedte werden 6 Faden einpassiret, nämlich nach zwey einfachen Grundfäden ein zwey- oder vierfacher Poilfaden. Der beste Sammt dieser Art hat 5000 Grundfäden und 6000 Poilfäden in der ganzen Kette. Zur Grundkette nimt man in den brandenburgischen Staaten Landseide, die noch roh oder ungekocht ist, weil dieser Sammt eine Charte (s. dieses im Supplement) oder Steife erhalten soll. Die Poilkette ist aber stets von weicher Seide, damit sie durch den Flor, der aus der Poilkette entsteht, den Grund desto besser bedecke. Je mehrere einzelne Fäden man zu jedem Poilfaden nimt, desto besser bedeckt der Flor den Grund. Man kann den glatten Sammt mit 10 oder 12 Schäfften weben. Erhält der Grund des Sammts einen Kieper, so wird nur mit 10 Kämmen gewebet, weil die Kettenfäden der glatten Kanten mit in die acht Kämme der Grundkette einpassiret werden, und diese 8 Kämme werden dergestalt durch 8 Fußtritte bewegt, daß ein Sergekieper (s. diesen) entsteht. Denn ein jeder Sammt hat auf jeder Seite eine glatte Leiste oder Kante, und diese erhält stets einen Kieper, daher kann solche mit in die Kieper- oder Grundschäffte eingezogen werden. Es sind aber noch 2 besondere Schäffte zur Poilkette nothwendig, wozu gleichfalls 2 Fußtritte gehören. Die Kantenfäden werden auf beyden Seiten der Kette, zu Anfang und zu Ende, in die 8 Grundschäffte einpassirt, und zwar nach der Ordnung der Schäffte, wie sie im Stuhl hängen. Die Grundkette und die Poilkette vereinigen sich in den Schäfften, und jene schwebt allzeit über dieser. Wenn zwey einfache Grundfäden in zwey Grundkämme einpassiret sind, so wird ein zwey- oder vierfacher Poilfaden wechselsweise in einen oder den andern Poilkamm einpassiret. Die Grundfäden werden durch die Schäffte in ihrer Ordnung von hinten nach vorne einpassirt, und so auch wechselsweise die Poilfäden in einen um den andern Poilschafft. Mit den zehn Schäfften müssen die 8 Grundtritte wie zum Sergekieper (s. diesen) vereinigt werden, doch so, daß beyde Poilkämme jederzeit vereiniget, bey jedem der 8 Tritte entweder hinauf oder herunter gehen. Außerdem kann man die beyden Poilschäffte mit der ganzen Kette noch mit einem 9ten Tritt über die Grundkette erheben, ohne daß einer der übrigen 8 Kämme in Bewegung gesetzt wird. Erhält aber der Sammt keinen Kieper, so muß derselbe mit 12 Schäfften gewebet werden. Vier Schäffte gehören zur Kante, und machen darinn einen Kieper; sechs gehören zur Grundkette und zwey zur Poilkette, wie oben gezeigt worden. Die Kantenfäden werden abgesondert in ihre 4 Schäffte auf beyden Seiten der Kette eingezogen, nach der Ordnung derselben, und die Grund- und Poilfaden werden abermals wechselsweise in die Grund- und Poilschäffte einpassiret. Alle 12 Schäffte werden mit 5 Fußtritten vereinigt. Mit vier Grundtritten werden sie dergestalt vereiniget, daß in der Kante ein Kieper, in dem Grunde aber ein Taffentgrund (s. beydes) entstehe, und daß die beyden Poilkämme bey jedem Tritt entweder hinauf oder hinab gehen. Mit dem fünften Tritt aber werden bloß die Poilschäffte hinauf gezogen, und hierdurch wird die Poilkette über die Grundkette erhoben. Es mag nun ein Kieper im Grunde des Sammts vorhanden seyn oder nicht, so wird folgendergestalt gewebet: Der Sammtmacher tritt erst seine Grundtritte einmal durch, schießt bey jedem Tritt einmal ein, und webet zu Anfange einen schmalen Streif glatten Grund, ohne Sammt zu machen. Sobald alle Tritte hinter einander getreten sind, so tritt er mit dem linken Fuß den Poiltritt, und dieser hebt beyde Poilschäffte mit der Poilkette über die Grundkette, so, daß der Weber die Ruthe (s. diese) von der Rechten nach der Linken zwischen die Poil- und Grundkette stecken kann. Dann tritt der Weber den ersten Grundtritt wieder, und dieser zieht die ganze Poilkette wieder ins Unterfach, und indem sich die Poilkette hinunter begiebt, so schlingt sie sich zum Theil um die Ruthe, und der Weber schießt einen starken Einschußfaden ein, der drey auch vierfach ist, und der Bandeschrast heißt, der den hernachmals geschnittenen Flor verbindet. Indem er mit der Lade gegen den Einschußfaden schlägt, drehet sich die Ruthe dergestalt um, daß die Rinne derselben oben gegen die Umschlingung der Poile gekehrt liegt. Er tritt hierauf den zweyten Fußtritt, die ganze Poilkette nebst einem Fach der Grundkette kommt in die Höhe, und der Weber schießt einen feinen Faden ein. Er tritt den dritten Tritt, und die Poilkette nebst dem vorigen Oberfach der Grundkette sinkt ins Unterfach. Er schießt abermals den feinen Faden ein. Nunmehr hebt er die Poilkette mit dem Poiltritt zum zweytenmal in die Höhe, legt wieder eine Ruthe unter, und verfährt auf die nämliche Art, wie eben gezeigt worden, daß die erste Ruthe eingelegt ward. Nunmehr sind die Poilfäden der ersten Ruthe völlig gebunden, und die Schlingen oder Ringel des Sammts können geschnitten werden. Er setzt deswegen die Klinge des Dregerten (s. dieses) auf die linke Hand auf die Rinne der Ruthe, zieht solche von der Linken nach der Rechten, und zerschneidet solchergestalt die Ringel über der Ruthe in zwey Hälften, nach der Länge der Poilfäden gerechnet, wodurch der Flor des Sammts entsteht. So webet der Sammtmacher fort, und schneidet erst die vorhergehende Ruthe aus, wenn die folgende eingewebet und verbunden ist. Da aber bey dem Schneiden mit dem Dregert öfters doch Fäden zerreißen, und folglich auf der Oberfläche ungleiche Fäden entstehen, so muß der Weber, ehe er den fertig gewebten Sammt von dem Streichbaum abnimt, und in den Sammtkasten (s. diesen) leget, solchen putzen, und von den ungleichen Fäden befreyen. Dieses geschieht mit einem scharfen Schermesser, womit er aus freyer Hand diese Fäden abscheert, und alsdenn solchen in den Kasten hinein leget. Der

schwere

schwere oder genuesische glatte Sammet ist von weit besserer Güte, und erhält stets einen Kieper. Er steht zwar erst 900 Rieder hoch, aber im Rohr, oder zwischen zwey Riede werden stets drey einfache Grundfäden nebst einem vier- bis sechsfachen Polfaden eingepaßiret. Der schwerste Sammet dieser Art hat 7200 Grundkettenfäden und 1400 Polfäden. Er wird mit 12 Schäfften gewebet, nämlich mit 8 Grundschäfften, die mit 8 Grundtritten einen Seregekieper hervor bringen, und mit 4 Polkämmen. Der Stärke und Dichtheit der Polfäden wegen bringt man 4 Polschäffte an, um die Fäden desto besser zu vertheilen, und sie vor dem Scheuern zu bewahren. Zu diesen vier Tritten gehöret auch noch der 9te oder der Poltritt, der die Polkette zum Unterlegen der Ruthe über die Grundkette erhebet. In diese 12 Schäffte werden die Grund- und Polfäden eben so eingepaßiret, wie bey dem leichten Sammet in dem Fall, da ein Kieper entstehen soll. Doch folgt auf jeden zwey- oder dreyfachen Grundkettenfaden jederzeit ein vier- bis sechsfacher Polfaden. Uebrigens wird dieser Sammet wie der vorige gewebet.

Sammetkasten, (Sammetmacher) ein Kasten von Brettern zusammengefüget, der so lang ist, als der Seifsbaum, (s. diesen) von welchem der fertige Sammet in diesen Kasten, der unter dem Seifsbaum unter dem Stuhle stehet, eingeschoben wird, damit der Flor des Sammets geschonet, und dieser nicht niedergedrückt werde.

Sammetmacher, Sammetweber, Sammetwirker, ein Zweig von dem Seidenwirker, der auch mit denselben ein Gewerk ausmachet. Sammetmacher, die sich blos mit dem Sammetweben beschäfftigen, werden selten im Stande seyn, leichte seidene Zeuge, besonders Taffent, zu machen, weil sie durch die schwere Arbeit des Sammetwebens eine schwere Hand bekommen, die mit der leichten und flüchtigen Arbeit des Taffents nicht gut fertig wird.

Sammetmesser. (Bortenwirker) Eine kleine Klinge, welche an dem einen Ende eine kleine scharfe Schneide, und an dem andern einen Biegel hat. An diesem Biegel fasset man die Klinge an, und ziehet sie aus den um sie geschlungenen Augen, die das Sammeteisen in den Sammetborten machen sollen, heraus, und diese scharfe Schneide zerschneidet indem sie heraus gezogen wird, die Augen, woraus denn der Flor entstehet. (s. Sammet und Borte)

Sammetmesser, (Sammetmacher) ein dem Hackmesser (s. dieses) des Fleischers ähnliches Messer, 10 bis 12 Zoll lang, 4 Zoll breit, und vorne am Ende gerundet. Die Schneide ist von dem besten Stahl, wohl gehärtet, und als ein Schermesser geschliffen, weswegen es auch oft Schermesser heißt. Der Stiel ist erhaben gebogen, damit, wenn das Messer bey dem Gebrauche auf dem Sammet liegt, der Weber beständig die Hand an den Griff anbringen kann. Mit diesem Messer wird der fertige Sammet von allen zerrissenen Fäden des Flors und allen Fasern rein geschoren und gleich gemacht. Sobald eine Strecke gewebet worden, so nimmt der Weber dieses Messer, legt es vor sich auf den Sammet, die Schneide von sich gekehret, faßt es mit der linken Hand an dem Stiel, mit der rechten aber an dem Rücken an, und indem er den Rücken beständig aufhebet und niederdrückt, so rückt er mit beyden Händen das Messer vorwärts fort, schneidet hiedurch, da das Messer eine große Schärfe hat, die vorspringenden Fäden weg, und glättet hierdurch den Sammet.

Sammetnadeln, s. Ruthe des Sammetmachers.

Sammet, reicher, Sammet, dessen Blumen auf der linken Seite erscheinen, und nach Art der broschirten Zeuge eingebroschiret werden. Er wird auf dieser Seite nach Art des doppelten Sammets (s. diesen) geschnitten, und es kommen sowohl in die Grundkette, als auch zum Einschlag zwischen den eingebroschirten Blumen Gold- oder Silberfaden. Oefters hat die Grundkette ganze Streifen von reichen Fäden, um welche herum eingebroschirte Blumen liegen. Oder man verbindet zwar jede Ruthe mit einem feinern Faden, schießt aber alsdenn 2 reiche Fäden ein. In diesem Falle ist der Sammetgrund glatt und ohne Flor, nur die Blumen haben geschnittenen, oder abwechselnd auch ungeschnittenen Sammet. Oefters umgiebt auch eine glatte Ranke, die blos durch den Grund und ohne Flor gebildet wird, eine Blume, und dieses nennt man Lisere. (s. diese) Hierzu gehöret ein eigener Lisertritt, der bey jeder Ruthe nach den gewöhnlichen 3 Einschußfäden getreten wird.

Sammetschwarz, s. Elfenbeinschwarz.

Sammetspiegel, (Bortenwirker) eine Art schwarzer Spitzen, in welchen die Blumen von Chenille (s. diese) als wie mit Sammet ausgefüllet sind.

Sammetstuhl, (Sammetmacher) der Stuhl, worauf der Sammet gewebet wird. Da es verschiedene Arten von Sammet giebt, so hat auch der Stuhl zu jeder Art Sammet seine besondere Einrichtung. Der Stuhl, worauf der ganz glatte Sammet gewebet wird, gleicht völlig einem Seidenwirkerstuhl, (s. diesen) nur im folgenden weicht er ab: Erstlich ist der Brustbaum ein Seifsbaum; (s. diesen) Ferner werden in dem Hintertheil des Stuhls zwey Garn- oder Kettenbäume über einander angebracht, nämlich ein Baum zur Grundkette, die den Grund im Sammet macht, und ein Baum zur Polkette, die den Sammet oder den Flor macht. Der erste liegt unten, und muß ein solches Gewicht oder Dasquille (s. diese) erhalten, daß die Grundkette so steif wie möglich ausgespannet werde. Denn theils muß der Flor des Sammets so fest wie möglich mit der Grundkette vereiniget werden, damit jener nicht ausfasere, wenn man ihn schneidet, theils verlangt die Natur des Sammets, daß man seinen Einschlagfaden mit der Lade des Stuhls so fest wie möglich einschlägt, welches eine schlaff gespannte Kette nicht erlaubt. Dieserhalb wird die Dasquille dergestalt an den Grundbaum befestiget, daß das Gewicht desselben inwendig in dem Stuhl zu hängen kommt, die Schnur des Gewichtes aber außerhalb des Stuhls an dem Fußboden befestiget wird. Bey andern Seidenwirkerstühlen hängt aber das Gewicht außerhalb. Wenn das Gewicht auf die gedachte Art inwendig hangt, so erlaubt es auch nicht dem Baum bey dem Abbäumen der Kette erforderlich umzudrehen, sondern vor jedem Abbäumen nen muß das Gewicht mit einer sogenannten Wippe (s. diese) aufgehoben werden. Der zweyte Baum, oder der Poilbaum, liegt über dem Grundkettenbaum, erhält ein leichtes und sogenanntes fliegendes Gewicht, welches außerhalb dem Stuhl an dem Poilbaum hängt. Es wird nämlich ein Seil an einer Seite des Poilbaums mit einem Pflock befestiget, hierauf viermal um den Hinterbaum umgewunden, und ein Gewicht außerhalb des Stuhls angehangen. Dieses fliegende Gewicht erlaubet dem Poilbaum frey zu spielen, und der Poilkette sich nach und nach, wenn es nöthig ist, abzuwickeln. Denn bey dem Weben des Sammts muß sich die Poilkette so, wie der fertige Sammt auf den Streichbaum aufgewickelt wird, von selbst abwickeln, und daher erhält diese Kette nur ein leichtes Gewicht, wodurch sie nicht nur schlaff aufgespannt wird, sondern auch nachgiebt. Zum glatten Sammt brauchet der Sammtmacher 12 Schäfte und 8 Fußtritte. (s. Sammt, glatten zu weben) Der fashionirte Sammt wird auf dem nämlichen Stuhl, aber mit mehreren Schäften und Fußtritten, gewebet, und bey den gezogenen geblümten Sammten erhält der Stuhl einen Zampel und Harnisch, und es ist ein wirklicher Zampelstuhl. (s. diesen) Ueberdem, da die Blumen verschieden sind, erhält der Stuhl nach hinterwärts einen schräge liegenden Rahm, der Cantre (s. Cantre des Sammtmachers) genannt wird, worinn die verschiedenen Rollen der geblümten Sammtkette zu liegen kommen. (s. Sammt, geblümter)

Sammt, ungeschnittener, (Sammtmacher) Sammt, der keinen rauhen Flor erhält, oder nicht aufgeschnitten wird, wo bloß die Ringel sich um die runde Ruthe, die keine Rinne hat, legen, und nachdem sie auf die nämliche Art, wie bey dem glatten Sammt, (s. Sammt, glatten, zu weben) eingewebet und durch den Einschlag verbunden worden, wieder herausgezogen wird, die Ringel zu bleiben, und runde Reihen bilden, welche dem Zeuge ein sehr gutes Ansehen geben.

Sammt von beyden Seiten, s. doppelter Sammt.

Samoren, s. Samurdin.

Samatin, (Schiffahrt) ein Kauffahrer in der Levante, besonders bey den Türken, der aber nur an dem Ufer bleibt.

Samurdin, (Schiffahrt) ein Rheinkahn, so sehr weit gebauet ist, einen übersetzten Mast führet, und gewöhnlich Holz ladet auf den Kanälen in Holland.

Sanas, eine Gattung weißer oder blauer ostindischer Kattune von der mittlern Art, die weder fein noch grob ist. Man bringt sie vornehmlich von Bengalen von verschiedener Länge und Breite. Die weißen sind nur ⅞ bis ⅞ einer pariser Ellen breit, und 9½ Ellen lang, die blauen aber ⅞ breit und 11 Ellen lang.

Sanct Barbara, (Schiffsbau) der verwahrte Ort im Hintertheil des Schiffs, unter der Kammer des Hauptmanns, und über derjenigen, worinn das Pulver und der Zwieback verwahret wird. Es ist die Kammer der Artilleriebedienten auf einem Schiffe, und führet diesen Namen, weil sie die heilige Barbara zur Patronin haben. Es hat der Konstabel einen Theil seines Artilleriegeräths darinn liegen.

Sand, eine Menge von einander abgesonderter und nicht zusammenhängender Theile, welche jedoch zufälliger Weise zusammengebacken seyn können, zwischen den Fingern trocken und scharf anzufühlen, im Wasser nicht aufzulösen, auch nicht aufzuweichen sind. Diese Theile sind zwar nichts anders als Steinchen oder der Stoff zu den großen Steinen, und von den Erdarten unterschieden. Weil man aber nicht alle Arten von Sand zu Steinarten rechnen kann, vielmehr von Sand eben sowohl, als von Erde, Stein erzeuget wird, auch Sand mit Erde vermischet gefunden wird, und mancher Sand so fein, daß man ihn eher für erdartig als steinartig halten kann, so wird er von Wallerius zu den Erdarten gerechnet, oder wenigstens zu einem Mitteldinge zwischen Stein und Erde gemacht.

Sandale, (Schiffsbau) eine Art Lichter (s. diese) in der Levante und in der mittelländischen See.

Sandalin, ein schlechter wollener Zeug, der zu Venedig gemacht, und von den Kaufleuten zu Livorno stark nach Spanien geschickt wird, von da er nach Amerika geht.

Sandallee, (Gärtner) in den Gärten eine Allee, die mit Sand ausgeschüttet ist.

Sandarach, Sandrach, Fr. Sandaracha, ein Gummi, welches aus den großen Wachholderbäumen träufelt. Es muß schön weiß, hell und rein seyn. Es wird vornehmlich zu allerley Firnissen gebraucht. Das orientalische Sandarach, so aus den Cedern läuft, ist hier selten zu bekommen. Man nennt auch eine Art von Hüttenrauch, oder ein erhöhetes Auripigment Sandarach, jedoch, zum Unterschiede des vorigen, Sandaracha arabum, oder rothen Schwefel, weil es hochroth, ganz rein und brüchig, an der Farbe aber wie Zinnober ist, und einen schwefelichten Geruch hat.

Sandarack, s. Vorher.

Sandarten. Es giebt vielerley Arten von Sand, welche auch in Ansehung ihres Gebrauchs verschiedene Namen erhalten. Denn sowohl die Art des Gesteins, woraus Sand besteht, als die Größe der Körner, unterscheidet die Arten des Sandes. Sie sind überhaupt trocken, hart, ungleich oder rauh, unbiegsam, und lassen sich nach Art des Gesteins, davon sie abgerissen seyn, mehr oder weniger zu Glas schmelzen. Ist er grob und mit Thon vermischt, so heißt er männlicher Sand, (Sabulum masculum); läßt er sich durch Reiben lockerer machen, so nennt man ihn weiblichen Sand, (Sabulum foemininum). Der erste wird zum Cement, der letztere zu Besserung der Gänge gebraucht. Die Arten davon sind: Grober Sand, Fr. Gravier; Kieselsand, Fr. Sable de silex; Perlsand Fr. Sable perle; Staubsand, Fr. Sablon en poussiere; kalkartiger Sand; Fr. Sable calcaire; Gieß- oder Formsand, Fr. Sable des fondeurs; Glänzender spröder Sand, Fr. Sable brillant refractaire. Pozzoler Sand, Fr. Sable de Pouzzol; Zimbalaiger Sand, Fr. Sable contenant de de l'etain; **Eisenhaltiger Sand**, Fr. Sable ferrugineux; **Kupferhaltiger Sand**, Fr. Sable qui contient du cuivre; **Goldsand**, Fr. Sable qui contient de l'or, u. s. m. Die denen auf den Unterschied der Größe der Körner des Sandes gerichteten Eintheilungen läuft oft etwas willkührliches mit unter, und die Arten lassen sich nur bestimmen, wenn der Unterschied sehr in die Augen fällt.

Sandastren, **Garamanticus**, ein köstlicher Stein, auswendig dunkelfarbig, doch gleißend und glänzend, inwendig durchsichtig, und hin und wieder mit kleinen goldenen Flecken, wie mit Tropfen oder Sternchen, gezeichnet. Nachdem diese Tropfen beschaffen sind, nachdem wird dieser Stein auch mehr oder weniger geschätzet. Garamanticus wird er deswegen genannt, weil er in dem Lande der Garamanten in Aethiopien gefunden wird. Er wächst auch auf der Insel Zeilan.

Sandbad. (Chymist) Eine Art von Destillation, wo das Gefäß mit dem zu destillirenden Körper in Sand gesetzt, und dieser durch das gemachte Feuer erhitzt wird.

Sandbank, Fr. banc de Sable, (Schiffahrt) Stellen, welche aus lauter Geschieben, oder abgerissenen und abgestoßenen Steinen bestehen. Sonderlich finden sich solche am Ufer des Meeres, auch sehr oft mitten in der See.

Sandberge, **Sandhügel**, große Haufen oder Berge, welche aus lauter Sand bestehen, und theils unbeweglich, theils beweglich sind, welche letztere in den trockenen sandigen Gegenden in Afrika und Asien anzutreffen sind, und vom Winde zusammengetrieben werden.

Sandbohrer, (Brunnenmacher) Ein Bohrer, womit der Sand aus dem Grunde des Brunnens, um zu der Quelle zu kommen, gebohret und ausgeraumet wird. Die Stange des Bohrers ist von Holz, worauf vermittelst einer Hülse eine lange eiserne Spitze steckt. Unter dieser Spitze hängt ein offener Sack von Segelleinwand, womit der aus dem Brunnenloch durch die Bohrspitze losgebohrete Sand herausgehoben wird.

Sandbüchse, **Streubüchse**, eine Büchse mit einem fein durchlöcherten Deckel oder Oberboden; worein feiner Sand geschüttet wird, womit man hernach ein beschriebenes Blatt bestreuet.

Sandel, **Sandelholz**, das Holz von einem Baume in Ostindien, sonderlich in Java, Sumatra und Pegu, woselbst ganze Wälder voll wachsen, in der Größe eines Eichbaums, der zwar eine Frucht wie Kirschen trägt, die aber weder Geschmack noch Nutzen hat. Weil der grüne Geruch des Holzes etwas giftiges bey sich hat, so werden die, welche es hauen, gemeiniglich krank und im Kopfe verrückt. Das Holz ist von dreyerley Art, weiß, roth und gelb. Der gelbe Sandel ist der beste, und wird in der Arzney und zu Drechsler- und Tischlerarbeit gebraucht. Es hat einen schönen aromatischen Geruch, so wie der rothe, der stark zum Färben gebraucht, auch ein rothes Sandelpflaster daraus gemacht wird. Der weiße ist der schlechteste und hat keinen Geruch. Das rothe Sandelholz wird in Holland Kaliaturholz genannt. Es hat einen zusammenziehenden Geschmack; wenn es hochroth ist, so ist es gut. In Hamburg, Nürnberg und Straßburg wird es auf Mühlen in Menge gestampfet und zum Färben verkaufet.

Sandelholz, s. **Sandel**.

Sanden das Eisen, **versanden**, **besanden**, (Schmiede) das Eisen, wenn es in der Schweißhitze ist, mit Sand bestreuen, damit es nicht verbrenne.

Sanderz, Fr. Mine sablonneuse, (Bergwerk) Sand oder Sandstein, welcher Metall hält, als Bley, wie zu Przibram in Böhmen, Kupfer, wie zu Ilmenau gefunden wird, Zinn u. s. w.

Sanderze und Schieferarze, wie solche zu schmelzen (Hüttenwerk) Die Sanderze werden in Hohenöfen geschmolzen, welche über einem Sohlstein als Gestübbe von ⅓ Leim, ⅔ Kohlen mit 2 Brillherden zugemacht werden. Die Beschickung zu diesem Schmelzen als zu einer Schicht ist 36 Zentner einmal gerösteten Schiefererz; 16 Zentner ungeröstetes, gepochtes Sanderz; 3 Zentner Kupferschlacken; 1 Zentner Eisenschlacken und 1 Zentner Spathfluß. Wenn der Ofen voll Kohlen getragen worden, werden 3 Sätze Roßschlacken vorher gesetzt, und alsdenn von der Schicht angefangen aufzugeben. Sollte die Arbeit zu strenge gehen, so wird die Beschickung geändert, und etwas mehr Fluß genommen. Dergleichen Schichten oder Beschickungen werden mit einem Hohenofen wöchentlich 6 oder 7 durchgebracht, nachdem die Arbeit flüßig oder strenge geht. Die Schlacken werden abgenommen, alle 12 Stunden gestochen, und die Heerde verwechselt, daß jedesmal, wenn das eine Auge verstopfet, das Geschmelzte in den andern Heerd gehe. (s. Hohenofen und Kupferschmelzen)

Sandformen, (Eisenhütte) Formen von Sand, worein eiserne Gußwaaren gegossen werden: z. B. von einem Topf. Der Former legt sein wohl abgekehrtes Formbrett vor sich hin, stellet darauf einen Rahmen, der so hoch seyn muß als der Körper des eisernen Topfes ist. In der Mitte des Rahmens stellt er das Modell des Topfes umgekehrt hinein. Dann legt er nach und nach feinen wohl gesiebten, angefeuchteten, und wohl umgerührten Sand um das Modell, und bevestiget ihn, indem er ihn mit Stäben anschlägt. Wenn der Sand solchergestalt in der Höhe des Topfs herum gelegt ist, so setzet er den Einguß darauf, und fähret damit so lange fort Sand herum zu legen, bis der Rahmen voll ist. Dann öffnet er den Sand an den Orten, wo die Füße hinkommen sollen, die auf der Form bemerkt sind. An diesen offenen Ort bringt er die Fußformen, beschlägt solche gleichfalls mit Sand, und setzet endlich die Formen der Fußknöpfe an das Ende der Bekleidung eines jeden Fußes. Er fähret fort, soviel Sand anzuschlagen, bis zur Höhe der Ränder des Rahmens. Mit einem Lineal streichet er allen überflüßigen Sand weg, und überstreuet es mit weichem Sande. Dieser Sand verhindert, daß sich der darüber zu legende mit dem ersten nicht vermische. Der mit Sand also angefüllte Rahmen enthält also die Gestalt des obern Topfes nebst den verschiedenen Stücken der Füße, die nicht über die Höhe des Rahmens hinaus gehen, außer daß nur der Einguß hervor ragt. Auf diesen also zubereiteten Rahmen wird nunmehr das Futterstück (ein schmälerer Rahmen) gelegt, dessen große Nägel genau in die Löcher des Rahmens einpassen. Man legt den Untertheil des Futterstücks in die Fuge des Rahmens, und hängt ihn mit dem andern Theil in Haken, damit das Futterstück über dem Rahmen nicht verschoben werden kann. Man legt abermals Sand in das Futterstück, und bringt ihn mit dem Lineal weiter auseinander. Man kehrt sodann den Rahmen um, so daß nunmehr die Oeffnung des Topfes oben kommt. Man thut alsdann die Formen der Henkel in die dazu in der Form befindlichen Löcher, belegt diese wieder auch mit Sand, nimmt die Formen hernach wieder weg, und verstopft mit Baumwolle den Eingang derselben. Um den Theil des Sandes, welcher sich um den Topf befindet, mit weißem Sande zu bestreuen, so hängt der Former ein zweytes Futterstück an diesen Theil des Rahmens, erfüllet sowohl das Inwendige des Topfes, als auch das Futterstück mit Sand, und schlägt solchen gut an, dieses Futterstück enthält auch den Einguß. Der Rahmen wird alsdann umgekehrt, und das Futterstück, so sich unten befindet, hat den Kern des Topfes. Der Arbeiter nimmt dieses Futterstück vom Haken ab, und indem man den Rahmen abhebt, so ist der Kern zu sehen. Dieser Theil hat sich von dem Sande, den er bedeckte, wegen des überstreueten weißen Sandes abgesondert, und es kommt nur leicht darauf an, alle die verschiedenen Stücke der Form vom Sande zu nehmen. Um die Form von dem Körper des Topfs in dem Rahmen heraus zu nehmen, zieht der Arbeiter mit einem Haken die äußersten Stöpsel über die Ränder, welche den Eingang der Henkel verschlossen, und indem er darauf einige kleine Schläge gegen die Form thut, so macht er sich leicht los, wenn sie gut abgeformet ist. Gut abgeformet seyn, heißt, wenn die Form leicht aus dem Sande herausgezogen werden kann, welches eine dazu geschickte Form und einen guten Sand, der hart und glatt geschlagen ist, voraus setzt. Die Form kann nicht weggenommen werden, ohne daß die Gestelle der Füße folgen sollten, aus dem Grunde, weil sie gegen den Topf beweglich sind. Der Former bessert alsdann mit einem Löffel und Messer, was nöthig ist, aus, streuet Kohlenstaub sowohl über den Kern, als über den Theil, welcher ihn bedecken soll, und setzt hierauf den Rahmen wieder auf das Futterstück, welches den Kern trägt. Wenn dieser Theil wohl an den Haken gehänget ist, so wird das Futterstück, welches den Einguß trägt, wieder von dem Haken abgehänget und in die Höhe gehoben; dies kann man nicht, ohne daß der Einguß nachfolgen sollte, weil er verhältnißmäßig seiner Form gegen den Grund des Topfes zu enger ist. Die Formen von den Fußknöpfen sind alsdann bloß, und gehen um so viel leichter heraus, je breiter sie von außen sind. Man bessert es aus, streuet Kohlen darüber, bringt das Futterstück wieder hin, und hängt das Futterstück, worauf der Einguß ist, wieder an, alsdenn ist die Form fertig, wo nur der leere Raum der abzugießenden Stücke übrig bleibt. In diesem Zustande trägt man die Form nahe an das Vordertheil des Ofens, um sie mit Eisen voll zu gießen.

Sandgang, (Gärtner) ein mit Sand ausgefüllter Gang in einem Garten.

Sandgebirge, Fr. Monts de Sable, Berge, so aus Sand oder Sandsteinen bestehen.

Sand, glasartiger, (Glashütte) Sand, der bald weiß, und wenn er mit verschiedenen andern Dingen vermischt ist, bald so oder so gefärbt ist, fein, körnigt, und zwischen den Fingern rauschend ist. In dem Wasser kann aus ihm kein Teig bereitet werden, er brauset mit den Säuren nicht auf, und wird im Feuer nur lockerer, mit dem feuerbeständigen Laugensalz aber zu einem Glase.

Sandguß, (Eisenhütte) der Guß von Eisen, der in Sandformen geschieht, zum Unterschiede eines Lehmgusses, da die Formen von Lehm gemacht sind.

Sandgut. (Tobaksmanufaktur) So wird die dritte oder niedrigste Gattung von Knasterrobak in Holland genannt.

Sandhäger, Häger. (Schiffahrt) So nennt man die Sandbänke, welche in und vor der Mündung eines Flusses entstehen, und die Einfahrt, wenn schon auf der einen oder andern Seite einige Tiefe übrig bleibt, sehr beschwerlich und gefährlich machen. Sie entstehen von dem Sande, welcher von den eingefallenen Ufern in den Strohm kommt, und sich von Stelle zu Stelle fortwälzet, bis er endlich in der Mündung entweder aus Mattigkeit des Strohmes liegen bleibt, oder von dem Winde in den Hafen zurück gejaget wird.

Sandhäger durch Treibbahnen wegzuschaffen, (Wasserbau) wenn man diese von einem Ufer wegbringen will, damit der Strohm gangbar bleibe, so legt man zwey Treibbahnen (s. diese) dergestalt schräge gerichtet, an beyden Ufern an, daß ihre parallele Linie beyder Wurzeln, die vor der Spitze des Sandhägers vorbeystreicht, berühret, diese Bahnen werden nicht nur die Sandhäger bis gegen die Mitte von beyden Seiten schräge abstoßen, sondern auch wenn ihr Kopf verlängert worden, nach und nach den Grund des Anhängers wegspülen. Würde nun der Strohm beyde Ufer bis dahin, wo der Sandhäger abgestoßen worden, desto mehr einander ausfallen; so werden dieselbst abermals zwey Treibbahnen eingesenkt, deren Köpfe gleichfalls von Jahr zu Jahr verlängert werden können. Auf diese Art werden zwey Endzwecke zugleich erhalten. Denn beyde Ufer werden nicht nur geschützt und mit Vorlande beschwemmt, sondern es wird auch der Grund aufgehoben und fortgejagt.

Sandhirsch. (Jäger) Ein gewöhnlicher Hirsch, so sich aber in dürren und sandigen Gegenden aufhält; der denn ein niedrigers leichteres Gewicht hat. Zum Unterschied von den Burg-, Land-, Au-, oder Waldhirschen.

Sandhügel, s. Dünen und Sandberge.

Sandix. Ein rothes Pulver, das vom kalzinirtem Bleyweiß entstehet, welches an Farbe und Gebrauch mit der Mennige übereinkommt. Weil aber diese wohlfeiler ist, so wird sie auch mehr gebraucht als der Sandix. Wenn das Bleyweiß im Feuer nicht stark gebrannt, sondern nur gelinde geröstet wird, so entstehet daraus eine andere als rothe Farbe, die man insgemein Massicote oder Massikott nennt. Die Holländer vornehmlich überschicken drey Sorten, die gemeine mittlere und feine, welche von unterschiedenen Farben sind; nachdem sie viel oder wenig durchs Feuer getrieben werden. Läßt man das Bleyweiß oder den Bleykalk nur wenige Zeit im Feuer, so wird er etwas gelblich, und heißt das weiße Massikot. Läßt man es länger darinn, so wird es recht gelb und giebt den gelben Massikot. Treibt man das Feuer stärker, so bekommt man eine goldgelbe Farbe. Läßt man es aber so lange im Feuer arbeiten, bis es roth wird, so bekommt man daraus den sogenannten Sandix. Er muß schwer seyn und aus einem sehr zarten Pulver bestehen, ingleichen sich hoch an Farbe befinden. Er wird zur Malerey gebraucht.

Sand, kalkartiger, (Mineralogie) dieser besteht aus leichten mehligten Theilchen, er läßt sich in den Säuren auflösen, in dem Feuer wird er zu einem Kalk, und kann nicht selten zu der Düngung der Felder gebraucht werden. Zu diesem Geschlecht rechnet man den Sparthsand und den gipsartigen Sand.

Sandkapelle, (Scheidekunst) wenn das Silber in Scheidewasser in ordinairen Kolben geschieden werden soll, so werden dazu breite flache Töpfe von Erde oder Eisen, welche letztere besser und sicherer seyn, verfertiget. Diese Sandkapellen werden in Windöfen bemauert und hernach mit Sand angefüllt, worein die Kolben gesetzt werden. (s. Silberscheiden)

Sandkapelle mit einem Solvirofen. (Scheidekunst) Nachdem das Gold- oder Silberscheiden stark getrieben wird, nachdem muß auch die Verrichtung dazu seyn. Man hat dazu Sandkapellen, worinn jedesmal nur ein Kolben gesetzt werden kann. Hat man aber mehr zu scheiden, so muß Anstalt gemacht werden, daß mehr Kolben auf einmal in der Arbeit seyn können. Dieses geschieht mit einem Solvirofen. Dieser Ofen wird von Backsteinen gemauert, ist auswendig 4 Fuß lang, 2 Fuß breit, und 2 bis 3 Zoll hoch, inwendig ist er 1 Fuß breit und 3 Fuß lang, woselbst gefeuert wird. Der Windfang ist ½ Fuß breit und hoch, geht unter dem ganzen Ofen weg, und drüber liegen eiserne Stangen. Oben in dem Ofen liegt eine Platte von gegossenem Eisen und unten darunter zur Stütze eine eiserne Stange. Hinten auf dem Ofen ist ein Zug- oder Flammenloch, und auf die eiserne Platte wird Sand geschüttet, worein die Kolben zum Solviren gesetzt werden. (f. Schlüt. Prob. Buch Tab. LVIII. C, D.)

Sandkasten. (Mühlenbau) Ein viereckigter, aus Pfostenbrettern oder Bohlen zusammengeschlagener, wasserhaltiger, hoher Kasten. Er ist bey unterschlächtigen Mühlen, die nur ein Gerinne haben, gebräuchlich, damit das Wasser, ehe es auf das Mühlrad kommt, dadurch laufe, und darinn allen schweren Niedersatz lasse, damit das Mühlenrad keinen Schaden dadurch bekommen. In diesem Kasten geht eine Treppe von etlichen Stuffen, damit die Leute des Müllers dahin steigen, und den hineingeführten Sand und Schlamm herausschaffen können.

Sandkobald, (Bergwerk) Kobald, der grau, schwärzlich, und röthlich, er sieht im Bruch einem Sandsteine ähnlich, er ist gröber und feiner, der erstere ist stärker mit Sand und kleinen Kieselsteinen vermischt. Man findet ihn zu Saalfeld.

Sandlöffel. (Grobschmid) Ein großer, runder, eiserner Löffel, welchen man gebraucht, um die eine Seite des bis zum Flüssen erhitzten Eisens mit Sand zu bestreuen, damit diese schon sehr erhitzte Seite, ob sie gleich oben liegt, während daß die andere Seite auch zu dieser Hitze gebracht wird, nicht verbrenne. Denn durch das Bestreuen des Sandes wird solches abgekühlt.

Sand, magnetischer. Eine Art Sandes von verschiedener Figur und Größe, glänzend, schwarz, so an manchen Orten am Strande des Meers gefunden wird, nach den durch die Chymie entdeckten Umständen von einer Lava herrühret, und das Eisen an sich ziehet, wie der Magnet. Die Holländer nennen ihn Zeil-Steen-Zand.

Sandpfanne. (Lichtzieher) Eine viereckigte eiserne Pfanne, worinn der Sand heiß gemacht wird, den man nachgehends in die Läuterwanne schüttet, um die Seife damit zu läutern. (s. diese)

Sandpfeiffen, pfälzische. Eine Art feiner Steine, die im Pfälzischen gefunden werden. Der Naturforscher führt eine Art Conchylien dieses Namens als aus einem auf mancherley Art gebildeten Rohr bestehend.

Sandrad. (Wasserbau) Eine Maschine, vornehmlich aus einem großen Rade mit Schaufeln bestehend, womit der Sand aus einer Untiefe gewunden, und mit Prahmen, die ihn auffangen, weggebracht wird.

Sandsack, (Brunnenmacher) der Leinwandsack an dem Sandbohrer, womit die ausgebohrte Erde herausgebracht wird.

Sandsack. (Kupferstecher) Ein kleines ledernes mit Sand angefülltes Kissen, worauf die Kupferplatte beym Stechen ruhet. Es verschafft dem Künstler die Bequemlichkeit, daß er die Kupferplatte frey drehen und wenden kann.

Sandschartig, Kley oder Marschland worunter viel Sand gemischt ist.

Sandschaufel, Mollpflug. (Deichbau) Ein Werkzeug, womit man Anhöhen abtragen oder neue Sandhügel anlegen kann. Es ist eine große hölzerne mit Eisen beschlagene Schaufel, wovor man Pferde spannen, und sie vermittelst eines hinten daran befindlichen Stiels bald eindrücken und mit Erde füllen, bald überwerfen und die Erde daraus fallen lassen kann.

Sandschicht, Sandlage, Fr. Couche, forme de Pavé, (Brückenbau) Eine Lage Sand, ungefähr eines Fußes dick, welche man auf die Bohlen einer hölzernen

Brücke schüttet, um ein Steinpflaster darein zu setzen. Man heißt auch Sandschicht alle diese igen Lagen Sandes, worein gepflastert wird.

Sandschiefer, (Bergwerk) der schieferige oder blätterige Sandstein, welcher weißgrau, röthlich und gelblich ist, er unterscheidet sich dadurch von den übrigen Sandsteinen, daß er feine, zarte, und selten grobe Theile hat, und sich in dünne Blätter spalten läßt.

Sandsläger, (Wasserbau) niedrige Wände oder Schirme, so in den Fliegsand mittelst eingestreckter Pfähle und darüber gespannter Stricke, zwischen welche Reitbhalme eingeklemmt sind, errichtet worden.

Sandstein. Fr. Pierre de sable, Pierre de taille, (Bergwerk) Ein aus zusammen gekitteten Quarzkörnern bestehender Körper, welche Körner ohne Ordnung unter einander liegen und einen Stein bilden. Er bricht in keiner bestimmten Figur, und in theils schmalen, theils mächtigen Lagen oder Schichten, giebt gute Quaderstücken, ist gegen den Tag nicht so feste als in der Teufe, schlägt mit Stahl, Feuer, brauset mit Säuren nicht auf, und giebt ein dunkles Glas. Einiger ist grob, und von Körnern verschiedener Größe, ein anderer aber klar und von ziemlich gleichen zarten Theilen zusammengesetzt. Es ist auch ein großer Unterschied unter den Steinen in Absicht der Härte. Einige Arten sind poröse, lassen das Wasser durchseihen, und werden daher Filtriersteine genannt.

Sandsteingrube, Steinbruch. Ein Ort wo Sandsteine gewonnen oder gebrochen werden. An manchen Orten liegt der Sandstein am Tage, an andern liegt er tief unter der Erde, und müssen Schächte dazu gesunken und die Steine mit Laufrädern und eisernen Seilen herausgefodert werden, wie zu Planitz in Sachsen geschiehet, wo die gebrochenen Stücken durch ein Laufrad in einem 30 oder 40 Ellen tiefen Schacht ausgefördert werden.

Sandstrecken, (Wasserbau) Bauhölzer so in den Grund oder Sand gelegt, und worauf die Schlickbalken aufgeblattet werden auf welchen der zusammengefügte Bohlenboden einer Schleuse ruhet. Manchmal werden sie auch auf Pfähle aufgezapft, und kommen nicht unmittelbar auf dem Sande zu liegen.

Sand, thonartige, feuerbeständiger, (Mineralogie) Sand, der aus gleichen quarzigen und trockenen Theilen bestehet. Er ist zuweilen mit ein wenig Thon vermischt und wird im Feuer gemeiniglich weiß. Zu diesem Geschlechte des Sandes kann man zählen, Form- oder Gießsand, Glimmersand, Mahl- oder Quellsand, und Staub- oder Triebsand.

Sanduhre, Stundenglas, Holl. Looper, Sandlooper, Uurglas; Fr. Horologe poudrier, Empoulette, zwey kegelförmige, mit den Spitzen aufeinandergesetzte, in einem offenen leichten Gehäuse eingefaßte Gläser, die vermittelst eines feinen vom obersten in das unterste Glas laufenden Sandes ein Zeitmaaß abgeben. Diese Gläser, die in den Glashütten besonders geblasen werden, haben in der Spitze ein feines Loch, eins von beyden wird mit rothem, oder weißem Sande aus Eyerschaalen, auch wohl aus Bley und Zinn, angefüllt, dann werden beyde auf einander gesetzt und sorgfältig verbunden. Je feiner der Sand und die Löcher sind, um so langer läuft die Uhre. Wenn aller Sand aus dem obersten in das unterste Glas abgelaufen, so ist das bestimmte Zeitmaaß verflossen, um denn die Maschiene umgekehrt wo den und wieder von neuem laufen kann. Man kann sie auf eine oder mehrere Stunden, Viertel- und Halbestunden einrichten, auch an den Gläsern kleinere Zeittheile abzeichnen. Um der Sicherheit und Reinlichkeit willen werden sie in Gehäuse, deren unterer und oberer Boden durch dünne Stangen zusammen verbunden ist, eingesetzt. In solchen Gehäusen befinden sich eine zwey, oder vier Gläser. Im zweyten Fall pflegt eine nur eine halbe, die andere aber eine ganze Stunde zu laufen; im andern Fall aber zeigt die erste ¼, die zweyte ½, die dritte ¾, die vierte die volle Stunde an. Man hat sie von sehr verschiedener Größe, sehr klein, kaum 1¼ Zoll lang, auch größer. Auf den Schiffen, wo sie vorzüglich im Gebrauch sind, hat man Sanduhren zu 6 bis 12 Stunden, die gewöhnlichen aber laufen alle ½ Stunden ab, weil darnach die Quartiere eingetheilt werden. Um diese Sanduhren in gutem Stande zu erhalten, muß man sie sehr fleißig umkehren und laufen lassen.

Sanduhrenmacher. Ein gesperrtes Handwerk in Nürnberg, welches die Sanduhren (s. diese) verfertigt. Man findet sie aber auch kaum an andern Orten.

Sand und Kiesel auf Glas zu probiren. (Glashütte) Man lauge Asche, die von verbrannten Pflanzen gesammlet worden, im dreymal soviel kochendem Wasser aus, daß man beständig umrühret, und lasse die Lauge so lange durch ein leinen Tuch laufen, bis sie helle ist, hierauf aber koche man dieselbe in einem eisernen Topf ganz gelinde und gieße etlichemal frisch nach, so bekommt man eine ganz dicke Lauge, zuletzt aber ein Salz, das man durch beständiges Umrühren trocken machen kann. Man nehme zwey Theile von diesem Salz und vermische dieselbe mit drey Theilen Sand oder Kiesel. Dieses Gemenge thue man in einen Tiegel, und lasse es etliche Stunden in dem Glasofen schmelzen, so bekommt man ein gemeines Glas. Will man es auf Crystallglas probiren, so löse man das aus der vorigen Asche gemachte Salz im Wasser auf und lasse es abdünsten, und anschießen. Diese Arbeit wiederhole man etlichemal, und vermische alsdenn dieses Salz mit acht Theilen Kieselsteinen, die vorher wohl zubereitet worden, dieses Gemenge aber schmelze man, wie zuvor (s. die Glasmacherkunst)

Sandweidchen. Eine Art kleiner Weidenstauden, welche in den Fliegsand eingelegt werden, um Sprossen auszutreiben.

Sand zu den vergoldeten oder versilberten Ledernen Tapeten. Ein feiner, trockener Sand, welcher etwa eines Fingers dick auf die ganze Oberfläche des Leders, das mit dem Modelbrete bedruckt werden soll, gestreuet wird, damit die ausgehöhlten Stellen des Model- oder Druckbretts so tief als nöthig ist sich hinein drucken.

Auf den Stellen, welche am tiefsten werden sollen, streut man ein wenig mehr auf. Je mehr man darauf thut, je mehr wird die Haut eingedruckt werden. Man breitet alsdenn eine wollene Decke darüber, legt das Modelbret darauf und bringt das Leder mit dem Modelbrett unter die Presse. (s. Druck der ledernen Tapeten)

Sand zum Fluß zu präpariren, (Probierkunst) der Sand, der zum Fluß oder Zuschlag bey Schmelzung der Erze gebraucht wird, muß erstlich gebrannt, dann gerieben oder gestoßen, durch ein Haarsieb gesiebet und endlich gewaschen werden. (s. Fluß, Hüttenwerk)

Sand, zusammengesetzter, (Mineralogie) rein oder unrein gemischter Sand. Unter die erste Art rechnet man den aus zwo oder mehreren Arten einfacher Sände, als granatirten, glasartigen u. s. w. gemischten. Ihre Anzahl ist groß, und sie können leicht durch den Sichertrog im Wasser erkannt werden. Zu den andern unreinen gemischten Sanden, zählt man solche die mit Metallen und Muscheln vermischt sind. Jene bestehen in dem Eisen- dem Kupfer- und dem Goldsande, diese aber in dem Muschel- oder Schnecken-Sande. Die erstere halten Eisen- Kupfer- und Goldtheilchen und kommen bey den Erzen vor, die andern aber sind solche Sande, die mit pulverisirten Schnecken oder Muscheln vermischt werden.

Sand, zur Emaille oder Glasfarbe. Fr. Sable. Dieser ist entweder Fluß- oder Erdsand. Der Flußsand, welchen man am Ufer oder im Grunde der Flüsse findet, und weiß ist, wird in einem Schmelztiegel glühend gemacht und in Wasser abgelöscht um ihn nachher zu kalziniren und zu Pulver zu zerreiben. Man erkennt die Güte des Sandes daran, daß er, wenn er naß gemacht, weder im Trocknen das Tuch beflecket, noch im Traktiren die Hände beschmutzt. (s. Emailfarben und Glasfarben)

Sanft, s. mild, weich.

Sanft aufsteigend Gebirge, s. sanftes Gebirge.

Sänfte. Ein verschlossener Stuhl oder hoher schmaler Kasten mit einem Sitz und Fenstern, woran Gardinen gemacht sind, der Deckel und die Vorderseite können aufgemacht werden, um einzusteigen. Man läßt sich von Menschen oder Thieren tragen. Besonders geschieht dieses in großen Städten, wo dergleichen öffentliche Sänften gehalten werden, und worinn man sich anstatt der Miethkutschen von einem Ort zum andern vor ein gewisses Geld tragen lassen kann. Zu diesem Behuf werden von beyden Seiten derselben in der Mitte durch dazu angemachte Ringe Stangen gesteckt, zwischen welchen zwey Männer, einer hinten, der andre vorne, die Sänfte forttragen. In der Schweiz und in Italien auch in Spanien gebraucht man die Sänften auf Reisen, wo sie von zwey Pferden oder Mauleseln getragen werden, und worinn man sehr bequem reisen kann.

Sanftes Gebirge. (Bergwerk) Ein Gebirge, das nicht so gar hoch und steil auf einmal in die Höhe geht, sondern ganz allmählich nach und nach sich erhebt, wie man gemeiniglich an den Mittelgebirgen wahrnimmt, als welche zu dem Berg an am bequemsten befunden werden. Die Erzgänge streichen darinn richtiger, sie verdrücken sich nicht, und es sind auch reichere Anbrüche darauf zu erwarten.

Sanftgedackt. (Orgelbauer) Ein sanftes lieblich klingendes gedacktes Orgelpfeifenregister.

Sang-Finken, (Vogelsteller) diejenigen eingedämpft und finster verdeckte, auch wohl gar geblendete Finken, die auf dem Vogelheerde als Lockvögel gebraucht werden. (s. Sangvogel)

Sanggris. Ein sehr starkes Getränke, von dem vieles in den französischen Inseln von Amerika verthan wird. Es wird aus Maderawein mit Zucker, Zitronensaft, etwas Zimmt, Gewürznelken, vieler Muskatennuß, und einer geröstet und fast verbrannten Brodrinde in einer Schaale gemacht. Wenn dieses Getränk den Geschmack der dazu genommenen Ingredienzien angenommen hat, so wird es durch eine feine Leinwand geseiget.

Sangheerd. (Vogelsteller) Ein Vogelheerd, auf welchem man nur den großen Sangvögeln zu stellen pflegt. Die Vogelsteller machen eigentlich dreyerley Unterschiede unter diesen Heerden, als der Sommer- Herbst- und Winter-Lagerheerde. Auf dem ersten stellen sie nur dem verhaltenen Gesang, auf dem zweyten auf Halbvögel, Weindrosseln, Krammetsvögel rc. und auf dem dritten auf die Krammetsvögel. Auf dergleichen Sangheerden müssen die Büsche gar nicht einzeln und nicht so dicke als auf den Herbstheerden gesteckt werden. Ferner macht man vor die Gräben der Garne, so lang solche seyn, auf jede Seite ein schwankendes rundes Stängelein, nicht vollkommen einer Hand hoch von der Erde, worauf der wilde ankommende Vogel sich gern setzt, und dem Gesang fleißig zuhört; zu den Läufern und anstatt der Vögel, die man an den Herbstheerden gebraucht, wird nach der Länge der Garne ein feiner Faden stark gespannt, und an oder in den Stämmen befindet sich ein Ring, woran der Läufer angemacht wird; dergestalt, daß er daran weitläuftig hin und wieder schweifen kann. In der Mitte des Busches wird noch ein Läufer an einem Bügel gemacht. Zu dieser Art von Heerden muß man sich eine gute Stelle aussehen, etwa im Walde einen ziemlichen Wiesengrund, so mit einem Thal oder kleinen Grunde nach dem Holze zustreicht, zu Ansicht einer Höhe, nachdem sich nämlich der Strich lenkt. Giebt es keine Bäche daselbst, so muß man etliche ausgehöhlte Klötze oder Scherben in die Erde graben, damit ein wenig Wasser darein gegossen werden und stehen bleiben könne. Man muß diese Heerde fleißig abwarten, und früh vor Tage angehen, so, daß wenn solche weit abgelegt sind, man noch vor Tage aufstellen, die Lockvögel zurechte setzen, und die Läufer anbinden, speisen und tränken könne. Wenn viele fremde Vögel vorhanden und im Aufzuge sind, so daß man um einiger wenigen willen, so etwa einfallen, nicht alsobald ziehen, wodurch die andern verscheucht werden. Die großen Sangvögel fangen auf diesen Heerden aufs längste nur 6 Wochen. Wenn man fleißig angefangen hat aufzustellen, und die zuerst aufgestellten 3 Wochen lang gefangen haben, und nachlassen, so muß man wieder neue aufstellen und damit fortfahren, so kann man sie in den Herbst diese Heerde gebrauchen. Da diese Sangvögel aber sehr traurig im Einsetzen sind, so muß man sie gut warten und ihnen bey Zeiten Ameisen mit den Eyern, auch gestossenen Mohnsaamen oder Hanf unter das Fressen mengen, ihnen Wasser zum Baden hinsetzen, auch sie vom Unrath wohl reinigen.

Sangles = Blanks, Fr. Eine Art holländischen Zwirns, welche die Näherinnen zum Piktiren ihrer Arbeit, sonderlich der genäheten Spitzen gebrauchen. Der Verkauf desselben geschieht im Grossen nach Pfunden, im Kleinen aber nach Lothen oder auch nach Strehnen.

Sangles, Bleus, Bonnerins, Fr. Eine Gattung von blau gefärbtem Garn, welches dazu dienet, die Streifen in dem Tafelzeuge, vornehmlich in den Tischtüchern und Tellertüchern zu machen. Dieses Garn wird zu Troyes in Champagne gemacht und gefärbt; woher die Weber solches kommen lassen.

Sanguinbo, eine Gattung blutrothen Holzes, welches auf der Insel Tercera wächst, und von den Einwohnern zu allerhand Tischlerarbeit gebraucht wird, welche Arbeiten ein sehr schönes Ansehen haben, weil das Holz von der Natur schön roth ist, und nicht erst angestrichen werden darf.

Sanktoriuswaage, eine Waage, wodurch der Mensch den Ab- und Zugang der Schwere seines Leibes täglich zu ständlich, ohne eines andern Hülfe, erforschen kann. Zu diesem Endzweck sitzt der Mensch vor einem Tisch auf einem Stuhl, der etwa von der Erde einen Zoll absteht, indem derselbe vermittelst eines Seils, das durch die Decke des Stuhls an den Waagebalken einer Schnellwaage hänget, und so eingerichtet ist, daß, wenn der Mensch an Speise und Getränke soviel zu sich genommen hat, als am Gewichte geordnet worden, der Stuhl jähling herunter schnappet, und dem Essenden erinnert, daß er aufhören soll zu essen: der Balken der Schnellwaage ist am Boden befestiget, und muß also eingerichtet seyn, daß die Hauptachse derselben etwas tiefer stehe, als die Anhängepunkte, wider die Natur der andern Waagen. (s. Leup. Schaupl. der Gewichtkunst Tab. XVII. Fig. VII.)

Santa, eine zu Bantam und auf der ganzen Insel Java, auch auf den benachbarten Inseln gebräuchliche Rechenmünze, welche aus 100 Caxas besteht, so mit einer Schnur von Stroh an einander angereihet sind, und soviel als 9 holländische oder 11 französische Pfennige gelten. Fünf Santas machen ein Sapocu, welches soviel ist, als 5 Stüver 9 Pfennige holländischer, oder 7 Sols 6 Deniers französischer Münze.

Sanerne, eine Münze in Goa, so 16 Tankes gilt.

Sapanholz, Schappenholz, ein rothes Holz, welches wie das Brasilienholz zum Färben gebraucht wird. Der Sapanbaum, von dem es kommt, wächst meistens in Siam und auf der Mauritiusinsel, und wird so hoch als eine Linde.

Saphier, Sapphier, Fr. Sapphir, pierre de ser. Ein von Natur acht- oder vieleckiger Edelstein, so eine blaue Farbe hat, die er im Feuer verlieret. Den Stufen der Härte nach kommt er dem Rubin am nächsten, und ist der zweyte nach dem Diamant. Insgemein werden vier Arten angegeben. 1) der hochblaue, harte und beste, auch theuerste, Cyaneus genannt. 2) derjenige, dessen blaue Farbe ins grünliche fällt, Prasius oder viridis genannt. 3) derjenige, dessen blaue Farbe in das goldgelbe spielt, goldene Tüpfeln hat, und Chrysitis oder aureus heißt; und 4) der ins Milchfarbige fällt, und oft für einen Diamanten ausgegeben wird, Candidus genannt. In Engeland findet man milchfarbene mit Blau vermischte Steine, welche man Leuco-Sapphirus nennt, die aber sehr weich sind. Man giebt vor, daß man ihn durch Beyhülfe des Goldes und der Kreide, mittelst einer gut regierten Hitze, zu einem Diamant machen könne. Merpet und Kunkel haben gelehret ihn nachzumachen.

Saphier, männlicher, (Bergwerk) ein dunkelblauer Saphier, der im Orient gefunden wird.

Saphier, weiblicher, der blaßblaue Saphier, so im Occident gefunden wird.

Sapocu, eine Rechenmünze auf der Insel Java und einigen benachbarten Inseln. Sie besteht aus 5 Santas, und jede Santa aus 200 Caxas, mithin aus 1000 Caxas.

Sappe. (Kriegsbaukunst) Bey den Alten hieß dieß die Untergrabung einer Mauer durch die Widder, Steinbohrer und dergleichen Mauerbrecher. Nach der heutigen Manier versteht man darunter eine tiefe Durchgrabung des Glacis und bedeckten Weges, welche man aus den Laufgräben bis in den Graben führet. Man geht also mit der Sappe unter dem Glacis und dem bedeckten Wege fort, und wirft zu desto mehrerer Bedeckung zu beyden Seiten die ausgegrabene Erde auf; zuweilen bedeckt man sie auch oberhalb, wo hingegen ein fruchter Boden vorhanden ist, da führet man an derer statt hohe Traversen (s. diese) auf.

Sappen, doppelte, (Kriegsbaukunst) Sappen, so auf beyden Seiten mit Brustwehren versehen sind.

Sappen, einfache, (Kriegsbaukunst) Sappen, welche nur eine einzige Brustwehr haben.

Sappen, fliegende, Fr. Sappe volante, (Kriegsbaukunst) die aus Schanzkörben, welche bis zu oberst mit Sand angefüllet sind, verfertiget ist.

Sappenholz, s. Sapanholz.

Sapphier, s. Saphier.

Sappine, (Schiffsbau) große Beschoren der Loire auf der Saone.

Sappines, s. Sappiniere.

Sappiniere, Sappines, kleine Schiffe von Tannenholz auf der Loire, nicht so lang als der Chaland (s. diesen) aber breiter.

Sappinos, Lat. eine Benennung bey den Alten eines blassen violetten Amethistes, der bisweilen ganz weiß ausfällt.

Sarabande, (Reitkunst) ein langsamer Tanz, welchen man für die Pferde braucht, welche man tummelt, (passagiren) die im spanischen Tritt trottiret sind, und welche man daher Tänzer (Danseurs) nennt, weil sie die Kadenz beobachten, auf des Reiters Instrument (Tamp di Gamba) Acht haben, und also nach dem Takt der Musik Fuß für Fuß vorwärts gehen; auch in der Wendung allezeit eine hohe Kourbette dabei machen, und in der Kadenz bleiben.

Sarcophagus, ein schwammichter leichter Stein, der in Italien und an andern Orten mehr in den Brüchen gefunden wird. Er läßt sich so leicht wie der Bimsstein zerreiben, ist über und über mit gelben Adern wie besäet, und auswendig mit Staub und Mehl überzogen, welches leicht gelb oder weiß, salzig und etwas scharf ist. Die Alten haben diese Steine zu Aufführung der Grabstätte gebraucht, damit die todten Körper verzehret werden möchten, ehe sie von der Fäulung angegriffen würden.

Sardacher, s. Folgendes.

Sardagas, Sardachat, eine Agatart mit durchgehenden der Farbe des Sarders gleichkommenden Adern und Flecken, Fr. Sarde agate.

Sarder, röthlicher Karneol, Fr. Sarde agate. Eine klare, meist durchsichtige Agatart, röthlich oder fleischfarbig. Den Namen hat er von dem Orte, wo er gefunden worden, und Karneol heißt er wegen der Fleischfarbe.

Sardis, eine Art schlechter und sehr gemeiner Tücher, welche an verschiedenen Orten in Bourgogne gemacht werden. Sie müssen eine halbe pariser Elle breit liegen.

Sardonix, Sardonyx, Fr. Sardoine, eine Onixart, welche rothe Ringe oder Streifen hat, deren Grund Onix, die Linien aber Sarder, und mit einer Horn- oder andern Farbe schattirt sind. Es ist oft der Onix undurchsichtig, und der Theil vom Karneol durchsichtig, der ganze Stein aber wolkenförmig. Solcher Stein wird sowohl im Morgenlande, als auch in Böhmen, gefunden.

Sardonyx, s. Vorher.

Sarg. (Tischler) Ein bekanntes Behältniß, worinn die verstorbenen Leichname beerdiget werden. Sie werden von Holz, glatt oder mit Leisten, oder auch gekehlt verfertiget. Die Bretter zu ordinairen Särgen, die gekehlt werden sollen, sind 1 Zoll dick, 7 Fuß lang, und nach Verhältniß zwischen 2 oder 3 Fuß breit. Gemeiniglich wird folgende Verjüngung zu dem Sarge genommen: Es ist, wie bekannt, ein langer schmaler Kasten, am Kopfende breiter, als am Fußende, daher läuft es vom Kopf zu den Füßen von beyden Seiten schräge zu. Man theilet also das Kopfende in 5 gleiche Theile, und giebt dem Fußende davon vier Fünftheile. Nach dieser Eintheilung werden auch die Seiten verjüngt; man giebt der Unterseite am Kopf 14 bis 15 Zoll, dem Fuße aber 11 bis 12 Zoll. Nachdem die Bretter gehörig zugeschnitten, so wird das Seitenholz mit dem großen Hobel bestoßen, und mit Hohlkehlen und Stäben mit den verschiedenen Kehlhobeln ausgekehlt und verzieret. Man passet den Untertheil zusammen, vernagelt ihn mit eisernen Nägeln, welche mit hölzernen Pflöcken oder Kitt bedeckt werden. Hierauf wird er abgerichtet, der abgekehlte Boden aufgenagelt, dieser Boden raget um 1½ Zoll an dem Fußgesimse vor, und man umziehet ihn mit einer vernagelten Leiste. Dieselbe stellet gleichsam sein Postamentgesimse vor. Nun wird das Kopf- und Fußende aufgepaßt, man befestiget es mit hölzernen Zapfen in der Postamentleiste. Gemeiniglich legt man diese schräg, um dem Sarg dadurch ein gut Ansehen zu geben. Hierauf wird die Oberseite, welche vorher nach Verhältniß der Breite abgerichtet und ausgekehlet worden, nach der Länge der Schrägheit zugeschnitten, und nach der Vorschrift der Gährung (s. diese) aufgepaßt. Die abgekehlte Platte steht rings herum ½ Zoll vor, man nagelt sie auf, und verdeckt die Nägel mit Kitt oder Holz. Zuletzt bestäubt man ihn mit feiner pulverisirter gelber Erde, welche man überall gleichmäßig einreibt, bestreichet ihn überall mit Wachs und bohnet es. Soll es beschlagen werden, so erhält es der Schlösser, der es an den Seiten und an dem Kopfende mit eisernen verzinnten Schildern, woran Handgriffe von gleicher Art sind, beschlägt. Auch öfters werden oben auf den Deckel, oder auch am Kopf- und Fußende von Zinn, oder auch von getriebenen und verzinnten Eisenblech, oder auch von Meßing, Schilder und Tafeln angebracht, worauf die Wappen und eine kurze historische Nachricht von dem Verstorbenen sich befindet. Die glatten Särge werden eben so gemacht, und bekommen zur Verzierung anstatt der Kehlleisten an allen Ecken Leisten, oder wenn es nur ein schlechter Sarg ist, auch wohl keine Leisten, und werden entweder schwarz oder gelb angestrichen. Prachtsärge werden auch wohl mit reichen Zeugen oder Sammet überzogen, mit Tressen und Galonen ausgeziert, und erhalten unterwärts runde Füße. Auch macht man von Marmor und andern Steinen Särge, die vom Bildhauer ausgehauen werden, worein der Prachtsarg gesetzt wird u. s. w.

Sarg. Fr. Biere, (Hüttenwerk) das kleine Dach nahe an einer Bataille des Hohenofens an dem Schlund des Hohenofens, unter welchem sich die Aufträger befinden, um Tag und Nacht aufmerksam zu seyn, wenn es Zeit ist, dem Ofen neue Ladung zu geben.

Sarge, s. Serge.

Sarge, s. Zarge.

Sargnägel. (Nagelschmid) kleine mit verzinnten runden Köpfen versehene Nägel, womit der verzinnte Beschlag eines Sarges angenagelt und befestiget wird. Es sind eigentlich ganz kleine Pinnen mit einem mit dem Stempel gerundeten Kopf, welcher verzinnt wird. (s. Verzinnen der Nägel)

Sarsche, s. Serge.

Sarter, Zerter, (Schiffsbau) die Art des Baues, das Gerippe des Schiffes, das Modell, desgleichen der schriftliche Entwurf dazu, sonst auch Bestek. Der Zimmermann verschreibt alle Theile des Schiffes, so er bauen soll, zeigt die Verhältnisse an, und verspricht sich nach diesem Verzeichniß in dem Baue zu richten. Es ist ausgemacht, daß ein jedes Schiff seinen eigenen Sarter haben muß. Hauptsächlich kommt es darauf an, daß man den rechten Ort des Mittelpunkts der Schwere an einem

Schiff und wo sich die wahre Krümme der Wasserlinie befinde, wisse. Jede Nation hat ihre besondere Sarter, und jedes Schiff ist einem erfahrenen Seemann, wenn er es auf der See liegen sieht, an seinem Sarter kenntbar, wenn es gleich beliebige Flaggen führt. Man muß merken, daß der Sarter in einem Kriegsschiff von der Linie, in den Fregatten, und in den Lastschiffen sehr unterschieden seyn müssen. Man gab den Kriegsschiffen z. B. sieben Breiten zur Länge, und den Lastschiffen nur vier. In den letztern geht der Handwerksgebrauch zum wenigsten von der Theorie ab, besonders in Norden. Denn sie werden so eingerichtet, daß sie mit wenig Leuten fahren und viel laden können, welches ihr Endzweck ist. Die Fregatten, welche hauptsächlich zur schnellen Fahrt gewidmet werden sollen, müssen sich von ihrer Mitte an gegen das Vorder- und Hintertheil verjüngen. Folgende Zergliederung eines solchen Sarters von einem französischen Kriegsschiff wird einen deutlichern Begriff des Worts als auch von den Bautheilen eines Schiffes, ihrer Anlage, und dem Verhältniß nach dem genannten Fuß, machen. Die Länge eines solchen Schiffes von 50 Kanonen ist vom Vorder- bis zum Hintersteeven von einer Spunde zur andern 114 Fuß 0 Zoll. Der Vorschub, Auslauf des Vordersteeven 14 Fuß und der Auslauf des Hintersteevens 4 Fuß. Die Länge des Kiels ist 107 Fuß 6 Zoll, und die Breite des Schiffs von außen 33 Fuß. Die Tiefe von dem Kiel bis zum Hauptbalken genommen 15 Fuß 6 Zoll, die Länge des Hackbalken 22 Fuß, die Höhe des Pflichts 6 Fuß, und die Höhe zwischen zwey Verdecken 6 Fuß 1 Zoll. Ein solches Schiff führt im ersten Verdeck eilf Stückpforten in jedem Boord und im zweyten Verdeck 11 Stückpforten in jedem Boord, auf dem Pflicht hinten zwey Stückpforten auf jeder Seite, und in dem Walst und der großen Kammer auf jeder Seite eine Stückpforte. In den Kammern werden alle nöthige Fenster und zwey Klüslöcher auf jeder Seite verfertiget und aus folgenden Stücken wird das ganze Sarter zusammengesetzt: der Kiel besteht nach dem obigen Maas aus 4 bis 5 Stücken, mehr oder weniger, nach der Länge derselben; in der Breite von 16 Zoll und in der Dicke von 14 Zoll mit doppelten Laschen von 7 bis 8 Fuß zusammengesetzt. Ein Kropf eben so dick und mit eben solchen Laschen, zwey Stück zum Vordersteeven wohl gewölbt nach gewöhnlichem Muster. Ein Hintersteeven mit zwey Zäpfen im Spunde und Versloß vereiniget. Ein Hackbalken von 14 bis 16 Zoll in den Hintersteeven eingelassen. An jedem Ende in dem Hackbalken werden zwey Randhölzer eingelassen; von innen aber gut in die Hinterlage vom Hintersteeven geschlossen. In die Hintersteeven und die Randhölzer werden vier Barkhölzer eingelassen und zwey Hackstützen werden in die Randhölzer wohl eingepaßt. Am Hintersteeven wird ein Knie, so mit dem Kiel und dem Hintersteeven inwendig wohl befestiget werden, angebracht, und eine Hinterlage oder Stuhlknie von innen mit einem Haken an das Knie gefügt; auch ein doppelter Hintersteeven von außen in den wahren Steeven eingelassen, ein Stück Kielschwein von dem Knie des Hintersteevens bis an den Sag, und zwey Stück Gegensteeven mit dem Vorsteeven eingefügt und verbunden, wie auch ein Stück Kielschwein bis an den Vordersag angebracht. Ferner braucht man auch noch folgende Holzarten: Sechzig Grundbauchstücke zu der Verjüngung oder Gabelstücke von 12 bis 18 Fuß Länge, 11 Zoll Breite und 9 Zoll dick. Hundert und zwanzig Grundknie oder Pirckhölzer, welche dem Bauch das Gerippe geben, 15 Fuß lang, 11 Zoll breit und 9 Zoll dick, in der Mitte ihrer Länge wohl eingefügt und wohl mit den Bauchstücken verbunden. 120 untere oder erstere Stützen, eben so stark, wie die Knie, welche wohl an die Bauchstücken gepaßt und mit den Knien verbunden werden. 120 Uebersätze oder zweyte Stützen, über die ersten von gleicher Stärke; auf diese folgen wieder 120 dritte Uebersätze von gleicher Stärke. Endlich 150 Oberstützen, letzte Uebersätze zu den Stückpforten, zu Querbalken bey den Wänden, zu dem großen und Besansmast. 160 Stück, oder soviel als noch mehr nöthig ist, Endestützen, 18 Klüsshölzer. Ferner eine Reihe Tragkeile längst dem Kiel von vorne bis hinten zwischen den Bauchstücken und Gabelhölzern, woselbst sie vest eingeschlagen und auf den Kiel wohl verbunden werden. Es sind zwey Zoll niedriger als die Bauchstücken, damit die Kielschwein, wenn es eingesetzt werden, auf die Kiele zu liegen komme. Zwo andere Reihen eben dergleichen Keile, eine bey den Fugen der Knie, die andere bey den Fugen der ersten Stützen, wie die vorigen drey Stück Kielschwein, welche wohl auf den Tragkeilen liegen, und für die Bauchstücke und Gabelhölzer ausgeschnitten sind. Zwey Reihen Futterdielen auf jeder Seite des Kielschweins, von 12 Zoll Breite und 5 Zoll Dicke, welche einen Zoll tief vor die Bauchstücken und Knie eingeschnitten werden. Zwo andre dergleichen Reihen auf jeder Seite, die an einander passen müssen. Die Fugen müssen unter die Balken bey dem Verjüngen passen, sie sind ein Zoll für die Hölzer, darauf sie treffen, eingeschnitten und liegen auf einer Reihe Tragkeile gegen das Auffahren. Zehn Reihen Balkenträger, 14 Zoll breit und 6 Zoll dick, welche wohl in die Krummhölzer eingelassen und mit ihnen verbunden, unter ihnen sind 2 Reihen Futterdielen auf jeder Seite von 4 Zoll dick. Von da bis an die zwo Reihen der untern Futterdielen, im Grunde des Schiffes, welche sich schief berühren, wird der Raum mit drey Zoll dicken Brettern bezogen. Die Zwiebackskammer wird, so hoch als der Ballast liegt, mit zwey Zoll dicken Planken verschlagen, die Verjüngung wird mit drey Gabelhölzern verbunden. An den nöthigen Oertern werden wohlausgeschnittene und verbundene Hackknie angelegt, um alles zu verfestigen. Sieben Bugbänder, von 10 bis 14 Fuß Länge und 14 bis 16 Zoll Dicke werden wohl verbunden und ausgeschnitten und eingezapft. Zehn Grundbalken 12 bis 15 Fuß lang, 12 bis 14 Zoll ins Gevierte werden mit den Grundbauchstücken bis auf die Hälfte ihrer Länge zusammengefügt und in die Futterdielen eingeschnitten. Auf diese kommen zwanzig Stützen, die ersten Stützen genannt, und auf diese

andere

andere 10 Ueberschäge, und auf diese noch andere 10 Ueberschäge oder Ständer. Sechs Laßbalken mit einem Krummständer an jedem Ende, welche das erste Verdeck tragen. In diesem ersten Verdeck kommen 31 Balken von zwey bis drey Stücken, in die Laßbalken mit einem Schwalbenschwanz eingeschnitten. Unter jeden Balken des ersten Verdecks kommen 63 hölzerne Knie oder eiserne Stützen wohl mit ihnen und der Futterung verbunden. Ueberdem werden die nöthigen Spannriegel an jeder Verbindung und Einschnitte der Stücke in den Balken, und eben dergleichen an allen Stellen der Lucken und Deckel eben sowohl, als die nöthigen Latten, gemacht. Noch werden zehn Stück Wasserboords wohl in die Balken und die übrigen Hölzer ausgeschnitten, auch 10 Stück Gangboords auf die Balken und Ständer eingelassen. Zwey Bettingsständer mit ihren Querbalken und Riegeln, auch zwey Krummständer am Betting vor die Balken ausgeschnitten. Eine Reihe Schloßkerne auf jeder Seite und vier Reihen Rahmleisten auf jeder Seite in die Balken eingelassen, die nöthigen Ribben aufgesetzt, und drey große Lucken mit ihren Rahmleisten, Rahmen und Deckeln in dem Verdecke angebracht; wie auch noch drey kleinere Lucken mit ihren Rahmleisten, Rahmen und Lucken. Die Bettung des kleinen und großen Spills, die Fische für die Maste und die Spille in die Bettung des Fockmast angeleget. Das erste Verdeck und das Verdeck zwischen den Lucken in der Mitte zu belegen, werden 20 Blätter Oberlaufsplanken gebraucht, wie auch die Seitenwände des Zwischenraums zwischen den beyden Verdecken bis zu den Balkenträgern des zweyten Verdecks zu täfeln. Ferner werden 22 Stückpforten der ersten Lage mit ihren Schwellen, 22 Blendungen oder Fenster, wie auch zwey Stückpforten im Walsi mit ihren Schwellen, und zwey Blendungen für diese, und noch zwey andere kleinere Stückpforten gemacht, und der Fisback angerichtet. Auch noch 8 kleine Ruderpforten auf jeder Seite nebst ihren Blendungen. Vier Berkoonen oder Tauständer, darauf der Bogspriet sich stützet, errichtet und auf beyden Seiten beleget. Ein Spannriegel zwischen die Bettingsknie, das Bogspriet zu befestigen, angebracht. 6 Stützen in den Raum, davon drey mit Knechten, und der Fuß des Großen- und Besaansmastes wird gleichfalls gemacht. Zwischen die Verdecke kommen 40 Stützen. Das Steuerruder, das mit Eisen beschlagen, erhält zwey Balken mit ihren Handhaben, und ein Stück wird an das Ruderpen angemacht. Nun kommen die Balkenträger des zweyten Verdecks, und 31 Balken dieses Verdecks werden mit Schwalbenschwänzen in die Balkenträger eingelassen, woran 66 Knie oder eiserne Bogustklammern und 132 Streben angebracht werden. Auf diese kommen 62 Ribben und zwey Reihen Wasserboords und Gangboords, welche für die Balken ausgeschnitten und an die Hölzer eingelassen werden. Auf die Balken kommen vier Reihen Rahmleisten und Reihen Deckdielen auf das Verdeck, womit solches von den Roßlucken bis hinten beleget, und zwischen den Rahmleisten zehn Roßdeckels gemacht werden. Alsdenn werden die Fische des Großen- des Besaans- und des Fockmastes, so wie auch die Fische des Spills und zwey kleine Lucken über den Betting gemacht. Dann wird der große doppelte Kabestan nebst seinen Windebäumen verfertiget und aufgesetzt, wie auch der kleine Spill mit seinen Windebäumen, und der große Kardeelknecht, woran die Kardeel befestiget werden, angebracht. Dann macht man die Kreuzhölzer zu den Mars-Schooten, und die Vorpflicht mit ihren Pforten und Blendungen, nebst zwey Halsklampen und den 6 Kreuzhölzern zu den Schooten. Ferner alle Klampen der Pforten und zum Tauwerk. Zwey Küchen mit ihren Futterungen und der Backofen. Auf jeder Seite dieses Verdecks wird eine Reihe Spillen angebracht, und der Raum zwischen den Stückpforten der zweyten Batterie mit preußischen Planken bis an den Dalboord beleget. Hier werden 16 Stückpforten mit ihren Schwellen und 24 blinden Pforten gleichfalls angelegt. Dann wird die Balkentracht mit 4 Ribben an denselben und eine Reihe Wassergänge auf jeder Seite, nebst zweyen Rahmleisten und 20 Berkoonen oder Stützen darunter verfertiget. Die zwey Kranbalken mit ihren Trägern, das Dalboord und die Backs längst dem Loord gleichfalls angebracht. Die Balkentracht des Hinterkastels bestehet aus 20 Balken, 100 Streben, 40 Knieen und eben soviel Ribben. Auf die Balken wird eine Reihe Wassergänge auf beyden Boords eingelassen, und 2 Reihen Rahmleisten auf jeder Seite auf den Balken gesetzt. 16 Berkoonen und eine Reihe Spillen auf jeder Seite bis zu den Pforten angebracht, und das Kastel selbst wird mit preußischen Planken belegt. Auf das Kastel kommen 4 Roßdeckel, und es erhält vier Stückpforten mit ihren Schwellen und Rahmen. Der Raum zwischen den Pforten bis an das Dalboord wird mit Brettern getäfelt. Die Balkentracht der Hütte bestehet aus 6 Verdecksbalken, zwölf Knieen, zwey Reihen Wassergängen, und die Hütte wird bis an das Dalboord mit Tafeln beleget. Denn wird der Walsi mit den Walsistützen gemacht und beleget. Fünfzig oder mehr Reihen Planken kommen zu den äußern Boorden vom Kiel bis an die ersten Barkhölzer des Schiffskörpers. Dieser Barkhölzer sind 5 Reihen auf jeder Seite. Die Ständer derselben, woran sie zu liegen kommen, sind so dick als die Barkhölzer. Für die zweyte Batterie kommen vier Reihen Barkhölzer, und zwischen denselben kommt eine Bordirung, welche von den Barkhölzern der zweyten Batterie, bis zum Dalboord mit preußischen Planken beleget wird. Das Dalboord erhält zwey Reihen Großkanten, und wenn diese sowohl als die Rahmleisten des Dalboords verfertiget sind, so wird das Gerüste über Wasser völlig beleget. Nun werden die äußern und innern Treppen angeleget, und zwey Karnisse an der Walsi und dem Halsbalken angebracht. Ferner die Gallerie mit ihren Ständern und Stützen im Wappenschilde, nebst Kranz, Spiegel, Bogen, Termen, und überhaupt alles Schnitzwerk des Hintertheils verfertiget, so wie auch die nöthigen Karnissen, Glieder und Stützen an den Kastelen der Hütte, das obere Schild mit den zugehörigen

Leisten und Stützen, so wie auch die kleine Seitengallerie, und die nöthigen Fenster und Thüren mit ihren Zierrathen und Schnitzwerken angebracht, auch das Gallion mit seinem Schnitzwerk, die Halsklampen und ihre Dächer verfertiget, ein Gang auf dem Boord von einem Kastel zum andern angeleget, und die Ständer und das Dach zur Glocke verfertiget; ein loos Verdek und die Ankerkreuze, die Boordständer und Wandleisten gemacht, und die Pumpen beschicket, die Fische an die Pumpen gemacht. Noch gehören hieher die Mastkeile, fünf Stück Auflagen an jeder Seite, die Bettung in dem Kabelgatt, in dem Hellmachen, welche beyde mit Verschlägen unterschieden werden, die Kammer des Obermeisters, des Oberzimmermanns und Oberkalfaterers, die große Pumpe mit ihren Backs und Verschlägen, die Bettung der Pulverkammer, Verschlag und Ständer der Pulverkasten, und das Gehäuse für die Krankleterne, den Laufgraben in der Mitte zur Absonderung der Brodkammer, welche mit Stützen und Wänden versehen sind; ferner der Gang im Raum rechter und linker Hand; überdem auch das Segelgatt und zwey Kajütten für den Schiffer und Steuermann. Man sehe alle einzelne Theile an seinem Orte, wo sie vollkommen erkläret werden. Der Bedinger eines solchen Schiffs ist überhaupt verbunden, alles Zimmerwerk, behauen und gesäget Holz zu liefern, bis auf die Backhölzer, Wassergänge, Futterdielen, Boordplanken, Rehmleisten, welche ihm nach gehöriger Dicke und Länge geliefert werden müssen. Auch muß er die eisernen und hölzernen Nägel liefern und bohren lassen. Die Kosten eines solchen französischen Schiffes aus dem dritten Range von 10 Kanonen genau mit allem Zubehör berechnet, belaufen sich auf 287148 französische Pfunde, so daß ein Schiff vom ersten Range von 100 Kanonen 616385 französische Pfunde zu stehen kömt.

Gaschin, Aeschin, ist der Name einer russischen Klaster.

Gasse, (Jäger) der Sitz oder der Ort, wo ein Hase gesessen oder liegt, deswegen die Redensart: der Hase drücket sich in seiner Gasse.

Gastjagen, (Jäger) eine Jagd, welche nur auf Thiere, oder Wildpret geschiehet, und wobey kein Hirsch geschossen wird. Die Gastjagd geht gleich nach der Hirschbrunft an, und wird theils wie ein Laufjagen (s. dieses) theils wie ein Kontrajagen, theils auch wie ein Schüttenjagen, angestellet.

Gasso, ein Gewicht in Venedig, hat 1½ Tarma, 1 Tarma hat 2 Stropoli; 6 Gassi machen 1 Onza, und 12 Onze ein Pfund klein oder leicht Gewicht.

Sat, ein Maaß in Siam, zum Getreide und trocknen Früchten. Es ist ein Gefäß von Bambusrohr als ein Scheffel, welches auf eben die Art in einander geflochten ist, als man hier die Körbe von Weidenruthen flicht. Vierzig Sats machen 1 Seste, und 40 Sestes ein Cohi, da andere den Seste auf 100 Katt schätzen; wenn man 100 Kan für 125 Pfund europäisches Gewicht annimmt, so wird der Sat ungefähr 3 Pfunde wiegen.

Satenisk, s. Satinisk.

Satin, Fr. eigentlich der allgemeine Name der Atlasse in Frankreich. Insbesondere aber führet diesen Namen die geringe und leichte Art Atlasse, welche man auch sonst Wälschen Atlasse nennt.

Satin, s. Satinade.

Satinade. (Seidenmanufaktur) Ein halbseidener Zeug, entweder von Seide und Leinen, oder mit Baumwolle. Die Kette ist allemal Seide. Der Einschlag aber eins oder das andere. Er ist ¾ Ellen breit, und stehet 900 bis 1000 im Riedt hoch. Er erhält Atlasstreifen in einem Taffentgrund, (s. beyde) und zu jedem muß eine besondere Kette geschoren werden. Die Kette der Atlasstreife hat im Riede 4 Fäden, die Kette des Taffentgrundes aber nur 2 Faden. Gewöhnlich ist dieser Zeug ausplonirt, und in diesem Fall kömt es nur darauf an, daß die Atlasstreifen, die zuweilen eine Einfassung von einer andern Farbe haben, gehörig geschoren, und bey dem Einpassiren in die Schäfte gehörig mit der Grundkette vertheilet werden. Der Zeug wird mit 8 Atlasschäften für die Atlasstreifen oder Banden, und mit 2 Grundschäften gewebet, die durch 8 Fußtritte bewegt werden. Die Bewegung der Atlasschäfte richtet sich nach dem gewöhnlichen Atlas, (s. diesen) von den Grundkämmen aber geht bey jedem Fußtritt wechselsweise einer hinauf, der andere hinab, so wie es bey dem Taffent (s. diesen) gebräuchlich ist. Zuweilen haben die Atlasbanden eine Einfassung von Canale, (s. diese) da denn zu den vorigen 10 Schäften noch 2 Canaleschäfte (s. diese) hinzu kommen.

Satingarn, s. Sattingarn.

Satinisk, Satenisk, eine Art Zeug von klarer Baumwolle, wie der Barchend, nur mit dem Unterschiede, daß der Barchend vier- oder dreyschäftig, der Satinisk aber fünfschäftig ist. Man pflegt ihn auch wohl brügischen Atlas zu nennen.

Sattau, (Schiffsbau) eine Art Barken oder Korallnen auf dem Bastion de France in der Barbarey.

Sattel, (Bergwerk) ein Sitz, darauf ein Mann sitzet, und sich am Seil in die Grube hängen lassen kann.

Sattel, (Brauer) das auf den Seitenmauern einer Malzdarre aufgeführte Gewölbe, welches wegen der Gleichheit mit einem Sattel den Namen führet.

Sattel, (Glaser) ein vierkantiges und vierfingerbreites Stück hartes Eisen, welches in der Mitte der beyden Wände der Ziehmaschiene (s. diese) zwischen den Zapfenlöchern der Welle in jeder ausgearbeitet wird, und worein die kleine eiserne Platte eingeschoben wird, worinn die Rinne ist, wodurch das Bley beym Zuge durchgezogen werden muß, und deswegen mit den kleinen Backen bey jedem andern Zuge abgewechselt werden muß, damit immer eine tiefere und schmalere Rinne, je nachdem das Bley dünner werden soll, gebraucht werden kann.

Sattel, Fr. Selle, (Hüttenwerk) ein Werkzeug zum Kupferbrechen, von Eisen, auf beyden Seiten erhaben, worauf die Kupfer geleget werden, wenn sie zerbrochen werden sollen.

Sattel, (Mühlenbau) an einer Windmühle das runde Holz des Gerüstes, worinn der Zapfen des Mehlbaums steht, und in welchem das ganze Gebäude der Mühle umgedrehet werden kann. (s. Windmühle)

Sattel, (Sattler) ein gepolstertes und mit Leder über ein hölzernes Gestelle bezogenes Küssen, welches auf den Rücken des Pferdes passen muß, und unter dem Bauch des Pferdes mit dem Sattelgurt geschnallet und so auf dem Pferde befestiget wird, worauf der Reiter sitzt, und mit seinen Füßen in den an dem Sattel von beyden Seiten herab hängenden Steigbügeln steht. Es giebt deutsche, französische, englische von verschiedenen Gattungen, polnische Husarensattel, Packsattel, Damensattel u. a. m. (s. alle an ihrem Ort) Alle kommen darinn überein, daß sie einen Sattelbaum haben, woraus das eigentliche Gestelle oder die Unterlage des Polsters besteht. Auf die gute Bearbeitung des Sattelbaums komt es hauptsächlich an, wenn ein Sattel gut seyn soll. Die Englischen Sattel sind fast durchgehends wegen ihrer Leichtigkeit und Bequemlichkeit beliebt. Der Sattelbaum giebt also dem Sattel die Gestalt. Er besteht aus einem Kopf, dem Hintergestell und den beyden Stegen, welche den Kopf und das Hintergestell vereinigen. Auf dem Kopf des Deutschen Sattelbaums stehen überdem noch die Vorderpauschen (s. diese) und auf dem Hintergestelle der Ester. (s. diesen) Der deutsche Sattelbaum wird in 11 Theile, der englische nur in 9 Theile getheilet. Das Hintergestelle eines deutschen Sattels besteht aus 3, das gekrummte Hintergestelle aus zwey, und der runde Ester gleichfalls aus zwey Stücken, wodurch seine Krümmung hervor gebracht wird. Die beyden Stege erhalten eine Krümmung, damit sie sich an den gebogenen Rücken des Pferdes anschließen, und diese Krümmung heißt Tracht. Der Kopf ist gleichfalls aus zwey Stücken zusammengesetzt, wozu noch die beyden Vorderpauschen kommen, die auf beyden Seiten des Kopfs stehen. Bey dem englischen bleibt alles übrige, nur der Ester und die Pauschen fallen weg. Alle Theile werden glatt behauen und beschnitten zusammen gesetzt, und mit gutem Hornleim zusammen geleimet. Sowohl die einzelne Theile, als auch wenn er zusammengefügt wird, muß alles auf das genaueste ausgetroffen werden, damit der Baum schicklich werde. Wenn der Sattelbaum vollkommen zugerichtet und recht glatt bearbeitet ist, so wird er nunmehr beädert (s. ädern) und behautet. Dieses geschieht um der Haltbarkeit willen, weil er beym Reiten Widerstand thun muß. (s. behauten) Weil der Kopf und das Hintertheil am mehresten bey dem Gebrauche des Sattels leiden muß, so werden diese beyden Stücke unterhalb der Krümmung mit einer angenieteten eisernen Platte beschlagen. Zugleich werden auch in jedem Steg des deutschen Baums 2 Ringe, und des englischen 3 Ringe, eingeschlagen, welche in der Folge die Gurte und die Steigbügelriemen befestigen müssen. Nun wird der Sattelbaum überzogen; bey dieser Arbeit wird er auf das Untertheil eines Bocks gelegt, zwischen dem Kopf und Ester werden zwey Grundgurte mit Nägeln angeschlagen, und über diesen beyden Grundgurten wird der Grundsitz, ein Stück Leinwand nach der ganzen obern Länge und Breite des Sattelbaums angeleimet. Nach diesem wird bey dem deutschen Sattel die Tasche, oder der von beyden Seiten herabhängende Theil auf dem Sattelbaum mit Nägeln angenagelt. Die Taschen sind gewöhnlich von starkem schwarzem oder braunem Ochsenleder, sie können aber auch, wie der Sitz, von Saffian, Sammt, Plüsch oder Wildleder gemacht werden. Zuweilen, besonders bey starken Sätteln, werden die Taschen von zwiefachem starkem Leder zusammen gekleistert, und in einer großen Presse glatt gepreßt. Diese Taschen werden aber am Umfange mit einem Riem eingefasset. An diesen Taschen wird nun ein falscher Grundsitz von grauer Leinwand angenähet, doch so, daß vors erste eine Seite noch nicht zusammen genähet wird: denn zwischen den wahren und falschen Grundsitz stopfet man Wolle ein, die mit einer Kratze weich und locker gekratzt worden. Zuletzt wird der falsche Grundsitz völlig an die Tasche angenähet. Unter diesem Grundsitz komt der eigentliche Sitz, (s. diesen) welcher an die Tasche angenähet wird. Auf eine ähnliche Art als der Sitz werden auch die Vorderpauschen und der Ester überzogen. Nach dem Sitz wird auch unter dem Sattelbaum ein Küssen am Kopf und Hintergestelle mit einigen Nägeln angeschlagen. Dieses Küssen wird aus Leinwand zusammengenähet, mit leichtem Rehhaaren, damit der Sattel nicht schwer werde, ausgestopfet. Damit sich nun aber die Haare in dem Küssen nicht verschieben, so heftet man das Küssen mit einer Schnur hin und wieder durch. Endlich werden die Riemen und Gurten auf den Stegen des Sattelbaums angeschlagen. Anders verhält es sich mit dem Ueberzuge des Englischen Sattels, weil hier Taschen und Sitz vereiniget über den Sattelbaum übergekleistert werden. (s. Sitz des englischen Sattels) Uebrigens hat er mit dem deutschen Sattel alles gar ein. Zuweilen aber erhält dieser englische Sattel ein Beinfutter. (s. dieses) Die Riemen und Gurten werden nicht eingeschlagen, sondern angenähet oder eingestochen. Zu jedem Sattel gehören 2 Steigbügelriemen. (s. diese) Zu dem deutschen Sattel gehöret ein Vorgurt, (s. diesen) und auf den eigentlichen Gurt wird ein Mittelgurt angenähet. Vermittelst 3 Schnallen werden 3 Riemen an den Gurt angenähet, aber nur eine einzige Struppe oder ein Riem zum Anschnallen, denn die übrigen vier Struppen zu den Schnallen werden an den Sattel angenähet. Dieser Gurt geht durch den deutschen Sattel durch. Der englische Sattel aber bekomt einen Ober- und Untergurt. (s. beyde) An dem Orte, wo die Stiefeln beym Reiten den Gurt berühren, ist ein Stück Leder an jeder Seite des letztern Gurts angenähet. Bey diesen Gurten werden die Schnallen mit einem Riemen angestochen. (s. auch Prachtsattel, der einige andere Stücke mehr hat, als diese angeführte Sattel)

Sattel, (Vogelsteller) eine Stellung mit Schlingen von Pferdehaaren auf einer lebendigen Taube, um die Raubvögel damit zu fangen. Dieses nennt man auf dem Sattel fangen.

Sattel, ein kurzes Quer- oder Deckelholz, womit die Köpfe zweyer Pfähle oder Schaaren bey dem Sielenbau zusammen geheftet werden, indem es darauf verzapfet wird.

Sattel, das sattelförmige Dach, welches das äußere Räderwerk einer Panstermühle bedecket.

Sattel, nennt man in einer welschen Nuß die Scheidewand, wodurch der Kern in vier Theile abgetheilet wird.

Sattelbaum, Sattelbogen, (Sattler) besteht aus zwey krummen Stücken Holz, welche dergestalt zugerichtet sind, daß sie auf den Rücken des Pferdes passen, und die Form zu einem Sattel geben.

Sattelbäume, (Mühlenbau) an einer Windmühle die beyden Wellbäume vorn und hinten an dem Gehäuse einer Windmühle, worauf vorne die große Welle der Ruthen aufliegt, und sich darauf umdrehet, auf dem hintern Sattelbaum aber mit ihrem Zapfen spielet.

Sattelbogen, s. Sattelbaum.

Satteldach, s. Giebeldach.

Satteldecke, eine Decke, womit der Sattel auf den Pferden bedeckt wird.

Sattel eines Webers, Eselsrücken, Fr. Dos d'ane. (Wasserbau) So wird die Bedeckung oder das Dach eines Baeres oder Wehres genannt, weil es als ein Sattel aus zwey abhängenden Flächen, die oben scharf zusammen stoßen, besteht.

Sattelhammer, (Sattler) ein langer schmaler Hammer, womit die gelben Nägel in die Kutschenbeschläge und in die Sättel, da wo welche gebraucht werden, eingeschlagen werden.

Sattelriegel, (Mühlenbau) die Riegel in der Verbindung der Zimmerstücken der Satteldächer, (s. Sattel) worauf die Ziehwelle (s. diese) in einer Mühle zu liegen kommt.

Sattelsteg, (Sattler) der Steg, d. i. das lange Holz zwischen den beyden Sattelbäumen.

Sattelwagen, (Artillerie) Ein Fuhrwerk, welches zum Fortbringen der Kanonenläufe im Felde gebraucht wird, wenn man die Lafetten schonen, oder bey schlimmen Wege geschwinde fortkommen will. Er besteht aus einer Langwiede oder Langbaum, zwoen Schwung oder Tragbäumen, vier Rädern, zween Achsen und einer Deichsel. Auf die Achsen kommt eine Art von Sattel zu liegen, welcher die Kanone trägt und dem Wagen den Namen giebet.

Sattelzeug, Reitzeug, (Sattler) alles Riemen- und Lederwerk, welches zum Reiten gebraucht wird. Hiezu gehört vorzüglich der Sattel mit einem Vorder- und Hinterzeuge, Pistolenhalfter, Zaum und Kopfzeug. (s. davon an seinem Ort)

Sattelzwecke, (Sattler) Zwecke, oder kleine Nägel mit meßingenen Knöpfen, welche in die Sättel und in die Kutschenbezüge eingeschlagen werden.

* Satgelb auf niederländische Art zu färben. (Färber) Man giebt dem wollenen Zeuge oder der Wolle folgenden Ansud. Auf ein Pfund Wolle 8 Loth Alaun, 4 Loth weißen Weinstein, 2 Loth Nitrum, 1 Loth Salmiack, zerstößt alles und thut es in genugsames warmes Wasser in einen Kessel, worinn denn sieden will, so thut man die Waaren hinein und siedet sie eine halbe oder besser eine ganze Stunde, dann kühlt und spühlet man sie aus. Denn thut man genugsames Wasser in einen Kessel und von 16 Pfund Schart die Brühe, wenn man 12 Pfund Zeug färben will, welche vorher in einem Sack abgesotten ist, darzu, oder soviel gelbe Blumen, und ein halb Pfund Gelbholzspäne mit acht Kannen Laugenwasser (s. Lauge zu allerhand Farben zu gebrauchen) abgekocht, und die Brühe dazu, nebst 2 Loth fein gestoßenen lebendigen Schwefel. Man thut die Waare hinein, und läßt es eine halbe Stunde sieden; denn deckt man den Kessel wohl zu, und läßt es eine Weile stehen; haspelt die Waare aus der Farbe, und läßt das Gelbe oder die Gilbe vor sich eine halbe Stunde sieden, also daß der vierte Theil einsiedet, alsdenn gießt man noch 8 Kannen scharfe Lauge hinzu, worinn man 2 Loth Tartarum, der vorher wohl gebrannt worden, 1 Loth Nitrum und 4 Loth Kochsalz thut. Man deckt den Kessel zu, nachdem man die Waare hineingethan hat, und gilbet die Waare. Das Zudecken geschieht deswegen, daß man den Geist der Lauge nicht verjage, welches zu der Schönheit der Farbe sehr vieles beyträget. Man läßet und spühlet nachher die Waare.

Satiengarn, Satingarn. Ein aus Wolle gesponnenes Garn, welches nicht nur zum Boy, sondern auch zu allen Zeugen gebraucht wird.

Sattler. Ein Professionist, der von dem vornehmsten seiner Arbeiten, dem Sattel, den Namen erhalten, aber überdem vorzüglich die Kutschen beschlägt, das Reitzeug und auch Pferdegeschirre verfertiget. Letzteres wollen ihm die Riemer streitig machen, und behaupten, daß ihnen solches allein zukomme zu machen. In den Reichs- und Seestädten wird auch noch fest darauf gehalten, daß solches die Sattler nicht verfertigen. Die Sattler lehren ihre Lehrlinge, wenn sie ein Lehrgeld geben, in drey Jahren aus, sonst aber müssen sie 7 Jahre lernen. Der Geselle muß so wie bey allen andern Gewerken wandern, und erhält auf seiner Wanderschaft ein Geschenk. Zum Meisterstück macht er einen vollständigen deutschen Sattel, nebst Zaum und Halfter, einen Frauenzimmer-Sattel, und ein vollständiges Pferdegeschirr.

Sattlerarbeit, (Sattler) alle Arbeit, die der Sattler verfertiget, und in Sätteln, Vorder- und Hinterzeug, Seitenblättern, Reitkissen, Pistolenhalftern, Kutschen, Chaisen, und Kariolenbeschlägen, Kummeten und dergleichen besteht, wozu derselbe allerley Arten von Leder auch Tuch, Sammt und andere Materialien mehr gebraucht.

Sattlereisen, s. Able.

Satz, Kunstsatz, Fr. Machine hidraulique, (Berg- und Maschinenbau) Ein aus Röhren zusammengesetztes Gerüste, darunter die eisernen Kolbenröhren die [illegible]

ßt,

ist, darinnen der Kolben, welcher die Wasser hebet, auf und niedergeht. Die Röhre, welche unter der Kolbenröhre befindlich, heißt die Ansteckkiele (s. diese) und die auf derselben stehende die Aufsetzröhre. Durch die Kiele saugt der in die Höhe gehende Kolben die Wasser an, daß sie an solchen stehen, und beym Niedergehen drängt sich das Wasser durch die Oeffnungen des Kolbens, auf denen eine Klappe liegt und kömt auf selbigen zu stehen, daß er beym Hinaufgehen solches in die Höhe heben kann.

Satz, Karpfensatz, (Fischer) wird der dreyjährige Karpfensaamen genennt, den man aus den Streckteichen fischt und wieder zum Wachsen aussetzt. Wenn man den Satz für seine Teiche selbst erzeugen und haben kann, ists desto besser. Weil man bey dem fremden Einkauf oft 4jährigen für 3jährigen, auch wohl verbutteten oder ganz verfessenen Saamen mit unter erhält. Ein jeder Satzkarpfen muß bauchständig und zwischen dem Kopf und Schwanz eine Spanne lang seyn, einen kleinen breiten kurzen Kopf haben, aus welchem die Augen ein wenig heraus liegen, einen dicken Bauch, hohen Rücken, vorzüglich glänzende Schuppen und rothe Floßfedern haben; auch der ganze Leib mehr breit als lang scheinen. Man setzt den Satz am besten im Merz oder April.

Satz, (Hüttenwerk) Eine gewisse Anzahl Dinge, als: ein Satz Bleche, Kessel, Tiegel ꝛc. soviel deren auf einmal zusammengenommen und geschmiedet werden.

Satz, (Lohgerber) So wird das Einsetzen des Leders in die Lohgrube genennt. Vornehmlich aber wird dieses von dem ersten Einsetzen (s. dieses) gesagt. Der Lohgerber sagt, wenn er das Leder zum erstenmal in die Lohgrube bringt, er mache den ersten Satz.

Satz, Fr. Fèces, (Maler) die Hefen der Farben, welche zurück bleiben, wenn diese nicht gut gerieben sind, die Erdfarben setzen stark an.

Satz, Fr. la journée, (Schmelzhütte) soviel als auf einmal zum Schmelzen eingesetzt oder auf den Ofen getragen wird, und bestehet in einem Schienfaß Kohlen, und 2 Trögen von der Schliche oder Erz.

Satz aufrichten. Fr. verser de l'eau dans la taize, (Bergwerk) Ein Handgriff, den Kunstsatz (s. Satz) dahin zu bringen, daß er Wasser hebt, wenn er neu angerichtet oder geliedert (s. liedern) und die Röhre leer worden. Er bestehet darinnen, daß in die Aufsetzröhren von oben hinein Wasser gegossen und der Satz in den Stand gesetzt wird, daß das Wasser von unten einsaugen kann.

Satz aufschlagen, Fr. Ouvrir la Machine hydraulique. (Bergwerk) Eine Verrichtung in der Grube, da der Ansteck- oder Steckelkiel unter der Kolbenröhre auf dem Stiefel herunter gelassen werden kann.

Satzbohrer, (Bergwerk) drey Bohrer, die zu den zweymännigen Bohrern gehören, (s. diese) und in dem Anfangsbohrer, Mittelbohrer und Abbohrer bestehn. (s. alle diese)

Sätze, (Bergwerk) die Röhren von Eisen, die das Wasser aus dem Kunstschacht durch einen Wassergöpel, oder Roßkunst in die Höhe zum Ausguß heben. Nach der gründenden Weite des Satzes läßt man also einen Zoll dicken eisernen Cylinder gießen, der 4 Fuß 6 Zoll hoch ist, worinnen der Kolben sowohl bey dem Aushub, als auch Schub noch ganz im Eisen bleibt. Diesen Cylinder bohrt man wohl aus, und setzt ihn auf folgende Art oben und unten in Holz ein. Man nimt nämlich von Tannenholz ein 2 Fuß langes Stück, das im Durchmesser 6 Zoll größer, als der Durchmesser des eisernen Satzes mit der Dicke des Eisens gemessen, höhlt solches erst nach dem Lichten des Satzes und denn noch 6 Zoll länger nach der Weite des Satzes mit dem Eisen gemessen aus, und steckt in diese letzte Höhlung des Holzes, oder des sogenannten Aufsatzes den Satz, an dem andern Ende aber befestigt man durch Nägel einen im Lichten 6 bis 8 Zoll weiten Ausguß. Man nimt ferner ein solches Stück Holz, das aber nur 18 Zoll lang ist, und steckt in solches, wie vorhin, 6 Zoll tief den Satz, eben so tief steckt man aber auch in dasselbe das Kielstöckel (s. Kiel) mit seiner Klappe, das im Satz zwey Zoll dicker ist, als außer demselben, und also einen Absatz bekomt, gerade über dem Kielstöckel hingegen macht man ein 4 Zoll breites und 6 Zoll hohes Spundloch, und dazu einen pyramidalischen Spund, so bleibt für die Klappe ein Spielraum von 6 Zoll übrig. Endlich macht man auch an das Kielstöckel das Ansteckkiel, das aus Kiefern oder Eichenholz 6, 7 bis 8 Zoll dick bestehet, an dieses aber den Schlencher, wenn die Pumpe in den Sumpf zu stehen komt, und man giebt den Saugröhren bey 7 bis 8 zölligen Sätzen eine Weite von 2, bey 9 bis 12 zölligen hingegen eine Weite von 2½ Zoll. Ueberhaupt muß man dem Durchmesser der Ansteckröhren ⅓ der Weite von dem Durchmesser des Satzes geben, weil die Erfahrung zeigt, daß alsdenn die Sätze stets voll heben, und sich die Geschwindigkeit des Wassers wie die Quadrate der Durchmesser der Oeffnungen dieser Röhren verhalte. Man richtet alles so ein, daß der ganze Satz bis unter den Kolben, wenn er ausgehoben hat, nur 12 Fuß hoch hebt. Damit aber auch die Einfassungen mit den Sätzen desto besser zusammenhalten: so bindet man jeden Aufsatz mit 3 anderthalb Zoll breiten und ½ Zoll dicken eisernen Ringen, zuvor aber, und ehe man Aufsatz und Satz veste macht, verstopft man alle Ritzen zwischen dem Satz und dem Holze wohl mit Werg und wenn die Sätze solchergestalt mit Ringen gebunden sind, so schlägt man nahe an dem Eisen des Satzes in den Rand des Holzes schmale buchne Keile, und zwar im Kreis herum. Will man statt dessen einen hohen Satz mit einem Aufsatz machen, so macht man den obern Aufsatz so hoch, als die Pumpe über sich heben soll, und bindet ihn oft mit Ringen.

Sätze, (Feuerwerker) die Komposition, welche man zu allerley Feuerwerken verfertigt. Nachdem die Lustfeuerwerke beschaffen seyn, nachdem ist ihre Mischung auch verschieden, und nehmen sie auch allerley Benennungen an. Als: Bandersatz, Sternsatz, Wasserschwärmersatz und viele andere mehr. Sie bestehen aber alle aus Salpeter,

ter, Schwefel, Mehl, Kernpulver und Antimonium. (s. davon an jedem Ort)

Satz, ein, hessischer Schmelztiegel 5 in einandergesetzte Stücke, davon immer einer kleiner als der andere ist.

Satz, ein, Hobel, (Tischler) alle diejenigen Hobel, die dazu gehören, eine Fläche vollkommen zu ebenen und glatt zu hobeln. Zu einem solchen Satz gehören die Rauhbank der Schrubbel Zahn- und Schlichthobel.

Sätze einer Roßkunst, die Weite zu finden, (Bergwerk) wenn man in einem Bergwerk zum Ausheben des Wassers eine oder mehrere Pumpen anlegen will, so muß man den Satz, der das Wasser aushebt, nach Verhältniß des Wassers genau berechnen, wie weit ein solcher Satz seyn muß. Um diese Weite zu finden, läßt man Wasser aus dem Sumpfe des Kunstschachtes in einen parallelepipedischen Kasten laufen, und zwar in Zeit einer Minute, und berechnet den kubischen Inhalt des in den Kasten gelaufenen Wassers, diesen Inhalt aber dividiret man durch die Zahl, um wie vielmal der Trilling in einer Minute bey dem Umtreiben der Maschine umgehet, die denn bey einer solchen Maschine 9 ist, so weiß man, wie viele Kubikfuße Wasser man auf einmal mit der Roßkunst heben muß. Weil nun der Hub vier Fuß ist, so dividiret man den Quotienten durch 4, so bekommt man die Grundfläche des Satzes, zu dieser sucht man nun den Diameter, so hat man den Diameter des Satzes. Findet man daß dieser zu groß und über 12, ja 18 Zoll ist, so theilet man die zuvor gefundene Grundfläche durch 2, und sucht zur halben Grundfläche den Diameter, so bekommt man zwey Sätze neben einander. Bey der solchergestalt gefundenen Weite des Satzes muß man bemerken, daß der Zufluß des Wassers, von dem im Sumpfe des Kunstschachtes stehenden Wasser stets etwas zurück gehalten wird, und daß es besser ist, wenn man auf der Sole des Schachtes das Wasser von einer Minute in einen Kasten schöpfen kann. Ueberhaupt ist es wohl gethan, wenn man die Sätze einige Zoll weiter macht, als diese Rechnung giebt, weil durch das beständige Arbeiten in einer solchen Grube dem Schachte stets mehrere Wässer zugehauen werden. Schon aus der Erfahrung kann man aus dem bloßen Zufluß des Wassers urtheilen, wie weit die Pumpen seyn müssen, und ob man nur eine oder zwey in einer Höhe neben einander, also ein einfaches, oder doppeltes Zeug haben müsse. Nach solchergestalt gefundenen Weite werden die Sätze verfertiget.

Satzgezähe. (Bergwerk) Ein Keil und zwey Stücke oder Federn. (s. diese)

Satzhase, (Jäger) der Hase weiblichen Geschlechts.

Satz hineinrichten, Fr. preparer la pompe, (Bergwerk) die Verrichtung, dadurch die Theile eines Satzes gehörig auf einander gestellt werden, und derselbe in den Stand gesetzt wird, die Wasser zu heben und auszugießen.

Sätze, ihre Lager zu machen, (Bergwerk) wenn man die Sätze eines Kunstwerks in dem Kunstschacht aufstellen will, so wird er an dem Ort wo er ausgießen soll, in dem Schachte folgendergestalt befestiget. Man legt nämlich unter den obern Aufsatz zwey 4 Zoll dicke und 6 Zoll breite Lager; eben solche legt man unter den untern Aufsatz, und zwar so, daß, wenn Schrot auf Schrot gesetzt ist, diese Lager zwischen zwey Jöcher (s. diese) zu liegen kommen. So ist der Satz vor dem Fall sicher, und es hängt auch das Kielstöckel, das, so weit es im Satz ist, einen Absatz hat, vest. Damit aber der Satz zwischen den Lagern nicht in die Höhe gezogen werden könne, so macht man auf beyden Seiten der Lager zwischen die obere Lager, und die untere Einfassung, nach der Rundung des Satzes, ausgehauene Streben. Bestehet die Zimmerung in dem Schachte im Gegentheil aus Bolzenzimmerung, so legt man die Lager da, wo die Jöcher darauf zutreffen, auf die Jöcher. Wo dieses aber nicht ist, da macht man Stützen oder Bolze und verwahret die Sätze wie vorhin, mit Streben. Damit aber der Satz, mit sammt dem Lager wenn scharf geliedert (s. liedern) ist, nicht in die Höhe gehoben werde, so macht man auch zwischen die Lager und das nächste obere Joch Bolzen. Bey der Verfestigung dieser Sätze muß man endlich aber auch darauf sehen, daß solche senkrecht, und so weit von dem Schachtgestänge abstehen, daß zwischen diesem Gestänge und dem Aufsatz, wenn jenes auf dem halben Hub stehet, ein Raum von 8 bis 9 Zoll ist. Eben so nun macht man auch die Lager in den flachen Schächten, nur mit dem Unterschied, daß die Achse des Satzes der Schachtgestängelinie parallel ist, und in der gehörigen Weite von dem Gestänge absteht. Wenn alle diese Zubereitungen geschehen, so bringt man die Sätze durch Haspel oder Treibkünste (s. diese) in die Grube, und auf ihr Lager, und stößt das Aufsatzstück an das Kielstöckel, die Wechsel aber an dem Ort, wo sie zusammengestoßen sind, verstopft man mit Werg, und schmieret alle Ritzen mit Thon zu. Damit aber die Röhren auch vest hängen, so hänget man sie an den Wechseln durch eiserne Klammern zusammen. An der Stelle, wo ein Satz ausgießt, macht man auf die Lager nach der Menge des Wassers, so auf einmal gehoben wird, einen mehr tiefen als breiten und langen Kasten, damit die Pumpen nicht so leicht ausschwenken, oder einen sogenannten Sumpf, worinn der untere Satz ausgießt, der obere aber aus solchen das Wasser wieder aufsangen kann.

Satz, Fr. Bocard a trois Gilons, im Pochwerk 3 Stempel zusammen, davon der erste, unter welchem das Pochwerk oder das zu pochende Erz zuerst kommt, der Unterschütter, der Mittlere der Pocher, und der letzte der Austräger genennt wird.

Satz läßt die Wasser fallen, Fr. la pompe laisse tomber les eaux, (Bergwerk) wenn etwas am Kolben fehlerhaft geworden, daß das durch denselben in die Höhe getretene Wasser nicht darauf stehen bleiben kann, sondern wieder zurück unter den Kolben fallen muß.

Satzliedern, den Kolben mit neuem Leder versehen. (s. liedern)

Satzloch. (Baukunst) Ein Loch, welches man zum Rüsten in den Mauern der Häuser, welche gegen den Nachbar ser ausstoßen, findet. Es hat meistentheils eine oben enge, schmale zusammenlaufende, und unten breite Figur. Es muß aber dieses Loch mit den übrigen Steinen gut verbunden seyn; denn wenn dieses nicht ist, so zeigt es die Ungültigkeit seiner Bedeutung an. Es ist aber diese Bedeutung des Satzloches, daß, wenn selbiges nur auf einer Seite zu finden, dem Hause die Mauer eigen sey, gegen welche es stehet; sind aber dergleichen Satzlöcher auf beyden Seiten zu finden, so ist die Mauer gemeinschaftlich.

Satzmaas, (Artillerie) soviel als Lademaas. Ein aus Kupfer verfertigtes cylindrisches, vorne und oben offenes und an einer hölzernen Stange befestigtes Gefäß, das so vieles Pulver fasse, als zur Ladung der Kanonen erfordert wird, um die Kugel gehörig zu treiben.

Satzteiche, (Fischer) solche Teiche, worinn man den jungen Satz so lange aufhebt, bis die Teiche damit besetzt werden. Einen neuen Teich muß man nicht auf einmal anlaufen lassen, sondern nach und nach, damit der Damm sich allgemach setze und befestige. Es ist auch gut, wenn das angelassene Wasser ein- oder mehrmal wieder abgelassen wird, damit der rohe und wilde Geschmack aus dem Boden gezogen werde. An der Anlegung des Dammes ist viel gelegen, weil, wenn er ausreißt, viele Arbeit und Kosten verlohren gehen. Insgemein wird er im Grunde dreymal so breit als oben, und oben so breit als seine Höhe ist angelegt. (s. Teich) Der Abfluß des Teichs wird da, wo er am tiefsten ist, und ein paar Zoll tiefer als der Boden des Teiches, angelegt. Die Rinne wird am besten von Eichenholz ausgehauen und muß etwas vor dem Damm heraus in den Teich reichen, damit der Zapfen oder Ständer ins Wasser zu stehen komme, und nicht jedermann dahin langen könne; wo ein allzu starker Zufluß zu besorgen, wird ein Fluthbett mit einem Rechen in einer solchen Höhe, als das Wasser stehen bleiben soll, angelegt, damit das Ueberwasser dadurch ablaufen möge. Wenn ein Teich immer mit Wasser angefüllt bleibt, versäuert der Boden, die trächtige fette Erde wird verzehrt und die Fische finden nicht genug gute Nahrung. Dieses zu verhüten kann man, wenn der Teich im Herbst abgelassen, oder man selbigen abzieht, denselben auf den Frühling umackern, mit Hirse, Wicken, Gerste oder Hafer, und wenn solches abgeschnitten, wenn man will, nochmals mit Rüben oder Mohnsaamen besäen, davon aber nur etwas nehmen, das übrige aber mit Kraut und Wurzeln stehen, und den Teich also wieder anlassen. Einige lassen auch ihre Teiche zwey Jahr ruhen, düngen und besäen sie mit Weitzen. Solche Bestellungen geben den Fischen frische Nahrung, und bringen die Kosten reichlich wieder. Ist aber der Grund morastig und zum Pflügen unmöchlich, so darf man nur denselben ein Jahr trocken stehen lassen, damit der Frost im Winter und der Sonnenschein im Sommer den Boden verjüngere und besser mache. Man hat bey Anlegung dergleichen Teiche auf vieles zu sehen. Wie der Grund nämlich beschaffen, ob er lehmig, kiesig oder morastig sey. Wornach, wenn letzteres ist, die Fische modrig schmecken. Ob er an der Sonnen- oder Sommerseite oder im Schatten und im Walde liege? weil die Fische dort besser wachsen, hier aber wegen der Kälte umkommen, auch von den Fischottern und andern Raubvögeln abgefangen zu werden in Gefahr sind; und andre Dinge mehr, worauf ein erfahrner Fischer hauptsächlich zu merken hat, und dahin sehen muß, daß er alles dasjenige vermeide was den Karpfen schädlich seyn kann. (s. Teiche)

Satzweiden, (Landwirthschaft) frische 9 bis 11 Fuß lange Aeste von den großen Koppelweiden, welche im Frühjahr abgehauen und in besondere dazu gegrabene Graben zur Fortpflanzung eingesetzt werden.

Satz wird matt, wenn das Leder am Kolben eines Satzes abgenutzt ist, und der Satz nicht mehr frisch hebt.

Satz, zu Raketen, s. Raketensatz.

Satz zu Schwärmern, (Feuerwerker) bestehet aus bloßem Mehlpulver, worunter allenfalls etwas Kolen gemischt werden. (s. Schwärmer)

Sau. (Bergbau) Ein Kloz, an dem der Baum des Göpels, worinn der Wagen ist, angehängt, und die Maschiene aufgehalten wird, wenn etwa das Seil reißt, und die Last sie zurückschleudert.

Sau, 1) (Hüttenwerk) wenn sich beym Abtreiben des Silbers unter der Asche, woraus der Heerd geschlagen worden, Erde oder Sand beygemischt ist, wodurch das Abtreiben gehindert und ganz und gar zu Grunde gerichtet wird. Denn Erde und Sand machen die Asche schmelzbarer, und der Heerd bekommt demnach oben bey dem Eindringen der Glätte oder des Bleyes eine geschmolzene Kruste oder Rinde, wodurch das Abtreiben gehindert wird. Dieses erhält den Namen der Sau. Denn das Bley kann nur etwa eines Fingers dick eindringen, indessen bohrt es in dem Heerd dennohngeachtet Löcher wie das treibende Bley sogar in einem dichten, feuerbeständigen Steine eben dergleichen bewirken kann. Das Werk dringet in diese Löcher, kriechet unter, und hebet den Heerd in die Höhe.

Sau, (Hüttenwerk) eine Masse schwarz Kupfer, oder eine Kupfersau.

Sau, (Jäger) ein erwachsenes wildes Schwein, ohne Unterschied des Geschlechtes.

Sau, (Krappfabrike) der Ofen in der Krappdarre, welcher die Hitze verursachet, wodurch die Wurzeln der Färberröthe getrocknet werden. (s. Krappdarre)

Sau, (Puchwerk) die unter jedem Puchheerde gegen das Ende derselben mit Holz ausgefütterte viereckige Sümpfe, deren unter zwey Heerde drey vorhanden sind, worinn die Trübe von den Heerden fließt. Bey dem Gebrauche derselben leget man auf die Heerde 4 bis 5 Fuß von unten unter das Ende des letzten Plans (s. diesen) den Saustock, davor sich beym Abspülen das, was noch schwer ist, setzet. Die darüber fließende Trübe (s. diese) fällt in die Sau, in welchem Ende zwey Bretter 2 Zoll weit von einander stehen. Der Saustock wird mehrentheils mit dem einen Ende auf den Heerdbaum, und mit dem andern auf den Heerd gelegt, daß er dachicht niedriger liegt, und die Trübe darüber wegfließet.

Saubeller, s. Saufinder.

Sauberkasten, (Müller) ein Kasten in der Mühle, worein das gesiebte Mehl geschüttet wird.

Sauberkeit, Fr. Propreté, (Maler) die Reinigkeit der Umrisse und die aufmerksame Ausübung des Stifts, um die Züge und Schraffirung mehr so als anders zu machen; die Sorge, mit welcher ein Künstler es sich angelegen seyn läßt, sein Werk fein auszuarbeiten. Bey den Kupferstechern besteht die Sauberkeit in einer gewissen Ordnung und einer Reinlichkeit der Schnitte und Schraffirungen, welche eine vortreffliche Wirkung thun, wenn sie am rechten Orte angebracht, und mit andern freyern Arbeiten, nach dem Geschmacke und Karakter der Sachen, vermischt sind. Hierinn besteht auch selbst die Vollkommenheit des Kupferstechens, weil diese Entgegenstellung der verschiedenen Arbeiten sie noch kostbarer macht. Dieserwegen werden die Stücke des Kornelius Vischer so hoch geschätzt, weil man in denselben das Schmeichelhafteste des Grabstichels mit dem Malerischen der Radiernadel verbunden sieht.

Säubern, Fr. nettoyer, (Bergbau) den Stolln rein machen, den Ort säubern, die Berge oder Gänge wegschaffen.

Säubern, s. Ausgeitzen.

Saubersieb, (Müller) ein feines Haarsieb, wodurch das Mehl in den Mühlen gesäubert wird.

Sauciren, (Tobaksmanufaktur) die Bereitung der mancherley Arten von Rauch- und Schnupftobak, da nämlich die Tobake mit einer Brühe oder Beitze benetzet werden. Die Beitzen, ohngeachtet sie als ein Geheimniß von den Tobaksfabrikanten gehalten werden, haben vermuthlich keinen andern Endzweck, als in dem Tobak einen gewissen Grad von Gährung zu erregen, wodurch die Bestandtheile des Tobaks entwickelt, und zum Theil flüchtig, auch die ganzen Blätter geschmeidig und biegsam gemacht werden. Sie dürfen aber nicht bis zur sauren Gährung getrieben werden, weil der Tobak dadurch Geruch, Geschmack und Fähigkeit, sich angebrannt, allmählich ohne Flamme zu verzehren, verlieren würde. Ferner müssen diese Saucen auch Geschmack, Geruch und Farbe hervor bringen. Daher ist es ganz begreiflich, daß bey allen bekannten Saucen, auch selbst bey denen, die ganz widersinnig zusammengesetzt sind, zuckerhafte Säfte, als: Syrup oder Kassonade, süße Weine, auch wohl Säfte süßer Früchte, z. B. Pflaumen, Himbeeren rc. genommen werden. Außerdem werden vornehmlich flüchtige Salze, vorzüglich Salmiak mit Potasche vermengt, eingemischt. Auch Brühen von Sassafraß, Sassaparille u. dgl. Imgleichen solche Sachen, welche die beliebte Farbe bewirken helfen.

Saucissen, Saucissons, (Kriegsbaukunst) Bündel von Holzstecken und Reißig von Weiden oder anderem Holze, die oben, unten und in der Mitte zusammengebunden sind, und in Bierdumarn gebraucht werden. Man pflegt auch wohl dergleichen an dem Deichbau mit Pfählen an das Ufer zu heften, um dadurch das An- und Abspühlen des Wassers zu verwehren, wo sie höchstens vier Schuh weit von einander gelegt werden.

Saucissons, s. Vorher.

Saue, Fr. Scories, (Hüttenwerk) 1) die Schlacken bey der Bley- und Kupferarbeit, die nicht rein ausgetrieben sind, und noch viel Metall bey sich führen. 2) ein Fehler beym Abtreiben auf dem Heerde, wenn das Silber in den Heerd geräht, solchen aufhebet, und das Werk nicht zum Blick gebracht werden kann. Daher auch die Redensart angenommen: in die Saue jagen, oder das Erz sitzt in der Sau.

Saue, eine flache Grube in der Wäsche unter dem Waschheerde des Pochwerks, in welcher der Schlich, der mit der Trübe abfällt, aufgefangen wird.

Sauerblau, (Weingärtner) in Franken eine Art rother Weintrauben, welche nur um Mergentheim angetroffen, und auch sauerblauer Zeug genannt werden, und einen dunkelrothen sauern Most geben. Sie werden auch Tauberschwarz genannt, weil sie an der Tauber wachsen, und an den meisten Orten als ein wilder Wein ausgerottet werden.

Sauerort, (Bäcker) der Ort, der in der Beute bey dem Einschütten des Mehls an einer Seite leer gelassen wird, um daselbst den Anfang zu Säuren zu machen. (s. Säuren)

Sauerteig, (Bäcker) ein Stück Teig, das man versauern läßt, um es nachher unter einen frischen Teig zu mengen, und denselben damit aufgehen zu lassen, welches man Säuren nennt. Der Endzweck der Säurung ist die Gährung, ohne welche kein Brod gut wird. Wenn man keinen Sauerteig hat, so darf man nur, um den Teig in Gährung zu bringen, etwas Salpeter darein thun, so thut dies seine Wirkung, und das Brod wird milde bleiben. Will man aber den Sauerteig das ganze Jahr durch haben, so nimt man den Schaum vom gährenden Most, mischt ihn unter Hirsenmehl, knetet es zu einem Teig, und macht Kügelchen davon, welche man an der Sonne trocknen läßt, die nachher zu Pulver gestoßen, und anstatt des Sauerteigs gebraucht werden. (s. Einsäuren und Säuren)

Sauerteig zu Nudeln, (Nudelmacher) ein Sauerteig, womit der Nudelteig in eine Fermentation gebracht wird. Zu 50 Pfund Nudelteig gehören 4 bis 5 Pfund von dem vorigen Kneten zurück gelegter Teig. Ist er älter als einen Tag, so frischet man ihn des Abends vorher mit warmen Wasser und soviel Nudelmehl stark knetend auf, bis er noch einmal so groß wird. Nachher wird so viel kalt Wasser darauf gegossen, daß es einen Querfinger hoch darüber stehe, damit sich bis zum Teigen keine Rinde zum Eintrocknen anlegen kann. Ist der Sauerteig alt, so wird er klein gerieben, durchgesiebet, und 12 Stunden vorher angefrischet.

Saufang, Saugarten, (Jäger) Ein ziemlich großer mit starken eichenen Zaunpfählen eingeschlossener Platz in einem großen Walde, worinn sich die wilden Sauen auf vorhergehende Kirrung selbst fangen, und nicht wieder heraus

-brennt kommen. Man suche einen Ort im Walde aus, wo in der Nähe herum Erdmast, warme Brücher, große Dickigte, Ameisenhaufen, Farrenkraut und allerhand Wurzeln zu finden, sonderlich auch warme Quellwasser vorhanden sind, und alles dicht mit Haselstauden, Buchen und Eichen ganz wild verwachsen ist. Solchen Platz schlieset man ins Gevierd mit starken eichenen Pfählen ein, und versiehet ihn oben mit starkem Reiß, wo die Flügel zusammen gehen, muß ein flacher Berg auswendig aufgeführet werden, inwendig aber die Hälfte des Zauns und der starken eichenen Pfähle glatt gehobelt, flach und abhängig seyn. Damit die Sauen diesen Aus- und Eingang gewohnet werden, müssen allezeit über diesen Einsprung Brücken von Schaalholze dem Berge gleich geleget, und solche, um sie zu locken, mit Eicheln oder Buchäckern gekirret werden. In dem Garten selbst aber wird Gerste, Erbsen und anderes Getreide und wild Obst gestreuet, und auf solche Art lassen sie sich täglich gewöhnen. Wenn man hierauf des Herbstes soviel wie möglich Mast gesammlet, und der Sauen Wechsel versichert, nimt man die Brücke hinweg, an einen besondern Ort, und erhält in dem Garten zwey mäßig erzogene Bachen, welche ihre Witterung stark von sich geben, zumal die Schweine ohnedem hitzig und geil sind. Wenn nun ein ganz Rudel (s. dieses) Sauen über die Flügel wechseln, und die gestreuete Eicheln finden, gehen sie den Flügeln nach zum Einsprunge, und wenn sie auf den Berg kommen, und die andern Bachen hören und wittern, auch vor sich einen niedern Absprung sehen, so springen sie hinein, und wenn eins den Anfang macht, folgen die andern alle nach. Sie können aber nicht wieder zurück und heraus, weil sie auf den eichenen Pfosten nicht fußen können, sondern da sie glatt behobelt sind, abgleiten und also gefangen bleiben müssen. Sollen sie zu fernerer Jagdlustbarkeit eingefangen werden, so kann man nur von einer Ecke zu der andern einen Flügel machen, das Saunetz stellen, und dieselben lebendig einfangen. Doch muß solcher Ort von allem Jagen und Schießen gänzlich verschonet seyn, weil sonst alle angewandte Mühe verarbeitet seyn dürfte. Inwendig muß vor die eichene Pfosten ein Graben zwey Ellen tief gemacht und mit Sträuchern zum Blendwerk bestecket werden.

Saufinder, Saubeller, (Jäger) Jagdhunde, so ein Schwein in seinem Lager aufsuchen und anjagen oder bestätigen, mit ihrem Laut anmelden, und mit Herumspringen so lange aufhalten, bis ihm der Jäger mit einem Schuß beykommen kann. Ein solcher Hund muß von mittelmäßiger Größe, und brauner oder schwarzer Farbe seyn, als welche Art hierzu am bequemsten ist abzurichten. Man nimt gemeiniglich einen Schweiß- oder Schießhund dazu. Es sind schlechte Bauerhunde, die durch die Gewohnheit und das Abrichten dazu gebracht werden. Sie müssen von Jugend auf immer gewöhnet werden schwarze, obgleich zahme, Schweine anzubellen und zu hetzen; und daher, wenn man es haben kann, in ihren Fraß der Schweiß (Blut) von wilden Sauen gerennet werden, um sie desto begieriger zu machen, damit sie nichts anders, als die wilden Sauen suchen, und wenn sie dieselben angetroffen, vor ihnen stehen, und sie mit Anschlagen verrathen.

Saugarten, s. Saufang.

Sauge, (Brauer) die ausgemauerte Röhre in einer Malzdarre, welche aus dem hintern Theil des Darrofens in die Höhe geht, und den Zug der Luft befördert.

Saugehorn, ein mit Milch gefülltes Horn, vorne mit einem ganz kleinen Tüchlein, womit die kleinen Kinder, wenn sie nicht mit den Brüsten genähret werden, getränket werden.

Saugmauer, Fr. Mere nourrice. (Wasserbaukunst) Eine Saugpumpe, welche ein kleines Bassin in der Höhe, wo andere Pumpen stehen, mit Wasser versorget. Dieses Wasser dienet, wenn die Kolben-drücker, das Leder, welches um ihren Umfang ist, zu erfrischen, und zu verhindern, daß die Luft keine Gemeinschaft mit den Röhren und Stiefeln, welche unten sind, haben kann. Man hat dergleichen Maschinen zu Marly in Frankreich.

Saugröhre, s. Ausstecktiel.

Saugsand, (Wasserbau) grober oder feiner Laufsand, der sich um einen Pfahl anleget, oder denselben durch Andrücken bestimmet.

Saugue, (Schiffsbau) eine Art Fischerkähne in Provence in Frankreich.

Saugwerk, (Wasserbaukunst) eine Wassermaschine, da [illegible] Wasser in Röhren durch Auf- und Niederdrücken, oder Bewegung eines Kolben in einer Röhre, oder Stiefel in die Höhe gehoben oder gesaugen, und durch eine Ausgießröhre fortgeschaffet wird. Es ist mit der Pumpe (s. diese) fast einerley, daß nämlich ein Kolben in einer Röhre steckt, und vermittelst einer Kolbenstange auf und ab beweget wird, aber nicht wie in der Pumpe, bis zum Wasser hinab langet, sondern solches erst durch das Ansaugen in die Höhe hebet: indem in dem Zwischenraum, zwischen der Röhre und dem Kolben, die äußere Luft solches herauf treiben muß. Der Ventil des Saugwerks hat außer des Ventilstocks einer Pumpe eine Kappel, die an die Röhre angeschraubet, und an diese wieder die Saugröhre, die unten auch ein Ventil hat, und alsdenn mit einer runden Hülse, auf einen Cylinder, so hier den Ventilstock vorstellet, der im Wasser steht, geschraubet ist, und durch dessen Löcher das Wasser eintritt.

Saugwerke, wie sie das Wasser heben. Dieses geschiehet vermittelst der Pressung der äußern Luft, welche auf dem Wasser liegt und es hinauf treibt. Denn wenn der Kolben in die Höhe gezogen wird, so machet er einen leeren Raum zwischen dem Ventil. Weil nun die Luft die Eigenschaft hat, daß sie schwer ist, und alle ledige Oerter, wo sie einen Zugang finden kann, erfüllet, hier aber weder durch den Kolben, noch anderswo eine Oeffnung findet, als allein durch die beyden Ventile, sie aber noch das Wasser vorliegt, so muß solches weichen, und an ihre Stelle in der Röhre hinauf steigen bis an den Kolben.

Saulundsarbeit, (Jäger) wenn die Leithunde zur Herbstzeit von dem Wildpret ab, und auf die Sauen gewöhnet werden.

Saujagd, s. Schweinsjagd.

Saukasten, (Jäger) ein Behältniß, darinn ein wildes Schwein von einem Ort zum andern lebendig gebracht werden kann. Er wird wie ein Bären- oder Hirschkasten, nur niedriger, von starken eichenen Brettern gemacht, mit eisernen Bändern wohl beschlagen, vorne und hinten mit zwey Schiebthüren und starken eisernen Ringen zum Aufheben versehen, und inwendig eine Futterkrippe angebracht. Der Kasten wird grün angestrichen und Schweine darauf gemalt. Wenn man eine Sau an Ort und Stelle darinn geführet hat, so zieht der oben auf dem Deckel stehende Mann beyde Zugthüren auf, rühret das Wild an den Hintern, so fähret es heraus, ohne daß es den geringsten Schaden zufügen kann. In einem solchen Kasten können auch Wölfe geführet werden.

Saukbaud, die fünfte Art Seide, so im Striche des großen Mogols gesammlet wird, und von denjenigen Seidenwürmern ist, welche ihr Gespinst zu Ende des Aprils und zu Anfange des Mayes machen.

Saukopfe, (Glashütte) diejenigen Steine, welche in dem Schmelzofen in gewisser Weite auf beyden Seiten der Ringsteine gesetzt werden, inwendig 5 bis 6 Zoll breit, auswendig aber schmal und rundlich ausgehauen sind. Die Oeffnungen dazwischen machen die Löcher, durch welche man zu den Häfen kömmt und darauf arbeitet.

Säule, Fr. Colonne. (Baukunst) Eine runde Stütze, welche in ihrer Abmessung mit der Last, die sie tragen soll, verhältnißmäßig seyn muß. Diesemnach muß die Dicke derselben in der Höhe weniger mal enthalten seyn, wo eine große Last zu tragen ist, hingegen vielmal, wo man eine kleine Last zu unterstützen hat. Und da ein Körper desto gewisser steht, je größer seine Grundfläche ist, und je er von der sich in seine Oberfläche etwas verläuft oder abnimmt, so wird auch die Säule unten dicker und oben dünner gemacht, dergestalt, daß sie sich von einer gewissen Höhe nach und nach einziehet oder verjünget. (s. verjüngen) In der Baukunst bestehet eine jede solche Säule aus drey Theilen, nämlich aus dem Sehnsgesimse, oder dem Säulenfuß, aus dem Schaft, oder der Säule selbst, und dem Kapital, oder dem Knauffe. Es werden die Säulen eingetheilt in freystehende und in Wandsäulen, und nunmehr auch in sechs Ordnungen. (s. diese) Wie nun die Haupteigenschaft einer Säule in ihrer Vestigkeit besteht, so muß der Schaft fein glatt bleiben, und weder mit Kränzen, noch mit Weinranken umwunden oder umgeben seyn, viel weniger gar gekrümmet vorgestellet werden. In der Jonischen, Korinthischen und Römischen Ordnung haben die Alten den Schaft gerieffelt oder kannelirt: (s. kannelirt) denn weil die Jonische Säule nach der Gestalt einer Weibsperson proportionirt ist, so wollten sie eben dadurch die Falten der langen Röcke andeuten, die ihre Matronen trugen, wie Vitruvius Lib. III. Cap. 1. sagt. In neuern Zeiten ist man auf die gewundenen Säulen gefallen, welche sonderlich von den Bildhauern an den Altären gebraucht werden. Es kömt aber dergleichen Ansehen nicht mit der Vestigkeit überein, und deshalb sind solche gewundene Säulen sehr wenig und behutsam zu gebrauchen. Die Franzosen nennen solche Colonnes torses. Die Höhe der Säulen wird nach dem Modul oder dem Durchmesser des Schaftes angegeben, und die Säulen einer jeden Ordnung werden nach verschiedenen Höhen angegeben, und die Höhe derselben steigt von 20 bis 30 Moduln der Säulenhöhe mit ihren Säulenstühlen, Untersätzen und Kapitälen. (s. davon bey jeder Ordnung)

Säule, Ständer, (Zimmermann) ein jedes aufrecht stehendes Zimmerholz. In manchen Fällen werden solche Säulen auch Pfosten genannt.

Säulen. (Bergwerk) Die in die Erde eingegrabene Fuß dicke Pfosten, welche vier Fuß über die Erde heraus ragen, und worauf das Gerüste der Bohrmaschiene, womit man Röhren bohret, zu liegen kömt. Es werden dergleichen Säulen mehr oder weniger in zwey Reihen, in gleicher Entfernung von einander, eine der andern gegen über eingegraben, je nachdem die Maschiene lang oder kurz ist.

Säulenbaum, Säulbaum, (Forstwesen) ein Baum, welcher Säulen für die Zimmerleute abgeben kann. Ein einfacher Säulenbaum muß 16 bis 18 Zoll im Durchmesser halten, und 31 bis 40 Ellen lang seyn; ein doppelter ist 19 bis 20 Zoll dick, und 40 bis 41 Ellen lang.

Säulen der Kutschenkasten, (Stellmacher) die aufrechtstehenden Hölzer, woraus nebst den Riegeln und der Täfelung der Kasten einer Kutsche zusammengesetzt ist. Diese Stäbe oder Säulen sind bey Reisekutschen 2½ Zoll, bey Prachtkutschen aber nur 1½ Zoll ins Gevierte stark. Sie werden gemeiniglich von Rothbüchenholz gemacht, und sind nach der Form und Gestalt des Kastens bald mehr, bald weniger, geschweift. Gemeiniglich bringen sie die Bauern aus dem Groben schon bearbeitet zu Kauf, und der Stellmacher darf sie nur noch mit dem Hobel und Schneidemesser aus dem Feinen zurecht schneiden. (s. Kutschenkasten)

Säulen einzurichten und zu zeichnen. (Baukunst) Vor allen Dingen muß man 1) lernen ein jedes Glied, woraus die Säulen zusammengesetzt werden, insbesondere zu zeichnen, als Plättchen, Karniesen, Stäbe u. s. w. 2) muß man messen, wie hoch die Säule werden soll; man theilet dieselbe nach der Toskanischen und Dorischen Ordnung in 16, nach der Jonischen und Deutschen in 18, und nach der Römischen und Korinthischen in 20 gleiche Theile, von welchen ein Theil der verlangte Modul seyn wird, wenn nämlich die Säule ein Postument hat. 3) theilet man diesen Modul nach Art des geometrischen oder verjüngten Maaßstabes in 30, 60, 120, oder 10000 Theile, oder in so viel man will. 4) fället man von der gegebenen Höhe zwey Perpendikularlinien, in der Weite von ungefähr 5 Modul, und aus dem halben Theil dieser Weite richtet man eine Perpendikularlinie auf, welche die Achse seyn wird. 5) auf diese trägt man, nach welcher Art man will, die Höhen der Glieder auf. 6) durch diese Punkte der Linien ziehet man mit der Grundlinie Parallellinien, und trägt von der Achse auf beyden Seiten die Ausladun-

gen

gen der Glieder auf. Wenn man denn 7) die Glieder, als Stäbe, Karnießen, Hohlkehlen, und Plättlein, nebst den Zierrathen, die in das Kapital, Fries und Karnieß kommen sollen, ausgezeichnet hat, so ist die Säule fertig.

Säulenfuß, Schaftgesimse, Fr. Base, (Baukunst) der unterste Theil einer Säule, worauf der Säulenschaft steht. Es ist eigentlich der Fuß des Schaftes, womit er auf dem Säulenstuhl steht.

Säulenkuppelung, s. Gekuppelte Säulen.

Säulenschafft, s. Schafft.

Säulenspath, (Bergwerk) eine Art Spath, der in Gestalt von vierkantigen Säulen bricht.

Säulenstein, (Bergwerk) ein schwerer, harter, glänzender, thonartiger Stein, welcher in 4 bis sechseckigen Säulen, die 1½ Fuß dick, und 12 bis 14 Fuß hoch sind, gefunden wird. Er gleicht einer Eisenschlacke, und ist von Farbe bald schwarz, bald braun, bald grün. Von dem äthiopischen Basalt (Eisen) wird er auch Basalt genannt, weil man ihn erst aus Aethiopien gebracht hat, ehe man entdeckte, daß er auch in Deutschland an vielen Orten gefunden werde.

Säulenstellung, Säulengang, Fr. Colonnade, (Baukunst) wenn viele Säulen oder Pfeiler in einer Reihe unter ein Hauptgesimse oder Bogen gestellet werden. Sie kann einfach seyn, da von einer glatten Mauer entweder eine Reihe Wandpfeiler, Wandsäulen, oder freystehende Säulen sich befinden. Eine verbundene hingegen ist entweder, wenn vor einer Reihe Wandpfeiler noch eine Reihe, auch wohl mit gekuppelten Säulen, gesetzt ist, oder wenn zwey und mehr Reihen also gestellet werden, daß man dazwischen spatzieren gehen kann, welches einige auch eine Säulenlaube heißen. Ein jeder Baumeister richtet solche nach seiner Art ein. Das meiste kommt hiebey darauf an, daß die Säulenweiten dergestalt eingerichtet werden, damit sie auch bey einer Abwechselung großer oder kleiner Entfernungen ein geschicktes Verhältniß gegen den Modul haben, und die Kälberzähne, Kragsteine, Tragsteine dergestalt vertheilet werden, daß die Achse der Säulen in zwey gleiche Theile vertheilet, und überall die richtigen Zwischenweiten erhalten werden. Unter den Kolonnaden ist heut zu Tage diejenige in Rom berühmt, welche auf der Straße zur Peterskirche anzutreffen ist, und 284 dorische Säulen hat.

Säulenstuhl, Fußgestelle, Fr. Piedestal, Basement, (Baukunst) der unterste Theil einer Säule, worauf die Säule zu stehen kommt. Er besteht aus drey Theilen: dem Fuß, dem Würfel und dem Deckel. Es trägt aber nicht allezeit ein Säulenstuhl eine Säule, sondern man stellet auch Statüen, Gefäße und andere Sachen darauf, welche zur Pracht und Zierde dienen. Es giebt auch noch andere Arten von Säulenstühlen, welche entweder ausgeschweift sind, oder oben weniger Breite haben, als unten, wie auch nach einem Bogenstücke geschweift, oder mit geraden Linien gemacht werden.

Säulenweite, (Baukunst) d. i. Perpendikularlinie, welche von der Achse einer Säule an die Achse der nebenstehenden gezogen wird. Vitruvius ordnet die Säulenweite nur von dem gleich dicken Schafte der Säulen, und darnach theilet er die Gebäude in fünferley Arten. Bey der ersten, Pycnostylos, stehen die Säulen 3 Modul von einander; bey der andern, Systylos, 4 Modul; bey der dritten, Eustylos, 4½ Modul, dafür Goldmann 7 rechnet; die vierte heißt Diastylos, und hatte eine Säulenweite von 8 Modul; die fünfte endlich Araeostylos, und ihre Säulenweite betrug 10 Modul.

Säulen zusammensetzen. (Baukunst) Sowohl der Schaft, als auch der Säulenstuhl und das Kapital werden aus verschiedenen Stücken zusammengesetzt, und der Steinmetz, der die Säulen verfertigt, muß auch solche auf- und zusammensetzen. Der Maurer legt ihm an der Stelle, wo die Säule aufgerichtet werden soll, ein Fundament. Auf dieses Fundament kommt das Fußgestelle frey und ohne Verknüpfung mit dem andern Mauerwerk zu stehen, und die Theile desselben werden mit einem Mörtel von Kalk und etwas Gips vereiniget. Die Stücke des Säulenschafftes werden mit dem Richtbaum (s. diesen) aufgezogen und über einander versetzt. Der Rand eines jeden untern Stücks, worauf ein anderes zu stehen kommt, wird am Umfange mit Bleyblech belegt, damit dieser weiche Mittelkörper hindere, daß sich die Kanten nicht abstoßen. In der Achse jedes Stücks des Schaftes ist ein Loch gebohret, und zwey und zwey benachbarte Stücke werden mit einem eisernen Dübel oder Zapfen in gedachtem Loche verknüpft, und der Dübel wird mit Bley vergossen. Das Gebälke kommt auf dem Mauerwerk und zugleich auf dem Säulenschaft zu liegen. Die Stücke des Gebälkes werden untereinander mit eisernen Klammern verknüpft, die man mit Bley eingießt. Damit aber das Gebälke nicht vorwärts weiche, so bevestiget man es mit eisernen Ankern. Diese Anker bestehen in einer Stange Eisen, die an beyden Enden ein Loch hat. In einem Ende, so auf dem Gebälke aufliegt, wird durch das Loch des Ankers, und zugleich in ein Loch im Gebälke ein Splint gesteckt, auch wohl mit Bley vergossen, durch das Loch am andern Ende wird aber der Anker auf seinem Balken angenagelt. Dieses versteht sich aber von solchen Säulen, die vor einem Hause zu stehen kommen.

Saum. (Baukunst) So heißt nach Goldmann das Plättlein, so sich an dem Schaft der Säulen befindet, und zwar das untere der Untersaum, und das oberste der Obersaum, an welchen Säumen der Schafft an- und abläuft.

Saum. 1) (Näherin) Der umgelegte Rand oder die Kante eines Zeuges, die vermittelst eines Fadens mit der Nähnadel benähet wird. Es geschiehet dieses, damit solcher Zeug nicht ausreißen kann. 2) An einem Fischergarn ist der Saum eine starke Schnur oder ein starker Faden, welcher durch die Maschen am Ende des Garns gezogen wird.

Saum, (Schiffsbau) Stricke, welche längst dem Segeltuche zur Verstärkung gemacht werden. Es sind eigentlich die Saalbänder oder Leisten der Segeltücher.

Saum, ein in der Schweiz gebräuchliches Maaß flüssiger Dinge, welches 1½ Eimer, mithin, da der Eimer daselbst aus 64 Bissen und 75 Schenkmaaß besteht, und 1 Maaß 2 Seidel oder Schoppen ist, 112 Besen und 412½ Schenkmaaße hält. In Nürnberg rechnet man einen Saum über Venedig gewöhnlich zu 400 Pfunden, in Wien aber zu 275 Pfunden.

Saum. 1) Eine gewisse bestimmte Anzahl von Stücken Tücher, nach welcher fast in ganz Deutschland im Großen gerechnet wird. Es hält ein Saum in Wien, Nürnberg, Ulm, Frankfurt am Mayn, Schlesien, Berlin rc. 22 Stück Tücher, jedes von 32 Ellen. 2) In Italien ein Maaß flüssiger Dinge, welches zuweilen einen halben Eimer beträgt. In Gallipoli ist es ein Oelmaaß, welches 190 Pfunde wiegt. In Basel hält ein Saum drey Ohm, ein Ohm aber 32 alte oder 40 neue Pott. In Zürich ist ein Saum 1½ Eimer, in Bern aber 4 Eimer oder Brenten, welche zusammen 100 Maaß halten. Vier Saum machen in Bern ein Faß, 6 Saum aber ein Landfaß. 3) In Oesterreich ist ein Saum ein Handelsgewicht, welches 275 Pfunde wiegt, in Breslau aber 400 Pfunde.

Saum, s. Salband.

Sau machen, s. Sau.

Säumen. (Näherinn, Schneider) Wenn an dem Umfange eines Zeuges, damit solches nicht ausfasele, die Kante gedoppelt eingelegt, und an dem Rande des Eingelegten mit Vorderstichen auf den Zeug selbst dieses umgelegte angenähet wird.

Säumen der Dielen. (Zimmermann, Tischler) Wenn eine Diele zu einem Fußboden auf der hohen Kante geschnüret, (s. Schnüren) und mit der Axt diese hohe Kante behauen wird, daß sie die erforderliche Dicke erhält.

Saumkost, s. Samkost und Zubuß.

Saumlatte, (Windmüller) die starke Latte, die der Länge nach durch jede Flügelfläche der Windmühlenflügel durchgeht, und an welche, so wie an die Flügelruthen, die Scheiden, Thüren oder Windbretter befestiget werden.

Saumpane. Fr. Champane, (Schiffsbau) Eine kleine chinesische Barke, so ein Segel und zwey bis sechs Ruder, platten Boden ohne Kiel und nicht hohen Bord hat. Es kann 30 bis 36 Mann tragen, und bleibt nur am Ufer. Ihr schiefes Steuerruder bewegt sich oder spielt an Stricken auf einem Block im Fahrzeuge. Auf größern hat man ein vestes am Vordertheil. Es führt ein Dach von Schilfrohr über bambussene Spriegel gewölbt gegen Wind und Sonne. Die Anker sind hölzern, die Schaufeln, deren öfters nur eine vorhanden ist, manchmal mit Eisen versehen, und die Segel so von Schilf sind, werden mit Stangen ausgebreitet. Diese Saumpanen sind auch mit [illegible] versehen.

Saumsattel, ein hölzerner Sattel, worauf die Saumthiere, d. i. die Maul- oder andere Esel und Pferde ihre Lasten tragen, welche Benennung in Oberdeutschland gebräuchlich ist.

Saumschwelle, Grundsohle, Fr. Sabliere, (Zimmermann) Eine Schwelle oder horizontaler Balken eines Hauses, worauf das zweyte, dritte u. s. w. Stockwerk mit seinen Rahmstücken zu stehen kommt. Sie ist gerade so lang, als das vorhergehende Rahmstück der untern Etage; denn sie kommt gleichfalls nur nach der Länge des Gebäudes sowohl unter den langen Umfassungs- als Scheidewänden zu liegen. Sie ist von Kiefernholz, 7 Zoll hoch und 5 Zoll dick, und wird aus sämmtlichen Balken des untersten Stockwerks, sie gehören zur Scheide- oder Umfassungsmauer, mit einem doppelten Kamm (s. diesen) aufgekämmet.

Saumtaue, (Schiffsbau) Seile womit die Segel eingefaßt und an ihren Enden verstärkt sind.

Saunetz, Schweinenetz, (Jäger) zur Saujagd besonders gestrickte Netze, deren jedes man 80 gedoppelte oder 160 einfache Waldschritte stellet. Weil öfters ein starker Rudel Sauen von Bachen und Frischlingen in vollem Rennen zugleich auf einmal hineinlaufen, und also ein solches Netz sehr dauerhaft seyn muß, so soll man es zum wenigsten 30 Maschen hoch machen, und diese über der Rückbank recht veste anziehen. Das Model der Maschen ist 6 Zoll lang und 6 Zoll breit. Die Furkeln sollen so stark, wie die zu den Hirschnetzen, allein weit niedriger, und 2½ Elle lang seyn, weil die Sauen nicht überspringen, sondern nur in der Dummheit gerade zulaufen und durchbrechen wollen: dagegen kann das Rothwild desto besser übersehen. Es werden diese Netze auch wie die Hirschnetze recht gerade mitten auf die Flügel gestellt. Damit es aber geschwinde mit dem Netzstellen gehe, so müssen hierzu bey jedem Flügel wohl 8 Mann seyn, nebst zween Zeug-Knechten. Als zwey, welche das Netz im Abführen abschlagen; 2 mit Schlägeln, welche die Heftel einschlagen; 2 so mit dem Stichel- oder Pfahleisen Löcher machen; und 2 zum Furckeln setzen. Die Ober- und Unterleinen müssen stark angezogen, und wo möglich an Bäume gebunden werden. Sonst, wenn starke Sauen einbrechen, reißen die Heftel öfters aus der Erde, und die Sauen laufen davon. Diese Netze haben auch ihren Nutzen, wenn die Sauen ins Enge getrieben sind: alsdann können solche Netze inwendig im Jagen an den Tüchern herumgestellt und oben auf die Furckeln, so weit als man mit Netzen reichen kann, gelegt werden; und muß der Busen recht glatt eingezogen werden, daß die Netze an den Tüchern steif stehen, und die Sauen nicht durchschlagen können. Denn wo die Tücher bloß stehen, hauen sie bald Löcher hinein, und fahren durch, wo aber die Netze abwechseln, bleibt es nach.

Sau pürschen, (Jäger) wenn man sucht die wilden Schweine mit der Büchse in den Brüchen oder auch des Nachts im Getreide zu beschleichen oder vor dem Saufinder todt zu schießen.

Sauren, (Bäcker) das Mehl zum Backen mit Sauerteig vermischen, damit der Teig dadurch in eine Gährung geräth und das Brod desto lockerer werde. Das

Mehl

Mehl muß schon des Morgens vor dem abendlichen Einsäuren in die Backstube gebracht werden, damit es sich erwärme, und beym Sauren und Korten besser angreiffe. Nicht ganz wird die Beute mit Mehl angefüllt, sondern es bleibt ein Sauerort. Hier liegt ein Stück Teig, so man vom nächsten Backen aufgehoben hat. Dieser Teig ist der sogenannte Grundsauer so seine Gährung auf den Teig zum nächsten Backen fortpflanzen soll. Zu einem Backofen voll von mittelmäßiger Größe braucht man ohngefähr ein Stück Grundsauer von zwey Pfund. Dieser Grundsauer bleibt von dem nächsten Teigmachen bis zu dem ersten Anfrischen des folgenden Teiges in der zugedeckten Beute unberührt liegen. Einige wie z. B. in Sachsen, bestreuen ihn mit Salz, und dieses erhält die Gährung, daß sie nicht so leicht schwindet. Des Morgens um 8 Uhr wird der Grundsauer zum erstenmal angefrischt. Der Bäcker gießt einen Blasentopf voll oder 1 bis 1½ Quart laulich Wasser zu dem Grundsauer, erweicht ihn hierdurch und macht mit Mehl hieraus wieder einen Teig. Der Bäcker richtet sich in Absicht der Menge des Wassers nach seinem Augenmaaß, und der Güte des Mehls. Denn gutes und altes Mehl quillt im Wasser stärker als schlechtes. Der jetzt gemachte Teig muß gut mit Mehl ausgestoßen, d. i. ausgeknetet werden, welches die Säure erhält und ihr neue Nahrung giebt. Endlich streut man Mehl auf den angefrischten Sauerteig, damit er nicht oberhalb von der Luft eine zu starke Rinde erhält und deckt die Beute zu. In diesem Zustande steht der Sauerteig bis 12 Uhr Mittags, da man ihn denn zum zweytenmal anfrischt, 4½ Quart laulichen Wasser darauf gießt und ihn mit Mehl wieder einknetet. Man bestreut ihn wieder mit Mehl und deckt die Beute abermals zu. Zum letztenmal wird endlich der Sauerteig 4 Stunden vor dem eigentlichen Teig machen noch einmal angefrischt oder eigentlich zu sagen gesäuert, und nun muß das zugegossene Wasser bey diesem Anfrischen nach der Menge und Größe der Brodte die man backen will, genau abgemessen werden. Zu einem kleinen Ofen voll Brod gießt man etwa 10 Blasentöpfe oder 12 bis 13 Quart, zu einem großen Ofen voll aber 16 Blasentöpfe lauliches Wasser. Die Beute wird abermal mit dem Deckel verschlossen, damit die in die Backstube eindringende Luft die Gährung des Sauers nicht unterbreche. Nach Herrn Malouini Bäckerkunst im Schauplatz soll der zuerst angefrischte Sauerteig besser als der zweyte, und der zweyte besser als der dritte gesäuert werden, damit man die Säure nach und nach dem lockern Brodteig gleichförmig, und den letzten Teig ziemlich locker mache. Einige Bäcker frischen nur zwmal an, andre aber bis 4mal, wie hier gezeigt worden. Man kann die Gährung oder das Säuren durch zwey Mittel hervorbringen nämlich durch den Sauerteig und die Hefen, man kann auch die Gährung des gesäuerten Brodes durch Hefen beschleunigen. Bey Roggenbrodt nimt man selten Hefen zu Hülfe, wohl aber bey Weitzenbrodt und Semmeln, die Gährung, die durch ein oder das andre Mittel entstehet, verwandelt so zu sagen die Bestandtheile des Teiges, das Mehl wird hierdurch in seinen Theilen aufgelöst, verliehrt sein von Natur klebrigtes Wesen, das daraus gebackene Brod wird dadurch lockerer, erhält eine angenehmere Würze und wird verdaulicher.

Sauruͤden. (Jäger) Eine Art starker Jagdhunde welche zur Sauhetze gebraucht werden. Es sind gemeiniglich zottigte Bauerhunde, die dazu abgerichtet werden.

Sausende Kugeln, pfeiffende Kugeln. (Artillerie) Eine Art Bomben oder Granaten, die in der Luft sausen und pfeiffen. Sie werden hohl von Eisen wie Granaten gegossen, haben aber unten ein Loch, in Form eines Triangels. Man füllt sie wie die Granaten und ladet sie eben wie diese in einem Spiegel auf das Pulver, wenn sie nun abgeschossen werden, und durch die Luft fahren, so geben sie wegen des darinn befindlichen Lochs einen lauten Klang von sich, und wenn der Brand zu Ende ist, so spielen sie wie Granaten.

Sauspieß, s. Fangeisen.

Saustein, Stinkstein. fr. Pierre puante. Ein dunkelbrauner, undurchsichtiger Spath, welcher übel riechet, wenn man ihn reibt oder schabt, im Feuer wird er weiß, und verliehrt den Geruch.

Saustein. Ein Bezoar von Stachelschweinen.

Sautock. (Pochwerk) Ein 3 Zoll im Geviert dickes Stück Holz, welches bey dem Schlämmen der gewaschenen Erze auf die Heerde unter das Ende der letzten Plane gelegt wird, und worüber das Trübe abläuft. (s. Sau, Pochwerk)

Sausümpfe, (Pochwerk) ausgemauerte oder mit Holz ausgeschälte Sümpfe (s. diese) in welche das Trübe aus der Sau (s. diese) fließt, und deren gemeiniglich zwey in einem Pochwerke verhanden sind.

Sauwagaji. Eine Art weißen ostindischen Kattuns, welcher vornehmlich von Surate gebracht wird. Er liegt ⅞ pariser Ellen breit, und ist in den Stücken 13 bis 13½ Elle lang.

Sauwaguzen, Sonaguzen. Ein baumwollener Zeug oder Kattun, so man aus Ostindien bringt. Es giebt derselben unterschiedene Arten, als 1) die Balaguen, (s. diese) welche von Surate kommen. 2) die Sauwaguzen Brown, braune Sauwaguzen, welche noch roh und ungebleicht sind, und in der Breite zwey Drittel einer pariser Elle, in der Länge aber 14 Ellen halten. 3) Die Sauwaguzen-Dongris, oder Dadre Sauwaguzen, welche eben so breit liegen, aber eine halbe Elle kürzer sind; und 4 die weißen Sauwaguzen, Sowaguzen-White, welche auch 14 Ellen in der Länge, und eine halbe bis ⅞ in der Breite halten.

Sauwaband, Sawarband, Sowardband, die beste Art Seide, in den Ländern des großen Moguls, von den Seidenwürmern, welche im Hammach spinnen.

Sauwenband, s. Vorhergeh.

Savonnerie, Tapeten, Fr., Deutsch, Türkische Tapeten. Die französische Benennung haben sie von der Königl. Französischen Tapetenmanufaktur zu Chaillot, die

der

den kleinen Savonnerie führt. Der deutsche ist ihrem ursprünglich, weil diese Art Tapeten aus der Türkey zu uns gekommen sind. Unter Carl Martel, bey dem Einbruch der Saracenen in Frankreich, hat diese Tapetenweberey schon ihren Anfang genommen, indem sich daselbst einige sarazenische Tapetenweber niedergelassen, und diese Kunst ausgebreitet haben, wie man aus gewissen Verordnungen für die Tapetenwirker daselbst ersehen kann, in welchen die sarazenischen Weber für die ältesten gehalten werden. Diese Tapeten werden nach Art der Hautelisse auf einem Hautelissenstuhl (s. diesen) gewebt. Die Kette ist Wolle, die wenigstens dreydrähtig gezwirnt, milde und gleich seyn muß. Die Oberfläche dieser Tapeten ist sammetartig oder hat einen geschnittenen Flor, und hiezu muß man eine vorzüglich milde und weiche Wolle nehmen, Theils damit sie die Farbe gut annimmt, theils damit sie auch den Grund gut bedeckt. Man kann dazu eine feine einschürige Fernwolle nehmen, die vor dem Färben gewaschen ist. Diese Tapeten unterscheiden sich von den Hochschäftigen (Hautelisse) dadurch, daß sie einen gewöhnlichen Einschlag erhalten, der das Sammetartige verbindet und befestiget. Hiezu nimt man bey gewöhnlichen Tapeten leinenen Zwirn, weil er bey den fertigen Tapeten nicht in die Augen fällt, bey Fußtapeten aber Wolle, weil der Zwirn die Fußdecke unbiegsam macht, daß sie nicht brennen und leicht ausgedrehet werden kann. Die Kette wird wie bey der Hautelisse aus weißer Wolle geschoren, doch so, daß jederzeit der zehnte Faden blau ist. Die Beschaffenheit der Patrone (s. Savonnerie Tapetenpatron) verlangt, daß jederzeit der zehnte Faden blau ist. Zu einer 26 Fuß breiten Tapete werden 70 bis 80 Pfund weiße überdem noch der zehnte Theil der vorigen blauen Wolle gebraucht. Eine Tapete von dergleichen Breite muß auf einem 30 Fuß breiten Stuhl gewebt werden, und auf diesem wird die Kette auf die bey der Hautelissetapete beschriebene Art aufgebracht. Die nach allen erforderlichen Farben ausgemalte Tapete zerschneidet der Weber in Theile, und befestiget z. B. den ersten Theil an dem Schafft der Litzen des Hautelissenstuhls. (s. diesen) Er richtet und verschiebet die Patron dergestalt, daß z. B. die zehnte oder erstere starke Linie nach der Länge der Patrone auf den zehnten oder ersten blauen Faden der Kette fällt, und auf diese Art muß der jedesmalige zehnte oder stärkere Strich der Patrone, nach der Länge genommen, auf den zugehörigen blauen Faden der Kette fallen. So zeigt also der Strich der Patrone jedesmal auf den erforderlichen Kettenfaden und deutet zugleich die Farbe an, womit dieser Faden umschlungen werden soll. Auch die zehnten und stärkeren Striche auf der Patron nach der Breite haben ihren Nutzen. Denn wenn der Weber 10 Flietenfäden in die Kettenfäden eingeschlungen hat, so zeigt ihm dieser stärkere Strich der Patron nach der Breite an, ob eine Farbe oder Schattirung der Farbe nach der Länge der Tapete sich endiget oder nicht. Folglich leiten die Striche, und insbesondere die starken Striche, der Patrone den Weber sowohl beym Weben nach der Länge, als nach der Breite der Tapete. Ehe der Weber zu der wirklichen Verfertigung einer solchen Tapete schreitet, ziehet er auf der Kette unter dem Oberbaum des Stuhls zwey horizontale Linien, die einen Zoll von einander abstehen. Nach Maaßgabe dieser Linien spannt er 4 Stricke dergestalt aus, daß sie die Vorder- und Hinterfaden der Kette noch mehr als die Kettenruthe (s. diese) von einander scheiden und zugleich den Kettenfaden einen sichern Ort anweisen, daß sie sich nicht verschieben können, und ihren nach Anleitung der Patrone angewiesenen Platz behalten. Der erste Strick wird zwar auf der obern erwähnten Horizontallinie vor den Vorderfaden von der Rechten zur Linken, der vierte Strick aber hinter den Hinterfaden von der Linken zur Rechten auf der untern Horizontallinie ausgespannt. Hiernächst muß nun noch die Kette nach Maaßgabe der Patrone berichtiget werden, so daß jeder blaue Faden der Kette genau auf jeden zugehörigen starken Strich der Patrone falle. Dieserhalb mißt man mit einem Zirkel von 32 zu 32, von 16 zu 16, von 8 zu 8, von 4 zu 4, und endlich von 2 zu 2 Gängen (s. diese) verschiebt die Kettenfäden nach Maaßgabe dieser Ausmessung nach der Patrone und vertheilt die kleinen vorfallenden Fehler durch das Ganze. Endlich ziehen die Weber unten über dem Unterbaum eine Horizontallinie, und zwar da, wo sich die Saalleiste endigen soll, damit alle Weber die Saalleiste oder Kante der Tapete zugleich beschließen. Zu einer 26 Fuß breiten Tapete setzen sich 4 bis 5 Weber auf ihre Bänke zum Weben, so daß ihnen das Licht auf den Rücken zufällt, und sie sitzen bey der Arbeit in etwas schräge, damit ihr Schatten nicht auf die Tapete fälle. Jeder wirket seine zugetheilte Strecke der Kette, und alle machen den Anfang mit der Saalleiste, die aber nicht sammetartig ist. Dieserhalb stecken sie ihre Hand zwischen beyde Fächer der Kette, ziehen die Vorderfäden der Kette theilweise vor sich, und stecken gemeinschaftlich einen Einschlagfaden durch beyde Fächer der Kette von der Linken zur Rechten durch. Hiernächst ziehen sie an den Litzen des Litzenschaftes die Hinterfaden durch die Vorderfäden durch, so daß sie jene mit diesen über dem vorigen Einschlagfaden durchkreuzen, wie bey jedem glatten Gewebe, und stecken mit der Hand den Einschlagfaden von der Rechten zur Linken abermals durch die ganze Breite der Tapete durch. Folglich kommt der erste Einschlagfaden hinter den Vorderfäden, der nächste aber hinter den Hinterfäden zu liegen, die Hinterfäden springen wieder durch ihre eigene Spannung zurück, und machen mit den Vorderfäden über dem vorigen Einschlagefaden ein Kreuz. So webt man die Saalleiste durchgängig, und treibt die Einschlagfäden mit dem Kamme (s. diesen, Tapetenwirker) wenn 3 oder 4mal eingeschossen ist, zusammen. Nun nimt das Sammetartige seinen Anfang. Jeder Weber knüpft nämlich an den äußersten Kettenfaden seiner Strecke Flietenwolle (s. Fliete) von derjenigen Farbe, die die Patrone unmittelbar über diesem Kettenfaden nachweiset. Er fährt mit 2 Fingern an dem vorigen Vorfaden bis zum Kamme der Litzen hinauf, und findet hierdurch auf eine sichere und ganz leichte Art die Litze des zuge-

zugehörigen [illegible] ersten Hinterfadens. Mit dieser Lihe zieht er den Hinterfaden durch die vorstehenden Vorfäden durch, legt an dem Ort, wo er die Flittenwolle an den Vorderfäden angeknüpft hat, eine Fadenschneide (s. diese) über der Saalleiste an die Kette an, umschlägt die Klinge dieser Fadenschneide mit der vorigen Flittenwolle, und knüpft die Wolle mit einer Schlinge hinter dem Instrumente an den vorgedachten Hinterfaden mit einem Knoten an. Hierdurch entsteht auf der Fadenschneide ein Auge von Wolle, so beynahe die ganze Fadenschneide nach ihrer Dicke umgiebt. So ist das erste Auge gemacht. Entsteht das nächste Auge von der ersten Flittenwolle, so schlingt der Weber die Wolle nur um den zweyten Vorderfaden der Kette, ohne sie, wie vorher, an diesen anzuknüpfen, windet die Wolle zum zweyten Auge um die Fadenschneide, zieht den zweyten Hinterfaden mit seiner Lihe auf vorgedachte Art nach sich, knüpft die Wolle an diesen an, und vollendet hierdurch das zweyte Auge. So wird nach der Ordnung der Kettenfäden ein Auge nach dem andern an einem Vorder- und Hinterfaden befestigt, und wenn die Patrone an einem oder dem andern Kettenfaden eine Wolle von einer andern Farbe fordert, so wird diese nur wieder an den ersten zugehörigen Vorderfaden angeknüpft. Ist die Klinge einer Fadenschneide mit Augen bedeckt, so nimt man zu den nächsten Augen eine andere, bis eine Reihe Augen nach der ganzen Breite der Tapete von den sämmtlichen Webern vollendet ist. Alsdenn schlägt jeder Weber mit dem Kamm auf die Fadenschneiden, aber ohne sonderlichen Nachdruck, und zieht seine Fadenschneiden hintereinander aus den Augen, und die Klinge zerschneidet die Augen, weil diese sich genau anschließen, und hiedurch entstehet das Sammtartige oder der rauhe Flor. Sobald eine Reihe Augen vollendet ist, so ziehen die Weber erst einen Einschlagsfaden von der Linken zur Rechten, und von der Rechten zur Linken, der durch die ganze Breite der Tapete durchgehet, gerade so wie bey der Saalleiste gezeiget word. Diese beyden Einschlagsfäden verbinden die Augen der Tapete und zugleich das Ganze. Der erste Einschlagsfaden ist von starken leinenen Zwirn und wird stark gespannt, der andere aber ist von Wolle und wird nur locker eingezogen. Endlich schlagen die Weber mit ihrem Kamm stark auf die Einschlagsfäden, und treiben hierdurch diese und zugleich die Augen zusammen, damit ein vestes Gewebe entstehe. So wird eine Reihe Augen nach der andern umschlungen, geschnitten und verfertiget, und wenn einige Reihen vollendet sind, so beschneidet man den Flor oder das Sammtartige mit einer Schere, die einen krummen Griff hat, damit man mit derselben der Tapete gut beykommen kann. So wie mit der Saalleiste angefangen ist, so wird auch vollendet, und die Tapete am andern Ende damit geschlossen. Noch muß man merken, daß die Weber hier, wie bey der Hautelissetapete sich die verschiedenen Farben und Schattirungen, wie es die Patron vorschreibt, auf Flieten gespult und in dem Flietenkasten (s. diesen) nach Maasgabe der Patron ranzirt haben, so daß sie bey dem Wirken selbst ohne Schwierigkeit nur die verlangte und von der Patron angewiesene Farbe ergreifen dürfen. Sie folgen beym Weben genau der Patrone, die ihnen Licht und Schatten anweiset, und wenn sie das erste untergeschobene Stück Patron fertig gemacht haben, so schieben sie das dritte, und so weiter, unter. Das Weben selbst ist zwar sehr mühsam und geht langsam von statten, allein es ist in allem Betracht nur einfach und folglich nicht künstlich, denn von der Einrichtung der Patron hängt alles ab, und eine geübte Hand lernt diese Weberey sehr leicht verfertigen.

Savonnetten de Serail, Fr. ein seifenartiger Spiritus oder seifenartige Substanz, die zum Waschen der Haut und Verschönerung derselben gebraucht wird. Man kann damit Theer- und Fettflecke aus Zeugen, ohne die Farbe zu ändern, auswaschen, auch kann er als Bartseife dienen. (s. auch Seifenspiritus)

Saye, eine gewisse Art seidener Zeuge, die in China gemacht werden.

Saydenseide, Seide von Sayd, Fr. Soyes de Seide. die Gattung levantischer Seide, die aus der Stadt Sayd gebracht wird, dergleichen die Chouf, Chouffette, Barutiner, Tripolitaner und Saydaner Seide sind. Alle diese Gattungen werden nach dem Damascusiner Gewichte gewogen, wovon die Rotola 600 Quint, 5½ Pfund Marseiller Gewicht macht.

Saye, Soy, sehr leichte geköperte Zeuge oder Serschen, welche ganz von Wolle sind, und zum Unterfutter der Kleider von einigen Ordensleuten in katholischen Ländern auch anstatt der Leinwand zu Hemden gebraucht werden. Saye hat vornehmlich ihren Ursprung in Flandern, wo sie in Turcoing, Hanscotte und Ypern verfertiget wird. Die am ersten Orte gemacht werden, sind sehr fein, ganz von spanischer oder englischer Wolle verfertiget, und ⅞ pariser Ellen breit. Die zweyte Art ist eine Elle breit, aber nicht so fein. Man macht sie auch jetzt in Deutschland, wo Zeugmanufakturen sind.

Sayegarn, Soyegarn; eigentlich eine Gattung gesponnener Wolle, wovon man zweyerley Arten hat. Glattes, Fr. files rases, und weiches, Fr. files mols. Beyde kommen aus Flandern, und vornehmlich von Turcoing. Die Wolle, woraus es gesponnen wird, ist theils holländische, theils Landwolle, welches denn auch einen Unterschied in dem Garne macht. Das aus Landwolle gesponnene heißt man gemeines Sayegarn; hat man aber halb holländische Wolle dazu genommen, so ist es ordentliches oder etwas feines; und wenn es aus lauter holländischer Wolle gesponnen ist, so ist es superfeines Garn. Außer diesem Unterschied der Wolle wird es auch noch nach der Feinheit des Gespinnstes unterschieden. Das allerfeinste wird von den Zeugwebern zu Amiens zum Aufzug oder zur Kette genommen. Man gebrauchet es auch bey den halbseidenen Kamisolen nach Brüßler Art, die da gewebet werden, zum Einschlag und zur Kette. Zu Paris nimt man es zu den Grisetten, Popelinen, und andern dergleichen Zeugen zum Einschlag. Auch wird es zu den feinen weißen Sayetten Strümpfen genommen, dergleichen man häufig in England verfertiget. Die Hartwirker bedienen sich dessen gleichfalls, und vermischen es mit Ziegenhaargarn, gebrauchen aber nur das weiche, wie auch die Knopfmacher zu den Knöpfen. Beyde Arten werden in kleinen Strähnen verkauft, und die Packe in blau Papier gewickelt, halten 3 bis 4 Pfund.

Sayette, ein dünner leichter Zeug von Wolle, wie die Sayen zu Amiens und an andern Orten, gemacht. Zuweilen nimt man auch etwas Seide darunter. Man nennet aber auch die aus Italien kommende leichte Sergen von Wolle oder Seide also. Ferner werden die englischen Meuetschen, oder vielmehr eine Art von Ratinen, mit diesem Namen beleget. Die friesischen Sayetten werden vornehmlich zu Bolsward verfertiget.

Sayettenstrümpfe, die aus feiner Wolle gewirkten Strümpfe von Sayettengarn, welche in England so häufig gemacht und in ganz Europa versuhret werden.

Sayetterie, die Manufaktur, wo man aus Sayettengarn Zeuge verfertiget.

Sborsiren, (Handlung) ein Handlungswort italienischen Ursprungs, soviel als auslegen. Verspartes Sborsiren, solches auslegen rc.

Scala, deutsch Leiter; (Musiker) 1) die Stellung der 6 guidonischen Sylben, welche, nachdem dieselbe rangiret sind, eine oder mehrere Leitern ganz natürlich vorstellen. 2) die zusammen gehörigen 5 Linien, worauf die Noten geschrieben werden.

Scalpelle. (Chirurgischer Instrumentenmacher) Ein Instrument der Wundärzte, es besteht in fünf Messern, die zu allerley Operationen gebraucht werden. Mit dem kürzsten dieser Messer zerschneidet man den Knorpel, die Klinge hat auf jeder breiten Seite einen kantigen Höcker, woraus natürlicherweise eine doppelte Schneide entsteht, die aber an einer Seite länger ist, als an der andern. Unter der Schneide ist ein Absatz, und dieser geht durch den ganzen Stiel; auf jeder Seite der flachen Angel hat es eine elfenbeinerne Schaale, die mit dem Eisen durch Nieder befestiget ist. Die übrigen vier Messer gleichen starken Federmessern, deren Klingen hohl ausgeschliffen sind. Sie sind von verschiedener Größe, und haben nur entweder auf einer Seite eine Schneide, oder sind, wie die Lanzetten, zweyschneidig. Die Schaalen sind zuweilen massiv, und die Angeln werden alsdenn mit einem Kitt von Kalfonium und Kreide eingesetzt.

Scamite, s. Lacamite.

Scapulier, ein kurzes Oberkleid der Mönche, welches nur die Schultern bedeckt; auch wird der Rosenkranz noch Scapulier genannt.

Scarnitzel, s. Scharnitzel.

Scarpe, Fr. (Kriegsbaukunst) die innere Böschung des Grabens an einer Bevestigung.

Scarpiren, Fr. diejenige Arbeit an einem Erdwall, da man vermittelst eines Dossirbrettes, der Wasserlatten oder Setzeln, der Schnur und des Wasserbleyfadens, der äußern und innern Böschung der Graben ihre gehörige Böschung giebt, die hernachmals mit Decksoden [illegible] dünnen Rasen bekleidet werden muß.

Scene. (Schauspielkunst) 1) Ein Theil eines Theaters, worauf die handelnden Personen ihre Handlungen verrichten, der einen Pallast, eine ländliche Gegend, ein Bürgerhaus, ein Zimmer, einen Saal u. dgl. m. vorstellet. 2) Ein Theil der Handlung selbst, wo zwey oder mehrere Personen auftreten, ihre Handlungen darstellen, und mit einander sprechen.

Scenographie, ein Riß, darinn ein Körper im Perspektiv vorgestellet wird. (s. Perspektiv und Ansehen)

Schafe zu zeichnen. (Schäferey) Da die Schafe beständig mit Pech oder Theer gezeichnet werden, und dadurch eine beträchtliche Menge Wolle verdorben und unbrauchbar gemacht wird, weil sich Pech und Theer nicht so leicht auswaschen lassen, auch die Wäscher sich nicht alle die Mühe geben, solches heraus zu bringen, sondern solche Wolle lieber wegschmeißen: so ist man besonders in England darauf bedacht gewesen, eine Komposition zu machen, um die Schafe so zu zeichnen, daß sie haltbar und doch leicht auszuwaschen sey. Nach verschiedenen Versuchen ist folgende Mischung am besten befunden worden: Man nimt Talg und den 8ten, 6ten oder 4ten Theil Theer, schmelzt solches zusammen, vermischt es mit gepülverten Kolenstaub, und mit dieser Mischung warm werden die Schafe gezeichnet. Durch bloßes Wasser und Reibung geht das Zeichen nicht aus, Seife aber nimt die Farbe ganz gut weg.

Schafhof, s. Schäferey.

Schafhorden, s. Schafhurden.

Schafhütte, s. Pferchhütte.

Schafhurden, (Schäfer) Horden, oder von Weidenruthen oder anderm Holze geflochtene bewegliche Zäune, womit die Schäfer, wenn sie mit ihren Schafen auf den Brachäckern hüten und pferchen, gewisse Plätze für die Schafe einzäunen, die Hurden ins Gevierte schlagen und mit Pfählen bevestigen. (s. Pferch)

Schafkameel, eine in Peru einheimische Art Kameele, welche an dem ganzen Leibe so wollig, wie die Schafe sind.

Schaflecken, s. Salzlecken.

Schafleder, lohgares. (Lohgerber) Dieses Leder heißt auch braunes Leder, zum Unterschiede von dem weißgaren Schafleder. Was das Wesentliche betrifft, so werden diese Felle eben so gar gemacht, wie die Kalbfelle, (s. Kalbleder und Schmalleder) und der Unterschied beruhet nur vorzüglich darauf, daß der Gerber die Wolle dieser Felle zu gewinnen sucht. Daher bringt er sie nach dem Einweichen im Wasser nicht gleich in den Kalkäscher, sondern beizt erst die Wolle in der Schwitze (s. diese) ab. In dieser Schwitze bleiben die Felle so lange, bis die Wolle abgeht. Der Wolle wegen erhitzen sich diese Felle sehr leicht, und der Gerber muß daher dahin sehen, daß die Hitze nicht überhand nimt. Denn in diesem Falle verfaulen die Felle. Nach dem Schwitzen legt man die Felle auf Bretter oder Stangen, und zupfet die Wolle ab. Nunmehr können die Felle so wie die Kalbfelle behandelt werden,

den, außer daß der Gerber sie nicht streckt. (s. Strecken der Leder) Man gerbt sie aber auch etwas abgeändert auf folgende Art: Man wirft sie 8 bis 14 Tage in den Kaläscher, mitten unter Roß- und Ochsenhäute, und schlägt sie auch wie diese erforderlich um, streicht sie hernach auf der Narbenseite mit dem Streicheisen aus, wodurch die haarigte Wolle an den Beinen und an dem Kopfe abgeht, und hängt sie an einer Waschbank ins Wasser, damit das Wasser den Kalk abspühle. Doch muß auch hier nach dem Einwässern der Kalk mit dem Streicheisen rein ausgestrichen werden. Vorher aber wird die Narbenseite mit dem Glättstein geglättet, damit das Streicheisen die Narben nicht ausstreiche. Nachher wird der Kalk mit dem Streicheisen auf beyden Seiten ausgestrichen; (s. Ausstreichen) dann wird Weizenkleye in ein reines Faß geschüttet, die Felle auf die Kleye geworfen, und das Faß mit Wasser angefüllet. Hierinn liegen sie 14 Stunden, werden alsdenn wie vorher ausgestrichen, in ein Gefäß mit reinem Wasser geworfen, und von aller Unreinigkeit abgespület. Also gereiniget werden sie auf dem Schabebaum mit dem Streicheisen abgezogen oder gefirmet, (s. dieses im Supplement) wodurch Wasser und Kleye ausgestrichen wird. In diesem Zustande kommen nun die Felle in eben die Farbe, worinn die Kalbleder (s. diese) getrieben werden. Man machet sie mit 3 Farben gar, und in jeder werden sie dreymal täglich umgewendet. In der ersten Farbe stehen sie 6 Tage, da denn die unbrauchbare Lohe mit dem Fischkorb aus dem Faß ausgeschöpft, und frische eichene Lohe in die saure Brühe geworfen wird. In dieser zweyten Farbe stehen die Felle 8 Tage, und in der dritten mit frischer Lohe verstärkten Farbe abermal 8 Tage. Die Felle werden in der Farbe völlig gar, und man setzt sie daher nicht in die Lohgrube ein. Aus dieser letztern Farbe werden sie auf Stangen getrocknet, und trocken mit Wasser angefeuchtet. Denn diese Leder erhalten kein Fett, und würden in der fernern Arbeit zerreißen, wenn man sie nicht anfeuchtete. Sie werden endlich in den Schlicht- oder Streckrahmen gespannt, und auf der Aasseite gestreckt. (s. Strecken) Durch diese Arbeit verlieren sie die Falten. So können auch Bockfelle und Rehfelle gar gemacht werden. Zuletzt werden sie eingeschmieret, gefärbet und gekrispelt. (s. Krispeln Kalbleder und lohgares Kalbleder) Die von den Fellen abgenommene Haare werden rein gewaschen, getrocknet und zum Polstern gebraucht. Die Wolle der lohgaren Schaffelle wird gleichfalls gewaschen, auf Horden getrocknet und zur Weberey schlechter Zeuge gebraucht.

Schafleder, sämischgar, (Weißgerber) Leder, das zu verschiedenen Kleidungsstücken, so wie dergleichen Reh- Bock- Hirsch- und Elendfelle, besonders zu Beinkleidern und Handschuhen gebraucht wird. Das Leder dieser Art wird wie das weißgare Schafleder (s. dieses) bis dahin, wenn es aus dem Äscher kommt, behandelt, und wenn es abgehaaret worden, abgestoßen. (s. Abstoßen) Dieses geschieht mit dem Abstoßmesser auf dem Abstoßbaum. (s. beydes) Die abgestoßenen Felle werden abermals in den Äscher gebracht, und bleiben darinn wenigstens eine Nacht, auch wohl 4 bis 8 Tage. Dann wird das überflüßige Fleisch auf der Fleischseite mit dem Schabemesser auf dem Schabebaum oder Gerbebaum abgeschabet, und die Felle wieder in einen frischen Kaläscher gebracht, damit ihnen alle Fäulniß benommen werde. Dann werden sie mit laulichem Wasser vom Kalk gereiniget und gut ausgespühlet. Auch kommen sie in eine Kleyenbeitze, die sie völlig von dem Kalk reiniget und zugleich geschmeidig macht. In dieser Beitze werden sie mit dem Pump- oder Stoßkeulen gestoßen oder gewalkt. Nach der Beitze, die in diesem Fall stärker, als bey dem weißgaren Leder, seyn muß, und daher auch stärker wirket, werden sie auf der Windstange mit dem Windeisen (s. beydes) ausgewunden, hiernächst ausgebreitet und in der Luft gut geschwungen, wodurch alle Kleye abfällt und die Felle trocknen, damit sie trocken in die Walke kommen. Hier werden sie nun gewalket (s. Walken des Leders), und völlig gar gemacht, und in der Braue (s. diese) gefärbt. Aus der Braue oder Farbe bringt der Gerber die Felle wieder in die Werkstätte, wo er zuerst den Thran wieder durch eine Afterlauge (s. diese) auswäscht. Einige aber weichen vorher die Felle in warmen oder kalten Wasser ein, und ringen sie gut aus. In der Afterlauge wird das Fell 3 bis 4mal gewaschen, bis die Lauge den Thran schmelzt, und das Leder völlig gereiniget ist. Nach jedesmaligem Waschen wird das Leder mit dem Windeisen am Windebaum, wie schon oben gesagt, rein ausgerungen. Der ausgewaschene Thran färbet die Afterlauge gelb, und sie wird nach dem Gebrauche aufgehoben, weil sich hierinn schmutzige Beinkleider und Handschuhe von sämischem Leder am vortheilhaftesten und besten waschen lassen. Endlich müssen die Felle noch zugerichtet werden. (s. Zurichten der Leder)

Schafleder, weißgares. (Weißgerber) Die Häute müssen zuerst im fließenden Wasser eingeweicht und gewässert werden. Sie werden an der Waschbank befestiget, daß sie in dem Flusse fließen können. Bey frischen und erst ausgeschlachteten Fellen muß nur das Blut durch das Wasser ausgewaschen werden. Doch muß dieses mit Sorgfalt geschehen, denn ein Leder, wo Blut schon bleibt, erhält blaue Flecken, die noch sichtbar sind, wenn das Leder schon gar gemacht ist. Es ist hinlänglich, wenn solche Leder nur eine Nacht, auch im Sommer nur ein paar Stunden, eingeweicht werden, so lange nämlich, bis das Blut sich ganz rein abwaschen läßt. Bereits ausgetrocknete Leder müssen 2 Tage wässern, weil nicht allein das Blut abgehen soll, sondern, weil sie auch durch das Wasser geschmeidig werden sollen. Oefters bleiben diese Felle an einigen Stellen blechig (s. dieses) und, daher streicht man sie nach dem Einweichen auf dem Streichbaum, und machet sie dadurch durchgängig geschmeidig. Das Streichen wird mit einem Streicheisen (s. dieses) verrichtet, (s. Streichen) auch die grünen Felle werden von den mehresten Weißgerbern gestrichen, weil dieses von allem Blute reiniget. Nach dem Ausstreichen werden die ausgestrichenen Leder wieder eine Nacht eingeweicht, und hiernächst aus-

ausgewaschen. In schleimigen Wassern müssen die Felle nicht zu lange bleiben, denn es setzt sich in solchen ein Schleim auf die Aasseite der Leder, so der Dauerhaftigkeit der Leder nachtheilig ist, und der Gerber sagt denn, das Leder wird wasserschleimig. Nun werden die Schaffelle geschwödet. (s. anschwöden) Nach diesem werden sie auf der Waschbank gewaschen. Erst werden die Felle dergestalt zusammengeschlagen, daß die Wollseite inwendig komt, und man wäscht den Kalk von der Aasseite auf das reinste ab. Man läßt an dem Rande der Waschbank das Wasser ablaufen, und zuletzt wird die Wollseite so rein wie möglich gewaschen. Nunmehr wird die Wolle abgenommen. Diese Felle haben aber entweder eine feine oder grobe Wolle, und eine jede muß auf eine besondere Art abgenommen werden. Hat ein Fell feine Wolle, so wird es auf den Abstoßbaum gelegt, man hält es auf dem Obertheil des Baums an dem Kopfe mit der Brust fest, und pflückt die feine Wolle von dem Kopf bis zu den Füßen, wie bey den lohgaren Schaffellen, (s. diese) ab. So wie man auch die Wolle von den Füßen auf die dort beschriebene Art abnimt, so wird auch die grobe Wolle auf die gezeigte Art abgenommen. Die also enthaarte Blößen werden nun in kaltem Wasser gewaschen und in den Kaläscher gebracht. Es wird nämlich Kalk in Wasser gelöschet, und in die Wanne gegossen, und wenn die Blößen hinein gethan werden sollen, wird der Kalk aufgerühret, doch müssen keine Stückchen darinn seyn, weil diese Flecke verursachen. Das Einweichen geschiehet also: Eine Person breitet jede Blöße ein, d. i. sie wirft sie ausgebreitet auf die Oberfläche des Kalkwassers, und eine andere Person stößt sie mit einem Stabe in das Kalkwasser hinein, daß sie zu Boden sinkt. Dieses muß schnell geschehen, damit alle Blößen hinein kommen, ehe der Kalk zu Boden sinkt. Denn dieser muß sich hinreichend zwischen die Blößen vertheilen. In diesem Aescher werden die Blößen bey einigen 4 Tage, bey andern aber nur einen Tag getrieben. Die nach der letztern Art verfahren, lassen die Felle im zweyten Aescher liegen. Nach der gedachten Zeit werden die Blößen aufgeschlagen. (s. aufschlagen) Nachdem alsdenn frisches Kalkwasser in den Aescher gegossen worden, so werden die Blößen wieder in den zweyten Aescher eingelassen, (s. Einlassen) und hier bleiben sie 8 Tage, so lange bis man bemerkt hat, daß der Sättigungspunkt durch den Kalk hinlänglich erreicht, und der liedrichte Saft daraus aufgelöset ist, der sich in dem Gewebe des Felles befindet, und seiner Fettigkeit wegen von dem Wasser nicht erweicht werden kann. Länger muß es aber auch nicht in dem Aescher liegen bleiben, denn wenn der gedachte Endzweck erreicht ist, und die Häute länger darinn blieben, so würde der Kalk die vesten Theile angreifen, und das Fell würde mürbe werden, da es im Gegentheil durch den Kalk nur geschmeidig gemacht werden soll. Die Schaffelle weißgar zu machen, werden die besten Felle zum sämischen Leder ausgesucht, die schlechtern aber zum weißgaren auf dem Schabebaum verglichen, (s. vergleichen) und dadurch rein gemacht. Man bringt diese Blößen in die Kleybeitze, um sie zum Garmachen vorzubereiten. Die Kleye, die mit Wasser vermischt zur Gährung übergeht, öffnet das Gewebe der Felle noch weiter, das Leder wird dadurch noch milder, und zu dem eigentlichen Gerben mit Alaun vorbereitet. (s. Kleybeitze) Der Gerber zieht jedes Fell zweymal durch die Brühe, damit das Leder die Brühe fängt; (s. Fangen) alsdenn werden sie in ein Gefäß geworfen, und die Kleybeitze erwärmt darüber gegossen. Auf das Gefäß werden ein paar Stangen gelegt, und mit einem Tuche zugedeckt, damit die Dünste (Broden) in dem Gefäße bleiben. Es wird aber nicht voll gegossen, denn die Brühe geräth in Gährung, und um solche zu befördern, thun einige Gerber noch Sauerteig, Essig oder Hefen hinzu. Bis die Gährung erfolgt bleiben die Felle ruhig stehen, wenn diese aber, wie gemeiniglich in einer Nacht geschiehet, erfolget ist, so wird nach den Fellen gesehen, und die Leder, die durch die Gährung in die Höhe kommen, 3 bis 4mal des Tages zu Boden gestoßen. 48 Stunden, höchstens 3 Tage, sind hinlänglich, sie in dieser Brühe stehen zu lassen, und nach dem Augenschein beurtheilet der Gerber, ob sie lange genug darinn gestanden haben. Stehen sie zu lange darinn, so werden die Felle blau und mürbe. Nach diesem werden sie im Wasser über der Winderlange (s. diese) mit dem Winderisen von aller Kleybrühe rein ausgewunden. Jedes Fell wird alsdenn ausgebreitet, in der Luft geschwungen, und dadurch von der Kleye befreyet, die davon fällt, zugleich mit den Füßen ausgereckt, daß sie nicht einschrumpfen. Die also behandelten Leder werden auf einen Haufen geworfen, und sogleich in die Alaunbrühe gebracht. Denn wenn sie zu lange liegen bleiben sollten, so würden die Felle nicht allein blau anlaufen, sondern auch mürbe werden. Wenn sie in die Alaunbrühe (s. diese) gebracht werden sollen, so wird ein Quart von der warmen Alaunbrühe in ein Waschfaß gegossen, und muß darinn etwas abkühlen, damit die Leder nicht verbrühet werden. Hierdurch wird nun jedes Fell so lange durchgezogen, bis es fängt, (d. i. eingezogen hat) und alle Stellen damit geschwängert worden: denn die Stellen, die von der Brühe nicht durchdrungen sind, werden nicht gar. Bey dem zweyten Felle wird schon ein halb Quart Brühe zugegossen, und eben so bey allen übrigen. Die Felle werden zum Ablaufen auf den Rand des Waschfasses aufgehangen, und alsdenn noch einmal durch die gebrauchte Brühe gezogen. Dann wird jedes Fell zusammengeschlagen, mit den Händen geklatschet, damit sich die Brühe durchgängig durchziehe, endlich werden sie alle in das gereinigte Kleyfaß geworfen, in welchem sie 24 Stunden bis 3 Tage beysammen liegen, daß die Alaunbrühe völlig durchzieht, und das Leder gar macht. Man hängt sie auf Stangen über das Faß auf, und schlägt sie nach der Länge so zusammen, daß die Narbenseite inwendig komt, und hängt sie also, nachdem die Brühe abgelaufen ist, zum Trocknen auf. Nun sind die Felle weißgar gemacht, und es fehlt ihnen nur noch das Zurichten. (s. Zurichten der Leder) Man macht aus diesem also zubereiteten Leder allerley Kleidungsstücke, so wie überhaupt und allen dergleichen weißgaaren Bock- Ziegen- Reh- Hirsch- und andern Fellen.

Schaforgel, Schäferpfeife, ein Dudelsack, dessen Pfeife, worauf man vorne spielet, kein Daumenloch hat, und darinn von dem Polnischen Bock unterschieden ist.

Schafparuke, (Parukenmacher) eine Paruke von Schafwolle. Die Krausen derselben sind in einander aufgemacht, und können daher nicht ausgekämmet werden. Man treffiret zu dem Ende die lockige Wolle und die Spitze derselben noch einmal zurück. Dadurch kommt allein der mittlere Bauch der Wollkrause in Gestalt einer engen Locke zum Vorschein, die denn als eine Haartresse an einander genähet werden, und so wie eine andere runde oder Stutzparuke montiret sind. Man gebraucht dergleichen Paruken gemeiniglich nur auf Reisen.

Schafschere, eine besondere Schere ohne Niete, hinten mit einem runden Bügel, der den Dienst einer Feder verrichtet, verschen und elastisch, womit man den Schafen die Wolle abscheret. Sie ist von gutem Stahl und gut geschliffen.

Schafschur, die Arbeit, da man den Schafen die Wolle abscheret. Den einschürigen Schafen nimt man die Wolle im Frühjahre zu Ausgange des Aprils, oder Anfange des Mayes, den zweyschürigen aber das erstemal 3 Wochen vor Himmelfahrt, und dies wird die Winterwolle genannt, das andermal aber 8 Tage vor Michaelis, und heißt die Sommerwolle, welche besser ist, als jene. Den Tag vor der Schur treibt man die Schafe durch einen Teich oder fließendes Wasser, und wäscht sie sauber ab, und wenn die Wolle recht trocken worden, denn scheret man solche. Auf 100 Schafe rechnet man insgemein 10 Scherer. Man bindet den Schafen alle vier Füße zusammen, daß sie nicht zappeln können, und das gute Scheren hindern. Je kürzer die Wolle abgeschoren wird, desto besser ist sie. Die Lämmerwolle wird besonders gethan, weil sie viel zärter und feiner ist, als die andere.

Schafstall, ein Gebäude in der Landwirthschaft, darinn das Schafvieh gefüttert und gehalten wird. Der Schafstall muß an einem etwas erhöheten Ort, der trocken ist, angelegt werden, damit die Schafe sowohl Winters- als auch Sommerszeit trocken stehen, und sich einander nicht drängen und erhitzen. Er muß mit Horden durchzogen werden, damit man die trächtigen Schafe von den andern absondern, und in Sicherheit stellen kann. Wo man die Schafe in Menge hat, müssen auch unterschiedene Ställe für Lämmer, Hämmel, Widder und für kranke Schafe seyn. Der Boden des Stalles wird mit Steinen belegt, mit einem Abhange zur Ab- und Ausführung der Feuchtigkeit.

Schafwolle, s. Wolle und alle dahin gehörige Arten.

Schafwolle von Gerberfellen, (Weißgerber) Wolle, die von den Fellen, die angegerbet werden, abgenommen wird. Diese Wolle, davon es verschiedene Arten giebt, gewinnt der Gerber auf mancherley Art. Wenn sie fein ist, aus dem Kalkäscher kommt und ausgewaschen ist, so wird sie mit den Händen vom Kopf bis zu den Füßen abgepflückt. Die gröbere Wolle der Füße treibet er mit einem Stabe ab, so wie mit diesem Stabe auch alle Grundhaare, wo die feine Wolle abgezupft wird, abgetrieben werden: so wie überhaupt mit diesem Stabe die grobe Wolle von den Fellen abgetrieben wird. Alle Wolle sortiret der Gerber in verschiedene, die auch wohl zu mäßig feinen Zeugen gebraucht wird; in Streichsteine zu Wollen und Flanell, und in Ausschuß zu Boy. Die Wolle wird vor dem Verkauf nochmals gewaschen und auf Horden getrocknet.

Schaalbleche, Schaale, (Landwirthschaft) an einem Acker- oder Wasserwagen, ein eiserner platter Beschlag, welcher auf der Hinter- und Vorderachse gelegt wird.

Schaalbretter, (Baukunst) diejenigen Bretter, welche über den Bogengerüsten zur Umfassung gelegt werden, und worauf die Gewölbesteine mit und nebeneinander durch Mörtel verbunden werden. (s. auch Lehre)

Schaalbretter, Fr. volisse oder lapin frise, (Schieferdecker) sechs Linien dicke, sieben bis 8 Zoll breite und fünf bis sechs Fuß lange Bretter von Tannenholz, welche man anstatt der Latten zu einigen Schieferdächern gebraucht, um solche damit auszuplatten. Man schlägt sie ins Gevierte auf den Sparren mit drey Nägeln an, zwey an dem einen Rande und den dritten ins Mittel an dem andern Rande und auf diese werden denn die Schiefer aufgenagelt. Man braucht hier keine Gegenlatten, wenn man das Dach mit Schaalbrettern verlattet. (s. Schieferdecker)

Schaaldiele, Scheldiele, (Brettschneider) das vorderste Brett, so auf das Schaalstück oder die Schwarte folget, und noch nicht ganz scharfkantig ist. Das ist: das noch keine gerade Kante hat.

Schaale, Fr. Feuille, table, ein Blatt von schieferigem Gestein, das sich ablöset.

Schaalen, Beschaalen, Ueberschaalen, Hinterschaalen. (Baukunst) Ein Ständerwerk oder Balkenlage, mit Kleidholz, Bohlen oder Brettern beschlagen, auch wohl das erste Kleidholz mit besäumten Brettern übernageln, oder die Fugen derselben zur Dichtigkeit überkleiden.

Schaalen, (Kupferhammer) die vertieften Scheiben, woraus die Kessel gemacht werden. Sie mögen nun unten rund oder wie die Boden der Schmelzkessel der Zuckersiedereyen eingedruckt seyn, so entstehen sie aus den Scheroten (s. diese) auf folgende Art. Man verwandelt zuerst die Scherote unter dem Breithammer in Scheiben, und zwar jede besonders und glühet sie hiebey öfters aus. Welches Abbreiten oder Abpochen (s. beydes) heißt. Sobald die Scheibe ihre gehörige Dicke hat, so wird sie an ihrem Umkreise abgezogen, (s. dieses) und mit der großen Schere am Rande beschnitten, heiß oder kalt, nachdem die Scheibe groß oder klein ist. Sie wird in dem Plättfaß abgekühlt und mit einem Meißel wird alles unreine abgenommen. Jetzt wird jede Scheibe gewogen, damit man das Ueberflüßige mit der Schere abnehmen kann, denn eine jede Schaale erhält eine bestimmte Schwere. Hierauf wählt der Hammerschmid 10 Scheiben, die an Größe und

Dicke beständig abnehmen und legt eine auf die andere, daß eine größere stets unter einer kleinern liegt. Die unterste ist merklich größer und stärker, weil sie die übrigen zusammenhalten soll und beym Glühen, desgleichen durch den Widerstand des Amboßes, den sie beym Schmieden berührt, am mehresten leidet. Bey kleinen Schaalen schlägt der Arbeiter mit einem Hammer nur den breiten vorstehenden Kreis der untersten Scheibe um die übrigen, und dieß hält die letztern zusammen. Bey großen Scheiben werden außer der untersten Scheibe noch wohl 3 bis 4 umgeschlagen. Der umgeschlagene Theil der ersteren Scheibe heißt die Klammer und das Umschlagen Umkrempen. Die unterste Scheibe heißt die Aeussere und die obere der Schläger. Alle 10 Scheiben zusammengenommen heißen ein Gespann, und dieser Name bleibt ihnen auch, wenn sie bereits ausgetieft werden. Der Aeussere und der Schläger werden bey dem Schmieden und Austiefen beschädiget und müssen wieder eingeschmolzen werden. Das ganze Gespann wird nun von neuem geglühet und unter dem Tiefhammer ausgetieft, oder zu einer tiefen Schaale geschmiedet. Der Tiefhammer schlägt erstlich von dem Umkreise der Scheiben zu dem Mittelpunkt verlohren, damit sich die Scheiben aneinander schließen. Alsdenn wird das Gespann dergestalt geführet, daß der Hammer eine Schneckenlinie vom Mittelpunkt zum Umkreise und wieder zurück schlägt. Nachdem die Schaale tief werden soll, wiederholet man dieß zum öftern, und wenn sie stark vertieft werden soll, so wird dem Aufschlagerade auch mehr Aufschlagewasser gegeben, damit der Hammer auch desto stärker wirke. Nach und nach bleibt man etwas mit dem Hammer von dem Umkreise zurück. Denn dieser erhält bald seine gehörige Dicke, weil ihn das Abziehen schon dünner gemacht hat, als das übrige. Die Hammerschmiede fassen ein Gespann gleichfalls mit Schmiedezangen an und wenn das Gespann klein ist, so kann es eine Person mit der Gabel (s. diese Kupferhammer) vermittelst des Fußes im Steigbügel regieren. Ein zweyter Hammerschmidt besorgt das Glühen und unterstützt im erforderlichen Fall den Hammer, wenn er nicht schlagen soll. Bey einem großen Gespann lenkt eine besondere Person mit der Gabel das Gespann auf dem geneigten Amboß, und zwey bis 4 Hammerschmide bewegen mit Zangen die Arbeit unter dem Hammer. Kleine Gespanne werden nur zweymal während dem Schmieden geglühet, große aber wohl 7mal, nachdem sie stark ausgetieft werden sollen. Endlich schneidet die große Scheere, das umgekrempte ab, wenn das Kupfer noch warm ist, und da sich bey dem Auseinandernehmen die Schaalen verbiegen, so giebt man ihnen wieder mit hölzernen Hammern auf einem Klotz in dem Fußboden eine geschickte Gestalt. Jede Schaale wird endlich mit der Stockscheere beschnitten, und wenn sie klein ist im Wasser abgespület, wodurch sich die Schmalze, die durch das Glühen entsteht, verliert. Große Schaalen werden aber nicht im Wasser abgekühlt. Die größten Schaalen wiegen 80 Pfund und messen 1 Fuß im großen Durchmesser; die kleinsten sind ½ Pfund schwer und der Durchmesser des obern Umfanges beträgt 4 bis 4½ Zoll. Nur selten schmiedet man Schaalen von ¼ Pfund schwer. Die Schaalen nehmen beständig an Gewicht und Größe zu, daher kann man eine in die andere setzen, und einen solchen Satz Schaalen nennt man auf dem Hammer einen Stock, ein Gesätz. Die Schaalen der Messinghütte werden fast eben so behandelt, und weicht man nur wenig von jener Arbeit ab. Die Theile, worein die Tafeln des Messings zerlegt werden, werden aufs neue geglühet, zu Scheiben ausgehämmert, ausgezogen und beschnitten. Der Scharfhammer verarbeitet das messingene Scheot durch Schläge nach Parallellinien, wie bey dem Kaiun (s. diesen) und die dadurch entstandenen Reifen auf dem Messing werden wie beym Austiefen mit dem Breithammer geglättet. Die Scheiben werden alsdenn aufs neue auf der Glühe geglüht, bis sie rothwarm sind, und müssen auf der Glühe (s. diese) erkalten. Hierauf werden 5 Scheiben übereinander gelegt, daß die größte unten, die kleinste aber oben zu liegen kommt. Die erste wird wie bey dem Gespann der Kupferschaalen umgekrempt, und der ganze Satz heißt hier nicht Gespann, sondern Kälotte. Diese wird so regiert als das Gespann, daß die Schläge eines Tiefhammers eine Schneckenlinie vom Umkreis zum Mittelpunkt machen, bis die Schaale tief genug ist. Nur dieß unterscheidet das Kesselschlagen beyder Arten, daß die Messingschaalen kalt geschlagen werden und folglich der Kesselschläger die Kälotte mit der Hand regieren kann. Die Amboße sind niedrig, deswegen sitzt der Schläger auf der Seite des Amboßes, mit dem Gesichte gegen die Thür der Hütte gekehrt, und die Füße stehen in einer Grube vor seinem Sitz. Bey dem Schlagen dieser Kessel geht keiner, so wie bey den kupfernen, verlohren. Zuletzt wird der Kessel mit der Stockscheere beschnitten, und mit dem Schichthammer geglättet.

Schaalen, Fr. écuelles, (Zuckersieder) die Oeffnungen, die zwischen den Zuckerpfannen perpendikulär in dem Fundament der Pfannen angebracht, und mit Kupfer beschlagen sind. Sie dienen den sich aufblähenden Zucker, wenn er über den Rand der Pfanne, wie sehr öfters geschieht, austritt, aufzunehmen.

Schaalen, s. Waageschaalen.

Schaalen der Messer, (Messerschmid) die um die Angeln der Messer befindliche Einfassung, welche den Messern sowohl zur Zierde als auch zum Anfassen dienen. Sie werden von allerley Materien verfertiget, als Gold, Silber und andern Metall, Knochen, Elfenbein, Perlemutter rc. Entweder werden sie auf die breite Angel eines Messers auf zwey Hälften mit Nieden aufgenietet, oder die Schaale ist massiv und die spitze Angel wird mit Kitt befestigt. (s. Messerschaale)

Schaalen, halbe, (Bergwerk) die gespaltenen Pfähle, die bey der Verzimmerung eines Schachtes hinter diese getrieben werden, um zu verhindern, daß das Gestein nicht zwischen der Zimmerung hereinbrechen kann. Sie sind auf einer Seite rund, auf der andern platt.

Schaalenmehl, (Müller) dasjenige Mehl, welches noch in den zermalmten Schaalen d. i. in der Kleye sitzt, und davon gebeutelt wird.

Schaalenschneider. Ein Professionist bey einer Messerfabrik, der sich mit nichts anders beschäftiget, als die mancherley Schaalen der Messer, besonders der Knöchernen, elfenbeinern u. d. d. m. zu machen und zu schneiden.

Schaalenschröter, s. Schaalenschneider.

Schaale von Erz. Fr. Pierre de filon, (Bergwerk) Eine Schaale Erz, eine Wand oder Klumpen des Erzes, welche durch Feuersetzen vom Gestein losgetrennt werden, und noch ansteht, daß sie erst herein gewonnen werden muß.

Schaalgebirge. (Bergwerk) Eine flözartige Flözlage oder Schicht in einem Flözgebirge. In den Thüring'schen Flözgebürgen ist das blaue Schaalgebürge ein Steinflöz, welches aus Thon, Schiefer und Kalk besteht. Das darüber liegende rothe Schaalgebürge ist ein rother, eisenschüssiger, mit Thon und Quarz vermengter Marmor. Dann komt darüber das weisse Schaalgebürge, welches eine Mischung aus thonartigem Schiefer, Jaspis und Marmor ist.

Schaalgewicht, Bilanzgewicht. Ein Gewicht zu Genua, womit die Seide und andre feine Waaren gewogen werden. Man hat aber daselbst zweyerley Gattungen von diesem Gewichte, nämlich, das schwere und das leichte. Das schwere Schaalgewichte, oder die schwere Schaale, verhält sich zu dem leichtern ungefähr wie 14 zu 15, indem 141½ Pfund schwer Schaalgewicht 150 leicht Schaalgewicht macht, beyde aber in Hamburg 100 Pfund.

Schaalholz, Weigerholz, Fr. Palancon. (Baukunst) dasjenige Holz, welches etwa zwey Zoll dik, drey Zoll breit und 3 bis 4 Fuß lang ist. Es wird mit Strohlehm umwickelt und zwischen zwey Balken in die Quere eingeschoben, oder mit beyden Enden auf die zwey benachbarten Balken gelegt. Wenn auf solche Weise die Felder zwischen den Balken zugeschlossen, daß eine Decke daraus wird, so wird solche eine Weigerdecke (s. diese) genannt.

Schaalholz. Fr. bois avec l'ecorce. (Bergwerk) Eine Schwarte oder gespaltener Stamm, von einem Stangenholz, daran auf der Seite die Schaale noch ansteht, welche in Schächten hinter die Gewärre eingelegt werden, und verhindern, daß das flüchtige Gestein nicht herein gehen kann.

Schaalholz. Fr. Pelard, (Forstwesen) Holz das seiner Schaale oder Rinde beraubt ist. Es ist schlechter als das frische ungeschälte Holz, brennt zwar schneller und giebt viel Flamme aber wenig Hitze, weil es wegen der vielen Risse und Spalte, die es ohne die Schaale erhält, mehr ausgedorrt ist als das Holz in der Schaale.

Schaalholz, Schaale. Fr. Lisoir. (Stellmacher) Ein plattes Stück Holz, welches auf den Achsen eines Wagens ruht, und damit vereinigt ist. Es komt der Schemel des Vordergestelles darauf zu liegen und wird vermittelst des Schloßnagels zusammengehalten, der durch den Schemel und die Achse geht.

Schaalhölzer, Schlaghölzer, (Bergwerk) die 4 Zoll dicke und 6 Zoll breite Hölzer, die zwischen die Korbhölzer des Korbes an einem Göpel genagelt sind, und nur 6 Zoll von einander stehen. Sie dienen die Korbhölzer zu befestigen und zu unterstützen.

Schaalmuscheln, Lepaditen, Pernikeen, Schnecken, die ungewiebelt, selten versteinert, und wie eine Schaale oder abgekürzter Kegel beschaffen sind.

Schaalpfund, ein pommersches Gewicht.

Schaalstück, Schwarte, (Bretschneider) das erste Stück, so von einem Sägeblock abgeschnitten wird.

Schaalung, Dune. Fr. quai, (Wasserbau) Eine aufgeführte Bedeckung der Ufers am Meere oder an einem Strohme, das Erdreich zu befestigen, dem Einreissen des Wassers zu wehren, und den Schiffen eine bequeme Anlandung zu machen. Sie wird entweder durch starke eingeschlagene Wasserpfähle und dahinter aufgeschürzte Bolen gemacht, oder von Steinen erbaut. Unter dem Namen einer Dune wird auch der Raum oder Hof begriffen, wo selbst die aus den Schiffen gelösete Güter hingelegt werden, ehe sie nach den Vorrathshäusern gebracht werden.

Schaalwerk, (Wasserbau) in den Marschländern eine wasserdicht geschlagene Wand von Pfählen oder dicken Bolen, oder auch die Bekleidung eines Deiches, eines Dammes.

Schaar, s. Pflugschaar.

Schaar, s. Schaare.

Schaarbier, s. Kofent.

Schaarbolzen, (Zimmermann) der Bolzen, womit die Schaare (s. diese) an dem Rimme oder einem Streichpfahle der Hölzung verbunden wird.

Schaarcreuz, Schaarkreuz, Fr. Croix de St. Andre, (Bergwerk) ein Kreuz, so zwey Linien streichender Gänge, welche eine andre mit scharfen Winkeln durchschneiden, machen.

Schaardeich, Gefahrdeich. (Deichbau) Eine Strecke im Deiche, so vorzüglicher Gefahr ausgesetzt ist, und öftere Reparation braucht, auch ein solcher Deich der beschädigt ist.

Schaare. (Zimmermann) Ein zur Strebung schräge an eine Verbindung geschlagener Pfahl. (s. auch Strebe.)

Schaaren, Fr. se rencontrer, (Bergwerk) zusammentreten und sich vereinigen, von dem Wort Schaar, eine Menge. Man sagt, die Gänge schaaren sich, d. i. Gänge kommen zusammen und bleiben zusammen.

Schaaren, s. Schere, mit den davon abgeleiteten Wörtern.

Schaargang. Fr. filon, qui poursuivre son cours entre les vents cardinaux. (Bergwerk) Ein Gang, welcher nicht gerade gegen die Weltgegend, sondern in der Mitte zwischen zweyen sein Streichen hat, selten vor sich etwas thut, sondern nur Erz macht, wenn er zu andern Gängen komt.

Schaar-

Schaargänge, Fr. des Filons se joignants, (Bergwerk) schmale Gänge oder Trümmer, welche zu dem Hauptgange kommen, und sich mit selbigem schaaren, vereinigen.

Schaarkluft, s. Schaargänge.

Schaarkreuz, s. Schaarcreutz.

Schaarpfähle, s. Stackpfähle.

Schaarstöcke, (Schiffsbau) Hölzer, die in der Hamburger Schute und der Holzgelle auf den Bächern liegen, und den Mast einschließen, zu dessen Dicke runde Bogenschnitte in selbige gemacht werden.

Schaart, Kagenier, Schlöpenloch, (Deichbau) der Einschnitt im Deiche zum bequemern Ueberfahren, so mit Holz bekleidet wird, wozwischen im Winter Bohlen zur Verschließung eingeschoben werden, oder es wird auch als ein Thorwerk mit Thüren eingerichtet.

Schaart, (Koch) ein großer runder kupferner Tiegel, der auf Füßen steht und mit einem kupfernen genau anschließenden Deckel versehen ist, worinn Pasteten gebacken und andre Speisen zugerichtet werden. Er wird oben mit glühenden Kohlen belegt.

Schaarwaage, s. Dosirbrett.

Schabaas, (Gerber) das Abschabsel von der Inwendigen oder Aasseite der Leder, so auch Leimleder genannt wird.

Schabaum, Fr. le billot, (Kupferhammer) der Stock oder das Gestelle, darinn der Amboß, worauf die Bleche ausgeschmidet werden, befestiget ist. Der Name ist böhmisch, und bedeutet ein Loch. (s. auch Chabatte)

Schabe, (Fischer) ein Fischzeug, dem Kesser ähnlich, welches in den mehresten Gegenden verbothen ist.

Schabe. (Schlächter) Ein gekrümmtes eisernes gut verstähltes Werkzeug als ein Schneidemesser, das nach einem halben Zirkel gebogen ist, gestaltet, mit zwey hölzernen Handgriffen, womit man dem geschlachteten und mit heißem Wasser gebrüheten Schwein die Borsten abnimt. Er hält beym Gebrauch die Schabe mit beyden Händen, und die wohl geschliffene Schneide derselben schneidet oder schabet die Haare ab. Allein die Stumpfhaare nimt diese Schabe nicht mit weg, sondern diese müssen mit einem andern scharfen Messer auf dem Schragen abgenommen, oder nachgebaart werden. (s. Nachbaaren)

Schabe, (Salzsiederey) diejenigen Bleche, womit der Rand der Salzpfanne erhöhet wird. Die Bleche werden gewissermaßen angeschoben, wovon sie auch den Namen erhalten haben.

Schabebank, (Darmsaitenmacher) ein schräge gerichteter Bock auf vier Füßen, wie der Gerbebock (s. diesen) der Gerber, worauf die aufgeschlitzten Därme mit einem geraden Messer von dem Schleim abgeschabt werden. (s. Saiten)

Schabebaum, s. Gerbebaum.

Schabeblech, Schabeklinge, (Schuhmacher) eine stumpfe Messerklinge, das überflüßige Wachs damit aus den weißen Nähten zu schaben.

Schabeblock, (Messingwerk) ein hölzerner Cylinder von weichem Holz mit 4 Füßen. Die vordern Füße sind etwas kürzer als die hintern, daß also der Cylinder geneigt steht. Um das erhöhte Ende dieses Cylinders liegt ein eiserner Ring, womit der Schaber das Blech, welches er auf diesem Block beschabt, (s. Schaben des Messings) mit Keilen befestiget.

Schabebock. (Kammmacher) Ein schräges Gestelle als ein Bock dem Gerbebaum der Gerber ähnlich, worauf das behauene Horn glatt geschabt wird.

Schabebrett. (Buchbinder) Ein langes schmales an einem Ende etwas zugespitztes Brett, welches an einer langen Seite einige Kerben hat, womit man den vorspringenden Theil der Bünde, woran die Materie des Buchs geheftet ist, ergreift, um sie abzuschaben, damit sie auf dem Rücken des Bandes nicht so sehr in die Augen fallen.

Schabebrett, (Gerber) ein Brett, worauf die Leder beschabt werden.

Schabedegen. (Zinngießer) Ein Werkzeug in Gestalt eines flachen Dolchs mit einem Heft, womit die fertige Arbeiten beschabt werden.

Schabeeisen, (Böttcher) eine Art Schneidemesser, (s. dieses) stark gebogen, mit einem langen Stiel. Der Böttcher ebnet damit, oder schabt vielmehr, ein Faß von innen. Oft gleicht es auch der Schabe des Fleischers und ist völlig ein krummes Schneidemesser, von geschickten Meistern wird es aber selten gebraucht, sondern diese bedienen sich zu dieser Arbeit lieber der krummen und geraden Schlichthobel.

Schabeeisen, Streicheisen. (Gerber) Ein eisernes Werkzeug, dem Schneidemesser des Stellmachers (s. dieses) ähnlich, außer daß es etwas nach dem Rücken zu gekrümmt, in der Schneide nur stumpf ist, und daß die beyden hölzernen Handgriffe daran in gerader Linie mit dem Eisen selbst fortlaufen. Gekrümmt ist dieses Eisen wegen der Rundung des Gerbebaums. (s. diesen) Mit diesem Schabeeisen wird auf dem Gerbebaum die Fleisch- oder Aasseite der Felle, nachdem sie eingeweicht worden, gestrichen und von allem eingesogenen Wasser gesäubert. Der Gerber stellt sich bey dieser Arbeit vor den Gerbebaum, legt das Fell auf die Rundung desselben, daß die Fleischseite oben kommt, und streicht mit dem in beyden Händen, an den Griffen haltenden Schabeeisen das Fell von oben nach unten herunter.

Schabeeisen, 1) (Goldschmid) gekrümmte Eisen, wenn sie mit einer Schärfe, so mit ihrer Angel in einem hölzernen Griff stecken. Sie sind von mancherley Gestalt, breit, rund, halbrund, spitzig und wird damit die fertige Arbeit beschabt. Mit den Spitzen werden die Vertiefungen und Winkel polirt, und überhaupt werden nach jedesmaliger Beschaffenheit und Stelle der fertigen Arbeit diese Eisen zum Schaben gewählt. 2) (Kupferschmid) Ein gleichfalls gekrümmtes Eisen in einem hölzernen Hefte das aus einer Klinge gemacht ist. Es wird damit der Salpeter oder der irrdische Ansatz in den kupfernen Küchengeschirren, und auch die unbrauchbare Verzinnung ausgekratzt, wenn in dem letztern Fall das Kupfer wieder heiß gemacht ist. 2) (Schriftgießer) Eine kleine vierkantige eiserne Stange, die auf der in den Winkelhaken (s. diesen, Schriftgießer) gelegten Reihe Lettern liegt, und sie zusammenhält, weil sie an dem einen Ende einen Widerhaken hat, wenn der Grad, der vom Guß entstanden, auf den beyden schmalen Seiten mit einem Messer abgenommen wird.

Schabeeisen. Fr. Racloir. (Kupferstecher) Ein Werkzeug zur schwarzen Kunst, das aus einer stählernen Klinge eines Zolles breit und zwey Linien dick besteht; dessen eines Ende spitzig ist, das andere aber in einem hölzernen Griffe steckt. Man schleift es auf seiner breiten Fläche, damit der Winkel, welchen es mit den beyden Seiten des Endes macht, allezeit scharf sey. Es wird gebraucht, dasjenige abzuschaben, was mit der Wiege (s. diese) bey gemacht worden. Man kann auch das Werkzeug ein Schabeisen nennen welches der Herr von Caylus erfunden hat, die Platten sowohl zur Inkaustik als auch zur Wachsmalerey, zuzubereiten. Dieses Werkzeug besteht aus einer stählernen Platte und einem runden Hefte, deren jedes drey Zoll Länge hat. Die Platte, welche einen Zoll und zwey Linien Breite hat, ist vorne auf der einen Seite rund abgeschnitten, die andre Seite hat sehr enge Kerben, die, wenn das Instrument auf der Seite des Bugs geschliffen ist, sehr spitzige Punkte machen. Die mit diesem Werkzeuge von einem Winkel zum andern übergangene Platte bekommt einen Grund von der Rauhigkeit einer Leinwand (s. Pernety Handlexikon der bildenden Künste Tab. 7. No. 12 und 13) auch die Bildhauer haben ein Schabeisen (Fr. Grattoir) zur Arbeit in Steinen, die weniger hart als Marmor sind. Es ist ein auf beyden Kanten gezahntes gekrümmtes Eisen in einem Heft No. 13.

Schabeisen. (Pergamentmacher) Ein eisernes Werkzeug womit das Pergament geschabet wird (s. Schaben des Pergaments) es gleicht völlig dem Ausspanneisen (s. dieses) außer daß dieses hier vorzüglich scharf ist, und deswegen öfters geschliffen und auf einem Stahl gestrichen werden muß.

Schabeisen. (Stuhlmacher) ein breites dünnes Eisen, als eine breite Klinge gestalt, welches sowohl krumme als auch gerade und ausgeschnittene Seiten hat, und dazu dient, daß er damit sowohl gerade als vertiefte und erhabene Flächen seiner Arbeit, nachdem er sie mit den auf mancherley Art gestalteten Raspeln gerbaut hat, vollends abschaben und glätten kann.

Schabehobel, (Instrumentenmacher) ein Hobel, verschiedene Materien damit zu beschaben oder zu behobeln.

Schabeklinge, (Horndrechsler) eine Klinge, womit das Horn oder der Knochen glatt geschabt wird.

Schabeklinge. (Stuhlmacher) Ein Stück einer dreykantigen Degenklinge an beyden Enden mit einem hölzernen Griff versehen, womit der Professionist mit beyden Händen gerade Stellen seiner Arbeit abschabt und glättet.

Schabeklinge, s. Schabeblock.

Schabekrug, s. Schabeeisen

Schabekrücke, s. Schabeeisen, Kupferstecher.

Schabekiste. (Zuckersieder) Eine 2 Fuß lange, 16 Zoll breite, und 9 Zoll tiefe gevierte Kiste, auf der einen Seite mit einem vorspringenden Brett. Sie ist offen und hat in einer Entfernung von einander zwey Latten, die auf dem Rand des Kastens aufgenagelt sind. Ueber diesem Kasten werden die Zuckerhüte aus ihren Formen abgerieben oder abgeschabt, indem man die Formen mit dem Zucker dergestalt auf die Kiste legt, daß das breite Ende auf einer Latte zu liegen kommt. Man schneidet mit einem Messer rund um den Fuß des Zuckerhuts einen Einschnitt, um denselben von dem inwendigen Theil der Form abzulösen, wobey der Zucker, den das Messer abschneidet, in die Kiste fällt. Man setzt ihn alsdenn auf Bretter, mit dem breiten Ende unten. In dieser Stellung dürfte er eine Viertel- oder halbe Stunde stehen, ehe er aus den Formen gezogen wird. (s. Zuckerhüte ausformen)

Schabemesser, (Messingwerk) ein großes, etwas gekrümmtes Schneidemesser, welches völlig dem Schneidemesser (s. diese) der Holzarbeiter gleichet, und womit das Messing geschabet wird. Auch bey dem Kupferschmidt eine gerade Klinge, womit, so wie mit dem Schabeeisen desselben, (s. dieses, 2) der Salpeter von den verzinnten Küchengeschirren abgeschabet wird.

Schaben. (Gold- und Silberdrahtzieher) Wenn der Silberdraht zur Dicke einer Stricknadel gezogen ist, so ziehet der Drahtzieher ihn zwey- bis dreymal durch ein Loch eines alten Zieheisens, dem er nicht die Schärfe mit dem Diamant genommen hat, daß er folglich den Draht beym Durchziehen abschabet. Hiedurch wird er von allem Schmutz, der vom Glühen im Feuer übrig geblieben ist, gereiniget.

Schaben der Kämme. (Kammmacher) Die fertigen Kämme aller Art müssen geglättet und polirt werden. Das Glätten geschieht durch das Schaben mit dem Handmesser. (s. dieses) Es ist eine Arbeit der Frauen oder Töchter der Kammmacher, welche mit diesem großen Messer den ganzen Kamm überall glatt zu schaben wissen, nachher wird er polirt. (s. Poliren der Kämme)

Schaben des Leinen, (Leineweber) die äußere Haut der Flachsstengel, welche durch das Brechen abgelöset und das Schlichten und Hecheln gänzlich fortgeschaffet wird.

Schaben des Messings. (Messingwerk) Da das Messingblech nach dem Schmelzen angelaufen ist, so muß solches, ehe es verkauft wird, auf der einen Seite geschabet, oder von dem Schmutz befreyet und polirt werden. Dieses geschieht von dem Schaber, dessen Handgriffe dabey blos auf einer Leichtigkeit der Hand beruhen, die er durch eine lange Uebung erhält, daß er nämlich mit einem geschickten Zuge die obere Rinde des Messings abzieht, ohne das Metall zu beschädigen. Der Schaber steht bey der Arbeit an der erhöheten Seite des Schabeblocks, (s. diesen) worauf das Blech befestiget ist, hält das Schabemesser mit beyden Händen, und fähret mit demselben beständig auf dem Messer hinab.

Schaben des Pergaments. (Pergamentmacher) Wenn die getrockneten Pergamenthäute im Rahmen zu den verschiedenen Arten von Pergament geschabet werden. Es gehöret zu dieser Arbeit eine sehr veste Hand und eine Geschicklichkeit, das Schabeisen (s. dieses) so zu führen, daß es nicht tiefer eindringt, als es nöthig ist, und die Haut nicht verletzet. Solche Geschicklichkeit wird nur durch eine lange Uebung erworben. Das Pergament, das entweder ganz narbigt oder halb narbigt werden soll, muß auf verschiedene Art beym Schaben behandelt werden. Denn von dem ersten nimt der Arbeiter beym Schaben bloß auf der Narbenseite nur die vorspringenden Höcker, folglich mit der Schneide des Eisens nur kleine Späne ab. Von dem halbnarbigten wird mit dem Schabeisen schon mehr abgenommen, und folglich greift das auch schon tiefer ein, und giebt stärkere Späne. Hierdurch mindert sich denn natürlicherweise der Glanz der Narben, und dieser muß also geleimtränket werden. (s. Leimtränken) Das Strickerpergament (s. dieses) wird, wenn die Felle durchgängig von gleicher Dicke sind, nur auf der Narbenseite wie das halbnarbigte geschabet. Hat die Haut aber hin und wieder dicke Stellen, so wird sie auf beyden Seiten geschabet, und die Ungleichheiten weggeschafft. Zum Schaben des Schreibepergaments gehöret eine besondere Geschicklichkeit. Denn dieses muß zwar glatt, aber auch zugleich etwas rauh seyn, daher muß das Schabeisen also geführet werden, daß das Pergament beym Schaben etwas rauh bleibe. Der Bimsstein, womit es abgerieben wird, muß es hernach ziemlich glatt wieder machen. Denn es wird mit einem Messer von der Pergamentkreide (s. diese im Supplement) etwas über die ganze Haut geschabet, und zwar erst auf einer, denn auf der andern Seite, und alsdann die Kreide mit einem Stücke Bimsstein mit Nachdruck eingerieben, wieder ausgeklopft und mit dem Bimsstein wieder glatt abgerieben, damit die Haut nicht zu rauh bleibe. Alle übrige Pergamentarten werden entweder auf gedachte Art auf einer oder beyden Seiten mehr oder weniger geschabet. (s. an seinem Ort)

Schaben des Thons. (Töpfer) Wenn der vermalschte, zerschlagene, wohl durchgearbeitete und in Haufen zusammengeschlagene Thon mit der Thonschabe geschabet, oder zerschnitten wird. Der Töpfer schneidet nämlich mit der Thonschabe von dem Haufen so lange dünne Scheiben, bis der ganze Haufen erschöpft ist. Die Ursache davon ist, die kleinen Steine darinn zu entdecken, und gleich wegzuschaffen. Diese Arbeit wird zu zweyenmalen wiederholet.

Schabracke, ein Stück Tuch oder Sammet gefuttert, und entweder ganz schlecht ohne alle Zierrathen, oder gestickt und bordirt, auch mit Tressen am Umfange besetzt, und hinten am Sattel befestiget; entweder zur Zierrath, oder daß sich der Reiter das Kleid von dem Schweiß des Pferdes nicht besudele. Sie ist eckig von Gestalt und bedeckt das ganze Kreuz des Pferdes.

Schaberwolle, (Weißgerber) diejenige Wolle, welche von den Schaf- und Hammelfellen geschabet wird.

Schables, s. Scharpie.

Schablon. (Brunnenmacher) So nennt derselbe den vierten Theil des Kranzes (s. Brunnenkranz) im Brunnenloch, worauf die Mauer zu stehen kömmt, so aus Spunddielen gemacht ist. Jedes dieser Schablon wird auf der Ziehbank mit dem Beil und der Handsäge in erforderlicher Größe, außerhalb und innerhalb, gerundet, so daß alle vier Stücke zusammengesetzt den Kranz bilden. Der Kranz muß weder nach dem Innern, noch nach dem Aeußern des Brunnens vorstehen, weil solches beym Senken und Bohren hinderlich seyn würde, deswegen müssen die Schablonbretter nicht breiter seyn, als die Steine, womit man die Brunnenmauer mauert. Der Kranz besteht aus 2 Lagen, und jede Lage wieder aus 4 gleich großen abgerundeten Brettern, die zusammengesetzt 3, 3½, 4 Fuß, oder auch noch etwas mehr, im Durchmesser haben.

Schablon, Fr. echantillon, (Glockengießer) dasjenige Formbrett, welches bey Verfertigung der Form einer Glocke dieselbe bildet, und ihr die Gestalt geben muß. (s. Glockenform) Es ist eigentlich ein Brett, aus dem der halbe Durchmesser der Glocke ausgeschnitten ist. Die Zeichnung desselben wird erst im Kleinen nach dem verjüngten Maaßstabe verfertiget, um allen Theilen der Glocke ein gehöriges Verhältniß gegen einander zu geben, und alsdenn im Großen auf ein tannen oder eichen Brett aufgetragen. Die letzte Arbeit wird mit zwey Instrumenten verrichtet, nämlich mit einem Stangenzirkel (s. diesen) und einem Maaßstabe. Eine jede Glocke hat ihre bestimmte Schwere, und nach dieser richtet sich die Kranzdicke oder der Schlag, und die Kranzdicke bestimmt die Proportion der übrigen Theile. Die Glocke mag nun wiegen, soviel als sie will, so sucht der Glockengießer die Kranzdicke auf dem Maaßstabe, wo alle Schweren und ihre Kranzdicken entworfen sind, welches ihm zur Richtschnur bey der ganzen Zeichnung dienet. Der Gießer nennt diese Kranzdicke beständig den Schlag. Er setzt sich erst zwey oder drey Schläge auf einer besondern Linie ab, theilt sie in die kleinern Theile, die bey der Zeichnung nöthig sind, und es geschieht diese Eintheilung in ½, ⅓, ¼, ⅛. Zuerst muß eine Horizontallinie gezogen und sieben Schlägen gleich gemacht werden. Denn man giebt den Läuteglocken insgemein zur größten Weite 13 bis 14 Schläge, wovon 7 die Hälfte des Durchmessers ist, die zum Schablon gebraucht wird. Ohne Zeichnung läßt sich das Abzeichnen des Risses nicht erklären; Genug, so wie er die Zeichnung nach der genauesten Berechnung auf das Papier aufgetragen hat, so trägt er sie auf das Brett, und schneidet das Brett dergestalt nach der äußern Schweifung der aufgetragenen Linie aus, daß dieser Ausschnitt die wirkliche Gestalt der Glocke bildet. Mit diesem Brett wird nun die Glockenform gebildet. (s. auch Glockenschablon)

Schablon, (Steinmetz) Modelle, die zu den Gliedern der Baukunst nach ihren verschiedenen Ordnungen gemacht werden, um darnach solches auszuhauen. Ein jedes Schablon muß vollkommen nach den Regeln der architektonischen Zeichenkunst gezeichnet werden. Bey kleinen Stücken wird ein Schablon von Pappe, und bey gr[illegible]

[illegible]

z. B. bey einer Säulenordnung, aus einem Brett ausgeschnitten. In beyden Fällen wird die Zeichnung der Schablone nach der völligen Größe und Verhältniß besagten Kunststücks, wobey es zum Leitfaden dienen soll, gezeichnet. Nach der entworfenen Zeichnung wird das Schablon ausgeschweift, denn nach diesen ausgeschnittenen Linien wird die Sache, die der Steinmetz aushauen will, gezeichnet, und nach diesem Vorbilde verfertiget.

Schablon, (Stuhlmacher) ein dünnes Brett, welches nach der Figur irgend eines Theils eines Stuhls, Kanape oder Sofas gebildet ist, so wie hernach dieser Theil gebildet werden soll. Der Stuhlmacher muß demnach eine ziemliche Menge solcher Schablons haben, damit er bey bedürfendem Fall zu diesem oder jenem Theil des Stuhls sich ein Schablon nach seinem Gefallen wählen kann. In einigen Werkstätten sind sie von Pappe, nach allen möglichen Schweifungen und Bildungen, ausgeschnitten, allein die von dünnen Brettern sind allemal besser und dauerhafter.

Schabloneisen, (Eisenhammer) das starke Stangeneisen, dessen Breite die Dicke übertrifft. Die stärksten Stäbe sind gemeiniglich 3 bis 4 Zoll breit, und heißen schlechthin Schabloneisen, aus welchem Eisen massive Stücke geschmiedet werden.

Schablon der Kanone, s. Kanonenschablon.

Schablons, (Tischler) hölzerne ausgeschnittene Bretter oder Modelle von allerley Ausschweifung und Gestalt, wornach derselbe seine geschweifte Arbeiten zuschneidet und bildet. Es sind dünne Bretter, worauf ein geschweifter und schwer vorzuzeichnender Theil einer Arbeit vorgezeichnet und an der äußern Kante ausgeschnitten ist. Der Tischler darf bey Vorfällen ein dergleichen Brett nur auf das Holz seiner neu zu machenden Arbeit legen, nach der Vorschrift desselben solche bezeichnen, und nachher mit der Schweifsäge ausschneiden.

Schablon, (Brunnenmacher) Seile, womit die Rüsthölzer verbunden werden, wenn der Brunnenmacher das Gerüste des Brunnens aufführet.

Schabsel, eine Sache, die von etwas abgeschabt wird, so heißt z. B. dasjenige, was der Pergamentmacher vom Pergament abschabet, Pergamentschabsel, woraus der Pergamentleim gekocht wird.

Schach, Schachi, Schai, eine kleine persische Silbermünze, so ohngefähr 2 ggr. und 2 Pfennige unseres Geldes beträgt.

Schachbrett, ein länglicht viereckigtes Brett von mehr oder wenigern Feldern, deren eins um das andere schwarz und weiß ist, und worauf Schach gespielt wird. Bald hats 96, bald auch nur 64 dergleichen Felder, je nachdem das Schach groß oder klein gespielet wird.

Schachi, s. Schach.

Schachspiel, ein morgenländisches sehr scharfsinniges Brettspiel, und allem Vermuthen nach eine indische Erfindung, weil der Name Schach ein morgenländisches Wort, und einen König oder Herrn bedeutet, daher es auch in den ältern Zeiten das Königspiel genennet worden. Es ist ein Kriegsspiel, welches unter allen Veränderungen, die es durch die Länge der Zeit, und durch Änderungen der Neuern erlitten hat, doch die alte morgenländische Art Krieg zu führen noch sehr deutlich abbildet. Es ist ohne Zweifel aus dem Dam- oder Brettspiel entstanden, und nur eine Verfeinerung desselben. Es ist auch kein Glücksspiel, sondern es hängt von Geschicklichkeit und Scharfsinn ab. Von diesem Schachspiele sind drey verschiedene Arten derselben in Deutschland üblich: 1) das kleine oder alte Schachspiel, und welches besonders unter den Einwohnern des Halberstädtischen Dorfes Ströbke üblich ist, und die von alten Zeiten her den Ruhm geschickter Schachspieler besitzen. Es wird mit 16 Steinen auf einer länglichen Tafel von 64 Feldern gespielt. 2) das neue oder große, dessen im 12 und 13ten Jahrhundert häufig gedacht wird, und in eben gedachtem Dorfe gangbar ist, wo es das Kourierspiel heißt. Es wird mit 24 Steinen, worunter 4 Kourier sind, auf einer Tafel von 96 Feldern gespielt. 3) das wälsche, welches dasjenige ist, so jetzt in allen feinern Gesellschaften gespielt wird, und seine Gestalt Italien zu verdanken hat. Die Steine, womit dieses Spiel gespielt wird, sind gebildete Figuren, welches lauter Kriegspersonen der morgenländischen Völker vorstellen, so sehr auch die Neuern dieselben verunstaltet haben. Der vornehmste Stein, von welchem auch das Spiel den Namen hat, heißt Schach, d. i. Fürst oder Herr, bey uns der König. Er ist die Seele des ganzen Spiels, dessen Besetzung auf dem Brett, daß er nicht weiter gezogen werden kann, die Endursache des ganzen Spiels ist. Der zweyte Stein ist der Feldherr, arabisch Pharz, den aber die Deutschen auf eine seltsame Art zur Königin gemacht haben, auch wohl Jungfrau oder Dame heißt. Der dritte Stein in der Ordnung ist der Läufer, morgenländisch Pil, und eigentlich der Elephant im morgenländischen Kriegsheere. Die Franzosen haben gar einen Narren daraus gemacht. Der vierte Stein heißt bey uns Kavalier, oder Springer, und stellet eigentlich einen Reiter mit seinem Pferde vor. Der fünfte und letzte Stein unter den Offizieren hat schon von alten Zeiten her den Namen Roch, und man hat daraus allerley Deutungen gemacht. Nach dem Hyde bedeutet es bey den Morgenländern ein Kameel oder Dromedar. Allein die Europäer haben bald einen Elephanten, bald einen Thurm, bald eine Rocke, wie die Engländer, (von Rook, Krähe) bald gar ein Nachen oder Kahn, wie die Russen gemacht. Die letzte oder geringste Art Steine, oder die Bauern sind eigentlich gemeine Soldaten. Man sucht in diesem Spiel fast bey nahe wie bey dem Damspiel die Steine wegzuschlagen, und den König matt zu setzen. Es ist aber ein sehr scharfsinnig Spiel.

Schacht, Fr. Echelage, (Hüttenwerk) die Höhlung im Hohofen, welche über dem Heerd ist, wodurch die Kohlen und das Erz auf den Ofen gesetzet werden, und das geschmolzene Erz in den Tiegel fließt.

Schacht, Fr. le puits. (Bergwerk) Eine Oeffnung, welche oben herunter durch das Gestein, oder Gebürge, gesunken wird, um entweder Wetter in die Gruben zu schaffen, oder Erz und Berge [illegible], oder die Kunst hinein zu ziehen, oder [illegible] ein- und aus zu fahren. In Ansehung der Absicht, in welcher ein Schacht abgesunken wird, wird derselbe verschieden benennet. Als: Förderschacht, Fahrschacht, Kunstschacht, Tiefeschacht, Richtschacht, Treibeschacht, Wetterschacht, Hauptschacht, Bremmerschacht.

Schacht, (Meßkunst) eine körperliche Größe, woran Breite und Länge einander gleich ist, die Dicke aber nur den 10ten Theil enthält. Daher ein Schacht oder Schachtschuh ein Körper ist, der eine Ruthe lang und breit und einen Fuß dick ist. Dieser begreift in der Decimalzahl 10 Ruthen Balken, oder 100 Kubikfuß, in dem Rheinländischen Maaß aber 12 Ruthen Balken, oder 144 Kubikschuhe. Ein Schuhschacht hingegen ist ein Körper, der einen Schuh lang und breit, aber nur einen Zoll dick ist. Gleiche Bewandniß hat es auch mit dem Zollschacht.

Schacht abseigern, Fr. Mesurer la profondeur d'un puits, (Bergwerk) die Teufe eines saigern Schachtes mit der Schnur, daran ein Perpendikel hängt, abmessen.

Schacht absinken, sinken, in einen Schacht tiefer niedergraben, und in der Tiefe verlängern.

Schacht auf Bolzen setzen, den Schacht dergestalt auszimmern, daß nicht ein Geviere unmittelbar auf dem andern liegt, sondern zwischen den Gevieren auf den vier Ecken Bolzen, oder drey Viertel lange Stücken Holz, untergesetzt werden.

Schacht aufgewältigen, wieder aufmachen, einen verbrochenen Schacht wieder brauchbar machen und ausräumen.

Schacht [illegible], Fr. afficher des ais, sur lesquelles poser la tine, (Bergwerk) im Schachte Bretter anschlagen, darauf die Kübel oder Tonnen ungehindert hinein und heraus gehen können.

Schacht auswechseln, das Gezimmer im Schachte auswechseln, Fr. retablir la charpante Gatée, (Bergwerk) das alt untauglich gewordene Holz aus dem Schachte nehmen, und neues an dessen Stelle einwechseln.

Schacht auszimmern, Fr. etaier un puits, einen Schacht, der im flüchtigen Gestein gesunken, mit Zimmerung verwahren.

Schacht ausmauern, (Bergwerk) Wenn ein Schacht flach ist, so führet man auf der Sohle des Schachtes, wenn diese nicht vest ist, nahe an einander kleine nach der Donlage des Schachtes schief gestellte Gewölber oder Erdbogen, die im Lichten 3 bis 4 Fuß hoch, und 2 Fuß weit sind. Auf diese Gewölber setzt man zwey schief liegende Tonnengewölber, die an einer geraden Mauer auf dem Liegenden aufliegen, und in der Gegend, wo der Fahr- vom dem Förderschachte abgeschieden werden soll, auf einer gemeinschaftlichen Widerlage ruhen. Die Mauer selbst aber macht man 1½ bis 2½ Fuß dick, und mauert in die Mauer auf dem Liegenden, wenn dieses brüchig ist, in einer Entfernung von 1 Lachter Bogen und die Lager zu den Fahrbühnen, und das sonst zu dem Fahren und Fördern erforderliche Gehölze mauert man gleich mit ein, und macht über auf dem Schachte ein Gezimmer mit einem Haspel, oder eine Hängebank. Man kann auch, nachdem man auf dem Liegenden eine Mauer aufgeführet hat, in den beyden kurzen Stößen, und der Gegend, wo der Fahr- von dem Treibschacht abgeschieden ist, einen Bogen über den andern sprengen; von dem einen kurzen Stoß bis zu dem andern gegen das Hangende aber einen ovalen Bogen. Man hat noch eine andere Art zu mauern. Man sprengt nämlich von dem Hängenden von einem kurzen Stoß bis zum andern 1½ bis 2 Fuß weite und 2 bis 3 Fuß hohe Bögen also über einander, daß der obere stets ½ bis 1 Fuß auf dem untern aufsitzet, und verwahret also dadurch das Hangende vor dem Einbruch. Damit aber auch das Liegende keinen Bruch machen kann, so führet man auf demselben entweder alle ½ bis 1 Lachter, oder durchgehends, einen Bogen über dem andern auf, und mauert im ersten Fall die Räume zwischen den Bogen mit gerader Mauer zu. Weil es aber dennoch geschehen kann, daß das Hangende, oder das Liegende herein bricht: so kann man in den beyden kurzen Stößen von dem Liegenden gegen das Hangende entweder einen flachen Bogen über dem andern aufmauern, oder man sprengt in diesen Stößen nur zirkelrunde Bögen, in der Entfernung von ½ bis 1 Lachter über einander, und mauert den Raum, welcher dazwischen bleibt, mit gerader Mauer auf. Eben so verfährt man auch mit der Mauer, die den Fahrschacht von dem Förderschachte abscheidet.

Schacht belltern, Fr. afficher des echelles, Befahrung oder Fahrten in einen Schacht richten.

Schachtbühne, s. Abtritt.

Schacht, daraus die Berge und Erze zu fördern. (Bergwerk) Hiebey muß man folgendes beobachten: wenn in dem Schachte nicht viel Leute arbeiten müssen, und derselbe daher nicht sehr lang, weit und tief ist: so fülle man mit der Schaufel aus der Sohle des Schachtes, oder in dem Füllort die Erze und Berge, aber jedes allein, in den Kübel, und ziehe solche mit einem oder zwey neben einander stehenden Haspeln, und zwar Ein- Zwey- oder Viermännisch, (s. dieses) heraus: wenn es sich zuträget, daß die Schächte 10 und mehrere Lachter tief sind, so fördert man mit zwey oder mehreren Haspeln von der vorigen Art untereinander. Arbeiten im Gegentheil viele Leute in einem Schachte, und er ist daher sehr lang, weit und tief, so fülle man die Erze und Berge, wie zuvor, in große Tonnen, und treibe sie, wenn Aufschlagwasser und Gefälle in dieser Gegend sind, mit Kehrrädern oder Wassergöpeln, hingegen aber, wenn kein Wasser und Gefälle an diesem Orte vorhanden, mit Pferden oder Windgöpeln heraus.

Schacht, die Tiefe zu messen. (Bergwerk) Wenn man in einem Schacht die Tiefe erforschen will, ohne eine Meßkette dabey zu gebrauchen, so darf man nur oben ein Stück Brett oder ander Holz, um die Visirung mit dem Instrument darauf zu verrichten, befestigen. Dieses Brett nimt man als die Basis (Linea recta) des aus dieser Messung entstehenden Triangels an, misset darauf

eine

eine Linie ab, und bemerket die Weite durch zwey Punkte, auf welchen die Visirung geschieht. Auf diese Linie setze man durch die Visirung, nach geometrischer Meßart, den rechten Winkel, welcher die senkrechte Linie zu dessen Basis abgiebt, und visire durch die beweglichen Diopteren des Astrolabii nach demjenigen Objekte oder Punkt im Schachte, wohin zuvor aus dem ersten Punkt visiret worden, wenn man vorher durch die unbeweglichen Diopteren die Basis vest gesetzt hat, bemerke, was der Winkel für einen Grad auf dem Instrumente abschneidet, und trage denselben aufs Papier auf. Denn durch diesen Winkel wird dasjenige, was man wissen will, gefunden. Man nehme nun Papier, und ziehe nach dem kleinen Maaßstabe eine Linie darauf, in der Länge, als die obere Weite des Schachts angewiesen hat, als welche hier die Basis des Triangels gewesen ist, richte an der einen Seite dieser Linie eine senkrechte Linie auf, so lang, als man auf dem Papier ausziehen kann. Auf die andere Seite dieser Linie lege man den Transporteur an den Punkt, und steche denjenigen Winkel von eben soviel Graden ab, als er im Visiren nach dem Objektivpunkte im Schachte gezeiget hat, ziehe alsdenn von dieser Seite der Linie durch den abgestochenen Punkt eine Linie, so lang, bis sie sich mit der senkrechten Linie schneidet, und messe diese Länge, so wird dieselbe den Tangens oder die Tiefe des Schachtes zeigen.

Schacht, donlege. Wenn die Richtung der Tiefe und des Horizonts einen schiefen Winkel macht. Denn ist ein Schacht saiger und donlege zugleich, wenn man einen solchen Schacht erst in dem tauben Gebirge, oder auf einem saigern, hernach aber auf einen flachen Gang abteufet. Nicht selten setzt man auch die Schächte am Tage in das Hangende der Gänge, und alsdenn entstehen eben sowohl saigere und flache Schächte zugleich, weil sich die Gänge bald stürzen und bald wieder aufrichten.

Schächte anzugeben. (Bergwerk) Bey der Angabe der Schächte überhaupt muß man sich nach folgenden Regeln richten: 1) setzt man die Schächte, wenn es keine besondere Umstände nothwendig machen, an dem Orte an, wo man leicht mit Wagen hinkommen kann, damit man das Grubenholz ohne große Mühe herbey bringen, die Erze aber bequem abfahren kann. 2) Setze man einen Schacht, er mag in das Thal, in das Gebirge, oder auch nicht weit von einem Flusse zu stehen kommen, wo möglich, nie so an, daß ihm die Schnee- und Regenwasser zufallen, die das Abteufen beschwerlich, und manchmal ohne Künste ganz unmöglich machen. Im nöthigen Fall aber mache man zur Abschneidung dieser Wasser einen Graben um den abzuteufenden Schacht. Damit man 3) an Wetter keinen Mangel leiden möge: so setze man den Schacht, soviel wie möglich, in eine solche Gegend, wo man ihm durch Stollen, Streckenörter und Querschläge leicht gute Wetter verschaffen, und die Wasser abnehmen kann. Auch muß man merken, daß man durch einen solchen Schacht leicht einen Bau zur Gewinnung der Erze vertreiben könne, und setze ihn mit dem langen Stoß nach dem Streichen des Ganges. 4) Weil die Schächte bald um der Berg- bald um der Wasser- und bald um der Wetterlösung willen niedergemacht werden müssen: so richte man in allen diesen Fällen dahin sein Augenmerk, daß man den wahren Endzweck nicht verfehle. Insbesondere aber sehe man wegen der Wetter, und vornehmlich der Förderung darauf, daß man die Schächte, wenn es keine besondern Umstände nothwendig machen, nicht über 40 Lachter weit von einander setzet, und diejenigen, woraus mit Menschenhänden gefördert und einmännisch gezogen wird, an einem Seil nur 10, 12 bis 15, die aber, aus welchen zweymännisch gezogen werden muß, nicht über 20 bis 24 Lachter tief mache, damit die Förderung nicht zu beschwerlich werde. Da man, wo der Schacht abgesetzt wird, lasse man drey Lachter zur Seite des Schachtes eine Hornstatt (s. diese) brechen, die man bey flachen Gängen an dem Schacht, und um der Bequemlichkeit willen in das Hangende setzet. Da die Schächte aus mancherley Art bestehen, so müssen sie auch nach ihren verschiedenen Endzwecken auf besondere Arten angegeben werden, wovon an jedes seinem Orte nachzusehen. Als: Schacht, flacher, Richtschacht, Förderschacht u. s. w. auch s. Schacht, wo alle Schächte benennet sind.

Schacht, einen kleinen, der Wasser hat, zu verzimmern. (Bergwerk) Wenn ein solcher Schacht nur ¾ bis ⅞ Lachter weit, und 1 bis 1½ Lachter lang ist, dabey aber das Gebirge ziemlich naß und lettig, doch nicht sehr brüchig ist, so gehe man also zu Werk: Man schneidet nach der Länge und Weite des Schachtes vier Stück Bohlen, die 1½ 2 bis 4 Zoll dick, und 12 bis 14 Zoll breit sind, dergestalt über einander, daß die langen Stücke oder Jöcher von oben herunter, die kurzen Stücken aber, oder die Halbhölzer von unten herauf auf ihre halbe Breite eingeschnitten sind, und bringe diese Bohlen, die dem Druck des Gebirges in allen vier Stößen des Schachtes widerstehen, oben in den Schacht; auf dieses erste paar Bohlenjöcher aber lege man das Geviere (s. dieses) mit dem Haspel an. So wie man weiter abteuft, d. i. tiefer in dem Schachte gräbt, so bringe man immer ein paar wohl aufeinander passende Jöcher unter dem andern an, da aber, wo das Gestein sehr vest ist, lasse man den Schacht in diesem Gestein ohne Zimmerung stehen. Damit man inzwischen nicht zu befürchten habe, daß sich das ganze Gezimmer setze, so lege man in den kurzen Stößen alle ein, zwey oder 3 Lachter Tragstempel, (s. diese) die 8 Zoll dick und 10 Zoll breit sind. Die Jöcher aber lasse man in den zwey langen Stößen über diese Tragstempel gehen. Damit aber auch diese sehr vest liegen mögen, so haue man bey einem vesten Gebirge in das Gestein, wo sie mit einem Ende hin zu liegen kommen, ein so genanntes Bühnloch, (s. dieses) an dem andern Ende aber, damit man den Stempel in dieses Loch schieben kann, nach der Dicke eines solchen Stempels von oben schräg herunter, bis auf den Ort, wo er hin zu liegen kommen soll, einen Schram, oder Anfall in das Gestein, worein man denn den Stempel herunter treibt. Wenn hingegen das Gestein mürbe und ganz zerbrechlich ist, so haue man in einem Klotz in der Breite und Dicke des Tragestempels ein Loch 4 bis 6 Zoll tief und lege diesen Klotz, welchen man ein hölzernes Bühnloch nennt, in das ins Gebirge gehauene Bühnloch, worin der Stempel kommen soll. Zwischen den Stempel und den Anfall aber legt man ein dünnes Holz, welches man einen Fußpfahl nennt, und treibe den in das Bühnloch gelegten Stempel an den Fußpfahl an, diesen aber bringe man allezeit an den Stoß, wo der meiste Druck ist. Weil sich diese Bohlenjöcher in der Mitte gerne zusammendrücken und einen Bauch machen und man zu Zeiten in diesen Schächten einen Fahrschacht verrichtet, so muß man in einer Entfernung von ¾ bis 1 Lachter von dem einen kurzen Stoß zu beyden Seiten des langen Stoßes zwey Wandruthen anbringen, diese aber falze oder nuthe man inwendig in einer Weite von 1½ bis 2 Zoll tief aus, und schiebe in die Nuten Einstreichbohlen. (s. diese) Wenn man nun in dem Fahrschachte eine Fahrt verrichten will, so schlage man alle 3, 4 oder 5 Lachter eine Bühne, die man auf 2 Tragstempel oder Lager legt, und auf einer solchen Bühne stelle man von einer bis zur andern die Fahrten (s. diese) die man mit Fahrhespen (s. diese) doch so tief wie möglich, und neben das Fahrloch anmacht, damit die Fahrung bequemer werden möge. Die Fahrtschenkel oder Fahrtbäume selbst mache man ingleichen nur 3 Zoll dick und 5 Zoll breit, die 3 Zoll breite und ¾ Zoll dicke Sprossen aber, die in der Mitte etwas breiter sind, als an den Enden, von Mittel zu Mittel 1½ Zoll von einander. Da wo man noch kein Gezimmer im Schachte ist, hängt man diese Fahrten durch eiserne Fahrthaken zusammen, die, wie ein S gebogen sind, und an die Sprossen genau anschließen. Gemeiniglich gebraucht man diese Verzimmerung bey den Schächten auf den Flötzwerken. Zuweilen zapft man auch in die Wandruthen nur alle ¾ bis 1 Lachter Einstriche ein; zwischen diese aber treibe man, um das Schieben zu verhindern, Streben, oder schrägliegende Stempel und beschießt oder belegt die Wandruthen mit Dielen. Wenn es geschehen sollte, daß man mit solcher Verzimmerung in einen sehr bösen und nassen Treibsand käme, welcher hinter dem Gezimmer hereindrückt, oder daß man im alten Mann in alten in den vorigen Gebäuden zusammengestürzten Berge abteufen, oder einen alten Schacht aufziehen soll, wobey man nicht ohne Brüche nieder kommen kann, und öfters ein ganzer Schacht zusammenbricht, oder zu Bruch geht, so treibe man in der Entfernung von ½, ¾ bis 1 Lachter in allen vier Stößen des Schachtes zwischen zwey Jöchern horizontal liegende Dammplanken in das Gebirge, die 3 bis 4 Zoll dick, 8 bis 10 Zoll breit, 2½ bis 3 und 4 Fuß lang, und mit Nuten und Zapfen versehen, auch im nöthigen Fall vorgeschärft oder vorne mit spitzen Eisen beschlagen sind. Damit aber auch der Treibsand, oder der alte Mann nicht durch die Fugen zwischen den Jöchern und den Dammplanken durchdringen möge, so verstopfe man dieselbe in allen vier Stößen gut aus mit Werg, und nagle in diesen Stößen breite Leisten darüber.

Schachtel, (Strumpfwirkerkunst) s. Platinenschachtel.

Schachtelform, Schachtelstock, der hölzerne Klotz, über welchen die Schachteln geformt und gebildet werden, indem man die Schachtelzarge (s. diese) nach dieser Form biegt.

Schachtelgut, (Bürstenbinder) so nennt derselbe bey dem Sortiren der Borsten die stärksten und längsten Borsten, die er nur einzeln unter den andern findet. Sie haben daher den Namen erhalten, weil sie in kleinen Bündeln von 12 einzeln Borsten zusammen gebunden, und 6 Loth solcher Borsten zusammen in eine Schachtel gelegt und nach Italien und Frankreich versandt werden, wo sie unter andern zur Verfertigung der Flügel und zu den sogenannten Seilen der Weberschlichten (s. diese) gebraucht werden sollen. Diese ausgelesene Borsten werden jedesmal gekämmt, und alsdenn nochmals in Absicht ihrer Stärke sortirt, da man an jedes Bündel mit dem nassen Finger faßt, wodurch die Stärke der Borsten prüft und solche nochmals kämmen läßt, alsdenn sie von dem sogenannten Abrüher zuletzt noch einmal einzeln sortirt und zu den gedachten Bündeln zusammengebunden werden. Im Reich wird ein starker Handel mit diesem Schachtelgut getrieben.

Schachtelhalm, Schafthalm, dünnes Rohr, so an Brüchen und Morästen wächst, und wegen seiner von Natur scharfen Oberfläche zum glattmachen und poliren gebraucht wird. Es muß aber zu diesem Gebrauch erst getrocknet werden, damit es steif oder stark wird. Die Tischler, Drechsler und Lackirer brauchen es am allermeisten.

Schachtelmacher. Ein Arbeiter, der Schachteln sowohl von Holz als auch von Pappe verfertiget. Doch ist der ersten Art am nützlichsten. In Sachsen und Böhmen, wo es viel Tannenholz giebt, sind dergleichen Schachtelmacher häufig anzutreffen.

Schachtelmaler, eine übliche Benennung an einigen Orten einer Art geringer Maler, welche die hölzernen Schachteln bemalen. Sie werden auch Briefmaler genannt.

Schachteln. Ein rundes oder ovales aus dünnen Holzspähnen verfertigtes Gefäß, mit einem darauf passenden Deckel, darinn man allerley Sachen zum Aufbewahren, auch zum Versenden einpackt. Sie erhalten nach dem ihnen bestimmten Gebrauch auch ihre Beynamen, als: Puderschachteln, Blumenschachteln rc. Die mehresten macht man aus Tannenholz, sie werden stark in Böhmen und Sachsen verfertiget. Man spaltet das Tannenholz zu dünnen breiten Bretern, die Schnellkraft haben müssen, um nach der Gestalt der Schachteln sich biegen lassen zu können. Der Boden der Schachtel als auch des Deckels wird nach der erforderlichen Gestalt ausgeschnitten, und die Seite nach der Figur des Bodens um denselben gebogen, wodurch denn die Schachtel ihre Gestalt erhält. Beyde Enden des hohen Randes gehen über einander, und werden mit durchgesteckten dünnen elastischen

Spänen,

Spänen, die durch diese Enden durch vorgeschnittene Löcher gesteckt und verpflöcket werden, zusammen vereinigen. Der Rand wird um den Boden geleimt, und so wie die Schachtel selbst gemacht ist, so wird auch der etwas niedrigere Deckel verfertiget. Die Schachteln werden satzweise verkauft, indem 6, oder wenn es recht große sind, 3 Stück in einander passen, und auf solche Art werden sie aus Böhmen und Sachsen gebracht.

Schachteln, (Holz- und andre Arbeiter) mit dem Schachtelhalme eine schon mehrentheils glatt gemachte Sache völlig glatt reiben. Zu diesem Behuf nimt der Arbeiter das trockne Schachtelhalm zwischen die Finger einer, oder auch bey großer Arbeit beyder Hände, und fähret auf der Arbeit mit Nachdruck hin- und her und reibt dadurch alle Fasern des Holzes völlig ab.

Schachteln von Pappen, s. Pappenschachteln.

Schachtelschiene, s. Schachtelzarge.

Schachtelzarge, Schachtelschiene, die Seitenwände oder der dünne Tannenspan, der den Körper der Schachtel bildet.

Schacht füllen, s. Schacht absinken.

Schacht fassen, dem Schachte seine gehörige Länge und Weite geben.

Schacht, Stadien anzugeben. (Bergwerk) Man bestimmt den Ort genau, wo der Schacht um der zu gewinnenden Erze, oder der Berg- Wetter- oder Wasserlösung willen, am besten abgeteuft werden kann. Alsdenn giebt man die Länge und Breite an, und macht ihn 1, 1½, 2, 3, 1½ bis 4 Lachter lang und ½ bis 1½ Lachter breit. Hierauf richtet man das Abteufen so ein, daß man den Gang, wo möglich, in der Mitte auf der Schachtsohle behält, oder in der bestimmten schiefen Fläche absinket.

Schacht geht zum Bruch, (Bergwerk) wenn ein Schacht zusammenbricht oder einfällt.

Schachtgestänge, (Bergbau) die Stangen, die bey einem Göpel mit dem Feldgestänge verbunden sind, und in dem Schacht bey der Förderung der Wasser auf- und abgehen.

Schachthäuschen, (Bergbau) Ein Häuschen über dem Schacht, um für Wetter und Wind gesichert zu seyn, wenn man an dem Schacht arbeitet und worunter der Haspel oder auch die Kunstwerke angelegt werden.

Schachtholz, Fr. Bois pour le puits, (Bergwerk) das zur Auszimmerung des Schachts auf einer Zeche angefahrne Stammholz.

Schachthut, Schachtmütze. Fr. Bonnet des mineurs. Eine Bedeckung des Haupts mit einem Kopf, der höher ist als an einem gemeinen Hut, und keine Krempe hat, sondern statt derselben mit einer Stulpe versehen ist, welche den Hut von unten bis oben, so hoch als der Kopf ist, dergestalt umgiebt, daß weil deren anliegt, daß nur die obere Decke zu sehen ist. Er ist entweder schwarz oder grün, jener mit ordentlichem Filz, dieser aus einer Arbeit die [illegible], wie ein [illegible]. Der gemeine Bergmann trägt dergleichen, jedoch schlecht; die Steiger, und die über diesen sind, tragen grüne mit goldenen oder silbernen Tressen, wie jedem Bergamt vorgeschrieben ist, und vorne daran einen einfachen Schild, die vom höhern Range aber einen doppelten Schild, und eine Gallone, nebst einer schwarzen und gelben Kokarde. In der Grube wird getragen, was einer hat, und was ihm bequem ist.

Schacht im trocknen Gebürge zu verzimmern. (Bergwerk) Man schneidet vier Stück Holz, die entweder rund oder eckigt, und nach dem mehr oder wenigern Druck, 8, 10 bis 12 Zoll dick sind, wie die Bohlenjöcher im nassen Schacht, doch also, daß man bey den Jöchern an der Seite, die in dem Schacht zu liegen kömt, an dem Blatt, oder dem halb weggeschnittenen Holze, gerade herunter einen Zoll tief das Holz wegnimt, und also die Jöcher, wie man sagt, verstürmet, damit das Blatt von dem Preßholz an dem ganzen Holz der Jöcher anliege, und nicht so leicht von dem Gestein entzwey gedrückt werde. Wenn man hingegen keine Blätter machen will, so höhle oder schabe man die Preßhölzer vor dem Kopf nur nach einem Zirkelstück aus, und verstürme hernach die Jöcher. Ein solches Geviere nun bringe man oben in den Schacht und oben darauf setze man das Geviere mit dem Haspel. Nachdem das Gestein fest oder mürbe ist, so bringe man in der Entfernung von ½, ¾ bis ⅞ Lachter wieder ein paar solcher Jöcher mit ihren Preßhölzern oder Kappen in den Schacht. Damit inzwischen das Gebirge und Gestein nicht zwischen den Jöchern hereinbrechen möge, so treibe man von oben herunter stets hinter zwey paar Jöcher in allen vier Stößen ganzrunde, halbrunde oder platte Pfähle. Und damit sich die Jöcher nicht setzen, so schlage man in allen vier Ecken stets zwischen zwey paar Jöcher Pölze oder gerade stehende Stempel; und damit sich auch das ganze Gezimmer nicht setze, so lege man alle 1, 1½, 2 bis 3 Lachter Tragstempel unter. Ist der Druck in einem solchen Schacht sehr groß oder ist ein Fahrschacht nöthig, so verwandrutsche man denselben, wie bey den Bohlenjöchern im nassen Schacht, entweder mit Wandruthen, und Einstrichbohlen, oder mit schrägstehenden Stempeln und Dielen, und mache in denselben Fahrten. (s. diese) Will man die Wandruthen sparen, so schlage man zwischen die Jöcher, in der Gegend, wo der Ziehschacht von dem Fahrschacht abgeschieden werden soll, bloße Einstriche, die vor allem oder vorne, wo sie abgeschnitten werden, nach einem Zirkelstück ausgeschärft werden, an diese Einstriche aber nagle man Dielen. Zu Zeiten schlägt man zwischen diese Einstriche nur allein Schragstempel, und zwar wechselsweise von der Rechten nach der Linken und von der Linken zur Rechten, damit sich der Schacht nicht schieben möge, in solchem Fall aber zapft man die Einstriche ein. Trägt es sich zu, daß man mit dieser Zimmerung in den Triebsand oder in den alten Mann kömt, oder einen alten Schacht aufsucht: so treibe man hinter die Jöcher und Preßhölzer in allen vier Stößen genau aneinander anschließende Pfähle in das Gebirge, oder stecke wie man sagt an, damit man den Triebsand und den alten Mann zurückhalte. Sobald man aber zu diesen Pfählen ein

ein Stück abgesunken hat, so lege man, ehe man noch unter die Pfähle abtreibt, ein verlohrnes Geviere, bey dem Abtreiben aber schlage man hinter jedem Pfahl, und zwar zwischen diesen und den Schwanz des obern Pfahls, eine Pfändkeil, damit die Pfähle an die Jöcher und Heidhölzer gedrückt werden, und nicht davon abkommen. Wenn man so tief nieder gekommen ist, daß man wieder ein paar Jöcher legen kann, und also der Raum zu zwey paar Jöchern, oder einem Feld oder einem Schrot, abgebauet ist: so lege man diese, und fahre wie vorher mit diesem Getriebe fort. Man nehme inzwischen die Pfändkeile, wenn ein Feld abgetrieben ist, mit der Spitze der Keilhaue heraus, und treibe hinter die Pfähle, damit sie an dem Geviere passen, eine andere, eine lange Pfändung, (s. diese) auch stille man in den Ecken die Oeffnungen hinter den Pfählen mit kurzem Holz aus. Ist der Triebsand sehr fließend, so bediene man sich der Dammplanken. In beyden Fällen aber verstopfe man alle Fugen mit Moos. Oefters versehe man in dem festen Gestein diese Verzimmerung mit keinen Pfählen, alsdenn aber lege man unter jedes Heidholz einen Tragstempel. Auch legt man zu Zeiten nur in dem liegenden oder hangenden Jöcher, wenn eins von diesen sehr fest ist: in einem solchem Fall setzt man die Heidehölzer in Bühnlöcher, und verzimmert also nur mit halben Schrot.

Schacht kesselt nieder, (Bergwerk) wenn sich ein Schacht senkt, wenn man nämlich unter einem alten Schacht ein Gewölbe sprengt.

Schachtlatten, s. Schachtstangen, Tonnlatten.

Schachtlöcher. (Bergwerk) In einem Schieferbruch Gruben an einem Ende des Schiefergrabens in dem niedrigsten Theil, damit sich das Wasser darinnen, welches auf den Wänden der Schieferblöcke heraus rinnet, nach verschiedenen Rinnen sammlen könne.

Schacht nachrichten, den untern Schacht dergestalt anlegen, daß er in der Linie des obern fort und in die Teufe geht.

Schachtnägel, Fr. des clous pour affiger les ais dans le puits, starke eiserne Nägel, damit die Schachtstangen befestiget werden.

Schachtreiche, bey den ungarischen Salzwerken ein Stolln.

Schacht ruhet auf zerbrochenen Beinen, Fr. le puits va tomber en ruine, wenn das Holz des Schachts faul, und das Gestein flüchtig wird, mithin zu besorgen ist, daß der Schacht zubrechen möge.

Schachtscheider, (Bergwerk) eine Scheidung, die in dem Fahrschacht vom Tage an bis auf die Sole gemacht wird, und den Fahrschacht in ungleiche Grundstücken theilet. Dieses geschicht um die Wetterlosungen (s. diese) in den Schachten zu befördern.

Schachtschienen, starke eiserne Bleche, so auf die Wechsel der Schachtstangen angeschlagen werden, damit der Kiebel ohne Anstoß über die Wechsel gehen kann.

Schachte, saigere, (Bergwerk) wenn ihre Richtung gegen den Horizont mit der Tiefe einen rechten Winkel macht und sie also senkrecht sind.

Schachte sinken, säufen, Fr. Creuser un puits, mit einem Schacht in die Teufe gehen.

Schachtstangen, Schachtlatten, Tonnlatten, Fr. les perches du puits, beschlagene Stangen, welche auf dem liegenden befestiget werden, daß die Tonne oder Kübel darauf auf und niedergehen könne.

Schachtstempel, Fr. Bois de puits, die Stücken Hölzer oder Klötze, woraus die Zimmerung eines Schachtes bestehet, welche auf einander liegen, und allezeit eine länglich viereckigte Figur haben.

Schachtstösse, Stösse, die lange und breite Seite eines Schachts, wovon jene der lange Stoß, diese aber der kurze Stoß genannt wird.

Schachttonnen. Fr. les ais du puits. Die Bretter, welche im Förderschacht angeschlagen werden.

Schacht wieder aufgewaltigen, s. Schachte aufgewaltigen.

Schacht zu bühnen, Fr. couvrir un puits, einen offenen Schacht, welcher nicht gebraucht wird, zubühnen und von oben verwahren.

Schacken, (Meßkunst) die größern trautenförmigen Ringe an einer Meßkette, wodurch eine ganze und halbe Ruthe bemerkt und unterschieden wird.

Schacken, (Nadler) auf dem Schackenholze (s. dieses) oder auch aus freyer Hand die Schacken oder Glieder einer Kette zu Pfeiffendeckeln, Waagschaalen, oder andern Dingen machen. Nach dem Gleichrichten des Drahts auf dem Richtholz (s. dieses) zerstückt der Nadler den Draht mit der Schrotschere in kleinere Stücke, so lang als es die Schacken einer Kette erfordern. Er nimmt hierauf mehrere Stücken Draht zu Schacken in die linke Hand und biegt, wenn er sie aus freyer Hand biegt, die erforderliche Gestalt der Schacke, doch so, daß die Spitze jedes Ringes noch nicht anschließt. Ist der Draht stark, so werden die Schacken um die beyden Stifte des Schackenholzes gebogen. Hierauf hängt man die einzeln Schacken zusammen, und nun wird jede Schacke in die Rinne eines kleinen Amboßes gelegt, so daß sie nach ihrer Länge darinn liegen kann, nach ihrer Breite aber darinn aufgerichtet ist, der Nadler schlägt mit einem Hammer auf die Schacke, treibt die Spitzen ihrer Ringe zusammen und richtet zugleich jede Schacke.

Schackenholz, (Nadler) das Model, worauf die langschackigen Ketten gebogen oder gewunden werden. Es ist ein viereckigter Klotz, der auf seiner obern Fläche zwey Stifte stecken hat, um welche die Schacken oder Glieder gekrümmt werden. Man krümmt darauf 12 Stück Schacken auf einmal.

Schaff, ein Getreidemaaß in Schwaben, welches daselbst 8 Metzen, und die Metze hinwiederum 4 Vierling, 1 Vierling 4 Viertheln, und ein Viertlein 4 zwey und dreißigstein hält. Im Würtenbergischen ist für das Wort Schaff,

Schaff, Schäffel gebräuchlich, welcher 8 Sitzel, und das Sitzel 4 Unzen oder Vierling hält.

Schaff, Schapp, die Benennung eines Schenkers an einigen Orten, besonders in Norden. In Oberdeutschland bezeichnet man damit Gefäße, die man sonst in andern Gegenden Wannen, Kienen, Gelten, u. s. w. benennt. Daher sagt man ein Schüsselschaff, ein Scheuerschaff, Spühlschaff, ein Gefäß, worinn das Geschirre gescheuert und gespühlt wird.

Schafft, (Baukunst) der mittlere Theil einer Säule, der auf seinem Fuße ruhet, und mit dem Knauf oder Kapital gehörig bedeckt wird. Von unten auf geht er ⅓ seiner Höhe in gleicher Dicke fort, und heißt daher der unverdünnte Stamm; von da aber werden die übrigen zwey Drittel verdünnt, welches dem Schaffte eine besondere Annehmlichkeit giebt.

Schafft, Pfeiler, Fr. Jambe, Trumeau, (Baukunst) das Stück Mauer, so zwischen zweyen Fenstern oder Thüren befindlich ist.

Schafftbock, (Artillerie) die Laffete, worauf die Bock-Stücke gelegt werden.

Schafftgesimse, (Baukunst) der untere Theil der Säule, welcher als der Grund anzusehen ist, worauf die Säule ruht, im übrigen aber aus verschiedenen Gliedern nach dem Unterschied der Ordnungen zusammengesetzt ist; denn je zärter die Ordnung ist, desto mehrere, und folglich kleinere Glieder, sind darinnen befindlich. Doch ist das unterste wesentliche Stück eine große Platte, welche die Säule zu gründen dient, über dieses kommen noch Stäbe, Hohlkehlen auf doppelten Bogen, Plättlein und große verkehrte Karniße, (wiewohl die letztern heut zu Tage gar wenig gebraucht werden.) Die Höhe ist nach Goldmann ein Modul, die Ausladung über die Säule aber ⅙ desselben. Dieses wird der Fuß der Säule genannt.

Schaft, bedeutet den Theil einer Sache, woran man sie anfassen und halten kann. Daher ein Büchsenschaft, Flintenschaft ꝛc. Ferner auch Stiefelschaft (s. diesen auch Schäffte)

Schaft, (Forstwesen) ein gerader langer Stamm eines Baums. Man sagt ein Baum ist gut geschäftet, wenn er einen schönen geraden Stamm hat.

Schaft, Kamm, (Weber) ein Geräthe der Weberstühle aller Arten wodurch die Kettenfäden passirt oder eingezogen werden, und vermittelst welches bey dem Weben die Fäden entweder hinauf oder herabgezogen werden, und zum Einschießen des Einschlages Fach machen. Es werden bald mehr bald weniger zu einem Zeuge gebraucht, je nachdem das Zeug leinwandartig gekiepert oder fassonirt gewebet wird. Ein Schaft besteht aus zwey hölzernen Stäben, die durch eine Menge Zwirnsfäden vereinigt sind, so daß die beyden Stäbe, wenn der Schaft in dem Stuhl hängt, parallel laufen. Jeden einzelnen Zwirnsfaden nennt der Weber Hälfte oder Hefel. (s. diese) Sie hängen in der Mitte zusammen, und jede ist oben und unten an einem Stab angeknüpft. In der obern Hälfte wird ein Knöthen eingeschürzt, woraus ein Auge oder Schleife entstehet, wodurch der Kettenfaden gezogen wird. Wenn alle Hälften [illegible] den beyden Stäben angeknüpft sind, so werden sie über dem einen und unter dem andern Stab mit einem starken Zwirnsfaden der Länge nach vereiniget und an jede Hälfte angeknüpft, damit jede Hälfte in dem Schaft ihren angewiesenen Abstand von der benachbarten erhält. Die neuen Fäden der Hälften werden vermittelst einer Bürste, nachdem beyde Stäbe der Schäffte angezogen worden und die Fäden dadurch ausgespannt sind, mit Orsenitz bestrichen, wodurch den Fäden Glätte und Haltbarkeit mitgetheilt wird. Die Schäffte haben bald mehr bald weniger dergleichen Hefel, je nachdem sie zu diesem oder jenem Zeuge gebraucht werden sollen, und alle zusammen in einem Stuhl werden das Geschirr genennt. Bey einigen fassonirten Zeugarten werden Schäffte verfertiget, die keine Augen haben, wo nur eine Hälfte in der andern hängt, und der Kettenfaden wird bald in die obere bald in die untere Hälfte gezogen, nachdem es die Einrichtung des Zeuges erfordert, wovon an seinem Ort ein mehreres zu sehen ist.

Schaft, s. Gang. Weber.

Schaftaugen, s. Augen. Weber.

Schaftdraht, (Nadler) derjenige Draht von Eisen oder Meßing, aus welchem die Schäffte der Stecknadeln geschnitten werden. Er ist allemal etwas dicker als der Draht, aus welchem die Köpfe eben dieser Schäffte gemacht werden. Die Nadler ziehen sich jedesmal den aus den Drahtfabriken erhaltenen Draht nach ihrem Endzweck und so wie er zu jedem Gebrauch ihrer Stecknadeln erforderlich ist durch verschiedene Zieheisen (s. diese) mit den nämlichen Handgriffen, wie er bey den Drahtziehern gezogen wird. Der Drahtring wird auf eine Winde von Stäben, die einem abgestumpften Kegel gleicht, gelegt. Das Ende desselben wird durch ein beliebiges Loch des Zieheisens gezogen, nachdem erst die Spitze dazu geschärft, und beyde, der Draht und das Loch, mit Oel eingeschmieret worden, alsdenn das Ende an die Klammer einer großen hölzernen Ziehscheibe befestiget, und indem man diese umdrehet, der Draht durchgezogen und auf die Scheibe gewickelt. Jedes neue Loch verlängert den Draht um ein Drittel seiner Länge. (s. Nadelschäffte und Stecknadeln)

Schäfte, s. Nadelschäfte.

Schäfte der Gaze. Diese Schäfte weichen von andern Schäften darinn ab, daß in der Mitte, wo die beyden Hälften oder Hefel der Zwirnschleifen zusammen kommen, keine geschlungene Schleife oder Auge ist, sondern eine Hefel in der andern hängt und schwebt. Die Kettenfäden müssen hier bey dem Einpassiren wechselsweise einer um den andern bald in die obere, bald in die untere Hefel des Schaftes einpassiret werden. Der Schaft, wo die Kettenfäden in der obern Hälfte liegen, ziehet bey dem Weben die Kettenfäden in die Höhe, der Schaft aber, wo die Kettenfäden in der untern Hälfte liegen, ziehet die Kette herunter u. s. w.

Schäfte machen. (Weber) Die Schäfte zu machen, müssen zwey Personen vorhanden seyn. Da zwey Stäbe zu einem Schaft gehören, so schlinget eine jede Person um einen Stab eine Fadenhälfte, Hefel, oder Schleifen. Diese beyde Schleifen vereinigen sich in der Mitte, wie bey dem Schaft gedacht ist. Die Augen der obern Lehen entstehen dadurch, daß man solche alle über eine eiserne Stange schlinget, so daß sich die Augen der Lehen darauf bilden. Die Stange bleibt in dem Auge noch stecken, so daß sie zwischen den beyden Enden der Mitte des Schafts jeder Hälfte sich befindet. An dem einen Ende dieser Stange ist ein Loch, worinn ein langer Zwirnsfaden steckt. Wenn nun der ganze Schaft fertig ist, so zieht man die eiserne Ruthe aus den Augen fort, und zu gleicher Zeit hiemit den in dem Loch der Ruthe befindlichen Zwirnsfaden mit hinein, und läßt an beyden Seiten des Schafts von den Faden etwas überhängen. Beyde Enden bindet der Weber vor den Hälften in der Mitte zusammen, und der Faden bleibt in dem Schaft zurück. Dieser steckt zwischen der Ober- und Unterhälfte unter dem Auge, da wo die Schleife des Auges sich schließet. Dieser Faden ist in der Folge dem Weber dazu dienlich, daß er sämtliche Augen eines Schafts bey dem Einpassiren der Kettenfäden in die Schäfte richten, und in eine gerade, und für ihn bey seiner Arbeit bequeme Lage bringen kann.

Schäften, (Büchsenschäfter) den Schaft einer Büchse, Flinte rc. worein der Lauf, Schloß und der Ladestock zu liegen kommen, machen. Er wird aus gutem vesten Holze gemacht, als z. B. aus Nußbaum, Büchen u. a. m.

Schäften, (Jäger) eine zersprungene Leine des Jagdzeuges ohne einen Knoten wieder zusammen machen, welches durch das Ausdrehen der zerrissenen Enden, die man zusammenstößt und zusammennähet, geschieht.

Schäften, ein Schiff. (Schiffsbau) Man sagt, ein Schiff ist auf so und soviel Kanonen geschäftet, wenn es so und soviel Kanonen führet. Man sagt aber auch, ein Schiff ist auf so und soviel Kanonen gebohret, welches in Rücksicht der Stückpforten also genennet wird, weil soviel Oeffnungen der Stückpforten vorhanden seyn müssen, als Kanonen sind.

Schäfter, s. Büchsenschäfter.

Schafthalm, s. Schachtelhalm.

Schaftholz, (Büchsenschäfter) dasjenige zurecht geschnittene Holz aus dem Groben, wovon ein Schaft zu einer Büchse oder Flinte gemacht werden soll. (s. Büchsenschäfter) Es ist entweder von Nußbaum oder Büchen, und hat schon im Groben die ungeformliche Gestalt des Schaftes. Das Holz zu einem Schaft muß zähe seyn, und zu Vogelflinten sucht man solches aus, das braune Adern hat. Man hat auch zu den kostbaren Büchsen und Flinten Schaftholz von allen Arten raren Holze, ja sogar schwarz Ebenholz, wovon aber der Schaft aus mehreren Stücken zusammengesetzt wird. Ueberhaupt muß das Holz zu einem Schaft ohne Risse und ohne alle Aeste, und, außer dem Ebenholz, auch leicht seyn. Das mehreste Schaftholz von Nußbaum kommt aus der Schweiz, aus Franken, und von der Bergstraße.

Schaftmodell, (Büchsenschäfter) ein Brett, das nach dem Umfange des Schafts ausgeschnitten ist, den das Schaftholz bey dem Anfange der Arbeit erhält. Den Schaft zu den Flinten und Büchsen zeichnet der Schäfter mit einem einzigen Modell ab, weil er auf dem Schaftholz leicht was stehen lassen, oder abnehmen kann. Zu dem Schaft einer Pistole muß er ein besonder Modell haben, weil dieser viel kleiner ist.

Schaftmodell, (Nadler) längliche viereckigte Brettchen, kurz oder lang. Sie haben alle zwo breite Tiefen, als ein gehöhlter Rahen, und dienen, viele Enden Drath oder Nadelschäfte (s. diese) mit einmal an die mittlere Querwand zu stoßen, um sie alle an dem Ende des Modells mit der Scheere gleich lang zu schroten und abzuschneiden, damit alle Nadeln einer Nummer eine gleiche Länge erhalten.

Schaftnadel. (Strumpfwirker) eine Nadel, die etwas zugespitzt, umgebogen, und in einem hölzernen Hefte bevestiget ist, mit welcher der Strumpfwirker die erste Reihe Maschen auf die Nadeln des Stuhls aufsetzet, oder um jede Nadel schlinget, um den Anfang zum Weben zu machen; denn die erste Reihe Maschen muß allemal aus freyer Hand entstehen, sonst könnte man auf dem Stuhl gar nicht weben, weil die Nadeln noch nichts haben, welches sie, vermittelst der Platinen, mit dem folgenden aufgelegten Faden auf die Nadeln vereinigen und zu Maschen bilden könnten. (s. Strumpfwirken) Die Schaftnadel wird auch bey dem Ab- und Zunehmen der Maschen auf den Nadeln des Stuhls gebraucht, indem man damit die Maschen von einer Nadel des Stuhls auf die andere legt. (s. Abnehmen)

Schaftschneider, s. Nadelschaftschneider.

Schaftspiegel, ein Spiegel, der an der Wand zwischen zwey Oeffnungen, als zweyer Fenster oder zweyer Thüren, befindlich ist.

Schag, eine Art von groben wollenen Zeuge oder Tuche, welches von den Einwohnern der Insel Shetland verfertiget wird, und mit dem isländischen und schwedischen Wadmal (s. dieses) überein kommt.

Schagren, s. Chagren.

Schagren, s. Chagren, Seidenwirker.

Schagrin, s. Chagren.

Schagrin, s. Chagren, Seidenwirker.

Schahlblech, (Grobschmid) das Eisenblech, so nach der Länge des Schemels, worauf der Kranz eines Kutschenwagens bevestiget ist, und der Fläche des Obergestelles, so den Schemmel unmittelbar berühret, liegt, um die Reibung des Holzes zu verhindern. Es wird von einer Stange Eisen gestreckt, eingebrannt und angenagelt.

Schai, s. Schach.

Schalen, (Schiffahrt) Fahrzeuge, die auf der Oder gebräuchlich sind.

Schälen. (Böttcher) Wenn sich die Splitter, woraus die Stäbe oder Dauben einer Tonne bestehen, wenn sie

zu

zu einem Gefäße zusammengesetzt sind, oben am Rande oder an der Kimme voneinander geben. Um dieses Schälen zu verhüten, werden die Stäbe rund um auf beyden Enden einer Tonne abgeschärft, oder sie erhalten einen Schweif, wie der Böttcher sagt, wodurch der ganze Rand besser zusammen gehalten wird.

Schälen, das Papier, (Papiermacher) das geleimte auf dem Trockenboden zu 1 Bogenweise getrocknete Papier Bogenweise von einander ziehen, weil es bey dem Trocknen etwas zusammen geklebt ist.

Schäler, (Kammmacher) diejenige kurze Stücken Horn, da sich die Schroote (s. diese) bey dem letzten Aufschneiden von selbst in zwey Stücke zersplittern, und folglich nicht die ganze Breite des Horns behalten, sondern nur halb so lang sind: aus welchen Schälern nur ganz kurze Kämme gemacht werden können. Diese Schäler sind in dem Innern vorzüglich spröde.

Schälgang, (Graupenmühle) der Mahlgang, worinn das zu Graupen bestimmte Getreide geschälet, d. i. seiner Hülse beraubet wird. (s. Graupenmühle)

Schalischim. Ein bey den Juden gebräuchliches musikalisches Instrument von 3 Saiten, welches mit einem von Pferdehaaren ausgespannten Bogen gestrichen wird. Es ist von Holz gemacht, am untern Theil hohl, oben aber hat es einen Hals wie die kleinen Geigen.

Schalk, (Salpetersieder) das weiße Mehl, welches vom Kalk herrühret, und sich in manchem schwarzen Lande befindet, und von Unerfahrnen, wenn sichs am Tage zeigt, Salpetererde genennet wird. Es läßt sich aber dieses Mehl von dem Salpeter am Geschmacke unterscheiden, denn der letzte ist eiskalt, der erste hingegen bitter, kalkigt und hitzig.

Schälken, (Forstwesen) einen Baum zu Bauholz behauen, beschlagen. Nur in einigen Gegenden, besonders in Niedersachsen, üblich.

Schalken, (Schiffsbau) soviel, als etwas mit Nägeln zunageln, zuschalken.

Schallgläser, unten plattrunde Gläser, mit einem Halse von mäßiger Länge, deren Boden, wenn man gemächlich hinein haucht, mit einem Knacken auswärts tritt, so man aber den Othem an sich zieht, sich auch krachend wieder hinein begiebt.

Schallhorn, eine alte Benennung der Posaune und der Schalmey. Bey den Jägern wird der weite Theil des Hifthorns das Schallhorn genannt.

Schalloch, an den Glockenthürmen die Oeffnungen, durch welche sich der Schall der Glocken verbreitet.

Schalloch, (Flügelmacher) dasjenige runde und durchbrochene Loch, welches auf einigen Klavieren beynahe in der Mitte mit dem Schnitzer in dem Resonanzboden eingeschnitten wird. Doch wollen die neuern Künstler dieses Schalloch nicht mehr anbringen, da sie es für unnöthig halten.

Schallstücke, (Musiker) die weiten Oeffnungen an den Waldhörnern, Trompeten, Posaunen ꝛc. durch welche der Schall herausfährt. An den Pauken ist es der Trichter über dem runden Loche an dem Paukenkessel, wo es auch die Stimme genennet wird, weil man daran die Pauke stimmen und ihr die verlangte Spannung geben kann.

Schallung, (Deichbau) das mit Schilfrohr bewachsene oder auf eine andere Art befestigte Ufer eines Deiches oder Dammes.

Schalm, (Land- und Forstwesen) der abgesonderte Theil eines Waldes, oder auch einer Weide, besonders in der Mark Brandenburg üblich. Auch ein eingehauenes Zeichen an einem Baume, daher Anschalmen, ein solches Zeichen am Baume machen. Wovon auch die erste Bedeutung herzuleiten.

Schalmen (Forstwesen) von einem Baume ein Stück von der Rinde abhauen, um ihn zu zeichnen, womit die Gränzen gewisser Oerter und Bezirke bezeichnet werden.

Schalmey, (Musiker) eine Pfeife, die von den heutigen Hautbois verdrängt, und darinn denen unterschieden ist, daß sie unten kein Daumenloch hat, und stärker zu blasen ist, daher auch einen stärkern Laut giebt. In den Orgeln ist es ein Register unter den Schnarrwerken, das 8 Fußton hat.

Schälpflug, (Ackerbau) ein neu erfundener Pflug, einen wilden und noch nicht urbar gemachten Boden damit zu schälen und zu entrasen.

Schälung, s. Raal.

Schaluppe, s. Chaluppe.

Schalwerk, s. Brust.

Schämel, Berme, (Deichbau) der auswendige Absatz am Deichbau, damit so weit das Wasser die untere Dossirung selbst nicht beschädigen kann.

Schämel, s. Schemel.

Schämeleisen, s. Schemeleisen.

Schamlot, s. Kamlot.

Schampelmenteisen, (Goldschmid) Eine Art von Amboß, der aus einer Stange von Eisen besteht, und eine Angel hat, mit welcher er in das Loch des Klotzes gesteckt wird, wenn er gebraucht werden soll. Auf dem einen Ende hat er einen kleinen Knorren, auf dem andern einen Haken; der Bauch eines Deckels eines Theekessels wird darauf angetrieben.

Schan, Sang, ein Gewicht, dessen man sich im Königreich Siam bedienet. Die Chineser nennen solches Kati. (s. dieses) Jedoch ist unter dem Kati und dem Schan dieser Unterschied, daß der Chinesische Kati 2 Siamische Schans, und also der chinesische Kati 16, der siamische aber nur 8 Taels beträgt; wiewohl einige den chinesischen auf 20, und den siamischen Schan auf 10 Taels schätzen. Da nun der Tael 4 Baats oder Tikals, jeden ohngefehr von ½ Unze oder 1 Loth, und der Baat 4 Selings oder Marons, der Mayon 2 Fouangs, dieser 2 Sompaye, derselbe aber 2 Payes, der Paye 2 Clams, und dieser 12 Reißkörner hält, so kann man gar leicht berechnen, wie der Schan sich zu allen diesen Gewichten verhalte. Dieses aber muß noch angemerkt werden, daß sowohl der Schan, als

als die mehresten von den angeführten Gewichten zu gleicher Zeit auch Münzen, und zwar entweder Rechenmünzen, oder wirkliche Münzen sind, indem das Geld daselbst eine Waare ist, die nach dem Gewichte verkauft wird.

Schande, Salz, (Salzsieder) bey den Halloren das runde Stück Tuch oder Filz, welches sie vor die Brust legen, wenn sie die Salzkörbe von den Soogbäumen (s. diese) abheben, und an einen andern Ort in der Kote tragen. (s. auch Schanne)

Schandstein, zwey in Form einer Flasche ausgehauene Steine, welche ehedem Verbrecher auf eine gewisse Zeit, oder in eine gewisse Entfernung zur öffentlichen Schande tragen mußten.

Schäuen, (Korbmacher) die zerspaltenen Weiden, womit Körbe geflochten werden, und von welchen er den Kern oder Peddig der Weiden mit dem Hobel (s. Rohrhobel) abhobelt, und solche glatt machet. Er ziehet die gespaltene Weide zwischen dem Hobeleisen durch, und glättet sie solchergestalt.

Schanne, Schande, Pede, ein Achselholz, welches in der Mitte ausgehöhlt ist, daß es sich an die Achseln schließt, und von beyden Seiten Arme hat, die so lang hinaus stehen, daß sie das, was man an die daran befestigte Stricke, die mit Haken versehen sind, anhängt, vom Leibe abhalten. Gemeiniglich tragen die Mägde ein paar Wassereimer, oder auch Milchkannen etc. daran.

Schanze, Fr. Fort, (Kriegsbaukunst) eine kleine Vestung von vier oder fünf Bollwerken, welche man verfertiget, wenn man sich eines Postens versichern will, oder eine Passage zu verwehren, es sey ein Fluß, Berg, oder dergleichen.

Schanzen. 1) (Bevestigungskunst) An einer Bevestigung Graben, Schanzen, Bollwerke, Wälle etc. aufwerfen. 2) Im Bergbau heißt anschanzen Anstalt machen, daß die Arbeiter an ihre Arbeit kommen, welches auch Anschaffen genannt wird.

Schanzgräber, Fr. Pionniers, (Kriegsbaukunst) Arbeiter, die bey einer Armee gebraucht werden, die Wege auszubessern und Schanzen aufzuwerfen. Gewöhnlich wird derselben eine gewisse Anzahl bey der Artillerie gehalten.

Schanzkleid. (Schiffsbau) Ein vermittelst aufgerichteter Hölzer um das Kriegesschiff gezogener Streifen Leinwand. Er dienet zum Theil die kleinen Kugeln abzuhalten, zum Theil auch zum Verbergen dessen, was auf dem Verdeck vorgeht. Die Mastkörbe sind bey einigen im Gefechte auch damit umzogen. Die Nationen haben ihre besondere Farben zu den Schanzkleidern; z. B. die Holländer Roth, die Franzosen Blau mit gelben Lilien u. s. w. Hinter dem Schanzkleide, unmittelbar gleich über dem Boord, sind die Serwings Boovenets mit Stützen vest gestellet. Sie bestehen aus Matten von zusammengeflochtenen Stricken, fünf bis sechs Finger dick. Sie sind zwey oder dritthalb Fuß hoch, und dienen zur Bedeckung der Soldaten. Man kann auch nach dem Vorschlag des Herrn Malzerai eine von Tau geflochtene Arbeit gegen die Schüsse unter Wasser anbringen, welche von dem Wasserrand des Schiffes an einige Fuß herunter längst beyden Boorden ins Wasser gesenkt werden können.

Schanzkorb, ein rund geflochtener Korb, der mit Soden gefüllet, an beyden Enden gleichfalls zugeflochten, und denn zur Füllung einer Zuschlagskiste (s. diese) oder zum Senkwerk an Schleusen gebraucht wird.

Schanzkorb, (Artillerie) ein aus Weidenreisern geflochtener Korb, der bald groß, bald klein gemacht wird, daher sein Durchmesser zwey bis sechs Fuß hält. Die Höhe hingegen nimt man von 3 bis 8 Füßen. Man füllet sie mit bloßer Erde oder Sand, doch müssen keine großen Steine darinn seyn. Sie werden auf den Hauptwerken, Batterien, Hauptgräben etc. wo etwas eingeschossen ist, und wo man eine Bedeckung des groben Geschützes und der Soldaten nöthig hat, gebrauchet. Man bedienet sich auch öfters derselben in den Laufgräben. Die ganz kleinen zu den Brustwehren werden Fr. Corbeilles genannt.

Schanzloper, (Schiffahrt) ein kurzer Oberrock von dickem Fries oder Tuch, den die Seefahrenden anziehen, wenn es kalt ist.

Schanzzeug, (Kriegesbaukunst) alle zum Schanzen im Kriege nöthige Werkzeuge und Geräthe; dahin gehören die mancherley Spaten und Schippen, Hacken, Beile u. s. w.

Schar, der Einschnitt am Schachtstempel, (s. diesen) oder Tragstempel in den Bergwerken.

Schar, s. Pflugschar.

Scharafi, eine in Aegypten sonst geschlagene goldene Münze. Sie gilt soviel als die Sultanin, d. i. ungefähr soviel, als der französische Ecu d'or. Die Araber nennen sie Dinar, oder Methcal-Ald-Hegel. Jetzt sind die Scharafi sehr rar. Einige glauben, daß solches eben diejenige Münzsorte ist, welche die Griechen goldne Beherns nannten.

Scharbe, (Bergbau) die Korbscharben oder die senkrechten Stäbe, aus welchen der Korb am Göpel (s. diesen und Korb) zusammengesetzt ist und bestehet.

Schären, (Schiffahrt) Klippen, Sandbänke, Riffe und Eyländer, die in Menge auf den Küsten in Schweden liegen, und den Zugang zum vesten Lande gefährlich machen.

Scharf, Fr. Ressenti. (Bildhauer, Maler) Eine Abbildung oder Figur, die mit Stärke und Nachdruck angedeutet ist. Man sagt dieses, wenn man von dem Ausdrucke, als: scharfe Muskeln, redet. In den männlichen Figuren oder Statuen müssen die Muskeln scharf seyn, wenn der Stand, in welchem dieselben vorgestellet werden, gewaltsam ist, als der Stand eines Mannes, der eine schwere Last zieht oder trägt, der im Zorn in der Verzweiflung, oder in einer andern heftigen Leidenschaft, eine Handlung thut. In den Weibern hingegen müssen überall die Züge markigt, die Umrisse rundlich, und die Muskeln sehr wenig, nur daß man sie errathen kann, angedeutet seyn. Im Kupferstechen sagt man: ein Ort einer Figur, welcher scharf seyn, das ist, welcher mehr Stärke haben,

den, und welchen man durch Züge, und nicht durch Punkte formiren soll; diese Züge müssen gleichwohl, wenn es im Fleische ist, mit einigen Punkten, oder wenn es Gewänder sind, um ihre Trockenheit oder Dürftigkeit zu vermeiden, mit einigen Schnitten und Schraffirungen begleitet werden.

Scharfe, (Zimmermann) das abgeschrägte Ende eines Balkens oder Rimmens, womit selbiges vor dem Ende eines andern Balkens oder Rimmens, das gleichergestalt abgeschräget ist, anschliessen, anscharfen, oder Balken, Rimmen, Legden ꝛc. mit Schärfen zusammenfügen. Ein abgebrochener Pfahl oder Pfosten kann solchergestalt angescharfet werden. Zuschärfen, das Ende eines Balkens oder Pfostens schräge abhauen oder absägen.

Scharfe Ecken der Brückenpfeiler. (Brückenbau) Der Pfeiler einer Brücke ist bey schnellfliessenden Strömen der Gewalt des Wassers, des Eises, und dem Treibholze sehr unterworfen; absonderlich aber muß die Fläche, so gegen den Strohm steht, das meiste ertragen. Damit nun die Gewalt gebrochen werde, so werden die Pfeiler mit einer scharfen Ecke gemacht, daß sich dieselbe zertheilen muß, welches denn sehr großen Vortheil schafft, daß die Pfeiler selbst nicht so leicht beschädiget werden. Es ist eben das, was an den Deichen und Dämmen wider das Wasser in Marsch- und Seeländern geschieht, die, wenn sie senkrecht gegen die Fluth stünden, nicht lange Stand halten würden. Wie scharf aber dieser Winkel oder Ecke zu machen, läßt sich nicht beschreiben, oder etwas gewisses darüber genau bestimmen, sondern die Güte der Materialien muß solches mehrentheils verrichten. Unterdessen kann er, in Ansehung eines guten Erfolgs, niemals zu spitzig seyn.

Scharfe Gränzen. (Jäger) Wenn von den angränzenden Nachbarn der Wildbahnen nichts geschonet, sondern alles, was über die Gränze kommt, todt geschossen wird.

Scharfe Metzen, (Artillerie) die Stücken von außerordentlicher Größe, die noch größer sind, als die doppelten Karthaunen, und bis 96 Pfund schießen, wegen ihrer Schwere aber heut zu Tage nur zur Zierrath der Zeughäuser dienen.

Schärfen, (Jäger) heißt soviel als ab- und aufschneiden.

Scharfenberger Blende, Fr. Blende rouge. (Bergwerk) Eine besondere Art Blende, bisweilen halbdurchsichtig, die phosphorescirt, welches die rothe mehr thut, als die gelbe, zumal, wenn sie mit einer Kreide in einer Reibeschaale unter Wasser gerieben wird. Sie hat den Namen von dem Scharfenberg bey Meißen, woselbst sie gebrochen wird. Sie hält Zink, und selten etwas Silber.

Scharfen, Tümmel, zweyfacher Doppelhaken, (Artillerie) ein aus gutem Eisen geschmiedetes Geschütz, dessen Rohr 6½ Fuß lang ist; es wiegt mit dem Schaft 41 Pfund, schießt 16½ Loth Bley und steht auf einem Bock, wie ein Doppelhaken.

Scharfhammer, (Messingwerk) der erste Hammer bey dem Kesselschlagen, der die in Schrote zerlegte Messingtafeln vergrößert und austiefet. Er gleicht dem Breithammer, nur daß er eine etwas schmälere und völlig cylindrische Bahn hat.

Scharfhobel, Schrothobel, Fr. Riflart. Ein Hobel, (s. diesen) womit die Arbeit aus dem Gröbsten behobelt wird. Das Hobeleisen ist nach einem Bogen etwas gerundet, greift folglich tiefer ins Holz ein, und nimt die rauhe Fläche der Bretter desto besser weg.

Schärfkammer, (Papiermacher) diejenige Kammer, wo das fertige und gebundene Papier beraspelt wird, daß die äußere Randfläche ein rauhes Ansehen bekomt.

Scharfkantig, (Baukunst) ein Stuck Holz, welches ganz kantig ist, und keine stumpfe Ecken hat, so man Wahnkanten nennt.

Scharf schiessen. Wenn die Gewehre und Kanonen mit bleyernen, eisernen, oder auch wohl steinernen Kugeln geladen sind, und abgefeuert werden.

Scharfschütz, ein Jäger, der nur mit gezogenem Gewehre, und daher in allen Fällen schärfer und genauer schießt, als ein anderer. Ein Schütz, der sowohl im Fluge als im Laufe trifft; auch ein Gränzjäger, welcher alles über die Gränze tretende Wild schießen darf.

Schärfstein, (Buchbinder) ein Stein, worauf das Leder seiner scharfen Kanten beraubet, und abgeschärfet wird.

Scharkramme, (Landwirthschaft) eine Kramme oder Krampe an dem untern Theile des Pfluges, [illegible] die Pflugschar vermittelst eines eisernen Keils befestiget [illegible].

Scharlachabschnitzel, (Ledertapetenmacher [illegible]) man färbt mit diesen Abschnitzeln Kreide, diese [illegible] denn mit gefeilenem weißen Firniß abgerieben und [illegible] malt man auf die vergoldeten Leder damit rothe Stellen.

Scharlachbeeren, s. Chochinelle.

Scharlachfarbe, (Färber) das zarte saubere Mehl, oder Pulver aus dem Kermesbeeren. Es ist das beste Theil derselben, und kann nur aus frischen und sehr rothen Körnern gemacht werden. Man färbt damit die Scharlachtücher, (s. diese) gemeiniglich werden aber die ganzen Körner der Cochenille darzu genommen. Das Pulver muß trocken seyn, und nicht übel riechen, weil es von Betrügern mit Essig angefeuchtet wird, um dessen Farbe zu erhöhen, und das Gewichte dadurch zu vermehren.

Scharlachfarbe. (Färber) Eine schöne brennende rothe Farbe, die aus Cochenille zubereitet wird, bey welcher aber die natürliche Karmoisinfarbe der Cochenille durch Zinn in Königswasser aufgelößt, oder die Scharlachkomposition erhöhet wird. Daher nennt man auch diesen Scharlach feuerfarbenen oder auch holländischen Scharlach. Man hat von diesem Scharlach verschiedene Schattirungen, die durch die Komposition hervorgebracht werden können. Denn je mehr von der Komposition hinzugesetzt wird, desto heller wird die Farbe und umgekehrt, daher denn die mancherley Schattirungen entstehen. Man hat aber auch noch einen dunklen Scharlach, den man

Franz- oder venetianischen Scharlach nennt, der mit Kermesbeeren gefärbt wird. Auch hat man noch eine dritte Art zu färben mit Gummilak, der zwar nicht so lebhaft aber beständig seyn soll. Wenn der mit Cochenille gefärbt werden soll, so muß die Wolle oder der Zeug erst durch einen Sud alaunt werden. (s. alaunen) Man macht reines Flußwasser in einem Kessel warm, und schüttet pulverisirte und gesiebte Cochenille nebst Cremor Tartari hinein. Man rechnet auf jedes Pfund Wolle etwa 2 Loth Cochenille. Wenn das Wasser zu kochen anfängt, so wird etwas von der Scharlachkomposition hinzugegossen, mehr oder weniger, nachdem die Sache heller oder dunkler gefärbt werden soll. Sobald nun diese Farbenbrühe kocht, so taucht man die Wolle in heißes Wasser, bringet sie in die Farbenbrühe, drehet sie beständig um, und nimt sie erst nach anderthalb Stunden heraus, da sie denn ausgedrückt und im Wasser gespühlt wird. Diese erste Brühe erschöpft sich aber, und giebt der Wolle noch nicht die gehörige Farbe. Daher muß noch eine zweyte schwächere Brühe auf die vorgedachte Art zubereitet werden, in welcher auch die Wolle, auf die vorherbeschriebene Art gefärbt und zuletzt gespühlt wird. Die Scharlachfarbe kann nur in zinnernen Kesseln gefärbt werden, weil die kupfernen und meßingenen dem gefärbten Zeug anschmutzen. In dieser Farbenbrühe können vermittelst einer Beymischung verschiedener Salze und Halbmetalle viele Nebenfarben hervorgebracht werden, als Violet, Lilas, Zimmetfarbe ꝛc. diese Scharlachfarbe giebt einen lebhaften Scharlach, den man aber dunkel machen kann, wenn zu der Farbenbrühe Alaunwasser hinzugethan wird. Der venedische oder französische Scharlach wird mit Kermes oder Alkermes auf diese Art gefärbt. Man pulverisirt und siebet den Kermes, und auf jedes Pfund Wolle kocht man höchstens 1 Pfund Kermes in Wasser. Sobald diese Farbenbrühe kocht, so färbt man die Wolle oder den Zeug in der Farbe, wenn beydes noch von dem Alaunsud naß ist. Je mehr Kermes zu dieser Farbenbrühe hinzugesetzt wird, desto dunkler ist der Scharlach und umgekehrt. Hierdurch entstehen denn gleichfalls verschiedene Schattirungen. Soll die Farbe ins Karmoisin fallen, so zieht man die Wolle oder Zeug erst durch heiß Wasser, oder man setzt zur Farbenbrühe alkalische Salze hinzu. Eine Vermischung von der Scharlachkomposition macht diesen Scharlach heller und lebhafter. Schlechter wird aber auch diese Farbe auch wohlfeiler, wenn man Kermes und Krapp zur Hälfte nimt, wodurch der sogenannte Halbscharlach (s. diesen) oder das Blutrothe entstehet. Der Scharlach aus Gummilack wird also gefärbt; man löset den Lack entweder in Wasser auf, gießt das gefärbte Wasser ab, und läßt es abdampfen, da denn ein klebrichter Saft übrig bleibt, der zum Färben gebraucht wird; oder man setzt den Gummilack nebst Walkwurz und Wasser an einen warmen Ort einige Stunden stehen, wodurch er sich auflöset. Man gießt hierauf das gefärbte Wasser ab, führt die Farbentheilchen zu einem Bodensatz, und läßt diesen in der Sonne trocknen. Durch beyde Mittel werden die harzigen und unreinen Theile von dem Gummilack abgesondert. Diesen geläuterten Gummilack reibt man nun erst mit warmem Wasser und alsdenn mit Scharlachkomposition, bringet diese Mischung mit Weinstein und Wasser in einen Farbenkessel und wenn das Wasser anfängt zu kochen, so färbt man den Zeug, wie oben bey dem Cochenillenscharlach. Man macht auch unechte Halbscharlache, diese werden von Orseille und einer Vermischung von Scharlachkomposition, woraus gleichfalls, wie aus dem echten Scharlach, verschiedene Nebenschattirungen durch Vermischungen von Salzen und andern Ingredienzien entstehen, gemacht. (s. davon an seinem Ort)

Scharlachkessel. (Zinngießer) Ein aus Zinn gegossener großer Kessel, worinn Scharlach gefärbt wird. Er ist 24 und mehr Zentner schwer. Sie werden nach dem Lehrbrett in der Erde wie eine Glocke von dem Rothgießer gegossen. Man macht einen Kern, der die künftige innere Höhlung des Kessels bildet. Dieser wird von Leimen und Steinen gemauert und mit dem Schablon abgeglichen. Der Hobel oder die Dicke ist von Lehmerde, die Kappe oder das Mantel aber von Leim und Haaren, und wird mit eisernen Ringen umgeben. Man macht auch dergleichen Farbekessel von Zinnplatten. Man treibt sie auf dem Eisen des Klotzes, wie der Kupferschmidt die kupfernen Kessel und die Fugen werden verlöthet. Allein diese Art ist schlechter weil der Scharlach von dem bleyischen Lothe fleckig wird.

Scharlachkomposition, (Färber) die Komposition, wodurch die Scharlachfarbe hervorgebracht wird. Man gießt Scheidewasser mit Salmiak und etwas reinem Wasser versetzt nach und nach auf zerhacktes, oder gekörntes, oder auch zu dünnem Blech geschlagenes Zinn, worinn sich dieses nach und nach auflöset. Das Zinn muß fein und ohne allen Zusatz seyn, man nimt am liebsten das Malaker Zinn dazu, welches noch besser wie das englische ist. Durch diese Auflösung entstehen rothe Dünste, die man in dem irdenen Gefäß, worinn das Zinn aufgelöset wird, zu erhalten sucht, weil sie zur Schönheit der Farbe das ihrige beytragen. Ist das Zinn völlig aufgelöset, so hat diese Solution eine röthliche Farbe.

Scharlachtücher. (Färber, Tuchmanufaktur) Rothe mit Cochenille zu Scharlach gefärbte Tücher, die erst nachdem sie schon gewebt, gewalket und zugerichtet sind gefärbt werden. Deswegen denn auch diese Tücher einen weißen Schnitt haben, indem die Farbe nicht durch und durch gedrungen ist, als wohl bey den wollgefärbten Tüchern ist, da kein weißer Schnitt zu sehen, weil die Wolle vor dem Spinnen gefärbt wird. (s. Wollfärben und Scharlachfarbe.

Scharmützel, Fr. capsule, (Hüttenwerk) ein Papierchen, darein etwas gewickelt wird, so auf dem Probir-Scherbel, oder Tiegel, oder der Kapelle zu tragen ist, damit im Eintragen nichts davon verschüttet werden möge.

Scharmützel, Fr. Escarmouche, (Kriegskunst) ein Treffen, welches zwischen zweyen feindlichen Partheien,

Theilen, die von ungefähr auf einander stoßen gehalten wird.

Scharn, (Baukunst, Zimmermann) ein jedes beschränktes Werk zu einer Krambude. Daher die Fleischbuden Fleischscharn genennt werden. Im engern Verstande aber sollen wohl mehr dergleichen Buden zusammengebaut, und einen Bezirk einnehmend Scharn genennt und wenn man sagt Fleischscharn, solches von mehreren dergleichen Fleischbuden gesagt werden. So wie man auch ein gleiches sagt, wenn man verschiedene Bäckerbuden benennen will.

Scharmitzel. In Wien die kleinen papiernen Düten, darein 100, 50, 25 oder wenigstens ein Dutzend Dukaten gewickelt werden, welche der römische Kayser sonst den Audienzbrüdern bey verstatteter Audienz auszutheilen pflegte. Welches aber jetzt abgekommen ist.

Schärpe. Fr. echarpe, (Bortenwirker) Eine Leibbinde der Offiziere, die sie um den Unterleib binden, zum Zeichen, daß sie im Dienst sind. Es ist ein netzartiges Gewebe von Silber- oder Goldfäden mit Seide vermischt. Es werden gemeiniglich dreyfache Fäden zusammen auf der Spinnmühle (s. diese) gedreht, und wenn sie reich werden, zwey Silber- oder Goldfäden, und ein Faden Seide, und umgekehrt, wenn sie nur einfach werden soll, genommen. Zu den Schärpen der preußischen Offiziere wird Silber und schwarze Seide genommen, als das bekannte Feldzeichen der Armee. Diese also gesponnene Fäden werden nach der Länge der Schärpe auf einen langen Rahm ausgespannt und eben solche Fäden nach der Breite der ausgespannten Fäden, man macht bey jedem einen Kreuzknoten, wie bey Verfertigung der Netze, daß also die Schärpe aus lauter kleinen Rauten bestehe. Auf beyden Enden aber bleiben die Fäden, welche nach der Länge ausgespannt sind, einige Hände breit unbestrickt hängen, und hieraus entstehen die Franzen der Schärpe. Ueber diesen Franzen wird endlich die Schärpe mit Seide zusammengezogen, daß die Franzen eine Troddel bilden. Oefters wird die Troddel mit Krepin (s. diesen) verziert.

Scharpie, Schabsel, Carpie, (Wundarzt) geschabte oder in Fasern zerpflückte Leinwand, welche in die Wunden gelegt wird.

Scharre, Rußscharre, (Schornsteinfeger) ein gekrümmtes Eisen, das mit dem Stiel einen rechten Winkel macht und eine breite Klinge hat, mit welcher der Ruß in denen Feuermauern ausgekratzt oder gescharrt wird.

Scharreisen, (Schiffszimmermann) ein dünnes meißelartiges Eisen, womit derselbe in die kleinen Risse (Scheeren) einer Bohle zu mehrerer Dichtigkeit Werg einschlägt. Es hat eine gerade Bahn.

Scharrer, s. Harzscharrer.

Scharrireisen, (Steinmetz) das breiteste meißelartige Eisen mit geraden Schneiden, es folgt auf das Halbeisen, und macht so wie dieses, alle ungleiche Hügel und Höcker die das Kröneleisen noch auf der Fläche des Steins gelassen hat, eben. Es wird wie alle andere Eisen dieser Art mit dem Klüpfel getrieben. Auch schlägt der Steinmetz mit diesem Eisen die Reifen auf, wenn die Flächen der Quadersteine mit dergleichen verziert werden sollen.

Scharriegel, (Landwirthschaft) an einem Pflug ein Stückchen Eisen, welches in den Bolzen gesteckt wird, die Pflugschar zu halten.

Scharsche, Serge.

Scharstöcke, (Schiffsbau) die beyden gerade in der Mitte der Duchten (s. diese) der Länge eines Fletzkahns liegende Hölzer, die zur Befestigung des Mastbaums dienen. Ihr Abstand von einander ist 10 Zoll, und sie selbst sind 10 Zoll breit, 6 Zoll dick, und werden mit zwey starken hölzernen Nägeln auf jeder Duchte angenagelt.

Scharteiche. (Deichbau) Ein solcher Deich, der die Abdachung verlohren, die wieder hergestellt werden muß, oder wenn solches nicht mehr geschehen kann, so muß man zurückdeichen.

Scharte, Farbescharte, Färberdistel. (Färber) Ein Kraut zum Gelbfärben, welches aus seiner Wurzel längliche und breite Blätter hervorstößt, die groß am Rande zackigt und dunkelgrüner Farbe sind. Sein Stängel, der zwey bis drey Schuh hoch wird, ist gerade, etwas röthlich und gestreift, und theilt sich nach der Spitze zu in viele Zweige. Das Kraut wächst an den Wiesen, an etwas feuchten Orten und wird fleißig gesammlet.

Scharte, an einem schneidenden Instrument eine fehlerhafte Oeffnung der Schneide, welche entweder durch ein ausgesprungenes Stück verursacht worden, oder daß sich die Stelle umgelegt hat.

Scharr haben, auf den, (Böttcher) ein Ausdruck desselben, wenn er den ganzen Durchmesser eines Bottigsbodens bestimmen will. Wenn z. B. der ganze Bottig im Boden so und so viel Fuß im Durchmesser hat, so sagt er: der Bottig hat so und so viel Fuß auf den Scharr, nämlich es ist derselbe von einer äußern Kante des einen Scharrstückes bis zu der andern Kante des andern Scharrstücks so und so lang.

Scharrstück, Kammstück. (Böttcher) So werden die äußern Bodenstücke eines Bottigs genennt. Es ist auf jeder Seite des Bodens ein dergleichen Scharrstück.

Schatten, Fr. Ombres, (Maler) die dunkeln Parthien, welche den beleuchteten entgegen gestellt sind. Alle Schatten eines Gemäldes müssen nur als ein einziger herauskommen, damit alle Massen eine schöne Harmonie bewirken. Bey großen Lichtern müssen große Schatten seyn, weil sie die Ruhestellen ausmachen. Alles was sich in dem starken Schatten befindet, muß eins von der andern Farbe Theil nehmen, so daß alle verschiedene Farben, welche im Hellen wohl unterschieden sind, wegen ihrer großen Verminderung, in dem Dunkeln nur eine scheinen. Man muß die starken Schatten in der Mitte der Glieder vermeiden; sie scheinen solche zu zerbrechen. Es ist besser, sie herum zu legen, um die Wendungen zu machen, und den Figuren Erhabenheit zu geben. Die Halbschatten sind nichts anders, als Mittelfarben, welche den

Ueber-

Uebergang vom Lichte zum Schatten machen. (s. Helldunkel, Halbschatten, Licht)

Schattenfarbe, (Maler) diejenige Farbe, womit der Schatten in einem Gemälde und dessen Theilen ausgedrucket wird.

Schattenhut, s. Sonnenhut, Strohhut.

Schattenmasse, (Maler) mehrere Schatten in einem Theile eines Gemäldes, als ein Ganzes betrachtet, im Gegensatze der Lichtmasse.

Schattenriß, Fr. Silhouette, die Abbildung eines Körpers und in engerer Bedeutung nur des Gesichtes nach dem Schatten im Profil. Ein solcher Schattenriß erhält die ähnlichste und kennbarste Abbildung einer Person, wenn er richtig gemacht ist. Die Person, von der man den Schatten nehmen will, setzt sich in gerader Linie zwischen ein brennendes Licht, und einen ausgespannten Bogen weiß Papier, so, daß sich das Profil genau im Schatten ausdruckt. Der Zeichner folgt mit einem Bleystifft oder Röthel dem Schatten genau nach, wobey aber die Person in der einmal genommenen Stellung vest und unverruckt sitzen bleiben muß, sonst kann der Schattenreißer keine Aehnlichkeit erhalten. Diesen also im Großen abgenommenen Riß kann man zu allen möglichen Größen, vermöge eines dazu besonders eingerichteten Storchschnabels, (s. diesen) verjüngen, indem man ein kleines Blatt weiß Papier auf den großen Bogen legt, den einen Schenkel des Storchschnabels durch den an dessen Ende befindlichen Stift mitten durch beyde bevestiget, und mit dem am Ende des andern Schenkels befindlichen Stift der genommenen Zeichnung genau folgt, da denn ein in zwey kleinern Schenkeln, die mit ihren Enden zusammenlaufen, und mit den entgegengesetzten Enden an beyden langen Schenkeln beweglich bevestiget sind, so daß sie zusammen eine Rautenfigur machen, befindlicher Bleystift eben denselben Umriß im Kleinern auf dem obersten kleinen Blatt darstellt, der mit einer feinen Schere, oder mit einem feinen Messer ausgeschnitten, geschwärzt, und auf ein weißes Blatt aufgeklebt wird.

Schattiren, Fr. ombrer, (Maler) gewisse Parthien einer Figur, oder eines jeden andern Gegenstandes, mit dunklern Farben malen oder zeichnen, als diejenigen sind, deren man sich zu den Parthien, welche beleuchtet seyn sollen, bedient. Die ganze Geschicklichkeit im Zeichnen, Malen und Kupferstechen besteht darinn, daß man die richtig gezeichneten Umrisse wohl zu schattiren wisse. Hierauf gründet sich das Helldunkle.

Schattirte Arbeit, (Strumpfstricker) eine Strickerey, die insbesondere zu den Fußdecken und Teppichen gehörte und eigentlich eine figurirte Strickerey war, jetzt aber stark aus der Mode gekommen ist, und nur noch bey einem Meisterstück der Stricker vorkömt. Der Strumpfstricker mußte hiebey in einem weißen Grunde vielfarbige Blumen oder Figuren einstricken, und folglich mit mehreren Fäden von verschiedenen Farben, doch nur an jedem Ort mit einem Faden von erforderlicher Farbe, nach Art, wie man noch heut zu Tage die Zwickel figurirt einstrickt, stricken.

Schattirte Feilen, (Feilenhauer) Feilen, die die Goldschmide und andre, die weiches Metall verarbeiten, gebrauchen. Sie sind auf eine besondere Art gehauen. Denn der Meißel wird bey dem Hauen bey einem Hiebe gegen die Spitze bey dem andern Hiebe aber gegen die Angel geneigt, und wenn der Feilenhauer seine Kunst recht zeigen will, so legt er die Hiebe dergestalt, daß auf der Feile dreyeckigte, oder auch viereckigte Figuren entstehen, wovon sie auch den Namen erhalten. Man kann diese Hiebe wegen mit einer solchen Feile vorwärts und Rückwärts feilen. Sie werden aber nur selten gemacht, weil man mit einer jeden andern Feile weiche Metalle feilen kann.

Schattirte Streifen eines Zeuges. (Seiden und Zeugmanufaktur) Eine von mehreren Hauptfarben und von den abhangenden Schattenfarben zusammengesetzte Streife eines Zeuges. Diese Schattenstreifen theilen sich wieder in zwey Theile. Sie haben entweder einen offenen oder einen geschlossenen Schatten. Geschlossen heißt der Schatten, wenn die Farbe einer Streife anfänglich an beyden äußern Seiten dunkel ist, sich aber nach der Mitte zu, nach und nach zunehmend ins Helle verliert. Im Gegentheil macht bey einem geöffneten Schatten die helle Farbe an jeder Seite der Streife den Anfang, und die Schattirung verliehrt sich nach und nach gegen die Mitte zunehmend ins Dunkle. Es versteht sich, daß in beyden Fällen die Streife eine Grundfarbe hat, in welcher mehrere dunkle und helle Schattirungen angebracht werden. In jedem gestreiften Zeuge muß man aber den Grund von den Streifen sehr wohl unterscheiden und also auch hier. Es muß eine doppelte Kette geschoren werden; (s. Scheren der streifigen Zeuge) nämlich eine Grundkette, und eine Kette zu den Streifen, welche aber bey dem Einlesen zu einer Kette verwandelt werden muß. Bey dem Scheren einer solchen schattirten streifigen Kette muß der Scherer sehr große Erfahrung haben, um die Rollen mit den verschiedenen Haupt- und ihren Schattenfarben also zu ordnen, daß die verlangten Streifen mit Schatten entstehen. (s. Scheren)

Schattirung, Fr. Nuance, (Maler) der unmerkliche Uebergang von einer stärkern Farbe zu einer schwächern, oder von einer schwächern zu einer stärkern und lebhaftern von eben der Art. Diese Schattirung ist eben das, was man gewöhnlicher den Halbschatten oder die Zwischenfarbe nennt. Das französische Wort nuance ist in der erklärten Bedeutung eine Metapher, daher brauchen die Franzosen, um eben diese Sache auszudrücken, lieber die Wörter teintes und demi-teintes. Sie lassen das Wort lieber den Tapetenwirkern, um dadurch die verschiedene Grade und Töne von eben der Farbe anzudeuten, womit man die Wolle färbt, welche zu den Tapeten gebraucht wird. Die Kaufleute, die mit Farbenstiften handeln, sagen auch eine Schattirung von Stiften machen (Fr. nuancer les crayons) wenn sie sagen wollen, Stifte von verschiedenen Tönen einer Farbe machen. Um ein vollkommenes Assortissement von Farbenstiften zu haben, muß man

man dasselbe aus allen Schattirungen von einer jeden Stärke werden.

Schattirung der weissen Seide, s. Weißmachung der Seide.

Schatz, (Landwirthschaft) die Benennung eines gewissen Stücks Reb-Landes, dessen Inhalt ohngefähr den dritten Theil einer Juchart (s. dieß) ausmacht. Zu Kolmar und an einigen andern Orten im Elsaß, woselbst dieses Wort am üblichsten ist, wird eine Ruthe zu dessen Breite und dreyßig Schuh zu seiner Länge gerechnet.

Schätzen, das Vieh, der Schlächter muß entweder durch den Griff, wie beym Rind, (s. Rind schlachten) oder durch das Aufheben und Begreifen zugleich wie bey Kälbern, Schweinen und Hammeln im voraus wissen, ob das Vieh fett sey und wieviel es wiege. Beym Rind muß er es bis auf 10 Pfund errathen. Bey den Kälbern hat er dieses durch das Aufheben, und durch das Anfühlen der Brust, und an dem Euter eines Kuhkalbes und nach dem Beutel eines Ochsenkalbes kann er schon wissen, ob sie fett sind. Eine breite Brust zeigt dieses an. Ob ein Kalb fleischig sey, untersucht er an den Ribben im Rücken, und ob die Keulen viel Fleisch haben. Beynahe eben so wird ein Hammel geschätzt. Der Schlächter greift ihm nach der Brust, ob solche stark mit Fett bewachsen ist. Alsdenn fühlt er nach den Ribben, ob er auch hier Fett hat, ferner nach der Wüste d. i. nach dem Nierenstück und endlich nach dem Beutel; durch das Aufheben schätzt er das Gewicht bis auf 1 Pfund. Ist bey einem Lamme der Hals und die Brust stark und fett, bey den Bocklämmern der Beutel und bey den Zibbelämmern das Euter fett, so ist alles ein Zeichen der Güte des Lammes. Ein Schwein wird wie das Rind durch einen Griff geschätzt. Er muß sehen ob es völlig ausgewachsen ist, ob es Speck auf den Ribben und Backenfleisch am Halse hat, und ob der Rücken bewachsen, breit und mit Speck angewachsen sey. Das Schwere oder die Liesen beurtheilt er aus der Stärke der Wamme, die zwischen den Hinterfüßen und dem Bauch sitzt.

Schätztafel, bey den Fleischern, Bäckern u. s. f. diejenige Tafel, worauf von den Schätzern die bestimmte Taxe des Brodtes und Fleisches geschrieben wird.

Schau, (Schiffsbau) die am Stock hinauf und zusammengezogene Flagge, wodurch Fahrzeuge vom Lande ans Schiff gerufen werden. Hängt die Flagge zusammengerollt, so ist sie ein Nothzeichen.

Schau, s. Beschauwalzen.

Schauanstalten, (Manufakturen) diese Anstalten werden in einem jeden wohl eingerichteten Staat wo Manufakturen und Fabriken im Flor sind, angetroffen, deswegen denn bey einer jeden, besonders Zeugmanufaktur, gewisse sachverständige Schaumeister verpflichtet sind, welche nach dem vorgeschriebenen Reglement die verfertigte Waaren untersuchen und beurtheilen, ob sie in der gehörigen Qualität verfertiget worden. So ist z. B. bey der Zeugmanufaktur eine solche Anstalt getroffen, daß die Schaumeister die Tücher zu drey unterschiedenen malen besichtigen und untersuchen. Erstlich wenn sie vom Stuhl kommen, ob solche gehörig gewirkt, ob sie den gehörigen Einschlag erhalten, ob solcher gehörig und gut angeschlagen, und ob bey dem Weben selbst keine Fehler vorgefallen sind. Nach dem Walken wird es gleichfalls auf Stangen der Schau unterworfen und untersucht, ob es gut und stark genug gewalkt, damit es die Zubereitung aushalten kann. Endlich wird es noch zum drittenmal beschaut, wenn es fertig im Rahmen zugerichtet ist, ob es nicht zu sehr ausgedehnt, ob es gehörig geschoren und sonst keine Fehler habe. Bey der Seidenmanufaktur müssen die Schaumeister gleichfalls die Kette eines Zeugs untersuchen, ob sie der Vorschrift gemäß, die erforderliche Anzahl Fäden hat, und alsdenn mit ihrem Stempel solche auf dem Weberstuhl stempeln u. s. w.

Schaub, Schütte, Schoof, Schob, (Landwirthschaft, Dachdecker) ein kleines Bund glattes oder gerades Stroh, mit welchen besonders die Strohdächer gedeckt werden.

Schaubbrett, (Mühlenbau) ein hölzerner Schieber vor der Oeffnung des Mehlkastens in einer Mahlmühle, den man senkrecht zwischen zwey Leisten auf und nieder schieben kann. Die Leisten sind auf der vordern schmalen Seite des Mehlkastens bevestiget. In der Mitte dieses Schaubbretts ist eine runde Oeffnung, worinn der Beutel auf einer Seite und vor dem Mehlloch der Mühle auf der andern Seite bevestiget und aufgespannt ist. Man kann vermittelst dieses Schaubbretts den Beutel schlaffer oder stärker aufspannen.

Schaubenbunde, Schaub von Stoppeln, Fr. un Javelle de Chaume, (Dachdecker) ein aus mehreren Schauben (s. diese) zusammengebundenes langes und dickes Bund, welches der Decker nach seinem Bedarf sich bindet. Wenn er sich die Schauben dazu bindet, so nimt er eine Sichel in seine rechte Hand, nimt einen kleinen Arm voll Stoppeln, staucht solchen auf dem Boden, daß die Halmen zurecht fallen und gleich werden. Hat er auf solche Art immer mehr und mehr dazu genommen, mit seiner Sichel in Ordnung erhalten, und einen solchen Haufen vor sich gemacht, der vier Fuß lang, einen Fuß dick, und 2 Fuß breit ist, so fähret er mit einem Fuß unter die Länge dieses kleinen Haufens, und nimt die Stoppeln, die er nur erst in Ordnung gebracht hat, in kleinen Theilen, drückt sie mit den Händen an den Schenkel, und kämmet sie mit den Fingern gröblich aus, drückt die Halme zusammen, rupfet die vorragenden heraus, legt ihn auf ein Strohseil, und bindet ihn zu seinem Bedarf zusammen. (s. Strohdach)

Schaubenlagen, (Dachdecker) die in einer Reihe auf die Dachsparren gelegte und aufgebundene Strohschauben.

Schauber, Fr. Brateau, (Fischer) ein Hamen, welcher vor sich hin geschoben wird, aber keine Gabel hat. Hat er eine Gabel, so heißt er Setzhamen, wird er aber sowohl vorwärts, als auch vielmehr rückwärts geschoben, so heißt er ein Kratzhamen.

Schaubhut, Schobhut, Schauberr, Schepperr, ein großer runder Strohhut in Gestalt eines Siebes, mit einer Höhlung für den Kopf, welcher den ganzen Kopf vor der Sonne und den Leib vor dem Regen bedecket. Er ist bey dem weiblichen Geschlechte auf dem Lande sehr gebräuchlich.

Schaubühne, s. Bühne.

Schaucke, Ponton. (Schiffahrt) Ein großes flaches Fahrzeug, welches mit einem Mast, Kabestan, Winde, Schrauben und andern Werkzeugen versehen, und dazu dienet, andere Schiffe, wenn man sie kielholet, zu stützen, ihnen die Masten abzunehmen, und sie aufzurichten. Es ist bis 60 Fuß lang, 18 breit, und 6½ tief. In den italienischen Häfen nennet man die Baggere Prahme-Pontoni, dergleichen in dem Hafen von Livorno sehr nöthig sind.

Schauen, ein Tuch, (Färber) ist soviel als aufsetzen, wenn man nämlich, besonders bey der rothen Farbe, nicht ganz mit den ächten Farben färbet, sondern darauf noch eine Farbe von unächten Materialien setzt, und hernach ein solches rothes Tuch durch den Regen oder von Säuren violet wird. Eben so, als wenn man dem Blau mit dem Indigo nur eine hellblaue Schattirung giebt, und es hernach mit Blauholz vollends dunkel färbt, welches also eine falsche Farbe giebt, und Betrügerey ist, und wenn die unächte Farbe verschossen, so kommt die ächte zum Vorschein, dann sagt man, die Farbe schauet.

Schauer, Wetterhütte, Regenhütte, ein leichtes Gebäude, worunter man vor der Witterung in Sicherheit ist. Oefters bestehet ein solcher Schauer nur aus vier Pfählen mit einem Dach, wovon die eine Seite sich an eine Mauer lehnt. Von dem verschiedenen Gebrauche, wozu ein solcher Schauer bestimmt ist, heißt er bald ein Wagenschauer, Holzschauer, Bienenschauer u. s. w.

Schauerholz, (Leinweber) ein Stab, der an beyden Enden abgerundet ist, womit derselbe zuweilen die fertig gemachte Leinwand reibet, wodurch sie nicht allein geglättet, sondern auch nach der Breite in etwas ausgedehnet wird.

Schaufel, Schüppe, ein hölzernes Werkzeug, das Korn und andere Feldfrüchte in der Scheune auf einen Haufen zu werfen, zu wurfeln, zu wenden und umzuschüppen, auch bey dem Messen in den Scheffel zu schütten; überhaupt ein zu vielem Gebrauch nöthiges Geräthe. Sie wird aus einem einzigen Stück Holz verfertiget, hat einen langen Stiel, ist an dem untern Theil breit, und etwas muldenförmig ausgehöhlet, damit die aufgefaßte Sachen darauf liegen können. Von ihrem verschiedenen Gebrauche erhalten sie auch verschiedene Beynamen, als Wurfschaufeln, Malzschaufeln u. s. w. Die eisernen Schaufeln in den Küchen, um die Kohlen und Asche gut aus dem Ofen zu heben, haben einen hohen Rand, und gemeiniglich erhalten sie den Namen einer Schüppe. (s. Kelle)

Schaufelbänder, (Schlösser) Bänder oder Thürbeschläge, deren Blätter schaufelartig gestaltet sind.

Schaufelblatt, (Mühlenbau) ein Stück Eisen, welches an dem Orte, wo der Zogzapfen schmal, hinten aber breit ist, angebracht ist. Es wird solches in die Wellenhälse hinein getrieben, und mit eisernen Reifen und Bolzen verwahret.

Schaufelbohrer, (Bergbau) ein großer hohler Bohrer von schaufelartiger Gestalt, womit die Röhren zu den Kunst- und Wasserwerken ausgebohret werden. Es wird bey dem Gebrauche mit einem 3½ Fuß langen Kreuze an seiner Stange versehen, oder auch wohl mit einem kleinen Schwungrade mit einer Kurbel, woran zwey Mann drehen können, auf der Bohrbank in sein Gerüst geleget, und damit die Röhre, die auf der Bank liegt, gebohret.

Schaufelbreite eines unterschlächtigen Wasserrades. Das Gerinne eines Mühlenganges muß sich allemal nach den Schaufeln des Rades richten, und es taugt nicht, wenn man anders verfahren wollte. Zu diesem Vorhaben fehlt die Schaufelbreite, welche nicht willkührlich ist. Denn wenn die Schaufel den ganzen Stoß des Wassers empfangen soll, so muß sie auch ganz mit Wasser bedeckt werden können. Dieses geschiehet nicht, wenn die Schaufel nicht die völlige Breite des auf sie zuschießenden Fachbaumwassers besitzet. So dick nun der Wasserstrahl ist, so breit muß auch die Schaufel angegeben werden. Die Länge aber kommt heraus, wenn mit der Breite in den vorher gefundenen Flächeninhalt dividiret wird. Aus der gegebenen todten Kraft der Maschiene und der Höhe des Wasserstandes wird eine Schaufel zu einem unterschlächtigen Rade berechnet und gezeichnet. Man bestimmet erstlich aus der todten Kraft die lebendige, und diese ist = v, so schließet man, $4 : 9 = p : v$ und also ist

$v = \frac{9p}{4}$ und die todte Kraft sey z. B. = 700 Pf.

$4 : 9 = 700 : 1575$ Pf. Zweytens findet man aus dem Wasserstande die mittlere Geschwindigkeit des Wassers, und suchet zugleich den solcher Geschwindigkeit zukommenden Stoß auf. Z. B. Wenn der Schütz um 12 Zoll gezogen wird, so bleiben noch 1′ 9″ Druckwasser über die Oeffnung übrig; da nun $\frac{4}{9}$ von der Oeffnung zur Höhe des Druckwassers zu addiren sind, um die Höhe des mittlern Wasserstandes heraus zu bringen, so wird derselbe allhier 1′ 9″ + 5⅓, oder 2′ 2″ 4‴ ausmachen, dessen Geschwindigkeit = 11′ 6″ in einer Sekunde, und dessen Stoß auf einen Pariser Quadratfuß = $154\frac{2}{5}$ Pfund gewähret. 3) Dividiret man mit dem Stoß in die lebendige Kraft, so ergiebt sich der Flächeninhalt der Schaufel. Denn so vielmal der Stoß auf einen Quadratfuß in der Größe der lebendigen Kraft enthalten ist, so viel Quadratfuße bedarf die Schaufel. Es ist aber $154\frac{2}{5}$ in 1575 enthalten 10 [illegible] mal, soviel Quadratfuß machen den Inhalt der Schaufelfläche aus. 4) Nimt man die Oeffnung des Schutzes zur Schaufelbreite an, und dividiret damit in den Flächeninhalt, so giebt der Quotient die Länge; da gegenwärtig diese Breite = 12 Zoll ist, so ist die Länge = 10′ 2″.

Schaufelhirsch, (Jäger) die Damhirsche also genennt, wegen ihrem breiten schaufelförmigen Gewichte. Oefters aber haben die Rothhirsche auch Stangen, die oben in der Krone ganz breit sind.

Schaufelhosen, (Salzsiederey) Fässer mit süßem Wasser, darinn die Salzschaufeln, wenn damit in der siedenden Sole gearbeitet worden, abgekühlet werden.

Schaufelkunst, s. Schaufelwerk.

Schaufeln, Blätter, Tafeln, Fr. Alerons. (Mühlenbau) Bey den unterschlächtigen Mühlenrädern die in die Quere in den Radbogen eingesteckten Bretter, die gleichsam die Flossen des Wassers sind, daran sich das Wasser des Gerinnes stämmet, hierdurch aber das Umtreiben des Rades verursachet.

Schaufeln, Fr. Pattes. (Ankerschmid) die platten Stücken Eisen, die beynahe dreyeckigt sind, und welche man an jedem Ende der Ankerarme anschweißet. Zwey ihrer Winkel machen die Ohren, und der dritte die Spitze oder den Schnabel aus. Sie sind dazu bestimmt, daß wenn der Anker (s. diesen) ausgeworfen wird, eine von ihnen in den Ankergrund einfasset, und dadurch das Schiff vest hält. Sie müssen, wenn sie tauglich seyn sollen, mehr breit als rundlich seyn, weil sie alsdenn nicht so leicht aus dem Erdreich reißen, da sie eine Menge Erde vor sich finden, solche wegzuschaffen; wären sie aber runde Haken, so würde ein weiches Erdreich nicht genug Widerstand thun können. Die Schaufeln müssen von wohl gereinigten Eisenkolben besonders gut geschmidet, und nach ihrer ganzen Länge an die Arme des Ankers angeschweißet werden.

Schaufelrad, (Mühlenbau) ein jedes Mühlenrad, welches durch den Fall des Wassers und dessen Stoß oder Druck seine Bewegung bekömt, auch daher nach Beschaffenheit der Umstände insbesondere bald ein Oberschlächtiges, bald ein Unterschlächtiges Rad genennet wird.

Schaufelwerk, Schaufelkunst, (Mechanik) eine Maschiene, welche man anstatt der Wasserschraube und zwar mit weit besserem Vortheile gebrauchen kann. Es bestehet dieselbe aus einer viereckigten Röhre von Brettern, wodurch unterschiedene viereckigte Bretlein an hölzerne oder eiserne Arme, als Glieder einer Kette ohne Ende bevestiget, sich herauf winden lassen. Diese Glieder gehen unter- und oberhalb der Röhre über eine Welle, welche letzte vermittelst zweyer Kurbeln von zwey oder vier Personen umgedrehet werden kann. Diese Maschiene dienet, das Wasser aus der Tiefe zu heben, doch kann selbiges nicht über 6 Ellen hoch gebracht werden, weil solche Maschiene, wofern sie viel länger genommen würde, von keiner Beständigkeit wäre. Wenn man die Glieder von Eisen machen will, so ist es rathsam, daß man deren zwey ohngefähr 1 Zoll weit neben einander leget, so, daß die Schaufeln sich nicht schief heben, sondern gerade gehen.

Schaufelwerk einzurichten. (Maschienenbau) Man macht eine Welle oder Walze etwa 6 bis 7 Zoll im Durchmesser, und eben so lang als breit die Röhre ist, man theilet solche in 6 Theile, und meißelt 6 Nuthen oder Rinnen wol 1 bis 1½ Zoll weit ein, nachdem die Pfosten zu den Armen stark sind. Die Armen aber sind 6 Bretter, von der Mitte der Welle, und etwa einen Zoll oder 1½ höher als die halbe Höhe der Schaufeln, ohne was in die Nuthe und zu den Zapfen komt. Alsdenn schneidet man auf der äußersten Fläche eine viereckige Oeffnung 1½ bis 2 Zoll breit ein, und setzet darinn alle 6 Arme in die Stirne der Walze. Nun macht man viereckige Hölzer, so die kurz vorher gedachte Oeffnungen in den Armen völlig ausfüllen. Man füget solche zusammen wie ein Gewinde, wovon das eine einen Zapfen, das andere aber einen Einschnitt hat, und mit einem Bolzen vereiniget werden; und auf die Mitte jeder dieser Stäbe oder viereckigter Hölzer wird in einem rechten Winkel eine Schaufel aufgesteckt und bevestiget, dieser Stäbe oder Glieder macht man soviel an einander, daß man gleichsam eine Kette ohne Ende bekomt, und so lang ist, als die Maschiene seyn soll. Alsdenn machet man auf die andere Seite eben eine solche eingerichtete Walze mit Armen, wie die erste ist, so daß oben und unten eine komt. Hierauf richtet man zwey Tafeln von Pfosten oder starken Brettern zu. Man leget die Walzen und Ketten oder Glieder mit den Schaufeln darauf, und theilet es also ein, daß zwey Bretter, welche eine Röhre ausmachen helfen, mit den Schaufeln genau auf allen Seiten anschließen, doch aber willig durchgehen. Ueber diese beyde Bretter wird noch ein drittes veste gemacht, in der Weite, daß die Schaufeln, wenn sie von der andern Seite ledig herunter gehen, darauf ruhen. Ueber dieses Brett läßt man die Pfosten noch etliche Zoll hervor gehen. Die Bretter werden auf beyden Seiten der Tafeln in eine Falze eingefalzen, und man ziehet alsdenn beyde Walzen wohl an, daß sie mit ihren Zapfen unten und oben in ihre Lager oder Pfannen, und an der obern Walze oder Rad machet man an den einen Zapfen eine Kurbel, um daran solche herum drehen zu können. Damit der ganze Kasten veste zusammenhalte, so macht man unterschiedene Riegel darin oben, unten und in der Mitte, damit solcher nicht auseinander gehe. Bey dem Gebrauche dieser Maschienen wird unten ein Baum vest gemacht, darauf die Maschiene ruhet, und bey dem Gebrauche sich nicht auf die Seite wenden kann.

Schaufelwerk, vom Winde zu treiben. Dieses ist eine in Holland gebräuchliche Maschiene und ein Rad, da das Wasser durch die Schaufeln heraus geschlagen wird. Das Hauptwerk ist ein Rad mit 24 langen Schaufeln, oder soviel Bretter, welche durch die Hölzer oder Arme des Rades bevestiget sind. Das Wasser wird durch die Schaufel getrieben, in die Höhe gehoben, und aus dem Sumpf heraus geworfen. Das Rad liegt auf seinen zwey Zapfen, wie ein ander Mühlenrad, und auch in einer solchen geschlossenen Rinne. Die Schaufeln, je besser sie darinn anliegen, desto besser ist es, doch müssen sie nicht anstreichen, noch sich drängen. Es ist aber nicht nöthig, daß das Gerinne durchaus gehe, sondern nur etwas auf die Hälfte. Auch muß der Grund des Gerinnes nach der Rundung des Rades gearbeitet seyn, daß kein Wasser, so zwischen den Schaufeln ist, wieder zurück kommen kann, sondern was gefasset ist, hinausgeworfen werden muß. Die Bewegung des Rades geschieht vermittelst einer Windmühle, da an dem Wasserrade ein großes Getriebe, so durch ein Kammrad, und dieses durch ein anderes Getriebe, so beyde an einer Stange bevestiget sind, herum getrieben wird. Das letztere Getriebe wird durch ein anderes Kammrad, das an der Welle von den Windmühlenflügeln vest gemacht ist, umgetrieben. Wegen des Verhältnisses der Räder und Getriebe muß man auf die Länge der Flügel und ihre Kraft Acht geben; denn je länger diese sind, je größer können die Kammräder, und kleiner die Getriebe seyn. Bey kleinen Flügeln kann das Wasserrad zwey bis dreymal umgehen, wenn die Windflügel einmal umgehen, bey langen Flügeln aber wohl vier bis sechsmal u. s. w. (s. Leupolds Schauplatz der Wasserkünste Tab. XVIII und XIX.)

Schaugeld, Schaugroschen, Schaupfennig, Schaustück, Geld, welches nicht zum Ausgeben im Handel und Wandel, sondern zur Schau, d. i. zum Ansehen, Denkmal einer merkwürdigen Begebenheit, geschlagen worden, dergleichen die Medaillen sind, (s. diese) die einzeln diesen Namen, so wie auch Schaumünze, führen.

Schaugroschen, s. vorher.

Schauherr, (Bergwerk) der Berggeschworne (s. diesen) an einigen Orten, weil er sowohl die zu liefernde Erze, als auch die angeschafften Bergmaterialien, beschauen oder besichtigen muß.

Schaukel, Schockel. Eine Maschine, worauf man sich hin und her bewegt. Man hat verschiedene Arten davon. Die gewöhnlichste besteht aus einem Seil, das in der Höhe an zwey Bäumen, an einem Balken, oder an einer starken quer übergelegten Stange mit beyden Enden bevestiget ist, und tief herunter hängt, wo eine kleine Sitzbank angebunden wird, auf der man sich, indem man sich mit den Händen an dem Seil hält, schaukelt, d. i. die Maschine in einen Schwung bringt, oder bringen läßt, und auf diese Weise hin und her geworfen wird. Man kann diese Art von Schaukeln auch mit zwey Stangen, die sich an Bolzen bewegen, machen und unten zwischen den Stangen kann ein bequemer Stuhl angebracht werden. Die künstlichste Art ist die sogenannte russische Schaukel, hier können sich vier Personen zugleich schaukeln, und sich in der Luft in einem Kreise mit der Maschine bewegen lassen, ohne daß sie ihren gerade stehenden Stand, in dem sie sich herum drehen lassen, verändern dürfen. Sie ist aus folgenden Theilen künstlich und nach der Mechanik zusammengesetzt: An einer Welle ist ein gedoppeltes Kreuz bevestiget, dieses Kreuz, das von starkem Kreuzholz zusammen gesetzt ist, ist so abgemessen, daß die Hölzer jedes Kreuzes so weit von einander abstehen, daß ein Stuhl sich dazwischen gemächlich bewegen kann. Dieser Stuhl ist an einem Querholz, womit die doppelten Enden der Kreuzhölzer zusammen verbunden sind, schwebend bevestiget, so daß vier Stühle zwischen dem gedoppelten Kreuz, ein jeder an dem Querholz, angemacht sind. Die Welle mit diesem Kreuz und Stühlen, die einen ordentlichen Haspel vorstellet, läuft mit ihren Zapfen in einem Gerüste, und auf dem einen Ende ist ein Kammrad angebracht, welches durch einen Trilling, der auf der Welle einer Kurbel steckt, in Bewegung gesetzt wird. Wenn man die Kurbel umgedrehet wird, so setzt der Trilling das Kammrad in Bewegung, und dieses treibt die Welle mit dem Haspelkreuz herum. Die Stühle, da sie schwebend an dem Kreuze bevestiget sind, bleiben immer in einer senkrechten Lage, wenn sie mit dem Kreuze herumgedrehet werden, folglich bleibt auch die Person, die in einem von den Stühlen sitzt, im beständigen geraden Gleichgewicht, ihr Stuhl mag beym Umdrehen unten, oben, oder an den Seiten seyn, und hat sich keines Falles zu befürchten, wenn sie sich nur vest bey der Bewegung an den Seitenstangen des Stuhls hält. Auf solche Art können sich vier Personen durch eine einzige schaukeln und herum drehen lassen, denn der angebrachte Mechanismus erleichtert der Person an der Kurbel das Herumdrehen.

Schaum. (Bergwerk) 1) Ein leichtes fettiges Wesen, so auf dem Bergwasser schwimmt, und bisweilen Regenbogen- oder Pfauenschwanzfarben zeigt. 2) Eine sehr leichte schwammige, meistens unbrauchbare Materie, welche die flüßigen Körper, theils, wenn sie gesotten werden, theils wenn sie im Fließen einige Zeit mit ihrer Oberfläche an einem Körper anstoßen, auswerfen, die sich oben ansetzet, und in Unreinigkeit bestehet, welche ausgestoßen werden.

Schaum, (Zuckersieder) die durch den Kalk und Ochsenblut aus dem Zucker bey dem Sieden in die Höhe getriebene Unreinigkeit, die sich von dem Zucker absondern muß, wenn er geläutert wird.

Schaumdiele, (Schiffsbau) an einem Steuerruder eines Schiffes ein Brett, welches bis zum Schwert des Ruders senkrecht steht, an welchem das Wasser anschlägt und seine Gestalt bricht.

Schaumeister, die von der Obrigkeit einem Gewerk vorgesetzte sachverständige Meister, welche verpflichtet sind, dahin zu sehen, daß die von ihren Gewerken verfertigte Waaren nach dem von der Obrigkeit vorgeschriebenen Reglement verfertiget werden. Besonders finden dergleichen Schaumeister statt bey den Wollen- Baumwollen- auch Seiden- und Leinwandmanufakturen, wo sie darauf sehen sollen, daß die Kette ihre gehörige Anzahl Fäden habe, so wie es vorgeschrieben ist. (s. Schauanstalten)

Schaumenrand, (Zuckersieder) ein von verschiedenen Brettern zusammengesetzter runder Boden, der durch eiserne Bänder zusammengetrieben, und mit zwey Handhaben von Stricken versehen ist. Er paßt in den Korb, worinn der Sack mit dem Zuckerschaum, der in die Enge getrieben wird, liegt, und wird auf diesen in den Korb mit Gewichtern beschweret geleget, um den Syrup aus dem Schaum herauszupressen. (s. Schaum in die Enge treiben)

Schaumer, Fr. Mousseur ou emousseur. (Papiermühle) In den holländischen Papiermühlen ein ausfälternder schärfender und fein machender Cylinder, der den Zeug vollkommen fein und zart macht. Er hat eine Aehnlichkeit mit dem Holländer. Sie bestehen ganz und gar aus Holz, und da sie nicht zu starken Reiben bestimmet sind, so wie die fein machende Cylinder des Holländers, so haben sie nicht nöthig, mit schneidenden Eisen, die man bey den Cylindern der Holländer nöthig hat, verstärket und bekleidet zu werden. In diesem Cylinder trägt man den schon fein gemachten Zeug, um die noch etwanigen vorhandenen Brocken zu zerreiben, und besser zu verdünnen, ehe sie in die Arbeitsbütte zum Papiermachen kommen. (s. Schauplatz der Künste Band I. Tab. VIII. AA.)

Schaum fallend zu machen, Fr. faire les ecumes. (Zuckersieder) Wenn der Schaum hoch genug gestiegen, so wird das Feuer ausgelöschet, wodurch denn der aufgeblähete Schaum des Zuckers zusammenfällt und sinket. Er wird dünner, ziehet sich mehr zusammen, und vertrocknet gleichsam, welches in einer guten Viertelstunde geschiehet, und dann kann der Schaum mit dem Schaumlöffel abgenommen werden. Doch muß dieses mit Behutsamkeit geschehen, damit sich der Schaum nicht wieder mit dem Zucker vereinige.

Schaum in die Enge bringen. (Zuckersieder) Der Schaum, der bey dem Zuckerläutern abgeschöpft wird, führet noch vielen guten Sirup bey sich, und giebt viele Körner. Um nun diesen Zucker zu gewinnen, oder, wie der Zuckersieder sagt, in die Enge zu bringen, wird der Schaum in Wannen herbey getragen, und mit einem großen Löffel in die Pfanne geschöttet, einige Wannen voll Kalkwasser dazu gethan, und das Feuer unter der Pfanne angezündet. Alsdenn wird der Schaum und das Kalkwasser mit einem großen Spatel stark vermischt und umgerühret. Wenn man merkt, daß der Schaum im Kalkwasser gut zergangen sey, so gießt man solchen durch einen Sack, der in einem Korbe und auf zwey Hölzer über einer Pfanne gestellt ist. Was nun am flüssigsten ist, fällt in die Pfanne. Weil aber dennoch vieler Syrup in dem Schaum zurück bleibt, so wickelt man den Rand des Sacks, der vorher auf den auswendigen Rand des Korbes umgeworfen war, um, und legt auf den Sack und in den Korb den Schaumenrand. (s. diesen) Dieser wird mit vielen Gewichtern beschweret, und macht eine Art von Presse aus, die den Syrup aus dem Schaum zwingt. Wenn dieser tüchtig ausgetraufelt ist, so wird das Feuer unter der Pfanne angezündet, um dem Syrup einen gewissen Grad des Siedens zu geben, der nicht hinlänglich die Probe hält. Denn man begnügt sich blos damit, den Zucker zusammen zu treiben, und dieser Syrup wird nicht in Formen gethan, sondern man mischet ihn unter Farinzucker und andere feine Syrupe, um mit denselben geläutert und gesotten zu werden. Der Syrup, der aus dem Schaum gepreßt wird, ist weniger fett, als aller anderer, darum muß er mit andern zum weitern Gebrauche vermischet werden. Damit man auch wisse, ob der Schaum genugsam in die Enge getrieben worden, so stürzet man die Schaumkelle in den Syrup. Hernach, wenn sie auf ihre scharfe Seite gedrehet worden, muß der Fall des Syrups sich gebrochen und flockenweise zerrissen.

Schaumkelle, (Zuckersiederey) ein durchlöchertes großes kupfernes Geschirr von runder Gestalt, als ein Löffel mit einem Stiel versehen, womit der Schaum von dem Sod des Zuckers abgenommen wird. Dieses muß mit der größten Sorgfalt geschehen, damit sich der Schaum nicht wieder mit dem Sod vereinige. Um zu erfahren, ob sich der Schaum hinreichend abgesondert habe, nimt der Sieder mit einem andern Löffel etwas Sod aus der Pfanne, gießt ihn wieder hinein, und wenn der Sod durchsichtig ist, so ist die Absonderung des Schaums hinlänglich vor sich gegangen. Insgemein muß aber der Sod zum zweyten Mal abgeschäumet werden. Zu diesem Endzweck wird wieder etwas Kalkwasser und Ochsenblut in den Sod gegossen, das Feuer wieder in etwas angezündet, und denn wieder abgeschäumet.

Schaumkette, (Sporer) die vorderste Kette an einer Reitstange. (s. diese) Sie ist weit dünner als die Kinnkette, und ihre Gelenke werden nur zusammengebogen. Der Sporer legt einen Drath in den stumpfen Einschnitt des Stecheisens, (s. dieses) biegt hierinn beyde Ringe, woraus ein Glied bestehet, mit dem Hammer krumm, läßt aber einen Ring noch etwas offen, damit er ihn mit dem Ringe des nächsten Gliedes vereinigen kann, und hauet das Glied auf der Schärfe des Stecheisens ab. Bey der Zusammenfügung aller Glieder wird der Ring, der noch nicht völlig anschließt, erst mit dem Hammer angetrieben.

Schaumlöffel, (Haushaltung) ein großer blecherner flacher Löffel, meistentheils durchlöchert, womit die kochenden Speisen abgeschäumet werden.

Schaumniter, Fr. Ecume de Nitre, (Salpetersieder) die Unreinigkeit, welche beym Salpetersieden oben aufschwimmt und abgestrichen wird.

Schaumsalz, Strandsalz, Salz, welches sich vom ausgetrockneten Meerschaum an den Klippen und Ufern ansetzt, und die Halosachne der Alten gewesen zu seyn scheinet, wie das aus dem auf dem Lande stehen gebliebenen und ausgetrockneten Seewasser zurückgebliebene Salz ihr Paraetonium auch gewesen ist; unter welchen beyden doch kein Unterschied, als in den Arten der Entstehung, zu finden ist.

Schaum steigend machen. (Zuckersieder) Bey der Läuterung des Zuckers es dahin zu bringen suchen, daß der Schaum von dem Zucker sich absondere, und über sich in die Höhe steige. Dieses geschiehet, wenn dem kochenden Zucker allmählig das Feuer weggenommen und es gedämpfet wird, damit, wenn sich der Schaum zeigt, selbiger, indem der Zuckersaft nicht mehr wallet, sondern nur bloß erschüttert wird, sich von dem Zucker absondere, und über sich in die Höhe steige. Würde der Zucker stark wallen, so könnte diese Absonderung nicht geschehen, und die rechte Läuterung würde ins Stecken gerathen. Das wenige Feuer, welches unter der Pfanne bleibt, muß auf der einen Seite unter der Pfanne angebracht seyn, damit die kleine Aufwallung, die hier an dieser Stelle entsteht, den Schaum nach der entgegengesetzten Seite hintreibe, wo er sich sammlet, bis daß er noch höher als der zweyte Rand an der Pfanne aufsteiget. Wenn der Schaum hoch genug gestiegen ist, so muß er wieder zum Fallen gebracht werden, um ihn abzuschöpfen. (s. Schaum fallend zu machen)

Schaumpfennig, s. Schaugeld.

Schauplatz, (Fr. Theatre. Ein großer, geräumiger Saal, worinn Schauspiele gegeben und gesehen werden. Der Schauplatz hat also zwey Haupttheile, erstlich das eigentliche Theater, oder den Ort, wo die Schauspieler handeln, wozu auch das Orchester, oder der Musikplatz gehört, zweytens das Amphitheater, oder den Ort für die Zuschauer. Das Theater ist eine am einem Ende des Saals aufgebauete Bühne, welche durch Vorhänge und Coulissen, in kleinere Parthien abgetheilt werden kann, hinter welche die Schauspieler abtreten und sich den Augen der Zuschauer entziehen können. Es stellt sich übrigens durch Hülfe der Coulissen perspektivisch dar, theils wegen der Zuschauer in den Seitenlogen, theils damit der Platz um so tiefer zu seyn scheine. Da die Verschiedenheit der Handlungen auch eine Verschiedenheit des Platzes erfordert, so muß das Theater durch Verkürzung oder Verlängerung des Platzes, durch Decorationen und Maschinen verändert werden können, zu welchem Ende der Fußboden und die Decke mit verschiedenen Oeffnungen, Walzen und Hebeln versehen, der erstere überhaupt auch hohl seyn muß, [illegible] wegen der für die Sänger vortheilhaften Elasticität, [illegible] damit, wenn es die Handlung erfodert, durch weggenommene Bretter Höhlen und Abgründe gemacht werden können. Außerdem befindet sich vorne am Theater eine Oeffnung, die aber durch ein übergesetztes Pult vor den Augen der Zuschauer verdeckt wird, worunter sich der Soufleur befindet. Dichte vor dem Theater, schon im eigentlichen Amphitheater, ist der Platz für die Musiker, oder das Orchester. Hierauf folgt das Amphitheater, wozu auch die Logen gehören. Der unterste Theil des Amphitheaters ist nach einer allmählichen Erhöhung gebaut, damit die hintersten über die vordersten Zuschauer wegsehen können, und da das Amphitheater zirkel- oder wohlrund angelegt ist, so können auch von allen Seiten Logen, oder kleine Gemächer angebracht werden, deren, nach der Höhe des Saals, zwey bis drey übereinander gebaut sind. Der Werth der Plätze für die Zuschauer wird nach der Bequemlichkeit und Aussicht geschätzt. Die vordersten Plätze des untersten Amphitheaters, das Parket, und der erste Rang Logen werden am höchsten geschätzt, hierauf folgt der zweyte Rang Logen, auf diese der hinterste untere Theil des Amphitheaters, und der schlechteste Platz in der obersten Etage wird die Gallerie genannt. Nothwendig muß der Schauplatz mehrere Thüren haben, die sich nach außen zu öffnen, damit sich die Menschen bey entstehender Gefahr durch Feuer oder Einsturz um so leichter und geschwinder retten können.

Schaupraam, (Schiffsbau) Ein plattes Fahrzeug, wie ein Floß zum Ueberfahren und beym Kalfatern gebräuchlich. In großen Hafen liegen dergleichen in dem Dock (s. diesen) und dienen, die Masten auszuheben, einzusetzen, und so viel die Schiffe zu bedienen.

Schaustück, s. Medaille.

Schaustückpräger, s. Medailleur.

Schaustuffe, Handstuffe, Handstein, Fr. Piece de mine metallique, (Bergwerk) ein Stück Erz, welches wegen seines sonderbaren Gewächses oder reichen Gehalts von dem Anbruche eines Bergwerks ausgehalten, dem Liebhabern vorgezeigt, auf Verlangen taxirt, und um die Taxe überlassen wird.

Schau vom Blauen, (Färber) eine betrügliche Färberey, da blaugefärbtes Tuch oder Zeug, wenn solches nicht dunkel genug mit Indigo gefärbt ist, und man diesen schont, durch eine falsche Farbe dasselbe dunkel zu machen, welches aber vergeht, und daher mit Recht die Schau genennt wird, weil es wohl dunkel aussieht, aber bald verschwindet. Man legt zu diesem Behuf blau Holz in einem Sack, soviel als man glaubt nöthig zu haben. Denn kühlt man es mit kaltem Wasser ab, thut nach Gelegenheit etwas Potasche hinzu, rührt es wohl untereinander, und zieht die Waare einigemal durch, so bekommt sie eine dunkle Farbe.

Schawine, (Goldschläger) so wird aller Abgang, alle Krätze und Abschnitzel von allerley fertigen Blättern vom Zaiņenverschaben oder Fegen genannt, und in der Kapsel zusammen zu einem Ballen gebracht und aufgehoben, um mit anderer Krätze bey Gelegenheit eingeschmolzen zu werden.

Schebecke, (Schiffahrt) Ein Fahrzeug, welches mit Segeln und Rudern getrieben wird. Eine Art von Barken, so in der mittelländischen See gegen die Korsaren ausgerüstet, oder auch zum Transport von Kriegsvorrath gebraucht wird. Sie sind in Italien, Spanien und Portugal gebräuchlich.

Schech, Kriech, Krech, Grichsdale, (Schiffbau) das am Vordersteven bemühlte Holz an einem Schiff, worauf das vordere Bild ruhet. Es steht vorne heraus, und macht die vordere Schneide des Bauchs aus.

Scheckleneisel, (Metallarbeiter) eine Punze, welche unten ganz kraus, wie eine Feile gehauen ist; es wird mit solcher der Grund in der getriebenen Arbeit eines Bossirers matt oder kraus geschlagen.

Schedelbohrer, s. Trepan.

Scheden, (Wasserbau) ein geschnittenes Stück Holz, fünf Fuß lang, 6 Zoll breit und 2½ Zoll dick, so bey Schleusenwerken gebraucht wird, um solches durch die Hauptpfähle nahe am Kopf in die Löcher zu stecken, und die Faschinen oder den Busch niederzudrücken. Man kann sich deren auch bey dem Zwingenbau bedienen, da sie aber nicht länger sind, als die zwey Zwingen oder Klammerzangen von einander stehen.

Schedwerig, s. Schneidewerk.

Scheep, s. Salzschüp.

Scheephammer, (Salzsieder) ein kleiner eiserner Hammer mit einem hölzernen Stiel, mit welchem das verbrannte Salz oder Salzscherp von den Pfannen abgeklopft wird.

Scheerbank, (Blechhammer) eine große Bank, worauf die großen Scheeren befestiget sind, womit das Blech nach dem gewöhnlichen Hüttenmaas beschnitten wird.

Scheerbank, (Leinwandmanufactur) Eine Bank, worauf dieser Weber anstatt auf einer Scheerlatte die Spulen mit den Fäden zum Kettenscheeren aufsteckt. Es ist eine breite Bank auf vier Füßen, die aber nach dem Scheerrahmen eine geneigte Richtung hat. Am vordern Ende hat sie auch eine dergleichen gerichtete Leiste. Auf der Bank selbst stehen 5 Reihen hölzerne Docken, so daß sich in jeder Reihe 3 paar Docken befinden. Zwischen 2 und 2 solcher Docken lauft jederzeit eine Bobine, entweder auf einer eisernen Spille, oder weil dieses viel Geräusche macht, auf einer scharf ausgespannten Schnur. Auf der obern Kante der schief aufgerichteten Leiste sind eben soviel Oesen von Drath, die der Weber Geläse nennt, als Bobinen auf der Bank stecken. Die Fäden werden durch diese Oesen durchgezogen, und nach den Spillen des Scheerrahmens geleitet, damit sich die sämmtlichen Faden bey dem Scheeren nicht verwirren. (Spr. H. u. K. in Tab. VIII. Fig. IV. a, b, c, d.)

Scheerbecken, Barbierbecken. Ein von Meßing, Zinn, Silber oder anderm Metall rundes oder ovales Becken mit einem Ausschnitt, um solches an den Hals setzen zu können; wenn man den Bart einseifen will, um solchen zu scheeren.

Scheerboote, Scharboote, (Schiffsbau) kleine bewaffnete Schaluppen, die in den Scheeren oder zwischen den Seeklippen vor Stockholm und anderwärts in Schweden die Einfahrt decken.

Scheere, (Bäcker, Pfefferküchler) an der Breche, womit der Teig zu den Brezeln und Pfefferkuchen gebrochen wird, die eingeschnittene Oeffnung oder breite Kerbe, zwischen welcher die Stange mit einem Bolzen beweglich befestiget, und womit der Teig gebrochen wird. Auch der Einschnitt hinten im Brodtischbieder wodurch derselbe mit der langen Stange vereiniget wird.

Scheere, (Bergbau) das eilfte Unterstück eines Bergbohrers, welches gebraucht wird, wenn man das Gestänge des Bergbohrers aus welchem derselbe zusammengesetzt ist, aus dem Bohrloch herausziehen will. Man schiebt die Scheere alsdenn entweder unter die Mutter einer Bohrstange, oder unter das längliche viereckige Stück einer solchen Stange über der Erde unter, damit das Gestänge bey dem Herausziehen nicht in das Bohrloch falle, weil die verschiedenen Mittelstücke der Bohrstange eins nach dem andern herausgezogen und abgenommen werden. Wenn man befürchtet, daß das Gestänge auf der einen Seite aus der Scheere herausfallen möchte, so macht man die Scheere doppelt, und man kann sie in der Mitte, da, wo sie übereinander geblattet ist, zusammenschrauben. Die Scheere selbst besteht aus einem 11 Zoll langen eisernen Griff von welchem zwey 8 Zoll lange gerade Arme ausgehen, die ungefähr ½ Zoll von einander eine Weite oder Oeffnung bilden, und die eigentliche Scheere ist. Soll die Scheere doppelt gemacht werden, so werden die Enden zweyer Scheeren zusammen über einander geblattet (Blattung) und vermittelst Schrauben und ihren in den Blattungsstücken befindlichen Schraubenmuttern, zusammengeschraubt. (s. Cancr. Berg- und Salzwerkskunde V Theil Tab. VII. Fig. 10 und 11.

Scheere, (Goldschläger) eine den Schaafscheeren völlig ähnliche Scheere, womit die ausgestreckten Metallstangen, wenn sie vom Amboß kommen, zerschnitten werden, um mehr in den Formen geschlagen werden zu können. (s. Goldschlagen)

Scheere, Sprale, Spaler, (Landwirthschaft) die eiserne Beschläge an den Sperrleisten; auch an dem hintern Gestelle eines Feld- und Leiterwagens die beyden Arme, welche sich in der Hinterachse endigen.

Scheere, (Maurer) zwey über das Kreutz gebundene Bretter, durch welche die Rüstbäume eines Baugerüstes in die Höhe senkrecht gerichtet werden, wenn solche eingegraben werden sollen.

Scheere. (Messerschmidt) Ein bekanntes schneidendes Instrument mit einer doppelten Klinge, das man vermittelst einer Niete, worauf sich die eine Klinge herum bewegt, vereiniget und welche zusammen gedrückt und von einander gezogen werden kann, und die Sachen, wenn solche zwischen die Klingen gebracht werden, zerschneidet. Man hat dieser Scheeren viele Arten und Sorten, die sowohl ihrer Größe und Gestalt, als auch ihrem Gebrauch nach sehr verschieden sind. Denn man hat große und kleine, lange und kurze, breite und schmale, gerade und krumme Scheeren. Einige sind spitz, andre laufen an beyden Enden rund zu, andere nur an einem Ende, indem das andere spitz bleibt. Ihrem Gebrauch nach erhalten sie verschiedene Beynamen, als: Papierscheeren, Tuchscheeren, Schaafscheeren, Gartenscheeren, Kupferscheeren, Stockscheeren, Blechscheeren. Noch andere für die Nähterinnen, Tapezirer, Sattler, Riemer, Schneider, Handschuhmacher, Buchbinder u. a. m. wovon an seinem Ort zu sehen ist. Auch führen noch andre Werkzeuge wegen einer Aehnlichkeit mit den Scheeren, vom zusammenkneipen, auf- und zudrücken, diesen Namen, als die Zuckerscheeren, Lichtscheeren, Wachsscheeren u. s. w. Die großen Scheeren werden von den Schwerdtfegern, die mittelmäßigen und kleinen aber von den Messerschmidten verfertiget. Die feinern werden von dem besten gehärteten und feinsten Stahl, und die letztern vorzüglich am besten in England gemacht. (s. Scheeren, feine zu machen, und Schneiderscheeren)

Scheere, (Töpfer) das gespaltene Holz, über welchem sich die Scheibe umdreht, damit sie horizontal bleibe.

Scheere, s. Kloben.

Scheere, s. Radekopf.

Scheere an der Oelmühle, dasjenige Stück an einer solchen Mühle, welches an der Schlagelwelle, dem Schlegelbaum (s. diese) gegenüber, sich befindet, welche vermittelst eines eisernen Bolzens an dazwischen gesteckte,

und

und an der Seite mit einem Hebeling, oder Daumen, versehene Stange hält, und den Druck des Preßkeils (s. diesen) bey dem Umgang der Daumwelle befördert, daß der Schlägel den Preßkeil tiefer in die Vallade treibt oder schlägt.

Scheere, an einer Waage, ist derjenige Theil an derselben, darinnen nicht nur die Waage aufgehangen und gehalten wird, sondern der auch zeigt, ob die Zunge des Waagbalkens gerade innen stehe, und die Waage genau horizontal hange. Es ist ein zweyschenkliges Eisen, das noch etwas länger seyn muß als die Zunge des Waagebalkens ist, weil diese zwischen den beyden Schenkeln der Scheere spielen muß, wenn mit der Waage gewogen wird. Sie wird aus gutem Stahl oder Eisen geschmiedet, gefeilt und polirt, und vermittelst zweyer runden Ringe, die die Schenkel der Scheere unten am Ende erhalten, an die beyden Stifte des Waagebalkens, die solcher in der Mitte von beyden Seiten erhält, angehangen und befestiget. Oben erhält die Scheere gleichfalls einen Ring woran die Scheere mit der Waagschaale kann angehängt werden. (s. Waage)

Scheere der Messingtafeln, Tafelscheere. (Messingwerk) Eine Scheere, die noch einmal so groß, als die große Scheere auf dem Kupferhammer ist. Sie ist auf einem Scheerenstock befestiget, der einige Fuß in der Erde steht. Dieser hält den geraden Schenkel der Scheere. Zwey eiserne Ringe um den Scheerenstock befestigen ihn in dem Holze. Die Scheere wird zwar wie auf dem Kupferhammer von Menschen gedrückt, allein es muß hier schon eine größere Kraft angewendet werden, weil sie größer ist, und ein dickeres Metall zerschneidet. Dieserhalb ist der lange Arm der Scheere mit einem 20 Fuß langen und ½ Fuß dicken Hebebaum durch ein Gelenk verknüpft. Das eine Ende des Hebebaums steckt in einem Kloß und ist in demselben beweglich mit einem Bolzen befestiget. Er hängt überdem in einem starken Seil an dem Boden der Hütte. Zwey Personen bewegen bey dem Schneiden der Messingtafeln den Hebebaum an den beyden vordern Armen, und ein dritter Arbeiter steht auf dem Scheerenstock und führt die messingene Tafel zwischen den Schneiden der Scheere. Wird der Hebebaum hinabgedrückt, so schneidet die Scheere, im Gegentheil eröffnet sie sich, wenn man ihn erhebt.

Scheere der Nadelknöpfe, diejenige Scheere, mit welcher die Nadelknöpfe geschnitten werden. Es ist eine große Scheere, deren Klingen breit, dünn und sehr scharf sind. Sie hat an den Enden keine Spitze, und man nennt sie dieserhalb eine stumpfnasigte Scheere. (Fr. Ciseaux Camards.) Mit dieser Scheere werden 10 bis 12 gedrehete Spillen oder Windungen zu Nadelknöpfen zugleich geschnitten, und der Schneider muß sich dabey wohl in Acht nehmen, daß er nicht mehr Ringel des gewundenen Kupferdrahts abschneidet, als zu den Nadelknöpfen nothwendig ist. Er nimt alle gedachte Spillen in die Hand, nachdem er erst ihre Enden alle gleich gerichtet hat, hält solche zwischen dem Daumen und Zeigefinger der linken Hand recht veste, und mit der rechten schneidet er sie mit der Scheere alle zugleich durch; und schneidet nicht mehr als zwey Gewinde von jeder Spille ab: denn mehr oder weniger würde die Stücken unbrauchbar machen.

Scheere, der Tuchscheerer, eine große Scheere die 2 Fuß 1 Zoll lang ist und nicht aus zwey Hälften, wie gewöhnliche Scheeren, bestehet, sondern einer Schaafscheere (s. diese) gleicht. Beyde Blätter zusammengenommen sind 1½ Zoll breit. Mit dieser Scheere wird das Tuch geschoren und demselben das so nöthige Ansehen gegeben. Das eine Blatt der Scheere heißt Lieger (s. dieses) weil es unmittelbar auf dem Scheertisch und dem Tuch aufliegt. Das andere hingegen der Laufer, (s. diesen) weil er bey dem Scheeren von dem Tuchbereiter bewegt wird. Diese Bewegung wird dadurch befördert, daß beyde Blätter windschief, wie man zu sagen pflegt, gerichtet sind, doch so, daß der Lieger weniger schief als der Läufer liegt, weil dieser das Tuch nur in seiner Schneide berühren muß. Ueberdem sind beyde Blätter an jeder Seite hohl, gleich einem Scheermesser, ausgeschliffen, damit sie die Wolle durchgängig ergreifen. Der Lieger muß aber eine dünnere und feinere Bahn beym Schleifen erhalten als der Läufer. Auf dem Lieger liegt beym Scheeren eine Last von 70 bis 80 Pfund Bley, die ihn fest an das Tuch andrückt, und macht, daß die Scheere die Wolle gut ergreifen kann. Diese Last ist mit Schrauben an der Wanke (s. diese) befestiget. Jedes Blatt hängt mit einer Stange zusammen, und beyde Stangen, so wie zugleich beyde Blätter, stehen durch einen Ranken oder Bogen im Zusammenhang. Dieser muß sehr elastisch seyn, weil er die Bewegung der Scheere befördert. Denn wenn der Tuchbereiter beym Scheeren den Läufer gegen den Lieger bewegt, so muß dieser durch die Schnellkraft des Bogens von sich selbst zurückspringen. Hinten an dem Bogen hängt ein Achteelloth, oder ein kleines Gegengewicht, welches hindert, daß die Scheere auf einem Ende nicht stärker als auf dem andern gegen den Scheertisch drückt, denn sie ist vorne schwerer als hinten. Die besten Scheeren werden in der Pfalz gemacht. Eine Scheere muß weder zu hart noch zu weich seyn. Denn ist sie zu hart, so erhält sie in der Schneide Splitter und bröckelt aus. Doch kann der Schleifer diese Fehler oft verbessern. Allein nicht alle Messer- oder Scheerenschmide können diese Scheeren schleifen, wie denn zum Beyspiel nach Berlin alle Jahr ein Mann aus der Pfalz kömt, der die Scheeren der Tuchbereiter besonders des Lagerhauses, schleift und hiernächst mit einem Stellhammer richtet. Sind die Blätter der Scheeren zu weich, so frißt ein Blatt in das andre, und beyde nutzen sich an manchen Stellen ab. Die Schneiden beyder Blätter müssen jederzeit genau auf einander passen, damit die Scheere an allen Orten schneidet. Unterdessen hat eine harte Scheere doch einen bessern Schnitt als eine weiche. Die ganze Scheere liegt also bey dem Scheeren horizontal auf dem Tuch und Scheertisch, und so wird sie bey dem Scheeren der Tücher durch verschiedene Dinge befestigt. (s. Scheeren der Tücher)

Scheere

Scheere des Kupferhammers, eine große Scheere, mit welcher starke Kupferbleche zerschnitten werden. Der eine Fuß derselben ist an einem Klotz befestiget. Der bewegliche aber endet sich in einen langen gekrümmten Hebel. Die Schneiden sind 1½ Zoll dick, kurz und 2½ Zoll breit.

Scheere des Strumpfstrickers, diese gleicht einer gewöhnlichen großen Scheere, bey welcher beyde Klingen durch ein Niedt vereiniget sind. Die Klingen sind aber nicht nach der Länge gekrümmt, sondern nach der Breite in etwas winkelschief, damit sie die Haare der Wolle desto besser fassen. In Bautzen werden sie gut gemacht. Der Strumpfstricker zieht sie sich selbst ab, und richtet sie, wenn sie sich werfen, bloß durch das Biegen vor dem Knie.

Scheer-Eisen. (Grobschmid, Reitkunst) Ein besonderes Hufeisen, welches im Felde und auf der Reise, so fern das Pferd ein Eisen verlohren, und das Horn verrennen, gebraucht werden, auch in andern Fällen gute Dienste leisten kann. Es giebt deren zweyerley Gattungen: die von der ersten Gattung bestehen aus zwey Stücken, welche vorne an den Zehen mit einem Nagel gleich einer Zange oder Scheere zusammengeheftet, oder über einander genietet sind, daß die Eisen auf- und zugemacht, und weit und enge gefaßt werden können, folglich zu allerley Arten von Füßen sich schicken. Die zweyte Gattung ist der ersten gleich, nur daß diese Eisen hinten an den Stollen eine Schraube haben, womit man sie auf- und zu, auch weit und enge schrauben kann. Diese Art legt man den Pferden auf, welche Eisen, Horn und Nägel mit einander weggerissen, bey denen auch kein Nagel ohne Gefahr geschlagen werden kann, und läßt sie so lange darauf liegen, bis das zum Beschlag taugliche Horn wieder gewachsen ist. Man braucht sie auch, wenn einem Pferde der Huf mit einem Eisen dergestalt zusammengezogen worden, daß es deswegen hinken muß, da man es ihm bis es wieder recht gehen kann auf den Huf schraubt. Welches auch mit den in die Kur kommenden Zwanghufigen Pferden vorzunehmen ist.

Scheeren, (Glockengießer) zwey oder drey eiserne Arme, welche das Schablon der Glocke nebst der Spille der Stange, woran das Schablon herumgeführt wird, trägt. Denn die Scheeren haben nach ihrer Länge einen Einschnitt oder eine Falze, welche sich an dem einen Ende öffnet. In diese Falzen wird das Schablon geschoben und mit einigen Schrauben, die durch die Scheeren und das Schablon gehen, befestiget. An dem andern Ende werden die Scheeren durch Bolzen, mit der Spindel vereiniget und befestiget, und das Schablon kann vermittelst dieser Scheeren mit der Spille bey dem Formen der Glocken herumgeführt werden. (s. Schablon, Glockenschablon und Glockenform.

Scheeren, s. Schären.

Scheeren, das, der Tücher, (Tuchbereiter) Das aufgerauhete Tuch muß von seiner ungleichen Wolle befreyt und demselben ein gerader Strich durch den Schnitt gegeben werden. Je feiner das Tuch ist, desto dichter ist die Wolle auf seiner Oberfläche und desto sammetartiger und glänzender ist auch das Tuch nach der Presse oder Zurichtung. Das Tuch wird zu verschiedenenmalen genetzet und also auch geschoren, nämlich aus dem ersten Wasser oder Haarmann, aus dem zweyten, dritten auch wohl aus dem vierten Wasser. (s. aus dem Haarmann, dem zweyten u. Wasserscheeren) Bey allen Arten der Scheerung sind die nämlichen Handgriffe folgende: wenn der Scheerer sein Tuch scheeren will, so breitet er es nach seiner Länge auf dem Scheertisch nach der Breite des letztern aus, und derjenige Theil des Tuchs, der jedesmal auf dem Tische liegt, heißt eine Tischbreite. An den beyden Kanten des Tisches befestiget man die Tischbreite an jeder Sahlleiste mit einem starken Pinthaken, auf dem Tische selbst aber an jeder Sahlleiste mit 6 kleineren Scheerhaken. (s. diese) Durch diese Haken spannt der Scheerer die Tischbreite glatt aus, damit ihm die Falten beym Scheeren nicht hinderlich seyn. Alsdenn bürstet ein Scheerer die Wolle des Tuchs mit einer Bürste auf. Zwey Tuchscheerer legen nun ihre Scheeren auf das Tuch, der eine neben der obern Sahlleiste, der andre aber in der Mitte der Tischbreite, gerade in der Mitte. Die Scheere wird folgendermaßen aufgelegt und befestiget: da der Lieger (s. diesen und Scheere) beständig auf dem Tuche liegt, und der Läufer (s. diesen) bey dem Scheeren stets gegen den Lieger bewegt werden muß, so sind zu dieser Absicht an der Scheere folgende Stücke angebracht: auf dem Lieger ist ein Stück Holz angeschraubet, so man die Wanke (s. diese) nennet, und an dieser Wanke ist ein Riemen oder ein Zügel befestiget, der die Wanke mit dem Stenzel, (s. diesen) ein ander Stück Holz, vereiniget. Der Stenzel hat einen Kerb oder eine Rinne, die an den Rücken des Läufers gesetzt wird. Folglich ist der Zügel auf den beyden Blättern der Scheere zwischen der Wanke und dem Stenzel ausgespannt, und wenn der Scheerer den Stenzel an seinem Stiel mit der Hand hinab drückt, so preßt er hiedurch den Läufer gegen den Lieger, und die Scheere schneidet. Der Bogen der Scheere aber treibt wegen seiner Schnellkraft den Läufer wieder zurück. Mit einer Hand bewegt der Scheerer die Scheere an dem Stenzel, mit der andern aber hält er die Scheere an der einen Stange fest. Dieserhalb ist an der einen Stange des Liegers unterhalb entweder eine Leier, oder eine Bilge, (s. beyde) befestiget. Die Bilge wird bloß an den Läufer, die Leier aber auch zugleich hinten an die Stange des Liegers angebunden, und der Lieger ist mit 70 bis 80 Pfund Bley beschweret. Die Scheerer bedienen sich nun der Bilge oder der Leier, nachdem es ihnen bey jeder Scheere am bequemsten ist. Jeder Scheerer hält und regieret bey dem Scheeren mit der rechten Hand die Scheere an der Bilge oder Leier, und mit der linken bewegt er den Stenzel. Durch das letzte erreicht er eine doppelte Absicht. Erstlich wird der Läufer gegen den Lieger bewegt, und die Scheere schneidet hiedurch die lange aufgerichtete Haare ab. Zweytens rückt auch der Lieger und zugleich die ganze Scheere langsam und nach und nach bey jeder Bewegung des Stempels hinab. Die Neigung des Scheertisches befördert dieses Hinabsinken des Liegers, aber er kann doch nicht zu stark sinken, da er nicht allein mit einer Last von 70 bis 80 Pfund beschweret ist, sondern ihn auch die rechte Hand des Scheerers regieret. So rückt der Lieger bey jeder Bewegung des Stempels etwa um eine halbe Linie breit weiter fort. Auf diese Art scheeret der eine Tuchscheerer von der Sahlleiste bis zur Mitte der Tischlänge, der andere aber von dieser Mitte bis zur untersten Sahlleiste. Wenn eine Tischlänge geschnitten ist, so bürstet man mit einer Bürste wieder die Wolle zu, wodurch sich die Wolle wieder auf das Tuch niederlegt. Die Tischlänge wird man abgenommen, und eine neue übergesetzet. (s. übersetzen) Jede Tischlänge muß aber auf gleiche Art behandelt werden, und ein 30 Ellen langes Tuch enthält 41 Tischlängen, da der Scheertisch 1½ Fuß breit ist. Bey der ganzen Arbeit muß sich ein Scheerer nach dem Andern richten, daß beyde gleich stark scheeren.

Scheeren, das, zur streifigen Kette. (Seidenwirker) Der Weber muß genau berechnen, wie viel Haupt- und Nebenfarben in seiner Kette geschoren werden müssen, um die verlangte Schattirung seiner Streifen heraus zu bringen. Nach dieser Berechnung stellet er die Bobinen mit der darauf gespulten Seide auf seinen Cantre auf. Da es mancherley Streifen in einem Zeuge giebt, folglich sehr viele Spulen mit Seide erfordert werden, so wählt er sich solchen Cantre, der vielseitig ist, und daher mehrere Reihen Spulen aufstellen kann. Kann er an einer Seite alle Spulen zu einem Streifen mit ihren Haupt- und Schattenfarben aufstellen, so ist es für ihn bequem, und er hat nicht nöthig, beym Scheeren eines Streifens abzubrechen. (s. Abbrechen) Er ordnet seine Spulen also, daß sowohl die Hauptfarbe, als auch die Nebenfarben, oder Schattirungen der Hauptfarbe, an ihre gehörige Stelle gesteckt werden. Ist der Streifen von offnen Schatten, (s. Schatten, offner) so müssen oben erst die hellern Farben, nach der Mitte zu immer die dunklern, und recht in der Mitte die Hauptfarbe, von hier aus nach unten zu aber immer wieder hellere Farben aufgesteckt werden. Kann er nicht mit einmal alle zu einem Streifen gehörige Spulen aufstecken, so muß er abbrechen. Er kann nur den halben Streifen scheeren, und muß Theilweise die Streifen scheeren, und wenn er mit dem einen Theil an der einen Seite des Cantres fertig ist, zu dem andern Theil auf der andern Seite die Spulen nach der getroffenen Ordnung aufstellen, dann die Fäden von der ersten Seite abbrechen, und an dieser fortscheeren, so auch, wenn er gezwungen ist, mehrere Theile zu scheeren, sich auf mehrere Seiten die Rollen aufstecken und scheeren. Hier kommt es nun auf seine Einsicht und Ueberlegung an, wie die Rollen mit der Seide geordnet werden müssen, damit er zu gehöriger Zeit abbreche und wieder fortscheere. Kann er mit einmal die halbe Streife scheeren, so braucht es weiter keine Umstände, sondern er hat die Spulen bis zu der Mitte des Streifens aufgesteckt, scheeret herab und wieder hinauf, und erhält dadurch den ganzen Streifen, wie er denn auch mehrentheils zur Bequemlichkeit nur jederzeit soviel Spulen aufsteckt, als zum halben Streifen erforderlich sind, weil das Hinab- und Hinaufscheeren ihm den ganzen Streifen bildet. Denn die verschiedenen Schatten sind bey einem offenen Schatten von beyden Seiten der mittlern Hauptfarbe gleich, folglich kann er durch die Hälfte von Spulen durch das Hinab- und Hinaufscheeren den ganzen Streifen erhalten. Ist der Schatten geschlossen, so macht er es eben so, denn der hellste Schatten verliert sich in der Mitte. Die dunkelste Hauptfarbe fängt den Streifen an, und schließt auch solchen. Mit allen andern Vorfällen macht er es eben so, wie bey dem offenen Streifen, theilt seine Spulen auf den verschiedenen Seiten des Cantre ein, bricht ab, wenn es nöthig ist, und macht es eben so, als wie bey den Streifen mit offnem Schatten. Da es aber in einem streifigen Zeuge Streifen giebt von verschiedener Breite, und von verschiedenen Farben, so muß er, wenn es seyn kann, entweder an der einen Seite, oder, wenn er nicht dazu Platz hat, an mehreren Seiten sich die andern Streifen auf nur gedachte Art ordnen, und wenn er einen fertig geschoren, die Fäden abbrechen und zu den andern übergehen, solche nach der Ordnung, wie sie nach dem Muster folgen, auf gedachte Art scheeren, und wenn er alle durchgeschoren hat, solche abbrechen und zu dem ersten übergehen. Dieses wiederholt er so oft, als es ihm sein Muster vorschreibt, bis er das ganze Muster durchgeschoren hat. Noch muß man merken, daß, wenn Fäden der zweyten Scheerung von solcher Farbe unten sind, die im Ganzen zu den oberst geschornen gehören, er solche bey dem Hinaufscheeren zu diesen obersten umstürzen muß, d. i. er drehet sie bey dem Einlesen des Kreuzes um, daß die obersten unten, und die untersten oben, zu denen sie gehören, kommen. Da er bey dem Ordnen der Spulen berechnet haben muß, wie viel Rieth, und folglich wie viel Fäden zu einem Streifen gehören, so muß er dieses nach Gängen (s. Gang) bestimmen, und bey dem Scheeren soviel Gänge als nöthig ist scheeren. Dieses macht ihm viel Schwierigkeit, und nur seine lange Erfahrung macht es ihm leicht, weil er, wenn eine Stelle nur von wenigen Fäden einer Farbe vorhanden, dennoch die Anzahl der Gänge hervor bringen muß, so muß er bald da, bald dort abbrechen, und diese so lange herauf und herunter scheeren, bis er die verlangten Gänge hervor gebracht hat, und alsdenn erst wieder zu einer andern Farbe übergehen u. s. w. Bey jedem Hinab- und Hinaufscheeren muß er auch allemal das Kreuz, sowohl oben, wenn er herunter scheeret, als auch unten, wenn er hinauf scheeret, einlesen, (s. Einlesen) weil sich jedesmal zwey einfache oder doppelte Fäden durchkreuzen müssen, indem diese Durchkreuzung bey dem Weben das Fach machet. (s. Kettenscheeren der verschiedenen Zeugarten)

Scheeren der Strümpfe. (Strumpfstricker) Nach dem Rauhen (s. Rauhen der Strümpfe) wird der Strumpf, der geschoren werden soll, auf eine 1 Fuß lange hohle hölzerne Walze gelegt, die mit einem alten Strumpf überzogen

gen ist, damit der neue eine weiche Unterlage habe. Auf dem Strumpf und der Walze liegt die Scheere unbeweglich nach der Länge der letztern. Die Scheere hat der Strumpfstricker mit einem Riem an den Leib geschnallet. Denn er steckt einen Ring an den Griff der Scheere durch ein Loch des Riems, welchen er um den Leib trägt, und hinter dem Riem nach dem Leibe zu einen Pflock durch den gedachten Ring, und giebt hierdurch der Scheere eine sichere und haltbare Lage. Beym Scheeren steckt er in die Aushöhlung der Walze eine Hand, bewegt mit der Walze den Strumpf gegen die Schneiden der Scheere, und setzt bloß die eine Klinge der Scheere mit der Hand in Bewegung, so daß die Scheere die erhöheten Haare abschneidet. Bey dem Rauhen wurde von der Spitze nach der Stulpe des Strumpfes zu gerauhet; beym Scheeren aber geschieht das Gegentheil, nämlich von der Stulpe nach der Spitze zu. Jede breite Seite des Strumpfs wird besonders, aber nur einmal, geschoren. Zuletzt werden die abgeschornen Haare mit einem Besen von Reisstroh abgebürstet, denn dieses giebt auf den Strümpfen keine Streifen.

Scheeren, feine, zu machen. (Chirurgischer Instrumentenmacher, Messerschmid) Die feinsten Scheeren werden von dem ersten Professionisten gemacht, die gröbern macht der letztere. Die Klingen, die da schneiden, heißen die Blätter, der Ort, wo sie zusammengenietet werden, heißt der Schild, die Schenkel die Stangen, welche sich in Ringe endigen. Die feinen Scheerenblätter werden von steirischem Stahl, die Stangen aber aus Eisen geschmiedet, man könnte sonst die Ringe mit dem Dorn nicht lochen, weil der Stahl viel zu spröde ist. Man nimt zu feinern Scheeren deshalb zu jedem Schenkel ein Stück Eisen, das 3 Zoll lang, [illegible] Zoll dick, und [illegible] Zoll breit ist. Man giebt ihm an jedem Ende eine Spitze, und schlägt es einwärts dergestalt mit dem Hammer zusammen, daß die beyden Spitzen genau über einander liegen. In die Spalte zwischen den Spitzen, die hierdurch entsteht, steckt man eine dünne Stange Stahl, macht Schweißhitze, und schweißt Stahl und Eisen zusammen. Das Stück Eisen am Ende der Schenkel streckt der Hammer zu einem Lappen für den Ring, und zu einem Zapfen über denselben für die Stange aus, und ein Durchschlag bohrt durch den Lappen ein Loch, das den Ring bildet. Nun hauet man den Stahl von dem angeschweißten Eisen ab, und läßt nur soviel Stahl stehen, als hinreichend ist, das Scheerenblatt oder die Klinge unter dem Hammer auszuschmieden. Beym Schmieden des letztern muß der Hammer schon vor dem Schluß der Klinge eine Vertiefung, und hinter dieser einen Absatz für den Schild bilden. Das Loch zu dem Ringe wird in der Esse mit einem Dorn erweitert, und jeder Schenkel ausgeglühet. Nun wird das Loch kalt zum Ringe noch auf der Spitze des Sperrhorns erweitert, und mit dem Hammer aus freyer Hand oval gerichtet. Nunmehr werden beyde geschmiedete Blätter dergestalt auf einander gelegt, daß die ebenen Seiten der Blätter und ihre Schneiden einander berühren, und das Schild, die Stangen und die Ringe beyder Stücke genau auf einander fallen. In dieser Lage werden sie dergestalt in den Schraubstock gespannt, daß man den Umfang beyder Ringe und Stangen gleich groß mit der Feile bestimmen, und für den Schluß des Schildes, auf der hohen Kante beyder Schenkel, einen Feilstrich machen kann. Genau nach den Feilstrichen arbeitet man nun den Schluß des Schildes aus, damit bey der Vergleichung der Schluß beyder Schenkel genau auf einander falle. Das Loch in dem Schilde für das Niete wird mit einem Körner (s. diesen) vorgeschlagen und mit dem Drillbohrer völlig durchgebohret. Man giebt den beyden Schenkeln wieder die vorher beschriebene Lage auf einander, und steckt durch das Loch einen Zalschnagel (verlohrnen Niete), damit man den Umfang beyder Blätter mit der Feile gleich groß machen kann, um auf der Schleifmaschiene zu wissen, wie weit jedes Blatt muß abgeschliffen werden. Hiebey giebt man beyden Schenkeln eine solche Lage, daß sie ein gewöhnliches Kreuz bilden, und macht nach dem Schnitt des einen einen Feilstrich auf den andern Schenkel. Nunmehr wird die äußerste Seite des Blatts und des Rückens befeilet, wobey der Schraubstock die Scheere in einem Reifkloben (s. diesen) vest hält, hernach der Schnitt, die Stangen, und endlich der äußere Umfang der Ringe. Der innere Umfang der letztern wird mit einer krummen Vogelzunge und die Krümmungen der Stange mit einer halbrunden Feile bearbeitet. Eine feine Scheere erhält statt des Nietes eine Schraube, deren Kopf versenkt ist. Daher muß das Loch des Schenkels, worin der Kopf soll versenkt werden, an der äußern Seite um die Tiefe des Kopfs mit dem Frieselbohrer erweitert, und zugleich das eigentliche Loch mit dem Aufräumer etwas größer gemacht werden. Das Loch des einen Schenkels erhält Schraubengänge mit einem Schneideeisen, und das Loch des andern wird erweitert. Beyde Blätter legt man in der bekannten Lage auf einander, um zu erforschen, ob die Schneiden gegen einander eine gehörige Stellung haben. Bey dieser Arbeit erhalten die Blätter zugleich eine windschiefe Richtung. Die Scheere hat nun im Groben ihre Gestalt, und wird nun gehärtet. Jeder Schenkel wird nur bis an die Mitte des Lochs in dem Schilde rothglühend in kaltes Wasser gesteckt, alsdenn läßt man ihn wieder haberngelb anlaufen, und kühlet ihn von neuem ab. Hat sich das Blatt an den Seiten beym Härten geworfen, so wird es mit dem Richthammer wieder gerade geschlagen, ist es aber auf dem Rücken krumm geworden, so muß der Schleifstein den Fehler heben. Auf diesem Steine glättet man erst die innern Flächen des Blatts, und endlich wird die Schärfe auf der äußern Seite der Scheere geschliffen. (s. Schleifen) Nach diesem wird die Scheere durch die Schraube vereiniget, und also vereiniget werden die Blätter beyder Schenkel durch den Centrifeaur (s. diesen) in dem Schraubstock bevestiget, man feilet beyde Stangen und Ringe auf den Seiten gleich groß, und giebt ihnen hernach eine fein ausgearbeitete Fazon. Endlich wird alles durch die Schlichtfeile, den Oelstein, den Schmirgel und den Brunirstahl polirt. Vor dem Brunirn aber wird jedes Blatt erst auf der Polirscheibe mit Schmirgel polirt. Dieses letztere alles geschiehet, ehe daß die Scheere zusammengesetzt ist. Man polirt die Schraube gleichfalls vorzüglich mit Blutstein. Man läßt sie auf Kolen blau anlaufen, und vereiniget beyde Schenkel endlich mit der Schraube. Zuweilen werden die Griffe von Silber gemacht. In diesem Falle giebt man der Klinge unter dem Schilde einen Angel. Die silbernen Griffe werden gegossen, ein Loch in die Grundfläche gebohrt, solches mit einem Kitt von geschmolzenem Kolophonium und Kreide ausgefüllet, die Angel heiß gemacht und in den Kitt gesteckt, wenn es erkaltet, so hängt beydes vest zusammen. Größere Scheeren machen nicht soviel Mühe in Ansehung des Schleifens und der Politur, sondern werden leichter und gröber verfertiget. (Wie eine große Scheere verfertiget wird, kann man bey der Schneiderscheere sehen)

Scheerenglied, Scheerglied, Seilhaken, Klobenring, Kloben, Klobenglied. Ein als ein Kettenglied gestaltetes Eisen, welches man bey den Wasserwaschienen gebrauchet, wenn an einer Kette ein Glied springt, um solches zerbrochene Glied sogleich mit diesem Scheerenglied zu ersetzen, und die Kette wieder ganz zu machen.

Scheeren, niedrig, kurz. (Tuchbereiter) Wenn ein Tuch sehr glatt abgeschoren, daß wenig Rauhes darauf bleibet.

Scheere richten, aufsetzen, Fr. Ranger les forces. (Tuchbereiter) Wenn mit einem kleinen Hammer auf dem Lauffer der Tuchscheere an den Orten geschlagen wird, wo die Schneiden sich nicht hinlänglich berühren.

Scheerenschleifer, ein Professionist, der Messer und Scheeren, wenn solche stumpf geworden, wieder scharf schleifet. Es sind gemeiniglich Leute, die im Lande und auf den Straßen herum ziehen, und ihr Schleifgeräthe auf einer Karre mit sich führen. (s. Schleifrad)

Scheerenschmid. Ein Zweig vom Messerschmid, der selten als ein ordentlicher Professionist in den Städten wohnet, sondern nur auf Messerfabriken sich befindet, woselbst es seine vorzüglichste Beschäfftigung ist, bloß Scheeren zu schmiden und zu verfertigen, wovon er denn auch insbesondere den Namen erhalten.

Scheerenstock, (Messingwerk) ein runder starker Stock oder Klotz, in die Erde gegraben, woran die große Scheere bevestiget ist.

Scheerflocken, s. Scheerhaare.

Scheerfutter, s. Barbierzeug.

Scheergang, (Schiffsbau) der äußerste Umgang des Schiffes. Man nennet auch die langen Balken so, welche dem Schiffe in dem Bau seine Figur oben geben helfen.

Scheergarn, Kettengarn, Zettelgarn, Fr. fil d'Estaim; dasjenige Garn, woraus der Aufzug oder die Kette zu einer Tapete von hoher oder niederschäfftiger Art, Fr. Hautelisse oder Basse-Lisse, oder auch von verschiedenen wollenen Zeugen gemacht wird. Es ist ein wohl gedrehetes gleich gesponnenes Garn.

Scheerglabe, s. Scheerrahm.

Scheerglied, s. Scheerenglied.

Scheerhaare, Scheerflocken, (Tuchscheerer) die bey dem Scheeren der Tücher (s. dieses) abgeschnittene kurze Haare oder Wolle. In Städten, wo gestäubte Papiertapeten gemacht werden, wie z. B. in Berlin, werden Scheerhaare dazu angewandt, damit, nachdem sie auf mancherley Art gefärbet, und noch besonders klein geschnitten worden, die Tapeten zu bestäuben; woraus denn das sammetartige oder wollige Ansehen auf denselben hervor gebracht wird.

Scheerhaken, ein krummer Haken, womit die Tuchscheerer das Tuch auf dem Scheertisch mit den Sahlleisten bevestigen, damit es bey dem Scheeren vest angespannt liege.

Scheerkasten, ein als ein Kasten mit verschiedenen Fächern über einander versehenes Gestelle, worauf die Spule mit Seide zum Scheeren des Aufzuges oder der Kette aufgestellet wird. (s. Cantre Seidenwirker)

Scheerkasse, bey den Tuchmachern die Scheerlatte.

Scheerlatte, s. Cantre mancherley Art.

Scheerlatte des Leinwebers, gleichfalls ein einfacher Rahm, der der Länge nach in der Mitte in zwey Theile getheilet ist. Die mittelste Latte, die die Theilung machet, hat parallel laufende Löcher an der Kante, und die beyden äußern Latten haben gleichfalls mit jenen gleichlaufende durchgebohrte Löcher. In diese Löcher werden mit ihren eisernen oder hölzernen Spillen die Spulen mit dem Garn, welches auf dem Scheerrahmen (s. diesen) geschoren werden soll, eingesteckt, und da die Löcher der Mittellatte an der Kante eingeschnitten sind, so kann man die Spillen bequem heraus nehmen und hinein stecken.

Scheerleinen, (Schiffsbau) Taue von mittlerer Dicke, welche die Wände, Steuerboord und Backboord spannen und steif erhalten, besonders wenn die Püttings nachlassen. Auch kleine Leinen, welche sich in zwey und mehrere Enden theilen.

Scheermesser, s. Sammetmesser.

Scheermesser. (Instrumentenmacher) Ein scharfschneidendes feines Messer, womit man die Haare des Barts abschneidet. (abscheert) Die Klinge eines solchen Messers ist vorne breit und nach der Schaale zu wird es schmäler, vorne die Ecke ist etwas abgerundet, sie hat einen sehr dicken Rücken eine sehr feine schneidende Linie und ist von beyden Seiten ausgehöhlt. Die Klinge wird aus dem feinsten englischen Stahl geschmiedet, und muß beym Schmiden hauptsächlich darauf gesehen werden, daß man dem Stahl keine zu starke Hitze giebt. Nach dem Schmiden werden sie rothglühend in kaltem Wasser gehärtet, mit dem Sandstein weiß geschmiert, auf Kolen gelegt, bis sie von selbst ohne Gebläse habergelb anlaufen. Die Hohlkehle oder die Aushöhlung wird der Klinge auf einem dazu eingerichteten Schleifstein gegeben, dessen Peripherie nicht breiter seyn muß, als diese Aushöhlung werden soll, und folglich nur die Mitte der Klinge ausschleift. Die Aushöhlung ist beynahe um den dritten Theil einer Linie tief; von ihr kann die Schneide dünner und schärfer werden.

Der kleine Bogen, der die Schneide beschreibt, ist bequem, sie allezeit dem Haare entgegen zu führen, und man muß bey dem Abziehen auf dem Abziehstein diesen Bogen nicht verletzen. Ein zu dicker Rücken macht, daß man die Schneide im Abziehen gar zu sehr auf den Stein niederdrückte, daher wird bey einer jeden Schleifung zugleich der Rücken etwas dünner geschliffen. Die Schaale oder das Heft des Scheermessers wird von Schildkröten, Fischbein, oder Horn gemacht, besteht aus zwey Hälften, die so weit von einander stehen, daß die Schneide der Klinge in die Schaale gelegt und darinn verwahrt werden kann. Beyde Hälften werden oben und unten mit einem Niete zusammengesetzt und die kurze Angel der Klinge mit dem obersten Niete der Schaale beweglich vereinigt, so daß man die Klinge nach der Schaale zulegen kann. Die Niete bedeckt man mit Rosen (s. diesen) von diesem oder jenem Metall. Das wohl geschliffene und polirte Messer muß vor dem Gebrauch erst abgezogen werden, damit die Schneide den größten Grad der Feinheit und Schärfe erhält. Dieses geschieht auf einem Abziehstein. Beym Abziehen wird das Scheermesser in der rechten Hand zwischen dem Daumen und den übrigen vier Fingern gehalten, der Daumen und Zeigefinger drehen die Klinge auf dem mit Baumöl bestrichenen Stein. In dieser Lage wird nun die Spitze ganz flach auf das eine Ende des Steins angesetzt: nämlich erst die Ecke, und denn die Schneide allmählich. Nun fährt man längst dem Stein hinab, und wenn man bis zum andern Ende gekommen, so hält der Klingenabsatz den weitern Strich ab. Um nun auch die andere Seite der Klinge abzuziehen, so muß der Rücken des Scheermessers den Stein ganz und gar nicht verlassen, sondern gegentheils den Bogen, die die Schneide im Umwenden von einer Seite zur andern beschreibt, zum festen Mittelpunkt dienen. Man muß nämlich die Ecke des Absatzes bald auf den Zeigefinger, bald auf den Daumen verlegen. Das beständige Umdrehen macht nur die Schneide dick, sie muß nur von einem Ende bis zum andern sanft gleiten.

Scheermühle, (Seidenwürker) die Maschiene, worauf die Kette geschoren wird, welche bey andern Webern Scheerrahm heißt. Ein achteckiges Gerüst, oder vierfacher zusammengesetzter Rahmen von Latten, beynahe so hoch, als die Werkstätte, und willkührlich bald 6 bald 7 Ellen weit. Das ganze Gerüst ist vermittelst einiger Arme von Latten an einer starken Welle bevestiget, deren oberster Zapfen an einer Latte, der unterste aber auf dem Fußboden in einer Pfanne läuft. Das Gestelle läßt sich also vermittelst der Welle umdrehen. Damit aber diese Umwälzung desto leichter und schneller von statten gehe, so liegt neben dem Scheerrahm eine solche Scheibe mit einer Kurbel, wie bey dem Scheerrahmen des Leinendamastwebers, (s. diesen) woran sie gleichfalls in Bewegung gesetzt wird. Ueber dem Gestelle liegt eine horizontale Latte, und mit dieser hängt eine andre senkrechte, in einiger Entfernung von dem Rahm oder der Mühle, zusammen, auf dieser läßt sich der Lenker oder Führer (s. diesen) hinauf und hinabschieben, und auf eben die Art, als der Kloß bey dem Scheerrahmen des Leinendamastwebers, vermittelst einer Rolle und dem herauflaufenden Seil in Bewegung bringen, und die Gänge bey dem Scheeren gehörig leiten.

Scheerrahm. (Weber) Ein Werkzeug oder eine Maschiene, die gebraucht wird, um den Anfang der Kette oder die Fäden zu der Kette eines Zeuges aufzuwickeln und gehörig einzurichten. So wie aber die Weber verschiedene Zeuge weben, so bedienen sich dieselbe auch eines verschiedenen Scheerrahms, der bald einfach, bald zusammengesetzt ist. Alle kommen sie aber darinn überein, daß sie einem großen Haspel gleichen, der um seine Achse sich herumbewegt. Seine Haupttheile sind gemeiniglich ein senkrecht herumgehender Rahm, auf welchen die Kettenfäden nach einer gewissen Richtung aufgewickelt werden, (s. Kettenscheeren der mancherley Weber) welches auf eine oder die andre Art mit besondern Handgriffen geschieht. (s. die mancherley Scheerrahmen)

Scheerrahm des Leinenwebers; dieser ist im Grunde betrachtet eine Winde oder Haspel. Es ist nämlich ein doppelter Rahm, der sich durchkreuzet, und beyde werden oben und unten in der Mitte ihrer Querlatten durch eine Welle durchbohrt. Diese Welle läuft mit ihrem obern Zapfen in Balken der Decke des Zimmers in ein Loch, und der untere gleichfalls in ein Loch eines Klotzes, der auf dem Fußboden bevestiget ist. Der Rahm kann also um diese Welle herumgedreht werden, beyde Rahmen sind beweglich und können zusammengelegt werden. Oben und unten ist an dem einem Rahmen eine Latte angebracht und in jeder stecken drey Pflöcke, woran die Fäden beym Scheeren eingelesen werden. (s. Scheeren des Leinenwebers.)

Scheerrahm des Leinendamastmachers; dieser Scheerrahm stellt zwar gleichfalls als der gewöhnliche Leinenweberrahm eine Winde vor, ist aber aus mehrern Rahmen als diese zusammengesetzt, die zusammen einen Kreis bilden, wird auch nicht bloß mit der Hand unmittelbar umgedreht, sondern vermittelst einer Scheibe und Kurbel in Bewegung gesetzt. Dieser Scheerrahm steht nicht unmittelbar auf dem Fußboden sondern auf einem Gerüste etwas erhoben von dem Boden, worinnen der Zapfen unten herumläuft. Oben läuft der Zapfen gleichfalls in einem Riegel. An dem untersten Ende der Welle ist eine Rolle, die den Scheerrahm vermittelst einer Schnur mit einer horizontalliegenden Scheibe vereinigt, die in einem kleinen Gestelle um den Zapfen des Kurbels herumläuft. Setzt man den Kurbel in Bewegung, so läuft der Scheerrahm gleichfalls herum. An der obern Spitze der Welle ist eine starke Schnur bevestiget, welche über zwey Rollen, die an dem obern Riegel, worinne der Wellenzapfen läuft, angebracht sind, nach einem Kloß geht. Dieser Kloß ist zum Theil ausgehöhlt und die Schnur wendet sich in seinem Inwendigen um die Welle eines kleinen hölzernen Sperrrades. Der Kloß ist im Ständer der an dem Riegel angebracht ist, dergestalt eingewalzt, daß er hinauf und hinabgeschoben werden kann. Dreht man also die Scheibe und zugleich den Scheerrahm rechts um, so wickelt sich die Schnur um die Welle und hebt den Kloß in die Höhe. Drehet man aber die Scheibe mit dem Flügel hinten links herum, so wickelt sich die Schnur wieder ab, und der Kloß sinkt durch seine eigene Schwere wieder herunter. Unter diesem Kloß ragt ein Blech hervor, auf welchem 2 andre Bleche neben einander dergestalt liegen, daß man jedes mit einem Stift, welches das unterste Blech durchbohret, in die Höhe heben kann. Auf jedem dieser neben einander liegenden Bleche stehen senkrecht 10 eiserne Spillen, so daß eine Spille des einen Blechs zwischen zwey Spillen des andern Blechs steht. Jede Spille hat an ihrer obern Spitze ein Oehr, durch welches beym Scheeren ein Faden der Kette gezogen wird. Endlich sind an dem Kloße noch 2 hölzerne Puppen angebracht, hinter welchen bey dem Scheeren der Kette die Fäden zum Scheerrahmen geleitet werden. Beym Scheeren leitet der Weber die Fäden von den Spulen der Scheerbank (s. diese) zu den gedachten Spillen, und zieht jeden Faden einer Bobine in eben der Ordnung, in welcher seine Bobinen auf der Scheerbank stecken, durch ein Oehr einer der Spillen. Wenn alle Fäden der Bobinen der Scheerbank auf solche Art durchgezogen sind, so werden sie sämmtlich hinter den Spillen nach dem Scheerrahmen zu, in einen Knoten zusammengeschürzt, das vorderste Blech des Kloßes mit seinen Spillen nach dem Scheerrahmen zu in die Höhe gehoben, und hiedurch sämmtliche Fäden in zwey Hälften getheilt, und steckt man zwischen die beyden Hälften den Finger; das zweyte Blech wird gleichfalls in die Höhe gehoben, und hiedurch entsteht zwischen dem Finger und dem nur gedachten Blech ein Kreuß, welches beyde Hälften Fäden mit einander machen. Nun werden die zusammengeknüpften Fäden hinter den Puppen zu dem Scheerrahmen gelenkt, man legt den Knoten über den vordersten obern Pflock des Scheerrahmens und das Kreuß zwischen die andern beyden Pflöcke und nun kann die Kette geschoren werden. Dieser also bequemer eingerichtete Scheerrahmen verschafft dem Weber beym Scheeren viele Vortheile; theils kann derselbe den Scheerrahm mit der Scheibe bequemer umdrehen, theils legen sich seine bestimmte Anzahl Fäden ohne seine Bemühung in Umgänge, die einen gleichen Abstand haben, um den Rahmen, und dieses bewirkt der Kloß, der bey dem Hinabscheeren hinab, bey dem Heraufscheeren aber hinauf geht. Ist ein Gang geschoren, so wird das Sperrrad im Kloße um einige Zähne umgedreht, und der Kloß rückt hierdurch einen Zoll hinab. Die Umgänge der Kette legen sich daher ohne seine weitere Bemühung nicht über, sondern neben den Umgängen des vorigen Ganges, wogegen der Leinweber bey dem Scheeren der gewöhnlichen Leinenkette die Umgänge bey seinem Scheerrahmen mit der Hand lenken muß. Da dieser Scheerrahm eine holländische Erfindung ist, so nennen ihn einige auch den holländischen Scheerrahm. (s. Sprengels H. u. K. in Tabellen Samml. XII. Tab. VIII. Fig. IV.)

Scheertisch, (Tuchscherer) der Tisch oder die Stelle, worauf das Tuch geschoren wird. Das Blatt dieses Scheertisches ist 10 Fuß lang und 1½ Fuß breit, und damit die Scheere beym Scheeren gut hinabsinkt, so ist der Tisch abschüssig oder geneigt. Dieser Abschuß beträgt beynahe von dem einen Ende gegen das andere gerechnet 1 Fuß. Das Tischblatt selbst ist eine starke 2½ bis 3 Zoll dicke Bohle, die mit Scheerhaaren folgendergestalt gepolstert wird. Man spannt ein grobes wollenes Haartuch locker auf dem Tischblatt aus, stopft dieses mit Scheerhaaren beym Ausspannen aus, und überzieht das Haartuch noch mit Drillig. Das Stück Tuch muß auf diesem Polster weich liegen, damit sich die Scheere vest an das Tuch anschließen und die Wolle fassen kann. Vor diesem Scheertisch steht ein Bänkel oder Bank, die nach Verhältniß der Neigung des Tisches gleichfalls abschüssig ist. Die Tuchscherer stehen auf dieser Bank, sie kann erhöht oder erniedrigt werden, nachdem der Tuchscherer groß oder klein ist. Hierinn besteht der Nutzen der Bänke. Auf der einen Seite des Tisches ist eine Lehne von Latten, worauf im Winter der Leuchter mit dem Licht befestiget wird, und unter dem Tisch steht ein Kasten von Horden, worinn der noch nicht geschorne und der bereits geschorne Theil des Tuchs liegt.

Scheer[illegible], s. [illegible]

Scheerwerk, Zange, Fr. Tenaille, (Kriegsbaukunst) ein altes Außenwerk, welches nur zwey Fasen und einen einwärts gehenden folglich todten Winkel hat. Da dergleichen Werk schlechte Defension giebt, dennoch aber gar vielen Raum einnimmt, und wegen des letztern dem Feinde, wenn er solches erobert, zum Vortheil dienen kann, so bedienet man sich solcher heut zu Tage fast gar nicht mehr, und braucht sie nirgends, außer in solchen Fällen, wo ein Werk aufgerichtet ist, das nur einem geringen Anlauf widerstehen kann. Es wird aber ein solches Werk gemeiniglich eingetheilt in die einfache Scheere und in die doppelte Scheere, welche letztere aus 4 Fasen mit zwey todten Winkeln besteht, und auch sonst ein Schwalbenschwanz genennt wird.

Scheerwolle, kurze abgeschorne Wolle, die von den Fellen der Schaafe mit dem Messer abgeschoren ist. (s. Flocken)

Scheffel, niedersächsisch Schepel. Ein Inhaltsmaaß trockner Dinge, an verschiedenen Orten in Deutschland, in Preußen und in den Niederlanden gebräuchlich. Es ist nicht allenthalben von gleicher Größe, und fast von einer Stadt zur andern unterschieden, welches im Handel und Wandel eine nicht geringe Hinderniß und Beschwerlichkeit ist. Der Dresdner Scheffel ist in 4 Viertel, jedes Viertel in 4 Metzen, mithin der Scheffel in 16 Metzen eingetheilt, und so ist er fast überall eingetheilt, nur daß er nicht aller Orten gleich groß ist. So ist z. B. der Berliner, der auch 4 Viertel oder 16 Metzen hat, kleiner als der Breslauer und Dresdner Scheffel. Einiger Orten ist der Scheffel wieder anders eingetheilt. Z. B. in Leipzig ist der Scheffel in 4 Sipmaas, ein Sipmaas in 4 Metzen und eine Metze in 4 Mäßchenmaas eingetheilt. In

Halle

Hamburg hat der Scheffel 2 Faß, das Faß 2 Himten, und der Himte 4 Spint; 10 Scheffel machen daselbst 1 Wispel und 3 Wispel eine Last aus. In Amsterdam hat ein Scheffel 4 Vierfaß, oder Vierdevat, und 1 Vierfaß 2 Koppen: 3 Scheffel machen daselbst einen Sack und 36 Sack eine Last aus; 3 Scheffel aber gehören zu einer Tonne. Mit dem deutschen Scheffel kommt einigermaßen der französische Boisseau überein, welcher in Frankreich von eben so verschiedenem Inhalte als in Deutschland ist.

Scheffel, an manchen Orten ein Stroh- oder mittelmäßiges hölzernes Faß in der Haushaltung, welches zu allerley Gebrauch geschickt ist.

Scheffel. Ein Feldmaas, und bedeutet so viel, als ein Stück Acker, welches so groß ist, daß es just einen Scheffel zur Besäung nöthig hat.

Scheffel. Ein viereckigter Kasten ohne Boden, womit man die Pflastersteine zu überschlagen und nach dessen Inhalt an einigen Orten zu bezahlen pflegt. Z. B. in Leipzig ist derselbe 1½ Elle breit, 2 Ellen lang, und ½ Elle hoch, so daß sein körperlicher Inhalt 12 Kubikschuhe ausmacht.

Scheffeln, es scheffelt, (Landwirthschaft) wenn das Getreide viele Körner hat und beym Ausdreschen sich gut im Scheffeln ergiebt.

Scheibe, Fr. la tour de la bouſſole, (Bergwerk) der Rand des Gruben- oder Schachtkompasses, auf welchem die Abtheilung des Kreises in zweymal zwölf Stunden gestochen ist.

Scheibe, Fr. Rouleau, (Bergwerk) runde bewegliche Hölzer auf dem Stege über dem Treibschachte, die sich umdrehen, wenn das Göpelseil darüber in den Schacht und herausgeht. Daher auch zwey seyn müssen, eine worüber ein Trumm des Seils hinein- und die andere, worüber das andere herausgeht.

Scheibe, Ziel. (Jäger) Ein Zeichen, ein rundes Brett, worauf ein runder schwarzer Zirkel auf einem weißen Grunde gemacht ist, und wornach mit der Büchse oder Flinte geschossen wird, um zu probiren, ob sie gut schießen. In vielen Städten schießt man zur Lust und Uebung nach der Scheibe. Diejenigen, welche solches thun, sind in einer geschlossenen Gesellschaft vereiniget, die unter dem Namen der Schützengilde oder Schützenbrüderschaft bekannt ist. Das Schießen selbst nennt man das Scheibenschießen.

Scheibe. Fr. Feuille, la Rosette. (Kupferhütte) Ein Kuchen, welcher von dem abgestochenen Kupfer abgerissen wird. Wenn das Kupfer im Stichheerd steht, so erstarrt die Oberfläche, welche sich abkühlt, daß man sie wie eine Tafel abheben kann; wenn eine abgezogen ist, erhärtet wieder eine andere, u. s. w. bis alles Kupfer aus dem Heerd gehoben worden. Welche Arbeit das Scheibenreißen genennt wird.

Scheibe, (Markscheider) derjenige Zirkel des Kompasses, worauf die Stunden abgezeichnet sind.

Scheibe, (Maurer) die Rundung der Kellermauer, worauf die schmale Seiten eines Mulden- oder Kreuzgewölbes ruht. Sie muß nach einer Lehre gemauert, und die Steine dazu behauen werden.

Scheibe, (Mühlenbau) so wird der Kumpf oder das Getriebe so aus zwey Scheiben zusammengesetzt ist, in einer Staubermühle, genannt. Beyde Scheiben werden durch die Stöcke, deren bald mehr oder weniger gebraucht werden, zusammengesetzt und bilden den Kumpf oder das Getriebe. (s. dieses)

Scheibe, (Papiermacher) ein durchlöcherter Schieber, der vor dem Ausfluß des Löcherbaums (s. diesen) vorgeschoben wird, wodurch das Wasser aus dem Löcherbaum von den gestampften Lumpen abläuft, und abgeführet werden kann. Damit aber mit dem Wasser auch nicht schon zermalmte feine Lumpen fortgehen, so ist vor den sämmtlichen Löchern der Scheibe ein Haarsieb ausgespannt.

Scheibe, (Schiffbau) eine ovale von Holz verfertigte Rolle, welche in der Mitte dicker als am Rande und mit einem eisernen Ringe oder Bande eingefaßt ist, damit das Holz nicht zersplittert. Sie ist an drey Orten durchbohrt, so daß durch jedes Loch ein Seil gezogen werden kann. Man braucht diese Rollen auf verschiedene Art bey dem Takelwerke der Schiffe, und besonders die Wände zu befestigen. Man nennt sie auch wohl Jungfern Fr. Caps de Mouton.

Scheibe, Töpferscheibe, Drehscheibe, (Töpfer) das vorzüglichste Werkzeug dieses Professionisten, worauf er die mehresten Geschirre bildet und abdrehet. Es besteht eigentlich aus zwey starken hölzernen Scheiben, wovon die obere kleiner ist als die untere, beyde sind durch eine eiserne senkrechte Spille, in einiger Entfernung vereiniget, und diese geht mit ihrem untersten Zapfen unter der untern Scheibe in eine stählerne Pfanne, die auf dem Fußgestelle ruht. Oben läuft die Spindel in einem gespaltenen Holze so man die Zange oder Scheere nennt. Auf der obersten Scheibe wird der Thon mit den Händen zu hohlen Gefäßen gedrehet, wenn der Töpfer die unterste Scheibe, und zugleich dadurch das Ganze mit den Füßen herumstößt. Vor der obersten Scheibe ist ein Queerbrett, die Wellbank, worauf der Töpfer beym Drehen sitzt. Man hat zweyerley Scheiben, die eine Art die man Bankscheiben nennt, kann man von einem Ort zum andern tragen. Die andere sind vest gemacht und können ihren Platz nicht verändern. Sie sind von der ersten Art sonst in nichts unterschieden, als daß die Wellbank, die ganze Scheibe nach allen Seiten umgiebt. Man hat noch eine dritte Art die Klotzscheibe (s. diese im Supplement.

Scheibe. (Tuchbereiter) Ein Werkzeug, womit nach dem Pressen beym Absetzen das Haar der Tücher niedergedrückt wird. Es ist ein leichtes Stück Brett, 15 oder 18 Zoll lang, 9 Zoll breit und einen guten Zoll dick. Es hat auf der einen Seite zwey hölzerne Griffe. Die glatte Seite ist mit Leim überstrichen, worauf rein gewaschener und getrockneter Sand gestreuet werden, und wenn dieser angetrocknet ist, auf einem glatten und gleichen Stein abgeschliffen, daß solches recht glatt werde.

Scheibe,

Scheibe, (Uhrmacher) so wird das Zifferblatt der Stubenuhren genennt.

Scheibe, Fr. Cuir taille en rond, (Wasserkünste) das Leder, so auf den Kolben genähet wird, und um und um über den Kolben hervor raget, damit es sich, wenn er in die Höhe geht, rund um an die Kolbenröhre der Pumpe oder des Saugwerks anschließe, und das über den Kolben geschlagene Wasser dazwischen nicht zurück in den Stiefeltheil fallen könne.

Scheibe, das dünne, glatte, runde Stück an der Spule eines Spinnrades, welches dazu dienet, daß sich das gesponnene Garn auf der Spule in Reifen neben einander legt.

Scheibel, wenn der Hirsch auf hartem Boden mit den Schaalen gezwungen geht, und mit dem Ballen den Erdboden abschiebet, daß es in der Fährte liegen bleibt.

Scheiben. (Brauer) So nennt man die zum Keimen aufgeschütteten Haufen oder Beete von eingeweichtem Getreide zum Malz.

Scheiben, s. Glasscheiben.

Scheiben, s. Roost.

Scheiben, s. Teilling.

Scheibenbohrer, Zugbohrer, ein mit einer Scheibe versehener Drell- oder Drillbohrer, weil er vermittelst einer um die Scheibe gehenden Schnur gezogen, und herum gedrehet wird.

Scheibenform, Fr. Planches à Pain, (Wachsbleiche) lange hölzerne Strecken, 4 Fuß lang und 1 Fuß breit, von Eichenholz verfertiget; auf der einen Oberfläche sind runde Löcher eingeschnitten, 4 Zoll im Durchschnitte groß, und 3 Linien tief, die runde Formen vorstellen, und zwey und zwey in der Breite und Länge jedes Holzes neben einander sind. In diese Formen gießt man das Wachs zu kleinen Scheiben, welche hernach gebleichet werden. (s. Wachsbleichen.)

Scheibenhonig, (Bienenzucht) der Honig, so wie er noch in den Scheiben oder im Roost befindlich ist.

Scheibeninstrument, (Mathematiker) 1) Diejenigen mathematischen Werkzeuge, die aus ganzen Scheiben bestehen, dergleichen das sogenannte Pantometer, der Kompas, und andere mehr sind. 2) Die halben Zirkel, Quadranten &c. die zur Abmessung der Höhen und Tiefen beym Messen gebraucht werden, und die man insgemein Astrolabia nennt.

Scheibenkäulen, (Glashütte) durch das Rohr geblasene gläserne hohle Kugeln, welche zusammengedrückt werden, und die schlechten runden Fensterscheiben geben.

Scheibenkunst, eine Maschine, oder die Art, wie man das Wasser mit Eimern aus der Tiefe eines Brunnens vermittelst der Scheiben an einer Kette durch Menschenhände herauf bringt. (s. Eimerkunst) Da es im Winter sehr beschwerlich ist, indem die Hände von dem Ziehen der Kette sehr beschädiget werden, dergleichen Anstalten auch viel Platz erfordern, auch kein gutes Ansehen machen, wenn sie an den Brunnen in den Städten angebracht sind, so sind sie gänzlich aus dem Gebrauch gekommen.

Scheibenpulver, kleinkörniges Schießpulver, so gemeiniglich blank geschliffen ist, und womit man nach dem Scheiben schießet.

Scheiben reißen, s. Scheibe. (Kupferstecher)

Scheibenringe eines Getriebes, (Mühlenbau) der Kranz oder Ring auf den beyden Scheiben, woraus ein Getriebe vermittelst der Stöcke zusammengesetzt wird. In diesen Ringen werden die Stöcke eingelassen.

Scheibenrohr, (Büchsenmacher) eine gezogene Büchse, womit man nach der Scheibe schießt.

Scheibenzieher, (Messingwerk) ein Arbeiter auf demselben, der den groben Messingdraht des Drahtzuges zu Nadeln, Klaviersaiten, und anderen Zweifeln verfeinert. Dieses geschieht mit freyer Hand auf einer Scheibe, die der dritten Ziehbank des Golddrahtziehers völlig gleichet. (s. Arbeitstisch) Der Scheibenzieher bedienet sich auch der Zieheisen (s. diese) des Golddrahtziehers, sie werden stark in Iserlohn verfertiget. Nur dieses einzige unterscheidet die Verrichtung dieses Arbeiters von dem Golddrahtzieher, daß dieser, um die Reibung zu verschonen, die edlen Metalle mit Wachs, der Scheibenzieher aber das Messing mit Baumöl beschmieret. Er erhält zu dieser Arbeit den Draht schon gegliihet. Der stärkste Draht, so auf dem Messingwerk verfertiget wird, ziehet dieser Arbeiter durch alle Nummern bis zur Feinheit eines Haares.

Scheibenzug, s. Flaschenzug.

Scheidebank, Fr. la table de triage, ou à separer les mines, (Hüttenwerk) eine Stube, darinn die Erze, vermittelst des Scheidefäustels (s. dieses) mit der Hand geschieden werden, und das gute Erz vom tauben Gestein abgesondert wird.

Scheidebock. Fr. le pied de cucurbite, trepié de cucurbite (Hüttenwerk) Ein Werkzeug der Probirer und Goldscheider von Eisen, mit einem Griff, worinn der Scheidekolben steckt, daß er nicht umfalle, wenn er mit dem in das Auflösungsmittel geworfenen Metall über die Kohlen gesetzt wird.

Scheide der Degen, s. Degenscheide.

Scheideeisen. Fr. Marteau pointu, (Hüttenwerk) Ein Werkzeug, wodurch das Erz geschieden wird. Es ist eine Art eines Hammers mit einem Helm, auf einer Seite hat es eine Hammerbahn, auf der andern eine Schneide, jedoch ist es von den Hämmern dadurch unterschieden, daß seine Schärfe, nicht der Quere, sondern der Länge nach wie ein Beileisen gestaltet ist.

Scheideerz. Fr. Mine separable, (Hüttenwerk) Eine Sorte von Erz, welche reichhaltiger als das Pochwerk ist, und in die Scheidebank gebracht, daselbst aber mit der Hand geschieden wird.

Scheidefäustel. Fr. Marteau à separer les Mines, (Hüttenwerk) Ein Werkzeug, womit die Scheidejungen das Erz mit der Hand zerschlagen, um das gute Erz vom tauben Gestein abzusondern. Es ist vom Scheideeisen der Gestalt, Größe und dem Gewicht nach unterschieden, hat auf jeder Seite eine Breite und viermal so große Bahn, als das Scheideeisen, also keine Schneide, und ist wenigstens ferner 1 Pfund schwer, da das Scheidewasser etwa ein Pfund oder etwas weniger darüber wiegt.

Scheidegaaden, Scheidegarn, (Schmelzhütte) Ein Laboratorium in Ungarn und Siebenbürgen worinnen das Gold und Silber auf dem nassen Wege geschieden und von allen Unreinigkeiten gereiniget wird. Es bestehet aus einem langen hellen Saal, worinn der Quere nach viele kugliche Distillir- oder Galeerenofen parallel neben einander gebauet sind. An beyden langen Seiten dieser Oefen sind, nach Beschaffenheit der darinn vorzunehmenden Arbeiten, entweder eiserne oder von Thon gebrannte Kappellen eingemauert, in welchen große Scheid- und Distillirkolben in einer Reihe neben einander eingesetzt werden, darunter mit Kolen oder mit langen Scheitholz, wie es die Arbeit erfordert, gefeuert wird. (s. Scheiden)

Scheidegarn, s. Vorher.

Scheideglas, Scheidetrichter. Ein Gefäß in der Chymie, durch welches die flüßige Sachen von einander geschieden oder abgesondert werden. Es bestehet gemeiniglich aus einem Glase, welches oben, wo das Flüssige eingegossen wird, in der Weite eines Fingers ist; unten aber, wo solches wieder auslaufen soll, ein sehr enges Loch hat. Es wird auch ein chirurgisches Scheidewasser genannt.

Scheidegläser, (Scheidekunst) Gläser die einen runden Bauch oder einen 10 bis 11 Zoll breiten gleichen Boden haben; sie sind 5 Zoll hoch, gehen nach oben spitzig zu, und haben ein Loch gleich einer großen Bouteille, müssen auch etwas stark vom Glase seyn, und bey der Verfertigung so abgekühlt seyn wie die Scheidekolben (s. diese.)

Scheidehaken, (Schwertfeger) der Haken, welcher oben an der Scheide befestiget wird, um damit die Scheide mit dem Degen oder Sebel in das Gehenke oder die Degenkuppel (s. diese) einhänken zu können. Bey feinen Degenscheiden wird er bloß von Meßing gegossen, und in die Scheide eingeleimt und eingebunden. Bey Sebeln und andern großen Seitengewehr aber mit an das Mundstück der Scheide gegossen, und auf den Span der Scheide oben befestiget. (s. Degenscheide)

Scheidejunge. Fr. Garçon separant les mines. Ein Knabe, welcher in der Scheidebank die Stuffen in kleine Wände zersetzt, das Erz, so einen Gehalt hat, von den tauben Bergen absondert, und jedes besonders in Bergkörbe wirft. Es werden dazu kleine Knaben von 9, 10 bis 12 Jahren gebraucht, sie müssen von früh 5 Uhr bis Mittags um 11 Uhr, und wenn die Aussetzstunde (s. diese) vorbey, von 12 bis 4 Uhr Nachmittags arbeiten, und ihre gewisse Anzahl Körbe rein scheiden. Ihr Lohn ist nach ihrer Geschicklichkeit und Arbeit eingerichtet und beträgt 5. 6 und mehr Groschen.

Scheidekammer, s. Gaffner.

Scheidekölbchen, (Probirkunst) kleine Scheidekolben von Glas, welche einen länglich runden Bauch und einen spitz zugehenden Hals haben. Sie sind im Bauch 1½ bis 2 Zoll weit, 8 bis 10 Zoll lang und die Oeffnung am Halse beträgt ohngefähr ½ Zoll. Man bedient sich derselben bey kleinen Scheideproben. Das Kölbchen wird bey dem Gebrauch in einem dazu besonders eingerichteten Dreyfuß gesetzt. (s. Scheidung im nassen Weg)

Scheidekolben. Fr. Cucurbite se matras, (Hüttenwerk) gläserne Gefäße von runder Figur mit langen Hälsen, worinn die edlen Metalle durch den nassen Weg (s. diesen) durch die dazu geschickte Scheidungsmittel aufgelöset und geschieden werden. Sie werden in den Glashütten, nachdem sie verfertiget worden, folgendergestalt gut abgekühlet: nämlich sie müssen, sobald sie fertig sind, in einen andern glühenden Ofen getragen werden, welcher mit dem Feuer ausgehen und ganz kalt werden muß, ehe die Kolben aus demselben getragen werden. Denn wenn dieses bey dem Abkühlen mit denselben nicht beobachtet wird, so ist man in Gefahr, daß sie durch die geringste Hitze oder Kälte reißen und springen. Um die Scheidekolben zum Gebrauche bequem zu machen, da sie, wenn sie noch neu, nur kleine Löcher haben, und man solche größer machen muß, daß die Granalien bequem hinein gebracht werden können, so windet man einen Schwefelfaden um den Hals des Kolbens, so weit solcher abgenommen werden soll, genau auf der Stelle, wo der Hals abspringen soll. Wenn dieser Schwefelfaden nun etwa ein- oder zweymal genau umgewunden ist, so steckt man solchen mit einer glühenden Kole, oder einem glühenden Eisen auf etlichen Stellen an, damit er mit einmal rund um das Glas in den Brand komme, sobald es nun egal brennet, steckt man den Hals des Kolbens mit dem brennenden Schwefel in einen Eimer kaltes Wasser, so springt das Glas, wo der Schwefelfaden gebrannt hat, und fällt von selbst herunter, oder man darf nur ein wenig daran schlagen. Es muß aber der Schwefelfaden an dem Glase aller Orten vest anliegen, sonst pfleget es nicht gleich abzugehen, sondern reißet öfters ungleich. Man kann die Kolben auch mit einem glühenden Eisen abnehmen, welches besser ist, als mit dem Schwefelfaden, wenn es nur recht gemacht wird. Das Eisen dazu muß ¼ Zoll ins Gevierte stark seyn, glühend gemacht und so stark, wie der Kolbenhals ist, vorne umgebogen werden wie ein Ring, der genau um die Stelle passet, wo der Hals vom Kolben abgenommen werden soll. Wenn dieses nun passet, so machet man den eisernen Ring glühend, und ziehet ihn um den Hals des Kolbens ein wenig umher, wenn etwa eine Stelle wäre, woselbst er nicht recht angelegen. Wenn solches eine Weile geschehen, und man glaubet, daß die Stelle an dem Glase recht heiß geworden, so steckt man den Hals des Kolbens sogleich in kalt Wasser, so fällt das Ende herunter, oder läßt sich abschlagen.

Scheidekunst, Schmelzkunst, die Kunst, alle natürliche Körper in ihre Anfangsgründe aufzulösen. Wenn solches mit Metallen geschieht, so heißt es das Reinigen oder das Feinmachen, Fr. Affinage, mit andern Körpern aber heißt es die Chymie. Die verschiedenen Grade oder Stufen der Scheidung sind die Verkalkung, die Erhöhung, die Auflösung, die Fäulung, die Vertiefung, die Gerinnung und der Anstrich.

Scheidelatten, (Bergwerk) Stangen, welche in den Förderschachten auf die Tonnenbretter angeschlagen werden.

den, und dazu dienen, daß die Kübel im Hinein- und Herausfahren nicht an einander treffen können.

Scheidemauer, Fr. mur de refend. (Baukunst) So nennt man die innere Mauer in einem Gebäude, welche ein Zimmer oder andern Platz von einem andern absondert.

Scheidemehl, Fr. Poudre des mines separees, (Hüttenwerk) das klare Erz, so in der Scheidebank von den geschiedenen Erzen abgeht.

Scheidemeister, (Salzwerk) in Halle derjenige, welcher die Thalleute, wenn sie bey ihren Ergötzlichkeiten in Streit gerathen, vereiniget und ihr Schiedsrichter ist.

Scheidemünze, Fr. petit especes d'argent, kleine Geldsorten nach dem Reichsabschiede von 1559, so kleiner als Fünfkreuzerstücke, ganze Batzen oder Zweygroschenstücke sind, und in Pfennigen, Kreuzer, Sechspfennigstücken, Groschen u. s. w. bestehen.

Scheiden, (Bergwerk, Hüttenwerk) das Scheiden der Metalle in Bergwerken ist mancherley. Da die Erze nicht allezeit und an allen Orten gleich rein und derbe brechen, nicht allezeit gleiches Gehalts sind, und endlich zwey- auch dreyerley Erze unter einander brechen: so ist zu Ersparung überflüßiger Kosten nöthig, daß man wisse die Minern abzusondern, ein jedes nach seinem Gehalte, zu seines Gleichen zu bringen, und die Vermischungen, wenn es nöthig ist, von einander zu scheiden. Solches Scheiden geschieht nun entweder durch die Hände, oder durch das Wasser. Die Scheidung mit der Hand ist die kürzeste, aber nur alsdenn möglich, wenn das Erz etwas derbe bricht, und grob kann geschieden werden, da denn der Scheider auf der Scheidebank mit dem Scheideeisen oder Hammer das Erz von den tauben Gängen und Bergen abschlägt. Das also abgeschlagene Erz wird Scheideerz genannt. Die Scheidung im Wasser geschieht auf den Puchwerken auf unterschiedenen Wegen, im Siebe, im Schlemmgraben, über die Planen und bloßen Heerde. (s. alle diese und Puchwerk) Die besondere Weise, wie solches geschieht, ist nach dem Unterschiede der Erze, sowohl in ihrer Art, als in ihrem Gehalte, und in ihrer Reinigkeit mancherley. Das Gold- und Silberscheiden gehöret zu der Scheidekunst, und besteht darinn, das Geld und Silber zu reinigen, die Arbeit geschiehet auf mancherley Weise durch Scheidewasser oder Königswasser, durch Guß und Fluß, und durch Cementiren. (s. die mancherley Scheidungen) Die erste wird gebraucht, wo bey zwey Theilen Silber ein Theil Gold ist, die zweyte bey allen armen goldigen Silbern, die dritte wo mehr, als die Hälfte Gold, vorhanden ist.

Scheiden, Register. (Flügelmacher) Es werden zwey bewegliche Leisten an einem Flügel genannt, die zwischen dem Wirbelbalken und dem Resonanzboden auf den Leisten und Balken des Flügelkastens, worauf der Wirbelbalken gleichfalls aufgeleimt ist, ruhen, in welchen die Tangenten der Klaves stecken, und von selbigen in ihrer Lage auf den Klaves erhalten werden. Diese Scheiden sind aber auf den gedachten Leisten nicht befestiget, sondern lassen sich nach der Breite des Flügels verschieben. Jede Scheide ist so dick als der Wirbelbalken, und etwas breiter als eine Tangente. Sie werden um der Haltbarkeit willen aus festem Birnbaumholz verfertiget. In jeder Scheide werden soviel Löcher ausgestämmt, als der Flügel Klaves hat, und in jedem Loch steckt ein Tangent. Das Loch des Tangenten muß nur so groß seyn, daß sich dieser darinn bequem auf und ab schieben läßt. Da zu jedem Klavis zwo Saiten gehören, jede Saite aber von einem Tangenten in Bewegung gebracht wird, so hat ein Klavis auch zwey Tangenten. (s. Klavis und Tangente) Die vorderste Scheide hat also gewöhnlich die Tangenten aller Klaves in ihren Löchern stecken, die die Saiten zur rechten Hand schlagen, wenn man vor dem Flügel und dessen Klaviatur steht. Die hinterste Scheide hat aber diejenigen Tangenten in ihren Löchern, die die Saiten linker Hand schlagen, und die Scheiden selbst sind deswegen beweglich, weil dadurch der Registerzug verursachet wird. (s. Registerzug) Die Scheiden halten auch mit ihren Löchern die Tangenten in ihrer gehörigen Lage auf dem Klavis.

Scheiden, (Mühlenbau) die Sprossen (s. diese) an einem Windmühlenflügel.

Scheiden, Kerben, (Orgelbauer) die Einschnitte in einem Brett, worinn die Klaves oder Palmule des Pedals mit dem hintern Ende beweglich herein gehen, und in selbigen, wenn sie getreten werden, sich bewegen.

Scheiden, (Tuchbereiter) die untern beweglichen Querriegel an einem Tuchrahmen, welcher so wie die obern Blattstücke mit eisernen Haken oder Klavieren (s. diese) versehen ist, vermittelst welcher Scheiden das Tuch nach der Breite kann ausgedehnt werden, indem man vermittelst des Bauerfuß und des Schnalle (s. beyde) die Scheiden herunter drückt, alsdenn auf beyden Seiten einen Bolzen über jeder Scheide in die Säulen steckt, und solchergestalt dieselben in der Ausspannung erhält, wodurch denn das an den Haken der Scheiden aufgespannte Tuch gereckt wird.

Scheiden des Goldes von Silber. (Goldarbeiter) Wenn das Gold, welches mit Silber legirt ist, geschieden werden soll, so bedienet er sich des Scheidewassers, z. B. bey ausgebrannten goldenen Treffen. Durch dieses Mittel kann man aber nur beyde Metalle scheiden, wenn sie die Quartscheidung (s. Scheidung durch die Quart) haben. Der Goldarbeiter muß daher ein Markgewicht in der Münze probiren lassen, damit er genau erfährt, wie viel Silber er noch hinzu setzen muß, um die Scheidung zu erhalten. Aus der Mischung schlägt er ein dünnes Blech, zerschneidet es in kleine Theile, damit es von dem Scheidewasser leicht verzehret wird, und rollt sie zusammen. Die zusammengerollten Bleche wirft er in einen gläsernen Kolben, gießt Scheidewasser darauf, und setzt es auf eine heiße Stelle. Das Gold fällt wie Kaffeesatz auf den Boden, das Silber aber wird bekanntermaßen von dem Scheidewasser aufgelöset. Sobald dieser scharfe Spiritus aufhöret Blasen zu werfen, so ist die Scheidung geschehen. Man erhält zwar kein völlig reines Gold, sondern auch es

noch

durch Spießglas gießen. Allein dies gebraucht der Goldarbeiter nicht. Man gießt nach der Scheidung das Scheidewasser vom Golde ab, und schüttet etwas Küchensalz hinein, oder gießt den Spiritus in kaltes Wasser, und thut ein Stück Kupfer hinein, und das Silber fällt zu Boden. Das Scheidewasser muß aber durch viel süß Wasser verdünnet werden, sonst bleibt Silber im Spiritus zurück. (s. das mancherley Scheiden)

Scheiden des Silbers und Goldes durch den trocknen Weg. Diese Scheidung, die auch die Scheidung im Guß durch einen Niederschlag genennet wird, ist, wenn man im Schmelzen das Gold von dem Silber trennet, und solches in einen König (s. diesen) oder kleinere Masse, wie solche vorher gewesen, bringen will, damit es desto leichter auch mit wenigern Kosten könne geschieden werden. Dieses wird nun dadurch zuwege gebracht, wenn das Silber, worinn das Gold befindlich ist, mit Hülfe des Schwefels poreuse oder schlackig gemacht wird, dadurch wird es leichter wie das Gold, und wird vom Schwefel mehr zurück gehalten, das Gold hingegen ist schwerer, und kann von dem Schwefel nicht so sehr aufgehalten werden, sondern fällt in währendem Schmelzen mit etwas Silber im Tiegel auf den Grund, welches durch Hülfe eines Niederschlages geschiehet, welcher in währendem Schmelzen in den Tiegel geworfen wird. Dieser Niederschlag muß nun aus etwas bestehen, dadurch entweder der Schwefel verzehret werde, und Gold und Silber wieder fallen lassen müsse, oder welches das Gold aus dem schlackigten Silber mitnimt, und auf den Grund führet. Dazu schicket sich nun nichts besser, als Metalle, die das Silber nicht verderben. Das erste kann nun mit Eisen geschehen, welches den Schwefel verzehret: das letztere aber mit Silber, als welches das Gold an sich nimt, und weil dieses nicht mit Schwefel schlackig gemacht, sondern rein seyn muß, so fällt solches durch das Geschmelze, und führet das Gold mit sich auf den Grund, und wenn hernach dieses Silber unten in dem Tiegel stehe, findet das Gold, so sich aus dem schlackigen Silber oder Plachmal setzet, darinn ein anhaltendes Wesen, und kann es desto besser annehmen. (s. weiter unten)

Scheiden des trocknen Weges mit Eisen. Zu dieser Scheidung werden Blick- beschickte und Brandsilber genommen. Nachdem die Scheidung stark ist, kann man wenig oder viel in die Tiegel einsetzen. Die Ipsertiegel sind die besten. Man kann von 10 bis 100 und mehr Marke mit einmal einsetzen. Das Silber wird so, wie bey der Scheidung im nassen Wege, gekörnt (granulirt) und die Körner nimt man so naß, wie sie aus dem Wasser kommen, und vermengt sie mit gestoßenem Schwefel. Ist es Blick- oder Brandsilber, so wird auf eine Mark 2 Loth Schwefel genommen, ist es aber beschicktes Silber, so wird 2½ Loth genommen. Der kleingestoßene und gesiebte Schwefel bleibt an den nassen Körnern hängen. Man thut alles in einen kalten Tiegel, und setzt solchen in einen dazu eingerichteten Windofen. Steht aber der Tiegel schon im Feuer, so werden die mit Schwefel vermengten Silberkörner mit einer Kelle hinein gethan, und mit einem irdenen Deckel verdeckt, der Windfang unter dem Schmelzofen zugesetzt, und die Kolen um den Tiegel etwas gestopft, damit die Körner nicht gar zu bald schmelzen, sondern eine Weile cementiren können. Es ist solches deswegen nöthig, daß der Schwefel Zeit habe, durch die Silberkörner zu gehen, und das Silber porus oder schlackig zu machen. Nach der alten Art zu scheiden wurden die Körner, wenn sie mit Schwefel vermengt waren, in einen irdenen Topf gethan, verdeckt und verklebt, auf die Erde auf einen Backstein gesetzt, und von Kolen ein Zirkelfeuer umher gemacht, welcher Zirkel ohngefähr einen Durchmesser von 3 Fuß hatte, in dessen Mitte der Topf stand: dieses Zirkelfeuer dauerte 5 Stunden, und wurde jede Stunde dem Topfe näher gebracht, daß also die letzte Stunde der Topf in den Kolen stand, und durchgehends glühend werden konnte. Nachdem mußte es von selbst erkalten, und wenn der Topf aufgeschlagen ward, waren die Silberkörner von dem Schwefel so sehr durchfressen und mürbe gemacht, daß man solche zu Pulver reiben konnte, welches denn auch die rechte Art ist, und also seyn muß; es erfordert hiezu nur viel Zeit, und die ietzige Art ist viel geschwinder. Wenn nun die Körner nach der ietzigen Art, nachdem sie, wie gedacht, einige Zeit cementirt haben, zu schmelzen anfangen, und ½ oder 1 Stunde im Fluß gestanden, so wird das Cement ausgegossen und heißt nun Plachmal. Ist viel Silber im Tiegel eingesetzt, daß man solchen ohne Gefahr nicht heben kann, so schöpfet man das oberste mit einem Schöpftiegel aus, und gießt es in eine mit Talg bestrichene eiserne Pfanne in Barren, und das unterste mit dem ganzen Tiegel in einen gleichfalls mit Talg bestrichenen Gießpuckel, welcher aber unten nicht so spitzig als zum Golddurchgießen seyn darf. Der Tiegel kommt sogleich wieder ins Feuer, und sobald das Plachmal nur zart geworden, wird es wieder in den Tiegel gesetzt, jedoch das aus dem Gießpuckel zuerst, und zwar das unterste oder spitze Ende oben, damit man sehen kann, ob ein König darunter gefallen. Das Plachmal um den König herum schmelzet eher, und sobald solches geschmolzen, nimt man den König heraus, und legt solchen zurück, das übrige Plachmal setzet man alsdenn auch in den Tiegel, damit es zusammen wieder einschmelzen könne. Wenn aus dem Cement von hundert Mark Silber ein König von 5 Mark schwer fällt, so ist es recht gegangen, und muß alsdenn in dem zweyten Schmelzen, oder wenn das Plachmal von diesem Könige, der 5 Mark gewogen hat, wieder in den Tiegel eingesetzt wird, 1½ Pfund Eisen zum Niederschlagen darauf getragen, ist es aber beschicktes Silber ½ Pfund mehr genommen werden. Ist von dem Cement gar kein König gefallen, wird ein halb Pfund Eisen mehr genommen; wenn aber der König zu groß gefallen, muß ein halb Pfund oder ¼ Pfund weniger Eisen genommen werden. Dieses zweyte Schmelzen läßt man ohngefähr ¾ Stunden im Flusse stehen, alsdenn wird solches wieder auf die vorige Art ausgegossen. Der Tiegel wird sogleich nach dem Ausgießen in das Feuer gesetzt, das Plachmal zum dritten Schmelzen mit einem ½ Pfund Eisen auf vorgedachte Art eingesetzt, und bleibt ungefähr wieder ¾ Stunden im Fluß, und wird alsdenn wie die zwey ersten Mal ausgegossen. Nun wird das Plachmal probirt, ob noch Gold darinn anzutreffen, oder ob das Gold, so in dem Silber gewesen, alles in dem gewonnenen König befindlich ist, und das Plachmal kein Gold mehr enthält, wiewohl solches selten ohne Spur bleibt, die Könige auch nicht zu groß sind, als welche von 100 Mark Silber nicht über 12 bis 15 Mark wiegen müssen, so kann man das Plachmal sogleich wieder reduciren, findet sich aber in selbigem noch etwas Gold, so muß wieder ¼ Pfund Eisen zum Niederschlagen genommen werden, womit solches eine halbe Stunde im Fluß stehen, und denn ausgegossen werden muß. Sind aber die Könige zu groß geblieben, so werden solche wieder granulirt, die Mark mit 1½ oder 2 Loth Schwefel gemengt, in einen Tiegel gesetzt, cementirt und geschmolzen, auch nach dem ersten Verhältnisse Eisen zugesetzt, und in allem damit, so wie vorher gesagt worden, verfahren. Die Silberkönige, die aus dem Niederschlage gefallen, müssen nachher auf dem Test (s. diesen) fein gebrannt (s. Silber fein brennen) werden. Dieses Brandsilber wird alsdenn granulirt, und in Scheidewasser geschieden. Damit auch das Silber wieder in seinen Werth gebracht werde, so muß das Plachmal geschmolzen und der Schwefel mit Hülfe des Eisens davon vertrieben werden. Man setzt sogleich Eisen mit in den Tiegel, und auf dem gebliebenen Plachmal von 100 Mark Silber setzt man zu Anfange 6 Pfund Eisen. Wenn es damit eine Zeitlang geflossen, setzt man immer Eisen zu, so lange noch das Plachmal welches verzehrt, wenn es aber nicht mehr zehret, so ist der Schwefel davon, und werden auf 100 Mark ohngefähr 9 Pfund Eisen gerechnet. Alsdenn werden 2 Pfund Glöte zugesetzt, wornach die Schlacken vom Silber sich desto besser lösen, und wenn es denn gut geflossen, wird es in Barren gegossen, wenn es denn roth, umgestürzet und gebrochen, damit solches alsdenn auf dem Test gesetzet und fein gebrannt werden kann. Weil in den Schlacken, die von dem Plachmal gefallen, noch Silber vorhanden, so werden solche nochmals in einem Ipsertiegel geschmolzen, und zu den kleingeschlagenen Schlacken halb soviel Glöte genommen. Wenn dieses zusammen eine Stunde helle geflossen, wird solches in einen eisernen Trog gegossen, wenn es erkaltet, die Schlacke abgeschlagen und das Werk zum Silberbrennen genommen, die davon fallenden Schlacken aber, weil noch Silber darinn bleibt, zurückgelegt, und hernach bey dem Krätzschmelzen mitgenommen.

Scheiden durch den nassen Weg mit besondern Gläsern. Dieses Scheiden geschiehet in diesen Gläsern (s. Scheidegläser) in einem kupfernen Kessel, der in Wasser über das Feuer gesetzt wird. Es wird dazu ein etwas starker Kessel erfordert, der einen platten Boden hat, und unten inwendig auf dem Boden 12 Zoll, oben aber 15 Zoll weit, und inwendig 10 Zoll tief ist, wenne mit einer Schnautze versehen, worinn ein eiserner Henkel, woran der Kessel aufgehoben wird, und über das Glasfeld Hals weggehe. In diesen Kessel wird ein hölzernes Kreuz auf den Boden gelegt, so etwa einen Zoll dick ist, worauf das Glas gesetzt wird. Solches geschiehet darum, damit das Glas, wenn es unmittelbar auf dem Kesselboden stünde, und das Wasser kochet, durch das Niederfallen bey der Erhebung oder Prellung des Glases in die Höhe, an dem Metall keinen Stoß erhielte, und Schaden nehme. Das Silber wird, wie bey der andern Scheidung, im nassen Weg granulirt, und 10 Mark Silber in ein Glas gethan, und mehrere Gläser damit angefüllet, je nachdem die Scheidung groß ist. Das Silber wird auf dem Boden des Glases breit auseinander geschüttet, das Glas auf das Kreuz in den Kessel gesetzt, und durch einen Trichter 10 Pfund Scheidewasser gegossen, auch um das Glas in den Kessel sogleich klar Wasser gegossen, jedoch nur soviel, daß man die Arbeit in dem Kessel beobachten kann, und das Glas fest stehen könne. Dieser Kessel wird alsdenn auf einen Dreyfuß gesetzt, auf einen dazu eingerichteten Heerd, und wenig Kohlfeuer darunter gemacht, damit vorerst das Wasser im Kessel nur lauwarm werde. Das Scheidewasser fängt alsdenn schon gleich auf den Körnern an zu arbeiten. Wenn die Auflösung zu stark arbeitet, so ist das Wasser um das Glas schon zu heiß, und man muß das Feuer mindern, zu dem warmen Wasser kaltes giessen, so wird die Arbeit der Solution schwächer werden, und solche wieder nieder fallen. Man muß aber das kalte Wasser bey dem Zugiessen nicht an das Glas kommen lassen, sondern neben dem Kessel niedergiessen, damit das Glas keinen Schaden nehme. Wenn die Auflösung nicht mehr so sehr in die Höhe brauset, läßt man sie doch ohne Feuer noch etwas stehen, machet denn wieder Feuer unter, und wenn es nicht mehr in die Höhe steigt, immer mehr, bis endlich das Wasser in dem Kessel um das Glas so heiß wird, daß man kaum einen Finger darinn leiden kann. Unter währender Zeit muß man die Auflösung mit einem saubern Stock so lange umrühren, bis alle Körner meist verzehret sind, und wenn es nicht mehr arbeitet, den Kessel mit dem Glase vom Feuer nehmen, und es zusammen kalt werden lassen, alsdenn das Glas heraus nehmen und das Silberwasser abgiessen. Nach diesem wird das Silber gefället. (s. Fällen des Silbers rc.) Man kann dreymal den Tag auf dergleichen Art scheiden.

Scheiden im trocknen Weg mit Silber. Diese Art zu scheiden bestehet ebenfalls darinn, daß das Silber mit Schwefel schlackig und leicht gemacht werde, und dadurch das Gold von dem Silber mit Hülfe des Silbers als eines Niederschlages geschieden werde. Zu dieser Scheidung schicket sich am besten Brandsilber. Die Silber werden ebenfalls granulirt, von jeder Mark Körner aber 2 Loth zurück genommen, und zum Niederschlagen behalten, auf die übrigen Körner aber werden auf eine Mark 2 Loth gestossener und gesiebter Schwefel genommen. Mit diesem Schwefel werden nun die Körner wie bey der ersten Art gemengt, und im Tiegel cementirt. Wenn es eingeschmolzen und eine Stunde im Tiegel im Fluß gestanden, wird von den zurückbehaltenen Silberkörnern der letzte Theil in den Tiegel gethan, und wenn solche eingeschmolzen, mit einem Stecken umgerühret, in einer halben Stunde wieder gerühret, und wenn zusammen eine Stunde verflossen, das zweyte Drittel der Körner eingetragen, wieder wie vorher gerühret, und nach einer Stunde das letzte Drittel hinzu gethan. Dieses ist der Niederschlag. Das Rühren muß wenigstens alle Stunden zweymal geschehen. Nachdem alle Körner eingesetzt worden, muß es wenigstens noch 3 Stunden im Feuer stehen, jede halbe Stunde gerühret, damit das Gold aus dem Plachmal sich setzen, und nun in den König fallen kann, welcher König gleich anfängt anzufallen, sobald der erste Theil der zurück gebliebenen Körner eingetragen wird. Dieses geschiehet darum, daß gleich Anfangs das niedergehende Gold sein anhaltendes finde; auch nehmen diese Granalien im Niederschmelzen zugleich Gold mit in den König. Damit man das Gold sich recht setzen könne, muß das Silber so lange im Feuer, und wenigstens nach dem letzten Einschmelzen 3 Stunden im Fluß bleiben. Weil nun der Schwefel zum Theil weggehet, und das Silber wieder weiß wird, so kann auch daher das Gold sich desto besser in den König setzen. Wenn man nun siehet, daß oben auf dem Tiegel das Plachmal weiß wird, und seine Silberkörner bekomt, wie Gartenerbsen, oder kleine türkische Bohnen, so hat es genug, und kann aus dem Feuer genommen werden. Ueberhaupt muß es so lange im Feuer bleiben, bis es diese Kennzeichen bekomt. Nachdem es aus dem Feuer genommen und erkaltet ist, schlägt man den König mit einem Meißel von dem Plachmal, weil beyde wohl zu unterscheiden sind, ab. Sollte es mit dem Abschlagen zu beschwerlich fallen, so kann man den König, so wie bey der ersten Art, abschmelzen lassen, wobey man, so wie dort, den König oben in den Tiegel bringt, damit man solchen sogleich, wenn er abgeschmolzen, herausnehmen könne. Der König, worinn das Gold befindlich, wird hernach auf einem Aschenherd rein gebrannt, granulirt, und im Scheidewasser geschieden, so wie auch das Plachmal des Silbers auf dem Test abgetrieben wird.

Scheideofen, (Hüttenwerk) in welchem durch das Scheidewasser das Silber geschieden wird. Man legt anstatt der Sandkapellen eine eiserne Platte über einen Windofen, worauf etliche Scheidekolben gesetzt werden können. Wenn es nothwendig ist, so kann die Platte auch so breit seyn, daß zwey Reihen Scheidekolben darauf gesetzt werden können. An solcher eisernen Platte an den Ecken umher werden Backsteine aufgemauert, damit der Sand, der auf die Platte geschüttet werden muß, nicht davon falle, auch die Scheidekolben desto besser stehen. (s. Schlüt. Probirbuch Tab. LVIII. C. D.)

Scheidepfähle, (Mühlenbau) die Pfähle vor dem Schlund oder Einfall des Wassers in das Gefälle des Gerinnes, wodurch ein Gefälle von dem andern unterschieden, und mit den gehörigen Planken oder Bohlen verschlagen wird. (s. Schlund)

Scheidepresse, (Schwertfeger) bestehet aus einer kleinen messingenen Walze, die zwischen einer Gabel läuft. Der Stiel dieser Gabel hat einen hölzernen Heft. Auf der Stirn der Walze sind mit dem Grabstichel einige erhabene Figuren ausgeprägt. Mit dieser Presse werden die schmalen Scheiden bunt gemacht.

Scheideschächte, (Bergwerk) diejenigen Schächte, worauf die geförderten Erze von den Bergarten geschieden werden.

Scheidewand, Verschlag. Fr. Cloison, (Baukunst) Eine Wand von Holzwerk, Ständern, Schwellen, Bietstücken und Riegeln, deren Felder mit Ziegel- oder Bruchsteinen ausgemauert werden, und so wie die Scheidemauer einen Platz von dem andern scheiden.

Scheidewand. Fr. Masse de fer ou Pierre dure sur laquelle les mines se brisent par le Marteau à separer. (Bergwerk) Eine Wand oder Stück von einem vesten Gestein, so eben und einen Schuh ohngefähr ins Gevierte breit ist, oder auch eine starke Platte von Eisen, darauf der Scheidejunge die Erzwände mit dem Scheidefäustel zersetzt. (zerschlägt)

Scheidewasser, Salpetergeist, Salpetersäure. Fr. Eau forte. Ein saurer aus Salpeter getriebener Geist, welcher hauptsächlich das Silber, und die übrigen Metalle und Halbmetalle auflöset, das Gold ausgenommen, welches es vor sich nicht angreift, sondern nur auf den Fall auflöset, wenn ihm der vierte Theil des Gewichtes von Salmiak zugesetzt wird, da es denn Königswasser heißt. Es ist nichts anders als ein bloßer Salpetergeist, dazu der zugesetzte Vitriol weiter nichts beyträgt, als daß seine Säure, die stärker ist, als die Salpetersäure, in das Alkali, welches beym Salpeter ist, eingreift, und die Salpetersäure austreibt, daß sie als ein Geist übergehen kann.

Scheidewasser brennen. Man kann solches auf zweyerley Art brennen, in eisernen Töpfen und in irdenen Retorten. Wenn es recht gut seyn soll, nimt man einen Theil Salpeter und einen Theil grünen Vitriol, der Vitriol muß aber erst auf folgende Art kalciniret werden. Man schmelzt den Vitriol in einem Kessel oder Topf über dem Feuer, rührt ihn hernach so lange bis er kalt wird, oder man kann ihn auch in einem hölzernen Troge auf den warmen Ofen setzen und oft rühren, so wird er wie Mehl. Einige nehmen auch mehr Vitriol als Salpeter, weil jener wohlfeiler als dieser ist, welches aber nicht so gut ist. Noch andere nehmen auch Alaun darunter, welches aber gar nicht taugt, und ist dergleichen Scheidewasser zur Scheidung des Goldes und Silbers nichts nütz, sondern im Gegentheil sehr schädlich, weil solches Wasser das Gold angreift. Die beste Art zu brennen ist in dem eisernen Topf. Nachdem man die Masse untereinander gemengt, thut man auch wohl gebrannten Leimen darunter, alles zusammen thut man in den Topf, thut eine eiserne Stürze darauf, woran die Fugen mit halbgebrannten und halb ungebrannten mit Kuhhaaren vermengtem Leim verschmiert werden. Ingleichen wird die Stürze oben mit dem nämlichen Leime überzogen, und darüber der gläserne Helm gesetzt. Man macht auch wohl einen Hals von irdenen Geschirr darüber, damit das Glas nicht an das bloße eiserne Geschirr komme; denn wird eine gläserne Vorlage vorgelegt, worinnen zu-

stärkest Brennen, aber wenn man es hat, Abflußwasser, auf jedes Pfund Salpeter ein halb Pfund vorgeschlagen werden muß. Die Vorlage muß nicht abgenommen seyn, weil nur die Röhre von dem Helme darinn geleitet wird, und desto besser verklebt werden kann. Es muß überhaupt überall wohl verklebt (verlutirt) werden, weil sonst der Spiritus gerne durchgeht, und kann man einen Kitt von dem Weißen vom Ey, ungelöschtem Kalk und Bier machen, solchen auf Leinwand streichen und darum legen. Das Einsetzen und Verkleben muß vor dem Brennen einen Tag geschehen, damit die Verklebung etwas trocken werde. Den andern Tag wird Feuer untergemacht, doch anfänglich sehr gelinde und behutsam, damit es nicht übersteige und die Arbeit verderbe, weil bey allzugroßer Hitze gar leicht der Helm und die Vorlage davon in Stücken gehen kann. Sobald der erste Spiritus kommt, der den Helm und die Vorlage etwas rothgelb macht, muß das Feuer zurückgezogen werden, weil sonst das Eingesetzte gar leicht übersteigen kann. Einige Brenner nennen diesen ersten Spiritus den wilden und machen vorn an der Vorlage ein klein Stück Holz in die Verklebung, welches sie alsdenn ausziehen, und den wilden Spiritus herauslassen, und hernach verkleben sie wieder das Loch. Wenn nun dieser Spiritus herüber, wird etwas Feuer wieder angemacht, damit es in den Gang komme, wobey man dem Anfange behutsam seyn muß, daß es nicht zu geschwinde gehe, ist es aber eine Weile im Gange gewesen, so kann es wohl so stark getrieben werden, daß allemal wenn man 5 gezählt ein Tropfen falle, welches man daß es in dem dritten Schlag gehe nennt. Während dem Distilliren muß man beständig Lehm bey der Hand haben, weil der Spiritus öfters ausbricht, damit alles gleich wieder verschmiert werden kann, welches vor allen Dingen wohl in Acht genommen werden muß, damit der Spiritus nicht entgehe; weil sonst das Scheidewasser nicht seine rechte Stärke bekommen, sondern zu schwach werden würde. Denn recht gutes Scheidewasser muß so stark seyn, daß ein Pfund eine Mark Silber auflösen kann. Man muß sich auch wohl verhüten daß keine Kälte weder an den Helm noch an die Vorlage komme, weil sonst die Gläser leicht in Stücken springen würden. Das Feuer bey dieser Arbeit in dem Ofen (s. Scheidewasserofen) zu regieren, besteht darinn, daß man die 4 Luftlöcher welche oben am Ofen sind, bald zu, und aufmacht, nachdem es die Umstände erfordern; auch der untere Windfang muß zugemacht werden. Nachdem die Distilation eine Zeitlang gegangen, so stellt sich endlich der Spiritus ein, der dem Scheidewasser die rechte Kraft geben muß, deßwegen wir schon gedacht ist, solcher wohl in Acht genommen werden muß, damit nichts weggehe. Dieser Spiritus macht den Helm und die Vorlage ganz roth, weil er zuletzt wie Kirschwein aussieht, wobey beydes, so heiß wird, daß man kaum mit der Hand daran greifen kann; unter welcher Zeit etwas stark gefeuert werden muß. Dieser Spiritus muß sich in das Wasser begeben, und so wie er dahinein geht, verliehrt sich die rothe Farbe, und der Helm nebst der Vorlage werden ganz kalt. Alsdenn ist es fertig, das Feuer wird ausgemacht, und bleibt alles stehen, bis es ganz kalt geworden. Denn wird die Vorlage abgenommen und das Scheidewasser in glaserne Bouteillen oder Kruken ausgefüllt. Das was von dem Brennen im Topf zurückgeblieben, wird, wenn es mit dem Topf erkaltet ist, mit einem eisernen Meißel heraus geschlagen, zu andern Gebrauch aufgehoben und Todtenkopf (caput mortuum) genannt. In 18 Stunden Zeit kann ein solches Brennen verrichtet werden, und wenn man 12 Pfund Salpeter und eben soviel Vitriol eingesetzt hat, so erfolgt daraus 14 bis 15 Pfund gut Scheidewasser. Das Scheidewasserbrennen in irdenen Retorten ist das nämliche wie in den Töpfen, es kostet nicht soviel als die erste Art, nur ist es gefährlicher, indem sie leicht in Stücken gehen, und kann man in den Retorten nicht so viel auf einmal und höchstens nur die Hälfte soviel einsetzen. Uebrigens wird das Feuer eben so regiert und alles andre wie bey den Töpfen beobachtet. Das Scheidewasser wird durch die Fällung (s. Fällung des Scheidewassers) gereinigt.

Scheidewasser der Kupferstecher. Man hat dieses von zwey Sorten: die erste wird mit drey Maas starken und guten weißen Weineßig, sechs Unzen Salmiack, sechs Unzen Küchensalz und 4 Unzen Grünspan gemacht. Wenn alles rein und fein gestoßen worden, so thut mans in einen irdenen glasurten Topf, welcher wenigstens 6 Maas Wasser halten muß. Man macht den Topf mit einem gleichfalls glasurten Deckel zu, und läßt es zwey bis dreymal geschwinde bey dem Feuer aufkochen, wobey man es beständig mit einem Stock umrührt, aber den Dampf desselben vermeiden und in Acht nehmen muß, daß der Liquor nicht überlaufe, weil er sehr in die Höhe tritt. Man zieht dann den Topf vom Feuer und läßt ihn zugedeckt erkalten. Alsdenn zieht man das Scheidewasser in Flaschen ab, wohl zugestopft und den andern Tag kann es gebraucht werden, ist es zu stark, so daß der Aetzgrund (s. diesen) abspringt, so kann man solches mit einem Glase voll Weineßig schwächen. Der distilirte Weineßig ist besser und schadet dem Aetzgrunde nicht so leicht. Diese Art Scheidewasser ist zum harten und weichen Firniß gut. Die andre Art Scheidewasser ist das gewöhnliche Scheidewasser (s. dieses) welches aber dem harten Firniß abspringend macht und mit andern Wasser, wenn es gebraucht werden soll, verschwächt wird.

Scheidewasser, doppeltes, Scheidewasser welches zweymal abgezogen oder distillirt wird, und der Spiritus desselben dadurch verstärkt, welches besonders in Ungarn zur Scheidung des Goldes vom Silber gebraucht wird.

Scheidewasserofen. Ein Brennofen, worinn das Scheidewasser in einem eisernen Topf gebrannt wird. Er wird von Backsteinen aufgemauert, hat einen Windfang und darüber eiserne Trallien, unten ist der Ofen viereckig, 3 Fuß lang, 3 Fuß breit und 2 Fuß hoch, darüber ist er noch einen Fuß hoch gewölbt, zugemauert. In der Mitte des Ofens hindurch liegen zwey eiserne Stäbe, worauf ein eiserner Topf ruht. Der Ofen ist inwendig 2 Fuß weit,

weit, der Windfang ist 1 Fuß weit und 7 Zoll hoch, darüber das Schürloch 1 Fuß weit und 10 Zoll hoch. Oben in der Haube sind 4 Flammenlöcher; auf dem eisernen Topf ist eine eiserne Stürze, so abgehoben werden kann, und wird der Topf so hoch eingemauert, bis wo die Stürze aufgelegt wird. Wenn nun Scheidewasser gebrennet werden soll, so wird auf die Stürze ein gläserner Helm gesetzt und ein gläserner Rezipient davor gelegt, dieser liegt auf einem dazu gemauerten Fuß in einem Strohkranz. (s. Schlütt. Probirbuch Tab. LVIII. Lit. A. und B.) Man hat aber auch Brennofen zum Scheidewasserbrennen mit Retorten, und kann zwey, drey auch 6 Retorten anbringen, indem man den Ofen alsdenn doppelt machet, so daß auf jeder Seite des Ofens 3 Retorten zu liegen kommen. Der Ofen muß zu den Retorten 3 Fuß lang 2½ Fuß breit und eben so hoch seyn. Inwendig ist er 4 Fuß lang, unten 1½ Fuß, oben aber 15 Zoll weit, von Mauersteinen gemauert, hat keinen Windfang, sondern ein Schürloch, auf der Sohle des Ofens, woselbst auch das Feuer in den Ofen gemacht wird, so 9 Zoll weit und hoch ist. Oben ist der Ofen, damit die Retorten können eingelegt werden. In dem Ofen werden an einer Seite Absätze von Barnsteinen (Backsteinen) in die Mauer gemacht, worauf die Retorten zu liegen kommen, und wenn sie eingelegt sind, wird der Ofen mit Ziegeln zugedeckt. Wo der Hals von einer Retorte liegt, da bleibt eine kleine Oeffnung, und vor dem Ofen wird ein Fuß gemauert, worauf die Vorlagen oder Rezipienten, so leben sind, liegen. (s. eben den Verfasser Tab. LVII. Lit. F, G, H.)

Scheidewasser von Gaskelgut. Man kann aus dem Gaskelgut (s. dieses) mit Hülfe des Salpeters ein Scheidewasser brennen, welches sich aber nicht rein niederschlagen oder fallen läßt, es setzt sich zwar tief, daß es schön hell und lauter wird, aber sobald es auf Silber gegossen wird, so wird es mollig; es giebt wenig Spiritus beym Scheiden und greift wohl an.

Scheidewerk, Schedwerig, Fr. Mine a separer, (Hüttenwerk) dasjenige Erz, welches zu gut ist, als daß es unter das Puchwerk kommen sollte, und mit der Hand zu scheiden ist.

Scheidflöße. (Forstwesen) Ein Floß, worauf das zu Scheiten geschlagene Brennholz auf dem Fluß von einem Ort zum andern geflößt wird.

Scheidung durch den nassen Weg, (Probirkunst) diese Art von Scheidung wie man Gold und Silber scheidet ist dreyerley Gattung. 1) Mit gewöhnlichen Kolben so mit Leimen beschlagen, und in warmen Sand gesetzt werden. 2) Nach ungarischer Art, mit dergleichen Kolben und Art zu behandeln, und 3) mit besonderer Art Gläser im Wasser zu scheiden. Zur nassen Scheidung kann man keine andere als gebranntes oder Brand-Silber nehmen, auch diejenigen Silber schicken sich gut zum nassen Weg, die viel Goldgehalt besitzen; Silber die geschieden werden sollen, müssen granulirt werden. (s. granuliren) Nachdem die Scheidung stark ist, nachdem müssen auch die Kolben genommen werden und zwar dergestalt daß mit dem Silber und dem Scheidewasser nur ⅔ des Bauchs der Kolben angefüllt seyn muß, das übrige Drittheil muß leer bleiben, weil das Scheidewasser wenn es zu arbeiten anfängt, in die Höhe steigt. Man muß aber niemalen in einem Kolben mehr als 6 Mark Silber zur Scheidung nehmen. Man rechnet gewöhnlich 1 Pfund Scheidewasser auf 1 Mark Silber. Man kann verschiedene Kolben zugleich in die Sandkapellen oder einen Scheideofen mit einer eisernen Platte in den kalten Sand setzen. Man macht alsdenn ein gelindes Feuer darunter, damit der Sand nur etwas warm werde. Denn ob zwar auch das Scheidewasser gleich zu arbeiten anfängt wenn solches auf die glühenden Silberkörner kommt, so ist es doch gut, daß durch die Wärme, die der Sand erhält, dieses Arbeiten befördert werde und desto stärker arbeitet und wird die ganze Auflösung weißlich, wobey man sich aber vorzusehen hat, daß es anfänglich nicht zu heiß werde, sonst kann es gar leicht übersteigen. Sonderlich muß man sich vorsehen, wenn die Sandkapellen von Eisen sind, oder die Kolben auf eisernen Platten stehen, weil das Eisen eher heiß wird und nachbrühet, welches bey irdenen Gefäßen nicht so leicht zu befürchten ist. Begegnet einem dergleichen, so ist es am besten daß vorerst das Feuer ausgezogen oder weggethan werde, der warme Sand zur Seite von dem Kolben gemacht und mit kalten Sande vermischt werde, damit er kälter und also an den Kolben wieder gemacht werden kann. Ganz kalten Sand muß man nicht nehmen, sonst könnte der Kolben entzwey gehen, auch muß man in der Scheidung kein warmes Gefäß mit kalten Händen angreifen, oder sonst etwas kaltes daran kommen lassen. Wenn nun die erste Hitze vorbey, so pflegt sich die Auflösung zu geben, und wenn solche nicht mehr so weißlich arbeitet, kann man etwas mehr Feuer geben, wiewohl keine starke Hitze dabey nöthig ist. Will man wissen ob die Körner sich aufgelöst haben, so fühlt man darein mit einem trinklichen Stäbchen, auch kann man ohne Schaden damit rühren. Spühret man von den Silberkörnern nichts mehr und das Scheidewasser arbeitet auch nicht mehr so ist die Auflösung geschehen. Damit man aber davon völlig überzeugt sey, so nimt man den Kolben aus der Sandkapelle, oder von der Platte des Ofens. Macht es nun vom Grund auf noch Zeichen wie Schnüre, die gleichsam ein Streichen haben und die Auflösung ist noch trübe, so arbeitet das Scheidewasser noch, und muß der Kolben wieder in den warmen Sand gesetzt werden. Hat es aber gleich Schnüre welche in lauter kleinen Bläschen bestehen, welche aneinander hängen, oder es wirft oben auf kleine oder große Blasen und die Solution ist klar, (wiewohl das Scheidewasser oder Silberwasser wie es nun heißen muß, weil es so viel Silber in sich genommen grünlich aussieht) so hat es genug aufgelöst, und das Scheidewasser so viel Silber wie es zwingen kann, in sich genommen, obgleich von den Körnern noch etwas übrig geblieben. Nunmehr werden die Silber gefällt. (Fällen des Silbers nach der Auflösung im nassen Weg)

Im

In Ungarn geschiehet das Scheiden des nassen Weges auf folgende Art. Dieses geschiehet in dem dazu erbaueten Scheidegaden (s. dieses) und die Scheidekolben dazu werden erst mit Leimen belegt, und mit Leinen darüber herbeschlagen. Das Leimen wird vorher mit einem Kitt bestrichen, der von Eyweiß, ungelöschtem Kalk und Bier wie ein dicker Brey gemacht ist. Jedoch wird das Leimen nicht höher um den Kolben gelegt, als daß man darinn die Auflösung noch sehen könne. Ueber dieses Leimen wird noch folgender Leim geschlagen. Der Leim wird nämlich durch ein Haarsieb gelassen, alsdenn mit Sand, Heusaamen und Rehhaaren vermengt und über das Leimen mit Kitt herumgeklebt. Die Silber werden granulirt nur muß dabey beobachtet werden, daß solches breit aus dem Tiegel und doch aber das Wasser in Schwalm gegossen werde, weil auf solche Art die Körner dünn und hohl werden. Die getrockneten Körner werden in die Kolben eingeworfen und kommen 10 Mark Silber in jeden, worinn wenigstens 10 Loth Gold auch öfters mehr verhanden sind. In jeden Kolben wird Anfangs 2½ Seidel Scheidewasser geschüttet (ein Seidel ist ungefähr 1½ Pfund Scheidewasser) so zuvor etwas warm gemacht wird. Denn werden die Kolben in den Sand, und ein Helm darauf gesetzt, auch eine Vorlage, worinn 8 bis 12 Seidel Brunnenwasser vorgeschlagen, vorgelegt, damit der weggehende Spiritus aufgefangen und dem Vorschlagwasser zugerichtet werde; und wenn dergleichen Wasser der Scheidung sechsmal vorgelegt ist, wird solches bey dem Scheidewasserbrennen vorgeschlagen. Wenn die aufgeschütteten 2½ Seidel Scheidewasser etwas verbrauset, wird wieder so viel aufgeschüttet, und das so oft, bis 7 oder 8 Seidel darauf gekommen, und wird jedesmal die Vorlage wiederum vorgelegt. Damit nun solche und der Helm desto bequemer abgenommen und wieder aufgesetzt werden kann, so werden die bleibenden Löcher nur mit Tüchern verstopft. Unter der Zeit der Auflösung muß solche etlichemal umgeschüttet oder umgerühret werden, und dauert das Solviren etwa 3 Stunden, alsdenn wird das Silberwasser ab- und in einen andern Kolben, der zuvor etwas warm gemacht ist, abgegossen, und schwach Doppelwasser aufgegeben, womit das Gold aus einem Kolben zu dem Golde in dem andern Kolben gespühlt wird, damit es aus zwey Kolben in einen Kolben komme. Dieser Kolben wird wieder in den Sand gesetzt, und die Vorlage vorgelegt. Mit dem schwachen Doppelwasser wird ohngefähr noch eine halbe Stunde solviret. Aus diesem Kolben wird alsdenn das Schwach-Doppelwasser ab- und in einen andern Kolben gegossen, und also das Gold aus einem wieder zu dem Golde in den andern Kolben gespühlt, womit es wieder ohngefähr eine halbe Stunde solviret; und so wird bis auf den letzten Kolben so viele ihrer vorhanden sind, fortgefahren. So wie nun das Schwach-Doppel-Wasser aus denen Kolben gegossen wird, so wird zuletzt dessen recht Doppelstark-Scheidewasser wieder in eben die Kolben gegossen und gezeichnet damit man wisse worinn Doppelstark-Scheidewasser gekommen. Wie man das schwache Doppelwasser in die Kolben gekommen und davon abgegossen, so kommt anstatt dessen das doppelte starke Wasser wieder in die Kolben hinein, und was diese Woche bey der Scheidung Doppelstark-Scheidewasser gewesen, solches wird aufgehoben, wenn es auf dem letzten Kolben kommt, und wird die nächste Woche bey der Scheidung als schwach Doppelwasser gebraucht. Mit dem starken Wasser muß die Solution wenigstens eine gute viertel Stunde arbeiten, damit man versichert sey, daß bey dem Golde kein Silber sey, alsdenn wird es mit Aussüßwasser (s. dieses) abgesüßt (s. Süßen das Gold.)

Scheidung durch die Quart, Fr. le depart par l'eau forte, (Scheidekunst) wenn Gold und Silber beysammen ist, und man solches vermittelst eines Auflösungsmittels von einander scheiden will. Geschieht es durch Scheidewasser, welches das Silber auflöset, so richtet man die Masse dergestalt ein, daß drey Theile Silber und ein Theil Gold im Plachmal ist, so wird das Silber aufgelöset, und das Gold fällt auf den Boden; ist aber mehr Gold, so legirt man es auf drey Theil Silber, und verrichtet die Auflösung mit Königswasser, da denn das Silber zu Boden fällt. Von der Eintheilung in 4 Viertel ist der Name hergenommen. (s. Scheidung im nassen Weg)

Scheidung in der Chymie. Eine Verrichtung da die Theile eines aufgelöseten und vermischten Körpers von einander gebracht und geschieden werden. Sie geschiehet entweder obenhin, und äußerlich, oder wesentlich und innerlich. Die erste ist, wenn allein die Theile des Körpers abgesondert, und das Trockene vom Trockenen, das Feuchte vom Feuchten, oder das Feuchte vom Trocknen geschieden wird, durch Reinigung, Abwischung, Abgießung, Seihung, Filtrirung, Abtrocknung oder Abrauchung. Die innerliche Scheidung geschiehet, wenn nicht nur der Körper in seine gleichartigen Theile geschieden, sondern auch die durch dessen ganzes Wesen ausgebreitete Unreinigkeiten und Unarten abgesondert werden. Durch Distilirung, Rektificirung, Extraction, Sublimation, und Austrocknung: und die Operationen welche dazu Handreichung thun, sind die Digestion, Abrauchung, Cementation und Fulmination oder Verpuffung. (s. jedes an seinem Ort)

Scheinet, (Landwirthschaft) wird vom Getreide gesagt, wenn es fleckweise vor der Zeit zu Stroh wird, ehe es recht erkörnt; daher dergleichen allezeit leer ist.

Scheit. (Forstwesen) Ein großes aus einem Kloz gespaltenes Stück Holz, das im Ofen oder auf dem Feuerheerde verbrennt wird. Daher Scheitholz, das in Klaftern gesetzte Brennholz genennt wird, im Gegensatz des Bauholzes. Zu dem Scheitholz wird auch das Böttcherholz, woraus die kurzen Stäbe oder Dauben zu kleinern Gefäßen gespalten werden, gerechnet. Die Scheite werden von den Holzschlägern nicht aller Orten gleich lang gehauen, denn an einigen Orten werden sie 4 Fuß an einigen 3 Fuß u. s. w., lang gemacht, die Scheite werden nicht gehauen, sondern die Klötze dazu müssen gesägt werden, damit nicht so viele Späne entstehen. Die aus den

Klötzen

Klötern gespaltene Scheite werden Kern oder Lagerscheite genennt, zum Unterschied der Stockscheite, welche aus den ausgerotteten Stöcken gespalten werden. Die Böttcherscheite, die aus gesunden weniger ästigen Klötzen gespalten werden, müssen nicht so klein als die zum Brennholz gespalten werden, damit sie der Böttcher zu seinen verschiedenen Endzwecken desto besser gebrauchen kann. Dieß Holz ist auch allemal theurer als das zum Brennen.

Scheitern, (Schiffahrt) soviel als Schiffbruch leiden. Ein Schiff scheitert, wenn es zerstückt wird, Oeffnungen und Brüche vom Anstoßen auf Klippen erhält.

Scheitholz. (Musiker) Ein musikalisches Instrument, so einem Scheitholz gleicht, von drey oder vier dünnen Brettern zusammengefügt, oben mit einem kleinen Kragen versehen, darinn 3 oder 4 Wirbel stecken, mit 3 oder 4 messingenen Saiten bezogen, darunter 3 in Unisono angezogen werden, die eine unter denselben aber nur eine Quinte höher, oder auch eine Oktave höher ist. Unten bey dem Stege schlägt man immer mit dem Daumen der rechten Hand über alle Saiten her, mit der linken Hand aber fährt man mit einem glatten Stäcklein auf der vordersten Saite hin und wieder, dadurch die Melodie über die Bünde, so von messingenem Drahte eingeschlagen, zuwege gebracht wird.

Scheitmaaß, das Maaß des Scheitholzes, welches nicht überall gleich ist, und bald 3, 4, mehr oder weniger Füße beträgt, so wie es an den verschiedenen Orten eingeführet ist.

Scheitschläger, Scheithauer, Klafterschläger. (Forstwesen) diejenigen Holzhauer, welche in dem ihnen angewiesenen Oberholz die zu Bau- Brenn- oder Böttcherholz bestimmten Bäume fällen, ausasten u. s. w., und, was Brenn- und Böttcherholz betrifft, zu Scheiten schlagen und spalten, solche in Klafter setzen, auch den Abraum (s. diesen) ab- und zusammenmachen. Ihr Werkzeug bestehet in einer Baumsäge, Holzaxt, Beil, auch Keilen, ingleichen Spaten, Schäufeln und Radebaum zum Ausroden. Sie setzen auch das in Scheiten geschlagene Holz in Klafter, wobey sie keine ganze Klötze einlegen dürfen, sondern alle müssen gespalten seyn; die Scheite müssen gleich lang geschlagen, und nach dem vorgeschriebenen Maaße in der Breite und Höhe richtig und dicht gesetzt werden. Die Unterlagen zu den Haufen müssen nicht von Latteinstangen und gespaltenen Scheiten, sondern von dürren Stangen seyn. Die Scheite müssen bey dem Klafteraufsetzen nicht auf die hohle Seite oder Schärfe gelegt werden, sondern dicht und auf die flache Seite.

Scheldal, eine Münze in Dänemark, und auch in einigen Orten in Deutschland gangbar. Er gilt 32 Schillinge Lübisch, oder ⅔ eines Reichsthalers.

Schellart, an einigen Orten eine stumpfe Art, die Wände Zwirnholz damit zu zerschlagen und zu zerschellen.

Schelleisen, (Kupferschmid) ein eiserner Stab, der an einer Grundfläche nach der Größe eines Nagelkopfs der kupfernen Nägel eine runde Vertiefung hat, womit der Kopf der gedachten Nägel rund geschlagen wird. Der Kupferschmid muß nach Verschiedenheit der Größe der Nägel auch verschiedene dergleichen Eisen haben.

Schellen, kleine, runde, klingende, metallene Instrumente, welche von beynahe runder Gestalt und hohl sind, eine schmale lange Oeffnung oder Kerbe, und inwendig einen kleinen Klöpfel haben, der darinn beweglich verschlossen ist, so daß, wenn die Schelle geschüttelt wird, der Klöpfel sich beweget, an das Metall anschlägt, und einen Schall von sich giebt. Die Materie ist gemeiniglich Messing, doch hat man auch silberne. Sie sind von mancherley Art, je nachdem sie gebraucht werden. Besonders werden sie an den Pferden der Rennschlitten gebraucht. Bey den Jägern hat man auch dergleichen Schellen, die man Sperberschellen nennt, welche diese Raubvögel erhalten, damit, wenn solche bey einer Jagd verfliegen, oder auch, wenn sie sich an einem Baum verhalstert, man solches desto eher vernehmen, und ihnen zu Hülfe kommen kann.

Schellengeläute, ein Läuten, das durch mehrere zusammengehangene Schellen verursachet wird. Wozu vornehmlich das mit Schellen behangene Geschirr eines Pferdes vor einem Rennschlitten gehöret.

Schellenschlitten, ein Rennschlitten, dessen Pferdegeschirr mit Schellen behangen ist, und ein Geläute verursachet.

Schellhammer, (Maurer) ein großer Hammer, unten scharf, um große Steine zu zerschlagen, wenn man mit ungeraden Steinen mauert.

Schellharz, Harz, welches durch Ritzung oder Bohrung aus den Tannen fließt. Wenn es schön weiß und klar ist, so wird es gemeiner Weyrauch genennt; wenn aber im Ausfließen Schaalen, Späne und dergleichen anhangen, Schellharz schlechtweg, und wird von Betrügern für Benzoin verkauft.

Schellack, s. Gummilack.

Schelonge, eine in Polen gangbare Kupfermünze, welche die Seltenheit der Gold- und Silbermünze eingeführet hat. Sie werden nicht in Polen selbst geschlagen, sondern aus fremden Ländern dahin gebracht. Sie gelten nach deutschem Gelde ohngefähr einen halben Pfennig.

Schelpen, das von der See ans Ufer angeworfene kleine Muschelwerk.

Schellpflug, s. Schälpflug.

Schemel, (Artillerie) das Stück Holz auf dem Protzwagen, woran das Laffetenende befestiget wird. Es ist 3 Fuß 4 Zoll lang, 5½ dick, und in der Mitte 18 Zoll hoch. Diese Höhe erstreckt sich aber nur auf 8 Zoll Länge, das übrige wird gegen die zwey Enden zu abgerundet.

Schemel, Schenkel, Fr. la Siege, (Bergbau) derjenige Fußschemel oder Stuhl, der an einem Pferdegöpel angebracht ist, worauf nicht allein der Treiberknecht das Göpels, wenn solcher geschwinde herum geht, fährt, sondern auch die Deichsel, woran die Pferde gespannt werden, wird an dem durch den Schemel gehenden Reibnagel angebolzet. Der Schemel wird an die Dachs des aus dem

dem Spindelbaume des Göpelkorbes heraus gehenden Schwengelbaume befestigt.

Schemel, Fr. la queue du souflet, (Hüttenwerk) das Holz, das am Blasebalg angemacht ist, von den Kämmen der Raderwerke gefaßt, und mit welchem zugleich das obere Theil des Blasebalges niedergezogen wird.

Schemel, Bänklein, (Kriegesbaukunst) der schmale Gang an der Brustwehre des Walles von der innern Seite desselben. Er ist 1½ Fuß hoch und 3 Fuß breit, aus Erde aufgeworfen, und dienet dazu, daß die Soldaten leichter über die Brustwehre sehen und schießen mögen.

Schemel, (Tischler) im engern Verstande ein hölzerner Stuhl mit vier Füßen und einer Lehne. Alles von Brettern zusammengesetzt. Auch wohl ein kleiner niedriger Fußtritt, den man, wenn man sitzt, unter die Füße stellt, der auch an einigen Orten die Hütsche genannt wird. Im weitläuftigen Verstande ist es auch ein jedes Gestelle oder Gerüste, so etwas trägt, oder auch weggetragen werden kann.

Schemel, s. Fußschemel.

Schemelbohrer, (Tischler) ein Löffelbohrer von beträchtlicher Größe, womit man die Löcher zu den Füßen der Schemel bohret. Er hat einen großen Handgriff von Holz, der mit dem Bohrer selbst von beyden Seiten einen rechten Winkel macht.

Schemel eines Mörsers. 1) (Artillerie) Ein an dem Mörser gleich angegossener Fuß. (s. Schemelmörser) 2) In der Landwirthschaft ein auf der Achse bewegliches Holz, worinn die Rungen befestiget sind, und welches die Wendung des Wagens erleichtert; der auch der Lenkschemel, Rungenschemel, Wendeschemel genannt wird.

Schemeleisen, (Weber) an den mancherley Weberstühlen diejenigen Bolzen oder Eisen, um welchen sich die Fußschemel oder Tritte bewegen.

Schemelmörser, s. Fußmörser.

Schenette, Fr. genetti, (Reitkunst) ein Pferd von einem spanischen Hengst und einer italienischen Stutte geworfen.

Schenke. Bey einigen Handwerkern, z. B. bey den Sattlergesellen, der Krug oder die Kanne, woraus sie bey ihren Zusammenkünften trinken.

Schenkel, Fr. Montans, (Baukunst) die neben einer Thüre oder Fenstereinfassung hinausstehende Verzierung, welche die Frontons und Kränze, damit sie gekrönet, trägt. Es giebt erhabene und vertiefte. Auch nennet man die gerade aufstehende Ständer am Fenster oder an Thüren Schenkel.

Schenkel. Fahrtschenkel, Fr. Perche de l' echelle, (Bergwerk) die beyden Stangen einer Fahrt, (s. diese) darein die Sprossen, oder vielmehr Schwingen, eingeschlagen und mit hölzernen Nägeln befestiget sind.

Schenkel (Orgelbauer) So werden die Theile von beyden Seiten der Kanzellen genannt, welche Falzen haben, in welche lange eichene Latten eingeschoben, und durch solche die Kanzellen wohl zugespundet werden, daß kein Wind herauskommen kann.

Schenkel, (Schiffsbau) ein Tau von mittlerer Länge, an dessen Ende eine Rolle hängt, darüber das Tauwerk gezogen wird. Derselben sind verschiedene Arten, als: Brasschenkel, Toppenantsschenkel rc.

Schenkel, s. Schemel.

Schenkel am Dreyschlitz, Fr. Cuisse de Triglyphe, (Baukunst) der glatte Raum zwischen den Vertiefungen der Dreyschlitze.

Schenkeldeich, (Deichbau) der Deich oder Damm, welcher aus der Deichlinie mit seinem Ende hervorraget; auch der Querdeich, welcher absetzende Deichlinien verbindet. (s. auch Flüerdeich)

Schenkel der Reitstangen, (Sporer) die langen gebogenen Hauptstangen an den Seiten, woraus die Reitstangen zusammengesetzt werden. An der äußern Spitze derselben ist eine große Oeffnung mit einem Ueberwurf, worinn der Wirbel befestiget ist, der den Zügelring trägt. (s. Reitstange)

Schenkel eines Zirkels. (Mechanischer Instrumentenmacher) Die Füße eines Zirkels, oder die eigentlichen Theile desselben, woraus solcher oben im Kopf zusammengesetzt wird und bestehet. Nachdem der Zirkel zu diesem oder jenem Gebrauche bestimmt ist, bestehet ein Schenkel entweder aus dem Ganzen, oder der eine Schenkel wird aus zwey Stücken zusammengesetzt, und ein Stück in das andere geschoben, wie z. B. der Reißzirkel, (s. diesen) wo bald ein Stück mit einem Reißbley oder Röthel eingeschoben, und vermittelst einer kleinen Flügelschraube (s. diese) befestiget wird. Alle Schenkel der Zirkel stimmen damit überein, daß ihre innere Fläche sehr glatt und eben, und beyde Schenkel, wenn sie zusammengelegt werden, sehr genau auf einander liegen und zusammenpassen. Die äußere Fläche jedes Schenkels bildet ein Dreyeck, und wenn der ganze Zirkel auch von Messing ist, so ist die unterste Hälfte jedes Schenkels von Stahl, und in das Messing eingeschoben und verlöthet, oder wie gedacht, wenn der eine Schenkel ein bewegliches Ende hat, so hat das Obertheil des Schenkels auf seiner Grundfläche eine Oeffnung, in welches der Zapfen des abzunehmenden Theils sich passet. Unten hat jeder Schenkel eine scharfe zusammenlaufende Spitze: Es sey denn, daß der eine bewegliche Schenkel ein Reißbley oder Röthel führet.

Schenkellade. (Nadler) Ein ausgeschnittenes Holz zum Knie, welches darauf paßt, und woran es mit einem Riem angeschlungen wird, oben darauf ist ein Brett mit zwey Keilen. An dieser Schenkellade hält der Schaftschneider den gerichteten Pack Draht auf folgende Art vest, und zerschneidet ihn zu Schäften. Nachdem er den gerichteten Drahtring, Draht bey Draht, in das Schaft- oder Zuschneidemodell gelegt, und zwar dicht an die Querplatte geschoben, so legt er die Enden über seine Schenkellade, überklammert den Draht mit einem durchgesteckten Keil, und so schneidet er den Draht gleich lang mit der Schrotschere ab, welche er auf dem Schenkel aufstämmt, und zwar schneidet er den Draht etwas länger, als die Nadelschäfte beschäfftiget werden sollen, weil sie das Zuspitzen ein wenig verlangt.

Schenkfaß, ein mit Wasser oder Eis angefülltes Gefäß, die mit Getränke angefüllten Bouteillen, Kannen u. s. w. darein zu setzen, und kühl zu erhalten. Auch heißt es bey den Bierschenkern dasjenige runde auf Füßen stehende Gefäß, worüber das Bier aus einer großen Kanne in das Maaß gegossen und ausgemessen wird, und worein das überlaufende Getränke fließet. Es heißt auch Bierständer.

Schenkmaaß, dasjenige geaichte Maaß, wornach die Bierschenker das Bier ausmessen und verkaufen; zum Unterschiede von dem Bestmaaß.

Schenktisch, Fr. Buffet. Ein abgesonderter Tisch in einem Speisezimmer, worauf die Eß- und Trinkgeschirre, auch Bestecke und andere zur Tafel nöthige Dinge gesetzt werden, und wovon dann die Bediente serviren.

Schepel, s. Scheffel.

Scheps, der Name eines Biers, so in Breßlau gebrauet wird, und ehedem ein sehr fettes und schweres Bier war.

Scherbe. Ein Maaß, nach welchem zu Goslar am Rammelsberge die getriebenen Gänge gezählet werden. Es besteht in einem viereckigten von vier Pfosten zusammengemachten Kasten ohne Boden, darein 4 Zentner Erz gehen. Zu Freyberg sind an dessen statt die Kasten gewöhnlich, die aber größer sind.

Scherbel, s. Probirscherbel.

Scherbelstein, s. Speckstein.

Scherben, Hartschlackenscherben. (Hüttenwerk) Ein Maaß, wornach die Hartschlacken zum Vorschlagen der Erze beym Schmelzen abgemessen werden. Die inwendige Länge eines solchen Scherben ist 4 Fuß 4½ Zoll, die Breite 1 Fuß 7½ Zoll, und die Höhe 1 Fuß 1 Zoll. Ein solcher Scherben Hartschlacken wiegt 3 auch 3½ Zentner.

Scherben, Fr. Tessons, Stücke oder Trümmern von irrdenen Gefäßen und Sandsteinen, welche man zu Pulver stößt, und zum Cement gebrauchet.

Scherbenfutter, (Probirkunst) ein von Meßing verfertigtes Model, worinn die Probirscherben (s. diese) so wie die Kapellen geformt werden können. Es ist wie das Kapellenfutter beschaffen. Es besteht nämlich das eine Stück aus einem abgekürzten hohlen Kegel, so die Nonne heißt, und aus einem meßingenen Cylinder, welcher Mönch genannt wird. (s. beyde) Dieses Scherbenfutters bedienet man sich denn, die Probirscherben darinn selbst zu bilden, wenn man solche in der Geschwindigkeit brauchet, und keine vom Töpfer verfertigte vorhanden sind.

Scherbenkarn. Ein Laufkarn in den Harzer Hütten, darein ein Scherben Erz geht. (s. Laufkarn)

Scherbenkobald, (Bergbau) ein arsenikalisches Erz, welches im Anbruch bleyisch oder gelblich, sonst von einer grauen, schimmernden Farbe ist. Es besteht aus gebogenen Längen und Scheibchen, so wie die in einer Zwiebel.

Scherafi, eine goldne Münze, die in Persien gangbar ist. Sie gilt 8 Larins, jeden Larin zu 2 spanischen Piastren. Die Europäer nennen die Schrift goldne Seraphinen.

Scheuern, s. Horn.

Scherf, Schärf, eine der kleinsten Arten von Scheidemünzen, deren 12 einen meißnischen Groschen ausmachen. Es werden dergleichen noch itzt in Lüneburg geschlagen.

Schern, (Bergwerk) die Fläche des Ganges, hangend oder liegend.

Scherp, s. Salzschöp.

Scherpen, s. Nachbier.

Scherter, Leinwand, der man durch Gummi oder Leim einen gewissen Grad der Steife gegeben hat. Es ist dieselbe von verschiedener Art, Feinheit und Farbe, und im gemeinen Leben unter dem Namen schlechtweg Steifeleinwand bekannt. Die ganz grobe und starre, die man auch wohl Starrleinwand heißt, die grau, braun oder schwarz u. s. w. ist, wird in die Kleider unter die Knöpfe, Knopflöcher, Schöße u. s. w. geleget, um denselben eine Haltung zu geben. Die feinere, die mit allerley möglichen Farben gefärbet, gleichfalls gesteift ist, und zu allerley Kleidungsstücken gebrauchet wird, ist entweder auf beyden, oder auf einer Seite auch geglättet, und führet den Namen Glanzleinwand, (s. diese) auch Glanzscherter.

Schetterbrett, Fr. Volige. (Tischler) Ein kleines Brett aus Fichten- oder Pappelbaumholz geschnitten, so 3 bis 5 Linien dick, ungefähr 10 Zoll breit, und 6 Fuß lang ist, und zu allerley Sachen gebrauchet wird.

Schettertafend, s. Zindeltafend.

Scheuerfaß. (Haushaltung) Ein von kurzen hölzernen Dauben rund zusammengesetztes flaches und mit Reifen abgebundenes Gefäß, worinn das gebrauchte Küchengeräthe wieder rein gewaschen und gescheuert wird. Man hat sie auch mit drey langen Beinen, worauf sie von selbst stehen. Dieses sind drey verlängerte Faßdauben, die an drey Stellen in gleicher Entfernung von einander vor den Dauben des ganzen Gefäßes vorspringen und zu Füßen dienen.

Scheuerfaß. (Nadler) Ein gewöhnliches Faß, so aber oben enger als unten ist. Es hat an der einen Seite eine Handhabe, durch deren Loch der Nadler einen Strick zieht, das Faß vermittelst eines Ringes, so an der Decke der Werkstätte befestiget ist, aufhängt, und die Stecknadeln in diesem Fasse scheuert.

Scheuern, eine Sache von feinem Gebrauche reinigen, solches mit einer Sache, die dazu dienlich ist, rein machen. Z. B. Wenn man mit Sand und Lauge mit einem Scheuerwisch von Stroh, oder einem Tuchlappen, Metalle abreibet, und solche nicht allein rein machet, sondern auch blank scheuert. Den letzten Endzweck kann man nicht bey allen Metallen durch Sand und Lauge erreichen, sondern man nimt noch andere Dinge hinzu, z. B. zum Meßing und Kupfer, Essig u. dgl.

Scheuern der Nadeln, die fertigen Stecknadeln werden gescheuert und blank gemacht. Man muß eine gehötige Anzahl in das Scheuerfaß, hängt es mit dem Seil an die Decke der Werkstätte, gießt Essig oder Brantweinstrank auf die Nadeln, und schwingt sie in dem Fasse eine Stunde herum, wodurch sie blank werden. Nachher werden sie im Scheuersack mit Sägespänen geschüttelt und getrocknet.

Scheuersack, (Nadler) ein Sack von Leinwand mit Sägespänen, oder besser mit Kleye angefüllet, worinn die gescheuerte Nadeln getrocknet und geschüttelt werden.

Scheuertonne, Scheuerfaß. (Nadler) Eine Tonne, die im Bauch eine Oeffnung, und an beyden Boden eine Achse hat, worauf sie in einem Gestelle liegt, und vermittelst einer Kurbel kann umgedrehet werden. Die gesottenen Nadeln werden mit Sägespänen oder Kleye darinn gescheuert und blank gemacht. Man drehet zu diesem Endzwecke die Tonne an der Kurbel herum, und die Nadeln scheuern sich durch diese Bewegung. Eben so werden auch in der Münze die großen weiß gesottenen Münzplatten in einer solchen Scheuertonne mit Kohlengestübe gescheuert.

Scheuleder, Augenleder, Augendeckel. (Sattler, Riemer) rund geschnittene steife Stücklein Leder, welche an die Zäume der schweren Kutsch- und Zugpferde um die Gegend der Augen eingenähet werden, damit die Pferde nicht auf die Seite sehen können. Man pflegt auch einem hitzigen Pferde, und das nicht gerne aufsitzen und sich beschlagen läßt, Augendeckel von Filz, so rund und hohl gemacht sind, vor die Augen zu binden. Ueberhaupt pflegt man solche gern allen scheuen Pferden vorzuhängen.

Scheune, Scheure, Stadel. Ein Landwirthschaftsgebäude, worein nach der Aernde das Getreide gebracht, und darinnen ausgedroschen, und das Stroh nachher verwahret wird. Die Größe des Gebäudes muß sich also nach dem zu hoffenden Gewinnst richten. Man rechnet für ein Schock Weitzengarben 40, Roggengarben 45, Gerstengarben 30, Hafergarben 25 Kubikellen. Das ganze Gebäude besteht aus zwey Haupttheilen, der Tenne oder Diele und den Bansen oder Tassen. Die Tenne, die entweder die eine Hälfte des ganzen Gebäudes der Länge nach, oder die ganze Tiefe ausmacht und gemeiniglich in der Mitte zwischen den Bansen angebracht wird, wird so breit angelegt, daß zwey vollständige Garben gegen einander gelegt werden können, und in der Mitte noch ein ganz schmaler Raum bleibt. Der Fußboden wird entweder mit starken Bohlen ausgedielt, oder welches das Gewöhnlichste ist, mit Lehm und Eisenfeilspähnen ausgeschlagen. An beyden Enden der Tenne werden breite und hohe Thorwege angebracht, die bis ans Dach reichen, damit die Wagen gerade durchfahren können. An Scheunen bey kleinen Wirthschaften pflegt der hinterste Thorweg gewöhnlich zu fehlen, an dessen Stelle aber wenigstens eine kleine Thüre zu seyn. Die Bansen sind von der Tenne durch brusthohe Wände abgesondert, und auch wohl wieder in verschiedene Fächer für die Getreidearten eingetheilt. Der Boden unter dem Dachstuhl wird gemeiniglich nur über die Balken weg mit Lattstämmen, oder wenigstens nicht ganz dichte zusammengefügten Brettern belegt. An vielen Scheunen, zumal in kleinen Wirthschaften, um die Gebäude zu ersparen, sind auch Ställe in den Bansen, die durch Wände und wohlverwahrte Decken von dem Innern der Scheune abgesondert sind, angebracht. Bis unter das Dach ist das Gebäude so hoch, daß ein beladener Wagen bequem durchfahren kann. Das Dach wird am liebsten mit Rohr oder Stroh gedeckt, weil es im Winter warm hält, viele Jahre ohne Reparatur liegt, und am Ende noch sehr vortheilhaft zum Unterstreuen und Dünger gebraucht werden kann. Das Gebäude muß sehr gut verbunden werden, da es außer den äußern Hauptwänden keine andere ganz aufgeführte Wand hat, und also leicht von Windstürmen eingestürzt werden könnte. Um das Verdumpfen und Stocken zu verhüten werden auch Zuglöcher an den Seitenwänden, manchmal auch wohl oben im Forst, angebracht. Daher muß das Gebäude auch hoch liegen, daß Nässe oder Feuchtigkeit dem Getreide und Stroh nicht schaden können. Uebrigens werden die Scheunen, zur Abwendung der Feuersgefahr, so weit von den Wohngebäuden angebracht, als sich thun läßt, wie man überhaupt auf großen Wirthschaftshöfen die Gebäude nicht gerne ganz nahe aneinander setzt, um bey entstandener Feuersgefahr um so eher Rettungsmittel anwenden zu können.

Scheunentenne, s. Tenne, auch vorher.

Scheure, s. Scheune.

Scheven, (Landwirthschaft) die von dem Flachse abgebrochene und abgehechelte Rinde.

Schicht, Fr. la Journée, (Bergwerk) die Arbeit, die ein Bergmann oder Hüttenmann auf einmal verfahren und verrichten muß. 1) die Zeit, so lange ein Arbeiter auf der Grube an der Arbeit steht. Fr. la Journée de mineurs. Ordentlicherweise ist Tag und Nacht in drey Schichten eingetheilt: nämlich in die Frühschicht, Nachmittagsschicht oder Tageschichte und Nachtschicht. Die erste geht an früh um 4 Uhr, die zweyte, Mittags um 12 Uhr, und die dritte Abends um 8 Uhr, und währet also jede 8 Stunden. Diese drey werden die Arbeit zu drey Drittel genennt. Wenn die Arbeit beschleunigt werden muß, so macht man Schichten zu 6 Stunden, welches 4 Drittel genennt wird, oder auch wohl zu 4 Stunden, jedoch muß der Bergmann in solcher Zeit eben soviel arbeiten, als er in der ordentlichen Schicht hätte verrichten sollen. An manchen Orten dauert die Schicht 12 Stunden und heißt die lange Schicht. An einigen Orten werden in der Woche 5, an andern 6 Schichten verfahren. 2) die Schicht der Hüttenarbeiter Fr. la Journée du Fondeur, ist eine Zeit von 12 Stunden, von früh um 5 Uhr bis des Abends um 5 Uhr, oder umgekehrt.

Schicht, Fr. le Quart d'une mine, (Bergwerk) in Ansehung der Eintheilung einer Zeche der vierte Theil von 128 Kuxen, also 32 Kuxe.

Schicht, la Couche, (Bergwerk) die Lage oder Bank verschiedener Erd- oder Gesteinarten, welche auf einander liegen.

Schicht, (Hüttenwerk) Fr. Couche, Charge, beyde, was wechselsweise in den Schmelzofen geschüttet wird. Als eine Schicht Kolen, eine Schicht Erz, wieder eine Schicht Kolen, und so fort, wie es die Arbeit erfordert.

Schicht, Fr. le produit, ou ce qu'on obtient d'une fonte, (Hüttenwerk) was auf eine Arbeit fertig wird, als z. B. eine Schicht Glöte. D. i. soviel als von einem Treiben vom Heerd abgezogen wird.

Schicht, (Maurer) jede Lage von Mauersteinen, nach der ganzen Länge der Mauer oder mehreren vereinigten Mauern genommen.

Schicht, (Zinnhütte) ein kupfernes Blech einige Ellen lang, und eine Elle breit, welches auf die Schichtbank gelegt, und worauf das Zinn geplättet wird.

Schicht auf Schmelzhütten, Fr. l'oeuvre d'une fonte, soviel als auf einmal auf denselben gearbeitet oder durchgesetzt wird, da denn über einen hohen Ofen in einer Woche 36, über einen Krummofen 24, und über einen Stichofen 12 Schichten geschmolzen und auf ein Hochenwerk gerechnet werden.

Schichtbank. (Zinnhütten) Ein Gestelle worauf die Schicht oder das kupferne Blech liegt, auf welchem das Zinn geplättet wird.

Schicht, die, beschicken. Soviel Erz, als auf einen Schicht durchgesetzt werden soll, nach gehörigem Verhältniß mit Zuschlägen vermischen.

Schichtel, (Handschuhmacher) die schmalen Theile der Streifen eines Fingers an einem Handschuh, welche zwischen die schmale Ober- und Untertheile eines Handschuhfingers von beyden Seiten eingeschichtelt (s. eingeschichtelt) werden.

Schichteln, die Schichtel zwischen die Hälften oder Theile eines Handschuhfingers einsetzen und einnähen.

Schichten, Einrämmen, (Schiffahrt) die Art im Schiffsboden die Ladung anzuordnen. Dieses ist eine Arbeit von besonderer Erheblichkeit, denn jedes muß an seinem Ort bequem zur Erhaltung bey der Hand seyn, daß keines dem andern im Wege und auch so liege daß man das Gleichgewicht soviel möglich in dem ganzen Körper des Schiffs erhalte, und den allgemeinen Schwerpunkt in den Rümmeen und für das Gebäude angewiesenen Ort bringe. Man hat oft durch das Schichten diesen Punkt, wenn er sich den Bau zu hoch war, heruntergebracht. Es ist leicht zu sehen, daß ein Schiff durch zu schwere Ladung gene überwichtig die Nase senkt, und aus diesem Grunde wird das Einnehmen der Kaufmannsballen in ein Kriegsschiff für unschicklich gehalten, und ist in verschiedenen Ländern verboten. Ein Schiff so zu stark beladen, sinkt es über die Lastlinie ein, und das Verhältniß ist verfehlt. Es heißt denn überlästig, das, so zu stark nach vorne gerichtet worden, heißt vorlästig, das, so hinterwärts viel hat, heißt Steuerlästig. Ein anderer Fehler in der Schichtung ist, wenn die Stücken, so die Ladung ausmachen, rollen, dadurch das Schiff beym Sturm und bey Windstößen das Gleichgewicht verliert, umstürzen oder doch die gehörige Stellung einbüßen kann. Es heißt sonst auch stauen.

Schichtglötte, (Hüttenwerk) Glöte, die bey einem Silberblick abgeht, oder im Treiben auf einmal bereitet wird.

Schichthalten, Fr. faire sa tache loyalement, (Hüttenwerk) seine Zeit zur Arbeit genau wahrnehmen, nicht langsamer oder später einfahren, auch nicht eher ausfahren als zur gesetzten Stunde.

Schichtholz, (Köler) Knüppelholz, wenn solches verkolt wird, und woraus der Klöppelmeiler besteht.

Schichtlohn aufheben, die Arbeit nicht gehörig verrichten.

Schicht, machen mit einer Zeche, das Berggebäude eingehen, oder ins freye fallen lassen.

Schichtmeister. Fr. Teneur de compte de la mine. Ein Bedienter der Gewerkschaften, welcher die Zubußen einnimt, die Rechnung bey der Zeche führet, für die Anschaffung der nöthigen Bergmaterialien und nutzbare Führung des Grubenbaues sorgt, und überhaupt auf den Nutzen seiner Gewerkschaft bedacht ist.

Schichtsemmel, s. Reihe Semmel.

Schichttrog, (Hüttenwerk) eine Mulde, worinn das zu jeder Schmelzschicht gehörig beschickte Erz auf den Ofen getragen wird.

Schicht verfahren, Fr. faire, die aufgegebene Bergarbeit verrichten.

Schickliche, das, Fr. convenance, (Maler) bedeutet nicht allein die Zusammenstimmung der Partheien zu einem Ganzen, das nicht lächerlich ist, sondern auch die Klugheit und den Geschmack in der Wahl dieser Partheien, sie mögen Beziehungsweise oder absonderlich genommen werden. Das schickliche bestimmt einem jeden Gegenstande eines Gemäldes den Karakter, welcher ihm in Rücksicht auf seine Größe, seine Anordnung, seine Gestalt, seinen Reichthum, oder seine Einfalt zukomt. Es lehrt uns einen König nicht in einer Bauerhütte, noch einen Köler in einem Pallast wohnen lassen. Eine Bäuerin nicht in Gold und Seide zu kleiden; den Kopf eines jungen Menschen nicht auf den Körper eines alten Mannes u. s. w. zu setzen; eines jeden Gegenstandes natürliche Verhältnisse der Perspektiv gemäß beyzubehalten; einer jeden Figur den Karakter beyzulegen, welcher ihr nach ihren natürlichen Leidenschaften, nach ihrem Alter, ihrem Geschlecht und Stande zukomt; das liebliche sowohl in den Gebäuden, Kleidungen, Waffen rc. als auch in der Art zu handeln, zu beobachten, kurz alles dergestalt anzuordnen, daß das Ganze eine vollkommene Uebereinstimmung ausmache, nichts in seine Zusammensetzung zu bringen, als was wahrscheinlich, natürlich und den Regeln des guten Geschmacks gemäß ist.

Schiedbarthe, Langbeil, Lenkbeil. (Böttcher) Ein Beil, dessen Blatt hinten einen langen Bart hat, womit die Stäbe und Bodenhölzer behauen werden.

Schiebebank, eine Art von Ziehbank bey den unechten Drahtziehern, an welcher die metallne Zaine durch Menschenhände zu groben Draht gezogen werden.

Schiebekloben, (Schlösser) eine Art Zangen, mit welchen sie selbigen den groben Draht durch ihre Zieheisen ziehen.

Schiebemaaß. (Windenmacher) Eine kleine viereckige eiserne Stange, auf welcher sich eine kleine Hülse verschieben und durch eine kleine Schraube befestigen läßt. Die Stange hat auf beyden Enden, so wie auch die Hülse auf beyden Seiten, einen Zapfen und man setzt die Stange einer Wagenwinde zwischen einem Zapfen der Stange und der Hülse, wenn man die Stärke der Arbeit in einer Winde ergründen will. (s. Wagenwinde)

Schieben, Verschieben, Fr. Gripeller, (Seidenmanufaktur) dieses Wort wird von seidenen Zeugen gebraucht, die nicht recht gleich sind, weil sie gar zu bald von dem Weberbaum abgewickelt sind. Wenn also ein Seidenzeug fertig gewebt worden, so muß man es eine Zeitlang auf dem Weberbaum lassen, damit es gleich werde und sich nicht auseinander schiebe.

Schieben, s. Schiessen. (Bäcker)

Schieber. (Bäcker) Ein eisernes Blech, womit das Mundloch des Backofens, welches sich in der Brandmauer des Rauchfangs befindet, verschlossen wird, indem man es seitwärts vorschiebt. Es ist besser als die hölzerne Sturze, die man bloß vorsetzt.

Schieber, s. Brodschieber.

Schieber. (Hutmacher) Eine von zarten Weiden geflochtene Horde, die ungefähr einen Fuß lang, etwas schmäler ist, und in der Mitte eine Handhabe hat, womit die Hutmaterie bey dem Fachen auf die feinste Art auf die andere Seite, nämlich von der linken Seite des Werktisches nach der rechten gebracht, und damit das künftige Fach beynahe rund in der Mitten aber erhaben gemacht wird.

Schieber, Schlussbolzen, (Münze) der bewegliche Theil des Durchschnitts (s. diesen) welcher den Drücker oder Stempel bey der Bewegung der Spindel auf die Platte drückt, die ausgestückelt werden soll. (s. Durchschnitt.)

Schieber, (Windenmacher) das Gehäuse, worinn die Schraube der Siegelpresse (s. diese) sich bewegt, und in der Mitte ihrer untern Grundfläche das Petschaft stecken hat, womit gesiegelt wird.

Schieber der Büchse, (Büchsenmacher) ein bewegliches Stück in dem Schlosse einer Büchse, welches sich verschieben läßt, und im erforderlichen Fall mit der Spitze in ein Loch auf der Seite der Nuß fällt, wodurch die Nuß gehemmt wird, und die Büchse nicht los gehen kann, bevor der Schieber nicht wieder weggeschoben werden. Dieser Schieber ist an dem Schloß so angebracht, daß man von außen solchen nach Gefallen in Bewegung setzen kann.

Schieberad, s. Schlittenrad.

Schiebernut, (Tischler) die Nut worin etwas geschoben wird. Z. B. in den Schubfenstern.

Schiebestangen, (Orgelbauer) die Stangen, welche an den Unterarmen der Registerwelle befestiget und vorn mit den Registerknöpfen verbunden sind, womit die Register gezogen werden.

Schiebestange, die Stange, welche bey einer Schneidemühle das Schiebezeug in Bewegung setzt. Sie hat vorne eine eiserne Klaue, mit welcher sie in das Zahnrad des Schiebezeugs eingreift. Mit dem hintersten Ende an der Welle des Schiebezeugs ist sie an den Arm einer Welle, die durch eine Stange des Sägengatters bewegt wird, vermittelst eines Bolzens dergestalt eingehangt, daß sie beweglich bleibe, und kann man diese Stange vermittelst des eisernen Bolzens und der verschiedenen Löcher in dem Arm der Stange höher stellen, auf daß sie, wenn nämlich ein sehr starker Kloß zum Schneiden aufgebracht werden, nicht allzuviel zuschiebe, und den Kloß stärker an die Säge andränge, als selbige durch Zuschneiden im Stande ist. (s. Schiebezeug)

Schiebewerke, mit abwechselnden Kammrädern und Getrieben. (Maschinenbau) Ein Werk, wo vermittelst eines halbgezahnten Sternrades, oder auch nur eines halben Getriebes eine doppelt gezahnte Stange hin und her gezogen und geschoben wird. Ein mit 60 Zähnen versehenes Stirnrad hat an der Welle ein Getriebe, wovon die Hälfte fünf Triebstöcke hat, die andere Hälfte aber ledig ist, diese 5 Triebstöcke treiben einen starken Riegel, der auf dem einen Ende einige Zähne hat, durch die er einmal hin und einmal her getrieben wird, und die auf einer Zirkelbewegung eine gerade machen. Das Rad ist im Durchmesser 40 Zoll groß, und wird durch das Getriebe, so im Durchschnitt 8 Zoll groß ist, vermittelst einer Kurbel umgetrieben. Mit dergleichen Schiebewerk können sowohl horizontale gezahnte Stangen, wie z. B. an einer Schneidemühle, oder auch vertikale Stangen, wie z. B. in einem Schöpfwerk oder Feldgestänge geschoben und bewegt werden.

Schiebezeug, (Mühlenbau) die Theile einer Schneidemühle, wodurch der Sägeblock, der auf der Schneidemühle in Bretter oder anderes Bauholz zerschnitten werden soll, der Säge entgegengerückt wird. Eine Schiebestange so durch den Arm einer Welle von dem Gatter der Säge in Bewegung gesetzt wird, greift mit ihrem Haken in einen Zahn des Zahnringes und rückt solchen fort, dieser treibt das Getriebe und Stirnrad mitterhin herum. Die Welle an dem Stirnrad hat daneben ein Getriebe, welches über sich den Kammbaum des Schlittens ergreift, und solchen allgemach, mit Beyhülfe der darinn befindlichen Rollen, auf den Streckbäumen mit dem Sägeblock fortschiebt. Wenn nun der auf dem Schlitten fest geklammerte Sägeblock einmal durchgeschnitten ist, so wird der Schlitten durch Herumziehen des Schiebezeuges zurück gebracht, und der Kloß losgemacht, nach Stärke der Bretter die geschnitten werden, hinten und vorne gestellt und zum neuen Schnitt angesetzt.

Schieb-

Schiebkarren. Ein mit einem kleinen Rade versehenes Gerüste, so aus zwey langen Hölzern mit Quersprossen versehen bestehet und gegen das vordere Ende zu etwas gehöriges Sprossen hat, unter welchen das kleine Rad mit den Zapfen seiner Welle in den Büchsen der Enden der langen Seitenhölzer läuft. Man kann darauf eine Last laden, die ein Mensch, welcher mit einem Tragriemen die beyden Vorderenden, der langen Seitenhölzer, zwischen welchen er gehet, umschlungen hat, fortschieben kann, welches durch das Umlaufen des Rades erleichtert wird. (s. auch Radebärge)

Schiebkasten, Schieblade, (Tischler) ein jedes viereckigtes oder längliches zusammengefügtes Behältniß, welches sich in ein anderes einschieben läßt. Z. B. das viereckigte zusammengesetzte Kästchen eines Schrankes einer Kommode u. s. w. Der Schiebkasten läßt sich auf den Leisten des leeren Raums worein solche einpassen, hinein und heraus schieben.

Schiebochs, (Landwirthschaft) ein Ochse, der den Pflug mit der Stirne ziehet; zum Unterschiede von einem Zugochsen, der mit dem Joch ziehet.

Schiebsack, s. Tasche.

Schiebfelzwickel, (Strumpfwirker) der gewöhnlichste Zwickel in einem Strumpf, der die Quere gewirkt wird, und nachher in den Strumpf mit der einen Seite an das Vorderblatt desselben eingenähet wird. Zu diesem Behuf wird eine Reihe Maschen der innern Kante des Zwickeltheils auf eine erforderliche Anzahl Nadeln aufgelegt, so lang der Zwickel werden [illegible], aber nicht die erste oder äusserste Reihe, sondern die nächste zweyte. Denn die erste Reihe Maschen des Zwickeltheils muß bey einem fertigen Strumpf vorspringen, so daß der fertige Zwickel gleichsam etwas in dem Strumpf versenkt zu seyn scheint. Es werden aber nicht die ganzen, sondern nur die halben Maschen der genommenen Reihe auf die Nadeln gehangen. Auf diese angehangene Reihe Maschen werden drey andre Reihen angewebt. Da wie bekannt ein Zwickel unten breit ist und oben spitz zuläuft, so kann der Wirker auch natürlicherweise nicht alle Reihen seiner Zwickel gleich lang wirken, sondern muß von Zeit zu Zeit die Maschenreihen des Zwickels verkürzen und daher abnehmen. Um diese zugespitzte Figur des Zwickels zu erhalten, werden jederzeit nach zwey Reihen Maschen 6 Nadeln eingelegt, oder die folgende dritte Reihe um 6 Nadeln kürzer gemacht. Es bleiben daher bey der jedesmaligen zweyten Reihe Maschen 6 Maschen nach der breiten Seite des Zwickels zu übrig, die sich mit keiner Masche der nachfolgenden dritten Reihe verbinden. Wenn also der Wirker die zweyte Reihe Maschen zur Vereinigung mit der dritten über die vordere Biegung der Nadeln werfen will, so muß er die vorgedachten sechs Maschen mit der Hand auf den Nadeln zurück schieben, damit sie nicht mit den übrigen von der vordern Biegung der Nadeln herabfallen: daher kann er auch nicht, wie gewöhnlich, mit den stehenden Platinen der Schachtel die zweyte Reihe Maschen über die letzte werfen, sondern er muß die ganze zweyte Reihe mit der Hand auf den Nadeln verschieben. Dieses wiederholentliche Abnehmen und Verkürzen geschiehet 12 bis 14 mal hintereinander, jedesmal nach 2 Reihen Maschen, und wenn dieses geschehen, denn hänget der Zwickel nur noch ungefähr in der Spitze auf 12 Nadeln, und ist fertig. Nachdem nachher der ganze Strumpf fertig gewebet, so wird die eine lose Seite des Zwickels an das Vorderblatt angewirkt, aber gleichfalls nicht an die erste, sondern auch an die zweyte Reihe Maschen, so wie er an die zweyte Reihe Maschen des Zwickeltheils angewirket worden. Die Maschen des Zwickels laufen aber, wie schon gedacht, nicht die Länge, wie die Maschen des Strumpfs, sondern die Quere, oder nach der Breite des Strumpfs: denn der Strumpf ist bekanntlich nach der Länge des Fußes gewirkt, der Zwickel aber wird nach dessen Breite gewebet.

Schiebwerk, s. Feldgestänge.

Schied, Bergschied, Fr. la sentence. Ein in Bergsachen vom Bergrichter ertheilter Bescheid.

Schiedbuch, ein Bergbuch, worinn die Bergbescheide und Verträge eingetragen sind.

Schiedeschacht, Fr. le puits, qui fait la borne entre deux mines. Ein auf Angeben des Markscheiders zwischen zwey mit einander schnürenden Zechen zu Bestimmung ihrer Gränzen gesunkener Schacht.

Schiedesprobe, Fr. l'essai decisif. (Hüttenwerk) Wenn von den zum Probiren der Schliche verpflichteten Probierern, deren drey vorhanden sind, als der Hüttenschreiber, der Bergprobierer, und der Berggegenprobierer, der Schlich probiret worden, und die Probe von zwey Probirern nicht übereinstimmt, sondern verschieden ist: so muß eine anderweitige Probe gemacht werden, welches die Schiedsprobe genannt wird, weil diese Probe entscheiden muß. Zu diesem Endzweck werden die Gehalte aller drey gemachten Proben zusammen addiret, hernach mit dreyen dividiret, und also ein Gehalt daraus gemacht, welches denn die Schiedsprobe genannt wird, wornach die Rösle berechnet werden. Wenn aber die Gehalte aller drey Proben gar zu sehr von einander unterschieden sind, so werden die Proben untersuchet und wieder probiret.

Schiedrain, (Landwirthschaft) ein Rain, (s. diesen) der mehrere Aecker von einander scheidet. Im engern Verstande ist es ein solcher Rain, der die Aecker in einer Flur unterscheidet.

Schiedsprobengläser, (Blaufarbenwerk) die durch die Amtsprobe gefertigten Farbengläser, gegen welche bey der Taxation der Kobalte die aus den gelieferten Kobalten durch den Wardein geschmelzten Gläser nach den bestimmten Klassen aufgelegt, verglichen und beurtheilet werden.

Schiefer, Schiefergestein, Fr. Ardoise, Schiste. (Bergwerk) ein Gestein, so aus Blättern, Schaalen oder Tafeln bestehet, seine Materie mag eine Steinart seyn, welche sie wolle. Insonderheit versteht man darunter einen Körper, dessen Blätter leicht von einander zu spalten, der nicht sonderlich hart ist, sich schneiden läßt, und im Feuer zu einem schaumigen Glase wird. Meistentheils ist seine Farbe schwarzgrau, etwas bläulich, auch bisweilen röthlich.

Wenn

Wenn seine Tafeln vest sind, so wird er zur Deckung der Dächer, und Tisch= auch Schreibtafeln gebraucht, nachdem er in Ansehung seiner Beschaffenheit zu einem oder dem andern tauglich, je dünner und vester seine Tafeln ausfallen, um so mehr wird er geschätzt. Dachschiefer brechen an vielen Orten, die Tafelschiefer aber selten, und die besten kommen aus der Schweiz. Man findet auch fleckigte und figurirte Schiefer. (s. davon an seinem Ort)

Schieferalaun, ist eigentlich kein Alaun, sondern eine Art von Bleyweiß, welches in England aus dünne geschlagenem Bley durch die Fermentation bereitet wird.

Schiefer auf Alaun zu probiren. (Huttenwerk) Dieses geschieht durch das Auslaugen, jedoch dürfen die Schiefer nicht geröstet werden. Nachdem man bis 20 Pfund gepucht hat, so wird solches in ein hölzernes Gefäß gethan, nach dem Verhältniß der Menge ungefähr 6 Mal soviel heißes Wasser aufgegossen, und wenigstens 24 Stunden darauf gelassen, auch dabey fleißig umgerühret. Nachdem gießt man die Lauge davon in einen bleyernen Kessel, machet solche wieder siedend heiß, und gießt sie abermal auf den Schiefer, rühret öfters um, und wenn sie wieder 24 Stunden gestanden und klar ist, oder auch nach Befinden, durch ein Filtrirtuch gegossen werden, so wird sie wieder in den Kessel gegossen, und eingesotten, bis die Lauge, wenn solche mit dem Söhlengewichte probiret wird, 56 bis 60 Loth hält. Dann wird die Lauge in ein hölzernes Geschirr gegossen, und in die Kälte gesetzt, damit der Alaun darinn anschießen kann, und sie muß wenigstens 8 Tage in der Kälte stehen, ehe der Alaun heraus genommen wird. Weil aber nicht aller Alaun anschießet, sondern noch einiger in der Lauge zurück bleibt, und auf diese Art nicht aller darinn befindliche Alaun erhalten werden kann, so wird die überbliebene Lauge in dem Kessel wieder eingesotten, bis alles Wasser davon verrauchet, alsdenn wird der Alaun in ein hölzernes Gefäß gethan, daß er erkalte; oder man läßt ihn auch im Kessel erkalten, und nimt ihn hernach heraus, wobey man sich aber vorzusehen hat, daß der Alaun in dem Kessel nicht gar zu trocken werde, weil sonst gar leicht ein Loch in den Kessel schmelzen kann. Damit man nun auch bey dem Sieden sehen kann, ob das Wasser bald verrauchet, so muß man öfters einen Tropfen auf kalt Bley fallen lassen, woran man solches erkennen kann. Wenn nun der angeschossene Alaun trocken geworden, so nimt man den eingesottenen dazu, und wieget solchen, so kann man die Rechnung machen, wie viel Alaun aus dem Schiefer erfolgen könne.

Schiefer auf Schwarz= und Garkupfer zu probiren, s. Kupferschiefer auf Schwarz= und Garkupfer zu probiren.

Schieferblau, Fr. bleu charge, (Bergwerk) eine feine Gattung von Bergblau, welche auf den Klüften des schiefrigen Gesteins liegt.

Schiefer brechen, die Arbeit in den Schieferbrüchen, die Schiefersteine zu brechen. Der Schiefer, der sich in Schichten brechen läßt, ist in Deutschland der beste. Auf dem Harz und im sächsischen Gebirge wird er häufig gebrochen. Die Schieferbrecher brechen ihn mit eisernen Keilen, womit sie Blöcke abbrechen, die wenigstens 8 Zoll breit und dick, und nach Beschaffenheit des Bruchs einige Fuß lang sind. Insgemein zertheilen sie diese Blöcke schon in der Grube in kleinere Stücke, ehe sie von den Schieferspaltern über der Erde in dünne Platten gespalten werden. Diejenigen Schichten, welche sich in den Brüchen gegen Morgen neigen, sind die besten.

Schieferbretter, s. Schieferlatten.

Schieferbruch. Fr. Ardoisiere. Ein Ort, wo Schiefer gebrochen wird. Sie haben keine Teufe, sondern liegen meistens am Tage.

Schieferdächer. (Schieferdecker) Ein Dach, das mit Schiefersteinen anstatt anderer Materialien gedeckt ist. Der Schiefer ruht auf einem solchen Dach nicht auf Latten, wie die Ziegelsteine, sondern auf einer Verschälung von Brettern, welche der Zimmermann machen muß. Der Schieferdecker fängt, wenn er seine Steine zugerichtet hat, (s. Schieferstein behauen) jederzeit über dem Gesimse des Gebäudes an zu decken, und geht zu dem Forst hinauf, so daß eine Reihe Steine über der andern zu liegen komt. Jede Reihe nennt er ein Gebind. Die untersten Gebinde deckt er ohne ein Gerüst, und nimt daher einige Bretter der Verschälung über dem Ort auf, wo diese Reihen zu liegen kommen. Sobald aber die untersten Reihen gedeckt sind, so bedient er sich eines Dachstuhls (s. diesen) oder Rüstbocks. Diese werden folgendergestalt am Dach bevestiget: Er [illegible] nämlich in die Verschälung, kurz unter dem Forst, von 10 zu 10 Fuß Löcher ein und hängt in jedes Loch einen starken eisernen Blankhaken. (s. diesen) An jeden Haken wird mit einem starken Seil ein Rüstbock bevestiget, das Seil geht nämlich von dem Rüstbock über den Haken und wieder zurück zu dem Rüstbock, (s. Dachstuhl) und diesen Dachstuhl kann er mit dem Seil soviel wie es nöthig ist, immer höher ziehen; wenn er sich mit dem Decken mehr und mehr dem Forst nähert. Er giebt den Steinen beym Decken eine solche Lage, daß die Fugen zwischen den Steinen eine schiefe Richtung erhalten, daß also der französischen oder italienischen Dächern, die gerade herabfließende Nässe nicht so leicht durchdringen kann. Die Gebäude liegen also so zu sagen in einer Diagonallinie neben einander auf dem Dach. Schieferdächer dieser Art theilen sich wieder doppelt ab. Einige gehen auf beyden Seiten gerade in die Höhe, andre ziehen sich auf beyden Seiten schmäler zusammen. Diejenigen Dächer, die an allen Seiten schmäler zusammenlaufen, liegen entweder auf einem freystehenden Gebäude, oder wie ein Walmdach (s. dieses) z. B. auf einem Gartenhause. Diese Dächer werden, mit dem Schieferdecker zu reden, mit dem linken und rechten Streckort gedeckt. Der Schieferdecker fängt die Bedeckung des Dachs bey der rechten Ecke über dem Gesimse des Gebäudes, oder an dem rechten Ort an. Die Schlußsteine auf dieser Seite des Dachs heißen daher der rechte Ort oder der rechte Ortstein. Die Ecke auf der rechten Seite des Dachs belegt er mit einem großen Stein, der

der rechte Ort am Fuße genennt wird. Dieser und alle übrigen Steine über dem Gesimse müssen groß und stark seyn, weil sie etwas unter der Verschalung vorspringen, und daher einer äußern Gewalt am mehresten ausgesetzt sind; die übrigen Steine, welche neben diesem in einer Reihe liegen, und den Fuß des Daches ausfüllen, fallen nach und nach kleiner ab, und heißen Fußsteine. Dieser rechte Ortstein am Fuß wird etwa mit 7 Nägeln durch die gehauenen Löcher des Steins mit der Verschalung befestiget. Er nagelt diesen, so wie alle andere Steine bis an den Forst, mit Schiefernägeln an. Die Nägel führet er in einer um den Leib geschnallten ledernen Tasche bey sich. Der Fußstein und alle übrige Steine werden jederzeit dergestalt angenagelt, daß diejenige Seite, an welcher das Loch für die Nägel durchgehauen ist, oben zu liegen komt; denn es splittert sich neben dem Loch beym Hauen jederzeit etwas ab. Daher komt die entgegengesetzte glatte Seite des Schiefers auf die Verschalung zu liegen, damit der Stein genau an selbige anschließe. Der nächste Fußstein komt dergestalt zu liegen, daß er einige Zoll in den rechten Ortstein hineinspringt, wodurch die Nässe abgehalten wird einzudringen. Dieß gilt von allen übrigen Steinen. Jeder Fußstein wird mit 5 oder 6 Nägeln angenagelt. Auf den Fuß folgt das erste Gebinde, dem die Gestalt des Fußes eine schiefe Richtung giebt, so wie in der Folge allen übrigen Gebinden. Jedes Gebinde bis zum linken Ortstein am Fuß oder der linken Seite des Dachs fängt er zu setzen auf einigen großen und starken Steinen, die unmittelbar über dem Gesimse befestiget werden, und führen diese Steine den Namen Bänder oder Gebinde Fußsteine. Diese Steine fallen nach und nach gegen das nächste Gebinde kleiner aus. Man befestiget sie gleichfalls mit 7 Nägeln. Wenn diese Steine angenagelt sind, so zieht der Decker nach dem Richtscheid mit der Spitze des Schieferhammers auf dem Fußgebinde oder der ersten Lage Steine unter dem Nagel eine Linie nach der Richtung, die er dem ersten folgenden Gebinde geben will. Durch diese Linie deutet er an, wie weit die Steine des folgenden Gebindes auf dem nächst vorhergehenden aufliegen sollen, und die Nägel werden also durch das folgende Gebinde bedeckt. Wie weit aber die Steine des folgenden Gebindes in die Steine des vorhergehenden hineinspringen sollen, wird nach der Neigung des Dachs bestimmt. Je flacher das Dach ist, desto enger wird gedeckt, und desto mehr muß ein Gebind in das vorhergehende hineinspringen. Jeder Dachstein dieser Art wird mit zwey oder drey Schiefernägeln, nach Beschaffenheit seiner Größe, angenagelt. So werden alle Gebinde nach einander befestiget und gedeckt. Die linke Ecke des Dachs bedeckt er mit dem linken Ortstein am Fuß, welcher so gehauen wird, daß er an diese Ecke paßt, so wie der an der rechten gepaßt hat. Noch muß man merken, daß der Schieferdecker öfters genöthiget ist, die Gebinde nicht bloß von der linken zur rechten Hand in die Höhe steigen zu lassen, sondern zuweilen auch beydes, von der Linken zur Rechten und umgekehrt. Dieses geschieht, wenn ein Dach nicht nach einer geraden Linie in die Höhe steigt, sondern nach einer krummen Linie, daß es also nicht allemal nach einer und derselben Richtung mit den Gebinden steigen kann. In dem letztern Fall müssen auch die Fußsteine einer jeden andern Richtung der Gebinde darnach behauen werden, und eine passende Figur erhalten. Die Figur der Dachsteine und die schräge Richtung der Gebinde auf einem Dache dieser Art bringt es mit sich, daß sowohl bey dem Anfange eines Gebindes, als bey dem Beschluß einige Lücken bleiben. Dieserhalb wird an jeder äußersten Seite eines Daches dieser Art eine aufsteigende Reihe Steine befestiget, die Strackortsteine genennet werden. Die aufsteigende Reihe Steine dieser Art auf der rechten Seite des Dachs wird der linke Strackort, und die auf der linken Seite der rechte Strackort genennet. Der Forst wird endlich mit zierlich ausgeschweiften Steinen geschlossen, die auf der einen Seite des Dachs rechts, auf der andern Seite links übereinander liegen. Daher denn zweyerley Gattungen von Forststeinen entstehen, linke und rechte. An dem Orte, wo beyde Hälften zusammenstoßen, wird endlich die Bedeckung einer Seite des Dachs mit einem zierlich behauenen Schlußsteine geschlossen. Da die Nägel des Schlußsteins nicht verdeckt werden können, so werden diese Steine mit Nägeln genagelt, die runde und flache Köpfe haben, die man Bostnägel nennt. Die Forststeine der einen Seite des Dachs springen etwas über den Forst vor, daher die auf der andern Seite des Dachs so eingerichtet werden müssen, daß sie an jene genau unter dem vorspringenden Theil anschließen. Besser aber ist es, wenn man auf dem Forst nach der ganzen Länge ein schmales Stück von einer Bleyplatte umkrempet, und es von beyden Seiten mit Nägeln anschlägt.

Schieferdecken eines Dachfensters. (Schieferdecker) Das Dachfenster ist weit künstlicher zu decken, als das Dach selbst. Das Dach an sich geht hintereinander in gerader Linie fort, und er muß daher die Biegung, die in diesem Fall durch das Dachfenster entsteht, auf eine schickliche Art ausfüllen. Denn ein Dachfenster wird, der Dauerhaftigkeit wegen, selbst auf beyden Seiten (Wangen) mit Schiefersteinen bedeckt. In dieser Absicht legt der Schieferdecker jedem Dachfenster zwey Rinnen oder Kehlen bey, die er mit ganz kleinen Kehlsteinen bedeckt. Die Kehle oder Seitenwand des Dachfensters rechter Hand des Daches heißt die rechte Kehle, weil bey dieser Kehle die kleinen Gebinde rechts in die Höhe gehen, die Kehle der andern Seite aber heißt die linke Kehle, weil die Gebinde derselben links in die Höhe geführet werden. Jedes große Gebinde des Dachs auf der linken Seite schließt sich an die rechte Kehle des Dachfensters durch einen Einfäller an, und über jedem Einfäller steigt an der Wange des Dachfensters ein kleines Gebinde vom rechten Kehlstein in die Höhe. An der linken Kehle fängt sich jedes abgebrochene große Gebinde des Dachs wieder mit einem Wasserstein an. Dieser schließt sich genau an die linke Kehle an, und über ihm steigt gleichfalls ein kleines Gebinde von linken Kehlsteinen an der Wange des Dachfenfters in die Höhe. Die oberste Kehle der scharfen Ecke des Dachfensters, die an das Dach stößt, wird rechts und links mit Kehlsteinen gedeckt. Er nagelt daher in der Rinne dieser obersten Kehle selbst einige schmale Wassersteine über einander an, und deckt hierauf mit Kehlsteinen rechts und links.

Schieferdecker, Handwerker, die mit Schiefer Dächer decken. In Ländern, wo es gewöhnlich ist, mit Schiefer zu decken, machen sie ein besonders eignes Handwerk aus. Da, wo sich aber nur einer befindet, hält sich ein solcher Schieferdecker zu der Innung in einer nahgelegenen Provinz, wo es dergleichen Handwerk giebt, z. B. in Berlin und in der ganzen Mark Brandenburg ist nur ein einziger, weil da wenig mit Schiefer gedeckt wird, dieser hält sich zum Schieferdeckergewerk in Halle an der Saale. Ein Lehrling lernt diese Profession in 4 Jahren, und ein angehender Meister deckt zum Meisterstück ein Dachfenster, welches ungleich künstlicher zu decken ist, als ein Dach. (s. Schieferdecken eines Dachfensters)

Schiefer durch den nassen Weg auf Kupfer zu probiren, s. Kupferschiefer durch den nassen Weg auf Kupfer zu probiren.

Schiefereisen, (Grobschmid) ein Werkzeug, womit derselbe den Pferden die Spitzen der Schieferzähne abhauet. Es ist an einer Stange vorne ein breites Eisen, welches eine scharfe Schneide hat.

Schieferflötze. (Bergwerk) Die Flötze oder Gänge, welche Schiefer zur Ausbeute geben. Daß die jetzigen Schieferflötze ehedem Seen, Sümpfe und Moräste gewesen sind, ist wohl die allerwahrscheinlichste Meynung. Dieses beweisen die Ausdrücke von Fischen, Fröschen und Kräutern, die man in allen Schiefern mehr oder weniger, und zuweilen überaus häufig findet.

Schiefergebirge, Fr. Montagnes d'ardoise. Berge, welche meistentheils aus schiefrigen Gesteinen bestehen. Die eigentlichen schwarzen Schiefergebirge führen kein Metall, außer bisweilen Kupfer mit eingesprengtem Kies und wenigem Bleyglanz; hingegen lieben sie Steinkolen und Alaun. Die Schiefergebirge aber, welche Erze führen, sind von anderer Farbe, als roth, grün, wie dergleichen zu Johanngeorgenstadt mit angeschmauchtem (s. anschmauchen) Silber bricht.

Schiefergips, Schiefer, blättriger. Eine weißgraue, weiße, zuweilen auch, wenn er aus Thon vermischet ist, grünliche, schwärzliche, hell- und dunkelrothe Gipsart. Er ist bald undurchsichtig, bald durchsichtig, fühlt sich rauh und mehlicht an, und findet sich in Blättern, die zertheilet werden können, aber keine bestimmte Figur annehmen.

Schiefergrau, (Färber) entsteht aus dem Blauen, Rothen und Schwarzen, da der Zeug in einer von diesen dreyen Farben länger oder kürzer, nachdem es die graue Schattirung erfordert, herumgezogen oder gefärbet wird, welches auf die Erfahrung und die Einsicht des Färbers ankommt.

Schiefer, grober, mit sichtlichen Blättern. Schiefer, der wohl sichtliche Schichten hat, dennoch aber sich nicht spalten läßt.

Schiefer, grober, ohne Blätter; Schiefer, welcher zwar nicht sichtliche Blätter, doch sichtliche Lagen hat, und gleichwohl nach selbigen sich nicht spaltet, sondern lieber als ein Feuerstein zerspringet.

Schiefer, grober, wellenförmiger, scheibenartiger Schiefer, der sich aber nach seinen Blättern nicht theilet, sondern ganz hart und mehrentheils an Farbe grau oder dunkel ist; dergleichen Schiefer findet sich in Finnland.

Schiefergrün, s. Steingrün.

Schieferhammer. (Schieferdecker) Ein Werkzeug, womit die Schiefersteine zum Dachdecken zurecht gehauen, auch auf das Dach genagelt werden. Der eigentliche Hammer ist ohngefähr 8 bis 10 Zoll lang, und erhebt sich in seiner Mitte beynahe zu einem Dreyeck, auf dem einen Ende hat er eine schmale Bahn, mit welcher man beym Decken die Nägel in die Schiefersteine schlägt, auf dem andern Ende aber eine scharfe Spitze, womit man die Löcher für die Nägel in die Schiefer einhauet. Unter der Bahn und Spitze geht aus der Mitte nach dem hölzernen Griff zu eine Klinge, die so dick als die Bahn des Hammers und etwa 3 Zoll breit ist. Nach der ganzen Länge der Klinge geht auf jeder Seite eine Facette hinab, welche eine Schneide bildet, gerade wie bey einem Beil, doch mit dem Unterschiede, daß diese Schneide hier nur stumpf scharf ist. Mit dieser Klinge hauet der Schieferdecker alle seine Steine, es ist sein einziges ihm unentbehrliches Werkzeug. Der Hammer selbst ist ohngefähr ½ Zoll dick, und der Griff hat auch einige Zolle. (s. Spr. H. u. K. Samml. IX. Tab. III. Fig. XXIII.)

Schieferhauer, ein Bergmann, welcher auf Kupferschieferflötzen, wo Krummhälser Arbeit getrieben wird, arbeitet.

Schieferknoten, (Bergwerk) vester schimmerichter Schiefer, der im Feuer steht.

Schieferlatten, Fr. la Latte volige, die dünnen Bretter oder Latten, worauf die Schiefersteine angenagelt werden, wenn ein Schieferdach gedeckt wird. Sie sind von eben der Länge und Dicke, wie die Ziegellatte, allein breiter, haben in der Breite 3½ bis 4, auch wohl 4½ Zoll. Mehrentheils aber werden die Dächer, welche mit Schiefer gedeckt werden sollen, mit Schaalbrettern, die Schieferbretter heißen, gefuttert, und anstatt der Latten auf die Sparren genagelt. Sie sind 6 Linien dick, sieben bis acht Zoll breit, und fünf bis sechs Fuß lang. Die Schieferlatten werden mit zwey Nägeln auf jeden Sparren angeschlagen. Die Bretter aber werden ins Dreyeck mit drey Nägeln angeschlagen, zwey an dem einen Rande, und einer im Mittel an dem andern Rande, und alsdenn braucht man auch keine Ziegellatten.

Schiefern, Schuppen, (Kammacher) die Splittern und rissige Blätter, die sich in dem Horn befinden, wovon sich die Zähne der fertigen Kämme leicht abblättern. Bey den polnischen Ochsenhörnern gehen diese Splittern vorzüglich tief. Die Hörner der Ochsen von fetter Weide haben deren weniger, und daher sind die Hörner der englischen Ochsen die besten.

Schiefern aushalten. (Bergwerk) Wenn man bey der Gewinnung der Erze auf schmalen Flötzen die Schiefern von den Bergen absondert und allein legt.

Schiefernieren, Schiefer mit ablänglichen Schiefergewächsen, die den Nieren gleich sind, und in Felsen sitzen. Man findet sie in den ilmenauischen Gruben im Hennebergischen.

Schieferschneiderkloz, Fr. Billot, (Schieferschneider) ein Kloz oder walzenförmiges Stück Holz, auf welchem die Schiefersteine geschnitten und gerundet werden.

Schieferschwarz, Fr. ochre noire Ardoise friable, noirâtre. Eine zarte, leichte, schieferartige, schwarze Steinerde, so ihre Farbe ziemlich lang im Feuer behält, zuletzt aber roth wird. Wenn man sie säuert, zeigt sie sich ein wenig zähe. Sie mischet sich mit Wasser, daß man damit schreiben und malen kann. Folglich dienet sie als eine Tusche und trockne Tinte, die man bey sich führen kann. Nach des Wallerius Berichte bricht sie in Schweden; man findet sie auch im Voigtlande bey Oelsnitz.

Schiefer spalten, die Arbeit, da die gebrochene Schieferstücke in dünne Platten zerspalten werden. Dies geschieht in den neben den Schieferbrüchen gebaueten Hütten. Der Schieferspalter muß die Natur der Schiefer kennen: denn einige Schiefersteine lassen sich am bequemsten spalten, wenn sie noch die Nässe des Steinbruchs bey sich führen, und müssen daher so bald, als sie an die freye Luft kommen, gespalten werden. Läßt man sie vor dem Spalten austrocknen, so werden sie gebrechlich und spröde, und die Tafeln spalten in ungleicher Dicke ab. Andere Schiefersteine lassen sich dagegen wieder besser spalten, wenn sie in der Luft ausgetrocknet sind. Einige Versuche lehren bald, wie jede Schieferart behandelt werden muß. Der Spalter sitzt bey seiner Arbeit auf einem starken Balken, der etwa 2 bis 2½ Fuß über der Erde erhöhet ist. Neben dem Balken liegt ein Haufen Schieferblöcke, die man bereits vorher auf der Erde mit einem Meißel dergestalt nach der Länge in kleinere Stücke zertheilet hat, daß jeder Block so lang und breit ist, als die Schiefertafeln seyn sollen. Einen solchen Block stellt der Schieferspalter mit einer Kante auf den Balken, darauf er sitzt, und lehnet ihn gegen ein ledernes Kissen, das auf seinem Knie liegt. Der Stein steht also geneigt. Mit einem Meißel, den ein hölzerner Schlägel treibt, spaltet er eine Tafel nach der andern ab. Man kann aber leicht erachten, daß die Tafeln nicht alle gleich groß und in der verlangten Figur abspalten, daher müssen sie noch zugerichtet werden, welches der Schieferspalter dem Schieferdecker überläßt. (s. Schieferstein spalten)

Schiefersteine behauen. (Schieferdecker) Alle Schiefersteine, die zum Dachdecken gebraucht werden, haben in Ansehung der verschiedenen Endzwecke und Anwendungen und des Orts, wo sie bey dem Decken gebraucht werden, verschiedene Benennungen und Gestalten. Der Grund dieser Verschiedenheit ist theils in dem Platz, wo sie hinkommen, theils aber auch in der Schönheit und Zierlichkeit zu suchen. Sie werden bey dem Decken ungefähr in folgender Ordnung verbraucht: der rechte Ortstein im Fuß, der linke und rechte Fußstein, der Binder, oder Gebindefußstein, der große und kleine Dachstein, der rechte Ortstein im Gebinde; der Stichstein, der linke Ortstein im Gebinde; der linke und rechte Forststein, der Schlußstein im Forst, der linke und rechte Strackortstein, und der ordinaire Schlußstein auf Walmdächern; der Einfäller zur rechten und der Wasserstein zur linken Kehle. Alle diese Steine haben nun, wie gedacht, verschiedene Gestalten, die ihnen der Schieferdecker geben muß, um sie schicklich zu seinem Gebrauche zu erhalten. Er verrichtet diese Arbeit mit zwey Werkzeugen, mit der Klammer (s. im Supplement) und dem Schieferhammer: (s. diesen) Auf die Brücke der Klammer wird bey dem Behauen der Schieferstein so gelegt, daß just eben soviel vor der Klammer vorspringt, als man an einer Seite des Schiefersteins nach einer geraden oder krummen Linie, die sein Stein erhalten soll, abhauen will. Mit seiner linken Hand hält er den Schiefer auf der Klammer fest, und mit der rechten führet er den Schieferhammer. Mit der Klinge des Hammers wird nun der Schieferstein behauen, und zwar aus freyer Hand, nach seinem getreuen Augenmaaß. Die Seite mag nun geradlinicht oder ausgeschweift seyn, so wie es seyn muß, zu welcher Gattung es gehören soll, denn es giebt gerade, gebogene, geschweifte, halbrunde u. dgl. m. Im Grunde betrachtet, wird der Schieferhammer so geführet, wie man ein Beil beym Behauen eines Holzes führet. Sobald der Schieferstein nach der vestgesetzten Figur auf allen Seiten zugerichtet ist, so werden die Löcher durchgehauen, wodurch man die Nägel beym Decken schlägt. Die Nägel werden jederzeit so eingeschlagen, daß die nächstfolgende Reihe Steine sie bedeckt. Der Schieferdecker kennt die Lage jedes Schiefersteins schon im voraus, und er weis daher, wo er jedes Loch hinschlagen soll. Er legt zu diesem Endzweck den Schieferstein also auf seine Klammer, die senkrecht in einem Blocke steckt, daß soviel von dem Steine vorspringt, als das Loch von dem Rande des Schiefers absteht, und mit der Spitze des Hammers schlägt er das Loch durch, ohne daß der Schiefer zerspringt.

Schiefersteinprobe. (Schieferdecker) Da es Schiefersteine giebt, die auf dem Dache verwittern, den Nagel zerfressen, und stückweise abfallen, wovon die Schieferdecker behaupten, daß sie Salpeter bey sich führen, so daß sie bey Feuersgefahr schädlich sind: so stellen die Schieferdecker mit den Schiefern folgende Probe an: sie sehen nicht allein auf die schwarze Farbe, wenn sie ihre Güte bestimmen wollen, ohngeachtet die schwarzen am höchsten geschätzet werden, sondern sie lassen sie die Feuer- und Wasserprobe ausstehen. Im ersten Fall wirft man einen Schieferstein in ein ziemlich starkes Feuer, und läßt ihn so lange darinn liegen, bis das Feuer ausgebrannt ist. Zerspringt er er bey dieser Probe nicht, so ist dies schon das erste gute Merkmal einer vorzüglichen Dauer. Allein der Stein muß noch überdem die Wasserprobe ausstehen, wenn man ihn zu einer guten Schieferart zählen will. Man läßt ihn nämlich zur Winterszeit in einem Gefäße mit Wasser völlig einfrieren. Zerspringt er auch bey dieser zweyten Probe nicht, so überzeugt dies den Schieferdecker, daß er nicht verwittere, und der Schieferdecker behauptet, daß man bey Feuersgefahr von den Schieferdächern nichts zu besorgen habe.

Schiefertafeln, Fr. Table d'ardoise, Blätter oder Schaalen von einem schwarzen harten Schieferstein, welche zu Tischblättern und Schreibetafeln geschnitten, und in Rähmen eingefaßt werden. Er bricht im sogenannten Tafel- oder Plattenberg in der Schweiz, im Kanton Glaris. In diesem Schiefer findet man oft Quarzadern, Fischgräten, auch ganze Fische abgedruckt, versteinert und mineralisiret. Die Lagen dieses Schiefers liegen nicht waagerecht, sondern schief gegen Mittag ein, sind nicht dick, und lassen sich leicht in dünne Blätter spalten. Das merkwürdigste dabey ist, daß allemal zwey Platten beysammen über einander liegen, davon die oberste meistens feiner und härter als die unterste, die gröber und brüchiger ist.

Schiefer versetzen, (Bergwerk) das Unartige an die Oerter stürzen, wo die Erze weggenommen werden. Weil man nun die Erze in diesen Bergwerken mit Feuer losbrennt, so können keine Kästen gesetzt werden, daher wird eine Mauer von Schieferplatten oder Stücken davor gezogen, daß es im Vortrage bleibe und nicht herein gehe.

Schiefervioler, (Färber) eine ins Graue fallende Violetfarbe, welche durch die Scharlachfarbe oder durch das Cochenillenbad hervor gebracht wird; wenn man in das Bad Zink oder Spiauter in Salpetergeist aufgelöset hinzu thut, so verwandelt dieses Halbmetall das Cochenillenroth in diese graue Farbe.

Schiefer, weicher, ein lockerer, weicher, rauher, und so bröcklicher Schiefer, daß er oft kaum das Anfassen verträgt, und solchergestalt zwischen den Fingern zermalmet werden kann; wiewohl er sich zuweilen etwas härter findet. Man findet von demselben verschiedene Arten, als: schwärzlichen, braunen, grauen und wellenförmigen weichen Schiefer. Dieser letzte unterscheidet sich von dem starken wellenförmigen dadurch, daß er schwärzlich, und jener grau ist, auch daß der weiche im Feuer schäumet, und ein röthliches Glas giebt, da der starke in einem starken Feuer ein vestes Glas giebt.

Schieferweiß, Fr. Ceruse parisse, (Bleyfabrik) die erste und beste Art des kalzinirten Bleyes, welches ohne einigen Zusatz, so wie es in dem Mist kalziniret worden, rein verbrauchet wird. Die Maler gebrauchen es zur weißen Farbe, und es wird auf die Art zugerichtet und bereitet, wie unter dem Artikel Beitze und Bleyweiß zu sehen ist.

Schieferweiß, Spanischweiß, Fr. Blanc d'Espagne, ein weißer Kalk, der aus Zink oder Zinn, eben so, wie das Bleyweiß oder Schieferweiß (s. vorher) gemacht und von den Malern gebraucht wird.

Schiefwinkel, (Grubenmaler) ein gewöhnliches Winkelmaaß, außer daß der eine Schenkel in den andern eingeschoben, und durch eine Schraube beweglich vereinigt ist. Man kann also den einen Schenkel nach einer jeden Richtung herunter und hinauf schieben, und dadurch jeden schiefen Winkel von jeder Weite erhalten.

Schielend, Fr. Couche, (Maler) wird bey dem Emailmalen von den hellen Emailfarben gesagt, welche man auf eine Platte schlechtes Gold aufgetragen hat. Sie werden auf derselben schielend, nämlich es formirt sich darauf ein gewisses Schwarz, wie ein Rauch, welcher die Farbe verdunkelt, ihr das Leben und den Glanz benimmt, und sich wie ein schwarzes Bley rings herum ansetzet.

Schiemann, (Schiffahrt) ein Schiffsbedienter, der des Hochbootsmanns Gehülfe ist, und sonderlich die Pumpen unter seiner Aufsicht hat.

Schiene, (Töpfer) ein flaches und dünnes Bretchen, so etwa 1½ bis 2 Zolle lang ist, in der Mitte ein Loch zum Aufhängen, und an jedem schmalen Ende einen Ausschnitt hat, um es bequem anfassen zu können. Beym Drehen auf der Scheibe hält der Töpfer eine lange Seite der Schiene gegen den Topf, und streicht diesen hiermit äußerlich glatt. Die innere Fläche des Topfes wird dagegen mit der Bauch- oder Bugschiene ausgestrichen und geglättet. Mit einem andern dünnen Brett, welches beynahe nach einem halbdurchschnittenen Herzen gebildet ist, wird zuweilen das Innere mancher bauchigen Geschirre geglättet.

Schiene, Halseisen, Bügel, Band, (Wasserkünste) ein eisernes, gekrümmtes Band, welches oben um die Stiefel- oder Kolbenröhre kommt, und mit Schrauben an dem Werkholze bevestiget wird.

Schiene der Drehbank, (Gelbgießer) das eiserne waagrecht stehende Stück an der Docke der Drehbank, welches in einer kleinen Entfernung von der Docke steht, und auf welchem die Dreheisen beym Drehen ruhen. Damit aber solches Eisen hoch und niedrig gestellet werden kann, so wie es die Lage der Dreheisen erfordert, so kann die Schiene durch einen Zapfen, womit sie in einer Hülse stecket, die an der Drehbank bevestiget ist, höher oder niedriger geschoben und mit einer Schraube bevestiget werden.

Schienen, Fr. bandes, (Buchdrucker) die eisernen schmalen Bleche, womit die beyden mittelsten Balken des Laufbretts an der Buchdruckerpresse, und worauf das Brett des Karren ruht, beschlagen sind.

Schienen, (Eisenhütte) an einem eisernen Ofen die breiten Stücke Eisen, welche an den Ecken der Vorderstücke angeschraubet werden, und welche den Ofen zusammen halten.

Schienen, (Siebmacher) die langen, biegsamen, geschnittenen Riemen, womit einige Siebboden geflochten werden, woraus Siebe zum Durchsieben grober Sachen gemacht werden.

Schienen, Schindeln, (Wundarzt) schmale hölzerne Bretter, welche gebraucht werden, einen zerbroche-

nen

nen Fuß oder Arm dadurch in seiner gehörigen Lage zu erhalten.

Schienen, sind eiserne schmale Stangen, womit eine Sache der Dauer wegen beschlagen wird. Daher eine Radeschiene, womit die Felgen eines Rades beschlagen werden.

Schienen des Rades aufzuschlagen. (Grobschmid) Die Felgen eines Rades werden zu mehrerer Haltbarkeit auf eine doppelte Art beschlagen. Entweder mit einem Reif, (s. diesen bey Rades) oder mit Schienen, die nur so lang, als die Felgen des Rades sind. Wenn diese Schienen stark seyn sollen, so wird dazu Schabloneisen (s. dieses) genommen, welches ziemlich so breit ist, als die Stirne des Rades; sollen sie aber nur schwach seyn, so wird die Stange Eisen in der Hälfte von einander geschrotet. In beyden Fällen werden von der Stange solche lange Stücke abgeschrotet, als die Felge lang ist, und erst aus einem solchen Stücke die halbe Schiene mit dem Possekein nach der Breite der Felgen ausgestreckt. Alsdenn stempt er mit dem Schienenstempel (s. diesen) die Löcher zu den Nägeln vor, und schlägt sie mit dem Schienendurchschlag völlig durch. Bey dieser Arbeit liegt die Schiene auf dem Lochringe. (s. diesen) Hierauf wird die Schiene auf dem Rade gemessen, ob sie weit genug seye, und dann wird die andere Hälfte der Schiene eben so ausgearbeitet. Bey den Vorderrädern erhält eine Schiene 6 bis 7, bey den Hinterrädern aber 8 Löcher. Zuletzt wird jede Schiene an beyden Enden abgeschärft, damit bey dem Beschlagen des Rades ein abgeschärftes Ende auf das andere komt, und durch einen gemeinschaftlichen Nagel zusammengefüget. Wenn alle Schienen fertig sind, so werden sie geröhnet und auf das Rad angeschlagen. Hiebey wird beobachtet, daß die Mitte einer Schiene jederzeit rothglühend dergestalt auf das Rad geleget wird, daß sie eine Fuge zwoer Felgen bedeckt. Zu diesem Endzweck hält der eine Geselle die Schiene in der Mitte mit der Radezange, und legt sie aufs Rad, und wenn sie noch auf der Seite, die ihm zugekehret ist, vor dem Holze hervorraget, so setzt er die Kneipe der Zange mit dem Widerhaken unten gegen die Felge, und stößt mit dem Zapfen der andern Kneipe die Schiene zurück. Steht sie aber noch auf der entgegengesetzten Seite vor, so kehret er die Zange um, und zieht die Schiene mit dem Widerhaken nach sich. Zwey andere Gesellen hacken den Widerhaken des Radehakens unter die Felge, und biegen die Schiene nach der Rundung des Rades. Durch jedes Loch der Schiene wird mit dem Radebohrer (s. diesen) ein Loch in das Holz der Felgen geschlagen, und die Schiene durch Nägel bevestiget. Die Schienen werden auf die Felgen auf eine doppelte Art also bevestiget: durch das Aufnageln, und durch das Einbrennen. Das rothglühende Eisen dringet in das Holz und sitzt vest.

Schienendurchschlag. (Grobschmid) ein völlig zugespitzter Spitzhammer, womit er die Löcher der Schienen des Rades, die mit dem Schienenstempel vorgestempt worden, völlig durchschlägt. (s. Schienen des Rades aufzuschlagen)

Schienennägel. (Nagelschmid) Nägel, die zum Beschlagen der Schienen gebraucht werden. Sie sind stark, und mit breiten Köpfen versehen. (s. Radenagel)

Schienenruthen, (Kattunweber) fünf dünne Schienen oder Ruthen, die die ausgespannte Kette hinter den Schäften durchkreuzen, und sie solchergestalt zum Durchschießen des Einschlages in ein Fach spalten, und in zwey Hälften theilen.

Schienenstempel, (Grobschmid) ein kumpfspitziger Spitzhammer, womit die Löcher in den Radeschienen vorgestempet werden.

Schienfaß, Fr. Panier, Couche, (Hüttenwerk) ein von Holz geflochtener Trog oder Mulde, womit die Kolen aus dem Ofen getragen werden.

Schienhaken, (Hüttenwerk) ein eiserner Haken, zwo Ellen lang, rund und gekrümmt, woran unten der Schemel, oben aber der Hänghaken des obern Balgenbretts bevestiget wird.

Schier, (Forstwesen) Holz, das ohne Knasten und tischerartig ist.

Schirer, s. Schleyer.

Schierbüne, Schierbüpde, (Vitriolsiederey) dasjenige Gefäß, worein der einmalgelaugte Kupferrauch, nachdem er in den Treckbütten ausgelauget worden, gegossen (geschlagen) wird, und worinn sich diese sogenannte wilde Lauge klären muß. Sie ist so groß, wie die Treckbütte, (s. diese) von Tannenholz, unten am Boden 11 Fuß, oben aber 10 Fuß weit und 1½ Fuß tief. Es sind jederzeit 10 solcher Schierbütten vorhanden, damit die Lauge Zeit habe, sich zu setzen. In jeder Schierbütte stehe eine Butte, worinn von oben bis unten hin Zapfenlöcher befindlich, so mit Zapfen versehen sind. Diese Zapfenlöcher sind deswegen, daß die wilde Lauge nach und nach abgelassen werden könne, damit sie klar bleibe, unter den Schierbütten her liegen Rinnen, wodurch die wilde Lauge in die Sumpfbütten geführet wird, welche von eben der Größe, als die Schierbütte, und bey der Pfanne in der Erde stehen.

Schierhammer, (Messingwerk) ein 11 Pfund schwerer Hammer mit einer verstählten glatten Bahn, der vom Wasser bewegt wird. Sein Zweck ist, die Beulen aus den verfertigten messingenen Schaalen zu schlagen.

Schießblech, Schießstück, (Bergwerk) ein Eisen, welches, wo mit Pflöcken geschossen oder das Gestein gesprengt wird, zwischen die Spreißen und Schießpflöcke eingesetzt wird, damit die Spreißen nicht gespalten werden. Es ist solches 2 Hände breit, und 1 bis 2 Finger dick stark.

Schießbolzen, (Schiffsbau) Stücken Eisen, länger als breit, und von verschiedener Größe, welche zum Zerreißen des Tauwerks bey einem Seegefechte aus den Kanonen geschossen werden.

Schießeisen. (Bergwerk) 1) eiserne Bolzen an dem Kunstzeuge, welche quer durch den Zeug gesteckt werden, damit der Zeug nicht hinunter schieße. 2) ein starkes Eisen wie ein Säuleneisen, so über dem Schießblech, wenn das Gestein gesprengt wird, in das Gestein eingehauen, und auf das Schießblech und Spreiße angetrieben wird.

Schießen, aus einem Gewehr, es sey Büchse oder Flinte oder auch großes Geschütz die eingeladene Ladung von Pulver mit oder ohne Kugeln losbrennen. Bey dem kleinen Gewehr geschiehet solches aus der freyen Hand vermittelst des Abzugs am Schlosse, wodurch der Hahn mit dem Feuerstein die stählerne Batterie der Pfanne aufschlägt und zugleich auf das in der Pfanne befindliche Pulver Funken streuet, solches anzündet, und dieses durch das Zündloch das Feuer in das Pulver im Rohr verbreitet, und die Ladung heraustreibt. Das große Geschütz wird vermittelst einer brennenden Lunte an der Zündruthe, indem das aufgeschüttete Pulver angezündet wird, losgebrannt.

Schießen, (Bäcker) das Brod in den Ofen einsetzen. Auch bey den Kaufleuten, das Geld Jemanden mit einem Schuß, worinn jederzeit so und so viel Stück Münze seyn müssen, zuzählen.

Schießen. Fr. petarder la pierres, (Bergwerk) Eine Bergwerksarbeit, welcher man sich auf vesten und schwerlich zu gewinnenden Gestein bedient. Man thut eine Patron, oder eine mit Pulver gefüllte hölzerne Röhre, in ein nach Gelegenheit 24 bis 42 Zoll tief gebohrtes Loch, welches man mit Letten oder Leimen verrammelt, macht einen Zünder oder Schwefelmännchen daran, und zündet es an. Da denn, wenn der Schuß losgehet, das Gestein dadurch gehoben oder gesprengt, und hereingeworfen wird.

Schießen, wird bey dem Teichbau gebraucht, um das ausgegrabene an die Seite zu werfen, ehe daß es gebraucht wird, so das Schoot genannt wird.

Schießen beym Setzen, (Buchdrucker) wenn die in dem Schiff zusammengesetzte Kolumnen einer Seite auf ein Setzbret gelegt werden.

Schießende Falle, (Schlösser) ein Riegel des französischen Schlosses, der die Thüre zuhält, wenn das Schloß offen ist. Man bringt sie über dem Schloß an, sie hat vorne einen Kopf, und hinten einen Schaft. Vermittelst des Widerhakens bewegt sie sich in der Studel, und der Kopf verhindert, daß sie nicht aus der Studel falle. Vermittelst eines Drückers kann sie zu- und aufgemacht werden. Hinter dem Widerhaken der Falle ruhet das äußere Ende einer Feder, die um ein viereckigtes Stift geschlungen ist, und der Schwanz der Nuß greift in den Widerhaken des Riegels. Durch das vierkantige Loch der Nuß wird die Angel des Drückers gesteckt, und wenn man diesen niederdrückt, so faßt der Schwanz der Nuß den Riegel und schiebt ihn zurück, und die Thür ist offen. Zieht man die Hand aber von dem Drücker ab, so drückt die Feder den Riegel wieder zurück.

Schießen lassen, (Jäger) wenn der Jäger mit dem Leithunde zieht, und zu Fährten kommt, so hält er seinen Hund an, und faßt ihn kurz, damit er sehen und erkennen könne, was er suche, alsdenn läßt er das Hängeseil wieder lang, und den Hund fortsuchen, dieses heißt denn den Hund schießen lassen.

Schießer, (Bäcker) so werden bey der Feldbäckerey die Bäckergesellen genennt, die das Brod in den Ofen schieben, zum Unterschied der Mischer, welche den Teig kneten.

Schießgeld, s. Pürschgeld.

Schießgewehr, alles Gewehr zum Schießen wird unter diesem Namen begriffen. Im engern Verstande zwar nur das, was aus der Hand abgefeuert wird, als Büchsen, Flinten, Pistolen u. s. w. Im weitläuftigen Verstande aber auch das grobe Geschütz; als Mörser, Kanonen 2c.

Schießgraben, derjenige Theil des ausgetrockneten Stadtgrabens, in welchem in einigen Städten die Bürger nach der Scheibe schießen.

Schießhaus, ein Haus, welches dem feyerlichen Scheiben- und Vogelschießen von der Schützengülde in den Städten gewidmet ist.

Schießheerd. Ein Vogelheerd für große Herren, wo die Vögel mit Fuchsschwänzen oder ausgestopften Raubvögeln an Seile befestiget, die man abschießt, und in die dazu angestellte Garne hinein geschreckt und gejaget werden.

Schießhütten, (Jäger) werden auf die Bäume bey den Salzlecken gemacht, um roth Wildpret und Rehe dabey zu pürschen, zum Theil aber werden sie auch an einem Berge in die Erde gegraben, und von dem Rasenmeister Luder davor geschlagen, um die Raubthiere dabey todt zu schießen. (s. Fuchshütte)

Schießkarren, s. Karrenbüchse.

Schießklinge, (Nadler) eine Stahlplatte an beyden Seiten mit immer engern Spalten eingefeilt, welche sich in runde Löcher endigen. Nummer 1 hat die gröbste Spalte, 20 die feinste. Jede Seite hat zehn solcher Spalten, und man steckt den Drath hinein, dessen Dicke man wissen will. Man forscht darinn, welche Nummer zu dieser oder jener Arbeit geschickt sey.

Schießloch, Fr. trou à petarder les pierres, (Bergwerk) ein Loch, welches mit einem eisernen gestählten Bohrer 30 bis 42 Zoll tief in das Gestein gebohrt wird, das Gestein zu sprengen.

Schießlöcher, Fr. Crenaux, (Kriegsbaukunst) Oeffnungen zwölf bis funfzehn Zoll hoch, und zwey bis drey Zoll breit. Sie werden in die Futtermauern gemacht, wo unterirdische Gewölber sind, um durch selbige heraus schießen zu können.

Schießpatrone, Fr. la cartouche, (Bergwerk) eine von Papier über ein rundes Holz zusammengerollte Hülse, mit Pulver gefüllt, die in ein gebohrtes Schießloch des Gesteins gesteckt, und angezündet wird. (s. Schießen)

Schießpulver, Pulver. Ein zubereitetes körnigtes Pulver, welches durch wenig Funken entzündet, mit einem Knall losbrennt, und wenn es in einen eingeschlossenen Raum geladen ist, alles vor sich fortreibt, oder zersprengt. Seine wesentlichen Bestandtheile sind Salpeter, Kolen und Schwefel. Der Salpeter bringt durch die elastischen Dünste, so in demselben verborgen liegen, die so bekannten und heftigen Wirkungen des Schießpulvers hervor.

Die

Diese Dünste aber, die in dem Salpeter liegen, müssen durch einen Brand befreyet werden, und da der Salpeter von Natur nicht schnell und lebhaft brennt, so wird dieser Mangel durch die Beymischung des Schwefels ersetzt, der sehr lebhaft brennt, und zweckmäßig den Mangel des lebhaften Brennens ersetzt. Da aber der Schwefel auch wieder den Fehler hat, daß er zu schnell brennt, und daher an sich den Brand des Salpeters in zu kurzer Zeit unterhält, so werden noch Kolen hinzugesetzt, die den Brand unterhalten. Alle diese Bestandtheile müssen in einem schicklichen Verhältniß mit einander vermischt werden, denn hievon hängt größtentheils die Kraft des Schießpulvers ab. Gemeiniglich nimt man zu drey Theilen Salpeter 1 Theil Schwefel und Kolen, jedes beynahe zu gleichen Theilen. Diese Mischung aber hängt denn doch wieder von dem mannichfaltigen Gebrauch des Schießpulvers ab. Denn es giebt eine dreyfache Art Schießpulver: nämlich Stückpulver, Musquetenpulver, und Jagd- oder Pürschpulver, wovon das erste das schlechteste ist. Doch verlangen geschickte Artilleristen, daß das Stückpulver so gut seyn soll als das Musquetenpulver, weil ein schlechtes Schießpulver nicht nur eine geringere Kraft äußert, sondern insbesondere auch in dem Geschütze viele Unreinigkeiten zurück läßt. Folgende Verhältnisse können ohngefähr z. B. dienen:

Stückpulver: 1 Pfund Salpeter 7 Loth Schwefel, 9 Loth Kolen;

Musketenpulver: 1 Pfund Salp. 6 Loth Schwefel, 8 Loth Kolen;

Pürschpulver: 1 Pfund Salp. 4 - 4½ Loth Schwefel, 6 Loth Kolen;

Diese Mischung muß auf den Pulvermühlen auf das beste bearbeitet werden, denn zu einem brauchbaren Schießpulver wird nächst einem guten Verhältnisse der Bestandtheile auch erfordert, daß die Masse auf das beste zermalmet und zerrieben werde, und daß die Bestandtheile zugleich auf das genaueste mit einander vereiniget werden. (s. Pulvermühlen und Schießpulver machen)

Schießpulver körnen, (Pulvermühle) das in dem Stampfen fertig gemachte Schießpulver in Körner verwandeln. Zu diesem Behuf wird die Schießpulvermasse nach dem letzten Benetzen mit Wasser (s. Schießpulvermachen) in den Stampflöchern der Mühle eine kürzere Zeit gestampft, dergestalt, daß sie noch etwas feucht ist; oder sie wird auch im erforderlichen Fall in dem Kornhause nur in soweit angefeuchtet, daß sie sich zusammenballen läßt. In diesem Zustande wird diese Masse gekörnt in einem Siebe. In einem solchen Siebe müssen solche Löcher seyn, als die Körner des Schießpulvers werden sollen. Auf die matt trockne Pulvermasse, die man in das Sieb gelegt hat, wird eine 1½ Zoll starke hölzerne Scheibe gelegt, und das Sieb nebst der Scheibe mit der Hand geschüttelt. Die bewegte Scheibe drückt, vermöge ihrer Schwere, die Pulvermasse in Körner durch die Löcher des Siebes durch, und auf diese Art erhält man das Schießpulver die bekannte gekörnte Gestalt und darf nur noch getrocknet werden. (s. dieses)

Schießpulver machen, die Art das Schießpulver zu verfertigen, ist folgende: die Bestandtheile des Schießpulvers werden nach der vorgeschriebenen Proportion abgewogen und so lange in den Stampfen der Pulvermühle vermischt zerstoßen, bis sie stäuben, wozu etwa einige 20 Minuten Zeit gehören. Nach diesem feuchtet man die Masse mäßig an, und stampft sie abermals so lange, bis sie stäubt. Alsdenn wird die Masse in einer Mulde mit Wasser abermals angefeuchtet, wobey auf 10 Pfund Pulvermasse ½ Kanne oder Quart Wasser genommen wird; die Masse wird sorgfältig mit den Händen gerühret, in die Stampflöcher vertheilt, und gestampft. In den ersten 12 Stunden muß man sie wenigstens alle drey bis vier Stunden, in der übrigen Zeit aber jedesmal nach zwey Stunden mit Wasser anfeuchten. Am sichersten geht man, wenn man denn die Masse anfeuchtet, wenn sie nur in etwas anfängt trocken und weiß zu werden. Das Anfeuchten ist aus einer doppelten Ursache nothwendig. Theils damit sich das trockene Schießpulver beym Stampfen nicht entzünde, theils damit sich der Salpeter desto besser auflöse, und auch die Kolen nicht verstäuben. Wenn die Schießpulvermasse etwa 10 Stunden durchgearbeitet worden, so nimt man den Teig aus dem Stampfloch, zerreibet die Klöße, feuchtet den Teig wieder an, knetet ihn mit den Händen und bringt ihn in ein ander Stampfloch. Besser ist es aber, wenn die Masse jedesmal, wenn sie trocken ist, (s. sich zu Rest gesetzt hat) auf die gedachte Art gerühret wird. Ein schlechtes Schießpulver wird wenigstens 12 bis 18, ein feines aber 24 bis 30 Stunden gestampft. Da die Erfahrung gelehrt hat, daß Schießpulver, welches gekörnt ist, eine weit stärkere Wirkung thut, als ungekörntes, so wird die durchgearbeitete Pulvermasse nach dem letzten Benetzen mit Wasser in den Stampflöchern eine kürzere Zeit gestampfet, dergestalt, daß sie noch etwas feuchte ist, oder sie wird auch nur in den Kornhäusern in soweit angefeuchtet, daß sie sich zusammenballen läßt, alsdenn gekörnt, (s. Schießpulver körnen) denn in den Trockenhäusern getrocknet. (s. Schießpulver trocknen) So wie es bis jetzt verfertiget wird, kann das Schießpulver zum Stück, und Musketenpulver verbraucht werden, das Pürschpulver aber muß noch polirt oder geschliffen werden. (s. Schießpulver poliren) Dieses Pulver ist besser als das ungeschliffene, weil es vom allem Schmutz befreyet ist, und folglich weit leichter zündet.

Schießpulver poliren, das Pulver, welches man Pürschpulver nennt, muß von allem Schmutz, den es hat, befreyt werden. Dieses geschieht durch das Poliren oder Scheuern in einem Faß. Dieses Faß hat in seiner Achse eine Stange, die allenfalls auch mit Bley beschlagen ist, um dem Pulver dadurch ein besser Ansehen zu geben. Dieses Faß, worein etwa ein halber bis ¾ Zentner Pulver geht, wird nur den dritten oder vierten Theil mit Pulver angefüllt, und vermittelst der oben gedachten Stange in seiner Achse an dem Wellbaum des Mühlenrades der Pul-

pulvermühle

vermischet beweget, und auf solche Art läuft es mit dem Rollbaum einige Stunden herum, wodurch sich nicht allein die Körner von allem Schmutz absondern, sondern auch dichter werden. Daher entzündet sich ein solches Schießpulver leichter und wird auch zugleich stärker, da seine Körner dichter werden. Ja es dauert auch länger, und macht das Schießgewehr nicht so unrein als das schlechte Schießpulver.

Schiesspulver trocknen, das Pulver, welches feucht gekörnt worden, muß nunmehr auch getrocknet werden. Dieses geschieht in dazu besonders erbauten Trockenhäusern (s. diese) diese werden mit einem Stubenofen geheizt. In diesen Häusern wird das Pulver etwa einen Finger hoch auf eine Tafel geschüttet, zuweilen mit einer hölzernen Harke umgerührt, alle zwey Stunden gewendet und jedesmal wieder geebnet. Wenn es durchgängig getrocknet ist, so siebt man es, und sondert hierdurch das Pulvermehl, oder den lockern Staub ab, der auf den Körnern sitzt. Das was polirt werden soll wird polirt (s. Schiesspulver poliren) das andre in Fässer gepackt.

Schiessring. Fr. Jauge, (Nadler) Ein wie eine Drey gekrümmter oder schlangenweise gebogner starker eiserner Drath, welcher 4 oder 5 Zoll lang ist, wodurch auf jeglicher Seite 10 oder 12 Oeffnungen oder Ringe entstehen, welche unter sich Zwischenräume lassen, die mit den verschiedenen Arten der Dicke der Nadeln eine Gleichheit haben müssen. Es ist dieses Werkzeug gleichsam eine Anzahl dieser Zirkel, zusammen in einem Stück vereiniget, nach welchen man den Drath oder die Nadeln probirt, ob sie die verlangte Dicke haben. (s. Schiesslinge)

Schiessröhrlein, Fr. Cartouche de Bois. Ein ausgebohrtes oder ausgebranntes Röhrchen von Hollunder- oder andern Holz, so einen weichen starken Kern hat und sich leicht ausbohren läßt, welches mit Pulver gefüllt, auf das blosse Pulver, oder in die Patrone des Schiessloches gesetzt, mit Letten oder Leim verrammelt und mittelst des Zunders angezündet wird.

Schiessscharten, (Kriegsbaukunst) diejenigen Oeffnungen, welche man für das grobe Geschütz in den Brustwehren der Wälle und Batterien macht. Es haben sich zwar einige Kriegsbaumeister gefunden, welche diese Schießscharten verworfen, und dagegen über die Bank, d. i. über die Brustwehre selbst zu schießen für vortheilhafter gehalten haben. Allein man hat sie doch wegen ihres Nutzens beybehalten, weil dabey diejenigen, so das Stück zu richten und zu laden haben, viel sicherer und verdeckter seyn können. Dieselben werden theils von Mauerwerk, theils von Erde angelegt und ausgefüttert, und wenn sie schadhaft sind oder wohl gar eingeschossen worden, werden sie durch allerley Bindungen ausgebessert. Die innere Weite wird gemeiniglich von 2 bis 3 Schuh auf das höchste gemacht, die äussere aber kann 6 bis 9 Fuß seyn, damit man nach Gelegenheit die Stücke wenden und damit schiessen kann wohin man will. Sonst sind die engen Schießscharten nicht so leicht zu ruiniren, als die weiten, so stehen auch die Artilleristen hinter ihnen weit sicherer, um deswillen man sie ohne Noth vor den weiten Schießscharten hüten muß. Die untere Fläche des Einschnitts von der Schießscharte muß auswärts etwas abhangend seyn, damit man das Stück allenfalls senken und damit um soviel besser auch unterwärts schiessen könne. Der Einschnitt der Schießscharte wird bey guter Erde mit Rasen ausgeleget; wäre aber die Erde nicht zum besten, so muß man solche von Flechtwerk mit Reisig einfassen. Gemauerte Schießscharten sind nicht wohl anzurathen, weil die Steine von denselben, so der Feind solche anschießt, durch ihr Herumfliegen Schaden verursachen, es wäre denn, daß die Steine wenig gebrannt, oder nur gar an der Luft getrocknet worden.

Schiessspreitze, ein Stück Holz, so auf den Schießpflock gesetzt und oben angetrieben wird, damit er nicht zurückspringen kann. (s. Schiessblech)

Schiesssteiger, (Bergwerk) derjenige Steiger, welcher das Sprengen des Gesteins oder das Schiessen desselben besorgt und verrichtet.

Schiessstück, s. Schiessblech.

Schiesstafel, s. Bilkentafel.

Schiessspule, Schützchen, (Tuchmacher) eine flache Schütze, in welcher das Röllchen mit dem Einschlag steckt, und dieselbe bey dem Weben der Tücher eingeschossen wird.

Schiesstasche. (Jäger) Eine große an einem Riemen hangende Tasche, gemeiniglich netzartig gestrickt und worinn klein geschossenes Wildpret gesteckt auch das Pulverhorn und Bley- oder Schrotsack aufgehoben wird. (s. Jagdtasche)

Schiesswagen, Schiesskarn, (Jäger) diejenigen Karren, worauf die grossen Trappen-Büchsen gefahren werden. (s. Karrenbüchse)

Schiesszeug, (Bergwerk) das zum Abschiessen (s. Schiessen) derer Bohrlöcher nöthige Geräthe. Es bestehet in vier Stücken, als dem Lettenstampfer, dem Stampfer, Krätzer, und der Räumnadel.

Schiff, (Baukunst) der mittlere größte Theil einer Kirche, von der Halle an gerechnet, bis an das Chor oder den Ort wo der Altar gemeiniglich steht. Dieser Raum muß doppelschächtig, und noch einmal so lang als breit genommen werden. Es ist derselbe gemeiniglich als ein lateinisches T gestalt, vornehmlich wenn die Kirche als ein Kreutz gebildet ist, wie bey den mehresten grossen katholischen Kirchen gebräuchlich ist. Einige Baumeister wollen hingegen das Schiff nur bis an den Querplatz der Kirche gerechnet wissen. Das Schiff einer Kirche ist gemeiniglich mit Säulen, entweder freystehenden oder Pfeilern, die das Gewölbe tragen, gezieret.

Schiff. (Buchdrucker) Ein Brett, worauf der Setzer die in dem Winkelhaken gesetzten Zeilen, wenn dieser ihm zu voll wird, schiebt, oder aus dem Winkelhaken hebt, und auf solches legt. Es ist ein viereckigtes Brett, so drey Seitenleisten hat, an welche sich die gesetzten Zeilen anlehnen, und wenn solche nicht so lang sind als das Brett breit ist, mit dem Kolummenmaaß, welches er an die eine Seite der Zeilen legt, selbige dadurch mit der andern

dern Seite zusammenhält. Wenn die Kolumne voll ist, dann nimt er solche, wenn es eine Quart- oder Foliokolumne ist, die er mit der Hand nicht anfassen kann, mit der Schiffzunge, einem Schieber der in das Schiff paßt, heraus, und schiebt oder setzt sie auf ein Setzbrett (s. dieses.) Er schiebt nämlich den Schieber in das Schiff, schiebt allmählich die ganze Kolumne darauf und so wieder auf das Setzbrett.

Schiff. (Schiffsbau) Ein Fahrzeug, zu Wasser, das auf einem Kiel oder Boden vermittelst der Borde sich erhebt, und sich durch seinen Boden, Rand, Breite und Figur vom Prahm, Fähre, Floß, unterscheidet. Man hat in Ansehung des Gebrauchs Last- Kriegs- und Fischerschiffe, in Ansehung der Fahrt, Hochboords, die mit Seegeln, Niederboords die mit Seegeln und Rudern gehen. In Ansehung des Baues (s. diesen) lange, kurze, weite und schmale. Flüten oder Galioten und fregattenartige Boerschiffe oder Binnenlander. Von ihren guten oder schlechten Eigenschaften erhalten sie verschiedene Benennungen. Die Lydier sollen das erste Schiff erbaut haben. (s. Schiff bauen).

Schiffsbalken, (Schiffsbau) Balken, die zum Schiffbau gebraucht werden, und deren es verschiedene Arten giebt, nach dem Ort ihrer Bestimmung wozu sie gebraucht werden.

Schiffbar, ist ein Fluß oder Strohm, wenn auf denselben lastbare Fahrzeuge fahren können. Diese müssen sich aber nach der Beschaffenheit des Fahrwassers richten. Die Schiffbarkeit der Flüsse wird gehindert durch Bänke, über welche nicht Wasser genug geht, um ein Fahrzeug zu tragen, durch Hindernisse die die Kunst dareinlegt, z. B. durch Wehre; ferner durch das zu häufige krumme Fortlaufen des Ufers und wenn dieses zu sehr mit Buschwerk bewachsen, und keinen Treckweg giebt; wenn man diese Hindernisse wegschaft, kann ein Fluß schiffbar, durch Schleusen kann sein Wasser gespannt, und seine Vereinigung mit einem der höher liegt, befördert werden.

Schiffbarmachung der Ströhme, (Wasserbau) wenn man in einem Strohm, der zu breit und zu sehr mit Sand angefüllt ist, für die Schiffahrt in der Mitten einen fahrbaren Kanal erhalten will: so kann solches durch Schöpfbühnen (s. diese) die man hintereinander stellt, erlangt werden, die bey übermäßiger Strohmbreite nicht einmal bis zu den Ufern verlängert werden dürfen.

Schiff bauen, die Kunst ein Fahrzeug, so entweder auf der See oder auf einem Strohm fahren kann, zu bauen, ist zweyerley: entweder die Fahrzeuge sind platt und fahren nur auf Flüssen, oder Hochboord (s. diese) und fahren auf der offenbaren See. Wie ein Fahrzeug auf den Flüssen erbaut wird, s. unter den Artikeln Oderkahn, Gelle, Holzgelle u. s. w. Die Hochboords werden auf den Schiffswerften nach einem vorher entworfenen Muster (s. diesen) erbaut. Das große und starke Gerüst, worauf ein solches Schiff erbaut wird, heißt ein Stapel. Der erste Theil, womit ein Schiff angefangen wird, ist der Kiel (s. diesen) in welchem die untersten Theile eingezapft werden. Er geht durch die ganze Länge des Schiffs, und wird daher oft aus drey bis vier Stücken zusammengesetzt. An den beyden äussersten Enden wird der Vorder- und Hintersteven (s. beyde) nach stumpfen Winkeln eingezapft. Es sind die zwey wesentlichen Theile eines Schiffes, weil sie die ganze Bildung des Vorder- und Hintertheils bestimmen. Zu beyden Seiten des Kiels werden in den gehörigen Entfernungen die Bauchstücke (s. auch) angebracht und auf denselben befestigt, welche den Bauch des Schiffes ausmachen, und von deren Figur die ganze künftige Figur des Schiffes abhängt. Platte, gerade und wenig gekrümmte Bauchstücke geben einen flachen, mehr gekrümmte aber einen runden Schiffsboden. Zwischen den Bauchstücken werden die Inhölzer (s. diese) die mit Querbalken durch Hülfe der Krummhölzer zusammengefügt sind, angebracht. Die Planken und Bohlen, die bey großen Schiffen bis 15 Zoll dick sind, werden mit starken eisernen Bolzen daran befestiget. Das Schiff wird auf dem Stapel so weit gezimmert, bis es bis auf die dritte Planke verkleidet ist, dann wird es vom Stapel in das Wasser gelassen. (s. Schiff vom Stapel lassen) Auf dem Wasser wird das Schiff völlig ausgebaut. Nunmehr wird der Spiegel, oder das platte Hinter gebauet, an dessen Hackbort oder obern Theil sich das Bild befindet, wovon das Schiff den Namen führt, über welchen die große Flagge aufgesteckt wird. Ferner werden die Gallerien erbaut, welche an die Kajüte angehänget sind, so wie auch die Stückpforten, aus welchen das Vordertheil der Kanonen hervorragt, wenn ein Schiff welche bekömt, der Bug oder das Vordertheil, und an demselben das Gallion oder der Schiffsschnabel. Inwendig komt der Ueberlauf und unter demselben die Verdecke oder die Böden, wo die Schiffleute, und Güter ihren Raum haben, und welche alle gewölbt seyn müssen, damit das Wasser durch die Spygatten ablaufen könne. Am Hintersteven wird das Steuerruder in starke eiserne Bänder und Haken eingehänget. Dieses hängt bis an den Kiel herunter und besteht aus drey Haupttheilen, als: dem eigentlichen Ruder, dem Pen und dem Kollerstock, mit welchem das Ruder bewegt wird. Mitten in dem Schiffe kommen die Masten zu stehen, an welche die Segelstangen mit ihren Tauen befestiget werden. Einige kleine Schiffe haben nur einen, größere aber zwey bis drey Maste. Der Mittelmast ist der größte und höchste, er steht, wenn drey vorhanden sind, in der Mitte, oder doch fast in der Mitte, und geht durch alle Verdecke durch in den Raum des Schiffs, wo er auf der Kielschwinge unmittelbar auf dem Raum ruht. Um mehrerer Festigkeit willen wird er an verschiedenen Stellen mit Tauen umwickelt, getheert und schwarz angestrichen. Der Mars, die Raaen oder Reen und Seegel, welche sich daran befinden, bekommen das Bewerk groß. Der vorderste heißt Fockmast oder die Focke und der hinterste Besanmast oder Besan, wozu noch das Bugspriet komt. Durch die Wände (s. diese) oder straff angespannten Taue werden die Masten an und auf dem Schiff befestiget. Es giebt eine große

Menge Tauwerke, worunter jedes seinen eigenen Namen führet. Die Stärke derselben hänget von der Größe der Masten, und folglich auch der Schiffe ab. Bey großen Schiffen halten die Haupttaue zu den Wänden wohl 10 und mehr Zolle im Durchmesser. Die Wände der Uebersätze werden an dem Marse oder Mastkorbe befestiget. Die Mastbäume sind nicht allein dazu da, um dem Schiffe das Gleichgewicht zu geben, sondern auch vornehmlich die Segel zu tragen, deren an jedem Maste sich unterschiedene befinden. Der große Mast hat drey Segel, das Schaufahrersegel, als das unterste, das große Marssegel über demselben, und über diesem das große Bramsegel. Der Besanmast hat nur zwey Segel, als das Besansegel und das Kreutzsegel. Der Fockmast hat bald zwey, bald drey Segel, nämlich das Focksegel, das Vormarssegel und das Vorbramsegel. Das Bogspriet hat zwey, die Oberblinde und die Blinde. Alle Segel haben ihre Raaen, woran sie hängen, und die Taue, womit sie herauf und herunter gezogen werden, heißen die Falle. Vorne auf dem Schiffe bekommen die Anker ihre Stelle, deren es auf einem Schiffe verschiedene giebt, die verschieden benennet und gebraucht werden. Der größte Anker, der der Nothanker genennet wird, muß wie die übrigen mit der Größe des Schiffes im Verhältnisse stehen. Ein Schiff, so 45 Fuß breit ist, braucht einen Anker von 18 Fuß Länge, der 6000 Pfunde wiegt, und zu einem solchen Anker gehört ein Tau, so 24 Zoll dick ist. Jedes Ankertau ist 110 Klafter lang, und allemal wenigstens noch einmal so schwer als der Anker selbst. Das Tau zum gedachten Anker wiegt 11824 Pfunde. (Man sehe nicht allein unter dem Artikel Sauter, wo alles Holz- und Eisenwerk zu einem Schiffe von 50 Kanonen verzeichnet ist, sondern auch alle besondere Theile eines Schiffes an seinem Ort.) Bey dem Bau eines Schiffes kommt es hauptsächlich darauf an, daß es außer der Festigkeit und der leichtern Segelung in allen Fällen, es mag leer oder beladen seyn, im Gleichgewichte stehe.

Schiffbaukunst. Eine Wissenschaft, die Schiffe nach gewissen Hauptabsichten aufzuführen und zu erbauen, welches darinn bestehe, daß die Schiffe fest, bequemlich und zierlich sind. Die Festigkeit derselben beruhet allermeist auf den statischen und mechanischen Regeln. Zu der Bequemlichkeit ist nicht nur zu rechnen die Abtheilung des innern Raums, der nach eines jeden Gebrauch vonnöthen ist, sondern es gehören auch vornehmlich dazu der besondere Kunstgriff, das Schiff nach der rechten Gewichtlage zu zimmern, d. i. seine Länge, Breite, Höhe und ganze Stärke also verhältnißmäßig einzurichten, daß es bequem und ohne großen Widerstand durch das Wasser schneiden könne. Da nun diese Wissenschaft eine der wichtigsten ist, so wäre billig nach Art der Mathematik diese Kunst in gewissen Regeln fest zu setzen, und solche hernach ausüben zu lassen, welches aber nicht geschiehet; sondern mehrentheils wird ein Schiffbau nach einem vorgemachten Modell ins Kleine vollführet. (s. auch Gerüst und Schiff bauen)

Schiff, bemastetes. (Schiffsbau) Ein Schiff, das nach seiner Größe und Bauart die gehörige Masten führet. Die ganz großen Schiffe haben verschiedene Masten, gewöhnlich drey, als den großen Mittelmast, Besanmast und Fockmast. Eine Karavelle hat vier Masten ohne Stengen. Eine Fregatte hat nach vorne gekrümmete Masten. Ferner sind Masten mit einer Gabel. (s. Gabelmast) Eine Galeere hat zwey Bäume ohne Stengen. Wieder giebt es Masten, die ein Horn (s. dieses) führen, der ohne Mars ist, und worauf das Segel an einem Brock angeschlagen wird. Eine Schmack hat einen solchen Mast, der am Fuße des Segels einen Spriet führet, woran dasselbe unten ausgespannt wird, und längst demselben herauf in die Quere geht.

Schiffbiene, (Bienenzucht) Bienen, deren Körbe man in Schiffen auf einen Fluß stellet, da sie denn beyde Ufer besuchen.

Schiffbruch, (Schiffahrt) die Zerbrechung, Zerstoßung, der Verlust eines Schiffes, welches wider einen Felsen oder eine Klippe in der See läuft. (s. auch Scheitern) Es ist gewiß, daß bey der jetzt verbesserten Seewissenschaft die Schiffbrüche nicht so häufig sind, als ehedem. So lange die Schiffe auf der hohen See sind, leiden sie auch im stärksten Sturm nicht leicht Schiffbruch, wenn sie gute Schiffer und Steuerleute haben. Der Grund des verunglückten Schiffes liegt, wenn es auf hoher See geschiehet, meistens entweder am Schiffer oder am Steuermann. An jenem, wenn er das Schiff überladen, schlechtes oder nicht genugsames Volk hat, wenn er nicht fleißig lothet, oder gar, wenn er sich um den Betrug zu nutzen, strandet, da er versicherte Güter geladen hat. Der Steuermann macht, daß ein Schiff strandet, durch falsch Besteck oder übles Steuern in der Gefahr, aus Betrunkenheit, Uebereilung und Unwissenheit.

Schiffbrücken, Brücken, die entweder über hölzerne Fahrzeuge durch Planken und Bohlen, oder auf blechernen Pontons (s. diese) aufgerichtet und über die Flüsse geschlagen werden.

Schiffbrücke von Tauen zu machen. Wenn bey dem nöthigen Uebergange eines Stromes keine Schiffe, Schwimmboote, oder Pontons vorhanden, und man nur starke Schiffstaue und Bohlen hat, so kann man eine Brücke auf folgende Art schlagen: Man befestiget auf beyden Seiten des Ufers in gleicher Entfernung ungefähr 9 Fuß von einander zwey starke Taue parallel an Bäume oder eingeschlagene Pfähle, ziehet solche steif und straff an, alsdenn leget man 12 Fuß lange Dielen oder Bohlen darüber. Jede Bohle erhält auf beyden Enden neben den Tauen zwey oder besser vier hölzerne starke Nägel, die unterhalb gegen das Wasser eine Spanne lang hervorragen, diese Nägel verwehren, daß keine Bohle von den Tauen abrutschen kann. Die Seile kommen zwischen solche Nägel zu liegen, und folglich kann sich keine Bohle verrücken. Kann man zwischen die beyden vorigen Taue noch ein drittes in der Mitte ziehen, so hat die Ueberlage mehr Haltung, und die Bohlen dürfen nicht so stark seyn. Um solche

Brücke zu verstärken, und sicherer zu machen, kann man zu beyden Seiten der Taue von Weite zu Weite, in dem Grund des Flusses, wenn er anders nicht zu tief ist, starke Pfähle einschlagen, die dem Strohme etwas entgegen und schräge stehen. In selbige schlägt man oberhalb eiserne Haken, oder hölzerne starke Nägel ein, worauf die Taue ruhen. Man geht mit diesen Pfählen so weit, wie man den Grund fassen kann, hört darin auf, so ziehet man an den letzten zwey Pfählen rechts und links zwey Taue ins Kreuz, bis an das Ufer, welche dem Theil, wo die Haupttaue angeschlagen sind, mehr Stärke geben.

Schiffchen, s. Näpfchen.

Schiffchen, s. Schießspule.

Schiffchen, so in ein Strumpfstuhl zu binden. Dieses verdient eher den Namen einer Wurst, als eines Schiffes, denn es ist eine 3 Ellen lange und ungefähr 10 Zoll dicke aufgeblasene Wurst, von gut zubereitetem dünnem und weichem Leder, daß es kein Wasser annehmen, noch Luft durchlassen kann. Mitten ist die Oeffnung mit einem starken Stück Leder ausgefüllet, so mit etlichen Riemen bevestiget ist, worauf der, welcher darinn fahren will, sitzt. Dieses Leder ist ohngefähr 8 Zoll lang und breit, und die Beine der sitzenden Person hangen über die Wurst von beyden Seiten hinab, so daß die Füße öfters naß werden. Die Naht wird so gemacht, daß weder Wind noch Wasser durch kann, als welches das vornehmste bey diesem Stücke ist. Die Wurst, wenn sie gebraucht werden soll, wird mit dem Munde vermittelst eines Ventils aufgeblasen, so an der Wurst bevestiget ist, wozu denn eine ziemliche Zeit erfordert wird. Bey der Fahrt wird das Schiffchen durch zwey kleine Ruder in Bewegung gesetzt, und an der Seite eine kleine Flagge bevestiget. Am Flüssen kann man wohl diese Wassermaschine gebrauchen, gefährlich aber würde sie auf der See seyn, da man sich nirgend anhalten kann. Man kann, wenn die Wurst windleer ist, dieselbe bequem in ein Schnupftuch einbinden.

Schiff, das, ist steuerlästig, ein Schiff, so hinten zu tief geht.

Schiffe, bedeckte, (Schiffbau) Fahrzeuge, die ein Verdeck haben, darauf man gehen kann. Dieses geschiehet bey allen großen Schiffen, und denen, so auf langen Fahrten auf der See sind, daß der Obertheil des ganzen Schiffes bedeckt wird, damit das in dasselbe einschlagende Seewasser der Wellen nicht darinn bleibe, sondern von dem Verdeck durch Rinnen am Bord wieder ablaufen könne.

Schiffe, Kriegs-Kriegesschiffe. Unter diesen Schiffen verstehet man im weitläuftigen Verstande alle diejenigen Fahrzeuge, welche zum Seekriege gebraucht werden. Sie sind dazu besonders bestimmt und erbauet. Im engern Verstande aber verstehet man unter den Kriegsschiffen diejenigen großen Schiffe, die mehrere Reihen Kanonen führen, von verschiedener Größe und Range. Man hat bey allen Seemächten verschiedene Range in der Schiffsarmee, wovon die vom ersten Range 100 und mehr Kanonen führen, und 180 Fuß lang, und 50 Fuß breit sind, und 14 bis 1500 Tonnen halten. Sie haben drey Verdecke und ein Pflicht oder halbes Verdeck, u. s. w. (S. Rang.)

Schiffe, Last-Lastschiffe, (Schiffahrt) Schiffe, die bestimmt sind, die Waaren auf der See zu verführen.

Schiffe, Pforten-Pfortenschiffe. So nennte man gewisse Fahrzeuge in den mittlern Zeiten, welche durch Pferde fortgezogen wurden. Den Namen hatten sie von der Thüre oder der Pforte erhalten, die in dergleichen Fahrzeugen angebracht war, durch welche die Pferde eingeführet wurden, deren sie dienten zur Ueberführung der Kriegesvölker. Diese Pforte wurde nachher verschlossen, verstopfet und kalfatert, denn sie kam, wenn das Fahrzeug geladen war, ins Wasser.

Schiffer, derjenige, welcher die Aufsicht über ein Schiff hat. Auf dem mittelländischen Meere heißt er Schiffspatron, auf den Kauffahrern, wo kein Kapitain ist, ist er der oberste des Schiffes, wo aber einer vorhanden, so kann er nichts ohne dessen Vorwissen unternehmen. Er muß ein in der Schiffahrt erfahrner Mann seyn, der die Fahrt regieret. Er ist entweder Eigenthümer des Schiffs, d. i. Rheder, oder ein Setz- oder gedungener Schiffer.

Schifferknoten, (Schiffbau) ein an beyden Enden zusammengebundenes, und in der Mitte zusammengezogenes starkes Tau, in Gestalt einer 8, Lasten, besonders aber zwey Tonnen auf einmal damit in das Schiff zu heben.

Schiffermützel, eine Art vierschaaligter Muscheln oder Balani.

Schifferzirkel. (Schiffahrt) Ein Instrument, wodurch man aus der gegebenen Breite eines Orts zur See die Länge desselben finden kann, und zwar nach der Lorodromischen Rechnung. Es ist von Jakob Bernoulli erfunden, und kommt in seiner äußerlichen Gestalt mit dem Proportionalzirkel überein, auf welchem die nöthigen Linien zu den Graden, Stunden und Minuten gezogen sind.

Schiffsgefecht. Man verstehet hierunter entweder, wenn ein Schiff mit einem andern nur allein ins besondere sich schlägt, und eins das andere zu überwältigen suchet, indem es vermittelst seiner Kanonen es so zusammenschießet, daß es Mast- und Tauloß wird, daß es nicht mehr im Stande ist, mit demselben seine Bewegungen zu machen, sich nicht wehren kann, und sich also ergeben muß, oder daß es gar in den Grund gebohret wird und sinket. Selten wird heut zu Tage mit ordentlichen Kriegesschiffen geentert, daß nämlich ein Schiff sich an das andere sucht anzuklammern, und das Schiffsvolk in das feindliche Schiff übersteiget, mit kleinem Gewehr, oder mit dem Degen in der Faust, die Mannschaft zur Uebergabe zu zwingen suchet; oder wenn sich ganze Geschwader oder Flotten mit einander schlagen, und eine ordentliche Bataille liefern. In diesem Falle stellen sich beyde Flotten in Schlachtordnung, eine jede, wie sie glaubt am besten dem Feinde die Spitze zu bieten, und ihn zu überwältigen, da es denn wie bey einer Feldschlacht, auf ein geschicktes Manoeuvre der Schiffe ankommt, um den Feind zu vervortheilen, hauptsächlich, die Schiffe so geschickt zu bewegen und zu regiedern, daß sie die Kugeln des Feindes vermeiden, und ihm dagegen durchs Kanonenfeuer Schaden beyzubringen suchen, als worauf der größte Vortheil bey einem Seegefechte beruhet, vornehmlich muß ein geschickter Schiffskapitain dahin sehen, daß er sein Schiff gegen das feindliche, indem ihm solches eine Lage geben will, mit solcher Geschwindigkeit umwenden kann, daß die Lage nicht die Seite seines Schiffes trifft, sondern nur etwa das Vordertheil desselben, weil alsdenn viele Kugeln vorbey gehen. Trifft es sich, daß ein feindliches Schiff entern will, so muß das Schiff, welches geentert werden soll, es durch allerley dagegen gebrauchte Vertheidigung zu vereiteln suchen, die Enterhaken mit Beilen weghauen, und mit dazu dienlichen Rüstungen, und besonders durch das kleine Gewehrfeuer, abzutreiben suchen. Manchmal sucht ein stärkeres Schiff ein schwächeres in den Grund zu segeln, da denn dieses durch eine geschickte Wendung solchem auszuweichen suchen muß. Besonders war dieses in der alten Art zu fechten im Gebrauch, da sie durch Anlaufen mit dem Schiffsschnabel oder Anrennen ein Schiff zu überwältigen suchten. Da wurde das Rudern stark gebraucht, wozu denn die Maschinen sehr behülflich waren. Heut zu Tage kömt es bey einem Seegefechte hauptsächlich darauf an, so wie bey einer Feldschlacht, daß man durch ein heftiges Kanonenfeuer, das Schiff von Mast und Tauen zu entblößen, und unbrauchbar zu machen, oder unter Wasser es leck zu schießen suchet, daß es sinken muß. Ferner auf eine geschickte Bewegung der Schiffe, um dem feindlichen allen Vortheil abzugewinnen.

Schiff im Verkauf anschlagen. Ein Schiff entweder aus freyer Hand verkaufen, oder bey brennender Kerze. Da nämlich ein brennendes Licht öffentlich ausgestellet wird, mit der Bedingung, daß, so lange dieses Licht brennet, nach jedermann die Freyheit habe, darauf zu bieten: sobald es aber ausgebrannt, wird es demjenigen zugeschlagen, der das höchste Geboth darauf gethan hat.

Schiffkopf, (Artillerie) an einem Stücke der Kopf, der heut zu Tage ganz glatt ohne einigen Zierrath verfertiget wird.

Schiffkunst, Gr. Histiodromie; Eine Wissenschaft, auf was Art und Weise ein Schiff zur See zu regieren sey, daß es an einen bestimmten Ort anlande. Dieses wird nun auf zweyerley Art vorgenommen. Die gemeinste Art zu fahren geschiehet, daß man das Land immer im Gesichte behält, wie die Alten gethan haben, und noch heut zu Tage die Galeeren auf dem Mittelländischen Meere thun. Bey dieser Art zu fahren muß man aller Vorgebirge, Häfen, Einflüsse der Wasser ins Meer, ihrer Eingänge und Tiefe kundig seyn. Desgleichen muß einem auch die Stunde der Ebbe und Fluth bekannt seyn, der Lauf und Fall der Wasser, die Entfernung von einem Orte zum andern, der Strich, so man halten muß, um dahin zu gelangen, ingleichen die gefährlichen Oerter, so zu meiden sind. Die andere Art zu schiffen, welche man die große Schiffahrt zu nennen pflegt, bestehet darinn, daß der Steuermann sich immer vom Lande entfernet, und diese erfordert allerdings mehr Geschicklichkeit, Kunst und Wissenschaft; denn da muß ein Steuermann vornehmlich sich auf das Gestirn und den Himmelslauf verstehen, den Kompaß wohl zu gebrauchen wissen, und sich nach den Seekarten richten können, damit er alle Augenblicke sagen könne, auf welchem Punkte sein Schiff sich befindet, wie weiten Weg er bereits zurück geleget, und wie weit er noch von dem bestimmten Orte sey. Nächst diesem muß man auch bey dieser Seefahrt die Jahreszeit wohl beobachten, und welche am bequemsten zu welchen Reisen seye, wissen. Nichtsweniger gehöret auch dazu, daß man sich auf den Wind wohl verstehe, und solchen sich geschickt zu Nutzen zu machen wisse. Denn ob es gleich scheint, daß der Wind, den man gerade auf dem Rücken hat, der dienlichste wäre, um in wenig Stunden einen großen Weg zurück zu legen: so hält heut zu Tage doch allezeit ein erfahrener Steuermann mehr von solchen Winden, die von der Seite kommen, und dies ist eine vortreffliche Sache, daß er weis, wie von den 32 Winden, worein gemeiniglich der Horizont getheilt ist, 20 bis 21 Winde ihm dienlich sind, nach dem verlangten Ort zu treiben. Es kann das Schiff auch bey einem ganz entgegenwehenden Winde nach seiner Bestimmung abgehen, weil es dennoch auf 11 Striche oder Winde laviren kann. Jedoch kann dieses nicht anders, als bey gutem Wetter, und wenn es nicht stürmisch ist, geschehen. Daß man aber mit dem Seitenwinde weiter kommen kann, als mit dem gerade auf den Rücken blasenden Winde, kömt daher, weil, wenn man gerade mit dem Winde segelt, nur bloß die Segel des großen Mastes gebraucht werden können, denn die des Vordermastes muß man alsdenn in den Band setzen, und des vordern Mastes Segel geben wenig Nutzen. So bekommen auch die Segel des Vorgeschirrs nur den Wind, so unten von den andern Segeln abglitschet. Dahingegen können bey einem Winde von der Seite alle Segel gebraucht werden, ohne daß eines das andere hindere. Und hieraus erhellet ganz klar, wie es möglich sey, daß viele Schiffe mit einerley Wind konträren Lauf halten können, das ist, ein jedes vor sich nach einer besondern Gegend laufen kann.

Schiffkuttel, Schiffsmuschel, eine einschaalige Muschel, die wie ein Widderhorn, oder wie eine ruhende Schlange um sich selbst gewunden ist. Man hat deren zwo Gattungen, wovon die eine aus einem einzigen ungetheilten Wirbel besteht, und der dünne papierne durchsichtige Schiffkuttel ist. In diesem wohnet der Polypusfisch, nicht als ein eingebohrner Einwohner, sondern als ein Gast und Schmarotzer; indem er in dieser verlassenen Muschel nach dem Tode des natürlichen Einwohners auf eben die Art hauset, als die Pinnotherkrebse. Die andere Gattung bestehet aus vielen Kammern und Abschnitten. In beyden finden sich viele Abänderungen der Farbe, der Streifen und der Gestalt.

Schiffkuttelsteine, eine Art Steine, die bey einem Dorfe in der Grafschaft Mansfeld, Esperstädt, gefunden werden, und den Schiffsmuscheln völlig ähnlich sind, so so, daß man auch die innern Kammern-Thüren sehen kann, wenn man sie zerschneidet oder zerschlägt.

Schiffladung. Ein Wort von doppelter Bedeutung; denn erstlich bedeutet es dasjenige, was, oder wie viel, das Schiff führen oder einnehmen kann; zweytens, was es führet oder einnimt. Die erste wird gemeiniglich nach Tonnen und Lasten gerechnet, und man sagt, ein Schiff führet so und soviel Tonnen oder Lasten, welches man auch die Kapacität des Schiffes nennet. (Fr. Portée, Holl. Draagte) In der zweyten Bedeutung sagt man, das Schiff hat diese oder jene Ladung.

Schiffe, lange, Schiffe, so lang, schmal und nicht bauchig sind. Sie sind gemeiniglich offen, und ihre Breite hat ein Siebentheil ihrer Länge. (s. auch Flußschiffe)

Schiffe mit Wachstuch überzogen. Man hat dergleichen Schiffchen gemacht, deren Bauart auf folgende Art eingerichtet ist: Man setzt den Körper von Spriegeln aus Aeschenholz zusammen, diese sind 3 Zolle breit und 1½ bis 1¾ Zolle dick. Diese Spriegel werden in zwey dickere oder stärkere Bäume, wie die Schwellen in den Wagenkästen, eingehauen und befestiget, unten werden drey Bretter, als zu jeder Seite eins und eins in der Mitte, angebracht, an welchen man die Spriegel mit eisernen Bolzen vermittelst einer Mutter befestiget, und sodann den Boden unten mit Brettern belegt, welche durch ein in der Mitte die quer über gehendes Holz angeschoben werden, daß der Boden vest liegt. An beyden Seiten, hinten und vorne, wird an den Spriegeln, wie auch gleichfalls zu beyden Seiten, ein Brett genagelt, und sodann über dem Brett rund um das Schiff jeder Spriegel mit einer Leine einmal umschlungen. Um dieses Schiff wird unten ein Futteral von Wachstuch gemacht, so man das Schiff befestiget, und muß dahin gesehen werden, daß es starkes Wachstuch sey, (das beste ist von Drilling) das kein Wasser hindurch bringe. Man hat in Hannover ein dergleichen Schiff gehabt, worinn 60 Mann Fußvolk haben überfahren können, folglich sind sie zur Transportirung der Fußvölker bequem. Man macht auch dergleichen von Brettern, da der Boden aus einem, und jede Wand auch aus einem Stück ist, so an zwey Haspen, gleich einer Thüre, auf und nieder gemacht werden können. Wenn man diese Bretter auf gedachte Art zusammengehangen, so wird auswärts ein Futteral von Wachstuch, wie bey der ersten Art, darum gemacht. (s. Leupolds Brückenbau Tab. XLVIII. Fig. III.)

Schiffmörser, (Schiffahrt) eine Art von Fußmörser, (s. Mörser) der auf seinem Fuße steht, und auf den Schiffen gebraucht wird.

Schiffmühle. (Mühlenbau) Mühlen, die auf platten Fahrzeugen erbauet, und auf den Strömen von einem Ort zum andern, wo der Strohm den stärksten Absch hat, gefahren werden, damit ihr Wasserrad von dem daran schlagenden Strohm gehörig herum getrieben werde. Die Schiffmühlen heben und senken sich mit dem steigenden und fallenden Wasser, müssen aber mit starken Seilen oder Ketten vest an das Land gehangen und befestiget, oder tüchtig verankert, auch zu gehöriger Zeit, und wenn man dieselbe auf dem Wasser nicht gebrauchen kann, in ihren gewöhnlichen Winterstand gebracht werden. Eine solche Mühle bestehet aus zwey Schiffgebäuden: Erstlich dem Hausschiff, oder dem Schiff, worinn das Mühlenwerk unter einem verdeckten Gebäude ist, und dem Wellschiff, worauf in der Mitte die Welle des Wasserrades mit dem einen Zapfen aufliegt. Es ist ein schmaler oder eben so langer offener Kahn als der, worauf die Mühle selbst ist. Das Wellschiff sowohl, als das Hausschiff, wird von 3 Zoll starken eichenen Bohlen erbauet, und nach Art eines Kahnes nach Schiffzimmerart gut zusammengesetzt und verwahret, (s. Wellschiff) zwischen die Fugen Moos gestampft, und darüber Leisten mit Spiekerklammern geschlagen, sodann das ganze Schiff über und über mit Theer bestrichen. Das Wasserrad ist im Diameter 6½ Elle groß, die Schaufeln, deren in dem ganzen Rade 12 befindlich, müssen 9 Ellen lang und 1 Elle breit seyn. Es wird nicht wie ein Panster-Strauber, oder oberschlächtiges Wasserrad, von Kolben zusammengesetzt, sondern nur aus Armen, die in der Welle mit einem schwalbenschwänzigen Zapfen 4 Zoll tief eingelassen werden, ihre Stärke ist 3½ Zoll, die Breite 9 Zoll, die Länge richtet sich nach der Höhe des Rades. Jede Schaufel bekommt 4 solche Arme, worauf die Schaufelbretter an den Enden derselben mit zwey Nägeln befestiget, und dadurch die Schaufeln gebildet, zwischen den Armen mit Sperrstöcken oder Riegeln, so von einer Schaufel bis zur andern gehen, verwahret werden, auf daß sie dem Druck des Wassers vest und unbeweglich widerstehen können. Vor dem Rade zwischen dem Haus- und Wellschiff (denn beyde sind in einer Entfernung, die so breit als die Wasserradsbreite beynahe lang ist, zusammen durch Planken vereiniget) wird eine Schütze oder Schutzbrett angebracht, damit man, wenn die Mühle stehen soll, das Wasser etwas aufhalten könne. Es wird zwar eine solche Mühle nicht gänzlich dadurch zum Stehen gebracht, doch aber ihr die meiste Kraft benommen, daß sie hernach an dem innern Mühlenwerke leichtlich völlig gehemmet und in gänzliche Ruhe gebracht werden kann. Das innere Räderwerk einer solchen Mühle stimmet mit dem Räderwerk anderer Mühlen beynahe überein, außer daß der Trilling, da er niedrig ist, aus ganzen Scheiben zusammengesetzt ist, und anstatt der Arme (woran gewöhnlichermaßen das Räderwerk hänget und an den Wellen befestiget ist) wird ein viereckiges Loch in die Mitte beyder Scheiben ausgehauen, hernach aber die Welle an dem Orte, wo der Trilling daran gesteckt und vest gekeilt ist, nach der Größe besagten Loches viereckigt gemacht, damit er sich nicht lösen oder umdrehen könne. Die Stöcke des Trillings bekommen an den beyden Enden viereckigte Zapfen, mit welchen sie in den Scheiben liegen, und sich nicht umdrehen können. Auf daß aber selbige bey dem Umtreiben von den Kämmen des Stirnrades nicht herausgezogen werden können, so wird jede Scheibe nebst den Stöcken da, wo sie inne liegen, mit einem eisernen Ringe umgeben. Das übrige, als das Mahlgerüste, Beutelkasten rc. ist so beschaffen, wie an einer Staubermühle, nur braucht das Holz zum Gerüsie hier nicht so stark wie dort zu seyn. Der Mühlenstein ist bey der stärksten Höhe nur 16 Zoll hoch. Denn die Häuser der meisten Schiffmühlen sind nicht hoch, sondern so niedrig, als es sich nur thun lassen will, angelegt. Der Diameter des Mühlensteins ist ohngefähr 1 Elle 15 Zoll. Das Stirnrad bekommt 72 Kämme, und wird 4 Ellen 12$\frac{1}{2}$ Zoll hoch. Die Theilung ist 4$\frac{1}{2}$ Zoll. Der Trilling hat 24 Stäbe mit 4$\frac{1}{2}$ Zoll Theilung, und daher beträgt der Radius, womit der Theilriß beschrieben wird, 18$\frac{1}{2}$ Zoll. Bis zu äußerst der Scheiben hält die ganze Höhe des Trillings 1 Elle 16 Zoll; das Kammrad hat 60 Zähne mit 4$\frac{1}{2}$ Zoll Theilung; der Diameter zum Theilzirkel 1 Elle 17 Zoll, das ganze Rad wird 3 Ellen 19 Zoll hoch, das Getriebe erhält 7 Stäbe, welche gleichfalls 4$\frac{1}{2}$ Theilung haben. Der Mühlstein geht bey diesem Räderwerk 25$\frac{5}{7}$ mal herum, wenn das Wasserrad einmal herum läuft. Das Wasserrad an einer Schiffmühle geht viel langsamer, als an andern Mühlen, und daher muß ein Baumeister bey Anlegung solcher Mühlen hauptsächlich auf die Schnelligkeit des Wassers seine Absicht richten: Denn fließet das Wasser geschwinde, so läuft auch das Rad, so es treibet, schnell herum, und so umgekehrt. Da aber die Mühlensteine gleiche Schnelligkeit, die Wasserräder mögen hurtig oder langsam gehen, haben sollen, so folget, daß sie in dem letztern Falle mehrmal, als in dem erstern herum kommen müssen. Man findet auch Schiffmühlen, so zwey Gänge haben, wo jeder Gang sein eigenes Wasserrad haben muß. Aber alsdenn muß auch eine längere Wasserwelle gemacht werden, indem die Räder nicht hinter einander gehen können, da sonst das erste dem letztern die Kraft des Stroms benehme; deswegen muß das andere erst da, wo das erste sich endiget, seinen Anfang nehmen, welches verursachet, daß die Wellen solcher Mühlen 8 bis 9 Ellen länger, als bey einer Mühle, die nur einen Gang hat, seyn müssen. (S. Leupolds Mühlenbaukunst Tab. XXIV.)

Schiffermumme, die beste Art Mumme zu Braunschweig oder des daselbst Biers dieses Namens, weil es sich zu Schiffe verführen läßt.

Schiffermütze, Capbor. Eine Art englischer Mützen, deren man sich auf der See bedient. Sie sind so eingerichtet, daß man den Aufschlag oder den Rand derselben bey stürmischem Wetter bis auf die Schultern herunterziehen kann, und kommen also darinn beynahe mit den Reisemützen oder Reisehüten überein.

Schiffnobel; Eine englische Goldmünze, worauf ein Schiff geprägt ist, ohne Rose, zum Unterschiede vom Rosennobel; gilt heut zu Tage 5 Thaler.

Schiff-Oberlästig, ein Schiff, so zu sehr beladen, von Holz überschweret ist, und zu tief gehet.

Schiffpech; Eine von schwarzem Pech mit geriebenem Harze und Theere untereinander geschmolzene Masse, welche von den Schiffleuten gebrauchet wird, ihre Schiffe und Taue damit zu theeren.

Schiff, Rank- Schiffe, welche flache Seiten haben.

Schifferordnungsschnur, (Schifffahrt) eine durch verhältnißmäßige Knoten abgetheilte Schnur, die an einer besondern Maschine gebrauchet wird, den Weg, den das Schiff zurück leget, zu messen.

Schiffsrose, [illegible] Figur auf dem Kompaß, welche die 32 Winde, oder Gegenden der Welt, woraus sie blasen, vorstellet.

Schiffsarmee, s. Flotte.

Schiffsbauholz, (Schiffbau) dieses ist verschiedener Art. Zu Balken, Kniestern, Steven, und zur Verkleidung gebraucht man am besten Eichen, Masten, Raaen und innere Bretter sind von harzigem Holze gut. Inzwischen werden doch auch viele, wo nicht ganz, doch zum Theil, von weichem oder Tangelholz gebauet. In Ansehung der Güte des Bauholzes muß man zuvörderst merken, daß altes verfallenes Holz gar nicht taugt. Aus vielen damit angestellten Versuchen weiß man, daß das Holz von den Zweigen und obersten Theilen des Stammes das schwächste sey, das junge schwächer, als das schon mehrere Jahre hat; das Holz, so elastisch ist, besser widerstehe, als das, so es nicht in gleichem Faden ist. Dasjenige Holz, so auf einem Boden mit dem andern gewachsen, und geschwinde in die Höhe geschossen besser, als das so nicht so geschwinde geschossen. Ferner, das Holz, das mit seiner Stärke und seinem Gewichte in Verhältniß stehe, nämlich von zwey Stücken, die gleich trocken, gleich lang und dick sind, das schwerste das beste ist. Deswegen muß der Baumeister besonders bey den Kniestücken eine gute Auswahl des Holzes vornehmlich sein Augenmerk seyn lassen. Das Holz, so man zum Schiffsbau erhalten will, wird in Salzwasser oder in der Luft bedeckt gelegt. Altes Holz verbleicht im Regen und Sonne. Das Holz zum Schiffsbau ist entweder gerade oder krumm, außerdem braucht man rund Holz, Bretter, Planken u. s. w. Es wird überhaupt nach dem Maaße des Gebrauchs, so man davon macht, verkauft, besonders das Krumme. Die Masten werden nach dem vier Fuß vom untern Ende gemessenen Durchmesser und der Länge gekauft. Diesen Durchmesser findet der Schiffszimmermeister, indem er den Umkreis des Stammes mit einem Stück Bindfaden mißt, da er den Durchmesser hernach mit einem Zirkel abnimmt. Man hat in Amsterdam für einen besonders schönen Mast schon 3000 Pfund geboten, der aber noch theurer nach Spanien verkauft worden. Ein großer Mast, 80 Fuß lang, und 18 Palmen im Durchmesser, kostet 150 Pfund. Man braucht zu einem Schiff vom ersten Range $\frac{4}{m}$ große Eichen, $\frac{100}{m}$ Pfund Eisen. Man rechnet, daß ein Kubikfuß Eichenholz, wenn es gut ist, 65 Pfund wiegt, und man nimmt 1$\frac{1}{2}$ Pfund Eisen auf jeden Fuß Holz an. Doch ist dieses verschieden, denn z. B. die Engländer gebrauchen bey ihren Schiffen viel höhere Nägel.

Schiffsbohrer, sind bey dem Schiffbau eigene Handwerksleute, welche die Löcher bohren, wodurch die hölzernen Nägel getrieben werden. Es wird dazu eine besondere Geschicklichkeit und Wissenschaft erfodert, diese Löcher gehörig zu bohren.

Schiffs-

Schiffsformen, Fr. Formes de vaisseaux [illegible] (Schiffsbau) die lange Hölzer welche dem Schiffe wenn es gebauet wird, seine Form geben.

Schiffsfreisur, Spitzkäsefreisur. (Frauenschneider) Eine Friser der Frauenkleider, da dieselbe in Gestalt eines Spitzkäses oder eines Kahnes gebildet und auf die Kleider zur Besetzung genähet wird.

Schiffsgebäude, (Schiffsbau) der Rumpf eines Schiffes, der eigentlich dessen Haupttheil ausmacht, ohne Masten oder Tauwerk.

Schiffsgeleite. (Schiffahrt) Ein Kriegsschiff, welches ein oder mehrere Kauffahrer und andere Fahrzeuge auf einer weiten Reise auf der See zu Kriegszeiten begleitet oder convoirt daher es auch Convoyer, Konserve heißt.

Schiffsholm, in nördlichen Seestädten der Platz, wo Schiffe gebauet werden, der Werft, Schiffswerft. (s. diesen)

Schiffsjungen, sind Jungen unter 18 Jahren, so auf den Schiffen das Tauwerk handthieren, und den Matrosendienst lernen. Sie sind etwas geringer als die Maats, müssen das Schiff kehren, und den Offizieren zu Befehl seyn, und das Schiffsvolk bey Tische bedienen.

Schiffskapitain, der erste Befehlshaber eines Schiffes, so zum Kriege ausgerüstet ist.

Schiffsklarierer, (Schiffahrt) in Schweden der Mäkler, welcher bey der Befrachtung der Schiffe gebraucht wird.

Schiffslaffeten, (Schiffahrt) die Laffeten, die eigentlich zu den Schiffskanonen gehören. Es bestehen dieselben aus zwey niedrigen starken Wänden, welche auf vier massiven Rädern ruhen, daß man das darauf gelegte grobe Geschütz im Nothfall, und nach eigenem Gefallen, bequem wenden und damit handthieren kann. Das Stück selbst, so auf eine solche Laffete gelegt wird, heißt daher auch ein Schiffslaffetenstück.

Schiffslaffeten Stücke, Stücke, die auf den Schiffslaffeten (s. diese) liegen. Sie werden aber nicht allein auf den Schiffen gebraucht, sondern man bedient sich auch derselben, weil sie wenig Raum wegnehmen, in allen engen Fortifikationswerken. Dergleichen die Kasematten, retirirte Flanken, Gallerien, Orillons und dergleichen mehr sind.

Schiffsnägel. (Nagelschmid) Ein starker Nagel, der eine breite keilartige Spitze hat, dessen Kopf stark und zugespitzt ist. Er ist von ziemlicher Größe, und wird gebraucht, die Planken an den Schiffen anzunageln.

Schiffsobertheil, ist alles das, was über dem obern Verdeck befindlich ist.

Schiffspart, wenn verschiedene Eigenthümer ein Schiff zusammenbauen und ausrüsten, so heißt der Antheil, den ein jeder an demselben, und dem damit zu machenden Gewinnst hat, also.

Schiffspartenrer, verschiedene Mitrheder, welche ein Schiff auf zusammengetragene Kosten ausrüsten.

Schiffspetarde, eine Petarde (s. diese) die zu Schiffe gebraucht wird, jetzt aber schon aus dem Gebrauch gekommen ist.

Schiffsportion, auf der Seefahrt dasjenige, was ein Mann auf dem Schiff täglich an Kost, oder Essen und Trinken, bekommt. Auf den holländischen ostindischen Schiffen bekommt z. B. ein jeder Gemeiner wöchentlich 4½ Pfund Zwieback, des Sonntags und des Donnerstags 1 Pfund gesalzen Fleisch, des Dienstags ½ Pfund Speck, alle Tage des Morgens ein Backsvoll, 7 und 7 Mann eine tiefe hölzerne Schüssel mit Graupen mit einem Löffel Butter darüber, des Mittags und Abends dünngekochte Erbsen, und in den drey Fleischtagen graue Peygelerbsen. Alle Morgen, außer den Fleischtagen, 1/16 Quart Brantewein, und an dieser ein achtel Quart Spanischen Wein, desgleichen die Woche durch, ein Backvoll ½ Pfund Butter, wenn die Butter aber alle ist, an deren statt 1½ Quart Baumöhl und 1 Quart Essig. Alle Tage, so lange es dauret, 4 Quart Bier und hernach soviel Wasser. Auf der Rhede aber bekommen sie frisch Fleisch und Zugemüse auch Fische, soviel als ihnen zu essen beliebt.

Schiffssäule. Fr. Colonne rostrale. (Baukunst) Eine Säule, so mit Schiffsschnäbeln und Ankern rund um versehen und zum Andenken eines Seegefechtes und des dabey erhaltenen Sieges errichtet ist.

Schiffsschnabel, hieß ehedem an den Kriegsschiffen der Alten der hervorragende zugespitzte Theil von Kupfer oder Metall, welcher dazu diente, die feindliche Schiffe durchzustoßen. Der hervorragende Theil der Galeeren in der jetzigen Bauart ist nur noch eine sehr unvollkommene Nachahmung derselben. Ein Römisches Original derselben ist über der Thür des Genuesischen Zeughauses deutlich zu sehen, das im 16ten Jahrhunderte bey Räumung des Hafens gefunden worden. Es ist drey Spannen lang, und der untere vierseitige Theil, welcher wie ein Saurüssel spitzig zu läuft, ist über eine halbe Elle.

Schiffsspiegel, der mit Bildwerk und Malerey gezierte Theil des Schiffs, welcher von dem Hintersteven bis an die Kajüte geht. In der Fregatte ist er oben flach, unterwärts muß er rundlich abnehmen.

Schiffstau. Fr. Tournevire. (Schiffsbau) Ein starkes Seil von neunfachen Schnüren verfertiget, welches dienet, mittelst einer Windspille den Anker auf dem Grunde des Meeres zu heben.

Schiffsteif. Ein Untersegel, so sich gerade hält und beym Laviren nicht auf der Seite liegt.

Schiffstreitplatz, war bey den Römern und Griechen eine eingefaßte See, woselbst man zur Lust und Uebung einen Schiffstreit anzustellen pflegte. Zu diesem Ende war diese See mit einem Gebäude umgeben, welches nach der Art eines Amphitheaters angelegt, und ebenfalls mit Sitzen, als in den Schauspielhäusern versehen gewesen. Oder man ließ auch in das Parterre der dazu eingerichteten Schauspielhäuser nachdem das Orchester vermauert wurde, Wasser laufen, und hielt darauf diese Schiffsstreite. Wie man noch davon ein Beyspiel in dem Schauspielhause zu Parma findet, welches auch dazu eingerichtet war.

Schiffsuntertheil, der Theil des Schiffs unter dem ebenen Verdeck.

Schiffsverkleidung, die äußere Verkleidung des ganzen Schiffs von dicken Brettern, Bohlen u. s. w.

Schiffsvolk, alles was zur Bemannung eines Schiffs gehört; Offiziere, Matrosen und Seesoldaten. Die Landtruppen, welche auf einem Schiffe zu einer Landung mit eingeschifft werden, gehören nicht mit dazu. Jedes Schiff bemannt nach seiner Größe und dem Gebrauch der Nation. Die Engländer haben auf ihren Schiffen mehr Volk als die Holländer, aber weniger als die Franzosen. Das Schiffsvolk der Galeeren bestehet, außer den Offizieren vom Stab, aus Soldaten, Seeleuten, Matrosen und Ruderknechten. In allem sind auf einer Galeere, so wie sie in der Mittelländischen See fahren, insgemein 500 Mann. Das Schiffsvolk wird in dem Dienst, der zum Seegefechte gehört, so wie die Landtruppen, im Laden und Feuern, auch in den Handgriffen mit den Kanonen geübt. Auch müssen die Matrosen ihre Handthierung mit Segelwerk, Kabestan, laufenden und stehenden Tauwerk, und die Befehlszeichen lernen. Daher jährlich Schiffe in See laufen und einige Zeit zur Uebung in der See bleiben.

Schiffswerfft, (Schiffsbau) der Platz, worauf die Schiffe gebaut werden. Ein dergleichen Platz muß immer an einem solchen Ort seyn, wo ein Hafen ist, damit die fertigen Schiffe von dem Schiffswerfft darein abgelassen werden können.

Schiffszimmermann. Ein Professionist, der sich in zwey Zweige theilen läßt. Erstlich derjenige, der nur bloß platte Fahrzeuge und Flußkähne verfertiget, und nicht so viele mechanische Kenntniß haben darf, als der andere, der große und kleine Seeschiffe baut, welche weit mehr Kenntniß und Wissenschaften haben müssen. Sie sind an den Orten, wo deren viele vorhanden, zünftig, haben ihre Lehrlinge und Gesellen, die in den Seestädten wandern.

Schiffsjunge, (Buchdrucker) ein in das Schiff (s. dieses) passender hölzerner Schieber mit einem Handgriff, womit er die gesetzten Kolumnen aus dem Schiff ausschiebt.

Schifftarme, (Bergwerk) die Arme, mit welchen die Kränze der Räder an einem Radehaspel unterstützt werden, und welche helfen denselben zusammenhalten.

Schifften, (Jäger) von Habichten frische Schwungfedern ansetzen, wenn sie zu Zeiten die alten zerstoßen haben.

Schifftsparren, **Schifftrasen**, Fr. Chevron de Croupe, oder Empanon, (Baukunst) so werden die ungleich lange Sparren oder Rasen genennt, welche bey einem Walmdache, sowohl auf der Walmen- als Dachseite, an die Gratsparren oder Gradrasen, nach ihrem schrägen Schnitte angenagelt sind.

Schifftsparren, (Bergwerk) die zwischen den Hauptsparren eines Göpeldachs schräge stehenden Sparren, welche die Hauptsparren desselben unterstützen, und einen Drittel derselben an Länge ausmachen. Sie werden unten in die Schwelle des Göpelhauses und oben von der Seite in die Hauptsparren eingezapft. Man kann sie auch an diese mit starken Nägeln anschlagen.

Schiff und Geschirr, (Landwirthschaft) alles dasjenige Geräthe, welches zur Feld- und Landwirthschaft nothwendig ist, es mag Namen haben wie es wolle, als Wagen, Pflüge, Egen, Rasenhobel, Pflugschleifen &c.

Schiff von Leder. (Schiffsbau) Ein kleines Schiff von Leder, dessen obere Länge 7 Fuß 6 Zoll, die untere 5 Fuß 6 Zoll beträgt. Die Höhe hinten ist 2 Fuß, und vorne 1 Fuß 10 Zoll. An der Seite hat es einen Windbeutel, der 3 Fuß lang, vorne 8 Zoll, hinten aber 1 Fuß weit ist. Das Loch und der lederne Hals, wo der Wind hereingeblasen wird, ist 1½ Zoll weit, es wird oben mit einem hölzernen Propf zugemacht, daß der Wind im Beutel bleibe. Die Seitenwand dieses Schiffes kann von Brettern seyn, so einen Zoll dick sind. Man kann solche auch mit weißem Blech beschlagen. In der Mitte dieses Schiffs wird zu beyden Seiten ein Leder mit platten, glatten, und runden Köpfen angenagelt und mit zwey Reihen solcher Nägel dicht aneinander befestiget, wie denn überall und am ganzen Schiffe, auch der Windbeutel, mit doppelten Reihen Nägeln angenagelt wird. Das Leder in der Mitte muß geräumig befestiget werden, damit das Schiff bey dem Zusammenlegen nachgeben kann. Hinten und vorne werden Bretter 11½ Zoll breit oben auf dem Schiff, wenn es von einander gemacht wird, durch Schrauben oder Splinte befestiget, so das Schiff von einander halten, wozu denn noch ein Gefäß in der Mitte des Schiffs etwas nach hinten zu angebracht wird, welches das Schiff mit von einander hält. Vorne ist solche schmäler wie hinten, und hier ist es ohngefähr 1 Fuß weit. Es muß gut geschmiertes Leder dazu genommen werden, welches noch mit einem Wasserfirniß kann überzogen werden.

Schiffwagen, ein Wagen, mit welchem man über einen Fluß fahren kann. Zwischen den Leitern eines gebräuchlichen Wagens stehen 4 Fässer und an den Eisen, welche die Leitern dieses Wagens zusammenhalten, können die Ruder angestämmt werden. Wenn der Wagen in dem Wasser als ein Schiff regiert wird, sind Haken angebracht, auf welchen die Ruder liegen können. An der Gegend der Vorderräder hat der Wagen eine Oeffnung, so daß beym Lenken des Wagens nach einer oder der andern Seite die vordern Räder darinn gehen können und Platz haben. Wenn der Wagen im Wasser ist, wird die Deichsel in die Höhe gerichtet. Man kann diese Wagen auch anstatt der Pontons zu Schlagung einer Schiffbrücke gebrauchen. (s. Leupolds Brückenbaukunst Tab. LVI. Fig. I. II.)

Schiffswinde, (Schiffsbau) ein starker langer Baum in Gestalt eines abgekürzten Kegels, am obern Ende mit einer Anzahl Löcher durchbohrt, worein man die Hebel steckt, vermittelst welcher die Winde herumgedreht wird. Sie wird zu dem schwersten Bestreben gebraucht. Z. E. ein Schiff von einer Klippe oder Bank in tieferes Wasser hinab zu heben.

Schiffzahl, (Deichbau) in den Gegenden, wo mit Schiffen gedeicht wird, die Zahl oder Summe der Schiffe, ſt eine Summe ausmacht, wo zu einem Schiffe insgemein eine Rolle, oder zwey halbe Bauen, gehören. Ein Schiff wird in solchem Verstande auch für das dazu gehörige Land genommen.

Schiffszwieback. Feldzwieback. (Bäcker) Ein völlig von aller Feuchtigkeit befreyetes und ausgetrocknetes Brod, welches um der Dauer willen, daß es nicht schimmlicht wird und verdirbt, also gebacken wird. Es wird aus gutem Roggenmehl, von rechtswegen vom feinsten Mehl, gebacken, weil dieses besser austrocknet. Aus diesem Mehl wird sorgfältig ein Teig gemacht, dieser zu runden oder langen Broden geformt, und im Ofen stark gebacken; nach dem Erkalten mit einem langen scharfen Messer, die runden in zwey Hälften, die langen aber in Stücken zerschnitten, wieder in den Ofen geschoben und stark geröstet. Dieses Brod dauert viele Jahre und dienet in Vestungen und auf den Schiffen zum Proviant.

Schilbe. Ein Maaß, darnach das Salz zu Schwäbisch Halle vermessen wird, das 1½ Zentner hält.

Schild, Fr. Cartouche. Cartel, die Einfassung aus allerhand Laub, Blumen, Muscheln- und andern Schnörkelwerken und auch andern mit eingemengten Figuren bestehend, welche um eine Innschrift, Wappen, Namenszug, oder Sinnbild gemacht wird.

Schild, (Baukunst) eine schwache Wand zwischen zwey starken Pfeilern, besonders an den Gartenmauern.

Schild, (Fleischer) der Theil hinter dem Vorderblatt eines Rindes, woraus der Fleischer urtheilen kann, ob der Ochse fette Ribben hat. (s. Schätzen des Viehes bey dem Rind)

Schild. (Jäger) Ein Stück Leinwand, worauf eine Kuh, Pferd oder Hirsch mit lebendigen Farben gemalt, die Rebhühner damit nach dem gelegten Zeug zu treiben. Das bemalte Stück Leinwand wird mit hölzernen Stäben auf einander gespannt, und hat oben ein Loch, daß der Jäger, welcher solches in Händen und vor sich behält, durchsehen kann. In starkem Winde ist die Kuh besser zu gebrauchen, weil man sich an dem Schilde gar zu müde halten muß.

Schild. (Jäger) So nennt man bey den Haselhühnern die schwarzen, bey den Feldhühnern die rothen Federn, so sie auf der Brust haben. In beyden Arten hat der Hahn allezeit mehr dergleichen Federn als die Henne.

Schild. (Kriegeskunst) Eine Schutzwehre, die am Arm getragen wird, sich damit gegen die feindlichen Streiche zu bedecken, und die von den Alten gebraucht wurde. Sie wurden von Kupfer oder Holz gemacht, auch von Weiden geflochten und mit Leder überzogen, mit allerhand Farben angestrichen, und mit hellpolirten Buckeln besetzt. Sie waren von Gestalt rund, halbrund, langgeviertet, rautenförmig oder ausgeschweift von unterschiedener Größe. Bey den Türken, Persern und andern morgenländischen und afrikanischen Völkern werden sie noch geführt.

Schild. (Schlösser) Ein zierlich ausgefeiltes, blauellen geädertes, durchbrochenes oder getriebenes blau angelaufenes, oder auch verzinnetes Blech, welches das Schlüsselloch und den Drücker oder die Klinke verzieren muß.

Schild, Wappenschild. (Schiffbau) Eine Verzierung an dem Schiffe, welche an verschiedenen Orten angebracht wird. Das Schild am Hintertheil von außen hat gemeiniglich das Wappen des Eigenthümers, oder der Stadt, oder der Provinz wohin es gehört oder es steht auch der Name des Schiffs darauf. Das Bild darnach es genennt wird, steht im Spiegel. Der Name ist entweder von einer Stadt, oder einem Heiligen, oder aus der Göttergeschichte genommen u. s. w. Ferner befindet sich noch ein Schild am Hinter- und Vorderpflicht mit allerley Zeichen und Zierrathen.

Schild, (Wasserbau) die Wand, womit eine Arche oder ein Strudelbau von der Seite zugeschlossen wird.

Schild, das bey den mehresten Handwerkern an ihren Häusern oder Laden aushängende Zeichen, wodurch sie anzeigen, von welcher Profession sie sind, und was bey ihnen verfertigt werde. Einige Professionisten haben durchgängig einerley Zeichen, z. B. die Schneider eine Scheere, die Büchsenmacher ein paar ins Kreuz gelegte Pistolen oder Büchsen u. s. w. auch nennt man ein Schild das Zeichen eines Gasthofes, welches auf allerley Art bemalt wird, und nach welchem Zeichen auch man gemeiniglich fraget, wenn man in diesen oder jenen Gasthof gehen will.

Schild, den, einnehmen, einziehen, wenn einem Handwerker das Handwerk zu treiben gelegt wird.

Schild des Leders, (Lederarbeiter) der Theil an der Haut eines Thiers, der über dem Hüftknochen gesessen hat. Er ist sehr schwammig, und zieht die mehreste Nässe an sich, daher diese Stelle bey der Zubereitung vorzüglich gut bearbeitet werden muß, daß sie das schwammige Wesen verliert.

Schild d'or eine Goldmünze in Frankreich, die den Karolinen ziemlich gleich kommt.

Schilderer, (Kattunmanufaktur) diejenigen Frauenzimmer, gemeiniglich junge dazu angelernte Mädchen, welche die Farben mit dem Pinsel in den Zitz eintragen, die nicht gedruckt werden können. Die Umrisse der Blumen dieser Farben sind schon mit Vorformen (s. dieses) schwarz abgedruckt und die Farbe darf nur mit dem Pinsel eingetragen werden, wozu sie Vorschriften haben.

Schilderey, (Maler) so werden die Gemälde genennt, so eine Sache nachahmen oder die Kopie einer Sache vorstellen, und der Maler wird auch nicht selten in dieser Betracht ein Schilderer genennt. So sagt man, er hat die Sache das Bild gut abgeschildert, wiewohl dieses Wort auch in anderer Bedeutung genommen wird, welches hier aber nicht hergehöret. Man sagt auch von der Malerey selbst das Schildern.

Schilderhaus. Fr. Sentinelle, Echangette. Ein kleines Haus, hoch und schmal, daß ein Mensch darinn stehen kann, so entweder von Steinen, mehrentheils aber von Holz zusammengesetzt wird. Seine Gestalt ist theils rund, theils acht- sechs- oder viereckigt, es trägt ein Giebeldach. An den Seiten nach der Höhe der Mannslänge sind Löcher angebracht. Es dienet den Schildwachten auf ihren Posten, sich für Wind und Regen zu verdecken, und die Löcher dienen dazu, daß sie auf beyden Seiten beobachten können was vorgeht.

Schildern, das, der Wachstuchtapeten, da mit dem Abdrucken der mancherley Schattirungen mit den kleinen Stempeln viel Farbe verschwendet wird, indem solche an denselben hangen bleibt, so hat man zur Ersparung derselben die Gewohnheit eingeführt, solche einzuschildern (Einzumalen) und deswegen in den Manufakturen Frauenzimmer angelehrt. Dieses Malen, welches den Tapeten ein weit besseres Ansehen giebt, indem die Figuren nicht so steif und hart, als in den gedruckten sind, wird auf folgende Art verrichtet. Erstlich wird der weiße Grund zu den Figuren mit der Klatschform eingedruckt, und nachher in denselben die Umrisse und Schraffirungen der Figuren oder Gemälde mit den großen Stempelformen abgedruckt. Nach Anleitung dieses Vordrucks malt oder schildert nun das Frauenzimmer die Figuren nach ihrer inneren Kenntniß mit den erforderlichen Farben aus, verwischt diese malerartig, und bringt zugleich die erforderlichen Schattirungen an, und verfährt dabey übrigens so malerartig, als etwa wenn ein Maler die Lasurfarben aufträgt.

Schildgroschen. Eine Silbermünze, so im 15ten Jahrhunderte geschlagen wurde. Deren 60 Stück 1 Thlr. 8 ggr. werth gewesen.

Schildkrötenarbeit. (Staffirmaler) Eine Malerey oder ein Anstrich, der das Ansehen von Schildkrötenschaalen hat, und also flammig ist. Zu diesem Endzweck setzt der Künstler mit Zinnober einen Grund auf die Sache, der er diesen Anstrich geben will, und malt, wenn der Zinnober noch etwas naß ist, mit Umbra Schattirungen hinein. Sobald nun dieser also bemalte Farbengrund trocken ist, so reibt man ihn erstlich mit einem Stück Bimsstein; hierauf mit pulverisirtem und trocknem Bimsstein, und endlich auch wohl mit pulverisirter und gesiebter Zinnasche ab. Das Stück Bimsstein nimt alle vorstehende Körner oder Ungleichheiten des Farbengrundes ab, und die gedachten Pulver ebnen den Farbengrund völlig. Ein solcher Farbengrund kann nun ohne alle Verzierung sogleich lakirt (s. lakiren) werden, und erhält jetzt die vollkommene Gleichheit einer Schildkrötenschaale. Freylich muß der Künstler bey der Ausmalung der Schattirungen und Adern den natürlichen Flammen der Schaalen völlig zu entsprechen suchen. Die Farbe zum Grunde sowohl als zur Ausmalung wird mit eben dem Firniß, womit in der Folge lakirt werden soll, abgerieben. Man könnte zwar auch wohl mit Wasserfarben in diesem Fall malen. Alsdenn müßte man aber den Grund mit Leimfarbe und nicht mit Firnißfarbe anstreichen, denn die Wasserfarbe haftet bekanntermaßen nicht auf dem Oelgrunde.

Schildkrötendose auszubessern, (Kunstdrechsler) wenn eine solche Dose im Schluß locker wird, daß sie nicht mehr gut schließen will, so läßt man Wasser in einer Pfanne kochen, und hält die Oeffnung der Dose in das Wasser, so dehnt sich die Dose wieder aus, und der Deckel wird passen. Man muß aber sich in Acht nehmen, daß man die Dose nicht zu lange im Wasser hält, sonst würde sie zu stark quillen und der Deckel nicht darauf gehen.

Schildkrötendosen zu formen, s. Dosenforme. (Kunstdrechsler)

Schildkrötenkämme, (Kammmacher) Kämme von Schildkrötenschaalen. Sie werden mit den nämlichen Handgriffen verfertigt, als die Hornkämme (s. Kammmachen) nur daß sie behutsamer behandelt werden müssen. Die Schildkrötenschaalenplatten werden mit der Ortsäge in kleinere Kammplatten zerschnitten oder größeren, alsdenn über einem Kohlfeuer erwärmt, zwischen zwey eisernen Platten in den Schraubstock gespannt und dadurch gerade gerichtet, und mit der Handfeile an der Zahnseite geschärft.

Schildkrötenschaalen, Schildpadde, die Schaalen der bekannten vierfüßigen Thiere, die sowohl auf der Erde als im Wasser leben. Die Thiere sind mit dieser Schaale oder Padde unten und oben bedeckt, sie ist ein hornartiges Wesen, welches braune, schwarze und goldene Flecken und ein sehr schönes Ansehen hat, daher sie auch zu vielerley Kunstsachen gebraucht werden, als zu Tobacksdosen, Messerschaalen, Uhrgehäusen, Kämmen u. s. w. Man muß sich aber sehr in Acht nehmen, daß man nicht anstatt der wahren Schildpadde nachgemachtes gewöhnliches Horn erhält, da die Kunst, solches nachzumachen, sehr weit gekommen ist.

Schildkrötenschaalen zu erweichen. (Kunstdrechsler) Man nimt 6 Quart Wasser in einen Kessel, thut 1 Loth Baumöl dazu, und läßt es kochen. Alsdenn legt man die Schildkrötenschaale hinein und läßt sie einige Zeit darinn liegen, so wird sie weich. Man nimt sie alsdenn ganz locker heraus und legt sie geschwinde in die Form, wenn man daraus was bilden will, unter die Presse (s. Dosenforme) und man kann denn nach Gefallen daraus bilden was man will. Dieses muß aber geschwinde zugehen, denn wenn die Schildkrötenschaale nur ein wenig kalt wird, so wird sie gleich wieder steif und läßt sich nicht mehr bilden. Man muß bey dem Pressen nicht mit einmal zu stark pressen, sondern nur nach und nach.

Schildkrötenschaale zu löthen. Wenn man zwey Schildkrötenschaalen zusammenleimen will, daß sie ein Ganzes ausmachen sollen, so verfährt man also: man putzt mit einem Messer beyde Seiten der Schaalen, die man zusammenfügen will, ab, und wickelt sie in ein doppelt leinen Tuch. Hierauf macht man zwey starke eiserne Platten heiß, legt die eingewickelte Schildkrötenschaale zwischen den Platten unter eine Presse, die man fest zusammenschraubt, und läßt sie so lange darunter, bis alles erkaltet ist, so wird die Schaale zusammengelöthet seyn. Sollte es bey dem ersten mal nicht gelingen, so schadet es nicht, sondern man wiederholt diese Arbeit noch einmal, wie das erste mal.

Schildkrötenstein, ein Stein, der in den großen Schildkröten gefunden werden soll, und eine Schaale wie Perlen-

Perlenmutter hat. Es ist nichts anders als ein Schmelz. (S. diesen)

Schildmauer, (Weingärtner) eine niedrige Mauer an den Bergen, das Wasser abzuhalten, damit es nicht soviel Erde mit sich führe, weil sie den Weinbergen gleichsam zu einem Schilde dienet.

Schildpattenfarbiger Achat. Ein Achat, der von Farbe dem Schildkrötenschaalen gleicht, und auch dergleichen Adern hat. Er ist sehr rar und schön.

Schildpfannendeckel, (Artillerie) das eiserne Band, welches über den Schildzapfen der Stücke oder Mörser herüber geht, wenn solche auf der Laffete liegen. Es ist gemeiniglich mit einem Gewinde versehen, daß man es auf und zu machen kann.

Schildstichel. (Petschierstecher) Ein Grabstichel, welcher vorne rund und geschärft ist, womit der Künstler auf dem Metall runde Striche ausgräbet.

Schildzapfen, (Artillerie) zwey Cylinder von Metall zu beyden Seiten eines Stücks, vermittelst welcher es auf den Laffeten liegt.

Schildzapfenstück, Fr. Deuxieme renfort, der mittlere Theil einer Kanone, wo die Schildzapfen angesetzt sind. Es ist stärker als das Mundstück, hingegen schwächer als das Bodenstück.

Schiler. (Reitkunst) Wenn man sich auf dem Voltigirpferde in die Höhe hebt, mit der linken Hand hinten an den Sattel fasset, und mit der rechten Hand vorne, hierauf mit dem linken Fuße hin und wieder spielet, und solchen durch den rechten Schenkel in den Sattel wirft, daß man darinn zu sitzen kommt, das Gesicht nach des Pferdes Kopf kehrend, hierauf abermal mit beyden Händen den Sattelknopf fasset, und sich heraus hebt, daß man hinten zu sitzen komme.

Schilf, (Böttcher) ein in Morästen, Seen und Teichen wachsendes Röhrengewächs, welches dünne Schaalen und lange dünne Blätter hat, und von dem Böttcher, nachdem es trocken ist, gebraucht wird, die Fugen der Gefäße damit zu verstopfen, um das sogenannte Spackwerden zu verhindern. Denn wenn die Gefäße eine Zeitlang leer gestanden und ausgetrocknet sind, so erweitern sich die Fugen, durch welche sich alsdenn hineingegossenes Wasser durchzieht und zu rinnen anfängt. Der schwammigte Schilf aber, der in den Fugen steckt, von dem Wasser erweicht, dehnt sich in den Fugen aus, und versperret gleichsam den Ausgang, bis das Holz selbst durch das Wasser genugsam aufgequillet, und die Fugen verschließet. Der Schilf zu diesem Gebrauch wird um Bartholomäi geschnitten, denn eine jede andere Zeit ist nicht gut dazu. Er bekommt sonst den Wurm, und dieser macht ihn unbrauchbar. Wenn er abgeschnitten ist, wird er getrocknet, und zum Gebrauch aufgehoben. Er bleibt viele Jahre gut. Der beste Schilf ist der, der an sumpfigten Oertern wächst; der im Fließwasser wächst ist hart, und bey weitem nicht so gut.

Schilfbrücke, eine Brücke, deren man sich über Moräste bedienet, welche aus Faschinen von Schilf, Rohr oder Binsen bestehet, worüber Bretter geleget werden.

Schilfklinge, (Schwerdtfeger) eine dreykantige leichte und steife Klinge, die zum Stoßdegen gebraucht wird.

Schillertaft, (Seidenmanufaktur) Taffent, der mit mehreren Farben spielet, und gemeiniglich im Deutschen von dem Fr. Changeant, schangirter Taffent benennet wird.

Schilling, Fr. Escalin; Eine kleine Silbermünze, so im 9ten Jahrhunderte aufgekommen und verschiedenen Werth gehabt; anfänglich wurden 15 bis 20 auf eine Mark gemünzet, und jeder zu 12 Pfennigen gerechnet. Sie sind auch Pfündige Schillinge genennet worden, und anfänglich den alten Groschen gleich gewesen, nachher aber geringer geworden. Von den letztern Schillingen, die eine Scheidemünze sind, thut der Lübeckische, Hamburger, Strahlsunder 6 Pfennige, der Würtenbergische 4 Pfennige, ein Wetterauer 3 Kreuzer oder 9 Pfennige, ein Schilling Märkisch 3 ggr. ein Polnischer Schilling einen halben Pfennig u. s. w.

Schilling; Eine Englische Münze, deren 3½ ungefähr einen deutschen Thaler ausmachen.

Schilling; Ein Münzgewicht, so im Golde den 10ten Theil eines Dukatens, im Silber aber den 3ten Theil eines Loths hält.

Schillinggroschen, Fr. Escalin de Misnie. Eine Meißnische Münze, welche im 14ten Jahrhunderte statt der Hohlen- oder Blechmünzen eingeführet worden, und den 4ten Theil der Mark betragen hat.

Schillingsdraht. Eine gewisse Art Draht, welche zum Stricken, zu Zeltshaken u. s. w. gebraucht wird, und auf den Drahtmühlen Num. 18 heißt.

Schindel, ein dünnes, eine starke Hand breites und etwas längeres Brettchen, welches an der einen Seite scharf, an der andern aber mit einem Falz versehen ist, und statt der Ziegel zum Decken der Dächer gebraucht wird. Man bedienet sich ihrer viel an Orten, wo wegen Strohmangel die Dächer nicht mit Stroh gedeckt werden können. Bey Verfertigung der Schindeln hat der Schindelmacher zu beobachten, daß er das Holz dazu im Herbste oder Winter schlage, denn im Sommer ist das Holz im Saft, und inwendig nicht porense, außerhalb aber zwischen der Schaale strunpig und wässerig, und dauret daher eine solche Schindel nicht halb so lange, als die, wo das Holz in der vorgeschriebenen Zeit geschlagen worden, weil sie auf dem Dache gleich das Wetter an sich ziehen, und von demselben abgezehret werden; da hingegen die Herbst- oder Winterschindeln, weil sie zu einer solchen Zeit, da das Holz in seiner Reife, und der Saft zu lauter Harz geworden ist, noch einmal so lange als jene dauern. Die gespaltenen Stöcke zu den Schindeln werden aus freyer Hand geschnitten, und mit einem Schindeleisen (s. dieses) die Falze auf der einen Kante eingestoßen, und auf der andern die Schärfe mit einem Schneidemesser angeschnitten, hernach in Bunden zu hundertweise eingebunden und so verkauft. (S. auch Dachspäne)

Schindel, Fr. Eclisse. (Köler) So wird das zweyte Stockwerk der Holzscheite eines Kohlenmeilers genannt.

Schindeldach, ein Dach mit Schindeln (s. diese) gedeckt.

Schindeldecker, ein Arbeiter, der die Dächer mit Schindeln decket.

Schindeleisen, ein Werkzeug der Schindelmacher, womit sie die Fugen in die Schindeln hauen. Es ist ein schmales, scharfes Eisen, welches so breit ist, als die Fugen an der einen langen Seite der Schindeln sind, womit die Fugen eingestoßen oder eingehauen werden.

Schindelmacher, Schindelhauer, ein unzünftiger Arbeiter, der die Schindeln machet.

Schindelnägel, (Nagelschmid) viereckigte dünne Nägel, die nur einen halben Kopf haben, womit die Dachschindeln angenagelt werden.

Schindelsparren, (Zimmermann) die Sparren zu einem Schindeldach, die nicht so stark als die Sparren zum Ziegeldach seyn dürfen.

Schindelstamm, ein Baum, wovon Schindeln geschlagen werden können. Das Tannenholz taugt hierzu am besten, und besser noch als Fichten, nicht sowohl wegen der Dauerhaftigkeit, denn manche fichtene Schindel dauert im Wetter länger, als eine tannene, sondern wegen der Harzgallen, welche in den fichtenen Stämmen in den Jahrringeln oft wie ein Thaler groß verborgen sind. Wenn man ein solcher Stamm zu Schindeln zerspalten wird, so bekommen dieselben solche harzige Risse, welche hernach von der Sonne ausgeschmelzen werden, und das Dach schadhaft machen. Ein guter Schindelstamm aber muß gleichspaltig seyn. Denn wie alles Holz, wenn es im Wind oder Wetter erwachsen, sich drehet und windisch herum läuft, gleichwie andere rankige Gewächse, als Hopfen u. dgl. jedesmal gegen die rechte Hand ihren Anfang nehmen, also auch dieses Holz, geht nun ein solcher Schindelbaum ein wenig gedrehet, so ist er zu Schindeln untauglich; dieses nennt man schnell gehend, geht sein Holz aber gerade in die Höhe, so geht er gerecht. Ferner muß er nicht wammericht gewachsen seyn. Denn mancher Baum spaltet wohl gerecht oder gerade, er ist aber wammerich, das ist, er reißt nicht gerade hindurch, sondern splittert und zasert deyem Spalt, und ist solchergestalt auch unbrauchbar. Diese beyden Fehler kann der Schindelmacher dadurch inne werden, wenn er aus dem Baum einen kleinen Span einen Finger lang und eine Hand breit heraus hauet, und selbigen ein paarmal spaltet, denn dieses weiset ihm gleich die Güte des Baums. Wiewohl diese Probe von den Förstern nicht gerne verstattet wird. Es muß auch ein zu Schindeln tauglicher Baum nicht kernästig seyn, d. i. nicht starke Aeste haben, welche er von Jugend auf getrieben, und die ihm aus dem Kern gehen, denn solche drücken das Holz nach und nach, daß es nicht gerade oder gleichspaltig bleibt. So muß er auch keine rothe Seite haben, nämlich wenn er etwas krumm an einem Rande heraus, und nach und nach wieder in die Höhe gewachsen ist, so wird die äußerste Seite roth, und wenn man dieselbe spalten will, so springt das Holz oder Span hinweg, und dieses taugt zu Schindeln auch nicht. Auch eisklüftig muß ein solcher Baum nicht seyn, wenn nämlich derselbe in starken Frösten von Kälte dergestalt von einander gezogen worden, daß er wie ein zerfrornes Ey von den Aesten an bis an die Wurzeln zerrissen ist, welcher Riß in der Saftzeit wieder in der Schaale mit Saft angefüllet und zugewachsen ist. Er muß auch nicht kernschällig seyn, wenn nämlich bey starken Winden die Jahre inwendig im Baum verschoben werden, welches hernach, weil das Holz inwendig allezeit trocken, nicht wieder zusammen wächst, und folglich zu Schindeln und Brettern untauglich ist. Das beste Holz ist das, was in Gründen schattig und mastig auswächst.

Schinder, (Bergwerk) an einigen Orten ein Flötz oder Gang, der einen andern Gang und die Anbrüche abschneidet.

Schinderling, eine leichte Bayersche Münze, so Herzog Ludwig zu Landshut schlagen lassen, die aber schon 1460 abgeschaffet worden, und jetzt sehr rar ist.

Schiner, soviel als Markscheider in den Niederösterreichischen Bergwerken.

Schinken. So nennt man im engern Verstande die geräucherten Hinterkeulen eines Schweins, wovon die westphälischen Schinken sehr berühmt sind.

Schinkenkessel, (Kupferschmid) ein von Kupfer in Form eines Schinkens getriebener Kessel, oder kleine Wanne, worinn die geräucherten Schinken abgekocht werden.

Schippe, Spaden, (Grobschmid) ein schaufelartiges, aber flaches Werkzeug von Holz, dessen breites Schaufelbrett mit Eisenblech beschlagen und dadurch ein scharfes Werkzeug wird, womit man graben kann. Es hat einen langen Stiel, so wie die Schaufel, und ist im gemeinen Leben sowohl bey dem Bauern als auch bey der Feld- und Gartenarbeit unentbehrlich, indem man mit der starken eisernen Schärfe, die Erde aussticht und auswirft.

Schippe. (Wachsbleiche) Ein dünnes schaufelartiges Werkzeug mit einem langen Stiel, womit das gebänderte Wachs auf dem Bleichenbaum umgewendet wird; indem man mit derselben unter das Wachs fähret und sie so umdreht, daß die ungebleichte Seite oben auf zu liegen komt.

Schippscheeren, (Tuchbereiter) das letzte Scheeren der schwarz gefärbten Tücher, nachdem sie nach der Farbe getrocknet worden, wodurch selbige so fein wie möglich von den Tuchscheerern geschoren werden.

Schiptuch, eine Art Tuch, welches vor diesem in Schlesien sehr häufig verfertiget und von da weit und breit versühret wurde. Es ist aber mit der Zeit sehr in Abnahme gekommen. Denn die Schotten, welche sich in Preußen niedergelassen hatten, machten solches stark nach, und weil sie gute und schlechte Wolle untereinander nahmen, so veränderten sie dessen Beschaffenheit, und es entstanden die sogenannten Mordertücher, welches dort eine starke Mißtrigerung von Tüchern bedeutet. Was man noch jetzt polnische Schiptücher nennet, ist nur ein schlechtes grobes Tuch fürs gemeine Volk. Dagegen hat man in der Ukräne

und

und in Rußland Marktstätten von solchen Schieferziegeln angelegt, die besser ausfallen und den Schieferdächern vielen Abbruch thun.

Schir, s. Schleyer.

Schirbel, (Eisenhütte) ein Stück ausgereckstes geschmiedetes Eisen, welches aus dem Zagel als ein Theil desselben ausgezogen werden.

Schirbel, s. Probierschirbel.

Schirbelkobalt, Fr. Caillou arsenical. (Bergwerk) Ein graues, bisweilen gelb, wie Messing anlaufendes, wie aufeinanderliegende halbrunde Abschnitte von schalenförmigen Scherben gestaltetes Minerale, welches klingt, als wenn es Metall wäre, wenn man darauf schlägt. Vor sich und wenn kein Farbenkobald dabey ist, giebt es kein blau, hingegen viel Arsenik. Man findet eine Art, die wie derbes Eisen, und auf dem frischen Bruch wie Stahl aussieht, in wenig Stunden aber von der Luft wieder schwarz anläuft und ebenfalls klinget, wie ein reines Metall. Es löset sich im Feuer, ohne daß was zurückbleibt, gänzlich auf. Dergleichen hat zu Johanngeorgenstadt im Obergebirge des Marggrafthums Meißen gebrochen.

Schirken, (Vogelfänger) wenn der Finke einen eintönigen schnarrichten Laut von sich hören läßt, so sagt man der Fink schirkt.

Schirl, Schirlich, Schörl, Schörlich. Fr. Schirl. (Bergwerk) Ein krystallisirtes, prismatisches, glasartiges Gestein, so auf dem Bruch allemal glänzend und schiefrig aussieht, wie Glas. Einige neuerer Gelehrten, setzen ihn mit dem Basalt (s. diesen) und andere mit dem Hornstein in eine Klasse. Er unterscheidet sich aber von beyden, indem der Basalt auf dem Bruch ganz matt, und nicht so glasartig und zart von Korn ist, als der wahre Hornstein. Der meiste ist wie ein schwarzes Glas, man findet ihn aber auch roth, grün und gelblich. Eine blaßgelbe Steinart, welche mit dem Schirl, dem Gewebe und dem Korn nach, übereinkommt, bricht zu Altenburg im Marggrafthum Meißen, welches für einen weißen Schirl angesehen werden kann.

Schirl, (Bergwerk) eine unartige Zwitterart, die das Zinn im Schmelzen sehr raubt.

Schirlhaare, (Wollenmanufaktur) die groben Haare, die sich an der Wolle hin und wieder befinden, wegen ihrer Härte keine Farbe annehmen, sich auch aus dem Tuch bey dem Bereiten nicht wegschaffen lassen und daher von den Flüsern bey dem Flüsen (auslesen) mit der Schere abgeschnitten werden müssen.

Schirlich, s. Schirl.

Schirloch, das vordere Loch in einem Gießofen, oder die Oeffnung wodurch das Holz zum Heitzen des Ofens auf einen darinn befindlichen Rost geworfen wird. Die Oeffnung geht von oben herunter, und da solche oben durch einen Deckel verschlossen werden kann, so wird die Flamme genöthigt durch den Schirwalch (s. diesen) in den Ofen zu schlagen und die ganze Hitze auf dem Metall auszuüben. (s. Gießen)

Schirm. Ein Werkzeug oder Geräthe, welches vor eine Sache gesetzt wird, oder hinter welchem man etwas verbirgt. Aus dem verschiedenen Gebrauch desselben entspringen verschiedene Benennungen und Gestalten, als Sonnenschirme, Lichtschirme, Drahtschirme, u. dgl. m. (s. denen an seinem Ort)

Schirm. (Jäger) Ein Gebäude in Gestalt eines Zeltes, worinn eine hohe Herrschaft mit ihrem Gefolge nicht nur beym Abjagen auf dem Laufplatze das getriebene und vorgejagte Wild erwartet, und solches erlegt, sondern auch nach geendigter Jagd gespeist wird. Ein solcher Schirm wird von geschnittenem leichtem Zimmerholze, welches reinlich und glatt behobelt auch genau und scharf verbunden seyn muß, verfertiget. Zum Grunde werden kleine Schwellen gelegt, darauf ohngefähr 4 Ellen hoch ein Ueberschwellwerk auf Säulen gesetzt, und mit Balken und Riegeln verwahret; alsdenn folgt der Fußboden mit leichten Brettern zusammengespündet, auf welchen ein Saal vier Ellen hoch zu stehen kommt; vorne und hinten wird zwischen breiten Glasfenstern eine Thür und doppelte Treppe gemacht und endlich das Dach von geschnittenen leichten Latten zusammengesetzt. Dieses alles wird mit grünem Barchent, Drillig oder andern grünen gefärbten leinen oder wollenen Zeuge recht glatt überzogen. Das Holzwerk muß jedes, wie es sich zusammen schickt, numerirt, und mit eisernen Schrauben, wie ein Feldbette oder Feldtisch, veste zusammengeschraubt werden. Das Dach aber wird wie ein Zelt mit Leinen ausgezogen und untenwärts befestiget, daß es nicht zu merken. Auf die beyden Giebel werden vergoldete Sternchen oder Knöpfe aufgesteckt. Die Größe, Länge und Breite richtet sich allezeit nach der Menge der Personen, die sich darinnen aufhalten sollen, und nach Beschaffenheit des Abjagens, sonderlich des Laufplatzes, und muß ein solcher Schirm ordentlich angeordnet werden, damit er nicht zu groß auch nicht zu klein oder schmach sey. Der Schirm wird gemeiniglich auf dem Laufe so gestellt, daß die Distanz zwischen dem Schirm und dem Jagen den dritten Theil des ganzen Laufes beträgt, jedoch wenn der Lauf gar zu lang ist, so wird der Schirm höchstens über 100 Schritt vom Jagen nicht gesetzt. Nach geendigtem Jagen wird der ganze Schirm auseinandergenommen, die Stücke nach den Nummern zusammengelegt, und zum künftigen Gebrauch bey dem andern Jagdzeug im Jagdhaus aufgehoben.

Schirm, (Jäger) wenn von Busch oder Reisholz etwas aufgerichtet wird, oder ein von selbst gewachsener Busch dazu ausgesucht wird, daß man sich bey der Jagd selbst, oder die Hunde dahinter verbergen kann.

Schirm, Fr. Garde-vue, (Kupferstecher) eine Maschine, deren die Kupferstecher sich bedienen, wenn sie bey Licht arbeiten, damit die Bewegung der Flammen, welche niemals stille ist, keine falsche Lichter auf ihre Werke mache, und das Flattern der Flamme nicht ihre Augen verderbe. Der Gebrauch dieser Maschine, ist wie der Rahmen bey Tage. Sie besteht aus einem hölzernen Rahmen, wie der von einem Siebe, hierauf klebt man großes Papier, eben als wenn man ein Fell über die Trommel spannete. Auf der einen Seite ist eine hölzerne Platte, und in der Mitte eine Döckle, in welche das angesteckte Licht gesetzt wird. Man setzt diese Machiene zur linken Hand etwas vorwärts, die Seite, auf welcher das Papier ist, gegen den Kupferstecher gewendet, welcher sich zwischen dem Lichte und dem Werk, das er macht, befindet.

Schirmbrett, (Glashütte) dasjenige Brett, welches vorne an den Zwischenschieden (s. diese) des Schmelzofens an einem andern, vorne in die Höhe gehenden Brett, die Quere hängt. Dieses hat ein viereckigtes Loch, durch welches der Glasmacher in den Ofen oder Hafen sehen kann, daß ihm also nicht die ganze Flamme in die Augen falle.

Schirmbrett. Fr. Paravent, (Hüttenwerk) Ein starkes Brett, so beym Frischfeuer vorne angeschlagen wird, zu verhindern, daß die Gluth des Feuers die Arbeiter nicht zu sehr treffe.

Schirmdach. Fr. Comble en patte d'oie. (Baukunst) Ein Dach mit verschiedenen Seiten und mit 2 oder 3 Giebelspitzen, um z. B. in einem Hinterhofe einen Brunnen eine Presse u. dgl. zu bedecken.

Schirmmauern, (Glashütte) Mauern eines Mannes hoch, und etwa fünf Viertel breit, einen Stein dick, außerhalb am Glasofen aufgeführet, um dem Arbeiter die aus den Löchern des Glasofens ausschlagende Hitze abzuhalten.

Schirrbeil, (Landwirthschaft) ein Beil, womit das hölzerne Geschirr ausgearbeitet wird.

Schirrholz, Geschirrholz, darunter wird alles harte und weiche Nutzholz verstanden, welches man bey der Landwirthschaft zu Verfertigung neuer und Ausbesserung alter Ackergeräthe und anderer zum Landbau gehöriger Werkzeuge von nöthen hat. Darzu dient das Birken-Roth- und Weißbüchen- Aspen- Ahorn- Rüstern- Eichen- Erlenholz &c.

Schirrkammer, das Behältniß bey einem Landguth, worinn das vorräthige Pferd- und Ackergeschirr aufgehoben und verwahret wird.

Schirrmeister, wird der erste unter den Ackerknechten auf einem Rittergut oder Vorwerk genannt, dem das Geschirr zu seiner Aufsicht und Rechenschaft anvertraut ist, der über die andern Knechte und Jungen die Aufsicht hat.

Schlaafdeich. Ein Deich der im Lande, im Vorrath auf den Fall, wenn der Hauptdeich bricht, hinter diesem angelegt wird.

Schlabbern, kleine Heringsbuisen. (s. Buisen)

Schlacht, Deichschlacht. (Deichbau) Eine gewisse Breite Landes innerhalb des Deiches, woraus in einigen Fällen, die Erde zu diesem genommen wird, und welche deswegen zum Deiche gehört und angesetzt ist.

Schlacht. (Wasserbau) Ein Bollwerk entweder zur Bekleidung des Ufers der Länge nach oder ein mit Wasser hinausgehender mit Holz bekleideter Damm, bequem zum Anlegen der Schiffe. Auch ein jeder Einbau an kleinen Strömen, der mit Holz verrammet, und inwendig aber mit Erde gefüllt ist.

Schlacht, s. Schiffgefecht.

Schlachtbank. (Fleischer) Eine Bank, worauf kleines Vieh, als Kälber, Schaafe &c. ausgeschlachtet wird.

Schlachten, (Fleischer) das zum Speisen nöthige Vieh ums Leben bringen, und das Fleisch davon rein und zum Kochen tüchtig machen. Das Schlachten geschiehet auf zweyerley Art: entweder man schlägt das zu schlachtende Vieh mit einer Axt vor den Kopf, wie das Rindvieh, und nachdem solches umgefallen, schneidet man ihm die Kehle auf, um das Blut herauslaufen zu lassen; oder man tödtet es auch gleich mit dem Messer, indem man ihm gleichfalls die Kehle aufschneidet, wie den Schweinen, Schaafen, Kälbern &c. Man zieht alsdenn dem Vieh, außer den Schweinen, die Haut ab, öffnet es und reiniget sowohl das Ingeweide als auch das Fleisch, und zerhaut es in Stücken. Die Schweine werden abgebrühet und die Haare abgerupft und abgekratzt und sonst wie das andre Vieh behandelt. Bey dem Schlachten komt es vornehmlich darauf an, daß man die mannigfaltigen Arten des Fleisches, des Fetts, des Talgs, die Nutzung desselben zu Würsten, zum Räuchern, zum Einsalzen, zum Frischkochen, den Nutzen der Kaldaunen, u. a. m. wohl verstehe, damit alles mit Vortheil gebraucht werden kann und nichts verderbe.

Schlachten, s. Packwerk.

Schlachtenmaler. Ein Maler, der sich vorzüglich eine Fertigkeit im Schlachtenmalen erworben hat.

Schlächterbeil, Schlachtbeil. Ein großes Beil der Fleischer mit einem großen breiten Blatt, dessen Bahn oder Facette einwärts geschliffen und im etwas gebogen ist.

Schlachthaus. (Baukunst) Ein bequemes an dem Wasser liegendes Gebäude worinn die Fleischer auszuschlachten verbunden sind. Solches dient zur Reinigung der Straßen und der Luft, auch zum Nutzen der Fische die ihre Nahrung dabey finden.

Schlachtmesser. Ein großes sehr scharfes Messer, womit das Vieh abgeschlachtet wird.

Schlachtordnung, (Kriegeskunst) die Stellung eines Kriegsheers gegen den Feind, wenn es demselben eine Feldschlacht liefern will. Insgemein wird sie also eingerichtet, daß das Fußvolk in zwey Linien (Treffen) steht, die Artillerie Batterienweise an verschiedenen Orten vor der ersten Linie. Die Reiterey steht entweder auf den beyden Flügeln, und stützt sich an einen Berg, Morast oder Fluß, nachdem es die Gegend erlaubet, und die Flanken schützet, oder die Reiterey ist unter die Bataillonen vertheilt. Doch komt es allemal hierauf auf die Stellung des Feindes an: und ein kommandirender General muß hierbey seine ganze Einsicht zeigen, um dem Feinde das Feld abzugewinnen, sich nicht überflügeln zu lassen, im Gegentheil den Feind zu überflügeln zu suchen, um in die Flanken desselben fallen zu können. Hinter dem ganzen Treffen steht noch ein Rückhalt (Corps de reserve). Ueberhaupt hängt

hängt die gute Stellung einer Schlachtordnung von der Klugheit des Generals, der die Schlachtordnung befehliget, und von der Gegenstellung des Feindes ab, so daß man nicht allemal davon gewisse Regeln vorausschreiben kann. Der älteste General kommandiret den rechten Flügel, der auf ihn folget den linken Flügel, die andern Generals kommandiren die Divisions in der Linie, und die jüngern Generals die Brigaden unter ihnen. Der General en Chef ist entweder bey dem Corp de Bataille, oder dem Zentrum, oder aber er bleibt bey dem Reservecorps, woraus er seine Befehle ertheilet. Jede Art Kriegsvölker hat seine eigene Art, die Schlachtordnung zu stellen, weswegen der dagegen kommandirende General seine kluge Maaßregeln nehmen muß.

Schlachtschwerd. Ein großes Schwerd, welches nicht an der Seite sondern in den Händen auf der Schulter getragen wird, und dessen man sich besonders in den Schlachten bediente.

Schlacke, Fr. Laitier, Scorie, (Hüttenwerk) das im Feuer geschmolzene Gestein und andre Unart welche im Erz beym Metall gewesen, oder von denen Zuschlägen dazu gekommen und im Feuer sich davon scheidet. Sie schmelzet im Feuer, löset sich aber im Wasser nicht auf. In Schmelzhütten wo nicht einerley Erz für sich geschmolzen wird, ist sie schwärzlich und undurchsichtig, von Eisen ist sie grün und bläulich, von Gahrkupfer wird oft eine schöne rothe Schlacke, und andere Erze geben gewisse Farben, wenn sie rein sind, daß man aus den Schlacken erkennen kann, von was vor Erz sie gefallen.

Schlacke, harte oder schwerflüßige, (Hüttenwerk) die schwer zum Fluß zu bringen, schon mehr als die leichtflüßige Schlacke zusammenhält, und sich in breite Bänder ziehen läßt.

Schlacke, hitzige heißgrädige, (Hüttenwerk) die sehr gern fließt, im Feuer gähret, sich aber nicht ziehen läßt, sondern Tropfen giebt und erstarrt, sobald sie aus dem Feuer kommt.

Schlacke leichtflüßige, (Hüttenwerk) Schlacke die bey mäßigem Feuer fließt sich in dünne Fäden ziehen läßt, und wenig zusammenhält.

Schlacken, arme, (Hüttenwerk) Schlacken so von dem Reichenschlackenschmelzen fallen.

Schlacken auf Silber zu probiren. (Hüttenwerk) Man setzt entweder einen bis zwey Zentner Schlacke auf der Scherbe, wie eine andre leichtflüßige Erzprobe an, oder man nehme einen Zentner Schlacke und vermische diesen mit zwey bis vier Zentner schwarzen Fluß: acht Zentner gekörnten Bley und einen viertel Zentner frischen Eisenfeilstaub. Dieses Gemenge, das man mit ein wenig Kochsalz bedeckt, setzt man in einer Tutte vor dem Gebläse an, damit der schwarze Fluß das Metall reduciren, das Eisen aber die Metalle niederschlagen möge. Alsdenn mache man ein Bleykorn, und treibe die in beyden Fällen erhaltene Werke ab, so bekomt man den Silbergehalt, den ein Zentner Schlacke hält. Ist der Gehalt sehr geringe, so kann man in einem Tiegel 8 Zentner Schlacke mit 16 Zentner schwarzen Fluß, 11 Zentner gekörnten Bley, und 1 Zentner Eisenfeilstaub aufsetzen, und mit dem Abtreiben des Werks, das man in zwey Theile theilen kann, wie vorher verfahren, in diesem Falle aber muß man den Gehalt durch die Zahl 8 dividiren, damit man ihn von einem Zentner bekomt.

Schlackenbad, Fr. le bain de Scories. (Hüttenwerk) Ein nachgemachtes warmes Bad, da heiße Schlacken von der Kupferarbeit in das Wasser geworfen, und solches dadurch heiß gemacht wird. Es soll ein gesundes Bad seyn.

Schlackenberg, das, Fr. Lit de Scories. Der Ort in der Schmelzhütte, dahin die Schlacken aus dem Schmelzofen geworfen oder gezogen werden.

Schlackenbley, reiches, (Hüttenwerk) das Bley, so bey dem Saigern des Kupfers aus dem Werk erfolget.

Schlackenerz, sprödes Silberglas, Fr. Mine d'argent vitreuse Semblable a des Scories. Ein braunes, etwas licht fallendes schlackenhaftes Silbererz. Es ist etwas spröde, läßt sich aber leicht schmelzen.

Schlackengang, s. Schlackentrift.

Schlacken, gepauschte, Schlacken, die schon ganz und gar ausgezogen, und von allen guten Erzen oder Metallen befreyet sind.

Schlackengrube, Fr. la creux de Scories. (Hüttenwerk) Eine auf der Seite des Vorheerdes am hohen Ofen angebrachte Böschung, darüber die Schlacken abgezogen werden.

Schlackenhaken, Fr. Crochet, ein eisernes krummgebogenes Werkzeug in der Schmelzhütte mit einem hölzernen 5 Ellen langen Stiel, womit die vom Hohenofen fallende Schlacken abgezogen werden.

Schlackenhalde, Fr. la halle de Scories. Ein von den aus der Hütte weggelaufenen Schlacken entstandener Hügel.

Schlackenkienstöcke, (Hüttenwerk) das Kupfer, so bey dem Saigern auf dem Saigerheerde sitzen bleibt.

Schlackenkleines, Fr. les dechets de Scories. Die kleinen Abgänge, welche bey Wegräumung der Schlacken zurück bleiben, zusammengesammlet, ausgeriedelt, und gewaschen werden.

Schlackenkobalt, schlackiger Kobalt, Fr. Mine de Cobalt vitreuse Semblable a des Scories. (Bergwerk) Eine Kobaltart, welche schwärzlich und derb ist, und ein Korn hat, wie ein Glas oder eine Schlacke, auch daher schwer ist, und ein blaues Glas giebt Stahldichtes Kobalterz des Wallerius.

Schlackenläufer, der Hüttenarbeiter, welcher die Schlacken im Laufkarren wegführet, und auf die Schlackenhalde läuft.

Schlackenofen, (Hüttenwerk) ein Schmelzofen, der unter die Krummöfen gerechnet, und zum Schlackenschmelzen gebraucht wird. Er ist von der Brust an 4 Fuß hoch, 3 Fuß 7 Zoll lang, und 9 Fuß weit.

Schlackenschichte, Fr. la couche de laitiers, die Quantität Schlacken, welche nach geschehener Verrichtung

und

und Abwärmung des Ofens gesetzt, oder in den Ofen gestürzt werden.

Schlackenstein, Fr. la matte, qui se separe ou detache des Scories. Eine Art Steine, so sich von Schlacken abscheidet, und etwas Silber bey sich hat.

Schlackenstich, Fr. la premiere percée des Scories par essai. Die bey dem Anfange der Schmelzarbeit aus dem Ofen gelassene geflossene Schlacken, damit man sehe, ob der Ofen gehörig und dergestalt erwärmet ist, daß das zu schmelzende Erz darauf gesetzt werden kann.

Schlackentiegel. (Hüttenwerk) Ein Nebentiegel (s. diesen) in einem Kupferschmelzofen, worinn die Schlacken beym Kupferschmelzen über das Verstopfte des Auges herausgelassen werden, bis der Kupfertiegel wieder leer ist.

Schlacken treiben, eine Arbeit in Zinnhütten, da die Schlacken von sich erschmolzen werden.

Schlackentrift, Schlackengang, Fr. la voie de Scories, die Tille oder Röhre, aus welcher die Schlacken aus dem Hohenofen laufen.

Schlacken verändern, Fr. Changer les Scories. Eine Arbeit in den Schmelzhütten, da die vom Verbleyen gefallene Schlacken, welche noch einen Gehalt haben, umgeschmolzen werden.

Schlackenwäscherey. (Schmelzhütte) Eine Arbeit, da man suchet, alle mögliche Schlacken, die von dem Kupfer fallen, zu Nutzen zu machen. Diese in Haufen geschüttete Schlacken werden im Frühjahre und Sommer von einer nicht geringen Anzahl Männer, Weiber und Kinder durchwühlt, das noch metallhaltige Zeug heraus gefunden, und durch Schlagen und Siebsetzen in Stuffen, Körner, Kleines, Mittelsieb und Kernsiebwerg getheilet. Auf der Hütte mengt man alle diese Posten zusammen, setzt Eisenschlacken zu, und schmelzt sie zu sogenannten Königskupfer, welches, und das nachher aus den Abzügen erhaltene Rothkönigskupfer, ohne irgend einen Zusatz auf Paroskerkupfer verblasen wird. Von 50 Zentner derlem Kupfer erhält man 13 bis 16 Zentner Paroskerkupfer; von 50 Zentnern Rothkönigskupfer aber 22 Zentner Paroskerkupfer. Ehedem theilte man das Waschzeug auf das Gelese ein, und es wurde damit verschmolzen.

Schlackenzange. (Messingwerk) Eine große Zange, die an ihrem Kneipen vorne auch Widerhaken hat, mit welcher die Schlacken und die Scherben der zerbrochenen Tiegel aus dem Ofen genommen werden.

Schlackenzinn, das vom Schlackenschmelzen erhaltene Zinn, welches geschmeidiger ist, als das andere, und für das beste gehalten wird.

Schlacke, schwülige. (Probierkunst) Wenn bey den Kupfererzproben die Schlacke wenig glänzend und glasich, undurchsichtig und bräunlich ist, so hat sich die Schlacke noch nicht genug gesetzt, das Salz klebet an ihr an, und wenn an dem König und der Schlacke noch kleine Körnchen Kupfer hängen, so ist die Probe noch nicht gar.

Schlafbank, (Tischler) ein Behältniß, welches, wenn es zusammengelegt ist, zur Bank, oder auch zum Tisch dienet, wenn es aber auseinander gelegt ist, zur Ruhestelle gebraucht wird.

Schlafdeich, (Wasserbau) ein durch Vorlegung eines neuen Deiches überflüßig gewordener Deich, der nicht vom Vorwasser mehr bespület wird.

Schlafrock. (Schneider) Ein langes weites Kleid in Gestalt eines Mantels mit Ermeln, dessen man sich zur Bequemlichkeit beym Schlafengehen bedienet, daher auch ein Schlafpelz, woran Pelz darunter gefüttert ist.

Schlafzimmer, Fr. Chambre a coucher, (Baukunst) ein Zimmer, welches besonders zum Schlafen gewidmet, oder worinn auch nur ein Paradebette steht.

Schlafzügel. (Reitkunst) Ein Riemen oder Strick, der dem Pferde um die Nase herüber und durch beyde Augen an dem Hauptgestelle der Stange gezogen, und inwendig in dem Sattel fest gemacht wird, damit sich das Pferd stät und in die Höhe tragen soll.

Schlag. Ein hölzernes Geräthe, welches aus zwey Säulen und einem starken mit dem Läufer an der einen Säule verbundenen Baum oder Balken bestehet, der quer über einen verdeckten Weg oder Fahrstraße gemacht und verschlossen ist, um diejenigen, die keinen Schlüssel dazu haben, von Passirung dieses Weges abzuhalten.

Schlag. (Bergwerk) nach dem Tyroler und ungarischen Sprachgebrauch soviel als ein Stolln. (s. diesen)

Schlag, Deichschlag, (Deichbau) ein großes Deichpfand, oder eine, von einer Kommune, oder vielen dazu gehörigen Interessenten zu unterhaltende Strecke Deiches.

Schlag. (Forstwesen) Ein abgetriebener Platz, welcher zu künftigem Wiederwuchs gehegt wird. Ein solcher Platz soll sowohl im Laub- als Tangelholz, nach Abführung der Schreite und Abraums, gleich das erste Jahre durch Gegewische bestecket, niemanden darinn zu grasen verstattet, die Huttweide eingestellet, und etliche Jahre das Vieh nicht dahin getrieben werden.

Schlag. (Schiffahrt) Der Weg, welchen ein Schiff in einer Steuerung zum Laviren dicht am Winde macht, ehe es anders steuert oder umleget. Man macht kurze und lange Schläge. (s. Steuermannskunst)

Schlag. (Steinmetz) So nennt derselbe den schmalen ebenen Streif, den er zu Anfange auf einer Fläche eines Quadersteins hauet, welchen er winkelrecht behauen will, der so breit ist, daß sein Richtscheid nach seiner Breite und Länge liegen kann. Nach diesem gehauenen Schlage visiret er durch ein anderes Richtscheid, das er dem ersten gegen über auf den rauhen Stein leget, ob die Fläche gerade ist, die er gehauen hat; denn da ein Richtscheid so dick ist, als das andere, so kann er leicht bemerken, wenn er mit dem zweyten Richtscheid visiret, ob die Fläche gerade ist, oder nicht.

Schlag. (Tuchbereiter) 1) Bey dem Rauhen der Tücher mit den Karden wird ein jeder Zeug von dem Rauchbaum bis zum Rauchback (s. beyde und Rauhen) also genennet. 2) An dem Tuchrahmen ein jedes Fach von einer Säule bis zur andern. Ein jeder Schlag ist 9 bis 10 Fuß lang, und es giebt deren an einem Rahmen mehrere.

welche aber alle durch einander vereinigt sind. (s. Maschine der Tuchmacher)

Schlag, s. Gepräge.

Schlag- oder Schwangbeutel. (Vogelfänger) Beutel, welche auf einem Vogelherde, wo die Garne hinten und vorne angebunden werden, befestigt werden.

Schlagbalken, (Wasserbau) der dickere Balken in einem Siel, wovor die Thüren angeschlagen werden, oder beym Verschließen sich anlegen.

Schlagbänder, Feuerbänder. (Böttcher) So heißen die sämmtlichen Bänder zusammen genommen die nachdem der Setzband und Schließband auf ein Faß getrieben, und dieses durch das Feuer zusammengebracht ist, aufgeschlagen werden, wovon aber jeder wieder seinen besondern Namen führt. Z. B. der erste und weiteste führt den Namen von Ueberzieher (s. diesen) u. s. w.

Schlagbauer. (Vogelfänger) Ein dreyfaches Vogelbauer, wo in der Mitte ein Lockvogel, auf beyden Seiten aber Fallthüren sind, damit, wenn wilde Vögel kommen, die der Locke zufliegen, und Futter in dem Bauer finden, sie die Fall- oder Schlagthüre abtreten, und sich neben der Locke fangen.

Schlagbaum. 1) (Jäger) Eine Falle für Raubwild, welche man an denjenigen Orten anrichtet, wo wegen der Felsen Gebirge, vielen Brüche und Moräste, keine Bärenfänge, Wolfsgruben u. dgl. angebracht werden können. 2) Ein starker Baum oder Balken, der mit dem einen Ende in der Schere eines senkrechten Pfahls in einem Bolzen beweglich liegt, und vermittelst eines Strickes der an dem andern Ende angemacht ist, in die Höhe gelassen und wieder herunter gezogen und an einen Haken der an einem andern, dem ersten Pfahl gegen über eingegraben ist, angehangen werden kann. Das eine Ende, welches in der Schere liegt, ist schwerer als das vorderste Ende, damit der Baum, wenn er in die Höhe gelassen wird, durch diese Schwere niedergedrückt wird und leichter in die Höhe gehen kann. Man bringt dergleichen Schlagbäume vor denen Thoren und Landwehren einer Stadt oder Vestung oder einem verschanzten Lager an, um das Eindringen, besonders der reitenden und fahrenden zu verhindern, und solche anzuhalten. Bey den Vestungswerken giebt es auch dergleichen Schlagbäume die vermittelst eines Rades, das an dem einen Ende angebracht ist, vor der Oeffnung der Pallisaden können verrückt werden. Alsdenn ist der eine Pfahl, worinn der Schlagbaum eingezapft ist, als eine bewegliche Welle, die mit ihren Zapfen in einer Pfanne läuft, eingerichtet, und läßt sich also mit dem Schlagbaum herumdrehen. Ein dergleichen Schlagbaum ist auch gemeiniglich mit spanischen Reitern versehen.

Schlagbogen, s. Fachbogen.

Schlagbohrer. (Schlosser) Ein Bohrer in Gestalt eines Hammers mit einer hölzernen Spitze; er hat statt des Pfriems eine geschmeidig verstählte Spitze, und wird gebraucht, die Kloben und Haken der Thürbeschläge in die Pfosten einzubohren, wenn etliche Schläge mit dem Handhammer darauf geschehen, so wird der Bohrer vermittelst des Stiels umgedreht und bewegt.

Schlagbrücke, s. Zugbrücke.

Schläge, (Deichbau) die von einem Ufer hineingehenden Bäume oder Strauchwerke in kleinen Strömen.

Schläge, (Weber) wenn man mit dem Blatt in der Lade den Einschußfaden, nachdem er eingeschossen und das Fach wieder gewechselt hat, anschlägt, damit das Gewebe dichte werde.

Schläge, die Längenmaaßen einer halben Ruthe womit man beym Messen umzuschlagen pflegt.

Schlagglocken, (Uhrmacher) Glocken (s. diese) die an Thurmuhren und andern Schlaguhren angebracht sind, und entweder nur dienen die Stunden zu schlagen, oder auch zum Glockenspiel gehören. Sie werden mit den nämlichen Handgriffen verfertiget und gegossen (s. unter dem Artikel Glocke und Glockengießen) und ist daher weiter nichts zu bemerken, als die Zeichnung des Schablons. Diese lehrt, daß eine Glocke stärker klingt, wenn ihre Weite vergrößert wird. Bey den gewöhnlichen Glocken zum Läuten läßt sich dies wegen des Anschlagens des Klöpfels nicht anwenden, aber wohl bey Schlagglocken, die nur ein Hammer berühret. Dies ändert also die Zeichnung ab und das Schablon muß so eingerichtet werden, daß die Glocke weiter wird, als die gewöhnliche Läuteglocken.

Schlagehammer. (Goldschläger) Ein 18 bis 20 Pfund schwerer Hammer, mit einer doppelten breiten Bahn, wovon die eine aber nur zum Schlagen verstählt und gut poliret ist; die andere Bahn giebt mit ihrer Schwere dem Hammer nur ein Gewicht. Der Professionist schlägt mit diesem schweren Hammer das dünn gezogene Gold, zwischen den Pergament und Hautformen, zu den dünnen Blättern die wie Schaum verfliegen.

Schlageisen. (Maurer) Ein etwas gekrümmtes Eisen an einem langen Stiel, womit der Kalk beym Löschen zerschlagen und klein gemacht wird.

Schlageisen. (Sattler) Ein Stück Eisen, welches in die Bahne der Räder, worauf die Riemen gehn, schlägt oder fällt, um sie fest zu halten.

Schlageisen. (Steinmetz) Ein breites meißelartiges Eisen, womit die Flächen eines Steins zuerst gebahnt werden.

Schlägel, Bare, Hoye, Wolf, Katze, Bock, Fr. Mouton, Hie, (Bauwesen) ist entweder ein hölzerner eichener Block, welcher unten und oben mit eisernen Reifen beschlagen ist, oder er ist von gegossenem Eisen, und sind beyde mit Zapfen versehen, wodurch Schließen gehen, damit der Schlägel zwischen den zwey Laufslatten eines Schlagwerks gerade aufgezogen werden, und herunter lassen kann.

Schlägel, Fr. le grand Marteau des Mineurs, (Bergwerk) das Fäustel, womit der Bergmann in der Grube arbeitet, doch wird ihm dieser Name nicht überhaupt in allen Fällen, sondern nur in folgenden Redensarten gegeben, als: auf dem Schlägel arbeiten, oder mit

mit Schlägel und Eisen arbeiten, d. i. die Bergarbeit in der Grube auf dem Gestein treiben, den Schlägel behauen, mit dem Fäustel und Bergeisen einen Versuch thun, ob das Gestein weß oder gebräch ist, welches vom Geschwornen geschieht. Ein Schlägel löset den andern, d. i. es werden vor Orte soviel Erze gewonnen, daß solche die Kosten derer Oerter mit übertragen, wo kein Erz im Anbruch steht. Der Schlägel trägt die Kosten d. i. es wird soviel Erz gewonnen daß die Kosten davon bezahlt werden können. Ferner werden auch Schlägel und Eisen, als die Insignia der Bergleute genennt, welche in einem Fäustel und Bergeisen, die kreuzweise über einander liegen, bestehen.

Schlägel, auf meinen, fahren; heißt auf meinem Ort fahren.

Schlägel, (Deichbau) der mit einem langen Stiel versehene Zapfen vor der Ablaßrinne eines Deiches.

Schlägel, (Jäger) die Keule damit man einen Hasen einschlägt. Auch der hintere Lauf von einem Hirsch oder Reh.

Schlägel, Klopper, (Kattundrucker) ein hölzerner starker Hammer, womit derselbe auf die Form schlägt, wenn er solche zum Abdruck auf den Kattun gelegt hat, damit die Bilder sich mit der Farbe gut abdrucken.

Schlägel. (Zinngießer) Ein hölzerner Hammer, am einen Ende flach, am andern aber abgerundet, womit das Zinn glatt geschlagen wird, weil es von dem eisernen Hammern Beulen erhält.

Schlägel behauen. (Bergwerk) Wenn die Geschwornen oder Steiger die Arbeit oder das Gestein behauen, damit sie erfahren, ob es vester oder gebrächiger geworden, wornach denn das Gedinge eingerichtet wird, und dafür die Geschwornen ihr Stuffengeld erhalten.

Schlägeleisen. (Hüttenbau) Ein drey Ellen langes, vorne zugespitztes Eisen, die Bühnen, Stühle und Ofenbrüche damit loszubrechen.

Schlägelgrube, (Deichbau) der tiefste Ort in einem Fischdeiche, wo das Wasser hinein rinnen und abgelassen werden kann.

Schlägel ist bauwürdig. (Bergwerk) Er trägt die Kost, ist soviel, als es sind feine Anbrüche vor Ort.

Schlägel, löset einer den andern, trägt den andern überrück, wenn gute Erze mit einbrechen, daß man die geringern dadurch verreichern und auf die Kosten bringen kann.

Schlägel und Eisen, s. Schlägel.

Schlägel und Eisen ausüben, mit Schlägel und Eisen arbeiten; es geschieht, wenn mit dem Handfäustel auf das Eisen geschlagen, und damit Erz oder Gestein gewonnen wird.

Schlagen. (Buchbinder) Eine ungebundene Materie eines Buchs nach dem Planiren (s. dieses) auf dem Marmor mit dem Schlaghammer (s. diesen) schlagen, daß die Bogen von allen Falten und Ungleichheiten befreyet werden, und recht glatt auf einander liegen. Nach dem Falzen (s. dieses) der Bogen werden sie wieder, ehe sie geheftet werden, auf dem Marmor geschlagen, und die Bogen müssen dadurch so dicht wie möglich zusammengebracht werden.

Schlagen, (Feuerwerker) die Raketen- und Schwärmerhülsen mit ihrem Satz gehörig anfüllen. (s. Raketen schlagen)

Schlagen. (Jäger) Wenn Hirsche oder Rehböcke das rauhe Häutchen, oder das sogenannte Bast vom Gehörne abstoßen oder abschlagen. Von den Sauen heißt es, mit ihrem Gewehr beschädigen.

Schlagen, s. Herunterläuten.

Schlagen der Wolle. (Tuch- und Zeugmanufaktur) Wenn die Wolle zu Packeten gemacht ist, (s. Packete machen) so wird solche auf einer Horde (s. diese) ausgebreitet, und zwey Arbeiter schlagen sie mit dünnen Stöcken, wobey sie sie oft wenden und umdrehen; wodurch die Wolle von allem Sande und andern Unreinigkeiten gereiniget wird. Sie wird aber durch das Schlagen auch zugleich aufgelockert. Das Schlagen muß aber gehörig verrichtet werden, so daß die Schläge nicht mit den ganzen Stöcken geschehen, sondern nur mit den Spitzen, weil sonst die Wolle mehr zusammengeschlagen, als aufgelockert würde, und wenn dieses geschieht, so erhält die Wolle wenig Zug. Alsdenn wird die Wolle gewaschen. (s. Waschen der Wolle)

Schlagen des Heerdes. (Bäcker) Wenn der Heerd im Backofen auf die Grundlage der Mauer von Lehm ohngefähr einen halben Fuß hoch aufgeschlagen wird. Nicht aller Lehm schickt sich zu dem Heerd, denn er muß nicht sandig seyn, und vorzüglich nicht Kalk oder Mergel bey sich führen, weil beydes in der Hitze sich aufblähet. Man wählet gerne solchen, der braun oder grünlich aussieht. (s. Heerd schlagen)

Schlagen des Kupferschmides. Wenn aus dem Ganzen, wie z. B. die Kessel, geschlagen und gebildet wird. Vor dem Glühen erhalten die Schaalen mit den hölzernen Hämmern die Gestalt aus dem Groben. Der Kupferschmid schlägt mit dem Bodenhammer die untere Rundung der Schaale auswendig zurück, damit das Kupfer sich an den Seiten der Schaale mit dem Stützhammer nach dem Innern des Kessels ausdehnen lasse. (s. Kessel schlagen)

Schlagenetz, Fr. Raquete. 1) Ein in einem runden Bügel eingefaßtes Netz mit einem Stiel, den Ball damit zu schlagen. 2) Auch ein aufgestelltes Netz, welches, wenn es berühret wird, niederschlägt, und das Thier fängt.

Schlagen Gold und Silber, s. Gold schlagen.

Schläger, (Kupferhammer) die oberste Scheibe eines Gespanns Kesselscheiben, die zusammen unter dem Tiefhammer in Kesselschaalen verwandelt werden, und wovon diese die kleinste ist.

Schlägermühle, Stampfermühle. Eine Papiermühle, worinn das Papier mit der Schlagstampfe (s. diese) geglättet wird; zum Unterschiede der Glättermühle.

le, wodurch das Papier auf einem glatten Marmor Bogenweise mit einem glatten steinernen Läufer geglättet wird.

Schlägeschatz, Fr. les frais de Monnoiage. Eine Abgabe, welche dem Landesherrn von denen in Erzen zu den Hütten gelieferten gewerkschaftlichen Silbern zu Bestreitung des Aufwandes bey deren Vermünzung entrichtet wird.

Schlagfeder der Uhr. (Uhrmacher) 1) Bey Schlaguhren die Feder, die den Hammer zum Schlagen an die Glocke der Uhr leitet und treibet. Sie ist federhart, und muß eine solche Lage erhalten, daß sie den Hammer nach jedem Schlage gleich wieder von der Glocke entfernet, ohnedem giebt die Glocke keinen Klang. 2) Bey Taschen-Repetiruhren ebenfalls eine elastische stählerne Feder, welche sich gegen einen Stift lehnet, und gleichfalls, wenn die Uhr repetiren soll, den Hammer gegen die Glocke treibet, daß diese schlagen muß.

Schlagfeder des Flintenschlosses. (Büchsenmacher) Die auf dem einen Ende gebogene starke doch elastische Feder in dem Schloß einer Flinte, eines Gewehrs u. s. w., welche in dem Schloß mit der gekrümmeten Spitze (die Kappe) auf der Vorderrast der Nuß (s. diese) ruhet, und vermittelst welcher, wenn der Abzug des Gewehrs abgezogen wird, die gespannte Schlagfeder ihre Kraft auf die vordere Rast äußert, und indem die Schlagfeder die Nuß umdrehet, das Schloß dadurch losgehet, daß der Hahn gegen den Pfannendeckel geschlagen wird, ferner, Feuer schlägt, und das Gewehr also los gehet.

Schlaggatter, Fr. Barriere, (Kriegsbaukunst) das kleine Gatterthor, welches zu äußerst der Ausgänge eines Thors angebracht wird, damit dieselbe zu verschließen. (s. auch Schlagbaum)

Schlaggold, s. Knallgold.

Schlaghammer, (Buchbinder) ein 8 bis 16 Pfund schwerer Hammer, mit einer glatten Bahn, mit welchem die rohe Materie eines Buchs auf dem Marmor geschlagen wird. (s. Schlagen)

Schlaghammer, (Goldschläger) ein starker Hammer, der auf beyden Grundflächen eine breite Bahn hat. Er wiegt 18 bis 20 Pfund, und hat einen kurzen Stiel. Die eine Bahn ist zum Schlagen verstählt und geglättet. Die andere dient nur dem Hammer ein Gewicht zu geben.

Schlaghestel, Schlaghestlein, (Vogelfänger) kleine Pflöcke auf einem Vogelheerde, welche eingeschlagen werden, die Hauptleinen daran zu binden.

Schlaghestlein, s. Schlaghestel.

Schlagholz, (Forstwesen) Holz, welches in einem Walde mit Nutzen kann abgehauen werden; auch ein jedes hölzernes Werkzeug, womit man schlagen kann.

Schlagholz, (Hutmacher) ein kleines rundes Holz, 7 bis 8 Zoll lang, an beyden Enden mit runden Knöpfen versehen, womit der Fachbogen beym Fachen in Bewegung gesetzt wird. (s. Fachen)

Schlagholz, (Seiler) ein dünnes Holz, womit derselbe bey dem Wirken der Gurte den eingeschossenen Einschlagfaden anschlägt. Er thut hier die Dienste, den bey andern Webereyen die Lade mit dem Blatt verrichtet. Er steckt nach jedem Einschlag, nachdem die Kette mit dem Fach gewechselt hat, zwischen das Fach der Kette, und schlägt den Einschlag an.

Schlaghölzer, (Maschinenwesen) an dem Korbe eines Pferdegöpels (s. beyde) die vier Zoll dicken und 6 Zoll breiten Hölzer, so zwischen die Korbhölzer, welche den Korb bilden, genagelt werden, und solchem zur Dauerhaftigkeit dienen. Sie stehen [illegible] von einander.

Schlaghüter, Saamenbaum, Mutterbaum. (Forstwesen) Ein Baum, so auf einem Schlage, wo das Holz ausgehauen ist, zu dessen Wiederbesaamung stehen bleibt.

Schlaglicht, Fr. Coup de jour. (Maler) Ein lebhafter, wohl angebrachter Lichtstrahl, das Ansehen einer Figur lebendig zu machen, oder diejenige Partie eines Gegenstandes hervor treten zu lassen, welche dem Punkte der einfallenden Strahlen des Sonnenlichts am stärksten ausgesetzt ist, oder endlich dasjenige zu formiren, was man Drucker (s. diesen) nennt.

Schlagloth, Fr. Soudure. (Metallarbeiter) Eine Mischung von Metallen und mineralischen Dingen, womit die aus Metall gemachten und zusammen gehörende, oder auch zerbrochene Sachen aneinander befestiget und vereiniget werden, und welches sich mit den gelötheten Sachen schlagen und treiben läßt. Zum Silberlöthen dienet 1 Gran Silber, 1 Gran Kupfer, ein halber Gran Arsenik, oder statt des Kupfers Messing. Dieses Schlagloth kann man auch zu Kupfer und Messing brauchen. Zum Goldlöthen kann man Silber und Kupfer, eins soviel als das andere, und soviel Dukatengold nehmen. (s. auch Löthen, wo mehr davon vorkömmt)

Schlagloth büchse. (Metallarbeiter) Eine blecherne Büchse mit einem kleinen Löffel, womit das mit Wasser vermischte Schlagloth aus der Büchse, worinn es aufgehoben wird, auf die Fuge geschüttet wird, die der Metallarbeiter löthen will.

Schlagloth zu Gold. (Goldarbeiter) Zum Löthen des Goldes braucht dieser Professionist sieben Arten von Schlagloth, das weichste besteht aus 1 Dukaten Gold und halb soviel Silber und Kupfer zusammengeschmelzen, und die übrigen 6 Arten enthalten eben die Schwere des Silbers und Kupfers, nämlich die Schwere von ½ Dukaten, allein zu jeder feinern Art des Schlagloths nimt man einen Dukaten Gold mehr. Die feinste oder siebende Art desselben ist also eine Masse von 7 Dukaten Gold, einem halben Dukaten Silber, und eben soviel Kupfer. Je feiner das Gold ist, das gelöthet werden soll, desto feiner muß auch das Schlagloth gewählt werden, damit der Ort, wo gelöthet ist, ziemlich die Farbe des Ganzen erhalte.

Schlagloth zu Messing. (Metallarbeiter) Dieses wird aus 3 Theilen Messing und einem Theil Zink, (Spiauter) oder auch 7 Theilen Messing, und 2 Theilen Zink in einem Tiegel zusammen geschmelzen. Nach diesem stellet man zwey neue Besen in einen Eimer mit Wasser, gießt das geschmolzene Schlagloth durch dasselbe in das Wasser, und schlägt es mit dem Besen. Hierdurch wird das Loth gekörnt, welches in einer Büchse zum Löthen aufbehalten wird. (s. unter Löthen)

Schlagloth zum Silber. (Goldarbeiter) Zum Löthen des Silbers wird ein dreyfaches Schlagloth gebraucht. 1) das feine Silberschlagloth, 2) das harte Schlagloth, und 3) das weiche Schlagloth. (s. alle diese) Alle drey Arten, nachdem sie zusammengeschmolzen sind, werden [illegible] Zahneinguß ausgegossen, und, wenn sie erkaltet [illegible] einem dünnen Blech mit dem Hammer auf dem Amboß geschlagen, in länglicht viereckigte Stücke zerschnitten und zum Gebrauch aufgehoben. (s. Pallie und Löthen)

Schlagloth, s. Schnellloth.

Schlagpfahl. An den Gatterthüren der Hecken, Zäune u. s. w. der vordere Pfahl, woran die Thüre anschlägt, und an welchem sie geschlossen wird. Zum Unterschiede von dem Hängepfahl oder Heckpfahle.

Schlagpfost, (Wasserbau) die äußerste dicke Bohle oder Pfoste an den Sielthüren, womit sie zusammenschlagen.

Schlagpulver, s. Knallpulver.

Schlagröhre. (Artillerie) Eine blecherne mit Pulver angefüllte Röhre, mit einer engen und trichterförmigen Oeffnung; erstere wird durchs Zündloch in die Kartusche gesteckt, und auf der letztern das Pulver angezündet, und so die Kanone abgebrannt.

Schlagruthe. (Müller) In einer Windmühle ein starker biegsamer Stock, der senkrecht steht, und woran sich der dritte Arm der Sichtewelle (s. diese) anlehnet. An dem untersten Ende dieses Stocks sitzt eine hölzerne Leiste, die auf dem Fußboden der Windmühle liegt, und bis zur vordersten Wand des Mehlkastens reicht. Eine Schnur vereiniget diese Leiste mit einem Wirbel oder einer kleinen Welle vor dem Mehlkasten. Zieht der Müller, wenn er vor dem Mehlkasten steht, nach sich, so biegt er den obersten Theil der Schlagruthe gegen das Getriebe zu, und das Gabelwerk des Sichtwerks wirket stärker, und so umgekehrt. Denn wenn der Anschlag, oder der eine Arm die Sichtewelle bewegt, so wird der Beutel vermittelst der Gabel nach der rechten Seite zu geschüttelt. Die Schlagruthe treibt im Gegentheil die Sichtewelle vermittelst des gedachten dritten Arms wieder zurück, und hierdurch bewegt sich die Gabel mit dem Beutel nach der linken Seite, und schüttelt stärker.

Schlagschatten, (Maler) derjenige Schatten, der nicht aus dem Gesichtspunkte, woraus man in jedem Falle einen Gegenstand betrachtet, sondern aus der Stellung des Gegenstandes gegen die Sonne, oder gegen irgend einen andern leuchtenden Körper geworfen wird. Es ist der Schatten, den Jedermann bey einem erleuchteten Körper von dem Lichte abgekehrt bemerket.

Schlagscheibe. (Uhrmacher) Bey einer Taschen-Repetiruhr eine stählerne Scheibe, die mit 12 Zähnen, als den mehresten Schlägen einer Uhr, auf dem hohlen Umkreise versehen ist, und auf dem Federhauswelle liegt; und wird zugleich mit der Welle des Federhausrades bewegt, wenn man die Feder desselben spannen will. Wenn die Uhr nicht schlägt, so sind die Zähne dieser Schlagscheibe nach dem großen Bodenrade zugekehrt; spannet man aber die Feder mit der Welle und die Schlagscheibe, wie gedacht, so dreht sich etwas mit um, so kann alsdenn der Wiederhaken eines Hebarms (s. diesen) in die Zähne der Scheibe greifen, und die Glocke der Uhr kann schlagen. Denn der Hebarm hat unter sich einen Stift, der neben dem Stiel eines kleinen Hammers liegt, und wenn die Uhr repetiren soll, solchen in Bewegung setzet. (s. Repetirwerk der Taschenuhren) Bey den großen Feder-Stubenuhren ist gleichfalls eine solche Schlagscheibe angebracht, die durch ihre Staffeln die Stundenschläge abweiset. Diese Scheibe erhält 11 Kerben und eben so viel Staffeln zwischen den Kerben. Jede Staffel erhält so viel Theile von der Eintheilung der Scheibe, als sie Schläge abmessen soll. Denn der Umfang der Scheibe, die von Messing ist, erhält 90 gleiche Theile, die mit der Theilscheibe abgemessen sind. (s. Federuhr)

Schlagschieber, (Bäcker) ein langer Schieber, womit die Semmeln in den Ofen geschoben werden.

Schlagschlüssel, ein Schlüssel, womit der Schlag eines sonst verborgenen Weges verschlossen wird. (s. Schlag)

Schlagschwelle, s. Schlagsüll.

Schlagschwelle, obere. (Wasserbau) Bey Sielen der obere Drempel, gegen welchen die Thüren des Siels anschließen.

Schlagspindel. (Drechsler) Eine hölzerne Spindel mit einem Loche, in welches der Zapfen des Stücks, welches man drehen will, geschlagen wird.

Schlagstampfe. (Papiermühle) Ein großer eiserner Hammer mit einer glatten Bahn, der ½ Zentner schwer ist. Sein Stiel ist in einer Staude, oder senkrecht stehenden Pfeiler, der einen Einschnitt oder Scharte hat, mit einem eisernen Bolzen beweglich befestiget, und die Daumen der Daumwelle des Geschirres heben ihn an seinem Schwanze auf. Der Hammer fällt durch seine eigene Schwere wieder hinab. Unter dem Hammer liegt auf einem Klotze eine eiserne Platte. Auf diese Platte wird nun ein Stoß Papier gelegt, und beständig umgedrehet, so daß der Hammer es an allen Stellen stampfen kann, um hierdurch geglättet zu werden. Hierauf wird das Papier bogenweise gefalzt und buchweise zusammengelegt, alsdenn Buch für Buch noch einmal unter der Schlagstampfe gestampft.

Schlagständer. (Wasserbau) Die beyden dicken Ständer, welche vom Sülle nach dem Schlagbalken hinauf gehen.

Schlagstück, (Büchsenmacher) in dem Büchsenschloß ein bewegliches Stück auf einem Stift zwischen den Seiten des Gehäuses, das unterwärts einen Absatz hat, worauf die Spitze der Schlagstückfeder ruhet. Dieses Stück dienet dazu, daß die Büchse vor dem Abdrücken nicht losgehe. Denn man drückt den Arm des Schlagstücks so weit in die

der Höhe, bis ihre Kerbe des vordern Endes in den Kerb der Abzug-Nadel fällt, zwey an beyden Enden angebundene Federn pressen beyde Stücke gegen einander und die Büchse kann nicht losgehen. Will man aber die Büchse losbrennen, so drückt man nur mit dem Finger gegen die Nadel, und ihr Kerb verläßt das Schlagstück. Dieses schlägt gegen die Stange des Schlosses und die Büchse geht los.

Schlagstückfeder, die hinterste Feder, die gegen das Schlagstück gekrümmt ist und gemeinschaftlich mit der vordern Nadelfeder (s. diese) die Nadel und das Schlagstück zusammenpreßt, daß das Gewehr nicht losgehen kann.

Schlagsüll, (Wasserbau) der Süll oder die Schwelle, worin die Schlagständer stehen, und woran die Thüren unten vorschlagen.

Schlaguhren, (Uhrmacher) Uhren die so eingerichtet sind, daß sie durch Anschlagen einer Glocke die viertel, halben und ganzen Stunden anzeigen. Im Gegensatz derjenigen Uhren die bloß die Zeit anzeigen. (s. Uhren und Schlagwerk)

Schlagverbind, (Wasserbau) das aus dem Sülle, den Schlagständern und Schlagbalken bestehende Verband im Siel.

Schlagwand. Ein jedes Garn oder Netz der Jäger und Vogelsteller, welches auf- und niedergezogen werden kann.

Schlagwellen, (Schiffahrt) die Wellen, welche das stürmische Meer eine gegen die andere treibt, und in die Höhe gegen das Schiff wirft, dadurch in einem Gefechte die untern Kanonen oft unnütz gemacht werden.

Schlagwerk, darunter wird das Schlagverbind (s. dieses) mit den Thüren in einem Siel verstanden.

Schlagwerk, einer Pendeluhr, (Uhrmacher) dasjenige Werk einer Uhr, wodurch das Schlagen der Stunden verursacht wird. In Absicht der Räder, die Berechnung ausgenommen, stimmt es größtentheils mit dem Gehwerk überein, und besteht das Räderwerk aus folgenden Rädern: dem Windfanggetriebe, so 6 Stöcke hat, dem Anschlagrad von 42 Zähnen, dessen Getriebe 7 Stöcke hat, dem Schöpfrad von 48 Zähnen, dessen Getriebe gleichfalls 7 Stöcke hat, dem Hebnägelrad mit 8 Hebnägeln von 56 Zähnen und 8 Triebstöcken, dem Bodenrad von 84 Zähnen, welches in 12 Stunden einmal herumläuft. (s. alle diese an ihrem Ort) Das Gewicht ist wie bey dem Gehwerk an einer Walze angebracht. Das Hebnägelrad hebt, wenn die Uhr schlagen soll, mit seinen Stiften den Hammer. Statt des englischen Hakens (s. diesen) eines Gehwerks erhält das Schlagwerk einen Windfang (s. diesen) welcher den schnellen Lauf der Räder des Schlagwerks hemmt, damit die Schläge des Hammers auf die Glocke nicht zu schnell hintereinander folgen. Der Windfang bewegt sich beym Schlagen zwar schnell um, aber der Widerstand der Luft ist ihm doch unaufhörlich hinderlich, und hierdurch wird der verlangte Zweck erreicht. Wenn er unmittelbar auf seiner Welle befestigt wäre, so würde er bey seinem schnellen Laufe die Bewegung auch alsdenn noch fortsetzen, wenn gleich das Schlagwerk bereits ruhete. Folglich würde er nur vergeblich auf die Räder wirken. Daher wird er nur durch eine Sperrkegelfeder auf seiner Welle befestiget. Vermöge der Auslösung (s. diese) wird das Schlagwerk in Bewegung gesetzt und auch wieder gehemmt. Der Hammer, der das Anschlagen an die Glocke verrichtet, hat eine besondere Welle an der Seite der Uhr, worum er sich frey bewegen kann. Eine stählerne Feder unten an dem Hammer reicht mit ihrer untern Spitze zwischen die Hebnägel des Hebnägelrades, und wenn diese Nägel bey der Bewegung des Rades die Feder ergreifen, so wird der Hammer auf seiner Welle weiter von der Glocke abgehoben. Eine andere starke Schlagfeder, die auf dem Glockenstuhl (s. beyde) befestiget ist, treibt den Hammer wieder gegen die Glocke. Auf dem andern Ende des Glockenstuhls ist die Glocke angebracht, und diese steckt mit ihrem in der Mitte habenden Loche auf einem aufgerichteten Zapfen. Eine [illegible] Schraubenmutter auf diesem Zapfen befestiget die Glocke unbeweglich auf dem Glockenstuhl. (s. auch Repetirwerk der großen oder Stubenuhren, wo von dem Schlagwerk mehr gehandelt wird.) Das Räderwerk des Schlagwerks muß also berechnet werden, und es kommt vorzüglich darauf an, daß die Zähne der Räder, die Triebstöcke, und die Schlagnägel so geordnet werden, daß das Schlagwerk eben so lange in einem Aufzug gehe als das Gehwerk. Die wenigste Schwierigkeit macht die Berechnung wenn die Uhr nur drey Räder hat, denn das Schlagwerk erhält soviel Räder als sein Gehwerk. Die Anzahl der Schläge jeder Stunde wird durch eine Schlagscheibe (s. diese) bestimmt, die alten Uhren setzen diese Schlagscheibe durch ein Schloßrad und ein Getriebe in Bewegung. Allein diese Räder schlagen öfters unrichtig; daher in den neuern Uhren die Schlagscheibe lieber auf der Welle eines Rades befestiget wird, welches in zwölf Stunden umläuft. (s. Schlagwerks Berechnung.)

Schlagwerks Berechnung, (Uhrmach) die Berechnung des Schlagwerks ist mancherley, je nachdem das Gehwerk viel oder wenig Räder hat, nachdem erhält das Schlagwerk eben soviel. z. B. wenn eine Uhr nur drey Räder im Gehwerk erhält, so erhält das Schlagwerk eben soviel; alsdenn werden die Schlagnägel am Bodenrad befestiget, und dieses muß sich z. B. in 2 Stunden um seine Achse drehen, und die Uhr in einem Aufzuge 24 Stunden gehen. 1) Sucht man die Schläge einer Uhr während eines Aufzugs. Eine Stundenuhr schlägt in 12 Stunden 78 mal, und also in 24 Stunden 156 mal. 2) In die gefundene Zahl dividirt man mit der Zahl der Umgänge des Bodenrades während eines Aufzugs, und der Quotient giebt die Anzahl der Schlagnägel. In dem gegenwärtigen Fall muß also 12 in 156 dividirt werden, und der Quotient 13 folgt, daß man der Uhr 13 Schlagnägel geben muß. 3) Das Rad, welches auf das Hebnägelrad folgt, muß sich in allen Fällen bey jedem Schlage des Hammers einmal umdrehen, weil alsdenn zwischen zwey und zwey Schlägen jederzeit eine gleiche Zwischenzeit verfließt. Dieser Zweck wird erreicht, wenn man die Berechnung des Schlagwerks so einrichtet, daß sich bey einer Umwälzung des Hebenägelrades das gedachte nächste Rad so oft umdreht, als die Uhr Hebnägel hat. Folglich bey der gegenwärtigen Berechnung 13mal. Wählt man zu dieser Zahl nach Willkühr Triebstöcke z. B. 6 und multiplicirt beyde Zahlen mit einander so werden hierdurch die Zähne des Hebenägelrades gefunden; 13 multiplicirt mit 6 thut 78. Soviel Zähne erhält dieses Rad also. 4) Auf eben diese Art findet man die Zähne des zweyten Rades, welches bey dieser Uhr das Herzrad heißt, wenn man die Triebstöcke und die Umlaufszeit des dritten Rades willkührlich annimt und beyde Zahlen mit einander multiplicirt. Die Umlaufszeit sey 10 und das Getriebe habe 6 Triebstöcke, 10 + 6 = 60 Zähne des Herzrades. 5) Nimt man ferner die Umlaufszeit und die Triebstöcke des Windfanggetriebes abermals nach Willkühr an, und multiplicirt beyde mit einander, so erhält man die Zähne des dritten Rades, welches gewöhnlich das Anschlagrad genannt wird, 8 + 6 = 48 Zähne. 6) Das Schloßrad mit seinem Getriebe wird also berechnet: Mit der Zahl der Schlagnägel dividirt man in die Zahl der Schläge der Uhr in 12 Stunden, oder in die Zahl 78: 13 dividirt in 78 thut 6. Der Quotient bestimmt die Umlaufszeit des Schloßrades. Wird diese Zahl 6 mit den willkührlich angenommenen Triebstöcken des Getriebes, so zu dem Schloßrade gehört, multiplicirt, so ergeben sich die Zähne des Schloßrades. Das Getriebe mag 13 Triebstöcke erhalten, 6 + 13 = 78 Zähne des Schloßrades. Werden die gefundenen Zahlen zusammengesetzt so ist die Berechnung diese:

	Zähne.	Triebstöcke.	Umlaufszeit.
Windfanggetriebe.		6	8
Anschlagrad	48	6	10
Herzrad	60	6	13
Bodenrad mit 13 Nägeln	78		
Schloßrad	78	6	13

Schlamm, Fr. le limon, 1) die eisenhaltige Erde welche bey Auslaugung des Vitriols zurückbleibt. 2) Klein gepochtes und nasses Erz. 3) Schlamm von Zwittern oder das Sandwerk die geringste Sorte des Zinnsteins Fr. le limon etc.

Schlamm, (Hüttenwerk) man nennt dasjenige des Schlichs, so sich in dem ersten Graben unter dem Gefälle setzt, Mittelschlamm, das im untern Schlichgraben aber zähen Schlamm.

Schlammbödde, (Vitriolsiederey) die Bütten oder große Gefäße worinn sich die Schlammlauge (s. diese) wenn solche trübe geworden ist, wieder setzen muß. (s. Vitriolsieden)

Schlammbütte, Fr. Cuve de Sediment. Ein Faß darinn der Schlamm von Vitriollauge gesammlet wird.

Schlämmen, Fr. purifier par la lavage, das Erz vom Schlamme oder tauben Gestein reinigen.

Schlämmen, von einem gröbern Körper das feine Pulver durch öfteres ausgegossenes Wasser durch das Absetzen von dem gröbern absondern.

Schlämmen, (Maurer) die erste Arbeit des Tünchwerks einer Wand oder Decke. Er taucht den Schlämmpinsel öfters in die mit Lackmusbrühe vermischte Tünche, bestreicht damit die rohe Mauer und reibt die Tünche wohl aneinander damit bey dem folgenden Weißen keine Streifen oder Flecke entstehen.

Schlämmer, Fr. le laveur, (Puchwerk) ein Junge welcher den vom Waschheerde abgegangenen und noch etwas Erz bey sich führenden Schlamm bearbeitet, und das Gute heraus wäscht.

Schlämmfässer, (Pottaschsieden) die großen Fässer deren verschiedene in einer Reihe gestellt sind, und 2 Fuß 8 Zoll im Durchschnitt oben groß sind; sie haben doppelte Boden, wovon der oberste durchlöchert ist und los darinn liegt, daß er herausgenommen werden kann; der unterste Boden hat ein Zapfenloch mit einem Zapfen. Zwischen beyden Boden ist noch ein Raum daß dazwischen Stroh gelegt werden kann. Die Asche wird darinn geschüttet und das Wasser darauf gegossen, daß sich solches von dem Alkali schwängert und in Lauge verwandelt, die beständig durch die Löcher des obersten Bodens durchs Stroh und durch das offene Zapfenloch in die untergesetzten Laugenfässer abfließt.

Schlammgraben, Fr. Egoutoir. (Puchwerk) Ein von Brettern zusammengeschlagener und in die Erde gegrabener, ein wenig abschüßig liegender vierkantiger Kasten, worinn die von der Wäsche oder dem Puchwerk abgehende Schlämme durch das Wasser geführet werden, damit das dabey befindliche Schwere und Gute, darinnen zu Boden falle, das Leichte und Untaugliche aber mit der Fluth fortgehe. Dergleichen Graben werden auf einem Puchwerk etliche hintereinander angelegt, damit alles Erz erhalten werde, und nichts verlohren gehe.

Schlammheerd, (Puchwerk) ein Waschheerd (s. diesen) darauf der von dem gewaschenen Zwitter erhaltene Schlammstein gewaschen wird.

Schlammkrücke, (Salzwerk) eine Art Brett 3 bis 4 Zoll breit und 7 Zoll lang, mit einem hölzernen Stiele, den Schlamm aus den Salzpfannen zu ziehen, welcher bey dem Sieden sich setzt.

Schlammkrücke, (Teichbau) große Krücken, die von Pferden gezogen werden, und den Schlamm aus den Teichen und Flüssen ziehen. (s. Roßkrücke)

Schlammkufe. (Hüttenwerk) Eine Krücke, womit der Schlamm auf den Planheerden und in den Schlammgräben hin und wieder geführet wird.

Schlammlauge, Fr. lessive du sediment, (Vitriolhütte) die aus dem Vitriolschlamm gezogene Lauge.

Schlammmühle. (Wasserbau) Eine Art Modermühle oder Bagger, womit der Schlamm aus den Strichen geschöpft wird, welcher daselbst Untiefen verursachet.

Der

Der Mechanismus wird von Pferden in Bewegung gebracht, und dieser ist in einem Schiffe angebracht. An einer senkrecht stehenden Welle ist ein Zugbaum, woran die Pferde die Welle herum treiben; an der Welle ist unten ein Kammrad befestiget, dieses treibt eine horizontale Welle, die an einer Seite längst dem Schiffe liegt, und einen Trilling hat, welcher wiederum ein Kammrad an einer Welle antreibt, welches hernach das Schiffseil, so an einer Brücke befestiget wird, auf eine Welle wickelt, und also das Schiff nach der Brücke zutreibt. Ein anderer Trilling wird gleichermaßen vom Kammrad herum getrieben, und dieses durch eine viereckige Welle, welche eine auf- und absteigende Leiter mit Schaufeln aus dem Wasser auf und nieder treibt. Die Schaufeln, die vor sich, nicht aber hinter sich fallen, heben mit der Leiter den Schlamm aus der Tiefe hinauf bis dahin, wo sie wieder umfallen, und solchen in das Schiff schütten, und wieder nach dem Grunde gehen und mehr holen. (s. Bagger und Modermühle)

Schlammpfännchen, Fegeschober. (Salzwerk) Eine kleine Pfanne, etwa 10 Zoll lang, und 8 oder 9 Zoll breit, woran der Rand einen Zoll hoch, und in der Mitte ein blecherner Henkel, oder auf dem Boden ein eiserner Stiel ist, damit sie kann eingesetzt und ausgenommen werden. Man setzt sie in die große Pfannen, wenn das Salz sich anfängt zu körnen, und es ziehet sich der Schlamm hinein, der durch das Schlämmen nicht fortgeht.

Schlämmpinsel, (Maurer) ein abgenutzter Weißpinsel, womit die Decken und Wände vor dem rechten Weißen geschlämmet und abgerieben werden. (s. Schlämmen)

Schlammschlich, Fr. limon de la Mine lavée, (Puchwerk) der aus dem Puchschlamm rein gewaschene und zur Ablieferung bereitete Schlich.

Schlammstein, der Zinnstein, welcher bey dem Zwitterwaschen in die Sümpfe gegangen ist.

Schlammstein, s. Schleifstein.

Schlammwerk. Eine Anstalt, wo man in dem Schlamme der Flüsse die enthaltenen Goldkörner durch Schlämmen oder Waschen zu erhalten suchet.

Schlamper, Schlomper, Schlumper. (Frauenschneider) Ein langes Frauenzimmerkleid, welches in Ansehung seiner Theile der Roberonde in allem gleichet, außer daß der Schlamper keine Schleppe hat, sondern nur gleich dem Rock lang ist.

Schlange, Fr. Coulevrine. (Artillerie) Eine Art heut zu Tage üblicher Kanonen, die in 5 Klassen getheilet wird. 1) Doppelte Schlangen, welche 28 bis 30 Kaliber lang, schießen 40 bis 50 Pfund Eisen, und sind 70 bis 90 Zentner schwer. Zu jedem Schuß werden erfodert 20 bis 30 Pfund Pulver, und werden von 10 Kanonier und 4 Handlangern bedienet; zur Fortschaffung gehören 24 bis 36 Pferde. 2) Ganze Notbschlangen, die 39 bis 40 Kaliber lang und 70 Zentner wiegen, und 16 bis 18 Pfund schießen. Zu jedem Schuß gehören 8 bis 9 Pfund Pulver, und wird von 18 Personen bedienet. 3) Ganze Schlangen. (s. Feldschlangen) 4) Halbe Schlangen. Diese sind 26 bis 32 Kaliber lang, schießen 6 Pfund Eisen, und wiegen 20 Zentner; zu jedem Schuß werden drey Pfund Pulver erfordert, und von 6 Mann bedienet. 5) Die Quartierschlange. (s. diese)

Schlange. (Gewehrfabrik) Ein messingenes, nach einer Schlange gebogenes, massiv gegossenes Stück, das auf der entgegen gesetzten Seite des Schlosses in den Schaft versenkt ist, und zum Theil zur Zierrath, zum Theil auch dazu dienet, daß durch dasselbe an beyden Enden die beyden Schloßschrauben durchgehen, und vermittelst solcher das Schloß in dem Schafte befestiget wird. Es führet den Namen von seiner Gestalt.

Schlange, (Weber) an einem Zampelstuhle, die als eine Schlange sich an den Cavassinschnüren schlängelnde Schnur, woran die Latzen des Zampels befestiget sind. (s. Zampel und Zampelstuhl)

Schlangenförmig, s. Wellenförmig.

Schlangenhaut, versteinerte. Diesen Namen führen die Ammonshörner.

Schlangenholz, (Tischler) ein fremdes Holz, so aus Afrika und Ostindien kommt; braunweiß von Farbe und vest und schwer ist. Man macht davon allerley eingelegte Arbeiten.

Schlangenlahn. (Gold- und Silberdrahtplätter) Dieser wird aus Cantille verfertiget, der zur Cantille (s. diese) gemachte Gold- oder Silberdraht von Nummer 6 oder 7, wird von dem Plätter etwas auseinander gezogen, und alsdenn geplättet. Es ist natürlich, da die runden ausgezogenen Ringel der Cantille eine schlangenförmige Windung bilden, daß der niedergedrückte und geplättete Draht die Schlangenbildung behalten muß. (s. Gold- und Silber plätten)

Schlangenspritze, s. Schlauchspritze.

Schlangenrohr, Fr. Serpent, (Orgelbauer) ein Orgelregister 16 Fußton.

Schlangenröhre, (Distillateur) eine lange schlangenweise gewundene kupferne Röhre, welche in ein hölzernes Faß, das Kühlfaß, (s. dieses) dergestalt gesetzt wird, daß das obere Ende an die Röhre des Destillirkolbens oder Blasenhuts anstößt, an dem untern Ende aber auf eine Vorlage zu liegen kömmt, wodurch das gebrannte Wasser in die Vorlage läuft. Das Faß ist bey dieser Arbeit mit kaltem Wasser angefüllet, damit sich das durch die Röhre abfließende Wasser abkühle.

Schlangensäule, Fr. Colonne serpentée. Eine Säule von drey Schlangen zusammengewunden, deren Köpfe das Kapitäl abgeben, dergleichen zu Konstantinopel eine von Bronze ist.

Schlangenschnur, s. Cavassinschnur.

Schlangenstein, Fr. Pierre de Couleuvre, Pierre de Serpent indien. Ein kugelrunder, knotig, braunschalig, zuweilen weißlich und schwarz gesleckter ziemlich schwerer Stein, der im Kopf oder Bauch der großen indianischen Schlange, welche Kobra oder Cobra del Cabelo heißet, gefunden wird. Man nennet ihn auch magnetischen Schlangenstein. Wenn er ins Wasser geworfen

wird,

wird, macht er Blasen. Man braucht ihn zu allerley Dingen, besonders vor den Schlangenbiß.

Schlangenstreife, Schlangenlinie, (Seidenmanufaktur) Streifen im Seidenzeuge, die nicht gerade sind, sondern durch kleine Absätze eine Schlangenlinie bilden.

Schlangenzungen, Schlangenzungenstein, Natterzungen, Fr. Dents de Carcharias, scharfe versteinerte Zähne eines Fisches. Sie sind von verschiedener Größe und werden unter der Erde gefunden. Sie sind nicht eigentlich versteinert, sondern von hornigem fischbeinigen Wesen. Man findet sie dreyeckig und gabelförmig, und zwar nur auf der Insel Malta. Sie haben den Namen daher bekommen, weil man ehedem glaubte, daß es Stacheln oder Zungen von Schlangen wären. Man weiß aber, daß es Zähne des Fisches Carcharias sind, wie auch der französische Namen bezeichnet.

Schlante, eine schwedische Geldsorte, sie hat 3 Oer Kupfermünze.

Schlauch, Fr. Outre. Ein auf besondere Art zugerichtetes und zusammengenähtes Gefäß von Leder, dessen man sich bedienet, flüßige Dinge, als Wein, Oel u. dgl. sonderlich in gebirgigten Gegenden, wo man sich der Wagen nicht bedienen kann, sondern alles auf Mauleseln und Saumrossen fortbringen muß, darinnen zu verführen. Man macht sie entweder von Rindsleder, von denen man das Haar abgestrichen, sie sodann gegerbet hat, und welche man in Frankreich Bouges nennet; oder von Bock und Ziegenfellen, die noch ihre Haare haben, und diese heißen Boucs. Man glaubt, daß die Schläuche von Ziegenfellen nicht so gut sind, als die von Bockfellen. Der Wein hält sich aber in diesen Gefäßen nicht lange, und sobald man an den bestimmten Ort damit kommt, so muß solcher in Fässer ausgeleeret werden, wenn er sich halten soll. Man kann auch auf dergleichen Schläuchen, die voll Winde aufgeblasen werden, über die Flüsse fahren.

Schlauch, wird der von Brettern, Leder, Leinwand, oder dergleichen Materien verfertigte Kanal genannt, durch den man eine flüßige Materie an einen gewissen Ort hin zu leiten pfleget. Meistentheils aber wird diese Benennung mit solchen Kanälen oder Röhren beygelegt, welche aus einer Materie verfertiget sind, die sich nach Gefallen biegen und wenden läßt. Z.B. von Leder oder Leinwand. Solcher Art sind die Schlauchspritzen, Weinschläuche u. s. w.

Schlauch. (Kammmacher) So nennt derselbe den Kern, der in jedem ganzen Rindshorn stecket.

Schlauchspritze, Schlangenspritze. Eine Feuerspritze, die an statt der Standröhre einen langen ledernen Schlauch oder Schlange hat, damit man die Spritze weit heraus oder in die Ferne wirken lassen kann. Dergleichen Schlauchspritzen sind sehr bequem, das Wasser an alle Orte, wo das Feuer brennet, hin zu spritzen, indem man den ganzen Schlauch überall hin bringen, und vermittelst des daran angemachten Wenderohres das Wasser in alle [illegible] führen kann (s. Feuerspritzen)

Schlechte Behangen, wird von den Hunden gesagt, die keine lange und breite Schlappohren und große Lefzen, sondern nur spitzige Ohren und Nasen haben.

Schlechten, Fr. Fentes des pierres. (Bergwerk) So werden die Rizen in den Erdschichten genannt, wenn die Theile eines und des nämlichen Minerals nahe an einander liegen, und sich berühren. Man theilet die Schlechten auf verschiedene Art ein, als in Schwerschlechten edle Schlechten und Steinscheidungen.

Schlechten, s. Buhnen.

Schlechte Nase. (Jäger) Wenn ein Leid- Jagd- oder Hühnerhund nicht bald findet oder zu Fehlern kommt, und die Spuhren leicht übergeht.

Schlechten, edle, wenn diese aus Erzen bestehen, welche sich oft bey den Schiefern auf den Flötzwerken finden.

Schlechtfärben. (Färber) Eine unächte und kurzdauernde Färberey, wozu die Orseille, das indianische Holz, Brasilienholz, Nussel, Ramen, Körner von Avignon, und die Kurkuma gebrauchet wird. (s. davon an seinem Orte unter den unächten Farben)

Schlechtfärben, das, des Blauen. (Färber) Man kocht eine Brühe von indianischem Holze, menget ein wenig blauen oder cyprischen Vitriol darunter, und läßt das Zeug ohne weitere Umstände oder Zubereitung darinn kochen. Wenn es aber gewaschen wird, so geht auch die Farbe weg, so wie auch bey allen unächten Farben überhaupt geschiehet.

Schlegeleisen. (Oelmüller) Ein 3 Ellen langer und 6 oder 8 Zoll starker Baum, welcher an die Schlegelwelle befestiget wird, und den Preßkeil der Oellade treibt.

Schlegelwelle, (Oelmüller) eine 8½ Elle lange und 14 Zoll starke Welle, an welcher an der einen Seite der Schlägeleisen befestiget ist, welcher den Oelschlägel an den Preßkeil der Oellade treibt; (s. Oel schlagen und Oelmühle) auf der andern Seite aber, dem Schlegeleisen gegen über, ist die Schwere (s. diese an der Oelmühle) befestiget.

Schlehenroth, (Weingärtner) eine Art schlechter rother Wein, welcher saure und herbe Beeren hat.

Schlehenwein. Ein Getränke, das von Schlehen gemacht wird. Man nimt reife Schlehen, ehe sie der Reif trifft, stößt sie in einem Mörser, macht daraus Kugeln, die wie ein Ey groß sind, legt sie auf ein Brett, schiebt sie in einen etwas abgekühlten Ofen, da sie wohl abtrocknen müssen, und verwahrt sie an einem wohl temperirten Ort in einer Schachtel. Will man nun Schlehenwein machen, so zerbricht man die Kugeln, thut sie in ein Faß, gießt zur Weinlesezeit starken Most darauf, und läßt sie damit gähren. Oder man hängt ein Säckchen mit wohl getrockneten und zerstoßenen [illegible] Zimmt und Nelken angefüllt in den Most. Man kann auch Zucker und ein paar gespaltene Citronen dazu thun, und es so 14 Tage stehen lassen, und alle Tage mit einem Stäbchen das Säckchen umrühren, so bekommt man einen

lieblichen

lieblichen und gesunden rothen Schlehwein, der den Magen kühlt und stärket.

Schleichdrucker, ein Buchdrucker, der heimlich verbothene Bücher druckt, oder andere nachdruckt.

Schleichen. (Jäger) Wenn derselbe ein Thier zu pürschen suchet, so schleichet er stille, und so viel möglich, verborgen; jedoch allezeit gegen den Wind in den Wäldern herum.

Schleichtreppe, Fr. Pas de Souris. (Kriegsbaukunst) Eine schmale Treppe, welche an beyden Seiten der Rundung einer Contrescarpe, wie auch an den eingehenden Winkeln derselben, an den Kehlen der Außenwerke und andern Orten angebracht wird, damit man aus dem Graben in solche kommen könne. Man schneidet die Stufen derselben in die Mauer oder Bekleidung der Contrescarpe, und macht sie nicht gar zu bequem.

Schleichwege, s. Pürschwege.

Schleifbaum. (Weber) Ein Baum, an welchem sich die Kette oder der Aufzug herunter schleifet, damit sie straff anhalte.

Schleife, (Bortenwirker) diejenigen Zierrathen, womit Mannskleider besetzt werden. Sie sind entweder von Silber- oder Goldfadengespinnst. Die Fäden werden dazu gesponnen auf der Spinnmühle, (s. diese) und daraus nach Verlangen dicke oder dünne Schnüre verfertiget, aus welchen aus freyer Hand etwa mit einem kleinen glatten Hölzchen mit einem Haken die Schleifen nach allerley Windungen und Formen geschlungen und gebildet werden, wobey der Haken die Fäden durchzieht. Eine Zeichnung, die da vorschreibt, wie die Fäden geschlungen werden müssen, muß die Hand leiten; zuweilen setzt man auf die Schleifen auch Kreppin von Seide, Gold und Silber.

Schleife, Schlinge. (Jäger) Ein oder mehrere Pferdehaare zusammendrehen, und an dem einen Ende eine Schleife knüpfen, das andere Ende aber durchziehen, und also in die Runde richten, daß sich ein Vogel darinn fangen muß. Man kann sie auch aus Seide oder andern Fäden verfertigen. Wenn das Federwild an dem Halse damit gefangen wird, so heißt man es eine Schlinge, fängt man sie aber an den Füßen, so nennt man es eine Schleife. Die gewöhnlichste Art der Schleifen, womit man nicht nur Feld- oder Rebhühner, sondern auch Wachteln u. dgl. fangen kann, ist folgende: Man machet drey oder vier Schleifen an einen Bügel, der an beyden Seiten Spitzen hat, so daß man ihn in die Erde stecken kann. Dergleichen stecket man unterschiedene in die Hecken, Furchen, Fußsteige rc. solchergestalt, daß wo die Vögel eine Schleife oder Bügel verfehlen, sie in die andere laufen, daselbst kann man sie fangen, sowohl Winters- als auch Sommerszeit. Um Jakobi kann man die Rebhühner am besten fangen, denn da sind sie kaum halbwüchsig, halten sich derowegen in den Büschen und kleinen Sträuchern auf, woselbst man ihnen nachstellen kann. (s. auch Schnellschleifen)

Schleifen. (Gewehrfabrik) Dieses Schleifen der Klingen unterscheidet sich von dem gewöhnlichen Schleifen eines Messerschmiedes (s. Schleifen, Messerschmid) dadurch, daß bey den Degen-, Säbel- und Hirschfängerklingen oft Hohlkehlen auszuschleifen vorkommen, welches auf dem Schleifsteine mit Reifen (s. diesen) verrichtet wird. Der Schleifer muß die Klinge auf dem Schleifsteine gut zu lenken wissen, das übrige thut das Mühlenwerk und der Schleifstein. Nachher wird die Klinge poliret. (s. Poliren) Das Rohr eines Bajonettes steckt er auf einen langen Dorn, der an einem Ende ein Kreuz hat. Das entgegengesetzte Ende wird dergestalt in ein Zapfenlager gelegt, daß das Rohr den Schleifstein berühret. Der Schleifer darf es nur auf dem Schleifstein beständig im Kreise, vermittelst des Kreuzes, umdrehen. Die ebene Seite der Klinge wird auf einem glatten Schleifstein, und die beyden ausgehöhlten Seiten auf einem Schleifstein mit Reifen geschliffen. Die Reifen an der Kante des Schleifsteins thun bey den gehöhlten Seiten des Bajonettes die besten Dienste, weil man solche an diesem Ort also lenket, daß der Stein die hohle Fläche in allen ihren Punkten berühret. Dann wird das Bajonet wie die Klingen poliret. Der Ladestock wird auf einem Schleifstein mit Reifen geschliffen, deren Vertiefungen rund ausgehöhlt sind und zum Ladestock passen. Der Schleifer thut nichts, als daß er den Ladestock nach der Länge ziehet und zugleich umdrehet.

Schleifen, das, der Spiegel. Die mittlern und kleinen Spiegel werden auf den eingerichteten Spiegelfabriken auf einer Schleifmühle, (s. diese) die vom Wasser getrieben wird, geschliffen. Die größten Spiegeltafeln würden aber gewiß auf einer solchen Schleifmühle zerbrechen, sie müssen daher aus freyer Hand, doch mit einigen mechanischen Vortheilen, geschliffen werden. Nach der ersten Art wird eine Tafel mit der andern durch das Mühlenwerk (s. Schleifmühle der Spiegel) geschliffen, indem die obere, als die bewegliche, immer hin und wieder auf der vest liegenden gezogen und gerieben wird. Auf die unbewegliche schüttet man während dem Reiben dann und wann feinen geschlemmten Sand, und die Glastafeln müssen sich so lange untereinander reiben, bis alle Vertiefungen und Erhöhungen abgeschliffen sind. Wenn dieses ist, so nimmt man die bewegliche Tafel weg, und legt dagegen auf die unbewegliche ein Brett, das unten mit Fries überzogen ist. Dieses Brett wird gerade wie die bewegliche Spiegeltafel in Bewegung gesetzt, und die unbewegliche Spiegeltafel wird mit pulverisirtem und gesiebtem Bolus bestreuet, und hierdurch vorläufig poliret. Auf eben die Art muß denn auch nachher die bewegliche Spiegeltafel poliret, und nachher wie die unbewegliche angekittet werden. Wenn auf solche Art beyde Tafeln auf beyden Seiten abgeschliffen und hierdurch geebnet worden sind, denn werden sie noch völlig poliret. (s. Spiegel poliren) Die großen Spiegeltafeln werden dagegen in einem Zimmer folgendergestalt geschliffen: Ueber einem Tische, worauf die Spiegeltafel ruhet, ist an der Decke des Zimmers eine Stange mit einem Ringe befestiget. Das andere Ende der Stange erhält vermittelst eines Ringes eine hölzerne Scheibe, auf welcher eine kleine Spiegeltafel mit Gips angekittet ist.

Diese Scheibe an der Stange bewegt ein Arbeiter auf der grossen hin und her, und streuet zugleich zuweilen etwas geschlämmten Sand auf die letztere. Zuletzt wird diese Tafel, wie in der vorigen Art, durch eine mit Fries überzogene Scheibe mit Bolus vorläufig in etwas polirt. (s. Spr. H. u. K. Samml. 10. Tab. IV. Fig. XIX)

Schleifen der Messingbleche. (Klempner) Die fertige Arbeit von Messingblech muß geschliffen werden, um derselben einen reinern Glanz zu geben; deswegen das Blech erst mit Bimsstein und denn mit einer Kole abgerieben wird. Zuletzt wird ihm der völlige Glanz mit Englischer Erde und Baumwolle, mit einer Tuchecke abgerieben, gegeben.

Schleifen der Messer. (Messerschmid) Die Grundsätze dieses Schleifens sind folgende: 1) Die Fläche des Messers, das man schleifen will, ruhet dergestalt auf dem Schleifstein, daß sie ihre Richtung nicht nach dem Umfange, sondern nach der Dicke des Steins nimt, und wenn sie länger ist, als die Dicke des Schleifsteins beträgt, so muß sie auf dem Schleifstein stets hin und her gezogen werden, wobey der Schleifstein öfters mit Wasser benetzt werden muß. (s. Schleifen) 2) Soll eine ebene oder runde Fläche geschliffen werden, so muß der Messerschmid einen grossen Schleifstein aufstecken. Z. B. Wenn die Fläche einen Zoll breit ist, die man abschleifen will, so weicht bekanntermaßen ein gleich grosser Bogen in dem Umfange eines grossen Schleifsteins nur wenig von einer geraden Fläche ab. Schleift man aber mit einem Stein, dessen Durchmesser nur klein ist, so hat ein Bogen dieses Schleifsteins, der 1 Zoll lang ist, schon eine starke Rundung, deswegen muß man mit kleinen Steinen, nach Verhältniß der Fläche, die man ausschleifen will, solche verrichten. Hat ein Messerschmid keinen Schleifstein, der der Breite einer glatten Fläche angemessen ist, die man abschleifen will, so muß die Klinge stets rechts und links nach dem Umkreise des Steins niedergedrückt, und dem Fehler dadurch abgeholfen werden. Im Gegentheil hält er das Messer auf einem grossen Schleifstein fest, und nur in dem Falle bewegt er es in etwas, wenn die Fläche eine schwache Rundung erhalten soll, welcher Fall z. B. bey einem Tischmesser statt findet. 3) Wird gemeiniglich erst mit einem groben Schleifstein das Grobe einer Fläche abgenommen, und hernach mit einem feinen geebnet. 4) Giebt der Schleifstein der Schneide des Messers einen Grad, der sich beym Gebrauch sogleich umlegt, dieser muß daher nach dem Poliren mit einem feinen Stein aus freyer Hand abgenommen werden. Bey einem Tischmesser schafft man ihn mit einem Sandstein weg, bey einem Barbiermesser aber mit einem Abziehstein.

Schleifen, gestickte. (Sticker) Schleifen, die entweder auf die Kleider unmittelbar, oder vorher auf Leinwand oder Seidenzeug gestickt, und nachher erst auf die Kleider aufgenähet, und mit einer Profilschnur (s. diese) eingefaßt werden. Das Sticken selbst geschieht mit den gewöhnlichen Handgriffen der Stickerey nach einer Zeichnung. (s. Sticken)

Schleifenkufen, s. Schlittenkufen.

Schleifer, theilen sich in zwo Zünfte, nämlich in Schwerdt- und Rauhschleifer; beyde haben ein geschenktes Handwerk, doch hat kein Theil von des andern Geschenke etwas zu geniessen, wiewohl einem bey dem andern 14 Tage oder 4 Wochen längstens zu arbeiten erlaubt ist. Der ganze Unterschied besteht darinn, daß die Rauhschleifer über dem Stein sitzen, so daß der Stein gegen sie läuft, und die Arbeit mit den Knieen anhalten müssen, auch deswegen mit dicken ledernen Bauschen verbunden sind. Die Schwerdtschleifer aber sitzen vor dem Steine, und derselbe läuft von ihnen weg. Diese schleifen meistens dünne geschmiedete Sachen, als Schwerdter, Degen, Messer, Scheermesser u. s. w. (s. auch Scheerenschleifer und Tuchscheerenschleifer)

Schleifer, (Gewehrfabrik) derjenige Arbeiter, der alle Instrumente, die auf der Fabrike verfertiget werden, schleifet. Weil dieses Schleifen auf mannigfaltige Art geschehen muß, indem die Sachen nicht alle von gleichen oder ebenen Flächen sind, so ist in der Gewehrfabrike eine Schleifmühle angebracht, (s. diese) worauf allerley verfertigte Arbeit von verschiedenen Gestalten abgeschliffen werden kann; deswegen in dieser Mühle verschiedene Steine und Polirscheiben in Bewegung gesetzt werden.

Schleiffe, (Stellmacher) Ein Gerüst von zwey starken, langen, auf der hohen Kante stehenden, und mit etlichen Querhölzern zusammengefügten Stücken Eichenholz, welche vorne von unten hinauf geschweift sind. Sie wird zu Schleppung allerley Lasten gebraucht. Sonderlich hat man wegen der Feuersgefahr in Städten und Dörfern die sogenannten Sturm- oder Wasserfässer auf solchen Schleiffen in Bereitschaft stehen.

Schleiffen. (Jäger) Wenn der Auerhahn balzet, so fängt er erst etlichemal an mit dem Schnabel zu schnappen, alsdenn zischen und kirren sie untereinander, daß sie vor Begierde selbst nicht hören oder sehen, und man während der Zeit gar füglich nach ihnen schiessen kann.

Schleiffkanne. (Böttcher) Ein von hölzernen Dauben zusammengesetztes und durch Reifen aneinander getriebenes, von innen ausgepichtes Geschirr, mit einer langen vorne mit Blech beschlagenen Schnautze und einer Handhabe, oben aber mit einem Deckel und Zuschiebling versehen, worinn man Bier oder anderes Getränke aus dem Keller zu holen pfleget.

Schleifreister, lange Büsche, welche die Fuhrleute bey trockenem Wetter, wenn sie mit schwer beladenen Karren bergunter fahren, hinten an den Karren hängen, um solchen aufzuhalten, damit er dem Stellpferde nicht zu sehr auf dem Halse liege.

Schleifhaken. Ein oben links unten rechts gekrümmter Haken, dessen sich die Scheerenschleifer bedienen, um die Scheeren daran zu hängen, welchen sie auch in ihrem Wappen führen.

Schleifhamen, (Fischer) welcher dicht auf dem Grunde des Wassers an einer langen Stange fortgeschleifet wird.

Schleifkeil, s. Lösekeil.

Schleiflade. (Orgelbauer) Eine Windlade in den Orgeln, deren Gang nicht gerade, sondern schief geführet wird. (s. Windlade)

Schleiflade, s. Springlade.

Schleifmaschiene, (Messerschmid) mit welcher Messer und Scheeren geschliffen werden. Sie wird durch ein Schwungrad in Bewegung gesetzt, das 5 bis 6 Fuß hoch ist, und beym Schleifen von einer besondern Person gedrehet wird. Dieses läuft auf einem hölzernen Gestelle, und wird durch eine Kurbel bewegt. Ohngefähr 1 Fuß vom Rade entfernt steht ein zweytes hölzernes Gestelle, das aus zwey hölzernen Säulen und einem Gefäße von Holze, das zwischen den Säulen steht, zusammengesetzt ist. Die beyden Säulen tragen eine eiserne Spille, die auf einer Seite von einer kleinen Schraube mit einer Kurbel, und auf der andern von einem Zapfen gehalten wird. Die Spitzen der Spillen stecken in einem Loche der Schraube und des Zapfens. Man sieht also leicht, daß sich die Spille abnehmen läßt, welches auch nöthig ist, weil Schleif- und Polirsteine von verschiedener Beschaffenheit und Größe zum Schleifen gebrauchet werden. Die Spillen aller Schleif- und Polirsteine müssen also von einerley Länge seyn. Die Schraube liegt zur Hälfte in der Säule der Maschiene, und der übrige Theil wird von einem eisernen Bügel umgeben, der auf jeder Seite der Schraube mit einer kleinern Schraube angeschraubet ist, damit man die Schraube wieder befestigen könne, wenn sie etwa wankt. Bey den mehresten Schleifmaschienen der Messerschmiede ist statt der Schraube ein beweglich Stück Holz angebracht, das sich mit einem Keil befestigen läßt, die Einrichtung mit Schrauben ist aber besser. Auf der Spille steckt eine hölzerne Rolle, die durch eine Schnur mit dem Schwungrade verknüpft ist, und ein Schleifstein oder eine Polirscheibe, zwischen den Säulen und dem Rade steht eine hölzerne geneigte Bank, worauf vorn ein Küssen ruhet, auf welchem der Schleifer bey dem Schleifen liegt. (s. Schleifen der Messer)

Schleifmaschiene. (Stahlarbeiter) Eine Maschiene, worauf derselbe seine verfertigte Stahlarbeit schleifet und poliret. Sie gleicht fast der Schleifmühle der Steinschneider. (s. diese) Sie ist nur klein und bequem, und wird, um gleich bey der Hand zu seyn, an einem Ende des Werktisches angebracht. In diesem ist ein rundes Loch ausgehöhlt, worinn eine 6 Zoll breite und 1 Zoll dicke Polirscheibe läuft, die bey welcher Arbeit nur von Holz seyn darf, hingegen bey gehärtetem Eisen aus einer metallischen Komposition besteht. Sie machen ein Geheimniß daraus, allein es scheint, daß es eine Vermischung von Zinn und Bley sey, ungeachtet sie sagen, daß es Zinn und Messing seyn soll. Die Polirscheiben stecken auf einer eisernen Spille, die unten zugespitzt ist. Diese Spitze läuft in einer stählernen Büchse, welche auf einer Latte unter dem Tisch mit einer Schraube befestiget ist. Das entgegengesetzte Ende der Spille ist ausgehöhlt, und wird von einer zugespitzten Schraube gehalten, die sich in einem eisernen Arm auf und ab schrauben läßt. Zur mehreren Haltbarkeit wird diese Schraube noch durch eine kleinere Schraube befestiget. Unter der Polirscheibe trägt die Spitze noch eine Schnecke oder einen Kegel mit Reifen. In einen dieser Reifen wird eine Schnur gelegt, die die Schnecke mit einem Schwungrade verknüpft, und zugleich mit diesem die Polirscheibe in Bewegung setzt. Das hölzerne Schwungrad, welches etwa 16 Zoll im Durchmesser hat, liegt unter dem Tische. Es ist in demselben hin und wieder Bley eingegossen, daß es einen schweren Schwung bekomt. Eine Spille durchbohret den Mittelpunkt dieses Rades, und das Rad läuft an dieser Spille, wovon die unterste Spitze unten in einer stählernen Büchse auf der Latte läuft, das oberste Ende aber eine Kurbel hat, womit diese letztere herum gedrehet wird, herum. Zur Bequemlichkeit läßt sich der Ort des Rades verändern, wenn etwa die Schnur reißt. Dieserhalb hält ein eiserner Arm die Spille oberwärts, das eine Ende des Arms ist von einander gespalten, wodurch zwey gekrümmte Arme entstehen, zwischen welchen die Spille läuft. Die beyden gekrümmten Arme halten ein Stück Eisen, welches die Spille hindert, daß sie nicht aus den Armen fallen kann. Das entgegengesetzte Ende dieses eisernen Arms ist umgebogen, und den umgebogenen Theil durchbohret eine Holzschraube, die in die hohe Kante des Tisches eingeschraubet wird. Der Arm läßt sich also zugleich mit der Spille und ihrem Schwungrade nach einem andern Orte bewegen, und wenn die Holzschraube angezogen wird, so drücken die gekrümmten Arme in den Tisch ein, und der eiserne Arm ist an beyden Enden befestiget. In der Latte muß eine Fuge seyn, damit man die Büchse der Spille des Schwungrades nach Gefallen hin und her verschieben könne. Die Spille befestiget man alsdenn jedesmal mit einer Flügelschraube. In einiger Entfernung von der Polirscheibe steht auf dem Tische ein starker eiserner Stift, auf welchem im erforderlichen Fall ein Quadrant gesteckt wird. Dieser ist fast so beschaffen, als der Quadrant des Steinschneiders, nur ist er von Eisen, und der Kittstock hat hier vorne am Ende zwey eiserne Spitzen, die sich vermittelst einer Schraube öffnen und wieder zusammenschrauben lassen. Den Quadranten braucht man bey dieser Maschiene bloß alsdenn, wenn die kleinen Flächen der Steinschnallen (s. diese) geschliffen werden. Bey dem Poliren wird die Schleifscheibe mit Zinnasche und Wasser bestrichen. Die Zinnasche muß aber vorher recht fein gerieben seyn, und bey dem Poliren selbst wird mit der rechten Hand die Schleifscheibe herumgedrehet, und mit der linken Hand wird die zu polirende Sache auf die Scheibe erhalten. (s. Spr. H. u. K. Samml. V. Tab. II. Fig. IX.)

Schleifmühle, Schleifmaschiene. (Diamantschleifer) Diese besteht erstlich aus einem von starken Latten zusammengesetzten Gestelle, das mit senkrechten Hölzern an dem Boden und an der Decke der Werkstätte befestiget ist, damit die Maschiene bey der Bewegung den gehörigen Widerstand thue. Die Länge beträgt 4½ Fuß, und die Breite 2 Fuß. Etwa 2½ Fuß über der Erde liegt auf den hori-

gemachten Kasten ein Boden von starken Brettern. Er ist an dreyen Seiten mit Brettern eingeschlossen, damit sich der Diamant nicht verliert, wenn er beym Schleifen aus dem Kitt springt. Bloß die vordere Seite, vor welcher der Schleifer sitzt, ist offen. In dem Boden sind ein auch zwey gekrümmte Ausschnitte, worinn die Schleifscheibe (s. diese) dergestalt stehe, daß sie etwas über den Boden hervorragt. Um den Cylinder der Scheibe ist eine Schnur gelegt, und vermittelst dieser wird die Scheibe durch ein großes horizontales Rad bewegt. Dieses Rad ist 6 Fuß im Durchschnitte, und läuft zwischen zwey Latten. Die Welle dieses Rades hat unten einen krummen Zapfen (Kurbel) worauf ein hölzerner Arm beweglich steckt, der mit einem andern Arm zusammengefügt ist. Der letzte ist in eine hölzerne Welle an der Wand der Werkstatte eingezapft, und vermittelst dieses Zieharms bewegt eine besondere Person das große Rad und zugleich die Schleifscheibe, mit welcher der Diamant geschnitten wird. Der Arbeiter fasset hiebey an die Nägel des Zieharms, wenn er die Mühle in Bewegung setzen will. (s. Spe. H. u. K. Samml. IV. Tab. I. Fig. II. und IV.)

Schleifmühle. (Edelgesteinschneider) Eine Maschine, mit welcher, außer dem Diamanten, alle andere Edelgesteine geschliffen und geschnitten werden. Sie besteht aus einem Fußgestelle, worauf ein Tischblatt liegt. Dieses umgiebt auf allen Seiten ein Kranz von Brettern, einige Zolle hoch. Ein Brett in der Mitte theilet den Tisch in zwey Hälften. Das Brett und der Kranz hindern, daß der Stein nicht verlohren gehe, wenn er beym Schleifen abspringt. Das Brett hat einen eisernen Arm, und zwischen diesem und dem Tischblatt läuft die metallene Schleifscheibe auf der linken Seite des Tisches. Da der horizontale Theil des Arms nur mit einer Schraube angeschraubet ist, so können die Schleifscheiben nach Belieben abgenommen und eingesetzt werden. Auf der Hälfte des Tisches zur linken ruhet eine hölzerne Scheibe auf einem eisernen Zapfen, wie bey dem Absührungstisch oder der Tischbank des Golddrahtziehers. Ihr Durchmesser beträgt ungefähr 1½ Fuß, und ist ¼ Fuß dick. Sie ist massiv, denn sie vertritt zugleich die Stelle eines Schwungrades. An ihrer Stirn hat sie zwey Reifen, und um diese und die beyden Reifen unter der Schleifscheibe wird eine Darmsaite geschlungen. Bey der Arbeit drehet der Arbeiter mit der rechten Hand die Scheibe an einem auf derselben befindlichen Knopf herum, und die um dieselbe und um die Scheibe befindliche Darmsaite setzt diese letzte mit in Bewegung. Zur linken steht auf dem Tische ein hölzerner starker Kegel, und in diesem steckt ein eiserner Bolzen. Auf diesen Bolzen setzt der Künstler den Quadranten (s. diesen) mit dem Edelgesteine, welchen er schleifen will. Die Maschine wird an einer Wand der Werkstätte bevestiget, damit sie unbeweglich veststehe. (s. Spe. H. u. K. Samml. IV. Tab. I. Fig. IX.)

Schleifmühle. (Gewehrfabrik) Ein Mühlenwerk, welches zum Schleifen und Poliren, besonders auf einer Gewehrfabrike, angelegt ist. Eine große Welle eines Wasserrades trägt zugleich auf dem andern Ende ein starkes Kammrad, dessen Zähne auf jeder Seite in ein Getriebe greifen. Auf der Spitze der einen Welle des Getriebes auf einer Seite steckt ein starker Schleifstein, der ziemlich einen Fuß dick ist, worauf die glatten Flächen der Klingen geschliffen werden. Zugleich trägt eben diese Welle ein starkes Schnurrad, dessen Stirne nicht allein ausgehöhlet, sondern auch so breit ist, daß zwey bis drey Taue darauf neben einander liegen können. Diese werden mit Theer bestrichen, denn sie vereinigen, vermittelst zweyer Rollen, mit ihren kleinen Wellen das Schnurrad, und setzen diese zugleich mit dem Schnurrade in Bewegung. Die gedachten kleinen Wellen tragen am andern Ende Schleifsteine oder Polirscheiben, (s. diese) diese lassen sich aus ihrem Zapfenlager nehmen, um andere dagegen einzulegen. Man bemerket daher in diesen Schleifmühlen Wellen mit Polirscheiben und Schleifsteinen in ziemlicher Anzahl. Denn so wie solches auf einer Seite des oben gedachten Kammrades eingerichtet ist, so ist es auch auf der andern Seite bey der Welle des zweyten Getriebes eingerichtet, und der Mechanismus auf beyden Seiten ist gleich. Die Menge der Schleifsteine und Polirscheiben weichen sowohl an Größe als auch an Gestalt ab. Denn einige haben zwar auch eine glatte Stirn, andere aber haben auf der Stirn sechs bis sieben und mehrere Parallelreifen ausgehauen, und beydes, sowohl die Reifen, als auch die Vertiefungen zwischen ihnen, sind rund, und beyde haben auch verschiedene Größen, damit man sie auf alle mögliche Fälle gebrauchen kann. Denn hierauf werden sowohl die Hohlkehlen der Klingen, als auch die Ladestöcke, geschliffen. (s. Schleifen) Neben diesem Mühlenwerke wird ein besonderes Wasserrad, welches auf seiner Welle am andern Ende gleichfalls ein Kammrad hat, angebracht, das durch ein Getriebe einen starken Schleifstein umtreibet. Dieser Schleifstein ist unter allen der stärkste, und es werden auf demselben die Röhren zu den Flintenläufen abgeschliffen. Diese und alle vorige benannten Steine laufen in einem hölzernen Trog, in welchen auf jeder Seite des Schleifsteins eine hölzerne Rinne von dem Wassergerinne Wasser herbey leitet. Jede Rinne ergießt zugleich ihr Wasser auf ein Zapfenlager der Welle, und kühlet den Zapfen ab. Es kann also auf allen diesen Steinen und Polirscheiben zugleich geschliffen und polirt werden. Jeder Schleifer regieret nur seine zu schleifenden Sachen.

Schleifmühle der Spiegel. Eine Spiegeltafel wird auf einem Tische unbeweglich mit Gips angekittet. Auf dieser ruhet eine zweyte eben so große Spiegeltafel, die gleichfalls an einem obern Brette mit Gips angekittet ist. Auf diesem Brette sind in einer Entfernung von den Enden zwey Haspen bevestiget, welche durch Ringe zwey eiserne Stangen mit dem Brette zusammenhängen. Diese beyde Stangen gehen oben in der Mitte durch einen Ring zusammen, und dieser ist an einem Hebel bevestiget. Wird nun dieser Hebel, wie auf dem Drahthammer oder an dem Mühlenmechanismus, hin und her bewegt, so verschiebt derselbe vermittelst der beyden eisernen Stangen, die zu-

sammen

meinem einen Triangel bilden; das oberste Brett aber geht die darauf gekittete Spiegeltafel bald hin, bald her. (s. Schleifen der Spiegel, und Spr. H. u. K. Tab. IV. Fig. XVIII.)

Schleifnadel, eine breite Nadel des weiblichen Geschlechts, die in Zöpfe geflochtenen Haare auf dem Kopfe zusammen zu wickeln.

Schleifrabe, (Weingärtner) die Nebenschößlinge an einer Weinrebe.

Schleifschaale, Schleifschüssel. (Optikus) Dasjenige Werkzeug, worinn ein optisches Glas zu seinem begehrten Gebrauch gehörig zubereitet und rein geschliffen werden kann. Es wird solche entweder aus Bley oder Zinn, auch aus Eisen oder Kupfer gemacht, am allerbesten aber ist es von Messing: denn die bleyernen und zinnernen dauren nicht lange, weil sie zu weich sind; die von Eisen brauchen viel Zeit, ehe man sie nach der verlangten Form und dem Schnitte ausarbeitet, und werden überdies auch durch den Rost leicht verderbet. Da die optischen Gläser nach verschiedenen Durchmessern gebraucht werden, so hat man auch nach verschiedenen Größen dergleichen Schaalen von ½ bis 10 Zollen, und von 1 bis 36 Linien Rauchen, nebst einer vollkommenen geraden Planscheibe. Zur Größe jeder Schüssel zu jedem Glase, welches darinn geschliffen werden soll, wird ohngefähr der Diameter desselben dreymal genommen. (s. Schleifen der Gläser) Uebrigens ist die Gestalt einer solchen Schüssel flach, doch etwas ausgehöhlt, nachdem das zu schleifende Glas mehr oder weniger formirt werden soll.

Schleifscheibe. (Steinschneider) Das Werkzeug, worauf die Edelgesteine, außer dem Diamanten, geschliffen werden. Die Scheibe selbst ist von Bley, Zinn oder Kupfer, und hat 2 bis 10 Zoll im Durchmesser, ist aber nur ½ Zoll dick. Sie liegt auf einem runden Holz, woran unten ein Cylinder mit zween Reifen ist: um welche, so wie um die Scheibe der Schleifmühle, die Darmsaite geht, die die Schleifscheibe dadurch in Bewegung setzet. In dem Mittelpunkte der Scheibe steckt eine senkrechte eiserne Spille, die an beyden Enden zugespitzt ist; nach der verschiedenen Härte der Steine muß eine oder die andere Scheibe gewählet werden, derowegen kann in die Schleifmühle (s. diese) bald diese bald jene Scheibe an dem bestimmten Theil des Arms der Mühle eingesetzt werden. Mit der einen Spitze läuft also die Spille der Scheibe in dem Loch des Arms der Mühle, und mit dem andern Ende läuft sie mit ihrer Spitze auf dem Tischblatte in einer Pfanne. Der Arm wird durch eine Schraube, und folglich auch dadurch die Scheibe befestiget. Die Scheibe wird bey dem Schleifen mit zerflossenem Schmirgel mit Wasser vermischt bestrichen, und alsdenn der Stein, der in dem Quadranten sitzt, auf die Scheibe gehalten, und diese umgedrehet. (s. Steinschneiden)

Schleifscheibe. (Diamantschleifer) Diejenige Scheibe, auf welcher der Diamant geschliffen (geschnitten) wird. Sie ist 1 Fuß im Durchmesser groß, und von gegossenem Eisen oder Stahl. Ihre Dicke beträgt ½ Zoll, und sie liegt auf einem runden Holze. Sie wird in Holland verfertiget, und kostet bis 10 holländische Gulden. Durch den Mittelpunkt der Scheibe geht eine eiserne Spille, und auf dieser sitzt unter der Scheibe ein hölzerner Cylinder mit 4 Reifen, um welche eine Schnur nach Beschaffenheit der Umstände gelegt wird. Die eiserne Spindel ist unten und oben spitzig, und läuft zwischen zwey senkrechten Hölzern, die in dem Lattrer der Schleifmühle beweglich eingefalzt sind. Durch diese Hölzer kann man die Scheibe höher oder niedriger stellen, daher steckt neben jedem Holz in der Latte ein Keil, den man abnehmen, die beyden senkrechten Hölzer, und zugleich die Scheibe, verschieben, und hernach die erstern wieder durch die Keile befestigen kann. (s. Diamantschleifen, und Spr. H. u. K. Samml. IV. Tab. I. Fig. II und III.)

Schleifschüssel, s. Schleifschaale.

Schleifstein, Wetzstein, Fr. Grais, Pierre de remouleur. Ein runder harkörniger Sandstein, worauf schneidende Werkzeuge, die stumpf geworden sind, wieder scharf gemacht werden. Der Stein ist von mancherley sandigem Korn, grob oder fein, je nachdem er zu diesem oder jenem Werkzeuge zum Schleifen gebraucht werden soll. Auch die Größe ist verschieden, sowohl im Durchschnitte der Rundung, als auch in Ansehung der Dicke des Steins selbst. Mitten durch den Stein ist ein Loch gehauen, wodurch eine Achse mit einer Kurbel geht, an welcher der Stein in einem Troge, der mit Wasser angefüllet ist, herum gedrehet wird.

Schleifstein mit Reifen. (Schleifmühle) Ein Schleifstein, auf dessen Stirne verschiedene Parallelreifen und auch Vertiefungen angebracht sind, (s. Schleifmühle) worauf die Hohlkehlen der Klingen und die Ladestöcke geschliffen werden. (s. Schleifen)

Schleiftrog. (Mühlenbau) In der Radestube (s. diese) der längliche viereckige Schacht zum Gehäuse der Räder. Auf demselben werden an den beyden langen Seiten das Angewäge (s. dieses) und auf dieses der Zapfenklotz gelegt, darinn die Zapfen der Welle in eisernen gegossenen Pfannen laufen.

Schleiftrog, das Gefäß, worinn der Schleifstein auf seiner Achse hängt, und worein das Wasser, welches den Schleifstein beym Herumdrehen anfeuchten muß, gegossen wird.

Schleifweg. (Landwirthschaft) Ein schmaler Weg, den man bey seinem Acker unbesäet läßt, damit man zur Erndtezeit darauf in den rechten Weg kommen, und das Getreide herausfahren und einfahren könne.

Schleifzügel, eine Art leichter Zügel für junge Pferde.

Schleim. (Fleischer) So nennt er das fleischige vor dem Vorderfuß des Rindes, welches als ein Schätzungszeichen, daß der Ochse fett ist, angesehen wird.

Schleim. (Zinngießer) die von zinnernen Schüsseln, oder andern runden Sachen abgedrehten kleinen Zinnspähne.

Schleimstrumpfe. (Wasserbau) lange gespaltene, mit den Enden zusammengebundene Stäbe, in der Stärke der schwachen Leimenreifen, mit welchen die Röhren der Wasserleitungen durch die Spundlöcher gereiniget werden, und der Schlamm daraus gezogen wird.

Schleissen, ganz dünne Spalten oder Splitter von Kiefern- oder Fohrenholz, welche zwey bis drey Finger breit, so lang als die Scheite, woraus sie gespalten worden, sind, und an vielen Orten von den gemeinen Leuten, anstatt der Lichter, zum Brennen gebraucht werden. Die Scheite werden, nachdem sie breit sind, nach der Länge zwey- bis dreymal gespalten.

Schleissenschnitzer, ein an der Spitze etwas gekrümmtes, und mit einem dicken Rücken versehenes Messer, womit man die Schleissen spaltet. (s. Schleissen)

Schleissenstamm. Ein föhrener oder kieferner Baum, welcher wie der Schindelstamm (s. diesen) gleichspaltig und ohne Aeste seyn, vornehmlich aber kleinjährig oder dürre erwachsen seyn muß. Denn je kleiner der Stamm von Jahren ist, je dünner und wohlbrennender werden die Schleissen. (s. diese) Dieses Holz wird zum Spalten der Schleissen besonders geschickt, wenn es nach dem Fällen so lange im Wetter liegen bleibt, bis der Schwale herunter geht, und in dem Splint oder Spint, oder auch in dem äussersten weissen Holze, welches bis auf den Kern gehet, grau geworden ist.

Schleissenstock. Ein Stock, der an dem einen Ende mit Eisen beschlagen ist, mit einer Spitze, und worinn die Schleissen, wo dergleichen statt des Lichts gebraucht werden, hineingesteckt werden.

Schleißfedern, die starken Federn, die von den Spulen abgerissen oder geschlossen werden müssen, wenn sie zu den Betten gebraucht werden sollen.

Schlemmen. (Blaufarbenwerk) Wenn die geschmolzene und nachher gemahlene Blaufarbenmaterie durch das Wasser gereiniget wird. Man zapfet nämlich die Masse in einen Sturz, (s. diesen) und gießt sie mit solchem in ein so genanntes Waschfaß, welches 2 Ellen weit und bis 1½ Elle hoch ist. Hierinn steht die Farbe 3 bis 4 Stunden, bis sich alles zu Boden setzt. Dann wird das Lautere abgeschöpfet, und in Bottiche gegossen, wo es sich setzen muß. Die zu Boden gesetzte Farbe wird mit Hacken heraus gehauen, etwas klein geschlagen und wieder in ein Waschfaß nach und nach gethan. Das Faß ist voll Wasser, und ein Arbeiter rühret es mit dem Rührscheid eine Viertelstunde um, damit die Farbe von dem Wasser recht gereiniget werde. Alsdenn wird alles durch ein enges Haarsieb geschlagen, damit Holz oder sonst etwas fremdartiges nicht darinn bleibe, und in ein ander Waschfaß gegossen, worinn es 3 bis 4 Stunden steht. Wenn sich die Farbe gesetzt, so wird das Wasser abgegossen, und diese Arbeit 3 bis 4mal wiederholet, so lange, bis man glaubt, daß die Farbe die verlangte Reinigkeit und Probe hat. Alsdenn wird die Farbe auf Reibebretter geschüttet, und ferner zubereitet. (s. blaue Farbe bereiten)

Schlenge. (Wasserbau) In den Marschländern ein in das Wasser gebauetes Flechtwerk von Faschinen, zur Abhaltung des Wassers. Wenn ein solcher aus Flechtwerk und Faschinen bestehender Damm das Wasser zur Zeit der Fluth abhält, so wird es eine Fluthschlenge genannt. Ist es eine in Gestalt einer Kreisschere angelegte Schlenge, die auf Ebbe und Fluth angelegt ist, so heißt es eine Scherenschlenge.

Schlengel, Häupter. (Wasserbau) In Niedersachsen geringe Wehre, Reissen oder Gerinne an den Flüssen, die gemacht werden, damit der Ablauf keine so große Gewalt, wie bey großen Wehren, haben möge.

Schlengen, s. Blaswerk.

Schlenter, Böhmer, (Wasserbau) lange und schmale Stücken Holz zu Unterlegen auf Stellagen ec.

Schleppe. (Papiermacher) Ein hölzernes Werkzeug, in Gestalt eines langen und schmalen Bretts auf dem einen Ende mit einem runden Griff versehen. Es ist mit Drapirtuch überzogen. Mit dieser Schleppe wird jeder geschöpfter und zwischen den Filzen gepreßter Bogen Papier von dem Leger, wenn er solchen von dem Filze auf den Legestuhl legt, aneinander gestrichen und verglichen, ehe das Papier stoßweise getrocknet wird.

Schleppen. Wenn das Feldgestänge in flachen Schachten worauf liegt, und sich nicht gut bewegt. Man läßt es alsdenn über hölzerne Walzen gehen, die darunter angebracht sind.

Schleppen, (Bergwerk) Klüfte, welche bey dem Gange bleiben.

Schleppen, Stangen der Flößwerken, auf welchen der Schleppkasten (s. diesen) fortgezogen wird.

Schleppen, Schleifen, Fr. Devoyer. Also heißt man bey den Schornsteinbauern die Abweichung von der senkrechten Linie, da man die Röhren nach einer schiefen Lage führet.

Schleppen. (Jäger) Wenn sie die Raubthiere fangen oder schießen wollen, so nehmen sie vorher von Wildpret oder Hasengescheide, so die Raubthiere lieben, binden es an einen Fangstrick, schleifen solches, wo dergleichen Thiere wechseln, hin und her, und endlich bis zu dem Platz, wo sie es aufkörnen wollen.

Schleppen, Hungerrechen. (Landwirthschaft) Ein großer, breiter und schwerer Rechen, welcher von Pferden gezogen wird, um die in der Aerndte verlohren gegangenen Halme oder Aehren damit zusammen zu rechen.

Schlepphaken, Schleppklammer, Fr. Harpon. Ein an der Schleppkette befestigter Haken, welcher in das von einem Orte zum andern zu bringende Holz eingeschlagen, und solches dadurch fortgeschleppet wird.

Schleppkasten, Schleppetrog, Fr. Caisse pour traîner des Mines. (Bergwerk) Ein von Brettern gemachter Kasten, welcher auf den Stollen, da man mit Laufkarren oder dem Hunde nicht ankommen kann, an deren Statt zur Förderung gebrauchet wird.

Schleppkette. Eine etliche Ellen lange eiserne Kette, mit einem Haken, womit Hölzer von einem Orte zum andern geschleppet werden.

Schleppklammer, s. Schlepphaken.

Schleppkleid, Fr. Andrienne. (Schneider) Ein Frauenzimmerkleid mit einer langen Schleppe.

Schleppkübel. (Bergwerk) Ein Kübel, der auf der einen Seite eben, und nicht rund erhaben, und sich auf den Schachtstangen nicht wenden kann, sondern mit der platten Seite fest aufliegt. Er wird in flachen Schächten zum Fördern gebraucht.

Schleppriegel. (Schlösser) An den deutschen Kastenschlössern der große Riegel, welcher die übrigen in Bewegung setzet.

Schleppschienen. (Wasserkunst) Die aus hartem Holze 4½ Fuß lange, 4 Zoll breite und 3 Zoll dicke Hölzer, welche man an dem Orte, wo sich das Feldgestänge schleppet, (s. schleppen) an das Schachtgestänge anschraubet, und die man mit Seife beschmieret, damit das Gestänge gut gehe.

Schleppseil. (Schiffahrt) das Tau, womit die Schaluppe das Schiff nach sich zieht.

Schleppstrang, Fr. Corde pour trainer. (Bergwerk) Ein Trumm oder Stück von einem Bergseil, welches um einen fortzuschaffenden Klotz oder andere Stücken Holz geschlagen wird, um solches damit von einem Orte zum andern zu schleppen.

Schlepptau, bey dem Wallfischfang ein Seil, womit man den getödteten Fisch bey dem Schwanz an das Schiff ziehet.

Schlepptrog, s. Schleppkasten.

Schleppwerke. So werden die Künste auf den Bergwerken genannt, wo das Feldgestänge mit Rollen im Hub nur eine Last bewegen kann.

Schleucher, s. Schlauch.

Schleuder. Ein starkes flächsenes oder wollenes Band, oder auch ein lederner Riemen, womit der Mäher die Getreidesense an den rechten Arm schleifet, damit er sie desto besser in der Hand halten, und sie ihm nicht so leicht ausfahren könne.

Schleuderscheibe. Eine oben mit einem Haken versehene Scheibe, damit man solche da, wo man sie gebrauchet, anhängen kann, woselbst auch ein Haken vorhanden seyn muß. Es wird ein Seil um die Scheibe geworfen, und damit Lasten in die Höhe gezogen.

Schleuse, (Bergwerk) wenn bey einem Wassergöpel oder einer Treibekunst, das Aufschlagewasser von kleinen Bächen oder geringen Flüssen gesammlet wird, so legt man eine Schleuse an um das Wasser darinn zu sammlen. Man zapft nämlich zwey 1 Fuß dicke und breite Pfosten oder Griessäulen in eine in dem Boden d. s Bachs liegende Schwelle ein, so, daß diese Säulen mit dem Holze gemessen, so weit von einander stehen, als die Ufer des Bachs von einander entfernt sind; oben aber zapft man dieselben in eine Pfette ein, und macht inwendig in die Pfosten eine 1½ Zoll breite, und 1 Zoll tiefe Nuth. In diese setzt man ein Schutzbrett, das so hoch ist als das Wasser gestemmet werden soll, und legt über dieses Brett eine Walze, damit man dasselbe dadurch an Ketten, und vermittelst kleiner Hebel anziehen kann. Damit das Wasser wenn es über die Schleuse fällt nicht in die Ufer wühlen könne, so mache man aus eben so starkem Holze, als die Pfosten sind, auf jeder Seite ein Gerämse 10 Fuß lang, und lege dahinter den langen Weg 1 Fuß breite und 1½ Zoll dicke Bohlen; die Säulen selbst aber stützt man mit Streben. Anstatt des Gerämses kann man sonst auch eine 2 bis 3 Fuß dicke und 10 Fuß lange Mauer zu beyden Seiten der Ufer aufführen und hinter diese 1 Fuß dicke Letten stampfen, wodurch die Schleuse viel dauerhafter wird, besonders wenn man die Pfosten aus Quadersteinen macht. Um zu verhüten daß das Wasser nicht in den Grund wühlen möge: so legt man auf den Boden des Baches einen in die Schwellen eingezapften Rost. Man zapft nämlich ein Fuß dickes Rostholz am Ende und noch ein anderes in der Mitte der Schleuse ein, und diesen Rost beschießt man mit Bohlen die man fest annageln muß. Damit auch das Wasser nicht hinter den Pfosten durchbrechen möge, so schlägt man 2 bis 3 Fuß weit von dem Ufer 6 Zoll dicke und 8 Zoll breite Dammplanken, hinter dieselben muß man 1 Fuß Letten stampfen lassen. Eben solche Dammplanken schlägt man auch vor der Schwelle in den Boden des Grabens, damit das Wasser nicht unter den Rost durchwühlen kann. Diese Dammplanken werden auf die Schwelle fest angenagelt, und zwischen den Rost wird alles gut mit Letten ausgefüllt, über die Fugen der Bretter auf dem Rost und den Seiten aber nagelt man Leisten. Man kann zu dieser Absicht auch an etwas größeren Bächen anstatt der Schleusen kleine Wehre (s. diese) machen.

Schleuse. 1) (Drahtzieher) Ein Theil der Ziehbank (s. dieses) der aus zwey eisernen senkrechten Säulen bestehet, zwischen welchen sich in einer Falze zwey starke Blätter, die Schleusenblätter genannt, befinden, die ein rundes Loch haben, den Zapfen des Mundrohrs, wenn es gezogen werden soll, aufzunehmen, und mit einem aufgeschraubten Riegel das Rohr darinn fest zu halten. 2) Bey den Orgelbauern wird die Giest- oder Zinnbrücke also genannt weil sie durch zwey bewegliche Querhölzer verschlossen werden kann.

Schleuse, (Wasserbau) ein sehr nützliches Wassergebäude, vermittelst dessen sich das Wasser erhöhen und erniedrigen läßt, damit die Schiffer darauf fortkommen können, wenn in denen Schiffreichen Flüssen von Natur ein jähliger Fall vorhanden, oder wenn eines quer über den Fluß gelegten Dammes das Wasser hoch herabfällt. Es bestehet dieses Gebäude aus einem auf allen Seiten wohl verwahrten Kanal, der so weit ist, daß ein Schiff geräumlich durch kann, und so lang, daß zwey und höchstens drey Schiffe auf einmal darinn liegen können; im übrigen aber ist er bey dem Aus- und Einlauf mit einer verschlossenen Pforte oder mit Thorflügeln versehen. Wenn man die obere Pforte eröffnet wird, und die untere zubleibt, so wird das Wasser in dem Kanal erhöhet, wie es vor dem Damme steht, und das Schiff kann gar bequem hineinfahren; wird alsdenn die obere geschlossen und die untere hingegen geöffnet, so setzt sich das Wasser so,

wie

wie es hinter dem Damme stehet, und das Schiff kann auf dem Kanal hinter dem Damme in dem niedern Flusse weiter fortziehen. Außer dem Nutzen bey der Fahrt haben die Schleusen auch noch den Nutzen, daß wenn sie an Eröffnungen der sogenannten Deiche gelegt werden, daß dadurch eines Theils die Fluth der See abgehalten wird, damit sie nicht hineintritt und das Land unter Wasser setzt; andern Theils damit das hinter denen Deichen sich gesammlete) oder aus einem Fluß sich ergossene Wasser bey der Ebbe wiederum ablaufen kann und endlich dienen sie auch zum Ausspühlen der Hafen (s. Schleusen anlegen) auch nennt man eine Schleuse zuweilen einen Kanal den man in einigen Städten anstatt des Gerinnes, so gewöhnlich mitten in einer Gasse fortgeht, unter der Erde fortführet, oben mit gewöhnlichem Pflaster belegt, und in diesem von Zeit zu Zeit hin und wieder einige Oeffnungen macht, welche mit starkem Holz belegt werden, doch so daß ein klein Gerinne gelassen wird, zu dem Einfluß des dahin geschütteten oder durch den Regen zusammengeflossenen Wassers, um diese sogenannten Schleuse dadurch bequem reinigen und auch ausbessern zu können. Es dienet solche sowohl zu der Reinlichkeit und Schönheit der Gassen als auch zur Bequemlichkeit derselben besonders wo sie nicht allzu breit gelassen sind.

Schleusenbau, hölzerner. (Wasserbau) Eine Schleuse hat drey wesentliche Theile, das Oberhaupt, die Kammer und das Unterhaupt. Wiederum das Vorderhaupt besteht aus zween auswärts laufenden Flügeln, den Schiffen eine bequeme Einfahrt zu verschaffen, dem Halse oder der Kehle, dem Haupte selbst, dem Thore, dessen beyde Flügel aufgezogen und in ihre Lager angelegt werden. Die Kammer ist ein Behältniß, in dem sich die Fahrzeuge so lange verweilen, bis es mit der Erhöhung oder Erniedrigung des Wasserspiegels seine Richtigkeit gewonnen. Das Unterhaupt wird wieder mit dem Thore verschlossen, dessen Flügel gleichfalls in ihre Lager eingeschlagen werden, damit sie den Schiffen nicht eine Gelegenheit zum Anstoße geben. Man hat hölzerne und steinerne Schleusen, beyde sind zwar nicht in Ansehung ihrer wesentlichen Stücke, wohl aber ihrer Bauart verschieden. Der hölzerne Schleusenbau beruht auf folgenden Stücken: vornehmlich muß der Grundbau einer solchen Schleuse mit aller Aufmerksamkeit vorgenommen werden, weil auf demselben die Vestigkeit und Dauer des ganzen Baues beruht. Zu diesem Ende werden starke Pfähle in den Grund eingerammt. (s. Rammen) Je enger diese Grundpfähle zusammenstehen, desto mehr tragen sie, derowegen sie da, wo Mauern durch sie unterstützt werden sollen, nur 3 oder höchstens 4 Fuß von einander stehen sollen. Hingegen wo sie nur wenig zu tragen haben, können sie 6 bis 7 Fuß von einander stehen. In der Gegend des Ober- und Unterhaupts müssen die Pfähle enger zusammenstehen, als wo sie nur die Wände oder den Schleusenboden zu tragen haben, weil die Häupter mit Steinen aufgemauert werden. Man schlägt diese Grundpfähle, je nachdem der Grund beschaffen, 12 bis 16 Fuß tief in den Erdboden ein. Weil diese Pfähle den Rost (s. diesen) unterstützen sollen, so werden sie Reihenweise gesetzt; damit sie mit Balken und Schwellen des Rostes getroffen werden können, und besonders muß da ein Grundpfahl eingeschlagen werden, wo sich zwey Balken einander durchkreuzen, weil da selbst die Unterstützung am nöthigsten ist. Um dem Durchläufen des Kanalwassers unter dem Schleusenboden zu wehren und das Wegspühlen des Sandes unter demselben zu verhüten, muß der ganze Schleusenboden und beyde Häupter nicht nur hinterwärts, sondern auch vorn und hinten beym Ein- und Ausflusse ins Gerinne mit dichten Spundpfählen, wie mit einer allenthalben verschlossenen Wand eingesetzt und umringet werden, damit das Wasser niemals den Boden unterspühle und den Grund [illegible] herausquellend mache. Diese Spundwände können aus [illegible]zölligen dicken Bohlen gemacht werden. Wenn auf solche Art der Grundbau vollführet ist, so legt man den Rost. In den hölzernen Schleusen werden erstlich die Schwellbalken (s. diese, auf die Pfähle gelegt. Diese machen aller Orten quer unter dem Schleusenboden. Auf diese werden die Bohlen des Bodens mit großen und starken Nägeln aufgenagelt. Einige legen auch noch einen Querbalken über die Bodenbohlen und befestigen sie an den Enden durch Einzapfung in die Koppelbalken, die zugleich Schwellen der Wandständer abgeben, damit sich die Bodenbohlen keinerleyweise heben können. Man hat dreyerley Arten von Grundboden unter dem Wasser, welche nach Beschaffenheit der Umstände in einer Schleuse angebracht werden müssen. (s. Schleusengrundboden) Wenn der Grundboden auf eine oder die andere Art verfertiget ist, so schreitet man nunmehr zu den Seitenwänden. Die Grundpfähle an einigen Schleusen ragen über den Schleusenboden hervor, daß man die so leicht abgängig werdende Wand, ohne den Boden zu berühren, abnehmen und eine neue wieder aufsetzen könne, zugleich aber auch, wenn die Zapfen der Grundpfähle abgefault sind, noch Holz [illegible] anzuschneiden. Gewöhnlicherweise aber werden auf dem Boden gerade über die Grundstrecke (s. [illegible]) [illegible] Postbalken oder die Wandschwelle, und die Ständer aufgesetzt, welche oberwärts mit einem Holme verbunden und bedeckt werden. Da das hinter den Wänden befindliche Erdreich dieselbe immer in die Schleuse treibt, so bedienet man sich der Anker und verankert die Wand aller Orten, alsdenn beschaalt man die Wand hinterwärts mit 2 bis 3 zölligen Bohlen oder Pfosten, damit nichts von dem Erdreiche durchdringen könne. So wird die Kammer und die ganze übrige Schleusenwand beschaalt und verfertiget. Die Kammer liegt zwischen dem Ober- und Unterhaupte, beyde Häupter werden auf einerley Art gebaut, und mit den Thoren, durch welche der Schleusenkanal wechselsweise eröffnet und verschlossen wird. Die [illegible] Schleuse werden manchmal massiv gebaut, [illegible]. Auf die Häupter folgen die Schwellen (Drempel [illegible]) an welche die Schleusenthore anschlagen. In einigen Schleusen, z. B. in der Fehrbellinischen [illegible] wird vor dem Drempel noch eine Spundwand gesetzt, und

e[illegible]

che dazu dient, daß, wenn der Drempel ausgebessert ist, man bequem dazu kommen kann. Ein Schleusenthor, welches die Häupter der Schleuse verschließt, besteht aus einer Schwelle, aus der Wendesäule, dem Rahmstücke, dem Anschlage, der Strebe und den Riegeln (s. Schleusenthor.) Da das Wasser dadurch sowohl in die Schleusenkammer eingelassen als auch abgezapft wird, so erhalten die Thore in der Mitte Schützen, (s. Schleusenschützen) wodurch diese Absicht erreicht wird. Es giebt Schleusen, durch welche Seeschiffe durchlaufen, und diese führen so große Thore, daß gerade [illegible] sich durch den gewaltigen Druck des Wassers beugen; deswegen hat man runde Schleusenthüren erfunden, deren Bogen sich dem Drucke des Wassers, wie ein Gewölbe, widersetzt, diese schlagen zugleich an einen Drempel, der ebenfalls nach demselben Bogenschnitte geformt ist. Auf solche Art entgeht man den üblen Folgen, die daher entstehen können. Da der Unterschied des Wasserstandes oft so groß ist, daß man keine Gattung von Thoren hat, die den Druck ausstehen würden, so hat man folgendes Mittel erfunden. In Schleusen dieser Art, wo die unterste Thore entsetzlich hoch seyn müssen, wenn sie das Oberwasser fassen wollten, legt man mehrere Häupter an und eben soviel Wasserstürzen, die untere Thore werden dadurch erniedriget, und das Schiff wird wie auf einer Kaskade herauf und herunter geschleuset. Wenn Ebbe und Fluth sich vor den Schleusen ereignet, so wechselt der Wasserstand, was vorher Unterwasser war, wird Oberwasser, und was Oberwasser war, verwandelt sich in Unterwasser; nothwendig muß sich auch die Lage der Thore ändern, sonst würde das Fluthwasser, wenn es in die Schleuse eintritt, die Thore von selbst eröffnen und frey hindurch rauschen. Schleusen, die so gelegen, bekommen Ebb- und Fluththüren d. i. jedes Haupt empfängt zwey paar Thore mit entgegengesetzten Richtungen und Drempel. Das eine Paar hält die Fluth ab, und das andere den Zurückfluß, wenn die Ebbe sich einstellt. In manchen Gegenden bedient man sich verschiedener Schiffe, die in Ansehung der Länge sehr verschieden sind. Man würde viel Zeitverlust haben, wenn man um der kleinen Schiffe willen große Schleusen, die Seeschiffe beherbergen können, mit Wasser anfüllen und wieder ausleeren wollte. Deswegen baut man an einigen Orten neben solchen großen Schleusen kleine, für die kleinen Schiffe. Allein man kann in eben derselben großen Schleuse in der Mitte noch ein paar Thoren anbringen, wodurch die Kammer verkürzt wird; und man ist alsdenn im Stande, bald mit halber; bald mit ganzer Kammer zu schleusen. Um die [illegible] mit wenigerer Mühe zu eröffnen, als die großen Flügelthore erfordern, ist man auf den Einfall gekommen, Drehpforten anzubringen. (s. diese) Allein diese haben wieder ihre Unbequemlichkeit, indem sie die Einfahrt um die Hälfte verlieren. Man bauete auch vor diesem Schleusen, deren Kammer einen runden Teich vorstellte, die man deswegen Kesselschleusen (s. diese) nannte, die aber nicht so gut, als die jetzigen waren, weil der Boden nicht so gut einzufassen, als eine schmale Kammer. (S. Silberschl. ausführl. Abhandl. der Hydrotechnik. Tab. XVIII. und XIX.)

Schleusenbau, steinerner, die Hauptsache dabey ist, daß man den Mauern und Pfeilern ein dauerhaftes Rostwerk unterlegt. Die haltbarsten Wassermauern werden von Sandsteinen aufgeführt, die da, wo sie vom Wasser bespielt werden, eine gute Cementirung erfordern, sonst sprengt sie der Frost. Hierauf folgen die Klinker, welche dauerhaft genug sind, nur aber müssen die Ecken und Verkröpfungen aus Sandsteinen bestehen, daß sie nicht so leicht abstoßen und zu Grunde gerichtet werden. In manchen Schleusenkammern werden ganze Streifen, wo die Contreforts angebracht werden, von Sandquadern aufgemauert, denn sie geben dadurch dem Werk mehr Haltbarkeit. Bey Drucksteinen muß man sich in Acht nehmen, denn sie schließen nicht so dichte in einander, daß sie nicht gar leicht vom Froste losgesprengt und von dem Drucke des hinterwärts anliegenden Erdreichs losgestoßen werden sollten. Da die Erfahrung gelehret hat, daß es gut ist, zuweilen eine Schleuse ohne Fangdamm sperren zu können, so legt man deswegen vor den Thüren derselben, auch wohl in der Kammer, senkrecht herablaufende Nuthen an, in welche Fallbäume eingestoßen werden, vermittelst deren bald dieser bald jener Theil der Schleuse abgeschnitten wird, um neue Thore einzusetzen, oder auch sonst Reparaturen ohne viele Umschweife vorzunehmen. Bey den steinernen Schleusen ist diese Vorsicht fast durchgängig eingeführt. Bey hölzernen ist sie nicht unmöglich, wenn nur eine gute Anlage dazu gemacht ist. Steinerne Schleusen, wenn sie regelmäßig gebaut sind, verdienen den Vorzug vor allen übrigen, zumal vor hölzernen Schleusen von Tannen und anderm leicht verwesendem Holze. Uebrigens wird bey einer steinernen Schleuse alles beobachtet, was bey einer hölzernen beobachtet werden muß, außer daß die Wände, Grundboden, Häupter u. dgl. von Mauerwerk aufgeführt werden.

Schleusenblatt, s. Schleuse (Büchsenmacher)

Schleuseneinsatz, Schleusenfall. Fr. Sas, (Schleusenbau) derjenige Ort, wo eine Schleuse höher als die andere liegt; und eine Thür auf der Höhe eine oder unterwärts hat. Durch einen solchen Schleusenfall können die Fahrzeuge, welche den Fluß wegen allzuheftiger Geschwindigkeit, oder eines natürlichen Wasserfalls wegen nicht passiren können, ganz bequem von dem hohen zu dem niedrigen, und so auch umgekehrt zu dem hohen Ort gebracht werden.

Schleusenfall, s. Schleuseneinsatz.

Schleusenfleeth, s. Sieltiefe.

Schleusengrundboden. (Schleusenbau) Man hat dreyerley Arten den Grundboden einer Schleuse anzulegen. Die erste besteht nur aus Schlickbalken, die auf die Grundpfähle schlechterdings aufgezapft und mit aufgenagelten Spundbohlen überlegt sind. Diese Boden sind stark genug, die größte Last von Wasser zu tragen, wenn selbiges nur von oben herab den Boden belastet, nicht aber, wenn das Wasser, wie in den Schleusenkammern; sobald die Spuntpfähle Schaden gelitten, den Boden von unten herauf zu sprengen sucht. Die andere Art besteht in folgender Einrichtung: auf die Sandstrecken (s. diese) werden die Schlickbalken mit ihren Enden aufgeblattet, und auf diesen ruht der zusammengefügte Bohlenboden. Diese Bohlen werden von neuem durch obere Querbalken oder Nadeln niedergehalten, die seitwärts in die Koppelbalken oder Wandschwellen eingezapft sind. Auf diesen Koppelbalken steht das Ständerwerk der Seitenwände, doch so, daß die Ständer neben den Querbalken eingelocht werden, damit nicht der Koppelbalken; der übrigens stark genug seyn muß, zu sehr geschwächt werde. Diese Schwächung hat man dadurch zu verhüten gesucht, daß man nach der dritten Art die obern Querbalken oder Nadeln gerade durchgehen läßt, und die Koppelbalken aufkämmt. Diese und die vorhergehende Gattung ist die beste zu den Schleusen. (s. Silbersch. ausf. Abhandl. der Hydrotechnik. Tab. XIX. Fig. 6. 7.)

Schleusenkammer, (Wasserbau) der Theil des Schleusenkanals welcher sich zwischen den beyden Thoren befindet.

Schleusenmauer; Fr. Bajoyers, die Mauer einer Schleuse. (s. diese)

Schleusenschütze, diejenige Bretter, welche in den Thoren einer Schleuse angebracht sind, wodurch das Wasser in die Kammer der Schleuse sowohl eingelassen, als auch wieder abgezapft wird. Diese Schützen werden durch gelochte eiserne Stangen, vermittelst eiserner Hebel, auf die Art wie man bey Hebeladen verfährt, in die Höhe gezogen und wieder niedergelassen. Die Schützen gehen zu beyden Seiten in Nuthen, damit nicht seitwärts Wasser durchdringe, sondern soviel möglich aller Orten alles genau und vest anschließe. Die massiven Schleusen zumal die großen holländischen, haben in dem Mauerwerke geräumige Schlünde mit Schützen, durch welche das Wasser in die Kammer gelassen wird. Allein bey harten Winter kann ein solcher Kanal leicht Schaden nehmen, auch ist die Ausbesserung sehr umständlich und der Durchbruch des Schlundes kann das Mauerwerk sogleich beschädigen, daher ein jedes gutes anderes Schütz im Thor dieselbe Dienste leisten kann. (s. Silbers. ausführl. Abhandl. der Hydrotechnik Tab. XIX. Fig. 8.)

Schleusenthor, (Wasserbau) die verschlossene Oeffnung in den Häuptern einer Schleuse, wodurch das Wasser ein und ausgelassen wird. Es besteht ein solches Thor, in Ansehung der Zimmerarbeit, aus einer Schwelle der Wendesäule dem Rahmstücke dem Anschlage der Strebe und den Riegeln. Alle diese Hölzer werden mit Versatzung in einander gefugt, und dergestalt nach Anleitung der Figur, die sie haben, verbunden, daß sich nichts senken kann. Eben deswegen werden auch die Bohlen der Füllung so gesetzt und eingelassen, daß sie zugleich die Stelle von so vielen Streben vertreten. Diese Bohlen müssen mit Spuntfugen in einander schließen, daß sie kein Wasser durchlassen. Der Anschlag wird dergestalt abgeschrägt, daß seine Blätter genau genug schließen, und das ganze Thor, wenn es zugesetzt werden muß, so genau aller Orten sich anlege, daß, soviel möglich, das Wasser zurückgehalten werde. Die Wendsäule bekommt unten einen abgerundeten eisernen Zapfen, womit sie in einer messingenen Pfanne steht. Der obere Zapfen, welcher mit eingelassenen eisernen Stäben versehen ist, läuft in einem dicken eisernen Ringe, der in der Mauer verankert wird, den Zapfen selbst aber bedeckt man oben ein kupferner Deckel, daß er von dem auffallenden Regen nicht verfaule. An dem Kopfe des Anschlags wird eine Stange nebst einer eisernen Kette befestiget; diese Kette schlingt sich um eine Erdwinde; durch welche die Flügel des Thors aufgezogen und wieder zugeschlossen werden. (s. Silbersch. ausführl. Abhandl. der Hydrot. Tab. XVIII. Fig. 4. und XX. F. 10.)

Schleusen-Vorboden; Fr. Lieu radiere, (Schleusenbau) ist die Verlängerung des Schleusenbodens von Faschinen worauf ein Rost, dessen Felder mit Steinen in das Trockne gelegt werden, zu liegen kommt.

Schleusenwände, die Wände des Kanals einer Schleuse, welche solche formiren und so vest wie möglich gebaut und angelegt werden müssen. (s. Schleusenkammer.)

Schleustern, s. Schleisten.

Schleustenflammen, s. Schleistenflammen.

Schleyer, Schleier, Schlier, Schier, Nonnenschier, Klar. (s. diesen letzten Artikel)

Schleyern, (Bergwerk) die Thürelröhre am Kunstgezeuge mit Stopfhadern verwahren; daß kein Wasser durchgehe.

Schleyer-Etamin. Ein wollener leinwandartiger feiner Zeug, welcher insgemein ganz schwarz ist, und von den Nonnen vornehmlich zu ihren Schleyern gebraucht wird, daher es auch den Namen erhalten hat. Es giebt verschiedene Arten, und kommen meistens aus Reims in Frankreich. Die feinsten darunter heißen sonst auch Baracanes, und die übrigen Footes, Burats oder Buratées. Diese letztern werden am meisten zu Sommerkleidern, zur Trauer, zum Unterfutter, Hauskleidern u. s. w. gebraucht. Die Baracanes braucht man auch häufig zu Halstüchern für die Reiter und Dragoner in Frankreich.

Schlich, Fr. le Limon de mines, (Hüttenwerk) das klein gepochte und rein gewaschene Erz, das Beste nennt man Hedel, Häupel.

Schlichtkübel, Fr. Barriquet a Peser le limon, (Hüttenwerk) Ein Gefäß darinnen die gerösteten Schliche getragen werden.

Schlichmäre, s. Breitbeil.

Schlichtbier, in einigen Gegenden, bey den Wandwebern eine Ergötzlichkeit an Bier die sie erhalten, wenn sie eine geschlichtete Wand schlichten, d. i. glatt streichen.

Schlichte, (Leinweber) die aus Mehl und Leim gekochte Steife, womit die Kette auf dem Stuhl vor dem Weben mit einer langhaarigen Bürste bestrichen wird. Die Kettenfäden werden dadurch gestärkt, daß sie besser halten

halten und nicht so leicht reissen. Je schlechter das Garn ist, desto öfter und besser muß die Kette geschlichtet werden. Wenn die Leinwand nach dem Weben lange mit dieser Schlichte liegen bleibt, ehe sie gewaschen oder gebleicht wird, soll sie nach einiger Meynung mürbe gefressen werden. Daher sie, sobald sie vom Stuhl komt, von einigen in kaltes Wasser geworfen wird, und eine Nacht darinn liegen bleibt, alsdenn wird sie herausgenommen, ausgeklopft und getrocknet.

Schlichteisen, (Stellmacher) ein Dreheisen womit derselbe die glatten Theile einer Nabe auf dem Drehrade (s. dieses) abdreht. Seine Schneide ist etwas rundlich und die Klinge selbst etwas flachrund.

Schlichten, 1) (Gold und Silberdrahtzieher) wenn die Silberzainden, die vergoldet und in Draht verwandelt werden sollen, auf der gröbsten Ziehbank durch einige Stöcke (s. diese) durchgezogen und dadurch völlig rund und glatt gemacht werden, daß sie vergoldet (s. vergolden) werden können. 2) (Zinngießer) wenn die gegossene und auf der Drehlade abgedrehete Sache mit einem feinen geschliffenen Dreheisen völlig abgedreht und polirt wird. 3) (Schlosser) mit der Schlichtfeile eine gefeilte Sache völlig glatt feilen.

Schlichten, (Glashütte) Eine Verrichtung in Glashütten, die geblasenen Scheiben gerade und eben zu machen.

Schlichten, (Leinweber) die aufgespannte Leinwandkette muß, da die Fäden rauh auch öfters schwach sind, mit dem Geschlichte (s. dieses) bestrichen werden, damit sie haltbarer werde, das rauhe verliere, und sich besser arbeiten lasse. Zu roher Leinwand kann die Schlichte dünn, zu gefärbten Faden aber muß sie dicker seyn, weil, wenn verschiedene Farben in einer Kette wären, sich die Farben bey dem dünnen Schlicht abfärben würden. Er taucht zwey langhaarige Bürsten in die Schlicht und streicht dieselbe auf den ausgespannten Kettenfäden auf dem Stuhl auf, indem er mit einer Bürste über der Kette und mit der andern Bürste unter der Kette hinfährt. Wenn er solchergestalt die anderthalb Ellen geschlichtet hat, so nimt er eine breite Bürste von eben der Art, streicht mit einem Span etwas Rindertalg auf dieselbe, bürstet hiermit den geschlichteten Theil der Kette, und macht die Garnfäden hiedurch geschmeidig. Einige Weber nehmen auch noch wohl zu dem Rindertalg etwas Schweineschmalz, welches aber die Kette anschmutzt. Es geschiehet dieses auch nur wenn es sehr kalt oder sehr warm ist, denn in beyden Fällen zerspringen die Fäden der Kette. Das Geschlichtete muß vor dem Weben trocknen, entweder durch einen Wedel von Federspulen oder durch die Luft, wenn er die Fenster aufmacht.

Schlichten, (Lohgerber) wenn das fertig gearbeitete Schmalleder mit dem Schlichtmonde auf der Fleischseite beschnitten wird, wodurch es dünner gemacht wird und diejenige Dicke erhält, die das Leder zu Oberleder haben muß. Vorzüglich aber werden die dicken Stellen auf solche Art geschlichtet. Der Gerber spannt zu diesem Behuf die Haut in den Schlichtrahmen (s. diesen) aus, zieht mit der Schlichtzange (s. diese) die Enden ausgespannt aus, und schneidet nunmehr mit der Schneide des Schlichtmondes (s. diesen) das überflüßige Leder weg. Die Schlichtzange hat der Gerber an einem um den Leib gebundenen Riemen angeknüpft. Er preßt die Kneipen der Zange, wenn er das Leder damit gefaßt hat, durch einen Ueberwurf, den er über die Griffe der Zange legt, zusammen, daß das Leder in der Zange gehalten wird.

Schlichten, (Tischler) mit dem Schlichthobel eine Sache fein behobeln und glatt machen.

Schlichter, (Wasserbau) der Arbeiter der die Wippen fallen läßt, oder hinten übersiehet, und die Erde sowohl beym Wippen, als auch sonst beym Karren, abebnet, und in Ordnung bringt, daß daraus der Besteck oder das Profil des Deiche entstehe.

Schlichtfeile, (Feilenhauer) die feinste Feile die ganz feine und flache Hiebe erhält, und folglich auch nur zu feiner Arbeit gebraucht wird.

Schlichthammer, (Klempner) Ein hölzerner Hammer von sehr harten Holz mit einer sehr glatten Bahn, das Blech wenn es verarbeitet ist, glatt zu machen, und damit zu schlichten.

Schlichthobel, (Tischler) ein feiner Hobel, womit ein Brett glatt behobelt wird.

Schlichtig, (Deichbau) geebnet, glatt, ohne vorstehende Höhen, oder eingehende Höhlungen in der Deichlinie.

Schlichtmeissel, (Drechsler) Ein Drehmeissel mit einer feinen und sehr scharfen Schneide, die von beyden Seiten gleichmäßig zugeschliffen ist, und womit die aus dem Groben ausgedreheten Sachen aus dem Feinen gedrehet und abgeschlichtet werden. Sie sind von verschiedener Breite und Größe.

Schlichtmond, (Lohgerber) Eine runde eiserne gut verstählte und mit einer scharfen Schneide versehene Scheibe, die ungefähr 6 bis 10 Zoll im Durchmesser hat. In der Mitte hat sie ein Loch, durch welches der Gerber seine rechte Hand steckt, und das Eisen daran hält, wenn er das Leder schlichtet. (s. dieses)

Schlichtpinsel, Vertreibepinsel (Maler) Ein Pinsel, womit die dick aufgetragene Farbe auseinander gerieben und verwaschen wird.

Schlichtrahm, (Lohgerber) Der Rahm oder das Gerüste, worauf das Leder zum Schlichten aufgespannt wird. Ein langer Baum ist mit dem einen Ende in der Wand befestiget, mit dem andern aber liegt er auf einem Kreuzholze. In einer Rinne oder Vertiefung des Baums liegt ein dünner Stab. Zwischen die Stange und den Baum wird bey dem Schlichten die Haut gelegt, und der Stab wird am Ende mit Schnüren auf dem Baum fest gebunden, die andre Spitzen und Enden des Felles werden durch die Schlichtzange gefaßt und ausgespannt. (s. Schlichten)

Schlichtstahl. (Kunstdrechsler) Ein stählernes Werkzeug mit einer breiten Klinge, das Horn damit zu schlichten, oder glatt zu drehen.

Schlichtzange. (Lohgerber) Eine starke Zange mit starken Kneipen, die gerade, inwendig aber mit Zähnen versehen sind, womit der Gerber die Spitzen und Enden der Häute, wenn sie in den Schlichtrahm eingespannt werden, anfaßt, und das Leder zum Schlichten hält und vest ausspannet.

Schlich ziehen. (Hütten- und Puchwerk) Wenn die Schliche auf dem Gefälle im Puchwerk stehen, so schlägt man mit einer kleinen Krücke Wasser auf die Schlämme, und indem man die Schlämme zugleich umrühret, leitet man selbige niederwärts. Gegen die letzte, wenn aller Schlich niedergespült worden, unterbricht man die Gewalt des Wassers, indem man einige Hölzer vorschiebt. Unterdessen, da das Wasser die Schliche durchdringt, so muß Jemand den Schlich mit einem Tannenästchen oder einer mäßigen Ruthe aufrühren, um das Taube vom Guten zu scheiden, und es dem wegführenden Strohm zu überlassen. Das Reiche legt sich bey den ersten Schritten sogleich an Gefälle an, weil das Metallische im Schlich die größte Schwere hat; die armen taubern Schliche lassen hingegen über, und folgen der Flucht des Waschherdes nach.

Schlick. Die Mischung von fetten Erdtheilen, Sand, Bauerde etc. woraus die vom Wasser aufgesetzte Kleyerde oder Marsch besteht, wenn sie noch weich und unbegrünet ist.

Schlickbalken. (Wasserbau) Die Querbalken in den Schleusen, welche aller Orten quer unter dem Schleusenboden hinlaufen, und auf welche die Bohlen des Bodens mit Nägel angeheftet werden.

Schlickdamm. (Wasserbau) ein Damm, der zu dem Ende angeleget wird, damit das stillstehende Wasser seinen Schlick zu Grunde fallen lasse.

Schlickdeich, ein Deich, welcher anders kein Vorland, als kahlen unbegrünten Schlick hat.

Schlickenthaler. Eine Art Thaler, welche die Grafen von Schlick in der ersten Hälfte des 16ten Jahrhunderts, in dem Bergwerke zum Joachimsthale in Böhmen, prägen ließen.

Schlickfall, (Deichbau) die Neigung oder der Anfang zum Ansetzen des Schlickes.

Schlickfänger. Ein Einbau, der dem Schlickfall durch erregten Ruhestand des Wassers hinter sich befördert.

Schlickharke. (Wasserbau) Ein mit Zacken versehenes Werkzeug, das hinter einem Schiffe bevestiget, und mit diesem durch den Schlickgrund hin und her gezogen wird, um selbigen loszurechen.

Schlickpflug. (Wasserbau) Ein Werkzeug, so aus zwey keilförmig von einander gehenden bretternen Wänden besteht, um den Schlick damit auseinander zu schieben, indem dieses Werkzeug darinn der Länge nach gezogen wird.

Schlickufer. (Wasserbau) das abflächende Ufer, oder die Glope an einem Strohme, Bauerlese etc. worauf sich der Schlick zu setzen pflegt, und welches nicht begrünen kann, weil das Wasser zu oft darüber geht, und zu lange darauf steht.

Schlickwaare, ein Werk, so mit Schlick bedeckt ist.

Schlickzaun. (Deichbau) Ein Zaun, welcher vor einer eingehenden Rundung als ein Schirm gesetzt wird, um durch den dahinter bewirkten Ruhestand den Schlickfall zu befördern. Auch ein solches angelegtes Schlengenwerk wird zum Unterschiede anderer Schlickfänger, welche hinaus gebauet sind, ein Schlickzaun genannt.

Schlier, s. Klar.

Schließ. (Salzwerk) Der Anschlag der Kosten zu bevorstehender Arbeit.

Schließbaum. Ein starker runder Baum, der an beyden Enden an Ketten bevestiget ist, und welcher vor einem Hafen oder anderer Mündung eines Flusses vorgezogen wird, um die Fahrt dadurch zu sperren. Man nennt ihn auch nur schlechtweg Baum.

Schließbolzen. Ein mit einer Schließe versehener Bolzen, wodurch er in einer Sache, welche er bevestigen soll, vest gehalten wird, indem die Schließe durch die am Ende des Bolzens vorhandene Spalte gesteckt, und von einander gebogen wird, folglich nicht heraus gleiten, und der Bolzen auch nicht weichen kann.

Schließe. (Schlosser) Eine gerade Stange, welche in den Gatterwerken zwey Schnörkel derselben zusammen hält. Auch ein Bauanker in Gestalt eines verrechten Rahmens, womit schadhafte Mauern zusammengehalten werden, (dieses heißen aber auch Vorpassen)

Schließe. Ein zusammengebogenes Blech, welches durch die Spalte des Bolzens gesteckt wird, damit der Bolzen nicht zurückweichen kann. (s. Schließbolzen)

Schließe, s. Schnallbrett.

Schließen, Fr. Fermer. (Baukunst) Dieses Wort wird hier verschiedentlich gebrauchet. Man sagt einen Bogen schließen, ein Gewölbe schließen etc. d. i. den Schlußstein allda eintreiben, und die Verbindung zuschließen. Eine Reihe Steine schließen, wenn in einer geraden Mauer der Schluß mit einem Schlußsteine (Closoir) voll oder ausgefüllet wird. Ferner sagt man eine Thüre oder Fenster schließen, wenn der Obertheil des Bogens derselben entweder im vollen Zirkel, oder im geraden Sturz, zugemacht wird.

Schließfeder. (Uhrmacher) Die Feder, die an dem Zifferblatt, welches mit dem Rädergehäuse verbunden ist, angebracht ist, und dazu dienet, das Zifferblatt mit dem aufgehobenen Rädergehäuse, wenn man in das Innere der Räder sehen will, niederzudrücken, und das Räderwerk wieder im Uhrgehäuse zu verwahren. Es ist ein schmales ausgeschnittenes Plättchen, dessen stählernes hammerförmiges Ende sich vermöge der Federkraft einklemmt oder sperret, und mit dem Drucke des Fingernagels überwältiget wird.

Schließhaken. (Schlosser) Ein eiserner Haken, wie ein halber Keil gebildet, der an der Thürpfoste bevestiget wird,

wird, und worein die Falle des Schlosses, wenn solche zugeschlossen wird, einschnappt. Er ist ordentlicherweise mit der Krampe vereiniget. An den Kasten oder Laden pflegen die Schließhaken doppelt zu seyn, weil dieselben Schlösser auch doppelte Fallen haben.

Schließhahn. Ein Hahn an den Bier- und Weinfässern, wo der Dreher mit einem eigenen dazu gehörigen Schlüssel umgedrehet wird, um den Hahn zu öffnen oder zu schließen.

Schließkappe. (Schlösser) Ein Stück Eisen an den französischen Schlössern in Gestalt eines vierseitigen Kastens, der an der Thürpfoste bevestigt ist, und in dessen Löcher der Riegel des Schlosses fällt.

Schließnagel. (Buchdrucker) Ein eiserner Stab, der durch die Löcher der Köpfe in den Formschrauben gesteckt wird, und mit welchem die Schrauben angezogen, und die Form, wenn die gesetzten Kolumnen darinn gestellt sind, verschlossen wird. (s. Form der Buchdrucker)

Schließnagel. Ein eiserner Nagel oder Bolzen, große Riegel an den Thoren, Schlagbäume u. s. w. damit zu verschließen.

Schließpaß. (Siebmacher) Ein hölzernes Werkzeug, das aus zwey Hälften besteht, die an dem einen Ende mit einem Gewinde vereiniget sind, und inwendig in der Mitte beyde zusammen eine Rinne bilden. Der Siebmacher erleichtert sich durch dieses Werkzeug das Zerspalten der Schienen, woraus er Siebe flechtet, und welche öfters sehr dünne seyn müssen. Er spaltet nämlich die Schiene, die er zertheilen und dünner machen will, an einem Ende nach der Breite etwas von einander, legt die Schiene über der Spalte in die gedachte Rinnen des Schließpasses, nimt die eine Spitze der gespaltenen Schiene in die rechte Hand, die andere Spitze aber hält er zwischen den Knieen vest, und so reißet er die Schienen von einander. Mit der linken Hand hält er die Schiene vermittelst des Schließpasses, und dieser wird auf der Schiene selbst weiter fortgeschoben.

Schließquadrätchen. (Buchdrucker) Der vierte Theil eines Quadrates oder Gevierten, die Zeilen damit auszuschließen.

Schließriegel, (Schlösser) ein Theil eines Riegelschlosses. (s. dieses und Riegel)

Schließsäge. (Tischler) Eine gemeine Handsäge von mittlerer Größe, deren Zähne nicht stark geschränket sind, denn es werden damit die Stücken geschnitten, welche genau passen und anschließen sollen.

Schlingbaum, s. Mehlbaum.

Schlinge, s. Oese.

Schlinge, s. Schifferknoten.

Schlingen, Fr. Tasseaux, Barreaux. (Schiffbau) Vier ins Kreuz bevestigte Hölzer an einem jeden Mast, worauf der Mastkorb steht. An dem großen und Fockmast befinden sich gewöhnlich drey solche Schlingen, an dem Besansmaste und Bogspriet aber nur zwo; und wenn ein Schiff keinen Mastkorb hat, so vertreten sie dessen Stelle.

Schlingern, (Schiffahrt) die hin und her schwankende Bewegung eines Schiffes von den Wellen.

Schlippe, Feuerschlippe, der enge Raum, welcher in einigen Städten zwischen den Häusern gelassen wird, die Traufen und Gossen darein zu führen, um in Feuersgefahr bessere Hülfe thun zu können.

Schlitten, Wagen. (Mühlenbau) Diejenige Rüstung oder das Gestelle in einer Schneidemühle, worauf der Block zu Bohlen und Bretter geschnitten, und durch selbige hin und zurück geschoben wird; seine Länge und Breite richtet sich nach dem Block, welcher geschnitten werden soll, und nach der inwendigen Breite der Rahme. Zu der Länge des Holzes, die ungefähr 18 bis 28 Fuß beträgt, wird allezeit zu der längsten Holzlänge noch die Weite von den Sägen bis zur Schlittenwelle gerechnet, und wenn solche 6 Fuß beträgt, so muß die ganze Länge des Schlittens im Lichten 34 Fuß seyn; er wird auch oft bis 40 Fuß lang gemacht. Die Breite wird im Lichten bey doppelten Rahmen 2 Fuß 8 bis 10 Zoll, hingegen bey einfachen Rahmen schmäler gemacht. Bey doppelten Rahmen werden die Schlitten auf drey Seiten doppelt gemacht, nur auf der einen Seite, wo die Spitzen beschnitten werden, wird solcher einfacher gemacht. Die untersten Balken derselben sind 10 Zoll ins Gevierte, und die obersten 8 Zoll. Die Ecken und doppelten Seiten werden mit eisernen Bolzen versehen, die Verbindungen an denselben richten sich nach der Breite des Schlittens. In diese Verbindung wird an dem Ende, wo die Blöcke aufgesetzt werden, ein Holz von 2 bis 3 Fuß lang nach dem Block zu eingezapfet. Dieses Holz schiebet den Block, der in Breter verschnitten werden soll, unter die Sägen fort, und vor den Sägen bekommt der Block eine Stütze, damit er, wenn die Sägen in die Höhe gehen, nicht mit aufgehoben werde. Dieser Keil oder Stütze wird 8 bis 9 Fuß lang gemacht, und in dem obern Querbalken bevestiget. Unter diesen Keil wird noch ein kleiner Keil, ungefähr 1 Fuß lang und etliche Zoll hoch, gesetzt, damit der große Keil den Block nicht gar zu stark an die Diele oder untere Lage drücke. Der Block dagegen, wovon die Schaalstücken abgeschnitten werden, wird auf der einen Seite des Schlittens mit drey eisernen Haken bevestiget. Auf der andern Seite des Schlittens werden 6 Zapfen gemacht, die 4 Fuß von einander stehen, 17 Zoll hoch, 3 bis 4 Zoll dick sind, in den Schlitten mit einem kleinen Zapfen eingelassen, und mit hölzernen Nägeln verbohret. Diese Zapfen haben einige gebohrte Löcher, durch welche mit einem Holze die Blöcke, die nicht von allen Seiten beschnitten werden, an dem Schlitten bevestiget oder angebunden werden. Unten ruhen diese Blöcke alsdenn auf Brettern, die in den Schlitten eingeschoben werden. Noch werden bey doppelten Rahmen unter die Seite des Schlittens, wo die Bretter geschnitten werden, Balken gelegt, die 8 bis 9 Zoll hoch von der Diele gerechnet, und unten an die Querbalken mit großen hölzernen Nägeln angebohret sind. Auf der obern Fläche werden etliche Stellen ausgehöhlet, damit der Block, welcher im Schneiden auf denselben fortgeschoben wird, nie-

genau anstoße. Der Schlitten hat unterwärts Zähne, vermöge welcher er mit dem Schlittenrade fortgeschoben wird. Die Eintheilung der Zähne oder der Stich im Schlitten ist von derselben Größe, wie in der Schlittenwelle, nämlich von 3 Zoll, auch wohl drüber. Die Zahl der Zähne richtet sich nach der Länge des Schlittens, ihre Dicke ist 1½, die Höhe 1¾ bis 2, und die Breite 4 Zoll. Da die Stöcke im Getriebe 1¼ Zoll dick sind, so bleibt zum Spielraum, da die Zähne 1½ Zoll hoch sind, ¼ Zoll übrig. Es ist auch ⅛ Zoll genug. Wenn der Stich 3½ Zoll, welches aber selten ist, so ist der Zahn 1¾, der Getriebstock 1½ Zoll, der Rest bleibt zum Spielraum übrig. Die Zähne werden noch über die oben erwähnte Höhe von 2 Zoll 1 bis 1½ Zoll im Schlitten eingestämmt. Von da geht das Hintertheil des Zahnes an, welches rund ist, und im Schlitten stark verkeilet werden muß. Die Zähne werden auf die eine Seite des Schlittens gesetzt, denn gegen die andere Hälfte laufen die Unterlagen, und für diese wird ein Raum von 4 Zoll gelassen. Die Unterlagen vom Schlitten werden von starkem Holz gemacht, 1½ Zoll lang, 1½ Zoll dick und 2 Zoll hoch, und unten mit einem Schwalbenschwanz in den Schlittengang eingelassen, in der Seite 1 Zoll tief und 1½ Fuß weit von einander. Der Schlittengang ist derjenige Theil der Mühle, in welchem der Schlitten auf obenbemeldeten Unterlagen hin und zurück geschoben wird. Er besteht aus langen Balken, die einen Fuß oder etwas mehr ins Gevierte dick sind, die der Länge der Mühle nach in die untern Querbalken mit einem Kammwerk eingelassen werden. Der Zwischenraum zwischen diesen Gängen richtet sich nach der Breite des Schlittens, und muß überdem noch mit den Rinnen zusammen einen kleinen Spielraum für den Schlitten von ½ Zoll auf jeder Seite haben. Aus diesen Gängen werden, der Diele parallel, die erwähnten Rinnen ausgehauen, davon jede 1½ Zoll breit und 1 Zoll tief ist; in diese Rinnen werden die Unterlagen gelegt. Da die Unterlagen im Lichten 1½ Zoll hoch, und diese Rinnen 1 Zoll tief sind, so kommt der Schlitten in die Rinne 1½ Zoll zu liegen. Der Schlitten muß von den Getriebestöcken um ½ oder ¼ Zoll abstehen, damit hier keine Friktion entstehe. Der Gang des Schlittens muß über der Diele um soviel hervor stehen, als die Zähne hoch sind, und noch etwas darüber. Und da hier die Höhe der Zähne 1 Zoll ist, so muß die Höhe des Schlittens über der Diele 1½ Zoll seyn, damit den Zähnen von der Diele keine Hinderniß geschehe. Die Länge des Schlittenganges richtet sich nach dem inwendigen Raum der Mühle. Beym Einsetzen des Schlittens ist noch zu merken, daß der Schlitten im Durchgehen durch die Rahme einen Spielraum von ½ oder ¼ Zoll erhalte, damit die Seiten des Schlittens durch die Rahme keine Friktion leide. (s. [illegible] Abhandlung von Wasser- und Schneidemühlen in 4to Tab. VIII)

Schlitten, Deichschlitten. (Wasserbau) In Gegenden, wo gewöhnlich mit Schlitten gedeichet wird und die Gemeine nach Schlittenzahl eingetheilet ist, wird unter einem Schlitten auch soviel Land, als solches stellen muß, verstanden.

Schlitten. (Stellmacher) Ein Fuhrwerk ohne Räder, welches zur Winterszeit auf dem Schnee oder Eise, Menschen und Waaren bequem fortzubringen, gebraucht wird. Es besteht aus einem Gestelle von zwey Schlittenkuffen, Schlittenläufen, Schlittenbäumen, so wie die Schleiffe, (s. diese) worauf entweder ein Kasten von allerley Gestalt und Größe, zu einer, zwey oder vier Personen, wie bey den Rennschlitten (s. diesen) oder ein schlechtes Leiterwerk auf vier Säulen gesetzt, und von Pferden dergestalt fortgezogen wird, daß das ganze Geräthe auf vorgedachten Kuffen über dem Boden hinschleift. Sie werden eingetheilt in Einspännige und Zweyspännige. Die erste Art gebraucht man nur zur Lust auf kurzen Reisen, welche Art man Rennschlitten nennt. Die zweyte Art dient vornehmlich zu schweren Frachten. In der Landwirthschaft hat man allerhand Schlitten, sonderlich Egge-, Wasser-, Land- und Feldschlitten, so auch Schleifen heißen und von ihrem Gebrauch die Namen bekommen haben.

Schlittenhaken, Wagenhaken, Schieberstange, (Mühlenbau) die Stange mit dem Haken, der dem Schiebezeug (s. dieses) in einer Schneidemühle die Bewegung giebt. Der Arm desselben ziehet sich in seiner Länge nach der Mitte des Rahmens oder Gatters der Schneidemühle, bis über den Mittelpunkt des Schlittenrades, daher derselbe auch nicht eher gemacht werden kann, bevor nicht Rahmen und Rad aufgestellt worden. Doch ist seine Länge gewöhnlich von 7 bis 8 Fuß, nämlich bis zum Mittelpunkt, wo der Haken darinn steckt; die ganze Länge wird überhaupt 10 Fuß seyn. Die Dicke desselben ist hinten 5 bis 7 Zoll, und vorne bey dem Rahmen 4½ und 1½ Zoll. In der Mitte, wo der Haken inne liegt, wird dieser nach vorne zu schräge eingestämmt, und der Mittelpunkt, worinn der Haken sich beweget, wird mit Eisen beschlagen. Das Holz oder Gestelle, worinn der Arm seine Bewegung hat, wird so abgepaßt, daß sein Mittelpunkt gegen die Mitte des Auf- und Niederschwunges des Rades zu stehen komme. Er wird mit einem eisernen Bolzen dergestalt beweglich eingehängt, daß man ihn vermittelst desselben höher stellen kann, auf daß er, wenn ein sehr starker Bloch zum Schneiden aufgebracht wird, nicht allzuviel zuschiebe und den Block stärker an die Säge anzwinget, als selbige durchzuschneiden vermögend ist. Der eiserne Haken selbst, der vorne eine Klaue oder Reiße hat, wird dann erst eingepaßt, wenn Arm und Rad schon aufgestellt worden. Seine Länge fällt zwischen 4 und 5 Fuß aus, und die Dicke ist ungefähr 1 Zoll im Diameter, er hängt wie gedacht über dem Mittelpunkt des Rades, greift mit dem Haken in die Zähne des Schlittenrades, zieht jedesmal den Rädern, da die Zähne 1 Zoll weit von einander stehen und 8 Fuß im Diameter sind, einen Zahn, und schiebt durch diesen Ruck den Schlitten oder Wagen mit dem Schneideblock um ⅛, und ein Siebentheil eines Achtelzolles in die Sägen; da er bey Zähnen, die ½ Zoll auseinander stehen, faßt der Haken 2 Zähne jedesmal [illegible] und zieht den Schlitten um soviel mehr weiter.

Schlit-

Schlittenkufen, (Siebmacher) lange und schmale Hölzer, die an dem einen Ende etwas in die Höhe gekrümmt sind, am besten aus den rothbüchenen Wurzeln, wenn sie recht gegraben und los gemacht werden, geschnitten werden können und zum Gerüst der Schlitten (s. dieß) dienen. Bey den Schleiffern heißen sie Schleiffenkufen.

Schlittenrad, Wagenrad, (Mühlenbau) dasjenige Rad in einer Schneidemühle, wodurch der Schlitten hin und her bewegt wird, auf welchem der Block liegt, der in Bretter zerschnitten werden soll. Der Diameter dieses Rades muß daher die gehörige Proportion haben, nicht ohne Noth über 9 Fuß, und selten unter 8 Fuß seyn. Dieses ist von dem eisernen zu verstehen. Das hölzerne wird allezeit um einen halben Fuß kleiner gemacht, als das eiserne, damit der Haken seine Verrichtung thun und nicht abspringen könne. Die Dicke des eisernen Rades richtet sich nach dem Eisen und wird von $\frac{3}{4}$ bis $\frac{7}{8}$ Zoll dick gemacht. Die Breite ist gegen 4 Zoll und richtet sich gleichfalls nach der Breite des Eisens, woraus es gemacht wird. Die Zähne oder Zacken, die auf der Stirne desselben sind, werden $\frac{3}{4}$ bis $\frac{7}{8}$ Zoll hoch gemacht, und müssen etwas schräge laufen, damit der Haken gut einfassen kann. Bey Rädern, die 9 Fuß im Diameter haben, müssen die Zähne weiter auseinander stehen, als bey einem von 8 Fuß. Jede Seite des hölzernen Rades besteht aus 6 Felgen, und das ganze Rad also aus 12 Felgen. Sie werden aus 5 zölligem Holz zugeschnitten. Die Dicke des ganzen Rades ist 9 bis 10 Zoll, und die Breite 11 bis 12 Zoll. In der Mitte der äußern Peripherie wird bey solchen Rädern eine Rinne gemacht, die vier Zoll tief und 1 Zoll breit ist, damit das Seil, welches darum gewunden und den Schlitten hin und zurück bewegt, darinn Raum hat. Die Länge des Seils richtet sich nachdem die Zähne fassen, und muß so lang seyn, um so vielmal sich das Rad umdreht, bevor der Schlitten zurückgetrieben wird oder seinen Lauf endet. Die Arme oder Kreuzhölzer werden in diesem Rade einfach gemacht, 4 Zoll dick, und 10 bis 12 Zoll breit, und durch die dicke Seite des Rades 2 Zoll ganz durchgestämmt. Die Arme stehen nur auf der einen Seite gegen 2 Zolle über der Fläche der Wangen hervor, die Enden werden durch das Rad mit eisernen Bolzen verbunden. Auf der Seite, wo die Arme nicht hervorstehen, wird das eiserne Rad angeschlagen, auch werden auf dieser Seite hölzerne Pflöcke, 8 bis 10 Zoll lang, eingeschlagen, durch welche das Rad hin und zurück bewegt wird. Das Quadrat, welches in der Mitte der Arme ist, muß von 18 bis 20 Zoll seyn. Manchmal werden die Arme durch die Schlittenwelle durchgestämmt, hierdurch aber werden die Wellen geschwächt, und brechen an diesen Stellen. Das eiserne Rad wird bisweilen aus vier Theilen zusammengesetzt und an dem hölzernen angeschlagen; denn an der Seite, wo die Arme nicht hervorstehen, wird in dem hölzernen Rade eine Rinne von der Dicke als das Eisen ist ausgehöhlt, in welche das eiserne Rad eingelassen, und mit Nägeln durch die Oesen oder Klammern angeschlagen wird. Zur Stütze des eisernen Rades werden auf der Radwelle (s. Rahmen) zwey eiserne Haken angemacht, die mit ihren Enden in die Zähne sich stützen, damit das Rad bis der große Haken (s. Schlittenhaken) die Zähne wechselt, nicht zurückgehen kann. Da die Sägen gemeiniglich in den Block jedesmal $\frac{1}{8}$, selten aber $\frac{3}{16}$ Zoll einschneiden, und zwar bey Mühlen, wo die Kurbel 9 bis 11 Zoll lang ist und das Schlittenrad 8 Fuß im Diameter hat, so kann man hieraus die Weite der Zähne des Schlittenrades auf folgende Art bestimmen: wie sich verhält der halbe Diameter der Schlittenwelle, welcher hier 6½ oder 13 halbe Zoll ist, zu dem Radio des eisernen Rades, so 96halb Zoll ist: so verhält sich der Schnitt der Säge $\frac{1}{8}$ zu der Weite eines Zahns, giebt $\frac{12}{13}$ eines Zolles; und soviel würde der Schlittenhaken jedesmal das Rad ziehen. Auf dieser Weite pflegt man gemeiniglich zwey Zähne zu machen; also wenn hartes Holz geschnitten wird, so faßt der Haken nur um einen Zahn weiter. Würde das Schlittenrad 9 Fuß im Diameter haben, und die Welle die vorige Dicke und der Schnitt $\frac{1}{8}$ Zoll seyn; so würde der Haken jedesmal um $1\frac{1}{26}$ Zoll fassen, und diese Weite 2 Zähne haben müssen, bey einem Rade von 9 Fuß im Diameter. Doch wird gemeiniglich die Weite der Zähne von $\frac{3}{4}$ bis 1 Zoll von einander bey einem 8 Fuß großen Schlittenrade (s. Kaowendoser Abhandl. von den Rädern der Wasser- und Schneidemühlen Tab. VII. Fig. 2.)

Schlittenwelle, Wagenwelle, Kampfwelle; (Mühlenbau) diejenige Welle mit den Getrieben, die den Schlitten mit dem Block, woraus Bretter geschnitten werden, hin und zurückzieht. Sie ist 12 Fuß lang und besteht aus einem 13 Zoll dicken Baum der rund behobelt ist, und bekommt zwey Kämpfe oder Einschnitte, der Zwischenraum zwischen diesen Kämpfen richtet sich nach der Breite des Schlittens auch nach der Rahme: daher wird diese Welle gemacht und eingesetzt, wenn Schlitten und Rahme schon aufgesetzt werden. Jeder Kampf hat 6 Getriebestöcke, welche über der Welle soviel hervorstehen, als der Beschlag dick ist, 8 Zoll lang und an jedem Ende $\frac{3}{4}$ Zoll eingelassen sind, folglich bleiben sie 7 Zoll im Lichten. Ihre Dicke ist $2\frac{1}{2}$ bis 3 Zoll. Die Welle wird um 2 Zoll tief da, wo die Einschnitte sind und die Stöcke zu stehen kommen, ausgehöhlt, und um einen halben oder ganzen Zoll tief werden die Stöcke an den Stellen, wo sie zu stehen kommen, in die Welle eingelassen, damit die Schlittenzähne ihre gehörige Verrichtung ohne Aufenthalt thun mögen. Der Stich in dem Kampfe ist dem am Schlitten gleich von 3 bis $3\frac{1}{4}$ Zoll, nämlich, $1\frac{1}{2}$ Zoll für die Getriebe und $1\frac{1}{2}$ Zoll für die Zähne, so daß noch ein viertel Zoll Spielraum übrig bleibt. Auf diese Welle werden überdem 9 eiserne Ringe heiß aufgetrieben und mit Wasser begossen. An jedem Getriebe liegen zwey, an jedem Ende eine, um das Rad zwey, und an deren Enden, wo das Rad nicht steht, zur Befestigung des Zapfens einer. Die eiserne Zapfen dieser Welle sind $1\frac{1}{2}$ Fuß lang und 2 Zoll dick, hinten mit einem Haken, damit sie aus der Welle nicht ausglitschen, und stehen 4 Zoll aus der Welle hervor.

hervor. (s. Karvenhofer Abhandl. von Wasser- und Schneidemühlen Tab. VIII.

Schlitzschraube, s. Schreitschraube.

Schlitze, Fr. Graveurs ou Canaux, (Baukunst) in dem Träglyphen die Vertiefungen, deren jedesmal zwey ganze und zwey halbe darinnen befindlich sind.

Schlitzen, (Mühlenbau) die 17 Zoll lange und 2 Zoll breite durchgemeisselte Löcher in den Tragbänken der Mahlmühlen, worinnen ein Theil des Steges eingesteckt wird.

Schlitzen, (Tischler) wenn zwey Stücke Holz nach einem rechten Winkel zusammengesetzt werden sollen, so erhält das eine Stück an einem Hirnende einen Zapfen das andere aber auch an dem Hirnende eine Schlitze d. i. eine Oeffnung die so breit als der Zapfen ist. Die Länge des Zapfens wird mit dem Streichmaass (s. dieses) auf jeder Seite vorgezeichnet, und nach jedem Strich schneidet man mit der Schlitzsäge in erforderlicher Tiefe ein. So tief eingesägt ist, wird auf beyden Seiten das Holz gleichfalls mit einer Säge oder Stämmeisen abgenommen, und mit dem Hobel geebnet. Die Schlitze des andern Stücks wird gleichfalls mit dem Streichmaaß nach der Stärke des Zapfens sowohl nach der Stärke als Tiefe vorgezeichnet, und nach dieser Vorzeichnung mit der Schlitzsäge auf dem Hirnende in erforderlichen Abstand eingeschnitten, und das Holz zwischen den beyden Schnitten mit einem schmalen Stämmeisen ausgestemmt, und die Schlitze mit dem Stechbeutel (s. diesen) ausgeputzt.

Schlitzfenster. Ein Fenster in Gestalt einer Schlitze, d. i. eine lange schmale Oeffnung in der Mauer, um Licht dadurch zu gewinnen.

Schlitzgraben. (Kriegsbaukunst) Ein kleinerer Graben, der in der Mitte des Hauptgrabens einer Vestung herumgeführt wird. Seine obere Breite ist von 12 oder 14 Fuß, die untere, wenn er gemauert ist, von 4 oder 6 Fuß, seine Höhe aber von 6 oder 7 Fuß. Er muß so gegraben werden, daß er den Feind, wenn er den Graben übersetzen will, nicht bedecke. Solche Schlitzgraben werden oft in Wassergräben auch gemacht, wenn das Wasser seicht ist. In die Mitte des Schlitzgrabens pflegt man zuweilen Pfähle zu stecken, um das unvorsehene Einsteigen zu verhindern. Der Hauptgraben wird gegen die Mitte abhängig gegraben, damit das Wasser in den Schlitzgraben ablaufe oder leichter abgeleitet werde.

Schlitzgraben, (Landwirthschaft) in einigen Gegenden ein kleiner schmaler Graben, die Wiesen durch denselben zu wässern.

Schlodern, (Schlosser) wenn dieselben eine Arbeit, die sie löthen wollen, nachdem sie ihr Loth, als Kupfer oder Messing, wohl angebracht haben, mit ganz weichem Leim überziehen, in den Kohlen gemächlich trocknen lassen, und ihr hernach eine Hitze geben, daß der Leim schlackt, und das Metall flüßig wird.

Schlofen, (Tuchmacher, Zeugmacher) wenn das wollene Garn drey- oder mehrfach, aber nur sehr lose, zusammengezwirnt wird. (s. zwirnen)

Schlope. (Wasserbau) Ein Einlaß vom Wasser in Dämmen, Gräben, Deichen ꝛc.

Schlöpe, Schlöpengat. (Deichbau) Ein kleiner Schlitten ohne Erhöhung, auch wohl ein Deichschlitten. (s. auch Schaare)

Schlöpengat, s. Schlöpe.

Schloss, (Baukunst) gewöhnlich ein großer Pallast und die Wohnung eines regierenden Herrn. Von dem verschiedenen Gebrauch derselben bekommen sie verschiedene Beynamen. Das, wo der Fürst fast beständig sein Hoflager hält, heißt das Residenzschloss; wo er die Jagd besucht ein Jagdschloss; da wo er sich des Sommers und zum Vergnügen aufhält, ein Lustschloss.

Schloss, (Bergbau) bey einem Kehrrade die Verbindung zweyer Schwingen an dem Feldgestänge, welches durch eine verzapfte Stange geschieht, um welche und um die Schwingen drey bis vier 1 Zoll breite und ½ Zoll dicke Ringe gelegt werden.

Schloss, Schlösser, Fr. Serre, (Schlösser) ein Werkzeug die Thüren, Gemächer, Kasten und Schränke zu verschließen. Es gehören dazu verschiedene Gattungen, als die französischen, deutschen und englischen (s. davon an seinem Ort) die vornehmsten Stücke eines Schlosses überhaupt: sind der Riegel das Gefieder oder Besatzung, der Dorn und der Schlüssel. Blinde Schlösser sind diejenigen, die inwendig verdeckt sind und nicht anders als mit dem Schlüssel können geöffnet werden. Ferner Vorhängeschlösser die nicht an der Thüre vest sind, sondern vor einen Aufwurf in die Krampe gehängt werden. Von beyden giebt es eine große Menge; auch nennt man Schloß diejenigen Hefte, die man an den Hals- oder Armbändern und Ketten braucht, solche zu befestigen. Es ist dies gewöhnlich eine Arbeit der Goldschmide. Sie sind sehr sauber ausgearbeitet und haben eine Feder wodurch sie auf- und zugemacht werden können.

Schloss, (Ziegelbrenner) diejenigen Reihen Mauersteine im Ziegelofen, welche die Gewölbe über den Schlaglöchern oder Feuerlöchern schließen, und worauf nachgehends die Dachziegel gesetzt werden.

Schloss an der Kunst, Fr. les entailleures des perches de la pompe, (Bergwerk) eingeschnittene Kerben in den Kunststangen, welche dergestalt geschnitten sind, daß die Zapfen der einen in das Schloß der andern passen.

Schlossarme, (Bergwerk) die Hauptarme an dem Rade einer Kunst, die so lang als der Durchmesser des Rades an der Welle 8 Zoll breit und 6 Zoll dick sind, und an dem Kranz des Rades selbst mit einem 2 Fuß langen 7 Zoll breiten und 6 Zoll dicken, unten oder inwendig an dem Kranze um die halbe Breite eingeschnittenen Kopf versehen, und dergestalt ins Kreutz übereinander geschnitten sind, daß jeder 1 Zoll über dem andern liegt, und dieselben ein viereckiges Loch formiren, daß so groß als das viereckige Stück der Welle ist, worauf das Rad zu stehen kommt, und dieses tragen helfen, da sie überdem noch durch vier Hülfsarme (s. diese) unterstützt werden.

Schloßband, (Böttcher) derjenige Reif, welcher bey dem Aufsetzen eines Fasses oder [illegible] über den Setzband getrieben wird, und die Stäbe [illegible] einen Bauch zusammenhält.

Schloßblech, (Schlosser) derselben giebt es verschiedene 1) an einem französischen Schloß ist es der Boden und die [illegible] Bleche an der Seite, das aus einem Stücke gebogen ist, und worinn die Theile des Schlosses zu liegen kommen. 2) Dasjenige künstliche ausgehauene Blech, womit das Schlüsselloch einer Thüre beschlagen und verziert wird. Der Umfang desselben ist zierlich ausgehauen, und das Ganze selbst getrieben. 3) An einem Büchsen- oder Flintenschloß das äussere Blech, woran der Pfannendeckel, die Batterie oder die Pfanne, die Deckelfeder und der Hahn angebracht ist. (s. Flintenschloß)

Schloßblecheisen, (Büchsenmacher) worauf das Schloßblech (s. dieses, 3) angeschraubt ist, wenn es mit der Feile ausgearbeitet wird. Es ist eigentlich ein starkes Blech, welches an dem einen Ende eine starke Angel hat, mit welcher es in den Schraubestock geschraubet werden kann, wenn das Schloßblech auf dem Blech befestiget ist. An dem andern Ende hat es eine Scheere, oder einen Einschnitt. An dem einen Ende hat dieses Eisen eine starke Schraube, und das Schloßblech wird vermittelst dieser Schraube durch das Loch, welches zu dem Zapfen der Nuß gebohret ist, mit dem Schloßblecheisen befestiget, und denn das letztere mit der Angel in den Schraubestock eingespannet.

Schloß des Reifs, (Böttcher) Die beyden eingeschnittenen Haken an den beyden Enden eines Reifs, wodurch der Reif, wenn er um ein Gefäß gelegt werden soll, zusammengehalten wird: indem ein Haken in den andern geleget, und die vorspringenden Enden von den Haken um einander gebogen werden, daß also der Reif zusammenhalten muß.

Schlosser. Ein Eisenarbeiter, der nicht allein Schlösser, sondern auch verschiedene andere Dinge von Eisen, als Beschläge allerley Art, Gitter, und sehr viele andere Dinge mehr verfertiget. Sie haben mit den Windenmachern, Sporern, Büchsenmachern und Großuhrmachern ein Gewerk. Um aber auf der Herberge ihre Gesellen von den genannten Professionen zu unterscheiden, belegen sie dieselben mit dem Namen der Fremdgesellen, wenn sie einen Gesellen verlangen, oder in ihrer Sprache zu reden, umschauen. Der Lehrling, wenn er Geld geben kann, lernt nur 3 Jahre, ein anderer aber 5 Jahre. Der Geselle der Meister werden will, muß so wie bey allen andern Gewerken, 3 Jahre wandern. Zum Meisterstück macht er, wenigstens in Berlin, ein französisches Schloß zu einer Thüre, ein Vorlegeschloß, das auf beyden Seiten aufgeschlossen werden kann, und an einer Seite ein rundes, an der andern ein dreyeckigtes Schlüsselloch hat.

Schlosserblech, (Messinghütte) Latun oder Messingblech, welches der Schlosser zu allerley Arbeit gebraucht. Es ist ziemlich stark, und stärker als das Beckenschlägerblech. [illegible] eine [illegible] es mit Buchstaben von 1 bis 12. und nach diesen Zeichen ist die erste Sorte das gröbste, und die letzte das feinste.

Schloßkapelle, Fr. Chapelle de Chateau. Im Schloß eine zum Gottesdienst gewidmete kleine Kapelle, wo nur fürstliche Personen nebst dem Hofstaat dem Gottesdienste beywohnen, die von den fürstlichen Wohnzimmern nicht weit entfernet, und bequem liegen muß.

Schloßkirche. (Baukunst) Eine Kirche, die entweder dicht am Schloß angebauet, oder wenn sie auch in einiger Entfernung von demselben ist, zum Gottesdienst des Hofes gewidmet ist.

Schloßmacher. Ein Arbeiter auf einer Gewehrfabrik, der alle Theile eines Flintenschlosses bearbeitet, und auch dem Gratirer liefert, um nachher noch von dem Equipeur gehärtet und polirt zu werden, welcher sie denn auch zusammensetzet.

Schloßnägel, ganze, s. Schloßspicker.

Schloßnägel, halbe, (Nagelschmid) sie sind etwas kleiner, als die Schloßspicker, und werden so wie diese zum Beschlagen der Schlösser angewendet.

Schloßspicker, ganze Schloßnägel. (Nagelschmid) Ein Nagel mit einem runden ebenen Kopf, der gegen die Spitze vierkantig, gegen den Kopf zu aber flach wird.

Schloßtritt, (Jäger) der, wenn der Hirsch von seinem Lager aufsteht, vorne in demselben gefunden wird. Er macht diesen Tritt mit dem vördern Vorderfuße, welchen er unter sich geleget, und im Aufstehen darauf gestemmet. An diesen Zeichen erkennet man den Hirsch vor dem Thiere; denn dieses tritt beym Aufstehen mit dem linken Fuß zur Seite hinaus.

Schloßzirkel, (Böttcher) ein eiserner oder hölzerner großer Zirkel, der mit einem Bogen versehen ist, welcher an dem einen Schenkel befestiget, in dem andern aber verschoben werden kann, und einem kleinen Federzirkel gleichet. Ist der Zirkel von Holz, so hat er doch eiserne Spitzen. Bey dem Gebrauche wird der bewegliche Schenkel mit dem Bogen durch eine Schraube vereiniget und befestiget, daß er nicht weichen kann. Mit diesem Zirkel wird der Umfang des Bodens zu einem Faß oder Tonne bestimmt.

Schlote. So heißt an vielen Orten der Rauchfang, oder die vierekigte Röhre, so den Rauch aus den Häusern von der Brandstelle wegführet.

Schlotten, Fr. Couche de terre calcaire. (Bergwerk) Eine Art langer Schichten von einer Kalkerde, die sich selber löschet, sich sodann zusammensetzet und Erdklüfte machet. Die zu Felde liegende Gewerke sehen es gerne, wenn sie mit ihrem Bau auf eine solche Schlotte kommen, weil sie die Wasser benehmen.

Schlotter, (Salzwerk) der Schlamm, welcher sich unten setzt, wenn das Salz, welches sich von der beständig triefenden Sole in den Herd gesetzt, samt den Salzstein vom Herde abgehauen und ausgesucht wird. Man braucher solchen wieder zum Ausbessern und Bauen des Heerdes.

Schlotterfaß, Wurstfaß. (Landwirthschaft) Ein länglicht rundes hölzernes Gefäß, fast eine halbe Elle lang und einem einen Arm stark, worein der Mäher seinen Wetzstein mit etwas Wasser thut, und solches mit einem Riemen an den Leib bindet.

Schlupf. (Jäger) Ein Ort, wodurch ein Thier seinen Gang und Wechsel durch eine Hecke oder Gehege nach einem Felde, Weinberge u. dgl. hindurch nimmt.

Schluf, [illegible] oder Schlackenthon.

Schlupfe. (Ziegelbrenner) Der Raum zwischen zwey Bänken eines Ziegelofens, (s. diesen) welcher bis an das Schloß leer gelassen wird, das Feuer darinn zu machen.

Schlupflöcher, (Ziegelbrenner) die in der Ziegelmauer eines vollgesetzten Ziegelofens vor jeder Schlupfe gelassenen Scharlöcher, durch welche das Holz in die Schlupfen geworfen wird.

Schlug, etwas große Körner oder Stücken des Bernsteins.

Schlund, (Mühlenbau) der Einlauf des Wassers in das Gefäll des Mühlgerinnes.

Schlung. (Tischler) So werden gewisse schmale Züge bey der furnirten Arbeit genannt, die nur von schmalem Holz eingelegt werden.

Schlungröhre, Sumpfstiel, Fr. Siphon, qui leve les eaux, le premier Siphon. (Bergwerk) Ein Satz eines Kunstgezeuges, der unterste Kiel oder Röhre, welche mit ihrem untersten Ende in dem Sumpf oder Wasserkasten, worein der nach demselben folgende Satz ausgießet, gerichtet ist, und das Wasser einsauget oder einschlürfet, wenn der Satz in der Kolbenröhre in die Höhe geht.

Schlupfhafen, Fr. Cale. (Schiffahrt) Ein bequemer Ort an einer Küste für kleine Fahrzeuge, daselbst Anker zu werfen, und unter dem Schutze einer Höhe sicher zu liegen.

Schlupfsäge, (Englischer Stuhlmacher) das Blatt derselben ist wie das Blatt der Klobensäge (s. diese) der Tischler und Stellmacher in der Mitte seines Gestelles befestiget. Es werden mit dieser Säge, wenn es nöthig ist, große Stücken Holz mit Vortheil zerschnitten.

Schluße, (Windenmacher) ein eiserner Splint, der durch das eine Ende der vier Querstangen des Windengehäuses gesteckt wird, und die Wände des Gehäuses zusammen hält, aber auf Verlangen von einander genommen werden kann, wenn man die [illegible] auszieht. (s. Winde)

Schluß, (Bergbau) die Stollen oder Schloßstangen an einem einfachen Haspel, da, wo sie sich in ihren Einschnitten in der Mitte passen, und den Kranz des Rades, womit der Haspel herumgedrehet wird, tragen helfen.

Schluß. (Jäger) Wenn der Hirsch beym Treten mit den Hinter- und Vorderschaalen so genau in einander trifft, daß man meynen sollte, der Tritt wäre nur mit der Schaale vom Vorderlaufe gemacht. Es ist eines der besten Zeichen mit, den Hirsch vor dem Thiere zu erkennen.

Schlußarm, die Arme an einem Göpel die den Kranz des Rades unterstützen.

Schlußbalken, Schloßbalken. (Zimmermann) Ein Balken, welcher den Schluß eines Daches macht, und in welchem die Sparren zusammengehen.

Schlüssel. (Bergwerk) Ein an beyden Enden nach entgegengesetzter Richtung doppelt gebogner Haken, womit das Oberstück oder der Anfangsbohrer von dem Mittelstücke eines Bergbohrers an und abgeschraubt wird.

Schlüssel, (Bergbau) bey einer Wassersäulenmaschine (s. diese) dasjenige Werkzeug, wodurch man den Wendungshahn (s. diesen) öffnet und zuschraubt.

Schlüssel. Fr. Clef de la vis. (Kupferdrucker) Ein Stück Eisen das einen Ring hat, womit die Schrauben der Presse geschlossen und angezogen werden.

Schlüssel, (Musiker) an den Pfeiffen und blasenden Instrumenten, das messingene Blech, welches der Finger, der das Loch davon nicht erreichen kann, niederdrückt. Es heißt darum das Schloß weil es das Loch zuschließt. Deren sind öfters drey oder viere an den Fagotten oder Sackpfeiffen, die tief und lang sind.

Schlüssel, s. französischen und deutschen Schlüssel.

Schlüssel, s. Wechsel.

Schlüsselkette, eine silberne oder messingene Kette mit einem Haken, woran eine Hauswirthin zuweilen selbst die Schlüssel, die zusammengehören, zu hängen pflegt, und bey sich trägt.

Schlüsselklappe, (Schlösser) ein schmales Blech das nach einer länglich runden Figur gebogen, die beyden Enden aber haben auswärtsstehende Blätter. Man hält hiermit den Bart des Schlüssels auf, wenn die Einrichtung mit dem Kreuzmeißel ausgehauen wird. Der Bohrer liegt bey dieser Arbeit auf den beyden [illegible] und die Klappe selbst wird in den Schraubstock gespannet, und hierdurch der Bart gehindert daß er bey der Arbeit nicht ausweichen kann.

Schlüsselloch. Fr. Entrée de Serrure. (Schlösser) Ein Loch welches durch ein Eisen- oder Messingblech gebrochen, und öfters mit Zierrathen versehen ist, und dem Schlüssel zum Eingange zum Schloß dienet, wenn man eine Thüre öffnen oder verschließen will.

Schlüsselring, eine Arbeit der Ring- und Taschenbeschlägemacher in Nürnberg, an andern Orten und Ländern aber eine Arbeit des Schlössers. Es ist ein Ring woran man die Schlüssel hängt. Sie sind dreyerley Gattungen entweder mit einem Niednagel in der Mitten unterhalb also versehen, daß sie sich gar leicht oben von einander theilen, und mit einem Zäpflein oder Schräubchen befestiget werden können, oder sie sind aus gutem Stahl gemacht, daß sie auseinander gezogen sich eröffnen, und sich dann nach Einhängung der Schlüssel schließen: oder aber sie sind in die runde nach einem schneckenförmigen Kreise und Zirkel gespalten, daß die Schlüssel dadurch gleichsam eingewunden werden müssen. Die letztern müssen von gutem Stahl seyn, und werden vorzüglich gut in England gemacht. Von den Schlüsselringen sind noch die Schlüsselhaken unterschieden. Diese sind von schönem Stahl verfertiget, und mit blanken und schön geschliffenen Schilden und Blechen geziert, die auf vielfältige Art nach Beliehen ausgefeilt und durchbrochen sind. An diesem Haken wird der Schlüsselring befestiget, und nachher an den Schlüsselring angeschraubt. Mit diesem Haken wird der Schlüsselring mit den Schlüsseln an die Seite in die Einfassung der Röcke gehangen.

Schlüsselrohr, die hohle Röhre eines deutschen Schlüssels worinn der Dorn des Schlosses geht.

Schlüsselsenk, (Schlosser) ein kleiner Amboß auf dessen Bahn nach einem halben Cylinder, Einschnitte von verschiedener Größe gemacht sind. Der Schlosser krümmet hierinn das Blech zum Rohr eines deutschen Schlüssels. Er biegt nämlich das erhitzte Eisenblech mit dem Hammer um einen runden Dorn, legt es in einen Einschnitt des Schlüsselgesenks, worinn es sich paßt, drehet es beständig um, und schlägt auf das Blech beständig mit einem Hammer. Hierdurch nimt das erhitzte Eisenblech die Gestalt des Einschnittes an. Zu einem jeden Rohr von anderer Größe muß ein anderer Einschnitt und ein anderer Dorn gewählt werden. (s. deutschen Schlüssel)

Schlüsselkeile, (Bergwerk) die Keile die in die übriggebliebene Oeffnungen der Löcher in der Haspelwelle neben die Arme der Haspel getrieben werden, um die Arme recht fest zu machen, auch die übrige Oeffnungen dadurch auszufüllen.

Schlußleiste, (Buchdrucker) Leisten (s. diese) welche zum Schlusse eines Abschnittes oder auch am Ende des Buchs gesetzt werden. (s. auch Finalleiste)

Schlußrechnung, (Handlung) diejenige Rechnung, welche zu Ende eines Jahres gemacht wird.

Schlußreif, (Böttcher) die letzte und äußerste Reifen eines Gefäßes.

Schlußstein, Keil, Fr. le Clef, (Baukunst) der Stein so mitten in einem Bogen des Gewölbes sich befindet, und nach der Form eines Keils unten schmal und oben breit ist, und den Bogen schließt. Den ersten Namen also hat er von seinem Gebrauch und den zweyten von seiner Gestalt.

Schlußziegel, (Ziegelbrenner) platte Ziegel zur Deckung der Fläche eines Daches bestimmt, zum Unterschiede der Hohlziegel oder Forstziegel.

Schlußzierrath. Fr. Cul de lampe, Placard. 1) (Bau- und Bildhauerkunst) Eine spitz zulaufende Zierrath die einer Kirchenlampe so in den katholischen Kirchen beständig brennend hängt, ähnlich, davon sie auch den ersten französischen Namen erhalten hat und eine Sache oberwärts schließt. Auch alle Bildhauerzierrathen, welche eine Figur, eine Rose oder ein Siegeszeichen halten, wenn sie nicht aus dem Boden hervorgehen, sondern an einem Pfeiler, an eine Mauer angemacht sind, und wie in der Luft zu hängen scheinen. 2) Bey den Buchdruckern eine Zierrath welche man zu Ende eines Buchs, oder einer Abtheilung, anbringt, wenn auf einem Blatt noch viel Weißes bleibt, das einen unangenehmen leeren Raum machen würde. Solche sind entweder in Kupfer gegraben oder in Holz geschnitten, oder gegossen. Die hölzernen werden Finalstöcke (s. diese) genennt. Man hält sie [illegible] ein wenig spitz. Zu einem Foliobogen sind sie ohngefähr 4 Zoll ins Gevierte, bey zu Quarto drey Zoll; in Octavo anderthalb Zoll; und in Duodez einen Zoll groß.

Schlußzierrath, (Buchdrucker) Zierrathen die am Ende eines Abschnittes, Kapitels oder auch des ganzen Buchs angebracht werden, und wozu die Schlußleisten gehören.

Schlutholz, (Wasserbau) Rahm- oder Oberhölzer so über Balken mit darinfallenden Ausschnitten gelegt werden, um selbige in gehöriger Distanz von einander zu halten.

Schlytenasche, s. Pottasche.

Zu Seite 295 gehörig.

Preßspäne, Preßpapier, (Zeugmanufaktur) eine Art dünner glänzender steifer Papierblätter, zwischen welchen die leichten wollnen Zeuge gepreßt werden, und dadurch ihren schönen und in die Augen fallenden Glanz erhalten. Es ist eine englische Erfindung, und sie sind auch bis jetzt nur allein in England verfertigt, und die Verfertigung selbst für ein großes Geheimniß geachtet, und derselben Ausfuhr verbothen worden. Dem allen ohngeachtet ist mit diesen Preßspänen, durch den Schleichhandel ganz Europa, wo nur gute Zeugmanufakturen vorhanden sind, versehen worden. Man hat zwar viele Versuche angestellt solche nachzumachen; auch sind in einigen Staaten große Preise darauf gesetzt worden, wenn man sie nachmachen könnte, bis jetzt aber sind alle damit angestellte Versuche mislungen. Jetzt aber ist Hr. Johann Jacob Kanter in Trutenau bey Königsberg in Preußen, Besitzer einer ansehnlichen Papiermanufaktur daselbst in das Geheimniß der Verfertigung dieser Preßspäne, nach 7jährigen angestellten Versuchen und darauf verwendeten großen Kosten, eingedrungen, und verfertigt dieselben so gut als die englischen. Die damit in Berlin in den ansehnlichsten Zeugmanufakturen angestellten Versuche sind so gut ausgefallen, daß man fast gezweifelt hat, ob es nachgemachte oder nicht vielmehr wirkliche englische wären. Die Königl. Preuß. Staaten werden deshalb nunmehr im Stande seyn mit diesen Preßspänen zu appretiren, und können die englischen entbehren. Der Urstoff dieser Blätter ist entweder reiner Hanf oder alte hänfene Segellumpen, aus welchen letzteren, die englischen mehrentheils verfertiget werden. Das Wesentliche dieser Preßspäne besteht

bereiten, daß dieselben sehr dünne sehr fest und hart wie Horn sind, und eine so sehr glänzende Oberfläche haben, daß sie wie lackiret aussehen. Die Beschaffenheit der Festigkeit und Härte dieser Blätter muß also beschaffen seyn, daß sie dem Zeuge Widerstand thun und keine Eindrücke zurück lassen, auch ihren Glanz bis zu ihrer gänzlichen Verwüstung beybehalten. Ich will die Verfertigung dieser Preßspäne ohnbeschadet dem Geheimniß des Besitzers derselben, so viel wie mir davon offenbahret ist, mit Bewilligung des Besitzers, mittheilen. Herr Kanter verfertigt sie, weil nicht genug Lumpen von Segeltuch vorhanden sind, aus reinen Hanf, dieser wird von allen Scheben wohl gereiniget und auf eine ihm allein bekannte Art zubereitet, wozu er verschiedene Species nimt, das feine geistige Oel, welches dazu genommen wird, bringt den Hanf, nachdem das Phlegma verflogen, bey der Reibung oder Friktion in eine Fermentation, daß derselbe zu der erforderlichen Consistenz oder Zusammenhaltung, die ihm, wenn er zu Zeug (s. Zeug Papiermachen) verwandelt worden, so sehr nothwendig ist; alsdenn wird der also zubereitete Hanf auf den Stampfen und dem Holländer (s. diesen) welcher letztere nach englischer Art eingerichtet ist, zu gewöhnlichen Papierzeuge gemacht. Die Masse wird alsdenn in Formen wie die großen Bogen in einer Papiermühle geschöpft und gegautscht (s. gautschen) die also geschöpfte und gegautschte Bogen werden alsdenn in einer dazu ausdrücklich gemachten Maschiene mit der größten Gewalt gepreßt, daß die Masse sich so vest, als nur immer möglich ist, in einander begiebt. Diese Manipulation ist auch ein Geheimniß. Nachdem die Blätter getrocknet, so müssen solche von ihrer fasrigen Oberfläche gänzlich befreyt und glatt abgerieben werden. Dieses geschiebt mit Bimsstein, indem man Bogen für Bogen auf beyden Seiten mit dem Bimsstein abschleift. Diese also abgeschliffene Bogen erhalten den Namen Kaufpapier (s. dieses) und welche so, wie dort gesagt wird, zum Pressen der Zeuge die bessern Glanz erhalten sollen, gebraucht werden. Diese Kaufbogen werden nun in die eigentliche Preßspäne durch einen Anstrich und durch das Glätten verwandelt. Der Anstrich wird auch geheim gehalten, die aber, wie Herr Kanter sagt, aus einem sehr wenigen geistigen Wesen besteht, mit welchem ein leinen Tuch angefeuchtet, und damit die Oberfläche beyder Seiten der Bogen bestrichen wird. Bey diesem Anstrich ist hauptsächlich als ein sehr wesentlicher Umstand zu beobachten, daß derselbe sogleich wie möglich aufgestrichen wird, und daß eine Stelle nicht etwa stärker als die andre damit befeuchtet werde, auch daß das Anfeuchten überhaupt nicht zu naß geschehe. Denn wenn dieses wäre, so würde nicht allein gar keine Glätte entstehen, sondern der Bogen bey dem Glätten auch zerreißen; so wie es auch an den Stellen geschiehet, die nässer als die andern sind. Das Glätten geschieht in einem Zimmer das den erforderlichen Grad der Wärme hat, weil wenigere oder mehrere Wärme als nöthig ist, beyde das Glätten vereiteln würde. Das Glätten selbst geschieht mit einer stählernen wohl polirten schweren Kugel (engl. Bowle) die durch einen besondern dazu eingerichteten auch geheimen Mechanismus in einer Stange, so wie bey dem Kattunglätten, geführet wird. Die Last welche diese Stange führt, beträgt nach einer genauen Berechnung mehr als 8 bis 10000 Pfund und eben diese große Last mit welcher das Glätten geschieht, macht eine schnelle Friktion, (indem in jeder Minute, die Stange samt der Last 60mal sich hin und her bewegt,) wodurch gleichsam eine solche Fermentation in der Masse der Oberfläche des Bogens entstehet, daß sich der ganze Urstoff, so zu sagen auflößt, und in ein hornartiges Wesen übergehet. Die Methode der Engländer ihre Preßspäne zu machen, weicht von dieser Art ganz ab; sie ist auch Herrn Kanter bekannt, er glaubt aber in der seinigen Vorzüge vor den Engländern zu haben und wird dieses bey den großen Bestellungen, die man bey ihm gemacht hat, in der Folge beweisen.

Ende des dritten Theils.

www.ingramcontent.com/pod-product-compliance
Lightning Source LLC
Chambersburg PA
CBHW020851210326
41598CB00018B/1635

* 9 7 8 3 7 4 1 1 6 5 2 6 9 *